编辑说明

一、《中国科学技术协会年鉴》是一部综合性资料性工具书，由中国科学技术协会主办，2001 年创刊，每年出版一卷，旨在全面、系统地反映中国科协系统内部学会建设、学术交流、科普研究等各项事业发展变化的基本情况和发生的大事、要事、新事及有影响的事，为各方面了解中国科协提供信息和资料。

二、《中国科学技术协会年鉴》采用分类编辑法，主体内容设类目、分日、条目三个结构层次，以条目为表现内容的基本形式，全书条目的标题统一用黑体加【 】表示。

三、《中国科学技术协会年鉴（2018）》着重反映 2017 年中国科协系统的基本情况。全书设领导同志贺信批示讲话、中国科协主席党组书记讲话、重要文件、专题文章、学习宣传贯彻党的十九大精神专题、重要会议和活动、主要活动和重要事件、人物、表彰奖励、统计公报、全国学会（协会、研究会）简况、省（自治区、直辖市，新疆生产建设兵团）科协简况、大事记、附录 14 个类目。

四、本年鉴配备双重检索系统，书前刊有目录，书后配有索引。索引采用主题分析法，款目按汉语拼音字母顺序排列。

五、本年鉴的编辑出版工作得到中国科协领导的大力支持和各撰稿单位的通力合作，谨此致谢。本卷疏漏之处，敬请批评指正。

《中国科学技术协会年鉴（2018）》编辑委员会

《中国科学技术协会年鉴（2018）》编辑部

目 录

领导同志贺信批示讲话

中国科协主席党组书记讲话

重要文件

专题文章

学习宣传贯彻党的十九大精神专题

重要会议和活动

中国科协2017年主要活动和重要事件

人 物

表彰奖励

中国科协2017年度事业发展统计公报

全国学会、协会、研究会（含受委托管理的学会）简况

省、自治区、直辖市科协，新疆生产建设兵团科协简况

大事记

附　录

索　引

中国科学技术协会章程

（2016 年 6 月 1 日中国科学技术协会第九次全国代表大会通过）

第一章　总　则

第一条　中国科学技术协会是中国科学技术工作者的群众组织，是中国共产党领导下的人民团体，是党和政府联系科学技术工作者的桥梁和纽带，是国家推动科学技术事业发展的重要力量。

第二条　中国科学技术协会的宗旨是：高举中国特色社会主义伟大旗帜，坚持以马克思列宁主义、毛泽东思想、邓小平理论、“三个代表”重要思想、科学发展观为指导，深入贯彻落实习近平总书记系列重要讲话精神，按照全面建成小康社会、全面深化改革、全面依法治国、全面从严治党的战略布局，坚持科学技术是第一生产力，坚持把创新作为引领发展的第一动力，把人才作为支撑发展的第一资源，把创新摆在发展全局的核心位置，深入实施科教兴国战略、人才强国战略、创新驱动发展战略，认真履行为科学技术工作者服务、为创新驱动发展服务、为提高全民科学素质服务、为党和政府科学决策服务的职责定位，促进科学技术的繁荣和发展，促进科学技术的普及和推广，促进科学技术人才的成长和提高，反映科学技术工作者的意见建议，维护科学技术工作者的合法权益，营造良好科学文化氛围，坚定不移地走中国特色社会主义群团发展道路，不断增强政治性、先进性和群众性，建设开放型、枢纽型、平台型科协组织，真正成为党领导下团结联系广大科技工作者的人民团体、提供科技类公共服务产品的社会组织、国家创新体系的重要组成部分，把广大科学技术工作者更加紧密地团结凝聚在党的周围，为实现中华民族伟大复兴的中国梦而努力奋斗。

第三条　中国科学技术协会由全国学会、协会、研究会（以下学会、协会、研究会简称学会），地方科学技术协会及基层组织组成。

地方科学技术协会由同级学会和下一级科学技术协会及基层组织组成。

第四条　中国科学技术协会贯彻自主创新、重点跨越、支撑发展、引领未来的科技工作方针，弘扬尊重劳动、尊重知识、尊重人才、尊重创造的风尚，倡导创新、求实、协作、奉献的精神，坚持独立自主、民主办会的原则和“百花齐放、百家争鸣”的方针，依法依章程开展工作。

第五条　中国科学技术协会高举爱国主义旗帜，加强与香港特别行政区、澳门特别行政区和台湾地区的科学技术交流，维护民族团结，促进祖国统一。

第二章　任　务

第六条　密切联系科学技术工作者，宣传党的路线方针政策，反映科学技术工作者的建议、意见和诉求，维护科学技术工作者的合法权益，建设科技工作者之家。

第七条　开展学术交流，活跃学术思想，倡导学术民主，优化学术环境，促进学科发展，推进国家创新体系建设。

第八条　组织科学技术工作者开展科技创新，参与科学论证和咨询服务，加快科学技术成果转化应用，助力创新发展，为增强企业自主创新能力作贡献。

第九条　弘扬科学精神，普及科学知识，推广先进技术，传播科学思想和科学方法，捍卫科学尊严，提高全民科学素质。

第十条　健全科学共同体的自律功能，推动建立和完善科学研究诚信监督机制，促进科学道德建设和学风建设，宣传优秀科学技术工作者，培育科学文化，践行社会主义核心价值观。

第十一条　组织科学技术工作者参与国家科技战略、规划、布局、政策、法律法规的咨询制定和国家事务的政治协商、科学决策、民主监督工作，建设中国特色高水平科技创新智库。

第十二条　组织所属学会有序承接科技评估、工程技术领域职业资格认定、技术标准研制、国家科技奖励推荐等政府委托工作或转移职能。

第十三条 注重激发青少年科技兴趣，发现培养杰出青年科学家和创新团队，表彰奖励优秀科学技术工作者，举荐科学技术人才。

第十四条 开展民间国际科学技术交流活动，促进国际科学技术合作，发展同国（境）外科学技术团体和科学技术工作者的友好交往，为海外科技人才来华创新创业提供服务。

第十五条 兴办符合中国科学技术协会宗旨的社会公益性事业。

第三章 会 员

第十六条 中国科学技术协会实行团体会员制。

学会和高等学校科协、大型企业科协等基层组织，符合条件的，经批准可成为同级科学技术协会的团体会员。

学会和基层组织发展个人会员。

第十七条 会员的权利和义务：

团体会员可推选代表参加科学技术协会代表大会，享有选举权、被选举权和监督权；参加科学技术协会的活动，对科学技术协会的工作提出建议和批评并进行监督。

团体会员须遵守本章程，接受科学技术协会的领导，执行科学技术协会的决议和决定，开展符合本章程规定的各项活动，承担科学技术协会委托的工作任务。

个人会员的权利和义务由学会和基层组织章程规定。

第四章 全国领导机构

第十八条 全国代表大会和它选举产生的全国委员会是中国科学技术协会全国领导机构。

全国代表大会常务委员会是全国代表大会的常设机构。

第十九条 全国代表大会每五年举行一次，由全国委员会召集。特殊情况下，可以提前或延期举行。

第二十条 全国代表大会的代表名额和选举办法由常务委员会决定，其代表经全国学会和省、自治区、直辖市科学技术协会及有关方面民主协商，选举产生。

代表大会代表实行任期制。

第二十一条 全国代表大会行使下列职权：

一、决定中国科学技术协会的工作方针和任务；

二、审议和批准全国委员会的工作报告；

三、制定和修改中国科学技术协会章程；

四、选举产生全国委员会；

五、决定其他重大事项。

第二十二条 全国委员会会议每年举行一次，由常务委员会召集。

第二十三条 全国委员会行使下列职权：

一、执行全国代表大会的决议；

二、选举主席、副主席和常务委员；

三、审议中国科学技术协会年度工作报告；

四、决定授予荣誉职务；

五、决定其他重大事项。

第二十四条 全国委员会闭会期间，常务委员会领导中国科学技术协会的工作，实施全国委员会确定的任务，批准全国委员会委员的变更、增补或撤销，会员的接纳、退出或处罚；决定常务委员会委员、全国委员会副主席的调整，并提交全国委员会会议批准。

常务委员会会议一般每半年举行一次，由主席召集，也可由主席委托副主席召集。

第二十五条 常务委员会下设书记处。书记处由第一书记和书记若干人组成，人选由主席提名，经常务委员会通过。书记处在常务委员会领导下主持中国科学技术协会的日常工作。

第二十六条 常务委员会设置若干工作委员会和专门委员会，协助审议需经常务委员会审定的有关事项。

第二十七条 常务委员会根据需要，聘请成就卓著的科学家为中国科学技术协会顾问。

第二十八条 全国委员会委员和常务委员会委员应珍惜荣誉，遵守纪律，认真履职。全国委员会委员连续两次无故缺席全国委员会会议，没有正常履职的，一般应辞去全国委员会委员职务；常务委员会委员三次无故缺席常务委员会会议，没有正常履职的，一般应辞去常务委员会委员职务。

因为严重违纪受到查处或受到刑事处罚的，撤销委员职务，同时终止全国代表大会代表资格。

第五章　全国学会

第二十九条 本章程所称全国学会是按自然科学、技术科学、工程技术及相关科学的学科组建或以促进科学技术发展和普及为宗旨的社会团体。

第三十条 加入中国科学技术协会的全国学会须满足以下基本条件：

一、承认中国科学技术协会章程；

二、按照社会团体登记管理规定依法登记；

三、学术带头人应在相关领域有重要影响，个人会员达到1000名以上；

四、经常开展国内外学术交流活动，具有较强的服务科技创新、决策咨询和科学技术普及能力，编辑出版科学技术或科学普及刊物，原则上应设有科学技术奖项；

五、有实体办事机构、固定办公场所和专职工作人员。

第三十一条 符合本章程第三十条规定的全国学会，向中国科学技术协会提出申请，经常务委员会批准，即为中国科学技术协会的团体会员。

第三十二条 加入中国科学技术协会的全国学会接受中国科学技术协会的领导，执行中国科学技术协会的决议，承担并完成中国科学技术协会委托的任务，选举代表参加中国科学技术协会全国代表大会。

全国学会退出中国科学技术协会，须经中国科学技术协会常务委员会批准。

第三十三条 全国学会会员代表大会每四至五年举行一次，决定学会的工作方针和任务，审议和批准学会理事会的工作报告和财务报告，制定、修改会章，选举新的理事会。

全国学会办事机构在理事会领导下开展工作。

第三十四条 全国学会可根据学科发展需要组建学会联合体，有条件的学会联合体应设立党的工作机构。学会联合体为非法人社团组织，其成立或解散须经中国科学技术协会常务委员会批准。

第三十五条 全国学会有下列情形之一的，经中国科学技术协会批准，给予限期整改、警告、撤销团体会员资格等处罚：

一、履职不力、组织涣散的，责令限期整改；

二、限期整改后仍无明显改进的，经批准，给予警告处分；

三、违反国家法律法规，或严重违反中国科学技术协会章程，造成严重不良后果的，经常务委员会批准，撤销团体会员资格。

第六章　地方科学技术协会

第三十六条 本章程所称地方科学技术协会指省（自治区、直辖市）科学技术协会、市（地、州、盟）科学技术协会和县（市、区、旗）科学技术协会。地方科学技术协会是中国科学技术协会的地方组织，是地方同级党委领导下的人民团体。

第三十七条 省、自治区、直辖市科学技术协会接受中国科学技术协会的业务指导。

市（地、州、盟）科学技术协会接受省（自治区、直辖市）科学技术协会的业务指导。

县（市、区、旗）科学技术协会接受市（地、州、盟）科学技术协会的业务指导。

省级以下（含省级）学会接受同级科学技术协会领导，业务上受相应的上级学会指导。

第三十八条 地方科学技术协会执行中国科学技术协会的章程和决议，推选代表参加上级科学技术协会代表大会。

第三十九条 地方科学技术协会代表大会每五年举行一次，决定本地区科学技术协会的工作方针和任务，审议地方科学技术协会委员会的工作报告，选举地方科学技术协会委员会。

地方科学技术协会主席、副主席选举结果应报上一级科学技术协会备案。

第七章 基层组织

第四十条 科学技术工作者集中的企业事业单位和有条件的乡镇、街道社区等建立的科学技术协会（科学技术普及协会）是中国科学技术协会的基层组织，依照本章程开展活动。

地方科学技术协会联系指导农村专业技术协会等基层组织。

第四十一条 中国科学技术协会和地方科学技术协会可依规模和影响发展符合条件的基层组织作为团体会员。

第四十二条 基层组织应立足自身特点，动员和组织科学技术工作者开展学术交流，普及科学技术，推广实用技术，助力创新驱动，服务大众创业万众创新。

第四十三条 基层组织应大力发展个人会员，及时准确反映基层科学技术工作者的建议、意见和诉求，建好科技工作者之家，广交科技工作者之友。

第八章 工作人员

第四十四条 各级科学技术协会机关对其工作人员按照国家有关规定进行管理。

第四十五条 各级科学技术协会所属学会对其工作人员根据其编制性质和管理的需要，执行相应的人事管理制度。

第四十六条 各级科学技术协会所属事业单位的工作人员按国家对事业单位的管理规定进行管理。

第四十七条 各级科学技术协会工作人员应热爱科学技术协会的事业，牢固树立为科学技术工作者服务的思想，持续改进工作作风，深入实际和基层，密切联系和真诚服务科学技术工作者，不断提高政策水平、专业技能和社会服务能力。

第四十八条 各级科学技术协会要加强对工作人员的培养和教育，有计划有组织地开展培训工作，提高工作人员的政治和业务素质。

第四十九条 各级科学技术协会及所属团体工作人员应自觉加强纪律和道德约束，共同维护科学技术协会作为科技工作者之家的良好形象，不得肆意贬损诋毁。如有违犯者，视情节轻重给予处理。

第九章 经费及资产管理

第五十条 经费来源：

一、财政拨款；

二、资助；

三、捐赠；

四、会费；

五、企事业收入；

六、其他收入。

第五十一条 建立学术交流、科学技术普及、人才举荐和奖励等专项基金。

第五十二条 建立常务委员会领导下的民主理财管理体制。

第五十三条 各级科学技术协会的经费、资产及国家和地方拨给科学技术协会的不动产受法律保护，任何单位和个人不得侵占、挪用和任意调拨；各级科学技术协会所属企业、事业的资产隶属关系不得随意改变。

第十章　会　徽

第五十四条　中国科学技术协会会徽由古天象仪、航天器、齿轮、麦穗、蛇杖以及中文和英文标出的中国科学技术协会名称组成。

第五十五条　中国科学技术协会会徽可在办公地点、活动场所、会议会场悬挂，在出版物上印制，也可制作成徽章佩戴。

第十一章　附　则

第五十六条

中国科学技术协会简称中国科协。

中国科学技术协会会址设在北京。

中国科学技术协会的英文全称是 CHINA ASSOCIATION FOR SCIENCE AND TECHNOLOGY，缩写为 CAST。

第五十七条　全国委员会依照本章程制定《全国学会组织通则》。

第五十八条　全国学会依据有关社会团体登记管理规定、本章程制定学会章程。

地方科学技术协会可根据本章程制定实施细则。

第五十九条　本章程解释权属中国科学技术协会。

第六十条　本章程经中国科学技术协会全国代表大会通过实施。

中国科学技术协会会徽

中国科学技术协会会徽由古天象仪、航天器、齿轮、麦穗、蛇杖以及中文和英文标出的中国科学技术协会名称组成。

中国科学技术协会会徽可在办公地点、活动场所、会议会场悬挂，在出版物上印制，也可作为徽章佩戴。

中国科学技术协会标识

中国科学技术协会标识图案为双面拓扑图形，造型富于变化，富有动感。舞动的丝带寓意中国科协是党和政府联系广大科技工作者的桥梁和纽带，象征科协组织具有蓬勃的生命力和创造力。

中国科学技术协会简介

一、历史沿革

中华人民共和国成立前夕，党中央为团结科技工作者，为新中国建设事业贡献力量，邀请科技界派代表参加中国人民政治协商会议，批准由中国科学社、中华自然科学社、中国科学工作者协会和东北自然科学研究会4个科学团体共同发起，筹备召开中华全国自然科学工作者代表会议（简称科代会）。1949年7月，科代会筹备会议在北平召开，选出正式代表15人和候补代表2人参加中国人民政治协商会议。1950年8月，科代会在北京举行，决定成立“中华全国自然科学专门学会联合会”（简称全国科联）和“中华全国科学技术普及协会”（简称全国科普），推举地质学家李四光为全国科联主席、林学家梁希为全国科普主席。

1958年9月，经党中央批准，全国科联和全国科普合并，正式成立全国科技工作者的统一组织——中国科学技术协会。50多年来，中国科协先后召开九次全国代表大会，李四光、周培源、钱学森、朱光亚曾分别担任第一、二、三、四届全国委员会主席，周光召为第五、六届全国委员会主席，韩启德为第七、八届全国委员会主席，2016年6月，万钢当选为第九届全国委员会主席。1991年1月，全国政协七届十二次常委会议决定，恢复中国科协为全国政协组成单位。目前，中国科协是国家科教工作领导小组、中央精神文明建设指导委员会和中央人才工作协调小组成员单位，第十二届全国政协有科协界委员43名。

二、宗旨任务

《中国科协章程》规定，科协的宗旨任务主要是：

1. 宗旨

高举中国特色社会主义伟大旗帜，坚持以马克思列宁主义、毛泽东思想、邓小平理论、“三个代表”重要思想、科学发展观为指导，深入贯彻落实习近平总书记系列重要讲话精神，按照全面建成小康社会、全面深化改革、全面依法治国、全面从严治党的战略布局，坚持科学技术是第一生产力，坚持把创新作为引领发展的第一动力，把人才作为支撑发展的第一资源，把创新摆在发展全局的核心位置，深入实施科教兴国战略、人才强国战略、创新驱动发展战略，认真履行为科学技术工作者服务、为创新驱动发展服务、为提高全民科学素质服务、为党和政府科学决策服务的职责定位，促进科学技术的繁荣和发展，促进科学技术的普及和推广，促进科学技术人才的成长和提高，反映科学技术工作者的意见建议，维护科学技术工作者的合法权益，营造良好科学文化氛围，坚定不移走中国特色社会主义群团发展道路，不断增强政治性、先进性和群众性，建设开放型、枢纽型、平台型科协组织，真正成为党领导下团结联系广大科技工作者的人民团体、提供科技类公共服务产品的社会组织、国家创新体系的重要组成部分，把广大科学技术工作者更加紧密地团结凝聚在党的周围，为实现中华民族伟大复兴的中国梦而努力奋斗。

2. 任务

一是密切联系科学技术工作者，宣传党的路线方针政策，反映科学技术工作者的建议、意见和诉求，维护科学技术工作者的合法权益，建设科技工作者之家；二是开展学术交流，活跃学术思想，倡导学术民主，优化学术环境，促进学科发展，推进国家创新体系建设；三是组织科学技术工作者开展科技创新，参与科学论证和咨询服务，加快科学技术成果转化应用，助力创新发展，为增强企业自主创新能力作贡献；四是弘扬科学精神，普及科学知识，推广先进技术，传播科学思想和科学方法，捍卫科学尊严，提高全民科学素质；五是健全科学共同体的自律功能，推动建立和完善科学研究诚信监督机制，促进科学道德建设和学风建设，宣传优秀科学技术工作者，培育科学文化，践行社会主义核心价值观；六是组织科学技术工作者参与国家科技战略、规划、布局、政策、法律法规的咨询制定和国家事务的政治协商、科学决策、民主监督工作，建设中国特色高水平科技创新智库；七是组织所属学会有序承接科技评估、工程技术领域职业资格认定、技术标准研制、国家科技奖励推荐等政府委托工作或转移职能；八是注重激发青少年科技兴趣，发现培养杰出青年科学家和创新团队，表彰奖励优秀科学技术工作者，举荐科学技术人才；九是开展民间国际科学技术交流活动，促进国际科学技术合作，发展同国（境）外科学技术团体和科学技术工作者的友好交往，为海外科技人才来华创新创业提供服务；十是兴办符合中国科学技术协会宗旨的社会公益性事业。

三、组织状况

中国科协由全国学会、协会、研究会（以下简称学会）和地方科协组成。地方科协由同级学会和下一级科协及基层组织组成。组织系统横向跨越绝大部分自然科学学科和大部分产业部门，是一个具有较大覆盖面的网络型组织体系。

1. 全国学会

目前，中国科协所属全国学会 210 个，其中业务主管的全国学会 189 个，中国科协团体会员 192 个。中国科协团体会员中，理科学会 42 个，工科学会 76 个，农科学会 15 个，医科学会 26 个，交叉学科学会 33 个。

2. 地方科协

地方科协包括省、自治区、直辖市科协，市（地）科协和县科协，总计3141个，其中省级科协32个，副省级、省会城市科协 32 个，地市级科协 381 个，县级科协 2696 个。此外，还有大量科协基层组织，如乡镇科协（科普协会）3.1 万多个、农村专业技术协会 9.4 万多个、企业科协 1.3 万多个、街道科协 8400 多个、高校科协 550 个。

3. 科协机关

中国科协机关设有办公厅、计划财务部、组织人事部、调研宣传部、学会学术部（企业工作办公室）、科学技术普及部、国际联络部、机关党委、机关离退休干部办公室等部门，直属单位设有创新战略研究院、中国科普研究所、学会服务中心、信息中心、中国科技馆、青少年科技中心、企业创新服务中心等。

4. 领导体制

中国科协属中直系统，由中央书记处直接领导，中央政治局一位领导同志代表中央分管科协工作，国务院一位领导同志分工联系科协工作，中央书记处每年听取科协工作汇报。中国科协实行全国代表大会（五年召开会议一次）、全国委员会（每年召开会议一次）、常务委员会（每季度召开会议一次）领导制度。常务委员会设置组织建设专门委员会、学术交流专门委员会等 11 个专门委员会，协助审议需经常务委员会审定的有关事项。常务委员会下设书记处，书记处在常务委员会领导下主持中国科协的日常工作。

A Brief Introduction to the China Association for Science and Technology

As the largest non-governmental organization of scientific and technological professionals in China, the China Association for Science and Technology (CAST) serves as a bridge that links the Communist Party of China and the Chinese government to the country's science and technology community. Through its 210 national member societies and local branches all over the country, CAST maintains close ties with millions of Chinese scientists, engineers and other professionals working in the fields of science and technology.

The history of CAST can trace back to the eve of the founding of the People's Republic of China in 1949 when a number of the nation's primary scientific and technological organizations gathered at a meeting to call upon the country's science and technology community to dedicate all their efforts to the building of New China. The meeting led to the birth in 1950 of two new national organizations—the All-China Federation of Natural Science Societies and the All-China Association for Science Popularization. In September 1958, the two organizations decided at their joint congress to merge into a unified single organization—the China Association for Science and Technology.

Since its inauguration, CAST has made significant contributions to the prosperity and development of science and technology, to the popularization of science and technology among the public, to the emerging of large numbers of professional talents, and to the overall economic and social development in China.

As the bridge linking Chinese science and technology community with the Communist Party of China and the Chinese government, CAST is a constituent member of the country's top political advisory body—the Chinese People's Political Consultative Conference (CPPCC), where it joins all the political parties and other social groups in the state affairs through political consultation, policy-making and democratic supervision.

The highest leading organ of CAST is the National Congress that meets every five years and the National Committee elected by it. The President of the current National Committee is Prof. Wan Gang. The Secretariat appointed by the National Committee is responsible for the daily operation of CAST, which is headed by the Chief Executive Secretary—Dr. Huai Jinpeng.

Major tasks of CAST include:

1) to carry out academic exchanges, activate academic thinking, promote the development of all scientific disciplines, and stimulate independent innovation.

2) to organize scientific and technological professionals to contribute to the establishment of a technological innovation system that takes enterprises as the main body and can significantly enhance the enterprises' innovation ability.

3) to carry forward the scientific spirit, popularize scientific knowledge and disseminating scientific ideas and methods according to *the Law of the People's Republic of China on Science and Technology Popularization*; uphold the dignity of science, promote the application of advanced technologies, encourage and organize science educational activities among children and youth, and improve the scientific literacy of all citizens.

4) to reflect suggestions, opinions and demands of scientific and technological professionals, and safeguard their legitimate rights and interests.

5) to push forward the establishment and improvement of a research integrity supervision mechanism, and promote the construction of scientific ethics and a fine style of study.

6) to organize scientific and technological professionals to participate in the making of science- and technology-related policies and laws; organize scientific and technological professionals to participate in the political consultation, scientifically informed decisions and democratic supervision of state affairs.

7) to recognize and reward outstanding scientific and technological professionals, and recommend scientific and technological talents.

8) to provide scientific augmentation and consulting services, and policy advice, facilitate the transformation of research results; undertake project evaluation and appraisal, participate in the formulation of technical standards, professional qualification accreditation.

9) to organize international science and technology exchange programs, promote international scientific and technological cooperation, and develop cooperative relations with scientific and technological organizations and personnel worldwide.

10) to carry out continuing education and training programs.

11) to develop social and public welfare institutions cohering to the aim of the China Association for Science and Technology.

CAST maintains cooperative relations with scientific and technological organizations of many countries and, as the representative of the Chinese science and technology community, is the national members of ICSU, WFEO and many other international scientific and technological organizations. In 2004, CAST was granted consultative status with the Economic and Social Council of the United Nations.

领导同志贺信批示讲话

习近平向2017年“全球航天探索大会”致贺信

习近平

2017年“全球航天探索大会”于6月6日在北京开幕。国家主席习近平向大会致贺信。

习近平指出，人类自古就对浩瀚的宇宙空间充满好奇和向往，中华民族世代传递着飞天的传说和梦想。20世纪，人类写下了太空探索的辉煌篇章，航天科技对人类社会发展和人民生活产生了重大影响。面向未来，航天科技成果必将更好造福世界各国人民。

习近平强调，中国历来高度重视航天探索和航天科技创新，愿加强同国际社会的合作，和平探索开发和利用太空，让航天探索和航天科技成果为创造人类更加美好的未来贡献力量。相信本次大会将有力促进全球航天科技发展和国际交流合作。

习近平致第十九届国际植物学大会的贺信

（2017 年 7 月 24 日）

习近平

值此第十九届国际植物学大会开幕之际，我谨代表中国政府和中国人民，并以我个人的名义，向大会的召开表示热烈的祝贺！向出席大会的各国专家学者致以诚挚的欢迎！

植物是生态系统的初级生产者，深刻影响着地球的生态环境。人类对植物世界的探索从未停步，对植物的利用和保护促进了人类文明进步。中国是全球植物多样性最丰富的国家之一。中国人民自古崇尚自然、热爱植物，中华文明包含着博大精深的植物文化。中国 2500 多年前编成的诗歌总集《诗经》记载了 130 多种植物，中医药学为人类健康做出了重要贡献，因植桑养蚕而发展起来的丝绸之路成为促进东西方贸易和文化交流的重要纽带。近年来，中国在水稻育种、基因组学、进化生物学、生物技术等领域取得举世瞩目的成果。中国将坚持创新、协调、绿色、开放、共享的发展理念，加强生态文明建设，努力建设美丽中国，广泛开展植物科学研究国际交流合作，同各国一道维护人类共同的地球家园。

国际植物学大会在推动全球植物科学发展方面发挥着重要作用。这次大会的主题是“绿色创造未来”。希望出席本届大会的各国专家学者加强交流和对话，为倡导人类关心植物、关注未来，为加强生物多样性保护、推动绿色发展做出积极贡献。

预祝大会取得圆满成功！

习近平致中国农学会成立100周年的贺信

（2017年12月12日）

习近平

值此中国农学会成立100周年之际，我向中国农学会全体同志、向广大农业科技工作者致以热烈的祝贺和诚挚的问候！

中国农学会是我国历史悠久的农业学术性群众团体，是中国近现代农业科技发展的亲历者和推动者。新中国成立以来特别是改革开放以来，中国农学会紧紧围绕党中央关于“三农”工作的决策部署，以推动农业科技进步、农业农村现代化为己任，积极促进农业科技创新发展和普及应用，积极促进农业科技人才成长，成为推动我国“三农”事业发展的一支重要力量。

当前，中国特色社会主义进入新时代。实施乡村振兴战略，推进供给侧结构性改革，推动农业绿色发展，深化精准扶贫，提高广大农民生活水平，对农业科技和农业农村人才提出了新的要求。希望中国农学会发扬传统，与时俱进，团结带领广大农业科技工作者，面向农业科技创新主战场，在推动我国“三农”事业发展中发挥更大作用，为实现“两个一百年”奋斗目标、实现中华民族伟大复兴的中国梦做出新的更大的贡献。

习近平对黄大年同志先进事迹做出重要指示

中共中央总书记、国家主席、中央军委主席习近平近日对黄大年同志先进事迹做出重要指示指出，黄大年同志秉持科技报国理想，把为祖国富强、民族振兴、人民幸福贡献力量作为毕生追求，为我国教育科研事业做出了突出贡献，他的先进事迹感人肺腑。

习近平强调，我们要以黄大年同志为榜样，学习他心有大我、至诚报国的爱国情怀，学习他教书育人、敢为人先的敬业精神，学习他淡泊名利、甘于奉献的高尚情操，把爱国之情、报国之志融入祖国改革发展的伟大事业之中、融入人民创造历史的伟大奋斗之中，从自己做起，从本职岗位做起，为实现“两个一百年”奋斗目标、实现中华民族伟大复兴的中国梦贡献智慧和力量。

黄大年同志是著名地球物理学家，生前担任吉林大学地球探测科学与技术学院教授、博士生导师。2009 年，黄大年同志毅然放弃国外优越条件回到祖国，刻苦钻研、勇于创新，取得了一系列重大科技成果，填补了多项国内技术空白，2017 年 1 月 8 日不幸因病去世，年仅 58 岁。

习近平对群团改革工作做出重要指示

据新华社 8 月 26 日电　中共中央总书记、国家主席、中央军委主席习近平日前做出重要指示指出，党的群团工作是党的一项十分重要的工作，群团改革是全面深化改革的重要任务。2015 年，党中央召开群团工作会议，对党的群团工作和群团改革做出全面部署。两年来，群团改革取得积极成效，成绩值得肯定。要认真总结经验，继续统一思想、抓好落实，切实把党中央对群团工作和群团改革的各项要求落到实处。

习近平强调，要推动各群团组织结合自身实际，紧紧围绕增强“政治性、先进性、群众性”，直面突出问题，采取有力措施，敢于攻坚克难，注重夯实群团工作基层基础。中央书记处要加强对群团改革的指导，中央改革办要加强对群团改革方案落实的督察，各级党委要负起组织推进群团改革的责任，正确把握方向，及时了解情况，认真解决难题，以改革推动群团组织提高工作和服务水平，努力开创党的群团工作新局面。

李克强对第十九届国际植物学大会做出批示表示祝贺

第十九届国际植物学大会7月24日在广东省深圳市开幕，国务院总理李克强做出批示表示祝贺。他在批示中指出，国际植物学大会是国际植物科学界最高水平的学术会议，在全球植物科学发展方面发挥着重要作用。此次第十九届大会在深圳召开，对促进中国植物科学界与世界的交流、提升全球植物科学研究水平具有重要意义。中国是植物多样性最为丰富的国家之一，中国人民向来崇尚自然，重视对植物资源的利用和保护。中国政府牢固树立创新、协调、绿色、开放、共享的新发展理念，坚持节约资源和保护环境的基本国策，把生态文明建设放在突出的战略位置，注重加强植物科学研究和国际合作，在相关领域取得了长足进展。希望大会围绕“绿色创造未来”主题，深入交流、相互启发、凝聚共识，为推进植物科学发展和生物多样性保护、建设绿色文明的地球做出新的贡献。

李克强对2017年全国大众创业万众创新活动周做出重要批示

在2017年全国大众创业万众创新活动周开幕之际，中共中央政治局常委、国务院总理李克强做出重要批示。批示指出：全国大众创业万众创新活动周是创新创业者碰撞思想、交流成果、展示风采的重要平台。当前，“双创”与各行各业深度融合发展，精准对接市场需求与社会海量创新资源，有效激发了市场活力和社会创造力，加快推动了新旧动能转换，促进了机会公平和就业扩大。要继续认真贯彻党中央、国务院决策部署，落实新发展理念，以推进供给侧结构性改革为主线，深入实施创新驱动发展战略，进一步培育融合、协同、共享的“双创”生态环境，着力营造公平竞争的市场秩序，着力完善包容审慎的监管制度，着力构建大中小企业融通发展的新格局，推动数字经济、平台经济发展，努力取得更多高水平的“双创”成果，以新产业蓬勃发展、新动能持续壮大、新人才不断涌现为经济转型升级提供有力支撑。

刘云山主持召开群团改革工作座谈会并传达习近平重要指示

中共中央政治局常委、中央书记处书记刘云山8月26日在北京主持召开群团改革工作座谈会并传达了习近平的重要指示。他指出，习近平总书记重要指示从全局和战略高度深刻阐明了推进群团改革的重大意义、目标任务和基本要求，为我们做好群团改革和群团工作提供了重要遵循。要认真学习贯彻习近平总书记重要指示，坚定改革信心，强化责任担当，以更大力度、更实举措推进群团改革，不断开创党的群团工作新局面。要牢牢把握群团改革正确方向，始终坚持党对群团工作的领导，加强群团组织自身党的建设，不断增强“四个意识”，在思想上政治上行动上同以习近平同志为核心的党中央保持高度一致，把保持和增强政治性、先进性、群众性贯穿改革全过程。要自觉服从服务党和国家工作大局，找准工作结合点和着力点，落实以人民为中心的工作导向，切实解决好代表谁、联系谁、服务谁的问题，增强群团组织的吸引力影响力。要坚持问题导向、聚焦突出问题，切实加强思想政治建设，扩大群团组织和群团工作有效覆盖，积极转变拓展服务职能、转变工作作风、推动净化行业风气，深化机构人事制度改革，把群团组织建设成为党的群众工作的坚强阵地。要深入把握新形势下群团工作规律，大力推动改进创新，加强基层基础工作，加强网上群团建设，提高做好群团工作的能力水平。各级党委要认真落实政治责任和领导责任，狠抓群团改革任务落实，加强统筹协调，加强分类指导和督察问责，推动群团组织真刀真枪抓改革，确保各项改革措施落地见效，以优异成绩迎接党的十九大胜利召开。

座谈会上，全国总工会、共青团中央、全国妇联、中国科协、中国侨联、上海市委、山东省滕州市委、浙江省宁波市北仑区总工会、福建省泉州市丰泽区团委、山西省临汾市妇联和中央改革办负责同志作了汇报发言。

刘奇葆、李建国、李源潮、赵乐际、栗战书、杜青林、赵洪祝、杨晶、沈跃跃、万钢出席会议。

各省区市、新疆生产建设兵团负责同志，中央和国家有关部门、有关群团组织负责同志等参加会议。

刘延东对中国科协工作做出重要批示

1月，中共中央政治局委员、国务院副总理刘延东对中国科协工作做出重要批示，内容如下：

“2016年，中国科协发挥特色优势，围绕党和国家中心工作，全面深化系统改革，积极践行四个服务，主动作为，创新争先，在支撑创新发展、强化学术引领、承接政府职能、提升科学素质、服务科技人员、加强自身建设等方面取得了显著成绩，谨向同志们致以崇高敬意和诚挚问候！下一步，希望你们按照党中央、国务院决策部署，全面落实‘科技三会’精神，更加紧密团结广大科技工作者，再接再厉、奋发有为，以优异成绩迎接党的十九大胜利召开，为建设创新型国家和世界科技强国做出更大贡献！”

深化科协系统改革　为建设世界科技强国作出新贡献

——在中国科协九届二次全委会上的讲话

（2017年1月12日）

李源潮

中国科协召开九届二次全委会，主要任务是学习贯彻党的十八届六中全会精神，贯彻落实习近平总书记系列重要讲话精神和党中央书记处重要指示，以迎接党的十九大胜利召开为主线，以深化科协系统改革为动力，团结引领广大科技工作者为全面建成小康社会建功立业。刚才，传达了刘云山同志主持中央书记处会议对科协工作的重要指示，各级科协要抓好贯彻落实。万钢主席作了很好的工作报告，大家要认真学习领会。

2016年是科协系统深化改革的一年，党中央高度重视。习近平总书记在全国科技创新大会、两院院士大会、中国科协“九大”上发表重要讲话，主持中央深改组会议审议通过《科协系统深化改革实施方案》并以中办、国办文件印发。一年来，在启德、万钢主席和尚勇同志带领下，中国科协认真贯彻党中央决策部署，主动作为、履职尽责，推动科协事业取得新进步新发展。一是强化对科技工作者的政治引领和价值引领，举办科技领军人才专题研修班，开展“科技梦·中国梦”巡回展览。二是推进各项改革举措落实落地，学会承接政府转移职能工作经过两轮试点后常态化推开，改革方案确定的70项任务已有30%基本完成。三是主动服务创新驱动发展，持续实施创新驱动助力工程、青年人才托举工程，主办世界机器人大会、生命科学大会等高水平国际学术会议，组建5个学会联合体促进协同创新。四是科普信息化带动科普工作创新升级，科普中国浏览量近70亿人次，在乡村社区建设1.1万个科普e站。五是落实全面从严治党要求，扎实开展“两学一做”学习教育，配合做好“三重一大”和党风廉政建设派驻监督工作。特别是成功召开科协九大，凝聚了科技工作者团结奋进的强大力量。党中央书记处对2016年科协工作给予充分肯定，广大科技工作者对科协工作是满意的。

党中央对科协工作的总要求是明确的。习近平总书记殷切希望广大科技工作者当好建设世界科技强国的排头兵，要求科协组织履行好“四服务”职能，真正成为党领导下团结联系广大科技工作者的人民团体，成为科技创新的重要力量。党中央书记处对做好今年科协工作明确要求：全面贯彻党的十八大和十八届三中、四中、五中、六中全会精神，深入学习贯彻习近平总书记系列重要讲话精神和治国理政新理念新思想新战略，坚持围绕中心、服务大局，贯彻稳中求进工作总基调，全面推进改革任务，扎实做好各项工作，团结动员科技工作者积极投身创新驱动发展和科技强国建设，以优异成绩迎接党的十九大胜利召开。这里，我就落实总书记和党中央书记处要求讲几点意见。

第一，以迎接党的十九大为工作主线，带领广大科技工作者更紧密地团结在以习近平同志为核心的党中央周围。2017年党要召开十九大，团结一致、凝聚人心是第一位的任务。党的十八届六中全会正式确立习近平同志为党中央的核心、全党的核心，对党和国家事业发展具有重大意义。科协是党领导的人民团体，科协干部是党的干部，必须增强“四个意识”，自觉在思想上政治上行动上同以习近平同志为核心的党中央保持高度一致，引领广大科技工作者紧密地团结在以习近平同志为核心的党中央周围。一要深入学习贯彻习近平总书记系列重要讲话精神和治国理政新理念新思想新战略，坚定中国特色社会主义道路自信、理论自信、制度自信、文化自信。二要深入学习贯彻习近平总书记建设世界科技强国的重要思想，准确把握我国科技创新的目标任务和基本要求，担当起建设世界科技强国的重要使命。三要深入学习贯彻习近平总书记关于群团改革的重要指示精神，以改革创新精神推动科协工作全面进步，不断保持和增强政治性、先进性、群众性。科协领导干部要带头学习，科协干部要学懂弄通，自觉用习近平总书记系列重要讲话精神统一思想认识、指导科协工作。要面向科技工作者开展形式多样的宣传解读，团结引领广大科技工作者听党话、跟党走。

第二，坚持围绕中心、服务大局，组织动员广大科技工作者为全面建成小康社会创新争先。习近平总书记指出，群团要组织动员广大人民群众走在时代前列，在改革发展稳定第一线建功立业。党中央书记处要求，要紧紧围绕党和国家工作大局，牢牢把握职责定位，找准工作着力点，激励科技工作者创新创业，促进科技事业繁荣发展。科协要以创新争先行动为载体，团结带动广大科技工作者当好建设世界科技强国的先锋。创新争先行动是习近平总书记在全国科技创新大会讲话中对科协提出的要求，中国科协在“九大”上向广大科技工作者发出了倡议，中央书记处的文件又作了强调，这是你们这一届科协工作的重要主题，希望你们在这个主题下干出成绩、干出实效、干出功劳。一是引领科技工作者勇攀世界科技高峰。当前新一轮科技和产业革命呼之欲出，世界各国争相调整适应。世界知识产权组织《2016年全球创新指数》认为，科技创新多极化竞争版图正在形成，位列前25位的创新国家都有自己的优势领域。近年来，我国科技工作者挑战世界前沿，取得不少领先原创成果。但与欧美科技强国相比，中国的前沿领域还不多。中科院发布《2016研究前沿》分析，世界科学前沿突破80%由欧美科学家完成，在180个热点前沿中，表现卓越的美国有106个、中国有30个。希望科协充分激发科技工作者创新活力，支持他们在更多前沿领域争先领跑。二是激励科技工作者破解创新发展科技难题。世界经济复苏缓慢，中国经济之所以能缓中趋稳、稳中向好、出现更多积极变化，一方面源自新技术、新产业、新模式带来的新动能，另一方面源自传统动能转型升级释放的新活力。2016年，战略性新兴产业增速是规模以上工业两倍，科技创新对经济增长贡献率超过55%。当前，国家对战略科技支撑的需求比以往任何时期都更加迫切。比如，绿色清洁能源、先进高端材料、高端医疗设备、网络安全防护、雾霾成因与治理等都亟待攻关突破。希望科协引导科技工作者围绕国家重大发展战略，开展先导性、战略性研究，聚焦创新发展重点难点创新争先。三是动员科技工作者积极投身经济社会主战场。中国改革开放以来的创业潮有5次，其中4次都是科技人员唱主角，目前我们正在经历第四次科技创业潮。20世纪80年代的科技人员下海潮，柳传志创办联想、王选创办方正、任正非创办华为，一批科技企业异军突起，主要是抓住了信息化机遇，赶上了信息化潮流；90年代的新科技创业潮，张瑞敏带领海尔、倪润峰领导长虹依靠先进的电气技术快速转型发展，主要是抓住了中国人家庭生活电器化这个市场机遇；世纪之交的互联网创业潮，马云创办的阿里巴巴、李彦宏的百度、马化腾的腾讯等互联网高科技公司迅速成长，主要是抓住了互联网产业化机遇，利用中国人口最多、互联网用户最多、互联网市场巨大的优势，成长为最有价值的公司。现在我们迎来了大众创业万众创新的新阶段，越来越多的普通人尤其是普通大学毕业生投身创业，越来越多的科技人才创办领办高科技企业和科技服务企业。这4次科技创业潮大约每10年一轮，成为中国社会生产力发展的先锋。美国学者辛格认为，中国目前的科技创业潮与20世纪90年代以色列的科技创业爆发期很相似，这将推动“中国制造”转向“中国创造”。希望科协动员更多科技工作者投身科技创业，把科学论文写在祖国的大地上，把科技成果应用在实现现代化的伟大事业中。四是组织科技工作者助力科技精准扶贫。实现全面建成小康社会目标，最难的还是农村贫困人口如何实现小康。党中央要求，要动员全党全国全社会力量，齐心协力打赢脱贫攻坚战。河北农大李保国教授35年如一日推广苹果种植技术，帮助开垦140万亩荒山果园，把穷山沟变成花果山。在老乡眼中，李保国教授和他的实用技术是摆脱贫困的“财神”。希望科协学习宣传李保国教授先进事迹，深入实施科技助力精准扶贫工程，动员科技工作者为打赢脱贫攻坚战作贡献。

第三，树立优秀科学家榜样，弘扬中国科学家精神，带动科技界和全社会践行社会主义核心价值观。马克思说：“科学绝不是一种自私自利的享乐，有幸能够致力于科学研究的人，首先应该拿自己的学识为人类服务”。古今中外，为人类文明进步做出贡献的科学家都倍受人们尊崇，科学家精神被视为一种高尚的精神境界。长期以来，我国科技界涌现出许多受人民爱戴的科学家，他们代表的是一种时代精神，影响的是一代又一代年轻人。钱学森、邓稼先、蒋筑英和刚刚获得国家最高科技奖的赵忠贤、屠呦呦都是科学家的优秀代表，他们爱国报国、追求真理、勇于创新、不怕失败、淡泊名利、严格自律的高尚品格，对学术风气和社会风尚产生了广泛深远的影响。今天，我们特别需要树立当代中国优秀科学家榜样，弘扬中国科学家精神，激励中国科技工作者向世界科技强国进军，带动科技界乃至全社会培育和践行社会主义核心价值观。一要用科学家精神引领科技工作者道德建设。践行科学道德、树立良好学风是科技界、教育界一项长期而艰巨的任务。科技界有些丑闻影响很坏，“汉芯一号”骗取上亿元科研基金、施普林格等国际出版机构撤回117篇中国论文，对中国科技研究的信誉造成很大冲击。爱因斯坦说：“很多人认为才智造就了伟大科学家，他们错了，是人格”。现在，中国科技工作者规模、论文发表数、专利申请量已位列世界第一，科研经费位列世界第二，科研条件不断改善，但加强科技工作者道德建设的任务越来越紧迫。近年来，中国科协联合教育部等部委出台《发表学术论文“五不准”》，面向高校学生开展科学道德和学风建设宣讲教育，这很好，要坚持不懈、久久为功，使之风化俗成，成为好的风气、好的习惯。要引导科技工作者弘扬科学家优良传统，坚守学术操守和道德理念，把学问和人格融为一体，既追求学术声望，又追求品德风范，为全社会特别是青少年做出示范。二要大力宣传科学家先进榜样、先进精神。宣传优秀科学家不仅要宣传他们的科研成果，还要宣传他们百折不挠、甘于奉献、团结协作、前赴后继的高尚精神。科协是做人的工作的，保持和增强科协组织和科协工作的先进性，既要激发先进科技生产力的创造价值，也要弘扬优秀科学家的先进精神。要让科学家精神成为干事创业的动力，科学家理想成为树立远大志向的标杆，科学家榜样成为青少年学习的偶像，科学家价值观成为社会主义核心价值观的具体体现。对科技工作者先进典型要大张旗鼓宣传表彰，对坏的典型要敢于揭露批评，匡正风气。三要大力激励青年科技工作者的创造热情。现在，在重大科研项目中担当重任的大多是中青年科技工作者，比如，中国科技大学潘建伟院士量子力学团队平均年龄35岁，清华大学施一公院士结构生物学实验室的骨干都是80后、90后。但评比表彰时，中青年科技工作者偏少。发现、培养优秀青年科技人才是科协的重要任务，托举青年科技人才不能只是给钱给物，更重要的是给予社会承认和精神激励。希望科协大力选树青年科技工作者先进榜样，激励广大科技工作者为建设世界科技强国创新争先。今年首个科技工作者日颁发“全国科技创新奖”。要重视青年优秀人才，激励青年科技工作者学习先进、赶超先进、争当先进。

第四，深入推进科协系统改革，让科技工作者有更多改革获得感。习近平总书记指出，对党中央通过的改革方案，不论有多大困难，都要坚定不移抓好落实。党中央书记处要求，要深入落实党中央批准的改革方案，已经基本完成的改革任务要巩固成果，尚未完成的要抓紧推进，尽快取得突破。推进科协系统改革要坚持正确的政治方向，在党的领导下深化改革，打造枢纽型、开放型、平台型科协组织，确保改革举措落到实处。一是建立直接联系服务科技工作者制度。科技工作者尤其是青年科技人员在成长发展中面临不少现实困难，如果能在他们最需要之时给予帮助，对他们脱颖而出至关重要。数学家陈景润年轻时靠摆书摊维持生计，厦门大学校长王亚楠惊叹“浪费人才”，把他调入厦大工作，当中科院希望引进陈景润时，王亚楠又义无反顾地积极推动。王亚楠是一个爱才育才的好伯乐，科协应该是广大科技工作者的伯乐。现在，共青团、妇联都响应总书记“一呼百应”的号召，建立了干部直接联系服务组织成员的制度。科协也要建立干部直接联系服务科技工作者制度，首先是每名机关干部要联系若干名科技工作者，可以是面对面联系，也可以是网络联系。二是抓好科协所属学会承接政府转移职能常态化推开工作，拓展科协社会化服务职能。这项改革是十八届三中全会以来274项国家改革项目内容之一，是中央深改组直接讨论审批的改革。两年多两轮试点证明，学会承接政府转移职能推动了科技供给侧改革，有效服务了行政体制改革大局，也积极拓展了科协工作的新职能。改革常态化推开后，要不断加强学会能力建设，完善学会治理机制，确保承接职能接得住、接得好。地方科协要积极争取党政支持，主动推动学会承接政府转移职能。三是加快推进科普信息化建设。科普信息化是时代进步的大趋势。科普信息化重在建设、重在实用。要进一步加大科普创新力度，支持科幻、游戏、动漫等新科普创作，培养科普信息化专门人才，善于借助社会网站的人气和平台，善于抓住航天发射、雾霾天气、环境治理等群众关心的热点问题，让科学知识走进千家万户，服务普通百姓。四是加快建设网上科协。党中央书记处要求，要创新工作理念思路和方式方法，加快网上科协建设。现在全世界的政党和社会组织都在积极利用网络进行政治动员、群众联系、选举竞争、舆论传播等活动方式的“网上转型”。国外有很多科技工作者的网上社区，比如领英（LinkedIn）、学术界（Academia.edu）已成为科技人员发布成果、建立合作的重要渠道。科协要深刻领会总书记对网上群团建设提出的“亮出组织的旗帜，发出自己的声音，让群众在网上找到自己的组织，在网上参加组织的活动”的要求，加快建设网上科协，加强对科技工作者的网上联系、网上服务、网上引导、网上动员。中国科协还要加强对地方和系统科协改革的指导，协助党委抓好改革任务落实。

第五，落实全面从严治党要求，加强科协干部队伍建设。党的十八届六中全会对全面从严治党做出专题部署。习近平总书记在中央纪委十八届七次全会上强调，管党治党必须以更大的决心、更大的气力、更大的勇气抓紧抓好。全国科协系统有6.8万名专职干部，其中多数是共产党员。要认真贯彻落实全面从严治党要求，加强科协干部队伍建设。一要以党的干部标准严格要求、严格教育、严格管理、严格监督科协机关干部。群团干部队伍是党的干部队伍的重要组成部分，党对群团干部的要求和标准是一样的。科协干部要牢固树立“四个意识”，严守党的政治纪律和政治规矩，向党中央看齐，向党的理论和路线方针政策看齐，向党中央决策部署看齐，做到党中央提倡的坚决响应、党中央决定的坚决照办、党中央禁止的坚决杜绝。二要加强学习和研究，提高业务工作能力。其一是学习中央精神，深入学习领会习近平总书记治国理政的新理念新思想新战略，提高理论水平；其二是学习科技政策，提高政策解读能力；其三是学习最新科技知识，准确把握世界科技发展大势，开阔视野、开阔思路、开阔胸襟。三要树立良好群众作风，切实解决与科技工作者“不够亲不够近”问题。要深入基层、深入一线，与普通科技工作者交朋友，认真倾听他们的意见建议，帮助他们排忧解难、维护合法权益。四要严以修身、严以自律。严格执行《准则》和《条例》，严格遵守党风廉政建设各项规定，树立科协干部良好形象。全委会是中国科协的最高领导机构，希望全委会委员以上率下，带头坚定理想信念，带头加强学习研究，带头改进工作作风，带头遵守党纪国法，为科协干部和科技工作者做出表率。

党中央对科协工作寄予厚望，科技工作者对科协组织充满期待。各级科协要按照习近平总书记要求和党中央书记处部署，围绕中心、服务大局，稳中求进、创新求实，把广大科技工作者更紧密地团结在以习近平同志为核心的党中央周围，为建设世界科技强国，为全面建成小康社会、实现中华民族伟大复兴的中国梦创新争先，以优异成绩迎接党的十九大召开。

在创新驱动助力工程总结交流会上的讲话

（2017 年 4 月 13 日）

李源潮

今天，中国科协在浙江省宁波市召开创新驱动助力工程总结交流会。万钢主席作了很好的讲话，一军同志作了热情洋溢的致辞，5 位同志作了发言，谈了参与创新驱动助力工程的体会，都讲得很好，听了很受启发。

实施创新驱动发展战略，是加快转变经济发展方式、提高我国综合国力和国际竞争力的必然要求，党中央、国务院做出了战略部署。中国科协坚持围绕中心、服务大局，实施创新驱动助力工程，组织动员广大科技工作者积极进军经济主战场，推动产业转型升级。两年多来，这项工作取得了显著成效。一是搭建了创新应用平台，推动 90 家全国学会与 30 个助力工程示范市对接科技供需。二是实现了科技成果落地，签订合作协议 2200 多项，转化科技成果 1800 多项。三是帮助了科技人才创新创业，为 6000 多名科技专家与企业建立直接联系。四是有效服务了政府科学决策，帮助地方政府编制发展规划，围绕特色产业、民生热点开展决策咨询 1500 多项。五是探索了科协及学会同地方、企业合作的新模式，建立了学会企业联合体和产业协同创新共同体。这些成绩应予充分肯定。

习近平总书记指出，实施创新驱动发展战略是一个系统工程。科技成果只有同国家需要、人民要求、市场需求相结合，完成从科学研究、实验开发、推广应用的三级跳，才能真正实现创新价值、实现创新驱动发展。希望各级科协认真学习贯彻总书记指示精神，深入实施创新驱动助力工程，更好地组织动员广大科技工作者创新争先、建功立业，为实现“两个一百年”奋斗目标助力，为实现中华民族伟大复兴的中国梦助力。这里，我提四点希望。

第一，紧盯产业转型升级需求，增添经济发展新动能。我国经济发展进入新常态，正处在新旧动能转换的关键时期。传统的以低成本资源和廉价劳动力投入为主的经济驱动力大为减弱，科技创新已成为中国经济发展的新引擎，2016 年科技进步对中国经济增长的贡献率达 56.2%。美国学者库兹韦尔在《奇点临近》中提出，以人工智能、机器人技术为代表的科技创新将引发人类社会生产与发展方式产生革命性变化，传统技术、传统产业和传统的社会运行规则都将面临颠覆性挑战。目前，美国实施“再工业化”战略、德国实施“工业 4.0”、日本实施科技创新综合战略，都是在抢抓新一轮产业革命的机遇。谁赢得了先机，谁就能赢得主动。中国实施创新驱动发展战略，也是深化科技供给侧结构性改革，为经济发展提供新的动力源。上月底，我到青海调研，看了 3 家新能源企业，研发利用世界领先的光热或光伏发电技术，走的是生态保护优先、技术创新引领的发展路子。科技工作者是创新的主力，组织科技工作者为产业转型升级贡献智慧是科协的优势。刚才，中国林学会介绍在宁波林竹产业园设立服务站，帮助农民把传统的竹子种植提升为高端食品、高端建材，这是为创新驱动发展助力，也是为农民脱贫致富助力。希望各级科协组织动员广大科技工作者紧紧围绕国家重大战略需求，紧扣产业转型升级中的难点问题，为地方政府提供科技咨询，帮助企业开展技术攻关，为增添经济发展新动能助力加油。

第二，突破科技成果转化瓶颈，实现科技创新社会价值。纵观历史，人类社会现代化的几次工业革命实质都是科技创新成果转化为现实生产力的过程。改革开放以来，我国始终把加快科技成果向现实生产力转化摆在科技工作的突出位置。但科研成果推广应用这“第三跳”与前两跳脱节的现象还很突出。目前，中国科技成果转化率仅为10%，欧美发达国家为40%左右。2015年我国发明专利申请量超过110万件，连续5年位列世界第一，但专利许可实施率仅为2%。习近平总书记强调，创新不是发表论文、申请到专利就大功告成了，创新必须落实到创造新的增长点上，要把创新成果变成实实在在的产业活动。现在，国家大力促进科技成果资本化、市场化，修订了《科技成果转化法》，出台了《增加知识价值为导向分配政策的意见》。科协是党和政府联系服务科技工作者的桥梁纽带，了解国家的具体政策、了解地方和企业的发展需求、了解科技成果转化的现实障碍，在打通科技成果转化“最后一公里”上能发挥独特作用。创新驱动助力工程实施以来，中国汽车工程学会建立了共享基础技术平台，助力地方电动汽车发展；中国机械工程学会组织卢秉恒院士团队在重庆永川建立科研基地，帮助地方企业解决技术难题。刚才马德新同志介绍，科协组织的院士专家为东汽集团解决了汽轮机叶片关键技术。这些都是很好的经验。希望各级科协组织动员广大科技工作者像总书记要求的那样，把论文写在祖国大地上，把科技成果应用在实现现代化的伟大事业中，在发明创新实践中实现人生价值。

第三，服务科技工作者创新创业，释放科技人才第一动力作用。实现创新价值，科技成果转化是重要渠道，科技创业是直接的方式。当前，中国正处在“大众创新、万众创业”的好时代，科技工作者创新创业进入了一个新的活跃期。据科技部统计，2016年中国成长快、业绩好的“独角兽企业”有130多家，其中九成是高科技创业企业。大家戴的手环、用的手机不少是小米公司的产品，小米就是这样一家“独角兽企业”。“80后”工程师汪滔自主研发小型无人机，创办了大疆公司，10年间占据了全球无人机市场70%的份额。现在很受欢迎的摩拜、ofo共享单车都是青年科技工作者创意创办的。现在国家对科技创业出台了不少扶持政策，比如，允许科技工作者离岗创业、提高技术入股收益、提供创业孵化资金和场地等。中国科协调查，60%的科技工作者有创业意愿，但真正下海创业的只有2.5%。为什么会产生这种现象？不了解科技创业政策、缺少启动资金、缺乏创业经验等都是现实原因。服务科技工作者创新创业是科协组织的天职，也是科协最应该发挥作用的地方。科协是为科技工作者服务的，对科学家和工程师而言，对他们最大的服务就是帮助他们实现事业上的追求。创新驱动助力工程帮助科技工作者对接项目、对接市场、对接资源，这“三对接”开辟了助力科技创业的新渠道，也创造了服务科技工作者的新方式。希望各级科协加强科技创业政策宣传解读，推动科技创业政策落实落地，让真正有作为、有贡献的科技创业者“名利双收”；深入开展科技创业调查研究，了解科技工作者创新创业中遇到的困难和问题，保障他们的合法权益，帮助解决科技工作者创业的后顾之忧；大力表彰科技创业先进典型，特别是基层一线刚刚起步的科技创业者，宣传他们的先进事迹和创新创业精神，激励更多的科技工作者创业争先，充分发挥科技人才的第一动力作用。

第四，推动科协组织和工作改革创新，拓展社会化服务职能。科协改革是科协事业创新发展的重大机遇。党的十八大以来，按照习近平总书记、李克强总理、刘云山同志等中央领导的批示精神，中国科协启动了科协所属学会有序承接政府转移职能改革，经过两轮试点已常态化推开，并纳入了科协系统改革总体部署。实施创新驱动助力工程与学会承接政府转移职能改革一样，既服务了大局需要，又拓展了科协及学会的社会化服务职能。这项工作要纳入科协系统改革总体部署，同步推进、同步落实。希望各级科协狠抓改革落实落地，加快建设开放型、枢纽型、平台型科协组织，不断拓展科协社会化服务职能，更好为科技工作者服务、为创新驱动发展服务、为提高全民科学素质服务、为党和政府科学决策服务。

创新驱动发展，科协重任在肩。希望各级科协牢固树立“四个意识”，把广大科技工作者更加紧密地团结在以习近平同志为核心的党中央周围，组织动员广大科技工作者为全面建成小康社会、建设世界科技强国、实现中华民族伟大复兴的中国梦做出更大贡献，以优异成绩迎接党的十九大胜利召开！

中国科协主席党组书记讲话

在中国科协九届全国委员会第二次会议上的工作报告

（2017年1月12日）

万　钢

各位委员：

现在，我受中国科协第九届全国委员会常务委员会委托，向大会报告工作，请予审议，并请列席同志提出意见。

关于2016年的主要工作

2016年是中国科协的换届之年，是全面启动科协系统深化改革的起始之年，也是全面落实《中国科协事业发展“十三五”规划》、各项工作发展取得重要成绩的一年。一年来，中国科协坚决贯彻落实习近平总书记对科协工作的重要指示和中央书记处的指示精神，紧紧围绕党中央、国务院重大决策部署，坚持在全面深化改革中推进事业发展，积极履行“四服务”职责定位，科协组织的政治性、先进性、群众性明显增强，开放型、枢纽型、平台型的组织特色进一步显现，以创新争先行动为引领，各项工作亮点突出、效果实在，广大科技工作者有了更多获得感，主要做了以下工作。

第一，坚持正确的政治方向，牢固树立“四个意识”特别是核心意识和看齐意识。

一是认真学习、全面落实党的十八届六中全会精神。六中全会召开之后，中国科协迅速组织学习传达，通过党组理论学习中心组学习、党组理论学习专题交流会、干部轮训等形式，带动科协系统迅速形成学习热潮，全国学会和地方科协积极行动，把全会精神认真落实到各项工作实践，科协组织党员干部的核心意识和看齐意识明显增强，严格按照《中国共产党廉洁自律准则》和《中国共产党纪律处分条例》办事成为党员干部的自觉行动，更加有力地团结引领广大科技工作者在思想上政治上行动上与以习近平同志为核心的党中央保持高度一致。

二是成功召开中国科协第九次全国代表大会。在中国科协“九大”上，习近平总书记发表重要讲话，吹响进军世界科技强国的号角，刘云山同志代表党中央致祝词，开启科协事业发展新篇章。科协组织上下和广大科技工作者倍感振奋、深受鼓舞。大会选举产生了新一届中国科协领导机构，基层一线科技工作者占全国委员会委员总数的72.1%，成立了老科技工作者、科技工作者道德与权益、决策咨询等11个专门委员会，人员结构和履职能力更加契合时代要求。加强科协工作的顶层设计，修订《中国科学技术协会章程》，发布《中国科协事业发展“十三五”规划》，配套出台《中国科学技术协会全国代表大会选举工作条例（试行）》，形成了面向未来5年的科协事业发展整体布局。及时组织学习贯彻“科技三会”精神，开展中国科协“九大”代表培训班、科协系统干部学习“科技三会”精神轮训，覆盖了中国科协“九大”代表、科协系统基层业务骨干和中国科协青年干部的1/3，受到科协系统的普遍欢迎。地方科协积极跟进，举办了各种学习贯彻培训班，引领广大科技工作者奋力投身创新型国家建设，积极进军世界科技强国。

三是全面启动“创新争先行动”。响应习近平总书记“向世界科技强国进军”的伟大号召和“组织开展创新争先行动”的指示，在中国科协“九大”上发出《关于在科技工作者中开展“创新争先行动”的倡议》，号召广大科技工作者积极投入蓬勃兴起的大众创业万众创新，在科技界和全社会形成强烈反响。李克强总理做出专门批示，给予充分肯定。印发《创新争先行动实施方案》，形成引导科协各方面工作调整升级、激励科技工作者创新创业的有效平台，在广大科技工作者中进一步激发创新创造热情，短板攻坚争先突破、前沿探索争相领跑、转化创业争当先锋、普及服务争作贡献，汇聚起经济社会发展的强大动能。

四是强化对科技界的思想政治引领。与中央党校联合举办学习习近平总书记系列重要讲话精神科技领军人才专题研修班，刘延东、李源潮同志亲临研修班并作重要讲话。在中国延安干部学院举办青年科技领军人才国情研修班。“共和国的脊梁——科学大师名校宣传工程”打造精品剧目，参演高校将其作为入学新生必看内容，成为高校思想政治工作创新的有效载体、社会主义核心价值观教育的重要平台。老科学家学术成长资料采集工程新启动56位，推动中国科学家博物馆（网络版）建设，多形式多手段展示老科学家的科学报国精神与高尚人文情怀，影响力不断扩大。开展科学道德和学风建设宣讲教育活动1.7万余场，参与人次260余万，越来越多的高校将科学道德教育纳入学生培养考核环节，学术环境不断优化。加强宣传一线基层科技工作者，推出一批奋力创新、精忠报国的先进典型。召开中国科协学会党建工作会议，出台《关于加强科技社团党建工作的若干意见》，成立科技社团党委，全国学会党组织覆盖率达95.1%，学会理事会党委覆盖率达46.3%。

第二，科协系统改革向纵深推进。

一是重点改革任务取得突破。将《科协系统深化改革实施方案》（以下简称《方案》）分解为4方面19类70项改革内容，以解决“不亲不紧”问题为突破口，确定科协基层组织建设、人才举荐、学会治理体系、网上科协建设等10项重点改革任务，以关键环节突破带动科协改革整体推进。目前，领导机构和机关改革已经完成，兼职副主席轮流定期驻会制度顺利实施并取得良好效果，挂职书记处书记发挥重要作用，挂职局、处级干部全部到位，事业单位功能定位重组调整完成。学会治理结构和治理方式出现积极变化，半数以上全国学会正式提交改革方案，全国学会普遍设立实体化秘书处，21个学会已实行理事会聘任秘书长制。修订《中国科学技术协会全国学会组织通则》，实施优胜劣汰的学会动态调整机制，通报约谈14个全国学会，要求限期整改。新组建清洁能源、信息科技和智能制造等学会联合体，强化协同创新平台功能。制定《地方科学技术协会主席、副主席选举结果备案规定（试行）》，加强上级科协组织对下级科协组织的指导。《方案》确定的70项改革任务中，已有21项（占30%）基本完成，23项（占32.9%）取得突破性进展，其余26项（占37.1%）全部启动。

二是上下联动系统推进改革。组织地方科协开展改革交流，以快带慢，力戒浮拖。在地方党委政府的重视推动下，涌现出一大批有地方特色的突破性改革举措。目前，重庆、上海、江苏、青海、河北、吉林、广西、贵州、安徽9省市科协正式印发改革方案，示范带动效应明显。浙江、山东、陕西、云南、四川、江西、湖北、福建8省份科协改革方案已经审议通过，正在办理印发程序。内蒙古、河南、湖南、海南、西藏、甘肃、宁夏、新疆、黑龙江、山西、天津、新疆生产建设兵团12家科协的改革方案已正式上报当地党委或全面深化改革领导小组。其余省份也正在抓紧完善上报中。

三是学会“承能”扩大试点工作达到预期。累计68个全国学会参与常态化承接政府转移职能试点工作，21个政府部门转移委托86个（类）试点项目，涵盖40个学科领域，形成40多个核心专家库，100余项专业工作制度、规范和标准，带动全国710多个地方学会承接转移职能或委托任务1500多项，形成学会开展公共服务的5种转接类型和4种工作模式。以成为《华盛顿协议》正式会员为契机，支持28个学会参与工程教育专业认证工作，受理专业认证点194个，进校认证160个。中国电子学会获批国家级专业技术人员继续教育基地，成为首个获得批准的科技社团。

第三，服务科技工作者不断拓展新领域。

一是推动设立全国科技工作者日。习近平总书记向世界科技强国进军的号召，是我国科技发展史上新的里程碑。为纪念这一重大历史事件，中国科协响应广大科技工作者强烈要求，积极推动将每年5月30日定为全国科技工作者日，国务院已正式批复同意。

二是积极搭建网上科协平台。改造升级中国科协门户网站，开通“今日科协”“科协改革进行时”“中国科协科技工作者之家网”“中国科协党风廉政建设”“代表之家”等网站和微信公众号，畅通与科技工作者的交流渠道。启动“网上科协”建设工程，突出科技社交主题，提升网上联系、网上引导、网上动员、网上服务科技工作者的能力，努力打造科技工作者活跃的网上社区。

三是深入实施青年人才托举工程。实施新一轮项目遴选，新增206名入选者。制定项目管理办法，建立跟踪服务系统，探索适合青年科技工作者的培养评价模式，在优秀青年科技人才最需要帮助的成长阶段提供有针对性的支持服务。启动实施“高端科技创新智库青年项目”，支持高校、科研机构在读博士生和在站博士后开展科技政策及相关研究，夯实智库发展的人才基础。

四是贯彻落实深化人才发展体制机制改革的意见。积极承担中央人才工作协调小组成员单位职责，出台《中国科协贯彻落实〈关于深化人才发展体制机制改革的意见〉的实施方案》，提出27条重点任务。受中组部委托，制定国家引进海外高层次人才参考目录，得到中央有关领导同志和中组部的充分肯定；着手开展《国家中长期人才发展规划纲要（2010—2020年）》实施情况第三方评估工作。探索实施与国际接轨的背靠背奖项提名制度，成立中国科协奖项提名委员会。建立中国科协领导、机关部门联系科技工作者机制，中国科协党组领导带头联系10名以上科学家、10名以上基层科技人员。

五是成功召开中国科协年会。以“创新驱动　科技引领”为主题，聚焦“一带一路”等国家重大需求，与陕西省人民政府共同主办第十八届中国科协年会。119名院士及国家重大科技专项总师牵头，围绕学科前沿领域和陕西经济社会发展难点问题展开研讨交流；丝绸之路经济带沿线国家和地区的124家产学研机构联合签署《关于发起成立丝绸之路经济带创新设计联盟倡议书》，组建“丝绸之路创新设计研究院”；近100项重点科普活动参加公众超过15.3万人次。

六是广泛开展学术交流活动。实施中国科协学术会议质量提升计划，培育重点学术交流活动品牌，全年共支持小型高端学术交流活动160余项。“新观点新学说学术沙龙”“青年科学家论坛”“中国科技期刊发展论坛”“中国湖泊论坛”“山地城镇可持续发展专家论坛”等学术活动影响力不断扩大。

七是期刊质量水平进一步提升。联合财政部等六部委实施中国科技期刊国际影响力提升计划，遴选105种英文科技期刊连续3年给予稳定支持，有效填补了我国相关领域空白。启动中国科技期刊登峰行动计划，在重点学科领域中遴选16种期刊进行精准扶持。深入实施精品科技期刊工程，期刊学术质量和影响力稳居我国同类期刊前列。遴选激励一批发表在我国科技期刊上的优秀论文，鼓励科技工作者多出科研精品和原创性研究成果，引导更多优秀科研成果在国内期刊发表，从源头上推动我国科技期刊质量的提升。

八是强化群团奖励对科技工作者的激励作用。在中国科协“九大”闭幕式上表彰10位“全国杰出科技人才”和10位“中国优秀青年科技人才”。向中央有关部门建议授予屠呦呦研究员国家荣誉称号，推荐6位杰出科学家为“人民科学家”荣誉称号人选，推荐龙冉博士获得世界最具潜力女科学家奖，追授李保国同志“全国杰出科技人才”称号。中国青年科技奖、中国青年女科学家奖、未来女科学家计划等社会影响力进一步扩大，基于同行认可的科协奖项社会公信力显著提高。

第四，服务创新驱动发展取得新成效。

一是创新驱动助力工程示范效应显现。广泛动员地方科协和全国学会积极参与，创新驱动示范市增加到30个，探索形成技术咨询、项目论证、联合攻关等15种工作模式。据不完全统计，全年累计推动90余个全国学会开展地方对接活动，促成签订合作协议近1200项，在地方新建学会服务站（专家工作站、基地等）800余个，累计落地项目1800余项，参与专家超过万名，受到地方政府和企业的高度认可和普遍欢迎。在全国16家创新驱动示范单位设立科技成果转化服务分中心，推进成果转化累计总投资100亿元。初步建成科技创新服务云平台，成功举办2016中国创新创业成果交易会，支持中国电子学会等开展成果转化平台建设，推动在湖南成立首家省级创客协会，在保定、秦皇岛、连云港、岳阳等多个城市成立地级创客协会。

二是推动2016年全国大众创业万众创新活动取得丰硕成果。在全国17个城市举办“创响中国”巡回接力系列活动400余场，各地共举办活动近5000场，接待观众超过2000万人次，达成合作意向金额近1000亿元。李克强总理出席深圳主会场重点活动，赞扬活动周“双创”成果超出预期，展现活力令人难以想象。建设中国“双创”在线平台，支持40余个全国学会开展“双创”服务工作400多项，山东、重庆等22家省级科协开展近300项。“四高一联”成为“双创”活动的鲜明特征，更多的高水平大学和科研机构融入“双创”热潮，高学历人才领衔创业的比重明显增加，高技术企业成为中坚力量，以高附加值产品为引领的“双创”活动推动产业结构向中高端迈进，以“互联网+”为基础的平台建设为“双创”注入了新的动力。

三是探索助力创新驱动发展新机制。组织近20个学会、数百名专家形成《京津冀协同推进产业协同创新共同体方案》，提交国家发展改革委在工作层面推进落实。推动煤炭清洁高效利用、脑联结图谱、人工智能等学科协同和产业协同创新共同体建设。试点先行，探索“学会+协会”、产学研协同推进创新发展的新机制，在谋划科技发展制高点、事关未来发展的战略方向和经济转型升级的重大领域发挥科技群团的支撑作用。

四是启动科技助力精准扶贫工程。贯彻中央脱贫攻坚决策部署和习近平总书记扶贫开发战略思想，出台《关于动员和组织广大科技工作者为打赢脱贫攻坚战作贡献的意见》，联合农业部、国务院扶贫办实施科技助力精准扶贫工程，召开全国科技助力精准扶贫工程动员部署电视电话会议，到2020年将在贫困地区支持建设1000个以上农技协联合会（联合体）和10000个以上农村专业技术协会，实现农技协组织和服务在贫困县全覆盖，组织10万名以上科技专家参与脱贫攻坚，实现科技服务在贫困村全覆盖，汪洋副总理做出重要批示。形成《关于推动实施科技创新平台托举战略　进一步提升科技援藏效益的建议》，提出构建科技援藏统筹协调保障机制、建立柔性人才引进与选拔培养政策等建议，得到刘延东副总理的批示。组织实施援疆援藏科技增效工程，大力支持延安等地科普能力建设。选派干部赴西藏、山西开展科技援藏和精准扶贫，开展“中国薯网+马铃薯科技种植惠万家活动”及“枣木香菇”种植推广示范项目，帮助千户贫困户脱贫。

五是深入开展服务企业技术创新工作。在27600多家企业中开展“双创”科技信息服务，培训专利应用工程师3万多人，产生新技术4794项、新产品2871个、新专利6329项，综合经济效益达294.8亿元。指导和推动地方科协和全国学会在3200多个院士专家工作站中为企业开展技术创新服务。服务企业创新人才培养，“一线创新工程师”培训工作覆盖全国，成功举办首届全国企业创新方法大赛。改革和创新企业科协组织建设，大力推进“互联网+”企业创新服务，企业创新综合信息服务平台上线运行。

第五，服务全民科学素质工作实现新提升。

一是推动全民科学素质工作顶层设计和实施。推动印发《全民科学素质行动计划纲要实施方案（2016—2020年）》，系统提出总体思路和任务部署，推动将“到2020年公民具备科学素质的比例超过10%”的奋斗目标纳入《国民经济和社会发展第十三个五年规划纲要》和《“十三五”国家科技创新规划》。制定落实细化措施，公布2020年公民具备科学素质比例发展目标值，将公民科学素质建设目标分解落实到各地区。组织召开全民科学素质行动实施工作电视电话会议，刘延东副总理出席会议并发表重要讲话。推动科技工作者积极履行科普社会责任，制定相关评价办法。开展科普经费专项检查，联合中组部等9部委表彰“十二五”纲要实施先进集体和个人。推动全国科普示范县（市、区）创建，加强全国科普教育基地考核和服务。组织57位院士编写《新科技知识干部读本》，服务各级领导干部系统了解新科技革命和产业变革的迫切需求，提升依靠科技进步推动创新发展能力。新组建全国学会科学传播专家团队16个，累计组建近400个，成员累计4699人，全国学会成为科技工作者参与科普的重要平台。

二是科普信息化带动科普服务全面创新升级。服务产品的供给能力显著增强，累计建设内容信息资源近12TB，总浏览量累计超过70亿人次。形成超过1000人的高水平专业创作团队和超过2000人的专家团队，聚拢291家科普融合创作新锐团队、55家主流网络媒体渠道，催生和孵化出8个科普专业团队，在新华网、人民网、光明网、腾讯、百度等知名网站平台上实现互联互通。建立“新闻导入，科学解读”的科普快速响应机制，一批新锐科普团队、科普创客参与科普中国生态建设，对重大科技事件及时解疑释惑的能力进一步增强。上线运行科普中国网，开展“典赞科普中国”等系列品牌推广活动，形成具有相当影响力和知晓度的科普中国品牌。联合环境保护部、农业部、卫生计生委、食品药品监管总局等部门，开展全国科普信息化建设试点工作。联合文化部启动“科普文化进万家”活动，累计建成11330个科普中国校园e站、乡村e站和社区e站，加大对西藏、新疆、陕西延安、山西吕梁的支持力度，打通科普“最后一公里”。

三是现代科技馆体系不断完善。全国科技馆免费开放试点单位达123家，以实体科技馆为龙头和基础，以流动科技馆、科普大篷车、虚拟现实科技馆、农村中学科技馆、数字科技馆为拓展和延伸，中国特色现代科技馆体系日益完善，全年共服务公众8000多万人次。流动科技馆完成四年基本覆盖所有县市的预期目标，初步实现科技馆教育理念在县域的推广。积极推进、全面开展虚拟现实科技馆建设。联合财政部深入实施“基层科普行动计划”，联合农业部等五部委组织开展全国农民科学素质网络科普知识竞赛。

四是青少年科技教育活动创新升级。与中央电视台携手开启中国青少年科学素质大会。全国青少年科技创新大赛、中国青少年机器人竞赛和“明天小小科学家”等品牌活动规模均创历史新高。创新英才计划、高校科学营活动形式覆盖港澳台和内地1800多所学校的1万余名高中生。50万名青少年参加“家书载梦”航天科普教育主题实践活动，400多万名中小学生参加青少年科学调查体验活动。支持《加油向未来》《脑洞大开》等电视科普节目制作传播。探索以信息化手段全面提升和推进青少年科技教育工作，建设在线学习资源，开展科学教师和科技辅导员培训。

五是全国科普日等活动反响强烈。在中央书记处的关心支持下，全国科普日活动圆满成功。围绕“创新放飞梦想，科技引领未来”主题，北京主会场与全国各分会场共组织重点活动9400余项，参与人数超过2亿人次，均创历史新高。中央领导同志亲临北京主场，与首都群众一起参加科普活动并给予高度评价。其中，由中国食品科学技术学会、中华医学会、中国药学会、中华中医药学会、中国体育科学学会等23家全国学会承办的“健康伴我行”主题活动参与公众逾170万人次。以“科学创想　智遇未来”为主题的2016中国科幻季系列活动掀起科幻热潮。中国药学会、中国预防医学会、中国宇航学会、中国生物工程学会、中国水产学会等在卫生与健康、航天航空等重要节日和纪念活动中开展主题科普宣传，取得良好社会反响。

第六，服务党和政府科学决策工作迈出新步伐。

一是第三方评估工作扎实推进。受中组部委托，启动国家中长期人才规划纲要的第三方评估。受国家发展改革委委托，开展“双创”示范基地建设和政策措施落实情况评估，会同科技部、中科院所属专业机构对全面创新改革试验“8+2”区域进行第三方评估。发布“双创”指数报告，结合“双创”督查结果形成评估报告报送国务院，得到李克强总理、张高丽副总理、刘延东副总理批示。受国家科改领导小组办公室委托，组织开展职称制度改革进展情况第三方评估，为中央出台《关于深化职称制度改革的意见》提供重要参考；开展事业单位高层次人才收入分配激励机制政策实施情况第三方评估，推动相关部门研究制定相关改革措施。落实完善学术评价体系、治理遏制论文发表不良倾向的专项任务，开展推动改进完善学术评价、人才评价体系的相关研究。清洁能源、信息科技、生命科学等学会联合体发挥学科交叉和资源整合优势，在评估组织和机制创新中不断创新经验。

二是地方科协成为第三方评估工作的重要力量。山东省科协受省人才工作领导小组委托，牵头实施山东省智库高端人才队伍建设重点人才工程。河南省科协组织开展省基本科研业务费专项资金绩效评价等多项第三方评估任务，得到省领导及人才办、省发改委、省财政厅好评。江苏省科协开展全省装备制造业企业重点研发机构能力提升评估，得到省委省政府的高度肯定。江西省科协提出的《我省推进脱贫攻坚面临的主要问题及对策建议》获省委主要领导同志批示。其他各省（区、市）科协也在第三方评估方面开展了大量卓有成效的工作。

三是“小中心、大外围”的科技群团智库格局初步形成。以中国科协创新战略研究院为中心，广泛联合各方力量推动科技创新智库体系建设，与重庆市人民政府共建“一带一路”与长江经济带协同创新研究中心，建设长三角协同发展研究基地、中国老科协创新发展研究中心；依托信息学会联合体建设首家以智能社会为主题的专业研究所，积极推进京津冀协同创新研究基地、生命科学、新能源等专业研究所建设，实现科技特点突出、科协特色鲜明、资源共建共享，跨学科、跨单位、跨区域、网络化的国家科技创新智库格局初步形成。在国内智库评价机构首次通过社交大数据方式进行的智库评价排名中，中国科协科技创新智库综合排名第一，智库建设的系统优势不断显现。加强科技工作者状况调查体系建设，优化调查站点布局，新增调查站点，收集和反映科技工作者所思所想、利益诉求。推动融媒体创新实验室平台建设，探索科技智库研究成果网络化、数字化的有效途径。开展智库建设国际合作，与美国密歇根大学、英国伦敦政经学院、日本筑波大学建立合作伙伴关系。

四是重点科技领域前瞻研判取得新进展。深入实施学科发展引领与资源整合集成工程，对世界科技前沿加强跟踪，组织300余位院士专家团队对信息技术、材料、能源等重点领域的发展趋势和创新力进行评估，系统研判新一轮科技和产业变革对我国发展的机遇和挑战。110个全国学会开展了220次学科发展研究，编辑出版学科发展报告220卷，发行约22万册；500余位中国科学院和中国工程院院士、1.2万名专家学者参与学科发展研讨，支撑决策的能力进一步增强。

第七，民间科技交流主渠道作用进一步显现。

一是推动更多优秀科学家进入国际科技组织领导层。与民政部联合发布《关于加强国际科技组织人才培养与推送工作的意见》，推动更多中国科学家进入国际组织担任领导职务，扩大我国科技界的国际话语权和主导权。推荐我国科技工作者竞选世界工程组织联盟主席，推动我国科技工作者担任太平洋科学协会主席，合计推荐183位中国科学家担任重要国际科技组织主席、副主席和执委等领导职务。支持相关全国学会和学会联合体在华举办和申办重大国际会议。成功转为国际工程教育认证体系《华盛顿协议》正式会员。

二是海外人才离岸创新创业基地扩建增能。继上海、深圳、武汉后，新建苏州、成都海外人才离岸创新创业基地。在比利时建立首家“海外智力为国服务行动计划”工作基地，美国、欧洲的基地建设进入议事日程。依托“海归创业联盟”，积极组织海外专家回国服务，举办首届“中国（成都）海外人才创新创业项目大赛”，参赛的高、精、尖项目受到业界一致好评。

三是搭建主场国际高水平学术交流平台。中国麻风防治协会承办的第19届国际麻风大会吸引了近百个国家和地区的知名专家学者和国际组织代表参加，习近平主席致信祝贺。召开2016世界生命科学大会，10位诺贝尔奖获得者和多位生命科学领域国际大家应邀出席，全方位展示世界生命科学前沿及我国生命科学进展，产生广泛国际影响。李克强同志对大会做出重要批示，刘延东同志会见了参会科学家代表。2016世界机器人大会持续得到各界广泛关注和踊跃参与，300余位全球一流的专家学者、企业家和多个重要国际组织齐聚北京，共话智能未来，美国、德国等140余家知名机器人企业、科研院参展，22.8万余人次现场参观。中国地理学会、中国自动化学会等全国学会承办的第33届国际地理大会、2016世界人工智能大会等有效促进国内外科技界的交流合作，推动相关产业的繁荣发展。

第八，科协组织自身建设全面加强。

一是坚持全面从严治党。全力配合中央纪委派驻纪检组开展“三重一大”和党风廉政建设派驻监督工作。进一步加大警示教育力度，积极运用监督执纪“四种形态”，分别给予有关党员干部停止提拔程序、取消拟提拔人选资格、诫勉谈话及通报批评等处分。召开党风廉政建设推进会，结合审计署意见制定整改方案，逐项检查验收。开展机关和直属单位党组织书记述职述廉评议考核，推动全面从严治党向基层延伸。

二是从严从实抓好“两学一做”学习教育。把“两学一做”学习教育作为重大政治任务抓紧抓实，成立中国科协“两学一做”学习教育领导小组和督导组，坚持以上率下、问题导向，层层传导压力，扎实向纵深推进。坚持边学边查边改，把教育成果真正化为做合格党员的行动自觉。开展落实中央八项规定精神“回头看”、巡视整改“回头看”等工作，狠抓作风建设，科协系统政治生态和发展环境进一步优化，党员干部作风不断改善，改革进取、干事创业的氛围不断增强。

三是科协基层组织建设取得突破。联合教育部、国资委、农业部等部门推动科协组织向基层延伸，大力培育高校科协、企业科协、乡镇街道科协、农技协等基层组织，不断夯实党在科技界的执政基础和群众基础。开展全国县级科协组织状况普查，举办全国县级科协建设现场会，推动县级科协加大改革力度。积极探索发展高校科协、大型企业科协成为团体会员的工作机制，密切中国科协与基层组织的联系。举办全国高校科协建设论坛，推动中国人民大学、清华大学、吉林大学、上海交通大学等多所知名大学相继成立科协组织，开展高校科协组织网络体系建设试点，推动高校科协联盟建设。加快在国有企业特别是央企建立科协组织步伐，建成15家央企科协、11个行业企业科协创新联盟和2个区域创新联盟。打造升级版农技协，全国已有29个省（区、市）成立省级农技协联合会，有效推动基层农技协的交流合作和资源共享。

四是干部队伍建设切实加强。以开放的姿态加大识才引才聚才用才力度，建立干部双向交流挂职制度，优选调入一批政策研究和管理领域的优秀人才，为科协事业持续发展奠定坚实基础。认真落实老同志政治待遇，积极组织离退休干部参加中组部、中央宣讲团全会精神辅导报告会，及时通报党和国家大事、科协重点工作。改进和规范干部人事制度，制定《关于加强干部人事管理工作的若干意见（试行）》，配套制定《事业单位专业技术岗位聘用实施办法（试行）》《事业单位聘用合同管理办法（试行）》等系列制度，干部选拔任用满意率显著提升，科协干部精气神和工作激情明显改观。

各位委员：

2016年是科协事业发展历程中具有重大意义的一年，成绩来之不易，经验弥足珍贵，需要我们认真总结，并运用到新一年的各项工作中。一是始终坚持党的领导。我们牢记科协组织是党领导下团结联系科技工作者的人民团体这一政治属性，把不断保持和增强政治性、先进性和群众性作为开展各项工作的核心目标，不断强化"四个意识"特别是核心意识和看齐意识，发挥桥梁纽带作用，团结带领广大科技工作者坚定不移地与以习近平同志为核心的党中央保持高度一致，不折不扣贯彻落实党中央、国务院各项重大决策部署。二是始终坚持以科技工作者为中心。牢固树立以人民为中心的发展思想，切实把广大科技工作者作为事业发展最为倚赖的支持，深入了解科技工作者所思所想所盼所难，提高思想政治引导的有效性，拓展交流空间，拓宽服务渠道，以服务促团结，以团结促发展，着力增强科技工作者的获得感。三是始终坚持以改革作为核心动力。突出问题导向，直面科协组织存在的与科技工作者不亲不紧的问题，敢于自我革命，向自身存在的痼疾顽症动真格，勇涉改革深水区。四是始终坚持"想事干、创新招、强协调、重实效"的理念。坚持"四服务"职责定位，积极谋划新思路新举措，搭建新网络新平台，特别是与各部委和地方党委政府密切配合，主角有担当，配角不缺位，以务实担当的精神面貌开辟承接政府转移职能、大众创业万众创新、第三方评估等工作领域，赢得各方充分认可，树立科协良好的社会形象。

新的一年，创新型国家建设将进入全面攻坚阶段，如期建成创新型国家并向前迈进攸关我国发展动力转换和经济转型升级，对我国抢抓历史交汇机遇期至关重要，不可懈怠。习近平总书记对科协组织提出明确要求，党中央、国务院对科协发展寄予厚望，8100万名科技工作者对科协的工作充满期待。必须清醒地认识到，当前科协的各项工作已迈上新台阶，但任务更加艰巨，担子更加繁重。一是适应科技创新和人才发展的工作体制机制仍不完善。符合创新驱动发展要求、适应社会主义市场经济规律和科技发展特点的工作体系存在短板，与科技创新和经济建设主战场的要求不相适应，支撑引领的作用有待充分发挥，支撑发展动力转换和经济转型升级的能力明显不足。二是团结引领8100万名科技工作者的能力建设仍待加强。在新一轮科技革命蓄势待发、国家创新治理体系深刻变革的时代背景下，夯实党在科技工作者中的执政基础是科协组织发挥桥梁纽带作用义不容辞的责任，但联系服务科技工作者的思路惯性化、手段简单化问题仍然突出，彻底破解"不亲不紧"顽症还有很长的路要走。三是改革攻坚任重而道远。前一阶段的改革已经摘完低垂的果实，当下正处于逆水行船、滚石上山的关键阶段，坚忍不拔才能胜利，半途而废必将一事无成。特别是一些学会和地方科协暴露出改革推进上的"倒三角"情况、改革思路上的"新瓶装旧酒"问题、改革设计上的"上下一般粗"现象、改革意识上的"等、靠、要"思想等，必须高度重视并认真加以解决。愈是在需要攻坚克难的时候，我们愈是需要强化担当精神，瞄准难题，坚定信念，奋力把科协改革事业推向前进。

关于2017年的工作安排

2017年是科协系统全面深化改革和各项部署落实的关键一年。今年的主题词是"落实"。中国科协将深入贯彻落实党的十八大和十八届三中、四中、五中、六中全会精神，深入贯彻落实习近平总书记系列重要讲话精神，以迎接党的十九大召开和学习贯彻十九大精神为主线，坚持稳中求进的总基调，引导各级科协组织和科技界更加自觉地增强"四个意识"特别是核心意识和看齐意识，牢固树立"四个自信"，在思想上政治上行动上坚决与以习近平同志为核心的党中央保持高度一致，集成各项资源和平台打造"创新争先行动"载体，不断保持和增强政治性、先进性、群众性，更加注重发挥科技界党员的先锋模范作用，更加紧密团结广大科技工作者，着力使已有部署落地生根，使各项工作提质增效，持续推进科协事业发展"十三五"规划实施，努力在以下几个方面取得新实效。

第一，要在加强对科技界的思想政治引领上取得新实效。

持续深入学习习近平总书记系列重要讲话精神特

别是科技创新思想，广泛开展国情研修、政策解读、政策培训、政策服务，以积极深入、春风化雨的工作态度，带领科技界把习近平总书记科技创新思想转化为思想自觉和行动自觉，永远跟党走，坚定创新自信，增强科技供给能力，在建设创新型国家和世界科技强国中干在实处、走在前列。

在科技界开展争做“学术优异、学风优良、品德优秀”科学家活动，鼓励科研人员在建设科技强国的进程中追求创新卓越，弘扬优良学风，锤炼优秀品德。

继续抓好科学大师名校宣传工程、老科学家学术成长资料采集工程，开展第四次全国科技工作者状况调查，突出对青年科技人员和高校学生的思想政治引领，推进科学家博物馆建设，不断拓展工作思路、创新工作形式，打造科技工作者的精神家园，以青年人和科技工作者喜闻乐见的方式化育人心、凝聚人心，增强思想政治教育的时代感和实效性。

进一步加大对科技工作者的宣传力度，加强对德学双馨的科技工作者的宣传，引导科技工作者强化科学精神，不断增强爱党爱国、以创新成就服务国家、造福人民的自觉，引导科技界进一步增强“四个意识”“四个自信”，在模范践行社会主义核心价值观中走在全社会前列，激荡起向世界科技强国进军的强大力量。

进一步加大学会党建工作力度，3月前要基本完成科协所属学会党组织覆盖工作，为学会更有效地团结广大科技工作者、提升联系服务能力提供切实的政治保障。着力推动学会党的工作覆盖，在原“党建强会计划”特色活动的基础上不断创新，寻找学会党的工作和业务工作新的结合点，充分发挥学会理事会党组织政治核心作用。充分发挥“网上党建”接长手臂的作用，打造网络宣传新阵地，探索党员教育管理服务新途径，构建党员自主学习新平台。

第二，要在联系服务科技工作者上取得新实效。

全面贯彻习近平总书记关于各级科协组织要团结带领科技工作者进军科技创新、开展“创新争先行动”的重要指示，充分发挥开放型、枢纽型、平台型的组织优势，以“创新争先行动”为统领，带领科技工作者“短板攻坚争先突破、前沿探索争相领跑、转化创业争当先锋、普及服务争作贡献”，带动科协各方面工作调整升级，更加贴近党和国家中心全局工作，更加有效激励科技工作者创新创业热情。

设立“科技工作者日”充分体现了党中央、国务院对科技工作者的关怀和勉励，要充分发挥科协组织的群团动员优势，会同科技部和有关部门精心设计各项活动，各级科协组织要全面行动起来，积极搭建平台，做好先进举荐，共同营造浓厚的氛围，使科技工作者日真正成为展示全体科技工作者创新报国的盛大节日。要积极动员各部门、各地方、各领域力量，结合各自特点和实际，组织开展形式多样、内容丰富、因地制宜、不拘一格的系列主题活动，鼓励科技工作者集中的高校、科研院所和企业组织开展相关主题活动，组织动员广大科技工作者积极参与，以实际行动共同庆祝自己的节日。我们将面向全国科技工作者设立相关科技奖励，对在创新争先行动中涌现出来的优秀个人和团队、机构给予鼓励，使科技工作者名利双收、形成示范。

为进一步调动激发科技工作者创造活力，改革调整现有奖项设置，压缩奖项数量，提高奖项质量，控制获奖者名额，强化奖项的思想政治引领作用，加大对获奖者的奖励和支持力度，推动中国科协奖项与国家重大人才计划的衔接，加强对奖项在促进获奖者学术生涯和个人成长方面发挥作用机制的研究，不断提升中国科协奖项的公信力和社会影响力。做好第十五届中国青年科技奖、第十四届中国青年女科学家奖评审工作，抓住中国青年科技奖30周年的机遇，开展系列活动，进一步扩大该奖项的影响力。树立一批青年科学家榜样，激励广大青年科技工作者为建设世界科技强国建功立业。

深入贯彻落实习近平总书记关于群团组织建网用网的指示精神，以实现中国科协有网站、各级组织有门户、每个成员有户口、基层组织有平台、每个干部有窗口、每项活动有舞台为目标，把网上科协建设作为科协组织提供科技类公共服务产品的核心载体，全面增强线上线下对科技工作者高效动员组织的能力，提高思想政治引导的有效性，畅通科技工作者表达诉求、建言献策的通道，形成具有较大社会影响的科技社交平台。

第三，要在全面深化科协系统改革上取得新实效。

按照习近平总书记关于“既当改革促进派又当改革实干家，盯住干、马上办”的指示和要求，全面贯彻落实好《科协系统深化改革实施方案》，以攻坚克难的精神勇涉深水区，确保“啃硬骨头”的改革举措取得突破性进展，把改革的全局向纵深推进。

固化改革经验交流制度，使之成为推动改革的有力保障。学会治理结构和体系改革要有新突破，重点解决虚、散、软的突出问题，切实增强凝聚力、影响力和服务能力。学会理事会结构、党组织覆盖等重点改革任务要强化落实并尽快完成。已经制定改革方案的学会、拟换届的学会和拟脱离挂靠的学会要分类推进改革，提出切实可行的解决方案，保障改革成效。50家列入创新和服务能力提升工程的学会要切实担负起龙头作用，在学会治理方式中形成可复制推广的新经验、典型工作案例和改革试点模型。抓紧研究制定对规模较小的全国学会的扶持政策措施。

以章程为根本，修订《中国科协团体会员管理办法》《县级科协组织通则》《企业科协组织通则》，研究制定《高校科协组织通则》，完善科协系统组织制度体系，根据企业技术创新和高校师生创新创业的需求，加大企业、高校科协组织建设力度，推动科协组织的网络化，为组织建设提供依据和遵循。加强县级科协建设，强化政治属性和“四服务”职责定位，完善组织体制、工作机制，鼓励和引导科协资源向县级科协倾斜，培育和树立一批典型。推动大型企业成立科协，适时纳入中国科协团体会员体系。推动科协组织向企业（园区）延伸，大力发展科协和科协联盟、企业科协联合会，不断扩大企业创新联盟试点，重点在新经济组织建立科协，把创客之家、创客协会等新型科技社团纳入科协。推动科协组织向高校延伸，以重点高校为突破，引导高校科协密集、高校科协工作开展较好的地区建立区域性高校科协联盟，推动高校科协和高校科协联盟规范化建设。乡镇街道科协建设和农技协转型升级要取得实质性突破。

加大科协组织提供服务产品的供给侧改革力度，在科普产品的精准推送和落地、科技创新智库精品创造、人才托举、助力创新驱动发展、举办全国“双创”活动周、服务“双创”的平台建设等方面不断创新思路和举措。

第四，要在服务创新驱动发展上取得新实效。

服务创新驱动发展战略，面向经济建设主战场，以创新驱动助力工程为统领，引导各级科协组织精准对接区域创新发展需求，推动各类创新资源有效集成，形成协同助力创新驱动发展的开放共享机制，深入推进大众创业万众创新，不断深化服务企业创新和加快科技成果转化工作，对国家重点战略区域的覆盖面更加广泛，有效提升社会和经济效益。

继续实施好创新驱动助力工程，出台《关于进一步推进创新驱动助力工程的意见》，进一步聚焦区域发展的动力转换和经济转型升级的主攻方向，全面总结工程实施的经验，在组织机制和平台建设上不断实现创新提升，打造助力工程2.0版。优化整体布局，扩大工程实施的覆盖面，召开经验交流会，增加副省级城市试点数量，创新驱动示范市增加到40个，参与学会达到100个。以重点项目为带动，增加优质资源供给。以信息化建设为主要手段，凝聚各类资源，提高对接精准度。以市场化机制搭建协同创新平台，做好区域战略咨询、产业转型升级、成果转化落地等工作，实现参与各方互利共享、共同发展，使合作范围更广、合作层次更高，在促进地方区域经济发展中发挥更大作用。

持续深入推进“双创”工作，办好2017年全国大众创业万众创新活动周，强化地方科协和各级学会参与，深化“创响中国”活动内涵，提高活动影响力。动员鼓励各地方科协举办“双创”相关大型活动，把“双创”活动周打造成制度化、长期化、国际化的创业创新成果展示平台。深入动员各级科协、各级学会强化“双创”工作，举办多种形式的“双创”重点活动。加快建设中国“双创”在线平台，精准助力“双创”，进一步提升平台的功能性、影响力，为建设国家级“双创”工作公共服务平台奠定坚实基础。组织开展全国创新改革实验区和大众创业万众创新第三方评估工作。开展“双创”理论研究和发展调研，为深入推进“双创”打牢理论基础、提供现实指针。

深入开展服务企业创新工作，加快科技成果转化服务平台布局，创新驱动科技成果转化服务分中心总数增加到25个以上，提高科技成果转化工作成效。服务示范区域创新发展和转型升级，与高校开展成果转化专门人才培养，建设成果转化远程助力系统，编写示范区域成果转化工作白皮书。稳步推进重点项目，提高项目实施成效，加大服务企业创新力度。积极探索“互联网+科技创新”公共服务新模式，采用众包众扶方式，开展科技政策、前沿科技信息、创新人才、科技成果转化和协同学习创作等平台建设。推动建立容错纠错机制，改进评价机制，落实科技人员参与国际交流的政策，保障和鼓励科技工作者创新创业，保护和鼓励海外科技工作者来华创新创业。

第五，要在搭建高水平学术交流平台上取得新实效。

围绕加快转变经济发展方式的新要求、全球科技发展的新趋势、“互联网 +”交流模式的新发展和科技工作者的新期待，切实发挥学术交流对自主创新的先导作用，搭建功能齐全、特色鲜明的系列学术交流平台，培育学术示范品牌，进一步提升学术交流质量和实效，优化学术环境。

发挥主场优势，联合有关部门继续办好世界机器人大会，依托中国科协清洁能源学会联合体和中国公路学会等，打造清洁能源、交通运输等领域一批高水平国际科技大会，为国内智能制造、清洁能源和交通运输等相关领域的开放创新搭建平台。与吉林省人民政府共同办好第十九届中国科协年会，实现向“高精实”的战略转型，以科技创新助力东北老工业基地振兴发展。继续实施学术会议质量提升计划，积极打造各类小型高端学术交流活动品牌。持续推动学科发展，开展学科协同创新，优化学术环境。

提升科技期刊服务科技创新的能力，立足国内，面向世界，打造一流科技期刊，提供高水平的成果发布、学术交流、人才发现和培养服务平台。继续办好中国科技期刊发展论坛，开展中国科协科技期刊评价体系研究，深入实施中国科技期刊国际影响力提升计划、登峰行动计划、中国科协精品科技期刊工程，开展中国科技期刊优秀论文遴选激励活动，发挥示范引领作用，持续提升我国科技期刊的影响力，扩大我国科技的国际影响力。

第六，要在科普产品供给上取得新实效。

认真贯彻落实习近平总书记在全国“科技三会”上提出的科技创新与科学普及同等重要的要求，以推动《全民科学素质行动计划纲要》实施为主线，以科普信息化为核心，着力优质科普内容资源建设、科普阵地条件建设、科普社会动员机制建设，推动科普人才和科普产业发展，强化科普供给侧改革，创新科普公共服务机制，扎实推进普惠共享的现代科普体系建设。

推进实施全民科学素质行动，深入推进科技人员和科技成果科普效果评价试点工作，深化全民科学素质工作共建机制和动员体系。

坚持不懈抓科普信息化建设，提升优质科普内容供给能力和精准服务水平。以科普中国落地为重点，全面启动实施“百城千校万村”科普示范，推进社区、学校和乡村与科普中国的精准对接，在百余个省会及大中城市、千余所中学和万个乡村实现科普服务全覆盖。深入推进“科普文化进万家”活动，推动科普中国 e 站建设，开发科普中国校园、社区、农村等内容套餐，定向精准地将科普信息资源送达目标人群。

加大力度繁荣科普创作，推进科幻和科普文创发展，挖掘优秀科普作品和创作团队，以《十万个为什么》为示范，推动融媒体科普创作，丰富有知有趣有用的科普作品和产品供给。加快科技创新热词的编辑工作，以图文并茂的形式广泛阐释科技和产业变革的前沿热点。协助中宣部等推动广播、电视、报刊、网络等大众传媒开设和办好科普频道（专题、专栏），把中国青少年科学素质大会办成高水平、有广泛影响力的科普节目。

创新理念，推进现代科技馆体系建设。深入推进全国科技馆免费开放，建设完善科技馆标准体系及协同机制，加速研发虚拟现实科技馆，充分利用互联网、大数据、虚拟现实技术等现代信息技术手段，提升科普展览展品设计和展示水平，让公众特别是青少年通过科技馆看到科学发展前沿和世界美好未来。促进实体科技馆与流动科技馆、科普大篷车、全国科普教育基地、数字科技馆的协同增效，推动科普公共服务场所和设施公平普惠。

推动主题性、全民性、群众性科普活动广泛深入开展。以“创新驱动发展，科学破除愚昧”为主题开展 2017 年全国科普日活动。大力开展健康主题科普，聚焦重大疾病防控、食品药品安全、人口老龄化等重大民生问题，助力健康中国建设。围绕绿色发展、核安全利用、化学工业、垃圾焚烧、环境保护、防灾减灾等公众关注的热点主题，广泛开展科普活动，传播科学知识和技术，及时、准确、便捷地为公众解疑释惑；弘扬科学精神和科学思想，倡导科学健康文明的生产生活方式。在雾霾等公共安全问题上主动发声，正本清源。

围绕脱贫攻坚总目标和扶贫先扶智的根本要求，深入实施基层科普行动，开展科普援藏援疆专项行动，加大科协系统援藏援疆的支持力度，推动科协各级组织参与精准扶贫，突出科技助力精准扶贫行动实效。

第七，要在建设高水平科技创新智库上取得新实效。

坚持以建设创新引领、国家倚重、社会信任、国际知名的高水平科技创新智库为目标，坚持按照推动创新、强化服务、拓展提升、开放协同、普惠共享的工作理念，把建设高水平科技创新智库作为事业转型升级的重要支点，服务党委政府科学决策。强化学会主体和试点示范，广泛促进上下联动，在释放改革动力中不断强化科协智库发展的系统优势，努力在走中国特色群团发展道路上不断创造新经验。

坚持把组织开展第三方科技评估作为科协智库建设的战略重点，围绕服务创新驱动发展和建设世界科技强国，围绕“一带一路”、京津冀协同发展、长江经济带三大战略，围绕国家科技发展战略、规划、政策、人才、项目、基地、制度等的实施效果、社会影响，确定年度评估重点，发挥科协作为独立第三方的独特优势开展战略评估，更好服务国家科技发展的战略决策。完善国家引进海外高层次人才参考目录，突出“高精尖”导向，为国家引进高层次人才提供依据。

做好发达国家科技前沿、科技战略及发展走向研判，组织学会、学会联合体和科技工作者开展信息、生命、材料、能源等领域前沿跟踪研究，密切把握科技发展动向，深入研究发展趋势，为国家科技发展提供可借鉴的经验。在科研经费管理等有关改革和政策方面加强跟踪、评估，促进各项科技政策在基层一线落地。

持续优化智库布局，强化与科口部门单位智库的联合，充分发挥科协、专业智库和院所高校的优势力量，全面推进生命、信息、智能制造等学会联合体的研究基地建设，集成形成枢纽作用，以更开放的视野逐步完善“小中心、大外围”的科技创新智库网络。推动地方科协创造性地开展决策咨询工作，打造智库抓手和品牌，积极服务地方经济社会发展。围绕国家振兴东北老工业基地、航天强国、海洋强国、网络强国等战略，依托相关省市科协系统及科研院所，充分集聚相关领域广大科技工作者的智力资源，建立东北老工业基地振兴战略研究基地、国家海洋战略研究基地等区域特色智库基地，使之成为中国科协科技创新智库网络的重要组成部分。

强化人才在智库发展中的核心地位，坚持培养和使用相结合，着力培养一批思想敏锐、专业精深、熟悉政策的高端决策咨询人才，积极聚集一批思维活跃、问题感强、富有创新精神的外围专家，打造一支素质优良、结构合理的专业化智库人才团队，充分调动激发各类决策咨询人才的积极性主动性创造性，为科协智库建设提供坚实的人才支撑。

第八，要在民间国际科技交流上取得新实效。

进一步发挥民间科技交流主渠道作用，在已加入287个重要国际民间科技组织的基础上扩大参与面，彰显中国科技界在国际科技学术舞台的影响力。做好国际组织任职及后备人才的培养推荐工作，使更多中国科学家进入国际科学理事会（ICSU）、世界工程组织联合会（WFEO）等核心国际组织担任高阶领导职务，重点做好世界工程组织联合会主席竞选工作。利用国际科学理事会与国际社会科学理事会合并之机，为2018年新组织领导层竞选做好准备。

聚焦世界科技强国、世界主要科学中心和创新高地目标，进一步扩大民间国际科技组织参与面。研究制定支持建立国际科技组织的指导意见，吸引国际科技总部落户中国，积极推动发起组建国际科技组织。加强与美、英、法、日、俄、以色列等国的创新战略交流合作，推动建立双边科学家高层对话机制。配合国家“一带一路”倡议，深入开展科技外交和人文交流，推动“一带一路”国际科技组织的建立，设立双边科技合作项目和双边科技人文交流机制。

创新引才引智模式，落实习总书记“聚天下英才而用之”的号召，打造海智计划升级版，加强海外人才创新创业基地建设。积极推动离岸基地政策、投融资、人才、服务、孵化、转化、工作支撑等配套建设。继续推动在海内外建立“海智计划”工作基地，着力推动美国、欧洲的基地建设取得新突破，为更加广泛、更加灵活、更加多样地引才引智搭建平台。发挥地方的主体作用，在重点合作国家设立若干离岸创新基地，在国内设立海外智力离岸创业基地。依托“海归创业联盟”，积极组织海外专家回国服务，组织更多原创的海外创新创业项目参加“中国海外人才创新创业项目大赛”，争取更多的海外项目落地。

鼓励学会开展技术转化、研发合作、技术合作以及科普服务，凝聚“一带一路”各主要国家的民心和共识，强化我国科技软实力的辐射影响，为企业走出去和经济产业合作探路先行、搭建平台。贯彻中央关于加强对港澳工作的指示精神和对台工作方针，以做好人脉工作为导向，用品牌项目带动并继续打造港澳台科技人员与青少年的交流平台，推动海峡两岸暨港澳协同创新。

各位委员、同志们：

在科技变革的时代和进军世界科技强国的伟大事业中，唯改革者进，唯创新者强，唯改革创新者胜。让我们更加紧密地团结在以习近平同志为核心的党中央周围，进一步强化责任意识和使命担当，坚定信念、大胆改革、积极作为，以更加锐意进取的精神和优良作风，不断开创科协事业发展新局面，以更加优异的成绩迎接党的十九大胜利召开！

在创新驱动助力工程总结交流会上的讲话

（2017 年 4 月 13 日）

万　钢

尊敬的源潮同志，各位来宾、同志们：

今天，我们召开“中国科协创新驱动助力工程总结交流会”，我代表中国科协向出席会议的各位领导和专家表示热烈的欢迎，向给予会议大力支持的浙江省委、省政府，宁波市委、市政府以及各有关单位表示衷心的感谢!

中国科协从 2014 年开始组织实施创新驱动助力工程，这既是科协组织服务国家创新驱动发展重大战略部署的具体体现，也是科协组织坚决贯彻落实习近平总书记对科技工作和科协工作重要指示精神、深化科协系统改革的重要举措。几年来，助力工程以服务国家重大发展战略为支撑，以提高各级科协和学会组织的工作能力为着力点，把学会优质创新资源引向基层、引入企业，已经成为学会进军经济建设主战场的重要平台。

一是有效辐射国家经济社会和产业发展重点区域。助力工程开展以来，面向全国进行工作布局，基本形成了“点状分布、链状延伸、面状辐射”工作格局，服务区域涵盖 5 个国家全面创新改革试验区、14 个“一带一路”倡议重点省份、9 个“长江经济带”省份以及“京津冀一体化”“海西经济区”等重要战略区域，覆盖面和影响力不断扩大。

二是积极推动地方科协和全国学会进军经济建设主战场。按照“政府主导、企业主体、学会主角、专家主力”的“四方为主”工作模式，促成签订合作协议 2200 多项，落地项目 2300 多项。与 90 多个国家级学会、协会、研究会建立了密切联系，建立了一批创新创业服务基地，在推进地方科技进步、产业转型升级等方面发挥了重要作用。

三是吸引凝聚科技工作者释放创新活力。目前参与助力工程的各类专家已达到 1 万余名，一大批各行业各领域的优秀科技工作者“柔性引进”到地方、企业，为地方区域发展、产业发展升级规划等提供咨询服务，为企业培养培训技术人才。

四是拓展工作创新模式显现示范作用。各地积极探索各具特色的工作模式，集合多方优势创新政产学研协同，初步探索形成了学会企业协同创新联盟模式、智库规划咨询模式、科技金融汇聚模式等十余种工作模式，丰富了工作手段，有效促进产业链、创新链、资金链的融合，示范带动作用显现。

可以说，助力工程有效推动了地方经济社会发展和企业创新发展转型升级，为地方经济社会发展增添了新动能，为科技成果转化探索了新模式，为服务科技工作者创新创业建立了新渠道，为科协系统深化改革探索了新路径，已经成为科协系统服务科技创新、进军经济建设主战场的品牌行动，受到了地方政府、企业和广大科技工作者的欢迎与重视。

2017 年是创新型国家建设进入全面攻坚阶段的一年，也是科协系统全面深化改革和各项部署落实的关键一年。新形势下，助力工程要进一步聚焦区域发展的动力转换和经济转型升级的主攻方向，积极打造助力工程升级版，在组织机制和平台建设上不断实现创新提升，在联系服务科技工作者上取得新实效，在全面深化科协系统改革上取得新实效，在服务创新驱动发展上取得新实效。

一要坚持需求导向、主动供给、两端发力。要重点发挥学会的主体作用，着力在提高为企业服务的针对性上下功夫，紧扣地方经济社会发展重大需求，进一步提高服务创新驱动发展的能力；要主动作为，整合专家资源，将专家资源、智力资源转化成为人才驱动力、知识驱动力，切实把论文写在产品上、研究做在工程中、成果转化在企业里，从供给侧发力提升科技服务产品的质量。

二要坚持示范引领、重点带动、全面创新。要把握主攻方向，配合京津冀协同发展、“一带一路”倡议、长江经济带建设等国家战略，通过试点示范有效辐射覆盖国家经济社会和产业发展重点区域。鼓励资源整合、加强集成，建立创新助力学会企业联合体、产业协同创新共同体等工作平台，通过战略集群方式开展关键共性技术研究，集成力量助力地方相关产业领域的技术创新和产业升级。

三要坚持力量整合、协同创新、合作共赢。要积极推动各级学会和科协建立协同发展机制，建设完善学会专家库、项目库和成果库的全国共享机制，将学会资源引向地方、引向基层。要积极争取地方政府配套支持，为开展助力工程提供人财物保障。联合企业、学会、高等院校、科研院所协同创新，开展科技攻关、科技咨询和成果转化等科技服务，促进产学研深度融合。

四要坚持健全机制、落实到位、确保实效。要进一步完善工作机制和政策措施，集成资源，形成政府领导、科协牵头、部门协同、企业参与的工作机制。建立健全相关配套政策，切实保障助力工程顺利实施。要建立绩效评估机制，注重工作督查，完善工作考评机制，确保创新驱动助力工程取得实效。

同志们：

在科技变革的时代和进军世界科技强国的伟大事业中，唯改革者进，唯创新者强，唯改革创新者胜。让我们更加紧密地团结在以习近平同志为核心的党中央周围，强化责任意识和使命担当，坚定信念、大胆改革、积极作为，不断开创科协事业发展新局面，为国家创新驱动发展做出更大贡献，迎接党的十九大胜利召开！

在科技工作者学习贯彻党的十九大精神座谈会上的讲话

（2017年10月26日）

万　钢

今天，来自不同领域、不同行业的科技工作者，结合自身实际畅谈了对十九大精神的认识体会，大家一致表示坚决拥护以习近平同志为核心的党中央，高度认同习近平新时代中国特色社会主义思想，坚决拥护党的十九大做出的各项战略决策部署，特别是对新时代充分发挥科技界作用，为加快建设创新型国家、建设世界科技强国作出新贡献提出了非常好的意见建议。这充分反映了新时代我国科技界积极响应党中央号召，为实现两个百年宏伟目标奋力拼搏的强烈信念和使命担当。大家的发言令人深受启发、倍感振奋，我深表赞同。在这里，我就学习贯彻党的十九大精神谈几点体会。

第一，深入学习领会十九大的重大意义和精神实质，把学深悟透、知行合一作为科技工作者的思想行动自觉。

党的十九大是在全面建成小康社会决胜阶段、中国特色社会主义进入新时代的关键时期召开的一次十分重要的大会，是一次不忘初心、牢记使命、高举旗帜、团结奋进的大会。大会通过了十八届中央委员会的报告、中央纪律检查委员会工作报告，通过了党章修正案，选举产生了新一届中央委员会和中央纪律检查委员会。这次大会做出的各项决策部署、取得的各项成果，将对决胜全面建成小康社会、开启全面建设社会主义现代化国家新征程，对推进全面从严治党、推进党的建设新的伟大工程，对夺取新时代中国特色社会主义伟大胜利、实现中华民族伟大复兴的中国梦发挥十分重要的指导和保证作用，必将作为党和国家事业发展史上的重要里程碑永载史册。

习近平总书记代表十八届中央委员会作的报告主题鲜明、思想深邃、内涵丰富、博大精深、气势恢宏、催人奋进，是我们党团结带领全国各族人民迈向新时代、开启新征程、续写新篇章的政治宣言和行动纲领，是当前和今后一个时期党和国家事业的总设计、总定向、总指引，是一篇光辉的马克思主义纲领性文献。报告回顾和总结了过去五年的工作和历史性变革，做出了中国特色社会主义进入新时代、我国社会主要矛盾已经转化为人民日益增长的美好生活需要和不平衡不充分的发展之间的矛盾等重大政治论断，深刻阐述了新时代中国共产党的历史使命，确立了新时代中国特色社会主义思想的历史地位，提出了新时代坚持和发展中国特色社会主义的基本方略，确定了决胜全面建成小康社会、开启全面建设社会主义现代化国家新征程的目标，对新时代推进中国特色社会主义伟大事业和党的建设新的伟大工程做出了全面部署。把握报告的精髓，要注重做好“四个深刻学习领会”：深刻学习领会中国特色社会主义进入新时代的新论断，深刻学习领会我国社会主要矛盾发生变化的新特点，深刻学习领会分两步走全面建设社会主义现代化国家的新目标，深刻学习领会党的建设的新要求，切实把思想和行动统一到十九大精神上来。

大会通过了《中国共产党章程（修正案）》，把习近平新时代中国特色社会主义思想写入党章。这次党章修改的内容丰富全面，写入“四个自信”“中国梦”、社会主要矛盾变化的重大政治判断、“五大发展理念”“四个全面”、习近平强军思想、人类命运共同体、“一带一路”，写入“党领导一切”的政治原则和新时代管党治党要求等，充分体现了马克思主义中国化最新成果，充分体现了党的十八大以来党中央提出的治国理政新理念新思想新战略，充分体现了坚持和加强党的领导、全面从严治党的新经验。其中最大的亮点是把习近平新时代中国特色社会主义思想同马克思列宁主义、毛泽东思想、邓小平理论、“三个代表”重要思想、科学发展观一道确立为党的行动指南，顺应了新时代要求，体现了广大党员的共同意愿。习近平新时代中国特色社会主义思想的高度概括和明确提出是马克思主义中国化的又一次伟大飞跃，把我们党对共产党执政规律、社会主义建设规律、人类社会发展规律的认识提高到新的水平，无论在近百年的中国共产党发展史上、在近半个世纪的中国特色社会主义发展史上，还是在决胜全面建成小康社会、夺取新时代中国特色社会主义伟大胜利的新征程中，都具有极其重要而深刻的历史和现实意义。这一思想是管根本、管方向、管长远的。我们每一名科技工作者要深入领会其时代背景、历史地位、科学体系、精神实质、实践要求，深入领会贯穿其中的坚定信仰信念、鲜明人民立场、强烈历史担当、求真务实作风、勇于创新精神和科学方法论，自觉用习近平新时代中国特色社会主义思想武装头脑、指导实践、推动工作。

十九届一中全会选举产生了以习近平同志为核心的新一届中央领导集体，为我们党继续带领全国人民团结奋斗提供了坚强的组织保证。党的十八大以来，习近平总书记作为全党的核心、人民的领袖、军队的统帅，以马克思主义政治家、思想家、理论家、战略家的雄才大略，领导全党进行伟大斗争、建设伟大工程、推进伟大事业、实现伟大梦想，取得了全方位、开创性的成就和深层次、根本性的变革，解决了许多长期想解决而没有解决的难题，办成了许多过去想办而没有办成的大事，推动党和国家事业发生历史性变革，得到了全党全军全国各族人民的衷心拥护和真诚爱戴。有习近平总书记作为党中央和全党的核心，有习近平新时代中国特色社会主义思想的科学指引，党和国家各项事业必将战胜一切艰难险阻，不断夺取新时代中国特色社会主义新胜利。科技工作者要更加紧密地团结在以习近平同志为核心的党中央周围，牢固树立“四个意识”，更加强化“四个自信”，以更加坚定的信念、更加扎实的作为、更加优异的成绩推动党的十九大精神落地生根，把美好蓝图一步接一步地变为现实。

第二，坚决贯彻十九大对科技创新提出的新要求新部署，把加快建设创新型国家作为科技界的神圣使命。

十九大报告共17次提到科技、59次强调创新，天宫、蛟龙、天眼、悟空、墨子、大飞机等重大科技成果一一亮相。报告进一步明确创新对于完成“两步走”战略、实现“两个百年”目标的战略支撑作用，对科技事业提出了许多新要求新期待，蕴含着科技工作者发挥更大作用的新机遇、新空间。

准确把握我国社会主要矛盾变化对优化科技类公共服务的新要求。习近平总书记在十九大报告中指出，中国特色社会主义进入了新时代，这是我国发展新的历史方位；我国社会主要矛盾已经转化为人民日益增长的美好生活需要和不平衡不充分的发展之间的矛盾；提出到2035年基本实现社会主义现代化，经济实力、科技实力将大幅跃升，跻身创新型国家前列，到21世纪中叶建成富强、民主、文明、和谐、美丽的社会主义现代化强国。新时代、新方位、新矛盾、新目标对我国科技创新提出了新的要求和新的命题。科技创新不仅关乎广大人民物质生活水平的提升，也关乎人民群众在经济、政治、社会、文化、生态等方面的需要，对创新的科技成果、有益的科学知识、高尚的科学精神、有效的科学方法的需要同样是人民对美好生活需要的重要组成部分。科技工作者应当深入贯彻新发展理念，努力提供更多、更优的科技类公共服务产品，为解决发展不平衡不充分问题，更好满足人民群众对美好生活的向往，不断增强人民的获得感、幸福感、安全感做出积极贡献。

准确把握现代化经济体系对加强科技战略支撑的新要求。十九大报告将以创新为首的新发展理念作为新时代坚持和发展中国特色社会主义的基本方略之一，将创新驱动发展战略作为全面建成小康社会决胜期的七大战略之一，明确提出“创新是引领发展的第一动力”，明确提出建设科技强国、质量强国、航天强国、网络强国、交通强国，并从强化基础研究、加强应用基础研究、加强国家创新体系建设、倡导创新文化以及培养造就国际水平人才队伍等方面提出明确要求。这些新思想、新理念为科技创新开启了新征程、拓宽了新思路。可以预见，新一轮科技创新热潮正奔涌而来，将成为引领我国实现2035年和2050年阶段性目标、支撑中华民族实现百年梦想的重要力量。科技工作者要以强化自主创新供给能力为重点，着力支撑供给侧结构性改革，掌握核心技术的自主知识产权，全力攻克产业转型升级和保障国家安全的关键技术瓶颈，推动我国相关产业和产品不断向全球价值链中高端跃升。

坚定创新自信，强化创新作为。党的十八大以来的五年是我国科技实力快速提升、重大科研成果不断涌现的五年。2016年，我国国家创新指数排名上升至世界第17位，科技进步贡献率从2012年的52.2%增至2016年的56.2%，发明专利申请量连续6年位居世界第一，科学、技术、工程的多个领域实现从跟跑、并跑到领跑的突破，成就举世瞩目。特别是大力实施创新驱动发展战略，为经济发展新常态提供发展新动能、改造提升传统动能发挥了支撑引领作用。在2017年5月开展的第四次全国科技工作者状况调查中，71.3%的科技工作者认为“我国科技整体能力持续提升，一些重要领域方向跻身世界先进行列，主要得益于我国的国情体制”，反映出中国特色自主创新道路得到广大科技工作者的普遍认可。当前，我国一些重要领域已跻身世界前列，今后会有更多的领域实现并跑、领跑，但我们还是要保持清醒的头脑，要充分认识到全面跟踪和“三跑”并存都存在着风险和问题。华为总裁任正非在“科技三会”时曾说，“以前我们跟着人家，现在走在前面进入无人区。但是无人区挺难的，不少公司走到世界前列后迷失了方向。”因此，进入引领领域后，很重要的是继续学习，避免故步自封，要把经济强国和科技强国建设结合在一起，掌握制定市场规则的能力；要抓准有可能实现弯道超车的并跑领域，弯道超车也是有风险的，弯道本身车就不好开，弯道里面还要加油，没有点儿真本事不行；要对落后的领域实施差异化追赶，实施差异化战略。科学家要有宏观的眼光，也要有扎实的工作，要大力弘扬严谨求实、勇于创新的精神，不畏艰难，勇攀高峰。今天的中国科技工作者拥有比以往任何时候都更加充足的创新底气和更加强大的创新自信。我们要树立敢为天下先的志向，敢于走别人没有走过的路，坚持面向世界科技前沿，自由畅想、大胆假设、认真求证，在独创独有上下功夫，在重大科学问题上取得一批原创性突破，掌握一批重大颠覆性技术创新成果，为我国在战略高技术领域实现弯道超车提供有力支持。

第三，积极响应十九大对群团发展的新要求和对科技工作者的新期待，把更好地引领科技工作者、服务科技工作者作为科协组织的不懈追求。

党的十九大报告提出，要增强群众工作本领，创新群众工作体制机制和方式方法，推动群团组织增强政治性、先进性、群众性，发挥联系群众的桥梁纽带作用，组织动员广大人民群众坚定不移跟党走。科协系统要深入学习贯彻十九大报告精神和习近平总书记关于群团改革工作的重要指示精神，在中国特色社会主义群团发展道路上走在前列、做出表率。

把学习宣传贯彻党的十九大精神作为首要政治任务。要按照习近平总书记在参加十九大贵州省代表团分组讨论时的重要讲话要求，加强顶层设计，强化政治导向，做出专题部署，提出具体要求，着力抓实见效，组织带领广大科技工作者学精神、明方向、知使命，在科技工作者中迅速兴起学习宣传贯彻党的十九大精神的热潮。要坚持团结稳定鼓劲、正面宣传为主的方针，不断创新方式方法，在拓展广度深度上下功夫，努力增强学习宣传贯彻党的十九大精神的吸引力、感染力和针对性、实效性。要开设媒体专栏、专题，组织好集中宣讲活动，采取科技工作者喜闻乐见的形式，把党的十九大精神讲清楚、讲明白，注重运用微博客、社交网络和移动多媒体等新技术新手段，推动党的十九大精神进高校、进院所、进企业、进农村、进社区，让基层一线的科技工作者听得懂、能领会、可落实。要及时了解科技工作者对党的十九大的反响，密切关注科技界舆情，营造学习宣传十九大的浓厚氛围。

把学习宣传贯彻党的十九大精神作为不断深化科协系统改革的总要求。要以十九大精神为开展各项工作的总指针，自觉担负起时代赋予科协组织的新使命，不断识变、应变、求变，把雷厉风行和久久为功有机结合起来，勇于攻坚克难，以“钉钉子精神”推动科协事业转型升级。要在党和国家事业发展大局中准确定位科协事业发展，切实增强自我革新的勇气，加快改革创新的步伐，把十九大精神有效落实到科协组织改革发展的实践中，化为科协事业繁荣发展的强大动力。要充分激发学会依章程独立自主开展活动的活力，提高创新和服务能力。要在改革中扩大各级科协组织覆盖面，加强与企业、高校、农技协的联系，使工作重心和资源向基层一线科技工作者倾斜。要以工作手段的信息化、组织建设的网络化、治理方式的现代化推进开放型、平台型、枢纽型科协组织建设，实现科协事业的转型升级。

把学习宣传贯彻党的十九大精神作为科协组织联系服务引领广大科技工作者的总抓手。根据中国科协开展的十九大反响快速调查，科技工作者期待科协组织充分发挥党和政府联系科技工作者的桥梁纽带作用，在优化科研环境和评价机制（63.8%）、搭建高水平学术交流平台（54.2%）、维护科技工作者合法权益（43.2%）等方面发挥作用。习近平总书记在十九大报告中指出，必须坚持以人民为中心的发展思想。党的要求、科技工作者的期待就是科协组织的工作目标和努力方向。我们要把为科技工作者服务作为我们的中心工作，尽心尽力为科技工作者服务。要突出科协组织政治性的鲜明本色，加强和改进对科技工作者的思想政治引领，通过丰富工作载体、强化组织保障、创新方式方法引领科技工作者坚定不移听党话、跟党走；充分发挥科协组织先进性的天然优势，着力提升科技公共服务能力，组织动员广大科技工作者积极参与创新争先行动，进军科技创新和经济建设主战场；坚持群众性的发展要求，增强群众工作本领，创新有效联系服务科技工作者的体制机制和方式方法，不断提升团结引领科技工作者的能力。要为尽心尽力为科技工作者优化创新环境、维护合法权益，倡导形成鼓励创新、宽容失败的创新文化氛围。发挥自身优势，参与加强科技创新人才队伍建设，广泛搭平台、拓渠道、建机制、优服务，培养造就一大批具有国际水平的战略科技人才、科技领军人才、青年科技人才和高水平创新团队，努力形成人人渴望成才、人人努力成才、人人皆可成才、人人尽展其才的良好局面。

各位科技界同人、同志们，新时代要有新气象，更要有新作为。让我们切实肩负起新时代赋予科技工作者的神圣职责，砥砺奋进，锐意创新，勇担重任，勇攀高峰，努力在创新发展新征程中挥洒汗水，在决胜全面建成小康社会、夺取新时代伟大胜利中贡献力量，向着世界科技强国不断前进，向着中华民族伟大复兴不断前进。

在科技工作者学习贯彻党的十九大精神座谈会上的讲话

（2017年10月26日）

怀进鹏

今天，我们在这里召开科技工作者学习贯彻党的十九大精神座谈会，主要任务是：认真学习党的十九大精神，深刻领会习近平新时代中国特色社会主义思想的科学内涵和精神实质，准确把握新时代坚持和发展中国特色社会主义对科技创新提出的新要求新期待，切实把科技工作者的思想和行动统一到党的十九大精神上来，团结引领广大科技工作者为建设世界科技强国、实现中华民族伟大复兴中国梦、实现人民对美好生活的向往不懈奋斗。

刚才，著名科学家、青年科学家和一线科普工作者，还有学会、地方科协的同志们，从各自领域、不同角度深入交流了学习贯彻党的十九大精神的见解和体会，我感觉收获颇丰。大家一致表示高度认同习近平新时代中国特色社会主义思想，坚决拥护以习近平同志为核心的党中央，坚决拥护党的十九大做出的各项战略决策部署，决心把思想和行动统一到党的十九大精神上来，把智慧和力量凝聚到落实党的十九大提出的各项任务上来，在新时代要以强烈的信念和使命担当充分发挥科技界的作用，为实现“两个百年”宏伟目标奋力拼搏。大家还围绕为加快建设创新型国家、建设世界科技强国做出新贡献提出意见建议。中国科协将研究大家的宝贵意见、建议并结合到相关工作中。

党的十九大报告思想深邃、内涵丰富、体系严整、博大精深，是新思想新理论的“宝库”，需要不断深学悟透。由于时间的关系，大家今天的发言还意犹未尽，但今天的学习交流只是一个开端。这次座谈会后，科技界还要迅速掀起学习宣传贯彻党的十九大精神的热潮，要把学习贯彻十九大精神落实在行动上、岗位上，用心去领悟，把自己摆进去，把工作摆进去，要观大势、定大局、谋大局，做好战略规划，把学习十九大精神和总书记在“科技三会”讲话精神结合起来，与群团改革工作结合起来，与科协工作、科技创新工作结合起来，以便更好地学习领会、学思践悟，把工作落到实处，真正做到不忘初心。立下初心不容易，坚守初心、实现初心更不容易。面临世界科技变革和经济社会发展的浪潮，我们还有很多要攻克的难关和亟待解决的新问题，这就要求我们保持清醒和冷静的头脑，团结引领好广大科技工作者，共同为建设社会主义现代化强国做出我们应有的贡献。

关于科协系统学习宣传贯彻党的十九大精神的组织领导、工作任务等，中国科协将按照中央统一部署，专门研究实施方案，明确相关具体要求。这里，我就科协系统学习贯彻党的十九大精神讲三点工作要求，概括为六个字。

第一，学透。要把学习宣传贯彻党的十九大精神作为当前和今后的首要政治任务，要认真研读党的十九大报告和党章，准确领会把握党的十九大精神的思想精髓、核心要义，原原本本、原汁原味学习好党的十九大精神；要面向全体党员开展多形式、分层次、全覆盖的学习培训。同时，要把学习成果落实到岗位上、落实到行动上，切实增强政治意识、大局意识、核心意识、看齐意识，坚决拥护和捍卫习近平同志为党的核心、党中央的核心；坚决拥护党中央权威和集中统一领导；坚定不移地用习近平新时代中国特色社会主义思想武装头脑、指导实践、推动工作；坚定执行党的政治路线，严格遵守政治纪律和政治规矩，在政治立场、政治方向、政治原则、政治道路上同党中央保持高度一致。

第二，使命。科协系统要按照党的十九大提出的新时代新部署，准确把握我国发展新的历史方位对更好履行新时代科协职责使命的新要求，准确把握我国社会主要矛盾变化对全面优化科技类公共服务的新要求，准确把握现代化经济体系对着力加强科技战略支撑的新要求，准确把握全面增强执政本领对全面提升“四服务”能力的新要求，准确把握新时代全面从严治党对推进科协系统党的建设的新要求，切实增强新时代科协组织的使命担当。科协组织要提振改革创新精神，增强群众工作本领，创新群众工作体制机制和方式方法，进一步增强政治性、先进性、群众性，充分发挥联系群众的桥梁纽带作用，更好地组织动员广大科技工作者坚定不移跟党走。

第三，作为。习近平总书记在同中外记者见面会上指出，新时代要有新气象，更要有新作为。新时代是伟大的时代，是广大科技工作者大有作为的时代。科协系统要更好地履行职责使命，在新时代中国特色社会主义新征程中贡献科协力量，为中央做好参谋，建设好科技工作者之家，更好地发挥“四服务”职能，为新时代新征程做出科协新贡献。要号召广大科技工作者以更加昂扬的精神状态，积极进军科技创新和经济建设主战场，积极参与实施科教兴国、人才强国、创新驱动发展、乡村振兴、区域协调发展、可持续发展等国家战略，积极投身建设科技强国、质量强国、航天强国、网络强国、交通强国、数字中国、智慧社会，深入开展创新争先行动，短板攻坚争先突破，前沿探索争相领跑，转化创业争当先锋，普及服务争作贡献，在新时代中国特色社会主义新征程中贡献智慧力量。

明年是中国科协第一个甲子，我们要更加紧密团结在以习近平同志为核心的党中央周围，高举中国特色社会主义伟大旗帜，认真学习贯彻习近平新时代中国特色社会主义思想，锐意进取，埋头苦干，勠力同心，团结拼搏，以改革创新精神推动科协事业转型升级，奋力打造新时代科协发展新格局。我们也期望广大科技工作者在下一步工作当中给我们提出更多的建议和期待，我们将不负众望、努力向前、坚守使命，为决胜全面建成小康社会、夺取新时代中国特色社会主义伟大胜利、实现中华民族伟大复兴的中国梦、实现人民对美好生活的向往继续奋斗。

在中国科协学习贯彻党的十九大精神党员干部大会上的讲话

（2017年10月27日）

怀进鹏

党的十九大是在全面建成小康社会决胜阶段、中国特色社会主义进入新时代的关键时期召开的一次十分重要的大会。中国科协作为党领导下的人民团体，必须旗帜鲜明讲政治，把学习宣传贯彻党的十九大精神作为首要政治任务，作为第一要务、第一行动、第一考验，引导科协系统党员干部和广大科技工作者自觉做习近平新时代中国特色社会主义思想的忠实践行者、维护者和传播者。

一、充分认识党的十九大的划时代重大意义

党的十九大报告主题鲜明、思想深邃、内涵丰富、博大精深、气势恢宏、催人奋进，是一篇举旗帜、指方向、明方略、绘蓝图的政治报告，是坚持战略思维和系统思维、坚持问题导向和问题意识、坚持从实际出发、解放思想、与时俱进的马克思主义光辉文献，是迈向新时代、开启新征程、续写新篇章的政治宣言和行动纲领。

第一，充分认识把习近平新时代中国特色社会主义思想确立为党的指导思想的重大意义。

确立习近平新时代中国特色社会主义思想，是党的十九大最重要的理论创新。围绕回答新时代坚持和发展什么样的中国特色社会主义、怎样坚持和发展中国特色社会主义这个重大时代课题，我们党以全新的视野深化对共产党执政规律、社会主义建设规律、人类社会发展规律的认识，进行艰辛理论探索，创立了习近平新时代中国特色社会主义思想。习近平新时代中国特色社会主义思想是马克思主义中国化的最新成果，是党和人民实践经验和集体智慧的结晶，是中国特色社会主义理论体系的重要组成部分，是全党全国人民为实现中华民族伟大复兴而奋斗的行动指南，是马克思列宁主义同中国实际相结合的又一次历史性飞跃，开辟了马克思主义新境界、中国特色社会主义新境界、党治国理政新境界、管党治党新境界。

习近平新时代中国特色社会主义思想蕴含着“八个明确”“十四个坚持”基本方略等丰富内容，突出体现了坚持真理的继承性、与时俱进的创新性、不忘初心的人民性、把握规律的科学性。习近平总书记为新思想创立发挥了决定性的作用，做出了决定性贡献。中国科协召开的各类座谈会、组织的问卷调查中，科技工作者都衷心拥护以习近平同志为核心的党中央，衷心拥护新思想。科协系统党员干部要不断增强对新思想的政治认同、思想认同、理论认同和情感认同，坚定地在思想上高度信赖核心、感情上衷心爱戴核心、政治上坚决维护核心、组织上自觉服从核心、行动上始终紧跟核心。

第二，充分认识五年来我国社会主义现代化建设的历史性成就和历史性变革。

党的十八大以来的五年是党和国家发展进程中极不平凡的五年。五年来的成就是全方位、开创性的，五年来的变革是深层次的、根本性的。在“五位一体”“四个全面”等国家发展战略的出台和落实中，在治国理政的一系列重大实践中，真正实现了报告所提的“解决了许多长期想解决而没有解决的难题，办成了许多过去想办而没有办成的大事”。中国前所未有地走近世界舞台的中央，比历史上任何时期都更接近、更有信心和能力实现中华民族伟大复兴的目标。

党的十八大以来的五年也是重塑清朗政治生态的五年。党的十八大以来，在以习近平同志为核心的党中央坚强领导下，坚持反腐败无禁区、全覆盖、零容忍，反腐败斗争压倒性态势已经形成并巩固发展。据了解，在为明年年初人大、政府、政协换届选举而进行的新一轮干部考察中，还没有发现打招呼、打电话、递条子的情况，风清气正的政治生态已经形成。五年来，以党风建设带动政风建设，进而推动社会风气极大好转，是彪炳史册的历史功绩。

党的十八大以来的五年也是创新能力显著增强的五年。我国在基础研究、前沿技术等领域的重大突破不断涌现，高被引论文数和全球创新指数排名不断提升，发明专利申请数量连续6年居世界首位。英国《经济学人》文章谈到，以往中国的创新等同于抄袭和山寨，现在创新的动力来自大胆、才华横溢、有着全球理想的创业者。中国公司在金融科技领域获得投资成为全球翘楚，并在其他领域接近美国。中国的89个独角兽（价值10亿美元以上的创业公司）价值超过3500亿美元，接近美国同类公司的综合估值。“蚂蚁金服”的估值超过600亿美元。在人工智能、虚拟现实以及机器人自动驾驶等诸多领域，中国的投入已居全球前五位，有的成为领跑者。中国的工程师数量为380万人，居全球第一，每年培养毕业生超过日本、美国、欧洲和日本的总和。从这些数字可以看到中国未来持久的创造力。中国科技人员的“四个自信”显著增强。在2017年5月开展的第四次全国科技工作者状况调查中，71.3%的科技工作者认为“我国科技整体能力持续提升，一些重要领域方向跻身世界先进行列，主要得益于我国的国情体制”，反映出中国特色自主创新道路得到广大科技工作者的普遍认可。今天的中国科技工作者拥有比以往任何时候都更加充足的创新底气、更加强大的敢为天下先的创新自信。

我们深刻认识到，之所以能取得这样伟大的历史性成就、发生历史性变革，根本在于我们党有以习近平同志为核心的党中央的坚强领导，根本在于新时代中国特色社会主义思想的科学指引，根本在于中国特色社会主义制度的巨大优越性和蓬勃生命力。中国科协要引导广大科技工作者进一步树立创新自信，更加坚定听党话跟党走的决心，坚定不移走中国特色自主创新道路。

第三，充分认识新时代开启全面建设社会主义现代化国家新征程的战略部署。

中国特色社会主义进入了新时代，是我国发展的新的历史方位。据我们对1.37万名科技工作者的在线问卷调查显示，97.8%的科技工作者表示“比较认同”或“非常认同”十九大报告关于新时代的历史方位的政治论断。科技工作者普遍认识到，我们比历史上任何时期都更有信心、更有能力跻身创新型国家前列、实现两个百年目标。党的十九大对第二个百年目标进行战略规划，将新征程分为两个阶段。第一个阶段从2020年到2035年，在全面建成小康社会的基础上，再奋斗15年，基本实现社会主义现代化；第二个阶段从2035年到21世纪中叶，在基本实现现代化的基础上，再奋斗15年，把我国建成富强民主文明和谐美丽的社会主义现代化强国。从党的十九大到二十大是“两个百年”目标的历史交汇期。我们既要全面建成小康社会、实现第一个百年目标，又要乘势而上，开启全面建设社会主义现代化国家新征程，向第二个百年目标进军。党的十九大的重大战略部署很多都与科技工作者、科协组织息息相关。中国科协要团结引领广大科技工作者紧密结合两个阶段的战略安排，加快建设创新型国家，为实现党的十九大确立的战略目标做出应有贡献。

二、准确把握党的十九大提出的新要求新期待，切实增强新时代科协组织的使命担当

党的十九大报告对党和国家各项工作提出了许多新要求新期待。科协组织致力于为第一资源服务、推动第一动力发展，这些要求和期待蕴涵着科协大有可为的新机遇新空间。我们要着眼新时代党和国家工作大局，准确把握科协工作战略定位，切实增强科协组织的使命担当。

一是准确把握我国发展新的历史方位对履行新时代科协职责使命的新要求。习近平总书记指出，中国特色社会主义进入了新时代，这是我国发展新的历史方位。新时代的科协工作要有新使命、新格局、新气象、新作为。要着眼新的历史方位，围绕分两步走全面建设社会主义现代化国家的新目标，前瞻筹划科协改革发展的战略目标、战略思路和战略举措。要准确把握科协工作在新时代中国特色社会主义发展大局中的功能定位，科学分析科协组织在新时代的新任务新使命，以新时代标准和要求推动落实科协创新发展新举措，充分发挥科协组织健全、人才荟萃、智力密集等独特优势，在新时代新征程中找准科协的可为之处、实现科协的有为之举，形成科协贯彻落实党的十九大精神的生动实践。

二是准确把握我国社会主要矛盾变化对优化科技类公共服务产品供给的新要求。习近平总书记指出，我国社会主要矛盾的变化是关系全局的历史性变化。新矛盾对科技工作提出了新任务新要求，需要科技创新在推动解决发展不平衡不充分方面发挥更大作用，把科技强国对质量强国、航天强国、网络强国、交通强国、数字中国、智慧社会的基础支撑作用充分发挥出来，让科技更好惠及民生、创造人民美好生活。要突出问题导向，聚焦发展不平衡不充分的领域，创新服务学术活动机制，着力拓展专业深度，优化创新环境。创新服务科技成果转化机制，着力提升融合力度，引导学会助力创新驱动发展。创新科学文化公共服务机制，着力扩大服务广度，构建普惠共享的现代科普体系。要深刻认识从富起来到强起来的过程也是从资源驱动向创新驱动跃升的深刻变革。当今时代很多领域进入“无人区”，没有标杆，也无人追随，恰是“无用之用、是为大用”的时代，应更好发挥智库功能，放大“思想就是创造力”效应，助力创新发展，服务党和政府科学决策。

三是准确把握建设现代化经济体系对加强科技战略支撑的新要求。党的十九大报告首次提出“建设现代化经济体系”，强调创新是引领发展的第一动力、是建设现代化经济体系的战略支撑。科协组织要引导科技工作者潜心基础前沿研究，攻克技术难关，推进成果转化。助推科技体制改革，加强国家创新体系建设，大力营造有利于原创成果涌现、创新人才辈出的良好环境。改革人才服务机制，提升科协组织对科技人才的凝聚力、亲和力，助力培养造就各类战略科技人才、科技领军人才、青年科技人才和高水平创新团队。大力弘扬科学精神，普及科学知识，着力提高全民科学素质。坚决维护科研诚信，营造健康学术生态。充分发挥科协组织在推动民间交流、促进民心相通等方面的独特优势，打造国际合作交流新平台，积极参与构建人类命运共同体。

四是准确把握全面增强执政本领对提升科协“四服务”能力的新要求。党的十九大报告提出全面增强执政本领，强调要增强群众工作本领，这对新时代科协组织提出了新的更高要求。科协组织要履行好习近平总书记提出的为科技工作者服务、为创新驱动发展服务、为提高全民科学素质服务、为党和政府科学决策服务的“四服务”职责定位，既要政治过硬，也要本领高强。要全面提升服务科技工作者的能力，从根本上破解联系科技工作者不亲、不紧问题。全面提升服务创新驱动发展的能力，共同营造良好学术生态，引导激励科技工作者做出更多贡献。全面提升服务全民科学文化素质提高的能力，为社会公众提供多样化、高质量的科普服务精品。全面提升服务党和政府科学决策的能力，努力把科技工作者的创新思想提升为创造力、形成影响力，为党和政府科学决策提供有力支撑。科协作为党领导下的群团组织，要深入践行党的群众路线，更好履行组织群众、宣传群众、凝聚群众、服务群众的职责，不断增强群众工作本领，广泛搭平台、拓渠道、建机制、优服务，创新有效联系服务科技工作者的体制机制和方式方法，不断提升团结引领科技工作者的能力。

五是准确把握新时代全面从严治党对推进科协系统党的建设的新要求。习近平总书记指出，全面从严治党不仅是党长期执政的根本要求，也是实现中华民族伟大复兴的根本保证。党的十九大报告提出，中国特色社会主义进入新时代，我们党一定要有新气象新作为。科协是党领导下的人民团体，既是群众组织，更是政治组织，要按照中央统一部署，结合科协实际，深入开展“不忘初心、牢记使命，筑牢基础、忠诚担当”支部创新活动。坚决落实任期全覆盖要求，完善巡视工作格局，把学习宣传贯彻党的十九大精神作为重要内容，发挥巡视利剑作用，强化巡视成果运用，营造风清气正的良好政治生态。科协系统各级党组织必须持之以恒、善作善成，把管党治党的螺丝拧得更紧，强化推进全面从严治党的政策设计，使思路举措更加科学、更加严密、更加有效，推动全面从严治党向纵深发展。

三、切实学懂弄通做实党的十九大精神，推进科协系统展现新气象新作为

中国科协旗帜鲜明讲政治，提高政治站位，履行政治责任，深入贯彻习近平总书记关于学懂弄通做实的重要指示和《中共中央关于认真学习贯彻党的十九大精神的决定》精神，坚决把思想和行动统一到习近平新时代中国特色社会主义思想上来，把学习贯彻成果转化为科协系统深化改革的强大动力。

一是全面认真贯彻中央精神。坚持以贯彻落实习近平新时代中国特色社会主义思想为主线，以中央党的群团工作会议精神和习近平总书记在全国“科技三会”上的重要讲话精神为指导，以把广大科技工作者更加紧密地团结在以习近平同志为核心的党中央周围、夯实党在科技界的执政基础为根本目标，以学懂、弄通、做实为总要求，制定发布《中国科协关于认真学习宣传贯彻党的十九大精神的实施方案》，不断强化政治引领、坚持知行合一、加强系统协同、创新实践载体，梯次推进、不断深化，把学习宣传贯彻党的十九大精神引入深入。

二是加强顶层设计统筹部署。坚持全面准确和突出重点并重、统一部署和创新推进并重、抓好机关和抓好系统并重、学懂弄通和抓实见效并重，突出整体性、关联性、协同性，努力做到规定动作不走样、自选动作有特色。科协党组要率先垂范、以上率下、周密部署，深入开展学习宣传贯彻和调研督导。全国学会和地方科协也要积极行动起来，有落实、有督导、有反馈，迅速形成学习宣传、抓实见效的闭环。

三是明确工作要求。深刻认识科协组织客观存在的群众组织力不足、创新力不足、引领不充分、发展不平衡不充分等突出问题，坚持“学”字当头、“抢”字当先、“变”字在肩，把自己摆进去，把党员身份摆进去，把工作摆进去，把科协系统摆进去。强调主动识变应变求变，自觉转变思想观念、转变措施方法、转变目标标准，重塑工作格局。强调明确职责定位，突出“顾客”需求和问题导向，不忘初心、牢记使命，传承发展、创新争先，把党的十九大精神切实贯彻落实到科协工作的各个环节、各个方面。

四是突出实践主题。密切联系实际，在科协系统集中开展“新时代创新先锋”主题实践活动，全面提升群众组织力，做坚定执行党的群众路线的创新先锋；全面提升战略支撑力，做现代化经济体系建设的创新先锋；全面提升科普品牌力，做提高国民素质的创新先锋；全面提升科协组织软实力，做服务治理能力现代化的创新先锋；全面提升创新文化感召力，做中国特色社会主义文化的创新先锋。坚持全面从严治党，为全面贯彻落实党的十九大精神提供坚强保障。强化支撑体系，实施新时代创新先锋行动计划，开展新时代群众组织力提升行动，建设科协服务效能提升工程。

五是强化组织保障。加强领导、强化责任，把学习宣传贯彻党的十九大精神作为首要政治任务，作为第一要务、第一行动、第一考验。把握方向、凝聚力量，落实意识形态工作责任制。严督实导、确保实效，加强绩效考核问责，加强专项督查，建立监测考核机制，将评估结果纳入关键绩效指标考核。增强认识论自觉，把学习与实践结合起来，真正说到做到，把方案举措变成实际行动；增强方法论自觉，突出重点，抓住关键，举一反三，把大事想清楚，把难题解明白，抓住重点推动全局；增强实践论自觉，突出任务安排可操作、可检验、可考核性，把实施方案流程化、模块化；增强协同论自觉，加强部门、单位协同，搞好大合唱。

有梦想就有未来，有自信就有自强。让我们紧密团结在以习近平同志为核心的党中央周围，以习近平新时代中国特色社会主义思想为开展科协各项工作的总指针，砥砺奋进，锐意创新，立足新时代新起点，实现科协事业新气象新作为，不负党的重托，不负广大科技工作者的热望，不负科协组织的初心和伟大时代赋予我们的光荣使命。

为奔向世界科技强国插上科幻翅膀

——在2017中国科幻大会开幕式上的致辞

（2017 年 11 月 11 日）

怀进鹏

尊敬的尹力省长、范锐平书记、马识途先生、谢和平院士，尊敬的各位领导、各位嘉宾，女士们、先生们：

在举国上下深入学习宣传贯彻党的十九大精神之际，2017 中国科幻大会在美丽的蓉城开幕了。我代表中国科协向大会的召开表示热烈祝贺，向参加本次大会的科幻作家、科幻产业者、“幻迷”朋友们致以诚挚的问候，向长期以来关心支持中国科普科幻工作的海内外朋友们，向为本次大会提供大力支持的四川省、成都市以及腾讯公司表示衷心的感谢！

党的十九大开启了中国特色社会主义新时代，在以习近平同志为核心的党中央坚强领导下，中华民族光辉灿烂的前景正向我们走来。十九大报告明确提出“创新是引领发展的第一动力”，明确将创新驱动发展战略作为决胜全面建成小康社会的七大战略之一，明确提出建设科技强国，我国科技事业必将获得更大发展，在新起点上迎来又一个生机勃勃的春天。如期实现“两个一百年”奋斗目标，满足人民对美好生活的新期待，必须依靠科技创新支撑，必须大力倡导创新文化。科学幻想是沟通科学与人文、自然与社会的桥梁，它根植于科技创新，服务于广大人民，是新时代科技事业和社会主义文化的重要组成部分。繁荣科幻创作、发展科幻事业，有利于激发全民族创新创造活力、提升全民科学素质、夯实进军世界科技强国的社会文化基础。借此机会，我想就进入新时代的中国发展对科幻事业的新要求，与大家交流。

第一，从历史发展规律看，世界科技强国的形成离不开科幻助推。培根说，知识就是力量。爱因斯坦说，想象力比知识更重要。当今时代，思想就是创造力。纵观科技文明的历史，人类从来没有停下科学幻想的脚步。开普勒关于天体引力的猜想启发了牛顿对万有引力定律的研究，奥威尔在《获得自由的世界》对“超级炸弹”的设想启发了物理学家西拉德推算出原子可控链式反应方程式，凡尔纳《海底两万里》中的“鹦鹉螺”号为“现代潜水艇之父”西蒙·莱克提供了灵感，爱因斯坦关于引力波和量子电磁波的天才假设在百年之后得到了 LIGO 和“墨子号”卫星的验证。无数事实表明，立足科学、大胆假设、敢于猜想，激发最新奇的科学发现，催生最炫丽的技术发明，历来都是科学幻想的力量所在。正是因为对太空的向往，才有了飞机、火箭、载人飞船的发明；正是因为对大海的向往，才有了轮船、潜艇、蛟龙号的创造。

我国的幻想文化源远流长，后羿射日、嫦娥奔月、屈原《天问》和古典名著《西游记》无一不是民族想象力的杰作。四川的三星堆文明给人们留下许多难解之谜，引发关于史前文明、外星文明的无穷想象，也许其中就蕴含着重大的科学问题。中华民族是最富想象力的民族，中国梦是当今时代最伟大、最美好的想象。随着我国日益走近世界科技舞台中央，预计将在越来越多的领域进入"无人区"，处在无人领航、无既定规则、无人跟随的白境。广大科幻工作者要弘扬创新精神、紧盯科技前沿，为科学研究提供天马行空的想象力，为创新创业提供无穷无尽的可能性，把科学幻想、人类情思、社会理想融为一体，引导人们追求科学、追求真善美、追求正义进步，为建设世界科技强国增添强大动力。

第二，从人才成长规律看，青少年的科学梦想需要科幻启迪。青少年是祖国的未来、科技事业的希望所在，少年强则国家强。科幻能够为青少年提供最为丰富的想象空间，点燃青少年的科学梦想，让孩子们的目光投向科技发展的最前沿，从小培养他们的科学兴趣、科学思维、科学精神，长大后为社会、为国家、为人类创新创造。很多科学家正是因为小时候受到优秀科幻作品的吸引，才把科学事业作为人生理想和追求。这个世界有很多谜——其他星球有人吗？地球和月亮之间会不会有战争？这些孩子们经常提出的问题，家长可能回答不了，但可以通过科幻故事来启发他们的好奇，领悟问题的答案，传递真善美的价值观，让青少年在享受精神大餐中激发科学兴趣。好的科幻作品既是引人入胜的文学艺术，也是激发想象的科普作品，能够启迪科学理想、萌发科学创意。对很多人来说，《星球大战》就是儿时的一个梦想，虽然它已经过去几十年了，但仍然是一部跨时代科幻巨著，吸引着世界数以千万计的青少年粉丝。《三体》描绘了人口膨胀、过度工业化、环境污染、资源枯竭等极端情况下的未来人类生活，蕴含着引力波、量子等大量的知识，很多内容走进了中学物理课堂。越来越多的青少年成为"三体迷"，进而对科学爱得不可自拔。

党的十九大提出，要倡导创新文化，培养造就一大批具有国际水平的战略科技人才、科技领军人才、青年科技人才和高水平创新团队。我们要通过优秀的科幻作品激发、培养和保持青少年的科学兴趣，在他们心中播下科学的种子，长大后肩负起振兴祖国科技事业的历史使命，把科学探索的足迹留在祖国大地、走遍世界角落，把光荣和梦想铸就在实现中华民族伟大复兴、构建人类命运共同体的新时代、新使命和新征程中。

第三，从世界科技强国建设看，中国科普科幻事业正迎来黄金时期、走向新时代。近年来，我国科幻事业取得长足发展，涌现出一大批优秀科幻作家和作品，刘慈欣的《三体》获得世界科幻大会雨果奖，中国科幻文学从小众走向大众、从个体创作到集群创作、从小说到全产业、从国内走向国际。但从人民对美好生活的向往与科幻产业发展质量不平衡不充分的矛盾来看，与国际先进水平相比，我国科普科幻还有不少短板亟待突破，比如科普科幻作品总量少、精品少，全国科幻组织和国家级科幻奖项缺乏，科幻产业成熟度低，科幻影视、漫画、游戏、主题公园等方面刚刚起步，深受青少年喜爱的科幻大片主要还是舶来品。时代在召唤，人民有需求，希望更多优秀人才加入这一充满期望和竞争的事业中，希望科普科幻工作者坚持以人民为中心的创作导向，努力为人民群众特别是青少年提供更多更好的科普科幻作品。一是让科普科幻传播插上互联网的翅膀，更惠及人民，更好地走进千家万户。二是大力打造科普科幻文化创意产业，让科普科幻事业插上产业化的翅膀，促进好的科幻 IP 及时转化，为科幻受众提供更多更好的科幻精品。三是让科普科幻交流插上国际化的翅膀，加强国际交流合作，既要学习借鉴国外科幻创作、科幻人才培养和科幻产业化发展经验，更要推动中国科普科幻走出国门，提高国家文化自信与软实力。

有自信就有力量，有梦想就有未来。立足新时代新起点，科普科幻事业要有新气象新作为。中国科协将把创新科普科幻作为贯彻十九大精神、促进科协改革发展的大事来抓，大力支持科幻创作，积极发现培养科普科幻人才，广泛动员社会力量参与科普科幻事业。希望科普科幻工作者强化使命担当，用一系列展现中国意象、中国风格、中国气派的科普科幻作品畅想科技未来、传播科学知识、弘扬科学精神，为建设世界科技强国、实现中华民族伟大复兴谱写梦幻篇章。

最后，预祝本次科幻大会取得圆满成功！谢谢大家！

在2017年地方科协工作座谈会上的讲话

（2017年1月12日，根据录音整理）

尚　勇

今天，中国科协九届二次全委会议传达了中央书记处关于科协工作的指示精神，明确了中国科协2017年工作的大方向。刚才，源潮同志又强调了做好科协工作的五个方面、十八点要求。万钢主席在工作报告中从八个方面对2016年工作进行了总结，并用八个“取得新实效”对2017年工作做出全面部署，在这里我不再赘述。

2017年工作的主题词就是“落实”两个字。我们回顾一下从2014年到2015年全国科协系统的主要工作就是围绕着贯彻落实习近平总书记系列重要讲话精神特别是科技创新思想，贯彻落实党的十八大，十八届三中、四中、五中全会精神，围绕实施创新驱动发展战略，着眼于在经济建设和科技创新主战场上奋发有为这一目标进行了全面的谋篇布局。我们边布局、边实践，各地一起探索，在继承中创新、发展中提升，一届接着一届干，拓展了不少新渠道，开辟了一些新阵地，搭建了一些新平台。原来大家认为科协工作敲边鼓、边缘化的比较多，提出要进军经济建设和科技创新主战场，很多同志都带着怀疑的目光在看。现在，大家开始感觉到进军主战场也可以有所作为，有的一只脚踏进去了，有的两只脚进去了，各地在实践中逐步积累了一些很好的经验，取得了很好的实效，创造了一些很好的模式。通过这些工作，逐步地固化为或者巩固为整个科协系统的一些新的职能。

2016年是科协系统工作的一个里程碑。我们对工作的思考和实践得到了党中央、国务院的充分肯定和认可，并上升为党中央和国家的重要部署。党中央批准印发了《科协系统深化改革实施方案》，这是一个标志。中央的这个文件既是推进改革的指导性文件，也在改革中构筑了发展服务平台。文件最重要的是明确提出了科协的“三三四”定位，其中第一个“三”，即党领导下团结联系广大科技工作者的人民团体、提供科技类公共服务产品的社会组织、国家创新体系的重要组成部分。明确科协组织为国家创新体系的重要组成部分，说明了我们是主战场上的主力军之一，赋予了科协组织在经济主战场上为科技工作者服务、为创新驱动发展服务、为提高全民科学素质服务、为党和政府科学决策服务的职责。

再一个标志就是科协“九大”的胜利召开，习近平总书记在“科技三会”上发出了向世界科技强国进军的号召，进一步明确了科协的“三三四”定位，指出科技创新、科学普及是实现创新发展的两翼，要把科学普及放在与科技创新同等重要的位置，这就把我们原来的工作上升到了全局层面。我们的工作在实践中不断地完善、不断地拓展，得到中央书记处充分肯定。党中央、国务院对科协工作的布局已经非常清晰，基本上形成了一个完整体系。2017年的工作就是要把这些部署和要求贯彻落实好，真正抓出实效。万钢主席在工作报告中用了“八个取得新实效”部署了2017年工作，核心意思也是抓落实，所以说2017年就是全国科协系统的落实年，各地结合实际落实好了这些部署和要求，我们就能取得工作新实效、开创工作新局面，赢得各级党委政府和全社会的认可。

下面，我就如何抓好落实讲三点意见。

第一，推广经验，直面问题，提升抓落实的信心和魄力。

这几年，地方科协结合各自实际，脚踏实地推进工作，同时紧密衔接党中央、国务院部署，按照中国科协要求主动作为，工作中出现了很多亮点、突破点、创新点，积累了很多好经验。

一是充分发挥对科技工作者的政治引领作用。比如河南省科协在《河南日报》开设“省科协贯彻‘科技三会’精神、推动创新驱动发展”专栏，刊发学习体会文章十几篇。湖北省科协开展“百日攻坚行动”，2016年年底该省学会党组织的覆盖率由年初的4.8%猛增至93%。天津印发《关于加强天津市科技社团党的建设工作的意见》，实现科协系统科技社团党建全覆盖。

二是落实中央统一部署，推进科协系统改革不断走向纵深。2016年以来，重庆、上海、江苏、青海、河北、吉林、广西、贵州、安徽、内蒙古10个地方正式印发了改革方案，浙江、山东、陕西、云南、四川、江西、湖北、福建8个地方的改革方案已经地方党委常委会、地方政府专题会议或地方全面深化改革领导小组审议通过。河南、湖南、海南、西藏、甘肃、宁夏、新疆、黑龙江、山西、天津10个地方和新疆生产建设兵团的改革方案正式上报当地党委或全面深化改革领导小组，其余各地也都在起草申报过程中。2016年，内蒙古、江苏、安徽、山东、河南、湖北、四川、贵州、甘肃、新疆10地相继印发了学会承能试点方案。

三是各地科协积极着眼于地方党委政府工作大局，坚持“四个服务”职责定位，创造了不少好经验。在服务科技工作者方面，重庆市科协建立了机关干部定点联系服务2个学会、直接联系服务1名科技工作者制度，提档升级重庆科协网，建设“三网合一”的“网上科技工作者之家”，推动线上平台与线下服务对接互动。山东省科协的重点人才项目纳入省委人才工作大局，开展全省高层次科技人才专题调研，提出了对重点人才和潜力中青年人才开展精准服务的建议。江西省科协积极开展“百人远航工程”，资助百余位青年科技精英出国深造，海南省科协在这方面做的也很突出。在服务创新驱动发展方面，陕西省科协成功举办第十八届中国科协年会，影响广泛。各地积极开展创新驱动助力工程，已有10地被纳入省级副省级试点，30个市、区被确定为创新驱动示范市。特别是浙江省科协已经建设了600多个院士专家工作站，福建省科协依托院士专家工作站深入开展“院士专家巴闽行”活动等。深圳为筹备2016年“双创”活动周主场活动做了大量工作，李克强总理参加主场活动并给予高度评价。新疆生产建设兵团科协为南疆兵团的少数民族企业牵线搭桥，做了很多服务工作。北京市科协开展“创新簇”建设，在北京经济开发区建了4个“创新簇”示范站。在服务全民科学素质提升方面，很多地方调整了相关指标，确定了到2020年公民具备科学素质的比例超过10%的目标。大力推进科普信息化落地应用，建成科普中国校园e站、乡村e站和社区e站。实体科技馆、流动科技馆、科普大篷车、虚拟现实科技馆、农村中学科技馆、数字科技馆建设等工作都取得很大突破。贵州抓住FAST射电望远镜建成的时机，掀起认识FAST的热潮。在农技协工作方面，贵州、甘肃在乡镇建设了农技协联合会和乡镇科协。在服务党和政府科学决策方面，河南省科协开展了省基本科研业务经费专项资金绩效评价等多项第三方评估，得到省领导好评。江苏省科协开展全省装备制造业企业重点研发机构能力评估，获得省委省政府高度评价。在民间科技交流方面，江苏苏州、四川成都两个海外人才创新创业基地实现了海智计划升级。新疆科协成功举办2016年丝绸之路科学节活动，等等。

此外，吉林、山东、青海、宁夏、海南、湖南、黑龙江、陕西、云南、江西、新疆等地科协在实施科技助力精准扶贫方面也出台了很多好举措。用一句话概括，现在各省、市、区科协包括副省级城市、计划单列市科协的精神面貌大为改观，在主战场上奋发有为。各地的工作亮点还有很多，这里可能挂一漏万，不可能全都点到。

但是我们还必须清醒地认识到整体工作进展不平衡。比如“倒三角”问题，在中国科协层面工作部署很多，省级层面就少了一些，到市县科协层面就更少了，成了一个“倒三角”的局面。比如“上下一般粗”的问题，中国科协搭了很多大平台，但不是每件事各个省市都适合干，大家都想着照搬中国科协的工作布置，上下一般粗，没有结合实际因地制宜。还比如“新瓶装旧酒”的问题，虽然按照新说法说了，但是做的工作实际上还是原来的那些工作，没有什么新意。再有个别地方提出“有的工作做不了不能赖我，中国科协应当给我们争取政策，没有政策就做不了”，“等、靠、要”现象和“不想干、不会干、不敢干”的“三不”问题仍然存在。虽然大家很辛苦，但是还要直面这些问题。

第二，要抓住关键，精准用力，以重点落地带动全面提升。

中国科协的作用就是把道路开辟出来、把平台搭建起来，这就好比一个大超市，各地根据自己的情况来选项，哪些工作中央要求了、中国科协也部署了，我这里正好有需求。在这方面要抓住重点，带动全面。我对万钢主席报告中部署的几项工作特别是结合学习中央精神和源潮同志讲话，再强调几点。

一是科协系统的改革要取得突破进展。各地改革方案无论是批准的、正在批的、待批的，现在开始都要行动起来，只有改革才能出现新活力；而且科协系统的改革和其他群团系统的改革不同，科协的改革是转变提升，然后在转变提升中加强，中央部署的科协系统深化改革方案没有说裁多少人，但明确要求科协转变机制。比如，怎么样密切联系科技工作者？要通过建立各种平台来完成，“四个服务”就是最大的平台，这实际上是在布置任务、是加强科协职能。从定位方面来讲，各项工作都加强了，所以一定要落实好这个改革方案。首先要清醒认识到原来科协的职能比较窄、比较虚，要抓住这次改革机遇，通过加强科协自身的组织结构改革，适应进军主战场的要求。有些改革做得好的省、市、区结构调整比较大，优化了组合，机构的名称就体现出职能，更加贴近服务经济建设和创新驱动发展，更加贴近服务科技工作者，更加贴近“四个服务”，只有这种机构才能有这种职能。事业单位要以更大的力度进行调整，目标是与机关部门成为有机的系统。中国科协60%—70%的事业单位都调整了职能、改变了发展理念。只有明确定位以后，组织结构才能改得更加完善，才能保证工作有效落地。

其次是加强学会治理方式的改革和能力的提升。中国科协现有所属全国学会207个，我们现在重点抓的也就是70多个，要把这些学会先改革好。把这些改革好的学会作用发挥出来，可以带动整个科协工作。我们要抓一批骨干学会，就是在“四服务”当中发挥作用好的学会，一定要把它们的治理方式改好，增强它们的活力，提升它们的能力，依靠这些学会发挥好“方面军”的作用，越是这方面作用发挥不好的学会，越要在这方面下功夫。我们还不能说在学会治理结构改革方面取得了突破性进展，在这方面还差得很远。比如今天上午常委会审议通过了成立几个新的学会联合体，但是要真正发挥好新建学会联合体的作用还任重道远，还有硬骨头要啃。要在改革中加强提升自身能力服务平台的建设。科协的改革发展是糅在一起的，一定要把科协自身的改革和学会自身的改革与建设好服务平台密切联系在一起，形成联动，围绕“四个服务”分别把服务平台建设好。

再次是在改革中加强基层组织建设。我们要抓住基层组织三个大的方面，第一个是高校科协，要抓住写入中央文件的这一契机，逐步实现高校全覆盖，充分发挥它的作用。第二个是企业科协，包括国有企业科协、民营企业科协和开发区科协等，这是我们又一个重要的基层阵地。第三个是县科协和乡镇科协，这是一个薄弱环节，所以在改革中这些组织建设要加强。我刚才提到了“倒三角”问题，也就是越到基层，我们的“腿”越细，一定要在改革过程中，把这几个重点问题解决了，只有这样，科协组织才能真正增强活力、提升能力。

二是大力开展创新争先行动。在科协九大上，习近平总书记号召我们组织开展创新争先行动，中央书记处肯定了创新争先行动是整个科协系统的一个品牌之创，也是整个科协工作的引领。我们要以创新争先行动为引领，把所有科协的行动串起来。创新争先行动不能只是在原来的工作上戴一顶帽子，要通过创新争先行动加强基层科协建设。原来在企业开展的“讲比”活动是个开展了很多年的品牌活动，有的地方搞得不错，下一步要改革这个奖励，要在企业创新争先行动中设立创新争先奖，这是在原有企业“讲比”活动基础上的转型和提升，把原来好的东西保留下来，再把奖励的力度加大、把奖励的等级提高。大家要抓住这个契机，先把企业科协建立起来，让他们组织好企业的创新争先，把活动搞好，成为有效抓手。还有高校科协，高校的科技工作者更多，更要创新争先，把这个工作职能赋予高校科协，组织开展学术交流、成果转化、“双创”、咨询等相关活动，也就是通过高校科协开展好创新争先行动，按照“四服务”职责定位把任务分下去。要把创新争先行动当成一个总号召，把企业科协、高校科协这两个科协基层组织建设好。

三是创新助力要突出智力引进。创新驱动助力工程的核心就是引导国内外优质创新资源为地方经济特别是企业发展服务，使之成为与经济紧密结合、服务创新驱动发展的一个重要抓手。建设院士专家工作站、学会工作站包括海智等工作都是引进智力。引智就是要架好桥梁，要清楚哪里有技术、哪里有人才、哪里有需求，才能对接好。目前，全国都在争人才和技术，只有优化环境、目标明确，让人才在你那里充分发挥作用、实现知识价值，人家才愿意到你那里去。

浙江省为什么有600多个院士专家工作站和学会工作站，而且数量还在增多？就是因为有吸引力。海内人才是这样，海外人才也是这样。现在有些地方越来越需要海外人才，开始大规模引进海外智力。“海智工程”有一个很重要的新亮点就是离岸创新创业基地，但是离岸基地不是每个省都有条件建设，只能在最有需求、环境条件最优越的地方才能建设。浙江省现在各方面都准备好了，需求有了，基础有了，投资基金也有了，杭州、宁波两个城市要建设离岸基地应该说水到渠成。浙江省正处在转型升级关键阶段，需要大量引进智力，也为海外人才的研发工作和成果转化提供了平台。大部分中西部地区还没到这一步，还在解决吸引国内人才的问题。还有专利推送、成果转化服务等也是引进智力，这就要求我们的创新驱动助力工程下一步要和“双创”紧密结合。“双创”工作要和企业创新争先行动结合，现在国有企业、民营企业都在自建“双创”平台，把他们内部的科技工作者积极性激发出来，在这方面，海尔集团、航天科工集团、电子科技集团都做得比较好；在民营企业中，华为也建立了内部的“双创”平台，不定具体课题，只定大方向，鼓励员工自由探索。民营企业、国有企业都要建“双创”平台，更多的是培育新动能、培育更多的中小企业。草根创业也好，精英创业也好，只有为他们服务好，才能培育出新的经济增长点、培育新动能。2016年“双创”活动和2015年相比有一个鲜明的特点，就是2015年草根创业非常活跃，占据了主流；2016年精英创业特别是高端人才、高端技术、高端产业活跃起来，这是“四高一联”，对此，我们要找准抓手。

四是加大科普中国落地力度。源潮同志今天讲话的一个核心就是“现在科普最好的载体是网络”。我们通过将近两年的努力，运用PPP模式，利用人民网、新华网等中央级的大网络体和百度、腾讯等大的信息龙头企业搞科普内容开发，积累了丰富的科普资源。目前的问题是如何通过网络满足广大人民群众的科普需求。现在公众的第一需求是健康，为什么现在很多伪科学泛滥？就是因为人民群众的健康科普需求得不到满足。所以，我们要把科普信息化的内容全部落地，这是科普落地的一个重要支撑。《十万个为什么》（第六版）昨天已经正式上线，做得很好。

万钢主席在工作报告中已经提出了科普信息化落地的试点工程“百城千校万村”。“百城”不是一百个城，而是几百个，省会城市、计划单列市的所有社区都要全覆盖。我看到很多社区都建有显示屏等信息化设施，关键是内容怎么落下去。现在，一般一个城市多则近千个、少则几百个社区，只要有经费支持，全覆盖就可以完全落地。“千校”可能是几千个学校，但有两个方面的问题值得关注：一个是在有条件的重点学校实现内容落地，不光要靠e站，还要采用其他方式，比如《十万个为什么》等下一步可以变成声光电、动画、游戏式的科普资源，肯定会受到孩子们的欢迎；另一个是在贫困县的中学要落地，包括贫困县的中学科技馆也要实现全覆盖。我在青海省一个比较偏远地区的学校看到，电化教学教室非常好，信息化设备就有上百台，所以我们完全有条件实现全覆盖。“万村”要和扶贫相结合。目前，全国有几十万个村庄，我们先结合扶贫，选择一些具备条件的农村做好示范。提出“万村”的目标并不高，但如何实现落地？具体工作是放在村委会还是农技协？大家可以探讨。各地有各地的经验，科普中国的落地是全国科协系统2017年工作的重中之重，各地都可以干起来。我们将组织对2017年科普中国落地情况的督查考核。

五是抓好科技精准扶贫。刚才，万钢主席讲了很多如何做好科技精准扶贫的要求。我们已经联合国务院扶贫办、农业部积极推进科技精准扶贫工作，现在的关键是怎么落地。贫困人口和贫困县比较集中的几个省要在这上面下大功夫，有的省提出把精准扶贫和创新驱动助力工程结合起来，我完全赞同，中国科协党组书记处同志也都非常赞同。发达地区的助力工程是发展高新技术产业，而在欠发达地区可能主要工作是科技精准扶贫。下一步要下足真功夫，不但用好我们自己的资金“四两拨千斤”，还要利用好每年中央财政1000多亿元的科技扶贫资金，通过和国务院扶贫办加强合作，争取到更多的资金支持，争取把国家的科技扶贫资源、学会的资源以及当地的农业科技工作者都动员起来。

再就是发挥好农技协的作用，这里有东、中、西联动的问题，当然发达地区也有自己的贫困问题，不过已经很少了，所以联动工作的重点不是让发达地区支援资金，而是多支援一些实用技术和科技人才。这里，我顺便讲一下援疆、援藏的问题，今年还要专门开会。目前来看，有的地方落实得好，有的落实得不好，比如，科协系统包括人才培训等在内的一些小的支援项目已经做得较好，但是在整体援疆、援藏的大盘子里增加科协分量这方面工作进展还不平衡，所以在这方面大家要下功夫、做文章。我也对新疆和西藏的同志们提出来，省级层面对口援助工作做得还可以，但省对市、省对县时，由于市县组织能力不足、需求不明，影响了对口援助工作效果，在这方面还需要你们下功夫。这里还有一个具体问题，就是原来科普惠农的经费现在变成一般转移支付了，中国科协要跟财政部联合发一个文件，通过我们的工作用好这笔钱。

六是加强科技智库建设。这项工作各省都可以做，也可以和中国科协合作，资源共享，关键要围绕中心、服务大局，为党委政府出一些好主意，提供决策支撑。

第三，要自强不息、科学施策，在取得新实效上苦练内功。

“打铁还需自身硬。”要真正把党中央的决策部署和科协系统改革的各项工作落到实处，需要我们进一步苦练内功，深入学习贯彻党的十八届六中全会精神，扎实开展“两学一做”学习教育，引导科协系统干部牢固树立政治意识、大局意识、核心意识、看齐意识，围绕各地党委政府的中心工作谋划科协事业，保持和增强政治性、先进性、群众性，强化“想事干、创新招、强协调、重实效”的工作理念。要持续整治干部队伍中存在的“庸、懒、散、浮、拖”等作风问题，锤炼干部工作作风。这里我再强调几点。

一是强化责任担当，敢于创新作为。科协系统资源有限，工作难度大，这就需要我们有担当精神，勇于作为，克服“不会干、不想干、不敢干”的思想倾向。在2016年年初的地方科协工作会上，我提到科协系统不适应的问题还比较突出。经过一年的努力，科协系统工作作风有了很大转变，但是与党中央赋予科协的职责定位的要求仍然还有较大差距。有差距就要奋力追赶，需要大家使出浑身解数、拳打脚踢地去干。年轻的同志可以把科协作为一个锻炼和成长的平台，年龄大的同志可以在科协再立新功，为自己的事业画上一个圆满的句号。这样才能真正抓住难得的历史机遇，担负起党中央、国务院和地方党委政府交给我们的重要任务，在新常态新形势下、在贯彻落实新的发展理念过程中发挥好科协组织的重要作用。

二是围绕中心、服务大局，找准发力点。我们的工作不能“上下一般粗”，要对本省、市、区的发展重点和难点以及本地区的区域特点做到心中有数，还要清楚自己的优势、掌握的资源，这样才能充分发挥科协组织的自身优势和特点，围绕中心、服务大局，找准核心发力点。从思路到实施，首先要深入实际、找准问题，特别是要找准问题的切入点、着力点。找准问题，才能发力。我曾多次提过，对科协来说，我们最大的优势是无限的舞台，特别在推动科技创新、服务创新驱动方面，我们要干的事情很多。可以先在几件大事上做实、做成、做精，起到关键作用，为当地经济社会发展做出突出贡献，进而获得党委政府的大力支持。

三是要加强协调联动，善于借势推动。我们原来说“求人帮”，现在讲“强协调”、开放型，就是要借助行政资源来推动我们要做的工作，要更多地与党政部门联合，把事干好。科协没有多大资源，很多时候我们“跑断腿、磨破嘴”，推动落实的效果也不好，这就需要我们用新点子、有新思路。虽然去求人不容易，但是为了工作求求人、放低身段，借助政府的资源和职能一起推动工作，最后取得的实效就会很好。最典型的例子就是中国科协跟国家发展改革委合作承办“双创”周活动。

四是狠抓作风建设，提升实干能力。说实话，我们现在认识到，特别是新来科协系统的科协主席、党组书记也都感觉到，科协系统干部队伍的大问题是整体水平不高、能力本领恐慌，这也是我们开展工作的难点。虽然经过两年多的努力，“庸、懒、散、浮、拖”的作风问题明显得到治理，但是仍然存在个别同志晚上班、早下班、在办公室不是上网就是聊天等现象，今后一定要杜绝。我们一定要坚定信心，充分发挥骨干的作用，调动他们的积极性主动性创造性，带动整个队伍能力和水平的不断提升。2017年是我们的落实年，需要我们发扬“钉钉子”精神，既要有咬定青山不放松的决心，也要有锲而不舍的意志，真正抓铁有痕、踏石留印。对科协的干部来讲，要在带队伍、抓作风上下大功夫，进一步提升操作力、执行力，这样才能为工作的落实提供强有力的保障。

五是积极争取政策支持，通过有为赢得有位。延东同志代表国务院提出的三级财政科普经费各不少于1块钱的要求，需要我们共同努力、积极争取、确保落实。其他的各种相关经费，我们也要努力争取。中国科协下拨的钱要起到“四两拨千斤”的作用，谁做得好，下一年就多给；做得不好，就少给甚至不给。在争取政策资金支持方面，相信各位都有高招，八仙过海、各显神通，只要把事做好，我相信党委政府就会更加重视支持你们，正所谓“有为才有位，有位更有为”。

今天跟大家就是谈谈心、说说心里话，不对的地方，请大家指正。

在中国科协党风廉政建设推进会上的讲话

（2017 年 2 月 22 日）

尚　勇

同志们：

在今年 1 月上旬召开的十八届中央纪委七次全会上，习近平总书记发表了重要讲话，充分肯定了党的十八大以来全面从严治党取得的显著成效，深刻阐释了党的建设重大理论和实践问题，做出了深入推进全面从严治党的重大部署，为做好今年反腐倡廉工作提供了根本遵循，为巩固全面从严治党成果指明了努力方向。2 月 10 日，中直工委先后召开党的工作会议和纪检工作会议，中共中央政治局委员、中央书记处书记、中央办公厅主任、中直工委书记栗战书同志作了重要讲话，对中直系统各单位落实全面从严治党、深入开展党风廉政建设工作提出了具体要求。

今天，我们在这里召开科协党风廉政建设推进会议，就是围绕传达学习十八届中央纪委七次全会精神，落实中直工委和中直纪工委工作要求，部署下一阶段科协党风廉政建设工作。刚才，中央纪委派驻纪检组组长王宾宜同志作了重要讲话，深刻阐释了十八届中央纪委七次全体会议的精神实质，特别是阐释了习近平总书记在这次全体会议讲话的深刻内涵，提出了要准确把握全面从严治党的战略地位、必要性和重大意义，对中国科协全面从严治党特别是加强党风廉政建设提出了更高的要求，这是宾宜同志结合科协实际给我们上的一堂全面从严治党特别是党风廉政建设的党课，非常生动，各级党组织要结合实际，认真学习贯彻。下面，我就科协系统深入贯彻落实中央纪委七次全会精神特别是习近平总书记重要讲话精神，落实中直工委和中直纪工委工作要求和王宾宜同志的重要讲话精神，营造中国科协风清气正的政治生态和昂扬向上的干事创业环境，谈几点意见。

一、认真学习贯彻十八届中央纪委七次全会精神，从思想上深刻认识全面从严治党的极端重要性

一是充分了解十八大以来全面从严治党取得的显著成效，增强全面从严治党的信心和决心。治国必先治党，治党务必从严。党的十八大以来，以习近平同志为核心的党中央以对党、对国家、对民族、对人民高度负责的担当精神，把全面从严治党纳入“四个全面”战略布局，着力从严从细抓管党治党，对党的建设规律的认识从实践到理论不断深化。加强和规范党内政治生活，连续开展党的群众路线教育实践活动、“三严三实”专题教育、“两学一做”学习教育，先后出台《中国共产党廉洁自律准则》《中国共产党纪律处分条例》《中国共产党问责条例》《关于新形势下党内政治生活的若干准则》《中国共产党党内监督条例》《中国共产党纪律检查机关监督执纪工作规则（试行）》等多部党内重要法规，党内政治生态出现根本好转。严抓中央八项规定精神落实，着力从作风建设环节突破，抓住领导干部这个“关键少数”，立行立改、雷厉风行，“四风”问题得到有效遏制。严明党的政治纪律和政治规矩，把党章对纪律的要求整合成政治纪律、组织纪律、廉洁纪律、群众纪律、工作纪律、生活纪律六项纪律，层层压实主体责任，做到真管真严、敢管敢严、长管长严。坚持反腐败无禁区、全覆盖、零容忍，党的十八大以来，中央纪委共立案审查中管干部 240 人，全国纪检检察机关共立案 116.2 万件，以壮士断腕、猛药去疴的决心打虎拍蝇，腐败滋生蔓延势头得到有效遏制。惩治群众身边的不正之风和腐败问题，既处理“微腐败”，又治理“不作为”，人民群众获得感大幅增强。全面强化党内监督，着力发挥巡视利剑作用，盯紧老问题，发现新问题，从体制机制上解决管党治党宽松软问题，震慑遏制治本作用不断加强。经过四年多努力，不敢腐的目标初步实现、不能腐的制度日益完善、不想腐的堤坝正在构筑，反腐败斗争压倒性态势已经形成，党内政治生活呈现新气象。实践充分表明，党中央做出全面从严治党的战略抉择完全正确，深得党心民心，更加坚定了全党和全国各族人民紧密团结在以习近平同志为核心的党中央周围、坚定不移推动支持全面从严治党伟大战略的决心和信心。

二是不断深化对党风廉政建设和反腐败斗争长期性、艰巨性、复杂性的认识，增强全面从严治党的责任感和紧迫感。冰冻三尺，非一日之寒；为山九仞，岂一日之功。必须清醒认识到，全面从严治党取得显著成效，但仍然任重道远；反腐败斗争取得重大胜利，但形势依然严峻复杂。管党治党从宽松软走向严紧硬，绝不是一朝一夕之功，需要经历一个砥砺淬炼的过程。风化俗成需要时间，落实中央八项规定精神既是一场攻坚战，更是一场持久战，来不得半点松懈。有的地方“四风”问题穿上“隐身衣”、躲进“青纱帐”、玩起“障眼法”、打起“游击战”，对这些现象必须紧盯不放、寸步不让。就拿科协来说，“四风”问题就像被压入水里的橡皮鸭子，一放手就会浮上来。根据目前发现的问题来看，变相压边踩线违反八项规定精神的现象仍时有发生，还存在个别会议和活动违规发放纪念品、以送别迎新等借口公款违规用餐、借考察调研之名绕道景点旅游等问题，“四风”死灰复燃的风险依然存在，一些深层次问题仍未得到根本解决，距离治本还有很大差距。科协系统的反腐败斗争形势也依然严峻复杂，一年来，湖南省科协党组书记毕华，浙江省科协党组副书记、副主席陈世权，湖北省科协党组成员、副主席冯芊，吉林省科协副主席张俊利等先后接受组织调查，给科协组织造成了严重的负面影响，也为科协全体党员干部敲响了警钟。要通过这些发生在身边的案件充分认识到，作风建设永远在路上，党风廉政建设和反腐败斗争永远在路上，全面从严治党永远在路上。各级党组织特别是党员领导干部要以对党、对国家、对民族、对人民负责的历史责任感和使命感寸步不能退、一刻不能松、半点不能让，自觉肩负起全面从严治党的主体责任，旗帜鲜明地同破坏党的领导、损害党的肌体的行为做斗争，继续把党风廉政建设和反腐败斗争引向深入。

三是推动“两学一做”学习教育常态化长效化，筑牢共产主义理想信念。固本培元，才能枝繁叶茂。崇高的理想和坚定的共产主义信念是共产党人的政治灵魂和立身之本，是共产党员奋斗不息的精神支柱和永葆先进性的力量源泉。科协党员队伍中仍然存在党性不强，特别是党的意识、党员意识、纪律规矩意识淡薄，理论政策水平不高，工作能力和领导能力不足等问题，追根溯源是理论武装不够、对中国特色马克思主义掌握不好，一定程度上存在知识恐慌。要以“迎接十九大，做合格党员”主题实践活动为抓手，持续深入开展“两学一做”学习教育，密切联系工作实际和思想实际学习，坚持需求导向、实践导向、问题导向，着力解决思想深处存在的问题和实际工作中存在的短板，真正把理论学习作为明确前进方向、承担使命职责、破解发展难题的自觉行动。要怀着自觉看齐意识学，以对党、对以习近平同志为核心的党中央的绝对忠诚，以强烈的政治意识、大局意识、核心意识、看齐意识，坚定不移地向以习近平同志为核心的党中央看齐，向党的理论和路线方针政策看齐，向党中央决策部署看齐，做理想信念的坚守者，确保中央政令畅通，确保中央决策部署在科协不折不扣贯彻落实。要坚持把对党忠诚作为根本政治要求，坚持用习近平总书记系列重要讲话精神武装党员干部，加强对党忠诚教育，扎实推进各级党组织的思想政治建设。要按照合格党员标准学，牢记党的性质、宗旨、纲领、指导思想、奋斗目标、组织原则、纪律等，提高遵守党章党规、严守党纪的自觉性，永葆党员先锋模范的本色，做创新发展的先行者。要对照自身问题差距学，通过照镜子、正衣冠，找准病源，勇于剖析，痛下决心加以改正，真正在政治上思想上保持纯洁性和先进性，在作风上生活上清廉正派，在工作上奋发有为，严守纪律和规矩，做遵纪清廉的政治上的明白人。要着眼提升履职能力，贯彻落实创新、协调、绿色、开放、共享的新的发展理念和习近平总书记关于科技创新的系列论述，把习近平总书记和党中央一系列决策部署贯彻到科协各项工作中去，做敬业拼搏的实干者。要结合品行作风修养学，切实加强自身的党性修养、品德修养、作风养成，在践行社会主义核心价值观中率先垂范，做修身立德的自觉者。

二、综合施策、标本兼治，形成不敢腐、不能腐、不想腐的长效机制

一是加强惩治和威慑，让意欲腐败者在带电的高压线面前不敢越雷池半步。去疴当用猛药，刮骨才能疗毒。有些病症需要采取保守疗法、慢慢恢复元气，有些病症则需要动手术、及早切除病灶。和治病的道理一样，反腐倡廉要做到利剑高悬、惩治腐败力度不减弱、零容忍态度不改变，继续保持反腐败斗争的压倒性态势，让腐败分子在党内没有藏身之地。要持续保持高压态势，严明纪律的高压线，对“四风”问题露头就打，做到执纪必严，对那些敢于触碰纪律“红线”特别是顶风违反政治纪律、政治规矩的党员、干部要严肃问责，使全体党员知敬畏、存戒惧、守底线。要重点惩治干部群众身边的不正之风和腐败问题，注意抓早抓小、防微杜渐，决不能让“蝇贪”蚕食人民群众的获得感、败坏党的形象。近年来，通过采取有力有效措施，科协信访举报线索呈现逐年减少趋势，2016年举报信访总量比2015年下降了52%，涉及科协干部的线索总量下降了63%。纪检部门充分运用监督执纪“四种形态”，2016年机关纪委联合组织人事部共约谈5人、函询22人、批评教育10人、书面检查1人、通报批评3人、诫勉谈话4人，起到了很好的警示教育作用。下一步，各级纪检监察部门要认真抓好信访举报问题线索处置和案件查办工作，坚持纪在法前、纪严于法，对违纪违法问题发现一起、查处一起、曝光一起，保持惩治腐败的高压态势。要充分运用好监督执纪“四种形态”，特别是第一、第二种形态，在强化日常监督上下功夫，及时发现和处理苗头性、倾向性问题，切实把纪律和规矩挺在前面。

二是加强制约和监督，让胆敢腐败者在严格监督中无机可乘。制度不完善、不起作用，权力必然任性，腐败必然滋生。只有突出问题导向，通过改革创新完善制度，通过严格执行激活制度，才能补短板、除盲区，防止权力滥用。党的十八大以来，从《中国共产党廉洁自律准则》到《中国共产党纪律处分条例》，从《关于新形势下党内政治生活的若干准则》到《中国共产党党内监督条例》，中央出台或修订的党内法规超过50部；这些党内法规都紧密结合实践、推进制度创新，聚焦现实问题扎紧制度笼子，为坚持思想建党与制度治党相结合、依规治党与以德治党相统一探索了有益经验。这两年，随着科协工作逐渐进入科技和经济社会主战场，各项事业不断开拓新领域，经费增长速度加快，有些事业单位的经费已达到几千万元、上亿元的规模。如何使用好这些经费？如何避免挪用这些经费去弥补事业费不足问题的发生？如何杜绝经费使用过程中的权钱交易、利益输送问题？巡视和审计已经发现了这方面的一些苗头和问题。上述问题都需要我们认真研究，确保不发生违规违纪违法问题。科协的经费规模上去了，相应的制度和管理也要及时跟上。现行的很多制度还存有漏洞，有一定的弹性，必须把完善相关制度作为一项重要工作抓好、抓实。针对存在的问题和薄弱环节，不管是人事制度还是财务制度，凡是容易出问题的都要强化建章立制、堵塞漏洞、扎密制度的笼子。要加强监督检查和执纪问责，不能让制度停留在纸上、挂在墙上、锁在柜子里，要让制度真正落实到位、发挥作用，使大家养成依章依纪依法依规办事的习惯，牢固树立纪律意识和规矩意识，为科协全面从严治党提供坚强有力保障。

三是加强教育和引导，从思想源头上消除贪腐之念。修身立德是为政之基，从不敢腐、不能腐到不想腐，必须把加强思想政治建设放在首位，教育引导广大党员干部补足精神之“钙”、筑牢思想之“魂”。面对公和私、义和利、是和非、正和邪、苦和乐的矛盾，是选择前者还是后者，靠的就是觉悟，最终检验的是对党和人民的忠诚。在革命、建设、改革各个历史时期，一代又一代共产党人为了党和人民事业英勇奋斗，甚至献出宝贵的生命，靠的就是觉悟。自从在党旗下庄严宣誓加入中国共产党的那一刻，每个党员就要从内心认定马克思主义、认定社会主义和共产主义、认定全心全意为人民服务的宗旨。坚守这份理想信念不是一朝一夕的事，需要用一生的时间去见证、去兑现。科协全体党员要自觉加强党性修养、强化宗旨意识，始终把理想信念铭记于心、见诸于行，找到自己行为的准星，任何时候、任何情况下都不可忽视或偏离。各级党组织要充分发挥战斗堡垒作用，切实加强对党员的理想信念教育，利用正反面典型案例进行学习教育；要加强互联网思维，创新教育手段和方式，使枯燥的学习生动起来，变“要我学”为“我要学”。调宣部和机关党委前段时期推出的“党建e课”答题效果就很好，各个党组织和广大党员踊跃参与，深受欢迎。各级党员干部特别是一把手要带头讲党课、谈认识、谈体会，带头参加各种学习活动，引导广大党员不忘初心、继续前进，在这场历史性考试中经受考验，努力向历史、向人民交出新的更加优异的答卷。

三、狠抓作风建设，使科协真正成为科技工作者的知心朋友和创新发展的生力军

一是严厉整治“四风”残留，激发干事创业热情。通过持续有力开展作风建设，“庸懒散浮拖”等作风顽疾中的“庸懒散”问题已得到很大改观，科协干部职工精神面貌焕然一新，但工作漂浮、得过且过、搪塞推诿、敷衍了事的现象仍然不同程度存在。比如我们的调查研究还不够深入、不够扎实，常常是来去匆匆、走马观花，看到的往往是“样板间”“盆景”，听到的都是准备好的汇报材料，很少触及真正的“原生态”，难免出现以偏概全、产生形势一片大好的错误判断，导致做出的决策不科学、政策文件落不了地。再比如，科协现在开拓了许多新的工作领域，形势和任务都发生了很大变化，很多同志对新要求新挑战准备不足，理论水平和工作能力不足，遇到问题就是等、靠、绕，缺乏打开工作局面的魄力和能力。要深刻认识到“庸懒散浮拖”实际上是官僚主义、享乐主义的外在体现，整治必须把教育引导和制度建设相结合，教育帮助“为官不为”的干部；建立健全奖优罚懒机制和容错纠错机制，旗帜鲜明地肯定和表彰那些一心为公、兢兢业业、锐意进取、敢于担当的干部；要加强监督检查，明确时间节点和责任人，对重点任务和重要环节狠抓落实；要严肃处理跑官要官、诬告陷害、造谣生事的害群之马，充分调动广大干部职工的工作积极性、主动性和创造性，激发干事创业热情。

二是严格执行中央八项规定精神，加强监督执纪问责。严格执行中央八项规定精神是以习近平同志为核心的党中央加强作风建设的突破口。落实中央八项规定精神是一场攻坚战、持久战，稍有松懈就会前功尽弃，决不可掉以轻心。科协是科技工作者之家，核心工作就是联系服务科技工作者，主要工作方式和手段就是开展调查研究、组织会议活动。科协广大党员干部要严格执行中央八项规定精神，严格遵守各项规章制度，时刻保持头脑清醒，坚持高线、守住底线，做到公私分明、严于律己、洁身自好，处理好工作和纪律之间的关系，坚决杜绝借会议、培训、出差、迎来送往之际以权谋私、假公济私。要紧盯年节假期，看住“关键少数”，聚焦违规收受礼金礼品、发放补贴奖金、公款宴请、公款旅游等问题，加大执纪监督、公开曝光力度，对顶风违纪的一律从严查处，绝不手软。要研究建立科协内部巡察制度，成立巡察机构，探索开展对直属单位和机关部门的巡察，及时发现问题、解决问题、形成震慑，以作风建设新成效汇聚起推动改革发展的正能量。

三是坚决防止“四化”倾向，着力解决与科技工作者“不紧不亲”问题。坚持群众路线、保持同人民群众的血肉联系是党的生命线和根本工作路线。脱离群众、与科技工作者“不紧不亲”表面上看是“四化”倾向和作风问题的外在表现，实质则是宗旨意识淡漠和党性不纯的体现。目前，我们在联系服务科技工作者方面取得了一些成绩，但服务的方式、手段和渠道还不够丰富，各级领导干部直接听取基层一线科技工作者意见建议的渠道还不够畅通，对科技工作者的实际问题、困难关心帮助不够，维护科技工作者利益的机制还没有真正建立起来，对科技工作者的吸引力凝聚力还有待进一步加强。要切实解决科技工作者与科协“不紧不亲”的问题，必须痛下决心克服“四化”特别是机关化、行政化倾向，牢固树立群众观念，建立直接联系服务科技工作者制度，经常深入高校、科研院所、企业、农村等科技创新一线，深入田间地头、社区乡镇等农技推广和科学普及一线，与科技工作者特别是基层科技工作者多交朋友、广交朋友。要创新工作理念思路和方式方法，加快建设“网上科协”，加强对科技工作者的网上联系、网上服务、网上引导、网上动员。要密切关注、准确把握科技工作者的思想动态，有针对性地加强思想引领，及时宣传解读中央重大决策部署特别是科技创新决策部署，引导科技工作者把智慧和力量凝聚到党领导的中国特色社会主义事业上来。要千方百计为科技工作者谋利益，主动提供政策服务和法律咨询，推动加强知识产权保护，引导科技工作者依法维护合法权益。要大力宣传科学家榜样、弘扬科学家精神，选树一批科技工作者楷模，带动科技界和全社会践行社会主义核心价值观。总而言之，就是要把广大科技工作者满意不满意、高兴不高兴、得没得到实惠作为衡量我们工作的唯一标准。

四、严肃党内政治生活，将加强和规范党内政治生活作为全面从严治党的重要抓手

一是严格组织生活，保持党的先进性和战斗力。党的组织生活是党内政治生活的重要内容和载体，是党组织对党员进行教育管理监督的重要形式。全体党员干部必须增强党的意识，时刻牢记自己的第一身份是党员，决不能游离于党的组织之外。目前，科协个别基层党组织还存在组织生活质量不高的问题，或流于形式，或死板教条、空洞虚无、被动应付，甚至还有个别党员经常借故不参加党的组织生活。这些问题必须切实加以整改。领导干部要以身作则、率先垂范，推动各级党组织开展健康的组织生活。党组同志要带头严格执行“三会一课”制度，突出政治学习和教育，突出党性锻炼，坚决防止随意化、平淡化、庸俗化、形式化。要以普通党员身份参加所在党支部的组织生活，带头讲党课，按时主动缴纳党费。要强化组织观念，坚持干部重大事项报告制度和请示报告制度，工作中的重大问题和个人有关事项必须按规定按程序向组织请示报告，出差或离京要事先向组织请示报告，提供上率下行、层层传导的强大动力。

二是推动开展批评与自我批评常态化。批评和自我批评是我们党强身治病、保持肌体健康的锐利武器，也是加强和规范党内政治生活的重要手段。党员干部走上违纪违法道路都有一个量变到质变的过程，小洞不补、小错不纠，就会在错误道路上越滑越远。好人主义盛行，搞无原则的一团和气，最终会害人害己害事业。要增强党内生活的政治性原则性战斗性，从点滴抓起，从具体问题管起，及时发现问题、随时纠正偏差，坚决反对事不关己、高高挂起、明知不对、少说为佳的庸俗哲学和好人主义，坚决克服文过饰非、知错不改等错误倾向。要严格执行谈话谈心制度，发现错误苗头要及时提醒，以同志般的坦诚和热情实事求是地指出缺点和不足，防止小错酿成大祸。要保持和增强批评和自我批评的辣味，讲党性不讲私情、讲真理不讲面子，决不能把自我批评变成自我表扬、把相互批评变成相互吹捧。要经常洗洗澡治治病、红红脸出出汗，让正常的批评和自我批评成为党内政治空气的清洁剂，让党员、干部习惯在相互提醒和督促中进步。

三是加强个人修养，依靠文化自信支撑政治定力。文化自信是更基本、更深沉、更持久的力量。没有中华优秀传统文化、革命文化、社会主义先进文化的底蕴和滋养，信仰信念就难以深沉而执着。党员领导干部要不忘初心、坚守正道，坚定文化自信，加强个人品德修养。要加强人文社科书籍学习，时常接受文化熏陶，不断提升人文素养和精神境界，去庸俗、远低俗、不媚俗，做到修身慎行、怀德自重、清廉自守，永葆共产党人政治本色。科协各级党员领导干部要自觉学习、感悟、传承、弘扬中华文化，以学益智、以学修身，融会贯通、形成觉悟；要善于运用中华优秀传统文化中凝结的哲学思想、人文精神、道德理念来明是非、辨善恶、知廉耻，做到“慎独”“慎初”“慎微”“慎交友”，自觉做为政以德、正心修身的模范。

五、明确责任、加强监督，推进全面从严治党向纵深发展

一是进一步落实主体责任和监督责任，推动管党治党各项措施从宽松软向严紧硬转化。习近平总书记反复强调，有权必有责、有责要担当、失责必追究。全面从严治党必须严字当头、实字托底，增强管党治党意识、落实管党治党责任。当前，科协一些领导干部对此还存在认识模糊、责任划分不明确、追究不到位的问题，有的党组织负责同志没有把党风廉政建设当作分内之事，开个会、讲个话或签个责任书就以为万事大吉了；有的害怕与错误思想和作风进行针锋相对的批评和斗争，搞无原则的一团和气，疏于教育管理；还有的领导干部只表态、不行动，说一套、做一套。2017年年底要集中对落实主体责任和监督责任情况进行检查考核，切实解决部分单位责任不落实、管党治党宽松软的问题。科协各级党组织和纪检干部要深入学习习近平总书记在十八届中央纪委七次全会上的讲话精神，结合王岐山同志工作报告中提出的五点体会和七项任务，认真研究落实措施，细化分工、明确责任、抓好落实，使管党治党各项措施严起来、紧起来、硬起来。科协党组成员和机关各部门、各直属单位党组织负责人要主动履行全面从严治党主体责任，树立不抓党风廉政建设就是严重失职的意识，常研究、常部署，书记抓、抓书记，抓具体、具体抓，种好自己的责任田，做到责任层层压实、层层传导，拧紧管党治党的螺丝。纪检部门要加大检查监督力度，有效运用监督执纪“四种形态”，对党的领导弱化、党的建设缺失、从严治党责任落实不到位以及对维护党的政治纪律和政治规矩失责、贯彻中央八项规定精神不力、选人用人问题突出、腐败问题严重、不作为乱作为的，要敢于问责、曝光典型问题，加强问责追责力度，倒逼各级党组织履行全面从严治党责任。要按照中央统一部署，做好科协出席党的十九大代表推选工作，严格人选标准和条件，严把政治素质关和廉洁自律关。要加强纪检干部队伍建设，关心爱护纪检干部成长，对他们开展工作提供大力支持和必要保障。全体纪检干部要以更加严格的纪律标准要求自己，能经受住各种诱惑和考验，做到无须扬鞭自奋蹄，树立严格自律、忠诚干净担当的标杆，不辜负组织的信任和重托。

二是强化党内监督，保持党的先进性和纯洁性。党内监督是党的建设的重要内容，是永葆党的肌体健康的生命之源。信任不能代替监督。党内监督缺位，必然导致党的领导弱化、党的建设缺失、全面从严治党不力。科协仍有一些党员领导干部监督下级怕丢“选票”、监督同级怕伤“和气”、监督上级怕穿“小鞋”，不愿监督、不敢监督甚至抵制监督。各级党员领导干部特别是各部门、各单位负责同志要认真学习、深刻领会《中国共产党党内监督条例》这部党内重要法规，把《准则》同执行廉洁自律准则、党纪处分条例、巡视工作条例、问责条例等党内法规贯通起来，把强化党内监督作为党的建设的重要基础性工程，使监督的制度优势充分释放出来。党组要做出表率，加强对各部门各单位党组织主要负责人和关键岗位领导干部的监督，重点监督其政治立场、加强党的建设、从严治党、执行党的决议、公道正派选人用人、责任担当、廉洁自律、落实意识形态工作责任制情况。党组各位同志要与分管的部门和单位党组织主要负责人多谈话、多过问、多提醒，掌握其思想、工作、作风、生活状况，发现问题及时纠正。要严格党的组织生活制度，加强对各部门各单位领导班子民主生活会的指导和监督。坚持党内谈话制度，及时发现并解决苗头性、倾向性问题。严格执行干部考察考核制度，全面考察德、能、勤、绩、廉表现。坚持述责述廉制度，认真接受评议。坚持和完善领导干部个人有关事项报告制度，主动接受监督。纪检部门要认真履行监督执纪问责职责，加强对各级党组织和领导干部遵守党章党规党纪、贯彻执行党的路线方针政策情况的监督检查，坚决纠正和查处上有政策、下有对策，有令不行、有禁不止，口是心非、阳奉阴违，搞团团伙伙、拉帮结派，欺骗组织、对抗组织等行为。要充分发挥基层党支部、党小组和广大党员的监督作用，认真对待、自觉接受社会监督，虚心接受群众批评，形成发现问题、纠正偏差的有效机制，不断增强自我净化、自我完善、自我革新、自我提高的能力。

三是加强协调联动，支持派驻纪检组充分发挥作用。向中央一级单位全面派驻纪检组是加强党的领导、落实全面从严治党的一项重要工作举措和重大改革措施。中央纪委派驻科技部纪检组进驻中国科协，充分体现了党中央对中国科协党风廉政建设和反腐败工作的高度重视和有力支持。科协党组高度重视纪检组工作，牢固树立监督就是关爱、监督就是支持、监督就是促进、监督就是保障的意识，尽全力为纪检组开展工作提供条件，自觉接受监督。科协的重要会议、重大活动，特别是党组、书记处会议和党组集中学习等，都邀请纪检组同志参加；涉及“三重一大”事项决策、重要文件出台，都认真征求纪检组意见。党组领导和有关部门定期与纪检组沟通对接，研究党风廉政建设工作，形成了协调联动的良好工作机制。下一步，要进一步加强对纪检组工作的支持与配合力度，党组、书记处成员要多与纪检组同志联系交流，重大决策多与纪检组领导沟通、征求意见，努力做到严明纪律不含糊、纠正“四风”不放松、查处问题不手软、带好队伍不护短，为纪检组开展工作创造条件、提供保障。科协机关党委、机关纪委要主动承担起宣传教育、制度建设、监督执纪问责等党风廉政建设日常工作，按照纪检组要求，及时全面提供科协党员干部违纪违规问题线索，主动接受纪检组的业务指导和监督检查，积极配合工作，自觉履行职责，共同营造风清气正的干事创业环境。

同志们，今年是科协系统全面深化改革和各项工作部署落实的关键一年，也是科协工作“落实年”，改革发展的任务空前艰巨。各级党组织和广大党员要深入学习贯彻习近平总书记系列重要讲话精神，坚持问题导向，聚焦薄弱环节，增强看齐意识，继续在常和长、严和实、深和细上下功夫，切实把中央的要求落到实处，增强科协全面从严治党的系统性、创造性和实效性，真正在思想上、政治上、行动上统一到党中央全面从严治党的战略部署上来，以管党治党的优异成绩迎接党的十九大胜利召开。

在全国学会学术工作会上的讲话

（2017年2月23日，根据录音整理）

尚　勇

今年学会学术工作的主题是抓“落实”，重点是推动既定改革部署落地生根。刚才，宋军同志代表中国科协作了学会学术工作报告，报告从七个方面总结了2016年的工作成绩，从五个方面部署了2017年学会改革发展的21项重点工作，我完全赞成，请大家按照工作部署抓好落实。四个学会和两个地方科协的交流发言介绍了很多好的经验，讲得也很精彩，希望大家认真借鉴、吸纳。

在整个学会学术工作中，突出的难点和重点、动力和手段都集中在改革上。所以，今天我以学会改革为题，通过谈心的形式谈谈怎样深化学会改革、怎样抓好学会改革落实。

一、把握正确方向，全面贯彻落实习近平总书记和党中央对科协工作的新要求

党中央、国务院对科协工作的布局已经非常清晰，谋篇布局形成完整体系，成为新时期引领科协事业的战略指南，明确了坚持走中国特色群团发展道路的战略方向。

第一，科协事业进入全面改革发展新阶段。2016年是科协事业发展具有里程碑意义的一年，体现在两大标志性事件上。一是2016年3月中央下发的《科协系统深化改革实施方案》对科协系统深化改革做出全面部署，这是指导科协事业全面改革发展的一个纲领性、指导性文件。我们要把改革作为发展的第一动力，坚持改革和发展相结合，全面提升科协工作。二是2016年5月30日中国科协“九大”与全国科技创新大会、两院院士大会一并召开，习近平总书记发表重要讲话，发出向世界科技强国进军的伟大号召，明确了面向世界科技前沿、面向经济主战场、面向国家重大需求的科技发展方向，对深化科技体制改革、做好科技人才工作、加强科协组织建设等做出重要指示，得到科技界强烈反响和热烈拥护。

中国科协作为党领导下的人民团体、科技工作者的群众组织、党和政府联系科技工作者的桥梁和纽带，必须率先贯彻好、落实好总书记和党中央的新要求。学会是科协联系服务广大科技工作者的枢纽组织，学会工作是科协的主体工作，学会改革是科协系统改革的“牛鼻子”，因此，学会要在贯彻落实总书记和党中央对科协工作的新要求方面勇于担当、创新争先。

第二，学会改革要充分释放科技工作者的创新潜力。科技体制改革的目的就是要解决广大科技工作者期盼已久、反映强烈的问题，要聚焦“松绑、放权、包容、激励”进行改革，让广大科技工作者在改革中有更多的获得感。“松绑”就是去行政化，最大限度减少行政干预对科研工作包括整个科技工作造成的束缚；“放权”就是把更多的科技研发自主权下放给创新主体，减少政府干预，让创新主体按照科研规律在项目立项、评估、验收，包括经费使用、职称聘用、收入分配等方面享有更多的自主权；“包容”就是要符合科研工作的特点，鼓励探索、宽容失败，要区别对待科技工作者与机关党政干部的工作要求，机关工作是“法无授权不可为”，科技创新工作是“法无禁止即可为”；“激励”就是把按知识价值分配的政策落实到底，激发科技人才创新创业的积极性。创新和其他工作不一样，需要激情、需要创造，要有活力。

第三，学会改革要始终坚持正确方向。总书记的重要讲话对科协组织提出了161个字的重要指示，这是对中国科协各级组织的要求，更是学会改革的题中应有之义。学会改革要把坚持“四个服务”职责定位、着力建设“三型组织”、主动带领科技工作者进军科技创新、组织开展创新争先行动作为战略性任务，按照总书记和党中央为科协事业发展包括学会的改革发展指明的方向，高质量完成改革任务。完成这些任务就如同军队打仗一样，要赢得胜利，一定要有一支强大战斗力的部队，这个部队就是我们的学会。学会要做好各方面工作，首先要把学会自身建设搞上去。我们的学会有中华人民共和国成立前建立的、有计划经济时代建立的、也有改革开放后建立的，随着我国全面深化改革的推进特别是社会主义市场经济地位的确立，学会自身的体制和运行机制都不能适应现在改革大形势和科技经济社会发展的需求，必须深化改革。通过改革增动力、添活力、提能力，实现凤凰涅槃。

二、总结改革经验，提升做好学会工作的信心和决心

近两年的改革试点和改革实践为学会改革取得突破积累了很多有益经验，也使我们看到了希望。按照中央的要求，很多学会不断推动改革走向纵深，探索形成很多好的工作模式。

第一，坚持以点带面推进改革。中国科协选择50多个学会作为改革试点，先行一步，带动全面，创造了很多好的经验和模式。同时，很多没有列为试点的学会自行改革、异军突起，大多数学会都动了起来，一些学会通过改革跟了上来。刚才发言的中国图象图形学学会原来是被通报的问题学会，2016年换届都很难。学会的新老理事长痛定思痛，在学会管理运行体制和人员选择上做了正确的改革抉择，使学会很快充满了生机。还有一些大学会，如中华医学会、中国农学会、中国化学会等在试点中都形成了很多好的经验。

第二，坚持改革与发展相结合。改革是动力、是手段，目的是解决问题、促进发展。当前学会的主要问题是散、虚、弱。“散”就是对科技工作者的凝聚力不强，会员发展不起来；“虚”就是只挂一个虚名，工作没有影响力；“弱”就是活动搞不起来，没有服务能力。改革的首要目标就是要增强自身活力、增强会员凝聚力、增强社会影响力。以发展服务项目带动学会改革，把承接政府转移职能、学术期刊、人才培养等工作的开展与学会改革紧密结合在一起，这样既明确工作方向，也看得到改革效果。此外，建立起鼓励改革的有效激励机制，改革赋予了学会更多的自主权，对好的改革模式要优先支持，让改革者得益，通过激励机制发挥对改革的推动作用。

第三，坚持抓住学会领导机构改革这个关键。理事长、副理事长、秘书长、副秘书长发挥了很大的引领和推动作用。改革搞得好的学会，首先是理事长、秘书长改革意识比较强、有很好的顶层设计，其次是推动举措非常有力。在发挥理事会作用方面，中国岩石力学与工程学会的“理事积分制度”就非常好。在增强秘书处活力方面，中国空气动力学会等完成了秘书长聘任工作；中华中医药学会等20多个学会制定了专兼职人员行为规范，还有分支机构管理规范等。

第四，坚持搭建工作平台推动学会能力提升。学会的学术交流日益活跃，中国化学会连续两年年会都是上万人的规模。2016年生命科学学会联合体举办的世界生命科学大会，有15位世界顶级专家参会；世界机器人大会、国际地理大会等规模和影响都很大，今年还要举办世界清洁能源大会、世界交通运输大会等。承接政府转移职能工作圆满完成试点，这是中央深化改革领导小组批准的科协改革任务，已纳入常态化改革工作。学术期刊水平明显提升，创新驱动助力工程、“双创”服务等为经济主战场服务的工作成效显著，科普工作作为中国科协的看家本领，也得到了加强。智库作用充分发挥，学会参与重大科技评估，让学会在科技主战场上立住脚、成为“裁判”。学科发展建议大都被政府部门吸纳。在人才服务方面，学会开展的人才举荐和人才培养特别青年人才培养和举荐也很好。这些都是我们改革的成效，改革和发展是紧密结合的，这些好的模式还要在改革中持续巩固。

三、明确职责定位，充分发挥学会在国家治理体系和创新体系中的重要作用

中国科协是学会的大联合体，是党联系广大科技工作者的人民团体，是提供科技类公共服务产品的社会组织，是国家科技创新体系的重要组成部分。在国家治理体系和治理能力现代化进程中，很多科技类产品、学术类产品以及社会服务类产品是学会要提供的。在国家创新体系建设中，学会在科技前沿探索、助力创新驱动发展、优化发现举荐优秀科技人才机制方面具有极大潜力。原来是产学研加政府，现在把人民团体加上，这是符合科技发展规律的。

第一，学会承担科技创新职能、参与社会治理是国际惯例。在发达国家，包括市场经济发达国家和科技发达国家，往往没有专门的科技行政管理机构，科技创新职能是学会承担的，包括学术活动、协同创新、科技服务等。比如有名的英国皇家学会、德国马普学会、德国弗劳恩霍夫协会等。在产业界，美国电气和电子工程师协会已经成为国际性协会，信息产业包括能源、电力产业的标准都被协会包揽。刚才中国汽车工程学会付于武理事长讲道，主管政府部门都转制为行业协会，与学会形成竞争，很多工科学会都面临这样的挑战。政府职能在转变，学会必须发挥应有作用。学会要抓住机遇，找到工作增长点，不断创新服务平台，抓住机遇，不断进取，发挥重要作用。

第二，学会推动融合创新有很大的发展空间。现在学科发展特点是跨界融合，仅仅从互联网上得到信息是不够的，需要面对面“头脑风暴”，需要相互交流。由学会来组织跨单位、跨地区、跨行业、跨领域的学术交流越来越重要，目的是推动科研合作、协同创新。在这方面，政府部门往往只能组织个别典型项目，整个面上工作还要依靠学会。现在改革设计得很好，但在很多领域落不了地，科技人员的意见很大，要靠学会替他们说话。学会没有官本位，我们是科技工作者之家，要给广大科技工作者搭好桥梁纽带，发挥出他们的聪明才智。

第三，学会可以更好地促进科技工作者的相互交流。学术交流是学会的立会之本。学会组织各种交流就是让科技工作者聚在一起，包括老年人、中年人，特别是青年人，大批青年人需要我们举荐培养。有些学会建立了研究生分会、联谊会等，从服务青年抓起，让青年科技工作者喜欢这个平台，成为他们成长的捷径。包括很多协同创新，更多是通过学会搭建平台来实现学术交流。

目前，还有很多工作我们学会无法承担，主要问题是我们学会的能力有缺陷，根子在于我们学会运行的体制机制特别是学会的治理体系和治理方式落后，所以必须改革。

四、坚持改革攻坚，以啃硬骨头精神真正取得学会治理改革成效

学会治理改革是整个科协改革工作的重中之重，也是难点。要坚持啃硬骨头和“钉钉子”精神，增强忧患意识和担当精神，以巨大的决心和勇气坚决推进改革纵深发展，打好改革攻坚战。学会改革看起来难，其实只要重视就不难。通过机制建设，真正实现既有整体规划、又有督促考核，工作上就会有成效、有显示度、有抓手。

第一，以责任心和使命感驱动学会改革。学会领导机构要有改革意识和责任心，一定要想改革、敢改革。办法是靠责任心驱使出来的，没有责任心驱使，可能就会出现“不想干、不会干、不敢干”的情况。中国科协全委会委员中的一些知名院士专家专门请假千里迢迢赶来参加科协会议，这就是责任心。做学会工作是一种奉献，以干事业为导向，干成事业比得到名利对个人更有成就感。干事业就是做服务，学会要靠服务提升凝聚力，有了凝聚力才有社会影响力。

第二，建立多层次的学会管理体制和运行机制。首先是理事会层面，理事长要当好改革的第一责任人，要给副理事长、常务理事分配任务，建立责任心。其次是工作委员会和专业委员会层面要体现纵横结合，专门委员会是纵向的，根据不同的分学科设立，工作委员会是根据理事会下的工作分开的，纵横交叉形成矩阵。现在学会有很多新的专业委员会发展起来，这就是科技发展不断出现新突破的特点，而且取得突破的大都是年轻人，越来越多的年轻人参加学会，学会的实力也就有了。最后是秘书长层面要抓好执行，将秘书处的各个部门分布到工作委员会。如果把这个设计好，就会更好地破解难题。比如中国图象图形学学会之所以取得这么大的转变，一是理事会层面设计好，155 名理事基本都发挥了作用；二是理事找得好，三分之一以上都是学科带头人。理事会领导和秘书长指导督促，各工作委员会和专业委员会具体实施，这个机制和治理体系是很清晰的基层经验。

第三，要有一套行之有效的改革推进手段。责任分工明确之后，还要有工作手段。手段不仅是资金，政策、考核、激励包括奖惩这些机制都要有，要善于管理、敢于管理。科技工作者如果发挥了自己的作用，大家都很拥护，会很高兴；如果干得不好被除名了，会感觉非常丢面子，这个机制很有效。

第四，抓好会员发展和服务。一个自发的群众性学术组织要活起来，必须突出会员特别是个人会员发展。中国计算机学会一年就新增会员1万多人；中国汽车工程学会2016年年底个人会员注册1.6万人，今年计划注册4.5万人。通过创新性地设立各个层次会员调动会员积极性，特别是个人会员缴纳会费以后，就要为学会发展尽义务，尽义务就意味着要尽责任。我们学会治理体系改革的一个很好的经验就是首先从会员抓起、从发展个人会员抓起。

学会只要有责任心、有很好的任务分解和管理办法、有很好的评价奖惩手段、有很好的服务质量和服务机制，完全可以把改革这块硬骨头啃下来。当然，理科学会在创新社会服务和推动改革方面可能难一些。中国科协的态度是，谁改革就支持谁。下一步，理科学会要一个一个推动改革，不能光靠科协驻会帮扶，那都是外因，要靠内生动力。只要大家有这种责任心、有敢于改革的精神，无论是大学会，还是小学会，在我们国家这么宽广的发展空间中都可以找到自己的定位。

五、坚持目标导向，在改革中不断提升学会综合能力

深化改革是手段、是动力，提升能力才是目标。要把改革与发展结合，把提升学会创新服务能力与深化改革结合起来。

第一，要提升学会的政治思想引领能力。中国特色的社会管理体制有一个鲜明的特色，就是坚持党的领导。刚才发言的中国仪器仪表学会，其党建工作就很有特色。据2014年统计数据，我国有8100万名科技工作者，其中党员比例占47%，我们服务的党员群体占全国党员的三分之一左右。如果学会能凝聚科技工作者听党话跟党走、与党同心同德、维护中央权威，党的凝聚力就会大幅度增强。目前，科协所属全国学会党组织覆盖率已达97%，但是学会的党建很多是功能性的，党组织关系不在学会。下一步重点是要强调提升效果和质量，要在充分发挥党组织作用上下功夫。大家任务很重，要通过政治引领、思想凝聚、学术凝聚、服务凝聚、维权凝聚把科技工作者凝聚起来，为他们排忧解难、提供各种便利服务。作为具有中国特色的学会，必须把讲政治放在很重要的位置，要旗帜鲜明地讲政治，要强化党的领导，这一点丝毫不能含糊。

第二，要提升学会的创新能力。学会要坚持服务大局，紧跟变革和时代潮流，梳理优势和资源，找准创新发力点，有效集成创新资源，前瞻性地谋划学会工作。在这方面，我们有很多工作抓手和项目，这些抓手要进一步改进。比如在提升学会学术交流能力方面，打造出一批好的学术期刊、一批好的学术会议平台，通过这样的平台促进科研合作和协同创新，在科技服务、科技智库、人才举荐等方面发挥作用。

第三，要提升学会的服务能力。学会要坚持以会员为本。科技工作者在成果转化、创业方面还存在瓶颈，包括科技工作者权益、知识价值的分配、权益维护等，需要学会支持。更重要的是人才服务平台，青年人才托举工程主要为“小人物”服务，很多好苗子一开始很难获得成长所需要的科研资源，通过同行举荐，由学会搭建支撑平台并给予经费支持，让青年人才自由选题，助力他们成长成才，这个机制得到了中组部、国家自然科学基金会的赞成，科技界的很多院士专家也给予了充分肯定。包括对老科技工作者服务，陈至立同志、齐让同志到老科技工作者协会后抓得有声有色，给我们树立了榜样。在国际交流方面，学会要增加国际话语权，要向更多的国际组织推荐领导人，争取重要的国际组织全覆盖。要支持学会在中国建立国际组织或亚太组织总部，到2020年争取建立80—100个。总之，一些主体服务平台要通过中国科协建立起来，办公场所、经费都可以支持。

中国科协党组已经将学会治理改革作为2017年科协系统深化改革中的难点进行重点攻坚，强化分类指导，坚持奖优罚劣，做到考核跟着改革走、经费跟着改革走，持续推进学会治理改革出实效。

同志们，中央改革的方向、目标都已经明确，我们整个科协、整个学会的改革发展规划也已经出台，现在关键是落实。只要大家高度重视、有责任心、有使命感、有敢于担当的精神，我相信学会改革一定会取得新突破。希望大家更加紧密地团结在以习近平同志为核心的党中央周围，进一步增强改革的信心和决心，扑下身子抓改革、撸起袖子加油干，狠抓落实，多出经验，以更加优异的改革发展成绩迎接党的十九大胜利召开！谢谢大家。

在创新驱动助力工程总结交流会上的讲话

（2017年4月13日）

尚　勇

尊敬的源潮同志、万钢同志，各位来宾、同志们：

上午好！

中国科协于2014年开始组织实施创新驱动助力工程，其核心就是聚集优质科技资源，为区域经济发展和产业转型升级服务。今天的会议就是要总结经验、乘势而上，积极打造“创新驱动助力工程”升级版，更好地组织和动员全国学会和广大科技工作者为创新驱动发展服务。

同志们，刚才源潮同志作了重要讲话，对创新驱动助力工程工作取得的成绩给予了充分肯定，并以实施创新驱动发展战略为核心，从“紧盯产业转型升级需求，增添经济发展新动能”“突破科技成果转化瓶颈，实现科技创新社会价值”“服务科技工作者创新创业，释放科技人才第一动力作用”“推动科协组织和工作改革创新，拓展社会化服务职能”等方面提出了新要求。万钢主席对助力工程开展以来的成效进行了总结，提出了下一步工作思路，指明了努力方向。我们要深入学习和全面贯彻落实领导同志的讲话精神，把握机遇、锐意进取、奋力开拓，不断开创创新驱动助力工程工作新局面，服务国家创新驱动发展战略总体部署。

为进一步做好落实工作，我谈几点意见。

一是要积极探索促进科技与经济深度融合的有效途径，助力科技成果转化。学会是科协的重要组成部分，应该在科技成果的转移转化工作中发挥应有的作用。要以各级学会为主要抓手，以助力工程为载体，以企业需求为牵引，以促进企业创新发展和转型升级为重点，搭平台、创机制、促转化、重实效，推动科技成果在相关企业聚集、落地、生根。

二是要积极探索推进全面创新改革试验的有效方式，助力区域经济发展。助力工程要以服务国家重要战略区域为目标，面向全国进行战略布局，根据国家政策导向，结合地方实际情况，发挥全国学会人才荟萃、智力密集优势，为地方区域经济发展提供决策咨询服务，精准对接区域创新发展需求。

三是要积极探索深化开放创新的有效模式，助力智力人才引进。要加快建立深度融合的开放创新机制，放眼全球科技市场，主动融入全球创新体系，充分利用全球创新资源，重点引进海外高端科技人才和科技成果开展相关工作。要打造高端智力集聚平台，以中国科协海智计划工作基地为依托，加强双向离岸创新创业基地建设，将引智平台和学会服务平台相结合，为企业与海内外高端智力的对接交流搭建平台。

四是要积极探索服务经济发展新常态的有效路径，助力科技精准扶贫。要利用助力工程现有资源服务科技助力精准扶贫工程工作，组织科技专家、农技协以及农林学会深入到贫困地区乡村、学校和企业，深入到田间地头，围绕贫困地区产业规划发展、农村先进实用技术推广和农业人才输送培养等方面开展咨询服务、科技攻关项目研发、科技成果推广应用，大力推广农业新技术、新品种、新设施、新模式，实现农民增收、农业增长、农村稳定的目标。

同志们，实施创新驱动发展战略需要大家共同努力，让我们紧密团结在以习近平同志为核心的党中央周围，紧紧抓住科技创新的时代契机，推动科协组织服务创新能力不断提升，落实习近平总书记提出的“秉持浙江精神，干在实处，走在前列，勇立潮头”的指示，狠抓落实，争树标杆，全力打造“创新驱动助力工程”升级版，以优异成绩迎接党的十九大胜利召开。

重要文件

中国科协印发《关于认真学习宣传贯彻党的十九大精神的实施方案》的通知

科协发调字〔2017〕62号

各全国学会、协会、研究会，各省、自治区、直辖市、副省级城市科协，新疆生产建设兵团科协：

中国共产党第十九次全国代表大会是在全面建成小康社会决胜阶段、中国特色社会主义进入新时代的关键时期召开的一次十分重要的大会。大会批准了习近平同志代表十八届中央委员会所作的《决胜全面建成小康社会，夺取新时代中国特色社会主义伟大胜利》的报告，对新时代推进中国特色社会主义伟大事业和党的建设新的伟大工程做出全面部署；审议通过了《中国共产党章程（修正案）》，将习近平新时代中国特色社会主义思想写入党章，确立为我们党必须长期坚持的指导思想；党的十九届一中全会选举产生了以习近平同志为核心的新一届中央领导集体，充分显示出中国特色社会主义事业蓬勃兴旺、充满活力。

党中央高度重视十九大精神的学习宣传贯彻工作，印发《中共中央关于认真学习宣传贯彻党的十九大精神的决定》，对学习宣传贯彻工作做出明确部署、提出明确要求。各级科协组织要深刻认识学习宣传贯彻党的十九大精神的重大意义，要把学习宣传贯彻党的十九大精神作为当前和今后一段时期的首要政治任务，不断增强对以习近平同志为核心的党中央的坚定拥护，不断深化对习近平新时代中国特色社会主义思想的深刻理解，切实做到“六个聚焦”和“十个深刻领会”，不断增强“四个意识”、筑牢“四个自信”，切实把党的十九大精神贯彻落实到科协工作的各个环节各个方面。

各级科协组织要积极行动起来，切实把学习宣传贯彻党的十九大精神作为第一要务、第一行动、第一考验，按照学懂弄通做实的总要求，以贯彻落实习近平新时代中国特色社会主义思想为主线，以把广大科技工作者更加紧密地团结在以习近平同志为核心的党中央周围、夯实党在科技界的执政基础为目标，结合贯彻落实中央党的群团工作会议精神和习近平总书记在“科技三会”上的重要讲话精神，坚持“学”字当头、“抢”字当先、“变”字在肩，把自己摆进去，把党员身份摆进去，把工作摆进去，把科协系统摆进去，迅速兴起学习宣传贯彻党的十九大精神的热潮，切实用党的十九大精神和习近平新时代中国特色社会主义思想武装头脑、推进工作。

学习宣传贯彻党的十九大精神，要坚持政治引领，坚持知行合一，强化系统协同，创新实践载体，主动识变、应变、求变。要自觉转变思想观念，转变措施方法，转变目标标准，突出问题导向，大兴调查研究之风，深入研究深化改革、改进工作、服务科技工作者、加强队伍建设的思路和举措，加强战略谋划，找准战略支点，狠抓流程再造，重塑工作格局。要运用新媒体新技术新手段，大力宣传学习贯彻党的十九大精神的典型人、典型事、典型案例，提高宣传工作时、度、效，彰显新气象新作为。

各全国学会、地方科协要迅速行动、积极作为，结合实际抓紧研究制定本单位本部门学习宣传贯彻党的十九大精神的实施方案并报送中国科协。要及时发现、认真总结学习宣传贯彻中的典型人、典型事、典型案例，尽快报送中国科协。中国科协将适时组织交流研讨和检查考核。

中国科协

2017年11月8日

关于认真学习宣传贯彻党的十九大精神的实施方案

为进一步掀起全国广大科技工作者深入学习宣传贯彻党的十九大精神热潮，更加自觉地把思想和行动统一到习近平新时代中国特色社会主义思想上来，团结带领广大科技工作者听党话跟党走，为实现党的十九大的战略部署不懈奋斗，按照《中共中央关于认真学习宣传贯彻党的十九大精神的决定》要求和习近平总书记重要指示精神，结合科协实际，制定科协系统学习宣传贯彻党的十九大精神实施方案如下。

一、提高思想认识，把学习宣传贯彻党的十九大精神作为首要政治任务抓紧压实

党的十九大是在全面建成小康社会决胜阶段、中国特色社会主义进入新时代的关键时期召开的一次历史性盛会。大会深刻阐述了新时代中国共产党的历史使命，选举产生了以习近平同志为核心的新一届中央领导集体，把习近平新时代中国特色社会主义思想确立为党的长期指导思想，对新时代推进中国特色社会主义伟大事业和党的建设新的伟大工程做出全面部署，为决胜全面建成小康社会、基本实现社会主义现代化、建设社会主义现代化强国奠定了坚实的思想基础和组织基础。党中央高度重视党的十九大精神宣传贯彻落实，《中共中央关于认真学习宣传贯彻党的十九大精神的决定》明确要求充分认识学习宣传贯彻党的十九大精神的重大意义，全面准确学习领会党的十九大精神，认真做好党的十九大精神的学习宣传，切实提高解决问题、推动发展的能力，是科协系统学习宣传贯彻党的十九大精神的基本遵循和行动指南。

中国科协是科技工作者的群众组织、是党领导下的人民团体、是党和政府联系科技工作者的桥梁纽带，负有团结带领广大科技工作者听党话跟党走的重要使命。各级科协组织及所属团体要积极行动起来，把学习宣传贯彻党的十九大精神作为第一要务、第一行动、第一考验，高举中国特色社会主义伟大旗帜，坚持以习近平新时代中国特色社会主义思想为指导，以学懂、弄通、做实为总要求，以把广大科技工作者更加紧密地团结在以习近平同志为核心的党中央周围、夯实党在科技界的执政基础为根本目标，广泛开展多形式、分层次、全覆盖的学习宣传贯彻活动，团结带领广大科技工作者坚定不移维护以习近平同志为核心的党中央权威和集中统一领导，为实现中华民族伟大复兴中国梦而努力奋斗。

学习宣传贯彻党的十九大精神要坚持“学”字当头、“抢”字当先、“变”字在肩，把自己摆进去，把党员身份摆进去，把工作摆进去，把科协系统摆进去。

——突出政治引领。聚焦习近平总书记是全党拥护、人民爱戴、当之无愧的党的领袖，准确领会把握党的十九大精神的思想精髓、核心要义，不断增强对习近平新时代中国特色社会主义思想的政治认同、思想认同、理论认同和情感认同，坚定地在思想上高度信赖核心、感情上衷心爱戴核心、政治上坚决维护核心、组织上自觉服从核心、行动上始终紧跟核心。

——坚持知行合一。积极主动把党的十九大的战略决策部署贯穿到科协工作的各个环节各个方面，把以人民为中心的发展理念贯穿到科协事业发展中，把党的群众路线贯穿到科协纵深改革的推进中，明确科协组织功能定位，突出抓重点、补短板、强弱项，不断提高科协系统的政治领导本领，以改革创新精神推动科协组织转型升级，打造科协事业创新发展新格局，努力为实现党的十九大确定的目标任务做出积极贡献。

——强化系统协同。坚持立足机关、面向系统，发挥机关干部先学一步、学深一层的率先垂范作用，强化各级学会学习宣传贯彻的资源共享，推动四级科协组织学习宣传贯彻的协调一致，用好主流媒体和社会媒体、传统媒体和新媒体，打造全方位、立体化宣传格局，迅速形成对科技界的向心力和凝聚力。

——创新实践载体。紧扣党的十九大确立的新时代社会主义建设基本方略和战略布局，把工作重心及时调整到党的十九大确立的目标任务上来，凝聚科技界力量，在打造新时代科协事业竞争力、智库影响力和国际影响力上下功夫，锻造新时代科协事业的创新品牌，重塑新时代科协事业的全新格局，争做创新先锋，实现主体工作的战略提升。

根据中央决定部署，按照学懂弄通做实的总要求，科协系统的学习宣传贯彻工作要体现到做好今年各项工作和安排好明年工作之中，按三个阶段梯次推进、不断深化。

第一阶段重点在学懂上用心思。科协系统要广泛动员起来，掀起学习宣传贯彻党的十九大精神的热潮，增强对以习近平同志为核心的党中央的坚定拥护，深化对习近平新时代中国特色社会主义思想的深刻理解，切实做到“六个聚焦”和“十个深刻领会”，不断增强“四个意识”、筑牢“四个自信”。

第二阶段重点在弄通上下功夫。各级科协组织要面向广大科技工作者，结合实际开展形式多样的宣讲活动，努力做到全面系统、融会贯通，使广大科技工作者把思想和行动全面统一到党的十九大精神上来，推动各级科协组织准确把握新时代新形势下科协组织的新使命新任务，理清工作思路、明确工作方向。

第三阶段重点在做实上见成效。各级科协组织要聚焦新时代使命担当，结合自身实际，充分发挥积极性主动性创造性，以贯彻党中央决策部署为前提，把党中央提出的战略部署转化为各级科协组织的工作任务，按照任务表、时间表、路线图有计划有秩序地加以推进，在加强党建、改进工作、深化改革、干部队伍建设、服务科技工作者等方面抓实见效，为实现党的十九大确定的目标任务做出应有贡献。

二、强化理论武装，把思想和行动统一到习近平新时代中国特色社会主义思想上来

科协系统学习宣传贯彻党的十九大精神，必须坚持全面准确和突出重点并重、统一部署和创新推进并重、抓好机关和抓好系统并重、学懂弄通和抓实见效并重，突出整体性、关联性、协同性，做到规定动作不走样、自选动作有特色，统筹推进学习宣传贯彻工作。

一要抓好学习培训。积极参加中央举办的各种学习贯彻党的十九大精神研讨班，面向科协系统干部开展系列分层、分类培训，举办高层次科技领军人才学习贯彻党的十九大精神专题研修班、青年科技领军人才国情研修班，做到面上动员与培训推进相结合、集中培训与日常学习相结合，确保学会理事长、秘书长、地方科协党组书记等“关键少数”全覆盖。认真学习《习近平谈治国理政》(第二卷)、《习近平新时代中国特色社会主义思想学习纲要》等权威读本，运用好《党的十九大辅导读本》《党的十九大学习辅导百问》等辅导材料，运用好《将改革进行到底》《法治中国》《大国外交》《巡视利剑》《辉煌中国》《强军》《不忘初心、继续前进》等电视专题片，提升科协系统党员干部的政治素养和专业化水平。

二要抓好集中宣讲。党组领导带头深入基层一线宣讲党的十九大精神，同干部群众开展面对面、互动式交流，增强宣讲的思想性针对性生动性。结合科协工作实际，把十九大精神讲清楚、讲明白，让干部职工听得懂、能领会、可落实，推动党的理论创新成果走近群众。组织科学家十九大精神宣讲报告团，动员十九大代表中的杰出科学家深入学会、高校、科研院所、企业、园区、乡镇、街道、农村，通过报告会、辅导会、座谈会等多种形式开展宣讲活动，以亲身经历、切身感受宣传党的十九大精神、回应群众关切。

三要抓好舆论宣传。坚持大宣传理念，精心策划、整体部署，统筹兼顾传统媒体和新媒体等各种宣传形式和手段，充分利用主流媒体以及科协官网、科技工作者之家网、科普中国、微信公众号群等各种宣传载体，准确把握时、度、效，全方位、大力度、多角度宣传阐释党的十九大精神。通过在新媒体开设专栏、专题等形式，大力宣传广大科技工作者对党的十九大的热烈反响和学习情况，及时回应科技工作者关切的热点焦点问题。加大信息沟通和舆情引导力度，通过舆情监测开展监督评估，及时掌握进展情况。及时发现学习宣传贯彻中涌现的典型人、典型事、典型单位，坚持见人见事见典型，放大对科技界的引导力和影响力。

四要加强理论阐释。持续深入开展对习近平科技创新思想的学习，全面理解创新是引领发展的第一动力、是建设现代化经济体系的战略支撑等重大论断。结合科技工作特点和科协实际，部署一批重大研究课题，推出一批有理论深度、实践力度、情感温度的重大成果，用科学家的思维模式和语言风格引导科技工作者进一步深化对习近平新时代中国特色社会主义思想的理解和认同。

五要创新方式方法。创新媒体传播方式，结合科协系统举办的各种学术会议、各类科普活动，注重运用微博微信、社交网络和移动多媒体等新技术新手段，通过网络直播、网络视频、网上交流等形式，做到全网跟进、积极回应网民关切。适应科技工作者群体特点，及时推出“党建 e 课”在线答题、党的十九大精神学习 APP、科学家学习党的十九大精神微视频等一系列体现科技特色、符合实践要求、富有吸引力感染力的宣传产品。针对基层群众学习需要，推出乡村振兴战略工程丛书等一批图文并茂、设计独特、喜闻乐见的党的十九大精神学习资料，把科协系统学习宣传贯彻党的十九大精神不断引向深入。

充分发挥科协领导机关的带头示范作用。中国科协党组要率先垂范、以上率下、周密部署，带动中国科协机关和事业单位迅速跟进。要指导学会党组织面向会员集中开展富有特色的学习宣讲活动，提出落实举措；加强对地方科协的指导，强化各级科协组织上下联动和系统实施。中国科协常委和全委会委员在学习上要先行一步、深学一层，积极主动做好宣讲工作。全国学会和地方科协要积极行动起来，有落实、有督导、有反馈，迅速形成学习宣传、抓实见效的闭环。

三、密切联系实际，切实把学习党的十九大精神转化为新时代科协系统深化改革的强大动力

中央党的群团工作会议精神、习近平总书记在全国“科技三会”上的重要讲话精神和《科协系统深化改革实施方案》明确了科协组织的“四服务”职责定位和“三性”发展的基本方向，党的十九大进一步赋予科协组织重要使命任务、提出新的更高要求，是新时代新征程上完成新任务、实现新使命、展现新作为的根本遵循。科协系统有能力、有素质、有资源，各级科协组织学习宣传贯彻落实党的十九大精神必须把着眼点放在用习近平新时代中国特色社会主义思想指导改革实践上，发挥系统优势，凝聚智慧力量，以与时俱进的创新精神全面谋划科协事业全面转型升级的新任务新目标新机制，夯实党在科技界的执政基础。面对新时代新思想新矛盾，要深刻认识科协组织客观存在的群众组织力不足、创新力不足、引领不充分、发展不平衡不充分等突出问题，自觉转变思想观念、转变措施方法、转变目标标准，主动识变应变求变，重塑工作格局，突出“顾客”需求和绩效导向，不忘初心、牢记使命，传承发展、创新争先，广泛开展“新时代创新先锋”主题实践活动，引导做改革创新的先锋、规范高效的先锋、品牌创造的先锋。

专栏 1：新时代创新先锋行动计划
1. 选树一批优秀科协组织、科协好干部先进典型。建立推行关键绩效指标制度，引导培育用户导向、绩效评估的执行力文化。开展争创优秀科协组织、争当科协好干部活动，形成“比学赶帮超”的浓厚氛围。启动实施“不忘初心、牢记使命，筑牢基础、忠诚担当”支部创新行动，激发基层科协组织活力，增强基层科协干部的荣誉感、使命感和忠诚度。 2. 开展评选表彰活动。联合中组部、人社部、团中央等开展中国青年科技奖 30 周年纪念活动，隆重表彰 100 位青年科技领军人才。评选表彰 100 名全国杰出工程师，打造工程技术专家榜样，发挥引导示范作用。联合全国妇联等单位评选表彰优秀青年女科学家。 3. 举办中国科协成立 60 周年系列活动。召开科技工作者座谈会和纪念中国科协成立 60 周年大会，组织广大科技工作者重温科协组织听党话、跟党走的辉煌历程，牢记初心、不忘使命，在新时代中国特色社会主义道路上再次扬帆启程。对长期从事科协及所属学会工作、默默无闻无私奉献的科协工作者进行表彰，培育尊崇科学、理性包容、爱国爱民、一心向党的科协文化。

（一）全面提升群众组织力，做坚定执行党的群众路线的创新先锋

群众组织力是群团组织群众性的根本体现，是科协组织的生命线。各级科协组织要坚持以科技工作者为中心，在“亲”和“紧”上下功夫，把党的群众路线落实到新时代科协事业的全部活动之中。

建设“智慧科协”。明确组织使命，加强大联合大协作，推动科协组织重构和业务流程再造。应对互联网、大数据、人工智能技术迅猛发展趋势，围绕网上建家、网上动员、网上组织、网上服务的需要，特别是满足科技工作者学术交流、创新创业等新型社交需要，推进“AI+ 科协”服务，建设“智慧科协”“数字科协”。推进科协“四服务”职能体系和流程再造，倡导突出问题导向、绩效评估的执行力文化，更加广泛地面向基层一线科技工作者、基层科协组织和社会公众提供精准高效的科技类公共服务产品，以数字化智能化促进开放型枢纽型平台型科协组织建设。

增强服务人才本领。加强高素质专业化干部队伍建设，引导科协干部适应新时代新要求，明确职责使命，适应人才需要，讲求工作成效，事中学、事中练、事中赢，不断增强群众工作本领，提高人才服务质量水平。制定实施科协系统干部能力提升培养计划，打造专业化干部队伍，推动科协建家交友工作上台阶上水平。着眼人才发现、培养、举荐、评价成长全链条，科学设计服务产品和流程，拓展全球视野，创造“聚天下英才而用之”的平台条件环境。

充分发挥学会党组织作用。提升学会理事会党委和办事机构党组织政治能力，及时广泛宣传和执行党的路线方针政策，参与学会重大问题决策，引导和把握政治方向，增强党对学会会员和广大科技工作者的政治领导力、思想引领力、群众组织力和社会号召力。

打造有为基层组织。坚持眼睛向下、面向一线、重心下移，打通科协组织的末梢循环，激发基层组织活力，补齐短板，有为有位。扩大科协组织在高校、企业、园区、乡镇、街道、农村的有效覆盖。强化运行机制、组织方式创新，实现对最广大科技工作者的紧密联系。

专栏 2：新时代群众组织力提升行动
1. 建设科技工作者之家网。推动大数据、云计算、人工智能等技术在科协信息交流中的应用，以“互联网＋科协”再造服务流程，形成网上科技社区，为智慧科协建设提供平台支持。面向科技工作者，在线提供法律援助和政策咨询服务，推出系列服务产品。精准挖掘学术交流、创新创业等科技社交数据，为做好科技工作者工作提供支撑。 2. 实施基层科协赋能计划。推动科协组织向基层延伸，大力发展企业科协、高校科协和农技协等基层组织，接长手臂，形成链条。实施基层科协培训项目，提升基层科协人员领导能力。集成学术交流、科学普及、智库建设、人才举荐等渠道资源，把更多科技创新和科普资源引入基层科协。 3. 推进“智慧党建”。搭建“党建＋互联网”平台，建立党建数据库，全面提升党员管理、教育、监督的科学化水平。在线提供学习宣传交流信息和政策服务，进行智能数据分析，促进与线下党建活动融合，增强联系服务和组织动员能力。

（二）全面提升战略支撑力，做现代化经济体系建设的创新先锋

促进科技经济深度融合。针对科技成果转化的瓶颈问题，创新服务科技成果转化机制，着力提升融合力度，建设科技成果开源在线共享平台，在创造知识

和传播知识方面实现同步，提升中国科协在服务科技创新方面的高端引领功能，打通科研—企业—产品创新链产业链价值链，实现产业与学术的融会贯通，解决科技成果转化的“最后一公里”。积极促进跨学科联合、海外合作等领域的成果转化，为加快创新型国家建设、进军世界科技强国贡献力量。

增强学术发展引领力。面向世界科技发展前沿和创新型国家建设的战略需求，发挥全国学会的学科专业优势，建设一批学术新高地，打造具有世界水平的学术交流新品牌，开辟新科学领域方向，推动我国成为重大原始创新策源地、成为引领科技发展的世界科学中心。加强科技期刊服务科技创新的能力建设，着力打造具有国际水准的科技期刊，构建中国特色的科技期刊发展新格局。

激发科技人员创新活力。发挥高校、园区、企业科协等基层科协组织的纽带作用，搭建创新资源对接平台，为社会提供更多更好的科技类公共服务产品。搭建科技社团创业创新平台，优先推进中西部和东北地区创新创业。加大专利技术信息应用推广力度，依托企业广泛开展基层科技工作者创新实践活动，激发企业科技成果转化内生动力。

专栏3：科协服务效能提升工程之一

1. 建设科技经济融合平台。发挥学会枢纽作用，联合企业、高校、科研院所，建设一批产业协同创新共同体和学会企业联合体，推动产学研深度融合。建设科技成果开源在线共享平台，采集发布全球高新技术成果信息，服务企业科技创新。广泛开展企业科技工作者创新争先活动，进行一线技术培训，推出一批“微创新”成果，提高科技成果“客户端”转化能力。
2. 探索中国特色学术评价体系。基于世界代表性科技期刊源文献数据库，建设《世界科学引文库》《世界科学学者库》《世界科学期刊索引库》和世界科学期刊数据服务平台，推出中国特色学术评价指标，提升我国科研学术国际话语权和影响力。

（三）全面提升科普品牌力，做提高国民素质的创新先锋

构建科普工作新格局。按照建设社会主义现代化强国两个阶段性目标要求，研究制定新时代公民科学素质建设规划，推进科普服务均等化。监测发布各地公民科学素质发展指数，推动纲要实施硬任务和软实力相结合。针对基层科普服务不均衡不充分问题，以服务乡村振兴战略为抓手，构建精准、多元、普惠的科普服务推送渠道，确保2020年10%的全民科学素质目标是平衡的充分的，满足人民对美好生活的向往。

强化科普资源供给能力。加大科普资源研究开发力度，繁荣科普创作，发展科普产业，增加优质科普资源供给。发挥科普中国的品牌带动作用，强化科普产品精准推送。推动中国特色科技馆体系升级转型，支持社会力量兴办科普场所。探索社会动员新机制，建立完善各类主体特别是科技工作者从事科普的激励机制。

搭建科学素质国际交流平台。举办全球科学素质大会，推动中国科普走近世界舞台中央。发起建立国际科普组织，探索建立全球科普合作机制，引领国际社会更好应对科技与社会发展的共性问题，为构建人类命运共同体、创造人类美好未来贡献中国力量。

专栏4：科协服务效能提升工程之二

1. 实施西部科普行动专项。实施科普生态文明绿色发展西部行动、科普援藏援疆专项行动，建设区域科普服务中控，实现西部地区乡村社区科普数字终端、流动科技馆巡展和科普大篷车活动全覆盖。
2. 实施科技后备人才培养计划。开展青少年科学素养评价，推动提升科学课作为基础教育阶段核心课程的质量水平。深入开展青少年科技创新大赛、青少年机器人竞赛、全国青少年高校科学营等青少年科技教育活动，激发青少年科学兴趣和想象力，培养建设世界科技强国后备军。
3. 繁荣科普创作。推动科技创新成果科普化，支持创作开发优秀科普原创作品，支持科普创作人才培养和科普文艺创作。大力开展科幻、动漫、视频、游戏等科普创作，推动制定对科幻创作的扶持政策，推动科普游戏开发，加大科普游戏传播推广力度，加强科普创作的国际交流与合作。

（四）全面提升科协组织软实力，做服务治理能力现代化的创新先锋

扩大科技创新智库影响力。强化“思想就是创造力”的理念，充分发挥中国科协人才荟萃、智力密集、学科交叉的突出优势，在科技前沿研判、国家科技战略和政策制定等方面加大前瞻布局，通过高端论坛、学术会议等途径集成科技工作者智慧，开掘思想深度，发挥第三方评估优势，推出一批科协特色的高水平科技智库咨询成果，服务党和政府科学决策。打造高端科技创新智库，以智库战略推动科学普及和学

术交流协同发展，构建科协工作新格局。推动人民团体协商，发挥全国科技工作者调查站点作用，及时就科技相关的重大问题反映科技界的意见建议和呼声。

深化学会治理改革。准确把握新时代学会职责使命的新要求，以建设中国特色社会主义现代化科技社团为目标，深化学会治理结构和治理方式改革，持续提升学会的会员凝聚力、学术公信力、社会影响力，建成一批学术水平一流、社会服务一流、基础保障一流的世界一流学会和学会联合体，通过示范带动、分类推进，实现学会服务能力的整体提升，推进社会治理体系建设。

专栏5：科协服务效能提升工程之三
1. 建设科技创新高端智库。健全优化全国科技工作者状况调查站点体系，定期开展全国科技工作者状况面上调查和专项调查，准确把握规模趋势和思想动向，为加强政治思想引领提供支撑。整合科协系统数据资源，建立各种形式不同层次多元异构的科技工作者数据体系，为开展创新创业、科技战略和政策等第三方评估工作以及科技人才、科学文化研究提供数据支撑。发挥好《科技界情况》《科技工作者建议》等内刊作用，建立智库成果发布平台，拓宽信息报送发布渠道。实施全球科技智库伙伴计划，联合举办国际创新战略与科技政策论坛，拓展智库人才交流空间。 2. 弘扬中国科学家精神。深入实施“共和国的脊梁”——科学大师名校宣传工程，举办年度汇演活动，弘扬科学家以身许党、以身许国的优秀品质。依托老科学家学术成长资料采集工程，深入挖掘中国科学家的精神内涵，建设中国科学家博物馆，打造科技工作者的情感殿堂和精神家园。推动制定发布《加大科技人物宣传、弘扬中国科学家精神的意见》。深入开展科学文化研究，大力弘扬创新文化，营造良好创新环境。 3. 培育世界一流学会。支持学会深化治理体系改革，打造50家世界一流科技社团。聚焦世界科技前沿，建设一批优秀学会联合体，搭建协同创新、联合攻关平台，推动重点学科领域和产业发展，服务创新型国家建设。

（五）全面提升创新文化感召力，做中国特色社会主义文化的创新先锋

弘扬中国科学家精神。弘扬以创新报国为核心、富有中国特色、时代特征的价值导向，引导广大科技工作者自觉爱戴核心、拥护核心、捍卫核心、紧跟核心。推进“科学大师名校宣传工程”深入校园、走向社会，深入挖掘老科学家学术成长资料采集工程的精神内涵，使以身许党、以身许国成为科技工作者的自觉追求。

引导践行社会主义核心价值观。举办“学习贯彻党的十九大精神——2017年全国科学道德和学风建设宣讲教育报告会”，引导广大青年学子和科技工作者在践行社会主义核心价值观方面走在前列、做出表率。打造科学道德建设高端论坛品牌，构建全国科学道德和学风建设宣讲教育体系，推进学术诚信建设。

传播中国科学文化。围绕构建人类命运共同体战略目标，以服务“一带一路”倡议为主线，以锻造国际交流重点品牌为抓手，充分发挥科技特色和民间优势，大力开展国际科技人文交流，讲好中国创新故事，分享中国方案、中国经验和中国模式。推动中国科学家在国际科技组织担任领导职务，以我为主发起和培育国际民间科技组织，推动工程师资格国际互认，提升中国科学家在国际科技界的话语权和影响力。

专栏6：科协服务效能提升工程之四
1. 推动工程师资格国际互认。以工程能力双边互认为突破口，组建工程师资格认证联盟，开展工程师资格国际互认试点，服务企业工程技术人员工程能力认证，破解工程人员海外执业难题。 2. 建设全球科技人才地理信息系统。研究制定国家引才目录2.0版，制定发布战略科学家、科技领军人才、青年科技人才、高水平创新团队、华人科技人才系列目录。建立世界科技人才流动监测机制，绘制国家“人才地图”。设立中外青年科技人才双向短期交流项目。 3. 开展“一带一路”民间科技人文交流。通过中国科技和科学家推介、中外科学家高层对话等活动，打造一批国际科技人文交流品牌。推进“一带一路”国际科技组织合作平台建设，推动发起以我为主的国际民间科技组织。吸引国际科技组织来华落户，推动我国科学家进入国际科技组织任职，扩大国际话语权和影响力。 4. 打造国际高端学术平台。围绕前沿科学问题，举办国际高端学术会议，形成系列品牌，打造学术高地。聚焦现代化经济体系建设中的技术难题，面向全球科技界揭榜招贤，汇聚全球智慧，提出解决方案。

（六）坚持全面从严治党，为全面贯彻落实党的十九大精神提供坚强保障

强化党的政治建设。在全体党员中开展“不忘初心、牢记使命”主题教育，持续用力推进“两学一做”学习教育常态化制度化，引导党员干部深入学习领会党的十九大精神，争做学习习近平新时代中国特色社会主义思想先锋，争做“两学一做”先锋，坚定理想信念，加强党性修养，牢记根本宗旨，强化“四个意识”，增强“四个自信”，把党员干部的先锋模范

作用转化为抓实见效的强大动力。

加强党的基层组织建设。围绕提升基层党组织组织力，开展“不忘初心、牢记使命，筑牢基础、忠诚担当”支部创新活动，加强对党员干部群众和学会组织的政治引领和社会号召，创新组织设置方式，激发组织活力。严肃党内政治生活，严格执行“三会一课”等党内组织生活制度，严明党的纪律规矩，着力把基层党组织建成宣传党的主张、贯彻党的决定、领导基层治理、团结动员群众、推动改革发展的坚强战斗堡垒。

持之以恒正风肃纪。加强作风建设，反“四风”去“四化”，持续整治“庸懒散浮拖”，运用好“四种形态”，强化监督执纪。坚决落实任期全覆盖要求，完善科协系统巡视工作格局，把学习宣传贯彻党的十九大精神作为重要内容，发挥巡视利剑作用，强化巡视成果运用，营造风清气正的良好政治生态。

四、加强组织保障，务求学习宣传贯彻工作落地见效

一要加强领导，强化责任。各级科协组织及所属学会要按照党中央和中国科协的统一部署，结合本地区本部门本单位实际，把学习宣传贯彻党的十九大精神摆上首要议事日程，作为第一要务、第一行动、第一考验，以高度的政治责任感和使命感精心组织部署、着力抓好落实，迅速兴起学习宣传贯彻党的十九大精神热潮。党员领导干部要切实履行学习宣传贯彻第一责任人责任，带头学带头做，深入基层一线宣讲，推进学习宣传贯彻，带领广大党员干部和群众学懂弄通做实，切实以党的十九大精神武装头脑、指导实践、推动工作。

二要把握导向，凝聚力量。科协系统宣传部门要坚持团结稳定鼓劲、正面宣传为主，弘扬主旋律、传播正能量，着力用党的十九大精神统一思想、凝聚力量。主动设置议题，加大引导力度，围绕科技界和社会普遍关注的热点难点问题解疑释惑、疏导情绪，在科技界营造众心向党、爱戴领袖、锐意创新、气正风清的良好氛围。落实意识形态工作责任制，明确主体责任和责任主体，加强对期刊、官网、“两微一端”等宣传思想文化阵地的管理，强化正确导向，守土有责、守土负责、守土尽责，绝不给错误思想言论提供传播渠道。

三要严督实导，确保实效。各级科协组织要清醒认识新时代新使命新要求，迅速转变思想观念、转变措施方法、转变目标标准，加强绩效考核问责，努力增强学习宣传贯彻党的十九大精神的针对性实效性。加强专项督查，及时发现和解决问题，有效传导压力。充分发挥《科技界情况》的信息通道功能，建立监测考核机制，通过舆情监测等手段开展科协系统党的十九大精神学习宣传贯彻情况监测评估，及时发现宣传典型人、典型事，总结推广典型经验，并将评估结果纳入关键绩效指标考核。

为加强对科协系统学习宣传贯彻工作的领导，确保各项工作落地见效，成立中国科协学习宣传贯彻党的十九大精神领导小组，党组书记任组长，党组副书记、分管党组成员任副组长，其他党组成员任领导小组成员。领导小组下设办公室，办公室设在调研宣传部，承担领导小组日常工作。

各全国学会和地方科协要及时将学习宣传贯彻方案和进展情况报送中国科协。

关于印发《中国科协关于推进“两学一做”学习教育常态化制度化实施方案》的通知

机关各部门、各直属单位：

根据中央关于推进“两学一做”学习教育常态化制度化的有关精神和要求，经中国科协党组研究同意，现将《中国科协关于推进“两学一做”学习教育常态化制度化实施方案》印发给你们，请结合实际认真抓好贯彻落实。

中国科协党组

2017 年 6 月 2 日

中国科协关于推进“两学一做”学习教育常态化制度化实施方案

为推进中国科协“两学一做”学习教育常态化制度化，不断加强党的思想政治建设，推动全面从严治党向纵深发展，按照《中共中央办公厅印发〈关于推进“两学一做”学习教育常态化制度化的意见〉的通知》和中央推进“两学一做”学习教育常态化制度化工作座谈会精神以及《中直工委关于推进中央直属机关“两学一做”学习教育常态化制度化的通知》要求，结合中国科协实际，制定实施方案如下。

一、指导思想

坚持思想建党、组织建党、制度治党紧密结合，大力加强中国科协党的建设和思想政治建设，用党章党规规范党组织和党员行为，用习近平总书记系列重要讲话精神武装头脑、指导实践、推动工作，加强和规范党内政治生活，教育引导广大党员增强“四个意识”、做到“四个合格”，落实全面从严治党各项要求，为进一步推动科协组织更好地服务党和国家工作大局提供坚强的组织保证。

二、目标原则

1. 总体目标

通过推进“两学一做”学习教育常态化制度化，增强科协各级党组织和全体党员干部的政治意识、大局意识、核心意识、看齐意识，自觉做到在思想上政治上行动上同以习近平同志为核心的党中央保持高度一致。确保科协各级党的组织充分履行职能、发挥核心作用，确保党员领导干部忠诚干净担当、发挥表率作用，确保广大党员党性坚强、发挥先锋模范作用，切实做到政治合格、执行纪律合格、品德合格、发挥作用合格。

通过推进“两学一做”学习教育常态化制度化，调动科协各级党组织和广大党员的积极性主动性创造性，弘扬开拓创新精神、增强干事创业能力，推进科协系统深化改革，推动开放型、枢纽型、平台型科协组织建设，切实将党中央赋予科协的职责使命和各项工作任务落实到位。

2. 基本原则

坚持理论武装，把思想教育作为首要任务。围绕“四个合格”，不断加强对党员的思想政治教育，用党章党规规范党组织和党员行为，用党的理论和习近平总书记系列重要讲话精神武装头脑、指导实践、推动工作。

坚持问题导向，学以致用、知行合一。理论与实践相结合，紧密结合科协工作和自身实际，坚持学思践悟、学做结合，及时查找解决思想和工作中存在的问题，推动各级党组织和党员及时修正错误、整改提高。

坚持全覆盖、常态化、重创新、求实效。把“两学一做”作为党员教育的基本内容，融入日常、抓在经常，长期坚持、形成常态，确保覆盖全体党员，不留死角。改进工作方式方法，创新活动内容形式，克服表面化形式化，常抓不懈，务求实效。

坚持加强和规范党内政治生活。认真贯彻落实《关于新形势下党内政治生活的若干准则》，增强党内政治生活的政治性、时代性、原则性、战斗性，从基层支部抓起，不断提高科协各级党组织党内政治生活质量。

坚持学习教育与业务工作两结合、两促进。把全面从严治党作为科协主体业务工作的引领和动力，防止和克服“两张皮”现象。通过学习教育常态化制度化，找准服务中心工作的结合点和着力点，激发党员干部干事创业的内生动力，进一步促进各项业务工作质量和水平的提升。

三、主要内容

1. 加强思想政治理论学习

认真学习党章党规，学习习近平总书记系列重要讲话精神，特别是学习习近平总书记关于全面从严治党系列论述和关于科技创新的重要思想，学习习近平总书记在科协“九大”上的重要讲话和对科协工作的指示精神。坚持读原著、学原文、悟原理，做到学而信、学而思、学而行。党组成员以及各部门各单位主要负责人要带头学习，把“两学一做”作为锤炼党性的基本功、必修课，在学习上坚持更高标准、更严要求。通过学习，形成落实全面从严治党要求的思想自觉和行动自觉，体现贯彻中央各项决策部署的担当精神。

——坚持和改进党组理论学习中心组学习制度。贯彻落实《中国共产党党委（党组）理论学习中心组学习规则》，结合实际，制定中国科协党组理论学习中心组学习实施办法；增强党组理论学习中心组学习的计划性和规范性，科学合理确定主题，加强研讨式、互动式、调研式学习，充分发挥“风向标”和“排头兵”作用，加强示范引领；每年开展学习不少于30次，每季度至少集中封闭学习1次。

——建立和完善基层党委理论学习中心组学习制度。在5个设立党委的直属单位成立党委理论学习中心组，制定完善学习制度，明确学习内容、学习任务和学习方式，形成基层党委理论学习制度化规范化常态化机制。

——强化基层党支部政治理论学习。各基层党支部（总支）要建立健全理论学习制度，通过“三会一课”、读书会、报告会、座谈会等形式，充分运用各种方式方法，采取灵活多样的手段开展学习；做到“一支部一计划”，有针对性地安排学习内容，体现具体化、精准化、差异化，切实提高学习效果；每月组织集体学习不少于1—2次。

——组织党员积极开展自学。各基层党组织要充分引导和督促党员认真进行自学，根据自身实际制订个人自学计划，做到年度有安排、月月有计划、学前有目标、学后有总结；要认真记好学习笔记，经常撰写学习体会，定期开展学习交流。

——定期举办学习习近平总书记系列重要讲话精神研修班、国情研修班等学习班，组织科技工作者认真学习习近平总书记系列重要讲话精神，学习党的历史和中国特色社会主义理论，加强对科技工作者的政治引领。

2. 坚持基层党支部“三会一课”制度

要把“三会一课”作为“两学一做”学习教育常态化制度化的重要载体和实现形式，通过“三会一课”加强和改进党内政治生活，从基层支部抓起，增强党内政治生活的政治性、时代性、原则性、战斗性。要针对党员思想工作实际，确定“三会一课”的主题和具体方式，积极探索新形势下运用新媒体和“互联网+”等形式开展学习教育，做到形式多样、注重实效、氛围庄重。

——每个基层党支部都要制定年度“三会一课”计划并报上级党组织备案，如实记录“三会一课”开展情况；上级党组织要加强对基层党支部落实“三会一课”情况的监督检查。

——定期召开支部党员大会。一般每三个月召开一次，听取、讨论和审查党支部委员会的工作报告，对党支部委员会的工作进行审查和监督；及时传达学习党的路线方针政策和上级党组织的决议指示，制定支部贯彻执行的计划和措施。

——定期召开支部委员会会议。一般每个月召开一次，研究贯彻执行上级党组织和支部党员大会的决议和意见，研究支部工作计划和重点任务，检查和总结支部工作、支部委员的民主生活会等。

——及时召开党小组会议。在党支部的统一领导下，通过定期召开党小组会议，组织党员学习，做好党员思想政治工作，督促和指导党员发挥先锋模范作用，完成党支部交给的工作任务。

——定期组织党员上党课。党员领导干部要带头讲党课，党组成员和各部门各单位党组织书记每年至少为基层党员讲一次党课。鼓励指导基层党组织书记、普通党员联系实际讲党课，注重运用身边事例现身说法，强化互动交流、答疑解惑，通过丰富多样的形式使党课更加灵活、更富成效。

——开展主题党日活动。结合科协业务工作特别是科协系统深化改革、“四服务”职能定位、“三型”组织建设等内容，开展主题鲜明、特点突出、更具针对性和实践性的党日活动，增强党员干部的干事创业热情和打拼激情。

3. 联系思想工作实际，查找解决问题

突出问题导向，紧密联系个人思想和工作实际，查找解决问题。要对照党章党规、对照系列讲话、对照先进典型，把自己摆进去，带着问题学、针对问题改，边学边改。要严肃认真开展批评和自我批评，经常谈心谈话，注意听取群众的意见和反映，抓早抓小、防微杜渐。科协党组要着力查找和解决党的领导弱化、党的建设缺失、管党治党宽松软等问题；各基层党组织要着力查找和解决政治功能不强、组织软弱涣散、从严治党缺位等问题；全体党员要着力查找和解决党的意识不强、组织观念不强、发挥作用不够等问题。

——定期召开民主生活会。机关党委会同组织人事部对中国科协领导干部民主生活会做出具体安排，每年召开1—2次，并将民主生活会开展情况纳入领导班子及其成员履行全面从严治党责任的考核内容，作为考核评价领导班子的重要依据。

——定期召开组织生活会和民主评议党员。各基层党组织要结合实际，认真研究制定组织生活会和民主评议党员工作方案。要本着有什么问题解决什么问题、什么问题突出重点解决什么问题的原则，查找问题、整改问题。要客观公正评价党员表现，开展“党性体检”，帮助党员自觉认识问题、自我改进提高，严格稳慎处置不合格党员。

——建立健全谈心谈话制度。党组成员之间、基层党组织班子成员之间、班子成员和党员之间、党员和党员之间要开展经常性谈心谈话；党组书记以及各部门各单位党组织书记与班子成员每半年至少开展一次谈心谈话；各级党组织班子成员之间可结合民主生活会、日常工作沟通开展谈心谈话；党支部书记要经常与党员谈心谈话，发现问题及时提醒。

——认真落实基层党组织负责人述职述廉制度。每年开展基层党组织负责人述职述廉工作，围绕履行抓基层党建第一责任人职责，查找存在的突出问题，加强和改进基层党建工作。

——定期开展“回头看”。针对巡视问题整改、审计问题整改、党组民主生活会问题整改以及贯彻落实中央八项规定等内容定期进行“回头看”。特别是在落实中央各项决策部署和推进科协系统深化改革等任务中，及时查找问题、短板和不足，及时整改。

4. 发挥基层党组织战斗堡垒作用

要把党支部建设作为最重要的基本建设，树立党的一切工作到支部的鲜明导向，要充分发挥教育管理党员的主体作用，积极探索服务、管理、教育党员的形式和手段，使党支部真正成为教育党员的学校、团结群众的核心、攻坚克难的堡垒。机关党委定期对基层党组织“两学一做”学习教育工作进行督导检查，对党支部党内政治生活开展不经常、不认真、不严肃的，要批评指正；情况严重的，要采取措施，进行组织处理。

——加强支部班子建设。合理设置党支部，选好配强支部书记和支部委员，明确各自分工；健全完善党支部各项工作制度，落实党建责任制；确保党支部按期换届。

——强化党员管理工作。加强党员组织关系排查、党费收缴、党员志愿服务等工作，建立健全党员管理相关台账；运用信息技术和网络手段加强对党员的联系和管理，并覆盖到每一个党员；进一步加强对离退休党员的管理。

——强化党员宣传教育工作。利用党员宣传栏、网上科协等形式和载体，特别是“今日科协”“科协改革进行时”“中国科协科技工作者之家网”“中国科协党风廉政建设”微信公众号等新媒体手段，加强对党员的思想政治工作和宣传教育工作。

——开展形式多样的党建活动。通过党员活动日、党团共建活动、红色经典诵读活动、党建e课活动、知识答题和征文活动、“迎接十九大　做合格党员”系列党课报告会等多种形式的党建活动，进一步增强基层党组织对党员的凝聚力和吸引力。

——开展精神文明创建活动。通过开展首都文明单位（标兵）、中直机关文明单位（标兵）和“道德模范”“北京榜样”等评选推荐工作，深化群众性精神文明创建活动，不断提高机关部门和直属单位文明程度，提升干部职工文明素质。

——充分发挥党支部战斗堡垒作用。围绕科协中心工作，服务深化改革大局，增强党支部的凝聚力、号召力和战斗力。在各项业务工作特别是在服务科技工作者、服务创新驱动发展、提升全民科学素质、科技精准扶贫等重点工作任务中发挥思想政治核心和领导核心作用，激发党员干部干事创业内生动力。

5. 发挥党员作用　做到“四个合格”

各级党组织要教育引导广大党员以“四个合格”为标尺，以学促做，立足本职工作，开拓进取、主动作为、干事创业。要注重发现、培育和宣传先进典型，用身边人、身边事教育激励党员，让广大党员学有标杆、做有榜样。要进一步增强党员意识、纪律意识和规矩意识，克服和整治“庸、懒、散、浮、拖”，引导广大党员敢于担当、勇于作为、严于律己。

——组织开展创新争先行动。团结引领广大科技工作者尤其是党员科技工作者积极进军科技创新，积极投身创新争先行动，进一步凝聚科技界和全社会力量，攻坚克难、拼搏奉献，为创新驱动发展、建设世界科技强国做出突出贡献。

——开展“党员先锋模范岗”等创建活动。立足岗位作贡献，通过党员亮明身份、设置党员先锋模范岗等方式，切实增强党员的党的意识、宗旨意识、服务意识和责任意识，提升干事创业、履职尽责的本领，提高业务水平和工作质量。

——坚持党员干部联系服务科技工作者制度。以解决与科技工作者不亲不紧这一问题为突破口，加强机制创新，进一步密切联系和服务科技工作者，全面增强对科技工作者的服务意识和服务能力。

——组织评比宣传先进。积极发掘科协系统优秀共产党员，层层选树典型，宣传践行“两学一做”优秀党员先进事迹；评比优秀共产党员、优秀党务工作者、先进基层党组织，宣传工会、共青团、妇女儿童、精神文明等领域先进典型等工作。

——在中国科协网站以及各单位网站上开辟选树优秀共产党员栏目，加强对科协优秀共产党员的宣传，引导党员干部见贤思齐、比学赶超。

——运用反面典型案例和廉政教育基地等方式和手段开展对党员的警示教育，筑牢思想道德防线，提高遵规守纪意识。

四、专题安排

2017年分专题开展“两学一做”学习教育常态化制度化学习。

——5月，围绕增强“四个意识”，认真学习党章党规、习近平总书记系列重要讲话精神。发挥科协各级党组织和党员作用，围绕党和国家事业大局开展专题研讨，充分认识党的十八大以来以习近平同志为核心的党中央治国理政取得的重大成就，切实增强政治意识、大局意识；系统学习习近平总书记系列重要讲话精神，增强知行合一的能力，查找在理想信念中存在的问题，切实增强核心意识、看齐意识，真正从思想上政治上行动上同以习近平同志为核心的党中央保持高度一致。

——6月，重点围绕习近平总书记关于“全面深化改革、全面依法治国”的重要论述开展学习，对照中央全面深化改革要求，深入推进各项改革举措，切实担负起党和政府联系科技工作者的桥梁纽带作用，特别是在科协“九大”召开一周年之际，要认真对照中央关于科协深化改革的部署，结合科协改革实际，查找存在的问题和差距，认真进行整改。

——7月，重点学习创新、协调、绿色、开放、共享新的发展理念，特别是习近平总书记科技创新思想和科学方法等内容，增强科协系统贯彻落实创新驱动发展战略的能力，充分发挥学会主体作用，围绕科技体制改革、科技引领支撑作用、供给侧结构改革等方面，动员号召广大科技工作者创新争先，激发科技工作者的创新热情和创造活力，积极主动作为，为全局发展服务。

——8—9月，进一步围绕全面从严治党深入学习，切实提高党员干部的政治责任和使命担当，坚决维护党中央权威，坚持用习近平总书记系列重要讲话精神武装头脑、指导实践，不断严明党的纪律和规矩，严肃党内政治生活，将落实全面从严治党作为各项业务工作的引领和动力。

——党的十九大召开后，重点学习贯彻党的十九大精神。在科协各级党组织和全体党员干部中掀起学习贯彻党的十九大精神的热潮，切实把思想和行动统一到党的十九大精神上来，把智慧和力量凝聚到党的十九大确定的各项目标和任务上来。

五、组织保障

1. 高度重视　精心组织

各级党组织要把推进“两学一做”学习教育常态化制度化作为全面从严治党的战略性、基础性工程，切实履行主体责任，专题研究部署，综合统筹协调，层层抓好落实。党组织主要负责同志要担负起第一责任人的职责，亲自部署安排，从严从实抓好学习教育。机关离退休干部办公室和科技社团党委要结合离退休干部工作和学会党建工作实际，制定专门的工作方案，切实抓好组织落实。

2. 以上率下　示范引导

领导干部要发挥好“关键少数”的示范带头作用，引导所在部门和单位“两学一做”学习教育常态化制度化深入推进；要时刻牢记自己第一身份是党员，无论职务高低，都要以普通党员身份参加党的组织生活；要带头严格执行中央八项规定，密切联系群众，切实改进作风，保持清正廉洁的政治本色；要在做合格党员、合格领导干部上做表率，按照中央提出的“四个带头”要求，带头旗帜鲜明讲政治、带头强化党性修养、带头严格自律、带头担当负责。

3. 夯实基础　激发活力

切实抓好基层党组织建设，充分打牢基础，激发基层党支部内生动力和外在活力；以党支部为基本单位，把“两学一做”作为党员学习教育的基本内容，最大限度地发挥支部的主观能动性，长期坚持、形成常态。积极创建中国科协党务信息数据库、党建工作管理信息系统，不断提高党建工作科学化、制度化、信息化、规范化水平。定期举办包括纪检干部在内的党务干部培训班或辅导班，加强对党支部书记和支部委员的培训和轮训，提高党务干部的政治素质、业务水平和工作能力。

4. 落实责任　督促检查

明确分工，落实责任，把推进“两学一做”学习教育常态化制度化纳入各级党组织党建工作考核的重要内容，不断加强和推进党支部各项制度建设，每年结合总结、述职进行检查和评估；加强督导，追责问责，建立党支部工作经常性督查指导机制，把“两学一做”常态化制度化落实情况作为评判党组织和党组织书记履行管党治党责任情况的重要依据。

5. 常抓不懈　营造氛围

坚持把“两学一做”学习教育融入日常、抓在经常，持之以恒，久久为功；要防止和克服松一阵紧一阵、表面化形式化、与思想工作实际“两张皮”等不良倾向，推动学习教育与中心工作深度融合。及时总结交流经验，发现和解决存在问题，引导基层党组织准确把握学习教育的正确方向和具体要求。各级党组织要积极发现、培育和宣传涌现出的先进典型，积极用身边人、身边事教育激励党员；机关党委要及时宣传推广基层党组织的好做法好经验，为科协推进“两学一做”学习教育常态化制度化营造良好的氛围。

关于成立全国科技助力精准扶贫工程领导小组的通知

科协发计字〔2017〕3号

中国科协所属各全国学会、协会、研究会，各省、自治区、直辖市科协、农业（农牧、农村经济）厅（局、委）、扶贫办，新疆生产建设兵团科协、农业局、扶贫办：

为深入贯彻中央脱贫攻坚重大决策部署和全国科技助力精准扶贫工程动员部署电视电话会议精神，扎实推动科技助力精准扶贫工程组织实施，助力地方政府打赢脱贫攻坚战，中国科协、农业部和国务院扶贫办决定联合成立全国科技助力精准扶贫工程领导小组，现将有关事项通知如下。

一、领导小组工作职责

贯彻落实中央脱贫攻坚有关精神；负责对实施“科技助力精准扶贫工程”进行宏观指导；研究制定促进“科技助力精准扶贫工程”实施工作的重大措施；协调解决实施中有关重大问题；加强对重要事项落实情况的督促检查。

二、领导小组组成人员

组　长：尚　勇　中国科协党组书记、常务副主席、书记处第一书记

副组长：欧青平　国务院扶贫办党组成员、副主任

张桃林　农业部副部长

束　为　中国科协党组成员、书记处书记

成　员：张洪波　国务院扶贫办开发指导司副巡视员

江文胜　农业部科技教育司副司长

杨文志　中国科协计划财务部部长

师　铎　中国科协农村专业技术服务中心主任

三、领导小组办公室

全国科技助力精准扶贫工程领导小组下设办公室，设在中国科协计划财务部。主要承担领导小组的日常工作以及沟通协调和服务；提出实施“科技助力精准扶贫工程”政策和措施的建议；督办“科技助力精准扶贫工程”实施；完成领导小组交办的其他工作。

办公室组成人员：

主　任：杨文志　中国科协计划财务部部长

副主任：张洪波　国务院扶贫办开发指导司副巡视员

江文胜　农业部科技教育司副司长

师　铎　中国科协农村专业技术服务中心主任

成　员：周文标　中国科协计划财务部副部长

王　挺　中国科协调研宣传部副部长

苏小军　中国科协学会学术部副部长

钱　岩　中国科协科学技术普及部副部长

庞晓东　中国科技馆副馆长

张振威　中国科协青少年科技中心副主任

中国科协　农业部　国务院扶贫办

2017年1月13日

关于开展2017年全国科技工作者日活动的通知

科协发厅字〔2017〕21号

各省、自治区、直辖市科协、科技厅（委、局），新疆生产建设兵团科协、科技局，中国科协所属各全国学会、协会、研究会：

2017年5月30日是我国首个全国科技工作者日。为进一步鼓励广大科技工作者牢记使命责任，创新报国；进一步促进各级党委政府切实把科技创新摆在更加重要的位置，加强对科技工作者的联系和服务，更加重视科技工作和人才队伍建设；进一步在全社会营造关心科技工作者、尊重科技工作者，尊重知识、尊重人才的良好社会氛围，中国科协、科技部将于5月下旬开始在全国范围内组织开展系列活动，以实际行动共同庆祝科技工作者自己的节日。现将有关事项通知如下：

一、充分认识开展全国科技工作者日活动的重要意义

2016年5月30日，全国科技创新大会、两院院士大会、中国科协第九次全国代表大会在北京隆重召开，习近平总书记发表重要讲话，发出向世界科技强国进军的号召，极大地鼓舞了我国广大科技工作者的创新热情，在实现中国梦的伟大实践中具有划时代的重要意义，将载入我国经济社会发展特别是科技发展

的史册。为纪念这一有着重大历史意义的事件，根据广大科技工作者的强烈要求，在党中央、国务院的高度重视和亲切关怀下，国务院2016年11月批准将每年的5月30日定为全国科技工作者日。这充分体现了以习近平同志为核心的党中央对我国科技工作的高度重视，对广大科技工作者自力更生奋发图强勇攀高峰、取得一系列重要成果的充分肯定，是对广大科技工作者在建设世界科技强国、实现“两个百年”目标的新征程中拼搏奉献砥砺前行寄予的殷切希望。

各地科协、科技厅（委、局）、全国学会等相关单位要充分认识开展全国科技工作者日活动的重要意义，认真学习习近平总书记关于科技创新的系列重要讲话，特别是在“科技三会”上的重要讲话精神。在组织开展的各项活动中，要把鼓励广大科技工作者牢记使命责任放在首位，支持科技工作者积极投身科技创新和经济建设主战场，瞄准建设世界科技强国的宏伟目标，创新报国，引领发展；要切实增强对科技工作者的关心和支持，更加重视科技工作和人才队伍建设，把为科技工作者创新创业排忧解难放在核心位置；要进一步在全社会营造尊重知识、尊重人才的良好氛围，大兴识才爱才敬才用才之风，形成各类创新主体、创新要素大力协同，各类人才竞相创新创造的有利局面。激励广大科技工作者精忠报国、敢为人先、拼搏奉献，以更加优异的成绩迎接党的十九大胜利召开。

二、紧密围绕全国科技工作者日活动主题开展相关活动

2017年全国科技工作者日活动以“精忠报国、敢为人先、拼搏奉献”为主题，重点宣传中国科技事业的伟大成就，特别是党的十八大以来取得的重大科技成果，弘扬中国科技工作者爱国、奉献、求真、创新的精神，讲好中国科技的故事，讲好中国科技人的故事，激励广大科技工作者争作践行社会主义核心价值观的时代先锋，切实担当起实施创新驱动发展战略、开拓先进生产力、传播先进文化的历史重任，为建设世界科技强国贡献力量。

各地科协、科技厅（委、局）、全国学会等相关单位在组织开展活动时，要始终紧密围绕活动主题，大力宣传党的十八大以来我国科技工作取得的新进展，表彰科技工作者在关键核心领域取得的重大突出成就，展望今后我国科技发展的美好前景，激励科技工作者的创新激情。广泛宣传党的十八大以来在创新争先行动中涌现出来的科技工作者典型和科研团队先进集体，组织开展全国创新争先奖评选表彰，弘扬全国创新争先奖获奖者的时代精神和先进事迹。以亲切、自然、感人的方式广泛传播我国科技工作者爱国、奉献、求真、创新的崇高品质，增强全社会的创新自信。

（1）各地科协、科技厅（委、局）要根据工作实际，在当地组织开展相关活动。科协组织要发挥联系面广的优势，在科技人员集中的地方广泛组织开展形式多样的主题活动，积极邀请党委政府相关领导同志看望科学家代表和基层一线科技工作者。各级科协组织的主席、副主席和科技厅（委、局）有关负责同志要积极主动地深入到科技工作者集中的科研院所、高校、企业，与科技工作者共同开展全国科技工作者日活动。要主动关心青年科技工作者、老科技工作者和女科技工作者。要积极为有困难的科技工作者排忧解难。

（2）各全国学会、协会、研究会要结合学会特点，开展丰富多彩的主题活动。举办学会优秀科技工作者（会员）表彰奖励活动，宣传报道优秀科技工作者（会员）的先进事迹；走访看望德高望重的老专家和基层一线科技工作者代表；集中开展个人会员发展工作；邀请青年科技工作者参加学会的各类学术交流活动；组织开展独具学科和领域特色的活动等。全国学会理事长、副理事长、秘书长要积极参加所在学会、所在单位举办的活动。

（3）高校科协要聚焦高校科技工作者的实际需求，开展形式多样的主题活动。举办高校优秀科技人才表彰奖励活动，宣传报道高校优秀科技工作者先进事迹；走访慰问高校科技工作者，听取对科技工作的意见建议；举办跨学科学术交流和青年科技沙龙活动及科技创新创业成果展览；利用学校重点实验室、工程技术中心等开展科普活动；举办科学道德和科学精神宣讲，邀请德学双馨的科学家作报告等。

（4）企业科协要根据自身情况和行业特点组织开展技术创新竞赛、技术交流、企业科普、评选表彰企业先进科技工作者、走访老科技工作者等特色活动，塑造企业科协活动品牌。

各地科协、科技厅（委、局）和全国学会要积极支持全国科技创新大会和中国科协“九大”代表在全国科技工作者日活动中发挥表率作用。

三、认真筹备、精心组织，确保各项活动有序开展

（1）加强领导，统筹安排。要积极争取当地党委政府和社会各界对全国科技工作者日活动的领导和支持，努力形成全社会广泛参与的工作局面。要做好活动的设计和策划，统筹安排好与同期举办的全国科技周等重要活动的协调和衔接，丰富活动内容，充分发挥“同频共振”效果。

（2）加强宣传，营造氛围。要努力营造活动的浓厚氛围，充分发挥报纸、电视、广播和新闻网站、微信公众号、移动终端的作用，加大对活动的宣传力度，让更多公众了解设立全国科技工作者日的意义，扩大活动的受益面和影响力。

（3）精心组织，务求实效。各相关单位要根据通知要求认真组织、精心制定工作方案，要突出务实、高效、节俭的原则，严格执行中央八项规定精神和有关要求，不得铺张浪费，不得过分追求形式。

（4）认真做好总结。活动结束后，要认真总结活动开展情况，梳理总结典型经验，提出意见建议，为今后更好地开展全国科技工作者日活动提供借鉴。

请各省级科协、科技厅（委、局）、全国学会于7月15日前报送2017年全国科技工作者日活动总结书面材料和电子版。各省级科协、全国学会报中国科协办公厅，各省级科技厅（委、局）报科技部政策法规与监督司。

中国科协　科技部
2017年4月13日

关于举办2017年全国科普日活动的通知

科协发普字〔2017〕37号

从2004年以来，全国科普日活动连续成功举办13年，对提高公民科学素质做出重要贡献。为全面贯彻党的十八大和十八届三中、四中、五中、六中全会精神，深入贯彻习近平总书记系列重要讲话精神和治国理政新理念新思想新战略，推动“创新、协调、绿色、开放、共享”的发展理念深入人心，大力宣传科学技术在推动人类社会发展中的作用，破除愚昧思想，提升公众对科技创新成果的认知度，营造讲科学、爱科学、学科学、用科学的浓厚氛围，激发全社会的创新热情和创造活力，促进全民科学素质跨越提升，厚植创新驱动发展的良好沃土，以优异成绩迎接党的十九大胜利召开，中国科协联合教育部、科技部、环境保护部、农业部、中科院和国家能源局共同组织开展2017年全国科普日活动。现将有关事项通知如下：

一、活动主题和时间

2017年全国科普日主题为“创新驱动发展，科学破除愚昧”，定于9月16—22日在全国各地集中开展。各地可根据实际情况合理安排，主题宣传活动贯穿全年。

二、活动内容

2017年全国科普日将围绕以下几个方面展开：

（1）大力弘扬科学精神。围绕阻碍经济社会科学发展的愚昧思想和行为，尤其是健康中国、绿色发展、核能利用、化学工业、环境保护等公众关注的社会热点、焦点，主动、及时、准确发声，为公众解疑释惑、揭示科学真理、普及科学知识、弘扬科学精神，让科学“跑”在谣言前面。尤其注重组织科学家和科技工作者发出权威声音，澄清模糊认识，破除愚昧言行，提升民生福祉，促进科学发展。

（2）大力普及传播发展理念。围绕我国社会经济发展新常态的需求，大力普及宣传“创新、协调、绿色、开放、共享”的发展理念；着力普及宣传创新是引领发展第一动力的观念，让创新在全社会蔚然成风；着力普及宣传协调是可持续健康发展的观念，牢固树立可持续发展、协调发展的意识；着力普及宣传绿色是永续发展的观念，牢固树立节约资源、保护环境的意识，激发人民对美好生活的追求；着力普及宣传开放是国家繁荣发展的观念，牢固树立互利共赢的意识，促进我国综合国力的提升；着力普及宣传共享是中国特色社会主义本质的理念，牢固树立科技创新为了人民、依靠人民、人民共享的意识，增强人民的获得感和参与创新创造创业的积极性。

（3）大力倡导创新创造创业。围绕创新驱动发展战略，大力普及宣传大众创业万众创新的重要意义，激发创新创造创业的活力。着力宣传创新是培育和催生经济社会发展新动力的必然条件，激发广大公众的科技兴趣和创新热情，为公众注入创新动力；着力宣传创造是启发全社会新潜能和创业活力的有效途径，普及创新方法，激发公众的创造潜智；着力宣传创业是扩大就业、实现富民之道的根本出路，提升公众的创业意识和能力，使蕴藏在亿万人民中间的创新智慧充分释放、创新力量充分涌流。

（4）大力促进公众理解高新科技。围绕前沿科技最新成果，充分发挥高校、科研院所、企业的科技人才和资源优势，向公众展示新材料、人工智能、集成电路、生物制药、第五代移动通信等高新科技最新成就，让公众特别是青少年在展示体验交流中感受前沿科技魅力、感知科技事业发展成就、增强民族自豪感、树立科学生活方式、激发创新热情。

三、主要活动

2017 年全国科普日活动将紧紧围绕“创新驱动发展，科学破除愚昧”主题，认真总结继承历年全国科普日活动经验，充分利用现代信息技术手段，打造主题性、全民性、群众性科普活动，重点开展全国科普日北京主场活动和全国科普日系列联合行动。

1. 2017 年全国科普日北京主场活动

2017 年全国科普日北京主场活动将以北京属地活动为基础，集成中国科协和有关主办单位重点活动，打造线上线下结合的重点活动圈。

（1）科学破除愚昧主题活动。聚焦阻碍经济社会科学发展和日常生活常见的愚昧思想和行为，以展览展示、现场体验等形式，组织科学家、科普专家、科普形象大使等公众人物发声，通过线上线下等多种方式与公众进行互动交流，重点围绕健康中国、绿色发展、核能利用、化学工业、环境保护等群众关切的问题解疑释惑，消除公众疑虑，破除愚昧滋生的土壤，宣传“创新、协调、绿色、开放、共享”的发展理念，为经济社会的科学发展和人民生活水平提升启迪民智、夯实民意、凝聚民心。

（2）创新驱动发展展示活动。聚焦科技和产业变革的前沿热点，以实物、模型展示、多媒体展示、互动体验等为主要方式，集中体现创新驱动发展战略实施以来，科技创新在助力发展、改善民生上取得的新进展、新成就，提升民众对于科技进步的获得感，进一步激发公众尤其是青少年的创新创造热情，在全社会倡导形成大众创业万众创新的良好氛围。

（3）科学助力成长系列活动。以培育科学精神为主要目的，以互动体验为主要形式，以“破除愚昧小实验”为主要内容，组织开展丰富多彩的青少年现场科技体验活动，着力为青少年解疑释惑，培养青少年讲科学、爱科学、学科学、用科学的良好习惯。积极发挥科学家作用，通过科技专家“大手拉小手”，就青少年关注的热点科技问题答疑解惑，让青少年感受科学魅力、激发创意灵感、培养科学兴趣。

（4）科普中国系列体验活动。以科普中国品牌为统领，紧扣“科学破除愚昧”主题，依托科普中国各主要渠道，充分运用互联网、移动互联网、大数据、云计算等技术手段，组织开展形式多样、内容生动、线上线下结合的科普中国系列体验活动，全面展示近年来科普信息化建设成果，让公众身临其境地感受科学魅力。

（5）全国科普日特别节目。围绕科普日主题，打造一台全国科普日特别节目，紧扣社会焦点、热点科学问题，以艺术化的方式破除阻碍经济社会科学发展和民生福祉提升的愚昧思想和行为。节目内容注重发挥著名科学家、优秀科技工作者、科普形象大使等的引领作用，着力就科学热点问题发出权威声音，澄清模糊认识，实现科技与生活、科普与艺术的创新融合；同时借助科普中国等网络平台优势，加大宣传力度，提升节目在公众中的知名度和影响力。

（6）科学破除愚昧专题片展映活动。围绕科普日主题，聚焦公众广泛关注的化学工业、核能利用等热点问题，制作公众喜爱、易于传播的科普影视片，以有知有趣的方式向公众解疑释惑，破除愚昧思想和行为。通过广播电视、IPTV、网络媒体、电影院线、科普中国 e 站、科普大屏等传播渠道在社会进行广泛传播，同时在主场各场地大屏循环播放，向公众普及科学知识，正确引导社会舆论，助力社会发展，营造讲科学、爱科学、学科学、用科学的社会氛围。

（7）科学嘉年华。依托第七届北京科学嘉年华，围绕科普日主题，组织开展多元化、国际化、互动性强、公众参与度高的广场式科普活动，突出科学与艺术、人文的结合，将科普活动融入公众生活。

2. 2017 年全国科普日系列联合行动

广泛动员社会各方面和全国各地全年围绕科普日主题开展科普活动。在全国科普日活动期间，集中动员组织学会、企业、学校、社会机构以及流动科技馆、科普大篷车、农村中学科技馆等拥有单位结合“科普中国·百城千校万村行动”，深入农村、社区、学校、企业等开展多形式、广覆盖的科普宣传联合行动，向公众宣传创新驱动发展成就，全面普及科学知识，破除愚昧言行，激发蕴藏在广大公众中的创新智慧和创造能力。

（1）校园科普联合行动。科普日期间，各地要加强与教育等部门的联合，积极动员科学家、优秀科技工作者等，充分发挥高校科协等作用，开展走进校园系列科普活动，如科学剧、科普讲座、科学实验走进校园和科普中国校园 e 站等，把科学知识、科学方法、科学精神传递给青少年，启迪他们的科学思维和创新意识。

（2）基层科普联合行动。围绕精准扶贫战略，坚持分类施策、因人因地施策方针，组织科技专家，动员农村专业技术协会、科普示范社区、科普示范基地、科普中国 e 站、基层科普带头人和科普工作队，特别是历年“社区科普益民计划”和“科普惠农兴村计划”奖补对象，带头围绕科普日主题，结合基层实际，遵循科普对象精准化、科普内容精准化原则，开展科技讲座、技术培训等科普活动，将科普带进基层，斩断愚昧言论的传播渠道，提高公众科技认知。

（3）科技馆主题日联合行动。发动各地科技馆、流动科技馆、科普大篷车、农村中学科技馆和数字科技馆在科普日期间围绕科普日主题开展具有科技馆体系特色的科普活动，如围绕科普日主题的展览展示、教育实验、网络科普等多种线上线下科普活动，全面普及科学知识、弘扬科学精神，激发公众创新热情。

（4）科普教育基地主题日联合行动。发动各地科普教育基地以及相关学会、高等院校、科研院所和高新企业在全国科普日活动期间积极推出与主题相关的科普展览或科普宣传活动，如博物馆、实验室开放日等活动，组织公众特别是青少年参观体验，激发公众创新意识。

（5）院士专家科学传播行动。发动组织院士专家在科普日期间聚焦热点科技和公众身边问题，开展线上线下等多种方式的科普讲座活动，倡导公众贴近科学、融入科学。

四、有关要求

（1）加强领导，周密部署。各级科协、教育、科技、环保、农业、能源部门和中科院各相关单位要积极争取当地党委、政府对全国科普日活动的领导和支持，主动邀请当地党政领导与公众一起参与全国科普日的相关活动。要根据有关要求认真谋划、制定当地的全国科普日工作方案及计划，认真组织实施全国科普日活动。

（2）结合实际，深入基层。要紧紧围绕全国科普日主题，聚焦破除阻碍经济社会科学发展的愚昧思想和行为，着力就群众关心的热点、焦点问题解疑释惑，接长手臂、深入基层、服务群众、助力发展。西部地区要充分发挥地区特点，结合本地扶贫工作广泛开展科普活动，沿海地区特别是辽宁、江苏、浙江、福建、山东等省份要积极围绕核能有针对性地开展科普活动，将科学知识、科学方法、科学精神送达千家万户、送到百姓心坎里，切实提升全国科普日活动效果。

（3）厉行节约，务求实效。要充分发挥科普志愿者作用，围绕主题创造性地开展全国科普日活动。在组织开展全国科普日活动中，要认真落实中央关于改进工作作风、厉行勤俭节约的有关规定，落实中央八项规定，力戒形式主义，着力在提高活动实效上下功夫。

（4）加强宣传，营造氛围。开展全国科普日主题系列宣传活动，加强网络、新媒体宣传，建立新闻发布制度，组织各级各类媒体记者针对重点内容开展采风活动，加强深度报道。充分发挥广播、电视、报刊、互联网、手机、移动终端等作用，加大对全国科普日活动的宣传力度，让更多的公众了解全国科普日活动，扩大活动的受益面和影响力。

（5）加强管理，统一规范。要围绕活动主题，采用规范的主标题和灵活的副标题名称面向公众开展全国科普日活动，着力提高全国科普日活动的互动性和吸引力。活动参考名称为：主标题——2017 年 ××× 学会（省、市、县、学校、科普教育基地……）全国科普日活动，副标题——特色活动名称。

五、工作考核

2017 年全国科普日活动结束后，中国科协将会同全国科普日活动共同主办单位，根据各地报送的总结材料，对各省（自治区、直辖市）、新疆生产建设兵团、各全国学会以及各地各有关单位组织开展的全国科普日活动情况进行工作考核。对活动组织工作扎实、成绩突出的单位，以“2017 年全国科普日活动优秀组织单位”的名义予以表扬；对特色鲜明、实效显著的活动授予“2017 年全国科普日优秀活动”。

六、其他事项

（1）请各级科协组织及全国学会、协会、研究会及时汇总本单位 2017 年全国科普日重点活动，于 2017 年 8 月 7 日—9 月 1 日登录“e 享科普日”网站（www.kepuri.org）中的全国科普日重点活动管理平台，填报重点活动登记表（见附件 1）。以网络在线形式开展的活动须另行填报网络在线活动登记表（见附件 2）。各省（自治区、直辖市）及新疆生产建设兵团科协要通过全国科普日重点活动管理平台做好本省基层活动审核工作。

（2）为全面展示全国科普日活动开展的成效、突出全国科普日活动的普及性与参与性，各相关单位在组织活动的同时，可通过登录全国科普日重点活动管理平台及时上传当地活动的新闻、图片、海报、视频等有关材料。中国科协官网、“e 享科普日”网站、科普中国微平台、全国科普日微平台和北京主场活动将择优进行展示。

（3）全国科普日活动结束后，各级科协要做好数据汇总和活动总结工作，各省（自治区、直辖市）和新疆生产建设兵团科协于 2017 年 9 月 1 日—10 月 27 日登录全国科普日重点活动管理平台，提交本地区活动总结和相关图片、影像资料，并在线对优秀项目进行推荐，推荐的优秀项目包括“2017 年全国科普日活动优秀组织单位”和“2017 年全国科普日优秀活动”（见附件 3、4）。今年将继续加大对网络在线传播活动的考核表扬力度。

（4）获取全国科普日活动相关资源，各地可自行登录“e 享科普日”网站进行查询、下载。

附件：1. 2017 年全国科普日重点活动登记表（略）
2. 2017 年全国科普日网络在线活动登记表（略）
3. 2017 年全国科普日活动优秀组织单位推荐表（略）
4. 2017 年全国科普日优秀活动推荐表（略）

中国科协　教育部　科技部　环境保护部
农业部　中科院　国家能源局
2017 年 6 月 14 日

关于开展“我爱绿色生活——2017 年青少年科学调查体验活动”的通知

科协发青字〔2017〕14 号

各省科协、自治区科协、直辖市科协、教育厅（教委）、发展改革委、文明办、团委，新疆生产建设兵团科协、教育局、发展改革委、文明办、团委：

为深入实施生态文明建设，倡导绿色发展理念，贯彻落实《全民科学素质行动计划纲要实施方案（2016—2020 年）》，创新开展青少年科技活动，引导青少年学习、调查、体验、了解身边的绿色生活情况，形成青少年的绿色生活理念，培养绿色生活方式，2017 年，中国科协、教育部、发展改革委、中央文明办和共青团中央决定继续联合组织开展青少年科学调查体验活动。现将有关事项通知如下：

一、活动主题

我爱绿色生活。

二、组织机构

主办单位：中国科协、教育部、发展改革委、中央文明办、共青团中央。

承办单位：中国科协青少年科技中心。

三、活动内容和形式

围绕活动主题，重点组织开展学习活动、体验活动、调查活动、拓展活动和征集活动五部分内容。

（1）学习活动。组织青少年学习了解绿色生活相关知识和实例，了解绿色生活方式的基本形式。

（2）体验活动。通过小组讨论、实地参观等实践活动，帮助青少年体验环保、健康、节能的绿色生活方式，更好地学习和理解绿色生活的重要意义。

（3）调查活动。聚焦身边人和事，组织青少年在家庭、学校、社区、公共场所开展有关绿色生活的科学调查活动，体验和掌握科学的调查方法。

（4）拓展活动。为有条件有兴趣的青少年设计更多的活动，引导他们在学习活动的基础上开展拓展活动，进一步增强其科学探究的能力。

（5）征集活动。组织青少年和辅导老师参加优秀作品征集活动，为他们提供成果展示和交流的平台。

四、要求

（1）提高认识，严密组织。各地科协、教育、发展改革委、文明办和共青团组织要贯彻“创新、协调、绿色、开放、共享”的发展理念，用新理念引领新实践，把组织开展好青少年科学调查体验活动作为提高青少年科学素质的有力抓手，加强领导，做好动员和组织工作，确保活动有效顺利开展。

（2）发挥优势，提供保障。各地科协要将青少年科学调查体验活动作为实施未成年人科学素质行动的一项重要任务，充分利用现代信息化手段开展工作，推动信息化与青少年科普活动深度融合，拓展参与方式。要积极协调当地的科技馆、青少年宫、科技博物馆、妇女儿童活动中心等各类科技场馆及科普教育基地资源为开展活动提供服务和支持。

各地教育行政部门要结合中小学品德课、科学课、综合实践活动课程和其他相关课程，积极动员和鼓励学校利用综合实践活动课程时间、课余时间和暑假时间组织学生开展活动，为学校、学生参与活动提供便利和支持。要充分发挥现代信息技术在科技教育和科普活动方面的积极作用，促进学校科技教育和校外科普活动的有效衔接。

各地发展改革委、文明办和共青团要把青少年科学调查体验活动与未成年人思想道德建设密切结合起来，引导广大青少年积极培育和践行社会主义核心价值观，加强青少年社会责任感、创新精神和实践能力的培养，充分发挥科学调查体验活动益智养德的功能，协助做好活动宣传推广工作。

（3）拓宽范围，积极动员。要统筹发展城乡青少年科普活动，把活动向农村、偏远、欠发达和少数民族等地区进一步延伸，继续加大活动向农村学校转移的力度，不断扩大活动覆盖面，拓展活动受益范围。要通过丰富多彩的形式动员鼓励青少年广泛参与。

（4）注重实效，确保安全。青少年科学调查体验活动是一项密切联系生活实际、实践性较强的科学普及活动，各地各部门要加强协调、密切配合、精心组织，确保活动落到实处。要本着对学生高度负责的精神，做好安全防范、制定安全预案、落实安全措施，确保青少年在参加活动时的人身财产安全和身体健康。

五、实施步骤

1. 活动筹备阶段

（1）1—4月，组织专业队伍策划活动内容，设计编印活动指南，开发制作活动资源包。

（2）2—4月，对各地活动进行重点培育，组织活动推广示范学校创建工作。

（3）5月，配发活动指导手册、活动指南和活动资源包；组织全国骨干科技教师培训。

2. 活动组织阶段

（1）5月上旬，活动在全国范围内正式启动。各地可结合实际开展省级骨干科技教师培训以及宣传发动。

（2）5—9月，各地结合活动主题，组织青少年以班级、小组、家庭为单位开展内容丰富、形式新颖的科学调查体验活动。

（3）各地可围绕2017年主题开展活动，也可结合自身实际利用历年开发的活动资源开展活动。

3. 成果提交阶段

（1）各活动推广示范学校要充分发挥示范带动作用，及时登录主题网站，上传活动信息、照片、新闻稿、总结等材料。

（2）9月15日前，活动参与者可通过网络、微信公众号、邮寄三种方式提交活动成果。

4. 总结评比阶段

（1）10月上中旬，各省组织活动示范学校、教师作品、学生作品评比活动，并于10月15日前通过全国管理平台分别按15%、40%、10%的比例推荐优秀活动示范学校、优秀教师作品、优秀学生作品。

（2）11月，主办单位组织专家对各省推荐的优秀活动示范学校、优秀教师作品、优秀学生作品进行评比，评出全国优秀活动示范学校、全国优秀教师作品、全国优秀学生作品以及全国优秀活动组织单位，并给予相应表彰奖励。

六、活动资源获取和成果提交方式

1. 活动资源获取

（1）登录活动主题网站（http://www.scienceday.org.cn），可浏览活动最新信息、了解各地活动近况、下载活动指导手册及活动指南等，也可下载历年活动相关资源。

（2）登录中国校外教育网（http://www.xwjy.org），可下载活动相关资源。

（3）活动推广示范学校可免费获取一定数量的印刷版活动指导手册、活动指南及活动资源包实物。

（4）登录活动在线学习平台“科技学堂”（http://www.sciclass.cn），可在线参加活动免费课程培训、掌握活动资源包使用方法、交流活动经验。

2. 成果提交方式

活动参与者可采取以下任意一种方式提交活动成果（提倡通过网络和微信公众号提交）。

（1）网络提交。请于2017年9月15日前登录活动主题网站（http://www.scienceday.org.cn），在线提交活动调查表。

（2）微信公众号提交。通过主题网站、活动指南中的二维码关注活动微信公众号，并于2017年9月15日前提交活动调查表。

（3）邮寄提交。请于2017年9月15日前将活动调查表通过中国邮政方式邮寄到活动承办单位（邮寄地址：北京市100176信箱67分箱；邮政编码：100176，联系电话：010—62180521。请在信封上标明“2017 年青少年科学调查体验活动”）。

中国科协　教育部　发展改革委
中央文明办　共青团中央
2017 年 3 月 18 日

关于开展“中国空间站青少年科学实验计划”航天科普系列活动的通知

科协发青字〔2017〕24 号

各省、自治区、直辖市科协，新疆生产建设兵团科协，中科院院属各单位：

随着我国航天技术的飞速发展和“神舟系列飞船”“天宫一号、二号”空间实验室成功发射等重大航天工程的成功实施，我国航天事业取得了令世人瞩目的巨大成就，在全社会掀起了航天热潮，极大地激发了广大青少年学习航天知识、参与航天科普活动的兴趣。

根据我国载人航天工程“三步走”战略，我国将于 2022 年前后建成中国空间站并正式运营。为充分发挥中国空间站的科普资源优势，搭建青少年深度参与空间科学实验的平台，激发青少年科学探索精神，培养未来的科技创新人才，自 2017 年起，中国科协、中国科学院、中国载人航天工程办公室和中国航天科技集团公司将共同组织开展“中国空间站青少年科学实验计划”航天科普系列活动。围绕中国空间站的建造和应用，开展中国空间站搭载科学实验征集、搭载实验地面验证、后续天地互动实验监测、航天专题夏令营等一系列航天主题实践活动。2017 年拟组织开展空间站搭载青少年科学实验方案征集活动。为更好地实施此项活动，特制定《中国空间站青少年科学实验计划——2017 年空间站搭载青少年科学实验方案征集活动方案》（以下简称《方案》，附后）。

请各单位按照《方案》有关要求，结合实际，抓好组织实施。各地科协应积极争取联系当地科技教育相关部门的大力支持，加强协调配合，充分发挥各方优势和资源，动员和组织青少年积极参加，创造性地开展各项活动。

附件：中国空间站青少年科学实验计划——2017 年空间站搭载青少年科学实验方案征集活动方案（略）

中国科协　中国科学院
中国载人航天工程办公室
中国航天科技集团公司
2017 年 4 月 17 日

关于印发 2017 年全国科技馆免费开放试点单位名单的通知

科协发普字〔2017〕26 号

各省、自治区、直辖市、计划单列市科协，新疆生产建设兵团科协：

根据《中国科协、中宣部、财政部关于全国科技馆免费开放的通知》（科协发普字〔2015〕20 号）精神，在各地依据《关于做好 2017 年科技馆免费开放补助资金测算工作的通知（财办科教〔2017〕6 号）》申报基础上，经专家组审核，确定纳入 2017 年全国科技馆免费开放试点单位共计 138 家（以下简称“免费开放试点科技馆”，名单详见附件）。

各地科协要在 2016 年免费开放工作的基础上，继续做好科技馆免费开放工作的组织实施和协调管理工作，指导各免费开放试点科技馆制定完善免费开放工作方案和相关制度办法，加强宣传，推动免费开放试点科技馆不断提升科普展教水平、增强科普公共服务能力，吸引更多公众走进科技馆，充分发挥免费开放科技馆在中国特色现代科技馆体系建设中的示范引领作用，为提高公民科学素质做出更大贡献。

附件：2017 年全国科技馆免费开放试点单位名单

中国科协
2017 年 5 月 2 日

附件

2017 年全国科技馆免费开放试点单位名单
（按行政区划排序）

1　天津科学技术馆
2　河北省科学技术馆

3 河北省邯郸市科学技术馆
4 河北省张家口市科技馆
5 山西省科学技术馆
6 内蒙古自治区科学技术馆
7 内蒙古自治区呼伦贝尔市科学技术馆
8 内蒙古自治区巴彦淖尔市青少年科技馆
9 内蒙古自治区鄂尔多斯市科学技术馆
10 内蒙古自治区满洲里市扎赉诺尔区儿童科技馆
11 内蒙古自治区鄂尔多斯市东胜区科学技术馆
12 辽宁省科学技术馆
13 辽宁省辽阳市科学技术馆
14 辽宁省阜新市科技馆
15 辽宁省朝阳市科学技术馆
16 辽宁省抚顺市科技馆
17 辽宁省铁岭市科学馆
18 辽宁省营口市科学技术馆
19 辽宁省葫芦岛市科技馆
20 辽宁省鞍山市科技馆
21 吉林省科学技术馆
22 吉林省延边州科学技术馆
23 吉林省集安市科学技术馆
24 黑龙江省科学技术馆
25 黑龙江省大庆科技馆
26 黑龙江省哈尔滨科学宫
27 黑龙江省伊春市科技馆
28 黑龙江省绥化市科技馆
29 黑龙江省北安市科技馆
30 黑龙江省齐齐哈尔市科学技术馆
31 黑龙江省抚远市科技馆
32 上海松江区科技馆
33 江苏省南京科技馆
34 江苏省盐城市科技馆
35 江苏省扬州科技馆
36 江苏省南通科技馆
37 江苏省东海科技馆
38 浙江省科技馆
39 浙江省中国杭州低碳科技馆
40 浙江省绍兴科技馆
41 浙江省温州科技馆
42 浙江省湖州市科技馆
43 浙江省嘉兴市科技馆
44 浙江省杭州市余杭区科技馆
45 安徽省科学技术馆
46 安徽省合肥市科技馆
47 安徽省芜湖科技馆
48 安徽省铜陵市科学技术馆
49 安徽省蚌埠市科学技术馆
50 安徽省滁州市科学技术馆
51 安徽省池州市科学技术馆
52 安徽省安庆科技馆
53 安徽省马鞍山市科技馆
54 福建省科技馆
55 福建省福州科技馆
56 福建省三明市科技馆
57 福建省泉州市科技馆
58 福建省漳州科技馆
59 福建省晋江市科技馆
60 厦门市同安区科学技术馆
61 江西省科学技术馆
62 江西省上饶市科技馆
63 江西省赣州科技馆
64 山东省科学技术宣传馆
65 山东省临沂市科技馆
66 山东省济宁市科技馆
67 山东省潍坊市科技馆
68 山东省东营市科学技术馆
69 山东省泰安市科技馆
70 山东省威海市科学技术馆
71 山东省曹县科技馆
72 山东省滨州市科技馆
73 青岛市科技馆
74 河南省郑州科学技术馆
75 河南省焦作市科技馆
76 河南省济源市科学技术馆
77 河南省洛阳市科学技术馆
78 河南省永城市科技馆
79 河南省南阳市科学技术馆
80 湖北省武汉科学技术馆
81 湖北省黄石市科学技术馆
82 湖北省襄阳市科技馆
83 湖北省荆门市科技馆
84 湖北省荆州市科技馆
85 湖北省黄冈市科技馆
86 湖北省十堰市科学技术馆

87 湖北省浠水县科技馆
88 湖北省保康县科技馆
89 湖北省红安县科技馆
90 湖南省科技馆
91 湖南省岳阳市科技馆
92 湖南省常德市科技馆
93 湖南省衡阳市科技馆
94 广东省惠州科技馆
95 广东省东莞科学馆
96 广东省韶关市科技馆
97 广东省河源市科技馆
98 广东省阳江市科技馆
99 深圳市科学馆
100 广西壮族自治区科学技术馆
101 广西壮族自治区防城港市科技馆
102 广西壮族自治区柳州科技馆
103 重庆科技馆
104 重庆市万盛经济技术开发区科技馆
105 重庆市江津区科技馆
106 四川科技馆
107 四川省芦山县科技馆
108 四川省通江县科技馆
109 贵州科技馆
110 贵州省毕节市科学技术馆
111 云南省科学技术馆
112 云南省普洱市科学技术馆
113 云南省楚雄彝族自治州科学技术馆
114 云南省曲靖市科技馆
115 西藏自然科学博物馆
116 陕西科学技术馆
117 陕西省延安市科学技术馆
118 陕西省榆林市科学技术馆
119 甘肃省张掖市科技馆
120 甘肃省金昌市科技馆
121 青海省科学技术馆
122 青海省果洛藏族自治州科技馆
123 青海省德令哈天文科普馆
124 宁夏回族自治区科学技术馆
125 宁夏回族自治区石嘴山市科技馆
126 宁夏回族自治区固原市科技馆
127 宁夏回族自治区吴忠市青少年科技馆
128 宁夏回族自治区中卫市科技馆
129 宁夏回族自治区盐池县科技馆
130 新疆维吾尔自治区科学技术馆
131 新疆维吾尔自治区克拉玛依科学技术馆
132 新疆维吾尔自治区乌鲁木齐市科学技术馆
133 新疆维吾尔自治区和田地区青少年科技馆
134 新疆维吾尔自治区库尔勒市科学技术馆
135 新疆维吾尔自治区伊宁市科技馆
137 新疆维吾尔自治区叶城县科技馆
136 新疆维吾尔自治区吐鲁番市青少年科学体验馆
138 新疆生产建设兵团石河子科学技术馆

关于印发《中国科学技术协会全国代表大会代表任期制办法》的通知

科协发厅字〔2017〕48 号

各全国学会、协会、研究会，各省、自治区、直辖市科协，新疆生产建设兵团科协：

《中国科学技术协会全国代表大会代表任期制办法》经中国科协九届四次常委会议审议通过，现印发给你们，请结合实际认真贯彻执行。

中国科协

2017 年 8 月 1 日

中国科学技术协会全国代表大会代表任期制办法

（2011 年 9 月 20 日中国科协八届二次常委会议审议通过，2017 年 6 月 23 日中国科协九届四次常委会议修订）

第一章　总　则

第一条　中国科学技术协会全国代表大会是中国科学技术协会全国领导机构，中国科学技术协会全国代表大会代表是中国科学技术协会全国领导机构的组成人员、是中国科学技术协会联系凝聚广大科技工作者的重要纽带。为充分发挥中国科学技术协会全国代表大会代表的作用，根据《中国科学技术协会章程》和有关规定，制定本办法。

第二条　本办法适用于中国科学技术协会全国代表大会代表（以下简称“全国代表大会代表”）及各选举单位。全国代表大会代表按照中国科学技术协会有关规定产生。严格代表资格审查，保证全国代表大会代表符合条件，具有广泛性、先进性和代表性。

第三条 全国代表大会代表实行任期制，代表每届任期与全国代表大会当届届期相同。下一届代表大会提前或者延期举行，代表任期相应改变。增补的全国委员会委员同时拥有全国代表大会代表资格。

全国代表大会代表在全国代表大会召开和闭会期间享有代表资格，行使代表权利，履行代表职责和义务，发挥代表作用。

第二章 全国代表大会代表的职责、权利和义务

第四条 全国代表大会代表的职责是：在大会召开期间，参与决定中国科学技术协会的工作方针和任务，参加审议和批准全国委员会的工作报告，参与制定和修改《中国科学技术协会章程》，参加选举产生全国委员会，参与决定其他重大事项；在大会闭会期间，密切联系科技工作者，宣传党的路线方针政策，了解所在单位、所在选举单位科技工作者的学习、工作、生活情况，反映科技工作者的建议、意见和诉求，向全国代表大会、全国委员会或常务委员会就经济社会发展、科学技术进步、科协事业发展等重大问题提出意见和建议。

第五条 全国代表大会代表享有下列权利：

（1）全国代表大会召开期间享有表决权、选举权和被选举权；

（2）参加中国科学技术协会及所属全国学会、协会、研究会和省、自治区、直辖市科协组织的活动；

（3）对中国科学技术协会和所属全国学会、地方科协、科协基层组织的工作提出意见和建议；

（4）对中国科学技术协会的工作进行监督。

第六条 全国代表大会代表应当履行下列义务：

（1）认真学习马克思列宁主义、毛泽东思想、邓小平理论和“三个代表”重要思想，学习和实践科学发展观，认真学习习近平总书记系列重要讲话精神和治国理政新理念新思想新战略，学习党和国家关于科技、科协工作的方针、政策和指示，努力提高履行代表职责的能力；

（2）认真贯彻党的路线方针政策、国家科学技术政策，引领科技工作者紧紧围绕党和国家的中心任务、为建设世界科技强国而奋斗；

（3）在促进科学技术的繁荣和发展、促进科学技术的普及和应用、促进科学技术人才的成长和提高，为科技工作者服务、为创新驱动发展服务、为提高全民科学素质服务、为党和政府科学决策服务中发挥表率作用；

（4）模范遵守国家法律法规和《中国科学技术协会章程》，执行全国代表大会的决议和决定；

（5）带头践行社会主义核心价值观，恪守科学道德，树立良好学风；

（6）完成全国代表大会、全国委员会、常务委员会委托的有关工作。

第七条 全国代表大会代表要认真行使职权，自觉接受所在单位、所在选举单位及科技工作者的监督。

第三章 全国代表大会代表开展工作的内容与方式

第八条 全国代表大会代表按照安排参加中国科学技术协会全国委员会、常务委员会及其各专门委员会举办的活动；根据工作需要，受邀列席中国科学技术协会全国委员会、常务委员会及其各专门委员会会议。受邀参加全国学会、地方科协及所属学会组织的活动及有关会议。

第九条 全国代表大会召开和闭会期间，全国代表大会代表向中国科学技术协会提出建议。建议应当坚持严肃性、科学性、可行性，须一事一案、实事求是、简明扼要，做到有情况、有分析、有具体的建议。

第十条 全国代表大会闭会期间，全国代表大会代表个人或者联名对中国科学技术协会事业发展规划、重要文件制定、重大活动，通过信函、网络平台等方式向全国委员会及其常务委员会或书记处提出建议。

第十一条 受全国代表大会、全国委员会、常务委员会的委托，全国代表大会代表在所在单位、所在选举单位或一定范围内对涉及全国代表大会、全国委员会、常务委员会职权范围内的有关重大决策、重要事项进行调查研究，形成调研成果。

第十二条 全国代表大会代表采取调研、座谈、走访等适当方式，加强与广大科技工作者的联系，了解中国科学技术协会决议、决定、文件的执行情况，及时反映广大科技工作者的意见、建议和诉求。

第四章 全国代表大会代表履行职责的保障

第十三条 代表任期制工作在中国科学技术协会

党组书记处的领导下开展，中国科学技术协会办公厅负责代表联络服务具体工作。

第十四条 中国科学技术协会保障全国代表大会代表对科协事务的知情权、参与权、选择权、监督权，及时向全国代表大会代表通报中国科学技术协会的决议、决定贯彻落实情况及其他重要情况。

第十五条 中国科学技术协会通过开展培训、调研课题资助、组织交流考察等便于代表参与的多种形式为全国代表大会代表履行职责提供必要的支持。

第十六条 中国科学技术协会及各选举单位应当采取多种方式加强与全国代表大会代表的联系。

第十七条 对全国代表大会代表提出的建议，中国科学技术协会交由机关有关部门和单位、相关全国学会和地方科协及时研究办理并限时答复。

第十八条 各级科协组织必须尊重和保障全国代表大会代表的权利。对干扰全国代表大会代表履行职责的科协组织和个人，应予以批评教育。

第五章 全国代表大会代表资格的终止

第十九条 全国代表大会代表在任期内有下列情形之一的，其代表资格终止：

（1）丧失中华人民共和国国籍的；

（2）严重违纪受到查处或受到刑事处罚的；

（3）违反《中国科学技术协会章程》规定，造成恶劣社会影响的；

（4）全国委员会委员职务被撤销的；

（5）辞去代表职务被接受的。

第二十条 全国代表大会代表资格终止，由所在选举单位向中国科学技术协会提出建议，或由中国科学技术协会组织部门根据第十九条掌握的情况提出建议，报中国科学技术协会书记处决定。

第六章 附 则

第二十一条 全国学会、协会、研究会和省、自治区、直辖市科协可根据本办法制定本级代表大会代表任期制的实施办法，并报中国科学技术协会备案。

第二十二条 本办法由中国科学技术协会负责解释。

第二十三条 本办法自发布之日起施行。

关于印发《中国科学技术协会选举工作条例（试行）》的通知

科协发组字〔2017〕52号

各全国学会、协会、研究会，各省、自治区、直辖市科协，新疆生产建设兵团科协：

《中国科学技术协会选举工作条例（试行）》（以下简称《条例》）已经中国科协第九届常务委员会第三次会议审议通过，现印发给你们，请参照执行。

各全国学会、各省（自治区、直辖市）科协在执行《条例》中的重要情况和建议，请及时报告中国科协。

中国科协

2017年8月29日

中国科学技术协会选举工作条例（试行）

（中国科学技术协会第九届常务委员会第三次会议通过）

第一章 总 则

第一条 为完善中国科学技术协会（以下简称“中国科协”）民主选举制度、规范选举程序，根据《中国科学技术协会章程》制定本条例。

第二条 中国科协全国代表大会每五年举行一次，由全国委员会召集。

第三条 中国科协全国代表大会代表、全国委员会委员、全国委员会主席、全国委员会副主席、常务委员会委员采取无记名投票方式差额或等额选举产生。

第四条 选举应充分发扬民主，尊重和保障选举人的民主权利，体现选举人的意志。任何组织和个人不得以任何方式强迫选举人选举或不选举某人。

第五条 全国代表大会召开期间设立大会主席团和常务主席团。大会主席团组成原则及组成人员由当届全国委员会提出，经大会预备会议表决通过。大会常务主席团组成原则及组成人员由当届全国委员会提出，组成人员从新当选的代表中提名，经主席团会议表决通过。

第二章 全国代表大会代表、全国委员会委员的产生

第六条 中国科协所属全国学会、协会、研究会，各省、自治区、直辖市科协，新疆生产建设兵团科协，高等学校科协、企业科协等基层组织，中国科

协机关及有关方面作为全国代表大会代表、全国委员会委员候选人的选举单位。

第七条 全国代表大会代表和全国委员会委员候选人的名额及分配方案由当届常务委员会确定。

各全国学会、协会、研究会的代表和委员候选人名额以理、工、农、医、交叉学科的发展状况和各学会会员状况为主要依据，统筹兼顾各学科领域的科技人员、知名科学家、学科带头人的数量以及学科发展趋势和各学会活动开展情况合理安排。

各省、自治区、直辖市科协及新疆生产建设兵团科协的代表和委员候选人名额根据各地区人口和科技工作者数量以及各级科协组织的设置情况、活动开展情况合理安排。

各高等学校科协、企业科协等基层组织的代表和委员候选人名额根据各单位科技工作者数量和基层组织会员状况以及活动开展情况合理安排。

中国科协机关及有关方面的代表和委员候选人名额根据工作需要合理安排。

第八条 全国代表大会代表应具有中华人民共和国国籍，认真贯彻执行党的基本路线和方针、政策，反映本选举单位的意见，代表科技工作者的意志，具有较强的议事能力，廉洁自律，具有良好的学风和职业道德。

第九条 全国委员会委员候选人须从全国代表大会代表中产生。

第十条 全国代表大会代表和全国委员会委员候选人以科技工作者为主。代表和委员候选人中来自企业、高等学校、科研院所、农村等基层一线的科技工作者，45周岁以下的青年科技工作者，女性科技工作者，少数民族科技工作者，民主党派和无党派科技工作者等的构成及比例由当届常务委员会根据实际情况确定。

各省、自治区、直辖市科协和新疆生产建设兵团科协有一名专职负责同志作为委员候选人。退出党政领导岗位的非科研人员原则上不再提名为委员候选人。

第十一条 全国代表大会代表、全国委员会委员候选人的产生程序：

（1）各全国学会按照分配的名额、原则、构成及比例要求，广泛征求会员的意见，经过充分酝酿协商，由学会常务理事会确定代表候选人和委员候选人人选，召开学会理事会会议或常务理事会会议选举产生代表和委员候选人。

（2）各省、自治区、直辖市科协按照分配的名额、原则、构成及比例要求，广泛征求所属省级学会及地市级科协的意见，经过充分酝酿协商，由省（自治区、直辖市）科协常务委员会确定代表候选人和委员候选人人选，召开省（自治区、直辖市）科协委员会会议或常务委员会会议选举产生代表和委员候选人。委员候选人人选须征得地方党委组织部门同意。新疆生产建设兵团科协参照此程序执行。

（3）高等学校科协、企业科协等基层组织按照分配的名额、原则、构成及比例要求，广泛征求会员的意见，经过充分酝酿协商，采取适当的民主方式选举产生代表和委员候选人，并按干部管理权限征得单位党委组织部门同意。

（4）中国科协机关及有关方面的代表和委员候选人按照分配的名额、原则、构成及比例要求，广泛征求意见，充分酝酿协商，采取适当的民主方式选举产生。

第十二条 当届全国委员会成立代表资格审查委员会，负责对代表的产生程序和代表资格进行审查，提出代表资格审查报告。

代表人选不符合条件的，责成原选举单位撤换；代表人选的产生不符合规定程序的，责成原选举单位重新进行选举；经审查通过后的代表，获得正式资格。

第十三条 大会主席团会议对全国委员会委员候选人进行审查通过后，提交各代表团充分酝酿，全国代表大会举行全体会议选举产生全国委员会委员。

第三章 全国委员会主席、副主席和常务委员会委员的产生

第十四条 全国委员会副主席、常务委员会委员候选人的名额由中央组织部确定。

第十五条 常务委员会委员候选人的提名坚持德才兼备的原则和结构合理的要求。常务委员会委员候选人应是全国委员会委员，主席、副主席候选人应是常务委员会委员。

第十六条 常务委员会委员候选人以科技工作者为主体，兼顾各方面杰出科技人才。常务委员会委员中来自企业、高等学校、科研院所、农村等基层一线的科技工作者，女性科技工作者，少数民族科技工作者，民主党派和无党派科技工作者等的构成及比例由当届全国委员会根据实际情况研究提出。

第十七条 全国委员会主席、副主席和常务委员会委员的产生程序：

（1）全国委员会主席、副主席候选人人选由中共中央提名。

（2）当届全国委员会成立组织工作委员会，在中央组织部的领导下，广泛听取意见，充分酝酿，提出常务委员会组成原则及常务委员会委员候选人人选。

（3）大会常务主席团会议、主席团会议对常务委员会组成原则及全国委员会主席、副主席、常务委员会委员候选人人选进行审查，通过后将候选人人选提请全国委员会会议充分酝酿，全国委员会举行全体会议选举产生全国委员会主席、副主席和常务委员会委员。

第十八条 常务委员会下设书记处。书记处由第一书记和书记若干人组成，人选由主席提名，经常务委员会会议通过。

第四章 选举的实施

第十九条 选举的实施适用于全国委员会委员和全国委员会主席、副主席、常务委员会委员的选举。

第二十条 大会主席团制定《全国委员会委员选举办法》并提请全国代表大会全体会议通过，大会常务主席团制定《全国委员会主席、副主席、常务委员会委员选举办法》并提请全国委员会全体会议通过。

第二十一条 到会人数超过应出席人数的半数，方能召开会议。参加选举的人数超过应到会人数的三分之二，方能进行选举。

第二十二条 选举工作中的重大问题由大会主席团会议集体讨论决定。

全国代表大会全体会议的选举工作由大会主席团主持，大会主席团执行主席担任会议主持人。

全国委员会全体会议的选举工作由大会常务主席团主持，大会主席团执行主席担任会议主持人。

第二十三条 大会主席团应实事求是地向选举人介绍候选人的有关情况，负责回答选举人提出的询问。

第二十四条 全国代表大会全体会议设选举总监票人两名，会场设置若干选区，每选区设监票人两名，总监票人、监票人不得由全国委员会委员候选人担任。总监票人、监票人经大会主席团会议审查通过后提请大会表决通过。

全国委员会全体会议设选举总监票人一名，会场设置若干选区，每选区设监票人两名，总监票人、监票人不得由常务委员会委员候选人担任。总监票人、监票人经大会常务主席团、主席团会议分别审查通过后提请大会表决通过。

第二十五条 选举工作设计票人若干名。计票人由大会秘书处指定，在监票人的监督下工作。

第二十六条 选票样式由大会主席团审定。选票上的候选人按姓氏笔画为序排列，每位候选人姓名右方应留出空格供选举人填写意见，选票适当位置应留有供选举人填写另选他人姓名的位置。

选票印制时须加盖“中国科协”公章，不得在任何一张选票上编号或做任何记号。

印制一套备用选票，在第一轮选举无效的情况下使用。

第二十七条 严格保密候选人名单，不得向任何无关人员泄露。

第二十八条 选举人不能填写选票的，可由本人委托他人按选举人的意志代为填写。

选举不设流动票箱。因故不能出席会议的选举人不能委托他人代为投票。

第二十九条 选举人对候选人可以投赞成票或不赞成票，也可以投弃权票。投不赞成票时，可以另选他人。

第三十条 选举收回的选票数等于或少于发出的选票数，选举有效；多于发出的选票数，选举无效，应重新组织选举。

每张选票所选的人数等于或少于规定应选人数的为有效选票，多于规定应选人数的为无效选票。

第三十一条 被选举人获得赞成票数超过到会代表（委员）人数的半数，始得当选；当选人数未达到应选人数时，缺额不补。

第三十二条 计票工作在总监票人的监督下进行。总监票人向大会主持人报告计票结果，大会主持人向大会宣布当选结果。

第三十三条 当选的全国委员会委员、常务委员会委员、副主席，按姓氏笔画为序排列。

第五章 变更、增补、辞职和撤销

第三十四条 全国代表大会闭会期间，在各省、自治区、直辖市科协和新疆生产建设兵团科协担任专职主要负责人的全国委员会委员，因工作变动等原因不能继续履行委员职责，所在省（自治区、直辖市）科协可提出委员变更申请和拟变更人选。拟变更人选应征得地方同级党委组织部门同意。

第三十五条 全国委员会委员原则上不增补，全国代表大会召开前半年内原则上不进行全国委员会委员的变更。

第三十六条 全国委员会委员连续两次无故缺席

全国委员会会议，没有正常履职的，一般应辞去全国委员会委员职务。

第三十七条 中国科协组织（人事）部门对全国委员会委员变更、增补、辞职提出初审意见，中国科协书记处会议研究同意后提请常务委员会审议。

第三十八条 全国委员会委员出现下列情形之一的，予以撤销或除名：

（1）严重违纪受到查处的；

（2）违犯国家法律法规受到刑事处罚的；

（3）违反《中国科学技术协会章程》造成严重后果的；

（4）其他特殊情况。

第三十九条 各选举单位一经发现本单位（组织）推选产生的全国委员会委员出现第三十八条的情形，应及时报告中国科协。

中国科协组织（人事）部门在选举单位报告的基础上或直接根据第三十八条的情形，对全国委员会委员的撤销或除名提出意见，中国科协书记处会议研究同意后提请常务委员会审议。

第四十条 全国委员会委员变更、增补时，其全国代表大会代表资格同时变更、增补。全国委员会委员辞职、撤销或除名时，其全国代表大会代表资格同时终止。

第四十一条 全国代表大会闭会期间，常务委员会委员、全国委员会副主席原则上不变更、不增补。

第四十二条 常务委员会委员三次无故缺席常务委员会会议，没有正常履职的，一般应辞去常务委员会委员职务。

第四十三条 全国委员会副主席、常务委员会委员出现下列情形之一的，予以撤销：

（1）严重违纪受到查处的；

（2）违犯国家法律法规受到刑事处罚的；

（3）违反《中国科学技术协会章程》造成严重后果的。

第四十四条 中国科协组织（人事）部门在中央组织部指导下，对常务委员会委员、全国委员会副主席的变更、增补、辞职、撤销提出意见，中国科协书记处会议研究同意后提请常务委员会审议决定，并提交全国委员会会议批准。

第四十五条 常务委员会委员变更时，其全国委员会委员职务和全国代表大会代表资格一并予以变更。增补的常务委员会委员，同时增补为全国委员会委员，拥有全国代表大会代表资格。辞职、撤销的常务委员会委员，同时撤销其全国委员会委员职务，终止其全国代表大会代表资格。

第四十六条 全国委员会副主席变更时，其全国委员会委员、常务委员会委员职务和全国代表大会代表资格一并予以变更。增补的全国委员会副主席，同时增补为全国委员会委员、常务委员会委员，拥有全国代表大会代表资格。撤销的全国委员会副主席，同时撤销其全国委员会委员、常务委员会委员职务，终止其全国代表大会代表资格。

第四十七条 常务委员会委员、全国委员会副主席的变更、增补、辞职、撤销结果应报中央组织部备案。

第六章 附 则

第四十八条 地方科学技术协会选举工作可参照本条例执行，也可根据本条例制定细则并报中国科协备案。

第四十九条 本条例经中国科协常务委员会通过，自发布之日起实施。

第五十条 本条例由中国科协负责解释。

关于印发《地方科学技术协会主席选举结果备案规定（试行）》的通知

科协发组字〔2017〕39号

各省、自治区、直辖市科协，新疆生产建设兵团科协：

《地方科学技术协会主席选举结果备案规定（试行）》（以下简称《规定》）已经中国科协第九届常务委员会第三次会议审议通过，现印发给你们，请认真遵照执行。

实行地方科学技术协会主席选举结果备案制度有利于加强上级科协组织对下级科协组织的指导，进一步密切各级科协组织之间的联系，使科协组织体系更加完善。

各地区各单位在执行《规定》中的重要情况和建议，请及时报告中国科协。

附件：地方科学技术协会主席选举结果备案规定（试行）

中国科协

2017年6月16日

附件

地方科学技术协会主席选举结果备案规定（试行）

（中国科学技术协会第九届常务委员会第三次会议通过）

第一条 为规范地方科学技术协会主席、副主席选举结果报上一级科学技术协会备案工作，根据《中国科学技术协会章程》制定本规定。

第二条 本规定适用于省（自治区、直辖市）和新疆生产建设兵团科学技术协会（简称“省级科协”）、副省级城市科协、市（地、州、盟）科学技术协会（简称“地市级科协”）和县（市、区、旗）科学技术协会（简称“县级科协”）主席、副主席选举结果备案工作。

第三条 省级科协将主席、副主席选举结果报中国科学技术协会备案；副省级城市科协和地市级科协将主席、副主席选举结果报省级科协备案，同时抄报中国科学技术协会；县级科协将主席、副主席选举结果报地市级科协备案，同时抄报省级科协。

第四条 中国科学技术协会组织（人事）部门、地方科学技术协会组织（人事）部门负责备案工作，应当切实履行备案职责，加强对备案工作的组织领导。

第五条 地方科学技术协会在地方同级党委的领导下，积极争取地方同级政府和上级科学技术协会的指导和支持，按期召开代表大会，认真做好主席、副主席换届选举工作。上一级科学技术协会应加强对下一级科学技术协会换届工作的指导和督促、检查。

第六条 地方科学技术协会在代表大会召开的10个工作日前，向上一级科学技术协会报送大会筹备情况报告。报告内容包括但不限于：

（1）代表大会、委员会会议召开的时间和议程；

（2）代表名额、构成及比例，委员会委员名额、构成及比例，常务委员会委员名额、构成及比例，主席、副主席名额；

（3）委员会委员选举办法，委员会主席、副主席、常务委员会委员选举办法。

第七条 地方科学技术协会在选举主席、副主席结束之日起20日内，按照第三条规定完成选举结果备案工作。

第八条 地方科学技术协会向上一级科学技术协会报送主席、副主席选举结果备案报告，报告内容包括但不限于：

（1）组织召开代表大会、委员会会议的时间，参加人员范围和规模，选举实施情况；

（2）主席、副主席得票情况；

（3）地方同级党委组织部门提名主席、副主席候选人的文件（复印件）；

（4）主席、副主席干部任免表（复印件）。

第九条 上一级科学技术协会组织（人事）部门对下一级科学技术协会报送的备案报告进行审核后予以备案，建立地方科学技术协会主席、副主席信息库。

第十条 地方科学技术协会代表大会闭会期间，主席、副主席变更、增补、撤销结果按照相同程序进行备案。

第十一条 每年12月，省级科协将备案的副省级城市科协、地市级科协和县级科协主席、副主席信息库报中国科学技术协会。

第十二条 本规定经中国科学技术协会常务委员会审议通过，自下发之日起施行。

第十三条 本规定由中国科学技术协会负责解释。

关于做好省（自治区、直辖市）科协换届工作的通知

科协发组字〔2017〕57号

各省、自治区、直辖市科协，新疆生产建设兵团科协：

为贯彻落实中央党的群团工作部署、“科技三会”精神和《科协系统深化改革实施方案》精神，根据《中国科学技术协会章程》《地方科学技术协会主席选举结果备案规定（试行）》有关规定，加强对省（自治区、直辖市）科协换届工作的指导，推进科协组织建设规范化，喜迎党的十九大胜利召开，现就做好换届工作有关事项通知如下。

（1）认真落实深改要求。省（自治区、直辖市）科协要认真贯彻落实中央办公厅印发的《科协系统深化改革实施方案》和本地区《科协系统深化改革实施方案》要求，以《中国科学技术协会章程》为基本遵循，及时请示同级党委，积极争取支持，按期召开代表大会，确保换届工作顺利进行。

（2）严格换届工作程序。省（自治区、直辖市）科协要结合实际，认真贯彻《中国科学技术协会选举工作条例（试行）》，严格履行民主程序，认真做好代表选举和委员候选人推选工作；坚持党管干部原则，

把握常务委员会组成原则；制定切实可行的选举办法，认真组织好大会选举，严格执行选举程序，做好领导机构选举工作，体现科技工作者主体地位，着力提高基层科技工作者代表比例，防止拉票贿选，增强政治性、代表性和广泛性。

（3）做好相关备案工作。省（自治区、直辖市）科协要根据《中国科学技术协会章程》的规定，做好《实施〈中国科学技术协会章程〉细则》备案，修订过程中征求中国科协意见；按照《地方科学技术协会主席选举结果备案规定（试行）》的要求，在代表大会召开的10个工作日前完成大会筹备情况报告，在代表大会结束之日起20日内完成主席、副主席选举结果备案工作，在每年12月完成本地区科协系统主席、副主席信息库（信息采集表见附件）报备工作以及代表大会闭会期间主席、副主席调整结果备案工作。在启动代表大会筹备工作时，要将代表大会筹备领导小组名单及时报送中国科协。备案工作由组织（人事）部门负责。

（4）加强对下级科协换届工作的指导。省（自治区、直辖市）科协要认真完善本地区科协系统组织建设制度规范，加强对副省级城市科协、市（地、州、盟）科协、县（市、区、旗）科协换届工作指导，认真梳理下级科协代表大会召开时间，指导下级科协按期召开代表大会、严格换届工作程序、做好相关备案工作。要加强对长期不召开代表大会的下级科协进行督促检查，提出整改措施。

请各地科协及时将贯彻落实情况报告中国科协组织人事部。

附件：地方科协主席、副主席信息采集表（略）

中国科协
2017年9月13日

中国科协关于印发《中国科学技术协会全国学会组织通则（试行）》的通知

第一章 总 则

第一条 根据《社会团体登记管理条例》《中国科学技术协会章程》和国家关于社会团体的相关文件法规，为规范中国科学技术协会（以下简称“中国科协”）所属全国学会、协会、研究会（以下简称“全国学会”）组织工作，促进全国学会组织发展，制定本通则。

第二条 全国学会是按自然科学、技术科学、工程技术及相关科学的学科组建，或以促进科学技术发展和普及为宗旨的社会团体。全国学会要认真履行为科技工作者服务、为创新驱动发展服务、为提高全民科学素质服务、为党和政府科学决策服务的职责定位，团结动员广大科技工作者创新争先，促进科学事业的繁荣和发展，促进科学技术的普及和推广，促进科技人才的成长和提高，推动开放型、枢纽型、平台型科协组织建设，成为党领导下团结联系广大科技工作者的社会团体，为实现中华民族伟大复兴的中国梦而努力奋斗。

第三条 全国学会坚持党的领导、加强党的建设，充分发挥党组织的政治核心和思想引领作用，确保正确政治方向。全国学会贯彻国家自主创新、重点跨越、支撑发展、引领未来的科技工作方针，弘扬尊重劳动、尊重知识、尊重人才、尊重创造的风尚，倡导创新、求实、协作、奉献的精神，坚持独立自主、民主办会的原则和“百花齐放、百家争鸣”的方针，依法依章程开展工作。

第四条 全国学会的主要任务是：

（1）密切联系科技工作者，宣传党的路线方针政策，反映科技工作者的建议、意见和诉求，维护科技工作者的合法权益，建设科技工作者之家。

（2）开展学术交流，活跃学术思想，倡导学术民主，优化学术环境，促进学科发展，服务国家创新体系建设。

（3）组织科技工作者开展科技创新，参与科学论证和咨询服务，加快科技成果转化应用，助力经济社会发展。

（4）弘扬科学精神，普及科学知识，推广科学技术，传播科学思想和科学方法，提高全民科学素质。

（5）健全科学共同体的自律功能，推动建立和完善科学研究诚信监督机制，促进科学道德建设和学风建设。

（6）组织科技工作者参与国家科技战略、规划、布局、政策、法律法规的咨询制定和国家事务的政治协商、科学决策、民主监督工作，建设中国特色高水平科技创新智库。

（7）承接科技评估、专业技术人员水平评价、技术标准研制、国家科技奖励推荐等政府委托工作或转移职能。

（8）表彰奖励和宣传优秀科技工作者，举荐科技人才，注重激发青少年科技兴趣，发现培养杰出青年科学家和创新团队。

（9）开展国际科技交流与合作，为海外科技人才来华创新创业提供服务。

（10）开展科技图书、期刊、报纸、电子出版物、音像制品的编辑、出版、发行以及相关数字出版活动，提供科技知识服务。

第二章　管　理

第一节　申请业务主管

第五条　登记成立全国学会时，申请由中国科协作为业务主管的，应具备下列条件：

（1）符合国家关于社会团体登记成立的条件；

（2）其业务属于科技领域中的自然科学、技术科学、工程技术学科及相关的新兴、交叉或前沿领域，或与科技发展和普及密切相关的领域；

（3）主要发起者应在相关领域有重大建树和影响，并有一定的代表性，有独立承担民事责任的能力；

（4）提交国家社会团体登记管理机关要求的《社会组织党建工作承诺书》；

（5）有与其业务活动相适应的常设办事机构和专职工作人员；

（6）其业务领域和名称不得与已成立的全国学会相同或相似。

第六条　全国学会发起者向中国科协提交申请，经中国科协书记处同意后，由发起者向国家社会团体登记管理机关申请登记。

第七条　自国家社会团体登记管理机关批准登记之日起六个月内，发起者应组织召开会员（代表）大会，通过学会章程，产生执行机构、监督机构及负责人、法定代表人，成立学会党组织。会议方案应于会员（代表）大会召开前两个月报中国科协书记处审批。会员（代表）大会的结果报中国科协相关业务部门备案。

第八条　已经成立的全国学会申请将业务主管单位变更为中国科协的，事先须征得原业务主管单位同意，向中国科协提出申请，经中国科协书记处批准后，到国家社会团体登记管理机关办理相关手续。

第二节　加入团体会员

第九条　全国学会成为中国科协团体会员，需符合下列条件：

（1）承认《中国科学技术协会章程》；

（2）按照国家社会团体登记管理规定依法登记；

（3）学术带头人应在相关领域有重要影响，个人会员达到一千名以上；

（4）经常开展国内外学术交流活动，具有较强的服务科技创新、决策咨询和科学技术普及能力，编辑出版科学技术或科学普及刊物，原则上应设有科学技术奖项；

（5）有实体办事机构、固定办公场所和专职工作人员，每年合法收入一般不低于一百万元；

（6）有健全的党组织，能正常开展党的工作。

第十条　符合条件的全国学会均可向中国科协提出入会申请，经中国科协常务委员会审议通过，接纳为中国科协团体会员，其业务主管单位不变。

第十一条　中国科协团体会员享有以下权利：

（1）推选代表参加中国科协全国代表大会；

（2）获得中国科协的有关资料；

（3）获得中国科协的业务活动资助；

（4）参加中国科协的活动；

（5）对中国科协的工作提出建议、批评和监督。

第十二条　中国科协团体会员履行以下义务：

（1）遵守《中国科学技术协会章程》；

（2）接受中国科协领导；

（3）执行中国科协决议和决定；

（4）承担中国科协委托的任务。

第三节　脱离与退出

第十三条　全国学会脱离与中国科协的业务主管关系须经会员（代表）大会表决通过，向中国科协提出申请，经中国科协书记处批准后脱离。

第十四条　全国学会退出中国科协团体会员须经会员（代表）大会表决通过，向中国科协提出申请，经中国科协常务委员会批准后退出。

第四节　备案与信息公开

第十五条　全国学会应向中国科协备案下列信息：

（1）章程；

（2）负责人信息；

（3）组织机构信息；

（4）会员证、会徽；

（5）中国科协要求的其他信息。

第十六条　全国学会应当向社会公开下列信息：

（1）章程；

（2）负责人信息；

（3）组织机构信息；

（4）接受使用社会捐赠情况；

（5）全国学会年度工作报告；

（6）中国科协、国家社会团体登记管理机关要求公开的其他信息。

第十七条 全国学会应当及时将有重大变更的备案或公开信息向中国科协备案，并向社会公开。

第十八条 涉及国家秘密、商业秘密、个人隐私的信息不公开。

第五节 处 罚

第十九条 全国学会存在内部治理不规范、活力不足等问题的，中国科协将对其主要负责人进行工作约谈。

第二十条 全国学会有下列情形的，将给予限期整改、警告、撤销团体会员资格等处罚：

（1）履职不力、组织涣散的，中国科协相关业务部门将责令限期整改；

（2）限期整改后仍无明显改进的，经中国科协书记处批准，给予警告处分；

（3）违犯国家法律法规，或严重违反《中国科学技术协会章程》，造成严重不良后果的，经中国科协常务委员会批准，撤销团体会员资格。

第二十一条 中国科协业务主管的全国学会存在严重违法违纪行为的，中国科协将提请国家社会团体登记管理机关解除业务主管关系或注销该会。

第二十二条 全国学会受处罚期间，不得申请中国科协资助项目。

第三章 内部治理

第一节 会 员

第二十三条 承认全国学会章程，符合全国学会会员条件，可提出入会申请，经理事会（常务理事会）或其委托的机构审核批准成为全国学会会员。

第二十四条 全国学会会员包括个人会员、单位会员。个人会员是学会组织的主体。

第二十五条 会员原则上应具备以下条件：

（1）个人会员。具有一定专业技术职务或专业知识的科技工作者；热心和积极支持学会工作并具有相应专业知识的管理工作者。

（2）单位会员。与全国学会学科或专业相关，具有一定数量科技人员，愿意参加学会有关活动，支持学会工作的、合法设立的科研、教学、生产、设计等类型的企业、事业单位以及社会团体（港澳台地区民间社会团体除外）。

第二十六条 全国学会对个人会员可授予荣誉会员、名誉会员、外籍会员称号；对本学科或专业科学技术发展和学会工作有重大贡献的专家、学者，经全国学会常务理事会推荐、理事会通过，可授予荣誉会员称号；对本学科或专业的发展有重要贡献、具有较高学术威望、热心参加或协助组织与我国相应学会科学技术交流的外籍专家、学者，经全国学会常务理事会推荐、理事会通过，可授予名誉会员称号；对在相关学术领域有较高造诣，与我国友好，愿意与全国学会联系、交流和合作的外籍科技工作者，经本人申请或经全国学会个人会员、分支机构、代表机构推荐，经理事会（常务理事会）批准吸收为外籍会员。

有条件的全国学会还可发展其他类别的个人会员，其类别和条件由各学会自行确定。

第二十七条 会员的权利：

（1）入会自愿，退会自由；

（2）享有选举权、被选举权和表决权；

（3）参加学会的活动；

（4）获得学会服务的优先权和优惠权；

（5）对学会工作的批评建议权和监督权；

（6）学会章程规定的其他权利。

第二十八条 会员的义务：

（1）遵守学会章程，执行学会决议；

（2）维护学会合法权益；

（3）完成学会交办的工作；

（4）向学会反映情况、提供有关资料；

（5）依学会章程规定按时缴纳会费；

（6）学会章程规定的其他义务。

第二十九条 全国学会应建立会员工作机构，指定专人负责，健全会员工作制度，实现会员分类管理。有条件的全国学会可建立会员基层小组。

第三十条 全国学会可直接发展会员，也可委托省级学会、全国学会分支机构发展会员。

第三十一条 全国学会遵循中国科协制定的统一编码规则，对个人会员进行全国统一编码。

第三十二条 会员退会应书面通知学会，并交回有关证件。

第三十三条 会员一年不缴纳会费，全国学会应书面通知会员补交；不履行学会章程规定的缴纳会费义务，视为自动退会；再次申请入会需重新审批。不缴纳会费者，不能成为学会理事（常务理事）候选人。

第三十四条 会员严重违反学会章程，经理事会（常务理事会）或其委托的机构决定，予以除名。

第二节 会员（代表）大会

第三十五条 会员（代表）大会是全国学会最高权力机构，行使下列职权：

（1）制定、修改章程；

（2）选举、罢免理事会理事和监事会监事；

（3）审议理事会的工作报告和财务报告；

（4）制定、修改会费标准；

（5）决定章程规定的其他重大事宜。

第三十六条 会员（代表）大会须有三分之二以上的会员（代表）出席方能召开，其决议须经到会会员（代表）二分之一以上表决通过方能生效。制定和修改章程须经到会会员（代表）三分之二以上表决通过，不得以鼓掌方式进行表决。涉及换届改选事项的会员（代表）大会不得以通讯方式召开。

第三十七条 全国学会依据本学会章程规定，每四至五年按期召开一次会员（代表）大会，完成理事会换届工作。

在理事会任期届满前六个月应向中国科协提出换届申请，经中国科协相关业务部门批准后进行筹备。召开会员（代表）大会前两个月应向中国科协提出召开会议的申请，经中国科协书记处审批同意后组织实施。无正当理由不按期上报材料的，将不予受理。

第三十八条 会员（代表）大会的筹备工作在理事会（常务理事会）领导下按照本学会章程和民主程序进行。

第三十九条 会员（代表）大会遇特殊情况需提前或延期召开时，须由理事会做出决议，在计划召开会员（代表）大会六个月前报中国科协批准。提前或延期时间一般不得超过一年。

第四十条 全国学会换届后，应在30个工作日内将选举结果和章程等文件报中国科协相关业务部门备案。按照国家关于社会团体登记管理的有关规定，到国家社会团体登记管理机关办理相关手续。

第三节 理事会（常务理事会）

第四十一条 理事会是会员（代表）大会的执行机构，在会员（代表）大会闭会期间领导学会开展日常工作，对会员（代表）大会负责。

第四十二条 理事会行使下列职权：

（1）执行会员（代表）大会的决议；

（2）选举、罢免理事（常务理事）、副理事长（副会长）、理事长（会长），聘任、解聘秘书长；

（3）筹备召开会员（代表）大会；

（4）向会员（代表）大会报告工作和财务状况；

（5）决定设立办事机构、分支机构、代表机构和实体机构；

（6）决定副秘书长、各机构主要负责人的聘任；

（7）领导学会各机构开展工作；

（8）制定内部管理制度；

（9）负责会员的发展和除名；

（10）履行章程规定的其他职权。

第四十三条 理事会原则上每年至少召开一次会议。理事会须有三分之二以上理事出席方能召开，其决议须经到会理事三分之二以上表决通过方能生效。理事不能到会，可委托代表参加，并有委托投票权。民主决议事项不得以鼓掌方式进行表决。

第四十四条 学会根据需要，可设立常务理事会。常务理事会在理事会闭会期间行使本通则第四十二条（1）（3）（5）（6）（7）（8）（9）（10）项的职权，对理事会负责。

第四十五条 常务理事会每半年至少召开一次会议。常务理事会须有三分之二以上常务理事出席方能召开，其决议须经到会常务理事三分之二以上表决通过方能生效。

第四十六条 理事会及常务理事会组成原则：

（1）理事会（常务理事会）规模适中，人数根据学会会员数量按一定比例确定，常务理事会人数不得超过理事会人数的三分之一；

（2）理事会（常务理事会）成员在本专业领域应有一定的代表性、权威性；

（3）理事会（常务理事会）成员中应有相当比例的中国共产党党员。理事会成员的四分之三、常务理事会成员的三分之二应为基层一线科技工作者；

（4）理事会（常务理事会）成员中应有合理的年龄结构和相当比例的中青年科技工作者；

（5）每届理事会（常务理事会）成员调整不得少于三分之一。

第四十七条 届中调整理事，由常务理事会提名，经理事会到会五分之四以上理事表决通过方可执行。

第四十八条 调整全国学会负责人的理事会会议不得以通讯方式召开。

第四十九条 全国学会理事会建立的党组织受中国科协科技社团党委领导。

第四节　监事或监事会

第五十条　全国学会要设立监事或监事会。监事会是学会的监督机构，对会员（代表）大会负责；理事长（会长）、副理事长（副会长）、理事、秘书长及学会专职工作人员不得兼任监事。监事会人数一般不超过9人、不少于3人。

第五十一条　监事由会员（代表）大会选举产生或罢免。

第五十二条　监事会行使下列职权：

（1）选举监事长、副监事长；

（2）出席会员（代表）大会，向会员（代表）大会报告监事会的工作；

（3）列席理事会（常务理事会）；

（4）监督理事会（常务理事会）履职情况；

（5）监督学会财务运行管理情况；

（6）履行会员（代表）大会赋予的其他职责。

第五十三条　监事会每半年至少召开一次会议。

第五节　学会负责人

第五十四条　理事长（会长）、副理事长（副会长）、秘书长须具备下列条件：

（1）热爱祖国，坚持党的路线、方针、政策，有良好的道德品质和学风；

（2）在本学科和专业领域内有较高造诣的专家、学者或有较大影响的人士；

（3）热心学会工作，身体健康，能坚持正常工作；

（4）理事长（会长）、副理事长（副会长）任职时年龄一般不超过70周岁，秘书长任职时年龄一般不超过62周岁；

（5）未受过剥夺政治权利刑事处罚；

（6）具有完全民事行为能力；

（7）工作作风民主，团队精神强。

第五十五条　学会调整理事长（会长）、副理事长（副会长），应由理事会（常务理事会）提议，向中国科协提出申请，经审批同意后方可按照学会章程规定进行选举，并按要求到国家社会团体登记管理机关办理变更手续。

第五十六条　理事长（会长）行使下列职权：

（1）召集和主持理事会（常务理事会）；

（2）检查会员（代表）大会、理事会（常务理事会）决议的落实情况；

（3）代表学会签署有关重要文件。

理事长（会长）因故不能履行职权，由理事长（会长）委派或常务理事会指定一位副理事长（副会长）代行职权。

第五十七条　秘书长由理事长（会长）提名、理事会同意后方可聘任，并按要求到中国科协和国家社会团体登记管理机关办理备案手续。

第五十八条　秘书长行使下列职权：

（1）主持办事机构日常工作，组织实施年度工作计划；

（2）协调各分支机构、代表机构、实体机构开展工作；

（3）提名副秘书长以及各办事机构、代表机构和实体机构主要负责人，报理事会（常务理事会）审定；

（4）聘用办事机构、代表机构、实体机构专职工作人员；

（5）处理其他日常事务。

第五十九条　学会负责人人选超过最高任职年龄规定的，须经学会理事会（常务理事会）提议、中国科协书记处同意后方可选举（聘任），报国家社会团体登记管理机关批准后方可任职。

第六十条　党政机关副处级以上干部原则上不兼任全国学会秘书长以上负责人，如需兼任，应按干部管理权限审批。

第六十一条　退（离）休领导干部在全国学会兼任职务（包括领导职务和名誉职务、常务理事、理事等），须按干部管理权限审批或备案后方可兼职。

第六十二条　理事长（会长）、副理事长（副会长）原则上连续任期不得超过两届。由理事会聘任的秘书长可不受届次限制。

第六十三条　理事长（会长）为全国学会法定代表人。因特殊情况需由副理事长（副会长）担任法定代表人，应在章程中写明，经理事会同意后，报经中国科协相关业务部门同意并获得国家社会团体登记管理机关批准后，方可任职。

全国学会的法定代表人不得兼任其他全国学会的法定代表人。秘书长原则上不担任学会法定代表人。

第六节　办事机构

第六十四条　办事机构是全国学会理事会领导下、授权秘书长具体负责的常设专职业务机构。

第六十五条　全国学会办事机构变更或脱离支撑单位需经理事会（常务理事会）同意，并报中国科协批准。

第六十六条　支撑单位应对学会办事机构提供必

要的人力、物资、经费支持，为专职工作人员提供必要的生活、工作保障。支撑单位对其编制内的学会负责人进行调动应先征求学会常务理事会的意见。

第六十七条 全国学会应根据其办事机构工作人员的编制性质，执行相应的人事管理制度。有条件的全国学会应实行竞争和流动的动态人事管理，对专职人员进行选聘和招聘。

第六十八条 具备条件的全国学会办事机构应建立中国共产党的组织。

第七节 分支机构与代表机构

第六十九条 分支机构是全国学会根据开展活动的需要，依据业务范围划分或者会员组成特点而设立的专门从事某项活动的机构，是全国学会的组织基础。

代表机构是全国学会在住所地以外属于其活动区域内设置的，代表本学会开展活动、承办本学会交办事项的机构。

第七十条 全国学会的分支机构可以称分会、专业委员会、工作委员会、专项基金管理委员会等；代表机构可以称代表处、办事处、联络处等。

全国学会的分支机构、代表机构名称前应当冠以全国学会的全称，不能单独冠以“中国”“中华”“全国”“国家”等字样，开展活动应当使用全称，英文译名应当与中文名称一致。

第七十一条 分支机构、代表机构接受全国学会理事会（常务理事会）的领导，不得另行制定章程，不具有法人资格，在全国学会授权的范围内活动，其法律责任由设立该分支机构、代表机构的全国学会承担。

第七十二条 分支机构、代表机构的设立应具备下列条件：

（1）名称不得与已设立的分支机构业务范围、名称相同或相似，不得以各类法人组织的名称命名，不冠以行政区划名称，不带有地域性特征；

（2）有学术带头人和一定规模的专家学者群体；

（3）有符合全国学会章程所规定的业务范围；

（4）能在授权范围内独立开展相应的业务活动；

（5）有固定的住所；

（6）有合法和相对稳定的经费来源。

第七十三条 全国学会设立分支机构、代表机构应依学会章程，经理事会（常务理事会）审议通过。

第七十四条 全国学会理事会（常务理事会）决定分支机构的人员组成。分支机构主要负责人任职年龄一般不得超过70周岁，连任不得超过两届。

公务员、参公管理人员、军队人员等兼任全国学会分支机构负责人的，应按干部人事管理权限进行报批。

第七十五条 全国学会应将分支机构的财务、账户纳入本会统一管理。分支机构不得开设银行基本账户。以分支机构名义举办的会议、展览、培训等各类活动所发生的经费往来，应纳入学会法定账户统一管理，不得进入其他单位或个人账户。

第七十六条 全国学会不得将其分支机构委托其他组织运营，不得以设立分支机构、代表机构的名义收取或变相收取管理费、赞助费等。

第七十七条 未经全国学会授权或者批准，其分支机构不得与其他民事主体开展合作活动。

第七十八条 有条件的全国学会分支机构应成立党的基层组织，归学会党组织领导。

第七十九条 全国学会应及时将分支机构情况及调整变化情况向中国科协报备并向社会公布。中国科协将适时向社会公开所属全国学会分支机构的简介、负责人、住所、设立程序、活动内容等基本信息，接受社会监督。

第八十条 全国学会要加大对所属分支机构的监管力度，建立“有进有出、优胜劣汰”的动态调整机制，对违法、违规开展活动的分支机构，视情节轻重，可采取警示告诫谈话、责令整改、撤换主要负责人、暂停其活动等措施进行纠正；对不能按要求纠正的分支机构，可按学会有关规定进行撤销。

第八十一条 全国学会决定变更、注销其分支机构、代表机构，应经理事会（常务理事会）审议通过。

第八十二条 全国学会被注销或者被撤销登记的，其所属的分支机构、代表机构同时被注销或撤销。

第八节 会 费

第八十三条 全国学会可以依据章程规定的业务范围、工作成本等因素合理制定会费标准。会费标准的额度应当明确，不得具有浮动性。

第八十四条 全国学会制定或者修改会费标准应当召开会员（代表）大会，须有三分之二以上会员（代表）出席，并经到会会员（代表）二分之一以上表决通过，表决采取无记名投票方式进行。

除会员（代表）大会以外，不得采取任何其他形式制定或者修改会费标准。

第八十五条 全国学会应当自通过会费标准决议之日起30日内将决议向全体会员公开。

第八十六条 全国学会会费主要用于为会员提供

服务以及按照本会宗旨开展的各项业务活动等支出。

会费使用应制定相应的管理办法，报理事会（常务理事会）审定，并向全体会员公告。

全国学会应当每年向会员公布会费收支情况，定期接受会员（代表）大会的审查，并在年检时填报会费收支情况。

第八十七条 全国学会收取会费应当按照规定使用财政部印（监）制的社会团体会费收据。除会费以外，其他收入不得使用社会团体会费收据。

第八十八条 全国学会收取会费不符合本通则第八十三、第八十四、第八十六条规定的，全国学会会员有权拒绝缴纳，可以向有关部门举报。

第九节 经费与资产管理

第八十九条 全国学会经费来源：

（1）会费；

（2）社会捐赠；

（3）政府和社会资助；

（4）在核准的业务范围内开展活动或服务的收入；

（5）利息；

（6）其他合法收入。

第九十条 全国学会合法收入享有法人财产所有权，任何单位或者个人不得侵占、私分或者挪用；其财产必须用于章程规定的业务范围和事业发展，不得在会员中分配。

第九十一条 全国学会执行《非营利组织会计制度》和国家有关财务管理制度，应建立严格的财务管理办法，保证会计资料合法、真实、准确、完整。

第九十二条 全国学会应配备具有专业资格的会计人员。会计不得兼任出纳。会计人员进行会计核算，实行会计监督。会计人员调动工作或离职时，必须与接管人员办清交接手续。

第九十三条 全国学会的资产管理执行国家有关规定，接受会员（代表）大会、监事会（监事）和财政部门的监督。资产来源属于国家拨款或者社会捐赠、资助的，必须接受财务部门或审计机关的监督，并将有关情况以适当方式向社会公布。

第九十四条 全国学会注销登记、换届或更换法定代表人，必须依法接受财务审计。

第十节 变 更

第九十五条 全国学会变更名称须经理事会无记名表决通过；变更法定代表人须经理事会同意；变更住所、活动资金、业务范围等事项须经理事会（常务理事会）同意。上述变更事项经中国科协相关业务部门同意后，到国家社会团体登记管理机关办理相关手续。

第四章 终止与清算

第九十六条 中国科协业务主管的全国学会由于分立、合并、自行解散或违纪违法等原因需要注销的，须经中国科协审查同意后，到国家社会团体登记管理机关申请注销登记。

第九十七条 全国学会注销前，须在中国科协（办事机构支撑单位）等部门的指导下成立清算工作小组，清理债权债务，处理善后事宜。清算期间，不得开展清算以外的活动。

第九十八条 全国学会经国家社会团体登记管理机关办理注销登记手续后，即为终止。

第九十九条 全国学会终止后的剩余财产，在中国科协和国家社会团体登记管理机关的监督下，按照国家有关规定用于发展与学会宗旨相关的事业。

第五章 附 则

第一百条 本通则是全国学会制定章程的依据之一，适用于中国科协业务主管的全国学会和已经加入中国科协成为团体会员的全国学会。

第一百零一条 本通则经中国科协全国委员会常务委员会通过试行。

第一百零二条 本通则的解释权归中国科协。

关于印发《高等学校科学技术协会组织通则（试行）》的通知

科协发组字〔2017〕51号

各省、自治区、直辖市科协，新疆生产建设兵团科协，高校科协：

《高等学校科学技术协会组织通则（试行）》（以下简称《通则》）已经中国科协九届二十七次书记处会议研究通过。现印发给你们，请结合实际，认真贯彻落实。

各地区各单位在执行《通则》中的重要情况和建议请及时报告中国科协。

中国科协

2017年8月23日

高等学校科学技术协会组织通则（试行）

第一章　总　则

第一条　为规范和加强高等学校科学技术协会（以下简称“高校科协”）组织建设，促进高校科协发展，根据《中国科学技术协会章程》制定本通则。

第二条　高校科协是高校党委领导下的高校科技工作者的群众组织，是高校党委和行政联系高校科技工作者的桥梁和纽带，是推动高校教育与科学技术事业发展的重要力量，是中国科学技术协会的基层组织。

第三条　高校科协的宗旨是：高举中国特色社会主义伟大旗帜，坚持以马克思列宁主义、毛泽东思想、邓小平理论、“三个代表”重要思想、科学发展观为指导，深入贯彻落实习近平总书记系列重要讲话精神和治国理政新理念新思想新战略，贯彻党的教育方针和科学技术工作方针，围绕高校人才培养、科学研究、社会服务、文化传承创新和对外交流合作，认真履行为科学技术工作者服务、为创新驱动发展服务、为提高全民科学素质服务、为党和政府科学决策服务的职责定位，促进科学技术的繁荣和发展，促进科学技术的普及和推广，促进科学技术人才的成长和提高，把广大科学技术工作者更加紧密地团结凝聚在党的周围，为实现中华民族伟大复兴的中国梦而努力奋斗。

第四条　高校科协在高校党委领导下，在中国科学技术协会和地方科学技术协会的指导下，坚持民主办会原则，坚持大联合、大协作的工作方式，依法依章程开展工作。

第五条　本通则适用于高等学校成立的科协组织。

第二章　任　务

第六条　贯彻落实党的路线方针政策，密切联系高校科技工作者，反映高校科技工作者的建议、意见和诉求，维护高校科技工作者的合法权益，建设科技工作者之家，广交科技工作者之友。

第七条　培育造就高校青年科技人才，打造国家高层次科技创新人才后备队伍，建立高校科技人才库，推荐、表彰奖励优秀高校科技工作者，促进高校人才培养。

第八条　组织开展跨院系、跨学科、跨领域的学术交流，活跃学术思想，促进学科发展和学科交叉融合。

第九条　依托高校科技教育资源开展科学技术普及，弘扬科学精神，普及科学知识，传播科学思想，倡导科学方法，提高高校师生及社会公众科学素质。

第十条　积极参与高校智库建设，组织专家学者参与社会服务，承接科技咨询、成果评价等工作。

第十一条　健全科研诚信制度规范，开展科学道德和学风建设宣讲教育，优化学术环境，培育科学文化，引导广大高校科技工作者遵守学术规范、坚决抵制学术不端行为、强化诚信意识和社会责任。

第十二条　推进高校科技成果转移转化，促进产学研用结合，指导师生科技实践和创新创业活动，鼓励引导师生崇尚科学，不断增强创新精神、创业意识和创新创业能力。

第十三条　加强与国外科技团体和科技工作者的友好往来，促进高校科技和教育的国际交流合作。

第十四条　联系服务挂靠在高校的学会办事机构，引导支持高校科技工作者加入各级学会。

第十五条　结合高校实际，开展符合高校科协宗旨的其他工作。

第三章　成　立

第十六条　经教育行政管理部门批准成立的高校，拥有一定数量科技工作者，能独立开展工作和活动，经高校党委同意，可申请成立科协组织。

第十七条　高校申请成立科协组织由高校党的隶属关系所在地科学技术协会审批。

第十八条　高校申请成立科协组织应提交以下文件：

（1）申请成立科协组织的报告；

（2）高校基本情况说明；

（3）高校科协章程（草案）；

（4）高校科协成立大会筹备情况说明；

（5）高校科协领导机构设置情况说明；

（6）高校科协办事机构设置、工作人员、工作场所、经费来源等情况说明；

（7）其他有关材料。

第十九条　符合条件的高校科协经批准可加入中国科学技术协会和地方科学技术协会作为团体会员。

第四章　领导机构

第二十条　高校科协会员代表大会及其选举产生的委员会是高校科协的领导机构。

第二十一条　高校科协会员代表大会每三至五年

召开一次，由高校科协委员会召集。

第二十二条 高校科协会员代表大会的代表名额及产生方案由召集代表大会的委员会决定，报高校党委同意。

第二十三条 高校科协会员代表大会履行以下职责：

（1）决定高校科协的工作方针和任务；

（2）制定和修改高校科协章程；

（3）审议和批准高校科协委员会的工作报告和财务报告；

（4）选举产生高校科协委员会；

（5）决定其他重大事项。

第二十四条 高校科协委员会委员名额及候选人产生方案由召集代表大会的委员会决定，报高校党委同意，并征求批准其成立的科学技术协会意见。

第二十五条 高校科协委员会会议每年召开一次，由主席团召集。委员会会议须有三分之二以上委员出席方能召开，其决议须经到会委员二分之一以上表决通过方能生效。

第二十六条 高校科协委员会履行以下职责：

（1）执行高校科协会员代表大会的决议；

（2）选举高校科协委员会主席、副主席；

（3）规模较大的高校科协委员会选举产生常务委员会；

（4）制定高校科协工作计划，审议高校科协工作总结；

（5）组织开展各项活动；

（6）对做出突出贡献的会员授予荣誉称号；

（7）决定其他重大事项。

第二十七条 高校科协委员会设主席一人、副主席若干人，候选人人选由高校党委提名，并征求批准其成立的科学技术协会意见。主席、副主席应由校级领导或具备较高学术水平和较强组织领导能力的知名专家担任。

主席提名秘书长人选一人、副秘书长人选若干人，由高校科协委员会会议审议通过。

第二十八条 高校科协委员会委员超过一定规模的可设立常务委员会。常务委员会委员名额及候选人产生方案由召集代表大会的委员会决定，并报高校党委同意，同时征求批准其成立的科学技术协会意见。

第二十九条 委员会闭会期间，常务委员会领导高校科协的工作，实施高校科协委员会确定的任务。常务委员会会议一般每半年举行一次，由主席召集，也可由主席委托副主席召集。

第三十条 高校科协委员会或常务委员会根据工作需要，可设置若干工作委员会和专门委员会，协助审议需经委员会或常务委员会审定的有关事项。

第三十一条 高校科协主席、副主席选举结果及秘书长、副秘书长名单应向批准其成立的科学技术协会备案。

第五章　办事机构

第三十二条 高校科协的办事机构为秘书处（办公室），秘书处（办公室）在委员会或常务委员会的领导下开展工作。

第三十三条 秘书长负责主持秘书处（办公室）的日常工作。秘书长应选择热爱科协工作、熟悉国家科技政策、沟通协调能力较强的科技工作者担任，任职年限原则上不超过两届。

第三十四条 高校应为高校科协秘书处（办公室）设置专职工作岗位、设立专门工作经费、配备专职工作人员和专门办公场所及相关办公设施提供便利。工作人员可在高校内外选聘，按照高校有关规定进行管理。

第六章　会　员

第三十五条 高校科协的会员由个人会员和团体会员组成。会员的入会、退会程序和会员的权利、义务由高校科协章程具体规定。

第三十六条 在校工作的各级科协所属学会（协会、研究会）的个人会员经审核可成为高校科协的个人会员；在校工作的具有一定专业技术职务（职称）的教学、科研和科技管理人员及在校研究生承认并遵守高校科协章程，经批准可成为高校科协个人会员。

第三十七条 高校所属企事业单位成立的科技团体和校内成立的青年教师科协、离退休教师科协、院系科协、研究生科协、大学生科协等科技团体，经批准可成为高校科协的团体会员。

第三十八条 会员享有以下权利：

（1）选举权、被选举权和表决权；

（2）对高校科协工作有知情权、建议权、批评权和监督权；

（3）优先参加科协组织的各项活动；

（4）自愿加入和退出高校科协；

（5）高校科协章程规定的其他权利。

第三十九条 会员应履行以下义务：

（1）遵守高校科协章程，执行高校科协决议；

（2）按照有关规定缴纳会费；

（3）完成高校科协委托的工作；

（4）高校科协章程规定的其他义务。

第四十条 高校科协应建立健全会员管理联系服务制度，大力发展个人会员。对触犯刑律、违反高校规章制度和高校科协章程的会员，经高校科协决定，取消其会员资格。

第四十一条 会员提出退会申请，经高校科协确认，即可退会。

第七章 经 费

第四十二条 高校科协经费来源：

（1）高校财政支持；

（2）会员会费；

（3）捐赠；

（4）其他合法收入。

第四十三条 高校科协应建立独立的财务账目，执行国家有关财务管理制度，定期向会员代表大会和委员会报告财务收支情况，并接受会员监督。

第八章 附 则

第四十四条 高校科协根据本通则制定高校科协章程。

第四十五条 在科研院所成立科协组织可参照本通则执行。

第四十六条 本通则自发布之日起施行，由中国科学技术协会负责解释。

中国科协办公厅关于印发《中国科协学会联合体工作规范（试行）》的通知

科协办发学字〔2017〕36 号

中国科协各学会联合体秘书处、各学会联合体成员学会：

《中国科协学会联合体工作规范（试行）》已经中国科协九届常委会第 29 次书记处会议审议通过。现印发给你们，请贯彻执行。

中国科协办公厅

2017 年 11 月 1 日

中国科协学会联合体工作规范（试行）

为贯彻落实《科协系统深化改革实施方案》要求，指导学会联合体工作健康有序开展，依据《中国科学技术协会章程》，制定本规范。

第一条 中国科协学会联合体（以下简称“学会联合体”）是围绕服务国家重大战略需求，以推动重点学科领域和重大产业领域发展为导向，由学科相近、联系密切的中国科协所属全国学会自愿发起，经中国科协批准成立的非法人合作组织。

第二条 学会联合体在中国科协领导下依据章程开展工作。学会联合体章程由发起学会联合制定，报中国科协批准。

第三条 学会联合体坚持“平等、协作、创新、发展、共享”的基本原则，搭建全国学会协同创新、联合攻关、资源共享、共谋发展的大平台，推动学会集群发展，服务创新型国家建设，为建设世界科技强国提供有力支撑。

第四条 学会联合体由发起学会和自愿加入学会联合体的成员单位组成。成员单位为承认学会联合体章程，在中国境内合法注册登记的全国性社会团体、企业、科研机构、高等院校等。中国科协所属全国学会加入或退出学会联合体须经中国科协批准。

第五条 学会联合体的主要任务：

（1）打造跨学科高端科技创新智库大平台。通过组建专业研究所，开展跨学科、跨行业、跨领域重大课题研究和重大科技评估等工作，打造高端科技创新智库品牌，成为中国科协高端科技创新智库的核心力量。

（2）搭建高水平学术交流大平台。通过定期举办具有世界影响力的学术交流活动、召开学术年会、创办具有国际影响力的科技期刊、发起成立跨学科领域国际科技组织等工作，打造学术交流品牌，提升我国科技领域的国际影响力和话语权。

（3）搭建协同创新和科技成果转移转化大平台。通过深入实施创新驱动助力工程，制定产业技术标准，组建产业协同创新共同体等工作，建立以企业为主体、以市场为导向、产学研深度融合的技术创新体系，促进产业技术创新，助力地方经济转型升级。

（4）搭建创新人才培养大平台。通过实施青年人才托举工程、高层次人才举荐、国家科技奖励推荐、国际科技组织任职推荐等工作，培养造就一大批具有国际水平的战略科技人才、科技领军人才、青年科技人才和高水平创新团队，为提升我国科技实力提供重要的人才资源，推动人才强国建设。

（5）推进学会改革发展。有条件的学会联合体应设立党的工作机构。学会联合体可根据自身特点，积极开展其他特色工作，推动全国学会协同改革、共同发展。

第六条 学会联合体设立主席团、专家委员会和秘书处，负责人由各成员学会推举，报中国科协批准。

第七条 主席团负责决策学会联合体重大事项，实行重大事项集体讨论制度。主席团设主席1名、副主席若干名，可设名誉主席，主席（副主席）原则上由成员学会理事长担任。主席可实行轮值制。

第八条 专家委员会负责实施学会联合体重大决策咨询任务，牵头承担学会联合体的智库功能。专家委员会设主任1名、副主任若干名，由主席提名、主席团聘任。专家委员会由相关领域权威专家组成。

第九条 秘书处负责处理学会联合体日常事务，综合协调和督促落实。秘书处设秘书长1名、副秘书长若干名，由主席提名、主席团聘任。秘书处可实行学会轮值制。

第十条 学会联合体可根据工作需要设立工作委员会，协助处理学会联合体相关工作。工作委员会一般由相关成员学会牵头负责，其他成员单位参与，形成责权利相统一的分工协作机制。工作委员会完成任务后可解散。

第十一条 学会联合体主席团会议由主席主持，出席会议人员为主席、副主席，根据会议议题邀请相关人员出席。会议议题由秘书处根据主席要求研究提出建议，报主席审定。主席团会议原则上每年召开1至2次。

第十二条 学会联合体根据工作需要可不定期召开专题会议，专题会议由主席（或者由其委托的副主席）主持，出席会议人员由秘书处提出建议，报主席（或者由其委托的副主席）确定。

第十三条 学会联合体主席团会议和专题会议应有会议纪要。会议纪要由主席签发，印发主席团各成员及相关单位。

第十四条 学会联合体工作发展规划和年度工作计划须经主席团审议，报中国科协备案。

第十五条 学会联合体经费实行专账管理、专款专用。学会联合体每年1月底前要将上年度资金的筹集及使用情况报中国科协。

第十六条 学会联合体的研究成果所有权按照有关法律法规执行，各成员单位未经批准不能自行对外发布和使用。

第十七条 学会联合体活动新闻实行审核发布制度。

第十八条 学会联合体名称前应冠有“中国科协”字样。

第十九条 学会联合体成员学会参与学会联合体工作表现情况纳入全国学会综合能力考评范围。

第二十条 中国科协开展学会联合体年度工作评估，择优支持学会联合体工作。

第二十一条 学会联合体的成立或解散须经中国科协常务委员会批准。

第二十二条 地方科协可参照本工作规范，按照科协系统深化改革实施方案的要求，制定本地科协学会联合体的工作规范。

第二十三条 本规范解释权归中国科协。

中国科协办公厅关于印发《中国科协关于促进农村专业技术协会转型升级的意见》的通知

科协办发普字〔2017〕20号

各省、自治区、直辖市科协，新疆生产建设兵团科协：

为打造开放型、枢纽型、平台型农技协，更好地发挥农技协组织在联系和服务涉农科技工作者、整合各类社会资源、形成农业产业链、促进农业现代化、助力脱贫攻坚、提升农民科学素质中的作用，中国科协制定了《中国科协关于促进农村专业技术协会转型升级的意见》，现印发给你们，请贯彻落实。

中国科协办公厅
2017年6月6日

中国科协关于促进农村专业技术协会转型升级的意见

农村专业技术协会（简称“农技协”）是开展科

技推广和科普服务的社会团体，是新型农业社会化服务体系和现代农业科技推广体系的重要社会力量，是各级科协组织服务“三农”的基层科普组织。农技协包括基层农技协和农技协联合会，基层农技协是广大农民自愿联合、自主经营、民主管理的群众组织，农技协联合会是一定区域内农技协的联合组织。为深入贯彻落实中共中央办公厅印发的《科协系统深化改革实施方案》对农技协转型升级的要求，打造开放型、枢纽型、平台型农技协，更好地发挥农技协组织在联系和服务涉农科技工作者、整合各类社会资源、形成农业产业链、促进农业现代化、助力脱贫攻坚、提升农民科学素质中的作用，现就促进农技协转型升级提出如下意见。

一、充分认识农技协转型升级重要意义

（一）农技协转型升级是贯彻落实党和国家对农村工作要求的重要举措

解决好农业、农村、农民问题始终是全党工作的重中之重。深化农村改革，推进中国特色农业现代化，要加快构建以农户家庭经营为基础、以合作与联合为纽带、以社会化服务为支撑的立体式复合型现代农业经营体系。农技协通过提高农民组织化程度，实现农业适度规模经营，促进农业产业化发展，是建设农业现代化的重要途径。2012—2016年连续五年中央一号文件明确要求发挥农技协在农业现代化建设中的作用。其中，2014年中央一号文件明确将农民专业合作社、专业技术协会等的党建工作作为加强农村基层党的建设和改善乡村治理机制的重要内容。面对党和国家对农村工作的新要求，农技协急需加快转型升级，扩大组织覆盖面，创新党组织建设，增强承接政府转移职能的能力，增强与农民专业合作社、供销合作社共生发展合力，更好地发挥其在构建立体式复合型现代农业经营体系中的合作与联合纽带作用、社会化服务重要主体作用。

（二）农技协转型升级是促进广大农民与全国人民一道迈入全面小康社会的重要途径

习近平总书记指出，全面建成小康社会，最艰巨最繁重的任务在农村特别是在贫困地区。没有农村的小康，特别是没有贫困地区的小康，就没有全面建成小康社会。《中共中央　国务院关于打赢脱贫攻坚战的决定》指出，要加大科技扶贫力度，加快先进适用技术成果在贫困地区的转化，强化贫困地区基层农技推广体系建设，加强新型职业农民培训。农技协是广大农民自发成立的群众组织，其初衷就是增收致富。三十多年来，农技协遍布广大农村，通过引进推广先进适用技术、组织农民进入市场，带领一大批农民脱贫致富、迈入小康。面对新形势下脱贫攻坚和全面建成小康社会的艰巨任务，农技协需要不断增强技术、市场和金融服务能力，提升现代化管理能力，进一步发挥带动农民依靠科技致富的领航作用。

（三）农技协转型升级是提升农民科学素质的重要手段

农民科学素质是农民素质的重要组成。2013年中央农村工作会议指出，要提高农民素质，培养造就新型农民队伍，确保农业后继有人。目前我国农民具备科学素质的比例只有1.70%，与《国民经济和社会发展第十三个五年规划纲要》提出的到2020年公民具备科学素质的比例超过10%的目标相比还有较大差距，也不能满足全面建成小康社会和建设创新型国家对公民科学素质的要求。“十三五”时期，加快提高农民科学素质任务十分艰巨。提高农民科学素质需要在示范引领中激发农民学科学、用科学的积极性，增强他们提高自身科学素质的内生动力。长期以来，农技协活跃在农民身边，示范带领农民一起干，引导农民主动学，成为在广大农村提高农民科学素质的重要基层科普组织和社会力量。面对新形势下提高农民科学素质的重要任务，农技协需要不断创新工作方式方法、加强信息化服务手段、提高科普精准服务水平，在带动农民提升科学素质方面发挥更大作用。

二、明确农技协转型升级总体思路

（四）指导思想

全面贯彻党的十八大和十八届三中、四中、五中、六中全会精神，以邓小平理论、“三个代表”重要思想、科学发展观为指导，深入贯彻习近平总书记系列重要讲话精神和治国理政新理念新思想新战略，围绕“四个全面”战略布局，牢固树立创新、协调、绿色、开放、共享的发展理念，按照科协系统深化改革有关要求和中国科协“九大”会议精神，通过实施产业聚合领航行动、农技协桥头堡行动、“互联网＋农技协”行动、农技协精准扶贫行动、智慧农民引领行动，推动农技协由技术示范推广型向全产业链服务型转变、由封闭粗放的服务方式向协同精准的服务方式转变、由传统服务手段向现代信息化服务手段转变，实现农技协转型升级，切实增强农技协开展精准科技推广和科普服务能力，促进农业一二三产业融合发展，助力创新驱动发展和全面建成小康社会。

（五）发展目标

通过农技协转型升级，形成模式创新、管理规范、上下联动、横向联合的开放型、枢纽型、平台型农技协组织体系。基层农技协服务领域拓展，服务方式创新，服务能力提升，信息化手段广泛运用，精准服务覆盖面持续扩大，为农民科学素质提升、农业现代化建设和全面建成小康社会做出更大贡献。

——着力推动农技协体制机制创新。以科技服务为纽带，实现一定区域内农技协联合协作，与学会和农技推广机构的科技资源对接，整合合作社、供销社、金融机构等社会资源，形成完整的农业产业链条，引领现代农业发展。

——重点打造示范性农技协。到2020年，重点打造4000个产业聚合领航农技协、4000个桥头堡农技协、4000个“互联网＋农技协”，着力培养4000名优秀农技协领办人，推动乡镇成立农技协联合会，全国农技协实现科普中国乡村e站全覆盖，力争50%以上农技协实现转型升级。

——全力支持贫困地区农技协转型升级。到2020年，支持贫困地区1000个农技协联合会和10000个基层农技协转型升级，动员10万名以上科技工作者参与脱贫攻坚。

三、把握农技协转型升级方向

（六）由技术示范推广型向全产业链服务型转变

由单项技术服务向现代农业全套技术服务转变，由主要开展生产环节技术服务向产前、产中、产后全过程服务转变，由开展技术服务为主向技术、市场、金融全方位服务转变，使农技协在产、供、销等产业链各环节都有新的作为。围绕农业产业化发展，组织开展标准化生产、农产品加工，实现农产品及加工副产物综合利用，打造绿色、有机农产品品牌，引领生态循环农业、休闲农业和乡村旅游，促进农村一二三产业融合发展。

（七）由封闭粗放的服务方式向协同精准的服务方式转变

由农技协会员技术交流为主向联合涉农学会、农技推广机构、科研院所、高等院校等机构协作开展技术服务转变，由农技协会员联合购销向兴办经济实体或吸纳农民专业合作社、供销合作社、农业企业作为团体会员转变。以农民个性化需求和农业精准化生产需求为导向，由粗放式服务向针对性、实效性强的精准服务转变。

（八）由传统服务手段向现代信息化服务手段转变

依托大数据、云计算、物联网、人工智能等新技术，由现场示范、面对面交流为主向远程技术交流、技术培训、技术咨询转变，实现实时服务、在线监控。通过采用网络和信息技术实现农技协管理和运行的信息化，由统一服务向定向分发、定制化服务转变。

四、开展农技协转型升级重点行动

（九）实施“产业聚合领航行动”

根据各地农业产业发展现状和需求，推动农技协与农业投入品采购使用、农产品生产、销售、加工及贮运、品牌推广、金融服务等农业生产经营主体和服务主体合作与联合，打造服务农业产前、产中、产后的全产业链运营模式。推动农技协积极依靠科技创新和农业技术推广，建立集现代化农业生产、流通、销售和服务于一体的农技协＋企业发展模式，引领当地农业产业聚合发展。

（十）实施“农技协桥头堡行动”

建立农技协转型升级专家服务平台，重点打造一批上联高校、科研院所、涉农学会，中联当地农技推广机构、金融服务机构、电商平台，下联农户和家庭农场、农民专业合作社、龙头企业等新型农业经营主体的农技协联合会。创新农技协联合会模式，使农技协联合会成为生产经营、科技推广和科普服务的“桥头堡”，引领农技协转型升级。

（十一）实施“互联网＋农技协”行动

构建农技协服务云平台，实时动态呈现农技协开展科技推广和科普服务情况。构建技术服务平台，汇聚专家和技术资源，通过大数据和云计算技术开展个性化精准科技推广和科普服务。构建市场服务平台，汇聚农资和农产品供需信息，加快推进农技协与电商平台的合作，开展订单式服务，推动市场信息服务和在线销售服务。构建金融服务平台，建立农技协信用体系，探索互联网＋银行＋保险＋农技协的“银会合作”模式，营造良好的融资环境。

（十二）实施“农技协精准扶贫行动”

组织动员全国各级农技协积极参与精准扶贫工作，重点推动贫困地区农技协联合会建设和发展，结合现代农业产业技术体系布局，重点解决当地产业发展瓶颈，助力“一村一品、一乡一业”产业扶贫行动。支持贫困地区农技协转型升级，积极发展建档立卡贫困户会员，推动技术骨干会员与贫困户会员“一对一”帮扶，组织专家开展针对贫困户的田间指导、专门培训，确保会员如期脱贫、同步小康。引导东部优势产业向贫困地区转移，加大对贫困地区同质化产业发展的对口帮扶。

（十三）实施“智慧农民引领行动”

建立健全农技协培训、认证、扶持体系，培养一大批具有科学生产理念、现代经营理念的智慧农民。针对农技协领办人和技术骨干实际需求，制订培训计划，开展多层次、多形式、系统化培训，全面提升农技协领办人和技术骨干经营管理能力和专业技术水平。开展农村实用人才职称评定，引领智慧农民队伍发展壮大。鼓励和支持具备条件的农技协领办人和技术骨干创新创业，探索农技协发展新亮点，汇聚农业农村发展新动能。

五、组织保障

（十四）加强组织领导

各级科协要把促进农技协转型升级纳入中长期规划，制定实施方案，明确目标任务，建立组织领导机构，统筹推进农技协转型升级工作。中国农技协负责指导推动农技协转型升级，研究促进农技协转型升级的规划和措施，统筹协调农技协转型升级工作。

（十五）完善体制机制

各级科协要建立完善协调涉农学会、科研院所、高等院校等相关单位以及广大科技工作者参与支持农技协转型升级的机制。创新农技协登记管理机制，推动达到登记条件的农技协或农技协联合会及时在民政管理部门登记；没有达到条件的农技协在县、乡农技协联合会备案，成立联合会分支机构。创新农技协党组织管理运行机制，推动农技协党组织建设，加强党组织对农技协的指导和服务。建立农技协领办人能力提升机制，加强对农技协领办人的培训，加大奖补力度。建立农技协组织管理考核机制，定期评估农技协转型升级进展情况，根据评估结果及时调整措施。

（十六）创新平台支撑

各级科协要搭建农技协转型升级资源平台，发挥涉农学会、科研院所、高等院校的农业科技专家和农业科技成果资源优势，汇聚农技协发展新动能。引导农技协与农业企业对接，发挥农业企业市场资源优势。协调银行、保险等金融机构为农技协转型升级提供服务。引导农技协与农民专业合作社、供销合作社融合发展，提升农技协市场服务能力。整合科协系统资源，支持农技协转型升级，把农技协转型升级作为科普信息化建设的重要任务。依托农技协建设科普中国乡村 e 站，完善农技协科普基础设施。

（十七）优化发展环境

各级科协要积极争取当地党委政府对农技协工作的重视，积极争取有关部门对农技协工作的支持。积极与民政部门沟通协调，适当降低农技协登记条件。与农业部门沟通协调，推动乡镇农技推广机构、农民专业合作社与农技协融合发展。与科技部门沟通协调，促使农业科技成果转化、优势特色产业开发等方面项目向农技协倾斜，鼓励和支持科技特派员指导参与农技协发展。

（十八）加强经费保障

各级科协要紧紧围绕农技协转型升级工作，不断强化经费保障机制，推动设立农技协转型升级专项资金并纳入经费预算管理，持续投入支持农技协转型升级。通过 PPP 模式、农技协 + 企业等模式，积极引导社会资金参与农技协转型升级工作。加大对优秀农技协及领办人的奖补力度，建立农技协联合会奖补机制，奖补资金向贫困地区倾斜。切实做好资金使用的监督和管理，提高资金使用的规范性、安全性和有效性。

（十九）营造良好氛围

各级科协要重视挖掘和总结农技协转型升级的好经验好做法，通过互联网、报纸、广播、电视等新媒体和传统媒体加强宣传，努力营造良好的工作氛围，不断提高农技协组织的社会影响力。加强对农技协转型升级工作取得突出成绩的基层科协组织和个人的表彰，营造农技协转型升级的浓厚社会氛围。中国科协每年对各地农技协转型升级工作进行考核，评选全国农技协转型升级先进单位和个人，总结交流经验。

关于印发《科技工作者道德行为自律规范》的通知

科协发组字〔2017〕41 号

各全国学会、协会、研究会，各省、自治区、直辖市、副省级城市科协，新疆生产建设兵团科协：

近年来，我国科技发展取得举世瞩目的伟大成就，科技整体能力持续提升。在取得成绩的同时，也暴露出一些问题。2015 年以来，我国科技界接连遭遇国外出版集团较大规模的集中撤稿，造成极为恶劣的社会影响，我国科学家的国际声誉受到直接冲击。撤稿事件反映出我国少数科技工作者自律意识缺乏、底线意识不强、在名利诱惑面前心态失衡。为弘扬科学精神，进一步加强科技工作者道德行为自律，中国科协研究制定了《科技工作者道德行为自律规范》(以下简称《自律规范》)。《自律规范》已经中国科协第九届常务委员会第四次会议通过，现印发给你们，请遵照执行。

各全国学会和地方科协要组织科技工作者深入学习、广泛宣传，结合实际制定和完善相关规定，加强自律监督，进一步改革完善科技评价体系，为科技工作者创新创业提供良好的政策和环境保障；要积极指导高校、科研院所、医院等建立学术道德委员会等内设机构，健全科研诚信制度规范，加大学术不端行为调查处理力度，确保《自律规范》落到实处。广大科技工作者要严于自律，坚持“自觉担当科技报国使命、自觉恪尽创新争先职责、自觉履行造福人民义务、自觉遵守科学道德规范”的高线，坚守“反对科研数据成果造假，反对抄袭剽窃科研成果，反对委托代写代发论文，反对庸俗化学术评价”的底线，肩负起推动创新驱动发展、建设世界科技强国的历史重任，争做践行社会主义核心价值观的楷模、弘扬中华民族传统美德的典范。

中国科协

2017年7月10日

科技工作者道德行为自律规范

（中国科协第九届常委会第四次会议审议通过）

人是科技创新最关键的因素。科学道德和学术诚信是科技工作者必备的基本素质，砥砺高尚道德品质是科技工作者的不懈修炼。当代科技工作者要切实肩负起推动创新驱动发展、建设世界科技强国的历史重任，弘扬精忠报国、敢为人先、求真诚信、拼搏奉献的中国科学家精神，切实加强道德品质修养，努力做践行社会主义核心价值观的楷模、弘扬中华民族传统美德的典范。

自觉担当科技报国使命。坚持用习近平总书记治国理政新理念新思想新战略武装头脑、指导创新实践，积极响应向世界科技强国进军的伟大号召，以卓越的创新成就书写科技报国的辉煌篇章。紧密团结在以习近平同志为核心的党中央周围，听党话、跟党走，以祖国需要为最高需要，把爱国之情、报国之志融入国家改革发展的伟大事业之中、融入人民创造历史的伟大奋斗之中。

自觉恪尽创新争先职责。坚持面向世界科技前沿、面向国民经济主战场、面向国家重大需求，短板攻坚争先突破、前沿探索争相领跑、转化创业争当先锋、普及服务争作贡献，在人类文明进步史上写下更多属于中国科技工作者的篇章。坚持创新要实，聚焦国家发展动力转换和经济转型升级的战略任务，奋力攻关，为供给侧结构性改革提供强大科技支撑。

自觉履行造福人民义务。将人民的需要和呼唤作为科技进步与创新的时代声音，将增进人民福祉作为应尽的责任和义务，聚焦环境保护、医疗健康、食品安全、信息安全、社会治理等重大民生问题，以更多先进适用技术和解决方案保障和实现人的全面发展。广泛开展科学普及，扎根精准扶贫一线，以科技创新助力脱贫攻坚目标如期实现，把论文写在祖国的大地上。

自觉遵守科学道德规范。坚持立德为先、立学为本、知行合一、严以自律，严守学术道德和科技伦理，共同营造风清气正的科研学术环境。秉持创新、求实、协作、奉献的科学精神，潜心研究、淡泊名利，经得起挫折、耐得住寂寞，争当学术优异、学风优良、品德优秀的科技先锋。

坚持把学术自律作为道德自律的核心内容，坚守“四个反对”的学术道德底线，自觉接受社会各界特别是同行监督。

反对科研数据成果造假。恪守严格、严肃、严密的科学态度，保证科研数据的客观真实，维护学术的纯洁性。遵循良好科研实践规范，反对在科学研究中弄虚作假，编造、伪造、篡改计算、试验等数据资料、原始记录或研究成果。

反对抄袭剽窃科研成果。遵守成果署名规范，尊重合作者和他人的劳动和权益，正确、规范引用他人研究成果。强化知识产权保护，保护好自己的知识产权，尊重他人知识产权。反对以任何形式抄袭剽窃他人的科研成果，反对盗用、侵占他人成果和知识产权。

反对委托代写代发论文。遵循论文撰写和发表规范，反对以粗制滥造和低水平重复论文挤占浪费学术资源，共同抵制学术论文发表中第三方中介机构投机取巧谋取利益的不端行为，反对委托“第三方”代写代投论文、对论文内容进行实质性修改、提供虚假同行评审人信息或评审意见，维护好中国科技工作者的社会形象和学术尊严，提升中国科学家的国际声誉。

反对庸俗化学术评价。坚持客观、公平、公正原则，在参与各种推荐、评审、鉴定、答辩和评奖等活动中，规范利益冲突管理，坚决摒弃部门和小团体利益，反对压制学术民主和学术自由，反对滥用学术权力徇私舞弊利益寻租，学术评价中反对唯论文数量、唯SCI等不良倾向，反对行政化官本位等非学术因素影响评价，反对拉关系送人情、暗箱操作、亵渎学术尊严。

广大科技工作者要严于自律，坚持“四个自觉”的高线，坚守“四个反对”的底线。各学术团体要加强监督，确保本自律规范落到实处，营造风清气正的创新环境和学术氛围。

关于印发《关于进一步推进创新驱动助力工程的指导意见》的通知

科协发学字〔2017〕42号

各全国学会、协会、研究会，各省、自治区、直辖市、副省级城市科协，新疆生产建设兵团科协：

为贯彻落实中国科协创新驱动助力工程总结交流会精神，全面推进创新驱动助力工程工作，中国科协九届书记处第二十六次会议研究通过《关于进一步推进创新驱动助力工程的指导意见》。现印发你们，请各单位紧密结合自身实际，制定具体贯彻落实意见。

中国科协

2017年7月11日

关于进一步推进创新驱动助力工程的指导意见

为深入贯彻落实国家创新驱动发展战略，进一步聚焦区域发展和经济转型升级主攻方向，深入推进创新驱动助力工程（以下简称“助力工程”），引导全国学会和地方科协在经济建设主战场更加奋发有为，现提出如下意见。

一、推动提质增效，打造助力工程升级版

（1）工作基础。助力工程自2014年年底启动实施以来，以服务创新驱动发展战略和地方经济社会发展为主线，以体现科技工作者知识价值为重点，以提高科协各级组织及所属学会业务能力为导向，积极进军经济建设主战场。经过各级科协及所属学会的共同努力，助力工程“点状分布、链状延伸、面状辐射”的工作布局已初步形成，“政府主导、企业主体、学会主角、专家主力”的工作机制初步建立，“规划咨询、成果推广、联合攻关、产业服务”等工作模式探索形成，为地方经济社会发展提供科技服务和人才支撑的新渠道初步打通，工作成效初步显现，已成为学会进军区域经济转型升级主战场的旗帜性平台。但也存在对接精准度不高、跟踪落实不够、服务水平不均衡、内生动力不足等问题。

（2）工作思路。坚持以创新牵引转型升级，以开放拓展发展空间，在已有工作基础上进一步优化整体布局，重点聚焦国家重要战略区域和重点产业发展领域，突出转型升级，拓宽工作领域；进一步深化工作内涵，提升学会提供科技类公共服务产品的供给能力，聚焦科技成果转化和专利信息推送工作，强化跟踪服务，提高对接精准度和科技成果转化效率；进一步创新工作手段，优化科技资源配置方式，搭建综合性、集群化的产学研用综合协同创新平台，引导创新资源向县域流动；进一步健全激励机制，突出科技工作者的主体地位，逐步建立符合市场运行规律、体现科技工作者知识价值的利益分配机制，增强科技工作者的参与感、认同感、获得感。

二、加强示范引领，聚焦国家重点发展战略区域和地方主导产业领域

（3）聚焦国家重大战略发展区域。紧紧围绕建设世界科技强国的重大战略决策，紧密结合“一带一路”建设、京津冀协同发展与雄安新区建设、长江经济带建设、中国制造2025、自由贸易试验区建设、国家自主创新示范区建设、大众创业万众创新示范基地建设等国家和区域重大发展战略部署开展科技创新，助力各类创新要素集聚，促进区域创新能力整体提升。扩大示范试点范围，增加助力工程对基础优势明显、创新驱动发展需求强烈地区的覆盖面和支持力度，探索围绕城市群建设“面”状试点。促进省级、副省级试点与创新驱动示范市之间的协同联动。围绕推动县域创新驱动发展，探索创新资源向具备良好条件的县域延伸。

（4）助力国家重点产业集群。充分发挥科协组织为党和政府科学决策服务的职责定位，重点关注新一代信息网络技术、智能制造技术、绿色制造技术、生态绿色高效安全现代农业技术、安全清洁高效现代能源技术、资源高效利用和生态环保技术、海洋和空间先进适用技术、智慧城市和数字社会技术、健康技术、现代服务技术、引领产业变革的颠覆性技术等国家创新驱动发展战略重点产业技术领域，紧扣产业转型升级中的重点、难点问题，提供产业前沿发展趋势、重点产业升级技术路线图等专业咨询建议，帮助地方解决重大战略中的关键技术问题，凝聚一批高层次科技人才，实现一批科技成果落地。

（5）促进科技成果转移转化和专利信息推送。以助力工程为载体，拓展对接国内外优质创新资源的渠道，推动科技成果在企业聚集、落地、生根。创新服务机制和手段，深入开展专利技术信息挖掘和推送服务。紧密结合企业需求，组织筛选我国战略新兴产业发展紧密相关的行业技术领域科技资讯，为企业提供产业政策、技术热点、行业前沿、竞争情报、专利服务等系列科技信息服务，为企业转型升级、创新发展提供科技支撑。充分发挥专业机构的作用，依托中国科协和有关全国学会科技信息数据资源，拓展和搭建专利信息服务平台，实现科技专利信息推送专业化、精准化。

（6）服务科技助力精准扶贫。围绕2020年如期实现脱贫攻坚目标要求，推动“科技助力精准扶贫工程”深入扎实开展。根据贫困地区科技服务需求，充分发挥当地生态环境和自然资源优势，组织动员科技组织和科技专家为贫困地区提供精准技术推广、技术指导、科技培训等服务。推动农村专业技术协会等学会与贫困地区特色主导产业企业、农民专业合作社深度对接，引导和服务龙头企业到贫困地区兴业发展，助力当地培植壮大特色优势产业，带动和帮助建档立卡贫困村、贫困户依靠发展生产实现增收脱贫。

三、突出科技供给侧结构性改革，提升学会科技公共服务能力

（7）整合学会优质资源。优化整合学会现有资源，建立完善科技人才库、学术资源库、技术成果库等共享数据库。加强需求侧分析，推动学会围绕地方经济社会发展和产业转型升级，对现有数据库进行分类梳理。加强供给侧储备，推动学会提供更多专业化、精细化的科技公共服务产品，推动学会形成一批可复制可推广的工作模式，打造一批学会与地方合作品牌项目。

（8）拓展学会服务方式。创新科技信息服务供给方式，建立学会科技成果转化数据库，探索形成基于同类学科或行业的科学数据和信息资源开放共享的合作机制。加强互联互通，推动学会与各类科技成果转化中心、技术交易市场、科技成果产业化基地、产业技术创新联盟等机构广泛合作，实现网络共联、数据共享，开展技术引进转让、项目推介发布、成果应用推广、知识产权保护等服务，加速科技成果转移转化。举办多层次、多渠道的科技成果与产业对接会，促进供需端精准对接，提升对接效果。鼓励有条件的学会探索培养促进科技成果转移转化专门人才，建设熟悉产业发展的专业化技术经纪人队伍。

（9）提升学会服务实效。促进学会在科技类公共服务产品供给侧进行结构性改革，扩大有效和中高端供给，提升学会服务科技工作者、服务创新驱动发展的质量和效果。推动学会增强主动服务意识，深入基层和企业开展调研，建立具有学会特点的技术供给与需求信息库，满足企业多层次创新需求。充分发挥学会“链状延伸”的作用和跨部门、跨行业、跨学科、跨地域优势，以“学会群”服务“产业群”，联合上下游企业和学会、高校、科研院所等形成“创新链”。以增加知识价值为导向，探索学会服务科技工作者的机制创新，进一步强化学会与科技工作者的联系。

四、推动紧密对接，以市场机制搭建学会企业协同创新平台

（10）积极打造上下联动的创新助力学会企业联合体。按照政府有产业发展规划、企业有协同创新需求、学会有联合协作意愿、科协有联动工作基础的原则，在创新驱动助力工程示范城市积极推动创新助力学会企业联合体试点工作。组建基本模式是：国家省市县四级科协共建共管，学科关联学会和产业链相关企业按照“平等自愿、资源共享、开放协同、共赢发展”的基本理念跨学科、跨产业、跨区域联合实施助力工程，组建非独立法人科技社团组织。围绕地方区域战略新兴产业、支柱产业、主导产业的关键共性需求，开展协同创新、科技智力支撑、学术交流和国际科技合作、承接政府转移职能等工作。通过组建联合体，促进全国学会的横向联合，加强全国学会与地方学会的联系与联合，指导、带动地方学会提升助力工作能力。

（11）推动组建横向联合的产业协同创新共同体。结合国家重大科技战略与产业发展需求，以全国学会为主导，以提高产业共性技术研发与成果转化能力为目标，以具有法律约束力的契约为保障，整合企业、高校、科研机构和金融机构等力量，在自愿、平等、互利基础上组建联合开发、优势互补、利益共享、风险共担的产业协同创新服务平台组织。打破部门和单位壁垒，围绕共同产业领域，促进技术、资本、人才、成果等创新要素的协同配合。

（12）探索建设风险共担、利益共享的综合性实体化助力支撑平台。推动全国学会与地方政府、企业、科技成果转化机构、金融机构、创投机构等联合成立综合性实体化科技创新支撑平台，以科技成果转化服务中心、产业技术创新联盟、产业研究院、工程中心等形式进行实质性合作，以股份制、合同契约等形式形成利益共享、风险共担的利益共同体，做大产业规模，延伸产业链和价值链，利用产业转移转型机遇实现产业结构持续优化。继续推动中国科协创新驱动科技成果转化服务中心以及各地分中心建设，整合资源、加大服务、强化管理、提升活力，推动服务中心成为创新驱动助力工程的重要工作平台。

五、推动协作共赢，营造创新驱动助力工程良好氛围

（13）进一步推动地方试点示范。优化试点整体布局，积极引导地方设立创新驱动示范区，逐步扩大试点覆盖，加强地市级、省级和副省级等试点单位的示范引领作用，各省级试点单位需在省内确立3—5个地市级试点单位重点建设。加强同地方党委政府和相关职能部门的沟通联系与协同配合，充分依托科技园区、产业园、科技孵化器等实体机构，扩大联系企业和科技工作者的新渠道，精准摸清地方产业发展需求，积极做好项目对接，按照产业分类整合，围绕共性关键技术开展协同创新。

（14）凝聚整合各类创新力量。畅通海内外人才参与科技创新的渠道，发挥海外科技团体和海归创业联盟作用，助力打造“海智计划”升级版，积极推动海外人才离岸创新创业基地平台建设。吸引凝聚社会外部力量，加强同科技部、中国科学院、中国工程院等联合协作，推动隶属不同部门和行业各类科技创新资源的整合。充分利用中国科协组织体系优势，加强科协基层组织建设，动员社会各界力量，加强资源积累。聚合“创新争先行动”、大众创业万众创新活动周、服务企业创新工作等资源，广泛推动学会服务站、院士专家工作站、创新驱动科技成果转化服务分中心等创新载体建设。与各类技术转移中心、生产力促进中心、技术市场、科技中介等平台机构进一步加强联系与合作，更大范围集聚创新要素。

（15）争取党委政府支持。推动助力工程纳入地方党委政府重点工作规划、纳入党委政府人才工作考核体系、纳入党委联系专家系列工作。推动政府成立助力工程协调工作机构，统筹协调助力工程工作。积极争取政府在政策、法律、资金、人员等方面的支持，在土地、税收、用工等方面为科技工作者及合作企业提供优惠。努力争取有关金融机构的信贷资金支持，推动项目落地和顺利运行。充分发挥市场在配置资源中的决定性作用，尊重保护知识产权，切实维护好科技工作者的合法权益。

（16）加强统筹协调和监测评估。成立由中国科协有关部门和相关事业单位组成的助力工程协调领导机构，强化顶层设计，统筹各方力量，协调多方资源，科学指导各地示范市建设和各类试点工作。进一步完善建设标准，建立科学的效果评估指标体系，突出产业导向、精准对接和落地效果，科学评估各试点单位开展助力工程的实施成效。加强过程监测和过程管理，建立助力工程实施情况采集系统，加强重点项目跟踪落实，及时收集各地工作信息和典型经验，对助力工程实施情况进行科学、及时、有效的动态监测，及时发现和解决工作中存在的问题。建立动态评估机制和淘汰退出机制，强化项目和经费的跟踪问效。加强政策宣传引导，做好追踪问效，积极营造良好的创新驱动助力工作氛围。

中国科协办公厅关于印发《中国科协青年人才托举工程管理办法》《中国科协青年人才托举工程实施细则》的通知

科协办发学字〔2017〕13号

各全国学会、协会、研究会：

为贯彻落实中央《关于深化人才发展体制机制改革的意见》和《科协系统深化改革实施方案》，进一步规范青年人才托举工程项目的实施，经中国科协九届书记处二十一次会议审议通过，现将《中国科协青年人才托举工程管理办法》和《中国科协青年人才托举工程实施细则》印发给你们，请遵照执行。

中国科协办公厅

2017年3月30日

中国科协青年人才托举工程管理办法

第一章　总　则

第一条　为贯彻落实中央《关于深化人才发展体制机制改革的意见》和《科协系统深化改革实施方案》，进一步规范青年人才托举工程项目的实施，根据《中国科协项目管理办法（试行）》及相关法律法规，制定本办法。

第二条　本项目的宗旨是引导、支持中国科协所属全国学会、协会、研究会（含学会联合体，以下简称“全国学会”）探索创新青年科技人才选拔培养机制，不拘一格地发现和扶持有望成为未来科技领军人物的优秀青年人才脱颖而出，为建设世界科技强国、实现中华民族伟大复兴的中国梦提供人才保障。

第三条　本项目每年评选确定一批全国学会，并通过它们选拔一批32岁左右的青年科技工作者（以下简称“被托举人”）进行连续3年稳定的资助培养。

第四条　地方科协、高校科协、特殊科技领域的实施办法另行制定。

第二章　基本原则

第五条　坚持同行专家遴选。本项目依托同行专家遴选被托举人。每位被托举人至少经3位同行专家评议并同意推荐，其中至少2位同行专家与被托举人具有相同研究领域。

第六条　坚持大平台培养。本项目在培养时充分依托全国学会的学术交流平台、科技创新平台、国际合作平台、职业发展平台和跟踪服务平台，为被托举人成长成才创造条件。

第七条　坚持精准托举。本项目根据青年科技工作者的成长成才需要，为被托举人提供精准的托举服务；主要资助有基础有潜质的基层一线优秀青年科技工作者，已经入选各类国家人才项目的青年科技工作者一般不作为被托举人人选。

第八条　坚持多样性发展。本项目鼓励全国学会针对不同学科领域的人才特点，设计特色鲜明、形式多样的青年科技人才选拔培养方案，为国家科技创新人才培养探索经验模式。

第三章　职责与分工

第九条　中国科协相关部门负责项目的总体策划、统筹协调、组织实施、监督考核等工作；获批准立项的全国学会作为项目实施单位负责项目具体实施工作。

第十条　项目实施单位主要任务：

（1）指导帮助被托举人制定培养计划；

（2）为被托举人搭建培养平台；

（3）保障项目按计划实施，并做好项目的总结工作；

（4）接受中国科协的监督，并按要求提供项目相关材料。

全国学会联合承担项目的，由牵头学会负责项目的实施工作。

第十一条　被托举人的主要任务：

（1）制定个人成长发展规划及经费使用计划；

（2）积极主动落实培养计划；

（3）及时反馈个人成长情况；

（4）按要求完成中国科协和项目实施单位布置的有关工作。

第四章　申报与立项

第十二条　中国科协每年上半年启动申报工作。

第十三条　全国学会自愿申报，存在内部治理不规范、履职不力、组织涣散等情况的无申报资格。

第十四条　中国科协设立评审工作领导小组，组建评审专家委员会，组织项目评审工作，确定项目实施单位。

第十五条　项目实施单位以签署年度项目合同书方式明确工作任务。

第五章　实施与监管

第十六条　项目实施单位按照事先宣传发动、多渠道推荐、同行专家评议的程序和要求产生被托举人人选，面向社会公示无异议后报中国科协。女性或医学领域的被托举人年龄可适当放宽1—2岁，需报中国科协批准。

第十七条　中国科协对被托举人人选进行审核、公示，无异议后确定被托举人名单。

第十八条　中国科协对项目实施情况进行年度检查评估，及时总结工作经验和成效、发现和解决问题，指导工作正常有序开展。

第十九条　中国科协对项目实施进程进行监督检查，对被托举人学术行为轨迹进行跟踪评估。

第二十条　项目实施单位应明确责任分工、完善工作机制、加强工作协调，为项目完成提供必备条件，确保项目顺利实施。

第二十一条 项目实施单位如对实施计划进行重大调整，须书面报告中国科协批准。

第六章 经 费

第二十二条 项目经费来源包括中央财政拨款和社会募集。鼓励全国学会多渠道募集项目经费。

第二十三条 项目经费分年度划拨，资助标准由中国科协根据实际情况制定。

第二十四条 项目经费用于被托举人学术成长过程中所发生的各项直接支出，不得被项目实施单位截留或挪用，不得用于项目实施单位的基本建设、对外投资、罚款、捐赠、工作人员工资及福利等。

第二十五条 项目实施单位须按中央《关于深化人才发展体制机制改革的意见》和本办法制定经费使用管理办法，按照项目合同书约定完成经费执行。

第二十六条 被托举人对项目经费有自主支配权，须结合个人培养计划合理安排经费使用。

第二十七条 中国科协对项目经费使用情况进行管理监督。

第七章 结项与验收

第二十八条 项目实施单位在每期项目完成时须提交结项报告。结项报告包含三年工作总体情况、经费使用情况、项目绩效以及被托举人成长情况评估等内容。

第二十九条 中国科协依据项目实施单位提交的结项报告，对项目实施情况进行审计、评估和验收，对通过验收的予以结项。中国科协负责结项报告的后续使用。

第三十条 中国科协将依照《中国科协项目管理办法（试行）》，对存在弄虚作假、虚报业绩等违规行为的项目实施单位进行通报，并责令退回项目经费。

第八章 附 则

第三十一条 本办法由中国科协学会学术部负责解释和修订。

第三十二条 本办法自发布之日起施行，《“青年人才托举工程”项目实施方案》《青年人才托举工程项目管理办法（试行）》同时废止。

中国科协青年人才托举工程实施细则

为做好中国科协青年人才托举工程实施工作，根据《中国科协青年人才托举工程管理办法》有关规定，制定本细则。

第一章 项目申报

第一条 中国科协每年上半年发布项目申报通知，明确申报办法和条件，启动申报工作。

第二条 中国科协所属全国学会、协会、研究会（含学会联合体，以下简称“全国学会”）自愿申报，按要求填写并提交项目申报书。

第三条 本项目每期资助总人数为300—400名，其中中国科协直接资助200名，全国学会通过自筹资金资助100—200名。

第四条 项目申报单位应具备以下条件：

（1）有工作方案。工作方案包括遴选方案和为期3年的被托举人培养方案。遴选方案包括人选举荐方式、评审专家产生办法、评审办法、公示办法等。被托举人培养方案包括培养工作组织机构、培养目标、培养工作计划、经费使用计划等。

（2）有托举团队。托举团队包括专家团队和服务支撑人员。专家团队由相同专业领域内的学术权威专家组成，对被托举人的学术成长与发展路径进行指导。服务支撑人员由项目实施单位确定，至少1名专职或若干名兼职人员，负责协助落实被托举人的培养方案及相关服务工作。

（3）有支撑平台。平台包括学术交流平台、科技创新平台、国际合作平台、职业发展平台和跟踪服务平台，应符合青年科技人才成长成才需求。

（4）有工作基础。项目申报单位须具备支持青年科技人才发展的学科优势、专家优势、资源优势和组织优势，在人才举荐、培养、评价以及经费管理使用等方面应具有良好的工作基础和组织实施能力，具有充足的青年人才储备队伍。

（5）有经费保障。项目申报单位须为本项目配套相应的工作经费，确保项目顺利实施。

第五条 有以下情况的全国学会，无申报资格：

（1）年检结论最近一次为“不合格”或最近两年连续为“基本合格”的全国学会；

（2）被中国科协通报批评，或在警告、限期整改、撤销团体会员资格等处罚期内的全国学会；

（3）前期项目执行过程中存在不规范行为，负面影响较大。

第六条 中国科协将形式审查合格的申报材料

（涉及个人敏感信息的内容除外）在中国科协官方网站、官方微信平台公示5个工作日。公示无异议的申报单位即获得参加评审答辩资格。

第二章　项目评审

第七条　中国科协制定评审指标、评审办法，邀请评审专家，按照学科门类分组召开评审会议。

第八条　评审会采取现场答辩、专家评议和无记名投票的方式。

第九条　评审主要内容包括：

（1）学科优势。项目申报单位所在学科领域应是面向世界科技前沿、面向经济主战场、面向国家重大需求的科技创新主攻领域。

（2）资源优势。项目申报单位应具备支持青年科技人才发展的综合实力，具备充足的青年人才储备，具备行之有效的“托举”工作机制，具备愿意投身青年科技人才“托举”工作的稳定专家队伍。

（3）托举方案。项目申报单位托举方案的工作思路、发展重点、培养目标、组织保障、进度安排、资金使用等内容应清晰明确、科学合理、切实可行，培养路径、举措符合青年科技人才成长规律。

（4）工作目标。项目申报单位工作目标清晰明确，可考核、可问责，能够准确反映青年科技人才借助本项目取得的可喜变化和跨越提升。

（5）资金募集。项目申报单位申请通过募集社会资金开展青年人才培养工作的，须提供完成社会资金募集的证明材料。

第十条　中国科协按照申报单位学科类别进行分组评审，每组评审专家不少于11人，均为不同专业领域中熟悉行业发展、关心青年人才成长的知名专家。

第十一条　申报单位须获得半数以上专家投票方可参与立项，由专家现场评审确定立项推荐意见。

第十二条　中国科协评审工作领导小组依据专家确定的立项推荐意见，按资助类别提出项目实施单位名单及资助名额方案，经中国科协书记处会议审议通过后最终确认。

第十三条　项目实施单位名单及资助名额分配将在中国科协官方网站、官方微信平台公示5个工作日，对公示无异议的申报单位予以正式立项。

第十四条　项目实施单位正式立项后，须根据项目计划签署年度《中国科学技术协会项目合同书》（以下简称《项目合同书》),《项目合同书》将作为项目管理和项目总结验收的主要依据。

第三章　被托举人遴选

第十五条　被托举人的遴选条件：

（1）32岁以下（按申报年6月30日实足年龄计算）；

（2）在中华人民共和国境内工作的中国籍公民；

（3）自然科学类、工程与技术科学类、农业科学类、医学科学类的基层一线科技工作者；

（4）具有创新、求实、协作、奉献的科学精神和优秀的学风道德；

（5）具有坚实的理论基础、较强的创新能力、良好的科研潜质；

（6）未曾入选本项目或其他国家级人才计划；

（7）女性或医学领域的被托举人年龄可适当放宽1—2岁，须报经中国科协评审领导小组同意。

第十六条　项目实施单位应成立遴选工作领导小组和同行专家评议工作组，组织开展被托举人遴选工作。遴选工作领导小组人数不少于5人，组长应由全国学会主要负责人担任。同行专家评议工作组人数不少于9人，均应为学科领域内权威专家，应有一定数量的院士和国家级人才计划入选者。

第十七条　项目实施单位应公开发布正式遴选通知，利用本单位官方网站、微信公众号等信息平台进行广泛宣传发动，通过同行专家实名推荐、分支机构推荐、青年科技工作者自荐等多种途径开展人选报名工作。

第十八条　项目实施单位依据遴选条件对报名人选进行资格审查，审查合格的报名人选即获得同行专家遴选评议资格。

第十九条　项目实施单位应认真周密制定遴选办法和遴选程序，在遴选评议会议召开前正式对外公布。

第二十条　项目实施单位应严格按照遴选办法和遴选程序精心组织召开遴选评议会议，通过专家现场投票方式确定人选的推荐次序，并根据可资助名额确定被托举人推荐人选。

第二十一条　每位被托举人推荐人选应由不少于3名同行学术权威专家进行评议并具名同意推荐，其中至少2位同行专家与被托举人具有相同研究领域，至少1名专家承担指导、托举责任。

第二十二条　项目实施单位相关工作人员和遴选

评议专家应严格遵守保密制度，不得在评议会议之前透漏评议专家名单，不得对外透漏评议内容，不得对外透漏评议结果。

第二十三条 遴选评议专家应严格执行回避制度。被评议人选的直系亲属、主要旁系亲属、同一课题组成员在评议时须暂时离席回避。

第二十四条 项目实施单位应将被托举人推荐人选有关信息（包括人选姓名、年龄、专业、工作单位、对应的推荐专家和托举导师）、参与遴选评议的专家信息（包括姓名、专业、工作单位）在本单位官方网站、官方微信平台面向社会公示。无异议后，报中国科协审核确认。

第二十五条 中国科协按照遴选条件对项目实施单位上报的被托举人推荐人选进行审核，对不符合条件的被托举人推荐人选进行清退，并直接取消项目实施单位的相应名额。

第二十六条 中国科协将审核确认后的被托举人推荐人选在中国科协官方网站、官方微信平台对外公示 5 个工作日，公示无异议后确定为被托举人，颁发入选证书。

第四章　经费监管

第二十七条 经费资助标准由中国科协在每期项目申报通知中列明，每期稳定支持三年。

第二十八条 被托举人对项目经费有自主支配权，须结合个人培养计划合理安排经费使用。由社会募集资金资助的，被托举人可根据需要一次提出三年经费的执行计划，经项目实施单位书面报告中国科协批准后实施。

第二十九条 鼓励全国学会通过募集社会资金建立青年人才培养专项基金，并制定相关管理办法，为青年人才托举工作提供经费保障。

第三十条 全国学会募集社会资金工作须在项目申报前完成，并提供有效资金核验证明。

第三十一条 项目实施单位须按照《中国科协青年人才托举工程管理办法》，结合自身实际，制定本单位经费使用管理办法，按照既定的年度工作任务，帮助和指导被托举人完成经费执行。

第三十二条 项目实施单位须按年度定时向中国科协汇报资金使用情况。

第三十三条 中国科协对资金实际使用的进度、用途、管理等情况进行抽查审计。

第五章　投诉处理

第三十四条 中国科协原则上受理公示期内的书面实名投诉（包括提供投诉人真实身份信息的电子邮件），一般不受理电话、口头、网络、匿名等其他方式投诉。投诉人应提供具体准确的联系方式。

第三十五条 中国科协按照严肃、谨慎、客观、公正的原则，认真处理公示期内的投诉。

第三十六条 中国科协对确实存在问题的项目实施单位和个人按照有关规定及时严肃处理，并向投诉人及时反馈处理结果。

第三十七条 中国科协妥善保存投诉过程中的相关材料，并严格保密。

第三十八条 项目实施单位可参照上述规定处理公示期内的投诉。

第六章　项目实施

第三十九条 项目实施单位应按照《中国科协青年人才托举工程管理办法》有关要求，结合行业发展情况，制定适合本行业青年人才成长的项目管理办法，明确培养目标、制定培养方案，为被托举人提供全方面的扶持培养。

第四十条 项目实施单位应根据被托举人需求，协助托举导师开展对被托举人的指导工作，确保托举导师真正发挥出帮扶、培养的作用。

第四十一条 项目实施单位应通过组织青年工作委员会活动、青年交流活动等方式，加强与青年科技工作者的联系，并通过定期举办座谈会等形式，直接了解被托举人的意见和诉求。

第四十二条 项目实施单位应认真按照培养计划开展托举工作，并按正常流程组织结题验收工作，一般不提前完成或延长项目时间，如需调整实施计划，须书面报告中国科协批准。

第四十三条 项目实施单位应与被托举人工作单位建立长效联系机制，实时掌握被托举人的发展情况；托举导师团队及服务支撑人员应切实发挥培养和保障作用，为被托举人成长成才排忧解难。

第四十四条 被托举人如在培养周期内入选其他国家级人才计划，可由本人提出终止项目资助。项目实施单位书面报告中国科协批准后，结余资金可用于支持其他被托举人。

第四十五条 项目实施单位须以适当方式公开项目实施情况，接受社会监督。

第四十六条 中国科协将通过青年科学家论坛等活动，为被托举人搭建跨学科、跨领域的托举平台。

第四十七条 中国科协建设青年人才托举工程跟踪评价系统，对被托举人成长过程进行跟踪记录，对项目实施单位工作过程进行跟踪指导。项目实施单位应积极配合中国科协做好相关跟踪服务工作。

第七章 结项与验收

第四十八条 中国科协在项目结束期3个月前发布结项通知，提出结项工作要求，指导项目实施单位开展项目结项工作、启动验收工作。

第四十九条 中国科协委托第三方专业机构，从学风道德、学术成果、社会贡献、单位评价、同行评价等方面对被托举人成长情况进行分析评估。

第五十条 项目实施单位在每期项目完成后1个月内须提交结项报告。结项报告包含三年工作总体情况、经费使用情况、项目绩效以及被托举人成长情况评估等内容。

第五十一条 中国科协依据项目实施单位提交的结项报告和第三方评估结果，对项目总体实施情况进行审计、评估和验收，对通过验收的予以结项。

第五十二条 中国科协负责结项报告的后续使用。

第八章 附 则

第五十三条 本细则由中国科协学会学术部负责解释和修订。

第五十四条 本细则自发布之日起施行。

关于印发《“智慧蓝领”专项行动实施方案》的通知

科协办发普字〔2017〕35号

各省、自治区、直辖市及新疆生产建设兵团科协、人力资源社会保障厅（局）、总工会、工商联：

为贯彻落实《中华人民共和国国民经济和社会发展第十三个五年规划纲要》，深入实施《全民科学素质行动计划纲要实施方案（2016—2020年）》，提升城镇劳动者的科学素质，实现到2020年我国公民具备科学素质比例超过10%的目标，服务创新驱动发展战略，营造崇尚创新创造的社会氛围，中国科协、人力资源社会保障部、全国总工会、全国工商联决定联合开展“智慧蓝领”专项行动。现将《“智慧蓝领”专项行动实施方案》印发给你们，请会同相关部门，结合本地实际，抓紧制定实施方案，认真贯彻执行。

中国科协办公厅 人力资源社会保障部办公厅
全国总工会办公厅 全国工商联办公厅
2017年10月26日

“智慧蓝领”专项行动实施方案

为贯彻落实《中华人民共和国国民经济和社会发展第十三个五年规划纲要》，深入实施《全民科学素质行动计划纲要实施方案（2016—2020年）》，提升城镇劳动者科学素质，实现到2020年我国公民具备科学素质比例超过10%的目标，服务创新驱动发展战略，营造崇尚创新创造的社会氛围，中国科协、人力资源社会保障部、全国总工会、全国工商联决定联合开展“智慧蓝领”专项行动。

一、指导思想

深入学习贯彻党的十九大精神，以习近平新时代中国特色社会主义思想为指导，认真落实《“十三五”国家科技创新规划》《全民科学素质行动计划纲要（2006—2010—2020年）》和《新时期产业工人队伍建设改革方案》，坚持“政府推动、全民参与、提升素质、促进和谐”的工作方针，围绕“节约能源资源、保护生态环境、保障安全健康、促进创新创造”的工作主题，推动科技教育、传播与普及，扎实推进城镇劳动者特别是产业工人的科学素质工作，激发他们创业创新的热情和潜力，充分调动广大产业工人的积极性主动性创造性，把产业工人队伍建设作为创新驱动发展战略的重要支撑和基础保障，为创新驱动发展、夺取全面建成小康社会决胜阶段伟大胜利筑牢公民科学素质基础，为实现中华民族伟大复兴的中国梦做出应有贡献。

二、实施原则

（1）坚持需求导向，精准服务。各级科协、人社部门、工会、工商联要准确把握城镇劳动者提高科学素质的现实需求、企业和地方经济发展需求，结合当地城镇劳动者科学素质现状和科学素质工作的实际情况，因地制宜组织开展本地“智慧蓝领”专项行动。

（2）坚持线上线下，便捷高效。适应城镇劳动者日常工作特点，充分利用互联网和信息化手段，着力搭建广泛适用、便捷高效的在线教育学习服务平台和线下教育培训站点，实现分类管理、上下联动。

（3）坚持突出重点，典型示范。重点建设一批培训站点，整合一批培训资源，培养一批“蓝领科普员”，打造一批“智慧蓝领”专项行动品牌活动，树立一批城镇劳动者创业创新、提高素质的优秀典型，在全国示范推广，推动“智慧蓝领”专项行动可持续发展。

（4）坚持常态发展，有序推进。创新城镇劳动者科学素质工作的理念、方式、方法，建立“智慧蓝领”专项行动协作机制，推进工作常态化。建立各部门上下联动的工作机制，层层推动，有序推进。搭建社会组织广泛参与的工作平台，形成全社会共同推动城镇劳动者科学素质工作的良好局面。

三、主要目标

到 2020 年，城镇劳动者科技教育取得长足发展，建成适应创新型国家建设需求的“智慧蓝领”专项行动组织实施、保障条件、监测评估体系，城镇劳动者具备科学素质的比例明显提高，助力新时期产业工人队伍建设改革。

——城镇劳动者科学素质建设的公共服务能力显著增强。依托企业、乡村 e 站、科普机构、科普场馆、科普学校等单位，在全部省份建立“智慧蓝领”培训站点；搭建能够满足城镇劳动者需求，课程资源齐全，学习、实践一体化的职工在线教育学习服务平台，实现平台 PC 端和移动端年浏览量达到 2 亿人次。

——打造一批“智慧蓝领”品牌活动。聚焦科普、安全生产、再教育等主题，广泛开展各类科普知识竞赛、安全生产知识和再教育意识培训等活动，推选一批优秀城镇劳动者，发挥模范带头作用，促进城镇劳动者科学素质、安全生产知识水平和再教育意识迈上新台阶。

四、重点任务

（一）推动“智慧蓝领”信息化平台建设

中国科协搭建“智慧蓝领”职工在线教育学习服务平台。依托科技创新服务云，整合各类符合城镇劳动者科技需求的学习资源和教育课程，开设“蓝领”慕课空间，满足职工多样化的学习培训需求，推进城镇劳动者继续教育。开通“智慧蓝领”微信公众号和微博，与科普中国等权威科普网站链接。

（二）推进“智慧蓝领”科技教育与培训

各级科协、人社部门、工会、工商联指导各地依托企业、乡村 e 站、科普机构、科普场馆、科普学校、成人教育培训机构等公共机构平台建立线下培训站点，实现地市级培训站点广覆盖。充分利用培训站点，根据城镇劳动者对科普知识、技能提升、职业规划、安全生产和再教育等方面的诉求，广泛开展线下培训。要积极协调相关部门，鼓励企业承担社会责任，推动企业提供免费 Wi-Fi，为城镇劳动者学习科普知识创造条件。

（三）推进“智慧蓝领”优质科普资源开发

中国科协组织开展城镇劳动者科普需求调查，适时发布《中国城镇劳动者科学素质需求及发展报告》，构建“智慧蓝领人才库”。中国科协、人力资源社会保障部、全国总工会、全国工商联联合组织编写《“智慧蓝领”科学素质基础读本》，将新发展理念以及智能制造、新材料、防灾减灾、安全生产、应急避险、再教育等相关科普和安全知识纳入读本内容，作为线下培训教材，帮助城镇劳动者增强质量意识、健康意识、安全意识、再教育意识。将读本内容和线下站点培训内容进行分类整合，及时上传至“科普中国·智慧蓝领”专区，共同推动科普中国线上资源在城镇劳动者中的应用，实现科学定制、精准推送，提升科普中国在城镇劳动者中的品牌效应。

（四）开展“智慧蓝领”品牌科普活动

各级科协、人社部门、工会、工商联要充分整合利用现有科普资源，结合全国“双创”活动周、全国科普日、科技活动周、文化科技卫生“三下乡”等各类科普活动，组织开展形式多样的“智慧蓝领”专题教育和科普宣传活动。中国科协在科普中国开设“智慧蓝领”专区，组织开展科普知识竞赛活动。工商联引导民营企业积极参与“智慧蓝领”专项行动，因地制宜，创造条件，用好公共服务资源和平台，促进劳动者科学素质的提升。中国科协、人力资源社会保障部、全国总工会、全国工商联联合开展“智慧蓝领”国际交流活动，组织“一带一路”沿线国家技术工人教育交流等活动，促进中国城镇劳动者科学素质、技能水平整体提升。

五、实施保障

（1）强化组织领导。各级科协、人社部门、工会、工商联要统一思想、高度重视，把“智慧蓝领”专项行动作为落实《中华人民共和国国民经济和社会发展第十三个五年规划纲要》《全民科学素质行动计划纲要实施方案（2016—2020年）》和实施城镇劳动者科学素质行动的重要内容，加强对实施工作的组织领导和统筹规划，明确实施方案，指导和监督各省市、地区的相关任务落到实处。

（2）完善联动机制。各级科协、人社部门、工会、工商联要发挥各自优势，建立长效合作机制，集成系统内部资源，动员社会各界力量广泛参与，探索政府和社会资本合作（PPP）的科普公共服务模式，确保“智慧蓝领”专项行动有序推进。

（3）做好宣传推广。各级科协、人社部门、工会、工商联要通过互联网、报纸、广播、电视等各种媒体渠道加大宣传力度，注重挖掘、总结和宣传“智慧蓝领”专项行动的好思路、好经验、好做法，积极宣传有突出贡献的企业和个人的先进事迹，营造提升城镇劳动者科学素质、助力提升全民科学素质、助力创新创造的浓厚氛围。

（4）加强监测评估。各级科协、人社部门、工会、工商联要加强专项督察，定期监测活动执行成效，适时进行阶段总结，积极推广效果良好的做法，研究解决活动开展过程中出现的问题。阶段活动和年度行动结束后，针对执行效果开展第三方评估。

专题文章

践行新思想　奋进新时代　砥砺新作为

中国科协党组书记、常务副主席、书记处第一书记　怀进鹏

时序更替、梦想前行。值此2018新年来临之际，我谨代表中国科学技术协会向全国广大科技工作者致以崇高的敬意和诚挚的祝福！向长期以来对科协工作给予大力支持和帮助的各界人士致以衷心的感谢！

回眸2017，党的十九大绘就了社会主义现代化新时代新征程的宏伟蓝图，为科技工作者一展抱负提供了无比广阔的时代舞台。中国科协深入学习宣传贯彻党的十九大精神，对标十九大要求，瞄准世界一流水平，深入研判新时代科协组织的使命目标和工作任务，在服务国家战略和人民需要中拓展事业发展的广阔空间，切实把党的十九大精神转化为科协系统的生动实践。首个全国科技工作者日和全国创新争先奖点“燃”科技工作者创新激情，世界工程组织联合会主席首次由中国科学家担任，世界机器人大会等越来越多高水平国际会议成为中国主场……广大科技工作者在党的领导下，正以更加自信、从容的姿态日益走近世界科技舞台中央。

翻开2018年崭新篇章，一幅波澜壮阔的宏大图景徐徐展现。我们进入决胜全面建成小康社会、实现第一个百年目标的关键冲刺阶段。建设科技强国、质量强国、航天强国、网络强国、交通强国、数字中国、智慧社会，推动经济从高速增长向高质量发展转变，努力满足人民日益增长的美好生活需要，关键在于发挥创新第一动力和人才第一资源的引领作用，培养造就一大批具有国际水平的战略科技人才、科技领军人才、青年科技人才和高水平创新团队，充分释放人才红利，推动形成实体经济、数字经济、科技创新、现代金融、人力资源等协同发展的现代经济体系。这是新时代对科协工作提出的重大命题，也是科协组织主动识变应变求变的有为之地。

号角催人奋进，改革永不停滞。2018年是改革开放40周年，中国科协也迎来成立一甲子。奋进新时代，需要新气象新作为。各级科协组织将不忘初心、牢记使命，坚持传承、创新、发展，大兴调研之风，以智库、学术、科普为重点，以国际化、信息化、协同化为导向，推动科协工作格局重塑、流程再造和组织重构。我们要不断增强政治性先进性群众性，提高服务科技工作者的本领，大力建设科技创新价值共同体，在党政重视、科协所能、科技工作者关切、社会关注的领域精心实施一批工程、办成一批实事，更好地服务科技工作者实现自身价值和社会价值，同时把更多的中国创新故事、创新方案展示于世界。

站在新的历史起点上，各级科协组织要高擎习近平新时代中国特色社会主义思想伟大旗帜，团结引导广大科技工作者勇当推动创新发展的时代先锋，最广泛地汇聚起建设世界科技强国的磅礴力量，奋力谱写社会主义现代化新征程和中华民族伟大复兴的壮丽篇章。

（来源:《中国科学报》）

坚守大地深处的报国初心

中国科协党组书记、常务副主席、书记处第一书记　尚　勇

“科学的春天又到了，国家对科技创新、科技人才更加重视，我内心十分振奋，很受鼓舞。作为科技领军人才，要牢记使命、不负重托、勇担重任，勇当科技创新的排头兵，始终不忘当年立志振兴国家科技的初心，始终保持开拓事业的初衷和攻坚克难的激情，把论文写在祖国大地上，为国家高精尖科技发展做出新的贡献。”这是2016年7月黄大年同志在中国科协与中央党校联合举办的“学习习近平总书记系列重要讲话精神科技领军人才专题研修班”上所作的发言。在这次研修班上，我初识大年同志，感觉他为人敦厚朴实、话语不多。在小组交流发言中，他对科学研究的痴迷和对国家、人民的深深依恋之情引起了他所在的“千人计划”学员组的强烈共鸣。之后，他被大家一致推举到研修班总结大会上作交流发言，对深化科技体制改革和优化创新环境发表了许多真知灼见，留下了一段珍贵视频。这也是大年同志在生命的最后阶段对国家和人民许下的千钧诺言和矢志担当。

习近平总书记对黄大年同志先进事迹做出重要指示，充分体现了党中央对广大科技工作者的重视和关怀，是对科技工作者的极大鞭策和鼓舞。中国科协积极响应习近平总书记号召，于5月25日联合科技部追授黄大年同志“杰出科学家”荣誉称号，并将学习黄大年同志先进事迹活动作为5月30日首个全国科技工作者日的重要内容，号召广大科技工作者开展向黄大年同志学习活动，为建成创新型国家、建设世界科技强国创新争先。在学习中，我们深刻感受到，习近平总书记的重要指示高度概括了黄大年同志始终心系国家人民的大我情怀、矢志创新敢为人先的大家风范、生命不息创新不止的昂扬斗志。大年同志用有限的生命诠释了为党和人民事业无限奋斗的伟大精神，树立了当代科学家的时代丰碑。习近平总书记的亲切关怀和殷切勉励必将进一步激发广大科技工作者的创新争先热情，弘扬黄大年精神正日益成为科技界的自觉行动。

心有大我、至诚报国的爱国情怀是科技工作者首要也是最宝贵的精神内涵。科学无国界，科学家有祖国。2009年，黄大年同志毅然放弃国外优越的科研条件和安逸生活，成为东北地区第一批“千人计划”归国者，为的就是不忘当年立志振兴国家科技的初心，体现了他深厚的家国情怀和责任担当。黄大年同志说：“现在国家需要我们，我们要勇敢地站出来、听从祖国的召唤，不负众望，把自己在国外掌握的先进理念、知识、技能带回来，为建设科技强国发挥应有的作用，实现自己在国外不能实现的抱负。”他始终将这一信念贯穿在科研工作中，把个人成就与国家需求紧密结合，成就了一种超越个人快乐的伟大志趣。他对祖国的真挚感情已深入骨髓、融于血液，成为勇攀科技高峰的不竭动力，并以强大的感召力激励更多人投身中华民族伟大复兴中国梦的伟大事业中。

教书育人、敢为人先的敬业精神是科技工作者应

率先垂范并大力践行的事业准则。黄大年同志是科学研究崎岖山路上的探险者，更是领军团队的将帅大才。他深知人才竞争在科技竞争中的极端重要性，始终以为祖国培养人才为己任，把目标定在祖国未来几十年发展的人才需求上，倾尽心血打造了一支有创新力的科研团队，培养了一批“出得去、回得来”的人才，用行动阐释了师德。在科研上，他始终是一个被追赶者。回国后，他以服务国家重大战略和经济社会发展需求为目标，带领团队填补了一项又一项国家空白、占领了一个又一个国际科技竞争制高点。他以领军科学家的国际视野把准研究方向、抓紧核心前沿、带领团队引领行业，在激烈的世界科技竞争舞台上与国际同行论伯仲、争高下，充分体现了当代中国科学家的创新气魄和使命担当。

淡泊名利、甘于奉献的高尚情操是科技工作者应始终坚守并大力弘扬的价值追求。只要把为加快国家科技发展作为最高目标，就可以不为任何名利所羁绊，使个人价值与党和人民的利益实现高度统一。黄大年同志被同行们称作“拼命黄郎”，他以高度的责任感和使命感与日新月异的科技变革浪潮展开了竞赛。回国后，他始终在科研一线躬身前行，领军团队持续创新，争分夺秒、夜以继日地工作，即使在住院治疗期间，还在病房中与团队师生研究项目、布置工作。他如春蚕一般织就深探科研的锦绣文章，为国家科技追赶的脚步赢得了更多时间。他以生命的长度兑现了自己的誓言。

共和国不会忘记，人民不会忘记，黄大年同志留给我们的精神财富必将激励和鞭策广大科技工作者不忘初心、砥砺前行。中国科协将认真学习领会习近平总书记重要指示精神，把学习宣传黄大年同志先进事迹作为一项长期工作；深入挖掘黄大年同志的先进事迹，通过“共和国的脊梁——科学大师名校宣传工程”，组织吉林大学师生以舞台剧形式展示黄大年同志的科学精神和报国情怀；将黄大年同志纳入“老科学家学术成长资料采集工程”，以激励更多的后来者以黄大年同志为榜样，奋力投身到进军世界科技强国的伟大征程中，不断谱写中华民族伟大复兴中国梦的宏伟篇章！

（来源：《求是》2017 年第 14 期）

学习宣传贯彻党的十九大精神专题

【中国科协部署迎接党的十九大胜利召开宣传工作】 9月30日，中国科协迎接党的十九大宣传工作协调会在北京中国科技会堂召开。中国科协党组成员、书记处书记王春法出席会议并讲话。机关各部门、各直属单位主要负责人及相关处室负责人，中国科技新闻学会有关负责人出席会议。调研宣传部副部长王挺主持会议。

会上，王挺简要介绍了《中国科协关于迎接党的十九大胜利召开宣传工作方案》的指导思想、宣传重点、主要任务和工作要求，与会同志围绕《方案》的主题、时间节点、宣传内容和覆盖范围进行了认真讨论，提出了意见建议，一致表示通力做好喜迎党的十九大宣传工作。

王春法在讲话中指出，科协作为科技工作者的群众组织、党领导下的人民团体，必须把迎接党的十九大胜利召开作为当前的首要政治任务，积极营造“众心向党、团结稳定、锐意创新、气正风清”的氛围。

他强调，要大力宣传党的十九大胜利召开的重要意义，引导广大科技工作者牢固树立“四个意识”、坚定“四个自信”，从政治上思想上行动上同以习近平同志为核心的党中央保持高度一致。要在科技界积极营造良好舆论氛围，着力宣传李保国、黄大年、南仁东等优秀科技工作者的崇高精神和感人事迹，充分激发广大科技工作者的荣誉感使命感责任感。要在科协系统积极营造良好工作氛围，着力宣传各级科协组织在履行“四服务”职责、扎实推进全面深化改革方面取得的突出成绩和先进典型。

他强调，要切实加强宣传工作的组织领导和归口管理，主要负责同志或分管领导要切实负起领导责任和把关责任，把牢正确政治方向。要加强舆情研判，及时发现、妥善处理苗头性倾向性问题。要牢固树立阵地意识，做到守土有责、守土负责、守土尽责，为做好十九大宣传工作提供坚实保障，以昂扬向上的精神风貌和优异成绩迎接党的十九大胜利召开。

【中国科协喜迎党的十九大图片展书画展开幕】 10月16日，在党的十九大即将胜利召开之际，“砥砺奋进的五年——十八大以来中国科协改革发展新成就图片展”和“不忘初心、继续前进——中国科协喜迎党的十九大书画展”在北京中国科技会堂开幕。中国科协党组书记、常务副主席、书记处第一书记怀进鹏，中央直属机关工委副书记王秀峰，中国科协党组副书记、副主席、书记处书记徐延豪，中国科协党组成员、书记处书记吴海鹰、项昌乐，党组成员兼学会学术部部长、企业工作办公室主任宋军，中央直属机关工委群工部部长、中直机关工会联合会常务副主席、中国职工书法家协会副会长马勇明，中央组织部老干部局五处有关同志出席开幕式。怀进鹏宣布图片展书画展开幕，徐延豪在开幕式上致辞。中国科协党组成员、机关党委书记王延祜主持开幕式。机关部门和直属单位干部职工、离退休干部代表及部分书画作者参加开幕式。

徐延豪在致辞中说，举办此次图片展书画展目的就是回顾过去五年来中国科协取得的成就和成功经验，鼓舞和激励科协干部职工更加紧密团结在以习近平同志为核心的党中央周围，高举中国特色社会主义伟大旗帜，增强“四个意识”，坚定“四个自信”，全面推进科协事业又好又快发展，努力开创科协事业繁荣发展的新局面，为建设世界科技强国、实现中华民族伟大复兴的中国梦做出新的更大贡献。

开幕式后，怀进鹏与嘉宾代表一同观看了图片展和书画展。他说，本次图片展图文并茂、生动翔实，充分反映了以习近平同志为核心的党中央对中国科协的关怀厚爱，展示了科协改革发展的生动实践和重大成就；书画展主题突出、格调高雅、鼓舞人心，表达了科协全体干部职工和离退休老同志迎接党的十九大胜利召开的喜悦心情和对科协事业发展的美好祝愿。

此次展览由中国科协机关离退办、机关党委、调研宣传部、信息中心联合举办。图片展分为党中央亲切关怀、科协系统改革新突破、政治思想引领新发展、服务科技工作者新提高、服务创新驱动发展新成就、服务全民科学素质提升新高度、服务党和政府科学决策新水平、加强自身建设全面从严治党新进展8个部分，集中展示了党的十八大以来中国科协改革发展中的重点工作、重要活动和重大事件。书画展以“不忘初心，继续前进”为主题，展出作品全部由中国科协干部职工和离退休老同志创作提供，共展出作品70幅，其中10余幅优秀作品入选了中央直属机关和中央国家机关喜迎党的十九大书画摄影展。

【中国科协召开学习贯彻党的十九大精神党员干部大会】 10月27日，中国科协召开党员干部大会，深入学习贯彻党的十九大精神。中国科协党组书记、常务副主席、书记处第一书记怀进鹏出席会议并就中国科协深入学习宣传贯彻党的十九大精神工作发表讲话。党组副书记、副主席、书记处书记徐延豪传达了党的十九大有关决议精神。十九大代表、中国科协党组成员、书记处书记吴海鹰，中国科协信息中心编辑房瑞标就参加党的十九大体会作大会发言。党组成员王春法、束为、宋军参加会议。会议由党组成员、机关党委书记王延祜主持。

擘画雄韬伟略，方显中流砥柱。中国科协全体党员干部一致认为，党的十九大报告是一个思想深邃、气势恢宏、博大精深的好报告，是一个举旗定向、引领复兴、兴党强国的好报告，大家衷心拥戴以习近平同志为核心的党中央，坚定地在思想上高度信赖核心、政治上坚决维护核心、感情上衷心爱戴核心、组织上自觉服从核心、行动上始终紧跟核心。怀进鹏指出，党的十九大报告体现了坚持解放思想、与时俱进，坚持战略思维和系统思维，坚持问题导向、强化问题意识，坚持从实际出发、注重立足现实和着眼长远相统一等特点。他强调，党的十九大是在全面建成小康社会决胜阶段、中国特色社会主义进入新时代的关键时期召开的一次十分重要的大会，是一次不忘初心、牢记使命、高举旗帜、团结奋进的大会；习近平总书记所作的十八届中央委员会报告描绘了新时代的宏伟蓝图，进一步指明了党和国家事业的前进方向，是我们党团结带领全国各族人民在新时代坚持和发展中国特色社会主义的政治宣言和行动纲领；将习近平新时代中国特色社会主义思想等重大实践成果、理论成果、制度成果体现在党章中，实现了党章又一次与时俱进，对于推进新时代党的建设伟大工程具有重大意义，中国科协全体党员必须更加自觉地学习党章、遵守党章、贯彻党章、维护党章；十九届一中全会选举产生以习近平同志为核心的新一届中央领导集体，为我们党继续带领全国人民团结奋斗提供了坚强组织保证，习近平总书记作为党中央的核心、全党的核心，受到全党全军全国各族人民的一致拥护和衷心爱戴。

矢志千秋伟业，百年风华正茂。党带领人民创造的历史性成就、历史性变革鼓舞人心，新时代宏伟蓝图催人奋进。怀进鹏强调，这次大会最大的理论创新是确立了习近平新时代中国特色社会主义思想为党的指导思想，这一思想体现了坚定真理的继承性、与时俱进的创新性、不忘初心的人民性、把握规律的科学性。中国科协全体党员干部要深刻领会习近平新时代中国特色社会主义思想确立为党的指导思想的重大意义，深刻领会新的历史方位及我国社会主要矛盾变化的重大政治论断，深刻领会决胜全面建成小康社会、开启全面建设社会主义现代化国家新征程的战略部署，深刻领会坚定不移推进全面从严治党的新要求新部署，切实增强“四个意识”，坚持党中央权威和集中统一领导，坚定执行党的政治路线，严格遵守政治纪律和政治规矩，在政治立场、政治方向、政治原则、政治道路上同以习近平同志为核心的党中央保持高度一致。

怀进鹏强调，树立初心不易，坚守初心也不易，实现初心更不易。新时代的中国科协要有新气象新作为，要以新时代中国特色社会主义思想为指引，按照党的十九大做出的全面部署，紧密结合习近平总书记在“科技三会”上的重要讲话和对群团改革工作会议做出的重要指示精神，自觉担负起新时代赋予科协组织的新使命，奋力推动科协事业改革创新发展。要准确把握科协在新时代中国特色社会主义事业中的战略定位，充分发挥科协系统组织健全、人才荟萃等独特优势，为实施科教兴国、人才强国、创新驱动发展等国家战略发挥不可或缺的作用，做出不可替代的贡献，为筑牢“四个自信”提供科协案例、科协方案。要坚持以学习贯彻党的十九大精神为主线，全面加强对科技工作者的思想政治引领。要扎实推动科协系统改革向纵深发展，突出抓重点、补短板、强弱项，夯实制度体系和组织基础。要大力加强科协系统自身建设，全面增强服务本领特别是群众工作本领。要全面落实党的建设新要求，坚定不移推进科协系统全面从严治党各项工作。

怀进鹏要求，科协各级党组织要把学习贯彻党的十九大精神作为当前和今后的首要政治任务，全体党员干部要按照习近平总书记的重要指示要求和中央统一部署，原原本本学深悟透党的十九大报告，切实把思想和行动统一到党的十九大要求上来。准确把握我国发展新的历史方位对履行新时代科协职责使命的新要求，准确把握我国社会主要矛盾变化对优化科技类公共服务的新要求，准确把握现代化经济体系对加强科技战略支撑的新要求，准确把握全面增强执政本领对提升“四服务”能力的新要求，准确把握新时代全面从严治党对推进科协系统党的建设的新要求，切实增强新时代党员的使命担当，学思践悟、知行合一，把党的十九大精神不折不扣落实在岗位上、落实在行动上。

吴海鹰、房瑞标同志分别在会上介绍了出席党的十九大、聆听习近平总书记作大会报告的真切感受，简要汇报了参加会议讨论积极建言、与其他代表学习交流、会议期间认真学习十九大精神等有关情况。

中国科协党组、书记处成员，中国科协老领导，机关各部门、各直属单位全体党员、非党员副处级及以上干部、科技社团党委和各直属学会党员共900余人参加了设在中国科技会堂的主会场和中国科技馆分会场的会议。

【科协系统学习宣传贯彻党的十九大精神辅导报告会】 11月15日下午，中国科协举办科协系统学习宣传贯彻党的十九大精神辅导报告会，邀请中央宣讲团成员、中央党史研究室主任曲青山作党的十九大精神宣讲报告。中国科协党组书记、常务副主席、书记处第一书记怀进鹏主持会议，党组成员、书记处书记王春法、吴海鹰、束为，党组成员王延祜、宋军出席会议。

曲青山紧紧围绕习近平新时代中国特色社会主义思想的主线，从八个方面准确阐释了党的十九大的鲜明主题和主要成果，全面解读了习近平新时代中国特色社会主义思想的丰富内涵，系统论述了党的十八大以来党和国家事业发生的历史性变革，深刻阐明了中国特色社会主义进入新时代的重大意义、我国社会主要矛盾变化的深远影响，全面解读了“两个一百年”的奋斗目标，详细剖析了经济社会发展重大战略部署和全面从严治党的重大部署。通过“旗帜就是信仰，旗帜就是方向，旗帜就是形象，旗帜就是力量”“核心就是领袖，核心就是统帅，核心就是主心骨，核心就是掌舵人”等简明有力的概括性论述，为科协系统干部职工进一步深入学习、准确理解党的十九大精神厘清了脉络、指明了线索、提供了指导。

怀进鹏强调，中国科协作为党领导下的人民团体、科技工作者的群众组织，必须坚持旗帜鲜明讲政治，把学习宣传贯彻党的十九大精神作为首要政治任务，作为第一要务、第一行动、第一考验，不断把学习宣传贯彻活动引向深入。

怀进鹏对科协系统深入学习宣传贯彻党的十九大精神提出四点要求：一是要结合宣讲报告，全面学习、深刻领会党的十九大精神，坚持读原著、悟原理，原原本本、原汁原味学深悟透党的十九大精神精髓要义。二是紧密结合思想实际和工作实际，把思想“总开关”拨到位，在学习贯彻中把自己摆进去、把工作摆进去、把科协系统摆进去、把国家战略需要摆进去，真正从思想上政治上行动上全面进入新时代。三是强化责任落实，科协系统各级党组织要抓好责任传导，层层压紧压实责任，一把手要履行好第一责任人的责任。责任落实情况要有督导，要通过巡视等手段加强监督，形成抓实见效的闭环。四是在学懂弄通的基础上，往实里做、往深里推，坚持事中学、事中练、事中赢。在党的十九大战略部署中找准科协组织的可为之处，实现科协组织的有为之举，把学习贯彻十九大精神转化为新时代科协系统深化改革的强大动力，适应新时代新要求，重塑工作格局，开创科协创新发展新局面，团结引领广大科技工作者在奋力实现党的十九大目标任务中建功立业，在新时代展现新气象，在新征程中铸就新辉煌。

中国科协机关和直属单位全体党员干部、全国学会代表、正在参加“省市级科协主席学习宣传贯彻党的十九大精神专题培训班”的地方科协负责同志、离退休党员代表等近1300人分别在北京中国科技会堂主会场和5个视频分会场聆听辅导报告。

【中央纪委派驻纪检组与中国科协党组召开学习贯彻党的十九大精神决策部署沟通会】 12月20日，中央纪委派驻纪检组与中国科协党组召开学习贯彻党的十九大精神决策部署沟通会，重点就中国科协学习贯彻党的十九大精神，落实全面从严治党政治责任、加强党风廉政建设和反腐败工作，落实党的十九大报告中与中国科协相关的中央重大决策部署情况等进行沟通。中国科协党组书记、常务副主席、书记处第一书记怀进鹏，中央纪委派驻纪检组组长王宾宜出席会议并讲话。中国科协党组成员、书记处书记吴海鹰、束为、项昌乐，党组成员王延祜、宋军，纪检组副组长玄洪云出席会议。会议由怀进鹏主持。

会上，王延祜围绕科协党组深入学习贯彻习近平新时代中国特色社会主义思想和党的十九大精神，切实履行全面从严治党主体责任、监督责任，深入推进党风廉政建设和反腐败斗争等方面情况作了全面汇报。

王宾宜充分肯定了中国科协在学习宣传贯彻党的十九大精神工作中取得的成绩。王宾宜表示，中国科协党组把学习贯彻党的十九大精神作为第一要务、第一行动、第一考验，高度重视、精心组织，全面落实中央要求，学习活动不断深入，贯彻落实注重实效。怀进鹏同志主持研究科协学习宣传贯彻党的十九大精神实施方案，带头抓落实，带头进行宣讲督导；党组成员和各部门、各单位全力组织推进，在科协形成了认真学习、深入研讨、抓实见效的良好氛围。

王宾宜指出，对照党的十九大精神，结合监督情况，中国科协在推动全面从严治党方面还存在一些不足，要进一步强化担当精神和责任意识，解决部分部门和单位重业务、轻党建的问题。王宾宜就进一步学习贯彻党的十九大精神、落实全面从严治党政治责任、加强党风廉政建设和反腐败工作提出五点要求：一是把政治建设摆在首位，全力抓好中央重大决策部署的贯彻落实；二是自觉履行“两个责任”，坚定不移推进全面从严治党；三是深入落实中央八项规定精神，驰而不息反“四风”；四是进一步完善廉政风险防控制度，强化对权力的监督制约；五是坚持理论联系实际，深化新时代科协系统改革。

怀进鹏代表党组对王宾宜同志和派驻纪检组长期以来对中国科协党风廉政建设和科协事业发展的关心帮助与精心指导表示衷心感谢，对中国科协进一步贯彻落实党的十九大精神、全面从严治党提出五点要求：一是切实担负起加强科技界政治建设的历史使命，按照“学懂、弄通、做实”要求，把政治建设放在首位，不断增进广大科技工作者对习近平新时代中国特色社会主义思想的政治认同、思想认同、理论认同和价值认同，夯实党在科技界的执政基础；二是自觉在新时代战略部署中找位置、做文章，大兴调查研究之风，把国家所需、科协所能、科技工作者所愿有机结合起来，在服务中央重大决策部署上奋发有为；三是按照“不松动、不停步、再出发”的要求，落实好派驻纪检组提出的五点要求，党组成员带头履行好“一岗双责”，认真查找分管部门存在的问题并切实加以整改；四是机关党委、机关纪委要按照“马上改、研究改、推动改”要求分类建立台账，明确整改的时间表、路线图、责任人；五是重点围绕纪检组指出的问题开展第一轮内部巡视，运用好机动巡视、专项巡视等方式方法，发挥巡视利剑作用。

中国科协办公厅、计划财务部、组织人事部、调研宣传部、机关党委（纪委）主要负责人和纪检组有关人员列席会议。

【科技工作者学习贯彻党的十九大精神座谈会】 10月26日，中国科协在北京举行科技工作者学习贯彻党的十九大精神座谈会。全国政协副主席、中国科协主席、科技部部长万钢出席会议并讲话，中国科协党组书记、常务副主席、书记处第一书记怀进鹏主持会议。著名数学家杨乐院士等知名专家学者、一线科研人员、科普专家等30余位老、中、青三代科技工作者代表参加座谈会。

会上，来自不同领域、不同行业的科技工作者畅谈了对党的十九大精神的认识体会，大家一致表示高度认同习近平新时代中国特色社会主义思想，坚决拥护以习近平同志为核心的党中央，坚决拥护党的十九大做出的各项战略决策部署，决心把思想和行动统一到党的十九大精神上来，把智慧和力量凝聚到落实党的十九大提出的各项任务上来，在新时代要以强烈的信念和使命担当充分发挥科技界的作用，为实现“两个百年”宏伟目标奋力拼搏。与会代表还围绕为加快建设创新型国家、建设世界科技强国做出新贡献提出意见建议。

围绕新时代新征程科技工作者的使命担当，与会代表踊跃发言。与会专家纷纷表示，要准确理解新时代我国社会主要矛盾的科学内涵；对加快建设创新型国家的战略部署充满期待，深感使命光荣、责任重大；高度认同党的十九大报告提出分两步走全面建设社会主义现代化国家的新目标，并充满信心。党的十九大关于健康中国的战略目标也引起与会代表的热议。中国科协副主席、中国运载火箭技术研究院院长李洪，十九大代表、中国科协常委、中国疾病预防控制中心主任高福院士，联合国科教文组织卡林加奖获奖者、中国科技馆原馆长李象益，中国人工智能学会理事长李德毅院士，中国科协荣誉委员、中国数学学会理事长杨乐院士，全国杰出科技人才奖获得者、中国矿业大学何满潮院士，全国政协委员、中国科协常委、中国电子学会副理事长兼秘书长徐晓兰，中国空间技术研究院研究员叶培建院士，中国指挥与控制学会理事长戴浩院士，中国化学会副理事长周其林院士，中国可持续发展研究会理事长、水文水资源专家王浩院士，中国科协常委、中国中医科学院常务副院长黄璐琦院士，中国科协常委、河北省河间市国欣农村技术服务总会会长卢怀玉等纷纷结合自身工作，积极发言发声。

万钢指出，科技工作者要坚决贯彻十九大对科技创新提出的新要求新部署，把加快建设创新型国家作为科技界的不懈追求，准确把握我国社会主要矛盾变化对优化科技类公共服务的新要求，准确把握现代化经济体系对加强科技战略支撑的新要求，坚定创新自信、强化创新作为，努力在决胜全面建成小康社会、夺取新时代中国特色社会主义伟大胜利中贡献力量。中国科协将积极响应十九大对群团发展的新要求和科技工作者的新期待，深入学习宣传贯彻党的十九大精神，把更好地引领科技工作者、服务科技工作者作为科协组织的不懈追求。

怀进鹏强调，中国科协作为党和政府联系科技工作者的桥梁纽带，要深入学习贯彻党的十九大精神，以习近平新时代中国特色社会主义思想为指引，推动深化改革各项措施落地见效，更好地引领科技工作者、服务科技工作者，在优化科研环境、搭建高水平学术交流平台、提高公民科学素质、维护科技工作者合法权益等方面发挥更大作用，在中国特色社会主义群团发展道路上走在前列。

中国科协党组书记处全体成员、机关及直属事业单位负责同志参加座谈会。

【中国科协学术交流专委会深入基层宣讲党的十九大精神】 10月30—31日，受中国科协副主席、第九届常委会学术交流专门委员会主任李静海委托，中国科协党组成员兼学会学术部部长、企业工作办公室主任宋军带队到河北省张家口市深入基层宣讲党的十九大精神，调研基层科技工作者科研创新工作。

宋军说，习近平总书记在党的十九大报告中对过去五年的工作和历史性变革作了系统总结，充分肯定了经济建设等方面的重大成就。国家电网是国民经济发展的大动脉，国家电网公司努力践行社会责任，主导的特高压输变电技术完成了从跟跑、并跑到领跑的转变，已成为我国的一张亮丽名片，生动实践了十九大报告关于建立以企业为主体、以市场为导向、产学研深度融合的技术创新体系的要求。他强调，要深入宣讲学习贯彻十九大精神，加强对基层科技工作者的关心，深化电力科技的科普传播，正面引导舆论；要加强学术交流活动，引领科学研究发展方向，制定团体标准，对标国际标准；要拓宽与社会各界的合作，倡导建立企业科协。

第九届专委会委员陈维江院士、何满潮院士，专家史培军、李宁君、刘德有、孙鹤旭、赵勇强，国家电网公司副总经理、党组成员杨晋柏，中国科协学会学术部以及中国电工技术学会、中国能源研究会、中国通信学会有关人员参加调研。

调研组一行到国家风电技术与检测研究中心和国家风光储输示范工程实地调研，并与一线科技工作者代表座谈交流，共同学习领会党的十九大报告精神，回顾砥砺奋进的五年国家科技发展的重大成果，结合国家电网公司科技创新工作情况，深刻领会新时代对科技创新提出的新要求。大家一致认为，贯彻落实党的十九大精神，要进一步强化国企责任担当，在新起点上引领基层科技工作者践行新思想、谋划新作为。

杨晋柏回顾了党的十八大以来国家电网公司瞄准能源电力发展战略需求和世界科技前沿构建科技创新体系的显著成效，畅谈了对标十九大要求、开创国家电网工作新局面的认识和思路。

何满潮表示，国家电网取得了令人瞩目的技术成就，对于制约新能源发展的一系列瓶颈问题不仅有基础研究，还进行了深入的工程技术实践，为今后国家新能源行业进一步发展储备了丰富的科学、技术和工程基础。

陈维江提出，国家电网今后要进一步扩大与其他相关部门、相关学术机构的广泛合作，同时要依靠中国科协、中国电机工程学会这一平台，进一步改善企业社会形象，开展科普宣传，为提升国民科学素质做出更大贡献。

史培军从专业角度提出希望国家电网科学布局新能源的发展规划，争夺新能源领域国际标准制定的主导权，从目前的技术引领向产业引领转变，为能源科技的世界发展提供中国方案。

【全国学会贯彻落实党的十九大精神专题座谈会】 11月6日，中国科协学会学术部组织召开全国学会贯彻落实党的十九大精神引领学术专题座谈会。中国科协党组成员兼学会学术部部长、企业工作办公室主任宋军出席会议。中国铁道学会理事长卢春房，中国科协清洁能源学会联合体副理事长、中国能源研究会常务副理事长史玉波，中国电子学会副理事长兼秘书长徐晓兰，党的十九大代表、中国心理学会理事长傅小兰等13名全国学会有关负责人参加会议。

宋军对党的十九大精神进行了宣讲。他指出，党和国家进入了新时代、开启了新征程，科协工作要有新要求、新标准。全国学会要高度重视党的十九大精神的学习贯彻，先学先动，规定动作认真完成、自选动作创造性完成，对标学会学术工作深入思考、谋划创新，切实把学习党的十九大精神转化为全国学会深化改革的强大动力，务求学习在工作中见实效。他强调，在新的形势下，要深化对学会学术工作的认识和理解，找出发展不平衡不充分的问题，围绕学会在社会组织发展、引领学术发展、科技与经济结合等方面充分发挥作用，创新招、抢先机、出实效，有效提升学会的政治引领能力、群众组织能力和社会服务能力，实现学会学术整体工作的提升。

与会人员介绍了学会全面学习贯彻党的十九大精神的方法、经验和体会，就如何取得更好的学习效果、创新性开展学会学术工作进行了经验交流和深入研讨。大家一致认为，全国学会要发挥学术引领作用，建立交叉融合、多元协作的工作机制，在突破关键技术、打造高水平国际学术平台、建设专业性智库、开展工程师资格认证、研制团体标准、培育青年人才队伍等方面打造学会学术新品牌、构筑学会学术工作新格局。

【深入学习贯彻党的十九大精神专题秘书长沙龙】 11月22—24日，由中国科协学会学术部主办、中国电工技术学会承办的深入学习贯彻党的十九大精神专题秘书长沙龙在北京举办。中国科协学会学术部副部长苏小军出席沙龙活动，中国电工技术学会副理事长、党委委员张文亮主持沙龙活动。来自中国科协所属全国学会秘书长40余人参加活动。

本次沙龙的主题是“新时代学会工作的新使命”，旨在推动全国学会深入学习贯彻落实党的十九大精神，深化对习近平新时代中国特色社会主义思想的深刻理解，把党中央提出的战略部署化为学会工作的具体行动，为提升学会领导干部政治素养和工作业务能力奠定政治理论基础。

苏小军围绕中国科协组织全国学会学习宣传贯彻十九大精神的总要求和本次沙龙主题作了辅导报告。报告就“六个聚集”“十个深刻领会”“四个意识”“四个自信”对全国学会在新时代下的新使命、新目标、新要求深入分析，指出了学会工作方向。希望充分利用好沙龙平台，交流思想、交流工作、交流经验，凝聚沙龙交流成果，为深化学会治理改革提出意见建议。把学会摆进去，把学会的发展摆进去，把学会的未来摆进去，在党的领导下撸起袖子加油干，描绘学会发展的美好蓝图。

与会秘书长围绕沙龙主题，联系学会新时代面临的机遇和挑战展开了深入交流，畅谈学习十九大精神体会，交流工作经验和学习收获，纷纷表示中国科协改革带来新面貌，精神很振奋，学会在中国科协的领导下要紧跟新时代的变化发展自己。此次沙龙活动主题鲜明，在岁末年初之际对学会做好明年工作具有积极的指导意义。

【学习宣传贯彻党的十九大精神引领科技经济融合专题座谈会】 11月13日下午，中国科协学会学术部（企业工作办公室）组织召开学习宣传贯彻党的十九大精神引领科技经济融合专题座谈会。中国科协党组成员、书记处书记项昌乐，中国科协党组成员兼学会学术部部长、企业工作办公室主任宋军，来自中石化科技部、北京中关村天合科技成果转化促进中心、中科院微电子所、北京高精尖科技开发院、滴滴出行、猪八戒网、ofo小黄车、优客工场、北京深蓝航天科技、燕清联合等机构的10位专家出席。

与会专家畅所欲言，介绍了各自单位学习宣传贯彻党的十九大精神的思路方法和经验体会，提出了很多有针对性的意见建议。与会专家一致认为，中国科协在推动科技经济深度融合中具有独特资源和组织优势，可在国际交流合作、产业技术创新、科技成果转化、科技人才激励引导、中小微企业服务、创新创业政策完善等方面发挥重要作用。

项昌乐指出，要聚焦世界科技强国和创新型国家建设，瞄准世界科技前沿和增强科技实力，打通从科学到技术、从技术到产业的创新链条，要搭建高端引领和资源共享平台，围绕国家战略需求，以市场为导向，形成一整套机制化的支持保障，为整个创新链条服务，着力解决每个环节中的问题。科协要找准切入点和着力点，促进这个链条更加健康完善。

宋军在总结讲话中指出，这是一次寻求专家智慧的“问计”会，围绕党中央的明确部署，中国科协正在重新思考工作定位，在推动科技经济深度融合方面思想先行、强化引领，要聚焦未来经济会有什么样的颠覆性的变化趋势、企业科技工作者服务如何引领等核心问题，争取站位再高一些、落地再实一些。

中国科协学会学术部、企业创新服务中心、科学技术传播中心等单位负责人及有关人员参加会议。

【女科学家学习宣传贯彻党的十九大精神座谈会】 11月9日，中国科协在北京举行女科学家学习宣传贯彻党的十九大精神座谈会。中国科协党组书记、常务副主席、书记处第一书记怀进鹏出席并讲话。知名女科学家、女科技工作者以及全国学会女性理事长、副理事长等20余位老中青三代女科技工作者代表参加座谈会。中国科协党组成员、书记处书记吴海鹰主持会议。

会上，来自不同领域、不同行业的女科技工作者畅谈了对党的十九大精神的认识体会，大家一致表示高度认同习近平新时代中国特色社会主义思想，坚决拥护以习近平同志为核心的党中央，坚决拥护党的十九大做出的各项战略决策部署，决心把思想和行动统一到党的十九大精神上来，把智慧和力量凝聚到落实党的十九大确定的各项任务上来，充分发挥女性科技工作者的独特优势，不忘初心、牢记使命，为实现中华民族伟大复兴的中国梦贡献力量。

围绕新时代新征程新使命中如何更好发挥女科技工作者作用，与会代表踊跃发言。中国科协副主席、西安电子科技大学校长、党委书记郑晓静院士表示，党的十八大以来砥砺奋进五年的辉煌成绩令人自豪，全面从严治党给全国人民带来了实现奋斗目标的信心。广大女科技工作者要把自己成长成才的梦想融入国家新时代新目标新征程中，与党同心同向同行。清华大学材料系教授朱静院士表示，感谢党和国家的培养，使自己早年能接受教育并有能力为国家为人民做事情。正是因为有以习近平同志为核心的党中央坚强领导，有中国五千年文明传承的文化自信，国家才能够在这么短的时间里快速追上国际脚步。习近平总书记把共产党人的奋斗目标确定为中国人民对美好生活的向往，带领共产党人围绕这个目标努力奋斗，为科技工作者提供了强大的前进动力。自己很荣幸见证并亲历这个新时代的到来，决心当好年轻人前进的铺路石，给他们做最好的助推力。

围绕加快建设创新型国家、建设世界科技强国，与会代表积极提出意见建议。中国航天科技集团公司第一研究院研究员姜杰院士表示，报告中把建设航天强国作为建设世界科技强国的组成部分，作为航天人要脚踏实地，在新时代继续传承老一辈航天人有胆有识的创新担当，发扬航天人的战略思维、拼搏奉献，勇立新功。中国科学院遗传与发育生物学研究所研究员曹晓风院士指出，党的十九大报告专门提到“三农”问题，凸显粮食安全的重要战略地位。中国有近 12 亿亩边际土地，要联合多领域科学家联合攻关、开发新技术，让作物有效生长，为国家粮食安全提供保障。

在人才培养和环境营造方面，中国科学技术大学生命科学学院教授施蕴渝院士表示，要重视人才培养，加大宣传老一辈科技工作者身上蕴含的中国科学家精神，让我们的孩子从小把中国梦与科学梦结合起来。要为刚走上科研岗位的年轻科技工作者提供放手探索、包容失败的成长环境。应当在公务员中大力弘扬科学精神，按科学规律办事，以科学态度办事。武汉大学化学与分子科学学院教授张俐娜院士表示，要加快青年人才特别是创新型人才和高水平梯队培养，更要关心教育下一代成长，大力弘扬科学精神、普及科学知识，引导他们爱国家、爱科学、懂奉献。

在更好发挥女科技工作者在科技创新中的作用方面，东华大学材料科学与工程学院院长朱美芳表示，女性好，国和家就会更好。要充分尊重女科技工作者地位，挖掘女科技工作者潜力，在进校园、走基层、做科普、创新争先方面发挥更大作用。中国营养学会理事长杨月欣表示，要加强对女科学家和女科技工作者的保护，针对女性生育、哺乳等特殊时期做更多政策设计，保护女性，保护母亲。中国农业大学食品学院副教授范志红认为，在愿意获取健康方面信息的人群中，女性占绝对优势，在健康科学传播中应有更多女性意识，希望科协组织鼓励带动更多女科学家参与科普传播。

怀进鹏指出，在党中央的坚强领导下，中国女科技工作者以女性的执着和坚韧攻坚克难、锐意进取，取得一系列令人瞩目的科技成就，成为科技创新队伍中的一道亮丽风景线，成为国家科技创新的重要支撑力量。在科技界深入学习宣传贯彻党的十九大精神中，女科技工作者要发挥半壁江山的重要作用，在学懂上用心思、在弄通上下功夫、在做实上见成效，与党同心、与新时代同行，切实把思想和行动统一到党的十九大精神上来，把智慧和力量凝聚到党的十九大决策部署上来。

怀进鹏强调，广大女性科技工作者要坚定创新自信，在加快建设创新型国家和世界科技强国中找准着力点，勇于有梦、敢于追梦、勤于圆梦，在探索科学研究“无人区”、破解国家科技攻关难题、满足人民群众对美好生活向往方面做出更大贡献，在引领社会风尚方面展现女科技工作者的独特魅力。

怀进鹏指出，中国科协历来高度重视女科技工作者工作。中国科协是科技工作者之家，当然也是女科技工作者之家。希望大家积极参与到家的建设、家的工作中来，共同把这个家建设好、维护好。他强调，中国科协要以习近平新时代中国特色社会主义思想为指引，转变思想观念、转变措施方法、转变目标标准，推动各项改革措施落地见效，更好地团结服务女科技工作者，为女科技工作者成长成才搭建平台，推动解决女科技工作者成长中的重点难点问题，为女科技工作者的发展进步提供更加坚实的支撑和更加广阔的时代舞台。

座谈会由中国科协常委会女科技工作者专门委员会发起组织，中国科协机关及直属事业单位主要负责人参加座谈会。

【归国创业者畅谈对党的十九大报告精神的认识体会】 11月11日，中国科协海归创业联盟理事会（以下简称“海创联”）在北京中国科技会堂召开。海创联全体成员围绕自己的专业、企业及对海创联工作的参与，畅谈学习党的十九大报告精神的认识体会。中国科协原副主席、中国科学院院士、国家最高科学技术奖获得者赵忠贤，中国科协党组成员、书记处书记束为参加会议。会议由中国科协国际联络部部长张建生主持。

会上，来自不同领域、不同行业的归国创业者畅谈了对党的十九大精神的认识体会，大家一致表示高度认同习近平新时代中国特色社会主义思想，坚决拥护以习近平同志为核心的党中央，坚决拥护党的十九大做出的各项战略决策部署，决心把思想和行动统一到党的十九大精神上来，把智慧和力量凝聚到落实党的十九大确定的各项任务上来，充分发挥归国创业者的独特优势，为实现中华民族伟大复兴的中国梦贡献力量。

围绕党的十九大报告提出的提升科技实力、理解“四个自信”内涵与参与“人类命运共同体建设”，美时医疗集团董事长、海创联理事长马启元表示，党的十九大发出了“强起来”的号召令，科技工作者格外振奋，深深感到瞄准世界科技前沿、实现原创成果重大突破、把我国建设成为科技强国是每个海归科技人的责任。欧圣科技（上海）有限公司总经理、中国旅法工程师协会前会长罗小平表示，党的十九大报告高瞻远瞩地提出了今后发展的方向，“一带一路”倡议与人类命运共同体建设的提出彰显了中国的文化自信。新加坡GT集团中国区首席代表、新加坡创新创业协会副会长邱波表示，实现“两个一百年”的奋斗目标需要苦干加巧干，巧干的核心就是依靠科技。科技强大是获得更基础、更广泛、更深厚的文化自信的基础。迪克森律师事务所（Dickinson Wright）中国业务总监阎凌燕表示，中国科技实力的提升有赖于领导干部务实的作风和对企业流程的熟悉程度，近些年，中国中小型企业正是因为拥有可以参与北美竞争的先进技术才有能力走出去。日本工程会院士、合肥工业大学先进智能研究院院长、德岛大学教授、国际高度信息化研究院院长任福继表示，党的十九大报告将人工智能提高到国家层次，值此行业大热之际，科技工作者更要传承工匠精神，踏踏实实地做事，调动所有力量，把大趋势转化为大优势。

围绕党的十九大报告提出的创新型国家建设与人才强国战略，海创联秘书长、上海汉甲美甲艺术有限公司董事长田千里表示，原创性创新需要几代人的努力，创新文化建设需要建立允许一部分人先“创”起来的社会氛围，给予愿意冒险的人以尝试的机会。北京全景赛斯科技发展有限公司董事长陈忠苏表示，新时代是科技人才遇到的最好时代，海归科技人可以参与创新型国家建设的方方面面、做出更多的贡献。英国August国际公司董事总经理、四川大学客座教授周克明表示，创新和人才之间的关系是灵魂与发动机的关系，海创联要通过提供技术产业化服务，将国内国外的优秀人才聚集到创新型国家建设中来。先思达（南京）生物科技有限公司董事长陈萃英表示，海归企业依靠自主创新在技术、管理、人才、产品与文化上与国际对接是取得成功的必由之路。海创联副秘书长、美国艾比泰克公司总裁、麻省理工学院研究教授孙友顺表示，要充分发挥海创联在美东地区的已有资源，将该地区名校林立、人才众多、涉及领域宽广的技术与人才优势同国内的资金、企业与政府对接起来，带来长远的发展机遇。红石诚金创投基金合伙人石宏表示，对科技创新创业的投资不仅是提供资金，还要提供技术、产品、市场与客户等方面全方位的帮助。安凯（广州）微电子技术有限公司总裁兼董事长胡胜发表示，党的十九的报告预示着中国更好更快的发展，海归科技创业者更应弘扬企业家精神和科技工作者精神，求真务实，能够把冷板凳坐热，为新时代做出切实贡献。

围绕党的十九大报告提出的坚持人与自然和谐共生、建设生态文明的千年大计，北京博大生态城市规划设计院院长伍业钢表示，目前中国科协海智计划正在开展的“绿水青山就是金山银山的院士巡讲团”活动正是对此的呼应，坚信“生态+”是未来发展的方向。比利时金海农业集团总裁、安徽省大浦现代农业研究院院长高继明表示，党的十九大报告中关于农业的论述体现了党从骨子里对农业的重视，近期到农村都能深切感到广大农民对党的十九大的高度认可，中国科协海智计划可将生态相关产业整合起来，打造未来农业综合新航母，使农业成为有合理回报的产业、农村成为幸福社会的载体、农民成为有尊严的职业。安发国际控股集团董事局主席、安发（福建）生物科技有限公司董事长高益槐表示，中国科协海智计划可利用现有资源，集环境保护、污染处理、生物制药、生态开发与生物科技为一个组合体，借党的十九大的东风，共同把生物产业做起来。秘珀软件中国区总经理林平表示，结合自己工作，能够感受到近些年产业的不断转型升级，水泥生产已从传统方式转变为与降低能耗、保护环境联系在一起，并通过工业大数据将技术同步国外，拥有了广阔的应用前景，中国科技的一些方面已在海外市场彰显实力。

束为对大家认真学习领悟党的十九大精神并把体会真诚分享给予充分的肯定。他指出，今天海内外科技工作者齐聚一堂学习宣传党的十九大精神，有助于在新时代面对新矛盾、以新思想指引我们顺利踏上征程。在过去的五年里，大家不仅是见证者、更是参与者，不仅是亲历者、更是贡献者。希望大家在新征程中继续成为参与者和贡献者，希望海内外科技工作者围绕着全面建成小康社会和建设现代化强国的目标，为实现中华民族伟大复兴的中国梦做出更大的贡献。另外，束为就科协系统改进工作、深化改革和服务科技工作者等工作进行了交流。

国际部有关负责人参加会议。

重要会议和活动

【刘云山出席全国科技工作者日暨创新争先奖励大会并讲话】 5月27日，庆祝全国科技工作者日暨创新争先奖励大会在北京举行。中共中央政治局常委、中央书记处书记刘云山出席会议并讲话，代表党中央向广大科技工作者致以节日问候，向获奖先进集体和先进个人表示热烈祝贺。

刘云山在讲话中指出，党的十八大以来，以习近平同志为核心的党中央高度重视科技创新，做出一系列重大部署，推动我国科技事业取得新的重大成就，开启了向世界科技强国进军的新征程。刘云山希望广大科技工作者围绕树立和落实新发展理念、适应和引领经济发展新常态、推进供给侧结构性改革，聚焦国家重大战略和重大工程实施，谋划和确定科技创新的主攻方向和重点着力点，实现科技创新与经济社会发展深度融合。刘云山强调，各级党委和政府要把科技创新摆在突出位置，改革完善体制机制，抓好科技人才队伍建设，大兴识才、爱才、敬才、用才之风。

刘延东、李源潮、沈跃跃、陈竺、张阳出席会议，万钢主持会议。中央和国家机关有关部门、中央军委科技委负责同志，全国创新争先奖获奖者和获奖团队代表、科技界代表等参加会议。

2017年5月30日是首个全国科技工作者日。会上颁发了首届全国创新争先奖，大亚湾反应堆中微子实验团队等10个科研团队被授予创新争先奖牌，王过中等28人被授予创新争先奖章，丁列明等254人被授予创新争先奖状。全国创新争先奖由中国科协联合有关部门共同设立，每3年评选表彰一次。

【刘云山等参加2017年全国科普日北京主场活动】 9月17日下午，中共中央政治局常委、中央书记处书记刘云山和刘延东、刘奇葆、李源潮、万钢等领导同志来到中国科技馆参加全国科普日北京主场活动。刘云山指出，要深入贯彻习近平总书记关于建设世界科技强国的重要思想，扎实推进科普工作常态化长效化，提高全民科学素质、激发创新创造活力，更好促进创新驱动发展、服务世界科技强国建设。

2017年全国科普日北京主场活动吸引了各界群众和青少年前来参观。下午3时许，刘云山首先来到南大厅观看“墨子号”量子卫星模型，了解信息技术变迁过程，并一起编织寓意我国科技事业蓬勃发展的“登高望远”织锦。在绿色核能展区，刘云山参观了华龙一号和三代核电站主控室模型，听取专家介绍，强调要加强科普宣传，让更多公众了解核电、支持核电事业发展。

国防科技展区通过多媒体与实物生动展示空中作战、联合作战场景，刘云山驻足观看并与专家交流，强调要做好国防科普，增强公众国防意识和爱国热情。在垃圾变身展区，刘云山详细了解焚烧发电、变废为宝过程，指出要倡导科学合理的垃圾分类处理方式，提高全社会的认知度和参与度。看到小学生们正在进行科学小实验，刘云山勉励他们好好学习，长大后研究出更多科技成果。刘云山还听取了“海洋科考直播课堂”“健康伴我行”等活动介绍。

参观结束时，刘云山说，科学普及是建设世界科技强国的基础性工程，要持之以恒推进科普工作，让科学理念、科学精神在人们心里扎下根来。要坚持科普为民惠民，广泛开展贴近基层群众的科普活动，解疑释惑、回应关切，更好服务群众生产生活。要突出做好青少年科普工作，组织好科技进校园、进课堂等活动，引导青少年学习科学知识、激发科学兴趣，从小种下科学的种子。要创新科普内容、科普方式，积极推进科普信息化建设，发挥好互联网、手机等在科普中的积极作用。各级党委政府要加大对科普工作的支持力度，科协要当好科普工作主力军，广大科技工作者要积极投身科普实践，为提升全民科学素质贡献力量。

中国科协怀进鹏、徐延豪、王春法、吴海鹰、束为、项昌乐、王延祜、宋军，北京市蔡奇、景俊海、阴和俊、崔述强，教育部杜占元，中国科学院张涛，中央军事委员会科学技术委员会辛毅以及有关单位负责同志和首都群众代表参加了北京主场活动。2017年全国科普日北京主场活动分为A区和B区。9月17日下午，中国科协党组书记处领导一行除参加中国科技馆的活动外，还到B区参观了第七届北京科学嘉年华等相关活动。

2017年全国科普日活动主题为“创新驱动发展，科学破除愚昧”，各地围绕这一主题组织开展1.1万多场科普活动。北京主场活动时间为9月14—18日。

【张高丽出席2017年全国大众创业万众创新活动周上海主会场活动并讲话】 9月15日，2017年全国大众创业万众创新活动周在上海市开幕。本次活动由国家发展改革委会同中国科协、上海市政府等部门、地方组成的活动周组委会主办，中国科协承办。中共中央政治局常委、国务院副总理张高丽出席上海主会场活动并作重要讲话，中共中央政治局委员、上海市委书记韩正，全国政协副主席、中国科协主席、科技部部长万钢出席并致辞，国家发展改革委主任何立峰主持启动仪式，中国科协党组书记怀进鹏出席活动，中国科协党组成员、书记处书记项昌乐出席北京会场启动仪式并致辞。中国科协党组成员兼学会学术部部长、企业工作办公室主任宋军陪同出席上海主会场活动。

张高丽表示，党中央、国务院高度重视创新创业工作。习近平总书记指出，创新是社会进步的灵魂，创业是推进经济社会发展、改善民生的重要途径，创新和创业相连一体、共生共存。适应和引领经济发展新常态，推进供给侧结构性改革，根本要靠创新。李克强总理对深入推进创新创业也提出了要求。近年来，各地区各部门按照党中央、国务院决策部署，深入实施创新驱动发展战略，创新创业环境不断优化、投入持续增加、主体日益壮大、成果层出不穷，对发展的支撑引领作用显著增强，我国正在探索走上一条符合国情、富有特色的创新创业之路。

张高丽强调，推进创新创业是深化供给侧结构性改革的应有之义，是加快新旧发展动能转换的必然要求，是扩大就业的有效途径。要适应改革创新潮流，综合施策，多方发力，促进创新创业向更广范围、更深层次拓展。要大力推动体制机制改革，加强产权保护制度建设，破除不利于创新创业的制度障碍，降低创新创业的制度性交易成本。要大力提升科技创新能力，围绕经济竞争力的核心关键、社会发展的瓶颈制约、国家安全的重大挑战，强化基础研究和共性关键技术研究，在重要领域和关键环节实现重大突破。要大力培养、吸引和用好人才，加快发展现代职业教育，重视和支持青年创新创业，充分激发科研人员积极性，加快形成规模宏大的创新创业人才队伍。要大力扶持创新创业，加大财税、金融等政策支持，降低企业融资、用能、物流等成本，营造宽容失败、鼓励创新创业的氛围。

张高丽表示，推进创新创业事关国家未来、事关民族复兴。我们要切实增强“四个意识”，更加紧密地团结在以习近平同志为核心的党中央周围，坚定信心，真抓实干，深入实施创新驱动发展战略，以优异成绩迎接党的十九大胜利召开。

张高丽在启动仪式结束后参观了创新创业主题展览，韩正、万钢参加活动。

本次活动主题是“‘双创’促升级，壮大新动能”。有关部委和地方政府负责人、中外企业及创客代表等约300人参加了启动仪式。

【李源潮出席中国科协九届二次全委会议并讲话】 1月12日，中国科协九届二次全委会议在北京召开，中共中央政治局委员、国家副主席李源潮出席会议并作重要讲话。会议传达了中央书记处对中国科协工作的指示精神，审议通过了常委会工作报告。全国政协副主席、科技部部长、中国科协主席万钢，中国科协党组书记、常务副主席、书记处第一书记尚勇分别主持会议。

李源潮充分肯定过去一年科协工作成绩。他指出，要深入推进科协系统改革，建立直接联系服务科技工作者制度，拓展社会化服务职能，加快科普信息化和网上科协建设，让广大科技工作者有更多的改革获得感。要落实全面从严治党要求，加强科协干部队伍建设，科协全委会委员要以上率下、做出表率。

万钢代表中国科协九届常委会作工作报告，回顾总结了2016年工作，提出了2017年八项重点任务。

中国科协九届全委会委员、部分在京中国科协荣誉委员出席会议，全国学会、协会、研究会秘书长，部分省级地方科协专职主席、党组书记以及中国科协机关各部门、各直属单位主要负责同志等列席会议。会议期间，委员们分组对中央书记处指示精神和常委会工作报告进行认真学习讨论。

【李源潮、万钢出席创新驱动助力工程总结交流会】 4月13—14日，中国科协在浙江省宁波市召开创新驱动助力工程总结交流会。中共中央政治局委员、国家副主席李源潮，全国政协副主席、中国科协主席、科技部部长万钢出席大会并发表讲话。本次会议围绕深入实施创新驱动发展战略，总结中国科协创新驱动助力工程工作新做法，交流新经验，推广新模式，深入谋划创新驱动助力工程的未来发展方向，打造“创新驱动助力工程”升级版。

中国科协党组书记、常务副主席、书记处第一书记尚勇主持会议开幕式。浙江省委副书记、省长袁家军，浙江省委常委、宁波市委书记唐一军，浙江省人民政府副省长成岳冲，中国科协党组成员、书记处书记项昌乐，中国科协党组成员兼学会学术部部长、企业工作办公室主任宋军出席会议。中国自动化学会理事长郑南宁院士等近80名学会负责人、11名创新驱动示范市市委市政府领导以及来自全国学会、地方科协、示范市政府部门和企业界的代表500余人参会。

李源潮在讲话中指出，科技工作者是创新的主力，组织科技工作者为产业转型升级创新争先是科协的优势。希望各级科协组织动员科技工作者紧扣产业转型升级难点问题，帮助地方和企业开展技术攻关，增添经济发展的新动能；在打通科技成果转化“最后一公里”上发挥独特作用，推动科技工作者把创新成果变成实实在在的产业活动；服务科技工作者创新创业，帮助解决后顾之忧，释放科技人才第一动力作用；推进科协组织和工作改革创新，大力表彰科技创业先进典型，拓展社会化服务职能，更好为科技工作者服务、为创新驱动发展大局服务。

万钢全面总结了中国科协创新驱动助力工程的做法和成效。他指出，创新驱动助力工程通过精准对接区域创新发展需求、推动各类创新资源有效集成、创新人才柔性引进方式，打通了科技成果转化的新渠道，也打通了全国学会服务地方的新渠道，打通了科技工作者实现自身价值的新渠道。万钢对下一步实施创新驱动助力工程中如何进一步优化工作布局、延伸工作内涵、完善工作机制提出明确要求。

尚勇要求各地科协和所属学会要深入学习和全面贯彻落实会议精神，结合自身实际深入贯彻会议精神。积极探索促进科技与经济深度融合的有机途径，助力科技成果转化；积极探索推进全面创新改革试验的有效方式，助力区域经济发展；积极探索深化开放创新的有效模式，助力智力人才引进；积极探索服务经济发展新常态的有效路径，助力科技精准扶贫。

项昌乐作总结讲话，对科协组织提升自身能力、推进助力工程转型升级提出明确具体的要求。唐一军代表浙江省委省政府、宁波市委市政府致辞，表示将大力推进以科技创新为核心的全面创新。浙江省科协党组书记郑金平、河北省保定市委书记聂瑞平、中国林学会副理事长兼秘书长陈幸良、安徽零点精密机械有限公司副总经理戚红岩、著名高温合金精密铸造专家马德新 5 位代表进行了经验交流发言，分别从地方科协、地方政府、全国学会、企业、科技工作者的角度介绍了参与创新驱动助力工程的经验与做法。

开幕式上，举行了“中国制造 2025”试点示范城市（宁波）创新助力学会企业联合体等 4 个学会企业联合体签约仪式以及煤炭清洁高效利用产业协同创新共同体等 3 个产业协同创新共同体签约仪式，标志着创新驱动助力工程合作模式进一步向“集团作战”转型升级，并突出学科相近、产学研紧密结合的全国学会、省级学会、地市级学会纵向联合，促进科技创新资源向基层流动。

与会代表参观考察了宁波科技大市场、中国林学会宁波服务站、北方材料科学与工程研究院等地，并分组讨论了如何贯彻落实会议精神、进一步推动创新驱动助力工程。

【李源潮在 2017 年全球航天探索大会开幕式上宣读习近平主席贺信并致辞】 2017 年全球航天探索大会于 6 月 6 日在北京开幕。中共中央政治局委员、国家副主席李源潮出席开幕式，宣读国家主席习近平致大会的贺信并致辞。李源潮指出，探索浩瀚宇宙是人类不懈追求的航天梦，希望各国航天人并肩携手，推动航天事业创新发展，创造人类更加美好的未来。

2017 年全球航天探索大会由国际宇航联合会主办、中国宇航学会承办。本次大会以“分享・合作”为主题，来自世界各国的 800 多位专家学者和航天工作者围绕空间探测、空间实验室、国际合作等议题开展交流研讨。

李源潮说，航天探索是勇敢者的事业，发展航天最值得传承弘扬的是无畏的探索精神。人类进军宇宙的每一步都凝结着一代又一代科学家和航天人的创新智慧，唯有不断创新，人类的足迹才能迈向更深远的宇宙空间。航天承载着人类未来的希望，应以谋求人类福祉为根本，和平开发利用太空，让航天探索的成果惠及各国人民。中国政府一贯支持航天领域的国际合作，愿与世界各国一道共建和平太空、合作太空、安全有序太空，共圆人类的飞天梦想。

【李源潮出席第十九届中国科协年会开幕式并讲话】 6 月 24 日，第十九届中国科协年会在吉林省长春市开幕。中共中央政治局委员、国家副主席李源潮出席开幕式并讲话。他指出，要按照习近平总书记要求，加快推进科协系统改革，更好地组织动员科技工作者为建设世界科技强国建功立业，以优异成绩迎接党的十九大召开。全国政协副主席、中国科协主席万钢出席开幕式并致辞。

本届年会由中国科协和吉林省人民政府共同主办，以“创新驱动・全面振兴”为主题，国内外科技工作者代表 2500 多人参加年会有关活动。

李源潮指出，要加强党对科协组织的领导，强化思想政治引领，引导科技工作者更加紧密地团结在以习近平同志为核心的党中央周围。要动员科技工作者勇攀世界科技前沿，服务经济转型升级，推动科技与产业有机融合。要大力宣传黄大年先进事迹，组织科技工作者学习弘扬他的爱国情怀、敬业精神、高尚情操，坚定建设世界科技强国的创新自信。要有序推进承接政府转移职能改革，为科技工作者搭建更广阔的创新创业平台。推动网上科协建设，对科技工作者的联系、服务、引导、动员都利用网络做起来。建立直接联系服务科技工作者制度，托举青年人才，培育科学道德，帮助他们成长成才。希望广大科技工作者支持改革、参与改革、推进改革，共同打造有活力、有吸引力的科协组织。

【李源潮出席第32届全国青少年科技创新大赛闭幕式并讲话】 8月18日，由中国科协等单位主办的第32届全国青少年科技创新大赛在浙江省杭州市闭幕。中共中央政治局委员、国家副主席李源潮观看参赛项目展示并出席闭幕式。他指出，希望广大青少年牢记习近平总书记嘱托，从小立志向、有梦想，长大后为建设世界科技强国、实现中华民族伟大复兴的中国梦做出应有的贡献。全国政协副主席、中国科协主席万钢出席闭幕式。

本届大赛共有来自祖国各地的500多名青少年科技爱好者、200多名科技辅导员以及20多个国家和地区的青少年代表参赛。在参赛项目展示现场，李源潮与参赛选手互动交流，详细询问他们的设计构想，勉励大家让异想天开的创意成为未来探索创新的动力，从这里走上献身科技事业的人生路。

李源潮在闭幕式上指出，我们党即将召开十九大、踏上建设社会主义现代化国家新征程。当代青少年赶上了国家富强、民族复兴的好时代，希望大家向科学前辈学习，从小树立起科学报国的远大志向，将来成长为建设世界科技强国的栋梁之材。永葆好奇之心，不懈追求科学梦想，讲科学、爱科学、学科学、用科学，开启精彩的科学人生路。在探索中坚持科学精神，在实践中坚守科学道德，让科学的灯塔照亮成长前行的方向。

【怀进鹏同志任中国科协党组书记　担任中国科协第九届全国委员会副主席、常务委员会委员、书记处第一书记】 9月1日下午，中国科协召开干部大会。中央组织部副部长邓声明同志、中国科协党组书记怀进鹏同志出席大会并讲话。会议由中国科协党组副书记、副主席、书记处书记徐延豪同志主持。

邓声明同志受中央领导同志委托，宣布中央关于中国科协党组主要负责同志调整的决定，怀进鹏同志任中国科协党组书记，免去尚勇同志的中国科协党组书记职务，另有任用。

怀进鹏同志表示坚决拥护中央决定，自觉践行“四个意识”，深入学习贯彻习近平总书记在“科技三会”上的重要讲话精神和对群团工作的重要要求，忠诚担当，清正廉洁，拼搏进取，不负重托，努力开创科协工作新局面。

徐延豪同志代表科协广大干部职工，表示坚决拥护中央决定，团结一致，凝心聚力，尽职尽责做好工作，以优异成绩迎接党的十九大胜利召开。

中央组织部干部四局、中央纪委派驻纪检组有关同志，中国科协党组、书记处领导班子成员，近期退出科协领导班子的老同志，机关副局级以上干部和直属单位领导班子成员参加会议。

9月20日，中国科协九届常委会第五次会议在北京召开。根据中国科学技术协会章程，经万钢主席提名，会议一致表决通过怀进鹏同志担任中国科协第九届全国委员会常务委员会书记处第一书记；审议通过了《关于变更怀进鹏同志为中国科协第九届全国委员会副主席、常务委员会委员的报告》，决定以通讯方式召开中国科协九届三次全委会议。

9月21日，中国科协召开第九届全国委员会第三次会议，经全委会批准，怀进鹏同志担任中国科协第九届全国委员会副主席、常务委员会委员，尚勇同志不再担任中国科协副主席、常委职务。

【中国科协第九届全国委员会常务委员会第三次会议】 1月12日，中国科协九届常委会第三次会议在北京召开，会议由全国政协副主席、中国科协主席万钢主持。中国科协党组书记、常务副主席、书记处第一书记尚勇传达中央书记处对中国科协工作的指示精神。

会议审议了中国科协常委会工作报告和九届二次全委会议日程，中国科协清洁能源、信息科技、智能制造等学会联合体成立事项，关于有关全国学会加入中国科协团体会员和中国高新技术产业开发区协会除名事项，《关于变更和增补中国科协第九届全国委员会委员的报告》《中国科学技术协会选举工作条例（试行）》《地方科学技术协会主席、副主席选举结果备案规定（试行）》和《全国学会组织通则（试行）》（修订稿），听取了关于密切联系、有效服务科技工作者工作情况的汇报。

会议批准成立中国科协清洁能源、信息科技、智能制造等四个学会联合体，同意中国密码学会、中国大坝工程学会、中国卫星导航定位协会、中国女科技工作者协会加入中国科协团体会员和中国高新技术产业开发区协会除名事项，表决通过了有关变更和增补全国委员会委员事项。

中国科协副主席王曦、邓秀新、李洪、李静海、何华武、沈岩、陈左宁、周守为、赵玉沛、袁亚湘、徐延豪，常委马林、王春法、卢怀玉、宁允展、尼玛扎西、向巧、束为、吴孔明、吴伟仁、吴海鹰、吴曼青、陈勇、陈维江、武向平、欧阳竹、孟红、项昌乐、徐晓兰、高福、黄璐琦、龚旗煌、韩喜球、雷增光等出席会议。

中国科协党组成员、机关党委书记王延祜以及办公厅、计划财务部、组织人事部、调研宣传部、学会学术部、科学技术普及部、国际联络部、机关党委、学会服务中心、企业创新服务中心、培训和人才服务中心等机关部门和直属单位有关负责人列席会议。

【中国科协第九届全国委员会常务委员会第四次会议】 6月23日，中国科协九届常委会第四次会议在吉林省长春市召开，会议由全国政协副主席、中国科协主席万钢主持。

会议审议通过中国科协先进材料学会联合体成立事项，《中国科学技术协会全国代表大会代表任期制办法》（修改草案）、《中国科学技术协会全国委员会常务委员会工作规则》（修改草案）、《关于加强县级科协建设的若干意见（审议稿）》《科技工作者道德行为自律准则（审议稿）》，表决通过中国科协第九届全国委员会委员变更事项，听取第十九届中国科协年会筹备情况汇报及第二十届中国科协年会初步设想。

会议批准成立中国科协先进材料学会联合体，表决通过变更王万琨、陈炳东两名同志为中国科协第九届全国委员会委员，吴群刚、杨新科两名同志因工作变动原因不再担任中国科协第九届全国委员会委员。

中国科协常务副主席尚勇，副主席李华、李静海、何华武、沈岩、陈左宁、周守为、袁亚湘、徐延豪，常委马林、王春法、卢怀玉、宁允展、朱蓓薇、向巧、刘若鹏、李元元、束为、吴孔明、吴伟仁、吴海鹰、陈勇、陈维江、武向平、欧阳竹、孟红、项昌乐、徐晓兰、黄璐琦、雷增光出席会议。

中国科协党组成员兼学会学术部部长宋军，办公厅、计划财务部、组织人事部、调研宣传部、学会学术部、科学技术普及部、国际联络部、机关党委、学会服务中心、培训和人才服务中心等机关部门和直属单位有关负责人，各省、自治区、直辖市、副省级城市科协和新疆生产建设兵团科协主要负责人列席会议。

【中国科协第九届全国委员会常务委员会第五次会议】 9月20日，中国科协九届常委会第五次会议在北京召开。会议由全国政协副主席、中国科协主席万钢主持。

中国科协党组书记怀进鹏向常委会介绍了中国科协深入学习贯彻习近平总书记关于党的群团工作和群团改革的重要指示精神和进一步推进科协系统全面深化改革工作情况。会议还听取了纪念中国科协成立60周年活动框架方案、2017年全国科普日活动情况和中国科协参与开展“全国大众创业万众创新活动周”情况。会上，中国汽车工程学会和浙江省科协主要负责人还就学习贯彻习近平总书记关于党的群团工作和群团改革的重要指示精神、深化改革工作情况作了典型发言。

根据中国科学技术协会章程，经万钢主席提名，会议一致表决通过怀进鹏同志担任中国科协第九届全国委员会常务委员会书记处第一书记；审议通过了《关于变更怀进鹏同志为中国科协第九届全国委员会副主席、常务委员会委员的报告》，决定以通讯方式召开中国科协九届三次全委会议。

中国科协副主席李洪、李静海、何华武、沈岩、陈左宁、周守为、赵玉沛、袁亚湘、徐延豪、高松，常委马林、王春法、卢怀玉、宁允展、向巧、束为、吴孔明、吴伟仁、吴海鹰、张杰、陈勇、陈维江、欧阳竹、项昌乐、姚建年、徐晓兰、黄维、黄璐琦、曹淑敏、龚旗煌、曾益新、谢和平出席会议。

中国科协党组书记怀进鹏，党组成员王延祜、宋军以及中央组织部干部四局有关同志列席会议。中国科协办公厅、计划财务部、组织人事部、调研宣传部、学会学术部、科学技术普及部、机关党委、学会服务中心、企业创新服务中心、培训和人才服务中心等机关部门、直属单位主要负责同志列席会议。

【刘延东出席2017世界机器人大会开幕式并讲话】 8月23日，2017世界机器人大会开幕式在北京举行，中共中央政治局委员、国务院副总理刘延东出席并讲话。

刘延东指出，机器人是制造业皇冠顶端的明珠，作为引领世界未来的颠覆性技术，正在创造新产业新业态，推动社会生产和消费向智能化转变，进而深刻改变人类社会生活、改变世界。中国政府正在深入实施创新驱动发展战略，重视和推动机器人技术、产品、业态和模式创新，健全包容创新的审慎监管机制，积极融入全球创新网络，推动机器人深度融入生产生活。

刘延东倡议，各国应共同把握历史机遇，携手加强机器人创新合作，推动科研联合攻关、人才联合培养和创新成果共享。要加快关键技术转化应用，促进人工智能应用深入融入各行业，引领产业向价值链高端迈进，更好满足多样化民生需求。要坚持经济全球化大方向，发挥高校、科研院所、企业和行业组织的作用，健全高效灵活、优势互补的产学研用协同创新体系。要深化法律法规、国际规则合作，构建监测预警和风险防控机制，研究有关伦理道德、就业替代等新问题，确保机器人发展安全可控、造福于民。

此次世界机器人大会以“创新创业创造，迎接智能社会”为主题。全国政协副主席、中国科协主席、科技部部长万钢及有关地方和部门负责人出席开幕式。140余家全球知名机器人企业和研究机构参会。

【2017世界交通运输大会】 6月5日上午，由中国科协主办的2017世界交通运输大会在北京国家会议中心开幕。全国政协副主席、中国科协主席、科技部部长万钢出席会议并致辞。中国科协党组书记、常务副主席、书记处第一书记尚勇主持开幕式。

万钢指出，世界交通运输大会是继世界机器人大会、世界生命科学大会以后，中国科协举办的又一个重要的国际学术会议，是中国科协围绕世界科技发展前沿和经济社会发展需求、服务创新驱动发展重大战略部署的重要举措。这次会议以“创新引领、绿色融合”为主题，与中国的“十三五”规划提出的发展理念高度契合，与“一带一路”国际合作高峰论坛上提出的“互联互通”，共商、共享、共建的构想高度一致，体现了各国产学研的协同创新、多学科的融合发展及共同构建安全、绿色、高效、舒适、便捷的现代运输体系的发展趋势，体现了全球科技界、产业界的共识。

万钢表示，中国政府高度重视交通事业的发展，将交通运输事业作为国民经济基础性、先导性和战略性行业。进入21世纪以来，中国以高速公路、高速铁路、海洋和航空运输等为代表的综合交通运输体系初步建成，以新能源汽车、远洋船舶、高速列车、大型飞机为代表的交通运输工具发展迅猛，以智能交通体系为代表的综合运输和管理系统方兴未艾。他希望中国交通运输领域的科学家、企业家、管理者与各国同行一起，瞄准交通运输科技创新的重大需求，携手推动交通运输领域的建设和科学发展，让各国人民共享科技进步和交通运输发展的新成果。

全国政协副主席刘晓峰，全国人大财政经济委员会主任李盛霖，交通运输部副部长戴东昌，尼日利亚联邦交通部部长罗蒂米·阿马埃奇，国际道路联盟主席基兰·卡比拉，国际航行学会联合会高级副主席希沙姆·希拉勒，世界道路协会副主席菊川冈茂，国际桥梁隧道和收费公路协会副主席克劳斯·茨瓦海科，美国交通运输研究委员会主席尼尔·佩德森，中国公路学会理事长、大会执委会主任翁孟勇，重庆大学校长、中国工程院院士、大会学术委员会主席周绪红，美国工程院院士、大会学术委员会主席迈克·沃肯，中国科协党组书记处领导项昌乐、宋军等出席会议。大会特别顾问，大会组委会成员，中央和国务院有关部门负责人，来自40多个国家和地区的高校、科研机构、企事业单位的代表，2017大学生桥梁设计大赛的决赛选手，以及交通运输领域全国学会科技奖项的获奖者等近4000人出席会议。

戴东昌、基兰·卡比拉、希沙姆·希拉勒分别在开幕式上致辞。马来西亚公共工程部工程局局长利姆宣读了《关于发起成立“一带一路（国际）交通联盟”的倡议》，该倡议是来自“一带一路”沿线20多个国家和地区的40多位代表在6月4日下午召开的“一带一路”国际交通合作圆桌会议上共同形成的会议成果。开幕式后，6位世界交通运输领域知名专家、国际组织机构负责人作有关交通科技前沿及战略研究的主旨报告。

本次大会共举办开幕式暨主旨报告、“一带一路（国际）交通联盟”系列活动、学术论坛、博览会、2017大学生桥梁设计大赛和专项活动六大板块活动。交通运输部、中国工程院、国家铁路局、中国民用航空局、中国铁路总公司担任大会指导单位，中国公路学会具体承办，中国航海学会、中国铁道学会、中国航空学会、中国航空运输协会、中国科协学会服务中心、中国国际科技交流中心协办，并得到国际道路联盟等近20个国际和地区科技组织的联合支持。

大会安排220个交流单元约1300个各具特色的学术报告，5000多位交通运输领域专家学者分别聚焦“一带一路”交通互联互通、高铁技术、未来交通、世界长大桥梁发展、智能交通、共享经济与绿色出行等交通运输领域热点问题和前沿技术趋势等焦点话题展开研讨。200多家国内外知名企业、科研院所、高校参加大会博览会，港珠澳大桥、墨脱公路、共享单车、智能交通、北斗导航等300多项具有代表性的交通工程领域科技创新成果集中亮相。同期，大会还举办中国公路学会及中国航海学会科学技术奖颁奖、“未来交通研究所”揭牌、学科发展报告及团体标准发布、交通基础建设设施项目对接以及《中国公路史》第三卷首发式等多个专项活动。

6 月 5 日，全国政协副主席、中国科协主席、科技部部长万钢
出席在北京举办的世界交通大会并致辞

6 月 24 日，全国政协副主席、中国科协主席、科技部部长万钢
出席在吉林省长春市举办的第十九届中国科协年会并在开幕式上致辞

1 月 10 日，中国科协名誉主席韩启德出席在北京举办的英才计划 2016 年工作总结会并讲话

3 月 20 日，中国科协名誉主席韩启德
出席在北京举办的中国科协举荐中国科学院院士候选人评审会并讲话

1 月 12 日，中国科协第九届全国委员会第二次会议在北京召开

9 月 20 日，中国科协第九届常务委员会第五次会议在北京召开

11 月 15 日，中国科协党组书记、常务副主席、书记处第一书记怀进鹏出席在北京举办的中国科协系统学习宣传贯彻党的十九大精神辅导报告会并讲话

11 月 20 日，中国科协党组书记、常务副主席、书记处第一书记怀进鹏出席在北京召开的中国科协学习宣传贯彻党的十九大精神实施方案汇报交流会并作点评

11 月 27 日，中国科协党组书记、常务副主席、书记处第一书记怀进鹏出席在北京举办的首届“一带一路”科普场馆发展国际研讨会并讲话

5月11日，中国科协党组书记、常务副主席、书记处第一书记尚勇到中国公路学会调研

5月25日，中国科协党组书记、常务副主席、书记处第一书记尚勇出席在北京举办的全国科技工作者日新闻发布会并讲话

8月23日，中国科协党组书记、常务副主席、书记处第一书记尚勇出席在北京举办的2017世界机器人大会并讲话

10 月 10 日，中国科协党组书记、常务副主席、书记处第一书记怀进鹏（前排左二）在北京展览馆参观《砥砺奋进的五年》大型成就展

3 月 28 日，中国科协党组书记、常务副主席、书记处第一书记尚勇（前排左二）出席在河北省保定市举办的智慧城市发展论坛并参观展览

9 月 14 日，中国科协党组副书记、副主席、书记处书记徐延豪（前排左二）出席在北京举办的“科普中国绿色核能主题科普活动”并参观展览

5月26日，中国科协党组成员、书记处书记王春法（右二）出席在北京举办的老科学家学术成长资料采集工程丛书分享会

1月20日，中国科协党组成员、书记处书记吴海鹰（左二）在北京走访看望干部职工

3月10日，中国科协党组成员、书记处书记束为（左二）出席在宁夏回族自治区银川市举办的科技助力精准扶贫培训班并参观调研

9月21日，中国科协党组成员、书记处书记项昌乐（左二）出席在重庆市举办的第十三届中国科技期刊发展论坛并参观展览

7月4日，中国科协党组成员、机关党委书记王延祜（左一）在北京参观中国科协离退休干部书画摄影展

9月16日，中国科协党组成员宋军（右一）在上海市出席2017年全国大众创业万众创新活动周活动并参观展览

2 月 17 日，中国科协 2017 年党风廉政建设推进会在北京召开，中央纪委派驻纪检组组长王宾宜出席会议并讲话

11 月 15 日，中国科协系统学习宣传贯彻党的十九大精神宣讲报告会在北京召开，中央宣讲团成员、中央党史研究室主任曲青山作党的十九大精神宣讲报告

2月23日，2017年中国科协学会学术工作会议在北京召开

2月23日，2017年地方科协学会学术工作交流研讨会在北京举办

3月30日，2017年全民科学素质工作会议在北京召开

中国科协 2017 年
主要活动和重要事件

中国科协 2017 年工作概况

2017 年，在习近平新时代中国特色社会主义思想的战略指引下，我国科技战线砥砺前行、勇攀高峰，推动科技创新实现跨越发展。研发经费投入世界第二，全时研发人员数量世界第一，发明专利申请量连续 7 年全球第一，国际科技论文总量连续 9 年稳居世界第二，在基础研究前沿领域取得一批具有国际影响的重大成果，建成一批世界级重大科技基础设施，战略高技术实现整体跃升，创新治理体系更加完善，科技人才队伍“量”“质”齐增，科技开放合作广度和深度不断拓展。我国科技创新已进入跟跑、并跑、领跑“三跑并存”新阶段，为培育新动能、打造先发优势、塑造引领型发展奠定了基础，为经济发展、社会进步、民生改善和国家安全提供了强有力的支撑。

一年来，在党中央坚强领导下，中国科协深入学习贯彻习近平总书记系列重要讲话精神，坚持以习近平新时代中国特色社会主义思想为指导，贯彻落实中央重大决策部署，认真履行“四服务”职责定位，坚定不移深化改革，各项工作迈上新台阶。

一、坚持以迎接学习宣传贯彻党的十九大为主线，对科技工作者思想政治引领力度进一步加大

牢牢把握科协组织的政治属性，提高政治站位，始终坚持把讲政治作为第一位要求，把巩固和扩大党执政的群众基础作为最重要的政治使命，深入学习习近平总书记治国理政新理念新思想新战略，不断加强对科技工作者的思想政治引领，坚决维护党中央权威和集中统一领导，把广大科技工作者紧紧团结在以习近平同志为核心的党中央周围。

一是精心组织，周密安排，迅速兴起学习宣传贯彻十九大精神热潮。坚持把迎接和学习宣传贯彻党的十九大作为全年工作主线，以组织开展“迎接党的十九大，做合格党员”主题实践活动为载体，营造众心向党、团结稳定的良好氛围。十九大召开前夕，及时召开党组扩大会，对组织收听收看大会盛况、做好学习宣传做出周密部署。十九大期间，通过 516 个全国科技工作者状况调查站点开展问卷调查，把握思想动向，宣传大会精神，及时分析上报。大会闭幕后，第一时间召开党组扩大会和全体党员干部大会传达学习十九大精神，机关部门和直属单位基层党组织合计举办学习活动 1016 场，25855 人次参加。举办科协系统学习十九大精神宣讲报告会和地方科协主席专题培训班，实现“关键少数”全覆盖。及时举办科技工作者座谈会，深入全国学会和地方科协开展宣讲，引导科技工作者准确把握习近平新时代中国特色社会主义思想的核心要义，更加自觉地在思想上政治上行动上与以习近平同志为核心的党中央保持高度一致。

二是创新工作方式，着力在学懂弄通特别是做实上狠下功夫。根据中央统一安排，把学习宣传贯彻党的十九大精神作为第一要务、第一行动、第一考验，对标中央要求，不断深化对习近平新时代中国特色社会主义思想的深刻理解，切实做到“六个聚焦”和“十个深刻领会”，牢固树立“四个意识”，坚定“四个自信”。认真研究制定学习宣传贯彻党的十九大精神实施方案，部署在全系统开展“新时代创新先锋”主题实践活动，切实把学习成效转化为科协系统深化改革的强大动力。坚决破除以文件落实文件、以会议落实会议的形式主义陋习，组织机关各部门各单位把“摆进去”和“跳出来”有机结合起来，明确导向，抓紧压实，转变思想观念，转变目标标准，转变方法措施，通过理论联系实际、开放交流讨论等多种形式，在高强度的思想碰撞中拓视野、找差距。集中 5 个半天组织机关部门和直属单位深入开展学习贯彻方案研讨交流，逐个亮相接受评议，比学懂弄通做实，比创新思路举措，反复修改完善方案，凝练形成科协发展的目标使命、战略思路和重点工程。干部职工思想深受触动，工作作风和精神面貌出现重大变化，把科协工作融入十九大战略部署之中的思想自觉和行动自觉明显增强，争做改革创新先锋、规范高效先锋、品牌创造先锋的“比学赶帮超”氛围初步形成，展现出生动践行十九大精神的全新气象。

三是强化系统协同，突出示范引领，持续把科协系统学习宣传贯彻活动引向深入。做讲政治的知行合一者，坚持科协机关、全国学会和地方科协一体部署、一体推进，领导干部先学一步、学深一层，党组同志深入一线宣讲督导。把学习宣传贯彻十九大精神融入科学道德和学风建设宣讲教育活动之中，邀请知名院士专家结合自身成长经历进行集中宣讲，全国 700 余所高校近 65 万学生和青年教师在线收听收看，反响强烈。中华医学会、中国煤炭学会、中国公路学会、中国力学学会等全国学会，北京、天津市、黑龙江省、湖北省、海南省、西藏自治区等地方科协积极行动起来，广泛开展各种形式的宣讲教育活动。河南省科协在《河南日报》整版开设“不忘初心，牢记使命，坚定不移跟党走”专栏，多层面、多视角展示学习贯彻落实情况。内蒙古自治区科协举办主题党日活动，通过系列学习研讨、知识竞答、红色经典诵读等形式，帮助干部职工及时掌握领会党的十九大精神实质。中华口腔医学会组织医学专家走进贵州省贵阳市、山西省吕梁市岚县，开展十九大精神宣讲和医疗帮扶，以实际行动落实十九大报告关于精准扶贫的战略部署。中国科协通过《科技界情况》等内刊及时反映情况、沟通信息，迅速形成落实、督导、反馈的抓实见效闭环。

二、坚持以全面深化改革为动力，科协工作社会影响力明显提升

全面贯彻落实党中央关于群团改革重大战略部署和习近平总书记重要讲话精神，认真履行为科技工作者服务、为创新驱动发展服务、为提高全民科学素质服务、为党和政府科学决策服务的职责定位，坚定不移强“三性”、去“四化”、除“四风”，努力在团结带领科技工作者打硬仗、打苦仗方面展示新形象、实现新作为。

一是扎实推动改革落地，科协组织活跃程度有所增强。深入贯彻习近平总书记关于群团改革重要讲话和“科技三会”重要讲话精神，全面落实《科协系统深化改革实施方案》，210个全国学会改革全部启动，31个省份出台改革方案。加大统筹协调和督导评估力度，第一阶段确定的改革任务近八成已基本完成，全国学会近九成实现秘书处实体化运作，半数以上聘有专职秘书长，学会承接政府转移职能进入常态化运行，参与科协活动的积极性主动性显著提高。中国营养学会面向全球公开招聘秘书长。中国抗癌协会个人会员总数突破13万人，比上一年度增长8万多人。地方科协改革持续向下延伸，地市级科协改革方案出台率达到76%，县级达到17%以上，支持改革、参与改革蔚成风气。

二是改进服务强化引领，科技工作者认同感明显提高。隆重举行全国科技工作者日活动，评颁首届全国创新争先奖，宣传黄大年、南仁东先进事迹，组织“共和国的脊梁——科学大师名校宣传工程”年度会演，举办中国现代科学家主题展巡展，大力弘扬心有大我、至诚报国的中国科学家精神。发挥政协科协界在社会主义协商民主中的积极作用，做好第十二届全国政协第五次会议科协界委员的服务保障，围绕科技工作者关心关注的切身利益问题建诤言献良策。坚持把举荐培育优秀人才作为重要使命，完善青年人才托举机制，创新筹资方式，扩大资助名额，新增托举优秀青年人才328人。做好两院院士候选人推选工作，推动院士制度改革。倾力打造网上科技工作者之家，1282个各级科协组织、643个各级学会入驻，学术会议直播、科技社交等功能受到好评。针对施普林格出版集团论文“撤稿事件”，以“零容忍”和负责任态度果断亮剑，充分发挥学术共同体的作用，推动严肃查处，正确引导舆情，着力营造风清气正的良好学术生态，受到科技工作者的广泛认可。浙江强化“互联网+学会”理念，充分发挥手机移动终端APP的优势，使传统的学术交流、科学普及、人才培养、决策咨询等实现线上线下同步。广西壮族自治区科协建立桂籍科技人才信息管理系统，深入挖掘“九张创新发展名片”相关领域人才，完善专家联络机制。江西省科协与省委组织部共同深入实施“百人远航工程”，新选送104名中青年科技人员出国进修深造，资助总额500多万元。福建省科协建立机关干部联系基层“1×10×10”长效机制，形成上下联动、共同服务的工作格局。

三是坚持发挥学术交流基础作用，服务创新发展领域持续拓展。中国植物学会、中国宇航学会成功举办第十九届国际植物学大会和2017年全球航天探索大会，习近平总书记分别致贺信。与吉林省人民政府联合举办中国科协年会，以会展赛模式成功举办世界机器人大会、世界交通运输大会等高水平系列品牌国际会议，促进科技创新与融合，提升我国行业国际影响力和话语权。深入实施科技期刊国际影响力提升计划，25种科技期刊跻身世界同类期刊排名前25%（Q1区），《细胞研究》《光：科学与应用》《中国航空学报》等一批英文期刊、《岩石学报》《地球物理学报》《分析化学》《金属学报》等一批中文期刊国际影响力不断提升，《科学通报》（英文版）、《地学前缘》（英文版）、《中国科学：材料科学》等直接进入国际同类期刊排名前列，中国科技期刊国际影响力不断提升，学术引领能力明显增强。着力探索科技融入经济新模式，建立一批学会企业联合体和产业协同创新共同体，学会联合体各项工作有序开展，品牌影响力稳步提升。辽宁省科协组建了“智能制造学会联合体”“化工新材料学会联合体”。安徽省科协组织11个学会筹备成立“智能制造联合体”。与国家发展改革委联合举办全国

“双创”活动周，开展“创响中国”巡回接力活动，营造创新创业良好氛围。动员 100 余个全国学会重点服务地方产业转型升级。中国城市规划学会围绕雄安新区建设提供咨询；中国环境科学学会、中国建筑学会服务西部地区发展；中国国土经济学会助力贫困县实施绿色发展脱贫；中国电子学会、中国复合材料学会、中国汽车工程学会、中国化工学会、中国茶学会等加强与地方合作，深入开展了有特色的创新驱动助力工作。在浙江省宁波市成功召开全国创新驱动助力工程总结交流会。近 20 个全国学会和 10 多个省级科协深入开展“双创”服务，上海市科协承办 2017 年全国“双创”活动周主会场相关主题展示，陕西省科协举办创新创业大赛，宁夏回族自治区科协举办“塞上学术月”活动，支持学会开展学术交流。实施科技助力精准扶贫工程，据科技助力精准扶贫在线填报平台初步统计，全国共组织动员 2.67 万名科技专家、1590 个科技组织参与科技扶贫，助力带动 51.29 万建档立卡贫困人口脱贫。组织 600 多位专家编写《科技助力精准扶贫工程丛书》，通过地方科协、农技协、学会和企业形成有效帮扶对接项目 182 个。定点支持吕梁市临县、岚县脱贫攻坚，帮助建立 14 个科技种植示范基地，直接带动建档立卡贫困户 2135 户 6232 人增收脱贫。科协系统援疆援藏科技增效工程有序实施，有力支持新疆、西藏地区开拓科普资源、促进经济社会发展。青海省科协成立精准扶贫专家服务团，将扶贫与科普相结合，建立精准脱贫科普信息员队伍。山西省科协设立科协评估评价中心，接受省扶贫办委托开展全省 18 个样本县易地扶贫搬迁工作成效第三方评估等多个评估项目，受到地方党委政府好评。

四是推动学会承接政府转移职能常态化，学会公共服务质量不断提升。2017 年，30 个全国学会开展 47 个“承能”示范项目，18 个全国学会承担工程教育专业认证工作。截至目前，全国学会已经连续承担化学、数理、地学、生物和医学等领域国家重点实验室评估。受科技部委托，信息科技学会联合体承担信息领域国家重点实验室 2017 年评估工作。中国标准化协会牵头、30 个全国学会参与成立了团体标准化发展联盟。中国铁道学会发布《市域铁路设计规范》，填补了铁道领域团体标准空白。中国公路学会发布《同向回转拉索技术指南》等团体标准，核心技术已被成功应用于港珠澳大桥等一批重点工程。中国电机工程学会和中华医学会推荐的 2 个项目获得国家科技进步奖特等奖。中国建筑学会梁思成建筑奖成为国际建筑界最高奖项之一。江苏省科协现有 85 家学会参与“承能”工作，承担 411 项转移职能，3A 以上省级学会实现全覆盖，带动 391 家市县学会“承能”836 项。北京市科协以“经理学术”思路推进学会整体改革，支持 60 家“百强社团”创建单位开展试点，打造标杆学会。广东省科协实施学会创新和服务能力提升计划，推进学会改革发展。贵州省科协有序推进省级学会承接政府转移职能试点，省气象学会、省化学化工学会、省医学会等 7 家省级学会承能工作进展显著。

五是统筹扩大资源供给，科普服务的社会功能进一步显现。认真履行全民科学素质纲要实施工作办公室职责，不断加大科普工作统筹协调力度。扎实推进中国特色现代科技馆体系建设，全国达标科技馆总数 169 座，免费开放试点单位 138 家，服务公众近 1 亿人次，中国流动科技馆完成第一轮全国巡展。建设 412 所农村中学科技馆，流动科技馆、科普大篷车累计受益公众近 3 亿人次，科普公共服务产品供给水平显著提升。以“互联网 + 科普”全力打造科普中国品牌，扩大优质科普资源供给。建立社会重大事件科普快速反应机制，C919 首飞期间组织生产 160 余项相关科普作品，全网传播量近亿次；九寨沟地震 48 小时内推出百余篇科普作品，累计浏览量超 5600 万人次。实施基层科普行动计划，为贫困地区和公民科学素质薄弱地区提供公共科普服务。深入开展“科普中国 · 百城千校万村行动”，推进各地开展科普中国栏目（频道）、移动端传播体系、科普中国 e 站、科普信息员队伍等科普传播渠道建设，助推公民科学素质跨越提升。全国 23 个省（自治区、直辖市）印发方案或召开工作推进会，建成科普中国 e 站 2.49 万个，全国科普员注册人数达 10.1 万。精心组织全国科普日主题活动，参与公众超 2 亿人次。联合中央电视台主办《中国青少年科学总动员》，累计 2.59 亿人次收看，央视网多终端覆盖人群超 10.4 亿人次。在香港回归 20 周年之际举办“创新驱动　成就梦想”科技展，在香港同胞中影响热烈广泛。四川省科协承办“中国科幻大会”，打造相互交流、融合发展的平台，推动科普科幻产业发展。新疆生产建设兵团科协加强“双语”科普作品创作和资源开发，发挥科普“去极端化”作用，倡导现代文明生活方式。

六是加强智库体系建设，服务科学决策能力不断提高。自觉围绕国家发展战略选题目，主动研究提交雄安新区国际化科教新城和创新特区建设调研报告，受到中央领导同志肯定。根据中央人才工作协调小组安排，在世界互联网大会期间举办互联网人才论坛，发布全球互联网人才报告，发出中国声音。积极承接中央部委委托任务，围绕国家中长期人才发展规划纲要、全面创新改革试验区、国家“双创”示范基地建设和政策措施落实情况等进行第三方评估，部分评估意见纳入国家政策。着力建设“小中心、大外围”科技创新智库体系，优化全国科技工作者状况调查站点结构，依托学会联合体虚拟布局一批专业研究所，注重发挥好老科技工作者协会作用，提交一批高质量调研报告，科协智库影响力稳步提升。江苏省科协打造苏科创新战略研究院；重庆市科协围绕打造“一带一路”与长江经济带协同创新研究中心，加强科技创新智库建设。

七是拓展国际合作交流，中国科技的国际话语权有效提升。成功推荐龚克高票当选世界工程组织联合会主席，实现该组织成立50年来首次由中国科学家担任主席的零的突破。推荐王曦、黄维分别当选亚洲科学理事会候任主席、亚太工程组织联合会副主席，推荐赵忠贤连任世界科技工作者协会副主席。参加第32届国际科学理事会全体大会，实现高案目标，有力维护国家核心利益，受到国家有关部门高度肯定。顺利实施“一带一路”国际民间科技组织合作平台建设项目，成立10个联合研究（培训）中心，覆盖沿线63个国家。研究制定中国科协“一带一路”民间科技人文交流计划（2018—2020）。成功举办第8届东盟－中日韩（10+3）青少年科技冬令营与教师科技研讨会、2017年科学教育国际论坛、“一带一路”青少年创客营与教师研讨活动。推动招才引智阵地前移，2017年新增11个海智计划工作基地，引入海外科技人才2880人，探索设立比利时海外海智创新创业基地，新增海外人才离岸创新创业基地5个，努力实现“离岸创新、国内转化”。山东省科协推进“海智强鲁”计划，实施“扬帆行动”，推进科技交流。云南省科协积极推进“科普东盟”建设，先后赴泰国、老挝、文莱等国开展测绘、城市规划、传统医药等方面的学术交流。

三、坚持以全面从严治党为抓手，科协系统组织建设得到有力加强

坚持把党的政治建设摆在首位，突出重点、抓住关键，健全制度、强化监督，充分发挥科协党组的政治核心作用、基层党组织的战斗堡垒作用和优秀党员的先锋模范作用，以“关键少数”的模范行为推动营造众心向党、风清气正的良好政治生态。

一是把全面从严治党作为首要政治责任扛在肩上，推动形成众心向党、气正风清的政治生态。认真落实“一岗双责”，重点抓好主体责任和责任主体，把纪律和规矩挺在前面，扎实推进“两学一做”学习教育常态化制度化，以永远在路上的坚韧锲而不舍加强作风建设、持之以恒反“四风”。出台《中国科协贯彻落实中央八项规定精神实施细则》，对严格执行中央八项规定情况进行督察，开展财务廉政风险专项检查，强化监督执纪问责。及时建立巡视制度和工作机构，党组书记担任领导小组组长，启动党组巡视，强化震慑效应。积极推进学会党建工作，193个全国学会成立党委，162个全国学会办事机构成立基层党组织，实现学会党组织全覆盖，党对科技界的政治领导明显加强。河北省科协强化党建主体责任，实现了所属145个省级学会党组织和党的工作两个全覆盖。湖南省科协精准推进学会党建“两个覆盖”，省级学会党组织覆盖率达到99%，选派31名党员干部担任学会党支部“第一书记”。新疆维吾尔自治区科协推动所属106个学会（协会、研究会）成立学会党组织92个，党组织覆盖率达到87%。

二是改进选人用人机制，提升干部队伍能力水平。按照习近平总书记关于好干部的“20字”标准，进一步优化选人用人机制，明确政治标准导向，真正把想干事、能干事、干成事、清正廉洁的好干部选出来、用起来，努力营造风清气正的政治生态。加大科协干部专兼挂交流力度，选派部分机关干部深入基层一线挂职锻炼，从全国学会、地方科协和院所高校选拔一批优秀科技工作者进入科协机关工作，在双向交流中增进理解、强化服务意识、提高能力水平。把干部培训放在更加突出的位置，举办科协机关青年干部培训班、全国学会秘书长培训班、县级科协主席培训班，引导科协干部不断增强“四个意识”、坚定“四个自信”，更加自觉地用习近平新时代中国特色社会主义思想武装头脑、指导实践、推动工作。

三是着力强化基层组织建设，科协工作覆盖面不断扩大。抓住县级科协这个关键，深入开展县级科协建设状况调查，分析突出问题及其深层次原因，研究制定加强县级科协工作的意见，召开现场会总结推广成功经验，推动解决“四缺”问题。重点推进高校科协和企业科协建设，发布《高等学校科学技术协会组织通则（试行）》，三分之一以上高等院校成立科协，高校科协成为科协基层组织的重要组成部分。企业科协组织建设和工作明显改观。浙江省科协推广“余姚模式”，2017 年全省基层组织覆盖率达到 70%，2018 年将实现村社校企全面覆盖。甘肃省推动 22 个合署办公的县区科协实现独立建制，依托乡镇农技站组建了 232 个农技协联合会。福建省推广基层组织建设“福安经验”，建成 62 个高校科协、1800 多个企业科协、1000 多个乡镇（街道）科协、12000 多个农技协（村、社区科普协会），覆盖率分别达到 70%、55%、91%、71%。

四是加强制度化规范化建设，确保工作抓实见效。修订《中国科学技术协会全国代表大会任期制办法》，开展代表联络服务工作创新试点。修订《中国科学技术协会常务委员会工作规则》，为常委会开展工作奠定制度化规范化程序化基础。出台《中国科学技术协会党组会议会务工作规范》《中国科学技术协会书记处会议会务工作规范》等一系列规章制度。完成中国科协重点工作调研督查，全面启动重要工作督办，确保重大工作部署落实到位，推动工作形成完整“闭环”。

2017 年科协工作之所以开创新局面、取得新成绩，根本在于以习近平同志为核心的党中央坚强领导，在于习近平新时代中国特色社会主义思想的科学指引。同时，我们也深切认识到，对标中央要求，面向世界一流水平和科技工作者期待，科协各项工作还存在很大差距，主要表现在：对新形势下科协组织使命目标的思考不够深刻，对科协工作的规律性把握不足；学会治理现代化水平整体还处于“补课型”“改善型”阶段，学术引领作用和会员服务能力较弱；“科学普及与科技创新同等重要”没有破题，科普开放合作程度不够，优质科普资源供给不足；智库体系建设和智库产品影响与科协地位不相称；团结凝聚科技工作者的手段方式比较传统，效果还不理想，政治引领和政治吸纳作用发挥不充分；科协工作在一些地方仍然没有得到应有重视，县级科协和地市级以下学会基础薄弱，基层组织“四缺”问题没有根本解决，与科技工作者联系不亲不紧问题依然存在，群众组织力不能很好适应新时代新任务要求。这些都是科协事业发展中的突出问题，必须用改革和发展的方法加以解决。

综　合

【全国政协科协界委员议政建言】 3 月 5—6 日，全国政协科协界委员围绕政府工作报告展开热烈讨论，议政建言。委员们一致认为，面对严峻复杂的宏观形势和艰巨繁重的改革发展任务，在党中央的坚强领导下，从容应对挑战，奋力攻坚克难，经济持续健康发展，社会事业全面进步，民计民生不断改善，成绩来之不易；2017 年，在深入实施创新驱动发展战略、持续推进大众创业万众创新、切实抓好供给侧结构性改革、着力推动经济提质增效升级之际，将以政府工作报告中提出的 2017 年工作部署为指导，充分发挥协调关系、汇聚力量、建言献策、服务大局的作用，不忘初心、继续前进。

3 月 7 日下午，中国科协党组书记、常务副主席、书记处第一书记尚勇专程来到全国政协科协界委员驻地北京会议中心看望委员，参加小组会议，听取委员意见建议。教育部副部长杜占元、中国气象局副局长许小峰、国家知识产权局副局长贺化、中国地震局副局长赵和平以及相关部门负责人一同参加会议。会议由全国政协委员陈赛娟主持。

齐让、程津培、沈保根、曹湘洪、李兰娟、张勤、宋家慧、张薇、钟志华、马军胜、田力普、袁亚湘、顾秉林、陈赛娟、包为民、陈平平、尹伟伦、赵进才等委员围绕着政府工作报告，就经济社会发展、科技科研体制改革、基础研究、创新驱动发展、生态环境保护以及全民科学素质等方面展开了热烈讨论，议政建言。

3 月 11 日，全国政协十二届五次会议科协界召开小组会议，围绕热点问题议政建言。中共中央政治局委员、国家副主席李源潮，全国政协副主席、中国科协主席、科技部部长万钢，中国科协党组书记、常务副主席、书记处第一书记尚勇，科技部党组成员、秘书长徐建培，全国政协副秘书长邓宗良等参加会议，全国政协委员齐让主持会议。

为进一步突出界别特色、加强界别协商的具体举措和生动实践，经科协界委员集体讨论提出并经大会研究确定，科协界讨论的热点问题是“科技评价和科普”。会上，沈保根、包为民、易建强、李兰娟、王超、曹湘洪、李和平、王光谦等委员围绕“科技评价和科普”这一热点问题，分别就科技人才评价、科技计划实施、创新环境建设、提升科学素质、科学家的科普责任等方面先后发言，李源潮、万钢还同委员们进行了交流互动。

【全国政协科协界委员赴中国科技馆、河南省专题调研】 8月24日上午，全国政协科协界委员专题调研组赴中国科技馆对农村中学科技馆进行专题调研、听取工作情况汇报，会后实地考察了农村中学科技馆展示现场。

全国政协委员、人口资源环境委员会副主任齐让，全国政协委员、中国航天科技集团公司科技委主任、中国科学院院士包为民，全国政协委员、中国石化股份有限公司原高级副总裁、中国工程院院士曹湘洪，全国政协委员、中国科学院物理研究所学术委员会副主任、中国科学院院士沈保根，全国政协委员、中国航天科技集团公司第一研究院原党委书记梁小虹，全国政协委员、北京国际技术合作中心主任杨文良，全国政协委员、中国科学院文献情报中心副主任张薇，全国政协委员、水利部水利水电规划设计总院副院长李原园，全国政协委员、中国航天科技集团公司第十一研究院研究员周伟江等科协界委员参加调研。调研组特约全国政协委员、教科文卫体委员会副主任陈小娅一同参加。中国科协党组副书记、副主席、书记处书记徐延豪以及全国政协办公厅四局、国家科技评估中心和中国科协办公厅、计划财务部、科学技术普及部、中国科技馆等单位和部门负责人一同调研。

调研组听取了中国科技馆发展基金会关于农村中学科技馆公益项目实施以及建设运行情况的汇报和国家科技评估中心对农村中学科技馆公益项目评估情况的汇报，与会人员就农村中学科技馆建设运行情况、今后发展态势、农村青少年科学素质提升等方面进行了深入交流和研讨。

与会委员强调，五年来，农村中学科技馆建在农村、为农民所用、为农村青少年所学，受到中西部基层农村广大师生的普遍欢迎和赞誉，农村中学科技馆建设收效良好、成绩显著。希望中国科技馆发展基金会进一步加大公益资金筹集力度和宣传力度，引导、鼓励和吸引社会资金投入；对于到“十三五”末实现建成千所馆的目标，要进一步加强研究，制定出可操作、可落地的实施办法；要积极同教育主管部门加强沟通协调，将农村中学科技馆作为实施素质教育的重要平台和抓手，纳入中小学校科学课范畴；要进一步完善管理制度，加强内容建设研究，维护更新好已有实体馆，按照符合时代要求和广大农村师生需求，不断丰富和完善新馆建设。

调研组来到设在中国科技馆临时展览厅的展示区，考察和观摩了农村中学科技馆实物展示现场，并同现场青少年学生、教师和家长进行了交流。

9月19—21日，由全国政协人口资源环境委员会副主任、中国老科技工作者协会常务副会长齐让带队的全国政协科协界专题调研组赴河南省就农村基层科普工作进行专题调研。河南省政协主席叶冬松，省委常委、洛阳市委书记李亚，洛阳市政协主席刘应安等领导以及洛阳市、周口市有关负责人会见调研组或分别参加调研。

在洛阳师范学院，调研组参观河洛文化国际研究中心、旅游文创商品展室、枣科学研究应用中心等，听取了科普教育工作情况介绍。在航天员陈冬的母校——洛阳市第22中学，调研组出席了校园科技馆落成仪式并与学校校长、学生代表共同为校园科技馆揭牌，对校园科技馆落成开馆表示祝贺。在洛阳洋丰果业科普示范基地，调研组参观科普画廊、电子商务中心、多媒体教室等，听取当地科协关于农村科普信息化建设等工作开展情况的介绍。

在周口市，调研组来到淮阳县农村中学，实地查看科技馆展品、校园科普e站、校园创客中心等运行情况，并召开农村中学科技馆调研座谈会，听取青少年学生对科技馆和科普展品的认识和感受。调研组到淮阳县新陆春天科普示范基地参观基地无公害产品展示、乡村科普e站、科普惠农服务站等，听取基地负责人关于基地发展、农村科普、青少年科普教育、科技助力精准扶贫等方面的介绍。

调研组充分肯定了河南省在科普教育方面所做的工作，对结合本地实际开展的科普信息化工程、农村电商技能人才培训等特色亮点工作给予了高度评价。针对大家提出的科普教育方面的问题，调研组表示，中国科协要和省市县联动，搭建多元化平台，调动科研、教学、推广、科普等单位和社会相关方面的积极性，充分发挥科技馆、科普示范基地等在科普教育方面的功能作用，面向青少年和广大公众普及科技知识、倡导科学方法、传播科学思想、弘扬科学精神，切实推进科普工作的社会化、群众化、经常化，为实施创新驱动发展战略提供强有力支撑。

参加此次调研的全国政协科协界委员还有中国航天科技集团公司第一研究院原党委书记、副院长梁小虹，洛阳师范学院院长梁留科，中国科学院武汉分院原党组书记、副院长陈平平，北京国际技术合作中心主任杨文良，北京航空航天大学科协副主席徐世杰，中国铁道科学研究院主任研究员李和平，中国航天科技集团公司第十一研究院研究员周伟江等。

中国科协科普部、河南省科协相关负责人参加调研。

【中国科协第九届常委会组织建设专门委员会第一次会议】 1 月 4 日，中国科协第九届常委会组织建设专门委员会第一次会议在北京中国科技会堂召开。中国科协党组成员、书记处书记、专委会主任王春法主持会议。专委会副主任吴孔明、宋军，委员王守东、王春秋、王洵、王婷、刘兴平、李志刚、张力立、武向平、范唯、徐晓兰、郭哲、雷增光出席会议。

王春法指出，党的十八大以来，特别是中央党的群团工作会议和全国“科技三会”召开以来，科协组织面临的形势、任务和要求发生了重大变化。科协系统组织建设事关科协事业发展全局，迫切需要加强顶层设计、完善制度规范，构建上下联动、左右联通的组织体系，发挥组织网络优势，激发改革创新活力，不断推动开放型、枢纽型、平台型科协组织建设，履行好中央赋予的“四服务”职责。常委会组织建设专委会承担着研究谋划并指导科协系统组织建设工作的职责任务，希望各位委员结合本职工作实际，积极参与专委会工作，履职尽责，多出谋划策，多提意见建议，共同把科协系统组织建好做强。

会议审议和研究了《中国科学技术协会全国代表大会选举工作条例（试行）》《地方科学技术协会主席、副主席选举结果备案办法（试行）》《中国科学技术协会全国学会组织通则（试行）》修订稿、全国学会团体会员动态调整情况报告和学会联合体成立情况报告，同意有关文件经书记处会议研究后提请常委会会议审议。会议还研究了《关于加强县级科协建设的若干意见》征求意见稿以及《2016 年中国科协组织建设工作总结》和《2017 年中国科协组织建设工作要点》。

委员们紧扣科协系统深化改革实践，围绕有关议题深入研讨、充分交流，针对审议文件的具体内容，特别就专委会 2017 年工作提出了许多建设性的意见建议。建议加强对科协系统组织建设状况的调查研究，深入全国学会、高校科协、企业科协和乡镇农村了解学会改革中存在的突出问题和难点，掌握科协基层组织建设的薄弱环节；加快研究制定完善与章程配套的全国代表大会选举工作条例、中国科协团体会员管理办法、全国学会组织通则、县级科协组织通则、企业科协组织通则、高校科协组织通则等规章制度，构建完整的中国科协组织制度体系；积极推进学会党建工作，不断提升学会治理体系和治理能力现代化水平；积极与中央有关部门沟通，联合印发《关于加强县级科协建设的若干意见》，加强对县级科协建设的指导。

中国科协组织人事部、学会学术部、科学技术普及部、企业创新服务中心、农村专业技术服务中心有关负责人参加会议。

【中国科协第九届常委会组织建设专门委员会第二次会议】 6 月 20 日，中国科协第九届常委会组织建设专门委员会第二次会议在北京中国科技会堂召开。中国科协党组成员、书记处书记、专委会主任王春法主持会议。专委会副主任宋军、吴孔明，委员王守东、王春秋、王洵、王婷、李志刚、张力立、武向平、范唯、骆清铭、徐晓兰出席会议。

会议研究讨论了关于成立中国科协先进材料学会联合体有关事宜和《中国科学技术协会全国委员会常务委员会工作规则（修改草案征求意见稿）》《中国科学技术协会全国代表大会代表任期制办法（修改草案）》《高等学校科学技术协会组织通则（草案）》《中国科协发展高校科协作为团体会员实施办法（草案）》等文件，听取了 2017 年全国学会和地方科协干部培训工作安排的汇报。

委员们一致认为，结合当前中国科协事业发展和基层组织建设工作实际，对各项审议文件内容进行修改完善具有重要意义。委员们认真审议了有关文件，提出了多项具有建设性的修改意见和建议。会议同意将成立中国科协先进材料学会联合体事宜提交常委会审议，同意将《中国科学技术协会全国委员会常务委员会工作规则（修改草案征求意见稿）》和《中国科学技术协会全国代表大会代表任期制办法（修改草案）》修改完善后提交九届四次常委会会议审议。

王春法在总结中指出，有关文件的制定和修改要以中国科协章程为依据，要适应“科技三会”召开以来的新形势、新任务，要体现党中央对科协工作的新部署、新要求。中国科协基层组织建设是 2017 年党组书记处研究确定的五大重点难点任务之一，基层组织建设工作要紧跟科协事业发展的新形势、新任务、新特征，进一步加强顶层设计、完善体制机制。他强调，下半年专委会要针对全国学会、高校科协、企业科协、农技协等基层组织建设工作深入开展专题调研，充分了解各地各类组织建设实际情况，有效推进科协组织建设工作。他希望委员们积极参与调研科技工作者的需求，共同为科协系统组织建设和干部培训工作出谋划策。

中国科协办公厅、组织人事部、学会学术部、培训和人才服务中心等相关部门和单位负责人参加会议。

【中国科协第九届常委会学术交流专门委员会第一次会议】 1月11日，中国科协第九届常委会学术交流专门委员会在北京中国科技会堂召开。中国科协副主席、中国科学院院士、学术交流专委会主任李静海主持会议。中国科协党组成员、书记处书记、专委会副主任项昌乐，董尔丹等委员及委员代表出席会议。

李静海对本届专委会的组成情况、主要职责进行了简要介绍。他指出，学术交流是中国科协学会学术工作的核心，要坚持“三个面向”，进一步强化系统思考和顶层设计，规划好学会学术工作未来五年的工作路线图，加强学术会议和科技期刊相关项目的针对性和目标导向，确保实施效果。要继承和发展中国科协学术交流工作的优良传统，推动相关政策落实，加大督促检查力度，加强经验交流，促进学科交叉融合，服务国家科技创新和学术评价、人才评价的需求。他要求，在本届专委会五年任期内，各位委员要凝聚共识、齐心协力，共同努力推动营造良好学术环境，引导正确理念和价值观，推动学术交流工作取得新的成就。

项昌乐表示，学术交流是科协工作中至关重要的一项工作，在今后的工作中要注重“搭平台、创环境”。搭平台，就是要搭建不同类型的高水平学术交流和高质量期刊论文发表平台，为科技工作者提供更加丰富的、针对性更强的服务。创环境，就是要发挥中国科协优势，一方面要推动国家相关科技政策贯彻落实到位，另一方面要组织科技工作者通过舆论和社会媒体对群众关心的热点问题发出权威声音，传播正面导向，创造良好的科研保障条件和社会舆论导向。学术交流专委会要在指导和推动科协的学术交流工作方面发挥更大的作用。

中国科协学会学术部副部长苏小军向专委会汇报了《中国科协九届常委会学术交流专门委员会2017年度工作计划》和《中国科协学术交流2016年度工作总结和2017年度工作计划》，经会议审议和研究后通过。

随后，委员们针对工作计划进行了深入讨论交流。委员们认为，中国科协在今后的工作中应在学术交流和科技期刊方面加强顶层设计、推动优化环境，加大政策落实力度和检查力度，加强经验交流，搭建大数据平台，建立各学会学术活动信息的发布机制，建立学术论文评估体系，提升中国学术期刊的影响力；特别是在学术会议方面应落实、落细、落小，要更加注重会议质量和实效，还要增加基层科技工作者的参会机会。

中国科协学会学术部、学会服务中心有关负责人参加会议。

【中国科协第九届常委会决策咨询专门委员会第一次会议】 3月3日下午，中国科协第九届常委会决策咨询专门委员会第一次工作会议在北京中国科技会堂召开。中国科协副主席、专委会主任李洪出席并主持会议。中国科协党组成员、书记处书记、专委会副主任王春法，专委会委员王一然、向友权、李平、胡元明、郭哲、罗晖等出席会议。中国科协调研宣传部、创新战略研究院有关负责人列席会议。

李洪介绍了专委会的委员名单及工作职责，希望各位委员积极参与专委会工作，履职尽责，多出谋划策，多提宝贵意见建议，共同推进决策咨询工作。王春法介绍了决策咨询专委会的发展历程与历史沿革。

会议听取并审议了中国科协智库体系建设2017年工作思路。委员们一致认为，专委会办公室提出的工作思路清晰，体现了中国科协科技创新智库体系建设紧密围绕党和国家的工作大局，围绕国家重大战略规划与布局，充分发挥科协系统汇聚高精专家优势，不断完善智库体系研究基地建设布局，创新智库人才交流机制。大家表示，将发挥各自优势，积极参与科协决策咨询工作，共同推动中国科协智库体系建设，服务国家科技创新战略，支撑国家科技决策。

会议研究讨论了专委会2017年工作计划，决定围绕四个方面展开工作：一是学习贯彻中央政策精神，强化思想政治引领作用；二是助力科技创新智库建设，支撑国家科技决策体系；三是组织开展第三方评估，服务国家科技发展战略；四是聚焦科技领域热点问题，继续举办科技政策论坛。

委员们建议，以贯彻中央政策精神为工作基本依据，助力科协科技创新智库建设，支撑科协决策咨询品牌；要通过国际学术交流、加强与国际知名智库的合作、通过有影响力的智库报告等途径，进一步提升中国科协智库体系在国际上的影响力；在智库建设中，要充分发挥体系优势、高精专家汇聚优势，提供专家施展才华、建言献策的平台；围绕国家发展重大问题，通过多种渠道积极为党和政府献言献策。

【中国科协第九届常委会企业自主创新专门委员会会议】 1月8日，中国科协第九届常委会企业自主创新专门委员会第一次会议在北京中国科技会堂召开。中国科协副主席、专委会主任、中国铁路总公司总工程师、中国工程院院士何华武主持会议。中国科协党组成员、书记处书记项昌乐，中国科协党组成员兼学会学术部部长、企业工作办公室主任、专委会副主任宋军，委员金智新、才让、朱希铎、吴礼军、郑浩峻、贾小波等出席会议。

项昌乐代表中国科协党组对专委会委员接受聘请、为企业创新工作进言把脉表示感谢。他说，科协系统服务科技创新大有可为，各位委员要积极献计献策，企业工作办公室和企业创新服务中心要建立网上办公机制，及时咨询委员意见和建议。重点做好两方面企业创新服务工作：一是帮助企业营造创新环境，倡导创新文化，推动企业自主创新；二是深化科技服务工作，促进企业的创新发展。

何华武在总结讲话中强调，要正确认识专委会的职责和定位，团结广大科技工作者听党话、跟党走。企业创新服务工作在 2017 年要有所突破，以“创新争先行动”为引领，加强科技信息、行业专家、创新方法等创新资源的建设和使用，打通企业技术创新“最后一公里”。要深入基层，多了解一线科技人员的情况，通过科协组织为他们提供实实在在的服务。

宋军通报了专委会的成立背景、委员构成和基本职责。郑浩峻汇报了 2016 年企业创新服务工作情况。会议审议研究了《中国科协第九届常务委员会企业自主创新专门委员会 2017 年工作要点》。

委员们认为，近年来，中国科协积极投身经济建设主战场，服务创新驱动发展战略，加大企业创新服务工作力度，协助国家发展改革委成功举办全国“双创”活动周，开展专利信息推送服务、院士专家工作站建设、一线创新工程师培养、企业科协组织建设等重点工作，为企业创新提供了有力支撑，取得了良好效果。在今后的工作中，要充分发挥科协系统的学术资源和组织优势，加强跨界融合和资源对接，为产业升级提供系统服务；加强企业科技资源信息化建设，实现供需双方互联互通；创新科技成果交易方式，探索建立科技服务市场化机制，鼓励企业将更多科技成果和技术转化为现实生产力。

【中国科协第九届常委会科技工作者道德与权益专门委员会第一次会议】 2月8日，中国科协第九届常委会科技工作者道德与权益专门委员会第一次会议在北京中国科技会堂召开。中国科协副主席、专委会主任高松出席并主持会议。专委会副主任王春法、项昌乐，专委会委员方忠、李元元、吴虹、何鸣鸿、陈勇、房建成、饶克勤、梅宏出席会议。

高松简要介绍了专委会的设置背景和人员构成情况，他希望各位委员积极参与专委会工作，履职尽责，多出谋划策，多提宝贵意见建议，共同推进科学道德和学风建设，共同维护科技工作者合法权益，营造风清气正的学术生态环境。

会议研究了专委会的工作定位和 2017 年工作要点，听取了全国科学道德和学风建设宣讲教育成效评估课题汇报，讨论了国际出版集团撤稿事件。

会议原则同意 2017 年专委会工作要点，确定第十九届中国科协年会开幕前一天在吉林大学举办科学道德建设论坛，拟定“人才成长与诚信建设”作为论坛主题。委员们建议，根据科协的职责和特点，专委会应重点围绕推动建立科学道德体制机制和制度规范建设、强化科学道德和学风建设宣讲教育、关注科技界重大科研诚信事件、加强科学道德诚信建设理论研究与国际交流合作、营造风清气正的学术生态环境等方面确定工作定位。

委员们一致认为，全国科学道德和学风建设宣讲教育五年多来的工作成效显著，下一步要运用好成效评估结果，持续深入推进宣讲教育。推动高校加强科学道德课程、教材建设，将科学道德教育纳入学生培养考核环节，发挥导师在学生科学道德教育中的主导作用，发挥学术不端行为典型案例的反面警示教育作用，加强我国科学道德和学风建设状况的调查研究。

委员们建议，要主动理性应对撤稿事件，加强正面宣传引导，注意防止撤稿事件背后抹黑我国科技界国际形象的图谋；深入了解撤稿事件涉事杂志情况，探索曝光一批以赚取中国科研经费为目的的“掠夺性期刊”，将其列入黑名单；加大科技和人才评价体制机制改革，尽快建立科学合理的符合不同类型人才的考核评价导向。

中国科协组织人事部部长兼专委会办公室主任王守东等参加会议。

【中国科协第九届常委会科技工作者道德与权益专门委员会扩大会议】 6月5日，中国科协第九届常委会科技工作者道德与权益专门委员会扩大会议在北京中国科技会堂召开。中国科协副主席、专委会主任高松主持会议。专委会副主任委员王春法、项昌乐，八届专委会主任委员黄伯云、副主任委员李静海，八届、九届委员王乃彦、王兴、王志珍、朱邦芬、吴常信、何鸣鸿、陈勇、房建成、胡海岩、龚旗煌、阎锡蕴、薛其坤，以及积极关注撤稿事件的清华大学公共管理学院院长薛澜和中国科学技术大学副研究员袁岚峰出席会议。

会上，王春法传达了中央领导同志关于撤稿事件的指示精神，介绍了中国科协应对集中撤稿事件开展的有关工作。与会专家研究讨论了《科技工作者道德行为自律自净准则》和《关于对集中撤稿论文作者处理的指导意见》，提出了建设性意见建议。

与会专家一致认为，中国科协始终高度重视撤稿问题，密切关注事件进展，责成中华医学会开展调查并及时发声，摸排了解涉事作者所在单位调查处理情况，于撤稿事件公布前三天约谈施普林格出版集团负责人，全面了解撤稿的起因和主要情况，认真分析掌握问题线索，为继续深入调查提供依据，主动配合国家科技、教育、医疗等管理部门，认真研究应对措施，共同提出解决之策，对维护我国科技界的国际声誉和科技工作者的合法权益发挥了积极作用。

与会专家提出，要对集中撤稿事件进行彻查，依法依规进行严肃处理。学习借鉴国外学术不端调查处理的好经验，建立完善相关法律法规。推动评价体制机制改革，建立以品德、能力、业绩水平和实际贡献为标准的评价体系，破除唯论文、唯SCI“紧箍咒”。积极关注国际出版集团动态，警惕不良学术期刊，推动有关部门建立完善法律制度，加大对科技服务中介的管理和规范。加强舆论引导，广泛宣传我国科技界取得的巨大成就，树立我国科技工作者严守学术规范、践行科学精神的典型榜样，弘扬正能量、倡导主旋律。

中国科协组织人事部部长兼专委会办公室主任王守东、调研宣传部部长郭哲、组织人事部副部长解欣等参加会议。

【中国科协第九届常委会青年科技工作者专门委员会第一次工作会议】 3月9日，中国科协第九届常委会青年科技工作者专门委员会（以下称青专委）第一次会议在北京中国科技会堂召开。会议由中国科协副主席、青专委主任、中国科学技术大学常务副校长潘建伟院士主持。中国科协九届全委、青专委副主任、北京航空航天大学副校长房建成院士，中国科协九届全委、青专委副主任、中国科学院古脊椎动物与古人类研究所所长周忠和院士，九届青专委委员王群、王进展、方忠、李赞、李儒新、张建、张红文、陈颖、陈山枝、陈常青、荆勇、段美娟、聂晓玲、黄如出席会议。中国科协党组成员、书记处书记王春法出席会议并讲话。中国科协组织人事部部长王守东参加会议。

会上，王守东介绍了专委会组成人员及职责，并向委员们颁发了委员证书。与会委员听取了《第八届青年工作专门委员会五年工作总结》，研究审议了《青年科技工作者专门委员会2017年工作计划》。

会议对中国科协第八届常委会青专委五年来的工作给予了充分肯定。会上，委员们围绕青专委2017年工作计划进行了研究，围绕开展加强青年科技工作者成长规律研究以及工作调研、加强对青年科技工作者的思想政治引领、开展人才举荐及表彰奖励、加大对优秀青年科技工作者的宣传、创新争先奖实施细节等进行了讨论。讨论过程中，委员们分别基于各自领域的实际情况有针对性地提出多项意见与建议。

王春法在讲话中表示，青专委历来是科协各专委会中最活跃的专委会之一，开展了大量的工作，取得了良好的成效。王春法对青专委的工作提出三点建议：一是青专委积极发挥作用，加强对青年科技工作者的团结引领，营造有利于青年科技工作者成长成才的环境；二是各位委员结合自身优势，认真履行委员职责，积极参加各项活动，共同推动专委会年度工作计划落到实处；三是专委会办公室认真做好服务工作，认真策划好各项活动，及时收集委员意见和建议，为各位委员开展工作创造条件。

潘建伟在总结时强调，习近平总书记在关于知识分子的重要讲话中充满了对知识分子的重视、关爱和期待，这其中也包含了对科技工作者的期许。青专委委员有责任为青年科技工作者的成长提供良好的环境，为国家培养一批优秀的青年科技工作者贡献一分力量。希望大家认真履行职责，加强对青年科技工作者的联系服务，以品牌活动为抓手，在五年任期内推动各项工作取得明显成效，切实服务创新驱动发展战略，为建设世界科技强国贡献自己的力量。

【中国科协第九届常委会青年科技工作者专门委员会第二次工作会议】 10月28日上午，中国科协第九届常委会青年科技工作者专门委员会（以下称青专委）第二次工作会议在北京召开。会议由中国科协副主席、青专委主任、中国科学技术大学常务副校长潘建伟院士主持。中国科协九届全委、青专委副主任、中国科学院古脊椎动物与古人类研究所所长周忠和院士，中国科协九届常委、深圳光启高等理工研究院院长、光启科学有限公司董事会主席刘若鹏，部分专委会委员及专委会办公室相关负责人参加会议。中国科协党组成员、书记处书记王春法出席会议并讲话。

会议学习传达了党的十九大精神。王春法强调，中央高度重视人才工作，党的十九大报告中有多处关于人才包括关于青年的论述，青专委是中国科协现有13个专委会中交叉性、关联性、耦合性非常突出的一个专委会，在落实习近平总书记关于科技人才队伍建设和青年工作指示方面是重要、关键的一环，应当发挥重要作用，展现新气象、新作为、新担当。

会议认真学习了党的十九大报告中关于科技与创新内容节选，审议了中国青年科技奖30周年纪念活动方案、中外青年科技人才短期交流项目实施方案、中国科协科学家进校园活动实施方案，并研究讨论如何组织动员青年科技工作者围绕中国科协成立60周年举办相关活动。与会委员围绕上述议题开展了热烈讨论，提出了科学合理的建议，并对中国科协近期拟开展的工作给予了高度评价和充分肯定。与会委员一致认为，中国科协要在习近平新时代中国特色社会主义思想的指导下，坚持“四服务”的职责定位，加快推进科协系统深化改革，团结引领广大科技工作者为新时代的伟大建设做出更多贡献。

潘建伟在总结讲话中表示，通过深入学习党的十九大精神，在为国家科学技术事业取得的成绩感到骄傲和自豪的同时，更感觉到沉甸甸的责任。潘建伟对专委会下一步工作提出如下要求：一是各位委员要认真学习贯彻党的十九大精神，积极响应习近平总书记的号召，瞄准国家重大战略需求，刻苦钻研、勇于创新，不忘初心、牢记使命，为决胜全面建成小康社会、夺取新时代中国特色社会主义伟大胜利贡献力量；二是专委会要加强对青年科技工作者的团结引领，把广大青年科技工作者凝聚在以习近平同志为核心的党中央周围，带领广大青年科技工作者听党话、跟党走，做“有理想、有能力、有担当”的新时代科技工作者；三是要切实履行青专委委员职责，积极参与中国科协的各项活动，推动各项工作落实、取得实效，办好中国青年科技奖这一品牌奖项，为广大青年科技工作者营造更加有利的成长环境。

【中国科协“九大”代表履职培训班】 3月2—3日，中国科协“九大”代表（第三期）履职培训班在广西壮族自治区南宁市举行。来自江苏、浙江、安徽等地的代表共计150余人参加培训。全国政协人口资源环境委员会副主任、中国老科学技术工作者协会常务副会长齐让出席开班式并作专题报告。中国科协党组成员、书记处书记吴海鹰在开班式上讲话。广西壮族自治区政协副主席、广西大学党委书记刘正东在开班式上致辞。中国科协办公厅主任任福君主持开班式。

吴海鹰传达了中国科协党组书记、常务副主席、书记处第一书记尚勇对代表服务工作的批示。尚勇批示指出，贯彻实施好代表任期制是不断深化科协系统改革的一项重要举措。做好代表服务工作，对于科协系统更好地履行“四服务”职能、提升民主办会水平意义重大。下一步，代表服务工作要在完善配套制度、深化平台建设、强化网络作用等方面继续努力，为代表更好履职提供坚强保障。

吴海鹰强调，中国科协全国代表大会代表的履职能力和履职实效一定程度上决定了科协组织科学决策的水平、承担任务的能力和职能发挥的程度。开展代表履职培训既是科协系统深化改革的要求，是进一步突出科技工作者的主体地位、密切与科技工作者直接联系的重要举措，更是对习近平总书记“接长手臂、扎根基层”指示精神的贯彻落实。只有发挥好中国科协全国代表大会代表乃至全国学会、地方科协代表大会代表的作用，才能为科协事业发展提供源源不断的强大动力，为科协系统团结、引领广大科技工作者为建设世界科技强国做出更大贡献。

开班式后进行了专题培训。齐让作了题为“关于建设世界科技强国几点思考”的专题报告，他鼓励代表发挥智力优势、积极建言献策，为搭建科协与基层一线科技工作者的交流平台、推动科协基层组织能力建设、维护科技工作者合法权益多作贡献。

吴海鹰作了题为“深入学习党的十八届六中全会精神，强化政治引领，做好代表服务工作”的辅导报告。她强调，中国科协“九大”代表必须发挥引导、表率作用，在学习贯彻十八届六中全会精神上走在前头，全面落实好习近平总书记系列重要讲话精神，坚定不移地与以习近平同志为核心的党中央保持高度一致。

中国科协调研宣传部（改革工作办公室）部长

郭哲作了题为“变革时代的科协事业转型升级”的报告。中国科协办公厅主任任福君作题为“关于代表调查研究工作的几点思考”的报告。

培训班组织学员围绕培训班主题进行交流研讨，对《中国科学技术协会全国代表大会代表任期制暂行办法》的修订提出意见建议。

广西科协党组书记、副主席纳翔，广西科协相关负责人参加培训班有关活动。

3月23—25日，中国科协“九大”代表（第四期）履职培训班在上海科学会堂举行。来自27个省、自治区、直辖市的中国科协“九大”代表120余人参加培训。齐让出席开班式并作专题报告。吴海鹰在开班式上讲话。上海市科协党组书记、副主席杨建荣在开班式上致辞。任福君主持开班式。

吴海鹰传达了尚勇对做好代表服务工作的批示，并强调希望通过专题学习、现场考察、交流讨论，使大家进一步领会习近平总书记科技创新的思想，增进对国家科技政策、中国科协历史使命和当前重点工作的了解和把握；同时增进大家对中国科协代表服务工作的了解，特别是对贯彻实施代表任期制的了解和把握，为更好地履职奠定良好基础。

杨建荣在致辞中简要介绍了上海市科协根据中国科协部署和要求，在全面推进科协群团改革、大力推进上海公民科学素质提升工作、积极推进上海院士专家工作站科技成果转化基地建设、办好国际化展会、建设海外人才离岸创新创业基地、加强人才举荐和培养、抓好学术交流和科学普及、探索网上科技工作者之家建设、做好中国科协“九大”代表服务等方面的工作进展。

开班式后进行了专题培训。齐让作了题为“建设科技强国几点思考”的专题报告，从历史与现状看必要性、从目标与路径看可行性、从时代要求看科协责任三方面出发，结合国家科技相关政策和国家历次科技发展规划制定的背景、指导思想、主要举措等，阐明建设世界科技强国对于中国是刻不容缓的重要任务。从创新主体、创新资源、创新机制、创新环境等方面阐述了创新体系建设，同时强调科协应该成为国家创新体系的重要力量，更好地服务于科技工作者。

吴海鹰作了题为“深入学习党的十八届六中全会精神，做好代表服务工作”的辅导报告。她从实施好代表任期制，切实发挥代表作用；积极探索代表服务工作的内容和方式，为代表履职提供保障；与时俱进，不断创新和提升代表服务工作等方面对中国科协做好代表服务工作、实施代表任期制的主要举措进行了全面阐述。

中国科协调研宣传部（改革工作办公室）部长郭哲作了题为“变革时代的科协事业转型升级”的报告。中国科协办公厅主任任福君作了题为“关于代表调查研究工作的几点思考”的报告。

培训班组织学员围绕培训班主题进行交流研讨，对《中国科学技术协会全国代表大会代表任期制暂行办法》的修订提出意见建议。

【中国科协“九大”代表调研课题评审】 6月1日，中国科协“九大”代表2017年调研课题资助评审会召开。全国政协人口资源环境委员会副主任、中国老科学技术工作者协会常务副会长齐让担任评审组组长，中国科协党组成员、书记处书记吴海鹰担任评审组副组长，中国科协办公厅、中国科学技术发展战略研究院科技与社会发展研究所负责人以及科协系统近期退休的领导同志等担任评审组成员。中国科协办公厅主任任福君主持会议。

评审会上，中国科协办公厅简要汇报了九大代表2017年调研课题专项资助相关工作情况。2017年是第二次以命题的形式开展代表课题资助活动，发出通知前充分征求了九大代表的意见建议，选题包括科研人员参与科普工作情况、企业科协组织建设和功能发挥情况等19个题目。通知印发后，共收到课题申报书123份。评委们结合初评意见进行了充分讨论和认真评议，并现场确定资助60个课题。

10月13日，中国科协“九大”代表2016—2017年调研课题成果评审会议召开。全国政协人口资源环境委员会副主任、中国老科学技术工作者协会常务副会长齐让担任评审组组长并出席会议。中国科协办公厅主任任福君担任评审组成员并主持会议。国家自然科学基金委员会等单位的专家、学者，中国科协办公厅、计划财务部、组织人事部、学会学术部、国际联络部、机关党委等部门的主要负责人，科协系统近期退休的领导同志等担任评审组成员并出席会议。

在评审环节中，评审组从选题角度、表达论述、调研方法等多维度对调研报告进行了认真评阅。评委们结合本部门或单位工作实际进行交流发言，对研究成果在实际工作中的运用给出中肯的意见，并遴选出19篇优秀的调研课题报告。

中国科协办公厅等部门的相关人员列席会议。

【中国科协 2017 年地方科协工作座谈会】 1 月 12 日，中国科协在京召开地方科协工作座谈会。中国科协党组书记、常务副主席、书记处第一书记尚勇主持会议并讲话。

中国科协副主席、党组副书记、书记处书记徐延豪，中国科协党组成员、书记处书记王春法、吴海鹰、束为、项昌乐，中国科协党组成员王延祜、宋军出席会议。各省、自治区、直辖市科协和新疆生产建设兵团科协党组书记、驻会专职主席，各副省级城市科协党组书记出席会议。中国科协机关各部门、各直属单位主要负责人列席会议。

尚勇强调，2016 年对科协系统具有里程碑意义，习近平总书记在“科技三会”上发表的重要讲话吹响了向世界科技强国进军的号角，党中央批准下发《科协系统深化改革实施方案》，为科协系统工作做好了顶层设计、指出了明确方向。2016 年各地科协围绕深化改革，结合自身实际开展了卓有成效的工作，亮点纷呈。

尚勇指出，当前中央关于科协工作的部署和习近平总书记对于科协工作的要求都非常明确，经过 2016 年的努力，科协落实深化改革总体布局已基本完成。2017 年作为科协系统的落实年，工作的重中之重就是落实，要保证改革要求落地生根，针对部署落实问题。他指出：一是要推广经验，认清问题，提升抓落实的信心和魄力；二是要落实中央统一部署，推进科技系统改革不断走向纵深；三是科协系统要科学施策，在取得新实效上苦练内功。

【中国科协领导看望老科学家和老同志】 在新春佳节来临之际，中国科协党组、书记处领导同志以不同形式分别走访看望了中国科协名誉主席周光召、韩启德，在京中国科协荣誉委员何康、胡亚美、王连铮、石元春、孙大涌、李振声、张存浩、朱高峰、杨乐、闵桂荣、陈可冀、陈佳洱、聂力、顾方舟、左铁镛、刘恕、江泽慧、张玉台、国林、胡启恒、钱易、徐善衍、曾庆存、邓楠、韦钰、白春礼、齐让、陆延昌、赵忠贤、栾恩杰、马国馨、王永炎、王震西、艾国祥、杜祥琬、张开逊、陈运泰、高润霖、郭桂蓉、干勇、王兴、王韧、王小兰、王诗宬、王恩哥、方新、邓中翰、卢锡城、冯长根、吕植、孙家广、杨卫、吴明江、沈爱民、张勤、张桃林、周建平、赵沁平、秦大河、夏强、屠海令、程东红、谢克昌，中国科协老同志、离退休干部宋南平、苑郑民、王麦林、项苏云及老领导遗属遗孀等，代表党组、书记处和全体干部职工向他们致以诚挚问候和新春祝福，感谢他们为建设科技强国、为科协事业蓬勃发展做出的重要贡献，希望他们一如既往地关心和支持科协事业发展，衷心祝愿老同志们阖家幸福、福寿安康。

在走访看望过程中，中国科协党组书记、常务副主席、书记处第一书记尚勇向老科学家和老同志们介绍了 2016 年中国科协改革创新、事业发展取得的重大突破性进展和 2017 年要抓好的重点工作，特别是中国科协“九大”的胜利召开和党中央批准印发《科协系统深化改革实施方案》对科协系统工作具有里程碑的指导意义。同时，征求了他们对科协工作的意见建议，并希望他们继续关心、关注和支持科协事业发展。

走访看望老科学家和老同志们的中国科协党组、书记处领导同志还有徐延豪、王春法、吴海鹰、束为、项昌乐、王延祜、宋军。

老科学家和老同志们感谢中国科协的慰问和祝福。他们表示，科协一直以来非常重视与科技工作者的联系，以多种形式关心科技工作者，是名副其实的科技工作者之家。相信在新的一年里，科协事业将取得新的更大的发展。

【加强科学文化建设研讨会】 3 月 1 日上午，中国科协关于加强科学文化建设研讨会在北京中国科技会堂召开。中国科协党组成员、书记处书记王春法出席会议并讲话。调研宣传部部长郭哲主持会议。

清华大学科技与社会研究所副所长李正风结合科学文化研究成果汇报了《关于加强科学文化建设的若干意见》(以下简称《若干意见》)的起草情况，北京大学医学人文研究院院长张大庆、中国科学院大学管理学院副院长柳卸林、中国科学院大学人文学院副院长孙小淳、中国科学院大学教授王扬宗等相关领域专家参加研讨。

与会专家普遍认为，加强科学文化建设对于激发科技工作者的创新活力、推动我国科学事业健康发展、加快建设创新型国家和世界科技强国具有十分重要的意义。

会上，专家们对《若干意见》提出了建设性的修改意见和建议。柳卸林提到，科学文化建设要立足长远、高瞻远瞩，进一步提炼“科学文化”的精髓。张大庆提出，要把中华文化优秀传统和现代文明有机结合起来，在学习国外科学文化强国发展经验的同时，不断发扬我国自身科学文化建设优势。孙小淳和王扬宗分别对科学文化的概念界定、《若干意见》的总体架构以及载体建设等方面提出了完善意见。

王春法在总结讲话中提到，科学文化要从理念、制度、活动和载体四个方面理解，在加强科学文化建设上要健全制度、丰富活动、充实载体。他指出，公众理解科学包括掌握科学知识、了解科研活动、参与科技决策等层面。他强调，要弘扬科学精神，加强对科学家精神的宣传，将科学家科学思维养成、探索精神培育、逻辑思维养成、科学文化教育等方面内容纳入《若干意见》中。他表示，科协在科学文化建设上做了很多工作，有很好的基础，要推动促进规范化制度化，把科学文化自信作为文化自信的重要方面加以宣传引导，为推动科技体制改革、提高公众科学文化素养、加快建设创新型国家作贡献。

【2017 中国科协宣传工作会】 3 月 29—31 日，2017 中国科协宣传工作会在海南省海口市举行。海南省人大常委会副主任、省科协主席康耀红出席开幕式并致辞。中国科协党组成员、书记处书记王春法出席会议并讲话。

王春法首先对 2016 年中国科协的宣传工作给予了充分肯定。他说，2016 年是中国科协的换届之年，是全面启动科协系统深化改革的起始之年，也是全面落实《中国科协事业发展“十三五”规划》、各项工作发展取得重要成绩的一年。一年来，科协系统宣传工作以习近平总书记系列重要讲话精神为指导，按照中央书记处指示精神，围绕党和国家工作大局以及中国科协总体工作部署，积极开拓，主动作为，不断创新宣传方式，着力提高宣传能力和水平，科协组织的显示度和影响力显著提升。

回顾一年来的宣传工作实践，王春法指出，做好科协的宣传工作有以下几个方面需要很好坚持和把握。一是要始终坚持正确政治立场不动摇；二是要始终坚持围绕中心、服务大局；三是要始终坚持以科技工作者为中心的宣传导向；四是要始终坚持勇于创新、敢于担当；五是要始终坚持强协调、重实效的工作方法。

面对科协宣传工作面临的新形势和新要求，王春法强调，科协宣传工作是党的宣传工作的重要组成部分，也是科技宣传工作的重要组成部分。做好科协宣传工作，必须从世情、国情、党情、科情、会情五个层次准确把握形势变化，清醒认识科协工作在党和国家工作大局中的功能定位，清醒认识科协宣传工作在党和国家宣传工作大局中的功能定位，紧紧围绕党和国家工作大局、围绕科协中心工作开展宣传活动，既要积极，又要稳妥；既不越位，也不缺位。只有这样，才能始终坚持正确的政治方向，把科协宣传工作做出特色、做出水平。

王春法指出，2017 年科协宣传的重点任务要紧紧围绕以下五个方面开展：做好中央重大决策部署特别是党的十九大精神宣传解读，把广大科技工作者紧密团结凝聚在以习近平同志为核心的党中央周围；以首个“科技工作者日”为契机，选树科学家典型，弘扬中国科学家精神；组织科协系统改革成果系列宣传报道，汇聚改革力量；结合重点工作和重大活动宣传，塑造提升科协组织整体社会形象；抓好网上科协建设，建立健全科协宣传体系。

王春法要求，要加强领导，切实负起责任来；加强科协宣传队伍建设，夯实宣传工作基础；加强舆情监测研判，主动精准有效发声；建立宣传工作考核评价和奖惩机制。他强调，新的一年科协宣传工作面临难得的发展机遇，也肩负着更加繁重的创新使命和工作任务，要创新思维、突出重点、打造品牌、着眼建设，把科协宣传工作切实融入党和国家宣传工作大局，紧紧围绕科协中心工作和重点任务，坚定信心、拼搏进取，推动科协宣传工作不断迈上新的台阶，以优异成绩为党的十九大献礼。

会议还邀请了人民网舆情监测室秘书长、高级记者祝华新，中央电视台新闻中心资深策划、主任编辑余仁山，围绕全媒体时代的舆论生态和舆论引导、新闻发言人的发言技巧进行授课；邀请人民网、新华网、网易、腾讯、今日头条相关部门负责人与大家交流新媒体传播经验。

各省、自治区、直辖市科协，副省级科协，新疆生产建设兵团科协，有关全国学会分管宣传工作的领导和宣传部门负责人 110 余人参加会议。

【中国科协促进河北雄安新区创新驱动发展院士专家座谈会】 4 月 7 日下午，中国科协调研宣传部在北京组织召开中国科协促进河北雄安新区创新驱动发展院士专家座谈会。中国科协党组成员、书记处书记王春法出席会议。住建部原副部长仇保兴、北京林业大学原校长尹伟伦院士、中国石油大学教授高德利院士、中国科学院科技战略咨询研究院院长穆荣平、北京航空航天大学副校长刘树春、大唐电信科技产业集团副总裁陈山枝、中国电子信息产业集团有限公司总工程师傅强、北京交通大学轨道交通控制与安全国家重点实验室首席教授贾利民等院士专家参会。会议由中国科协调研宣传部部长郭哲主持。

郭哲介绍了相关情况及促进雄安新区创新驱动发展的思路、设想。与会专家认为，建好雄安新区关键在创新驱动，应全面启动改革和创新两大引擎。通过调整优化区域创新资源布局，快速科学形成京津冀协同创新共同体平台，将新区建成具有时代特征的创新高地。同时，新区要打造宜居的生态环境、良好的创新环境，广泛吸引创新人才和机构入驻新区创新创业。

王春法在总结讲话中指出，我们要充分认识设立雄安新区的重大意义，切实增强政治意识、大局意识、核心意识、看齐意识，把认识和行动高度统一到中央重大决策部署上来，坚决维护党中央权威，服从服务于国家发展大局。中国科协将发挥高端人才荟萃、科技智力密集的优势，充分调动广大科技工作者的积极性、主动性，积极参与推进雄安新区建成创新驱动发展示范区，支持新区建成人类宜居、经济繁荣、持续发展的创新驱动引领示范区。

会后形成《中国科协党组关于把河北雄安新区建成国际化科教新城和创新特区建议的报告》（科协党组发〔2017〕16 号），于 4 月 10 日报中共中央。4 月 11—14 日，获得中央领导同志批示 4 人次。

4 月下旬，中国科协调研宣传部组织北京市科协、天津市科协、河北省科协，中国科协创新战略研究院、智能社会研究所及相关高校等赴雄安新区调研，就雄安新区智库建设工作召开座谈会。

按照统一部署，郭哲等同志参加雄安新区有关规划的撰写研讨，为国家科技创新专题规划提供中国科协决策咨询成果，并进行两次修改补充。

【2017 年科技助力精准扶贫工作】 3 月 3 日，全国科技助力精准扶贫工程领导小组办公室召开 2017 年第一次会议。会议确定了 2017 年全国科技助力精准扶贫工作重点：一是广泛动员科技组织和专家投身脱贫攻坚；二是精准帮扶建档立卡贫困村（户）增智增收；三是扎实做好对口援疆援藏和定点扶贫工作；四是推动建立完善科技助力精准扶贫长效机制。

会议审议通过了领导小组办公室工作规则及 2017 年工作安排、《2017 年全国科技助力精准扶贫工作要点》和《全国科技助力精准扶贫工作考核评估办法》。

会议由全国科技助力精准扶贫工程领导小组办公室主任、计财部部长杨文志主持。来自国务院扶贫办、农业部的有关负责人出席会议。中国科协学会学术部、科学普及部、农技中心、中国科技馆、青少年科技中心等有关成员单位负责人出席会议。

3 月 6 日，全国科技助力精准扶贫工程领导小组办公室印发了《2017 年全国科技助力精准扶贫工作要点》，分 4 大项 12 小项，全面细致地阐述了 2017 年全国科技助力精准扶贫工作的要点。

3 月 8—10 日，科技助力精准扶贫培训班在宁夏回族自治区银川市举办。中国科协党组成员、书记处书记束为出席培训班开班式并讲话。宁夏回族自治区科协党组书记、主席李晓波出席培训班开班式并致辞。中国科协计划财务部部长杨文志主持开班式。

束为强调，各地各部门要把握好科技助力精准扶贫工作的重点和要求，一切工作的出发点都要围绕贫困村（户）展开，要以建档立卡贫困村（户）脱贫作为科技助力精准扶贫的根本目标。要广泛动员组织好科技组织和科技专家投身脱贫攻坚，在广大科技工作者中大力宣传李保国教授先进事迹，加大组织动员力度，在 2017 年完成 50% 以上的动员组织任务。要精心做好建档立卡贫困村（户）与科技服务的对接，深入贫困村（户），实地摸清建档立卡贫困村（户）对科技服务的实际需求，精细分类需求、精准对接服务、精心施策助力。大胆探索创新科技助力精准扶贫的模式，如采取众筹、众包、众扶、“互联网 + 科技助力精准扶贫”以及 PPP 等模式。

束为要求，各地各部门要坚决贯彻落实习近平总书记在中央政治局第 39 次集体学习会上提出的“7 个强化”要求，强化科技助力精准扶贫工作的责任机制。一是要强化科技助力精准扶贫的主体责任，进一步明确科技助力精准扶贫实施方案任务的领导分工和具体责任部门（单位）、责任人，把握正确方向，避免扶贫工作中的形式主义等倾向；二是要强化科技助力精准扶贫的协作联动，完善领导机制，明确目标责任，推动目标任务层层落实，加大资源向贫困地区的倾斜和统筹力度，完善东西部县（市、区）结对关系，细化帮扶举措；三是要强化科技助力精准扶贫的考核评估，全国科技助力扶贫办将对年度科技助力精准扶贫工作中涌现出来的优秀组织单位、先进团队和先进个人进行表扬嘉奖，将重点表彰和组织宣传一批“李保国式”的科技助力精准扶贫先进人物。

培训班上，来自中国科协计划财务部、科学普及部、青少年科技中心、学会服务中心、农技中心等部门和单位的相关负责人就科技助力精准扶贫工程实施、科普中国助力精准扶贫、贫困地区青少年科技教育、农技协助力精准扶贫、创新驱动助力工程与精准扶贫等作了专题报告；来自全国学会和地方党委、政府及科协、扶贫办、科技企业组织的11位代表作了典型发言。参加培训的学员还围绕“如何推动科技助力精准扶贫工作落地生根”的主题进行了分组交流研讨。

培训期间，分别召开了对口援疆援藏座谈会、科技助力精准扶贫试点工作座谈会，听取了各省援藏援疆、试点工作进展情况的汇报，并就下一步加强对口援疆援藏、试点工作进行了部署。培训班还安排了现场教学，组织学员到科普示范种植基地、闽宁合作20年成就展、肉牛养殖联合会和光伏农业科技示范园基地参观学习。

本次培训班由全国科技助力精准扶贫领导小组办公室主办，来自36个全国学会和31个省级科协、新疆生产建设兵团科协的相关负责人和有关人员共230人参加培训。

9月6日，全国科技助力精准扶贫现场会在贵州省贵阳市召开。来自各省级科协系统、扶贫办和农业部门、全国学会、科研院所以及贫困县的130多人参加会议。

国务院扶贫办副主任洪天云在会上讲话，他对当前国家脱贫攻坚的形势和任务进行了深入解读，强调科协组织、科技工作者要围绕深度贫困地区脱贫攻坚充分发挥作用，并以典型案例的方式对科技助力精准扶贫提出了希望和建议。一是要做好科技扶贫典型示范和经验推广，依托典型，引领组织动员更广大的科技工作者参与脱贫攻坚；二是要紧紧围绕深度贫困地区建档立卡贫困村（户），大力开展科技助力产业精准扶贫工作；三是要严防扶贫领域的形式主义，求真务实，严格监督考核，确保每一个科技助力的建档立卡贫困户真正受益、真正脱贫。

束为强调，各地各单位要清醒地看到当前科技助力精准扶贫工作存在的问题和“短板”，认真对照专项督查反馈意见，积极采取有力措施抓好整改落实。他要求，在下一阶段工作中要进一步聚力深度贫困地区精准脱贫总目标，把建档立卡贫困村（户）增收脱贫作为检验和评价标准。同时，进一步聚向科技助力精准扶贫工程“千、万、十万”的目标，加大科技组织和科技专家的组织动员力度，精准做好建档立卡贫困村（户）与科技服务的对接，不断提高东西部扶贫协作和对口扶贫质量和水平。

束为在总结讲话中强调，要着重处理好科技助力精准扶贫工作近期增收与长期扶智之间的关系、扶贫工作点与面的关系、脱贫攻坚工作主体与科技助力的关系、支援与受援的关系、扶贫工作进度与依法依规五方面的关系。此外，他还就科协系统援疆援藏工作与科技助力精准扶贫结合联动、发挥作用做出部署、提出要求。

农业部科技教育司巡视员刘艳结合农业领域中的产业扶贫工作，提出要准确把握新阶段科技助力精准扶贫目标任务，通过建立健全科学技术支撑服务体系、培育贫困地区农业产业扶贫带头人、强化指导服务和典型引领等方式，推动科技助力产业扶贫发挥重要作用、取得新成效。

会上，15名来自地方科协、扶贫办和农业部门、全国学会、科研院所以及贫困县的代表作了大会交流发言，从不同角度分享了聚焦建档立卡贫困村，开展科技助力精准扶贫工作的实践探索和典型经验。会议还组织观摩了天龙村蔬菜种植协会、柳江畜禽科普示范基地等6个示范点，从创新帮扶模式、发挥协会作用、强化技术培训、科技助推产业发展等方面现场展示和推广了地方科技助力精准扶贫工作中的一些好方法、好经验，受到了全体参会人员的欢迎。

【科协系统援疆工作】 8月11日，科协系统援疆工作座谈会在新疆维吾尔自治区喀什市召开。中国科协党组成员、书记处书记束为出席会议并讲话。新疆维吾尔自治区科协、新疆生产建设兵团科协、山东省科协、广东省科协以及喀什地区科协、兵团三师科协分别作了交流发言。中国科协计划财务部部长杨文志主持会议。

束为在讲话中指出，科协系统要深入学习贯彻习近平总书记关于新疆工作系列重要讲话精神，深刻认识对口援疆工作的重要战略意义，把思想和行动统一到中央的决策部署上，把资源和力量汇聚到促进新疆科技能力提升上、汇聚到新疆公民科学素质提升上、汇聚到推动新疆创新驱动发展和社会和谐稳定上，充分发挥科协组织优势，切实担负起维护新疆稳定、促进新疆发展的重要政治责任，努力完成好中央交给科协组织的对口援疆任务，确保取得实效。

他强调，新疆的发展需要科技创新驱动，科技创新的基础是新疆公民具备较高的科学素质。新疆稳定需要用科学战胜愚昧，提高新疆人民抵御宗教极端、迷信思想以及辨别真伪的能力。要聚焦新疆公民科学素质跨越提升的重点，把科普援疆作为援疆工作中的首要任务，大力组织开展科普工作。突出抓好新疆青少年科学素质行动，充分发挥好新疆科普阵地设施的作用，大力推进新疆科普信息化建设，加强对新疆科普项目的支持和投入。

他要求，要强化主体责任，切实抓好科协系统援疆工作各项任务的落地生根。中国科协各部门和直属单位要继续发挥好表率作用，围绕新疆“十三五”公民科学素质 8% 的任务目标发力。加强对各级学会、各方面力量的组织和调动，充分发挥他们在援疆工作中的积极性和主动性。对口援疆省市科协要进一步加强援助力度，进一步增强责任感和大局意识，要把对口援疆作为一项政治任务去组织推动。新疆各级科协组织要发挥好科协系统援疆的枢纽作用，各级科协以新疆科协系统深化改革为重要契机，切实加强机构建设和干部队伍建设。

新疆科协党组书记李春阳在发言中说，新疆各地县科协要发挥科协组织优势，切实做好科协援疆工作。一是学会感恩，全国对口援疆是以习近平同志为核心的党中央对新疆的关心关爱，作为受援地单位，要从主观上有感恩意识；二是主动对接，要善于谋事、做事、成事，这既是对党和人民负责，也是对对口援疆省市负责；三是学会借力，在落实好维稳任务的同时，科协工作要转变思维方式、学会借力，用好科普大篷车、基层科普行动计划等资源，共同合作、抓好队伍，树立“成功不必有我、事业有所作为”的思想；四是用好钱财物，对中央和援疆省市的项目和资金要严格项目审核把关，明明白白做事、清清白白做人，做到廉洁奉公。新疆科协将按照中国科协总体要求部署，以主人翁的姿态做好全国科协系统对口援疆的各项协调联系和服务保障工作。

会上，喀什地委副书记、广东援疆指挥部总指挥贺宇代表受援地致辞。中国科协农技中心主任师铎，中国科协学会学术部、科学普及部、山东省科协、广东省科协、新疆生产建设兵团科协、喀什地区行署有关负责人出席会议。

会前，束为一行分别在新疆科协和新疆生产建设兵团科协调研并座谈，在乌鲁木齐县、喀什市、疏附县、兵团三师、41 团调研科普示范基地、科技馆、援疆产业等。

【科协系统援藏工作】 在全国科协系统对口援藏工作座谈会召开一周年前夕，8 月 13—18 日，中国科协党组成员、书记处书记束为率队进藏开展援藏工作调研并召开援藏工作座谈会。

束为一行先后到林芝市的米林县米林镇东措社区科普活动站、米林镇食药用菌合作社、扎贡沟藏药材种植基地、鲁朗创客空间、鲁朗乡村数字电影院、林芝市科技示范园，拉萨市的北京实验中学“校园科学活动探索中心”、江苏青少年科技馆，日喀则市的珠峰众创、流动科技馆、白朗县蔬菜协会等地进行实地调研。

西藏自治区政府副主席石谋军会见束为书记一行。林芝市副市长徐龙海，拉萨市委副书记、北京援藏指挥部总指挥肖志刚，日喀则市政协副主席边巴分别参与各自地方的调研。西藏科协党组副书记、主席李秀珍一同调研。

8 月 15 日，科协援藏工作座谈会在拉萨市召开。中国科协有关部门和单位负责人，北京、上海市、江苏省、西藏自治区、拉萨市科协负责人和相关部门人员参加会议。中国科协计划财务部部长杨文志主持座谈会。上海市科协党组书记、副主席杨建荣，北京市科协党组成员、副主席孟凡兴，江苏省科协秘书长周景山，西藏科协党组副书记、主席李秀珍，拉萨市科协秘书长李文军分别汇报了各地的工作情况；中国科协计划财务部、科学普及部、学会学术部、农技中心有关人员就各自工作领域的情况谈了设想和建议。西藏科协党组成员、巡视员张金文及西藏科协副处级以上干部参会。

束为要求，要聚焦 2020 年西藏公民科学素质比例达到 5% 的目标，举科协系统之力补短板。要做好西藏公民科学素质读本的编写和发放推送工作，切实加强西藏青少年科学教育工作。要建好、利用好科普阵地和科普设施，加大双语科普信息化平台建设，联合各地科协确保做好科普中国在西藏的落地应用。

束为要求，要注重发挥科协系统的整体合力，注重发挥各对口援藏省市科协的优势和特长，既要完成好对口的“规定动作”，又不拘泥于对口，而是把优势资源扩散到西藏全区。西藏科协要发挥好科协系统援藏前线指挥部的作用，更好地梳理需求、凝练项目，提高援受工作精准性。要加强全国学会在援藏工作中的作用，将援藏工作纳入全国学会考核指标体系。要及时总结白朗县蔬菜产业发展和扶贫经验，为科协系统深入推进科技助力精准扶贫工作提供借鉴。

【中国科协吕梁定点扶贫工作】 1月5日，中国科协党组书记、常务副主席、书记处第一书记尚勇在北京中国科技会堂会见山西省科协、吕梁市委市政府领导，就中国科协吕梁定点扶贫工作进行交流。

吕梁市委书记李正印介绍了吕梁扶贫工作基本情况，并向中国科协递交了感谢信。尚勇表示，中国科协始终高度重视吕梁定点扶贫工作，与吕梁人民建立了深厚的感情。下一步要加大支持力度，在技术、人才等方面给予吕梁大力支持，为吕梁打赢脱贫攻坚战贡献科协的一分力量。

会见后，中国科协与山西省科协、吕梁市委市政府、临县和岚县相关领导进行扶贫工作交流座谈，中国科协党组副书记、副主席、书记处书记徐延豪主持。

李正印对中国科协31年来对吕梁地区特别是临县、岚县和离石区的科技扶贫工作表示衷心的感谢，并从历史文化、产业结构、扶贫攻坚等方面介绍了吕梁的基本情况；临县县委书记张建国和岚县县委书记高奇英分别介绍了两县近年来的扶贫工作情况，并在马铃薯种植、食用菌产业发展、科普中国乡村e站、红枣裂果、建立马铃薯院士专家服务站、建设农业示范园区、建立马铃薯种子资源库和大力培养农业专业技术人才等方面提出了具体需求。

中国科协农技中心主任师铎介绍了中国科协扶贫办2016年基本工作情况；山西省科协党组书记许富昌从科普中国校园e站、乡村e站和社区e站建设，搭建农技服务微平台，提高特色产业高附加值等方面介绍了定点扶贫的工作情况和下一步工作思路。

徐延豪在总结讲话中表示，中国科协要深入贯彻习近平总书记关于精准扶贫的指示精神，认真落实中国科协、农业部、国务院扶贫办联合印发的《科技助力精准扶贫工程实施方案》，在智力、资金和物质条件等方面继续支持临县和岚县，与山西省科协形成合力，共同支持吕梁扶贫工作，把省、市、县提出的帮扶需求研究透彻、拿出方案、一一对接落实，提高吕梁地区公民科学素质，助力临县和岚县打赢脱贫攻坚战。

中国科协办公厅主任任福君、计划财务部部长杨文志、科学普及部部长白希等，山西省科协、吕梁市委市政府有关领导参加会见和座谈交流。

1月19—20日，中国科协党组成员、书记处书记束为赴山西省吕梁市岚县、临县、离石区调研中国科协吕梁定点扶贫工作，并看望慰问两县科协干部和中国科协驻两县的挂职干部。山西省科协党组书记许富昌等一同调研。

束为先后与吕梁市委市政府，岚县、临县县委县政府、县科协召开座谈会，按照中国科协领导与山西省科协、吕梁市委、临县县委、岚县县委等会见时交流研讨的情况，就2017年科协吕梁定点扶贫工作进行沟通对接。

在与岚县、临县的座谈会上，两县县委县政府分别介绍了中国科协在两县开展的科技扶贫工作以及取得的成效，从产业发展、科普基础设施建设、智力支持、农技协组织建设、技术推广等方面提出需求和三年脱贫规划，并表示积极对接、认真落实中国科协在两县开展的科技助力精准扶贫工作要求，与中国科协形成合力，力争提前完成脱贫攻坚任务。中国科协、山西省科协分别就2017年扶贫工作安排进行交流，对接帮扶需求。

在吕梁市委市政府的座谈会上，吕梁市委书记李正印在重视人才、科学普及、产业发展、科普基础设施建设等方面介绍了吕梁市扶贫工作思路并提出帮扶需求。吕梁市副市长李俊平介绍了吕梁市整体工作情况及脱贫攻坚工作情况。

束为表示，将深入贯彻习近平总书记关于精准扶贫的指示精神，落实好中国科协、农业部、国务院扶贫办联合印发的《科技助力精准扶贫工程实施方案》，围绕两县县委县政府扶贫工作需求，在吕梁定点扶贫工作的基础上，以增收增智、提高农民科学素质、提高青少年科学素质为目标，从信息化建设、农技协组织建设、扶贫示范项目、科普基础设施建设等方面打造“科技助力精准扶贫工程”定点扶贫示范样板。进一步细化两县扶贫规划，把两县提出的帮扶需求研究透彻，量化指标、精准发力，充分发挥省、市、县各级科协和科协挂职干部的作用，联合当地扶贫办、农业局努力提高吕梁地区公民科学素质，以更大的力度助力两县打赢脱贫攻坚战。

束为实地考察了岚县肉驴养殖扶贫示范基地及离石区信义镇严村科普中国乡村e站、蔬菜协会、养鸽协会。

杨文志、白希、师铎等参加调研。

人　才

【中国科协党组传达学习深化人才发展体制机制改革经验交流会会议精神】 9月18日上午，中国科协党组召开会议，传达学习深化人才发展体制机制改革经验交流会会议精神。中国科协党组书记怀进鹏主持会议。党组副书记徐延豪，党组成员王春法、吴海鹰、束为、项昌乐、王延祜、宋军，中央纪委派驻纪检组有关同志出席会议，机关各部门负责人参加会议。

会议学习传达了 9 月 16 日召开的深化人才发展体制机制改革经验交流会会议精神，特别是中共中央政治局委员、中央书记处书记、中央组织部部长赵乐际同志，中央组织部常务副部长陈希同志讲话精神。会议认为，本次经验交流会深入学习贯彻习近平总书记系列重要讲话精神和治国理政新理念新思想新战略，围绕推进人才发展体制机制改革总结交流经验、分析形势任务、研究思路举措、推动改革落地见效，为决胜全面建成小康社会、夺取中国特色社会主义伟大胜利、实现中华民族伟大复兴的中国梦提供有力的人才支撑。

会议对中国科协学习贯彻本次经验交流会会议精神提出要求。

一是要充分认识到人才发展体制机制改革经验交流会的极端重要性。这次会议是十九大前召开的一次重要的人才工作会议，充分体现了习近平总书记、中央人才工作协调小组对人才工作的高度重视，中国科协党组和各部门各单位第一负责人要充分认识到人才工作的极端重要性。不断推进人才发展体制机制改革、加快人才强国建设，根本的是要坚持不懈学习贯彻习近平总书记人才工作重要思想，及时跟进学、全面系统学、融会贯通学，深刻把握贯穿其中的马克思主义立场、观点、方法，贯彻落实到人才工作各方面和全过程。要充分贯彻落实中央人才工作协调小组的各项任务，高质量完成各项任务。

二是要充分认识到科协组织在国家人才工作中的重要作用。科协作为党领导下的人民团体、科技工作者的群众组织，要把人才工作上升到全局高度，切实发挥好党和政府联系广大科技工作者的桥梁纽带作用。要把推动人才发展体制机制改革作为一项重要政治任务，深入贯彻落实习近平总书记关于人才工作和科技创新的重要思想，特别是在"科技三会"上的重要讲话精神，找准定位、履职尽责、主动作为，抓住人才体制机制改革的机遇，充分发挥科协在国家人才工作中的重要作用。

三是科协人才工作要有与众不同、不可或缺的价值。充分发挥科协组织在人才工作方面的独特优势，把优秀的科技人才吸引进学会、吸收进组织，营造优秀人才集聚的氛围，以才引才、以才聚才，广泛吸引海内外优秀科技人才；充分发挥科协所属学会跨学科、跨领域、跨地域的优势，推动大型科学仪器设备共享，以器聚才。要善于发现和宣传科学家令人感动、催人奋进的故事，总结凝练中国的科学精神和科学家精神。要充分发挥科协服务人才成长的作用，围绕"高精尖缺"导向为国家培育引进科技人才队伍，体现科协价值。

会议指出，要对科协承担的贯彻落实《关于深化人才发展体制机制改革的意见》中的任务进行认真研究，提出改革的措施、目标和存在的问题，报党组专门研究，推动各项改革措施落到实处，高质量完成中央交办的任务，以优异成绩迎接党的十九大胜利召开。

【中国科协举办科技界学习黄大年先进事迹座谈会】 7 月 11 日，中国科协在北京组织召开科技界学习黄大年同志先进事迹座谈会。中国科协党组书记、常务副主席、书记处第一书记尚勇出席会议并讲话。全国创新争先奖牌获奖团队负责人、中国铁路总公司总工程师何华武院士，油气藏地质及开发工程国家重点实验室主任周守为院士，中国科学院地质与地球物理研究所研究员刘嘉麒院士、万卫星院士，中国地质大学（北京）教授王成善院士，全国创新争先奖章获得者、北京邮电大学网络与交换技术国家重点实验室主任张平，全国创新争先奖状获奖者、中国水利水电科学研究院教授级高工贾金生，以及国家"千人计划"入选专家、黄大年同志生前共事过的专家、中国青年科技奖和中国青年女科学家奖获得者等科技界代表出席会议。参加会议的还有中国科协党组成员、书记处书记王春法、吴海鹰，中国科协党组成员、机关党委书记王延祜，以及中国科协有关部门和地方科协负责人。会议由王春法主持。

会上，科技界代表结合自身实际畅谈了与黄大年同志的共事经历和学习黄大年同志先进事迹的心得体会。大家纷纷表示，要深入学习贯彻习近平总书记重要指示精神，以黄大年同志为榜样，学习他心有大我、至诚报国，从自己做起、从本职岗位做起，切实把爱国之情、报国之志融入祖国改革发展的伟大事业之中，融入实施创新驱动发展战略、建设世界科技强国的伟大实践之中，为实现"两个一百年"奋斗目标、实现中华民族伟大复兴的中国梦贡献智慧和力量。

周守为院士在发言中表示，黄大年同志不仅能把自己的光和热发挥出来，还带出了一个优秀的团队，影响了他周边所有的人，共同为建设世界科技强国作贡献。我们要向黄大年同志学习，向深海要资源，把科技论文写在祖国的蓝色深海上。

刘嘉麒院士在发言中谈道，把自己摆在前面还是把国家摆在前面是考量一个人很重要的标准。黄大年不是把国家摆在前、自己放在后，而是全考虑国家，唯独不考虑自己。他从决定回来那刻起就没有给自己留任何后路，是“两只脚”踏上祖国的大地，堪称知识分子的楷模、科技界的良心。

清华大学前沿高分子研究中心主任危岩教授表示，社会各界对黄大年同志的肯定既是对科技工作者极大的鼓舞和鞭策，又是对大家秉持报国理想，为祖国富强、民族振兴、人民幸福贡献力量的一个新的号召和要求。他说，回来为国家做点事情、不要唱高调就是真正的爱国。“我早年在美国工作了30年，还要再为中国工作30年”，而且像黄大年一样“永远不后悔”。

中国地质科学院研究员、地球深部探测中心首席科学家董树文表示，被黄大年提出的“红蓝军路线”——发挥后发优势等先进的技术路线和独特的科研思维方式深深地影响和改造我。他的科学研究方法值得整理总结，“我们要尽他未尽之力”。

尚勇在讲话中指出，习近平总书记对黄大年先进事迹做出的重要指示既是对科技工作者的极大鼓舞和鞭策，也是对广大科技工作者秉持报国理想，为祖国富强、民族振兴、人民幸福贡献力量的伟大号召和明确要求。广大科技工作者要以黄大年同志为榜样，充分发挥创新作为引领发展第一动力的作用，实现从跟跑向并跑、领跑的战略性转变。

尚勇强调，广大科技工作者要积极响应习近平总书记的号召，在创新争先行动中创造新的业绩。他指出，面对激烈的国际竞争，我国改革发展转型升级的需求日益强烈，加快供给侧结构调整、增加创新供给的需求也更为迫切。科技工作者必须积极响应习近平总书记号召，把黄大年同志的精神化作每个人的具体行动，挑大梁、担大任，在各行各业、各个领域争创一流业绩、创造一流成果。既要在世界科技前沿和国家战略需求上取得新突破，又要把先进成果转化为现实生产力、转化为竞争力和经济发展的强大动力。

【2017年全国科学道德和学风建设宣讲教育报告会】 11月14日，中国科协、教育部、中国科学院、中国社会科学院、中国工程院、国家自然科学基金委员会和北京市政府共同主办的“学习贯彻党的十九大精神——2017年全国科学道德和学风建设宣讲教育报告会”在北京人民大会堂举办。全国政协副主席、中国科协主席万钢代表主办单位致辞，教育部党组成员、副部长杜占元主持报告会，李晓红、邱勇、周琪三位院士作宣讲报告。来自首都高校、科研院所及部队高校等40余家研究生培养单位的研究生新生近6000人现场聆听报告。全国31个省（自治区、直辖市）和200余所高校设立分会场，通过网络视频同步收看报告会。

万钢在致辞中指出，创新成为新时代重要的精神气质和文化价值导向，创新的时代特征要有与之相适应的科学精神、文化理念和价值导向。诚信不仅仅是学术共同体、每一个科研工作者应当秉持的职业守则，也应当成为全社会核心价值观的重要组成部分。科学研究的学术训练和科学道德规范是以科学为业的“两个轮子”，是在科学殿堂中探寻求索的“两个翅膀”。要通过科研人员的“自律”、制度建设的“他律”和社会大众的监督实现对学术不端的“零容忍”，不给“稗草”在学术共同体中生存的机会。

他勉励同学们自觉增强科技报国、创新济民的使命担当，把传承与创新结合起来，敢于走前人没有走过的路，把论文写在祖国的大地上。始终牢记从事科学研究的初心，向老一辈科学家学习，不为浮华所扰、不为名利所惑，志存高远、脚踏实地，把个人梦和中国梦紧密融合在一起，把个人价值与社会价值紧密结合在一起，把个人命运与国家命运紧密联系在一起，勇做新时代的探索者和创新者，在实现中华民族复兴伟业的新征程中放飞青春梦想、书写奋斗华章。

中国工程院党组书记李晓红院士在题为“严守学术道德，弘扬科学精神”的报告中指出，党的十九大提出了“到2050年建成世界科技创新强国”的战略目标，青年人是祖国未来科技事业发展的主力军，站在新的历史方位，重任在肩、使命光荣。他建议同学们遵守一条“红线”，加强学术道德、坚守学术规范，坚决抵制学术不端行为，始终保持学者的清醒与自律；坚定一颗“红心”，心怀爱国之情和科学报国之志，在心中埋下一颗“红色种子”，系好人生的第一粒“红色扣子”，任何时候都要将自身命运与国家民族命运紧紧联系在一起；勇做一代“红军”，不畏艰难险阻，牢记初心、不忘使命，努力成为勇于追求真理的矢志不渝者、成为弘扬科学精神的坚定实践者、成为诚信为人的典范和社会良知的引领者。

清华大学校长、党委副书记邱勇院士在题为“在新时代成就精彩的学问人生”的报告中指出，党的十九大提出中国特色社会主义进入新时代，我们比历史上任何时期都更接近、更有信心和能力实现中华民族伟大复兴的目标。青年人是幸运的一代、也是奋斗的一代，要志存高远、脚踏实地，勇做时代的弄潮儿，成就精彩的学问人生。他以自己和科研团队在OLED研究领域坚持自主创新、不懈探索最终取得成功的经历和居里夫人等知名科学家无私奉献的光辉事迹为案例，深刻阐释做学问要有执着的创新精神，做自己有兴趣且真正有价值的东西，重视学科交叉，敢于在陌生领域探索；要不断锤炼意志品质，培养高尚人格，追求高深学问；要遵从科学道德，以“零容忍”的态度对待一切学术不端行为，用敬畏的态度和审慎的目光对待自己的每一份学术成果，成为严谨治学的力行者和科学道德的捍卫者。

中国科学院动物研究所所长周琪院士在题为“建设科学道德高地，支撑创新国家建设”的报告中指出，党的十九大明确提出创新是引领发展的第一动力、是建设现代化经济体系的战略支撑。建设世界科技强国目标的设定为我国科技事业的发展、为中华民族伟大复兴的前进道路指明了方向，是广大科技工作者不懈奋斗的力量源泉。他强调，世界科技强国的建设路径只有一条，要放弃不切实际的幻想，撸起袖子加油干。学术诚信是一切科学创新的基础，应大力维护学术诚信体系，为建设世界科技强国保驾护航。他以自己和科研团队从事干细胞研究取得重大突破的成长经历为重点，通过生动翔实的案例鼓励同学们克服浮躁、攻坚克难、加强自律，坚决抵制学术不端行为，牢固树立家国情怀，为建设世界科技强国拼搏奋斗。

三位院士结合各自的科研经历和人生感悟，生动宣讲了党的十九大精神，深刻诠释了科学精神和科学道德的本质要义和时代内涵，充分展示了我国优秀科学家在实现中华民族伟大复兴中国梦的征程中精忠报国、敢为人先、求真诚信、拼搏奉献的精神品格。通过国内外学术不端典型案例，警示同学们和广大科技工作者恪守科研诚信、珍惜学术声誉。报告会现场掌声连连，同学们深受启迪。

教育部党组成员、副部长林蕙青，中国工程院副院长、党组成员陈左宁，国家自然科学基金委员会副主任、党组成员何鸣鸿，北京市委常委、副市长阴和俊，中央军委装备发展部副部长张育林，人力资源和社会保障部副部长汤涛，中央军委科技委常任委员曾路生，中央军委装备发展部载人航天工程办公室副主任杨利伟，以及中组部、中宣部、中央纪委驻科技部纪检组等有关方面代表出席报告会。

中国科协党组成员王春法、束为、王延祜、宋军参加会议。

【全国科学道德和学风建设宣讲教育领导小组2017年第一次工作会议】 8月24日，全国科学道德和学风建设宣讲教育领导小组2017年第一次工作会议在北京中国科技会堂召开。领导小组组长、中国科协党组成员、书记处书记王春法主持会议。领导小组副组长、教育部副部长、党组成员林蕙青，领导小组副组长、国家自然科学基金委员会副主任、党组成员何鸣鸿，领导小组及办公室成员王守东、杨卫平、朱蔚彤、郭哲、解欣、苏小军、徐忠波、李楠、谭方正、王子豪、张藜等出席会议。

王春法指出，科学道德和学风建设宣讲教育开展六年来，在各部委、各省、自治区、直辖市和研究生培养单位的共同努力下取得了一定成效，在全社会引发了广泛积极的影响。2016年召开的全国“科技三会”和高校思想政治工作会议对加强科学道德和学风建设都提出了明确要求。2017年上半年，中央领导同志对撤稿事件做出重要批示，明确要求采取切实有效措施加强科学道德和学风建设、营造风清气正的学术生态环境，这对进一步做好科学道德宣讲教育提出了更高要求，责任重大。面对新形势、新任务、新要求，要坚决贯彻落实中央领导同志的批示精神，加强联合协作，强化顶层设计，认真总结提炼党的十八大以来科学道德宣讲教育取得的成绩和经验，研究确定新目标，创新方式方法，确保“全覆盖、制度化、重实效”的目标要求更精准实现，使科学道德和学风建设宣讲教育再上新水平，进而提升科技界的社会形象、扩大科技界的社会公信度。

林蕙青强调，科学道德宣讲教育要始终贯彻落实“全覆盖、制度化、重实效”的目标要求，突出宣讲和教育，强化思想政治引领，持续深入做好全国、省（自治区、直辖市）、研究生培养单位三级集中宣讲教育活动，推进“两拓展、两结合”，打出“组合拳”，努力开创宣讲教育工作新局面。

会议通过了全国科学道德宣讲教育领导小组及办

公室成员调整事宜，原则通过了《全国科学道德和学风建设宣讲教育2016年工作总结和2017年工作要点》，研究了《2017年首都高校科学道德和学风建设宣讲教育报告会方案》《2017年科学道德和学风建设宣讲教育专题研究班方案》和《关于全国科学道德和学风建设宣讲教育工作的报告》。

中国科协、教育部、中国科学院、中国社会科学院、中国工程院、国家自然科学基金委有关部门负责人参加会议。

【第四期全国科学道德和学风建设宣讲教育专题研究班】 12月12—13日，由全国科学道德和学风建设宣讲教育领导小组主办，浙江省科协、省教育厅、浙江大学联合承办的第四期全国科学道德和学风建设宣讲教育专题研究班在浙江大学举办。全国科学道德和学风建设宣讲教育领导小组副组长、中国科协副主席、北京大学副校长高松，全国科学道德和学风建设宣讲教育领导小组副组长、国家自然科学基金委员会党组成员、副主任何鸣鸿，全国科学道德和学风建设宣讲教育领导小组副组长、国家肝癌科学中心主任王红阳，中国科协荣誉委员、南开大学校长龚克，中国科学院监督审计局局长杨卫平，教育部学位管理与研究生教育司副司长徐维清，浙江省科协党组成员、秘书长谢牧人，浙江大学副校长张宏建出席研究班。

杨卫平代表全国科学道德和学风建设宣讲教育领导小组讲话。他说，七年来，全国宣讲教育领导小组、各省（自治区、直辖市）宣讲教育领导小组和各研究生培养单位密切配合、协同联动，全面深入推进科学道德和学风建设宣讲教育工作，在构建三级联动工作格局、抓好集中宣讲、加强课程教材建设、组建德学双馨专家队伍等方面积极探索、大胆创新，积累了很多成功做法和宝贵经验。宣讲教育工作取得一定成效，科研诚信规范日趋完善，研究生培养单位科学道德教育力度不断加大，研究生群体道德自律意识显著增强。他强调，科学道德和学风建设宣讲教育工作仍然存在覆盖面不够、重视程度不高、长效机制不完善等问题，需要从完善三级工作机制、狠抓三级品牌活动、加强三支队伍建设、推进三项基础工作和用好三个交流平台五个方面进一步改进提高宣讲教育工作水平。

徐维清代表教育部从学习贯彻党的十九大精神角度全面分析了新时代加强科学道德和学风建设的重要意义，从提高宣讲教育重视程度、巩固集中宣讲效果、丰富宣讲教育形式、提高宣讲教育针对性、加强宣讲专家队伍建设、建立健全惩处机制六个方面对研究生培养单位加强科学道德和学风建设工作提出要求。

何鸣鸿、高松、王红阳、龚克4位专家分别作专题报告《规范与案例结合，持续加强科研诚信教育》《诚实地学习——大学生诚信教育问题探析》《医学研究中的学术不端行为与对策》《关于深化科研诚信的思考》，结合科研和教学经历诠释了科学精神和科学道德的本质要义和时代内涵。他们的报告既有深厚的理论研究，又有翔实的数据和丰富的案例，旁征博引、深入浅出，为宣讲教育工作带来了新观点新思想新视角。

汇报发言中，浙江大学、复旦大学、清华大学、北京理工大学、苏州大学、中山大学、华中农业大学、四川大学、西安电子科技大学依次介绍了本单位科学道德和学风建设宣讲教育工作开展情况，展示了多年来各研究生培养单位在制度规范、案例教学、课程设置、教材建设等方面探索创新取得的宝贵经验，为宣讲教育工作提供了各具特色的典型模式。

分组研讨中，学员们围绕如何建立科学道德和学风建设宣讲教育常态化、长效化工作机制，如何开展科学道德和学风建设案例教学，如何创新丰富宣讲教育内容形式，如何建立和发挥高校科学道德和学风建设机构作用，如何发挥研究生导师引导作用等问题进行了深入讨论。交流内容丰富，气氛活跃，达到了集思广益、启发思考的效果，为进一步做好宣讲教育工作凝聚了思想共识。

中国科协、教育部、中国科学院、中国工程院、中国社会科学院有关负责人，各省（自治区、直辖市）和新疆生产建设兵团科协、教育厅有关负责人，118所高校研究生院（处）负责人等200余人参加专题研究班。

【走在建设世界科技强国征程上的中国科学家主题展】 5月30日，“走在建设世界科技强国征程上的中国科学家主题展”在西藏自治区拉萨市举办启动仪式。中国科协党组成员、书记处书记王春法出席启动仪式并致辞。西藏自治区党委常委、组织部部长、区直机关工委书记曾万明代表区委区政府讲话。西藏自治区科协党组书记、副主席顿珠旦增，区科协党组副书记、主席李秀珍，自治区有关部门负责人、科技工作者代表、高校师生代表等400余人出席启动仪式。

王春法在致辞中说，“走在建设世界科技强国征程上的中国科学家主题展”是共和国历史上第一次以科学家群体为主题的大型展览，涵盖中国现当代科学家近 700 位。展览运用个性化、可视化的历史资料介绍了中国科学家群体形成、演进的曲折历程，讲述了他们为国家富强、民族复兴所付出的艰苦努力和做出的巨大贡献。巡展既为广大科技工作者和青少年成长成才、创新创造提供了学习典范，又为社会公众了解中国现代科学家群体成长史提供了知识讲堂。

王春法强调，作为全国科技工作者日系列宣传活动的重要组成部分，中国科协选择在拉萨举办“走在建设世界科技强国征程上的中国科学家主题展”就是为了深入贯彻落实习近平总书记系列重要讲话精神，弘扬精忠报国、敢为人先、求真诚信、拼搏奉献的中国科学家精神，将科学精神和科学文化更多地送到这片雪域高原。希望西藏广大科技工作者深入学习老一辈科学家顾全大局、甘于奉献的爱国精神，延续他们求真务实、勇于创新的科学精神，发扬他们不计名利、默默耕耘的奉献精神，将个人奋斗和价值实现与国家民族命运紧紧连在一起，把论文写在祖国的大地上、写在这片雪域高原上，为提升藏区民众的科学素质、为西藏的经济社会繁荣稳定、为实现中华民族伟大复兴的中国梦奉献自己全部能量，化作高原上朵朵盛放的格桑花。

在启动仪式上，还为获得第二届西藏自治区优秀科技工作者荣誉称号的 20 位科技工作者进行了颁奖。

【中国科协推荐（提名）两院院士候选人评审会】 3 月 20—24 日，中国科协推荐中国科学院院士候选人评审会、中国科协提名中国工程院院士候选人评审会先后在北京召开。全国政协副主席、中国科协名誉主席韩启德院士担任中国科协推荐中国科学院院士候选人指导委员会主任委员，中国工程院原副院长杜祥琬院士担任中国科协提名中国工程院院士候选人指导委员会主任委员，并分别主持召开了指导委员会、全体会议等相关会议。中国科协党组书记、常务副主席、书记处第一书记尚勇，中国科协党组成员、书记处书记王春法、项昌乐，中国科学院副院长张涛，中国工程院副院长刘旭，80 余名中国科学院院士和 140 余名中国工程院院士，以及来自中共中央组织部、中国科学院、中国工程院、中国科协有关部门的负责人分别出席评审会相关活动。

尚勇在讲话中指出，院士候选人推荐（提名）工作是中央交给中国科协的一项重要政治任务。院士制度改革后，中国科协组织学术团体提名院士候选人成为院士推荐（提名）之外的唯一推荐（提名）渠道，这是中央在统筹考虑改革完善院士制度方面做出的重要制度设计，也是对中国科协的极大信任。中国科协高度重视，坚决以高度的责任感和使命感，高标准、高质量完成推荐（提名）两院院士候选人工作。尚勇要求，做好中国科协推荐院士候选人工作一定要深入贯彻落实习近平总书记系列重要讲话精神，围绕建设世界科技强国这一伟大目标，坚持“三个面向”，瞄准国家战略需求和“高精尖缺”需要，把在科学技术领域尤其是紧紧围绕国家科技创新重大发展战略做出系统性、创造性成就和重大贡献，热爱祖国，学风正派的我国专家学者作为院士候选人推选出来，同时对那些新兴学科、交叉学科和小学科领域的优秀人才予以关注，对边远艰苦地区、基层一线的优秀科技工作者予以关注，特别是对那些默默无闻、无私奉献而成果突出、贡献突出的优秀科技工作者予以重视，为建设世界科技强国、实现中华民族伟大复兴提供更加强有力的人才支撑。

为高质量完成推荐（提名）两院院士候选人工作，中国科协成立了指导、推荐（提名）、监督三个委员会。推荐（提名）委员会对应中国科学院和中国工程院各学部，全部由对应学部院士组成。分别召开两次指导委员会会议、两次评审会全体会议，汇报工作情况和评审工作安排、审议评审办法，开展集体动员，听取评审情况汇报和监督委员会工作情况汇报、审定推荐（提名）人选、征求工作意见、总结工作等。推荐中国科学院院士候选人评审会对应数学物理学部、化学部、生命科学和医学学部、地学部、信息技术科学部、技术科学部成立 6 个推荐委员会，分别对拟推荐至相应学部的候选人进行评审。提名中国工程院院士候选人评审会对应机械与运载工程学部，信息与电子工程学部，化工、冶金与材料工程学部，能源与矿业工程学部，土木、水利与建筑工程学部，环境与轻纺工程学部，农业学部，医药卫生学部，工程管理学部成立 9 个提名委员会，共分为 9 组召开推荐委员会会议，分别对拟提名至相应学部的候选人进行评审。评审会上，各位评委根据评审办法，经过审阅候选人材料、逐个介绍候选人情况、集中评议、无记名投票等程序共评出 52 名中国科学院院士候选人、172 名中国工程院院士候选人。监督委员会对评审工作进行全程监督，充分肯定了评审过程的严谨严格、评审结果的客观公平公正。

两次评审会之后，中国科协分别组织中国科学院院士、中国工程院院士召开座谈会，就中国科协推荐（提名）院士候选人工作征求院士意见。与会院士对本次评审的评审程序、组织安排、服务保障给予了充分肯定，并对中国科协进一步做好推荐（提名）院士候选人工作提出了意见和建议。

【王春法赴全国学会调研院士候选人推选等工作】 2月10日和13日两天，中国科协党组成员、书记处书记王春法先后赴中国通信学会、中国力学学会、中国工程热物理学会、中国计算机学会、中国汽车工程学会、中华预防医学会调研全国学会开展2017年推选两院院士候选人工作情况，并征求对开展创新争先奖评选表彰工作的意见建议。中国通信学会副理事长兼秘书长衣雪青，中国力学学会理事长杨卫、副理事长戴兰宏，中国工程热物理学会名誉理事长徐建中、副理事长朱俊强、秘书长杜建一，中国计算机学会秘书长杜子德，中国汽车工程学会常务副理事长兼秘书长张进华，中华预防医学会会长王陇德等学会负责人分别介绍了学会基本情况、近年来开展院士候选人推选工作情况以及今年院士候选人推选中遇到的问题，并就改进中国科协推荐（提名）院士候选人工作和开展创新争先奖评选表彰工作提出了意见和建议。

调研过程中，王春法表示，中国科协组织学术团体推荐（提名）院士候选人工作是中央交给科协的一项重要任务。在2015年推荐（提名）中，中国科协坚持学术导向、客观公正、专家主导，坚持优中选优、宁缺毋滥，整个工作严谨有序，得到中央和科技界的肯定。2017年推选院士候选人工作正在全面推进中，全国学会要以高度的政治责任感和事业心切实做好这项工作，不辜负中央的希望和科技界的重托。他希望全国学会特别是基础、骨干学会在院士候选人推选、重要奖项评选等重点工作中一定要积极参与，不能缺位；各个学会要认真查找问题、克服困难，认真做好院士候选人推荐工作；要进一步提高服务意识、扩大服务面，主动争取已经通过院士推荐（提名）的专家同时通过学术团体渠道推荐（提名）。

王春法介绍了全国科技工作者日和全国创新争先奖有关情况。他提出，全国学会要扩大视野、广泛动员，切实将那些积极投身创新争先行动、在建设创新型国家和世界科技强国伟大进程中做出突出贡献、堪称楷模的先进科技工作者和集体推荐出来，把全国创新争先奖推荐工作作为服务科技工作者、推动科技人才成长的重要抓手。

中国科协组织人事部有关负责人，中国通信学会、中国力学学会、中国工程热物理学会、中国计算机学会、中国汽车工程学会、中华预防医学会的有关人员分别参加调研、座谈。

【第十三届中国青年女科学家奖颁奖典礼】 2月28日，第十三届中国青年女科学家奖颁奖典礼在北京举行。全国人大常委会副委员长、全国妇联主席沈跃跃，全国妇联党组书记、副主席、书记处第一书记宋秀岩，中国科协党组书记、常务副主席、书记处第一书记尚勇，中国科协荣誉委员、教育部原副部长、中国青年女科学家奖评审委员会主任、中国工程院院士韦钰，全国妇联党组成员、副主席、书记处书记张晓兰，中国联合国教科文组织全国委员会副秘书长周家贵，欧莱雅（中国）CEO斯铂涵、副总裁兰珍珍，法国驻华大使馆科技参赞雷明德教授，中国科协常委、中国探月工程总设计师、中国工程院院士、国际宇航科学院院士吴伟仁，中国科学院数学与系统科学研究院研究员、中国科学院院士周向宇等出席颁奖典礼并为获奖者颁奖。斯铂涵、宋秀岩先后代表主办单位致辞、讲话。中国科协党组成员、书记处书记王春法主持颁奖典礼。

韦钰院士介绍了第十三届中国青年女科学家奖评审情况。本届评审委员会由32位院士专家组成，从111个单位和38名专家推荐、提名的215名有效候选人中评选产生了10位获奖者。10位获奖者分别来自北京、天津市、上海市、浙江省、湖北省、陕西省。其中，数理、生物、医学学科各2人，化学与材料、地球、农林、信息学科各1人。据统计，10名获奖者以第一作者或通讯作者发表论文463篇，其中以第一作者或通讯作者发表SCI论文352篇；作为第一完成人拥有授权发明专利41项；入选省部级（含全国学会）及以上人才计划、人才项目49项，获得省部级（含全国学会）及以上科技奖励32项。

韦钰院士同时介绍了2016年度“未来女科学家计划”评审情况。2016年度“未来女科学家计划”推荐、评选与本届中国青年女科学家奖的推荐、评选一并进行，从71个单位和18名专家推荐、提名的69名有效候选人中评选产生了5位入选者。

宋秀岩在讲话中希望获奖的女科学家珍惜荣誉、

再接再厉，不断攀登新的高峰，为推进我国科技事业发展再创佳绩、再立新功；希望广大女科技工作者以获奖者为榜样，把握时代脉搏、紧跟科技潮流、强化责任担当，在大众创业万众创新中奋勇争先，不断创造更多科研成果，谱写“巾帼建新功、共筑中国梦”的华彩乐章。

【第十四届中国青年女科学家奖评审会】 9 月 26 日，第十四届中国青年女科学家奖、2017 年度未来女科学家计划评审会在北京召开。评审委员会由来自相关领域的 40 多名院士专家组成。中国科协党组成员、书记处书记王春法出席会议、看望专家并致辞。

王春法指出，中国青年女科学家奖是唯一专门面向女性科技工作者设立的全国性科技奖项，社会影响力大，评选竞争激烈，获奖者层次水平高，对获奖者持续性服务和培养效果突出，在发现、举荐高层次女科技工作者方面发挥了重要作用。办好中国青年女科学家奖和未来女科学家计划，既是贯彻习近平总书记关于科技创新、人才工作、科协工作重要指示精神的客观需要，也是落实《科协系统深化改革实施方案》的重要举措。

王春法希望评审委员会按照标准程序、坚持学术导向，客观公正、严格把关、优中选优，切实把最优秀的青年女科学家和最具发展潜力的未来女科学家评选出来，不断提升奖项的影响力和公信度。

在评审委员会主任、中国科协荣誉委员、教育部原副部长韦钰院士主持下，评审委员会按照候选人专业方向分 7 个评审组开展评审。经听取推荐工作情况报告、审议通过评审办法、分组讨论、集中评议和无记名投票等环节，评选出中国青年女科学家奖入选者 10 名（其中 1 人来自西部地区）、未来女科学家计划入选者 4 名。

本届推荐评选工作得到各推荐单位和提名专家的积极响应，共有 112 个单位和 25 名专家推荐、提名中国青年女科学家奖有效候选人 230 人，创历史新高；共有 67 个单位和 5 名专家推荐、提名未来女科学家计划有效候选人 85 名。

【全国创新争先奖评审会】 5 月 10—11 日，全国创新争先奖评审会在北京召开。全国政协副主席、中国科协主席、科技部部长、全国创新争先奖奖励委员会主任万钢，科技部原部长、中国科学院院士、全国创新争先奖评审委员会主任徐冠华，中国科协党组书记、常务副主席、书记处第一书记、全国创新争先奖奖励委员会副主任尚勇，科技部党组成员、副部长、全国创新争先奖奖励委员会副主任黄卫，国务院国资委副主任、党委委员、全国创新争先奖奖励委员会副主任刘强，国家公务员局党组成员、副局长张义全，中国科协党组成员、书记处书记王春法，中国科协党组成员、机关党委书记王延祜，以及全国创新争先奖奖励委员会、评审委员会共 300 多位院士专家出席评审会。中国科学院院士、全国创新争先奖监督委员会主任杨乐和监督委员会委员对评审工作进行了全程监督。

万钢在讲话中指出，设立全国创新争先奖是坚持贯彻习近平总书记科技创新思想、团结带领广大科技工作者推动创新驱动发展、向世界科技强国进军的重要举措，是继国家自然科学奖、国家技术发明奖、国家科学技术进步奖之后国家批准设立的又一重大科技奖项，是国家科技奖励体系的重要组成部分和补充。

万钢强调，要按照“德为先、术要精、能力强、基础厚、贡献大”的选拔标准，把具有国际影响的学科领域中的代表性人物推选出来；严格评审纪律，坚持公正、严格、担当，以高度的政治责任感和强烈的历史使命感为党举才、为民举才；大力宣传全国创新争先奖获奖者的先进事迹，通过全国创新争先奖的示范和引领，在全社会进一步形成各类创新主体和创新要素协同发展、各类人才竞相创新创造的良好局面。

尚勇在讲话中表示，全国创新争先奖要坚持三个面向的选才导向，塑造精忠报国的时代楷模，突出振我国威的科技成就，关注基层一线的优秀人才，强化有名有实的激励作用。要紧紧围绕党和国家中心任务，瞄准建设世界科技强国宏伟目标，选拔出我国 8100 万科技工作者中最优秀的杰出代表，选拔出具有国际地位和世界影响力、对国家有重大贡献、科技界广泛认可且在全社会能树立起标杆的拔尖人才和领军人才。

全国创新争先奖是经中央批准，由人力资源社会保障部、中国科协、科技部、国务院国资委共同设立的。全国创新争先奖得到了中央国家机关、各省（自治区、直辖市）、学术团体的广泛参与和广大科技工作者的积极响应，共有 217 个推荐渠道开展了推荐工作。通过形式审查，提交评审的有 1343 名科技工作者和 227 个科研团队。

评审会上，奖励委员会和评审委员会按照《评审办法》规定，邀请了 300 多位各学科领域德学双馨、成就突出的杰出代表以及科技管理专家和企业负责同志担任评审委员，认真组织实施评审工作；监督委员会积极履行职责，全程进行了监督。评审工作首先按照科学研究、技术开发、重大装备和工程攻关、转化创业、科普及社会服务5个领域分16个评审组进行网上预审和初评，然后进行复评。评选产生出奖章、奖状拟表彰人选和奖牌拟表彰团队。

全国创新争先奖共产生全国创新争先奖牌入选团队10个、奖章入选者28名、奖状入选者254名（不含涉密人员），5月27日在庆祝全国科技工作者日暨创新争先奖励大会上隆重表彰，在科技界引起强烈反响。

【第二十届中国科协求是杰出青年奖评审】 4月28日，第二十届中国科协求是杰出青年奖评审会议在北京召开。经评审委员会审议通过，共有25名青年科技工作者获奖，其中实用工程奖获得者15名、成果转化奖获得者10名。

6月24日，中国科协求是杰出青年奖获奖者座谈会在吉林省长春市举行。中国科协副主席、中国科学院院士李静海，中央军委政治工作部干部局副局长刘惠斌出席会议并讲话。中国科协常委、党组成员、书记处书记吴海鹰主持座谈会。

与会获奖者结合各自工作领域进行了交流。围绕服务创新驱动发展战略、建设世界科技强国，畅谈了对增强自主创新能力、促进产学研结合等方面的认识，对举荐和培养青年人才、营造良好创新环境等方面提出了意见和建议。

李静海在讲话中向获奖者表示祝贺。他指出，获奖青年科技人员要树立正确的价值观，潜心探索、勇于创新、坚持独创，用正确的价值观支撑追求卓越理念的科研实践；要重视基础研究、重视原始创新，在基础研究中追求学术创新，在应用研究中做有益于社会的事情；要高度重视科技成果转化，培养和推荐一批精通科技成果转化的人才，既懂市场又懂技术，让科技成果真正惠及社会；要坚持立德立学，坚持良好的科学文化，共同营造风清气正的科研学术环境。

吴海鹰介绍了中国科协求是杰出青年奖的背景以及评选情况。她表示，科协作为科技工作者之家，首要任务就是要服务好广大科技工作者、服务好青年科技人才。获得中国科协求是杰出青年奖，对各位青年科技工作者既是一种荣誉、更是一种激励，希望大家充分发挥在科技创新、成果转化方面的引领示范作用，在各自的工作领域不断书写创新创造的时代篇章。

中国科协办公厅、中央军委政治工作部干部局有关负责人参加座谈会。

【中国科协青年人才托举工作交流会】 5月23日，中国科协在北京举办了中国科协青年人才托举工作交流会。中国科协党组书记、常务副主席、书记处第一书记尚勇出席会议并讲话。国家自然科学基金委员会党组书记、主任杨卫，中国工程院副院长赵宪庚，中国科学院副秘书长邓勇，中央组织部人才工作局巡视员、副局长李志刚，空军首席专家、中国工程院院士张福泽，中国科协副主席、中国工程物理研究院科技委主任李华，中国科协党组成员、书记处书记项昌乐，中国科协党组成员兼学会学术部部长、企业工作办公室主任宋军等出席会议。财政部、科技部、国资委、国家烟草专卖局、军委科技委等单位有关负责人出席会议。参与中国科协青年人才托举工程推荐的60多个全国学会的代表，青年人才托举工程导师代表、部分评审专家、入选者代表，中国科协机关有关部门和直属单位负责人，在京部分新闻媒体，共300余人出席会议。会议由“共和国的脊梁——科学大师名校宣传工程”原创话剧《马兰花开》中邓稼先的扮演者梁植主持。

尚勇在讲话中勉励广大青年科技工作者要勇攀高峰、敢为人先，求真务实、潜心探索，诚信淡泊、立德修身，精忠报国、拼搏奉献。他呼吁，全社会要关心支持广大科技工作者成长成才，优化创新生态环境，使更多青年俊才施展才华、脱颖而出；加大对青年科研工作的支持力度，杰出青年基金、政府各科技计划要向优秀青年人才倾斜支持，鼓励所在高校、科研机构设立青年人才托举资金；成名科技专家要甘当伯乐和人梯，扶持帮助青年人才成长、担当科研重任；各级科协组织、学会要为广大青年人才提供优质精准服务，主动为他们排忧解难。

项昌乐对中国科协青年人才托举工程做了介绍。

本次交流会邀请中国青年科学家论坛往届主席代表杨卫、薛其坤、高德利3位院士和青年人才托举工程导师代表韩杰才院士结合各自成长经历和科研实践对青年科技工作者给予指导、提出希望，并与“青托”入选者代表进行互动。

杨卫在讲话中表示，“尊老托青”是中华民族的先进文化，它体现了传承和创新。青年人才的成长很大程度上得益于互相的提携和竞争。对于年轻人来说，成长最大的压力是“同行”之间的压力，同龄人尤其是同行之间的竞争和提携在人的一生中都会非常重要。

薛其坤希望广大青年科技工作者珍惜荣誉、捍卫荣誉，要充分发挥优秀青年科技工作者的积极作用，努力成长为创新型国家建设的中坚力量，为中国的科学事业发展做出新的更大贡献。

高德利认为，一系列青年人才的培养计划在中国优秀科技人才的选拔培养中发挥了非常重要的作用。科技的发展需要超越，不能一味地跟随别人，青年人才要有信心在世界范围内敢为人先、领跑科技。

韩杰才表示，青年科技工作者既要志存高远、也要脚踏实地。科技工作者在科研工作的道路上没有捷径，只有苦干才会有成果。成长是有过程的，是要付出的。做科研工作，团队精神是科技工作者应该具备的一种基本素质。在科研工作中要有合作精神，互相借鉴、互相学习。

4 位来自理工农医四个领域的青年人才托举工程入选者代表讲述了自己在科研道路上的追求与期望，并就在科学研究方面的问题和困惑与 4 位院士交流。

青年人才托举工程于 2015 年正式启动，旨在引导、支持中国科协所属全国学会、协会、研究会（含学会联合体，以下统称全国学会）探索创新青年科技人才选拔培养机制，不拘一格地发现和扶持有望成为未来科技领军人物的优秀青年人才脱颖而出，为建设世界科技强国、实现中华民族伟大复兴的中国梦提供人才保障。青年人才托举工程每年评选确定一批全国学会，并通过他们选拔一批 32 岁以下的青年科技工作者进行连续 3 年稳定的资助培养。资助经费标准为每人每年 15 万元。青年人才托举工程始终坚持同行专家遴选、大平台培养、精准托举和多样性发展的原则，被誉为青年科技人才成长的“第一块踏板”，得到广大青年科技工作者的热烈响应，受到专家的好评、学会的重视和社会的认可。从 2017 年开始，青年人才托举工程每期资助名额由 200 人扩大至 300—400 人。

本次会议由中国科协主办，中国科协学会服务中心、中国科协培训和人才服务中心、中国科技新闻学会、新华网承办。

【拔尖创新人才早期发现与综合培养研讨会】 2 月 15 日，由创新人才教育研究会主办，中国人民大学附属中学、中国科学技术大学、中国人民大学附属中学联合总校协办的拔尖创新人才早期发现与综合培养研讨会在中国人民大学附属中学召开。中国科协党组副书记、副主席、书记处书记徐延豪，科技部原副部长、国务院参事、创新人才教育研究会名誉会长刘燕华，教育部高等教育司司长张大良，中国科协青少年科技中心主任刘阳，清华大学经济管理学院院长钱颖一，中国人民大学附属中学联合总校校长刘彭芝，以及多所知名中小学校长参加了本次研讨会，就国家拔尖创新人才培养问题进行探讨。

徐延豪对“英才计划”的工作开展情况作了专题报告。徐延豪介绍，自 2013 年“英才计划”启动以来，20 所试点高校共推荐导师 347 位，其中院士 37 位、千人计划入选者 19 位、长江学者特聘教授 51 位、国家杰出青年科学基金获得者 43 位、国家级教学名师 15 位、青年千人计划入选者 10 位。3 年来“英才计划”共培养了 1755 名优秀中学生。第一批“英才计划”培养的学生中有 66% 考入“985”高校、10% 进入“211”高校，多数学生是在“英才计划”中自己所选择的专业继续发展。

徐延豪表示，建设科技强国，创新人才培养是关键。“英才计划”下一步将逐步完善学生跟踪机制；促进“英才计划”与大学教育、中学教育的衔接；加强学生选拔工作，逐渐扩大省级试点范围、扩大培养规模，让更多的优秀中学生走进大学实验室、感受科学的魅力、树立科研志向，为国家培养未来顶尖科技创新人才。

【科学道德建设论坛】 6 月 23 日，由中国科协、教育部主办的科学道德建设论坛在吉林省长春市举行。论坛以“人才成长与学术诚信建设”为主题，认真学习习近平总书记系列重要讲话精神，特别是关于人才工作和科学道德建设的重要指示精神，围绕当前创新人才培养和科研诚信的热点问题进行深入交流研讨。十一届全国政协副主席王志珍院士，中国科协副主席沈岩院士，中国科协副主席、科技工作者道德与权益专委会主任高松院士，中国科协党组成员、书记处书记、科技工作者道德与权益专委会副主任王春法、项昌乐，中国科协八届科技工作者道德与权益专委会委员王乃彦院士、吴常信院士、杨玉良院士、朱邦芬院士、龚克教授，中国科协九届科技工作者道德与权益专委会委员李元元院士、陈勇院士、何鸣鸿研究员，中国科协常委吴孔明院士、欧阳竹研究员，以及华中科技大学校长丁烈云院士、中国科学院大学副校长周琪院士、中国工程院副秘书长吴国凯出席论坛。教育部科学技术司司长雷朝滋主持论坛开幕式。

王春法代表中国科协和教育部致辞。他指出，加强科学道德和学风建设是促进我国科技事业健康发展、加快世界科技强国建设的内在要求，是培养造就优秀创新人才、加快建设人才强国的重要举措，是培育科学文化、践行社会主义核心价值观的重要方面。科学道德是科技工作者在科学活动中共同遵守的道德准则，首先是一种职业道德。私德是私人生活领域中的道德，公德是公共领域中的道德。科学道德不仅是一般的个人道德修养，也是社会公德，违背科学道德就是公然冒犯社会公德。“人无信则不立，业无信则不兴，国无信则不强”，科学道德建设更是政治问题，必须从政治高度认识加强科学道德建设、促进创新人才成长的重要意义。科技人才的成长既包括科技知识的系统掌握，也包括科学道德的良好修养，还包括科学共同体的接纳与认可。没有良好的科学道德修养，就不可能成为一个真正的有成就的科学家。加强科学道德建设，要注重宣传教育引导，完善调查惩处机制，以“零容忍”的态度坚决打击学术不端行为，改革科研评价制度，树立科学公正的科技人才评价导向，营造良好的科学文化环境，助力科技人才成长。

北京大学副校长高松院士根据北京大学本科生考试作弊和论文抄袭等20年的统计数据分析及管理工作经历，从理论和实践方面分析了学生失信问题；同时结合国际上学术诚信建设的经验，提出了高校加强诚信教育的思路和举措。吉林大学校长李元元院士探讨了目前高校本科生、研究生、青年教师等不同群体存在的学术诚信问题及深层次原因，交流了吉林大学学术诚信建设现状及成效。中国科学院大学副校长周琪院士结合自身科研团队的成长经历，以生动翔实的案例强调科技工作者要加强自律、树立家国情怀，国家层面要优化评价体系、健全知识产权保护体系，防止科技创新人才“逆淘汰”现象。清华大学教授朱邦芬院士阐述了学术不端行为的概念与分类，并结合多年的研究探讨了加强科学道德建设、促进创新人才成长的治标治本之策。国家自然科学基金会副主任何鸣鸿研究员以20年基金管理的经验，深刻分析了新型科研不端行为及特点并探讨了具体的应对措施。华中科技大学校长丁烈云院士从道德和法律的层面深入分析了科研不端行为存在的原因，介绍了对科学品德养成和加强法律规范建设的思考。

各位专家、代表在开放式讨论环节围绕论坛主题、结合六位专家的报告展开了广泛而深入的交流研讨，从理论与实践层面总结了学术不端问题的严重性和危害性，探究了科研诚信与社会信用之间的关系，从完善机构设置、加强宣传教育、健全法规制度、狠抓监督查处、改革评价机制、营造良好学术环境等多个层面提出了意见建议。

中国科协荣誉委员、南开大学校长龚克教授在闭幕小结中谈到，当前科学道德建设形势依然严峻，论坛再次呼吁全社会积极关注科学道德和学风建设问题；论坛建议科学道德建设要从学习诚信抓起、从自我做起、从改善身边的小环境做起，加快学术诚信立法，完善规范制度建设，加大对学术不端行为特别是严重学术不端行为的惩治力度，让学术不端行为者付出沉重代价，形成学术不端行为“不敢、不能、不想”的态势；论坛呼吁减少人才工作中过多的“评帽子”，以杜绝极端逐利现象，引导科技工作者把追求真理当作科学研究的目的。

中国科协、教育部、科技部、中国科学院、中国工程院、中国社会科学院有关部门负责同志，吉林省教育厅、吉林大学有关负责人，以及驻吉高校、科研院所和吉林大学师生代表共计170余人参加论坛。2017年的科学道德建设论坛是第八届，由吉林省科协、教育厅和吉林大学科协联合承办。

【全国科研诚信建设联席会议第五次会议】 3月24日，全国科研诚信建设联席会议第五次会议在北京召开。会议由全国政协副主席、中国科协主席万钢主持。中国科协党组成员、书记处书记王春法代表中国科协出席会议。会议审议通过了联席会议第四次会议以来的工作报告和新修订的《科研诚信建设联席会议章程》。

万钢在讲话中充分肯定了近年来联席会议成员单位加强科研诚信和信用体系建设取得的积极成效，强调新形势下进一步加强科研诚信和信用体系建设的重要性和紧迫性，并就联席会议下一步工作提出了四点要求。一是加强协同配合，形成科研诚信和信用体系建设的合力；二是加强信息和成果共享，推进学术不端行为联合惩戒；三是加强科学道德和学风建设宣传教育，特别是对青年的教育；四是加强调查研究，完善科研诚信和信用体系建设相关制度。他特别强调，加强科研诚信和信用体系建设要注意处理好四个关系：科研诚信与科研信用的关系、科研道德与科研伦理的关系、惩内与警外的关系、教育与帮助科技工作者的关系。

王春法在交流发言中汇报了近年来中国科协科研诚信和信用体系建设有关工作情况。他说，中国科协是联席会议最活跃的成员之一，近年来不断完善科研诚信制度规范建设，牵头制定了《关于优化学术环境的指导意见》并由国办印发，联合六部委出台了《发表学术论文“五不准”》；积极发挥全国科学道德宣讲教育领导小组牵头作用，不断加强全国科学道德宣讲教育工作；在中国作者论文被国际出版集团集中撤稿事件中深入调查、掌握情况，积极维护我国科技界的国际声誉；连续举办科学道德建设论坛和中美科学道德诚信建设研讨会，加强科研诚信和信用体系建设理论研讨；积极与美国、加拿大、德国、荷兰等开展科学道德诚信建设交流合作。这些工作都已经在联席会工作报告中得到了充分体现。此外，中国科协还结合自身实际，通过加强科技工作者政治引领、宣传科学家先进事迹、实施科学大师名校宣传工程、发挥常委会科技工作者道德与权益专委会作用、积极引导全国学会构建科研诚信体系、推进科技期刊与科技评价建设等，开展了一些具有科协特色的科研诚信和信用体系建设工作，取得了一定成效。

科研诚信建设联席会议制度由科技部、教育部、中国科学院、中国工程院、国家自然科学基金委员会、中国科协于 2007 年 3 月联合建立。目前成员单位已达 15 家，除 6 家发起单位外，还包括国家发展改革委、工业和信息化部、农业部、人力资源社会保障部、卫生计生委、新闻出版广电总局、中国社会科学院、中央军委装备发展部。

【中国科协领导会见施普林格有关负责人】 4 月 18 日，中国科协党组成员、书记处书记王春法在北京会见施普林格・自然出版集团大中华区总裁安诺杰一行，双方就撤稿事件进行坦诚深入的交流。

会谈中，双方就撤稿事件中施普林格出版集团暴露的内部管理漏洞和对事件应承担的责任、撤稿事件发生经过、撤稿是否只针对中国作者论文、涉事期刊情况、对期刊的处理、应对撤稿事件的措施、警惕“掠夺性期刊”、共同打击“第三方”中介、加强出版诚信领域的交流合作等深入交换意见，达成了初步共识。

王春法强调，中国科协是中国科技工作者的群众组织，是拥有 200 多家全国学会的科学共同体，在加强科研诚信建设、营造良好学术生态环境、维护中国科技工作者合法权益和中国科技界的国际声誉方面具有义不容辞的责任。中国科协高度重视国际出版集团撤稿事件，开展了大量工作、采取了积极措施，随着中国科技体制改革的不断深入，特别是科研评价机制的不断改革完善，类似这样的撤稿论文会越来越少。他指出，论文因虚假同行评审问题被撤，应该以适当方式让公众了解撤稿事件中各方主体的责任。作者和“第三方”中介确实存在不可推卸的责任，但 2015 年撤稿事件发生后，出版集团没有采取积极有效措施防止类似事件发生，出版集团和期刊编辑存在内控机制不完善、审核把关不严格等问题，理应对此承担责任。他希望出版集团能够尽快完善内控机制，加强对期刊的管理，把问题论文处理在发表之前、而不是发表之后一撤了之，同时高度警惕以经济利益为目的、与“第三方”机构有勾结的“掠夺性期刊”。中国科协愿意加强与施普林格在出版诚信领域的交流与合作，共同维护国际科技期刊出版诚信。

安诺杰表示，此次撤稿事件是 2015 年撤稿事件的延续，*Tumor Biology* 杂志利用 2015 年撤稿事件掌握的虚假同行评审信息反查了 2012—2016 年发表的所有论文，从而发现这批被撤论文。在撤稿事件中，出版集团确实存在期刊编辑对评审专家信息、评审专家评审意见审核不严格等问题，正在积极采取相应措施完善内控机制，出版集团已经解除与涉事期刊的合作。撤稿事件是全球性问题，不是只针对中国作者的论文，其他国家作者的论文也存在因虚假同行评审等原因被撤稿的问题。出版集团在调查中了解到不少作者是通过“第三方”中介投稿，“第三方”中介对虚假同行评审具有不可推卸的责任，是我们共同的“敌人”。出版集团愿意积极加强与中国科协在出版诚信方面的交流与合作，营造良好的国际科技期刊出版诚信环境。

组织人事部部长王守东，组织人事部、学会学术部、国际联络部有关负责人参加会谈。

【中国科协与国际出版伦理委员会高级代表团座谈交流】 11 月 17 日，中国科协党组成员、书记处书记王春法在北京中国科技会堂会见国际出版伦理委员会（COPE）联合主席克里斯・格拉夫（Chris Graf），副主席、候任主席底波拉・波夫（Deborah Poff）和理事会成员特雷弗・莱恩（Trevor Lane）一行，并主持召开座谈会就新型学术不端行为的应对策略及合作意向进行交流。

王春法说，中国科协是拥有200多家全国学会的科学共同体，在加强科研诚信建设、营造良好学术环境、维护中国科技工作者合法权益和中国科技界的国际声誉等方面具有义不容辞的责任。近年来，中国科协主动应对国际出版集团集中撤稿事件，持续广泛开展科学道德和学风建设宣讲教育，不断加强科研诚信建设国际交流合作，在加强科学道德建设方面做了大量工作、取得了积极成效。

克里斯·格拉夫说，国际出版伦理委员会是一家中立的社会组织，自1997年成立至今已发展了12000家会员，始终捍卫出版伦理，积极加强出版伦理理论研究，长期致力于为会员提供处理学术不端问题的指南和建议，积累了大量学术不端行为处理案例以及标准流程、工作指南等。

双方在座谈中围绕建立“掠夺性期刊”黑名单、道德指南的约束力及双方合作方向等问题深入交换了意见。中国科协一直坚持应合理界定学术不端事件涉事各方的责任，既要严肃处理涉事作者和“第三方中介”，也要斩断“第三方中介”与期刊的利益勾结，明确出版集团和期刊的责任，不能简单“一撤了之”。集中撤稿事件暴露出出版集团和期刊存在的问题，而目前其仍未承担应有的责任。国际出版伦理委员会表示，其对于出版集团等会员的约束力与影响力有限，更多依靠行业自律和市场淘汰机制。

双方一致认为，应合作推进科学道德指南在各国立法体系的实施，探索构建作者、编辑、同行专家、出版集团等多方沟通机制以及制定全球共同遵守的科研诚信标准体系；利用国际出版伦理委员会案例资源，加强对青年科技工作者的科研诚信教育；推荐中国代表加入国际出版伦理委员会理事会，合作开展科研诚信理论研究，推进学术出版回归理性。

科研诚信建设领域专家代表以及中国科协组织人事部、学会学术部、国际联络部有关负责人参加座谈会。

【中国科协与中国侨联聚焦海外科技人才会商合作事宜】 7月24日，中国科协党组书记、常务副主席、书记处第一书记尚勇会见了来访的中国侨联党组书记、主席万立骏一行，双方在新时期群团组织创新发展、联系服务海外科技人才工作等方面深入交换意见，达成了许多共识。

尚勇指出，长期以来科协组织与华侨团体在引进、服务海外科学家和科技工作者方面联系广泛、合作密切，成效有目共睹。新时期，双方在动员引导广大海外科技工作者投身我国科技创新和经济建设主战场、为实施创新驱动发展战略提供强大科技和人才支撑等方面有着广泛的合作空间。双方通过携手合作，共建共享资源和平台，充分发挥开放型、枢纽型、平台型的群团组织属性和优势，能够不断开创群团工作的新思路。

万立骏表示，中国侨联作为党和政府联系广大归侨、侨眷和海外侨胞的全国性人民团体，加强与华侨华人世界性、区域性组织的联系，进一步强化密切联系海外侨胞的优势，形成了与海外科技界和工商界等各界华侨华人的广泛联系渠道和有效工作机制。希望侨联组织与科协组织在海外科技人才工作等方面优势互补、资源共享、形成合力，共同探索出群团组织携手创新的合作发展新模式。

中国侨联副主席李卓彬，党组成员、副主席乔卫和康晓萍，秘书长兼办公厅主任陈迈等一同来访。中国科协党组副书记、副主席、书记处书记徐延豪，党组成员、书记处书记王春法、吴海鹰、项昌乐，党组成员、机关党委书记王延祜，办公厅和国际联络部等部门的主要负责人参加了会见。

学术交流

【2017年学会学术工作会议】 2月23日上午，中国科协召开2017年学会学术工作会议。中国科协党组书记、常务副主席、书记处第一书记尚勇出席会议并以交流谈心的方式作了讲话。会议由中国科协党组成员、书记处书记项昌乐主持。中国科协党组成员兼学会学术部部长、企业工作办公室主任宋军出席。

尚勇对2016年中国科协学会学术工作表示充分肯定。他强调，2017年是学会改革和建设各项部署的落实年、攻坚年，要落实好学会学术工作。一是要总结改革经验，提升做好学会学术工作的信心和决心；二是要明确职责定位，充分发挥学会在国家治理现代化和国家创新体系建设中的重要作用；三是要深化改革攻坚，以啃硬骨头的精神攻克学会改革的难点和重点，取得学会治理体系改革的新成效；四是要强化机制创新，把提升学会创新服务能力与深化改革结合起来，搭建更多服务平台，不断提升学会的创新与服务能力。各全国学会、各地方科协要强化责任担当，敢于创新作为，按照中央部署要求狠抓落实、务求实效，把中央决策部署落实到改革的纵深推进中、落实到创新和服务能力提升中、落实到活动品牌打造中、落实到学会学术工作的方方面面中去，以优异成绩迎接党的十九大召开。

宋军从七个方面对中国科协 2016 年学会学术工作做了总结，从五个方面对 2017 年学会学术 21 项重要工作进行了介绍。他说，2016 年中国科协学会学术工作在党组书记处的领导下、在大家的共同努力下，紧紧围绕科协中心工作，学习贯彻习近平总书记系列重要讲话精神和治国理政的新理念新思想新战略，落实《科协系统深化改革实施方案》部署，坚持“三个面向”，坚持改革创新，坚持开放协同，承接政府转移职能工作试点圆满收官进入常态化开展，学会联合体有效服务国家战略的协同效应初显，服务科技创新发展的学术交流平台体系已基本成型，科技期刊跨越式发展新格局正在形成，创新驱动助力工程再上新台阶，全国大众创业万众创新活动周取得圆满成功，青年人才托举计划广受关注和好评，中国科协学会学术工作创新发展格局已基本建成。2017 年是深化改革落实年，要抓改革落实，成熟工作规范做、特色工作创新做、难点工作攻关做、系统工作协同做，团结带领广大科技工作者创新争先，不断开创科协学会学术事业发展新局面。

会上，中国汽车工程学会、中国图象图形学学会、中国仪器仪表学会、中国地理学会、浙江省科协、湖南省科协作了典型经验发言。来自全国学会的理事长、秘书长，地方科协学会学术工作有关负责人，中国科协机关和直属单位有关负责人共 280 余人参加会议。

2 月 23 日下午，中国科协召开地方科协学会学术工作交流研讨会。项昌乐出席会议并作总结讲话。会议由宋军主持。中国科协学会服务中心主任刘兴平、中国科协企业创新服务中心主任郑浩峻分别介绍了 2017 年创新驱动助力工程和企业科技创新工作的安排。参会人员对学会学术相关工作进行了充分讨论，并就如何抓工作落实、如何解决重点问题提出了具有建设性、针对性的建议。

项昌乐在总结讲话中对 2017 年的学会学术工作提出了三点要求：一是要强化主动学习意识，认清形势、统一思想，要持续深入学习习近平总书记系列重要讲话精神，用讲话精神统一思想、凝聚力量、指导实践、推动工作；二是要强化科学工作意识，提高能力、增进成效，从国家对科协、科技社团、科技工作者的要求方面出发，进一步加强对学会学术工作理论和方法的研究，提升对学会学术工作规律的认识，强化工作方法科学化，对重点工作要进行专题研究，提出切实可行的工作方案，不断思考、主动作为，更好更快推动工作；三是要强化协同创新意识，上下联动、整体推进，把科协系统的内在优势充分发挥出来，形成做好学会学术工作的整体合力。

各省、自治区、直辖市、计划单列市和副省级中心城市科协学会部的负责人，中国科协学会学术部、学会服务中心和企业创新服务中心的有关负责人参加会议。

【中国科协生命科学学会联合体 2017 年第一次工作会议】 2 月 23 日，中国科协生命科学学会联合体 2017 年第一次工作会议在北京中国科技会堂召开。中国科协党组书记、常务副主席、书记处第一书记尚勇，中国科协党组成员兼学会学术部部长、企业工作办公室主任宋军出席会议并讲话。

尚勇指出，中国科协生命科学学会联合体在 2016 年健康发展、有序运行，不断开拓创新、搭建平台，各项工作成绩显著。如 2016 年世界生命科学大会、中国生命科学十大进展评选、生命科学领域国家重点实验室评估及青年人才托举工程选拔培养人才等工作均体现了学会联合体的优势。学会联合体不仅对学科发展起到了重大推动作用，也对科协改革起到了示范引领作用。

尚勇强调，学会联合体要服务全面深化改革大局，着眼于学科交叉融合并存的大趋势，建立协同高效、资源开放的社会化大平台，推动学科整体水平的提升，让科研成果惠及整个社会；学会联合体要勇于攻坚克难，探索适合联合体的运行机制、管理体制，特别是联合体与成员学会之间相互促进的新机制，在国际学术交流、协同创新、第三方评估、青年人才培养等方面不断开创新局面；学会联合体要更好地对成员学会进行组织和引导，促进成员学会之间的信息交流与资源共享，营造良好的创新环境，促进群团组织在社会治理体系中发挥重要作用。

尚勇要求，生命科学学会联合体要凝心聚力，弘扬责任心和奉献精神，解放思想，在实践中大胆探索适合国情的学科集成创新和科技资源集成共享模式；要发挥主席团的核心作用，强化专家委员会的智库功能，保障联合体高效运行，增强国际话语权和影响力，吸引生命科学界的国内、国际优秀领军人才，真正把我国生命科学学科做大做强。

宋军表示，中国科协将积极主动支持生命科学学会联合体在智库建设、学术交流、人才培养、成果转化等方面的重点工作，希望生命科学学会联合体认真贯彻落实尚勇同志讲话精神，为中国科协学会联合体改革发展再创新经验。

2016年中国科协生命科学学会联合体主席、中国生物物理学会理事长饶子和院士，2016年中国科协生命科学学会联合体秘书长、中国细胞生物学学会理事长陈晔光总结汇报了2016年联合体主要工作及成效。2017年中国科协生命科学学会联合体主席、中国生物医学工程学会理事长曹雪涛院士，2017年中国科协生命科学学会联合体秘书长、中国生理学会理事长王晓民介绍了2017年联合体重点任务。随后，会议讨论了2017年联合体的运行机制及重点工作。

中国昆虫学会理事长康乐院士、中国生物化学与分子生物学会副理事长隋森芳院士、中国植物学会理事长武维华院士、中国免疫学会理事长田志刚、中国实验动物学会理事长秦川、中国解剖学会理事长张绍祥等联合体成员学会代表以及学会学术部有关负责人30余人参加会议。

【中国科协先进材料学会联合体筹备座谈会】 5月31日，中国科协先进材料学会联合体筹备座谈会在北京召开。中国科协党组书记、常务副主席、书记处第一书记尚勇，中国金属学会理事长、国家新材料产业发展专家咨询委员会主任干勇院士，中国材料研究学会理事长、吉林大学校长李元元院士出席座谈会并讲话。中国有色金属学会理事长贾明星、中国稀土学会理事长李春龙、中国化工学会理事长戴厚良、中国硅酸盐学会理事长徐永模等11家先进材料学会联合体发起学会负责人出席座谈会并进行讨论。座谈会由中国科协党组成员兼学会学术部部长、企业工作办公室主任宋军主持。

尚勇强调，先进材料产业是我国重点推进的战略性新兴产业之一，对于促进传统产业转型升级、推动国家关键领域核心技术的发展具有重要意义。先进材料学会联合体的成立对于推动材料领域跨学科交叉融合、促进产学研紧密结合、强化新材料产业协同创新体系建设具有重要推动作用。

尚勇希望，先进材料学会联合体要打造高端科技创新智库，为国家发展战略、科技发展规划、产业政策等提供决策咨询；要搭建高端国际学术交流平台，推动学科交叉融合，加强国际合作交流，提升我国在世界材料科技领域的话语权；要推进材料科技成果转移转化和科普工作，形成以龙头企业为主导、科研机构为支撑、产学研用相互促进的协同创新体系；要加强人才队伍建设，做好先进材料领域不同类别、不同层次人才特别是优秀青年科技人才的发掘和培养，形成材料领域人才辈出的新局面；要不断探索创新工作机制，充分发挥学会联合体的联合协同优势，集中力量干大事，形成各成员单位相互支撑、共商合作、共享成果的合作机制。

干勇指出，我国先进材料产业发展呈现产业发展不断加快、创新成果不断涌现、应用水平不断提升、产业集聚效应不断增强4个特征，先进材料学会联合体在此大背景下应运而生，希望学会联合体认真总结和梳理新材料产业发展的现状、问题、目标和任务，发挥资源集成优势，为“中国制造2025”强国战略实施、加快新材料产业发展做出贡献。

李元元指出，当前我国工业领域正在发生着深刻的转型，高科技化、高智能化和高集成化的新型工业革命对新材料的需求越来越高。中国科协审时度势，提议并引导成立中国科协先进材料学会联合体，是将国内新材料领域的社会资源平台进行系统整合。学会联合体要抓大事、促发展，力推国内新材料产业迈向新的台阶，为国家的战略需求做出贡献。

会上，中国金属学会常务副理事长赵沛代表先进材料学会联合体发起学会介绍了学会联合体的筹备情况。与会代表讨论了学会联合体的章程、发展规划和重点工作等。

中国科协先进材料学会联合体由中国金属学会、中国有色金属学会、中国稀土学会、中国腐蚀与防护学会、中国化工学会、中国硅酸盐学会、中国材料研究学会、中国复合材料学会、中国晶体学会、中国生物材料学会、中国纺织工程学会11家学会共同发起，拟于6月成立。

中国科协调研宣传部、学会学术部、学会服务中心有关负责人出席会议。

【中国科协生命科学学会联合体2017年主席团会议】 12月21日，中国科协生命科学学会联合体在北京中国科技会堂召开2017年主席团会议。中国科协党组成员兼学会学术部部长、企业工作办公室主任宋军出席会议并讲话。联合体首任主席饶子和院士、中国生物化学与分子生物学学会副理事长隋森芳院士出席会议。会议由中国科协生命科学学会联合体主席、中国医学科学院院长、北京协和医学院校长、中国生物医学工程学会理事长曹雪涛主持。

宋军表示，生命科学学会联合体成立以来，搭建生命科学领域协同攻关、协同创新、资源共享平台，通过举办 2016 世界生命科学大会、开展“中国生命科学领域十大进展”的研究与发布工作、举办中英生命科学与医学高峰论坛、开展“谈家桢生命科学奖”评选等工作，促进了生命科学领域的科技交流与合作，培养举荐了生命科学领域的科技创新人才，推动了人才强国建设。他强调，生命科学学会联合体要聚合全球生命科学领域的顶尖人才和创新资源，全力办好 2018 年世界生命科学大会，打造国际知名学术品牌，推动我国成为世界生命科学领域的学术高地，增强我国科学家在生命科学领域的国际影响力和话语权。他希望生命科学学会联合体聚众智、合众力，为推动生命科学创新发展、为建设人类命运共同体做出更大贡献。

中国科协生命科学学会联合体秘书长、中国生理学会理事长王晓民汇报了联合体 2017 年主要工作。各成员学会代表分别汇报本学会 2017 年工作。曹雪涛介绍了 2018 年世界生命科学大会的筹备工作，主席团成员及联合体成员学会代表就如何在成功举办 2016 年世界生命科学大会的基础上继续办好 2018 年世界生命科学大会进行交流讨论，提出了建设性意见和建议。王晓民提请主席团审议并表决联合体章程修订案及吸纳中国科学院北京生命科学研究院为联合体成员等事宜。

中国科协生命科学学会联合体成员学会代表、中国科协学会学术部有关负责人等 40 余人参加会议。

【中国科协信息科技学会联合体主席团第二次（扩大）会议】 12 月 23 日，中国科协信息科技学会联合体主席团第二次（扩大）会议在北京中国科技会堂举行。联合体专家委员会成员李树深、欧阳自远、张履谦、蔡吉人、包为民、甘晓华 6 位院士，中国科协党组成员兼学会学术部部长、企业工作办公室主任宋军，中国仪器仪表学会理事长李天初院士，中国密码学会副理事长王小云院士等共 48 人出席会议。

宋军在讲话中表示，成立学会联合体是中国科协的一项创新举措，中国电子学会积极承担了联合体的试点工作，通过不断探索取得了比较显著的成效。他强调，联合体要进一步明确目标使命，谋未来、建高地，强化思想引领工作；强联合、树品牌，服务科技工作者。他希望联合体在今后的工作中改善工作格局，把智库、学术、科普工作联动起来，强调国际化、信息化、协同化，接长手臂、扎根基层，更好地为基层组织服务。同时，他希望联合体能够围绕国家战略，围绕创新型国家建设，特别是为建设网络强国、数字强国和智慧社会提供更加有力的支持。

中国科协常委、中国科协信息科技学会联合体 2016—2017 年度秘书长徐晓兰汇报了联合体自成立以来开展的重点工作。一年来，联合体坚持“一智库三平台”的工作定位，成立智能社会研究所，组织开展信息技术领域前沿跟踪项目、2017 年信息领域国家重点实验室评估、国家引才目录建设和第三方评估等工作，举办“一带一路”青年创新大会、首届中国信息科技创新成果转化大会，承办第十九届中国科协年会第四分会场活动，组织开展首届全国创新争先奖“全国杰出科技人才”和“中国优秀青年科技人才”举荐工作，实施 2016—2018 年度中国科协“青年人才托举工程”，圆满完成了各项工作任务。

联合体主席团听取了《联合体智库建设工作总结》《联合体信息领域重点实验室评估工作总结》，审议通过了信息科技学会联合体 2018 年度责任学会相关建议，推选中国电子学会继续作为联合体责任学会，并对联合体的组织机构运行方式、2018 年度工作计划提出了意见和建议。专家委员会的代表表示，今后将全力支持联合体开展工作，希望联合体在提升全民科学素质、促进国际交流合作等方面发挥更积极的作用。

【2017 年“创响中国”活动】 4 月 27 日下午，2017 年“创响中国”首站暨武汉站活动在位于“中国光谷”的“双创”示范基地烽火创新谷举办。湖北省副省长、省科协主席郭生练，中国科协党组成员兼学会学术部部长、企业工作办公室主任宋军出席启动仪式并先后致辞。湖北省省政府副秘书长刘仲初主持启动仪式并宣读湖北省首批“双创”示范基地名单，省级“双创”示范基地代表作典型发言。国家发展改革委高技术司副巡视员沈竹林，中国科协企业创新服务中心主任郑浩峻，武汉市委常委、东湖高新区党工委书记胡立山，东湖高新区管委会主任张文彤，烽火科技集团副总裁吕卫平等出席活动启动仪式。郭生练、宋军、沈竹林、刘仲初、胡立山、张文彤、吕卫平共同点亮活动大屏幕，启动 2017 年“创响中国”武汉站

活动。

宋军在致辞中表示，“创响中国”活动强调政府搭台、创客为主，突出创业者为中心；强调区域联动，以地方需求为导向，结合当地实际情况，开展形式多样、紧接地气的“双创”服务活动，推动创新创业理念在更大范围内深入人心，打造全国创新创业工作重要品牌和常态化机制。要切实增强“双创”活动的开放性、群众性和参与性，将“创响中国”活动办成层次高端、影响广泛、精彩纷呈、高潮迭起的盛会。

启动仪式结束后，与会领导及参会嘉宾一同参观了创新创业成果展览和展示活动，包括智慧城市、物联网、人工智能等多个领域的重要服务和应用类项目，并与创业者进行交流，询问企业发展和创新成果等情况。来自中金启元国家新兴产业创业投资引导基金等投资机构的30多位投资人在光谷青桐汇参加了武汉创业项目的路演。中国科协创新战略研究院院长罗晖作了题为“大众创业万众创新‘双创’战略前瞻和政策解读”的报告。

2017年“创响中国”活动由国家发展改革委、中国科协共同主办，“创响中国”活动各站地方政府承办。国家发展改革委会同中国科协组建了创新创业工作指导团、导师人才团、科技咨询团、投资服务团、媒体宣传团等服务团队，分别开展政策行、导师行、科技行、投资行、宣传行。

2017年“创响中国”各站活动由国家发展改革委和中国科协统一组织引导，地方根据自身特色和优势，充分动员当地“双创”示范高校、企业、社团等各方力量，各站按照“1+5+N”的模式开展系列活动，即1个最能突出地方特色的活动并作为该站“创响中国”活动的标志性活动、5类根据当地发展需求针对性组织相关服务对象的对接活动、多场能够突出当地发展特色和优势的活动。

5月26日，2017中国创新创业成果交易会暨2017“创响中国”广州站启动仪式在广东省广州市举行。中国科协党组成员、书记处书记项昌乐代表中国科协出席启动仪式并致辞。中国工程院院长周济，九三学社中央副主席丛斌，广东省副省长袁宝成，广州市委副书记、广州市市长温国辉，国家发展改革委高技术产业司司长任志武等出席启动仪式。

项昌乐在致辞中表示，中国科协高度重视创新创业服务工作，按照中央对科协系统深化改革的总体部署，把学会优质创新资源引向基层、引入企业，推动地方和区域产业转型升级。特别是紧紧抓住科技成果转化这个关键环节，搭建成果交易及各类创新应用平台，深入开展“双创”服务，充分调动广大科技工作者尤其是高端科技人才投身“双创”的积极性，推动跨界交流和资源整合，增加地方转型升级新动能，有效服务政府科学决策。

中国创新创业成果交易会由中国科协和广州市人民政府发起主办，到2017年已是第三届。国家发展改革委、中国工程院、广东省人民政府先后加入主办单位行列。经全国清理和规范庆典研讨会论坛活动工作领导小组批准同意，作为首个全国科技工作者日系列活动组成部分和“创响中国”广州站标志性活动，2017年中国创新创业成果交易会以“创享广州、合作共赢”为主题，展出创新创业成果项目约1300项，并举办20多场次专项活动，更加突出国际化、高端化、产业化，立足珠三角、面向海内外、服务全中国，更加强调活动质量和实际效果，更加重视项目落地转化。

6月6日，2017年“创响中国北京站”启动仪式暨全球创新峰会2017之产业“双创”高峰论坛在北京中关村国家自主创新示范区展示中心举行，宋军、沈竹林、北京市政府副秘书长刘印春出席启动仪式并致辞，北京市海淀区区长于军主持启动仪式。诺贝尔经济学奖得主托马斯－萨金特、联想控股股份有限公司董事长柳传志、中国航天科工集团董事长高红卫、中国钢研科技集团公司董事长才让以及创客代表约400人出席启动仪式。

活动启动当天，开展了海淀“双创”示范基地入驻项目签约、中关村创业大街产业“双创”基金和中关村（海淀）联合创新基金发布、海淀“双创”示范基地国家重点支持项目名单公布、全球创新峰会2017之产业“双创”高峰论坛等活动。

“创响中国北京站”活动持续到6月15日，以“产业‘双创’”为主题，以中关村国家自主创新示范区展示中心、中关村大街、中关村创业大街为核心，在北京市海淀区范围内开展形式多样的对接活动和特色活动。

8月6日，2017“创响中国”深圳站活动在华润深圳湾体育中心正式启动。宋军，深圳市委常委、常务副市长张虎出席启动仪式并致辞。活动期间，广东省委常委、深圳市委书记王伟中会见了宋军一行。

与会领导共同触动屏幕手印，启动2017“创响中国”深圳站活动。启动仪式后，第十六届全国大学生机器人大赛 Robo Master 机甲大师赛全国决赛正式举办，为广大观众奉献了一场精彩纷呈的机器人比赛。深圳市有关单位、国家“双创”示范基地、创客和媒体代表等 300 多人与会。

“创响中国”深圳站活动以“青春深圳·创赢未来”为主题，采取“1+5+10”模式，即 1 个标志性活动、5 类对接活动和 10 场特色活动，充分展示深圳“双创”活动的优秀成果以及在构建“双创”生态等方面取得的先进经验，在全市营造更加浓厚的“双创”氛围。

8 月 18 日，“创响中国”贵阳站活动在贵阳国家高新区大数据创客公园正式开幕，贵阳国家高新区大数据文化旅游节暨中国西部众创园第三届创客嘉年华同步启动。宋军出席启动仪式并代表活动组委会致辞，贵州省政协副主席左定超、贵阳市副市长王玉祥先后致辞。启动仪式由贵阳高新区党工委副书记、管委会主任黄昌祥主持。

活动期间，举行大数据文化旅游、共享经济项目集中签约仪式，以及贵州省智慧旅游政产学研用联盟、贵州省大数据政产学研用联盟成立仪式，正式推出全国首个以大数据为主题的旅游公园——贵阳国家高新区大数据创客公园，同时围绕大数据商用、民用、政用分别开展系列活动，并依托创客文化中心等众创空间及创客平台开展创客“思享”会等 50 余场次的创客嘉年华活动。

中国科协企业创新服务中心、贵州省旅发委、贵州省发改委、贵阳市人大、贵阳市政协等单位和部门有关负责人出席启动仪式。新华网、中央电视台、中央人民广播电台、人民网、《经济日报》《贵州日报》、贵州广播电视台、《贵阳日报》、贵阳广播电视台等 70 余家新闻媒体及贵阳国家高新区企业、创客代表 300 余人参加活动。

【2017 年全国“双创”活动周】 8 月 29 日上午，国家发展改革委副主任林念修，上海市副市长许昆林，中国科协党组成员兼学会学术部部长、企业工作办公室主任宋军，到 2017 年全国大众创业万众创新活动周主会场——上海市杨浦区长阳创谷进行全面实地检查。之前，上海市委副书记、市长应勇会见了林念修、宋军一行。

许昆林主持召开筹备工作推进会，中国科协企业创新服务中心主任郑浩峻汇报了主题展览展示、重点活动筹备工作情况。宋军在讲话中表示，“双创”周活动条件一年比一年好、内容一年比一年新、创新一年比一年强，这次活动周要充分体现全国最新的“双创”成效，充分体现上海城市特色。宋军还看望并慰问了参与筹备工作的中国科协和上海市科协工作人员。上海市科协党组书记、副主席杨建荣参加相关活动。

9 月 29 日下午，中国科协承办 2017 年全国大众创业万众创新活动周（以下简称活动周）工作总结会议在北京中国科技会堂召开。宋军、国家发展改革委高技术产业司副司长沈竹林、中国公路学会副理事长兼秘书长刘文杰等出席会议并讲话。郑浩峻主持会议。

宋军对国家发展改革委给予中国科协的大力支持表示感谢。他指出，本届活动周圆满成功，社会反响热烈，得到李克强总理、张高丽副总理等国务院领导的充分肯定。宋军强调，举办活动周是强化创新驱动发展战略、深入推进大众创业万众创新的一项重点工作，科协系统围绕中心服务大局，通过连续三年承办活动周，在大舞台上干大事、在实干中长才干、在付出中得收获，完成了国务院交办的重要任务，科协系统的社会影响力和知名度得到大幅度提升。要在总结中寻求提高，找规律、找内涵、找不足，进一步深入推进“双创”工作，再接再厉促进今后各项工作提质增效。

沈竹林代表国家发展改革委对中国科协在活动周承办工作中做出的贡献表示感谢。他表示，在“创响中国”活动等前期预热、上海主会场和北京会场各项筹备工作中，中国科协给予最给力的支持，与上海市、北京市及相关部委、地方形成最有效的协作。郑浩峻从五个方面对活动周总体情况和显著成效进行了总结，汇报了中国科协承办工作的体会、收获及下一步工作思路。中国科协企业创新服务中心副主任乔云汇报了北京会场承办工作总结。综合协调、启动仪式、主题展示、北京会场、“创响中国”活动及海外“双创”周、媒体宣传和后勤安保等各工作组有关人员分别就本组工作做了汇报，与会人员交流了经验体会并提出建议。会议还向有关单位和个人颁发了嘉奖函及纪念证书。

国家发展改革委高技术产业司，中国科协学会学术部、调研宣传部、企业创新服务中心、创新战略研究院，中国公路学会，中国科技新闻学会等相关部门、单位有关负责人以及各工作组工作人员共 30 余人参加总结会。

【中国科技期刊登峰行动计划现场工作指导活动】 5月5日，中国科技期刊登峰行动计划现场工作指导第一场活动在北京举办，指导对象是《工程（英文）》《中国机械工程学报》（英文版）、《中国电机工程学会电力与能源系统学报（英文）》和《中国航空学报》（英文版）4种工程类期刊。专家组由中国科协副主席、中国科学院院士李静海，中国科协党组成员、书记处书记项昌乐带队。专家组成员包括中国工程院院士、北京航空航天大学教授王浚，中国科学院院士、中国疾控中心副主任高福，中国科学技术信息研究所所长、中国科学技术情报学会理事长戴国强，中国科学技术期刊编辑学会副理事长兼秘书长任胜利，中国科学技术信息研究所评价中心主任、中国科学技术情报学会秘书长潘云涛等。活动由领导小组组长李静海主持。

项昌乐在讲话中说，中国科协高度重视期刊工作，2016年在现有期刊支持体系的基础上启动实施中国科技期刊登峰行动计划，在目前学科优势比较强、期刊水平比较高以及符合中国科技建设发展的新型交叉学科中择优遴选优秀期刊，在经费支持的基础上采用精准扶持的方式，邀请国内外学术专家对入选期刊进行指导、咨询，及时发现和解决期刊发展中遇到的问题。

会上，上述4个工程类期刊负责人从办刊模式、发展目标、学科特点、国际合作、编辑部团队等方面分别汇报了项目进展情况，与会专家进行了研讨、点评并提出了相应的指导意见。

项昌乐针对汇报内容，对中国科技期刊登峰计划未来的发展提出要求：一是要加强期刊主编、编委会的作用，特别是英文国际期刊需要有国际主编发挥带头作用；二是高度重视目前部分期刊出版和主办单位两张皮的问题，要充分发挥主办单位在期刊发展中的主体作用，尤其是把全国学会的学术建设与期刊发展紧密结合起来；三是要加强期刊编辑部建设，使编辑部成为主编和编委会运作的重要支撑，解决期刊在快速发展阶段自我发展能力不足的问题；四是要加强学术诚信建设，把杜绝学术不端始终作为期刊建设的重要内容之一。

李静海在总结讲话中表示，4个期刊在登峰行动的项目支持下，学术水平和国际影响力在不断提升，但在发展过程中也遇到了一些问题。各位与会专家针对入选期刊面临的问题精准施策，提出了具有较强针对性的建设性意见，希望入选期刊根据专家建议认真查摆问题，迅速提出解决之策。他指出，学术期刊要想实现国际化，编辑部、国际编委、主编的作用至关重要。第一，要提升国际编委的比例，要充分发挥主编的作用；第二，要在理念上摆正位置，正确理解国际化和中国特色的关系，最重要的是通过国际化实现中国在国际学术界的话语权；第三，要在符合现行国际学术规范的前提下，采取有力措施迅速改变老牌期刊发展缓慢甚至陷入停滞的现状。

【第十三届中国科技期刊发展论坛】 5月16日上午，第十三届中国科技期刊发展论坛学术委员会第一次会议在北京召开。中国科协副主席、中国科学院院士李静海，中国工程院院士屠海令等9位委员及相关人员参加会议。中国科协党组成员、书记处书记项昌乐出席会议并讲话。会议由中国科协学会服务中心主任刘兴平主持。

中国科协学会服务中心副主任楼伟介绍了中国科技期刊发展论坛基本情况、本届论坛方案和相关学术建议。学术委员会委员围绕期刊发展的现状，结合期刊国际化形势展开讨论，最终确定了论坛主题、议题及大会报告等学术事项。

项昌乐向学术委员会委员对论坛工作的大力支持表示感谢，对学术委员会在论坛学术工作中的作用予以充分肯定。项昌乐强调，要创新论坛组织形式，提高论坛学术质量，注重论坛举办效果，提升论坛影响力，聚拢科技界和期刊界。

李静海在总结中指出，本届论坛的主题要紧跟当今期刊发展形势，分论坛主题要围绕大会主题细化展开，要有针对性，要吸引专家学者踊跃参加。大会报告人应邀请行业著名院士专家围绕分论坛主题做报告，会后要做好总结，归纳整理论坛提出的新议题，形成学术报告并积极传播。

本届论坛首次成立了学术委员会，旨在把握论坛的学术方向，讨论决定论坛的主题、议题，研究确定主要议程、报告人选和报告角度以及其他与论坛相关的学术事项。

9月21—22日，第十三届中国科技期刊发展论坛在重庆市举行。本届论坛主题为“机遇与挑战——中国科技期刊发展之路”。项昌乐、国家新闻出版广电总局新闻报刊司司长李军、重庆市政府副秘书长罗德出席论坛开幕式并讲话。本届论坛学术委员会副主任、中国科学院院士、中国科学院党组成员、副院长王恩哥，中国科学院院士、清华大学物理系教授朱邦芬，中国工程院院士、中国农业科学院副院长吴孔明，中国工程院院士、天津市肿瘤研究所所长郝希山等 35 位专家作专题报告。来自全国各地相关领域的 600 余名专家、学者和科技期刊工作者参加论坛。开幕式由刘兴平主持。

本届论坛包括开幕式、大会主旨报告、专家对话、专题分论坛、主题展览、特色活动、编辑业务大赛决赛等环节。

项昌乐在讲话中强调，当前中国科技期刊的规模、国际显示度、影响力和竞争力正在持续提高，但总体发展既面临严峻挑战，也面临前所未有的历史机遇。新时期，中国科技期刊要切实做好“突出学术引领，支撑创新发展”“创新办刊思路，提升学术水平”“改革运营模式，推进集群发展”“加强人才队伍建设，提升科技期刊核心竞争力”四个方面工作，持续推动中国科技期刊不断登上新台阶，为争取早日实现进入创新型国家行列、跻身创新型国家前列、建成世界科技强国的三步走战略目标做出应有的贡献。

李军强调，中国科技期刊各项工作取得长足进展：种类数量不断增长、学术质量稳步提升、品牌特色日益鲜明、改革创新不断深化，但科技期刊的总体质量、传播力、影响力与国际先进水平相比仍有较大差距。对此，他提出六点建议：以服务科技创新为中心，推动科技期刊履行使命；以内容建设为根本，推动科技期刊提质增效；以融合发展为核心，推动科技期刊转型升级；以深化改革为动力，推动科技期刊做大做强；以平台建设和精品工程为基础，推动科技期刊走出去；以政策支持和依法管理为保障，优化科技期刊发展环境。

会上宣读了关于奖补第二届中国科协优秀科技论文遴选计划入选论文的决定，项昌乐、李军、罗德、程伟为获奖代表颁发证书。王恩哥院士主持了《中国科技期刊发展蓝皮书》宣介活动。

王恩哥院士、朱邦芬院士、吴孔明院士、郝希山院士、龙桂鲁教授分别作大会主旨报告《从事物理研究的体会》《天下兴亡匹夫有责——维护科研诚信是科技期刊的神圣使命和职责》《中文科技期刊的突围之路》《我国科技期刊发展策略》《评价体系在办好国内学术期刊中的作用的思考》。

在专家对话环节中，与会专家围绕科技期刊发展策略、科学传播、新媒体融合、学术诚信等主题进行广泛的交流和深入的研讨。杨旭东、初景利、李频、刘冰、朱江 5 位专家分别作报告。

针对当前中国科技期刊发展态势，论坛设置了科技期刊与学科建设、中文科技期刊发展战略、英文科技期刊发展策略、科技期刊与媒体融合、科技期刊与学术诚信体系建设 5 个专题分论坛。

论坛同期举办了“中国科技期刊发展之路”主题展览，展示中国科技期刊发展历程、显著成效和历史机遇，分设若干板块，配以实物展品和相关视频。重点介绍中国科协科技期刊、中国科学院科技期刊、中国高校科技期刊发展概况，讲述取得进展、发展特色、期刊故事等。

本届论坛由中国科协、国家新闻出版广电总局、重庆市人民政府联合主办，重庆市科协、重庆市文化委员会、中国科协学会服务中心承办，中国期刊协会、中国科学技术期刊编辑学会、中国高校科技期刊研究会等单位协办。

【中国科协开展登峰行动现场工作指导第四场活动】 6 月 22 日，中国科协党组成员、书记处书记项昌乐和党组成员兼学会学术部部长宋军一行到中国科学院长春光学精密机械与物理研究所，对中国科技期刊登峰行动计划入选期刊《光：科学与应用》（英文版）进行现场工作指导，并与期刊有关负责人进行座谈交流。

会上，《光：科学与应用》（英文版）负责人就登峰行动计划项目进展、经费使用、存在的问题和瓶颈等作了专题汇报，详细介绍了期刊的办刊团队、编委会建设、栏目设置及组约稿方式、刊会结合的模式探索、海外办公室建设等情况，并通过与国际同类顶级期刊、国内重点科技期刊的各项指标对比深度剖析了自身的短板和瓶颈，提出了解决思路。与会专家对《光：科学与应用》（英文版）连续 3 年保持同学科领域国际前三的优异表现给予一致肯定，并围绕期刊国际化编委会建设、稿件处理机制、出版发行机制、会展平台建设、盈利模式探索等重点问题进行了深入的研讨交流，提出了针对性的改进意见。

项昌乐在讲话中对《光：科学与应用》（英文版）取得的成绩给予了充分肯定，并对刊物今后的发展提出希望。他指出，要解放思想、创新机制，提高期刊的自我发展和自我循环能力；要积极发挥国际编委的作用，利用多种方式争取优质稿源，把期刊办成国际一流、科学家认可的顶级学术交流平台。

宋军表示，《光：科学与应用》（英文版）开放、进取的办刊理念非常值得肯定。希望能够持之以恒、久久为功，不断提高刊载内容创新性和影响力，向国际顶尖期刊迈进。同时，在经费使用方面要避免平均化，着力解决重点、难点问题，突出项目资金的使用效益。

2017年度中国科协组建登峰行动工作指导领导小组和专家指导团队分6组对入选期刊进行现场工作指导和年度考核。对《光：科学与应用》（英文版）的指导为本年度第四场现场指导活动，中国科学技术信息研究所评价中心主任、中国科学技术情报学会秘书长潘云涛作为专家组成员参加指导，中国科协学会学术部副部长苏小军主持座谈。中国科学院长春光学精密机械与物理研究所有关负责人以及《光：科学与应用》（英文版）编辑部全体人员参加座谈。

【组织编写《中国科技期刊发展蓝皮书》】 5月17日上午，《中国科技期刊发展蓝皮书》专家委员会和编写委员会第一次会议在北京召开。中国科学院副院长王恩哥院士、中国工程院原副院长屠海令院士、中国科学院院士刘明等14位委员及相关人员参加会议。中国科协党组成员、书记处书记项昌乐出席会议并讲话。会议由中国科协学会服务中心主任刘兴平主持。

中国科协学会服务中心副主任楼伟介绍了《中国科技期刊发展蓝皮书》编制工作情况，各章牵头人介绍《中国科技期刊发展蓝皮书》编制内容。专家委员会和编写委员会委员围绕《中国科技期刊发展蓝皮书》的编制方向和内容进行了讨论。

项昌乐向专家委员会和编写委员会委员对《中国科技期刊发展蓝皮书》编制工作的大力支持表示感谢，并指出目前我国科技期刊正处在快速发展期，编制《中国科技期刊发展蓝皮书》适时且必要，要合理制定编写周期，做到内容深入、分析客观，进而推动我国科技期刊发展，促进学科合理布局，为决策者提供参考依据。

王恩哥在总结中肯定了各位委员提出的意见，提出《中国科技期刊发展蓝皮书》的编制要做到客观公正，结合科技期刊发展的新变化新问题，深入剖析国内外优秀科技期刊发展案例，总结规律，树立我国科技期刊的自信心。

《中国科技期刊发展蓝皮书》由中国科协学会服务中心组织编写，旨在促进我国科技期刊发展、增强科技期刊服务创新能力、提升我国在国际科技界的学术话语权。专家委员会主任由王恩哥院士担任，委员由屠海令院士等14位院士专家组成；编写委员会主任由项昌乐担任，副主任由刘兴平、任胜利、刘培一担任，委员由7位期刊专家组成。

9月13日上午，《中国科技期刊发展蓝皮书》中期汇报会在北京召开。《中国科技期刊发展蓝皮书》专家委员会主任王恩哥院士等10余位委员，中国科协党组成员兼学会学术部部长、企业工作办公室主任宋军出席会议，会议由刘兴平主持。

宋军向专家委员会和编写委员会委员对《中国科技期刊发展蓝皮书》编制工作的大力支持表示感谢，并指出《中国科技期刊发展蓝皮书》中的数据要求真求全，用科学方法分析数据得出结论，从而促进我国科技期刊结构布局和发展格局进一步优化，为我国建成创新型国家提供强有力的支撑。

王恩哥在总结中对编写委员会的工作给予肯定，同时感谢各位委员提出的修改意见，指出编写委员会要做好《中国科技期刊发展蓝皮书》的统稿工作，保证数据可靠、分析准确，统一相关期刊术语标准解释，通过《中国科技期刊发展蓝皮书》的编制推动我国科技期刊科学发展。

楼伟介绍了《中国科技期刊发展蓝皮书》编写工作情况，各章牵头人介绍《中国科技期刊发展蓝皮书》编写内容。专家委员会和编写委员会委员还围绕《中国科技期刊发展蓝皮书》初稿进行了讨论。

【中国科技期刊国际影响力提升计划二期D类项目评审】 5月17日，中国科技期刊国际影响力提升计划二期项目2017年度D类项目在北京评审。来自多个学科领域的36位专家分4个学科小组对91个陈述答辩项目进行了评审打分，遴选出20个入围项目。中国科协副主席、中国科协常委会学术专委会主任、中国科技期刊国际影响力提升计划专家委员会主任李静海主持会议。中国科协党组成员、书记处书记项昌乐，中国科协党组成员兼学会学术部部长、企业工作办公室主任宋军出席。

会上，李静海简要介绍了项目概况及专家委员会和监督小组组成情况。中国科协学会学术部副部长苏小军就奖项设置、申报情况、名额分配及评审流程等作简要汇报，并请专家委员会进行了讨论评议。中国科学技术信息研究所有关专家作为评审工作承办单位代表，向专家委员会详细说明了网上评审系统的操作方法。

项昌乐代表项目联合实施部门讲话指出，中国科技期刊国际影响力提升计划 D 类项目旨在支持创办一批具有国际影响力、服务国家科技发展的一流科技期刊，意义重大。要通过本次评审，遴选出真正能够代表我国前沿学科和优势学科，或能填补国内英文科技期刊学科空白的高水平新刊。希望各位专家按照评审原则和评审流程，发挥自身的学科优势，公平公正、严格把关，评选出符合项目方向的优秀期刊。

评审会上，各学科小组专家按照评审细则和遴选指标，从创刊基础条件和国际化办刊条件两个方面对参评项目进行了分项打分，根据得分排名，确定了入围项目名单。中国科学院院士、中国原子能科学研究院研究员王乃彦和中华口腔医学会会长、中国科协荣誉委员王兴作为评审工作监督小组成员对评审环节进行了全程监督。中国科技期刊国际影响力提升计划办公室对评审结果进行了公示。

【2016 年度中国生命科学领域十大进展交流会暨青少年科普报告会】 6 月 3 日，2016 年度中国生命科学领域十大进展交流会暨青少年科普报告会在天津市举行。中国科协党组成员兼学会学术部部长、企业工作办公室主任宋军出席活动并致辞。天津市科协主席、中国生物物理学会理事长饶子和院士，中国科协生命科学学会联合体轮值主席、中国生物医学工程学会理事长曹雪涛院士，中国科学院大学副校长、中国科学院动物研究所副所长周琪院士，天津市科协副主席、南开大学化学学院院长周其林院士出席活动。活动由天津市科协党组书记、常务副主席姚建军主持。

宋军代表中国科协向入选 2016 年度中国生命科学十大进展的研究团队和科学家们表示衷心祝贺。他说，此次活动邀请我国科研一线的 10 位生命科学领域的知名科学家与青少年朋友们面对面交流，把科学研究的最新前沿研究成果与青少年科学爱好者分享，不仅是科学知识的传播与普及，更是科学精神、科学思想的传递与继承，是落实习总书记重要讲话精神、把科学普及放在与科技创新同等重要位置的生动实践。

宋军希望，参加活动的同学们珍惜这次与科学家面对面的学习机会，学习和传承“精忠报国、敢为人先、求真诚信、拼搏奉献”的中国科学家精神，讲科学、爱科学、学科学、用科学，立志勇攀科技高峰，努力成长为祖国的栋梁之材，为把中国建设成为世界科技强国、实现中华民族伟大复兴的中国梦贡献力量。

曹雪涛院士介绍了 2016 年度中国生命科学领域十大进展评选的基本情况，入选的十大进展分别为“植物分枝激素独脚金内酯的感知机制”（清华大学谢道昕、饶子和、娄智勇等）、“线粒体呼吸链超级复合物的结构与功能”（清华大学杨茂君团队）、“组蛋白甲基化修饰在早期胚胎发育中的建立与调控”（同济大学高绍荣团队）、“基于胆固醇代谢调控的肿瘤免疫治疗新方法”（中国科学院上海生物化学与细胞生物学研究所许琛琦团队）、“内源性干细胞介导功能性晶状体再生治疗婴幼儿白内障”（中山大学中山眼科中心刘奕志团队）、“活性 RAG 型转座子的发现揭示抗体 V（D）J 重组的起源”（北京中医药大学徐安龙团队）、“植物雌雄配子体识别的分子机制”（中国科学院遗传发育所杨维才团队）、“精子 tsRNAs 可作为记忆载体介导获得性性状跨代遗传”（中国科学院动物研究所周琪团队）、“MECP2 转基因猴的类自闭症行为表征与种系传递”（中国科学院上海神经科学研究所仇子龙团队）、“埃博拉病毒入侵机制研究”（中国科学院微生物研究所高福团队）等。

周琪院士等 10 位 2016 年度中国生命科学领域十大进展牵头科学家分别作了精彩的科普报告。

中国科协生命科学学会联合体、天津市科协有关负责人以及天津市 55 中学、天津市 102 中学的 600 多位高中生参加了活动。

【中英生命科学与医学高峰论坛】 9 月 26 日上午，中英生命科学与医学高峰论坛在北京开幕。中国科协党组书记、常务副主席、书记处第一书记怀进鹏出席论坛并致辞。国家自然科学基金委员会主任杨卫，国家卫生和计划生育委员会副主任崔丽，中国科协党组成员兼学会学术部部长、企业工作办公室主任宋军，中国生物物理学会理事长饶子和院士，英国皇家学会会长、2009 年诺贝尔化学奖得主文卡特拉曼·拉马克里希南，英国惠康基金会主席杰里米·法勒等出席论坛。论坛由中国医学科学院 / 北京协和医学院院长、中国科协生命科学学会联合体主席曹雪涛院士主持。

怀进鹏在致辞中指出，生命科学与医学是与人类生存发展、全球人口健康息息相关的学科领域，这一领域已带动形成庞大的健康、现代农业、生物能源、生物制造、环保等产业。中英两国在生命科学与医学领域均发展迅速，取得了国际同行瞩目的成就，两国科学家强强联手、合作创新对于促进学科繁荣发展、增进中国乃至世界人民的福祉具有十分重要的意义。

他希望，以中英建交 45 周年和本次论坛为契机，深化中国科协与英国科技界的合作关系，扩大交流领域、丰富合作形式，将双边科技交流合作提高到新层次，并希望中英两国科学家携手合作，为共同应对生命科学和医学领域的全球性挑战、丰富人类知识宝库、打造人类命运共同体做出更大的贡献。

本次论坛由中国科协生命科学学会联合体、中国医学科学院、中国国家自然科学基金委员会、英国皇家学会以及英国惠康基金会共同主办，包括学术报告、参观访问、女性科学家专场交流等活动。中英两国科学家在为期 4 天的活动中充分展示生命科学、基础医学、临床医学、药学、植物学、农学、环境等 20 个领域的创新性研究成果，探讨生命科学领域未来科技创新的方向，增进彼此了解，寻求更加广阔的合作空间，为未来的科技合作交流奠定了基石、增添了活力。8 位英国皇家学会会员、6 位中国科学院和中国工程院院士以及两国各约 100 位杰出青年科学家代表共 200 余人出席论坛。

【中国科协第二届全国企业创新方法大赛】 12 月 9 日，中国科协第二届全国企业创新方法大赛经过三个月的角逐，在经历了初赛、复赛及全国总决赛后，在天津市落下帷幕。最终，中车长春轨道客车股份有限公司摘得桂冠，中国航发湖南动力机械研究所和内蒙古包钢钢联股份有限公司巴润矿业分公司分获银奖和铜奖。在此前举行的项目展示和理论测试比赛中，来自中国石化、一汽轿车、大庆油田、广西柳工、成飞集团、天津宝盈等企业的 16 支代表队获得一等奖。

第二届全国企业创新方法大赛由中国科协主办、中国科协企业创新服务中心及天津市科协承办。大赛自 2017 年 9 月启动以来，全国共有 604 个企业 1195 支代表队报名参赛，涉及机械、电子、材料、化工、石油、生物、交通、建筑、新能源等 40 多个专业领域。各地区分赛之后，150 支代表队 450 余人进入全国总决赛。

本届大赛的参赛选手和项目数量较之首届成倍增加，项目质量明显提高，擂台赛实现电视录播，专家评审团聚集了国内创新方法研究领域造诣深厚的学者。12 月 7—8 日，经过项目展示和理论考试，评选出大赛一等奖 16 名，最终有前 10 名企业代表队进入 12 月 9 日在天津电视台举行的电视擂台赛。中国科协党组成员兼学会学术部部长、企业工作办公室主任宋军，全国总工会副主席许振超，中国科学院院士闻邦椿，中国工程院院士刘人怀、顾国彪等出席了金奖擂台赛和颁奖典礼，并为获奖选手和优秀组织单位颁奖。

宋军在致辞中表示，全国企业创新方法大赛为广大企业科技工作者搭建了交流创新理论、提升创新水平、碰撞创新思维、展示创新风采的大舞台。2016 年首届大赛得到了热烈响应，激发了企业一线科技人员创新争先热情，引起了社会各界的广泛关注，打造了科协服务企业创新工作的新品牌。第二届全国企业创新方法大赛是全国各行业企业科技工作者比创新精神、比创新能力、比创新水平的大比武，也是科技工作者贯彻落实党的十九大精神、推动创新实践、弘扬工匠精神的一次盛会，在引领科技工作者投身创新创业方面做出了积极贡献。

【智能制造研究所成立暨揭牌仪式】 4 月 13 日，由中国科协智能制造学会联合体与中国科协创新战略研究院共建的智能制造研究所成立暨揭牌仪式在北京中国职工之家举行。中国科协党组成员、书记处书记王春法，中国科协智能制造学会联合体副理事长、中国微米纳米技术学会理事长、清华大学副校长尤政院士出席并讲话。中国科协调研宣传部部长郭哲，学会学术部副部长魏军锋，中国科协智能制造学会联合体秘书长、中国机械工程学会常务副理事长张彦敏，中国科协创新战略研究院院务委员陈锐出席会议。工信部装备司重大技术装备处副处长王影，学会联合体专家委员、机械科学研究总院原副院长屈贤明受邀出席成立大会。学会联合体成员学会、智能制造研究所研究团队及中国科协有关部门代表共 50 余人参加会议。会议由郭哲主持。

智能制造研究所是中国科协智能制造学会联合体为深入贯彻落实中央《关于加强中国特色新型智库建设的意见》《科协系统深化改革实施方案》《中国科协关于建设高水平科技创新智库的意见》以及《中国科协高水平科技创新智库建设“十三五”规划》精神而发起成立的，是中国科协建设高水平科技创新智库体系的重要组成部分。会议期间，张彦敏、陈锐代表双方签署了共建协议，王春法与尤政共同为智能制造研究所揭牌。

王春法在讲话中指出，加强学会智库建设符合中央要求和科协实际，是贯彻落实科协系统深化改革实施方案的重要举措。智能制造研究所是依托学会联合体成立的第二个智库，也是中国科协重点培育的学会智库。智能制造研究所应该突出重点，立足智能制造发展需求：围绕国家发展战略、科技发展规划、产业政策等方面进行前瞻性研究；重点跟踪与智能制造密切相关的热点领域，完成对新技术、新发现、新趋势的动态跟踪和预判；以信息技术与制造业深度融合为主线，对国内外智能制造领域的科技进展进行持续跟踪和研究等。最后希望智能制造研究所能以此次揭牌为契机，创新体制机制，注重开创协同，坚持人才驱动，推动中国科协的智库建设再上一个新的台阶。

尤政表示，依托学会联合体成立研究所，将智能制造领域的科技工作者聚集在一起，学会、企业、高校、科研机构联合作战，打造智能制造领域高端智库，非常有意义。他希望研究所积极开展与智能制造领域相关的国家战略、科技发展、产业政策等方面的前瞻性决策咨询研究、重大政策制定的评估评价工作，提供专家建议，使研究所逐渐成为国家实施“中国制造 2025”战略的一支重要的研究力量。

会上，研究所专家代表、研究团队代表及中国科协智能制造学会联合体成员学会代表分别发言，重点围绕研究所的研究内容与方向、发展路径与机制等展开交流，并对研究所的发展充满期望。郭哲在会议总结中表示，智能社会即将到来，智能制造是主要的推动力，智能制造研究所承载了非常重要的使命，希望通过一种全新的机制，将专家的思想和智慧集成起来，将科协智库的小中心联合起来，服务于国家科技决策。

科学素质工作与科普活动

【全民科学素质中长期战略规划研究指导组第一次会议】 5 月 18 日，中国科协党组副书记、副主席、书记处书记徐延豪主持召开全民科学素质中长期战略规划研究指导组第一次会议。指导组专家欧阳自远、沈岩、徐善衍、齐让、程东红、任定成等出席会议。

2016 年，中国科协启动全民科学素质中长期战略规划预研究。为更好推进战略研究，经充分协商酝酿，邀请了数位熟悉全民科学素质工作的院士专家和科协老领导组成战略规划研究指导组，对战略研究进行宏观指导。

徐延豪首先对指导组各位领导、专家对全民科学素质中长期战略规划研究的关心和支持表示感谢。徐延豪指出，当前我国正在按照习近平总书记提出的建设世界科技强国“三步走”战略目标，即 2020 年进入创新型国家行列，2030 年进入创新型国家前列，2049 年成为世界科技强国，建成富强、民主、文明、和谐的社会主义现代化国家的宏伟目标奋勇前进。面对新形势、新任务，做好 2020 年以后的全民科学素质中长期战略规划研究需要有宽广的视野和战略思维，要对相关问题进行深入的思考与认识。我们必须及早动手、超前研究、提前部署、找准方向、破解难题，使战略研究取得好的成效。

指导组各位专家针对全民科学素质中长期战略规划研究的战略定位、指导思想、规划原则、战略目标等方面提出了具体指导建议。

中国科协科普部、中国科普研究所有关负责人参加会议。

【全民科学素质纲要办 2017 年第二次全体会议】 12 月 6 日，全民科学素质纲要实施工作办公室 2017 年第二次全体会议在北京中国科技会堂召开。中国科协党组副书记、副主席、全民科学素质纲要实施工作办公室主任徐延豪主持会议。32 个部门的全民科学素质纲要实施工作办公室成员和联络员出席会议。

会议听取了中国科协科普部部长白希关于全民科学素质纲要实施工作办公室 2017 年工作情况的汇报、中国科普研究所所长王康友关于全民科学素质发展战略研究进展情况的通报。中央组织部、教育部、国土资源部、农业部、质检总局、食品药品监管总局、中国科学院、中国气象局 8 家纲要成员单位就 2017 年全民科学素质纲要实施工作作典型发言。

徐延豪强调，各成员单位要进一步把思想统一到党的十九大精神上来，准确把握新时代全民科学素质工作在实现人民美好生活、实现中华民族伟大复兴中国梦以及服务构建人类命运共同体中的重要历史使命，切实增强紧迫感和责任感，开拓工作新局面；要对照党的十九大报告中对科技创新和科学普及的要求，着力解决好全民科学素质工作发展不平衡不充分的问题，在顶层设计、投入保障、指导督导上重点发力，不断提升发展质量和效益；要打造公民科学素质建设的国际交流合作平台，服务构建人类命运共同体和“一带一路”倡议，总结和推出公民科学素质建设的“中国模式”，讲好中国故事。

会议研究部署了全民科学素质纲要实施工作办公室下一步工作。

【科普中国品牌影响力和科普公共服务水平显著提升】 以实施科普信息化建设专项作为“互联网 +

科普”行动的抓手，强化“精细分类、精准推送”，科普中国的品牌影响力和科普公共服务产品供给水平显著提升。协同人民网、新华网、光明网、腾讯、百度等机构，建设与一流互联网企业等机构的跨界合作机制，逐步形成与55家大众网络媒体合作的传播渠道以及超过1000人的专业创作团队和超过2000人的专家团队。共同实施“科技前沿大师谈”等20余个子项目，累计建设内容资源近12TB，包括科普视频（动漫）约4500个、科普图文约35000篇、科普游戏约100款。同时，汇聚相关国家部委、全国学会、地方科协、社会机构的科普资源。

根据公众获取习惯，对所有科普内容进行细分和标签，初步形成校园、社区、乡村三大科普套餐。依托现有基础设施，按照有网络、有场所、有终端、有活动、有人员“五有”的基本要求，建设基于科普信息服务落地应用的科普中国e站。截至2017年年底，已在全国建设科普中国e站12226个，其中校园e站1909个、社区e站4911个、乡村e站5406个。汇聚科普微视频约3500部、总时长2.5万分钟，进入全国20多个省级行政区和近250个地方电视台专题栏目，覆盖全国41175块电子屏。

开发运行科普中国APP，以科普员作为移动社群核心，通过二维码下载、订阅、分发、转发等建立大社群科普传播圈。启动科普中国云建设，为科普资源汇聚整合、科普数据融合共享、连接云网端、落地服务等提供支撑。在中国气象频道、小米电视等10家有线电视和网络电视，网易、腾讯等13家第三方媒体，爱奇艺、优酷等8家国内最大的视频网站，以及铁路、卡拉OK等公共场所推送科普中国优质内容。

【“科普中国·十万个为什么”上线】 1月11日，“科普中国·十万个为什么”上线仪式在北京举行。中国科协党组书记、常务副主席、书记处第一书记尚勇，党组副书记、副主席、书记处书记徐延豪，中国科普作协第七届理事会理事长、中国科学院院士周忠和，上海市科协党组书记、副主席杨建荣，上海世纪出版集团副总裁李远涛，人民网、新华网、光明网、百度、腾讯等有关单位负责人出席活动。

《十万个为什么》自20世纪60年代初编辑出版以来，影响了一代又一代青少年，先后出版六个版本。科普中国与《十万个为什么》开展品牌合作，通过信息化手段加大创作和传播的力度。中国科协动员人民网等知名网络媒体共同参与，以《十万个为什么》为蓝本创作各种形式的作品，加大原作品的科普传播力和影响力。

尚勇宣布“科普中国·十万个为什么”正式上线。徐延豪代表中国科协讲话，李远涛代表上海世纪出版集团致辞，新华网董事、常务副总裁魏紫川代表网络传媒机构致辞。中国科协、上海市科协、上海世纪出版集团、少年儿童出版社、新华网等代表共80多人参加上线仪式。

【科普中国构建新闻导入、科学解读的快速响应机制】 5月5日，我国首款按照最新国际适航标准研制、具有完全自主知识产权的大型客机C919首飞成功。科普中国提前策划部署，与中国商飞公司、中国航空学会联系协商，制定了《科普中国·C919首飞科普专项活动框架方案》，组织生产精品科普内容，多媒体、多渠道协同发声，形成一波关注度高、覆盖面广、参与度深的科普热潮，全网传播量近1亿次。这次协同行动加深了公众对国家大型客机重大专项的理解，普及了大客机设计、制造、试飞等相关科学知识。截至5月6日，各传播团队共创作推出160余项相关科普作品，并在人民网大头条、光明网首页、新华网首页大头条、今日头条等渠道重点推广，相关内容被央视网、环球网、新浪网、中国日报网、中国教育在线等10余家主流媒体网站转载。其中，腾讯团队创作的科普视频《十年磨一剑：带你领略国产大飞机C919的魅力》发布24小时内播放量突破1000万；直播C919大型客机首飞盛况，在线观看人次达到436万。

8月8日21时19分，四川省阿坝州九寨沟县发生7.0级地震，科普中国传播方阵迅速启动新闻导入、科学解读应急机制，围绕公众关注热点多维度为公众解疑释惑，提高公众防灾救灾意识。地震当晚，各传播团队连夜了解震情，围绕地震现状与震情分析、灾情救援、地震逃生、地震云辟谣等热点，快速制作、汇聚地震科普作品，组建地震科普专题。截至8月10日晚，48小时内共推出100余项相关科普作品，并在人民网、新华网、光明网、腾讯网等渠道重点推广，相继被《环球时报》、中国气象局等转发，累计浏览量超过5600万人次。科普中国公众号第一时间辟谣，深夜发表《谣言别信！关于九寨沟地震的N条真实情况在这里！》。科普融合创作团队组织中国地球物理学会、中国科学院大气物理研究所专家针对网络流传的地震云可预报地震的谣言，制作科普图文《让你失望了，地震云并不存在》，浏览量达675万人次。腾讯团队创作图文作品《当地震来临时，地震预警能为我们提供怎样的帮助？》，浏览量达213万人次。

科普中国在绿色核能科普中有大行动。5月15日起，中国科协、中国核学会与中央电视台科教频道合作拍摄的“科普中国——绿色核能主题科普活动”特别节目《核电来了》在中央电视台科教频道播出。6月2日，由中国科协、国家能源局、国家原子能机构、国家核安全局共同主办的“科普中国——绿色核能主题科普活动”在中国核工业科技馆举办启动仪式。中国科协党组副书记、副主席、书记处书记徐延豪出席并讲话。中国工程院院士、中国核学会理事长李冠兴主持会议。中国科学院院士王乃彦，中国工程院院士杜祥琬、叶奇蓁、徐銤出席启动仪式。国家能源局总工程师韩水，中国核工业集团公司总工程师雷增光，国家原子能机构、国家核安全局有关负责人出席并致辞。9月14日，“科普中国——绿色核能主题科普展览”在中国科技馆开幕。徐延豪以及国家能源局副局长刘宝华，中国科学院院士、中国核学会名誉理事长王乃彦出席开幕式并致辞。开幕式由中国科协常委、中国核学会副理事长、中国核工业集团公司总工程师雷增光主持。展览聚焦核能科技和产业变革的前沿热点，集中体现核能领域科技创新在助力发展、改善民生等方面的新成就，并通过线上线下等多种方式与公众互动交流。该展览作为2017年全国科普日北京主场活动的重要组成部分，由中国科协、国家能源局、国家原子能机构、国家核安全局联合主办。

【科普中国融媒体传播平台在吉林省上线】 6月8日，科普中国融媒体传播平台上线暨吉林省科普信息化建设示范活动在吉视传媒信息枢纽中心举行。中国科协党组副书记、副主席、书记处书记徐延豪，吉林省副省长金育辉以及吉林省全民科学素质纲要实施工作办公室成员单位的负责人等出席活动。徐延豪与金育辉共同启动科普中国融媒体传播平台上线，并为中国科协“科普中国融媒体传播示范基地”揭牌。金育辉，中国科协科普部部长白希，吉林省科协党组书记、副主席林天，吉视传媒股份有限公司董事长王胜杰分别致辞。中国科协科普部、吉林省科协分别与吉视传媒股份有限公司签署了有关合作协议。

通过项目的实施，率先在全国实现科普中国电视频道上线播出，率先在全国实现科普中国通过广电网、互联网、移动互联网三网互通、多屏互联，同时融合校园网、社区网、党建网、门户网站及科普e站等各类社会化信息平台和新媒体资源。该平台计划覆盖吉林省城乡460万电视用户和2700万移动用户。

【科普中国视频登陆中国国际航空公司航班《空中博览》栏目】 7月1日，科普中国视频正式登陆中国国际航空公司航班《空中博览》栏目，在国航378条国际国内航线的380架飞机上轮播和多媒体点播，日均覆盖人群逾30万人次。这是科普中国首次进入航空文化传播领域。

首期在国航上线的是“科普中国·科技名家风采录”栏目的视频《位梦华：从南极到北极》，讲述位梦华远征两极进行科学考察的故事。《空中博览》栏目计划每月更新一期科普中国视频，通过讲述中国近百年来科技名家的精彩人生、科学思想和科技成就塑造科学文化。首期合作持续一年。

【中国科协与知名商业网站联合实施科普中国项目】 7月11日，中国科协与百度公司联合实施“科普中国·科学百科建设工程”举办发布会。中国科协党组副书记、副主席、书记处书记徐延豪，百度公司副总裁沈抖，中国科协科普部部长白希，百度百科总经理陈合春，中国科学院院士、天体化学与地球化学家欧阳自远，中国科学院院士、数学家林群，中国科学院院士、太阳物理学家汪景琇，中国科学院院士、心脑血管专家陈可冀，中国科学院院士、生物学家杨焕明出席发布会。建设工程秉承“让科学没有门槛”宗旨，采取人人可参与、专业认证、通俗易懂、便捷分享、持续迭代的词条编撰方式，计划通过三至五年，携手10万名以上科技工作者、100万名以上编撰志愿者共同打造权威准确的网络科学百科全书。多家全国学会、科普机构、学术机构和高校的代表120多人参加活动。

9月13日，中国科协与腾讯公司联合实施的科普中国·腾讯“慧眼行动”举行启动仪式。中国科协党组副书记、副主席、书记处书记徐延豪，中国科学院院士、地质学家刘嘉麒，中国科技馆原馆长、卡林加奖获得者李象益，腾讯公司副总裁、腾讯网总编辑李方等出席。北京师范大学新闻传播学院首席专家喻国明发布了《移动互联网时代谣言传播的新形势和新特点》的研究报告。“慧眼行动”旨在利用人工智能技术对科学领域内的网络虚假信息进行自动识别和拦截，并精准推送权威报道，澄清事实真相。计划通过两年时间，携手1000余名专家不断积累专家辟谣数据，通过机器学习形成有效算法，最终推出人工智能谣言识别系统，从源头上控制谣言的发布和传播。

9月15日，中国科协科普部与百度公司共同实施的科普中国·百度搜索“AI科普”计划在北京启动。中国科协科普部部长白希，百度公司副总裁吴海锋，科普中国形象大使陈思思、徐颖、郑永春等有关人员出席发布会。该计划旨在利用人工智能技术打造权威准确、视觉冲击力强、互动性高、接地气、实时更新的科学知识获取平台。计划目标是到2018年年底上线超过2000个包括天文学、地球科学、生物学等科学知识的AR、VR、3D全景、语音播报搜索结果页，逐渐产出覆盖自然科学各学科知识的科普内容。

【《全民健康十万个为什么》获国家科技进步奖二等奖】 1月2日，国务院发布《关于2016年度国家科学技术奖励的决定》（国发〔2017〕2号）。由中国科协推荐的《全民健康十万个为什么》系列丛书荣获国家科技进步奖二等奖。

《全民健康十万个为什么》系列丛书是中国科协组织实施的“十一五”国家科技支撑计划重点项目“公众健康普及技术筛选与评价研究”的主要成果之一。项目由中国药学会牵头，中华医学会、中华预防医学会、中国医学科学院医学信息研究所共同完成。丛书由钟南山院士领衔，自2012年出版以来先后荣获科技部2013年全国优秀科普作品、中国科协2014年“公众喜爱的科普作品”、第三届中国科普作家协会优秀科普作品奖金奖、第六届“北京市优秀科普作品奖”科普图书类最佳奖等奖励。

《全民健康十万个为什么》系列丛书由项目承担单位动员多领域医药卫生专家、科普专家编写，围绕我国公民健康面临的主要问题，以大众喜闻乐见的“为什么”问答形式，以集成创新的思路与方法，在保证科学性、权威性的前提下，通过科普化、大众化、再创作，把有用的健康常识、权威的医学解释、前沿的研究成果融为一体，图文并茂；在传播方式上按照“互联网+”的思路，通过“图书出版+网络传播+媒体传播+科普现场活动”集成式、立体化向公众传播准确的健康知识。

【《中国科学技术协会 中国地震局合作框架协议》签订】 3月23日，《中国科学技术协会 中国地震局合作框架协议》签订仪式在北京举行。中国科协党组书记、常务副主席、书记处第一书记尚勇，中国地震局党组书记、局长郑国光出席签约仪式并讲话。中国科协党组副书记、副主席、书记处书记徐延豪，中国地震局党组成员、副局长牛之俊分别代表双方签署协议。

尚勇表示，中国科协将与中国地震局建立长效沟通合作机制，开放共享，打造科普联盟，拓展防灾减灾救灾科普平台，为创新驱动发展、夺取全面建成小康社会决胜阶段伟大胜利筑牢坚实基础。

郑国光表示，中国地震局将以签署合作框架协议为契机，建立长效工作机制，依托中国科协雄厚的科普平台基础、优秀的人才队伍和先进的创新工作体系，进一步整合和调动地震系统科普宣传力量，增强地震科普创新能力，加强科普产出和宣传实效，形成推动全民防震减灾科学素质提升的强大合力。

根据协议内容，双方将成立中国科协、中国地震局科普合作领导小组，深化落实在《全民科学素质行动计划纲要实施方案（2016—2020年）》、联合实施“互联网+地震科普”行动、共同推动防震减灾科普教育基地联盟建设、加强科普人才队伍建设和科普作品创作与推广、加强民族地区和少数民族防震减灾科普工作等方面的合作。

中国科协、中国地震局相关部门和单位负责人参加签订仪式。

【中国科协与国家质检总局签署《计量科普战略合作备忘录》】 5月20日，2017年世界计量日主题活动在北京会议中心举行，600多位来自全国的计量工作者参加了主题活动。国家质检总局局长支树平出席并讲话，交通运输部副部长戴东昌、中国科协书记处书记束为、质检总局副局长吴清海致辞。国家质检总局与中国科协签署《计量科普战略合作备忘录》。国家质检总局和中国科协共同主办的“科普中国——计量科普之窗”专题网站正式上线运行。

束为在致辞中指出，计量是科学技术的重要组成部分，是支撑社会、经济和科技发展的重要基础，也是国家核心竞争力的重要标志之一。加强计量科普工作，对于推动一线生产人员正确掌握计量科技知识、促进公众计量意识的养成和提高、推动计量科学发展繁荣有非常重要的促进作用。2016年5月20日，国家质检总局和中国科协首次联合在全国开展“计量科普知识竞答活动”，一年来，全国31个省份和国（境）外53万人次参与竞答，公众参与度超过预期，在全社会形成了学计量、用计量、爱计量的良好氛围。中国科协和质检总局一致认为，双方应建立稳定持续的合作机制，优势互补、资源共享，通力协作、携手同行，全面、深入、持久地推进全国计量科普工作，共同推动计量科学发展和公民科学素质提升。

束为和吴清海分别代表中国科协、质检总局签署了《计量科普战略合作备忘录》。备忘录载明，双方建立稳定持续的合作机制，共同推动“互联网＋计量科普”，共同推动计量科普资源建设和科普人才建设，共同推进计量科普作品创作与传播，共同推动农村、社区和工矿企业计量科普知识宣传，全面、深入、持久地推进全国计量科普工作，共同推动《全民科学素质行动计划纲要》和《计量发展规划》深入实施。

【全国科普服务标准化技术委员会成立】 9 月 5 日，全国科普服务标准化技术委员会（以下简称“科普标委会”）成立大会召开。会议由中国科协党组副书记、副主席、书记处书记、科普标委会主任徐延豪主持。国家标准委副主任殷明汉、孙维，中国科协科普部副部长周世文出席会议。科普标委会全体委员，来自国家标准委服务业部、中国科协科普部、秘书处承担单位中国科技馆等相关人员参加会议。

国家标准委服务业部副主任孙维代表国家标准委宣读《国家标准委关于成立全国科普服务标准化技术委员会的复函》（国标委综合函〔2017〕11 号），宣布科普标委会正式成立。徐延豪向科普标委会秘书长、副秘书长及委员颁发证书，殷明汉向科普标委会主任委员及副主任委员颁发证书。

徐延豪对国家标准委在科普标委会筹建过程中给予的大力支持和指导表示感谢，并简要介绍了科普标委会成立的背景与筹建过程。徐延豪指出，在科普服务领域蓬勃发展的同时，加强科普服务标准化工作是当务之急。科普标委会是科普行业成立的第一个标准化技术委员会，具有重要的里程碑意义。科普标委会的成立为科普行业标准的制修订、贯彻实施奠定了基础，也为科普行业标准化工作提供了重要阵地与平台。

徐延豪对第一届科普标委会的工作提出要求。一是要确定标准体系框架，做好顶层设计。深入研究制定科普标委会负责领域的标准体系表，制定本届科普标委会的工作规划和近期工作计划，为日后可持续发展奠定坚实基础。二是要严抓标准质量水平，引领行业发展。切实做好标准制修订全过程的管理，保证标准制修订程序的合法性和规范性，同时对标准制修订质量严格要求，保证标准的协调性和科学性。三是建立联合协作、资源共享的长效机制，与科普服务相关行业以及标准化相关机构广泛协作、集聚优势，为科普标委会的发展提供有力保障。四是加强组织管理，增强服务意识。秘书处要做好日常管理与服务工作，加强与全体委员的沟通联络，定期向标委会和上级主管部门汇报工作情况；全体委员应严格遵守科普标委会章程及秘书处制定的相关制度规定，认真履行委员义务，切实发挥委员作用，共同为科普服务标准化事业而努力奋斗。

殷明汉对科普标委会的成立表示祝贺，向中国科协长期以来给予标准化工作的关心和支持表示感谢，向热心参与科普服务标准化工作的委员和专家表示敬意。殷明汉表示，标准化是做好科普服务工作的基础，科普标委会是推进科普服务标准化的重要组织保障以及开展科研、实践和交流的平台。对于科普标委会今后工作的开展，殷明汉提出指导意见：一是做好统筹规划，紧密围绕国家对科普工作的战略部署，抓好重要标准的制定；二是积极推动标准实施，探索开展标准化试点示范，加强标准实施评估和信息反馈，不断提高标准的科学性和适用性；三是加强标委会秘书处建设，提高服务水平和业务能力。同时也代表国家标准委表示，将大力支持科普标委会在标准研究与制定、人才队伍建设与培养、标准实施与推广等方面开展工作。

科普标委会全体委员共同审议《全国科普服务标准化技术委员会章程（草案）》《全国科普服务标准化技术委员会工作计划（草案）》《全国科普服务标准化技术委员会负责领域的国家标准体系表（草案）》和《2017 年拟立项的标准项目计划（草案）》等重要文件，提出了进一步修改完善的原则、意见和建议。9 月 5 日下午，秘书处组织开展了“标准化改革思路与发展趋势”和“标准制修订和审查要求”两个专题培训讲座，全体委员参加学习与交流。

【第二十四届全国科普理论研讨会】 10 月 14 日，以“激发科普需求，提升科学素质”为主题的第二十四届全国科普理论研讨会暨第九届馆校结合科学教育论坛在广东省珠海市开幕。中国科协党组副书记、副主席、书记处书记徐延豪出席开幕式并致辞。全国政协委员、中国科学院院士、中国科学院国家天文台研究员武向平作主旨报告。大会开幕式由中国科普研究所所长王康友主持。来自全国有关高等学校、科研院所以及各级科协、科技场馆及传媒等机构的专家、学者、科普工作者近 200 人参加会议。

徐延豪在致辞中深刻分析了新时代的特征和对科普提出的新要求。他指出，新时代的第一个特征也是最突出的特征就是中国在世界上开始强起来了，这就要求科普工作、科普事业必须有国际视野、国际境界、国际胸怀。新时代的第二个特征是进入了一个高度开放共享、互联互融的互联网时代，科普工作也需要加速对自身进行革新，加快推进科普信息化，建构新时代全新的科普行为方式。新时代的第三个特征是科普在建设世界科技强国的伟大实践中发挥越来越强大的作用，因此要更充分地发挥科普的科技、教育、经济等功能，支撑经济社会创新发展。

徐延豪要求，科普工作要牢牢把握人民群众对科普的新需求、新期待。他指出，科普事业是党赋予科协系统的事业，科普工作是党交给科协系统的重要任务。科普的目的必须也是为了人，必须以人民群众为中心，坚持党联系人民群众的根本，坚持为民惠民高效的原则，不断提高人的素质、提升人的福祉、促进人的完善和自我实现。科普工作必须不断地去了解、满足、引导、激发人民群众的科普需求，通过科普供给侧改革让人民群众有更多的获得感。

徐延豪强调，要站在时代发展前沿的高度，坚持统筹国内国际两个大局，把握好国情民意，谋划、研究、推进科普工作，奋发有为，砥砺前行，不断推动科普创新发展。这个过程要有新格局、新胆识、新突破。科普工作要在理念、机制、方式方法等方面实现全方位转型提升，把科普不断做大做强，以适应时代新要求和人民群众新需求。

徐延豪对科普研究工作寄予期望。他希望理论界紧跟时代步伐，把握中国发展的特点规律，及时总结科学普及的中国模式，加强国际合作，以全球视野审视中国科普，坚持前瞻性、指导性、创新性和实践性，为系统谋划2020年后的全民科学素质建设事业提供理论支撑，为构建人类命运共同体发出中国声音添砖加瓦。

开幕式后，武向平院士作了题为“科普，科学家的使命和责任”的大会主旨报告。他在报告中提出科普是提高全民科学素质的重要方式和举措之一，科学家应在科普中具有使命感和责任心、有所担当和作为。他呼吁科学家平衡对科研和科普的投入，提升自身科普素质和能力，学会与媒体打交道，履行科普这个科学家的天然使命和责任，发挥科学家科普主力军的作用。

本次会议共有9位科普理论研究领域的知名专家及青年学者作大会报告，介绍了科学普及与传播不同领域的最新进展。大会报告议题广泛、观点新颖、论述精辟，为科学普及与传播事业的发展提供了新理念、新思路。会议设置馆校结合科学教育论坛和科普能力与科普政策研究、科普中国落地应用及监测评估、科普期刊出版与学科科普创作3个分论坛。上百位参会代表在论坛上发表学术观点，就科学普及与传播、科学教育等领域的发展进行了深入探讨和交流。

本次会议融合了中国科普研究所两大品牌学术活动。其中，全国科普理论研讨会自1991年举办第一届以来已成功举办二十三届，为广大科学普及与传播研究人员及相关工作者打造了科普理论与实践研究的大平台，为推动科普理论与实践的结合以及科普工作的发展起到了重要作用。馆校结合科学教育论坛从2009年至今已成功举办了八届，该论坛以理论和实证研究引领科技场馆科学教育实践，为提升青少年科学素质发挥着积极的作用。

本次会议由中国科普研究所、广东省科学技术协会联合主办，珠海市科学技术协会承办。

【2017年度科协系统青少年科技教育工作研讨会】 2月27—28日，2017年度科协系统青少年科技教育工作研讨会在重庆市召开。中国科协党组副书记、副主席、书记处书记徐延豪出席会议并讲话。中国科协科普部部长白希，重庆市科协党组书记、常务副主席王合清出席会议。中国科协青少年科技中心主任刘阳作工作报告。

徐延豪在讲话中充分肯定了2016年科协系统青少年科技教育工作取得的成绩。他强调，2017年是推进科协系统全面深化改革和实施科协“十三五”事业发展规划的落实之年，要更新观念、创新手段，加强上下沟通协作，全面整合系统资源，增强部门协作合力，加强市场资源开发利用，充分调动社会力量，积极发挥新技术手段，推动现代信息技术与青少年科技教育工作的融合发展，着力拓展青少年科技教育工作新渠道。

他要求，2017年要在完成好中国青少年科学素质大会、科技创新后备人才选拔培养工作、科技助力精准扶贫工程、科技辅导员队伍建设等重点工作的同时，切实增强政治意识、大局意识、核心意识、看齐意识，认真落实全面从严治党要求，持续加强作风建设，努力推动青少年科技教育工作再上新台阶，为建设世界科技强国、实现中华民族伟大复兴的中国梦做出新贡献，以优异成绩迎接党的十九大胜利召开。

刘阳在工作报告中全面回顾总结了 2016 年青少年科技教育工作，对 2017 年重点工作任务进行了部署。会议交流了 2017 年重点工作和各地工作中好的经验和做法。

中国科协青少年科技中心，各省、自治区、直辖市和新疆生产建设兵团及副省级城市科协青少年科技教育工作机构负责人参加会议。

【第七届海峡两岸科学传播论坛】 10 月 16—19 日，第七届海峡两岸科学传播论坛在陕西省西安市召开。本届论坛由中国科协和台湾李国鼎科技发展基金会共同主办，主题是“科技创新与科学传播”，包括大会主旨报告、分论坛研讨、会商洽谈、虚拟现实展品展示体验等。中国科协党组副书记、副主席、书记处书记徐延豪，台湾地区“中央研究院”院士、台湾大学化学系教授牟中原，西北工业大学副校长宋保维出席论坛开幕式并分别致辞。中国科协科普部部长白希主持开幕式。

徐延豪在致辞中希望两岸专家、学者不断加强交流合作，将海峡两岸科学传播论坛打造成为推进两岸乃至全球科学文化交流合作的重要平台，推动两岸科学传播事业持续繁荣发展，共同寻求中华民族的“科学传播之道”，为世界科学传播事业的发展贡献更多中国智慧、中国方案。

牟中原表示，信息技术的创新发展为科学传播事业带来新的机遇，希望两岸科学传播专家展望未来、深入交流、携手努力，共同促进两岸科学传播和科技事业繁荣发展。

开幕式上，中国科技馆馆长殷皓、台湾自然科学博物馆馆长孙维新、陕西师范大学教师专业能力发展中心主任胡卫平分别作主旨报告《建设中国特色现代科技馆体系　助力公共科普服务公平普惠》《21 世纪科技馆所的变革与创新——谈科博馆的科学传播》《以核心素养为基础的中小学科学教育改革》。

论坛期间，两岸专家、学者聚焦科技创新与科学普及、中小学科学课创新、科普场馆展览展品和教育活动研发 3 个分论坛主题进行了热烈交流和讨论，就共同关心的问题交换意见，并在两岸科学传播学术交流、项目开发等方面达成合作意向。

论坛设置了由两岸共同打造的虚拟现实展品展示体验区，参会代表现场体验了虚拟现实技术的科普应用。

首届海峡两岸科学传播论坛于 2010 年在台湾地区举办，在大陆和台湾地区已成功举办 6 届。经过几年的发展，该论坛已经成为两岸科学传播工作者以及相关社会组织、传媒机构、企业等开展科普交流合作的重要平台。

【第 32 届全国青少年科技创新大赛】 8 月 15 日晚，由中国科协、教育部、科技部、环境保护部、国家体育总局、国家自然科学基金委员会、共青团中央、全国妇联、国家知识产权局和浙江省人民政府主办的第 32 届全国青少年科技创新大赛在杭州白马湖国际会展中心隆重拉开帷幕。来自 31 个省、自治区、直辖市，新疆生产建设兵团，香港和澳门特别行政区，以及 20 多个国家和地区的 500 多名青少年、200 多名科技辅导员、130 多名专家、各地观摩大赛的科技教育工作者共约 1500 人参加了开幕式。中国科协党组副书记、副主席、书记处书记徐延豪，浙江省委常委、常务副省长冯飞，浙江省科协主席姚克，本届大赛评委会主任、中国科学院院士王乃彦，评委会监督委员会主任、中国科学院院士黎乐民等出席开幕式。

徐延豪在致辞中指出，科技创新大赛为青少年参与科技活动提供了广阔的交流展示平台，让青少年在快乐和兴趣中提升创造力。他希望青少年在大赛中充分交流、展示创新自信，始终保持浓厚的科学兴趣，丰富创新思维、弘扬创新精神、坚持创新道路，不断提升创新能力，在科技创新的世界里追逐梦想、实现梦想。同时希望社会各界深化合作、广泛开展丰富多彩的科技活动，为青少年人才成长营造良好的社会环境。

在开幕式参赛学生入场式上，来自全国各地的参赛学生代表以及国际参赛学生依次登场亮相。徐延豪、冯飞、姚克、王乃彦、黎乐民等正式启动了第 32 届全国青少年科技创新大赛。

本届大赛共收到经过全国各省级创新大赛选拔推荐上来的 3000 多项创新项目和作品，其中包括 477 项青少年科技创新项目、512 项科技辅导员科技教育创新项目、332 项青少年科技实践活动项目、873 项青少年科技创意作品、975 项少年儿童科幻画作品。经过 200 多名专家初评，共有 340 项青少年科技创新项目和 201 项辅导员科技教育创新项目入围大赛终评。入围终评的学生和辅导员在大赛问辩中与专家评委进行深入的面对面交流，并在大赛公众开放日向社会展示介绍他们的科技创新成果。大赛同期还举办科教论坛、创客体验、科技辅导员科学工作坊、知识产权讲座等科技交流活动。

【第十七届中国青少年机器人竞赛】 7月18日，第十七届中国青少年机器人竞赛在广东省中山市开幕。中国科协青少年科技中心，广东省科协，中山市委、市政府，中山市科协，中山市实验中学等单位有关负责人参加开幕式。

第十七届中国青少年机器人竞赛包括机器人综合技能比赛、机器人创意比赛、FLL机器人工程挑战赛、VEX机器人工程挑战赛、WER工程创新赛5个比赛项目。其中，机器人综合技能比赛主题为“全民健身”，通过参赛学生现场组装机器人、编程调试，全面考察青少年对机器人技术的理解，检验青少年对机械结构的认识以及对基本程序编写的掌握程度；机器人创意比赛围绕“我的学习伙伴”的主题，进行机器人的创意、设计、编程与制作；FLL机器人工程挑战赛主题为“动物之友”，旨在引导学生关注动物保护、了解人类与动物相互依存的关系，并学习掌握动物学、环境保护的知识，比赛时学生除了要完成场地任务，还需向评委介绍自己围绕主题进行的课题研究；VEX机器人工程挑战赛主题为“星光璀璨”，突出体现团队的合作与竞争；WER工程创新赛主题为“工业时代”，包括了“创越时空”“获取能量块”“采煤”“运煤”等多项复杂任务，要求参赛队在现场自行拼装机器人、编制机器人运行程序、调试和操作机器人，完成比赛任务。

竞赛期间，组委会还安排了科普报告、流动科学馆巡展、趣味运动会、教练员工作坊等交流活动，让参赛学生在比赛之外收获友谊、体验科学快乐。

中国青少年机器人竞赛是中国科协面向全国中小学生开展的一项将知识积累、技能培养、探究性学习融为一体的普及性科技活动。2016—2017赛季在全国各省吸引了9000多支队伍、25000多名中小学生参赛，辅导教练员超过5000人，服务比赛的裁判员约1000人，参与学校数量达到3700所，其中1000多所学校今年首次参加竞赛，西藏代表队首次参赛。经选拔，共有来自31个省、自治区、直辖市，新疆生产建设兵团以及香港、澳门特别行政区的513支参赛队、1400余名学生、400多名教练员入围全国竞赛。

第十七届中国青少年机器人竞赛由中国科协主办，中国科协青少年科技中心、广东省科协和中山市人民政府共同承办，广东省青少年科技中心和中山市科协协办。竞赛为期6天，于7月22日闭幕。

【2017年青少年高校科学营全国开营式】 7月16日，来自海峡两岸及港澳地区的2464名高中生和领队老师齐聚北京大学，共同参加2017年青少年高校科学营全国开营式暨北京营开营仪式。中国科协党组书记、常务副主席、书记处第一书记尚勇，教育部党组成员、副部长林蕙青，国务院港澳事务办公室党组成员、副主任黄柳权，中央政府驻港联络办副主任谭铁牛，中国科学院副院长、党组成员张涛，中国科协党组副书记、副主席、书记处书记徐延豪，以及国资委、中国科学院、北京市科协、北京市教委、北京市政府外事办、青少年高校科学营港澳台承办机构等有关领导出席开营活动。

尚勇代表主办单位宣布2017年青少年高校科学营开营。林蕙青和黄柳权向14个分营代表授予营旗，分别是航天科技与北航、航天科技与清华、兵器工业与北理工、兵器工业与西工大、船舶科技与上海交大、船舶科技与大连理工、天文科学、海洋科学、植物科学、山地科学、土壤科学、粮食科技与农业、汽车科技、航空科技专题营。谭铁牛、张涛、徐延豪分别为曾智明青少年发展基金会及7家央企和中国科学院科学传播局颁发特别贡献证书。

北京大学党委副书记叶静漪致欢迎词。她表示，青少年高校科学营活动推动实现高等教育与基础教育在培养青少年创新意识和科学兴趣领域实现贯通，对开展全民科普教育联动具有十分重要的意义。希望同学们用好奇心面对未知的领域，以求知心面对崭新的课题，用探索心面对不断的挑战，培养独立思考的精神，提高动手实践的能力。在感受大学熏陶的同时，加深对于科学的理解，在一周的时间中有所收获，为将来在科学研究的舞台上施展才华打下基础。

中国科学院院士、中国科协副主席、北京大学副校长高松寄语本届营员。他表示，科学营以高校为活动基地，其目的在于通过给中学生提供近距离接触前沿科技的机会来领悟科技魅力、感悟科学精神，从而激发起对科技的兴趣。他希望同学们树立科学理想，提升责任感与使命感，学习科学精神、感悟科学方法，将所知与所学相联系，提高实践能力。

开营式上以视频的方式展示回顾了高校科学营五年的发展历程和取得的成果。五年来，科学营从无到有，规模不断扩大，在社会各界的大力支持下，承办高校从 41 所增加到 51 所，6 家中国科学院的研究所和 9 家合作央企敞开大门，共组织院士专家讲座 1097 场，开放国家级、省部级重点实验室 1354 次，举办科技实践活动 1069 场，参观科普场馆、文化场所等交流活动累计超过 6400 场次。在各省级青少年科技教育工作机构、港澳台承办机构等多部门的协同配合下，共招募来自海峡两岸及港澳地区的高中生 47565 名和中学教师 4756 名参加了科学营活动。

2017 年高校科学营活动，海峡两岸及港澳地区共有 11616 名高中学生走进 65 个分营体验大学生活、聆听名师讲座、感受科技魅力。通过组织学生与名家大师对话交流，参加科技实践活动，参观重点实验室及科研场所，体验校园生活，参观企业（科研单位）和高校的科普场馆，与院士专家或优秀科技工作者交流座谈，参观生产流程、科研设施，参加互动性、体验性科学教育项目等活动，帮助学生了解前沿科技知识、品味大师成长历程、感悟科学精神、树立科学志向；同时了解企业（科研单位）和高校发展历程及其在国家经济发展和国防建设中的重大作用，感受科技魅力、体验创新文化，从小树立科技强国、实业报国的远大志向，培养对科学技术研究的兴趣。

【香港航天科普展览活动】 作为庆祝香港回归祖国二十周年重要活动之一，香港航天科普展览活动由香港各界庆典委员会主办，中国科协、中国航天科技集团公司等单位合办。为期四天半的“创科驱动　航天放飞中国梦主题展览”于 6 月 28 日—7 月 2 日在香港维多利亚公园面向公众开放，其间共吸引了 21.9 万人次参观。杨利伟、景海鹏、陈冬三位航天员以及四位航天专家专程赴港与香港各界人士尤其是大、中、小学师生开展多场互动交流活动。香港无线电视台、《大公报》《文汇报》等香港媒体对展览活动进行了密集报道，央视《新闻联播》《焦点访谈》均对展览活动进行了重点报道，央视新闻手机客户端直播展览活动，点击量接近 100 万。

7 月 31 日，香港航天科普展览活动总结大会在中国科技馆举行。中国科协党组书记、常务副主席、书记处第一书记尚勇出席总结大会。中国科协党组副书记、副主席、书记处书记，香港航天科普展览活动领导小组组长徐延豪出席会议并讲话。中国航天科技集团公司党组成员、副总经理，香港航天科普展览活动领导小组副组长张建恒出席会议。中国科协党组成员、书记处书记，香港航天科普展览活动领导小组副组长束为主持会议。200 余名参与香港航天科普展览活动的工作人员代表参加会议。大会开始时，播放了 8 分半钟的香港航天科普展览活动回顾视频。

徐延豪在总结大会上高度评价了展览活动的整体工作情况。他表示，虽然时间紧、任务重，但展览仍保持了极高的水准。展览活动丰富多样、精彩纷呈，媒体报道正面，香港民众参观热情高涨。张建恒在会上宣读了中央人民政府驻香港特别行政区联络办公室向中国科协和中国航天科技集团公司发来的感谢信。中国科协科普部部长、香港航天科普展览活动领导小组办公室主任白希对展览活动整体情况、筹备情况、搭建运行情况和成果成效进行了总结。

会上宣读了《中国科协办公厅关于表扬香港航天科普展览活动参与人员、优秀人员和优秀展项的通知》，为部分参与香港航天科普展览活动优秀人员代表和优秀展项提供单位颁发优秀证书和优秀展项证书。

中国科协办公厅、计划财务部、学会学术部、科学及部、国际联络部，中国科技馆、中国自然科学博物馆协会、中国航天国际科技交流中心、中国宇航学会、国防科工局探月与航天工程中心等相关部门单位负责人出席会议。

【中国科技馆发展基金会捐赠签约仪式】 9 月 27 日，周大福企业有限公司向中国科技馆发展基金会捐赠签约仪式在北京中国科技会堂举行。全国政协副主席、九三学社中央主席、中国科协名誉主席、中国科技馆发展基金会名誉理事长韩启德，中国科协党组书记、常务副主席、书记处第一书记怀进鹏，中国科协副主席、党组副书记、书记处书记徐延豪，中国科技馆发展基金会顾问、中国工程院院士、北京有色金属研究总院名誉院长屠海令，中国科协党组成员、书记处书记吴海鹰，新世界发展有限公司副主席、K11 艺术基金会创始人郑志刚等出席活动。捐赠签约仪式由全国政协人口资源环境委员会副主任、中国科技馆发展基金会顾问齐让主持。

为支持国家科普事业发展，香港工商界爱国人士郑裕彤先生创建的周大福企业有限公司向中国科技馆发展基金会无偿捐赠资金 2000 万元人民币，用于提高青少年科学素质，为我国科普事业可持续发展提供人才保障。

捐赠签约仪式上，韩启德向郑家纯博士赠送了基金会精心准备的礼物，怀进鹏向郑家纯博士颁发了“科普慈善大使”荣誉证书。

徐延豪在致辞中表示，中国科技馆发展基金会作为中国科协直属的唯一一家国家级公募基金会，近年来秉承“鼓励自主创新，注重人才培养”的宗旨，深耕笃行，扎根基层，组织实施了一些卓有成效的公益项目，逐渐发展成为科普公益领域的先行者和推动科普事业创新升级的践行者。周大福企业有限公司多年来一直心系社会公益事业，重视人才培养，特别关心青少年科技教育的发展，此次支持中国科技馆发展基金会公益善款，用于开展青少年科技教育活动，对培育青少年科技探索精神、提高青少年科技创新热情具有重大而深远的意义，更为社会各界树立了良好榜样和传递了公益正能量。

徐延豪希望中国科技馆发展基金会能够充分利用捐赠资金，开发出更多更好的公益项目，用于鼓励青少年动手创新、培养科学精神、加强科学探索、实现科学梦想；希望周大福企业有限公司继续关注国家经济社会发展，关心国家科技事业，支持科技教育发展，以更多形式参与创新人才培养；希望各位领导、各位嘉宾给予基金会更多指导，为其成长出谋划策，共同努力打造出政府认可、捐赠方信任、社会关注的公募基金会。

中国科技馆发展基金会于2011年成立，由中国科协主管，是我国首家致力于推动科普事业发展的全国性公募基金会。作为科普界的公益组织，基金会组织实施了卓有成效的公益项目。如农村中学科技馆从2012年启动，预计到2017年年底在全国29个省（自治区、直辖市、兵团）建成539所农村中学科技馆。农村中学科技馆的建立旨在有效补充科普资源从城市到农村的“最后一公里”。

【第八届全国青少年科学影像节展映展评活动】 10月26—29日，第八届全国青少年科学影像节展映展评活动在内蒙古自治区呼和浩特市举办。本届展映展评活动评出一等奖42项、二等奖64项、三等奖1460项，“科学万花筒”最佳单项奖19项、最佳作品奖3项，省级优秀组织单位15个，优秀指导教师33名，专项奖30项。与往届相比，本届活动实现了在各省、自治区、直辖市和香港特别行政区、澳门特别行政区的全覆盖，申报作品数量创历史新高，作品水平明显提升。

中国科学院院士刘嘉麒，中国科协党组成员、机关党委书记王延祜，中国科协青少年科技中心主任刘阳，内蒙古自治区科协党组书记、副主席斯琴毕力格等出席了10月29日上午举行的闭幕式暨颁奖典礼。活动评委会主任、中国科学院院士刘嘉麒代表评审委员会作了评审工作报告。

王延祜为获得“科学万花筒”最佳作品奖的选手颁奖并讲话。他希望同学们面对新时代、新使命、新要求，秉承创新实践的热情和探索未知的执着，坚定理想信念，志存高远，努力学习、勤于思考、勇于探索，在实现中国梦的生动实践中放飞青春梦想；希望广大科技教师不忘初心、牢记使命，做好青少年科学探索旅程中的领路人；希望各级青少年科普活动组织者紧跟形势、锐意进取、敢于担当，努力开创科普事业新局面；希望社会各界继续关注和支持青少年科普活动，为提升未成年人科学素质、营造良好的社会氛围贡献力量。

全国青少年科学影像节是一项展示青少年优秀科学影像实践成果的科普活动，深受广大青少年和科技辅导员喜爱。活动自创办以来，内容不断丰富、形式持续创新、规模不断扩大、质量显著提高、影响不断增强。从2015年开始，活动连续三年被教育部列为“圆梦蒲公英”暑期主题活动之一，目前已成为我国青少年科普工作的一张亮丽名片。

【第17届“明天小小科学家”奖励活动】 11月7日，中国科协、中国科学院、中国工程院、国家自然科学基金委员会和周凯旋基金会共同主办的第17届“明天小小科学家”奖励活动颁奖典礼在北京大学举行。北京市第四中学耿逸芃、山东省威海市第一中学姜义铭、北京师范大学第二附属中学赵子淇3名同学荣获本届活动最高奖——“明天小小科学家”称号。中国科协党组书记、常务副主席、书记处第一书记怀进鹏出席颁奖典礼并为获奖学生颁奖。

怀进鹏在颁奖典礼活动上表示，“明天小小科学家”奖励活动是我国最著名的青少年科技赛事之一，活动在培养选拔高中生创新人才方面进行了探索，让才华出众的科技爱好者受到鼓舞，把科学事业作为人生理想。他希望同学们不断培养科学兴趣、勇担社会责任，坚守对科学的初心，始终保持对科学的兴趣，锐意创新、博学笃行，勇攀科技高峰，肩负起振兴祖国科技事业的历史使命，把科学探索的足迹留在祖国大地上、撒向全世界，把光荣和梦想铸就在实现中华民族伟大复兴和构建人类命运共同体的新时代、新使命和新征程中。

活动顾问、中国工程院院士韦钰，评审委员会顾问、中国科学院院士王乃彦，评审委员会主任、中国科学院院士吴岳良，评审监督委员会主任、中国科学院院士黎乐民等科学家，国家自然科学基金委员会副主任、党组成员高瑞平，周凯旋基金会董事张培薇，北京大学党委副书记、秘书长安钰峰，中国科学院、中国工程院等有关单位负责人出席颁奖典礼并为获奖学生颁奖。吴岳良代表评审委员会作了评审工作报告。

本届活动共有来自全国各地的1919名高中学生报名参赛，1156名学生提交申报资料。经资格审查和专家初评，100名学生入围终评。11月3—7日，终评活动在北京大学举行。经评委会专家对参赛学生研究项目问辩和综合素质考查，并结合笔试和初评成绩，最终评选出一等奖15名、二等奖35名、三等奖45名。耿逸芃、姜义铭、赵子淇3名同学荣获本届活动最高奖——“明天小小科学家”称号。

终评期间，参赛学生除接受专家测评以外，还参加了科学家报告、青年科学沙龙、“明天小小科学家”同学会等交流活动，参观了国家重点实验室，体验了北大科技社团活动。

【2017中国科幻大会和第四届中国（成都）国际科幻大会】 11月11日上午，由中国科协主办，四川省科协、腾讯、中国国际科技交流中心、中国科普作家协会承办的2017中国科幻大会，以及由四川省科协主办，成都市科协、科幻世界杂志社、四川科技馆、四川电视台承办的第四届中国（成都）国际科幻大会在成都东郊记忆音乐公园开幕。中国科协党组书记、常务副主席、书记处第一书记怀进鹏宣布大会开幕并致辞。四川省委副书记、省长尹力在大会上发表讲话。四川省委常委、成都市委书记范锐平，成都市委副书记、成都市市长罗强等领导出席开幕式。四川省科协主席、四川大学校长、中国工程院院士谢和平主持开幕式。

怀进鹏在致辞中表示，科学幻想是沟通科学与人文、自然与社会的桥梁，它根植于科技创新，服务于广大人民，是新时代科技事业和社会主义文化的重要组成部分。繁荣科幻创作、发展科幻事业，有利于激发全民族创新创造活力、提升全民科学素质，夯实进军世界科技强国的社会文化基础。世界科技强国的形成和建立离不开科幻助推。无数事实表明，立足科学，大胆假设、敢于猜想，激发最新奇的科学发现，催生最绚丽的技术发明，历来都是科学幻想的力量所在；从人才成长规律看，青少年科学梦想需要科幻启迪，我们要通过优秀的科幻作品激发培养和保持青少年科学兴趣，在他们心中播下科学种子，把科学探索足迹留在祖国大地、走遍世界角落；从世界科技强国建设来看，中国科普、科幻事业正迎来黄金时期，走向新时代。中国科协将把创新科普科幻作为贯彻党的十九大精神、促进科协改革发展的大事来抓，大力支持科幻创作，积极发现培养科普科幻人才，广泛动员社会力量参与科普科幻事业。希望科普科幻工作者强化使命担当，用一系列展现中国意向、中国风格、中国气派的科普科幻作品畅想科技未来、传播科学知识、弘扬科学精神，为建设世界科技强国、实现中华民族伟大复兴谱写梦幻篇章。

尹力在讲话中指出，《全民科学素质行动计划纲要实施方案（2016—2020年）》中提出大力开展科幻、动漫、视频、游戏等科普创作，这为我国科幻产业的发展提供了有力的支撑。当前我国科幻前景广阔，科幻产业将迎来前所未有的大好发展机遇。两个大会分别以重创聚力、幻创未来、科幻之都、创意之城为主题，紧扣了新时代需要，把准了未来发展脉搏，为科幻文化发展提供了宝贵的学术交流平台。

本次开幕式上，中国（成都）国际科幻大会组委会正式对外发布《成都科幻宣言》（以下简称《宣言》），宣布一系列四川省科协关于推动四川科幻产业发展、宣传成都“科幻之都”名片的具体政策。具体措施包括：加快推进“中国科幻城”（科幻产业园）项目，建设具有显著产业集聚效应的主题文化产业园；持续加强科幻学术理论研究，积极发现培养科幻创作传播人才；升级打造中国（成都）国际科幻大会成为具有国际影响力的科幻活动品牌，永久落户成都；打造对内对外科幻交流合作平台，成立并依托四川省科幻协会积极筹备申办世界科幻大会在中国成都举办。

本次开幕式上颁发了第28届“银河奖”和2017“水滴奖”的部分奖项，其中江波的《银河之心Ⅲ·逐影追光》获本届“银河奖”最佳长篇小说奖，科幻电影《拓星者》获“水滴奖”全国科幻作品征集大赛评委会特别奖。

开幕式上，雨果奖得主刘慈欣，月宫一号总设计师刘红，中国科学院物理所研究员、北京凝聚态国家实验室首席科学家丁洪，中国科学院动物研究所基因工程技术研究组组长王皓毅，科幻作家夏笳等科学科幻界人士就“科学与科幻的相生相伴”这一主题展开了跨界对话。

刘慈欣、日本科幻作家俱乐部主席藤井太洋、“加拿大科幻教长”罗伯特·索耶等国内外著名的科幻作家、学者在11月10日举行的国际科幻峰会上畅谈科幻的未来以及科幻产业的前景等。

本次中国科幻大会和中国（成都）国际科幻大会为期3天，邀请中外科幻作家及科幻产业嘉宾200余人参加。大会期间除举行“银河奖”“水滴奖”颁奖典礼外，还举办了40多场主题讲座与对谈。此外，大会期间还举办世界科幻史展、科幻电影展播、科幻作家签售等科幻主题活动。

“中国科幻大会”是我国科幻领域唯一的国家级会议，2016年首次在北京举办，旨在激发中国科普科幻创作潜力，推动科普科幻产业发展，为科普科幻相关作者、专家、媒体、影视、产业和读者提供相互交流、融合发展的平台。中国（成都）国际科幻大会是四川省科学技术协会主办的传统盛会，曾于1991年、1997年、2007年举行三届。自2017年起，中国（成都）国际科幻大会将升级为两年一度的常设性科幻活动，永久落户成都。

【“中国科幻走向世界”国际科幻高峰论坛】 11月19日，由中国科协指导，新华网、时光幻象及壹天文化共同主办的“中国科幻走向世界”国际科幻高峰论坛在北京举行。中国科协党组副书记、副主席、书记处书记徐延豪出席并致辞。新华社党组成员、副社长刘思扬，中国科普作家协会理事长周忠和，中国电影家协会副秘书长李景富等出席论坛。

徐延豪在致辞中强调，中国特色社会主义进入新时代，推动文化事业和文化产业发展、满足人民过上美好生活的新期待必须提供丰富的精神食粮；推动中国科幻走向世界是建设世界科技强国的必然要求，也预示着我们科幻事业正迎来黄金时期。

徐延豪还从三个方面为科幻事业发展提出了建议：一是树立文化自信，把握新时代的主题，反映科技进步的最新成就，坚持以人民为中心的创作导向，提供更多更好的科普科幻作品；二是推动科幻产业发展，通过融汇各方、思想碰撞、资源共建、机遇共享的交流活动，从跨国界、跨学科专业、跨产业链的角度对我国科幻产业发展进行有益探索和尝试；三是搭建更多国际交流平台。

刘慈欣、陈楸帆、刘宇昆等具有影响力的科幻作家、科幻活动家、科学家、科幻影视编剧导演及科幻产业相关人士参加论坛相关活动，从科幻文学、科学与科幻的融合、科幻产业道路发展等方面探讨新时代下中国科幻走向世界的机遇与挑战。

【首届“一带一路”科普场馆发展国际研讨会】 11月27日，由中国自然科学博物馆协会主办、中国科学技术馆和上海科技馆联合承办的首届“一带一路”科普场馆发展国际研讨会在北京召开。中国科协党组书记、常务副主席、书记处第一书记怀进鹏出席开幕式并致辞。中国科协党组副书记、副主席、书记处书记徐延豪，联合国教科文组织自然科学部科技政策与能力建设处代表约斯兰·努尔博士，国际博物馆协会副主席安来顺博士，国土资源部国际科技合作司司长高平，北京市科学技术研究院院长郭广生等出席开幕式。开幕式由大会主席、中国自然科学博物馆协会理事长程东红主持。

怀进鹏在致辞中指出，两千多年前，亚欧大陆上勤劳勇敢的人民探索出连接亚、欧、非几大文明的人文交流通路“丝绸之路”，孕育和传承了独一无二的“丝路文明”宝藏。中国科协积极支持所属全国学会参与“一带一路”倡议下的科技合作与交流，为各国相关机构开展科技交流搭建平台、做好服务。中国科协也一直在探索推动科普资源互惠共享、促进“一带一路”沿线国家科普场馆互利共赢、推动科学文化可持续发展、促进人类文明进步的实施路径。

怀进鹏表示，中国科协将通过科普中国和“中国数字科技馆”平台，整合中国科普场馆的展览展品、教育活动、科普影视片等资源，建设科普资源库，无偿向“一带一路”沿线国家科普场馆开放，同时借助平台为拓展所有签约国科普资源、科学文化交流合作提供服务。

开幕式上还举行了签约仪式。中国自然科学博物馆协会及其会员单位——中国科学技术馆、中国地质博物馆、上海科技馆、北京自然博物馆、北京天文馆分别与俄罗斯、缅甸、澳大利亚、加拿大、乌兹别克斯坦、希腊、塞尔维亚、泰国、墨西哥、马来西亚等国的重要科普场馆或机构签署了11个全面合作框架协议或“科普资源互惠共享计划”协议。

大会以“协同共享、场馆互惠、共建科学传播丝绸之路”为主题展开研讨。中国自然科学博物馆协会的8大类74家科普场馆和机构、15家科普企业的130余位馆长和负责人与“一带一路”沿线22个国家的24个科普场馆和机构的44位馆长及负责人研讨沿线国家科普场馆间长远合作愿景。

大会设有中国科学技术馆主会场和中国地质博物馆、北京自然博物馆、北京天文馆 3 个不同主题的平行分会场，还同时附设了国内外 30 余家场馆、机构和企业参展的小型展览。

“一带一路”沿线国家驻华大使馆官员，中国科协相关部门和直属单位、大会指导单位、相关学会等单位负责人，大会合作及赞助单位、在京媒体、部分科普企业界代表参加开幕式。

【首届“一带一路”青少年创客营与教师研讨活动】 12 月 18 日，由科技部国际合作司和中国科协国际联络部共同主办，中国科协青少年科技中心、中国青少年科技辅导员协会、北京市第三十五中学承办的首届“一带一路”青少年创客营与教师研讨活动在北京开幕。中国科协党组副书记、副主席、书记处书记徐延豪，发展中世界工程技术科学院主席、国际科学院组织科学教育项目国际委员会主席李怡章，经济合作组织科学基金会主席 Manzoor Hussain Soomro 出席活动开幕式并致辞。

徐延豪表示，希望各国青少年和科技教育工作者能够作为使者带回本次活动的诚意和经验，将友好合作的薪火代代相传，共同为培养科技创新未来人才做出努力。开幕式结束后，徐延豪会见了李怡章和 Manzoor Hussain Soomro，就“一带一路”科技交流主题进行了深入探讨，并对进一步开展合作事宜提出意见建议。会谈后，中国科协青少年科技中心主任刘阳与经济合作组织科学基金会主席 Manzoor Hussain Soomro 签署了合作备忘录。

本次研讨活动主题为“爱思考，乐创造”。各国青少年在一周的活动中深入体验桥梁及航模设计与制作、智能机器人学习等科技实验活动。为帮助师生领略和体验中国文化魅力、感受古都北京的深厚人文积淀，活动还组织各国师生参观故宫博物院、中国科技馆和南锣鼓巷等，体验设计与制作具有浓郁中国文化特色的工艺制品。

活动得到了“一带一路”沿线国家的积极响应。在活动筹备期间，Manzoor Hussain Soomro 先生亲笔致信，肯定了此次活动对于中国“一带一路”倡议的积极意义，并表达了该组织未来与中国在科技人文方面深化交流合作的意愿。

来自 16 个国家的近 120 名青少年创客精英、科技教师，以及科技教育行政部门和组织的负责人参加本次活动。缅甸、泰国、土耳其、伊朗、柬埔寨、巴基斯坦等 9 个国家的驻华大使、参赞等出席了开幕式。

自身建设

【中国科协党组书记处提出分步实现基层组织“四个全覆盖”】 2017 年是科协系统深化改革的落实年，为深入贯彻中央党的群团工作部署、推进科协系统深化改革、切实解决科协组织与科技工作者联系不紧不亲问题，中国科协党组、书记处提出基层组织建设“四个全覆盖”目标，即在高校、企业、园区、乡镇（街道）实现科协组织科协工作全覆盖，分类分步推进实施。

一是 2017 年内实现全国普通高校科协组织科协工作覆盖率超过 50%；2018 年实现综合性大学和理工农医类高校科协组织科协工作全覆盖。

二是 2017 年内实现中央企业科协组织科协工作覆盖率超过 30%；2018 年实现中央企业科协组织科协工作全覆盖、科技类规模以上工业企业科协组织科协工作覆盖率超过 50%。各阶段要特别关注大型科技类民营企业和创新型中小微企业科协建设。

三是 2017 年内实现国家级高新区科协组织科协工作覆盖率超过 65%、国家级经开区科协组织科协工作覆盖率超过 40%；2018 年实现国家级高新区、经开区科协组织科协工作全覆盖。

四是 2017 年内实现乡镇科协组织科协工作覆盖率显著提高；2018 年实现乡镇科协组织科协工作覆盖率超过 50%；2019 年实现乡镇科协组织科协工作全覆盖。

中国科协党组书记处要求，各级科协组织要统一思想认识、明确目标方向、积极主动作为，确保“四个全覆盖”落地落实。

一要明确责任主体，完善工作机制。科协基层组织建设在中国科协常委会组织建设专委会指导下，由组织人事部牵头抓总，企业工作办公室、科学技术普及部、企业创新服务中心、培训和人才服务中心、农村专业技术服务中心协同推进，加快出台《高校科协组织通则（试行）》《企业科协组织通则》《基层组织加入中国科协作为团体会员实施细则（试行）》《关于加强县级科协建设的若干意见》《关于加强企业科协建设的意见》等制度和文件，为基层组织规范化建设提供遵循。各省（自治区、直辖市）科协是实现“四个全覆盖”目标的责任主体，要明确县级科协、高校科协、企业（园区）科协分管领导、职能部门和具体负责人，不断完善工作机制，积极发挥地市级科协、县级科协的主阵地作用，研究制定本地区实现“四个全覆盖”的目标任务、落实举措和进度安排。与此同时，积极争取教育、农业、国资委等有关部门的大力支持，为加强基层组织建设营造良好氛围。

二要注重典型引路，形成经验模式。各地要积极选树一批具有代表性带动性、组织健全、工作活跃、成绩突出的优秀高校科协、企业科协、园区科协、乡镇（街道）科协，多角度多渠道大力宣传它们的鲜活事例和典型经验，充分发挥示范带动作用。及时总结科协系统深化改革过程中基层组织工作的好经验好做法，加以概括提炼，形成可以复制推广的建设发展模式，为各地方科协、各类基层组织提供范例和参考。

三要建立考核体系，强化督促检查。各地要研究制定落实“四个全覆盖”目标工作考核体系，加强工作督促检查，明确督促检查工作重点，规范督促检查工作程序，落实督促检查工作责任，积极推进科协基层组织建设融入党建带群建工作格局，以基层党组织为核心，推进基层党群服务和活动阵地共建共享，解决基层组织缺编制、缺经费、缺办公场所、缺工作人员问题。各地要结合实际和基层组织职责任务，探索开展高校科协、企业（园区）科协、乡镇（街道）科协年审或评估，促进基层组织规范化建设，激发工作活力。

【中国科协召开征求科学家、全国学会代表意见座谈会】 1月8日下午，按照《中共中央纪委机关、中共中央组织部关于开好2017年度县以上党和国家机关党员领导干部民主生活会的通知》的要求，为开好2017年度中国科协党组民主生活会，中国科协党组召开征求科学家、全国学会代表意见座谈会，征求对中国科协党组的意见建议。中国科协党组成员、书记处书记项昌乐出席座谈会。中国科协党组成员兼学会学术部部长、企业工作办公室主任宋军主持座谈会。中国岩石力学与工程学会候任理事长何满潮院士、中国核学会荣誉理事长王乃彦院士、中国科普作家协会理事长周忠和院士、中国电机工程学会理事长郑宝森、中国公路学会理事长翁孟勇、中国国土经济学会理事长柳忠勤以及全国学会秘书长、青年科技工作者、学会代表等13人与会发言。中国科协学会学术部、机关党委等有关部门负责人参加会议。

与会代表从不同角度围绕《中国科协机关党委关于2017年中国科协党组民主生活会前征求意见和建议的通知》要求的七个方面，结合自身工作实际踊跃发言。中华中医药学会等事先召开专门会议，研究并提交书面意见建议。与会者对中国科协党组在坚定不移推进全面从严治党、自觉履行主体责任和监督责任、深入学习贯彻习近平新时代中国特色社会主义思想和党的十九大精神等方面的工作给予充分肯定和认可，同时也对学术道德建设、人才评价体系建立、学会党委建设、科技成果转化、社团依规治理等方面向科协党组提出了积极中肯的意见建议。

在听取科学家、全国学会代表的发言后，项昌乐表示，大家提出的意见建议针对性很强，中国科协会进一步梳理，作为党组民主生活会的重要参照内容。项昌乐还就普遍关心较多的学术道德、学会党建等问题进行了解答。他强调，中国科协牢牢把握科协组织的政治属性，团结带领广大科技工作者听党话跟党走，不断加强对科技工作者的思想政治引领。新时代下，中国科协以智库、学术、科普为重点，以国际化、信息化、协同化为导向，着力推动科协工作格局重塑、流程再造和组织重构，构建科协事业协同发展新格局。他还希望全国学会要重新定位目标任务，对标国家重大需求，瞄准建设世界一流学会方向，不断创新工作品牌，提供一流公共服务产品，服务国家现代化经济体系建设。

【4个全国学会在民政部2016年度全国性社会组织评估中被评为5A级】 8月30日，民政部召开2016年度全国性社会组织评估委员会工作会议，审议确定了参加2016年度全国性社会组织评估的112个全国性社会组织的评估等级。会议共评出5A级社会组织4个、4A级社会组织23个、3A级社会组织67个、2A级社会组织17个、1A级社会组织1个。

13个中国科协所属全国学会参加了此次评估。中国电机工程学会、中国电子学会、中国航空学会、中华护理学会4个学会被评为5A级，中国细胞生物学学会、中国环境科学学会、中国生物医学工程学会、中国营养学会、中国免疫学会5个学会被评为4A级，中国植物生理与植物分子生物学学会、中国神经科学学会、中国石油学会、中国科技馆发展基金会4个学会（含基金会）被评为3A级。

截至2017年8月底，中国科协所属全国学会参加社会组织评估数量达到95个，其中5A级16个、

4A级48个、3A级27个、2A级4个。在学术类社团中，中国科协所属全国学会独揽民政部5A级社团称号，充分体现了学会创新与服务能力提升工程及学会治理改革工作的扎实效果。

【2017年全国学会理事长、秘书长培训班】 12月13—15日，2017年全国学会理事长、秘书长培训班在北京举办。中国科协党组成员、书记处书记项昌乐出席开班式并作动员讲话。开班式由中国科协学会服务中心主任刘兴平主持。中国科协学会学术部副部长苏小军、中国科协学会服务中心副主任朱文辉先后主持了培训报告。共有84个全国学会的96位理事长、副理事长和秘书长参加本期培训班。

项昌乐在讲话中指出，本次培训的主要目的是深入学习宣传贯彻党的十九大精神，不忘初心、牢记使命，明确全国学会在新时代中国特色社会主义事业总体布局中的功能定位和目标使命；引导学会主动对标党的十九大报告、对标国际一流学会标准，按照中央和国家的要求，按照科协整体工作部署，找差距找自信；希望全国学会对存在的群众组织力不强、创新力引领力不足、服务广大科技工作者不够广泛、发展不平衡和不充分等问题，自觉转变思想观念、转变措施和方法、转变目标和标准，主动识变应变求变，通过高质量的学会活动引领学术发展和科技进步，通过丰富优质的公共服务产品服务经济社会发展，通过信息化手段服务广大会员特别是服务青年科技工作者；希望学会理事长、秘书长认真学习、深入思考，掌握新时代学会管理经营的基本技能，推动学会各项工作迈上新台阶，把科技工作者的智慧和力量凝聚到党领导的中国特色社会主义建设事业中来。

培训班邀请民政部社会组织管理局副巡视员赵泳、中联部当代世界研究中心主任金鑫、中央党校博士古荒、北京大学非营利组织法研究中心主任金锦萍4位专家分别围绕"新时代社会组织的改革与发展""'一带一路'倡议与人类命运共同体的构建""深入学习贯彻党的十九大精神""社会团体的合法性与合规性"作了专题辅导报告。邀请中国航空学会秘书长吴松、中国营养学会秘书长杜松明结合各自学会改革实际进行了经验交流。培训班学员观看了《将改革进行到底》纪录片，并围绕如何开展世界一流学会建设等内容填写问卷调查、进行专题讨论。

【中国科协所属全国学会秘书长沙龙】 4月20—21日，由中国科协学会学术部主办、中国农学会承办的第二十四期中国科协所属全国学会秘书长沙龙在北京举办。本次沙龙活动以"换届学会的改革创新"为主题，近50位在2017年换届的全国学会秘书长围绕章程修订、理事会规模调整、监事会设置、秘书长聘任及会员发展服务等问题进行深入交流。中国农学会秘书长邹瑞苍主持沙龙活动。

中国科协学会学术部学会管理处处长张春程对学会换届工作的流程及有关要求进行了系统介绍。中国环境科学学会副秘书长侯雪松、中国营养学会副理事长丁钢强、中国农学会副秘书长莫广刚分别以"学会理事会改选换届制度合规建设""秘书长聘任制实践与探索""理事会规模与作用发挥探讨"为题作了主题发言。

在分组讨论过程中，参加沙龙的全国学会秘书长结合学会实际情况，围绕换届工作进行交流讨论、分享心得。中国科协学会学术部、学会管理服务中心有关人员对各学会换届工作中存在的问题给予了详细解答。

7月13—14日，第二十五期中国科协所属全国学会秘书长沙龙在北京举办。本期沙龙以"网上科技工作者之家建设——互联网+学会"为主题，近50位全国学会秘书长参加。本期沙龙特邀中国科协企业工作办公室副主任、企业创新服务中心主任郑浩峻，中国科协调宣部副部长郑凯作专题报告，通过向大家介绍科猫APP、专利资源库等服务广大科技工作者、服务企业创新发展的信息化产品，进一步增强全国学会秘书长对网上科协、网上科技工作者之家、企业创新服务平台建设工作的认识和理解。沙龙由中国水利学会秘书长于琪洋主持。中国科协学会学术部副部长苏小军出席沙龙并讲话。

中国水利学会副秘书长吴剑、中国复合材料学会副秘书长叶金蕊、中国仪器仪表学会副秘书长刘莉、中华预防医学会科普信息部副主任杨鹏分别以"中国水利学会'互联网+工程'建设情况""互联网+思维助力学会工作""互联网+会员服务体系建设"和"基于学会业务整合的信息化平台建设"为题，介绍各自学会在信息化建设方面取得的成果，为各学会开展网络信息化工作提供参考。

9月19—21日，由中国科协学会学术部主办、中华中医药学会承办的第二十六期中国科协所属全国学会秘书长沙龙在北京举办。本期沙龙以"分支机构建设与学会创新发展"为主题，邀请了50余位全国学会秘书长出席。沙龙由中华中医药学会副会长兼秘书长王国辰主持。

在主题发言环节，中国仪器仪表学会副秘书长张彤、中国力学学会副秘书长汤亚南以及中华中医药学会副秘书长刘平分别以“学会分支机构工作经验交流”“做好分支机构管理，提升学会影响力”和“加强分支机构建设，助推学会创新发展”为题，介绍了学会在分支机构建设和管理方面的经验和做法，为各学会开展相关工作提供了良好的借鉴模式。沙龙专门邀请中国航空学会制导、导航与控制分会副主任委员段海滨从分支机构的角度介绍分支机构的内部建设、活动特点以及工作中遇到的困难等情况。

在交流讨论环节，与会秘书长围绕分支机构的财务管理、换届、学术活动开展及印章管理等内容分组进行了交流和探讨。

【中国科协组织召开代管学会负责人改革座谈会】 3月2日上午，中国科协组织召开由学会服务中心代管8个学会负责人座谈会。中国科协党组成员兼学会学术部部长、企业办公室主任宋军出席座谈会并讲话。学会服务中心党委书记李志刚、主任刘兴平，学会学术部、学会服务中心有关负责人参加座谈。

中国光学学会副理事长兼秘书长龚旗煌院士，中国能源研究会常务副理事长史玉波、秘书长郑玉平，中国自然辩证法研究会副理事长兼秘书长尚智丛，中国技术经济学会副理事长牛东晓，中国未来研究会副理事长顾朝林，中国科教电影电视协会常务副理事长齐建新，中国科学技术期刊编辑学会副理事长兼秘书长任胜利，中国科技新闻学会理事长宋南平等分别介绍了学会改革的进展情况，同时就下一步改革目标、存在的困难和问题交换了意见。

宋军表示，各学会要落实《科协系统深化改革实施方案》部署，结合学会改革工作要点，提出有针对性、可操作的自身改革方案，积极稳妥推进学会治理结构和治理方式、学会办事机构、会员发展与服务方式等方面的改革，切实克服“四风”“四化”以及“虚、散、弱”“等、靠、要”等问题，充分释放学会能力，增加学会活力。他指出，学会要突出主营业务，以干事创业的精神鼓励学会参加竞争性项目经费申请，激发内生动力，实现学会自主经营，充分体现“三型”“四服务”社会服务功能。

参加座谈的学会负责人表示坚决拥护科协的改革部署，要加强学会自身内部建设，强化机制创新，把提升学会创新服务能力与改革任务结合起来，搭建更多服务平台，不断提升学会的创新与服务能力。

【中国科协企业工作会议】 12月15日，中国科协企业工作会议在北京召开。中国科协党组成员兼学会学术部部长、企业工作办公室主任宋军出席会议并讲话。中国工程院三局副局长高战军，中国科协企业工作办公室副主任、企业创新服务中心主任郑浩峻，以及31个省、自治区、直辖市科协，新疆生产建设兵团科协分管企业工作负责人，企业工作部门、企业创新服务单位负责人以及各副省级城市企业工作部门负责人等近150人参加了会议。会议由中国科协企业创新服务中心主办，中国科协企业创新服务中心副主任郭昊主持会议。

宋军表示，此次会议的目的主要是贯彻落实党的十九大精神，思考科协企业工作的新定位，规划科协企业工作的新目标和新征程；同时，重点研究部署院士专家工作站和企业科协信息化建设两项工作。他强调，一要以党的十九大精神为指引，在新时代中紧紧把握科协企业工作的责任和使命，要坚持政治引领，同以习近平同志为核心的党中央保持高度一致，要坚持“思想就是创造力”，切实提升思想引领力和群众组织力，要坚持服务中心战略，着力推动科技经济深度融合；二要认真思考企业工作发展规律，切实打造好重点服务品牌，大力推进院士专家工作站和企业科协建设；三要坚持群策群力改革创新，重新思考科协企业工作的目标定位，不仅要准确把握新时期科协组织的新使命新要求，而且要以大胸怀、大视野、大手笔谋划企业工作从跟跑并跑到领跑的工作方向，强化心理自信、战略思维和担当意识。

会上，郑浩峻宣读了《中国科协办公厅关于公布2017年示范院士专家工作站评选结果的通知》，与会领导为获得2017年度示范院士专家工作站的企业代表和2017年院士专家工作站建设示范单位颁发了牌匾；绍兴市科协、中环天仪股份有限公司、上海和黄药业股份有限公司、宁波伏尔肯陶瓷科技有限公司4家单位分别代表院士专家工作站建设示范单位和示范院士专家工作站作典型发言；郑州市科协就推动企业科协组织建设作交流发言。

示范院士专家工作站评选工作由中国科协会同中国工程院共同组织开展，2017年共评选出100家示范院士专家工作站和15家院士专家工作站建设示范单位。

【第二届全国城市科协服务企业创新工作交流会】 8 月 10 日，来自全国 29 个副省级、省会城市科协以及新疆生产建设兵团科协的 100 余名代表在山东省青岛市参加全国城市科协服务企业创新工作交流会。中国科协党组成员兼学会学术部部长、企业工作办公室主任宋军，山东省科协副主席纪洪波出席会议并讲话。会议由中国科协企业工作办公室副主任、企业创新服务中心主任郑浩峻主持。与会代表就充分发挥科技工作者在创新发展中的中坚作用，促进产学研结合的新思路、新举措，提升专利信息企业服务质量和实效，面向中小企业推广应用创新方法等问题进行深入交流。

宋军在发言时强调，新时期新形势下，城市科协要切实担负起时代赋予的历史责任，紧紧围绕服务企业创新、建设科技强国这个大局，积极探索科技服务企业创新的新方式新途径，团结带领广大科技工作者，激发释放企业创新潜能，推动企业自主创新，辐射带动更多地、市县科协的服务企业创新工作。

太原、南京、杭州、济南、青岛五个城市科协代表分别围绕一线创新人才培养、企业科协网建设、院士专家工作站、科技信息推广应用、科协工作等主题介绍了典型经验。与会代表结合自身实践，就如何加强科协企业工作、如何加强企业科协建设等问题进行了深入探讨。会议就《关于进一步加强企业科协建设的意见》征求意见，围绕近年来服务企业创新工作，选取最具特色或取得突出成绩的某个工作领域或某项工作，集纳 29 篇经验交流材料并汇编成册，展示城市科协在服务企业科技创新工作的好做法、好经验，发挥相互交流、学习和借鉴的作用。

【全国企业科协建设推进会】 8 月 18 日，全国企业科协建设推进会在贵州省贵阳市召开。中国科协党组成员、书记处书记王春法出席会议并讲话。中国科协党组成员兼学会学术部部长、企业工作办公室主任宋军，国务院国有资产监督管理委员会综合局副局长刘洋，中国科协企业工作办公室副主任、企业创新服务中心主任郑浩峻，贵州省科协党组书记、副主席张美圣出席会议。会议由中国科协组织人事部部长王守东主持。会前，贵州省委副书记谌贻琴、副省长何力、省政府秘书长任湘生会见了王春法、宋军一行。

王春法在讲话中强调，加强企业科协建设是党中央对科协组织提出的明确要求，是深入实施创新驱动发展战略、建设世界科技强国的重要抓手，是科协组织接长手臂、形成链条、密切联系服务企业科技工作者的重要举措，必须从政治高度和战略意义上认识加强企业科协建设的重要意义。他指出，近些年企业科协建设整体平稳，企业科协工作体系初步建立，企业科协数量规模不断扩大，一些企业科协工作品牌正在形成，但同时存在企业科协有效覆盖不足、工作方式陈旧、组织保障不强等方面的问题，出现这些问题的原因归根结底是对加强企业科协建设的重要性认识不到位、对企业科协的功能定位认识不清。他要求，科协系统要上下联动，加快各类企业成立科协组织的步伐，采取单独组建、区域联建、依托组建等多种方式，鼓励有条件的企业独立建设；把国有企业、大中型民营企业科协组织作为建设重点，特别要注重发挥中央企业科协、大型企业科协的辐射引领带头作用；积极探索企业科协组织的新形态，创新园区科协组织模式，及时总结企业科协工作经验，大胆探索创新工作方式方法；强化组织保障，加强各协会和各部门与企业多方面的合作，形成分类指导工作格局，以时不我待的紧迫性让改革的春风吹到基层、吹到企业，让改革的红利遍布科技工作者，解决科协组织与科技工作者不亲不近的问题。

宋军在总结讲话中强调，要做实做细工作，贯彻落实好会议精神和要求，强化工作领导和组织体系建设，强化企业科协建设的工作抓手，突出企业科协建设的重点领域，加强督导评估和动态管理。要真正实现企业科协在扩大覆盖面、完善工作体系、突出城市科协等重点领域打造具有标志性的拳头工作品牌方面实现重点突破，推动企业科协工作迈上新台阶。

会议邀请来自天津市、河北省、成都市、宝武集团科协等 7 个地区或企业科协的代表作交流发言，介绍本地区、本企业在推动企业科协建设方面取得的成功经验。会议就《企业科学技术协会组织通则（草案）》《基层组织加入中国科协作为团体会员实施细则（草案）》《进一步加强企业科协建设的意见（征求意见稿）》征求了意见建议。

会议由中国科协组织人事部和中国科协学会学术部（企业工作办公室）主办、贵州省科协承办、中国科协企业创新服务中心协办。全国各省、自治区、直辖市科协和新疆生产建设兵团科协分管领导及中央企业科协负责人、各省推荐的企业科协负责人、组织建设专委会委员、企业自主创新专委会委员 150 人参加会议。

【**大唐集团公司科学技术协会成立**】 5月25日，大唐集团公司科学技术协会成立大会在北京召开。大唐集团公司科协主席、董事长、党组书记陈进行，中国科协党组成员兼学会学术部部长、企业工作办公室主任宋军出席大会，并共同为集团公司科协成立揭牌。成立大会由大唐集团公司科协副主席、董事、总经理、党组副书记陈飞虎主持。

宋军对大唐集团公司成立科协表示热烈祝贺，对大唐集团在科技创新和“双创”工作中取得的成果给予肯定。他指出，大唐集团科协的成立是向首个全国科技工作者日献礼，希望大唐集团科协在集团党组和董事会的领导下，更好地引导科技工作者与党中央保持高度一致，开展形式多样的职工技术大赛、创新方法竞赛等群众性技术创新活动，发扬大国工匠精神，服务集团公司中心工作，在“创新争先”中做出成绩，协助汇聚各类创新资源，为建设国际一流能源集团再立新功。

会上，陈进行代表大唐集团公司科协讲话，集团公司党组副书记、副总经理邹嘉华宣读了成立集团公司科协有关文件。大唐集团公司副总经理金耀华，总会计师、党组成员刘传东，副总经理、党组成员吴秀章，中国科协企业工作办公室副主任、企业创新服务中心主任郑浩峻，北京市科协党组成员、副主席刘晓勘等出席大会。大唐集团公司助理、总师，总部各部门负责人，各分子公司科技信息分管领导和信息化主管部门负责人，集团公司重点企业及科技创新平台负责人等参加成立大会。

【**华润集团科学技术协会成立**】 12月1日，华润集团科学技术协会（以下简称华润科协）成立大会在华润大学小径湾校区召开。华润集团党委书记、董事长、华润大学校长傅育宁，中国科协党组成员、书记处书记束为出席并致辞。深圳市人大常委会副主任、市科协主席蒋宇扬出席并宣读华润科协成立批复。深圳市科协党组书记、副主席张莉等出席大会，共同为华润科协成立揭牌。

束为在致辞中强调，华润集团作为一家多元化经营的在港中央企业，拥有立足香港、面向全球的国际化经验，在连接海内外前沿科技、科学家及项目资源等方面具有优势。希望华润加快探索“不是园区，胜似园区”的海外人才离岸创新创业基地的新模式，把华润科协工作落到实处，助力华润做大做强。

华润集团领导班子成员，华润集团创新发展和知识产权委员会委员及创新分管负责人，华润各利润中心相关负责人，“华润之道”培训班学员，各单位科技工作者代表，以及德勤、深圳清华大学研究院、香港科技大学深圳研究院等外部机构代表参加大会。

【**全国高校科协建设推进会**】 6月15日，中国科协组织人事部和教育部科学技术司共同组织的全国高校科协建设推进会在山东省威海市召开。中国科协党组成员、书记处书记王春法，教育部科技司副巡视员高润生出席会议并讲话。中国科协组织人事部副部长解欣、培训和人才服务中心副主任王书瑞先后主持会议。

王春法在讲话中从中国科协推进高校科协建设的力度、省（自治区、直辖市）科协推进高校科协建设的机制、高校科协有效覆盖和影响力增强三个方面系统总结了一年来高校科协建设取得的成绩，从思想认识、工作能力、体制机制等方面深入剖析了当前高校科协建设存在的活力不强、覆盖面不够等问题。他强调，要深入贯彻落实中央党的群团工作部署、“科技三会”精神和全国高校思想政治工作会议精神，从政治高度认识加强高校科协建设的重要性，从发挥桥梁纽带作用角度推动高校科协工作，加快推进高校科协转型升级，发挥高校科协在科技创新和人才培养方面的重要作用。各级科协和教育行政部门要强化协同合作，构建上下联动推进高校科协建设的工作格局，进一步推动资源力量向高校科协倾斜，打造一批示范性高校科协典型，努力开创高校科协建设新局面，确保完成中国科协党组书记处确定的“年内高校科协组织覆盖率达到50%以上，高校科协活力不断增强”的目标要求。他指出，高校科协要强化思想政治引领，在推进高校思想政治工作建设方面有所作为；融入中心服务大局，在推动高校“双一流”建设方面有所作为；创新工作方式方法，在举荐优秀人才、培育科学文化方面有所作为；完善组织体制机制，在联系服务高校科技工作者方面有所作为，不断提升高校科协的显示度和影响力。

高润生在讲话中表示，高校科协正处于大有作为的重要机遇期，教育部将建立高校科协工作秘书处，鼓励地方教育行政部门建立高校科协工作机构，推进高校加快成立科协组织，启动实施高校智库建设、高校科普创新基地建设等一批重大项目和工程，培育高校科协发展新动能，使高校科协工作再上新台阶。

会议邀请山东、河北、四川、广东4省科协和吉林大学科协的负责人作交流发言，介绍本地区本单位在推动高校科协建设方面取得的成功经验。与会代表围绕加强高校科协建设、提升高校科协发展活力、扩大高校科协组织有效覆盖进行分组讨论。与会代表纷纷表示，推进会的召开很及时、很有必要，进一步提高了对加强高校科协建设的重要性和紧迫性的认识，进一步明确了推进高校科协建设的思路和举措，进一步促进了地方科协与教育行政部门的协同合作，加强了各地各高校之间的交流学习。

会议就《高校科协组织通则（草案）》和《中国科协发展高校科协作为团体会员实施细则（草案）》征求了意见建议。各省（自治区、直辖市）科协、教育厅（教委）有关负责人和高校科协代表近150人参加了推进会。

【青年科技领军人才国情研修班】 9月9—15日，青年科技领军人才国情研修班在中国大连高级经理学院举办。9月9日，中国科协党组成员、书记处书记项昌乐出席开班式并作开班动员讲话。项昌乐指出，本次研修班要充分贯彻落实党中央关于人才工作的重要部署，培养和造就习近平总书记所强调的科技人才队伍，团结引领青年科技领军人才在建设世界科技强国的伟大征程中发挥生力军作用。项昌乐勉励学员坚定不移走中国特色自主创新发展道路，勇担创新驱动发展的时代重任，带头建立无愧于时代、无愧于民族的创新业绩。开班式后，项昌乐从培养青年科技人才成长的重要意义、优秀青年科技人才应具备的主要素质、中国科协为青年科技人才成长搭建发展平台三个方面为全体学员作了《中国科协服务青年科技领军人才成长》的专题讲座。

研修期间，中央组织部人才工作局副巡视员张志刚为学员作专题讲座《认真学习贯彻习近平总书记重要讲话精神　全面推进人才强国建设》，杨卫、申长雨、周琪三位院士分别作《中国基础研究的学术地貌图》《知识产权与创新发展》《建设生命健康科技强国的路径思考：干细胞与再生医学的发展与规划》的专题讲座；研修班还邀请专家、学者就我国经济、外交、新闻传媒、综合管理等进行了专题讲解。在结构化研讨、学员论坛等课程中，学员们全面介绍自身从事的专业领域，发表学术见解，进行充分的交流互动。研修班还安排了现场教学、体验式教学等。

本次研修班是在中央组织部的指导下由中国科协和中国大连高级经理学院承办，是继2014年、2015年、2016年在井冈山、浦东、延安干部学院举办青年科技领军人才国情研修班后，中国科协再次承担该项任务。研修班学员由中国科协在中国青年科技奖、中国青年女科学家奖、全国创新争先奖获奖者和中国科协青年人才托举工程入选者中选调。

本次研修班具有以下特点：一是层次水平高。学员都是青年科技工作者的优秀代表，都是青年科技领军人才；授课老师既有长期从事科研、管理的战略科学家和管理专家，也有在学术领域造诣深厚的专家、学者。二是课程安排精。在中国科协和中国大连高级经理学院的共同努力下，精心策划课程，充分考虑了青年科技领军人才的特点。既有贴近学员科研事业的专题讲座，也有提升学员素养的综合性课程，还为学员们提供了展现个人风采、充分互动交流的平台。很多课程令学员们意犹未尽，取得了良好效果。三是整体安排务实高效。7天课程安排饱满、内容丰富。每项安排都很贴合学员实际，既传道授业解惑，又充分沟通交流，也开阔视野，学员们取得了实实在在的学习效果。四是学员学习热情高涨。各位学员在科研工作任务重、事务多的情况下，把研修班学习放在首要位置，积极与授课专家交流互动，就学术问题热烈研讨，形成了学员和专家人人上讲台的良好氛围，体现了学员的良好素养和团队精神。

学员们纷纷表示，通过参加本次研修班学习，一是进一步坚定了理想信念。通过学习习近平总书记系列重要讲话，强化了党性教育，提高了政治站位，提升了思想境界，深化了对党情、国情、世情的认识，进一步体会到了培训的重要性和必要性，增强了建设世界科技强国的责任感和使命感。二是进一步提高了自身定位。作为承上启下的青年科技工作者，对家国情怀有了新的感悟。一周的时间里始终处在兴奋中，引发了深入思考，对自身发展目标有了新的更高定位。三是进一步提升了人生格局。作为青年科技工作者，既要紧密关注自己所从事的学科领域，又要将视野和目光瞄准国家重大需求和战略前沿，把握大势大情。按照习近平总书记对黄大年同志先进事迹做出重要指示时所强调的，心有大我、至诚报国，把爱国之情、报国之志融入祖国改革发展的伟大事业之中，融入人民创造历史的伟大奋斗之中，个人才能取得更大的辉煌。各位研修班学员表示，将以青年科技领军人才国情研修班为新的起点，在各自岗位上为建设创新型国家和世界科技强国不懈努力奋斗，不断做出新的更大贡献。

中国科协组织人事部、中国大连高级经理学院负责人出席开班式、结业式。

【第七届全国科技馆馆长培训班】 6月6—13日，第七届全国科技馆馆长培训班及相关专题会议在上海科技馆举办。中国科协党组副书记、副主席、书记处书记徐延豪出席并讲话。

本次培训班分为三个部分：第一部分是为期5天的培训，与中国自然科学博物馆协会“自然科学类博物馆的发展策略与管理运营暨科普展览策划”高级培训班同期举办。中国自然科学博物馆协会理事长程东红，中国自然科学博物馆协会名誉理事长徐善衍，中国科技馆发展基金会理事长、中国科技馆馆长殷皓，上海科技馆馆长王小明出席开班仪式。中国自然科学博物馆协会秘书长、中国科技馆副馆长欧建成主持开班式，来自各类自然科学类博物馆的100余名馆长参加培训。该培训班以理论结合实践的形式围绕“发展与管理”主题，邀请来自人力资源社会保障部、中国科协、高校、研究机构及科普领域的11位专家授课。第二部分为科技馆馆长专题工作交流会。中国科技馆分别就虚拟漫游科技馆项目、数字科技馆科普矩阵研究探讨和虚拟现实科技馆项目向各馆介绍并征集推广落实；就生物医学人才培养联盟、全国青年科普创新实验暨作品大赛和“科普活动组织策划”等专项培训班相关事项征求各馆意见。第三部分为6月13日召开的科技馆建设与发展专题会议。徐延豪听取各地科技馆馆长代表围绕“场馆运行和展厅改造”“免费开放政策的方向及实施”“科技馆法人治理结构的探索”3个议题的交流汇报，并作总结讲话。会议由中国科协科普部副部长周世文主持，各地科技馆的57名馆长参会。

徐延豪充分肯定了各地科技馆建设的成绩，并对下一阶段的相关工作提出了具体要求和意见。一是要充分认识到科普的重要性。乘着“科技三会”的东风，抓住机会、借势而上，深入贯彻落实习近平总书记系列重要讲话精神，不断推动科技馆事业大发展。既要打造强有力的队伍，促进科普工作与时俱进，又要充分利用广大科技工作者的智慧和力量，搭建他们与公众沟通交流和互动的平台，使科技馆成为联系科学家、科技工作者与公众的桥梁。此外，要适应信息社会快速发展的要求，既让科技馆插上信息化的翅膀，又要强化科技馆真实体验的价值所在。二是要充分认识科技馆免费开放的重大意义，不断推进发展。在具体方面认真思考，并做好专题研究。三是科技馆的法人治理结构要在全国推广并实施。希望各馆提出具体方案和办法，将这项工作作为深化改革、去行政化、加强管理、提升活力、促进发展的重要抓手。

【中国科协约谈问题学会部署整改要求】 2月24日下午，为落实2017年学会学术工作会议精神、推进学会改革，依据《中国科学技术协会全国学会组织通则（试行）》第十九条规定，中国科协对6个问题学会逐一进行了工作约谈，部署整改要求。中国科协党组成员兼学会学术部部长、企业办公室主任宋军出席会议并讲话。约谈会由中国科协学会学术部副部长苏小军主持。学会服务中心主任刘兴平参加会议。

宋军表示，此次约谈主要是与学会一起分析和研究其工作中存在的问题，帮助学会提高思想认识、正视存在问题、提出整改措施、深化学会改革，指导学会走上依法依章程正常发展的轨道。他指出，存在问题的学会与实际工作要求之间存在一定的差距，有的学会不能按期开展换届工作，有的学会活动资金不足，有的学会分支机构管理混乱，有的学会不按要求开展活动。这些问题导致学会活动违反国家社团管理的有关规定，违背了中国科协的有关规章制度，个别学会的行为在社会上造成了负面影响。他指出，各学会肩负着党和国家以及广大科技工作者的期望和重托，学会工作中的一项重要任务是把握发展契机、深化学会改革、提升学会能力、促进学会发展。他强调，被约谈的学会要及时将此次约谈情况在学会内部进行传达，在2个月内形成有针对性、可操作性的整改方案，按照《中国科学技术协会全国学会组织通则（试行）》的有关要求，积极采取整改行动，切实做强做好学会工作。

参加约谈的学会负责人代表表示，中国科协准确地指出了学会目前存在的问题，事实清楚、依据充分，提出的整改要求对学会工作开展具有很强的指导意义，各学会一定要针对存在的问题积极进行整改，努力使学会工作步入正轨。

【中国科协约谈有关全国学会督促问题期刊整改】 8月24日，中国科协学会学术部约谈3个全国学会，就其主办的4种期刊在2016年度核验中发现问题事宜进行整改约谈，明确指出4种期刊在年检中发现的问题、前期整改不到位的情况，并就下一步加强管理、抓紧整改等方面提出具体要求。中国科协学会学术部副部长刘宴兵主持约谈会议。

刘宴兵强调，年度核验是落实《出版管理条例》《期刊出版管理规定》等有关法规、规范出版秩序、确保出版质量的重要手段。对于2016年度核验中发现的部分期刊偏离办刊宗旨、超范围刊发大量低质量论文以及主办单位责任缺失、对期刊的直接领导责任落实不到位的问题，各有关期刊主办单位要高度重视，根据有关政策法规的要求切实进行整改，督促期刊严格按照办刊宗旨和业务范围进行出版活动，非学术期刊不能刊发学术论文并收取论文发表费。同时，主办单位要在对期刊的日常管理工作中强化责任意识，领导、监督出版单位遵照党的基本路线、方针、政策和国家的法律、法规以及办刊方针、宗旨、专业范围做好出版工作及有关各项工作。对期刊在出版活动中出现的重大问题，要尽早发现、尽早解决。

3个全国学会负责人参加约谈，一致表示通过约谈深化了对存在问题及其严肃性、严重性的认识，回去后将及时向学会领导班子报告，并按要求认真完成整改工作。

【科协系统财务决算和综合统计工作培训】 2月16—17日，2016年度地方科协统计调查和财务决算培训班在广西壮族自治区南宁市举办。中国科协党组成员、书记处书记束为出席培训班。中国科协计划财务部部长杨文志主持培训班开班式。

束为在开班式上作了题为"'把方向、添动能、排风险'——为科协系统深化改革落地生根提供坚实保障"的讲话。他指出，近年来科协事业快速发展，科协自身组织服务能力得到了有力提升，经费保障条件得到了较大改善，科协系统计财工作取得显著成绩。科协财务工作通过中央专项巡视、八项规定抽查、审计署审计等，进一步强化了纪律意识、完善了管理体制机制，管理水平得到显著提升。

束为强调，科协计财工作是科协工作的重要组成部分，是保障科协事业发展的基石。抓好科协系统全面深化改革各项工作的落实，科协计财工作责无旁贷。要按照中国科协党组、书记处对科协计财工作提出的"把方向、添动能、排风险"的总体要求，做好落实。一要充分认识新时期科协计财工作的新形势新担当；二要大力引导科协组织科技公共服务供给侧改革创新；三要为科协系统深化改革提供坚实有力的服务保障；四要广泛动员科技专家参与科技助力精准扶贫；五要全面落实从严治党要求，加强科协计财干部队伍建设。

培训班上，中国财政科学研究院研究员赵福昌作了题为"《预算法》修订与财政治理改革"的报告。杨文志作了题为"科技群团事业发展新形势新要求"的报告。参训学员围绕"计财工作如何服务科协系统全面深化改革和各项部署落实"的主题进行了分组交流和座谈。

培训班通报了2015年度地方科协统计调查和财务决算工作情况，布置了2016年度地方科协统计调查和财务决算工作，讲解了2016年新修订的科协统计报表制度，进行了统计调查和财务决算报表及软件操作培训。

此次培训班由中国科协计划财务部主办、中国科协创新战略研究院和广西科协承办。来自全国31个省级科协和15个副省级城市科协统计、财务工作负责人和有关人员约150人参加培训。

12月12日，中国科协计划财务部举办2017年度地方科协财务决算和综合统计工作电视电话培训会，束为在主会场出席会议并讲话。培训主会场设在北京中国科技会堂，在31个省、自治区、直辖市科协和新疆生产建设兵团科协设置分会场。杨文志主持培训活动。

束为强调，新时代科协计财工作使命目标应该聚焦在"出战略、配资源、要产品、促标准"，努力谋划新时代科协事业新发展战略，优化科技类公共服务产品生产力布局，促进资源集聚和优化配置，丰富资源供给模式，提升服务产品品质、效用和效率，加强标准引领，增强科协组织的软实力和巧实力。新时代科协组织的计财部门必须实现"四个根本性转变"：一是着力推动计财工作理念由行政工作型思维向服务顾客型思维转变；二是着力推动工作方式由粗放型向精准型转变；三是着力推动工作标准由事后排风险型向事前防风险型转变；四是着力推动工作力量配置由传统重财务弱计划向财务与计划并重转变。新时代科协计财工作要在科协组织战略谋划上有新作为，要在科协组织资源高效配置上有新作为，要在提升服务产品有效供给上有新作为，要在重塑计财部门工作格局上有新作为。

束为要求，各级科协计财部门要把学习宣传贯彻党的十九大精神作为第一要务、第一行动、第一责任，切实把党的十九大精神的学习成果转化为科协组织谋划工作的具体思路、破解难题的措施办法、推动发展的实际成效。要牢固树立科协数据资产的观念、数据统计的观念和数据产品的观念，转变思维模式、转变方式手段、转变目标标准，加强自身能力建设。要主动识变应变求变、切实做好2017年度科协系统财务决算和综合统计工作。

会议通报了2016年度地方科协财务决算和综合统计工作情况，对2017年度地方科协财务决算和综合统计工作进行了部署培训。

各省、自治区、直辖市、副省级城市科协和新疆生产建设兵团科协财务决算和综合统计工作分管领导、负责人及工作人员共计240多人在分会场参加培训。

【中国科协海智计划领导小组会议】 1月17日，中国科协海智计划领导小组会议在北京中国科技会堂召开。中国科协党组成员、书记处书记、海智计划领导小组组长束为，中国科协党组成员兼学会部部长、海智计划领导小组副组长宋军出席会议。

中国科协国际部部长、海智办主任张建生汇报了海智计划2016年工作总结及2017年工作计划，各领导小组成员就海智计划工作提出意见和建议。会议认为，海智计划工作尤其海外人才离岸创新创业基地建设作为中国科协重点项目大有可为，可以跟科协各项助力工程相结合，实现进一步跨越、加强和提升。同时，会议认为海智各项工作应做到运转明晰、规范，发挥作用的力度、范围以及宣传示范力度都应进一步加强。

束为强调，海智计划工作应有突出亮点、典型案例；海智资源在科协各相关方面都应积极参与并发声、发力。他鼓励海智计划领导小组成员积极参与海智相关活动，并对海智计划各项管理办法的意见征集、各项申报工作审批流程及下一步工作的开展等给出具体指示。

宋军提出，海智计划2017年工作应突出重点，以几项重要工作为主线，同时注意问题导向和发展导向；建立有竞争力的推新机制、退出机制等，使海智工作更上一个台阶。

会议批准在广东（揭阳）、山东（临沂）、湖北（荆州开发区）、江苏（宜兴）、浙江（温州）建立海智计划工作基地。

海智计划领导小组成员杨文志、陈剑、郑浩峻等出席会议。

9月11日，2017年中国科协海智计划领导小组第二次会议在中国科技会堂召开。束为、宋军出席会议。

束为指出，制定海智计划各项管理办法应与时俱进，便于各项工作顺利开展，各执行单位要采用多种方式，让各基层单位对海智计划有深入的了解。他强调各项工作都应以充分发挥、促进民间科技交流为出发点。

会上，领导小组成员就海智计划项目管理办法、工作基地管理办法、示范项目管理办法、特聘专家管理办法和海外人才离岸创新创业基地管理办法的修订稿提出具体修改意见和建议。会议强调，全面、规范的管理办法有利于海智计划各项工作有序开展。会议提出，应厘清海智工作基本概念和逻辑层次，突显海智项目特点，明确各项工作管理及执行主体，体现国际部作为职能部门的地位与责任。会议还对海外人才离岸创新创业基地、海智计划工作基地的申报进行了审批，并重点对离岸基地的定位、作用与优势进行了界定。

经海智计划领导小组成员一致同意，批准合肥、天津、青岛、宁波、杭州海外人才离岸创新创业基地的申请；批准荆门、孝感、长沙、株洲、山西、海门、湖州海智计划工作基地的申请。

海智计划领导小组成员张建生、杨文志、郑浩峻参加会议。

【中国科协2017年海智计划联席会议】 6月22日上午，中国科协2017年海智计划联席会议在吉林省长春市举行。中国科协党组成员、书记处书记束为，吉林省副省长、党组成员金育辉出席并分别致辞。会议由中国科协国际联络部部长张建生主持。

束为介绍说，目前中国科协共联系海外华人科技团体96家，并成立欧洲、日本、加拿大和美中4个华人海外科技社团联合体；建立海智工作基地60家、离岸创新创业基地5家、海外离岸“双创”基地1家，特聘海智专家102名，设立海智计划示范项目12个。中国海归创业联盟组织的中国（长春）海外人才创新创业项目大赛围绕健康与文化产业、电子信息、装备制造和新能源三大领域，在5个海外分赛区共征集到374个项目，在进行海选和预赛之后最终择优选送60个优秀项目参加即将在长春市举行的总决赛。他表示，中国科协将积极推动“一带一路”民间科技联盟交流，积极推动国际科技组织总部落户中国，不断提升中国在国际科技界的影响力和话语权，为中国成为世界科技强国做出应有贡献。

金育辉在致辞中表示，吉林省委省政府高度重视人才培养和引进工作，近年来共计出台了吉林省引进高层次创新创业人才实施办法以及《关于进一步激发人才活力，服务创新驱动发展战略的若干意见》等一系列人才扶持政策。在中国科协和各位海智专家的鼎力支持下，吉林省政府正在深入推动开展“海智专家吉林行”等一系列引智活动，充分利用科技成果转化产生的先进生产力推动吉林加快转型和全面振兴。吉林省政府将积极开展与全球海外科技团体的交流交往，激发人才活力，服务创新驱动发展战略，为人才创新创业提供强有力的政策支持和服务保障。

会上，张建生代表中国科协海智办与硅谷科技协会、日中科学技术文化中心、芬兰华人科技协会三家海外华人科技团体举行签约仪式，宣读了海智计划第二批续聘和第四批续聘专家名单。束为为到会的特聘专家颁发证书。

海智专家宋志伟、盛丰韵、巨东英、吴建平分别在会上作海外工作基地工作汇报《欧洲（比利时）海智“双创”基地进展》《北美海智创新创业基地建设设想与进展》《日本海智创新创业基地建设设想》《大数据、人工智能、共享经济与未来社会》。海智专家高腾、马启远、贺毅、高继明、林建人和张杰等分别作工作报告《欧洲华人微电子中国论坛情况介绍》《美中专家委员会介绍》《中欧生命科学联盟筹备工作汇报》《精准扶贫，海智专家在行动》《美国硅谷海智创新创业基地建设设想与进展》《山东大学自杀预防研究中心》。与会专家就报告内容展开提问与互动，会场气氛活跃。

海外华人科技团体负责人、海外专家学者、优秀归国创业海归代表、离岸创新创业基地负责人、中国科协有关部门单位负责人等 100 余人参加会议。

【2017 年中国科协海智计划基地工作会议】 12 月 7 日，2017 年中国科协海智计划基地工作会议在江苏省苏州市召开。中国科协党组成员、书记处书记束为出席会议并讲话。会议对 2017 年中国科协海智工作进行了总结，并对 2018 年工作做出安排。苏州市政府副秘书长卢渊，江苏省科协党组成员、副主席冯少东出席会议并致辞。中国科协国际联络部及海智办工作人员，有关省、市科协及海智计划工作基地、海外人才离岸创新创业基地和海外海智创新创业基地负责人，部分海智计划特聘专家等 150 余名代表参加会议。开幕式由中国科协国际联络部部长张建生主持。

束为指出，2017 年在各地科协以及各个海智基地的共同努力下，海智工作取得了较好成绩。已在全国建立 66 家中国科协海智计划工作基地；2017 年共接待海外专家为国服务累计 8651 人次；协助各级政府组织引智对接活动 1012 场，签署各种合作协议 1099 个，洽谈项目 5928 项，其中落地项目 1267 个、引进团队 796 个、引进人才 2880 人（其中国家“千人计划”145 人）；邀请海外专家开展讲座、培训等活动 661 次；组团出境开展引智活动 232 次；各基地新设海外引智中心 / 工作站 99 个，总数达到 246 个。通过举办创新创业大赛、配合各地政府组织国际会议及国际人才项目对接洽谈活动、与国外知名大学和中国科协海外创新创业基地签署合作协议等方式积极开展工作。

束为指出，目前全国都在积极开展引智引才工作，但存在“一窝蜂”与低水平重复现象以及项目设立前期调研不足与针对性不够、活动开展表面热闹而实效匮乏、事务性工作多而政策引领与归纳总结少等问题，不利于海外专家对国内创新创业形势与环境的认可，使引智引才工作流于形式。中国科协和地方科协要根据各地特点，对标党的十九大报告精神，在开展工作的过程中将党的十九大报告学懂弄通做实，主动识变应变求变，重塑工作格局，狠抓流程再造，以“转变”为特色揭开海智工作的崭新篇章。海智工作参与人员应坚持问题导向，转变思想观念，改进措施方法，量化结果评价，加强与相关部门单位的合作，善于挖掘创新创业先进典型，让自己不仅有担当的宽肩膀，还要有干成事的真本领。

束为对新时代海智工作提出四点要求：一是海智工作服务对象应从海外华人转变为海外英才，从全球 70 亿人中选拔人才；二是工作范畴应从服务当下转变为谋划未来，不再局限于服务企业需求与具体项目，而是服务于离岸创新创业和国家智库建设，服务于党政决策、企业转型升级与现代化国家建设；三是工作作风应从等待中央政策出台转变为主动争取地方党政支持，进而使海智工作从大而化之转变为精准施策、从模仿推广转变为因地制宜、从全面出击转变为重点击破，提高工作效率与投入产出比；四是工作开展从紧跟形势转变为注重实效，切实发挥出海智平台以才引才、以才聚才的作用，不忘海智初心，提高目标标准，加强工作制度化建设。

3 位中国科协海智专家——中国科协 –FCPAE 欧洲（比利时）海智创新创业基地办公室副主任杨凌、

中欧生命科学联盟主席贺毅、常春藤创业联盟创始人刘会波分别就海外海智创新创业基地及海外优质项目的推介平台作了报告。

苏州、深圳、上海、武汉、成都5个海外人才离岸创新创业基地负责人作了关于海外人才离岸创新创业基地工作开展情况的专题报告。江苏省科协、浙江省科协、广东省科协、北京市科协、济南市科协、合肥市科协负责人就海智计划工作开展情况作了专题报告。

与会代表还进行了分组讨论，就新形势下海智基地与海外人才离岸创新创业基地工作如何重塑再造展开探讨。

国际学术交流

【国际食品安全大会】 4月20—21日，由中国食品科学技术学会（CIFST）与国际食品科技联盟（IUFoST）共同主办、中国科协作为支持单位的2017年国际食品安全大会在北京召开。中国科协党组副书记、副主席、书记处书记徐延豪出席开幕式并致辞。

徐延豪在致辞中表示，中国科协将一如既往地用百姓听得懂的语言大力开展食品安全方面的科技传播，促进中国食品科技事业发展，服务广大公众生活；一如既往地支持包括中国食品科学技术学会在内的各类科技社团加入国际科技组织，并在其中发挥积极作用；一如既往地支持中外科技工作者广泛交流研讨、密切合作，共同为丰富人类知识宝库、增进人类福祉贡献智慧力量。

国家食品药品监管总局副局长郭文奇、中国轻工业联合会副会长贾志忍等出席开幕式。大会邀请了来自中国、美国、英国、德国、印度、荷兰、澳大利亚、菲律宾等12个国家和地区的67名国际知名专家及食品企业家进行了62个专题发言和现场交流。

【首届金砖五国数学家大会】 8月22日，为加强中国、巴西、俄罗斯、印度和南非金砖五国之间在数学领域的交流与合作，首届金砖五国数学家大会在中国科学院数学与系统科学研究院举行。本次大会由中国数学会主办。中国科协副主席、国际工业与应用数学联盟候任主席、中国数学会理事长袁亚湘院士，国际科学理事会候任主席、南非数学家 Daya Reddy，中国数学会副理事长、中国工业与应用数学会理事长张平文院士，国家自然科学基金委有关负责人参加会议。大会开幕式由中国数学会秘书长陈大岳主持。

袁亚湘在致辞中表示，为进一步推动金砖五国间的数学交流与合作，中国数学会倡导成立由各国数学会理事长组成核心委员会。核心委员会共有9位委员，其中中方委员为袁亚湘、张平文。为筹备金砖五国数学家大会，核心委员会成立了学术委员会，学术委员会成员包括来自5个国家的15名代表，他们是基础数学、应用数学、概率统计领域的著名专家。袁亚湘希望通过举办金砖五国数学会议，加强五国在数学领域的合作与交流，促进五国间的文化交流，并增进五国间的国际友谊。

Daya Reddy 在致辞中表示，金砖五国在教育和科研方面有许多共同的发展目标。数学的发展是工业和经济发展的重要推动力之一。目前，包括金砖五国在内的发展中国家已经成为国际数学领域的重要力量。金砖五国出现了越来越多的顶尖级数学家，并且数学家之间的合作也越来越紧密。首届金砖五国数学家大会加强了五国间的数学交流与合作，对促进数学各个分支领域的交叉发展起到了助推作用。

此次大会共遴选出来自中国、俄罗斯、印度、巴西、南非的15位大会报告人作专题报告。

作为中国科协所属学会之一，中国数学会倡导召开金砖五国数学家大会，为数学领域的研究人员提供高水平、多层次的学术交流平台，促进学科发展、引领科技创新、助推国家创新体系建设。金砖五国数学家大会计划定期在五国间轮流举办，第二届大会计划于2018年7月在巴西举办。

【2017科学教育国际论坛】 7月3日，由中国青少年科技辅导员协会、中国科协青少年科技中心联合主办，国际科学院组织科学教育项目（IAP SEP）、经济合作组织科学基金会（ECOSF）支持的2017科学教育国际论坛在北京开幕。

国际科学院组织主席、国际科学院组织卫生项目联合主席、中国工程院院士刘德培，中国科协国际联络部、中国青少年科技辅导员协会、中国科协青少年科技中心有关负责人，经济合作组织科学基金会主席 Manzoor H. Soomro 博士出席论坛开幕式。来自中国、马来西亚、巴基斯坦、印度、印度尼西亚、乌兹别克斯坦、约旦、伊朗、苏丹、土耳其和法国等“一带一路”沿线11个国家的30位科技史专家、科学教育专家参会。

本届论坛主题为“‘一带一路’上的历史与科学

教育”，围绕论坛主题，国际科学院组织科学教育项目国际委员会主席Lee Yee Cheong、中国科学院大学人文学院常务副院长孙小淳、伊斯兰世界科学院执行主任Moneef Zou'bi、中国青少年科技辅导员协会常务副理事长李晓亮作大会主旨发言，从不同视角分享他们的研究成果和实践经验。

在两天的会议中，与会专家以科学史为切入点，围绕开发探究式科学教育课程、分享青少年科技教育方面的理念和实践以及如何进一步开展科学教育领域的合作与交流进行探讨。

与会专家认为，“一带一路”沿线国家众多，呈现出文化的差异性与文明的多样性，因此需要加强交流、求同存异、凝聚共识、形成合力。青少年是“一带一路”沿线国家和世界的未来与希望，加强青少年科技人文交流对于促进“一带一路”沿线国家共建“利益共同体、命运共同体和责任共同体”至关重要。

与会专家呼吁中国有关部门或组织尽快建立官方或半官方的青少年科技教育人文交流常态化协调机制，凝聚国际青少年科技教育优质资源，构建“一带一路”青少年科技教育交流与合作的平台。

【中国科协召开ICSU-CHINA全体会议】 1月12日，中国科协国际科学理事会工作协调委员会（ICSU-CHINA）全体会议在北京中国科技会堂举行。ICSU副主席、ICSU-CHINA顾问、中国科协副主席、中国科学院院士李静海，中国科协副主席、中国科学院院士袁亚湘，国际地图制图协会（ICA）副主席刘耀林，国际摄影测量与遥感学会（ISPRS）主席陈军，国际科联科技数据委员会（CODATA）前主席、灾害风险综合研究计划（IRDR）科学委员会委员、中国科学院院士郭华东，中国科学院院士陈运泰、周其凤、崔鹏，ICSU-CHINA副主席、中国科协国际联络部部长张建生等工作协调会委员及相关学会代表近50人参加会议。会议由ICSU-CHINA主席、中国科学院院士吴国雄主持。

张建生传达了中国科协领导对新时期国际组织工作的新精神，对新时期国际组织工作面临的新形势、新任务和新政策进行了解读。希望ICSU-CHINA能够聚焦关键问题，提前运作，确保各项工作顺利进行。ICSU-CHINA秘书长、中国科协国际联络部副部长王庆林对2016年度ICSU-CHINA工作进行了总结并汇报了2017年度工作思路。

李静海作了题为“关于ICSU与ISSC合并情况”的报告。作为ICSU系统新任职专家，国际地质科学联合会主席成秋明与国际毒理学会联合会执委付立杰分别作了题为“国际地质科学联盟”和“中国毒理学会与IUTOX”的报告，从不同方面介绍了国际科联的最新动态。随后，ICSU三大国际科学计划，即灾害风险综合研究计划、未来地球计划和城市环境变化与健康福祉计划国内协调机构的代表分别报告了2016年工作进展和2017年工作计划。

会议从推荐任职、参加会议、沟通联系、支持保障和组织活动五个方面回顾总结了2016年中国科协系统参与ICSU活动的情况，介绍了ICSU最新动态和发展，交流各学会参与ICSU活动的经验和做法，分析了国际科联和国际社会科学理事会合并过程中可能出现的新情况，并确定了2017年工作计划。会议就国际科联和国际社会科学理事会合并之后带来的挑战和机遇，如何在中国成立交叉学科与新兴学科的科学组织、发起科学计划、鼓励和学会有关联的国际科技组织在中国设立分支机构或办事处等问题展开了讨论。

会议建议中国科协与中国社会科学院等紧密沟通，加强与ICSU秘书处的联系；通过开展国际组织交流项目，大力支持参与ICSU相关活动；通过完善加强ICSU-CHINA体系建设，发挥自身优势，积极配合国家外交战略开展工作，努力提升国内民间科技团体影响力。

【中国科协稳步推进“一带一路”国际科技组织合作平台建设】 5月23日，中国科协“一带一路”国际科技组织合作平台建设项目阶段性评估会议在北京召开。中国科协党组成员、书记处书记、“一带一路”国际科技组织合作平台建设项目领导小组组长束为出席会议并讲话。中国科学院“一带一路”倡议研究中心主任、地理科学与资源研究所研究员刘卫东作辅导报告《深入认识“一带一路”倡议》。中国科协“一带一路”国际科技组织合作平台建设项目领导小组成员、办公室主任、中国科协国际联络部副部长王庆林作专题报告《增强四个意识，服务国家大局——科协“一带一路”国际科技组织项目建设的思路》。会议由王庆林主持。

束为传达了5月15日中国科协党组理论学习中心组关于中国科协“一带一路”工作的总体思路，希望各级科协组织和学会结合实际，围绕“一带一路”发展战略积极发挥科协作用、凸显科协优势，统筹规划，把“一带一路”工作和日常工作有机衔接，围绕中央要求积极作为，使科协组织落实“一带一路”倡议的方案尽快落地。束为强调，要在充分做好前期准备的基础上，围绕国际组织的发起、科普服务的普及、学术交流、工程能力互认、技术能力推广、民间智库建设六个方面推进下一步工作，突出民间科技人文交流的主线，积极参与“创新之路”建设，推进民心相通工程，加强我国科技工作者与丝路科技工作者、我国科技组织与丝路科技组织、我国青少年与丝路青少年的联系，不断弘扬丝路精神。项目阶段性评估会议分为区域联盟类别、联合中心类别、国别中心类别三个评估小组，遵循以评促改、以评促建、注重实效、客观公正、独立规范、科学合理的原则，实现通过评估推进项目顺利开展、早出成果、出高水平成果的目标。评估组由9位来自不同领域的专家学者组成，评估监督小组由中国科协常委会科技工作者道德与权益专委会有关人员组成。

为凝聚国际组织力量助力“一带一路”建设，中国科协鼓励所属全国学会和国际组织搭建国际合作平台、构建国际网络，加强“一带一路”建设领域与国际组织的合作，实现科技资源共享、人才联合培养，共建“一带一路”倡议。

“一带一路”国际科技组织合作平台建设项目领导小组办公室共收到来自学会、大学、研究所等83个单位提交的项目申请。经过资格审查、函评、会评，产生16个入选项目，分别为“一带一路”区域科技组织/联盟项目4个、“一带一路”国际科技组织联合研究中心/培训中心项目6个、“一带一路”国别/区域科技问题研究中心项目6个。已成立丝路数学中心、“一带一路”国家科技普及与传播研究中心、中俄农业科技发展政策研究中心、“一带一路”巴基斯坦科技问题研究中心、非洲科技问题研究中心、“一带一路”中亚区域科技问题研究中心、“一带一路”国际肿瘤防治专业人员联合培训中心、“一带一路”动物疫病防治联合研究中心共8个中心，以及世界针联“一带一路”中医针灸联合传承教育基地、数字丝路国际科技联盟等组织。

为推动项目顺利实施、加强对项目的宏观指导和决策，成立以中国科协党组成员、书记处书记为组长的项目领导小组，以中国科协国际联络部作为主要实施部门的项目领导小组办公室，制定了《中国科协“一带一路”国际科技组织合作平台建设项目实施方案》。

项目承担单位与“一带一路”沿线国家相关组织签署合作备忘录、达成合作协议、举办国际研讨会、编撰国际组织名录、建立培训基地、成立联合研究中心、成立区域科技组织联盟等。

中国科协深入推动“一带一路”国际科技组织合作平台建设项目，主体内容已被吸纳进我国“一带一路”科技创新行动计划。

【数字丝路国际科技联盟成立】 4月5日，数字丝路国际科技联盟（Digital Silk Road Alliance）在澳大利亚悉尼正式成立。“数字丝路国际科技联盟”是中国科协“一带一路”国际科技组织合作平台建设项目培育出的第一个在海外成立的联盟。该联盟旨在结合当前“一带一路”国家发展战略，利用数字地球和空间信息领域的国际科技合作资源建设“一带一路”沿线国家空间科技发展的合作网络和高水平智库，服务沿线国家空间地球信息的能力建设及资源环境的可持续发展。该联盟由总部设在我国的国际数字地球学会发起，创始成员包括地球观测组织（GEO）、国科联国际科技数据委员会（CODATA）、全球空间数据基础设施协会（GSDI）、开放地理空间联盟（OGC）、国际山地综合开发中心（ICIMOD）、马来西亚理工大学地球科学与数字地球中心（INSTeG-UTM）、俄罗斯新地理研发集团（Neogeography R&D Group）、保加利亚制图协会（Bulgarian Cartographic Association）、捷克马萨里克大学（Masaryk）等国际组织和机构。

【丝路数学中心揭牌】 4月17日上午，中国数学会丝路数学中心在北京揭牌并举办首次学术活动。中国科协副主席、中国数学会理事长、丝路数学中心主任袁亚湘出席并致欢迎词。中国科协国际联络部部长张建生出席开幕式并致辞，活动由中国数学会秘书长陈大岳主持。来自俄罗斯、波兰、格鲁吉亚、新加坡、菲律宾、土耳其、尼泊尔、中国香港特别行政区等国家和地区的数学会理事长出席活动。

丝路数学中心旨在适应新时期与“一带一路”周边国家开展实质性国际科技交流合作的需要，培养与相关国家开展国际组织/联盟建设的人脉基础，实现合作共赢。为配合国家“一带一路”倡议，中国数学会启动实施了“一带一路”数学中心建设工作，并于2016年入选中国科协“一带一路”国际科技组织合作平台建设项目。

【中国科协代表团参加国际科学理事会第32届全体大会】 10月23—26日，国际科学理事会第32届全体大会暨国际科联和国际社科联联合会议在中国台北举行。会议就两个组织合并事宜进行了投票表决，国际科联以 97.6%、国际社科联以 90% 的比例同意合并，在 2018 年正式成立新组织——国际科学理事会（International Science Council）。新的国际科学理事会会员包括 40 个国际科学联盟和超过 140 个国家和地区的科技组织。新组织的愿景是使科学成为全球公共利益，新组织的使命是代表全球科学界发声，在引导、孵化和协调公众关切的重大国际行动中发挥领导作用。国际科学理事会第一次全体会议计划于 2018 年下半年在法国召开，并将举行一次国际科学峰会。

随着科技的深入发展，自然科学和社会科学越来越呈现交叉、融合的趋势。因此，国际科联和国际社科联于 2016 年 5 月动议合并。自动议提出以来，两个组织做了大量工作，专门成立了战略工作组和过渡任务小组。国际科联副主席、中国科协副主席、中国科学院院士李静海担任战略工作组组长。在本次会议上，各工作组向全体会员介绍了前期筹备工作。会议就新组织的会员分类、投票制度等问题进行了深入讨论并进行了表决。中国科协代表团在参会期间积极作为、履职尽责，就新组织的会员分类、投票制度等问题提出建议、阐述我方观点，得到了会议认可。

国际科联与国际社科联合并一事受到了科技界的广泛关注。《自然》杂志主编菲利普·坎贝尔表示："我欢迎这样的合并，因为它反映出了（各个学科）不可避免的、必然的融合，甚至所有学科联合起来去实现新的知识和社会目标。"

【中国科协代表团出席第 15 届世界公共卫生大会】 4 月 1—6 日，中国科协代表团一行 5 人组成中国科协联合国咨商生命科学与人类健康专业委员会（CCLH）代表团，赴澳大利亚参加第 15 届世界公共卫生大会。代表团成员包括中华预防医学会秘书长杨维中、北京大学临床研究所常务副所长武阳丰、中国疾病预防控制中心国际合作处处长王晓琪、中国疾病预防控制中心传染病处副处长李中杰、中华预防医学会外联部副主任伊赫亚。

本届大会由世界公共卫生联盟（WFPHA）和澳大利亚公共卫生学会共同主办，主题为"呼声—远见—行动"，来自世界各地的政要、学者和专家约 2700 人出席了会议。

会议重点分享、展示了全球公共卫生优秀实践；阐明卫生在可持续发展目标中的重大作用；诠释《2015 加尔各答宣言》及《全球公众健康宣言》内容；研究将卫生领域科技成果应用到实践；支持和培养全球公共卫生领导者；纪念世界公共卫生联盟成立 50 周年及庆祝世界卫生日等。

4 月 4 日上午，CCLH 副主席杨维中在可持续发展议题中就中国传染病监测与传染病自动预警系统作大会特邀报告。该报告为中国专家在本届大会的唯一特邀报告，引起了国际同行的广泛关注。团组成员参加专题研讨会，借助咨商平台发出中国专家声音、宣传中国卫生成就，并作为主持人组织了"中国空气污染、气候变化和人群健康（Air pollution，climate change and population health in China）"分会场活动。

【中国科协代表团出席联合国气候变化大会并举办边会】 11 月 6 日，联合国气候变化框架公约第 23 次缔约方大会在德国波恩召开。中国科协联合国咨商工作团组代表中国科协参加大会并于当日主办了"千年丝绸之路的未来气候和环境变化"边会。

本次边会以"千年丝绸之路的未来气候和环境变化"为主题，由中国科协联合国咨商环境委员会委员、中山大学大气科学学院教授董文杰主持。中国科协联合国咨商环境委员会秘书长、中国科学院大气物理研究所研究员周天军，中国科学院大气物理研究所所长朱江，新疆维吾尔自治区科协副主席、未来地球计划中委会委员、中国科学院新疆生态与地理研究所研究员陈曦分别作会议报告。报告以丝绸之路气候与环境问题研究、碳减排目标计划的制订与实现的差距、中国和中亚围绕丝绸之路气候与环境研究的国际合作为主题，从经济发展、气候、极端天气灾害与风险问题研究等角度分享研究成果、阐述中国立场。专家们在会议现场与参会代表们开展互动问答，从数据共享、气候变化基础科学研究和减缓与适应问题、国际合作和人才培养等方面进行交流，沟通彼此观点，呼吁国际合作，促进共同发展。边会展示了中国在"一带一路"气候变化领域做出的努力和贡献，受到各国代表的广泛关注。

中国科协代表团在大会期间设展，集中展示我国超级计算机的研发和应用在气候变化研究领域的重大作用。11 月 7 日，中国科协代表团受邀参加联合国气候变化大会"中国角"系列边会。

【龚克当选世界工程组织联合会主席】 12月1日，世界工程组织联合会（World Federation of Engineering Organizations，WFEO）在意大利罗马召开全体大会，中国科协荣誉委员、南开大学校长龚克经过激烈竞争当选世界工程组织联合会主席。这是该组织成立50年以来中国科学家首次当选主席。

WFEO是世界上最大的工程类国际组织，在国际工程领域具有广泛影响力，1968年在联合国教科文组织的倡议和支持下成立，总部设在法国巴黎。目前，WFEO的成员覆盖93个国家和地区，并附属有11个相关领域的国际组织。

中国科协1981年代表我国正式加入WFEO，成为其国家会员。为大力提高我国在国际科技舞台的影响力和话语权，中国科协组建了WFEO工作协调委员会，积极组织我国科技工作者参加WFEO活动，先后推荐张光斗、张维、钱易、沈士团、钟义信等当选WFEO副主席或执委。经中国科协推荐，龚克现担任WFEO副主席兼WFEO技术创新委员会主席。根据WFEO章程，2017年全体大会对主席、执行副主席、执委和司库等职位进行改选。经过两轮激烈角逐，龚克以绝对优势当选。此次龚克参与WFEO主席竞选得到了众多WFEO会员国的支持，竞选成功后，各国代表纷纷向龚克及中国代表团表示祝贺。

按照WFEO章程，龚克以候任主席身份成为WFEO执行理事会核心成员之一，并将于2019年正式履行主席职责。龚克表示，将一如既往贯彻历任主席的工作目标，让世界工程师联合起来，成为技术和工业革命的中坚力量，为人类建设一个可持续发展的未来。

中国科协提早谋划、精心准备，积极争取支持，并派出由任职专家、大会报告人、WFEO工程奖候选人等组成的代表团，为保障竞选成功做出了重要贡献。

【赵忠贤连任世界科技工作者联合会副主席】 12月4—8日，世界科技工作者联合会（WFSW）第22届全体大会在塞内加尔达喀尔召开。来自15个国家24个科技工作者组织的WFSW会员代表以及非洲各国的专家学者共计70多人参加了会议。经中国科协提名，中国科协荣誉委员、中国科学院院士赵忠贤再次连任世界科技工作者联合会副主席，任期4年。同时，中国科协推送的中国国际科技交流中心副主任秦久怡、中国科协国际联络部国际组织处副处长陈蕾在本次大会上当选执委。

WFSW是中国科协代表我国加入的重要国际科技组织之一，赵忠贤院士自2009年起担任该组织副主席。

WFSW成立于1946年，是以推动科技工作者社会责任、反对使用核武器维护世界和平为己任的国际民间科技组织。近年来也积极关注全球气候变化等全球重大挑战等议题。此次大会围绕科技工作者权益、制止核武器及大规模杀伤性武器扩散、能源以及全球气候变化、科学教育等议题展开探讨。会议强调各国科技工作者要联合起来，向各国政府及国际社会发出全球科技工作者的声音，为世界和平、应对全球挑战、人类社会的繁荣发展做出贡献。

中国科协代表秦久怡参加了全体大会，与各国代表进行了广泛交流。在科学教育单元的大会发言中介绍了中国科协的科普工作以及推动全球公民科学素养合作的构想；在气候变化工作组会议上介绍了中国应对全球气候变化的对策和行动，得到了与会代表的广泛支持和认可。

【袁亚湘当选国际工业与应用数学联合会主席】 5月20日，在西班牙瓦伦西亚召开的一年一度的国际工业与应用数学联合会理事会会议（ICIAM Board Meeting）上，中国科协副主席、中国科协人才与继续教育专门委员会主任、中国科学院院士、中国科学院数学与系统科学研究院研究员袁亚湘当选国际工业与应用数学联合会主席，这是中国科学家首次在国际应用数学组织中担任重要职位，反映了我国应用数学方面国际学术地位和影响力的显著提升。

国际工业与应用数学联合会（International Council for Industrial and Applied Mathematics，ICIAM）成立于1987年，旨在突出应用数学的重要性并在国际科学界建立起应用数学的地位、促进会员学会间的交流，是国际工业与应用数学领域最具影响的全球性组织。目前，该联盟有21个正式会员（Full Members）和27个观察会员（Associate Members），中国工业与应用数学学会是正式会员。

袁亚湘1986年博士毕业于英国剑桥大学，曾获得国家自然科学奖二等奖、发展中国家科学院数学奖、首届“冯康科学计算奖”。2011年当选美国工业与应用数学学会会士，2012年当选美国数学会会士，2014年当选发展中国家科学院院士与巴西科学院通讯院士，2015年当选中国数学会理事长，2016年当选中国科协副主席。袁亚湘多年来一直积极参与我国工业与应用数学领域的活动，发挥了重要作用。他曾担任国际运筹联盟副主席，亚太运筹学会主席，中国运筹学会理事长，中国工业与应用数学学会第三、第四届理事会副理事长，第8届国际工业与应用数学大会程序委员会委员等。

【王曦接任亚洲科学理事会候任主席】 6月28日，在菲律宾召开的第17届亚洲科学理事会会议（17th Conference of the Science Council of Asia）期间，经中国科协提名，中国科协副主席、中国科学院院士、中国科学院上海微系统与信息技术研究所所长王曦接任亚洲科学理事会候任主席，并将于2018年6月起任主席，主席任期为2018年6月至2020年6月。

亚洲科学理事会是中国科协代表我国加入的重要国际科技组织之一。该组织旨在为亚洲各国和地区的科学家提供一个科学交流与合作的平台，利用科学技术促进人类社会的可持续发展和生活水平的提升。

【黄维当选亚太地区工程组织联合会副主席和候任主席】 应亚太地区工程组织联合会（FEIAP）的邀请，11月17—18日，中国科协常委、中国科学院院士黄维赴泰国曼谷参加东盟地区工程组织联合会第35届大会与亚太地区工程组织联合会执委会会议，并代表中国科协正式当选为FEIAP副主席和候任主席（2019—2021年）。

FEIAP是亚太地区重要的工程组织之一。黄维院士作为中国科协常委，以中国科协唯一代表身份全程参加了会议。会上，黄维院士向来自30多个经济体的与会代表和观察员介绍了中国科协“一带一路”科技人文交流合作平台建设计划，表达了中国科协对FEIAP工作的支持。

黄维现为中国科学院院士，俄罗斯科学院外籍院士、名誉博士。他是国际上最早从事聚合物发光二极管显示研究并长期活跃在有机光电子学、柔性电子学领域的知名学者之一，在构建有机光电子学科的理论体系框架、实现有机半导体的高性能化与多功能化、推进科技成果转化与产业化方面做了大量富有开拓性、创新性和系统性的研究工作，是中国有机光电子学科的奠基人与开拓者。

【王飞当选国际荒漠化协会联合主席】 在法国巴黎召开的国际荒漠化协会（DesertNet International，DNI）全会期间，中国水土保持学会青年工作委员会主任、西北农林科技大学水土保持研究所研究员王飞当选2017—2018年度国际荒漠化协会理事会联合主席（Co-Chair）。

王飞从2011年开始担任DNI执行委员会委员，积极参与其各项研究、组织工作和相关科研事务，参与多项欧盟项目的执行、中外水土保持与荒漠化防治经验的评价和推荐，参与审阅和编写联合国环境署（UNEP）、联合国防治荒漠化公约（UNCCD）、联合国生物多样性及生态系统服务政府间科学－政策平台（IPBES）和全球环境展望（GEO-6）等的相关报告，为国际荒漠化协会和荒漠化研究做出了积极贡献。

DNI前身为欧洲荒漠化科学网络（EDN），于2009年更名并在法国正式注册，现有来自52个国家的344名会员。DNI与欧盟理事会、部长和发展机构以及联合国防治荒漠化公约（UNCCD）组织联系紧密，既是国际荒漠化研究的学术讨论和交流平台，也作为智库与利益相关者和决策者沟通，确定最基本的荒漠化防治共识，为利益相关者和决策者进行知识评价。

外事活动

【尚勇率中国科协代表团访问芬兰、冰岛、瑞典】 6月7—16日，应芬兰国家技术创新局（Tekes）、北极圈大会（Arctic Circle）和瑞典皇家工程科学院（IVA）的邀请，中国科协党组书记、常务副主席、书记处第一书记尚勇率5人代表团访问芬兰、冰岛和瑞典。

代表团此行的主要任务是推动建立中国与芬兰、冰岛、瑞典双边科技人文交流机制，加强与北欧国家在科技创新、清洁能源、生态环境、人工智能等领域的合作，邀请相关领域专家出席将于2018年举办的世界清洁能源大会等重要学术会议，拓展双边科学普及和科技传播交流合作，同时推动中国科协“海外人才离岸创新创业基地计划”开展工作，吸引海外科技人才及团队来华创新创业。

代表团在芬兰、冰岛、瑞典期间先后访问了Tekes、IVA、芬兰国家技术研究中心（VTT）、阿尔托大学、万塔科技馆、北极圈大会秘书处、冰岛极地绿色能源公司、哥德堡大学等机构，广泛会晤相关国家科技界高层人士，协商围绕科技创新、可持续发展、清洁能源、智慧城市及科学与社会等主题开展高层科学家学术交流、技术转移、国际会议及发起成立国际组织等双边和多边层面的合作。尚勇一行还调研了冰岛奥卡能源公司（HS Orka）园区、食品加工设备企业、斯德哥尔摩哈马比生态城等技术创新型企业，探讨新的合作模式。

访问期间，代表团与芬兰华人科技协会代表及中国科协“海智计划”在瑞典的代表座谈，听取广大海外科技工作者的意见和建议。

【徐延豪会见澳大利亚国立大学校长】 10月12日，中国科协党组副书记、副主席、书记处书记徐延豪在北京中国科技会堂会见澳大利亚国立大学校长、2011年诺贝尔物理学奖获得者布莱恩·保罗·施密特（Brian Paul Schmidt）一行，同行人员包括澳大利亚驻华使馆工业、创新和科技参赞邦乔安（Joanna Bunting），澳大利亚国立大学慈善事业副主任 Norm Bradshaw，澳大利亚国家公众科学意识中心教授 Joan Leach。双方围绕在科学传播领域开展实质性合作进行了磋商。

徐延豪对施密特教授一行来访表示欢迎，重点介绍了中国科普事业的发展情况以及中国科协在科普方面开展的工作。他说，中国政府对科技传播高度重视，通过颁布《中华人民共和国科学技术普及法》和《全民科学素质行动计划纲要》，中国政府把科普工作列为中央和地方各级政府的重要工作。中国科协是中国科普工作的主要社会力量，全民科学素质纲要实施工作办公室就设在中国科协。近年来，中国科协以推动纲要实施为主线，大力推进科普信息化，推进现代科技馆体系提升，推动科普人才培养和产业发展，开展全国科普日等全国性、示范性、群众性科普活动。经过近60年的努力，中国科协在科学普及工作方面形成了自己的风格和体系，积累了丰富经验，对发展中国家具有借鉴意义。

施密特对中国综合系统地开展科学传播工作的作法表示赞赏。他表示，科技是现代社会的基石，影响文明的传承与未来每个人的工作与生活。胜任科学传播者的角色，能够用简单的方式传播严肃的科学问题是成为一个成功科学家的重要因素。他介绍说，科学传播和普及是政府和大学应该具备的重要能力，需要研究与实践的支撑。澳大利亚国立大学是第一个将公众科学意识作为一个学科进行研究的大学，澳大利亚国家公众科学意识中心（Australian National Centre for the Public Awareness of Science，CPAS）在训练科学家、建设科技类场馆、将科学带进社区和乡村、创新科学传播形式方面拥有丰富经验并愿意与中国同行分享。

徐延豪代表中国科协邀请施密特教授参加计划于2018年在北京召开的全球公民科学素质促进大会并作主旨演讲。施密特教授表示对此非常期待。

双方同意拓展和深化在科学传播领域的合作，促进中澳科学传播人才交流和培养，推动两国科学传播和科学普及事业的发展。

中国科协国际联络部、科普部、中国科普研究所有关负责人参加会见。

【徐延豪率团访问加拿大、美国、墨西哥】 应蒙特利尔科学中心（Montreal Science Center）、美国工程学会联合会（AAES）、墨西哥工程师协会联盟（UMAI）等机构的邀请，中国科协党组副书记、副主席、书记处书记徐延豪率中国科协代表团于11月7—16日访问加拿大、美国、墨西哥。

代表团此行的主要任务是邀请相关领域专家出席于2018年举办的全球科学素质大会等重要学术会议，推动中国科协与上述国家相关机构在科学传播和STEM教育等领域的交流与合作，加强中国科协与三国工程师组织在世界工程组织联合会（WFEO）、国际工程联盟（IEA）等国际组织和《华盛顿协议》等国际工程教育认证体系中的合作，推动建立中国与加拿大、美国、墨西哥双边科技人文交流机制。

代表团在加拿大、美国、墨西哥期间先后访问了魁北克大学蒙特利尔分校（UQAM）、蒙特利尔科学中心、加拿大工程师学会（Engineers Canada）、加拿大科学院委员会（CCA）、美国工程学会联合会（AAES）、美国机械工程师学会（ASME）、墨西哥国立自治大学科学中心（UNIVERSUM）、墨西哥工程师协会联盟、墨西哥科学院（AMC）、蒙特雷科技大学等机构，广泛会晤科学传播和工程认证等领域的权威专业人士，商讨开展科学普及、科技教育、工程师教育认证双边和多边合作。代表团实地调研了美国托马斯杰斐逊科学与技术高中（TJHSST）的科学教育项目，与一线科学教师进行座谈，交流STEM教育经验和做法。代表团还向各访问机构介绍了将于2018年举办的全球科学素质大会并向相关专家发出邀请，得到了各机构的热情回应。

【吴海鹰率中国科协代表团访问西班牙、葡萄牙、法国】 应西班牙桑坦得银行集团、国际岩石力学学会（ISRM）、世界科学工作者联盟（WFSW）等机构的邀请，中国科协党组成员、书记处书记吴海鹰率中国科协代表团于6月30日—7月9日访问西班牙、葡萄牙、法国。

代表团此行的主要任务是调研欧洲科技组织及在欧国际科技组织服务会员工作情况，并与三国相关科技组织、科研院所及高等院校等机构探讨建立中国－泛拉丁（西南欧、拉丁美洲）高校科技社团联盟的可能性。

代表团在西班牙、葡萄牙、法国期间先后访问了巴塞罗那宇宙盒科技馆、西班牙工程师协会、葡萄牙工程师协会、国际岩石力学学会、图卢兹第三大学、法国国家科研中心菲涅耳研究所、中法大学博物馆、法国高新技术生物谷、世界科学工作者联盟等机构，广泛会晤了欧洲科技组织及在欧国际科技组织的领导人及代表，商讨开展会员服务合作交流、科技社团合作等事项。代表团向各访问机构介绍了中国科协基本情况及 2017 年重点工作。

【束为会见世界工程组织联合会主席、副主席】 5 月 24 日，中国科协党组成员、书记处书记束为在北京中国科技会堂会见世界工程组织联合会（WFEO）主席乔治·斯皮塔尼克、副主席亚信·布里吉默涵和执委李若梅一行。

束为代表中国科协欢迎 WFEO 主席一行到访，感谢主席先生和 WFEO 对中国科协的长期支持。束为介绍，中国科协从 2008 年起承接 WFEO 信息专委会工作，2015 年又承接 WFEO 创新专委会工作，在此过程中积累了丰富的经验，也为提升 WFEO 国际影响力、促进工程领域国际交流做出了积极贡献。中国科协希望今后能与 WFEO 一起吸引更多工程师和工程团体为社会发展贡献力量。

斯皮塔尼克感谢中国科协对 WFEO 工作的长期支持。他表示，中国科协不仅多年来积极承办 WFEO 专委会，在 WFEO 管理层和 WFEO 其他各专委会中也都积极作为。他说非常高兴中国科协和 WFEO 具有一致的目标，为促进 WFEO 和世界工程领域发展做出了很大贡献，期待双方今后开展更多的交流合作。

世界工程组织联合会成立于 1968 年，是在联合国教科文组织的倡议和支持下成立的世界上最大的非政府工程组织。世界工程组织联合会是联合国教科文组织的 A 级咨询机构，也是联合国工业发展和经社理事会等组织的顾问机构。

【束为率团赴巴黎出席第九届全欧华人专业协会联合会欧洲论坛】 9 月 22—28 日，应全欧华人专业协会联合会、中法城市可持续发展协会、中国科协 –FCPAE 欧洲（比利时）海智创新创业基地的邀请，中国科协党组成员、书记处书记束为率团赴法国巴黎出席第九届全欧华人专业协会联合会欧洲论坛，并对比利时进行工作访问，就离岸创新创业、精准对接和柔性引智等内容调研中国科协 –FCPAE 欧洲（比利时）海智创新创业基地。

束为在出席第九届全欧华人专业协会联合会欧洲论坛时指出，多年来，全欧华人专业协会联合会一直积极参与海智计划工作，特别是在中国科协创建比利时海智创新创业基地过程中发挥了重要作用。希望全欧华人专业协会联合会一如既往地参与海智计划各项活动，促进中欧在科技领域的交流与合作。

在调研中国科协 –FCPAE 欧洲（比利时）海智创新创业基地时，束为强调，中国科协将努力推动离岸创新创业及柔性引智等人才战略，充分发挥科协的组织优势、海外科技团体的人才优势、联投集团的企业优势等；希望产业相对聚焦、对接精准，注重品位品牌，在顶层设计上做足功夫；中国科协 –FCPAE 欧洲（比利时）海智创新创业基地还应当与国内离岸创新创业基地联合起来，实行灵活多样的柔性引智政策；科技园区要立足于未来的巨大回报，着眼于并跑和领跑企业的培育。

访问期间，代表团与全欧华人专业协会联合会部分华人科技协会代表及中国科协 –FCPAE（比利时）海智创新创业基地的代表座谈，听取广大海外科技工作者的意见和建议。

【王延祜率团访问波兰、乌克兰、伊朗】 8 月 1—10 日，应波兰工程师协会联合会、乌克兰科工联、伊朗教育部教育研究和计划机构的邀请，中国科协党组成员、机关党委书记王延祜率中国科协代表团对波兰、乌克兰、伊朗三国的科学、工程组织和教育机构进行了工作访问。

此次访问的主要任务是配合中国科协“一带一路”科技人文交流计划，建立、巩固、拓展与区域国家对口组织的交流渠道，探讨加强交流合作的领域和项目。出访期间，代表团与波兰工程师协会联合会、乌克兰科工联、伊朗教育部教育研究和计划机构等 13 个对口组织举行了会谈，并在与乌克兰科工联的会谈中与其下属的 11 家学会、协会进行了交流。

访问期间，代表团会晤了三国科技、工程组织和教育机构的高层领导人，就科技组织管理运营、充分发挥科技场馆作用、青少年科普合作与交流、WFEO 主席竞选等问题与到访国高层科技人士进行了交流协商，与乌克兰科工联签署了新的合作协议，并邀请科罗廖夫航空博物馆、乌克兰基辅国立技术大学博物馆、伊朗科技馆、波兰哥白尼科技中心来华参加第一届“一带一路”自然科学博物馆发展国际研讨会。代表团还赴伊朗 Alavi 小学科学学习中心了解了伊朗小学阶段的校内和校外科普教育情况。

【宋军会见世界工程组织联合会候任主席】 6月28日，中国科协党组成员、学会学术部部长宋军在北京中国科技会堂会见世界工程组织联合会（WFEO）候任主席马琳·肯加女士和WFEO执委（国家代表）李若梅女士。

宋军对肯加女士的到访表示欢迎，感谢肯加女士和WFEO对中国科协的长期支持。他表示，中国科协愿意继续与WFEO一起为经济社会的可持续发展与消除贫困贡献力量。

肯加女士感谢中国科协对WFEO工作的长期支持。她希望中国科协进一步积极参与WFEO的各项主要工作，并在其中发挥领导作用。她赞赏中国科协为促进WFEO和世界工程领域发展所做出的贡献，也期待双方今后开展更多的交流与合作。

港澳台

【怀进鹏会见澳门大学校长赵伟】 11月17日，中国科协党组书记、常务副主席、书记处第一书记怀进鹏在北京中国科技会堂会见国际知名学者、电子与电气工程师协会（IEEE）会士、澳门大学校长赵伟教授一行，同行人员包括澳门大学内地事务主任汪琪女士。双方围绕计算机科学的最新进展、原创性思维战略、中美科教制度的差异及如何将中国建设成为世界科学中心等问题进行了交流。中国科协党组成员、书记处书记束为参加会见。

怀进鹏对赵伟一行来访表示欢迎。他介绍说，党的十九大报告要求推进中国科学技术发展和推动中国成为国际科学中心，实现这一目标，首先需要扶持原创性想法。在此方面，中国科协可以发挥其不可或缺的作用，通过引导科研工作者，在物质基础与人才基础上取得最大公约数，形成拥有原创性想法的东方学派，并以此引导一批优秀人才拾级而上，打造国家级科学创新中心。

赵伟对中国科协一直以来给予的支持表示感谢，介绍了澳门大学近年来的发展情况。澳门大学对学术机构进行调整，制定并推行独创的“四位一体”教育模式，融合专业教育、通识教育、研习教育和社群教育为一体，成为亚洲首个全面实行住宿式书院制度的大学，并形成了以生物科技、材料、大数据与计算机为特色的教育体系。

双方还就其他互相关心的问题深入交换了意见。中国科协交流部部长张建生参加会见。

【徐延豪率团赴香港进行工作访问】 6月28日—7月2日，中国科协党组副书记、副主席、书记处书记徐延豪率团赴中国香港特别行政区进行工作访问。徐延豪一行出席了国际宇航联合会卫星商业应用专委会成立大会及亚太办公室授牌仪式，庆祝香港回归祖国20周年香港科技界、专业界代表人士座谈会，赴维多利亚公园查看“创科驱动　成就梦想”航天科普展览活动现场等活动。

6月29日上午，国际宇航联合会卫星商业应用专委会成立大会及亚太办公室授牌仪式在香港金钟港丽酒店举行，徐延豪出席成立大会并致辞。他肯定了中国宇航学会与国际宇航联合会的合作在促进中国航天科技工作者与世界同行的交流合作及推动航天技术的发展等方面发挥的作用。他表示中国科协将继续大力支持两会开展多层次、多渠道的交流，推动航天技术造福全人类。

6月29日下午，徐延豪一行出席了庆祝香港回归祖国20周年香港科技界、专业界代表人士座谈会，听取了香港科技工作者对建设和发展内地与香港科技事业的意见和建议。在港两院院士，香港高校管理层、教授、重点实验室负责人，香港科技社团代表等40余人出席座谈会。15位代表先后发言，为内地与香港科技发展建言献策。

受徐延豪委托，中国科协党组成员、书记处书记束为一行于6月28日上午访问香港创新及科技局，并与杨伟雄局长进行座谈。束为介绍了中国科协在香港维多利亚公园举办“创科驱动　成就梦想”航天科普展览活动的筹备情况、在长春市举办的海外人才创新创业项目大赛情况及开展“海外人才离岸创新创业基地”建设的有关情况。杨伟雄介绍了香港创新及科技局吸引国际科技人才与智力资源共同建立Hong Kong X科技平台建设情况，希望在新一任香港特别行政区政府领导下，在青年人才、健康养老、中西医结合、智慧城市、金融科技、科学普及等领域继续加强与内地的交流。双方就上述内容进行了探讨，并就为香港青少年打造新的交流平台进行了沟通。

在港期间，徐延豪多次赴现场检查“创科驱动　成就梦想”航天科普展览运行情况并协调研究解决问题。徐延豪还应邀出席了驻港部队阅兵式观礼、庆祝香港回归祖国20周年文艺晚会等活动。

中国科协交流部部长张建生及办公厅有关负责人一同出访。

【吴海鹰赴香港出席“香江创科论坛2017”并进行工作访问】 9月23—25日，应科技部、香港创新及科技局的邀请，中国科协党组成员、书记处书记吴海鹰赴香港特别行政区出席“创科博览2017——中华文明与科技创新展”“香江创科论坛2017”等活动并访问了中央人民政府驻香港特别行政区联络办公室和香港特别行政区行政长官办公室。

9月24日，“创科博览2017——中华文明与科技创新展”活动在香港会展中心举行。全国政协副主席、科技部部长、中国科协主席万钢，全国政协副主席、团结香港基金会主席董建华，香港特别行政区行政长官林郑月娥等参加开幕式。受科技部、团结香港基金会邀请，吴海鹰作为主礼嘉宾出席活动开幕式并参观展览。

9月25日，“香江创科论坛2017”活动在香港科学园举行。科技部副部长黄卫、香港特别行政区政府政务司司长张建宗、中国科学院副院长张杰、国家自然科学基金委员会副主任何鸣鸿等出席开幕式。吴海鹰代表中国科协出席开幕式活动并作主旨报告。她从海峡两岸暨港澳协同创新、科技人才举荐表彰、青年创新创业和青少年科学普及活动等方面介绍了中国科协对港工作。

吴海鹰说，中国科协主席万钢在“创科博览2017——中华文明与科技创新展”开幕式上讲道，他与林郑月娥行政长官会见时就大力推动香港青少年科学普及工作达成共识。香港的这一需求与中国科协的工作十分契合。中国科协是国务院全民科学素质行动计划纲要实施工作牵头单位，是国家科学普及工作的主力军，在科普工作方面拥有丰富的经验，形成了比较成熟的模式。中国科协将发挥科普工作优势，为满足香港在科学普及方面的需求做出贡献。2018年是中国科协成立60周年，计划开展一系列以“传承、创新、发展”为主题的活动，在新的起点上，中国科协愿意与香港科技界一起进一步谋求科技创新与产业合作的新机遇。

中国科协交流部相关人员一同出访。

【束为率团访问香港对口科技组织】 3月16—18日，中国科协党组成员、书记处书记束为率团访问了香港特别行政区对口科技组织，就中国科协对港工作开展广泛交流。

3月17日，束为出席了在香港会议展览中心举办的香港工程师学会第四十二届周年活动，来自香港工程界的近500名代表参会。香港特别行政区行政长官梁振英出席活动并致辞。会上颁发了年度青年工程师奖、创新奖、荣誉会士等奖项。活动前，束为一行专程访问了香港工程师学会总部，同香港工程师学会会长蔡健鸿、高级副会长陈国璋、秘书长阮高馨等进行座谈。束为就香港工程师学会在中国科协加入《华盛顿协议》过程中给予的支持表示感谢。双方就工程师资格国际互认、“一带一路”民间科技交流、物流专业论坛等工作开展了交流。

3月16日，束为拜会了中央人民政府驻香港特别行政区联络办公室副主任谭铁牛，双方就进一步加强合作进行了深入探讨。

3月17日上午，束为访问了京港学术交流中心，同京港学术交流中心总裁李乃尧、香港科学馆总馆长薛雯等进行了交流，围绕当代杰出华人科学家公开讲座等工作开展探讨。

在港期间，束为还召开了与香港科技界专家座谈会，香港立法会议员、中国科协全委卢伟国，中国工程院院士陈清泉，香港互联网专业协会会长洪为民等20位代表参加。座谈会围绕加强内地与香港的科技合作展开交流。

中国科协办公厅、科普部、交流部、培训与服务中心有关人员参加访问。

【2017海峡两岸暨港澳协同创新论坛（澳门）】 2月21—22日，由中国科协和澳门特别行政区政府共同主办的2017海峡两岸暨港澳协同创新论坛（澳门）在澳门科学馆举行。中国科协党组成员、书记处书记束为和澳门特别行政区行政长官代表、经济财政司司长梁维特担任论坛主礼嘉宾并在开幕式上致辞。中央人民政府驻澳门特别行政区政府联络办公室副主任姚坚、国务院港澳办交流司代表姜语燕、澳门立法会主席贺一诚、澳门科学技术协进会理事长崔世平等出席论坛并担任主礼嘉宾。海峡两岸暨港澳的产学研各界代表共300余人出席论坛开幕式。论坛开幕式及主旨报告会分别由澳门科学技术协进会副理事长韩子天和中国国际科技交流中心主任陈剑主持。

本次论坛主题为“科技金融助推产业升级”，承办单位为澳门科学技术协进会，协办单位为海峡两岸暨港澳协同创新联盟、中国产学研合作促进会、香港产学研合作促进会、台湾玉山科技协会、澳门产学研合作促进会等单位，澳门基金会赞助了本次论坛。

束为代表中国科协在致辞中向澳门特别行政区政府、各承办、协办和赞助单位表示感谢，并介绍了召开本届论坛的目的和意义。他说，李克强总理在2016年10月视察澳门时曾指出，对于澳门而言，与周边的内地珠三角和香港相比，其独特的优势就在于它与葡萄牙乃至葡萄牙语国家的历史连接，搞好与葡萄牙语国家的关系，将之成为“一带一路”倡议的延伸，既能发挥澳门在“一带一路”国家大棋局中的作用，也对澳门经济适度多元发展有十分积极的意义。当前，内地正在加快实施创新驱动发展战略，大力推进大众创业万众创新。无论是建设世界科技强国，还是创新驱动发展战略以及创新创业活动，都需要港澳台同胞的共同参与。内地和港澳台在科技创新资源方面有较强的互补性，应当义无反顾地携起手来、齐心协力，大力开展协同创新，为本地域的发展、为实现中华民族伟大复兴的中国梦贡献才智。

开幕式结束后，举行了“海峡两岸暨港澳协同创新联盟”揭牌仪式，主礼嘉宾和联盟发起单位代表共同揭开刻有“海峡两岸暨港澳协同创新联盟”字样的铜牌。华为技术公司首席技术官吴祎晟、台湾清华大学电机信息学院院长徐爵民、英诺天使基金创始合伙人李竹分别以“创新推动产业发展”“永续社会：科技创新的挑战”“创投趋势——生态环境”为主题作了大会主旨报告。

本届论坛由四个部分组成，即一个主论坛，两个分论坛——“特色金融”和“科技产业升级”，三个重点活动——协同创新路演大赛决赛、专家进校区科普活动、创新科普用品展，一个会议——海峡两岸暨港澳协同创新联盟2017年理事大会。

【台湾新党中华儿女科技体验营参访中国科技馆】 应国务院台湾事务办公室邀请，台湾新党主席郁慕明率中华儿女科技体验营30余名台湾大学生到大陆交流研习。体验营于2月9日上午赴中国科技馆参访，中国科技馆党委书记殷皓、国台办交流中心副主任苗京平等会见郁慕明一行并陪同参访。

殷皓介绍了大陆科技馆事业的发展现状、中国科技馆概况和近年来与台湾科普场馆的合作交流情况。郁慕明介绍了台湾地区的科普发展和需求。郁慕明和体验营师生一行参观了中国科技馆主展厅。在“华夏之光”展厅，体验营师生对互动展品和表演项目印象深刻，对古代中国在自然科学和工程技术领域取得的辉煌成就感到震撼。在“信息之桥”展厅，体验营师生充分领略了无所不在的信息科学的魅力，并逐一体验了最新、最炫的信息技术应用。在“太空探索”展厅，体验营师生饶有兴趣地体验了大部分互动展品，了解大陆航天科技发展的历史和现状，充分感悟了航天精神。

为进一步加深体验营师生对中国科技史的了解，参观结束后，中国科技馆特邀北京机电研究所研究员张开逊作题为“探究中国古代科学技术”的专题报告。张开逊从天文数学、冶炼技术、汉字、建筑、“四大发明”等方面系统回顾了中国古代科技发展历史，并与大家一起探究科学活动的哲学智慧与人文价值。张开逊的讲座深入浅出，详细讲述了古代中国作为世界三大文明中心之一以及东方文明的代表，在科技创新发明领域所取得的辉煌成就以及对人类文明发展和进步做出的巨大贡献。讲座现场气氛热烈、互动频繁，体验营的师生提出了很多有深度有意义的问题，张开逊一一作答。

体验营一行普遍反映此次参访中国科技馆使他们对大陆地区的科普事业和科普力量有了很深的认识，通过参观“华夏之光”等展厅并聆听张开逊教授的讲座，更加深入直观地了解了中国科学技术发展史，对中华民族在科技领域取得的辉煌成就有了更深刻的认识。

中国科协交流部、国台办交流中心相关人员陪同参访。

【第九届海峡论坛·2017海峡科技专家论坛】 6月18日下午，由中国科协主办、福建省科协承办、海峡两岸82家单位共同协办的“第九届海峡论坛·2017海峡科技专家论坛”在福建省厦门市开幕。论坛主题为“两岸同创新、科技共发展”。由福建省级学会及有关科研单位推荐的12个两岸交流合作项目在开幕式上签约。中国科协党组成员、书记处书记束为，福建省人大常委会副主任刘群英，台湾玉山科技协会常务理事、中华开发资本股份有限公司副董事长陈鑫出席论坛开幕式并致辞。福建省科协党组成员、副主席史斌主持开幕式暨签约仪式。来自海峡两岸的500多位科技专家、学者、企业家代表参加了论坛主会场活动。

束为在致辞中对承办单位福建省科协和两岸协办单位表示感谢。他指出，海峡科技专家论坛是两岸科技界、产业界广泛交流、深化合作的盛会。两岸关系发展需要架设更多新的桥梁，科技创新无疑是搭建桥梁的基石。在两岸同处产业转型、经济升级的历史时期，两岸科技界要加强合作，推动两岸科技经济融合发展，互惠共赢。他希望，两岸科技界、产业界在交流中集思广益、增进感情、推动合作，争取取得更多、更具实质性的成果。同时，要牢固树立“两岸一家亲”“两岸命运共同体”的理念，共创两岸互利双赢，增进两岸同胞福祉，共同维护好两岸和平发展的局面。

刘群英在致辞中对长期支持福建开展对台科技交流、实施创新驱动战略的中国科协和两岸科技界同人表示感谢。她表示，当前，福建正处在发展的重大战略机遇期，中央赋予福建的对台交流合作先行区、生态文明先行区、“21 世纪海上丝绸之路”核心区、自由贸易试验区、福州新区获批国家级新区以及福厦泉国家高新区建设获批国家自主创新示范区等多区政策叠加效应日益凸显，为建设新福建注入了强劲动力。她希望两岸科技界能够把握闽台科技交流合作的新机遇，在更广范围、更宽领域推进两岸交流合作，共创两岸合作共赢新局面。

陈鑫在致辞中表示，大陆正处在从“世界加工厂”转变为“世界创新基地”的过程当中，两岸应该携手紧密合作，整合两岸产业行业资源，推动科技创新，实现资源共享，共创双赢。

开幕式上，由福建省级学会及有关科研单位推荐的“共同推进闽台新型智慧城市建设的交流与合作”“设立两岸青年服装设计育成合作协议”“百香果优良品种选育、栽培技术项目合作”等 12 个两岸科技经济合作项目进行了现场签约。

开幕式后，中国科学院科技战略咨询研究院党委书记穆荣平研究员和台湾东海大学前校长巢志成教授分别作了题为“深化体制机制改革，加快区域创新发展”和“科技创新的使命、模式与有效机制——以台湾地区为例”的主题报告。

2017 海峡科技专家论坛于 6 月 14—28 日分别在厦门、福州、泉州、武夷山等地举办，被列为第九届海峡论坛“经贸交流”版块中的“两岸行业对口交流活动”，是中国科协对台交流的重点项目。论坛下设有 1 个主会场和 15 个分会场，围绕科技创新、“一带一路”、供给侧改革、生态文明、健康中国、建设新福建等议题开展广泛的研讨交流和项目合作。来自海峡两岸的 2000 多位科技专家和业界人士参加论坛活动，其中台湾地区代表 700 多人，为历届之最。论坛注重场内互动与场外交流相结合、学术交流与实质合作相结合，共有 26 个两岸科技合作项目在主会场或分会场签约。

【“创科驱动　成就梦想”科技展在香港举办】 为庆祝香港回归祖国 20 周年，6 月 28 日下午“创科驱动　成就梦想”航天放飞中国梦科技展在香港特别行政区维多利亚公园举行开幕式。本次展览突出展示了中国航天科技成果，包括火箭发射和遥感测绘等方面的演示以及“天舟一号”“嫦娥五号”“月宫一号”模型等 100 多件展品。该展览由香港各界庆典委员会主办，中国科协、中国航天科技集团公司等单位合办。

全国政协副主席、香港特别行政区行政长官梁振英，香港特别行政区候任行政长官林郑月娥，中央驻港联络办主任张晓明，香港各界庆典委员会执行主席郑耀棠，中国科协党组成员、书记处书记束为，中国航天科技集团公司副总经理张建恒，香港各界庆典委员会筹委会首席会长黄敏利，外交部驻港特派员谢峰，解放军驻港部队司令员谭本宏，航天英雄杨利伟，英雄航天员景海鹏、陈冬，多名航天专家及超过 2000 位香港各界人士出席开幕式。

梁振英在开幕式致辞中说，很羡慕新一代青少年，这一代人在科技和航天领域的舞台更广，香港应更多参与国家创新与科技事业，推动香港科技发展。

束为在致辞中表示，这次展览展示了中国航天用 60 年走出的自力更生、自主创新发展道路，展现了中华民族仰望星空的豪情壮志、探索星空的宏图伟业，让大家切身体会航天梦、科技梦、中国梦，希望通过这个主题展览加深内地民众和香港同胞之间的了解和理解，携手并进，共创未来。

开幕式结束后，在郑耀棠先生的引领下，参加开幕式的领导和各界人士参观了展览。随后，有超过 7500 人次的长者、伤健人士和少数族裔人士参观了专场展览。

展览筹备总指挥曾向群表示，香港市民经常通过电视了解国家航天科技发展成就，但鲜有机会见到航天器实物。“这次展览为香港市民提供了难得的近距离接触实物的机会，既是为了欢庆香港回归祖国 20 周年，也让香港市民更加了解和感受国家的发展。”

粤港澳学生设计的机器人也在展览中展出。参观者除了可以观摩，还能体验一场“人机羽毛球对打”。近年来火热的无人机也有专区展览，还有无人机表演。

郑耀棠说，期望通过这次科技展唤起市民特别是学生对创新科技的关注，启发年轻人的科技梦，以活力和创新精神迎接未来。

随着国家航天事业不断发展，香港科研工作者和学生也参与其中。2016年，“神舟十一号”发射成功，中国载人航天再启新程。航天员在“天宫二号”空间实验室进行了3个由香港中学生设计的实验项目——“水膜反应”“太空养蚕”和“双摆实验”。

科技展为期5天，展览吸引了数十万人次入场参观及参与活动。

【2017当代杰出华人科学家公开讲座在港澳举办】 由中国科学技术协会、香港特别行政区政府康乐文化事务署、京港学术交流中心、香港科学馆、澳门科学技术协进会共同主办的2017当代杰出华人科学家公开讲座于11月3—4日分别在香港理工大学和澳门大学举行。此次公开讲座主题涉及港珠澳大桥和航空母舰。中国交建总工程师、港珠澳大桥岛隧工程项目总经理、总工程师林鸣，中国舰船研究设计中心研究员王涛担任内地主讲嘉宾。

中国科协国际联络部副部长张森代表中国科协在公开讲座开幕式上致辞，他表示，随着国家创新驱动发展战略的大力实施，创新型国家建设成果丰硕，天宫、蛟龙、墨子、大飞机等重大科技成果相继问世，公开讲座也有幸请到过以上领域的顶尖科学家，可谓不负“杰出”之名。中国科协将持之以恒、不遗余力地推动内地与港澳的科技交流、科学家交流和青少年交流，使港澳更多人士参与到建设世界科技强国的进程中来。

林鸣作题为“港珠澳大桥岛隧工程建设的探索与实践”的讲座，通过图片和短视频等形式介绍了港珠澳大桥及岛隧工程的建设历程，阐述了工程师们在工程建设过程中团结奋进、攻坚克难的创新精神和坚强意志。

王涛在题为“航空母舰发展历程与技术特点”的讲座中，从航空母舰起源开始，详细介绍了航空母舰发展的历史和各国航空母舰现状，重点阐述了现代航空母舰的作战使用和典型技术特征，并展望了航空母舰的未来发展趋势。

受香港主办方邀请，在香港的公开讲座上，香港理工大学工业及系统工程学系副系主任、香港工程科学院院士容启亮作报告《从“嫦娥”探月到无创外科手术》。

公开讲座安排内地讲座专家赴香港科技社团和高校交流。11月2日下午，代表团一行赴香港理工大学访问超精密加工技术国家重点实验室、创新馆、国家钢结构工程技术研究中心香港分中心并交流，林鸣、王涛不时提出问题，与香港理工大学专家进行深入沟通。

11月3日上午，代表团访问香港工程师学会，该会会长陈国璋等会见代表团一行。公开讲座专家回顾了自己参与内地与香港工程交流的经历，双方还就“2017年海峡两岸暨港澳智能物流协同创新论坛”和“一带一路”工程教育培训等工作进行商谈。

党　建

【中国科协党组召开2016年度民主生活会】 按照中央统一部署和要求，1月13日，中国科协党组召开2016年度民主生活会。中国科协党组书记、常务副主席、书记处第一书记尚勇主持会议。党组副书记、副主席、书记处书记徐延豪，党组成员、书记处书记王春法、吴海鹰、束为、项昌乐，党组成员、机关党委书记王延祜，党组成员、学会学术部部长宋军参加会议。中央组织部、中央纪委派驻纪检组有关领导同志到会指导。

中国科协党组从严从实做好民主生活会会前准备。认真研究制订民主生活会工作方案，及时上报中央组织部；扎实开展专题学习研讨，切实从思想上提高政治觉悟、打牢思想理论基础。通过召开座谈会、书面征求意见、设置意见箱、OA平台、调研访谈等多种方式广泛征求意见，共征集到207条意见建议，梳理归纳为5个方面61条。党组领导之间逐一开展谈心谈话，做到“四必谈”，并分头参加分管部门和单位的民主生活会，提出指导意见。在此基础上，认真准备班子对照检查材料和个人发言提纲，党组主要领导尚勇同志亲自主持研究起草班子对照检查材料，带头撰写发言提纲，并对班子成员发言提纲逐一审阅把关，提出具体修改意见。

中国科协党组2016年度民主生活会聚焦学习贯彻党的十八届六中全会精神主题，围绕“两学一做”学习教育要求，重点对照《关于新形势下党内政治生活的若干准则》和《中国共产党党内监督条例》，结合中央专项巡视整改“回头看”、贯彻落实中央八项规定精神“回头看”和审计整改、2015年民主生活会落实完成情况进行对照检查，紧密结合思想和工作实际，深刻进行党性分析，开展批评和自我批评。

会上，党组领导班子及成员以中央政治局民主生活会为榜样和标杆，聚焦“四个合格”，联系班子和个人实际深入查摆问题，深刻剖析产生问题的原因，开展严肃认真的批评和自我批评，提出整改措施。尚勇首先代表科协党组作对照检查材料，从理想信念、政治纪律和政治规矩、作风、担当作为、组织生活、落实全面从严治党六大方面查找存在的突出问题，深入剖析原因，并提出了五个方面的努力方向和改进措施。随后，尚勇带头开展个人对照检查，进行批评和自我批评，党组其他同志也联系思想和工作实际逐一作对照检查。党组成员发扬整风精神，拿起批评和自我批评的武器，坚持实事求是、出于公心，讲党性不讲私情、讲真理不讲面子，严肃认真提意见、满腔热情帮同志，不纠缠细枝末节，不搞无原则纷争，起到了咬耳扯袖、相互提醒的作用，达到了“团结—批评—团结”的目的，是一次效果好、质量高的政治生活。

尚勇作了总结讲话。

【中国科协党组传达学习第十八届中央纪委七次全会精神】 1月9日下午，中国科协党组召开理论学习中心组学习扩大会，传达学习中国共产党第十八届中央纪律检查委员会第七次全体会议精神。中国科协党组书记、常务副主席、书记处第一书记尚勇主持会议。党组副书记、副主席、书记处书记徐延豪，党组成员、书记处书记吴海鹰、束为、项昌乐，党组成员、机关党委书记王延祜，党组成员兼学会学术部部长宋军出席。中央纪委派驻纪检组副组长玄洪云列席。机关各部门、各直属单位主要负责人参加会议。

会议传达学习了十八届中央纪委七次全会公报，重点学习了习近平总书记在会议上的重要讲话精神和王岐山同志代表中央纪委所作的工作报告。会议认为，十八届中央纪委七次全会以党的十八届六中全会精神为指引，总结了2016年纪律检查工作，部署2017年任务，审议通过了王岐山同志代表中央纪委常委会所作的工作报告和《中国共产党纪律检查机关监督执纪工作规则（试行）》，具有重要的现实意义和深远的历史意义。特别是习近平总书记的重要讲话，站在实现党的历史使命的战略全局高度，充分肯定党的十八大以来全面从严治党取得的显著成效，明确提出当前和今后一个时期工作的总体要求和主要任务；讲话立意高远、内涵丰富，直面现实、充满自信，蕴含着质朴真挚的为民情怀、许党许国的担当精神，具有深刻思想性和强烈感染力。

尚勇对科协全体党员干部认真学习贯彻十八届中央纪委七次全会精神，特别是深入学习贯彻习近平总书记的重要讲话精神提出了明确要求。

【中国科协党组学习新修订和实施的民主生活会若干规定】 1月9日，中国科协党组召开理论学习中心组学习扩大会议，学习新修订和实施的《县以上党和国家机关党员领导干部民主生活会若干规定》（以下简称《若干规定》）文件。中国科协党组书记、常务副主席、书记处第一书记尚勇主持会议。党组副书记、副主席、书记处书记徐延豪，党组成员、书记处书记吴海鹰、束为、项昌乐，党组成员王延祜、宋军出席会议。中央纪委派驻纪检组副组长玄洪云、机关各部门各直属单位主要负责同志列席会议。

会议认为，民主生活会是党内政治生活的重要内容，是发扬党内民主、加强党内监督、依靠领导班子自身力量解决矛盾和问题的重要方式。坚持和完善民主生活会制度是保证党的团结统一、保持党的先进性和纯洁性的一大法宝。修订和实施《若干规定》对坚持和完善民主生活会制度，加强和规范党内政治生活，引导党员领导干部牢固树立政治意识、大局意识、核心意识、看齐意识，严肃认真开展批评和自我批评，做到忠诚干净担当，具有十分重要的意义。

尚勇要求，各部门各单位党组织要认真贯彻落实党的十八届六中全会精神，从全面从严治党、严肃党内政治生活的高度切实抓好《若干规定》的学习贯彻，不断增强自我净化、自我完善、自我革新、自我提高的能力。

【中国科协党组传达学习全国组织部长会议和宣传部长会议精神】 1月23日，中国科协党组召开理论学习中心组会议，传达学习全国组织部长会议和宣传部长会议精神以及刘云山同志在两个会议上的重要讲话精神。中国科协党组书记、常务副主席、书记处第一书记尚勇主持会议。党组副书记、副主席、书记处书记徐延豪，党组成员、书记处书记王春法、吴海鹰、束为、项昌乐，党组成员、机关党委书记王延祜，党组成员、学会学术部部长宋军出席会议，中央纪委派驻纪检组副组长玄洪云及机关各部门主要负责人参加会议。

会议认为，全国组织部长会议和宣传部长会议是在全国上下深入学习贯彻党的十八届六中全会精神、迎接党的十九大胜利召开的新形势下召开的重要会议。两个会议紧扣习近平总书记系列重要讲话精神和新时期党的建设以及组织工作、宣传工作提出的新要求新使命，真正体现了围绕中心、服务大局、应时而谋、谋定而动的政治意识和战略思维，体现了强烈的改革意识和创新精神，是在新的起点上推动组织工作和宣传工作创新突破的思想方法和动力引擎，鼓舞人心、催人奋进。

会议指出，要按照刘云山同志在全国宣传部长会议上的讲话精神，高度重视意识形态工作，充分认识协调推进“四个全面”战略布局、决胜全面建成小康社会对宣传思想工作的新要求，牢牢把握“两个巩固”的根本任务，以强烈的责任担当做好工作，为“十三五”时期开好局起好步提供有力的思想舆论支持。要贯彻落实刘云山同志在全国组织部长会议上的讲话精神，坚持党要管党、从严治党，扎实做好组织战线各项工作，为全面深化改革、推动经济社会持续健康发展提供有力的组织保证。

会议还传达学习了中共中央政治局委员、国务院副总理刘延东在听取《全民科学素质行动计划纲要》实施工作情况汇报会议上的讲话精神。

【中国科协党组深入学习习近平总书记在中央政治局民主生活会上的讲话精神】 1月23日，中国科协党组召开理论学习中心组学习交流会，深入学习习近平总书记在中央政治局民主生活会上的讲话精神。中国科协党组书记、常务副主席、书记处第一书记尚勇主持会议。党组副书记、副主席、书记处书记徐延豪，党组成员、书记处书记王春法、吴海鹰、束为、项昌乐，党组成员王延祜、宋军出席会议。中央纪委派驻纪检组副组长玄洪云以及机关各部门负责人参加会议。

会上，党组成员结合学习和工作实际依次发言，谈认识和体会。大家一致认为，习近平总书记在中央政治局民主生活会上的重要讲话思想深刻、内容丰富、高屋建瓴、情真意切，既着眼于实现党的历史使命，又贯穿着对党的先进性纯洁性的历史思考，是对全面从严治党的新阐述、新动员。讲话与党的十八届六中全会精神一脉相承，同时又有创新和新要求，是对治国理政新理念新思想新战略的新发展，充分体现了习近平总书记深厚的人民情怀、强烈的历史担当。讲话充分运用马克思主义的立场、观点和方法，全面阐述了党的建设的一系列重大问题，既有对现实的总结反思，又有对未来的战略谋划，回答了新时期如何进一步规范和加强党内政治生活、强化党内监督、实现全面从严治党常态化制度化等关键问题，统一了思想，明确了方向，凝聚了力量。讲话就全面贯彻十八届六中全会精神、深入推进全面从严治党提出了一系列新思想新论断新要求，既是对中央政治局自身建设的更高标准、更严要求，也是对各级领导班子和领导干部提出的更高要求和殷切希望，充分体现了把严的要求贯穿管党治党全过程的坚定决心，为全党树立了光辉典范，为推动全面从严治党不断深化、推动改革发展各项工作指明了前进方向，为党的十九大的胜利召开奠定了坚实的思想基础。

党组成员就深入学习习近平总书记在中央政治局民主生活会上讲话精神的体会主要集中在四个方面：第一，坚定信念，绝对忠诚；第二，永葆本色，竭诚奉献；第三，担当实干，走在前面；第四，严于律己，清正廉洁。

【中国科协党组学习习近平总书记在中央党校省部级主要领导干部学习贯彻十八届六中全会精神专题研讨班上的重要讲话精神】 2月20日，中国科协党组召开理论学习中心组学习扩大会议，传达学习习近平总书记在中央党校省部级主要领导干部学习贯彻十八届六中全会精神专题研讨班上的重要讲话精神。中国科协党组书记、常务副主席、书记处第一书记尚勇主持会议。党组副书记、副主席、书记处书记徐延豪，党组成员、书记处书记王春法、吴海鹰、项昌乐，党组成员王延祜、宋军出席会议。机关各部门、各直属单位主要负责人参加会议。

会议认为，习近平总书记在中央党校省部级主要领导干部专题研讨班上的重要讲话是对高级领导干部系统学习十八届六中全会精神的一次全面辅导，也是一堂补钙壮骨、强身健体的生动党课。习近平总书记的重要讲话通篇贯穿着讲政治的坚定立场和鲜明态度，贯穿着强烈的问题导向和我们党勇于自我革命的精神，贯穿着忧党兴党强党的使命担当，是新形势下加强党的建设的纲领性文献，为深入推进全面从严治党提供了理论指南和行动纲领。

尚勇结合中国科协实际，就如何贯彻落实习近平总书记重要讲话精神提出6点要求：第一，以习近平总书记系列重要讲话精神为统领，把学习贯彻党的十八届六中全会精神引向深入；第二，带头增强“四个意识”，旗帜鲜明维护党中央权威；第三，带头发扬自我革命精神，增强党内政治生活的政治性、时代性、原则性、战斗性；第四，自觉带头严格自律，在遵守党规党纪方面一丝不苟；第五，自觉肩负起管党治党的政治责任；第六，加强政治担当，把中央决策部署落到实处、见到实效。

【中国科协党风廉政建设推进会】 2月22日下午，中国科协党风廉政建设推进会在北京中国科技会堂召开。中国科协党组书记、常务副主席、书记处第一书记尚勇，中央纪委派驻纪检组组长王宾宜出席会议并讲话。会议传达了十八届中央纪委七次全会精神、2017年中央直属机关党的工作会议精神和纪律检查工作会议精神，报告了2016年中国科协党风廉政建设工作情况。中国科协党组副书记、副主席、书记处书记徐延豪，党组成员、书记处书记王春法、吴海鹰、项昌乐，党组成员王延祜、宋军，中央纪委派驻纪检组副组长玄洪云等出席会议。会议由徐延豪主持。

这次会议旨在贯彻落实党的十八届六中全会和中央纪委七次全会精神，进一步加强中国科协党风廉政建设工作，坚持问题导向，增强看齐意识，将全面从严治党不断推向深入。

尚勇和王宾宜分别对科协全体党员干部认真学习贯彻十八届中央纪委七次全会精神、从思想上深刻认识全面从严治党的极端重要性提出明确要求。参加会议的有中国科协机关党委委员、纪委委员，各部门、各直属单位党委（总支、支部）书记、副书记、全体委员及纪委书记、纪检委员，各部门、各直属单位领导班子成员，各直属学会主要负责人，木樨地办公区全体党员干部。

【中国科协党组传达学习全国新的社会阶层人士统战工作会议精神】 2月27日，中国科协党组召开理论学习中心组会议，传达学习全国新的社会阶层人士统战工作会议精神。中国科协党组书记、常务副主席、书记处第一书记尚勇主持会议。党组成员、书记处书记王春法、吴海鹰、束为，党组成员王延祜、宋军出席会议。有关部门主要负责人参加会议。

会议认为，全国新的社会阶层人士统战工作会议是深入贯彻习近平总书记系列重要讲话精神、认真落实中央统战工作会议精神和《中国共产党统一战线工作条例（试行）》、推动新的社会阶层人士统战工作全面深入开展的一次重要会议。特别是中共中央政治局常委、全国政协主席俞正声同志在会上的重要讲话，为新形势下做好新的社会阶层人士统战工作、把广大新的社会阶层人士紧密团结在党周围指明了工作方向、明确了工作原则、提出了工作要求，是中国科协做好相关工作的重要遵循。

尚勇强调，中国科协要结合自身实际抓好会议精神的贯彻落实，一要加强对科技工作者的政治引领；二要加强对科技工作者的思想凝聚；三要加强对科技工作者的组织联系。

【中国科协党组学习习近平总书记在看望政协委员时有关知识分子工作的讲话精神】 3月6日，中国科协党组召开理论学习中心组学习会议，传达学习习近平总书记在看望参加全国政协十二届五次会议的民进、农工党、九三学社委员以及参加十二届全国人大五次会议上海代表团审议时的重要讲话精神。中国科协党组书记、常务副主席、书记处第一书记尚勇主持会议。党组副书记、副主席、书记处书记徐延豪，党组成员、书记处书记王春法、吴海鹰、项昌乐，党组成员王延祜、宋军出席会议。办公厅、调宣部、机关党委等有关部门主要负责同志参加会议。

会议认为，习近平总书记在看望参加全国政协会议的民进、农工党、九三学社委员以及参加全国人大会议上海代表团审议时的重要讲话系统阐述了知识分子在我国社会主义建设和改革发展事业中的重要作用，对广大知识分子提出了殷切期望和重托，对做好知识分子工作和人才工作、科技创新工作提出了新的、更高的要求，是对广大知识分子和科技工作者积极投身创新发展实践、自觉践行社会主义核心价值观、勇攀科技创新高峰新的动员令；充分体现了以习近平同志为核心的党中央对广大知识分子的高度重视和殷切期望，是对广大知识分子和科技工作者的极大鼓舞，一定会进一步激发蕴藏在广大知识分子和科技工作者中的无穷智慧和创造潜力，为我们新时期进一步做好知识分子工作、人才工作以及科技创新等工作提供了理论指南和行动纲领。

尚勇对学习习近平同志的重要讲话提出了具体要求。

【中国科协党组学习《中国共产党工作机关条例（试行）》】 3月13日，中国科协党组召开理论学习中心组学习会议，传达学习《中国共产党工作机关条例（试行）》。中国科协党组书记、常务副主席、书记处第一书记尚勇主持会议。党组副书记、副主席、书记处书记徐延豪，党组成员、书记处书记王春法、吴海鹰、束为、项昌乐，党组成员王延祜、宋军出席会议。机关各部门主要负责人参加会议。

会议认为，中共中央印发的《中国共产党工作机关条例（试行）》是规范党的工作机关设立、职责和运行的基础主干党内法规，是继党组工作条例、地方党委工作条例之后，加强党的组织制度建设的又一重要成果，对于夯实党执政治国的组织制度基础、推进国家治理体系和治理能力现代化、提高党的领导水平和执政水平具有重要作用。尚勇强调，我们要认真学习领会、坚决贯彻落实《中国共产党工作机关条例（试行）》，要从坚定不移推进全面从严治党的战略高度充分认识加强和改进党的工作机关工作的重要性和紧迫性，切实加强对条例实施的组织领导。

【中国科协党组部署学习贯彻落实全国“两会”精神工作】 3月20日，中国科协党组召开理论学习中心组学习扩大会议，部署学习贯彻落实全国“两会”精神工作。中国科协党组书记、常务副主席、书记处第一书记尚勇主持会议。党组副书记、副主席、书记处书记徐延豪，党组成员、书记处书记王春法、吴海鹰、束为、项昌乐，党组成员王延祐、宋军出席会议。机关各部门、各直属单位主要负责人参加会议。

会上，尚勇传达了习近平总书记在参加民进、农工党、九三学社联组会和上海、辽宁、四川、新疆等地代表团及解放军代表团审议时的重要讲话精神，重点学习了习近平总书记关于知识分子工作和人才工作、创新驱动发展、科技精准扶贫等与科协工作相关的指示要求。尚勇还传达了李克强总理关于政府工作的报告。

【中国科协党组传达学习《中央关于推进“两学一做”常态化制度化的意见》】 3月27日上午，中国科协党组召开理论学习中心组学习会议，传达学习中央《关于推进“两学一做”学习教育常态化制度化的意见》。中国科协党组书记、常务副主席、书记处第一书记尚勇主持会议。党组副书记、副主席、书记处书记徐延豪，党组成员、书记处书记王春法、吴海鹰、束为、项昌乐，党组成员王延祐、宋军出席会议。办公厅、组织人事部、机关党委主要负责人参加会议。

会议传达学习了《中共中央办公厅印发〈关于推进“两学一做”学习教育常态化制度化的意见〉的通知》和《关于推进“两学一做”学习教育常态化制度化的意见》。会议认为，“两学一做”学习教育常态化制度化是新时期全面从严治党的战略性、基础性工程，对于进一步用习近平总书记系列重要讲话精神武装全党、确保全党更加紧密地团结在以习近平同志为核心的党中央周围、不断开创中国特色社会主义事业新局面具有重大而深远的意义。中国科协要认真按照中央的要求，紧密结合自身实际，大力推进“两学一做”学习教育常态化制度化，坚持思想建党、组织建党、制度治党，突出问题导向，注重以上率下，常抓不懈，把中央全面从严治党各项要求落到实处。

尚勇对“两学一做”学习教育常态化制度化提出具体要求。

【中国科协党组学习习近平在中央深改领导小组第三十三次会议上的讲话精神】 4月14日上午，中国科协党组召开理论学习中心组学习扩大会议，传达学习习近平总书记在中央全面深化改革领导小组第三十三次会议上的重要讲话精神，并结合科协实际研讨贯彻落实。中国科协党组副书记、副主席、书记处书记徐延豪主持会议。党组成员、书记处书记王春法、吴海鹰、束为，党组成员王延祐出席会议。机关各部门、各直属单位主要负责人参加会议。

会议认为，习近平总书记在中央全面深化改革领导小组第三十三次会议上的重要讲话全面分析、准确研判了全面深化改革进入攻坚期和深水区面临的新形势新任务，深刻指出了主要负责同志亲力亲为抓改革落实的关键性，明确提出了抓改革落实的有效路径和科学方法。习近平总书记的讲话内容是各级领导干部抓改革、抓落实、抓实效强有力的思想指引和行动指南，也是科协系统进一步深化改革、全面落实中央战略决策部署的基本原则和重要遵循。

会议强调，中国科协党组、书记处成员及各部门、各单位主要负责同志要认真学习、深刻领会习近平总书记重要讲话精神，加强对广大科技工作者的思想政治引领，团结带领8100万科技工作者创新争先、积极投身科技创新和经济建设主战场，为建设世界科技强国努力奋斗。要进一步强化科协主要负责同志敢于担当、亲力亲为抓改革的示范作用，按照统筹安排、落地见效促发展的工作要求，以“关键少数”带动“绝大多数”，形成攻坚克难的强大力量，推动科协系统各项改革部署善始善终、善作善成，切实把习近平总书记重要讲话精神贯彻落实到科协系统深化改革和各项事业发展中，以实际行动和优异成绩迎接党的十九大胜利召开。

【中国科协党组传达学习习近平在“一带一路”国际合作高峰论坛上的讲话精神】 5月15日上午，中国科协党组召开理论学习中心组学习扩大会议，传达学习习近平总书记在“一带一路”国际合作高峰论坛上的重要讲话精神，并结合科协实际研讨、部署贯彻落实工作。中国科协党组书记、常务副主席、书记处第一书记尚勇主持会议。党组副书记、副主席、书记处书记徐延豪，党组成员、书记处书记王春法、吴海鹰、束为、项昌乐，党组成员王延祜、宋军出席会议。机关各部门、各直属单位主要负责人参加会议。

会议认为，习近平总书记在"一带一路"国际合作高峰论坛上的重要讲话全面、系统、深刻地阐述了"一带一路"的精神内涵、愿景行动和发展前景，为"一带一路"建设构建了宏伟蓝图，是开展"一带一路"建设工作的思想指引和行动指南。中国科协要充分发挥自身优势，认真学习领会和贯彻落实。会上，党组各位成员以及各部门、各单位负责人结合工作实际开展研讨，交流学习体会和认识。

尚勇结合科协实际，就学习贯彻习近平总书记在"一带一路"国际合作高峰论坛上的重要讲话精神提出三点具体要求：一是要围绕"一带一路"发展战略积极发挥科协作用，做出应有贡献；二是要发挥科协优势，认真谋划，积极作为；三是统筹规划，把服务"一带一路"工作和日常工作有机衔接。

【中国科协党组重温习近平总书记在"科技三会"上的重要讲话精神】 5 月 22 日上午，中国科协党组召开理论学习中心组学习会议，学习、重温习近平总书记在"科技三会"上的重要讲话精神。中国科协党组书记、常务副主席、书记处第一书记尚勇主持会议。党组副书记、副主席、书记处书记徐延豪，党组成员、书记处书记王春法、吴海鹰、束为、项昌乐，党组成员王延祜、宋军出席会议。机关各部门主要负责人参加会议。

会议认为，在"科技三会"召开一周年之际，在首个全国科技工作者日来临之际，学习、重温习近平总书记在"科技三会"上的重要讲话精神很有必要也很及时，对认真总结、全面回顾一年来科协贯彻落实中央各项战略决策部署，深化科协系统改革取得的成就和经验，推动科协更好地履行"四服务"、深入建设"三型"组织具有重要意义。会上，党组成员以及机关各部门主要负责人结合工作实际发言，交流学习体会并提出建议。

【中国科协党组学习新修改的《中国共产党巡视工作条例》】 7 月 17 日下午，中国科协党组召开理论学习中心组学习会议，传达学习中央关于修改《中国共产党巡视工作条例》的决定以及学习贯彻新修改的《中国共产党巡视工作条例》的通知精神。中国科协党组书记、常务副主席、书记处第一书记尚勇主持会议。党组副书记、副主席、书记处书记徐延豪，党组成员、书记处书记王春法、吴海鹰、束为、项昌乐，党组成员王延祜、宋军出席会议。机关有关部门主要负责人参加会议。

会议认为，以习近平同志为核心的党中央高度重视巡视工作，把巡视作为全面从严治党的重大举措。党的十八大以来，中央共开展 12 轮巡视，实现了一届任期内巡视全覆盖，巡视发挥了党之利剑、国之利器的作用。新修改的《中国共产党巡视工作条例》全面总结吸纳党的十八大以来巡视理论和实践创新成果，深入贯彻习近平总书记系列重要讲话精神和治国理政新理念新思想新战略，有利于统一思想、深化认识，发挥巡视监督政治作用，促进管党治党标本兼治。新修改的《中国共产党巡视工作条例》是中国科协贯彻落实中央关于巡视工作部署要求的基本遵循，是贯彻落实中央全面从严治党要求的行动指南。

尚勇对学习贯彻新修改的《中国共产党巡视工作条例》提出具体要求。

【中国科协党组传达学习习近平在省部级主要领导干部专题研讨班上的重要讲话精神】 7 月 28 日上午，中国科协党组召开理论学习中心组学习扩大会议，传达学习习近平总书记在省部级主要领导干部"学习习近平总书记重要讲话精神，迎接党的十九大"专题研讨班上的重要讲话精神，并结合实际学习交流大型政论专题片《将改革进行到底》。中国科协党组书记、常务副主席、书记处第一书记尚勇主持会议。党组副书记、副主席、书记处书记徐延豪，党组成员、书记处书记王春法、吴海鹰、束为、项昌乐，党组成员王延祜、宋军出席会议。机关各部门、各直属单位主要负责人参加会议。

与会同志一致认为，习近平总书记的重要讲话系统总结了党的十八大以来党和国家事业发展的巨大成就和实践经验，深刻阐述了新的历史条件下坚持和发展中国特色社会主义的一系列重大理论和实践问题，深刻阐明了未来一个时期党和国家事业发展的大政方针，提出了一系列新的重要思想、重要观点、重大判断、重大举措。习近平总书记的重要讲话具有很强的思想性、战略性、前瞻性、指导性，是坚持和发展中国特色社会主义的政治宣言和行动纲领，为党的十九大胜利召开奠定了重要的政治、思想和理论基础，为推进中国特色社会主义伟大事业提供了科学指南、指明了前进方向。

会议要求，中国科协各级党组织和全体党员干部要把认真学习习近平总书记系列重要讲话精神与深入学习领会习近平总书记在省部级主要领导干部专题研讨班上的重要讲话精神有机结合，不断深化对讲话丰富内涵、精神实质、基本要求的理解和认识，切实把思想和行动统一到讲话精神上来，切实用习近平总书记系列重要讲话精神和治国理政新理念新思想新战略武装头脑、指导实践、推动工作，切实增强政治意识、大局意识、核心意识、看齐意识，自觉在思想上政治上行动上同以习近平同志为核心的党中央保持高度一致，坚决贯彻落实党中央各项决策部署，以良好的精神状态和优异的工作成绩迎接党的十九大胜利召开。

会上，科协党组成员以及调研宣传部、科普部、中国科技馆等部门单位负责人还结合各自思想和工作实际，交流了学习收看大型政论专题片《将改革进行到底》的心得和体会。

【中国科协党组学习习近平总书记关于经济工作的重要讲话精神】 8月14日下午，中国科协党组召开会议，传达学习习近平总书记近期关于经济工作的重要讲话精神，并结合科协实际研讨、部署中国科协下一步改革重点工作。中国科协党组书记、常务副主席、书记处第一书记尚勇主持会议。党组副书记、副主席、书记处书记徐延豪，党组成员、书记处书记吴海鹰、项昌乐，党组成员王延祜、宋军出席会议。机关有关部门主要负责人参加会议。

会议认为，习近平总书记近期关于经济工作的重要讲话从全局和战略高度全面总结了我国经济发展取得的重大成就，深刻分析了当前国家经济发展面临的主要矛盾和问题，系统阐述了经济工作的大政方针和主要任务，对加强党对经济工作特别是金融工作的领导提出了明确要求，对当前和今后一个时期经济工作做出全面部署，是指导新形势下经济工作的行动纲领、工作指针和根本遵循。尚勇结合科协实际，就学习贯彻习近平总书记近期关于经济工作的重要讲话精神提出具体要求。

【中国科协党组传达学习习近平关于党的群团改革工作重要指示精神】 8月28日上午，中国科协党组召开理论学习中心组学习扩大会议，传达学习习近平总书记关于党的群团工作和群团改革的重要指示精神、中央群团改革工作座谈会会议精神。中国科协党组书记、常务副主席、书记处第一书记尚勇主持会议。党组副书记、副主席、书记处书记徐延豪，党组成员、书记处书记王春法、吴海鹰、束为、项昌乐，党组成员王延祜、宋军出席会议。机关各部门、各直属单位主要负责人参加会议。

会议认为，习近平总书记对群团工作和群团改革做出的重要指示精神明确指出了党的群团工作的重要地位和群团改革的重要意义，充分肯定了2015年中央党的群团工作会议召开以来群团改革取得的成绩，对深化群团改革和开创党的群团工作新局面提出了明确要求、指明了前进方向，是做好群团工作和群团改革的重要遵循。

会议指出，全面学习理解和深入贯彻落实习近平总书记关于党的群团工作和群团改革的重要批示精神、中央群团改革工作座谈会会议精神，要重点把握好以下几个方面：一是充分认识2015年中央党的群团工作会议以来群团改革取得的成绩，总结汲取改革发展过程中的宝贵经验，坚定全面深化改革的信心和决心；二是进一步明确群团改革方向，保持和增强群团组织的政治性、先进性、群众性，直面“四化”问题，切实解决基层组织“四缺”问题，采取更加有力的措施攻坚克难；三是强化落实群团工作的责任，推进群团改革各项工作，加强督导检查，不断提升群团组织工作水平和服务能力。

会议强调，科协系统的改革作为群团改革的重要组成部分，许多方面都走在前列。目前，中国科协4个方面19大类70项具体改革任务已完成70%，成绩来之不易，剩下的全是硬骨头，很多是关系体制机制改革的关键问题，科协改革已到了“深水区”。我们既要看到成绩、坚定信心，更要明确方向、提振精神，要坚持“巩固、深化、攻坚、实效”，在解决深层次问题上下功夫，抓好落实，力求实效。要紧紧围绕增“三性”、去“四化”、补“四缺”，攻坚克难，敢于啃硬骨头、趟深水、涉险滩、补短板，锲而不舍地将科协改革进行到底。

尚勇结合科协实际，就学习贯彻习近平总书记关于党的群团工作和群团改革的重要批示精神、中央群团改革工作座谈会会议精神提出具体要求。

会议还传达学习了李克强总理考察科技部时关于科技创新的重要讲话精神、党和国家功勋荣誉表彰条例等内容。

【"不忘初心跟党走"主题团日活动】 9月11日下午，刚刚换届的中国科协机关团委举行"不忘初心跟党走"主题团日活动，组织机关直属单位团员青年学习《习近平的七年知青岁月》，畅谈学习体会。中国科协党组书记怀进鹏，中国科协党组成员、书记处书记吴海鹰出席活动并与团员青年代表座谈。座谈由中国科协党组成员、机关党委书记王延祜主持。优秀青年典型、新一届机关团委委员等32名青年干部代表参加。

按照座谈会安排，新一届机关团委书记张奔放介绍了机关直属单位团员大会有关情况及机关团委下一步工作思路。党的十九大代表、中国科协信息中心信息员房瑞标，全国巾帼建功标兵、中国科协培训和人才服务中心综合处副处长王悦等13名青年干部代表分别结合自身工作实际，从不同视角踊跃交流学习《习近平的七年知青岁月》的思想感悟。

听了大家的发言后，怀进鹏发表了热情洋溢的讲话。他首先代表科协党组对团员大会取得成功、对新一届机关团委委员当选表示祝贺。他表示，这样的主题团日活动是一种组织生活的创新，是一次很好的党性教育。青年同志结合学习《习近平的七年知青岁月》和自身实践，通过比较不同的时代、不同的环境、不同的岗位，讲述了有深度的思考、有力度的实践、有温度的服务，折射出当代青年应有的时代责任和担当。

怀进鹏指出，我们正处在一个非常重要的新时代，比历史上任何时期都更接近中华民族伟大复兴的目标，比历史上任何时期都更有信心、有能力实现这个目标。同时，这是一个科技革命改变世界格局的竞争时代，快进是进、慢进则退、不进则亡，只有依靠科技工作者，支持他们施展才华、勇攀高峰，才能使国家在新的一轮产业变革和社会进步当中实现跨越式发展。青年是人生的黄金时期，希望广大青年作为今天共筑中国梦的实践者和未来实现中国梦的见证者，主动肩负起这个伟大时代赋予的使命，不断在服务科技工作者中历练自己、在学习科技知识中升华自己，将学习作为一种生活方式，将实干和奉献作为工作态度，将创新作为习惯养成，努力做出应有的贡献，实现人生价值。

怀进鹏强调，新一届机关团委要在机关党委、中直团工委的领导和指导下，崇尚实干、勇于担当，以远大理想和为民情怀凝聚广大青年，激发朝气、士气、志气，共同为落实中国科协的发展目标贡献青春力量。一要把握正确政治方向，二要坚持服务大局，三要加强自身建设。

中国科协办公厅主任任福君、组织人事部部长王守东、机关党委常务副书记李志刚参加活动。

【中国科协党组理论学习中心组开展学哲学用哲学专题学习】 9月13日下午，中国科协党组召开理论学习中心组学习扩大会议，结合学习贯彻习近平总书记系列重要讲话精神和治国理政新理念新思想新战略开展学哲学用哲学专题学习研讨。中国科协党组书记怀进鹏主持会议。党组副书记徐延豪，党组成员吴海鹰、束为、王延祜、宋军出席会议。机关各部门、各直属单位主要负责人参加会议。

会议传达了中央有关学哲学用哲学的文件精神，学习了中央宣传部党委中心组学习参考《进一步发扬学哲学用哲学的优良传统——纪念毛泽东同志〈实践论〉〈矛盾论〉发表80周年》。党组成员结合各自思想和工作实际，带头交流了学习《实践论》《矛盾论》等马克思主义经典哲学理论的心得和体会。

与会同志一致认为，80年前在延安窑洞诞生的《实践论》《矛盾论》是毛泽东思想标志性的成果，是毛泽东思想代表性著作，是马克思主义世界观和方法论相统一的光辉典范。习近平总书记系列重要讲话精神和治国理政新理念新思想新战略蕴含着精深的哲学素养和理论修养，继承和发扬了《实践论》《矛盾论》思想精髓，贯穿了马克思主义丰富的思想方法和工作方法，是我们建设社会主义现代化、实现中华民族伟大复兴的根本遵循和强大思想武器。

会议强调，中国科协要重视学哲学用哲学，坚持用"两论"等马克思主义理论来指导各项工作，坚持一切从实际出发，正确认识和遵循科技发展和科协工作规律，按客观规律办事。要把学习"两论"与学习习近平总书记系列重要讲话精神相结合、与中央党的群团工作会议精神和群团改革实践相结合、与党和国家赋予中国科协的职责任务相结合，找到推进深化改革的动力，找准工作中的主要矛盾、矛盾的主要方面以及解决办法。要学会并善于运用习近平总书记系列重要讲话精神和治国理政新理念新思想新战略推动工作、指导实践。怀进鹏结合科协实际，就学习《实践论》《矛盾论》、贯彻落实习近平总书记系列重要讲话精神提出三点具体要求。一要充分认识《实践论》《矛盾论》在马克思主义哲学理论体系中的重要地位；

二要深刻认识到习近平总书记系列重要讲话精神和治国理政新理念新思想新战略是马克思主义哲学中国化的最新理论成果；三要切实用习近平总书记系列重要讲话精神和治国理政新理念新思想新战略推动科协系统深化改革抓实见效。

【中国科协党组巡视工作领导小组第一次会议】 12月20日，中国科协党组书记、常务副主席、书记处第一书记、党组巡视工作领导小组组长怀进鹏主持召开中国科协党组巡视工作领导小组第一次会议，审议中国科协党组巡视工作系列规范性文件和制度方案，研究部署首轮党组巡视有关工作。中央纪委驻科技部纪检组组长、中国科协党组巡视工作领导小组副组长王宾宜出席会议并讲话。中国科协党组成员、机关党委书记、党组巡视工作领导小组副组长兼办公室主任王延祜，中央纪委驻科技部纪检组副组长、中国科协党组巡视工作领导小组成员玄洪云出席会议。中国科协党组巡视工作领导小组成员、中央纪委驻科技部纪检组有关同志参加会议。

会议认为，中国科协党组把巡视作为推进全面从严治党的重要举措，多次召开会议专题研究部署，明确了巡视总体规划、职责任务、步骤安排、程序方式、机构设置以及全覆盖目标任务，为推动巡视工作开好局起好步夯实了制度基础、提供了有力支撑，充分体现了科协党组坚决贯彻中央巡视工作部署、加强党内监督的坚强决心和鲜明态度，展现了新时代科协组织毫不动摇坚持党的领导、坚定不移推进全面从严治党的政治自觉和责任担当。

王宾宜和怀进鹏分别作了讲话。

【中国科协召开党组会议传达学习中央经济工作会议精神】 12月21日，中国科协党组书记怀进鹏主持召开中国科协党组会议，传达学习中央经济工作会议精神，研究部署贯彻落实工作。中国科协党组副书记徐延豪，党组成员王春法、吴海鹰、束为、项昌乐、王延祜、宋军出席会议。

会议认为，中央经济工作会议认真总结了党的十八大以来我国经济发展历程，明确了以新发展理念为主要内容的习近平新时代中国特色社会主义经济思想，科学分析了当前经济形势，全面部署了2018年经济工作的重要原则及重点工作，充分体现了习近平新时代中国特色社会主义思想对于做好明年和今后一个时期经济工作的强大思想引领力和实践推动力，对于我们统一思想、深化认识、打好决胜全面建成小康社会三大攻坚战、推动我国经济高质量发展具有十分重大的意义。

会议指出，中央经济工作会议确定的8项重点工作与科协工作息息相关。要在党的十九大战略部署和中央经济工作会议的具体部署中找准科协组织的可为之处，实现科协组织的有为之举，推动科协工作向高质量发展。要全力打造智库、学术、科普“三驾马车”，形成相互融合、协同推进的三轮驱动工作机制，着力补齐短板、提升“四服务”效能，形成一批彰显科协组织政治性先进性群众性的工作品牌。

会议审议并原则通过了《世界公众科学素质促进行动方案》。会议还研究了其他事项。

中央纪委驻科技部纪检组副局级纪律检查员邢波、中国科协机关及直属单位有关部门负责人列席会议。

人　物

2017 年新当选的中国科协副主席

怀进鹏，汉族，1962 年 12 月出生，山东济南人。1986 年 1 月加入中国共产党，1987 年 9 月参加工作。研究生学历，工学博士，教授。现任中国科协党组书记、常务副主席、书记处第一书记，中国科学院院士。

曾任北京航空航天大学计算机系教师、副主任、主任。2000 年 12 月起先后任北京航空航天大学党委副书记、副校长、常务副校长（2006 年 2 月明确为正局级）；2009 年 5 月任北京航空航天大学党委副书记、校长（副部长级）。2009 年 11 月当选中国科学院院士。2015 年 2 月任工业和信息化部副部长、党组成员，中央人才工作协调小组成员；2016 年 12 月任天津市委副书记；2017 年 8 月起任中国科学技术协会党组书记、常务副主席、书记处第一书记。

第十二届全国人民代表大会代表，中国共产党第十九次全国代表大会代表，第十九届中央委员会委员。

2017年新当选的全国学会、协会、研究会理事长

（按中国科协团体会员序列排序）

龚旗煌，中国光学学会理事长，中国科学院院士。

1964年8月出生，福建莆田人。发展中国家科学院院士，北京大学副校长、博雅讲席教授，兼任中国科协第九届全国委员会常务委员、国际光学委员会副主席、国际物理与应用物理联合会激光与光子学专委会副主任、美国光学学会会士、英国物理学会会士。

长期从事非线性光学前沿与时空小尺度光学研究。提出通过电荷快速转移获得超快响应和大系数的三阶非线性光学材料的新方法，实现了高性能超快低阈值全光器件；开拓飞秒/纳米时空高分辨光学测量，实现纳微结构超快光调控及电子态的人工调控。发表论文500余篇，被引用9000余次。曾获国家自然科学奖二等奖、北京市科学技术奖一等奖、教育部科技进步奖一等奖、何梁何利科学与技术进步奖等奖励。研究成果三次入选“中国高等学校十大科技进展”。

钟自然，中国地质学会理事长。

1962年8月出生，安徽桐城人。国土资源部党组成员，中国地质调查局局长、党组书记，中国地质科学院院长。

1983年，合肥工业大学地质系矿产地质普查与勘探专业毕业。1988年，中国地质科学院研究生部矿床学专业硕士研究生毕业。1991年，中国地质科学院研究生部矿床学专业博士研究生毕业。历任国土资源部规划司副司长、司长，中国地质环境监测院院长、党委副书记，中国地质调查局副局长、党组副书记、党组书记，国土资源部总工程师、党组成员。

陈晓非，中国地球物理学会理事长，中国科学院院士。

1958年2月出生，四川成都人。1982年获中国科学技术大学学士学位，1991年获美国南加州大学博士学位。1996—2007年任北京大学教授；2008—2016年任中国科学技术大学教授；2016年9月加入南方科技大学。1996年获国家杰出青年科学基金资助，2000年被聘为教育部长江学者特聘教授，2009年获何梁何利科学技术进步奖，2015年当选国际大地测量和地球物理联合会首届会士。主要从事理论与计算地球物理学研究，在地震波和震源破裂动力学等理论与计算地震学研究领域取得了一系列系统性的重要研究成果。

胡瑞忠，中国矿物岩石地球化学学会理事长。

1958 年 12 月出生，湖南道县人。中国科学院地球化学研究所所长、研究员、博士生导师，矿床地球化学国家重点实验室主任。1988 年毕业于成都地质学院（现成都理工大学）放射性地质专业，获理学博士学位。

主要从事矿床地球化学和同位素地球化学研究。作为首席科学家，主持过两项国家“973”项目以及多项中国科学院重要方向项目、国家自然科学基金重点项目等。国家杰出青年科学基金获得者，曾获国家自然科学奖二等奖、贵州省科技进步奖一等奖、中国科学院青年科学家奖等，获全国优秀留学回国人员、“首批新世纪百千万人才工程国家级人选”等称号。

孙松，中国海洋湖沼学会理事长。

1959 年 12 月出生，山东莱阳人。中国科学院海洋研究所研究员，中国科学院大学海洋学院院长，中国科学院青岛科教园发展中心主任。国际海洋研究委员会副主席。

长期从事海洋生态学和生物海洋学研究，先后承担国家、中国科学院、省部委等科研项目几十项。作为首席科学家，完成国家“973”计划项目，在国内外主要刊物发表研究论文 200 余篇，出版《生物海洋学》等专著 7 部。先后获得国家海洋局科技成果奖特等奖、一等奖，国家海洋局海洋创新成果奖一等奖、二等奖，中科院杰出科技成就奖，海洋工程奖特等奖，海洋科学技术奖一等奖。享受国务院政府特殊津贴。

康乐，中国昆虫学会理事长，中国科学院院士。

1959 年 4 月出生，河北唐县人。博士，研究员，发展中国家科学院院士，国际欧亚科学院院士。现任河北大学校长、中国科学院北京生命科学研究院院长、中国科学院大学生命科学学院院长。曾任中国科学院生命科学与生物技术局局长、中国科学院动物研究所所长。

国际上生态基因学研究的主要领衔科学家，他将分子生物学与生态学结合，系统研究昆虫适应性和表型可塑性。在相关领域发表 SCI 论文 165 篇，总引用 4800 余次。2011 年获何梁何利生命科学与技术进步奖，2013 年获美国昆虫学会国际杰出科学家奖。2015 年被选为美国昆虫学会会士，同年获谈家桢生命科学成就奖。2017 年获国家自然科学奖二等奖，同年获中国科学院杰出科技成就奖。

徐涛，中国生物物理学会理事长，中国科学院院士。

1970年8月出生，湖北宜昌人。中国科学院大学副校长。1996—1999年在德国马克思－普朗克生物物理化学研究所做博士后研究；1999—2000年任美国华盛顿大学高级研究员；2000—2003年任华中科技大学生命科学学院副院长；2003—2017年任中国科学院生物物理研究所副所长、所长。

主要从事糖尿病分子机制研究和超分辨成像技术研究。曾获中国五四青年奖章、第三世界科学院青年会士称号、国家自然科学奖二等奖、何梁何利科学与技术进步奖、谈家桢生命科学创新奖等。

傅小兰，中国心理学会理事长。

1963年7月出生，湖南桃源人。中国科学院心理研究所所长，中国科学院大学心理学系主任。曾获全国三八红旗手、全国妇女创先争优先进个人、全国教科文卫体系统先进女职工工作者等荣誉称号，中共十八大代表、十九大代表。

从事认知心理学及相关应用领域的研究。阐释了人类在复杂信息环境下理解问题（问题表征）的机制以及信息呈现方式（多模态的、意识的与无意识的）影响人类思维与学习效果的规律；发现了姿态和表情在整合迁移中的不对称作用，揭示了人类面孔匹配中基于图像相似性的特点；发现微表情表达和识别的特点。主编有《心·坐标：当代心理学大家》《情绪心理学》等著作。

黄润秋，中国环境科学学会理事长。

1963年8月出生，湖南长沙人。环境保护部副部长。第九届、十届、十一届全国政协委员，第十二届全国人大代表。九三学社中央常委。

1979年在成都地质学院（现成都理工大学）水文系学习，1988年博士研究生毕业后留校工作。历任校长助理、水文系主任、环境与土木工程学院院长、副校长、地质灾害防治与地质环境保护国家重点实验室主任。2008年当选四川省政协副主席。2014年当选四川省人大常委会副主任。2017年当选九三学社第十四届中央委员会副主席。

专长大型工程岩石高边坡稳定性评价及崩滑地质灾害的预测与防治。曾先后主持和承担国家自然科学基金重大研究计划等重大项目20余项。

秦川，中国实验动物学会理事长。

1959年10月出生，山东青岛人。中国医学科学院医学实验动物研究所所长，卫生部人类疾病比较医学重点实验室主任，亚洲实验动物学会联合会（AFLAS）副主席。

研究方向为实验病理学，主要从事人类疾病动物模型研制、分析和评价研究。开创了比较医学学科，搭建了系统完善的比较医学理论和技术体系。在重大传染病防治及新发传染病疫情防控中，完成了动物模型应急研制、病原溯源和危害评估、首个疫苗或药物体内评价等重大科技攻关任务。先后获得国家科技进步奖、教育部等多项国家及省部级奖励，并荣获全国“三八红旗手”“卫生部有突出贡献的中青年专家”及“首届全国创新争先奖状”等荣誉。

郭良栋，中国菌物学会理事长。

1963年4月出生，山东临朐人。中国科学院微生物研究所真菌学国家重点实验室副主任，研究员，博士生导师。1987毕业于山东大学微生物学系，1990年获中科院沈阳应用生态研究所硕士学位，2000年获香港大学生态与分类学系博士学位。

主要从事与植物密切相关的内生真菌和菌根真菌系统学、生态学、生物多样性研究，主持国家多项重点科研项目。发表SCI论文100余篇，参编著作4部，获授权国家发明专利6项。

李骏，中国汽车工程学会理事长，中国工程院院士。

1958年3月出生，天津人。吉林工业大学内燃机专业博士学位，研究员级高工。享受国务院政府特殊津贴。曾荣获“全国劳动模范”称号和“全国五一劳动奖章”，首批新世纪百千万人才工程国家级人选。1989年进入一汽长春汽车研究所，曾任一汽集团副总工程师兼技术中心主任。

主持完成30多个重点科研课题和产品开发项目，其中国家级重点科研开发项目12个、省部级项目21个，填补国内空白的项目6个。在中重型高端柴油机开发、发动机性能设计、热力学模拟分析、发动机结构设计、智能化参数设计等领域取得研究成果。

隋斌，中国农业工程学会理事长。

1964年1月出生，黑龙江青冈人。研究员。历任农业部发展计划司副司长、全国农业展览馆（中国农业博物馆）馆长。现任农业部规划设计研究院院长、农业部资源循环利用技术与模式综合性重点实验室主任。

长期从事农业工程建设管理和研究工作，主持和参与国家、省部级课题16项，获得省部级一等奖2项。现主持"十三五"国家重点研发计划项目"农业废弃物厌氧发酵及资源化成套技术与设备研发"。策划、组织申报"二十四节气"申遗项目入选世界非物质文化遗产。策划、组织举办中国国际农产品交易会等多项大型展会。主持《国家优质粮食产业工程建设规划》（2006—2010）等多项农业建设规划编制工作以及《农业工程建设标准编制规划》（2010—2015年）等多项农业建设行业标准、规范和政策的研究和制定。

宋超智，中国测绘地理信息学会理事长。

1957年9月出生，陕西西安人。国家测绘地理信息局副局长、党组成员。

1976年9月参加工作，研究生学历，博士学位。2004年取得工商管理硕士学位，2009年取得北京林业大学经济管理专业博士学位。作为第一完成人，主持完成了"陕西省基础地理信息数据库"项目，获2005年度陕西省科学技术奖二等奖。作为第一完成人，主持完成了"1∶10000基础地理信息更新与建库技术设计"项目，获2007年测绘科技进步奖二等奖。

李长印，中国造船工程学会理事长。

1951年9月出生，陕西西安人。高级工程师。中国共产党第十六届、十七届中央候补委员。

西北电讯工程学院（现西安电子科技大学）毕业。历任中国船舶工业总公司江云机械厂厂长、党委委员，中国船舶工业总公司重庆船舶工业公司副总经理、党委委员，中国船舶工业总公司西安船舶设备工业公司副总经理、总经理、党组书记。1999年任中国船舶重工集团公司副总经理、党组成员；2001年任中国船舶重工集团公司总经理、党组书记、党组纪检组组长；2002—2015年任中国船舶重工集团公司总经理、党组书记。

卢春房，中国铁道学会理事长，中国工程院院士。

1956年5月出生，河北蠡县人。1982年毕业于西南交通大学铁道工程专业，2007年获清华大学硕士学位。曾任铁道部副部长、中国铁路总公司副总经理。

长期从事铁路建设管理和科技创新工作，历任青藏铁路和京沪高铁等重大铁路干线指挥长，组织建成青藏铁路和以京沪高铁为代表的我国高铁路网骨架，创立高铁建设标准化管理模式和动态施工组织方法，组织高铁技术一体化自主创新，建立我国高铁设计标准体系，主持研制CRTS-Ⅲ型无砟轨道系统等项目。获2015年国家科技进步奖特等奖。曾撰写出版《铁路工程铺架施工与管理》《铁路建设项目标准化管理》等多部专著，在《人民日报》《管理世界》《中国铁路》等重要报刊上发表论著40多篇。

雷凡培，中国宇航学会理事长。

1963年5月出生，陕西合阳人。研究员，国际宇航科学院院士，中国航天科技集团有限公司董事长、党组书记。

1987—1997年历任航天工业部、航空航天工业部、中国航天工业总公司067基地11所设计员、研究室副主任、研究室主任、副所长、所长。1997—2002年任067基地副主任、主任；2002年任中国航天科技集团公司第六研究院院长；2004年兼任六院党委副书记；2005年任中国航天科技集团公司党组成员、副总经理；2013年任中国航天科技集团公司党组成员、董事、总经理；2014年任中国航天科技集团公司党组书记、董事长。现兼任亚太卫星控股有限公司董事长、新一代运载火箭工程总指挥等。曾获国家科技进步奖特等奖2项、国家科技进步奖一等奖1项、国防科技进步奖一等奖2项、部级科技进步奖一等奖2项和国家百千万人才工程第一层次人选、国家百千万人才工程第二层次人选、全国科技系统劳动模范和先进工作者、全国十大杰出青年、中国航天科技集团公司有突出贡献专家等荣誉。

戴厚良，中国化工学会理事长，中国工程院院士。

1963年8月出生，江苏扬州人。1985年9月参加工作，曾任扬子石油化工公司副总经理、总经理、董事长。中国石化集团公司党组成员，中国石化股份公司董事、高级副总裁兼财务总监。现任中国石化集团公司总经理、党组副书记，中国石化股份公司副董事长、总裁。中国共产党第十九届中央候补委员。

长期从事石油化工生产和技术研发。主持高效环保芳烃成套技术开发，并取得对二甲苯吸附分离技术关键突破与产业化。曾获国家科技进步奖特等奖1项、二等奖1项，省部级科技进步奖特等奖1项、一等奖6项；曾获世界工程师大会“中国企业技术进步与创新杰出贡献奖”，2016年获中国科协首届“全国杰出科技人才”奖。出版专著1部，发表论文20篇；获发明专利授权12项。国务院政府特殊津贴专家。

谭天伟，中国可再生能源学会理事长，中国工程院院士。

1964年2月出生，湖南湘潭人。北京化工大学校长。教育部“长江学者奖励计划”特聘教授，“国家杰出青年基金”获得者，国家级高等学校教学名师，“973”项目首席科学家。国家自然科学基金委员会学科评审组成员，国家生物化工重点实验室学术委员会委员，国家生物反应器重点实验室学术委员会委员。

长期致力于工业生物技术领域研究，包括生物基化学品、生物能源和生物材料。作为项目负责人，先后承担国家“863”、国家“九五”“十五”攻关项目5项，国家自然科学基金重点和面上项目6项。以第一获奖人，先后获得国家技术发明奖二等奖2项，省部级一等奖4项、二等奖4项。累计在核心刊物发表论文300余篇，其中SCI收录150余篇、EI收录200余篇。

谢锦辉，中国电影电视技术学会理事长。

1963年10月出生，四川南充人。国家新闻出版广电总局广播电视规划院副院长，教授级高级工程师。1990年获武汉华中科技大学通信与电子系统专业博士学位。1990—1991年在法国巴黎国家科学研究中心所属实验室LIMSI-CNRS完成博士后研究工作。1992—1995年在华中科技大学任副教授；1996—2006年在广播科学研究院工作；2001年担任广播科学研究院副院长；2007年担任广播电视规划院副院长。获1998年度国家人事部“中青年有突出贡献专家”。2002年度国务院政府特殊津贴获得者。2003年获“留学回国人员成就奖”。2008年获“中国广播电视协会广播电视科技杰出贡献奖”和“中国新闻技术工作者联合会王选新闻科学技术杰出人才奖”。2012年获第十二届广播电视科学技术奖。负责主持有关数字广播电视技术的科研项目，多次获得国家广电总局科技进步一等奖和国家广电总局科技创新一等奖。

徐德鸿，中国电源学会理事长。

1961年8月出生，江西南昌人。浙江大学教授。1989年获浙江大学电力电子技术学科博士学位，1989年至今在浙江大学任教。

从事电力电子技术的研究、教育工作。作为项目负责人，先后主持并完成国家自然科学基金、国家“863”“973”、省部级科研项目，多次获得国家自然科学基金优秀结题项目。在国内外发表学术论文200余篇，其中EI（SCI）收录论文100余篇；出版教材著作8本；获授权美国发明专利3项、中国国家发明专利40余项。

曾获得7项省部级科技进步奖一等或二等奖、4项电气和电子工程师协会论文奖。2014—2016年连续三年被列入爱思唯尔（Elsevier）年度中国高被引学者榜单。2016年获得IEEE Power Electronics Society R. David Middlebrook Achievement Award，为首位获得该殊荣的华人学者。

陈志强，中国体视学学会理事长。

1971 年 1 月出生，江苏常州人。研究员，博士生导师。危爆物品扫描探测技术国家工程实验室主任，清华大学工程物理系核技术研究所所长。

1997 年获清华大学工程物理系博士学位，1999 年至今任清华大学工程物理系讲师、副研究员、研究员、首席研究员。

主要研究方向为粒子技术与辐射成像，在辐射成像系统关键物理设计、X 射线图像数据的获取校正、快速重建以及 X 射线相衬成像和暗场成像等方面开展了一系列研究工作。发表学术论文 100 余篇，申请国际和国内发明专利 100 余项。带领团队推动了集装箱检查技术的科技成果转化和产业化。曾获国家科技进步一等奖、国家科技进步奖创新团队奖、国家自然科学基金杰出青年基金。

费爱国，中国指挥与控制学会理事长，中国工程院院士。

1955 年 7 月出生，江苏涟水人。空军装备研究院通信导航与指挥自动化研究所所长，专业技术少将军衔，高级工程师。

1981 年获北京邮电学院计算机应用硕士学位，2004 年获北京科技大学控制理论与控制工程博士学位。

长期在一线从事指挥信息系统顶层设计、装备科研和工程建设，是空军网络化指挥信息系统建设的主要开拓者之一。先后担任多个国家和军队重大项目技术总师，主持设计了中国首套出口型防空指挥信息系统和空军首套网络化区域指挥信息系统。先后获国家科技进步奖一等奖 1 项、二等奖 2 项，军队科技进步奖一等奖 6 项。荣立二等功 2 次、三等功 4 次。先后获政府特殊津贴、中国科协求是杰出青年实用工程奖、军队杰出专业技术人才奖、何梁何利基金科学与技术进步奖。撰写、编译出版专著 7 部，发表学术论文多篇。

于贤成，中国卫星导航定位协会会长。

1955 年 5 月出生，山东即墨人。1973 年 1 月参加工作。1984—1986 年先后在中央纪委研究室、办公厅工作；1986—2003 年在中央纪委第一纪检监察室工作，历任副处长、处长、副局级检查员、监察专员；2003—2007 年任中央纪委第四纪检监察室副主任；2007 年牵头组建中央纪委预防腐败室（国家预防腐败局办公室）并主持工作，先后任副主任、正局级检查员、监察专员兼副主任，同时担任国家预防腐败局新闻发言人；2011—2013 年任中央纪委驻国家食品药品监督管理局纪检组组长、局党组成员；2013 年任国家测绘地理信息局党组纪检组组长、党组成员；2013—2016 年任国家测绘地理信息局党组纪检组组长、党组成员，直属机关党委书记；2016 年任国家测绘地理信息局直属机关党委书记。

张桃林，中国农学会会长。

1961年5月出生，江苏姜堰人。联邦德国波恩大学、李比希大学农学专业毕业，研究生学历。农学博士，研究员，博士生导师。农业部副部长。全国政协常委，九三学社中央副主席。

1991—1999年历任中国科学院红壤生态开放实验站常务副站长，中国科学院南京土壤研究所所长助理、副所长，中国科学院南京分院副院长，中国科学院南京土壤研究所所长；1999—2001年任南京市人民政府副市长；2001—2008年任江苏省人民政府副省长；2008年至今任农业部副部长。

1992年享受国务院政府特殊津贴。1995年以来，先后获得中国科学院科技进步奖二等奖1项、江西省科技进步奖二等奖2项、国家科技进步奖二等奖1项。

王清印，中国水产学会理事长。

1952年8月出生，山东菏泽人。中国水产科学研究院黄海水产研究所研究员、博士生导师，原所长。在中国对虾育种研究方面成绩突出，建立了中国对虾新品种培育理论与技术体系，培育出中国对虾“黄海”系列新品种并实现产业化；致力于我国水产育种和海水健康养殖新理论、新技术的研发和推广应用。

获全国优秀科技工作者、农业部有突出贡献中青年专家、山东省先进工作者等荣誉称号。发表论文260余篇，主编《水产生物育种理论与实践》《中国海水养殖科技进展》丛书等20余部；获国家发明专利20余项；培养硕士生、博士生60余名。主持的“中国对虾‘黄海一号’新品种及其健康养殖技术体系”研究成果获2007年度国家技术发明奖二等奖、2014年获光华工程科技奖。

杜永臣，中国园艺学会理事长。

1954年12月出生，河北昌黎人。农业部科技委员会委员，农业部国家大宗蔬菜产业技术体系首席专家，兼任农业部蔬菜专家指导组组长。1982年北京农业大学本科毕业，1987年硕士研究生毕业。1987年至今在中国农业科学院蔬菜花卉研究所工作。其间，1991—1994年在日本三重大学攻读博士课程。

主要从事番茄育种和抗逆生理方面研究，在番茄耐低温弱光生理机制和鉴定技术以及抗病虫分子遗传机制方面取得一系列研究成果。组织发起了世界上首个利用新一代测序技术进行的作物基因组测序计划，共同主持完成了番茄基因组重测序和变异组学分析；选育出了10多个优良鲜食番茄新品种并大面积推广，在 *Nature Genetics* 等学术杂志上发表论文100余篇。

陈万权，中国植物保护学会理事长。

1962年9月出生，重庆丰都人。研究员，中国农业科学院麻类研究所所长。1983年毕业于原西南农学院植物保护系。1983—2013年在中国农业科学院植物保护研究所任助理研究员、副研究员、研究员、副所长/纪委书记，其间先后前往美国、墨西哥、荷兰、澳大利亚等国做访问学者。

长期从事麦类真菌病害研究工作。先后主持完成国家重大科研课题17项，获奖成果8项、授权专利13件，其中获国家科技进步一等奖2项（第一完成人、参加人）、国家科技进步奖二等奖1项（第三完成人）；主编著作15部，制定行业标准8项；发表论文200余篇，其中SCI论文50余篇。曾获中华农业英才、全国农业科研杰出人才、全国五一劳动奖章、全国优秀科技工作者等荣誉，享受国务院政府特殊津贴。

江用文，中国茶叶学会理事长。

1965年11月出生，安徽怀宁人。研究员，中国农业科学院茶叶研究所副所长，国家茶产业工程技术研究中心主任。1994年任中国农业科学院茶叶研究所科技处处长，1998年晋升副研究员，2000年任副所长。

长期从事茶叶加工研究，在名优绿茶机械化加工、茶叶新产品研发和红茶精准化加工等方面取得科技成果11项，其中获国家科技进步奖二等奖1项，省科技进步奖一等奖1项、二等奖共4项。目前是国家茶叶产业技术体系红茶加工岗位专家，国家“十三五”重点研发计划课题主持人。

2007年被授予“浙江省有突出贡献中青年科技专家”称号，2011年荣获“浙江省农业科技先进工作者”称号，2014年被中国科协评为全国优秀科技工作者，2016年被评为浙江省农业科技突出贡献者。

孙咸泽，中国药学会理事长。

1957年6月出生，江苏赣榆人。国家食品药品监督管理总局副局长、党组成员、药品安全总监。1982年毕业于南京药学院药学系。1982—2000年先后在成都制药一厂、四川省药品监督管理局工作，任厂长助理、副局长、党组成员；2003—2012年在国家食品药品监督管理局工作，历任药品安全监管司司长、信息中心主任、党委书记、副局长、党组成员。

编写《中华人民共和国食品安全的监管和战略框架专家报告》《药品GMP指南》《国家药物不良反应监测年度报告》《科学规划　稳步推进　为全面实施药品电子监管工作奠定坚实基础》并编译有《国际食品法典（中文版）》等多部学术研究著作。

吴欣娟，中华护理学会理事长。

1958年10月出生，北京人。北京协和医院护理部主任，主任护师，博士生导师，北京协和医学院护理学院副院长。1981—1996年任北京协和医院外科护士、护士长；1996—1998年任北京协和医院护理部副主任、总护士长。

主要从事临床护理研究实践、护理专业组织领导与教学管理工作。曾担任《中华护理杂志》《中国护理管理》杂志副主编、《护理研究》《中华现代护理》杂志副总编等。主编专业书籍50余部，发表学术论文80余篇，主持科研课题20余项。作为第一完成人，获“中华护理学会科技奖”一、二等奖，“中国医院协会医院科技创新奖”一、三等奖。2011年获得第43届“南丁格尔奖章”；2014年获十佳全国优秀科技工作者提名奖、“全国优秀科技工作者”等。2016年获“泰国王太后护理奖”；2017年获“全国创新争先奖状”。

杨月欣，中国营养学会理事长。

1955年12月出生，河北衡水人。营养学教授，博士生导师。1978年天津南开大学毕业，在中国预防医学科学院流行病研究所从事生物化学研究；1988年调入国家卫生研究所，从事妇幼营养研究；1998年至今在中国疾病预防控制中心担任食物营养室主任。

主要从事营养学研究，在食物成分研究、食物数据库研究与建设方面取得研究成果。主持和参与多项国家科技部重大攻关项目和国际合作课题，主持多项国际合作、国家科技部支撑项目、公益基金、国家自然基金项目。主持和完成国家标准制定14个以上，发表科研文章200余篇，主编营养学教材、科学著作20余部、科普类著作15部；获部级以上科技创新奖、技术专利15项；培养博士生、硕士生40余名。享受国务院特殊津贴。

张永祥，中国药理学会理事长。

1958年4月出生，山东青岛人。军事医学科学院科技部副部长、科技委常务副主任，博士生导师。1983—1986年任青岛医学院药理教研室助教；1986—1991年军事医学科学院毒物药物研究所博士研究生；1991—2001年历任军事医学科学院毒物药物研究所助理研究员、副研究员、研究员、研究室副主任、研究室主任、所长助理、副所长。全国政协委员。

从事神经、免疫药理学研究和新药研发以及医药科技战略研究。曾获军队科技进步奖二等奖、军队教学成果奖一等奖、北京市科学技术奖一等奖。获授权专利16项；发表学术论文300余篇，主编专著7部。享受政府特殊津贴。“重大新药创制”国家科技重大专项总体组专家，国际药理学联合会（IUPHAR）执委兼天然药物药理分委主席，《中国药理学与毒理学杂志》主编、*Military Medical Research*副主编。

樊代明，中国抗癌协会理事长，中国工程院院士。

1953 年 11 月出生，重庆人。美国国家医学院外籍院士。中国工程院副院长，亚太消化学会副主席，第四军医大学西京消化病医院院长，肿瘤生物学国家重点实验室主任，国家消化疾病临床医学研究中心主任，国家药物临床试验机构主任。曾任第四军医大学校长、中华消化学会主任委员、2013 年世界消化病大会主席。

先后承担国家“973”“863”、重大新药创制、自然科学基金等课题。获国家科技进步奖创新团队奖一、二、三等奖各 1 项，国家技术发明奖 1 项，国家发明专利 38 项，国家新药证书 1 项。获法国国家医学院塞维亚奖、何梁何利科技进步奖、求是实用工程奖、中国杰出大学校长奖等荣誉。担任国家教材委员会委员、全国高等医学教育数字化教材总主编，主编专著 23 部，发表 SCI 论文 600 余篇。

李颖川，中国体育科学学会理事长。

1960 年 1 月出生，安徽阜阳人。教育学博士，教授，博士生导师。国家体育总局党组成员、副局长。1982—2010 年任北京体育师范学院（首都体育学院）篮球教研室教师、主任、副院长、院长（1992 年 4 月—1994 年 4 月任日本横滨山手中华学校教师）；2010—2015 年任北京市体育局党组书记、局长。

先后主持国家社科基金、北京市哲学社会科学“十一五”规划项目课题和北京市教委科技创新平台项目。在多个全国学术会议和国内核心期刊发表论文多篇，出版国家级规划教材等专著 3 部。2010 年获国家体育总局教学成果奖一等奖和三等奖。

房祥忠，中国现场统计研究会理事长。

1962 年 1 月出生，山东诸城人。北京大学数学科学学院教授，教育部统计学类教学指导委员会副主任委员，全国应用统计专业学位研究生教育指导委员会委员。曾任北京大学数学院概率统计系主任。

研究领域包括生存分析、可靠性、纵向数据、基尼系数、空间统计等。其所领导的课题组在航天产品可靠性评估验证、雷达测量数据建模分析、癌症病人预后研究等方面做了一些理论和实际应用工作；其所研制的可靠性安全性评估系统关于载人长征系列火箭评估验证工作受到中国航天科技集团表彰。在《中国科学》等期刊发表论文 50 余篇。先后获得原航天部科技进步奖二等奖、工业和信息化部国防科技奖二等奖、北京市科技进步奖二等奖。

金灿荣，中国未来研究会理事长。

1962 年 12 月出生，湖北武汉人。研究员。1987—2002 年在中国社会科学院美国研究所工作；2002 年 7 月迄今在中国人民大学国际关系学院工作。现为教育部长江学者特聘教授，中国人民大学二级教授、国际关系学院副院长、外交学专业博士生导师。2006 年曾受聘为清华大学伟伦讲座教授。

主要研究领域包括美国政治制度与政治文化、美国外交、中美关系及大国关系、中国对外政策。主要讲授课程包括外交决策研究、美国外交与中美关系、中国外交的理论与实践等。主要著作包括《大国来了》《大危机时代和中国式突围》《中国的未来》《大国责任》《美国 20 讲》《多边主义与东亚合作》《中国学者看大国战略》等，发表论文和评论 800 余篇。

2017 年新当选的省、自治区、直辖市科协主席

刘德培，北京市科协第九届委员会主席，中国工程院院士。

1950 年 5 月出生，安徽阜南人。1968 年 11 月参加工作，1974 年 7 月加入中国共产党，1986 年 12 月在中国协和医科大学获得博士学位。现任中国医学科学院基础医学研究所分子生物学国家重点实验室主任、研究员，国际医学科学院组织执行委员，全国人大常委会委员。入选原国家教委“跨世纪优秀人才培养计划”，获卫生部科技进步奖一等奖，获得“求是基金会杰出青年学者”称号。

主要从事基因调控、基因治疗与心血管疾病发病机制研究。先后发现了马利兰可显著增强成年贫血恒河猴与 β 地贫患者胎儿型珠蛋白基因的表达、HS2 是 β 基因红系增强子及其关键部位 NFE 2/AP I 位点、不同长度的红系增强子在反转录病毒载体介导的基因转移中增强 β 基因的表达、TC1 转座子在哺乳动物细胞中发生高频倒位和用杂合寡核苷酸介导实现了 β 基因定点修复。发表论文 200 余篇，被引用 3000 余次。

周然，山西省科协第八届委员会主席。

1958 年 7 月出生，山西忻州人。1976 年 4 月参加工作，1994 年 9 月加入农工民主党。研究生学历，医学博士学位，教授，主任医师。现任全国政协委员、山西省人大常委会副主任、山西省科协主席、农工民主党中央常委、山西省中医药学会理事长。

曾任山西省政协副主席、山西省卫生厅副厅长、山西中医学院院长、农工民主党山西省委主委等职务。2013 年 1 月任山西省人大常委会副主任。2017 年 2 月当选山西省科协主席。

长期从事中医方剂学和中药研究，致力于中医理论创新和药酒研发。主持国家自然科学基金项目 2 项、国家科技支撑计划项目 2 项、国家重大新药创制项目 1 项；获得山西省科技进步奖 8 项、国家发明专利授权 18 项；发表学术论文 100 余篇，主编有《山西省著名中医临床经验选粹》《北黄芪研究》等著作 9 部。

冯守华，吉林省科协第九届委员会主席，中国科学院院士。

1956年3月出生，吉林磐石人。教授。十二届全国政协委员，吉林省第十二届人大常委，九三学社十三届中央委员，吉林大学学术委员会主任、化学学院博士生导师，第三届国际溶剂热与水热化学协会主席。

长期从事无机合成与材料化学方面的研究工作，主持多项“973”“863”及国家基金委重大研究计划研究课题。

赵敏，黑龙江省科协第八届委员会主席。

1956年4月出生，河北曲阳人。1984年11月加入中国共产党。哈尔滨工业大学材料及加工系材料及热处理专业研究生毕业，工学博士学位，研究员。

现任黑龙江省人大常委会副主任、党组副书记，黑龙江省科协第八届委员会主席。

郭生练，湖北省科协第九届委员会主席。

1957年7月出生，福建龙岩人。1982年6月参加工作，1997年3月加入中国民主同盟。爱尔兰国家大学工程水文系水文专业毕业，研究生学历，工学博士，教授，博士生导师。2000年任民盟湖北省副主委、湖北省科技厅副厅长，武汉大学教授、博士生导师；2003年任湖北省政协副主席，民盟中央常委、湖北省主委，湖北省科技厅副厅长；2005年任湖北省政府副省长、湖北省科技厅厅长。

主要从事变化环境中的水文水资源学、数字流域、水文预报和水库调度、水资源优化配置等科研工作。先后主持国家级课题20余项、横向课题60余项；发表学术论文300余篇，其中SCI检索论文30余篇；合作编著6部科技专著；有14项成果获省部级及以上科技奖。

赵艳林，广西壮族自治区科协第七届委员会主席。

1958 年 4 月出生，广西全州人。研究生学历，工学博士，教授。全国政协委员，第十届广西政协常委。1982 年毕业于广西大学土木工程系工业与民用建筑专业。享受国务院特殊津贴专家，广西高校“跨世纪人才”、广西“十百千人才工程”第二层次人选，全国高等学校土建学科土木工程专业教学指导委员会会员，广西重点学科（土木工程）学术带头人，广西建筑工程检测与试验重点实验室主任。历任桂林理工大学党委书记，广西大学党委副书记、校长。

长期从事结构分析理论与方法、土木工程中的不确性决策理论与应用等方面的教学和研究工作。先后主持过国家重大基础研究前期专项、国家自然科学基金等国家级项目 4 项、省部级项目 10 余项。在国内外学术刊物上发表论文 60 余篇。

潘复生，重庆市科协第五届委员会主席，中国工程院院士。

1962 年 7 月出生，浙江兰溪人。先后在合肥工业大学、重庆大学和西北工业大学获得学士、硕士和博士学位。现任重庆大学教授、博士生导师，重庆市科学技术研究院院长，国家镁合金材料工程技术研究中心主任，是国家万人计划（特支计划）首批领军人才，“何梁何利奖”“全国杰出专业技术人才”“国家杰出青年科学基金”“美国杜邦科技创新奖”和“第二届中国青年科技奖”获得者。

主要从事镁合金等方面的研究和应用，在高塑性镁合金、先进成形加工技术和深度纯净化等领域取得多项重要创新成果。发表 SCI 论文 350 余篇，出版著作 12 部（本）；获国家技术发明奖和科技进步奖 4 项、省部级重要科技奖励 10 余项；获国家授权发明专利 130 余项，制定并获批国家标准多项。

尤伟利，青海省科协第十届委员会主席。

1963 年 5 月出生，山东临沂人。1991 年 6 月加入中国共产党。1984 年 7 月毕业于青海工农学院地质调查及矿产勘探专业，获得工学学士学位。1984 年 7 月参加工作，先后在青海有色地质七队、青海省直属机关工作委员会、中共黄南州委工作，历任青海省直属机关工作委员会办公室副主任、主任，中共黄南州委常委、组织部部长，青海省直属机关工作委员会巡视员、副书记、书记等职；2016 年 12 月起任青海省科协党组书记、主席人选；2017 年 9 月当选为青海省科学技术协会第十届委员会主席。

表彰奖励

人力资源社会保障部　中国科协　科技部 国务院国资委关于表彰全国创新争先奖获奖者的决定

人社部发〔2017〕44号

各省、自治区、直辖市及新疆生产建设兵团人力资源社会保障厅（局）、科协、科技厅（委、局）、国资委，中央和国家机关及中央军委有关人事人才司（局），中国科协所属有关全国学会、协会、研究会和各全国学会联合体：

2016年5月30日，习近平总书记在全国科技创新大会、两院院士大会、中国科协第九次全国代表大会上发表重要讲话，吹响建设世界科技强国的号角，强调坚持走中国特色自主创新道路，面向世界科技前沿、面向经济主战场、面向国家重大需求，加快各领域科技创新，掌握全球科技竞争先机，要求团结引领广大科技工作者积极进军科技创新，组织开展创新争先行动。广大科技工作者积极响应号召，胸怀祖国，立足世界科技前沿，把握时代脉搏，紧紧围绕国家重大战略需求，勇担创新驱动发展重任，努力在独创独有上下功夫，敢于挑战最前沿的科学问题，着力攻克关键核心技术，积极抢占科技竞争和未来发展制高点，为加快建设世界科技强国做出了突出贡献。

为进一步团结引领广大科技工作者创新争先、勇担重任、勇攀高峰，中央批准设立全国创新争先奖，表彰在科学研究、技术开发、重大装备和工程攻关、转化创业、科普及社会服务等科技创新全链条上做出突出贡献的集体和个人。人力资源社会保障部、中国科协、科技部、国务院国资委决定授予大亚湾反应堆中微子实验团队等10个团队全国创新争先奖牌；授予王过中等28名同志全国创新争先奖章并享受省部级先进工作者和劳动模范待遇；授予丁列明等254名同志全国创新争先奖状。希望受到表彰的全国创新争先奖获奖者珍惜荣誉、再接再厉，充分发挥引领示范作用，自觉当好创新争先行动的领跑者，不断为深入实施创新驱动发展战略、奋力向世界科技强国目标迈进贡献智慧和力量。

全国创新争先奖获奖者是我国广大科技工作者和创新团队的杰出代表。广大科技工作者要以获奖者为榜样，学习他们科技报国、无私奉献的爱国精神，学习他们严谨求实、勇于创新的科学精神，学习他们不畏艰险、勇攀高峰的探索精神，学习他们奋勇争先、不甘落后的进取精神，学习他们团结协作、淡泊名利的团队精神，坚定敢为天下先的志向，瞄准国家重大战略需求，聚焦国家科技攻关难题，释放创新智慧能量，燃烧创造发明激情，当好建设世界科技强国的排头兵，切实担负起参与创新、推动创新、引领创新的历史重任。

各地区各部门要深入学习贯彻习近平总书记系列重要讲话精神和治国理政新理念新思想新战略，积极推进“五位一体”总体布局和“四个全面”战略布局，大兴识才爱才敬才用才之风，优化人才成长和发展环境，聚天下英才而用之，加快打造具有全球影响力的科技创新基地，不断释放创新驱动的原动力，拓宽发展新空间，创造发展新机遇，打造发展新引擎，提升发展整体效能，以优异的成绩迎接党的十九大胜利召开，为实现“两个一百年”奋斗目标、实现中华民族伟大复兴的中国梦而努力奋斗！

附件：1. 全国创新争先奖牌获奖团队名单
2. 全国创新争先奖章获奖者名单
3. 全国创新争先奖状获奖者名单

人力资源社会保障部　中国科协
科技部　国务院国资委
2017年5月25日

附件1

全国创新争先奖牌获奖团队名单
（共10个）

大亚湾反应堆中微子实验团队
北斗导航卫星研发团队
长征五号运载火箭研制团队
海军工程大学电力集成创新团队
医学免疫学国家重点实验室
纳米与界面催化研究团队
特种环境复合材料技术创新团队
天河高性能计算创新团队
高速铁路技术攻关组
功能材料与集成器件团队

附件2

全国创新争先奖章获奖者名单

（共28名，按姓氏笔画排序）

王过中　中国人民解放军61886部队研究员
王拥军　首都医科大学附属北京天坛医院副院长，主任医师、教授
石远凯　国家癌症中心副主任，中国医学科学院肿瘤医院副院长，主任医师
田　伟　北京积水潭医院院长，主任医师、教授
许　波　中国航天科工集团第四研究院科技委主任，研究员
李　陟　中国航天科工集团第二研究院科技委主任，研究员
李少昆　中国农业科学院作物科学研究所耕作与栽培中心主任，研究员
李春明　中国北方车辆研究所总工程师，研究员
杨　伟　中国航空工业集团公司重点型号总设计师、科技委副主任，研究员级高级工程师
杨焕明　深圳华大基因研究院理事长，研究员
肖龙旭　中国人民解放军火箭军装备研究院总工程师，研究员
吴伟仁　探月与航天工程中心中国探月工程总设计师，研究员
何中虎　中国农业科学院作物科学研究所研究员
张　平　北京邮电大学网络与交换技术国家重点实验室主任，教授
陈仙辉　中国科学技术大学物理系教授
陈和生　中国科学院高能物理研究所北京正负电子对撞机国家实验室主任，研究员
范瑞祥　中国航天科技集团公司第一研究院长征七号运载火箭总设计师，研究员级高级工程师
周建平　中央军委装备发展部载人航天工程总设计师，研究员
南仁东（满族）　中国科学院国家天文台FAST工程首席科学家兼总工程师，研究员
施一公　清华大学副校长，教授
祝学军（女）　中国航天科技集团公司第一研究院战术武器系列总设计师，研究员
徐　銤　中国原子能科学研究院快堆工程部总工程师，研究员
高宗余　中铁大桥勘测设计院集团有限公司总工程师，教授级高级工程师
彭金辉（彝族）　昆明理工大学校长，教授
谢　毅（女）　中国科学技术大学化学系教授
褚君浩　中国科学院上海技术物理研究所学位委员会副主任，研究员
潘建伟　中国科学技术大学常务副校长，教授
薛其坤　清华大学副校长，教授

附件3

全国创新争先奖状获奖者名单

（共254名，按姓氏笔画排序）

丁列明　贝达药业股份有限公司董事长兼首席执行官，教授级高级工程师
马　丁　华中科技大学同济医学院附属同济医院妇产科（学系）主任，教授、主任医师
马　骏　中山大学肿瘤防治中心常务副主任、附属肿瘤医院常务副院长，教授
马晓川　中国科学院声学研究所副所长，研究员
王　飞　哈尔滨工业大学教授，哈工大机器人集团总裁
王　辰　中日友好医院院长，主任医师、教授
王　炜　东南大学土木建筑交通学部主任，教授
王　原　中国科学院古脊椎动物与古人类研究所中国古动物馆馆长，研究员
王　曦　中国科学院上海微系统与信息技术研究所所长，研究员
王小云（女）　清华大学高等研究院教授
王小明　上海科技馆馆长，教授
王立平　中国科学院宁波材料技术与工程研究所研究员
王宁利　首都医科大学附属北京同仁医院院长，主任医师、教授
王成山　天津大学电气自动化与信息工程学院院长，教授
王华明　北京航空航天大学大型金属构件增材制造国家工程实验室主任，教授
王军成　山东省科学院学术委员会主任，研究员
王军志　中国食品药品检定研究院生物制品检定首席专家，研究员
王志勤（女）　工业和信息化部电信研究院技术与标准研究所所长，教授级高级工程师
王振国　中国人民解放军国防科学技术大学研究生院院长，教授

王晓云（女） 中国移动通信集团公司技术部总经理、研究院院长，教授级高级工程师
王恩东 浪潮集团有限公司首席科学家，研究员
王海峰（回族） 北京百度网讯科技有限公司副总裁
王海福 北京理工大学机电学院无人飞航工程系主任，教授
王煊军 中国人民解放军火箭军工程大学动力工程系特种燃料安全与环境工程教研室教授
王静康（女） 天津大学国家工业结晶技术研究推广中心主任，教授
王增全 中国北方发动机研究所柴油机高增压技术国防重点实验室主任，研究员
尤 政 清华大学副校长，教授
毛 明 中国兵器工业集团第二〇一研究所研究员
卞修武 中国人民解放军第三军医大学第一附属医院（西南医院）病理科主任，教授、主任医师
方 忠 中国科学院物理研究所副所长，研究员
尹学军 隔而固（青岛）振动控制有限公司总经理，研究员
孔祥清 江苏省人民医院心内科主任，主任医师
艾措千（藏族） 青海省藏医院名誉院长，教授、主任医师
卢怀玉 河间市国欣农村技术服务总会会长，研究员
田 捷 中国科学院自动化研究所中国科学院分子影像重点实验室主任，研究员
付 丽（女） 天津市肿瘤医院（天津医科大学肿瘤医院）乳腺病理科主任，教授
付梦印 南京理工大学校长，教授
白先进（回族） 广西壮族自治区农业科学院研究员
印遇龙 中国科学院亚热带农业生态研究所研究员
包幼林 中国航发湖南动力机械研究所副总设计师，研究员级高级工程师
冯夏庭 中国科学院武汉岩土力学研究所岩土力学与工程国家重点实验室主任，研究员
邢 继 中国核电工程有限公司副总经理兼总工程师，研究员级高级工程师
毕利军（女） 中国科学院生物物理研究所佛山分所所长，研究员
吕 剑 西安近代化学研究所研究员
朱 荣 北京科技大学钢铁冶金系教授
朱日祥 中国科学院地质与地球物理研究所研究员
朱兆云（女） 云南省药物研究所所长，研究员级高级工程师
朱利中 浙江大学农业生命环境学部主任，教授
朱美芳（女） 东华大学材料科学与工程学院院长、纤维材料改性国家重点实验室主任，教授
朱洪斌 江苏省电力试验研究院有限公司技术主管，高级技师
朱健强 中国科学院上海光学精密机械研究所高功率激光物理联合实验室主任，研究员
乔方利 国家海洋局第一海洋研究所副所长、党委书记，研究员
任南琪 哈尔滨工业大学副校长，教授
危起伟 中国水产科学研究院长江水产研究所研究员
邬江兴 中国人民解放军信息工程大学教授
刘 宏 哈尔滨工业大学校长助理兼机电工程学院院长，教授
刘 良 澳门科技大学校长，教授
刘 静 清华大学医学院生物医学工程系教授，中国科学院理化技术研究所双聘研究员
刘之平 中国水利水电科学研究院副院长，教授级高级工程师
刘少军 湖南师范大学省部共建淡水鱼类发育生物学国家重点实验室主任，教授
刘中民 中国科学院大连化学物理研究所所长，研究员
刘正东（满族） 中国钢研科技集团有限公司钢铁研究总院特殊钢研究所副所长，教授级高级工程师
刘汉龙 重庆大学副校长，教授
刘加平 西安建筑科技大学建筑学院院长，教授
刘兴胜 西安炬光科技股份有限公司董事长兼总经理，研究员
刘松玉 东南大学岩土工程研究所江苏省城市地下工程与环境安全重点实验室主任，教授
刘建军 山东省农业科学院作物研究所研究员
刘春跃 中国船舶重工集团公司七五〇试验场副场长，研究员
刘铁根 天津大学光电信息技术教育部重点实验室主任，教授
刘清友 西华大学校长，教授
刘清宇 中国人民解放军海军装备研究院某研究所副所长，研究员
江 雷 中国科学院理化技术研究所中国科学院仿生材料与界面科学重点实验室主任，研究员

安芷生　中国科学院地球环境研究所学术委员会主任，研究员
许　勇　北京市农林科学院蔬菜研究中心主任，研究员
孙　聪　中航工业集团公司沈阳飞机设计研究所型号总设计师，研究员
孙胜利　中国科学院上海技术物理研究所所长助理、工程三室主任，研究员
芮筱亭　南京理工大学发射动力学研究所所长，研究员
严根土　中国农业科学院棉花研究所研究员
杜江峰　中国科学技术大学物理学院执行院长，教授
李云松　西安电子科技大学综合业务网国家重点实验室图像编码与处理中心主任，教授
李玉良　中国科学院化学研究所研究员
李东波　中国恩菲工程技术有限公司副总工程师，研究员级高级工程师
李克强　清华大学汽车工程系教授
李英成　中测新图（北京）遥感技术有限责任公司总经理，研究员
李金成　中国第一汽车股份有限公司技术中心动力总成研发院产品总监，研究员级高级工程师
李学龙　中国科学院西安光学精密机械研究所副所长，研究员
李建刚　中国科学院合肥物质科学研究院研究员
李爱民　南京大学环境学院副院长，教授
李涤尘　西安交通大学机械制造系统工程国家重点实验室主任，教授
李登海　山东登海种业股份有限公司名誉董事长，研究员
李殿中（满族）　中国科学院金属研究所党委委员、材料加工模拟研究部主任，研究员
杨　宏　中国空间技术研究院天津基地管理委员会研究员
杨华勇　浙江大学机械工程学院院长，教授
杨志新　澳门大学科技学院助理院长，助理教授
杨秀荣（女）　中国科学院长春应用化学研究所研究员
杨启贵　长江勘测规划设计研究院副院长兼总工程师，教授级高级工程师
杨学明　中国科学院大连化学物理研究所化学动力学研究中心主任，研究员
杨宝峰　哈尔滨医科大学校长，教授
杨善林　合肥工业大学管理学院教授
杨德森　哈尔滨工程大学教授
肖　刚　北京应用物理与计算数学研究所研究员
吴一戎　中国科学院电子学研究所所长，研究员
吴义强　中南林业科技大学副校长，教授
吴天一（塔吉克族）　青海省高原医学科学研究院省部共建高原医学国家重点实验室培育基地主任，研究员
吴立新　中国海洋大学副校长、青岛海洋科学与技术国家实验室主任，教授
吴永宁　国家食品安全风险评估中心技术总师，研究员
吴欣娟（女）　北京协和医院护理部主任，主任护师
吴建平　清华大学计算机科学与技术系主任，教授
吴剑旗　中国电子科技集团公司第三十八研究所科技委主任，研究员级高级工程师
何　川　西南交通大学科学技术发展研究院院长，教授
何满潮　中国矿业大学（北京）深部岩土力学与地下工程国家重点实验室主任，教授
邹汝平　中国兵器工业集团公司总工程师、中国兵器科学研究院总工程师，研究员
汪卫华　中国科学院物理研究所极端条件物理重点实验室主任，研究员
汪双杰　中交第一公路勘察设计研究院有限公司党委书记、副总经理，教授级高级工程师
沙爱民　长安大学副校长，教授
沈　齐　中国人民解放军空军装备研究院某研究所高级工程师
沈功田　中国特种设备检测研究院副院长，研究员
沈其荣　南京农业大学资源与环境科学学院教授
沈建忠　中国农业大学动物医学院院长，教授
宋保亮　武汉大学生命科学学院院长，教授
宋晓玲（女）　新疆天业（集团）有限公司党委书记、董事长
张　平　北京应用物理与计算数学研究所物性中心室主任，研究员
张　学　中国医学科学院基础医学研究所党委书记，教授
张　健　中国工程物理研究院电子工程研究所副所长、科技委主任，研究员
张　偲　中国科学院南海海洋研究所所长，研究员
张　鸿　中交第二航务工程局有限公司总工程师，教授级高级工程师
张　强　甘肃省气象局副局长，中国气象局干旱气候变化与减灾重点实验室主任，研究员

张平祥　西北有色金属研究院院长，教授级高级工程师
张永生　中国人民解放军信息工程大学教授
张永振　中国疾病预防控制中心传染病预防控制所人兽共患病室主任，研究员
张华民　中国科学院大连化学物理研究所研究员
张兴栋　四川大学教授
张克勤　云南大学副校长，教授
张启翔　北京林业大学国家花卉工程技术研究中心主任，教授
张改平　河南农业大学校长，教授
张学记　北京科技大学生物工程与传感技术研究中心主任，教授
张喜刚　中国交通建设股份有限公司总工程师，教授级高级工程师
张献龙　华中农业大学副校长，教授
张锦岚　中国船舶重工集团公司第七一九研究所党委委员，中国船舶重工集团公司首席技术专家，研究员
陆其峰　国家卫星气象中心卫星气象研究所副所长，研究员
陈　光　南京理工大学材料评价与设计教育部工程研究中心主任，教授
陈　军　国家基础地理信息中心总工程师，教授
陈　新　广东工业大学校长，教授
陈　曦　中国科学院新疆分院副院长，中国科学院中亚生态与环境研究中心主任，研究员
陈云霁　中国科学院计算技术研究所智能处理器研究中心主任，研究员
陈亚宁　中国科学院新疆生态与地理研究所荒漠与绿洲生态国家重点实验室主任，研究员
陈光浩　香港科技大学土木与环境工程学系讲座教授
陈迎春　中国商用飞机有限责任公司科技委常委，C919大型客机常务副总设计师，远程宽体客机总设计师，研究员
陈松林　中国水产科学研究院黄海水产研究所基因组研究室主任，研究员
陈凯先　中国科学院上海药物研究所学位评定委员会主任，研究员
陈宗年　中电海康集团有限公司董事长、党委书记，杭州海康威视数字技术股份有限公司董事长，中国电子科技集团公司第五十二研究所所长、党委副书记，高级工程师
陈建峰　北京化工大学化学工程学院院长，教授
陈香美（女）　中国人民解放军总医院内科临床部肾脏病科名誉主任，主任医师、教授
陈雪忠　中国水产科学研究院东海水产研究所所长，研究员
陈赛娟（女）　上海交通大学医学院附属瑞金医院上海血液学研究所所长，研究员
邵新宇　华中科技大学常务副校长，教授
范代娣（女）　西北大学化工学院教授
范景莲（女，回族）　中南大学粉末冶金研究院难熔金属研究所所长，教授
林　民　中国石化石油化工科学研究院课题组长，教授级高级工程师
林　群　中国科学院数学与系统科学研究院研究员
林宝军　上海微小卫星工程中心副主任，研究员
林柏泉　中国矿业大学安全工程学院教授
郁文贤　上海交通大学电子信息与电气工程学院信息技术与电气工程研究院院长，教授
果德安　中国科学院上海药物研究所研究员，上海中药现代化研究中心主任
罗晓广　中国人民解放军61786部队研究员
季新生　中国人民解放军信息工程大学教授
金亚秋　复旦大学电磁波信息科学教育部重点实验室主任，教授
金梅林（女）　华中农业大学教授
周　涛　电子科技大学大数据研究中心主任，教授
周向宇　中国科学院数学与系统科学研究院研究员
周学东（女）　四川大学华西口腔医院院长，教授、主任医师
周嘉伟　中国科学院上海生命科学研究院神经科学研究所神经科学国家重点实验室主任，研究员
郑海荣（回族）　中国科学院深圳先进技术研究院副院长，研究员
宗保宁　中国石化石油化工科学研究院副总工程师，教授级高级工程师
房　芳（女）　中国计量科学研究院微波标准频率实验室主任，研究员
孟令杰　国家国防科技工业局重大专项工程中心宇航工程部部长，研究员
赵金洲　西南石油大学校长，教授
赵春江　北京农业信息技术研究中心主任，研究员
胡小松　中国农业大学食品科学与营养工程学院院

长，教授
胡少伟　水利部交通运输部国家能源局南京水利科学研究院材料结构研究所所长，教授级高级工程师
胡亚安　水利部交通运输部国家能源局南京水利科学研究院水工水力学研究所副所长，教授级高级工程师
胡向东　上海高性能集成电路设计中心主任兼总工程师，高级工程师
胡盛寿　国家心血管病中心主任，中国医学科学院阜外医院院长，主任医师
钮新强　长江勘测规划设计研究院院长，教授级高级工程师
侯水生　中国农业科学院北京畜牧兽医研究所水禽研究室主任，研究员
洪　伟（回族）　东南大学信息科学与工程学院院长，教授
宫声凯　北京航空航天大学材料科学与工程学院教授
姚方杰（女）　吉林农业大学园艺学院教授
姚富强　中央军委装备发展部第六十三研究所研究员
姚檀栋　中国科学院青藏高原研究所所长，研究员
秦　川（女）　中国医学科学院医学实验动物研究所所长，研究员
秦瑞强　河北省天文爱好者协会理事长，河北省正定县科技馆馆长，高级工程师
敖英芳（达斡尔族）　北京大学党委副书记，北京大学第三医院运动医学研究所所长，主任医师
袁　亮　安徽理工大学党委副书记、副校长，教授级高级工程师
聂建国　清华大学未来城镇与基础设施研究院院长，教授
格日力（蒙古族）　青海大学高原医学研究中心主任，教授、主任医师
贾金生　中国水利水电科学研究院教授级高级工程师
夏宁邵　厦门大学国家传染病诊断试剂与疫苗工程技术研究中心主任，教授
顾晓松　南通大学江苏省神经再生重点实验室主任，教授
徐向阳　北京航空航天大学交通科学与工程学院教授
高　月（女）　军事医学科学院放射与辐射医学研究所药理毒理研究室主任，研究员
高　森　国网山东省电力公司检修公司淄博分部输电运维专工，高级技师
高　福　中国疾病预防控制中心副主任，中国科学院微生物研究所研究员
高正红（女）　西北工业大学航空学院教授，陕西省试验飞机工程实验室主任
高自友　北京交通大学交通运输学院教授
高彩霞（女）　中国科学院遗传与发育生物学研究所研究员
郭　姣（女）　广东药科大学校长，教授、主任医师
郭兰萍（女）　中国中医科学院中药资源中心副主任，研究员
郭晋龙　呼和浩特铁路局焊轨段高级工程师
郭烈锦　西安交通大学动力工程多相流国家重点实验室主任，教授
唐长红　中国航空工业集团公司科学技术委员会副主任，研究员
唐志共　中国空气动力研究与发展中心总工程师，研究员
唐洪武　河海大学党委书记，教授
唐菊兴　中国地质科学院矿产资源研究所区域成矿规律研究室主任，研究员
唐新明　国家测绘地理信息局卫星测绘应用中心副主任，研究员
黄小卫（女）　北京有色金属研究总院首席专家，研究员级高级工程师
黄文华　西北核技术研究所副所长，研究员
黄建平　兰州大学大气科学学院院长，教授
萧　伟　江苏康缘现代中药研究院院长，江苏康缘药业股份有限公司董事长，研究员
梅刚华　中国科学院武汉物理与数学研究所原子频标院重点实验室主任，研究员
曹进德　东南大学数学学院院长，教授
曹喜滨　哈尔滨工业大学校长助理、航天学院院长，教授
戚益军　清华大学生命科学学院副院长，教授
龚　剑　上海建工集团股份有限公司总工程师，教授级高级工程师
常　进　中国科学院紫金山天文台副台长，研究员
崔维成　上海海洋大学深渊科学与技术研究中心主任，教授
康振生　西北农林科技大学植物保护学院旱区作物逆境生物学国家重点实验室主任，教授

阎锡蕴（女） 中国科学院生物物理研究所蛋白质多肽药物重点实验室主任，研究员
梁正伟 中国科学院东北地理与农业生态研究所大安碱地生态试验站站长，研究员
屠鹏飞 北京大学药学院天然药物学系主任，教授
彭实戈 山东大学数学学院教授
彭练矛 北京大学电子学系教授
葛耀君 同济大学土木工程防灾国家重点实验室主任，教授
蒋庄德 西安交通大学机械学院教授
蒋兴良 重庆大学电气工程学院教授
蒋剑春 中国林业科学研究院林产化学工业研究所研究员
韩 斌 中国科学院上海生命科学研究院副院长、植物生理生态研究所所长，研究员
韩家淮 厦门大学副校长，教授
韩喜球（女） 国家海洋局第二海洋研究所海底科学实验室副主任，研究员
韩雅芳（女） 中国材料研究学会秘书长，研究员
程和平 北京大学分子医学研究所教授
傅正义 武汉理工大学材料复合新技术国家重点实验室教授
傅廷栋 华中农业大学植物科学技术学院教授
焦念志 厦门大学海洋与地球学院近海海洋环境科学国家重点实验室副主任，教授
童小华 同济大学测绘与地理信息学院院长，教授
温 浩 新疆医科大学第一附属医院院长，教授、主任医师
游志胜 四川大学国防科技研究院副院长，四川川大智胜软件股份有限公司董事长，教授
谢树成 中国地质大学（武汉）生物地质与环境地质国家重点实验室副主任，教授
赖 仞 中国科学院昆明动物研究所副所长，研究员
雷 斌 中国科学院电子学研究所第八研究室主任，研究员
裴雨辰 航天特种材料及工艺技术研究所科技委主任，研究员
廖 明 华南农业大学副校长，教授
翟婉明 西南交通大学牵引动力国家重点实验室教授
戴琼海 清华大学自动化系教授

人力资源社会保障部 中国科协关于表彰全国科协系统先进集体先进工作者的决定

人社部发〔2017〕27号

各省、自治区、直辖市人力资源社会保障厅（局）、科协，新疆生产建设兵团人力资源社会保障局、科协，中国科协所属各全国学会、协会、研究会：

近年来特别是党的十八大以来，在党中央、国务院的正确领导下，全国各级科协组织和广大科协工作者高举中国特色社会主义伟大旗帜，坚持以邓小平理论、“三个代表”重要思想、科学发展观为指导，全面贯彻党的十八大和十八届三中、四中、五中、六中全会精神，深入学习贯彻习近平总书记系列重要讲话精神和治国理政新理念新思想新战略，落实中央关于加强和改进党的群团工作部署要求和“科技三会”精神，增强政治意识、大局意识、核心意识、看齐意识，把握时代主题，认真履职尽责，在为科技工作者服务、为创新驱动发展服务、为提高全民科学素质服务、为党和政府决策服务方面做出了突出成绩，涌现出一批先进典型。

为表彰先进、弘扬正气、凝聚正能量，激发科协系统广大干部职工奋发进取、改革创新的积极性，人力资源社会保障部、中国科协决定授予北京市西城区科学技术协会等32个集体“全国科协系统先进集体标兵”荣誉称号，授予程先龙等31名同志“全国科协系统先进工作者标兵”荣誉称号，授予北京交通工程学会等168个集体“全国科协系统先进集体”荣誉称号，授予丁军等466名同志“全国科协系统先进工作者”荣誉称号。被授予“全国科协系统先进工作者标兵”荣誉称号的人员享受省部级先进工作者和劳动模范待遇。希望受到表彰的先进集体和先进工作者珍惜荣誉、谦虚谨慎、戒骄戒躁，为推动科协事业改革创新发展再立新功。

全国科协系统各级组织和广大干部职工要以受表彰的先进集体和先进工作者为榜样，紧密团结在以习近平同志为核心的党中央周围，坚持“四服务”职责定位，推动开放型、枢纽型、平台型科协组织建设，接长手臂，扎根基层，团结引领广大科技工作者积极进军科技创新，组织开展创新争先行动，促进科技繁荣发展，促进科学普及和推广，真正成为党领导下团结联系服务广大科技工作者的人民团体，成为科技创

新的重要力量，为建成创新型国家、建成世界科技强国做出新的更大的贡献，以更加优异的成绩迎接党的十九大胜利召开！

附件：1. 全国科协系统先进集体标兵名单
2. 全国科协系统先进工作者标兵名单
3. 全国科协系统先进集体名单
4. 全国科协系统先进工作者名单

人力资源社会保障部　中国科协
2017 年 4 月 1 日

附件 1

全国科协系统先进集体标兵名单
（共 32 个）

序号	集体标兵名称
1	北京市西城区科学技术协会
2	天津市食品学会
3	河北省任丘市科学技术协会
4	山西科技新闻出版传媒集团有限责任公司
5	内蒙古自治区青少年科技中心
6	辽宁省营养学会
7	吉林省中医药学会
8	黑龙江省科学技术馆
9	宝钢集团有限公司科学技术协会
10	江苏省镇江市丹徒区世业镇科学技术协会
11	浙江省余姚市科学技术协会
12	安徽省全椒县科学技术协会
13	福建省永安市科学技术协会
14	江西省公路学会
15	山东省滕州市科学技术协会
16	河南省机械工程学会
17	华中科技大学科学技术协会
18	湖南省长沙市科学技术协会
19	广东省医学会
20	广西壮族自治区东兴市科学技术协会
21	海南省医学会
22	重庆市中医药学会
23	四川省阆中市科学技术协会
24	贵州省遵义市青少年科技辅导员协会
25	云南省老科技工作者协会
26	西藏自治区芒康县科学技术协会
27	陕西省土木建筑学会
28	甘肃省平凉市庄浪县马铃薯产业协会
29	青海省大通回族土族自治县科学技术协会
30	宁夏回族自治区青铜峡市科学技术协会
31	特变电工股份有限公司科学技术协会
32	中国化学会

附件 2

全国科协系统先进工作者标兵名单
（共 31 名，按姓氏笔画排序）

姓　名　单位及职务

万东亮　山东省菏泽市定陶区科学技术协会主席
王　清（土家族）　湖南省慈利县科学技术协会党组书记、主席
王　琛（女）　云南省科学技术协会组织人事部主任科员
王贵兰（女）　重庆市彭水苗族土家族自治县科学技术协会副主席
王普照　四川省旺苍县科学技术协会主席
车　路　宁夏回族自治区盐池县科学技术协会主席
邢福顺　海南省白沙黎族自治县科学技术协会主席
刘　传（满族）　北京市海淀区科学技术协会学会部部长
刘宏宇　中国科学技术馆展品技术部工程师
孙阳春　湖北省广水市科学技术协会主席
李爱龙　陕西省安康市汉滨区科学技术协会主席
杨旭方　黑龙江省林口县科学技术协会党组书记、主席
宋志华　山西省科学技术馆职员
张　强　江西省科学技术协会学会部主任科员
张明霞（女）　甘肃省高台县科学技术协会主席
陆宣延（女，满族）　吉林省东丰县科学技术协会书记、主席
阿依努尔·托合塔洪（女，柯尔克孜族）　新疆维吾尔自治区托里县科学技术协会主席
陈　伟　上海市金山区科学技术协会学会管理部部长
赵立冬　河北省秦皇岛市经济技术开发区科学技术协会主席
郝立运　河南省永城市科学技术协会党组书记、主席
荣　雷　安徽省蚌埠市科学技术协会科普部部长
姚凤兰（女，满族）　辽宁省阜新市彰武县科学技术协会主席
袁慎庆　山东省科学技术协会调研宣传部部长

钱　春（女）　广东省科学技术协会学会学术部部长
郭玲芝（女）　青海省格尔木市科学技术协会主席
程先龙　天津市武清区科学技术协会办公室主任
蔡　娜（女）　贵州省科学技术协会学会学术部主任科员
赛朝格图（女，蒙古族）　内蒙古自治区鄂托克前旗科学技术协会主席
黎　宁（女）　南方科技报社社长、总编辑
德吉卓嘎（女，藏族）　西藏自治区日喀则市科学技术协会办公室主任
魏姝琴（女）　福建省福州市仓山区科学技术协会主席

附件 3

全国科协系统先进集体名单
（共 168 个）

序号	集体名称
1	北京交通工程学会
2	天津市电机工程学会
3	中石化第四建设有限公司科学技术协会
4	河北省承德县科学技术协会
5	河北省环境科学学会
6	山西省机械工程学会
7	山西省太原高新技术产业开发区科学技术协会
8	包钢（集团）公司科学技术协会
9	内蒙古牧草产业发展协会
10	内蒙古自治区清水河县科学技术协会
11	辽宁省科学技术馆
12	辽宁省本溪满族自治县科学技术协会
13	吉林省吉林市科学技术协会
14	吉林省辉南县科学技术协会
15	黑龙江省佳木斯市富锦市科学技术协会
16	上海市公路学会
17	江苏省无锡市科学技术协会
18	江苏省农学会
19	浙江省环境科学学会
20	秦山核电有限公司科学技术协会
21	安徽省芜湖市科学技术协会
22	安徽省歙县科学技术协会
23	安徽省金寨县科学技术协会
24	福建省宁德市福安市科学技术协会
25	江西省吉安市科学技术协会
26	山东省济南市槐荫区科学技术协会
27	山东省东营市垦利区科学技术协会
28	河南省固始县科学技术协会
29	河南省纺织工程学会
30	湖北省通信学会
31	广东省深圳市科技开发交流中心
32	广西壮族自治区科学技术馆
33	海南省气象学会
34	重庆市永川区科学技术协会
35	四川省广元市科学技术协会
36	贵州省黔西南布依族苗族自治州科学技术协会
37	云南省普洱市民族医药协会
38	西藏气象学会
39	陕西省咸阳市科学技术协会
40	甘肃省腐蚀与防护学会
41	甘肃省天水市麦积区科学技术协会
42	青海省科学技术馆
43	青海省藏医药学会
44	宁夏回族自治区银川市科学技术协会
45	宁夏回族自治区石嘴山市科学技术馆
46	新疆维吾尔自治区乌鲁木齐市科学技术协会
47	新疆维吾尔自治区药学会
48	山西省大同煤矿集团有限责任公司科学技术协会
49	上海紫竹高新技术产业开发区科学技术协会
50	浙江省绍兴市科学技术馆
51	浙江理工大学科学技术协会
52	福建省南平市浦城县科学技术协会
53	福建省厦门市湖里区江头街道科学技术协会
54	福建省土木建筑学会
55	江西省瑞金市科学技术协会
56	河南省气象学会
57	湖北省微生物学会
58	湖南省农学会
59	湖南省涟源市科学技术协会
60	广西地质学会
61	海南省科学技术协会普及部
62	重庆市酉阳土家族苗族自治县民族小学校科学技术协会
63	四川省大邑县科学技术协会
64	云南奥秘画报社有限公司
65	云南省昆明市环境保护联合会

66 西藏自治区琼结县科学技术协会
67 新疆青少年科技辅导员协会
68 新疆生产建设兵团公路学会
69 北京市房山科技活动中心
70 吉林省前郭县科学技术协会
71 黑龙江省鸡西市鸡冠区科学技术协会
72 江苏省南通市通州区科学技术协会
73 安徽省五河县科学技术协会
74 江西省气象学会
75 山东省莱州市科学技术协会
76 四川省食品科学技术学会
77 贵州省息烽县科学技术协会
78 贵州省福泉市科学技术协会
79 陕西省吴起县科学技术协会
80 陕西师范大学科学技术协会
81 河北省武强县科学技术协会
82 内蒙古自治区乌兰察布市科学技术馆
83 辽宁省航空宇航学会
84 辽宁省阜新市科学技术馆
85 哈尔滨医科大学科学技术协会
86 黑龙江省鹤岗市萝北县科学技术协会
87 江苏省化学化工学会
88 安徽省公路学会
89 山东省宁阳县科学技术协会
90 河南省巩义市科学技术协会
91 湖南省绥宁县科学技术协会
92 中车株洲电力机车研究所有限公司科学技术协会
93 广东省土木建筑学会
94 广东省和平县科学技术协会
95 广东省韶关市科学技术馆
96 重庆科学技术馆展览教育部
97 重庆大学科学技术协会
98 中车眉山车辆有限公司科学技术协会
99 四川省射洪县科学技术协会
100 西藏自治区拉萨市科学技术协会办公室
101 宁夏回族自治区水利学会
102 河北省迁西县科学技术协会
103 东北制药集团股份有限公司科学技术协会
104 黑龙江省北安市科学技术协会
105 江西省九江经济技术开发区科学技术协会
106 中国人民解放军第四八零八工厂威海修船厂科学技术协会
107 山东省日照市护理学会
108 东风汽车公司科学技术协会办公室
109 湖南省常德市生物学会
110 四川省内江市市中区科学技术协会
111 新疆维吾尔自治区尉犁县科学技术协会
112 山西省朔州市平鲁区科学技术协会
113 吉林省长春博士联合会
114 江苏省常州市医学会
115 江苏省泰州兴华市兴泰线万亩果蔬种植业协会
116 南京航空航天大学科学技术协会
117 浙江省湖州市科学技术协会
118 浙江省舟山市港口协会
119 浙江省杭州市余杭区科学技术协会
120 湖南省桂阳县科学技术协会
121 广东四会互感器厂有限公司科学技术协会
122 广西壮族自治区北海市海城区科学技术协会
123 甘肃省科教文化促进会
124 西北永新集团有限公司科学技术协会
125 北京大北农科技集团股份有限公司科学技术协会
126 河北省邯郸县科学技术协会
127 福建省福州大学科学技术协会
128 江西省鄱阳县科学技术协会
129 河南省方城县科学技术协会
130 湖北省荆州市荆州区科学技术协会
131 湖南省烟草学会
132 广西中国–东盟医疗保健养生协会
133 四川省自贡市自流井区丹桂街明珠社区科普协会
134 西安市市政建设（集团）有限公司科学技术协会
135 陕西省公路学会
136 陕西黑猫焦化股份有限公司科学技术协会
137 青海省水力发电工程学会
138 新疆天业（集团）有限公司科学技术协会
139 山东农业生态环保学会
140 湖北省丹江口市科学技术协会
141 四川省泸县科学技术协会
142 四川省武胜县科学技术协会
143 中国力学学会
144 中国地理学会

145　中国细胞生物学学会
146　中国生物物理学会
147　中国岩石力学与工程学会
148　中国汽车工程学会秘书处
149　中国电工技术学会
150　中国自动化学会
151　中国电子学会无线电定位技术分会
152　中国公路学会
153　中国航空学会制导导航与控制分会
154　中国兵工学会弹道专业委员会
155　中国金属学会
156　中国化工学会
157　中国煤炭学会
158　中国农学会农产品贮藏加工分会
159　中国茶叶学会
160　中华医学会糖尿病学分会
161　中华中医药学会标准化办公室（研究与评价办公室）
162　中华护理学会
163　中国抗癌协会
164　中华口腔医学会
165　中国农村专业技术协会
166　中国自然科学博物馆协会
167　中国科普研究所科学素质研究室
168　中国科协创新战略研究院创新评估研究所

附件 4

全国科协系统先进工作者名单
（共 466 名，按姓氏笔画排序）

姓　名　单位及职务

丁　军　宁夏回族自治区中卫市科学技术协会办公室主任
于凤年　黑龙江省绥滨县科学技术协会普及部部长
于守亮　青海省西宁市科学技术协会普及部部长
万学文　四川省绵阳市涪城区科学技术协会主席
万德先　四川省乐山市犍为县科学技术协会主席
马　韬（回族）　辽宁省营口市科学技术馆馆长
马水金　湖南省永兴县科学技术协会主席
马贤兵　江苏省盐城市盐都区科学技术协会秘书长、办公室主任
马春萍（女）　中国环境科学学会国际联络部工程师
马蓉娟（女）　宁夏回族自治区贺兰县科学技术协会办公室主任
王　旭（女）　中国微生物学会办公室主任
王　洲（仫佬族）　广西壮族自治区南宁市科学技术协会党组书记、主席
王　莉（女）　四川省林学会秘书长
王　倩（女）　山东省泰安市科学技术协会党组成员、副主席
王　悦（女）　辽宁省大连市科学技术协会主任科员
王　敬（女）　四川省南充市科学技术协会普及部部长
王　辉　黑龙江省绥化市科学技术协会党组书记、主席
王　瑾（女）　甘肃省科学技术协会组宣部主任科员
王　臻　广西壮族自治区北海市科学技术协会学会部部长
王士莉（女）　山东省青岛海产博物馆总工程师
王玉海　山东省招远市科学技术协会党组书记、主席
王玉萍（女）　四川省气象学会副秘书长
王平生　甘肃省平凉市崆峒区科学技术协会主席
王有增　河南省泌阳县科学技术协会党组书记、主席
王延飞　山东省聊城市科学技术协会党组成员、副主席
王安林　河南省林州市科学技术协会主席
王红岩　黑龙江省同江市科学技术协会主席
王志学　广东省珠海市科学技术协会办公室主任
王志勇　河南省植物生理学会副秘书长
王丽梅（女）　中国科技会堂公关销售部一级文员
王灵芝（女）　河南省舞钢市科学技术协会党组书记、主席
王改文　陕西省铜川市印台区科学技术协会主席
王忠贵　四川省达州市科学技术协会学会部部长
王建军　河北省科学技术协会机关党委专职副书记、纪委书记
王建楼　河北省科技工作者服务中心主任
王科军　福建省漳州市科学技术协会办公室主任
王洪斌　河北省邯郸市科学技术协会办公室主任
王晓成　湖南省攸县科学技术协会主席
王晓宇（女）　山西省水利学会副秘书长
王海波　陕西省杨陵区科学技术协会党组书记
王淑萍（女）　宁夏回族自治区固原市科学技术协会科普部部长
王维丽（女）　湖南省动力工程学会副秘书长
王媛媛（女）　东北石油大学科学技术协会办公室主任

王新辉　新疆维吾尔自治区克孜勒苏柯尔克孜自治州科协少数民族科普工作队副队长
王煜艳（女）　江西省青少年科技活动中心科普宣教科副科长
韦秀金（女，壮族）　广西壮族自治区合山市科学技术协会主席
巨荣云　中国公路学会副秘书长
仇财兴　湖南省气象学会副秘书长
邓　恒（土家族）　湖北省恩施土家族苗族自治州科学技术协会办公室副主任
双巧云（女）　江西省园艺学会专职秘书
甘海燕（女）　广西农学会秘书长
甘雅琴（女）　湖南省湘阴县科学技术协会党组成员
艾热提·热西丁（维吾尔族）　新疆维吾尔自治区于田县科学技术协会主席
石　冰　山东省济南计算机学会理事长
卢　云（女）　安徽省气象学会秘书处干事
叶　波　湖北省性学会秘书长
叶金蕊（女，蒙古族）　中国复合材料学会常务副秘书长
申秋娟（女）　山西省晋中市科学技术协会咨询中心副主任
田有奎　黑龙江省黑河市科学技术协会主席
田江涛　西藏自治区科学技术协会办公室副主任
田晓庆（女）　山东省保健科技协会秘书长
史建梅（女）　江苏省连云港市海州区科学技术协会主席
史艳玲（女）　河南省药学会秘书长
付东风　中国消防协会会展部副主任
付良云（女，满族）　辽宁省丹东市东港市科学技术协会主席
代秀芝（女）　辽宁北方华丰特种化工有限公司科学技术协会秘书长
仝　钧　安徽省铜陵市科学技术馆馆长
冯　静（女）　山西省阳泉市科学技术协会学会部副主任科员
冯仕强　山东省威海市科学技术协会学会与国际部部长
冯秀云（女）　江苏省南京市江宁水务集团科学技术协会秘书长
冯宗善　陕西省宝鸡市科学技术协会党组书记、主席
兰　岚（女）　黑龙江省哈尔滨电机厂有限责任公司科学技术协会办公室副主任
司建平（土家族）　青海省同德县科学技术协会主席
边守川　天津市科学技术协会调宣部部长
吉京杭　中国杭州低碳科技馆馆长
达哇才仁（藏族）　青海省玉树藏族自治州科学技术协会办公室主任
曲　莉（女）　吉林省预防医学会秘书长
曲长虹（女）　中国城市规划学会副秘书长
朱文杰（女）　河南省开封市开封新区科学技术协会副主席
朱立明　甘肃省气象学会秘书长
朱纪铭　江苏省泰兴市科学技术协会普及部部长
朱咏梅（女）　江苏省启东市科学技术协会主席、党组书记
朱建华　湖南省医学会副会长兼秘书长
朱静颖（女）　湖南省科学技术协会主任科员
乔丽芳（女）　甘肃省电机工程学会干事
伍海港　四川省广安市科学技术协会办公室主任
任　玲（女）　四川省雅安市科学技术协会党组成员、办公室主任、科普部部长
任玉敏（女）　黑龙江省五常市科学技术协会主席
任昭榕（女）　福建省福州市医学会秘书长
任铁强　山西省太原市科学技术协会办公室主任
华丽娟（女）　中国地质学会秘书处副处长
全爱国　黑龙江省勃利县科学技术协会主席
邬士东　黑龙江省安达市科学技术协会主席
刘　凤（女）　四川省阿坝州科学技术协会普及部部长
刘　华　中国铁道学会秘书处学术交流部副主任
刘　进（女）　中关村社会组织联合会副秘书长
刘　星　内蒙古自治区乌海市海南区科学技术协会主席
刘　洋（女）　中国力学学会秘书处干事
刘　娅（女）　重庆市工程师协会副秘书长
刘　勇（壮族）　广西壮族自治区都安瑶族自治县科学技术协会主席
刘　峰　河南省濮阳市科学技术协会党组书记
刘　峰　中国煤炭学会副理事长兼秘书长
刘　超　四川省土木建筑学会副秘书长
刘小燕（女）　湖南省益阳市科学技术协会科技咨询中心秘书长
刘卫江　内蒙古自治区科学技术协会办公室副主任
刘子良　山西省科学技术协会普及部部长

刘文占　陕西省榆林市榆阳区科学技术协会主席
刘玉杰　宁夏回族自治区科学技术馆馆长
刘巧兰（女）湖南省衡阳市蒸湘区科学技术协会主席
刘吉祥　云南省澄江县科学技术协会主席
刘亚平（女）河南省农学会专干
刘光华　四川省罗江县略坪镇蔬菜技术协会理事长、党支部书记
刘金兰（女）山东省阳信县科学技术协会党组书记、主席
刘金林　湖南省永州市金洞管理区科学技术协会主席
刘金宝　河北省无极县科学技术协会主席
刘建兰（女）江西省上栗县科学技术协会主席
刘彦奇　中国石油大庆石化公司科学技术协会副秘书长
刘洪辉　黑龙江省科学技术协会科普部部长
刘甜桂（女）江西省鹰潭市月湖区科学技术协会主席
刘慧平（苗族）湖南省湘西土家族苗族自治州科学技术协会副主席
安丽娜（女）河北省保定市莲池区科学技术协会党组书记、主席
祁桂蓉（女）四川省遂宁市科学技术协会办公室主任
许保均　江西省九江市科学技术协会办公室主任
孙　跃　中国国际科技交流中心外事服务处翻译
孙　辉（女）中国腐蚀与防护学会副秘书长
孙　楠　广东省深圳市科学技术协会科普和学会部部长
孙　颖（女）安徽省阜阳市颍州区科学技术协会党组书记、主席
孙广文　山东省科学技术协会组织部主任科员
孙吉善　内蒙古自治区呼和浩特市玉泉区科学技术协会主席
孙亚志（女）内蒙古心理咨询师协会秘书长
孙秀英（女）黑龙江省齐齐哈尔市科学技术协会学会部部长
孙晓丽（女）上海市生物化学与分子生物学学会副秘书长
阳国武　湖北省荆门市科学技术协会办公室主任
严道明　江苏省科学技术协会计划财务部部长
严锦慧（女）湖北省武汉科学技术馆行政保卫部部长
苏景萍（女）山西省长治市城区科学技术协会主席
杜正义　太原重型机械集团有限公司科学技术协会职员
李　平　山东省郯城县科学技术协会党组书记、主席
李　平　辽宁省鞍山市科学技术协会主席
李　伟　四川省眉山市科学技术协会党组书记、主席
李　庆　吉林省石油学会副秘书长
李　涛　河北省唐山市科学技术协会办公室主任
李　蕾（女，壮族）广西壮族自治区百色市科学技术协会科普部部长
李　涛　天津市生物医学工程学会副理事长兼秘书长
李平勇　海南省东方市科学技术协会办公室主任
李东芳　河北省景县科学技术协会党组书记、主席
李立华（女）黑龙江省林学会秘书长
李运山　河南省辉县市科学技术协会党支部书记、主席
李丽荣（女）内蒙古自治区科尔沁右翼前旗科学技术协会主席
李轩渠　浙江省嘉兴市科学技术协会党组书记、主席
李国忠　山西省晋城市科学技术协会办公室主任
李国荣　江西省东乡县科学技术协会主席
李凯虎　江苏省常州市科学技术协会办公室主任
李佳沅（女）湖南省科学技术馆职员
李金治　广东省惠州市惠城区科学技术协会主席
李学辉　辽宁省锦州市科学技术协会副主席
李建亭　山东省莱芜市科学技术协会科普部部长
李孟周　河南省焦作市科学技术协会党组书记、主席
李春学　贵州省松桃苗族自治县孟溪镇香菇种植协会会长
李炳雷　河北省公路学会秘书长
李艳红（女）河北省廊坊市科学技术协会普及部部长
李晓景（女）山东省郓城县科学技术协会党组书记、主席
李著允　山东省金乡县科学技术协会党组书记、主席
李敬泉　山东省平原县科学技术协会党组书记、主席
李耀先　广西气象学会专职副理事长
杨　舒　广东省东源县科学技术协会副主席
杨　瑾（女）中国细胞生物学学会常务副秘书长
杨　霞（女）山西省运城市科学技术协会办公室主任
杨大平　湖北省神农架林区科学技术协会专职副主席
杨丽琳（女）四川省绵阳市科学技术协会办公室主任
杨凯龙（纳西族）云南省迪庆藏族自治州科学技术协会农函大校长
杨春稳　开滦（集团）有限责任公司科学技术协会常务副主席
杨俊智（女）内蒙古自治区满洲里市科学技术协会普及、青少部部长
杨莎莎（女）重庆市合川区科学技术协会秘书长
杨晓林　云南省科学技术馆副编审

杨凌云（女） 中国青少年科技辅导员协会项目主管
杨德润 山东省寿光市科学技术协会副主席、反邪教协会会长
轩德才 辽宁省朝阳县科学技术协会主席
肖 琪（女） 江西省南昌市青山湖区塘山镇科学技术协会秘书长
肖云轩 云南省科学技术协会宣传部部长、云南省科学技术馆馆长
肖国军 湖北省十堰市郧阳区科学技术协会主席
肖海青 江西省新余市科学技术馆馆长
肖彩红（女） 湖南华菱涟源钢铁有限公司科学技术协会秘书
吴 刚 安徽省合肥市科学技术协会科普部部长
吴凤明 天津港（集团）有限公司科学技术协会办公室副主任
吴予红（女） 河南省郑州市科学技术协会主席
吴石宝 广东省东莞市科学技术协会副调研员
吴丽丽（女） 黑龙江省伊春市科学技术协会普及部部长
吴丽莎（女） 海南省科学技术协会青少部部长
吴坤明 海南省澄迈县科学技术协会科普部部长
吴林基 江苏省靖江市科学技术协会副主席
吴桂焕（女） 山西省襄汾县科学技术协会主席
吴爱春 江西省上饶市科学技术协会办公室主任
吴翔宇 湖南省宜章县科学技术协会主席
吴静杰 黑龙江省天文学会副理事长
何 龙 浙江省绍兴市科学技术协会副主席
何 俊 江西省浮梁县科学技术协会主席
何东平 湖南省新邵县科学技术协会党组书记、主席
何明根 江苏省扬中市科学技术协会党组书记、主席
何建伟 四川省攀枝花市院士专家服务中心纲要办副主任
何春花（女） 广东省开平市科学技术协会副主席
佟书华（女） 武汉大学科学技术协会办公室主任
余宁青 青海省科学技术协会学会部部长
余志同 福建省莆田市科学技术协会办公室主任
余志伟 广东省饶平县科学技术协会主席
谷遂志 河南省舞阳县科学技术协会主席
冷 冰（女） 中国植物生理与植物分子生物学学会专职副秘书长
沈华侨 安徽省宿松县科学技术协会副主席
沈希进 浙江省金华市科学技术协会党组成员、秘书长、办公室主任
沈家聪 南京理工大学科学技术协会常务副主席
宋 丹（女） 辽宁省沈阳市科学技术协会主任科员
张 云（女） 辽宁省水利学会秘书长
张 弘 上海科协事业发展中心主任
张 驰（女） 内蒙古自治区包头市科学技术协会青少部部长
张 林 山东省医学会副秘书长
张 杭（女） 江苏省常州市武进区科学技术协会秘书长、办公室主任
张 奇 中国科协青少年科技中心人事处职员
张 勇（回） 宁夏回族自治区西吉县科学技术协会主席
张 婧（女） 天津科学技术馆展示部部长
张 琦 北京光华设计发展基金会理事长
张 雯（女） 内蒙古自治区科学技术馆职员
张 楠（女） 中国自动化学会专职常务副秘书长
张 冀 新疆地质学会秘书长
张 翼 湖北省青少年科技中心主任
张小燕（女） 重庆市梁平县科学技术协会综合科科长
张友根 上海市中西医结合学会秘书长
张玉秀 山东省汶上县科学技术协会党组书记、主席
张永红 青海省质量管理协会秘书长
张存岭 安徽省濉溪县科学技术协会党组成员、副主席
张成贵 黑龙江省科学技术馆馆长
张宇昕（女，满族） 辽宁省铁岭市西丰县科学技术协会专职秘书长
张克森（女） 天津市护理学会秘书长
张坚平 江苏省南京市科学技术协会学会学术部部长
张怀明 河北省保定市科学技术协会党组书记、主席
张茂林（女） 云南省瑞丽市科学技术协会副主席
张国徽 辽宁省环境科学学会副秘书长
张忠良 河北省辛集市科学技术协会副主席
张凯福 西藏自治区阿里地区科学技术协会办公室主任
张佩娟（女） 广西壮族自治区贺州市科学技术协会党组书记、主席
张放鸣 成都飞机工业（集团）有限责任公司科学技术协会常务副主席
张学锋 山东省潍坊市科学技术协会科普部部长
张宜山 福建省诏安县科学技术协会主席
张春征 山东省桓台县科学技术协会党组书记、主席
张钦贤 安徽省宿州市科学技术协会办公室主任

张彦杰（女） 风帆有限责任公司科学技术协会秘书长
张艳群（女） 广东省阳江市科学技术协会学会与科普部部长
张振新 中国农业机械学会副秘书长
张晓军 吉林省科学技术协会学会部部长
张晓敏（女） 上海市药学会副理事长兼秘书长
张晓慧（女） 河南省南阳市卧龙区科学技术协会党组书记、主席
张雪莲（女） 新疆维吾尔自治区阿勒泰地区少数民族科普工作队职员
张清慧 中国电子学会办公室干事
张腊虎 山西省临汾市科学技术协会办公室主任
张瑞良 福建省厦门市医学会副秘书长
张翠芳（女） 青海省海晏县科学技术协会副主任科员
陆 跃 安徽省马鞍山市雨山区科学技术协会常务副主席
陆万兴 内蒙古自治区额济纳旗科学技术协会主席
陆志敏 浙江省宁波市林业园艺学会副理事长兼秘书长
陈 平 陕西省城固县科学技术协会主任科员
陈 岚（女） 贵州省毕节市科学技术馆馆长
陈 波 福建省科学技术协会科普部主任科员
陈 锋 福建省宁德市科学技术协会科普部部长
陈子艳（女） 云南省沧源佤族自治县科学技术协会主席
陈云彬 四川省德阳市科学技术协会党组书记、主席
陈凤武 浙江省舟山市科学技术协会副秘书长
陈永宝 福建省泉州市科学技术协会正处级干部
陈江燕（女） 甘肃省两当县科学技术协会副主席
陈克家 江苏省扬州市广陵区科学技术协会主席
陈丽华（女） 东风汽车公司科学技术协会办公室主任
陈秀强 重庆市江津区花椒产业协会会长
陈金权 浙江省湖州市南浔区双林镇科学技术协会秘书长
陈金胜 安徽省循环经济研究会副秘书长
陈政昌 广东省清远市清新区科学技术协会主席
陈桂秋 广西壮族自治区武宣县科学技术协会科普部部长
陈敬文 福建省平潭县青少年科技辅导员协会负责人
陈德秀（女） 江苏省沭阳县科学技术协会科普部部长
邵国臣 浙江省舟山市普陀区科学技术协会主席
武 智 河北省中医药学会副会长兼秘书长
招 霞（女） 中国流行色协会副秘书长
范正栋 山西省阳泉市医学会办公室主任
范亦焜 福建省三明市科学技术协会普及部部长
范秋龙 山西省阳城县科学技术协会主席
范新秀（女） 黑龙江省鸡西市鸡冠区科学技术协会副主席
林 丽（女） 福建省龙岩市科学技术协会秘书长兼办公室主任
林建恒（女） 山东声学学会秘书长
林益如（女） 广东省陆丰市科学技术协会主席
尚江华 山东省临沂市科学技术协会党组书记、主席
易 志 四川省安岳县科学技术协会办公室主任
罗昌欧 新疆生产建设兵团科学技术协会主任科员
罗晖乾 江苏省宿迁市宿豫区科学技术协会主席、党组书记
帕提古丽·安尼瓦尔（女，维吾尔族） 新疆维吾尔自治区科学技术协会农村专业技术服务中心职员
和明芳（纳西族） 云南省丽江市科学技术协会党组书记
金发生 浙江省永康市科学技术协会党组书记、主席
金会生（满族） 辽宁省本溪市医学会副会长兼秘书长
金晓明 云南省泸西县科学技术协会主任科员
金瑞西 浙江省苍南县科学技术协会党组书记、主席
周 彪（土家族） 湖南省怀化市科学技术协会普及部部长
周凤姬（女） 海南省琼海市科学技术协会办公室主任
周志辉 湖南省株洲市科学技术协会党组书记、主席
周丽儒（女） 吉林省镇赉县科学技术协会主席
周秀兰（女） 湖南省园艺学会秘书长
周社清 四川省达州市达川区科学技术协会党组成员、副主席
周忠爱 山西省科学技术协会人事处处长
周海旺 河南省许昌市反邪教协会办公室主任
周慧品（女） 江苏省无锡市滨湖区科学技术协会科普科科长
周燕平（女） 浙江省护理学会专职副秘书长
庞中华 海南省知识产权联合会执行会长
郑 俊 四川省科学技术协会科普部副部长
郑志华 广东省药学会秘书长
郑春宁 江苏省扬州市科学技术协会秘书长
郑素萍（女） 中国化学会专职副秘书长
宗志温 甘肃省兰州市城关区科学技术协会主席

孟凡治　陕西省科学技术协会宣传调研部主任科员
孟庆宣　内蒙古自治区锡林郭勒盟科学技术协会办公室主任
赵　力　国网天津市电力公司科学技术协会秘书长
赵　旭　福建省宁德市科学技术协会学会部部长
赵　祎（女）　四川省泸州市科学技术协会普及部副部长（主持工作）
赵　峰（女）　新疆维吾尔自治区和静县科学技术协会主席
赵　晶（女）　浙江省瑞安市科学技术协会党组成员、秘书长兼科普、学会部部长
赵乃平　江苏省无锡市宜兴市科技馆筹建办主任
赵万欣（女）　黑龙江省森林工业总局科学技术协会副秘书长
赵文象　宁夏回族自治区科学技术协会科普部部长
赵玉敏（女，满族）　吉林省农特产品加工协会副会长兼秘书长
赵立军（白族）　云南省大理白族自治州科学技术协会青少年科技活动中心职员
赵建国　安徽省青阳县科学技术协会副主席
赵晓攀（女）　河南省鹤壁市科学技术协会科普部部长
赵瑞慈（女）　浙江省衢州市衢江区科学技术协会主席
荣　波　湖北省十堰市科学技术馆副馆长
胡万明　河北省张家口市科学技术协会办公室主任
胡方珠　山东省枣庄市科学技术协会党组成员、副主席
胡石伦　湖北省监利县科学技术协会党组书记、副主席
胡红宇（女）　四川省自贡市贡井区科学技术协会主席
胡建伟　湖北省黄冈市科学技术协会主席
胡湘燕　中国电机工程学会咨询部主任
相　东　吉林省科学技术协会科普部部长
柳建唐　甘肃省定西市科学技术协会党组书记、主席
信振太　河北省沧州市科学技术协会秘书长
侯方衍　沪东中华造船（集团）有限公司科学技术协会副主席、秘书长
侯明镜　新疆生产建设兵团第三师科学技术协会主任科员
施艳华（女）　云南省曲靖市科学技术协会党组书记、主席
施婷婷（女）《安徽农学通报》杂志社社长
姜　萍（女）　宁夏电机工程学会秘书长
姜永生　山东省无棣县科学技术协会主席、党组书记
姜丽华（女）　辽宁省辽阳市科学技术协会普及部部长
姜汉波　江苏省淮安市医学会副秘书长
姚　红（女）　新疆维吾尔自治区乌鲁木齐经济技术开发区（头屯河区）科学技术协会副秘书长
姚再兴　黑龙江省尚志市科学技术协会主席
姚静丽（女）　内蒙古自治区通辽市科学技术协会副主席
贺小红　金川集团股份有限公司科学技术协会副秘书长
秦向华　中国林学会组织联络部主任
袁　强　重庆市科学技术协会秘书长
聂晓玲（女）　大连船舶重工集团有限公司科学技术协会常务副主席
莫　述（女）　黑龙江省富锦市科学技术协会主席
莫小堃　四川省预防医学会副会长兼秘书长
莫珍念（女，布依族）　贵州省荔波县科学技术协会主任科员
贾　平　甘肃省庆阳市科学技术协会党组成员、副主席
贾万超（壮族）　云南省西畴县科学技术协会主席
贾雄伟　内蒙古自治区五原县科学技术协会副主席
夏吉新　湖南省桃江县科学技术协会党组成员、纪检组长
晁海利　河南省鄢陵县科学技术协会党组书记、主席
晏述太　安徽省郎溪县科学技术协会主席
徐　青　安徽省安庆市科学技术协会办公室职员
徐　欣（女，蒙古族）　内蒙古自治区赤峰青少年科技中心副主任
徐　烽　新疆维吾尔自治区克拉玛依市独山子区科学技术协会综合办主任
徐　超（女）　上海市青浦区科学技术协会基层普及部部长
徐立永　山东省日照市科学技术协会党组书记、主席
徐建平（女）　广东省气象学会副秘书长
徐春燕（女）　四川省遂宁市船山区科学技术协会副主席
徐高禄　浙江省常山县科学技术协会党组书记、主席
徐瀚文　江苏省盐城市科学技术协会党组书记、主席
殷有赋　湖北省安陆市科学技术协会党组书记、主席
翁秀忠　浙江省平湖市科学技术协会党组成员、学会部部长
翁喜丹（女）　浙江省科学技术馆展教部副部长
凌　静（女）　四川省凉山州青少年科技活动中心主任
高　宏　四川省内江市科学技术协会党组成员、副主席
高　杰（女）　辽宁省科学技术协会人事财务部部长

高　娟（女）　辽宁省辽阳县科学技术协会副主席
高　勤　湖北省宜都市科学技术协会党组书记、主席
高　暘（女，满族）　山东电子学会秘书长
高文仲　福建省农村科普服务中心主任
高允旺　福建省顺昌县大历镇科学技术协会秘书
高建东　中国海洋学会秘书处综合事务与财务部主任
郭林峰　甘肃省少数民族科普工作队队长
郭明兴　山东省护理学会秘书长
唐　瑾（女）　北京科技社团服务中心项目推广部部长
唐光临　重庆市科学技术协会科技服务中心副主任
唐忠天　甘肃省武威市凉州区科学技术协会主席
唐家平　重庆市万州区科学技术协会学会企事业部部长
涂东风　福建省泉州市安溪县科学技术协会主任科员
陶利启　湖北省襄阳市襄城区科学技术协会党组书记、主席
桑　涛　陕西省渭南市科学技术协会学会部部长
黄　进（女）　云南省昆明市五华区科学技术协会正科级干部
黄　河　陕西省西安市莲湖区科学技术协会科普中心主任
黄万堂　甘肃省地质学会秘书长
黄少兰（女）　广东省茂名市科学技术协会党组书记、主席
黄世斌　广西壮族自治区藤县科学技术协会党组书记、主席
黄华峰　中国科协青年科学家福州活动基地联络处处长
黄秀群（女）　广西壮族自治区贵港市科学技术协会科普部部长
黄艳萍（女）　湖南省护理学会秘书长
黄振洪　广东省湛江市科学技术协会党组成员、办公室主任
黄培俊　甘肃省金昌市科学技术协会办公室主任
梅国玉（女）　浙江省景宁畲族自治县科学技术协会科普活动中心主任
曹乐欢　广东省梅州市科学技术协会办公室主任
盛呈良　新疆维吾尔自治区阿克苏市科学技术协会主席
常　琳（女）　中国制冷学会秘书处编辑部主任
崔　磊（朝鲜族）　甘肃省机械工程学会秘书长助理
章　利（女）　江西省南昌县科学技术协会秘书长、办公室主任
商永刚　中国自然资源学会会员与科普部主任、财务主管
阎仁浩　北京市科学技术协会科普部部长
阎彩芹（女）　陕西省商洛市科学技术协会主席
梁永华　河南省新蔡县科学技术协会主任科员
梁永惠（女）　新疆维吾尔自治区博尔塔拉蒙古自治州科学技术协会副主任科员
梁建军　山西省寿阳县科学技术协会主席
梁艳平（女，壮族）　广西壮族自治区龙胜各族自治县科学技术协会主席
梁艳华（女）　浙江省标准化协会理事长
扈先勤　吉林省科学技术馆馆长
彭　晖　浙江省台州市科学技术馆（台州市企业科技创新服务中心）馆长
彭　英（女）　湖南省企业科学技术协会联合会常务副理事长
彭国平　海南省海口市科学技术协会科普部部长
彭国华　安徽省滁州市科学技术协会学会部副部长
董希彬　内蒙古自治区呼伦贝尔市科学技术馆馆长
董新民　河北省邢台市桥西区科学技术协会主席
蒋辽远　江苏省预防医学会常务副秘书长
蒋观月（女）　浙江省宁波市科普发展中心助理工程师
韩　雨　江苏省淮安市清浦区科学技术协会主席
韩玲梅（女）　山西省忻州市科学技术协会党组书记、主席
惠黎娜（女）　陕西省老科学技术教育工作者协会办公室职员
程　成　河南省平顶山市科学技术协会办公室主任
程　明　江苏省徐州市贾汪区科学技术协会党组书记、主席
程华根　安徽省舒城县科学技术协会主席
程远洪　湖北省荆州市科学技术协会办公室主任
程美华（女）　江西省鹰潭市科学技术协会党组书记、主席
鲁　虹（女，满族）　河北省畜牧兽医学会常务副秘书长
鲁　晓（女）　河南省罗山县科学技术协会主席
普拉提江·吾赛丁（维吾尔族）　新疆维吾尔自治区察布查尔县科学技术协会主席
曾顺才　四川省威远县科学技术协会党组书记、主席
曾赛招（女）　福建省明溪县科学技术协会主席
温汉光　山西省气象学会秘书长
温美莲（女）　广东省仁化县科学技术协会副主席
谢宗辉　福建省莆田市科学技术协会普及部部长

强新美（女） 上海市科学技术协会综合财务处处长
蓝希华（畲族） 江西省赣州市南康区科学技术协会主席
蓝春明（畲族） 浙江省云和县科学技术协会秘书长
赖长华（女） 中国畜牧兽医学会《中国畜牧杂志》编辑部编辑
甄　欣（女） 辽宁省葫芦岛市科学技术协会普及部部长
简　渠　重庆课堂内外杂志社出版有限公司总经理、总编辑
詹宝霞（女，满族） 黑龙江省大兴安岭地区科学技术协会办公室主任
廉桂芹（女） 吉林省磐石市科学技术协会主席
蔡红星（土家族） 重庆市酉阳土家族苗族自治县科学技术协会办公室副主任
臧明涛　河南省漯河市科学技术协会学会部部长
管小冬（女） 中国农业工程学会秘书长
管建国　江苏省南京市栖霞区科学技术协会主席
熊亚中　重庆市綦江区科学技术协会科普部主任科员
缪建红　江苏省南通市科学技术协会副主席、党组成员
樊红芳（女） 山东省东营市科技服务中心副主任
黎梅梅（女） 江苏省科学技术协会科普部主任科员
薛　玲（女） 中国航空学会航空维修工程分会副总干事
薛全龙　山西省广灵县科学技术协会主席
薄　颖（女） 中国汽车工程学会综合管理办公室副主任
霍瑞娟（女） 中国图书馆学会秘书长
戴远见　新疆生产建设兵团第四师科学技术协会主席
戴金虎　山西省吕梁市方山县科学技术协会主席
魏　丹（女） 中国科协学会服务中心研究员级高级工程师
魏　莉（女） 陕西省科学技术协会科普部主任科员
魏代余　福建省漳州市科学技术协会普及部主任科员
藤丽秋（女） 广东省汕头市信息服务和软件行业协会秘书长

中国科协　科技部关于追授黄大年同志“杰出科学家”荣誉称号的决定

科协发组字〔2017〕30号

各省、自治区、直辖市科协、科技厅（委、局），新疆生产建设兵团科协、科技局，中国科协所属全国学会、协会、研究会和各全国学会联合体：

近日，中共中央总书记、国家主席、中央军委主席习近平对黄大年先进事迹做出重要指示，强调黄大年同志秉持科技报国理想，把为祖国富强、民族振兴、人民幸福贡献力量作为毕生追求，为我国教育科研事业做出了突出贡献，他的先进事迹感人肺腑，号召学习他心有大我、至诚报国的爱国情怀，学习他教书育人、敢为人先的敬业精神，学习他淡泊名利、甘于奉献的高尚情操，把爱国之情、报国之志融入祖国改革发展的伟大事业之中、融入人民创造历史的伟大奋斗之中，从自己做起，从本职岗位做起，为实现“两个一百年”奋斗目标、实现中华民族伟大复兴的中国梦贡献智慧和力量。

黄大年同志是著名地球物理学家，生前系国家“千人计划”入选专家，吉林大学新兴交叉学科学部学部长、地球探测科学与技术学院教授、博士生导师，2017年1月8日因病不幸去世，年仅58岁。作为国家深探专项装备研发项目首席科学家、国家“863”航空探测装备主题项目首席科学家，黄大年同志自觉秉持科技报国理想，带领团队攻克技术瓶颈、突破国外技术封锁，率先推动我国快速移动平台探测技术装备研发，在高精度航空重力测量技术、深部探测关键仪器装备研制与实验等方面取得一系列重大成果，填补多项国内技术空白，为我国深地资源探测和国防安全建设做出了突出贡献，是我国新时期科技工作者的杰出代表，不愧为创新标兵、争先楷模。

为表彰黄大年同志对我国科技事业做出的卓越贡献，弘扬科技界创新争先的时代主旋律，激励引领广大科技工作者为建成创新型国家、建设世界科技强国而努力奋斗，中国科协、科技部决定追授黄大年同志“杰出科学家”荣誉称号。

在第一个全国科技工作者日来临之际，习近平总书记对黄大年先进事迹做出重要指示，充分体现了党中央对广大科技工作者的重视和关怀，是对科技工作

者莫大的鞭策和鼓舞。广大科技工作者要立即行动起来，积极响应习近平总书记的重要号召，自觉以黄大年同志为榜样，心有大我、至诚报国，团结拼搏、敢为人先，淡泊名利、甘于奉献，从现在做起，从自己做起，从本职岗位做起，积极投身创新争先行动，短板攻坚争先突破，前沿探索争相领跑，转化创业争当先锋，普及服务争作贡献，把智慧和力量凝聚到建成创新型国家、建设世界科技强国的宏伟征程上来，把爱国之情、报国之志凝聚到民族复兴的伟大事业中来。

各级科协组织和科技管理部门要深入贯彻、全面落实以习近平同志为核心的党中央关于科技创新、人才工作的决策部署，面向世界科技前沿、面向经济主战场、面向国家重大战略需求，深入实施创新驱动发展战略，团结带领广大科技工作者积极进军科技创新，夯实科技基础，破解创新发展难题，加强科技供给，深化改革创新，大力培养符合创新发展要求的人才队伍，共同为早日进入创新型国家前列、建设世界科技强国、实现中华民族伟大复兴的中国梦努力奋斗。

中国科协　科技部

2017 年 5 月 25 日

中国科协关于授予孙江生等 15 位同志第二十届中国科协求是杰出青年实用工程奖的决定

科协发厅字〔2017〕34 号

青年是国家的未来、民族的希望。青年科技工作者是国家科技创新的生力军。为鼓励奋斗在工程技术科研和生产一线的优秀青年科技工作者，根据《中国科协求是杰出青年奖条例》规定，经中国科协求是杰出青年奖评审委员会审议通过，决定授予孙江生等 15 位同志第二十届中国科协求是杰出青年实用工程奖。

荣获本届中国科协求是杰出青年实用工程奖的同志热爱祖国、胸怀理想，脚踏实地、潜心探索，勇攀高峰、敢为人先，不断书写创新创造的时代篇章，在工程技术相关领域做出了突出贡献。希望获奖同志珍惜荣誉、认清使命、再接再厉、锐意进取，在科技创新的道路上不断取得新的更大成就。希望广大青年科技工作者向获奖同志学习，锤炼品格、甘于奉献，团结协作、勇于创新，为实现“两个一百年”奋斗目标、建设世界科技强国、实现中华民族伟大复兴的中国梦贡献智慧和力量。

获奖人员名单如下：

孙江生　孟　进　钱正芳　何卫锋　谢希权
周召发　季　艳　孙正波　王永安　刘凤永
孙　钧　戴晨光　王雪松　高清松　陈新发

中国科协

2017 年 6 月 6 日

中国科协关于授予王旭东等 10 位同志第二十届中国科协求是杰出青年成果转化奖的决定

科协发厅字〔2017〕35 号

青年是国家的未来、民族的希望。青年科技工作者是国家科技创新的生力军。为鼓励在科技成果转化工作中做出优异成绩的青年科技工作者，根据《中国科协求是杰出青年奖条例》的规定，经中国科协求是杰出青年奖评审委员会审议通过，决定授予王旭东等 10 位同志第二十届中国科协求是杰出青年成果转化奖。

荣获本届中国科协求是杰出青年成果转化奖的同志热爱祖国、胸怀理想，脚踏实地、潜心探索，勇攀高峰、敢为人先，不断书写创新创造的时代篇章，在科技成果向现实生产力转化等方面做出了突出贡献。希望获奖同志珍惜荣誉、认清使命、再接再厉、锐意进取，在科技创新的道路上不断取得新的更大成就。希望广大青年科技工作者向获奖同志学习，锤炼品格、甘于奉献，团结协作、勇于创新，为实现“两个一百年”奋斗目标、建设世界科技强国、实现中华民族伟大复兴的中国梦贡献智慧和力量。

获奖人员名单如下：

王旭东　邢　奕　刘卫丽　米　磊　孙旭光
杨洪军　尚　敬　胡国平　黄　群　曹冬明

中国科协

2017 年 6 月 6 日

中国科协 2017 年度
事业发展统计公报

中国科协 2017 年度事业发展统计公报*

2018年7月

2017 年，在以习近平同志为核心的党中央坚强领导下，中国科协深入贯彻落实党的十八大和十八届三中、四中、五中、六中、七中全会精神，认真学习贯彻党的十九大精神，坚持以习近平新时代中国特色社会主义思想为指导，贯彻落实中央重大决策部署，积极履行为科技工作者服务、为创新驱动发展服务、为提高全民科学素质服务、为党和政府科学决策服务的工作职责，坚定不移深化改革，各项工作迈上新台阶。

一、组织建设

（一）科协组织建设

各级科协 3112 个，直属单位 1604 个。各级科协驻会领导班子人数 6102 人；各级代表大会总人数 244398 人，其中委员会委员总人数 65003 人、常务委员会委员总人数 25481 人。

各级科协从业人员 40429 人，其中女性从业人员 17297 人。举办干部教育培训班 2046 次（期），共培训 40.0 万人次。

企业科协[①]18523 个，个人会员 292.8 万人。高校科协[②]1181 个，个人会员 70.0 万人。街道科协（社区科

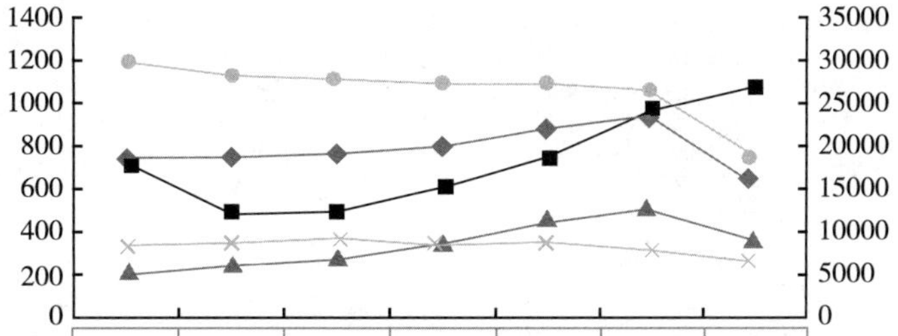

	2011年	2012年	2013年	2014年	2015年	2016年	2017年
高校科协（个）	815	574	584	703	831	1066	1181
企业科协（个）	20208	20968	21281	21931	23929	26096	18523
街道科协（社区科协）（个）	7545	8235	9067	11179	13636	15046	11292
乡镇科协（个）	32435	31227	30904	30236	29911	29052	21590
农技协（十个）	10673.7	11306.8	11477.5	11044.2	11047.6	10360.6	8985.6

图 1　科协基层组织基本情况

* 本公报中各项统计数据均未包括香港特别行政区、澳门特别行政区和台湾地区。部分数据因四舍五入的原因，存在着与分项合计不等的情况。

公报中各种范围所表述的含义：

各级科协：指中国科协机关及直属单位、省级科协、副省级与省会城市科协、地级科协、县级科协。

地方科协：指省级科协、副省级与省会城市科协、地级科协、县级科协。

学会：指各级科协所属学会、协会、研究会。

两级学会：指中国科协所属全国学会、省级科协所属省级学会。

全国学会：指中国科协所属全国学会。

省级学会：指省级科协所属省级学会。

中国科协基层组织：指各级科协在科技工作者集中的企业事业单位、高校院校和有条件的街道社区乡镇、农村等建立的科学技术协会（科学技术普及协会）等。

① 企业科协是指各级科协批复由企业成立的科协基层组织。

② 高校科协是指各级科协批复由高等院校成立的科协基层组织。

协）[①]11292个，个人会员63.3万人。乡镇科协[②]21590个，个人会员141.6万人。农技协[③]9.0万个，个人会员1455.9万人，其中在民政部门注册的农技协4.1万个，占农技协总数的50.0%。

（二）学会组织建设

各级科协所属学会35858个，其中中国科协所属全国学会210个、省级科协所属省级学会3512个。全国学会理事会理事[④]3.5万人，省级学会理事会理事23.7万人。

两级学会从业人员43047人，其中全国学会从业人员4000人、省级学会从业人员39047人。

中国科协学会联合体[⑤]5个，即生命科学学会联合体、清洁能源学会联合体、信息科技学会联合体、智能制造学会联合体、先进材料学会联合体。省级科协学会联合体36个。

全国学会个人会员[⑥]453.7万人、团体会员5.1万个；省级学会个人会员756.6万人、团体会员22.8万个。

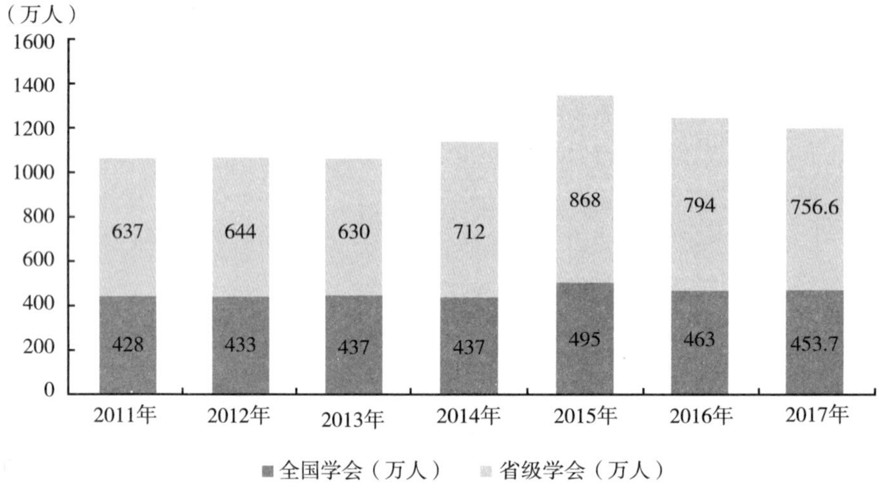

图2　全国学会和省级学会个人会员情况

在基层直接为公众提供科普服务的专职科普工作者（科普工作时间占其全部工作时间60%以上的工作人员）7.6万人，兼职科普工作者68.9万人，注册科普志愿者240.8万人。

二、服务科技工作者

各级科协和两级学会向省部级（含）以上科技奖项、人才计划（工程）举荐人才5773人次，向省部级（含）以上科技奖项推荐项目数2293项。

设立科技奖项[⑦]1351项，其中省级及以上科协组织设立50项、全国学会设立367项、省级学会设立934项。表彰奖励科技工作者11.6万人次，其中女性科技工作者3.4万人次、40岁以下科技工作者5.0万人次。

开展科学道德与学风建设宣讲活动[⑧]1924场次，宣讲活动受众人数315.2万人次，参加活动专家2.1万人次。

① 街道科协（社区科协）是指街道、社区成立的科协基层组织。

② 乡镇科协是指乡镇成立的科协基层组织。

③ 农技协是指在民政部门登记、经本级科协正式审批接纳的农村专业技术协会（农技协）和在科协登记备案的各类农村专业技术研究会（农研会）。

④ 理事会理事是指经学会会员代表大会选举产生的学会理事会理事。

⑤ 学会联合体是指为推动学会适应创新型国家建设和全面深化改革的时代要求，根据国家科技发展战略的重大部署，由学科相近的学会自愿联合，在一些重点学科领域组建的非法人的联合体组织。

⑥ 学会个人会员是指在学会注册登记并取得本学会会员资格的人员（包括外籍会员）。

⑦ 科技奖项是指省级及以上科协组织和两级学会设立的科技奖项，涵盖人物奖和成果奖、科技奖和科普类奖项等。不包括一般的表扬鼓励和专门针对本单位工作人员的表彰奖励。

⑧ 科学道德与学风建设宣讲活动是指各级科协和两级学会主办或牵头组织宣讲科学精神、科学道德、科学伦理和科学规范等的活动。

举办继续教育培训班 8353 场次，培训结业人数 208.8 万人次。

通过媒体宣传科技工作者 53.9 万人次，其中中央媒体宣传科技工作者 1.0 万人次、省级媒体宣传科技工作者 2.0 万人次。宣传媒介呈多样化，通过电视宣传 6.1 万人次，通过纸质媒体宣传 37.2 万人次，通过网络与新媒体宣传 10.2 万人次。

三、服务创新驱动发展

建设“双创”服务平台 / 中心 997 个。开展推进大众创业万众创新活动 3490 项，其中“双创”竞赛、论坛、展览等类型的活动 1387 项，“双创”咨询、教育、培训等类型的活动 2675 项，“双创”投融资、成果转化等类型的活动 498 项。

签订创新驱动助力工程项目合同 2461 个。参与创新驱动助力工程的科技工作者 12.9 万人。

两级学会研制技术标准①1071 个，其中全国学会 378 个、省级学会 693 个。两级学会研制团体标准②810 个，其中全国学会 449 个、省级学会 361 个。

各级科协指导组建专家工作站③10120 个，全年组织进站专家 7.0 万人次；组建专家服务团队④10175 个，参加服务团队专家 12.5 万人次。

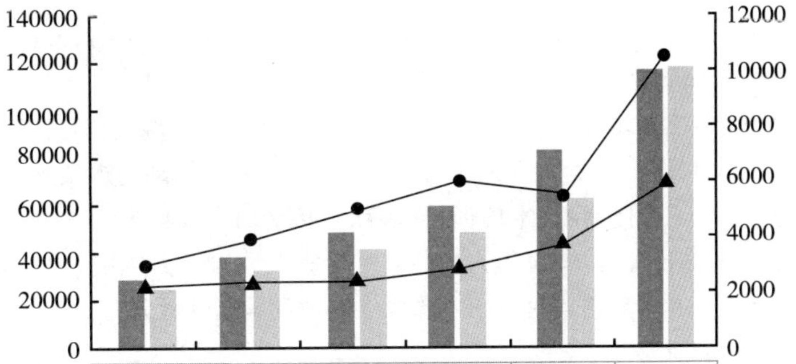

	2012年	2013年	2014年	2015年	2016年	2017年
专家工作站（个）	2502	3323	4200	5139	7226	10120
专家服务团队（个）	2300	2859	3635	4249	5440	10175
专家进（站、中心）人数（人次）	27081	26611	29080	33675	43199	70142
参加服务团队专家人数（人次）	36585	46373	58878	69853	63536	124755

专家工作站（个）　专家服务团队（个）

专家进（站、中心）人数（人次）　参加服务团队专家人数（人次）

图 3　各级科协指导组建专家工作站、专家服务团队情况

四、学术交流活动

各级科协和两级学会共举办学术会议 21096 场次，参加人数 558.8 万人次，交流论文 100.8 万篇。

举办国内学术会议⑤19324 场次，其中举办学术年会 6849 场次。国内学术会议参加人数 487.9 万人次，其中企业科技工作者 109.5 万人次，交流论文 86.0 万篇。

---

① 技术标准是指两级学会针对具有普遍性和重复出现的技术问题，对标准化领域中需要协调统一的技术事项所制定的标准。

② 团体标准是指两级学会按照团体确立的标准制定程序自主制定发布，由社会自愿采用的标准。

③ 专家工作站是指各级科协组织和两级学会协同有关单位，为高层次专家直接参与经济建设和社会服务而组建的科技服务机构。

④ 专家服务团队是指各级科协和两级学会根据项目合作需要，按专业特点牵头组织的专家服务团队，主要承担科学普及、科技攻关、决策咨询、工程论证、技术指导、科技扶贫等相关合作项目。

⑤ 国内学术会议是指在我国境内由各级科协和两级学会主办或牵头主办的以学术交流为目的，有国内有关专家、学者及科技人员参加并提交学术论文的学术研讨会、交流会、报告会和论坛等。

举办境内国际学术会议[①]1506场次。境内国际学术会议参加人数62.9万人次，其中企业科技工作者14.6万人次、境外专家学者4.8万人次，交流论文14.0万篇。

举办港澳台地区学术会议[②]266场次。港澳台地区学术会议参加人数8.0万人次，其中企业科技工作者1.4万人次，交流论文8013篇。

五、科技期刊

各级科协和两级学会主办科技期刊[③]2507种。科技期刊总印数9080.6万册，其中已实行开放存取的期刊558种。

2507种科技期刊包括中文学术期刊、科普期刊、技术期刊和英文学术期刊，其中中文学术期刊1405种、科普期刊535种、技术期刊396种、英文学术期刊171种。中文学术期刊印数3072.4万册，科普期刊印数5825.8万册，技术期刊印数844.6万册，英文学术期刊印数171.6万册。发表论文54.1万篇，其中英文学术期刊发表论文2.3万篇。

六、科技开放与交流

两级学会加入国际民间科技组织[④]959个。在国际民间科技组织中任职专家1742人，其中担任主席、副主席、执委或相当职务的高级别任职专家722人，其他一般级别任职专家1020人。

参加国际科学计划[⑤]368项。参加国外科技活动4.0万人次，参加港澳台地区科技活动23.0万人次。接待国外、港澳台地区专家学者5.0万人次。促成双边合作交流项目650个。

2017年中国科协推动建立海外人才离岸创业基地新增5个，中国科协推动建立海智计划工作基地新增11个。

七、科学技术普及活动

各级科协和两级学会举办科普宣讲活动[⑥]6.6万场次，其中院士科普报告会1978场次、专题展览13790场次、流动科技馆巡展6410场次、科技咨询31869场次。科普宣讲活动受众人数17.1亿人次，其中流动科技馆巡展受众人数6411.3万人次。举办实用技术培训3.7万次，接受培训人数2093.3万人次。推广新技术新品种12810项。参加各类科普活动的科技人员470.9万人次，其中专家人数44.4万人次。参加各类科普活动的学会、协会、研究会13.1万个次。各类科普活动覆盖村36.8万个次，各类科普活动覆盖社区10.8万个次。

八、青少年科技教育

各级科协和两级学会举办青少年科普宣讲活动13408场次，其中专家报告7247场次。青少年科普宣讲活动受众人数3950.0万人次。举办青少年科技竞赛5834项，参加竞赛的青少年6195.9万人次，获奖人数130.8万人次。举办青少年科学营[⑦]1164次，参加人数20.8万人次。编印青少年科技教育资料980种，印数900.5万册。举办青少年科技教育活动和培训7790场次，参加培训人数706.0万人次。通过中学生英才计划[⑧]培养学生3.5万人。

---

① 境内国际学术会议是指在我国境内由各级科协和两级学会主办或牵头主办以及受国际组织委托承办的以学术交流为目的，与会代表来自三个或三个以上国家或地区（不含港澳台地区）的研讨会、交流会、报告会和论坛等。

② 港澳台地区学术会议是指由各级科协和两级学会与港澳台地区有关组织联合主办的以学术交流为目的，来自港澳台地区的与会代表人数占总参会人数三分之一以上的研讨会、交流会、报告会和论坛等。

③ 科技期刊是指由各级科协和两级学会主办或合办，具有固定刊名、刊期、年卷或年月顺序编号，以报道科学技术为主要内容的连续出版物，包括学术期刊、综合期刊、技术期刊、科普期刊和检索期刊等，不包括各类内部刊物。

④ 国际民间科技组织是指各级科协和两级学会代表国家、地区或学科加入的，经所在国正式注册、具有法人资质的国际民间科技组织。

⑤ 国际科学计划是指各级科协和两级学会及所联系的专家参与国际民间科技组织发起或主导的国际科学计划。

⑥ 科普宣讲活动是指各级科协和两级学会单独或牵头组织的单次或系列化的以报告会、广播、电视、报刊、网络或其他形式举办的科普讲座和报告，以陈列实物及展示图片等形式举办的各类科普展览，以及相关专业专家组成智力团体向社会和公众提供的智力服务等活动。

⑦ 青少年科学营是指由中国科协、教育部共同主办，旨在充分利用重点大学的科技教育资源，激发青少年对科学的兴趣，培养青少年的科学精神、创新意识和实践能力的青少年高校科学营活动。

⑧ 中学生英才计划是指中国科协和教育部联合开展，为落实“支持有条件的高中与大学、科研院所合作开展创新人才培养研究和试验，建立创新人才培养基地”的要求，选拔一批品学兼优、学有余力、具有创新潜质的中学生走进大学，在自然科学基础学科领域的著名科学家指导下参加科学研究项目、科技社团活动、学术研讨和科研实践等活动。

九、科普基础设施建设

截至 2017 年年底，各级科协拥有所有权或使用权的科技馆[①]867 个。总建筑面积 498.9 万平方米，展厅面积 194.0 万平方米。其中建筑面积 8000 平方米以上的科技馆 129 个，已实行免费开放的科技馆 776 个。科技馆全年接待参观人数 6097.1 万人次，其中少年儿童参观人数 3523.5 万人次。流动科技馆 1035 个。科普活动站（中心、室）5.6 万个，全年参加活动（培训）人数 4038.8 万人次。科普画廊建筑面积（宣传栏、宣传橱窗）251.4 万平方米，全年展示面积 450.3 万平方米。

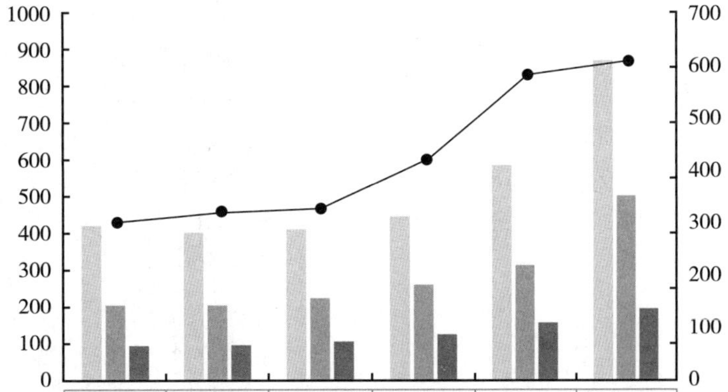

	2012年	2013年	2014年	2015年	2016年	2017年
科技馆（个）	419	400	410	445	587	867
建筑面积（万平方米）	203	202	220	258	314	499
展厅面积（万平方米）	95	97	104	123	155	194
全年接待参观人数（十万人次）	303	320	333	422	579	610

科技馆（个） 建筑面积（万平方米）

展厅面积（万平方米） 全年接待参观人数（十万人次）

图 4　各级科协科技馆建设基本情况

截至 2017 年年底，中国科协配发给地方科协用于科普活动的大篷车 1199 辆，科普大篷车全年下乡次数 3.5 万次。科普大篷车全年下乡行驶里程 816.6 万千米，受益人数 2690.4 万人次。

中国科协命名的全国科普教育基地 1193 个，全年参观人数 2.6 亿人次。省级科协命名的省级科普教育基地 4366 个，全年参观人数 3.3 亿人次。各级科协命名的农村科普示范基地 15821 个、科普示范县（市、区）1241 个。省级及以下科协命名的科普示范街道（乡镇）7846 个、科普示范社区（村）31551 个、科普示范户 26.4 万个。

科普中国 e 站[②]37537 个，其中乡村 e 站 13647 个、社区 e 站 16590 个、校园 e 站 7309 个。

中央财政和地方财政投入基层科普行动计划奖补资金 8.3 亿元，其中中央财政投入 4.3 亿元、地方财政投入 4.0 亿元。

各级科协会同财政部门表彰奖励有突出贡献的农村专业技术协会、农村科普示范基地、农村科普带头人、少数民族科普工作队等 12041 个（人），其中基层科普行动计划奖补先进农村专业技术协会 2757 个、农村科普示范基地 2493 个、农村科普带头人 4581 人、少数民族科普工作队 57 个。

十、科技传播

各级科协和两级学会编著科技图书 3128 种，印数 1753.3 万册。主办科技报纸 169 种，印数 1.3 亿份。制作科

①科技馆是指各级科协拥有所有权或使用权的具备展览教育、培训教育、实验教育等功能，面向公众常年开放的社会科技教育固定设施。

②科普中国 e 站是指基于科普中国网和科普中国服务云，依托网络、终端、活动场所等现有基层科普设施，按照统一标准建设、命名和挂牌，实现细分公众、线上线下相结合科普活动的信息化阵地。

普挂图 3205 种，印数 2222.6 万张。

制作科技广播影视节目总时长 28.9 万小时，播放科技广播及影视节目总时长 979.1 万小时，其中电台电视台播放科技节目 15.3 万小时。制作科普动漫作品总时长 12.2 万小时。

主办科技网站 1540 个，全年浏览量 5.8 亿人次。主办科普网站 1014 个，全年浏览量 55.0 亿人次，其中科普中国浏览量 49.8 亿人次。主办科普 APP 109 个，下载安装 1287.9 万次。主办科普手机报 79 个，订阅数 1380.7 万。主办科普微信公众号 1758 个，关注数 2090.4 万个。主办科普微博 454 个，粉丝数 2429.7 万个。开设科教栏目的电视台 664 家、广播电台 264 家。

十一、科技创新智库建设

截至 2017 年年底，建设全国科技工作者状况调查站点 506 个，建设省级科技工作者状况调查站点 410 个。

各级科协和两级学会举办决策咨询活动 1937 场次，参与专家 4.4 万人次。开展科技评估[①]2300 项。组织参与立法咨询 262 次。组织政协科协界委员协商或调研活动 710 场次。提供决策咨询报告 2981 篇，其中获上级领导同志批示的报告 1290 篇。反映科技工作者建议 15802 条，其中获上级领导同志批示的建议 2996 条。答复人大、政协代表（委员）提案 452 件。发布智库品牌报告 311 份。组织政策解读活动 661 场次。发布政策解读文章 425 篇。

---

① 科技评估是指各级科协和两级学会独立或牵头开展，遵循一定的原则、程序和标准，运用科学、公正和可行的方法，对科技活动有关的政策、计划、项目、成果、专有技术、产品机构、人才等进行专业判断的评估活动。

中国数学会

中国数学会 2017 年学术年会

中国光学学会

中国光学学会第八次全国会员代表大会

中国化学会

2017 年国际分析科学大会

中国气象学会

第 34 届中国气象学会年会

中国矿物岩石地球化学学会

中国矿物岩石地球化学学会第九次全国会员代表大会暨第 16 届学术年会

中国海洋学会

中国海洋学会 2017 年学术年会

中国植物学会

第 19 届国际植物学大会

中国昆虫学会

中国昆虫学会第十次全国会员代表大会会员代表投票

中国细胞生物学学会

中国细胞生物学学会 2017 年全国学术大会

中国生物物理学会

第十五次中国暨国际生物物理大会暨第十一次生物物理学会全国会员代表大会

中国心理学会

中国心理学会第十二届一次全国会员代表大会

中国生态学学会

第十二届国际生态学大会

中国环境科学学会

中国环境科学学会第八次全国会员代表大会

中国优选法统筹法与经济数学研究会

第八届能源经济与管理学术年会暨第十一届中国能源资源开发利用战略学术研讨会

中国岩石力学与工程学会

第十六届海峡两岸隧道与地下工程学术与技术研讨会

中国野生动物保护协会

中国野生动物保护协会与芬兰艾赫泰里动物园签署中芬大熊猫保护研究合作协议

中国系统工程学会

第一届系统科学大会

中国实验动物学会

中国实验动物学会第七次全国会员代表大会

中国人工智能学会

2017 全球人工智能技术大会

中国体视学学会

中国体视学学会第七次全国会员代表大会

中国微米纳米技术学会

首届微米纳米产学研用创新大会

中国大坝工程学会

中国大坝工程学会 2017 学术年会暨大坝安全国际研讨会

中国卫星导航定位协会

中国卫星导航定位协会第六届会员代表大会

中国农学会

中国农学会第十一次全国会员代表大会

中国林学会

中国林学会成立 100 周年纪念大会

中国土壤学会

第十五届土壤与植物分析国际会议

中国水产学会

中国水产学会第十次全国会员代表大会

中国园艺学会

中国园艺学会第十三次全国会员代表大会暨 2017 年学术年会

中国植物病理学会

中国植物病理学会 2017 年学术年会

中国植物保护学会

中国植物保护学会第十二次全国会员代表大会暨 2017 年学术年会

中国管理现代化研究会

第十二届（2017）中国管理学年会

中国技术经济学会

中国技术经济学会第二十四届学术年会暨中国技术经济论坛

中国未来研究会

中国未来研究会第七次全国会员代表大会

中国科学技术情报学会

第二十三届中国竞争情报年会

中国农村专业技术协会

第一期贫困地区农技协组织建设培训班

中国工业设计协会

联合国工业发展组织总干事李勇（右）与中国工业设计协会会长刘宁（左）签署联合声明

中国自然科学博物馆协会

中国自然科学博物馆协会理事长程东红（前排右）与俄罗斯自然历史博物馆协会理事长安娜·科尔尤金娜（前排左）签订合作协议

中国青少年科技辅导员协会

第五届全国科学表演大赛

中国科教电影电视协会

第二届深圳（国际）科技影视周

中国科学技术期刊编辑学会

首届科技期刊青年编辑业务大赛

中国流行色协会

第九届色彩中国颁奖典礼

中国科技新闻学会

2017 年中国科技传播论坛暨“新华杯”科技传播奖颁奖仪式

中国老科学技术工作者协会

中国老科协表彰大会暨科学健康报告会

中国城市规划学会

2017 中国城市规划年会全体大会

中国产学研合作促进会

第十一届中国产学研合作创新大会暨第二十六届山东省产学研展洽会

中国高科技产业化研究会

中国高科技产业化研究会第四次全国会员代表大会

中国基本建设优化研究会

2017 中国农业（博鳌）论坛

中国科技馆发展基金会

中国科技馆发展基金会第四届科技馆发展奖颁奖活动

全国学会、协会、研究会（含受委托管理的学会）简况

中国数学会

学会建设 完成官方网站的设计及内容的充实，增添了会员申请版块。新增会员150余人。微信公众号运行良好，关注人数达2.6万余人。

学会召开3次正副理事长、秘书长会议，2次常务理事会议和1次理事会议。主要确定了以下内容：中国科协“青年人才托举工程”项目实施方案，2017年院士推荐流程，2017年华罗庚数学奖、陈省身数学奖、钟家庆数学奖评奖委员会名单以及评选流程、工作计划表；讨论了《中国数学会学术年会经费分配方案（草案）》，分支机构管理工作，与欧洲数学会合作，外籍会员入会，有关亚洲数学联盟的筹备情况以及中美数学会联合会议等事宜。

学会数理逻辑专业委员会成立，学会奇异摄动专业委员会完成换届。

确定南开大学教授郭军义担任学会副理事长和学会基础教育工作委员会主任，北京大学教授刘张矩担任《数学进展》杂志主编。推荐学会副理事长、中国科学院院士田刚为国际数学联盟执委。

青年人才托举工程 6月，学会向中国科协提交“青年人才托举工程第三届（2017—2019年度）”项目申报书。9月，学会副理事长王跃飞参加项目答辩，获得2个托举名额。

经过学会学术交流工作委员会委员对常务理事推荐的17位被推荐人投票以及学会正副理事长、秘书长的再次投票，浙江大学王伟、北京大学史逸获得资助。

主办期刊 学会主办期刊共9种。2017年,《应用概率统计》编辑部收到稿件140篇，共出版6期，刊出文章47篇，每期发行量约为1100册。编辑部通过网络化收稿送审，缩短稿件处理周期。

国际学术会议 学会及分支机构全年共举办7次国际会议：丝路数学中心系列会议——偏微分方程国际部会议、首届金砖五国数学家大会、2017图的连通染色专题研讨会等，累计参会人数约2800人次，其中外国专家、学者150余人次。举办学术报告260余场，学术报告内容涉及偏微分方程、基础数学、应用数学、概率统计等领域。

国内主要学术会议 学会及分支机构共举办国内主要学术会议11次，参会人数约3700人次，举办学术报告650余场。

5月12—14日，2017年全国奇异摄动理论和应用学术研讨会在上海市召开。来自复旦大学、华东师范大学、吉林大学、上海大学和江苏师范大学等40多个单位的专家、学者参会。会议报告内容涉及奇异摄动几何理论、奇异摄动渐近理论、奇异摄动的优化控制、奇异摄动系统的多尺度算法与动力学分析以及奇异摄动理论在物理和工程等领域的应用等。

7月29—31日，第七届全国数学文化论坛在哈尔滨工业大学召开，来自全国100多所高校、单位的260多名专家、学者参会。大会期间，美国加州大学教授张益唐、中国科学院院士严加安、东北师范大学教授史宁中、浙江大学教授包刚、哈尔滨工业大学教授许全华、浙江大学教授蔡天新、北京师范大学教授张英伯、西北大学教授曲安京作报告。

国际交往 中国、韩国、日本、印度等国家的数学会和东南亚数学会计划筹建亚洲数学联盟。8月18—20日，学会副理事长田刚赴印度参加筹建亚洲数学联盟的第三次会议，会议讨论了第一届亚洲数学联盟主席和秘书长人选以及下一步工作内容。

科普活动 安排部署“双百活动”。活动包括线下举办100场科普报告会和线上推送100篇优秀文章。通过活动，学会建立了线上线下相结合的数学科普传播模式。组织开展院士报告会30余场。“中国数学会”微信公众号设立“数学传播”模块，收集、推送、传播有关数学知识及文化信息。目前，该微信公众号已推送文章100余篇，部分文章微信点击量超过3万次。

10月20—21日，学会和湘潭大学邀请周向宇、李大潜、文兰、严加安、石钟慈、张平文、杨乐、江松、席南华9位院士在湖南地区高校及中学作数学科普报告。

编制2018年数学台历，台历以数学表达形式，内容包含从小学到大学的各类数学知识及文化内容。

表彰举荐优秀科技工作者 经学会推荐，中国科学院数学与系统科学研究院院士周向宇获得全国创新争先奖。

进行华罗庚数学奖、陈省身数学奖、钟家庆数学奖评选，并在学术年会上举行颁奖仪式。中南大学教授侯振挺和中国科学院院士、南开大学陈省身数学研究所教授龙以明获第十三届华罗庚数学奖，中国科学院数学与系统科学研究院研究员戴彧虹和北京大学教授朱小华获第十六届陈省身数学奖，美国斯坦福大学樊玉伟、首都师范大学张蕊、西南财经大学周岭、浙江大学周青龙4位数学工作者获第十三届钟家庆数学奖优秀博士论文奖。

党建强会 1月，召开第一次党委会议，明确党委在学会工作中发挥政治引领作用、参与学会“三重一大”事项前置审议等原则。会议要求学会党委会议必须在学会常务理事会之前召开，在常务理事会表决学会重大事项之前通过党委会讨论。

10月，召开党员扩大会议，明确中国数学会每年召开两次党委会议，其中包括一次党员扩大会议。学会学术年会期间在年会举办地举办一次党员学习教育活动日。

在党的十九大召开期间，在学会网站和微信公众平台上积极宣传党的十九大精神。10月31日，学会党支部联合中国科学院北京地区党委在中国科学院数学与系统科学研究院举办宣传贯彻党的十九大精神专题演讲，邀请十九大代表、学会理事长袁亚湘作演讲。

【中国数学会2017年学术年会】 10月21—23日，中国数学会2017年学术年会在湖南省湘潭市召开。会议由学会主办、湘潭大学承办。13位中国科学院院士、国家自然科学基金委员会代表、学会理事、各高校与科研单位的专家学者、编辑出版单位代表等800余人出席会议。

开幕式由学会秘书长陈大岳主持。学会理事长袁亚湘在开幕辞中介绍了2017年学会开展的重点工作以及未来几年学会的工作重点。学会前任理事长杨乐、中国工业与应用数学学会理事长张平文、湘潭大学党委书记黄云清分别致辞。湖南省副省长向力力致贺信。

开幕式上举行了华罗庚数学奖、陈省身数学奖以及钟家庆数学奖的颁奖仪式。年会期间，学会召开学会党委扩大会议，正副理事长、秘书长十二届六次会议，十二届五次常务理事会议和十二届三次理事会议。

在大会报告版块，中国科学院院士周向宇、江松，首都师范大学教授方复全，北京国际数学研究中心教授刘小博分别作报告。

在分组报告版块，170位数学家就代数与数论、几何与拓扑、常微动力系统、偏微分方程、实分析和复分析、计算数学、概率和统计、运筹与控制、组合与计算机数学以及数学教育10个领域作分组报告。

在科普报告版块，周向宇、李大潜、文兰、严加安、石钟慈、张平文、杨乐、江松、席南华9位院士分别作数学科普报告《筹算与国学》《中学生的数学学习》《理发师悖论与康托定理》《我心目中的科学与艺术》《大数据与计算科学》《计算与预测》《学好数学走上研究之路》《偏微分方程：作用、分析与数值求解》《数学——简单与高深》。

学会在湖南教育出版社举办华罗庚数学奖颁奖25周年纪念座谈会。历届华罗庚数学奖获奖者杨乐、石钟慈、严加安、李大潜、文兰、席南华和本届获得者侯振挺，湘潭大学党委书记黄云清，中国数学会、湖南教育出版社负责人参加了华罗庚先生治学精神及中国数学的新进展座谈会。

【首届金砖五国数学家大会】 8月21—25日，首届金砖五国数学家大会在中国科学院数学与系统科学研究院召开。来自中国、俄罗斯、巴西、印度、南非的近100名学者、专家参加了会议。8月22日，国际科联主席Daya Reddy，张平文、马志明、严加安、石钟慈、林群、彭实戈6位院士，国家自然科学基金委员会国际处代表，俄罗斯、巴西、印度、南非等国的代表，学会理事长袁亚湘、秘书长陈大岳、副秘书长陈亦飞出席了开幕式。袁亚湘、中国科协国际部副部长王庆林、Daya Reddy先后致辞。

8月22日，金砖五国数学家大会核心委员会首次会议举行。会议明确了金砖五国数学家大会的组织结构及职能，决定第二、三、四、五届（2018—2021年）金砖五国数学家大会将依次在巴西、俄罗斯、印度、南非举办。

8月22—24日，大会学术报告会共邀请15位报告人作报告。中方报告人包括中国科学院院士、山东大学教授彭实戈，中国科学院数学与系统科学研究院研究员孙斌勇，浙江大学教授包刚。外方报告人包括俄罗斯科学院通讯院士Lavrentiev、Igor Petrov、Steklov，流体力学研究所研究员Pavel Plotnikov，数学研究所研究员V. A. Vatutin；巴西IMPA研究所研究员Rob Morris，LNCC大学教授Frederic Valentin，UNICAMP大学教授Benilton de Sa Carvalho；印度Tata研究所研究员Mahan MJ、K. Sandeep，IIT Kanpur研究所研究员Debasis Kundu；国际科联主席、南非开普敦大学教授Daya Reddy，南非数学会副理事长Jamshid Moori。本次大会还安排了7场学术报告。

（撰稿人：李丽芳）

中国物理学会

学会能力提升计划 2017年，中国物理学会获得中国科协学会能力提升与改革工程优先建设学会项目资助，完成项目既定的改革目标。

学会建设 组织召开1次学会理事会议、3次学会常务理事会议（含1次通讯会议），发展个人会员871人。学会相图专业委员会、磁学专业委员会、电介质物理专业委员会、固体缺陷专业委员会分别进行换届改选。

主办期刊 学会主办科技期刊共11种。*Chinese Physics B* 获得2016—2018年度中国科技期刊国际影响力提升计划A类项目资助，*Chinese Physics C* 获得B类资助，*Communications in Theoretical Physics* 和 *Chinese Physics Letters* 获得C类资助；《物理学报》《物理》《大学物理》分别获得2016—2018年度中国科协精品期刊工程学术质量提升、期刊集群（联盟）建设和期刊出版人才培育项目资助。

《大学物理》编辑部组织开展优秀论文评选活动，获奖论文共计29篇。

《物理学报》、*Chinese Physics B* 和《电子显微学报》的编辑委员会进行了换届。

国际学术会议 学会及分支机构共组织召开各类国际学术会议约20次，包括第11届西湖国际研讨会、第18届新型核能系统国际会议、第二届蒙特卡罗核模拟关键技术国际研讨会、第二届极端条件下的物质与辐射国际会议、第五届东亚等离子体及静电环境应用联合研讨会、第一届国际半导体科技大会、奇特核谱学和反应国际会议、第26届国际高压科学技术大会暨第八届亚洲高压科技学术会议、第七届亚太少体物理学会议、非晶材料前沿国际会议、第28届轻子光子国际会议、半导体量子计算国际研讨会、第23届国际离子束分析会议、第七届亚洲晶体生长与晶体技术国际会议、第八届国际静电应用学术会议暨第22届全国静电学术会议、第20届亚洲第一性原理电子结构计算会议、相干光源和科学国际研讨会以及表面增强拉曼光谱国际会议等。

8月19—23日，学会承办的第26届国际高压科学与技术大会在北京召开。来自中国、美国、日本以及欧盟国家等国家和地区的100多个研究机构的800多位专家、学者参加会议，其中境外代表278人。会议围绕高压科学技术主题安排10个大会报告、141个邀请报告、276个口头报告、313个张贴报告。

9月9日，中－美－英三国物理学会联合研讨会在四川省成都市举行。研讨会主题为“强磁场及高压领域”。美国国家强磁场实验室主任Gregory Boebinger、北京高压科学研究中心主任毛河光等9位学者应邀作学术报告。

国内主要学术会议 学会及分支机构共举办各类国内学术活动约90次。其中，中国物理学会2017年秋季学术会议、全国电子显微学学术年会、第三届凝聚态物理会议、第19届全国原子与分子物理学术会议、第18届全国等离子体科学技术会议、第九届全国稀土发光材料学术研讨会、第十届全国有机发光和光电性质学术会议、第17届全国磁学和磁性材料会议、第21届全国半导体物理学术会议等会议，参加人数超过500人。

国际组织任职 7月16—21日，第六届国际女物理工作者大会在英国伯明翰举行。中国物理学会代表团参会，代表团成员金奎娟当选国际纯粹与应用物理学联合会（IUPAP）女物理学工作者小组成员。

10月8—13日，第29届国际纯粹与应用物理联合会全体大会在巴西圣保罗举行，来自37个国家和地区的117位代表出席会议。以学会副理事长朱少平为团长的中国物理学会代表团参加会议。会议审议通过有关决议，选举产生第29届执行委员会和各专业委员会，中国物理学会推荐的17位专家入选。其中，中国科学院院士王恩哥当选新一届执委会副主席；北京大学龚旗煌、中国科学院物理研究所金奎娟当选专业委员会副主任；北京大学朱星、北京计算科学研究中心汤雷翰、中国科学院高能物理研究所曹臻、中国科技大学陈仙辉、中国科学院物理研究所李明、清华大学薛其坤、中国科学院半导体研究所赵建华、清华大学周树云、中国科学院高能物理研究所邢志忠、北京大学叶沿林、中国工程物理研究院研究生院袁建民、中国科学院等离子体物理研究所李建刚、西北大学杨文力、上海交通大学王孝群分别当选为各专业委员会委员。

经学会推荐，有3位学者在第九届（2017—2020年）亚太物理学会联合会（AAPPS）理事会任职。其中，1人任职主席，2人任职理事。

国际交往 3月15日，第六届中－美物理学会领导人早餐会在美国新奥尔良举行。中美两国物理学会负责人、部分中国主要物理科研机构负责人等20余人参加会议。会议围绕期刊出版、女物理学工作者、双边会议举办及人才交换等事项展开讨论并达成共识。

7月4—7日，由学会理事长詹文龙、副理事长陈和生率领的中国物理学会代表团8人出访英国，参加在伦敦举行的第二届中－英物理学会双边研讨会。研讨会主题为“大科学工程”。英国科学与技术装置委员会（STFC）主任 Andrew Taylor、英国工程与物理科学研究委员会（EPSRC）主任 Andrew Wright、詹文龙分别作中、英两国大科学装置的总体介绍。两国科学家代表分别作相关领域的专题报告，詹文龙、陈和生、中国科学院上海应用物理研究所所长赵振堂分别作中国在核物理、粒子物理 / 中子散射以及光源方面的报告。会议期间，代表团先后访问英国物理学会出版集团（IOPP）、英国 Culham 科学中心和牛津大学等。

科普活动 9月21日，学会科普工作委员会副主任薛平在北京市广渠门中学作题为“物理进行时”的讲座；10月，学会科学传播团队专家曹则贤研究员在清华大学附中作题为“什么是波”的讲座，来自北京市多所高校和中学的约580名师生参加活动。

学会依托中国科学院物理研究所，参与举办“科学三分钟”全国科普微视频大赛。大赛收到来自全国各地的参赛作品157件，参赛选手的年龄最小为6岁、最大为75岁。作品内容涉及物理、化学、天文、生物、心理、人文等多个领域。其中的优秀作品被收入科普资源库，可长期在线上、线下展播、展示。

表彰举荐优秀科技工作者 学会评选并颁发2016—2017年度各项物理奖，获奖者12人。中国科学院物理研究所张广宇、中国科学院长春光学精密机械与物理研究所宣丽获得胡刚复物理奖；北京大学彭良友、上海交通大学张卫平获得饶毓泰物理奖；清华大学何珂获得叶企孙物理奖；中国科学院近代物理研究所张玉虎获得吴有训物理奖；清华大学高原宁获得王淦昌物理奖；北京大学王前、中国科技大学霍剑青获得谢希德物理奖；中国科学院半导体研究所赵建华、南京大学王欣然获得黄昆物理奖；中国科学院物理研究所戴希获得周培源物理奖。9月8日，颁奖大会在四川省成都市召开。学会副理事长方忠宣读颁奖词，并与学会副理事长王玉鹏、朱少平、龚旗煌，叶企孙物理奖评委会主任薛其坤，周培源基金会副理事长刘玉鑫为获奖者颁奖。

经学会推荐，北京大学教授胡小永、清华大学研究员马旭村和中国科学院物理研究所研究员张广宇入选科技部2016年中青年科技创新领军人才。

会员服务 学会会员参加中国物理学会秋季学术会议继续享受注册费优惠政策。

【中国物理学会2017年秋季学术会议】 9月8—10日，中国物理学会2017年秋季学术会议在四川省成都市举行，来自400余所高校、科研院所的3000多名专家、学者及学生参加会议。

上海交通大学教授贾金锋、北京大学教授汤超、美国加州理工学院教授陈雁北、中国科技大学教授潘建伟应邀作大会报告。薛其坤应邀作题为“基础研究的创新之路”的公众报告。

会议安排粒子物理、场论与宇宙学，核物理与加速器物理，原子分子物理，光物理，等离子体物理，纳米与介观物理，表面与低维物理，半导体物理，强关联与超导物理，磁学，软凝聚态物理与生物物理，量子信息，计算物理，统计物理与复杂体系，电介质物理，液晶，超快物理，高能量密度物理，使役条件与极端条件物理19个专题进行分组交流。

会议共收到论文1462篇，组织公众报告1个、大会报告4个、邀请报告306个、口头报告371个、张贴报告785个。

会议期间还分别召开了物理学院（系）院长（主任）联谊会、第五届中国物理学会女科学家巡回报告会、女物理工作者圆桌讨论会、秋季会议组委会会议等专题会议。

【第26届国际高压科学与技术大会】 8月19—23日，第26届国际高压科学与技术大会在北京召开。来自中国、美国、日本以及欧盟国家100多个研究机构的800多位专家、学者出席会议，其中国外参会人数278人，为历届大会中最多。

国际高压科学与技术大会由国际高压科学技术促进会发起，每两年举办一次。这是时隔16年该系列会议第二次在中国举办，也是首次与亚洲高压科学研讨会（ACHPR8）、中国高压科学技术会议（CHPC 19）“三会合一”举办。学会高压物理专业委员会副主任、中国科学院物理研究所研究员靳常青担任大会主席。

会议围绕高压科学技术主题，对目前备受学术界关注的金属氢等热点话题展开讨论。北京高压科学研究中心主任毛河光、美国哈佛大学教授 Issac Silvera、德国马克斯－普朗克研究所教授 M. I. Eremets、日本高压科学技术协会主席 Tetsuo Irifune 等学者应邀作大会报告。

会议共安排 10 个大会报告、141 个邀请报告、276 个口头报告、313 个张贴报告。大会组织颁发 Bridgman 奖和 Jamieson 奖，前者是国际高压领域的最高奖，本届授予 M. I. Eremets 教授；后者是青年学者奖，本届授予 Philip Dalladay-Simpson 博士。

在会议期间召开的国际高压科学技术促进会委员会议上，靳常青获选连任执委会委员，并当选为第一届亚洲高压科学理事会主任。

（撰稿人：胡兴华）

中国力学学会

服务创新型国家和社会建设 受中国科协创新战略研究院委托，与中国数学会、中国化学会、中国天文学会、中国地理学会共同开展《国家中长期人才发展规划纲要（2010—2020）》前沿基础交叉科学领域人才队伍建设情况的中期评估，形成了《国家中长期人才发展规划纲要（2010—2020 年）》在力学、数学、化学、天文、地理五个学科领域实施情况的评估报告。

学会能力提升计划 学会被评为中国科协学会创新和服务能力提升工程优秀科技社团项目一类建设单位，项目实施年度为 2015—2017 年。通过项目实施，学会在服务创新、服务社会和政府、服务科技工作者、服务自身发展等方面的能力明显提升。

有序开展中国力学大会、青年学术沙龙、亚太青年联谊会、力学大师学术讲座计划等一批品牌学术活动。自主设立钱学森力学奖、周培源力学奖、中国力学科学技术奖、中国力学青年科技奖、中国力学优秀博士学位论文等学会重要奖项。承办了国际理论与应用力学联盟（IUTAM）的专题研讨会和暑期学校，与美国力学国家委员会联合举办第 18 届全美力学大会，与美国工程科学学会共同主办 2017 年中美双边力学交流研讨会，举办中泰双边青年力学交流研讨会。建设中国力学学会科普网、中国力学学会期刊网，开发学术活动发布平台、奖励推荐评审系统、会员信息管理系统。

学会建设 2017 年发展个人会员 2458 人，发展团体会员 1 个，个人会员总数达到 26257 人，团体会员总数达到 47 个。

成立中国力学学会女科技工作者委员会。3 月，召开第一次委员会工作会议。6 月，召开主题为“青年女科技工作者学术风采”的“美丽力学”系列会议。

根据学科发展需要，动力学与控制专业委员会设立转子动力学专业组，实验力学专业委员会设立力学测试数据分析与表征专业组。经学会十届七次全体常务理事会批准，学会设立软物质力学工作组。

以学会成立 60 周年为切入点，通过设计制作《中国力学学会简介》（中英文版）和《中国力学学会 60 年纪念画册》以及拍摄纪念中国力学学会成立 60 周年视频短片等多种形式，做好学会的对外宣传工作。

学会治理结构和治理方式改革 加强秘书处制度建设，在专职人员招聘、调配、任免、考核、定编定员方面建立了人事管理办法和工作细则，按期组织绩效考核和岗位竞聘，定期开展贯穿全年的专职人员培训计划。

青年人才托举工程 根据《中国科协办公厅关于公布中国科协青年人才托举工程第二届（2016—2018 年度）项目立项结果的通知》要求，推荐中国科协青年人才托举工程人选 6 人，经评审专家评选，6 人入选中国科协青年人才托举工程。

5 月 16 日，学会举办“青年人才托举工程”之与力学大师面对面系列活动，邀请 2012 年国家最高科技奖获得者郑哲敏院士与学会青年托举人才进行面对面交流。

主办期刊 根据 6 月 14 日科睿唯安（原汤森路透知识产权与科技事业部）发布的 2017 年最新《期刊引证报告》（Journal Citation Reports®，简称 JCR）统计，学会英文期刊 *Acta Mechanica Sinica*、*Applied Mathematics and Mechanics*（English Edition）、*Plasma Science and Technology* 影响因子分别为 1.342、1.205、0.830，较 2015 年分别提升约 60%、30%、26%。

Acta Mechanica Sinica 和《力学进展》各有 1 篇文章入选“第二届中国科协优秀科技论文奖”。

Theoretical and Applied Mechanics Letters 被 ESCI 数据库收录。

6 月 16 日，《力学学报》在北京召开力学学科未来发展研讨会暨《力学学报》创刊 60 周年座谈会，探索期刊与学科相互促进、共同发展之路。

Acta Mechanica Sinica、*Applied Mathematics and Mechanics*（English Edition）、*Acta Mechanic Solida Sinica*、*Plasma Science and Technology*、《岩土工程学

报》5种期刊获评“2017中国最具国际影响力学术期刊”；*Theoretical & Applied Mechanics Letters*、《力学进展》《工程力学》3种期刊获评“2017中国国际影响力优秀学术期刊”。

国际学术会议 学会举办国际学术会议7次，1091人次参加，交流论文441篇。

5月23—25日，第14届亚洲显示会议在北京举行，190人参会，其中海外学者90余人。会议讨论了微流动、热对流、可压缩流与气体动力学、环境流体力学、流动控制、反应流与燃烧、显示技术与数据分析方法等。

10月15—18日，第二届面向安全和环境问题的计算工程科学国际会议在四川省成都市召开，230余位专家、学者参会。会议针对如何将计算力学的研究成果应用于工程领域，从而解决复杂的安全和环境相关的热点问题进行了研讨和交流。

国内主要学术会议 学会共举办国内学术会议51次，累计参加10155人次，交流论文5842篇。

4月8—10日，2017全国实验力学多学科交叉研讨会在陕西省西安市举行，75人参会。会议内容涉及多学科交叉实验力学新方法、新技术、新仪器及其应用，航天结构振动控制与精确指向，核电结构监检测等国家重大需求中的实验力学问题。

5月5—7日，爆炸与冲击动力学发展战略研讨会在北京召开，50余人参会。会议探讨了面向国家重大战略需求和学科前沿，爆炸与冲击动力学所面临的挑战和机遇。

5月25—27日，第十六届全国非线性振动暨第十三届全国非线性动力学和运动稳定性学术会议在浙江省杭州市举行，740位专家、学者参会。中国科学院院士朱位秋、胡海岩担任共同主席。会议就非线性动力学与运动稳定性的基础理论及其在航空航天、海洋工程、机械工程、土木工程和交通运输等重大国民和国防领域的应用等问题进行了交流和研讨。

6月29—30日，中国力学学会“美丽力学”系列学术研讨会在广东省深圳市南方科技大学召开，20余位专家、学者参会。会议以“青年女科技工作者学术风采”为主题，邀请6位青年女力学工作者介绍了各自的成长经历和主要科研工作及成果。

8月24—25日，第十四届全国渗流力学大会在浙江省杭州市召开，300余人参会。会议围绕渗流力学在能源开发、岩土与水利工程、环境科学与化工、生物医学、多孔介质传热与传质分析、多尺度与多物理场的理论技术成果与前景等领域开展了研讨和交流。

10月20—22日，2017固体力学的挑战与发展研讨会在浙江省杭州市召开。会议的宗旨是在创新驱动发展的新形势下，面向国家重大战略需求和学科前沿，重视固体力学面临的挑战，研讨固体力学的本质科学问题，拓展新的研究生长点，提高结合工程开展研究和解决工程问题的能力，推动固体力学的发展。

10月27—30日，2017年全国压电和声波理论及器件应用研讨会在四川省成都市召开，会议由中国力学学会、中国声学会、IEEE-UFFC主办，200余人参会。会议交流了压电理论和声波器件研究领域的最新研究进展及成果。

11月6—7日，第一届全国物理力学青年学者学术研讨会在北京召开，40余位青年学者参会。会议主题是“航天工程与物理力学的结合”。会议讨论并提炼了前沿物理力学基础科学问题，探讨了解决这些问题的创新方法和思路。

国际交往 8月，学会邀请IUTAM秘书长Henryk Petryk教授和IACM主席Wing Kam Liu教授出席中国力学大会——2017暨庆祝中国力学学会成立60周年大会，并就承办IUTAM国际暑期学校、联合举办2018全美力学大会、组团参加第13届国际计算力学大会等事宜进行了商讨。

9月，中国力学学会北京国际力学中心邀请意大利乌迪内大学、乌迪内国际力学中心（CISM）的Cristian Marchioli教授来北京作学术交流，与中国科学院士、北京国际力学中心主席李家春商讨合作事宜，推动双方国际合作常态化。

10月31日—11月3日，第一届中泰双边青年力学交流研讨会在泰国清迈召开，近50位中国、泰国青年学者参加。本次研讨会是北京国际力学中心面向“一带一路”沿线国家和地区开展的系列活动之一。

12月，经学会十届六次常务理事会讨论并通过，同意中国力学学会与意大利力学协会签署双边合作谅解备忘录。

科普活动 5月20日，以“力学·探索·未来”为主题的2017年科技周活动在中国科学院力学研究所举行。近4000名大中小学生及其家长和老师参加。活动内容包括科普讲座，参观中科院力学所园区和科学实验室，参观钱学森、郭永怀办公室，参观趣味力学科普展室、力学科普展览和动手体验项目等。

5月21日，第十一届全国周培源大学生力学竞赛个人赛在全国60多个考点同时举行，来自全国30个省、自治区、直辖市的23646人报名参赛。竞赛决出个人特等奖5名、一等奖48名、二等奖72名。

8月，第十一届全国周培源大学生力学竞赛团体赛分别在湖南省长沙市和江苏省南京市举行，团体赛分为“理论设计与操作”和“基础力学实验”两部分，各决出特等奖1个、一等奖2个、二等奖4个。此外，还评选出优秀组织奖11个、特殊贡献奖2个。

12月2—3日，中国力学学会第十届全国中学生趣味力学制作邀请赛在山东省济南市举行，来自各省、市57所学校的近400名师生参赛。比赛设置“风车拉力赛”和“风车往复赛”两道题目。经过一天的紧张比赛，共有5支代表队获得了本次比赛的特等奖。

学会推荐专家参与中央电视台《加油·向未来》、辽宁电视台《奇幻科学城》等节目，为公众演示趣味科普项目。在爱课程MOOC教育网录制《力学诗趣》等系列科普课程，点击浏览量超百万。

表彰举荐优秀科技工作者 评选第十届周培源力学奖、第三届中国力学科学技术奖和2016年度中国力学优秀博士学位论文奖。

完成2017年度国家科学技术奖、2017年两院院士候选人、首届全国创新争先奖、2017年度教育部高等学校科学研究成果奖青年科学奖、第十二届光华工程科技奖、第十五届中国青年科技奖等科技人才或项目的推荐工作。经学会推荐，中国商用飞机有限责任公司科技委常委、C919大型客机常务副总设计师陈迎春研究员获得首届全国创新争先奖奖状。

党建强会 1月，中共中国力学学会功能型党委由中国科协科技社团党委批复成立。学会党委直接参与学会重大工作事项的讨论与决策，充分发挥党委在学会工作中的政治核心、思想引领和组织保障作用。

12月，中国力学学会党委向常务理事会传达党的十九大精神，结合科协系统工作实际和任务要求，部署了学会党委深入贯彻和实践党的十九大精神的工作安排。

会员服务 学会推动网上“会员之家”建设，通过实施会员能力提升计划，系统整合“会员之家”学术资源，增加支付宝交会费等功能，优化了入会流程，实现会员信息、会费收取、学术活动等实时在线管理，全面推进“互联网+学会”建设。全年累计整理印发《会讯》4期，电邮推送《会员专刊》8期，微信公众号实时推送信息100多条。发布《中国力学学会年报2016》。

【中国力学大会——2017暨庆祝中国力学学会成立60周年大会】 8月13—16日，中国力学大会——2017暨庆祝中国力学学会成立60周年大会在北京召开。大会由中国力学学会和北京理工大学共同主办和承办，全国近40家高等院校和研究机构参与协办，3000余人参会。学会理事长杨卫任大会主席。

大会设1个主会场、17个分会场和98个专题研讨会，共收录论文摘要2878篇。与会人员围绕力学学科的基础、前沿、热点问题以及与国民经济建设密切相关的应用问题进行了研讨和交流。

中国科协党组书记、常务副主席、书记处第一书记尚勇，国家自然科学基金委员会党组书记、主任、中国力学学会理事长杨卫，北京理工大学校长胡海岩，中国科学院力学研究所所长秦伟，国际理论与应用力学联盟秘书长Petryk教授出席开幕式并讲话。中国科学院院士、中国力学学会副理事长方岱宁主持大会开幕式。

开幕式上颁发了第十届周培源力学奖，第二届、第三届中国力学科学技术奖，第十五届中国青年科技奖，2016年度中国力学优秀博士学位论文奖，第十一届周培源大学生力学竞赛奖等奖项。

本次大会适逢中国力学学会成立60周年，杨卫作《中国力学60年》主旨报告。报告回顾了中国力学学会60年发展历程、近10年来中国力学取得的重大成就，并对中国力学学科的发展规律进行了归纳，提出了未来“十三五”期间我国力学学科的发展目标和实现途径。

大会邀请了中国工程院院士、中国船舶科学研究中心研究员吴有生，中国科学院院士、西安电子科技大学教授郑晓静，美国工程院院士、哈佛大学教授锁志刚，北京理工大学教授王成，中国科学院力学研究所研究员何国威，清华大学教授冯西桥，上海交通大学教授廖世俊作大会特邀报告。

本次大会交流内容涉及众多力学相关领域，反映了近年来我国力学界在面向国家重大需求和科学前沿的研究及教育等方面所取得的主要进展、成果和新的生长点，体现了力学与物理、数学、材料、生命、能源、化学、信息等学科的交叉与融合，展现了力学对航空、航天、机械、石化、环境、土木、水利、海洋工程等领域的推动作用。

（撰稿人：刘　洋）

中国光学学会

服务创新型国家和社会建设　学会在浙江余姚舜宇光学集团公司建立了一家院士专家工作站，同时吸收了十余家企业团体会员。

学会举办第九届光学检测与加工讲习班，第十四届光学设计高级讲习班和第五届红外热成像系统、图像处理及测试技术讲习班3次培训活动，参与人数150人次。

12月2日，中国光学学会院士专家工作站入驻浙江余姚舜宇光学集团。

学会建设　学会副理事长、中国科学院上海光学精密机械研究所所长李儒新当选中国科学院院士。学会副理事长、国防科技大学副校长刘泽金，学会常务理事、中国工程物理研究院副总工程师范国滨当选中国工程院院士。

6月17日，中国光学学会第八次全国会员代表大会在北京召开。大会选举产生第八届理事会，中国科学院院士、北京大学副校长龚旗煌当选新一届理事会理事长。

6月，学会光学制造专业委员会在四川省成都市召开会员代表大会，中国科学院光电技术研究所副所长罗先刚当选主任委员。

12月，学会光谱学专业委员会在北京完成换届工作，北京师范大学教授谢孟峡当选主任委员。

学会发展个人会员140人，其中90%以上为高级会员，会员总数达到3256人。发展单位会员11个，总数达到86个。

学会治理结构和治理方式改革　12月2日，学会在浙江省余姚市召开八届二次常务理事会议，学会理事长龚旗煌主持会议。经过讨论，会议通过20余项学会规章制度，以促进学会法制化、规范化、可持续化发展。

经学会八届二次常务理事会研究决定，在全国理事和高级会员中试行一次性缴纳终身会员费，即一次缴纳20年会费2000元。

青年人才托举工程　2017年，学会推荐的3位中国科协青年人才托举工程入选者取得了优异成绩。

其中，华中科技大学副教授黎敏获得了国家优秀青年科学基金资助，在速度影像仪上初步进行了双色激光场的实验研究，以第一作者或通讯作者身份发表论文4篇。

天津大学讲师张学迁在太赫兹超表面、表面等离激元控制方面以通讯作者发表论文2篇，以共同第一作者发表论文1篇。

国防科技大学研究员周朴获授权发明（国防）专利6项（第一发明人），应邀在国内外高水平学术会议作邀请报告7次，以第一作者发表学术论文7篇。

主办期刊　学会主办12种学术期刊，包括9种中文期刊和3种英文期刊，其中5种被SCI收录、7种被EI收录。

《中国光学快报》（英文版）、《高功率激光科学与工程》（英文版）、《光谱学与光谱分析》获得2017年最具国际影响力期刊称号。

《中国光学快报》（英文版）和《高功率激光科学与工程》（英文版）分别进入中国科技期刊国际影响力提升计划项目B类、C类，《光谱学与光谱分析》获得中国科协精品科技期刊资助。

《中国激光》《光电子前沿》（英文版）获得2017中国国际影响力优秀学术期刊称号。

《中国激光》《光谱学与光谱分析》分别获得百种中国杰出学术期刊、中国精品科技期刊称号。

学科发展研究　学会秘书长刘旭组织我国光电领域的相关专家调研并撰写了《我国光电产业发展趋势》，提交给中国科协信息科技学会联合体。

决策咨询　4月14—15日，学会纤维光学与集成光学专委会在四川省成都市召开学科发展方向高层研讨会，中国科学院院士周寿桓、范滇元，专委会主任、中国科学院西安光学精密机械研究所所长赵卫等20多位国内光电子领域的专家出席了会议。

会议内容包含新型纳米激光器、二维材料及信息器件、高功率超快激光器、随机光纤激光器、光纤陀螺、高功率光纤激光器、红外玻璃光纤、硅基光电子芯片集成、片上时频操控以及光纤生化传感等研究领域，展示了我国在光纤激光与光电子集成领域取得的最新研究进展。参会者交流和分享了学术创新思想与成果，并在此基础上向国家基金委信息学部提出重大项目建议。

国际学术会议　学会及专委会主办、协办、承办各类国际学术会议9次，参加人数2875人次，交流论文1148篇。

10月22—26日，学会光学薄膜专委会主办的第四届光学薄膜前沿国际会议（Frontiers of Optical Coatings，FOC 2017）在中山大学举办。

国内主要学术会议 2017年，学会及专委会主办、协办各类国内学术会议22次，参与人数5003人次，交流论文2082篇。

国际组织任职 第24届国际光学委员会（International Commission for Optics，ICO）大会于8月21—25日在日本东京召开。会议期间举行了国际光学委员会2017—2020任期换届选举，学会理事长龚旗煌当选国际光学委员会副主席。

国际交往 学会与美国光学学会（OSA）、国际光学工程学会（SPIE）更新了合作协议。学会建立了亚洲光电子（Photonics Asia）会议合作机制，与韩国光学学会、欧洲光学学会以及日本光学学会更新了学会合作协议。

科普活动 2017年，学会理事、会士中有10位院士在大中学校作了12场科普报告，5100多名大中学生参加科普报告会。

举办各类科普活动7次，包括科普报告会、参观实验室、裸眼3D光学设备展示、科普夏令营、组织志愿者到老少边穷地区做科普活动等，参与人数7330人次。

5月20—21日，在全国科技周暨第十三届公众科学日期间，学会环境光学专委会和中国科学院安徽光学精密机械研究所组织4场科普报告会、2场科普专题展，开放2个实验室，3500多名公众参与活动。其中，在合肥现代科技馆举办的航天科普展上展出了安徽光学精密机械研究所的卫星、火箭、飞船等精品航天模型和高分五号卫星载荷科普展板、中国探月嫦娥工程系列展等；同时航天科普展还展出了神舟十号与天宫一号、神舟十一号与天宫二号载人交会对接模型，高分系列卫星模型，中国航天远洋测量船——远望5号模型等。晶体材料展展出了珍贵的人工晶体样品，平板电脑滚动播出晶体生长的科普视频。

在5月20日实验室开放日，大气光学中心的激光雷达大厅、环境光学中心的光散射研究室的2个实验室接待参观者1600多人次。

在实验室开放日、航天科普展、晶体材料展期间，选派科普人员参与科技馆科普报告活动，分别作科普报告《湍流》《极地回眸》《如何给地球“量体温”》《生活中的光和颜色》。

表彰举荐优秀科技工作者 1月，以中国科学院院士郭光灿为组长的学会院士候选人推选专家小组召开会议，经过会议讨论决定，推荐南昌大学教授江风益、天津大学教授刘铁根、暨南大学教授李宝军为院士候选人。江风益通过中国科协组织的专家评审、中国科学院的学部评审和公示。

8月，经学会常务理事会审议通过，向中国科协推荐学会常务理事祝宁华为光华奖候选人。11月，祝宁华通过了中国科协组织的评审。

10月，学会向中国科协推荐戴道梓研究员、林学春教授为中国青年科学家奖候选人。

党建强会 12月2日，学会在浙江省余姚市召开八届二次常务理事会议，会议确定学会党委由11人组成，龚旗煌担任党委书记。

会员服务 2017年，学会办事机构面向社会公开招聘工作人员，并制定相应的薪酬制度。根据学会发展需要，学会对网站进行了升级改造。

【中国光学学会第八次全国会员代表大会】 6月17日，中国光学学会第八次全国会员代表大会在北京中国科技会堂召开，173位来自全国各地的会员代表出席会议。中国科协学会部副部长苏小军、中国物理学会副理事长朱少平出席会议并致辞，兄弟学会代表等应邀出席会议。

学会理事长郭光灿代表第七届理事会作《第七届理事会工作报告》，大会选举产生了第八届理事会，148名来自全国科研院所、高等院校、企事业单位的光学领域的专家、学者当选为第八届理事会理事。大会选举产生了学会监事会，郁道银当选监事长，丁大军、王慧田、王涌天、翟天瑞当选监事。

6月17日，学会召开第八届理事会第一次会议。中国科学院院士、北京大学副校长龚旗煌当选新一届理事会理事长。中国科学院院士、解放军总医院教授顾瑛，山西大学教授贾锁堂，中国科学院上海光机所研究员李儒新，中国工程院院士、中国科学院安徽光机所研究员刘文清，国防科技大学教授刘泽金，北京邮电大学教授任晓敏，舜宇光学科技（集团）有限公司王文杰当选新一届理事会副理事长。38位来自全国科研院所、高校、企事业单位的光学领域专家当选新一届理事会常务理事。经理事长龚旗煌提名，大会表决同意浙江大学教授刘旭为第八届理事会秘书长。

龚旗煌代表新一届理事会讲话，他表示将继承和发扬学会的优良传统，积极深化学会改革，团结和带领广大会员和光学科技工作者为我国的光学科技事业和国民经济发展做出更大贡献。

【2017 年中国光学学会学术大会】 8 月 10—13 日，2017 年中国光学学会学术大会在吉林大学召开，来自高校、科研院所、光学企业的专家、学者、管理者、科技人员和学生 1300 多人出席会议。

会议由中国光学学会、中国科学院信息技术科学部、中国工程院信息与电子工程学部主办，吉林大学集成光电子学国家重点实验室承办，中国科学院长春光机所、长春理工大学、华南师范大学广东微纳光子功能材料与器件重点实验室等单位协办。

8 月 11 日上午，大会开幕式在吉林大学鼎新大讲堂举行，学会秘书长刘旭主持开幕式。学会理事长龚旗煌、吉林大学党委书记杨振斌、国家自然科学基金委数理科学部常务副主任孟庆国分别致辞。中国工程院院士范滇元、方家熊、姜会林，中国科学院院士郭光灿、黄维、王家骐、王立军，学会副理事长顾瑛、李儒新、刘文清、刘泽金、任晓敏等出席开幕式。

大会举行会士授牌和 2016 年度王大珩光学奖颁奖仪式。

大会邀请中国工程院院士姜会林、华中科技大学副校长骆清铭、中国科学技术大学教授孙方稳、浙江大学教授胡慧珠分别作报告《空间目标多维度高精度探测技术研究》《神经光学成像》《基于金刚石氮-空位色心的高空间分辨率量子传感》《光学传感技术——从干涉到量子》。

大会分 18 个分会场进行，共有邀请报告 171 篇、口头报告 379 篇，张贴报告专场报告 218 篇。30 多家厂商参加光电展览。

（撰稿人：张建萍）

中国声学学会

服务创新型国家和社会建设 2017 年，学会参加《公共广播系统工程技术规范》等标准修订工作；参与完成《声学 小型通风装置辐射空气噪声和结构振动的测量》《声学 大型并排吸声体式消声器实验室测量》《声学 机器和设备发射的噪声测定》等标准制定工作；组织《声学 声压法测定噪声源声功率级和声能量级 消声室和半消声室精密法》等标准的宣传和培训。

8 月，与株洲市科协签订创新驱动助力服务合作框架协议，成立中国声学学会（株洲）服务工作站，开展技术培训、成果转化、资格认证、项目合作等方面工作，为地方企业转型升级、创新发展服务。与中车株洲电力机车研究所有限公司签订合作项目“深海机器人水中目标特性分析和识别研究”。

9 月，首次举办声学企业展会，共有 18 家声学相关企业参加。学会在 2017 年全国声学学术会议上评选出 6 家企业获得优秀参展单位奖。

举办 6 次技术培训班，包括机场噪声监控系统技术培训班、全国第 21 届听力学习班、第十二届神经外科术中超声应用学习班、第十四届乳腺超声新技术新理论学习班、第四届外周神经与骨骼肌腱超声诊断学习班、噪声与振动控制技术培训班。培训人数 360 人次。

学会建设 2017 年累计发展个人会员 562 人，个人会员总数达到 5118 人；发展团体会员 36 个，团体会员总数达到 66 个。

组织召开了八届六次、七次常务理事扩大会会议及八届四次理事会议，将技术咨询工作委员会更名为产业促进工作委员会，筹建建筑声学分会和标准化工作委员会。

学会开通微信公众号“声讯 ASC”，截至 2017 年年底，关注人数已达 779 人，发布文章 15 篇，总浏览量超过 35000 次。建立“学会办事机构群”等微信群，发挥门户网站、会议 / 会员管理系统、微信公众号等新媒体作用。

学会治理结构和治理方式改革 4 月，学会八届六次常务理事扩大会就监事会事项和成员候选人进行讨论，制定了监事会工作规范。建立切实可行的社会招聘人员管理办法及相应的人事管理制度，面向社会开展财务和科学传播岗位专职人员的招聘，完善相应的绩效激励机制、社会保险制度等各项管理制度。

主办期刊 学会主办 4 种刊物，包括《声学学报》（中、英文版）《应用声学》《噪声与振动控制》。

《声学学报》继续入选“中国精品科技期刊”。中国科学院院士李启虎的《水下目标被动测距的一种新方法：利用波导不变量提取目标距离信息》一文入选第二届中国科协优秀科技论文。《应用声学》保持中文科技核心期刊,《噪声与振动控制》保持中文科技论文统计源期刊等。

国内主要学术会议 2017年，学会及分支机构举办学术会议、研讨会、报告会、论坛等学术活动29次，交流论文904篇，累计2566人次参加。

学会举办高端前沿研讨会6次，包括2017水声物理与物理声学交叉研讨会、多语言言语识别基础理论与建模方法研讨会、第八届全国储层声学与测井技术前沿研讨会、2017年全国压电和声波理论及器件应用研讨会、“创新路上的前沿声学”百人学者专题研讨会、2017国际前沿声学研讨会。举办服务社会和行业发展的会议若干次，包括2017年全国声学学术会议、2017年第十四届音响技术交流会、2017年中国西部声学学术交流会、2017年功率超声学术会议、西安—上海声学会议。举办学术报告会16场，包括声频工程设计与电声新技术报告会、声学进展报告会，举办科技论坛1场以及第96期泰山科技论坛。

10月23—25日，由中国声学学会、中国科学院声学研究所和北京市海洋深部钻探测量工程技术中心联合举办的2017年第八届全国储层声学与深部钻测技术前沿研讨会在北京召开，130名国内外专家、学者及研究生参加会议。会议内容涵盖储层声学的理论和钻探测量技术前沿等多个领域。

12月1日，由中国科学院“百人学者论坛”理事会主办、中国声学学会和中国科学院声学研究所联合承办的中国科学院百人学者论坛——“创新路上的前沿声学”百人学者专题研讨会在北京召开，30多位院士、国家杰出青年科学基金获得者、中国科学院率先行动“百人计划”入选者及相关科研人员出席并交流科研成果，探讨研究热点。

12月4—5日，由中国声学学会与中国科学院深圳先进技术研究院联合主办的2017国际前沿声学研讨会在广东省深圳市召开，来自国内外高校、医院、研究院所以及企业的250多名声学领域的工作者参加。会议围绕“声学与生物医学”交叉前沿主题展开讨论，内容涵盖超声成像方法、超声生物效应、超声给药治疗及超声神经调控等前沿领域。

国际组织任职 学会常务理事杨军当选国际声学与振动学会（IIAV）会士，该学会现有25位会士。学会常务理事王秀明当选新一届国际超声大会常任理事会理事，2017年12月20日正式上任。

国际交往 12月18—20日，国际超声大会（ICU）在美国夏威夷举办。学会组织了储层声学与声波测井（Reservoir Acoustics & Borehole Acoustic Logging）、导波及其在无损检测中的应用（Guided Waves and Their Applications in NDT & SHM）两个会议专题。学会常务理事王秀明等57人参会。在会上，学会取得2021年国际超声大会举办权。

科普活动 组建超声波技术应用科学传播专家团队和物理声学科学传播专家团队，开展科学传播工作。

学会及所属分会联合多家会员单位在全国科普日期间举办公众开放日活动，累计参观人数超过4500人次。

首次开展“第一届声学科普创新奖”征集和评奖工作，共18部声学科普作品参赛，并在2017年全国声学学术会议上评选出6部获奖作品。超过800人次观看了参赛科普作品，学会网站和微信公众号均进行了宣传报道。

联合中国科学院声学所举办首届科普微创意大赛，面向社会征集声学科普作品，重点吸纳符合互联网传播特点的科普作品，计划于2018年进行评奖。

举办科普讲座6场，累计受众600人；举办科普培训班6个，累计受众360人。

参与完成《城市噪声知识问答》（环保科普丛书系列）、《中国大百科全书》第三版《环境科学卷——环境物理部分》的撰写工作。

表彰举荐优秀科技工作者 推荐中国科学院、中国工程院院士候选人，第十四届中国青年女科学家奖候选人，第十五届中国青年科技奖候选人共计6人次。

2017年全国声学学术会议上评选出10篇会议论文获得“青年优秀论文奖”。

党建强会 学会党委高度重视十九大精神的学习宣传贯彻工作，学会党支部结合学会工作特点，组织开展特色党建活动，包括“两弹一星”纪念馆主题参观教育活动、“率先行动 砥砺奋进——十八大以来中国科学院创新成果展”参观活动等。

【中国声学学会2017年全国声学学术会议】 9月22—26日，中国声学学会2017年全国声学学术会议在黑龙江省哈尔滨市召开。会议主题为“智能声态，引领创新”。来自全国声学领域的2位院士以及80所高等院校、46家科研院所、34家声学相关企业的781位专家学者，包括港澳台地区以及外国参会人员10余人，汇聚哈尔滨工程大学。会议分为8个分论坛、9

个分会场、18 个学科，对声学领域前沿研究方向、最新科研成果进行了交流探讨。

大会开幕式由中国声学学会副理事长张春华主持。中国声学学会理事长王小民、中国工程院院士杨德森、黑龙江省科协副主席刘福致开幕词，哈尔滨工程大学校长姚郁致欢迎词。哈尔滨工程大学杨士莪院士也到会致辞祝贺。

会议邀请哈尔滨工程大学教授李琪、中国科学院声学研究所研究员颜永红、南京大学教授刘晓峻、重庆医科大学教授王志刚作大会报告。同时邀请 68 位学科带头人分别在 8 个分论坛作专题报告。会议设立了 5 个青年论坛会场，前期选拔出 40 篇论文在此会场进行答辩式交流，并通过 20 名专家的点评遴选出 10 篇青年论坛优秀论文。大会通过分组报告和墙报形式共交流论文 419 篇。会议期间邀请声学领域部分企业到会展示先进仪器和前沿技术，并设置科普作品展台，最终以微信票选的方式评选出 6 家企业获得“优秀参展单位奖”。大会评选出 6 部科普作品获得“第一届声学科普创新奖”。此次会议规模和参会人数均创历年全国声学学术会议之最。

（撰稿人：耿祎晗）

中国化学会

学会能力提升计划 学会按照学会能力提升与改革工程二期项目，完成了 2017 年主要目标，完成《学术会议质量评估课题研究报告》，报告从会议目标、主办者能力和会议组织与流程三个方面建立学术会议评价指标体系，并利用层次分析法确定指标权重，构建学术会议质量评估办法。

学会建设 2017 年，学会被授予“全国科协系统先进集体标兵”荣誉称号，是获得该项荣誉的 32 个集体中唯一一个中国科协所属全国学会。学会专职副秘书长郑素萍获“全国科协系统先进工作者”荣誉称号。

2017 年，学会新增个人会员 8097 名，总数达到 5.3 万余名，单位会员总数达到 123 个。10 月，学会成立燃烧化学专业委员会，这是学会第 33 个二级分支机构，也是第一个挂靠西部地区的分支机构。

2017 年，学会官网全面改版，开设年报专栏，向社会发布 2016 年年报，年会专题网站全新上线。网站总浏览量近 370 万次，会员邮件系统发信 90 余次；微信公众号图文阅读总量约 43 万人次，单篇阅读量最高达 2 万人次。新媒体传播增设会员服务号、今日头条号，新入驻科猫平台，形成学会“一网多端”综合信息服务平台。

青年人才托举工程 2017 年，学会推举 6 名青年科技人才获得 3 年 90 万元资助。截至 2017 年 12 月，学会实施三届青年人才托举工程项目，共托举 20 名人才。2017 年，托举人才发表 71 篇高水平学术论文，多人参与国家重点研发项目、基金委重大项目子课题、“973”计划项目子课题，1 人获得基金委“优青支持”，3 人被提升为教授或研究员等。

主办期刊 2017 年学会主办的《分析化学》《纳米研究》《催化学报》《中国化学快报》等 10 个期刊获得“2017 中国最具国际影响力学术期刊（自然科学与工程技术 2017 版）”，其中《分析化学》获得中国学术期刊影响因子年报影响力指数学科排名第一，SCI 影响因子首次突破 2。《高分子科学》（英文版）1 篇文章入选第二期中国科协优秀科技论文。《催化学报》SCI 影响因子 2.813，连续 6 年居 SCI 收录中国化学类期刊前两位。根据中国科学院文献情报中心发布的 2016 年版中国科学院 JCR 期刊分区报告，《催化学报》首次进入工程技术大类 2 区，2 篇文章入选汤森路透“高被引论文”。

学科发展研究 《2016—2017 化学学科发展报告》初稿编撰工作已完成，内容包括 1 篇综合报告和 8 篇专题报告。综合报告涵盖了化学领域 25 个分支近三年的重要研究成果、发展动态和趋势等，160 余名专家参与编写。报告计划于 2018 年正式出版。

12 月，历时近 10 年的《有机化合物命名原则 2017》正式发布。本书由学会有机化合物命名审定委员会审定、科学出版社出版。

决策咨询 2017 年累计向中国科协报送站点信息 4 篇，包括《高校科辅队伍需要提升职业和技能素养》《科辅人员面临的一些问题》《科研单位大型仪器设备共享存在的几个问题》《高校化学学科硕博生课程设置的几个问题》；完成人才成长环境调查、科技工作者心理和职业发展状况调查、第四次面上调查、科技界对党的十九大反响情况快速调查 4 次问卷调查，为党和政府制定有关政策提供参考。

5 月，为解决山东省东营市广饶县在橡胶、化工与新材料、汽车配件等行业的技术和人才需求，学会邀请 50 多位专家参加“第二届东营 · 橡胶轮胎暨汽车配件产业高端人才洽谈会”。参会企业 125 家，推介发布各类科技成果 82 项，现场达成初步合作意向 25 个。

学会产学研合作与促进工作委员会根据四川川化集团现存的技术、产品和市场等问题，邀请相关领域专家对接洽谈技术成果转移项目，并对川化集团给予深度分析和指导。

国际学术会议 5 月，在海南省举办 2017 国际分析科学大会（ICAS 2017），来自中国、美国、德国、意大利等 26 个国家和地区的近 1400 人参加。大会围绕主题“Analytical Chemistry—From Tool to Science（分析化学——从工具到科学）”设立了 8 个分会场、4 个大会特邀报告、32 个分会主旨报告、120 个分会邀请报告、108 个分会口头报告、700 多个墙报展示。

9 月，在辽宁省大连市举办第七届化学科学与社会高峰论坛，来自 5 个国家的 40 多位化学家围绕主题“Solar Energy & Photonics for a Sustainable Future（太阳能及光子学的可持续发展）”展开讨论。本届高峰论坛的讨论结果汇总成白皮书，向国际化学届、政府机构和社会大众介绍，为化学学科发展的政策制定、科研资助方向及人才培养提供依据。

12 月，学会高分子学科委员会与太平洋地区高分子联盟在福建省厦门市共同主办第十五届太平洋地区高分子大会，19 个国家与地区的近 700 名高分子学者参会。会议共设 10 个主题、8 个大会报告、191 个邀请报告、127 个口头报告和 300 余个墙展报告，国内外投稿 684 篇。

国内主要学术会议 2017 年，学会及分支机构共举办各类国内学术会议 36 项，参会人数达 3.1 万余人次，交流论文 1.8 万余篇，其中 9 项学术会议参会人数超过 1500 人。学会充分调动分支机构积极性，会议质量、参会规模再次提升。

6 月，承办中国科协年会第八分会场“高性能高分子材料——从基础到应用”学术研讨会。安排了 9 个大会报告、49 个主题邀请报告、40 余个墙报。会议聚焦高性能高分子材料从基础研究到产业化应用面临的重大科学和技术问题，围绕高分子学科的前沿交叉问题、吉林省经济社会发展重点关注的科学问题进行了交流和研讨。

9 月 14—17 日，承办中国科协第 316 次青年科学家论坛，论坛以“化学与生物技术和先进材料的交叉与融合”为主题。来自全国 40 家科研院所和高校的 70 余位青年化学学者，围绕化学如何与生物技术结合产生新的前沿研究方向以及如何利用化学手段更加行之有效地开发和利用先进材料、创造更多的经济价值展开学术研讨。

国际组织任职 2017 年，经学会提名、推荐及国际纯粹与应用化学联合会（IUPAC）选举，共有 18 名化学工作者将在 IUPAC 各委员会任职（任期 2018—2019 年）。

国际交往 7 月，学会组团分别前往巴西圣保罗和澳大利亚墨尔本参加第 46 届世界化学大会和第 17 届亚洲化学大会，并于第 46 届世界化学大会上作第 48 届世界化学大会申办报告。

8 月 28 日，美国马里兰大学 Willie E. May 教授访问学会秘书处，双方就学会会员、会议、期刊、奖励等有关方面进行交流。

9 月 11 日，学会副理事长丁奎岭与德国化学会主席 Thisbe K. Lindhorst、执行主任 Wolfram Koch 在柏林自由大学共同续签双边合作备忘。新的合作备忘有效期为 2017—2022 年。

12 月 6 日，中国化学会国际纯粹与应用化学联合会（IUPAC）工作动员会在北京西郊宾馆举办，会议由学会副理事长周其凤主持。IUPAC 秘书长 Richard hartshorn 教授对 IUPAC 进行系统介绍，并与在场中国学者进行交流。

科普活动 7 月 6—15 日，第 49 届国际化学奥林匹克竞赛在泰国马希隆大学举行，中国队获得三金一银。

8 月 27 日，全国共有 17 万学生参加第 31 届中国化学奥林匹克初赛。11 月 23—28 日，决赛暨冬令营在广东省深圳市举办，共有来自包括澳门特别行政区在内的 30 个省、自治区、直辖市的 340 位学生参加。比赛共决出 104 枚金牌、136 枚银牌和 100 枚铜牌。

10 月，学会与美丽科学团队合作出品的原创化学科普视频《重现化学》系列影片上线发布。学会通过官网及微信公众号每周四定期发布《重现化学》系列视频，国外主流媒体美国国家地理、探索频道、《连线》杂志英国官网进行了报道。

5 月和 11 月，学会分别联合中国科学院化学所和中关村第二小学组织了“趣味化学实验体验”及“化学表演秀 + 趣味化学实验”活动，让小观众切身体验化学的独特魅力。

表彰举荐优秀科技工作者 2017年，学会启动中国化学会青年化学奖、第六届中国化学会－英国皇家化学会青年化学奖、第九届中国化学会－巴斯夫青年知识创新奖、第四届中国化学会－赢创化学创新奖4项奖励，288名专家参与推荐，117名申请人申报，22人获奖。

学会开展多项人才举荐工作，推荐郑南峰获得教育部2017年度高校优秀成果奖——青年科学奖，林丽利入选2017年未来女科学家计划。

学会创新发展 4月，学会向全国化学工作者发出“关于提高中文期刊引文准确度”的倡议，号召广大学者在中文科技论文写作中在引用他人科技成果时统一引文表达，关注学科、行业内中文期刊的健康发展。

党建强会 2017年学会党委正式成立。结合“党建强会计划”，学会在官网设立“党建工作”专栏，在官方微信设立“学会党建”专栏，扩大学会党建阵地。

会员服务 5月1日，会员证全新升级。新版会员证使用磁卡版，简化会员证编码，增加个人信息专属二维码等功能。

在5月30日首个全国科技工作者日，学会呼吁120余家会员单位共同参与制作张贴主题庆祝海报；宣传报道优秀科技工作者（会员）的先进事迹；走访慰问为学会做出重大贡献的化学专家；上下联动凝聚合力。

【2017年国际分析科学大会】 5月6—8日，2017年国际分析科学大会（IUPAC International Congress on Analytical Sciences 2017，ICAS 2017）在海南国际会展中心召开，这是五年一次的IUPAC国际分析科学大会首次来到中国。国际分析科学大会的发起人、大会名誉主席汪尔康，大会主席杨秀荣，学会秘书长范青华出席开幕式。参加本次会议的还有来自中国、美国、德国、意大利、芬兰、日本、韩国、加拿大、澳大利亚等26个国家和地区的知名学者、企业技术专家等近1400人。开幕式由大会秘书长、清华大学林金明主持。

大会围绕主题“Analytical Chemistry— From Tool to Science（分析化学——从工具到科学）”设立了光谱分析，电分析化学，色谱分析，质谱分析，成像分析，食品、药物和环境分析，生物和基因组学，青年论坛与新技术新方法8个分会场；安排4个大会特邀报告、32个分会主旨报告、120个分会邀请报告、108个分会口头报告、700多个墙报展示，吸引了国内外分析化学家到会进行学术交流。

【《有机化合物命名原则2017》新书发布】 12月20日，学会在广东省深圳市举办第十届全国有机化学学术会议，其间正式发布新书《有机化合物命名原则2017》。发布仪式由学会秘书长范青华主持，有机化合物命名审定委员会主任张礼和、副主任丁奎岭为新书发布。

自2008年起，全国科学技术名词审定委员会和学会组建第二届化学名词审定委员会有机化学学科组，主要参考IUPAC 1993年建议的命名指南，开始探索《有机化合物命名原则》的更新修订工作。2011年在国家自然科学基金会的主任基金支持下成立了《有机化合物命名原则》修订工作小组，由中国科学院上海有机化学研究所吴毓林、陈耀全、何煦昌、孙贺平等组成，正式开始起草和修订，并邀请一些专业领域的专家撰写命名规则。2012年在初步完成《有机化合物命名原则》版本的基础上在网上公开征求意见，并同时在专业的学术会议上组织座谈讨论，根据反馈意见反复修订。2015年学会专门组建有机化合物命名审定委员会，进行了再一轮的审阅和修改，前后历时近10年成书，2018年1月由科学出版社出版发行。

（撰稿人：王以菲）

中国天文学会

学会建设 学会新发展会员86人。成立中国天文学会女天文工作者委员会。召开中国天文学会十三届六次、七次常务理事会，四次理事会议和十三届三次组织工作会议。开展推荐学会第十四次全国会员代表大会代表、理事候选人工作。学会获得中国科协能力提升与改革工程优先建设学会项目，组织落实完成优先建设学会项目建设目标和考核指标及项目合同书。11月，学会秘书处迁至江苏省南京市仙林大学城。

主办期刊 2017年，学会主办的期刊《RAA》《天文学报》《天文学进展》《天文爱好者》《天文技术与研究》等纳入学会优先建设项目。

国内主要学术会议 学会全年举办学术活动15次，其中综合性学术年会1次，全年学术会议参会人数达1560多人次，交流论文813篇。会议包括中国天文学会 2017 年学术年会、第一届中欧太阳物理会议、中国天文学会图书信息与期刊出版研讨会、中国天文学会脉冲星测时阵列研讨会、中国天文学会第十一届张衡学术研讨会、中国天文学会 2017 年天文教育论坛、中国天文学会太阳物理发展战略研讨会、中国天文学会 2017 年度 1 米级光学天文望远镜运行研讨会、中国天文学会第七届海峡两岸天文望远镜与观测前沿技术研讨会、中国天文学会天文学名词研讨会暨第十届审定委员会第二次会议、中国天文学会 2017 分子云恒星形成及银河系结构学术研讨会、中国天文学会射电天文前沿与技术研讨会、中国天文学会 HXMT 科学与数据分析研讨会、中国天文学会 POLAR 数据分析研讨会等。

科普活动 学会普及工作委员会召开中国天文学会 2017 年天文科普研讨会暨普及工作委员会工作会议；开展 2017 年全国中学生天文奥林匹克竞赛决赛、全国科技教师天文知识与技能培训暨第九届天文科普教育论坛、首届全国大学生天文创新作品竞赛等活动。为推动我国青少年天文科普及中小学天文课程建设，在贵州省黔南布依族苗族自治州平塘县举办了天文教师培训班等。

表彰举荐优秀科技工作者 开展中国天文学会第六届黄授书奖、中国天文学会第二届黄润乾天体物理基础研究奖评奖工作。学会与中国科学院国家天文台联合举办了“2016 年度十大天文科技进展”评选活动。

经学会推荐，中国科学院国家天文台 FAST 工程首席科学家兼总工程师南仁东获首届全国创新争先奖章，中国科学院紫金山天文台副台长常进获首届全国创新争先奖状。

组织实施第十五届中国青年科技奖候选人、第十四届中国青年女科学家奖、2017 年度未来女科学家计划候选人推荐工作。

党建强会 组织常务理事会、理事会全体党员学习党的十九大精神有关文件。根据中国天文学会党委决定，组织开展号召全体会员向南仁东学习的倡议活动。

【中国天文学会 2017 年学术年会】 8 月 8 日，中国天文学会 2017 年学术年会在新疆维吾尔自治区乌鲁木齐市召开。

年会以“构筑科学高地，开拓丝路天文，缔造星空梦想，谱写大美篇章”为主题，来自全国各天文单位的 800 余位专家、学者和学生参会，共同探讨我国及国际天文学领域取得的最新研究成果和发展方向。

新疆维吾尔自治区人民政府副秘书长、办公厅党组成员高志敏，自治区科协党组成员、副主席阿布都艾尼·依干拜尔迪，中国天文学会十三届理事会理事长、中国科学院院士武向平，中国科学院新疆天文台台长王娜出席开幕式并致辞。中国天文学会秘书长杨戟主持大会开幕式。

年会为期 3 天，以大会特邀报告、高级科普报告、专题讲座和分会场报告等形式进行，共有 8 位天文专家作特邀报告。同时，分别在射电天文分会场，太阳、行星分会场，恒星与银河系分会场，仪器、时频分会场，天力、天测分会场，高能分会场，星系、宇宙分会场，天文学史、教育与科普分会场 8 个分会场展开充分的学术交流和研讨。大会共交流口头报告 359 篇、张贴报告 40 篇。

年会开幕式上，颁发了中国天文学会第六届黄授书奖和第二届黄润乾天体物理基础研究奖。北京大学科维理天文与天体物理研究所研究员东苏勃、中国科学技术大学天文系教授王慧元获中国天文学会第六届黄授书奖，中国科学院国家天文台研究员赵刚、南京大学教授戴子高获中国天文学会第二届黄润乾天体物理基础研究奖。

（撰稿人：孟红宇）

中国气象学会

服务创新型国家和社会建设 2 月，开展气象科技成果评价工作 2 项。6 月，受中国气象局科技与气候变化司委托，开展 2017 年中国气象局野外科学试验基地评审的现场评审和考察评估工作。11 月，组织开展中国气象局沈阳大气环境研究所整改评估工作。

7 月，联合六盘水市政府举办首届中国凉都六盘水气候养生旅游论坛，秦大河院士、IPCC 第二工作组主席 Hans 教授和副主席 Fischlin 教授、国际山地综合开发中心（ICIMOD）Philippus 博士等受邀出席，推动地方生态文明建设和精准扶贫工作。9 月，受浙江省文成县政府委托，完成文成县气候养生福地专家论证工作。

3 月底，在广东省广州市举办 2017 年气象现代化建设科技博览会，上百家知名企业参展。5 月中旬，参与组织首届气象科技活动周。9月底，在河南省郑州市第34届年会期间举办科技成果展和期刊展，50余家企业和期刊参展。

学会建设 组织召开理事会会议1次、常务理事会3次、理事长和秘书处办公会7次。组织召开学会改革专题研讨会及全国气象学会秘书长会议和学科委员会工作会议。

在理顺办事机构挂靠关系、优化内部机构服务职能、开展专职工作人员竞聘上岗、完善聘用人员人事管理制度、推进秘书处绩效工资改革等方面提出改革措施，获得支撑部门支持。按照新的学会组织通则要求，修订完善分支机构管理和表彰奖励办法。

首次成功申报青年科学家论坛1项、创新驱动助力工程示范项目1项、青年科学家参与国际组织项目2项，均已完成年度任务；组织申报其他项目10余项。

青年人才托举工程 继续得到中国科协项目支持，成功开展青年人才托举工程专项工作，一期2人完成中期评估，二期2人正式启动，三期完成资助人选遴选并启动后续工作。

主办期刊 执行中国科技期刊国际影响力提升计划项目，推动国际接轨,《气象学报》英文版（JMR）参加第97届美国气象学会年会展会。JMR编辑应邀参加AMS出版委员会工作会议，引进XML排版和编辑流程管理一体化系统，出版效率明显提高。开展电子书、思维导图等增强出版活动。编辑出版王绍武先生纪念专辑等3期专刊；对重污染等主题组织约稿3期专刊。

《气象学报》中文版综合评分升为中国科学技术信息研究所《中国科技期刊引证报告》（CJCR）大气科学类期刊排名第一，入选“2016年度百种中国杰出学术期刊”和“2017年中国精品科技期刊”。中英文版双双获得“2017年中国国际影响力优秀学术期刊”。

国际学术会议 10月23—24日，由中国气象学会、韩国气象学会、日本气象学会联合主办，韩国气象学会承办的第二届亚洲气象大会在韩国釜山会展中心召开。来自韩国、中国、日本三个国家的参会代表约300人出席了大会开幕式。大会主题为“全球变暖背景下极端天气、气候和环境的变化：观测与预测”，设三个分会场。其中，口头报告交流总计151个，中国代表口头报告47篇，占口头报告总数的31%。会议安排了143篇墙报交流，其中中国代表墙报交流总数为34篇，占墙报交流总数的24%。

国内主要学术会议 9月27—29日，由中国气象学会主办的第34届中国气象学会年会在河南省郑州市召开，主题为“创新引领、气象为民”。本届年会为期三天，设21个分会场、3场专题论坛、3场交叉学科交流及谢义炳先生诞辰百年纪念专场。1300余名气象科技工作者参会，多位院士、近百位专家和会议代表参加了谢义炳先生诞辰百年纪念专场。

11月1日，由中国科协主办、中国气象学会承办的中国科协第327次青年科学家论坛在北京召开。此次论坛的主题为“雾霾、天气与气候”。论坛共有40名优秀青年科学家代表进行特邀报告交流，此外，还有40余名来自全国高校、科研院所、气象和环保系统的科研人员参加研讨。

11月7日，由中国气象学会主办和支持的第24届杨凌农高会第四届全国“农业与气象”论坛在陕西省西安市举办。本届论坛围绕“‘一带一路’助推农业现代化”的主题，特别邀请中国气象学会、国家气候中心等专家学者作专题报告，围绕乡村振兴战略、应对气候变化、气象服务农业现代化、农业与气象科学研究、农业生产一线等进行交流研讨。

两岸交流 6月17日，第九届海峡论坛·第六届海峡两岸民生气象论坛在福建省厦门市召开，海峡两岸160多位气象科技工作者参会。论坛主题为“深化气象交流，惠泽两岸民生”，论坛聚焦两岸重大、前沿性气象科研成果，研讨短时临近气象预报预警技术和台风、暴雨等灾害天气成因分析以及相关机理，交流卫星、雷达、数值天气预报应用技术和社会化气象服务产品研发与应用，分享防灾减灾救灾的做法和经验，探寻气象服务两岸同胞福祉的更好模式。论坛期间还举办了灾害性天气预报预警技术培训班，陈泰然、周仲岛等两岸多位著名气象专家联合讲学授课。

科普活动 3月18日气象日开放参观期间，万余人走进中国气象局园区参观体验，中国气象局局长刘雅鸣来到气象学会展台参观并指导工作。其间举办“仰望天空　观云识天”气象科普报告活动，联合16个省级气象学会举办系列报告会30余场。

5月9—11日，与中国气象局联合开展2017年气象科技下乡工作，山西省临猗县近千名群众参加。

5月20—27日，联合山东省等9个省级学会和中科院大气所等20家全国气象科普教育基地分别在河北省、吉林省等 18 个省（区、市）开展以“探索气象卫星的奥秘”为主题的进社区、进学校、进农村、进公共场所系列科普活动，发放《探索气象卫星的奥秘》和《空间天气与人类活动》科普宣传折页 16000 余份。

5 月 20—23 日，结合首届全国气象科技活动周展览，与中国天气网合作，以“玩转气象卫星、探索空间天气”为主题开展有奖知识问答，近 40000 人次参与。展会现场设立了知识问答小展台，吸引了包括大中小学生、其他参观者近千人。

5 月 20—21 日，联合举办 2017 年全国气象科普讲解大赛，83 名选手参加比赛，评选出 15 名优秀选手参加决赛，推荐信欣等 3 人参加 2017 年全国科普讲解大赛并获全国奖。

6 月 30 日，大学生气象防灾减灾宣传志愿者联盟正式成立，成功组织 2017 年大学生志愿者气象防灾减灾宣传大型科普活动，十余所高校的 2000 余名大学生志愿者参加。

7 月 26 日—8 月 2 日，由中国气象局、中国气象学会主办的第 36 届全国青少年气象夏令营在贵州省湄潭县举办。来自天津市等 21 个分营的 170 余名营员和辅导员参加了本届气象夏令营。

扩充气象科学传播专家队伍，参与专家近 40 人；组织举办校园气象科普培训班，全国 130 余位代表参加；在北京 101 中学怀柔校区举办气象科普嘉年华活动，1000 余名学生参加。搭建气象科普基地管理平台，气象科普产品开发取得较大进展，形成五大类 100 余种。

表彰举荐优秀科技工作者 完成两院院士、中国科协创新争先优秀科技工作者、全国创新争先奖候选人（集体）及中国科协各类人才奖励推荐工作，张强、陆其峰获得全国创新争先科技奖状。完成学会新设奖项在国家奖励办的备案，2017 年大气科学基础研究成果奖、气象科学技术进步奖申报 41 项，授奖 13 项；第十七届涂长望青年气象科技奖推荐 33 人，5 人获表彰。

党建强会 参加中国气象局党组、中国科协组织的专题学习班、培训班等学习活动。秘书处党支部专题学习讨论 4 次，推动党支部“两学一做”活动和作风建设工作。推进学会功能性党组织建设，提出组建工作方案。

会员服务 多种方式发展个人注册会员，个人注册缴费会员已超 1400 人，较 2016 年有较大增长。编发会员工作手册 1 本、会讯 3 期，及时发送全体理事和注册会员。

加强会员服务信息化能力建设，会员注册系统、会议系统、评奖系统、收费系统以及期刊网站、科普基地管理平台等信息化建设取得新进展。

【第 34 届中国气象学会年会】 9 月 27 日，第 34 届中国气象学会年会在河南省郑州市召开，大会主题为“创新引领、气象为民”。年会为期 3 天，设 21 个分会场、3 场专题论坛、3 场交叉学科交流及谢义炳先生诞辰百年纪念专场。中国气象学会副理事长费建芳主持会议。中国气象学会理事长王会军院士、中国气象局副局长于新文、河南省副省长王铁出席开幕式。

王会军在致辞中说，中国气象学会积极深化改革，社会影响力不断提升。针对气象事业发展的新形势、新要求，他倡议广大气象科技工作者更加重视气候变化研究工作，重视气象灾害的应对，更好地推进气象科普工作，促进气象科技人才成长。于新文副局长和王铁副省长也分别在大会开幕式上作了致辞。

本届年会开幕式特邀丁一汇院士、张人禾院士、廖国男教授、杨军主任、沈学顺研究员分别以“‘75·8’特大暴雨的成因与强对流系统的作用”“青藏高原低涡东移机理和多尺度变化”“黑炭沉积和三维地形对青藏高原气候变化的影响”“我国新一代静止气象卫星‘风云四号’”以及“我国数值天气预报技术的进步与挑战”为题作了大会报告。参会代表聚焦气象领域的不同主题开展了学术研讨。

年会为获得全国创新争先奖的气象工作者颁发证书，同时还颁发了中国气象学会 2017 年度大气科学基础研究成果奖、气象科学技术进步成果奖和第十七届涂长望青年气象科技奖等。会议期间举办气象科技成果展和科技期刊展，50 余家行业企业和科技期刊参展。

本届年会参会代表总数超过 1300 人，上传论文总数 2425 篇，通过审核的论文数量 2114 篇，其中 CNKI 光盘收录 1562 篇（收入光盘率 74%）；现场交流 732 篇（其中特邀报告 178 篇）、墙报交流 241 篇，评出优秀论文 27 篇、优秀墙报 22 篇。

中国气象学会秘书长王金星主持大会闭幕式，他希望通过年会的交流，与会代表都有所收获，对日常业务预报及研究工作有所借鉴。王金星秘书长、冯雪竹副秘书长等为获得本届年会优秀论文和优秀墙报的代表颁发了获奖证书。

【中国凉都·六盘水——气候·养生·旅游论坛】 7月26日，由中国气象学会、六盘水市人民政府、贵州省气象局、贵州省旅游发展委员会主办的中国凉都·六盘水——气候·养生·旅游论坛在贵州省六盘水市举办。来自国内外的600余位专家学者出席。

中国气象学会副理事长、中国气象局副局长宇如聪出席会议并讲话。他指出，希望六盘水市委、市政府始终牢牢把握生态优先、绿色发展的新思路、新方向，积极调整产业结构、强化生态建设，立足山地地理气候优势，大力发展全域旅游和特色农业产业，打造“中国凉都”休闲度假旅游城市品牌，为助推六盘水脱贫攻坚发挥作用。六盘水市委书记周荣在致辞中表示，六盘水将以此次论坛为契机，更加注重气候资源的挖掘，以开放性的思维、战略性的眼光做实生态文化理念，持续提升“中国凉都”的品牌内涵。

论坛组委会主席、中国气象学会名誉理事长秦大河院士出席论坛并担任主旨演讲主持人。秦大河院士等专家为与会嘉宾带来精彩演讲，并与会议代表进行互动交流。代表们围绕气候资源开发利用、山地特色旅游发展、气候养生优势挖掘、产业转型升级与可持续发展等内容分享地方特色气候资源开发利用方面的经验。

在论坛闭幕式上，中国气象学会原秘书长、政府间气候变化专门委员会（IPCC）第一工作组主席翟盘茂代表论坛组委会宣读了《凉都共识》,《凉都共识》围绕社会大众关注的健康、养生、旅游主题，科学开发利用好宝贵的地方特色气候资源财富；继续坚持绿色发展道路，积极探索低碳城市、气候适应性城市发展新模式；引进国内外专家的智力优势，探索适应和减缓气候变化影响的新理论、新举措，用实际行动为应对气候变化提供更多新案例等方面展开。

（撰稿人：张　静　刘文泉）

中国空间科学学会

服务创新型国家和社会建设　完成《实践十号科学实验卫星工程技术手册》（含三分册）10余万字的文字编辑、校对和印刷出版工作。

学会建设　全年新发展会员214人，会员总人数达3730人。

向中国科协申报“学会能力提升与改革工程——优先建设学会项目”并获得经费支持。

制订第九届理事会任期目标“夯实空间科学基础，深化改革创新机制，推动学会跨越发展”，经学会常务理事会多次讨论、修改后，于10月24日在理事会大会讨论通过。任期目标由7部分组成：提高学术会议的质量和水平，着力搭建高水平的学术交流平台；加强学会组织建设，团结广大会员，增强学会凝聚力；建立奖励制度，加强对在空间科学领域做出突出贡献的会员的奖励和表彰；在中国空间科学事业大力发展的形势下，采取有力措施，逐步提升《空间科学学报》质量；建立功能型党委，发挥政治引领作用，服务学会创新发展；弘扬科学精神，普及科学知识，传播科学思想和科学方法；积极开展科技咨询工作，促进科学技术与经济建设的结合。通过任期目标的建立和顶层设计，力求通过理事会的共同努力，促使学会能力建设提升到新的高度。

2017年，学会向中国科协申报“优化科研课题申请环境落实情况调研”和“硬X射线调制望远镜卫星高端研讨会”项目并获得经费支持。

主办期刊　《空间科学学报》完成编委会换届工作。2月，召开第八届编委会第一次工作会议。全年共出版研究性学术论文86篇。从第4期开始进行学报改版，在封二设置论文导读，增加前沿动态、发展战略、政策研讨、科学家访谈、研究机构等栏目。

国际学术会议　7月10—14日，由学会与美国地球物理联合会共同主办的向阳面磁层相互作用查普曼会议在四川省成都市召开，来自20多个国家的128位学者参会，交流论文100余篇。会议专题包括空间科学领域的磁鞘、极尖区及日侧极光、磁层顶结构及其动力学、全球磁层对流及动力学、辐射带及内磁层ULF波、太阳风前兆激波及弓激波等。

7月31日—8月4日，第四届全球华人空间天气科学大会在北京召开。本次会议由国家自然科学基金委、中国空间科学学会、中国地球物理学会、中国气象学会、中国天文学会和中国国际科技交流中心等联合主办。来自国内外70余家研究机构的约500名专家参会，征集论文400余篇。

9月19—22日，月球科学与比较行星学专业委员会在北京组织召开2017·第三届北京月球与深空探测国际研讨会。国内外200余名专家参加了会议，提交会议论文 135 篇。会议设有 7 个分会场，围绕 2030 年前主要航天国家及组织的月球、火星、小行星探测规划，行星科学研究的新进展和未来 10 年的热点问题，月球和其他地外天体返回样品研究的方法、手段和科学进展，深空探测新方法与有效载荷新技术等主题进行了研讨。

国内主要学术会议 5 月 14—17 日，第十七届全国日地空间物理学研讨会暨 2017 国际空间子午圈研讨会在山东省青岛市召开，400 余位专家参加本次会议。10 名青年学者获本届会议优秀青年论文奖。会议由学会空间物理学专业委员会主办。研讨会共收到论文及摘要 200 多篇，涉及太阳大气与行星际物理、磁层物理、电离层物理、中高层大气物理、空间天气与环境应用和等离子体基本物理等领域。

5 月 31 日—6 月 2 日，学会月球科学与比较行星学专业委员会在广东省珠海市召开了主题为“首次火星探测任务有效载荷探测技术和数据处理”的学术研讨会。18 场学术报告围绕首次火星探测科学目标、探测技术、数据处理和数据发布以及科学应用等主题进行了研讨。

8 月 18—22 日，第十届全国微重力科学学术会议在宁夏回族自治区银川市召开。会议由学会微重力专委会、中国科学院微重力重点实验室、宁夏大学宁夏光伏材料重点实验室和中国科学院太空应用重点实验室联合主办。近 40 家科研院所以及高校的 180 余位专家参加了会议，征集论文 145 篇。15 名青年学者获本届会议优秀青年论文奖。会议就微重力流体物理、微重力燃烧学、空间材料科学、空间基础物理、空间生物技术、实验技术与平台设施以及空间生命科学领域取得的最新研究成果进行了交流。

8 月 30 日—9 月 3 日，第三十届全国空间探测学术会议在四川省西昌市召开，近 180 位专家参会，征集论文 113 篇。10 篇中青年科研人员论文获“中青年优秀论文奖”。大会邀请专家作了《HXMT——慧眼卫星及其在轨测试》《临近空间科学探测设想》《火星探测降落伞减速技术》《木星系及行星穿越探测任务科学目标建议》《中能电子谱仪、千线阵列中性原子成像仪研制》《火星大气环境中声波传播特性实验研究》《面向遥感应用和空间环境探测的智能微纳卫星技术》7 个特邀报告。

9 月 5—8 日，2017 年空间机电与空间光学学术研讨会在四川省成都市召开。会议由学会空间机电与空间光学专业委员会主办，100 多位专家参加会议，征集论文 43 篇。会议围绕卫星科学与工程、空间光学、空间应用等领域开展学术交流。

9 月 11—12 日，第四届全国成像光谱技术与应用研讨会在哈尔滨工程大学召开。本次会议由国际数字地球学会中国国家委员会成像光谱对地观测专业委员会和学会空间遥感专业委员会共同主办。来自 90 多所高校、科研院所、企业的 300 余位成像光谱遥感领域的学者、专家及产业科技工作者参会，征集论文 102 篇。会议就高光谱信息处理技术、遥感大数据、新型光谱成像技术、多尺度遥感数据融合、无人机载高光谱新发展及新应用等作大会报告。

10 月 11—15 日，以“创新突破支持科学与应用发展”为主题的第五届微波遥感技术研讨会在云南省普洱市召开。会议由学会空间遥感专业委员会以及美国电气电子工程师协会地球科学与遥感学会北京分会联合主办。会议总结了近年来中国卫星微波遥感技术与应用进展、微波遥感新机理与新技术、微波遥感数据处理与应用以及微波遥感模型研究等方面的研究进展和所取得的成果。大会设立中国卫星微波遥感技术与应用进展、微波遥感数据处理与应用、微波遥感模型研究、定标与真实性检验、微波遥感新机理与新技术、水循环微波遥感 6 个分会场（议题），收到论文 161 篇，其中 4 篇论文获优秀学生论文奖。

10 月 20—22 日，在华中农业大学举办中国化学会第十一届全国磷化学化工学术讨论会暨中国空间科学学会空间生命起源与进化专业委员会年会，130 余名专家参加本次学术研讨。空间生命起源与进化专委会的赵玉芬院士和张红雨副主任委员分别作特邀报告《磷科学的学科发展战略研究》《生命起源机制的系统化学生物学解析及磷在代谢网络起源中的作用》。

5 月 31 日—6 月 2 日，月球科学与比较行星学专业委员会在广东省珠海市组织召开了主题为“首次火星探测任务有效载荷探测技术和数据处理”的学术研讨会。参会人员包括参与首次火星探测任务工程总体，探测器系统，地面应用系统，有效载荷总体和数据处理、科学研究和应用工作的 36 个单位的相关科研人员 112 人。大会共举行 18 场学术报告，围绕首次火星探测科学目标、探测技术、数据处理和数据发布以及科学应用等主题展开广泛研讨，为促进中国首次火星探测任务“早出成果、多出成果、出好成果”提供了建设性的意见和方案。

科普活动 学会成立空间探测、空间物理、空间生命和微重力4个科学传播专家团队，全年共举办60多场针对广大青少年的科普报告会。

4月23日，组织北京市怀柔区喇叭沟门乡上台子村的学生到位于怀柔科学城的中国科学院国家空间科学中心参观东方红一号卫星1∶1模型、空间科学卫星系列展、空间科学任务大厅，并邀请专家作科普报告《走进空间科学》。

5—6月，学会与中国科学院天地生科学文化传播中心合作，组织5名工作在科研一线并具有科学传播专长的中青年科技工作者到北京市牛栏山一中讲授空间科学系列科学课程。

7月，空间生命专委会在广东省深圳太空科技南方研究院开展“飞向太空的种子”系列科普活动，邀请国际宇航科学院院士庄逢源教授和郑惠琼研究员作科普讲座。

8月19日，中国工程院院士、学会理事、微重力专委会名誉主任委员胡文瑞在宁夏大学作科普报告《空间引力波探索》，介绍了引力波的空间探测及中国引力波探测的太极计划进展。

8月23日，在第十届全国微重力科学大会期间举办2场“微重力科学西部行”科普报告会。在宁夏石嘴山市第三中学，学会常务理事、微重力专委会主任委员赵建福，学会理事、微重力专委会委员康琦员作科普报告《飞天之路与奇妙的流体科学》《实践十号返回式科学实验卫星》。

9月1日，在第三十届全国空间探测研讨会期间，学会理事长吴季在西昌卫星发射中心作科普报告《空间科学及其对航天发展的带动作用》，300余名科技工作者听取了报告。

表彰举荐优秀科技工作者 经学会推荐，哈尔滨工业大学教授曹喜滨荣获首届全国创新争先奖状。

党建强会 学会党委发起“两学一做”在线学习活动。活动以党性教育为重点，对习近平总书记重要讲话精神、“两学一做”基本知识、党章、党内规定进行要点提取，利用微信群以问答方式有计划、有重点地开展在线学习，把党的思想政治建设抓在日常。

在党的十九大召开前夕，学会党组织分别就“四个意识”和习近平总书记“7·26”讲话精神制作专题海报，在空间社区宣传栏进行展示。对党的十八大以来党从实践工作中总结提出的重要思想、重要观点、重大判断、重大举措以及新形势下所提出的新思路、新战略、新举措进行重点宣传。

在学会第九届理事会2017年度工作会议上，学会党委副书记、秘书长庞红勋代表党委向全体与会理事作学会党组织工作情况汇报。

向中国科协推荐中国科学院紫金山天文台副研究员胡一鸣、长春光机所研究员徐伟和北京航空航天大学教授曹晋滨3名优秀共产党员。其中，胡一鸣的事迹被刊登在中国科协出版的《党员通讯》封面。

（撰稿人：庞红勋）

中国地质学会

服务创新型国家和社会建设 9月，2017年中国地质学会地热专业委员会年会暨雄安新区地热勘查开发学术研讨会在雄安新区举行。会议主题为“开发地热，支持雄安新区绿色发展”。

12月5日，中国地质学会旅游地学与地质公园研究分会第32届年会在贵州省铜仁市举行。原地质矿产部部长宋瑞祥、国务院参事张洪涛以及来自国内外地学界、旅游界的专家、学者近300人参会。开幕式上，中国科学院院士裴荣富作为代表宣读《开创新时代地学旅游——铜仁倡议书》。倡议书由李廷栋、翟裕生、赵文津、卢耀如、刘嘉麒、欧阳自远等40余位院士以及第32届年会全体代表联名签署。倡议书围绕科学普及、提高全民科学素质、人才培养、建设地学研学基地、加强旅游地学研究、发展示范区等9个方面提出倡议。

21世纪中国地质研究分会开展地勘队伍管理体制改革跟踪调查研究，出版《中国地质工作发展历程及主要经验》，为决策部门提供参考。

化石保护分会派出专家组指导延吉、云阳大面积恐龙化石和瓮安生物群的发掘和遗址保护工作，并联合中央电视台对发掘过程进行全程报道。

岩溶地质专业委员会组织专家组为云南泸西湿地公园建设以及石漠化治理提供专家意见，促进云南泸西生态环境重建。

学会能力提升计划 按照学会能力提升工程项目建设要求，学会在强化提升国内外学术会议质量、创新科普工作方式、拓展成果人才奖励和举荐渠道、有序承接政府职能、规范学会管理、强化综合服务能力等方面努力打造全国优秀社团。

10 月 18 日，国土资源部印发《国土资源部关于 2017 年度国土资源科学技术奖获奖项目的公告》。学会推荐 10 个项目，项目获得国土资源部 2017 年度国土资源科学技术奖二等奖。

2016—2018 年《中国地学期刊网》获得中国科协科技期刊集群网站建设项目支持，《中国地学期刊网》国际读者已占近 30%，影响力继续增强。组织开展《2017 年度中国优秀科技论文——地学集群》评选工作，评出地学领域论文 10 篇。《地质学报》（中英文版）有 3 篇论文荣获 2017 年度“第二届中国科协优秀科技论文奖”。

完成年度“全国十大地质科技进展和十大地质找矿成果”评选工作。

继续开展全国高等教育地质类专业本科工程教育认证工作。完成中国地质大学（武汉）、东华理工大学、长安大学、桂林理工大学等多所院校的现场考察和认证工作。

学会建设 3 月 20—21 日，学会 2017 年度分支机构、省级地质学会秘书长工作会议在广东省珠海市召开。学会秘书长朱立新作工作报告《深化改革、创新发展、提高能力再创学会工作的新局面》和“十二五”科普工作总结。

11 月 23 日，学会召开第十二次全国会员代表大会，会议选举产生第 40 届理事会理事长、副理事长、秘书长、常务理事等。

学会全年共召开常务理事会议 7 次、理事会议 3 次、行业秘书长会议 4 次，审议决定学会重大事项，听取对学会工作的意见。学会指导多家分支机构按时完成换届工作。

学会组织开展分支机构财务状况调查，实现财务统一管理。配套修订《分支机构管理办法》，提高分支机构的管理和服务水平。

学会网站全年上传 400 多条信息、3500 篇论文供会员和公众浏览、下载。出版 6 期《学会会讯》和 30 多期《情况通报》。

完成中国地质学会 2017 年学术年会优秀论文评选工作，共有 198 篇论文获奖。获奖论文从 2500 余名年会参会代表和 1000 余篇论文摘要中遴选出来。

主办期刊 2017 年，学会主办的 3 种期刊共出版正刊 24 期、增刊 2 期。收到研究论文 1034 篇，发表 448 篇。

《地质学报》（英文版）继续获得中国科协、财政部等 6 部委科技期刊登峰计划项目支持，连续 3 年获得资助。《地质学报》（中文版）、《地质论评》获中国科协精品科技期刊项目支持。《地质学报》（英文版）连续被 SCI 数据库收录，影响因子达 1.708，排名居我国地学刊物前列。《地质学报》（中文版）继续被 EI 收录，总被引文频次 5595，核心影响因子 2.166，实现了历史性突破。在 5 年一次的科技期刊优秀青年编辑奖评选中，《地质学报》（英文版）编辑、研究员刘恋获得中国科技期刊编辑学会“骏马奖”。

国际学术会议 核地质专业委员会组织召开“交代岩型铀矿床——比较和对比”国际研讨会，参会代表学习交流交代岩型铀矿床的相关基础理论和技术方法。国际原子能机构技术官员 Martin Christopher Fairclough、Leonid Shumlyansky 教授和 Andrew Robert 教授等专家作报告。

化石保护分会在浙江省杭州市举行海上丝绸之路化石保护研讨会，并在浙江省天台县启动海上丝绸之路科考。

工程地质专业委员会主办第一届绍兴岩石力学与工程地质国际论坛，聚焦“一带一路”的岩石力学及工程地质问题。

召开旅游地学与地质公园研究分会第 32 届年会暨铜仁市地质公园国际学术研讨会，300 位代表共商新时期地学旅游科学化健康发展途径，呼应把旅游业建成国民幸福性支柱产业的国家战略。

国内主要学术会议 学会及分支机构共召开近 100 场国内学术会议、论坛、研讨班，提交论文或论文摘要 6000 余篇，参加人数达 12000 余人次。

4 月 15 日，第三届青年地质大会在陕西省西安市召开，大会主题为“青年地质工作者——争做‘一带一路’建设的生力军”。中国科学院院士张国伟、中国工程院院士武强、国际地科联主席成秋明等作大会报告。600 多名青年地质工作者围绕“‘一带一路’矿产资源勘查开发与项目合作”“深地资源勘查理论与技术进展”“矿产资源经济与矿政管理”“能源地质勘探研究进展”“矿产资源研究及勘查进展”等专题进行研讨，形成 300 多份会议报告。

第十九届全国探矿工程（岩土钻掘工程）学术交流年会探讨了固体矿产、油气钻探、工程勘查与基础工程、地灾防治与环境治理等专业服务领域的行业技术。

10 月 28—29 日，第二十二届全国洞穴学术会议暨陕西汉中天坑群现场研讨会召开，会议主要探讨了岩溶天坑与洞穴成因研究。

10月28—30日，第六届全国沉积学大会在江苏省南京市召开。大会围绕地球系统演化与沉积学开展研讨，共有100余家单位包括14位院士在内的2146位专家、学者出席。来自47个单位的108篇投稿论文参加青年优秀论文评选。

国际交往 4月5—7日，工程地质专业委员会应国际工程地质与环境协会（IAEG）韩国国家委员会邀请，IAEG秘书长、IAEG中国委员会主席伍法权出席2017年韩国工程地质春季学术大会，并作主题报告演讲。

学会组织50余人参加在尼泊尔加德满都召开的2017年第十一届国际工程地质与环境协会（IAEG）亚洲区域工程地质大会。范宣梅教授代表中国委员会向理事会作了中国申办2022年第14届国际工程地质与环境地质大会（IAEG 2022）的申请报告。

勘查地球化学专业委员赴奥地利参加国际地质科学联合会全球地球化学基准委员会与欧盟地质调查局地球化学专家组联合会议，并赴摩洛哥、墨西哥开展地球化学填图合作。

化石保护分会协办中德古生物学术年会，与诺丁汉大学建立合作关系。

科普活动 学会与中国科协等多家单位共同主办首届中国（黄石）地矿科普大会。世界地球日活动期间，学会组织专家团队进行现场咨询、专家讲座、科普走基层等活动，增强公众了解地球科学知识、建立资源与环境协调发展的理念。全国科普日期间，学会联合光明网直播科普活动，邀请珠宝玉石、地质灾害科学传播专家团队结合科普日主题向公众普及地质科学知识，20余万网友参与网上互动。

学会推进“互联网+科普+地学”宣传，增加地学科普资源供给。学会主办的科普网站——中国地学科普网在全国科普日期间正式上线运行。学会地球化学勘查专家团队制作科普视频《绘制在地球上的元素周期表》，在联合国教科文组织全球尺度地球化学国际研究中心网站和微信等媒体平台播出。学会从2017年设立“优秀科普产品奖”，支持和促进科普工作的开展。

化石保护分会举办“守护远古的生命——海外追缴化石和国际交流成果展”“守护远古的生命——砥砺奋进的中国化石保护”展览，在英国诺丁汉举行“从撼地巨人到飞羽精灵暨‘一带一路’化石海外巡回展”，宣传中国化石保护的最新成果。旅游地学与地质公园研究分会编辑出版了国家地质公园科普丛书。

表彰举荐优秀科技工作者 组织第十六届青年地质科技奖（金锤奖、银锤奖）评选，曹淑云等10人获金锤奖，王文磊等40人获银锤奖。首次设立“女地质科学家奖”评选，孙文等10人获奖。

党建强会 学会党支部认真学习习近平新时代中国特色社会主义思想和党的十九大精神，完成了中国地质学会功能性党组的组建工作。开展纪念黄大年教授活动，学习宣传黄大年教授至诚报国的爱国情怀及敢为人先的敬业精神。

【中国地质学会第十二次全国会员代表大会】 11月23日，中国地质学会第十二次全国会员代表大会在北京召开。会议总结中国地质学会第39届理事会工作，并选举产生第40届理事会。国土资源部党组成员、副部长凌月明，中国科协党组成员、学会学术部部长宋军，国土资源部党组成员、中国地质调查局党组书记、局长、学会第39届理事会理事长钟自然，民政部社会组织管理局副巡视员赵泳出席会议。会议由中国地质调查局党组成员、副局长、学会副理事长李金发主持。

宋军表示，中国地质学会要把握好“五个准确”，全面提升“四服务”能力，在学术交流、国际合作、创新改革和服务会员等方面做出新成绩。

学会常务副理事长孟宪来代表第39届理事会向大会作工作报告《弘扬优良传统　顺应时代发展　努力开创中国地质学会工作新局面》。

会议选举产生中国地质学会第40届理事会的172名理事和第一届监事会，并通过会费调整方案。钟自然当选第40届理事会理事长，李金发当选第40届理事会常务副理事长兼秘书长，11人当选副理事长，选举产生常务理事34名。

钟自然表示，中国地质学会将围绕党和国家战略部署，加强地质科学技术研究，推动地质科技技术创新，力争在地质科学研究方面有所进展、有所突破。学会要按照习近平总书记提出的绿水青山就是金山银山要求，将建设生态文明摆到中华民族永续发展的千年大计的重要位置，以优异的成绩迎接中国地质学会成立100周年。

国土资源部、地勘行业等各有关部门负责人，中国石油学会等兄弟学会有关负责人，学会会员代表、第八届黄汲清青年地质科学技术奖获奖者及新闻媒体等 350 余人参加会议。

【中国地质学会 2017 年学术年会】 10 月 10—12 日，中国地质学会 2017 年学术年会在浙江省杭州市召开。学会副理事长、中国地质调查局党组成员、副局长李金发，浙江省国土资源厅党组书记、厅长陈铁雄出席开幕式并致辞。学会秘书长朱立新主持大会开幕式。

本届年会的主题是“推动地质科技创新，助力绿色经济发展”。大会邀请张培震、赵文智、杨树峰等 13 位院士专家作报告。专家们围绕青藏高原现今构造变形与深部动力作用、塔里木大火成岩省的研究、如何看待中国的油气资源潜力与未来发展前景、深地震反射剖面揭露的大陆演化史等地质学前沿热点、难点议题，探讨近年来我国地质分支学科取得的进展和成果。

年会设置 28 个分会场及年会展览，与会专家、学者交流我国地学研究和地质调查中取得的突破性成果，探讨我国在资源环境领域和地球系统科学发展过程中面临的重大科技问题，共同谋划地质科学未来发展。大会收到学术论文近 1000 篇。来自国土资源部、中国地质调查局、中国地质学会理事单位及分支机构，省级地质学会、全国地勘行业高等院校、科研院所等单位的 2500 余位代表参加会议。

（撰稿人：唐　序）

中国地理学会

服务创新型国家和社会建设 2017 年，学会作为业务申请单位，积极推动“一带一路”科学院联盟建设。承担《中国大百科全书》第三版地理学科地理学卷和中国地理卷的编写工作，基本完成中国地理卷初稿的撰写。积极推动学会企业联盟的联络工作，先后与北京超图软件有限公司联合，举办了第十五届全国高校大学生地理信息系统大赛以及 2 期全国高校教师 GIS 技术研讨班；与广州新蚁族文化发展有限公司合作，共同举办第九届全国地理奥林匹克竞赛活动。学会启动第四届亚洲地理大会和创办亚洲地理学会的筹备工作。

学会能力提升计划 中国地理学会通过长期组织开展国际学术交流与合作，特别是十年前创立了中日韩系列国际会议机制，又于两年前升级为亚洲地理学大会，逐步奠定了成立亚洲地理学会的基础，为将来在亚洲地理学界发挥引领作用创造了机会。同时，积极与美国、俄罗斯和英国地理学会开展交流与合作，努力向世界一流地理学组织迈进。

通过建立区域代表处，整合省级学会资源，开展区域性学术和科普活动，组织专家团队到最需要的基层会员单位进行学术宣讲，努力推进区域全覆盖、专业全覆盖和人群全覆盖。

与党和政府加快生态文明体制改革、建设美丽中国要求对接，学会选择央视媒体联合制作、播出九集大型生态文明电视片《绿水青山看中国》和八级系列专题片《百年地理大发现》。

学会建设 2017 年，学会召开十一届四次全体理事会议，集中学习传达党的十九大精神，审议 2017 年工作报告，研究 2017 年及今后若干年中国地理学会工作重点，尤其是新时代对地理学和地理学会的新要求与新挑战。召开 2 次常务理事会议，及时安排部署学会年度重点工作，研究审定学会关于科技评价、人才举荐结果；根据分支机构管理办法，完成山地分会、长江分会、城市地理专业委员会和城市与区域管理专业委员会换届工作；批准成立政治地理与地缘关系专业委员会、生物地理专业委员会和“一带一路”研究分会。

结合学会区域年会和全国自然地学大会、中国人文地理学术年会、全国地理编辑出版年会等活动，积极发展个人会员，新增个人会员 1007 人，比 2016 年增长 10%；同时，确定团体会员 35 家。

主办期刊 学会主办和联合主办的科技期刊共 18 种，其中学术期刊 17 种、科普期刊 1 种。2017 年，学会期刊《地理学报》（英文版）和《中国地理科学》（英文版）入选 2016—2018 年度中国科技期刊国际影响力提升计划期刊，继续得到二等和三等资助。《地理学报》和《遥感学报》入选 2015—2017 年度中国科协精品科技期刊工程第四期项目（TOP 50）期刊。学会组织开展的“中国地理资源期刊集群的持续建设与实践”项目入选 2015—2017 年中国科协期刊集群（联盟）建设项目。《地理学报》发表的刘纪远等论文《20 世纪 80 年代末以来中国土地利用变化的基本特征与空间格局》入选中国科协第二届中国科协优秀科技论文。

根据中国英文学术期刊国际国内引证报告显示，《地理学报》（英文版）国内外他引总被引频次 1897、他引影响因子 3.085、综合 CI 指数 232.984，位于纳入统计的 259 种期刊的第 37 位;《中国地理科学》(英文版) 国内外他引总被引频次965、他引影响因子 1.562、综合 CI 指数 118.346，位于纳入统计的 259 种期刊的第 94 位。据科睿唯安发布的《期刊引证报告》显示，《地理学报》(英文版) 影响因子提高到 2.364，在 JCR 收录的 49 种国际自然地理学期刊中排名第 24，位于 Q2 区。《地理学报》(英文版) 2014 年发表的《20 世纪 80 年代以来中国土地利用变化的基本特征与空间格局》入选中国科技英文期刊国际国内同时被引论文 TOP 50。

在“2017 中国最具国际影响力学术期刊”(TOP 5%) 评比中,《地理学报》(英文版)、《地理学报》和《中国地理科学》(英文版) 入选自然科学与工程技术类最具国际影响力学术期刊;《经济地理》和《人文地理》双双入选人文社会科学类最具国际影响力学术期刊。与 2016 年相比,《地理学报》(英文版)、《中国地理科学》(英文版) 和《人文地理》是第一次进入 TOP 5%。《冰川冻土》《地理研究》《地理科学》《遥感学报》《地理科学进展》《中国沙漠》6 种期刊入选“2017 中国国际影响力优秀学术期刊”(TOP 10%)。《遥感学报》编辑部完成的研究课题“科技期刊审读质量和时效性提升的有效途径研究”荣获中国科学院自然科学期刊研究会研究课题一等奖和最具价值奖，申报的“遥感科学数据共享与出版平台”项目入选国家新闻出版广电总局“2017 年度期刊出版改革发展项目库”以及中国新闻出版“2017 年期刊融合发展示范案例”; 另有一人获得第八届中国科技期刊青年编辑奖。《地理学报》中文版、《地理研究》《遥感学报》荣获“第三届全国优秀测绘地理信息期刊奖”优秀奖;《地球信息科学学报》获得提名奖。新创刊的《全球变化数据学报》(中英文版) 也按计划出版了 4 期，做到数据同步存储，并启动“全球变化数据出版与共享百校传播”活动，年度内成功完成 9 场宣讲活动。该刊的出版发行立足解决科学数据共享的难题。

学科发展研究 学会组织专家开展“中国地理科学发展路线图”项目的调研和研讨，形成了撰写提纲并初步完成部分章节。

学会理事长傅伯杰院士组织承担中国科学院学部学科发展项目《自然地理前沿进展》研究，基本完成初稿。

3 月 25 日，在江苏省南京市召开人文与经济地理学科发展研讨会; 11 月 20—22 日，在江苏省南京市召开 2017 年全国自然地理学大会。这两次会议推动了学者对学科未来发展的思考。

决策咨询 3—6 月，学会人文地理专业委员会承担中国科协调研课题“打通图们江出海口战略通道研究”，通过组织专家现场考察和召开领导、专家座谈会，顺利完成调研任务，形成调研报告，主要观点被安排在第十九届中国科协年会——省委省政府主要领导与院士专家座谈会上发言。

9 月底至 10 月初，在深圳九藤文化教育基金会的资助下，学会世界地理专业委员会组成了 10 人的中国地理学会代表团组对中南半岛进行了第二次考察。代表团围绕中老铁路建设和湄公河水利工程建设问题对老挝和柬埔寨进行了为期 12 天的考察，取得一些第一手资料并交流了各方观点，为 12 月中旬举办的第五届地理学与中国全球战略高层论坛奠定了基础。

在中国科协创新助力奖补项目支持下，结合本会理事相关工作，开展了对吉林省松原市和江苏省苏州市的创新发展助力工作。

国际学术会议 全年在境内外组织和参加国际学术活动 10 次。其中，境内主办或协办国际会议 5 次，境外主办或参加国际学术会议 5 次。

8 月 23—26 日，第十二届中日韩地理学国际研讨会暨第三届亚洲地理学大会在韩国济州大学举办，会议由韩国地理学会联合中国地理学会和日本地理学会共同主办。会议以“面向可持续的环境与人类社会”为主题，吸引了来自中国、韩国、日本等近 10 个国家的 200 名地理学者参加会议，其中中国学者 52 人。会议围绕“亚洲的社会理解”“福祉与社会”“季风与社会”“东北亚的政治地理”等 20 多个专题开展了近百场专题报告。此外，会议海报交流 45 个研究成果。美国 Heejun Chang 作了题为“如何在英文期刊上撰写并发表论文”的专题讲座。会议评选表彰青年优秀论文奖 9 篇。会间，召开中日韩三国地理学研讨会组织工作会议，讨论确定未来中日韩地理学国际研讨会的组织形式和运营机制及其与亚洲地理学大会的关系等。

11 月 6—11 日，由国际地貌学家协会主办的第九届国际地貌学大会在印度新德里举行。来自 47 个国家和地区的近 600 名专家学者和学生等参加会议，其中包括中国的 30 名参会者。大会围绕“地貌学与社会”主题，邀请了来自新西兰的 Michael Crozier 等 7 位教授分别围绕地貌学与社会、人类世地貌学等问题作 7 个大会报告。会议下设 40 多个分会场，杨小平、陈中原等 15 位专家作了 16 个分会场口头报告并参与主持相关分会会场。会间，召开 IAG 执行委员会工作会议，批准黄河清提议成立的河流地貌等工作组。

国内主要学术会议 2017 年，举办国内学术活动 56 次，包括 2017 年全国自然地理学大会、2017 年中国人文地理学术年会、2017 年中国地理编辑出版年会和中国城市地理学传承与创新学术研讨会等大型和重点学术活动。

11 月 20—22 日，学会在江苏省南京市举办 2017 年全国自然地理学大会，大会以“变化背景下自然地理学新发展与新挑战”为主题，吸引了来自国内的 200 多家高校、科研院所和企事业单位的近 3000 位专家学者，以及英国、德国、挪威、加拿大、南非等国家的代表出席会议。

5—12 月，学会先后在河北省石家庄市、黑龙江省哈尔滨市、重庆市、江西省南昌市、陕西省西安市、江苏省南京市、海南省海口市召开了 7 次中国地理学会 2017 年区域学术年会，参会人数超过 2500 人次。

6—12 月，制订并实施“全球变化数据出版与共享百校传播”计划，先后在北京、青海省、宁夏回族自治区和山东省开展 8 次宣讲活动。

两岸交流 6 月 17—24 日，学会乡村景观与休闲产业研究组与台湾乡村旅游协会等 6 家单位联合在贵州省铜仁学院举办第十五届海峡两岸休闲产业与乡村旅游发展学术研讨会，来自海峡两岸的 19 所高校及 5 家企业的 60 余名代表参加了会议，交流论文 30 余篇，其中口头宣讲论文 20 篇。

9 月 15—17 日，青年工作委员会在江苏省南京市召开两岸四地青年地理学者学术沙龙。本次学术沙龙以“回归地理学：地理学的研究范式与方法”为主题，采取综合或分组的形式进行交流，先后有 28 位学者发言。

国际交往 4 月 5—10 日，根据中美两国地理学会间签署的合作协议，学会组织 100 多名中国地理学者参加了在美国波士顿举办的 2017 年美国地理学家协会年会。

5 月 12—16 日，学会邀请印度国家地理学会秘书长、印度德里大学地理系主任 Suresh C. Rai 教授来华访问，邀其出席中国地理学会 2017 年华北地区学术年会并作大会报告，还签署了中印两国地理学会合作备忘录，并就建立亚洲地理学会和在华举办第四届亚洲地理学大会事宜达成共识。

5 月 20 日—6 月 5 日，根据中俄两国地理学会间签署的合作协议，学会在北京举办“最美国度”全俄摄影大赛最佳作品展览。

5 月 31 日—6 月 18 日，学会派遣 11 位中国青年地理学者参加了在芬兰湾索莫斯岛举行的中俄芬兰湾联合地理考察探险活动。

9 月 19 日，学会在北京举办俄罗斯地理学会会员、著名极限马拉松运动员 Alexander Kaper“莫斯科—北京：迎接未来马拉松长跑”抵达仪式。

8 月 23—27 日，学会组织中国地理代表团 52 人参加在韩国济州大学举行的第 12 届中日韩地理学国际研讨会。会上，与日本、韩国两国地理学会交流了中日韩地理学国际研讨会的未来方向，探讨召开亚洲地理学大会和创办亚洲地理学会事宜并达成共识。同时，与越南、孟加拉国等国代表建立了学术联系。

9 月 6 日，学会接待泰国西那科林威罗大学地理系代表团一行，交流两国地理学及两个地理学会发展情况，探讨召开亚洲地理学大会和创办亚洲地理学会事宜，双方达成共识。

9 月 19 日，学会联合俄罗斯驻华大使馆在北京隆重举行“莫斯科—北京：迎接未来马拉松长跑”活动抵达仪式。俄罗斯地理学会会员、著名极限马拉松运动员 Alexander Kaper 跨越了俄罗斯、哈萨克斯坦、蒙古和中国四个国家的 24 座城市，历时 200 天完成了莫斯科到北京 8000 千米距离的马拉松长跑之旅。

9 月 28 日—10 月 8 日，学会代表团一行 10 人赴老挝和柬埔寨进行科学考察和友好访问。代表团围绕“中国 - 中南半岛经济走廊建设”主线，从政策沟通、设施联通两大方面了解了两国的中长期发展规划、大湄公河次区域开发和泛亚铁路中线建设等进展情况。代表团访问了老挝国立大学和柬埔寨皇家科学院，就加强两国地理学发展和机构建设情况进行了交流，探讨了召开亚洲地理学大会和创办亚洲地理学会事宜，双方达成共识。

11 月 5—11 日，学会组团参加了在印度新德里召开的第九届国际地貌学大会，会间访问了印度国家地理学会秘书长、印度德里大学地理系主任 Suresh C.

Rai 教授，进一步探讨了加强两国地理学会合作途径和潜在领域事宜。

为了创办亚洲地理学会以及在华举办第四届亚洲地理学大会，2017 年，学会与日本、韩国、印度、巴基斯坦、蒙古、新加坡、尼泊尔、泰国、越南、老挝、柬埔寨、伊朗、以色列、哈萨克斯坦、吉尔吉斯斯坦等 20 多个国家的地理学会取得联系，就 2018 年在华举办第四届亚洲地理学大会和创办亚洲地理学会事宜达成共识。

科普活动 2017 年，学会不断创新科普形式和内容，加强以《中国国家地理》杂志为龙头，集平面媒体、网络媒体、电视媒体、竞赛活动和科普活动于一体的、多元化的、全方位的面向公众的地理科普体系建设。全年共开展科普活动 15 项（类），包括两个面向全球青少年的国际化、信息化科普平台《全球可持续发展城市信息网络》和《林超地理博物馆》（网络版）建设活动。学会科普工作取得中国科协科普部考核优秀佳绩；《中国国家地理》杂志荣获第四届中国出版政府奖期刊奖等多项荣誉。

2016 年 10 月—2017 年 9 月，在全国范围内举办“地球小博士”全国地理科普大赛活动。来自全国 1000 多所中小学校的 12 万多名师生参加了大赛活动。

1—10 月，与央视科教频道合作，组织制作八集系列专题片《百年地理大发现》，于 11 月下旬至 12 月上旬在中央电视台 10 套和 1 套先后连续播出。

1—12 月，“中国国家地理大讲堂”共举办 26 期活动，内容涉及摄影、玉石观赏、旅游、地貌景观等；组织会员出行活动 17 次，从亚洲延伸到非洲、南美洲和南极洲。

5—9 月，学会与央视科教频道合作，组织制作九集大型生态文明电视片《绿水青山看中国》，于 10 月 5—13 日在中央电视台 1 套和 10 套先后连续播出。

5 月 20 日—6 月 5 日，根据中俄两国地理学会间签署的合作协议，学会在北京举办“最美国度”全俄摄影大赛最佳作品展览。

11 月 10—12 日，学会在广东省佛山市举办“新蚁族杯”第九届全国地理奥林匹克竞赛，来自 22 个省、自治区、直辖市的 151 支队伍共计 567 名高中生参加了本次竞赛。

2017 年，学会加强新媒体宣传作用，不断完善学会“三微”信息平台建设。全年发布科技信息 178 篇，关注人群从年初的 6000 人增加到 15000 人；学会微博也配合公众号适时发布相关信息，使微博关注者从年初的 15000 人增加到 17000 多人。

表彰举荐优秀科技工作者 3 月，遴选、推荐中国科学院和中国工程院院士候选人 6 名；6 月，遴选、推荐中国女青年科学家候选人 1 名；10 月，推荐中国青年科技奖候选人 2 名；11 月，推荐 1 人参加国际组织领导职位竞选。

6—7 月，学会开展第八届“中国地理科学成就奖”、第三届“全国优秀地理科技工作者”、第十四届“全国青年地理科技奖”和第九届“全国优秀中学地理教育工作者”评选表彰活动，表彰“中国地理科学成就奖”3 人、“全国优秀地理科技工作者”20 人、“全国青年地理科技奖”10 人、“全国优秀中学地理教育工作者”91 人，并在全国七个大区开展的“纪念首个全国科技工作日”活动上进行了表彰。

党建强会 3 月，经中国科协科技社团党委批准，中国地理学会理事会党委正式成立。学会党委积极发挥政治引领作用，参与学会“三重一大”事项前置审议，推动学会有序参与社会治理、提供公共服务。学会党委召开两次工作会议，分别对两次常务理事会议题进行审议，同时策划安排学会常务理事会议和全体理事会议开展学习活动。学会党委策划学术服务下基层活动，并专门创办了“全球变化数据出版与共享百校传播活动”。2017 年，先后组织推荐专家 20 多人次到 10 多个基层地理单位作学术演讲，将学科发展前沿和热点问题传递给基层会员和地理科技工作者。“全球变化数据出版与共享百校传播活动”先后到北京师范大学、青海师范大学、宁夏大学、山东师范大学和马达加斯加塔那那利佛大学等地理机构进行了 9 个场次的报告会，作专题学术报告近 40 场。

2017 年，学会党委积极推动本专业领域省级学会党建工作。学会党委成员先后出席重庆市地理学会、浙江省地理学会、上海市地理学会、湖南省地理学会等省级学会会员代表大会或学术年会，介绍中国地理学会党建工作情况，宣传党建工作在促进学会发展方面的重要作用。

11 月 19—20 日，在江苏省南京市分别召开学会十一届九次常务理事会议和十一届四次全体理事会议，组织与会党员同志集中学习贯彻党的十九大会议文件以及中共中央办公厅和中国科协关于学习宣传党的十九大精神要求。

会员服务 全年学会有30多次学术、科普和表彰奖励活动对会员实行优先优惠；学会领军期刊《地理学报》全年对会员实行优先发表和版面费优惠。

学会利用“三微”为会员和科技工作者提供学术信息服务。2017年，发布各类信息178条，比2016年增加140多条，关注者也由2016年的6000人大幅增加到15000人；学会微博配合公众号适时发布相关信息，微博关注者从年初的15000人增加到17000多人。

5—6月，学会先后在北京、吉林省长春市、上海市、广东省广州市、湖北省武汉市、四川省成都市和甘肃省兰州市组织7场纪念首个全国科技工作者日宣传活动，会员和科技工作者800多人次参与活动，表彰优秀地理科技工作者124名，发展个人会员200多人。学会领导分别到各代表处参加活动，宣传党和国家的科技政策和工作部署，10位院士在5次活动中作了学术报告。

【全国自然地理大会】 11月20—22日，学会在江苏省南京市举办2017年全国自然地理学大会，大会以“变化背景下自然地理学新发展与新挑战”为主题，吸引了来自国内200多家高校、科研院所和企事业单位的近3000位专家学者，以及英国、德国、挪威、加拿大、南非等国家的代表出席会议。学会理事长傅伯杰、南京大学校长陈骏、国际地理联合会秘书长Michael Meadows、中国科学探险协会主席秦大河、国家自然科学基金委员会副主任刘丛强等15位中外院士出席大会。大会邀请傅伯杰院士、刘丛强院士、秦大河院士、郭华东院士、陈发虎院士、Michael Meadows院士、英国地貌学会主席David Thomas教授等6位院士和7位教授分别就当前地理学前沿、热点议题作大会报告。大会还设置41个专题分会场，800多人次作口头学术报告，400多人次作展报交流。这次大会是在地理学与其他学科不断交叉融合、学科空心化现象比较严重的背景下召开的，发挥了学会的学术引领作用。

【中国地理学会2017年区域学术年会】 5—12月，学会先后在河北省石家庄市、黑龙江省哈尔滨市、重庆市、江西省南昌市、陕西省西安市、江苏省南京市、海南省海口市召开中国地理学会2017年华北地区、东北地区、西南地区、华中地区、西北地区、华中地区、华南地区学术年会，参会总人数超过2200人次。5月，在河北省石家庄市召开的中国地理学会2017年华北地区学术年会邀请了印度国家地理学会秘书长、德里大学地理系主任Suresh C.Rai教授参会并作大会学术报告，签署了中印两国地理学会合作备忘录。中国地理学会2017年东北地区学术年会邀请来自美国的中国海外地理信息科学协会设立“2017CPGIS: Go Home Project”专题分会场。中国地理学会2017年华东地区学术年会邀请了加拿大多伦多大学的Harald Bathelt教授作大会报告。中国地理学会2017年华南地区学术年会在会前组织专家对南海问题进行深入研究，并赴永兴等岛屿进行实地考察。考察之后，专家们与三沙市阿东市长及市发改委有关领导进行座谈，对三沙市未来发展提出了战略咨询建议。

（撰稿人：张国友）

中国地球物理学会

学会建设 2017年，学会新加入会员2261人，其中女会员35人，并按照管理条例对单位会员进行调整。截至12月31日，会员总数为18419人，其中女会员2706人；单位会员77家。新成立油气地球物理专业委员会和中国地球物理学会水利电力分会。

组织召开学术会议32个，其中计划内会议15个、计划外会议17个，累计参加学术交流人员6283人次。

召开常务理事会议5次、秘书长会议3次、全国秘书长联席会1次、春节茶话会1次、学会工作会议1次。10月，召开第十次全国会员代表大会，完成理事会换届，正式组建第10届理事会。陈晓非任理事长，郭建当选秘书长。

青年人才托举工程 经学会推荐，中国石油大学（华东）宗兆云、同济大学赵峦啸入选2017—2019年度中国科协青年人才托举工程项目。

主办期刊 经中国科协批准，由中国地球物理学会（CGS）、中国科学院地质与地球物理研究所和科学出版社（中国科学出版与媒体有限公司）共同主办的英文期刊《地球与行星物理》（EPP）第1期于2017年11月出版。

《地球物理学报》被10多个著名国际检索系统收录。《地球物理学报》连续获得“中国百种杰出学术期刊”称号、“中国最具国际影响力学术期刊”奖励（2015—2017）。

国际学术会议 4月17—20日，由学会与美国勘探地球物理学家学会（SEG）联合主办、中国石油大学（华东）承办的2017地球物理机遇与挑战国际会议（*2017 CGS/SEG International Geophysical Conference-Geophysical Challenges and Prosperous Development*）在山东省青岛市召开。会议围绕“地球物理机遇与挑战”这一主题，展示了地球物理技术的最新研究成果。来自中国、美国、加拿大、南非、巴基斯坦、英国、加纳、新西兰、马来西亚9个国家和地区的近600名代表参加会议。本次会议收到论文485篇、录用论文427篇，其中口头报告390篇、张贴报告37篇，评选出优秀学生论文28篇。

科普活动 2017年，学会新组建科学传播专家团队2支，新增科普传播专家16人。截至目前，已经组建科学传播专家团队8支，共开展科普讲座50余场。

建立“地球科学探秘”和“上天入地”两个科普公众号，推送科普图文30余篇，文章涵盖地质、地球物理、地震、环境与能源等社会热点内容;《关于九寨沟7.0级地震这几个问题是大家关心的》在科普中国栏目首发，阅读量达上万人次。

学会开发制作科普视频、图书和图册等科普资源，包括3集科普报告视频《航空电磁法技术》《上天入地　下海登极》科普专著和《自然灾害·防御与救助》宣传图册。

9月28日，中国地球物理学会主办的第三届“创新杯”全国大学生地球物理知识竞赛在江苏省徐州市开幕，最终评选出特等奖1项、一等奖3项、二等奖5项。

结合世界地球日、防灾减灾日、科技周和科普日等主题活动日，以微信图文、系列讲座、展览、线上有奖征集等形式开展了大量的线上线下科普活动，累计受众人数达23万余人次，其中线下传播达14万余人次、线上传播达9万余人次。

表彰举荐优秀科技工作者 学会向中国科协推荐中国工程院院士候选人2人，其中1人通过中国科协推荐；向中国科协推荐中国科学院院士候选人2人，其中1人成为中国科学院院士有效候选人。

完成第十五届中国青年科技奖候选人评选工作，推荐南京大学王涛、中国科学院地质与地球物理研究所魏勇为候选人。

学会组织开展“中国地球物理科学技术奖”“顾功叙地球物理科技发展奖”等奖项评选。2017年度，11个项目获得“中国地球物理科学技术奖”。其中，“探测地下构造的人工震源技术系统及其应用”等3个项目获得一等奖，“陆地与海洋多波多分量油气勘探大型处理系统及成效”等4个项目获得二等奖，“鄂尔多斯盆地东缘致密气地震预测技术创新与应用”等4个项目获得三等奖。中国地震局地壳应力研究所雷建设获得科技创新一等奖。

中国地质大学（北京）教授魏文博荣获2017年“顾功叙地球物理科技发展奖”。中国科学院地质与地球物理研究所乐会军、中国科学院南海海洋研究所夏少红、河海大学地球科学与工程学院巴晶、中南大学地球科学与信息物理学院任政勇、中国石油大学（北京）袁三一和中国科学院地球化学研究所张宝华6名会员荣获2017年“傅承义青年科技奖”。

按照《刘光鼎地球物理青年科学技术奖评选办法》，第八届“刘光鼎地球物理青年科学技术奖”拟授予芦俊、陈届宏、张峰、王本锋、李静5位青年学者。

根据期刊检索系统对《地球物理学报》论文引用率查询统计的结果，4篇论文荣获2017年“陈宗器地球物理优秀论文奖”，分别是《新型Landsat 8卫星影像的反射率和地表温度反演》《青藏高原地震活动特征及当前地震活动形势》《考虑关断时间的回线源激发TEM三维时域有限差分正演》《太赫兹时域光谱探测原油含水率的实验研究》。

会员服务 11月，学会开通学会会员管理系统在线申请及缴费功能。

2017年，中国注册地球物理工程师考试于12月19—21日在北京举行。经笔试、考核答辩，评审专家仔细阅读参评人员的申报材料并对其进行评议、打分，最终92人通过。

12月26—29日，学会在黑龙江省大庆市举办中国科协会员日活动暨中国地球物理学会2017年工作会议。学会分支机构代表、单位会员代表、学会有关领导及学会办公室工作人员近50人参加会议。

【中国地球物理学会第十次全国会员代表大会】 10月13—14日，在北京召开第十次全国会员代表大会，完成了学会的换届改选。本次代表大会对第九届理事会的工作进行了总结，修订学会章程，审议工作报告、财务报告，选举产生新一届理事会、常务理事会，换届报备工作正在进行中。根据会议议程，选举产生了监事会，监事会由3人组成，监事会选举产生监事长1名，监事长由中国地质大学（北京）教授孟小红担任。

会议选举陈晓非院士担任第十届理事会理事长，万卫星院士担任常务副理事长，陈海弟、苟量、谢玉洪、熊盛青、张东宁和赵殿栋担任副理事长，并由陈晓非院士提名，聘任郭建为秘书长。

第十次全国会员代表大会期间，召开了中国地球物理学会第十届理事会党员大会，推选产生了中共中国地球物理学会第十届理事会党委委员人选，选举副理事长赵殿栋为党委书记、秘书长郭建为党委副书记、常务理事李猕为纪检委员、薛国强等4位为党委委员。

（撰稿人：乔忠梅）

中国矿物岩石地球化学学会

服务创新型国家和社会建设 首次开展科技成果鉴定评价工作。受中国石油大学（北京）委托，1月13日，组织专家对中国石油大学（北京）、中国科学院广州地球化学研究所、长江大学等单位完成的“分子标志物的新发现及其在地学研究与石油勘探中的应用”科研成果进行鉴定评价。

学会建设 借助会员管理系统，对个人会员资料进行整理、统计、更新，2017年新增会员170人。截至2017年年底，会员总数为7644人，其中终身会员1285人，其余为年度会员和学生会员。

1月，召开第八届理事会第五次（通讯）会议，听取了学会2016年的工作情况和2017年的活动安排，并收集了一些理事的反馈意见。

4月18日，在陕西省西安市召开第八届理事会第五次理事（扩大）会议。会议听取西北大学关于第九次全国会员代表大会暨第16届学术年会总体筹备情况，讨论了开幕式和选举的具体事宜，审议通过了第九届理事会和第一届监事会候选人名单以及拟提交第九次全国会员代表大会审议的第八届理事会工作报告、财务报告等。

4月19日，在陕西省西安市召开第九次全国会员代表大会，近300名会员代表参加会议。8月22—24日，在贵州省赤水市召开2017年度秘书长工作会议。10个专业委员会召开了工作会议。

12月3日，在北京召开第九届理事会第二次理事（扩大）会议，通过增补陈骏院士为第九届理事会副理事长的事项，听取秘书长冯新斌关于2017年学会工作的汇报、副监事长徐义刚关于监事会今年工作情况的汇报，审议通过《学会日常经济活动实施细则》《关于加强学会科普工作的指导意见（征求意见稿）》《监事会工作条例》。

2017年，学会副监事长邹才能、徐义刚，常务理事侯增谦、张宏福当选中国科学院院士；常务理事毛景文、吴丰昌当选中国工程院院士。

主办期刊 学会主办的7种期刊共发表文章778篇、印刷17180册。

中国科协精品期刊项目支持的《岩石学报》《矿物岩石地球化学通报》以及国际影响力提升计划支持的*Acta Geochimica*通过相关评估，2017年继续得到支持。

国际学术会议 2017年召开国际学术会议6次。

6月10—15日，地表与生物地球化学专业委员会在贵州省贵阳市召开第十一届地球表层地球化学国际研讨会（GES-11），来自欧洲、美洲、亚洲等11个国家和地区的近200名代表参加了此次盛会。

7月18—19日，海洋地球化学专业委员会在山东省青岛市参与组织了2017’Asian Margins Evolution（AME）and Western Pacific Drilling（WEPAD）Meeting，来自中国大陆及台湾地区以及日本、韩国等国家和地区的50多位科学家出席会议。

10月19—21日，在山东省青岛市参与组织第二届亚洲大陆边缘“源－汇”过程与陆海相互作用研讨会，来自中国大陆及台湾地区以及美国、英国等国家和地区共220多人参加。

国内主要学术会议 4月19—21日，在陕西省西安市召开第16届学术年会。由各专业委员会主办或作为主要主办单位参与的各类学术会议23次，其中国内大型学术会议4次、主题论坛13次，在相关会议中组织专题15次。

国际组织任职 12月，国际地球化学学会（Geochemical Society）通过会员网络投票，学会理事孙卫东当选该组织执委之一。

党建强会 学会第九届理事会第一次会议决定成立中国矿物岩石地球化学学会党委，全体党员选举学会秘书长冯新斌为书记、副理事长何宏平为副书记兼纪检委员，党委委员共9人。

8月，在秘书长会议期间，组织秘书长及秘书处的党员到贵州省遵义市习水县土城镇开展主题为“重走长征路，做合格共产党人”活动。

11月14日，由学会党委书记冯新斌带队，秘书处党支部全体党员深入贵州贫困山区小学——光炽希望小学开展党建扶贫支教及捐献活动，侯德封奖获奖人、青年千人计划获得者张宝华博士作关于地震的科普讲座。

12月3日，以召开第九届理事会第二次常务理事扩大会议为契机，召开理事会层面党委扩大会议。

科普活动 5月21日，与支撑单位中国科学院地化所共同举办主题为“探索塑造未来”的中国科学院第十三届公众科学日活动。

名誉理事长欧阳自远院士连续开展系列科普讲座40余场次，受众34000余人次。

表彰举荐优秀科技工作者 2月8日，召开两院院士推选专家委员会会议，遴选推荐3名人选，其中1人通过中国科协评审。推荐刘传周和倪怀玮2人为第15届中国青年科技奖候选人。

组织第16届学术年会优秀学生论文评选，根据论文的创新性、写作规范性、学生发展潜力进行评选，白洋等25名学生（第一作者）的25篇论文获评优秀学生论文。会上还颁发了第16届侯德封奖。

会员服务 学会创办《会员通讯》，每期向会员推送。

【中国矿物岩石地球化学学会第九次全国会员代表大会暨第16届学术年会】 4月19日，学会第九次全国会员代表大会在陕西省西安市召开，近300名会员代表参加会议。秘书长李世杰作第八届理事会工作报告和财务报告，副理事长邹才能作会章修改报告，副理事长徐义刚作选举工作报告，副秘书长倪培作会员代表资格审查报告。全体会员代表以无记名投票方式选举产生了由鲍志东等99名理事组成的第九届理事会和由杜杨松等5名监事组成的第一届监事会。

4月19日晚，召开第九届理事会第一次全体会议暨第九届理事会第一次常务理事（扩大）会议。会议选举产生第九届学会负责人，常务理事会由陈汉林等33人组成，胡瑞忠再次当选为理事长，邓军、何宏平、胡素云、王世杰、翟明国、郑建平、郑永飞、周卫健当选为副理事长。会议决定，待有关部门批复后，增补陈骏院士为第九届理事会副理事长。会上通过了学会名誉理事长、顾问和名誉理事的聘任原则；决定聘任冯新斌为学会秘书长，聘任金章东等13人为副秘书长，聘任王晓霞等26人为分支机构负责人。由代表大会选举产生的监事会也召开第一次会议，会议选举李世杰为监事长，徐义刚、邹才能为副监事长，决定尽快出台监事会工作条例。

4月19—21日，学会在陕西省西安市召开第16届学术年会。来自高校、科研院所和生产单位的1100余名代表出席会议。年会共设20个专题，各分会场共交流47场次、学术报告530余个、展报91个。报告涉及近年来我国及国际上在矿物学、岩石学与地球化学（包括沉积学）研究领域的一些最新进展。

（撰稿人：郭　盛）

中国古生物学会

服务创新型国家和社会建设 10月30日，受国土资源部委托，在国家古生物化石专家委员会换届暨化石保护工作会议上，学会推荐的20名理事和专家担任了第三届国家化石专家委员会委员。

3月22日，学会在中国科技会堂发布“2016年度中国古生物学十大进展”评选结果，来自全国各地相关领域的专家学者、新闻媒体等近百人出席发布会。中国科协党组成员、学会学术部部长兼企业工作部主任宋军出席发布仪式并致辞。

学会推荐39位古生物化石专家进入国土资源部决定建立的“古生物化石专家库”名单，担任古生物化石发掘、收藏、流通、进出境、化石产地认定以及收藏单位定级评审、鉴定、评估、咨询、评估检查等工作。

学会建设 5月中旬，在湖北省黄石市召开十一届理事会第五次理事会议，讨论了第二届中德古生物学会国际学术研讨会筹备工作以及中国古生物学会第十二次全国会员代表大会及理事会换届事宜等。

12月15—17日，学会第十一届理事会第六次理事会议在河北省石家庄市召开。会议总结了学会2017年度各项工作，讨论和部署了2018年度的学术活动、国际交流工作以及筹备第十二届全国会员代表大会暨第29届学术年会、第十二届理事会换届以及分支机构建设等方面的工作。

学会于2017年下半年启动地球生物学分会的筹备工作，提出了分会成员架构。

2017年度，学会发展新会员27名、团体会员单位1个。修订了《中国古生物学会推选院士候选人工作实施细则》《中国古生物学会青年人才托举工程实施工作方案》及《中国古生物学会青年人才托举工程管理办法》。

主办期刊 2017年，学会主办的《古生物学报》收到稿件66篇，出版4期，刊出论文46篇，全年印发总计4800册，被评为“2017中国最具国际影响力学术期刊”。

国际学术会议 10月10—14日，第二届中德古生物学国际会议在湖北省宜昌市召开。来自中国、德国、西班牙、波兰、法国、日本等国家的科研机构、高等院校、地质古生物博物馆、科普教育和化石保护领域的专家学者、专业人员和青年学生等400余人出席会议。

国内主要学术会议 6月26日—7月2日，孢粉学分会在内蒙古自治区赤峰市召开十届一次学术年会及“中国北方半干旱区植被与环境演变”野外主题现场会，国内180余名代表参加了本次会议。会议收到105篇论文摘要以及90个学术报告，其中口头报告76个、展板报告14个。报告内容包括考古、孢粉分析与观察技术、孢粉与植硅石形态与分类、孢粉现代过程、表土花粉/植硅石与植被关系、孢粉地层学、古植被与古气候、孢粉数据库、孢粉植物区系等，覆盖从古生代至现代的数亿年。

12月8—10日，古无脊椎动物学分会2017年度学术年会在江苏省南京市召开，来自国内科研机构、高等院校、博物馆、出版机构、科普教育和化石保护等领域的29家单位的150余名代表参加了会议。大会设置1个主会场和2个学术主题分会场，共有46个口头报告，其中有20个学生报告和1个展板报告。会议邀请沈树忠、张兴亮作特邀报告，题目分别为《二叠纪全球界线层型（*GSSP*）研究现状、存在问题及其启示》和《寒武纪大爆发早期的地质革命者》。参会代表考察了汤山猿人洞和汤山直立人化石遗址博物馆。闭幕式上颁发了“优秀学生报告奖”，贵州大学、西北大学、中国地质大学（武汉）和南京古生物所的7名研究生获奖。

科普活动 2017年，为了扩大地质古生物学科普工作的影响面，探索科研成果转化科普成果的创新路径，中国古生物学会及学会科普工作委员会努力开展科普工作。

5月27日，学会科普工作委员会第六次委员会在中国科学院南京地质古生物研究所召开，并在会上举办“2016年中国古生物科普十大新闻”发布会，中国地质博物馆建馆100周年成就与精品展、成功举办“第七届全国化石爱好者大会”、图书《征程：从鱼到人的生命之旅》获多项科普大奖、在法国成功举办“辽宁带羽毛恐龙展”、睿宏文化VR技术让恐龙“活”起来、成功承办“第三届全国地质古生物科普研讨会”、开展“地质研学游”活动、开展“馆校合作”科普活动、北疆博物院重新开放、首届化石文化周在北京大学举行等事件入选。来自全国各地的科普工作委员、代表、媒体26人出席发布会。

9月28日，中国古生物学会“中国恐龙科普成果专题发布会暨中国恐龙景观园全国科普教育基地揭牌仪式”在海南省三亚市举行。三亚国家水稻公园开展的“中国景观恐龙园”建设工作汇聚了中国已发现的270余种计288条等比例恐龙模型。

响应国际古生物学协会号召，学会将每年10月11日定为“国际化石日”（International Fossil Day），并于当日举办纪念和科普宣传活动，提升公众对生命历史和化石遗产的理解。2017年国际化石日的主题是“化石的未来：公众参与研究和保护我们的化石遗产”。10月11日，在湖北省宜昌市召开的第二届中德古生物学国际会议开幕式上，中国古生物学会、国家古生物化石专家委员会、中国古生物化石保护基金会共同举行了2017年国际化石日中国纪念活动启动仪式。中国、德国、西班牙、波兰、日本等国的400多位中外嘉宾共同见证启动仪式，全国部分地质古生物博物馆、科普单位参与活动。

11月，中国古生物学会举办“我身边的化石”科普创作大赛。围绕“我身边的化石”这一主题，由各赛区组织全国化石爱好者、青少年学生及普通公众创作摄影摄像、绘画动画、故事创作和创意设计等。每个分赛区提供全国总决赛入围选项，获奖作品在化石网、相关博物馆及公共媒体集中展示，择优对优秀作品正式出版或转化为科普衍生产品。

表彰举荐优秀科技工作者 2017年，学会组织参加两院院士、第十四届中国青年女科学家奖、第十五届中国青年科技奖的候选人推荐工作，参与青年人才托举工程2017—2019年度项目、2018年度“世界杰出女科学家成就奖”候选人提名、第三届国家古生物化石专家委员会委员和专家的推荐工作。

党建强会 2017年，秘书处党支部先后于3月、5月、6月和9月召开4次党建工作会议，结合学会工作重大事项，就如何发挥党组织建设和学习活动等进行了研讨和部署。

10月13日，召开学会党委会和办事机构党支部党建工作会议。学会功能型党委副书记、副理事长姚建新，学会挂靠单位中国科学院南京地质古生物研究所党委书记王海峰，学会功能型党委委员、办事机构党支部书记、学会秘书长王永栋及副书记蔡华伟、委员纪占胜等出席。会议结合全面从严治党的要求，就党建与学会工作相结合、发挥党组织作用等进行讨论。

【第二届中德古生物学国际会议】 10月10—14日，第二届中德古生物学国际会议在湖北省宜昌市召开。会议举办了丰富多样的系列学术交流活动，6位中德古生物学专家作大会特邀报告。大会设立23个学术主题分会场，41位中外学者担任各分会场主持人，组织了170个口头报告，包括46个主题报告、62个展板报告，集中展示了近年来中德双方在古生物学及相关领域取得的成果。这次国际会议研讨内容涉及早期生命演化，寒武纪特异化石库及埋藏学，晚古生代生物多样性与环境演化，二叠纪－三叠纪之交生态系演变，早中生代海生脊椎动物研究，三叠纪－侏罗纪转换时期生物多样性变化及环境，热河与燕辽生物群研究进展，侏罗纪－白垩纪之交陆地生态系统，新生代生物多样性与环境变化，古脊椎动物与古人类的起源与演化，新近纪古植物与古气候学，综合地层学和旋回地层与高分辨率地层，分子古生物学，微体古生物学及应用，古植物学与孢粉学，古生态、古地理与古气候，地球生物学，古生物博物馆与科普教育，古生物化石及其保护，古生物学研究中的新技术和新方法等多个学科领域。

会议出版了论文摘要集和野外考察指南，分别以“地球历史的关键时期与古生物革新”及“连接陆地和海洋”为题由中国科学技术大学出版社出版。其中，论文摘要集收录论文摘要260余篇，共计552页；野外指南共收录6条野外路线的翔实地层剖面和古生物资料，共计5个章节330页。

会议组织了会前、会间和会后5条野外地质考察路线，近280位代表参加了会间的2条野外考察活动，近70多位中外学者参加了会前和会后的3条野外考察活动。

（撰稿人：唐玉刚）

中国海洋湖沼学会

学会建设 2017年，召开党委会会议、常务理事会议和分支机构秘书长会议；11月24日，召开第十一次全国会员代表大会暨学术研讨会，进行理事会、常务理事、理事的改选。海洋遥感专业委员会、海岸河口分会两个分支机构完成了换届工作。学会申报的“党建强会计划”项目、国际民间科技组织事务项目、继续教育项目、科技期刊国际影响力提升计划项目获得中国科协项目资金支持。

主办期刊 学会主办《海洋湖沼学报》（英文版）、《海洋与湖沼》《水生生物学报》《湖泊科学》《海洋科学》5种科技期刊。《海洋湖沼学报》（英文版）、《海洋与湖沼》《水生生物学报》被评为2017中国国际影响力优秀学术期刊。《海洋与湖沼》《水生生物学报》入选第四届中国精品科技期刊，并继续被收录为中国科技核心期刊。《水生生物学报》被评为湖北省精品期刊、湖北省科协“科技创新源泉工程”优秀科技期刊。

国内主要学术会议 2017年学会及分支机构举办第十一次全国会员代表大会暨学术研讨会、中国海洋湖沼学会青年科技论坛、“全球变化下的海洋与湖泊——流域管理与生态保护”2017年学术研讨会、海岸河口分会2017年度学术研讨会、第十八次全国贝类学术讨论会、海洋微波与海岛海岸带遥感技术交流研讨会、第一届热带太平洋动力过程及其气候效应学术研讨会暨中国海洋湖沼学会海洋与气候分会和水文气象分会2017联合学术年会7次国内学术会议，1054人次参会，交流论文476篇。

4月6—7日，中国海洋湖沼学会首届青年科技论坛在湖南省长沙市召开。论坛以“全球变化下的海洋与湖沼——水环境安全与生态文明建设”为主题，118名来自全国36个单位的青年科技工作者参加了论坛。本次论坛设立了“现代海洋牧场与水体安全”和“深海探究”两个分会场，各分会场推荐的34位报告人作分会场报告。论坛共收到论文摘要54篇。

5月20日，“全球变化下的海洋与湖泊——流域管理与生态保护”2017年学术研讨会在江西省九江市召开。本次会议的主题为“全球变化下的海洋与湖泊——流域管理与生态保护”。主要议题包括流域水环境演变与生态响应、流域水环境污染防治理论与技术、湖泊藻类生态与藻类生物技术、湖泊蓝藻水华形成机理与防治、湖库富营养化控制理论与生态修复技术、流域综合管理理论与实践、流域生态经济与绿色产业发展、水生态文明的理论与实践。来自全国各地26家单位的80余名专家、学者参会，交流论文42篇，编印论文集1册。

10月10—12日，第十八次全国贝类学术讨论会在陕西省西安市召开，会议主题是“贝类与‘一带一路’倡议”。本次大会参会人数375人，分别来自全国各高校、研究院所和企业等74个单位。大会收到会议摘要190篇。会议设两个分会场，与会代表主要针对组学与功能基因、遗传育种、种苗繁育与养殖技术、生理生态与环境毒理、免疫与病害防控、生物多样性与进化、淡水贝类、医学贝类8个专题开展交流研讨。

11月23日，海岸河口分会2017年度学术研讨会在山东省青岛市召开。全国海岸河口分会会员代表（包括研究生代表）共计40余人参加了会议。与会专家、学者就河口海岸学科前沿问题展开了交流与研讨。会议交流论文20篇。

两岸交流 8月21—25日，第十一届海峡两岸海洋科学研讨会——“中国近海及西太平洋海洋系统物质能量交换及其影响”在山东省泰安市召开。来自海峡两岸的38所科研单位和高校的近200多名专家学者参加了会议。两岸学者从“西北太平洋、黑潮及中国近海不同介质中痕量元素”“生源要素”“放射性核素以及新型污染物微塑料的输送”“生物地球化学循环”“物理过程与化学要素的耦合及生态效应”等方面进行了研讨。

国际交往 9月24—28日，海洋遥感专业委员会秘书长邹斌、国家卫星海洋应用中心研究员石立坚赴俄罗斯符拉迪沃斯托克参加了由北太平洋海洋科学组织（PICES）举办的PICES-2017年会。与会期间，代表团就卫星数据在赤潮、绿潮监测和大洋渔业中的应用与各国科研人员进行交流和讨论。

10月24—28日，海洋遥感专业委员会主任林明森作为中国海洋卫星的代表赴美国华盛顿参加地球观测组织（Group on Earth Observations，GEO）第14次全会，并组织了我国海洋卫星的成果展览。会议期间，我国代表团特别介绍了我国在2016年成功发射的GF-3卫星及开展的海洋应用。

科普活动 5月20日，学会与中国科学院海洋研究所联合开展公众科学日活动，免费向市民开放海洋生物标本馆、海洋科普展厅等展馆，组织“青岛市第十届中、小学生‘我心目中的海洋’主题绘画比赛”、海洋湖沼科普知识有奖问答、“我是小小海洋科学家”海洋科学小实验以及“‘发现’深海奥秘”“空气也能吃金属”科普报告等主题活动。

5月12日，学会组织科普专家到山东省莱西市南墅镇中心小学开展“科普进校园”活动，围绕海洋生物、海洋腐蚀、深海探潜等方面为学生作科普讲座。

5月20日，学会与中国科学院海洋研究所联合组织的“龙宫探宝”虚拟现实VR互动体验科普项目参加了“全国科技活动周暨北京科技周开幕式”主场活动。

6月12日，学会组织科普专家赴山东省青岛市民政局幼儿园开展“海洋科普知识启蒙——走进幼儿园”活动。学会底栖生物分会秘书长张均龙为孩子们作科普报告《有趣的海洋生物》。

9月12—13日，学会举办第一届中国海洋科普教育论坛，80余位专家参加论坛。与会专家围绕“海洋科普与教育”主题进行了深入探讨，总结交流我国海洋科普与教育工作的最新进展。

党建强会 11月23日，学会召开党委会会议，传达中国科协印发《关于认真学习宣传贯彻党的十九大精神的实施方案》的通知，选举产生了第二届党委委员。学会理事长孙松任党委书记，学会常务副理事长王凡、学会副理事长（兼秘书长）杨红生任副书记；孙松，王凡，监事会主席丁平兴，副理事长马德毅、沈吉、杨红生、张偲、张海生以及学会常务副秘书长任建明担任委员。

会员服务 学会每周向理事会员发送《海洋科学快报》和《海洋科学消息》，发送潮汐与海平面专业委员会内部刊物《气候变化与海平面上升研究动态》月刊，定期向理事会员提供《海洋湖沼学报》（英文版）、《海洋与湖沼》《水生生物学报》《湖泊科学》《海洋科学》5种科技期刊目录。2017年为会员提供贝类养殖、浮游生物监测、基准潮位核定、计量认证知识等方面的培训活动30余次，2000多名会员参加。

【中国海洋湖沼学会第十一次全国会员代表大会暨学术研讨会】 11月24日，中国海洋湖沼学会第十一次全国会员代表大会暨学术研讨会在山东省青岛市隆重召开，来自全国各地海洋湖沼领域的331名代表参加了大会。

中国科学院院士、中国科学院水生生物研究所所长赵进东，中国工程院院士、国家海洋局第二海洋研究所所长李家彪，国际欧亚科学院院士、青岛国家海洋科学研究中心主任李乃胜等专家出席，学会副理事长（兼秘书长）杨红生主持开幕式。

学会理事长孙松代表中国海洋湖沼学会第十届理事会作工作报告。大会审议了第十届理事会工作报告和财务审计报告，审议并修改了《中国海洋湖沼学会章程》及《中国海洋湖沼学会会费标准及管理办法》，并选举产生第十一届理事会及第一届监事会。

11 月 24 日，学会第十一届理事会第一次会议召开。孙松当选新一届理事长，王凡当选常务副理事长，张偲、杨红生、沈吉、麦康森、赵进东、高抒、焦念志（按姓氏笔画排序）当选副理事长。经理事长提名、理事会通过，聘任副理事长杨红生兼任秘书长。

同期举行的学术会议邀请了 5 位专家作大会特邀报告。

【2017 年度中国海洋与湖沼十大科技成果评选】 学会组织评选了 2017 年度中国海洋与湖沼十大科技成果，评选范围为 2017 年度在国际或国内产生重大影响的海洋湖沼领域的科技成果。经过海洋与湖沼领域相关单位、专家学者推荐，以投票方式评选出了“2017 年度中国海洋与湖沼十大科技成果”：①板块汇聚边界地震带与其下方慢地震带分离；②热带太平洋西边界流研究取得重要进展；③扇贝“化石”基因组发现及重要发育进化机制解析；④深海探测与研究体系建设；⑤“海翼”水下滑翔机取得重大技术突破和应用成果；⑥深海微生物来源的新颖抗感染抗生素的发现及其生物合成；⑦海洋酸化对束毛藻的影响及其机理；⑧“南海潜标观测网”成功实现南海深海盆全覆盖；⑨全球历史海洋热含量变化估计；⑩我国在国际上首次突破成像雷达高度计海洋应用关键技术。

（撰稿人：潘文静）

中国海洋学会

服务创新型国家和社会建设 6 月，学会在北京组织召开全球变化与海气相互作用专项任务和年度任务公开招投标工作会。

9 月，学会与励展博览集团共同主办了 2017 OI 中国水下机器人大赛，大赛最终产生一等奖 1 名、二等奖 3 名、三等奖 5 名，创新性、可行性、展示性单项奖各 7 名，优胜奖 28 名以及杰出指导教师奖 5 名。

11 月，学会支持举办了第五届青岛国际海洋技术与工程设备展览会（OI China 2017）。此次展览会吸引来自 20 余个国家和地区的 200 多家供应商参加，通过展示国内外顶尖技术、装备，推动中国、亚洲乃至全球在海洋资源开发利用、海洋生态环境保护、海洋石油天然气勘探、海洋工程及海洋监测等领域的学术研究、信息交流和国际合作。

学会能力提升计划 学会全面开展实施 2017 年学会能力提升与改革工程世界一流学会建设工程项目。

2017 年，主办以“创新驱动发展战略引领下的中国海洋科技”为主题的中国海洋学会 2017 年学术年会暨海洋科学技术奖颁奖仪式，来自海洋界有关部门、科研院所、高等院校、企业等各方代表 1400 余人齐聚一堂，共同开展学术研讨、展示学术成果、交流学术观点，共商中国海洋科技发展，为我国海洋事业发展建言献策。会议共收到论文 100 余篇、墙报 45 篇，邀请了 4 位专家作大会主旨报告。会议开设了海洋经济、海洋遥感、标准计量、海洋环境监测、海洋生物、海岸带地貌研究、海洋调查、海洋测绘等相关议题和内容的 12 个分会场。此次年会主会场进行了微信视频直播报道，并为广大会议代表及学会会员配发了学会科普报刊资料，扩大了学会在海洋自然科学领域的影响力。

主办新旧动能转换与海洋经济发展学术论坛、中国极地科学学术年会、第八届青年科学家论坛、第六届中韩海洋科学技术研讨会、全球气候变化与国际合作深远海装备技术学术会，国际（地区）化运作能力得到显著增强。

学会建设 2017 年，学会成立海洋生物资源专业委员会、海洋测绘专业委员会、海洋技术装备专业委员会、北方海专业委员会、海洋遗产保护专业委员会及海洋博物馆联盟 5 家分支机构，新增 15 家全国海洋科普教育基地。

2017年，学会新增团体会员3个，会员约6700人。

2 月 16 日，学会第八届二次常务理事会在北京召开。3 月 15—16 日，中国海洋学会 2017 年度工作会议暨全国海洋科普工作会议在广东省广州市召开。5 月 22 日，与厦门市海洋与渔业局签署合作框架协议。10 月 31 日，学会第八届二次理事会在山东省青岛市召开。

主办期刊　学会目前主办海洋学术期刊共11种。10月30日，《海洋学报》（英文版）召开编委会，对编委会开展期刊工作进行研讨。2017年，《海洋学报》JCR期刊影响因子为0.791，编委会由80人组成，国际编委比例达18.7%。期刊使用汤森路透的Scholar One Manuscripts在线投审稿平台处理稿件。

国际学术会议　学会及所属分支机构共举办国际会议3次。

1月9—11日，由中国海洋学会海洋化学分会主办的第三届厦门海洋环境开放科学大会在厦门大学举办，来自国内外150个学术机构的620余名学者参加了此次大会。大会共安排口头报告211个、展板报告308个。

8月25日，由中国海洋学会、韩国海洋学会（KSO）共同主办的第六届中韩海洋科学技术研讨会在山东省青岛市召开，来自中国海洋学会、国家海洋局第一海洋研究所、国家海洋环境预报中心以及韩国海洋学会、首尔大学、韩国海洋科学技术院、韩国釜山大学等中韩海洋领域的专家近50余人参加会议。会上，与会中韩专家学者围绕主题“海洋环境保护与海洋科技创新”发表了17篇专题学术报告。

11月1日，全球气候变化与国际合作深远海装备技术学术会在山东省青岛市召开，5位国内外专家进行了学术报告，报告内容涵盖海洋观测与遥感、无人航行器、导航、定位与通信、水文测量与地球物理学以及新推出的离岸风力发电等方面。会上，水下机器人大赛评审委员会罗续业宣读了2017 OI中国水下机器人大赛获奖名单并举行了颁奖仪式。

国内主要学术会议　2017年，学会及所属分支机构举办了中国海洋学会2017年学术年会暨海洋科学技术奖颁奖仪式等2次大型学术会议、18个学术论坛，收到学术交流论文500余篇。

8月1日，新旧动能转换与海洋经济发展学术论坛在山东省青岛市召开，来自国家和沿海省市海洋部门的负责人、科研院校专家学者、涉海企业负责人共200余人参加了论坛。与会专家学者围绕“推动海洋经济新旧动能转变、促进海洋经济转型升级”主题作专题报告。

10月26日，2017中国极地科学学术年会在吉林省长春市开幕，来自66家机构及吉林大学的学生代表共800余人参会。与会专家围绕会议主题“探索极地新疆域”、通过12个研究方向的最新研究成果进行广泛的学术交流。

10月31日，中国海洋学会2017年学术年会暨海洋科学技术奖颁奖仪式在山东省青岛市举行。学会理事、各分支机构、各科普教育基地和学会所属期刊负责人、海洋科学技术奖获奖代表以及各有关海洋科研领域的学者专家及青年学生约1400人参加会议。年会以“创新驱动发展战略引领下的中国海洋科技”为主题展开大会报告，设立15个分会场，与会专家紧密围绕“海洋科技创新”理念，共同探讨了新形势下用新的发展理念指导加快建设海洋强国的战略、策略、理论与实践，并结合海洋科学技术的最新进展对有关议题展开了交流。会议共收到论文100余篇、墙报45篇。大会向398名2016年度海洋科学技术奖获奖者及获奖单位的43名代表颁发了奖励证书；向获得“2049年的中国——海洋科技与资源利用社会愿景展望”征文大赛特等奖的获奖代表颁奖；向新成立的5家分支机构及15家全国海洋科普教育基地举行了授牌仪式。本次年会主会场还通过微信公众平台进行现场直播。

11月17—19日，第八届青年科学家论坛在河南省郑州市举办，论坛分为1个主会场和4个分会场，邀请到200余名青年教授/博士参会交流，收到各类邀请及口头报告80个。

12月22—23日，第十四届军事海洋战略与发展论坛在四川省成都市举行，来自军内外广大军事海洋专业领域的国内知名专家学者约350人参加论坛。由海洋出版社出版的论坛论文集共收入论文221篇。会议还评选出优秀论文35篇。

科普活动　学会新发展全国海洋科普教育基地15个；组织和指导海洋科普教育基地开展900余场次的科普活动，参与活动的科技人员1000余人次，其中专家有200余名。制作“科学用海，依法用海”海报20张，联合中国海洋报社主办《亲海特刊》，向海洋科普教育基地发放70000余份；联合《海洋世界》杂志社制作防灾减灾、深海资源等科普专题，向科普基地提供样刊10000余本。中国海洋学会被中国科协评为“2017年度全国学会科普工作优秀单位”“2017年度全国科普日特色活动组织单位”。

在“5·12”防灾减灾日期间，学会调动专家资源，联合兄弟单位，制作海洋防灾减灾宣传片并下发到海洋科普教育基地。各基地结合“减轻社区灾害风险，提升基层减灾能力”主题，开展了形式多样、内容丰富的宣传活动。广东海洋大学水生生物博物馆举办防灾减灾知识讲座，在校园内开展防灾减灾展览活动；中国科学院海南热带海洋生物实验站（三亚）组织驻站管理、科研人员及研究生开展海洋防灾减灾学习活动；蓬莱海洋极地世界、泉城海洋世界面向中小学生开展校内校外宣传活动；青岛同安路小学、青岛姜各庄小学及华山中学通过制作展板、邀请专家作防灾减灾讲座、进行防灾减灾自救训练等校内宣传活动，增强学生的防灾减灾意识等。

5 月 30 日是我国第一个全国科技工作者日，学会联合《海洋世界》杂志社、中国人民大学海洋协会在中国人民大学举办海洋科普展览活动。活动展包括“大洋一号”“向阳红号”科考船、“蛟龙号”等海洋装备模型展，并设置了 26 块大洋科学考察科普展板。

6 月 8 日海洋日期间，学会指导各海洋科普基地举办了各种科普活动。活动期间，学会联合全国 15 所涉海高校、13 家涉海高校社团成功举办第四届以“奔向大海，跑向未来”为主题的大学生公益慢跑活动暨全国海洋科普志愿者招募活动，近万名师生参加活动。联合中国大洋样品馆、广东海洋大学水生生物博物馆等海洋科普教育基地以及国家海洋局第二海洋研究所等单位开展海洋科普进新疆 2017 活动，为全国海洋科普教育基地——新疆华山中学师生捐赠图书 200 多册、海洋生物标本 77 个、海洋装备模型 2 个，并邀请海洋科学领域的 3 位专家为师生作了精彩的海洋科普讲座。组织杭州水处理中心、广东雷州珍稀海洋生物国家级自然保护区、西沙深海海洋环境观测研究站、海域海岛分会、福建崇武海洋站等单位开展“清洁沙滩，保护蔚蓝”等活动。

9 月 16—22 日全国科普日期间，各科普教育基地、分支机构积极响应，充分利用各自优势策划、组织开展了形式多样、丰富多彩的系列海洋科技周活动。海洋三所鲸豚馆、浙江海洋大学海洋生物博物馆等科研院所、实验室面向公众免费开放。洛阳龙门海洋馆、哈尔滨极地馆等单位开展科普讲座、科普情景剧、科普实验等科普进校园活动，并通过网站、微信等平台开展线上科普宣传。其中，洛阳龙门海洋馆、哈尔滨极地馆等 7 家单位被全国科技周组委会授予荣誉证书。长江河口科技馆开展“童心绘海洋”活动。西安曲江海洋极地公园组织开展科普讲座、倡议签名、参观展览等系列活动。厦门海底世界开展海洋科普进社区、进校园活动，组织展板宣传和发放科普材料。青岛同安路小学开展“探秘海洋，解密潮间带”研学活动等科普活动。

学会委托海域海岛分会制作《科学用海》展板，并在天津部分海洋科普基地宣传展出，联合《海洋世界》杂志社编制《大洋百科展》展板。委托《海洋世界》制作防灾减灾、深海资源等科普专题，给科普基地提供样刊 10000 余册。与中国海洋报社联合主办《亲海特刊》，截至 2017 年 11 月 21 日，共出版 10 期，每期 8 版，给科普基地提供报纸共 71000 余份。

10 月，学会联合国家海洋局第一海洋研究所、中国海洋报社完成了“2049 年的中国——海洋科技与资源利用社会愿景展望”征文活动。

【2017 年度中国海洋十大科技进展项目评选】 中国海洋学会、中国太平洋学会、中国海洋湖沼学会联合组织常务理事、理事、同行领域专家及相关单位，经过广泛推荐、专家评议及投票排序，评选出“2017 年度中国海洋十大科技进展”：①我国科学家从海气系统角度揭示了海洋在全球变暖背景下的响应特征；②我国科学家首次揭示气候变化驱动北冰洋快速酸化机理；③扇贝“化石”基因组发现及重要发育进化机制解析；④我国南大洋增暖机制研究取得突破性进展；⑤国产水下滑翔机下潜 6329 米刷新世界纪录；⑥“深海勇士”号 4500 米载人潜水器完成研制交付用户；⑦深远海智能化渔业养殖平台；⑧亚洲最大绞吸挖泥船“天鲲号”下水；⑨我国首次海域天然气水合物试采成功；⑩我国完成首次环北冰洋考察。

【2017 年度海洋科学技术奖评审】 11 月 24—25 日，2017 年度海洋科学技术奖评审委员会评审会在广东省深圳市召开。评审委员会由中国工程院院士潘德炉、金翔龙、张偲、李家彪等 41 名专家组成。评审委员会分别对 49 项研究类项目、36 项转化类项目以及 32 部海洋科技图书进行了评审。

海洋科学技术研究类共有 20 项成果获奖，其中特等奖 1 项、一等奖 5 项、二等奖 14 项。获得特等奖的项目为“黄海大规模浒苔绿潮起源与发生机制”；获得一等奖的项目为“水母毒素及蜇伤防治研究”“海洋双壳贝类神经内分泌系统分子组成及其免疫调节机制”“水产品中潜在危害因子的检测与控制技术开发及应用”“高效水平轴海流发电系列装备与‘海能海用’系统”。

海洋科技转化类共有 15 项成果获奖，其中一等奖 4 项、二等奖 11 项。获得一等奖的项目为“海岸带沉积物污染过程、原位修复技术和工程示范”“重要海域致病性细菌基因芯片检测技术的研发和产业化示范”等。

海洋科技图书《黑潮特征参考图集》《海洋恢复生态学》《漳州海洋与渔业文化丛书》《海水淡化技术与工程》《中国学科发展战略·海岸海洋科学》《南海海洋鱼类原色图谱（一）》《广西北部湾海洋硬骨鱼类图鉴》《深水钻井隔水管系统力学行为理论及应用研究》《黄海底栖端足类》《黄渤海软体动物图志》《北极快速变化与海洋生态系统响应》《中国大洋海底地理实体名录（2016）》《我国近岸海域生态环境现状及发展趋势》《中国海洋文化丛书》《海洋绘系列》《广东省海岛保护与开发管理》16部图书获奖。

海洋科学技术奖是由科技部和国家科学技术奖励工作办公室正式批准，在国家海洋局的支持指导下，由中国海洋学会、中国太平洋学会和中国海洋湖沼学会共同设立的面向全国海洋各领域的综合性科学技术奖。

（撰稿人：李　静）

中国地震学会

学会建设　2017年，学会新成立了二级分支机构3个和三级分支机构1个，分别为中国地震学会基础设施工程防震减灾专业委员会、中国地震学会可恢复功能防震体系专业委员会、中国地震学会近岸与离岸工程灾害环境防护专业委员会和中国地震学会岩土工程防震减灾专业委员会青年工作委员会。学会下设二级分支机构30个和三级分支机构2个。学会全年召开理事会会议（含通讯会议）2次、常务理事会议（含通讯会议）6次、全国秘书长工作会议1次。学会成立了第一批一级地震安全性评价第三方技术审查机构，并已开展相关工作。截至2017年12月31日，学会发展个人会员350名，个人会员总数达到2100余名。

学会还制定了理事会、常务理事会、秘书长工作会议等各级会议制度和规则；修订了分支机构管理办法，明确了分支机构设立、变更、奖惩等制度。

主办期刊　《地震学报》编辑部加强期刊的移动传播和区域出版平台建设，实现以微信为用户端，编辑、审者、读者的移动办公和稿件浏览。据中国科技引证报告（核心版）数据显示,《地震学报》2016年在15种地球物理学类期刊中排名第四。《地震学报》荣获“2017年中国国际影响力优秀学术期刊”。

2017年是*Earthquake Science*整刊OA出版的最后一年，本年度发表的文章依然在*Springerlink*上OA出版，免费浏览，期刊在*Springerlink*上的下载量有显著上升，截至2017年7月，下载量已经超过2.5万人次。

《国际地震动态》开设了“地震预测预报20年发展设计研讨专栏”，全年发文12篇，每期1篇。

决策咨询　2017年，中国地震学会积极承接政府职能转移。经学会申请、中国地震局批准，中国地震学会成为第一批一级地震安全性评价第三方技术审查机构。目前已承担并完成了50余项技术审查任务。

国内主要学术会议　学会及分支机构共举办国内学术交流活动35次，提交学术交流论文2770篇。

国际组织任职　李丽任国际地震学和地球内部物理学协会（IASPEI）亚洲地震委员会（ASC）秘书长，丁志峰任国际地震学和地球内部物理学协会中国委员会主席。

国际交往　3月29日，意大利Fip Industriale公司访问了中国地震学会工程隔震与减震控制专业委员会，并在广州大学工程抗震研究中心就今后双方在减隔震产品振动台实验方面的合作事宜进行了会谈。

3月30日，日本建筑中心隔震构造审查委员会委员长、日本东北大学井上范夫教授及崛则男教授代表日本隔震构造审查委员会委员访问中国地震学会工程隔震与减震控制专业委员会。双方就振动台实验方面的合作事宜进行了会谈。

9月18日，澳大利亚科学与工程院院士、欧洲科学院院士、澳大利亚昆士兰大学Sritawat Kitipornchai教授来华作了题为*Nonlinear Analysis of Transmission Tower Structures*的学术报告。

9月24日，日本隔震学会委员长、日本东京工业大学和田章（Akira Wada）教授代表日本隔震学会访问中国地震学会工程隔震与减震控制专业委员会，并在广州大学作学术报告《隔震设计方法相关》。

科普活动　学会组织第一届全国中学生地球科学竞赛的筹备工作，并于10月16日举办了全国中学生地球科学竞赛暨国际地球科学奥林匹克竞赛中国赛区启动仪式。

由中国地震学会与中国水利学会、中国土地学会、中国环境科学学会、中国医师协会、中华预防医学会、中国气象学会、中国海洋学会、中国测绘地理信息学会等单位联合主办和中国知网承办的“生态文明，我知我行，创新驱动，我们先行——第三届资源环境与生命科技创新知识网络大赛”系列活动于6月26日—10月31日举行。截至10月31日，创新知识网络大赛累计参赛123639人次。

表彰举荐优秀科技工作者 11月14日，学会在四川省西昌市召开了中国地震学会系统秘书长联席工作会议。学会秘书长李小军、中国地震局地球物理研究所书记乔森以及各省级地震学会的秘书长等35人参加了此次会议。会上，授予18家单位“2017年度中国地震学会系统优秀学会（会员单位）”荣誉称号，同时授予16名同志“2017年度中国地震学会系统先进工作者”荣誉称号。

党建强会 2017年，学会召开了3次党委扩大会议，学习了“全面从严治党应知应会”“学习习近平总书记‘7·26’重要讲话精神，迎接党的十九大”等主题材料，并传达了中国科协《科技工作者道德行为自律规范》相关要求。学会办公室党员积极参与中国地震局地球物理研究所机关第一党支部组织的各项活动，深入学习贯彻党的十九大精神。

【2017年中国地球科学联合学术年会】 10月15—18日，由学会与中国地球物理学会、中国岩石学与地球力学研讨会组委会、中国地质学会构造地质学与地球动力学专业委员会、中国地质学会区域地质与成矿专业委员会联合主办的2017年中国地球科学联合学术年会在北京国际会议中心召开。2000余名来自地球科学不同领域的专家、学者、科研工作者、大专院校的教授和学生参加了此次大会。会议共设置1个主会场、31个分会场。报告包括7个大会特邀报告、108个专题，其中口头报告1800余篇、张贴报告600余篇，共交流了2400多份学术报告。

中国地震学会理事长张培震院士主持了开幕式。朱日祥院士宣布了2016年年会研究生获奖论文名单。大会邀请郑永飞院士作题为“板块俯冲带地球化学传输”的大会报告；郭正堂院士作题为“亚生代环境演变及全球关联”的大会报告；林间教授作题为“深海探索——马里亚纳海沟的构造成因与地震过程”的大会报告；董树文教授作题为“‘燕山运动’的今生来世”的大会报告；刘静研究员作题为“青藏高原东南缘新生代构造地貌特征与下地壳流动假说”的大会报告；吴建平研究员作题为“中国地震科学台站数据共享及青藏高原东缘壳幔速度结构”的大会报告；吕庆田研究员作题为“长江中下游成矿带多尺度探测：新发现与新认识”的大会报告。

分会场学术报告从不同的专业方向探讨了地球科学领域非常引人关注的海洋战略、油气勘探、成矿机理、大地构造、灰霾成因、地震灾害、空间探测工程等热点问题。

本次学术年会还进行了学生优秀论文的评选，在专题推荐出“学生优秀论文奖”候选人的基础上，最后经学术委员会审议评定，134位学生获得本次学术大会的“学生优秀论文奖”。

年会期间，12个期刊编辑部、出版社和院校参展，为学术期刊的宣传展示搭建平台。同时开展了地学相关的成果和新产品、新技术展览，地震仪器厂商、地质仪器厂商、地质与地球物理勘探公司等9个参展单位参展。

（撰稿人：顾　玲）

中国动物学会

服务创新型国家和社会建设 学会撰写《国家中长期人才发展规划纲要（2010—2020年）》在动物学领域实施情况评估报告，报送中国科协。

学会建设 2月10日，召开通讯常务理事会，讨论通过《2017年推选院士候选人工作实施办法（试行）》等。

10月13—19日，召开通讯理事会，讨论通过第七届中国动物学会青年科技奖评选结果。

11月16—19日，学会在广西壮族自治区南宁市召开第七届六次常务理事会，审议通过张亚平院士担任《动物学报》新一届主编；批准成立中国动物学会动物生理生态学分会；修订《中国动物学会财务管理制度》《中国动物学会分支机构管理办法》；制定《中国动物学会分支机构财务管理办法》。

青年人才托举工程 组织“青年托举人才（2017—2019）”候选人推荐，经过常务理事评审，向生命科学联合体推荐2名候选人，均获得中国科协项目支持。

主办期刊 2017年，《动物学报》（*Current Zoology*）继续保持JCR（期刊引证报告）Q1区行列。

《动物学研究》（*Zoological Research*）入选“第四届中国精品科技期刊”，2篇论文入选“中国精品科技期刊顶尖学术论文（F5000）”项目。

2017年，《动物分类学报》（*Zoological Systematics*）

出版专刊 *Geometric morphometrics: Current shape and future directions*。

根据中国科学技术信息研究所的相关数据,《动物学杂志》2017 年核心总被引频次 972，核心他引率 0.90，核心影响因子 0.405，综合评价总分 58.83。

《生物学通报》邀约《普通高中生物学课程标准》修订组负责人、常务副主编刘恩山组织系列稿件，对 2017 年教育部颁布的《普通高中生物学课程标准》进行解读，帮助一线教师理解并实施。开通微信公众平台，进一步开发、整合过往期刊中一些知识性文献，为一线教师提供资料。

学科发展研究 9 月，学会组织专家完成生命科学领域“发育生物学前沿跟踪研究”任务并结题。12 月，组织专家完成生命科学领域“动物生态学及保护生物学”研究，并提交研究报告和专报。

国际学术会议 主办国际会议 2 次，574 名学者参加，其中国外学者 42 名；收到论文及摘要 313 篇，其中国外专家 36 篇，编印 2 本论文集。

10 月 13—17 日，第七次国际寄生虫学学术研讨会在江西省九江市召开，邀请 36 位海内外知名寄生虫学家就其研究领域前沿作特邀专题报告。421 位学者、研究生参会，其中国外学者 11 位，共收到论文摘要 237 篇。

10 月 9—13 日，亚洲蛛形学会（Asian Society of Arachnology，ASA）第四次学术讨论会暨中国动物学会蛛形学专业委员会第十五次学术讨论会在西南大学召开。18 个国家的 153 位专家学者及研究生参加，其中我国台湾地区学者和研究生 4 人、国外专家学者 32 位。大会安排特邀报告 5 个、口头报告 52 个、墙报 19 个，收集摘要 76 篇。这是世界蛛形学领域国际会议首次在中国大陆举办。

国内主要学术会议 组织召开 12 次国内学术会议、讲座，共有 4143 人参加，交流学术论文 2093 篇，编印论文摘要集 10 本。

3 月 25—27 日，中国两栖爬行动物监测研究暨中国大鲵保护研讨会在四川省成都市召开。120 位学者、研究生参加，收到论文摘要 152 篇。会上，来自 69 个单位或团队的学者、研究生就两栖动物观测工作情况、主要经验和面临问题等进行了学术交流。

9 月 15—18 日，第七届全国动物生理生态学学术研讨会在北京师范大学召开。156 名专家、学者和研究生参加，其中国外专家 3 位。会议围绕动物的生理生态适应及演化进行了学术交流。会议收到论文摘要 84 篇，设有 4 个特邀报告、15 个学者报告和 22 个研究生报告。大会报告内容覆盖了对哺乳类、鸟类、两爬、鱼类和无脊椎动物等各类群动物的生理生态学探讨。

10 月 27—29 日，第十三届全国野生动物生态与资源保护学术研讨会在四川省成都市召开。129 个单位的 576 名专家、学者和研究生参加。会议收到论文摘要 386 篇。邀请 4 位青年专家作特邀报告，组织了 6 个分会场、19 个专题，共有 217 位学者、研究生作口头报告；展示科研墙报 76 份。会议期间评选表彰了 5 名全国优秀青年动物生态学工作者、15 名研究生优秀墙报奖。

10 月 29 日—11 月 1 日，2017 年遗传发育与疾病模型国际论坛暨第五届中国斑马鱼科学研究大会在浙江省桐乡市乌镇召开，来自中国、美国、新加坡、日本的 646 位科研人员参加。大会收到论文摘要 99 篇。与会学者围绕在生物、医学、健康、环境等多个领域模式动物遗传发育与疾病模型研究，分 9 个分会场进行学术交流。会上还颁发了 2017 年度“蔡司・斑马鱼科学研究奖”以及优秀墙报奖。

两岸交流 9 月 21—24 日，第 14 届中国鸟类学大会暨第 12 届海峡两岸鸟类学术研讨会在陕西省召开。来自中国、英国、美国、巴基斯坦等国家和地区的 520 位专家、学者及研究生参加，收到论文摘要 259 篇。会议围绕“鸟类的行为、生态适应与演化”共安排 7 个大会特邀报告、2 个特邀青年报告、60 个专题报告、64 个口头报告、19 个研究生英文报告、86 个墙报、1 个圆桌讨论会。会上还颁发了第十一届郑作新鸟类科学青年奖、第十二届郑作新鸟类科学青年奖、第三届中国鸟类学研究生学术新人奖。

国际交往 9 月 27—29 日，组织 106 人代表团赴日本冲绳参加第四届世界生殖生物学大会并进行交流，成功申办 2020 年第五届世界生殖生物学大会在中国举办。学会推荐 3 名优秀青年获得中国科协国际组织专项支持资助，分别赴挪威特隆赫姆、美国奥斯丁、法国斯特拉堡参加国际组织学术会议并进行交流。

科普活动 全年开展 8 次科普活动，参与人数达 1016014 人次。

5 月 14 日，组织全国中学生生物学联赛，29 个省、自治区、直辖市的 75160 考生参加。在全国中学生生物学联赛前，25 个省分会组织了初赛，有近 919808 名高中生参加。通过严密的考试、考核机制，最终评出一等奖1451名、二等奖5770名、三等奖8850名。

8月16—20日，第二十六届全国中学生生物学竞赛在河南省郑州市举办。29个省、自治区、直辖市的30支代表队的240位选手参赛，领队、教练等260人参加。竞赛按照比赛成绩产生金牌72枚、银牌72枚、铜牌94枚。前50名金牌选手入选2018年年初在北京举办的冬令营出国队员选拔国家集训队。

9月15—21日，学会参加顺义区2017年全国大众创业万众创新活动周，展示“北京的候鸟”科普产品，覆盖面3000人次。

9月23—24日，学会与国家动物博物馆共同组织科普日活动，主题为“北京的候鸟”。活动通过展示、讲解及制作立体书，举办了2场立体书讲座互动活动。1700人次参观学习。

2017年完成“北京的候鸟”系列科普课程及科普教师培训平台及产品的开发和推广，该项目被北京市科委评为优秀科普产品，并作为北京科委唯一在现场介绍的科普产品精品项目在9月27日北京电视台进行展示。7月6—9日，学会在中国科学院动物研究所组织了4场“北京的候鸟”立体书科普教师培训，北京市有40所中学的100名老师参加培训。9—12月，学会组织科普工作者走访可能开展校园科普课程的学校进行课程专业指导，共走访海淀、顺义、石景山、门头沟等区的14所学校，目前该立体书制作培训课程已进入13所北京中学，公益组织开始订购立体书及教程。

表彰举荐优秀科技工作者　组织中国科协“青年托举人才”候选人评选推荐工作，推荐2名候选人获得2017—2019年资助计划支持。8月，完成第十四届中国青年女科学家奖评选与申报工作，向中国科协推荐1名候选人。9月，开展2017年度“蔡司·斑马鱼科学研究奖”评选工作，共有17名青年科技工作者和研究生获奖。9月，启动中国动物学会第七届青年科技奖及第十五届中国青年科技奖候选人推荐与评选工作，评出10名第七届中国动物学会青年科技奖获得者，从中推荐2位参加第十五届“中国科协青年科技奖候选人”的评选。

1月，启动两院院士候选人推荐申报工作。2月14日召开会议，经过材料审核和无记名投票，推选沈阳农业大学畜牧兽医学院教授陈启军为中国科学院院士候选人、中国科学院动物研究所研究员蒋志刚为中国工程院院士候选人，报送中国科协。

11月，学会推荐刘峰、杨运桂两位会员联合开展的“m6A甲基化修饰调控脊椎动物造血干细胞命运决定”为2017年度“中国生命科学领域十大进展”候选项目。推荐赵同标研究员作为国家重点实验室评估现场观察员，参与临床医学与药学组实验室评估。

党建强会　11月21—24日，学会与中国科学院动物研究所等单位联合主办“第七届全国自然科学类场馆科普培训班暨党建活动”，来自全国博物馆、科研院所、高校、教育公司等单位的117名学员参加。活动特邀6位专家进行动物生态学知识和自然保护教育案例教育的培训。中国科协科普部传播处副处长黄晓春参加授课，解读了《十三五全民科学素质行动纲要实施》和《科普十三五规划和科普信息化建设》文件。理事会党委负责培训内容的把关，并全额资助2名西部地区学员。

建立学会党建强会网页，宣传党的十九大精神，宣传优秀党员科技工作者先进事迹及学会党建活动。学会理事会党委开展优秀党员科技工作者评选，王祖望研究员、李枢强研究员、李新正研究员作为优秀党员科技工作者候选人上报中国科协。先进事迹陆续在学会“党建强会”、科技社团党建微信群栏目予以宣传。

11月16—19日，中国动物学会第十七届第六次常务理事会会议在广西壮族自治区南宁市召开，理事长孟安明传达了中国科协印发的《关于认真学习宣传贯彻党的十九大精神的实施方案》，与会常务理事一同学习党的十九大报告。

会员服务　通过学会及分会、专业委员会网站为会员提供更多的国内、国际学术信息以及学科发展前沿性进展、科普信息等。学会发挥会员系统传播作用，建立会员科普QQ交流群，108位会员及科技工作者在群交流；建立全国自然科学类场馆培训微信交流群，476位会员和科技工作者在群交流；建立鸟会朋友微信群，158位会员在群里时时在线交流；建立灵长类学分会交流微信群，72位会员在群交流。会员参加学会主办的学术会议、培训等，享受优先参加并注册费优惠政策。

【中国动物学会灵长类学分会成立大会暨2017年学术年会】　8月19—22日，中国动物学会灵长类学分会成立大会暨2017年学术年会在陕西省西安市隆重召开，来自81家国内高等院校、科研院所和自然保护区以及美国、加拿大、澳大利亚和日本的196位灵长类学专家学者参加，共收到论文摘要70篇。西北大学校长郭立宏出席会议并致辞。国际灵长类学会前主席 Matsuzawa Tetsuro 先生出席开幕式。中国动物学会秘书长王德华、中国动物学会动物行为学分会秘书长张健旭出席开幕式并致贺词。与会代表通过无记名投票方式，选举出72名分会委员和27家分会委员单位。

会议邀请国际灵长类学会前主席 Matsuzawa Tetsuro 等4名国际组织专家出席会议并进行交流。大会安排10个大会报告，包括《灵长类的保护研究》（加拿大麦吉尔大学 Colin Chapman）、《中国灵长类研究的机遇与挑战》（美国伊利诺伊大学 Paul A. Garber）、《灵长类的重层社会》（西澳大利亚大学 Cyril C. Grueter）、《灵长类长期野外研究的定量化标准化》（合肥师范学院李进华）、《太行山猕猴的繁殖生态》（郑州大学路纪琪）、《灵长类起源与辐射》（中国科学院古脊椎动物与古人类研究所倪喜军）、《石山叶猴对喀斯特环境的适应》（中国科学院动物研究所黄乘明）、《中国灵长类学科的使命和展望》（中山大学张鹏）、《繁殖竞争的博弈促进仰鼻猴重层社会系统的进化》（西北大学齐晓光）。会上还评选出最佳青年口头报告奖和青年墙报奖。

【2017年遗传发育与疾病模型国际论坛暨第五届中国斑马鱼科学研究大会】 10月29日—11月1日，2017年遗传发育与疾病模型国际论坛暨第五届中国斑马鱼科学研究大会在浙江省桐乡市召开。来自中国、美国、新加坡、日本的646位科研人员参加，共收到论文摘要99篇。会议邀请德国马普研究所的 Didier Stainier 和新加坡李香江医学院的 Philip Ingham 分别就遗传补偿和转录适应以及 Hedgehog 信号通路作大会特邀报告。大会安排了19个大会报告，79人次在胚胎发育与器官建成，神经系统发育、功能与疾病，衰老、损伤与再生，心脏发育与肌肉疾病，血液发生与疾病，消化、代谢与肿瘤，基因编辑及影像学技术，血液发生与免疫以及疾病模型与毒理9个分会场作报告并进行交流。会议颁发了2017年度“蔡司·斑马鱼科学研究奖”以及优秀墙报奖。

【中国动物学会第十三届全国野生动物生态与资源保护学术研讨会】 10月27—29日，在四川省成都市召开中国动物学会第十三届全国野生动物生态与资源保护学术研讨会。研讨会由中国动物学会兽类学分会、中国生态学会动物生态专业委员会、国际动物学会、中国野生动物保护协会、四川动物学会等联合主办，四川省野生动植物资源保护协会、生物资源与生态环境教育部重点实验室、《四川动物》杂志编辑部、中国科学院动物研究所动物生态与保护生物学重点实验室承办。来自国内高等院校和科研院所129个单位的576专业人员参会，其中研究生302人，大会共收到论文摘要386篇。

开幕式由中国动物学会兽类学分会秘书长李明主持，开幕式上播放了中国科学院动物研究所为王祖望等老科学家们制作的“镜头中最美科学家”视频《暮年·初心》，记录了老科学家历时9年编撰《中华大典·生物学典·动物分典》的事迹。国际动物学会主席张知彬致辞，他号召广大动物学科技工作者学习以王祖望先生为代表的老一辈科学家的奋斗精神，弘扬和学习他们的家国情怀、科学追求和科学精神。大会安排4个青年特邀报告，分别是中国科学院昆明动物研究所研究员周志刚作的 Hologenome and adaptive evolution in animals、厦门大学董云伟教授作的《潮间带贝类生理生态学研究：地理分布与生理适应》、四川大学范振鑫教授作的《多组学研究揭示猕猴属物种间遗传差异》和武汉大学赵华斌教授作的《动物食性多样性的分子进化研究》报告。会议组织了6个分会场、19个专题，共有217位学者和研究生作口头报告；76位学者和研究生通过墙报展示了他们的研究成果。会议评选出5名全国优秀青年动物生态学工作者和15名研究生优秀墙报奖，并进行了颁奖。

（撰稿人：张永文　张　欢）

中国植物学会

学会建设　7月24日，学会理事会会议在广东省深圳市召开。会议主要围绕中国植物学会第十六次全国代表大会暨85周年学术年会筹备工作进行讨论。学会多次召开理事长办公会议和常务理事会议（通讯），学习和贯彻党的十九大精神，并对学会工作进行讨论和部署。

完成2016年财务审计和民政部年度审计工作，完成2017年度中国科协财务统计工作。

青年人才托举工程　学会推荐的中国科学院植物研究所张媛媛、西双版纳热带植物园王后平入选中国科协“青年人才托举工程”2017—2019年度项目。

主办期刊　作为主办或者作为主办单位之一，学会主办有《植物生态学报》《植物学报》《生物多样性》《生命世界》《生物学通报》、*Journal of Integrative Plant Biology*（《植物学报》英文版，简称JIPB）、*Journal of Systematics and Evolution*（《植物分类学报》英文版，简称JSE）、*Journal of Plant Ecology*（《植物生态学报》英文版，简称JPE）、*Plant Diversity*（《植物分类与资源学报》英文版，简称PD）9种期刊。2017年共出版84期，发表1000余篇论文，发行量150980册。

2017年，JIPB获得“中国科技期刊国际影响力提升计划”A类项目资助；JSE、JPE分别获得“中国科技期刊国际影响力提升计划”C类项目资助。

《植物生态学报》《生物多样性》获得“中国科协精品科技期刊TOP 50项目”资助；JIPB、PD获得“中国科协精品科技期刊工程期刊学术质量提升项目”资助；《植物生态学报》获得中国科学院科学出版基金（三等）择优支持。

根据美国科学信息研究所2017年发布的《期刊引证报告》数据，JIPB影响因子为3.96，总被引频次3773；JIPB被中国期刊交易博览会组委会评为“中国最美期刊”，并获得中国科学院科学出版基金（一等）择优支持。JSE影响因子为2.05，总被引频次920。JPE影响因子为1.75，总被引频次1034，并获得中国科学院科学出版基金（二等）择优支持。

据2017年中国科技信息所中国科技期刊引证报告，《植物生态学报》《生物多样性》、JIPB影响因子分别为2.260、1.550、0.981。

学科发展研究 参与2017年度“中国科协重大调研课题”，承担生命科学领域前沿跟踪研究课题中植物科学前沿分报告的子课题。完成子课题报告《生命科学领域前沿跟踪研究——全球气候变化对农作物的影响》以及《利用基因编辑技术精细调控农作物复杂数量性状》专报。

决策咨询 参与生物和医学领域《国家中长期人才发展规划纲要（2010—2020年）》实施情况第三方评估工作。完成“关于《国家中长期人才发展规划纲要（2010—2020年）》在植物科学领域实施情况的评估报告”。

国际学术会议 7月3—7日，第五届植物生殖发育与育性暑期班暨国际研讨会在上海市举行，国内外的200多位专家学者参加会议。会议聚焦国内外植物科学发展趋势，就植物生殖发育、信号传导、抗病、抗逆、生长发育和代谢调节等方面进行交流和讨论。

7月25日，中美联谊会在广东省深圳市召开，理事长武维华院士、名誉理事长洪德元院士、美国科学院院士Peter H. Raven教授、美国植物学会主席Loren Riseburg教授等100余位中美植物学会代表以及第19届国际植物学大会顾问委员会和科学委员会代表参加了联谊活动。

7月27日，中外苔藓学家交流会在广东省深圳市举行，100多位专家学者参加，其中国外专家40余人。世界苔藓学会主席Bernard Goffinet教授在会上宣布了2015—2016年世界苔藓学会各项奖项。

国内主要学术会议 2017年共组织召开学术会议9次，近1000位专家学者出席。

4月11—13日，第五届兰花学术研讨会在山东省临沂市兰陵县举行，50余位专家学者参会。会议就兰科植物基础研究、产业发展以及兰陵县兰花产业化发展前景等问题进行研讨。

5月13—14日，第五届全国种子科学与技术学术研讨会在广西壮族自治区桂林市召开，180多位专家学者参加会议。大会以“种子科学研究与种子梦”为主旨，邀请美国植物学会原会长Baskin Carol教授等38位学者作大会报告。会议评选了“第二届傅家瑞青年种子生物学优秀研究论文”，并颁发了国际合作卓越奖。

7月20—22日，第15届全国药用植物及植物药学术研讨会在广东省深圳市召开，大会以“中国大健康产业链中的药用植物和植物药”为主题，247名专家学者参加。大会邀请主旨报告4个，收集论文及摘要127篇，遴选专题报告36个。会议反映了药用植物与人类健康研究的最新进展。

10月9—13日，全国植物与健康峰会暨2017年中国植物园学术年会在重庆市召开，会议主题为“植物园：协同创新、开放共享、绿色健康”，共600位专家学者出席。会议组织了60场学术报告，6名青年学者荣获“2017年中国植物园学术年会优秀青年报告奖”。会议围绕植物园建设与植物多样性、环境教育科普传播、活植物管理、植物与大健康产业发展需求进行探讨，并就科研与产业及药用植物的保护、开发、扶贫等方面达成多项合作意向。6名老专家荣获2017年度“中国植物园终身成就奖”；北京植物园荣获2017年度中国最佳植物园“封怀奖”。

10月10—12日，2017年全国植物生物学大会在重庆市召开，会议主题为“植物科学改善人类生活”，

2200余名专家学者出席。大会邀请袁隆平院士、万建民院士、邓兴旺院士等10位院士专家围绕超级杂交稻育种进展、蔬菜基因组的生物学、植物广谱抗病机制及其与产量性状的互作等前沿问题作报告。91名国内植物生物学相关领域的专家学者以及青年科学家进行专题报告。大会共收到会议摘要250余篇、墙报110余份。

11月9—11日，2017年全国植物细胞生物学大会在湖北省武汉市召开，主题为“全球环境变化下的植物细胞生物学”，500余位专家学者参会。40位专家作大会报告，收到会议摘要76篇、墙报38份。会议围绕细胞与植物发育、细胞与植物免疫、细胞与非生物逆境、细胞与矿质营养、细胞活动调控、细胞信号转导、细胞生物学新技术等进行了交流。

11月20—22日，第五届中国兰花大会学术研讨会在福建省龙岩市连城县举办，100余位专家学者参会。会议就兰科植物基础研究和保育、药用兰花产业发展与技术研究、观赏兰花产业发展与技术研究等方面进行探讨，交流产业发展经验、技术和面临问题。

12月8—11日，第二届全国生物系统学学术论坛在北京市召开，有近500余位专家学者参加学术研讨。会议邀请36位大会报告人以及7位Workshop报告人。论坛着重关注生命之树、物种形成、物种互作、谱系地理学以及生物系统学理论与应用五个方面，涉及了动物、植物、真菌、原核生物、病毒等类群，同时也包括现生和古生生物探究。会议特设了卫星论坛性质的Workshop讨论，针对中国生物系统学发展战略、青年人才培养策略进行探讨。

科普活动 学会组建了以陈进、李思锋、张寿洲、江明喜、任海、管开云、赵遵田、李梅8位专家为首席科学传播专家的8个科学传播团体。

1月25日—2月11日，第十三届兰花展在北京植物园举办。其间展示了200余品种万余株兰花，并专门为10种特色兰花制作了二维码说明牌，其中的达尔文兰与3D打印成为科普展区的亮点。

2月21—24日，全国中学生生物学冬令营在北京大学举行，50名获得全国生物学竞赛一等奖的学生参加。

5月27日，民族植物学分会名誉理事长裴盛基教授率领专家团队到纳版河国家级自然保护区景洪市曼吕村开展“助力社区傣药科技发展”活动，种植并赠送村民20多个品种近400株傣药苗木，并举办科普讲座。

7月11—20日，第28届国际生物奥林匹克竞赛在英国考文垂举行，来自67个国家和地区的264名选手参加了本届比赛，最终决出金牌26枚、银牌47枚、铜牌72枚、纪念奖26枚。我国选手取得了3金1银和总分第一的优异成绩，其中周浩宇、王梓豪、付嘉乐荣获金牌，郑逸飞荣获银牌。

表彰举荐优秀科技工作者 学会推荐的清华大学谢道昕、娄智勇、饶子和合作的“植物分枝激素独脚金内酯的感知机制”科研成果入选中国科协生命科学学会联合体发布的2016年度“中国生命科学领域十大进展”。

在全国科技工作者日，学会推荐的戚益军教授荣获首届“全国创新争先”奖状。

8月23日，中国科协公布了第五批首席科学传播专家名单，学会推荐的陈进、李思锋、张寿洲、江明喜、任海、管开云、赵遵田、李梅8位专家被聘为第五批首席科学传播专家。

党建强会 经过学会常务理事会党员会议（通讯）通过，学会与支撑单位中国科学院植物研究所党委文献与信息管理中心支部建立了联合党支部，并于5月11日召开了学会党委会全体党员会议（通讯）。

会员服务 《中国植物学会会讯》电子版发行工作，每年6期。推进会员管理服务信息平台建设，建全会员网上注册管理系统，开设“会员成就”栏目，为注册会员提供展示和交流平台。与各省级植物学会合作，对原有会员进行重新整理，筛选采集有效会员信息，建立多层次会员信息库。

【第19届国际植物学大会】 7月24—29日，第19届国际植物学大会在广东省深圳市召开。国家主席习近平向大会发来贺信，国务院总理李克强做出批示。

本届大会以“绿色创造未来”为主题，与国家坚持生态文明和绿色发展的理念高度契合。会议吸引了来自77个国家和地区的近7000名专家、学者参会，交流植物科学领域六年来在科学研究及应用推广等方面取得的成果。大会举行了5场公众报告、12场全会报告和33场主旨报告；围绕植物学六大学术领域设置了212场专题研讨会、1452个口头报告，收录和展示了972个墙报、1449个大会论文摘要。会议还组织了多种形式、多个层面的交流活动，包括命名法会议、49个卫星会议、5条遍布全国的野外科考路线、4条本地城市考察路线及100多个专业展览等。大会组委会设立了总额达220万元的专项奖励资金，资助来自64个国家和地区特别是发展中国家和地区的486名学者参会。从全球遴选的50个大会特邀报告人中，中国学者占16名；在212个一般性专题研讨会中，中国科学家负责组织的达到70个。

大会通过新版的《国际藻类、菌物和植物命名法规（深圳）》。会议组委会组织国内外不同领域知名学者组成专家团，研究起草了《植物科学深圳宣言（*The Shenzhen Declaration on Plant Sciences*）》，经过全体代表通过，确定了一系列行动计划和优先发展领域。中国植物学会与相关国际组织密切沟通和协商，取得了一系列成果，包括设立国际植物分类联合会（IAPT）中国分部。

由大会组委会发起，中国植物学会、深圳市植物学会和深圳市铁汉生态环境股份有限公司联合设立深圳国际植物科学奖，每六年评选一次，面向全球遴选和奖励1—2位在植物基础和应用科学领域做出杰出贡献和具有深远影响的科学家。首届“深圳国际植物科学奖”授予第19届国际植物学大会名誉主席、国际著名学者、美国科学院院士Peter H.Raven教授，以表彰他在植物科学领域做出的杰出贡献。首届深圳国际植物科学奖颁奖仪式于7月29日在大会闭幕式上举行。

会议还组织了“大会纪念园建设启动仪式”等活动。

【国际植物学大会命名法会议】 7月17—21日，国际植物学大会命名法会议在广东省深圳市召开，来自世界各地的155名专家学者参加了会议。本次会议收到397条植物命名法规修提案，会议对所有提案逐一讨论、表决，将通过的提案汇总形成议案，提交国际植物学大会全体会议表决，之后写入大会决议，新的法规即开始生效。在第19届国际植物学大会闭幕式上，最终通过《国际藻类、菌物和植物命名法规（深圳）》。命名法规会议一般在国际植物学大会前召开，新修订的命名法规将以举办地命名。因此，本届会议修订的法规将被称为《深圳法规》，这是未来六年内植物学家对植物命名时必须遵循的“宪法”，全球相关藻类、菌物和植物都将依此命名。

【首届吴征镒植物学奖在深圳市颁奖】 7月25日，首届“吴征镒植物学奖”颁奖仪式在广东省深圳市举行，该奖由中国植物学会与云南吴征镒科学基金会共同设立。吴征镒植物学奖设置“杰出贡献奖”和“青年创新奖”两个奖项，奖励在植物学研究上取得重要成就、做出重大贡献或在植物资源合理利用上取得突破性成果并产生较好经济效益的植物学科技工作者，其中“青年创新奖”奖励年龄在45岁（含）以下的中青年植物学科技工作者。2017年吴征镒植物学奖“杰出贡献奖”由洪德元院士获得，“青年创新奖”由高连明研究员和孔宏智研究员获得。

（撰稿人：蔡瑞娜）

中国昆虫学会

服务创新型国家和社会建设 利用自媒体平台“中国有害生物防治技术”“新PMP论坛”“全国有害生物防治联盟”“白蚁巢”“中国病媒生物控制专业群”等56个QQ交流群和“全国一线消杀技术交流群”“中国虫控联盟交流平台”“中国PCO资源共享交流群”“虫害防治大课堂”“房协白蚁大讲堂”等32个微信群，为全国6500多名城乡居民、种植业者、植保人员、害虫防治人员提供病媒生物及家居、贮藏、检疫、园林、农林等害虫的防治技术咨询；接受媒体采访，向公众介绍白蚁防治、家庭入侵害虫、病媒生物等防治方法30多次。

8月10—15日，专业技术人才知识更新工程——2017年高级研修项目：环境友好的农林害虫生态调控与生物防治技术高级研修班在新疆维吾尔自治区乌鲁木齐市开班。来自全国20个省份的98名学员参加了学习，国内9名专家授课。

2017年，学会承担7个课题项目，分别是“生命科学领域前沿跟踪研究”“2016—2017学科发展项目”“中国科协调研课题‘生命科学领域前沿跟踪研究’分报告——传粉昆虫多样性与资源利用”“培育学术会议示范品牌——中国昆虫学会2017年学术年会”“专业技术人才知识更新工程2017年高级研修项目——环境友好的农林害虫生态调控与生物防治技术高级研修班”“秦岭大熊猫保护区中蜂养殖产业化技术培训与提升”“中国科协青年科学家参与国际组织学术会议项目”。

学会建设 截至2017年12月，学会共有会员13449个，其中单位会员6个、个人会员13443名。3月26日和10月12日，学会分别成立昆虫微生物组学专业委员会和昆虫比较免疫与互作专业委员会，分支机构由25个增至27个。

主办期刊 学会主办有《昆虫科学》（英文版）、

《昆虫学报》《动物分类学报》(英文版)、《应用昆虫学报》(中英文版)、《寄生虫与医学昆虫学报》和《环境昆虫学报》7种期刊，共发行22900册，发表文章689篇。

《昆虫科学》(英文版)是我国唯一的SCI源昆虫学期刊，JCR(期刊引证报告)影响因子2.026，在国际昆虫学期刊中排名前15%，获得中国科学院科学出版基金一等奖。

国际学术会议 5月22—26日，学会在江苏省南京市召开了第五届国际蚊虫及蚊媒病监测和防治学术研讨会暨第十一届全国医学昆虫学学术讨论会，展示了当今蚊虫和蚊媒病监测和控制现状及未来蚊虫和蚊媒病监测与控制的研究方向和挑战。

7月1—4日，在浙江省杭州市召开了第三届国际昆虫基因组学大会2个国际学术会议。会议以“组学时代的昆虫科学”为主题，交流和探讨昆虫学领域的最新研究进展和未来发展趋势，以及推进昆虫基因组学、昆虫生理生化与分子生物学的研究及其在害虫治理和昆虫资源利用等方面的应用。来自14个国家的600多名专家学者参加。会议设有14个分会场共145场学术报告，展出了72个墙报，收录摘要196篇。

国内主要学术会议 学会举办了16个全国会议，包括中国昆虫学会2017年学术年会，第二届传粉昆虫学术论坛，首届全国昆虫产业化大会，2017年全国害虫生物防治学术研讨会，第15届中国昆虫学会昆虫分类区系学术年会及第一届昆虫系统学与进化生物学国际研讨会，第五届食用昆虫与微生物转化废弃物及资源化利用研讨会暨第三届微生物与食用昆虫转化废弃物及资源化国际专题研讨会，中国首届青藏高原动物多样性与适应进化学术研讨会，昆虫分类、古昆虫与传粉昆虫学组研讨会，昆虫生理生化组研讨会，昆虫基因组学研讨会，昆虫发育与遗传研讨会，昆虫生态与农业昆虫学研讨会，生物防治、医学昆虫、城市昆虫及蜱螨学研讨会，林业昆虫、资源昆虫和昆虫产业化研讨会，外来入侵与植物检疫学研讨会，第二届全国生物系统学学术论坛等。共计2154人次出席，交流论文542篇。

科普活动 学会依托科普大篷车开展科普进校园活动，截至2017年年底，已经进入20多所中小学校开展活动。在春季举办了第七届蝴蝶文化季，“最美蝴蝶仙子”选秀活动选出4位蝴蝶园形象大使；在秋季举办了第七届昆虫音乐季，300余人参与虫王争霸赛斗蟋蟀活动；昆虫馆作为夏令营营地，接待各类学员2000余人；国庆期间，重庆市南川区金佛山蝴蝶博物园游人如织；与热爱蚁类昆虫的中小学生一道组建“蚂蚁研究所”“中国白蚁爱好者协会”“中国野生鸡枞菌学习群”等QQ交流群，为1100多名中小学生介绍蚂蚁、白蚁及白蚁巢长出的鸡枞菌的基础知识，介绍蚁类室内饲养方法及蚁类的生物学、生态学观察方法，培养青少年生物学爱好。

表彰举荐优秀科技工作者 学会于2017年设立中国昆虫学会终生成就奖和终身荣誉奖、中国昆虫学会第八届青年科技奖、中国昆虫学会优秀学会工作者奖，完成了2017—2019年青年人才托举工作。

党建强会 学会于2017年10月改选第十届理事会党委，学会副理事长担任学会党委书记、副秘书长以上党员为党委成员。改革学会党组织工作机制，促进学会党员领导干部过双重组织生活、定期召开专题民主生活会、参与“三重一大”决策，强化党的领导。

会员服务 学会于2017年编辑出版《中国昆虫学会2017年学术年会论文集》和《中国昆虫学会通讯》第40期，并在学会网站上发布电子版，为广大会员提供了解学会动态和学术交流的平台。

【承担中国科协首个生命科学领域前沿跟踪研究项目】 中国昆虫学会作为牵头学会，于2016年7月—2017年10月承担中国科协首个生命科学领域前沿跟踪研究项目调研课题。由中国昆虫学会理事长、中国科学院动物研究所所长康乐院士牵头，中国昆虫学会负责组织中国生物化学与分子生物学会、中国细胞生物学学会、中国神经科学学会、中国植物生理与植物分子生物学学会、中国生物物理学会、中国遗传学会、中国免疫学会、中国动物学会和中国昆虫学会9个学会的50多名专家实施完成了此项目。该项目阐述了生命科学前沿领域、国际生物产业发展的时空布局、脑科学、合成生物学、基因组学、表观遗传学、细胞生物学、媒介生物学、发育生物学、植物抗病虫抗逆分子育种、结构生物学、免疫学等领域前沿现状。通过文献计量与跟踪调查方法，经过多次组织讨论、中期检查和结题评估，完成《生命科学领域前沿跟踪研究报告》和《我国生物产业发展的时空布局》2个主报告，并撰写了《表观遗传学领域前沿跟踪》《细胞生物学领域前沿跟踪》《作物抗病虫抗逆分子育种领域前沿跟踪》《结构生物学领域前沿跟踪》《合成生物学领域前沿跟踪》《基因组学领域前沿跟踪》《免疫学领域前沿跟踪》《媒介生物学领域前沿跟踪》《脑科学领域前沿跟踪》和《发育生物学领域前沿跟踪》10个分报告，提交了《把握生命科学创新模式转变的机遇，优化布局，加快战略赶超》《把握合成生物学发展机遇，促进我国生物产业升级》《把握基因组学创新模式转变的机遇 优化布局 加快战略赶超》《我国表观遗传学研究》《细胞生物学领域前沿跟踪项目研究》《结构生物学研究》《免疫学研究》《媒介生物学研究》《发育生物学》《脑科学国际发展态势与我国对策》10个专题报告。其中，《把握生命科学创新模式转变的机遇，优化布局，加快战略赶超》已在《中国科协科技工作者建议》2017年第4期发表。

10月25日，参加中国科协重大调研课题评审并通过验收。项目最终成果包括总报告2份、分报告10份及主报告2份、专报10份，成果字数52.2万字。

【中国昆虫学会第十次全国会员代表大会】 中国昆虫学会第十次全国会员代表大会于10月12日在福建省厦门市举行。副理事长兼副秘书长戈峰作第九届理事会工作报告，副理事长洪晓月宣读收费标准草案，戈峰作章程修改报告，张雅林教授作财务报告。大会审议通过上述报告，并按民主程序进行了学会理事会的换届选举及监事会选举。大会选出了由康乐等150人组成的第十届理事会及由张永安、魏永平和吴明宇组成的监事会。

随后举行了十届一次全国理事会会议，129位到会的新当选理事选举产生第十届理事会理事长和副理事长，中国科学院动物研究所康乐院士当选第十届理事会理事长，戈峰、魏启文、高希武、吴孔明、张雅林、卜文俊、洪晓月、金道超、韩日畴、陈学新、王成树、骆有庆12位当选副理事长，并选举产生50位常务理事。戈峰当选秘书长。

大会召开了十届一次全国常务理事会，选举孟晓星为常务副秘书长兼办公室主任，选举产生了各工作委员会和专业委员会主任人选，讨论确定了27个分支机构的主任人选。

（撰稿人：孟晓星）

中国微生物学会

服务创新型国家和社会建设 举办“2017年实验动物及动物实验技术培训班”3次，共有400余学员参加培训，培训内容对优化科研项目的实验设计、改进实验操作技术及分析技术、提高实验数据的质量有很大帮助。

学会建设 截至2017年12月，学会会员总数达18000余名。

学会成立了地质微生物学专业委员会，地质微生物学涉及地质学和微生物学，是一门研究地质环境与微生物相互作用的交叉学科。地质微生物学专委会重点组织与地质微生物学相关的科学、技术交流，开展相关的法律法规、专业知识和技术操作培训，积极参与国家有关规范和标准的制定。

青年人才托举工程 学会积极响应中国科协开展“青年人才托举工程”项目，推荐中国海洋大学副教授王岩和华东理工大学讲师阳大海入选2016—2018年度青年人才托举工程项目；推荐中国科学院微生物研究所李明和北京大学第一医院王晓雯入选2017—2019年度青年人才托举工程项目。

主办期刊 学会主办的英文期刊*Virologica Sinica*（《中国病毒学（英文版）》）再次获得中国科技期刊国际影响力提升计划C类项目（2016—2018）支持，并荣获“2016年中国最具影响力学术期刊”。

学会主办的《微生物学通报》于2016年获“微生物学与病毒学类期刊”第一名；《微生物学报》于2016年获中国国际影响力优秀学术期刊；《病毒学报》获中国精品科技期刊证书；《生物工程学报》荣获2016年度中国科学院科学出版基金科技期刊排行榜三等奖；《中国人兽共患病学报》加入中国知网《中国学术期刊（网络版）》录用定稿网络首发论文。

决策咨询 学会参与“2017年中国科协重大调研课题——生命科学领域前沿跟踪研究课题”中的“微生物细胞社会学前沿跟踪研究”项目，希望通过开展学科发展分析和前沿识别来指导国家的科技创新战略规划，实现决策咨询创新。

国内主要学术会议 2017年，学会及所属专业委员会共组织各类学术会议23次，参加人数共计7400余人次。

9月16日，第十届全国青年微生物学工作者学术研讨会暨首届微生物前沿交叉创新论坛在湖南省长沙市举行，会期两天。200多位微生物学工作者参加了大会。研讨会组织了18场专家学术报告和20场青年学术报告，并同时组织了学会首届微生物前沿交叉创新论坛，50多位专家学者参加了座谈会，围绕推进启动我国环境微生物组重大计划主题展开了讨论。

7月24—27日，第十六届全国微生物学教学和科研及成果产业化研讨会在广东省广州市举行。190余名来自全国各高校、科研单位的教师、专家和企业代表参加了此次会议。会议主要围绕微生物学的教学改革和课程建设、微生物学科学研究进展、微生物研究成果产业化展开讨论。会议共收到论文16篇、会议摘要79篇，安排特邀报告3个、大会报告11个、分会报告21个，并在分会报告中设立青年论坛。

科普活动 2017年，由学会农业微生物学专业委员会和北京航天恒丰科技股份有限公司在北京市房山区窦店共同建设的“中国农业微生物科普馆”正式挂牌。科普馆包含全国各省市土壤及主要作物、中国农业70年、微生物的世界、科技之窗、微生物在农业中的应用、菌种博物馆、微生物的未来、理想和谐家园8大板块，用全虚拟的方法呈现了中国农业发展历程中微生物所起到的作用，同时展示了未来农用微生物的发展方向。

7月，第一届中国微生物培养皿艺术大赛启动。参赛对象包括高校、科研院所及相关企业的微生物科研工作者个人和团体。

学会常务副秘书长、科学普及工作委员会主任委员杨海花研究员在北京市、浙江省台州市、广东省惠州市博罗县、青海省湟中县、河南省商丘市睢县、浙江省绍兴市柯桥区、新疆维吾尔自治区克拉玛依市、山东省济南市等地为中小学生、大学生和社会公众作了52场科普报告，听众超过12500多人次。

7月27日，中国科学院院士、学会理事长邓子新应邀在“SELF格致论道讲坛”作题为“解码DNA是天职”的科普演讲。邓子新院士介绍了DNA、基因、基因组的概念功能和相关研究及其与人类健康、人类未来发展的密切联系。

党建强会 10月21日，学会党委利用2017年中国微生物学会学术年会召开的契机，在河南省郑州市召开全体党员会议。学会党委书记、学会秘书长东秀珠主持会议。全体党员围绕习近平总书记在党的十九大作的报告进行了学习和讨论。全体党员还讨论了功能型党委开展活动的形式、如何更好地把发挥党委对学会各项工作的指导作用，同时还讨论了2018年学会的各项工作事项。

【第五届全国人畜共患病学术研讨会】 4月21—24日，由学会、中国畜牧兽医学会和中华预防医学会共同主办的第五届全国人畜共患病学术研讨会在江苏省南京市召开。

中国工程院院士、学会副理事长徐建国，中国工程院院士、扬州大学博士生导师刘秀梵，中国科学院院士、中国生物工程学会理事长高福，中国兽医药品监察所所长才学鹏研究员和南京农业大学副校长戴建君教授分别作大会主题报告《猪链球菌在中国的变迁和多点平行传播模式》《H9、H5和H7流感病毒在家禽中的常在性地方流行是对公共卫生和养禽业的持续威胁》《囊膜病毒侵入与融合：从流感到埃博拉》《动物疫病防控与兽医公共卫生安全》《禽肠外致病性大肠杆菌研究进展》。来自全国150多家科研院所和企业的500余名专家、学者和企业界人士参加了本次大会。

本次会议围绕“同一健康，共同行动”主题设置了病毒性人畜/兽共患病、细菌性人畜/兽共患病和寄生虫性人畜/兽共患病3个分会场，共安排25个主旨报告、47个分会场报告。本次会议收到参会代表提交的会议论文摘要148篇，编录了《第五届全国人畜共患病学术研讨会论文摘要集》。

（撰稿人：王　旭）

中国生物化学与分子生物学会

服务创新型国家和社会建设 学会承担《大百科全书》第三版“生物化学与分子生物学”编撰工作。

完成中国科协“2017生命科学领域前沿跟踪研究项目——蛋白质科学”部分。

编撰出版了《中国生物化学与分子生物学会2017年工作年报》，同时发行纸质及电子版材料。

学会蛋白质组学专业委员会先后举办了4月26日的第二期CRISPR/Cas9技术培训班，4月28日的首届MaxQuant与Perseus精品培训班、8月22—25日的第十期蛋白质组学技术与应用高级培训班和11月7—11日的第六期蛋白质组信息学培训班四期蛋白质组学技术培训班，共培训来自全国40余家单位的近200名学员。

学会建设 截至2017年12月，学会发展个人会员4000余人，学会会员总数超过11000人。学会召开常务理事会会议2次、理事会议1次、分支机构负责人会议1次、地方学会负责人会议1次。完成了系统生物学专业委员会、中医药生物化学与分子生物学分会、生物化学与分子生物技术学专业委员会的换届工作。

11月24日，为推进组织建设，加强对分支机构的管理工作，召开2017年度分支机构负责人暨省市学会负责人会议1次。分支机构管理工作组、17个分支机构代表及21个省（自治区、直辖市）学会负责人参加了会议。各分支机构代表依次介绍了本年度的工作进展并对下一年度工作计划进行了交流，同时交流了分支机构管理以及省（自治区、直辖市）学会加强联系的思路。

国际学术会议 5月13—14日，第三届炎症与肿瘤－蛋白质组学国际研讨会在广东省广州市召开，会议主题为“炎症与肿瘤领域蛋白质组学大数据与人类健康”，400余人参会。

6月29日—7月3日，由学会主办的全球华人生物学家大会暨第十六届美洲华人生物科学学会学术研讨会在浙江省杭州市召开。会议主题为“促进科学、改善健康”（Advancing Science，Improving Health），共计1400余名专家、学者参会。

11月9—10日，第五届广州核酸国际论坛在广东省广州市召开，200余人参会。

国内主要学术会议 学会共组织召开15次国内学术会议，参会人员逾5000人次。

8月4—7日，全国农业生化与分子生物学第十六次学术研讨会在湖北省恩施市召开。

8月11—14日，第五届吴宪吴瑞国际学术研讨会暨第十届全国医学生物化学与分子生物学、第六届临床应用生物化学与分子生物学联合学术讨论会在陕西省西安市召开，约400人参会。

8月18—21日，第十三届全国酶学学术讨论会在吉林省长春市召开。会议由学会酶学专业委员会主办，约480人参会。

9月22—24日，第六届全国“跨学科蛋白质研究”学术会议在广东省广州市召开，约600人参会。

11月5—9日，第十三届海洋药物学术年会暨2017国际海洋药物研讨会在山东省青岛市召开。本次大会以“开拓深蓝生物资源，驱动海药源头创新”为主题，约500人参会。

11月22—24日，全国第三届生物化学与分子生物技术学术研讨会在黑龙江省哈尔滨市召开。会议由学会专业委员会主办，约200人参会。

两岸交流 11月17—19日，学会应邀组织专家参加台湾生物化学与分子生物学会秋令营活动。活动期间，清华大学生命科学学院教授俞立、北京大学教授昌增益、中国科学院生物物理研究所研究员许瑞明、清华大学教授戚益军作了学术报告。双方还就未来的学会交流方式和内容等进行了商讨。

国际交往 4月28日，亚洲及大洋洲生物化学家和分子生物学家联盟（FAOBMB）执委会在北京召开。6位执委分别来自中国、日本、澳大利亚、新加坡、马来西亚和泰国。FAOBMB现任主席、北京大学教授、学会常务理事昌增益组织并参加了本次会议。

科普活动 学会在2017年全国科技活动周期间，向全国各省（自治区、直辖市）学会、学会各分支机构发出开展2017年学会科普活动月倡议。5月，共有15个省、直辖市44家高校实验室及医院结合自身特色举办了包括科普报告、实验观摩、展板介绍、疑问解答、动手操作、发放宣传手册、免费检测等相关主题的科普活动。中国科学院植物研究所植物标本馆、河北医科大学人体科学馆、山西医科大学生命科学馆等还免费提供科普场馆，科普受众共计5000人次。

9月22日，第六届全国“跨学科蛋白质研究”学术讨论会科普活动走进广州市黄埔区玉泉学校，学校部分年级师生参加讲座。

表彰举荐优秀科技工作者 学会2017年度推荐国内外各级奖项及人才100余人，奖励各级人才300余人。推荐中国科协生命科学联合体2017年十大生命科学进展3项；推荐中国科协青年人才托举工程2人；奖励科普志愿者300余名；奖励微课比赛优秀教师21名。

党建强会 利用网站和微信以及观看转播等方式学习党的十九大精神，并号召全体党委成员学习贯彻落实党的十九大精神。

学会办事机构联合党支部组织观看党的十九大开幕式盛况，同时召开支部会议集中学习党的十九大精神，并结合自己的工作开展讨论。

会员服务 2017年入会会员超过4000余名。更新会员入会注册及服务系统，开通微信注册会员功能。

制作学会简报，定期推送给会员，方便会员及时了解学会工作动态及活动信息。

学会召开的学术会议对会员实行注册费减免制度，减免幅度一般在20%。同时提供免费寄送刊物、免费发放 CNKI 论文数据库检索卡等服务。

学会于 2017 年年底制作了 2017 年年报和 2018 年工作手册，并免费发放邮寄给会员。

【全球华人生物学家大会暨第十六届美洲华人生物科学学会学术研讨会】 6 月 29 日—7 月 3 日，全球华人生物学家大会暨第十六届美洲华人生物科学学会学术研讨会（Society of Chinese Bioscientists in America the 16th International Symposium，2017 SCBA）在浙江省杭州市举行，会期 5 天。会议由美洲华人生物科学学会、中国生物化学与分子生物学会联合主办，会议主题为“促进科学、改善健康”。全国人大常委会副委员长陈竺院士，美洲华人生物科学学会理事长施杨，中国科学院院士、中国生物化学与分子生物学会理事长李林分别在开幕式上致辞。来自国内外的 1400 名专家、学者参会。

中国科学院院士、清华大学施一公，荷兰 Hubrecht 研究所博士 Hans Clevers，全国人大常委会副委员长、中国科学院院士陈竺等专家、学者作大会报告。大会共设立 50 个分论坛，邀请了来自北美及国内各高校和科研机构的 264 位报告人分享各自的最新研究成果。大会共收集摘要 446 份、墙报展示 103 份。学术会议同期还举办了第 16 届两岸生物医学讨论会、Cell & Bioscience 编委会、美洲华人生物科学学会理事会、中国生物化学与分子生物学会理事会、职业生涯发展（Career Development）、期刊编辑见面会（Meeting the Editors）、西湖大学参观交流会以及媒体记者见面会等活动。

（撰稿人：孙晓丽）

中国细胞生物学学会

服务创新型国家和社会建设 学会发布我国首个干细胞通用标准，推动干细胞领域的规范化和标准化，为干细胞研发机构、备案医院和干细胞库建设者提供具有国际水准的专业参考依据。

由学会的领军科学家和长期支持学会发展的代表企业共同发起成立院校企业创新创业联盟。

发布抗癌“华山计划”行动宣言，制定了我国细胞治疗领域的首个行业共同目标。

推动成立西北五省区干细胞联盟，共同探讨干细胞研究领域的关键科学问题，实现我国干细胞研究资源整合、协同发展。

举办继续教育培训 4 次，内容涉及干细胞 iPS 技术、高校细胞生物学教学与创新人才培养、新 PI 实验室运行管理培训和干细胞临床转化相关技术、标准及规范培训，203 人次参加。

学会能力提升计划 学会入选学会创新和服务能力提升工程优秀科技社团项目三类项目建设单位，按照学会能力提升专项的项目工作计划，学会干细胞生物学分会和细胞治疗分会分别发布了《干细胞通用要求》团体标准和抗癌“华山计划”，提升学会服务社会和政府能力；继续开展青年 PI 培训品牌项目和骨干教师研修班，引入“互联网 +”的概念，继续完善学会功能性服务平台建设，对会议 APP 和微网站进行优化，提升学会自身发展能力。

学会建设 截至 2017 年 12 月，学会新增个人会员 1759 人、团体会员 4 家，学会个人会员总数达 1.2 万余人、团体会员总数 24 个。学会新成立肿瘤细胞生物学分会和院校企业创新创业联盟（工作委员会），撤销学科发展专项基金管理委员会，现共有 15 个专业分会和 7 个工作委员会，成立了学会办事机构党支部。学会召开全体理事会议 1 次、常务理事会议 2 次、分支机构工作会议 2 次、地方细胞生物学会工作会议 1 次。继续加强学会功能性服务平台建设，新增学会奖项申报管理、会议管理系统、地方细胞生物学会网站管理系统 3 个平台，提升学会服务水平。

9 月 27 日，学会第十一届理事会第三次全体理事会议在福建省厦门市召开，83 位理事出席。会议同意撤销学会学科发展专项基金管理委员会，审议通过了成立中国细胞生物学学会院校企业创新创业联盟工作委员会的申请。

对学会分支机构管理制度进行完善和修订，对分会设立、分会换届、活动组织与申报、分会评估、分会奖项设置等方面都给出了具体要求和规定，并制定出办事指南和流程。

对学会奖项设置与运营管理办法进行修订，明确学会终身贡献奖、杰出成就奖不再冠名，对奖项评选的频次、新设奖项审批流程进行了明确规定。

建立学会领导工作会议制度，参会人员包括学会理事会、监事会和学会党委主要负责人。会议确定对学会“三重一大”事项进行前置审议，提升学会重大事项的决策效率，并加强学会党委对学会的领导。

提出学会理事积极分子培训班方案，在换届大会前后各开展一期。

制定学会秘书处工作人员设置及奖励机制，明确工作人员的责权利，并委托专门的人事代理机构管理学会人事。

青年人才托举工程 经学会推荐，共有2人入选2017—2019年度“青年人才托举工程”项目。截至2017年年底，经学会推荐入选该人才项目的共计7人。

2017年，7位“青年人才托举工程”入选者共发表期刊论文16篇，参加国际学术会议并口头报告3次，主持承担基金委以及省部级各类项目5项；刘巧珍获得2017年度中国科学院优秀博士学位论文。

在学会主办的2017年全国学术大会上设立“青年人才托举座谈会”，介绍中国科协青年人才托举项目的申请流程、申请要求和遴选方式、资助和考核方式，让更多的青年学者了解此项目并能够积极申请获得资助。同时邀请前几期获得资助的青年学者分享申请前后的经验，并交流获得资助后取得的成果。

为鼓励青年人才交流，学会为“青年人才托举工程”项目入选者免除全国学术大会注册费，并优先推荐参加学会面向青年科技工作者举办的青年PI研修班。对未入选该项目的推荐人，对其参加全国学术大会注册费给予优惠。

主办期刊 学会主办科技期刊包括*Cell Research*（英文版）、*Journal of Molecular Cell Biology*（英文版）和《中国细胞生物学学报》（中文版）、*Cell Discovery*（英文版）。

*Cell Research*继续得到中国科协科技期刊国际影响力提升计划的支持。*Cell Research* 2017 JCR（期刊引证报告）影响因子提升至15.606，在生命科学领域亚太地区学术期刊中继续排名第一，被评为2017中国最具国际影响力学术期刊第一名。*Cell Research*编辑部获第四届中国出版政府奖先进出版单位奖。该期刊编委会现有100人，包括主编1名、副主编2名、编委97名，国际专家占比65%。2017年共发表论文149篇。为了即时追踪肿瘤免疫疗法的最新进展，*Cell Research*于2017年第1期出版了题为Cancer Immunotherapy的专刊。继续设立赛诺菲—*Cell Research*优秀研究论文奖。

*Journal of Molecular Cell Biology*的JCR影响因子为5.988，2017受到中国科协“中国科技期刊登峰行动计划”、中国科学院出版基金、上海市新闻出版专项资金等项目支持，并入选“2017中国最具国际影响力学术期刊”。该期刊编委会现有54人，包括主编1名、副主编11名、编委42名，国际专家占比70%。2017年共发表论文59篇，共出版“p53与MDM2的阴阳平衡”特邀专辑1期和主题专刊5期。2017年，期刊组建新一届编委会，实行不同研究领域“副主编负责制”，并开通推介JMCB刊登论文的微信公众号“JMCB科学前沿”。

*Cell Discovery*期刊全年共发表论文52篇，于11月2日被SCIE正式收录。该期刊编委会现有53人，包括主编1名、执行主编1名、编委51名，国际专家占比72%。

中文期刊《中国细胞生物学报》2017年共发表论文218篇。该期刊编委会现有89人，包括主编1名、副主编14名、编委74名。

学科发展研究 主持承担中国科协“细胞生物学科方向预测及技术路线图”项目（2015—2017），完成《细胞生物学科发展方向的预测和技术路线图研究报告》。

作为联合体成员单位，参与“生命科学领域前沿跟踪研究项目”，提交《细胞生物学领域前沿跟踪研究报告》。

决策咨询 提交《国家中长期人才发展规划纲要（2010—2020年）》在细胞生物学领域实施情况的评估报告。参与编写《全球科技领军人才目录》，共推荐干细胞与转化研究、基因编辑和核算新技术、生物分子与生命过程调控三个领域专家97人。

学会常务理事、中国科学院广州生物医药与健康研究院院长裴端卿研究员担任国家重点研发计划“干细胞及转化研究”重点专项专家组组长。中国科学院院士、学会监事陈志南主持编写《中国制造2025》生物医药领域技术路线图。

国际学术会议 6月25—28日，第二届亚洲时间生物学论坛在内蒙古自治区呼和浩特市召开。论坛分为7个主题报告以及1个闭幕报告，30位国内外知名专家在会上作报告。

9月26—29日，第五届谈家桢国际遗传学论坛暨第二届国际表观基因组学研讨会在上海市召开。来自国内外的30名嘉宾以及5名青年学者作报告，报告内容涵盖3D基因组、DNA甲基化、表观基因组与发育、表观遗传与疾病、表观转录组与RNA编辑、表观基因组学与代谢6个专题，200余人参会。

10月7—9日，第二届灵石·国际肿瘤微环境基础与转化研究学术论坛在上海市召开。会议主题为

“细胞可塑性与肿瘤”。来自国内外相关领域的30余位专家以学术报告及讨论的形式共同探讨肿瘤前沿基础、转化、临床等领域所取得的最新研究成果，并展望该领域未来发展趋势，180人参会。

10月28—29日，第八届DNA损伤应答与人类疾病国际研讨会在广东省深圳市召开。会议主题是“DNA损伤应答与癌症”。会议就基因组不稳定性、DNA损伤修复与细胞响应机制、人类癌症发生发展及其干预的最新研究成果进行交流和探讨。40余名国内外知名专家学者作报告，140余人参会。

国内主要学术会议 学会及各专业分会主办学术会议13次，共有7233人次参会，595位专家、学者在会议中作报告，交流论文1080篇，展示墙报490篇。

4月14—16日，首届染色质生物学大会在广东省深圳市召开。会议共收录摘要89篇、展示墙报47篇，300余人参会。

5月22—23日，第八届中国发育生物学研讨会在江苏省南京市召开。会议主题是“组织器官发育与再生修复”。来自各研究领域的34位国内外知名学者和青年科学家作报告，内容涵盖了干细胞发育调控、生殖与早期胚胎发生、发育与疾病、基因编辑与发育、器官发生与组织修复等领域，60余人参会。

7月7—10日，中国干细胞第七届年会在宁夏回族自治区银川市召开。大会主题为“干细胞研究与转化——破冰之旅”。大会设置了6个涵盖干细胞与再生医学前沿领域的分会场，宣布成立西北五省区干细胞联盟，并颁发干细胞研究创新奖等6个奖项，1000余人参会。

9月25—29日，学会2017年全国学术大会在福建省厦门市召开。大会主题为“探索细胞，创新未来”。大会分为3大学术板块共21个分会场，有231位国内外知名科学家和青年科学家作报告，共收录论文摘要503篇、展示墙报273篇。大会还设立了6个特色活动和5场暖场活动，并表彰55位细胞科技工作者，共有2200人参会。

10月9—10日，2017年全国植物生物学大会在重庆市召开。大会主题为“植物科学改善人类生活”。大会设置大会报告、专题报告、青年学者论坛和颁奖环节共10个专题，100位专家、学者作报告，2200人参会。

10月11—13日，第二届模式动物器官再生研讨会在北京召开。会议共分5个专题研讨，30位专家作报告，共收录摘要45篇、展示墙报20篇，100余人参会。

10月20—22日，第四届全国果蝇生物学大会在上海市召开。41位报告人围绕遗传、发育和干细胞、神经和行为、信号转导和细胞生物学、生理和代谢四个议题进行报告和交流，400余人参会。

两岸交流 3月13—17日，第十二届海峡两岸细胞生物学学术研讨会在台湾地区花莲市召开。此次会议吸引了100位专家、学者参与，学会理事长陈晔光率29人代表团参会。会议围绕肿瘤生物学与精准医学、合成生物学与新技术、神经生物学与疾病、代谢及恒定4个专题展开讨论。

国际交往 学会设立青年学者旅费资助项目，共资助2位优秀青年学者参加2017美国细胞生物学学会（ASCB）年会等会议。中国科协资助1位青年科学家出国参加Wnt Signaling GRC国际会议。

12月2—6日，亚太细胞生物学组织（APOCB）国际事务执委会会议在美国费城召开，学会对外交流工作委员会副主任姚雪彪教授和冯新华教授代表学会出席会议。

12月2—6日，在美国细胞生物学学会年会上，3位中国学者主持分会场并作报告，5位学者应邀在本次年会作大会报告。学会在年会展区设立中国展台，向有兴趣来中国发展的海外学者和留学生提供咨询服务。同时，学会在展区开设4个主题圆桌会议，通过介绍学会、国内科研、人才计划申请以及人才需求等情况，加深海外同行对中国细胞生物学领域的了解，吸引人才回国就业或就读博士后。

科普活动 2017年，学会在科普工作委员会的领导下持续开展形式多样的线下、线上科普活动。线下活动包括全国实验室开放日活动、诺贝尔奖科普解读活动及其他专题科普报告共计200余场，受众人数达4.7万余人次。线上科普活动包括推出科普微视频5部；由生物节律分会撰写的诺贝尔奖解读系列科普文章《爱上生物钟》在“知识分子”公众号和多家主流媒体转发，阅读量累计达2万次；学会科普专用微信号“细胞世界”目前拥有粉丝1.2万余人，2017年共推送信息564条，阅读量达15.1万人次。

5月，学会2017年全国实验室开放活动在全国19个省市的176个实验室开展，参与人数达26000余人次。19家省、市细胞学会及5个学会专业分会共同参与举办此次活动。

6月6—10日，学会理事李惠武教授带领科普工作队一行5人在新疆阿勒泰地区布尔津县开展消化道肿瘤、心血管疾病的预防措施等方面的科学知识宣传，共完成个1县2个乡的科普宣传，发放宣传资料5378份。

9月29日，首个科普主题专场“科普，我们是认真的”在学会2017年全国学术大会上举办，邀请到4位来自科学界、媒体界、工业界的科学传播达人分享心得，共有150人参会。

11—12月，学会联合地方细胞生物学会、学会专业分会在全国9个省市共开展22场“2017年诺贝尔生理学或医学奖/化学奖解读”活动，约5000人次参与活动。

12月29日，学会与上海科技馆等单位共同举办“盘点2017年被铭记的科学事件”科普报告会。学会秘书长、中国科学院上海生化细胞所研究员王纲从基因编辑、免疫治疗以及青春与衰老三大领域回顾了2017年生命科学领域的重要进展。

表彰举荐优秀科技工作者 2017年，学会向中国科协和生命科学联合体的9个奖项/项目推荐20位候选人、4项候选项目。长春师范大学教授刘春明、成都工业学院党委书记李劲松、东南大学生命科学研究院院长谢维3人入选“优秀党员科技工作者”；清华大学医学院助理研究员李元元、厦门大学生命科学学院博士后耿晶入选2017—2019年度中国科协“青年人才托举工程”。余迪求研究员、中国科学院西双版纳热带植物园博士胡彦如2人入选中国科协优秀论文遴选专家。“2017年度中国生命科学领域十大进展”入选2项。

2017年，学会组织了学会终身贡献奖、学会杰出成就奖、青年研究员奖、青年优秀论文奖、普洛麦格创新奖、青年教师讲课比赛优秀奖、科普活动团体组织奖、科普活动优秀奖的评选，共55位细胞科技工作者和26个单位/团队受到表彰。

党建强会 学会党委积极参与学会“三重一大”事项的前置审议，有序推动学会在科技创新交流、服务科技工作者、普及细胞生物学技术知识等方面开拓创新，以党建促会建、以会建助党建，积极推动学会发展。

10月19日，在学会党委和挂靠单位党委的支持下，中共中国科学院上海生科院生化与细胞所学会办事机构党支部正式成立，进一步健全了学会党组织建设，充分发挥学会党委在科技社团中的政治引领作用。

学会党委和办事机构党支部组织党委委员、党员理事和办事机构党员认真学习关于党的十九大精神的资料汇编、《中国共产党章程》（2017版）等。同时，组织党员积极参加中国科协科技社团党委组织开展的“不忘初心 牢记使命——学习贯彻党的十九大精神知识答题”活动，进一步巩固学习领会和把握党的十九大精神的思想精髓、核心要义。

10月19日—11月10日，学会办事机构党支部组织开展“我在团队中的位置”主题讨论，支部党员撰写《我与团队·聚力科创》主题征文。

会员服务 通过对会员信息进行分类梳理，分离出“休眠会员”1242名。升级会员库系统，对学会会员进行专业分会重新登记。新开通微信支付缴纳会员费和会议注册费。60%注册费设置了会员优惠价，学会品牌青年人才培训项目“细胞黄浦研修班”仅针对会员招生。

面向会员设立“境内外青年学者旅费支持”，共资助11位青年会员参加国内外学术活动。新建学会奖项申报管理平台，便于学会会员申请学会奖项。

编写学会电子简讯14期，通过会员邮箱免费发送给会员。编印2017年学会年报和学会2018年度工作手册，免费寄送给学会会员，其中学会年报在官网提供电子版下载。学会网站发布了266条会议通知、新闻、招聘信息等信息；微信号推送科普文章、学术交流资讯及前沿进展等564条，使会员通过多种渠道了解学会。

【中国细胞生物学学会2017年全国学术大会】 9月26—29日，学会2017年全国学术大会在福建省厦门市召开。会议由学会主办，厦门大学生命科学学院、厦门市科学技术协会、上海博生会展有限公司共同承办，厦门市海沧区人民政府、细胞应激生物学国家重点实验室（厦门大学）、细胞信号网络协同创新中心共同协办。大会主题为“探索细胞，创新未来”，共有2200名来自全国各地科研院所、高等院校等单位的专家、学者参加了本次大会。

中国科协党组成员、中国科协学会学术部部长宋军，厦门市科技局局长沈灿煌出席会议并致辞。中国科学院院士、学会名誉理事长裴钢和厦门大学副校长韩家淮院士分别致开幕词。

大会特别邀请了中国科学院院士邵峰、中国科学院院士徐国良、中国科学院院士周琪、付向东教授、林圣彩教授、潘多加教授、杨维才教授作特邀报告。本届大会分为3大学术板块：细胞结构组成与细胞的生理功能、细胞功能与个体的生理活动以及干细胞与发育生物学，共设立21个分会场，有224位国内外知名科学家和青年科学家作分会场报告。本届大会还设立了教学示范比赛以及微课大家谈“细胞死亡”“科普，我们是认真的”、职业规划座谈会、青年人才托举座谈会、Meeting the Editors、基金委基金申请6个特色活动以及新技术新产品推广专场、理事长见面会、生命科学产学研协同发展主题讨论会暨院校企业创新创业联盟成立会议、资深专家见面会、*Nature* 编辑面对面——BD生物科学学术交流会5个暖场活动。会议论文集共收录503篇最新论文摘要，包括273篇墙报摘要。大会颁发了学会终身贡献奖，学会杰出成就奖，学会青年研究员奖，普洛麦格创新奖，青年教师讲课评比一、二、三等奖，学会青年优秀论文奖以及优秀墙报奖，共表彰55位细胞科技工作者。

【中国干细胞第七届年会】 7月7—10日，中国干细胞第七届年会在宁夏回族自治区银川市召开。本届大会由学会干细胞生物学分会主办，宁夏医科大学总医院、宁夏回族自治区科学技术协会承办。

本届年会主题为“干细胞研究与转化——破冰之旅”，会议设置了干细胞来源、分化与变异，干细胞与衰老，干细胞与免疫调节，干细胞关键技术及原理，干细胞临床前研究，干细胞临床试验的设计与实施6个主题分会场，并开设了青年论坛、干细胞政策法规的Panel Discussion等特色活动，邀请了近60位领域专家作学术报告，吸引参会人员1000余名。

宁夏回族自治区人民政府副主席姚爱兴，中国科学院院士、学会干细胞生物学分会会长周琪，中国科学院院士、学会名誉理事长裴钢，宁夏回族自治区科技厅厅长马清贵，宁夏医科大学校长孙涛，以及宁夏医科大学、国家卫计委等专家及领导出席开幕仪式。

大会宣布西北五省区干细胞联盟正式成立，并颁发干细胞研究创新奖等6个奖项，同时宣布2018年中国干细胞第八届年会计划在山东省济南市举办。

（撰稿人：林晓静）

中国植物生理与植物分子生物学学会

服务创新型国家和社会建设 学会参与中国科学院学部“发展营养牵引型农作物，促进农作物供给侧结构性改革”咨询评议项目，组织学会专家赴贵州省贵阳市、绥阳县、黔西县、兴义市和新疆维吾尔自治区乌鲁木齐市、伊宁市等地进行贫困地区营养与健康调查活动。活动以“农作物的营养品质与健康”为主题，全面系统地了解了我国种植业供给侧存在的问题和挑战，研究了营养补充型与营养平衡型种植业体系对我国居民营养健康和农业发展的影响，并提出加快发展营养牵引型农作物的新思路，为农作物供给侧结构性改革提出了具有操作性的建议和意见。

学会建设 2017年，学会召开理事会现场会议1次、常务理事会通讯会议2次。

10月9日，学会第十一届理事会第四次会议在重庆市召开，83名理事参会。学会秘书处和各分支机构汇报了2017年的工作进展以及2018年的工作计划，并审议通过了《中国植物生理与植物分子生物学学会分支机构管理制度》《中国植物生理与植物分子生物学学会项目管理制度》《中国植物生理与植物分子生物学学会财务费用报销管理办法》《中国植物生理与植物分子生物学学会会员服务管理制度》《中国植物生理与植物分子生物学学会理事自律公约》，增强了学会工作的规范性。

青年人才托举工程 2017年，学会推荐两名会员申请“青年人才托举工程”项目，其中，中国科学院华南植物园李涛涛博士获得项目支持。

截至2017年年底，学会共有3名会员获得“青年人才托举工程”项目资助。湖南大学于峰博士在RALF多肽的克隆、表达及RNA-seq表达分析方面取得成果，并受邀在全国植物生物学大会、植物受体激酶研讨会等会议上作学术报告；中国科学院植物生理生态研究所张天奇博士在细胞分裂素调控芽再生的内在机制方面取得进展，构建了植物再生芽发育的分子框架图；中国科学院华南植物园李涛涛博士在水果采后成熟衰老、生理失调以及真菌病原微生物侵染机制和毒素生物合成、调控机制方面取得研究进展。

主办期刊 学会主办的英文期刊《分子植物》（*Molecular Plant*）2017年JCR（期刊引证报告）影响因子为8.827，在SCI收录的211种植物科学期刊中排名第5，在本领域研究类期刊中排名第2，首次超过美国植物生物学家学会（ASPB）主办的 *Plant Cell*，表明《分子植物》已进入植物科学领域国际顶级期刊之列。JCR总被引频次超过7500，月全文下载量达到5万次以上，入选“中国科技期刊国际影响力提升计划”。

《分子植物》围绕学科热点和需支持的领域组织了光合作用动态（Dynamics of Photosynthesis）、玉米生物学（Maize Biology）2个专辑，2017年出版12期，全年共发表140多篇研究论文、快报和综述等。

《分子植物》与多家单位合作举办国际会议。4月17—18日与华中农业大学联合举办了“Genome Editing：Technologies and Applications in Crops”国际学术研讨会；7月16—20日，与中国科学院上海生科院植物生理生态所等合作举办了第四届国际植物代谢国际会议，为植物生物学的交流和发展提供了平台。

《植物生理学报》是学会主办的中文核心期刊。2017年共刊出论文257篇，先后出版了《薯类作物研究》专刊和《植物生理与分子生物学前沿科技发展》专栏。

在中国科技信息研究所2017年年底公布的中国科技核心期刊中，《植物生理学报》影响因子（0.939）、总被引频次（3360）、综合评价总分（51.4）均位列植物学类核心期刊前3名 。在中国科学院2017年年底公布的科技期刊审读结果中，《植物生理学报》取得了学术、编辑、出版质量与总体评价4项指标全优的成绩。

《植物生理学报》连续12年获得中国科协精品科技期刊工程项目资助，2017年获得“第四届中国精品科技期刊”（2017—2020）称号，继续获得中国科协“精品科技期刊学术质量提升项目”支持。

国际学术会议 学会共主办、承办国际会议6场，共计参会人数2460人，交流论文496篇，其中国外参会学者325人。

7月16—20日，第四届植物代谢国际会议，第十三届萜类化合物的代谢、功能及合成生物学国际会议，第六届植物细胞壁生物学国际会议3个国际会议同期在辽宁省大连市召开，来自26个国家和地区的近1000名专家、学者参加了会议。在为期4天的学术会议中，共有来自美国、英国、德国、法国、澳大利亚、日本、以色列、加拿大、瑞士、荷兰等国家和地区的专家、学者作了13个大会报告和130个分会报告。

8月21—23日，镰孢菌与寄主植物互作国际前沿研讨会在上海市召开，共有70多名来自美国、英国、加拿大、德国、韩国和中国6个国家的从事相关研究的专家、学者参会。本次会议展示了近年来重要致病真菌镰孢菌致病机理和宿主植物抗病研究领域的最新研究进展和成果，讨论了本领域的研究现状和未来的发展方向以及急需解决的科学问题。

8月21—28日，作物光合生理生态国际研讨会暨光合作用培训班在华中农业大学召开，来自国内外相关研究领域的180余名专家、学者参加了研讨会，此次会议也是光合作用培训班诞生近30年来首次在中国举行。

国内主要学术会议 学会召开国内学术会议2次，参会人数420人，征集论文87篇。

4月8—9日，第二届植物开花、衰老与采后生物学学术研讨会在上海市开幕，共有来自全国各研究机构和高校的近300名专家、学者参加了会议。38名知名科学家围绕植物开花、衰老与采后3个专题进行了学术报告，并展开交流与讨论。

6月10—12日，植物生物学女科学家分会第四届学术交流会在新疆维吾尔自治区乌鲁木齐市举行，来自全国各地的120名知名女科学家参加了会议。20位国内外知名专家分享了各自最新的研究成果，并就女性科技工作者在职业生涯中遇到的问题进行了探讨。

两岸交流 8月26—30日，第十三届海峡两岸暨香港地区植物分子生物学与生物技术研讨会在甘肃省兰州市召开，共有25家单位的200余名专家、学者参会。会议呈现了海峡两岸农业生物技术的研究及应用领域的最新进展。

国际交往 8月28—30日，第二届中日韩三边生物技术国际研讨会在日本埼玉县举行。学会秘书长唐威华研究员，学会会员、扬州大学教授王幼平，学会会员、贵州大学副教授赵懿琛等参会并作专题报告。

科普活动 5月，全国科技活动周期间，学会在全国范围内组织举办了“国际植物日”大型科普活动。活动期间共举办专题讲座18场、科普展览10场、植物认知活动4次、科学探索活动4次、征文大赛2次、科普知识竞赛2次、科普视频展播2场、科普培训活动2场，主题涉及“植物营养与人类健康”“人类健康，植物护航”“舌尖上的植物”“植物激素与绿色革命”“茶文化与茶叶健康知识”“转基因植物与食品安全”“走进芬芳世界”等，参与人数超过10万人次。

“国际植物日”期间，学会联合《新作文》杂志社举办了“植物与人类健康”全国中小学生主题征文大赛，响应人数超过两万人，最终成稿4356篇。经过《新作文》杂志社和学会专家评选，最终评出一等奖10名、二等奖40名、三等奖60名，优秀作品刊登在《新作文》进行表彰。

表彰举荐优秀科技工作者 学会共举荐中国科学院院士、中国工程院院士、第十届谈家桢生命科学奖、青年人才托举工程、第十四届中国青年女科学家奖、第十五届中国青年科技奖等候选人9人，中国科学院遗传与发育所研究员傅向东荣获“谈家桢生命科学创新奖”荣誉称号。

党建强会 7月，经中国科协科技社团委员会批准，学会党委正式成立。党委成立以来，在学会重大事项决策、重要项目安排、大额资金使用等方面发挥了政治核心作用。

会员服务 学会积极探索会员服务新举措，采用最新的会议管理系统，提高了会员的参会体验。

【第四届植物代谢国际会议】 7月16—20日，第四届植物代谢国际会议在辽宁省大连市召开。来自26个国家和地区的近900名专家、学者参加了会议，其中国外专家、学者230名。

科技部中国农村技术开发中心主任贾敬敦致大会开幕词。中国工程院院士陈君石、2016年世界粮食奖获得者Howarth Bouis博士分别作大会主旨报告《植物科学和人类营养》（Plant science and human nutrition）和《生物强化和农业提供营养饮食的主要作用》（Biofortification and agriculture’s primary role to provide nutritious diets for national health）。

在为期4天的学术会议中，共有来自美国、英国、德国、法国、澳大利亚、日本、以色列、加拿大、瑞士、荷兰等国家和地区的知名科学家作了13个大会报告和130个分会报告，充分展示了植物代谢科学研究中的前沿进展。

【植物生物学女科学家科普校园行】 2017年度，学会共举办“植物生物学女科学家科普校园行”活动5次，中国科学院院士匡廷云、中国科学院院士曹晓风、美国科学院院士陈雪梅及资深科学家陈受宜研究员、顾红雅教授等20余名知名女科学家走进贵州大学、贵州省农业科学院、新疆农业大学、南京农业大学和浙江师范大学5所高校以及贵阳十八中、嘉善高级中学2所中学，通过科普讲座、与科学家面对面等形式开展主题科普报告，受众学生超过3000人。

匡廷云院士、曹晓风院士、顾红雅教授分别作讲座《科学之旅——汤佩松先生一生的执着追求》《揭秘跳跃基因的机理》《达尔文和小猎犬号》。

（撰稿人：郑亚洁）

中国生物物理学会

服务创新型国家和社会建设 受中国科协委托，完成了《国外科技社团服务高级会员方式和机制研究》《培育学术会议示范品牌——建设生命科学学术会议品牌研究》等调研报告，为我国科技社团的改革及创新发展战略的制定和制度建设提供了参考。

受中国科协生命科学学会联合体委托，承担了中国科协重大调研课题“生命科学领域前沿跟踪研究——合成正交生命前沿跟踪研究”及“全球科技领军人才流动趋势跟踪研究”之“纳米生物医学”“分子影像学”，在世界范围内遴选优秀科学家推荐进入国家人才数据库。

与广东省深圳市第二人民医院开展合作，启动“实现抗肿瘤纳米酶的可控制备和规模化生产，培养肿瘤转化医学研究人才”项目。利用纳米技术研发肿瘤诊疗新技术，实现纳米酶的规模化生产和临床应用，推动肿瘤诊疗新技术在临床治疗中的正确使用。

举办高端专业技术培训班2个，分别为7月31日—8月5日在北京举办的第三届中国结构生物学冷冻电镜培训班，8月6—10日在北京举办的第三届国际冷冻电镜图像处理前沿技术研讨班，共有来自8个国家和地区的200多位学员参与了培训班的理论学习和上机操作。

12月22—24日，受河南大学邀请，组织召开了2017中国生物物理学会纳米生物学分会学术论坛暨生物学“一流学科”学科交叉研讨会。邀请30多位国内外知名专家为河南大学的生物学建设进言献策。

学会建设 11月4日，召开学会第十一次全国会员代表大会，进行理事会、常务理事会的改选。第十一届理事会有119名理事、39名常务理事。截至12月31日，学会个人会员7744名，比2016年增长45%。新增临床罕见代谢病专业分会，衰老生物学分会，听觉、语言和交流研究专业分会，国际事务工作委员会，学会下属分支机构由19个新增为23个。编撰出版《中国生物物理学会2017年工作年报》《“我们这十年"纪念册》，纸质版发行3000余册，电子版寄送5000余份。

学会治理结构和治理方式改革 完善《中国生物物理学会章程》《中国生物物理学会个人会员/团体会员管理办法》《中国生物物理学会分支机构管理办法》，制定学会《中国生物物理学会财务管理制度》《中国生物物理学会档案管理制度》《中国生物物理学会人事聘任及薪酬管理制度》，进一步规范学会内部管理。

加强与地方学会的协同发展，在学会平台上宣传和推荐地方学会活动，并推行会员双籍制，鼓励地方学会参与全国学会的学术活动，并可享受优惠政策。

青年人才托举工程 依托中国科协生命科学学会联合体，按照多渠道推荐、同行专家评议、"三对一"指导的模式开展人才遴选和培养。项目开展三年来，8人获得经费资助，其中1人入选"中科院百人计划"，3人参与主持"973""国家自然科学基金""中国科学院前沿重点研究"等项目；多人以第一作者或通讯作者身份在国际核心期刊发表论文14篇。

11月4日，学会在上海召开了"青年人才托举工程"专题研讨会，邀请被托举人才及其导师就如何避免青年骨干人才流失、帮助青年人才成长、为国家高层次领军人才和高水平创新团队培养后备力量等问题展开讨论。

主办期刊 *Protein & Cell*（《蛋白质与细胞》）获选中国科技期刊国际影响力提升计划二期C类项目，在我国自然科学类4056种学术期刊中排名第17。2017年公布的SCI影响因子为5.374，比2016年增长41%。

《生物化学与生物物理进展》围绕肿瘤微环境与免疫治疗、糖组学研究、免疫光子学专题等前沿热点领域，策划了专题和专刊。

学科发展研究 组织国内多家研究机构和大学的合成正交生命相关领域专家，针对国际、国内的合成正交生命相关领域研究情况，展开了为期1年的跟踪研究，编写了《合成正交生命前沿研究》调研报告。报告从研究历程、发展布局、论文发表、专利申请、研究机构、前沿热点等方面入手，利用数据对比，论述了国内该领域的研究现状以及与国际先进水平的差距。

国际学术会议 学会及其下属专业分会/委员会共主办、承办国际学术会议5个，共计参会人数2998人次，交流论文801篇。邀请到美国科学院院士、英国皇家学会会员在内的国外知名专家、学者193位，交流学术论文193篇。

7月2—5日，学会承办的欧洲分子生物学组织会议——"线粒体质量控制"国际研讨会在陕西省西安市召开。会议以"线粒体质量控制"为主题，围绕线粒体自噬、泛素化与线粒体质量控制、线粒体蛋白酶与应激反应、线粒体动态与生物发生、线粒体质量控制与疾病5个前沿科学问题开展交流探讨。来自16个国家和地区的近160位专家、学者参加了会议。

国内主要学术会议 举办国内学术会议5个，参会人数756人次，交流学术论文192篇。

11月1—3日，第五届全国冷冻电子显微学与结构生物学专题研讨会在上海市召开，350余位专家、学者参加了大会。会议主题涵盖冷冻电镜三维重构技术与方法、生物大分子机器动态结构、病毒与细胞器结构、冷冻电子断层与亚细胞器结构四个研究领域。33位专家作了大会报告。美国加州大学洛杉矶分校教授周正洪介绍了在疱疹病毒结构研究方面的最新进展；清华大学研究员雷建林就大型电镜设施的管理、运行与维护作专题报告，分享了清华大学冷冻电镜平台高效运行的经验。

国际交往 7月16—21日，组织50余位专家、学者参加了由国际纯粹与应用生物物理联合会（IUPAB）在英国爱丁堡主办的第十九届国际生物物理大会。IUPAB主席、学会理事长饶子和在大会开幕式上致辞，并主持了贝时璋冠名报告。北京大学教授谢晓亮应邀作大会贝时璋冠名报告。作为IUPAB现任主席，饶子和院士主持召开了IUPAB执委会及代表大会，带领执委会制定IUPAB发展战略规划。会议期间，学会特别组织了专场交流会，与IUPAB成员学会代表进行工作交流，加强学会间的联络与合作。

科普活动 由34位专家组成的科普团队深入北京、上海市、天津市、河北省、浙江省、广西壮族自治区、广东省、福建省、陕西省、江苏省、吉林省的大中小学、部队、医院、社区和贫困地区，举办各类科普活动近80场次，受益群众6.2万多人次。其中，开展青少年科普宣讲活动32场，受众3300余人次；开放会员单位实验室及实验平台近7000平方米，接待中小学生及公众1000多人次。

2017年，学会利用微信公众号推送科普文章近80篇，阅读量10万次，订阅者近4000人。在官方网站、微博、头条号等媒体推送科普文章58篇，阅读量近3

万次。

表彰举荐优秀科技工作者 经学会推荐，中国科学院生物物理研究所研究员刘光慧被授予“第十五届中国青年科技奖”；中国科学院院士、中国科学院生物物理研究所教授阎锡蕴，武汉大学教授宋保亮被授予“全国创新争先奖状”；南开大学博士郭宇、中国科学院生物物理研究所博士李静宜获得中国科协2017—2019年度“青年人才托举工程”项目资助；北京大学程和平院士的研究成果入选2017年度“中国生命科学十大进展”。

开展第五届“贝时璋奖”评选，授予中国科学院生物物理研究所教授王书荣“贝时璋奖”称号；耶鲁大学教授陈列平、剑桥大学教授Tom Blundell获得“贝时璋国际奖”；中国科学技术大学博士石发展、军事医学科学院博士宗伟健获得“贝时璋青年生物物理学家奖”。

学会创新发展 学会成立第一届监事会，助力学会改革发展。监事会由7名监事组成，其中监事长1名、副监事长2名、监事4名。

在第十五次中国暨国际生物物理大会上，首次与美国细胞学会、日本生物物理学会合作举办中美、中日专场交流会。

党建强会 学会党委发挥政治引领作用，参与学会“三重一大”事项前置审议。采取集中学习、专题调研、理论研讨、心得交流等方式，开展学习宣传贯彻党的十八届六中全会、十九大精神的活动。在学会理事会上，学会理事长就党的十九大精神对学会工作的指引进行了解读。

会员服务 采取会员信息网络化、会费支付多元化、票据管理电子化的新措施，建立了高效有序的会员沟通机制。

通过寄送《2017年工作年报》、发放《学会十年发展纪念册》传播学会学术活动、传递学会工作信息，提升学会凝聚力，拓展会员服务新途径。

【第十一次中国生物物理学会全国会员代表大会】 11月4日，学会第十一次全国会员代表大会在上海科技大学举行。会议由学会理事长饶子和主持，229名会员代表参加了会议。

学会总干事长刘平生汇报了第十届理事会工作，副理事长兼秘书长阎锡蕴介绍第十一届理事会规模及候选人情况、监事会章程并作章程修改报告。会议审议通过了学会第十届理事会工作报告、财务报告，通过无记名投票的方式通过了监事会章程及学会章程修改意见，选举产生了第十一届理事会理事119名和监事会监事7人。

召开了第十一届一次理事会议，选举产生了第十一届常务理事会常务理事39名。徐涛任理事长，程和平、李蓬、雷鸣、刘志杰、许瑞明担任副理事长；聘任张宏为秘书长、刘平生为总干事长，共同领导学会秘书处工作。

会议还审议通过了第十一届常务理事分工，学会专业分会/专业委员会、工作委员会负责人名单，学会分支机构增补计划以及学会工作计划。

【第十五次中国暨国际生物物理大会】 11月3—6日，第十五次中国暨国际生物物理大会在上海市召开。学会理事长饶子和担任大会主席，上海科技大学校长江绵恒致欢迎词。

来自中国、美国、英国、法国、德国、加拿大、意大利、西班牙、澳大利亚、日本、韩国、印度、新加坡、哈萨克斯坦、巴基斯坦、尼日利亚16个国家209所高等院校、科研院所、医疗机构和企业的1400余名专家、学者围绕大会主题“生物物理与人类健康”提交学术论文479篇、张贴学术墙报349份。

美国科学院院士、哈佛医学院教授袁钧瑛，英国皇家学会会员、英国剑桥大学教授Tom Blundell，中国科学院院士、北京生命科学研究所研究员邵峰，中国科学院院士、武汉大学教授舒红兵，中国科学院院士、清华大学教授饶子和，中国科学院生物物理研究所研究员朱冰，清华大学教授王宏伟，厦门大学教授林圣彩分别作大会特邀报告《程序性死亡的机制：从细胞生物学到人体临床试验》《生物物理在癌症和传染性疾病新药设计及耐药性对抗中的贡献》《细胞焦亡：从先天免疫到癌症》《胆固醇的新功能及其调控机制》《DNA甲基化的动态调控》《溶酶体是一个调控AMPK和mTORC1的中心》《推动冷冻电镜的技术边界》。

大会还组织了25个专题讨论会、1个卫星会、2个专题论坛、237场专题报告，并颁发了第五届“贝时璋奖”和首届学会“科普奖”。

（撰稿人：王 悦）

中国遗传学会

服务创新型国家和社会建设 学会承担了生命科

学领域前沿跟踪项目“合成生物学”。

学会建设 2017年，学会个人会员总数12000名。全年召开学会九届八次、九次常务理事会及九届五次理事会，审议和研究学会工作。

学会和各专业（工作）委员会2017年共主办10次国内学术交流会议、1次国际学术交流会议，交流论文178篇，2400人次参会。

主办期刊 2017年，《遗传学报》（JGG）编辑部围绕热点选题组稿约稿，拓宽优秀稿源，组织出版专刊2期。2016年度《期刊引证报告》数据显示，《遗传学报》影响因子达到4.051，在166种遗传学领域的SCI期刊中排名第41位，位于Q1区。2017年，《遗传学报》再次入选2017中国最具国际影响力学术期刊。

2017年，《遗传》编辑部策划出版3期专刊《精准医学：从基础到临床》《Hippo信号通路：器官大小与组织稳态调控器》《组学时代农业动物遗传育种研究》；加强了“特邀综述”栏目的组稿工作；增设了“前沿聚焦”“资源与平台”等新栏目。10月，《中国科技期刊引证报告（核心版）》最新数据显示，《遗传》核心影响因子为0.939，核心总被引频次1831；在27种生物学基础学科期刊中，核心影响因子排名第4，核心总被引频次排名第5，核心综合评价总排名第3，入选“第4届中国精品科技期刊”。2017年增加了包括中国科学院院士徐国良在内的6位新编委；组织出版了3期学科前沿领域专辑；设立数据库、网络服务器、历史回顾、导读、读者来信等新文章类型，突出特色和可读性；在学术会议现场展示期刊近30次；与Elsevier其他相关期刊在主页进行交换展示；利用网站及微信公众平台进行热点文章、专辑及新闻的推送，提高期刊和文章显示度；为热点文章提供全文中文版本，方便华语群体阅读。

国际学术会议 5月18—20日，由《遗传学报》（JGG）编辑部、《遗传》编辑部、中国科学院遗传与发育生物学研究所及中国遗传学会主办的2017遗传学与基因组学前沿国际会议（2017 International Symposium of Frontiers of Genetics and Genomics）在广东省广州市召开。本次会议特邀36位国内外知名专家作学术报告，专家们从基础研究的多个角度分享了各自实验室利用斑马鱼、果蝇、线虫、酵母、小鼠、猪、拟南芥、水稻、玉米等物种取得的最新研究成果，内容主要涉及遗传学与基因组学领域的前沿生物学问题。

国内主要学术会议 8月19—22日，第十八届全国植物基因组学大会在甘肃省兰州市召开，来自国内92个单位的600余人参加了大会。43位国内外报告人围绕六个专题进行了口头报告，展示了71份高质量墙报。

9月24日，以“基因编辑”为主题的第67次科学与技术前沿论坛暨中国遗传学会基因组编辑分会成立大会在北京举办。论坛分4个阶段的报告，14位中外专家、学者作了报告，来自国内90余家院校、研究机构、企业的500余位专家、学者和研究生参加了本次大会。

10月27—29日，中国长三角遗传学大会在上海东华大学召开。来自北京、天津、重庆、上海、广东、河北、内蒙古、宁夏、海南、江苏、浙江、安徽12省（自治区、直辖市）的400多名专家学者参加了大会。会议颁发了“复星医药优秀报告”一、二、三等奖和优胜奖以及10个优秀海报奖。此外，还举办了4场遗传学学术与产业沙龙，分别就NGS、基因编辑、遗传学教学与实验建设等热点问题进行了分享和讨论。

12月1—4日，2017年全国植物表型组学研讨会（首届）在北京召开。27位国内外表型组学领域专家在大会上作了报告并开设技术讲座，约150人参会。

科普活动 5月13—14日，军事科学院军事医学研究院杨晓课题组和南京大学模式动物研究所分别开展了主题为“神奇的基因剪刀”和“致力科研，放飞梦想”的实验室开放日活动，参加人员达到160余人。

10月29日，国际基因组学大会第十二届会议（ICG-12）科普嘉年华活动在广东省深圳市国家基因库举办。活动由深圳华大生命科学研究院主办，深圳市科学技术协会、中国科普作家协会、中国遗传学会协办，30余位专家、学者参会。本次科普嘉年华围绕“博物”“进化”“人性”“育才”“太空”“古代”“科幻”“传媒”八大主题，全方位展示生命的奥秘，分享科学的乐趣。本次科普嘉年华在各大平台进行全程直播。

党建强会 学会根据中国科协科技社团党委关于推进中国科协所属学会党建“两个全覆盖”专项工作方案，成立了中国遗传学会理事会功能型党委。

【中国遗传学会科普嘉年华会议】 10月29日，国际基因组学大会第十二届会议（ICG-12）科普嘉年华活动在广东省深圳市国家基因库举办。活动由深圳华大生命科学研究院主办，深圳市科学技术协会、中国科普作家协会、中国遗传学会协办。中国科学院院士、中国科普和考古科学家周忠作了题为“什么是最小的化石”的报告。中国科学院院士、计算数学科学家林群以“数学科普汇报：只做一件事”为题诠释数学的魅力。本次科普嘉年华围绕“博物”“进化”“人性”“育才”“太空”“古代”“科幻”“传媒”八大主题，全方位展示生命的奥秘，分享科学的乐趣。本次科普嘉年华在各大平台进行全程直播。

中国科幻大奖——银河奖得主王晋康与大家分享《中国新生代科幻作品中的基因主题》；著名科幻作家吴岩进行了主题为“科幻革命与中国未来”的探讨；深圳华大基因股份有限公司 CEO 尹烨则从生命科学的视角述说洞见，大胆预测“人类的未来”。

（撰稿人：肖明杰）

中国心理学会

服务创新型国家和社会建设 受国家卫生计生委疾控局委托，学会牵头开展全国社会心理健康服务机构状况调查。

学会能力提升计划 学会完成为期 3 年的学会创新和服务能力提升工程优秀科技社团建设项目，提升在促进心理学学术繁荣、引领学科发展方面所起的作用；提升决策咨询、智库建设与服务社会能力，推动开展特色科普活动和加强成果转化应用；提升学会服务科技工作者能力，拓展助力青年学者职业生涯发展的工作领域；深化体制机制改革，提升服务会员的能力。

学会建设 11 月 3 日，学会在重庆市召开第十二届一次全国会员代表大会，进行换届选举。选举产生了第十二届理事会理事 109 人、候任理事长 1 人、副理事长 4 人、常务理事 33 人、监事会监事 9 人，通过了关于第十二届理事会任期内会费标准及《中国心理学会章程（修改建议稿）》《中国心理学会理事会条例》《中国心理学会理事会选举条例》《中国心理学会会员条例》《中国心理学会监事会条例》。

召开第十二届理事会第一次全体会议，通过了第十二届理事会秘书长人选、司库人选，通过了《中国心理学会会议制度和议事规则》《中国心理学会理事提案工作管理办法》。

经常务理事会同意，情绪与健康心理学专业委员会、心理学脑成像专业委员会正式成立，学会分支机构数量达到 38 个，并启动分支机构换届工作。

2017 年新发展普通会员 636 人、学生会员 119 人，会员总人数达到 13000 人。

学会治理结构和治理方式改革 学会全面落实《中国科协 2017 年学会改革工作要点》，总结学会改革工作经验，并获批 2017 年度学会综合治理改革项目。制定和修订符合改革精神的 30 项管理制度，形成《中国心理学会管理制度汇编》；完成第十二届理事会换届，试行秘书长聘任制，建立规模适中的理事会，优化学会负责人组成结构，完成监事会换届。

主办期刊 《心理学报》《心理科学》两刊入选“2017 年中国最具国际影响力学术期刊”。在人文社科类期刊中，《心理学报》排名第 5，《心理科学》排名第 22。在近 2000 种中国科技核心期刊综合评价总分排名中，《心理学报》排名第 38，较 2016 年第 71 位升幅显著。

《心理科学》完成中国科协精品科技期刊工程第四期项目预期目标并结题。

学科发展研究 学会出版工作委员会组织的《2016—2017 心理学科进展研究报告》项目结题，本书包括综合报告“心理学与社会治理”以及 6 个专题报告。

国内主要学术会议 学会及所属分支机构举办各类国内学术会议 39 次，其中学术年会 1 次，参加人数 10665 人次，交流论文 2962 篇。

11 月 4—5 日，第二十届全国心理学学术会议在重庆市召开，会议主题为“心理学与国民心理健康”。来自高校、科研院所和社会应用机构的 2000 余名专家、学者参加了大会。会议共交流学术论文 1517 篇，包括 6 场大会重点报告、32 场专题报告、9 场研究生论坛、123 场分组口头报告、4 场展贴报告。

国际交往 5 月 15—21 日，学会代表团一行 4 人对越南河内和胡志明市的 6 家主要心理学研究和教育机构、学术组织进行了学术交流和访问，这是中国与越南心理学界的破冰之旅，增进了中越心理学教育和研究机构之间的相互了解，为未来的交流合作打下了坚实基础。

11 月 28 日—12 月 1 日，首届南亚地区心理学会议（RCP 2017）在越南河内召开，17 名中国心理学工作者参与本次大会。学会常务理事、秘书长张侃作主题报告，王思睿博士代表学会青年工作委员会参加学生分论坛。

科普活动 开展《公众心理科普纲要》转化计划与实施项目，组织专家编写《心理健康与促进》科普手册，紧密围绕公众需求选取了75个代表性问题，分为“心理健康与心理保健”“心理健康中的常见问题”与“心理健康问题的求助”三部分。

以“心世界”为主题，组织参与2017年全国科普日北京主场活动，以心理科普展品互动体验、心理科普知识宣讲宣传、心理科普书籍展览展示、现场咨询答疑等形式，面向广大社会公众推广普及心理科学知识。

3月25日，学会心理学普及工作委员会组织召开“大型企业心理健康促进计划”立项会议，深度解析22个部委联合发布的《关于加强心理健康服务的指导意见》，探讨心理健康服务的行业规范体系建设。

10月28日，由学会心理学普及工作委员会发起成立的“全国心理普及工作者联盟”在北京召开成立大会。

表彰举荐优秀科技工作者 组织开展2017年中国心理学会终身成就奖评选工作，授予上海师范大学教授卢家楣“中国心理学会终身成就奖”。

组织开展2017年中国心理学会学科建设成就奖评选工作，授予李新旺、姚树桥、郑全全3人“中国心理学会学科建设成就奖”。

党建强会 学会党委在第十二届理事会换届后，及时召开理事会党员和监事会党员会议，汇报党委工作并完成党委换届。11月7日，学会新一届党委会召开学习和落实党的十九大精神座谈会，研究制定了《中国心理学会学习和落实党的十九大报告精神的工作方案》。办事机构党支部继续开展“党建强会计划”项目，在学会网站创建党建学习宣传阵地。

会员服务 完善会员管理系统的功能，加强维护会员信息数据库，提高会员信息的准确率和有效性。

配合学会换届选举工作，设计开发“中国心理学会换届信息管理平台”并改造选票统计软件，按时完成理事候选人预备人选192人、通讯投票代表301人、会员代表大会代表301人的登记信息填报和推荐以及选票统计工作。

学会心理学家评定小组认定新一批心理学家曹立人等20人。

通过专项经费，资助李占星等3名青年学者赴越南参加南亚地区心理学会议。

【中国心理学会第十二届一次全国会员代表大会】 11月3日，学会第十二届一次全国会员代表大会在重庆市举行，会议期间进行了学会换届选举，通过了学会章程、相关规章制度，听取了一系列工作报告。

学会第十二届一次全国会员代表大会代表共301人，由全体理事候选人和各省级心理学会推选的会员代表组成。出席本次代表大会的代表共292人。

大会由学会理事长白学军主持，白学军致开幕词并通过了大会议程。学会秘书长傅小兰作《中国心理学章程》修改报告，与会代表一致通过了新章程；监事会主席吴艳红介绍了推荐监票人的情况。全体代表还分别听取了各项工作报告。

全体代表通过无记名投票的方式，依次选举产生了第十二届理事会理事、候任理事长、副理事长、常务理事、监事会监事；投票通过了关于第十二届理事会任期内会费标准，举手表决通过了《中国心理学会理事会条例》《中国心理学会理事会选举条例》《中国心理学会会员条例》《中国心理学会监事会条例》。

当天下午，学会召开第十二届理事会第一次全体会议，通过了第十二届理事会秘书长人选、司库人选，通过了《中国心理学会会议制度和议事规则》《中国心理学会理事提案工作管理办法》。

【第二十届全国心理学学术会议】 11月4—5日，第二十届全国心理学学术会议在重庆西南大学举行。本次大会由学会主办，西南大学承办，重庆心理学会、认知与人格教育部重点实验室、重庆文理学院协办。来自高校、科研院所和社会应用机构的2000余人参加了大会。大会主题为“心理学与国民心理健康”。

11月4日，第二十届全国心理学学术会议开幕式在西南大学中心体育馆召开。大会主席、中国心理学会理事长、天津师范大学教授白学军，西南大学校长张卫国，中国心理学会候任理事长、秘书长、中国科学院心理研究所所长傅小兰，中国心理学会候任理事长、北京大学教授周晓林，历任中国心理学会理事长、中国科学院心理研究所研究员张侃及中国科学院心理研究所研究员杨玉芳等出席开幕式。

开幕式由大会执行主席、西南大学心理学部部长陈红主持。中国心理学会理事长白学军、西南大学校长张卫国等分别致辞。

开幕式上，中国心理学会候任理事长、秘书长傅小兰宣布了中国心理学会终身成就奖和学科建设成就奖获奖名单，并由北京师范大学教授张厚粲为上海师范大学教授卢家楣颁发“中国心理学会终身成就奖”，西南大学教授黄希庭为中南大学教授姚树桥、首都师范大学教授李新旺颁发“中国心理学会学科建设成就奖”。傅小兰还宣读了学会新一批认定的20位心理学家名单。《心理学报》主编张侃研究员、《心理科学》主编李其维教授、*PsyCh Journal*代表刘勋研究员分别宣布了各自期刊2016年度优秀论文奖，并为获奖者颁发了证书和奖金。

大会期间，中南大学教授姚树桥、北京大学研究员罗欢、福州大学教授王益文、中国科学院心理研究所研究员杜忆、北京师范大学教授龚高浪、英国剑桥大学教授苏里分别作大会特邀报告《抑郁症心理应激状态与特质的脑成像学标记》《视觉注意中的动态时间结构及其神经机制》《人际合作与信任博弈的认知神经机制》《音乐训练如何让我们成为更好的听者？》《神经影像遗传学：连接遗传、人脑和认知行为》《痴呆症的认知与脑研究新进展》。

本届全国心理学学术会议共交流学术论文1517篇，除了6个大会重点报告，还有16场专题报告、9场研究生论坛、123场分组口头报告、4场展贴报告。本届大会录用摘要1517篇。同时，大会组织了32场高水平的专题报告会，其中18个专业委员会组织了专题报告。来自42个单位的专家、学者还组织了16场专题讨论会。

11月5日，大会完成各项既定议程，并在西南大学中心体育馆举行了闭幕式。闭幕式由新当选的中国心理学会秘书长罗劲主持。大会主席、中国心理学会前任理事长白学军进行大会总结。

新当选的中国心理学会候任理事长周晓林教授宣读了《第二十届全国心理学学术会议青年优秀论文奖名单》，傅小兰为获奖的博士生和硕士生颁奖。

学会理事长傅小兰代表学会向西南大学成功举办本届学术会议表示感谢。

（撰稿：张　蔓　孔　君）

中国生态学学会

服务创新型国家和社会建设　2017年，学会设立专项开展决策咨询和政策研究，鼓励理事会员牵头组织热点沙龙和开展调研活动，把高水平的学术交流成果转化为有针对性、可操作的政策建议专报，向国家政府建言献策。开展南海岛礁生态建设与保护、祁连山生态保护、生态资产监管机制、国家公园建设等专题调研，组织“人才成长环境”问卷调查、“科技工作者心理和职业发展状况调查”“第四次全国科技工作者状况调查”“十九大反响情况快速调查”等工作，完成问卷100多份。

学会与高校院所、学术团体合作开展“自然资本途径与生态系统服务评估模型INVEST培训”和“Asia Flux通量观测理论与技术培训”。学会各分支机构结合自身领域特色，开展淡水生态、生物入侵生态、区域生态、中药资源生态等领域的新技术新方法培训。全年共计举办12场专业技术培训，累计受训900多人次。

学会承担高端智库咨询服务行动——吉林省长白山生态保护研究项目，由中国科学院院士刘兴土牵头的专家组在实地调研和综合分析基础上，撰写了《吉林省长白山生态保护战略与对策建议》。

学会副秘书长钟林生承担中国科协“九大”代表调研课题“科技类博物馆在科学教育体系中的发展策略调研”，并在调研相关学会情况的基础上撰写了《提升科技类博物馆在科学教育体系中作用的建议》。

承担中国科协学科发展引领与资源整合集成工程项目《中国景观生态学学科发展报告》编撰工作。学会秘书长陈利顶牵头组织50余位科研一线的中青年学者参与章节编撰。报告由综合篇和12章节组成，总计13.7万字。

依托生态科学专家咨询服务团队，积极开创产学研合作的新局面，提升学会服务产业发展的能力。学会与甘肃安贝源乳业有限公司合作建立了生态循环农牧业创新发展专家工作站。专家为企业发展提供智力投资和科技支撑，企业向科技人员提供实验场地和样本，共同开展共性问题研究，使技术转化和产学研相结合，在促进企业发展的同时辐射带动当地农民脱贫致富。

学会建设　学会新发展个人会员250名、发展团体会员单位2家。截至2017年年底，个人会员总数为10057名。

学会治理结构和治理方式改革　按照《章程》要求并结合实际，及时召开常务理事会议、理事会议和创新发展分支机构秘书长会议。进一步规范学会管理，启动生态学科发展及二级学科设置、学会分支机构设置等调研项目，探讨学科发展、分支机构工作机制等问题。实施分支机构年度评估机制，对工作和管理存在较大差距的分支机构实行优胜劣汰的动态调整。

青年人才托举工程 按照中国科协青年人才托举工程要求，组织开展了生态学青年人才托举相关工作。及时组建项目机构及专家团队，制定青年人才托举工程项目管理办法和实施细则。经过个人申报、人才遴选和网站公示，确定了2名青年生态学科技工作者为中国科协第三届青年人才托举工程的被托举人。在组织实施阶段，学会根据托举人才的实际需求制定培养方案，利用学会智力资源和学术平台、国际交流平台建立长效沟通、服务机制。

主办期刊 学会主办的期刊《生态学报》《应用生态学报》《生态学杂志》继续入选“中国科协精品科技期刊”。《生态学报》和《应用生态学报》获得TOP 50项目资助,《生态学杂志》获得学术期刊质量提升项目资助。《林业研究》(英文版)按计划执行“中国科技期刊国际影响力提升计划第二期”B类期刊奖励资助项目。根据2017年版《中国科技期刊引证报告》(核心板),《生态学报》被引频次21364，居全国核心科技期刊第1名，综合评价总分92.5;《生态学报》《应用生态学报》《生态学杂志》的总被引频次和影响因子分别列第1、第2、第3名和第1、第2、第4名。

学科发展研究 继续开展生态学重点分支前沿和动态研究。景观生态学学科发展研究组分别于3月、6月、8月、11月召开4次工作会议，深入研究和不断提升学科发展报告的学术水平；12月，完成书稿《中国景观生态学学科发展报告》。

决策咨询 借助学会专家智力优势，进一步推进生态科技创新服务交流活动。3月，学会组织专家团队针对吉林省长白山地区的生态保护现状、存在问题及保护策略进行调研，并提出了吉林省长白山生态保护战略与对策建议。5月，应辽宁省盘锦市辽河口生态经济区管理委员会邀请，开展辽河口生态经济区湿地保护与利用调研咨询服务。7月，学会与国家海洋局第一海洋研究所、山东省长岛县人民政府等组织召开“海洋类国家公园学术沙龙”，通过深入研讨和对长岛县产业转型与生态保护建设工作的实地考察，形成了海洋类型国家公园建设的建议。11月，应河南省林州市科协邀请，学会开展了助力林州市及红旗渠沿线地区生态建设与社会发展咨询服务，提出了红旗渠对协调区域人与自然关系的贡献及定量评估总体研究思路。

国际学术会议 学会及下属分支机构全年举办和参与举办国际学术交流会议8个：第九届现代生态学讲座暨第七届国际青年生态学者论坛，全球变化背景下的森林可持续经营国际学术研讨会，亚洲通量网2017年年会和中国通量观测研究联盟成立15周年联合会议，第十二届国际生态学大会，生态文明与绿色发展北京论坛，气候智能型可持续土地管理与提升旱地生态系统服务国际研讨会，第19届国际植物学大会之“气候变化下的植物入侵”分会场，第九届生态系统服务国际大会之“城市生态系统服务”“区域生态系统恢复与服务”“生态系统服务空间评估”分会场。共计3768人次参会，交流论文1486篇。在承办的第十二届国际生态学大会期间，学会还组织了30个企事业单位展览展示。

国内主要学术会议 学会及所属分支机构主办和参与主办了39场综合性学术会议、专题研讨会、高层论坛等，累计参会10000多人次，交流论文4922篇。

8月8—9日，学会与甘肃省甘南藏族自治州共同主办的第八届中国生态文明腊子口论坛在甘南冶力关举办。甘肃省副省长李斌出席论坛开幕式并讲话，中国科学院院士秦大河等34名专家、学者出席会议，160多人参会。

两岸交流 6月16—20日，作为“第九届海峡论坛·2017海峡科技专家论坛”系列活动之一，学会海洋生态专业委员会及厦门大学、台湾大学、台湾交通大学等主办的“海峡两岸环境与生态研讨会”在福建省厦门市举行。海峡两岸知名高校和科研院所的专家、学者以及政府、企业代表共120人参会。

国际组织任职 8月20日，受国际组织委托，学会在北京召开国际生态学会执委会议，商议产生了国际生态学会新一届负责人。学会理事长刘世荣当选国际生态学会(INTECOL)执委，中国科学院院士傅伯杰连任国际生态学会副主席。

国际交往 8月23—27日，学会化学生态学专业委员会组织了30人的学术交流团赴日本京都参加国际化学生态学盛会——亚太化学生态学学会(APACE)和国际化学生态学学会(ISCE)联合会议。会上，学会化学生态专业委员会主任、中国科学院植物生理生态研究所研究员黄勇平介绍了我国化学生态学领域近

10年来所取得的成就。

9月4—8日，学会生态遥感专业委员会在肯尼亚内罗毕承办全球气候变化情景下非洲生态系统与生计国际研讨会。第三世界科学院、非洲科学院及中国工程院院士，联合国环境署专家，中方及非方专家等近70人出席会议。

科普活动 学会及所属分支机构总计举办主题科普活动104次、科普讲座69次、科普展览16次、其他科普宣传活动64次，参加活动的科技工作者达319人次，主题科普活动受众人数64888人次。

学会联合地方生态学会和相关单位，在广东、重庆、辽宁、浙江、福建、吉林、北京、天津、贵州等地举办了12场生态科普校园行活动，活动内容形式多样，活动主题涉及生态文明建设、生物多样性、海洋生态科普、动植物资源及识别等。1万余人参加活动，显著拓展了生态科普校园行品牌活动的辐射面。

围绕社会热点和公众关注的话题，各专业委员会结合相关纪念日开展了极具特色的生态科普活动。在2月世界湿地日活动中，学会红树林生态专业委员会以科普报告等形式向公众介绍红树林的独特习性、生态功能和恢复技术现状等。在5月全国科技周、中国科学院公众科学日期间，学会科普工作委员会与江苏省生态学会主办了“科技与生活同行”生态科普知识竞赛。在6月世界海洋日期间，学会海洋生态专业委员会与其挂靠单位组织了“世界海洋日暨全国海洋宣传日”系列活动。在9月全国科普日期间，学会动物生态专业委员会开展了针对中小学生的动物生态科学知识讲座；学会淡水生态专业委员会举办了“人类活动对水环境的影响”“湖泊生态系统演变”等科普讲座。

表彰举荐优秀科技工作者 结合首个全国科技工作者日，学会开展了生态学优秀科技工作者表彰活动，31名生态学工作者获奖。开展生态学青年人才托举工程，2名青年生态学工作者入围中国科协“青年人才托举工程”。积极举荐优秀人才参评国家有关奖项，开展中国科学院、中国工程院院士候选人推选，第十五届中国青年科技奖候选人，第十四届中国青年女科学家奖，未来女科学家计划候选人和首届全国创新争先奖候选对象推介工作。

党建强会 学会进一步强化党建工作，在召开常务理事会、理事会、分支机构秘书长会议期间，组织传达学习习近平总书记系列讲话精神。结合首个全国科技工作者日、中国科学院公众科学日，与挂靠单位及相关高校院所共同开展了“纪念五四运动98周年暨主题报告会”“探索创新　追逐未来科普报告会”等活动。

会员服务 为科技工作者提供多元化服务，每半个月向会员发布一期《中国生态学学会电子通讯》，及时传递专业信息。用好学会官方微信号、生态科普微信号以及学会主办期刊的微信公众平台，及时发布更新信息，有效提升学会信息服务平台的网络交互能力。

【第十二届国际生态学大会】 8月21日，由国际生态学会主办、中国生态学学会承办的第十二届国际生态学大会（INTECOL 2017 Beijing）在北京开幕，这是“生态学奥林匹克”首次在中国召开。会议邀请了国际生态学界的12位知名专家出席会议并作大会报告，来自全球73个国家和地区的2518名专家、学者参会。全国政协副主席罗富和，国际生态学会主席Shona Myers，国家林业局局长张建龙，中国科协党组成员、书记处书记束为出席大会开幕式。英国王储查尔斯王子发表了视频贺词。大会得到国内外众多高校院所、社会团体、企事业单位和新闻媒体的支持，30家企业、期刊出版社和社会团体进行了产品展示和多种宣传活动。会议发布了“北京宣言”，对促进更加广泛和有效的合作、维护生态安全、实现可持续发展、保护我们共同生活的地球家园、推动生态文明建设具有极其重要的意义。

【第九届现代生态学讲座暨第七届国际青年生态学者论坛】 5月16—17日，学会与现代生态学讲座系列组织与学术委员会、国际青年生态学者论坛组织与学术委员会等共同主办的第九届现代生态学讲座暨第七届国际青年生态学者论坛在上海市举行。

同期举办了国际青年生态学者论坛。来自美国、荷兰等国家及中国各地的60多家高校、科研院所的300多名专家、学者和研究生出席了本次大会。

会议邀请21位著名生态专家、学者作大会报告，32位青年学者作口头报告，61位研究生作墙报展示。

会上颁发“李博院士研究生论文奖”和“阳含熙院士生态学奖”。现代生态学讲座和国际青年生态学者论坛是国内外生态学家的重要学术交流平台，每两年举行一次。

（撰稿人：施　茜）

中国环境科学学会

服务创新型国家和社会建设 编制并推动发布《"十三五"环保科普工作实施方案》，按月印发全民科学素质环保工作动态。

开展环保公益性科研项目"环境科学传播途径及其在生态文明建设和环境应急中的应用研究"的研究工作，基于全国科普统计数据构建了环保科普绩效评价指标体系并开展试点评价。

完成"燃煤细颗粒物及其前体物控制技术与集成应用""超大城市环境空气多维高精度监测和污染追踪网构建及示范""南水北调丹江口库区水土保持和水污染防治规划""核安全与放射性污染防治'十二五'规划及2020年远景目标研究与评估"等30项环境相关理论、技术、产品、方案等环境保护科学技术成果的第三方评价工作。

编制并推动发布《公民环境与健康素养测评技术指南（试行）》。启动全国重点地区15个省份的环境与健康素养测评的点位选取和工作动员，推动环保部发布《2018年居民环境与健康素养监测总体实施方案》。组织实施环保部和联合国儿童基金会合作项目，启动环境与健康素养相关政策开发及能力提升示范工作。

学会能力提升计划 制定《中国环境科学学会标准管理办法（试行）》，完成在全国团体标准信息平台的注册。

推动开展学会文化建设，确定学会愿景为建设国际一流学会；核心价值为秉承自立、包容、求真、创新；使命为推动环保科技创新、促进环保理念传播、助力环保人才发展、服务生态文明建设。同时开展了学会标识以及文化产品的设计工作，进一步提升学会的传播影响。

学会建设 1月5—6日，学会第八次全国会员代表大会和第八届理事会第一次全体会议在北京召开。大会选举产生第八届理事会及理事会领导机构及第一届监事会。审议通过了《中国环境科学学会第七届理事会工作报告》《中国环境科学学会财务工作报告》，修订了《中国环境科学学会章程》，通过中国环境科学学会会费标准等议程。黄润秋当选中国环境科学学会第八届理事会理事长。

全年召开全国会员代表大会1次、全体理事会1次、常务理事会4次；召开分支机构工作会议1次、全国环境学会工作交流会1次。学会调整了8个工作委员会的领导机构人选。

5月，召开2017年度分支机构工作会议，传达中央和中国科协有关精神，贯彻八届理事会改革发展战略，表彰先进，总结交流工作经验，研究部署年度工作。

10月20日，2017年全国环境学会工作交流会在福建省厦门市召开，全国各省市地方学会负责人40余人与会。会议就新形势下学会参与社会管理创新、交流学会工作经验等议题展开了讨论。

主办期刊 《中国环境科学》2017年处理稿件近3000篇，共发表论文近600篇。每期页码由320页增至400页，每期筛选8篇论文进行双语数字出版。根据中国科学技术信息研究所2017年10月发布的《2017年版科技期刊引证报告（核心版）》，《中国环境科学》核心影响因子为1.818，继续位居环境学科前列。《中国 $PM_{2.5}$ 跨区域传输特征数值模拟研究》获评"第二届中国科协优秀科技论文"。《中国环境科学》入选"第四届中国精品科技期刊"，继续获得"RCCSE中国权威学术期刊（A+）"称号，并获评"2017年度中国国际影响力优秀期刊"。

国际学术会议 7月9—12日，学会联合中国科学院大学等23家国内学术机构承办了国际环境法医学联盟学术年会。来自中国、英国、美国等10个国家和我国港澳台地区的200余位专家、学者及国际组织代表出席研讨会。

8月27—28日，学会联合环境保护部环境保护对外合作中心等单位在湖南省长沙市召开2017土壤与地下水国际研讨会。本届研讨会重点研讨土壤及地下水相关立法、相关标准及检测技术，重金属污染场地修复技术及管理等热点难点问题。

10月27—29日，2017矿山污染防治与生态修复国际研讨会在北京召开，来自中国环境科学研究院、中国矿业大学等的100余位专家学者参加了研讨会。会议挑选20余篇优秀英文全文于 *Environmental Science and Pollution Research* 出版发表。

学会联合分支机构组织召开了第五届沉积物环境与污染控制研讨会、第八届传统文化与生态文明国际研讨会、第四届东亚环境史学大会等国际会议。

国内主要学术会议 6月15—16日，由学会与广东省环境监测中心、学会监测专业委员会联合主办，广东省环境监测协会协办的 2017 全国环境监测及预警技术研讨会在广东省广州市召开。来自全国各省（自治区、直辖市）环境监测站、科研院所、高等院校以及企业界的专家学者共计 260 余人参会交流，并进行了科技成果对接活动。

10 月 20—22 日，中国环境科学学会 2017 科学与技术年会在福建省厦门市召开。此次年会的主题为“创新驱动助推绿色发展”。年会设 27 个分会场、4 个论坛、1 个青年科学家专场和 2 个国际研讨会，同期举办多个环保科技成果推介、展示专场活动等。参会人数 2300 余人，收录论文 767 篇。

10 月，由学会主办的第十五届国际水协会厌氧大会在北京召开，参会外籍专家超过 300 人。12 月，大气环境分会在北京举办第 23 届中国大气环境科学与技术大会，知名专家、学者和科技人员 700 余人齐聚一堂，为打好“蓝天保卫战”出谋划策。学会还主办了第二十一届大气污染防治技术研讨会、第六届中国环境院所长论坛、有机废弃物处理和资源化研讨会、全国城市污泥污染防治与资源（能源）化循环利用学术研讨会、土壤环境保护与污染防治、第二届全国水环境污染控制与生态修复技术高级研讨会等会议。2017 年，学会分支机构主办或参与主办国内外学术活动近 20 场，全年参加交流人数 2 万余人次。

两岸交流 9 月 24—25 日，2017 两岸环保高层专家论坛在浙江省杭州市召开。来自哈尔滨工业大学、清华大学、浙江大学、东华大学等高校和台湾清华大学、成功大学、云林大学等台湾地区高校，以及环保产业界的 100 余人出席了会议。

国际交往 4 月 4— 9 日，经环境保护部批准，学会共有 4 人赴加拿大蒙特利尔参加国际影响评估协会第 37 届学术年会并建立了工作联系。国际影响评估协会特别提出希望双方在会员信息和重大活动信息资源方面能够实现共享，重点邀请中方推荐行业内知名学者竞争 IAIA 理事会职务。

10 月 9—12 日，2017 环境污染控制国际研讨会在加拿大温哥华举办。学会组织光大国际等 5 家单位会员代表参会，并参加中加环保企业对接交流活动。

12 月 13—21 日，组织会员及相关领域人员赴美国斯坦福大学、苹果公司总部、SMWMA 固废综合处理中心等地开展固体废物与资源回收技术交流与产业对接活动。

科普活动 6 月 28—29 日，学会组织召开 2017 年全国环保科普工作交流会。各省环保厅（局）、省环境科学学会、国家环保科普基地、环保科研院所开放单位以及热心环保科普工作的高校代表共 400 余人参加了会议。会议安排部署了学会“大传播”工作布局，开展了科普信息化建设和网络科普传播等培训。

全国科普日期间，学会开展“畅想蓝天”“垃圾变身”主题展览展示，以模型展示、专家讲解、网络互动答题、视频播放等多种形式向公众普及雾霾防治、垃圾焚烧科学知识。在为期 5 天的展出期间，线下传播约 10000 人次。同时，现场扫码、网络答题也吸引了众多公众参与，线上传播约 30000 人次。

继续开展大学生志愿者千乡万村环保科普行动，围绕“推进农业清洁生产，建设美丽宜居乡村”主题，暑假期间在全国 20 个省（自治区、直辖市）的近 100 所高校组织招募了近 10000 名志愿者，以科普讲座、科普资料免费发放、走进学校、环保游戏等形式在广大农村开展环保科普活动。活动期间，免费发放科普挂图 6.5 万张，受益人数超过 40 万人次。

5—6 月，开展科研院所环保公众开放活动和国家环保科普基地重点开放活动。通过走进实验室和开展科普讲座、趣味知识竞赛、科研成果展等形式，在大连、安徽、新疆、黑龙江等 30 个省（自治区、直辖市）的 80 余家环境监测站、环科院、环保企业及部分高校开展开放活动，近 10 万公众受益。

新创建环保科普传播专家团队 3 个，专家 27 名，聘请首席传播专家 5 名。举办环保科普创意大会活动，共征集视频作品 150 部、摄影作品 1200 余幅、青少年绘画写作作品 2000 多个。

表彰举荐优秀科技工作者 评选推荐清华大学鲁玺、中国环境科学研究院胡京南等 4 位青年科学家参评第十五届中国青年科技奖。推荐贺克斌、胡华龙等 5 位专家学者参评首届“全国创新争先优秀科技工作者”。推荐中国环境科学研究院研究员席北斗和中国科学技术大学教授俞汉青参评“第十二届光华科技工程奖”。推荐高吉喜、柴发合等 3 位专家学者为科技部重点研发计划重点专项评审专家。承担中国科协“全球科技领军人才跟踪研究”，组织 2 位院士、28 位千人计划专家编写资源环境领域领军人才名录报告。

按照国务院办公厅《关于深化科技奖励制度改革的方案》和环保部领导的指示要求，探索改革项目推荐方式及推荐要求，修订《环境保护科学技术奖励办法》，组织完成2017年度“环境保护科学技术奖”评选，共42个项目获奖，其中评选出的3个一等奖项目直接推荐参评国家科技奖。推荐“一种用于可渗透反应墙的过硫酸盐缓释材料及制备方法（ZL201210051606.9）”等5项专利参评第十九届中国专利奖。推荐由北京化工大学李秀金等人完成的“大宗纤维素物料高效厌氧发酵制备高品质生物天然气的技术基础”参评2017年度国家自然科学奖。

学会创新发展 在宁夏环境科学学会建立创新驱动助力工程宁夏服务站，在南京市仙林大学城管委会建立创新驱动助力工程南京服务站，在吉林省科协建立创新驱动助力工程学会服务工作站，在辽宁省沈阳市建立创新驱动助力工程沈阳服务站，实现7大片区全覆盖。

组织工程技术中心编制《国家环境保护工程技术中心成果案例汇编（水领域）》，收录30项先进适用技术。联合工程技术中心举办技术交流、研讨、推广系列活动，定期发布工程技术中心动态，促进国家环境保护工程技术中心科技成果转化。

党建强会 1月，成立学会党委，副理事长邹首民任党委书记。

学会党委坚持党的领导与学会依法依章、自主办会相统一，明确功能定位，探索建立了学会党委的党建工作机制，强化政治引领。统筹安排理事会和常务理事会及时宣传贯彻十九大精神、习近平总书记关于生态文明建设和生态环境保护的一系列重要讲话精神；参与学会“三重一大”事项研究，推动学会“大学术”和“大传播”体系建设。

会员服务 2017年，累计与团体会员会谈200余次，接待来访40余次，秘书处领导走访调研30余家会员单位，积极对接企业需求、提供定制服务。

5月，在上海市举办2017中国环境技术大会暨单位会员交流年会，包括高峰论坛及26场技术专题会、创新技术展示及路演洽谈等。同期举办的2017中国环博会为亚洲最大专业环保展，1400多家单位参展，展区面积达11万平方米，参观客流达7万人次，学会200多家团体会员、1000多位个人会员参展参会。2017年新增个人会员2600人，会员总数达7余万人；新增单位会员199家，单位会员共计1501家，其中常务理事单位137家、理事单位363家。

【中国环境科学学会第八次全国会员代表大会及第八届理事会第一次全体会议】 1月5—6日，学会第八次全国会员代表大会和第八届理事会第一次全体会议在北京召开。中国科协党组书记、常务副主席、书记处第一书记尚勇，环境保护部副部长黄润秋出席大会并作重要讲话。全国各省、自治区、直辖市及副省级城市环境科学学会，学会分支机构，环保科研院所和大专院校，以及会员单位的会员代表、列席代表450多人参加了会议。

第七届理事会理事长王玉庆向大会作第七届理事会工作报告，学会副理事长王灿发作章程修订情况说明的报告。大会审议并通过了《关于聘请中国环境科学学会顾问的决议》《关于授予中国环境科学学会名誉理事的决议》《关于第七届理事会工作报告的决议》《关于第七届理事会财务报告的决议》。大会通过了《关于〈中国环境科学学会章程〉修订草案的决议》《关于中国环境科学学会会费标准的决议》。大会选举产生了第八届理事会，共206名理事；选举产生第一届监事会，张远航当选监事长，杨经纬、汪诚文、周琪、季民、郑明辉、舒俭民为监事。

召开学会第八届理事会第一次全体会议，曲久辉主持会议。选举黄润秋为第八届理事会理事长，丁仲礼、王灿发、曲久辉、任官平、任南琪、刘文清、邹首民、陆新元、孟伟、武维华、贺克斌、倪晋仁、高吉喜当选副理事长，王志华当选秘书长，于玉斌等58人当选常务理事。

【中国环境科学学会2017科学与技术年会】 10月20—22日，中国环境科学学会2017科学与技术年会在福建省厦门市召开。此次年会的主题为“创新驱动助推绿色发展”。会议由学会秘书长王志华主持。年会设27个分会场、4个论坛、1个青年科学家专场和2个国际研讨会，同期举办多个环保科技成果推介、展示专场活动等。参会人数2300余人，收录论文767篇。

学会理事长黄润秋致开幕词。中国科学院院士倪晋仁、中国科学院院士武维华、环境保护部科技标准司司长邹首民、德国卡尔斯鲁厄水技术中心微生物和分子生物环境生物系主任安德烈亚斯·提姆教授分别作主旨报告《河流综合治理的新思考》《努力推进绿色农业发展，保障农产品质量安全》《当前环保科技形势与政策措施》《水环境质量改善——德国的经验、挑战及中德合作项目的总结回顾》。

（撰稿人：张宏亮）

中国自然资源学会

服务创新型国家和社会建设 学会在江西省和内蒙古自治区开展了创新驱动科技助力工程项目。会同江西省发改委山江湖办、江西省吉安市科协和中国科学院地理资源所，联合组织开展“江西省生态文明示范基地建设规划编制研究——以千烟洲站为例”。

学会组织开展“内蒙古资源型城市转型发展创新研究”，以鄂尔多斯市生态建设和包头市石拐区转型发展为实例，探索资源型城市转型发展、推进产城融合创新的新模式和新思路，并提出相应对策和建议。

学会积极推动实施科技助力精准扶贫工程。5月21日，举办了“地质调查提供基础保障，科技创新助力扶贫工作”座谈会。6月26日，与云南省地质调查局、中国地质调查局发展研究中心联合在云南建立“资源产业科技规划基地 资源产业科技扶贫基地”，并依托该基地完成了“地质调查项目科技成果助力云南地方政府精准扶贫示范”项目，向云南省等部门提交建议报告4份。

5月，学会资源制图专业委员会开展第二届“青年资源制图”大赛作品征集活动。经过评议，华东师范大学唐曦、武汉大学苏世亮等提交的作品获奖。

6月29日—7月1日，学会农业资源利用专业委员会与有关单位组织了第二期第三世界国家培训。来自菲律宾、斯里兰卡、南苏丹、加纳等11个国家的43位农业科研人员在河北省曲周实验站进行观摩学习。

天然药物资源研究专业委员会组织专家深入全国药用资源生产第一线，开展中药资源普查督导工作，为全国中药资源调查及其动态监测网络建设提供技术咨询与指导。以专委会成员为主要起草专家制定的《中药材产业扶贫行动计划（2017—2020）》于9月1日正式颁布实施。

学会各专业委员会积极组织专家参加“京张文化体育旅游产业带规划”“张家口草原天路旅游总体规划”的制定。

在2017年学会学术年会上，25位学者获得青年优秀论文奖。中国水论坛表彰了10佳优秀青年论文奖。区域发展与全球资源配置研讨会表彰了7项青年优秀论文奖。

8—9月，学会农业资源利用专业委员会与有关单位陆续主办了植物营养与肥料理论及基础研究方法培训会、黑龙江省农垦总局农业局第13届测土配方施肥技术培训班、全国科技小院网络培训与交流会，累计培训来自基层一线的工作人员和研究生200多人。

学会能力提升计划 学会以“学会能力提升与改革工程世界一流学会建设工程项目”为中心工作，在打造学术交流品牌、推动资源学科建设、开展创新助力精准扶贫工程等方面取得了明显进步，学会综合实力得到显著提升。

学会建设 学会新设立中国地质大学（武汉）会员工作站、内蒙古师范大学志愿者工作站。新增会员350人，个人会员总数6700人。

5月20日，学会科普工作委员会召开成立大会，中国科学院地理与资源研究所研究员雷梅当选主任。山地资源研究专业委员会、资源持续利用与减灾专业委员会、资源生态专业委员会、编辑工作委员会分别进行换届改选。

5月，学会“资源战略”微信公众号开通。

7月，学会七届四次理事会召开，增选山地资源研究专业委员会主任朱波为学会候补理事。

由学会水资源专业委员会主任左其亭教授主编、20多位学者参与编写的《中国水科学研究进展报告2015—2016》由中国水利水电出版社出版。

主办期刊 《自然资源学报》《应用基础与工程科学学报》《干旱区科学（英文）》继续获得中国科协精品科技期刊资助（连续3年）。

根据《中国学术期刊国际引证年报（2017年版）》显示，《自然资源学报》《资源科学》被评为“2017年国际影响力优秀学术期刊”（TOP 5%—10%）。《干旱区科学（英文）》被评为“中国最具国际影响力学术期刊”（TOP 5%）。

《自然资源学报》国际他引影响因子为0.160，国内影响因子为3.250，在资源科学学科中排名第2。《资源科学》国际他引影响因子为0.177，国内影响因子为3.541，在资源科学学科中排名第1。

《干旱区科学（英文）》（*Journal of Arid Land*）2017年国际他引影响因子为1.691，被10余个国际引文数据库收录。

《自然资源学报》密切关注食物浪费和粮食安全、自然资源资产负债表等问题，编辑《笔谈：食物浪费》专刊，设置“粮食安全”专栏，刊出《水资源负债刍议》《实物型水资源资产负债表表式结构设计》两篇论文。18篇论文入选中国科技信息所“领跑者5000——中国精品科技期刊顶尖学术论文”。

10月27—28日，学会编辑工作委员会在山东省济南市召开资源环境研究动态及其学术前沿——期刊使命解读年会。大会围绕期刊发展和权益进行了讨论，针对维护期刊、作者权益，打击假冒期刊出版行为形成了一致意见。

12月16日，学会与相关单位在北京联合主办了《资源科学》创刊四十周年纪念大会。会上表彰了“十大杰出作者”“十大高影响力论文”“十大新锐作者”“优秀审稿专家”等。80余位院士专家参加活动。

学科发展研究 12月，学会主持编写的《中国资源科学学科史》由中国科学技术出版社正式出版。该书以考察学科确立为重点，系统地梳理了学科发生、发展的脉络，阐述资源科学知识进步的进程，记载了学科制度的建立、学术期刊的创办、学术共同体的形成、重要人物的贡献和教育体系的发展历程等。

学会组织完成了《2016—2017资源科学学科发展报告》编撰工作，已交由中国科学技术出版社编辑出版。

学会组织完成了中国科协学科发展引领与资源整合集成工程项目子项目——“自然资源学科数据共享平台”研发工作（2015—2017）。该平台由人才共享模块、知识共享模块、软件共享模块与硬件共享模块构成。涉及资源地理、资源经济、资源生态、水资源、土地资源、中药及天然药物资源6个学科，2017年数据量达到124748条。

决策咨询 学会组织完成了中国科协“高端智库咨询服务行动——吉林省冰雪产业发展研究”项目。3月，项目团队赴吉林省进行考察调研，调研报告得到吉林省政府副省长李晋修的批示。6月25日，中国工程院院士孙九林代表学会参加第十九届中国科协年会吉林省党政领导与院士专家座谈会，并以“协同创新驱动吉林省冰雪旅游产业发展”为题提出建议。

学会理事长成升魁率领团队开展食物浪费及可持续模式研究，《中科院专家关于高度重视中小学校园食物浪费问题的建议》获得习近平总书记及刘延东副总理的批示。

针对社会关注的热点问题，学会部分理事、分支机构委员提交了《中科院专家关于雄安新区土地利用特征分析与起步区规划选址建议》《基于无人机遥感的玛多县大型野生食草动物种群数量调查》《提升大陆台资制造业与生产性服务业融合发展研究》《石漠化综合治理生态效益评价研究》《优化金属资源开发利用的建议》《切实加强我国优势金属资源供应全球需求的风险防范》等建议报告。

国际学术会议 8月19—20日，由学会资源持续利用与减灾专业委员会和相关单位联合主办的第五届景观可持续科学国际论坛在北京师范大学召开。来自美国、法国、荷兰和中国的Joan Nassauer教授、Sandra Luque教授、Paul Opdam教授、Peter Verburg教授、傅伯杰院士等11位专家分别作报告。来自全国20多个科研单位的近150名专家学者就景观可持续科学的相关议题进行了充分交流和讨论。

国内主要学术会议 2017年，学会及分支机构组织各类学术会议25场次，合计4480人参会；交流论文891篇，编辑论文集2部。10位院士参加学术活动并作报告。

5月6—7日，学会第二届青年科学家论坛在广东省深圳市召开。11位专家、学者围绕主题“资源环境与区域发展——从深圳到雄安”作学术报告，来自全国30余所高校和研究机构的60余名青年学者参加研讨。

7月28日，第十二届资源科学研究生论坛在内蒙古自治区呼和浩特市举行。45位研究生作报告，来自30余所高校和科研院所的140多位研究生参加了论坛。

10月13—15日，2017全国湿地生态保护与恢复学术研讨会在海南省海口市召开。会议聚焦湿地生态恢复、湿地公园健康发展、湿地生物多样性保护等问题，设置6个大会报告、2个分会场48个专题报告。70多家单位的180余名专家、学者参会。

10月27日—11月2日，学会热带亚热带地区资源研究2017学术年会在广西壮族自治区南宁市召开。会议围绕“热带亚热带资源环境监测预警与区域新型发展战略”主题设置12个大会报告、2个分会场31个报告。40余家单位的120余名专家、学者参加会议，共收到会议论文/摘要60余篇。

11月11—12日，第十五届中国水论坛在广东省深圳市召开。论坛以“面向全球变化的水系统创新研究”为主题，设置5个大会报告、6个主题报告、12个分会场270个报告。论坛还设置了青年学者论坛，表彰了“中国水论坛2017年度十佳优秀青年论文奖”。

约1000名专家、学者参加会议。

国际交往 4月25—26日，应老挝科技部和老挝自然资源与环境部的邀请，中国科学院院长白春礼、学会副理事长兼秘书长沈镭一同访问了老挝，与相关政府部门和科研院所探讨在资源环境、地理遥感、生态与生物多样性、绿色发展等领域开展密切合作与交流。

7月4日，学会资源经济研究专业委员会在俄罗斯乌兰乌德市参与主办了贝加尔湖自然遗产20周年纪念与学术研讨会。

9月1—2日，学会创办的海外青年资源学者论坛暨2017中欧资源论坛在丹麦欧登塞市召开，会议由南丹麦大学承办。论坛主题为“探索可持续性挑战的耦合关系（Exploring the Linkages of Sustainability Challenges）”，来自中国及丹麦、德国、英国、意大利、西班牙、挪威、奥地利等国家的30位专家、青年学者围绕多种资源与可持续发展挑战的关系分享了研究成果。

10月15日，在2017全国湿地生态保护与恢复学术研讨会期间，学会召开了中外专家学者座谈交流会。美国生态咨询公司董事长兼首席生态学家Kevin L. Erwin和GEF中国湿地保护体系项目首席技术顾问John MacKinnon介绍了中国和西方国家在湿地保护及修复理念上的差别。

10月17—23日，学会副理事长兼秘书长沈镭研究员率团参加在意大利罗马召开的第四届世界气候变化大会，并担任“能源政策、可持续发展与气候变化关系”分会场主席，与国际知名专家、学者进行深入交流和讨论。

10月28日，在蒙古国乌兰巴托市参与主办蒙古高原生态环境与可持续发展国际研讨会。

科普活动 学会和专业委员会共主办科普讲座5次、农技咨询活动2次。分别在北京、河北省张家口市沽源县、江苏省南京市、新疆维吾尔自治区乌鲁木齐市举办“土壤污染修复治理与人体健康”“湿地生物多样性保护”“让我们远离荒漠化”等主题的科普讲座，受众2500人。在四川省蒲江县寿安镇、陕西省洛川县开展农业科技咨询活动，受众500余人。组织专家参加“全球变化大数据百校传播宣讲”活动。

学会在北京、江苏省南京市、云南省盈江县、四川省成都市举办科普展览，制作展板“湿地资源”“地学百科”“山地知识”等120余块，宣传资源合理利用与保护等知识。

4月，学会联合中国地质大学（武汉）团委开展科普作品创作立项活动，支持小微美科普作品创作，对75项主题鲜明的科普作品予以立项支持。学会还捐赠给云南省盈江县科普读物——《浩瀚时空博览》《中国国家地理》（选美中国特辑）、《博物》合计160套。

学会在北京举办两次科普公益活动。4月15日，在北京平谷区举办第四届“让污泥回归土地”公益植树活动；10月28日，在国家奥林匹克体育中心举办“2017第四届泥友健走”公益活动。

学会理事长成升魁协助中央电视台《新闻联播》栏目制作关于拒绝“舌尖上的浪费”主题的宣传片和倡导《减少食物浪费，光盘行动》系列宣传片；参与中央电视台《焦点访谈》栏日“杜绝食物浪费”主题节目制作。学会常务理事段金廒协助中央电视台制作《中药创新　变废为宝》节目。

学会组建了湿地生态保护科学传播专家团队、资源产业科学传播专家团队、水资源科学传播专家团队3个科学传播专家团队。中国科协聘任学会推荐的6名专家为第五批全国首席科学传播专家。

表彰举荐优秀科技工作者 学会先后推荐2017年中国科学院和中国工程院院士候选人、全国创新争先奖候选人、第十四届中国青年女科学家奖和2017年度未来女科学家计划候选人、第十五届中国青年科技奖候选人、2018年度国家科学技术奖提名项目共计10人（项）。经学会推荐，中国科学院新疆分院研究员陈曦获得全国创新争先奖状；“沉积物体系风险表征方法与其高效低耗治理原理”项目经过中国科协评审，被正式提名为2018年度国家科学技术奖励项目。

5月，学会组织开展了2017年中国自然资源学会“优秀科技奖”“青年科技奖”评选，曹晓民、崔振岭等30位专家、学者获奖。

在2017年学会学术年会上，25位专家、学者获得青年优秀论文奖。中国水论坛表彰了10佳优秀青年论文奖。区域发展与全球资源配置研讨会表彰了7项青年优秀论文奖等。

党建强会 3月23日，在湖北省武汉市召开学会党委成立大会。

学会党委及学会联合党支部开展“学会联合党支部的功能、作用研究”。

学会党委和依托单位党支部紧密合作，联合组织了北京—张家口冬奥沿线资源环境、雄安新区资源考察、与张北县贫困村党支部成员座谈交流、“七一”主题党日参观革命历史教育基地、年会代表参观“乌兰夫同志纪念馆”等活动。

11月27日，学会党委和有关单位联合举办学习贯彻党的十九大精神专题报告会，理事长成升魁以“中国近代社会发展史与中国共产党”为题作报告，北京分支机构党员代表50余人参加活动。

会员服务 学会组队参加中国科学院喜迎党的十九大文艺演出、中国科协乒乓球赛等活动。学会网站、QQ会员群、微信公众号平台发布各类服务信息。继续对学生会员实行会费减免。

【中国自然资源学会2017年学术年会】 7月29日，学会2017年学术年会在内蒙古师范大学召开，年会由学会与内蒙古自然资源学会主办。

年会以“创新资源科技新动能，引领内蒙古绿色发展”为主题，930位专家、学者参加了年会，提交论文/摘要211篇。优秀论文被《干旱区资源与环境》《资源科学》《中国人口·资源与环境》《中国矿业》等期刊发表。

中国科学院院士刘嘉麒、中国工程院院士王浩、中国科学院院士陈发虎、学会名誉理事长刘纪远、学会理事长成升魁、中国科学院地理科学与资源研究所副所长封志明、内蒙古师范大学校长云国宏、内蒙古农业大学校长王万义以及学会副理事长沈镭等出席开幕式。王万义主持开幕式。云国宏、成升魁、封志明分别致辞。

开幕式上为首届全国创新争先奖状获得者中国科学院新疆分院研究员陈曦及2017年中国自然资源学会优秀科技奖、青年科技奖获奖者颁发证书。

与会的8位专家、学者分别作大会主旨报告《物华天宝话内蒙》《内蒙古水资源形势及新时期开发利用策略》《中国草地生态系统的生态保护与绿色发展途径——以青海三江源为例》《欧亚大陆草原资源与生态系统管理》《中国山区耕地撂荒调查》《内蒙古自然资源概况与可持续利用》《资源流动和物质代谢研究的进展与展望》《建生态矿区，产绿色煤炭——神东矿区资源环境协调发展的理论与实践》。

年会还围绕主题进行了涉及土地资源开发利用与精准扶贫方略、水土资源利用与生态文明建设、资源经济创新与区域绿色发展、提质增效助推农业绿色发展、生态旅游可持续发展与美丽中国生态文明、生态过渡带资源持续利用与景观/区域可持续性、面向新技术的知识制图、资源监测新技术的运用、经济新常态下国家矿产资源安全管理与政策、资源产业供给侧改革、山地资源利用与绿色发展11个专题研讨。

年会期间还同时举办了第十一届全国资源学院院长论坛、第十二届全国资源科学研究生论坛、第一届青年资源制图3个论坛。

【首届资源产业扶贫创新发展高端论坛】 11月14—16日，学会联合云南省地质调查局和云南省德宏傣族景颇族自治州人民政府在云南省德宏州盈江县共同举办了首届资源产业扶贫创新发展高端论坛，论坛主题为“新丝路上的‘大盈江’”。300多人参加论坛。本次论坛通过院士专家现场咨询、科技成果共享和捐赠科普读物、主题演讲、高端论坛以及与地方政府面对面座谈等活动形式，充分发挥科技社团的智力优势，是服务我国边疆多民族地区脱贫致富和地区经济社会发展的一次重要创新。

学会组织孙鸿烈院士、夏军院士和多位相关专家调研了盈江县的典型贫困乡村，与苏典乡和勐弄乡的乡村领导干部及贫困户进行交流。参与调研的专家还在勐弄乡龙门古寨亲手种植了院士林。

论坛开幕式上举行了移交地质调查成果和赠阅科普读物仪式。开幕式后举行了论坛主旨报告。学会副理事长夏军院士、云南省社会科学院东南亚研究所所长马勇研究员、云南省地质调查局局长卢映祥研究员分别作报告《水安全问题及云南“大盈江”的几点思考》《东南亚形势的新变化与云南对外开放》《发挥地质科技优势 助力云南精准脱贫》。

11月16日，论坛围绕“重新定位丝绸古道上的‘大盈江’”“‘大盈江’流域资源开发与生态环境保护”“产业创新带动‘大盈江’区域经济与贸易发展”“地质调查助力‘大盈江’民生福祉与扶贫”等议题，邀请10位专家作专题报告。

11月15日，举行专家、学者与政府管理部门面对面座谈会，专家、学者和盈江县党政领导一起围绕地方扶贫发展实际问题进行了充分交流和座谈。

（撰稿人：刘丽娜）

中国感光学会

服务创新型国家和社会建设 2017年，学会发挥院士专家工作站的作用，组织专家团队与天津市感光影像企业科技人员联合开展研发工作，为天津市感光影像企业进行技术指导、开展技术攻关，为企业解决技术难题，助力天津市影像企业科技创新。

学会辐射固化专业委员会在山东省烟台市举办辐射固化技术培训班；学会视频侦查技术与特种照相专业委员会在四川省举办全国影像技术高端论坛暨视频侦查技术培训班；学会立体影像技术专业委员会在江苏省南通市组织3D立体影像技术培训。3次培训活动累计培训人员300余人次。

学会建设 学会拥有个人会员4389人、单位会员66个。2017年新增个人会员87人、单位会员1个。

学会召开理事会1次、常务理事会2次。学会加强对分支机构的管理，执行《中国感光学会分支机构财务管理办法》，对分支机构实行财务集中管理。

主办期刊 2017年，学会主要刊物《影像科学与光化学》《影像技术》按计划编辑出版12期，刊登主要文章200余篇。《影像科学与光化学》数字化推广和宣传工作取得一定成效——论文电子版及时上网，网站提供免费全文下载。《影像技术》重视约稿和审稿工作，定期对编辑部人员进行培训，提升审校人员素质。

学科发展研究 获得中国科协“2016—2017年学科发展研究项目”支持，完成感光影像学学科发展研究的编写工作。学科发展报告由综合报告和11个专题报告组成，总字数29万字。

国内主要学术会议 学会及各专业委员会共举办国内学术交流活动10余次，参会专家、学者2000余人次，发表论文200余篇。

8月10—14日，学会2017年学术年会、学会视频侦查技术与特种照相专业委员会年会、声像新技术研讨会在云南省昆明市召开。来自科研院所、企业、高校及全国公检法等部门和公安院校的专家、学者共300余人参加了会议。

9月4—5日，由中国科协主办、学会和中国科学院老科协理化分会承办，以“常温液态金属：将如何改变未来”为主题的第120期新观点新学说学术沙龙在北京召开。40名专家、学者参加了学术沙龙。

11月28—30日，由学会、学会信息与成像材料专业委员会、天津陈塘庄美术科技馆联合举办的“中国感光学会信息与成像材料发展论坛——助力天津影像企业科技创新”在天津市召开。来自科研院所、企业、高校的专家、学者50余人参加了会议。

两岸交流 6月26—30日，由学会辐射固化专业委员会主办的2017第五届海峡两岸辐射固化技术研讨会在青海省西宁市召开。来自60家单位的近100名海峡两岸UV行业专家学者和技术人员参加，共同探讨两岸UV技术发展的趋势及市场情况。

国际交往 11月5—9日，学会组织专家一行9人出席了在美国科罗拉多州丹佛市举行的2017年印刷技术国际会议。学会专家参加了大会的全部学术活动，提交了7篇会议论文，并发表2篇口头报告、5篇交互式报告，介绍了中国影像材料、数字印刷及影像科技领域的现状和最新研究成果。

科普活动 5月，学会组织“理化技术、创新为民”公众科学日活动，来自多所学校的600余名中小学生参加。6月，学会联合陈塘庄美术科技馆在天津市举办“反应艺术，抽象认知——Gerald Hushlak艺术作品展”。举办科普讲座2次、科普展览5次，参加科普活动的科技工作者达30人次，受众人数8000人次。

表彰举荐优秀科技工作者 开展第十五届中国青年科技奖候选人推荐工作，推荐中国科学院理化所研究员王树涛为第十五届中国青年科技奖候选人。开展2017年中国科学院和中国工程院院士候选人推选工作，推选北京大学教授晏磊作为中国科学院院士候选人。

党建强会 学会承担中国科协“党建强会计划”项目、“两个全覆盖”专项党建活动项目。在学会网站、微信公众号开辟党建强会专栏，创建全方位立体化党建学习宣传阵地。推荐宣传全国学会优秀党员科技工作者。

会员服务 学会依托院士专家工作站、院士专家企业行等活动，为会员单位提供咨询服务。

学会通过会员会议注册费减免制度、论文版面费优惠制度、免费寄送学会期刊等学术资料、同等条件下会员优先在期刊上发表文章等方式服务个人会员。

学会和学会光催化专委会共开设了“中国感光学会”“中国光催化”2个微信公众号，2017年共发布微信文章近200篇，点击率上万次。

【中国感光学会2017年学术年会】 8月10—14日，学会2017年学术年会、第九届五次理事会、学会视频侦查技术与特种照相专业委员会年会、声像新技术研讨会在云南省昆明市召开。来自科研院所、企业、高校及全国公检法等部门和公安院校的专家、学者共300余人参加了会议。会议开幕式由学会秘书长黄勇主持。学会理事长蒲嘉陵致开幕词。

会议邀请中山大学教授杨建文等专家分别作报告《光固化技术在能源产业中的应用》《时空与趋势——视频侦查疑难案件剖析》《视频侦查物证技术体系》《监控视频人像同一认定的技术标准与新方法》《特种照相及图像处理技术研究进展》《高光谱成像技术及其相关产业应用》《基于深度学习的人脸识别技术》《光谱成像新技术》《无人机的发展与警务应用》。

会议共设3个分会场，分别就视频侦查技术和特种照相技术、新型成像材料和相关功能材料、遥感技术及影像处理和应用进行交流，共交流25篇口头报告。会议同时展示了13篇展报。学术年会共评选出8篇青年优秀科技论文，其中6篇为口头报告论文、2篇为展报论文。

会议同期召开学会第九届五次理事会及“感光影像学学科发展研究”项目研讨会。

【第十八届辐射固化年会】 9月12—15日，由学会辐射固化专业委员会主办的第十八届辐射固化年会在山东省烟台市召开。来自200余家企事业单位的435名专家、学者参会。

年会邀请中国印刷及设备器材工业协会绿色印刷及VOCs治理工作委员会主任李建军等专家分别作报告《包装印刷行业VOCs管控政策与治理技术》《氟碳涂料技术与应用发展趋势》《Recent Development of Photo-curing Organic-inorganic Hybrid Materials(光固化有机无机杂化材料的最新进展)》《Next Generation Low Migration and Led-curable photo initiators（新一代低迁移和适用于LED固化的光引发剂）》《光化学对于显示技术发展的推动作用》《紫外光固化低表面能涂层研究进展》《阳离子光引发剂研究应用进展》《“巯—炔”光固化的新进展》。

会议安排口头报告39个，围绕行业发展状况及趋势，光引发剂、助剂和添加剂，UV LED技术，光固化树脂及单体，功能性涂料及配方设计，基础原材料及国家法规等方面展开了详细阐述。

会议出版论文报告集，共收录论文报告36篇；同时组织优秀论文报告评选，共选出优秀论文奖5名、优秀行业新人论文奖3名。

会议还同期举办了辐射固化技术培训班。

（撰稿人：周云霞）

中国优选法统筹法与经济数学研究会

服务创新型国家和社会建设 受中国科协委托，研究会承担了中国科协“九大”代表调研课题“科研人员参与科普工作情况调研”任务，完成了对当前科研工作者参与科普工作的关键障碍和心理动机分析以及对科研工作者参与科普的最佳组织形式和知识传播方式的研究，并从激励机制和政策角度提出提高科研人员科普积极性的有效建议和政策措施，达到项目预期目标。

学会建设 截至2017年12月，新发展会员485人，会员总数达6958人；新增团体会员单位1个，团体会员单位总数达43个；新成立分支机构1个，下设分支机构总共20个。召开理事工作会议1次、理事长联席会议1次、常务理事工作会议2次、秘书长工作扩大会议12次、分支机构工作会议2次。统筹分会、工业工程分会、经济数学与管理数学分会完成理事会换届改选工作。

全新改版研究会网站，对会员数据库进行重新分类和更新，创建了微信公众号。

学会治理结构和治理方式改革 开展分支机构测评工作，规范分支机构管理，提升分支机构的能力建设。6月至10月中旬，研究会对下设的20个分支机构进行了测评工作。测评工作经过分支机构自评、提交材料、各分支机构交叉测评打分、研究会组织工作委员会委员为每一个分支机构测评打分后，根据测评分数，结合实际工作情况，评选出9个优秀分支机构，在10月21日召开的第十九届中国管理科学学年会开幕式上颁发“优秀分支机构奖”。

承担并完成中国科协“学会综合治理改革工程”项目。结合学会实际进行深入讨论，选定7项基本改革任务和6项自选改革任务，对学会管理工作进行深化改革。制定理事会、常务理事会、理事长办公会、秘书长工作会等各级会议的议事规则，明确学会理事等兼职人员的权利和义务，完善适应改革要求的财会工作、办公室工作等各项规章制度和管理办法。

主办期刊 研究会主办、出版期刊5种，其中学术期刊3种（中文1种、英文2种），印数28340册。

由研究会主办的学术期刊《中国管理科学》完成中国科协“2015—2017年中国科协精品科技期刊工程”项目。《中国管理科学》编委中，青年专家占比

65%，海外编委占比13%。扩大评审专家库，近两年新增评审专家40%；邀请长江学者、杰出青年科学家、学科带头人、海外学者、重大项目首席专家等学科领军人物做评审专家。

扩大期刊国际影响力，每期选择5篇论文在中国知网海外学术平台上正式出版英文翻译版。打造移动终端平台，建立期刊微信平台。启用Email-alert推送期刊电子版，读者点击目录中的“摘要”即可看到摘要及有关信息，点击“PDF”可下载阅读全文。

2017年,《中国管理科学》再次入选“中国最具国际影响力学术期刊”，已连续6年获此奖项。

10月22日，在南京信息工程大学举办第四届管理科学类期刊编辑、作者论坛，200多名专家、学者参加了会议。

国际学术会议 研究会及分支机构共同举办国际学术会议9次，参会人数1152人次，其中外国专家学者124位，交流论文486篇。

8月10—11日，由研究会和上海市浦东新区科学技术协会共同主办的互联网时代统筹法（进度控制方法论）应用实践国际论坛在上海市召开。来自中国、美国、新加坡等国家的200多位专家、学者以及企业人员参会。本次论坛以“统筹计划与进度管控、国际工程索赔能力建设”为核心，共同探讨互联网、大数据、BIM、VR等信息技术与统筹计划和进度控制的融合应用新思路。

7月21—23日，由学会船海经济管理专业委员会、西安财经大学主办的2017大数据时代的智慧交通与物流国际会议暨第五届国际决策科学高峰论坛在西安财经大学举办。大会主题为“大数据时代的智慧交通与物流”，来自美国、加拿大、波兰、新加坡的180多位专家、学者参会。会议收到54篇论文并得到SCI期刊*Information Sciences*和《中国管理科学》等国内外学术期刊的鼎力支持。

7月2—3日，由高等教育管理分会、东北财经大学经济学院共同主办的第七届经济计量分析与预测国际学术会议在大连东北财经大学举行。会议主题为“新常态下我国宏观经济监测和预测研究”，来自美国、加拿大、新加坡等国内外20余所高校和科研机构的180余名专家、学者参加了会议，共收到论文60余篇。

8月8日—11日，由研究会灰色系统专业委员会、人与控制协会、运筹研究与管理科学研究所、灰色系统与不确定分析国际学会主办，瑞典斯德哥尔摩大学商学院、灰色系统专业委员会、南京航空航天大学经济与管理学院承办的第六届灰色系统与智能服务国际会议和国际灰色系统与不确定性学会2017年会联合会议在瑞典斯德哥尔摩举行。来自中国、美国、加拿大、英国、波兰、罗马尼亚、印度等10余个国家及地区的80余位专家、学者出席了本次会议。我国有10余所高校和研究机构的50余位教授、青年学者和博士生参加本次会议，共同研讨灰色系统理论的最新进展和发展方向。本次会议共收到投稿221篇，会议最终录用论文84篇。

10月14—15日，由研究会应急管理专业委员会主办的第12届国际应急管理论坛暨第13届中国（双法）应急管理专业委员会学术年会在东北财经大学举行。第12届国际应急管理论坛主题为“世界变革中的危机与应急管理”，来自中国、美国等国内外的160余位专家、学者参加了会议，共收到论文60余篇。

国内主要学术会议 研究会及分支机构共举办国内学术会议28次，其中学术年会16次。参会人数4990人次，其中企业科技工作者629位。交流论文900余篇。

10月21—22日，由研究会主办的第十九届中国管理科学学术年会在江苏省南京市召开，会议主题为“绿色发展与管理科学”。来自中国科学院和全国400多所高校和60个科研院所的900多位管理学界专家、学者参加了会议，收到论文300余篇。

10月22日，由研究会主办的智慧决策与管理专题论坛在江苏省南京市召开，来自全国40多所高校、科研院所的300多位管理学界专家、学者参加了会议。

国际交往 7月2—9日，研究会常务理事、工业工程分会理事长崔利荣参加了在格勒诺布尔举办的第十届数学理论方法在可靠性领域的应用国际会议（MMR 2017）和在巴黎贡比涅工程技术大学召开的学术研讨会议。

7月24—31日，研究会常务理事、工业工程分会理事长崔利荣前往捷克布拉格参加2017年IEEE软件质量、可靠性和安全性国际会议。

8月8—11日，研究会常务理事、复杂装备研制管理委员会理事长刘思峰率领复杂装备研制管理委员会、灰色系统专业委员会共32人参加在瑞典斯德哥尔摩召开的第六届灰色系统与智能服务国际会议和国际灰色系统与不确定性学会2017年联合会议。

9月5—7日，研究会常务理事、项目管理研究委员会副理事长欧立雄率队参加在哈萨克斯坦阿斯塔纳举行的第30届IPMA全球大会。中国申报的湄洲湾第二发电厂2×1000MW工程项目被授予国际卓越项目管理金奖；湄洲湾项目经理宫俊亭获2017年度唯一一个“IPMA成就奖·年度项目经理金奖”，成为我国获得该荣誉的第一人。

科普活动 5月28—31日，由研究会主办的MathorCup大学生数学建模挑战赛举行，共有300多所高校近5000名学生报名参赛，收到有效参赛论文1363份。经过初评、网评、会评和复审四个阶段以及特等奖获选队伍答辩，最终评选出特等奖队伍2支、一等奖队伍42支、二等奖队伍138支、三等奖队伍343支、成功参赛奖队伍838支。

4—7月，由研究会主办的全国第22届华罗庚少年数学邀请赛，经过初赛、总决赛，在7月落下帷幕，全国有55万名中小学生参赛，近6万人获奖。

由研究会主办、数学教育委员会负责编辑、发行的科普期刊《数理天地》杂志2017年共出版期刊24期（初中版、高中版各12期），发表文章590篇，印刷207970册。

8月19日，由研究会主办、清华大学等25所高校共同发起、低碳发展管理分会等单位共同承办的INE杯第三届全国大学生能源经济学术创意大赛在北京举行总决赛。来自全国45所高等院校的296个团队参加了本届大赛，共收到有效参赛作品223份。专家评审组对参赛作品进行了评审，共评出一等奖5份、二等奖15份、三等奖49份；16所高校获最佳组织奖，60余位教师获“优秀指导教师”荣誉称号。

10月28—29日，由研究会项目管理研究委员会主办的2017（第二届）高等院校项目管理大赛在北方工业大学举行，来自全国高校的73支代表队292名选手参加了决赛。

11月22—26日，由研究会、数学教育委员会主办的第八届（2017）WMTC在北京举行，来自7个国家和地区的632名选手注册参赛。本届共有70名选手获得个人赛金牌，125人获得银牌，185人获得铜牌。

党建强会 1月14日，研究会召开第九届六次常务理事扩大工作会议，就研究会党委成立问题传达了中国科协党建相关文件，介绍了研究会党建工作情况，并宣布研究会功能型党委成立。

会员服务 做好推荐先进集体和个人候选工作，每月为团体会员单位、理事和高级会员寄送《中国管理科学》。努力建好科技工作者之家，为科技人才提供服务，搭建高端前沿学术交流平台。

【第十九届中国管理科学学术年会】 10月21—22日，由研究会、南京信息工程大学、中国科学院科技战略咨询研究院、《中国管理科学》编辑部共同主办，南京信息工程大学经济管理学院承办的第十九届中国管理科学学术年会在南京信息工程大学召开。江苏省政协副主席阎立，中国工程院院士、合肥工业大学教授杨善林，中国科学院院士、南京信息工程大学教授王会军，中国科学院科技战略咨询研究院院长潘教峰，南京信息工程大学校长李北群，国家自然科学基金委管理科学部三处处长刘作仪，中国优选法统筹法与经济数学研究会理事长、中国科学院科技战略咨询研究院研究员池宏，《中国管理科学》主编蔡晨，出席大会开幕式并致辞。大会开幕式由研究会秘书长、中国科学院科技战略咨询研究院研究员李建平主持。

大会颁发了“中国优选法统筹法与经济数学研究会优秀分支机构奖”、《中国管理科学》“最具影响力论文奖”。出席会议的领导、专家为获奖者颁奖。

年会以“绿色发展与管理科学”为主题，来自中国科学院和全国400多所高校和60个科研院所的校长、院长、长江学者特聘教授、国家杰出青年科学基金项目获得者等900多位管理学界专家、学者参加了会议。

受中国科协委托，本届年会承担了“学术会议示范品牌建设工程项目”，年会分大会主题报告、分专题学术交流论文评审、主题论坛交流3个阶段，会议涵盖会展赛3个部分，达到了项目预期目标。

中国工程院院士杨善林、中国科学院院士王会军、刘作仪研究员、潘教峰院长分别作大会主题报告《关于双一流建设的思考》《气候变化及其科学问题》《管理科学的研究现状》《智库DIIS理论方法》，国内知名教授作了主题报告。

在分专题学术交流论文评审阶段，会议分6个专题设8个分会场进行专题交流，同时进行论文评选。

论坛研讨阶段设有第八届中国优选法统筹法与经济数学研究会青年论坛、气候变化经济论坛、智慧决策与管理论坛、学科及品牌专业建设院长论坛、第四届《中国管理科学》期刊与学者学术交流论坛、2017

年 MathorCup 数学建模竞赛总结大会暨第二届数学建模在企业中的应用研讨会 6 个论坛。

大会共收到论文 300 余篇，其中 18 篇论文获得优秀论文报告奖。获奖论文将在 2018 年《中国管理科学》期刊上发表。

【第八届中国能源经济与管理学术年会】 9 月 22—24 日，由国家自然科学基金委员会管理科学部、研究会能源经济与管理研究分会、中国人民大学共同主办的第八届中国能源经济与管理学术年会在中国人民大学举行。中国人民大学副校长贺耀敏、教育部社科司副司长谭方正、国家自然科学基金委员会管理科学部处长杨列勋、研究会能源经济与管理研究分会理事长魏一鸣等与会领导在开幕式上致辞。来自国内外 100 多个高等院校和科研院所的 500 余位能源经济与管理的专家、学者出席了开幕式并参加会议，共收到论文 160 余篇。开幕式由中国人民大学经济学院党委书记关雪凌主持。

会议以“中国能源转型中的机遇与挑战”为主题，分为主题报告和分会场报告两部分。清华大学教授张强、北京师范大学教授陈彬、英国苏塞克斯大学教授 Richard Tol、英国东英吉利大学教授关大博、暨南大学教授张宁、中国科学院城市环境研究所研究员陈伟强、中国人民大学副教授宋枫共 7 位国内外知名学者为大会作了主题报告。此外，164 位专家、学者在 17 个分会场围绕“能源转型”“能源产业革命”“能源效率与节能”“能源经济”“能源贸易”“能源安全”“气候变化经济”“碳交易市场”“低碳发展路径”“能源金融”等 20 个领域分组进行报告。

本届年会闭幕式上颁发了中国能源经济与管理优秀研究生论文奖。会议期间，研究会能源经济与管理研究分会还召开了常务理事会扩大会议。

【第十二届国际应急管理论坛暨应急管理专业委员会年会】 10 月 14—15 日，由研究会应急管理专业委员会、中国科学院大学、东北财经大学共同主办，东北财经大学管理科学与工程学院、高等教育管理分会承办的第十二届国际应急管理论坛暨第十三届中国（双法）应急管理专业委员会学术年会在东北财经大学召开。本届国际应急管理论坛的主题为“世界变革中的危机与应急管理”，聚焦变革时代下的风险、安全、危机与应急管理。来自美国俄勒冈大学、纽约州立大学、香港中文大学等国家和地区著名学府与国内重点高校、科研院所的 160 余位专家、学者参加了会议。本次学术会议共收到投稿论文 60 余篇。

东北财经大学校长夏春玉，研究会理事长池宏，中国科学院大学经济与管理学院院长汪寿阳，国际反恐学界权威专家、美国纽约州立大学布法罗分校教授庄峻，国务院应急专家组和国家安全生产专家组成员刘铁民出席会议并讲话。

大会报告包括“展望——应急管理理论前沿”“回顾——非常规突发事件重大研究计划”“前瞻——应急管理的未来探索”3 个主题，围绕应急管理学术界最前沿的理论研究动向、应急管理领域的学术前沿成果展开交流。

（撰稿人：张　玲）

中国岩石力学与工程学会

服务创新型国家和社会建设　学会先后组织完成了 20 项科技成果鉴定，相比 2016 年增长 53%。

编写了《2016 年中国城市地下空间发展报告（蓝皮书）》，11 月公开出版发行。

学会能力提升计划　学会完成了“学会能力提升专项——优秀科技社团二等奖”第二期项目组织及总结工作，完成第二期的第二年任务指标，实现了学会能力提升的预期目标。

学会建立了完整的组织机构、结构体系、工作细则、简要流程、知识产权管理条例等系列的团标管理办法。组织岩石动力学专委会、岩石破碎专委会开展团标编制试点示范工作。制定了《岩石动力特性试验规程》，并进入审查定稿阶段。

学会建设　完成学会规章制度的制定及修订，新增 17 项。

学会秘书处新增了办公新区，并完成了现有办公区及新区的文化建设，完成了 36 块场外展板的设计制作，全面介绍学会组织结构、发展历史和科技成就。

为推进学科发展、更好地为国家经济建设服务，新成立地下物流专业委员会。

学会组织工作组分别前往地下物流专委会、地面岩石工程专委会、锚固与注浆分会、技术咨询委员会、贵州省学会进行分支机构工作调研。

强化理事履职意识，明确学会领导分工，确保学会各项重要任务都有专人负责、落到实处。设立党建宣传部和人才事业部，适应新时期科技社团开展“四服务、一加强”工作的需要。

学会治理结构和治理方式改 学会申报中国科协“学会治理机制改革和评价体系建设工程”项目，并于6月完成。

学会结合自身特点，实行双理事长制、监事制，并强化了学会理事履职职责。

申报中国科协“学会综合治理改革”项目，项目工作正在实施中。

青年人才托举工程 2017年，获得中国科协青年人才托举工程项目2个名额资助、4个自筹经费名额。以“青年人才托举工程”入选人员为主，承办了中国科协335次青年科学家论坛。

选拔并鼓励“青年人才托举工程”入选者参与国际组织工作；连续三年资助后备人才出访，2017年再资助9人；从“青年创业创新大赛”中发现和培养青年托举人才，推荐参选ISRM罗哈奖（Rocha Medal）。

主办期刊 《岩石力学与工程学报》大力开展期刊学术质量、编校质量以及影响力建设，积极推动中国科学院、中国科协、新闻出版总署及湖北省的资助和荣誉申报与评审工作。2017年,《岩石力学与工程学报》获评中国百篇最具影响国内学术论文（1篇）、F 5000收录论文（22篇）、中国科学院出版基金科技期刊择优支持、中国科协精品期刊工程TOP 50项目（延续）、百种中国杰出学术期刊、中国最具国际影响力学术期刊。

《岩石力学与岩土工程学报》（英文版）全年共收稿265篇，比2016年增加11.3%；退稿184篇，录用86篇，全年高质量编辑加工并发表105篇，页码1196页，工作量较2016年增加23.8%。

《地下空间与工程学报》继续加强“地下空间开发利用”“理论与试验研究”“设计、施工、监测”与“防灾与环境”四大栏目与地下空间主题的相关性。

学科发展研究 为贯彻落实全国科技创新大会和《国家中长期科学和技术发展规划纲要2006—2020》精神，促进岩石力学与工程学科发展，学会受中国科协资助编写《2016—2017岩石力学与工程学科发展报告》（第二辑）。共召开筹备会2次、专家撰写研讨会4次。本辑学科发展报告含主报告1篇、分报告17篇，目前已结题。

决策咨询 5月16—17日，应中国三峡建设管理有限公司白鹤滩工程建设部邀请，由学会组织的白鹤滩水电站地下厂房洞室群岩石力学问题现场技术咨询会在白鹤滩工程建设管理中心召开。钱七虎院士担任专家组组长，学会理事长冯夏庭研究员为副组长，共10名专家作为专家组成员出席了咨询会。来自三峡金沙江云川水电开发有限公司、白鹤滩工程建设部、华东勘测设计研究院等单位的共计53人参加了此次会议。

2017年，学会完成了对甘肃陇南机场高填方工程工后变形监测咨询工作；完成了对青海李家峡灌区引水隧洞工程咨询工作；完成了讨赖河三道湾水电站地下厂房稳定性的咨询工作；完成了茨哈峡水电站层状岩质边坡稳定性和支护方案加深研究项目。

国际学术会议 6月29日，举行了学会地下物流专业委员会成立大会暨首届中国国际地下物流学术论坛。来自国内外城市交通、物流、地下工程、装备制造等各领域的专家学者以及政府管理部门、科研院所代表齐聚一堂，围绕“机遇、挑战、创新、共赢——城市地下物流发展应用”主题交流地下物流研究成果，探讨相关理论和未来实践发展方向。大会共设报告11场。

8月1—3日，由中国岩石力学与工程学会、俄罗斯科学院西伯利亚分院、俄罗斯科学院远东分院、俄罗斯远东联邦大学等主办，山东科技大学等承办的第七届中俄深部岩石动力学高层论坛在山东科技大学举行。来自中俄两国40余家高校和科研院所的180余位领域内知名专家出席论坛。大会报告包括19个特邀报告、20个分会场报告。

8月24—26日，第八届日中隧道安全与风险国际研讨会（The Eighth Japan-China Workshop on Tunneling Safety & Risk）在日本神户召开。由中国岩石力学与工程学会日本分会组织、日本神户大学承办的。来自中国的高校及隧道工程建设相关企业10家单位的18位专家学者，以及来自日本高校及企业19家单位的32位专家学者共计29个单位50余位专家学者参会。会议的主要议题包括隧道工程建设的安全与风险管理、地下工程的防灾减灾及修复管理、隧道工程建设的新技术与设备、城市地下工程建设的安全与风险最新理论与技术实践。

9月21—22日，由学会地下空间分会主办、青岛国信集团承办的2017年第五次国际地下空间学术大会在山东省青岛市召开。会议主题为“城市地下空间协同开发利用”，近800名相关专家、学者和企业代表参会。来自国内外的13位地下空间领域顶级专家围绕大会主题，结合各自领域的深厚理论与丰富实践，分别作了特邀学术报告。大会设有5个分会场，60余篇学术报告进行了交流。会议期间还组织召开了3场专题技术研讨会。

国内主要学术会议 5月12—13日，首届东北地区地铁建设新工法新技术学术讨论会在辽宁省沈阳市召开。来自同济大学、中国地质大学等专家、学者，东北地区在建地铁城市沈阳、长春、哈尔滨、大连市地铁公司领导，全国大型地铁设计院、施工单位等的120余人参加了会议。大会包括地铁管理、科研、设计及施工四方面议题。

7月8日，岩土工程勘查中物探技术现状及发展方向研讨会在山东省济南市召开，研讨会邀请了国内24位行业专家、学者参加。

9月19—22日，由学会主办的中国岩石力学与工程进展2017学术大会（SINO ROCK 2017）在山东省济南市召开。来自全国26家煤炭企业集团、28家高校科研院所以及46家煤矿装备、材料制造单位的711名专家、学者参加了会议。此次大会集“技术培训—学术报告—工业展览”三位一体，安排了110工法培训班、68场学术报告并布置了60个标准展位。学会以此次会议为试点，获得了“技术培训—学术报告—工业展览”三位一体、700余人和60个展位规模会议的改革经验，并得到了中国科协“学术会议示范品牌建设工程”项目的支持。

12月6—7日，第二届全国岩土工程BIM技术研讨会在云南省昆明市举行。会议由学会、中国水利水电勘测设计协会及云南省岩土力学与工程学会主办，中国电建集团昆明勘测设计研究院有限公司、国家能源水电工程技术研发中心高土石坝分中心及云南省水力发电工程学会承办。大会的主题为：提高基础设施建设领域工程技术人员BIM技术应用水平，交流BIM技术在岩土工程、水利水电工程、交通工程及城市建设中的应用经验，探讨BIM技术应用推广思路。来自66家单位的190余位专家、学者参加会议。大会共有12位专家、学者作主题报告，13位专家、学者作学术报告。

两岸交流 8月18—20日，第十六届海峡两岸隧道与地下工程学术与技术研讨会在贵州省贵阳市召开，会议主题为“科技创新——推动隧道及地下工程精准发展”。会议由中国岩石力学与工程学会地下工程分会、土木工程学会隧道及地下工程分会及台湾地区隧道协会主办，贵州大学、山东大学、贵州省科协等11家单位协办。本次会议共有来自60余所（家）高校、科研院所、企业的300余人参会。

国际组织任职 10月4日，学会理事长冯夏庭教授被授予“国际岩石力学学会会士”荣誉称号、国际岩土力学计算方法学会“杰出贡献奖”。

国际交往 3月26—28日，应越南岩石力学学会主席Phung Manh Dac邀请，学会理事长冯夏庭赴越南河内进行了为期3天的交流访问。访问期间，冯夏庭参观了越南地质科学研究所，作了题为*Development of rock mechanics for deep engineering*的特邀报告；并作为国际导师，出席了越南水资源学院博士生Pham Quoc Tuan的论文答辩会。冯夏庭理事长与越南岩石力学学会主席Dac教授在学术研究、合作交流形式、项目承担及相关管理工作等方面进行了深入探讨并达成共识。冯夏庭理事长代表学会与越南岩石力学学会签署了两国意向性合作交流协议，协议期限为4年。

8月6—11日，应学会理事长冯夏庭邀请，国际岩石力学学会亚洲区副主席全皙远（Seokwon Jeon）教授到中国交流访问。全皙远首先访问了东北大学深部金属矿山安全开采教育部重点实验室。8月7日，全皙远在东北大学资源与土木工程学院给在校师生作了题为*A case study of ground subsidence at a limestone mine in Korea*的学术报告。

10月24日，新加坡岩石力学学会周迎新博士到学会进行访问，国际岩石力学与岩石工程学会中国国家小组主席何满潮院士接待了周迎新一行，并介绍了学会的发展情况。周迎新通报了2018年第十届亚洲岩石力学大会的筹备情况，杨晓杰副秘书长汇报了China Rock 2018学术大会的组织筹备情况。

在2017年国际岩石力学与岩石工程学会年会上，中国科学院院士何满潮作为国际岩石力学与岩石工程学会副主席和教育基金会主席，建议设立国际岩石力学学会三大奖项——科学进步奖、技术发明奖和杰出工程奖，得到了主席团的批准，并由教育基金会负责执行。

科普活动 学会岩土工程和古地下工程等科学传播团队在中国铁科院研修中心、浙江省蛇蟠岛、浙江景宁中学和松阳三中举办了多场科普讲座，有300多位一线工程技术人员和930多名师生参加。

在科普网站——地质环境大讲堂开办《何为地质环境》《解读岩石的密码》《岩石的三大种类》等网上科普讲座；在科普中国视频，何满潮院士做科普讲座《用科学技术为煤炭安全开采保驾护航》。微信及网站访问量超过1500人次。

继续推进科普基地建设工作，2017设立龙游石窟为学会科普基地，调研了以地下工程为主的蛇蟠岛和以滑坡试验场为主的三峡库区地质灾害研究中心及巴东野外综合试验场。

表彰举荐优秀科技工作者 2017年，学会开展了第八届学会科学技术奖、优秀博士学位论文奖、第二届全国岩石力学与工程优秀毕业设计（论文）奖和第二届全国高校城市地下空间工程专业优秀毕业生奖的评选活动。

举办第二届全国青年岩土力学与工程创新创业大赛，吸引了348名场内观众投票和场外近2000名观众全程关注。

2017年，获得中国科协“青年人才托举工程”2个名额资助、4个自筹经费名额。以“青年人才托举工程”入选者为主，承办中国科协335次青年科学家论坛。选拔并鼓励“青年人才托举工程”入选者参与国际组织工作；连续3年资助后备人才出访，2017年再资助9人；从“青年创业创新大赛”中发现和培养青年托举人才；推荐参选ISRM罗哈奖（Rocha Medal）。

推荐3名专家上报中国科协两院院士候选人提名；推选冯夏庭、何满潮、刘汉龙3人荣获首届全国创新争先奖；推选1人上报第十二届“光华工程科技奖”；推选2人上报第十五届“中国青年科技奖”候选人。

学会创新发展 学会和中国煤炭学会等共同成立了“中国矿业知识产权联盟”；由学会相关二级机构成立了“中国智慧基础设施联盟”和“中国地下物流创新与产业化联盟”。

党建强会 学会党委积极贯彻落实党的十九大精神，组织开展不同类型的党建活动，推进在条件具备的二级机构成立基层党组织，先后在地下物流专业委员会、岩石动力学专业委员会、地面岩石工程专业委员会和锚固与注浆分会成立党支部。

在学会网站、学会微信公众号和《动态》开设“党建专栏”“十九大”专题。编辑发布“党建工作通讯”两期，全方位开展党建工作，引导科技工作者自觉践行社会主义核心价值观。

积极学习贯彻党的十九大精神，组织广大会员两次参加“喜迎十九大党建知识问答”，获得“优秀组织奖”。

承担并完成2017年中国科协学会服务中心党委组织的党建项目。

组织学会秘书处全体党员及积极分子参观在北京展览馆举办的“砥砺奋进的五年”大型展览；组织参观遵义的遵义会议旧址、娄山关战役纪念馆、“天眼”，重温革命历史、缅怀革命先烈。

会员服务 学会积极为会员开展专业技术培训服务，2017年共举办了7次培训班，培训会员880人次。

学会采取有效措施增强会员荣誉感和凝聚力。截至10月底，会员达到11028名，比2016年增加了10%。制定了《关于学会资深会员与终身会员的管理细则》，提名并表彰王思敬院士等7名首批资深会员，为广大会员树立学习榜样。

完成《岩石力学与工程动态》彩色改版，出版了《英汉岩石力学与工程》电子版。

学会组织编写《2016—2017岩石力学与工程学科发展报告》（第二辑），得到中国科协项目资助，将于2018年完成撰写。

【中国岩石力学与工程进展2017学术大会】 9月19—22日，由学会主办的中国岩石力学与工程进展2017学术大会（SINO ROCK 2017）在山东省济南市召开。

中国科学院院士、学会理事长、中国矿业大学（北京）教授何满潮，中国科学院院士、山东科技大学教授宋振骐，中国工程院院士、北京科技大学教授蔡美峰，学会顾问、秘书长方祖烈教授，学会副理事长、山东大学副校长李术才教授，学会副理事长、太原理工大学教授赵阳升，学会副理事长、大连理工大学教授唐春安，山东能源集团副总经理翟明华等领导和专家出席了会议。来自全国26家煤炭企业集团、28家高校、科研院所以及46家煤矿装备、材料制造单位的711人参加了会议。此次大会集“技术培训—学术报告—工业展览”三位一体化，安排了110工法培训班、68场学术报告并布置了60个标准展位，力软科技（大连）股份有限公司等单位参加了工业装备展览。

此次大会得到了中国科协“学术会议示范品牌建设工程”项目的支持。

【第七届中俄深部岩石动力学高层论坛】 8月1—3日，第七届中俄深部岩石动力学高层论坛在山东科技大学举行。论坛由中国岩石力学与工程学会、俄罗斯科学院西伯利亚分院、俄罗斯科学院远东分院、俄罗斯远东联邦大学等主办，山东科技大学、山东大学等承办。

论坛中方主席、中国工程院院士钱七虎、蔡美峰，中国科学院院士宋振骐、何满潮，俄罗斯科学院院士 Oparin V. 教授和 Guzev M.A 教授，学会理事长冯夏庭，论坛中方副主席、辽宁大学校长潘一山、山东大学副校长李术才，以及来自中俄两国 40 余家高校和科研院所的 180 余位领域内知名专家、学者出席论坛。

论坛期间，钱七虎等 6 位院士以及多名千人计划专家、长江学者、杰青以及来自中俄两国的专家学者作了近 40 场学术报告。论坛主要围绕深部岩石动力学理论、深部地下工程灾变监测预警与风险评价、深部工程监测、检测新设备 / 新技术等主题进行研讨和深入交流。

【首届岩石力学与工程青年论坛暨 2016—2018 年青年人才托举工程项目启动会】 4 月 12 日，首届岩石力学与工程青年论坛暨 2016—2018 年青年人才托举工程项目启动会在辽宁省沈阳市召开。

本次会议由学会主办、中南大学和东北大学承办。参加会议的人员主要有学会青年人才托举工程项目（第一、二期）的托举对象及其导师团队、托举人才所在工作单位代表及相关人员等 40 余人。学会理事长冯夏庭、学会东北分会理事长赵文全程指导。会议由学会副秘书长徐文立主持。

这次论坛专门设置了学术争鸣环节，并由被托举人董陇军主持。论坛围绕岩爆能否被预测、中国高铁的创新及如何更好地走出去、人工岛礁的长期稳定性、深层地热与利用等岩石力学与工程的热点问题进行学术探讨。托举对象和导师积极参与互动，与会人员进行了交流和讨论。

（撰稿人：胡　威）

中国野生动物保护协会

学会建设　截至 2017 年 12 月底，协会会员总数达到 41 万人，团体会员 3902 个，全国各级协会达到 832 个，资深会员总数达 302 名。协会新成立分支机构 2 个，下设分支机构 14 个。协会召开全体理事会 2 次、常务理事会议 2 次、秘书长工作会议 1 次。

9 月 13 日，协会保护与狩猎规范专业委员会成立大会在北京召开。

11 月 24 日，协会野生动物园专业委员会成立大会在上海市召开。来自全国相关部门的领导、专家学者和从业人员等 130 余人参加了会议。会议审议通过了委员会工作规则以及主任委员、副主任委员、委员和秘书长提名方案。

国内主要学术会议　10 月 27—30 日，协会科技委员会与中国动物学会兽类委员会、中国生态学会动物生态专业委员会在四川省成都市联合主办了第十三届全国野生动物生态与资源保护学术研讨会。大会共收到论文摘要 356 篇，组织了 150 个报告，约 600 人参加了会议。会上评选出 5 人为第十三届“优秀生态工作者”。

两岸交流　5 月 10—12 日，协会在辽宁省庄河市举办了 2017 年海峡两岸暨香港澳门黑脸琵鹭自然保育研讨会，来自海峡两岸及香港特别行政区、澳门特别行政区的相关保护区、科研院所、保护团体等单位的 100 余人参加了会议。与会人员就“黑脸琵鹭保育”“湿地及水鸟保护”进行专题报告，并就“野生动物保护公众教育”“海峡两岸暨香港澳门地区保育合作”进行主题讨论。代表还实地考察了黑脸琵鹭在大陆的唯一繁殖地——辽宁省庄河市石城乡形人坨。2016 年黑脸琵鹭的全球种群数量为 3941 只，保护成效显著。

国际交往　配合国家重大外交活动，做好大熊猫保护研究国际合作工作。与芬兰艾赫泰里动物园、德国柏林动物园签署了大熊猫保护研究合作协议，使协会与国外的大熊猫保护研究合作达到 14 个国家、16 家单位，占我国该领域对外合作单位总数量的 76%。完成“中芬大熊猫合作协议签字仪式”；参加德国柏林动物园大熊猫馆开馆仪式筹备和举办的重大任务；国务院副总理刘延东在印度尼西亚茂物野生动物园出席“中国 – 印度尼西亚大熊猫保护合作研究启动仪式”的筹办活动；依托中荷建交 45 周年在荷兰大熊猫馆开幕式的平台，与中国驻荷兰大使馆联合举办中国濒危野生动物保护成果展。

协会积极推动以社团组织名义加入国际狩猎和野生动物保护理事会（CIC），就涉台问题与 CIC 签署了谅解备忘录。

协会主动参加野生动植物保护联盟《白金汉宫声明》行动计划磋商和规则制定，认真履行承诺义务，并按照国务院打击野生动植物非法贸易部际联席会议确定的《2017 年工作要点》，面向国际航空货物运输、中远海运集运、中药、皮革、乐器等行业和野生动植物进出口重点企业举办“打击野生动物非法贸易法规政策培训班”。

协会与卡塔尔研究国际基金会签署了关于鸟类繁殖和野生动物保护领域的谅解备忘录。

科普活动 组织一年一度的全国“爱鸟周”系列宣传，向全国各省级野生动植物保护协会印发通知，提出了全国“爱鸟周”活动要求；在海南省三亚市举办全国“爱鸟周”启动仪式；联合组织开展“第十届中国（京山）国际观鸟节”和“首届若尔盖高原湿地观鸟赛”；推动全国各级协会开展形式多样的全国“爱鸟周”科普宣传活动。据不完全统计，2017年“爱鸟周”全国共有1000多个市、县开展活动4000多次，共计500余万人参与活动。

举办“世界野生动植物日”大型科普宣传活动；举办野生动植物保护知识竞答、濒危物种图片展览和《野生动物保护法漫画解读》展；在微信平台开展野生动植物知识有奖问答；在《中国绿色时报》刊出《保护野生动植物，聆听青年人的声音》专版；在“世界野生动植物日”活动上，发出“互联网企业抵制网络野生动植物非法贸易倡议书”。

5月23—26日，2017全国林业科技活动周桂林分会场宣传活动暨“自然体验培训师”培训班在广西壮族自治区桂林市举行，来自部分保护区及中小学校的60名学员代表参加了培训学习。培训期间，授课老师分别讲授了《生态道德教育理论与实践》《观鸟》等课程，并开展了“观鸟”“笔记大自然”“自然体验”等实习活动。

11月3日，协会在广东省广州市举办了2017年全国暨广东省“保护野生动物宣传月”启动仪式。在启动仪式上，志愿者介绍了协会2017年秋季候鸟迁徙志愿者“护飞行动”，向未成年人生态道德教育示范学校赠送了图书，启动了“绘眼看自然——长隆杯第一届全国自然笔记大赛”。

协会扎实推进未成年人生态道德教育，命名了52所“未成年人生态道德教育示范学校”，使示范学校增至245所；组织开展“长隆杯”全国青少年绘画大赛，收到作品近4000幅，评选出775幅获奖作品；组织开展“花坪杯”全国青少年生态文明主题书画、摄影、征文邀请赛，收到参赛作品30080幅，评选出4062幅获奖作品。

举办系列摄影展览。协会科学考察委员会组织举办了“2017世界野生动植物摄影精品展”，共收到国内外摄影作品3000多件，收藏作品252件；在北京举办“雪山之王——中国雪豹保护摄影展”，全国人大常委会原副委员长、中国关心下一代工作委员会主任顾秀莲，教育部原纪检组组长、中国关心下一代工作委员会副主任田淑兰，国家林业局副局长李春良，协会会长陈凤学等领导参加了摄影展开幕式，并同时举办了雪豹保护论坛。

协会与政府主管部门和相关国际组织推出象牙禁贸系列公益广告，引导公众自觉抵制象牙制品非法贸易行为，共建生态文明。

协会微信公众号及时发布相关信息，积极传递正能量，累计发布591期，关注量达28791人，保持在中国NGO绿色公众号周榜单前五名，并被中国新闻办公室列入主推送的“公众号”序列。

会员服务 编辑《中国野生动植物保护通讯》，便于会员了解相关动态。通过微信公众平台、QQ群向会员发布野生动物科普、保护、先进人物等相关信息。

【“世界野生动植物日”系列公益宣传活动】 2月26日，“世界野生动物植物日”系列宣传活动启动仪式在北京举办。国家林业局副局长刘东生出席活动。美国等8个国家驻华使节、联合国环境规划署等10个国内外组织代表和社会各界群众等1000余人参加了活动。启动仪式上，国内外NGO组织、动物园、优秀企业等33家协会合作伙伴开展了“世界野生动植物日”公益倡议活动及互动分享活动。中国少年儿童新闻出版总社、京东商城图书文娱业务部分别向协会捐赠了图书。活动同期还举行了保护知识竞答活动、濒危物种图片展览和《野生动物保护法漫画解读》展，来自国家动物博物馆等单位的5位青年现场分享了他们参与野生动植物保护的实践和感受。

同时，协会通过进学校、进社区和保护区等地进行宣传，开展了多场形式多样的纪念“世界野生动植物日”活动。针对新修订的《野生动物保护法》，采用漫画解读的形式，在相关野生动物园、自然保护区进行广泛宣传；在微信平台开展野生动植物知识有奖问答，扩大了“世界野生动植物日”活动的影响力；在《中国绿色时报》刊出《保护野生动植物，聆听青年人的声音》专版，刊登了5位青年参与野生动植物保护工作的感受；组织百度、阿里巴巴和腾讯发出“互联网企业抵制网络野生动植物非法贸易倡议书”，并联合国际野生物贸易研究组织（TRAFFIC）

召开“打击网络野生动植物非法贸易研讨会”，制定技术手册，为打击网络野生动植物非法贸易提供技术支持；联合世界野生生物保护学会（WCS）举办“中国企业在非洲参与野生生物保护的机遇与挑战”研讨会，探讨中国企业面临的挑战、原因和措施；联合野生救援（WildAid）和上海迪士尼度假区举办“‘象’往未来——野生动物保护公益活动”。上海迪士尼度假区把音乐剧《狮子王》演出的部分票房收入捐赠给协会，用于支持协会的公众教育活动。

（撰稿人：于永福）

中国系统工程学会

学会建设 学会召开理事会1次、常务理事会1次。截至2017年年底，学会新增个人会员220名，个人会员已达到4760名；单位会员126家。

学会共设有专业委员会27个、工作委员会6个。2017年，学会新成立4个分支机构——港航经济系统工程专业委员会、可持续运营与管理系统分会、系统可靠性工程专业委员会和智能制造系统工程专业委员会。

学会九届四次理事会会议讨论并投票表决通过了《中国系统工程学会理事候选人产生办法》《中国系统工程学会会员代表产生办法》《中国系统工程学会工作委员会工作职责》《系统科学与系统工程优秀博士学位论文奖评选办法》，讨论并通过对《系统科学与系统工程奖励条例》的修改。

青年人才托举工程 2015—2017年，学会作为自动化、信息与智能科学科技社团联合体的轮值学会，组织以7家学会、10位被托举人为核心的学术交流。在中国科协“青年人才托举工程”项目的支持下，学会托举工程项目培养人、被托举人进一步发挥个人在国内外学术活动中的作用和影响力，凸显了学会的品牌影响力。

主办期刊 学会现主办期刊8个，其中作为唯一主办单位主办有《系统工程理论与实践》《系统工程学报》《交通运输系统工程与信息》及*Journal of Systems Science and Systems Engineering*、*Journal of Systems Science and Information* 5本刊物。

2017年学会加强了所属期刊的管理，所属刊物在作者、评审、学术内容、专题策划、学术会议、网络建设等方面展开多项工作，提高了期刊的整体质量。其中，《系统工程理论与实践》在信息科学与系统科学类期刊中综合排名第一，文献计量学各项指标得到大幅度提高，并于2017年获得“第四届中国出版政府奖提名奖”“2016年百种中国杰出学术期刊”“第4届中国精品科技期刊”等多项荣誉称号。

《系统科学与信息学报》（英文）于2017年加入DE GRUYTER数据库。

国际学术会议 学会及所属专业委员会组织了10次不同规模的国际学术会议。

5月12—14日，由学会能源资源系统工程分会、南京航空航天大学和中国石油大学（北京）主办的第二届能源资源系统工程学术年会在江苏省南京市召开。来自海内外30多个科研机构和高等院校的近300名专家、学者出席了会议，围绕能源资源系统工程及其经济管理问题开展学术交流。

7月26—28日，由学会过程系统工程专业委员会主办、中国石化信息化管理部和昆明理工大学共同承办的过程系统工程年会（PSE 2017）在昆明理工大学召开。年会的主题是“过程工业智能制造理论与实践”。年会由中国工程院院士、中国石油和石化工程研究会名誉理事长王基铭担任大会主席。会议期间围绕当前PSE业界热点话题，结合中国流程工业创新转型发展的重大需求进行了广泛的研讨和交流。本次大会共收到165篇学术论文、16篇特邀报告，经大会学术委员会组织相关专家评审，151篇论文被编入会议论文集，其中130篇论文被推荐到期刊。

10月20—22日，国际系统与控制科学院年会在四川大学商学院召开，学会系统理论专业委员会协助四川大学商学院参与了年会的筹备组织工作。在国际系统与控制科学院年会大会报告会上，顾基发担任时段主席，汪寿阳、狄增如分别作大会报告TEI@I Methodology for economic system studies、Education of systems in China。

10月21—23日，学会人-机-环境系统工程专业委员会在江西省井冈山市召开第十七届国际人-机-环境系统工程大会。本届大会还特邀法国奥尔良大学Olivier Buttelli教授和芬兰BBL集团Simo-Pekka Simonaho博士在大会作专题报告。参加本次大会的专家、学者共117人。

10月26—28日，学会船舶和海洋系统工程专业委员会作为主办单位，在大连大学举办了绿色港口发展中的排放控制与可持续能源研究中英双边会议

（Workshop on Emission Control and Sustainable Energy in Green Port Development in China and the UK）。大会主题包括绿色港口、航运物流、航运金融、能源环境、环境工程、供应链管理和交通管理。

国内主要学术会议 学会及分支机构共举办国内学术交流活动34次，其中，学术会议23场次、论坛讲座类11场次。

国际交往 9月11日，韩国釜山大学工业工程系教授Gyu M. Lee及其团队应邀来北京航空航天大学经管学院交流，应急管理专委会主任委员赵秋红教授与专委会常务委员王理、秘书长秦中峰等在应急设施选址、应急物资保障等领域进行了深入的讨论。

党建强会 自2017年年初以来，学会把加强领导班子建设和基层党组织建设结合起来，开展了形式多样的学习教育活动。学会成立了功能型党委，学会党委书记由理事长汪寿阳担任，党委纪检委员由副理事长张纪峰担任，组织委员由副理事长黄海军担任，宣传委员由副秘书长熊熊担任。以挂靠单位系统所二支部为基础，与中国系统工程学会办事机构共建成立了系统工程支部，并确定党支部书记由房勇担任。1月13日，召开学会第一次党建工作会议，会议制定了《中国系统工程学会党建工作制度》，形成定期开展学会党委和总会支部的党建学习活动。在"'两个全覆盖'专项党建活动"项目支持下，6月14日，学会党委在北京航天城首次开展了学会党建暨系统科学科技工作者日活动。

【第一届中国系统科学大会】 5月13—14日，中国系统科学界第一届中国系统科学大会（CSSC 2017）在北京召开。我国著名系统控制学家、中国科学院数学与系统科学研究院郭雷院士担任本届大会主席。来自全国各地110多所大学、科研机构等的565位专家、学者参会。

大会由大会副主席、中国科学院系统科学所所长张纪峰研究员主持。大会主席郭雷院士致辞，郭雷院士和与会人员共同缅怀了对上海系统科学研究院成立给予积极支持和热情鼓励的钱学森先生和吴文俊先生，并指出随着全球化、信息化、网络化、大数据和智能化的迅猛发展，世界科学技术已经进入研究复杂性、调控复杂系统的时代，系统科学迎来了前所未有的历史机遇。

会议邀请中国航天系统科学与工程研究院于景元研究员、中国科学院过程工程研究所李静海院士、澳门城市大学教授颜泽贤、中国科学院数学与系统科学研究院郭雷院士、中国科学院上海生命科学研究院研究员吴家睿和北京师范大学教授胡岗分别就"钱学森系统思想与系统科学体系""介科学——建立单元与系统间的关联""复杂性探索：超越还原论——系统科学哲学视阈""系统学是什么""生命复杂系统的主要特征""从数据中学习——系统重构中噪声处理及应用"等专题作大会报告。

此外，大会还组织了以"计算社会学"和"系统生物学"为主题的2场会前专题系列讲座，邀请了6位知名专家系统介绍了这两个领域的主要进展。本次会议共安排分组口头报告32组（含6个邀请组）共286篇论文，分8个会议室并行进行交流；安排张贴论文3组共66篇论文。

（撰稿人：杨晓光　唐锡晋）

中国实验动物学会

服务创新型国家和社会建设 学会发布了《实验动物从业人员专业水平评价管理办法》，正式出版了初、中、高级三本教材。

7月9—13日，由学会主办的实验动物管理师高级研修班在北京举办。本次培训主要面向实验动物管理师，来自24个省、自治区、直辖市的130余人参加了培训。培训特邀中国实验动物学会理事长秦川教授等国内外的专家、学者分别就行业现状、政策法规、成本与经营管理等9个方面（16个课程）开展培训和讨论。

12月5—8日，由学会主办、亚洲实验动物学会联合会（AFLAS）支持的实验动物医师岗位培训班在上海市举办。本次培训以"麻醉、镇痛、仁慈终点和安乐死"为主题，来自15个省、自治区、直辖市的150余名学员参加培训。学会理事长秦川教授作报告《中国实验动物医师教育与培养》。台湾花莲慈济医学中心戴元基教授围绕实验动物的麻醉镇痛、动物安乐死和仁慈终点3个模块（12个主题）开展培训和讨论。

以创新驱动发展战略为指导思想，学会实验动物标准化专业委员会完成两批共51项团体标准的起草和发布，并出版《中国实验动物学会团体标准汇编》（第一卷），由中国科学技术出版社出版，印数3000册。

学会针对北京地区实验动物从业人员开展上岗培

训，全年接受专业技术培训及上岗培训的从业人员共计 875 人。2017 年，各分支机构积极开展各类专业技术培训，共举办培训班 27 期，参加培训人员 2000 余人。

学会能力提升计划 2017 年，学会将完善、丰富对外宣传窗口作为能力提升的支点，对网站重新进行了栏目规划及功能设计、技术开发与网站制作，为中国实验动物科技工作者们提供了一个展示、学习、交流的平台——为会员提供服务，为党员创建学习阵地，向爱好者提供科普知识和科普活动。创建学会微信服务号、微信订阅号及科普微信公众号“实验动物与健康生活”、党建微信公众号“实验动物党员 e 家”。目前，学会已有 4 个微信平台向订阅者全方位地推送信息，推送内容主要包括学会通知通告、业内动态、科普信息、学会党建工作交流等。

学会建设 截至 2017 年 12 月 31 日，学会个人会员总数达到 2970 人，团体会员 29 个；学会新成立分支机构 7 个，下设分支机构共 27 个。

学会目前下设学术工作委员会等 14 个工作委员会和水生实验动物专业委员会等 13 个专业委员会。被民政部评为 AAAA 级学会。

9 月 27 日，学会第七次全国会员代表大会在四川省成都市召开，共有 169 名会员代表参加了会议。会员代表大会审议了第六届理事会的工作报告、财务报告、章程修改报告及修改会费标准，选举产生了 119 位理事、5 位监事。在第七届理事会第一次会议上，选举产生了 1 位理事长、6 位副理事长、40 位常务理事，并由理事长提名聘任了 1 位秘书长。

9 月 29 日，学会实验动物营养与饲料专业委员会成立大会暨第一届委员会第一次全体会议在四川省成都市召开。会议宣布了 32 位委员名单，并选举产生了主任委员、副主任委员、常务委员。

9 月 29 日，学会高校专业教育和学科建设工作委员会成立大会在四川省成都市召开，会议宣布了工作委员会人员组成并讨论了工作规划等。

10 月 9—11 日，学会动物实验生物安全专业委员会成立大会暨 2017 年生物安全培训班在上海市公共卫生临床中心举行，来自全国的 120 余名学员参加了培训，并邀请中国工程院院士、复旦大学教授闻玉梅等专家作大会报告及授课。

10 月 16 日，学会实验动物环境控制与节能专业委员会成立大会暨第一届委员会第一次全体会议在北京召开。会议宣布了 37 位委员名单，并选举产生了主任委员、副主任委员、常务委员。

12 月 2 日，学会中医药实验动物专业委员会换届会议暨第三届委员会第一次会议在广州中医药大学召开。会议换届选举产生了第三届委员会主任委员 1 位、副主任委员 4 位、常务委员 17 位。

12 月 6 日，学会医药研发外包机构实验动物管理工作委员会成立大会在上海市召开。会议宣布了工作委员会人员组成并讨论了工作规划等。

12 月 29 日，在北京召开的学会第七届理事会第一次常务理事会上成立了学会基金管理工作委员会和学会科技战略咨询工作委员会。

青年人才托举工程 学会向生命科学联合体推荐候选人 1 名，中国医学科学院医学实验动物研究所姜晓亮获得项目资助。

主办期刊 《中国实验动物学报》投稿量比 2016 年增加 62%，继续被“中国科技核心期刊”（中国科技论文统计源期刊）《中国科学引文数据库》（CSCD）来源期刊收录，同时获得中国科协精品科技期刊工程第四期项目资助。中国学术期刊影响因子年报显示，2017 年《中国实验动物学报》的基金论文占比为 98%，期刊载文量 130，期刊复合影响因子为 0.899。

《中国比较医学杂志》投稿量比 2016 年增加 71%，继续被“中国科技核心期刊”收录。中国学术期刊影响因子年报显示，2017 年《中国比较医学杂志》的基金论文占比为 73%，期刊载文量 208，期刊复合影响因子为 0.665。

10 月，《中国试验动物学报》《中国比较医学杂志》均进入《中国学术期刊（网络版）》公布的首批示范学术期刊名单。

10 月，创建《动物模型与实验医学（英文版）》（*Animal Models and Experimental Medicine*）。编委会由 40 余位国内外专家组成。

国际学术会议 3 月 14—16 日，由英国政府与学会联合主办的中英第四届实验动物福利伦理国际论坛在上海市举行。论坛主题是“提升实验动物福利伦理管理和科技水平”。会上，由本次论坛执行主席、学会福利伦理专业委员会主任委员孙德明教授作主题报告《中国新标准化的福利伦理审查》。

9 月 29 日，第二届复杂性状遗传小鼠论坛在四川省成都市举行，来自中国、澳大利亚等国家的 100 余位专家、学者出席会议。论坛邀请了西澳大利亚大学糖尿病研究中心主任 Grant Morahan 教授等多位国外专家，分别围绕复杂性状小鼠遗传资源用于干细胞、骨生物学、皮肤癌、心血管疾病、阿尔兹海默症以及Ⅱ型糖尿病的研究进展作报告。

国内主要学术会议 学会及分支机构共举办各类学术交流活动 32 次，参与人数 1500 余人次。

7 月 1—2 日，2016—2017 中国实验动物产业联盟年会在北京召开。来自全国 50 多家机构的 80 多位专家、学者参加会议。会议发布了《中国实验动物产业发展规划》及 7 项中国实验动物行业团体标准。

9 月 27—29 日，第十三届中国实验动物科学年会在四川省成都市召开，会议主题是“实验动物与人类健康”。会议设立了 14 个分会场，92 位专家、学者作报告，并展示最新研究成果。来自国内外近 700 名实验动物领域的专家、学者参加会议。本次会议以专题研讨、学术沙龙等形式开展学术交流。依据学科领域，会议分设实验动物与临床转化、实验动物营养与饲料等分会专题报告，专家、学者就相关领域进行了广泛的探讨和学术交流。

国际交往 10 月 15—19 日，第 68 届美国实验动物学会国际年会在美国得克萨斯州奥斯汀市举办。学会一行 6 人参加了本次会议，考察了休斯敦大学及华盛顿大学，参观了动物实验设施和公共实验室，并与两所大学的实验动物机构科技人员进行了学术交流。

10 月 30—31 日，学会理事长秦川教授参加了在南非共和国开普敦市举办的 2017 年 ICLAS 理事会会议。秦川介绍了中国实验动物从业人员培训的情况，尤其是实验动物管理师高级研修班的举办以及中国实验动物学会积极支持和参与 ICLAS 活动的情况，得到了 ICLAS 理事会的肯定。

11 月 24 日，亚洲实验室动物科学联合会理事会成员会议在印度新德里召开。学会理事长秦川教授参加了会议，并对近年来中国实验动物学会开展的学术交流、人员培训体系的建立等方面做了介绍，牵头成立了亚洲实验动物学会联合会期刊工作委员会。

科普活动 5 月 20 日，学会在北京参加以“促氛围、带感受、提素养”为宗旨，以“科技强国·创新圆梦”为主题的 2017 年全国科技活动周。学会运用播放视频、邀请专家等方式向公众宣传实验动物在研究领域的应用、人畜共患病的预防、宠物饲养等知识。活动发放科普图书500余册，各类科普宣传单800余张。

6 月 26 日，在生命科学与健康中国学术论坛中开展一场科普讲座活动，活动通过专家与学生们面对面交流的形式，分享科学研究的最新研究成果。

9 月 16 日，学会在北京自然博物馆参加了北京东城区“全国科普日”主场宣传活动。学会邀请专家为大家普及人畜共患病预防、宠物饲养等相关知识。活动还进行了显微镜观察螨虫，若干品系的大鼠、小鼠活体展示，手机在线答题赢礼物等互动活动。有 8000 余名游客到场参与活动，发放科普图书《我们身边的人兽共患病》800 余本。

9 月 29 日，在中国实验动物科学年会中特设了一场科普讲座，活动邀请了陆军军医大学教授谭立文和学会理事长秦川教授分别就“数字化人体”“实验动物与人类健康”等内容与在场的 200 多名在校大学生进行交流和探讨，深受学生们的欢迎。

表彰举荐优秀科技工作者 学会推荐的中国医学科学院医学实验动物研究所所长秦川荣获首届全国创新争先奖状。

学会推荐的中国科学院上海生命科学研究院神经科学研究所研究员仇子龙、孙强的“MECP2 转基因猴的类自闭症行为表征与种系传递”项目，荣获中国科协生命科学学会联合体 2016 年度“中国生命科学领域十大进展”。

党建强会 2017 年，学会党委完成“学会党委与学会理事会、常务理事会关系研究”“发挥信息网络优势，创建‘党建强会’学习宣传阵地”“两个全覆盖”3 项课题。创建党建微信公众号“实验动物党员 e 家”，及时传达十九大精神、中国科协党建活动，提供各种学习材料供党员学习交流。组织党员学习十九大精神，为党员发放《习近平谈治国理政（2）》《中国共产党第十九次全国代表大会文件汇编》等书籍；组织参观“砥砺奋进的五年”大型成就展览。

会员服务 利用网站、微信公众号为会员提供交流和自我发展的平台，提供学术交流、继续教育、国际交流、科技奖励等活动信息，使会员在活动中享受信息共享、活动优惠。

【第十三届中国实验动物科学年会】 9 月 27—29 日，第十三届中国实验动物科学年会在四川省成都市召开。年会的主题是“实验动物与人类健康”。来自国内外的近 700 名实验动物科学与相关领域专家、学者出席会议。

大会开幕式由四川省实验动物学会副理事长尹海林主持。学会理事长秦川、四川省实验动物学会理事长魏建军、四川省科技厅副巡视员李粟璇、四川省科协副巡视员陈善蜀、四川省医学科学院四川省人民医院副院长王莉出席大会并致辞。年会颁布了“第十三届中国实验动物科学年会优秀论文协和奖”，20 篇论文获奖。

会议通过专题研讨、学术沙龙、学术论坛、技术培训等形式开展学术交流。会议分设了实验动物与临床转化、实验动物营养与饲料、实验动物疾病模型创制论坛、第二届复杂性状遗传小鼠论坛、实验动物与安全性评价学术沙龙、实验动物专业人才培养论坛等分会场专题报告，专家、学者就相关领域进行了广泛的探讨和学术交流。

会议邀请了四川大学副校长魏于全院士、学会理事长秦川教授、四川省医学科学院教授邓绍平、英国皇家防止虐待动物协会（RPSCA）实验动物部门高级官员 Elliot Lilley 博士、美国杰克逊实验室高级研究员畅波教授、哈里帕金斯研究所医学临床科研负责人 Grant Morahan 教授、昆明理工大学灵长类转化医学研究院副院长牛昱宇教授等国内外顶尖的专家、学者分别作报告《肿瘤生物治疗的基础研究、应用开发与临床医疗》《中国实验动物学会 30 年》《实验动物与临床转化》、*Scientific reporting standards why details are important for scientific quality and animal welfare*、《人类眼科疾病的小鼠模型》、*Using the collaborative cross for rapid gene identification, genetic correlations and novel disease models*、《灵长类基因编辑与疾病研究》。

会议期间，共有 40 余家企业参加了实验动物设备及相关产品展示会，对产品、技术、服务等进行了宣传。

【中国实验动物学会第七次全国会员代表大会】 9 月 27 日，学会第七次全国会员代表大会在四川省成都市召开。来自全国从事实验动物研究、生产、教学和管理工作以及应用实验动物领域的会员代表 169 人参加了会议。

本次会员代表大会安排在第十三届中国实验动物科学年会期间召开。根据大会日程安排，9 月 27 日下午分别召开了全体会员代表大会和第七届理事会第一次会议。

会议听取了第六届理事会工作报告、财务报告、学会章程修改报告以及修改中国实验动物学会学术道德规范的建议。此外，代表还听取了关于调整学会会员会费标准的建议。

全体会员代表按照选举办法进行了认真、公开、公正的选举。最终选举了曾林等 119 位候选人当选理事、白杰英等 5 位候选人当选监事、刘福英教授当选监事长。

在随后召开的第七届理事会第一次会议上，选举了曾代文等 40 位候选人当选常务理事，其中陈学进、黄韧等 6 位候选人当选副理事长，秦川当选理事长。聘任赵宏旭为第七届理事会秘书长。随后，理事长秦川在第七届理事会第一次会议上对新一届理事会的工作规划进行了报告。

（撰稿人：陈　蕾）

中国青藏高原研究会

服务创新型国家和社会建设　研究会承担的中国科协“一带一路”国际科技组织合作平台建设项目顺利实施。依托研究会建成的第三极环境联合科教中心是中国科协“一带一路”国际科技组织合作平台建设项目首批启动的联合科教中心之一。

8 月 19 日，“第二次青藏高原综合科学考察研究”启动仪式在西藏自治区拉萨市举行，研究会理事长姚檀栋院士担任项目首席科学家。中共中央总书记、国家主席、中央军委主席习近平发来贺信，向参加科学考察的全体科研人员、青年学生和保障人员表示热烈的祝贺和诚挚的问候。习近平在贺信中指出，青藏高原是世界屋脊、亚洲水塔，是地球第三极，是我国重要的生态安全屏障、战略资源储备基地，是中华民族特色文化的重要保护地。开展这次科学考察研究，揭示青藏高原环境变化机理，优化生态安全屏障体系，对推动青藏高原可持续发展、推进国家生态文明建设、促进全球生态环境保护将产生十分重要的影响。习近平希望参加考察研究的全体科研专家、青年学生和保障人员发扬老一辈科学家艰苦奋斗、团结奋进、勇攀高峰的精神，聚焦水、生态、人类活动，着力解决青藏高原资源环境承载力、灾害风险、绿色发展途径等方面的问题，为守护好世界上最后一方净土、建设美丽的青藏高原做出新贡献，让青藏高原各族群众生活更加幸福安康。中共中央政治局委员、国务院副总理刘延东在启动仪式上宣读了习近平的贺信，宣布第二次青藏高原综合科学考察研究启动。第二次青藏高原综合科学考察研究将对青藏高原的水、生态、人类活动等环境问题进行考察研究，分析青藏高原环境变化对人类社会发展的影响，提出青藏高原生态安全屏障功能保护和第三极国家公园建设方案。20世纪70年代起，我国开展了首次青藏高原综合科学考察研究，前后历经20余年，积累了大量科学资料，为青藏高原生态保护和社会经济发展提供了坚实的科学依据。

学会建设 学会召开全体理事会议1次、常务理事会议2次。2017年新入会会员36人，目前研究会会员总数已达1547人，团体会员7个。研究会秘书处更新会员信息库，完善会员信息数据库建设、制作发放新的会员证。

学会治理结构和治理方式改革 2017年，完善研究会管理制度。修改制定了秘书处借款、报销手续及审批流程暂行办法，依法依规开展活动。按照中央关于科技社团改革和依法依规管理的新规定，完成了研究会“三（五）证合一”相关涉税事项办理，并对研究会北京一证通数字证书进行了到期更换。

决策咨询 由研究会名誉理事长孙鸿烈院士负责的咨询项目“西藏地质和水文灾害及减灾对策”，专家组通过近8个月的多次调研考察，形成了对西藏水文和地质灾害特征、减灾现状、未来减灾需求的认识，并在此基础上提出了西藏减灾的建议，受到西藏自治区的高度重视。9月20日，项目组与西藏自治区人民政府在拉萨市举行座谈。与会领导和专家建议将西藏作为国家防灾减灾救灾体制机制改革的先行先试区开展综合减灾示范，编制《西藏自治区自然灾害综合减灾规划》，加大地质与水文灾害防治的专项投入。

国际学术会议 4月23—28日，研究会与TPE联合在奥地利维也纳组织了主题为“气象水文过程与古人类活动”的EGU大会品牌论坛，展示第三极地区地球科学及环境变化研究的最新进展，扩大国际影响力。

7月10—12日，研究会与第三极环境计划（TPE）在云南省昆明市联合举办了第三极环境科学大会。大会汇聚了第三极地球系统科学研究领域的全球顶尖科学家，包括中国、美国、瑞典、德国、西班牙、印度、尼泊尔、伊朗、日本、法国等20多个国家的300多位知名科学家和青年学者参会。

7月12日，研究会组织召开了首届青年科学家论坛，来自中国、巴基斯坦、印度、尼泊尔、瑞典等国家的青年科研人员围绕“在第三极研究中的机遇、责任与担当”这一主题进行了主旨发言、分组讨论和经验分享。论坛由研究会秘书长欧阳华研究员主持。与会的青年学者们分享了珠峰科考的经历，来自国外的青年学者们还特别分享了做好科学研究的体会——做好科学研究，人格独立和团队精神至关重要。

10月17日，研究会常务理事方小敏研究员在北京国际会议中心主持了中国地球科学联合学术年会（CGU）“青藏高原隆升与风化剥蚀和气候变化”专题分会。围绕高原隆升、风化剥蚀和气候变化的主题，来自中国科学院、中国地质科学院、南京大学、浙江大学以及兰州大学等不同科研单位、高校的32位专家、学者以口头报告和张贴报告形式，详细报道了青藏高原及其周边地区新生代地层年代、构造演化、古气候、古高度以及风化剥蚀等方面的最新研究成果。

科普活动 1月10日—4月20日，为发挥“一带一路”地区周边国家的人力资源优势和西方发达国家的知识技术优势，由中国科学家引领，探索建立了以中美空中课堂为主的青年人才培养新模式。研究会理事长姚檀栋院士和美国俄亥俄州立大学杰出教授Lonnie Thompson院士共同推动了中美空中课堂教学的开通。通过网上视频会议，Thompson教授在俄亥俄州立大学的古气候研究课程在北京同步播出。此次课程共有40名学生参与，其中“一带一路”地区留学生13名。

4月24—27日，研究会和瑞典哥德堡大学共同举办了“气候变化与社会”的空中课堂。中国科学院姚檀栋院士、瑞典皇家科学院陈德亮院士等中外科学家进行授课。来自瑞典的19名、中国的15名青年学生和“一带一路”地区国家的15名青年学生参加，并在课后组织环境、生态、地质等方面的野外实习。本次活动提供了科学、人文和社会的思想交流平台。

5月21日，由研究会和中国科学院青藏高原研究所联合举办的以“走进青藏高原”为主题的“公众科学日”活动在青藏高原研究所拉萨部和北京部同时举行。来自西藏的40多名中小学生和北京的150余名公众参加了本次活动。活动期间，社会公众参观了中国科学院环境变化与地表过程重点实验室、大陆碰撞与高原隆升重点实验室和高寒生态学与生物多样性实验室，观看了由研究会副秘书长丁林院士团队制作的《青藏高原的形成与隆升》科普视频，听取了研究会理事赵俊猛研究员与田立德研究员作的专题科普报告。活动通过不同方式为大家展示了青藏高原的形成演化历史和独特的自然环境。

6月15—16日，TPE-SEC与青藏高原研究所联合举办“R计算机语言”气候地理遥感培训班。本次培训班主要是向青年科研人员讲授R语言在处理气候数据上的应用及相关作图方法，来自中科院及周边国家的青年学者和研究生30多人参加培训。应理事长姚檀栋院士邀请，美国圣地亚哥州立大学教授沈善普在北京为“R计算机语言”气候地理遥感培训班授课。

12月10日，研究会名誉理事长孙鸿烈院士、郑度院士，理事长姚檀栋院士等参与录制CCTV-10科教频道《地理中国》百年地理大发现栏目《青藏崛起》，讲述了20世纪50年代起中国科学家开始解读青藏高原的形成和发展之谜。

表彰举荐优秀科技工作者 2017年，推荐委员会从各会员单位中推选王磊研究员为“第十五届中国青年科技奖”候选人；推荐高艳红研究员、张凡研究员为“第十四届中国青年女科学家奖”候选人。

4月19日，瑞典人类学和地理学会授予研究会理事长姚檀栋院士维加奖，这是中国科学家首次获得该奖。5月27日，研究会理事长姚檀栋院士荣获首届全国创新争先奖。研究会推荐副理事长侯增谦研究员当选中国科学院院士。研究会副秘书长丁林研究员、杨经绥研究员当选中国科学院院士。

12月31日，研究会召开“第十一届青藏高原青年科技奖”评审会。由孙鸿烈、郑度、姚檀栋、吴国雄、滕吉文、孙九林、陈发虎、王成善、丁林九位院士组成院士评审专家组进行了评审，通过无记名投票评选出10位青藏高原青年奖获得者。

党建强会 研究会认真落实中国科协关于科技社团党建工作的部署要求，经中国科协学会党建工作领导小组批准，成立了中国青藏高原研究会党委。

由研究会理事长姚檀栋院士牵头开展了第二次青藏高原科学考察。在姚檀栋理事长的带领下，全体科考队员牢记总书记的嘱托，发扬老一辈科学家艰苦奋斗、团结奋进、勇攀高峰的精神，以全方位、多学科、高科技对泛第三极地区进行多手段的综合科学考察研究，为国家“一带一路”倡议实施保驾护航。

（撰稿人：宁建贞）

中国环境诱变剂学会

学会建设 3月16日、12月6日，学会在北京、上海市分别召开了学会第六届第十次、第十一次常务理事会，对学会的各项工作进行了研究部署，确定了2017年12月学会换届方案及第十七届学术大会召开的相关事宜。12月8日，学会在上海市召开了第七次全国会员代表大会，选举产生了第七届理事会、第一届监事会。随后召开了第七届理事会第一次会议，选举产生了常务理事会及学会领导人，通过了学会名誉理事长提名。第七届理事会理事长曹佳教授聘任郝卫东教授为学会秘书长。会议还选举产生了新的中国环境诱变剂学会党委。第七届第一次常务理事会商讨了学会今后的发展方向。

7月14日，学会风险评价专业委员会在吉林省吉林市召开第六届第一次会议。

11月12日，学会致癌专业委员会在河南省开封市举行换届会议。

12月6日，《癌变·畸变·突变》编辑部在上海市召开编委会换届会议、第七届编委第一次会议。

主办期刊 《癌变·畸变·突变》杂志为“中国科技论文统计源”期刊（中国科技核心期刊），每年发行6000册，收录本刊的数据库有14种。据2016年版中国期刊引证研究报告数据显示，《癌变·畸变·突变》总被引频次426，影响因子0.396，引率0.93，基金论文比0.711。在编辑流程中，杂志应用“科技类杂志社稿件采编系统”处理稿件，使杂志的编辑工作跨入现代化行列，使作者投稿、修稿，专家审稿，读者阅读和检索本刊等均可在网上进行。杂志可发表英文稿件。网络版实现全文上网并开启“稿件远程办公系统”。

国际学术会议 7月9—12日，学会毒性测试与替代方法专业委员会在江苏省南京市举行2017（第三届）毒性测试替代方法与转化毒理学（国际）学术研讨会，参会专家、学者500余人，其中国际参会人员30余名。会议包含12个大会报告和69个分会报告，其中海外专家报告16个。共收录交流论文259篇，墙报展示72篇，评选优秀论文15篇。

国内主要学术会议 学会共举办重点学术会议6次，其中前沿高端会议3次、综合交叉会议3次。参会专家、学者1280人次，其中企业专家30人、外宾40人。交流论文726篇。

12月6—8日，学会第十七次学术大会在上海市举行，来自全国各地的近400位科技工作者出席了大会。学术大会以“环境诱变剂与人群健康和疾病”为主题，通过主会场、分会场和墙报交流的形式展示了我国相关领域的最新研究成果，使参会人员了解到国内外的研究进展和发展动向。有12人获青年优秀论文奖，8人获优秀壁报奖。

国际组织任职 11月16日，第十二届国际环境诱变剂联合会（IAEMS）执行机构换届会议在韩国首尔举行，学会曹佳、郝卫东、杨军教授担任理事。

国际交往 11月12—16日，第12届国际环境诱变剂学会学术大会和第5届亚洲环境诱变剂学会学术大会在韩国首尔联合举行。学会派出10人代表团参会，有5名专家在大会和分会场作报告。

科普活动 学会充分利用各专业委员会的专业特点，开展专业培训、科普活动、举办论坛、科普讲座、专家咨询、发放科普挂图及宣传册等活动。全年共组织专业培训3次、科普活动2次，约60位科技工作者（其中30位专家）参加了专业培训和主题科普活动，受众约2600人，覆盖多个社区。

5月15日，学会抗诱变剂和抗癌剂专业委员会在黑龙江省哈尔滨市举办了“环境污染与健康”专题科普讲座。

8月16—18日，学会党支部组织专家在北京顺义组织“宣科普知识，助健康管理”科普活动，覆盖6个村。

【中国环境诱变剂学会第七次全国会员代表大会暨第十七次学术大会】 12月6—8日，中国环境诱变剂学会第七次全国会员代表大会暨第十七次学术大会在上海市举行，来自全国各地的近400位会员代表出席了大会。

学术大会以“环境诱变剂与人群健康和疾病”为主题，通过主会场、分会场和墙报交流的形式展示了我国相关领域的最新研究成果，使参会人员了解到国内外的研究进展和发展动向。

学会副理事长兼秘书长郝卫东教授代表第六届理事会作工作报告。

大会通过了学会第六届理事会工作报告、学会章程修改报告、学会财务工作报告、监事会工作条例，并以无记名投票方式选举产生了第七届理事会、第一届监事会。在随后召开的第七届理事会第一次会议，选举产生了常务理事会及学会领导人，通过了学会名誉理事长提名。第七届理事会理事长曹佳教授聘任郝卫东教授为学会秘书长，郝卫东秘书长确定了副秘书长人选。会议还选举产生了新的中国环境诱变剂学会党委。

（撰稿人：高苏堤）

中国运筹学会

学会建设 截至2017年12月31日，学会发展会员300人，会员总数超过1900人；成立新的分支机构1个，下设分支机构17个。学会召开理事会议1次、常务理事会议2次。以整改分支机构管理为契机，完善了学会的规章制度建设，修改了学会分支机构管理条例，制定了新的学会财务管理制度。

1月14日，学会分支机构发展与管理研讨会在中国科学院数学与系统科学研究院召开。学会理事长胡旭东，副理事长杨晓光、赵晓波、张玉忠、戴彧虹，秘书长刘克，财务负责人以及各分支机构负责人20余人参加了会议。

胡旭东理事长传达了2015年度的年检报告，组织大家认真研讨了中国科协2016年10月修订的《中国科协所属全国学会分支机构管理办法》。学会领导和分支机构负责人按照年检要求和《管理办法》，对学会分支机构现有的运作和管理模式及问题进行了分析，初步形成了一个分支机构财务管理的调整方案，征求分支机构意见并提请常务理事会审核。

为落实财务管理规定，学会开设了电子银行账户，办理了发票增加手续，增加了财务管理的人力资源，制定了分支机构财务子账户操作流程及分支机构委托其他单位承办学术会议的报批表等。

按规定，分支机构开展学术会议、展览、展会等活动时，经费收入纳入学会统一管理，结余经费纳入专项子账户，并在规定时间内完成结算。实行统一管理所发生的管理费用（差旅、住宿等）由学会和开展活动的分支机构共同分担。

整改方案通过后，在可靠性分会、排序分会、企业运筹学分会等分会年会的财务管理中试行。

7月21日，学会医疗运作管理分会成立大会在上海交通大学举行。会议期间举办了主题为“医疗运作管理中的运筹学问题”学术研讨会，来自全国各地从事医疗运作管理相关科研教学和实践的100名专家、学者出席了会议。学会副理事长张玉忠教授出席了成立大会并讲话。

青年人才托举工程 北京邮电大学孙聪、南京师范大学姜波入选中国科协第三届青年人才托举工程。

主办期刊 学会主办有3个学术期刊。2017年，《运筹与管理》收到稿件1440篇，刊出论文303篇，刊出率小于 20%。年内在全国各地召开了五次部分编委会成员会议，由主编和执行副主编听取编委、审稿专家和作者意见。2017 年，杂志由双月刊发展为月刊。

2017 年，《运筹学学报》收到文章 144 篇，刊出文章 49 篇，影响因子从 2016 年的 0.25 提高到 2017 年的 0.417。

2017 年，《中国运筹学会会刊》收稿 108 篇，印刷版正式出版 33 篇文章，优先在线出版 43 篇文章，被中国科学引文数据库列为核心期刊。

学会重点加强期刊数字传媒网建设，加强学会学术期刊方阵建设和对外宣传，探索优秀学术成果的推广与出版。

国际学术会议 5 月 19—21 日，博弈论分会在陕西省西安市召开，会议主题为“推动‘一带一路’的合作，促进动态博弈的学术发展”。参会人员来自美国、加拿大、日本、新西兰、新加坡和国内知名高校、研究机构的 100 多名专家、学者。其中，23 名专家、学者作了专题报告。

7 月 29—30 日，第七届图论组合算法国际研讨会暨中国运筹学会图论组合分会 2017 年学术会议在山西省运城市召开。会议作了 4 个大会报告、64 个专题报告，参加会议的国内外专家、学者达 230 人。

8 月 8—21 日，由计算系统生物学分会与中国生物化学与分子生物学会分子系统生物学专业委员会联合主办、南方科技大学承办的计算系统生物学国际会议（ISB 2017）在广东省深圳市召开。参会人数 180 人。会议安排了 6 个大会报告、54 个分组报告，32 篇优秀论文被推荐到 SCI 国际期刊。

10 月 24—27 日，2017 年材料与可靠性国际会议及质量、可靠性、风险、维修性及安全性工程国际学术会议（ICMR 2017 & QR2MSE 2017）在四川省成都市召开。本次会议吸引了来自美国、加拿大、澳大利亚、日本、韩国、葡萄牙、印度、波兰、马来西亚、伊朗、巴基斯坦、多哥以及中国的 318 名专家、学者、研究生及工业界代表参加。本次会议有 130 位专家、学者作了专题报告。

12 月 16—17 日，第九届“行为运筹学与行为运营管理”国际会议在辽宁省沈阳市召开。会议邀请了 4 位国际知名学者做大会报告。大会就 18 个专题举办了 3 场讨论，从 33 篇论文中评选出 5 篇优秀论文奖。大会期间，还于 12 月 16 日晚举行了理事会议。

国内主要学术会议 学会及分支机构共举办国内学术会议 48 次，提交学术论文 1575 篇。

科普活动 2017 年，学会共举办科普讲座 40 余次。

学会和下属各分会分别在山东大学、温州大学、广州大学、北京工业大学、曲阜师范大学、河南科技学院、燕山大学等为本科生和研究生开展运筹学在学习和生活中的应用的科普讲座。

以《无处不在的运筹学为主题》，学会举办青少年科普宣讲活动 30 次，受众达上千人次。

可靠性分会王少平教授基于“973”项目撰写了科普论文《强健大型飞机的血管和肌肉》。

全国科普日期间，学会组织 10 多位专家走进军营，与火箭军将士开展学习交流和科普活动。学会专家参观了远程通讯的培训仪器和设备，观摩了火箭军将士们的防化训练。在临时搭建的帐篷会议室中，中国科学院院士袁亚湘和胡旭东分别为 100 多位将士作了运筹学科普报告《从瞎子爬山到最优化方法》和《运筹学——决胜千里之策》。此次活动被中国科协评为 2017 年全国科普日优秀活动。

【第二届中欧运筹学国际学术研讨会】 5 月 3—6 日，由理事长胡旭东带队，学会组团 35 人参加了在斯洛文尼亚召开的中欧运筹学会国际研讨会。本次会议的主题是“组合优化”。大会主席由中国运筹学会理事长胡旭东研究员、欧洲运筹学会前任理事长 Gerhard Wäscher 教授和欧洲运筹学会组合优化专业委员会负责人 Silvano Martello 教授共同担任。程序委员会主任由浙江大学张国川教授和斯洛文尼亚 Primorska 大学的 Andrej Brodnik 教授共同担任。组织委员会主任由中国运筹学会常务副秘书长刘德刚和斯洛文尼亚 Primorska 大学的 Andrej Brodnik 教授共同担任。大约 120 位组合优化领域的专家和学生参加会议，其中包括来自中国的 35 位专家、学者。会议期间，上海交通大学教授邓小铁等 4 位国际著名专家作了大会报告；包括 23 位中国专家、学者在内的 90 余位专家、学者作了分组报告，报告内容涉及与组合优化相关的多个方向，包括排序理论和方法、路由问题、旅行商问题、整数规划与半定规划、网络博弈。

（撰稿人：胡　洁）

中国菌物学会

服务创新型国家和社会建设 2017 年，学会举办 3 个继续教育专业领域培训班，分别为医学真菌研究进展培训班、菌物命名法与多样性编目研讨会暨讲习班、食品发酵微生物组学研讨会暨培训班。近400人参加论坛交流，其中企业代表90人。

学会建设 8月11—12日，学会第七届会员代表大会在湖北省宜昌市召开。来自全国各地的500多名代表参加了会议。本次大会依照《中国菌物学会章程》和《中国菌物学会第七届理事会换届选举方案》，选举产生了学会第一届监事、学会第七届理事会、常务理事会及学会负责人，确定了副秘书长及各个专业委员会和工作委员会的负责人。

截至2017年12月31日，学会个人会员3114名，会员人数比2016年增加79人。

主办期刊 学会主办学术期刊3种。其中，英文期刊*Mycology*刊登菌物学（包括卵菌、黏菌）各领域的最新研究成果，已被多个数据库收录，作者涵盖美国、德国、荷兰、芬兰、日本、韩国、印度和中国等20多个国家，2017年每季度的下载次数超过10000次，影响因子为2.0。

中文期刊《菌物学报》为中国自然科学核心期刊，被AM、CA、CABI、Ulrich IPD、CSA、CSCD、CNKI、IC等国内外检索数据库收录。该刊结合学科热点、研究前沿、学术会议已出版13本主题专辑和1个专栏。2017年入选第四届中国精品科技期刊。

国内主要学术会议 2017年，学会举办国内学术会议7次，其中第十三届海峡两岸菌物学学术研讨会1次、国内学术类会议6次，合计参会人数1400人，交流论文550篇。

3月17日，2017第二届全国羊肚菌大会在湖北省武汉市召开。会议由学会、湖北省食用菌协会主办，来自全国26个省、自治区、直辖市的400余人参会。

6月24日，由学会主办的第十一届全国学术研讨会、2017中国食用菌产业年会暨第四届中国食用菌博览会在山西省太原市召开。来自全国200多个科研院所、大专院校、企业、行业协会等400余人参加。

8月3日，第八届中国地衣生物学研讨会在云南省昆明市召开。研讨会由学会地衣专业委员会主办、昆明植物所承办，近50名专家学者参加会议。

8月6—7日，学会产业专题技术论坛——2017年世界虫草论坛在辽宁省沈阳市召开。本次论坛由国家中医药管理局中国中医药科技开发交流中心、中国科技产业化促进会、中国菌物学会、平湖市人民政府、中国虫草产业技术创新战略联盟等主办，500余人出席会议。

10月2—23日，学会产业专题技术论坛——2017第五届全国天麻会议在云南省小草坝召开。会议由学会、中国医学科学院药用植物研究所主办，近400人参加会议。

科普活动 学会各地科普教育基地积极参与所在单位举办的科普活动及科普讲座，内容涉及农作物寒害后复产技术及蘑菇栽培技术、病虫害防治等方面。

2017年，学会广东省科普教育基地对外组织开展科普宣传活动10多次，并参与了“科技活动周”“科技进步月”“全国科普日”等大型主题活动。

学会湖南省科普教育基地参与国家和湖南省食品安全、食物中毒研讨，为我国蘑菇中毒防控政策制定提供科学依据；出版科普著作《毒蘑菇识别与中毒防治》，编写各类毒蘑菇科普资料用于各级政府相关部门分发。

表彰举荐优秀科技工作者 贵州大学教授梁宗琦获得“2017年戴芳澜终身成就奖”；美国科学院院士Joan W. Bennett获得“2017年戴芳澜国际合作奖”；中国科学院上海植物生理生态研究所研究员王成树、中国科学院昆明植物研究所研究员杨祝良获得“2017年戴芳澜杰出成就奖”；中国科学院微生物研究所研究员、中国科学院大学岗位教授王琳淇获得“2017年戴芳澜优秀青年奖”；中国农业科学院农业资源与农业区划研究所雷敏、广东省微生物研究所王超群、中国科学院上海植物生理生态研究所王官栋、中国科学院昆明植物研究所王攀蒙、华南农业大学王艳、中国科学院微生物研究所张志锋、合肥工业大学宗帅获得“戴芳澜优秀研究生奖”。追授已故山西大学教授刘波“菌物学特别贡献奖”。

党建强会 8月12日，学会党委随学会理事会完成换届工作，郭良栋任党委书记，戴玉成任纪检委员，学会负责人中的党员担任党委委员。

11月，召开党委会议学习贯彻党的十九大精神。学会党委书记郭良栋要求学会要认真学习、深刻领会、广泛宣传十九大精神。与会党员同志积极发言，从科技创新、树立自信、加强服务基层等各个方面发表了感想与建议。

【第十三届海峡两岸菌物学学术研讨会】 8月2—4日，由学会与台湾真菌学会发起主办、大连民族大学与中国科学院微生物研究所联合承办的第十三届海峡两岸菌物学学术研讨会在辽宁省大连市召开。来自台湾真菌学会的22位专家学者以及来自大陆有关高校和研究院所的60余位专家学者参加了研讨会。

学会理事长王成树、台湾真菌学会理事长刘瑞芬、中国科学院海峡两岸科技合作中心副主任李芳芳、大连民族大学校长刘玉彬、中国科学院微生物研究所科技处处长杨怀义等出席会议并致辞。

会议特邀8位专家学者作大会报告。会议分设5个专题论坛，涵盖菌物分类、菌物生态、菌物生理与分子菌物学、真菌病害、药用真菌等，共安排学术报告35个。

在会议期间，学会与台湾真菌学会举行了理事会交流会，分别从学会合作、研究项目合作、产业促进合作三个方面进行了讨论，就两岸学会之间信息互通、合作培养研究生、产业领域内信息互通和交流等多个方面达成了共识和合作意向。

【食品发酵微生物组学研讨会暨培训班】 10月25—29日，由学会和中国科学院微生物所真菌学国家重点实验室共同举办的食品发酵微生物组学研讨会暨培训班在中国科学院微生物研究所举行。本次论坛共有100余位来自全国各地的高等院校、科研院所、食品发酵相关企事业单位人员参加交流。

本次论坛和培训班邀请到18位来自食品发酵微生物、微生物组学、食品酿造和自动化设备制造等科研领域和著名企业的专家学者做特邀报告。专家学者就国际微生物组特别是食品发酵微生物组研究的最新进展及其应用潜力，发酵茶叶、乳制品、食醋和大曲微生物组最新研究与应用成果，食品微生物分类系统和鉴定方法更新，培养和非培养微生物多样性和群落研究新技术，中国白酒的发展和演化历史以及未来发展趋势，自动化和智能化发酵设备设计、制造和应用等多个方面进行了全方位的学术交流和实例讲解。

4位来自中国科学院微生物所真菌学国家重点实验室的青年科研工作者就食品发酵微生物基因组、宏基因组、宏转录组和代谢组研究的理论与方法为大家进行了具体讲解。

随后，安排学员就根、毛霉，青、曲霉，乳酸菌，酵母菌等代表性发酵微生物的分离鉴定、优良抗性菌株筛选、发酵环境DNA和RNA提取、生物信息学技术分析等开展试验技术培训。

（撰稿人：蒋　娜）

中国晶体学会

学会建设　学会理事会每4年改选1次，由全国会员代表选举产生。2017年第六届理事会由90名理事组成，理事长为苏晓东。截至目前，学会在册会员1890人。常务理事会下设大分子、小分子、粉末衍射、晶体生长与材料表征、电子显微学、药物晶体学、极端条件晶体材料、晶体应用与产业8个专业委员会和1个晶体学教育与普及工作委员会。监事会为第一届，由5名监事组成，监事长为麦振洪。学会党委为第一届，由9名党委成员组成，书记为孙俊良，副书记为苏成勇。

国际组织任职　8月20—29日，国际晶体学联合会第24届学术大会与会员代表大会［24th Congress of International Union of Crystallography（IUCr）and General Assembly］在印度海德拉巴国际会议中心举行。在本次换届大会上，学会副理事长靳常青当选国际晶体学联合会材料晶体学委员会主席，常务理事刘浩哲当选国际晶体学联合会高压晶体学委员会主席。

党建强会　12月9日，学会在福州大学学术交流中心召开了学习贯彻党的十九大精神座谈交流会。会议由苏成勇副书记主持。会议就党的十九大精神进行交流学习，加深了对习近平新时代中国特色社会主义思想的深刻理解。结合学会工作实际，按《科协系统深化改革实施方案》、中国科协《2017年学会改革工作要点》的总体要求，学会强化党对学会的领导，在学会治理结构和治理方式、服务机制和服务方式等方面进行了积极探索。

12月20日，在学会第六次全国代表大会期间，经六届理事会到会党员现场无记名投票，通过了学会党委委员组成人选名单。1月5日，经中国科协科技社团党委批准，学会成立功能型党委。学会功能型党委设委员9名，孙俊良为书记，苏成勇为副书记，尹大川为纪检委员，陈建中、杜冠华、胡凤霞、胡章贵、廖立兵、王建波为委员。

【第二十六届国际高压科学与技术大会】 8月18—23日，承办第二十六届国际高压科学与技术大会（The 26th International Conference on High Pressure Science and Technology，AIRAPT 26）学会极端条件晶体材料专委会主任靳常青为大会主席，专委会副主任刘浩哲为大会共同主席，专委会秘书龙有文为大会秘书。

国际高压科学与技术大会每两年举办一次。本次联合会议共有来自美国、欧洲、加拿大、日本、韩国、印度、泰国、中国等25个国家和地区的国内外专家、学者900余人参会。会议包括大会邀请报告8个、分会邀请报告100余个、口头报告200余个、墙报300余张，并颁发了Bridgman奖、Jamieson奖等国际高压领域最重要的奖项。报告人就各自领域的最新研究进展进行了详细介绍，与会者就相关问题进行了广泛交流与讨论。

（撰稿人：陈　冲）

中国神经科学学会

学会建设　截至2017年12月，学会会员增加到8604人；新增3个团体会员，共计7个团体会员。微信公众号粉丝达2662人。新成立意识与意识障碍分会，共计20个专业分会。学会召开2次常务理事会、1次理事会、1次理事长办公会议。通过了《中国神经科学学会2017年改革方案》和《中国神经科学学会下属分支机构管理规定》。

学会治理结构和治理方式改革　分别对会议、会员、分支机构、理事、秘书长、负责人结构、党组织、年报和职业化共9个方面设立了明确的改革目标，并根据《中国神经科学学会2017年改革方案》的要求，完成了改革任务。学会重点加强对分支机构的管理，将分会财务全部统一纳入学会总会管理。制作分会会议服务网站模板。规范分会的报销流程。根据分会的活动，授予神经发育与再生分会、神经内稳态与内分泌分会、应激神经生物学分会、离子通道与受体分会、神经胶质细胞分会、感觉和运动分会、神经损伤与修复分会、神经退行性疾病分会和精神病学基础与临床分会9个分会“中国神经科学学会2017年度优秀分会”称号。

青年人才托举工程　中国科学院神经科学研究所张白冰获得2017—2019青年人才托举工程项目资助。

自主开展青年科技人才培养工作，包括各种技术和前沿进展的培训班共14次，总计培训人员1605人次。提高学会人才培养的能力水平，扩大青年人才托举工程的后备队伍。

主办期刊　由中国科学院上海生命科学研究院和中国神经科学学会主办的英文学术期刊*Neuroscience Bulletin*在2017年共出版6期768页，发表论文94篇，其中有2期是学术专辑，全部链接到学会网站上供会员下载。根据科睿维安（原汤森路透）公司2017年6月公布的2016年《期刊引证报告》，*Neuroscience Bulletin*影响因子为2.624，获得“中国科技期刊国际影响力提升计划C类资助（2016—2018）”，同时再次荣获“2017中国最具国际影响力学术期刊”称号。

学科发展研究　学会承担了中国科协的“神经科学方向预测与技术路线图”项目，由副理事长张旭院士担任项目负责人。2017年，组织了3次脑科学与类脑智能研究战略研讨会，讨论脑科学的未来发展方向，设立未来15年的发展目标。

国际学术会议　2017年，学会及其分会共举办国际会议9次，包括第六届国际离子通道大会、2017疼痛转化研究国际学术研讨会、第二届中国东西部抗癌痛国际会议暨神经感知与肿瘤调控国际研讨会、Cold Spring Harbor Asia Conference on Membrane Proteins: Structure & Function、第三届中加神经科学论坛、北京内镜神经外科国际学术研讨会、2017北京垂体腺瘤国际学术大会、全球华人生物学家大会暨第十六届美洲华人生物科学学会学术研讨会、2017年中日韩神经生物学和神经信息学会议，共计参会人数2865人，交流论文1357篇，邀请到包含诺贝尔奖获得者、美国科学院院士等在内的国外知名专家、学者243人参加。

国内主要学术会议　学会及分会共举办年会、研讨会、论坛等学术活动18次，其中高端前沿学术会议4次、综合交叉学术会议9次，共计参会人员4760人次。

国际交往　1月，与日本神经科学学会合作推荐Travel awards for the annual meeting of the Japan Neuroscience Society（JNS）。学会组织32位评委对材料进行了评审选拔，最终向JNS推荐6名优秀青年学生。

学会积极与国际组织合作设奖，在年会上设立了CNS-JNS Travel Award，对日本3位参加学会年会的人员给予旅费资助。

与欧洲神经科学联盟（FENS）合作设立Travel Awards for the 11th FENS Forum of Neuroscience 2018，相互资助优秀学生出国培训。

科普活动　5月，学会神经发育与再生分会联合中国细胞生物学会共同举办3次实验室开放日：我们的大脑如何“搭线”/神经发育、“大脑的主人——神经元”、大脑密码知多少。

5月5日，神经胶质细胞分会成员王彦青教授组织上海向明初级中学的30余位中学生走进复旦大学附属中山医院，学习急救知识并现场操作体验。

7月，应激神经生物学分会委员包爱民教授开设“寻找抑郁症的根源”科普讲座。

10月10日，神经发育与再生分会委员、华东师范大学教授、东方学者、博士生导师殷东敏应邀做客鸿声讲坛作专题讲座《探索大脑的奥秘》，吸引全校180余名师生前来聆听。

中国科学院神经科学研究所研究员何杰参与编辑出版了科普书籍《大脑的奥秘》，并在8月20日上海图书节上举办了新书发表会。

表彰举荐优秀科技工作者 学会向“2017年谈家桢生命科学奖”全国创新争先奖“第十四届中国青年女科学家奖”推荐共计5人次。开展“张香桐神经科学青年科学家奖”和“张香桐神经科学优秀研究生论文奖”评选工作。尚从平和张举恩获得2017“张香桐神经科学优秀研究生论文奖”一等奖，刘婷婷、李翠、李一丁、熊小檍、朱晓娜和姚园园获得2017“张香桐神经科学优秀研究生论文奖”优秀奖；章晓辉和禹永春获得2016年、2017年“张香桐青年科学家奖”。

党建强会 4月22日，学会功能型党委召开组织生活会，讨论学会重大决策事项。4月23日，组织学会功能型党委党员参观台儿庄大战纪念馆，对党员进行爱国主义教育，让党员真实体会革命前辈的奉献精神，时时处处践行全心全意为人民服务的宗旨。12月，组织党员认真学习党的十九大精神和《习近平总书记系列重要讲话读本》。

会员服务 学会每季度向会员发布一次学会简报，反映学会年度工作的综合信息，形成服务会员的一种新方式。

【中国神经科学学会第十二届全国学术会议】 10月13—16日，学会第十二届全国学术会议在天津市召开。来自美国、德国、荷兰、中国等地的2634位专家、学者共聚一堂，围绕神经科学领域的15个主题，在大会设置的51个专题研讨会、2个卫星会议上畅所欲言、交流思想、分享经验。大会共收录974篇摘要、616篇墙报。同时，会议评选了2名Olympus Travel Fellowship、15名Bio-Techne Award for Excellent Conference Poster、2名中国神经科学学会*Neuroscience Bulletin*编委杰出贡献奖。神经损伤与修复分会、神经干细胞和组织工程分会、神经发育与再生分会、神经病学基础与临床分会、神经内稳态与内分泌分会、应激神经生物学分会、离子通道与受体分会、神经胶质细胞分会、神经肿瘤分会、感觉和运动分会、突触可塑性分会、儿童认知与脑功能障碍分会、神经科学研究技术分会共13个分会在年会上设立了专题研讨会。

（撰稿人：傅　璐　韩　雪）

中国认知科学学会

服务创新型国家和社会建设 7月、8月、12月，学会与美德医（北京）医疗技术服务有限公司合作举办了3次功能磁共振影像数据处理培训班。培训介绍了不同模态的神经影像新技术和新方法的基本原理、实验设计和数据分析等基本知识以及多模态影像技术在认知和临床脑疾病研究中的应用。

学会协助完成《全球领军科技人才目录》初步调研认知科学部分，协助完成《全球科技领军人才目录》编制学会人才信息收集工作，负责脑功能与连接图谱重点领域方向。

2017年，学会协助成立了“重庆市认知科学学会”。

学会建设 截至2017年年底，学会会员总数517人，单位会员总数25个。

2017年，学会新成立2个分会、2个专业委员会、2个工作委员会，分别为社会认知科学分会、神经教育学分会、神经环路与信息处理专业委员会、神经与精神影像专业委员会、认知科学和脑疾病转化医学工作委员会、认知计算与人工智能工作委员会。

1月20日，经中国科协科技社团委员会批准，成立中国认知科学学会党委（功能型）。

国际学术会议 6月13—16日，由学会、中国科学院生物物理研究所、中国科学院心理研究所共同承办的第21届意识科学研究学会年会（the 21rt Annual Meeting for the Association for the Scientific Study of Consciousness，ASSC 21）在北京召开，400余人参加了会议。大会包括1场William James Prize报告、1场主席报告、5场特邀主旨报告、5场专题讨论会25个报告、9场主题不同的52个口头报告、135个墙报展示、8个培训课程以及学生社交和职业指导等学术交流活动。

11月16—18日，学会联合北京工业大学举办2017年脑信息学国际学术会议。大会以"从信息学视角探索脑与心智"为主题，从计算、认知、生理、仿真、物理、生态和社会等脑信息学视角解读大脑。

国内主要学术会议 学会组织学术交流活动5项。

4月14—16日，学会与广东省认知学会联合在河南省开封市召开第四届脑成像与脑电研究与应用研讨会。

10月17日，学会在北京举办认知科学发展战略研究项目全面启动会，30余人参加会议。会议围绕认知与脑疾病、认知与人工智能及认知变量等主题进行讨论。

两岸交流 9月1—3日，海峡两岸认知科学论坛在我国台湾地区台北市举办，学会组织12位专家、学者参加了论坛。

表彰举荐优秀科技工作者 2月，学会向中国科协推选中国科学院院士候选人3人。

与学会联合体配合，组织各类奖项申报。推荐"谈家桢生命科学奖"1人、"中国青年科技奖"2人、"十大科技进展"1项、"青年人才托举工程"2人。

12月，学会向生命科学联合体推荐的"中国学者首次建立基因编辑瑞特综合征猴模型"入选2017年度生命科学十大进展。

会员服务 通过学术年会、科普宣传、培训等工作方式发展和服务会员，及时将相关会议信息推送给会员，传达学会工作精神。举办面向临床医生的培训班。

10月，学会选派3名会员参加中国科协组织的"科普科幻创作专题"培训班。

（撰稿人：周 馨）

国际数字地球学会

学会建设 2017年，学会发展会员29人、终身会员5人，会员总数达551人。学会举办学术会议6个，1600人次参加了学术交流，共收到论文400余篇。

主办期刊 根据美国汤森路透（Thomson Reuters）6月13日发布的2016年《SCI期刊引证报告》，由学会主办、英国泰勒弗朗西斯集团出版的《国际数字地球学报》（*International Journal of Digital Earth*，IJDE）影响因子为2.292，在全球29个遥感领域期刊中排名第14位。

学会创办了《国际数字地球学报》的姊妹刊《地球大数据》（*Big Earth Data*），该刊采用开放获取的出版模式发表地球大数据与数字地球相关的研究性、综述性、快讯和数据文章。

国际学术会议 4月4—6日，学会在澳大利亚悉尼组织召开了以"数字地球，改变未来"为主题的第十届国际数字地球会议。会议由澳大利亚测绘空间科学研究所、澳联邦空间信息产业联盟等机构承办。来自中国、美国、德国、意大利、澳大利亚、新西兰等27个国家及相关国际组织的600余位代表参加了会议。

开幕式由学会理事、澳大利亚测绘空间科学研究所候任主席Zaffar Sadiq Mohanmed-Ghouse博士主持，澳联邦财政、服务和创新局秘书长Martin Hoffman、澳大利亚总理内阁数据委员会执行秘书长Duncan McIntyre、学会主席郭华东院士、澳联邦空间信息产业联盟主席Alistair Byrom、澳大利亚测绘空间科学研究所主席Gaby Van Wyk、Zaffar Sadiq Mohanmed-Ghouse博士分别作大会开幕致辞。国际科学理事会（ICSU）主席Gordon McBean向大会发来贺信。

郭华东院士以"数字丝路：数字地球的'一带一路'实践"为题作大会主旨报告。报告阐述了空间数据对促进社会经济发展的意义，强调了地球大数据和数字地球的作用，介绍了"数字丝路"国际计划的愿景及其在海岸带、粮食、遗产、灾害、环境、水资源和数据平台等领域的研究目标，并呼吁进一步促进国际合作、共同推动研究开展。

在为期3天的会议中，与会代表就大数据、空间基础设施、虚拟球体、数据标准、自然资源管理等30余个主题开展研讨。大会共设置15个大会主旨报告、39个分会场、144个分会报告。同时，20多个数字地球领域的组织和机构参展，学会设展位进行宣传工作。

在4月5日的晚宴上颁发了国际数字地球会议组织奖、终身会员奖、《国际数字地球学报》高引用文章奖和由学会资助获奖人参加的第二届数字地球视频大赛冠军奖等奖项。

12月6—8日，由学会联合"数字丝路"国际科学计划（DBAR）和香港中文大学共同主办的第二届"数字丝路"国际会议在香港特别行政区召开。学会主席郭华东院士任大会主席。来自中国、澳大利亚、加拿大、德国、希腊、泰国、印度尼西亚、老挝、马来西亚、斯里兰卡、蒙古、缅甸、巴基斯坦、摩洛哥、荷兰、英国、美国、俄罗斯、哈萨克斯坦、意大利、欧盟等20余个国家和国际组织的200余名学者参加了会议。

在开幕式上,《DBAR科学规划书》正式向全球发布。来自26个国家和10余个国际组织的300余位专家参与了该科学规划书论证研讨和编撰。规划书明确了DBAR的愿景、目标及科学议程，为DBAR的实施确立了方向。郭华东院士表示，DBAR向前推进需要有清晰的目标和使命,《DBAR科学规划书》的正式发布标志着DBAR向前迈进了一大步，并希望在成员国合作者们的共同努力下，让“一带一路”不仅造福于中国，更造福于沿线国家、造福于全球。

会上批准成立了DBAR首批8个国际卓越中心（ICoE），分布在俄罗斯、巴基斯坦、美国、意大利、摩洛哥、赞比亚、泰国、芬兰。自2016年5月正式启动以来，DBAR以7个工作组与2个任务组交叉协同的工作方式来实现跨国界的空间立体交流与观测。

国内主要学术会议 5月27—28日，由学会中委会主办的第四届全国激光雷达大会在湖北省武汉市召开。来自国内外104家科研院所、高等院校和相关企业的500余位代表参加了会议。

大会共组织了11个主题分会和79个专题报告。专家、学者围绕激光雷达基本理论、系统研制、数据获取、数据处理与系统开发、激光雷达与多源数据融合、激光雷达应用等方面的热点和前沿技术问题进行交流与探讨。

参会企业展示了其最新的激光雷达硬件系统，围绕不同平台的激光雷达硬件系统、无人机激光雷达以及数据处理与应用等内容进行交流。大会还设置了优秀青年论文评选和车载激光扫描数据处理大赛，共评出14篇优秀青年论文奖。

9月11—12日，学会中委会在哈尔滨工程大学举办了第四届全国成像光谱技术与应用研讨会。来自全国90多所高校、科研院所、企业的300余名成像光谱遥感领域学术大师、专家学者、产业代表参加大会。

大会特邀意大利帕维亚大学Paolo Gamba教授、中国科学院遥感地球所研究员张兵、澳大利亚新南威尔士大学教授J. Scott Tyo和贾秀萍、中国科学院上海技术物理研究所研究员刘银年、同济大学教授童小华、浙江大学教授钱沄涛等12位国内外著名专家学者，就高光谱信息处理技术、遥感大数据、新型光谱成像技术、多尺度遥感数据融合、无人机载高光谱遥感新发展及新应用等作大会主报告。

大会设置90个分组报告，主题涉及高光谱数据分类、解混、亚像元定位、超分辨率制图、目标检测识别等方面。大会闭幕式上宣布了优秀报告人名单，并通报了由新疆大学和石河子大学共同承办2019年第五届全国成像光谱技术与应用研讨会的决议。

国际交往 第32届国际科学理事会（ICSU）全会暨国际社会科学理事会（ISSC）联合会议于10月23—26日在我国台湾地区台北市召开，学会主席郭华东院士、执行主任王长林研究员及秘书处刘珍应邀与会。10月23日的大会由ICSU主席Gordon McBean主持，他宣布国际数字地球学会（ISDE）自2016年起成为ICSU正式成员（International Scientific Associate Member）。这也是ICSU系统首个由我国发起成立的国际组织被批准为其成员。

学会秘书处人员参加相关的国际学术会议，宣传数字地球理念，并为学会期刊组稿约稿。2017年，赴南非参加第37届国际环境遥感大会并在会上组织“大数据时代的数字地球”专场；赴美国参加地球观测组织会议以及海外地理信息学术年会。

学会创新发展 学会充分利用国际科技资源，探索以我为主的“数字丝路”科技合作机制，于4月在澳大利亚悉尼成立“数字丝路国际科技联盟”。这是中国科协“一带一路”国际科技组织平台建设项目首个在国外成立的促进数字地球与空间信息技术在“一带一路”国家发展而成立的国际科技联盟。

该联盟的成立得到了国际上许多著名的空间地球信息相关组织的支持和参与，首批加入联盟的组织有地球观测组织（GEO）、国科联国际科技数据委员会（CODATA）、全球空间数据基础设施学会（GSDI）、开放地理空间联盟（OGC）、国际山地综合开发中心（ICIMOD）、马来西亚理工大学地球科学与数字地球中心（INSTeG-UTM）、俄罗斯新地理研发集团（Neogeography R&D Group）、保加利亚制图协会（BCA）、捷克马萨里克大学、中国科学院遥感与数字地球研究所、摩洛哥环境遥感协会、UNESCO空间技术自然与文化遗产研究中心等。

学会组织调研了15个“一带一路”沿线国家的对地观测、遥感、空间信息基础设施等领域的建设情况，编写了《“一带一路”典型国家空间地球信息发展咨询报告》。该报告对印度尼西亚、泰国、新加坡、印度、巴基斯坦、蒙古、俄罗斯、哈萨克斯坦、乌兹别克斯坦、沙特阿拉伯、伊朗、阿联酋、乌克兰、白俄罗斯、波兰等国家的空间信息领域的发展情况、成果产出、科技政策、软硬件条件等方面开展调研，对于其合作提出建议和意见，并总结“一带一路”倡议为国家空间地球信息领域国际合作带来的新机遇。

会员服务 12月11日，在“数字丝路”国际科学计划（DBAR）框架下，学会联合中国科学院-发展中国家科学院空间减灾卓越中心（SDIM）、灾害风险综合研究计划（IRDR）、亚洲科学院及学会协会（AASSA）、国际科学院组织（IAP）等机构联合举办的“一带一路”科学减灾国际培训班在海南省三亚市开幕。

本次培训针对“一带一路”沿线国家减灾问题，围绕地球大数据在减轻灾害风险中的应用方法开展实践应用培训，提升“一带一路”青年学者和管理人员的地球大数据减灾应用能力。来自斯里兰卡、印度、马来西亚、埃塞俄比亚、巴基斯坦、尼泊尔、泰国、吉尔吉斯、卢旺达等15个“一带一路”发展中国家的20余名学员参加培训。培训班学员同时被吸纳为国际数字地球学会会员。

由学会协办的数字丝路世界遗产空间技术培训班于9月2—17日在北京、河南省郑州市举办。本次培训为期两周，第一周为基础知识培训，包括空间技术基础知识、空间技术应用、世界文化遗产概况、GIS系统操作及应用、虚拟卫星地面站技术、空间技术的应用及案例分析、吴哥环境遥感等。第二周培训既有室内教学，包括中原文化遗产知识、软件实操、地质灾害监控、案例分析，也安排有实地考察和野外实践。

培训班旨在为发展中国家世界遗产决策者和管理者提供技术培训，推广空间技术在世界遗产保护和管理中的应用；同时吸纳新的会员加入学会。

（撰稿人：王长林　刘婧娜）

国际动物学会

服务创新型国家和社会建设 学会协助国家林业局及联合国粮农组织（FAO）亚太森林入侵物种网络北京办公室于5月13日在山西省晋中市召开了入侵害虫红脂大小蠹防控工作回顾与经验总结座谈会。

联合国教科文组织项目中国人与生物圈国家委员会（MAB）与学会于6月25日—7月1日在广东车八岭国家级自然保护区联合主办中国生物圈保护区生物资源信息化监测培训班。来自全国15个省（自治区）23个自然保护区成员单位的近50位学员参加了培训。

8月22—24日，学会在内蒙古锡林浩特草原动物生态研究站举办了以“无损伤动物标记监测技术”为主题的野外理论和实践国际培训。培训班邀请法国科学院院士、CNRS研究所荣誉主任Yvon Le Maho教授等4位指导老师授课，20多位学员参加了培训。

学会于8月29—30日在青海省西宁市主办了“实用生物信息学及技术”国际培训班。培训教员由来自美国、澳大利亚、俄罗斯、中国等国家的科学家担任。50多位来自我国西北边疆地区和“一带一路”沿线国家的学员参加了培训。

学会建设 根据在日本冲绳举行的会员代表大会决议，学会于3月进行了执委会（2016—2020）的换届选举工作。张知彬（中国）连任主席；长滨嘉孝（日本）和Sarita Maree（南非）当选副主席；执委7名，顾问委员8名。截至2017年12月31日，学会共有团体会员122个，覆盖各类科技人员3万多人，分布在36个国家；个人会员1346名，分布在73个国家和地区。为进一步推动学科发展，学会新增绵羊基因组和保护地两个工作组，目前共有9个工作组。

青年人才托举工程 学会承担了2016—2018年度及2017—2019年度“中国科协青年人才托举工程”项目人选推荐工作。经学会推荐，2016—2018年度项目资助对象为华中师范大学熊英泽博士、郑州大学田军东博士；2017—2019年度项目资助对象为西北大学黄康博士、南京师范大学黄园博士。

熊英泽博士主要研究植物与传粉者的相互作用，分析动植物群落构建与维持的影响因素。在项目的帮助下，完成英文论文和论文初稿各1篇，获得国家自然科学青年基金资助，参与国家基础资源调查专项“中国西南地区极小种群野生植物调查与种质保存”子课题。参加国际学术会议2次、国内学术会议1次。

田军东博士以太行山猕猴为对象，研究行为生态和生理生态学、社会生态学与生物多样性保护等。完成SCI论文1篇，参加国际学术会议1次，国内学术会议2次；提交学术会议论文摘要4篇，作口头报告3次。

主办期刊 学会主办的双月刊《整合动物学》获得“中国科技期刊国际影响力提升计划”第二期项目B类支持。据2017年美国科学信息研究所（ISI）公布的数据，该刊SCI影响因子为2.07，在全球163种《期刊引证报告》（JCR）动物学期刊中排名第32（Q1区），期刊影响因子、排名、半衰期、总被引频次均呈逐年增长趋势。期刊编委会成员由来自 18 个国家的 64 名科学家组成。

国际学术会议 学会于 8 月 27—31 日在青海省西宁市成功主办了第九届整合动物学国际研讨会，主题为“极端环境条件下的动物响应与适应”。来自 20 多个国家的 150 多位科学家出席会议。会议共有大会报告 10 个、专题分会 11 个、口头报告 111 个、学术海报 14 个。

10 月 20—22 日，学会在北京主办了第一届世界绵羊大会。大会共安排 8 个阶段 32 个学术报告。

11 月 20—21 日，学会在北京举行了中蒙跨界野生动物保护与管理研讨会，讨论了中国、蒙古、俄罗斯跨国家野生动物保护、野生动物疫病等有害生物管理方面的问题和解决方案。

国内主要学术会议 10 月 20—25 日，国际自然保护地联盟培训交流暨联盟年会在四川唐家河国家级自然保护区召开。年会由学会自然保护地工作组主办，四川省唐家河国家级自然保护区管理处、吉林长白山国家级自然保护区管理局承办。会议主题为“创新发展，和谐共生——可持续自然保护之路”。

10 月 27—30 日，由学会协助主办的第十三届全国野生动物生态与资源保护学术研讨会暨第六届中国西部动物学学术研讨会在四川省成都市召开。

国际交往 学会秘书长韩春绪、学会杂志执行主编熊文华前往澳大利亚珀斯参加 7 月 9—14 日召开的第十二届国际兽类学大会，宣传介绍期刊、征稿约稿。会后，应合作出版社 Wiley 邀请，同杂志荣誉主编 John Buckeridge 教授前往墨尔本访问其澳大利亚分部，探讨合作合同续约、期刊出版、提升国际影响力、科普合作等问题。

表彰举荐优秀科技工作者 2017 年，国际动物学会进行了首届“国际动物学会青年科学家奖”评选活动，共有 12 名候选青年科学家被推荐参加评选，最终 4 名青年科学家获奖并于 8 月 27 日颁奖。获奖者分别是中国科学院动物研究所鲁敏、西班牙巴塞罗那综合大学 Blanca Moncunill Sol、中国南京大学李宁和墨西哥国家综合大学 Rogelio Aguilar-Aguilar。

党建强会 联合学会和中国昆虫学会积极参加挂靠单位中国科学院动物研究所党委组织的学习和报告，全面学习贯彻党的十九大精神和习近平新时代中国特色社会主义思想。

会员服务 学会通过电子邮件和学会网站向会员发送会议通知、杂志目录、培训活动等信息。团体和个人可通过学会网站和电子邮件申请成为会员。

【第九届整合动物学国际研讨会】 学会联合中国科学院西北高原生物研究所、青海省动物学会于 8 月 27—31 日在青海省西宁市主办了第九届整合动物学国际研讨会，主题为“极端环境条件下的动物响应与适应”。

中国科学院副院长张亚平院士，挪威奥斯陆大学进化与生态中心主任、IUBS 前主席 Nils Christian Stenseth 教授，中国国家林业局野生动植物保护与自然保护区管理司副司长贾建生，中国科学院西北高原生物研究所所长张怀刚研究员在开幕式上分别致辞。

来自 20 多个国家的 150 多位科学家出席会议。会议共有大会报告 10 个、专题分会 11 个、口头报告 111 个、学术海报 14 个。大会报告人及题目分别为中国科学院院士张亚平的《狗、鸡的基因组进化》、挪威奥斯陆大学教授 Nils Christian Stenseth 的《21 世纪联合生物学对我们生活与环境的影响》、美国斯坦福大学教授 Anthony Barnosky 的《应对人类世物种灭绝危机》、美国埃默里大学教授 Larry Young 的《田鼠如何相爱》、法国斯特拉斯堡大学教授 Yvon Le Maho 的《在野外调查中如何对野生动物进行非损伤调查》、美国华盛顿大学教授 Raymond Huey 的《气候变暖陆栖变温动物的热敏性》、美国斯坦福大学教授 Elizabeth Hadly 的《喜马拉雅鼠兔在世界屋脊上的进化与生态策略》、澳大利亚皇家墨尔本理工大学教授 John Buckeridge 的《非本地动物的保护与现状》、中国科学院西北高原生物研究所研究员赵新全的《三江源国家公园管理：野生动物保护与畜牧生产》、英国圣安德鲁斯大学教授 Susan Healy 的《2017 动物认知研究》。

11 个专题分会分别为野生动物疫病，神经生物学与激励行为，生理生态，微生物生态，野生动物非损伤监测，野生动物保护管理与群落动态及野外放归、能力恢复与重建，动植物互惠对陆地生态系统影响，气候变化影响与生物缓冲，亚太水域水生动物研究与保护，动物认知，普通动物学研究。

中国科学院动物研究所研究员魏辅文和副研究员解焱分别组织了以“保护生物学”和“如何推动提升保护地野生动物监测与管理”为专题的工作讨论会。

【第一届世界绵羊大会】 10 月 20—22 日在北

京主办了第一届世界绵羊大会。来自美国、英国、荷兰、澳大利亚、新西兰、意大利、克罗地亚、芬兰、埃塞俄比亚和尼泊尔等国的20个研究机构近40位国外专家学者，以及来自北京、新疆、内蒙古、陕西、山西、山东、江苏、重庆、云南和甘肃等地的25个科研院所近80位国内学者参会。

大会共安排8个阶段32个学术报告，多角度报告了与绵羊相关的前沿研究及未来发展。内容包括从基因组研究方法学领域角度介绍了基因组数据的正选择检测；家养动物快速适应气候变化的遗传学变异机制；从表观遗传角度探讨了绵羊驯化过程中的遗传变化；从系统进化与多组学角度解释了反刍动物的遗传特性；基因编辑技术在绵羊研究中的应用等。覆盖了绵羊研究的技术、方法、育种、进化等各个领域。

（撰稿人：韩春绪　张　薇）

中国机械工程学会

服务创新型国家和社会建设　1—3月，学会承担先进装备制造与智能制造领域的《国家中长期人才发展规划纲要（2010—2020年）》实施情况第三方评估工作，对本领域内人才队伍建设情况进行专题评估，提出了加强先进装备制造和智能制造领域高等教育学科建设等五个方面的对策建议。

7—9月，学会承担先进装备制造与智能制造领域《全球科技领军人才目录》的编制工作，包括6位院士在内的20余位专家完成了12个分技术领域的《全球科技领军人才目录》。

2017年，学会持续推进机械工程技术人员能力评价工作，167人取得学会颁发的工程师专业技术水平证书，2834人取得学会颁发的见习工程师专业技术水平证书。截至2017年年底，共有36905人取得学会颁发的各类工程师专业技术水平证书。

2017年，学会承担了机械类专业认证委员会受理的56所高校60个专业点的认证申请，45个专业点的自评报告通过审核并最终形成认证报告。

学会接受高校、研究院所和企业委托，完成科技成果鉴定36项。

学会受工业和信息化部委托，完成了中国工程院咨询项目“制造业创新设计行动纲要研究”，完成了《食品与包装机械技术路线图》《高端轴承技术路线图》等研究报告。

学会承担中国科协咨询项目“智能制造领域前沿跟踪研究”，并提出智能制造发展建议。

承担中国科协、工业和信息化部咨询项目“中国智能制造绿皮书（2017）”子项目“中国智能制造绿皮书——行业篇”的研究和编写。12月8日，《中国智能制造绿皮书（2017）》在2017世界智能制造大会上正式发布。

承担中国科协“智能制造科技进展研究”项目，推动一批科技成果转化与示范推广，促进科技成果转化为现实生产力，支撑产业转型升级与经济结构调整。

组织完成《关于加强工业软件建设，解决智能制造根本问题的建议》《发展“新纺织”，推动传统产业升级为新动能》《关于精细布局智能传感器产业发展地图的建议》《关于大力推进我国智能制造发展的建议》《关于大力推进我国工业控制系统信息安全技术研发的建议》5份智能制造发展决策建议。

学会建设　2017年，学会评选出“最具影响力的学术会议”10项、“最具影响力的综合活动平台”4项。

2017年，学会第十一届理事会召开理事会议1次、常务理事会议2次、全国总干事秘书长工作会议1次。学会所属5个专业分会完成换届，10个分会委员会做了调整。

为进一步规范分支机构管理，学会召开分支机构专题会议1次，对《中国机械工程学会分支机构管理办法》进行修订，坚持对分支机构进行年度考核与先进评选。

全面改版的学会门户网站上线运行，完成会员管理和服务平台升级，完成邀请函、会议、项目管理等系统建设。编制与发布《中国机械工程学会事业发展规划要点（2017—2021）》及实施方案。

青年人才托举工程　2017年，学会制定了《中国机械工程学会“青年人才托举工程”项目管理办法》和《中国机械工程学会“青年人才托举工程”项目管理办法（经费由学会管理）的补充条例》，建立了学会青年人才储备库、导师库，组织开展了第三期项目申报工作，5人入选。2017年共有11位优秀青年科技人才在培并获资助。

主办期刊　2017年，学会主办科技期刊36种，年总印数约170万册，刊载论文约11000篇。《机械工程学报》获得中国科协精品科技期刊工程Top 50项目资助，《中国机械工程》《中国表面工程》《材料热处理学报》《焊接学报》获得中国科协精品科技期刊工程学术质量提升项目资助,《汽车知识》获得中国科协精品科技期刊工程精品科普期刊项目资助。英文版期刊《中国机械工程学报》获得中国科技期刊国际影响力提升计划C类项目和中国科技期刊登峰行动计划资助。学会与施普林格出版集团签署新的协议，2018年《中国机械工程学报》全部论文免费向全球读者开放。

国际学术会议 2017年，学会组织召开国际会议14次，包括2017智能制造国际会议、国际焊接学会第70届年会、第17届国际制造会议（IMCC 2017）、第六届世界摩擦学大会、2017机械设计国际会议、2017年生物制造国际会议等。

国内主要学术会议 2017年，学会举办国内学术会议62次，主要有2017中国机械工程学会年会、第九届全国压力容器学术会议、第17届全国特种加工学术会议、第九届全国青年表面工程学术会议、第十五届全国塑性工程技术学术交流会暨第七届海外塑性技术研讨会、2017年全国失效分析学术会议、2017中国铸造活动周等。

5月10—12日，学会与德国汉诺威展览公司在北京共同主办2017中国（北京）国际工业智能及自动化展览会，210家企业参展，展览面积23000平方米。18000余人次参观。

6月27—30日，学会与中国焊接协会、中国电器工业协会电焊机分会、德国焊接学会和德国埃森展览公司在上海市共同主办第二十二届北京·埃森焊接与切割展览会，来自28个国家和地区的977家公司参展，展览面积84700平方米，来自42个国家和地区的25000余人次参观。同期举办“焊接国际论坛——数字设备、智能过程、焊接世界”等交流活动和20场技术讲座。

8月36—27日，学会联合教育部高等学校机械类、材料类和工业工程类专业教学指导委员会主办中国大学生机械工程创新创意大赛，190所高校的1244项作品参赛，参赛学生4429名，获得三等奖及以上的作品387项。

10月31日—11月3日，学会与中国物流采购联合会、汉诺威展览公司联合举办2017亚洲国际物流展，展会聚焦“智慧物流”，600多家企业参展，展览面积超过60000平方米，观众达98000余人次。

11月，学会联合相关学会在广东省深圳市召开专业技术人员工程能力评价国际互认体系建设研讨会。邀请香港工程师学会和马来西亚工程师学会的专家介绍了香港特别行政区和马来西亚工程师资格认证的典型做法。

两岸交流 8月28—30日，由海峡两岸机械工程学会共同主办的第十九届海峡两岸机械工程技术交流会在河南省洛阳市召开。会议以“智能制造”为主题，9名专家作学术报告，200余人参加。

12月6—8日，学会支持重庆市科协主办的海峡两岸暨港澳智能物流协同创新论坛在重庆市举行。学会副理事长兼秘书长陆大明作主旨报告，学会4名物流工程领域专家分别作4个分论坛报告。

国际交往 4月2—7日，学会副理事长兼秘书长陆大明率团访问美国物料搬运协会，并参加在芝加哥举行的世界物料搬运联盟第五次会议，介绍了2016年度中国物料搬运行业的发展情况；访问了美国机械工程师学会纽约总部，与美国同行进行了工作交流。

11月2—3日，学会副理事长兼秘书长陆大明率团赴韩国参加第七届中日韩机械工程学会联席会议，分别就中日韩机械工程新兴技术、第四次工业革命背景下的机械工程等主题开展交流，三方商定每两年召开一次机械工程新兴技术会议，在三国轮流举办。

科普活动 打造“中国好设计”品牌科普活动。开展“中国好设计”合作伙伴计划，与全国8个以设计为主题的大赛评选活动开展设计评选、设计推广、设计培训、设计交流等合作；在全国建设6个“中国好设计”区域中心，围绕“中国好设计”开展展览展示、创新创业、推广交易、培训交流等活动；编写《中国好设计》系列丛书7本，挖掘设计引领企业转型升级、提质增效典型案例；通过建设中国好设计网站、微信公众号、摄制主题宣传片，开展科普信息化平台建设，拓展“中国好设计”媒体传播渠道；开展2017“中国好设计”评选活动，共有197个项目进入年度终评，90个项目获奖，其中金奖10项、银奖20项、创意奖30项、提名奖25项、优秀组织奖5项，并在深圳市举办了隆重的颁奖典礼，在全社会营造重视设计、热爱设计、支持设计的良好社会风尚和生态环境。

表彰举荐优秀科技工作者 2017年，学会与中国机械工业联合会共同设立的“中国机械工业科学技术奖”共受理申报项目864项，398项获奖，其中，特等奖3项、一等奖46项、二等奖132项、三等奖217项。2017年，通过“中国机械工业科学技术奖”向国家科学技术奖推荐候选项目 13 项，2 项获得国家技术发明奖二等奖、3 项获得科学技术进步奖二等奖。

2017 年，学会设立的“绿色制造科学技术进步奖”共评选出 16 个获奖项目，其中，一等奖 2 项、二等奖 4 项、三等奖 2 项、优秀奖 8 项。

学会向中国科协推荐太原理工大学教授黄庆学当选中国工程院院士，向中国科协推荐西安交通大学教授李涤尘获得全国创新争先奖状。

学会创新发展 学会承担了中国科协智能制造学会联合体秘书处的各项工作，着力打造高端科技智库，搭建学术交流、协同创新和人才培养 3 个平台。成立智能制造研究所，组织开展了智能制造前沿跟踪、智能制造科技进展、中国智能制造绿皮书（行业篇）3 项研究工作，编写了《智能制造人才培养指南》。

党建强会 1 月 5 日，学会成立中国机械工程学会理事会功能型党委，学会理事长李培根担任党委书记，学会常务副理事长张彦敏担任党委副书记。2017 年召开党委会 3 次，制定了《中国机械工程学会（理事会）党委议事制度》；制定并发布《中国机械工程学会党委关于全面深入学习党的十九大精神的意见》，对学会各级组织学习宣传贯彻党的十九大精神提出了具体要求。

2017 年，完成了中国机械工程学会秘书处党支部换届选举工作，副理事长兼秘书长陆大明担任党支部书记。

会员服务 2017 年，学会面向会员需求，在原有《机械工程学报》电子刊服务基础上，增加了《中国机械工程》电子刊服务；学会新版会员系统正式上线，丰富会员服务内容；开通了“会员中心”微信服务号，为会员提供快捷个性化服务。

【2017 年中国机械工程学会年会】 11 月 13—14 日，2017 年中国机械工程学会年会在山东省济南市召开。年会以“创新驱动发展　建设制造强国”为主题，来自全国的 1000 余名机械科技工作者参加会议。

开幕式和颁奖典礼由学会常务副理事长张彦敏主持。学会理事长李培根院士，山东省经济和信息化委员会副巡视员张忠军，山东省科协党组成员、副主席于洪文出席并致辞。

年会上，李培根等为 2017 年度中国机械工业科学技术奖、第七届上银优秀机械博士论文奖、第七届绿色制造科学技术进步奖、2017 年中国大学生机械工程创新创意大赛最佳创新创意奖和 2017 年度中国机械工程学会科技奖的获得者代表颁奖。

主旨报告大会由学会常务理事、中国工程院院士、浙江大学教授杨华勇主持。中国自动化学会副理事长兼秘书长、中国科学院自动化研究所王飞跃，中国机械工程学会常务理事兼机器人分会主任委员、中国科学院院士、华中科技大学教授丁汉，学会副理事长兼生产工程分会主任委员、中国工程院院士、大连理工大学校长郭东明分别作大会报告《平行制造：新时代智能制造的换道超车之路》《共融机器人》《高性能精密制造的发展》。

年会期间，举办了制造业绿色发展高峰论坛暨绿色制造科技成果交流会、中国机械工程学会青年论坛上银优博论文交流会、第七届上银优秀机械博士论文颁奖典礼、“电液控制技术智能化及创新应用”学术报告会、《机械工程学报》首届高影响力论文评选暨 2018 年重点刊登方向发布会等专题活动。

【第 17 届国际制造会议（IMCC 2017）】 11 月 23—26 日，第 17 届国际制造大会在广东省深圳市召开。会议由国际生产工程院、中国机械工程学会主办，800 余名专家、学者参加会议。

会议交流内容涵盖先进制造技术与装备、材料成型技术、数字制造和智能制造、绿色制造与制造过程节能降耗、现代设计理论和方法、超精密加工、高能束加工、EDM/ECM 加工、微系统（MEMS）与微纳制造等内容。

会议还设有国际增材制造高端论坛、智能制造与工程教育论坛、韩国第六届制造技术工程师系列会议以及精密工程、切削技术、测试技术、精密装配 4 个专题研讨会和 10 个国际制造会议学术交流报告分会场、5 个国家自然科学基金项目结题报告分会场等。会场还对优秀的基金项目成果进行了展示。

会议收到论文近 300 篇，评选出 10 篇最佳论文、15 篇优秀论文。

会议期间，中国机械工程学会生产工程分会举行了第 10 届 3 次委员会（扩大）会议暨第 11 届委员会成立大会。

【第六届世界摩擦学大会】 9 月 17—22 日，第六届世界摩擦学大会在北京举行。国务院副总理刘延东致信祝贺。大会是世界摩擦学大会成立 20 年来第一次在中国举办，由学会摩擦学分会主办、清华大学承办，中外 2000 余名摩擦学科技工作者探讨世界摩擦学科学、工程及技术的可持续发展。

刘延东在贺信中对大会召开致以热烈祝贺，向来自世界各国和地区的专家学者们表示诚挚欢迎。刘延东指出，摩擦学研究作为一门交叉学科，涉及领域广泛，对于节能降耗、保护环境、促进经济社会持续健康发展具有重要意义。中国政府一贯秉承可持续发展、建设节约型社会的理念，高度重视摩擦学相关领域科学研究与产业发展，愿与世界各国携手合作，共同为促进摩擦学发展进步做出不懈努力。刘延东表示，世界摩擦学大会是国际摩擦学界规模最大、水平最高的综合性盛会。此次大会首次在中国召开，为促进国际摩擦学界交流合作搭建了有效平台，也为展示中国摩擦学领域技术及产业发展成就提供了重要窗口。衷心希望与会专家学者借此机会深入交流、启发灵感、并肩协作，为推进世界摩擦学发展和增进人类福祉做出新的贡献。

开幕式上，清华大学党委书记、校务委员会主任陈旭，国家自然科学基金委主任杨卫，大会主席、学会常务理事、清华大学机械学院院长雒建斌，国际摩擦学学会（ITC）新任主席、美国阿尔贡国家实验室教授阿里·埃尔代米尔（Ali Erdemir）等分别致辞。

中国科学院院士、学会理事、中国科学院兰州化学物理所刘维民和以色列魏兹曼科学研究所教授雅各布·克莱因（Jacob Klein）分别作大会报告《空间科学中的摩擦》和《生物学润滑》。阿里·埃尔代米尔（Ali Erdemir）、清华大学教授孟永钢等6位摩擦学领域的专家、学者相继围绕涂层、多物理场界面、摩擦学与环境保护等方面作大会报告。

大会设立1个主会场、13个分会场，安排了8个大会报告、1265个口头报告、340个墙报。大会共收到投稿论文1398篇。

会议期间举办了围绕摩擦学的科技展，邀请38家中外展商参展。

（撰稿人：陈超志　刘永华）

中国汽车工程学会

服务创新型国家和社会建设　2017年，学会完成了北京汽车研究总院有限公司“BJ 40系列轻型越野汽车产品开发”、上海交通大学“汽车燃料电池大面积超薄金属双极板设计及精密制造技术”等23项技术的科技评价工作，参与专家160余人次。

2017年，学会完成《智能网联汽车车载终端信息安全技术要求与测试方法》《环境风洞汽车动力总成冷却试验标准》等16项行业标准的立项工作，其中，智能网联汽车标准2项、汽车空气动力学标准5项、汽车油品标准5项、汽车用油泵3项、汽车电磁兼容标准1项；发布《合作式智能运输系统车用通信系统应用层及应用数据交互标准》（T/CSAE 53–2017）、《汽车电器零部件及子系统（12V）电磁兼容性能测试方法及要求》（T/CSAE 63–2017）等17项行业新标准，其中，电动车标准5项、汽车材料标准5项、智能网联汽车标准1项、汽车电磁兼容标准1项。

学会举办智能网联技术路线图培训、汽车NVH性能的开发与控制、中国中长期汽车产业政策及技术发展动向年度解析（2017年）等专业技术人才培训班和技术讲座10余次，参加培训人数1772人次。

学会能力提升计划　2017年，学会根据中国科协《学会能力提升专项资金管理办法（试行）》和工作进度安排，将专项资金用于提升学会自身发展能力、提升服务创新能力、提升服务社会和政府能力、提升服务科技工作者能力4个方面。

提升学会服务创新能力方面。推进精品学术会议战略，举办2017年中国汽车工程学会年会暨展览会、第五届中国汽车防腐蚀与老化论坛（VCAP）、第二届国际燃料电池汽车大会。高校科研资源共享平台资源库已有44所高校、112个科研团队、87个研究方向、369名专家纳入，领域涉及汽车设计制造、电控、新能源、轻量化、新材料、NVH、实验及检测等方面；平台全年累计接受项目申报50余项，其中有效项目14项，专家对接6项。

提升服务社会和政府能力方面。5月10—11日、11月1—3日，学会完成了两次全行业技术路线图解读培训工作，提升技术研究的预研、预判能力；落实《科协系统深化改革实施方案》部署要求，配合中央全面深化改革总体部署，进一步加强产业技术联盟间的协同创新能力，提升产业创新效率；11月，开展首届中国大学生无人驾驶方程式大赛，促进智能网联汽车从概念化步入产品化；中国汽车技术战略国际咨询委员会积极吸收国际知名整车和零部件企业首席技术官（CTO）、主要行业组织和研究机构负责人加入，充分运用国际顶层专家资源，搭建国内外汽车技术领军人物交流和对话平台，为汽车技术和产业协调发展建言献策。

提升服务科技工作者能力方面。2017年，学会组建成立了中国汽车工程学会人才评价工作委员会，完成了161人的汽车工程师水平评价申请工作，通过初审157人、通过终审142人、待评审13人；学会举办面向科技工作者的培训班26期，培训人员795人次，培训内容涵盖新能源汽车技术路线图解读、汽车营销、汽车诊断与维修、新能源汽车技术、车联网技术及工程实践等。

提升学会自身发展能力方面。学会举办了第二届中国汽车工程学会和地方汽车工程学会秘书长联席工作会，实现学会系统上下联动；完成了加入先进燃料电池技术合作项目AFCTCP的签署工作，中国汽车工程学会代表中方正式加入该技术合作项目。

学会建设 12月20日，中国汽车工程学会第九次全国会员代表大会在北京召开，410名代表参加了会议。会议选举产生了中国汽车工程学会第九届理事会和第一届监事会。李骏当选学会第九届理事会理事长，丁宏祥等198人当选学会第九届理事会理事，马建等6人当选学会第一届监事会监事。

青年人才托举工程 5月18日，学会在北京召开2016—2018年度汽车青年人才托举工程项目启动会，30余人参加会议。10月26日，学会在上海市召开以青年托举人才为主体的中国科协第325次青年论坛，本次论坛以“未来交通出行方式”为主题，18位优秀青年学者作了主题报告。被托举人蔡英凤获得2017年度“中国汽车工业优秀青年科技人才奖”；章新杰作为“汽车悬架正向开发关键技术和测试装备研发及应用”项目第二完成人，获得“中国汽车工业技术发明奖”一等奖。

主办期刊 2017年,《汽车工程》出版12期，刊出论文222篇，总印数为23306册。据中国科学技术信息研究所2017年统计，2016年《汽车工程》的综合评价总分为78.10（2015年72.86），在2008种核心期刊中列82名，位于前4.08%（2015年在1985种核心期刊中列117名，位于前5.89%），在10种公路运输类期刊中列第2名（2016年第2名），影响因子为0.684（2015年0.540），总被引频次为1893（2015年1709）。

学科发展研究 10月25日，由学会、国务院发展研究中心产业经济研究部和大众汽车（中国）投资公司等单位联合编著的《中国汽车产业发展报告（汽车蓝皮书）》第10次出版，年度报告以“数字化转型战略”为研究主题，聚焦网络化、智能化、数字化。

12月18日，学会举行了《中国汽车技术发展报告2017》发布暨研讨会。该书由学会和丰田汽车公司联合编著，主要介绍了节能与新能源汽车发展的外部环境、产业趋势、技术进步等评估内容。

深入贯彻落实《汽车产业中长期发展规划》，受工业和信息化部装备工业司委托，学会牵头完成了《汽车产业中长期发展规划重点工程实施方案》的编制工作。

2017年，学会承接了工业和信息化部委托的课题“汽车产业中长期发展规划重点工程实施方案编制工作”、中国科协委托的“2017年承接政府转移职能与公共服务示范工程项目”两项课题。

学会完成了“电池回收与再利用政策研究”“促进燃料电池汽车发展政策研究”“燃料电池现状和能力提升后评价”“电动汽车产品技术评估及充电设施评价优化”“如皋氢经济发展路线图研究”等相关课题的研究工作。

受工业和信息化部工业装备司委托，学会组织编制了《关键零部件重点突破工程实施方案》。中国汽车研究中心等7家企业以学会G20组织为依托单位，承担了《八大重点工程之关键零部件重点突破工程实施方案》的编写工作。

国际学术会议 2017年，学会及分支机构举办了2017中国汽车工程学会年会暨展览会、第九届国际汽车自动变速器及电驱动技术研讨会（TMC 2017）、第四届中国国际智能网联汽车技术年会（CICV 2017）、2017第五届中国汽车防腐蚀老化技术论坛、2017年第十一届中国汽车轻量化技术研讨会、第二届国际燃料电池汽车大会等20项国际学术交流。参会人数8500人次，交流论文600篇，其中境外专家、学者400人次。

4月19日，学会在北京承办了EVI 2017年春季执行委员会会议。6月6日，学会在北京主办了2017年国际示范城市论坛，300多人参加会议；全国政协副主席、中国科协主席、科技部部长万钢，国际能源署署长法提赫·比罗尔，美国加州州长杰里·布朗和上海市委常委、常务副市长周波等出席论坛。

国内主要学术会议 学会及其分支机构共举办年会、研讨会、论坛等学术活动28次，参加交流人数5000人次。

6月25日，学会承办了第十九届中国科协年会第

7分会场“未来出行——氢燃料电池及智能车辆技术”国际研讨会。研讨会由中国科学技术协会、吉林省人民政府主办，中国汽车工程学会和中国自动化学会联合承办，是第十九届中国科协年会的重要国际学术交流活动之一。

国际交往 2017年，学会共派16人次前往德国、美国、日本、西班牙等国家开展国际交流活动。

学会G20组织主办了为期9天的“开门造车·智创未来——2017以色列·创新与智能交通深度考察”活动。考察活动为相关企业搭建了了解以色列先进技术的桥梁，实现了与以色列先进技术的对接。

科普活动 学会及其分支机构共开展中国大学生方程式汽车大赛（FSC）、全国职业院校技能大赛中职组汽车营销赛项、2017中国汽车工程学会巴哈大赛等10项科普竞赛和展览活动。

11月，学会在湖北省襄阳市举办了2017大学生方程式系列赛。该赛事增加了AIWAYS杯中国大学生无人驾驶方程式大赛（FSAC），邀请7支车队参加。

表彰举荐优秀科技工作 12月，“中国汽车工业科学技术奖”颁奖大会在北京召开，55个项目及个人获奖，其中，一等奖6项、二等奖13项、三等奖36项、“中国汽车工业优秀科技人才奖”2人、“中国汽车工业优秀青年科技人才奖”3人、“中国汽车工业优秀归国科技人才奖”1人。

学会创新发展 2017年，学会结合多媒体新技术开展了微课堂活动。创新电动汽车产业技术创新战略联盟策划开展“联盟共性技术成果交流微讲堂”系列活动。活动邀请共性技术课题承担单位的专家以授课形式进行在线的技术讲解，听众可实时与授课专家进行互动和交流。微课堂包括电动空调技术、电动汽车专用变速器技术、电驱动轿车制动能量回收技术及无线充电技术、电动汽车专利分析与应用等内容，报名人数600多人次，总浏览次数接近4000次。

2017年，学会专利信息服务平台搭建完成，正式投入使用，先期围绕电动汽车技术标引的10000项专利数据已全部录入平台，并为电动汽车产业联盟各成员单位配发了使用账户。作为提升学会会员服务的一项重要载体，专利数据库使用与学会会员系统对接，面向学会个人会员开启对应的专利数据使用权限。

会员服务 2017年，学会开展了第二次中国汽车工程学会会士评选工作。第二次会士提名评选工作共收到21位候选人资料，经过23位专家评选，选出12位会士。

6月，学会开通了全新会员服务平台，实现了会员1分钟快速入会。学会同时上线了奖励申报及评审系统、水平评价平台、赛事系统等服务系统。学会面向广大团体会员单位进行常态化征稿，同时为广大团体会员单位提供在学会官方渠道进行宣传的平台。

【中国汽车工程学会第九次全国会员代表大会】 12月20日，中国汽车工程学会第九次全国会员代表大会在北京召开。中国科协党组成员、书记处书记项昌乐，中国机械工业联合会执行副会长赵驰，学会会员代表共400余人出席了大会。会上，李骏当选中国汽车工程学会第九届理事会理事长。

项昌乐向大会的召开致以祝贺，并在致辞中对学会第八届理事会的工作予以肯定。

赵驰希望学会在不断增强自身建设的基础上，继续发挥优势，为营造全新的汽车生态和文明建设做出不懈努力。

学会第八届理事会理事长付于武向大会作第八届理事会工作报告，学会第八届理事会常务副理事长兼秘书长张进华作第八届理事会财务工作报告，副理事长管欣汇报《中国汽车工程学会章程》（审议稿）修改说明，副理事长余卓平汇报学会第九届理事会会费标准建议，副理事长陈龙汇报关于设立监事会的建议。

学会进行了第九届理事会和第一届监事会选举，于中赤等198名理事候选人当选学会新一届理事会理事，马建等6名监事候选人当选首届监事会监事。经过新一届理事会理事投票选举，丁宏祥等65人当选第九届理事会常务理事，李开国等13人当选第九届理事会副理事长，张进华当选第九届理事会常务副理事长兼秘书长。新一届理事会聘任张兴业、付于武为第九届理事会名誉理事长，聘任清华大学汽车产业与技术战略研究院院长赵福全为第九届理事会理事长特别顾问。

大会举行了表彰活动并为付于武颁发了终身成就奖。学会授予陈龙等12人中国汽车工程学会会士称号、朱华荣等7人中国汽车工程学会杰出成就奖；学会授予北京汽车工程学会等4个学会为先进地方学会、中国汽车工程学会汽车材料分会等10个分会为先进专业分会、安徽江淮汽车集团股份有限公司等30个单位会员为学会八届理事会先进单位。同时，为表彰汽车技术自主创新成果，大会公布了2017年度“中国汽车工业科学技术奖”奖励决定。

【第19届亚太汽车工程年会暨2017中国汽车工程学会年会展览会（APAC 19 & 2017 SAECCE）】 10月24—26日，第19届亚太汽车工程年会暨2017中国汽车工程学会年会展览会（APAC 19 & 2017 SAECCE）在上海市召开。年会共60场会议、325场技术报告。技术展览同期举办，展览面积10000平方米。年会期间，108家展商、来自27个国家和地区的2749名专家、学者和13152人次专业观众参加了年会相关活动。会议主题为“未来汽车与交通变革”。

年会的院士论坛邀请到汽车及相关行业的8位院士及多位专家、学者围绕传统动力总成技术、环保排放、轻量化材料技术、智能制造、检测测试技术、安全技术、NVH技术等领域进行学术交流。

年会共收到论文885篇，录取480篇，其中，23篇论文入选 *Automotive Innovation*（《汽车工程》英文刊）、6篇入选《汽车工程》、6篇入选《汽车技术》、2篇入选《汽车工艺与材料》等核心期刊、83篇入选《第19届亚太汽车工程年会暨2017中国汽车工程学会年会论文集精选集》。

（撰稿人：孙　莹）

中国农业机械学会

服务创新型国家和社会建设 11月26日，学会在西南大学举办了“东方红”杯第三届全国大学生智能农业装备创新大赛。大赛主题为“智能农装、创新农业、振兴乡村”，330件大学生作品参加决赛，大赛共评出特等奖作品30件、一等奖作品68件、二等奖作品124件、优秀奖作品49件、优秀指导教师30位，10个高校获“优胜杯”。

全国农机标委会年会审查通过了学会送审的学会团体标准《收获机械　驾驶员前视野技术条件》。

学会举办专业技术人才培训班和技术讲座7次，培训人数350人次。学会在中国农机论坛大讲堂开设了“物理农业”专栏，组织讲座8场，受众科技人员达8000人。

5月和10月，学会普及工作委员会在北京和山东省青岛市分别组织了秸秆综合利用技术和经济作物收获技术培训班，参加培训的各地农机技术人员达80多人次。

学会建设 10月25日，学会十届四次理事会议在湖北省武汉市召开。会议围绕深化新时期科技社团改革发展　增强社会服务和自主发展能力、积极承接政府转移职能、拓展学会工作项目和服务范围、积极构建新型政府+市场标准体系、打造中国农机学会新型活动模式和创新活动内容五个方面提出了2018年工作计划建议。

5月15—17日，学会2017年工作会议暨创新驱动助力工作研讨会在浙江省宁波市举行。来自学会19个分支机构和14个地方学会的秘书长和负责人以及学会秘书处工作人员共40余人参加会议。

6月3—4日，标准化分会换届会议暨团体标准研讨会在甘肃省兰州市召开。会议代表围绕中国农业机械学会团体标准的制定及作用、如何组织和管理本团体的标准化活动、团体标准的实施与应用途径、团体标准与国家标准及行业标准的衔接机制等方面进行了研讨。会议审查通过了2017年第一批中国农业机械学会团体标准项目计划，对《农林拖拉机和机械控制系统安全相关部件》等4项国家标准和《农林拖拉机和机械　液压快换接头》等团体标准征求了意见。

12月30日，《农业机械学报》创刊60周年座谈会暨第九届编辑委员会成立大会在北京召开，来自全国高等院校、科研院所和有关单位的专家、学者150余人参加了会议。

按照学会章程第三十三条规定，经秘书长提名、学会十届六次常务理事通讯会议审议通过，增补副秘书长1名，聘期同本届理事会任期一致。

主办期刊 《农业机械学报》全年刊出论文698篇，其中正刊633篇、增刊65篇；正刊刊出论文中，各类基金类论文达100%，国家级项目资助论文约占90%，其中，国家自然科学基金、国家“863”“973”计划资助论文占70%。编辑部继续开展面向具有国际学术影响的行业学科带头人约稿工作，2017年共刊发12篇。在《农业机械学报》上发表的《基于EDEM的离心式排种器排种性能数值模拟》《基于逆向工程的D型打结器重构与运动仿真》等4篇论文获2017年中国科技期刊农林学科年度优秀论文特等奖、一等奖、二等奖。论文《基于EDEM的离心式排种器排种性能数值模拟》入选“第二届中国科协优秀科技论文”。

学会中标获准执行“2016年度中国科协主管期刊审读工作项目”，234种期刊被确定为审读对象纳入审读范围，其中206种期刊按要求提交了样刊。学会完成审读工作并向中国科协提交了期刊审读项目报告。

国际学术会议 4月22—24日，由学会农业航空分会联合承办的国际工程科技发展战略高端论坛——农业航空技术在北京召开，论坛主题为“加强国际合作交流，促进农业航空创新发展”。13位中国科学院院士和中国工程院院士以及来自美国、加拿大、澳大利亚、德国、法国、英国、韩国、日本、比利时9个国家的19位特邀专家共300余人参加论坛。

11月15日，由学会农机化分会举办的中德智慧农业与农业机械化峰会在德国汉诺威召开，德国农协（DLG）、德国联邦食品与农业部、德国农业联盟/德国亚太商业协会、中国驻德国大使馆、中国农业部、中国农业机械化协会等机构的专家、学者200余人参加会议。与会专家、学者就智慧农业发展对农业机械化在技术、产品、流通、系统、模式、人才等方面产生的影响及变革达成共识。

国内主要学术会议 2017年，学会及所属各分支机构举办各类学术活动24次，征集交流论文428篇，近4200人参加了交流活动。

4月19—20日，由机械化养猪工程分会举办的首届中国北方生猪产业生态发展大会暨机械化养猪工程分会2017年度学术年会在北京召开，350余人参加会议。20位相关行业的专家围绕养猪理论与实践进行了学术交流。

9月18—20日，由拖拉机分会举办的2017拖拉机、低速汽车、农用发动机行业发展研讨会在陕西省西安市召开。拖拉机行业的相关专家针对现阶段拖拉机行业发展中的技术与市场问题作了专题报告和学术交流。

10月16—18日，由学会教育工作委员会和地面机器系统分会联合举办的农业供给侧改革与新工科教育论坛在湖南省长沙市召开，来自全国45所高校100多名学者参加了论坛。中国农业大学等10所高校的学者分别就开展新工科教育、工科人才培养、专业建设问题作了专题报告。

11月3—5日，由学会农副产品加工分会举办的2017年全国包装与食品工程、农产品加工学术年会暨中泰粮食加工技术研讨会在天津市召开，110人参加了会议。4位专家围绕食品工程、果蔬冷链与保鲜包装技术研发、食品先端制造技术展望等内容作了主旨报告。

11月14—16日，学会耕作机械分会2017年学术年会在广西壮族自治区南宁市召开，130余名学者出席了会议。中国农业机械化科学研究院首席专家杨学军、广西壮族自治区农业机械研究院总工程师莫建霖分别作大会主旨报告《我国大型液压翻转犁和玉米免耕播种技术的发展》和《我国甘蔗机械化技术概况》为主题。

12月17日，由学会农业机械化分会与农机360网联合举办的2017中国数字农业与农业机械化发展峰会暨第八届“精耕杯”颁奖盛典在浙江省杭州市举行，来自全国的专家、学者近1000人参加了峰会，会议以“集思·集智·集谋”为主题。

12月25—26日，学会农机化分会在湖南省长沙市举办了以“创新协作，共推全程机械化”为主题的2017农机推广高峰论坛，200余人参加论坛。研讨会旨在深入贯彻落实《农业技术推广法》，探讨新时代农机推广机制创新、增强推广活力和效能的思路与措施，进一步提升技术推广的服务能力和供给水平，助推国家乡村振兴战略的实施。

科普活动 7月26—28日，学会普及工作委员会联合农业机械杂志社在河北省雄安新区举办了第五届中国农机高峰论坛，来自全国各地的农机企事业单位的130余位学者参加论坛。论坛举办了企业家沙龙、农机高峰论坛及农机年度产品TOP 50颁奖等活动。

表彰举荐优秀科技工作者 2017年，学会推荐的北京农业信息技术研究中心主任赵春江荣获首届全国创新争先奖状，学会推荐的杨敏丽等3人获得“全国学会优秀党员科技工作者”。

在《农业机械学报》创刊60周年座谈会上，学会向60年来为《农业机械学报》发展做出突出贡献的冯炳元、诸慎友、任露泉3人和江苏大学、中国农业大学、西北农林科技大学、浙江大学、吉林大学5家单位颁发了“《农业机械学报》杰出贡献奖”。会议同时对《农业机械学报》2016年度优秀论文作者和优秀审稿专家进行了表彰和奖励。

党建强会 6月10日，在中国共产党96岁生日来临之前，学会党支部组织全体党员及员工赴国际主义教育基地开展学习教育活动。

8月10—11日，学会党支部赴黑龙江八一农垦大学及东北农业大学开展“党建强会”特色活动，活动包括青年人才成长论坛和科技论文讲座两部分。

由学会党支部承接的中国科协党建调研课题研究《学会党组织服务联系科技工作者新方式、新途径研究》荣获优秀课题研究报告。

【第63期中国科技论坛】 10月24—26日，以“智能制造引领农业装备创新发展”为主题的第63期中国科技论坛在湖北省武汉市举行。论坛由中国农业机械学会承办，中国农业机械化科学研究院、中国农业机械流通协会等共同协办，来自国内农业装备和相关行业的200余位学者出席了论坛。此次论坛是学会首次承办的中国科技论坛，也是该项目第一次聚焦国内农机行业。

中国工程院院士李培根、中国工程院院士罗锡文、中国科学院院士任露泉、中国工程院院士陈学庚等11位专家、学者分别作主旨学术报告《智能制造与企业转型》《农机装备智能发展的仿生思考》《全程和全面机械化同步推进，农机1.0至4.0并联发展——对我国农业机械化发展的思考》《科技创新　全面提升我国农机装备研究制造与应用水平》。

【第八届全国现代物理农业工程技术发展研讨会】 12月13—15日，第八届全国现代物理农业工程技术发展研讨会在天津市召开。研讨会由学会主办，学会现代物理农业工程分会、青年工作委员会、农业工程杂志社等单位联合承办，来自全国的专家、学者共120余人参加会议。

研讨会上，以辽宁省大连市农机推广站研究员刘滨疆为代表的10位专家、学者分别作学术报告《基于物理农业的动植物保护与提质技术及商业模式》《智慧农业新进展》《物理种业工程技术的发展与展望》《天津现代物理农业工程技术推广实践》《家禽养殖智能特种LED照明：研发与推广》《人工光型植物工厂：光质设计与转光材料和光源》《高压脉冲电场用于无土栽培循环营养液杀菌的研究》《温室智能化臭氧消毒控制系统研究》《安徽白湖特大型农场现代物理农业工程技术应用实践》和《电场种子处理机的应用》。

会议表彰了第四届全国现代物理农业工程技术优秀创新项目以及（2017）全国现代物理农业工程技术应用示范基地。“种养殖智能化节能光照技术设备引进示范”等4个项目荣获优秀创新项目，安徽省白湖农场集团建设的现代物理农业产业基地等4个基地被认定为应用示范基地。

（撰稿人：袁爱洁）

中国农业工程学会

服务创新型国家和社会建设 2017年，学会完成了河南农业大学“农业废弃物双元循环多联产资源化技术及应用”“生物质锅炉多效液相冷凝烟气净化技术及装置”等4项科技成果的评价工作。8月22—24日，第五届全国大学生农业建筑环境与能源工程相关专业创新创业竞赛在山东省淄博市举行。竞赛由学会和教育部高等学校农业工程类专业教学指导委员会主办，中国农业大学、山东理工大学承办，主题为“农业供给侧改革与现代农业工程”，来自36所高校的460余名师生参赛，参赛作品达132件。

11月26日，第三届全国大学生智能农业装备创新大赛决赛在重庆市举行。大赛由学会联合中国农业机械学会等单位主办、西南大学承办，主题为“智能农装、创新农业、振兴乡村”，共有来自52所高校的563件作品参赛。大赛同期举办了大学生项目成果供需洽谈会和大赛成果签约仪式。

学会以工业化循环水养殖技术为试点，开展了科技成果转化精准服务工作，组织召开了工业化循环水养殖技术项目推介会，在天津市建立了学会创新驱动助力工程科技成果转化示范基地。2017年，学会被评为2016年度创新驱动助力工程全国学会奖补项目二类学会。

学会能力提升计划 按照学会创新和服务能力提升工程优秀科技社团三类项目建设的工作计划，完成了2017年的各项任务，实现了预期目标。完成了2015—2017年项目工作报告，总结了学会在第二期能力提升专项中取得的成果和经验。

学会制定并完成2017年学会改革方案的各项任务。申报中国科协学会综合治理改革项目获得通过，被评为项目三档单位。

学会建设 8月25日，学会第十次全国会员代表大会在山东省淄博市举行，210余人参加了大会。大会审议通过了学会第九届理事会工作报告、学会第九届理事会财务报告、学会章程草案和学会会费标准。会议选举产生了学会第十届理事会，理事会由137人组成；选举产生了第一届监事会，监事会由7人组成，崔明为监事长；选举产生了第十届理事会常务理事、副理事长、理事长，隋斌当选第十届理事会理事长，朱明当选常务副理事长。十届一次理事会党员专题会议选举产生了新一届学会党委，党委由7人组成，隋斌为第十届理事会党委书记，朱明为副书记。

截至2017年12月，学会共有个人会员11619名，其中学生会员1407名、党员会员4352名，个人会员数量较2016年增加16.64%。学会农业机械化电气化专业委员会、农业工程标准化专业委员会、教育委员会3个分支机构完成换届工作。学会召开了理事会会议2次、常务理事会会议2次、监事会会议1次、理事长工作会议7次、秘书长工作会议8次、学会党委会议1次、学会分支机构主任委员工作会议1次、全国农业工程学会理事长秘书长工作会议1次。

学会网站完成改版，新版网站月浏览量达4000余次；微信公众号“中国农业工程学会”发布文章98篇，截至2017年12月，关注者达600余人。建立学会工作年报发布制度，编辑完成《中国农业工程学会2017年工作年报》。

2017年，学会被评为2016年度全国学会财务决算工作先进单位、2016年度科协系统统计调查工作优秀单位。

学会治理结构和治理方式改革 学会办事机构加强了规范化职业化建设，明确了人员分工和部门设置，完成了在北京市社会保险基金管理中心的社保登记工作。

青年人才托举工程 学会继续参与中国科协青年人才托举工程（2015—2017），托举青年科技人才2名。

主办期刊 《农业工程学报》完成中国科协精品科技期刊工程TOP 50项目的各项任务，推荐的1篇论文入选第二届中国科协优秀科技论文遴选计划。《农业工程学报》2017年被评为2016年度“百种中国杰出学术期刊”，入选“2017中国最具国际影响力学术期刊”（Top 5%）。据《中国学术期刊国际引证年报（2017年）》显示，《农业工程学报》国际影响力指数以131.471名列农业类中文期刊之首。据中国科学技术信息研究所数据显示，《农业工程学报》总被引频次、核心影响因子分别以17932、1.862名列农业工程类期刊之首。

《国际农业与生物系统工程学报》（英文刊）启用了新的DOI编号，启动了网站改版工作。根据科睿维安发布的2016年《期刊引证报告》，《国际农业与生物系统工程学报》（英文刊）的影响因子、自引率分别为0.835、38.2%，刊发论文全部被SCI等收录。

国际学术会议 学会及分支机构共举办国际会议6个，交流论文400余篇，参会人数1300余人次，包括国外专家、学者62人次。

7月8—10日，中国发展论坛暨2017智慧农业创新发展国际研讨会在北京召开。会议共设智慧国土、农业大数据与高性能计算、精细农业与智能农机装备、中国农村能源等7个分会场，共有国内外300余名专家、学者参会。

8月12—15日，智能农业国际学术会议在吉林省长春市召开。会议围绕农业物联网与大数据、精准农业与农业机器人、农业信息服务、农业动植物表型4个专题开展交流，共有来自10余个国家和地区的350余名专家、学者参会。会议进行了27个特邀报告、31个专题报告。

9月21—23日，2017年水产健康养殖工程国际学术研讨会在上海市召开。会议以“池塘养殖工程促进可持续发展”为主题，共有国内外150余名专家、学者参会。

10月23—26日，2017年动物环境和福利化养殖国际研讨会在重庆市召开。会议围绕畜禽废弃物管理和利用等6个主题开展学术交流，来自16个国家和地区的300余名专家、学者参加了会议。

国内主要学术会议 学会及分支机构举办国内学术会议20余次，交流学术论文800余篇，形成科技工作者建议6个，参会人数4000余人次。

4月22—24日，学会与中国农业国际合作促进会联合主办的2017年中国国际现代农业博览会在北京举行。博览会以“科技驱动、创新发展”为主题，展出面积达20000平方米，汇聚20余个国家和地区的500余家企业参展，吸引了国内外30000余名观众参观。博览会同时举办了第七届现代都市农业高层论坛、第二届中国美丽乡村创新论坛、第四届中国农业精准灌溉创新论坛、信息化与现代农业研讨会、工业化水产养殖技术与装备研讨会等6个科企论坛。

8月26—27日，学会2017年学术年会在山东省淄博市召开。会议由学会主办，山东理工大学、山东农业大学、青岛农业大学承办。会议以“加强农业工程科技创新、推动农业供给侧改革”为主题，1282名专家、学者参会。

11月28日，中国（日照）现代农业装备科技创新峰会在山东省日照市召开。会议由学会联合山东省科技厅等7家单位共同主办，邀请了16名专家、学者围绕我国农业装备产业的发展现状、技术需求和产业趋势进行专题报告，并发布《中国（日照）现代农业装备科技创新峰会宣言》。

科普活动 学会组织开展科普讲座、科普培训等20余次，直接受众约7000人次。学会依托2017年中国国际现代博览会、学会2017年学术年会等学会品牌活动开展科普展览，受众约3.2万人次。

学会继续建设现代蛋鸡健康高效养殖科普基地、生态型沼气发酵气肥联产科普基地、农用航空技术科普基地3个学会科普示范基地。完成《农用无人机100问》的编辑出版工作。

微信公众号“中国农业工程学会”新增科普专栏；科普杂志《农业工程技术》的微信公众号“农业信息化”开通，发布文章80余篇，截至2017年12月，关注度达2000余人。

表彰举荐优秀科技工作者 学会向中国科学院和中国工程院院士候选人、全国创新争先奖“第十五届中国青年科技奖”“大北农科技奖”等推荐科技工作者6人次、科技项目2个、科技工作者团队1个。

学会组织开展“中国农业工程学会终身成就奖”评选，汪懋华、蒋亦元获奖；组织开展“第七届中国农业工程学会青年科技奖”评选，谢丽娟、胡建军、何进、权龙哲、晏水平、田丽梅、周艳虹、黄光群、霍丽丽、张勇、张若宇、刘飞获奖。学会与中国农业机械学会等其他3家单位组织开展“第三届全国十佳农机教师”评选，获奖者为于建群、马旭、王书茂、王东伟、叶进、刘宏新、刘木华、张学军、夏俊芳、谢方平。

学会创新发展 学会对专业学术会议资助制度进行效果评估，完善了实施机制。2017年，经过申报、评审、公示等程序，12个分支机构的12个专业学术会议获得资助，参会人数共计2100余人次。通过专业学术会议资助制度，基础良好的分支机构提升了学术会议质量，基础薄弱的分支机构建立起学术会议机制，学会强化了与分支机构的业务互动。

学会结合科学道德与学风建设宣讲，开展中国农业工程学会院士专家校园行活动。2017年，学会先后在山东理工大学、河南农业大学、华南农业大学、沈阳农业大学4所高校，邀请5位院士专家以科学道德和学风建设为主题，面向青年教师、研究生和高年级本科生开展5场校园行活动，听众达1000余人次，活动满意度超过90%。

党建强会 学会在网站和微信公众号开设了“党的建设”专栏。学会党委和办事机构党支部组织党的十九大精神学习宣传活动42场。8月25日，学会召开十届一次理事会党员专题会议，选举产生了第十届理事会党委。

会员服务 学会将会员工作站建设范围扩大至高校，探索发展和服务学生会员的新模式。2017年，学会先后在中国地质大学（北京）、河南农业大学、山东理工大学、华南农业大学、沈阳农业大学建立了5个高校会员工作站，新发展学生会员700余人，组织会员活动5场。

学会积极打造网上会员之家，分别在学会网站和微信公众号开设了会员反馈专区，更新了会员管理系统。向会员提供全年4期《中国农业工程学会会讯》《中国农业工程学会2017年工作报告》的免费下载；向会员提供学会2017年学术年会等活动的注册优惠。开展会员需求年度调查，发放问卷300余份，完成《全国学会增加会员凝聚力研究报告》。

【中国农业工程学会第十次全国会员代表大会】 8月25日，学会第十次全国会员代表大会在山东省淄博市举行，全国会员代表、特邀嘉宾共计210余人参加了大会。中国科协党组成员、学会学术部部长宋军出席开幕式并致辞。开幕式上，宋军为学会终身成就奖获奖者汪懋华、蒋亦元颁奖。大会向12名第七届学会青年科技奖获得者和49名学会先进工作者（2012—2017）颁奖。

大会审议通过了学会第九届理事会工作报告、学会第九届理事会财务报告、学会章程草案和学会会费标准。会议选举产生了学会第十届理事会，理事会由137人组成；选举产生了第一届监事会，监事会由7人组成，选举崔明为监事长。

5月7日下午，学会召开十届一次理事会，选举产生了第十届理事会常务理事、副理事长、理事长。隋斌当选第十届理事会理事长，朱明当选常务副理事长，康绍忠、李天来、赵春江、吴普特、袁寿其、包军、陆华忠、张全国、李瑞川、方宪法当选副理事长。理事会聘任朱明为秘书长、管小冬为常务副秘书长，授予汪懋华、蒋亦元为荣誉理事长，授予罗锡文、陈学庚为名誉理事长。随后召开的十届一次理事会党员专题会议选举产生了新一届学会党委，党委由7人组成，选举隋斌为第十届理事会党委书记、朱明为副书记。

【中国农业工程学会2017年学术年会】 8月26—27日，学会2017年学术年会在山东省淄博市召开。会议由学会主办，山东理工大学、山东农业大学、青岛农业大学承办，会议以“加强农业工程科技创新、推动农业供给侧改革”为主题，6位中国工程院院士及国内外专家、学者共1282人参加会议。

会议邀请12位专家进行了主旨报告，收到论文536篇，进行口头报告197篇，墙报展示236篇，评选出年会优秀学生论文20篇。会议设置了农业机械化与装备工程、水土资源高效利用技术与装备、设施农业工程技术与装备、农业废弃物资源循环利用、农产品加工贮藏与质量保障、农业电气化与信息化工程、农业系统与管理工程以及农业航空应用技术8个分会场。

会议决定学会2019年学术年会在浙江省杭州市举办。会议授予山东理工大学、山东农业大学、青岛农业大学2017年学术年会特别组织奖，授予来自山东理工大学的206名志愿者“中国农业工程学会2017年学术年会优秀志愿者”称号。

年会同期，学会开展了学会及地方农业工程学会风采展、学会大学生“双创”大赛风采展等科普展览，举办了第五届全国大学生农业建筑环境与能源工程相关专业创新设计竞赛并在年会开幕式上为竞赛获奖团队颁奖，还组织了2场学会院士专家校园行活动。

（撰稿人：黄　莺　李建丽　管小冬　秦京光）

中国电机工程学会

服务创新型国家和社会建设　2017年，学会承担国家电网公司、神华集团等单位委托开展的项目评价232项，组织2360专家人次（其中院士133人次），涉及约70个第一完成单位。学会完成科技成果登记459项，举办电力科技查新服务能力提升论坛，确认电力科技查新资质机构37家。

学会推荐的“特高压±800kV直流输电工程”项目荣获2017年度国家科学技术进步奖特等奖。特高压±800kV直流输电技术是世界上电压等级最高、输送容量最大、送电距离最远、技术水平最先进的输电技术，是解决我国能源资源与电力负荷逆向分布问题、实施国家“西电东送”战略和电力跨区域大范围输送的核心技术。该技术为世界首创，是世界电力工业发展史上的重要里程碑，实现了中国创造和中国引领。

学会参与中国科协组织的创新驱动助力工程，牵头完成河北省保定市智能电网示范工程建设，组织创新助力示范市企业技术对接会，组织专业技术对接会2次、咨询座谈会2次。学会与北京华科仪科技股份有限公司成功申报化学法氨逃逸在线分析监控系统成果转化应用项目，联合开展相关技术研究，完成了化学法氨逃逸在线分析监控技术的研究完善和成果转化落地应用。

学会完成了“国家引才目录”《国家中长期人才发展规划纲要（2010—2020年）》实施情况第三方评估等课题。

学会能力提升计划　2017年，学会按照年度合同书的工作内容和进度安排，在创新学术交流形式、学科与技术研究、推动区域和产业协同创新、标准制定、科技奖励与人才奖励、科技咨询、信息化平台建设方面均实现能力提升的目标，完成了“学会创新和服务能力提升工程优秀科技社团建设项目”年度总结及终期总结。

学会建设　学会作为开展团体标准的试点单位，2017年继续推进团体标准各项工作，着力打造中国电机工程学会标准品牌。3月2日，学会在北京举办中国电力工程学会标准发布会，发布22项中国电力工程学会标准。

学会完善了工作委员会、专委会、省级学会管理体制和运行机制，举办专委会财务工作会议，完善专委会财务管理制度。根据能源电力发展需要，学会对专委会布局进行调整，新成立7个专委会，完成6个专委会换届改选工作，制定了兼职副理事长、副秘书长参与学会工作的管理办法。

2017年，学会完成个人会员规范登记61110人，147人晋升高级会员；开展会士遴选工作，10人新入选会士。学会与清华大学、华北电力大学、上海交通大学、西安交通大学、华中科技大学、东北电力大学、浙江大学7所高校建立战略合作关系，并成立高校会员中心。

学会完成了中国科协财务管理规范化研究项目，调整现行管理办法，完善各项规章制度。学会自主研发新版会员管理、数字化图书馆、会议管理、团体标准管理、民主决策、优秀论文评审、门户网站、移动应用APP、微信公众号等信息系统，取得6项软件著作权，编印了《中国电机工程学会2016年年报》。

10月，学会在民政部2016年度社会组织评估中荣获5A级全国性学术类社团评估等级。

学会继续承担国际大电网委员会（CIGRE）和国际供电会议组织（CIRED）中国国家委员会秘书处工

作，国际大电网委员会（CIGRE）中国国家委员会会员数位居全球第一。

青年人才托举工程 学会开展2017—2019年度青年人才托举工程24项，其中中国科协资助3项。

主办期刊 学会主办科技期刊17种。《中国电机工程学报》荣获“期刊数字影响力100强”，成为电气工程领域唯一入选期刊，并获得谷歌学术中文工程技术类出版物第一名，名列全部学科中文学术出版物第三。《中国电机工程学会电力与能源系统学报》（英文刊）国际及国际合作稿源达到60%—80%，入选中国科协科技期刊登峰行动计划，被ESCI、INSPEC和CSAD数据库收录，入选《中国科技核心期刊》。

学科发展研究 2017年，学会出版《大电机》《热工自动化》《金属材料》《电力系统自动化》《直流输电与电力电子》《测试技术及仪表》6个专业发展报告，以及《我国抽水蓄能电站运行稳定性》《电力通信超长距光传输关键技术研究与应用》《电力专用语音交换网技术升级面临的技术选型与安全应用分析》3个专题技术报告，并在2017年度中国电机工程学会学术建设发布会上发布。

学会完成了“电力安全生产三年规划”“我国新一代能源系统战略研究”“电网2050功能形态与发展路径研究”“电力新材料基础理论及新技术应用展望”“电力电子化电力系统动态问题”等课题研究。

国际学术会议 2017年，学会在国内组织召开了电机工程国际会议（ICEE 2017）、2017中美绿色能源高峰论坛、复合材料在电力系统中的应用国际会议（CMAPS 2017）、“紫金论电”——智能电网保护和运行控制国际学术研讨会、2017海峡科技专家论坛新能源发展与海上风电研讨分会场、2017能源互联网和能源系统集成国际会议等。

国内主要学术会议 11月23—26日，学会在广西壮族自治区南宁市召开了以“创新引领与清洁绿色、智能高效”为主题的2017年学术年会。年会同期举办了院士专家论坛、学术建设发布会等25项学术交流活动，1600余人参加了会议。

国际组织任职 2017年，学会推荐44名专家加入国际大电网委员会（CIGRE）各工作组，推荐12名专家参与国际供电会议组织（CIRED）6个专业组的研究工作。

国际交往 2017年，学会与英国工程技术学会（IET）主席、国际运营总监，国际供电会议组织（CIRED）指导委员会主席和技术委员会主席，电气与电子工程师学会电力和能源分会（IEEE PES）现任主席、前主席及秘书长，电气与电子工程师学会标准协会（IEEE SA）秘书长等国际组织高层管理人员进行会谈。深化了与日本电气学会、韩国电气学会间的双边合作关系，探索开展中日、中韩学术交流活动。

学会组织国内专业技术人员和论文作者参加电气电子工程师学会电力与能源分会（IEEE PES）2017年年会、国际供电会议组织（CIRED）2017年大会、世界水电大会、国际大电网委员会亚太区域理事会（CIGRE AORC）技术研讨会、韩国电气学会2017年年会。学会组织国际组织任职人员出席国际大电网委员会理事会会议、指导委员会会议、亚太区域理事会会议，国际供电会议组织（CIRED）指导委员会会议、战略规划研讨会，全球能源互联网高级别研讨会。

学会推动与电气电子工程师学会（IEEE）进行国际标准互认，与电气电子工程师学会（IEEE）签署标准合作备忘录。学会首批2项特高压输电技术团体标准进入电气电子工程师学会（IEEE）标准审核流程，正在编制的71项团体标准进入电气电子工程师学会（IEEE）采标范围。

科普活动 2017年，学会首次制定电力科普发展规划（2017—2020—2025年），发起“电力之光”科普行动计划，与行业内14家单位共同签署科普合作框架协议。

6月，学会开展了面向少数民族欠发达地区青少年的“电力之光”新疆科普系列活动。9月，学会开展了面向高校学生的2017年全国科普日分会场——“电力之光”超导秋令营活动。10月，学会邀请学会首席科学传播专家参与央视科教频道《中国青少年科学总动员》——《能量无穷大》和《走进科学》科普节目录播活动。11月，与年会同期举办中国电力135年回顾展暨“电力之光”科技成就展大型科普展览。全年，学会组织编著出版《三小时读懂页岩气——会“出气”的黑石头》《霾 环境 电力环保》等科普读物，翻译出版《太阳能——金色的能量》《风吹电来》等维汉双语科普图书。学会向10家2017年电力科普教育基地授牌，并评选出2015—2016年优秀科普作品24项。

2017年，学会荣获中国科协“2017年度科普工作优秀单位”称号。

表彰举荐优秀科技工作者 学会调整了2017年度“中国电力年度科技人物奖”授奖比例，加大对青年科技人才的奖励比重，评选出“中国电力科学技术杰出贡献奖”获奖者10人、“中国电力优秀科技工作者奖”获奖者40人、“中国电力优秀青年工程师奖”获奖者50人。

学会授予华中科技大学教授陈德树2017年“顾毓琇电机工程奖”。学会举荐的天津大学教授王成山荣获全国创新争先奖状。

学会组织的2017年中国电力科学技术奖推荐评审工作评选出授奖项目116项。

党建强会 2017年，学会成立了党委办公室，制定了学会宣传贯彻党的十九大精神的实施方案，“两学一做”学习教育常态化。学会承担了中国科协“党建强会计划”项目子项目“创建党建学习宣传阵地”。

会员服务 学会在清华大学、浙江大学、上海交通大学、西安交通大学、华中科技大学、华北电力大学、东北电力大学7所高校成立高校会员中心，切实加强与个人会员特别是青年会员的联系。学会在德国柏林、美国旧金山分别成立欧洲会员中心、北美会员中心，广泛联络全球电力领域华裔专家。学会策划组织在浙江大学会员中心举办玉泉论坛第一次会议、在西安交通大学会员中心举办“电力之光”超导秋令营活动以及欧洲会员中心绿色低碳电网前沿技术研讨会、北美会员中心绿色能源与电网现代化技术研讨会等会员活动。

学会构建了一体化信息平台，完成会员信息管理系统改造，完善信息化服务方式，提升服务满意度。定期向会员推送学会出版的《动力与电气工程师》《电信息》，组织全国科技工作者日座谈会、院士专家座谈会、老科技工作者座谈会，密切与会员的联系。

【2017年中国电机工程学会年会】 11月24—27日，2017年中国电机工程学会年会在广西壮族自治区南宁市召开，年会的主题是“创新引领与清洁绿色、智能高效”。中国电机工程学会理事长郑宝森、广西壮族自治区人民政府副秘书长黄植建、国家能源局监管总监李冶、中国南方电网有限责任公司副总经理王良友、日本电气学会（IEEJ）会长山口博以及1600余位电机工程领域的专家学者参会。

年会共设特邀主旨报告、院士专家论坛、学术建设发布会、专题研讨会、论文交流、“电力之光”科技成就展及技术参观等25项学术交流活动。会议期间，200位专家进行学术报告，460余篇论文进行学术交流。

大会开幕式上，中国电力科学研究院名誉院长、中国科学院院士周孝信作主旨报告《能源转型中我国新一代电力系统技术发展趋势》，武汉大学副校长、中国工程院院士李建成作主旨报告《人工智能领域的未来发展》，华为技术有限公司战略与业务发展部总裁肖然作主旨报告《创新引领发展——华为的全球化创新实践分享》。

（撰稿人：刘雁斌）

中国电工技术学会

服务创新型国家和社会建设 学会与安徽省无为县政府立项研发“‘互联网+’电缆生产企业出厂试验在线监测管理平台”项目，并举办“阔视野、谋转型”中国（芜湖）电缆产业发展论坛，成立安徽无为特种线缆创新驱动助力专家咨询委员会。

组织专家编制了《甘肃清水光伏扶贫调研报告》，召开清水县光伏扶贫工作座谈会。

3月，在福建省厦门市举办2017年工程教育学术研讨会，会议就工程教育认证、提高人才培养质量、满足企业和行业对人才的需求等主题进行深入研讨和交流。

5月，承担中国科协专业技术人员工程能力评价国际互认体系建设工作。

9月，组织专家赴四川省成都市考察调研电缆企业，并组织举办“让发展更有质量”中国（成都）电缆产业论坛，来自全国各地的120余位学者参加论坛。

10月，邀请电缆权威专家赴河南省调研相关企业，并举办中国（新乡）电缆产业发展论坛，来自全国的400余位学者参加论坛。

11月，成立机器人产业（芜湖）创新助力学会企业联合体，与机器人企业签订了合作协议。

12月，编制完成《专业技术人员工程能力评价中心章程及细则》《专业技术人员工程能力评价中心专业类评价机构管理条例》《专业技术人员工程能力评价中心评价专家管理条例》及《专业技术人员工程能力评价中心申诉条例》4个管理文件。

2017年，学会标准化工作办公室共收到标准提案申请19项，标准化工作专家委员会分支机构申请7项；

完成标准报批稿 17 项、标准送审稿 1 项。

学会承担《中国大百科全书（电气工程学科）》第三版的编纂工作，完成词条 2464 个。

学会建设 2017 年，新增个人会员 170 人，10 个专业委员会换届，批复 11 个专业委员会委员调整和 1 个专业委员会更名。

学会协调筹建新疆维吾尔自治区、内蒙古自治区、云南省和福建省电工技术学会，成立中国电工技术学会电动汽车充换电系统与试验专业委员会。

2017 年，学会网站改版，新版网站增加了会员管理系统，增设移动端阅览和微信公众号，并开通了在线支付功能。

青年人才托举工程 按照《中国科协信息科技学会联合体"青年人才托举工程"管理办法》的要求，学会推荐的 4 位青年科技工作者入选中国科协青年人才托举工程。

主办期刊 《电工技术学报》继续获得中国科协精品科技期刊工程项目资助。2017 年出版了 24 期正刊、2 期增刊；收到投稿约 1743 篇，正刊刊登稿件 662 篇，增刊刊登稿件 50 篇，刊登量较 2016 年增加 10%；策划专题 5 个，邀约权威专家综述稿件 20 篇，全年发行 2 万余册。《电工技术学报》在中国知网和万方数据库中的学科排名均为第 4 位，与往年排位相同。

《中国电工技术学会电机与系统学报》（英文刊）期刊顺利取得国内和国际正式出版刊号，共出版 4 期正刊，刊登稿件 47 篇。截至 2017 年 8 月底，英文刊在 IEEE Xplore 的下载量已达 2298 次。

《电气技术》出版 12 期正刊；收到在线投稿 731 篇，刊登稿件 284 篇。《电气技术》在万方数据库中的学科排名为第 52 位，比 2016 年提升了 10 位。

国际学术会议 8 月 8—10 日，2017 年电气和电子工程师协会亚太交通电气化国际学术会议及展览会在黑龙江省哈尔滨市举行。会议由中国电工技术学会、电气和电子工程师协会工业应用协会、电气和电子工程师协会电力电子协会、电气和电子工程师协会电力与能源协会共同主办，哈尔滨工业大学承办。来自美国、瑞典、丹麦、韩国、泰国、印度等 10 多个国家的 300 余名专家、学者参会。会议收到论文投稿 516 篇，录用 314 篇，论文全部由 EI 数据库收录。会议共评选出优秀论文 6 篇。

10 月 25—27 日，由学会和电气电子工程师学会北京分会主办，电气和电子工程师学会电力与能源协会技术支持，英国工程技术学会、北京交通大学协办的 2017 国际电气与能源大会在北京举办。来自美国、英国、德国、澳大利亚、日本、韩国、丹麦、瑞典、印度尼西亚、南非等 10 多个国家的 400 多名专家、学者参加大会。会议收到投稿论文 438 篇，收录 155 篇论文并进行报告和展示交流。

国内主要学术会议 6 月 14—15 日，学会在北京举办了变压器智能组件关键技术研讨会。会议邀请变压器分接开关领域的 5 位专家开展培训。来自全国近 30 家变压器及配套组件知名制造企业的 40 余位技术专家和技术骨干参与培训并交流研讨。

6 月 20—21 日，2017 第六届新能源发电系统技术创新大会在河北省张北县召开，来自全国新能源发电领域的设计、研发、运维等单位的 150 多名学者参加会议。

8 月 16—18 日，第九届电气工程学院院（校）长论坛在江苏省南京市召开，来自全国近 50 所高校电气工程学科的 70 多位专家、学者参加论坛。

11 月 27—28 日，2017 第四届轨道交通供电系统技术大会在北京召开，来自轨道交通领域的设计、研发及运维等单位的 150 多名学者参加了会议。

国际交往 4 月 23—27 日，学会组织来自电气、电子及机械行业的专家、学者 30 余人赴德国参加汉诺威工业博览会。

学会赴德国参加第 30 届世界电动车会议，赴澳大利亚参加国际电机与系统会议。

科普活动 学会开通"电气工程"科普公众微信号，推出各类科普文章和动态新闻 50 余篇。

5 月 16 日，由学会举办的 2017 科普中国"绿色能源科技先行"主题科普活动在中国科学院电工研究所延庆八达岭太阳能热发电实验电站举行，40 余人参加活动。

10 月 20 日，"变压器设计与生产技术"专题科普活动在河北省保定市举行，教师、学生及企业技术人员 30 余人参与活动。

11 月 7 日，中国电工技术学会科学大讲堂到北京市西城区复兴门外第一小学举行系列科普活动。

11 月 10 日，中国电工技术学会科学传播专家校园行在华北电力大学举办，学校师生以及企业技术人员 150 余人参与活动。活动邀请专家分别作科普报告《能源互联网和高比例可再生能源未来电力系统发展探讨》和《储能技术与产业发展》。

表彰举荐优秀科技工作者 2017年度中国电工技术学会科学技术奖评选出一等奖4项、二等奖9项、三等奖14项。同时，评选出“科技成就奖”4人、“科技创新奖”9人。

党建强会 1月5日，学会成立功能型党委，党委利用学会网站、橱窗和主题活动等宣传形式，全方位学习宣传贯彻党的十九大精神。

学会申报并完成中国科协“党建强会计划”十百千特色活动资助项目和党建调研课题共2项。

会员服务 学会编纂《中国电工技术学会会讯》，每两月出版一期，便于会员了解相关信息。

【2017年中国电工技术学会学术年会】 11月10—12日，第14届中国电工技术学会学术年会在湖南省长沙市召开。会议由学会副理事长梁曦东主持，学会副理事长兼秘书长裴相精、湖南大学校长段献忠致欢迎词。全国电气工程领域专家、学者共600多人参加会议。

年会设立了分布式发电与主动配电网学术会议、高压放电与等离子体应用学术会议、电气工程前沿学术论坛、全国半导体光源系统创新竞赛4个分会场。

会上，中国工程院院士、湖南大学教授罗安，国家自然科学基金委员会丁立健，华中科技大学教授袁小明，湖南大学教授黄守道分别作大会邀请报告《电能绿色变换装备的差距和对策与创新》《电气工程学科科学基金现状与机遇》《电力电子化电力系统动态过程基本特性》《超大容量风力发电电能变换系统现状与分析》。

年会共收到投稿论文466篇，录用论文355篇。42个分会场特邀报告宣讲论文210篇、张贴论文145篇。

（撰稿人：马佳佳）

中国水力发电工程学会

服务创新型国家和社会建设 2017年，学会参与完成了《国家中长期人才发展规划纲要（2010—2020）》、新型能源技术领域（水电）人才情况评估数据采集和全球科技领军人才引进建议报告编制工作。

学会受国家能源局委托，开展了能源装备自主创新发展调查征集项目筛选评估专家推荐工作，推荐专家71人。学会向中国工程教育专业认证协会推荐专家15人，推动工程教育认证国际互认。

学会开展了“雅鲁藏布江下游水电规划研究论证”“乌东德枢纽区地质灾害监测预警与应急管理研究”“金沙江中游梨园、阿海及鲁地拉电站地质灾害调查与汛期隐患排查”等课题，参与了《大中型水电站地质灾害预警及应急管理技术规范》《工程监理企业资质管理规定》等10余项规范的编制或修订工作。

学会受理承担了中国水利水电第五工程局有限公司“超深与复杂地质条件混凝土防渗墙关键技术”、中国电建集团西北勘测设计研究院有限公司“基于GNSS技术建立高精度工程控制网关键技术研究”等16个行业单位委托的30项科技成果鉴定工作。

学会联合中国大坝工程学会、水电水利规划设计总院共同编撰《中国水电关键技术丛书》（36分册）和《中国水电管理创新丛书》（16分册）。2017年完成书稿编写工作。

8月7—17日，学会在丰满水电站和丰满重建工程、白山水电站和白山抽水蓄能电站组织开展了2017大学生暑期水电社会实践教育活动，13所高校的24名优秀学生参加。

学会建设 学会有团体会员单位195个（包括31个专委会），理事会成员158人。2017年，学会个人会员38026人，比2016年增加3000人。9个学会专委会完成换届工作，1个专委会被撤销。

学会秘书长实行聘任制并由理事会聘任，制定了《员工管理办法》，推进办事机构实体化规范化，完成了秘书处人员定编定岗，分解了秘书处全年工作任务，责任到岗。

2017年，潘家铮水电科技基金奖励了18所高校和科研院所的60名优秀学生。

2017年，学会加入国际水电协会（IHA），成为该组织的会员单位。

学会编撰出版了《中国水力发电年鉴》（第21卷）、《中国水力发电信息2017年报》《学会2017年年报》，与中国电力建设集团有限公司共同出版了《从江河里走来的院士——谭靖夷纪念文集》。

学会治理结构和治理方式改革 学会编制了《学会改革发展“十三五”规划》，制定了《学会2017年改革实施方案》。

学会申报参与民政部社会组织评估工作，修订或新增管理文件16项，推进学会基础工作。设立了驻会监事，制定《监事会工作规则》，加强对理事会（常务理事会）履职、学会财务运行情况的监管。对《专业委员会管理办法》《专业委员会经费收支管理办法》进行修订，将分支机构财务统一纳入学会账户管理。制定《兼职人员行为准则》，规范理事兼职人员行为，提高内部治理水平。编制《学会2017年年报》，推进开放型学会建设。

主办期刊 学会会刊《水力发电学报》全年出版12期，共收到论文稿件529篇，录用刊登172篇，印发6000册。《水力发电学报》中文核心期刊影响因子0.602，在23种水利工程类刊物中排名第5；核心总被引频次1572，在23种水利工程类刊物中排名第3；综合总评分43.3，在23种水利工程类刊物中排名第4，在全国2008种学术刊物中排名第746。完成2017年《水力发电学报》优秀论文奖评定。

决策咨询 针对水电弃水问题，学会连续五年开展大量调查研究、收集分析数据，组织行业专家开展论证工作，并形成了多项报告。

2017年年初，学会在完成《电力市场与水电弃水分析研究》课题报告基础上，形成了《我国能源行业乱象丛生制约能源革命　建议能源结构调整应有国家整体战略》的建言报告，报送国务院，国务院领导批示“请发改委、能源局研酌”，并将弃水问题首次写入政府工作报告。报告强调“抓紧解决机制和技术问题，优先保障可再生能源发电上网，有效缓解弃水、弃风、弃光状况”。

国际学术会议 10月，学会国际河流水电开发生态环境研究工作委员会、湄公河委员会在江苏省南京市举办了第三届澜沧江－湄公河流域水电开发与环保技术研讨会，来自中国、老挝、泰国、柬埔寨和越南的专家共50余人参会。会议主题为“水电工程泥沙控制和管理的经验分享与能力建设”。

国内主要学术会议 学会及各专委会共举办国内学术交流活动36场次，参加人数3830余人次，出版论文集10余本、论文470余篇，会议交流论文340余篇。

6月5—9日、11月13—17日，学会联合河海大学在江苏省南京市分别举办了第二、第三期中国水电企业海外项目环境社会管理研讨班，50多家行业单位的120多名专家、学者参会。

11月2—3日，由学会主办、学会电网调峰与抽水蓄能专委会承办的首届抽水蓄能技术发展青年论坛暨抽水蓄能专委会学术年会在陕西省西安市召开，110余名专家参会。

11月23日，由学会主办、学会风险管理专委会承办的全国水电风险管理年会暨安全与应急高峰论坛在北京召开，50余位专家参会。论坛分能源与产业形势解读、企业管理与科技创新、院士专题讲授、新技术与学术成果分享、企业及流域公司经验交流5个环节。

两岸交流 3月1日，学会名誉理事长张基尧与来访的台湾中兴工程科技研究发展基金会原执行长姚长春一行座谈，双方就继续深入开展两岸水利水电科技合作和交流活动进行沟通。

9月4日，学会与来访的台湾大学水工实验所主任张仓荣进行座谈，双方就促进两岸水电工程科技进步和学术交流、加强各专业领域工程师与学者互访、互派青年学生开展工程实习等进行了前期沟通。

国际交往 1月10日和2月23日，学会与来访的国际水电协会（IHA）执行总裁理查德·泰勒一行进行座谈，双方就进一步增进合作事宜进行了商谈并达成共识。

5月9—11日，2017世界水电大会在埃塞俄比亚召开，学会为大会支持单位之一。大会主题为“推动全球电网互联，开创水电美好未来”。学会组织了13位专家参会，其中4位专家在相关分会上作了主旨发言。

11月7日，学会与来访的日本海外电力调查会上席研究员中山.元一行座谈，双方就加强沟通往来和可能的合作领域交换了意见。

科普活动 学会制定了《水电学会科普发展规划（2016—2020）》，多渠道、多样式开展科普宣传。

5月12日，“全国防灾减灾日”期间，学会联合中国大坝工程学会在华北电力大学举办了“全国防灾减灾日”院士进校园科普论坛活动。由学会科普传播团队的首席科学家、岩土力学专家、中国科学院院士陈祖煜带领的专家报告团向广大师生介绍了地质防灾减灾方面的最新学术观点和科普知识。

表彰举荐优秀科技工作者 2017年，“水力发电科学技术奖”收到177项科技成果申报（参与科研人员近2000人），创历年新高。评选出45个获奖项目，其中一等奖11项、二等奖12项、三等奖22项，439名科技人员获奖。

党建强会 学会全年召开学会党委会议3次。学会申报了中国科协“党建强会”活动项目并获资助，创建了多渠道学会党建学习宣传阵地。秘书处党支部开展学会党务工作，推进“两学一做”常态化制度化。

【2017’中国水电发展论坛暨水力发电科学技术奖颁奖典礼】 1月12日，学会与中国水利水电科学研究院联合主办的2017’中国水电发展论坛暨水力发电科学技术奖颁奖典礼在北京举行。

学会名誉理事长汪恕诚、张基尧、周大兵，学会理事长、国务院南水北调办公室副主任张野，中国工程院院士陈厚群、王浩、胡春宏及300余名水电工作者参加了活动。

国际水电协会执行总裁理查德·泰勒在论坛上作了题为“互联世界中的水电”的学术报告。中国电力建设集团有限公司海外事业部副总经理陈观福介绍了中国企业“践行‘一带一路’倡议　唱响中国品牌”相关活动的开展情况。国际大坝委员会荣誉主席路易斯·贝尔加和黄河上游水电开发公司庞秀岚分别结合“世界水电发展趋势”和“水光互补技术研究与应用”主题作了学术交流。

潘家铮奖2016年共评选出获奖者3名，分别为清华大学土木水利学院院长张建民、中国葛洲坝集团总工程师江小兵和水利部水利水电规划总院副院长刘志明。2016年度水力发电科学技术奖评选出特等奖、一等奖、二等奖、三等奖共45项。会议还对2016年度《水力发电学报》优秀论文奖获奖者进行了表彰。

会议决定，2018’中国水电发展论坛暨水力发电科学技术奖颁奖典礼将由学会与国家电网公司共同主办。

（撰稿人：雷定演）

中国水利学会

服务创新型国家和社会建设　2017年，学会受水利部委托，承担水利行业标准化日常管理工作。完成176项在编标准管理、65项标准复审、232项立项论证、30项报批稿审定等工作，发布水利行标35项，报批国标9项；开展重点领域术语标准关系研究，形成主要水利术语标准优化成果；开展农业标准化工作调研和以色列农业标准化战略研究工作，为《关于实施农业标准化战略的指导意见》的起草提供了第一手资料。完成22项学会团体标准的过程管理，发布6项团体标准；作为理事加入团体标准化发展联盟，参与团体标准编写规定等标准的制定。

学会根据国家相关职称考试的新要求，向水利部人事司提交了职称考试改革方案，对职称考试系统进行了改进，完成了考试过程中的相关工作。

2017年，学会共认证了16个水利类工程教育专业点。7月21—22日，学会在辽宁省大连市召开了水利类工程教育专业认证学术研讨会。会议主题是“专业认证促进人才培养”，120余人参加会议。

学会积极开展扶贫和科技下乡等活动，举办柑橘种植节水技术培训。

学会建设　2017年，学会召开了十届六次常务理事通讯会议，审议副理事长变更事项；召开了十届四次、五次、六次理事会通讯会议，增补副秘书长1名、理事1名，通过了副秘书长、秘书长任免决定。学会成立了期刊工作委员会和水工结构专委会，组建水利科学传播专家团队并聘请科普首席专家。

6月30日，学会在北京组织召开分支机构工作会议，传达中国科协、民政部关于分支机构管理的有关要求，讨论《中国水利学会分支机构管理办法》和《中国水利学会分支机构财务管理细则》，审议了《水利学科发展报告》。

9月25—26日，学会在宁夏回族自治区银川市召开了省级秘书长工作座谈会，60余名代表参加会议。

主办期刊　《水利学报》《岩土工程学报》获“中国科协精品科技期刊TOP 50项目”资助。《水利学报》连续16次获“中国百种杰出学术期刊”称号。《水科学进展》连续6次入选“中国国际影响力优秀学术期刊”，连续4次入选“中国精品科技期刊”，并入选“第六届华东地区优秀期刊”，在水利类期刊中排名第一。

决策咨询　7月27—29日，学会组织专家赴陕西省西安市、咸阳市等地开展“引汉济渭输配水工程关键技术与水资源优化配置”专题调研。专家组结合输配水工程前期工作中遇到的难题及水资源优化配置、管理制度优化调整、水源保障机制、供水成本等问题展开讨论，形成了咨询意见和建议，编制形成参阅信息。

国际学术会议　10月19—20日，中国水利学会2017学术年会国际论坛与第二届水安全与可持续发展国际工程科技发展战略高端论坛在江苏省南京市举办，主题为“变化环境下的水安全与可持续发展”。

来自中国、美国、日本、英国、法国、德国、澳大利亚、哥伦比亚、匈牙利等16个国家以及联合国教科文组织等国际机构的专家、学者400余人参加了会议。论坛论文集共收录200余篇英文摘要。

10月16日，学会与中国工程院土木、水利与建筑工程学部，中国土木工程学会等单位在江苏省南京市联合主办了中英城市洪涝防治研讨会暨2017（第三届）城市防洪排涝国际论坛，论坛主题为“重塑绿色可持续发展城市水环境”。论坛共设有13个大会报告和3场专题讨论。200余位专家、学者参加大会。

国内主要学术会议 2017年，学会共举办国内会议100余项，1万余人次参会，交流论文4000余篇。

9月26—28日，2017中国水博览会暨中国（宁夏）国际节水展览会在宁夏回族自治区银川市举办。这是中国水博览会第一次在西部地区举办。展会对水生态与水环境、水文化及节水科普等领域中的新技术、新工艺和新产品进行了集中展示，展览面积15000平方米，参展企业200家，约8000人次参观了展览。第12届中国（国际）水务高峰论坛与博览会同期举办，论坛围绕主题并结合宁夏回族自治区水治理，研讨了节水与饮水、智慧水利与海绵城市、绿色发展与水利水务领域的问题。800多位学者参加了论坛。

10月19—21日，由学会主办的2017学术年会在陕西省西安市召开，主题为“创新驱动　助力水治理体系和能力现代化”。会议邀请中国科学院院士、北京大学教授倪晋仁，中国科学院院士、中国科学院水利部成都山地灾害与环境研究所研究员崔鹏等10名专家、学者作报告。700余名专家学者围绕水法治、雨洪资源利用、防洪抗旱与城市水利、水生态保护与修复、调水工程复杂岩土问题与关键技术等内容展开研讨。年会共收到论文500余篇，267篇论文入选论文集，其中57篇被评为优秀论文。会上还颁发了2017年度大禹水利科技奖、年会优秀论文奖。

两岸交流 7月7—14日，中国水利水电科学研究院和台湾地区逢甲大学主办了第4届海峡两岸水利青年工程交流营，活动由学会海峡两岸水利科技交流促进工作委员会协办。逢甲大学水利工程及资源保育学系的29名师生参加了交流营活动。活动主题为“水利传承与发展”，包含专题授课、工程参访、文化参访、成果交流和青年联谊等内容。

10月23—27日，第二十一届海峡两岸水利科技交流研讨会在江西省南昌市召开。会议由中国水利水电科学研究院和台湾大学主办、学会海峡两岸水利科技交流促进工作委员会协办。160位学者参加了会议。研讨会设立了8个分会场，16个特邀报告和75个分会场报告进行交流。会议共征集论文180篇，编辑和收录论文摘要153篇，编成《第二十一届海峡两岸水利科技交流研讨会论文摘要集》；编辑和收录论文全文155篇，编成《第二十一届海峡两岸水利科技交流研讨会论文集》。

国际交往 9月19—23日，应日本水文水资源学会邀请，学会组团4人赴日本北海道参加日本水文水资源学会2017年会。与会专家在国际分会上作了主旨报告及特邀报告，介绍了中国水资源管理制度以及新思路，展示了中国在水利行业政策制定、新技术的应用与创新的最新研究成果。

科普活动 学会积极推动水利科普工作开展，成立了6个水利科学传播专家团队，聘请王守强、索丽生、陈祖煜、王浩、高而坤、刘树坤为第一批水利首席科学传播专家，聘请高菁等76名专家为第一批水利科学传播专家。

学会开展“中国水之行——海河行”活动，邀请水利专家为河北任县和献县水生态文明建设咨询把脉，并组织科普大讲堂和河边课堂为当地师生科普水利知识。

学会结合世界水日、中国水周、全国科普日等活动，开展水利科普进校园、进社区活动10余次。

学会与中国水利水电出版社联合出版了《水生态文明科普读本》。学会推荐的《公众防汛防台抗旱知识读本》入选科技部2017年“全国优秀科普作品”。

表彰举荐优秀科技工作者 2017年度大禹水利科学技术奖评出获奖成果62项，其中，特等奖1项、一等奖9项、二等奖25项、三等奖27项。

学会完成了第12届光华工程科技奖和第15届青年科技奖候选人推荐工作，开展了2017年度“刘光文水文科技教育基金”奖励组织推荐工作。

会员服务 2017年，编印12期《中国水利学会通讯》，每月一期。

【中国水利学会2017学术年会】 10月19—21日，中国水利学会2017学术年会在陕西省西安市召开。年会主题为“创新驱动　助力水治理体系和能力现代化”。中国水利学会理事长胡四一、陕西省政府副秘书长薛建兴出席年会并致辞。会议由中国水利学会副理事长匡尚富主持。

会议由中国水利学会主办，陕西省水利厅、陕西省水利学会、陕西省引汉济渭工程建设有限公司等16家单位协办。中国水利学会理事，学会分支机构、省级水利学会、单位会员代表，科研、生产、教学第一线的科技工作者，2017年度大禹水利科技奖获奖代表，年会优秀论文作者代表等共计700多人参加了年会。

年会邀请中国科学院院士、北京大学教授倪晋仁，中国科学院院士、中国科学院水利部成都山地灾害与环境研究所研究员崔鹏，水利部发展研究中心主任杨得瑞，陕西省水利厅厅长王拴虎，中国工程院院士、中国水利水电科学研究院副院长胡春宏，长江勘测设计研究院副院长杨启贵，陕西省引汉济渭工程建设有限公司党委书记杜小洲，水利部水利水电规划设计总院副院长朱党生，南京水利科学研究院副院长陈生水，中国水利水电科学研究院水资源所所长王建华10位专家作大会特邀报告。

年会分设6个分会场，其中水法治、雨洪资源利用、防洪抗旱与城市水利、水生态和岩土5个分会场在陕西省西安市举行，共开展交流和报告100余场。

年会的国际论坛与第二届水安全与可持续发展国际工程科技发展战略高端论坛相结合在江苏省南京市举办。

年会共收到论文500余篇，经专家评审，267篇论文入选论文集，其中57篇被评为优秀论文。国际分论坛论文集共收录200余篇英文摘要。

年会还颁发了2017年度大禹水利科技奖、年会优秀论文奖。

（撰稿人：王　琼）

中国内燃机学会

学会建设　2017年，学会新增新材料与表面技术分会，学会下属分会由原来的11个增加到12个。截至2017年12月31日，学会新增会员189名，其中女性会员36名。学会全年召开3次常务理事会、1次理事会和2次秘书长工作会议。

6月16日，学会在上海市召开了创新联盟2017年理事会会议，来自23家单位的约40名学者出席了会议。会议由联盟理事长金东寒主持。会议对创新联盟的章程进行了修订，完善了联盟组织架构、理事会工作职责、联盟专家组投票权重分配比例、联盟会费等事宜。会议审议通过了增补8个创新联盟理事单位、创新联盟奖励办法、成立第一工作组的建议方案等。

主办期刊　2017年，学会编辑出版的《内燃机学报》（双月刊）共刊出学术论文78篇。2016年，期刊总被引频次为3056，中文核心期刊影响因子为1.259，基金论文比为0.96，在能源与动力工程类47种期刊中位居第4名。

2017年，《内燃机工程》（双月刊）共刊出学术论文140篇。2016年，期刊总被引频次为2578，中文核心期刊影响因子为1.062，基金论文比为0.82，在能源与动力工程类47种期刊中位居第5名。

2017年，《内燃机》（双月刊）共刊出科普性文章101篇。

国际学术会议　5月22—23日，学会在安徽省安庆市承办了国际内燃机学会第19工作组第五次工作会议。来自芬兰、奥地利、韩国、日本和中国的30余名专家出席。会议由国际内燃机学会第19工作组主席、中国船舶重工集团公司第七一一研究所总工程师王锋主持。会议围绕“内河航运领域的最新技术进展和发展方向”主题，特邀了6位国内外专家作专题学术报告。

10月12—15日，学会在浙江省绍兴市承办了国际内燃机学会第八届远东会议，来自日本、韩国、德国、意大利和中国的20余名专家、学者出席会议。会议由学会秘书长李树生主持，学会副理事长、党委书记董建福致欢迎词。国际内燃机学会主席Klaus M. Heim及国际内燃机学会总部秘书处人员受邀参加了会议。各与会国汇报了10个工作组的学术活动情况。会议决定国际内燃机学会第九届远东会议于2018年5月在韩国举行。

12月7日，学会承办了2017年国际内燃机学会（圆桌）专题报告会，来自瑞士、美国、德国、日本、韩国、丹麦、荷兰、英国、芬兰、印度、奥地利和中国的60名专家、学者参会，其中国外专家15名。专题报告会的主题是“适合中国市场的先进的船舶发动机技术（Modern Engine Technology In and for China）”，6位专家作专题报告。

国内主要学术会议　2017年，学会及所属各分会共举办年会、研讨会、报告会、论坛等学术活动21次，交流学术论文855篇，参会代表2408人次。

9月21—22日，学会大功率柴油机分会与船舶与海洋工程动力系统国家重点实验室、中国船舶重工集团公司第七一一研究所在上海市共同举办了2017年中国船舶动力系统创新发展国际论坛，120名专家、学者参加了会议，会议主题是“创新　制造　节能”。

10月11—13日，学会后处理技术分会在浙江省杭州市举办了分会2017年学术年会，150名学者参会。学会秘书长李树生，分会主任委员、上海交通大学副校长黄震参会并致辞。会议特邀9位国内外专家作大会主题报告，3位专家作特邀专题报告。年会设立了4个分会场，宣读交流了48篇学术论文。

国际交往　5月11—12日，学会委派学会秘书长李树生等出席了在意大利都灵举行的国际内燃机学会2017年春季常设委员会会议，来自奥地利、加拿大、中国、德国、瑞士、芬兰、日本、美国、韩国、挪威、丹麦等成员国的30名专家、学者参会。

11月21—22日，学会3位国际内燃机学会常设委员会委员出席了在德国法兰克福召开的国际内燃机学会2017年秋季常设委员会会议，共30名专家、学者参会。学会理事长、国际内燃机学会董事会副主席金东寒汇报了承办第八届国际内燃机学会远东会议情况和学会开展的主要工作等。

科普活动　2017年，学会及下属各分会共举办科普讲座17次，交流科普报告17篇，受众人数960人次。

4月3日，学会燃烧节能净化分会与天津大学内燃机燃烧学国家重点实验室举办了“内燃机燃烧学国家重点实验室开放日”科普活动，来自社会各界的群众以及校友共计300余人参加了活动。活动以“与未来相约”为主题，集中展示了实验室近年来甲醇/柴油组合燃烧、柴油机中烧汽油、燃料电池以及智能驾驶技术等前沿领域的部分研究成果。活动还利用“内燃机百年”科普展板向参观者介绍了实验室的概况，普及了内燃机的基础知识、发展历程以及未来发展趋势。

汽油机气体机分会分别于5月、6月、7月和9月在湖北省武汉市举办了主题为“内燃机发展趋势”“郎肯循环的原理及应用”“柴油机增压及余热利用技术”和“动力涡轮发动机设计方法”的科普报告会。报告会邀请4位专家作专题科普报告，180人参加了科普报告活动。

测试技术分会分别于3月、5月、6月、7月、9月和11月在天津市举办了主题为“疲劳仿真软件FEMFAT高级培训”“先进内燃机燃烧测试技术培训”“AVL EXCITE初级培训”“发动机动力总成NVH和CAE技术交流”“GJB5000A三级标准宣贯与交流”“故障模式影响及危害性（FMECA）分析”“TPM设备自主保全培训”“发动机标定技术专题研讨”“ROMAX软件高级培训”“可靠性数据基础与DFMEA工程应用”和“金属密封技术学术交流”的科普讲座。讲座邀请了11位专家、学者作科普报告，460人参加了科普报告活动。

表彰举荐优秀科技工作者　2017年，学会推荐的中国北方发动机研究所柴油机高增压技术国防重点实验室主任、研究员王增全，中国第一汽车集团公司技术中心发动机部产品总监、研究员李金成荣获全国创新争先奖状。学会授予左正兴和郑新中国内燃机学会2017年度昆仑“突出贡献奖”，授予陈文森和卫海桥中国内燃机学会2017年度“史绍熙人才奖”。

党建强会　4月22日，学会在江苏省无锡市召开了中国内燃机学会八届二次常务理事会会议，经审议表决，成立了中国内燃机学会党委，并选举了7名委员。经中国科协社团党委批复，党委书记由学会副理事长、中国船舶重工集团公司第七一一研究所所长董建福担任，纪检委员由副理事长张树勇担任。学会理事长金东寒，副理事长刘志刚、邵煜副、舒歌群和秘书长李树生为党委委员。

【中国内燃机学会2017年学术年会暨燃烧节能净化分会联合学术年会】　8月19—23日，中国内燃机学会2017年学术年会暨燃烧节能净化分会联合学术年会在广西壮族自治区南宁市召开。学会理事长、上海大学校长、党委总书记金东寒致大会开幕词。年会由副理事长张树勇、谭贵荣、刘志刚和副秘书长冯明志共同主持。会议同期召开了内燃机可变（热力循环）技术科技论坛，来自全国近百家企业、高等院校及科研院所的540名内燃机领域的专家、学者参加了会议。

大会主题为“内燃机高效、清洁燃烧及智能化”。北京理工大学教授刘福水、广西玉柴机器股份有限公司工程研究院院长林铁坚、武汉理工大学教授钱作勤、长安汽车总工程师沈惠贤、德尔福动力总成事业部燃油喷射系统魏少华、北方发动机研究所李玉峰、天津大学教授卫海桥、AVL李斯特公司Franz Murr、吉林大学教授孙万臣和博格华纳高级工程经理覃卫在会上分别作学术报告《极端环境下喷雾与燃烧特性研究》《玉柴国六柴油机研发》《内燃机的热负荷与可靠性》《仿真技术引领增压直喷发动机开发》《德尔福汽油机直喷压燃（GDCI）技术实用化研究》《柴油机高强化燃烧研究与开发》《内燃机爆震机理及调控》《48V 微混动系统应用》《基于燃料特性与燃烧条件协同配合的内燃机排放控制技术》和《博格华纳汽油机 EGR 技术和废热回收技术》。

年会共设燃烧、排放及后处理，燃料、润滑及燃油系统，测试与控制，设计与工艺和性能与应用 5 个分会场，每个分会场分别邀请 2 位专家作专题报告。年会对 173 篇学术论文进行了宣读交流。

会议期间召开了内燃机可变（热力循环）技术科技论坛。科技论坛特邀请学会名誉理事长、中国工程院院士、天津大学教授苏万华，英国皇家工程院院士、布鲁内尔大学教授赵华等专家、学者围绕提高内燃机热效率、节能减排、内燃机清洁高效与新能源汽车的竞争优势、内燃机智能化及其未来发展方向等进行了学术交流。

会议评选出优秀论文 30 篇，其中，一等奖 10 篇、二等奖 20 篇。年会编辑出版了《内燃机科技——中国内燃机学会 2017 年学术年会暨燃烧节能净化分会联合学术年会》论文集和论文集电子版。

（撰稿人：祝维瑾）

中国工程热物理学会

服务创新型国家和社会建设 2017 年，学会与贵州省毕节市科协积极实施创新驱动助力工程，学会组织专家与毕节市能源领域特别是压缩空气储能领域的研发机构、企业的领导及技术人员进行交流，解决研发机构、企业面临的技术难题。学会通过创新驱动助力工程，为毕节市的压缩空气储能产业发展提供了技术支撑，解决了地方研发单位和企业面临的实际问题，推动了相关技术的研发和产业化进度。

学会承接政府转移职能与公共服务示范工程，组织学会完成年度工作目标，形成可复制可推广的经验模式。

7 月 14—21 日，由学会组织的第七届内燃机暑期国际学校在天津大学开课，美国密歇根州立大学教授 Guoming Zhu、美国麻省理工学院教授 Wai K. Cheng、日本上智大学教授 Tielong Shen 和德国卡尔斯鲁厄大学教授 Ulrich Spicher 分别围绕内燃机燃烧控制、内燃机燃烧基础理论、动力总成系统建模与控制以及汽油机排放后处理等前沿课题，面向国内各高校车辆工程、动力机械及工程、热能工程专业的学生和老师以及内燃机相关企业的工程师进行为期 7 天的全英文专业授课。

内燃机暑期国际学校每年暑假期间都邀请 4—8 名国际知名专家，面向国内能源动力类专业研究生、青年教师和企业工程技术人员开设为期 1—2 周的专业课程与学科前沿课程，不断推动和深化本学科的教学国际化改革。课程采用全英文形式，免费开放，累计授课时间超过 410 课时，为国内高校、科研院所和企业内燃机专业的研究生、青年教师和工程技术人员提供与国际知名大学教授进行交流和学习的平台。

主办期刊 2017 年，《工程热物理学报》出版 12 期，共刊登论文 750 篇，其中重大基础研究计划和其他国家重点项目以及各类国家、省部级基金资助项目论文约占发表论文总数的 82%。

决策咨询 2017 年，学会对承接的中国科协项目“能源高效、清洁、低碳利用协同创新”进行核心技术评估，收集整理并建立了国内分布式供能技术示范工程数据库，形成了具有代表性的示范工程清单。同时，学会针对具有代表性的分布式供能示范工程开展现场调研工作，为分布式供能技术推广提供参考依据。

国际学术会议 2017 年，学会共组织国际学术交流会议 9 次。

5 月 10—12 日，由学会燃烧分会组织的中国巴西生物质利用及诊断研讨会在华中科技大学举行。会议由华中科技大学煤燃烧国家重点实验室教授娄春主持，30 余位国内外专家、学者参加会议。会议围绕生物质利用技术、燃烧诊断技术以及燃烧三维监控技术在巴西的推广及应用展开交流与讨论。

11 月 10—13 日，由学会和亚洲流体机械委员会、国家自然科学基金委和江苏省产业技术研究院共同主办的第 14 届亚洲流体机械国际会议在江苏省镇江市召开。来自英国、美国、法国、意大利、德国、日本、韩国、伊朗、新加坡和罗马尼亚等 10 余个国家的专家、教授和企业研发人员近 700 人参会。大会为期 3 天，宣读论文 465 篇，墙报展示 88 篇。

12 月 8—11 日，学会多相流专委会与国际传热传质中心、国际氢能学会在陕西省西安市联合主办了第十五届国际清洁能源大会。会议收到来自 20 多个国家与地区的 200 余篇论文。

12月17—19日，由学会与华北电力大学和诺丁汉大学共同举办的第三届流体与热能工程国际研讨会，在诺丁汉大学宁波校区召开。来自国内外的150名学者参加了会议，120篇论文以大会报告、特邀报告及口头报告形式作交流。

国内主要学术会议 2017年，学会共组织国内学术交流会议8次。

3月17—19日，学会多相流专委会与传热分会共同举办的2017年传热与多相流青年学术论坛在天津市召开。论坛主题为“分享科研心得，把握学科前沿，明晰基础问题，提升学术创新”。论坛包括科研沙龙、大会报告、青年学者分会报告、专题研讨会四个部分。300余位专家和青年学者参加了论坛活动。

3月27—29日，由学会工程热物理学会燃烧学分会牵头组织的国际燃烧气溶胶研讨会在湖北省武汉市召开。华中科技大学煤燃烧国家重点实验室教授于敦喜担任会议主席。全球燃烧气溶胶领域的112名专家、学者参加了会议。

4月14—17日，第三届全国青年燃烧学术会议在陕西省西安市召开。会议由国家自然科学基金委工程与材料科学部工程科学三处和中国工程热物理学会燃烧学分会共同主办。来自全国89所高校和科研院所的近400名青年教师和科研人员参加了会议。

7月8—10日，由工程热物理学会牵头组织、西安交通大学动力工程多相流国家重点实验室与北京工业大学传热强化与过程节能教育部重点实验室联合承办的第二届界面现象与传热国际学术会议在西安交通大学召开。会议录取论文及摘要96篇，会议邀请12位学者作大会主旨报告，19位青年学者作特邀报告。

8月18—21日，由国家自然科学基金委员会工程与材料科学部、学会热机气动热力学分会和流体机械分会共同主办的2017全国气动力学及流体机械青年学术研讨会在内蒙古自治区呼和浩特市召开。来自全国20多个高校、研究院所的百余名青年学者参加。

9月8—11日，由学会多相流专委会举办、扬州大学承办的2017年中国工程热物理学会多相流学术会议暨国家自然科学基金多相流领域项目进展交流会及第六届中英国际颗粒论坛在江苏省扬州市召开。来自中国、美国、英国、澳大利亚等国家的600余名专家、学者和学生代表参加了会议。会议录用年会论文360篇、国际会议论文150余篇。

国际组织任职 2017年，学会推荐的上海交通大学教授齐飞担任国际燃烧学会秘书长及理事会理事、国际燃烧学会Fellow遴选委员会委员；东南大学教授肖睿担任*Fuel Process. Tech.*副主编；天津大学教授尧命发担任*Frontiers Journal of Engines and Automotive Engineering*副主编。

表彰举荐优秀科技工作者 学会评选出2017年吴仲华基金获得者4人、吴仲华优秀学生奖获得者11人。学会副理事长郭烈锦教授获全国创新争先奖并当选中国科学院院士。

【中国工程热物理学会燃烧学学术年会暨国家自然科学基金燃烧项目进展交流会】 10月13—15日，中国工程热物理学会燃烧学学术年会暨国家自然科学基金燃烧项目进展交流会在江苏省南京市召开。会议由中国工程热物理学会、国家自然科学基金委主办，东南大学能源与环境学院承办。来自中国、美国、澳大利亚、韩国等国家高校和科研机构的1300多名专家、学者参加会议。

会议围绕层流火焰、反应动力学和湍流燃烧等11个专题开展交流，口头交流论文259篇，墙报交流论文336篇。168项国家自然科学基金燃烧类项目在会上进行了中期进展交流。

会议颁发了燃烧学分会2017年度杰出贡献奖、优秀论文奖和优秀墙报奖。东南大学教授徐益谦获得中国工程热物理学会杰出贡献奖，10篇论文获得大会优秀论文奖和优秀墙报奖。

会议期间还召开了2017年度燃烧学专业委员会会议、Elsevier燃烧与能源类期刊Author Workshop、青年学者座谈会等活动。

【中国工程热物理学会热机气动热力学和流体机械学术会议暨国家自然科学基金项目进展交流会】 11月10—13日，热机气动热力学和流体机械学术会议暨国家自然科学基金项目进展交流会在江苏省镇江市举行，700余人参加会议，宣读学术报告465篇次。

会议手册共列出流体机械学科相关论文169篇，安排13个分会场进行报告，较往年持平。报告涉及离心式、轴流式、风电、水泵与水动、多翼与气动噪声、机理与数值计算、数值方法、容积泵与流动机理等方向或领域。

60篇国家自然科学基金项目进展报告通过会议进行了汇报，88篇国家自然科学基金项目进展报告进行了墙报展示。

（撰稿人：柯红缨）

中国空气动力学会

服务创新型国家和社会建设 学会通过专委会组织专家为多家企业和研究机构提供产品设计的技术咨询，包括四川九洲集团公司 ADS-B 地面站定向天线抗风性能试验方案、汕尾市快捷通导设备有限公司船载天线抗风性能校核方案、绿驰汽车（上海）有限公司 BC001 油泥模型风洞试验方法、中国电力科学研究院多类型表面的特高压输电导线气动特性研究方法、上海消防装备质量监督检测中心消防无人机抗风性能风洞校核方法、上海声望声学科技股份有限公司小型声学风洞实验装置自身的降噪消声方案。

学会直接为企业提供持续的技术服务和咨询报告，建议汇丰公司以结构风工程试验、小型风力机整机检测、汽车缩尺模型试验和大型风力机翼型试验为初期能力建设和设备配套目标。

5 月 10 日，学会邀请 10 名院士专家组成鉴定委员会，对北京航空航天大学完成的“飞行器增升减阻流动控制关键技术及其应用”工作开展成果评价。

学会建设 学会召开理事会议 2 次、常务理事会议 7 次、理事长工作会 2 次。

3 月 17 日，学会在北京召开七届三次常务理事会议，审议七届二次理事会议议程、第七届法定代表人和副理事长选举办法及监票人，讨论学会 2017 年工作计划和成立工作委员会的建议，通报选举候选人名单。

3 月 18 日，学会在北京召开七届二次理事会议。通过民主选举，清华大学教授任玉新当选第七届理事会法人，中国空气动力研究与发展中心研究员杨炯当选第七届理事会副理事长。原则同意学会工作委员会设置方案，由各位副理事长和常务理事推进落实。

12 月 23 日，学会在北京召开常务理事会议，审议增补理事长和副理事长的选举办法和 2017 年学会工作总结，并确认 2017 年学会表彰名单。

12 月 24 日，学会在北京召开理事会议，无记名投票选举唐志共为理事长、张来平为副理事长。理事会表彰了学会 2017 年先进团体和先进个人。

经学会第七届第八次常务理事会议审议，决定对风工程和工业空气动力学专委会、高超声速空气动力学专委会和《空气动力学学报》编辑部授予 2017 年度学会先进集体称号，授予 22 人 2017 年度学会先进个人称号。

主办期刊 2017 年，编辑出版《空气动力学学报》6 期，刊登论文总数 121 篇，其中基金资助论文占全年论文数约 60%。《空气动力学学报》增设“综述”栏目，邀请院士专家撰写综述文章约 90 篇。计划开设仿生空气动力学、气动声学等 8 个专栏，已收到稿件 40 余篇。

编辑出版《实验流体力学》6 期，刊登论文 85 篇。《实验流体力学》结合国家自然基金重大研究计划项目“面向发动机的湍流燃烧基础研究”等开设 3 个专栏，约稿近 70 篇。

学会成立了由 40 名青年专家组成的两刊青年编委会。在审稿流程中，增加青年编委初审和主审环节，加快稿件审稿进度并提高送审准确度。

学科发展研究 5 月 5 日，《中国空气动力学发展蓝皮书》编委会在北京成立，截至 2017 年年底，基本完成《中国空气动力学发展蓝皮书》的编撰工作。

国际学术会议 10 月 18—20 日，第二届国际工业空气动力学学术会议在山东省青岛市召开，会议由学会主办。来自世界各地数十个高校和科研院所的近 200 名专家、学者参会。会议进行了 14 个特邀报告，回顾和总结了过去 4 年风工程和工业空气动力学研究成果，展示了车辆空气动力学、结构风工程、风能开发与利用、环境风工程和气动噪声等领域最新的研究成果，探讨了轨道交通、高速磁浮列车、真空管道列车、新概念汽车、结构风工程、大气污染控制、风能资源开发与利用等领域的发展前景。会议共收到论文 140 余篇，经专家评审选出 98 篇由美国 Destech 出版社结集全英文出版。

国内主要学术会议 2017 年，学会和 9 个专委会共主办国内学术会议 13 次。

1 月 10 日，学会在北京召开春节学术座谈会，来自北京大学、清华大学、北京航空航天大学、中国科学院力学所等 23 家单位的 170 余名专家、学者和学生参加。北京大学工学院教授李存标作报告《高超声速边界层转捩》，中国空气动力研究与发展中心研究员王勋年作报告《5.5 米 ×4 米声学风洞气动噪声试验研究》，西北工业大学航空学院教授高正红作报告《现代翼型设计技术研究》。

5 月 13—14 日，由学会与国家自然科学基金委员会数学物理科学部、中国力学学会联合主办的第十届全国流体力学青年研讨会在天津大学召开。中国科学院院士、天津大学教授周恒，中国科学院院士李家春，以及来自30余家高校及研究单位的青年学者近100人参会。

5月17—20日，第17届全国计算流体力学会议在浙江省杭州市召开，会议由学会与中国力学学会、中国航空学会、中国宇航学会联合主办。来自航空、航天、兵器、船舶领域的70多个相关单位的330余名专家、学者出席会议，会议交流报告220篇。清华大学教授任玉新、北京大学教授王健平、西北工业大学教授高正红、中国空气动力研究与发展中心计算空气动力研究所研究员陈坚强分别介绍了非结构网格方法、连续爆轰发动机中的数值模拟、优化设计方法和高超声速边界层转捩的最新研究进展。5个分会场交流了计算流体力学有关理论方法、高精度格式、湍流模型、网格生成与流场可视化技术、复杂流动机理分析、多介质多相流数值模拟、气动布局与优化设计、计算流体力学软件开发与验证确认、工程应用等研究内容。20位青年学者荣获本届会议青年优秀论文奖。

7月14日，学会与中国空气动力研究与发展中心在四川省绵阳市共同举办国民经济领域空气动力发展研讨会。来自民用航空、地面交通、能源动力、家用电器等领域的60余名专家、学者参会。会议安排了《民用空气动力科研试验能力介绍》《国民经济领域空气动力学发展与应用情况综述》《风洞试验技术在民用客机中的应用与展望》《高速列车设计中的气动问题》《大型离心、轴流压缩机空气动力学需求》《空气动力学对汽车工业的促进作用》等大会报告，围绕民用航空、地面交通、能源动力等领域展开了分组研讨和座谈交流。

8月15日，第十四届全国风能应用技术年会在广东省汕头市召开。会议由学会风能空气动力学专业委员会、空气动力学国家重点实验室主办，汕头大学承办。会议总结梳理了当前风能开发利用领域的新成果、新动态、重大需求，重点围绕海上风力机、高寒地区风能开发与利用问题、垂直轴风力机空气动力问题、分布式风能利用以及极端环境条件下风力机设计开发与应用中的关键技术等问题进行研讨。40余名风能利用领域的专家、学者参会。会议交流学术报告30篇。

8月21—24日，由学会流动显示专委会在山西省太原市组织召开中国空气动力学会流动显示专委会2017年度工作会暨非接触流动显示与测量技术专题学术研讨会，来自国内科研机构的52名专家、学者参会。会议收录学术论文18篇，内容涵盖国内外非接触流动显示与测量技术的研究进展、非接触流动显示与测量技术在风洞试验中的应用、非接触流动显示与测量技术的精准度研究及其标定方法、数值模拟与非接触流动显示与测量技术的相关性研究等。

8月24—26日，由学会空气弹性力学专业委员会、中国力学学会流固耦合力学专业委员会共同主办的第十五届全国空气弹性学术交流会在辽宁省大连市召开，来自国内46个单位的207名专家、学者参会。

10月25—27日，第十八届中国空气动力学物理气体动力学学术交流会暨专委会会议在北京召开。会议收到投稿论文45篇，宣讲交流论文36篇，内容涉及高超声速空气动力学、高温气体物理、爆轰物理、激光与等离子体物理以及计算流体力学等学科。专家、学者70余人参会。

12月14日，由学会与清华大学航天航空学院联合举办的第九次钱学森学术讲座在清华大学举行。来自学会会员单位的100余名专家、学者参加讲座。讲座特别邀请美国马里兰大学教授 Elaine S. Oran 以及中国空气动力研究与发展中心研究员陈坚强分别作报告 Turbulence and Transition in Reactive Flows 和《高超声速边界层转捩研究进展》。

科普活动 2017年，学会推荐的中南大学教授梁习锋、同济大学教授赵林被聘为全国学科首席科学传播专家，分别开展先进轨道交通（高速铁路空气动力学）和同济风工程（风工程和工业空气动力学）科普基地科学传播专家团队建设。

高速铁路空气动力学科普团队在全国科普日、科技活动周、防灾减灾日期间宣传高速铁路空气动力学及安全相关科学知识，面向公众作科普专题报告100余次。该科普团队通过中央电视台电视专题片《中国高铁：创新之路》等向公众宣传列车空气动力学、交通安全学等学科的发展。

在全国科技活动周期间，空气动力学国家重点实验室、风工程与工业空气动力学专委会在四川省绵阳市举办公众开放日活动，开展了主题为“科技强国、创新圆梦”的群众性科技活动，吸引了来自四川省高校、中学的210多名师生参加。活动期间先后举办《我国新型飞行器的空气动力研究》《高速列车空气动力学试验研究》等多场科普讲座；空气动力学国家重点实验室接待了四川省德阳市90余名“美德少年”参观。

表彰举荐优秀科技工作者 2017年，学会组织开展中国科协创新争先优秀科技工作者、首届全国创新争先奖候选对象推荐工作，1人获得首届全国创新争先奖表彰。8月，学会完成第十二届光华工程科技奖提名人选推荐工作。10月，完成第十五届中国青年科技奖候选人推荐工作。

党建强会 2017年，学会党委建立了符合学会工作实际的党委工作制度。学会党委书记由负责学会全面工作的理事长担任，党委成员由副理事长担任，保证了理事会和党委会间的信息共享。订立了《中国空气动力学会党委议事规则》，理顺工作关系，提高工作效率。

【编撰《中国空气动力学发展蓝皮书》】 5月5日，《中国空气动力学发展蓝皮书》编委会在北京成立，编委会成员由学会副理事长、秘书长和有关院士专家组成，会议审定了《中国空气动力学发展蓝皮书》提纲。编委会成立后，在学会和专委会的组织下，各会员单位和有关专家提供了大量翔实的文字、图片材料。各位专委会主任、执笔人以及编写组成员广泛听取专家意见、不断完善，截至2017年年底，已基本完成《中国空气动力学发展蓝皮书》的编撰工作。

（撰稿人：胡汉东　孟　琳　陈二云）

中国制冷学会

服务创新型国家和社会建设 4月12—14日，由学会与中国国际贸易促进委员会北京市分会、中国制冷空调工业协会、上海市制冷学会和上海冷冻空调行业协会共同主办的第28届国际制冷、空调、供暖、通风及食品冷冻加工展览会（以下简称“中国制冷展”）在上海市举行。来自33个国家和地区的1217家企业参展，来自107个国家和地区的61077人次参观，其中海外9763人次、国内51314人次。展会展出总面积103500平方米，净面积48378平方米，其中海外展商展出净面积15965平方米、国内展商展出净面积32413平方米。5个国际组织以及来自美国、德国、日本、韩国等国家和地区的24个专业组织受邀参展。展会期间，组织了食品冷链解决方案示范展区，净展出面积464平方米；组织主题论坛1场，参会人数约400人；组织专题研讨会14场，参会人数超过1000人。同期还举办了40余场技术交流会及行业公共活动。

学会完成推荐性国家标准《低温医用冷库通用技术要求》《易腐食品冷藏链温度检测方法》的报批稿，完成推荐性国家标准《CO_2制冷系统安全规程》送审稿。

学会组织实施了“泵驱动热管自然冷却技术及其在数据机房中的应用”“压差预冷和冰温保鲜技术研发及应用”等9个项目的科技评估工作，通过了《中国制冷学会科技评估工作操作流程》《中国制冷学会科技评估工作实施细则》《关于〈中国制冷学会科技评估工作实施细则〉第7章收费标准的说明》修订稿。

7月30日—8月4日，学会承办了空气源热泵和可再生能源在煤改电中的应用高级研修班，来自高校、科研院所、各类企事业单位的300余名行业学员参加。经考核，79名学员获培训合格证书。

学会组织专业水平评价等级考核，138人申报，包括见习工程师1人、助理工程师10人、工程师88人、高级工程师39人。其中，高级工程师考核首次采取面试的形式。

学会与美国供热制冷空调工程师学会、住房和城乡建设部高等学校建筑环境与能源应用工程学科专业指导委员会共同举办了2017年Car-Ashrae学生设计竞赛，67所院校报名参赛，评选出一等奖1名、二等奖2名、三等奖3名、优秀奖19名以及各类单项奖7名。

4月13日，第五届中国制冷学会创新大赛（丹佛斯杯）开赛仪式在上海市举行。赛前，学会在21所高校举办了大赛宣讲推介会，2000余名师生参加。

结合中国科协创新驱动助力工程项目，学会与吉林省科协、四平市科协会谈并签署了合作框架协议。学会在吉林省四平市建立了中国制冷学会服务工作站、中国科学院周远院士工作站；协助四平市组织了第二届中国·四平科技成果展洽会，并于12月1日在四平市组织了对100余名换热器技术人员的培训会。

学会与吉林省科协合作，对吉林省的冷链产业进行调研，并计划向吉林省相关部门提交建议报告。9月7日，在北京召开吉林省冷链调研启动方案讨论会。

学会建设 截至2017年年底，学会共有在籍单位会员620个、资深会员101人、高级会员1030人、普通会员8969人。

经学会九届二次常务理事会议讨论，确定设立中国制冷学会团体标准工作委员会。6月，启动学会第一个团体标准《氨制冷系统安全评价》起草工作。

1月13日，学会召开九届三次常务理事会议。会议由学会理事长金嘉玮主持，41位常务理事出席会议。会议听取并审议通过了由学会秘书长孟庆国所作的学会2016年工作总结和2017年工作计划，通报了中国科协科技社团党委关于推进中国科协所属学会党建“两个全覆盖”专项工作情况，学习讨论了《关于科协系统深化改革进展情况的报告》，并研究了中国制冷学会成立四十周年相关活动。

4月25—28日，学会召开九届四次常务理事通讯会议。会议审议并通过了中国制冷学会成立四十周年纪念大会上拟表彰的先进集体和个人名单。

5月18日，中国制冷学会成立四十周年纪念大会暨九届三次理事会议在北京举行。会议以“继往开来，开拓创新”为主题，共同回顾和探讨行业热点，商议未来发展趋势与技术创新应用。

7月14日，学会九届五次常务理事会议在山东省烟台市召开，31位常务理事出席会议。会议听取并审议通过了由学会副理事长兼秘书长孟庆国所作的中国制冷学会2017年上半年工作总结和下半年工作计划。会议围绕中国科协创新驱动助力工程相关课题讨论了设立“轻型商用制冷（空调）设备产业创新发展联盟”的设想。

主办期刊 《制冷学报》2017年出版6期，载文量104篇，发行量2.32万册。评选出2017年度《制冷学报》优秀论文奖12篇、高被引论文奖5篇、杰出作者奖4名、优秀单位奖3个。

《制冷技术》2017年出版7期（其中正刊6期、增刊1期），载文量129篇，发行量6万册。

《中国制冷简报》2017年出版6期，发表专家观点、行业动态、企业资讯等文章198篇，其中撰写采访文章4篇、策划组织行业发展专题技术报告8篇。2017年发行总页数324页，发行量34200册。

学科发展研究 学会和英国建筑服务研究与信息协会（BSRIA佰世越管理咨询北京有限公司）共同撰写2017年版《中国制冷行业发展分析报告》，并于4月以《制冷技术》增刊的形式发行15000册。

组织编写了《中国数据中心冷却技术年度发展研究报告——2017》，报告新增数据中心冷却理念和思辨、系统形式、数据中心冷却新型设备等内容。

出版《中国制冷空调实际运行状况调研报告》。首次在制冷空调领域运用基于大数据的分析技术和方法，通过远程数据检测和传输技术采集了全国范围内20多万套多联机产品的实际运行状况数据。

国际学术会议 7月21—22日，2017年第八届压缩机与制冷国际会议在陕西省西安市召开，国内外300余名学者、专家参会，征集论文99篇。会议围绕容积式压缩机（包括制冷压缩机、空气压缩机、特种气体压缩机等）、透平式压缩机及其系统的分析、控制、运行以及制冷、空调与热泵等相关领域技术的最新发展成果及未来研究方向展开学术交流和讨论。

9月17日，由联合国开发计划署（UNDP）与环境保护部环境保护对外合作中心（MEP-FECO）主办，中国制冷学会、中国制冷空调工业协会、联合国环境规划署、德国国际合作机构和天津制冷学会共同协办的自然工质CO_2制冷热泵技术国际研讨会在天津市召开，200余名中外专家、学者参会。会议针对CO_2制冷技术的现状与发展进行了探讨。

5月25日，学会与贵阳数博会组委会共同组织了“安全与节能”数据中心建设国际论坛，200多名专家、学者参会。会议邀请了中国科学院院士、西安交通大学教授陶文铨，ASHRAE TC 9.9副主席Dustin William Demetriou，富士通株式会社技术中心本部冷却封装技术首席专家魏杰等，针对数据中心空气冷却特性的多尺度数值模拟、ASHRAE数据中心冷却相关规范和标准、高能效数据中心的装置冷却技术等作报告。

国内主要学术会议 4月13日，数据中心冷却高峰论坛——暨《2016中国数据中心冷却技术年度发展研究报告》发布会在上海市召开，150余位专家、学者参会。会议由中国工程院院士、清华大学教授江亿主持。华中科技大学教授陈焕新对报告的编制背景、内容设置、内容亮点等内容进行了分析与解读。珠海格力电器、麦克维尔中央空调、天来节能科技、上海建科建筑节能公司的有关人员分别介绍了各自的数据中心冷却解决方案和系统测试分析技术路线等。

8月10日，数据中心冷却技术及系统设计高峰论坛在北京召开，会议邀请高校、科研院所、建设运营方、制冷设备制造商等单位的50余人参会。会议采用专题研讨会的形式，围绕数据中心“节能、高效、安全”等方面的要求，邀请10位行业专家就数据中心新型冷却技术研究与应用、数据中心新型整体解决方案、数据中心新型关键冷却设备等方面作技术报告。

9月21—22日，由学会主办的第十二届全国食品冷藏链大会暨第九届全国冷冻冷藏产业创新发展年会在湖南省长沙市召开。来自全国食品冷链行业的企业家、专家、学者和工程技术人员400余人参会，会议共征集论文 34 篇。

11 月 14—17 日，主题为“节能环保，创新发展”的 2017 中国制冷学会学术年会在陕西省西安市召开，来自 31 个省、自治区、直辖市的 1376 名专家、学者参会，会议共收到投稿论文 275 篇。

两岸交流 8 月 29—31 日，第十三届海峡两岸冷冻空调学术暨技术交流会在四川省成都市召开，来自海峡两岸的 200 余名专家、学者参会，会议共收录论文 78 篇（其中台湾地区 25 篇）。来自台湾工业技术研究院、香港城市大学、东南科技大学等学校的专家、学者作报告。

国际交往 1 月 27 日—2 月 1 日，应美国采暖、制冷、空调工程师学会（ASHRAE）邀请，学会副秘书长荆华乾、胡汪洋赴美国参加 ASHRAE 冬季会议，出席了 ASHRAE 联系学会联席会议、数据中心冷却等论坛。

1 月 30 日—2 月 1 日，学会组织 28 人代表团参加 2017 美国制冷展，其间与韩国制冷空调工业协会代表签署了组织韩国展团参加中国制冷展的相关协议。

2 月 23—25 日，学会组织 6 家企业参加 2017 年印度制冷展，展出净面积 102 平方米，与全印度空调制冷协会、印度制冷空调商会等分别举行会谈。

2 月 26 日—3 月 1 日，应国际氨制冷学会（IIAR）的邀请，学会组织 10 人代表团参加在美国举行的天然工质大会及重型设备展。会议期间，学会与 IIAR 就双边合作内容的工作情况进行了商谈，明确了《封闭式氨制冷系统安全设计标准》中文版的出版以及后续推广和培训工作计划。

2 月 28 日—3 月 3 日，学会组织人员赴西班牙参加 2017 年西班牙国际空调、供热、通风和制冷展览会。

4 月 23—26 日，学会副秘书长胡汪洋等赴韩国参加第五届国际制冷学会制冷剂热物理性质及传输过程国际会议。

6 月 15 日，应国际制冷学会邀请，学会理事长金嘉玮、秘书长孟庆国等赴法国参加国际制冷学会执委会会议，就共同推动制冷技术发展与国际制冷领域专家举行了会谈。

9 月 12—15 日，学会组织 5 家企业参加第 20 届巴西国际制冷、空调、通风及供暖展，17 人随团出访。

科普活动 “制冷与食品安全”和“建筑节能与室内健康环境”全国科学传播专家团队由各 16 人分别扩编至 28 人和 26 人。学会在江苏省南京市、重庆市和广西壮族自治区南宁市新增 4 个“中国制冷学会科普教育基地”。

学会牵头联合北京、上海市、重庆市等 16 个省、自治区、直辖市地方制冷学会和中国制冷学会烟台冰轮集团有限公司科普教育基地开展“制冷在你身边”系列活动 64 场，免费配发 5000 份科普宣传读物，行业专家参与 178 人次，工作人员及志愿者人数 753 人次，现场活动受众约 1.5 万人次。

表彰举荐优秀科技工作者 评选出第八届中国制冷学会科学技术奖科技进步奖特等奖 1 项、一等奖 1 项、二等奖 3 项、优秀奖 6 项；技术发明奖特等奖 1 项、一等奖 1 项、优秀奖 1 项、青年奖 3 人，奖励科技工作者 127 人。第七届中国制冷学会优秀论文奖评选出优秀论文一等奖 4 篇、二等奖 8 篇、三等奖 17 篇。

经学会推荐，清华大学医学院生物医学工程系教授、中国科学院理化技术研究所双聘研究员刘静获得全国创新争先奖状。

经学会推荐，中国科学院理化技术研究所研究员沈俊获得第十四届“中国青年女科学家奖”称号。

党建强会 8 月 9—11 日，由学会组织的“学先烈、见行动、传科普、送温暖”“制冷空调在你身边，老区人民在我心间”的“党建强会”活动在湖北省洪湖革命老区开展。活动期间，维修电冰箱 106 台、空调器 130 台，发放资料 600 册，开展专题讲座 2 次，对 4 家企业进行咨询指导，帮助解决疑难问题。

会员服务 学会为会员提供免费寄送期刊、参加学会学术会议注册费减免、购买学会书籍享会员价、免费查阅学会文献等服务。开通学会微信平台发布相关信息，组织院士专家企业行 1 次；为个人会员举办继续教育培训班 1 次，培训 95 人；为学生会员举办创新大赛等。

【第 28 届中国制冷展】 4 月 12—14 日，由学会与中国国际贸易促进委员会北京市分会、中国制冷空调工业协会、上海市制冷学会和上海冷冻空调行业协会共同主办的第 28 届中国制冷展在上海市举办。

展会各项指标均创历史之最：来自 33 个国家和地区的 1217 家企业和机构参展，总面积达 103500 平方米、净面积达 48378 平方米。展览会吸引来自全球 107 个国家和地区的 61077 名专业观众和用户前来参观洽谈，国内外 60 多家媒体全程跟踪报道。

本届展会以“匠心、智造、包容、共享”为主题。主办方及来自国内外的专业展商举办了主题论坛1场、专题研讨会14场、技术交流会40余场及众多的行业公共活动。

本届展会开设热泵展示专区，利用创新技术产品专区、优秀案例展示区、工业领域的热泵应用及煤改电清洁供热专区展示热泵应用领域的成果，并结合行业实际需求，在专区内举办为期一天半的3场热泵技术论坛，围绕热泵的技术发展及实际应用进行交流与沟通，促进热泵技术研发与应用领域的拓展。

【2017中国制冷学会学术年会】 11月14—17日，2017中国制冷学会学术年会在陕西省西安市召开。本届年会主题为"节能环保，创新发展"，吸引了来自全国31个省、自治区、直辖市的1376名专家、学者出席。会议收到投稿论文275篇。

11月15日，年会开幕式由学会副秘书长胡汪洋主持。学会理事长金嘉玮致开幕词，空调设备及系统运行节能国家重点实验室副主任刘华、西南交通大学副校长席光、西安工程大学副校长黄翔、陕西省制冷学会理事长厉彦忠出席会议。

会议期间，举行了第八届中国制冷学会科学技术奖、第七届中国制冷学会优秀论文奖的颁奖仪式。

年会邀请中国科学院院士、西安交通大学何雅玲教授作《制冷系统中换热技术研究的一些进展》的特邀报告。会议安排了9个主题报告，内容涵盖制冷剂替代、节能标准、低温生物医学、气流组织等内容。

分会场设置了40场专题研讨会、240个口头报告、71个张贴报告，涵盖压缩机、强化换热、热泵、低温生物医学、室内空气品质、余热回收利用等行业热点。

（撰稿人：范　薇）

中国真空学会

服务创新型国家和社会建设 7月，学会质谱分析与检漏专业委员会完成约120名航天人员检漏专业Ⅰ级、Ⅱ级从业人员资格复查认证工作；8月，完成100余名新学员的认证工作；10月，完成12名航天人员检漏专业Ⅲ级资格认证工作。

7月10—14日，学会表面与纳米科学专业委员会举办2017年第九届微纳米加工技术讲习班，360余名学员参加。

8月5—12日，学会真空冶金、真空工程和真空咨询专业委员会联合举办第十四期真空技术培训班，培训学员70余人。

第十四期真空技术培训班

4月26—28日，由学会主办的第十四届国际真空展览会在上海市举办，展会主题为"铸就行业权威展会、打造业界高端品牌"。来自美国、日本、韩国、新加坡、德国、瑞士等国家的真空设备生产厂商及国内真空企业共163家参展，展出面积达8000平方米，参观人数近2万人次。展会期间，学会组织了学术论坛与技术交流会议，同时举办了第五届真空行业摄影展，投稿作品近260幅，展出50幅。

第十四届国际真空展览会

4月27日，学会在上海市举办中日韩真空企业交流会，15位中国机构代表、10位日本机构代表、25位韩国机构代表参会。

学会建设 2017年，学会召开2次办公会、2次常务理事会议、1次理事会议。

2017年，学会新增团体会员15个，现有团体会员单位390个、个人会员3474人。

学会治理结构和治理方式改革 2017年，学会结合自身发展需要，明确改革任务，落实项目责任人和完成时间，制定并完善《中国真空学会会议议事、决策规则》《兼职人员行为准则》《年报制度》《招聘管理办法》《财务管理制度》等相关制度文本。在完成年度改革基本任务的基础上，学会将搭建学术交流平台、加强科技创新智库建设、开展国际交流合作、创新拓展科普工作新内涵、推进“互联网 + 学会”工作建设 5 个方面作为年度改革任务。

主办期刊 《真空科学与技术学报》2017 年收到投稿 192 篇，录用 116 篇。7 月，学会召开学报工作会议，围绕学报如何尽快恢复 EI 收录等问题进行讨论。

国际学术会议 7 月 6—9 日，由学会表面与纳米科学专业委员会主办、西安交通大学承办的 2017 纳米物理与器件国际研讨会在陕西省西安市召开。来自美国、英国、德国、法国、瑞士、日本、新加坡等国及国内的专家、学者 200 余人参会，交流报告 40 个。会议围绕低维纳米结构在表面的可控组装、物性调控、二维原子晶体材料的制备与物性、自旋相关特性以及相关纳米电子器件的构建与特性等内容展开讨论。

9 月 25—29 日，由学会主办的第二十届非接触式原子力显微技术国际会议在江苏省苏州市召开。来自 12 个国家的 160 余名专家、学者参会，共收到论文摘要 96 篇，其中口头报告 54 篇。德国雷根斯堡大学教授 Franz Giessibl、瑞士 IBM 苏黎世公司 Leo Gross 博士、芬兰阿尔托大学教授 Adam Foster 作会议报告。

第二十届非接触式原子力显微技术国际会议

2 月 18—20 日，由学会显示技术专业委员会与国际信息显示学会（SID）香港分会和台北分会联合主办的国际显示技术会议在福建省福州市举行。800 余位专家、学者参会，会议共发表邀请报告 250 篇、一般报告 80 篇。会议期间举办了 AR&VR、印刷显示、TFT、量子点 4 个专题技术讲座，11 位行业专家围绕 OLED 显示、平板显示、柔性显示、TFT、LCDs 等内容发表主题报告。会议期间，约 250 名演讲专家围绕 AMD、OLED、显示生产技术、量子点显示技术、柔性和印刷显示、AR&VR 等 17 个技术领域 53 个论题展开了技术交流。会议期间还举办了针对企业、投资者及市场的商业会议。

国内主要学术会议 8 月 13—16 日，第十三届国际真空科学与工程应用学术会议在东北大学召开。会议由学会真空冶金、真空工程、真空咨询专业委员会主办，230 名专家、学者参会。会议设立了 14 个大会特邀报告和 3 个分会场。经大会学术委员会评审，收录论文 101 篇，评选出 20 篇优秀论文并颁发荣誉证书。

8 月 19—22 日，学会薄膜专业委员会在安徽省合肥市举办 TFC’17 全国薄膜技术学术研讨会。10 位专家作会议报告，参会人数 250 余人。会议收到论文 90 篇，85 位作者在现场交流汇报研究成果，共评选出优秀论文 11 篇。

9 月 1—2 日，由学会电子材料与器件专业委员会主办的第八届全国光电信息博士研究生学术论坛在中山大学举办。论坛围绕“光电互联”主题，邀请近 10 名专家和 20 多名国内高校研究生作专题报告。300 余名师生参加。

9 月 13—15 日，学会质谱分析与检漏专业委员会在江苏省无锡市举办第十九届学术年会。年会设置了质谱分析、检漏技术和真空计量技术 2 个分会场，交流论文 74 篇，特邀报告 6 篇，共评选出优秀论文 6 篇。150 多人参会。

10 月 19—21 日，学会科学技术普及和教育委员会在江苏省无锡市举办 2017 年度学术交流会暨中国航天科技集团公司五院科技委真空与低温专业组学术交流会，152 人参会，收到论文 70 篇。

国际交往 9 月 29 日—10 月 1 日，国际真空联合会第 126 次执行委员会会议在保加利亚召开。学会秘书长郭海明参会并汇报了中国真空行业在智能和自动化制造领域以及中国“一带一路”倡议中存在的重大发展机遇，并与代表们就中国真空制造领域与世界各国可能开展的合作与协同发展问题等进行了交流和探讨。

科普活动 2017 年，学会科学技术普及和教育委员会组建了科普教育基地组织机构及人员，聘任 12 名科普教师和 12 名展厅志愿宣讲员，完成了科普课件的编制。5 月 25 日，与甘肃省兰州市 81 中学签署科普共建协议，承办了甘肃省 2017 年科技活动周闭幕式——“科学之夜”活动。为大中小学开展科普讲座，先后两次到兰州理工大学作讲座和交流，受众达 5000 余人次。

学会围绕真空与航天专业技术，开展图书编纂工作，出版了《航天器热控薄膜技术》，编纂了《真空热处理》和《空间电推进测试与评价技术》，再版了科普图书《载人航天与太空旅游》。

5月20日，学会表面与纳米科学专业委员会在中国科学院物理所举办第14届公众科学日活动“微观世界的‘眼’和‘手’”互动活动，600余人观看。

5月23日，学会质谱分析与检漏专业委员会联合北京市真空学会，组织100余名会员参观了天津滨海新区超大型航天器总装、测试、试验中心，参观了空间站的研制现场，重点考察了口径位居世界第三的KM8热真空环境模拟设备。

表彰举荐优秀科技工作者 2017年，学会评选出中国真空学会真空科学硕士、博士优秀论文奖学金5人，中国真空学会真空科学与技术硕士生奖学金5人。

学会创新发展 学会以会员数据库为基础建立人才资源库（评审专家库、科普人才库等）。

建立学会微信公众平台。推进“互联网+学会”工作服务平台的建设，实现在线教育、培训查询、会议注册、会议直播、论文投审稿等线上服务，提升学术交流服务能力。

党建强会 通过学会党建微信公众平台及时发布党建时事信息和学习活动信息。

11月25日，学会在北京召开深入学习宣传贯彻党的十九大精神理论学习专题研讨会，学会党委成员等15人参会。编制《中国真空学会深入学习宣传贯彻党的十九大精神理论精髓知识汇编》。

学会制定《中国真空学会党委会议事规则》。

会员服务 利用网站、邮件、微信等形式加强与会员沟通，服务会员。利用会员管理系统，增强了会员管理和服务的效率。推行学会年报制度，确保学会运行发展状况的透明、公开。

1月5日，学会在上海市开展会员日活动，110余人参加。活动安排了针对学会发展和行业科技问题的答题活动，会后组织会员代表参观基层单位。

（撰稿人：刘　锋）

中国自动化学会

服务创新型国家和社会建设 学会先后组织专家前往河北省保定市、山东省日照市、浙江省宁波市、浙江省慈溪市等企业考察调研。9月，学会与浙江省慈溪市政府合作成立了中国智能制造环杭州湾创新服务中心。12月，学会与江苏大数据联盟签署战略合作协议，促进相关领域产学研合作。

2017年，学会举办智能自动化学科前沿讲习班和技术讲座10余次，参加培训人数1000余人次。培训班每期围绕一个热点专题，邀请该学科的专家、学者作学术报告，并与参会者交流讨论。

学会面向全国高等院校、科研院所继续开展ABB杯全国自动化系统工程师论文大赛、三菱自动化杯大学生自动化大赛、台达杯两岸高校自动化设计大赛、菲尼克斯I Love Control中国自动化大奖赛、RoboCup机器人世界杯中国赛、中国机器人大赛等活动，参赛人数达2万余人次。

学会建设 2017年发展团体会员11个，团体会员总数达到161个；发展个人会员1626人，个人会员总数达30365人。学会新成立分支机构6个，下设分支机构共42个。

学会共召开理事长会议4次、秘书长会议6次、常务理事会议2次、全体理事会议1次。增补副理事长1名、副秘书长1名；筹建历史工作委员会、出版工作委员会、奖励工作委员会；完成教育工作委员会、青年工作委员会、专家咨询工作委员会、智慧农业专业委员会4个分支机构以及《自动化学报》编委会的换届工作。

青年人才托举工程 11月23日，学会在江苏省常熟市举行2017—2019青年人才托举工程评审会议，中国科学院自动化研究所王晓、浙江大学吴均峰、北京航空航天大学诸兵入选。

主办期刊 根据2017年中国科技期刊引证报告（核心版），《自动化学报》2016年影响因子和综合评价均排名学科第一，在信息与系统科学相关工程与技术类期刊中，《自动化学报》的影响因子已连续五年排名第一；荣获“中国精品科技期刊”“百种中国杰出学术期刊”“中国最具国际影响力学术期刊”及第二届中国科协优秀科技论文奖，并获得中国科学院出版基金资助、国家自然科学基金资助。

根据2017年Elsevier发布的期刊引用分数榜单，*JAS*（《自动化学报》英文版）2016年Cite Score分值为2.16，较2015年大幅提升，在“控制与系统工程”学科类别的211种学术出版物中排名第56。*JAS*荣获“2017中国最具国际影响力学术期刊”称号，在中国主办的英文期刊中排名进入 TOP 5%。

学科发展研究 学会九届理事长孙优贤院士组织50余位领域内专家、学者共同撰写《中国自动化产业发展报告》《中国自动化新技术发展报告》《中国自动化新技术丛书》，并在2017中国自动化大会上举办首发仪式。

学会初步完成《2016—2017控制科学与工程学科发展报告》和《自动化学科方向预测及技术路线图》编写工作。同时，《中国自动化学会推荐学术会议和期刊目录》的编制工作有序推进。

国内主要学术会议 2017年，学会及所属分支机构共举办学术交流活动40余次，参加人员2万人次，发表论文5000篇。

4月1—3日，学会在山东省日照市召开2017国家机器人发展论坛暨RoboCup机器人世界杯中国赛。大会安排4个特邀主旨报告，设立5个专题，共35位专家、学者作分会场报告，500余人参会。

8月26日，学会在北京召开2017世界机器人大会·机器人技术应用创新论坛，论坛共安排8个主题报告。论坛由学会理事长、中国工程院院士、西安交通大学教授郑南宁与法国国家科学研究中心教授Jean-Paul Laumond共同担任主席，来自各高校、科研院所及企事业单位的200余人参加论坛。

9月26—28日，学会在浙江省慈溪市召开2017国家智能制造论坛。大会安排5个特邀主题报告，设置2个专题论坛，300余名专家、学者参加。会议期间，学会与慈溪市政府合作成立了中国智能制造环杭州湾创新服务中心。

2017 国家智能制造论坛开幕式

11月22—26日，学会在江苏省常熟市召开2017中国智能车大会暨国家智能车发展论坛。大会安排了14个特邀主题报告、12个分论坛报告。论坛汇聚了来自全国各地汽车、无人车驾驶以及相关领域的专家、学者400余人。同期，学会协助举办了中国智能车未来挑战赛。

12月8日，学会在江苏省南京市召开世界智能制造大会·制造业+大数据技术主题论坛。论坛主题为“数据价值化　知识自动化”，共安排7个主题报告，来自石化、冶金、航天、工业云、机器人、工业互联网等领域的专家、学者230人出席大会。会上，学会与江苏大数据联盟签署战略合作协议。

国际交往 7月9—14日，学会副理事长兼秘书长王飞跃一行参加国际自动控制联合会成员国代表大会。

8月30日，学会副理事长兼秘书长王飞跃在北京会见了联合国助理秘书长、联合国开发计划署（UNDP）助理署长兼亚太局局长徐浩良一行。双方表示，将以学会为平台，积极参与国际事务，加强国际学术交流与合作，在平行交通、平行农业、平行区块链、平行教育等领域开展合作。

11月6日，学会副理事长兼秘书长王飞跃在北京会见了英国前卫生大臣和国会议员、英国卫生部国家护理关怀部部长保罗·伯斯托与康之托集团CEO高登·苏瑟兰一行。双方表示，将把平行智能与远程医疗、健康管理、居家养老相融合，打造在平行远程医疗、平行健康管理和智慧居家养老行业的示范工程。

11月8日，学会副理事长兼秘书长王飞跃在北京会见了国际系统工程协会主席Alan Harding和INCOSE认证项目经理Courtney Wright。双方均表示将以此次会见为契机，以学会为平台，深入开展合作交流活动。

科普活动 学会开展“科普万里行”活动，围绕“智能制造”“人工智能与驾驶”“机器人+教育”等主题，分别在浙江省宁波市、江苏省常熟市、河北省保定市等地高校以讲座、现场演示、实际操作等方式开展科普活动，高校师生、企业科技工作者共3000余人参加活动。

学会利用微信公众号、微博、今日头条等新媒体渠道传播自动化、信息与智能科学技术领域相关知识，累计发布领域动态958条，关注人数3.4万余人。

表彰举荐优秀科技工作者 经学会推荐，上海交通大学教授席裕庚（第一完成人）获得2017年度国家自然科学奖二等奖。

经杨嘉墀科技奖管理委员会组织专家评审，评选出第五届杨嘉墀科技奖一等奖2人、二等奖3人。

学会完成了中国自动化学会科学技术奖励、优秀博士生论文奖、第三届青年科学家奖、高等教育教学成果奖、中国自动化企业创新奖、杰出自动化工程师奖、中国自动化小微企业奖等评审工作。

2017 年，学会加强国际组织任职推选、后备队建设及参与国际组织事务的服务支撑，组织开展 2017—2020 国际自动控制联合会执委会、技术委员会委员任职推荐工作，共推荐 32 名领域内科技工作者。此外，学会承担了中国科协国际组织事务专项以及青年科学家参与国际组织事务专项工作，资助中国科学院自动化所研究员刘德荣、魏庆来和华东师范大学教授李韬参与国际组织事务和开展国际交流。

党建强会 3 月 24 日，经中国科协科技社团委员会批复，中国自动化学会正式成立功能型党委，学会理事长郑南宁担任党委书记。

学会以多种形式开展“党建强会”活动，以学会微信公众号为平台开展“读一本好书”“学习优秀党员”等活动，同时积极组织人员参加中国科协科技社团党委在其微信公众号上举办的“学习贯彻党的十九大精神”知识问答活动并荣获“优秀组织奖”。

会员服务 学会逐步完善会员管理系统，增加了支付宝、微信电子支付功能，简化入会流程，提高会员入会效率。

学会组织开展中国自动化学会会士推选工作，授予包括 18 位院士在内的 28 位自动化、信息与智能科学领域的杰出科技工作者会士荣誉称号。

学会每两月出版一期《中国自动化学会通讯》，通过“要闻通报”邮件服务平台发送给会员。

学会定期在微信公众号、微博、今日头条等渠道更新领域动态，帮助会员及时了解最新学术活动。开辟“会员成就”专栏，发布个人会员的动态信息。

学会多次开展“会员服务月”“老会员带动新会员”等活动，扩大会员规模，完善会员联系、沟通和交流机制。

【2017 中国自动化大会】 10 月 20—22 日，2017 中国自动化大会暨国际智能制造创新大会在山东省济南市召开。围绕“智能自动化改变世界”这一会议主题，来自国内外自动化、电气信息技术、先进制造、人工智能及相关领域的 12 位院士，200 余位长江学者、国家杰出青年、“千人计划”学者以及自动化领域的 3000 余位专家、学者参会。

2017 中国自动化大会开幕式

大会开幕式由学会副理事长兼秘书长王飞跃主持，学会理事长郑南宁院士、山东大学校长樊丽明、国家自然科学基金委信息科学部常务副主任秦玉文、山东省自动化学会理事长贾磊为大会致辞。大会组织委员会主席、山东大学控制科学与工程学院院长张承慧介绍了大会筹备情况。

在主题报告环节，中国工程院院士孙优贤、中国工程院院士郑南宁、柏林科技大学教授 Holger Kohl、中国科学院院士包为民、中国工程院院士柴天佑、中国科学院院士吴宏鑫、中国工程院院士桂卫华、中国工程院院士钱锋分别作报告《四论工业信息物理融合系统》《受脑认知和神经科学启发的人工智能》、Industry 4.0 – Introduction Status and Outlook、《未来航天器发展及控制面临的挑战》《CPS 驱动的控制系统》《特征建模理论、方法和应用》《复杂有色金属过程控制技术》《流程工业制造过程智能化》。

除主题报告外，大会设有与控制学科和智能制造自动化产学研领域密切相关的约 150 个专题特邀报告、约 300 个会议论文报告、31 个邀请组专题以及 1100 余篇张贴论文。会议论文投稿量超过 2200 篇，创历史新高。

会议期间，举办了学会第三批会士荣誉称号授予仪式，为获得第五届杨嘉墀科技奖、青年科技奖、科学技术奖等奖项的获奖者颁发了奖牌。

（撰稿人：叩 颖）

中国仪器仪表学会

服务创新型国家和社会建设 学会承接政府及社会机构委托项目 14 项，开展技能类大赛 2 项，对 20 所高校开展工程教育专业认证，评价资深工程师、高级工程师、工程师水平科技人员 369 名。

作为国家智能制造标准化协调推进组、总体组、专家咨询组成员单位，学会参加国家智能制造专项推进工作及智能制造专项技术审查工作。学会参加《智能制造标准化体系建设指南》修订和审查工作，验收完成工业和信息化部 2015 年智能制造专项“智能制造（数据字典）”项目子任务，承担“2016 年智能制造标准化专项——企业资源计划（ERP）/ 制造执行系统（MES）与控制系统之间软件互联互通接口规范标准研究和试验验证平台建设”项目、工业和信息化部“2017 年智能制造综合标准化试验验证项目——智能工厂物流系统互联互通及互操作标准研究和试验验证平台”专项子任务。

开展 2017 年“双创”科技信息应用服务——重点技术领域国外在华专利布局趋势分析研究项目，针对智能制造产业中的高端医疗器械、食品快速检测、先进传感器三个技术领域分别形成了国外在华专利布局趋势分析专题报告。

参与“中国工程科技中长期战略研究——面向 2035 的传感器及微系统发展战略研究”项目。学会承担《军民两用技术创新发展指南》人工智能领域内容的编写工作及《智能制造前沿技术研究》中感知与测量技术专题的研究撰写。参与智能制造联合体战略咨询工作；参与中国工程院《新一代人工智能引领下的智能制造研究》专家咨询工作；参与修订《重大技术装备自主创新指导目录》。

学会能力提升计划 根据中国科协关于实施学会创新和服务能力提升工程的项目总体目标和进度安排，学会先后参与国家智能制造综合标准化专项以及国家智能制造标准化专项工作，开展 2017 年“双创”科技信息应用服务——重点技术领域国外在华专利布局趋势分析研究项目研究，参与“中国工程科技中长期战略研究——面向 2035 的传感器及微系统发展战略研究”项目，参与学会团体标准研究制定以及推动标准国际化工作。

学会接受中国工程教育专业认证协会的委托，开展工程教育认证试点工作，修订《重大技术装备自主创新指导目录》，参与《军民两用技术创新发展指南》编写工作，参与智能制造联合体战略咨询工作。

举办全国首届仪器仪表制造工职业技能竞赛，参与信息类重点实验室评估。

学会建设 学会加强对分支机构的财务及业务培训，采取秘书长述职制度及年度考核制度，通过培训引导分支机构提高业务及管理工作水平。

学会建立体系化科技奖励平台，科学技术奖、青年科技人才奖、奖学金的征集和申报工作统一通过科技奖励平台申报，简化了工作流程。

学会治理结构和治理方式改革 学会成立了改革筹备小组，制定了《中国仪器仪表学会深化改革实施方案》，计划于 2018 年召开的第九次全国会员代表大会的提出深化改革方案与措施；推进秘书处职业化建设，革新会员发展与会员服务模式。

学会参加中国科协学会治理改革群并被推选为主席单位，协调牵头单位组织召开各类会议，并参加治理架构、议事规则和运行机制等子群的活动，推动学会治理架构、议事规则的改革。

青年人才托举工程 经学会推荐，共有 4 人获得青年人才托举资格，分别为吉林大学马志超、北京航空航天大学马建国、南京理工大学卞雷祥、天津大学胡浩丰。

主办期刊 学会主办有 7 种期刊。2017 年,《仪器仪表学报》完善编委会章程，启动扩大编委规模工作，加强与在国际学术交流领域活跃的国内外专家的联系，通过举办会议以及相关国际交流活动与国际组织建立技术合作。优选一批国际知名专家作为编委的储备力量，实现编委团队国际化。邀请青年学科带头人加入编委队伍，增加编委 20 余人，同时加强审稿专家队伍建设。2017 年出版期刊 12 期，发表论文 400 篇左右。根据《中国科技核心期刊引证报告》，影响因子为 1.937，总被引频次为 4993，学科排名第一，获“中国精品科技期刊”“百种中国杰出学术期刊”“中国科技核心期刊”等称号。学报构建行业服务平台，全年稿件实现内容同步开放获取，投审稿效率提高。依托学报的“仪器与测量网”微信公众号，实现了稿件在线查询、审阅和过刊阅读，并及时发布业界动态。

《化学传感器》录用发表的国家自然科学基金和省部级科学基金项目论文占全年发表论文数量的 70% 以上。刊物通过了国家科技类学术期刊出版质量综合评估。

《办公自动化》2017 年连续出版 20 期。《气象水文海洋仪器》杂志参加青岛 OI China 国际海洋工程装备展合作媒体和厦门国际潜水救捞与海洋工程装备展期刊推广等 2 项重大活动。《自动化仪表》杂志参与组织并报道“川仪杯”全国首届仪器仪表制造工职业技能竞赛（华东赛区）初赛。

学科发展研究 学会承担了中国大百科全书出版社委托的《中国大百科全书》第三版《仪器科学与技术卷》的编撰工作，编撰条目444条。

国际学术会议 5月24—26日，学会与中国核学会联合举办第四届中国（国际）核电仪控技术大会。大会以“创新、引领、和睦、发展”为主题，交流和研讨内容涉及核电仪控技术、标准、设备鉴定、现状与趋势等方面，400余名专家、学者参会。

10月28—30日，学会与国际光学工程学会在北京共同主办2017光学仪器与技术国际会议，来自22个国家和地区的420余位专家、学者出席会议。会议议题涉及光电系统与现代光电仪器、光通信与光信号处理、光电传感与应用、先进激光器及其应用、光电成像与图像处理技术、光电测量技术与系统、微纳光子学及其制备工艺、THz技术与应用8个领域。

11月20—22日，学会与电气和电子工程师协会（IEEE）在江苏省扬州市共同主办IEEE第13届国际电子测量与仪器学术会议，300多位国内外专家、学者参会，会议主题为“测量仪器与智能感知”。

国内主要学术会议 2017年，学会开展学术交流活动100余场，参与人数2万余人次。

6月24—25日，学会在吉林省长春市参与承办第十九届中国科协年会第5分会场——智能制造引领东北工业基地振兴交流研讨会，邀请7位院士出席并作报告，180余名专家、学者参会。会议同期安排院士专家座谈会及实地考察。

11月24日，由学会承办的第66期中国科技论坛——人工智能与医疗健康技术前沿论坛在北京召开。会议邀请3位院士作人工智能与医疗健康相关报告，并邀请到18位专家、学者作报告，报告从4个方面阐述人工智能技术在医疗健康方面的应用前沿与前景，共150余专家、学者参会。

12月8日，学会在江苏省南京市承办2017世界智能制造大会“制造业+人机协作与融合技术”“制造业+信息安全技术”“制造业+自动控制技术”3个分论坛，近1600名专家、学者参会。

科普活动 学会组建和更新科普工作者队伍，征集科普素材。截至2017年年底，征集到仪器科学与技术、机器人、航天、天文宇宙、地震减灾、食品安全检测、科学技术发展史、动植物研究、环境气象、科学探险、极地科考等主题的科普资源。

学会向中国科协推荐仪器科学、食品安全检测、青少年阅读主题方向的3位科普专家，同时计划增补中国科协“首席科普传播专家”。向中国科协“科学传播专家大讲坛活动”推荐21场科普报告。

学会参加2017年全国科普日活动，通过介绍食品检测仪器、生活中食品检测、食品安全小课堂等形式传播科普知识。

表彰举荐优秀科技工作者 经学会推荐，3位科技工作者获得首届全国创新争先奖；学会评选科技奖获奖项目55项，优秀博士论文2篇、提名5篇，青年科技人才奖4人。

中国仪器仪表学会“科学技术奖”颁奖

推荐哈尔滨工业大学教授刘俭、中国检验检疫科学研究院研究员张峰、上海理工大学教授朱亦鸣参加中国科协青年科学家参与国际组织及相关活动项目。

党建强会 健全完善党建工作基本制度，落实党建工作指导制度、党建信息交流制度、党建联席会议制度、党务干部学习培训制度等。推进党务公开，建立健全党内情况通报制度，提高党建工作透明度。落实“三会一课”、民主评议、民主测评、民主生活会、向党员报告工作等制度。

学会在推进实施“科技服务民生”系列活动过程中，结合“两学一做”学习教育，加强党支部建设和党员日常管理，增强党员身份意识和党组织凝聚力。

认真学习和领会党的十九大精神，向全体党员印发了十九大报告原文。

会员服务 引导分会使用中国科协会员服务系统平台注册和管理会员数据，鼓励各分会通过会议和活动发展会员。

借助微信群等信息联络工具，沟通和调动总会及分支机构力量，组织开展会员活动和会员服务工作，发布学会活动信息，促进会员之间的信息交流和资源合作。

【针对企业、地方需求开展创新驱动助力工程工作】 2017年，学会在开展创新驱动助力工程活动中，发挥智力和技术信息优势，先后联系贵州省科协、河南省科协、安徽省芜湖市、新疆维吾尔自治区克拉玛依市、浙江省宁波市、河南省南阳市、河南省焦作市7家单位，组织50余名专家参加调研及技术对接，开展案例示范、专家咨询、高峰论坛等活动，签署项目合作协议1份、战略合作协议2份，新设立学会服务站2个，举办对接活动21场、咨询服务12次，开展国家级职工技能大赛2项、展览活动1次。

2017年，学会组织仪器仪表企业代表10余人与克拉玛依市对接、调研，最终促成了天津市迅尔仪表科技有限公司在克拉玛依投资落户建厂。西门子过程自动化事业部+西门子研究院对接克拉玛依市先进科技联合研究院。仪器仪表企业聚光科技公司投资克拉玛依污染治理项目正在接洽中。

学会从地方需求出发，针对实际情况分类开展创新驱动助力工程工作。“助力贵州省食品药品质量安全检测体系建设项目”被列为中国科协创新驱动示范项目；学会加入安徽芜湖“机器人产业（芜湖）创新助力学会企业联合体”；召开克拉玛依（夏季）高峰论坛；与河南省焦作市科协合作，助力风神轮胎智能制造生产线以及生产检测技术的发展。

（撰稿人：王兰萍）

中国计量测试学会

服务创新型国家和社会建设 2017年，学会共接收各种计量技术法规草案130种，审查完毕并上报国家质检总局计量司85种。

全年组织召开20次二级标准物质评审、3次一级标准物质预审会和1次一级标准物质终审会。上报质检总局批准发布国家一级标准物质80种、二级标准物质539种。

承担注册计量师管理工作，开展资格考试命题、网络阅卷，组织修订注册计量师教材。同时做好注册计量师的注册工作，截至2017年11月初，申请注册计量师648人，注册发证581人。

承担对中国计量科学研究院、中国标准化研究院、中国检验检疫科学研究院大型修缮购置项目的验收工作，涉及质检总局所属在京中央级科学事业单位2013年修缮购置项目20项。同时承担上述3家单位2017年、2018年修缮购置项目专家评审工作，组织2018年中央级科学事业单位修缮购置专项项目专家评审，其中涉及修缮类项目4项、购置类项目31项。

“5·20”世界计量日期间，举办第四届计量测试科技成果推介会，以计量测试科技成果服务经济发展为主线，推介展示近年来计量测试方面取得的新成果。

研究经济发展新常态下测量管理体系认证的新需求，截至2017年11月初，颁发测量管理体系AAA证书318家、AA证书129家、A证书77家，总计524家。对获证组织监督审核1163家，其中AAA证书643家、AA证书293家、A证书227家。

学会逐步形成社团标准的制定、修订以及发布管理的体制机制。《中国计量测试学会团体标准管理办法》已经在全国团体标准信息平台完成公示。

学会分别联合云南质监局和浙江质监局在两省开展了“计量测试助力企业创新升级”活动。前期在两省200多家企业中开展计量测试需求调研，收集反馈问题300多条。学会组织清华大学教授金国藩、同济大学教授李同保两位院士及42位专家赴两省开展“专家与企业面对面”座谈会以及深入企业解答问题活动，解决问题上百条。同时，在两省建立了“计量助力创新驱动专家服务站”，并与杭州新松机器人有限公司研究院签署了产业计量服务合作协议。

学会建设 截至2017年12月，学会发展个人会员151人，学会会员总数超过500人，团体会员129个，下设分支机构共32个。召开计量测试地方学（协）会工作会议1次。遴选了一批资深会员，并筹备设立集成电路测试专业委员会。

12月15日，学会在山东省泰安市举办了2017地方学会（协会）工作会议，就学会能力建设、地方学会发展及培训咨询工作等进行研讨。

青年人才托举工程 2017年，学会对4位青年托举人才进行培养，支持他们开展科学研究，聘请知名专家指导，并给予科研经费支持。

主办期刊 2017年，《计量学报》出版6期，编辑出版学术论文171篇。“温室效应”是当前牵涉国计民生的大事，在2017年第1期集中发表了3篇相关文章。在大飞机试飞成功之际，第4期首篇选用有关文章《基于纵向对称面重合的机身位姿求解方法》。

学科发展研究 学会组织开展“《中国制造2025》

中计量测试技术问题研究"，于4月18日在天津大学召开课题启动会。课题组由中国计量科学研究院、清华大学、天津大学、中国计量大学的专家学者组成，各课题参加单位分别编写课题报告，并最终形成专题报告提交国务院有关部门。

国内主要学术会议 2017年，学会及分支机构共举办年会、研讨会、报告会、论坛等学术活动20余次，提交交流论文500多篇。

5月19—20日，在北京举办全国计量测试技术学术交流会暨第四届计量测试科技成果推介会。会议期间，举办了计量测试高层论坛、全国计量测试技术学术研讨会、运动信息测试技术发展现状及趋势学术会议和生物基因免疫溯源标准论坛，来自全国计量技术机构、科研院所、高等院校、企事业单位的1000多名专家参加。

10月14—15日，在北京召开中国科协第321次青年科学家论坛——先进制造中的计量测试理论与技术。论坛邀请4位青年学者担任论坛执行主席，并邀请16名青年科学家分别从"计量测试新办法及能源装备制造业中的计量需求""微纳传感、制造及测试技术""先进传感技术系统""光学测试技术及其仪器化应用研究"4个方面作学术报告。来自全国各地计量技术机构、科研院所、大专院校的共计90多名青年学者参加论坛。

国际组织任职 2017年，经过国际测量技术联合会（IMEKO）第60届总理事会研究，接纳中国为国际测量技术联合会顾问委员会成员国。

国际交往 学会组织专家参加第25届国际科学技术史大会、IMEKO相关专业委员会会议等，与国际同行研讨、交流，分享计量测试科学的重大发现和最新科技进展。

9月21日，第11届中日韩计量大会在日本东京召开，中国计量测试学会代表中国参加会议，中日韩三国共计100多名代表参加。2018年第12届中日韩计量大会将在四川省成都市召开。

科普活动 发展科普教育基地建设，对申报科普基地单位进行受理、审核、评审工作。2017年，申报学会科普教育基地的单位有天津大学、吉林修正博物馆等。

承办由中国科协、国家质检总局主办的"全国计量科普知识竞答"活动。在全国范围开展计量知识竞答，2016—2017年度计量科普知识竞答网上参与人数达到531871名，在12214名入围选手基础上产生了2282名年度达人，在全国5200名入围选手基础上产生了全国计量科普达人100名。

7月31日—8月7日，学会与广西壮族自治区质量技术监督局联合举办第三届"计量筑梦　我爱北京"夏令营公益活动，来自广西壮族自治区、广东省广州市的20名中学生参加活动。

表彰举荐优秀科技工作者 学会开展2017年两院院士增补推选工作，3人被学会分支机构提名，经学会院士评选委员会评审，推选中国科学院武汉物理与数学研究所主任、研究员梅刚华，中国计量科学研究院化学计量与分析科学研究所所长、研究员李红梅为候选人并上报中国科协。

在会员单位中开展"第七届全国创新争先奖""第十四届中国青年女科学家奖""2017年度未来女科学家""第十五届中国青年科技奖"推荐工作。

学会开展"2016年度中国计量测试学会科学技术进步奖"评奖工作，16个项目获奖，5月20日举行了表彰大会。

2017年，经学会科技奖评委会评审表决，推荐由清华大学、中国计量科学研究院共同完成的"超高精度时间频率传输与同步"项目参加2017年国家科学技术进步奖评选。

党建强会 学会成立了功能型党委。学会目前有195名理事，其中党员161人，党员覆盖率达82.5%。

会员服务 学会优先会员参与学会活动和在学会期刊上发表论文。会员可通过官方网站、微信公众号等平台了解学会活动，并可以通过会员系统平台办理入会事宜。

【全国计量测试技术学术交流会暨第四届计量测试科技成果推介会】 5月19—20日，在北京举办全国计量测试技术学术交流会暨第四届计量测试科技成果推介会。会议期间，结合当前计量测试与产业升级发展的现状和趋势举办了计量测试高层论坛，中国检验检疫科学研究院的庞国芳院士、中国商飞上海飞机制造有限公司杨国恩分别作了题为"食品安全农药残留检测"和"飞机全寿命周期计量管理与技术"的专题报告。会议同期举办了以"计量与交通"为主题的全国计量测试技术学术研讨会，来自交通运输相关国家计量站的4位专家介绍了交通运输中的计量测试。此外还举办了运动信息测试技术发展现状及趋势学术会议和生物基因免疫溯源标准论坛，来自全国计量技术机构、科研院所、高等院校、企事业单位的1000多名专家参加。

同期举行的第四届计量测试科技成果推介会以计量测试科技成果服务经济发展为主线，通过展板展示、多媒体演示、成果介绍会等形式展示了近年来计量测试技术基础、应用研究以及计量测试仪器设备研制等方面取得的新成果。项目涉及航空航天、能源、军工装备、汽车、新材料、电力、生物医疗、仪器制造等领域，共展出项目70多项。

【2017年国际测量技术联合会第60届总理事会暨国际测量技术研讨会】 9月1—5日，在浙江省杭州市承办国际测量技术联合会（IMEKO）第60届总理事会。学会联合国际计量联合会以及中国计量大学、浙江省质量技术监督局举办了国际测量技术研讨会。

13个国家的20名成员参加了国际测量技术联合会第60届总理事会，在会上听取相关工作报告、共同研讨制定未来IMEKO发展战略等。经过理事会研究，接纳中国为IMEKO顾问委员会成员国。

大会举办了国际测量技术研讨会，研讨会围绕“计量测试——新工业革命的引擎”主题，特邀IMEKO主席肯尼斯·格拉森教授、加拿大国家研究院（NRC）麦孔·麦克埃文博士、美国国家标准与技术研究院（NIST）詹姆士·奥托夫博士、中国工程院院士谭健荣、中国计量大学校长宋明顺、天津大学教授王太勇、中国商飞C919大型客机总质量师徐建强、中国计量科学研究院研究员王晶介绍了前沿高端的计量测试技术，提出了今后的发展和研究方向。会议还收集了80余篇学术论文，并邀请论文作者依据专业分别进行了论文宣讲，其中推荐7篇优秀论文到*Measurement*、《计量学报》等期刊上发表。来自美国、加拿大、德国、法国、意大利等10多个国家的学者，以及来自全国各地计量技术机构、大专院校、企事业单位的专家和学者共700余人参加会议。

（撰稿人：徐　雷）

中国标准化协会

服务创新型国家和社会建设　协会联合中国科协所属学会和其他学会协会以工作群和系列沙龙等形式建立沟通协作机制，促成团体标准发展联盟成立。2017年，完成42项协会标准立项，发布了37项协会标准，组织了多次标准发布会和宣传推广活动。

完成《〈标准化法（修正案）〉的修改意见建议的报告》《团体标准管理规定》草案以及《团体标准化第2部分　良好行为评价》国家标准修改意见专题报告等。

承担国家标准委“实施标准化战略国内环境分析研究”“中小学标准化科普教育课题研究”“我国标准样品研复制管理制度研究”等课题任务。承担中国科协“开展国家标准样品创新平台能力建设”项目。

牵头组织起草GB/T 35778—2017《企业标准化工作指南》等5项、GB/T 33556.1—2017《医院洁净室及相关受控环境应用规范　第1部分　总则》等3项、GB/T 33588.1—2017《雷电防护系统部件（LPSC）第1部分：连接件的要求》等10项国家标准，获国家标准委批准发布。组织《基于雷电定位系统的地闪密度总则》等4项国家标准立项制定工作。全年获批《水泥生料成分分析标准样品》等101项国家标准样品。

7月，协会承担国家标准委批准成立的“自愿性可持续标准中国国家平台”秘书处工作，负责日常运行及技术支撑工作。

组建中国标准化协会评估中心，作为第三方专业评估机构推进评估业务。

学会能力提升计划　2017年，协会申请实施了“学会能力提升与改革工程世界一流学会建设工程项目”。

以大会员发展与服务的理念，以现有技术资源优势集成服务和专项服务为机制，以信息技术和网络平台为载体，密切与各分会及协会分支机构的工作配合，逐步在信息传播、电器电子、服务贸易、中医药、城市家具、太阳能应用、纤维、汽车和海洋等领域拓展会员工作，链接多个地方标准化组织，构建互通互补的体系和网络。

研发培训课程，初步形成高中低搭配的标准化塔式培训体系。与中国计量大学联合开展了“标准化管理高端人才培训项目课题研究”。

搭建国家标准样品项目管理平台，在线立项、报批等项目管理工作试运行；完成或完善了样品征集、数据库、标准样品数字馆；组织召开国际最新研究成果讨论会；组织召开标准样品国际研讨会和基础理论研讨会各1次。

学会建设　2017年，新成立中医药、太阳能应用、电子电器、城市家具和服务贸易5个分支机构。更新完善了会员管理系统，目前会员总数4865个，其中团体会员2030家、个人会员2835人。

派员参加各类学习会、培训班、研讨会、调研活动，以申请专题立项锻炼员工，2017 年申请立项 17 个课题。

改版协会网站，建立“中国标准化协会”微信公众号，提供移动化信息检索等便捷服务。

青年人才托举工程 协会自主设立了标准化青年人才托举工程项目，资助 13 名标准化青年人才参加国际标准化综合知识培训、科技成果转化技术标准培训和标准化技能高端人才培训等。

主办期刊 协会主办有《中国标准化》、*China Standardization*、《标准科学》《标准生活》《产品安全与召回》5 本期刊。协会努力提高杂志质量和传播力，发挥标准化宣传报道和知识科普的主流媒体作用。

学科发展研究 完成了《2016—2017 年度标准化学科发展研究报告》编撰工作。

国际学术会议 10 月 11 日，主办首次中国城市家具标准化国际会议，近 20 个国家的 300 多位专家参会。

10 月 18 日，举办中国标准化分论坛暨第六届标准样品国际研讨会。150 余名国内外专家参会，就环境、材料、生物等重点领域标准样品的研究，国内外标准样品现状及发展前景，以及分类定级、形态鉴定等定性标准样品理论的研究成果进行交流和研讨。

10 月 26 日，组织中美标准化战略与企业质量提升交流研讨会，共有 100 多个会员单位参加活动。

国内主要学术会议 3 月 16 日，在四川省成都市举办欧盟标准化知识交流研讨会。

5 月，在江西省南昌市举办标准化战略与企业发展交流研讨会。

6 月 8 日，在江苏省南京市召开企业技术信息的价值提升与智能化管理研讨会。

9 月 21 日，在海南省海口市主办第 14 届中国标准化论坛，主题是“全面实施标准化战略，助力经济与社会改革发展”。

10 月 17 日，在福建省主办全国标准样品技术委员会五届二次年会，此次年会是以“标准让城市更智慧”“标准化助力质量提升”为主题的第 48 个世界标准日系列活动之一。20 位国内外专家学者交流了环境、材料、生物等重点领域标准样品的研究内容，对国内外标准样品现状及发展前景进行了回顾与展望，并探讨了分类定级、形态鉴定等定性标准样品理论的研究成果。

国际交往 4 月 30 日—5 月 5 日，参加在加拿大温哥华举办的泛美标准委员会（COPANT）、第 40 届太平洋地区标准大会（PASC）及第 57 届 PASC 执委会（PASC/EC）会议。5 月 16 日，参加在泰国举办的第 10 届亚太雷电防护标准化国际会议（APL 2017）。5 月 31 日，参加巴西自愿性可持续标准启动仪式及研讨会。6 月 27 日，参加在德国柏林召开的第 40 届 ISO/REMCO 标准样品年会。7 月 3 日，参加在韩国召开的第十六届东北亚标准合作会议。9 月 22 日，参加由国际贸易中心（ITC）举办的贸易驱动可持续发展论坛（T4SD）以及由联合国贸易和发展会议（UNCTAD）举办的非关税措施周（NTMs WEEK）活动。10 月 23 日，参加在澳大利亚悉尼召开的第 29 届 ISO/TC 209 洁净室及受控环境年会。11 月 27 日，参加联合国欧洲经济理事会（UNECE）贸易能力和标准指导委员会在瑞士日内瓦召开的关于监管合作和标准化政策工作组的年度会议。12 月 12—17 日，参加在墨西哥召开的自愿性可持续标准研讨会。

科普活动 10 月 16—17 日，在全国科普日期间举办了“学标准科普行”活动，组织山东大学和中国计量大学师生走进中国标准化协会、中国标准化研究院、中国物品编码中心，学习了解标准化知识与应用。举办新《中华人民共和国标准化法》及相关知识竞赛活动。

表彰举荐优秀科技工作者 颁发中国标准化助力奖，评选出获奖单位 5 家、个人 12 名。协会组织第 14 届中国标准化论坛论文征集评选工作，共有 325 篇论文入选，并编辑出版了《第十四届中国标准化论坛论文集》，评选出特等奖论文 10 篇、优秀奖论文 26 篇。

党建强会 协会党支部推进“两学一做”学习教育活动常态化制度化。派出党员干部参加质检总局、国家标准委及中国科协的论坛、讲座、培训等活动，开展“自选三个一”支部学习活动等。4 月，经中国科协科技社团党委批准成立了中国标准化协会党委，作为理事会层面的功能型党委。6 月，召开中国标准化协会第八届理事会党委第一次会议，并开展党建标准化专题讲座。

承担“全面从严治党标准体系研究”“以党建标准化提升党建科学化水平项目研究二期”课题研究。9 月，召开中国标准化协会党建标准化试点工作启动会，国家标准委机关党委专职副书记李宣庆出席会议并作报告。

11月，经国家质检总局直属机关党委批准，正式成立党总支，下设中国标准化协会党支部和方圆标志认证集团有限公司党支部，召开中国标准化协会党总支成立大会暨深入学习贯彻党的十九大精神专题会。11月10日，与国家标准委农食部开展“联学联做”活动。

会员服务 协会会员数量在2016年的基础上增加40%。以协会专项技术资源和交流活动为抓手，提供多层面、定向化的研讨、培训、咨询和标准制定等服务，推动会员参与标准化工作。3月，在四川省成都市举办欧盟标准化知识交流研讨会，120余名企业标准化人员参加研讨会。5月，在江西省南昌市举办标准化战略与企业发展交流研讨会，来自理事单位和会员单位的近100人参会。10月26日，组织中美标准化战略与企业质量提升交流研讨会，100多个会员单位参加活动。

成立中国标准化协会中医药标准化分会，分会于1月举办年度会员技术交流活动；成立中国标准化协会电子电器分会，协助该领域会员单位制定发布《家用电器零部件生产组织的质量管理体系要求》《仙作古典家具》等多项协会标准；成立中国标准化协会城市家具标准化分会，指导该分会于10月举办中国城市家具标准化国际会议；成立中国标准化协会服务贸易分会，12月，指导分会在北京举办中国服务贸易标准化论坛；指导传统工艺工作委员会举办中国传统工艺标准化论坛。在2016年成立学生会员工作站的基础上，积极发展学生会员。

组织具有相应技术能力的会员单位开展软科学研究成果第三方评价团体标准研制工作，立项《科技成果标准化评价规范》等团体标准，建立软科学研究成果第三方评价工作体系。走访海尔集团、海信集团、中国航空综合技术研究所等数十家会员单位。

【联合国自愿性可持续标准论坛（UNFSS）年度会议暨自愿性可持续标准中国国家平台启动仪式及国际研讨会】 6月27日，由商务部、国家质检总局、国家标准委、中国标准化协会、联合国自愿性可持续标准论坛以及德国发展研究院共同主办的自愿性可持续标准中国国家平台启动仪式在山东省青岛市召开，同期召开UNFSS 2017年度会议及国际研讨会。来自联合国、国际标准化组织、出口商会、跨国企业以及德国、印度、巴西等国家相关机构的代表近100人出席会议。会议的主题是“自愿性可持续标准带来的机遇和挑战”。

联合国贸易和发展会议副主席Bonapas Onguglo，国家质检总局党组成员、国家标准委主任田世宏，中国标准化协会理事长纪正昆，以及联合国粮农组织（FAO）、国际贸易中心（ITC）、联合国贸易与发展会议（UNCTAD）、联合国环境署（UN Environment）、联合国工业发展组织（UNIDO）的代表共同启动国家平台。研讨会对促进自愿性可持续标准在实现联合国可持续发展目标中发挥积极作用以及避免潜在技术性贸易壁垒等问题进行讨论。

【第十四届中国标准化论坛】 9月21—22日，由中国标准化协会主办、海南省质量技术监督局承办，海南省标准信息研究所、海南省标准化协会和海南省质量协会协办的第十四届中国标准化论坛在海南省海口市召开。来自国内外标准化领域的专家、学者，研究机构的领军人物，各行业标准技术管理负责人以及全国20多个省、自治区、直辖市的400多名标准化工作者、跨国集团企业代表参加活动。国际标准化组织主席张晓刚专门发来贺信。海南省人民政府副省长李国梁致辞，中国标准化协会理事长、国家标准化管理委员会原主任纪正昆讲话，中国标准化协会副理事长兼秘书长高建忠主持开幕式。

本届论坛的主题是“全面实施标准化战略，助力经济与社会改革发展”。论坛开幕式上颁发了2017年度中国标准化助力奖和本届论坛征文优秀论文奖。其中，中国计量大学、烽火科技集团有限公司（武汉邮电科学研究院）、中车青岛四方机车车辆股份有限公司、中国航天标准化研究所和青岛海信电器股份有限公司5家单位获得2017年度中国标准化助力奖单位奖；神雾科技集团股份有限公司董事长吴道洪等12人获得2017年度中国标准化助力奖个人奖；湛希、马明等数十位标准化工作者分别获得第十四届中国标准化论坛征文特等奖和优秀奖。

本届论坛演讲聚焦标准化前沿“改革与政策”“理论与实践”和“应用与创新”3个专题，邀请10位专家作报告，同时举办标准化青年沙龙专题活动。参会人员围绕“标准化服务业的新模式实践”进行交流，探讨行业发展政策措施以及标准与互联网、标准与科技、标准与金融等领域的跨界融合。

【团体标准化发展联盟成立大会】 12月27日，由中国标准化协会等发起组建的团体标准化发展联盟成立大会在北京召开，协会理事长纪正昆等出席成立大会。

纪正昆当选联盟第一届主席。纪正昆在讲话中指出，成立团体标准化发展联盟是我国标准化事业的一件大事，标志着我国团体标准发展迎来了一个新时代。

纪正昆强调，一定要做好联盟规范自律，一定要把团体标准做好。政府职能转移提供的工作空间要接得住、接得好，让政府放心、市场满意，使团体标准成为经济与社会发展的重要技术支撑。

联盟设主席联席会、理事会和全体成员大会。副主席由中国公路学会副理事长兼秘书长刘文杰、中国认证认可协会秘书长生飞、中国质量协会副秘书长吕青、中国电机工程学会副秘书长陈小良、TD 产业联盟秘书长杨骅、中国电子学会总部党委书记兼副秘书长张宏图、中国实验动物学会理事长秦川、中国铸造协会常务副会长温平、中国纺织工程学会副理事长龚进礼、中国核学会秘书长于鉴夫、中国质检出版社副社长张宁担任。全体成员大会（含观察员）由 212 家成员单位组成，其中包括 49 家理事单位。

（撰稿人：田　欣）

中国图学学会

服务创新型国家和社会建设　6 月、12 月，学会与人力资源和社会保障部教育培训中心联合开展了第十八期、第十九期全国 CAD 技能等级考试，报名参加考试人数超过 2.37 万人。

6 月、12 月，与人力资源和社会保障部教育培训中心联合开展了第十期、第十一期全国 BIM 技能等级考试，报名参加考试人数超过 4.23 万人。考前分别在上海市、北京举办了 2 期全国 BIM 技能等级考试考评员培训班，共 175 名考评员受训。

学会建设　2017 年，学会定期召开常务理事会议、理事会议，根据工作需要随时召开理事长办公会议、秘书长工作会议。

经七届四次常务理事会议审议通过，新成立图学大数据专业委员会和图学学科发展工作委员会，分支机构达到 24 个。

4 月 8 日，七届三次常务理事会审议通过了《中国图学学会奖励条例》，并于 6 月 30 日正式发布实施。12 月 16 日，奖励工作委员会召开成立会议。

搭建学会综合管理服务平台，包括考试管理系统、会议系统、大赛报名系统。改版学会网站，丰富官方微信信息及功能。

学会治理结构和治理方式改革　大力发展个人会员，自主搭建会员服务管理平台，实现了会员在线注册、网上缴费、自主制作电子证书等功能。2017 年，学会新发展个人会员 11593 人，会员总数达到 36973 人；新增单位会员 4 个，单位会员总数达 70 个。

建立专委会工作评价机制。七届三次常务理事会议审议通过了《中国图学学会专业委员会评估办法（试行）》；10 月，学会组织对专业委员会 2016 年的工作开展试评估，促进分支机构的管理更加规范。

制定理事会、常务理事会、理事长办公会、秘书长工作会等各级会议议事规则，并于七届四次常务理事会议审议通过了《中国图学学会理事会条例》。

启动团体标准制定工作。先后下发《中国图学学会关于开展社团标准工作的决定》《中国图学学会（CGS）标准化技术委员会工作条例（征求意见稿）》。其中，标准化技术委员会计划于 2018 年年初成立。

青年人才托举工程　按照中国科协信息科技学会联合体的相关要求，学会启动“青年人才托举工程”项目工作，最终评选出 40 位“青年人才托举工程”2016—2018 年度项目扶持人才，其中学会入选 3 人，分别是林佳瑞、杨鑫和苏鹏。2 月，中国科协信息科技学会联合体召开项目启动会议，为入选的青年人才颁发证书。

自入选“青年人才托举工程”以来，3 人累计发表论文 27 篇，其中 SCI 11 篇；申请国家发明专利 6 项，获得授权 1 项；获得软件著作权 11 项。杨鑫 2017 年入选国家“香江学者”支持计划和辽宁省百千万人才工程，并获评大连市“青年科技之星”。苏鹏获得北京市“青年拔尖人才”培育计划。

主办期刊　2017 年，《图学学报》出版发行 6 期，发表论文 145 篇，其中国家级项目支持的论文 70 篇、省部级基金项目支持的 37 篇、校级基金项目支持的 6 篇。完成编委会换届工作，召开工作会和编委办公会。继续被国内 3 大数据库收录，再次入选知网《中国学术期刊影响因子年报》统计源期刊、万方《中国核心期刊（遴选）数据库》及《中国学术期刊文摘》源期刊。

《计算机辅助绘图设计与制造》（英文版）正式更名为《工业、生医和艺术的可视计算》（英文版），即 *CADDM* 更名为 *VCIBA*，已通过中国科协、国家新闻总局批复并办理完成登记手续，同时申请了期刊独立域名，建立了网站（www.vciba.com）。*CADDM* 全年出版发行 2 期，收录文章 17 篇。

《土木建筑工程信息技术》全年出版发行6期，收录文章130余篇，入选2016《中国学术期刊影响因子年报》统计源期刊。据中国知网学术期刊影响因子年报（自然科学与工程技术2016版），该刊影响力指数CI值62.910，学科排序54/144，复合影响因子0.707。

学科发展研究 5月，由计算机图学专业委员会牵头，以“大数据背景下大图学学科体系建设研讨会”为题，学会成功获批中国科协“小型高端前沿专题学术交流活动”项目。

由资深专家组成的图学学科发展研究专家团队以核心力量带动学科发展研究工作，保障研究工作前沿、深入、连续、可持续。专家团队的主要成员包括清华大学、上海交通大学、浙江大学的教授。

国际学术会议 8月，协办了在日本东京举办的2017亚太地区图学论坛。该论坛（AFGS）于2013年由中国图学学会联合日本图学学会发起并创办。学会牵头，由20余位专家、学者组成的中国代表团出席了会议。下一届会议计划于2019年在中国举办。

国内主要学术会议 6月1—2日，网络协同制造技术研讨会在湖南省长沙市召开。会议重点就中国制造2025及产品全生命周期数字化技术开展学术研讨与交流，邀请西门子、SAP公司就“工业4.0”及智能制造时代的数字化企业解决方案进行了中德技术交流。300余名专家参加会议。

9月15—18日，第三届数字化论坛在山东省青岛市举办，60余位专家出席大会。会议主题为“智能制造：理念、方法与实践”，涵盖了数字化设计分析制造一体化建模与仿真技术、工业大数据与知识服务自动化等论题。

11月3—5日，数字媒体职能计算及产业高峰论坛在山东省泰安市召开，150余人参加论坛。

11月4—5日，第三届全国BIM学术会议在上海市举行，高校师生、建筑企业主管和技术负责人、其他BIM从业人员近600人参加会议。大会论文集收录论文71篇，由中国建筑工业出版社出版。会议还评选了15篇优秀论文。

12月16—18日，承办中国科协第339次青年科学家论坛。论坛主题是“智能制造及相关技术前沿”，70余名专家参加论坛，13名青年科学家作主题报告。

12月16日，在北京召开BIM高峰论坛，来自全国各地的500余名行业学者、专家参加。清华大学教授张建平作了题为“面向大数据的BIM发展与应对”的报告，清华大学教授梁进作了题为“从深圳工务署BIM实践看中国BIM应用的新阶段”的报告。

国际组织任职 学会副理事长、国际联络工作委员会主任韩宝玲教授当选国际几何与图学学会副理事长。

科普活动 7月21—23日，制图技术专业委员会、产品信息建模专业委员会联合其他机构在甘肃省兰州市举办了第十届“高教杯”全国大学生先进成图技术与产品信息建模创新设计大赛。来自全国29个省市的283所高校参赛，参赛学生2913人。大赛共评出机械类团体一等奖42个、建筑类团体一等奖11个、水利类团体一等奖3个、建道桥类团体一等奖4个。

学会创新发展 参与中国科协信息科技学会联合体工作。理事长孙家广院士担任联合体信息领域国家重点实验室评估专家组组长，完成了信息领域国家重点实验室评估工作。

与中国科协信息科技学会联合体的其他学会共同承办了第十九届中国科协年会分会场工作。

党建强会 成立中共中国图学学会功能型党委，创新学会党组织的活动形式和工作方式，充分发挥党在学会工作中的政治核心、思想引领和组织保障作用。12月16日，七届三次理事会议集体学习了《新时代、新思想、新气息、新作风》十九大精神解读。

会员服务 免费提供3种期刊给高级会员阅读。微信公众号“中国图学学会”不定期向会员发送重要通知和学会工作进展，截至2017年年底，关注人数达到2031人。此外，还开通了短信服务，通过短信提醒、微信交流、电子邮件发送等渠道，加强与会员的联系与沟通。

学会举办的会议、培训、大赛等活动对会员的优惠力度不断加大，多个重要会议对会员实行费用减免优惠。依靠分支机构、培训机构等多渠道大力发展个人会员、扩大会员队伍，同时扩展学会工作对个人会员的覆盖面。

【第六届中国图学大会】 8月16—17日，以“人工智能时代与图学发展”为主题的第六届中国图学大会在浙江省杭州市召开。300余位来自全国各高校、科研院所、企事业单位从事图学工作的专家、学者和一线研究者出席会议。大会将图学与当前全球新一轮工业革命的热点“人工智能”紧密结合，就图学、图像识别、图像在人工智能的应用等最新动态和热点问题进行深度探讨。同时，举办了专题研讨会。

第六届中国图学大会开幕式

中国工程院院士、中国图学学会常务理事、浙江大学教授谭建荣主持大会。浙江大学机械工程学院党委书记梅德庆教授代表承办单位致辞，中国图学学会副理事长兼秘书长赵罡教授代表主办单位致辞。中国科协党组成员、书记处书记项昌乐出席大会，代表中国科协对大会的召开表示祝贺，对中国图学学会的工作给予肯定，并对今后的发展提出期望。

会议分特邀报告和专题报告 2 个环节。12 位专家结合人工智能、虚拟现实、大数据、智能制造等重点关键领域作了特邀报告，对图学技术发展与趋势做出了深度解读。专题报告在图学教育与应用、虚拟现实与图像识别应用、大数据背景下“大图学”学科体系建设 3 个分会场同步进行。

【第六届“龙图杯”全国 BIM 大赛】 12 月 16 日，由中国图学学会主办的第六届“龙图杯”全国 BIM 大赛在北京举办。大赛受中国科学技术协会以及国家人力资源和社会保障部教育培训中心、住房和城乡建设部建筑节能与科技司、中国建筑科学研究院、清华大学、北京航空航天大学等相关政府部门和科研院校指导，由中国图学学会土木工程图学分会、中国图学学会 BIM 专业委员会承办。

第六届“龙图杯”全国 BIM 大赛

大赛分为设计、施工、综合、院校四个组别，共有参赛单位 493 家，收到参赛作品 761 项，参赛人数达到 6202 人次，涵盖 BIM 应用的各个阶段。专家委员会从 BIM 技术应用功能、应用创新、应用水平和综合效益等方面严格评审，共评选出 317 项获奖成果。其中，“巴基斯坦卡洛特水电站工程多专业三维协同设计”等 30 项作品获得一等奖；“清华大学法律图书馆工程BIM综合应用”等55项作品获二等奖；“长沙‘两场一馆’BIM 技术综合应用”等 107 项作品获三等奖；“宁波市奥体中心项目一期工程Ⅰ标段 BIM 应用展示”等 125 项作品获优秀奖。

会议印发了《2017 第六届“龙图杯”全国 BIM 大赛获奖工程应用文集》。该文集是由中国图学学会组织第六届大赛一、二等奖获奖单位撰文对获奖成果进行介绍，展示了各获奖成果BIM应用亮点及最新技术，供业内企业和技术、管理人员交流与借鉴。会议同期还举办了优秀获奖作品展览活动。

（撰稿人：杨　洁　王　玉）

中国电子学会

服务创新型国家和社会建设 2017 年，学会承担了十八大以来我国信息化发展成就与经验研究、信息领域国家重点实验室 2017 年度评估工作、学会团体标准研究及探索等四个承接政府转移职能与公共服务示范工程项目。

承接科技部委托的 32 个信息领域国家重点实验室评估工作；承接中国科协关于“双创”示范基地的第三方评估工作；承接中国科协新一代信息技术领域、智慧城市和数字社会领域的人才队伍情况调研和评估；承接中国科协“双创”政策评估工作。

完成科技成果鉴定 44 项。

学会能力提升计划 2017 年，学会继续开展创新与服务能力提升工程优秀科技社团建设工程。学会参加 2016 年度全国性社会组织评估工作，获得 AAAAA 级全国性学术类社会团体评估等级。

学会积极跟踪电子信息学术前沿热点问题，推进协同创新，助力产业发展。通过在西部核心城市开展活动，推动中西部地区首席信息官的制度建设。

学会对成果转化平台进行功能完善，将多年积累的科技成果数据资源导入库，丰富了平台功能和平台内容；形成科技成果转化服务机制，通过与地市级政府合作进一步推进成果转化工作；开展“创领中国”院士专家地方行活动，精准对接企业技术与政策需求，解决技术难题。

通过学会青年科学家俱乐部，改革人才服务机制，助力科技工作者成长成才，充分发挥辐射引领和核心示范带动作用。

学会建设 12 月 22 日，学会召开九届十五次常务理事会议、九届八次理事会议暨第二十五次工作会议。中国科协党组书记、常务副主席、书记处第一书记，中国电子学会理事长怀进鹏院士出席会议并主持。会议听取并审议通过了《关于学会理事会换届工作方案的报告》等文件。

新发展个人会员 1967 人，单位会员 84 个。截至 2017 年年底，学会会员共计 130572 人，单位会员总数为 608 个，其中总会单位会员 119 个、会员学术技术交流基地 20 个、学生会员工作站 28 个。新增量子信息分会，所属分会增至 47 个。

学会治理结构和治理方式改革 学会承接中国科协综合治理改革项目。组织修订《中国电子学会章程》《中国电子学会所属分会管理办法（试行）》等分支机构管理制度，定期举办分会秘书长沙龙。完善会员管理系统。

学会总部相继起草或出台了《中国电子学会总部秘书长办公会议议事制度》《中国电子学会总部中层干部选拔任用工作办法》等规章制度，修订了《中国电子学会总部“三重一大”制度实施办法》《中国电子学会总部党委会议议事规则》《中国电子学会总部纪委会议议事规则》等，规范了工作标准和流程。

青年人才托举工程 学会制定了《中国电子学会青年人才托举计划管理办法》，并牵头制定了《中国科协信息科技学会联合体青年人才托举计划管理办法》，组织开展中国电子学会 2017—2019 年度“青年人才托举工程”项目实施工作。学会邀请被托举人参加学术会议、培训、进修、调研、考察等活动，为被托举人成长提供支撑。

主办期刊 学会主办的科技期刊共 14 种。其中，《电子测量与仪器学报》核心影响因子为 2.141；《电子学报》综合评价总分为 71.4 分；《数据采集与处理》《信号处理》《电波科学学报》《微波学报》分别取得通信技术类期刊排名第 4、第 6、第 8 和第 15 名的成绩。

学会主办的《电子学报》和《电子测量与仪器学报》继续获得中国科协精品科技期刊工程项目资助；《电子学报》（英文刊）获“2017 中国国际影响力优秀学术期刊”称号，《电子学报》获“2017 中国最具国际影响力学术期刊”称号。

决策咨询 2017 年，学会承接了中国科协委托的 2017 年信息技术前沿跟踪研究、智能社会演进特征及机理研究，以及工信部委托的我国机器人产业发展评估、工业大数据促进智能制造模型等项目，编写《我国机器人产业发展评估报告》。

学会参与并支撑了工信部、发改委、中央网信办、中国科协等相关单位的重大规划和文件起草工作，在节能减排、云计算、物联网、大数据、机器人等领域开展深入研究。目前，河北雄安新区管委会委托中国电子学会牵头编制《雄安新区智能经济社会发展中长期规划》。围绕新一代人工智能白皮书、2017—2018 年机器人领域十大最具成长性技术、中国机器人产业发展报告（2017 年）、中德智能制造合作前景及展望（2017 年）、中国 VR/AR 技术与产业发展报告（2017 年）等主题形成了研究成果，并在世界机器人大会、中德智能制造合作及展望高峰论坛作了公开发布。

国际学术会议 2017 年，学会举办或联合举办国际会议 15 项。举办了 2017 世界机器人大会、世界智能大会、“一带一路”青年创新大会、2017 全球信息技术主管大会、第四届智能交通国际会议、2017 中德智能制造合作与展望高峰论坛、2017 国际 VR/AR 技术与产业大会等综合性活动。学会所属分会举办了第十八届电子封装技术国际会议、第二十二届国际广播技术研讨会、第六届亚洲机械电子学国际学术会议等学术会议。

8 月 23—27 日，由北京市人民政府、工业和信息化部、中国科学技术协会主办，中国电子学会等单位承办的世界机器人大会在北京召开，大会主题为“创新创业创造，迎接智能社会”。大会期间，学会联合 *IEEE RAS* 等 15 家国际组织共同发布了《全球智能机器人合作发展倡议书》；发布《机器人领域十大最具成长性技术展望（2017—2018 年）》《中国机器人产业发展报告（2017 年）》及两大系列七项机器人团体标准。

国内主要学术会议 2017 年，学会举办国内学术会议 98 项，与会人数近 4 万人次，交流论文 5000 余篇。

学会举办第九届中国云计算大会、第八届中国物联网大会、第十二届中国电子信息技术年会、2017

全国电子战学术交流大会、2017中国工业大数据创新发展高峰论坛、区块链技术应用创新论坛等品牌学术活动。

学会所属分会举办2017年全国微波毫米波学术会议、中国工程院第四届空间信息技术与展望院士论坛暨2017年卫星有效载荷学术年会、第二十五届中国数字广播电视与网络发展年会、第三十二届全国化学与物理电源学术年会等学术年会。

两岸交流 6月13日，学会在北京举办了第八届海峡两岸云计算合作论坛。论坛邀请中国台湾地区云计算大数据、智慧城市研究实践专家以及海峡两岸云计算大数据创业团队代表探讨两岸在云计算大数据创新应用等领域的合作。双方通过创新团队展示、落地项目合作等形式，广泛开展在云计算大数据领域的交流与共享。

国际组织任职 学会共有6位专家在国际组织任职。常务理事龚克作为中国科协推荐的候选人，当选WFEO（世界工程组织联合会）候任主席。学会副秘书长林润华任世界工程组织联合会（WFEO）创新技术委员会秘书，学会理事颜毅华担任国际无线电科学联盟（URSI）协调委员会成员，学会生命电子学分会主任委员邓玉林任国际宇航科学院（IAA）学术委员会副主席，学会洁净技术分会副秘书长王大千担任国际污染控制学会联盟（ICCCS）国际洁净室教育委员会主席，学会电磁兼容分会秘书长石丹担任国际无线电科学联盟（URSI）中国委员会电磁干扰与噪声分会副主席，学会VR/AR技术与产业分会副主任委员牟同升任国际电子显示标准化技术委员会委员、战略组成员及国际信息显示计量委员会（ICDM）委员。

国际交往 学会受中国科协委托，承接科协联合国咨商工作信息通讯技术专业委员会秘书处和世界工程组织联合会创新专委会秘书处的工作，参加11月25日—12月4日在意大利罗马举行的世界工程组织联合会（WFEO）全体会议暨世界工程论坛，以及12月18—21日在瑞士联合国驻日内瓦办事处召开的第十二届联合国互联网治理论坛（IGF），并成功获得两个研讨会的独立主办权。

学会与美国国家标准化协会（ANSI）、德国标准化协会（DIN）、德国莱茵认证公司（TUVR）等围绕标准化工作开展交流，并与德国莱茵认证公司签署《合作谅解备忘录》。与韩国机器人融合研究所（KIRO）在中韩商务论坛上正式签署《国际机器人创新合作谅解备忘录》。

科普活动 2017年，学会继续获得全国学会科普工作优秀单位和全国科普日活动优秀组织单位。

全年发展各地青少年考试中心10余个、青少年科普基地10余个、青少年等级考试网点30余个，获得省市地方教育机关参与合作10余个。举办青少年机器人技术等级考试4次（线上线下相结合），规模8000余人次。开展以电子信息、机器人为内容的全国科普日及各地公益科普活动20余场，服务青少年数万人。举办第五届全国青少年电子信息智能创新大赛、第十二届中国研究生电子设计竞赛、青少年创客大赛等活动。

正式出版发行《机器人基础技术教学》《智能硬件项目教程——基于Arduino》《机器人简史》（第二版）等科技书籍，发行量超过10000册。

表彰举荐优秀科技工作者 学会开展两院院士候选人推选、“中国青年女科学家奖”“中国青年科技奖”和“光华工程科技奖”等人才举荐活动，完成了2017年度中国电子学会科学技术奖与第四届中国电子学会优秀科技工作者评选活动。在国家科学技术奖励推荐工作中取得新进展，向国家奖励办和中国科协申请获得直接推荐资格（不限名额）。同时，荣获2016中国电子学会科学技术奖一等奖的8个项目获得2017年度国家科学技术奖二等奖。在2017年两院院士推选工作中，举荐清华大学教授周济为中国工程院院士。

学会创新发展 学会进行科技成果转化平台的二期升级和改造，增加了在线项目路演板块。截至目前，平台注册用户15000余名，上传3000余项科技成果项目、1300项企业需求，促成25项成果实现对接，意向金额达5亿元，并完成清华大学子平台建设工作。“中国电子信息科技期刊数字平台”已于2017年年初完成试运行，研发了自有会议活动系统。

党建强会 12月，学会总部党委举办了学习贯彻党的十九大精神全体党员大会暨党委委员集中讲党课活动，继续深入学习宣传贯彻落实十九大精神。学会继续实施“党建强基”工程，将增强党性修养、强化党员意识和加强党支部建设作为党建基础工作的重点。完成党建专项巡视工作，学会总部党委根据巡视反馈意见制定出有针对性的整改措施，着力解决党建工作的薄弱环节。

会员服务 学会积极搭建为会员服务的“互联网+”会员服务工作模式，全面实行电子会员证书，为会员提供咨询，延续为会员推送一年一度的会员服务手册、赠阅11种电子信息类期刊等。设立青年科学家俱乐部地方分部，共吸纳460余位俱乐部会员，其中有长江学者25位、青年长江10位、杰青47位、优青72位、新世纪人才116位、千人计划引进人才65位，获得中国青年科技奖12人、国家科学技术奖100多人次，具有正高级职称360余位。通过组织"优博优硕"论文评选、"电子信息大讲堂"系列活动、单位会员交流年会、科技工作者日、会员年会等活动服务会员。

【第十二届中国电子信息技术年会】 4月27日，第十二届中国电子信息技术年会在河北省石家庄市召开。"2016中国电子学会科学技术奖""中国电子信息科技创新团队奖""第四届中国电子学会优秀科技工作者"、电子信息领域"全国优秀科技工作者"颁奖典礼与年会同期举行。

与会专家围绕集成电路、人工智能、网络安全、大数据、智慧城市和通信技术、京津冀协同发展等高端技术与热点话题作主题报告并开展研讨。

中国电子信息行业联合会副会长、中国电子学会副理事长、中芯国际董事长周子学为年会致辞。中国电子学会监事长、南开大学校长龚克，中国电子学会副理事长、中国科学院半导体研究所所长、中国科学院院士李树深，国家自然科学基金委员会副主任、党组成员、中国电子学会常务理事、中国工程院院士高文，中国电子学会副理事长、清华大学教授、中国科学院院士陆建华，东华大学校长蒋昌俊，中国科学院微电子所所长叶甜春等院士专家出席年会。来自中国电子信息领域的科研院所、高校、企业、金融机构的代表近1000人参会。

"首届中国电子信息科技创新团队奖""2016中国电子学会科学技术奖"由龚克主持颁布；电子信息领域"全国优秀科技工作者""第四届中国电子学会优秀科技工作者"由李树深主持表彰。会上发布2016年中国电子学会奖励获奖团队2个、学会科学技术奖获奖项目57个；表彰全国优秀科技工作者4人、学会优秀科技工作者45人。

陆建华院士、高文院士等分别作了主题报告。

【第九届中国云计算大会】 6月14—17日，第九届中国云计算大会在北京召开。大会以"生态构建 深化应用"为主题，重点围绕云计算大数据的产业生态完善、技术与传统产业的深度融合以及云计算大数据技术与物联网、人工智能等最新技术的结合展开。

大会由国家发展和改革委员会、工业和信息化部、中国科学技术协会、北京市人民政府指导，中国电子学会主办，世界工程组织联合会创新专委会（WFEO-CEIT）协办，中国云计算技术与产业联盟、中国电子学会云计算专家委员会、中国大数据专家委员会承办。

中国电子学会名誉理事长、原邮电部部长、原信息产业部部长吴基传，工业和信息化部副部长陈肇雄致辞，北京理工大学副校长、中国科学院院士、中国电子学会副理事长、中国大数据专家委员会副主任委员、中国电子学会云计算专家委员会副主任委员梅宏，中国工程院院士、中国电子学会云计算专委会副主任委员、中国大数据专家委员会顾问李伯虎，中国科学院院士郭华东，中国科学院院士郭光灿，中国工程院院士、中国电子学会云计算专家委员会副主任委员、中国大数据专家委员会顾问倪光南等院士专家发表演讲，话题涉及软件定义信息化、智慧云计算、空间大数据、云计算大数据工程创新、云计算安全等内容。

来自"一带一路"沿线国家的相关云计算机构主席及云计算负责人或专家20多人参加大会，其中亚洲云计算联合会主席 Bernie Trudel、欧洲云计算联盟主席 Tobias Höllwarth、保加利亚信息协会董事 Elena Marinova 等作了报告。

来自云计算、大数据、安全等领域的领军企业高管在第九届中国云计算大会上进行演讲。此外，来自金融、制造、交通、政务、教育、能源、医疗等行业的CIO们分享了各自在IaaS、PaaS、SaaS领域的应用体会，展示了国内企业如何运用云计算大数据技术来提升变革创新能力，以及探讨云计算大数据如何支持IT技术融合和发展。大会还设有展览展示以及14个专题论坛，内容涉及技术、行业标准、生态、国际合作等。

【2017中国物联网大会】 在工业和信息化部、中国科学院、中国科学技术协会与福建省人民政府的指导下，由中国电子学会、福州市人民政府、福建省经济和信息化委员会、福建省通信管理局、中国科学院上海微系统与信息技术研究所共同举办的2017中国物联网大会于11月8—10日在福建省福州市召开。

大会以"智能物联，共创智慧社会"为主题举办了一系列交流活动，包括主论坛以及新型智慧城市、物联网教育、物联网测试、智慧农业、物联网工业、物联网标准、物联网产业促进、PaaS 平台、NB-IoT、智慧物流、传感器、车联网 12 个专题分论坛。会议聚焦物联网领域的前沿理论与应用技术，畅谈物联网产业最新的市场格局和产业孵化经验，共话合作与发展。

大会开幕式由中国科协常委、中国电子学会副理事长兼秘书长徐晓兰主持，她介绍了中国电子学会在推动电子信息技术发展方面所做的工作。工业和信息化部信息化和软件服务业司副司长朱皖总结了当前我国物联网发展态势，介绍了物联网产业政策及工信部的推动措施。

在主题报告环节中，中国工程院院士、中国电子学会物联网专家委员会名誉主任委员邬贺铨作主题报告《产业物联网的技术与应用》。中国科学院院士、中国电子学会物联网专家委员会新任主任委员尹浩结合实际应用介绍了天基物联网的构成、作用及挑战。针对阻碍物联网发展的安全问题，中国工程院院士、中国电子学会物联网专家委员会副主任委员沈昌祥介绍了如何用可信计算构筑物联网安全生态圈。

华为、中兴、中国电信、中国移动、中国联通、IBM、新大陆、创新维度、升哲科技、高新兴科技、驭势科技、烽台科技、南大通用等企业的领军人物分享了物联网技术应用与产业发展的实践经验。

【“一带一路”青年创新大会】 11 月 11 日，由中国科协信息科技学会联合体主办、中国电子学会青年科学家俱乐部承办的“一带一路”青年创新大会在北京召开，大会由开幕式、主论坛、青年科学家媒体见面会、专题论坛四块内容构成。“一带一路”沿线国家的院士专家围绕“丝路之约、信息筑梦”主题作了报告。

中国科协书记处书记项昌乐，中国电子学会青年科学家俱乐部顾问团郭桂蓉院士、倪光南院士、戴浩院士，俄罗斯 Ruslan L. 院士，加拿大工程院 Ke Wu 院士，中国电子学会青年科学家俱乐部指导委员会顾问、教育部原副部长鲁昕，原总参通信部副部长杨千里，以及澳大利亚、保加利亚、斯里兰卡、马来西亚、印度等“一带一路”沿线国家信息科技领域的青年专家学者、中国电子学会青年科学家俱乐部的技术领军人物以及青年专家等 600 余人出席大会。

开幕式上，郭桂蓉院士、倪光南院士、戴浩院士分别对广大青年科技工作者寄语；中国电子学会青年科学家俱乐部 8 位副主席共同发布了《“一带一路”青年创新宣言》。大会主论坛由中国青年科技奖获得者、北京大学教授黄罡主持。会议最后，中国电子学会青年科学家俱乐部启动了“中国梦、科技梦、青年梦”活动。

（撰稿人：郭　娜　刘　静）

中国计算机学会

服务创新型国家和社会建设　2017 年，学会共举办 3 次计算机软件能力认证（CSP），全年 CSP 认证报名 21174 人，在全国 96 所高校建立了认证点，参加人来自 200 余所高校。清华大学等 20 所高校计算机专业以多种方式认同 CSP 认证成绩，如将 CSP 认证成绩作为考研复试成绩、计入创新学分、评定奖学金、纳入教学计划等。学会在 2017 年停止对认证点的补贴，CSP 实现扭亏为盈。学会在未来计算机教育峰会期间对在 CSP 工作中表现突出的单位进行了表彰。选拔 CSP 认证成绩优秀者参加 2017 年全国 CSP 竞赛，来自全国 53 所高校的教练员带领 404 名优秀选手参加了竞赛并出席颁奖会。

截至 2017 年 12 月，学科前沿讲习班 ADL 已举办 87 期，约 1.5 万人次参加，2017 年组织了 10 期活动。

学会能力提升计划　2017 年，学会继续获得中国科协学会创新和服务能力提升工程项目经费支持。

组织撰写《2016—2017 中国计算机科学技术发展报告》，最终收录可重构计算加速器、群智协同计算、软件智能化开发技术等 11 个活跃领域的发展研究分报告并正式出版。

发布计算机科学与技术专业培养方案编制指南。学会通过两年时间编制而成的计算机专业分类培养方案（内部讨论稿）在 2017 中国计算机大会上发布征求意见，包括培养目标、毕业要求、知识体系的组织、课程体系、评价的持续改进以及课程示例和培养方案示例等内容。

企业合作基金持续发展，搭建学企合作桥梁。2017 年新成立 CCF- 绿盟鲲鹏基金和 CCF-IFAA 基金，总量达到 600 万元。在学会平台上发布企业需求，通过课题招标、高校承接企业需求等方式推进校企合作。学会还与滴滴出行共同建立了大数据联合实验室，针对智慧出行领域的前沿技术展开交流，促进产学研与合作。

学会新增福建省福州市、青海省西宁市 2 个会员活动中心，活动中心已经在 30 个城市建立，40 所高校建立了学生分会。2017 年，活动中心和学生分会组织各类学术活动100余场，活动结合当地的社会、经济发展需求，学会派遣专家支持地方活动并提供部分活动经费。2017年共组织了70余场走进高校社会公益讲座，提供在线学术视频500余小时。

继续推动计算机类专业工程教育认证，遴选并培训新增专家24人，完成见习22人；举办各种培训及研讨活动5次，参加的专家90余人次，参加的专业负责人近200人次；完成专业现场考查25个。

学会建设 2017年，学会召开2次常务理事会议、2次常务理事会执委会会议、1次理事大会、1次会员代表大会和若干次工作机构会议。常务理事会通过了对《CCF专业委员会评估条例》的修订，修订了《CCF会员活动中心条例》，CCF会员活动中心将设立监督委员会以监督执行委员会及委员的工作。

学会继续开展常务理事参加专委会学术年会活动，对专委会活动进行调研和数据采集；12月，继续组织专委会秘书长培训和主任研讨会。学会常务理事会决定建立专委会发展基金支持开好学术会议和出版学术出版物，首期经费为150万元。

5月6日，学会成立技术前线委员会，创始委员由Intel、爱奇艺、LinkedIn、Microsoft、百度、滴滴等25家知名企业的CTO、技术副总或研究院院长担任。委员会在架构、安全、前端、系统与运维、大数据、智能交互、工程文化与职业发展7个方面开展系列活动，组织了“微服务实践”“人工智能时代的互联网运维”和“大数据系统与应用”3场活动。

主办期刊 *Journal of Computer Science and Technology* 2017年获得中国科学院科学出版基金科技期刊排行榜二等基金、中国最具国际影响力学术期刊（TOP 5%），2篇论文入选“第二届中国科协优秀科技论文”。

根据中国科学技术信息研究所2017年公布的数据显示,《计算机学报》影响因子在计算机科学技术类期刊中排名第一。2017年入选中国科协精品科技期刊工程；再次被中国科学技术信息研究所评为“中国精品科技期刊”“百种中国杰出学术期刊”，被CNKI评为“中国最具国际影响力学术期刊”。

《软件学报》获得2017年中国科协精品科技期刊工程第四期（2015—2017年）项目和国家自然科学基金应急管理项目资助，入选“第4届中国精品科技期刊”“中国最具国际影响力学术期刊”，2篇文章获“中国百篇最具影响优秀国内学术论文”。编辑部主任方梅入选2017年全国新闻出版行业领军人才。

《计算机辅助设计与图形学学报》被国内外多家著名检索机构收录（如*CJCR*、*CNKI*、*CSCD*、维普、*EI*、俄罗斯文摘、*Scopus*等）。

《计算机研究与发展》已被多个国际著名检索系统收录，如美国《工程索引》、日本《科学文献速报》、俄罗斯《文摘杂志》等。2017年被评为“中国最具国际影响力学术期刊”和“中国精品科技期刊”。

学科发展研究 学会组织多领域专家编纂完成《2016—2017中国计算机科学技术发展报告》，并于2017年10月由机械工业出版社出版，电子版发布在学会网站数字图书馆“出版物”栏目。报告共分11个章节，分别介绍了可重构计算加速器、群智协同计算、软件智能化开发技术、数据科学中的机器学习基础和进展、新型硬件发展对数据管理与分析的影响、服务计算、互联网、数字几何处理、微表情检测和识别、图像检索以及我国网络信息安全科技与应用11个方向的研究现状、国内研究进展以及发展趋势。

加快计算机术语研究，通过互联网等有效工具加快术语标准化速度。学会计算机术语审定工作委员会完成了新词挖掘2.8万条，继续挖掘词条及其释义5万余条，根据新词挖掘结果定向挖掘释义4万余条。术语工委联合中文信息技术专委在中国计算机大会（CNCC）期间举办“自然语言理解workshop”；启动术语审定手机版设计，特别建立了众包激励机制。

国际学术会议 5月6—7日，由学会主办的第十届服务科学国际会议（International Conference on Service Science，ICSS 2017）在福建省厦门市召开，来自国内外多所高校及科研单位的100余位学者和师生参加会议。

8月25—27日，2017年度计算机辅助设计与图形学国际会议（CAD/Graphics 2017）在湖南省张家界市召开，来自国内外多所高校及科研单位的200余位学者和师生参加会议。

9月23日，Asia-Pacific Symposium on Internetware（Internetware 2017）在上海市召开，来自国内外多所高校及科研单位的80余位学者和师生参加会议。

10月21—22日，第十七届中国虚拟现实大会暨虚拟现实与可视化国际会议（ChinaVR & ICVRV 2017）在河南省郑州市召开，来自国内外多所高校及科研单位的400余位学者和师生参加会议。

11月8—12日，CCF国际自然语言处理与中文计算会议（NLPCC 2017）在辽宁省大连市召开，来自国内外多所高校及科研单位的500余位学者和师生参加会议。

国内主要学术会议 2017年，学会及下属专业委员会共组织学术会议63个，参加人数约17000人次。

举办新思想学术沙龙。“启智会”自由研讨基金2016年由CCF常务理事会设立，2017年完成4次活动，分别围绕“机器学习前沿进展与发展趋势”“图形学和混合现实”“形式化工程数学”“计算社会科学”开展深入探讨和展望，研讨成果集结成文发表在《中国计算机学会通讯》上。

青年计算机科技论坛总部和分论坛全年开展330余场活动，其中总部组织18场报告会，参与人数逾万人次。2017 CCF青年精英大会于5月20日在北京召开，大会以“科研・产业・融合”为主题，来自学术界、产业界、投资界的近50位特邀嘉宾及数百位计算机领域人士出席。

科普活动 5月14—20日，学会组织第七批吕梁优秀教师到北京参加为期7天的观摩学习与交流活动。学会吕梁教育扶贫团9月7日奔赴吕梁兴县、岚县进行为期数日的调研和支教活动，走访了10所中小学，并为小学生上了生动的励志课与计算机科普课；与当地教育局领导、校长、教师进行座谈，探讨如何在当地开展教育扶贫工作；向学校和学生们捐赠文具，向贫困家庭的留守儿童捐赠了助学金。

2017年，学会组织了信息学奥林匹克冬令营、中国队选拔赛、亚太信息学奥林匹克中国赛区比赛、全国青少年信息学奥林匹克竞赛以及信息学奥林匹克联赛等系列竞赛，来自全国31个省、自治区、直辖市（含香港特别行政区、澳门特别行政区）的逾11万名选手参加了以上系列活动。学会组织选拔的信息学中国代表队参加了第29届国际信息学奥林匹克竞赛，中国队4名选手取得两金两银的成绩。学会成立中小学计算机科学教育发展委员会，致力于促进我国中小学计算机教育的发展，2017年组织了6期中小学教师培训，共400多名教师参加，并对偏远地区的教师提供资助。

表彰举荐优秀科技工作者 2017年，CCF终身成就奖授予中国工程院院士胡启恒和中国工程院院士李伯虎；王选奖授予浙江大学教授鲍虎军和南京大学教授周志华；海外杰出贡献奖授予美国加州大学洛杉矶校区（UCLA）计算机系校长讲席教授丛京生和香港理工大学电子计算学系讲座教授曹建农；杰出贡献奖授予中国科学院计算技术研究所研究员、CCF名誉理事长李国杰；杰出教育奖授予国防科技大学教授王志英和武汉大学教授何炎祥；青年科学家奖与IEEE CS联合评审与颁发，由华中科技大学教授廖小飞、中国科学院软件研究所研究员杨超和国家并行计算机工程技术研究中心副研究员刘鑫获得；卓越服务奖授予清华大学教授史元春；夏培肃奖授予北京大学教授屈婉玲；优秀博士学位论文奖授予浙江大学陈璐、上海交通大学董耀祖、南京大学解定宝、中山大学梁小丹、北京大学辛博、北京大学汪定、西北大学王举、北京航空航天大学邹冬青、南京大学魏恒峰、大连理工大学刘秀龙；搜狗公司COO茹立云获得CCF杰出工程师奖；360集团创始人兼CEO周鸿祎和太极计算机股份有限公司总裁刘淮松获得CCF企业家奖。

在科学技术奖方面，北京邮电大学的“多媒体传感网基础理论与方法”、清华大学的“贝叶斯机器学习理论与方法”项目获得2017 CCF科学技术奖自然科学一等奖。中国科学院计算技术研究所、中国残联、北京残联共同完成的“无障碍普适计算系统关键技术及应用”项目以及北京深鉴科技有限公司、清华大学、斯坦福大学共同完成的“稀疏化神经网络压缩与硬件加速研究”项目获得2017 CCF科学技术奖技术发明一等奖；北京奇艺世纪科技有限公司“HCDN——大规模混合架构在线视频数据分发技术”项目获得2017 CCF科学技术奖技术发明二等奖。深圳市腾讯计算机系统有限公司“互联网大数据实时处理与分析平台”项目、北京嘀嘀无限科技发展有限公司“基于大数据的新一代移动出行平台”项目获得2017 CCF科技进步卓越奖。北京京东尚科信息技术有限公司“京东智慧供应链”项目，国网信通亿力科技有限责任公司、福建网能科技开发有限责任公司共同完成的“基于公共通信的电力能效互动及能源监管技术研究与应用”项目，慧科教育科技集团有限公司“基于SaaS云服务的智慧学习平台”项目，航天科工仿真技术有限责任公司、中国石油天然气股份有限公司宁夏石化分公司共同完成的“基于虚拟现实技术的数字化工厂管理平台”项目，北京并行科技股份有限公司“并行超算网格云平台”项目获得2017 CCF科技进步杰出奖。北京中科辅龙信息技术有限公司“中小企业公共服务平台”、北京奇艺世纪科技有限公司“视频情感识别及其大规模应用”、东软集团股份有限公司“SaCa DeepCogni知识服务平台”、山西百信信息技术有限公司“辰龙安全可靠可信计算机”获得 2017 CCF 科技进步优秀奖。

学会评出优秀大学生奖 104 名，全额资助获奖者参加 2017 中国计算机大会。

党建强会 2017 年，学会得到中国科协科技社团党委批准，正式成立功能型党委。在 10 月 25 日召开的十一届三次理事大会上，党委书记杨士强传达了中国科协关于加强科技社团党建工作的若干意见和科协党建工作会议精神。

会员服务 2017 年，学会成立计算机职业发展委员会，在高等职业院校系统开拓新渠道，新增会员 391 人；加大了企业团体会员发展力度，新增团体会员 40 余个，新增企业会员 1569 人。

完成网站改版，建立了会议系统，提供各专委会学术会议审稿和注册服务。继续购买 IEEE CS 的计算机专业杂志中文版赠送会员阅读。

通过会员月度 / 季度 / 年度且分层的满意度调查、周年纪念品、效率手册、学术活动通知等方式，提供在线学术视频 500 余小时，继续开展面向不同会龄会员的关怀活动；年度财务决算和预算发给全体会员并接受质询；高级会员和杰出会员评选各完成 1 次。新成立会员活动中心 1 个、学生分会 10 个，活动中心和学生分会组织各类学术活动 100 余场。截至 10 月 31 日，会员总数 41000 余人，年度新发展会员 11535 人。

【2017 中国计算机大会】 10 月 26—28 日，2017 中国计算机大会（CNCC 2017）在福建省福州市举行，本次会议主题是“人工智能改变世界（AI Changes the World）”。

CCF 理事长、中国工程院院士高文，名誉理事长、中国工程院院士李国杰出席大会。美国电子与电气工程师协会计算机学会（IEEE-CS）、美国计算机学会（ACM）、日本信息处理学会（IPSJ）、韩国信息科学学会（KIISE）和澳大利亚计算机学会（ACS）等国际组织均派要员和专家参加会议并致辞。大会开幕式由 CCF 秘书长杜子德主持。大会主席、中国科学院计算所所长孙凝晖，中国工程院院士、福州大学校长付贤智，福州市委副书记、福州市市长尤猛军分别致辞。来自近 700 家企事业单位的 6000 多名专业人士参会，2 万多人次在线参会。

大会邀请 14 位国内外专家作特邀报告。哈佛大学终身教授、美国国家科学院院士、中国科学院外籍院士、菲尔兹奖获得者丘成桐作了题为“现代几何学在计算机科学中的应用”的报告；CCF 会士、北京理工大学教授、中国科学院院士梅宏作了题为“软件定义一切：挑战和机遇”的报告；微软全球执行副总裁、ACM/IEEE Fellow、美国国家工程院院士沈向洋作了题为“理解自然语言：描述、对话和隐喻”的报告；斯坦福大学副教授、斯坦福人工智能实验室和视觉实验室主任李飞飞作了题为 *A Quest for visual Intelligence: Exploration Beyond Objects* 的报告。

大会举办两场论坛，第一场论坛以“互联网应用的下一个引爆点”为主题，第二场论坛以“十年后的智能机器人”为主题。

技术论坛围绕人工智能、大数据、无线感知计算、智能存储、高性能计算、类脑计算、量子计算、机器学习、深度学习、区块链、无人驾驶、多媒体计算、智慧物流、智慧医疗等前沿技术话题进行交流和研讨。

大会举办的特色活动包括百名优秀大学生互动讲座和颁奖会、产业政策推介及项目对接会、CCF——腾讯犀牛鸟基金及 CCF——启明星辰鸿雁基金答辩及交流会、CCF——滴滴大数据联合实验室学术研讨会 CCSP 颁奖会等。CCF 王选奖、海外杰出贡献奖、科学技术奖、CCF-IEEE CS 青年科学家奖在大会期间揭晓。

（撰稿人：宋　洋）

中国通信学会

服务创新型国家和社会建设 学会协助工业和信息化部开展国家科技奖励推荐和 2017 年度“中国通信学会科学技术奖”评选工作。经由工业和信息化部推荐的“远海域定位导航与通信融合关键技术”项目获得 2017 年度国家技术发明奖二等奖。

完成国家科技奖励工作办公室交办的关于开展国家科技奖初评通过项目行业咨询工作，编写《社会力量设奖年度工作报告》。

完成“中国通信学会科学技术奖”项目评审工作，共征集科技成果项目 139 项，最终评选出一等奖 8 项、二等奖 19 项、三等奖 33 项。

完成清华大学“基于无状态翻译的统一 IPv6 过渡技术及应用”、电信科学技术研究院“复杂环境下移动性管理技术”等 8 项科技成果的评审鉴定工作。

学会首次设立“中国通信学会青年科技奖”，经评选，12 名青年科技工作者荣获了第一届“中国通信学会青年科技奖”。

受工信部委托，学会承担并完成了工信部工程系列科技管理专业副高级职称评审工作。

应中国科协要求，推荐1位专家为国际科技组织后备人选。

学会能力提升计划 开展学会能力提升与改革工程世界一流学会建设工程建设项目，组织国内外学术交流、科技评价、人才举荐、“全国科技周”等工作，提升科技期刊影响力，并首次参与科技助力精准扶贫工作。

学会抓住信息通信领域的“绿色通信”“节能减排”“环境保护”等重要课题，举办了2017中国通信能源会议，电信运营商、设备制造商、互联网企业、相关科研机构等单位的科技工作者300余人参会，会议编制了《2017年中国通信能源会议论文集》。

学会建设 截至2017年12月，学会发展个人会员315人、团体会员10个。学会完成青年工作委员会、《通信学报》编委会、信息通信网络技术委员会、通信设备制造技术委员会的换届工作。组织工作委员会召开第五次会议，审批高级会员和团体会员。

按期完成每月一期《会讯》的编辑出版任务。

学会治理结构和治理方式改革 学会推进干部人事档案规范化建设。对社会受聘人员的人事档案实行统一集中管理，并制定《中国通信学会干部人事档案专项审核工作实施方案》，成立学会干部人事档案专项审核工作小组，对学会在编干部职工和社会聘用人员的档案进行审核，并首次建立了党外人士档案管理。

制定了《公开招聘管理办法》和《选拔任用中层领导干部管理办法》，并通过公开招聘先后招聘应届毕业生1人、留学生1人、军转干部1人。

青年人才托举工程 在第二期中国科协“青年人才托举工程”项目中，选拔的2名青年科技人才获得项目资助。6月3日，学会召开中国通信学会青年人才托举计划启动会，聘请指导教师，拟定相关管理办法，并与培养单位签订了培养协议。

主办期刊 2017年，学会主办的《中国通信》（英文刊）、《通信学报》《电信科学》《现代通信》《中国电信业》共印刷36万余册。其中，学术期刊18万册、科普期刊4万册、技术期刊14.4万册，科技期刊发表论文数1380篇。完成学会主办5种期刊的年检工作。

2017年，《中国通信》（英文刊）重构编委团队，增补14位编委；通过IEEE的复审，将影响因子从2016年的0.424提升到0.903，首次开展最佳论文评选工作；分别于5月和12月组织2次主编工作会议，研究期刊发展方向。

学会组织《通信学报》《电信科学》《中国通信》（英文刊）参加第二届中国科协优秀科技论文遴选活动，并组织专家参与论文推荐、评审工作，发表在《通信学报》上的1篇论文获奖。

决策咨询 首次承接并完成中国科协调宣部调研课题“产业变革与平台创新模式研究”和“信息技术领域前沿跟踪研究”；承接并完成工业和信息化部调研课题“实体与网络渠道电话用户实名登记操作规范研究”；承接中国科协学术工作委员会调研服务工作，并首次进入2017年工信部智库名录。

国际学术会议 2017年，学会举办了4个国际学术会议。4月17—18日，举办2017全球未来网络发展峰会，峰会主题为“创新合作共赢，引领未来发展”。大会设置了“未来网络全球发展战略”主论坛和其他4个板块的10场分论坛，中国工程院院士邬贺铨、刘韵洁等专家作了主题报告。来自政府相关部门、知名信息通信及互联网企业、科研院所的国内外专家、学者和业界同人2600余人参加会议。

10月22—24日，学会与IEEE ComSoc联合主办了主题为“万物通信（Communication for Everything）”的第六届中国国际通信大会（ICCC 2017），共征集论文471篇、录用论文213篇，注册代表人数达到308名。会议邀请中国工程院院士余少华等国内外专家作了17场特邀报告、8场专题讲座、9场专题研讨会以及2场工业学术论坛。

国内主要学术会议 2017年，学会共举办国内学术交流活动30余次。

6月23日，由学会和吉林省通信管理局联合承办的第十九届中国科协年会第九分会场——“互联网+”：传统产业变革新动能论坛在长春市举办。中国工程院院士朱高峰等专家作了主题报告，就互联网技术与应用推动产业升级中的重要现实问题进行研讨。

7月7—9日，在辽宁省沈阳市联合主办了第二届“互联网+健康”中国高峰论坛，来自全国健康医疗领域和信息通信领域的专家1500余人参加会议。

11月17日，在北京举办主题为“5G时代的智慧万物互联”的第十三届中国通信学会学术年会。中国科学院院士陆建华等9位专家发表技术报告，就物联网技术在新阶段的发展、物联网技术与未来网络技术、人工智能技术的融合发展等议题进行学术研讨，300余位来自高等院校、科研机构、电信运营商、制造商和互联网公司的科技工作者参会。

12月1—3日，在深圳市举办2017年物联网技术与应用大会。中国工程院院士倪光南、中国工程院院士薛禹胜、中国工程院院士于全、中国科学院院士尹浩等12位专家发表技术报告。在设立的4个分会场上有30余位专家发表技术报告并与听众进行交流。

两岸交流 9月18—21日，学会副秘书长朱峰应邀赴台湾地区出席了第十四届海峡两岸信息产业和技术标准论坛，论坛达成35项共识，公布了太阳能光伏、云计算和服务应用3个领域的4项共通标准和《海峡两岸云计算产业应用案例汇编3.0版》，签署了《海峡两岸推动车联网标准与产业合作备忘录》。

国际交往 12月11—13日，学会在澳大利亚珀斯与日本通信学会、韩国通信学会联合举办第二十九届亚太通信大会（APCC）。按照协议规定，2018年APCC将在中国举办，会上，学会向APCC指导委员会汇报了2018年会议筹备工作。同时，由学会提名的中国科学院上海微系统和信息技术研究所研究员杨旸成功当选APCC指导委员会副主席。

科普活动 学会科普教育基地组织了主题为“科技改变生活　创新成就梦想”的青少年开放日活动。中国邮政邮票博物馆、上海邮政博物馆、上海无线电科普教育基地、四川邮电职业技术学院、中国电信未来信息馆等基地开展了一系列参观体验、竞赛问答、征文、宣讲、校园巡展、夏令营等活动。

完成“信息通信科学传播专家团队”首席专家的续聘工作，开展了首席科学传播专家大讲坛活动，2017年团队专家罗圣美、杨义先、何宝宏等分别作了科普讲座。

表彰举荐优秀科技工作者 学会向全国创新争先奖“中国青年女科学家奖”“未来女科学家计划”“第十五届中国青年科技奖”两院院士等推荐候选人12人次。经学会推荐，清华大学吴建平、中国信息通信研究院王志勤、中国移动王晓云荣获全国创新争先奖。

学会创新发展 举办第三届全国移动互联创新大赛，共有2300多个项目报名参赛，最后有180个项目获奖，其中特等奖2个、一等奖22个、二等奖46个、三等奖110个，大赛还评出了黑科技奖2个、最佳团队奖6个、最具市场潜力项目奖5个。多家国内外企业现场宣布对大赛多个项目有投资意向，大赛组委会同期发布了《成立“全国移动互联创新联盟”倡议书》。

11月8—10日，在南京组织举办了“经世IUV杯”首届全国大学生通信网络部署与优化设计大赛。大赛由学会与教育部全国高等学校电子信息类专业教学指导委员会联合举办，共有来自30个高校的代表队参赛。经过网络模拟实操比赛，决出3个一等奖、6个二等奖、9个三等奖。

11月，组织举办了第三届3S杯全国大学生物联网技术与应用三创（创意设计、创新技术、创业方案）大赛。大赛共征集到600余个项目，参赛团队覆盖博士、硕士、本科、高职等高等教育的全部范畴，有20个项目获一等奖、59个项目获二等奖、86个项目获三等奖。大赛还组织了“互联网+”众创论坛暨大学生物联网创新创业指导会、物联网技术协同创新成果发布与技术转移对接会和全国大学生物联网技术与应用大赛创新创业分享会。

会员服务 学会编纂《会员通讯》，每月出版一期，2017年向会员和团体会员单位寄送《会员通讯》和科技期刊万余册。学会组织会员和会员单位科技工作者近5000人参加学会举办的活动。

【第十三届中国通信学会学术年会】 11月17日，第十三届中国通信学会学术年会在北京举行，年会由中国通信学会主办、学会学术工作委员会承办。中国科学院院士陆建华，电信科学技术研究院副院长陈山枝，中国移动通信研究院院长张同须，IEEE Fellow、广东工业大学教授马建国，国家“千人计划”专家、北京理工大学教授刘大可等9位专家到会发表技术报告。中国通信学会顾问、中国工程院原副院长朱高峰院士，中国通信学会副理事长、北京邮电大学校长乔建永，工业和信息化部无线电管理局副局长宋起柱等出席会议，包括20余位中国通信学会学术工作委员会委员在内的300余位来自高等院校、科研机构、电信运营商、制造商和互联网公司的科技工作者参会。本次会议就物联网技术在新阶段的发展、物联网技术与未来网络技术、人工智能技术的融合发展等议题进行学术研讨。

【2017县区域经济转型·科技扶贫发展研讨会】 7月14—15日，2017县域经济转型·科技扶贫发展研讨会在山西省临县举行。中国科协科技社团党委、中国通信学会党委、山西省科协相关领导在大会上致辞。工信部、人民邮电报社、陇南市电商办等有

关领导和专家，腾讯、中国薯网、北京旋极信息技术公司、岭南园林等企业以及长岭新能源发展公司、临县电商代表出席会议并作主题报告。来自北京、河北、内蒙古、山西等相关企业的代表以及临县科协、部分贫困乡镇代表等近100人参会。

与会人员还参观了阳府井电商平台、中共中央西北局旧址、碛口古镇。通过交流考察，部分上市企业对临县的电商发展、红色旅游、特色小镇建设以及光伏扶贫提出了建设性意见和积极的合作意向。

【2017人工智能暨新一代信息技术创新高峰论坛】 5月27日，由国家发展和改革委员会、工业和信息化部、国家互联网信息办公室、贵州省人民政府主办，中国通信学会承办的2017人工智能暨新一代信息技术创新高峰论坛在贵州省贵阳市召开。

论坛围绕“培育壮大新动能　加快发展新经济”主题，分“新信息技术跨界创新”和“新信息技术与工业界融合发展”板块。2位中国工程院院士、1位欧洲科学院院士、6位国内外知名学者（国家千人计划专家、长江学者、国家杰出青年基金获得者）、2位工业界专家、1位出版界资深专家作了主题报告，交流了人工智能、大数据、云计算、智慧城市等领域的最新研究成果及技术应用示范，参会人员达500人。

中国工程院院士沈昌祥发表了题为“用可信计算构筑人工智能安全生态圈”的主题报告；中国工程院院士谭建荣发表了题为“工业大数据与知识建模：关键技术与产品应用”的主题报告；欧洲科学院院士徐雷发表了题为“AI第三次浪潮、双向深度学习、与类脑系统新框架”的主题报告。清华大学、浙江大学、湖南大学、加拿大圭尔夫大学、中国电信、中国移动、中国联通、东方国信的专家分别作报告。

【2017年世界电信和信息社会日大会】 5月17日，2017年世界电信和信息社会日大会在北京举行。大会由工业和信息化部指导，中国通信学会主办，中国电信、中国移动、中国联通、中国铁塔协办。工业和信息化部党组成员、总工程师张峰出席会议并讲话。工业和信息化部信息通信管理局副局长刘杰主持大会开幕式，工业和信息化部国际合作司副司长程建军宣读了国际电信联盟秘书长赵厚麟的致辞。

张峰说，2017年“5·17”活动以“发展大数据、扩大影响力”为主题，紧扣当前行业和产业发展的脉搏，反映了业界和社会各方面的共同关注，对于引导全球信息通信行业进一步提升大数据技术和产业发展水平、服务各国数字经济发展将起到积极的推动作用。张峰表示，下一步要着力做好夯实基础支撑、提升应用水平、促进协同创新、统筹规划布局和强化安全监管五个方面的工作。

会上，中国电信集团公司副总经理高同庆、中国移动通信集团公司副总经理李正茂、中国联合网络通信集团有限公司副总经理姜正新围绕“开放共享　转型创新”主题分别作了主旨发言。中国工程院院士李伯虎发表了题为“智慧制造云中大数据技术的研究、实践与思考”的主题报告。中国普天、大唐电信、联想集团、云上贵州、中兴通讯、中企网络等企业领导和行业专家分别围绕主题展开演讲。来自电信运营、设备制造、互联网、科研院校以及国家相关部委主管信息化的领导、技术负责人与社会各界的400余名专家参加大会。

各省、自治区、直辖市电信主管部门和通信学会在“2017年世界电信和信息社会日”期间也举办了形式多样的宣传纪念活动。

（撰稿人：徐智君）

中国中文信息学会

服务创新型国家和社会建设　4—12月，学会作为中国科协信息科技联合体成员，承接科技部“国家重点实验室2017年度评估”项目。项目以32个信息领域国家重点实验室5个年度考核为基础展开评估。通过评估重点实验室的研究水平与贡献、队伍建设与人才培养、开放交流与运行管理，了解和检查实验室5年的运行状况，促进实验室发展。学会推荐评审专家作为领导小组和评估小组成员，根据评估情况，科技部发布了2017年信息领域国家重点实验室评估结果。

5月，中国中文信息学会前沿技术讲习班培训项目获得中国科协继续教育示范项目（继续教育高端前沿培训）资助，面向高级科学研究人员和专业技术人员开展高端继续教育培训活动。

学会建设　1月，学会党委正式成立，确立了学会党组织架构，选举出7名党委委员。

11月，学会对相关分支机构进行调整。拟筹备增加评测工作委员会等5个工委会；对一些未按规定按期开展活动的专业委员会，做出了撤销和更名处理；另外一些专业委员会将在2018年完成换届选举工作。

秘书处新增专职工作人员2名、聘用专职副秘书长1名，秘书处现有专职人员7人。

青年人才托举工程 3月，中国科协公布了“青年人才托举工程”（2016—2018年度）入选名单，共有206名青年科技人才入选。学会通过信息科技联合体推荐的2位候选人韩先培、刘知远入选“青年人才托举工程”资助项目。

主办期刊 《中文信息学报》采用作者、编辑部、审稿专家三位一体的投审稿系统。整理超过200位的专家信息，通过搜索整合关键词，形成研究领域清晰、丰富的审稿专家数据库。

编辑部申请期刊变更，已得到审批同意，2018年起将正式改为单月刊。

《中文信息学报》继续完善网站服务、宣传功能，增加了常见问题、高被引文章、下载排行等栏目。不断拓展传播途径，除与中国知网等平台合作外，也尝试与超星域出版等新兴媒体合作，同时创建了微信公众号进行宣传和科技信息传播。

决策咨询 7月，学会作为中国科协信息科技联合体成员，参与中国科协“2017信息技术领域前沿跟踪研究”课题项目，组建课题组，明确了对量子信息技术、类脑计算、智能人工交互、区块链技术4个前沿热点开展研究，推荐相关专家加入协调组、指导组和编写组，撰写专题报告及决策咨询专报。

国内主要学术会议 学会及分支机构共举办研讨会、学术讲座、报告会、年会等学术活动20余次，总参会人数超过4500人次。

7月12—14日，第二十三届全国信息检索学术会议（CCIR 2017）在上海市召开。该系列会议由中国中文信息学会和中国计算机学会联合主办，本次会议由中国中文信息学会负责组织。荷兰皇家科学院院士Maarten De Rijke、美国密歇根大学副教授梅俏竹、今日头条副总裁马维英、清华大学副教授朱军作特邀报告。同时，大会还设置了工业论坛、青年学者论坛、学术讲习班、篇章排序评测等环节。会议共收到论文80篇，录用54篇，其中中文论文33篇、英文论文21篇。200余人参会。

7月20—21日，第十四届自然语言处理青年学者研讨会（YSSNLP 2017）在江西省井冈山市召开。会议的主题为“挑战经典、立足中文、布局未来”，邀请加拿大蒙特利尔大学教授聂建云和复旦大学教授危辉作特邀报告。国内自然语言处理领域的青年学者约100人参加会议。

8月26—29日，全国知识图谱与语义计算大会（CCKS 2017）在四川省成都市召开。会议的主题是“语言、知识与智能，探索知识图谱领域的新发现、新技术和新应用”。会议包括学术讲习班、特邀报告、顶级会议回顾、工业界论坛、知识图谱评测与竞赛、学术论文及演示等主要环节。欧洲科学院院士、德国人工智能研究中心Hans Uszkoreit教授，美国知名教育家、学者和企业家AmitSheth教授，微软亚洲研究院首席研究员林钦佑，中国科学院自动化研究所研究员赵军作特邀报告。本次讲习班也是第七期中国中文信息学会前沿技术讲习班，主题是“知识图谱”。会议共收到投稿85篇，录用中文论文8篇、英文论文17篇。500多人参加会议。

9月14—17日，第六届全国社会媒体处理大会（SMP 2017）在北京举行。大会包括4个讲习班专题、8个大会特邀报告、8个论坛、2个技术评测报告和4场论文报告会。腾讯AI Lab负责人张潼、电子科技大学教授周涛、哈尔滨工业大学教授秦兵、清华大学教授唐杰、拓尔思公司总裁施水才、微软亚洲研究院副院长刘铁岩、加州大学洛杉矶分校教授Wei Wang、清华大学副教授孟天广分别作特邀报告。讲习班主题是计算社会科学。会议录用论文53篇，其中，中文稿件21篇、英文稿件32篇。约800人参加会议。

9月21—22日，第十六届少数民族语言文字信息处理学术研讨会（MLIP 2017）在广西壮族自治区桂林市召开。大会主席、中国工程院院士吾守尔·斯拉木教授作主旨报告。北京大学教授俞士汶、内蒙古大学教授那顺乌日图、国防科技大学研究员周斌、清华大学副教授刘洋分别作特邀报告。同时，还举行了第一届“民族语言自动分词评测”活动。共有130人参加会议。

9月27—29日，第十三届全国机器翻译研讨会（CWMT 2017）在辽宁省大连市举办。会议关注国内外机器翻译领域的最新进展，对机器翻译领域面临的挑战和关键性技术难题开展探讨。研讨会邀请Google大脑团队中研究大规模神经机器翻译的专家Mike Schuster、微软研究院美国Microsoft Translator/Bing Translator项目技术总监Will Lewis作特邀报告。会议首次增加了机器翻译产学研论坛环节，邀请学术界、产业界和投资界的专家共同讨论机器翻译产学研。会议收到论文投稿43篇，录用论文16篇，其中中文论文5篇、英文论文11篇。来自机器翻译领域的学者约200人参加会议。

10月13—15日，第十六届全国计算语言学学术会议（CCL 2017）在江苏省南京市举行。会议安排了1个口头报告主会场、1个海报张贴分会场和1个系统展示分会场。中国工程院院士、西安交通大学郑南宁作大会主旨报告。清华大学社会科学学院院长彭凯平、香港科技大学计算机科学与工程学系系主任杨强、北京大学统计科学中心联席主任耿直、搜狗公司总裁王小川作特邀报告。会议收到稿件264篇，录用105篇，评选出最佳中文论文2篇和最佳英文论文1篇。700余名专家、学者参加会议。

11月23—24日，第三届中国健康信息处理大会（CHIP 2017）在广东省深圳市召开。伊利诺伊大学香槟分校教授翟成祥，中国中医科学院中医药信息研究所原所长崔蒙，中国医学科学院医学信息研究所医学信息创新研究中心主任李姣作特邀报告。大会同时还开设了前沿技术讲习班和青年论坛。来自健康信息处理领域的120余名研究人员参加会议。

国际组织任职 学会有5人在国际组织中任职。其中，在领导层及管理委员会担任职务的有4人，分别为国际信息与通信处理联合会2人、国际计算语言学协会2人；在专委会担任职务的有1人。

科普活动 8月17—20日，第十二届中国中文信息学会暑期学校暨中国中文信息学会“前沿技术讲习班”（CIPS ATT）在北京召开，来自高校及科研院所的专家、学者、学生400余人参加活动。

表彰举荐优秀科技工作者 2月17日，学会与中国计算机学会和中国通信学会联合举办2017年两院院士推选初审会。中国中文信息学会理事长方滨兴院士担任院士推选专家委员会组长，中国计算机学会理事长高文院士担任副组长。初审会确定了5位候选人，其中贾焰、胡传平和马建峰3位候选人为中国中文信息学会推荐人选。

4—5月，学会推荐的北京百度网讯科技有限公司副总裁王海峰获得首届全国创新争先奖。

5月，学会向中国科协推荐黄河燕教授、贾焰教授和施水才教授3人作为学会优秀党员科技工作者。

9—10月，学会推荐北京百度网讯科技有限公司赵世奇和哈尔滨工业大学深圳研究生院刘滨为“第十五届中国青年科技奖”候选人。

党建强会 1月9日，中国中文信息学会党委正式成立。

6—9月，学会官网、学会微信公众号、学报微信公众号分别增设党建专栏，统一使用科技社团党委LOGO，创建全方位立体化党建学习宣传阵地。

11月7日，学会党委在中国科学院软件研究所召开会议，深入学习贯彻党的十九大精神。

会员服务 2017年，在向会员赠阅《中文信息学报》基础上，学会继续改革会员资讯类服务手段，完善学会微信公众平台，青年工作委员会和社会媒体专业委员会也继续建设微信公众号。

【中国中文信息学会前沿技术讲习班】 2017年，开展了4期前沿技术讲习班，讲解自然语言处理的理论、技术和发展趋势，每期2天。前沿技术讲习班每期培训400人左右，共吸引了超过千名青年学者参与。

8月17—20日，前沿技术讲习班第五期和第六期在北京举行。讲习班主题为“深度学习技术”，邀请8位在自然语言处理领域系统开展深度学习研究并取得众多成果的青年学者讲授深度学习的基础理论知识。同时，邀请到斯坦福大学教授、著名学者Christopher Manning来讲习班作结课报告，为学员们带去国际上最新的学术动态。

8月26—27日，前沿技术讲习班第七期在四川省成都市举办，讲习班主题为“知识图谱”。邀请9位在自然语言处理领域系统开展知识图谱研究并取得众多成果的青年学者讲授知识图谱的基础理论知识，包括知识图谱导论、知识图谱构建、知识获取方法等。

9月14—15日，前沿技术讲习班第八期在北京举行，讲习班的主题是“计算社会科学”，介绍计算社会学与计算传播学和网络表示学习的最新进展及其应用。

【中国中文信息学会2017学术年会暨理事会】 11月25—26日，中国中文信息学会2017学术年会暨理事会在广东省深圳市召开。会议邀请5位国内外专家作特邀报告。伊利诺伊大学香槟分校教授翟成祥、中国科学院心理研究所所长傅小兰、京东硅谷研究院主任研究员李维、清华大学教授宋森、今日头条研究员李航的报告题目分别为*TextScope*：*Enhance Human Perception via Text Mining*、《感知、记忆和判断的认知计算模型》《中文自动句法解析的迷思和痛点》《大脑对语言的处理机制及脑启发的文本理解系统》《人工智能的未来——记忆、知识与语言》。5位专家从不同角度阐述了中文信息处理领域的前沿动态及未来趋势，分析了计算机、语言、认知等学科的充分交叉与融合。年会还回顾了学会2017年技术评测工作，本年度开展评测工作的7个专业委员会的代表分别就各专委会开展的评测工作作简要报告。来自中文信息处理领域的专家学者300余人参加会议。

在中国中文信息学会第八届理事会第二次全体会议上，学会副理事长兼秘书长孙乐研究员向全体理事汇报了学会2017年工作；各学会工委会和专委会代表向全体理事作2017年工作报告，并对2018年的工作进行了展望。学会理事长方滨兴院士进行了总结发言，在肯定学会工作的同时，对学会工作提出了希望和建议。

（撰稿人：肖千慧）

中国测绘地理信息学会

服务创新型国家和社会建设 学会开展了测绘科技进步奖、全国优秀测绘工程奖、全国优秀测绘地理信息期刊奖等评选组织工作。由学会直接推荐的2个国家奖申报项目，其中1个荣获国家科技进步奖二等奖。学会评出的另外3个一等奖项目，通过其他渠道推荐也荣获了国家技术发明奖二等奖和国家科技进步奖二等奖。完成了测绘地理信息创新产品认定工作。

学会完成了测绘地理信息团体标准实施方案调研报告；参与编写了《国家测绘地理信息局工程技术研究中心管理办法（修订）》；受科技与国际合作司委托，开展了8家信息化测绘体系建设试点单位的测评工作；工程中心通过建设期满验收会，各项建设指标均达到验收标准，转为正式运行。

第七届全国测绘地理信息技术装备展览会暨全国测绘地理信息博览会全面展示测绘地理信息技术和装备在陆、海、空、天、地的应用，涵盖了硬件和软件、系统集成和解决方案等，同时展示了跨界融合产生的新技术和新应用。

第七届全国测绘地理信息技术装备展览会

完成2017年测绘地理信息类教育专业认证工作。新认证测绘工程专业高校10所；开展30余名专家认证培训工作。

学会能力提升计划 2017年，学会组织开展无人机测绘航空摄影从业人员培训及相关工作。拓展服务领域，与国家测绘地理信息局职业技能鉴定指导中心联合举办了4期无人机航摄操控员培训班，组织召开智慧城市时空大数据与云平台建设培训研讨班。

学会建设 2017年，新发展团体会员117家，团体会员总数达到533家。

召开3次理事会议和3次常务理事会议，增补理事1名。会议修订学会章程，审议工作报告、财务报告，选举产生新一届理事、常务理事及学会负责人等。

学会治理结构和治理方式改革 学会2017年新制定2项制度，修订8项制度。完成巡视整改工作，对照反馈意见，落实整改方案。完成专项审计工作。学会网站、微信公众号、微信群和注册报名系统等实施信息化升级与整合。围绕测绘地理信息事业发展需要，新增5个分支机构，清理长期不活动的分支机构2个，调整1个分支机构，分支机构规模达到22个，基本覆盖测绘地理信息各学科和技术领域。

主办期刊 在中国科协精品科技期刊工程项目经费资助下，2017年《测绘学报》在中国科学技术信息研究所发布的2017年版《中国科技期刊引证报告》中，该刊核心影响因子在测绘地理信息类期刊中位列第一。

《测绘学报》入选“百种中国杰出学术期刊”“中国国际影响力优秀学术期刊”“第四届中国精品科技期刊”“第三届全国优秀测绘地理信息期刊”“2016年度中国科协主管科技期刊审读优级期刊”。

2017年，《测绘学报》利用创刊60周年之契机，策划出版了“创刊60周年纪念特刊”（第10期），针对测绘地理信息领域内的热点问题，邀请专家、学者撰写综述，对60年来测绘地理信息科学在我国的发展历程作简要的回顾与总结。这是《测绘学报》历史上首次出版此类大型特刊，共收录59篇极具权威性和参考价值的高水平论文，多数为综述类文章，其中10篇由院士亲自撰写。

学科发展研究 组织编撰测绘学科发展白皮书。《2016—2017测绘科学与技术学科发展报告》已交付审稿。完成年会论文征集评选，征集论文103篇，经过评委工作会议最终选出20篇优秀论文。完成编纂《中国大百科全书》第三版测绘卷。

国内主要学术会议 11月8—10日，以“创新

驱动 跨越发展”为主题的2017年中国测绘地理信息学会学术年会在江苏省南京市举办。国土资源部党组成员、副部长，国家测绘地理信息局党组书记、局长库热西·买合苏提，江苏省人民政府副省长陈震宁，国家测绘地理信息局副局长李维森，国家测绘地理信息局副局长宋超智，6名院士、1名美国科学院院士出席。来自全国各地测绘（地理信息）学会、企事业单位和港澳台地区的2000多名专家参加。大会设立14个分论坛，20000平方米展会。

5月12日，学会以“大数据驱动融合共享，供给侧改革助力转型升级”为主题，在北京召开2017年测绘地理信息高端论坛，共同探讨测绘地理信息高新技术的发展和应用，深入探索测绘地理信息与相关行业领域深度融合的前景。2位院士作主题报告。大会设立3个分论坛，500多名科技工作者参加论坛。

联合举办智慧时空大数据助力雄安新区建设高端论坛。有2位院士出席。大会设立4个分论坛，400余人参会。

联合举办首届中国地理信息应用创新创意高峰论坛，从宏观与行业前沿的角度对地理信息行业应用创新进行解读，共同探讨与促进行业的创新与发展。有2位院士出席，800余人参会。

国际组织任职 支持学会专家学者竞选国际测量师联合会（FIG）副主席等国际组织职务。

国际交往 启动与皇家特许测量师学会（RICS）入会互认工作。与皇家特许测量师学会经过多轮沟通和协商，启动了直接入会互认工作，制定了互认会员的标准及行为准则。协助《测绘学报》编辑部完成《测绘学报》英文版申请审批工作。

7月2—8日，以“我爱地图”为主题的国际地图制图协会（ICA）第28届国际制图大会（ICC 2017）在美国华盛顿举行。会上，由中国测绘局科技与国际合作司和中国测绘地理信息学会联合选送的我国参展地图作品《郑和航海图》（中国航海出版社出版）获得专家评审一等奖；《运河全图》（中国地图出版社出版）获地图作品其他类专家评审二等奖和公众投票奖；《梦幻青花——青花瓷地图》（山东青岛市勘察测绘研究院制作）获得挂图类公众投票奖。

科普活动 7月18—22日，在广东省韶关市新丰县举办“中国四维杯”第十三届全国测绘地理信息职工定向越野赛，来自全国各地52家测绘地理信息单位的760余名选手参加比赛。7月18—25日，学会与中国大学生体育协会、中国中学生体育协会在广东省新丰县联合举办2017年全国学生定向锦标赛，来自全国20多个省市的159所学校202个代表队共计2600余名运动员、教练员、裁判员、测绘员等参与，参赛学校以及参赛人数创全国学生定向锦标赛历史之最。

联合举办第三届资源环境与生命科技创新知识网络大赛。大赛由9家国家级学会、协会共同主办，以“生态文明，我知我行，创新驱动，我们先行”为主题。

10月11日，在山东省青岛市召开了全国测绘地理信息科普教育基地座谈交流会，16家科普教育基地的推荐单位和基地负责人共50余人参加座谈。与会代表围绕如何整合科普资源、搞好共建共享、提升科普能力等主题进行探讨交流。

在第七届全国测绘地理信息展览会暨全国测绘地理信息博览会期间举办了“让人人享有地理信息——全国测绘地理信息科普教育基地2017年巡展”，16家全国测绘科普教育基地展示了基地开展的特色科普活动。

与中地数码集团等单位举办2017第九届全国高校地理信息（GIS）技能大赛，来自全国120余所高校的2000余名师生参与。与易瑞智中国联合举办2017 Esri杯中国大学生GIS软件开发竞赛，来自全国214所院校的733个参赛团队、423名教师、1976名学生参赛，提交作品226个，有480人参加在线试题比赛。

表彰举荐优秀科技工作者 开展两院院士推荐工作，共遴选5位候选人，完成向中国科协的推荐工作。开展创新争先奖推荐工作，推荐的唐新民、陈军2位专家荣获首届全国创新争先奖。组织开展中国青年科技奖、光华工程奖、青年人才、优秀党员科技工作者等推荐工作。

开展中国测绘地理信息学会2014—2017年度先进集体和先进个人评选工作，共评出先进集体单位30个、先进个人46人。

学会创新发展 与中国卫星导航定位协会、中国遥感应用协会等12家单位联合成立了地理信息产业（德清）创新助力学会企业联合体，并于9月29—30日在湖州市德清县召开了地理信息产业（德清）创新助力学会企业联合体成立大会。

12月1—3日，在浙江省地理信息产业园德清地理信息小镇举办2017地理信息人才德清论坛及招聘会。来自全国测绘地理信息高等院校及企事业单位的200余人齐聚德清，围绕创新创业人才的成长规律、培养方式、就业等开展深入的交流探讨，近 30 家企业以及 100 余名学生参加了现场的招聘会。

成立激光雷达测试与科研成果评价中心并授牌。与北京北科天绘科技有限公司成立了激光雷达检测与科研成果评价中心，并组织专家召开“激光雷达检测与科研成果评价中心”专家验收会，制定了激光雷达测试与科研成果评价中心管理细则。

10 月 13 日，由国家测绘地理信息局、工业和信息化部、河北雄安新区管委会指导，河北省地理信息局、中国测绘科学研究院、国家基础地理信息中心、中国测绘地理信息学会联合主办的智慧时空大数据助力雄安新区建设高端论坛在河北雄安举办。国家测绘地理信息局副局长李维森出席会议并讲话，中国科学院、中国工程院院士李德仁和中国工程院院士王家耀出席并作报告。来自国家相关部门、测绘地理信息主管部门、高校及科研院所、地理信息企业的约 400 名代表参加论坛。

党建强会 2017 年，中国测绘地理信息学会党委成立并于 11 月完成换届。

6 月，中国测绘地理信息学会党支部赴门头沟京西第一党支部旧址开展以“重温入党誓词，缅怀革命先烈”为主题的党日活动。

10 月，在全国测绘学会秘书长会议上开展党建强会交流研讨工作，交流各学会的工作经验，不断改进学会党建工作。

会员服务 学会将会员服务管理平台化、会员服务内容标准化，建立会员电子化管理系统，规范会员管理数据库的录入、修改和使用。通过网站、微信群、公众号、QQ 群等多种网络新媒体加强信息交流，为会员和提升全民测绘地理信息科普素质服务。

（撰稿人：钱晓雪）

中国造船工程学会

服务创新型国家和社会建设 学会承担工信部高技术船舶科研项目“浮式保障平台工程（二期）专题：法规适用性及应急方案”中的南海海事法规适用性研究、南海岛礁浮式港池法规适用性研究、南海环境保护政策研究 3 个子专题。各子专题研究报告初稿已按计划基本完成，计划 2019 年结题。

学会作为参研单位承担了工信部高技术船舶科研项目“风帆船节能指标与经济性分析”课题研究。2017 年开展了风帆－主机混合动力 VLCC 船型经济性与运营商业数据、投资成本关联度研究，节能环保技术敏感度分析，节能指标对相关主要因素循环链影响分析等方面研究，取得了阶段性进展。

学会联合中国船舶工业行业协会、中国船级社、中国远洋海运集团有限公司、招商局集团等单位组成工作小组，开展优质船舶配套产品推荐目录工作。第一批选定高速柴油机和船用吊机两个类型产品作为试点。有 5 个柴油机企业的 137 个型号的高速柴油机和 5 个船用吊机企业的 70 个型号的吊机入选推荐目录，并进行了发布和向厂家颁发证书。

学会建设 截至 2017 年 12 月，学会发展个人会员 97 人，学会会员总数超过 3 万人；发展单位会员 1 个，团体会员数超过 1000 个；新成立分支机构 1 个，下设分支机构共 22 个。召开第九次全国会员代表大会，选举产生了第十四届理事会 122 人、常务理事会 55 人。召开理事会议 1 次、常务理事会议 2 次、学会年度工作会议 1 次。完成了水中兵器学术委员会等 3 个学术委员会的换届工作。

学会治理结构和治理方式改革 按照学会“十三五”发展规划和学会深化改革实施方案，学会理事会党委完成换届并成立新一届党委，选举产生了学会监事会；新一届理事会理事 95% 以上为一线科技人员。秘书长采用聘任制，并公开招聘学会办事机构工作人员。

制定了《学会监事会条例》《学会优秀科创人才评选办法》《学会分支机构考核奖励办法》等，并进一步规范学会预算管理，修订了《学会费用报销规定》，通过制度设计提升学会创新和服务能力。

青年人才托举工程 根据中国科协青年人才托举工程管理办法和实施细则，学会制定了实施办法，并召开评审会议对推荐的人选进行遴选排名，确定了最终推荐人选。对已经获得资助的青年人才，按照培养计划定期检查，被托举人已经取得了阶段成果。

主办期刊 2017 年，学会学报《中国造船》推选 159 篇论文被美国《工程索引》EI 主动收录，收录率 100%。

2017 年，学会会刊《船舶工程》刊发正刊 12 期、增刊 1 期，275 篇文章入选中国科技引文数据库（CSCD）来源期刊，影响因子有所提升。

学会组织编纂出版了《中国船型汇编（2012—2016）》，收集了 241 艘各类船舶及海洋工程装备的最新成果，反映了过去五年我国主要船舶产品开发概貌，体现了科技创新能力和水平。同时，还收录了由船舶设计大师、船型开发学术带头人等专家提供的11篇“十二五”期间各类船型所取得的科研成果分析报告，介绍了各类船型的今后发展趋势。

学科发展研究 学会开展《中国智能制造发展绿皮书（2017）》船舶工业行业篇的撰写研究工作。该书旨在全面摸清我国智能制造各学科领域的发展现状和存在问题，提出进一步发展的建议。

中国科协智能制造学会联合体依托13家成员学会开展“中国智能制造十大科技进展”评选。学会推荐的“集装箱装卸全自动化码头”“智慧海豚型38800吨智能示范船”和“船舶制造智能化车间”3个项目入选“中国智能制造十大科技进展”，并在2017世界智能制造大会上进行了发布。

决策咨询 工信部高技术船舶科研计划2017年指南列入了邮轮技术引进和自主开发两类科研项目。为促进经济型邮轮开发立项，学会有关领导和首席专家赴福建省与政府有关领导、船舶企业科研人员进行座谈，讲解邮轮研发工程项目的有关国家政策，为福建船舶工业转型发展提出建议。

受无锡东方长风船用推进器有限公司委托，学会组织11位专家对“全回转Z型船用推进装置在登陆艇上的应用”成果进行评价。

国际学术会议 学会全年举办或参与的国际会议4个：第28届国际拖曳水池会议（ITTC），国际船舶暨海洋工程结构大会（ISSC）常务委员会会议及联席会议，2017年航运、造船和船级社国际三方会议，第二十二届中国国际船艇展暨高性能船学术报告会。共计参会人数705人次，交流论文180篇。

国内主要学术会议 学会及分支机构共举办年会、研讨会、报告会、论坛等学术活动30余次，交流论文600余篇，评选表彰优秀论文37篇。

8月22—25日，由船舶力学学术委员会与船舶振动噪声重点实验室联合主办、江苏省声学学会协办的第十六届全国船舶水下噪声学术讨论会在贵州省贵阳市召开。本次学术讨论会共收录国内近30家单位的120篇论文，100名专家参加研讨会。大会就船舶水下噪声相关的振动传递与声辐射计算方法、声学材料设计与性能评估、螺旋桨空泡噪声计算分析与试验、水下噪声测试方法以及其他水下噪声相关研究方向展开交流。

10月19—21日，由电子技术学术委员会主办的以“提升软硬件平台技术水平，实现装备技术的跨越式发展”为主题的2017年装备技术发展论坛在浙江省杭州市召开。近100名专家参加会议，收录论文99篇，7名专家作大会专题报告，8篇论文进行交流研讨。这些报告围绕装备技术发展的创新理论和前沿动态、网络通信技术、安全可信技术、人工智能技术、云计算大数据技术等发展热点，研究探讨了装备建设在顶层设计、设备研制、自主可控发展等方面的需求、思路和技术途径。会议评选出电子技术学委会2017年优秀论文31篇。

科普活动 由学会和国家航海日活动组织工作委员会办公室、中国科协科普部、中国航海学会主办，《舰船知识》杂志社、中国船舶在线网站承办，《中国船舶报》、新浪军事等多家媒体协办的2017年全国舰船及航海知识竞赛于7月11—17日举行，有20多个省、自治区、直辖市的参赛者登陆学会网站参加竞赛活动，52名参赛者获奖。

2017年中国青少年舰船夏令营于7月24—29日在湖北省武汉市举行。来自北京、重庆、天津、辽宁等省市的40余名青少年参加夏令营。

由学会联合中船重工、中船工业、中国海洋学会和西安市人民政府共同主办的第六届全国海洋航行器设计与制作大赛于8月12—13日在西北工业大学举行。来自全国40个院所的431件作品、1000多名大学生参加了6个项目的比赛。

由学会和全国船舶工业职业教育教学指导委员会共同主办的2017年全国职业院校技能大赛船舶主机和轴系安装赛项（高职组）于5月24—26日在武汉船舶职业技术学院举行。来自12个省、自治区、直辖市的20支代表队60名选手参赛，包括理论知识和动手调试等6个模块，12支代表队获奖。

表彰举荐优秀科技工作者 提名院士候选人1人。经学会推荐，刘春跃获得全国创新争先奖先进个人。

开展“第十五届全国青年科技奖候选人”推荐工作，推荐中国船舶工业集团公司上海船舶研究设计院研究员李鑫、中国船舶重工集团公司第722研究所高级工程师柯栋为全国青年科技奖候选人。

开展年度学会科技奖评审。学会对“2017年学会科学技术奖”进行评审，获奖项目44项，其中，特等奖1项、一等奖6项、二等奖17项、三等奖19项，370人次获奖。

开展年度学会优秀学术论文评选。学会组织专家对推荐的 59 篇论文进行审读，评选出 37 篇 2017 年度学会优秀学术论文，110 名论文作者获奖。

学会创新发展 5 月 27 日，学会成立标准化学术委员会，下设船舶总体、船舶电气与电子设备、船舶动力装置、船舶辅机、海洋工程装备和船舶修理 5 个标准化工作组。

会员服务 学会结合年度改革工作要求，在各分支机构组织会员开展党的十九大精神学习，逐条落实学会改革方案，让广大会员及时了解学会改革工作动态。

学会建立微信公众号和学会工作微信群，及时推送学会信息，交流学会工作情况。

【中国造船工程学会第九次全国会员代表大会】 3 月 19 日，学会第九次全国会员代表大会在北京召开，近 200 位会员代表参加大会。学会副理事长李国安代表学会第十三届理事会作工作报告，大会秘书长林宪东作了关于修改章程的说明。会议审议通过了学会新的会章，选举产生了第十四届理事会，共 122 位理事、监事会 3 位。召开学会第十届理事会第一次会议，大会主席李长印主持会议。经选举，李长印任理事长，李国安、孙伟、王宇航、金晓剑、石林、黄震、刘志刚、宋保维、王自力、刘祖源、张宏军、周希辰任副理事长。在召开的监事会会议上，选举罗季燕为监事长。经第十四届理事会党员理事研究决定，第十四届理事会党委由李国安任党委书记，理事会聘任林宪东为秘书长，并通过了学会副秘书长的聘任决定。

中国造船工程学会第九次全国会员代表大会

【第 28 届国际拖曳水池大会】 9 月 17—22 日，由学会主办，船舶科学研究中心、船舶力学学术委员会承办的第 28 届国际拖曳水池大会（ITTC）在江苏省无锡市召开，学会理事长李长印出席会议并致辞。本次会议除 12 个技术委员会的大会报告和讨论外，还专门针对 EEDI/IACS、Combined CFD/EFD Methods 和 Maneuvering in Waves 等专题进行了集体讨论，邀请英国劳氏船级社、中国船级社的相关人员出席会议并作专题发言。本次会议参会人员 250 余人，其中国外参会人员 170 余人、国内参会人员 79 人。会议期间，ITTC 顾问委员会和执行委员会举行多次会议，讨论确定了 29 届 ITTC 大会各委员人选及技术委员会的设置，第 29 届 ITTC 设立了 14 个技术委员会，包括 5 个通用技术委员会、8 个特殊技术委员会、1 个质量委员会，共有 126 位技术委员会代表，其中中国共有来自 CTTC 成员单位的 19 位代表分布在各技术委员会，这些代表将在未来三年代表中国在 ITTC 发挥作用、发出中国声音。

（撰稿人：金向军）

中国航海学会

服务创新型国家和社会建设 2017 年，组织完成了“港珠澳大桥岛隧工程系列项目”“港口岸线环境补偿人工沙滩工程理论与实践项目”等 45 项业界科技成果的评估鉴定。

2017 年，受理交通运输部海事局等 58 个委托单位总计 265 份船舶系列高级专业技术职务任职资格的申报材料，并于 11 月 23 日在浙江省宁波市组织召开了 2017 年度船舶系列高级技术职务任职资格评审会，完成年度高级职评工作任务。校正各类船舶磁罗经近 2 万台次。完成磁罗经校正人员培训教材修订工作，并召开专家评审会评审通过。组织举办磁罗经校正师（员）培训班 2 期。

学会能力提升计划 学会被纳入国家重点科技社团建设计划，完成了第二期全国学会创新和服务能力提升工程优秀科技社团建设项目。

学会建设 学会召开 2 次理事会议、4 次常务理事会议、3 次理事长办公会、1 次秘书长工作会议和 2 次党委会议，集体审议、决策议题 40 余项，对学会工作部署、改革发展、财务管理、组织建设等重要事项进行研究、审议和部署。

12 月 12 日，学会牵头，联合大连海事大学、上海海事大学、集美大学和武汉理工大学共同发起成立中国航海教育院校协同创新平台，该平台旨在打造科技信息共享平台和协同创新平台等载体，在人才培养、教育培训、科技创新、成果转化等方面构建相互协作、优势互补、资源共享、合作共赢的平台。

学会治理结构和治理方式改革 新增1名专职副秘书长，依规招聘2名秘书处工作人员；调整优化秘书处组织结构，分设了专项工作部和培训教育部，并对部分部门领导及人员进行调整。加快学会信息化建设，推动秘书处办公自动化系统上线试运行。完善对分支机构的管理，修改完善《中国航海学会分支机构管理办法》。学会获得“中国科协系统综合统计调查工作优秀单位”“全国学会财务决算工作先进单位”荣誉。

青年人才托举工程 在2016—2018年度中国科协组织的青年人才托举工程项目中，学会经考核审评，选拔上海海事大学万征、大连海事大学徐敏义两位博士作为该项目的扶持人选并获得项目认可和立项。

主办期刊 2017年，学会主办科技期刊总印数83000册，发表论文370篇。《中国航海》和《航海技术》均被中国高校科技期刊研究会评为“2016年度中国高校优秀科技期刊”。

学科发展研究 学会组织开展《南海航行状况研究报告》《我国海运业船舶技术人员状况调查报告》等编写工作，完成调研和资料收集工作。3月，在广东省广州市召开北极航行安全研讨会，总结2013—2016年我国商船北极航行的经验，分析和预测2017年北极东北航道的冰情和通航窗口期，为我国北极航道常态化运行和商业市场开拓提出意见和建议。

决策咨询 提供决策咨询报告2篇，举办决策咨询活动4次，科技成果评价45项。其中，学会参与交通运输行业科学技术普及调研工作并形成《交通运输行业科学技术普及体系建设研究》报告。

国内主要学术会议 6月4—6日，由中国科协主办的首届世界交通运输大会（WTC）在北京国家会议中心召开。学会完成了大会两个分论坛的组织和航海板块商务展区的招展任务，同时借助会议平台举办了中国航海学会2017年学术年会活动，组织了2016年度中国航海科技奖、第七届全国优秀科技工作者奖、第二届中国航海学会青年科技奖颁奖活动。大会期间，理事长黄有方参加了“一带一路”国际交通合作圆桌会议，学会与中国公路学会等共同组建的未来交通研究所举行成立揭牌仪式。

两岸交流 6月17—18日，第九届海峡专家科技论坛的两岸船舶工程与航海技术研讨会在福建省厦门市召开。会议由中国航海学会、中国造船工程学会、中国造船暨轮机工程师学会、中国航海技术研究会和集美大学、福建省造船工程学会、福建省航海学会等单位共同主办，海峡两岸造船界和航海界的130多名专家参会，其中台湾地区专家40余名。

9月25—26日，由中国航海学会参与发起，集美大学、中华海洋事业协会主办，武汉理工大学航运学院、内河船舶驾驶专业委员会承办，台湾海洋大学协办的第五届海峡两岸海事风险评估与管理研讨会在武汉理工大学举行，来自中国航海学会、长江航务管理局、高雄海洋科技大学等单位的80余名专家学者出席会议。

12月13日，在集美大学举行了2016—2017学年中国航海学会-张荣发基金会助学金颁发仪式。学会原理事长、国际海事组织海事大使、该助学金倡议者徐祖远出席颁发仪式，并与台湾长荣海运副总经理林沛樵共同为获得助学金的学生代表颁发证书。

国际组织任职 在内河电子航道图协调组织换届中，中国航海学会危险品运输专业委员会主任委员费维军连任副主席一职。

科普活动 学会与琼海市人民政府、中国太平洋学会在南海海域共同主办首届更路簿杯国际帆船赛。协调动员17家地方航海学会组织人员参加2017年中国航海日全国青少年航海科普知识竞赛。专题召开中国航海学会青少年航海科普研学实践活动研讨会，并联合北京市第142中学组织了2017年青岛航海游学实践夏令营活动。组织航海科普基地和多个会员单位参加由科技部、中央宣传部、中国科协共同发起举办的全国科技活动周活动，学会连续4年荣获中国科协全国学会科普工作优秀单位。

2017年，学会批准河北兴荣海事职业学院等三家单位为中国航海学会科普教育基地。

表彰举荐优秀科技工作者 6月5日，在北京举行中国航海学会科学技术奖励颁奖仪式。在仪式上为获评为中国科协第七届全国优秀科技工作者的2名人员颁奖；为中国航海学会评出的10名航海青年科技奖获奖者颁奖；为获得2016年度中国航海学会科学技术奖的人员颁奖，其中特等奖2项、一等奖13项、二等奖31项、三等奖14项。

学会组织开展中国工程院院士候选人推荐工作。由学会组织筛选并推荐的南京水利科学研究院胡亚安荣获全国创新争先奖。大连海事大学“海上交通安全与空间信息技术创新团队”经学会推荐获评交通运输部创新争先团队。

学会创新发展 7月11日，学会与宁波市人民政府、交通运输部水运科学研究院共同主办了2017年中国航海日论坛，开展了“航海风云榜”评选、全国青少年科普知识竞赛等10多项群众性活动，共吸引来自欧洲、美国以及“一带一路”沿线30多个国家和地区的近300多名海运、港航、物流界外宾参加。各项群众活动于6—7月举行，参与群众近10万人次。

党建强会 3月23日，学会在理事会层面正式成立了功能型党委，并召开首次党委会会议。12月5日，经中国科协科技社团党委批准，学会办事机构于12月8日召开了党员大会，选举产生了办事机构党支部，实现了学会党建工作的“两个全覆盖”。学会根据国家对社会团体规范化建设和发展提出的明确要求，结合学会党组织实际情况，制定了《中国航海学会理事会党委工作规则》和《中国航海学会办事机构党支部工作规则》。学会充分利用网站、微信公众号等网络媒体方式，结合墙报、图书角等传统宣传手段，开展党建学习宣传阵地的创建，并在学会网站专门开辟党的十九大学习宣传专栏，进一步扩大学会党建学习和专项宣传的效果。

会员服务 梳理完善会员信息数据库，探索“互联网＋学会服务”的工作模式，有针对性地定制会员信息服务模块化软件上线运行，学会会员管理系统已于12月正式上线运行。与此同时，加大会员发展的工作力度，尤其是加大对非航海领域企业和学生会员的发展力度，制定了发展新会员基本规划和部分方案。督办分支机构会员转为总会会员工作，扩大会员队伍的覆盖面。

【2017年中国航海日论坛】 7月11日是我国第13个航海日。作为中国航海日主体活动，中国航海日论坛在浙江省宁波市举行。论坛由宁波市政府、中国航海学会和交通运输部水运科学研究院共同举办。论坛以“再扬丝路风帆　共筑蓝色梦想”为主旨，由1个主论坛及中国国际海员论坛、海丝港口国际合作论坛等8个专题性论坛组成。交通运输部副部长何建中在主论坛上发表主旨演讲。学会理事长黄有方主持中国航海日论坛的主论坛，中国航海学会常务副理事长曹迪、秘书长王群、副秘书长顾维国等参加主论坛及有关活动。

何建中表示，我国作为《1965年便利运输国际海上运输公约》的履约国，要主动适应新特点、新要求，优化海运供给结构，完善海运服务网络，促进口岸管理便利化，推动安全绿色发展，以促进海上便利运输、提高运输服务效率、降低物流成本为目标，对标国际先进水平，共同打造畅通高效安全绿色的运输大通道。要坚持共商共建共享，深化交流合作，强化互联互通，夯实“一带一路”建设发展基础，更好地造福中华民族和沿线各国人民。

【2017年中国航海学会学术年会】 6月6日，2017年中国航海学会学术年会专家论坛在北京举行。交通运输部海事局、救捞局、水运科学研究院、中国船级社等单位领导，大连海事大学、上海海事大学、武汉理工大学、集美大学、广东海洋大学等航海类高校专家，中国引航协会、海军参谋部、各大航运公司等航海领域学术界和产业界学者，以及中国航海学会各分支机构及地方航海学会代表，航海领域优秀论文作者代表等200余人出席年会专家论坛。

会议由中国航海学会常务副理事长曹迪主持。黄有方在致辞中说，学术年会已经成为航海科技工作者交流经验、互通信息、加强了解、追求发展的共享互动平台，成为展示航海界技术进步和学术研究成果的资源优势平台，下一步还将成为推动科技成果转化应用的服务推送平台。他希望，学会以学术年会为代表的多类型学术平台能够更加有效地巩固品牌优势，在助力国家创新战略和海洋强国战略全面实施的形势下，不断整合优化资源、改进服务手段、深化学术质量、促进科技转化，更多更好地推动和引领航海学术的持续发展。

中远海运特种船运输有限公司副总经理蔡梅江为大会作主旨报告，报告的主题是“中国商船极地航行实践与绿色航运”。交通运输部上海打捞局“世越号”打捞工程现场总监王伟平高工分享了“世越号”打捞工程中的技术细节尤其是新技术的应用。交通运输部水运科学研究院研究员谢燮对中国邮轮市场发展的前景进行了前瞻性研究。

会议期间还举行了2017年中国航海学会获奖论文的颁奖仪式。

【2017年亚洲航海学会学术年会】 11月23日，由中国航海学会、日本航海学会和韩国航海港湾学会共同主办，中国航海学会联合广东海洋大学承办的2017年亚洲航海学会学术年会在广东省湛江市召开。年会主题为“航海的智能化和信息化发展”。来自中国、日本、韩国、泰国、印度尼西亚、土耳其等国的专家学者130余人参加会议。日本和韩国代表组团参

会，外宾人数超过三分之一。

开幕式上，中国、日本和韩国三家航海学会的理事长分别致辞。黄有方在致辞中说，今年是中日韩三国第16次共同举办航海领域的学术交流活动。此项活动近年来逐渐受到三国及其他亚洲国家航海领域专家和学者的关注和认可，成为推动航海科技发展的重要力量。在中国“一带一路”倡议和建设“交通强国”目标的大背景下，中国航海学会着力提升自身能力建设，愿意加强与亚洲及其他国家的联系与合作，携手促进航海科技的发展和航运经济的繁荣。开幕式后，上海海事大学教授汤天浩和大连海事大学彭周华博士分别作主旨报告《未来船舶和海事系统的电气化、信息化和智能化发展》和《多无人船编队控制》。

在论文分组交流阶段，由中日韩三个国家航海学会推荐和其他国家自由作者投稿的论文共61篇参加了口头演讲，7篇论文进行板报展示。经过2天的演讲交流，专家组评选出本年度获奖论文，其中2篇优秀论文分别由日本航海学会和韩国航海港湾学会推荐，最佳论文由中国航海学会推荐。

【中国航海学会和上海海事大学共同发布《南海航行状况研究报告》】 8月22日，中国航海学会和上海海事大学在北京共同发布《南海航行状况研究报告》。中国航海学会理事长、上海海事大学校长黄有方，中国航海学会秘书长王群、副秘书长顾维国等出席成果发布会。会议由学会常务副理事长曹迪主持。

在成果发布会上，黄有方表示，《南海航行状况研究报告》是首次航海领域学术团体发出的客观声音，充分表明船舶在南海的航行是自由安全的，这为南海航行状况提供了科学的判断依据和结论。该研究填补了国际上对南海水域船舶交通安全统计与分析的空白。

研究表明，除渔业活动外，南海水域内推荐航路主要适用于通往中国沿海、日韩、东南亚各国港口之间以及欧美等的商船，航路以西南/东北向为主，总体上根据季节可分为东线、中线和西线，其中中线是主要航路。“研究同时显示，在上述三类商船推荐航线中，不同季节的航线选择与分布均远离岛礁区或与岛礁区保持有足够的安全距离。”

船位数据统计与分析表明，2016年3月、6月和10月南海水域的船舶总数分别为8110艘次、8166艘次和7891艘次，以大于3万吨级的船舶为主，最大船型达到30万吨级，月船舶数量基本保持平衡。航行要素数据统计与分析表明，南海水域船舶的流量、船长、船宽和吃水总体上较大，船舶通过各流量观测门线的平均航速稳定。除天气影响和节能控速外，船舶在该水域航行是自由、顺畅的。过境船舶船籍国（国家或地区）、运力统计与分析表明，南海水域航行的船舶国籍几乎遍布全球，船舶运力排名前35位的国家或地区、船舶运力排名后35位的国家或地区均有分布。该水域的过往船舶目的港遍布60多个国家或地区，总运力匹配世界各个国家或地区前50船队的91%以上。

研究表明，近十年来南海水域航行安全事故发生率极低且主体不在南海核心水域。南海北部水域的船舶通航保障设施分布趋于完善，中国对南海水域的定期巡航和长期管理保障了该水域的安全。中国正积极推进与东盟国家在海上搜救领域的务实合作，以增进相互了解和提升各国联合搜救的能力和水平。

（撰稿人：江　伟）

中国铁道学会

服务创新型国家和社会建设 10月24日，由中国铁道学会、中国国际贸易促进委员会湖南省分会、长沙市人民政府、株洲市人民政府联合主办，中国中车股份有限公司特邀主办的2017中国（湖南）国际轨道交通产业博览会暨高峰论坛在湖南省株洲市开幕。来自“一带一路”沿线及相关国家和地区的政要、驻华使节、行业商（协）会及相关企业代表等1300余名嘉宾参加论坛（外籍专家99位），聚焦轨道交通产业智能化国际化、人才培养及投融资等热点议题，共商轨道交通产业发展。

大会围绕轨道交通产业和“中国制造2025”战略，立足轨道交通装备产业的发展，邀请专家剖析轨道交通产业的发展。原铁道部部长、中国工程院院士傅志寰发表了关于交通强国战略的若干认识；原铁道部副部长、中国工程院院士孙永福对中国铁路“走出去”发展战略研究进行了分享；中国城市轨道交通协会副会长兼秘书长宋敏华分享了中国城市轨道交通产业发展报告。

在论坛期间，学会工务委员会举办了大型养路机械质量安全学术研讨会和钢轨焊接技术交流会。共计127人参加会议。89篇论文经过评审，有23篇进入大型养路机械质量安全学术研讨会并作为交流材料。两项学术活动分别围绕铁路大型养路机械制造、运用管理、钢轨焊接技术方面的技术创新展开研讨。

学会建设 1月4日，学会第七次全国会员代表大会在北京召开，会议选举产生了第七届理事会。截至12月31日，学会个人会员67485名、单位会员133个。

中国铁道学会第七次全国会员代表大会

2017年，学会召开5次理事会议，分别审议推荐铁道行业2017年度“两院”院士、《中国铁道学会分支机构调整方案》《中国铁道学会科学技术奖奖励办法》《中国铁道学会增补副理事长人选的议案》《王同军同志辞去副理事长的议案》。

4月24日，中国铁道学会自动化委员会第六届委员会第一次会议暨学术交流会在北京召开。会议选举产生了第六届委员会委员及领导成员。同时，与会代表就今后工作和铁路通信信号技术进行了交流，73名代表出席会议。

学会组织专人收集查找大量资料，梳理并续写1995—2017年中国铁道学会的发展史记。

青年人才托举工程 首次实施铁路行业青年人才托举工程项目。制定了铁路青年人才托举工程项目的实施办法，组织开展遴选、申报、评审等工作，最终选拔8名技术专才为首批培养对象。

主办期刊 《铁道学报》2017年刊发236篇科技论文，比2016年多33篇，8篇论文入选“领跑者5000——中国精品科技期刊顶尖学术论文（F5000）”；继续保持EI源期刊，再次荣获“百种中国杰出学术期刊”“中国精品科技期刊”等称号。在中国科技论文与引文数据库收录的2008种中英文核心期刊中，综合评价总分排名第2。

《铁道知识》2017年刊发100余篇文章、500余张照片，绘制200余张科普文章示意图、20余幅艺术书画。2篇报道入选中国铁路新闻工作者协会《中国铁路优秀新闻作品选编》。

学科发展研究 学会文博委员会完成了《铁路文化与博物馆工作研究——2016年学术论文集》的编辑出版工作。

发布实施铁道行业首部团体标准——《市域铁路设计规范》，填补了该领域技术标准的国内空白；制定了标准化三级工作架构管理办法；组建了由14个专业近800名行业知名专家组成的团队。

11月7日，由学会主办的中国铁道学会标准化（桥梁、隧道、通信信号、灾害防治、环境保护）专业技术委员会成立大会暨第一次工作会议在北京召开，近300人参加大会。

决策咨询 2017年，学会完成了神华轨道机械化维护分公司“重载铁路隧道机械化清筛成套技术及装备研究”“轨道车辆碰撞试验系统、安全评估技术及应用”，朔黄铁路发展有限责任公司“神华铁路大轴重重载运输成套技术研究”，中南大学“强风下桥上行车安全关键技术及应用”科技项目的咨询评价工作。

8月9—10日，学会文博委员会组织11家委员单位到哈尔滨进行实地调研，并组织召开了《铁道科技行业类博物馆在科学教育体系中的发展策略研究》研讨会。此前，学会已对17家博物馆和28所中小学校开展了调研活动。

10月，“中国铁道博物馆青少年教育课程及教具开发”课题完成，完成了《铁路科学——小学版》教材的编写出版工作，并研发完成了科普模型教具。

2017年，学会劳动委员会完成了3项学术活动课题（劳资、职教、卫生），共征集论文494篇。

国际学术会议 1月19—21日，由学会主办的市域铁路中法技术交流会在湖北省武汉市召开，80余名专家参加会议。为学习和借鉴法国巴黎都市圈市郊铁路的建设和运营经验，会议邀请了法国环境与可持续发展委员会（CGEDD）、法国国家铁路公司（SNCF）、巴黎大众运输公司（RATP）以及阿尔斯通（ALSTOM）公司的6名专家授课。

5月27日，学会与中国城镇化促进会在北京举办中国市域铁路发展论坛暨《市域铁路设计规范》发布仪式，共计200余人参加活动。来自法国、日本及国内的9名专家进行了专题报告和研讨。

国内主要学术会议 学会及分支机构共举办国内学术交流活动24次，提交学术交流论文1002篇，参加人数累计3815人次。

10月27日，在第十四届中国国际现代化铁路技术装备展览会期间，学会举办了智能铁路分论坛——智能铁路发展论坛，参加人数350人，交流论文68篇。

7月21—23日，学会组团参加京、沪、粤、港铁道学会学术年会20周年峰会，学会理事长卢春房作主旨演讲《长风破浪会有时——中国铁路二十年发展回顾》宣传中国铁路特别是中国高铁取得的辉煌成就。

国际交往 9月2—7日，学会代表团一行8人赴南非开普敦参加第11届国际重载运输大会，来自南非、中国、德国、意大利、日本等20多个国家的代表参加会议。大会以“在不断变化的世界中推进重载技术和运营水平”为主题。中国铁路总公司代表作了专题报告，并实地考察了南非撒尔丹哈港铁矿石线路运营中心，参观了南非中车株机有限公司总装厂。学会推荐2名在读研究生获得免费参会资格，评选出5名优秀青年工程师并颁发了获奖证书。大会入选论文摘要59篇、发言交流类27篇、壁报交流类32篇。

科普活动 5月21日，学会在中国铁道博物馆东郊馆举行了2017年全国铁路科技活动周启动仪式，活动周主题为“强基达标，提质增效，科技强路，创新圆梦”。东郊馆现场的科普挂图展、蒸汽机车摄影展、有奖问卷调查吸引了大量观众积极参与。活动邀请中国铁道科学研究院首席专家黄强、陆阳作了专题讲座。200多名师生参加启动仪式。

同期，全国各省会城市、地方车站、地方铁道学会举办全国科技周活动，通过走访基层、慰问老人、赠送书籍、实地参观、举办讲座等多种方式普及铁路科技知识。

9月16日，学会以“强基达标、提质增效，挑战极限、勇创一流”为主题，在广东省广州市黄沙火车站旧址展览厅举行了2017年中国铁道学会全国铁路科普日活动启动仪式暨“跨越百年——京张铁路影像展”启动仪式，詹天佑小学、沙面小学的学生与居民参与活动。

9月16—22日，在全国铁路各主要站、车、段，各铁路（铁道）博物馆（纪念馆）同步开展各种形式的科普活动。

组织编绘《智能京张高铁》系列儿童手绘双语科普读物，向世界展示以“精品工程、智能京张”为代表的中国高铁新成就。

表彰举荐优秀科技工作者 2017年年初，组织修订中国铁道学会科技奖奖励办法和实施细则，推荐3名院士候选人、5名首届全国创新争先奖和1个候选先进集体、2名第十五届中国青年科技奖、3名何梁何利基金科学与技术奖、2名第十二届光华工程科技奖和3名中国青年求是杰出青年奖候选人。其中，高速铁路技术攻关组荣获了首届全国创新争先奖先进集体，并入选中央电视台2017年度科技盛典创新团队。

【中国铁道学会第七次全国会员代表大会】 1月4日，中国铁道学会第七次全国会员代表大会在北京召开。在开幕式上，中国科协副主席、铁路总公司总工程师、中国工程院院士何华武宣读了《中国科协关于同意中国铁道学会召开第七次全国会员代表大会的批复》。中国铁路总公司党组书记、总经理陆东福，中国科协党组成员宋军讲话，对学会工作提出希望和要求。来自铁路行业的234名代表出席大会。

在会上，学会第六届理事会理事长孙永福代表中国铁道学会第六届理事会作工作报告，大会审议通过了第六届理事会工作报告、《中国铁道学会章程》（修改草案）、第六届理事会财务工作报告，投票选举产生了第七届理事会。在随后召开的第七届理事会第一次会议上，卢春房当选学会新一届理事会理事长，同时产生了第七届理事会副理事长、秘书长和常务理事。

【铁路运输与物流融合发展论坛】 11月23—24日，由中国铁路总公司、浙江省政府共同举办，学会承办的铁路运输与现代物流融合发展论坛在浙江省杭州市召开。来自国家有关部门，部分重点城市、高等院校、央企、物流企业，以及中国铁路总公司、浙江省相关部门和企业的340位专家学者出席。

本次论坛以“搭建铁路物流平台 助推多式联运发展”为主题，围绕加强铁路物流基础设施建设、优化铁路运输产品结构、发展多式联运、提高物流品质和效率、降低社会物流成本、推动现代物流融合、创新、绿色发展等议题，23名物流行业代表在论坛上作了专题报告。与会人员对现代物流发展趋势进行展望，提出了一系列工作思路、政策建议和发展举措。

论坛期间，中国铁路北京局集团有限公司、中国铁路上海局集团有限公司、中国铁路太原局集团有限公司分别与地方政府、相关企业签订了合作协议。本次论坛共征集论文161篇，经评审，35篇论文入选论文集。

【高寒地区高速铁路技术研讨会】 8月18日，由学会主办、黑龙江省铁道学会承办的高寒地区高速铁路技术研讨会在黑龙江省哈尔滨市召开。在会上，全国铁路建设领域的专家总结交流了高寒地区高速铁路建设的创新成果和经验，畅谈高速铁路建设的新思想、新观点、新技术。来自全国的铁道专家、学者200多人出席会议。

中国铁道学会理事长卢春房，中国科学院院士、中国科学院西北生态环境资源研究院常务副院长赖远明，中国工程院院士、石家庄铁道大学副校长杜彦良等15名专家就高寒地区高速铁路技术作报告。卢春房作报告《推行标准化管理，确保将哈大建设成世界一流高寒高铁》，全面总结了哈大高铁推行建设项目标准化管理的实践经验；中国铁路总公司副总工程师赵国堂将多年来的科研成果总结为主题报告《严寒地区高速铁路路基冻胀机理与控制技术》。中国科学院院士赖远明和中国工程院院士杜彦良分别从高铁冻胀理论和大数据驱动下铁路建设与运营安全保障体系构建等方面作了发言。

除了深入的核心理论研究外，研讨会还涉及高寒环境下的高铁勘察设计技术、高铁建设技术、高铁线路运营维护技术、车辆装备抗高寒技术等。

（撰稿人：李　旭　王　艳）

中国公路学会

服务创新型国家和社会建设　3月，学会与浙江省舟山市签订战略合作协议，开创了学会为区域经济与地方经济服务的新模式。学会依托专家智库资源，发挥资源优势和人才优势，就舟山地区重大公路通道前期规划研究和重大交通项目工程建设的规划依据、深化研究、技术论证等方面开展咨询服务。

5月5日，学会与中国科协企业创新服务中心签订战略合作框架协议。

学会能力提升计划　学会根据中国科协《学会能力提升专项资金管理办法（试行）》和工作进度安排，制定完善各类规章制度。2017年共新增管理制度10项、修订管理制度22项、废止制度5项。

学会修改完善了分支机构管理办法等一系列文件和规章制度，并对分支机构的财务管理、活动管理、公章使用等提出了具体要求，实现了学会对分支机构全方位的统一管理。

学会建设　截至2017年12月，学会个人会员72583人、单位会员2436个，学会个人会员总数比2016年增加2%以上。

学会对分支机构进行了调整，成立交通投融资分会，撤销公路规划分会，调整公路地质分会和筑路机械分会的管理方式，并对计算机应用分会进行更名。

学会召开全体理事会议1次、常务理事会议2次。成立了学会标准专家委员会、学会科普专家委员会；对工程地质和岩土分会等4家分会进行了换届。

11月1日，学会在海南省琼海市举办了中国公路学会旅游交通工作委员会成立大会。12月18日，学会在福建省厦门市召开了2017全国公路学会秘书长工作会议，就学习贯彻党的十九大精神、提升学会能力建设、地方学会发展等方面进行了学习、探讨。

学会治理结构和治理方式改革　根据学会业务发展需要和工作实际，将分会和学会所属工作机构纳入秘书处统一管理考核体系，形成在理事会领导下，学会秘书处统筹管理，由业务部门、职能部门、直属分会三大体系构成的秘书处办事机构和工作新格局。

主办期刊　2017年累计发行各类杂志32万多本。学会主办的4种期刊针对绿色公路、智能交通、新业态、体制改革、四好农村路、服务区创建与评定、投融资、养护新模式探讨、服务品牌建设等重大问题和活动策划制作了66个专题。

学科发展研究　6月5日，由学会编纂的《中国公路史》（第三册）正式出版发行，全书约90万字，记述总结了1991—2010年公路行业取得的突出成就。内容涵盖战略规划、基础设施建设、公路运输、行业管理、法制建设、科技教育、体制改革、管理服务、行业精神文明建设、对外交流等方面。

7月，学会客车分会完成了《中国客车行业发展报告》（年度）初稿撰写工作。

决策咨询　2017年，学会和省级公路学会开展成果鉴定、评审项目共计200多项。

1月18日，中国工程院重大咨询项目“交通强国战略研究”正式启动，此课题包含10个子课题。学会作为中国交通运输领域研究的重要组成部分，承担了“公路强国”子课题大纲的编撰，并参与该课题有关研讨工作。

国际学术会议　6月3日，2017世界交通运输大会期间，学会在北京举办了“一带一路”国际交通合作圆桌会议。来自“一带一路”沿线20余个国家、多个国际组织和地区组织的负责人及企业的专家、学者共60人参加会议。

国内主要学术会议 学会及分支机构2017年共举办年会、研讨会、报告会、论坛等学术活动132次，提交学术交流论文3000余篇。与往年相比，参与人数、学术水平和社会影响力均有所提高。

3月30日，学会在福建省厦门市召开了第19届中国高速公路信息化研讨会暨技术产品展示会。来自全国各地交通运输和高速公路管理部门、运营单位、科研院所、厂商等单位的近3000余名专家、学者分享了最前沿的智能交通解决方案。研讨会以“创新·融合·共享”为主题，与会行业专家就“十三五”期间交通信息化发展方向、如何利用信息化技术进一步提高高速公路信息化建设、管理和服务水平等问题展开研讨。

7月28日，学会在西藏自治区林芝市举办公路地质与岩土工程新技术论坛，近200位专家、学者参加会议。会议围绕不良地质、特殊岩土地区公路建设的前沿科学问题和工程技术难题进行学术研讨，推广应用新技术、新产品。

9月20日，学会在广东省广州市召开了第三届全国绿色公路技术交流会暨广佛肇高速公路绿色低碳工程现场观摩会，来自各省市的600余名专家、学者到场参会。

11月1日，学会在海南省琼海市召开了首届中国旅游交通大会。来自全国各地的近1200名交通行业、旅游行业从业人员参加大会，共同探讨旅游与交通融合创新发展模式。此次会议也是学会首次跨行业、跨领域举办的高度融合、协同创新的学术会议。

12月13日，学会在安徽省合肥市召开了第十一届中国高速公路服务区管理年会，来自各省市交通运输主管部门和服务区经营公司的800多名行业专家、学者参加了本次年会。

国际交往 10月14—21日，学会组团参加了在意大利罗马举行的国际桥隧及收费公路协会（IBTTA）国际峰会，并于会后访问了法国高速公路特许经营企业协会（ASFA），就双方开展多方面合作达成初步共识。

11月13日，学会理事长翁孟勇率团访问马来西亚交通科技社团和企业。翁孟勇向马来西亚道路工程协会重点介绍了中国公路学会发起成立“一带一路”国际交通联盟的有关情况，强调了2017世界交通运输大会上发布关于倡议共建“一带一路”国际交通联盟之后“联盟”的筹建情况。马来西亚道路工程协会主席海斯穆尔表示将组团参加2018世界交通运输大会，并积极参与共建“联盟”。

11月12—16日，在印度新德里召开的2017世界道路大会期间，应主办方邀请，学会同期举办了“一带一路”交通运输专题论坛。在论坛上，与会的国内交通领域的专家、学者宣传推介中国交通建设的最新技术和发展情况，促进“一带一路”国家特别是东南亚地区交通运输领域的科技合作与协同发展。

科普活动 3月15日，学会发布了认定第二批全国公路科普教育基地的通知，经过材料征集、评审，最终认定27家。至2017年年底，全国公路科普教育基地已有52家。

5月20—27日，学会组织开展“科技强国·创新圆梦——全国公路科普嘉年华活动”，动员全国各省级公路学会、各分会、25家全国公路科普教育基地、64名公路科学传播专家联合行动。据统计，学会2017年全国科技活动周活动线下线上受益人数达到180万人次。

在2017世界交通运输大会期间，学会联合中交公路规划设计院有限公司主办了大学生桥梁设计大赛。大赛共收到投稿作品153件，包括港台院校在内的51所大学534人参赛。经过学校推荐、专家评选、现场答辩评比等环节，最终评选出50项优秀作品，并在2017世界交通运输大会期间进行了总决赛。

表彰举荐优秀科技工作者 组织开展2017年中国公路学会科学技术奖的申报服务工作，本年度共受理519个申报项目，申报项目比2016年增长15%。

受中国土木工程学会委托，完成了詹天佑大奖的推荐工作，累计推荐云南、黑龙江、河南3项公路工程。

11月1日，完成了第九届中国公路百名优秀工程师组织推荐和评选工作。在各专业分会、各省级公路学会及有关单位推荐、选拔的基础上，来自全国公路交通建设、养护和管理领域并做出突出成绩的100名优秀青年公路科技工作者获奖。

11月18日，完成了第十二届中国公路青年科技奖评选工作，表彰奖励了10位在我国公路交通科技工作中取得突出成绩的青年科技人才。

2017年，学会获得国家科技进步奖、国家技术发明奖以及国家自然科学奖的提名资格。

学会创新发展 6月5日，历经两年的筹备，经过大纲审查、征求意见、送审稿审查、总校和报批等编制环节，学会正式对外发布了首批《中国公路学会标准》。

12 月 17 日，学会与高德地图共同成立未来交通与城市计算联合实验室。在联合科研、学科设置、人才培养和国际合作四个方面开展工作，建立面向未来交通出行领域的人才社区。在大数据、云计算、人工智能等领域进行联合研发，将联合实验室打造成为未来交通领域的科研基础设施，推动交通出行领域新技术、新工具、新形态早日落地。这是学会建立产学研协同创新、共创共赢体系的一项创新举措。

党建强会 7 月 28 日，经中国科协科技社团党委批复同意，学会正式成立了理事会层面的功能型党委。

10 月 26 日，中国公路学会党委组织党员干部集中学习党的十九大会议精神。

会员服务 学会编撰《中国公路学会通讯》，每月出版一期，便于会员了解相关信息。

【2017 世界交通运输大会】 由中国科协主办、中国公路学会承办、国内外交通运输科技组织共同支持的 2017 世界交通运输大会（World Transport Convention 2017，WTC 2017）于 6 月 3—6 日在北京召开。

大会以“创新引领 · 绿色融合”为主题，以会、展、赛为主要形式，聚焦世界交通运输科学研究和技术应用，集中展示交通运输领域的最新成果和创新趋势，旨在促进交通运输领域的科技创新与融合，推动我国及世界交通运输科学发展。

大会邀请 10 个国际组织的负责人、20 位国内院士、5 位国外院士以及来自 40 多个国家和地区的 450 余位外籍专家、学者参与各项活动，交流分享交通运输前沿科学研究、技术发展路线等。开幕式上，全国政协副主席、中国科协主席、科技部部长万钢致辞。

大会期间，共举办了 220 个交流单元约 1300 个各具特色的学术报告。本次大会的学术交流在形式上，从授课式向讨论式逐步转型；在议题设定上，从覆盖式向引导式转变，得到了与会专家、学者的一致认可和好评。

200 多家国内外知名企业、科研院所、高校展出了其最具代表性的交通技术成果、产品、装备及应用，包括港珠澳大桥、海上救助打捞、墨脱公路在内的 300 多项交通建设成就亮相。

【发起成立“一带一路”国际交通联盟】 经中国科协批准，学会自 2016 年年初起，结合自身的行业优势筹划发起成立“一带一路”国际交通联盟，计划通过开展与“一带一路”周边国家和地区的交流与合作，逐步建成以学会为主导、由相应国家公路科技组织参与的“一带一路”国际联盟，以共同设计、共同运作、共享成果的方式开展工作。

2016—2017 年，学会专家团先后拜访了巴基斯坦、塔吉克斯坦、马来西亚、斯里兰卡、印度等国的交通建设主管部门，接洽了有关科研机构、社团组织和企业，为推动成立“一带一路”国际交通联盟做了先期推介与铺垫。调研期间，学会与多个“一带一路”沿线国家和地区的政府部门、研究机构、科研单位、企业就发起成立“一带一路”国际交通联盟达成多项共识。

2017 世界交通运输大会期间，来自 20 多个国家和地区及国际组织的参会专家、学者齐聚“一带一路”交通合作圆桌会议。会上，参会专家、学者倡议发起成立“一带一路”国际交通联盟。

各国专家倡议，成立“一带一路”国际交通联盟，并逐步打造成为“一带一路”各国交通“政、产、学、研、用”多方参与的交流合作平台，推动“一带一路”交通运输基础设施互联互通的实施，为实现沿线各国交通运输融合、快速、可持续发展，为推动沿线各国人民共享安全、便捷、舒适、绿色的交通出行发挥作用。沿线国家要优先打通缺失路段，配套完善道路安全防护措施和交通管理设备，提升道路通达水平，并逐步形成兼容规范的运输规则，实现国际运输便利化，加强运输物流信息化平台建设。另外，沿线各国应开展交通运输重大科技攻关合作和人才培训合作，提升各国科技创新能力。

【未来交通研究所成立】 2017 年年初，学会提出在中国科协领导下、在中国科协创新战略研究院的支持下创建未来交通领域专业研究机构——未来交通研究所。

2017 世界交通运输大会期间，由中国科协主导，中国科协创新战略研究院牵头，会同中国公路学会、中国航海学会、中国航空学会共建的未来交通研究所成立暨揭牌仪式在北京国家会议中心举行。中国科协党组成员、书记处书记王春法出席仪式，并与学会理事长翁孟勇共同为未来交通研究所揭牌。仪式由中国科协调研宣传部部长郭哲主持。中国科协创新战略研究院院长罗晖宣读了同意研究所正式成立的批复。学会副理事长兼秘书长刘文杰介绍了研究所的职责定位、服务领域和工作计划，中国航海学会理事长黄有方致辞。

王春法在讲话中指出，近年来，我国交通运输领域取得长足发展，在众多高科技领域的研究水平已处于世界领先地位，但对未来领域的研究能力和科技水平还落后于欧美发达国家。鉴于未来交通面临着许多重大战略与技术问题，欧美发达国家已经展开全方位研究，而我国由社会组织发起、以未来交通研究项目为纽带的专业研究机构还处于缺失状态，加强对未来交通发展趋势的研判不仅是大势所趋也是发展所需。他希望，各方发挥各自优势，致力于将未来交通研究所打造成为未来交通研究领域的国家级智库。

（撰稿人：毕　鑫）

中国航空学会

服务创新型国家和社会建设　学会贯彻中央深改组第十二次会议精神和科技部关于进一步鼓励和规范社会力量设立科学技术奖的指导意见，拓展科技评估工作。2017 年共收到 1 个省级学会和 29 个单位会员共 30 个单位推荐的 90 份材料，共评出 31 个获奖项目，其中一等奖 4 项、二等奖 8 项、三等奖 19 项。

3 月 16 日，在天津市召开 2016 年天津市民航飞行技术系列高、中级职称评审会，完成了首批 11 位报评飞行员的职称资格评审，来自学会、天津市人社局、天津市科协等单位的 20 多位专家出席会议。学会与航空工业检测及焊接人员资格认证管理中心合作开展的航空材料检测与焊接培训与认证工作在全国多地举办，共认证 2582 人次、培训 2922 人次。学会申报了 2017 年中国科协的航空特殊岗位专业技术人员专业水平评价项目，参与了人社部和中国科协的多个专业技术人员水平评价项目的研究工作。

7 月，学会受商务部委托，完成了两宗设立合营企业的反垄断调查。

学会与国务院学位委员会航空航天学科评议组共同完成了航空宇航科学与技术全国优秀博士学位论文评选工作，评出 2014—2015 学年度优秀论文 5 篇。

5 月，学会与浙江省安吉县人民政府签署设立安吉服务站合作协议，为安吉县航空产业创新发展提供新思路和新模式。7 月，学会与湖南省株洲市科协签订了创新驱动助力服务合作框架协议，通过建立工作服务站，推动株洲市航空产业创新驱动发展与转型升级。9 月，学会助力四川省德阳市举办 2017 四川国际航空航天展览会，在参展的同时与企业进行供需对接，并同期举办了以民用航空为主题的学术会议。

学会能力提升计划　完成学会创新和服务能力提升工程 2017 年度的项目组织实施，顺利完成该项目的总结工作。

学会建设　新发展单位会员 12 个、个人会员 5812 人（其中高级会员 5 人、学生会员 160 人）。

组织完成了九届理事会中期分支机构考评的各项工作，九届八次常务理事会议审定通过了最终的考评结果，对考核不合格的分支机构进行了全面整改。制定了《中国航空学会分支机构公文、印章管理办法》，修订完善《中国航空学会分支机构财务管理办法实施细则》，召开分支机构培训班进行专题培训。加强对专业分会、会员工作站和地方航空学会的指导与支持，推动航电与空管分会等分支机构成立青年工作委员会。

学会治理结构和治理方式改革　申报中国科协全国学会综合治理改革项目，获得项目资助。从完善务实高效、位阶有序的会议制度，做好个人会员发展和服务工作，加强分支机构建设和管理，参与青年人才托举工程等 17 个方面开展学会综合治理改革，推动学会建设。

青年人才托举工程　牵头完成 2016—2018 年度和 2017—2019 年度两期青年人才托举工程评选工作，新增 16 名入围人选。

主办期刊　2017 年，学会主办的学术期刊和科普期刊始终坚持精品化、国际化原则，社会影响力持续扩大，期刊发行量稳中有升。

《航空学报》成立了青年编委会，大幅缩短审稿周期，组织出版多个专业的专刊、专栏，提升期刊的社会关注度。2017 年中国知网（CNKI）数据影响力指数 CI 值为 1300.755，在航空航天 57 个学术期刊中排名第 1，并荣获“百种中国杰出学术期刊”称号。

《中国航空学报》（英文版）获得“第四届中国出版政府奖——期刊奖”，SCI 数据库期刊引证报告《CJA》影响因子达 1.307，位居 SCI-Aerospace Engineering 学科第 10 名，在亚洲地区排名第 1。

《航空动力学报》再次荣获“第四届中国精品科技期刊”；期刊影响力指数 CI 综合评价总分指标排名由第 5 名上升至第 3 名。

《航空材料学报》再次获评“第四届精品科技期刊”。《航空工程进展》入选中国科学引文数据库2017—2018年度CSCD核心库。

学科发展研究 学会承担的中国科协两年期研究项目“2049年——航空科学技术与航空强国”结题，进入中国科协的书稿审核和出版程序。由学会相关专家组成的课题组先后召开9次研讨会，三易其稿，形成了最终书稿。全书简要回顾了航空科技的发轫与发展的历史，描绘了2049年前后航空科学技术的状态与新型航空器，展望了航空对未来大众生产、生活的影响和对国家经济建设和国防建设的支撑作用，分析了航空科技在实现伟大中国梦过程中担负的历史使命，提出了实现航空强国的策略、方法与建议。

2017年，学会承担的中国科协三年期学科方向预测及技术路线图项目——“2016—2030年无人驾驶航空器及其系统学科方向预测及技术路线图”完成了路线图初稿，进入广泛征询意见建议和进一步修改完善阶段。初稿由学会无人机及微型飞行器分会牵头，组织无人机领域相关专家进行了调研与研究。

国际学术会议 4月18—19日，2017民用飞机航电系统国际论坛在上海市举办，来自国内外政府管理部门、行业协会、科研院所、大专院校和企业的400余名嘉宾参加论坛。

9月5—6日，第二届中国东北及环渤海地区（国际）航空论坛在黑龙江省哈尔滨市召开，150多位航空、航天、船舶领域的国内外专家参加了会议。

9月19—20日，学会作为特邀主办的2017年（第十一届）商用飞机复合材料应用国际论坛在上海市举办，共有来自6个国家的200余名代表赴会交流。

国内主要学术会议 9月19—20日，2017（第三届）中国航空科学技术大会在北京国家会议中心开幕。中国科协常委吴伟仁院士，国家科学技术部资源配置与管理司副调研员赵理，学会副理事长、中国商用飞机有限责任公司副总经理史坚忠，学会常务理事胡海岩院士、朱荻院士、向巧院士，国际航空科学理事会主席Susan Ying博士，以及来自航空工业各部门、民航、部队、科研院所、高校等系统的450余位国内外代表参加了会议。开幕式上颁发了2017年度中国航空学会科学技术奖、第十四届中国航空学会青年科技奖、第四届中国航空学会冯如航空科技精英奖。大会以“创新引领、融合共赢”为主题，探讨了航空事业发展在推动我国制造业转型升级中担负的历史性作用，呈现了航空科技及产业进展，展望了科技及产业发展趋势。

9月19—23日，2017（第七届）中国无人驾驶航空器系统大会暨展览在北京举办，来自航空工业各部门、民航、部队、科研院所、高校等系统的200余位行业专家出席会议，展览面积8000余平方米。

两岸交流 7月7日，第七届全球华人航空产业论坛暨第八届田长霖论坛在湖北省武汉市召开，论坛由学会与台湾地区“中华航太学会”、美国美华航太工程师协会、中国旅法航空航天协会联合主办，武汉市人民政府侨务办公室承办，来自海内外的100多名代表与会交流。

国际组织任职 ICAS年度工作会及研讨会于9月10—14日在瑞士温特图尔召开。我国7名委员出席了程序委员会工作会，对ICAS 2018大会征集的论文进行评审与分组，协助邀请分组交流主持人与报告人。张新国参加同期举办的执行委员会工作会，并被推选担任战略委员会主席。

国际交往 学会与美国国际无人系统协会（AUVSI）建立了双边合作关系，商讨在2017年美国无人系统展期间举办双边论坛，并组织代表赴会和展览交流。为美国航空航天学会（AIAA）举办的2017年度航空大会进行征文，共征集文章213篇，录用124篇。

6月13日，副理事长张新国代表学会在北京接见了捷克航空宇航学会2名委员，就加深学会间合作交换意见。12月6—8日，学会组织航空工业综合技术所领导与工程师共计6人出访捷克，参加国际民航新趋势论坛，听取报告并作论文宣读。其间，航空工业综合所与捷克理工大学交通科学学院签署谅解备忘录，并就双方技术储备与应用需求进行深入交流，计划2018年共同申请新成立的中捷科技合作基金，进行项目合作。此外，学会一行拜访了捷克航空宇航学会理事长Daniel Hanus教授，交流了各自学会情况，并表示未来继续为会员搭建合作平台、深入合作。

科普活动 2017年，学会共举办科普活动27项、400余次，其中科普讲座200余场。直接受众70余万人次，通过媒体传播间接受众达上亿人次。

11月，举办“航空工业杯－第五届国际无人飞行器创新大奖赛暨2017安吉航空嘉年华”活动，活动包括创意赛、固定翼类和旋翼类竞技赛，总奖金170万元，国内外78支队伍近500人参赛，5万余名观众现场参观。南京航空航天大学获固定翼类竞技赛和创意赛两项大奖。

与有关单位联合举办2017第三届中国研究生未来飞行器创新大赛；12月，在海南省举办第八届中国（国际）高台鸟人大赛；3—6月，在15个省市地区的300多所中小学和10多所高等院校举办了300余场科普活动，参与专家人数550余人次，直接参与活动的中小学生15万余人次，共赠送1.5万架航空模型、150套模拟飞行套材和5000余册科普图书。

表彰举荐优秀科技工作者 2月，完成了2017年院士推选工作，共有4位航空科技专家成为两院院士有效提名人选。5月，向中国科协科技社团党委推荐王永庆、吴光辉、段海滨、张卓然4位航空科技领域一线著名专家为优秀党员科技工作者推荐人选。同月，推荐5位航空科技领域著名专家为首届全国创新争先奖候选人，其中杨伟研究员获得全国创新争先奖章、高正红教授获得全国创新争先奖状。7月，完成第四届冯如奖评选工作，祝小平等10位航空科技领域著名专家当选。8月，完成第十四届学会青年科技奖评选，杜文博等10位航空青年英才当选。

党建强会 开展2017年党建强会科普行活动，先后在陕西汉中，江西德兴，广西桂林、梧州、贺州，黑龙江哈尔滨、黑河，山东聊城、潍坊、烟台开展5次大规模党建强会科普行活动，共组织党员专家260余人次为33所中小学校的10万多名中小学生和2个地方的400余名政府公务人员作科普和国防报告57场，捐赠图书11300册、航模11740架。

会员服务 在全国科技工作者日活动期间集中开展学术交流、科普宣传、学会APP推广等特色活动46项，直接受众人数超过15000人次，APP新增用户超3000人。

（撰稿人：杨 亮）

中国宇航学会

服务创新型国家和社会建设 为庆祝香港回归祖国20周年，6月28日—7月2日，由香港中联办、香港各界庆典委员会、中国科协、中国航天科技集团公司等单位联合主办，学会、中国科技馆等单位承办的“创科驱动 成就梦想”科技展在香港维多利亚公园举办。展览以科普的形式展示了国家科技成果和香港创新创业成就，展览场地约12000平方米，展项共148项（件），集中展示了中国航天自力更生、自主创新的发展成果，包括空间基础设施、探月工程、北斗导航工程和高分工程等国家重大专项最新成果，以及落实“一带一路”倡议的天基丝绸之路和航天远景规划等。为期5天的展览在香港引起了强烈反响，共接待香港民众22万人次，创近年来民间庆回归活动之最，成为2017年庆回归系列活动的最大亮点。

为了让更多的民众能感受到我国航天发展成就，在中国科协和中国航天科技集团公司的支持下，学会与地方政府、科协、科技馆等相关部门合作，在国内陆续开展“航天放飞中国梦”巡展，9—12月分别在四川德阳和广西南宁举办了航天科普展，吸引了45万公众前往参观。

学会承接了中国科协《国家中长期人才发展规划纲要（2010—2020）》海洋、空间、地球领域实施情况中期第三方评估课题研究任务。该课题时间紧，内容新，无先例可借鉴，协调面广。在中国科协和中国航天科技集团公司的大力支持下，学会通过多渠道沟通协调，始终高标准严要求，按时向中国科协提交了课题报告。中国科协对组织工作给予“高度认真负责、积极高效工作”的评价，对报告内容给予“思路清晰、论证充分、观点鲜明”的评价，并专门来函致谢。

学会承接中国科协“吉林一号”卫星产业发展及商业应用专题研究工作。在第19届中国科协年会召开前夕，学会组建了以国际宇航联合会副主席、中国航天科技集团公司科技委副主任于登云为组长，由中国科学院、国家民政部减灾中心等单位的知名专家组成的调研团队，并经过现场实地考察和多次研讨，五易其稿，最终形成《关于“吉林一号”卫星产业发展及商业应用的建议书》，并在第19届中国科协年会的院士专家座谈会上进行了交流汇报，受到中国科协和吉林省政府的高度评价。

为庆祝“4·24”中国航天日，激发全民尤其是青少年热爱航天、探索未知、敢于创新的热情，在第二个航天日到来之际，学会在国防科工局指导下，负责西北工业大学主场系列活动的组织协调工作，承担展览、论坛、报告会、知识竞赛、文艺演出等多项任务。活动当天，举办了“航天会客厅”访谈活动，成立了“‘一带一路’航天创新联盟”和航天科普教育联盟；举办了高分遥感应用大会，围绕“航天创造美好生活”主题建言献策，畅谈航天事业未来发展。在庆祝航天日活动期间，学会正式启动了“中国青少年航天创客奥林匹克大赛”“中国空间站青少年科学试验计划”等，并开展了多场航天日主题教育培训活动，举行了全国航天特色学校证书授予仪式。

学会配合完成了中国科协智能制造学会联合体的“国际智能制造十大科技进展”“中国智能制造十大科技进展”组织推荐工作。

学会能力提升计划 学会按照第二期“学会能力提升专项——优秀科技社团奖”的工作计划，完成了年度各项任务指标，实现了学会能力提升的预期目标。

学会建设 2017年，按照中国科协的工作要求，学会大力推进个人会员实名化工作，共吸纳个人实名会员9876人，会员总数达到32546人，单位会员总数达到137个。

学会和各专业（工作）委员会共组织各类学术交流活动28次，参加人员4300人次，发表论文3400篇。

主办期刊 2017年，《宇航学报》继续保持中文核心期刊、中国科技核心期刊、EI源期刊。10月，在由中国科学技术信息研究所举办的中国科技论文与引文数据库统计结果发布会上，《宇航学报》入选“第四届中国精品科技期刊”，即“中国精品科技期刊顶尖学术论文（F5000）”项目来源期刊。根据此次发布的《2017年版中国科技期刊引证报告》，《宇航学报》各项文献计量指标在航空、航天科学技术类期刊中均名列前茅，其中核心影响因子为0.885，为学科平均水平（0.401）的2.2倍，较2016年（0.766）提高了15.5%，综合评价总分在航天领域科技期刊中排名第一。

5月，学会创办的英文刊《航天科技前沿》（*Advances in Aerospace Science and Technology*）第一期正式出版，首届编委会由22名国际宇航界知名外籍专家和20名国内航天领域一线专家组成。

学科发展研究 学会所属国际宇航科学院（IAA）研究中心（北京）作为IAA总部外唯一的实体分支机构，持续实质性参与IAA研究工作。全年完成了《中国航天史》（英文版）的编写和出版工作，并通过IAA正式面向全世界公开发行；完成俄罗斯航天国家集团公司提供的《俄罗斯航天史》英文书稿的编审和样书出版工作。完成了IAA研究报告和相关资讯报告出版工作，获得科研单位好评。

决策咨询 学会主导完成了国家“一带一路”与亚太空间合作组织、国家航天立法与法制航天建设问题、北斗卫星导航、国际组织运行机制等课题研究，同时配合开展月球探测后续国际合作任务论证、国防科技工业智库建设建议等工作。完成了工信部《中国智能制造绿皮书（2017）——行业篇》“航空航天装备”章航天领域的编写工作，获得中央军委装备发展部的2项立项课题。

国际学术会议 11月23—24日，学会和国际宇航科学院在上海市共同主办了第七届航天技术创新国际会议暨2017年国际宇航科学院中国院士日活动。会议得到中国国家航天局、中国航天科技集团公司、中国航天科工集团有限公司的大力支持。来自国内外航天机构、高校、研究院所的200余名代表出席开幕式。中外航天专家围绕“航天技术创新与商业航天”的主题畅谈航天科技的发展规划。

11月25—26日，由中国科协、俄罗斯科学工程学会联合会主办，学会和浙江省科协承办的第四届中俄工程技术论坛暨中俄航天工程技术大会在浙江省德清县召开。来自中俄两国的近200名代表参加会议。论坛上，中国航天科技集团公司多位专家以中国航天的成就与展望、中国探月工程成就与展望、中国北斗导航工程建设发展与应用等为题作主题报告。论坛围绕航天产业化发展、先进制造技术应用与展望两个议题举办了两场圆桌会议。论坛期间，学会与俄罗斯科工联和齐奥尔科夫斯基宇航科学院分别进行了工作会晤，并签署备忘录，确定后续合作任务和成果目标，进一步推进两国月球与深空探测合作进程。

国内主要学术会议 9月13日，由学会与浙江省台州市人民政府联合主办的中国（台州）氢能产业发展高峰论坛暨氢能小镇首批入园项目签约仪式在浙江省台州市举办。氢能产业、技术企业、科研院所、高等院校和资本方的300多名代表参会，共同探讨氢能产业合作共赢之路，为建设台州氢能创新创业高地出谋划策。

11月1—2日，由学会主办的第二届中国航天高峰论坛暨中国宇航学会·中国空间法学会2017年学术年会在北京召开。论坛以“协同创新、融合发展”为主题，旨在促进航天学术交流与研讨、繁荣航天学术思想、促进航天强国建设。论坛采用主题报告与分论坛专题研讨相结合的方式进行，内容涵盖空间技术、空间科学、空间应用、空间法律等相关领域。论坛首日，8位专家围绕中国商业航天的实践与探索、当前的国际形势与法律外交工作、天河理论与天河工程、卫星通信的新技术发展、北斗卫星导航系统前景与展望、深空探测的发展展望、大数据时代的民用遥感卫星应用与发展、人工智能与航天应用等主题作主题报告，并与现场观众进行交流互动。

国际组织任职 学会副理事长、中国航天科技集团公司副总经理杨保华在11进4的差额选举中胜出，当选国际宇航联合会（IAF）副主席。

国际交往 6月30日，由学会发起成立的IAF卫星商业应用专门委员会在香港特别行政区举办了成立大会及亚太办公室授牌仪式。IAF秘书长Christian Feichtinger，IAF副主席Otto Koudelka，卫星商业应用专委会联合主席John Horack，香港中联办副主任谭铁牛，中国科协副主席、书记处书记徐延豪，中国航天科技集团公司副总经理张建恒，中国载人航天工程办公室副主任杨利伟，航天员景海鹏、陈冬等参加大会。

9月25—30日，学会组织来自团体会员单位的70余名航天科技工作者参加在澳大利亚阿德莱德召开的第68届国际宇航大会。会议期间，代表团参加了100余场相关学术活动，组织了1个中国航天展览并开展近50场国际交流。其中，中国航天展以实物、模型、展板、视频等形式相结合，按宇航系统、空间服务、商业航天、国际合作、未来计划等板块综合展出中国航天成就，从不同角度向世界各国代表宣传了中国航天成就，吸引了1000余名代表参观。

10月15—20日，由学会组织的第五届中荷航天企业对接会在荷兰召开，来自中荷两国政府部门、航天企业、研究机构的官员、高层人士100名代表出席会议。出访公司与荷兰代尔伏特大学重点交流创新机构合作，针对相关企业重点关注轻小型化卫星产品（平台产品、载荷）及其在卫星上的应用等。学会助力学会团体会员单位与荷兰航天界高管和企业建立联系，会议签订协议1项、达成意向8项。

表彰举荐优秀科技工作者 2月，学会完成2017年“两院”院士推选工作，向中国科协推选3名院士候选人。

在首届全国创新争先奖推荐活动中，学会推荐的北斗导航卫星研发团队和长征五号运载火箭研制团队2个先进集体荣获全国创新争先奖牌，并获得5个全国创新争先奖章、1个全国创新争先奖状。

推荐4名航天优秀青年入选2017—2019中国科协青年人才托举工程项目。

9月25—30日，在第68届国际宇航大会（IAC）期间，学会成功推荐中国航天科技集团公司董事长雷凡培获得阿兰·艾米尔纪念奖。

10月13日，学会与中国自动化学会联合开展了第五届杨嘉墀科技奖评审工作，共评选出5名获奖人员，其中一等奖2名、二等奖3名。

会员服务 7月，基于PC端和微信端的学会会员服务与管理系统开始内测并定向推广，该系统可同时提供学会会员注册、登录、查询和学会资源获取等一站式服务。

【中国宇航学会第七次全国会员代表大会】 5月6日，中国宇航学会第七次全国会员代表大会在北京召开，来自航天及相关部门的领导、代表和嘉宾311人出席会议。中国科协党组书记、常务副主席、书记处第一书记尚勇，国防科工局副局长、国家航天局副局长吴艳华到会祝贺并致辞。大会由学会副理事长吴燕生主持。

学会理事长雷凡培代表第六届理事会作工作报告《不忘初心，持续建设国际一流宇航科技社团》。大会审议通过了新文本《中国宇航学会章程》《第六届理事会财务报告》，投票通过了《中国宇航学会会费收取和使用管理办法》；颁发了“全国优秀科技工作者”“中国青年科技奖”，表彰了先进专业委员会、优秀学术秘书和学会先进工作者；选举产生了丁旭昶等179人组成的学会第七届理事会；选举产生了冯春萍等3人组成的学会第一届监事会。

在学会第七届理事会第一次会议上，选举产生了丁旭昶等42人组成的学会第七届理事会常务理事会，雷凡培当选第七届理事会理事长，聘任王一然为学会秘书长，变更王一然为学会法定代表人。

在学会第七届理事会第一次常务理事会会议上，全票通过成立先进小卫星技术与应用专业委员会、标准化分会。全体常务理事党员表决通过了学会第七届理事会党委委员建议名单，王一然当选党委书记。

【2017年全球航天探索大会（GLEX 2017）】 6月5—9日，由学会与国际宇航联合会共同主办、中国科协和国家航天局共同指导的2017年全球航天探索大会（GLEX 2017）在北京国际会议中心召开。

中国国家主席习近平发来贺信。中共中央政治局委员、国家副主席李源潮宣读习近平主席的贺信并致辞。中国科协党组书记、常务副主席尚勇，党组成员、书记处书记束为，国家航天局副局长吴艳华，中国科学院副院长相里斌，中国载人航天工程办公室副主任杨利伟，中国北斗卫星导航系统总设计师杨长风，中国航天科技集团公司董事长雷凡培、总经理吴燕生、副总经理杨保华、高级技术顾问王礼恒院士，中国航天科工集团公司副总经理刘石泉等出席开幕式。

大会以“分享与合作”为主题，聚焦深空探测，来自51个国家和地区的代表参加。来自欧洲太空局、法国、德国、意大利、南非、俄罗斯、日本、尼日利亚等国和地区的航天局局长，来自波音、洛克希德·马丁、空客公司等国际知名企业的代表，以及来自美国宇航局（NASA）喷气推进实验室等顶级科研机构的科学家和首个登月乘组成员、美国宇航员巴兹·奥尔德林等参加会议，并就人类航天事业发展作主旨和专题报告，介绍主要空间探测项目进展、未来的计划以及促进世界航天事业“共商、共建、共赢”为目的的国际合作。

大会共举行60多场学术活动，涵盖13个技术领域，50多家中外媒体近100名记者对会议进行报道。

（撰稿人：王续伯）

中国兵工学会

服务创新型国家和社会建设 学会联合中国兵器科学院、中国兵器工业208研究所、中国兵器工业标准化研究所等单位共同研究和制定了《枪械射击馆及半封闭射击场水平评估标准（草案）》，并通过水平评估工作。

2017年，学会的兵器大学开设课程55门，其中新开课程25门，共招生学员8284人，学员选学人数17923人次，开考课程135科次，学员报考13134人次。学会与国家人力资源和社会保障部联合举办“智能制造技术与应用”高级研修班。负责兵器两个集团在京会计人员从业资格培训，2017年共培训会计715名。拓展学历教育，与北京航空航天大学和航天人才开发交流中心联合培养“军工管理信息化”工程硕士。

学会能力提升计划 推进院士专家服务站工作，建立中国兵器装备集团公司重庆红宇公司院士站。新建中国兵工学会上海市服务站、重庆市服务站、吉林省服务站，直接服务40余家地方企业。与24个单位进行座谈交流和实地调研，依托学会安全防范、反恐装备与技术、爆炸安全与技术、信息安全与对抗等相关专业委员会，开展“军工安防企业设计制造施工维护能力评价”工作。学会再次向中国工程教育认证协会递交《关于组建兵器类专业认证委员会（筹）的申请》，组织兵器专家起草《兵器类专业认证行业补充标准》，健全《兵器类专业认证委员会（筹）管理办法》等各项规章制度，组织行业专家参加培训；召开2次兵器类专业建设和工程教育认证工作会，推进兵器类专业工程教育认证工作。

学会建设 学会理事会共有179位理事、56位常务理事、高级会员762人、会士49人、普通会员33057人。

学会召开了八届七次常务理事会议、八届八次常务理事会议、八届四次理事会议和学会第36次工作会。学会共有50个专业委员会，2017年新成立激光技术专业委员会、防爆安检专业委员会；3个分支机构完成换届工作，5个分支机构筹备换届；2个专委会变更名称，分别是机械加工专委会更名为先进制造技术专委会、压力加工专委会更名为精密成形工程专委会。实施骨干人才培养计划，全年举办各类培训6次。

使用学会学术会议管理数字化平台，探寻办会的新概念和新的运作模式：“兵器大学教育培训信息管理系统”上线运行，改变了继续教育传统的校务管理工作模式；《兵工学报》学术期刊稿件管理系统及网站、《防务技术》编辑部在线投审稿服务及 *Defence Technology* 网站在业务工作中起到重要作用。通过各业务板块的应用，确定了学会业务“互联网＋业务管理”的新型管理模式。整合学术论文集资源并实现电子化，为单位会员免费提供检索。

主办期刊 2017年，《兵器知识》杂志A刊12期共发行95万册，C刊12期共发行12万册；以C刊的几个系列文章为基础，编撰出版《绘军事》系列丛书5本，增刊发行1.7万册。10月，开通了《兵器知识》杂志的官方微信公众号。

根据中国科技信息研究所2016年《中国科技期刊引证报告》（核心版）统计结果，《兵工学报》2015年核心影响因子为0.583，总被引频次为1786，综合评价得分87.28分，继续保持在兵器学科19种核心期刊中排名第1，在全国1985种核心期刊中排名第24；再次荣获“百种中国杰出学术期刊”称号。

《防务技术》（英文刊）被世界最大的数据库Scopus及中国科技核心期刊收录，提高了期刊在国际上的影响力。2017年《防务技术》（英文刊）共出版6期，收稿156篇（国内43篇、国外113篇，国际稿件占72.4%，同比增长22.3%），刊登稿件58篇（国内20篇、国外42篇，国际稿件占65.6%），已具有高度国际化水平。

学科发展研究 2017年，学会承接中国科协兵器科学技术学科发展方向预测及技术发展路线图综合报告项目，项目结题报告撰写团队来自军工集团、国防高校、军队院校及研究所50余家单位共192人，其中包括8位院士、8位首席专家、91位研究员、65位教授。

国际学术会议 10月，学会在北京召开了第六届光学仪器与技术国际学术会议，22个国家和地区的420人参会。大会报告4篇，共收到投稿论文568篇，录用395篇。

12月8—10日，学会在北京召开2017 International Workshop on Intensive Loading and Its Effects，参会人数100人，其中专家24人，大会报告20篇，收录论文22篇。

国内主要学术会议 学会共召开35次学术会议，参会人数5228人次，其中专家613人次，大会报告241篇。

11月3—4日，以“未来战场上的智慧兵器”为主题的中国科协第331次青年科学家论坛在北京召开，论坛由中国科协主办，学会承办。由每位执行主席负责一个专题研讨，每个专题由6—7位相关领域的专家作研究报告，共有60余家高校、科研院所及大中型企业等的110位优秀青年代表参加论坛，32位青年学者作了学术报告。

11月16—19日，学会在广东省深圳市举办第五届军品防护与包装发展论坛暨成果展示。从事军品防护与包装研发、生产的200余家机构、企事业单位的500余名代表参会交流，有100多个成果展示。论坛收录论文71篇，大会报告18篇，评选出优秀论文15篇。

科普活动 学会组织开展“党建强会”十百千特色活动，学会党委分别于4月、5月和7月组织党员专家赴陕西省汉中市、广西和黑龙江参加国防科技社团联盟党建强会科普行活动。

党建强会 6月，正式组建理事会层面功能型党委。组织召开党的十九大精神专题学习暨动员启动会。学会党委制定并下发《兵工学会学习贯彻党的十九大精神实施方案》，对学会党委、党支部学习宣传贯彻党的十九大精神提出明确要求。

会员服务 2017年，学会理事会共有179位理事、56位常务理事、高级会员762人、会士49人、学会普通会员33057人。

【首届兵器工程大会】 由学会和重庆市科学技术协会主办的首届兵器工程大会于10月21—22日在重庆理工大学召开。大会以“汇聚交叉与前沿，推动融合与创新，促进兵器工程发展”为主题，探讨我国兵器科学与工程的前沿研究与融合发展。大会邀请中国工程院院士王兴治、邱志明、李魁武、胡正寰、邬江兴，国际生产工程科学院院士朱剑英和中国兵器首席科学家毛明等20位专家出席并作主题报告。大会安排了4个分会场，共有8位专家作报告、24位优秀论文作者作宣读交流。本次大会共征集论文305篇，其中271篇论文被录用编入《首届兵器工程大会论文集》。

（撰稿人：殷宏斌）

中国金属学会

服务创新型国家和社会建设 学会面向企业和会员提供公共服务，构建“冶金与新材料产学研协同创新服务平台”，2017年更新了40余项科技成果与研发动态信息。围绕节能减排等热点问题，组织筛选前沿的、有应用基础的行业关键共性技术进行推广，2017年共筛选新技术20余项，以会议推介、现场推介等方式推广11项。

对“高炉热风炉燃烧控制模型”等25项行业科技成果项目开展评价工作；围绕钢铁工业智能制造的关键技术问题，组织专家开展《中国钢铁企业智能制造发展状况与需求》调查，完成《中国智能制造发展绿皮书（2017）》钢铁行业篇的编写；组织跨学科专家开展“钢铁工业智能制造体系参考架构的研究”，为促进钢铁行业智能转型升级发展提供支持。

开展学会团体标准修订工作，修改及新发布学会团体标准系列文件6个；8月，中国金属学会标准化工作委员会工作会议审议通过5个。成立新材料标准化技术委员会、智能制造标准化技术委员会。

学会举办专业技术人才培训班12次，培训人数900余人次。学会申请并承担中国科协继续教育示范项目，于10月举办智能制造技术在冶金工业转型升级中的应用高级培训班。

学会参与材料类专业工程教育认证，承担秘书处办公室工作。组织培训专家33名，新增正式专家11名；开展31个专业的认证工作，包括自评报告审阅、现场考查、结论审议等。

学会牵头联合中国有色金属学会、中国稀土学会等11家全国学会共同组建中国科协先进材料学会联合体，并于6月23日在吉林省长春市举行成立大会。科协领导、有关部委领导、10余位院士以及来自全国学会、企业、高校、科研机构的成员单位代表和专家等100余人出席大会。

学会能力提升计划 学会以“冶金科技精品会议工程”“学科发展”“创新驱动助力工程”“产学研协同创新服务平台”“青年人才托举工程”、第三方科技服务、科普等为抓手，开展一系列活动，形成了具有品牌优势的学会产品。

学会建设 2017年，学会发展会员3000人、高级会员4人，会员总数达90153人，单位会员总数162个。分支机构换届2个，新成立1个。

学会和各专业（工作）委员会共组织各类学术、技术交流活动73次，参加人员13000人次，发表论文2839篇。

学会增补常务理事2人，变更常务理事6人；增补理事1人，变更理事6人。学会通过设立外籍荣誉会员的议案，并授予蔡焕堂、卢维高外籍荣誉会员称号。

学会治理结构和治理方式改革 修订《中国金属学会组织通则》《中国金属学会常务理事职权与议事规则》《中国金属学会监事会工作细则》《中国金属学会工作委员会条例》，制定理事及兼职人员行为准则，完善秘书长办公会等会议制度。

学会加强分支机构管理，完善了《中国金属学会专业分会管理办法》《分支机构财务管理办法》、分支机构开展活动情况奖励办法及考核机制等。9月14日，在北京组织召开中国金属学会分会干部培训班，重申各分会严格执行民政部和中国科协关于“分会不得另行收取会费、分会全部收支纳入学会财务统一核算管理、分会不得设立三级组织”等规定，促使分支机构开展活动合法合规。

青年人才托举工程 由学会牵头成立的中国科协先进材料学会联合体于11月2日在北京举行“青年人才托举工程”2017—2019年度项目候选人答辩评审会。10个成员学会的38名青年候选人参加答辩，25名获得“中国科协青年人才托举工程”第三届项目资金资助，其中学会入选2名。

主办期刊 《材料科学与技术》（英文版）和《金属学报》（英文版）继续获得中国科协期刊国际影响力提升计划项目资助，并同时被评为2017年度“中国最具国际影响力学术期刊”。《材料科学与技术》（英文版）SCI影响因子再创新高，达到2.764，获得中国科学院科学出版基金一等支持，并参加了党的十九大期间在北京展览馆举行的“砥砺奋进的五年”大型成就展活动。《金属学报》（英文版）2017年CJCR影响因子增至0.669。

《金属学报》（中文版）、《钢铁》和学会会刊《中国冶金》继续获得“中国科协精品科技期刊工程”第四期项目资助。《金属学报》（中文版）2017年CJCR影响因子0.970，达历史最高水平，在所在学科领域期刊中综合排名第一。

学科发展研究 学会承担中国科协“冶金工程技术学科方向预测及技术路线图”项目，包括殷瑞钰、干勇等15位院士在内的160余位国内冶金领域的专家参与研究。学会先后组织研讨会和评审会9次、分组讨论会近100次。课题报告对我国建设具有中国特色、面向绿色化、智能化的冶金工程学科体系进行了预测和剖析，并对国家科技政策和学科发展规划提出了建议。

决策咨询 学会常务副理事长赵沛作为京津冀协同发展专家咨询委员会成员，参与《京津冀协同发展战略规划》的一系列重要咨询、调研、编制工作。学会以专家委员会名义向发改委产业协调司、工信部原材料司提出禁止中频炉生产地条钢的建议。与中国钢铁工业协会、中国铸造协会、中国特钢企业协会等单位联合提出“关于支持打击‘地条钢’、界定工频和中频感应炉使用范围的意见”；学会秘书长王新江、副秘书长高怀作为专家先后参与对10余个省市全国整治地条钢督查工作。

国际学术会议 9月25—26日，在北京召开日本ECOARC电炉炼钢技术研讨会。北京科技大学教授朱荣，日本SPCO公司Nada先生、Ao先生、Maeda先生以及岸和田公司Yokoyama先生分别介绍了国内电炉炼钢技术现状及日本ECOARC电炉技术开发应用情况。殷瑞钰院士，学会常务副理事长赵沛、秘书长王新江及来自国内多家电炉炼钢企业和生产厂家的共70余人参与交流。

国内主要学术会议 4月25—27日，在湖北省武汉市召开2017年全国高品质特殊钢生产技术研讨会，会议主题为“精细产品质量控制、加强产用衔接服务、探索绿色智能制造”。来自大专院校、科研院所、特钢企业等30多个单位的近170人参加会议。

5月23—26日，在宁夏回族自治区银川市召开

2017年炼铁关键技术高级研讨会。会议围绕高效、长寿、绿色低碳炼铁的关键技术专题，邀请日本和国内著名专家举办讲座研讨。

6月1—2日，学会与冶金工业信息标准研究院在天津市联合组织召开2017钢铁工业节能环保技术论坛。会议主题为“提高钢铁企业自发电率，推动行业节能减排”。来自钢铁企业、科研院所、设计工程单位、节能环保公司等的200余人参加了会议。

6月27—30日，学会与中国水利企业协会脱盐分会在山东省青岛市共同主办全国冶金用水节水与废水综合利用技术研讨会。会议主题为“科学节水，提高水循环利用效率，加强废水处理及其资源化”。

7月12—14日，学会联合中国自动化学会、中国人工智能学会、自动化分会在河北省唐山市举办2017年中国钢铁工业智能制造协同创新发展论坛暨十届一次中国金属学会生产技术与科技咨询工作委员会工作会，会议主题为“智能协同、质造未来”。学会理事长、中国工程院院士干勇，中国工程院院士殷瑞钰，中国工程院院士桂卫华出席会议并作学术报告，150余名专家、学者参加会议。

8月29—31日，学会与中国炼焦行业协会在辽宁省营口市鲅鱼圈联合召开2017年全国冶金焦化节能减排关键技术研讨会，会议主题为“节能减排、绿色焦化”。会议共收到论文40余篇，会上交流22个技术报告，来自企业和高校的160余人参加了会议。

10月17—19日，学会与中国工程院产业工程科技委员会薄板坯连铸连轧技术交流与开发协会在辽宁省本溪市联合主办全国薄板坯连铸连轧生产技术研讨会，会议主题为“优化生产工艺与产品结构，提升产品竞争力”。中国工程院院士王国栋、毛新平等100余名专家、学者出席了研讨会。会议重点交流了我国薄板坯连铸连轧技术及薄带铸轧技术发展的新进展、新动态与新趋势。

国际组织任职 学会常务副理事长赵沛担任国际矿业冶金和材料联合会副主席。

国际交往 2月，由学会常务副理事长赵沛带队，组织国内67位专家、学者赴美国圣地亚哥参加美国矿物、金属和材料学会2017年年会（TMS 2017），第二届能源材料国际会议（Energy Materials 2017），Global Energy 2025等。学会常务理事、钢铁研究总院副院长田志凌代表中国在Global Energy 2025会上作报告《中国能源工业及相关重点材料的进展》。

8月31日—9月2日，学会理事长干勇、常务副理事长赵沛、秘书长王新江等赴韩国济州参加第九届中韩先进钢铁材料学术会议。会上，韩国金属材料学会授予干勇荣誉会员。

科普活动 2017年，学会举办科普展览2次，受众1万余人次，发放科普宣传材料1500份，组织科普工作志愿者500余人次参与活动，被中国科协评为“2017年度全国学会科普工作优秀单位”。

5月，学会举办2017年全国冶金科技活动周，以“科技强国　创新圆梦”为主题，结合行业特点，开展了多地、多点系列科学技术普及活动，主要包括举办“钢铁强国梦——全国钢铁知识科普竞赛”在线竞赛活动、冶金科技成果展览、网上科普展览、主题报告会、专家专题讲座等。

学会依托“金属材料学科”科学传播专家团队，在重庆市举办2017年转炉炼钢－热连轧生产仿真模拟培训班暨重科杯全国模拟炼钢－轧钢大赛，近30家单位的200名学员参加培训及比赛。

表彰举荐优秀科技工作者 学会与中国钢铁工业协会共同开展了“冶金科学技术奖”评选工作，78个项目获奖，其中特等奖1项、一等奖15项、二等奖22项、三等奖40项。2017年度“中国金属学会冶金医学奖”获奖项目42项，其中二等奖13项、三等奖29项。经学会推荐，会员朱荣、刘正东获得全国创新争先奖状。

党建强会 2017年年初，中国科协批复成立中国金属学会党委，委员7名，赵沛为党委书记。

9月，牵头先进材料学会联合体7家学会联合开展党建安阳行活动，参观了清华·红旗渠新材料产业发展中心，并接受红旗渠精神再教育。

获中国科协2017年“党建强会”计划“十百千”特色活动项目资助。

会员服务 学会编写2017年年报，反映学会年度工作的综合信息。聘请专家编纂《国际钢铁技术内参》，每月出版一期，供会员参考。

学会依托学会工作站、院士专家企业行活动等开展创新驱动助力工程，为单位会员提供技术咨询。主要在天津市、河北省唐山市、沧州等地区相关企业开展调研、咨询和诊断，服务企业技术创新；与广东省佛山市政府达成了创新驱动助力工程合作协议。8月25日，在天津市组织天丰钢铁烧结矿竖冷窑冷却及显热高效回收利用工艺技术和成套设备开发研讨会暨中国金属学会学会服务站、北京科技大学冶金与生态工程学院学生实习基地揭牌仪式。殷瑞钰、王天义、张建良、温燕明等专家参加研讨会，天津市科协副主席白景美出席揭牌仪式。

学会建立微信平台，向会员发布会议通知、介绍学会工作动态、传播学会工作信息。

【第十一届中国钢铁年会】 11月21—22日，第十一届中国钢铁年会在北京召开。会议以“让钢铁更绿色，更智能”为主题，交流了冶金与材料基础理论、生产工艺、新材料开发及其应用、装备和自动化技术、节能环保技术等方面的最新科技成果，分析了钢铁行业绿色化、智能化发展路径。

年会共收到论文1475篇，收录论文1319篇，由冶金工业出版社正式出版论文集。年会设大会报告、分会场报告、墙报三部分，其中大会特邀报告6篇；设有炼铁与原料、炼钢与连铸、轧制与热处理等19个分会场，发布场次49场，发布口头报告458篇、墙报130篇。1500多位来自国内外钢铁冶金、材料行业的科技和管理人员参加会议。

大会由学会常务副理事长赵沛和副理事长、北京科技大学校长张欣欣主持。学会理事长干勇院士致辞，他指出“站在新的历史起点上，钢铁工业面临的主要矛盾已经转化为产业结构与市场竞争需求不适应、绿色发展水平与生态环境需求不适应的矛盾。我们要紧紧围绕建设制造强国这一目标，把提高供给体系质量作为主攻方向，把绿色低碳和环保安全作为首要责任，加快新旧动能转换，着力化解过剩产能，努力建成结构合理、技术先进、服务配套、环境友好的现代钢铁工业，为实现新时代‘分两步走’的新目标提供强力支撑和保障”。京津冀协同发展专家咨询委员会副组长、中国工程院原副院长邬贺铨院士，世界钢铁协会总干事埃德温·巴松，日本新日铁住金株式会社副社长高桥健二，国务院发展研究中心党组成员、办公厅主任余斌，韩国金属和材料学会理事长闵东俊，德国西马克集团自动化业务副总裁皮诺德分别作大会报告。

会上，干勇代表中国金属学会向美国安赛乐米塔尔公司蔡焕堂先生、加拿大麦克马斯特大学教授卢维高颁发了外籍荣誉会员证书，这是中国金属学会首次授予外籍荣誉会员。

【第七届钢铁模拟及仿真国际会议】 8月16—18日，第七届钢铁模拟及仿真国际会议在山东省青岛市召开。来自22个国家及地区的200余位代表参加会议，会上交流论文100余篇。钢铁模拟及仿真国际会议为每两年召开一次的国际系列会议，这是首次在中国召开。

8月16日上午，学会理事长、中国工程院院士干勇致大会开幕词。干勇指出，当前新一轮科技和产业革命正给世界范围的制造业带来颠覆性变化，这是新型信息技术（网络化、数字化、智能化）与制造业的深度融合，其中建模和仿真能够为未来钢铁行业发展提供可能的解决方案甚至是突破性的进展。

来自中国、澳大利亚及瑞典的3位国际钢铁模拟与仿真领域知名专家分别作大会特邀报告，对近年来国际钢铁模拟及仿真领域的发展及取得的成就做介绍和论述，同时分析该领域研究、生产和应用方面的最新发展，并指出了今后的发展趋势。

（撰稿人：曹莉霞）

中国有色金属学会

服务创新型国家和社会建设 学会与中国有色金属工业协会共同开展了“中国有色金属工业科学技术奖”评选工作，171个项目获奖，其中一等奖46项、二等奖69项、三等奖56项。

受湖北省黄石市科协邀请，组织行业环保、冶金和材料加工领域相关专家赴湖北大江环保科技股份有限公司和中铝华中铜业有限公司进行现场考察，开展“点对点”服务，为企业提供技术咨询和指导。

12月，在湖南省长沙市举办矿物加工前沿技术与装备高级研修班、资源高效回收前沿理论与新技术高级研修班，共有324人参加培训，其中资源高效回收前沿理论与新技术高级研修班项目入选人社部2017年度高级研修班项目计划。举办城市地质勘探技术（城市地质、水文地质、三维地质建模）培训班，共有416人次参加培训。

学会建设 截至2017年12月，学会新发展个人会员4010名，团体会员7家。学会新成立有色冶金资源综合利用专业委员会、稀有金属材料专业委员会。计算机学术委员会更名为自动化学术委员会。

8月24日，在山东省烟台市召开七届二次理事会议，学会理事及理事代表共150余人出席会议。会议通报了学会换届以来的工作情况，审议通过了成立新分支机构、部分理事及分支机构人员变更等议案，发布了《2017有色金属工业新技术推广指南》和《2017有色金属行业高新技术产品目录》。

11月30日，召开分支机构及地方学会秘书长会议。参会人员深入学习了中国共产党第十九次全国代表大会精神；总结了学会各分支机构2017年工作并讨论了2018年工作建议。

12月21日，召开七届三次常务理事会通讯会议，审议学会2017年工作总结及2018年工作建议。

按时完成中国科协项目“2016—2017矿物加工工程技术学科发展研究”的报告撰写。

由选矿学术委员会参与编写的《中国大百科全书》矿冶卷，正式完成编写任务，其中选矿分支共分为17个小分支1300余词条，目前网络版正在出版过程中。由选矿学术委员会主任委员孙传尧院士主持编写的《选矿工程师手册》获第四届中国出版政府奖提名奖，是选矿领域首次获得该奖项。

主办期刊 2017年，《中国有色金属学报》（英文版）获得中国科技期刊国际影响力提升计划项目A类资助，《稀有金属》（英文版）获得C类资助，《稀有金属》（中文版）、《中国有色金属学报》（中文版）、《稀有金属材料与工程》（中文版）获得精品科技期刊工程资助；《中国有色金属学报》（中文版）获得中国科技期刊TOP 50称号；《稀有金属》（中文版）、《稀有金属材料与工程》获得2017百强科技期刊称号。学会与江西理工大学合作创办《钨科技》（英文版）期刊。《稀有金属》（英文版）被国家新闻出版广电总局选送参加法兰克福国际书展。

国内主要学术会议 2017年，学会组织各学术委员会和地方学会共同举办综合性、交叉性、跨学科的学术交流活动，全年共举办国内学术会议37次，参会人员10675人次，发表论文2680篇，大会报告1846篇。与往年相比，参会人数、学术水平和社会影响力均显著提升。

9月20—22日，中国新能源材料与器件第一届学术会议在湖南省长沙市召开。会议以新一代高性能绿色能源材料、技术和器件的研究、开发、产业化等为主题。会议设1个主会场、7个分会场和2个论坛，700余名代表参加了会议。中国科学院院士曹镛、加拿大皇家科学院院士张久俊等专家在主会场作专题报告《聚合物体相异质结太阳能电池研究进展——材料、器件、印刷工艺与应用前景》《可持续能源发展与新能源汽车动力电池》。包括厦门大学教授杨勇等在内的100余名专家在7个分会场作专题报告。大会收到145篇论文并结集出版。

10月18—20日，在陕西省西安市召开了2017年中国贵金属论坛，会议主题为“开放创新、合作共赢”，200余名代表参加了会议。会议邀请11名国内外知名专家、学者围绕宏观经济与政策、国际形势、学术技术、市场动态等作专题报告。

10月28—29日，在辽宁省沈阳市召开了2017矿业前沿与信息化智能化科技年会。大会以“绿色开发、深部开采、智能采矿”为主题，来自98家高等院校、企事业单位、科研院所的300余名代表出席会议。中国工程院院士蔡美峰、古德生等专家学者作大会专题报告。会议共收到21篇论文并结集出版。

11月5—6日，在山东省东营市召开了2017中国铜冶炼及加工技术学术交流会。大会以“科技创新 转型升级”为主题，200余名代表参加会议，邀请18位专家学者作专题报告。

11月17—19日，中国有色金属冶金第四届学术会议在云南省昆明市召开，大会以“有色金属‘一带一路’”为主题，800余位代表参加了会议。大会设1个主会场、2个特邀报告分会场和8个专题分会场，孙传尧院士、余永富院士、刘炯天院士及200余名专家、学者分别作专题报告。会议收到130篇论文并结集出版。

12月7—10日，2017年特种粉末冶金及复合材料制备/加工第二届学术会议在湖南省长沙市召开，700余位代表参加了会议。中国科学院金属研究所所长杨锐、中南大学副校长周科朝、郑州大学副校长关绍康、中南大学教授范景莲等粉末冶金及复合材料领域的10余位知名专家、学者就国家相关政策和技术发展作专题报告。会议围绕难熔金属、高温合金、粉末冶金、硬质合金、高性能合金、金属基与陶瓷复合材料、摩擦材料、结构材料、表面涂层与防护技术、制备与加工技术等最新进展情况开展多种形式的交流。会议收到217篇论文并编辑出版论文集。

国际交往 2月27日—3月1日，学会理事长贾明星率领学会代表团赴美国出席国际铜会组委会会议和美国矿物、金属、材料学会（TMS）会议。贾明星会见了美国矿物、金属、材料学会（TMS）理事长霍华德等，双方就两国学会如何开展合作进行了深入交流，确定在高端铝材加工、石油焦、碳素、温室气体减排、稀土材料研发等领域共同开展专题学术研讨。

11月11—15日，学会副秘书长高焕芝赴德国参加第23届联合国气候变化大会，并应邀在会上就“建立可持续发展的碳市场：制度设计与绿色金融”主题进行讨论。

表彰举荐优秀科技工作者 设立“中国有色金属学会杰出青年工程师奖”并完成首次评选表彰工作。

经学会推荐，昆明理工大学校长彭金辉荣获全国创新争先奖章，中国恩菲副总工程师李东波、西北有色院院长张平祥、中南大学难熔金属研究所所长范景莲荣获全国创新争先奖状。

依托中国科协先进材料学会联合体，完成了2017年中国科协青年人才托举工程推荐工作，中南大学副教授高志勇、赵红波和上海大学副研究员罗群3人入围“2017—2019年度青年人才托举工程”项目。

党强建会 充分发挥学会功能型党委的作用，开展党建工作。申报2017年“党建强会计划”和“两个全覆盖专项党建活动”两个项目并组织实施。

会员服务 完善会员个人信息，更新会员数据库。编纂《中国有色金属学会会刊》，每两个月出版一期，每月向个人会员发送2期电子会刊，介绍学会工作动态和工作信息等，便于会员了解行业内相关信息。个人会员可通过电子邮件办理入会，并免费为部分个人会员提供继续教育。

【中国有色金属学会第十一届学术年会】 9月19—22日，第十一届学术年会在湖南省长沙市召开，大会的主题是“创新驱动、绿色发展”。中国有色金属工业协会会长、党委书记陈全训出席大会并讲话。湖南省政协党组副书记、副主席戴道晋致欢迎词。年会学术委员会主任、中国工程院院士黄伯云，中南大学校长、中国工程院院士田红旗在开幕式上先后致辞。学会理事长贾明星主持会议。

中国工程院院士、北京科技大学教授谢建新和中国现代国际关系研究院副院长、研究员李绍先分别作报告《材料基因组计划与国家相关科技项目》《当前我国周边形势》。马丽君、史帅星、李志辉、张西军、周东方、胡平、施士虎、姜洪波、祝伟忠、温庆红10位第一届“杰出青年工程师奖”获奖者在会上受到表彰。

12位中国科学院院士和中国工程院院士以及来自全国各地有色金属行业骨干企事业单位、高等学校、科研院所的负责人等4000余名代表参加了此次年会，607位专家就行业科技热点、转型升级、绿色发展等内容作专题报告。

会议设12个分会场，共收到论文和摘要915篇并出版了论文集。会议期间，55篇论文以墙报形式展示交流，会后共评选出5幅优秀墙报、93篇优秀论文。

【第十四届中俄双边新材料新工艺研讨会】 11月29—30日，第十四届中俄双边新材料新工艺研讨会在海南省三亚市召开。研讨会由学会与北京有色金属研究总院、俄罗斯联邦科研机构管理局、俄罗斯科学院、俄罗斯基础研究基金会等联合主办，中国有色金属工业技术开发交流中心承办。来自俄罗斯、捷克、中国等国家和地区的专家、学者270余人参加会议，其中俄方代表80余位。大会主题是“金属、陶瓷与复合材料”。

学会理事长贾明星主持大会开幕式，中方组委会主席、中国有色金属工业协会会长陈全训出席会议并讲话。本次研讨会收到了第十届全国政协副主席、中国工程院院长徐匡迪的复函：“诚祝会议圆满成功！”

俄罗斯科学院巴依科夫冶金材料研究院科姆列夫院士、格里戈罗维奇院士，中国工程院院士彭金辉、王玉忠，以及16位专家、学者在为期2天的研讨会上作大会报告。会议收录论文148篇并出版论文集，78篇中俄专家的论文以墙报形式发表。研讨会上，组委会为中俄各5位青年科技工作者颁发了优秀青年科技论文奖。

（撰稿人：刘为琴）

中国稀土学会

服务创新型国家和社会建设 学会积极组织稀土领域科研院所、企业参加在第十九届中国科协年会期间举办的先进材料创新展览会，共推荐35家单位参展，展示稀土材料科技创新发展的优秀成果。

8月28日，学会联合内蒙古自治区人民政府等单位在内蒙古自治区包头市共同主办了第九届中国·包头稀土产业国际论坛。论坛以“稀土新材料产业与科技创新”为主题，稀土业界院士专家、学者以及企业家代表700余人参加论坛，共同探讨国家最新稀土产业政策及动态、我国经济现状对稀土行业的影响、中国稀土产品价格走势及对稀土新材料市场的影响、新形势下稀土新材料产业的机遇等热点问题。

学会建设 2017年新增个人会员1100多人，新增团体会员单位2个。

12月8日，学会组织召开了六届二次理事会议，高校、科研院所及企事业单位的113名理事参加会议，审议通过了《2017年度工作总结报告》《2017年度财务工作报告》《关于变更学会副理事长》议案和《提请审议增补的理事》议案。

学会坚持实施标准化战略，根据市场需求制定发布了《钐镁合金》及《钆铜合金》两项团体标准。

学会完成了研究建立稀土学科资源共享服务体系项目，在现有的工作基础上形成了稀土学会统一的信息管理技术平台、内容发布平台、运行维护体系、数据库管理后台，实现了学会会员、专家、成果、人才、学术交流等数据库互联互通。

学会与冶金工业出版社合作，申请并获得了国家出版基金项目资助，按计划出版《中国稀土科学与技术》丛书之《稀土晶体材料》《稀土采选与环境保护》《实用稀土冶金分析》三册。

主办期刊 《中国稀土学报》中、英文版的学术水平和学术影响力继续在行业内保持领先。《中国稀土学报》（英文版）SCI影响因子继续增长，2016年度影响因子达到2.429，增幅达11%，SCI学科分区连续5年保持在Q2区；总被引频次持续增长，达到3669次。《中国稀土学报》（中文版）CJCR影响因子达1.025，排名第4，第四次荣获“中国精品科技期刊”称号。

《稀土》杂志编辑部共处理在线来稿190稿，刊发文章123篇，累计印刷0.9万册、发行0.78万册；2017年评选出7篇优秀论文。编辑部与中国知网签署了“纸电一体化模式合作”协议，实现了优先出版。据统计,《稀土》杂志的影响因子为1.091，在材料科学综合类期刊中排名第2。

学科发展研究 学会承担了中国科协“稀土科学技术学科发展2016—2017”项目，梳理了近两年来稀土领域内的重大科研成果及重大研究进展，研究比较了国内外稀土科学技术学科的最新发展状况与趋势，总结探索稀土科学学科的发展规律与特点。学会于8月22日在北京召开了项目研讨会，并于年底按计划完成了《2016—2017稀土科学技术学科发展报告》，并提交中国科学技术出版社进行审校出版。

学会承担了中国科协《中国稀土学科史》项目，于2月22日在北京召开了学科史工作会议，并于年底完成了《中国稀土学科史》初稿。

决策咨询 承担并完成了工信部委托的“‘十三五’稀土重点高端应用领域的科技发展方向及普及推广”课题研究工作，形成了3万余字的研究报告。

向工信部稀土办提交稀土功能材料供需情况、稀土产业创新中心和平台建设、稀土功能新材料产业发展、稀土综合回收及冶炼分离生产线鉴别要点等综合材料。

承担并完成了中国科协先进材料学会联合体2016年“稀土功能材料领域前沿跟踪研究”课题，形成了10个部分共11万余字的研究报告。

参与了由中国科协先进材料学会联合体组织开展的2017年“新材料领域前沿跟踪”项目研究，形成了3.8万余字的稀土储氢材料分报告。

承担并完成了国家社科基金重大项目“中国稀土交易定价机制改革与促进人民币国际化研究”，发表文章8篇。

参与了由中国材料研究学会牵头组织的“全球科技领军人才目录”项目研究工作，提交了《稀土新材料重点领域方向推荐全球科技领军人才信息表》以及《稀土新材料领域全球领军人才引进的建议》报告。

参与由中国钢铁工业协会牵头组织的“原材料工业创新驱动发展”课题研究工作，完成了其中稀土部分4万余字的研究报告。

国内主要学术会议 学会和各专业委员会共组织各类学术交流活动8次，形成学术交流报告690余篇，参会人员2800余人次。

10月13—16日，学会理化检验专业委员会和中国稀土行业协会检测与标准分会联合举办第十六届全国稀土分析化学学术研讨会，来自全国稀土行业高校、研究所和企业的约90位代表参会。大会报告6篇，专题报告44篇。

11月3—6日，学会固体科学与新材料专业委员会联合中国金属学会功能材料分会、中国金属学会材料科学分会共同举办了2017中国功能新材料学术论坛暨第五届全国电磁材料及器件学术会议。会议重点关注功能材料及稀土科技发展的最新进展，围绕稀土永磁材料、电子信息功能材料、纳米功能材料、新能源材料等方面开展研讨和交流。

11月11—13日，学会举办了2017中国稀土学会继续教育知识更新研修班，来自全国各地12个单位的50余名学员参加了此次研修班。五矿（北京）稀土研究院有限公司教授廖春生、武汉理工大学教授曹学强、天津大学教授沈美庆、中山大学教授梁宏斌、包头稀土研究院教授闫慧忠、中国科学院院士沈保根6位专家从稀土萃取分离新任务新使命、稀土陶瓷材料、汽车催化剂、稀土闪烁发光材料及稀土储氢材料等方面进行了讲解。

11月30日—12月4日，学会发光专业委员会和中国物理学会发光分会联合举办了第九届全国稀土发光材料学术研讨会暨国际论坛。会议邀请发光材料领域的院士、知名专家、学者和企业家作专题报告，并举办新材料、新产品展示和推介会，交流近年来在稀土发光材料基础和应用基础研究以及高新技术产业化等方面所取得的进展和成果。来自两岸三地及国外的近700名稀土发光材料专家参加会议。

表彰举荐优秀科技工作者 经学会推荐，北京有色金属研究总院黄小卫院士荣获首届全国创新争先奖状。

学会推荐钢铁研究总院李安华、包头稀土研究院张玉玺作为宣传全国学会优秀党员科技工作者先进事迹的学会优秀党员科技工作者代表。

经学会推荐，钢铁研究总院韩瑞和浙江工业大学余靓两位青年科技工作者获得“青年人才托举工程”2017—2019年度项目资助。

学会设立“中国稀土学会青年科学家奖”，经专家评审，方以坤、张俊龙、李成宇、刘荣辉、冯宗玉、陈国华、夏志国7人荣获“中国稀土学会青年科学家奖”。

党建强会 学会成立了由7名委员组成的理事会党委，学会理事长李春龙任党委书记。按照支撑单位中国钢铁工业协会部署，完成了党支部换届工作，学会秘书长牛京考担任党支部书记。

学会党支部委员会组织全体工作人员认真学习、深刻领会十九大会议精神，党支部通过学会工作微信群、党员学习群转发、交流、学习党的十九大相关报道文章。

学会参与中国科协“党建强会计划”项目，参加了“中国科协先进材料学会联合体党建活动安阳行”活动。

【中国稀土学会2017学术年会】 5月11—13日，学会组织召开了中国稀土学会2017学术年会。年会致力于促进学术界和产业界的沟通与联系，旨在交流、展示中国稀土基础研究、应用研究及产业领域取得的最新进展及成果，深入探讨稀土资源开发、功能材料及器件领域所面临的挑战与机遇，展望稀土学科、研究、应用的技术发展方向。

中国科协、工信部、国土资源部等相关单位的领导出席了本届年会，7位中国科学院院士、中国工程院院士出席了大会开幕式。学会理事长李春龙在年会开幕式上讲话，学会监事长林东鲁等全体监事参会，学会副理事长严纯华院士主持大会开幕式。

年会采用大会报告、分会场专题交流、墙报交流和展览展示相结合的方式，内容涵盖稀土资源开发、环境保护、稀土磁性材料及应用器件、玻璃陶瓷材料与器件、稀土催化材料、稀土光功能材料、稀土储氢材料、稀土在钢铁及有色金属中的应用、稀土材料化学、稀土产业经济与市场等领域。来自高校、科研院所及企业界的约700位代表参加了会议，会议共有100篇特邀报告、167篇口头报告、73张墙报展示，17家涉及稀土选冶设备、材料加工设备、分析测试设备、环保设备的厂商举办了展览。

【首届中国稀土科学技术奖授奖】 为奖励在稀土科学技术领域做出突出贡献的单位和个人，调动稀土相关领域科技工作者的积极性和创造性，推动我国稀土科学技术的创新发展，学会和中国稀土行业协会联合设立了“中国稀土科学技术奖”。

首届中国稀土科学技术奖奖励项目申报工作于7月12日启动，根据《中国稀土科学技术奖奖励条例（试行）》规定，经过形式审查、10月31日专业组评审会评审、11月18日评审委员会审定，奖励委员会决定授予天津大学等单位联合申报的“高性能稀土汽车催化剂/器制备及应用”、中国科学院长春应化所申报的“稀土资源中伴生钍资源的回收与核纯化”、包头稀土研究院申报的“稀土磁制冷材料及磁制冷冷藏柜”及“含镧、铈稀土PVC热稳定剂的研发”项目一等奖；授予哈尔滨工程大学、中国科学院过程工程研究所等单位申报的其他24个项目二等奖。

12月8日，在中国稀土学会六届二次理事会议上举行了中国稀土科学技术奖授奖仪式，向获奖单位和个人颁发了奖牌和证书。

（撰稿人：李　平）

中国腐蚀与防护学会

服务创新型国家和社会建设 防腐蚀工程师技术

资格培训、认证工作稳步推进，学会先后举办了3期培训班，培训结业人数158人。

2017年，学会共组织业内专家进行了防腐蚀工程师系列水平评价工作6批次。其中1人通过了研究员级高级工程师评审，12人通过了高级工程师评审，160人通过了工程师评审，12人通过了助理工程师评审。

开展4期美国国家腐蚀工程师协会（NACE）阴极保护课程，共计60余人参加学习。

组织3次科技成果鉴定会，对6项科技成果进行了鉴定。

学会建设 10月19日，召开九届四次理事会暨九届七次常务理事会会议。会上听取学会秘书长李晓刚的工作汇报，讨论学会发展思路，决定2018年的主要工作。

新增设3个专业委员会：油气田及管道腐蚀与安全专业委员会、海洋污损防护技术专业委员会和电网腐蚀防护与安全专业委员会。

青年人才托举工程 由学会推荐，东北大学卢小鹏博士入选青年人才托举工程。

主办期刊 《材料保护》杂志全年刊出文稿300篇左右，较2016年度增长了10%，稿件刊发周期从原来的9—12个月缩短为7—10个月。审稿专家队伍年轻化，稿件处理效率有效提高，全年来稿数达到500余篇，较2016年全年增长10%左右。《材料保护》杂志再次荣获“湖北十大名刊成就奖”。在广东省广州市举办《材料保护》技术论坛之“功能性电镀技术及应用研讨会”。

《中国腐蚀与防护学报》全年来稿约220篇，年发表论文85篇共计612页，退稿率60%。稿源主要来自高等院校和科研院所，其中高校来稿占70%以上。

2017年,《中国腐蚀与防护学报》的CJCR影响因子为0.705，被引频次达到799次，在材料综合类期刊中排名第8。

学科发展研究 学会承接的中国科协两年期项目“2016—2017学科发展报告”研究项目在学会理事长王福会和秘书长李晓刚的指导下，于先期联系各专业委员会成立了编委会并邀请专家开展研究工作，并于10月完成终稿。

国内主要学术会议 2017年，主办有中国海洋材料产业高峰论坛，中国防腐蚀之都（长垣）新材料、新装备、新技术学术会议暨国际博览会等学术交流活动12次，参与人数1200多人次。

专业委员会组织学术交流活动15次，参加人数共计1300多人次，交流论文1076篇。

国际交往 与美国腐蚀工程师协会进一步深化在培训、会议、标准等方面的双边合作，并签署合作框架协议。

与欧洲腐蚀联盟（European Federation of Corrosion）进行高层会谈，在联合举办会议、短期人才交流等方面达成合作共识。

科普活动 “走向深海·防护先行”世界腐蚀日专题于4月22日正式在中国腐蚀与防护学会官网及国家材料环境腐蚀平台门户网站——中国腐蚀与防护网上线，分别邀请中国船舶重工集团公司第七二五研究所研究员孙明先、国家材料环境腐蚀平台主任李晓刚、中国海洋大学教授杜敏就深海开发技术以及材料防腐阐述观点。中国腐蚀与防护网微信公众号对专题进行了宣传，关注及转发次数达800人次。

“资源共享·创新圆梦”科技活动周专题于5月20日正式在中国腐蚀与防护学会官网及中国腐蚀与防护网上线。专题用生动、活泼的对话方式展现了中国腐蚀与防护学会拥有的权威培训、认证资源以及国家材料环境腐蚀平台的试验、数据资源。学会微信公众号和中国腐蚀与防护网微信公众号均对专题进行了宣传，关注并转发次数累计达1000人次。

表彰举荐优秀科技工作者 为纪念我国腐蚀与防护科学技术的开拓者和奠基人肖纪美院士、师昌绪院士、张文奇教授、左景伊教授，鼓励广大科技人员热爱腐蚀科学事业、勇攀科学高峰、做出新贡献，根据他们的遗愿及广大腐蚀科技工作者的意愿，学会首次设立肖纪美奖、师昌绪奖、张文奇奖和左景伊奖，代表中国腐蚀与防护学会的最高科技奖励。经过提名推荐、文献检索和科技奖励专家委员会遴选，最终确定获奖名单并在第九届全国腐蚀大会开幕式上为中国腐蚀与防护学会肖纪美奖、师昌绪奖、张文奇奖和左景伊奖的获奖者颁奖，同时为荣获2016年度中国腐蚀与防护学会科学技术奖的13个奖项颁发奖牌，为50篇荣获年度优秀论文奖的论文作者颁奖。

党建强会 学会党委坚持对重大工作部署集体讨论决定。依学会年度计划，在2017年计划召开的2017（长垣）新材料、新装备、新技术学术会议暨国际博览会，第九届全国腐蚀大会，第四届海洋材料与腐蚀防护大会等重大学术交流会议前，召开党委会，从党在引领、保证的角度出发，对会议的筹备工作进行认真部署。

学会党委坚持对重要干部任免集体讨论决定。在学会常务理事的增选工作中，党委坚持对候选人的政治素质先行审查把关，符合要求的方可纳入选举程序。

学会党委还加强了对大额资金的使用管理。对学会承接的科协工作项目，党委除及时督促工作的完成质量和进度外，还对项目经费的使用加强了管理和监督，研究制定了大额经费的使用管理办法，以确保经费合理、合法的使用。

会员服务 2017 年，新增团体会员 8 个。学会为团体会员订购 2017 年全年的《材料保护》杂志，及时将学术活动计划通知团体会员单位，团体会员单位不论有无学术论文，均有权选派代表参加与其有关学科的学术会议。根据会员单位需求，协助解决技术咨询问题，为其进行施工资质认证等。

【第九届全国腐蚀大会】 10 月 19 日，由学会主办的第九届全国腐蚀大会在山东省青岛市开幕，来自全国各地的 800 多名腐蚀与防护及材料领域的专家、业内精英人士、企事业单位领导及代表出席了会议。会议的主题是“安全　延寿　创新　共享”。

中国工程院院士侯保荣、王华明，中国科学院院士张统一、魏炳波，NACE 国际 2016—2017 主席 Sandy Williamson，NACE 国际 2016—2017 副主席 Jeffery Didas，美国 DNVGL 公司咨询顾问 Gerry Koch，学会荣誉理事长陈光章、左禹，学会理事长王福会，学会副理事长兼秘书长李晓刚，学会监事长乔利杰，台湾地区防腐蚀工程协会理事长庄东汉及秘书长王自强等出席会议。

大会开幕式由李晓刚主持，王福会致欢迎词。即墨市市长、青岛蓝谷管理局局长吕涛发表讲话并致欢迎词。中船重工第七二五研究所副所长廖志谦作了所况介绍并致欢迎词。开幕式上为荣获中国腐蚀与防护学会肖纪美奖、师昌绪奖、张文奇奖和左景伊奖的李铁藩、杨德钧、陈光章、王立平、张达威、周庆军、徐大可、刘莉颁奖；为荣获年度中国腐蚀与防护学会科学技术奖的 13 个奖项颁发了奖牌；为 50 篇荣获年度优秀论文奖的论文作者颁奖。

10 月 19 日，侯保荣院士、Sandy Williamson、张统一院士、Jeffery Didas、王华明院士、魏炳波院士、乔利杰教授、李晓刚教授、王福会教授、程萍教授、Gerry Koch、孙明先研究员、宋光铃教授、董俊华研究员、陈新教授级高级工程师、付洪田研究员分别作主旨报告。

10 月 20 日，会议设“腐蚀电化学与腐蚀监检测”“耐蚀材料设计与耐蚀机理”等 16 大议题 23 个平行分会场。国内腐蚀防护领域及材料领域的专家就各分会场议题方面的技术创新、应用现状、改进措施、新成果、新技术等进行探讨。

（撰稿人：靳婉平　张小红）

中国化工学会

服务创新型国家和社会建设 学会参与四川大学、北京理工大学、大连理工大学、河北工业大学、湖南大学等 10 余所高校的本科工程教育认证工作。

学会受全国科学技术名词审定委员会委托承接的《化工名词》（定义版）、《石油炼制》分册和《海峡两岸化学工程名词》（第二版）于 9 月出版。学会受中国大百科全书出版社委托的《中国大百科全书》第三版化工学科卷编纂工作全面展开，基本有机化工、燃料化工、无机化工三个分支已经提交初稿，总提交条目约 1500 条。

学会实施创新驱动助力工程，新增吉林、临淄、石嘴山、平顶山等 7 个对接地区，举办专业论坛及会议 8 次、考察对接等活动 12 次，签订合作协议 8 项，成立学会工作站 6 个；组织对接活动专家 60 余人次，其中院士 4 人；推动 1 项技术合作取得实质性进展，成为中国科协实施创新驱动助力工程一类资助单位。

学会联合广西化学化工学会和辽宁省化工学会分别完成了“高效安全农化新产品在广西边远贫困地区的应用示范”和“助力辽宁阜新氟化工产业基地”两个项目。

4 月 19—21 日，由学会、江苏省化工行业协会、南京苏贝尔会展服务有限公司等单位共同举办的 2017 第四届全国化工行业（园区）污染综合治理大会暨展览会在江苏省南京市举行。展场面积达 12000 平方米，参会专家超过 1200 人次，专业观众达 7800 人次，均比上届增长 20% 以上。

6 月 5—6 日，由学会、教育部化工类专业教学指导委员会、天津大学共同举办的第一届中国大学生 Chem-E-Car 竞赛（化学能汽车）在天津大学举办，共 20 所高校参赛，参与师生达 270 余人。南京工业大学代表队和中国石油大学（华东）代表队于 10 月

1 日在西班牙举办的第十届世界化学工程大会 Chem-E-Car 邀请赛上分别获得了竞赛成绩第 2 名和最佳海报奖。

8 月 18—23 日，由学会、中国化工教育协会和教育部高等学校化工类专业教学指导委员会主办的第十一届全国大学生化工设计竞赛全国总决赛在浙江大学举办，共 287 所高校、1019 支队伍提交了完整作品参赛，参与学生达 5000 余人。

学会能力提升计划 2017 年，学会以全面改革为驱动，以换届大会为抓手，积极推进学会治理结构和治理方式改革。建设完成学会信息化平台系统，包括新网页、会员管理系统、会议管理系统、信息发布系统四大平台，提升会员管理的效率和会员服务能力。

学会建设 2 月 17 日，学会在北京召开专业委员会秘书长工作会议，对换届、年会等重要工作进行了部署，27 个专业委员会的秘书长和秘书处成员参会。

3 月 22 日，学会在浙江省宁波市举办 2017 各省市（化学）化工学会理事长 / 秘书长联席会，安排学会第 40 次全国会员代表大会暨 40 届理事会换届事宜，来自 25 个省、直辖市、自治区（化学）化工学会的理事长、秘书长等 40 余人参会。

2017 年，学会新成立过程模拟及仿真、石化设备检维修、硫磷钛资源化工、微波能化工应用、超临界流体技术 5 个专业委员会。目前，学会共有 30 个专业委员会。

学会治理结构和治理方式改革 学会修订了《中国化工学会会员制条例》，将个人会员分为普通会员（含学生会员）、专业会员、会士三种类型，并提供配套服务。

学会完善了组织架构的改革，实施秘书长聘任制，并选举了监事会，新增《中国化工学会理事会条例》《中国化工学会监事会条例》《中国化工学会会士条例》等配套制度，重点规范理事责权利和留退机制，设立权责明晰的监事制度。

学会通过会展模式带动系列助力平台形成，与四川省德阳市科协共同成立中国化工学会创新驱动德阳工作站、中国化工学会资源化工绿色转型先进技术研究院和中国化工学会资源化工绿色转型先进技术培训中心。

青年人才托举工程 学会通过先进材料联合体推荐的 4 名科技工作者入选青年人才托举工程。

主办期刊 2017 年，会刊《化工学报》《中国化学工程学报》（英文刊）《化工进展》《储能科学与技术》4 份期刊的精品化、国际化建设取得成效。

9 月 22 日，由学会和化学工业出版社主办的全国化工前沿及期刊建设高端论坛暨中国化工学会会刊编委会会议在浙江省杭州市召开，150 余名专家、学者参会。李静海院士、苏海佳教授、费维扬院士和学会副理事长杨元一作介科学、绿色生物制造、化学工程面临的新挑战、化工过程强化的方法和应用等化工及交叉学科领域面临的重要问题等方面的主题报告。

决策咨询 学会应中国科协和吉林省政府要求，组织开展以舒兴田院士领衔的吉林省石油化工产业链条延伸研究课题，受到中国科协和吉林省委领导的肯定。

学会先后承担的中国科协新材料领域前沿跟踪研究、新能源材料前沿跟踪研究（化工部分）两个软课题研究项目以及自行车水漆标准研制项目取得进展。新材料领域前沿跟踪研究项目（化工新材料部分）于 7 月完成验收。

国际学术会议 2017 年，学会及所属专业委员会共举办国际会议 10 个，参会人数 2100 人次，交流论文 490 篇。

3 月 20—22 日，由学会和宁波市科协联合主办的 2017 中国国际烯烃及聚烯烃大会在浙江省宁波市召开。来自中国、美国、瑞士、荷兰、意大利、沙特阿拉伯、日本、韩国等 12 个国家和地区的 300 余名专家、学者参会。

10 月 1—5 日，由学会主办的第十届世界化学工程大会（WCCE10）——2017 世界储能工程机遇与挑战（JE-Energy Storage）分会场在西班牙巴塞罗那召开，150 名专家、学者参会，交流论文 90 篇。专家们围绕目前备受关注的储能技术等展开交流和讨论。

10 月 14—15 日，由学会和日本化学工学会主办的 The 8th China-Japan Symposium on Chemical Engineering（第八届中日化工学术研讨会）在北京举行，会议主题为“智能化工的绿色可持续发展”。大会重点关注方向是生物技术与制造、能源环境技术、绿色精细化工生产、工厂安全技术过程模拟和系统集成以及化学工程大数据，100 余名专家、学者参会。

国内主要学术会议 2017 年，学会及其所属专业委员会共举办国内会议 60 次，参会人数 12340 人次，交流论文 3220 篇。

5月24—25日，由学会和河南省科协、濮阳市人民政府联合主办的2017中国（濮阳）石化产业精细化发展大会在河南省濮阳市举行。会议包括高端论坛、学术研讨、企业参观、成果展示、合作洽谈和项目签订等多种形式，约400名专家、学者参会。大会就目前国内外石化产业精细化发展的热点新技术以及濮阳市石化产业转型升级等问题进行了深入的洽谈与合作。

8月24—25日，由学会和盘锦市人民政府主办的2017中国芳烃产业链发展大会在辽宁省盘锦市召开，近200名专家参会，共同探讨我国芳烃产业链的发展和科技创新。

11月7—9日，由学会、四川省科协、德阳市人民政府主办的中国（德阳）磷钛化工绿色发展大会在四川省绵竹市举办，200余名专家参会。大会聚焦“绿色发展、转型升级”主题，设置了主旨报告会及新型肥料与硫磷钛资源综合利用、硫磷钛循环经济与功能材料2个专题分会。同时设置了专家与德阳党政领导及企业代表对话会、技术需求与供给发布会、绿色化工青年硕博交流论坛、磷钛化工技术成果展等活动，全方位、多角度推进磷钛化工领域学术交流和信息共享。

国际组织任职 学会常务理事陈建峰担任世界化学工程联合会（World Chemical Engineering Council）执委委员；学会监事钱旭红担任亚太化工联盟（Asian Pacific Confederation of Chemical Engineering）理事；学会橡胶专委会副主任委员何晓玫担任国际橡胶组织（International Rubber Conference Organisation）执委委员。

国际交往 2017年，学会与美国化学工程师学会合作举办了第九届中美化学工程会议；与日本化学工学会联合主办了第八届中日化工学术研讨会。

3月6日，在日本东京举办的世界化学工程联合会（WCEC）执委会暨日本化学工学会年会上，WCEC执委会委员表决通过了亚太化工联盟关于提名中国化工学会举办第21届亚太化工联盟大会、同期举办第12届世界化学工程大会的议案，学会获得了2025年第12届世界化学工程大会（WCCE 12）暨第21届亚太化工联盟大会（APCChE 2025）的主办权。

科普活动 2017年，学会共举办科普宣传活动3次，受众60万人次，发放科普宣传材料5000份。

2017年全国科普日期间，学会承担了中国科协北京主场的“‘化’说科学PX”主题活动，以专家讲座、科普展览、现场答疑、网络直播、有奖答题等多种形式为现场及线上观众答疑解惑。

2017年，学会和《知识就是力量》杂志社联合举办了2017年度全国中学生化学科普竞赛，参赛学生1000余人，共200名青少年获得化学专业的一、二、三等奖。

5月，学会与中国科协企业创新服务中心、全国石化行业企业科协联合会、中国石化长炼科协联合编写的《石化与生活》系列科普丛书（5册）正式出版发行。

7月15日，学会作为中国石油和化学工业科普联盟的成员之一，在北京举办2017中国石油和化工行业科普论坛，启动了第一批10家中国石油和化工科普基地。

表彰举荐优秀科技工作者 学会组织开展了第9届侯德榜化工科学技术奖评审活动，姜春明等5人获得成就奖，杜艳泽等15人获得创新奖，陈可泉等29人获得青年奖。

学会向两院院士候选人、教育部青年科学奖、第十五届中国青年科技奖、第14届中国青年女科学家奖、2017年度未来女科学家计划等推荐科技工作者共计10人次。经学会推荐，宗保宁获首届全国创新争先奖状，巩金龙获亚洲杰出科研工作者和工程师奖（The SCEJ Award for Outstanding Asian Researcher and Engineer）。

学会获得直接向国家奖励办推荐科技进步奖资格。

党建强会 2017年，学会召开了2次理事会党委会议，表决通过了党委工作规则。

学会通过先进材料联合体申报中国科协的“党建强会项目”，并组织党员参加党建强会安阳行活动，学会党支部组织了“‘化’说科学PX”主题党日活动。

会员服务 学会通过推进《会员发展促进方案》、建设会员管理信息化系统、推进分支机构协同、加强地方学会/工作站渠道建设、修订《会员制条例》、全面完善会员服务产品等措施，截至2017年12月31日，学会的注册个人会员从2016年的1800人增长到2017年的1.1万人，增长近5倍。

学会每月向理事和会员发送《中国化工学会通讯》(电子版月刊)，日常利用网站、邮件、微信等形式加强与会员的沟通。

2017年，学会开始编纂年报，反映学会年度工作的综合信息，以便会员全面了解学会工作。

【中国化工学会第40次全国会员代表大会暨学会理事会换届】 10月13日，中国化工学会第40次全国会员代表大会暨第40届理事会第一次会议在北京召开。中国石油和化学工业联合会党委书记、会长李寿生，王基铭、费维扬、陈芬儿、李洪钟、谭天伟、张锁江、黄维院士等学会代表和特邀嘉宾共250余人参会。

中国科协学会学术部副部长刘宴兵和李寿生会长先后致辞，充分肯定了学会为推动我国化工科技发展和化工学科繁荣做出的贡献。

大会审议通过了第39届理事会工作报告、第39届理事会财务报告、关于修改章程的议案、关于调整会费标准的议案、《中国化工学会理事会条例》《中国化工学会监事会条例》《中国化工学会会员制条例》《中国化工学会会士条例》，表彰了学会系统2012—2017年度先进个人和先进集体。

会议以无记名投票方式选举产生了由180名理事组成的第40届理事会和由3名监事组成的监事会，杨元一当选监事长，洪定一和钱旭红当选监事。

学会召开了第40届理事会第一次会议，选举产生了第40届理事会常务理事、理事长、副理事长。第40届常务理事会由59人组成，戴厚良当选理事长，聘任华炜为秘书长。

【2017中国化工学会年会暨成立95周年纪念大会】 10月14—15日，由学会主办的2017中国化工学会年会暨成立95周年纪念大会在北京召开。第十届全国人大常务委员会副委员长顾秀莲，中国科协党组成员兼学会学术部部长宋军，中国石油和化学工业联合会原会长李勇武，中国石油和化学工业联合会党委书记、会长李寿生，中国科协副主席、中国化工学会副理事长李静海等出席开幕式。王基铭、费维扬、舒兴田、陈芬儿、李洪钟、钱锋、谭天伟、张锁江、黄维、唐勇、Monty Alger等十几名院士及来自国内外的2000余名专家、学者参会，收录论文1200篇。顾秀莲、宋军先后致辞。

大会特邀李静海院士作了《介科学展望》报告，宾夕法尼亚大学教授、美国工程院院士Monty Alger作《构建教育与市场结合的科研创新模式》报告，华东理工大学副校长钱锋作《智能制造重塑化工生产运行新模式》报告，美国能源部阿贡国家实验室Dr. Khalil Amine作《下一代可充电锂电池在电动车中的应用》报告。

大会设立20个专题分会场，涵盖了石油化工、化工过程强化、化工分离、纳米材料、储能科学、精细化工、生物化工、煤化工、化工安全、离子液体、介尺度等众多前沿技术领域。其中，4个异地分论坛分别在德国汉堡、湖北省宜昌市、广西壮族自治区南宁市、贵州省黔南州等地同步召开。大会同期颁发了第九届侯德榜化工科学技术奖。大会设置的科学仪器及实验室装备/科教技术专题展区吸引了众多学术领域代表。

（撰稿人：王　燕）

中国核学会

服务创新型国家和社会建设　学会承担国家核工程教育认证工作。6月，哈尔滨工程大学核工程与核技术专业被认定为首个核工程类专业认证试点，有效期3年（2017年1月—2019年12月）。7月，核工程类专业认证委员会（筹）及其秘书处正式成立。12月，完成5所高校核工程与核技术专业的认证申请书审阅工作。

中国科协指定学会为首批工程师资格国际互认试点学会，中国中原对外工程有限公司和北京广利核系统工程有限公司被确认为首批核电领域专业工程师资格国际互认的试点企业。学会联合两家企业深入研究英联邦、法语系、俄语系、美国、德国等国家核电领域工程师资格标准，对标接轨国际标准。

继续开展《电子束辐照处理印染和造纸工业废水的技术标准》《辐射流行病学调查技术规范》等7个标准的研制编写工作。为对标国际先进标准，配合核能及核技术走出去需求，学会标准以双语版发行。2017年年底，学会当选团体标准化发展联盟副主席单位，牵头团体标准国际委员会工作，学会秘书长于鉴夫当选联盟副主席。

学会承担的“2016年度科技文献信息加工项目”通过验收。项目完成遴选专利信息8337篇，标引核心文献1510篇，汇集完善科技成果转化服务专家库，采集科技成果210项。项目成果面向专业分会、地方学会、会员单位等推送。

“2017年重点技术领域国外在华专利布局趋势分析研究”项目通过验收。项目完成了核电站技术、核燃料技术及核设施退役与放射性废物处理处置技术3个技术领域的分析和报告撰写工作、3个技术领域在华专利布局趋势专题研究报告、3本300个核心专利实施案例、3本行业专利检索手册（检索指南）、3个专利数据库、3份专家评审意见、3本专题研究报告查新查重报告及专家技术评价表样本。

“2017年度科技信息企业精深定制服务项目”通过验收。与12个省份的100家企业签订服务合同，并完成服务合同中的相关内容。

与四川省德阳市政府签订了《高端装备智能制造（德阳）创新助力学会企业联合体合作协议》。6月5日，2017年四川省知识产权战略宣讲暨德阳（广汉）科技信息推广应用培训在四川省广汉市举办。

学会建设 以通讯方式召开学会八届十一次常务理事会议、八届十二次常务理事会议、第八届五次理事会议。审议通过第八届理事会党委组成人选，同意学会第八届理事会延期到2018年换届。

成立学会锕系物理与化学分会，分会挂靠中国工程物理研究院材料研究所，是学会成立的第26个专业分会。

召开全国省级核学会秘书长联席会，全国现有的22个省级核学会理事长、秘书长等39人参加了会议，通过了学会和各省级核学会《加强两级联动 履行学会职责》联合倡议书。

青年人才托举工程 2017年，学会评选出6位被托举人，核领域30余名院士、100余名专家参与了本项目的人才推荐和人才培养工作。

学科发展研究 完成《2016—2017核技术应用学科发展报告》，包括1个综合报告及加速器技术、放射性同位素技术、核探测与核电子学技术、核仪器与仪表及其应用、核技术在工业领域的应用、核技术在医学领域的应用、核技术在农业领域的应用、核技术在社会安全领域的应用8个专题报告的撰写，并交付出版社。

学会2017年学术年会论文集结出版为《中国核科学技术进展报告》第四卷，每卷分10册，共收录论文近800篇。

学会与上海大学共同完成综合报告《核燃料技术发展战略研究（综合）》以及《先进压水堆核电站燃料技术发展战略研究》《快中子增殖堆与其他堆型核电站燃料技术发展战略研究》《核燃料循环战略及若干问题研究》3个专题报告的撰写，并交付中国工程院。

承担全国科学技术名词审定委员会《核科学技术名词》审定工作。根据全国科学技术名词审定委员会对新版名词审定的规划和要求，学会组织24个专业分会对涉及专业的约10000个词条进行审定。项目周期为2015—2018年，2017年完成了名词释义和查重，并形成最终版提交国家名词委。

国际学术会议 5月24—26日，由学会和中国仪器仪表学会联合主办的第四届中国（国际）核电仪控技术大会在北京召开，会议由中国广核集团、中广核工程公司、北京广利核工程有限公司承办。400余名代表参会，收到论文305篇。大会以“创新、引领、和睦、发展”为主题，交流和研讨核电仪控技术、标准、设备鉴定等领域的现状与趋势，旨在顺应我国核电大发展的趋势，推动核电仪控技术水平提升并与国际接轨。

9月3—8日，第十七届国际核反应堆热工水力大会（NURETH-17）在陕西省西安市召开，这是该会议首次在中国举办。35个国家的800多名代表参会，收到论文摘要1024篇、论文730篇、口头报告686个，参会人数和论文数均创历届之最。

10月12—13日，由学会与国际核运输机构共同主办的“运输技术研讨会——放射性物品区域运输”在北京召开。本次会议主要研讨内容为不同国家和地区如何解读国际、国家放射性物质运输的标准/规定的最佳实践和调研。70余名专家参会研讨。

12月3—6日，核安全·核应急·核安保国际学术会议暨金砖国家核能知识管理学术会议在湖南省衡阳市召开。叶奇蓁院士、陈念念院士、于俊崇院士，以及来自国际原子能机构（IAEA）、国防科技工业局、国家核安全局、南华大学、核工业央企，印度尼西亚、巴基斯坦、南非等金砖国家代表200余人参会，收到论文140余篇。

国内主要学术会议 6月23日，学会邀请荣誉理事长王乃彦、邱爱慈，学会副理事长、中国核工业集团公司总工程师雷增光，中国核工业集团公司科技与信息化部主任钱天林，原子能科学研究院科技委主任柯国土等专家参加第十九届中国科协年会分会场——“加快能源转型，促进东北振兴”论坛，为东北能源转型建言献策。

10月15—18日，学会2017年学术年会在山东省威海市召开，18名院士及1200余名专家、学者参会，收集论文1400余篇。中国科协党组成员、书记处书记王春法，威海市副市长杨丽，国家环境保护部核设施安全监管司副司长赵永明，国家能源局核电司处长赵学顺等出席大会开幕式并致辞。会议同期举办核医学科普讲座、“高温气冷堆与四代核能”高端论坛、青年论坛、妇女论坛等，发布了学会“2015—2017年度中国十大核科技进展”、《倡导绿色核能行动宣言》等重要成果。

两岸交流 8月16—17日，第十六届海峡两岸核能学术交流研讨会在内蒙古自治区包头市举办，来自两岸核能领域的专家近100人参会。

国际交往 与国际组织深入开展合作交流，接待世界核妇女组织、国际核运输机构、美国核学会来访。与国际核运输机构、英国核学会、哈萨克斯坦核学会签订合作备忘录。9月8—9日，赴韩国参加第三届亚洲核燃料会议（ANFC）。

科普活动 承办“科普中国——绿色核能主题科普活动”，聘请李冠兴、王乃彦、杜祥琬、潘自强、叶奇蓁、徐銤6位院士作为活动首席科学家。全年落实方案活动近20项，在21个省、自治区、直辖市举办核科普专题活动近400场，线下参与人数近60万人次，线上浏览量4000万人次。举办主场大型科普展览1次，组织编写调研报告1份，编著出版科普图书16本，制作播出专题电视节目7集。学会荣获2017年度全国学会科普工作优秀单位、2017年全国科普日北京主场优秀组织单位。

9月12日—10月10日，在中国科技馆举办全国科普日“科普中国——绿色核能主题展览”，37000余人参观展览和听取科普讲座。中共中央政治局常委、中央书记处书记刘云山和刘延东、刘奇葆、李源潮、万钢等领导同志参观展区，在华龙一号和三代核电站主控室模型听取专家介绍。全国科普日期间，学会向辽宁、江苏、浙江、福建、山东、广东、广西、海南等省级科协提供“核我探秘”展览、专题影视片、“我们身边的核科学技术”“核电百问”等核科普展览资料和书籍，并组织院士专家到有关省市举办科普讲座。

3—7月，主办第五届“魅力之光”杯全国中学生核电科普知识竞赛，来自全国各地的43万名参赛者参与答题，线上传播量3200万人次。经过初赛、复赛产生了一等奖50名、二等奖50名、三等奖100名、优胜奖300名。一等奖获奖学生参加了之后在上海市、宁波市和三门核电有限公司举行的核电科普夏令营。

5月15—23日，学会与中央电视台科教频道合作拍摄的“科普中国——绿色核能主题科普活动”6集特别节目《核电来了》在中央电视台科教频道《走近科学》栏目播出。12月，与湖南卫视合作策划摄制面向青少年的科幻科普节目《最后的能源》并在湖南卫视《新闻大求真》栏目播出。协助新华网科普中国频道设立“绿色核能”专栏、“科技前沿大师谈”专栏。参与编辑出版《核电与辐射安全科普丛书》等科普书籍。

8月1—2日，组织中国工程院院士杜祥琬、樊明武、陈念念、于俊崇赴山东省荣成市开展“院士面对面”活动。市委有关领导，市政府有关部门，下辖各区、街道办事处，当地高校、企业以及国核示范员工代表共150余人参加活动。

举办2017年全国核科普讲师培训班，邀请14位专家为60余名核科普宣传人员授课，加强科普人才队伍标准化、规范化建设。

在中国科协、国家核安全局、国防科工局、国家能源局的指导下，学会组织专家对16家核电企业、科研院所和科普场馆进行集中评审，初评出10家单位为2018—2022年全国核科普教育基地入围单位。

举办纪念我国第一颗氢弹爆炸成功50周年座谈会。6月16日，学会与两弹一星历史研究会、北京应用物理与计算数学研究所联合举办第四届中国两弹一星历史研究高层论坛暨纪念我国第一颗氢弹爆炸成功50周年座谈会。中央、国家机关和军队的领导同志，以及为“两弹一星”事业作出贡献的研制、生产单位的领导、专家等400余人参会。

2017年核学会活动被主流媒体原创报道170多篇。“中国核学会”微信公众号发布信息500余条，关注人数超过1万人。

党建强会 学会第八届理事会党委由5人组成，理事长李冠兴为书记。党委任期与第八届理事会任期同步。

学会先后赴江西、广西、黑龙江、河南、山东等单位开展活动，邀请核领域专家为所到学校师生开展核科普讲座，并向部分学校捐赠价值10000余元的图书。完成党建研究课题“科技社团联系服务科技工作者新途径新方式研究”。

会员服务 编制印发《中国核学会会员入会指南》，累计注册会员4260人，实现当年注册个人会员翻一番的目标。2017年提交理事会审批发展团体会员8个。印发月报12期、会刊2期。

【第二十五届国际核工程大会（ICONE 25）】 7月2—7日，以“核能——清洁、绿色、可靠的能源”为主题的第二十五届国际核工程大会在上海国际会议中心召开。国际核工程大会素有“核工程界奥林匹克”之称，来自上海市政府、中国科协、国际原子能机构、国家原子能机构、国家能源局、国家核安全局以及世界各大核电集团、科研机构的1200余人参加会议，收录论文摘要1613篇、论文845篇、口头报告74篇，数量创历届之最。哈尔滨工程大学博士生庄乃亮获得Akiyama奖，该奖是学生竞赛组最高奖项。

【第二十五届世界核妇女大会（WiN 25）】 8月28日—9月1日，第二十五届世界核妇女大会（WiN 25）在北京召开，大会以“女性、核能、合作、和谐”为主题，由学会主办、国家电力投资集团公司承办。来自29个国家及地区的300余人参会。大会收集论文摘要89篇。国家核电技术公司总经济师荣芳女士被Win授予2017年世界核妇女奖。

（撰稿人：王　笑）

中国石油学会

服务创新型国家和社会建设　学会落实与教育部全国工程专业学位研究生教育指导委员会签订的《石油工程硕士研究生教育认证合作框架协议》，举办认证专家培训班，接受2个高校教育认证申请，确定中国石油大学（北京）为第一批认证学校，组织院士专家完成入校考查评审。

学会制定《中国石油学会关于加强科技咨询工作的意见》，组织院士赵文智、周守为、曾恒一等完成中国科协“全球科技领军人才流动趋势跟踪研究”项目中5个清洁能源重点领域全球科技领军人才推荐和引进建议。

受国家科学技术奖励工作办公室委托，组织9位院士专家对2017年国家科技奖初评通过项目提出行业咨询意见，包括申报国家科技进步奖的“涪陵大型海相页岩气田高效勘探开发”“南海高温高压钻完井关键技术及工业化应用”“三元复合驱大幅度提高原油采收率技术及工业化应用”3个项目，以及申报国家技术发明奖的“深层油气藏靶向暂堵高导流多缝改造增产技术与应用”“海相碳酸盐岩缝洞型油藏精细描述、数值模拟及高效注水开发技术”2个项目。学会石油储运专业委员会组织企业参与无人机团体标准制定，已形成管道无人机标准初稿及石油石化行业无人机标准编制草案等。

学会承担中国科协“九大”代表研究课题，开展基层调研和问卷调查，发出问卷600份，收回504份，完成《开展创新争先活动的主要做法与效果研究》报告。承担塔里木油田公司“塔中地区奥陶系碳酸盐岩层序划分及控储作用研究”项目并通过结题验收。与大港油田公司签订战略合作框架协议，在科技咨询、技术服务与推广、成果转化等多个领域开展深度合作。开展科技成果转化活动，征集135项新技术项目，筹备召开新技术新成果转化与推介会。

举办第二届全国油气地质大赛、第七届中国石油工程设计大赛、第三届全国大学生测井技能大赛和第二届全国大学生油气储运工程设计大赛。开展全国石油管材螺纹检测人员资格鉴定与认证、NACE阴极保护技术CP2/CP3国际资格认证、油气管道线路完整性技术、通信信息技术应用、油气储运领域青年教师工程能力等专业培训27场，培训人数2382人次。

学会建设　学会2017年发展个人会员1563人。组织召开理事会议1次、常务理事会议2次、秘书长办公会议3次、秘书处办公会议12次、年度工作会议1次。新成立青年工作委员会，完成石油炼制分会、石油测井专业委员会换届和非常规油气专业委员会委员调整。变更学会法定代表人并获民政部批准。

组织分支机构及地方学会自查自评、数据统计、年度考核和评先选优，评选表彰年度优秀秘书长15人、优秀学会领导22人、科普工作先进个人21人、先进集体22个。

主办期刊　《石油学报》和《石油学报（石油加工）》完成期刊出版许可证法定代表人变更。

《石油学报》完成中国科协精品期刊工程第4期TOP 50项目任务，连续第6次被评为“中国最具国际影响力学术期刊”，刊发的1篇论文入选中国科协“中国科技期刊2017年度全国百篇优秀论文”。据《2017年版中国科技期刊引证报告》（核心版）数据显示，在全国1985种核心科技期刊中，《石油学报》影响因子为2.625，排名第11位；总被引频次达5396，继续排名能源类科技期刊第1名。继续实施影响力提升计划，加大Email、微信、微博推送力度，Email主动推送当期目录链接达30余万次，主动到大庆油田、大港油田、青海油田、辽河油田和中国石油大学、西安石油大学等相关院校开展“科研论文写作技巧及《石油学报》投稿建议”讲座。

《石油学报（石油加工）》影响因子为0.841，比2016年升高0.077；总被引频次达1552，比2016年增加98。参与完成《大百科全书》炼油相关词条80余条10万余字的编校工作。

Petroleum Research 完成网站上线运行，与Elsevier公司签订合作协议，实行全文开放获取，扩大期刊国内外读者群及影响力。截至2017年12月，上网论文下载已达5188篇次，已有10余篇国外作者来稿。

学科发展研究 学会组织中国工程院院士黄维和等40名专家编写提交20余万字研究报告，完成中国科协“2016—2017年油气储运工程学科发展研究”项目。

国际学术会议 9月21—22日，学会石油测井专业委员会与俄罗斯欧亚地球物理学会在陕西省西安市联合召开第十届中俄测井国际学术交流会，中、俄、哈三国专家、学者170余人参加会议。会议交流论文44篇，内容涵盖测井专业学科建设、电缆测井、随钻测井、储气库测井、常规和非常规储层测井评价、测井软件和射孔技术等，聚焦中国、俄罗斯、哈萨克斯坦、土库曼斯坦、吉尔吉斯斯坦、蒙古国、伊朗等“一带一路”沿线国家油气勘探开发方面的地质和工程问题。

10月17—18日，学会石油储运专业委员会在河北省廊坊市举办主题为“智慧管道”的第六届国际管道会议。会议邀请16位中外专家作大会报告，并设立天然气管道关键技术、管道完整性管理标准与技术2个分会场和全国油气管道技术成果展，来自美国、俄罗斯、加拿大、丹麦、挪威、法国、哈萨克斯坦等8个国家及国内的约650名代表参加会议。会议收录论文260篇并结集出版。

国内主要学术会议 学会及分支机构2017年组织召开各类重点学术会议70次，参加人数16300人次，交流论文9300篇，出版论文集18部。

4月26—27日，学会在北京举办以“推进HSE深化完善，保障企业稳健发展”为主题的第三届中国石油石化健康、安全与环保（HSE）技术交流大会。来自石油石化企业和相关高等院校、科研院所的技术专家及技术服务和装备制造厂家的近500人参加大会。中国工程院院士高金吉、国家环境保护部政策法规司副司长别涛、国家能源局石油天然气司副司长李英华、中国石油天然气集团公司质量安全环保部总经理张凤山、中国石油化工集团公司安全监督局副局长王玉台、中国海洋石油总公司质量健康安全环保部总经理李翔等作大会报告。大会共征集论文538篇，主会场和3个分会场宣讲79篇，论文集收录290篇供书面交流。会议期间，50家企业进行了技术、设备展示。

9月20—21日，学会在四川省成都市召开第三届中国油气田地面工程技术交流大会暨展示会。大会主题为“持续推进管理与技术创新，全力促进降本增效”。大会征集论文337篇，交流论文40篇，论文集收录245篇，内容涵盖陆上和海上油气田、常规与非常规油气、地面工程综合管理与技术、油气集输与处理、注水与污水处理、完整性管理、工程设计施工与管理、生产运行与提质增效、节能环保等各个方面。500余名地面工程专家和技术人员参加大会，30家企业展示了油气田地面工程有关技术及设备。

11月11—12日，学会在中国石油大学（北京）召开以“石油创新发展，青年争当先锋”为主题的第十届青年学术年会。中国科学院院士高德利、中国工程院院士李根生、中国石油大学（北京）副校长董朝霞、中国石油大学（华东）副校长姚军等到会讲话或作主题报告，来自石油石化企事业单位及高校的260余名40岁以下青年代表参加会议。年会征集论文256篇，在油气地质与勘探、复杂油气田开发、复杂油气井工程、油气储运与储备、石油炼制与化工、石油经济与管理6个分会场交流论文132篇。学术委员会委员评选优秀论文特等奖6篇、一等奖25篇、二等奖54篇。

国际交往 10月31日—11月2日，学会与日本石油能源技术中心（JPEC）、韩国石油管理院（Kpetro）在日本东京召开主题为“石油加工新技术、环境保护与油品质量”的第十届中日韩炼油技术研讨会。由学会副理事长、中国科学院院士金之钧带领的12名中方代表以及日韩代表共75人参加会议。会议从石油加工、油品质量升级与管理、环境保护等方面交流技术报告17篇。中方关注石油加工技术，日韩更侧重环保技术开发。会后，中、韩两国代表参观了JPEC先进技术研究所（ATRI）和丰田未来汽车展示厅。

科普活动 学会各级组织全年举办院士专家科普报告会5次、专题讲座26次、科普展览15次，科普活动受众13483人次。学会被评为中国科协2017年度全国科普工作优秀单位、全国科普日活动优秀组织单位。

学会安排石油地质、工程、物探、经济、通信、储运6个分支机构、9个地方学会、1个科普教育基地在全国科技活动周期间开展科普活动23项，有8个科普教育基地及科研院所、大专院校的重点实验室对公众开放。组织西北大学专家科普报告会暨赠书仪式、深层油气地质与勘探科普报道橱窗、硫化氢风险及防护知识宣传等“全国科普日”活动21项，其中17项被评为“全国科普日优秀活动”。

学会为西北大学博物馆、青海油田科技馆、华北油田科技展览馆等第二批科普教育基地授牌，并对河南油田文化馆和三峡剖面开展考察调研。7月20—21日，学会在甘肃省敦煌市召开科普教育基地创新发展研讨会，成立中国石油学会科普教育基地发展联盟。

表彰举荐优秀科技工作者 学会修改完善《中国石油学会推选院士候选人工作实施细则（试行）》，制定推选工作方案，遴选推荐中国科学院院士候选人1人、中国工程院院士候选人8人（有6人获中国科协提名中国工程院院士候选人）。组织开展第十四届中国青年女科学家奖、第十二届光华工程科技奖等人选提名工作，遴选推荐中国科协人才托举工程“高端科技创新智库青年项目”2人，推荐全国创新争先奖牌候选团队1个、奖章候选人1人、奖状候选人2人。围绕首个全国科技工作者日，学会推荐刘合等3人获“全国学会优秀党员科技工作者”称号。

学会创新发展 5月12日，学会在北京举行“2015—2016年度中国石油石化科技创新十大进展”发布会，中国科协副主席、中国工程院院士周守为，国家能源局科技司副司长修炳林，学会理事长赵政璋，中国工程院院士袁士义，中国科学院院士高德利，石油石化企业代表，以及中国能源报、中国石油报、中国石化报、中国海洋石油报、新华网、光明网等新闻媒体记者约200人出席发布会。评选出的十大进展为：5000万吨级特低渗透－致密油气田勘探开发与重大理论技术创新、古老碳酸盐岩勘探理论技术创新与安岳特大型气田重大发现、海上稠油油田高效开发技术、涪陵海相页岩气高效开发关键技术、中缅天然气管道设计施工及重大安全关键技术、LCO选择性加氢－催化裂化生产高辛烷值汽油或芳烃料（LTAG）技术应用、超深水平井钻完井技术、延安气田勘探开发关键技术与创新、大型海洋油气平台组块浮托安装创新技术、高密度宽方位地震勘探技术创新及重大成效。

党建强会 学会党组织把学习宣传贯彻党的十九大精神作为主线，全年组织召开党委、支委会议8次，党员干部民主生活会1次，党员组织生活会1次，党员及职工学习讨论会11次，支委讲专题辅导党课3次。选举产生中国石油直属第十一次党员代表大会代表1名，组织举办弘扬石油精神岗位实践活动1次。

3月21日，学会功能型党委获中国科协科技社团党委批复成立，党委书记为周抚生，任期与学会理事会任职同步。

会员服务 学会利用“石油院士走基层，科技传播进厂矿”院士专家报告会、科普教育基地授牌、赠送图书等活动，与山东、陕西、青海等地会员及科技工作者座谈、答疑解惑、征询意见。

【第七届中国石油地质年会】 6月2—4日，学会石油地质专业委员会联合中国地质学会石油地质专业委员会在北京召开第七届中国石油地质年会。年会以“保持勘探的活跃性——石油工业可持续发展的必由之路”为主题，分设战略论坛、勘探进展、勘探技术、专家论坛4个主会场，以及陆上碎屑岩油气地质与勘探新领域、陆上碳酸盐岩油气地质与勘探新领域、非常规油气地质与效益勘探新实践、海域油气地质与勘探新机遇、海外油气地质与油气勘探新领域、油气地质理论新进展和油气勘探新技术7个专题9个分会场。学会理事长赵政璋，中国地质调查局党组成员、副局长王昆，国家能源局油气司副司长刘红到会致辞。翟光明、邱中建、李德生、贾承造、马永生、邓运华等14名中国科学院、中国工程院院士出席年会，来自国家部委和各大石油公司、科研院所、高等院校的1250余名代表出席年会。年会邀请两名外国专家作报告《见证二叠盆地非常规油气资源勘探开发的繁荣》和《全球油气勘探进展、趋势及油气公司策略》。中国科学院院士金之钧、中国工程院院士赵文智分别主持“低油价下页岩油发展对策”“前寒武系超古老含油气系统的有效性”两个学术沙龙。年会征集论文及摘要978篇，交流论文215篇，评选出青年优秀论文20篇、优秀展板论文10篇。

【中国石油石化企业网络安全技术交流大会暨展

示会】 6月21—22日，学会与中国石油天然气集团公司信息管理部、中国石油化工集团公司信息化管理部、中国海洋石油总公司信息化部、中国中化集团公司信息技术中心、陕西延长石油（集团）有限责任公司科技与信息化管理部等单位在北京联合举办以“助力石油石化企业网络与信息安全建设，提升石油石化行业网络与信息安全保障能力”为主题的中国石油石化企业网络安全技术交流大会暨展示会。来自国家机关、石油石化企业、高等院校、科研机构的400余名网络与信息安全专家参加大会。中国工程院院士沈昌祥、工信部信息化和软件服务业司副司长安筱鹏、公安部网络安全保卫局总工程师郭启全、国家能源局信息中心副主任胡红升、中国信息安全测评中心总工程师王军等62名专家在主会场及2个分会场作主题报告，结合油气田勘探开发、炼制与化工、油气管道、销售、工程技术服务、工程建设、采购与装备制造等企业网络安全特点，宣传贯彻落实《网络安全法》和网络与信息安全等级保护制度。大会征集论文270余篇，优选130篇收入论文集书面交流。40余家知名企业进行网络安全技术及设备展示。

【全国天然气学术年会】 10月19—20日，学会天然气专业委员会与四川省石油学会、浙江省石油学会在浙江省杭州市联合召开主题为“非常规天然气，能源发展新动力”的全国天然气学术年会。学会理事长赵政璋到会致辞，中国科学院院士贾承造、戴金星、高德利，中国工程院院士胡文瑞，世界石油大会执行委员刘振武，学会天然气专业委员会主任、西南油气田公司总经理马新华，四川省石油学会理事长胥永杰等490余名天然气行业专家、学者参加年会。年会征集论文360余篇，评选出120篇论文在4个专业分会场宣讲交流，邀请13位院士专家作大会报告。专家认为，在非常规天然气中，页岩气储量丰富、分布成片、体量大，技术日趋成熟，最有条件成为天然气增量主力军。在以页岩气为代表的非常规天然气领域，经过近几年高效勘探开发，已取得阶段性重大突破：页岩气探明储量大幅上升，产能产量稳步增长，适合我国地质环境条件、具备国际领先水平的自主勘探开发技术体系日渐成熟，产业链条也逐步形成。这让页岩气有望成为我国清洁能源的突破口、天然气增产的主力军、能源结构调整的催化剂。

（撰稿人：邹　刚）

中国煤炭学会

服务创新型国家和社会建设 学会与中国煤炭工业协会共同组织煤炭工业科学技术奖评审工作，收到来自煤炭企事业单位申报的603个项目，评选出一等奖30项、二等奖100项、三等奖136项。

组织完成“平朔露天矿区绿色生态环境重构关键技术与工程实践”等9项科技成果的评价鉴定。学会开采损害技术鉴定委员会完成邯郸丛台区人民法院委托的三陵乡陈窑村陈庆丰等房屋损害技术鉴定等4项鉴定。开展江西煤田地质局、淮南矿业集团等单位委托的技术咨询工作3项。学会承接了企业横向课题“晋城无烟煤利用现状及未来方向的研究”。

学会在人社部国家知识更新工程露天岗位培训、煤炭清洁高效利用紧缺人才培训、地方特种作业人员爆破专业培训、“双创”管理培训等方面累计完成7个主题600余人次培训。学会完成了露天采矿专业教材试题、专家授课视频的数据库建设。

组织专家与内蒙古自治区鄂尔多斯市、湖北省宜昌市及企业开展合作交流，推动企业技术解困。与山东省菏泽市签署合作协议，并联合召开全国煤矿动力灾害防治学术研讨会，为煤矿冲击地压灾害防治提供技术支持。

学会能力提升计划 成立煤炭清洁高效利用产业协同创新共同体（简称共同体），该组织以学会为主导，整合企业、高校、科研机构和金融机构等力量，是聚焦共性技术研发和科技成果转化“最后一公里”、实现中国科协创新争先行动的重要服务平台。目前，已经有国家能源集团、清华大学、国家开发银行等22家单位、65位知名专家（其中院士23人）进入共同体。

学会建设 2017年，学会召开理事会议1次、常务理事会议3次（包括通讯会议）。学会指导煤矿开采损害技术鉴定委员会、经济管理专业委员会、矿井地质专业委员会、环境保护专业委员会完成换届。新成立煤矿动力灾害防治专业委员会。

截至2017年12月，学会新发展个人会员567人，总数21567人；新发展团体会员3个，总数达到195家。

4月18日，学会2017年工作会暨常务理事会在湖北省宜昌市举行。学会常务理事、理事，分支机构、地方学会和会员单位的代表186人到会。会议传达了习近平总书记对神华宁煤煤制油示范项目建成投产的重要指示，报告2016年工作与2017年重点安排，通报审议重要事项。会议进行了工作交流和经验分享，介绍了煤炭领域重大创新成果。与会代表还就分支机构管理、省级煤炭学会改革发展、科普工作等进行了深入讨论。

完成学会第二次全国会员普查，学会理事会、分支机构、省级学会、个人会员、单位会员信息全部纳入科协会员管理系统。

制定了《中国煤炭学会分支机构工作考核表》《中国煤炭学会学术会议质量考评指标》，对分支机构进行年度工作考评。

8月29—30日，由学会主办的分支机构和地方学会秘书长、会员单位联络员培训班在安徽省安庆市召开，到会人员93名。培训班介绍了煤炭工业创新发展前景以及大众创业万众创新工作的政策与实践，对学会工作者职责和分支机构提出要求，并介绍学会个人会员管理系统的使用方法。

青年人才托举工程 完成第3批托举青年遴选工作。2017年，2人获得中国科协青年人才托举工程第三届（2017—2019年度）项目经费资助立项资格，5人获得项目自筹经费资助立项资格。

主办期刊 《煤炭学报》期刊引证指标实现增长，核心总被引频次达到8777，核心影响因子达到2.26，比2016年分别增长了13%和15%；扩展总被引频次达到13562，扩展影响因子达到3.448，比2016年分别增长了11%和14.5%，在能源科学综合类期刊中排名第一。《煤炭学报》第10次荣获“百种中国杰出学术期刊”称号，第4次入选“中国精品科技期刊”，3篇论文入选“2016年中国百篇最具影响国内学术论文”，2篇论文入选第二届中国科协优秀科技论文，22篇论文入选F5000——“中国精品科技期刊顶尖学术论文（领跑者5000）”。

6月16日，学会期刊出版工作委员会年会在湖北省恩施市举办，国家新闻出版广电总局新闻报刊司、中国科学院文献情报中心（CSCD）有关负责人以及煤炭行业50余本期刊负责人到会。会议传达了国家新闻出版广电总局在编辑出版方面的相关政策思路，对煤炭行业科技期刊集群化和数字化提出了建议。会议组织了圆桌座谈，在办刊思路、数字出版、集群化发展等方面进行交流。

学科发展研究 承担了中国科协“煤矿区土地复垦与生态修复学科发展报告”项目，完成终稿近100万字。

决策咨询 组织专家对环保部《工业企业污染治理设施相关污染物及温室气体减排核算技术指南（试行）征求意见稿》提出修改建议。

6月15—17日，在湖南省岳阳市组织了煤炭行业标准《三下采煤规程》修订讨论会。

国际学术会议 主办国际学术会议3次，到会人数1187人次，其中外宾79人次。3次会议组织学术报告190个，出版中文论文集3本、英文论文集1本。

10月12—14日，中国国际矿山测量学术论坛在安徽省淮南市召开。论坛由学会与国际矿山测量学会第四、第六届委员会联合主办，围绕现代测绘理论与技术、“三下”采矿理论与方法、矿山开采沉陷与控制等议题开展学术交流，邀请中外专家作主题报告27场。

10月20—23日，由学会与安徽理工大学主办的第36届国际采矿岩层控制会议（2017·中国）在安徽省淮南市召开。来自美国西弗吉尼亚大学、波兰AGH理工大学、澳大利亚联邦科学院以及国家自然科学基金委员会，有关高等院校、研究单位的500余名专家学者、师生参加会议。与会人员围绕千米深井安全高效开采、深部岩石力学与工程应用等13个主题组织了60场学术报告。

国内主要学术会议 2017年，学会和各专业（工作）委员会共组织国内学术会议35个，出席人数5406人次，交流学术论文1051篇，编辑出版论文集11本。

5月8—9日，首届煤矿智能化开采黄陵论坛在陕西省黄陵市举办，论坛由学会与国家安全生产监督管理总局煤矿智能化开采技术创新中心联合主办，162位代表出席。中国工程院院士彭苏萍、张铁岗等14位专家分别作了学术报告，主题是煤矿智能开采技术创新与发展。会后，代表们参观了黄陵煤矿智能化生产工作面的地面操控系统。

6月15—16日，全国煤矿动力灾害防治学术研讨会在山东省菏泽市召开，会议由学会与山东省科协联合主办。学会副理事长张铁岗、中国科学院院士宋振骐、辽宁大学校长潘一山出席会议并作学术报告，山东省科协副主席朱明、菏泽市常务副市长闫剑波致辞。来自全国各地煤矿动力灾害防治领域的专家学者、菏泽市煤炭企业科技人员共计170人参加了技术交流。

10月18—19日，中国煤炭学会2017年华东片区学术交流会在福建省福州市召开。会议共征集学术论文453篇，选入论文集66篇，评选出2017年煤炭优秀科技论文36篇。17位论文作者在会上进行交流。

国际组织任职 5月12—14日，国际矿山测量学会（ISM）第45次主席团会议在挪威特隆赫姆举行，14个国家的代表出席会议。会议全票选举学会副理事长刘峰为ISM主席团成员。

国际交往 5月11日，学会副理事长兼秘书长刘峰参加了2017年挪威矿山测量暨采矿学术会议，听取挪威、芬兰和瑞典专家的主旨报告，并与澳大利亚、波兰、俄罗斯等国家的专家进行了技术交流。

10月4—8日，亚洲地区国际矿山测量学术会议在越南河内举办。学会王蕾博士参会并作报告，题目为《中越如何在矿山测量专业领域加强交流合作》。

科普活动 11月7—11日，第一届全国煤炭地学大赛决赛在中国矿业大学（北京）举办，16所高校的学生参加了比赛和科普活动。

8月18日，学会科普工作会议在山西省晋城市召开，张铁岗院士等6位专家进行了煤矿安全科普知识讲座和经验交流。

学会指导华北科技学院等3家高校建立了学生科普社团，建设煤炭行业科普教育基地；制定《中国煤炭学会煤炭行业科普教育基地评审认定办法》；启动申报工作，完成了对24家单位申报材料的初审。接受北京市科协委托，参与编纂了首部全彩科普图书《神奇的煤炭》。

表彰举荐优秀科技工作者 学会开展了“煤炭青年科技奖”评审奖励工作，2017年从基层推荐的102位候选人中选拔出34名获奖者。为扩大奖励活动的社会影响力，由《当代矿工》杂志编辑出版了《初升的太阳——煤炭青年科技奖15届回首》增刊。

学会创新发展 完成了全国标准化委员会第二批社团标准试点单位申报工作，启动煤质检测等团体标准制定研究2项。

完成中标项目中国科协科技信息企业精深定制服务，共向98家企业提供专利技术咨询服务，为科技成果转化提供了平台。

党建强会 1月11日，经中国科协科技社团党委批复，学会第七届理事会党委成立。学会明确了党委职责和任务，规范了工作程序，审议通过了《中国煤炭学会第七届理事会党委工作规则》《中国煤炭学会党委2017年工作安排》。

学会党委组织开展云南保山地区关爱留守儿童精准扶贫活动，走访了保山地区最贫困的团田乡、蒲川乡、新华乡，为当地留守儿童发放运动服和学习生活用品。

学会党委学习宣传贯彻党的十九大精神，在《当代矿工》设置“坚强的堡垒”和“让党徽在煤炭科技事业中闪光”专栏，报道基层先进党组织和优秀党员的事迹。在《当代矿工》杂志、学会网站先后刊发优秀科技专家专访12篇、矿区优秀科技人员事迹37篇；利用微信平台推介青年科技人才业绩展示50余篇。

会员服务 完善学会联络员体系，明确团体会员单位职责，建立了102个单位的会员管理账户，便于沟通和发展个人会员。定期编发寄送学会主办刊物、工作手册、学科信息等资料。

【全国煤炭行业科技工作者日活动北京主场报告会】 6月2日，学会党委联合中国煤炭科工集团党委共同举办了全国煤炭行业科技工作者日活动北京主场报告会。活动围绕“矢志报国、敢为人先、拼搏奉献”的主题，激励煤炭科技人员创新立业、报效祖国。学会副理事长王金华代表中国煤炭学会、中国煤炭科工集团向与会的科技工作者表示诚挚问候。

会议邀请中国科协调研宣传部副部长郑凯到会解读习近平总书记在“科技三会”上对科技工作者提出的殷切期望，阐述建设创新型国家的重大意义。中国工程院院士钱鸣高作主题报告《能源发展对煤炭行业的影响兼谈人才建设》，中国矿业大学（北京）副校长王家臣作关于培养科学精神、树立良好科研道德的发言，北京中煤矿山工程公司研究员龙志阳作《建井科研优秀群体事迹报告》的介绍，煤炭青年科技奖获得者、中国科协青年人才被托举人姜鹏飞结合自身成长作《创新争先勇担当》的发言，全国煤炭青年五四奖章获得者纪任山作《科技创新路上的追梦人》的演讲。学会名誉理事长濮洪九深情回顾了新中国成立以来几代煤炭科技工作者爱国拼搏奉献的科技攻关历程，对煤炭科技人员提出了传承优秀传统、坚持创新发展的期望。162位科技人员参加了报告会。

【第二届国际土地复垦与生态修复学术研讨会】 10月21—23日，第二届国际土地复垦与生态修复学术研讨会在陕西省西安市召开。研讨会由学会和中国矿业大学（北京）主办，学会煤矿土地复垦与生态修复专业委员会、西安科技大学、中国生态修复网共同承办。来自美国、加拿大、德国、俄罗斯、波兰、希腊、印度等15个国家和地区的50余位境外专家，460

位中国专家、学者到会。会议主题是“生态脆弱区的土地复垦与生态修复”。

会议举行大会报告12场，中国工程院院士彭苏萍作题为“西部矿区煤炭开采对环境的影响及修复”的大会报告。3个分会场举行学术报告54场，并举办了“东部草原矿区生态修复”和“西北矿区生态修复”两个国家“十三五”重点专项论坛，为国家项目研发提供交流平台。会议聚焦土地复垦与生态修复所涉及的政策法规与标准的制定和实施，矿区环境污染、地质灾害及受损土地问题的监测、风险评价与预警防控，以及修复后的土地如何开发利用等核心问题展开深入研讨，以期共同推进我国土地复垦与生态修复事业的发展。

会议遴选出100余篇论文出版论文集，由国际著名出版社—— Talors Francies 出版集团出版，并被 EI 收录。

【第一届全国煤炭地学大赛】 11月5—7日，由学会与教育部地质类专业教学指导委员会、中国矿业大学（北京）联合主办的第一届全国煤炭地学大赛在中国矿业大学（北京）科技会堂举行决赛。

16所高校选拔的154名优秀选手在3天的时间里展开最终角逐，赛后评选出特等奖2项、一等奖20项、二等奖31项、三等奖56项、优秀指导教师和优秀组织奖17项、最具创新团队奖1项。

大赛自6月启动以来，历时5个月，设置了“煤炭地质综合大赛”“本科煤炭地质技能赛”“煤炭地质知识竞赛”“学术论坛”“知名教授与学生对话”5个板块，吸引了中国矿业大学、中国地质大学、北京大学、山东科技大学、西安科技大学、安徽理工大学等16所高校的近1000名学生参加。11月7日下午，举行了“知名教授与学生对话”会，由知名学者秦勇、代世峰、邱楠生、唐跃刚围绕煤炭地学的发展和前景、最新研究成果以及煤炭学子的成长成才之路与学生代表展开讨论和互动，800名青年学生参与。

（撰稿人：岳燕京　赵奇）

中国可再生能源学会

服务创新型国家和社会建设　学会承担国家能源局“中国制造2025——可再生能源装备遴选目录”重点项目。学会组成专家评审团队，针对我国太阳能、风能等技术装备现状和行业内的近期发展目标，通过广泛征集、调查和整理分析，提出行业内有影响、有发展基础的太阳能、风能等技术装备目录。可再生能源领域专家参与评估的项目总数为250个，涵盖太阳能、风电、地热能、海洋能、生物液体燃料5个技术领域，参与评审的专家总数为45名，专家评估9183人次。

1月，学会风能专委会启动了风电市场季度、年度调研，全面掌握我国风电装机、市场布局、进出口、风机技术发展及趋势，并编制《中国风电产业地图2017》，为政府部门、制造企业、开发企业、研究机构等提供产业发展信息。9月，学会风能专委会受国家能源局委托，联合中国人民财产保险股份有限公司开展风电保险研究，为解决风电补贴拖欠、发挥保险金融中介和直接投资功能、助力风电产业健康发展提出了切实可行的政策建议。

4月，学会光伏专委会组织开展了“APE高性能绿色背板技术评审会”，为新技术推广提供技术支撑。3—11月，学会光伏专委会共举办了6期分布式光伏电站设计、施工与运维管理实训班，邀请来自西安交通大学、联合国国际太阳能中心、英利工程公司、华威新能源公司等行业内理论实践经验丰富的专家现场授课，致力于提升光伏电站设计、施工以及运维人员的技术水平和管理能力。参训人员来自生产厂家、施工企业以及技术院校等，以中层技术、工程等人员为主。培训结束后，学会为学员提供后续服务与合作。

学会建设　2月18日，学会召开第九次全国会员代表大会。会议选举产生了第九届理事会以及理事长、副理事长和常务理事、监事会。大会由学会第八届理事会副理事长赵玉文主持，第八届理事会秘书长李宝山作第八届理事会工作报告和财务报告，第八届理事会副理事长孟宪淦就学会章程修改意见草案作了说明，经与会代表审议表决通过。

本次大会选举产生了学会第九届理事会理事130名，北京化工大学校长谭天伟当选第九届理事会理事长。

学会召开九届二次、九届三次理事长工作会扩大会议，2017年度第一次、第二次秘书长工作会及党的十九大精神宣讲等多次工作会议。

学会治理结构和治理方式改革　学会第九次全国会员代表大会审议通过了学会第九届理事会设立监事会的议案，选举产生了3名监事会成员。经研究制定，出台学会《监事会工作暂行办法》，形成有章可循的监事管理制度。

学会研究制定并出台了《学会会议制度》，修订了《工作委员会常设机构工作条例》《专业委员会条例》《印章管理办法》《公文处理暂行办法》《财务实施条例》《会员管理办法》，同时注重强化管理和监督考核，保障改革举措的执行落实。

主办期刊 2017年，《太阳能学报》发表文章480篇。学报网站展示了太阳能学报的写作模板，规范稿件格式。2017年下半年，学报编辑部、市场部门完成了新老交替工作，并按照计划在进行网站改版、新媒体运营、广告营销、活动策划以及与展会和行业组织加强合作等方面有序推进。新改版网站于10月正式上线。

2017年，《太阳能杂志》的编辑记者参与行业活动20多次，扩大了杂志的社会影响力。杂志全程报道第十一届上海国际太阳能光伏展览会、第十七届中国光伏学术大会，与国家太阳能光热产业技术创新战略联盟合作出版了第三届中国太阳能热发电大会专刊。

全年完成了12期《风能》杂志的出版任务，内容覆盖可再生能源的社会经济效益、绿色证书交易、低风速分散式风电等时下业内关注的焦点议题。

决策咨询 2017年，学会及各专委会服务科学决策，累计开展政策建议、规划研究近20项。参编及修订国际标准3项、国家标准4项、行业标准3项。

学会联合有关单位，组织专家和科技工作者开展河北能源转型问题的研究。有关研究成果成为全国人大十二届五次会议提案。

学会风能专委会受国家发改委和河北省发改委的委托，组织编制了《张家口可再生能源示范区建设重点工作（2017—2020年）及任务分工》，明确了张家口可再生能源示范区“四梁八柱”工作重点。10月，学会风能专委会组织编写《分散式接入风电项目开发建设暂行管理办法》，在结合我国风电逐渐向低风速地区发展现状的基础上，为未来分散式风电产业的健康发展提供开发指导。

学会光伏专委会参与国家能源局规划司软课题“促进多能互补集成应用的措施研究”，以大型能源基地类、工业园区类、城镇类、农村类、大型公建类、海岛类6类多能互补集成应用类型为主要内容，分析其各自的适用范围，从宏观政策环境、价格机制、商业模式、管理机制、技术条件等方面提出促进多能互补集成应用的措施及建议。配合国家能源局完成了《关于2017年建设光伏发电先进技术应用基地有关要求的通知》建议征求的复函，以及《中国制造2025——能源装备实施方案》自主创新指导目录征集申报工作。与吐鲁番市政府就“吐鲁番100%可再生能源城市规划和应用示范”达成合作，内容包括吐鲁番市100%可再生能源综合应用生态城市规划、能源体制创新及政策研究、新建社区总体技术方案及可行性研究等，为吐鲁番市成为中国西部首个100%可再生能源综合利用示范城市提供技术支撑。

学会风能专委会组织专家和企业参与了国标GB/T 50549《电厂标识系统编码标准》风电修编工作，主要负责风力发电设备编码的编制。

学会热利用专委会负责编制国际标准ISO 22975集热器部件与材料第5部分——保温材料的耐久性与性能标准。2017年，该标准已完成CD稿，并在ISO成员内部进行投票。

学会太阳能建筑专委会主编行业标准《太阳能光伏系统支架通用技术要求》《建筑用光伏构件通用技术要求》《建筑用光热构件通用技术要求》，填补了国内相关领域的技术空白，已经由中国建筑工业出版社出版发行。

国际学术会议 5月6日，学会风能专委会在北京举办中国风电产业国际化研讨会。为配合落实《风电发展“十三五”规划》中有关国际化的任务和目标，推动我国风电产业深化国际合作，大会邀请国家主管部门、国外驻华机构、风电企业以及金融保险机构等单位就焦点问题和突出矛盾进行研讨。

8月16—18日，学会风能专委会与中国循环经济学会可再生能源专委会在江苏省南通市联合主办第二届海上风电领袖峰会。会议得到了国家能源局和IRENA的支持，丹麦、挪威、英国大使馆积极参与，参会人员达500余人。大会召开了政策研讨闭门会、高峰论坛、运维论坛、认证与保险论坛、零部件论坛、工程装备论坛等分论坛。

10月12—14日，第八届东亚海洋环境和能源研讨会在韩国济州岛举行。来自韩国、日本、中国的近100位海洋环境与能源方面的专家参会。学会海洋能专委会秘书长史宏达作为大会主席主持本次会议，并带领团队发表论文3篇，与参会专家交流最新的研究成果。

国内主要学术会议 2017年，学会和各专业委员会共组织学术、技术交流及论坛40余次，参加人次近5万人，征集论文近1000篇。

3月21—22日，以“提升绿色建筑质量，促进节能减排低碳发展”为主题的第十三届国际绿色建筑与建筑节能大会暨新技术与产品博览会在北京国家会议中心召开。学会热利用专业委员会主任徐伟受邀在大会“ACTIVE HOUSE绿色建筑研究与实践”分论坛作主题报告，题目为《中国近零能耗建筑发展》，报告从国家政策、技术标准体系、工程实践、平台建设、未来发展等方面进行了阐述。

4—7月，学会风能专委会与舍弗勒公司合作，组织了“绿色风能”研究生论文评比活动，共吸引20多个高校参与。活动评选出博士论文优秀奖3篇、硕士论文优秀奖5篇、博士及硕士论文鼓励奖若干篇。

5月10—11日，由学会光伏专委会、北京鉴衡认证中心、特变电工共同举办的2017首届创新领跑解决方案研讨会在陕西省西安市举行。研讨会关注“领跑者”项目催化的高效电池技术发展和新材料的规模应用，聚焦我国光伏技术在单体设备的性能水平、系统集成能力、电站施工技术、运维和检测手段。

5月27—28日，学会光化学专业委员会联合中国科学院物理所清洁能源中心、中国科学院清洁能源前沿研究重点实验室、中国科学院光化学重点实验室、北京市新能源材料与器件重点实验室共同承办了第四届新型太阳能电池学术研讨会。会议学术委员会顾问褚君浩、李玉良、赵进才、沈保根、佟振合，光化学委员会主任邹志刚参加了本次学术会议。会议共收到摘要421篇，来自中国、日本和澳大利亚的129个单位的约800余人出席会议。大会进行了网络直播和分会场转播，平均约550名国内外科技工作者同时在线参会。会议就新型太阳能电池研究领域的最新进展和存在问题展开了交流探讨。

8月，第十七届中国光伏学术大会（CPVC 17）在内蒙古自治区呼和浩特市召开。本届大会由学会和内蒙古大学联合主办，学会光伏专委会、内蒙古大学物理科学与技术学院承办，并得到中国光伏行业协会、中国循环经济协会可再生能源专业委员会、中国能源研究会可再生能源专业委员会、中国化学与物理电源行业协会储能应用分会、全国工商联新能源商会、国际铜业协会、光伏绿色生态合作组织等单位的协办支持。大会以“创新推动绿色产业，光伏引领能源未来”为主题，设6大分会场，共吸引来自国内外政府机构、科研院所、相关企业的500余名专家、学者、行业人员与会。

由学会热利用专业委员会牵头组织的“十三五”国家重点专项计划藏区课题工作会议在西安建筑科技大学召开。会议围绕“藏区、西北及高原地区利用可再生能源采暖空调新技术”项目的进展、示范工程建设情况及拟展开的工作等方面进行了总结，围绕可再生能源采暖空调基础理论、多能源互补太阳能供热装置、空气源热泵抑霜控霜技术、蒸发冷却空调关键技术等内容进行了14个专项学术报告。

国际交往 2017年，学会接待国际机构、组织来访数十人次，并多次派中国代表团和专家团队出访国外交流学习。

5月22—31日，学会光伏专委会组织人员赴德国、丹麦两国开展以“光伏为主的多能互补综合应用技术”主题技术交流。活动内容包含与欧洲能源决策部门的战略对话，参观国家级研发、实证、应用基地和实验平台，参观区域可再生能源互补综合利用及能效示范项目等。

8月，学会天然气水合物专委会应英国卡迪夫大学工程学院和第九届国际应用能源会议组委会邀请，参加第九届国际应用能源会议。会议以“激励未来”为主题，涵盖清洁能源转换技术，能源管理、政策、经济和可持续性，能源科学，能量储存，智能能源系统，减排技术，可再生能源等诸多领域的前沿科技问题。专委会成员分别在天然气水合物能源与安全，天然气水合物形成机理与机制、开采方法与工艺，以及气体水合物应用技术在气体储运、气体分离、CO_2捕集与封存等方面的研究进展和成果作口头报告或墙报展示。

学会风能专委会作为国际能源署风能实施协议（IEA Wind IA）成员单位，组织国内机构参与IEA Wind TCP的各个研究项目，先后安排专家参加了芬兰、墨西哥、阿姆斯特丹等地的技术会议。6月，学会风能专委会秘书长秦海岩参加了世界风能协会在瑞典马尔摩举办的第十六届世界风能大会。会议期间，秦海岩当选世界风能协会副主席。

10月29日，国际能源署太阳能供热制冷委员会（IEA-SHC）研究任务“太阳能标准和全球认证”（Task 57 Solar Standards and Certification）在阿联酋阿布扎比召开。该项目旨在通过完善和推广ISO标准体系中的太阳能热利用产品技术标准和测试标准，建立统一的国际认证体系。学会热利用专委会李博佳就“ISO标准体系中太阳能产品测试方法改进”的研究内容和研究方案向与会专家作介绍。

学会地源热泵专业组与美国亚特兰大可再生能源基金会开展了多次交流活动，就在中国合作开展技术创新与绿色金融项目进行会谈，并制订了2018年的合作计划。

科普活动 2017年，学会光伏专委会继续开发彩虹系列科普读本的新成员——《暾》集，该读本以中国太阳神话和祝颂典故作为金石艺术素材，图文并茂。

学会风能专委会利用《风能》杂志、微信公众号等不同途径积极宣传和推广绿色电力证书制度，倡导绿色电力消费。3—10月，学会风能专委会组织开展了第八届“中国风能摄影大赛”。

国际儿童节当日，学会光伏专委会结合“启航”公益计划，在汉能控股集团支持下，为24名藏区儿童和2名藏族老师举行了太阳能科普特别活动。

7月，学会天然气水合物专委会开展了以“走进能源所　认识新能源”为主题的大学生夏令营活动。活动内容包括走进实验室直面科研第一线、展现学科前沿的专题报告等。

2017年，国际太阳能建筑设计竞赛以“阳光－颐养”为主题，吸引了1193个团队通过竞赛官网进行注册，共收到德国、美国、韩国等国家和我国港澳台地区提交的参赛作品239个。

党建强会 2月18日下午，学会第九届理事会党员大会在北京召开。经到会理事会党员表决，一致通过组建学会党委，并设委员5名，选举谭天伟为书记。

4月，经中国科协科技社团党委2017年第四次办公会审议批准，学会党委正式成立。

9月16日，为迎接党的十九大的召开，学会党委召开以“扎扎实实工作，认认真真履职，做好学会党建工作迎接十九大”为主题的工作会议。会议围绕加强党员理论修养、立足行业发展、健全运行机制、转变工作作风等方面探讨和交流了学会党委工作的思路与重点，同时讨论通过了《学会党委工作制度（暂行）》。

11月27日，学会召开学习宣传贯彻党的十九大精神宣讲会。学会秘书长、党委办主任祁和生从党的十九大的主题和主要成果、习近平新时代中国特色社会主义思想等八个方面展开宣讲。

2017年，学会党委承担了全国学会“党建强会计划”项目——创建党建宣传学习阵地，通过活跃宣传形式、拓宽宣传渠道、宣传学会党建工作的特点亮点和先进典型，调动学会理事党员的积极性，提高党组织和理事会的凝聚力。

会员服务 2017年，学会重新登记会员及发展个人会员工作开展顺利，已完成1575名个人会员的登记入会。

4月，学会微信公众平台正式开通，全年发布重要通知、会议新闻、学术动态、党建强会等信息32条。通过会员网站、电子邮件和微信平台，个人和企业团体均可快捷办理入会。

【《2017年中国光伏技术发展报告》持续发布】 该报告定位于成为指导行业技术路线发展的重要参考资料，致力于填补国内年度光伏科学技术公开资讯的空白，呈现中国光伏技术全景图。报告基于中国光伏学术大会（CPVC）权威专家组织架构及前沿创新成果，内容涵盖当年国内光伏全产业链多种技术路线的最新技术动向和研究成果。

《2017年中国光伏技术发展报告》共分5个章节，从“晶体硅材料”“晶体硅太阳电池”“薄膜太阳电池”“新型太阳电池”“光伏系统与应用技术”五个方面全面梳理了2016年各领域的最新技术进展与亮点，并对2017年技术发展趋势进行了分析和预判。

（撰稿人：梁　媛）

中国能源研究会

服务创新型国家和社会建设 2017年，研究会和各分支机构完成国家能源局、发改委、中国科协以及中央及地方能源企业委托的研究课题26项。

完成国家发改委和国家能源局委托的“东北地区核电消纳有关问题研究”“中国核电的战略定位和发展策略研究”“中国能源监管研究”“新形势下厂网协调机制调研”“现代化能源统计体系的研究”“我国天然气市场形势及其走势研究”“电改多运营环境下电力应急管理工作策略研究”等课题。完成中国科协委托的“科技民生报告——核电安全吗”等课题。

完成企事业单位委托的“京津冀地区可再生能源一体化发展战略与实施方案研究”“陕西地方电力发展研究”“晋能地方电力发展研究”“四川地方电力发展研究”“中国核电国内核电市场开发环境跟踪与分析服务”等课题。

完成研究会立项的“符合我国国情的能源监管体系研究”“农村用能研究（京津冀）”“我国生态核电模式的研究和探索”“华龙一号‘走出去’的关键技术与设备调研”“电能替代促进清洁供暖路线研

究”“北方地区冬季清洁取暖总体思路研究”“保障电力交易机构公开、公平、公正运行机制研究”“我国煤炭分级清洁利用的有效途径”等8项课题。

其中，“中国能源监管研究”获国家能源局“2016年度能源软科学研究优秀成果三等奖”。

9月2日，应天津市滨海新区区委书记张玉卓和区长杨茂荣的邀请，北京国际能源专家俱乐部在滨海新区举办建言滨海新区清洁能源发展专家研讨会。

学会能力提升计划 研究会按照能源政策、科技、电力、煤炭、核电、油气、新能源等方面分类启动了专家库分类建设工作。专家库现有专家150余名，并与近20家国内资质优良的研究机构建立交流合作关系。

设立“中国能源研究会创新奖”，分为能源管理创新奖和能源技术创新奖两个奖项类别。首届“中国能源研究会创新奖”获奖项目108项。

学会建设 截至2017年12月31日，研究会发展个人会员574人、单位会员70个。召开全体理事会议1次、常务理事会议2次。研究会下设的新能源专业委员会完成换届改选，选举产生了新一届委员会，专委会正式更名为可再生能源专业委员会。

推进网站升级改版，学会网站开设“专家观点”栏目，及时发布业内权威声音；开通会员天地功能，实现会员在线注册、查询与互动交流；建设并运营微信公众号，拓展“互联网+”学会工作模式。

修订完善相关制度，优化制度体系，主要包括《中国能源研究会会员代表大会议事规则》《中国能源研究会理事会议事规则》《中国能源研究会常务理事会议事规则》《中国能源研究会理事长办公会议事规则》《中国能源研究会秘书长办公会议事规则》等5项会议议事规则;《中国能源研究会分支机构管理办法》《中国能源研究会关于加强分支机构举办学术会议、论坛、展览、培训及刊物管理的若干规定》《中国能源研究会分支机构人事管理办法》《中国能源研究会分支机构评价考核管理办法（试行）》等分支机构管理制度，从基础能力建设、合法规范运行、全面工作绩效、社会信誉评价等方面构建分支机构评估指标体系。

主办期刊 《能源研究参考》（月刊）是研究会编辑发行的内部刊物，旨在为政府有关部门提供决策参考，为能源企业、关心能源发展的社会人士和研究会会员提供咨询和服务。中财办、国家发改委、科技部、财政部、国务院研究室等多家部委和单位指定每期报送。

《中外能源》杂志组稿领域继续扩大，创新性文章增多。《新常态下中国石油产业创新驱动发展战略研究》《世界油页岩资源研究开发利用近况》《我国太阳能热发电产业现状与发展》《碳排放和经济增长关系研究》等论文在能源界引发关注。

决策咨询 发布《中国能源发展报告2017》《能源数据简明手册2017》《储能产业白皮书（2017）》《中国地方电力发展报告》等专业咨询报告。参与编写《中国城市公用事业发展报告（2016）》《煤炭蓝皮书（2016）——煤炭产业脱困发展与供给侧结构性改革》。

国际学术会议 研究会开展国际交流与合作，涉及美国、德国、英国、澳大利亚、加拿大、日本、韩国、印度等20余个国家。

6月9日，北京国际能源专家俱乐部举办主题为“中挪携手，共同推进低碳能源转型”研讨会，特邀挪威石油与能源部长Terje Søviknes先生与会并作主旨演讲。与会专家认为，中挪在结合两国互补优势共同开发全球市场方面潜力巨大。

8月16—18日，研究会可再生能源专委会与中国可再生能源学会风能专业委员会联合主办2017海上风电领袖峰会。峰会以“把握创新突破新航向，打造坚强智能产业链”为主题，国内外600余名业界人士齐聚一堂，放眼全球能源变革，明确海上风电定位，聚焦政策市场导向，厘清产业发展思路。

11月2—4日，研究会和国家能源局、中国贸促会、江苏省政府在江苏省无锡市共同举办第九届中国（无锡）国际新能源大会暨展览会。全国政协经济委员会副主任、研究会理事长吴新雄为大会启幕。本届大会以“新城镇、新能源、新生活”为主题，举办2017全球新能源产业峰会及“光伏+”跨界、绿色建筑、分布式市场营销等10场专业论坛，20多个国家和地区的400多家企业集中展示了太阳能光伏、分布式能源等产品和业务，展览总面积4万平方米，比上届增长33%，到会观众约4万人次。

国内主要学术会议 研究会及所属分支机构组织共召开国内学术会议30余次。

1月5日，举办能源经济形势专家论坛，来自国家能源局、中央能源企业以及高校研究计划的200余位专家出席了论坛。本次论坛发布了《2016年能源经济形势分析及2017年展望》。

12月8日，北京国际能源专家俱乐部在北京举办以“新时代、新机遇、新挑战”为主题的2017北京能源工作晚会。晚会通过主旨演讲、高端对话、记者访谈、圆桌讨论等方式，就新时代能源领域面临的新机遇和新挑战、全球能源转型、未来能源投资方向等展开讨论。

12月22日，研究会能源政策研究中心在北京举办2017（首届）中国能源政策研究年会。研究会常务副理事长史玉波、周大地，副理事长王禹民、陆启洲、吴吟，秘书长郑玉平出席了会议。为加强能源政策研究中心的研究力量、凝聚各方智慧，中心首批聘请23位在能源政策研究领域颇有建树且年富力强的专家、学者担任特约研究员。

国际交往 8月8—10日，研究会受邀参加北美储能国际峰会和储能项目考察活动，参会代表介绍了中国储能产业发展现状以及中国储能产业在政策、技术、商业应用等领域取得的成就。与参会嘉宾就储能产业发展面临的共性问题进行交流。

科普活动 研究会按照《中国科协科普发展规划（2016—2020年）》的部署，积极开展能源科普工作。

制定《中国能源研究会科普工作规划（2018—2020）》《2017年科普工作计划》《中国能源研究会能源科普教育基地管理办法》，在研究会网站增设“科普园地”专栏，创建能源科普教育基地，组织专家编写了核电科普教材《中国核电安全吗？》。2017年，研究会发展科普志愿者100余人，获得中国科协授予的“2017年度全国学会科普工作考核优秀单位”称号。

党建强会 研究会党委以党建工作促业务工作，参与研究会制度建设、组织建设、重大项目、会费收支管理等事项的前置审议，推动研究会有序参与社会治理、公共服务，建立符合研究会工作实际的党委工作试行制度。

【中国能源研究会2017年会】 9月16—17日，研究会在北京举办以“中国能源创新发展”为主题的学术年会，会议由国家电网公司、中国大唐集团公司等单位联合主办。研究会理事长、全国政协经济委员会副主任、国家发改委原副主任、国家能源局原局长吴新雄，中国科协党组成员兼学会学术部部长宋军，国家能源局总经济师郭智出席年会。大会开幕式由研究会副理事长、国家能源局原副局长王禹民主持。来自政府机构、相关组织、能源企业、科研院所及热心能源事业的代表共计700余人出席大会。

会议邀请杜祥琬、谢克昌、赵文智、彭苏萍、余贻鑫、曹耀峰、吴宜灿7位院士、专家围绕能源创新发展战略、现代能源体系与煤炭清洁高效利用、我国天然气工业形势发展展望等重大问题发表主旨演讲。国家电网公司副总经理王敏、中国大唐集团公司副总经理金耀华就企业在创新发展方面的探索和成功经验作主题演讲。

大会围绕能源互联网示范工程创新应用、节能产业发展、电力安全与应急技术创新、储能推动能源创新发展、能源互联网投融资专题、燃料电池标准化工作及体系建设和固体氧化物燃料电池技术产业化发展等主题举办8个专题论坛。

年会期间还举办了首次“中国能源研究会能源创新奖”颁奖仪式、能源创新成果展览展示活动。2017年年初启动的论文征集活动共收到论文268篇，评选出获奖论文20篇。

【首届“中国能源研究会能源创新奖”颁奖】 9月16日，首届中国能源研究会创新奖颁奖，该奖项设立了能源管理创新奖和能源技术创新奖。此次评选获奖项目108项，其中，能源管理创新奖38项，包括一等奖3项、二等奖14项、三等奖21项；能源技术创新奖共70项，包括一等奖8项、二等奖27项、三等奖35项。研究会从2017年开始设立首届中国能源研究会能源创新奖，表彰在能源领域管理创新与技术创新方面做出突出贡献的单位和个人。

在获奖项目中，“电力输电线路导地线融冰技术与装置”和“固体氧化物燃料电池全产业链关键技术及应用”分别入选中国科协2018年度国家科学技术奖提名候选名单。

【中国能源研究会首批“能源科普教育基地”授牌】 12月19日，研究会授予中国广核集团下属的大亚湾、阳江、台山、宁德、红沿河、防城港6大核电基地“能源科普教育基地”称号。研究会常务副理事长史玉波、副理事长王禹民、秘书长郑玉平，中广核副总经理、研究会副理事长谭建生等出席授牌活动。当天下午，中国科协党组副书记、副主席、书记处书记徐延豪，史玉波、郑玉平等一行到大亚湾核电基地就科技创新、核电科普、品牌传播等工作开展调研。

“能源科普教育基地”由中国能源研究会组织专家评定，命名期限为5年，2017年为首次授牌。

（撰稿人：刘淑琴）

中国硅酸盐学会

服务创新型国家和社会建设 2017年，学会新建3个学会服务工作站，完善1项学会服务工作站建设。

8月30日，学会正式签约成立醴陵学会服务工作站。工作站建立以来，专家队伍和当地企业骨干针对当地陶瓷行业存在的问题完成了裂纹釉炸瓷技术、低温色釉炻瓷釉面强度技术攻关以及陶瓷自动化智能化信息化的生产技术等工作。

学会建设 3月25日，学会第八届理事会第九次常务理事会议在北京召开，选举徐永模为学会理事长，张人为为名誉理事长，31名常务理事出席会议。会议还对学会第九次全国会员代表大会及理事会换届方案（讨论稿）进行说明，与会常务理事进行了审议并原则通过换届方案。

截至2017年12月31日，学会新发展个人会员193人，个人会员总数20942人，团体会员总数50个。

主办期刊 《硅酸盐学报》被评为“中国精品科技期刊”“中国科技核心期刊”“中国最具国际影响力优秀期刊”以及2016年度中国科协主管科技期刊审读“优”级期刊。《硅酸盐学报》刊发的4篇论文入选“领跑者5000——中国精品科技期刊顶尖学术论文”。

8月13日，《硅酸盐学报》创刊60周年座谈会在浙江省宁波市举办。学会理事长徐永模，学会名誉理事长张人为，学会副理事长、《硅酸盐学报》主编、*Journal of Materiomics* 主编南策文院士，学会副理事长兼秘书长晋占平，学会副秘书长刘捷，*JMAT* 主编、《硅酸盐学报》副主编李敬锋，《硅酸盐学报》副主编钱觉时、邱建荣、阎培渝、翟继卫等36位两刊编委，第9届无机非金属材料研讨会科研创意奖、优秀墙报奖获奖代表和读者、作者代表以及编辑人员等共100人参加座谈。

国际学术会议 学会全年举办国际学术会议4次，3000余人次参加，其中境外专家学者700多人次；收到论文200余篇、摘要250余篇。

11月5—7日，学会在江西省南昌市举办第十届先进陶瓷国际研讨会，国内600余名高校师生和国外100余名专家、学者参加会议。与会专家、学者围绕“聚合物和聚合物基陶瓷及复合材料”“结构用陶瓷及其复合材料”“新一代核能用先进材料”“无铅压电材料的进展和挑战”“2017 UHTC & MAX相研讨会”“电子陶瓷及其应用”“能量转换和储能材料”“纳米材料与纳米技术”等8个主题展开研讨。

11月12—17日，第三届玻璃科学与技术新进研究人员研讨会（国际玻璃协会武汉冬令营）在湖北省武汉市举办。大会邀请10位玻璃领域的知名专家担任主讲教师，来自丹麦、俄罗斯、澳大利亚、韩国、中国5个国家的33名学员参加了此次冬令营。国际玻璃协会冬令营活动已在中国举办三届，自2016年在武汉理工大学举办第二届后，经国际玻璃协会和学会同意，将每年冬令营活动固定在武汉理工大学。相比前两届冬令营只有1—2名日本学生参加，此届冬令营有来自丹麦、俄罗斯和澳大利亚的学员参加。

国内主要学术会议 2017年，学会和各分支机构全年举办学术会议61次，其中学术年会20次、学术论坛4次、培训班6个，共计12000多人次参加学术交流，收到论文3392篇。

5月9—10日，2017中国煤电固废零排放学术与技术交流会在山西省召开。会议由学会固废与生态材料分会和山西大学联合主办，旨在探讨粉煤灰、煤矸石、脱硫石膏等煤基固体废弃物的一体资源化利用等方面的产学研一体化，为不同区域煤电固废综合利用提供先进的技术、成功经验及成功案例，推动煤电固废综合利用协同化发展。

5月16—18日，第九届中国功能玻璃学术研讨会暨新型光电子材料国际论坛在福建省福州市召开。会议由学会特种玻璃分会主办，邀请到40余位国内功能玻璃材料界的知名专家、学者以及产业界代表作报告。7名研究生获得优秀口头报告奖，6名研究生获得优秀墙报奖。

8月27—29日，2017年全国玻璃科学技术年会在河北省秦皇岛市召开。会议由学会玻璃分会主办、燕山大学以及建筑材料工业技术情报研究所承办。此次年会以“引领玻璃行业集成创新，促进产学研用协同发展”为主题，邀请了13名专家学者共计230余人出席。此次年会论文集共收录高水平论文110篇，经过专家评审，甄选出12篇优秀论文分别获得一、二、三等奖，并举行了颁奖仪式。

表彰举荐优秀科技工作者 10月20日，第十二届中国硅酸盐学会青年科技奖评审会召开，共收到有关单位报送的候选人材料31份，经形式审查，有效候选人材料为28份。评审专家对候选人进行了评议和投票，10人获得第十二届中国硅酸盐学会青年科技奖，

4人获得提名奖。

第12届中国硅酸盐学会《硅酸盐学报》优秀论文奖进行评选奖励工作，6篇论文获奖，其中一、二、三等奖各2篇。28名作者受到奖励。

【第28届中国国际玻璃工业技术展览会】 5月27—30日，第28届中国国际玻璃工业技术展览会在北京举办。该展会由学会主办，展示规模达到106800平方米，是2017年度全球展示规模最大的玻璃行业盛会。本届展会共有来自33个国家的1001家厂商参展，其中国内厂商737家、国外厂商264家。来自71个国家的32858名专业观众前来进行技术交流和贸易洽谈，其中外国观众4461名。除参展商与观众在展出现场的交流、洽谈外，本届展会期间还举办了10场技术讲座。

【第9届无机非金属材料专题——新能源材料研讨会】 8月12—13日，第9届无机非金属材料专题——新能源材料研讨会在浙江省宁波市举办。学会理事长徐永模，副理事长、《硅酸盐学报》主编南策文院士，学会副理事长兼秘书长晋占平等约260余名代表参会。开幕式上进行了第12届“中国硅酸盐学会《硅酸盐学报》优秀论文奖”颁奖活动。

会议设“先进无机储能材料”“固体燃料电池及热电材料”“太阳能能源转换材料”3个分会场进行交流，共交流报告和论文142篇，其中邀请报告33篇、口头报告52篇、墙报篇57篇。

【第九届水泥混凝土国际会议】 11月1—3日，第九届水泥混凝土国际会议在湖北省武汉市举行。会议由学会和中国建筑材料科学研究总院主办、武汉理工大学承办。本届会议以“挑战、创新与发展”为主题，旨在研讨在转型升级、节能减排及低碳发展的新形势下，水泥工业环境保护及新型水泥基胶凝材料、3D打印等新技术、新进展。本届会议共收到论文200余篇、摘要250余篇；共有来自中国、美国、英国、荷兰、日本等26个国家和地区的526名学者、专家和企业代表参会，其中国外代表125人。大会邀请了美国工程院院士S.P. Shah、英国皇家工程院院士Karen Scrivener、加拿大工程院院士D.G. Hooton、丹麦工程院院士O.M. Jensen等23位知名专家作大会主旨报告。大会设置了环境保护、水泥、混凝土、新材料与新工艺应用4个分会场，安排分会场邀请报告和口头报告146场。会议期间还举办了水泥混凝土产业发展研讨会。

（撰稿人：孙睿哲）

中国建筑学会

服务创新型国家和社会建设 为进一步发挥中国建筑设计奖在促进建设领域科技进步的导向作用，推动建设科技创新活动的蓬勃开展，根据《科技部关于进一步鼓励和规范社会力量设立科学技术奖的指导意见》，学会修改了《中国建筑设计奖申报及评审工作条例》，决定对中国建筑设计奖评选活动进行调整，分为项目类、科技类、人物类。

学会能力提升计划 2017年，学会继续与中国科协签订《学会创新和服务能力提升工程》项目书，以提升学会能力建设为着力点，着力自身改革创新，提升学会综合管理和运营能力。加强国际交流与合作，继续提高中国建筑界和中国建筑学会的国际影响力和知名度。启动对广大会员和会员单位的科技评价工作，启动中国建筑学会品牌学术活动培育等工作，学会的学术影响力、社会公信力、会员凝聚力和自主发展能力增强。

学会建设 2017年，学会新增个人会员1198人，新增团体会员62个，编辑会讯35期，总发行13000余份。2017年认定21人为资深会员。学会开展的会员之家微信平台发布各类专业信息2000余条，浏览量达50000余次，覆盖会员和业内人士。

为了提升服务品质、提高工作效率、树立品牌形象，学会开发会员管理和服务系统，购买电子邮箱系统和财务管理信息系统。学会网站完成改版工作，APP已经上线；学会开通微信服务号、订阅号，入驻今日头条和科猫，并不定期更新内容、发布业内热点信息。

2017年，学会继续作为国际建协和亚洲建协会员出席相关会议，并增加了在国际建协的投票比重。

主办期刊 学会及直属分会公开出版和内部发行的刊物有16种，全年累计发行60余万册。

1月开始，《建筑学报》进入CSSCI，成为中文社会科学引文索引来源期刊;《建筑结构学报》实现了提前2个月网上优先出版;《建筑知识》完成了新一届编辑委员会的换届工作，由半月刊改为月刊。

学科发展研究 编制完成《2016—2017年建筑学学科发展动态》，主要内容是对国际建筑学学科的发展动态进行综述，在国际视野下评述中国建筑学学科的发展现状，分析并聚焦未来建筑学学科发展的关键问题和前沿方向。

学会开展了中国建筑学会标准研制试点，制定《中国建筑学会标准管理办法》《中国建筑学会标准立项申请表》《中国建筑学会标准编制工作流程》等相关制度文件。

学会继续开展建筑师负责制研究工作，先后在北京、上海市开展调研工作、组织学术研讨会、起草《关于推行建筑师负责制管理模式的若干意见》等，为《在民用建筑工程中推进建筑师负责制指导意见（征求意见稿）》的出台提供参考。

12月2日，“中华文化与绿色技术交融的2010年上海世博会中国馆设计”科技成果鉴定会在华南理工大学召开。鉴定委员会主任委员为刘加平院士，副主任委员为吴志强院士。鉴定委员会对该成果给予高度评价并通过鉴定。

12月19日，“复杂工程建筑策划理论与关键技术及应用成果”科技成果鉴定会在清华大学召开。鉴定委员会主任委员为马国馨院士，副主任委员为岳清瑞院士。鉴定委员会对该成果给予充分肯定并通过鉴定。

决策咨询 5月，学会应雄安新区筹委会委托，就雄安新区临时办公区项目设计方案开展顾问咨询工作。项目包含新区临时党委、筹委会及平台公司、先期入驻企业办公、生活场所，同时担负规划建设成果展示、政务服务、会议接待等功能。

应河北省张家口市崇礼区人民政府委托，学会启动太子城冰雪小镇建筑大师工作营。太子城冰雪小镇位于北京2022年冬奥会张家口赛区核心区，为冬奥会重要配套项目，也是冬奥会期间的人员集散中心。遵循“尊重自然、集约资源、中国风格、国际标准”的设计理念，打造具有中国北方山地风格的以冰雪为特色的旅游小镇。

8月，应山西省住房城乡建设厅和柳林县人民政府邀请，学会专家组前往山西省柳林县考察历史街区保护与更新工作，并与山西省住房和城乡建设厅及柳林县人民政府共同主办了山西柳林明清街历史文化街区保护更新建筑设计会议暨历史街区业态研讨会。会议就山西历史街区保护与更新中的建筑设计方法、历史文化传承、建筑风貌保护、街区业态组织等展开交流，希望共同探索山西历史文化街区未来发展模式的创新之路。

学会与河南省郑州市郑东新区管委会主办国际城市设计大会。

受郑东新区管委会委托，学会与郑东新区管委会共同举办郑东新区龙湖金融岛超高层用地及文化用地项目建筑设计方案征集活动，就金融办公、酒店和“两馆两中心”开展建筑概念设计方案征集工作。

国际学术会议 1月，学会联合APEC建筑师加拿大监督委员会、韩国监督委员会、新加坡监督委员会、蒙古建筑师联盟等组织“2017国际青年建筑师设计工作营”活动。活动促进了中国和相关国家青年建筑师的职业交流与合作。

5月，在斯里兰卡科伦坡举行的堪培拉协议第六次全体代表大会上，由学会推荐的清华大学建筑学院院长庄惟敏当选堪培拉协议主席。

9月，经过一年精心筹备和组织的“融合之间”中国馆展览在第26届世界建筑师大会期间揭幕，这是国际建协会员国展览最大的一个。国际建协主席、秘书长、2位前主席以及来自韩国、马来西亚、美国等国家和地区的嘉宾参加了开幕式。

12月13—15日，应亚洲建筑师协会和泰国建筑师协会邀请，学会代表团赴泰国清迈参加了亚洲建筑师协会青年建筑师论坛，来自17个国家和地区的28位代表参加了本届论坛。

国内主要学术会议 5月17—18日，以“建筑师的职业责任”为主题的2017年中国建筑学会学术年会在清华大学召开，来自全国各地的建筑科技工作者、会员以及部分高校师生400余人参加了会议。

9月15—23日，由学会与山东省住房和城乡建设厅、威海市人民政府主办的主题为“提升城市设计·繁荣建筑文化”的第九届威海国际人居节在山东省威海市举行，来自政府有关部门、建筑设计界等的业内人士2000多人出席活动。此次人居节首次举办了大型建筑设计展，展览面积超过8000平方米，并通过北京国际城市建设博览会、武汉设计双年展、白俄罗斯国家建筑节和首尔国际建筑师大会中国馆，将建筑设计展推向国际平台。

12月8日，首届海丝建筑文化（泉州）高端论坛在福建省泉州市举行。此次论坛由学会与华侨大学、泉州市科协、泉州市土木建筑学会联合主办。学会副理事长赵琦，泉州市人大常委会副主任蔡思红等出席开幕式并致辞，两岸四地300名代表参加了会议。沈阳建筑大学张伶伶、北京工业大学杨昌鸣、同济大学章明、广州大学王河、中国建筑设计院傅晶、台湾混凝土学会纪茂杰、香港土木工程学会工程师黄敬、华侨大学陈志宏8位专家、学者围绕“承继海丝建筑文化，建设民族特色城市”主题进行演讲。

两岸交流 2月20日，台北“中华全球建筑学人交流协会”代表团拜访学会理事长修龙，商议第五届海峡两岸建筑院校学术交流工作坊设计基地选址事宜。

5月13日，由华侨大学、台北市立大学、福建省土木建筑学会联合中国建筑学会建筑教育评估分会共同主办的光明之城建筑文化体验营暨第四届海峡两岸青年学子光明之城实体建构竞赛在华侨大学厦门校区召开，学会副理事长赵琦参加闭幕式及颁奖活动。

12月5—11日，学会代表团赴台北市参加了第十八届海峡两岸建筑学术交流会。海峡两岸建筑学术交流会由中国建筑学会与台北“中华全球建筑学人交流协会”共同发起，轮流承办，自1989年以来已成功举办17届。本次交流会的主题为“建筑城乡、城乡建筑”。

国际组织任职 学会副理事长庄惟敏任国际建筑师协会理事、国际建筑师协会职业实践委员会联席主任；学会理事张百平任国际建筑师协会副理事；学会理事刘克成任国际建筑师协会遗产委员会联席主任；学会理事孔宇航任国际建筑师协会竞赛委员会委员。

国际交往 学会接待各国来访团7个。学会带团访问了印度、韩国、尼泊尔；出席亚建协第19次建筑论坛、第26届世界建筑师大会；与金砖五国的四国对应组织面对面交流并达成合作协议或意向；承担APEC建筑师中央理事会秘书处工作；主办“一带一路”建筑师相关论坛与摄影展。

科普活动 学会共举办培训班13个，参加培训人员1000余人次。截至2017年12月31日，学会科普基地已发展至56家，覆盖19个省、自治区、直辖市。

举办科普大讲堂，在9个省市举办了11场活动；出版科普图书12册。

表彰举荐优秀科技工作者 5月，梁思成建筑奖颁奖典礼在清华大学隆重举行，杨经文、周恺获奖。住房和城乡建设部部长陈政高出席颁奖典礼并讲话。

中国建筑设计奖经评审委员会核定，共评选出获奖作品93项，其中建筑创作19项、室内设计6项、施工组织7项、工业建筑10项、暖通空调14项、建筑电气18项、给水排水16项、建筑防火综合技术3项。颁奖活动在2017年中国建筑学会年会期间举行，学会秘书长仲继寿主持颁奖仪式，学会理事长修龙、崔愷院士、邵韦平为获奖项目颁奖。

受住房和城乡建设部村镇建设司委托，学会继续承担2017年第三批田园建筑优秀实例的推荐认定工作。

党建强会 成立中国建筑学会理事会层面的党委，坚持党委决策前置，有效开展学会秘书处各项工作。组织参加各种参观学习活动，深入基层建立支部联系点。

会员服务 举办北京建造节、北京古建节、礼拜五沙龙、中国建筑学会会员之家活动。整合平台资源，基本完成会员智慧管理系统建设工作，启动中国建筑奖征集系统建设工作。

（撰稿人：李 佳）

中国土木工程学会

服务创新型国家和社会建设 学会完成了“十二五”国家科技支撑计划课题“软土地下空间开发工程安全与环境控制关键技术”研究成果的出版工作，组织有关单位编写并出版了4本学会技术指南：《大直径超长灌注桩设计与施工技术指南》《软土大面积深基坑无支撑支护设计与施工技术指南》《城市软土基坑与隧道工程对邻近建（构）筑物影响评价与控制技术指南》《城市软土基坑与隧道工程信息化施工安全监控技术指南》。

学会标委会申报并参加了“十三五”国家重点研发计划“工业化建筑标准体系建设方法与运行维护机制研究”课题，申报并承担了住房和城乡建设部2017年科学技术项目计划“我国装配式住宅技术体系分析与应用发展研究”课题，承担了住房和城乡建设部“绿色施工技术推广应用研究”课题、中国科协学科创新协同项目“轨道交通协同创新平台建设”等。

学会继续开展团体标准编制工作。修订了《中国土木工程学会标准管理办法》《中国土木工程学会标准编制工作流程》等制度文件，征集并发布了2017年学会标准研编计划，开展学会标准的编制管理、跟踪管理，对标准编制项目进行引导、规范、监督、审查等并提供技术指导。自2015年试点以来，批准立项的学会标准编制项目共58项（其中2017年45项），内容涵盖建筑信息化、轨道交通、路桥、隧道、结构新材料、地基基础等诸多领域。2017年，有3项学会标准正式批准发布。

学会能力提升计划 受有关单位委托，学会作为第三方机构聘请同行专家组织开展了“新加坡轨道交通工程大士西延长线项目城市桥梁模块化预制组拼技术研究”等项目的科技成果鉴定工作，并研究制定了《中国土木工程学会科技成果鉴定管理办法（试行）》等制度文件。

学会实现工作人员专职化。对新进人员采用聘用制管理办法，明确岗位职责，改进考核和奖励办法。

继续推进学会信息化建设。将现有的网站内容重新梳理并结合各业务部门的需求完善门户网站；建设协同办公系统，打造学会及分会交流的统一平台。

学会建设 学会召开了九届八次理事会通讯会议、九届九次常务理事通讯会议、九届十次常务理事通讯会议。

各分支机构加强组织建设，定期召开理事会议。燃气分会完成了换届改选工作。

主办期刊 学会编辑出版了《土木工程学报》《现代隧道技术》《防护工程》《建筑市场与招标投标》《煤气与热力》《城市公共交通》《公交信息快递》《城市公交》《预应力技术与工程应用》《空间结构简讯》《土木工程师》《城市道桥与防洪》等期刊。

《土木工程学报》每期发行1700余册，与清华同方数据库合作，为发表论文编制DOI号码，并对过刊文章进行回溯。

2017年，结合詹天佑获奖工程，学会挖掘推广新技术新应用，从技术推广层面对詹天佑大奖工程进行宣传，出版3期《土木工程应用技术》。

国内主要学术会议 2017年，学会共召开国内学术会议76次，参会人数达2万人次，出版论文集20余种，提交论文1700余篇。

4月20—21日，由学会轨道交通分会主办、郑州市轨道交通有限公司牵头承办的2017中国城市轨道交通关键技术论坛暨第26届地铁学术交流会在河南省郑州市召开。本届大会的主题是“城市轨道交通绿色与安全建造技术与装备”，分“绿色与安全建造技术”和“智能化与大数据”2个会场。来自政府、行业学会（协会）相关单位，城市地铁运营公司、工程施工单位、城轨车辆及装备制造企业，以及相关系统集成、研究院、设计院、学校等单位的代表和专家共计500余人参加了会议。大会共有41位与会嘉宾发表演讲。

4月24—25日，由学会、中国工程院土木、水利与建筑工程学部、国家自然科学基金委员会材料与工程学部、东南大学、江苏省土木建筑学会等共同主办的第五届全国土木工程安全与防灾学术论坛在江苏省南京市召开。东南大学校长张广军院士、中国工程院18位土木建筑与水利领域的院士以及来自全国土木工程领域的200多家高校、研究所、企业的500余名专家、学者和代表参会。为期2天的论坛针对土木工程建设、运营、管养中的各类工程安全防灾、耐久等关键科学问题进行深入探讨。杨秀敏院士、周福霖院士、杨永斌院士作主题报告，39位“千人计划”特聘专家、长江学者、国家杰出青年自然科学基金获得者作特邀报告。报告内容涵盖土木工程中结构、防灾、材料、桥梁、岩土、市政、水利等各个研究方向。

7月1—7日，由学会、东南大学等单位共同主办的2017年土木工程院士知名专家系列讲座暨第八届全国研究生暑期学校在江苏省南京市召开。活动邀请了包括4位院士在内的50余位来自国内外的知名专家就土木工程领域热点、难点问题阐述自己的学术观点和学术成果。专业讲座分为结构与防灾、桥梁工程、岩土工程、力学、工程管理5个专题，来自全国各地70多所高校的优秀学生和工程师400余人参加活动。

7月7—10日，由中国科协学会学术部指导、学会与东南大学主办的首届土木工程海外华人青年学者学术交流与联谊会在江苏省南京市召开。会议旨在聚集海内外优秀青年学者，就土木工程学科的国际前沿科技与发展动态开展交流与探讨。200余名来自美国、英国、法国、印度、日本、澳大利亚、新加坡、瑞士、瑞典、荷兰、挪威，我国香港特别行政区和台湾地区，以及同济大学、清华大学、浙江大学等院校的青年专家、学者参加了学术交流活动。

7月28日，由中国建设报社和学会联合主办的项目管理（智慧工地应用与创新）典型案例交流及现场观摩会在北京举办。该交流观摩会以北京市通州台湖公租房项目为典型案例，通过“观摩+研讨交流”的形式聚焦智慧工地集成应用，剖析和论述智慧工地应用下的智慧项目管理以及基于众多系统集成的、满足管理层和决策层管控需求的企业监管平台建设，吸引了来自全国各地知名建筑企业主要负责人及相关业务负责人200余人参会。

9月22—24日，由学会与中国工程院土木、水利与建筑工程学部及湖南大学等单位共同主办的第四届建筑科学与工程创新论坛在湖南省长沙市召开。9位院士及300余位土木工程领域的专家学者在会上交流土木建筑工程创新技术、探寻新理念、展示新成果，围绕大型复杂结构体系性能与可持续发展、高性能桥梁结构新体系发展与创新、生态智慧型城镇建设与安全保障、可持续交通基础设施建设与保障技术、绿色先进土木工程材料等方面作40多个主题报告。

10月16—17日，由中国土木工程学会、中国水利学会与中国工程院土木、水利与建筑工程学部主办，学会市政工程分会等承办的2017（第三届）城市防洪排涝国际论坛在江苏省南京市召开，包括7位院士在内的300多位国内外专家、学者和企事业单位代表出席，35位专家作演讲。会议以“重塑绿色可持续发展城市水环境”为主题，邀请来自产业各界各层的领导、专家、学者和嘉宾共同探讨城市防洪排涝命题，共同促使城市绿色基础设施真正起到生态作用，修复城市水生态、涵养水资源、增强城市防涝能力，扩大公共产品有效投资，提高新型城镇化质量，促进人与自然和谐发展，塑造健康的、完整的、有用的生态文明。论坛共收录优秀论文10篇。

11月18日，由河南省科协、中国土木工程学会主办，河南省土木建筑学会承办的地下空间开发利用与城市可持续发展高层学术论坛在河南省郑州市举办，钱七虎院士、王复明院士等100余位国内外专家学者出席。

国际交往 2017年，学会与加拿大土木工程学会续签合作协议；代表团参加了国际隧道协会举办的世界隧道大会；派团访问加拿大土木工程学会并参加了其2017年年会。学会接待英国土木工程师学会3个代表团8人次的来访，共同探讨了今后的合作与交流；接待加拿大土木工程学会2个代表团4人次的来访，双方就2018年开展的相关合作进行了详细的交流和探讨。

表彰举荐优秀科技工作者 组织实施中国科协“青年人才托举工程”项目，学会共组织遴选了土木工程领域的5名青年科技人才进行“托举”，推荐的第十四届中国青年科技奖候选人有1人获奖。

受科技部国家科技奖励工作办公室的委托，学会组织开展了2017年度国家科技奖励的遴选推荐工作。东南大学教授吴智深等主持完成的“土木工程结构区域分布光纤传感与健康监测关键技术”项目经学会推荐获得2017年国家技术发明奖二等奖。

【第十四届中国土木工程詹天佑奖颁奖大会】 4月14日，第十四届中国土木工程詹天佑奖（以下简称“詹天佑奖”）颁奖大会在北京举行，共有29项科技创新工程荣获詹天佑奖。住房和城乡建设部副部长易军出席并讲话，学会理事长郭允冲在大会上发言，学会副理事长、清华大学副校长袁驷出席。

来自住房和城乡建设部、交通运输部、水利部、科技部、中国科学技术协会、中国铁路总公司、国家科技奖励工作办公室、北京市民政局等单位的有关负责人，中国建筑工程总公司、中国交通建设股份有限公司、中国铁路工程总公司、中国铁道建筑总公司等央企代表，中国土木工程学会、北京詹天佑土木工程科学技术发展基金会、有关行业学（协）会、香港工程师会、中国土木工程学会各专业分会和各省市土建学会代表，第十四届詹天佑奖获奖单位代表，以及来自全国的土木建筑科技工作者近400人参加了大会。

【中国土木工程学会2017年学术年会】 10月26—27日，由学会主办、同济大学承办的以“智能土木”为主题的中国土木工程学会2017年学术年会在同济大学举行。来自全国建筑、交通、铁路、道桥、隧道、市政等土木工程各领域的院士专家学者、科技人员、学会会员、企业代表约500人参会，围绕智能土木时代的新概念、新技术、新战略交流研讨智能化城镇建设领域最新的科研进展和工程实践。本次会议共收录62篇论文，并汇编成2017年学术年会论文集。

此次学术年会邀请学会理事长郭允冲，中国科学院院士、同济大学建筑与城市规划学院教授郑时龄，中国工程院院士、东南大学材料科学与工程学院教授缪昌文，中国工程院院士、郑州大学水利与环境学院教授王复明，以及高校、科研院所、企业的资深专家学者作特邀报告。大会报告针对智能规划与设计、智能装备与施工、智能设施与防灾、智能运维与管理，以及基于智能土木的韧性城市建设、地下空间的规划与开发、土木工程可持续发展等热点难点问题进行论述。与会的专家、学者表示，在推进“智能土木”过程中，要将土木工程与战略性新兴产业的数字创意、人工智能、新型材料、3D打印、机器人、智能感知、大数据、物联网、虚拟现实等紧密融合，做好顶层设计和路径规划，做好研发与转化功能平台，通过理念创新和跨越发展来促进传统产业升级，推动我国从建设大国迈向建设强国。

（撰稿人：张　君）

中国生物工程学会

服务创新型国家和社会建设　学会承担了中国工程院“战略性新兴产业发展重大行动计划研究——生物产业发展重大行动计划研究”项目。

8月1日，首届“生物经济助力开放的山西综改转型大会”在山西省太原市召开。大会由学会与亚洲生物技术联合会、山西省科技厅、山西省卫生计生委、山西省综改示范区管委会、山西省科协、国家疾控中心共同主办。大会以“培育开放创新活力，驱动综改转型引擎”为主题。会议期间举办了生物经济助力综改转型高层论坛、生物医药领军专家与晋商晋才面对面、生物高新企业综合展示等活动，旨在为山西省搭建交流与合作的平台，加快山西省生物产业的创新与发展。

8月2—4日，学会常务副秘书长张宏翔出席福建省科协在福建省泉州市举办的创新驱动服务平台建设工作会，并在会上作以“努力培育生物经济新动能”为主题的报告，介绍了中国生物工程学会开展服务创新驱动助力服务的模式。会议期间，中国生物工程学会调研了福建省晋江市、石狮市的7家生物技术企业。

学会能力提升计划　学会获批“2017年学会能力提升与改革工程优先建设学会项目”。

2017年，学会申请了中国科协的承接政府转移职能项目，负责编写《中国生物产业发展报告2016》，用半年的时间完成了该项目的预定目标。在此过程中提升了学会自身能力建设，同时建立健全了学会承接政府转移职能机制、探索了承接政府转移职能的工作流程和方法，为学会有序承接政府转移职能的工作奠定了基础。

受《中国大百科》全书第三版总编辑委员会的委托，学会继续组织专家进行编写生物学生物工程分支的条目工作，已经完成所有条目编写工作。生物工程分支共分七个领域，分别是生化工程、酶工程、发酵工程、细胞工程、基因工程、蛋白质工程和生物技术方法，设有9个牵头人。

学会建设　学会理事会共有124人，其中常务理事36人、女性理事9人。学会个人会员2397人，团体会员单位133个，学会分支机构16个。

2017年，学会按照章程中的规定按期召开了2次常务理事会议和1次理事会议。

主办期刊　学会会刊《中国生物工程杂志》每月出版一期，每期印数为1100册，2017年共印制13200册。

学会与化学工业出版社共同主办了《生物产业技术杂志》，该杂志为双月刊，2017年印制了4800册。

国际学术会议　5月5日，2017农作物生物育种产业化高层研讨会在北京举办，中国科学院院士许智宏就“转基因技术应用与我国农业科技发展战略问题”作主旨报告；国际农业生物技术应用服务组织理事会主席Paul Teng博士、国际水稻研究所和国际农业生物技术应用服务组织全球知识中心Rhodora R. Aldemita博士、农业部转基因生物安全管理办公室处长张宪法分别就“2016年全球生物技术/转基因作物商业化发展态势”“亚洲生物技术作物种植概况”和“我国对转基因农作物的安全管理”作特邀报告。

6月30日，由学会与亚洲生物技术联合会和武汉东湖国家自主创新示范区生物医药行业协会等共同主办的亚洲生物技术高峰论坛暨中国光谷国际生物健康产业博览会在湖北省武汉市举办。学会邀请亚洲生物技术与生物产业领域高层次专家到会演讲并举行专题论坛。本次大会依托国家“一带一路”倡议，旨在加强中部城市武汉与“一带一路”沿线的韩国、日本、新加坡、印度、泰国、越南等国家的沟通交流，推动武汉与沿线国家在生物健康领域的务实合作。

国内主要学术会议　4月8—9日，中国生物工程学会“第二届青年科技论坛”在华南理工大学举行。论坛旨在推动生物工程领域不同学科、不同专业和不同区域青年研究人员的交流，促进青年学者的成长与发展。此次论坛由华南理工大学生物科学与工程学院承办，来自全国（含港澳台地区）80多个高校的220多位代表参会。

7月1—2日，学会青年工作委员会与上海市生物工程学会等单位在中国科学院上海分院共同主办了第三届合成生物学青年学者论坛。40余位来自世界各地的合成生物学领域知名青年学者出席，就合成生物学的最新前沿热点议题进行交流。

11月9—11日，第十一届生物产业技术研讨会暨全军第十四届生物技术学术研讨会在陕西省西安市召开，会议由学会、全军生物技术专业委员会、化学工业出版社主办。大会采用主题报告、专题互动形式进行研讨，邀请生物技术和医药领域的国内外知名专家、学者、企业家、资深的技术人员围绕生物医药新体系的构建以及新型生物医药技术的创新和产业化发展、前沿技术转化作大会报告。

11月17—18日，2017年人体微生物组与健康学术年会在中国科学院微生物研究所召开，会议由中国科学院微生物研究所、学会联合感染性疾病诊治协同创新中心共同主办。大会以“人体微生物组与健康”为主题，邀请相关领域专家、学者围绕口腔、呼吸道、胃肠道、泌尿生殖道微生物组、大数据分析与挖掘等专题进行深入交流讨论。

11月30日—12月3日，第二届P4 China 2017大会在广东省广州市召开。大会由学会与商图信息BMAP联合主办，以“挖掘生物标记物与大数据在临床肿瘤的应用价值”为主题，邀请来自产、学、研、医、资各领域的专家、学者参会。

科普活动 7月3—5日，学会在第十届中国生物产业大会上首次设立科普展区，面积达1200平方米，到场观众超过1万人次。展区由工业生物技术与生物制造科普、农业生物技术科普、最新科技成果介绍、互动交流区等部分组成，让观众直观了解生命科学新进展、现场感受生物技术新成果、亲身体验生物产业新作用。

10月6—8日，学会与清华大学在中国科技馆二层大厅举办了“解码生命——揭秘合成生物学”科普展览，以丰富的形式普及合成生物学相关知识。

学会科普工作委员会组织人员翻译了科普著作《基因机器》。

表彰举荐优秀科技工作者 2017年，学会推荐李校堃教授为“全国创新争先奖状”候选人并最终入选。

在2017年中国生物工程学会第十一届学术年会上，向12位青年优秀论文奖获得者颁发了奖状和奖金。2017年，学会推选2名青年科技工作者入选中国科协“青年人才托举工程”项目。

【第十届中国生物产业大会】 7月3—5日，由中国生物工程学会等19家国家级学（协）会联合广东省人民政府共同主办的第十届中国生物产业大会在广东省广州市召开。参会人员来自国家部委、全国23个国家生物产业基地、世界500强知名企业、风投创投机构等共约4000人。大会以“促进生物产业新发展、培育生物经济新动能”为主题，以创新驱动、科普惠众为主线，按照市场化、专业化、高端化、国际化要求，举办了包括高层论坛、16个专题论坛、创新创业大赛、生物产业成就展、科普互动活动在内的一系列活动等。大会签约项目13个，总投资金额22.1亿人民币；展览总面积1.3万平方米，参展机构包括生物企业、科研院所、投融资机构、医疗机构、行业协会共160家。会议期间，学会单独举办了生物医药与健康产业投融资高峰论坛、精准医疗和伴随诊断论坛、“十三五”生物产业发展态势和政策研讨圆桌论坛。

【第九届中国工业生物技术发展高峰论坛暨第二届中国生物工业投资大会】 11月7—8日，第九届中国工业生物技术发展高峰论坛暨第二届中国生物工业投资大会在天津市举办。本届论坛由中国科学院科技促进发展局、中国生物工程学会共同主办，中国科学院天津工业生物技术研究所承办。论坛以“创新驱动绿色发展”为主题，大会聚焦新生物学与工业生物技术研究热点，设立“合成生物技术”“酶工程与生物催化”“细胞工厂”“生物计算与设计”“高通量筛选装备与技术”5个技术主题。大会首次设立了“创新先锋奖”“科技转化奖”“绿色企业奖”，以表彰在工业生物技术领域为促进产学研合作创新做出突出贡献以及通过产学研合作取得突出创新成果的单位、个人。此外，大会还发布了《中国工业生物技术白皮书暨中国生物工业投资分析报告2017》和《“一带一路”沿线国家生物技术发展报告》，全面总结了中国工业生物技术近年在基础研究、应用研究、技术转化与产业发展等方面取得的进展和成就。

【中国生物工程学会第十一届学术年会暨2017年全国生物技术大会】 9月23—25日，中国生物工程学会第十一届学术年会暨2017年全国生物技术大会在湖北省宜昌市举办。大会由中国生物工程学会主办，湖北省生物工程学会、安琪酵母股份有限公司、三峡大学承办。大会以“生物技术创造美好生活”为主题，探讨生命科学领域的前沿与关键科学问题。天津大学副校长元英进教授、美国加州大学戴维斯分校Frederic A. Troy II教授、英国帝国理工学院Tony Cass教授、学会副理事长张先恩、中国科学院过程工程研究所研究员杜昱光、中国科学院微生物研究所研究员施一、中国科学院动物研究所研究员赵同标、台湾成功大学教授张嘉修、台湾生物工程学会邓文炳等国内外知名专家作报告。学会第六届理事会成员、学会各分支机构委员、地方生物工程学会代表、学会会员及会员单位代表、学术年会论文作者，以及来自全国生命科学研究与生物技术应用领域的近800位专业人员参加会议。在学术年会期间，学会专门召开了理事会议和常务理事会议。本次年会共收到论文投稿248篇，经过专业委员会的评审，为12位40岁以下的青年科技工作者颁发了中国生物工程学会2017年学术年会“华兰生物”青年优秀论文奖证书和奖金。

（撰稿人：蒋玉清）

中国纺织工程学会

服务创新型国家和社会建设 学会与浙江省湖州市等10个地方科协进行对接，组织专家112人次对90家企业进行调研。与28家企业及地方科协形成合作意向，签订中国科协创新驱动助力工程学会服务站合作共建协议及技术研发合作协议19个，建立9个学会服务站，为企业提供决策咨询、技术攻关、技术推广和人才培训等服务。完成2016创新驱动助力工程阶段性工作总结和项目审计。

完成中国科协“中国科协创新驱动助力工程总结与案例汇编”课题，共整理140个单位的创新驱动助力工程总结报告，凝练出15种创新驱动典型案例模式。撰写《中国纺织工程学会创新驱动助力工程改革案例》论文，被中国科协全国学会优秀改革案例丛书收录。

推进纺织跨行业团体标准体系建设，新成立功能及生态纺织品、纺织服装供应链管理、医疗卫生纺织品3个分技术标准委员会。截至2017年12月31日，学会共有7个分技术标准委员会。新增可视性运动服装、转移印花用分散染料水性墨等团体标准11项；完成纺织用相变调温微胶囊及其应用功能评价等7个标准的起草和意见汇总；完成在全国团体标准信息平台注册，并发布纺织品外观检验T/CTES1001–2016等4项标准；11月，成为中国标准化协会团体标准化发展联盟常务理事单位；获得中国科协团体标准政府转移职能经费资助。

8月30日—9月4日，受中国科协委托，学会承担了2017年度科技助力、精准扶贫工作。在科技助力新疆喀什手工地毯项目中，与喀什地区经信委、新疆云丝路纺织产业链股份有限公司签约建立“中国科协创新驱动助力工程中国纺织工程学会喀什服务站”，并为喀什地区制定《喀什地区手工地毯产业发展规划》、协助建立示范工厂及喀什地毯产业创新服务平台等。

11月28日，学会为广东省汕头市潮南区人民政府制定的《潮南区印染综合环保处理中心工业用地分配方案》《汕头潮南纺织印染环保综合处理中心入园企业技术指导方案》《汕头潮南纺织印染环保综合处理中心创新平台建设方案》3个方案通过专家评审论证。

12月22日，学会与中国昆仑工程有限公司和中国恒天集团有限公司合作开展的“中国化纤产业现状及竞争力分析”及“高新技术纤维发展战略研究”项目通过评审论证。

12月29日，学会为山东省滨州市所作的“滨州市纺织产业中长期发展规划”项目通过评审论证。

学会能力提升计划 学会新发展新材料助剂技术研发中心、绿色相变新材料技术研发中心、无锡新瑞贝科技有限公司等9家企业技术研发中心；对11家技术研发中心企业进行复审工作。

学会建立的石狮中纺学服装及配饰和苏州中纺学面料两家产业研究院均已按计划筹建完毕，当地政府支持经费全部到位，完成了人员配备、办公场地装修等工作。

参与中国科协智能制造联合体开展的“世界智能制造十大科技进展”和“中国智能制造十大科技进展”遴选工作。编写《中国智能制造绿皮书（2017）行业篇——纺织行业》。

4月13日，在浙江省宁波市召开的中国科协创新驱动助力工程总结交流会上，全国政协副主席、中国科协主席万钢授予学会“中国科协生态纺织产业协同创新共同体”牌匾。

10月24日，由学会主办的中国科协生态纺织产业协同创新共同体成立大会暨第一届理事会第一次会议在山东省泰安市召开，共同体成员及专家110余人出席。学会理事长孙瑞哲担任共同体理事长。

11月5日，为期7个月的第三期“全国纺织复合人才培养工程高级培训班”举行结业式，共培训学员42名。

12月8日，学会主办的“2017世界智能制造大会——制造业+智能纤维分会场”在江苏省南京市召开，共260余名代表参与大会，网络直播参与人数近79万人。

学会建设 学会召开第25届常务理事会第七、

八、九次会议和第25届理事会第四、五次会议，分别审议通过《纺织科技成果转化贡献奖评选条例》等12件议案。

重新修订《中国纺织工程学会会员管理办法》，实现会员在线注册和会费缴纳。通过科猫交流平台，为会员单位之间的合作交流牵线搭桥。编制《会员手册》。新发展个人会员686人。

完成《纺织动态信息网络月刊》的编辑发送工作，累计发送7000余次。

学会治理结构和治理方式改革 加强办事机构建设，提升员工职业化水平。经第25届理事会第五次会议审议通过，增设创新发展处，组织部更名为会员部。

加强分支机构的建设，经第25届理事会第五次会议审议通过，成立学会青年工作委员会。

青年人才托举工程 1月11日，由学会举办的第一期“青年人才托举工程”沙龙在北京召开。沙龙邀请了10名纺织青年人才托举候选人和7位评审专家参与交流。

4月27日，第二期“青年人才托举工程”沙龙暨2016—2018年度中国科协纺织青托项目启动会在天津市召开。

11月5日，学会在湖北省武汉市举办了第三期“青年人才托举工程”沙龙，启动了学会“优秀青年与企业共成长”青年人才托举项目。会上，2016年、2017年青年人才托举工程候选人及2017年度纺织优秀博士、硕士学位论文奖获得者与企业、高校及科研单位进行了项目对接，现场有2位青年人才托举工程候选人与企业达成了合作意向。

学会推荐的东华大学张坤入选2017—2019年度青年人才托举工程项目。

主办期刊 9月15日，学会举办了《纺织学报》走进高校活动，为高校师生作“如何写好科技论文”和“纺织学报论文写作规范”2个报告，并进行了现场交流和答疑。

根据2016年度中国科技论文与引文数据库统计结果，《纺织学报》荣获2016年“百种中国杰出学术期刊”称号，并入选“第四届中国精品科技期刊”，即“中国精品科技期刊顶尖学术论文（F5000）”项目来源期刊。《纺织学报》已被推荐收录于EBSCO学术数据库。

学科发展研究 学会承担“纺织科学技术学科发展”研究及其报告的编撰工作，组织以中国工程院院士姚穆和江南大学教授高卫东为首席科学家的专家撰写组，下设8个专题小组，完成《2016—2017纺织科学技术学科发展报告》的撰写工作。

4月20日，在江苏省无锡市组织召开了“纺织科学技术学科方向预测及技术路线图”课题第一次工作会议。担任课题首席科学家的俞建勇院士、高卫东教授及各专题牵头人、专家委员会委员等20余人出席。会议明确了编写方案以及各专题的工作任务。

决策咨询 11月，学会组织院士专家就柔性智能可穿戴技术进行调查研究，撰写了《关于大力推进我国柔性智能可穿戴技术研发的建议》。建议内容包括纺织、电子、通信、互联网、大数据、医学、人工智能等交叉学科，得出了“大纺织、超纺织”新学科概念以及柔性智能可穿戴产品必将引领新的产业发展浪潮、催生巨量市场的预判。《关于大力推进我国柔性智能可穿戴技术研发的建议》作为科技工作者建议被提交中国科协。

国内主要学术会议 2017年，学会及分支机构共举办学术年会、研讨会和论坛等学术活动22次，参加人数约4500人次。

9月13日，由学会毛纺织专业委员会、《毛纺科技》杂志社主办的第36届全国毛纺年会暨“唯尔佳”优秀新产品颁奖大会在山东省烟台市召开。会议围绕毛纺新纤维新技术、毛纺染整理论与技术、毛纺织面料的设计与产品开发3个议题进行交流研讨。“唯尔佳”优秀新产品共征集企业样品110余块、学生送评作品105件，其中获奖企业产品48块、获奖学生作品8件。共120余人出席。

9月21日，由学会针织专业委员会和江南大学教育部针织技术工程研究中心主办的2017年全国针织技术交流会在江苏省无锡市召开。会议以“绿色制造·生态针织”为主题，交流探讨针织行业绿色制造和生态发展的关键问题。产业集群地、国内外知名针织设备制造企业、原料生产企业、织造企业、染整企业和针织服装企业的专家、学者近500人出席。

两岸交流 4月30日—5月4日，学会常务副理事长伏广伟率团应邀出席在台湾地区举行的第十届两岸纺织科技研讨会。会议由两岸纺织科技交流理事会、逢甲大学纤维与复合材料学系、逢甲大学工学院纺织与材料工业研究中心、台湾地区产业用纺织品协会主办。

国际交往 6月27—30日，学会理事长孙瑞哲率团出席在香港特别行政区召开的第 14 届亚洲纺织会议（ATC-14）。来自不同国家和地区的 400 余名代表参会。第 14 届亚洲纺织会议以“纺织及供应链的颠覆式创新”为主题。孙瑞哲作了题为“中国纺织工业的创新发展与供应链重构”的主题报告。

6 月 27 日，亚洲纺织学会联盟理事会议在香港特别行政区召开，来自 7 个国家和地区的理事参加了此次会议，学会理事长孙瑞哲、常务副理事长伏广伟出席会议。会议通过投票确定中国为 2019 年第 15 届亚洲纺织会议的举办地。

11 月 21—25 日，学会常务副理事长伏广伟带队赴英国，分别与曼彻斯特大学、利兹大学、英国纺织学会、英国染色家学会等机构就国际学术交流、会员互认、英文纺织期刊合作出版、国际化公共服务平台建设等进行合作洽谈。学会与英国纺织学会、英国染色家学会在联合举办国际学术交流和技术人员培训等方面达成了初步的合作意向。

科普活动 在“纺织科普博览”微信公众号发布原创微信公众文章 43 篇。3 月，与新华社合作对纺织科技工作者、学术带头人孙玉山进行采访，并通过科普中国平台发布。

表彰举荐优秀科技工作者 学会开展了 2017 中国纺织学术大奖、2017 学术带头人、2017 技术带头人和 2017 中国纺织青年科技奖等奖项的评选工作，评选出 2017 中国纺织学术大奖 1 名、2017 学术带头人 5 名、2017 技术带头人 5 名、2017 中国纺织青年科技奖 3 名、陈维稷优秀论文奖获奖论文 15 篇、2017 纺织科技成果转化贡献奖 6 名、优秀博士学位论文奖 6 篇和优秀硕士学位论文奖 11 篇。

党建强会 11 月 3 日，经中国科协科技社团党委批准，中国纺织工程学会党委正式成立。

按中国科协要求，组织开展推荐全国学会优秀党员科技工作者工作，并推选优秀党员徐卫林、郑来久、曹秀明。组织全体党员参加中国科协先进材料学会联合体在河南省安阳市举行的党建活动。

学会党支部组织全体员工参观“砥砺奋进的五年”大型成就展。

会员服务 2017 年发展个人会员 686 人、团体会员 2 个。重新修订《中国纺织工程学会会员管理办法》。在线发展会员，开通支付宝付费。编印会员手册，在 20 余场全国性学术会议现场发放。

编撰 2017 年学会年度报告，内容涵盖学会全年重点工作，为全体会员提供了解学会工作的窗口。

在 5 月 30 日首个全国科技工作者日前夕，围绕“创新争先、追赶超越”主题开展系列活动，走访慰问一线优秀科技工作者和向老科技工作者致敬。

【2017 中国纺织学术年会】 11 月 4—5 日，2017 中国纺织学术年会在湖北省武汉市召开，年会以“融智·融创”为主题。年会由学会主办、武汉纺织大学承办、富丽达集团股份有限公司协办。来自高等院校、科研机构、企事业单位和来自日本、澳大利亚、巴基斯坦等国家和地区的专家、学者共计 700 余名代表参加会议。

中国科学院院士张俐娜，中国工程院院士孙晋良、蒋士成、俞建勇出席会议。中国科协学会服务中心党委书记、副主任刘亚东，中国纺织工业联合会副会长李陵申，武汉纺织大学校长彭育园分别致欢迎词。

中国纺织工业联合会会长、学会理事长孙瑞哲为大会作了“破局立势，价值再造”的主旨报告；张俐娜、程博闻、王华平分别以“纤维素和甲壳素的低温溶解及其新型纤维的构建”“高性能聚苯硫醚的合成改性与应用研究”“大容量熔体直纺聚酯纤维工程仿真与应用”为题作学术报告。

年会设 7 个分会场，其中 5 个分会场围绕高品质原液着色纤维及其纺织品产业技术创新、现代纺织技术、产业用纺织品——分离膜技术与应用、服装科技创新、国际纺织高等教育论坛等热点内容展开交流；另外 2 个分会场分别为第 3 期“青年人才托举工程”沙龙、第 126 期新观点新学说学术沙龙暨第 12 期纺织科技新见解学术沙龙。年会共组织了 47 场学术报告。

大会举行了颁奖仪式，陈文兴荣获 2017 中国纺织学术大奖，丁彬等 5 人荣获 2017 中国纺织学术带头人称号，廖周荣等 5 人荣获 2017 中国纺织技术带头人称号，刘丽芳等 3 人荣获 2017“富丽达”中国纺织青年科技奖，《功能基蚕丝织物的仿生构建与性能》等 15 篇论文荣获第 18 届陈维稷优秀论文奖，陈秋飞等 6 人荣获 2017 中科纺织科技成果转化贡献奖。大会还为“纺织浆料与浆纱技术”等 10 个学会科研基地举行了授牌仪式。

年会举办了论文壁报展示活动，进行了优秀壁报论文评审。本届年会共征集到论文 283 篇，并编辑出版年会电子版论文集。

（撰稿人：郭建伟）

中国造纸学会

服务创新型国家和社会建设 学会在浙江省衢州市建立的纸基功能材料专家工作站继续完成新产品研发、企业节能改造等多个项目。

10月，学会在浙江省衢州市举办国际特种纸展览会，邀请“一带一路”沿线国家的行业组织参观交流。学会通过展会和研讨会相结合的形式，为企业提供服务。

8月23—25日，学会秘书长曹春昱、北京林业大学教授孙润仓赴黑龙江省佳木斯市参加创新驱动助力工程调研对接活动。活动期间，专家们考察调研了佳木斯市东风区年产50万吨箱纸板项目，并与佳木斯市政府、项目投资方黑龙江省投资集团有限公司和黑龙江佳宏纸业集团有限公司围绕创新驱动助力工程合作事宜进行讨论。

学会建设 学会秘书处根据《社会团体登记管理条例》《社会团体分支机构、代表机构登记办法》等相关文件规定，总结学会各专业委员会的工作经验，修订《中国造纸学会专业委员会工作条例》，制定《中国造纸学会专业委员会资金管理细则》，强化对分支机构的财务管理。

9月12日，中国造纸学会第七届常务理事会第九次会议召开。会议通报学会2017年上半年主要工作和各专业委员会活动情况，审议通过《中国造纸学会专业委员会管理办法》《中国造纸学会专业委员会资金管理细则》以及第三届“中国造纸蔡伦奖”评选结果，并做出表彰决定。

主办期刊 学会主办及参与合办《中国造纸学报》《中国造纸》《造纸信息》《造纸与生物质材料》（英文版）等期刊。《中国造纸学报》收稿量比2016年同期有提高。《中国造纸》编辑部重点在废水处理、节能减排和资源高值化利用方面进行约稿。《中国造纸学报》《中国造纸》《造纸信息》建立了采编平台。

“金泉磨片杯”《中国造纸》优秀论文评选评出一等奖1篇、二等奖2篇、三等奖5篇、优秀奖7篇。《中国造纸学报》评选出4篇优秀论文。

学会编撰出版了《2017中国造纸年鉴》（总第21卷）。

学科发展研究 学会承担中国科协学科发展研究项目“2016—2017制浆造纸科学技术学科发展报告”。6月，学会在浙江省杭州市召开研讨会，对报告初稿进行集体研讨，对重要观点、思想、理论和技术发展的认识达成共识，并形成修改意见。10月，经过各编写组修改，学会将核心成果提交中国科协。

国内主要学术会议 学会及各专业委员会组织召开学术交流会议7次，共计参会人数1250人次，交流论文202篇。

4月13—15日，学会联合山东硅元新型材料股份有限公司、台州森林造纸有限公司、上海轻良实业有限公司在浙江省温岭市举办国产陶瓷脱水元件在高速纸机应用研讨会。100多位专家参加会议。

9月13日，由学会与中国造纸协会和中国制浆造纸研究院共同举办的2017中国国际造纸创新发展论坛在广东省深圳市召开。论坛分为成果发布、主题演讲、专题演讲、高端对话四个环节，来自全国各地的专家、企业家以及国内外企业代表近200人出席论坛。

10月28—29日，由学会与福建省造纸学会联合主办的第七届海西纸业论坛在福建省福州市召开。会议邀请8位行业专家围绕行业重点问题作专题报告。6位来自造纸设备供应企业的嘉宾分别作技术交流报告。150多名专家参加会议。会议收到论文53篇，并结集出版论文集。

12月14日，学会在黑龙江省哈尔滨市召开玉米秸秆综合利用技术及投资研讨会。会议围绕玉米秸秆的收储、加工技术以及玉米秸秆制备功能性低聚糖、化工原料、造纸等不同工艺技术路线，讨论分析制约玉米秸秆产业化高效利用的技术瓶颈、有效利用玉米秸秆资源的方法以及缓解玉米秸秆焚烧带来的环境污染问题。

国际交往 6月14日，日本惠尔得株式会社大山芳男、佐藤文夫等企业代表到访学会，与学会常务副理事长曹振雷、常务副秘书长杜荣荣进行交流。双方分别介绍了2016年中国和日本的造纸行业发展概况。日本惠尔得公司针对我国造纸市场推出多种新型脱水产品，为我国多家造纸企业供货。曹振雷向惠尔得公司在我国的进一步发展提出建议。

7月初，学会组团对德国和奥地利制浆造纸、纤维素材料相关行业进行考察访问。考察团参观了在德国法兰克福举办的ZELLCHEMING造纸展览会，先后访问德国德累斯顿工业大学、德国造纸工业研究所（PTS）、奥地利兰精集团，并与德国造纸协会（VDP）、福伊特公司进行技术交流，了解现代化制造技术和前沿纤维应用理念。

科普活动 学会配合中央电视台科教频道完成了大型系列科技纪录片《创造——科技的力量》拍摄。

表彰举荐优秀科技工作者 学会评选出第三届中国造纸蔡伦科技奖2人、第三届中国造纸蔡伦青年科技奖3人。

学会向中国科协推荐第十二届光华工程科技奖候选人2名，推荐第十五届中国青年科技奖候选人2名。向中国轻工业联合会推荐“大国工匠”候选人3名。

党建强会 2017年，学会党委建立微信工作群，定期组织线上党务学习。

9月12日，中国造纸学会第七届常务理事会第二次党员专题会议召开，会议对《中共中国造纸学会社团党委工作条例》（讨论稿）进行讨论修改并形成定稿。

学会组织参观中国人民抗日战争纪念馆、“砥砺奋进的五年”大型成就展、焦庄户地道战遗址纪念馆，组织召开中国造纸学会常务理事会功能型党委活动。中国照明学会、中国造纸学会联合党支部召开民主生活会4次。

会员服务 学会对网站和微信公众号进行调整优化，增加行业信息、学会动态、科普知识等板块。学会组织全国科技工作者日系列活动，走访会员单位，收集并解决会员反映的问题。

【第一届纳米纤维素材料国际研讨会】 5月20—22日，由学会主办，国家造纸化学品工程技术研究中心、浙江科技学院、浙江理工大学、中国制浆造纸研究院和国家纳米科学中心联合承办的第一届纳米纤维素材料国际研讨会在浙江省杭州市召开。

主题报告大会由加拿大工程院院士倪永浩主持，纳米纤维素研究的先驱者 Derek Gray 教授作主题为“纤维素纳米材料的制备及性能研究”的报告，蒋兴宇教授作主题为“纳米微晶纤维素在生物质材料中的应用”的报告。研讨会共设两个分会场，进行近50场高端学术交流，主要议题包括纳米纤维素材料的高效制备技术、纳米纤维素材料的形态与特征表征、纳米纤维素材料的改性、纳米纤维素材料在传统领域的应用（如纸和包装产品等）、纳米纤维素材料在非传统领域的应用（如流变改性剂、食品添加剂、涂料等）、纳米纤维素材料在新兴领域的应用（如医学、生物学和光电材料等）等。与会专家围绕纳米纤维素的表征、规模化制备、高附加值利用等问题进行讨论。来自中国、美国、加拿大、芬兰、荷兰、日本、韩国、马来西亚8个国家的近270名代表参加会议。会议共收到论文摘要101篇，录用99篇。

【2017全国特种纸技术交流会暨特种纸委员会第十二届年会】 10月15—18日，由学会和中国制浆造纸研究院主办、学会特种专业委员会承办、中国造纸学会机械设备专业委员会协办的2017全国特种纸技术交流会暨特种纸委员会第十二届年会在浙江省衢州市召开。会议邀请国内外22位专家对特种纸产业的市场概况、发展趋势以及行业新产品新技术进行探讨和交流。来自中国、美国、芬兰、日本、奥地利、德国、澳大利亚等国家和地区的200多家企业的350多位代表参加会议。

会议分为全国特种纸技术交流会和特种纸产业发展高峰论坛两个部分。

2017全国特种纸技术交流会围绕特种纸产业的新产品、新技术、新材料、新设备等议题举办17场学术讲座。收录论文53篇，评出优秀论文10篇。

2017特种纸产业发展高峰论坛对全球、欧洲、日本及中国的特种纸市场的现状、最新动态进行分析。在主题为“中国特种纸产业的发展趋势及特种纸企业的出路探讨”的高峰圆桌论坛上，特种纸企业代表们结合各自企业特点，介绍企业在特种纸出口、质量管控、产品创新、企业管理等方面的成功经验。

【2017国际造纸技术报告会】 9月14日，2017国际造纸技术报告会在广东省深圳市召开。来自国内科研院所、大专院校、造纸企业的近200名专家参加报告会。

会议邀请中国工程院院士、华南理工大学教授陈克复团队的徐峻博士作题为“造纸行业水污染全过程控制技术”的报告。报告针对中国造纸行业生产过程的水污染控制问题，介绍化学法制浆、化学机械法制浆及废纸制浆水污染全过程控制技术集成及产业化示范。

芬兰VTT技术研究中心的Elina Paakkonen研究员以“泡沫成形技术为造纸业开辟新的可能性”为题，介绍了一种有别于传统成形工艺的泡沫成形技术，从纸张性能方面分析了泡沫成形的优点，并分享了泡沫成形技术在一些生产线上的中试情况。

维美德公司工业互联网部门总监 Jari Almi 作题为“工业互联网改善工厂的可靠性和运行性”的报告。他提出，工业互联网是撬动数据驱动的新机遇，并表示新的数据驱动解决方案将推动造纸产业的发展。加拿大新布伦瑞克大学教授倪永浩作题为“纤维素纤维材料用于商品纸浆的打包”的报告，提出用高强度纤维素纤维打包带替代传统钢丝打包系统解决钢丝问题。芬欧汇川（中国）有限公司亚洲研发中心研究员张洪敏以“UPM的BioFore：理念与实践”为题，从生物精炼、生物能源、胶合板及生物复合材料等方面详细介绍了“绿尽其能，森领未来”的理念与实践。瑞典生物纤维技术有限公司董事长张怡京作题为“创新开拓浆纸工业的新产品价值链”的报告，介绍木材作为驱动环保经济可再生资源的技术创新平台及基于木纤维的生物复合材料，并分享了潜在的浆纸工业新产品价值链。迪蔼姆芬兰有限公司执行副总裁Pirita Mikkanen作“制浆造纸过程废气排放控制与处理技术”的报告，分析制浆造纸工艺中废气的主要来源以及相关的控制与处理技术，并提出废气排放控制必须首先从源头进行控制。会议根据嘉宾的报告内容出版了中英文对照论文集。

（撰稿人：王　斌）

中国印刷技术协会

服务创新型国家和社会建设　协会积极研究设计全行业对“一带一路”倡议的建议参考，在组织专家调研的基础上，申报国家“丝路书香工程”出版印刷人才培养项目，并于10月经中宣部审核通过确定立项。

作为全国印刷标准化技术委员会秘书处承担单位，协会努力做好印刷业国家标准和行业标准的制修订工作。1—11月，全国印刷标准化技术委员会制定完成并颁布实施国家标准13项、行业标准5项。

2017年，协会共承担中国科协5个示范学术会议、国际民间科技组织交流和承接政府转移职能项目；承办了第三期全国学会法治能力建设沙龙，并获得项目经费与奖补资助；完成了与执行项目配套的科协项目和专家数据库的结构搭建工作。

作为书博会的协办单位，协会在第27届书博会展区举办了第二届绿色创意印刷展，组织了10余家业内知名企业参展。

学会建设　协会召开全体理事会议1次、常务理事会议2次。截至2017年12月，学会有个人会员1121名、单位会员1354名、理事455名、常务理事150名、工作委员会7个、二级分会7个。

12月19日，协会在北京召开八届三次理事会议，审议通过了部分理事、常务理事变更和增补名单,《中国印协2017年度财务预算执行情况》和《2018年度财务预算编制说明》以及协会监事会工作情况说明。

学科发展研究　启动编制《印前处理和制作员国家职业标准》配套教材及技能等级鉴定题库工作，并已确定上海烟印、上海版专、山东工业技师学院、东莞职业技术学院、杭州科雷等校企单位参与编制工作。

10月，会同上海出版印刷专科学校等单位组队参加了在阿联酋阿布扎比举办的第44届世界技能大赛印刷媒体技术项目的比赛。在同期举行的世界技能组织2017年大会上，中国（上海）获得2021年第46届世界技能大赛举办权。

决策咨询　协会参与承接环保部“第二次全国污染源普查印刷行业排污量核算”项目，为印刷行业绿色发展、改善环境质量、防控环境风险、服务环保综合决策提供依据。

受国家新闻出版广电总局印刷发行司和政策法制司委托，协会分别承接“《国家印刷复制示范企业管理办法》修订”与“《印刷业管理条例》立法后评估报告”研究项目。

国际学术会议　5月14—16日，协会会同北京印刷学院、中国印刷科学技术研究院、国际印刷技术与管理教育培训机构共同举办2017第8届中国印刷与包装学术年会，海内外60多所知名印刷包装相关院校、机构、企业等200多位代表参加会议。会议共收到论文240余篇，评出120篇优秀论文并推荐到国际顶级科技文献数据库（EI-Compendex、Scopus以及ISTP）检索。

国内主要学术会议　5月8日，协会与北京印刷学院共同举办2017第七届折叠纸盒新技术交流会，来自政策理论研究领域以及烟包、药包、电子包装、日化包装等包装印刷企业、折叠纸盒上下游设备器材供应商的代表160余人参加会议。会议就新形势下包装印刷产业的发展趋势、政策方向、智能自动化如何助力包装印刷行业等问题进行研讨并形成多项会议成果。

7月29日，协会会同北京印刷学院联合举办2017印刷包装行业“一带一路”国际合作高峰论坛。中共中央对外联络部原副部长于洪君、中国科协国际联络部副部长王庆林等作专题报告。论坛内容涉及政策、产业、贸易、科教、文化、国家项目等。

10月12—14日，由中国印刷技术协会主办，中国印刷技术协会信息系统及应用分会、北京悟略科技有限公司承办，西安环球印务股份有限公司协办的2017信息化与智能制造驱动产业发展交流研讨会在陕西省西安市召开。

两岸交流 7月19日，第十五届两岸四地印刷业交流联谊会在香港特别行政区举行，协会副理事长朱敏受理事长王岩镔委托代表协会出席会议，并发表了《探寻新机遇，携手创未来》的主题演讲。

国际组织任职 在国际标准化组织/印刷技术委员会（ISO/TC 130）第31届全会上，协会副理事长、北京印刷学院副校长、ISO/TC 130主席蒲嘉陵获得续任，任期为2018—2020年。在亚太网印及制像协会（ASGA）2017年第三次会议上，协会常务理事、网印及制像分会理事长沈春燕再次当选亚太网印及制像协会主席。

国际交往 5月16日，美国印刷工业协会专职副会长詹姆斯·沃克曼到访中国印刷技术协会。双方就班尼奖在中国的推选工作、合作科研与技术的推广引进工作等议题达成多项共识。

5月23—24日，第十七届亚太印刷技术论坛（FAPGA 2017）在澳大利亚墨尔本举行，来自澳大利亚、中国、日本、菲律宾、新西兰、尼泊尔等国家的印刷协会代表出席会议。由协会副理事长、天津长荣印刷设备股份有限公司董事长李莉，协会常务副秘书长陈迎新，天津长荣印刷设备股份有限公司总经理蔡连成，北京印刷学院教授王东栋组成的中国印刷代表团参加会议，李莉代表协会理事长王岩镔发表主题演讲《中国印刷业的创新融合与发展》。

6月4—9日，国际标准化组织/印刷技术委员会（ISO/TC 130）第31届春季工作组会议在加拿大多伦多召开。来自15个国家的100余名专家参加会议，共同推进印刷技术领域国际标准的制修订工作。会议共召开了12个工作组会议，研究了20余项处于不同阶段的国际标准。以全国印刷标准化技术委员会（SAC/TC 170）秘书长、中国印刷技术协会副秘书长胡桂绵为团长，由蒲嘉陵、李永林、何晓辉等18名专家、秘书组成的中国印刷标准化代表团参加会议，与加拿大标准协会、加拿大瑞尔森大学等单位进行深入沟通并达成深化交流与合作共识。

6月9日，2017年世界印刷与传播论坛会议（WPCF）在丹麦哥本哈根举行。协会副理事长褚庭亮率团出席会议，并代表王岩镔理事长作《中国印刷业发展报告》。与会成员国代表一致表决通过由中国印刷技术协会承办2018年世界印刷大会，并确定与2018年中国国际全印展同期在上海市举行。这是中国继2001年成功承办第7届世界印刷大会之后，再次承办这一国际印刷业盛会。

12月4—9日，国际标准化组织/印刷技术委员会（ISO/TC 130）第31届秋季工作组会议及全会在印度尼西亚梭罗市召开。会议共召开了15个工作组会议及全体会议，研究讨论了20余项处于不同阶段的国际标准。以全国印刷标准化技术委员会（SAC/TC 170）秘书长、中国印刷技术协会副秘书长胡桂绵为团长，由北京印刷学院副校长、ISO/TC 130主席蒲嘉陵，北京印刷学院副教授、ISO/TC 130/WG 12（印后工作组）召集人何晓辉等12名专家和工作人员组成的中国印刷标准化代表团参加会议，并推进相关工作进展。此外，协会还承担了ISO/TC 130秘书处的工作。

科普活动 2017年，协会组织专家参与了全国科技周、全国科普日、科技工作者日等活动，会同力嘉创意文化产业园、中国印刷博物馆共同开展了绿色印刷展、创意设计大赛、中华印刷之光展览等活动，共举办科普宣讲活动25次、专题展览9个，开展科技咨询10次，针对社会热点问题开展科普专题6个，宣传活动受众达75000人次。

表彰举荐优秀科技工作者 4月，协会受国家知识产权局委托，启动第十九届中国专利奖的申报评选工作，推荐深圳劲嘉、常德金鹏、上海川鼎、深圳裕同4家单位报送的专利参加第十九届中国专利奖评选，其中上海川鼎“一种印刷润版液过滤循环使用、零排放系统”获得第十九届中国专利优秀奖。

党建强会 协会党支部在全体党员及工作人员中深入开展党章党规党纪学习教育，推进“两学一做”学习教育常态化制度化，巩固和拓展“三严三实”专题教育成果，提高党员干部增强“四个意识”、坚定“四个自信”、维护党中央权威和集中统一领导的自觉性坚定性。

会员服务 协会充分听取会员单位、印刷企业的意见，就《固定污染源排污许可分类管理名录（试行）（征求意见稿）》向环境保护部提出书面意见函，并会同北京印刷协会前往环保部大气司反映相关诉求。环保部认真听取并充分尊重、采纳了协会的意见和建议，按照将“使用溶剂型油墨或者涂料或者溶剂型稀释剂的包装装潢印刷”纳入“实施重点管理的行业”的原则，出版物印刷、其他印刷等均不纳入管理名录，将管理名录涉及印刷行业的内容进行了有效调整。

协会以专家工作站为依托，以信息化和智能制造为抓手，探索为会员单位服务的新模式。先后联合清华大学软件学院、北京印刷学院、西安理工大学、北京悟略科技股份有限公司等多家企事业单位，开展节能环保凹版印刷技术装备研发、陕西印刷机械产品云服务平台研发推广、印刷企业智能工厂建设、陕西北人第 18 届创新成果展示等活动。2017 年在协会的协助下，地方企业与高校、科研院所等机构联合建立合作研发团队 3 个，在地方企业转化的科技成果 5 项，设立 2 个专家工作站，签订 1 项框架合作协议，为参与创新驱动助力项目实施的企业增加总经济收益达 3500 多万元。

【2017 第 8 届中国印刷与包装学术年会】 5 月 14—16 日，由中国印刷技术协会、北京印刷学院、中国印刷科学技术研究院共同主办的 2017 第 8 届中国印刷与包装学术年会在北京召开。本届学术年会以“绿色·数字·智能·融合”为主题，探讨印刷与包装领域共同关注的研究话题。会议由主报告会和分组报告会组成，来自海内外 60 多所知名印刷包装相关院校、机构、企业等的 240 多位专家参加会议。

主报告会由国家“千人计划”特聘专家、北京印刷学院首席科学家王慰教授、中国印刷科学技术研究院高级工程师陈丽丽主持。协会理事长王岩镔、北京印刷学院院长罗学科、IC 机构主席 Luk Bouters、中国印刷科学技术研究院副院长赵鹏飞、斯图加特媒介大学教授 Alexander Roos、世界包装组织副主席 Pierre Pienaar、俄罗斯媒体工业研究院教授 Alexander Tsyganenko、台湾艺术大学教授谢颙丞、浙江大学国家“千人计划”罗明教授以及全印度印刷商联合会主席 Kamal Chopra 教授分别作主报告演讲。

在分组报告会上，近 200 位与会人员分别围绕颜色科学与技术、数字媒体技术、图像处理技术、印刷技术、薄膜及其他功能材料技术、油墨及相关技术、纸张及相关技术、机械工程与智能化技术、包装技术、印刷教育与管理 9 个专题进行了 13 场分组报告。

会议共接收论文 246 篇，评选出 120 篇优秀论文成果予以表彰，并推荐到 EI-Compendex、Scopus 以及 ISI（ISTP 现是其子库）检索。

【中国印刷技术协会第十四届毕昇印刷技术奖】 本届毕昇印刷技术奖成立了以国家新闻出版广电总局总工程师王效杰任领导小组组长的第十四届毕昇奖评审委员会，最终评选出 12 人获得第十四届毕昇印刷优秀新人奖。

中国印刷技术毕昇奖颁奖典礼

12 月 19 日，第十四届毕昇印刷技术奖颁奖大会在北京举行，近 400 人参加大会。会上，1986 年与协会携手设立森泽信夫印刷奖的日本友人森泽信夫的孙辈森泽武士先生宣读了他父亲森泽嘉昭先生给大会发来的贺信。与会领导为获奖者颁发了荣誉证书、奖章和奖金。

（撰稿人：沈　翔）

中国材料研究学会

服务创新型国家和社会建设 4 月，学会参加中国科协创新驱动助力工程总结交流会，并参加了中国制造 2025 试点示范城市（宁波）创新助力学会企业联合体签约仪式。

7 月，学会与宁夏回族自治区科协共同举办院士专家宁夏行暨助力宁夏材料产业创新发展活动，组织院士专家赴宁夏共享集团有限公司、天通银厦新材料有限公司等高新技术企业调研，并参加宁夏科协举行的“中国材料研究学会宁夏服务站”揭牌仪式，为助力“宁夏制造”建言献策。

9 月，学会出席了中国制造 2025 试点示范城市（宁波）创新助力学会企业联合体成立大会，并代表联合体在授牌仪式上接受中国科协的正式授牌。

学会建设 学会七届二次理事会审议通过新成立 3 个分支机构。2017 年，学会团体会员单位总数达 178 个。

主办期刊 *Progress in Natural Science：Materials International* 是由学会和国际材料研究会联盟联合主办的英文期刊。2017 年，期刊荣获“中国科技期刊国际影响力提升计划”资助，目前期刊的SCI影响因子为2.038，五年影响因子为2.598。

学科发展研究 学会承担了《中国大百科全书》（第三版）材料学科卷的编纂工作。该卷收集4400多个词条，涉及12个分支，分别为综合部分——材料发展史、材料科技基础、金属材料、无机非金属材料、有机高分子材料、复合材料、信息材料、能源材料、生物医用材料、环境材料、纳米材料和天然材料。

学会出版了与铁道出版社共同组织编写的《中国战略性新兴产业——新材料》丛书中的三部图书，分别是《稀土储氢材料》《稀土催化材料》和《新型合金材料——钛合金》。

决策咨询 完成2016年“新材料领域前沿跟踪研究”超导材料部分报告。学会承接2017年中国科协调研课题——“新材料领域前沿跟踪研究”项目，并联合中国金属学会、中国科学院文献情报中心共同完成，项目于10月通过中期评审。

学会完成中国科协创新战略研究院委托的“先进材料系统解决方案顶层设计”项目，并通过专家评审。

7月，学会开展《全球科技领军人才目录》（先进材料领域）编制工作，已于8月底提交项目稿件。

国际学术会议 7月，2017年中日韩纳米功能材料研讨会在宁夏回族自治区银川市举办。大会由北京科技大学、中国材料研究学会、国际材联共同主办。大会主席由国际材联主席Soo Wohn Lee和第一副主席、中国材料研究学会秘书长韩雅芳共同担任。大会共设立10个大会报告、5个分论坛及海报展示部分，来自中国、韩国和日本的从事纳米材料制备、新功能以及实际应用等方面的专家、学者和青年科技工作者200余人参加会议。

两岸交流 11月，学会派青年学者参加了在我国台湾地区召开的第18届国际材联－亚洲材料大会（IUMRS-ICA 2017），会议共1000余位专家、学者出席。

国际组织任职 中国材料研究学会秘书长韩雅芳于1月1日正式上任国际材联第一副主席（任期为2017—2018）。

国际交往 学会秘书长、国际材联第一副主席韩雅芳于8月率队赴日本京都大学参加国际材联－先进材料大会（IUMRS-ICAM 2017）。大会共有来自40多个国家和地区的近2000人参会，其中中国专家、学者150多人。会议期间召开了国际材联执委会和全体会议，执委会期间听取了主席和各委员会主任的工作汇报，讨论了国际材联的未来和改革方案等。

11月，国际材联第六次世界材料峰会（6th IUMRS World Materials Summit）在法国斯特拉斯堡市召开，来自20多个国家的110人参会。学会副理事长翁端、潘复生和秘书长韩雅芳及数位青年学者参会。

12月，国际材联（部分）执委非正式会议在北京召开。国际材联司库、中国材料科学学会秘书长洪健龙访问了中国材料研究学会总部办公室，双方交流了学会办会经验、讨论了国际材联的相关事宜。洪健龙表示，今后将进一步加强与中国材料研究学会的合作，并希望双方共同努力，进一步提高国际材联的影响力和凝聚力。

表彰举荐优秀科技工作者 学会组织开展全国创新争先奖评选工作，推荐5名全国创新争先奖奖章和奖状候选人、1个全国创新争先奖奖牌候选团队，最终学会秘书长韩雅芳荣获“全国创新争先奖状”。学会向中国科协推荐了3名优秀党员科技工作者并全部入选。学会推荐第十五届中国青年科技奖候选人2名。

2017年，学会通过先进材料联合体继续参与中国科协“青年人才托举工程”，推选青年科技人才候选人6人，最终入选3人。

2017年“中国材料研究学会科学技术奖”经学会组织专家严格评审，评选出一等奖2项，奖励人数22人。

党建强会 在学会理事会层面成立学会功能型党组织。学会理事会党委于5月获批，并于7月召开了第一次理事会党委会议。

会员服务 2017年，学会继续将电子版材料刊物发布在科协会员网站以及中国材料研究学会网站，共24期（每月两期），供学会会员下载和浏览。

学会于12月在浙江省宁波市举行了中国材料研究学会“2017会员活动日”，中国材料研究学会各团体会员的代表、二级分会的代表和部分个人会员代表近200人参加。活动以“提升服务、促进交流、共图发展、走向国际”为主题，进一步激发广大科技工作者的荣誉感、自豪感、使命感，增强了学会的凝聚力。

【中国材料大会2017】 7月8—12日，中国材料大会2017在宁夏回族自治区银川市召开。大会共设37个分会场和2个国际论坛，征文内容涵盖能源材料、环境材料、先进结构材料、功能材料、材料基础研究等材料领域。此外，大会还同期举行了材料教育论坛、新材料产业发展论坛以及新材料、新工艺和材料测试技术展览会。中国材料研究学会理事长、中国工程院院士、吉林大学校长李元元，国际材联现任主席 S.W. Lee，宁夏回族自治区副主席姚爱兴在开幕式上致辞，20 余名中国科学院和中国工程院院士以及来自欧洲、亚洲、北美等地区的数十名海外学者参会。大会共收到 4000 余篇论文摘要，参会总人数接近 5500 人，是历年来规模最大的一届会议。

（撰稿人：张艳红）

中国食品科学技术学会

服务创新型国家和社会建设 学会继续承接国家食品药品监督管理总局食品安全监管三司“食品安全风险解析”和“食品安全消费提示”项目。2017 年共完成 29 期食品安全风险解析，128 人次专家参与；完成 27 篇“食品安全消费提示”，以科技界共识筑牢了食品安全风险交流的科学基础。6 月，学会将前三年的工作进行梳理，与国家食品药品监督管理总局合作出版了《食品安全风险解析》汇编（2014—2017 年）和《如何吃得更安全——食品安全消费提示》（2016—2017 年），在全国食品安全宣传周期间发放。

学会通过科技部“新常态下推进农村产业技术创新的对策研究”项目验收，最终形成总报告 1 份，向部级国家管理部门提供政策建议 2 份，发表学术论文 1 篇。参与承接科技部“科技创新保障粮食安全与食品质量安全重大战略问题研究”项目。

学会承接国家卫生计生委“行业组织参与食品安全标准工作指南”项目，从顶层设计的角度对学 / 协会等行业组织参与食品安全国家标准的制定工作进行有效指导。

学会参与 10 项食品安全国家标准和行业标准的制修订工作，并参与检测方法及食品营养强化剂标准的修订与跟踪工作。

学会组织专家对 7 项创新产品进行技术鉴评、鉴定。

6 月 13—16 日，学会先后组织专家对申报“全国食品科普教育基地”的无限极（中国）有限公司和益海嘉里（北京）粮油食品工业有限公司进行实地考核及评审认定。截至 2017 年年底，经学会认定的“全国食品科普教育基地”达到 12 家。

2017 年，学会举办专业技术人才培训班 3 次，参加培训人数 500 余人次。4 月 19 日，学会于北京举办微生物检验在确保食品安全方面的作用培训班，为监管部门及行业不同岗位近 100 名科技工作者提供专业培训。10 月 11—13 日，学会与欧洲卫生工程与设计组织（EHEDG）在北京联合举办 EHEDG 欧洲卫生工程与设计组织 2017 年培训班，重点聚焦食品安全的难点——食品企业工厂卫生设计与设备清洗技术等。11 月 7 日，在江苏省无锡市举办 2017 年度食品类专业认证培训班，针对专业申请、自评和认证工作中的典型和共性问题进行梳理和培训。

学会能力提升计划 学会按照第三期能力提升与改革工程世界一流学会建设工程项目，以“提升学会综合能力”和“落实深化改革”为工作目标，以“强化改革方向，聚集学术能力、社会服务能力、基础保障能力”为主要任务，严格按照项目考核内容和财务管理要求认真执行各项工作，如期完成各项任务。

学会建设 2 月，学会召开分支机构工作会议，交流经验、梳理不足。3 月，在上海市召开新一届青年工作委员会换届选举。对原有会员名单进行了重新梳理，截至 2017 年年底，学会共有个人会员 652 名，其中高级会员 565 名；团体会员单位 91 个。

学会治理结构和治理方式改革 学会继续通过中国科协创新驱动助力工程项目服务国家和区域发展重大战略部署，结合行业特点，推动产业创新和转型升级。福建省、四川省德阳市、河北省保定市、山东省泰安市、河南省濮阳市等科协领导到访学会，针对地方食品产业现状及合作开展的服务工作进行探讨。

学会与陕西省韩城市人民政府、河南省汤阴县人民政府共同建立食品安全与健康专家工作站。

青年人才托举工程 学会获中国科协青年人才托举工程第三届（2017—2019 年度）项目资助，经过严格的遴选工作流程，最终 2 名 32 岁以下的青年学者获得项目资助。

学科发展研究 作为主要牵头单位，学会连续四年参与工信部组织编写、完成《食品工业发展报告》（2016 年度），并由中国轻工业出版社出版发行，内容涵盖我国食品工业十五大行业的年度发展状况。

2017 年，学会承接中国科协“食品科学技术学科方向预测及技术路线图”项目。

国际学术会议 学会及其下属专业委员会 2017 年共举办国际会议 5 个，提交学术交流论文近 800 篇，形成论文摘要集1部。

5月24—26日，学会在内蒙古自治区呼和浩特市召开第十二届益生菌与健康国际研讨会，会议以“益生菌：技术及产业化”为主题。来自国内外的专家分享了益生菌与肠道微生态、益生菌与疾病预防以及益生菌功能性研究等领域的最新研究成果。本次会议共计300余人参会，提交论文摘要177篇，张贴论文28篇。

9月22日，学会在辽宁省沈阳市组织召开了以“乳企注册与产业健康”为主题的第四届中荷乳品产业链安全研讨会。会议由学会与荷兰乳品协会共同主办，设置5个权威报告，来自中荷两国的10余位专家与100余位参会学者共议行业发展与如何进一步推进中荷乳品的交流与沟通，共同提高生产效率与安全水平，以提升乳品消费信心。

国内主要学术会议　2017年，学会及分支机构共举办年会、研讨会、报告会、论坛等国内学术活动20余次。

3月，学会在河南省新乡市举办中国食品科学技术学会面制品分会挂面行业研讨会，在上海市召开2017年冷冻食品行业发展研讨会。7月，在北京召开中国食品科学技术学会食品添加剂分会2017年工作会，总结三大行业2016年的发展情况及问题，并商讨2017年工作规划。

4月9—10日，学会首次与宁夏回族自治区吴忠市人民政府共同主办2017中国（吴忠）西部特色食品科技与产业发展论坛。包括两位中国工程院院士在内的15位食品科技界权威专家与近300位食品企业相关负责人参会，共同从宏观趋势、产业对接、科技支撑、标准法规、生产管理、市场开拓等相关方面研讨了中西部特色食品产业的发展问题。

8月19日，学会与陕西省韩城市人民政府共同主办2017第二届中国·韩城国际花椒节暨“一带一路”双椒论坛，论坛来自中国、美国、越南等不同国家相关领域的知名专家与150余位学者参会，共同探讨“一带一路”倡议下韩城乃至我国双椒产业的发展。会议设置权威报告8个，内容涉及花椒与胡椒双椒产业的发展及相关科技问题。

11月29—30日，学会与河南省安阳市汤阴县人民政府及中国经济网联合主办的创新驱动助力地方食品产业发展研讨会在河南省安阳市组织召开。研讨会以“安全与健康并行”为主题，与会专家就食品产业园区规划和健康中国与食品产业发展等问题与200余位与会代表进行了分享，对接地方经济成长和企业发展中的需求，并提出相关解决方案。

两岸交流　2017年，学会继续携手杜邦营养与健康、福建盼盼食品集团、李锦记（中国）销售有限公司和康师傅控股有限公司4家知名食品企业在两岸三地推进学生创新大赛。

国际交往　3月20日，学会与美国食品科技学会（IFT）执行副主席Christie Tarantino-Dean、前主席Herbert Stone等在上海市针对2017年度的合作事项进行磋商，并签署相关合作协议。6月24—29日，学会组织中国代表团赴美国参加IFT年会，并首次选拔中国学生赴美国参加IFT学生活动。

4月，学会与AOAC International签署合作备忘录。5月22日，AOAC International候任主席DeAnn Benesh女士等一行访问学会。7月，学会名誉副理事长刘秀梅研究员参加AOAC董事会会议，双方一致认为将共同致力于AOAC检测方法在中国的实践以及与我国相关标准的融合。

12月3—7日，学会组织代表团对新西兰进行了参观访问。期间，召开了中新乳制品安全研讨会，针对两国乳品的相关标准、研究进展以及贸易等相关问题进行了讨论。

2017年，学会与AOAC Internatioanl、EHEDG等重要国际组织在食品安全与分析标准国际化及实验室检测技术全球化、企业食品安全与卫生工程设计、食品信息交流等领域开展深度合作，促进标准方法的国际接轨。4月，学会与EHEDG共同召开食品卫生工程专题研讨会；10月，与EHEDG再次合作，在北京召开食品卫生工程培训班。

科普活动　2017年，学会共举办规模以上科普活动10余次，与相关政府部门合作出版科普读物2本（《探索乳制品的奥秘》《有关食品的谣言与真相——方便面》）。

1月6日，学会第六次举办食品安全热点科学解读媒体沟通会。本次会议邀请权威专家对2016年食品安全的8个热点话题予以科学解读，对舆情话题趋势进行了回顾分析，并首次将受邀解读专家的研究范围由食品科学及相关领域拓展至营养界和法学界，并同期发布2016年食品安全十大谣言。

2017年，学会加强微信平台建设，目前学会微信公众号关注人数达5000余人。4月，学会与腾讯共同对包括北京工商大学校长孙宝国等专家在内的16位首批“食品安全辟谣大使”颁发聘书。5月，学会参与国家食品药品监督管理总局主办的2017年全国科技活动周活动。7月，学会承办全国食品安全宣传周中国科协主题日活动，首次以“食品安全进家庭、进工厂、进社区、进校园”来实现“食品安全进万家”的主题。9月，学会参与“2017年全国科普日北京主场活动——舌尖上的健康”公众展区，并获得2017年全国科普日主场优秀活动表彰。

学会继续与光明网合作，共同录制3期科普节目——《食品安全大咖谈》。

表彰举荐优秀科技工作者 2017年，学会规范推进“两院”院士推荐、全国创新争先奖推荐及中国青年科技奖的推荐工作；严格做好学会科技创新奖的评审工作。

成功推荐学会理事中国农业大学食品科学与营养工程学院院长胡小松荣获首届全国创新争先奖奖状。评选出11位优秀科学家和企业家及食品科学技术名词审定委员会专家组群体获“2017年度中国食品科学技术学会科技创新奖——突出贡献奖”；评选出14位优秀青年科学家和企业家荣获“2017年度中国食品科学技术学会科技创新奖——杰出青年奖”；评选出22篇优秀论文获“2017年度中国食品科学技术学会科技创新奖——优秀论文奖”。

学会创新发展 学会与恒天然集团、雅培、北京科拓恒通生物技术开发有限公司、康师傅控股有限公司等5大知名企业及黄酒分会合作启动了6项专项基金，共资助21家单位28个项目。项目将高等院校、科研机构的研究成果与食品企业的实际需求相结合，鼓励科研创新。

2017年，中国工程教育专业协会批准成立“食品类工程教育认证专业委员会”，委员会办公室设在学会，由学会具体承担秘书处的日常工作。

党建强会 2017年，学会建立功能型党委工作原则，按照民主集中制原则治理学会。

8月4日，学会秘书处党支部会同其他5家首次组成党建联合体的学会党组织开展党建强会——“科技服务民生”汤阴行活动，将学会党建工作与科技服务地方经济工作相结合。

【中国食品科学技术学会第十四届年会暨第九届中美食品业高层论坛】 11月8—9日，中国食品科学技术学会第十四届年会暨第九届中美食品业高层论坛在江苏省无锡市召开。会议由学会与美国食品科技学会（IFT）共同主办，江南大学、南京农业大学、江苏大学、南京财经大学和江苏省食品科学与技术学会承办。中国工程院院士庞国芳、孙宝国、朱蓓薇等100余位中外食品科技界知名专家、学者以及青年学生等近2000人参加年会。

大会设置1场大会报告（含4个权威报告）、5个论坛、9个研讨会、4个技术专题、1个培训班、2个奖项颁发、1个倡议。会议共征集论文621篇，张贴论文163篇。

会议围绕国家发布的一系列重大举措以及“健康中国2030”规划纲要的部署，对中国食品科技的未来发展走向、食品科技新理念新研究、国际食品科技发展新趋势新动向等进行探讨。

开幕式期间还举行了2017年中国食品科学技术学会科技创新奖颁奖仪式，并同期举行了由学会发起的国民营养健康——食品界在行动宣言仪式。

【2017年国际食品安全大会】 4月20—21日，学会与国际食品科技联盟共同主办的2017年国际食品安全大会在北京召开。本次会议以“食品安全与健康并行”为主题，国家食品药品监督管理总局副局长郭文奇，中国科协党组副书记、副主席、书记处书记徐延豪等大会支持单位的领导出席开幕式并致辞。大会邀请了来自中国、美国、英国、德国、印度、荷兰、澳大利亚、菲律宾等12个国家和地区的67名国际知名专家及食品企业家进行了62个专题发言和现场交流。来自20多个国家的84名国际知名专家及食品企业家和500余名学者参会共议我国当下的食品安全整体形势以及未来所面临的挑战，分享全球食品安全与营养健康相关工作的最新研究与实践，并提出政策建议与应对策略。

大会开幕式由学会副理事长、北京工商大学校长孙宝国主持。大会报告上，10余位中外专家就我国食品安全监督抽检情况、进出口食品安全监管体系构建、食品安全信息交流、食品掺假、诺如病毒的研究、贸易全球化下的食品安全与健康、全产业链管理、国际标准化检验技术等内容进行交流。大会向来自世界卫生组织（WHO）的科学家彼得·本·安博克（Peter Ben Embarek）授予“科学精神奖”，向马冠生教授、光明网授予“科学传播奖”。本次会议还设立了2个企业高峰对话环节，分别围绕“食品安全与健康”与“健康转型中的机遇与挑战”主题展开探讨。

会议内容形成6个科学家观点，分别为中国食品安全最困难的时期已经过去；要加快对“互联网 + 餐饮”食品安全问题的破解；食源性疾病仍是我国危害食品安全的最大挑战；新技术应用对我国食品安全水平提升的功能正日趋显现；卫生工程设计新理念在中国的落地与推广势在必行；要加大“健康中国 2030”对食品产业向营养与健康转型的引领。会议形成 4 个企业家共识，分别为粮食安全是保障，食品安全是基础，营养健康才是终极目标；把握全供应链的食品安全控制是企业家必备的基本功；任何一次品质和食品安全水平提升都离不开新技术、新工艺的应用；线上和线下的紧密配合，关注老年人群就餐需求。会后形成“2017 年国际食品安全大会总结”上报国家食品药品监督管理总局相关司局。

【第十七届中国方便食品大会暨方便食品展】 9 月 15—16 日，由学会主办的第十七届中国方便食品大会暨方便食品展在北京召开。会议以“创新与变革”为主题，共议方便食品的健康转型和行业价值链的提升。560 余位政府相关业务主管部门、科技界和企业的精英共聚北京，共同交流和探讨行业关注的话题。

本次会议还设立了领袖论坛及企业研发负责人对话环节，分别围绕“方便食品面对新模式、新业态的挑战与机遇”与“理念与实践”主题展开探讨。针对业内焦点和热点，大会分设方便食品中的油脂安全与营养健康评价、制面工艺创新与面制品装备发展、产业融合与需求对接——冷冻食品业务用市场的定位与标准化及专注创新、聚焦环保 4 个专题，为方便食品行业面向健康时代的转型提供思路与出路。

第十七届中国方便食品大会暨方便食品展

中国轻工业联合会副会长贾志忍、国家卫计委食品安全标准与监测评估司副司长张志强出席开幕式并致辞。学会理事长孟素荷在会上作主题报告。

大会期间，经学会组织专家评审，51 项产品分别荣获“2017 年中国方便食品创新大奖、创新奖”，并现场进行颁奖。此外，会议还举办了 2017 年度最受欢迎的方便食品评选活动，评选出最受欢迎的方便食品并在 2017 年方便食品行业新闻发布会上公布结果。

同期，会议发布了由权威专家评选出的 2017 年度方便食品行业创新产品和 2017 年度行业创新趋势。

（撰稿人：侯　威）

中国粮油学会

服务创新型国家和社会建设　根据《中国粮油学会科学技术奖管理办法》要求，2017 年学会科学技术奖的评审工作共产生获奖项目 27 项，其中一等奖 6 项、二等奖 9 项、三等奖 12 项，并出版发行《2016 年度中国粮油学会科学技术奖获奖项目汇编》。

2017 年，学会共组织专家 200 余人次为 32 项成果进行成果评价。5 月，学会配合国家粮食局在“2017 年粮食科技活动周”中组织开展“三对接”活动，组织征集、评选、编印了粮食科技成果、创新团队、科研机构、企业技术难题和需求等多册汇编；并在油脂、储藏、食品等分会的学术年会上对重点成果进行推介，包括重点成果推介交流专场、展览展示等。

学会配合国家粮食局人事司开展行业高级职称评审工作，共评审出研究员（正高级工程师）20 名、副研究员（高级工程师）40 名。

2017 年，学会与四川省粮食局、四川省遂宁市人民政府、湖北省粮食局、湖北省潜江市人民政府等合作开展了西部金穗粮展会、首届中国（潜江）国际龙虾・虾稻产业博览会等活动。学会组织专家参加了多项国家标准的制修订研讨会。启动团体标准试点筹备工作，起草了学会团体标准工作规划和《中国粮油学会团体标准管理办法》，筹建团体标准工作委员会和标准技术委员会。

学会建设　学会个人会员增长至 13085 人，单位会员增长至 1628 个，与 2016 年相比分别提升了 15% 和 4%。成立了花生食品分会，所属专业分会增至 14 个。官方网站点击量及微信公众号关注数量稳步提升，网站一年点击量近 200 万次。学会被中国科协计划财务部评为“科协系统统计调查工作优秀单位”。

2017 年，学会启动了《中国粮油学会 30 年》编写工作，完成初稿。参与撰写《中国粮食年鉴》《中国粮食发展报告》等材料。

学会完成了“学会治理机制改革和评价体系建设工程”项目。进一步加强队伍建设，秘书处招聘1名应届硕士毕业生。全面启动学会内部控制建设工作，就学会各项制度开始全面完善。

学会建立青年人才储备库，该人才库涵盖粮油储藏、粮食加工、油脂加工等13个专业领域，目前库内青年400余人。

主办期刊 《中国粮油学报》2017年共出版12期，刊登稿件312篇共1992页，其中由基金项目资助的稿件数量约占总量的79.9%；评选出30篇优秀论文和30位优秀审稿专家。推进期刊数字化信息化建设，开展期刊移动端免费在线浏览、过刊上网和优先数字出版。

在中国科协“第二届优秀科技论文遴选计划”中，《中国粮油学报》的《牡丹籽油超临界CO_2萃取工艺优化及抗氧化活性的研究》入选。

学科发展研究 学会组织11个所属分会及业内200多位专家学者完成了《国内外粮油科学技术发展现状与趋势》调研报告。学会联合国家粮食局仓储与科技司、天津市粮油学会、中国天津粮油批发交易市场等单位完成了《我国环渤海油脂产业综合利用调研报告》。

决策咨询 学会组织专家为国家粮食局相关政策的出台提供意见反馈。组织专家到湖北省潜江市、麻城市、监利县、随县，吉林省临江市，云南省楚雄彝族自治州，河南省鹤壁市、汤阴县等地，与当地政府、企业座谈，深入企业，为企业解决实际技术难题。

国际学术会议 学会共举办国际会议2次，包括第一届ICC亚太区粮食科技大会和第九届煎炸油与煎炸食品国际研讨会，接待国外专家76人次，提交论文315篇。

国内主要学术会议 2017年，学会共举办油脂分会第26届学术年会，“一带一路”粮油食品科技论坛，中国米粉、粉丝产业发展大会等国内学术交流会议63次，专业覆盖粮食储藏、物流、食品、油脂等十几个领域，参会人员6700余人次，提交论文291篇。

国际交往 学会组团赴日本参加2017国际食品工业展，并访问广岛佐竹公司总部，加强与日本食品科技领域的交流与合作。学会组团赴维也纳参加2017年全谷物峰会，与ICC、MoniQA协会等国际组织加强沟通交流。学会接待加拿大杂豆协会总裁Gordon Bacon等一行9人来访，举办了杂豆开发与应用技术会议以及中加杂豆合作框架协议的协商签署会。

科普活动 营养分会举办7期营养健康大讲堂，网络直播人数高达12.8万人次，网络回看达177.4万人次，出版科普刊物《食营养》。发酵面食分会组织成立发酵面食科普宣讲团，在全国范围开展科普宣传等系列专题活动。油脂分会多次组织专家学者接受中央和地方电视台及其他媒体的采访，及时公正解读社会热点，以正面引导行业的健康发展，给予消费者正确的消费观念。学会被中国科协科普部评为“2017年度全国学会科普工作优秀单位”。

表彰举荐优秀科技工作者 学会向中国科协推荐3名中国工程院院士候选人。向有关部门举荐中国青年女科学家、创新争先奖、光华工程奖、青年科技奖等奖项的候选人。

学会首次启动“青年人才托举工程”，由中国科协提供科研经费支持、学会搭建平台，扶持培养粮油储藏、粮食加工、油脂加工3个专业领域中具有较大创新能力和发展潜力的32岁以下青年科技人才，最终评选出2人。

学会创新发展 建设学术交流管理平台，并在第一届ICC亚太区粮食科技大会和第九届煎炸油与煎炸食品国际研讨会等会议上投入使用，简化了参会报名流程。

党建强会 国家粮食局党组第一巡视组对学会开展专项巡视，学会对反馈问题已全部整改完成。学会扎实推进“两学一做”学习教育常态化制度化。开展“党建强会”特色活动，与中国国土经济学会、中国仪器仪表学会等15家全国学会合作，组织学会党员、行业专家分赴上海市，河南省鹤壁市、汤阴县，吉林省临江市，贵州省遵义市等地开展党建活动。进一步完善学会支部工作法，运用“支部+小组”“线上+线下”等不同形式的学习模式组织开展支部活动。学会党支部完成了《学会党组织联系服务科技工作者新方式、新途径研究》，该报告被中国科协全国学会党建研究会评为“2017年度学会党建优秀调研报告”，并上报全国党建研究会参与“2017年度优秀党建调研报告”评选。

会员服务 学会积极向各所属分会推介中国科协会员管理系统，目前大部分分会已经开始使用，同时不断完善会员资料。

学会先后召开4次专题研讨会，研究积分制度与

入选人员代表作主题学术报告。中国烟草学会各专业委员会主任委员和秘书、各省级烟草学会理事长和秘书长、年度优秀论文作者代表等约160人参加会议。

（撰稿人：王文静）

中国仿真学会

学会建设 2016年，学会召开3次理事长办公会议、2次常务理事会议和1次理事会议。截至2017年12月，学会个人会员达10016人，比2016年增加42.67%。

青年人才托举工程 9月6日，学会推荐的2人获得中国科协青年人才托举工程（2017—2019年度）项目经费资助立项资格。

主办期刊 2017年，《中国仿真学会通讯》增设党建强会、业界动态、学会新闻等栏目。

《系统仿真学报》荣获“2017中国国际影响力优秀学术期刊”称号，并入选中国科技核心期刊。《系统仿真学报》全年受理投稿753篇，发表稿件433篇，出版正刊12期（含会议专刊3期）和增刊1期，出版内部光盘版文集1期。

据《中国学术期刊影响因子年报》2017版统计结果，在133种自动化技术计算机技术类期刊中，《系统仿真学报》综合总被引频次为4309，影响力排名第15位，影响因子排名第47位。据《中国科技期刊引证报告》2017版统计结果，在2008种中国科技核心期刊（自然科学）中，《系统仿真学报》的综合评价排名219位，核心影响因子排名1269位，核心总被引频次为3217，排名170位。

International Journal of Modeling, Simulation, and Scientific Computing（IJMSSC）杂志年收稿量200余篇。

国内主要学术会议 6月14—15日，由中国科协主办、中国仿真学会及新疆大学电气工程学院共同承办的仿真科学与技术学科方向预测及技术路线图高端论坛在新疆大学召开。来自仿真科学与技术学科领域的科研院所、高校的300多人参加论坛。

仿真科学与技术学科领域的4位专家在论坛上作了主题报告。学会副理事长、新疆大学电气工程学院院长范文慧报告了仿真科学与技术学科方向预测及技术路线图，并最终形成了学科方向预测及技术路线图实施方案。

10月14—15日，由中国工程院主办，中国工程院信息与电子工程学部、中国仿真学会和浙江工业大学共同承办的中国工程院国际工程科技发展战略高端论坛——“人工智能与仿真”在浙江省杭州市举行。中国工程院院士李伯虎担任论坛主席，学会理事长赵沁平致开幕词。350余位专家、学者参加会议。

在大会报告会上，中国工程院院士、中国工程院原常务副院长潘云鹤，中国工程院院士、中国航天科工集团第二研究院李伯虎，德国慕尼黑信息联邦大学教授Axel Lehmann，阿里巴巴集团技术委员会主席王坚，热亚那大学教授Agostino G. Bruzzone，格拉斯哥大学教授李耘，克里特工业大学教授Markos Papageorgiou，北京华如科技股份有限公司副总经理张柯分别作大会报告《人工智能走向2.0的挑战》《面向新型人工智能系统的建模与仿真技术》《基于AI的模型及仿真质量、可信度和效用评估》《城市大脑——人工智能的登月计划》《智慧仿真：代理人软件程序，模拟和严肃游戏，成为工程、工业和社会服务创造新解决方案的推动者》《智能建模、仿真与计算机自动设计、创新及创造》《高速路交通流的建模、仿真与运营》《面向多智能体建模仿真的高性能并行离散事件仿真引擎》。

在分会场活动中，专家、学者围绕“人工智能与仿真”主题开展了复杂社会系统建模与仿真，人工智能引导的建模、仿真技术及其在可视计算与虚拟现实中的应用，模型工程，复杂动力系统高效数值计算方法分析与应用，交通建模与仿真5个方面的交流。

会议同期举办了以“超现实体验、多感知互动、跨时空创想”为主题的虚拟技术科普展示活动和学会2017年度颁奖仪式。

科普活动 2017年，“西门子杯”中国智能制造挑战赛大赛纳入中德高级别人文交流对话机制成果，进入金砖国家技能发展与技术创新大赛核心赛事。

2017年，第十一届“西门子杯”中国智能制造挑战赛大赛共设连续过程设计开发、连续过程应用实施、逻辑控制设计开发、逻辑控制应用实施、运动系统设计开发、工业信息设计开发、智能创新研发、工业硬件研发和工业软件研发九大赛项，并分为高校组、高职组两个组别。初赛阶段，全国共设12个分赛区（15所学校），全国总决赛于8月中下旬在上海应用技术大学进行。

学会承接的中国科协虚拟科技馆项目中，有59个征集项目被中国科技馆验收入库。

表彰举荐优秀科技工作者 7月18日，2017年度中国仿真学会科学技术奖评审会在北京航空航天大学召开。评奖委员会评选出一等奖3项、二等奖2项。

9月22日，优秀博士学位论文评审组对申报的论文进行终评，共评出5篇优秀论文。在2017中国仿真大会期间，学会对5篇优秀论文进行了表彰。

2017年度中国仿真学会优秀科技工作者奖评选出9位获奖者。

学会创新发展 学会网站完成改版，各分支机构可自主向学会官网上传新闻。学会申请了公众号并建立各类工作群（理事工作群、常务理事工作群、学会领导工作群及分支机构工作群），同时建立了学会专家资源库。

《中国仿真学会通讯》实现电子化，可提供在线阅读。

党建强会 9月26日，中国仿真学会与中国图学学会、中国复合材料学会、北京图学学会、北京航空航天学会、北京表面工程学会和北京腐蚀与防护学会联合组织党建小组成员和会员代表参观了平谷鱼子山抗日战争纪念馆。

（撰稿人：赵 罡）

中国电影电视技术学会

服务创新型国家和社会建设 2017年，学会受国家新闻出版广电总局广播科学研究院、中央电视台、北京电视台等10家单位委托，组织鉴定了“应急广播测试方法研究及自动化原型系统研发”“中央电视台体育频道融合媒体平台”等20个科研项目。

学会共举办专业技术培训班和技术讲座6次，培训人数936人次。

3月20—24日，学会在北京举办了电视节目制作技术质量控制培训班，来自全国各电视台的90人参加培训。

4月25—27日，学会网络视频专业委员会配合广电信息运维工作组在陕西省西安市举办了广电信息系统运维服务管理标准应用经理培训，43名学员参加培训。

受北京市新闻出版广电局委托，组织完成2016年度广播、电视节目技术质量奖优秀作品评选工作。7月，学会在北京组织了广播与电视节目技术点评会，来自北京市各区县广播电视台的90名一线技术人员参加。

11月13—16日，学会广播融媒体技术专业委员会在云南省昆明市组织融媒体技术应用交流培训11场，培训人数达500人次。

11月16—18日，由学会组织的高清演播室使用培训在广东省广州市举办，广州广播电视台各部门110人参加培训。

12月5—8日，在云南省腾冲市举办2017电视安全播出研修班，来自北京、上海、江苏、浙江、广东、内蒙古等地的103名播出一线的技术骨干参加研修班学习。

学会建设 2017年，学会成立了传输与覆盖专业委员会，分支机构数量增加至20个。个人会员3757人。

1月24日，学会秘书处组织召开分支机构2017年学术交流工作会议，会上讨论了各分支机构2017年学术交流工作计划。

5月，学会召开中国电影电视技术学会第八次全国会员代表大会，选举谢锦辉为学会第八届理事长。

11月27日，学会秘书处组织召开了分支机构管理及财务管理条例征求意见会，各分支机构主任委员和秘书长就新形势下加强分支机构组织体系建设和理顺财务管理建言献策。

学科发展研究 学会编著科技图书《2016—2017中国电视媒体融合发展报告》《西部广播电视——2016年度四川广播电视优秀技术论文集》，总印数1300本。

国际学术会议 2017年，学会举办国际学术交流活动5项，4670人次参加会议。

5月25—26日，2017年北京国际电视技术研讨会在北京举行，320人参会。研讨会聚焦媒体融合、适应融合媒体发展趋势，以深度融合为发展理念，以移动传播作为传统广电技术突破领域，关注融合媒体背景下多元化传播的安全机制，研讨提升高质量和精品化视听节目制播形态，研究探讨在“互联网+”环境下的新型传播技术和传播方式所产生的安全要求及解决策略。

10月12—14日，学会声音专业委员会在上海市举办国际电影电视技术高端论坛（IFTT）暨2017年度“声音制作优秀作品奖”暨首届IFTT-CC（Creative & Craft）国际“創·藝”大奖评审及颁奖典礼活动，350人参会。论坛主题为“不忘初心、不断创新”，就无线技术、VR技术、多声道3D声技术、IP技术的应用等进行交流与研讨。

11月16—17日，由学会和北京电影学院共同主办的2017北京国际先进影像大会暨展览会在北京召开，大会论坛分为人工智能与影视制作、虚拟现实影像内容、高质量影像与先进制作流程、未来影像4个主题，24位专家、学者作了学术报告，参加观众1700人次，展览会还设置了国际先进影像专题论坛、先进影像制作技术展览会、影片展映等内容。

国内主要学术会议 2017年，学会共举办国内学术交流活动20项，2445人次参加会议。

4月25—27日，学会声音专业委员会在北京举办影视录音应用技术交流研讨会暨2016年声音制作优秀作品奖颁奖典礼，200人参会，研讨会主题为“影视融合·创新引领”。

5月9—11日，学会城市电视台技术分会在福建省福州市召开第29届年会，341人参加会议。

8月24日，学会图像专业委员会在北京举办BIRTV 2017中国视觉效果峰会电视产业论坛“融合媒体”研讨会，200位专家、学者参加会议。会议主要对融合媒体技术交流央视VR、演播室互动、网络直播、中央电视台综合节目融合媒体一体化制作系统实践、Ross高端互动虚拟合成工具（IMR）Frontier在互动游戏电视节目“Lost In Time”中的应用、体育转播应用中技术统计数据可视化解决方案等内容进行了研讨和交流。

11月13—16日，学会广播融媒体技术专业委员会在云南省昆明市召开2017年会，主题是“广播融媒体技术的实际应用成果交流”，108人参加会议。会议首次采用新媒体网络直播，在互联网上进行推送。

11月29日—12月2日，学会新技术应用专业委员会在广东省深圳市召开2017年会，200人参会。年会设立下一代媒体——智慧的媒体、融合智慧媒体、4K超高清和IP化3个主题论坛。

两岸交流 6月6—7日，由学会标准与测试专业委员会、《影视制作》杂志和台湾DV ASIA联合主办的MeTec 2017影视前沿技术大会在北京举行，800名专家、学者参加会议。中央电视台、德国Fraunhofer集成电路研究所等机构分别就3D音频技术方案与标准测试、交互沉浸式音频技术的最新进展进行了学术交流。

科普活动 11月7日，学会学术交流部和摄影摄像专业委员会在中国传媒大学联合举办会员科普日活动，来自各会员单位的70名会员参观了中国传媒博物馆、动画与数字艺术学院、中国传媒大学1400平方米4K演播室及正在建设中的融合媒体中心。

11月18日，学会传输与覆盖专业委员会组织中国传媒大学理工学部通信工程系的本科生和电子科学与技术专业的研究生共计51人以及专业委员会部分在北京的会员参观了中央广播电视塔和五四二地球站。

学会先进影像专业委员会举办了23期“周末影像沙龙”，通过线下、线上并行传播开展系列先进影像科普活动，传播受众2万人次，线下到场人数累计400人次。

学会先进影像专业委员会与中国计算机协会虚拟现实与可视化技术专业委员会、中国图象图形学学会虚拟现实专业委员会、中国仿真学会虚拟技术及应用专业委会合作，在天津工业大学、天津科技大学和燕山大学举办了“虚拟现实进校园”系列科普活动。

学会摄影摄像专业委员会为北京市职工文化协会一线职工做了9期手机摄影摄像公益大讲堂活动，受众人数900人次。

表彰举荐优秀科技工作者 学会设立科学技术奖、影视青年科技奖、广播电视节目技术质量奖、先进影像优秀作品奖等，2017年共奖励单位126个次、奖励个人3551人次。

2017年度中国电影电视技术学会影视青年科技奖通过网络推荐的方式评选出“全国优秀影视科技工作者”26名、“全国杰出影视科技工作者”10名。

党建强会 8月5日，学会举行了学会党委成立大会暨第一次党员代表大会，选举副理事长丁汶平为党委书记、秘书长路晓俐为党委副书记。

10—12月，学会召开了四次秘书处全体工作会议。第八届理事会理事长谢锦辉、秘书长路晓俐、党委书记丁汶平带领全体工作人员认真学习宣传贯彻党的十九大精神和习近平总书记系列重要讲话精神。会议要求结合学会工作实际，推动党建工作和业务工作有效健康发展。

【中国电影电视技术学会第八次全国会员代表大会】 8月5日，中国电影电视技术学会第八次全国会员代表大会在北京举行，来自全国各级广播影视机构、网络媒体、科研院校、广电企业等单位的183名代表参加会议。

大会审议通过了《关于章程修改的报告》《第七届理事会财务执行情况报告》《关于修改会费标准的

议案的说明》《监事会条例》和《理事会选举条例》等大会文件和条例。

大会选举产生了由128名理事组成的中国电影电视技术学会第八届理事会，同时选举产生了由3人组成的监事会，选举高少君为监事长。

学会第八届理事会一次会议选举产生了由50人组成的学会第八届常务理事会、理事长、副理事长。会议选举谢锦辉为学会第八届理事长、路晓俐为学会秘书长，确定副理事长徐建新为学会法定代表人。

【第三届“世界电视日”中国电视大会】 11月21—22日，由中国电影电视技术学会、中国电视艺术家协会媒体融合推进委员会、BIRTV组委会、北京电视台、中国传媒大学、凤凰卫视、央视市场研究（CTR）、中国广视索福瑞媒介研究（CSM）共同主办，中广互联承办的第三届“世界电视日”中国电视大会在北京召开。1500多位专家、学者参加会议，来自6个国家和地区的88位专家作了学术交流。联合国教科文组织执行局前主席迈克尔·沃布斯出席大会主论坛并致辞。

会议围绕电视产业战略方向、媒体融合趋势、传统电视发展与互联网创新、电视技术演进与节目形态变革、有线网络业务演进、未来网络及音视频技术、家庭互联与跨界融合等内容展开讨论。

大会共举办了中国电视大会主论坛、中国电视媒体融合峰会、媒体云与大数据创新峰会、移动视频生态峰会、广电网络发展战略峰会、广电网络集客业务峰会、中国互动营销趋势论坛、未来视听峰会、智能终端与家庭互联论坛、广电内容产业峰会、TV跨界融合峰会11场专业论坛。

大会展出和介绍了4K/UHD、沉浸式音效、人工智能、大数据、云计算、互联网电视、家庭娱乐、TVOS、VR/AR（虚拟现实/增强现实）视频技术等相关技术及其应用。

（撰稿人：李慧芳）

中国振动工程学会

服务创新型国家和社会建设 2017年，学会动态信号分析专业委员会组织了8次关于机器状态监测诊断技术初、中级和机械测试与信号分析技术培训的讲座，其中在北京和湖北省武汉市各举办4次，培训人员80人次。

学会振动与噪声控制专业委员会分别于3月、5月、6月、9月和11月在北京举办了振动和噪声测量基础与数据采集、模态测试技术、机械振动与噪声测试、轨道交通测试技术和机械振动与声学测量等方面的专业技术培训，467人次的工程人员和青年科研工作者参加培训。

学会建设 10月20日，学会在广西壮族自治区南宁市召开八届三次常务理事会议，讨论了理事会会议议程、审批了高级会员名单。

主办期刊 2017年,《振动工程学报》出版6期，年收稿550篇，发表126篇。据中国学术期刊影响因子年报（2017版),《振动工程学报》2016年复合影响因子为0.968，在力学类19种期刊中排名第6；影响力指数CI值在工程与技术科学基础学科类52种期刊中排名第4，基金论文占比0.98。

2017年,《振动与冲击》出版24期，年收稿3200篇，发表912篇，有20篇论文入选“2017年中国精品科技期刊顶尖学术论文（F5000)”。根据中国学术期刊影响因子年报（2017版),《振动与冲击》2016年他引总被引频次为5959，他引影响因子为0.620，影响力指数为1177.873，在工程与技术科学基础学科类52种期刊中位居第1。

国际学术会议 8月6—10日，学会随机振动专业委员会在奥地利维也纳举行的第十二届国际结构安全性与可靠性大会（ICOSSAR 2017）上协办组织了专题分会场，宣讲论文9篇。

国内主要学术会议 2017年，学会及分支机构共举办国内学术交流活动10余次，提交学术论文1000余篇。

2月18—21日，学会转子动力学专业委员会在湖南省湘潭市召开2017转子动力学基础创新研究学术交流会，来自全国42所高校及科研院所的184位专家、学者参加交流会。6名专家作主题报告，49名代表在转子动力学、机械故障诊断、智能制造与装备3个分会场作交流。

5月6—8日，学会转子动力学专业委员会九届二次会议暨2017优秀青年学术论坛在湖南科技大学举行，来自全国各高校、研究院所、企业的专家和技术人员共300余人参加会议。

5月17日，学会随机振动专业委员会在上海市举办工程结构与系统可靠性设计国际结构安全性联合委员会－中国学者联合研讨会。中国科学院院士程耿东、JCSS 主席 Inger Kroon、欧洲科学院外籍院士 Dan Frangopol 等 160 余位专家、学者参加会议，9 位特邀报告人作主题演讲。

7 月 23 日，学会故障诊断专业委员会在新疆大学召开 2017 年故障诊断领域全国青年学者论坛，来自全国 16 所高等学校故障诊断领域的青年学者参加论坛。

7 月 31 日—8 月 2 日，学会机械动力学专业委员会在广西壮族自治区南宁市召开功能制造与机械动力学学术大会暨第十届专委会第四次会议，208 人参加会议。

8 月 2—4 日，学会振动利用工程专业委员会在辽宁省沈阳市召开第七届全国振动利用与控制工程学术会议，中国科学院院士闻邦椿等 4 位专家作大会主题报告。与会学者 110 人，征集论文 100 篇，会议宣讲论文 91 篇。

8 月 18—21 日，学会动态测试专业委员会在哈尔滨理工大学召开第七届二次委员会议暨非电量电测技术研讨会。全国 40 余所高校、研究单位及企业的 60 余位专家、学者参加会议。会议宣讲论文 20 篇。

10 月 18—20 日，学会包装动力学专业委员会和中国包装联合会在湖南工业大学召开第四届包装技术与科学国际会议、第十七届全国包装工程学术会议暨专业委员会三十周年庆典活动。会议分运输包装、食品包装和包装材料、工艺与机械 3 个专题会场进行了学术交流，参会人数 300 余人，交流论文 140 余篇。

10 月 20—23 日，由学会主办的第 12 届全国振动理论及应用学术会议在广西壮族自治区南宁市召开，来自全国 90 余家高校、研究所、企业从事振动工程研究和应用的科技人员 326 人参加会议。会议收录学术论文 237 篇，并编印了论文摘要集，制作了全文电子文档 U 盘。会议特邀 4 名院士和 6 名专家作大会前沿学术报告。在 20 个分会场举行了 157 个学术报告；评出优秀论文 20 篇，其中学生优秀论文 12 篇；并组织了由 7 家知名企业参加的振动工程设备展览。

11 月 10—12 日，学会结构抗振控制与健康监测专业委员会在华中科技大学召开第七届全国结构抗振控制与健康监测学术会议。400 余位专家、学者参加会议，交流学术论文 150 篇。

国际交往 7 月 22—27 日，国际声学和振动学会在英国伦敦召开国际声学和振动学会理事会暨第 24 届国际声与振动学术会议。学会派常务理事饶柱石作为观察员，代表中国振动工程学会出席理事会，并作为专题分会场主席参加学术交流。

表彰举荐优秀科技工作者 1 月，学会向中国科协推荐中国工程院院士候选人 1 名。

4 月，学会向中国科协推荐的学会理事、隔而固（青岛）振动控制有限公司研究员尹学军被评为全国创新争先奖获奖者。

9 月，学会推荐南京航空航天大学王立峰、同济大学彭勇波为第十五届中国青年科技奖候选人。

党建强会 10 月 20 日，学会在广西壮族自治区南宁市召开八届三次理事会议和党委扩大会议，会议由理事长苏义脑主持。会议组织理事收看中国共产党第十九次全国代表大会录像，学习讨论十九大会议内容。

（撰稿人：刘　红　孙久厚）

中国颗粒学会

服务创新型国家和社会建设 10 月 15—18 日，第十五届中国国际粉体加工 / 散料输送展览会在上海市举办，参展面积 6500 多平方米。来自 14 个国家的近 200 家展商展示了最新的粉体加工和散料输送技术，内容涉及粉碎、研磨、筛分、干燥、混合、过滤、输送、包装、测试、安全防爆等领域。参加展览会的专业观众达 8000 余人次，较 2016 年增长近 12%。

10 月 17 日，由学会和上海颗粒学会、北京粉体技术协会共同主办的 2017 年颗粒测试与表征技术培训班在上海市举办。来自高校及研究院所的科技工作者和企业界的技术服务、研发、分析、质检等工作人员共 90 余人参加培训。

主办期刊 中文版《中国粉体技术》为中国科技核心期刊、全国中文核心期刊、中国高校优秀科技期刊。英文版《颗粒学报》2016 年度 SCI 影响因子为 2.280，2017 年《颗粒学报》继续入选“中国科技期刊登峰行动计划”。

国际学术会议 10 月 15—18 日，第九届国际配方与剂型工程大会在北京举办。会议由多相复杂系统国家重点实验室、生化工程国家重点实验室、中国颗粒学会、中国化工学会、国际涂层科学与技术协会、北京市科学技术协会、北京粉体技术协会等单位联合主办。巴斯夫股份公司副总裁 Bernd Sachweh 和中国科学院院士李静海担任会议国际学术委员会主席。

本届会议的主题为 Multiscale Structures and Functionalities for Future Formulation。中国科学院院士江雷、德国高级材料卓越中心主任 Wolfgang Peukert、国际涂层技术协会副主席 Ta-Jo Liu、中国科学院上海高等研究院孙予罕以及来自德国、英国、法国、澳大利亚、日本、美国和加拿大等国家的 200 多位研究人员参加会议。会议颁发了最佳墙报奖和法国化学会 Pierre Fillet Prize 奖。

国内主要学术会议 8 月 25—28 日，由学会流态化专业委员会主办、宁夏大学承办的第九届流态化会议暨颗粒技术会议在宁夏回族自治区银川市召开。中国科学院院士李洪钟，加拿大皇家学会院士、加拿大工程院院士祝京旭，加拿大工程院院士毕晓涛，美国北卡罗来纳州立大学副教授李凡星等国内外流态化和颗粒学领域的专家、学者 160 余人参加会议。65 位专家、学者分别作邀请报告和口头报告，会议期间还开展墙报展讲 29 篇。

10 月 19—22 日，由学会生物颗粒专业委员会主办、苏州大学材料与化学化工学部化工与环境工程学院承办的第三届全国生物颗粒学术研讨会在江苏省苏州市举行，228 余名专家、学者参加会议。会议收到论文投稿近 90 篇，并刊印会议论文集。

11 月 3—5 日，由学会颗粒制备与处理专业委员会主办的 2017 年度颗粒学前沿问题学术研讨会暨第十三届全国颗粒制备与处理学术研讨会在湖北省武汉市举办，120 余位专家、学者参加会议。会议期间共进行了 16 个大会特邀报告、24 个会议论文报告。

11 月 16—17 日，第十一届全国颗粒测试学术会议暨 2017 全国粉体测试技术应用研讨会在广东省广州市召开。会议由学会颗粒测试专业委员会主办，华南师范大学物理与电信工程学院、珠海真理光学仪器有限公司承办。120 余名专家、学者参加会议。

11 月 21—24 日，由学会气溶胶专业委员会主办的第十三届全国气溶胶会议在河北省石家庄市召开，230 名学者参加会议。

两岸交流 8 月 19—20 日，由学会超微颗粒专委会和台湾大同大学、台湾大学等主办的第十届海峡两岸超微颗粒学术研讨会暨中国颗粒学会超微颗粒专委会 2017 年会在云南省玉溪市举行。

中国科学院固体物理所、清华大学、北京师范大学、中国石油大学和台湾大同大学、台湾大学等院校的 50 余名专家、学者参加会议。会议系统总结了相关学者和企业界在超微颗粒方面的最新研发进展，共同研讨超微粉体技术。

（撰稿人：韩秀芝）

中国照明学会

服务创新型国家和社会建设 2017 年，学会承接国家发展改革委、联合国开发计划署和全球环境基金项目“中国半导体照明促进项目”子项目“智慧照明示范及应用推广方案研究”，提交了《中国智慧照明应用推广现状及问题调研报告》。该项目获得中国科协“2017 年承接政府转移职能与公共服务示范工程项目”资助。

学会承接中国科协“2017 年创新驱动助力工程”示范项目“鄂尔多斯农业大棚照明技术攻关与成果转化落地示范项目的实施”，组织专家前往鄂尔多斯市准格尔旗十二连城乡和杭锦旗陶赖沟镇的农业大棚开展现场调研，在杭锦旗、准格尔旗的农业大棚安装了植物补光灯。

学会举办照明设计师培训班 19 次，培训人员 748 人次，比 2016 年增加 210 人次，其中助理照明设计师 273 人次、中级照明设计师 301 人次、高级照明设计师 174 人次。

学会制定并发布《LED 道路 / 隧道照明专用模块规格和接口技术要求（T/CIES 001—2017）》《普通照明用 LED 模块性能要求（T/CIES 002—2017）》《双端 LED 灯（替换直管形荧光灯用）安全要求（T/CIES 003—2017）》等七项团体标准。

学会编纂出版了庆祝中国照明学会成立 30 周年纪念册《走在光明的路上》，纸版发行 1000 余册；组织编写《中国照明工程年鉴 2017》，辑录了 2016—2017 年中国照明工程设计典型案例 90 余项。

6 月 25 日，在第十九届中国科协年会创新驱动助力老工业基地振兴行动专题论坛上，学会与吉林省科学技术协会、长春希达电子技术有限公司签署了三方合作协议，在吉林省建立学会工作站，助力老工业基地照明的节能改造示范与创新。

学会建设 截至 2017 年年底，学会个人会员 4155 名，比 2016 年增加 32 名，其中高级会员 617 名；学会团体会员 994 个，比 2016 年增加 53 个；学会下属专业委员会由原来的 14 个增加为 16 个，新增智能控制专业委员会、照明系统建设运营专业委员会。

主办期刊 学会主办的期刊《照明工程学报》共

出版6期，被评为“RCCSE中国核心学术期刊”，被收录为“中国科技核心期刊”（中国科技论文统计源期刊）。

学会编辑工作委员会开展了2013—2016年《照明工程学报》优秀论文评选工作，共评选出优秀论文一等奖6篇、二等奖18篇、三等奖31篇。

国际学术会议 3月7—8日，由学会交通运输照明和光信号专业委员会与中国汽车工业协会车用灯具委员会、复旦大学电光源研究所等联合主办的第五届中国国际汽车照明论坛（IFAL）在上海市召开。学会理事长邴树奎、复旦大学电光源研究所所长郭睿倩等500余名专家、学者参会。论坛以“互联与智能时代的车灯技术”为主题。

中国国际汽车照明论坛国际执行委员会主席、联合国灯光与信号法规部前主席Marcin A. Gorzkowski作了题为“车辆签名——论汽车独特的目的、意义和重要性”大会特邀报告，详细介绍了无人驾驶时代汽车照明的新技术和新挑战。

8月17—18日，由学会主办的第十届亚洲照明大会在上海市召开，来自中国、日本、韩国等10个国家和地区的300余名专家、学者参会。会议共进行口头报告29篇、短口头报告20篇、张贴报告100余篇。

国内主要学术会议 2017年，学会及其所属的分支机构共举办国内学术交流活动28次，参会人数共计3600余人次，交流论文280余篇。

学会承接并完成中国科协“2017年学术会议示范品牌建设工程”综合性学术交流活动项目“2017年中国照明论坛——半导体照明创新应用暨智慧照明发展论坛”，共有400余名专家、学者、设计师参会，20余家照明企业参展，110余个照明工程设计项目获奖。

9月8—9日，学会在四川省成都市召开2017年中国照明论坛，400余名专家、学者、设计师参加。论坛收集论文53篇，27名专家作了报告。

10月28日，学会与香港贸易发展局在香港特别行政区联合举办智能照明全球展望2018：机遇与挑战论坛，100余名专家、学者参加。学会秘书长窦林平作了题为“智能照明产业更新：概要与趋势”的报告。

11月16—17日，学会在江苏省南京市举办了照明设计师交流中心第七届年会，800余名专家、学者、设计师参会。清华大学美术学院教授杜异作了题为“视觉审美与城市照明”的报告，栋梁国际照明设计（北京）中心有限公司总经理许东亮作了题为“脚下之光——城市照明的意义”的报告，北京清控人居光电研究院有限公司院长荣浩磊作了题为“对新时代照明设计的展望”的报告，同济大学建筑设计研究院（集团）有限公司技术质量部集团副总工程师夏林作了题为“光与自然——上海自然博物馆照明设计介绍”的报告，复旦规划建筑设计研究院照明设计所所长袁樵作了题为“光是城市的眼睛——上海市景观照明规划解读”的报告。

两岸交流 11月10日，学会与台湾地区照明灯具输出业同业公会在浙江省绍兴市举办海峡两岸第二十四届照明科技与营销研讨会，100余名专家、学者参会，共有13名专家作报告。

国际交往 5月5日，学会理事长邴树奎等前往美国波士顿的朗德万斯（LEDVANCE）公司开展学习交流。公司首席执行官Jes Munk Hansen介绍了公司近年来的发展状况，包括产品销售、市场占有率与发展趋势、传统照明产品与LED照明产品的销售变化。

5月9—11日，学会理事长邴树奎等16人前往美国费城会展中心参加了由北美照明工程学会、国际照明设计协会共同主办的2017年美国国际照明展，了解国际照明新产品、新技术，并与多家照明企业进行交流。

10月22日，学会理事长邴树奎代表国际照明委员会中国国家委员会赴韩国出席国际照明委员会执委会会议，学会副理事长郝洛西列席会议。会议为学会提名的华树明、徐华、郝洛西、庄申安、窦林平和邹念育6名专家颁发了荣誉证书。

10月23—25日，学会理事长邴树奎和副理事长郝洛西、潘建根等参加了在韩国举办的2017国际照明委员会（CIE）中期会议。会议以“让生活更美好的智慧照明”（Smarter Lighting for Better Life）为主题，共收集论文172篇。会议进行了5篇大会邀请报告、57篇口头报告、49篇口述墙报和61篇张贴报告，并设有7个专题讨论会议，内容主题包括颜色质量评价、智能照明、健康照明等。35个国家和地区的340余名专家、学者参加会议，其中中国学者42名。

表彰举荐优秀科技工作者 2017年，第十二届中国照明学会照明奖共评选出科技创新奖一等奖14项、优秀奖8项，演出场所工程设计奖一等奖2项、二等奖3项、三等奖5项，照明工程设计奖一等奖16项、二等奖28项、三等奖36项、优秀奖31项、荣誉奖1项。

党建强会 1月11日，学会成立中国照明学会党委，高飞担任党委书记，沈茹、邴树奎、华树明和张保洲为党委委员。学会党委为功能型党组织，在学会建设中发挥政治核心、思想引领和组织保障作用。

学会与中国造纸学会联合党支部获得2017年度“党建强会计划”项目资助，创建党建宣传学习阵地，建立学会理事中的党员微信交流群，在中国照明网上开辟了党建专栏。

9月8日，学会在四川省成都市召开第七届理事会第一次党员专题会议，学会理事中的党员40余人出席会议。与会党员围绕党组织在学会建设与发展中如何发挥作用进行了交流。

会员服务 学会为会员免费寄送《照明工程学报》7000余份。2017年，学会以成立30周年为契机，对学会建设与发展作出重要贡献的个人会员102名、优秀团体会员145家进行了表彰。

【2017年中国照明论坛】 9月8—9日，由学会主办的2017年中国照明论坛在四川省成都市召开，论坛以“智慧照明”为主题。学会理事长邴树奎致开幕辞，学会原理事长徐淮、国家发展改革委投资研究所体制政策室主任吴亚平等出席论坛。照明行业专家、学者、设计师等400余人参加论坛。

学会秘书长窦林平作了题为“照明行业进入LED时代”的报告，报告指出照明行业已经进入LED的时代；国家发展改革委投资研究所体制政策室吴亚平研究员作了题为“PPP的内涵与政策要点”的报告，解读了PPP的主要内容和政策要点；飞利浦照明（中国）投资有限公司设计和应用部总经理姚梦明作了题为“智能互联后的照明发展与探讨”的报告，阐述了智能互联照明的发展现状；中国标准化研究院资源与环境分院院长林翎作了题为“我国绿色照明标准化发展”的报告，对我国绿色照明标准体系进行了全面梳理。

大会设立了1个主题论坛和照明设计与应用、照明产业与技术2个分论坛，进行了27个学术报告。论坛同期举行了第十二届中国照明学会照明奖颁奖活动，并举办了照明企业新产品新技术展览展示。

【海峡两岸第二十四届照明科技与营销研讨会】 11月10日，海峡两岸第二十四届照明科技与营销研讨会在浙江省绍兴市召开。会议由中国照明学会与台湾地区照明灯具输出业同业公会共同主办，主题为“照明科技与营销”。来自海峡两岸照明领域的专家、学者100余人参加会议。中国照明学会理事长邴树奎和台湾地区照明灯具输出业同业公会理事长黄明智致开幕辞。

大会邀请报告内容涵盖智慧照明系统与应用、照明质量与能效、半导体照明新产品新技术。中国标准化研究院丁晴博士作了题为“中国绿色照明评价机制”的报告，报告提出绿色照明评价标准的基础要求包括两个方面，一是针对企业的定性要求，二是定量的评价指标要求。台湾科技大学教授萧弘清作了题为“台湾各级教室照明合理用电的检讨”的报告，报告指出制定高性能标准的规范要求有利于教室照明节能和视力健康。

【第十届亚洲照明大会】 8月17—18日，由中国照明学会、日本照明学会及韩国照明电气设备学会共同组织，中国照明学会主办的第十届亚洲照明大会在上海市召开，主题为“以人为本的照明”。来自中国、日本、韩国、印度、俄罗斯等10个国家和地区的300余名专家、学者参会。

开幕式上，国际照明委员会主席Yoshi Ohno、中国照明学会理事长邴树奎、国际照明委员会副主席崔一平、同济大学党委副书记马锦明、日本照明学会Youko Inoue、韩国照明学会Jae-man Ryu、中国照明学会副理事长郝洛西等致辞。

在大会主旨报告环节，深圳大学建筑与城市规划学院院长仲德崑作了题为“中国历史文化长河中的油灯”的报告，介绍了中国油灯从古代到近现代的历史文化及其关键技术；国际照明委员会主席Yoshi Ohno作了题为“CIE研究策略——照明色彩品质的未来”的报告，提出了新的2017色保真度指数。

在特邀报告环节，中国照明学会专职副理事长华树明分析了中国半导体照明的发展现状与未来，日本的Takashi Irikura分享了眩光对视觉疲劳的影响的实验报告，韩国的Kwak Youngshin提出要把色彩偏好应用于照明行业中，新加坡的Chien Szu-Cheng提出了高于视觉照明的照明设计策略。

会议共进行口头报告29篇、短口头报告20篇、张贴报告100余篇。

（撰稿人：郑炳松）

中国动力工程学会

服务创新型国家和社会建设 8月28—30日，

作为承办单位之一，学会咨询展览工作委员会参与筹备和组织了在北京举办的2017中国国际核电装备展览会和2017中国国际燃气轮机装备与技术展览会，展览集中、全面展示了核电装备制造及核电技术应用和燃气轮机技术装备等方面的最新技术和设备。展览会同期举办了2017核电可持续发展高峰论坛和2017中国国际燃气轮机技术装备高峰论坛。国内外300多家企业参展，展区面积8000平方米。

学会组织专家开展"富氧燃烧碳捕集基础理论、技术装备及工程示范""百万千瓦二次再热超超临界机组控制系统研发""智能城市热网控制系统研发""大型油气锅炉燃烧振动控制技术""1000MW级超超临界∏型锅炉"和"泰州1000MW级超超临界二次再热锅炉"等多个项目鉴定会。

学会热力与燃气专委会与机械工业第一设计研究院联合修编《动力管道手册》，并于6月完成初稿。

学会建设 2017年，学会召开常务理事会议2次、理事会议1次。学会变更副理事长1人，增补理事5人，变更常务理事1人、理事4人，终止副理事长1人、常务理事1人、理事1人。2个专委会变更主任委员，2个专委会变更秘书长。

截至2017年年底，学会会员总数1471人，单位会员总数81个。

决策咨询 学会组织专家对"国内外发电用重型燃气轮机特性及其工程燃机设备选型的研究"进行技术咨询，完成约20万字的书面咨询报告。

国际学术会议 6月15—16日，学会环保技术与装备专委会在上海市举办亚洲绿色火电厂峰会，来自中国、德国、美国、韩国、菲律宾、日本等国家和地区的150余名政府技术官员、研发人员参加会议。会议报告内容涉及洁净煤技术，烟气脱硫、除尘，火电厂多种污染物联合脱除，低温SCR脱硝技术、全负荷烟气脱硝催化剂开发，粉煤灰综合利用技术等。

9月10—14日，学会材料专委会组织上海汽轮机厂、上海发电设备成套设计研究院有限责任公司、北京科技大学等单位10人参加在德国杜塞尔多夫召开的第4届欧洲蠕变 & 断裂国际会议，并在会上作学术报告。

国内主要学术会议 学会和各专业（工作）委员会共组织各类学术、技术交流活动13次，参加人员1624人次，发表论文737篇。

10月29—31日，学会水轮机专委会与中国电机工程学会水电设备专委会、中国水力发电工程学会水力机械专委会联合在天津市召开第二十一次中国水电设备学术讨论会，160余名专家参会，征集论文106篇。

2月28日—3月2日，由学会主办、中国电力科技网承办的第十届超超临界机组技术交流2016年会（延期举行）在山东省济南市召开；11月2—4日，第十一届超超临界机组技术交流2017年会在安徽省合肥市召开，两次会议参会总人数近500人。

科普活动 7月22日—8月6日，学会环保技术与装备专业委员会组织志愿者前往贵州省普安县丫口小学开展科普支教活动，50余名小学生参与了科普活动。

7月20日—8月20日，学会组织志愿者在上海市开设"爱心暑托班"，将节能环保低碳行、能源环保小课堂、智能空气净化器等课程引入暑托课堂。

7月28日，学会在上海市举行暑期电力科普活动，为社区小朋友普及电力知识、进行用电安全教育。

表彰举荐优秀科技工作者 2017年，学会向中国科协推荐院士候选人3名，推荐第十五届中国青年科技奖候选人2名。

学会授予薄拯、诸育枫、张会岩、胡二江、张晓东、张定海、郑开云第一届中国动力工程学会青年科技奖。

学会主办期刊《动力工程学报》刊载并推荐的2篇论文《基于固流耦合的离心风机叶轮动力特性分析》和《不同基础形式对大型核电半速机组轴系动力特性的影响》入选"2017年中国科技期刊年度优秀论文"。

党建强会 11月24日，学会党委召开党委会，党委成员全部参会并就党的十九大报告精神进行学习交流。党委副书记、学会秘书长张树林传达了中国科协有关十九大精神学习要求，党委书记、学会理事长黄迪南号召大家按照要求，结合所在单位组织的十九大报告精神的学习安排认真学习。

会员服务 2017年，学会建立了微信平台，向会员发布会议通知、介绍学会工作动态。

【2017国际动力工程会议】 6月26—30日，2017国际动力工程会议在美国夏洛特市举行。会议由美国机械工程师学会（ASME）主办，中国动力工程学会、日本机械学会协办。750多位专家、学者参加会议。

中国代表团145人，团长由学会副理事长、2017国际动力工程会议共同主席、浙江大学教授倪明江担任。参会的专家和学者分别来自浙江大学、西安交通大学、上海外高桥第三发电厂、湖南省特种设备检验检测研究院等多家国内高校、企业和研究机构。

会议期间，代表团参加了2017国际动力工程会议国际顾问委员会会议，就会议的组织、议程和安排作了通报，并就2019国际动力工程会议初步安排作了讨论。会议商定，2019国际动力工程会议由中国动力工程学会主办、浙江大学和昆明理工大学共同承办，2019年10月21—25日在云南省昆明市举行。

（撰稿人：施亦龙）

中国惯性技术学会

服务创新型国家和社会建设 2017年，学会作为项目牵头单位，联合所属会员单位开展了无人艇技术攻关与成果转化示范工作。该项目被列入中国科协2017年度创新驱动助力工程项目，其核心目标是突破无人艇关键技术，研制无人艇系列自主产品，替代进口。8月，项目组在大连海域试验场完成无人艇示范平台——大连智慧海洋无人艇综合观测系统的项目测试。12月，项目通过验收评审，将开展多项无人艇的生产和应用。

2017年，学会咨询部在前期惯性技术科技工作者问卷调查的基础上，对调查数据进行了分析，写出4万余字的《惯性技术科技工作者调查分析报告》。

学会建设 2017年，学会发展个人会员130名，审议批准15名资深会员，个人会员总数为4287名；新增团体会员单位5个，团体会员总数为154个。

学会召开常务理事会议2次、理事会议1次。会议讨论学会成立30周年庆祝活动的筹备方案，学习中国科协新制定的《全国学会组织通则》，并结合中国科协学会改革工作要点修订了学会章程，批准成立了第七次全国会员代表大会换届筹备工作领导小组及工作小组。

2017年，学会副理事长由刘飞变更为赵坤。

学会科普部举办了磁悬浮惯性执行机构研制、机器学习在地面无人平台中的应用、微型定位导航授时3次技术讲座，150余名青年科技工作者参加培训。

主办期刊 《中国惯性技术学报》收到320余篇论文投稿，择优选用150余篇，出版发行6期。《中国惯性技术学报》在《2017年版中国学术期刊影响因子年报（自然科学工程技术）》的航空、航天科学技术分组的57本刊物中位于Q1区；在《2017年版中国科技期刊引证报告（核心版）自然科学卷》统计指标中，《中国惯性技术学报》核心影响因子为0.873，位列工程与技术科学基础学科第一位。

《中国惯性技术学报》继续为《工程索引》及CSCD等数据库的收录刊源。

学会主办的科普期刊《海陆空惯性世界》按期出版发行12期，出版1期增刊，刊登科普文章120余篇270余万字、图片5000余幅，出版发行13万册。

国际学术会议 6月5—7日，学会惯性仪表与元件专业委员会在北京召开第六届国际光纤传感技术及应用研讨会。会议邀请英国皇家工程院院士Kennith Gratte、牛津大学教授陈荣声、通鼎互联网有限公司总裁蔡文杰等国内外光纤传感领域的近40余名专家和企业管理人员作学术报告。有300余家单位、500多位专家学者参会，50多家光纤传感领域相关企业参展。

国内主要学术会议 2017年，学会及其所属专业委员会、地方学会共举办年会、研讨会等学术会议8次，特邀报告30个，征集论文320余篇，会议交流127篇，评选表彰优秀论文82篇，1000余人次参加学术交流活动。

5月19日，学会惯性仪表与元件专业委员会联合中国计量测试学会运动信息测试专业委员会在北京举办运动信息测试技术发展现状及趋势学术会。会议学术报告介绍了计量测试和惯性技术的最新科技成果及产业发展动态，100位专家、学者参加会议。

10月19—21日，学会测试专业委员会在江西省九江市召开第十五次学术交流会，40多位学者参加会议。会议共收录论文53篇，会上交流论文18篇，评选出论文一等奖3篇、二等奖5篇、三等奖8篇。

11月16—18日，学会惯性系统与测量专业委员会联合西安惯性技术学会在陕西省西安市召开了2017年度学术交流会，26位学者参加会议。会上交流论文15篇，评选出优秀论文6篇。

12月10日，学会天空海一体化导航与探测专业委员会联合钱学森空间技术实验室、中国电子学会敏感技术分会空间与水下应用传感技术专业委员会在北京召开高端前沿专题学术交流——钱学森讲坛：天空海一体化水下组合导航专题学术会议。中国工程院院士、中国船舶重工集团第七研究院原院长陆建勋，中国工程院院士、北京航空航天大学教授冯培德，中国科学院院士、中国航天科技集团五院502所吴宏鑫，中国科学院院士、哈尔滨工业大学教授魏奉思等 400 位专家学者参加会议。会议征集论文 65 篇，32 篇论文收录会议论文集，评选出优秀论文一等奖 1 名、二等奖 2 名、三等奖 4 名。

12 月 22 日，学会材料与工艺专业委员会在陕西省西安市召开了 2017 年度学术交流会，30 余名科技工作者参加会议。会议特邀 3 位专家作学术报告，征集论文 39 篇，会上交流 6 篇，评选出优秀论文 19 篇。

两岸交流 6 月 27 日，学会理事长包为民及会员单位中国航天科技集团专家应香港理工大学邀请作题为“走向航天强国”的报告，向 300 名听众介绍了中国航天发展现状及未来愿景。包为民一行参观了香港理工大学 3D 打印中心、航天国际控股与机械工程系联合实验室等地，分别就太空实验、深空探测、健康与安全检测、卫星导航技术等领域进行交流。

国际交往 5 月 29—31 日，学会组织 18 人的代表团参加在俄罗斯圣彼得堡市举办的第 24 届圣彼得堡组合导航系统学术交流会。会上，中国航天科技集团公司第九研究院第十三研究所、西北工业大学、国防科技大学等会员单位的一线科技工作者分别就陀螺仪、重力仪捷联惯导等作了学术报告。

9 月，学会组织 3 人赴德国参加第 35 届惯性传感器和系统会议，并在会上作了 4 篇学术报告。

表彰举荐优秀科技工作者 2017 年，航天科技集团钱学森实验室和南京航空航天大学的两名一线科技工作者会员获得 2017 年学会惯性技术创新优秀论文奖。

学会向中国科协推荐的中国工程院院士吴伟仁荣获全国创新争先奖。

党建强会 2017 年，学会党委向中国科协科技社团党委报送了 3 位优秀党员科技工作者的先进事迹，并在学会网站进行宣传。

会员服务 2017 年，学会向 212 名资深会员赠送主办的期刊《中国惯性技术学报》和《海陆空天惯性世界》，累计赠送 3400 余册。

4 月 8 日，学会在北京举办“会员之家”乒乓球比赛。学会副理事长赵连元、秘书长王岩出席活动并随代表队参赛，共有 70 余名京津地区的会员参加比赛活动。

10 月 14 日，学会在北京举办第二次“会员之家”活动——走访参观京郊农村，京津地区共有 40 余名会员代表参加活动。

【中国惯性技术学会成立 30 周年庆祝活动暨学术报告会】 6 月 8 日，中国惯性技术学会在北京举办学会成立 30 周年庆祝活动。开幕式由学会秘书长王岩主持，180 余人参加报告会。

在开幕式上，学会理事长包为民作工作报告《30 年发展与回顾》。报告总结了学会成立 30 年来的各项工作，下一步，学会将加强自身建设，做好高水平学术交流，不断提升科普能力，发现人才、培养人才、举荐人才，积极参与公共科技服务，加强学会党建工作，努力建设“会员之家”等工作。

报告会上，中国科学院院士包为民、王巍、房建成等 8 位院士专家分别作学术报告《向世界科技强国进军——走向航天强国》《远程导弹惯性制导技术发展与思考》《原子陀螺技术的发展与展望》。

（撰稿人：李文萍）

中国风景园林学会

服务创新型国家和社会建设 学会继续承担华夏优秀科技项目的推荐工作，提交 10 项风景园林科技项目参与 2017 年度评审。

学会首次开展“中国风景园林学会优秀科技成果”征集工作，拟定了《中国风景园林学会优秀风景园林科技成果征集办法》，评出“城市衰弱行道树复壮技术研发与应用”等 24 项优秀科技成果。

2 月 14 日，学会菊花分会会长刘英、名誉会长张树林应邀参加了湖北省麻城市市政府全会及麻城菊花产业发展论坛。会上，刘英、张树林和行业其他 9 名专家被麻城市政府聘为麻城市产业发展顾问，将长期为麻城菊花产业发展建言献策。在菊花产业发展座谈会上，与会的菊花专家认真分析了麻城市菊花产业的发展现状，有针对性地提出了未来发展的方向和许多具体建议。

7 月 18 日，学会在北京组织了园林绿化行业增值税纳税实务与提高培训班，向与会会员企业代表讲解了增值税实施后企业结构的优化及合同管理中的涉税实务、涉农苗木政策深入解读与应用、供应商选择的策略、建筑施工企业的收入确认以及后“营改增”时期重要纳税策略等政策内容。

8 月和 12 月，学会经济与管理研究专业委员会分别在宁夏回族自治区银川市和浙江省杭州市举办第二届风景园林管理干部培训班，讲解风景园林行政管理、风景园林规划设计管理、园林工程建设管理等内容。

10 月 25—28 日，学会菊花分会在江苏省南京市举办 2017 年度菊花栽培与应用技术培训班，讲解了菊花栽培和应用的最新技术。

学会建设 截至 2017 年 12 月 31 日，学会个人会员 9831 人，较 2016 年增 313 人，增长 3.3%；单位会员 1200 家，较 2016 年增 148 家，增长 14.1%。

4 月 1 日，学会五届八次常务理事会议在四川省成都市召开。会议讨论通过了学会《2016 年工作总结和 2017 年工作计划》和《学会 2017 年会筹备方案》。同日，召开中国风景园林学会分支机构负责人工作会议，传达了《住房和城乡建设部人事司关于进一步加强部管社团培训办班管理的通知》（建人专［2016］94 号）、《关于立即取消未经批准的评标达标表彰项目的通知》（建人综函［2016］66 号）等文件精神，讨论了各分支机构 2017 年工作安排。

学会全力做好第六次全国会员代表大会和理事会换届准备工作。

学科发展研究 2017 年，学会承担的“风景园林学学科史”项目顺利推进。先后召开 4 次中大型会议，确定了研究总体框架，多次修订编写大纲，包括孟兆祯院士在内的 10 余位顾问和 50 余位专家参与研究和编写工作。

决策咨询 学会企业工作委员会赴北京、湖北、广东及安徽等地组织多次座谈会，就“营改增”政策实施后企业实际税负的变化、苗木抵扣问题、园林施工资质取消后的市场规范和如何保证工程质量等问题进行调研，将调研意见汇总后形成书面报告上报住房和城乡建设部城建司，为政府后期政策制定和相关管理规定出台提供参考。

住房和城乡建设部向学会征集加强风景园林行业管理和风景园林行业发展的建议。学会组织在京副理事长、行业专家等进行多次讨论，并向多个地方学会广泛调研，于 12 月完成正式报告提交住房和城乡建设部。

国际学术会议 5 月 26—29 日，学会教育工作委员会参与承办的 2017 中国风景园林教育大会暨（国际）CELA 教育大会在北京举行，国内外 820 余位专家参会。

国内主要学术会议 11 月 4—6 日，中国风景园林学会 2017 年会在陕西省西安市召开。年会内容涉及生态文明、居住环境、城市设计、美丽乡村、文化传承等。会议由学会主办，西安建筑科技大学、西安市园林绿化总公司、陕西省城乡规划设计研究院和西安唐风园林建筑艺术研究会承办，2000 余人参会。年会主题为“风景园林与‘城市双修’”，会议就风景园林在城市更新、城市生态修复和城市修补的实践作用和理论探索进行交流，结合地区特色首次设立西北风景园林与“一带一路”论坛和西北风景园林建设优秀成果展。

学会分支机构围绕自身工作及行业热点问题召开了年会、研讨会等。5 月 10—12 日，规划设计分会在广西壮族自治区南宁市举办了 2017 年中国风景园林规划设计大会。5 月 15—18 日，菊花分会在浙江省杭州市举办中国菊花文化活动研讨会，围绕营造地区性菊花展览、展会特色活动，提高菊花展览、展会的综合效益，在菊花展览、展会中从多角度体现菊花文化三方面进行探讨。5 月 17—19 日，城市绿化专业委员会在湖南省长沙市举办 2017 年会暨城市—风景园林与生态修复高端论坛，研讨了新常态下园林企业发展、园林生态修复、城市修补、低碳生境等热点议题。8 月 16—18 日，植物保护专业委员会在内蒙古自治区呼和浩特市举办第二十六次学术研讨会，重点就园林植物保护工作在城市生态修复中的创新发展进行研讨。9 月 8—10 日，《中国园林》杂志社在内蒙古自治区阿尔山市举办风景园林行业发展论坛暨《中国园林》杂志第一届协办、理事单位交流会，主题为“沟通 · 合作 · 共赢”，会议就杂志对行业发展的推动作用及杂志的未来发展进行了交流。9 月 9 日，信息专业委员会在北京举办 2017 北京智慧园林论坛，论坛提出要大力推进智慧型北京园林绿化事业建设，实现“服务惠民化、监管精细化和决策智慧化”的建设目标，并就相关技术进行研讨。9 月 19—22 日，园林生态保护专业委员会在河北省石家庄市举办 2017 学术年会暨第三十五届全国园林科技信息网网会，主题为“生态园林建设与生物多样性保护”。9 月 23—24 日，北京林业大学和学会教育工作委员会在北京联合举办 2017 世界风景园林师高峰讲坛，以“城市中的自然”为议题，交流在不同价值观、不同视角下的研究成果与实践经验。

国际交往 6 月 22—23 日，英国风景园林学会（LI）2017 年会在曼彻斯特大学举行，主题为“作为基础设施的风景园林（Landscape as Infrastructure）”。学会副理事长、北京林业大学教授王向荣和同济大学教授刘滨谊、清华大学教授朱育帆受邀参会交流并作主旨演讲，演讲结合具体案例，分享了中国的实践和经验。王向荣和朱育帆还应邀参加英国风景园林学科改革内部会议，会上与 IFLA 主席 Kathryn Moore 以及英国多所风景园林学科负责人进行交流。

10 月 14—20 日，2017 年世界设计高峰论坛（World Design Summit 2017）暨第 54 届国际风景园林师联合会（IFLA）大会（54th World Congress of Landscape Architects）在加拿大蒙特利尔举行，主题为“为未来而设计（Designing for the Future）”。学会代表团出席会议。会后，代表团赴美国考察了位于弗吉尼亚州雷斯顿市的（北美）注册风景园林师理事会（CLARB），与 CLARB 的首席执行官阿尔比佐先生等进行交流。

11 月 14 日，英国风景园林学会代表团到访学会，双方在北京进行交流，彼此介绍各自学会和行业发展情况，并就开展长期合作进行讨论。

科普活动 4 月，学会继续举办“风景园林月”系列科普活动，主题为“风景园林让生活更美好”。期间，在陕西省西安市、北京和河南省新乡市组织 4 场学术科普报告会、1 场“在校大学生走进企业”沙龙活动。在学会官网创建了全国大学生风景园林规划设计竞赛获奖作品网络展。

中国“风景园林月”主题报告会

9 月 16 日，联合河北省风景园林学会，组织专家参与全国科普日（河北主会场）活动，以风景园林与“城市双修”为主线，向公众普及风景园林领域的热点工作和专业知识。

推动科普专家团队和科普能力建设，拟定《全国风景园林学科科学传播专家评审与管理办法（征求意见稿）》等文件，创建并向中国科协申报 1 个风景园林学科科普团队（含首席科学传播专家 1 名）。

党建强会 4 月 28 日，学会党支部召开专题民主生活会，集中学习了十八届六中全会精神，并就“两学一做”学习教育常态化制度化进行讨论。

5 月 10 日，学会党支部召开支部委员会会议，对“双覆盖”工作进行自查，并以上级党委要求为指导，明确了今后的工作。

10 月 18 日，学会党支部组织学会党员、干部收看十九大开幕式实况转播，并组织学习讨论。

11 月 13 日，学会召开在京副理事长学习十九大报告专题会议，深入探讨学会如何落实十九大报告精神、推动学会改革发展。

会员服务 继续推行个人电子会员证，进一步缩短发证周期、简化入会手续。在内蒙古自治区呼和浩特市举办第九届会员日活动。

6 月 28—30 日，举办首期“创新创造会员全国行”系列活动，首站在广东省，主题为“互学互鉴　创新创造　共谋发展”。通过组织企业会员到全国各地优秀会员单位进行实地参观、考察和座谈，搭建会员之间相互交流、学习、合作的平台。

（撰稿人：付彦荣　刘艳梅）

中国电源学会

服务创新型国家和社会建设 学会完成了武汉大学“大功率级联多电平变换器拓扑结构演化及其工程应用”、上海交通大学“新能源模块化组合式电力变换及其机网柔性控制关键技术与应用”、华北电力大学“谐波和电压暂降测试评估与协调治理关键技术及应用”3 项科技成果的评价工作。

10 月 23—25 日，学会面向行业进行 2017 年度标准提案征集工作，共有 9 项提案正式获批立项。学会 2016 年度立项的 11 项团体标准均于 2017 年度完成了起草工作。

共组织技术培训 6 期，培训科技人员 330 人次。

学会举办第三届高校电力电子应用设计大赛。大赛由学会及科普工作委员会主办、南京航天航空大学承办。大赛以“高效高功率密度逆变器设计”为主题，采用氮化镓器件及芯片级电流传感器作为制定器件，共有来自全国 29 所高校的 31 支队伍报名参赛。南京航空航天大学队获得决赛特等奖，2 支队伍获得一等奖，3 支队伍获得二等奖，4 支队伍获得优胜奖。11 月 5 日，举行颁奖仪式，向获奖队伍颁发了证书和奖金。

学会建设 12 月 24 日，中国电源学会第八次全国会员代表大会在江苏省南京市召开。

学会召开常务理事会议 4 次、全体理事会议 1 次，讨论学会的改革与发展，审议通过了学会换届工作方案、管理制度文件、党建工作方案，并组织各工作委员会和专业委员会交流了2016年度工作总结及2017年度工作计划等。

截至2017年12月，学会个人会员总数超过4800人，其中新发展会员655人；团体会员总数463个。

学会加强网站和信息化建设工作，启动了官网改版升级工作，新版网站加强了科技工作者及企业服务、科技成果推广及科普等功能。学会提高微信公众号经营水平，增加技术报告、专题讲座、科普文章等内容的推送。

重庆市电源学会、四川省电源学会于2017年正式成立。

主办期刊 学会主办的《电力电子技术及应用英文学报》（CPSS Transactions on Power Electronics and Applications，CPSS-TPEA）进一步拓宽优质稿源渠道，邀请海外专家加入编辑队伍，2017年共出版4期，发表高水平英文论文29篇，总印数4000余册。

学会中文期刊《电源学报》出版6期，发表论文159篇，其中博士论文72篇，发行1.2万册，期刊扩展影响因子达0.774，扩展总被引频次为403，基金论文占比77.3%，较2016年均有所提升。

学科发展研究 学会完成了《中国电源行业年鉴（2017）》的编写工作，并由机械工业出版社编辑出版，纸质版共发行700册，电子版发送6000余份。内容增设了相关领域“十三五”及中长期发展规划栏目，并增加了行业发展报告及技术综述部分的篇幅，使年鉴能更加全面地反映2017年度的行业发展情况。

国内主要学术会议 学会开展综合性学术年会1次、各类专题研讨会5场，共计2945人次参加，交流论文610篇，内容涉及电力电子技术、电能质量、智能电网、新能源车、光伏发电、变频电源、数据中心供电技术、储能等方面。

3月14—15日，学会在上海市举办2017国际电力电子创新论坛。会议设电力电子新器件与电源创新技术、智能电网的电源应用与关键技术、智能运动——智能制造与交通电气化的核心3个主题分会场。会议安排技术演讲17场，到会总人数715人。

6月30日—7月2日，学会在江苏省苏州市召开2017电力电子与变频电源新技术学术年会。会议聚焦电力电子技术在电动汽车驱动与运动控制、动力系统、新能源发电和电力传动等领域的应用，邀请专家作专题报告，190余人出席会议。

8月17—18日，学会在安徽省合肥市举办2017光伏电站观摩及技术研讨会。会议组织专家参观了淮南市潘集48MW水上漂浮光伏电站、肥东县梁园镇100MW渔光互补光伏电站，并就电站的先进技术召开研讨会，由业内专家作专题汇报，分享水上电站的建设经验并探讨技术难点。

8月18—19日，学会在陕西省西安市召开第五届全国电能质量学术会议暨电能质量行业发展论坛。会议以“能源互联网时代电能质量机遇与挑战”为主题，设置大会报告、行业发展论坛、分会场论文报告、墙报张贴等环节，对电能质量问题及解决方案进行探讨，共400余人参会，交流论文157篇。

国际交往 3月25—4月1日，学会理事长、浙江大学教授徐德鸿，学会副理事长、台达电子博士章进法等赴美国参加了APEC 2017国际会议。会后参观访问了佛罗里达中央大学、佛罗里达太阳能中心、佛罗里达大学等高校科研机构，并进行座谈交流。

学会分别与IEEE电力电子学会及美国制造商协会（PSMA）举行工作会议，就双方合作进行会谈。

表彰举荐优秀科技工作者 学会按照中国科协相关部署，推荐中国科学院院士候选人、光华工程科技奖候选人、第十五届中国青年科技奖候选人共计4人次。

党建强会 学会党委积极宣贯十九大精神，向会员发放十九大书籍，在活动期间设立十九大宣传展板，通过网络渠道向会员发送十九大学习资料，带领广大电源科技工作者听党话跟党走。2017年，学会组织召开党委会议2次，组织党员教育实践活动1次。

会员服务 学会编撰《中国电源学会通讯》，每月出版2期，供会员了解最新行业及学会动态，并通过网站、微信公众号、邮件等形式为会员提供有价值的技术资料。会员可优先参与学会活动及发表期刊论文，学会在重点活动期间设立会员快速申请通道，为会员提供便利。学会联合各分支机构、地方电源学会重点发展学生会员，并探索建立学生会员毕业后的转化机制。

【中国电源学会第八次全国会员代表大会】 12月24日，中国电源学会第八次全国会员代表大会在江苏省南京市召开，160位会员代表出席会议。

学会党委书记兼秘书长韩家新宣读了《中国科协关于同意中国电源学会召开第八次全国会员代表大会的批复》及中国科协向大会发出的贺信。徐德鸿理事长代表第七届理事会向大会作工作报告。会议审议通过了第七届理事会财务报告、《中国电源学会章程修订草案》、中国电源学会会费标准、《中国电源学会监事会工作条例》等。

全体代表选举产生了中国电源学会第八届理事会和首届监事会成员。浙江大学教授徐德鸿连任学会理事长，韩家新、罗安、张波、曹仁贤、陈成辉、刘进军、阮新波、汤天浩当选副理事长，台达电子博士章进法当选监事长。学会新一届理事会共130人，其中常务理事40人。秘书长改为专职聘任制，张磊任学会秘书长。

【中国电源学会第二十二届学术年会】 11月3—6日，中国电源学会第二十二届学术年会在上海市召开。学会理事长徐德鸿在开幕词中回顾了中国电源学会的发展历程，并介绍了本届年会的基本情况。

1400名来自国内外电源学术界、产业界的科技工作者出席会议，共论电源技术各个领域的新理论、新技术、新成果及电源行业今后的发展方向。会议交流论文453篇，其中张贴学术墙报247篇。大会邀请了美国工程院院士、中国工程院外籍院士、弗吉尼亚理工大学教授李泽元，IEEE-电力电子学会主席、阿肯色大学教授Alan Mantooth，中国工程院院士、湖南大学教授罗安，美国电源制造商协会主席Stephen Oliver，长江学者、IEEE电力电子学会副主席、西安交通大学教授刘进军等专家参会并作报告和讲座。

李泽元在报告中介绍了从20世纪60年代功率晶体管晶闸管的快速发展时期到七八十年代功率MOSFET、IGBT的诞生时期，电力电子技术的爆炸式发展进程，通过捕捉分析电力电子技术的历史发展和重大事件判断未来的发展趋势和机遇。Alan Mantooth指出，实现WBG设备的最佳性能，保证更高频率的操作、热管理、长期的可靠性，都对包装材料、包装过程及设计工艺等方面提出了更高要求，电子封装技术必须要引起重视。罗安介绍了电能绿色变换的概念，分析了我国与国外在电能绿色变换的差距，给出相应对策，并分别就“电—电”“电—磁”“电—热”“电—声”变换举例阐述了技术创新及工程应用。

会议围绕电源技术各个领域的新理论、新技术、新成果及电源行业今后的发展方向进行探讨。本次年会共设置7场大会报告、8场专题讲座、40个技术报告分会场206场报告、7个工业报告分会场40场报告、2场墙报交流以及现场展示单元，共有51家企业展示最新成果。大会评选出20篇优秀论文、50位优秀报告人及9家会议特别贡献企业并进行了颁奖。

年会同期举行了第四届中国电源学会科学技术奖颁奖仪式及成果展示、第三届高校电力电子应用设计大赛决赛及颁奖仪式、中美电源产业创新论坛、青年电源人才论坛以及电气女科学家论坛等活动。

【第四届中国电源学会科学技术奖】 学会于4月启动了第四届中国电源学会科学技术奖相关工作，通过前期征集共收到39项申报及提名。8月26—27日，学会在天津市召开第四届电源科技奖评审会议，邀请14位业内知名专家依据《中国电源学会科学技术奖实施细则》对项目进行评审。

第四届中国电源学会科学技术奖颁奖仪式

本次科技奖共评出项目类特等奖1项、一等奖2项、二等奖6项、优秀产品创新奖6项，获奖项目均反映了我国电源科技发展的最高水平。美国弗吉尼亚理工大学教授李泽元获得杰出贡献奖，浙江大学电气工程学院应用电子学系电力电子技术研究所教授吴新科、清华大学电机系电力电子与电机系统研究所副教授孙凯、湖南大学电气与信息工程学院副教授陈燕东获得青年奖。

华北电力大学“谐波和电压暂降关键技术与核心装备研发应用”项目获得特等奖，该项目攻克了电网安全运行与优质供用电的关键技术难题。

11月4日，第四届中国电源学会科学技术奖颁奖仪式在上海市举行，来自境内外电源学术界、产业界和政府部门的1400余位专业人士共同参加颁奖仪式。

（撰稿人：柴　博）

中国复合材料学会

服务创新型国家和社会建设 2017年，学会与山东省泰安市政府及中材科技股份有限公司合作建立的泰安中研复合材料产业技术研究院举办签约仪式并完成主体工程。

学会完成江苏澳盛科技复合材料有限公司“超薄轻量低翘曲复合片材”等6项科技成果评价工作，并对接其中5个项目在山东泰安高新区落地，并得到泰安中研复合材料产业技术研究院的技术孵化支持。

10月，学会与浙江省杭州市萧山区政府签署了《促进萧山区工业经济优化升级创新发展战略备忘录》，为当地的决策咨询、人才引进和培养、科技成果的转化和推广建立了合作与保障机制。同期，学会与万向集团在萧山区政府支持下签署了《共建学会服务站合作协议》，围绕万向集团下的“双创”基地建设开展合作。

7月，发布首批2项学会标准，并于8月在陕西省西安市召开团体标准工作委员会工作会议暨中国复合材料学会标准审查会，对第二批5项学会标准审查稿进行审查，对第三批5项学会标准进行立项审查，同时对第四批学会标准进行项目征集。

学会探索个人申报及为企业制定专业人才发展路线图的双重工作模式，于2017年进行了第3期专业技术人员专业水平评价考核，评价技术人员78人次。

10月，学会举办了第二届中国复合材料产业创新成果技术展览会，展示总面积约3000平方米，并同期举办了先进技术产品推介会等7项专题活动。

学会以力学性能测试及成型工艺为主题，开展2期继续教育培训，培训学员60人。

学会承担中国科协“九大”代表调研、“承接政府转移职能与公共服务示范工程”项目、“学术会议示范品牌建设工程”项目、“助力地方区域社会经济协调发展示范项目”“创新驱动助力模式示范项目”“专项党建活动”等22个项目与课题的研究工作。

学会建设 学会将参与学会学术交流、继续教育、创新助力等工作的科技工作者纳入会员服务体系，会员数量大幅增加。截至2017年12月，学会个人会员11926名，团体会员85家。全年举办全体理事会议1次、常务理事会议2次、理事长工作会议4次。

4月，学会在七届二次常务理事会议上讨论通过了分支机构换届及梳理工作方案，发布学会分支机构指导名录。2017年，学会指导聚合物基复合材料分会等6家分支机构及《复合材料学报》编委会完成了换届工作。2017年，学会新设立的船舶与海洋工程复合材料专业委员会、空天动力复合材料及应用专业委员会、车辆工程复合材料专业委员会、风电工程复合材料专业委员会、矿物复合材料专业委员会工作委员会5家专业分支机构召开了成立大会。

学会调整、成立了科学普及、学术交流、科技咨询、学会评奖、青年工作、组织工作、职称评定、团体标准、科技评价、教育培训、国际合作、监督审计12家工作委员会，分工负责学会各领域工作的开展。

学会治理结构和治理方式改革 学会七届二次常务理事会通过了七届理事会理事长责任分工与工作委员会建设方案，形成了理事会决策—主管正/副理事长统筹—分管正/副秘书长负责—工作委员会执行—秘书处配合的工作流程与架构。

学会秘书处于年内完成机构与人员改革，调整、新设学会部、组织部、国际部、事务部、信息部、财务部、期刊部7个部门。截至2017年年底，秘书处专职工作人员22人。

青年人才托举工程 学会组织开展了第三届（2017—2019年度）“青年人才托举工程”申报及选拔工作，共收到申请50份。经遴选与推荐，共8名青年科技工作者入选第三届青托名单，其中4名为学会自筹经费托举。

主办期刊 《复合材料学报》完成办刊体制调整，自2017年第1期起，纸版刊的编辑出版由中国复合材料学会期刊部承担。2017年,《复合材料学报》加入CNKI的连续型网络出版物《中国学术期刊（网络版）》（CAJ-N），向国内外网络公开首发本刊经审稿审定录用并规范化修改后的科研论文。《复合材料学报》入选“第4届中国精品科技期刊”。

学会与国际出版集团Elsevier合作创立英文期刊*Composites Communications*。

学科发展研究 学会完成学科方向预测及技术路线图编写与推广应用工作。10月，将成果印刷并向会员与专家发送，为国内复合材料学科与产业界提供科技前沿发展趋势。

决策咨询 8月，学会在承办国际工程科技发展战略高端论坛——装备结构轻量化与先进复合材料论坛期间，组织与会院士专家向中国工程院提交《关于加快促进复合材料科技研发与产业应用的建议》，梳理当前我国复合材料研发和应用的主要态势，并提出研发与应用中的主要问题，在国外与国内的对比下形成了促进研发和应用的建议。

学会邀请北京化工大学教授贾晓龙就我国碳纤维

复合材料回收利用的问题撰写了《关于推动碳纤维复合材料回收与利用的建议》并提交中国科协。

学会完成“高端科技创新智库青年项目”，向中国科协提交了《复合材料领域研究生创新人才培养机制研究》，对我国复合材料领域研究人才培养的现状与现存问题进行了阐述，并提出详细的对策建议。

11月，学会与山东省安丘市领导进行座谈，就安丘市玻璃钢产业转型升级、复合材料废料处理等事关地方经济发展与环境改善的议题进行沟通，为地方解决相关难题提供了战略思路及技术措施，并就进一步开展深入合作达成意向。

国内主要学术会议 4月22—23日，学会在山东省泰安市举办第四届全国交通运输领域复合材料科技会议。中国科协相关部门、山东省科协、泰安市委市政府等单位的有关负责人以及来自全国科研机构、高等院校及企业的300余名专家出席会议。会上，多家企业与科研机构达成合作意向。

举办3场学术沙龙，主题涉及高导热复合材料、高分子复合材料与能源器件、复合材料软件等学科热点、难点问题及新技术。

两岸交流 在第二十一届国际复合材料大会期间，来自台湾地区的10名复合材料学者参会、提交论文并进行学术交流。

国际组织任职 8月23日，在国际复合材料委员会召开的执行委员会工作会议上，学会副理事长、哈尔滨工业大学教授冷劲松当选国际复合材料委员会副主席，成为我国首个在该组织中担任此职务的中国学者。学会副理事长、西北工业大学教授成来飞当选ICCM执委成员。同期，冷劲松还被国际复合材料委员会授予2017年度国际复合材料委员会世界学者奖（ICCM World Fellow），以表彰他在复合材料领域研究或工业发展方面做出的突出贡献。

科普活动 6月24—26日，学会以科技创新展览形式参加在吉林省长春市举办的第十九届中国科协年会先进材料创新展，负责组织展示反映我国复合材料领域科技创新发展的优秀成果。30余家高校、科研机构与企业参展，展示面积为500余平方米。

在第二十一届国际复合材料大会及第三届中国国际复合材料科技大会期间，学会分别举办了复合材料科技与成果创新展览。两场展览的展示面积均超过2000平方米，观众共计6000多人次。

学会每周以微信推送形式转发各类复合材料行业资讯4—5条，向行业人士及时传送前沿信息，年度累计发送专业资讯1000余条，并在学会网站等平台线上传播科普120余次。

表彰举荐优秀科技工作者 学会推荐中国科学院、中国工程院院士候选人各1名，推荐宣传在创新争先行动中成绩突出的优秀科技工作者候选人3名、首届全国创新争先奖候选人4名、第十四届青年女科学家和2017年度未来女科学家计划候选人各1名、第十五届中国青年科技奖候选人2名。评选出2016年度中国复合材料优秀博士论文5篇、优秀论文提名3篇以及第二届中国复合材料青年科学家4名、杰出青年工程师3名。

学会创新发展 2017年，学会完成官方网站改版，建立ICCM 21和CCCM-3两个大会的会议管理系统，提高了会议组织工作效率。学会打造的“企会宝”信息化移动在线沟通平台投入CCCM-3大会注册应用。

2017年，学会微信号公众平台推送图文信息共8100余篇，平台的关注量呈持续增长趋势，现有用户21000余名，平均月增量1.7%。

党建强会 4月8日，学会七届二次常务理事会议通过建立功能型党委的决议，选举理事长陈祥宝任书记、副理事长方岱宁任副书记、副理事长徐坚任纪检委员、副理事长冯志海任组织委员、常务副秘书长叶金蕊任宣传委员、副理事长薛忠民任学习委员、副秘书长武湛君任青年委员。

10月21日，党委召开专题组织生活会，学习党的十九大精神。

会员服务 学会对会员管理进行积分制度、晋级制度与专家库制度，根据积分对会员参加学术交流及继续教育培训等活动费用进行减免，并优先对积分高、参与学会活动积极、对学会贡献大的会员进行个人及学术成果宣传及专业资料赠送等奖励。

学会在新改版的官网上制作了会员申请页面，使会员申请可以线上实时进行。

【第二十一届国际复合材料大会】 8月20—25日，第二十一届国际复合材料大会（The 21st International Conference on Composite Materials）在陕西省西安市召开，会议主题为“先进复合材料：创新与发展”。大会共设全体人员参会的Scala报告1个、全体大会报告10个、大会主旨报告24个以及22个会议室进行的1300余次平行学术口头报告。

大会参会人数近2000人，其中外宾800余人、院士及国际知名学者75名。大会共设7大主题62个研讨方向，囊括了当前复合材料的前沿热点，同时还涵盖了力学、机械、航空航天等学科交叉领域。

大会同期还举办了复合材料产业创新成果技术展览会，共32家行业领军企业展示了其先进成果及技术，并召开了先进材料与制造企业分论坛。

【第三届中国国际复合材料科技大会】 10月21—23日，第三届中国国际复合材料科技大会（CCCM-3）在浙江省杭州市举办。本次大会主题为“复合新材，料定未来”，共征集论文1400余篇，包含10名两院院士在内的2300余名国内外专家及相关重点实验室、企业负责人参加大会。大会设立了49个学术交流分会场，组织了8个大会邀请报告以及582个分会场报告，涵盖了当前复合材料的前沿热点及众多学科交叉领域。

第三届中国国际复合材料科技大会

会议同期举办了第二届中国复合材料产业创新成果技术展览会，展示总面积约3000平方米，并组织9家国家、国防、教育部重点实验室参加了复合材料学科发展特别展区。

大会期间举办了7场次特色分会场活动。举办复合材料先进技术产品推介会、勇攀职场高峰分会场创业项目展示会、研究生学术峰会；围绕复合材料文化传承，举办纪念复合材料奠基者之一、复合材料学会创建者之一的吴人洁先生诞辰90周年专场缅怀会。会议期间还进行了中国复合材料学会七届二次理事会议和中国复合材料学会党委学习“党的十九大精神”专题组织生活会。

大会得到美国先进复合材料制造商协会、日本复合材料学会、美国科学基金会基础设施领域复合材料创新中心的大力支持。大会设置独立的国际分会场，8位学者受邀作分会场大会报告，20余位国内外专家学者作分会场主旨报告。

【国际工程科技发展战略高端论坛——装备结构轻量化与先进复合材料论坛】 8月24日，在ICCM 21会议期间，受中国工程院委托，学会在陕西省西安市组织召开中国工程院国际工程科技发展战略高端论坛——装备结构轻量化与先进复合材料论坛。论坛以“装备结构轻量化与先进复合材料”为主题，中国工程院、自然基金委的领导、15名院士以及多位国内外特邀嘉宾参会。论坛安排了5名院士、2名院士代表人、3名国际顶级学者作主题报告。

论坛期间，由多位两院院士发起、全体参会院士及部分知名专家署名，向中国工程院提交了复合材料学科与产业发展的政策性建议书。相关建议将由中国工程院整理后上报中央、国务院有关部门，作为相关政策调研与制定的参考。

（撰稿人：叶金蕊　郝江涛）

中国图象图形学学会

服务创新型国家和社会建设　由学会主办的中国国际机器视觉展览会暨机器视觉技术及工业应用研讨会（Vision China）分别在上海市、广东省深圳市、北京举办，展览面积达9000平方米，参观人数达50000余人次。

学会举办专业技术讲座“CSIG图像图形中国行”和CSIG图像图形学科前沿讲习班共计9期，参加人数1600余人次。

学会建设　2017年，学会新增个人会员1601名、团体会员2个。学会召开理事会议1次、常务理事会议2次、理事长会议1次。制定、修订《中国图象图形学学会会员条例》《CSIG专业委员会条例》《CSIG专业委员会财务管理与服务办法》等各类规章制度12项。

学会下属9个专业委员会进行了换届。计算机动画与数字娱乐专业委员会变更为动画与数字娱乐专业委员会、铁道专业委员会变更为交通视频专业委员会、立体图象技术专业委员会变更为三维成像与显示专业委员会、图象视频处理与通信专业委员会变更为图象视频通信专业委员会。学会下属专业委员会由原来的10个增加为23个，新增成像探测与感知专业委员会、可视化与可视分析专业委员会、人机交互专业委员会、视觉传感专业委员会、视觉大数据专业委员会、视觉感知智能系统专业委员会、视觉检测专业委员会、视觉认知与计算专业委员会、视频监控与安全专业委员会、数字媒体取证与安全专业委员会、文档图像分析与识别专业委员会、遥感图像专业委员会、智能图形专业委员会。

学会治理结构和治理方式改革 学会修订了《中国图象图形学学会会员条例》，建立了包括学生会员、普通会员、高级会员、资深会员、荣誉会员、外籍会员和会士七个级别会员体系。制定并实施会员发展与服务的相关规划，负责调动理事参与会员发展、会员学术交流、人才培养、学会通讯、企业展览及招聘信息等服务。

学会制定了《CSIG专业委员会条例》等专委会管理相关条例，规范专委会的管理。专业委员会和秘书处强化会员发展和服务意识，在专业委员会管理上，将年度发展新会员数量和会费交费率作为专委会考核指标之一。

青年人才托举工程 2017年，学会完善和规范青年人才托举工程项目实施工作，研究制定《中国图象图形学学会青年人才托举工程项目管理办法》，探索建立青年科技人才培养跟踪服务的长效机制，提升学会选拔培养青年人才的能力水平。

主办期刊 《中国图象图形学报》获得“第四届中国精品科技期刊”、2017年度全国优秀测绘地理信息期刊奖提名奖;《中国图象图形学报》数字出版平台在新闻出版业互联网平台评选中荣获“优秀互联网创新项目”荣誉称号。

国际学术会议 10月21—22日，由学会与中国计算机学会、中国仿真学会共同主办的ICVRV 2017在河南省郑州市召开，来自国内外高等院校、科研院所、企业的500余名专家、学者参加会议。大会共接收论文投稿150篇，录用80篇。会议期间，举办了VR产学研论坛和成果展览，邀请国内外8位专家学者交流了虚拟现实的最新科研技术，20多家企事业单位展示了相关产品。

国内主要学术会议 学会及分支机构共举办国内学术交流活动41次，参会人数5000余人次，提交学术交流论文128篇。

7月14—16日，由学会主办、三维成像与显示专业委员会承办的中国图象图形学学会第八届立体图像技术学术会议在河南省郑州市召开。会议主题涉及三维成像与显示的原理、技术和应用等。会上交流论文30篇，作30个大会报告。

8月7—8日，由中国科协主办、中国图象图形学学会承办、微软亚洲研究院协办的第312次青年科学家论坛在北京召开，会议主题为“可视媒体计算中的人工智能”，来自高等院校、科研院所及企业界的专家、学者120余人出席。

论坛邀请21名青年学者作报告。专家们从面向可视媒体计算的机器学习理论与方法、可视媒体计算中的视觉感知与理解、可视媒体计算中的多媒体分析、可视媒体计算中的图形学理论与方法等方面进行学术讨论，并在数据共享、数据开放性、加强学科的交叉融合、可视媒体计算中深度学习技术的发展趋势、加强可视媒体计算中的人工智能的研究、加强青年科学家成长成才机制建设等方面达成共识。

9月17日，由学会主办的2017年文档图像分析与识别前沿理论与应用研讨会在北京召开，会议主题是“新智能、新文档、新应用”。来自高等院校、科研机构及企业的专家、学者200余人参加会议。

10月14日—16日，由学会主办的第十二届全国数字娱乐与艺术研讨会暨VR与艺术融合国际论坛（DEA 2017）在浙江省杭州市召开。会议探讨了世界仿真及智能技术及智能硬件技术的发展趋势、数字娱乐技术的研究前沿。来自高等院校、科研机构、企业的专家、学者100余人参加会议，与会专家作了13个专题报告。

11月18日，由学会主办的机器视觉与情感计算高端论坛在江苏省南京市召开，来自多所院校的100余人参加论坛。论坛邀请了7个特邀报告，围绕机器视觉与情感计算领域的前沿技术成果和最新动态等方面进行交流探讨。

11月24—26日，中国图象图形学学会第四届图象技术国防应用高峰论坛在陕西省西安市召开，来自高等院校的专家、学者150余人参加论坛。会议邀请专家作了5个特邀报告。

科普活动 2017年，学会在陕西省西安市、浙江省杭州市、广东省佛山市、江苏省南京市、内蒙古自治区呼和浩特市、新疆维吾尔自治区乌鲁木齐市举办图像图形科普活动7次，受众人数达1450余人次。

学会在北京举办虚拟现实技术培训3次，参加培训人数198人次。在北京等地举办图像图形科普活动5次，受众人数达1000余人次。

表彰举荐优秀科技工作者 2017年，学会组织开展各类人才举荐5次，向中国科协推荐人才14名。

9月15日，学会在第九届国际图象图形学学术会议期间举行了2017年CSIG优秀博士学位论文奖颁奖仪式，学会理事长谭铁牛院士为获奖的博士生与其指导教师颁奖。获 2017 年 CSIG 优秀博士学位论文奖的是清华大学陈晓智、中山大学胡建芳、湖南大学康旭东和北京理工大学杨蛟龙，其指导教师分别是马惠敏、郑伟诗、李树涛和贾云得四位教授；获 2017 年 CSIG 优秀博士学位论文提名奖的是中国科学院自动化所程衍华和中国科学技术大学吴岳，其指导教师分别是黄凯奇研究员和俞能海教授。

2017 年 CSIG 优秀博士学位论文奖颁奖仪式

学会创新发展 2017 年，学会创办了“CSIG 图像图形中国行”和 CSIG 图像图形学科前沿讲习班两个品牌活动。“CSIG 图像图形中国行”分别在扬州大学、哈尔滨工业大学、兰州大学、杭州电子科技大学、北京交通大学和海南大学举办 6 期，来自国内科研院所、高校的专家、学者共计 1000 余人参会交流。CSIG 图像图形学科前沿讲习班举办 3 期，来自国内科研院所、高校的专家、学者共计 600 余人参加。

会员服务 学会及专委会召开的学术活动对会员实行会议注册费优惠措施，收费优惠幅度不低于 15%。

学会向会员提供免费寄送并邮件推送《中国图象图形学报》服务，并通过微信、网站等平台发布会议通知、介绍学会工作动态。

【第九届国际图象图形学学术会议】 9 月 13—15 日，由学会主办、上海交通大学承办、南京理工大学和纵目科技（上海）股份有限公司协办的第九届国际图象图形学学术会议在上海市召开。来自国内外高校、科研院所、企业的专家、学者 500 余人参加会议。

大会特邀 3 篇学术报告。美国弗吉尼亚大学教授 Scott T. Acton 作报告 Using Image Processing to Reverse Engineer the Brain，上海科技大学教授虞晶怡作报告 Giving VR/AR Eyes and Brain，香港科技大学教授权龙作报告 Mapping the World with Drones!。

大会设立 4 个专题论坛，进行了 80 个口头报告和 85 个墙报交流。会议录用论文 175 篇，其中 3 篇论文荣获“ICIG 2017 最佳论文奖”。

（撰稿人：骆岩峰　黄英英　洪　淼）

中国人工智能学会

服务创新型国家和社会建设 3 月 10 日，经中国科协智能制造学会联合体理事会审议成立战略咨询、技术交流、推广应用和教育培训 4 个工作委员会。学会作为战略咨询工作委员会副主任单位，重点跟踪科技与产业发展的前沿动态，为中国科协国家高端智库建设提供支撑。

4 月 13 日，联合体和中国科协创新战略研究院共同组建了“智能制造研究所”，学会作为副所长单位，开展前瞻性决策咨询研究。

中国人工智能学会、中国电工技术学会、中国电子学会、中国自动化学会、中国机械工程学会、中国仪器仪表学会 6 家国家级学会和安徽省科协所属的 3 家省级学会、芜湖市科协所属的 1 家市级学会与机器人相关企业等共同发起成立机器人产业（芜湖）创新助力学会企业联合体。11 月 22 日，在安徽省芜湖市召开联合体成立大会。

2017 年，学会根据《中国科协关于实施创新驱动助力工程的意见》，积极推进大众创业万众创新，共举办 45 场相关活动。

学会建设 学会近年来积极建设秘书处，实现了秘书长和秘书处人员的专职和专业化，专职工作人员队伍逐渐成长。

建立健全学会管理、运行和监督机制，制定、修订、完善符合社会组织发展要求的一整套管理办法和规章制度以及与绩效挂钩的目标责任制考核办法。成立学术委员会、专家委员会，建立理事会、监事会、会员代表大会相关制度，对学会常务理事、理事、会员代表大会出席情况进行严格管理。修订《中国人工智能学会分支机构管理办法》《中国人工智能学会专业委员会管理办法》《中国人工智能学会工作委员会管理办法》，进一步规范学会分支机构管理以及活动申请及目标考核。

在起重基础理论、工作原理、安全文明生产及典型案例分析等方面培训学员达276人次。协助徐工集团承办“徐工杯”第四届全国冶金吊装技能竞赛，共有11支参赛队30名企业高技能操机手参加比赛。组织参加全国大学生创新创意大赛、“港迪－中力杯”遥控起重机大赛。

表彰举荐优秀科技工作者 挖掘机械分会表彰了前几届理事长和秘书长，分别是同济大学教授曹善华、浙江大学教授冯培恩、原上海市城建学院教授鲍约赉、长江挖掘机厂总工程师张玉川、天津工程机械研究院教授级高工陈正利。路面与压实机械分会表彰了长安大学教授孙祖望、西安达钢路面机械有限公司董事长李太杰和广东省路面机械高工炼启宗，并颁发“特别贡献功勋人物”奖励证书。维修工程分会向作出贡献的装甲兵学院教授刘世参和石家庄铁道学院教授易新乾颁发特别贡献奖杯。

党建强会 2017年年初拟定党委会产生方案，14个分会均从分会理事长、秘书长或副理事长中推荐1名党员担任党委成员，共产生了15个人的党委委员候选人名单，并上报中国科协科技社团党委批准，该事项经6月18日学会理事会议通过。

12月28—30日，学会在上海市和浙江省嘉兴市举行中国工程机械学会党委第一届委员会第一次全体会议。选举产生学会党委书记和副书记，石来德任书记，周贤彪、高顺德任副书记，并组织党员前往嘉兴南湖参观中共一大会址和中共一大展览馆，接受党史和革命传统教育。

【第六届工程机械与车辆工程研究新进展国际研讨会（2017）】 9月14—16日，在河北省秦皇岛市举办第六届工程机械与车辆工程研究新进展国际研讨会（2017），来自中国、美国、日本、德国等国家的高校、科研机构和企业共200多人参会。燕山大学机械、液压技术等相关专业的博士生、硕士生和本科生列席会议。杨华勇、David Beaten bough、孔祥东、一柳健、赵丁选、西田惠哉、卞永明、山田宏尚、赵静一等分别就液压挖掘机的数字液压部件、智能和智慧创造未来、挖掘机的学术前沿、应急救援机器人、混合动力车辆的自动变速技术、汽油发动机的平壁喷雾燃料黏附特性、工程机械和工业化建造、采用无人机提示操作信息的遥控工程机器人、大型工程运输装备液压系统群协同控制等学术前沿作特邀报告。会议设置4个分会场，80余位与会专家分别就国际工程机械及车辆工程技术的发展趋势、虚拟显示技术及其应用、大数据、云计算、物联网技术及其应用、整机及关键零部件的创新、工程机械及车辆工程现代设计理论和方法、质量和成本控制、新工艺新技术新材料的研究成果、工程机械在应急救援行业的扩展和应用等专题进行讨论和交流。

会议共收到稿件150余篇，甄选出132篇文章制成论文集供会议分组交流使用。部分优秀论文推荐至IEEE ACCESS，*Chinese Journal of Mechanical Engineering*，《机械工程学报》，*Hydromechationics Engineering*，《燕山大学校报》和《中国工程机械学报》等刊物发表。

【中国工程机械技术发展高峰（CTO）论坛】 12月4—6日，在湖南省长沙市召开中国工程机械技术发展高峰（CTO）论坛。论坛由中国工程机械学会和湖南省经济与信息委员会主办，中国（长沙）国际工程机械配件博览交易会、国家级长沙经济技术开发区协办，学会挖掘机分会、路面和压实机械分会、《建设机械技术与管理》杂志社、湖南力重之都国际展览有限公司承办。全国相关高校、研究院所、企业的200多位专家参会。论坛以“信息互联，融合发展”为主题，研讨行业科技创新的方向、战略和对策等内容。工信部王建伟解读了国务院《深化“互联网＋先进制造业”发展工业互联网的指导意见》。浙江大学杨华勇、挖掘机分会顾问王长江、同济大学卞永明、北京理工大学王向周、中联重科总工程师付玲、三一重机副总经理曹东辉、武汉大学李必军、工信部中国制造业与互联网融合发展联盟学术委员会主任陈晓峰、重庆交通大学教授郭小宏、上海坤弘网络科技有限公司CEO姜博文、铁甲网副总经理林炎辉等作大会报告。会上还特邀北斗导航卫星总设计师林保辉作专题报告《北斗卫星通讯系统与工程机械智能化》。

【中国绿色筑养技术创新发展暨现代液压传动与控制大会】 12月9日，中国绿色筑养技术创新发展暨现代液压传动与控制大会在陕西省西安市举行，大会由中国工程机械工业协会筑路机械分会、中国工程机械学会液压技术分会共同主办，中交西筑公司协办。大会以“绿色发展、精品智造、服务升级”为主题，吸引了筑养路行业近300人参加。

会上，中国工程机械工业协会秘书长苏子孟作报告《工程机械行业运行分析与主要任务》，中国工程机械学会液压技术分会理事长、长安大学教授、博士生导师焦生杰作报告《当前公路养护装备技术研究的热点及展望》，博世力士乐行走与液压技术中心负责人马建作报告《筑路机械——铺筑我们明天的道路》，丹佛斯公司相关负责人刘正富作报告《智能互联与控制系统在工程机械上的应用》，同济大学教授吴仁智作报告《基于超级多通块的液压管路系统新技术》，英国巴斯大学访问学者、长安大学教授顾海荣作报告《液压惯性切换技术研究现状》。

（撰稿人：石来德）

中国遥感应用协会

服务创新型国家和社会建设 2月，协会与广东省信息中心沟通对接，辅助该中心指导广东省相关企事业单位申请国防科工局相关保密资质。

9—10月，协会参与国家高分辨率对地观测系统重大专项软环境研究“高分专项（民用部分）数据管理政策与措施研究”项目。

协会响应并参与中国科协组织的创新驱动助力工程，与浙江省科协等单位沟通协调，与中国测绘地理信息学会、中国卫星导航定位协会以及浙江省相关社团和企业于9月30日成立地理信息产业（德清）创新助力学会企业联合体，协会副理事长、秘书长徐文当选联合体主席团副主席。联合体主要以德清为代表的特色小镇和县域遥感应用为题开展交流，并进行成果推广。

协会参与甘肃空间信息产业高峰论坛（兰州）、第二届丝绸之路（敦煌）国际文化博览会数字丝绸之路大数据论坛，围绕以祁连山环境治理与保护开发为核心的遥感应用，为甘肃省相关厅局、各市州建言献策。

协会参与第十期钱学森论坛·第十二届中国水务高峰论坛和“宁夏水治理发展战略研究”项目，会同中国工程院院士王礼恒等专家，围绕推动宁夏回族自治区应用遥感手段加强水资源管理和开发，向水利部、宁夏回族自治区相关厅局、各市州建言献策。

协会会员单位湖南中科星图信息技术有限公司设立中科星图中国科学院、中国工程院李德仁院士工作站，成为湖南省第一个以遥感应用为主体的院士工作站。

协会受深圳市投资控股有限公司委托，对深圳市开展航天遥感投资进行策划与论证，形成《遥感微小卫星星座群可行性研究报告》。

针对2017年四川九寨沟地震、湖南特大洪灾等重大自然灾害抢险救灾和防灾减灾需求，协会组织相关会员单位和国内遥感主要机构建立应急响应专家库。

青年人才托举工程 完成中国科协青年人才托举工程2017—2019年度项目组织申报工作，协会推荐申报的中国科学院遥感与数字地球研究所研究员周翔等获得资助。

主办期刊 《红外》期刊被维普《中文科技期刊数据库》、万方《中文核心期刊（遴选）数据库》、中国期刊网中国学术期刊（光盘版）全文数据库和中国学术期刊综合评价数据库（CNKI）等重要数据库收录。

决策咨询 协会在对湖南省国土、林业、交通、水利、农业、旅游和湘潭市、湘潭县等政府部门，湖南测绘二院、地理信息协会、暮云经济开发区地理信息产业园和相关高校、企业等调研交流的基础上，组织以中国工程院院士栾恩杰为组长、由近20名专家组成的专家组进行系统论证，形成《湖南省重点领域遥感应用示范及空间信息产业发展实施方案纲要》和需求论证报告、产业发展分析报告等，并上报湖南省政府。

协会组织中国科学院院士童庆禧等10多位遥感领域专家针对黑土地保护、治理与开发，结合国家东北振兴相关战略部署和黑龙江省发展需要，形成《关于立足黑龙江省加快推进东北黑土地保护开发利用的建议》，向黑龙江省副省长胡亚枫进行专题汇报，并呈送黑龙江省委书记张庆伟审阅。协会支持黑龙江省国土厅形成《黑龙江省黑土地保护开发利用工作方案》并得到批复。

国际学术会议 9月27—28日，协会与河北省农业厅、河北省廊坊市人民政府、北华航天工业学院共同主办的第三届中国（国际）农业遥感应用技术高峰论坛在河北省廊坊市举行。中国科学院院士童庆禧等来自国内外的200余位专家、学者、企业代表围绕农业遥感应用和产业发展进行研讨。

国内主要学术会议 3月26—29日，中国遥感应用协会2017年年会在湖南省长沙市召开。会议由国家航天局和湖南省人民政府联合指导，中国遥感应用协会主办，中国资源卫星应用中心、中国科学院遥感与数字地球研究所、北京航天宏图信息科技股份有限公司、Esri中国信息技术有限公司单位协办。年会由《湖南省重点领域遥感应用示范及空间信息产业发展实施方案》论证会、中国遥感应用协会五届三次理事会、高分辨率对地观测数据应用暨空间信息产业发展论坛、中国自主航天遥感应用培训和中国遥感应用协会标准化分会年会等活动组成，近400名协会成员、遥感领域专家和湖南省相关部门和单位的代表参加。

两岸交流 协会联合香港遥感学会、台湾地理资讯学会、澳门科技大学，以“遥感、大数据与空间数据科学”为主题开展第十一届海峡两岸暨港澳地区遥感与空间资讯研讨会筹备工作。

国际交往 10月11—18日，协会国际合作分会与中国卫星全球服务联盟、荷兰乌勒特支市政府在乌勒特支市举行2017首届中欧卫星遥感应用大会。来自中国驻荷兰大使馆、乌勒特支市政府、中国和荷兰的航天企业、科研机构、国际组织的50余名专家参加大会。会议围绕航天遥感资源利用、技术成果应用开发、市场开拓、商业模式创新等内容进行交流探讨。

10月17—20日，协会光学遥感专业委员会依托单位——中国航天科技集团北京空间机电研究所与荷兰科研应用组织（Netherlands Organization for Applied Scientific Research，TNO）在荷兰代尔福特联合举办第四届空间光学仪器与应用国际研讨会。协会参与相关活动，在会上交流我国航天遥感建设、数据应用推广和协会发展情况，并主持第五分论坛。

科普活动 3月27—28日，协会在湖南省长沙市举办高分辨率对地观测数据应用暨空间信息产业发展论坛和中国自主航天遥感应用培训，来自协会各会员单位、分支机构和国内相关行业、科研院所、高等学校、企业等单位的专家和用户近400人参加活动。

协会副理事长、秘书长徐文带队参加了新疆维吾尔自治区面向当地各级政府和相关科研院所、企业代表组织的科普宣传活动，系统报告了我国航天事业以及遥感应用、产业发展等情况。

7月26—28日，协会在黑龙江省哈尔滨市举行2017年度中国遥感应用协会CRS用户培训会，面向来自全国各地相关企事业单位、科研院所、高等院校等的近100名工程技术人员进行我国自主陆地观测卫星服务及应用方面的培训。

协会科学普及分会推进航天科普进校园活动，组织编写两套航天科普知识PPT课件，发送给云南省昆明市，湖南省长沙市、郴州市、常德市，河北省唐山市和广西壮族自治区柳州市等地10多所中小学校。

在内蒙古自治区呼和浩特市推动建成航天主题馆，并协助投资企业申报航天科普教育基地，2017年接待学生及当地民众近5万人。在广东省惠州市推动建设航天主题馆，计划2018年上半年投入使用。在辽宁省朝阳市推动中标航天主题馆建设项目，计划2018年下半年投入使用。

在全国科普日、科技活动周等活动中，协会组织中国资源卫星应用中心的航天遥感专家到中关村中学等学校进行科普讲座。

7月30日，学会与东丽湖论坛组委会、中国科学院遥感与数字地球研究所等单位在天津市东丽区举办首届“智慧中国”高峰论坛。中国科学院院士童庆禧，中国科学院北京分院、天津市科委和东丽区政府相关领导，我国遥感领域知名专家、企业家等近300人参加论坛。

9月16—17日，协会与中国卫星导航定位协会、中国卫星全球服务联盟以“推广卫星应用，共享天地信息，促进国际合作”为主题，在深圳市龙岗区举办第四届中国卫星全球服务国际合作商洽会暨首届卫星应用国际博览会。院士专家、学者、地方政府代表以及来自国内外航天企业、投融资机构、国际组织的代表等1000余人参加。

表彰举荐优秀科技工作者 完成2018年度我国中国科学院和中国工程院院士候选人推选工作。完成首届全国创新争先奖推荐工作，协会推荐的中国科学院院士吴一戎荣获全国创新争先奖。

党建强会 协会推进功能型党组织建设。经协会五届三次理事会党员审议通过、国防科工局直属机关党委同意，于7月28日经中国科协科技社团党委批准，协会成立了中国遥感应用协会党委。

协会党支部严格落实“三会一课”制度。在国防科工局直属机关党委指导下，协会党支部（依托协会秘书处）组织秘书处和各分支机构积极参与国防科工局“两学一做”、党风廉政教育、警示教育、党风廉政谈话、理事长讲党课等活动。

协会实施“中国遥感应用协会党建微平台”项目，增加了党建专栏、微信公众号等。

会员服务 2017年，协会新增个人会员300人，新增单位会员4个；新增亚热带分会、新型智慧城市建设委员会两个分支机构。截至 2017 年年底，协会个人会员总数 1945 人，单位会员总数 390 个。

（撰稿人：张圆圆　卫　征）

中国指挥与控制学会

服务创新型国家和社会建设　6 月 5—9 日，学会主办了科技咨询能力素质测评（高级）研修班，面向高级别科普工作岗位的从业人员进行能力培训与测评，培训学员 35 名。

12 月 5 日，学会团体标准工作委员会在北京召开了智能指挥调度标准立项与送审稿评审会。会议对 5 项标准的送审稿进行评审，对 7 项标准的立项建议书进行审查，批准《一体化指挥调度术语》等 2 项标准立项。

学会建设　学会于 12 月 21 日召开了第二次全国会员代表大会。截至 12 月，学会共召开理事会议 2 次、常务理事会议 1 次，个人会员总数 4039 人，团体会员 100 个。正式缴费会员人数比 2016 年增加 400 余人。新增 2 个工作委员会以及智能指挥调度、云控制与决策、虚拟现实与人机交互 3 个专业委员会，下设分支机构由原来的 17 个增至 22 个。青年工作委员会完成换届工作。

4 月 20 日，经国家标准化委员会审核批准，学会正式成为全国团体标准信息平台的团体用户。6 月 13 日，学会正式成立团体标准工作委员会并召开智能指挥调度标准工作启动仪式。学会分支机构有关人员和专家等近 100 人出席大会。会议就如何集成学会的智库、学科和专业优势，面向新型交叉学科和市场空白制定更多满足创新和市场要求的团体标准；如何充分发挥学会的组成结构优势，促进形成产学结合的团体标准研制模式，使学会真正成为团体标准研制的重要力量进行了讨论。

学会微信公众号全年向学会全体会员及领域内科技工作者推送军事科技科普知识，受众达 10 万人。

国内主要学术会议　学会及分支机构共举办年会、研讨会、报告会、论坛等国内学术交流活动 20 余次，提交学术交流论文 1000 余篇，评选表彰优秀论文 100 余篇。

1 月 11 日，学会在北京举办现代陆军 C2（指挥与控制）系统与技术发展研讨会暨院士专家新春座谈会。相关部门和院校的专家共 80 余人出席研讨会，并就全域作战型的陆军 C2 建设、特殊复杂环境下陆军 C2 模式、云网端机器人技术对陆军作战方式的影响、未来颠覆性技术对陆军装备发展的启示等进行讨论。

1 月 14 日，学会在北京召开专家研讨会。与会专家就如何在国防和军队信息化建设领域推广应用物联网技术、持续提升我军信息化水平展开讨论，从物联网在军事领域的应用模式、融合技术、基础设施、综合建设等方面，对有效推进物联网建设面临的技术性难点、结构性矛盾、体制性障碍、政策性问题提出了系统规划、整体设计、重点突破、以点带面的建设思路和举措。

5 月 25 日，学会与安徽省天长市政府联合召开首届全国自动化学院院长论坛，来自相关院校、科研单位、企业界的专家 100 余人参加论坛。

5 月 27 日，学会青年工作委员会在福建省福州市召开了第五届中国指挥与控制学会青年科学家论坛。来自指挥控制领域科研院所、军事院校、企业的近 200 名青年学者参加。中国工程院院士费爱国作了题为“韧性指挥控制系统的一些思考”的主题报告，20 余位专家、学者作学术报告。

6 月 28 日，学会电磁频谱安全与控制专业委员会在北京举办首届全国电磁频谱安全与控制大会，300 余人参会。中国工程院院士陆建勋、刘尚和、于全等专家就低频应用与发展、电磁兼容、空间信息网络体系等热点问题和前沿技术作主题报告。大会举办了电磁频谱战略性安全与控制、电磁频谱可用性安全与控制、电磁频谱保密协议安全与控制 3 个专题研讨会，21 位专家、学者作演讲。

8 月 9—11 日，学会在辽宁省大连市举办第二届中国空天安全会议，来自航天航空领域的企业、院校和科研院所等的 120 余人参加会议。6 位专家作大会报告，介绍了空间碎片、新材料技术、新型航天器等涉及空天安全关键问题的最新研究进展，就航空航天新技术及安全问题进行交流。分会场分别就空间目标监视与识别、航空器与邻近空间飞行器、空间碎片与小行星、空天智能集群等 7 个专题进行研讨。会议评选出优秀论文 11 篇。

8 月 23—25 日，学会在黑龙江省哈尔滨市召开 2017 全国电磁环境预测与控制学术会议，来自 30 余家科研院所的 180 余人参会。海军航空大学信息融合研究所总工程师熊伟等 8 位专家针对海战场信息感知与融合、海洋信息网络、电磁迷雾作战、空间信息控制、电磁环境建模等主题和前沿技术作报告。30余位学者结合最新研究成果，围绕复杂电磁环境效应、电磁频谱站、认知作战、战场电磁环境构建等进行互动交流。

11月3—5日，学会在山东省青岛市召开海上指挥控制专业委员会学术年会，水下作战与指挥控制技术实验室、海军潜艇学院、中国船舶重工集团公司等42家单位的130余位专家、学者参会，评选出优秀论文20篇。与会专家作了《对联合战术信息服务的思考》《海警通信系统建设与发展》《水下立体攻防体系技术研究》等学术报告。

11月13—14日，学会在江西省南昌市召开火力指挥控制专业委员会学术年会，104位专家参会，评选出优秀论文20篇。年会围绕战场环境、通信理论、指挥决策、武器控制、效能分析、仿真检测和试验等开展交流，与会专家作了《双轮驱动协同创新战略思考》《战略态势大数据预测分析与评估方法讨论》等学术报告。

科普活动　2017年，学会共举办青少年科技竞赛2项。8月19—20日，学会举办了首届CICC全国青少年创客联赛，共有来自全国13个省市54支代表队的150人参赛。9月25—27日，学会主办的2017首届全国兵棋推演大赛全国总决赛暨首届全国人工智能与兵棋推演论坛在河北省石家庄市举办。

党建强会　1月23日，学会召开中国指挥与控制学会党委成立大会，会议传达学习了党的十九大会议精神，宣读了中国科协科技社团党委《关于同意中国指挥与控制学会成立党委及组成人选的批复》，审议通过了《中国指挥与控制学会党委工作规则（试行）》，通报了学会秘书处党总支换届改选情况。

学会建立了CICC党员交流群，由专人负责管理。设立了党员图书之家，新购置200余册党建学习材料，供员工借阅学习。在微信公众号上专设“CICC党建园地”板块，每天推送一篇文章，包括党的十九大精神宣贯、党建要闻、党章学习辅导、知识问答、党员风采、基础理论以及探讨争鸣等，关注人数达40882人。在学会网站开辟“党建栏目”，不定期推送会员单位党建活动、优秀党员会员介绍、党的十九大精神宣传贯彻、党章学习辅导等。

【中国指挥与控制学会第二次全国会员代表大会】12月21日，中国指挥与控制学会第二次全国会员代表大会在北京召开。中国科协党组书记、常务副主席、书记处第一书记怀进鹏出席开幕式并讲话。学会理事长、中国工程院院士戴浩，中国工程院院士费爱国、陈志杰、于全、陈杰等，以及来自全国各地的200余位学会代表出席大会。大会由学会秘书长秦继荣主持。

怀进鹏在讲话中指出，中国指挥与控制学会成立5年以来，紧紧围绕国家战略，以推动国防科技进步、军事转型升级为己任，以学科建设为引领，打造中国指挥控制大会等品牌活动；以国防教育和“双创”活动为切入点，开展“全国兵棋推演大赛”和“全国青少年创客联赛”等特色活动；以科技前沿领域、社会热点问题为研究重点，举办走向深蓝、走向太空、反恐维稳与应急管理等前沿技术论坛，积极开展决策咨询服务，学会影响力不断提升，为我国指挥与控制领域科技进步做出了重要贡献。

怀进鹏对学会的建设发展提出三点期望：一要以全面深化改革为动力，助推学会事业迈上新台阶；二要以决策咨询、学术引领、科学普及为重点，全力打造国际一流科技社团；三要以会员发展服务为根本，努力把学会建设成为温馨的科技工作者之家。

会员代表大会审议并同意戴浩代表第一届理事会所作的工作报告，审议通过了第一届理事会财务报告，审议通过了新修订的《中国指挥与控制学会章程》。选举产生了中国指挥与控制学会第一届监事会、第二届理事会、常务理事会和领导班子。费爱国当选理事长，戴浩当选监事长。

【第五届中国指挥控制大会】7月3—4日，第五届中国指挥控制大会在北京召开。来自部队、国防科技工业部门以及相关企业、高等院校、科研院所的专家、学者共600余人参加开幕式。开幕式由中国工程院院士、学会理事长戴浩主持。

会议以“聚焦颠覆性技术，引领C5ISR发展”为主题，探讨了高分对地观测、新量子革命、航天器智能控制、指挥控制与任务规划、网络空间拟态防御、低轨星座系统的发展前瞻，深入研究大数据、自然交互、虚拟现实与增强现实、信息主动推荐等技术的发展现状和应用前景。会上，中国科学院院士吴一戎、中国工程院院士李德毅等9位专家作主题报告。大会举办了未来空中作战论坛、第三届智能指挥与控制论坛、航天多智能体控制技术论坛、网络空间安全论坛、富媒体指挥信息系统论坛、C4ISR理论与技术高峰论坛等专业技术高端论坛，进行了近100场报告。

会议征集到论文146篇，收录107篇。

【2017首届IEEE国际无人系统大会（IEEE ICUS 2017）】 10月27—29日，由学会与北京理工大学、美国电气和电子工程师协会（IEEE）联合主办的首届IEEE国际无人系统大会（IEEE ICUS 2017）在北京召开，国内外高等院校、科研院所和工业相关部门的200余位专家、学者出席会议。

大会以"人工智能时代的无人系统发展与应用"为主题，采取主题报告、小组讨论、口头报告和张贴报告等形式交流了无人系统领域相关的学术和技术问题。

大会邀请中国工程院院士李德毅、英国克兰菲尔德大学教授Antonios Tsourdos、加拿大圭尔夫大学教授杨先一、法国洛林大学教授Didier Theilliol、美国内华达大学教授申延涛等无人系统领域的专家作主题报告。会议共征集论文179篇，录用126篇，所有录用论文进入IEEE会议出版程序。

【2017首届全国兵棋推演大赛】 由中国指挥与控制学会主办、中国科学院自动化研究所承办的2017首届全国兵棋推演大赛于4月正式启动，经过近6个月的预赛，32名选手进入决赛。9月25—27日，学会在河北省石家庄市举办2017首届全国兵棋推演大赛全国总决赛暨首届全国人工智能与兵棋推演论坛。2017首届全国兵棋推演大赛军队组、地方组个人赛冠、亚、季军，军队组、地方组团体赛冠、亚、季军全部决出。

同期召开的2017首届人工智能与兵棋推演论坛围绕"指挥控制与任务规划""人工智能与兵棋推演""战略推演的实践与探索：从Seminar Gaming说起""联合战役级计算机兵棋的应用、技术和发展""未来智能战争条件下的兵棋推演"作报告。

2017首届全国兵棋推演大赛以"聚焦新时代国防教育，树立科学理性国防观"为主题。比赛分为预赛和决赛、个人赛和团队赛，来自全国11个分赛区的5000余名选手参赛，形成了包括竞赛、图书、视频、培训等一系列军事科普成果。

（撰稿人：宋　鹏　邱　宏）

中国微米纳米技术学会

服务创新型国家和社会建设 学会2017年举办继续教育培训班3期，培训人数160余人次。5月，举办MEMS热点——光电传感器研修班。9月，举办微纳米机器人研究班。10月，举办短期培训。

学会与西南科技大学联合申报中国科协2017年度创新驱动助力工程试点单位及示范项目，EMS无源器件研究和产品开发项目获立项支持，帮助四川省三台水晶电子有限公司进行技术转型，探索中小企业转型模式。

学会冠名主办第八届中国国际纳米技术产业博览会、2017中国（上海）国际纳米技术展览会。加入并参与中国智能制造学会联合体各项工作。

学会建设 学会根据中国科协《科协系统深化改革实施方案》《中国科协2017年学会改革工作要点》等相关要求，加强分支机构管理，修订分会管理办法、各工作委员会工作条例。制定《中国微米纳米技术学会规章制度》《中国微米纳米技术学会工作会议制度》，实行工作年报制度。

10月26日，在学会三届五次常务理事会扩大会议上，经学会副理事长、中国工程院院士蒋庄德举荐，增补中国医学科学院生物医学工程研究所研究员张其清为学会理事。

截至12月，学会发展个人会员154名、团体会员7个；个人会员总数1767人，团体会员总数85个。学会三届四次常务理事会（通讯会议）修订了《中国微米纳米技术学会会士评选办法》，评选了5位会士。

4月，成立微纳执行器与微系统分会，学会专业分会达5个。10月，成立人才与奖励工作委员会，工作委员会达9个。学会三届六次常务理事会（通讯会议）修订《中国微米纳米技术学会分会管理办法》。

主办期刊 学会联合主办有《纳米技术与精密工程》《传感技术学报》《纳米科技》3种科技期刊。

《纳米技术与精密工程》被荷兰Scopus数据库、《中文核心期刊要目总览》（北大核心）收录，是中国科技论文统计源期刊（中国科技期刊引证报告核心版）、中国科学引文数据库来源期刊（CSCD扩展版）。8月，经国家新闻出版广电总局批准，转为英文期刊，刊名为*Nanotechnology and Precision Engineering*。

国际学术会议 10月20—23日，学会举办第十六届中国国际纳米科技（西安）研讨会，参会人数约200人，交流论文100余篇。

国内主要学术会议 4月21—23日，由学会主办的首届微米纳米产学研用创新大会在广东省深圳市召开，300余人参会。

6月16—17日，学会第二届“微纳传感器与系统集成技术”青年学者论坛在四川省成都市举办。青年学者论坛是专为本领域青年科技工作者举办的闭门会议，人数控制在60人左右。本届论坛以国家中长期科学和技术发展及“中国制造2025”战略规划为契机，围绕微纳米科技开展交流。

12月9—12日，由学会主办的首届微流控技术创新论坛在广东省深圳市召开，380余人参会。

科普活动 2016年12月—2017年2月，学会与中国科协科学技术普及部联合举办“2016—2017科普创作大赛”活动，共征集作品47个，意在提倡参赛者结合身边的微米纳米技术应用展开创作。

1月14日，学会举办中国科学技术馆大讲堂:《仿生传感——源于动物和植物的科学灵感》，受众人数600人次。4月15日，举办中国科学技术馆大讲堂:《古人类飞行器探秘》，受众人数600人次。

5月23—25日，学会参与科技部、中国科协联合举办的全国科技周活动，通过微信公众号举办“看实验 答问题 赢奖品”活动，100余人参与。

5月30日，学会响应首个全国科技工作者日活动，对微米纳米领域优秀科技工作者进行专题系列报道。

9月14—18日，学会参与中国科协全国科普日北京主会场活动“专家大讲堂”——纳米触控黑板及纳米科技专项展览，受众达2万余人次。

12月，学会与中国科学院苏州纳米技术与纳米仿生研究所联合启动“2017—2018科普创作大赛”。大赛主题是“微纳技术：激活完美未来（MNT: Enabling Perfect Future）”。

学会微信公众号开设原创科普版块，发布原创科普文章。

会员服务 2017年，学会编辑《新科技快讯》12期，每期电子版发送12万人次；编辑《会讯》2期，发送给会员；编辑《中国微米纳米技术学会简报》1期，发送全体理事。

学会通过QQ群、微信群、MEMS技术论坛、微信公众号、学会网站、会议网站、邮件、新浪微博等平台及时推送学会活动信息，便于会员了解学会及行业动态。学会自主开发会员系统，并不断完善更新，统计会员信息。学会开通了网站、微信、电子邮件等的便捷入会功能。

微信公众平台开设“青年学者说”活动，第一期共报道了学会10名高级会员。

微信公众号整理学会理事关注的科技信息及行业动态。设立“理事推荐”信息专栏，提高了学会推荐科技信息的实用性。

【中国微米纳米技术学会第十九届学术年会暨第八届国际会议】 10月26—29日，中国微米纳米技术学会第十九届学术年会暨第八届国际会议在辽宁省大连市召开。

会议主题为“国内外微米纳米技术发展与展望”，来自高校、科研院所、企业等相关部门的500余人参会。会议设立大会报告、分会场报告、征稿交流、行业展览会、优秀论文评选、优秀海报评选、短期培训等活动。

大会共邀请13位知名专家作大会报告，报告围绕微纳加工制造、微纳材料、微纳传感器、微纳流体器件与系统、微纳机器人、微纳光学、微纳米生物医学等方向展开。

中国科学院院士、北京化工大学教授、教育部长江学者特聘教授、国家杰出青年基金获得者杨万泰认为，乳液聚合和分散聚合是常用的合成聚合物纳/微粒子方法，聚合物粒子的形成和稳定来自乳化剂或聚合物分散剂；而聚合主要发生在由这些稳定剂保护下的隔离胶体粒子内。就纳/微粒子合成而言，由于粒子经历一个由液态到固态的相转变，不易直接得到尺寸均匀可控的粒子，由此产生了很多的“改进”方法。其报告报道了一种完全新颖的“自稳定沉淀聚合”体系（2SP），即在不使用任何稳定剂情况下，通过选择/使用合适反应介质，使单体在溶液中聚合，最初形成的聚合物链自凝聚成核，后续生成的聚合物链向粒子表面沉积使粒子增长，最终形成稳定的由均匀聚合物粒子和介质组成的聚合物胶体，经离心或过滤即可得到聚合物粒子。该体系有四个特点：机理类似于小分子（无机/有机/生物）的结晶机制，在聚合物体系尚属首次；粒子“活性增长”，可精确控制在80—3000nm，球径均匀；通过二次成核可制备花型粒子、串状粒子和纳米线；该体系制备方法简单且单体浓度高，分离后的反应液可重复利用，具有绿色工艺特点，因此有巨大工业用途。

东南大学教授、教育部长江学者特聘教授、国家杰出青年基金获得者顾宁介绍了铁基纳米材料应用于生物医学与健康产业的意义和发展趋势，结合团队在医学影像增强、肿瘤热疗与诊断治疗同步化技术等相关研究的进展，讨论了该方向研究与发展存在的一些问题以及可能的推进办法。

大会围绕微纳加工制造、微纳马达和微纳机器人、微纳传感器、微流控、纳米生物和医疗、纳米材料、微机电系统、微纳测量与光学、微纳米技术应用9个主题开设11个分会场。本届大会共安排12个主题报告、51个特邀报告。

会议共征集论文370篇，最终录用314篇。会议还同期举办了展览、技术竞赛、培训等活动。

（撰稿人：李 娟 刘 颖）

中国密码学会

服务创新型国家和社会建设 受中国科协委托，学会6月组织召开《中华人民共和国密码法（草案征求意见稿）》征求意见座谈会并提交意见建议。

8月14—18日，学会在北京举办密码学高端系列培训之六——区块链密码技术高端培训，160多名科研院所、企业单位的科技工作者及研究生参加。

9—11月，学会组织开展了2017第三届全国密码技术竞赛，先后组织了初赛、复赛和决赛。活动累计有314个队伍参赛，2000多人次参加。

2017第三届全国密码技术竞赛颁奖典礼

11月9—10日，学会在北京市开展2017密码行业标准培训，360多名来自商密企业、电子认证服务机构和政府部门的技术、管理人员参加。

12月，组织院士专家学者撰写并上报中国科协科技工作者建议《打造密码新技术安全盾牌，促进数字货币与区块链应用健康发展——面向数字货币与区块链的密码新技术研讨会建议》。

学会建设 1月，学会成为中国科协团体会员。

制修订《中国密码学会秘书长办公会议事规则》《中国密码学会会员会籍会费管理办法》《中国密码学会优秀博士学位论文评选办法（试行）》等14项制度。

学会按章程办会，召开常务理事会议3次、理事会议1次。成立学会密码应用工作委员会、密码检测专业委员会。

截至2017年年底，学会共有个人会员2980人、单位会员158家，较2016年分别增加455人和23家。

对学会年会网站进行改进完善，创建学会微信公众号，开通微信和支付宝会费收缴功能。建成内部办公OA系统。

学会治理结构和治理方式改革 学会实施高级会员动态管理，将学会高级会员全部重新登记，按制度受理申请、审核，分批报经常务理事会同意后上网公布。

制定《中国密码学会2017年改革工作方案》，并组织落实完成了方案中的12项任务。2017年年底申报中国科协“学会综合治理改革项目”并获资助。

青年人才托举工程 经组织申报、遴选，最终3人获中国科协青年托举工程2016—2018年度项目支持，2人获中国科协青年托举工程2017—2019年度项目支持。学会按照中国科协、信息科技学会联合体有关要求，成立了青年人才托举工程工作委员会，并制定2017年青托培养计划，指定专家学者担任培养导师，组织被托举人参加学术会议、培训、总结考核等9次。

主办期刊 《密码学报》出版6期，发表论文55篇，获中国科学引文数据库（2017—2018）和中国科技论文与引文数据库（2018）收录。

学科发展研究 学会组织编撰出版《中国密码学发展报告2016—2017》。

决策咨询 11月，学会组织专家就“商用密码发展规划2018—2022”进行研讨并提交意见建议。

国内主要学术会议 学会及分支机构主办国内学术会议21次，交流论文341篇，约5000人次参加。

5月17日，中国密码学会2017年青年论坛在北京举办，120多名专家、学者及研究生参加会议。9位青年学者作特邀报告，内容均为近期发表在密码学与信息安全领域顶级国际会议和期刊上的文章。会议子论坛以“密码货币与新型密码的发展、挑战与国际标准化”为主题展开自由研讨。

5月19—20日，学会电子认证专业委员会和全国信息安全标准化委员会鉴别与授权工作组（WG4）在北京联合主办2017年全国电子认证技术交流大会，

130多名专家、学者及研究生参加会议。会议围绕“建立网络信任，走向电子认证2.0时代”主题，探讨了电子认证的发展方向、关键技术、标准及政策等。

5月20—21日，中国密码学会2017年密码算法学术会议在广西壮族自治区桂林市召开，230多名专家、学者及研究生等参加会议。会议安排了6个特邀报告和8个专题报告，自由论坛安排了6篇交流报告，内容涉及序列密码、分组密码、全同态、密码函数、安全认证协议设计、侧信道攻击等研究方向，报告从不同层次、不同角度展示了密码算法的最新研究进展。闭幕式上，向最佳论文作者颁发了证书。

7月27—28日，中国密码学会2017年量子密码专业委员会学术会议在江西省南昌市召开，230多名专家、学者及研究生参加会议。4场特邀报告围绕QKD与PQC融合的挑战与机遇、差分相位及其相关协议研究进展、商用光纤网络连续变量量子密码测试、量子密码实际安全性分析等进行交流研讨。23场专题报告分别就量子密钥分发的历史、真随机数的产生方法、高精度相位补偿方案、量子密钥分发协议、量子纠缠态等前沿热点问题进行交流研讨。

8月13—15日，中国密码学会2017年混沌保密通信第三届学术会议在山东省威海市举办，150多名专家、学者及研究生参加会议。会议增设4个分会场和1个青年论坛，安排了4场特邀报告、45个论文报告，围绕非线性基础理论、光学通信保密分析、混沌分形保密通信和无线通信保密分析等方面进行研讨交流，内容涉及混沌乱源设计与实现、混沌密码算法设计、硬件实现与安全性分析、基于激光混沌伪随机数发生器等前沿问题。

8月19—20日，中国密码学会2017年密码数学理论专业委员会学术会议在内蒙古自治区呼和浩特市召开，共有100多名专家、学者及研究生参加。会议围绕p-adic遍历理论在密码学中的应用及研究进展、LLL和BKZ算法的二阶统计行为、Shor算法基础和物理实现、有限域上低差分函数研究、计算的结构与个体化归约技术、非线性反馈密码系统代数次数评估、无差错量子算法、重加密研究进展8个特邀报告内容进行研讨交流。

9月16日，由学会安全协议专业委员会主办的2017年安全协议进展国际会议在陕西省西安市举行，160多名专家、学者及研究生参加会议。会议安排2场特邀报告和7场主题报告，分别就密码安全协议分析、密钥分发协议设计、协议安全性证明、抗量子计算的密钥协商协议、近距离通信安全、云计算安全与隐私保护、大数据安全、安全协议国际标准化进展等议题进行交流和探讨。

9月22—24日，中国密码学会2017年密码芯片学术会议（CryptoIC 2017）在四川省成都市召开，200多名专家、学者及研究生参加会议。会议邀请4位CHES 2017报告人做特邀报告，介绍了公钥密码RSA、ECC的处理器设计问题，SecuteIC产品的电磁故障注入技术和攻击到防护的措施，物理不可克隆（PUF）技术在密码技术密钥生成中的应用，以及通过选定特定曲线参数快速实现椭圆曲线标量乘算法及对嵌入式设备中FourQ的防范侧信道攻击防范等。12个主题报告内容涉及高速密码专用芯片的设计和低功耗密码电路设计、密码芯片的侧信道攻击与抗攻击对策、侧信道攻击与机器学习结合方法研究等。

11月18—19日，面向数字货币与区块链的密码新技术研讨会在北京召开，340多名专家、学者及研究生参加会议。会议安排15个专题报告，围绕“区块链和数字货币安全、隐私与监管所需密码技术”主题进行研讨交流。

科普活动　学会举办密码科普进高校讲座3次，受众约500人。

8月26日，学会在中国密码学会密码科普基地暨江苏省沭阳高级中学密码科普馆举办活动，赠送了《安全简史》科普图书、《密码趣谈》科普光盘、CA软件、Usbkey、金融数据密码机、服务器密码机、IPSecVPN安全网关、签名验证服务器等，并举行《世界网络空间安全态势》科普报告，420多人参加。

9—11月，举办2017第三届全国密码技术竞赛，评选出特等奖1名、一等奖7名、二等奖12名、三等奖44名。活动累计参赛团队314个，参与人数2000多人次。

学会组织翻译的《密码的奥秘》入选科技部2017年全国优秀科普作品名单。

表彰举荐优秀科技工作者　设立“中国密码学会优秀博士学位论文奖”，并按《中国密码学会优秀博士学位论文奖评选办法（试行）》组织开展评选，最终5人获奖。

党建强会　1月20日，学会成立中国密码学会党委。全年召开学会党委工作会议3次，对学习宣传贯彻党的十九大精神做出布置，研究学会制度建设、分支机构换届、业务活动、经费预算等“三重一大”事项，发挥政治核心、思想引领和组织保障作用。

会员服务 开展2017年中国密码学会奖评选活动，3人获优秀青年奖，2人获先进工作者奖，2家单位获先进集体奖，10人获优秀会员奖。

1月，举办以“建家交友、服务会员、喜迎新春”为主题的2017中国密码学会会员活动日乒乓球赛，学会理事、会员单位代表约160人参加活动。

5月、8月分别在江苏省南京市、内蒙古自治区呼和浩特市举办会员日活动，共计290余人参加。江苏会员日期间举办了密码产学研座谈会，40多名专家学者和商密企业代表参加会议。

编撰出版《中国密码学会通讯》6期。赠送会员《中国密码学会通讯》《密码学报》《中国密码学发展报告2015》《商密密码知识与政策干部读本》等书刊6000多册。学会网站向会员提供《密码学报》《中国密码学会通讯》电子版免费下载。

【中国密码学会2017年会】 10月28—29日，学会在山东省济南市举办中国密码学会2017年会，700多名专家、学者及研究生参加会议。开幕式上举行了“2017年中国密码学会优秀博士学位论文奖”颁奖仪式，丁林等5人获奖；举行“2016—2017年中国密码学会奖”颁奖仪式，汤永利等15人和2家会员单位获奖。

年会特邀7位密码专家作报告，清华大学王小云作报告《对称密码的比特分析方法》，重点介绍模差分比特分析方法在攻击对称加密、消息认证码、认证加密等密码算法中的应用；澳大利亚伍伦贡大学郭福春作报告Security Reduction：Theory and Practice（《安全归约：理论与实践》），详述归约证明中一些重要概念及其难点，并针对一些典型的密码系统给出具体的规约构造；中国科学技术大学涂涛作报告《量子计算的硬件和算法的若干前沿进展》，报告涵盖量子计算硬件和算法两方面，针对其研究进展及热点难点等问题给出详细介绍；美国微软研究院Patrick Longa作报告《基于LWE问题的实用后量子密码》，主要论述如何基于LWE问题构造实用的后量子密码系统，具体包括密钥交换以及密钥封装等；加拿大滑铁卢大学David Jao作报告《基于同源问题的后量子密码》，主要论述基于同源问题的后量子密码系统构造，并针对密钥规模、实现及安全等方面给出最近的成果展示；国家信息安全工程技术研究中心刘平作报告《商用密码标准体系》，对商用密码标准体系进行了详细讲解；中山大学张方国作报告《区块链及其应用》，对区块链及其应用给出详细报告，既分析区块链技术脱颖而出的各种原因，也从技术角度介绍了区块链的各类应用场景。

年会还安排了7个论文报告，特设自由论坛并安排12个自由发言；增设青年密码学者沙龙，特邀8位优秀青年学者分享求学、治学、研究经历和心得。闭幕式上向周潭平颁发了最佳论文奖。

【2017中国商用密码应用高峰论坛】 11月25日，学会在北京举办2017中国商用密码应用高峰论坛，国家密码管理局商密办副主任霍炜、中国科学院信息工程研究所副所长荆继武等200多名专家、学者及研究生参加。

论坛安排6个特邀报告，霍炜受国家密码管理局委托作主旨发言《商用密码应用与创新发展》。他说，商用密码迎来了最好的发展机遇期。在商密创新发展的新时代，大力推进应用的同时要着力加强密码科技创新，要从科技创新看密码、从规范管理看密码、从网络空间全局看密码、从新时代发展前景看密码。商密发展要面向国民经济主战场，金融和重要领域要提高应用密码维护网络和信息安全的意识，产业单位要充分发挥市场主体作用，紧抓机遇为建设密码强国贡献力量。荆继武作报告《密码应用面临的问题与挑战》，认为当下是互联网高速发展时代，云计算和物联网的发展推动网络节点和数据爆炸式增长；网络应用快速发展，来不及顾及安全和可信；数字化财富及虚拟财产快速增加，保护手段未能匹配；网络不断增长不断变化，不安全将成为网络常态。而支持互联网发展、保护人民财富和隐私，商用密码大有作为，也是难得机遇。刘平作报告《密码支撑与密码应用》，强调密码支撑安全，密码是信息安全的基础、核心和支撑；密码不等于安全，密码没有任何应用属性，只有与应用结合才有密码支撑的落脚点，所以研究密码是为了应用。李璐瑶作报告《交通运输行业关键信息系统密码应用规模体系思考》，介绍了交通运输密码应用的前景和规划。陈梅作报告《电力密码应用前景与思考》，介绍了电力系统实现电网技术与密码技术的深度融合，带动电力行业密码应用快速发展。马民虎作报告《我国新时代密码发展的法律观察》，提出新时代密码发展的战略抉择应当体现“总体国家安全观”要求，我国密码法应当为促进密码应用特别是在新业态的发展中发挥积极作用。

（撰稿人：陈　灏）

中国大坝工程学会

服务创新型国家和社会建设　学会受水利部安全监督司委托，承担并完成了《水利安全生产监督管理工作考核办法》的制定工作，提出水利安全生产监管工作考核内容、考核方式和评分标准等。

学会配合水利部安全监督司编制完成了《安全生产监管信息化工程（一期）水利部建设项目》的可行性研究报告和初步设计报告，建设项目获批准。

学会受水利部规划计划司委托，承担了全国病险水库、水闸除险加固项目管理平台的开发和运行维护工作，2017 年学会开发了应用系统的移动客户端。

学会先后完成了全球水电开发、马来西亚等国水电潜力、国际水电比较研究、全国大坝安全调研、缅甸江河开发、缅甸洪水致灾分析及应对战略等课题，申请承担了中国工程院重点研究课题，得到西藏自治区政府、中国长江三峡集团、中国华能集团的支持。

学会与会员单位一起承担了科技部水下研究课题，结合三峡库区 100—150m 深水区 20cm 左右推移质的吸提，大渡河 60cm 大粒径砾石漂石吸、挖清淤以及典型水库水下修补加固等开展研究。基于在全国大坝安全调研时提出的问题，经学会申请，大坝抗震、高土石坝、高混凝土坝、流域安全研究及高坝大库水下清淤、检测、修补加固等获得科技部立项。

学会向水利部提出了生态文明水库大坝建设管理导则研究建议并得到批准。

学会继续完善国内外大坝数据库，世界大坝数据库已达 13 万座。其中，国内已建、在建 30m 以上大坝 5733 座，全国病险水库 6.02 万座，国内溃坝 3496 座，国外溃坝 1609 座；30m 以上大坝库、大型水库大坝库、病险水库大坝库、国际大坝库为国内权威的资料库，为政府部门的调研和决策、行业发展提供支撑。

学会建设　截至 2017 年 12 月，学会个人会员 3590 人，单位会员 205 家。其中，2017 年新增单位会员 16 家，新增个人会员 2050 人。学会全年召开全体理事会议 4 次、常务理事会议 2 次。

11 月，学会新成立水库泥沙处理与资源利用专业委员会、流域水循环与调度专业委员会和水库大坝公众认知与公共关系工作委员会 3 个分支机构，学会下设分支机构增至 6 个。

制定并经理事会通过了《中国大坝工程学会科技进步奖奖励办法》《中国大坝工程学会技术发明奖奖励办法》《中国大坝工程学会分支机构管理办法》等各项规章制度。

青年人才托举工程　2017 年，学会积极申请中国科协青年人才托举项目。经专家推荐和组织专家会议评审，学会推荐的中国水利水电科学研究院汪洋、杨明祥两位青年科技人员入选中国科协第三届（2017—2019 年度）青年人才托举工程人员名单。

主办期刊　2017 年，学会新增主办《水生态学》期刊。《水利学报》连续 16 年被中国科学技术信息研究所评为“百种中国杰出学术期刊”，被中国科学文献计量评价研究中心评为“2017 年中国国际影响力优秀学术期刊”，其中 9 篇论文入选“领跑者 5000——中国精品科技期刊顶尖学术论文”。

决策咨询　学会围绕水电弃水严重和电力结构侧改革形势严峻，积极与能源局有关领导沟通探讨。积极与中国水力发电工程学会、国务院发展研究中心联合调研、专题研究，并支持国务院发展研究中心研究员王亦楠多次向中央领导建言献策、提交参阅材料。

国际学术会议　11 月 9—10 日，学会在湖南省长沙市召开大坝安全国际研讨会。来自美国、奥地利、巴西、西班牙等国家的专家及国内水电企业高级管理人员参会，交流水库大坝建设和水电开发中的安全经验以及国外有关先进做法，探讨遇到的问题，并提出解决方案和建议。

11 月 10 日，学会在湖南省长沙市召开第十届非洲水库大坝与水电可持续发展圆桌会议。来自巴西、科特迪瓦、摩洛哥、阿尔及利亚、尼日利亚、苏丹、赞比亚等国家的水利水电管理部门、研究部门及项目业主代表与国内水电开发、设计、施工单位的专家进行了座谈。

国内主要学术会议　4 月 26—28 日，学会在浙江省杭州市主办第六届水库大坝新技术推广研讨会。306 人注册参会，收集论文 91 篇，34 位专家作报告。报告围绕胶凝砂砾石新坝型的研究进展、水库泥沙处理、资源利用研究进展及推广应用、水库大坝新材料、施工新技术、修补加固与扩容改造技术等议题进行研讨。

国际组织任职　继续积极推荐中国专家在国际组

织任职。中国长江电力股份有限公司副总经理陈国庆担任国际大坝委员会水电站和水库综合管理专委会主席；中国大坝工程学会副理事长兼秘书长贾金生担任国际大坝委员会胶结颗粒料坝专委会主席；中国水利水电科学研究院教授级高工王海波担任国际大坝委员会大坝设计中的地震因素专委会副主席；黄河勘测规划设计公司董事长李文学担任国际大坝委员会多功能储水设施专委会副主席；中国水利水电科学研究院副总工郭军担任国际大坝委员会大坝水力学专委会副主席。

7月，经学会倡导，国际大坝委员会新增设立水库移民专委会，中国长江三峡集团移民工作局副局长望西炯担任专委会主席。

国际交往 5月17—19日，由巴西大坝委员会与中国大坝工程学会联合主办的第四届堆石坝国际研讨会在巴西贝洛哈里桑特召开。国际大坝委员会主席史莱斯、国际大坝委员会荣誉主席维奥缇、巴西大坝委员会主席马查德等出席会议。中国大坝工程学会秘书长贾金生率中国专家代表团参加了本次国际研讨会。来自中国、巴西、墨西哥、秘鲁、阿根廷、意大利、瑞士等国家的200余位专家、学者参会。会议针对堆石坝筑坝材料与方法、防渗体系的设计施工与运行及近期建设的几个重大堆石坝工程进展等热点问题进行了研讨。

7月3—7日，国际大坝委员会第85届年会在捷克布拉格召开，来自70多个国家的1100多位专家、学者参加了会议。学会副理事长兼秘书长贾金生率50多人代表团出席。

科普活动 3月，学会秘书处专业人员走进校园开展“多才多艺的水库大坝”专题讲座，在北京市北京大学附属中学校区展出水库大坝系列科普展板。

在3月22日“世界水日”，由学会协办的名家讲坛“水之力——美国奥罗维尔大坝事故引发的思考”在北京举办。讲坛邀请了美国专家、国际水利学会（IAHR）主席皮特·古德温和IAHR副主席安杰洛斯·芬蒂卡凯斯、詹姆斯·鲍尔、亚瑟·迈尼特，中国大坝工程学会副秘书长、中国水利水电科学研究院教授徐泽平、程晓陶，水利部大坝安全管理中心教授王士军等专家出席，围绕美国奥罗维尔（Oroville）大坝泄洪险情及应急响应、极端气候变化、我国应对气候变化及大坝风险的应急预案、荷兰洪水风险防控标准等作主题报告。

在5月12日“全国防灾减灾日”，由学会联合主办的“水力发电与地质减灾”科普论坛在北京举行。由中国科学院院士陈祖煜领衔的专家报告团介绍了我国有关地质防灾减灾方面的最新学术观点及相关科普知识。论坛结合美国奥罗维尔大坝事故等热点问题，围绕水库大坝和水电站在地质减灾方面的重要作用，邀请著名专家学者进行科普专题讲座。

11月10日，由学会主办的水库大坝公众认知论坛在湖南长沙市召开。论坛邀请中国水利水电出版社社长汤鑫华、清华大学教授金峰、上海勘测设计研究院有限公司总工程师陆忠民、澳大利亚昆士兰大学地球与环境科学学院副教授尉永平、国际大坝委员会副主席罗杰斯等专家作专题报告，围绕我国水库大坝建设和水利水电发展的新形势，结合当前水库大坝公众认知的现状和存在的问题，分析建设运营水库大坝的必要性，引导社会大众走出误区、正确全面地认知水库大坝。

11月10—13日，由学会和中国三峡集团联合策划主办的“知名学者看三峡”活动在湖北省宜昌市三峡坝区举行。

2017年，学会秘书处与中国长江三峡集团公司联合策划并出版了《科学世界》“再谈三峡”专刊。

2017年，学会秘书处“大坝新闻”微信公众号保持每周2期的推送频率，结合学术年会、水库大坝新技术推广研讨会、学会技术发明奖、奥罗维尔大坝溢洪道事故等制作专题。目前，微信公众号已发布336期资讯，单篇阅读量峰值达2.92万人，关注人数达1.14万人。

学会被中国科协科普部评为“2017年度全国学会科普工作优秀单位”。

表彰举荐优秀科技工作者 经学会推荐，中国水利水电科学研究院教授级高工、中国大坝工程学会秘书长贾金生荣获全国创新争先奖状。

7月8日，在捷克布拉格召开的国际大坝委员会第85届执行会议上，经学会推荐，中国工程院院士、长江水利委员会总工程师、中国大坝工程学会常务理事郑守仁荣获国际大坝委员会终身成就奖。7月19日，学会与长江水利委员会共同举办中国工程院院士、长江水利委员会总工程师郑守仁荣获国际大坝委员会终身成就奖授奖仪式。学会理事长矫勇，水利部副部长、长江水利委员会主任魏山忠向郑守仁转发奖章和证书。

10月，学会组织评选了第七届汪闻韶院士青年优秀论文奖，最终评选出优秀论文3篇，并在学会2017年学术年会上颁奖。2017年，学会首次评选技术发明奖，奖励在水库大坝（水利水电）工程勘察、设计、施工、科研、制造、监测、运行管理中做出的产品、工法、工艺、材料及其技术发明。本届奖项均授予技术发明人。按照奖励办法，经过网评、会评和奖励委员会评审，最终评选出一等奖 1 项、二等奖 6 项、三等奖 8 项。

党建强会 7 月 28 日，中国大坝工程学会功能型党委成立。学会理事长矫勇担任党委书记。

8 月 8 日，矫勇主持召开了中国大坝工程学会党委第一次会议，讨论并通过了《中国大坝工程学会功能型党委工作制度》。

10 月 18 日，学会秘书处党支部组织秘书处全体人员集中收看中国共产党第十九次全国代表大会开幕会。党的十九大召开后，秘书处党支部通过组织专题讨论、上党课和研讨会、及时推送印发学习教材等多种形式开展系列学习宣传教育活动，深入学习贯彻党的十九大精神。

10 月 31 日，中国大坝工程学会党委召开会议，深入学习贯彻党的十九大精神，研究学会学习贯彻落实工作。学会党委书记矫勇主持会议并传达了水利部学习十九大精神的部署要求，党委副书记贾金生传达了中国科协关于学习党的十九大精神、加强学会党建工作的有关要求。各位党委委员结合自己的学习体会作了交流发言。

会员服务 学会通过编印《大坝新闻》内刊、《中国大坝工程学会工作会议 2017 年工作报告》《学会参阅资料》《会员通讯》等材料以及学会中英文网站、微博、微信等平台，不断为会员提供资讯服务。

建设完善个人会员在线申报和管理系统、学会系列科技奖项在线评审管理系统，并通过学会会议系统完成主办国际国内学术会议的在线注册、论文投稿、专家审稿和代表联络工作。

【中国大坝工程学会 2017 学术年会暨大坝安全国际研讨会】 11 月 9 日，中国大坝工程学会 2017 学术年会暨大坝安全国际研讨会在湖南省长沙市召开。来自 20 多个国家和地区的 700 多名国内外专家、学者围绕我国水库大坝建设和水利水电发展的新形势，结合大坝安全等行业普遍关注的热点问题进行研讨。

大会开幕式由学会理事长矫勇主持。水利部副部长周学文、湖南省人民政府副秘书长黎咸兴、国际大坝委员会副主席迈克尔·罗杰斯等出席大会开幕式并致辞。大会揭晓了中国大坝工程学会科技进步奖、技术发明奖以及第七届汪闻韶院士青年优秀论文奖和会议优秀论文评选结果。2017 年度评出中国大坝工程学会科技进步奖特等奖 2 项；技术发明奖一等奖 1 项、二等奖 6 项、三等奖 8 项。会议共安排了 117 个报告，分别围绕大坝安全关键技术及流域安全风险管理、气候变化与大坝安全、数字化智能化水库大坝建设和运行管理技术进展、水库大坝建设和运行中的生态保护、“一带一路”倡议中的水资源开发利用与保护、水利水电工程建设管理新技术等进行交流研讨。会议共收到中外论文130余篇，并邀请19家单位参加了技术展览。

期间举办了 6 场专题研讨会，其中大坝安全国际研讨会邀请到美国、奥地利、巴西、西班牙等国家的专家及国内水电企业高层管理人员参与交流，分享了水库大坝建设和水电开发中的安全经验，探讨了遇到的问题并提出了解决方案和建议。第十届非洲水库大坝与水电可持续发展圆桌会议邀请到了巴西、科特迪瓦、摩洛哥、阿尔及利亚、尼日利亚、苏丹、赞比亚等国家的水利水电管理部门、研究部门及项目业主代表与国内水电开发、设计、施工单位专家座谈，旨在进一步加强“一带一路”倡议下中非双方在水库大坝建设和水电开发领域的合作与交流。水库大坝公共认知论坛邀请到国际大坝委员会副主席 Michael Rogers 围绕奥罗维尔大坝溢洪道事故、国内专家围绕水库大坝的作用发挥分别与媒体代表交流，以促进公众对水库大坝的认识了解。

【中国工程院院士郑守仁荣获国际大坝委员会终身成就奖】 国际大坝委员会第 85 届执行会议于 7 月 8 日在捷克布拉格召开，中国工程院院士、长江水利委员会总工程师、中国大坝工程学会常务理事郑守仁荣获国际大坝委员会终身成就奖。

中国工程院院士郑守仁荣获国际大坝委员会终身成就奖

在授奖仪式上，国际大坝委员会主席安东·斯莱斯高度赞扬了郑守仁对中国和世界大坝发展所做出的卓越贡献，赞扬了他从事水利水电工作50多年来潜心坝工技术、孜孜不倦追求的工匠精神，高度评价了他在推动中国水库大坝建设技术进步方面所取得的突出成就及在水库大坝公众认知、知识传承等方面做出的贡献。

国际大坝委员会终身成就奖于2000年9月在国际大坝委员会第68届年会上设立，授予对世界大坝发展做过突出贡献或在坝工领域有重大成就的专家，获奖者年龄一般在70岁以上，每年评选1—3名。本年度共有两人获此殊荣，另一位是来自巴西负责伊泰普工程设计的专家Joao Francisco Alves Silveira。郑守仁院士于1994年以来担任长江水利委员会总工程师，并长期负责长江三峡工程的设计工作。

【“锦屏二级超深埋特大引水隧洞发电工程关键技术”项目荣获国家科技进步奖二等奖】 国家科学技术奖励工作办公室确定15家社团参与推荐国家科技进步奖，中国大坝工程学会是国家科学技术奖有推荐资格的社团之一。经学会推荐，“锦屏二级超深埋特大引水隧洞发电工程关键技术”项目荣获国家科技进步奖二等奖。

雅砻江锦屏二级水电站是我国西部大开发战略中涌现出来的又一座世界级水电站，其中4条引水隧洞为综合规模最大、埋深最大，也是技术难度最大的水工隧洞工程。由于工程的世界级难度，国家自然科学基金会专门成立了雅砻江水电开发联合研究基金。项目组借助国家级科研平台开展核心技术攻关，创建了超深埋特大引水隧洞强烈岩爆综合防治方法，提出了高压大流量地下突涌水防治成套技术，构建了以围岩为主体的复合承载结构体系，提出了特大流量长隧洞引水发电系统机电一体化的瞬变流水力设计和调控方法，实现了锦屏二级引水隧洞安全高效施工和电站稳定灵活运行，并推广应用于水利水电、矿山、交通等多个工程领域。经鉴定，成果的技术、经济等指标均达到国际领先水平。该项目由雅砻江流域水电开发有限公司、中国电建集团华东勘测设计研究院有限公司、中国科学院武汉岩土力学研究所、四川大学、中国水利水电第七工程局有限公司、中铁十八局集团有限公司、中国水利水电第五工程局有限公司、江南水利水电工程公司、北京振冲工程股份有限公司共同完成。项目成果有力推动了超深埋特大引水隧洞发电工程的理论发展和技术进步，提升了我国水电科技的自主创新能力，对于我国乃至世界地下工程建设具有重要的里程碑意义。

【中国糯扎渡心墙堆石坝荣获堆石坝国际里程碑工程奖】 学会与国际大坝委员会、巴西大坝委员会联合组织评选了第四届堆石坝国际里程碑工程奖。学会邀请了堆石坝建设技术发展较快的典型国家、国际大坝委员会相关专委会推荐的专家组成了评审专家组。评审专家按照工程在堆石坝筑坝方面有创新、注重生态环境保护、工程完工后运行状态良好、工程经验对于未来同类型工程具有参考价值和借鉴意义等标准对候选工程进行了评审。

根据投票并经国际大坝委员会主席、中国大坝工程学会理事长和巴西大坝委员会主席共同确认，中国糯扎渡心墙堆石坝（坝高261.5m）、墨西哥Aguamilpa混凝土面板堆石坝（坝高187m）、巴西It á 面板堆石坝（坝高125m）和Furnas心墙堆石坝（坝高127m）、哥伦比亚Porce III面板堆石坝（坝高151m）、秘鲁Chaglla面板堆石坝（坝高211m）6座工程获奖。5月15—17日，在巴西贝洛哈里桑塔市召开的第四届堆石坝国际研讨会开幕式上进行了颁奖。

（撰稿人：周　虹）

中国卫星导航定位协会

服务创新型国家和社会建设 协会针对北京星网卫通科技开发公司“基于惯性－北斗组合的卫星天线跟踪指向技术及应用”，北京卫星导航中心“北斗二号民用服务平台”“北斗二号系统测试终端多径抑制技术研究及应用”“北斗RDSS授时结果周日波动消除技术研究”，高德软件有限公司和华为技术有限公司“超低功耗多源融合定位与导航技术”等项目召开5次科技成果鉴定会，对企业的科研成果项目进行技术、应用和市场发展前景的全面鉴定并提出建议，协助产业单位完善成果、开拓市场。

协会发布《中国卫星导航与位置服务产业发展白皮书（2016年度）》，对2016年产业发展现状、格局、市场规模和发展趋势进行介绍。白皮书的数据和分析为政府部门制定政策和决策提供了参考，为企业发展战略制定提供了依据。

6月15日，协会在北京组织召开“湖北省北斗地基增强系统”项目测试报告评审会。该项目由湖北省测绘工程院和武汉导航与位置服务工业技术研究院共同承建。

6月28日，协会与四川省绵阳市经济和信息化委员会签署《技术咨询服务协议书》，承担《绵阳市北斗卫星导航产业发展规划》编制工作。8月30日，通过绵阳市经济和信息化委员会组织的评审验收。

6月，协会在国家发展和改革委员会国际合作中心丝路国际产能合作促进中心的支持下，以卫星导航与位置服务产业实力单位为依托，聚集遥感、通信等卫星应用单位，成立了“‘一带一路’卫星应用国际合作联盟”。

9月，中国卫星导航定位协会征集出版了《卫星导航定位与北斗系统应用》论文集，征集了卫星导航及北斗系统应用的最新科研成果和应用解决方案。论文集分为我国卫星导航技术和产业的总体发展、CORS系统建设和高精度定位应用、导航与位置服务技术研究和行业应用成果、北斗卫星导航系统核心技术研究成果4个部分。内容涉及北斗导航卫星系统在航天中的应用展望、学术研究新成果、技术应用创新、新型商业模式讨论等。

11月，协会完成了2017年度地图导航定位产品测评，向社会推荐了5家导航电子地图产品、5家互联网地图服务产品、27家地图导航定位产品。

学会建设 1月，中国卫星导航定位协会被中国科协批准为团体会员，正式加入中国科协。

5月17日，协会在北京召开五届十次常务理事会议。会议讨论了第五届理事会工作报告、《中国卫星导航定位协会章程》草案及修订说明、中国卫星导航定位协会会费收取和使用规定、卫星导航定位科学技术奖奖励条例修订情况、理事会层面党组织的成立、第六届理事会（2017—2021）副会长候选单位和候选人名单、《中国卫星导航与位置服务产业发展白皮书（2016年度）》发布等事项。

9月25日，国家测绘地理信息局办公室向协会发文（测办发〔2017〕32号），取消与中国卫星导航定位协会的主管关系。

12月21日，中国卫星导航定位协会第六届一次常务理事扩大会议在北京举行。会议审议通过了《中国卫星导航定位协会2017年工作总结和2018年工作计划》《中国导航2021，协会迈进新时代》《关于梳理中国卫星导航定位协会专业委员会的情况说明》《中国卫星导航定位协会专业委员会工作规则》《副会长、常务理事积极参与协会工作的评价办法》等文件。审核批准第六届专业委员会设置，增选张全德为副会长兼秘书长、武晓淦为专职副秘书长；审核批准新增加的理事单位和新入会的团体会员单位；听取了协会内部管理情况及近期几项重点工作的报告。

截至2017年12月，协会新发展个人会员68人、单位会员6个、理事13名。协会下设分支机构19个。

国内主要学术会议 6月11—12日，协会在北京召开智慧北斗精准应用峰会。会上，协会与北京控股集团有限公司签署战略合作协议，将北斗在燃气应用的成功经验推广到城市供水、排水、供热等领域；并与8家企业签订智慧北斗应用合作协议，开发和推广北斗新技术和解决方案。

11月9日，根据市场变化和企业需求，协会召开由12家涉及导航电子地图制作、汽车制造企业、互联网地图服务企业、自动驾驶系统研发制造企业和中国汽车工程协会参加的高精度导航地图座谈会。通过交流，了解了企业诉求和市场存在的问题，讲解了政府对促进高精度导航地图发展的政策和措施。

11月18—19日，协会在浙江省德清县组织召开北斗卫星亚米级定位技术推广应用研讨会。来自卫星导航与位置服务产业有关企业及专家100多人参会，共同探讨全国卫星导航定位基准服务系统免费向社会开放提供的广域实时精密定位技术和服务以及基合导航系统定位技术的推广应用。

国际交往 4月16—25日，协会组织产业单位访问捷克、波兰和希腊的卫星导航协会、政府部门、科研机构和大学，开展交流，建立合作渠道，对接合作需求。

科普活动 9月16—17日，协会举办“江淮汽车杯”卫星导航定位科普知识竞赛。该竞赛是第六届中国卫星导航与位置服务年会暨展览会的一部分，通过现场有奖问答的形式吸引了大批参观展览会的观众参加，竞赛题目涉及北斗系统和GNSS系统以及应用等方面知识。现场还向观众发放了科普读本《北斗系统及其应用服务》。

表彰举若优秀科技工作者 8月21—22日，协会在北京组织召开2017年度中国卫星导航定位科学技术奖评审会，评选出2017年卫星导航定位科学技术进步奖37项，其中特等奖3项、一等奖9项、二等奖25项；评出卫星导航定位优秀工程与产品奖37项，其中特等奖3项、一等奖8项、二等奖26项。

12月，经协会推荐，《真三维导航中变道诱导的方法和装置》（专利号：ZL201310136215.1，专利权人：易图通科技（北京）有限公司，发明人：王志勋、尹艳）、《沿引导路径检索兴趣点的方法及使用了此方法的导航系统》（专利号：ZL200810066909.1，专利权人：深圳市凯立德科技股份有限公司，发明人：张文星）、《卫星导航接收机的信号捕获系统及方法》（专利号：ZL200910241902.3，专利权人：和芯星通科技（北京）有限公司，发明人：黄磊、莫钧）3项发明专利获得国家知识产权局颁发的第十九届中国专利优秀奖。

学会创新发展　1月6日，协会组织卫星导航定位行业基于北斗卫星导航定位系统的“百企XUN道”活动、以“寻”智慧城市之道、“巡”精准应用之道、“询”科技创新之道、“循”跨界融合之道为途径，协会先后到高德地图等10多家单位开展此项XUN道活动。5月，协会在福建省龙岩市召开了北斗应用“百企XUN道”之电力行暨协会电力行业专业委员会成立会议。

6月，北斗“百城百联百用”行动计划在燃气方面应用已经覆盖317个城市。国家电网新建和改造的调度主站自动化系统/变电站时间同步装置100%接收北斗授时信号，管理信息领域100%应用北斗授时信号；公司总部及所属单位40%的公务生产用车辆安装了基于北斗定位的车载终端，全部统建的应急指挥通信车配置了北斗卫星导航系统。

党建强会　4月，协会成立党委并上报中国科协科技社团党委。10月，协会党委建立党员学习室，组织党员分赴河北白洋淀爱国教育基地进行革命传统教育、赴雄安新区调研北斗导航服务新区建设。

会员服务　协会通过分类会员QQ群、学会网站、微信公众号等公共服务平台发布协会活动。通过网站和电子邮件办理会员入会。免费为会员单位寄送杂志《全球定位系统》《导航定位学报》。

【中国卫星导航定位协会第六届会员代表大会】　6月28日，中国卫星导航定位协会第六届会员代表大会在北京召开。国家测绘地理信息局副局长闵宜仁出席会议并讲话。会上宣布协会正式与国家测绘地理信息局脱钩。

与会代表审议并通过了协会第五届理事会工作报告、财务报告、协会新章程、会费标准等。选举产生了协会第六届理事会理事、监事会理事、常务理事以及会长、副会长、秘书长。于贤成当选第六届理事会会长，王文忠等25人为副会长，张全德任秘书长。

【第六届中国卫星导航与位置服务年会暨首届卫星应用国际博览会】　9月15—17日，第六届中国卫星导航与位置服务年会暨首届卫星应用国际博览会在广东省深圳市举行。深圳市市长陈如桂，中国科学院院士孙家栋，神舟飞船总设计师、中国工程院院士戚发轫，国家测绘地理信息局副局长闵宜仁，深圳市副市长、龙岗区委书记高自民等出席。来自国内外北斗及相关产业技术机构和企业的专家、学者参加会议。

在高端报告会上，中国科学院院士杨元喜，中国工程院院士刘先林、魏子卿等作报告。除主论坛外，5个分会场共举办10个分论坛，展示了国内主要的科技成果和推广应用。

年会开幕式上对荣获“2017年度卫星导航定位科学技术奖”的73个项目以及荣获“2017年度卫星导航定位优秀论文奖”的作者进行了表彰。本届展览会参展面积1万多平方米，参展企业展出了国内外导航、遥感、通信等卫星应用的最新技术成果、设备、产品以及位置服务应用、地理信息系统、卫星影像和解决方案等。展会上，深圳华大北斗科技有限公司等8个参展单位分别发布了最新成果产品。

（撰稿人：梁雯霏）

中国生物材料学会

服务创新型国家和社会建设　1月，学会再生医学材料分会组织8名专家参与讨论国家食品药品监督管理总局关于《钙磷/硅骨填充材料注册技术审查指导原则》的相关规范。

2月，学会协助四川大学、四川省科技厅、成都天府国际生物城管委会组织召开成都市高新区生物医学材料产业园区项目合作会议，并与意向企业签订合作协议。

4月，中国工程院院士、学会名誉理事长张兴栋牵头促成四川大学与成都天府国际生物城共建“成都生物医学材料产业示范园”，整合四川大学华西医院等相关学科及高新区相关企业的优势资源。

10月13日，学会与国家食品药品监督管理总局医疗器械技术审评中心签订委托项目合同，学会组织专家协助审评中心审查创新医疗器械申请，协助开展创新医疗器械特别审批政策研究工作，与医疗器械技术审评中心进行专题研讨。

6月24—26日，第十九届中国科协年会先进材料创新展在吉林省长春市举行。学会组织了13个板块20个项目参展，展示了骨组织修复材料、组织修复材料、生物工程角膜、止血产品、人工肾血液透析器、医用耗材等内容。

学会建设 2017年，学会召开常务理事会议2次、理事会议1次，发展个人会员211名。截至2017年年底，会员总数2046人，单位会员76个。

10月28日，学会组织召开第二届理事会第三次会议，中国工程院院士、中国人民解放军总医院生命科学院院长付小兵接任理事长，新增中国科学院院士唐本忠为常务理事、孙皎教授为理事。理事会完善了学会奖励推荐办法、候任理事长提名办法等管理制度。

10月27日，学会产学研工作委员会正式成立并在江西省南昌市召开成立大会，委员会成员包括来自知名生物材料企业、医院、医疗器械管理单位、大学、资本运作和咨询领域的专家。

学会成立海洋生物材料、智能仿生生物材料、生物陶瓷、生物复合材料、神经修复材料5个分会。截至2017年年底，学会建成下属二级分会13个。

10月，学会组织开展2017年学会先进工作者、先进集体奖评奖活动，评选出先进工作者5名，生物医学材料分会获先进集体奖。

青年人才托举工程 7月，学会组织开展中国科协先进材料学会联合体青年人才托举项目候选人的推荐工作。学会有11人申报，经专家评选推选出4名候选人，最终顾雪楠、孙勇、雷洋3人入选“中国科协青年人才托举工程”项目资助人选。

主办期刊 学会期刊《再生生物材料》2017影响因子为2.485。学会调整期刊编委会，由学会名誉理事长张兴栋和Nicholas Peppas担任主编、崔福斋担任副主编。

国际学术会议 4月5日，由学会和美国生物材料学会联合主办的中–美生物材料学会第四届专题研讨会在美国明尼阿波利斯召开。来自监管、审评、企业、检测和标准机构以及临床和学术界的近100名专家参加研讨会。会议讨论了中美创新医疗器械产品审评及市场准入、生物材料产业热点、医疗器械监管等问题。

5月21—24日，由学会和欧洲生物材料学会联合主办的第六届中欧生物材料大会在葡萄牙波尔图召开。大会的主题是“生物材料科学和工程前沿发展趋势，相关临床研究和应用进展”，来自中国及欧洲各国生物材料领域及临床应用的300余名专家、学者参加会议。大会设主题报告16个（其中中方报告7个）、专题学术报告50个、会议墙报60个。

9月4—8日，第28届欧洲生物材料学会年会在希腊雅典召开。学会联合欧洲生物材料学会主办了一个特别专题：古今生物材料与再生医学（ESB-China joint Special Session – Biomaterials and Regenerative Medicine from Ancient to Modern Times），中国工程院院士、学会名誉理事长张兴栋、秘书长艾华等参加会议。国际生物材料科学与工程学会联合会2017年度委员会议在雅典同期举行，联合会主席、学会名誉理事长张兴栋主持会议。会议以联合会名义举办生物材料定义共识会。

10月15—18日，学会生物材料先进制造分会在北京协办2017年生物制造国际大会，来自25个国家和地区的540余名专家、学者参加大会。

国内主要学术会议 2017年，学会及分支机构举办年会、研讨会、报告会20余次，参会人员4000余人次，提交学术交流论文2000余篇。

3月9日，学会生物材料生物学评价分会在山东省济南市举办动物源性生物材料免疫原性评价策略及标准宣贯研讨会。来自高校、科研院所、检验检测机构和企业等的专家、学者60余人参加会议。

8月10—12日，由学会骨修复材料与器械分会主办的中国生物材料学会骨修复材料与器械分会2017年全国骨材料与器械产学研医管交流会在四川省成都市召开。会议分为大会主题报告及6个分会专题报告。

9月15日，学会医用金属材料分会在广东省广州市召开第二届骨肿瘤修复材料与技术院士论坛暨第九届全军骨肿瘤学术会议，来自高等院校和科研院所及医疗机构的专家、学者200余人出席论坛。

12月1—2日，学会心血管材料分会在浙江省杭州市召开第七届全国介入医学工程大会暨第二届全国心血管材料大会。200余名来自院校、研究机构、医院和企业从事介入医学工程和心血管材料研究的专家、学者围绕介入医学工程心血管材料相关领域最新热点问题、最新应用、研究进展、学术主流以及技术难点等进行了学术报告、经验交流和技术展示。

科普活动 学会组建科学传播专家团队，建成了以学会副秘书长、科普委员会主任张胜民为学科首席科学传播专家，另有9名专家成员组成的生物医学材料科普专家团队。

学会组织专家参与全国科技活动周、全国科普日、全国科技工作者日、全国防灾减灾日和科技下乡、科技进校园等活动，举办科普宣讲活动10余次，宣讲受众人数4000余人次，参加活动的科技人员600余人次。

5月，学会及纳米生物材料分会面向学校和公众开放国家生物医学材料工程技术研究中心及华东理工大学教育部医用生物材料工程研究中心，展示优质科技资源。学会生物学评价分会组织专家走进中小学课堂开展科普宣传。

5月23日，学会生物学评价分会在山东省食药监局第一书记扶贫村——山东省成武县白浮图镇当典村进行科普宣传。

表彰举荐优秀科技工作者 经学会推荐，四川大学张兴栋获首届全国创新争先奖状。

党建强会 学会党委完善学会重大决策、重要规划和工作实施方案的通报制度；参与监督“三重一大”事项（重大决策、重要人事任免、重大项目安排、大额资金使用）的审议工作；完善和建立学会党委工作制度、学习会议制度、党风廉政建设制度等；开展“优秀党员科技工作者”的举荐宣传等主题教育活动。

组织召开学习党的十九大会议精神专题学习研讨会。10月28日，学会党委党建工作会议在江西省南昌市召开，与会党员就如何立足本职工作，更好地学习好、宣传好、贯彻好党的十九大精神展开学习研讨。

会员服务 学会每季度向会员免费提供资讯材料《中国生物材料学会简讯》，为会员提供生物材料科学与产业信息，内容涵盖学会新闻、技术专题、技术新闻、产业新闻、政策法规、会员资讯、会员新闻等方面。免费邀请会员参加学会主办的专家讲坛，并将讲座视频发布在学会网站供会员免费下载学习。

建立微信公众号，向会员发布行业动态、新闻资讯、会议通知等。

【2017年中国生物材料大会】 10月27—30日，学会在江西省南昌市主办了2017年中国生物材料大会。大会以“生物医用材料创新研发与产业化”为主题，来自国内外生物材料领域的专家、学者2000余人参加会议。会议围绕生物材料研究的最新成果和发展趋势进行探讨，共设立18个分会场、5个专题论坛，选出870篇论文作口头报告交流、580篇论文进行墙报交流。

2017年中国生物材料大会

【生物医学工程学科海外名师报告年——名师讲坛】 5—11月，学会与四川大学生物材料工程研究中心联合主办“生物医学工程学科海外名师报告年——名师讲坛”活动。

5月，邀请美国威客森林再生医学研究所教授、英国皇家工程院院士、著名期刊*Biomaterials*前主编David F.Williams和美国加州大学教授Randall J. Lee为四川大学师生分别讲授了以“生物相容性的途径：理解生物材料——宿主相互作用的新方法”“生物材料的未来：科学、政治、商业、监管与传播因素的交叉”为主题的报告，1500余人次参加报告会。

9月，邀请美国国家工程院、医学院院士、美国德州大学奥斯汀分校教授Nicholas A. Peppas来华讲学，讲授以“细胞与细胞环境间的相互作用”“具有生物识别功能的工程材料”“天然与合成生物矿化”为主题的3场讲座，1000余人次参加讲座。

10月、11月，邀请澳大利亚联邦科学与工程研究组织（CSIRO）前首席科学家John Ramshaw博士来四川大学访问讲学，作题为“胶原及其在生物医学材料中的应用”（Collagen and Its Application in Biomedical Materials）的10场系列报告会，1800余人次听取报告。

（撰稿人：许秀娟　刘　静）

国际粉体检测与控制联合会

学会建设 截至2017年年底，学会个人会员达到

1033 人，其中外籍会员 38 人。会员分布在美国、日本、韩国、澳大利亚、德国、英国、意大利、荷兰、中国等国家。学会共有理事会理事 30 人、常务理事会成员 7 人。学会秘书处定期召开常务理事会网络会议，本年度共召开了 3 次常务理事会议。

4 月 16 日，召开常务理事会网络会议，常务理事成员共 7 人参加会议。会议通报了 2017 年上半年秘书处的工作情况、理事会换届工作；确定于 10 月 15—18 日在韩国庆尚大学举办第十二届国际粉体检测与控制学术会议；通报了学会成立党的组织机构的情况，以及第六届中国上海国际粉体材料及加工装备展览会筹备情况。

8 月 20 日，举行第二次常务理事会网络会议。会议讨论通过了第十二届国际粉体检测与控制学术会议征文通知，通报了会议筹备进度；通报了工业应用委员会开展活动的情况和计划；讨论了在澳大利亚、韩国和德国筹备成立分支机构的意向；计划申报中国科协 2017 高端学术研讨会项目的内容和研讨会规模。

10 月 23 日，举行第三次常务理事会网络会议。秘书处向常务理事会汇报了第十二届国际粉体检测与控制学术会议筹备情况，通报了 2017 粉体检测与控制高端学术研讨会筹备情况；通报了成立联合会下属的专业委员会“工业防爆技术创新联盟”。

国内主要学术会议 联合会与工业应用委员会合作在国内举办了多次粉体加工技术和应用论坛。

9 月 3—4 日，学会在山东省淄博市举办氧化铝在陶瓷耐火应用创新技术论坛。论坛内容包括总结和交流氧化铝制备工艺的物理方法和化学方法、介绍氧化铝在陶瓷和耐火材料中的应用、介绍氧化铝生产过程中产生大量尾矿和赤泥对环境的严重污染以及相关的节能和环保问题。来自中铝公司、山铝公司、清华大学、山东工陶院、山东硅酸盐研究院、郑州大学、河南工业大学、济南大学等单位的 11 位专家作了报告。来自全国各地的氧化铝粉体生产企业、装备制造企业、检测仪器企业、陶瓷生产企业、耐材制作企业等 70 多家企业的学者、工程技术人员 150 多人参加论坛。

6—10 月，秘书处会同相关企业和专家对中国国内推广工业防爆技术现状进行深入调查。举办 3 次中国工业防爆技术论坛，各企业和研究单位的工程技术人员积极申请加入学会会员，促进了国内会员队伍建设。11 月 15—16 日，在广东省广州市举办了第一届中国工业防爆技术论坛，来自国内相关科研院所和企业的工程技术人员近 200 人参加。

6 月 7—8 日，举办 2017 国际粉体技术论坛，论坛子题目为“功能性粉体制备与应用、粉体加工系统优化、粉体技术与大健康、粉体技术标准化”。会议内容包括功能型粉体制备与应用；粉体加工系统优化与安全；企业文化与人才定制，注重对粉体产品应用、粉体加工工艺、粉体检测分析三类人才的定向培养；粉体技术与健康营养融合，形成了生物粉体技术；大客户与供应商面对面座谈。国家工信部有关领导和来自德国、美国、澳大利亚、日本、韩国等国粉体协会和国内的 22 位专家、教授作了精彩的报告，报告涵盖粉体技术应用、粉尘防爆安全、粉体输送、粉体加工制备、粉体标准。参加论坛的国内工程技术人员和专家达 150 多人。

国际交往 6 月 7—9 日，由国际粉体检测与控制联合会协同国内其他学会共同主办的国际粉体技术论坛在上海国际博览中心举办。论坛邀请了 Mark Jones 教授（澳大利亚粉体与散料处理协会）、崔堣植教授（韩国粉体工业技术协会）、小长谷重次教授（日本填料学会）、Stefan Penno 教授（德国粉体工业技术协会）、Willie Hendrickson 教授（美国国际细颗粒研究会，IFPRI）、Gary Liu 博士（美国杜邦公司研究中心技术顾问）等海内外专家参加论坛并作报告，内容涉及粉体在不同领域应用的研究、粉尘防爆安全、粉体输送、粉体加工制备、粉体标准等。

10 月 11—13 日，受日本粉体工业协会邀请，以学会副理事长盖国胜为团长的代表团参加了 2017 年日本大阪国际粉体工业展，访问了日本粉体工业技术协会，与日方协会山田幸良会长、海外交流委员会委员长松本干治、大久保公惠女士及相关协会成员企业举行座谈。日方介绍了日本粉体工业技术协会的发展状况、日本最新的粉体技术以及未来展望。盖国胜介绍了学会在粉体技术领域从事的主要活动和取得的成果，并就双方加强粉体技术合作提出了建议。

5 月 16 日，学会副理事长盖国胜邀请美国佛罗里达大学材料科学与工程系颗粒和表面活性剂中心主任 Brij M. Moudgil 博士就颗粒表面改性访问清华大学并进行学术交流。Brij M. Moudgil 博士对中美之间的技术与市场合作进行了分析和讨论。盖国胜介绍了国内粉体加工技术如何适应新形势的发展要求，并提出未来的发展目标和方向。

（撰稿人：金智贤）

中国农学会

服务创新型国家和社会建设 完成农业部2016年度高级专业技术职务任职资格评审工作，共有39个单位463人申报评审，371人晋升专业技术职务任职资格。按期启动农业部2017年度高级专业技术职务任职资格评审工作，组织评审工作会。完成农业部2017年翻译系列专业技术职务任职资格委托评审工作，向外文局委托评审3人。

组织编写5项国家职业技能标准、3本培训教材、5个国家试题库。组织举办职业技能管理人员培训班，培训鉴定工作人员150余人。组织举办鉴定考评人员培训和继续教育培训班，培训考评人员500余人。举办两期农业行业职业技能鉴定质量督导人员培训班，培训鉴定质量督导人员330余名。

完成2016—2017年度神农中华农业科技奖评审奖励工作，评选出科学研究类奖励成果148项，其中一等奖40项、二等奖49项、三等奖59项，优秀创新团队奖22项，科普奖8项。完成国家科技奖励推荐和行业咨询评议工作，向国家奖励办推荐候选成果3项，中国农业大学教授彭彦昆等完成的“生鲜肉品质无损高通量实时光学检测关键技术及应用”获2017年度国家技术发明奖；受国家奖励办委托，对11项农业项目开展行业咨询。组织院士专家230人次对27项重大农业科技成果进行评价，2017年度国家科技奖25个涉农项目中有17项经过中国农学会评价。

对全国农业科技成果转化交易服务平台进行升级，开发平台配套手机客户端“农科汇”APP，完善了种业、农药、化肥、农机4个领域的成果价值评估模块，开发在线农业科技成果评价系统。

开展环京津贫困地区农产品质量安全检测机构建设指导和培训，对环京津地区河北省承德市、张家口市农产品质量安全检测机构建设进行指导，对环京津地区河北省保定市、承德市、张家口市及28个贫困县100名农产品质量安全检测技术人员开展技术培训。举办农产品质量安全检测机构考核与资质认定高级研修班，来自全国各地的150名农产品质量安全检测机构考核评审员及候选人员参加。举办现代农业技术培训基地管理人员知识更新培训班，92名基层农业技术推广人员参加。举办财务管理、新闻宣传、档案管理等8期专业技术人员和管理人员培训班，培训学员1000多人次。围绕农业科研杰出人才、高层次专业技术人才和高级管理人才队伍建设，选派33个团组200多人次出国培训。举办第二期农业国际组织后备人才培训班，41个单位48人参加。

依托农业专家咨询团，研究提出黑土地综合保护等专家建议；完成《国家中长期人才发展规划纲要》中“农业与粮食安全”领域实施情况第三方评估工作；组织开展农业技术推广队伍分级分类培训等研究，协助农业部科技教育司起草出台《农业部　教育部关于深入推进高等院校和农业科研单位开展农业技术推广服务的意见》。

实施创新驱动助力工程，先后组织开展5次院士专家企业行活动，邀请2位院士和43位专家作专题报告、邀请198位专家深入农业企业、园区、山区农村开展技术指导；对2家院士专家工作站进行阶段性考核验收，对7家院士专家工作站进行指导服务、跟踪问效等。

学会建设 加强学会干部队伍建设与管理，2017年选派131人次参加农业部系统及有关部门组织的业务培训、学习交流和实践锻炼活动。

12月12日，中国农学会成立100周年回顾活动在北京人民大会堂举行。同期召开了学会第十一次全国会员代表大会，完成了领导机构的换届，成立了学会监事会，修订了学会章程等系列规章制度。

青年人才托举工程 研究出台《中国农学会青年人才托举工程实施管理细则》。召开中国农学会青年人才托举工程（2016—2018年度）项目启动会，申报青年人才托举工程（2017—2019年度）项目。中国农业科学院农产品加工研究所张丹丹等6人获项目资助。

主办期刊 推进农业期刊数字化集群建设，细化集群模块，打造契合农业期刊数字化发展需要的技术平台。引导和协助学会棉花分会完成全国第一本棉花英文学术期刊的创办和登记工作。

学会对《中国农学通报》进行版面调整，刊发创新论文和有关专题。

学科发展研究 编纂《2016—2017年农学学科发展研究（基础农学）》，形成综合报告以及农业环境、农产品加工、农业耕作栽培领域的10个专题报告，50多位专家、学者参与编撰工作。

国内主要学术会议 2017年，学会指导分支机构组织召开农产品贮藏加工、都市农业、农业大数据、农业环境、农业产业化等60余次专业性学术活动，5000多名专家、学者参会。

9月27日，第十七届中国农业园区研讨会暨四届二次理事会在江苏省南京市召开。会议邀请多学科跨领域的专家、学者100余人围绕现代农业科技园区发展趋势、农业供给侧结构性改革、“互联网＋现代农业技术”进展、农业大数据技术等议题展开研讨。

11月23—25日，由学会与农业部都市农业学科群重点实验室共同举办的2017都市现代农业发展研讨会在广东省广州市举办。研讨会以“创造都市新需求　拓展农业新动能”为主题，邀请中国工程院院士康绍忠、陈剑平作专题报告。来自都市农业学科群重点实验室以及相关科研、教学、管理及企业的专家、学者约200人参与研讨。

两岸交流　6月16—17日，2017海峡两岸绿色生态合作研讨会在福建省石狮市召开，150余名专家、学者、企业科技人员围绕“绿色科技与美丽乡村”主题进行研讨交流。

12月12日，在中国农学会成立100周年之际，学会与台湾“中华农学会”组织农业改良场、农业科技研究院、台湾大学、中兴大学、宜兰大学等14名专家赴北京、江苏省、上海市等地开展系列考察交流活动。

国际交往　2017年，学会组织出国交流项目30项，229人次参与；引进境外技术、管理人才项目10项，引进境外专家85人次；通过项目实施，引进农业关键技术和装备16项、优良种质资源10份，直接示范推广面积30多万亩，直接或间接经济效益达3700多万元，1项引智成果获国家科技进步奖二等奖。

科普活动　制定《农民科学素质行动实施工作方案（2016—2020年）》，明确“十三五”农民科学素质行动工作任务和重点措施。开展网络知识竞赛，组织专家修订完善竞赛题库。举办3期农村妇女致富带头人科学素质培训班，邀请专家进行科学生产、科学生活、科学经营等主题培训。发挥“三农科学传播”的移动平台优势，在原有惠农政策解读、农业课堂、生活百科等栏目基础上，对平台服务功能等进行改进，开展手机网络知识竞赛、问卷调查、培训班手机报名等工作。针对农业部提出的“一控两减三基本”绿色发展目标，学会以“秸秆综合利用”“畜禽粪污和废旧农膜资源化利用”为主题创作动漫作品。

5月18—27日，以“科技强国　创新圆梦”为主题，在海南省、北京、上海市分别举办3场主题科普活动。举办第一届热带农业科技活动周，动员40多家科研单位共同参与开展科技精准扶贫、青少年科普、技术咨询、成果展示、开放科普资源等活动，接待参观人员1.8万余人次。

表彰举荐优秀科技工作者　组织完成“两院”院士、创新争先优秀科技工作者、第十二届光华工程科技奖、第十五届中国青年科技奖和农业部2017年国家“百千万”人才工程人选、文化名家暨“四个一批”人才、第十五届中国青年科技奖、第三批“万人计划”人选等推荐工作。完成农业部2017年留学回国创业启动支持计划创新支持子项目申报推荐工作。学会推荐的专家获2017年度国家“友谊奖”称号。

党建强会　制定《推进“两学一做”学习教育常态化制度化的实施方案》，组织召开全体干部职工会议，明确总体要求、工作措施、组织保障。组织召开4次学会党组中心组会议，学习中央和农业部有关会议文件精神。开展防止和反对“不思进取、不接地气、不抓落实、不敢担当”活动，对照“四不”现象，联系工作实际，查找突出问题，剖析问题原因，制定并落实整改措施。

【中国农学会成立100周年回顾活动】　12月12日，中国农学会成立100周年回顾活动在北京人民大会堂举行。中共中央总书记、国家主席、中央军委主席习近平发来贺信。中共中央政治局常委、国务院总理李克强做出批示。中共中央政治局常委、国务院副总理汪洋出席回顾活动并讲话，充分肯定学会工作。

农业部党组书记、部长韩长赋主持回顾活动。中国科协党组书记、常务副主席、书记处第一书记怀进鹏出席会议并讲话。中国林学会理事长赵树丛致贺辞。

怀进鹏在致辞中表示，中国农学会要在党和国家奋斗目标中找题目，在解决“三农”问题上做文章。深刻认识我国社会发展主要矛盾历史性变化对“三农”工作的新要求，准确把握乡村振兴战略的科学内涵，及时调整工作侧重点和发力点，围绕推动农业和农村现代化、确保国家粮食安全、推进城乡融合发展和农业绿色发展、精准扶贫精准脱贫以及构建现代农业产业体系、生产体系、经营体系，加强战略研究。要深入贯彻党对群团工作的要求，全面提升学会的创新引领和社会服务能力。

【中国农学会第十一次全国会员代表大会】 12月13日，中国农学会第十一次全国会员代表大会在北京召开。会议听取并审议了农业部副部长、学会理事长张桃林代表第十届理事会所作的工作报告。

会议指出，过去5年，学会扎实开展学术交流、科学普及、研究咨询、科技评价与成果奖励、人才培养等各项工作，为促进“三农”事业发展提供了有力支撑。报告建议，学会要全面贯彻落实党的十九大精神，围绕乡村振兴战略实施，提升学会服务农业科技工作者、服务创新驱动发展、服务全民科学素质提升、服务党和政府科学决策的能力，努力打造国际一流现代科技社团。

大会审议通过了《中国农学会章程（修改草案）》《中国农学会监事会章程》《中国农学会科学道德规范》，选举产生了十一届理事会、监事会，张桃林再次当选会长。

【2017中国现代农业发展论坛】 12月12日，2017中国现代农业发展论坛暨海峡两岸青年学术交流会在北京举办。农业部副部长、学会会长张桃林出席论坛并作题为“深入实施创新驱动发展战略　努力开创新时代中国特色农业科技新局面”的主旨报告。来自全国各科研院所、高等院校的专家、学者以及相关部门有关人员500余人参会。

在大会报告中，中国科学院院士陈晓亚对植物生理学的发展进行了回顾与展望，中国科学院院士吴常信探讨了我国畜牧业发展中的几个重大问题，中国工程院院士李文华分享了保护农业文化遗产、促进高效生态农业发展的建议，中国工程院院士唐启升讲解了渔业科学知识体系和中国特色的渔业发展之路，中国工程院院士罗锡文报告了中国农机百年回顾与展望，来自台湾地区的林学诗、袁孝维两位专家分别介绍了台湾地区农业科技创新与森林疗愈方面的内容。

（撰稿人：麻泽宇　李　争）

中国林学会

服务创新型国家和社会建设　2017年，学会成立吉林省服务站、大兴安岭服务站。学会宁波服务站在实施林业乡土专家计划、对接基层攻克生产技术难题、创新产学研合作机制等方面取得进展。

学会与山东省日照市政府签约共建现代林业科技示范园，推动林业科技成果转化与推广应用。先后召开10余次园区规划建设咨询会，组织专家赴现场考察，园区建设已初具雏形。

修改完善《国家林业局重点实验室评估办法与细则》，对原有34个国家林业局重点实验室进行评估，对57个新申报实验室进行评审，并组织专家分批实地评估实验室建设。研究制定科技成果评价和团体标准两项管理办法，组织开展9次科技成果评价。

8月8—24日，学会首次以第三方评价方式完成中国科协2017全国科技助力精准扶贫督查任务。学会赴全国20个贫困县、40个贫困村实地调研，座谈走访贫困户、基层专家1000余人。与福建省科协、福建省柘荣县、福建省建宁县、贵州省天柱县签订框架合作协议，推进林下经济与精准扶贫工作。

推动“中国生态森林英雄”和“森林文化小镇”宣传介绍工作，评选出20个“森林文化小镇”。5月6日，由学会举办的“2017森林中国大型公益系列活动”在北京启动。启动仪式上宣布并颁发了“2016森林中国·寻找中国生态英雄”和“2016森林中国·发现森林文化小镇”遴选结果。

组织国内楠木（桢楠）研究领域专家赴重庆市永川区开展楠木天然林科学考察。组织专家赴广西人工林经营企业就人工林企业制度性交易成本问题进行调研。

开展中国科协“九大”代表项目调研，提出以需求为导向服务基层林业科技工作者的对策建议。

学会建设　加强会员系统建设，启动中国林学会会员发展与服务系统APP建设工作。

5月6日，学会在北京人民大会堂召开中国林学会成立百年纪念大会，并举办系列纪念活动。

青年人才托举工程　1月，学会召开2016—2018年度“青年人才托举工程”托举对象评审会，确定陈赢男、卿彦为2016—2018年度青年人才托举工程托举对象。11月，学会评选出中国林业科学研究院副研究员张雄清、东北林业大学副教授陈文帅为2017—2019年度“青年人才托举工程”托举对象。

主办期刊　2017年，《林业科学》注重提高稿件质量，收稿1038篇，发稿220篇，分别比2016年下降3%和14%；退稿665篇，退稿率达64%，比2016年升高10个百分点；发表时滞14个月，比2016年增加1个月。

《林业科学》第15次被评为“百种中国杰出期刊”，在中国科技信息所全国核心科技期刊综合评价的排名由第 23 位升至第 7 位，获中国出版政府奖期刊类提名奖。

推进办刊数字化，《林业科学》由胶片印刷改为数码印刷。

学科发展研究 完成中国科协“推动绿色经济发展和生态保护的林学学科群创新协作项目”。完成中国科协“2016—2017 林业科学学科发展研究”项目，编辑出版《2016—2017 林业科学学科发展报告》，分阶段总结我国林业科学的最新研究进展和成果。

决策咨询 完成 5 期《林业专家建议》编撰工作，其中关于林木良种、天然林分类分级保育、人工林经营、加强种质资源收集引进的 4 篇建议获国家林业局批示。

国际学术会议 11 月 9—10 日，由学会主办的 2017 首届国际银杏峰会在江苏省邳州市召开。全国绿化委员会副主任、学会理事长赵树丛，中国工程院院士曹福亮，学会副理事长兼秘书长陈幸良出席会议。来自美洲、欧洲、亚洲 10 多个国家（地区）的 350 多位银杏研究专家、学者和企业人员参会。

国内主要学术会议 2017 年，学会及各分会共举办综合性和专题性国内学术交流活动 50 余次，参会人数达 8000 余人次，交流论文 2000 余篇。

6 月 10 日，学会与世界自然保护联盟中国代表处联合主办的 2017 世界自然保护联盟中国会员夏日分享会在北京召开。来自世界自然保护联盟 15 个中国会员单位近 30 名专家、学者参会。

6 月 13—15 日，第四届中国林下经济发展高端论坛在浙江省乐清市召开。学会理事长赵树丛作题为“森林疗养和森林价值新发现”的大会主旨报告，200 余名专家、学者参会。

7 月 28—29 日，学会与中国药学会等在贵州省凯里市联合主办“中药源头在行动”活动。活动期间，学会举办了 2017 林源中药产业发展研讨会，170 多名专家、学者参会。

9 月 26—28 日，2017 中国林业青年科学家论坛暨第五届宁波森林论坛在浙江省宁波市召开，200 余人参加会议。论坛主题为“生态修复，生态安全保障”。开幕式上，学会与宁波市林业局签署了合作共建中国林业乡土专家电子商务与运行平台协议。

10 月 15—17 日，由学会承办的中国科协第 319 次青年科学家论坛在湖南省长沙市召开，90 余名青年专家、学者参加论坛。论坛主题为“基础研究驱动生物质高效利用创新”。

11 月 15—17 日，第五届中国银杏节在湖北省安陆市举办，300 余人参加。活动期间公布了“寻找中国最美银杏村落”活动的评选结果，11 个银杏村落获得“中国最美银杏村落”称号。活动期间还开展了中国银杏科普园奠基仪式，举办了全国第二十三次银杏学术研讨会。

两岸交流 9 月 28 日，学会在重庆市举办 2017 两岸林业论坛。论坛期间，台湾地区的专家、学者考察了重庆森林经营状况。

12 月 3—9 日，学会组织“2017 两岸林业基层交流项目”代表团赴台湾地区调研考察。

国际交往 2017 年，学会共完成赴德国、澳大利亚等 3 个出国（境）任务，接待美国、芬兰等 7 次国际专家（团队）来访。

推进天然栎类资源经营与发展研究，先后召开 4 次研讨会，与德国专家达成初步合作框架。

8 月 14—17 日，学会副秘书长李冬生率团赴澳大利亚凯恩斯参加 2017 热带林业大会，并探讨深化与澳大利亚林学会合作事宜。

9 月 18—24 日，学会秘书长陈幸良率团赴德国弗赖堡参加国际林业研究组织联盟成立 125 周年纪念大会，并与国际林业研究组织联盟就共同推动林业科技创新、促进全球森林问题的解决和可持续发展问题进行交流。

10 月 14—16 日，学会组团赴日本参加第二届世界自然保护联盟（IUCN）第二届中日韩三国会员会议，就我国栎类经营方面的工作进行研讨交流。

11 月 7 日，学会秘书长陈幸良会见芬兰机械协会董事会成员 Finnmetko Oy 一行 7 人，就加强学会与芬兰林业机械学会合作进行交流。

科普活动 组织开展第四批全国林业科普基地评审工作，全国林业科普基地总数达到 110 个。推动林业科普试点项目，汇聚科普视频资源 60 部、科普图片 2500 幅、科普资源挂图 100 幅、科普竞赛题库 10 个、科普海报 1000 份。

联合中央电视台少儿频道录制并播出《活水密码》《红树林日记》等科普节目。汇集《科学之旅——尖峰岭》《红树林绿荫下》《我和秦岭有个约会》《走进神奇的磴口》等专题林业科普节目，制作《青少年林业科学营集粹》（9 集）。

举办第 34 届青少年林业科学营活动，来自北京

10所学校的近100名师生参加活动。活动围绕"山水林田湖是一个生命共同体"主题，组织营员先后开展蝴蝶标本识别与制作、室内手工创作、林海观鸟、森林资源调查、森林氧吧徒步、体验容器苗人工造林、植物调查、专题科普报告、营员分享会议等专题性体验与实践活动。联合中国林业科学研究院华北林业实验中心开展主题为"绿色伴我成长"的2017年林业科普日活动。

启动以"探秘森林"等4个模块为基本构架的林业科普公众微信号，推送科普文章近130篇约5万余字、图片近1000幅。

表彰举荐优秀科技工作者 组织2017年"两院"院士候选人推选工作，推选2名候选人分别申报中国工程院院士和中国科学院院士。经学会推荐，张启翔、吴义强获创新争先奖章。组织开展第十四届林业青年科技奖评选和第十五届中国青年科技奖候选人推选工作，评选出20名中国林业青年科技奖获得者和4名中国青年科技奖候选人。组织开展第八届梁希科学技术奖、第六届梁希科普奖、第六届梁希优秀学子奖评选工作，共表彰获奖项目97项、先进个人52名。

党建强会 深入学习贯彻党的十九大精神和习近平新时代中国特色社会主义思想，全年集体学习12次、小组学习13次。加强组织建设，成立理事会层面功能型党委，完成党总支换届改选，实现党组织和党的工作"两个全覆盖"。加强纪律建设，举行首次宪法宣誓仪式，开展党风廉政谈话，签订党风廉政责任书。

【中国林学会成立一百周年纪念大会】 5月6日，学会在北京人民大会堂举行中国林学会成立一百周年纪念大会。中共中央政治局常委，国务院副总理、党组成员汪洋接见梁希奖获奖代表。全国政协副主席、中国科协主席、科技部部长万钢向大会发来贺信。全国政协副主席、民进中央常务副主席罗富和出席大会。

大会同期组织了百年专题展览，拍摄了专题片《百年林钟》，编辑出版了《中国林学会百年史》《梁希文选》，开设了百年纪念网站专栏，制作了《青少年林业科学营集粹》、百年纪念邮册，组织了百年纪念林植树活动。为全面展示学会成立100年来的发展历程，学会还举办了《林学百年》专题展览，其中许多珍贵史料和文物为首次展出。

新华社、中央电视台等近25家媒体对中国林学会成立一百周年系列纪念活动进行了宣传报道。

【第五届中国林业学术大会】 5月6—8日，第五届中国林业学术大会在北京召开。中国工程院院士沈国舫、李文华、马建章、宋湛谦、尹伟伦、曹福亮、李坚，中国科学院院士唐守正、傅伯杰等参加会议。大会主题为"林学百年，创新引领"。开幕式结束后，中国工程院院士沈国舫、李文华、马建章、尹伟伦，中国科学院院士唐守正，北京林业大学校长宋维明分别作大会特邀报告。本次学术大会共设29个分会场，2600余名林业科技专家、学者参会，收到论文1390多篇，交流报告590余篇。会议研讨内容涉及森林培育、林木遗传育种研究、林产化工、森林经理、园林、木材科学、森林保护、森林生态、林业史、水土保持、湿地保护、森林生态、林业经济等领域。

【2017'现代林业发展高层论坛】 12月5日，2017'现代林业发展高层论坛在北京举行，200多名专家、学者参加论坛。论坛主题为"新时代：林业发展新机遇新使命新征程"。国家林业局局长张建龙出席论坛并讲话，全国绿化委员会副主任、学会理事长赵树丛致辞。

论坛邀请中国气候变化事务特别代表、全国政协人口资源环境委员会副主任解振华，清华大学国情研究院院长胡鞍钢在论坛上作主旨报告。解振华以"坚定信心，积极推动全球气候治理"为题，从《巴黎协定》的主要内容和特点、《巴黎协定》达成之后全球气候治理新动向、2017年波恩气候变化大会主要成果和挑战、2018年气候变化多边任务及应对四个方面介绍了当前全球应对气候变化的最新情况。胡鞍钢以"中国开辟生态文明新时代"为题，介绍了中国进入生态文明新时代的背景、中国如何开启生态文明新时代又如何引领人类发展进入生态文明新时代等。

论坛上，清华大学建筑学院教授杨锐、中国人民大学农业与农村发展学院副教授陈传波、福建农林大学校长兰思仁分别作专题报告《生态文明新时代：中国国家公园向何处去》《实施乡村振兴战略，加快推进农业农村现代化》《森林养生旅游发展路径——以森林养生引领和推动森林公园和森林旅游新一轮发展》。

论坛开幕式上颁发了第十四届林业青年科技奖和第六届梁希科普奖。

（撰稿人：林昆仑）

中国土壤学会

服务创新型国家和社会建设 学会对“农业废弃物生物质燃料产业化开发关键技术研发应用”“中药渣高值化利用关键技术研究与示范”“黄土高原土壤有机碳格局、过程和区域响应研究”3项科技成果进行鉴定工作。学会土壤质量标准化工作委员会提出国家标准项目11项。

3月，学会与宁夏回族自治区石嘴山市科协合作对接，组织中国农业科学院农业资源与农业区划研究所研究员逄焕成等参加对接洽谈会。

6月30日—7月2日，第六届污染场地土壤与地下水风险评估技术HERA软件培训班在上海市召开，来自中英两国的10余位专家通过授课、案例分析、实践操作以及互动问答的方式开展培训，近200人参加培训。

学会建设 学会增补常务理事1人，减少常务理事1人，理事减少2人。学会13个专业委员会、7个工作委员会及1个工作组完成换届工作。发展团体会员2个。

学会召开理事会议1次、常务理事会议2次，制定《中国土壤学会科学传播专家团队组建程序》和《全国土壤学科科学传播专家评审与管理办法（草案）》。

青年人才托举工程 学会制定了《中国土壤学会“青年人才托举工程”项目实施与管理细则》，连续三年培养受资助的优秀青年人才。

主办期刊 学会主办或合办有《土壤通报》《土壤学报》《水土保持学报》《干旱区研究》《土壤圈》（英文版）5种期刊，2017年刊出文章共计978篇，发行量共计约2万册。

《土壤学报》继续获得中国科协精品科技期刊工程项目和中国科学院科技期刊择优支持出版基金资助，核心影响因子为2.338，在2008种中国科技核心期刊中排名第23；综合评价总分为83.10。

《土壤学报》开通微信公众号推送优秀学术论文、传递学科动态、发布期刊信息，为读者、作者和审稿专家提供移动端服务。2017年，《土壤学报》被美国史蒂芬斯数据库（EBSCOhost）全文收录。《土壤学报》2017年再次入选“百种中国杰出学术期刊”和“2017中国国际影响力优秀学术期刊”。

《土壤圈》（英文版）继续获得中国科技期刊国际影响力提升计划项目资助和中国科学院科技期刊择优支持出版基金资助，2017年入选“2017中国最具国际影响力学术期刊”。

决策咨询 受政府有关部门委托，学会组织专家对《中华人民共和国土壤污染防治法（草案）》《环境影响评价技术导则　土壤环境（征求意见稿）》提出修改意见。

国际学术会议 3月26—28日，由学会土壤生态专业委员会、中国地理学会湖泊与湿地专业委员会和江苏省土壤学会联合主办的第一届国际面源污染控制与水环境保护生态技术研讨会在江苏省南京市召开。来自13个国家和地区的230余名专家、学者参会。会议设10个主题，共有52个口头报告、36份墙报展示及154篇论文摘要。

8月3—6日，由学会土壤物理专业委员会主办的土壤物理学与水土资源可持续利用学术研讨会暨土壤物理学与食物、能源、水系统耦合关联国际研讨会在辽宁省沈阳市召开。来自8个国家的共计500多名从事土壤物理学及相关研究的专家、学者参会。

10月15—18日，由学会主办的第二届全球土壤生物多样性大会在江苏省南京市召开，来自47个国家和地区的1021名专家、学者参会。大会设有1个大会主题报告、15个分会场专题研讨会、4个圆桌会议、1个主编面对面沟通会、1个高级科研论文写作讲座，共有161个报告、244份墙报展示、390篇论文摘要。学会理事长、中国科学院南京土壤研究所研究员沈仁芳和中国科学院城市环境研究所研究员朱永官担任大会主席。世界粮农组织干事Ronald Vargas致开幕词。

第二届全球土壤生物多样性大会

国内主要学术会议 学会及专业（工作）委员会共举办13次学术会议，参会人数4000余人次，交流论文约1200篇。

7月12—14日，第十六届中国青年土壤科学工作者暨第十一届中国青年植物营养与肥料科学工作者学术研讨会在福建省福州市召开，来自132个单位的427名专家、学者参会。会议主题为“土壤环境健康与植物营养调控”，会议设有3个专题，共有100个口头报告、78份墙报。会议内容涵盖土壤肥力与生态环境、土壤侵蚀与水土保持、土壤环境与污染修复、植物营养机理与调控、植物营养遗传与分子生物学、土壤改良与利用等。

国际交往 作为联合国粮农组织政府间专家小组成员，学会秘书长张甘霖分别于3月19—26日和10月29日—11月5日两次赴意大利参加联合国粮农组织政府间土壤专家小组第六、七次工作会议，讨论通过全球土壤伙伴计划倡导的《可持续农业准则》等一系列重要文件。同时参加了联合国粮农组织主办的首届全球土壤有机碳学术研讨会并作口头报告，探讨参与全球土壤有机碳制图等国际研究计划。

8月4—18日，应丹麦奥胡斯大学邀请，学会秘书长张甘霖前往丹麦及格陵兰地区访问，交流数字土壤制图领域的进展，商讨人员交流、项目合作申请和成果发表等相关合作事宜。

9月10—20日，应澳大利亚悉尼科技大学和CleanUp 2017组委会邀请，学会理事长沈仁芳等3人前往澳大利亚与悉尼科技大学技术中心和科研管理机构进行合作交流访问；参加CleanUp 2017国际修复会议，与各国同行交流污染场地原位修复等学术内容。

12月4—8日，应莫斯科国立大学邀请，学会秘书长张甘霖赴俄罗斯参加第二届世界土壤日圆桌会议并作口头报告。

12月11—16日，应泰国土壤肥料学会主席邀请，学会理事长沈仁芳赴泰国参加第十三届东亚及东南亚土壤科学联合会国际会议。

科普活动 学会建立了中国土壤学会土壤环境科学传播专家团队和中国土壤学会土壤资源科学传播专家团队。

在12月5日“世界土壤日”期间，学会张贴2017年世界土壤日主题“爱护土壤从脚下做起”的宣传画，对外开放学会科普场馆并提供讲解，向公众免费发放《健康土壤带来健康生活》科普宣传册，同时在学会网站链接2017年世界土壤日科普宣传知识。

表彰举荐优秀科技工作者 学会向中国科协推荐中国科学院院士、中国工程院院士、创新争先全国优秀科技工作者、中国青年科技奖等候选人共计16人次。

学会开展第十二届中国土壤学会科技奖评选工作，评选出一等奖2名、二等奖3名，共表彰奖励38人次、9个单位。

会员服务 学会每年编纂两期会讯，反映会议预告、学会动态、通知公告等学会工作的综合信息，并定期发送给会员。

学会主办的《土壤学报》《水土保持学报》《干旱区研究》《土壤圈》（英文版）4种期刊均已建立了期刊网站，会员可在网上免费查阅期刊论文。

【健康土壤助推绿色发展学术研讨会】 9月18—20日，由学会主办的健康土壤助推绿色发展学术研讨会在安徽省合肥市召开，同期召开我国耕地轮作休耕制度试点问题战略研讨会，来自全国各地的约300名专家、学者参会。会议安排32个报告，收录约60篇论文（摘要）。开幕式由学会副理事长、南京农业大学副校长胡锋主持，学会理事长沈仁芳致开幕词，安徽农业大学校长程备久致欢迎词。中国科学院院士赵其国、朱兆良出席会议。

围绕会议主题，32位专家、学者分别作了口头报告，展示土壤科学多方面的研究进展和最新成果。我国耕地轮作休耕制度试点问题战略研讨会主要围绕我国各省市耕地轮作休耕的现状与区划、耕地实施轮作休耕的技术方案、耕地轮作休耕制度试点体制机制及效果评价等开展研讨。

【第十五届土壤与植物分析国际会议】 5月14—18日，由学会和中国科学院南京土壤研究所、土壤与农业可持续发展国家重点实验室联合主办的第十五届土壤与植物分析国际会议在江苏省南京市召开，来自23个国家和地区的200余名专家、学者参会。

大会开幕式由国际土壤与植物分析协会主席、美国俄克拉荷马州立大学教授Hailin Zhang主持。学会理事长、中国科学院南京土壤研究所所长沈仁芳致欢迎词。开幕式期间，来自巴基斯坦科学院的Abdul Rashid教授被授予J.B. Jones奖，以表彰其在发展中国家土壤与植物分析推广应用方面的突出贡献。

此次会议主题为“土壤与植物分析在全球粮食安全和环境保护中的作用”，共设12个专题、47个口头报告、36份墙报展示、80多份论文摘要。与会专家、学者就不同国家和地区土壤与植物分析的发展应用、土壤分析与作物产量品质提高、土壤分析与大气、水体环境保护、土壤健康检测的内涵与应用、实验室管理与质量控制、农田精准养分管理以及土壤与植物分析技术最新进展等方面的研究成果与实践经验进行了交流。

（撰稿人：蒋宇霞）

中国水产学会

服务创新型国家和社会建设 学会收集整理“十二五”期间获得国家二等奖和部分省部级一等奖以上涉及渔业的科技成果57项，逐项介绍成果概况及其取得的经济、社会和生态效益，同时利用科技周和科技下乡、科技助力精准扶贫等活动开展科技成果对接活动。

在“双创”活动中，学会评审出19个水产科技创新企业，鼓励企业应用科技成果，促进水产科技创新成果应用。学会先后组织专家走访浙江省舟山市、浙江省绍兴市、广东省东莞市、甘肃省敦煌市、安徽省黄山市、福建省宁德市、贵州省剑河县和镇远县、云南省腾冲市等地，了解地方渔业经济发展的特色和需要解决的问题，并形成两份调研报告。

新增贵州工作站、广东东莞工作站、浙江绍兴和清湖科技有限公司工作站、福建宁德工作站5个学会服务（工作）站。

学会在云南省红河州开展稻鱼综合种养示范工作，制作完成汉语和哈尼语双语山区稻田种养技术指导视频。在河北省涿鹿县开展受控式循环水集装箱养殖和冷水鱼养殖扶贫开发工作，解决10余项产业问题。

1月11—13日，学会召开2017年中国科协预防与控制生物灾害分析研讨会。会议对2016年我国水产生物灾害发生、防治情况及发生原因进行了总结与分析，对2017年我国主要水产生物灾害发生趋势作了分析，并提出了防控对策建议。

学会能力提升计划 制定实施《2017年中国水产学会改革方案》。利用举办学术会议、科技培训、科学普及、下乡服务活动和学会信息平台发展基层会员，扩大学会工作对会员的覆盖面，突出会员的主体地位。加强与个人会员的联系，发挥水产科技工作之家的作用。

学会与中国农业工程学会、中国园艺学会、中国植物保护协会、中国作物学会和中国粮油学会等农业相关学会协作建立联合体，发挥协同改革、资源共享、共谋发展平台功能，整合联合体各成员单位智力资源，建设专业研究所开展专题研究。

学会整合企业、高校、科研机构等力量，打造“稻鱼综合种养”产业创新联盟，服务渔业产业转型和科技创新发展。

继续推进中国科协精品期刊集群（联盟）项目实施，组织召开中国水产学会期刊分会会议，评选出中国水产期刊优秀编辑“金梭奖”和“银梭奖”。

学会建设 12月8日，学会召开第十届全国会员代表大会，中国水产科学研究院黄海水产研究所研究员王清印当选新一届理事长。在换届工作中，学会选举产生了理事会、常务理事会和监事会，进行了理事会党委换届，并确定执行团体会员动态机制。

青年人才托举工程 2017年，学会继续执行中国科协青年人才托举工程项目。经学会推荐，大连海洋大学左然涛、中国海洋大学常耀光、中国科学院水生生物研究所李熙银获项目资助。

主办期刊 《水产学报》出版12期，每期发行量1000册。2017年总被引频次为2613，影响因子为0.895，获“百种中国杰出学术期刊”“中国国际影响力优秀学术期刊”“中国精品期刊”等称号。《水产学报》注重推进数字化转型与媒体融合发展，利用远程稿件管理系统实现数字出版，开辟了微博、微信，加强与读者、作者交流。期刊编委会由8名院士、10名海外编委、60位国内水产领域专家组成。编辑部建立了审稿、约稿、校对、网络管理、档案和出版发行等监管制度。

《渔业学报》与Elsevier合作，由其负责在线出版，通过开放获取在Elsevier旗下的Science Direct平台实现全文下载和浏览。《渔业学报》组织编辑人员参加英语和专业培训工作，组建了包括中国科学院院士桂建芳在内的共计37人的编委会，其中海外编委占比41%。

国际学术会议 10月24—26日，学会水产动物营养与饲料专业委员会在浙江省湖州市主办第11届世界华人鱼虾营养学术研讨会，来自10多个国家和地区的120多个单位、1400多名鱼虾类营养与饲料领域的专家、学者参会。大会主题为“精准、优质、生态”，共设置7个议题。

国内主要学术会议 2017年，学会及海水养殖分会、淡水养殖分会、鱼病专业委员会等12个分支机构举办了学术活动，共有4000多人次参加。

11月9—10日，学会在江西省南昌市召开主题为“创新驱动 绿色发展”的中国水产学会学术年会，530余名相关领域的专家、学者参会。年会设1个主会场和6个分会场，共收到论文摘要310余篇。

国际交往 由联合国粮农组织和世界水产品质量安全协会联合举办的世界水产品大会于9月10—13日在冰岛举行。学会秘书长肖放应邀参加大会，与来自联合国粮农组织、世界水产品质量安全协会、冰岛渔业部的有关人员进行会谈，就加强渔业及水产养殖业等方面的合作进行了交流。

9月21—23日，应日本水产学会邀请，全国水产技术推广总站副站长、学会副秘书长张文率团出席日本水产学会创立85周年纪念仪式，并参加相关国际学术交流活动。

10月30日，美洲水产学会主席一行访问学会，双方同意通过开创多层次的合作途径、建立合作机制，为中美科研人员搭建合作和交流平台，在渔业资源保护和可持续利用、渔业生态环境管理和保护、休闲渔业发展等领域开展更多的合作研究，在人才培养、水产科普、科技期刊、两会会员互荐等方面进行广泛合作。

科普活动 在全国科技活动周期间，学会举办“十二五”科技成果展、为“水产科技创新示范基地”授牌颁证、开展农技协与科技助力精准扶贫专题讲座等活动。在全国科普日活动期间，学会以“膳食‘鱼’健康”为主题参加了科普日主会场活动，就常见水产品谣言及水产品健康知识向公众做科普。

学会建立科学传播专家队伍，7个科学传播专家队伍共有115名专家、学者，比2016年增加29人。组织首席传播专家参与科普中国·首席科学传播专家大讲坛等活动。

开展科普教育示范基地评审工作，启动新一轮“全国水产科普教育示范基地”申报工作，候选单位22个。

表彰举荐优秀科技工作者 学会向中国科协推荐院士候选人2人、推荐中国青年科技奖候选人2人；向农业科教基金会推荐神内奖候选人18人。学会推荐的中国水产科学研究院黄海水产研究所研究员陈松林获全国创新争先奖。

党建强会 2017年，学会组织全体党员前往河南省鹤壁市、吉林省临江市等地，通过专家座谈、实地调研、培训渔民、现场解答等方式为基层一线水产科技工作者和渔民送知识、送技术。通过活动的开展，增进广大党员干部尤其是年轻党员干部对基层情况的认识和了解。

会员服务 2017年，学会举办首个全国科技工作者日庆祝活动，会上宣传和表彰了12位水产研究领域的全国优秀科技工作者和7位全国首席科学传播专家。

【中国水产学会第十次全国会员代表大会】 12月8日，中国水产学会第十次全国会员代表大会在北京召开，会议审议通过了第九届理事会工作报告、财务工作报告及《中国水产学会章程》(修改草案)、会费标准等；选举产生了中国水产学会第十届理事会、监事会，中国水产科学研究院黄海水产研究所研究员王清印当选新一届理事长。

农业部副部长于康震在讲话中要求，水产学会要深刻理解和把握渔业现代化强国建设新征程对学会工作的总体要求，要长期坚持把推动渔业转方式调结构作为工作主线，长期坚持把推进渔业绿色发展作为首要任务，长期坚持把服务渔业科技创新作为根本目标，长期坚持把人才成长作为重要工作内容，在服务产业发展大局中加强和完善自身建设，在加强和完善自身建设中增强服务产业发展的能力。一是加强水产总站和水产学会职能整合，进一步提高工作效能；二是加强学术交流，进一步推动渔业科技创新，抓出一批具有国内外广泛影响力的学术交流品牌；三是加强科普宣传，提高渔业从业者科学素质；四是加强决策咨询服务，提高服务渔业发展的能力，力争使学会成为中国渔业发展的高端科技智库；五是加强自身建设，提高学会自我发展能力。

（撰稿人：吴凡修）

中国园艺学会

服务创新型国家和社会建设 受中国科协委托，学会承担并完成2017年创新驱动助力工程“一带一路”区域的瓜果新品种区域适应性评价与应用项目，分别通过对当地不同生态区域的瓜果新品种进行栽培试验，完成优良瓜果新品种的区域适应性评价考察，并提出适合当地应用的瓜果新品种及配套技术措施报告。

针对农业部在全国开始实施的品种登记制度，学会联合全国农业技术服务推广中心品种登记处组织培训班，对河南、河北、湖北、新疆、广西等地有关科研单位进行品种登记工作培训，推动非主要农作物品种登记申报工作。

学会组织包括6位院士在内的13位专家组成评审组，对中国科学院植物研究所科技成果“北方果蔬采后商品化处理技术与配套设备研发及产业化”进行评价。

组织召开“一带一路”园艺作物产业发展论坛，围绕我国园艺产业“一带一路”西部发展战略以及西部设施园艺、果树、花卉发展等进行研讨。

学会组织所属分会进行生产调研，对产业发展提供咨询服务和技术指导。学会猕猴桃分会调研了陕西、湖南、湖北、浙江、福建、贵州、云南等省的16个市县产业情况，厘清了全国猕猴桃产业的品种布局、产业上面临的主要问题与困难；学会魔芋分会根据魔芋种植基地生产情况、加工企业库存情况、制品企业经营和销售情况进行分析，对当地当年鲜芋收购和魔芋精粉的市场价格进行预测；学会草莓分会与安徽省长丰县共同主办第八届中国草莓大会暨第十三届中国草莓文化节，围绕“创新、健康、共享”开展活动；学会樱桃分会在山东省烟台市召开樱桃产销大会，为樱桃生产栽培、经营管理、仓储物流、电商平台等搭建交流平台；学会番茄分会组织召开新品种展示会，展示新近育成的抗病、优质品种300多个，现场观摩的科研人员、技术人员、农民达2000余人；学会黄瓜分会在广东省深圳市召开新品种展示会，38个单位参会，21个科研单位的92个黄瓜新品种参加了品种田间展示活动。

学会建设　10月19日，学会召开第十三次会员代表大会，进行理事会、常务理事会的换届改选，选举产生了第十三届理事会、常务理事会和第一届监事会、功能型党委。

学会新增水生花卉分会和园艺作物分子育种分会，完成了辣椒分会、苹果分会、采后科学与技术分会、葱姜蒜分会、球宿根花卉分会、干果分会的换届工作。

学会治理结构和治理方式改革　学会加强分支机构管理，召开常务理事会议对分支机构进行梳理，撤销了一个长期不开展活动的分会，对一个活动不积极的分会提出了限期整改要求。

学会积极发展个人会员，在学会章程修改过程中放宽了入会条件。

主办期刊　2017年,《园艺学报》获得中文核心期刊、中国科技核心期刊称号，并继续获得中国科协精品科技期刊工程项目资助。该刊被12个国内外期刊检索数据库收录。

《园艺学报》在《中国科技期刊引证报告（核心版）》中，核心总被引频次和综合评价在园艺学科期刊中排名第一；在《中国学术期刊影响年报》中，期刊影响力指数CI值、总被引频次在园艺学科期刊中排名第一；蝉联“百种中国杰出学术期刊”，四次蝉联“中国精品科技期刊”；12篇论文入选2017年度“领跑者5000——中国精品科技期刊顶尖论文”。

Horticultural Plant Journal（《园艺学报》英文版）编委会成员103人，其中国际编委33人，被DOAJ（开放获取期刊数据库）、Ulrichsweb（美国《乌利希期刊指南》）收录。

10月18日,《园艺学报》和*Horticultural Plant Journal*两刊编委会在云南省昆明市召开，分别就期刊定位、创新刊载内容及编委职责等进行探讨。

国际学术会议　10月13—15日，由学会与国际园艺学会、陕西省政府共同主办的国际猕猴桃研讨会在陕西省宝鸡市眉县召开。十一届全国政协副主席李金华出席会议。新西兰皇家学会院士罗斯弗格森、国际园艺学会猕猴桃科学委员会委员古格里莫·科斯塔、中国科学院院士何积丰出席会议。来自中国、新西兰、意大利、西班牙、比利时等16个国家和地区的1200余位专家、学者出席会议。

国内主要学术会议　学会及分支机构举办学术年会、研讨会、报告会、论坛等学会活动48次，提交学术交流论文938篇，参会人数11621人次。

5月29—31日，2017年中国樱桃年会暨全国大樱桃产业发展研讨会在河北省秦皇岛市召开。全国从事樱桃科研的有关高校及科研机构的专家、学者，地方行业协会、合作社、相关企业代表及各地樱桃种植大户177人参会。通过与会专家综合品评，选出金樱奖20个、优秀奖17个。

8月20—22日，由学会观赏园艺专业委员会主办的2017年中国观赏园艺学术研讨会在四川省成都市召开，研讨会主题为“花卉创新与美丽中国建设”。来自28个省、市、自治区的132个大专院校、科研院所以及花卉园林企业等的600余名专家、学者参会，来自37个高校、科研院所及企业的92名专家、学者及研究生在会上作学术交流报告，内容涵盖梅花、牡丹、月季、菊花、兰科植物、百合、紫薇等20多个物种在分子生物学、种质资源、育种、繁殖、产业发展、新技术应用等方面的学术研究进展。

10月23—25日，第七届全国果树分子生物学学术研讨会在安徽省合肥市召开。来自64所高校、科研院所的358位专家、学者和高校师生参会。35位专家就果树分子生物学相关领域的研究进展等进行了大会报告和交流。

国际组织任职 6月，学会樱桃分会会长、北京农林科学院林业果树研究所副所长张开春任国际园艺学会樱桃工作组主席。

国际交往 学会猕猴桃分会持续与新西兰植物与食品研究所开展猕猴桃果实香气成分的鉴定与遗传规律研究，与意大利金桃公司开展专利品种有偿授权推广，与英国剑桥大学开展合作猕猴桃病害研究。9月，学会组织20余名专家、学者赴葡萄牙参加第九届世界猕猴桃研讨会，其中4名专家、学者受邀作大会学术报告。

2月16—19日，在第八次中国草莓大会期间，学会邀请来自德国联邦作物研究中心的Ulrich Detelef教授、日本农林水产省野菜茶叶试验场望月龙也教授分别作报告《草莓香气研究与德国草莓产业介绍》《日本草莓品种选育与栽培现状》。

5月3—5日，学会柿分会邀请日本京都大学一行4人进行学术交流。日本国立京都大学农学研究院长、农学部长、热带农学专家绳田荣治教授，京都大学农学部前任部长、农业化学专家宫川恒，园艺学教授专田尾龙太郎分别作学术报告《李属特异性自交不亲和性识别系统》《京都大学农学部概况》《京都大学生物调节化学实验室概况》。

科普活动 学会及各分支机构举办各类新品种新技术讲座、技术培训及现场咨询等活动114次，培训技术人员和农民3万余人次，发放各类宣传材料10万余份。

12月12—13日，学会在陕西省延安市宜川县进行科普宣传和果园冬季管理培训，来自学会苹果分会、桃产业体系的首席专家在果园现场进行讲解和指导。

党建强会 10月，学会第十三届理事会党员大会选举产生了中国园艺学会党委。

11月24日，学会党委组织党支部与中国蔬菜协会党支部、挂靠单位党支部联合开展“不忘初心、牢记使命”主题党日活动，先后到河北省冀中革命烈士纪念馆、饶阳县五公村参观学习。

【中国园艺学会第十三次会员代表大会暨2017年学术年会】 10月19—20日，中国园艺学会第十三次会员代表大会暨2017年学术年会在云南省昆明市召开。云南省副省长张祖林、中国科协党组成员兼学会部部长宋军到会并讲话。中国科协副主席、华中农业大学校长邓秀新院士，学会名誉理事长方智远院士，沈阳农业大学副校长李天来院士出席大会。农业部种植业司副司长杨礼胜作主题报告《坚定不移推进园艺产业绿色发展》。会议由云南省农业科学院、云南省园艺学会共同承办。

学会理事长杜永臣及学会副理事长韩振海、张启翔分别作学会《第十二届理事会工作报告》《章程修改说明》《第十二届理事会财务报告》《第十三届理事会候选人产生说明》。与会938名会员代表审议并通过了第十二届理事会工作报告等相关文件，以无记名投票方式选举产生了第十三届理事会理事。中国工程院院士方智远继续任学会名誉理事长，中国农业科学院蔬菜花卉研究所研究员、农业部科技委员会委员杜永臣连任理事长。

中国工程院院士邓秀新、李天来，云南省农业科学院院长李学林，浙江大学教授陈昆松，西北农林科技大学教授李鹏民，浙江大学教授喻景权，中国农业科学院蔬菜花卉研究所研究员李君明，中国林业大学教授张启翔，北京市农林科学院蔬菜中心主任许勇分别作大会报告《果实色泽研究》《我国蔬菜产业发展现状与未来方向》《云南高原特色农业及园艺产业概况》《成熟果实芳香品质与思考》《苹果逆境生物学研究》《设施蔬菜的环境影响机制与调控》《蔬菜杂种优势利用与展望》《我国花卉育种研究进展》《西瓜分子育种——从基因组到品种》。

（撰稿人：陈　红）

中国畜牧兽医学会

服务创新型国家和社会建设 学会与安徽省畜牧兽医学会共同承担中国科协创新驱动助力工程示范项目“畜牧业创新驱动助力新模式探索示范”，在安徽省围绕种养结合循环发展开展助力工程示范，初步形成“科协＋学会＋大学科研院所＋地方主管部门＋企业”的多元化服务地方经济发展的创新助力新模式。

学会与浙江省象山县畜牧兽医总站、畜牧兽医学会合作，在浙江省建立中国畜牧兽医学会宁波（象山）服务站，助力基层畜牧业创新发展。

学会组织专家赴山东、四川、安徽、河北、河南等多地会员企业调研交流，对企业在新产品研发、生产工艺、产品配方、企业管理等方面给予指导。

学会组织专家承担《中国大百科全书》（第三版）畜牧学科卷的编纂组织工作，共收录条目1500余条，已完成初稿。

学会建设 5月，学会在贵州省贵阳市召开十四届二次理事会议和2017年全国秘书长会议。12月，在北京召开十四届三次常务理事（扩大）会议，深入学习贯彻党的十九大精神，并研讨发展团体会员、审批年度活动计划和分会换届申请。增补学会副理事长2人、常务理事2人、理事6人。

学会调整了学科分会的组织机构，犬学、兽医病理学、家禽学、信息技术、期刊编辑学、养羊学、动物传染病学、动物遗传育种学8个学科分会完成理事会换届改选工作。

青年人才托举工程 学会推荐申报的两名青年学者——中国农业科学院饲料研究所助理研究员董利锋、南京农业大学教授粟硕获得“第三届中国科协青年人才托举工程（2017—2019）”项目资助。

主办期刊 学会共主办期刊6种，合作主办期刊2种。

英文期刊*Journal of Animal Science and Biotechnology*（《畜牧与生物技术杂志》）的SCI影响因子逐年提升，由2016年的2.037提升到2017年的2.052，在58种同学科类别期刊中排名第4，被中国学术期刊文献国际评价研究中心等期刊评价机构评为“2017中国最具国际影响力学术期刊”。继续与BioMed Central（生物医学中心开放获取期刊）合作，以开放获取出版形式出版发行，来稿量达到616篇，稿件来源增加到57个国家和地区。

英文期刊*Animal Nutrition*（《动物营养》）2017年出版4期，共刊登论文60篇，先后被Scopus（斯高帕斯）、DOAJ（Directory of Open Access Journals，开放存取期刊目录）、ESCI（Emerging Sources Citation Index，新兴资源数据库）收录。

《畜牧兽医学报》入选第4届中国精品科技期刊。2017年，加强了刊物的数字化建设，新采用参考文献自动校对技术对录用稿件文后参考文献逐一核对，提高了编辑编校的效率和质量。

《动物营养学报》举办3期论文写作班，连续三年获得畜牧兽医类中国科技核心期刊综合评价总分第1名（2017年版《中国科技期刊引证报告（核心版）》报道），核心影响因子连续8年排名第1，入选“第4届中国精品科技期刊”，首次获得“百种中国杰出期刊”称号。

《中国畜牧杂志》在2017年改版，影响因子从2016年的0.744上升到2017年的0.878。

决策咨询 1月，学会继续与中国植物保护学会等4个学会合作，组织专家调研撰写《预防与控制生物灾害咨询报告》，并提交《2016年生物灾害发生状况和2017年预防与控制生物灾害的报告》。

2017年，学会继续为农业部生猪等畜禽产品信息统计监测预警系统提供信息决策服务，为农业部生鲜乳质量安全监管提供信息决策服务，为全国饲料工作办公室提供专项的饲料原料市场研究及风险评估研究，并承担农业部畜牧业司主要畜禽饲养总量及关键参数专题调查研究。学会承担河南省畜牧局畜牧业生产形势信息咨询服务研究，承担国家粮食局全面建成小康社会与食物消费结构变化趋势研究。

国内主要学术会议 学会及所属各分支机构举办各类学术年会、研讨会、交流会、报告会和学术论坛等共39次，征集交流论文3840篇（比2016年增加935篇），17975人次参加交流活动（比2016年增加7511人次）。

4月7—8日，学会联合中华预防医学会、中国工作犬管理协会在浙江省杭州市召开2017年中国狂犬病年会，来自国内公共卫生、临床医学、畜牧兽医、工作犬管理等领域的专家、学者800余人参会。会议围绕“全球消除狂犬病新框架”主题展开研讨。

4月21—24日，学会联合中国微生物学会、中华预防医学会在江苏省南京市召开第五届全国人畜共患病学术研讨会。会议围绕“同一健康，共同行动”主题展开讨论，来自150多个单位的500余名专家、学者参会。

国际交往 9月，学会组织国内10位家禽养殖企业管理者赴荷兰、德国考察交流，了解和学习欧洲农牧业先进的管理模式和发展经验。考察团先后访问了皇家VNU国际展览集团、荷兰合作银行、荷兰家禽中心、皇家德赫斯饲料集团和普朗克食品公司、英国两姐妹食品集团荷兰分公司、丰荷玛克设备公司和施托克肉鸡屠宰设备公司。

9月，学会动物繁殖学分会组织30名会员参加在日本冲绳举行的第四届世界生殖生物学大会（Fourth World Congress of Reproductive Biology，WCRB 2107）。

10月，学会养猪学分会部分专家受邀赴日本北海道参加日本养猪学会第107届全国养猪大会，分会副理事长兼秘书长王楚端作大会报告。

科普活动 2017年，学会组织专家参与全国科技周、全国科普日和科技下乡、科技服务等活动，举办科普宣讲活动27次，宣讲受众23919人次，参加活动科技人员达1690人次；举办实用技术培训13次，参加培训人数1459人次。

3月，学会联合全国畜牧总站和农民日报社开展“2017寻找中国美丽猪场”大型公益活动，分别在安徽省、陕西省、湖南省、福建省和天津市等省市举行，组织专家走访调研养猪企业135个，发放养猪生产技术资料2万余份，培训、指导养猪技术人员2000余人次。

表彰举荐优秀科技工作者 9月17日，学会在2017中国猪业科技大会上评选出中国猪业科技大会优秀论文奖8个、优秀壁报奖5个、优秀生产实践奖3个，会议还为6位获得2017年猪蓝耳病研究进步奖和猪圆环病毒进步奖的学者颁奖。

7月，学会在兽医内科与临床诊疗学分会、兽医外科学分会、养牛学分会和德国勃林格殷格翰公司、荷斯坦奶农俱乐部等公司的协助下开展2017年度优秀青年奶牛兽医工作者评选活动，10名兽医工作者受到表彰奖励。

经学会推荐，中国农业大学教授沈建忠、华中农业大学教授金梅林、中国农业科学院北京畜牧兽医研究所研究员侯水生荣获全国创新争先奖;《畜牧与生物技术》杂志执行主编赖长华荣获“全国科协系统先进工作者”称号。

党建强会 11月24日，学会在中国农业大学举行深入学习宣传贯彻党的十九大精神宣讲报告会。学会有关负责人、副秘书长，学科分会理事长、秘书长，学会各职能部门、杂志编辑部负责人，以及党员、干部职工等40余人参加报告会。

会员服务 编辑2017年《会讯》4期，全年印刷近1.2万份，免费发放给学会高级会员和相关单位。

2017年，改版后的中国畜牧兽医学会会员数据库增加了电子会员证，实现了发放会员证的无纸化操作，并在学会网站上为会员、高级会员提供不同权限的会议论文集电子版、会讯电子版等资料的下载推送服务。

【中国畜牧兽医学会2017年学术年会】 11月2—5日，学会在海南省海口市举办中国畜牧兽医学会2017年学术年会。来自高等院校、科研院所和相关企业的专家、学者、青年科技工作者770余人参会。

来自农业部、科技部、国家自然科学基金委等相关单位的负责人出席会议。学会理事长黄路生院士致开幕词，并为23个学会团体会员单位颁发了理事单位标牌。科技部中国农村技术开发中心主任贾敬敦参会并讲话。学会秘书长杨汉春主持开幕式。

学术年会以“基础为本，交叉融合，创新发展”为主题，设置了动物健康的营养生理调节机制、畜禽重要性状遗传基础与繁殖生物学、动物繁殖与生理生化、动物福利和环境适应的生理学或行为学机理、基础兽医学、药物与毒物的代谢机制及安全性评价6个专题；设置了“感恩、利他、敬业、爱国”为主题的青年互动论坛和基础学科在教学科研中的地位及作用论坛2个论坛。年会共安排了10个大会报告、6个重点专题报告、91个分会场口头报告和143个壁报展示等交流活动。

会议论文集收录论文553篇，论文交流率达45.2%。会议颁发了中国畜牧兽医学会奖——10个优秀论文奖、10个优秀壁报奖。年会期间，170名在读硕（博）士研究生免费参会交流。

【2017中国猪业科技大会暨2017猪业展览会】 9月14—17日，由学会主办、养猪学分会与北京博亚和讯农牧技术公司承办的2017中国猪业科技大会在重庆市举行。大会学术委员会由5位院士组成，并邀请68位国内外行业专家作学术报告，来自国内外的专家、学者、科技工作者以及400多家企业的2112名专家、学者注册参会。国家首席兽医师张仲秋，重庆市委常委、政法委书记、副市长刘强等出席大会并讲话。

本次大会以“生态、质量、效率”为主题，特邀中国科学院院士黄路生、中国工程院院士印遇龙、中国工程院院士沈建忠、丹麦哥本哈根大学教授Lars Stoumann Jensen、荷兰学者Heleen van de Weerd博士、日本宫崎大学教授末吉益熊作主题报告。大会共安排了12个分论坛及100多个专题报告。

会议同期举行了2017全国猪联合育种协作组年

会、第二届海峡猪业科技研讨会、勃林格殷格翰卫星会议、默沙东动物保健卫星会议、互联网＋猪业论坛等。报告内容覆盖了生猪产业中的种猪育种与遗传资源、营养与饲料、疫病防治与兽医临床、饲养工艺与设备、废弃物管理与环境保护、猪业经济与产业发展等多个产业环节，探讨了相关领域的研究进展、前沿技术在养猪生产中的实践应用、猪产业未来的发展趋势等。

大会闭幕式上颁发了中国猪业科技大会优秀论文奖8个、优秀生产实践奖获奖者3名，2017年度勃林格殷格翰猪繁殖与呼吸综合征研究、猪肠道病研究进步奖6名。

大会同期举办了2017猪业展览会，近220个国内外养猪领域的企业参展，展览面积达2.3万平方米，参观者近2万人次。其中外国参展商15个，分别来自荷兰、英国、美国和加拿大等国。展会期间还举行了"寻找中国美丽猪场公益活动"颁奖典礼、猪肉美食文化节等活动。

【中国畜牧兽医学会第一届"青年拔尖人才"学术论坛】 3月3—5日，由学会主办、江西农业大学和播恩集团联合承办的中国畜牧兽医学会第一届"青年拔尖人才"学术论坛在江西省井冈山市举行。国家自然科学基金委生命科学部、江西省科技厅有关负责人，4位院士，25位长江学者、国家杰出青年科学基金获得者、行业专家学者，以及30多个高等院校、科研院所的青年科技工作者120余人参会。

论坛以"传承井冈山精神，助推青年人才成长"为主题，设置了畜牧学科和兽医学科两个分会场，35名青年学者作学术交流，由大会邀请的院士专家、长江学者、国家杰出青年科学基金获得者、优秀青年科学基金获得者等进行现场点评，为青年报告者申报项目和研究计划提出指导性意见。

（撰稿人：石　娟）

中国植物病理学会

学会建设　7月26日，学会在山东省泰安市召开第十届四次理事会议，会议学习了《中国科学技术协会全国学会组织通则（试行）》等文件精神，决定2018年7—8月在北京召开中国植物病理学会第十一届全国会员代表大会暨2018年学术年会。

国内主要学术会议　2月20—24日，学会抗病育种专业委员会联合学会西北工作委员会、陕西省植物病理学会在青海省西宁市举办中国西北地区植物病理学会2017年学术讨论会，200多位专家、学者参会。会议特邀15位专家、学者作学术报告，围绕西北地区主要农作物病害及绿色防控技术进行交流。会议同期考察了青海省农林科学院农业部重点实验室和植物保护研究所。

9月28—30日，学会病毒专业委员会与生物技术专业委员会2017年学术年会在湖南省长沙市召开。会议由湖南省植物保护研究所、园艺作物病虫害治理湖南省重点实验室、湖南省植物保护学会承办。来自北京大学、清华大学、中国科学院、中国农业科学院、浙江大学、中国农业大学、南京农业大学等47个高等院校和科研院所的180多位专家、学者参会。中国科学院院士、中国科学院微生物研究所研究员方荣祥，湖南省植物保护研究所研究员刘勇，美国加州大学河边分校教授丁守伟，中国科学院微生物研究所教授邱金龙分别就各自研究领域作大会报告，内容涵盖中国植物病毒研究现状、主要农作物病毒病发生与防治、植物对病毒抗性机制以及植物功能基因组学研究和基因编辑研究的新进展等方面。

会议交流口头报告35个，内容涵盖病毒－介体昆虫－植物寄主三者互作、病毒－介体昆虫－昆虫共生菌的三者互作、病毒的致病和寄主的抗病机制、新病毒和新病害的发现以及病害的调查和检测等。会议还设置了学术会议展览。

10月14—15日，由学会教学专业委员会主办、中国农业大学植物保护学院承办的首届全国植物病理学教学研讨会在中国农业大学召开，来自30所涉农高校的98名教师参加研讨会。王晓鸣等13位教师作主题报告，报告主题涉及我国农林院校植物病理学专业本科生培养方案、教学方法、教学改革、教学队伍和教材建设、植物病害和病原学名的汉译、试题库开发等。

11月17—20日，学会产后病理学专业委员会与中国园艺学会采后科学技术分会共同主办、华中农业大学承办的中国园艺学会采后科学技术分会暨中国植物病理学会产后病理学专业委员会2017年学术年会在湖北省武汉市举行，来自150余所高校和科研单位的近500名专家、学者出席。会议以"安全供给，绿色发展"为主题，针对当前采后领域研究的热点问题以及领域内的研究前沿问题进行学术交流。

12月9日，由学会植物病原细菌专业委员会主办、江苏省农业科学院植物保护研究所等单位承办的中国植物病理学会第七届植物病原细菌学术研讨会在江苏省南京市召开，来自全国44家科研、教学单位及企业的120名专家、学者参会。

国际组织任职 9月，在韩国召开的第六届亚洲植物病理学大会上，学会理事长彭友良当选亚洲植物病理学协会（AASPP）新一届执委会副主席。

科普活动 2017年，学会共举办科普宣传活动13次、实用培训技术39次，参加活动科技人员553人次，受众7500人次，活动覆盖165个村镇。

会员服务 继续做好会员信息登记工作，完善会员数据信息，在建立完善会员交纳会费制度、初步实现会员交纳会费目标的基础上，提高对会员的服务质量。对按时交纳会费的会员，学会为其以优惠价格加入美国植物病理学会（APS）和订阅APS期刊提供服务，为加入APS的会员在APS期刊上发表文章提供版面费减免推荐，为在植物病理学刊物上发表文章提供优惠，继续保持与APS的会员交叉入会制度。

【中国植物病理学会2017年学术年会】 7月25—29日，中国植物病理学会2017年学术年会在山东省泰安市召开。本次年会由学会主办，山东农业大学植物保护学院、青岛农业大学植物医学学院、山东省农业科学院植物保护研究所、山东省植物保护总站、山东植物病理学会、山东省科协等联合承办。来自美国、加拿大、新加坡、南非等国家和地区以及国内30个省、自治区、直辖市的200多个高等院校、科研院所、企业和技术推广单位的1600余名专家、学者参会。会前由中国农业科学技术出版社编辑出版了《中国植物病理学会2017年学术年会论文集》，收录论文及论文摘要460篇。

大会开幕式由学会副理事长、沈阳农业大学教授吴元华主持。学会理事长彭友良致开幕词，山东农业大学副校长王振林和泰安市副市长陈湘安在开幕式上致辞。学会副理事长兼秘书长韩成贵宣读了中国植物病理学会终身成就奖、青年植物病理学家奖获奖者名单。

中国工程院院士、吉林农业大学教授李玉，四川农业大学教授陈学伟，南京农业大学教授董莎萌，上海交通大学教授陈功友，华南农业大学教授张炼辉，江苏省农业科学院研究员周益军，山东农业大学教授李向东，中国科学院微生物所研究员钱韦，河北农业大学教授董金皋，中国农业大学副教授周涛，华中农业大学教授程家森，中国农业大学教授王献兵作大会报告，报告内容涵盖菌物资源保育、病原变异及致病机理、植物抗病机制、病害成灾机制和绿色防控技术等植物病理学研究的各个方面，研究对象涉及病原真菌、卵菌、细菌、病毒、线虫等。

大会设6个分会场进行分组专题研讨，内容包括植物病原真菌学、植物病原卵菌学、植物病毒学、植物病原细菌学、植物病原线虫学、植物抗病性与抗病育种、植物病害防治等。197名专家、学者作口头报告，展示126份科研墙报。会议评出分组报告优秀奖18名、优秀墙报一等奖2名、优秀墙报二等奖4名。

【中国植物病理学会第十三届青年学术研讨会】 11月16—19日，由学会青年委员会主办，扬州大学、江苏省植物病理学会、江苏省农业科学院植物保护研究所、扬州大学教育部植物功能基因组学重点实验室、江苏省粮食作物现代产业技术协同创新中心、扬州大学教育部农业与农产品安全国际合作联合实验室等单位共同承办的中国植物病理学会第十三届青年学术研讨会在江苏省扬州市召开。本次大会的主题为“青年植病研究与协同创新”。来自中国农业大学、中国科学院、中国农业科学院、南京农业大学、西北农林科技大学、华中农业大学、扬州大学等近50个单位的270余名植物病理学科技工作者参会。大会会前由中国农业大学出版社正式出版了《植物病理学研究进展》，其中收录论文、简报和论文摘要96篇。

大会开幕式由中国农业大学教授吴学宏主持，并邀请长江学者特聘教授及国家杰出青年基金获得者、西北农林科技大学教授康振生，南京农业大学教授王源超，华中农业大学教授姜道宏，国家杰出青年基金获得者、中国科学院“百人计划”入选者、中国科学院微生物研究所研究员蔡磊，中国农业大学教授刘俊峰，扬州大学教授左示敏6位专家作大会特邀报告。会议期间，先后有48位学者就各自的研究工作分别在菌物、病毒、细菌、线虫等病原及其所致病害方面进行了学术交流报告。会议展出墙报20个，评选出优秀论文3篇、优秀墙报6个、优秀学术报告奖11人。

会议同期还召开了中国植物病理学会青年委员会委员会议，并进行了换届选举。

（撰稿人：邹菊华）

中国植物保护学会

服务创新型国家和社会建设 学会组织专家承

担北京市科协的北京市农民致富科技服务套餐配送工程，多次赴北京郊区农村开展科普惠农、精准扶贫系列活动，现场进行土壤消毒、传播土传病害的预防与防治知识。

4月24日，学会葡萄病虫害防治专业委员会和中国农业科学院植物保护研究所葡萄有害生物研究团队组织有关专家在河北省廊坊市举行现场观摩及技术培训活动，来自京津冀7个葡萄种植县区的农技人员、种植大户、当地葡萄协会负责人共54人参加培训。活动现场讲解了葡萄园改建和品种更换及树形培养、架式培养、成年葡萄树的修剪要点以及葡萄春季病虫害防控要点、药剂使用、注意事项等。

8月23—25日，学会副秘书长郑传临组织从事水稻病虫害的2名专家参加中国科协创新驱动助力工程调研组，赴黑龙江省佳木斯市开展调研对接工作。通过参观了解当地水稻种植农户对病虫害防治的实际需求，针对水稻生产中各种虫害和病害的发生和防治问题进行问题解答。

2017年，学会与中国农业科学院植物保护研究所共同主编的《中国农作物病虫害（第三版）》获第四届中国出版政府奖图书奖。

学会建设　2017年，学会会员总数22350人，比2016年增加150人；学会新增分支机构1个，分支机构为20个。各分支机构和学会主办的两种期刊负责人完成了换届工作。

组织评选出第四届中国植物保护学会先进省级学会5个、先进分支机构3个，第二届优秀学会工作者9人。

学会治理结构和治理方式改革　利用学会换届契机，学会依据《中国科协全国学会组织通则》和民政部对学会章程的新要求，完善和修改了《中国植物保护学会章程》。设立学会监督机构，在第十二次全国会员代表大会期间选举产生第一届监事会。在工作人员方面，学会设立专职秘书长和专职财务会计，加强学会日常工作和财务工作的管理和监督。

青年人才托举工程　2017年是学会组织实施中国科协“青年人才托举工程”的第三个年度，共择优连续支持了2名青年人才。青年人才托举工程获资助者、中国农业科学院植物保护研究所副研究员宁约瑟2017年主持国家自然科学基金面上项目等4项课题，在稻瘟菌致病机制和水稻抗病机制研究方面，以第一作者和共同第一作者在SCI期刊*Trends in Plant Science*和*Plant Cell*上发表论文两篇，并入选中国农业科学院“科研英才培育工程”。青年人才托举工程获资助者、中国农业大学副教授朱文涛受邀参加国际、国内学术会议5次并作报告，在农药残留与环境毒理研究方面发表SCI学术论文7篇，其中通讯作者3篇，培养博士研究生、硕士研究生各1名。

主办期刊　2017年,《植物保护学报》和《植物保护》均获中国科协精品期刊工程项目支持，两刊全年共发表论文407篇，印发总数16948册。《植物保护学报》推选的4篇论文获得“领跑者5000——中国精品科技期刊顶尖学术论文”称号，获得“中国科技期刊农林学科年度优秀论文”二等奖1篇、三等奖1篇。《植物保护》荣获2016年“百种中国杰出学术期刊”称号，并入选“中国精品科技期刊顶尖学术论文（F5000）”项目来源期刊。据《2017年版中国科技期刊引证报告（核心版）》统计结果,《植物保护学报》《植物保护》的影响因子和总被引频次分别为0.886和1670次、0.722和2156次，综合评价总分在植物保护学科期刊中排名分别第2和第1。

2017年,《植物保护学报》开通微信公众号和订阅号。截至2017年年底，微信公众号和订阅号关注量分别为2309人次和16000人次，累计推送文章400余篇，总阅读量131万次。

学科发展研究　7月29—30日，围绕承担的中国科协“2016—2017植物保护学学科发展研究”项目，学会在北京召开2016—2017植物保护学学科发展研究课题组第二次会议。

8月30—31日，召开2016—2017年植物保护学学科发展研讨会，来自植物保护研究领域有关分支学科的70位专家、学者参会。植物病理学科等9名学科专题报告牵头专家分别介绍了各分支学科的发展现状、国内外发展比较、今后发展趋势与对策等主要研究内容。中国工程院院士、首席科学家吴孔明出席会议，与会专家对专题报告初稿提出了修改意见。会议还讨论了综合报告编写要求，落实了报告编写的工作计划。12月,《2016—2017植物保护学学科发展报告》提交中国科学技术出版社出版。

决策咨询　学会牵头与中国林学会、中国畜牧兽医学会、中国水产学会、中国气象学会联合组织专家在召开会议分析研讨的基础上撰写完成《2017年预防与控制生物灾害咨询报告》，并提交中国科协报送国务院。学会还提交了《关于尽快启动全国昆虫雷达监测网建设的建议》报送农业部和中国科协。

国际学术会议　2017 年，学会及专业委员会共举办国际会议 4 次，包括第 26 届国际玉米螟及玉米其他害虫协作组学术研讨会、第 3 届国际入侵生物学大会、农药施用飘失与防飘技术国际学术研讨会、农药风险评估模型构建国际学术研讨会。共计参会人数 778 人次，其中国外专家 180 人次，交流论文 324 篇。

国内主要学术会议　2017 年，学会及分支机构共举办年会、研讨会、高端前沿会议、论坛等学术会议 23 次，参会人员 5300 人次，交流论文 895 篇。

3 月 24—25 日，学会植物保护产品推广委员会与有关单位联合主办的第二届杀虫剂发展交流与应用推广会议在江苏省昆山市召开，300 余人参会。会议主题是“农药使用零增长政策下的杀虫剂发展”。中国工程院院士、华东理工大学教授钱旭红等 13 位专家作特邀报告，50 位专家作分组报告。

12 月 6—7 日，学会与全国农业技术推广服务中心联合主办的全国农作物重大病虫害发生趋势研讨会在云南省腾冲市召开。来自植物保护领域的技术人员和科研教学单位 60 余名专家、学者参会。会议回顾总结了 2017 年作物病虫害发生情况，并对 2018 年全国农作物重大病虫害发生趋势进行了分析会商。

两岸交流　9 月 13—18 日，学会和台湾“中华植物保护学会”共同在台湾朝阳科技大学主办 2017 年海峡两岸植物保护学术交流研讨会。会议主题为“因应气候变迁恶化下植物保护技术之新发展”。会议设病虫害种类与发生生态的变迁、传统植物保护技术的新应用、非农药防治技术的发展与趋势（含生化制剂）、生物防治的发展与趋势、应用设施栽培的发展与趋势、有机农业下植物保护技术的发展与趋势等专题进行交流研讨。与会专家学者 103 人，其中大陆专家学者 23 人。大会编辑论文集 1 部，收录论文及摘要 31 篇。会议主办方还围绕后续交流与合作事宜进行了座谈讨论。

科普活动　2017 年，学会和分支机构联合举办专业技术培训班 10 次，培训学员来自 31 个省、自治区、直辖市的植物保护站、种植大户、病虫害测报网点的技术人员共 3000 余人次。编印并免费发放《农业鼠害防控技术与杀鼠剂科学使用指南》3000 册。

2017 年，学会官方微信公众号共推送农作物病虫害防控科普文章 190 余篇，关注人数达 8921 人次，累计阅读数 24.3 万次。

植物保护学科传播专家团队赴西北、西南贫困山区和少数民族聚集地开展调查研究、示范和技术指导，举办小麦锈病预防与治理培训班 3 次，培训农户和基层技术人员 2 万余人次。

表彰举荐优秀科技工作者　学会开展了推荐中国科学院和中国工程院院士候选人、全国创新争先奖候选人和集体奖候选团队、第十五届中国青年科技奖候选人等工作，共推荐 13 人次。组织评选出第五届中国植物保护学会青年科技奖候选人 21 名、优秀青年报告 14 个；评选表彰现代病虫测报优秀论文 101 篇、优秀组织单位 11 个。

党建强会　4 月 21 日，2017 年学会工作会暨十一届十二次常务理事会议在江西省南昌市召开。会议期间，学会理事会党委组织部分理事党员前往“小平小道”参观。

11 月 10 日，学会第十二届理事会党员大会召开。党员理事代表表决通过了中国植物保护学会第十二届理事会党委组成名单，陈万权任党委书记。

11 月 6—7 日，学会办公室党支部党员在湖南省长沙市与湖南省植物保护研究所党支部、中国农业科学院麻类研究所行政第二党支部联合举办了党建工作座谈会。活动主题为“不忘初心，牢记使命，做新时期合格党员”，3 个支部的 30 多名党员和入党积极分子参加活动。会上就学习贯彻党的十九大精神开展交流，各支部介绍了开展党建工作的做法和经验。座谈会结束后，还组织党员参观了“杂交水稻之父”袁隆平院士的杂交水稻陈列馆。

【中国植物保护学会第十二次全国会员代表大会暨 2017 年学术年会】 11 月 9—10 日，由学会主办、湖南省农业科学研究院等单位承办的中国植物保护学会第十二次全国会员代表大会暨 2017 年学术年会在湖南省长沙市举行，208 名会员参会。会议收到来自中国科协及 15 个全国学会的贺信。

第十二次全国会员代表大会审议通过了学会理事长陈万权、学会秘书长王振营、学会副秘书长张朝贤、文丽萍所作的《学会第十一届理事会工作报告》《学会章程修改报告》《第十二届理事会理事候选人和第一届监事会监事推选情况说明及选举办法》《第十一届理事会财务工作报告和会费标准的说明》。经无记名投票，选举产生了学会第十二届理事会理事 149 人和第一届监事会监事 5 人。

在第十二届理事会第一次全体会议上，选举产生常务理事 50 人、理事会领导机构 13 人。陈万权再次当选学会理事长，周雪平等当选副理事长。经陈万权提名、理事会一致同意，聘任郑传临为学会第十二届理事会专职秘书长。会议聘任吴孔明、成卓敏为名誉理事长。

同期举行的学会学术年会主题为“绿色生态可持续发展与植物保护”，来自全国各地从事教学、推广、科研的植物保护领域专家、学者和会员代表共 1200 余人参会。会前收到论文及摘要 189 篇，编辑出版会议论文集 1 部。大会开幕式上举行了中国植物保护学会第四届先进省级学会和先进分支机构、第五届青年科技奖、第二届优秀学会工作者颁奖典礼。

开幕式结束后举行了大会特邀学术报告，中国工程院院士袁隆平、吴孔明和宋宝安分别作大会特邀学术报告《超级杂交稻新进展》《Bt 棉花二十年：害虫防治的理论与实践》《基于病菌和病毒导向的绿色农药与分子靶标的研究》。中国农业科学院植物保护研究所研究员王锡锋、学会植物化感作用专业委员会主任委员孔垂华教授分别作学科发展专题报告《植物病理学科发展研究进展》《植物化感作用学科发展研究》。中国农业科学院植物保护研究所所长周雪平教授介绍了国际植物保护科学协会的基本情况。

年会设农业害虫与可持续控制技术研究、植物病害与可持续控制技术研究、生物防治技术研究、农药研制与科学安全使用技术研究、农田草害与可持续控制技术研究和害鼠生物学与治理 6 个分会场，130 多位专家、学者作分会场报告。会议评选出 14 个优秀青年报告奖。

【农作物病虫害遥感监测技术高端前沿研讨会】 9 月 20—23 日，学会在河南省开封市举办农作物病虫害遥感监测技术高端前沿研讨会，会议主题为“发展农作物病虫害监测预警技术、确保我国粮食安全”。大会邀请瑞典皇家科学院院士、诺贝尔物理学奖评委、瑞典隆德大学教授 Sune Svanberg，英国埃克塞特大学雷达昆虫学专家 Jason Chapman 教授，澳大利亚农业部王海扣博士，日本国立农研机构研究员 Akira Otuka 等国内外专家、学者 90 余人参会。会议交流内容涉及近年来国内外昆虫雷达、航空及无人机遥感、高光谱遥感等用于农作物重大病虫害自动化遥感监测、科学化早期预警等方面所取得的成就、存在的问题以及今后的发展方向和应用前景。会议编印了《农作物病虫害遥感监测技术高端前沿研讨会论文集》，收录论文及摘要 21 篇。

（撰稿人：文丽萍）

中国作物学会

服务创新型国家和社会建设 学会参与中国科协创新驱动助力工程，组织“院士专家佳木斯行”，为黑龙江省佳木斯市提供智力支持，推动佳木斯市科技创新。

学会向中国工程院推荐水稻专家 15 人、棉花专家 10 人、小麦专家 15 人、玉米专家 15 人、油菜作物专家 10 人，协助中国工程院开展评议工作。

学会油料作物专业委员会组织专家参与编写《中国植物保护百科全书植物病理卷》。

学会建设 截至 2017 年年底，学会发展个人会员 182 人，学会个人会员总数达到 5392 人，团体会员 50 个；学会新成立分支机构 1 个，分支机构总数 20 个。学会召开全体理事会议 1 次、常务理事会议 2 次、秘书长联席会议 1 次。

10 月 18 日，学会召开全体理事会议，刘春明被增选为学会副理事长，并兼任学会秘书长。

6 月 15—19 日，学会在新疆维吾尔自治区伊犁市召开 2017 年中国作物学会秘书长联席会议，传达了 2017 年学会重点工作计划和中国科协学会学术工作要点，各省级作物学会和专委会有关人员参会。

10 月 20 日，学会作物学人才培养与教育专业委员会成立，专委会主要围绕作物学科的人才培养开展交流展示、研究讨论、创新实践等活动。

学会治理结构和治理方式改革 学会完善《中国作物学会会议制度》，对学会的会议制度进行规范。制定《中国作物学会分支机构年度工作考核管理办法》，对分支机构开展考评。制定《中国作物学会兼职人员管理暂行办法》，明确学会理事等兼职人员的权利和义务。修订《中国作物学会工作人员招聘管理办法》，建立相应的人事管理制度，提升学会办事机构的服务保障能力。

青年人才托举工程 9 月，学会发布《关于推荐中国作物学会“青年人才托举工程”项目人选的通知》，启动 2017—2019 年度青年人才托举工程，华中农业大学王茂军、南京农业大学刘兵入选。

主办期刊 学会主办的期刊 *The Crop Journal*（《作物学报》英文版）获中国科协科技期刊国际影响力提升计划支持，2017 年出版 6 期共计 516 页，刊登文章55篇。与2016年同期相比，全文下载数增加了22%，连续入选“中国最具国际影响力学术期刊”。12月，该刊被SCIE数据库收录。

《作物学报》影响因子创历史新高，达到1.785，综合评价总分列2008种“中国科技核心期刊”第3名；获第二届“中国出版政府奖期刊奖”提名奖，第16次被中国科学技术信息研究所评选为“百种中国杰出学术期刊”，被中国知网评选为“2017中国最具国际影响力学术期刊”。

《作物杂志》期刊影响力指数在农艺学类期刊中排名第14，复合影响因子达到1.067。

《麦类作物学报》复合影响因子及复合总被引频次分别为1.265和6297，比2016年略有提高。

决策咨询 学会大麦专业委员会向农业部提交《2016年大麦青稞产业技术发展报告与2017年产业政策建议》，为农业部种植业管理司编写制定《2017年大麦生产技术指导意见》《2017年青稞生产技术指导意见》、国家粮食局编制《中国好粮油消费指南》提供技术咨询。

学会甘薯专业委员会联络相关院士专家向科技部提出《关于加强甘薯应用基础研究　促进产业发展的建议》，向农业部提出《关于促进甘薯产业发展的建议》，并组织学会相关专家与全国农技中心编写《2017年甘薯生产技术指导意见》。

学会藜麦分会向农业部提交《关于成立中国藜麦产业技术创新联盟　推进藜麦产业健康快速发展的报告》，建议成立全国性的藜麦产业联盟，从国家层面整体推动藜麦产业发展。

学会油料专业委员会组织专家起草《加强油菜根肿病研究的重要性和必要性》《加强油菜黑胫病研究的重要性和必要性》报告并提交农业主管部门，组织撰写《2017年春季主要作物科学施肥指导意见》中的“油菜科学施肥指导意见”。

国际学术会议 9月20—22日，由学会粟类作物专业委员会主办的第四届世界小米起源与发展国际会议在内蒙古自治区赤峰市召开，来自国内外高校和研究机构的专家、学者共200余人参会。此次会议主题为“品牌与贸易”，旨在通过敖汉小米区域品牌的打造和国内外贸易联通，推动敖汉小米转型升级。

国内主要学术会议 2017年，学会及专业委员会、分会共举办国内学术交流会议24次，参加人数10930人次，交流论文1055篇。

7月27—29日，学会在山西省岚县主办马铃薯产业发展论坛，100余名专家、学者和近20家企业的有关人员参会，会议主题为“竞争力提升与脱贫攻坚”。论坛分主论坛、分论坛、观摩、专家对接、企业对接、招才引智6项内容。

8月7—9日，由学会主办，中国科学院遗传与发育生物研究所资源研究中心、河北师范大学生命科学学院、石家庄市农林科学研究院、河北省农林科学院联合承办的第八届全国小麦基因组学及分子育种大会在河北省石家庄市召开，840余名专家、学者参会。大会主题为“小麦基因组学与分子育种”。会议就小麦结构基因组学、功能基因组学、种质资源和分子育种等内容进行交流。

9月15日，由学会主办，学会藜麦分会、齐鲁工业大学等承办的第三届中国藜麦产业（济南）高峰论坛在山东省济南市召开，近150名研究人员、企业家及各界人士参会。论坛主题为“发展藜麦产业，助力全面小康”。论坛就国内藜麦主产区产业发展现状、藜麦病虫害及其防治、藜麦酶学与加工生物技术、藜麦功能基因组研究等内容进行交流。

9月21—22日，由学会承办的中国科协第317次青年科学家论坛在北京召开。本次论坛以“现代农业作物育种需求与科技创新”为主题，共有58位青年学者参会。会议围绕“新时期作物改良目标与需求”“作物种质资源鉴定与创新”“作物优良基因挖掘与利用”“新技术在作物改良中的实践”4个专题进行交流研讨。

国际交往 学会粟类作物专业委员会组织会员参加第二届国际谷子遗传学大会。学会小麦产业分会邀请小麦育种家、世界粮食奖获得者Sanjaya Rajaram来华访问。学会甘薯专业委员会与美国密歇根理工大学生物科学系签订甘薯科技合作协议，双方计划在甘薯科研创新、人才培养等方面开展合作。学会藜麦分会邀请玻利维亚圣西蒙市立大学的研究人员来华进行藜麦优异资源筛选合作研究。学会油料专业委员会组织专家参加德国联邦风险评估研究所的视频交流会、第40届国际食品法典委员会大会、国际核盘菌会议、国际植物学大会等国际学术会议。学会大豆专业委员会组织会员参加第十届世界大豆研究大会（WSRC）及第17届大豆分子和细胞生物学大会。

科普活动 2017年，学会及分支机构、科学传播专家团队共举办科普活动57次，现场观摩、技术培训活动 76 次，参与专家约 100 余人次。

全国科普日期间，学会在湖北省枝江市开展“精准扶贫争先锋，创新驱动促发展”科普活动，被中国科协评为“2017 年全国科普日优秀活动”。

学会被中国科协评为“2017 年度全国科普工作优秀单位”。

表彰举荐优秀科技工作者 学会开展第二届中国作物学会青年科技奖评选工作，授予陈洪梅、张锦芳、苗红梅、董孔军、王林海第二届中国作物学会青年科技奖。

开展 2017 年度中国作物学会作物科技奖评选工作，授予“高优势、高制种产量大豆杂交种创制及关键技术研究”等 5 个项目“2017 年度中国作物学会作物科技奖”，授予中国农业科学院玉米栽培与生理创新团队“2017 年度中国作物学会作物科技奖——创新团队奖”。

学会新设立并开展第一届中国作物学会优秀博士论文奖评选工作，授予《油菜核不育基因 BnRf 和恢复基因 BnMs4 的图位克隆及功能验证》等 7 篇博士论文“2017 中国作物学会优秀博士论文奖”。

开展首届王连铮大豆青年科教奖励基金颁奖活动，关荣霞等 5 名青年大豆科研工作者获奖。

经学会推荐，中国农业科学院作物科学研究所研究员李少昆获首届全国创新争先奖章。

党建强会 1 月，在中国科协科技社团党委支持下，学会成立理事会层面的功能型党委。

学会党支部组织党员和科技工作者开展“走进太行山，学习新愚公”主题活动。6 月，学会党支部在黑龙江省饶河县开展“精准扶贫争先锋，科普惠农促发展”主题活动。9 月，学会党支部组织专家到湖北省枝江市开展以“精准扶贫争先锋，创新驱动促发展”主题的科普宣传活动。

【2017 年中国作物学会学术年会】 10 月 18—20 日，2017 年中国作物学会学术年会在河北省保定市举办，年会主题为“科技创新与绿色农业”，来自全国各地 175 个单位的 1200 余名专家、学者和研究生参会。

围绕年会主题，中国工程院院士张洪程等 10 位专家、学者分别作大会报告。大会设 4 个分会场，分别为作物基因挖掘与分子育种、作物种质资源与遗传改良、作物生理生态与耕作栽培、作物学科人才培养与教育，62 位专家、学者作学术报告。32 位研究生通过研究生论坛进行学术交流，33 位青年科技工作者及研究生通过墙报展示了研究进展与最新成果。会议收到论文摘要 183 篇。会议期间还成立了学会第 20 个分支机构——作物学科人才培养与教育专业委员会。

年会开幕式上举行了第二届中国作物学会青年科技奖、2017 年中国作物学会作物科技奖和 2017 中国作物学会优秀博士论文奖颁奖仪式。

年会闭幕式上举行了 2017 年中国作物学会学术年会研究生论坛的优秀墙报奖和优秀学术报告奖的颁奖仪式。

【首届中国作物学会会员活动日】 10 月 18 日，学会在河北农业大学举办首届中国作物学会会员活动日，学会专家、学会会员、河北农业大学师生近 300 人参加活动。本次活动以“关注基因育种，求索科研之路”为主题，举办了院士公开课和专题讲座活动。

院士公开课邀请中国科学院院士陈晓亚、中国工程院院士万建民分别作报告《植物次生代谢与人类健康》《水稻重要基因的挖掘和分子育种研究》。在专题讲座活动中，学会副理事长刘春明和《作物学报》编辑部副主编程维红分别围绕“科学研究与论文写作”“《作物学报》中、英文版办刊进展和投稿要求”作专题报告。

（撰稿人：徐　莉）

中国热带作物学会

服务创新型国家和社会建设 学会开展科技入户和科技培训工作，学会各分支机构、省级热带作物学会举办橡胶树割胶、石斛栽培、热带作物病虫害防治、胡椒辣木栽培等热带作物生产实用技术培训班，并针对突发事件和专项工作开展技术咨询服务。

开展学会治理体制改革、中国科协“九大”代表调研课题等项目，撰写的《增强会员凝聚力研究》报告被评为中国科协“九大”代表 2016—2017 年优秀调研课题报告。

学会建设 组织召开中国热带作物学会 2017 年工作会议，九届三次理事会议，九届七次、八次、九次、十次、十一次常务理事会议；召开理事长办公会议和党委会议各 3 次。

学会对分支机构和省级热带作物学会进行专题调研，强化分支机构的业务指导和联系。开展分支机构年度考核，对考核不合格分支机构的负责人进行约谈。牧草与饲料作物专业委员会、薯类专业委员会等6个分支机构完成换届改选。

启用中国科协个人会员管理系统，梳理个人会员信息，新录入会员信息近2000人。健全单位会员和个人会员入会申请审批制度、登记注册制度和会费收缴制度，有针对性地开展会员服务工作。

学会参与网上科协建设，融合学会官方网站、会员管理系统和会议管理系统，实现数据平台共建共享。开通了中国热带作物学会、中国热带作物学会生态环境专业委员会、中国热带作物学会党建宣传阵地、中国热带作物学会科普工作委员会党支部4个微信公众号。

学会治理结构和治理方式改革 制定并印发《中国热带作物学会理事长办公会议制度》《中国热带作物学会理事会和常务理事会议制度》《中国热带作物学会秘书长会议制度》等会议管理办法，规范会议管理。制定《中国热带作物学会薪资管理办法》《中国热带作物学会会议费收款规程》，规范工作人员薪资管理和会议费的收取。

推进秘书处实体化和规范化建设。完善秘书处机构设置，下设办公室、学术部、会员科普部、期刊部等部门，招聘专职工作人员3名。

青年人才托举工程 学会获得中国科协青年人才托举工程第三届（2017—2019年度）项目立项资格。经学会推荐，广西壮族自治区农业科学院广西作物遗传改良生物技术重点开放实验室尹玲、福建省农业科学院农业生物资源研究所陈梅春获项目资助。

主办期刊 学会主办的《热带作物学报》被评为“第四届海南省出版物政府奖期刊奖”一等奖。根据中国知网发布的2017年中国学术期刊影响因子年报，《热带作物学报》复合他引影响因子为1.085，在园艺学期刊中排名第五。

决策咨询 10—12月，学会联合中国热带农业科学院组织专家对海南、广西和云南等省区开展粮经轮作专题调研，形成《关于进一步扩大我国热区粮经轮作制度试点的政策建议》上报农业部。农业部副部长余欣荣对调研报告做出批示：“调研报告主题鲜明，突出了绿色、提质、高效的要求，几点意见要转换到今后的措施、政策中去”。

国际学术会议 12月12—13日，学会联合中国热带农业科学院和国际热带农业中心（CIAT）在海南省海口市举办热带豆科牧草国际学术研讨会，来自澳大利亚、孟加拉国、柬埔寨、印度等11个国家和国内相关单位的50余名专家、学者参会。

国内主要学术会议 2017年，学会及所属分支机构共举办国内学术会议15次，提交学术交流论文或摘要200余篇。

10月24—26日，学会在海南省海口市举办中国热带作物学会第一届青年科学家论坛，热带作物领域的50余名青年学者参加论坛，16名青年学者作学术报告。

11月20—23日，2017年全国热带作物遗传育种学术研讨会在广东省广州市召开，120多名专家、学者参会，10位专家作大会报告。会议设植物生物工程、微生物工程和南繁种业与转基因生物安全3个分会场，24位青年科技人员作分会场专题学术报告。

科普活动 5月22—27日，学会联合中国农学会、海南省科协共同举办2017年全国科技活动周暨第一届热带农业科技活动周。启动仪式在海南省白沙县举行，活动共举办专题讲座5场、田间培训4场、科普展览2场，制作挂图、展板、海报等宣传资料60余份（块），发放科普读物1000余份，接受科技咨询300余人次，邀请科技专家70余人次参与活动，直接受益群众达1000余人次。

9月，学会联合中国农学会、云南省农业科学院热带亚热带经济作物研究所和云南省保山市科协等单位围绕“创新驱动发展，科学破除愚昧”主题，在云南省保山市组织开展保山市·隆阳区2017年全国科普日活动。活动期间，共举办各类科普宣传活动20余项，开展科技咨询服务300余人次，举办科技扶贫讲座2场、现场培训1场、科普展览2场，制作挂图、展板、海报等宣传资料100余份（块），发放科普读物1000余份，邀请科技专家120余人次参与活动，直接受益群众达2000余人次。此项科普活动被评为2017年全国科普日优秀活动。

2017年，学会组建了天然橡胶、香料饮料作物、热带薯类、高原特色热带农业、热带作物产品加工、热带作物植保6个科学传播专家团队。

表彰举荐优秀科技工作者 向中国科协推荐中国工程院院士候选人3名，向中国科协、农业部等推荐全国创新争先奖候选人6名，向中国科协科技社团党委推荐全国学会优秀党员科技工作者3名。

制定并印发《中国热带作物学会科学技术奖励章

程》，设立中国热带作物学会科学技术奖励委员会和奖励委员会办公室，建立中国热带作物学会科学技术奖励评审专家库。组织开展第一届中国热带作物学会科学技术奖励的推荐和评审工作，经推荐单位初评、奖励办公室形式审查、评审委员会评审、奖励委员会审定等程序，共评选出科技进步一等奖 2 项、二等奖 5 项、杰出贡献奖 1 人、青年科技奖 5 人。

党建强会 制定并印发《中共中国热带作物学会委员会工作规则》和《中国热带作物学会分支机构党组织工作规则》，指导 7 个分支机构建立党的基层组织，实现党的组织和党的工作“双覆盖”。

组织召开学习宣传贯彻党的十九大精神专题报告会，学会第九届理事会全体理事、各分支机构和省级热带作物学会负责人 200 余人参会。邀请学会副理事长郭安平讲党课，解读党的十九大精神和推进我国热带作物区乡村振兴战略的实施路径。

会员服务 学会编制《中国热带作物学会工作简报》，方便会员了解学会工作动态。优先安排会员参与学会组织的活动和在《热带作物学报》发表论文。

【2017 年全国热带作物学术年会】 11 月 12—15 日，2017 年全国热带作物学术年会在贵州省贵阳市举行。会议的主题是“推进热带农业供给侧结构性改革”。学会挂靠单位中国热带农业科学院院长王庆煌，贵州省农业科学院副院长周维佳，学会副理事长刘波、张治礼、郭安平、范源洪、符月华、吕林汉、陈东奎、钟广炎出席会议，来自全国各地的近 500 名科技工作者参会。

会议举行了第一届中国热带作物学会科学技术奖奖励颁奖仪式和热带作物科学领域杰出科学家事迹报告会。授予“优质多抗冬瓜种质挖掘、创制及其利用研究”等 7 项成果第一届中国热带作物学会科技进步奖，授予黄华孙中国热带作物学会杰出贡献奖，授予胡伟等 5 人中国热带作物学会青年科技奖。

中国工程院院士宋宝安等 6 位专家作特邀报告，内容涵盖农业安全用药、蔬菜产业发展、药用植物研究、农业微生物应用以及橡胶树全基因组测序等。会议设 5 个分会场，近 80 位专家、学者作专题学术报告。会议组织专家对专题学术报告进行了评审，授予《基于香蕉组学的 MADS 转录因子对果实品质的调控机制》等 13 个报告 2017 年全国热带作物学术年会优秀专题学术报告，授予薯类专业委员会和南药专业委员会 2 个单位优秀分会场组织奖。

【创新热带农业科技　服务“一带一路”建设战略专家咨询会】 4 月 11 日，学会参与主办的“创新热带农业科技，服务‘一带一路’建设战略专家咨询会”在海南省万宁市举行。

中国科学院院士张启发、谢华安，中国工程院院士朱英国、颜龙安、陈温福、喻树迅、万建民、宋宝安，学会副理事长胡新文等参会。会议围绕热带农业科技发展趋势和服务支撑“一带一路”建设等重点论题进行研讨。海南省政协副主席、海南省科学技术厅厅长史贻云出席会议并讲话，学会理事长、中国热带农业科学院党组书记李尚兰主持会议。

（撰稿人：孙爱花　杨礼富）

中国蚕学会

服务创新型国家和社会建设 10 月 11—14 日，学会在江苏省东台市举办全国蚕种微粒子病防控技术培训班。18 个蚕桑生产省（区）128 位蚕种生产、科研、教学、管理岗位的技术人员参加了培训。培训邀请科研院所和生产管理专家就家蚕微粒子病的研究进展和防控技术进行专题讲座，发布最新研究成果，交流生产管理经验，现场解惑答疑。

10 月 26 日，学会组织相关领域专家赴四川省南充市嘉陵区考察桑茶产业，学会继续在人才、技术方面给予支持，建议嘉陵区着力发展以桑茶为主导的桑食品产业，推进多元开发，实现循环利用，引领全国桑产业健康发展。

学会建设 召开常务理事会议 2 次、理事会议 1 次、理事长办公会议 1 次、蚕种分会成立会 1 次、分支机构工作会 2 次。

4 月 14 日，在山东省青州市召开中国蚕学会蚕种分会成立会议。学会理事长廖森泰、名誉理事长鲁成、常务副理事长李龙出席会议，学会蚕种分会负责人以及 25 个会员单位参加会议。农业部种植业司经作处、蚕桑主产省（区、市）蚕种主管处（站）、蚕种科研单位负责人到会祝贺。

5 月 10 日，在浙江省杭州市召开理事长办公会，就学会改革中遇到的一些问题进行交流、统一认识，积极推进各项改革措施。

10 月 8—20 日，以通讯方式召开理事会、常务理事会，推荐第十五届中国青年科技奖候选人。

青年人才托举工程 学会制定青年人才遴选推荐

办法、建立评价标准、制订培养方案，推荐并入选中国科协青年人才托举工程1人。

主办期刊 学会主办的学术期刊《蚕业科学》2017年出版6期，1150个版面，刊登论文150篇。该刊被中国科技核心期刊、中文核心期刊、中国农业核心期刊和美国化学文摘（CA）收录。

国内主要学术会议 举办7次学术交流活动，参会总人数1116人次，其中企业参会人数217人次；交流论文372篇次，收录论文338篇，出版论文集3册。

4月7日，在四川省德昌县举办第二届全国果桑产业发展大会，15个省、自治区、直辖市的80多家科教、生产、电商单位的178人参会。会议研讨果桑产业发展路径，交流果桑产业发展经验。

8月10日，在山东省烟台市召开第十三届家（柞）蚕遗传育种学术研讨会，127人参会。会议交流了家蚕人工饲料研究进展、人工饲料适应性蚕品种选育、人工饲料养蚕技术进展。

9月7—8日，在陕西省安康市召开首次全国蚕种生产经营经验交流暨学术讨论会，来自15个省、自治区、直辖市的154人参会。会议交流了全国家蚕品种质量抽查情况、蚕桑生产及蚕种产销形势与趋势、蚕育种研究进展及今后发展方向。

11月9—11日，在广东省广州市召开蚕病理学与病虫害防控学术研讨会，来自16个省（区、市）的39家科研、教学和生产单位的126名科技人员参加会议。大会进行了11个主题报告和15个交流报告，展示了近年来国内在蚕病理学及病虫害防控基础理论研究、应用研究和技术推广工作的最新进展。

科普活动 2017年，学会秘书处继续开展“蚕桑科普进校园”品牌科普活动，在江苏省扬州市和镇江市面向中小学生开展蚕桑主题科普，参加活动专家30人次，受众师生4000人次。

表彰举荐优秀科技工作者 学会向中国科协推荐第十五届中国青年科技奖候选人1名、推荐创新争先优秀科技工作者候选人2名。

党建强会 学会党委召开党委会1次，专题研究学会党委工作机制和有关制度的制定。

【中国蚕学会第九届青年学术研讨会】 10月27—28日，中国蚕学会第九届青年学术研讨会在重庆市召开，会议以“创新驱动，更高更远，开创蚕桑新时代”为主题。大会开幕式由学会副理事代方银主持。

学会名誉理事长、中国工程院院士向仲怀，学会理事长廖森泰，重庆市科协副主席陈伟，西南大学副校长丁忠民，学会名誉理事长鲁成，学会秘书长沈兴家参会。来自21个省、自治区、直辖市的50余家高校、科研院所等单位的330余名专家、青年研究者参会。向仲怀院士为大会题词：“乘风破浪正当时，直挂云帆济沧海”，寄望全国蚕桑学青年学者不忘使命、勇于担当、创新前进、携手再建一流功勋。

研讨会收到论文或摘要219篇，举行大会特邀报告5个、大会主题报告10个、分组交流报告42个。浙江省农业科学院原副院长孟智启，国家杰青、长江学者、华南师范大学昆虫科学与技术研究所所长李胜，中国科学院上海生命科学研究院植物生理生态研究所博士刘群，浙江大学动物科学学院教授缪云根，西南大学生物技术中心研究员范艳华作特邀报告。42位青年学者分别作分组交流报告，报告内容涵盖了蚕业各学科领域。

【全国桑树产业发展学术研讨会】 8月21—23日，全国桑树产业发展学术研讨会在湖北省武汉市召开。来自18个省、自治区、直辖市从事桑树相关领域科研、生产、教学及管理单位的100余名专家、学者参会，会议收到学术论文81余篇。学会栽桑学专业委员会主任委员胡兴明，副主任委员苏超、刘利、吕志强主持会议交流。

西南大学教授黄先智，家蚕基因组生物学国家重点实验室博士梁九波，广东省农业科学研究院研究员唐翠明、肖更生，湖北省农业科学研究院研究员于翠分别就桑的饲料化利用、桑树功能基因组与染色体研究进展、果桑产业可持续发展、桑果食药用价值及加工过程中功能性物质的变化、施肥对桑园土壤环境的调控作大会专题报告。会议主要就新形势下如何加强科技创新、推动桑树产业多元化发展进行交流。

（撰稿人：刘　挺）

中国水土保持学会

服务创新型国家和社会建设 5月27日，学会印发《生产建设项目水土保持方案编制单位水平评价管理办法》和《生产建设项目水土保持监测单位水平评价管理办法》。

2017年，学会两次开展生产建设项目水土保持监测单位水平评价工作，对762家提出申请的监测单位进行水平评价。学会咨询与评价工作委员会组织专家进行评审，经评审，643家单位符合基本条件，其中5星级9家、4星级29家、3星级37家、2星级130家、1星级438家。

学会编撰和出版《水土保持概论》《水土保持规划设计》《水土保持工程监理》《水土保持监测》《水土保持管理信息系统》《生态清洁小流域建设技术》6册水土保持从业人员培训教材。

学会举办“生产建设项目水土保持方案编制技术人员”培训班1期、“生产建设项目水土保持监测技术人员”培训班1期、“水土保持规划设计”培训班2期，培训学员2000余人次。

7月22—24日，学会在重庆市举办2017年水利精准扶贫暨水利技术人员培训班，160余名学员参加培训。此次培训是学会承担的中国科协“为贫困地区提供智力服务示范项目”。

学会建设 2017年，学会召开3次常务理事会会议和1次理事会会议，审议通过学会修订、制定的制度和其他重要事宜。

5月16—19日，学会在广东省深圳市召开2017年秘书长工作会议，62人参加会议。会议传达有关文件精神，讨论分支机构管理办法等文件。

主办期刊 10月22日，学会在陕西省杨凌市召开《中国水土保持科学》第四届编委会第一次主编会议，会议审议通过了《〈中国水土保持科学〉第六届优秀论文评选方案》，并研讨期刊定位、学术质量提升、审稿流程优化和期刊未来发展方向等内容。

2017年，《中国水土保持科学》出版正刊6期，刊出文章109篇（含全英文文章2篇），其中基础研究19篇、应用研究72篇、开发研究14篇、学术论坛2篇、研究综述2篇。

2017年，学会开展第6届《中国水土保持科学》优秀论文评选工作，评选出优秀论文15篇。

国际学术会议 6月11—18日，由学会协办的第一届全球变化条件下的世界水土保持科技研讨会在西班牙召开。会议主题为“变化环境中的水土资源管理所面临的机遇与挑战”。来自欧洲、美洲、亚洲、非洲、大洋洲的230多位科学家出席会议。会议安排18个主题报告、85个分会场报告、100多个墙报展示。

国内主要学术会议 5月19日，学会和北京林业大学在北京联合主办纪念关君蔚院士诞辰100周年座谈会，缅怀已故学会名誉理事长、中国工程院院士、我国水土保持教育事业的奠基者和创始人关君蔚先生。80余位专家参加座谈会。

5月20日，由学会和北京林业大学联合主办的水土保持与荒漠化防治高峰论坛在北京召开。论坛主题为“水土保持—绿色发展—美丽中国”。300余位专家、学者及社会各界人士参加论坛。

6月10日，学会和北京林业大学水土保持学院、北京市水务局、北京市园林绿化局、北京市环境保护局在北京联合召开京津冀水源地保护与生态修复一体化技术交流会。会议围绕京津冀水源地保护与生态修复一体化进行学术和技术交流，并对经济、管理、政策、资金、观念问题进行讨论，形成了《京津冀水源地保护与生态修复一体化倡议书》。

两岸交流 7月2—5日，由学会协办的第十八届海峡两岸三地环境资源与生态保育学术研讨会在宁夏回族自治区银川市召开。会议主题为“高效利用水土资源、构建生态安全体系”。

8月21—24日，由学会与台湾地区“中华水土保持学会”共同主办的2017年海峡两岸水土保持学术研讨会在四川省成都市召开。会议主题为“水土保持与坡地灾害减灾”。200余位专家、学者参加会议。

科普活动 2017年，学会发布《关于申报中国水土保持学会科普教育基地的通知》，经专家现场考评与科普工作委员会评审，陕西省西安汉城湖国家级水土保持示范园等3家示范园区被评为首批“全国水土保持科普教育基地”。

2017年，《水土保持读本（小学版）》印刷发行2.5万册。

5月26日，学会联合陕西水土保持学会在陕西省西安市组织开展2017年防灾减灾科普宣传活动。

表彰举荐优秀科技工作者 2017年，学会组织评选第九届中国水土保持学会科学技术奖7项，其中一等奖1项、二等奖4项、三等奖2项；评选出第一届中国水土保持学会优秀设计奖18项，其中一等奖2项、二等奖4项、三等奖12项。

2017年，学会向中国科协举荐国家科学技术奖候选项目1项、第十四届中国青年女科学家奖候选人2人、第十五届中国青年科技奖候选人2人。

党建强会 4月6日，学会党委在北京召开第二次会议。会议传达学习了《中国科协关于加强科技社团党建工作的若干意见》，决定成立学会党委办公室，承担党委交办的党务工作，党委办公室主任由秘书处党支部书记兼任。

学会印发《关于加强中国水土保持学会党委建设的意见》《中国水土保持学会党委贯彻落实中央八项规定精神实施细则》。

5月25日，学会党委在陕西省延安市举办“水保进党校，党员促水保”特色活动。

9月24日，学会党委印发《中国水土保持学会学习宣传贯彻党的十九大精神工作方案》，组织学会秘书处、各专业委员会、地方学会和会员学习宣传贯彻党的十九大精神。

（撰稿人：张东宇）

中国茶叶学会

服务创新型国家和社会建设 2017年，学会组织茶叶专家45余人次深入湖北省宣恩县、广西壮族自治区凌云县、陕西省汉中市等7个贫困茶区开展茶叶科技精准扶贫活动，累计受益茶农1200余人。活动从茶园防治、茶树栽培、茶叶加工、茶叶审评、标准化茶园建设、三产融合等多个领域开展实地调研、专题讲座、现场咨询、座谈交流、审评沙龙、技术培训等活动，向部分地区赠送茶叶书籍、刊物等资料11种3300余份。

学会受福建农林大学、浙江省种植业管理局、农业部南京农业机械化研究所、安徽农业大学委托，完成“乌龙茶主要害虫灾变机理及其生态防控关键技术”“名茶连续化自动化加工生产线应用与示范”“茶园生产机械化作业技术集成应用”“茶树富氟机制及降氟技术研究”4个项目的科技成果评价。

学会受浙江省职业技能鉴定指导中心委托，承担浙江省茶艺师职业题库开发和审定工作。聘请4名专家组成题库编写组，完成初级茶艺师题目3340题、高级茶艺技师题目2226题。

学会筹备开展首届茶叶审评师资培训，培养高素质、高技能的茶叶审评专业人才队伍，200多人报名，经面试择优录取45人。

组织开展第五届“中国茶叶学会科学技术奖”评选，收到申报项目15项，评出一等奖2项、二等奖3项、三等奖3项。

组织第十二届“中茶杯”全国名优茶评选活动，收到全国各企业选送的参赛样品1159个，其中绿茶532个、红茶337个、乌龙茶94个、白茶101个、黄茶25个、黑茶56个、特种茶10个、花茶4个。经专家审评，评出特等奖164个、一等奖523个。同一企业同一产品连续三届参加评比并获奖可评金奖、银奖，本届“中茶杯”评出金奖36个、银奖49个。

举办评茶员、茶艺师职业技能培训16期，培训1146人次。举办专业人员知识更新研修班14期，参加人员920人次。

学会组织70余名专家赴浙江省松阳县、广西壮族自治区百色市、陕西省西乡县、湖南省长沙市等地举办2017年全国重点产茶县做大做强研讨会、广西百色茶产业发展咨询会、陕西茶产业脱贫攻坚与发展战略咨询会、湖南大湘西潇湘茶品牌发展咨询会、广西西林县茶产业发展咨询会，结合当地实际情况，就茶叶科技创新、提质增效、扶贫规划、标准制定、延伸产业链、品牌宣传、培育规模企业等方面给出针对性建议。

5月27日，学会在浙江省杭州市举办全国科技工作者日科学精神宣讲活动。活动以“求真务实　拼搏奉献”为主题，邀请老中青三代优秀茶叶科技工作者代表及中国农业科学院茶叶研究所、浙江大学茶学系等单位的科技工作者代表100余人参加。

6月8日，学会联合杭州市科协等单位赴浙江省桐庐县开展协同创新基地科技服务。学会理事长江用文带队6位茶叶专家与桐庐县科协、茶叶主管部门共同为当地茶叶种植企业负责人、产茶大户、技术骨干提供茶园植保、茶叶加工等方面的技术培训和指导，40余人参加活动；为茶农进行茶树植保技术培训，发放病虫害防治挂图100份；举办茶叶生产技术提升圆桌交流会，与茶农就有机肥使用、红茶加工、茶企发展思路等问题进行交流；实地调研桐庐恒信农业开发有限公司、桐庐康兴茶叶有限公司等基地，对田间小绿叶蝉病害防治、有机茶园建设、大宗出口绿茶加工技术等提出指导建议。

9月4—8日，学会与陕西省园艺蚕桑技术工作站在浙江省杭州市联合举办陕西省茶产业转型升级培训班，来自西安市、汉中市、安康市、商洛市、咸阳市等地茶业主管部门、陕西各产茶区县相关部门及部分茶叶龙头企业负责人50余人参加培训。培训班邀请专家讲解茶叶加工新技术与应用、茶叶深加工技术与产品创新、茶叶区域公用品牌与企业产品品牌建设、现代茶园规划与标准化茶园建设、茶叶“新零售”、茶产业三产融合发展等内容。

学会与福建省农学会、青岛市茶叶学会共建学会科技服务点，以服务点为平台，联系专家为企业提供智力支持、提供相关科技信息和咨询服务，帮助企业提升科技水平。

学会建设 学会下属分支机构由13个增加为14个，原茶叶提取物分会改名为深加工专业委员会，新成立加工专业委员会。

学会微信平台2017年发文135篇，点击量120万人次，粉丝数量达到40025人。

重新梳理会员信息，清理了部分信息不全、未按时交纳会费的会员。截至2017年年底，学会有个人会员3319人、单位会员230个。

学会获人力资源和社会保障部、中国科协颁发的“全国科协系统先进集体”荣誉称号。

青年人才托举工程 学会根据《中国科协青年人才托举工程实施细则》，推荐安徽农业大学张梁、中国农业科学院茶叶研究所王璐入选中国科协“青年人才托举工程”并获2016—2018年度“青年人才托举工程”项目立项资格。安徽农业大学王东旭获2017—2019年度“青年人才托举工程”项目资助。

主办期刊 2017年,《茶叶科学》处理稿件350篇，录用72篇，出版6期约80万字。网络版主要向中国智网、万方数据、维普等提供排版电子文档，向中国科学引文数据库、中国学术期刊文摘提供电子文档。据2017年中国知网发布的统计指标,《茶叶科学》的综合影响因子为1.542，比2016年提高10.38%；复合影响因子为1.961，在农学类核心期刊中排名第4。据中国科学技术信息研究所2017年公布资料,《茶叶科学》核心影响因子为1.118，在园艺学科期刊中排名第2；核心综合评价总分为65.8，学科排名第3；2017年度Web下载次数7.47万次，比2016年提高24.29%。

开展《茶叶科学》2012—2016年度优秀论文评选，评选出优秀论文20篇。

学科发展研究 学会推进“2016—2017茶学学科发展报告”项目实施工作。10月30日，学会在北京召开《2016—2017茶学学科发展报告》项目研讨会，来自浙江、安徽、江苏等9个省、直辖市涉茶高校、研究所的60余名专家出席会议。会议讨论了本卷茶学学科发展报告中茶树资源学、茶树育种学、茶树分子生物学、茶树栽培学、茶树植保学、茶叶加工学、茶叶深加工学、茶叶质量与标准研究、茶产业经济、茶与健康研究10个领域的书稿，并给出了补充修订建议。

国内主要学术会议 2017年，学会及所属分支机构组织召开年会、研讨会、沙龙等学术交流活动4次，1740人次参与，收录学术交流论文87篇，编写印发《2017全国茶业创新学术研讨会论文集》。

10月12日，学会在陕西省西乡县召开2017全国茶业创新学术研讨会。来自陕西、浙江、安徽等15个省、自治区、直辖市的高校、科研院所及企业的300余名专家、学者参加了研讨会。

2月17日，学会有机茶专业委员会、中国农业科学院茶叶研究所有机认证中心、杭州中农质量认证有限公司在浙江省杭州市联合举办2017有机茶生产贸易合作会议。来自全国各地的120多位有机茶生产和贸易企业代表参会。会议主题为“有机茶，让世界发现你”。会议邀请相关专家分别作主题报告《认证推进食品农产品供给侧结构性改革》《有机茶产销形势与消费趋势展望》。会议达成产销协议（意向）30多项。会议邀请中国农业科学院茶叶研究所品种选育、栽培管理、病虫害防控方面的专家与企业代表就生产中遇到的问题进行咨询交流。

5月11—12日，学会在江苏省宜兴市举办第五届茶叶感官审评研究学术沙龙。来自13个省、自治区、直辖市的高校、科研院所及企业的共60名茶叶审评和相关食品感官分析领域的专家、学者参会。

国际交往 5月25日—6月3日，学会选派两名教师赴韩国开展茶文化培训交流活动，传授中国茶艺，弘扬茶文化。

科普活动 学会与湖南广播电视台茶频道策划制作全国首档茶健康科普电视栏目《喝到100岁》。2017年播出24期，每月两期，每期节目50分钟，12位业内知名专家参与录制，栏目点击量达到52万次。

组织举办以“茶为国饮　品味生活”为主题的第九届“全民饮茶日活动”，全国103个城市、线下线上近1000家茶店、近100万人参与活动。活动编印发放《茶知识100问》8万册，制作横幅、海报730份。学会官方微信公众号举办“茶知识有奖竞答”活动，60754人次参与，赠送奖品1100份。

学会在微信平台回应农残、稀土、普洱茶中黄曲霉素等热点问题，点击转发38万余次。

学会被评为中国科协“2017 年度全国学会科普工作优秀单位”。

表彰举荐优秀科技工作者 开展“帝芙特”杯第五届中国茶叶学会青年科技奖评选。3 月启动推荐工作，9 月 28 日召开专家评审会，评选出吕海鹏等 10 位获奖者。

党建强会 在学会网站和微信公众号开辟“党建强会”专栏，宣传学会党委和办事机构党支部的学习和组织活动，发布中国科协、科技社团党委及全国学会党支部的学习和活动内容。

6 月 19—20 日，学会组织支部党员带领专家走进广西开展支部主题党日活动，赴广西凌云浪伏茶业公司基地和广西凌云凌春茶叶产业示范区了解当地茶叶生产等情况、举办科技讲座。

10 月 11 日，学会十届理事第一次党员大会选举产生了新一届理事会学会党委，选举江用文为党委书记，并完成理事会党委换届。

会员服务 进一步规范会员服务和收费管理制度，修订《中国茶叶学会会员会费管理办法》。

为个人会员和单位会员提供 2017 年 12 期《中国茶叶》期刊或 6 期《茶叶科学》期刊，提供《2017 年全国春茶产销形势》等专业研究报告，发送学会工作简报和节日问候。

举办首个全国科技工作者日科学精神宣讲交流会、迎春茶会，看望慰问老科技工作者。通过微信、年会、期刊等渠道宣传推广会员产品和品牌，展示会员风采。

【中国茶叶学会第十次全国会员代表大会暨 2017 全国茶业创新学术研讨会】 10 月 10—13 日，中国茶叶学会第十次全国会员代表大会暨 2017 全国茶业创新学术研讨会在陕西省西乡县召开。来自 24 个省、自治区、直辖市及香港特别行政区的 175 名专家、学者参加了大会。中国科协党组成员兼学术部部长宋军，中国农业科学院党组成员、副院长吴孔明等出席开幕式并讲话。

学会第九届理事会理事长江用文作《中国茶叶学会第九届理事会工作报告》，秘书长阮建云作《中国茶叶学会章程（草案）》及修改说明，常务副秘书长周智修作《中国茶叶学会第九届理事会财务报告》《中国茶叶学会会员会费管理办法（草案）》修订说明。大会审议通过了《中国茶叶学会第九届理事会工作报告》《中国茶叶学会章程（草案）》《中国茶叶学会第九届理事会财务报告》《中国茶叶学会会员会费管理办法（草案）》和《中国茶叶学会第十届理事会、第一届监事会选举办法》等。大会以无记名投票方式选举产生了 112 名理事、5 名监事，组成了新一届学会理事会、监事会。

10 月 11 日，学会召开第十届理事会第一次会议，选举产生 37 位常务理事，江用文当选理事长。聘请中国工程院院士陈宗懋、中国农业科学院茶叶研究所所长杨亚军为学会名誉理事长。学会监事会第一次会议选举张定为监事长。

10 月 12 日，召开 2017 全国茶业创新学术研讨会。来自陕西、浙江、安徽等 15 个省、自治区、直辖市的高校、科研院所及企业的 300 余名专家、学者参加研讨会。会议邀请中国农业科学院院士吴孔明、湖南农业大学教授刘仲华、中国农业科学院茶叶研究所研究员王新超分别作特邀报告《科技创新与现代农业》《深加工是茶资源高效利用的重要途径》《茶树抗寒机制的多角度解析》。研讨会设立两个分会场，21 位作者在分会场作专题报告，18 篇论文进行学术墙报交流，会议收录论文 87 篇。

【2017 中国茶业科技年会】 11 月 13—16 日，学会在湖南省长沙市举办 2017 中国茶业科技年会。来自全国各地科研院所、主要大中型茶叶企业、产茶县市茶叶主管部门、茶叶社团等负责人 1200 余人出席会议。年会首次开设直播通道，累计 6.7 万人次观看视频。年会以“科技创新·三产融和”为主题，举行主会场特邀报告和科技、经济两个分会场专题报告。会议收集 21 所高等院校 699 位茶学应届毕业生的信息进行交流发布，展示优秀毕业生 101 名、第十二届“中茶杯”获奖茶品 70 余个、茶叶科技新成果 60 余项，推介高校科研院所 13 家、茶叶企业 3 家。

（撰稿人：马秀芬）

中国草学会

服务创新型国家和社会建设 2017 年，学会组织专家实地调研 10 余次、培训 20 余次，调研和培训内容涉及草原生态补奖政策实施效益、草原蝗虫灾害、草原鼠害、草地病虫害、苜蓿种植、饲草加工、青贮和家畜养殖等方面。

学会承担中国科协创新驱动工程示范项目，开展奶牛饲喂优质苜蓿生产性能的提升及苜蓿种植技术指导研究，联合草原站、畜牧局及企业进行苜蓿生产技术培训，推广苜蓿种植和利用技术。

7 月 29—31 日、11 月 20—21 日分别在内蒙古自治区呼和浩特市、河北省沧州市开展考察调研工作，与当地养殖户、合作社、农牧民就生产实际中遇到的瓶颈问题进行面对面交流与解答。

4 月 24 日，学会理事许庆方赴山西省岢岚县考察冷凉区域种草养畜、脱贫致富之路。在山西省方山县 2017 年饲草种植加工技术培训会上，许庆方为畜牧管理部门、养殖场、合作社讲授玉米青贮的相关知识。

5 月、10 月，学会理事白昌军分别带团在福建省福州市召开南方草地资源调查项目技术培训会、赴江西省南昌市参加由国家畜牧总站举办的 2017 年国家草品种区域试验数据统计培训班，并为江西畜牧研究所作报告。

6 月 13 日，学会草地植保专业委员会在内蒙古自治区锡林郭勒草原有害生物科学观测实验站组织召开草地有害生物防控技术培训班，培训内蒙古、新疆、青海、甘肃等地草原站、治蝗办相关技术人员 40 余人。学会草地植保专业委员会主任委员张泽华受中国农业科学院委托，赴三沙市考察虫害发生情况。

7 月 13—18 日，学会受农业部委托，承担西北地区草原生态补奖政策实施效益调研。组建包括专家和学生实践团队的调研队伍对甘肃省山丹县和肃南县进行实地走访，调查草原生态补奖政策实施后产生的生态效益、社会效益、经济效益及政策落实程度，听取调查户农牧民对草原补奖政策的满意度和基层一线草原管护员及地方草原站人员对草原补奖政策的态度，对禁牧和草畜平衡草原的植被、土壤等进行采样分析，总结在草原补奖政策实施过程中产生的问题和经验。

11 月 29 日—12 月 2 日，学会受宁夏农牧厅委托，对宁夏沙坡头、红寺堡地区进行草原生态补奖政策实施效益调研。调查当地畜牧业生产转型和畜牧业生产水平，总结草原补奖政策实施后的效益。

草学科带头人、中国工程院院士任继周、南志标受聘为《中国大百科全书》第三版总编辑委员会委员，主持草业学科卷的编撰；学会草地生态委员会承担相关词条编撰工作。

学会建设 2017 年，学会新发展个人会员 15 人，会员总数达 5315 人，并完善了单位会员入会程序。学会新成立草业经济与政策专业委员会、农业伦理学研究会、草地管理专业委员会 3 个分支机构；草地植保专业委员会、草地资源与利用专业委员会、牧草遗传资源专业委员会、教育专业工作委员会 4 个分支机构完成换届选举工作。

学会改革会议制度，建立学术年会制度；进行网站改版升级，新增会议注册系统，进行微信公众号的推广应用。

6 月 3 日，中国草学会 2017 年理事会议在北京召开，学会理事、理事代表 153 人参加会议。会议增选中国农业大学教授张英俊为学会副理事长，讨论、制定《中国草学会院士候选人推荐工作实施细则》《关于开展科技成果评价相关工作的说明》《学会奖励管理办法》《中国草学会分支机构管理办法》等制度。

主办期刊 根据中国科学技术信息所中国科技期刊引证报告（核心板），《草业科学》2017 影响因子从 2014 年的 0.619 上升到 1.508，总被引频次从 2407 增加到 3500。《草业学报》2017 年影响因子为 1.827，核心总被引频次为 4007，综合评价总分为 87.7，在全国 2008 种统计源期刊中排名第 28，在全国草原学类期刊中排名第 1。

根据《中国学术期刊影响因子年报（自然科学与工程技术 2017 版）》资料，《中国草地学报》复合影响因子为 2.103，综合影响因子为 1.498，在全国畜牧、兽医科学类 65 种期刊中影响因子排名均为第 3，2017 年期刊年发行量为 0.42 万册。《草原与草坪》在 2017 年第九届中国畜牧兽医科技期刊评选中获（学术类）优秀期刊，2017 年影响因子为 0.887，在全国畜牧、兽医科学类期刊 65 家中排名第 9。

国内主要学术会议 2017 年，学会和各专业委员会举办学术会议 15 次、学术论坛 2 次，收到论文 200 余篇，1523 人次参加学术交流。

3 月 31 日，中国草学会草原经济与政策专业委员会成立大会暨首届草业经济与政策研讨会在内蒙古自治区呼和浩特市召开。学会理事长何新天、秘书长张英俊、兰州大学草业科技学院院长侯扶江、中国农业科学院草原研究所书记王育青等来自高校、研究所、企事业单位的近 80 位专家、学者参加会议。会议由中国农业科学院草原所所长侯向阳主持。中国工程院院士任继周、南志标发来贺信。

6 月 10 日，中国草学会草产品加工专业委员会成立大会暨首届学术讨论会在内蒙古自治区呼和浩特市召开。来自30余家科研院所、高校、企业的100余人参加了会议。会议主题为“草产品低损、高效、多元开发，草产业良性发展”。会议选举产生了专业委员会常务理事和管理机构。

9月25日，中国草学会农业伦理学研究会成立大会暨农业伦理学与农业可持续发展学术研讨会在江苏省南京市举行。会议主题为“农业伦理学与农业可持续发展”。与会专家、学者分别从哲学、农学、历史学、伦理学等视角，围绕农业伦理学的理论与实践问题展开研讨。

国际交往 5月17日，学会理事李向林在蒙古国举办的草地可持续管理专题会议上，向与会代表介绍了我国草地现状及草地保护和治理情况，并与国际可持续纤维联盟（SFA）的治理情况进行比较分析。

5月18日，学会理事万里强与来华访问的美国加州大学伯克利分校草原生态专家和牧场管理技术人员进行座谈，就当前全球变化的长远影响与饲草产业化发展趋势及草产品收获加工利用等环节的技术要点等开展交流讨论。

8月5—10日，经农业部畜牧业司选派，学会生态委员会主任委员沈禹颖赴哥斯达黎加参加联合国粮食及农业组织（FAO）家畜环境评估与表现联盟（LEAP）第二次全体会议。

9月24日—10月12日，澳大利亚新英格兰大学（University of New England）研究员张元旦、强小蓉来兰州大学草地农业科技学院讲授研究生课程动物育种专题，并进行学术交流。

10月26—29日，学会理事李向林、万里强访问加拿大安大略省农业研发中心及圭尔夫大学（University of Guelph），调研植物病理观测分析实验室及其田间试验区。双方就草类植物病害互作机制及其利用策略和途径，对病害流行学及病害防治方面的应用等开展技术交流与学术沟通。

党建强会 7月28日，经中国科协科技社团委员会批复，学会党委会正式成立。

11月5—8日，在广东省广州市召开学会党组织工作会议，组织学习党的十九大精神。

会员服务 2017年，学会修订《学会奖励管理办法》《中国草学会分支机构管理办法》等文件，完善会员管理制度。

【2017中国草原论坛】 10月10—11日，2017中国草原论坛在江西省南昌市召开，论坛主题为“走向草原生态文明新时代”。来自26个省、自治区、直辖市的300余名草原行政管理、科研教学、技术推广和生产经营方面的专家、学者和企业界代表等参加论坛。全国人大常委会副委员长张宝文、农业部副部长于康震出席论坛并讲话。农业部草原监理中心主任李伟方主持开幕式。农业部畜牧业司司长马有祥、全国畜牧总站站长杨振海、学会理事长何新天等出席了开幕式。

本次论坛达成了构建草原生态文明制度体，草原政策创设与实施，加快发展草牧业，积极实施科技兴草和人才强草战略，加快转变草原畜牧业发展方式，推进草原确权承包，推进草原信息化，严格草原执法监督，南方草地保护与开发利用，推动草原一、二、三产业融合发展10项共识。

【2017中国草学会年会】 11月5—8日，由华南农业大学承办的2017中国草学会年会在广东省广州市召开，本次年会的主题为“全国农业供给侧结构性改革下的草业科技创新”。中国工程院院士南志标，学会理事长何新天，中国农业大学副校长王涛，南京农业大学副校长董维春，华南农业大学党委副书记陈少雄，学会顾问李建东，日本草学会代表、北海道大学教授Toshihiko Yamada，以及来自从事草业科学技术工作的专家、学者、技术人员、相关企业代表800余人参加了会议，学会秘书长张英俊主持开幕式。

年会的学术交流主要包括大会报告、特邀报告、研究生论坛、壁报交流和4组分组学术研讨，共有208位报告人。会议邀请在国内外草学相关领域取得突出成果并具有重要学术影响的专家、学者及优秀中青年科学家进行学术报告。首次将举办了10年的全国草业研究生论坛引入年会，会议现场设置了墙报展览、公司成果展示交流平台。

会议期间成立了中国草学会草地管理委员会。

11月6日，召开学会全体理事工作会议，会议由学会秘书长张英俊主持，理事长何新天发言。会议讨论了2020年第八届中-日-韩国际草地大会召开地点和2018年学会年会承办单位，确定2020年第八届中-日-韩国际草地大会在我国内蒙古自治区召开、学会2018年年会由四川农业大学承办。年会闭幕上进行了王栋奖学金、研究生论坛颁奖典礼，10名硕（博）士生获王栋奖学金，15名硕（博）士生获研究生论坛优秀奖。

（撰稿人：陈力玉　连　露）

中国植物营养与肥料学会

服务创新型国家和社会建设 依据学会《科技成果鉴定暂行管理办法》，对华中农业大学、湖北省耕地质量与肥料工作总站、长江大学等共同完成的“秸秆还田地力培育及化肥减量关键技术研究与示范”项目及华中农业大学、河南农业大学、中国科学院亚热带农业生态研究所等共同完成的“作物钼营养生理与调控技术”项目进行了科技成果评价。

学会联合中国化工报社、全国农业技术推广服务中心等8个单位共同发起，首次开展了以“化学肥料产业升级之路——大联合大发展”为主题的肥料行业供给侧改革调研活动。调研活动于3月26日在北京启动，经过8个月的实地走访，先后走进江苏、安徽、宁夏等14个省、自治区、直辖市的30余家肥料骨干企业，听取企业诉求。指导单位、发起单位、国务院参事室、国家发展和改革委、中国工程院院士、行业专家，以及人民日报、新华社、中央电视台、经济日报、农民日报等全国30多家媒体的记者共计200余人参加调研。为扩大本次产业调研的范围和广度，调研组专门设计了针对肥料生产企业、流通企业和种植大户的调查问卷，面向全国近100家肥料生产企业、150家肥料流通经销商和种植大户发放。

11月24日，学会在北京举行《化肥供给侧结构性改革调研报告》蓝皮书发布会，蓝皮书对化肥行业发展提出了系统性建议。

学会建立了福建龙岩永定学会工作站，并组建了专家团队。11月12—16日，学会理事长白由路带领专家组到永定区考察指导农业产业发展工作。专家组到永定虎岗灌洋农业有限公司调研富硒农业生产前期开展情况；对“暖冬”造成芙蓉李不落叶和百香果品质变差等问题进行了技术指导。到福建省初溪生态农业发展有限公司、岐岭新村林下经济种植基地进行了调研。

学会组织专家走访江苏、安徽、宁夏等14个省、自治区、直辖市的30余家肥料骨干企业，了解企业技术需求。通过面谈、电话或邮件形式与3个地市科协进行了对接。

学会建设 截至2017年年底，学会发展个人会员1470人，学会会员总数达6000余人，团体会员152个。学会召开全体理事会议1次、常务理事会议2次、工作会议2次。

1月10日，学会在北京召开2017年工作会议，研究和部署2017年工作重点。围绕年会制度改革、分支机构组建、表彰奖励、功能拓展、两院院士推选、学会议事制度、常务理事会议召开时间和地点、对外交流、培训与展览、九届理事会工作重点10个方面的具体工作进行讨论，并提出意见与建议。

学会修订个人会员管理办法，增设高级会员和学生会员，明确不同类型会员的责任、权利、义务等。对会员进行了重新登记整理，清理了“僵尸”会员。学会开发“会员管理系统”，实现了会员管理的电子化。

学会建立了首届监事会，制定了《中国植物营养与肥料学会监事会工作条例》。建立健全选举、会员代表大会、理事会、常务理事会和监事会等内部治理制度，形成民主选举、民主决策、民主管理、民主监督、独立自主、规范有序的运作机制，规范会员大会和理事会的议事规则和程序。

重新修订了《中国植物营养与肥料学会理事会议事制度》《中国植物营养与肥料学会常务理事会议事制度》，建立了理事履职考核和淘汰规则、学会领导岗位职责以及考核制度。修订、完善了学会秘书处人员分工表、学会工作人员管理制度和薪酬制度、劳动合同以及《中国植物营养与肥料学会秘书长聘任办法》等。

青年人才托举工程 9月21日，学会开展了2017—2019年度“青年人才托举工程”人选推荐工作。11月11日，学会在北京召开2017—2019年度青年人才托举工程项目答辩评审会，10名候选人进行了现场答辩，中国农业科学院农业资源与农业区划研究所助理研究员艾超、中国科学院南京土壤研究所助理研究员王萌入选2017—2019年度中国科协青年人才托举工程。

主办期刊 学会主办有《植物营养与肥料学报》和《中国土壤与肥料》两种期刊。《植物营养与肥料学报》全年出刊6期，刊发论文185篇，印刷5400册。据中国科技论文与引文数据库（CSTPCD）统计，《植物营养与肥料学报》2016年核心影响因子为2.318，核心总被引频次为5325，在土壤学类期刊中分别排名第2和第1，在核心统计源2008种期刊中分别排名第24和第54；综合评分80.30，在土壤学类期刊中排名第2，在核心统计源2008种期刊中排名第62。根据中国精品科技期刊遴选指标体系综合评价结果,《植物营养与肥料学报》入选“第四届中国精品科技期刊”,即“中国精品科技期刊顶尖学术论文(F5000)”项目来源期刊。

《中国土壤与肥料》全年出刊6期，刊发论文156篇，印刷7990册。根据《中国科技期刊引证报告(核心版)》,2016年《中国土壤与肥料》影响因子为0.972，在土壤学类期刊中排名第5；2016年《中国学术期刊影响因子年报》统计期刊复合影响因子为1.617，在农业基础科学类期刊中排名第9。

国际学术会议 9月8日，由学会和营口菱镁化工集团共同举办的2017中国国际镁肥料研讨会在辽宁省大连市召开。会议主题为“与世界对话，引领国际镁肥料产业发展”。来自20多个国家和地区的知名企业和行业著名专家、学者参加了会议，会议就国际镁肥的使用及镁肥产业的发展进行了研讨与交流。

国内主要学术会议 7月12—14日，第十六届中国青年土壤科学工作者暨第十一届中国青年植物营养与肥料科学工作者学术研讨会在福建省福州市召开。来自132个单位的450余名专家、学者参加了会议。研讨会主题为“土壤环境健康与植物营养调控”。会议邀请中国农业大学教授张福锁、浙江大学教授徐建明、广东省生态环境技术研究所研究员李芳柏、南京农业大学教授邹建文、福建农林大学教授廖红5位专家就我国高产高效养分管理体系构建、生物炭与酸化土壤的改良、红壤区稻田镉砷同步阻控原理与关键技术、中国农业生态系统氮肥的氧化亚氮排放系数及作物养分高效根系遗传改良等方面进行了探讨。

12月18—20日，中国植物营养与肥料学会肥料高端论坛在北京召开。会议邀请中国科学院院士、中国科学院南京土壤研究所研究员朱兆良，中国工程院副院长、中国工程院院士刘旭，中国科学院院士、厦门大学化工学院教授赵玉芬，中国农业科学院党组书记陈萌山，郑州大学教授许秀成，中国氮肥工业协会理事长顾宗勤，中国磷肥工业协会副理事长修学峰，全国农技推广服务中心首席专家高祥照等30余位植物营养与肥料学科、生态环境学科、化工学科的专家及高层管理人员参加会议。学会理事长白由路作了题为“我国肥料的现状、问题与对策”的报告，分析了我国肥料发展的现状与问题，并对我国肥料健康发展提出了对策与建议。

科普活动 2017年，学会拓展科普工作内涵，组建的植物营养与肥料领域科普专家团队首次面向领导干部、公务员、社区居民开展首席科学传播专家大讲坛活动。

学会创新发展 学会改革学术年会制度。2017年将各分支机构的学术交流活动集中在一起，形成一个集中的学术交流年会。从2017年起，中国植物营养与肥料学会学术年会固定在每年的8月6—9日召开，大会由学会秘书处负责，各分会场由各专业委员会负责。

党建强会 1月，学会党委走访慰问多名老同志，并召开党建工作座谈会，征求意见建议。

11月16日，学会在北京召开部分常务理事学习宣传贯彻党的十九大精神座谈会。学会理事长白由路主持座谈会。座谈会上，各位常务理事交流了学习贯彻党的十九大精神的体会。

会员服务 2017年，学会开始编纂工作年报，反映学会年度工作的综合信息，利用学会网站、微信公众号及网络电子刊等渠道向学会会员发布学会2017年年报，使会员及时了解学会的发展现状、内部建设、主要业务活动、会员发展服务及财务状况等，形成服务会员的新方式。

学会编纂《中国植物营养与肥料学会会讯》，每两月出刊一期，便于会员及时了解学会工作的综合信息。

学会依托专家工作站、专家企业行活动，为单位会员提供咨询服务，探索为会员服务的新模式。

【中国植物营养与肥料学会2017年学术年会】 8月6—9日，中国植物营养与肥料学会2017年学术年会在江苏省苏州市召开。会议主题为“减肥增效形势下的植物营养与肥料科技进步与创新”。来自各省、自治区、直辖市从事植物营养与肥料教学、科研、管理或生产单位的专家、学者1300多人参加了会议。学会理事长白由路，监事长刘宝存，副理事长王敬国、孙波、杨少海、王俊忠、赵秉强，南京农业大学副校长胡锋，中国农业科学院农业资源与农业区划研究所副所长金轲，中国热带农业科学院南亚热带作物研究所所长徐明岗等参加会议。

大会开幕式上颁发了首届中国植物营养与肥料学会大北农优秀博士、硕士学位论文奖及学会分支机构委员聘书、会员企业单位牌匾，并进行了学术年会承办权交接仪式。

会议围绕我国植物营养与肥料研究与应用的最新

成果和进展进行了研讨。大会邀请农业部耕地质量监测保护中心副主任、学会副理事长谢建华，南京农业大学教授沈其荣分别作主题报告《减肥增效形势下的植物营养与肥料科技进步与创新》《植物根际微生物调控原理与实践》。会议设置了植物营养生物学、养分循环与环境、施肥技术、化学肥料、生物与有机肥料、新型肥料、肥料工艺与设备、农化测试技术、绿肥技术、青年科技工作者 10 个分会场报告，260 多位专家、学者和研究生分别作报告。

（撰稿人：宋震震）

中华医学会

服务创新型国家和社会建设 学会开展“中华医学会县级医院人才培养千人计划”项目，选择贵州省等 10 个试点省 37 家三级甲等医院，围绕产科、重症医学、儿科等 12 个基层人才紧缺的专业，组织 207 名县级医院骨干医生开展了为期 5 个月的专业进修，学员考核优秀率以及项目满意度调查均达到 90% 以上。

学会开发了“全国医疗鉴定管理信息系统”，使用率超过 90%。全年组织医疗事故技术鉴定各项会议 109 次。

学会组织开展《关于进一步加强继续教育工作的指导意见》等 3 项规范性文件和 3 个工作实施方案的修订工作，完成全国继续教育项目督导检查与评估工作，全年核发 138 个批次 95.8 万册国家级继教项目学分证书。完成了 2018 年申报的 17717 项国家级继续教育项目形式审查，比 2017 年增加 16.4%。

组织开展疾病临床路径的制修订工作，完成《国家临床路径管理丛书》稿件的审阅修订工作，组织 25 个专科分会的专家对 355 个临床路径初稿进行修订及重订。针对我国各级医院诊疗水平发展不均衡的情况，专门制定了 131 个县级医院版临床路径，供各级卫生行政部门及医疗机构参考使用。

完成《中国医学发展系列研究报告丛书》20 个专业的选题策划和大纲撰写工作。

学会全年举办 6 期重症医学、3 期肿瘤消融规范化治疗、10 期感染疾病、6 期临床微生物学等专科资质和人才培训，培训基层医务人员 1 万余人次，为“大病不出县”提供技术支撑和人才保障。在青海、甘肃等省份举办继续教育培训项目 32 个 42 期次，培训学员 4 万人次。

学会组织医疗帮扶专家与农业专家团队到国家级贫困县——河北省张家口市尚义县开展医疗帮扶、技术指导及百姓义诊活动，助力精准扶贫。

学会举办 8 次精准扶贫活动，受众医务人员及患者超过 1 万人次。举办 4 期急需紧缺专业人才免费培训班，培训基层医生 5000 余人次。

学会建设 落实学会“一体两翼”改革方案（“一体”：学会按照公益性社会组织的管理方式，重点围绕分支机构组织建设、学术活动策划与管理、公益活动开展、对外交流与合作、政府转移职能和委托事项的办理等开展工作。两翼：一翼是指将学会的生产经营性活动公司化，加快推进转企改制步伐；另一翼是指改革完善社会和企业捐赠，充分发挥基金会的筹资和公益性作用），与中华医学国际基金会就开展医学公益项目建立战略合作伙伴关系。

制定《中华医学会会办企业规范管理和完善法人治理结构总体方案》，5 个所属企业完成人事核定、财务和资产核定、企业财务审计等清产核资工作。

学会共召开 4 次常务理事会会议和 2 次理事会会议。完成《中华医学会专科分会组织管理试行办法》《中华医学会专科分会委员会换届选举工作实施细则》等 4 个制度的制定，规范并细化各类委员会换届选举程序。

设立专科分会组织建设联席会议制度，对专科分会换届选举中遇到的新情况新问题做到个别酝酿、会议讨论、集体决定。全年按程序按时完成了 27 个分会、23 个专科分会青年委员会、129 个学组的换届选举工作。

完成了继续教育管理系统、OA 办公系统的改造，建成了集约化、智能化、一站式的信息网络服务平台。学会全年内外网站共发布图文信息 1000 余条，门户网站访问量 300 余万人次。

主办期刊 学会主办杂志共有 180 种，其中纸质期刊增加到 141 种，电子出版物 20 种，电子系列杂志 43 种。

根据中国科技信息研究所发布的 2016 年度中国科技论文与引文数据库统计结果，学会系列杂志共有 19 种入选 2016 年“百种中国杰出学术期刊”，有 38 种杂志入选“第四届中国精品科技期刊”，其中 20 种期刊继续保持本专业领域综合排名第 1、40 种位列本学科综合排名前 3。

国内主要学术会议 5 月 26 日，中华医学会第十一次全国重症医学大会在陕西省西安市开幕，10182人参会，20万人次通过大会APP、微信公众号、微官网、官网等多种渠道进行在线观看学习。大会收到投稿3299篇、电子壁报287篇，书面交流2716篇。大会设立1个主会场、13个分会场以及展览面积达1万平方米的展厅。大会邀请462位专家作报告，举办各类专题讲座433场。

6月21—24日，中华医学会第二十三次全国医学信息学术会议在浙江省杭州市召开。会议以“加强健康医疗数据研究应用，推动医学信息学创新发展”为主题，旨在围绕人口健康信息化和健康医疗大数据的标准融合、信息安全、开放共享等关键问题，搭建“政府+专家+应用”的交流平台，共同推动人口健康信息化和健康医疗大数据关键问题的研究及应用，助力国家和区域医疗卫生信息化的发展。来自医疗信息化、医学信息分析研究、医学信息学教育、医学图书馆学领域的320位专家、学者参加了会议，大会共收录征文197篇。

11月22—25日，中华医学会糖尿病学分会第二十一次全国学术会议（CDS 2017）在重庆市召开。会议以“协同创新、融合发展”为主题举办了学术报告，首次开设了“‘一带一路’论坛”。会议颁发了2017年度中华医学会糖尿病学分会科学贡献奖等荣誉奖项，发布了《中国持续葡萄糖监测临床应用指南（2017年版）》《中国2型糖尿病自我管理处方专家共识》（2017年试行版），设置了“运动是良医”“5公里健康跑”“一餐一课”等多项活动。会议启动了2018全国糖尿病慢性并发症流行病学调查行动、中国糖尿病临床卓越项目等。

国际组织任职　10月，学会代表团出席在美国芝加哥召开的世界医学会理事会会议。6位中国专家当选世界医学会理事会社会—医学事务、医学伦理、财务与计划委员会顾问。

国际交往　学会分别与俄罗斯国家医学委员会、印度医学会、哈萨克斯坦医学会签署合作备忘录。与俄罗斯国家医学委员会、俄罗斯医生协会、全俄防止灾难医疗中心、哈萨克斯坦社会团体国家医疗协会、吉尔吉斯斯坦医学会和乌兹别克斯坦医生联盟共同签署上合国家医学联盟合作备忘录。学会代表团出席了7月在俄罗斯莫斯科召开的中俄友好、和平与发展委员会第十一次全体会议和9月在美国华盛顿召开的中美卫生合作研讨会。

8月17—20日，第38届巴基斯坦眼科学术年会暨中巴眼科学术论坛在巴基斯坦卡拉奇召开。学会副会长兼秘书长饶克勤、学会眼科学分会主任委员姚克率团出席论坛。

科普活动　学会参加中国科协2017年北京主场活动，开展了“辟谣翻书”互动体感科普活动。在现场咨询区，通过专家咨询、动手操作、展览展示、视频播放等形式，对健康类谣言进行了解读。

全国科技周期间，学会承办“科技列车行”主题科普活动。2017年为“科技列车西藏行”活动选派了10多位医学专家，随列车到西藏有关地区开展科技下乡、技术咨询、健康讲座、百姓义诊等科普活动。

表彰举荐优秀科技工作者　完成了《中华医学科技奖管理办法》《中华医学科技奖青年科技奖奖励办法》的制定、修订工作。

2017年共评出86项中华医学科技奖获奖项目，并经第十一次常务理事会议审议通过。作为国家科学技术进步奖直接推荐单位，学会从中华医学科技奖获奖项目中择优推荐国家科学技术进步奖8项，5项获得2017年度国家科学技术进步奖，其中1项获得国家科学技术进步奖特等奖。

党建强会　学会结合工作实际，制定印发了《中华医学会认真学习宣传贯彻党的十九大精神实施方案》。

理事会党委成立后，学会结合工作实际，认真贯彻落实《科协系统深化改革实施方案》，坚持党建与业务工作同部署、同落实、同检查、同考核。积极探索通过党建促进学科创新发展，要求专科分会及其学会各级组织在报告年度工作的同时报告党建工作，加强党在分会建设中的指导作用。

为加快推进专科分会党的组织和工作全覆盖，理事会党委印发了《中华医学会理事会党委关于进一步加强党建工作的通知》《中华医学会理事会党委关于推进专科分会党的组织和工作全覆盖的指导意见》，已有76个专科分会成立了党的工作小组。印发《中华医学会理事会党委议事制度（试行）》，强调坚持民主集中制原则，规范党委会和党委例会的召开。加大学会党建工作的宣传，在学会网站设立理事会党委工作专栏，印发《党建工作通讯》，在学术会议上传达理事会党委决策部署，及时在会员和专科分会中传递党建工作讯息。

学会党委充分发挥学会党建工作领导小组的统

领作用，组织制定《中华医学会推进全面从严治党工作实施方案》，明确了学会全面从严治党工作的总体要求、目标任务、落实措施和领导责任。印发《中华医学会党委关于推进学会“两学一做”学习教育常态化制度化的实施方案》，开展“学习型、服务型、创新型、廉洁型、聚力型”五型党支部（总支）建设活动，全面落实从严治党主体责任。

【中华医学会第十七次全国胸心血管外科学术会议】 11月2—4日，中华医学会第十七次全国胸心血管外科学术会议在浙江省杭州市召开。来自国内外心脏外科、胸外科、体外循环、重症监护、心胸麻醉等专业的专家、学者和医师共4000余人参会。大会设有1个主会场、3个国际联合专场、1个国际科研专场、1个亚洲论坛、11个亚专业会场，内容涵盖肺癌外科、食管癌外科、纵隔肿瘤、心血管外科、体外循环和重症监护等40个学术专题。大会设立主旨报告5个、专题报告36个、自由发言381个。

中国工程院院士胡盛寿和中国科学院院士赫捷分别以“把握时代机遇，推进中国心血管外科质量改善”和“中国胸外科的机遇与挑战”为题作主题报告。

美国胸外科医师学会（STS）前任主席 Douglas Mathisen 教授介绍了美国胸外科医师培训的现状和挑战。欧洲心胸外科学会（EACTS）理事 Steven Livesey 教授介绍了欧洲的国家级心外科培训和发展。亚洲心脏血管及胸腔外科学会（ASCVTS）现任主席 Shinichi Takamoto 教授作报告《医生的角色和任务》。

【中华医学会第二十次全国神经病学学术会议】 9月7—10日，中华医学会第二十次全国神经病学学术会议在江苏省苏州市召开。国内外近400名专家、学者及8000余名神经病学科及相关领域的医务、科研工作者参加会议。

会议主题为“廿届奋进不忘初心　学术交融继续前进”，设有主会场及14个分会场，近400位国内外专家进行了213个专题演讲和11场大会报告。会议围绕神经病学在脑血管病、癫痫、认知障碍、神经变性疾病、神经感染性疾病、神经免疫性疾病、神经疾病头痛、神经护理、神经介入、睡眠障碍、神经影像、转化医学、精准医学及相关神经系统疾病等方面的临床与基础医学的最新进展进行了交流。大会共收到论文4312篇，其中1045篇论文在会议期间以壁报形式展出。经过大会组委会和专家评审团评选，评选出优秀论文50篇、优秀壁报50篇、优秀摄影奖10名。

【中美卫生合作研讨会】 9月25—30日，学会代表团出席了在美国华盛顿召开的中美卫生合作研讨会，并就促进中美民间医学学术交流与往来发言。研讨会是中美社会和人文对话框架下的系列活动之一。中央政治局委员、国务院副总理刘延东，国家卫生和计划生育委员会主任李斌，美国卫生与公众服务部部长普莱斯等出席会议。学会代表团于9月29日访问了美国医学会华盛顿办公室与乔治城大学中心医院（Georgetown University Center Hospital），就共同促进中美两国学会管理与发展、继续医学教育、学术交流、期刊合作等内容进行了探讨。

（撰稿人：陈　旸）

中华中医药学会

服务创新型国家和社会建设　2017年，完成学会团体标准立项56项、发布31项，同比增长130%。完成中医临床诊疗指南审查171项、中医治未病标准审查125项。学会正式出版并发布中医药行业期刊界第一部标准——《中医药期刊编排规范》团体标准。《中草药相关肝损伤临床诊疗指南》得到国家食品药品监督管理总局采标，在21个省、自治区、直辖市培训10余万人次。

由学会推荐的“中药大品种三七综合开发的关键技术创建与产业化应用”项目获得2017年度国家科学技术进步奖二等奖。

举办7场全国名老中医经典药方进基层暨“互联网+”乡村、社区医生系列培训活动，邀请国医大师、知名中医药专家对基层中医药医务工作者授课，培训1000余人次。在全国范围内开展“苗医苗药神奇之旅”“本草心动力”等活动约60场，培训近7000名基层医生。

完成2018年国家级中医药继续教育项目的形式审查、复核和评审工作，其中年度申报项目2644项、备案项目299项。

为探索中医药与慢病管理、医养结合工作模式，开展了“新华家园养老机构糖尿病健康管理模式的探索与建立”项目和“慢病健康管理工程”。

组建中华中医药学会精准扶贫领导小组，开展中医药助力精准扶贫系列活动，组织专家深入贵州省、湖南省株洲市、河北省石家庄市等地开展技术扶贫和义诊活动，帮助解决困难群众因病致贫、因病返贫等问题，筹备建立中华中医药学会精准扶贫志愿者专家库。

6月23—25日，由学会承办的第十九届中国科协年会——标准引领中医药学术创新发展分论坛在吉林省长春市召开。论坛重点讨论了标准引领中医药学术创新发展体系建设、平台建设和机制建设三方面内容。

从2012年开始，学会联合亚宝药业集团股份有限公司在全国范围内开展以“走基层、送技术、惠民生”为主题的“春播行动”基层巡诊活动。截至2017年年底，“春播行动”共计在全国完成初级培训607场，培训基层医生53905人次；完成提高班培训258场，培训基层医生27197人次；北京大学、北京中医药大学共同举办“春播行动”高级培训班91期，共培训基层医生6371人次；北京中医药大学举办“春播行动”中医专业技术培训班54期，培训基层医生2262人次。

学会能力提升计划 学会是中国科协“学会创新与服务能力提升工程优秀科技社团建设项目”（2015—2017）建设单位，学会结合中医药发展战略规划，制定高端、前沿学术交流平台与学术会议质量评价体系建设、期刊集群化建设与“蒲公英”人才培育、科技奖励提升拓展及科技成果转化促进、“互联网+”中医科普工作平台建设、青年和基层中医药工作者培养及推举、助力地方经济发展和产业驱动创新、学会服务政府决策和科技创新智库体系建设、“一带一路”中医药创新服务平台建设、深化学会治理结构和治理方式改革、中华中医药学会资源集成暨信息共享平台建设、学会会员综合服务能力提升11项工作任务。

召开岐黄标准化专题论坛，审查通过了《中医养生保健机构服务评价规范》；开展了学术会议质量及学术影响力评价机制及体系研究和学术管理规范建设及分支机构科学设置；召开加强中医药行业学风道德建设研讨会，形成了《中华中医药学会学术行为规范》征求意见稿。

在河南省建立了首个中华中医药学会创新驱动生殖医学服务基地，并召开中医生殖医学助力健康中国暨第四届国际中医脉学大会。

学会建设 学会2017年新发展个人会员4684人，同比增长15%，会员总数达14513人；新发展单位会员8个，单位会员总数达68个。

全面改革学会治理结构和治理方式，结合学会工作实际需要，对机构设置进行了调整，增设党办、纪检监察办公室、师承继教部3个部门。完善会员数据库，提升会员管理的信息化水平，搭建学会与各地方学会、专科分会三方联动的会员发展、管理、服务平台，探索建立三方联动管理与服务机制。

完成医院药学分会等13个分会的换届工作，新成立医师规范化培训与考核分会。开展分支机构现状、主要职能及发挥作用研究，形成分支机构设置及运行现状报告，提出规范管理措施。

共修订完善89项制度，形成《中华中医药学会内部控制制度汇编》《中华中医药学会内部控制规范手册》。通过中国科协加盟了法律众筹服务机构，保证学会各项工作合法合规。

4月13—14日，2017年全国中医药学会工作会议、中华中医药学会2017年理事会暨2016年度中华中医药学会科技成果、优秀人才奖励大会在江苏省连云港市召开。会议总结了2016年中华中医药学会工作，审议了2017年工作要点，表决通过了王国辰任中华中医药学会副会长、秘书长的事项和法定代表人变更事项，通报了理事会层面学会功能型党组织架构和组成人选。

主办期刊 首次提出了“蒲公英人才培育”模式，以“人才培养”推动期刊发展。首次搭建“中医药期刊网”，实现期刊审读、文献检索、期刊宣传、成果发布、学术交流等重要功能，聚集汇总中医药期刊信息资源，满足中医药期刊和受众一站式访问。

作为牵头单位，学会联合中华预防医学会、中国药学会等多家单位组织开展了第二届中国科协优秀科技论文遴选计划中“预防与中医药集群”的论文遴选推介活动，推选的10篇论文入选第二届中国科协优秀科技论文遴选计划。

12月22日，中医药科技期刊发展研讨会在北京召开。学会41本系列期刊代表，高校、研究院及各地40余种中医药期刊的负责人等共100余人参加会议。会议以“新时代、新征程、新使命”为主题，研讨了新时代中医药科技期刊的新形势、新任务和新使命，围绕加快中医药科技期刊集群化建设、助力中医药事业传承发展进行了交流。

国际学术会议 2月25日，由学会主办的第十三届国际络病学大会在广东省广州市召开。中国科学院院士陈凯先，中国工程院院士钟南山、张伯礼、杨胜利、姚新生、王琳芳、唐希灿、于金明、吴以岭，来自加拿大、马来西亚等国家及国内的2000余位专家、学者出席会议。除广州主会场外，大会还在全国设置了400余个分会场，15000余名专家、学者通过视频收看了会议实况。会议公布了国家重点基础研究发展计划（“973”计划）“基于心脑血管病变的脉络学说理论研究”项目取得的重大研究成果。

6月1日，第七届国际经方学术会议、第八届全国经方论坛暨经方应用高级研修班在北京召开，共800余人参加会议。论坛以“辨少阴病脉证并治”为主题，设置了特邀演讲、明医论坛、大会优秀论文交流、《伤寒论》背诵比赛、病例讨论等环节。大会共收到论文30余篇。

国内主要学术会议 学会组织学术会议98次，参会人员32969人次，交流论文8485篇。

8月27日，由学会主办的第四届全国中医药养生产业发展论坛在北京举办，1000多位专家、学者参加论坛。论坛围绕“中医药发展的机遇与挑战”这一主题，从健康产业前景、中医药服务管理、新媒体创新思维以及大健康产业资本等方面集中探讨了中医药养生产业的发展之路。

9月23日，由宁夏回族自治区人民政府指导，学会、宁夏卫生与计划生育委员会、中国民族书画研究院联合主办的“一带一路”中医与道地药材国际高峰论坛在宁夏回族自治区银川市开幕。近百位专家、学者就中医药创新、合作与发展进行了探讨。此次会议主旨讨论中医药道地药材暨宁夏道地药材枸杞的传承与弘扬，并祝贺《中华人民共和国中医药法》于2017年7月1日正式实施。

11月28日，由学会主办的第三届中药大品种联盟论坛在广东省广州市召开。论坛主题为“灯盏花产业中药大品种培育高峰论坛”，来自全国各地的200余位专家、学者出席论坛。论坛开幕式发布了由中药大品种联盟、北京万方数据股份有限公司医药事业部、中华中医药学会研究与评价办公室联合编制的《中药大品种科技竞争力报告（2017版）》。报告围绕中药大品种，立足于公开数据和客观模型，通过开展客观、综合的中药大品种科技竞争力评估，科学、合理评价中药大品种的临床价值、科技价值，展示、传播中药大品种的科技创新成就。

两岸交流 8月18—20日，学会与台湾地区“中华海峡两岸中医药合作发展交流协会”联合举办的2017年海峡两岸道地药材论坛暨首届海峡两岸中医药传承创新研讨会在四川省成都市召开。此活动是国务院台湾事务办公室重点交流项目之一。与会者共同探讨了《中华人民共和国中医药法》的政策内容及中医药的未来发展，交流了两岸中医药传承创新经验和两岸道地药材最近研究成果，介绍了两岸道地药材开发与生物医药前沿技术，分享了两岸中医药特色技术和中医药青年创业发展先进经验，研讨了“一带一路”与中医药发展及中医药知识产权的保护。

国际交往 学会组织专家赴澳大利亚、新西兰参加第三届海上丝绸之路中医药国际论坛暨中澳新植物药与中药临床与研究学术研讨会，学会分别与澳大利亚阿德莱德大学、新西兰中医学院签署双边合作协议。

科普活动 开展科普专家与科普骨干推选工作，经过专家组审议、公示等环节，推选出科普专家147人、科普骨干56人。

学会“中医之声”微信公众号入驻今日头条APP，关注人数16万余人，文章阅读量累计140万人次。

学会结合“5·12”国际护士节，联合学会护理分会组织开展了“健康中国·区域行”大型科普活动。活动走进青海、内蒙古等17个省、自治区、直辖市57家中医院护理部，以“中医护理服务·百姓健康助力”为主题，采取科普讲座、现场义诊等形式走进校园、社区等多个地区，共计组织开展活动59场，受益群众达17000余人次。

学会参与2017年全国科普日北京主场活动，设立中华中医药文化展区，现场展示了《医的起源》《神农尝百草》《青蒿抗疟名天下》《小小拔罐祛病痛》《按时入睡》5个宣传展板，同时开展中药材现场辨识、体质辨识等活动。本次活动被中国科协评为“2017年全国科普日北京主场优秀活动”。

表彰举荐优秀科技工作者 经专家评审、常务理事会确认，评选中华中医药学会科学技术奖58项、李时珍医药创新奖1人、政策研究奖5项、学术著作奖45部、中青年创新人才7人、优秀管理人才5人、岐黄国际奖3人。

学会推荐的4位专家荣获首届全国创新争先奖状。经推荐，王伽伯、刘存志入选第三批国家“万人计划”领军人才。

首次下发《关于印发中华中医药学会科技奖励评审工作纪律的通知》，严明评审纪律，评审专家、参评对象共同签署确认书，对会前、会中是否存在违纪现象进行确认，共同营造公平公正的评审环境。

党建强会 在学会理事会层面成立功能型党委，实现在学会和秘书处层面党的组织和党建工作的“两个全覆盖”。

推进学会“两学一做”学习教育常态化制度化，建立每月第一周党支部委员学习制度，组织开展支部书记带头讲党课、党的理论知识答题以及参观爱国主义宣传教育基地等活动。

会员服务 通过“会员微信综合服务平台”的推广，开展专科分会会员身份普查与清理工作。在会员数据库建设基础上，对45个分会的委员信息进行完善，18个地方学会通过平台进行了委员在线推荐。通过平台向会员实时推送学术动态和行业资讯，同时打造精品栏目（包括学术会议、科技奖励、亮点聚集等栏目）、精品内容（包括四季养生、每周一膳、周末读书、政策法规等），向会员解读政策文件、中医药热点问题，推送学会工作动态、学术计划等信息，全年不间断推送文章600余篇。

【2017 · 第四届诺贝尔奖获得者医学峰会】 9月14—16日，由学会、中国高科技产业化研究会、中国国际科技交流中心、中国化学制药工业协会、诺贝尔奖得主国际科学交流协会（ISSCNL）共同主办的2017 · 第四届诺贝尔奖获得者医学峰会在贵州省贵阳市举办。

会议旨在大众创业万众创新的时代大背景下，搭建国内外医疗领域顶尖人才的深度对话平台，培育创新性思维，为医学科学界各领域的合作与挑战提供更多选择。诺贝尔生理学或医学奖获得者理查德 · 罗伯茨、诺贝尔物理学奖获得者朱棣文、诺贝尔生理或医学奖获得者巴里 · 马歇尔、诺贝尔经济学奖获得者罗伯特 · 默顿、诺贝尔生理学或医学奖获得者兰迪 · 谢克曼5位诺贝尔奖得主，美国国家科学院院士史蒂夫 · 卡伊、美国国家医学院院士王存玉、加拿大皇家科学院院士摩西 · 西夫、中国科学院院士陈洪渊、中国工程院院士詹启敏、台湾地区“中央研究院”院士洪明奇、国际欧亚科学院院士张大宁和陈士林等近100位医学专家通过高峰对话、诺奖大师公开课、论坛等形式，就中西医相容互鉴、精准医学、创新推动产业升级等进行了深入的探讨和交流。

开幕式结束后，5位诺贝尔奖获得者以“科学：事实与虚拟的博弈”为主题与参会人员进行了交流。

会议还同时举办了国际精准医学高峰论坛、中医药产业创新发展论坛、创新创业大赛等12个分会场，来自全国各地的共计1000余人参加了本次峰会。

（撰稿人：余珍珍）

中国中西医结合学会

服务创新型国家和社会建设 学会按照《中国科协2017年学会改革工作要点》（科协办函学字［2017］97号）的通知要求，征集常务理事和专业委员会主任委员意见，按照改革工作要点起草了学会2017年度学会改革方案。

根据《中国科协关于实施创新驱动助力工程的意见》相关要求，学会传染病专业委员会在浙江省建德市乾潭中心卫生院开展了第三次帮扶活动。经过专家授课、查房，提高了医院对病毒性肝炎尤其是丙型肝炎的诊治能力。学会心血管疾病专业委员会分别在河南省商丘市、湖北省利川市、辽宁省锦州市、山西省太原市、陕西省宝鸡市等地开展大型公益诊疗活动，3000余人次受益。学会灾害医学专业委员会组织科技专家到江西省井冈山市服务革命老区病患，提高当地中西医结合医务工作者对急危重患者的救治能力。

学会共举办全国中西医结合继续教育项目30项，包括18项国家中医药管理局批准的继续教育项目，共7020人次参加培训。

3月17日，学会标准化工作会议在天津市召开，100余名标准化专家和中西医结合科技工作者出席会议。会议就落实中西医结合标准化工作制定了具体计划。

7月28日，学会制定的《中国中西医结合学会团体标准管理办法（试行）》正式发布，学会正式启动团体标准立项工作。

学会建设 10月25日，学会第七届六次常务理事会议在北京召开。会议审议了学会2017年上半年工作总结，听取了第五次世界中西医结合大会筹备工作汇报，审议了批准成立的3个专业委员会的领导成员候选人名单等。

学会成立了消化内镜、临床药理与毒理学、分子生药学3个专业委员会，分支机构达到63个。

肿瘤、耳鼻咽喉科、医学美容、男科、大肠肛门病、疮疡、营养学、骨科微创、医学影像、变态反应、血管－脉络病、生殖医学、麻醉学13个专业委员会完成了换届改选工作，成立了新一届专业委员会。

精神疾病、诊断、眩晕病、疼痛、实验医学、泌尿外科6个专业委员会完成了委员增补工作。

主办期刊 学会主办的学术期刊共10种，2017年出版98期，发表论文3206篇。根据中国科技信息研究所发布的2016年度中国科技论文与引文数据库统计结果,《中国中西医结合杂志》《中国骨伤》《中国中西医结合急救杂志》入选“第四届中国精品科技期刊”。

《中国中西医结合杂志》荣获“2017年中国国际影响力优秀学术期刊”，其英文版 *Chinese Journal of Integrative Medicine* 荣获“2017中国最具国际影响力学术期刊”。中国中西医结合杂志社被授予“第四届中国出版政府奖先进出版单位奖”。

国际学术会议 学会共召开两个国际学术会议，分别是第五次世界中西医结合大会、第六届传统医学与现代医学比较国际学术大会。

国内主要学术会议 全年共举办全国中西医结合学术会议68个，共30260人次参加会议，编印会议论文集43种，交流会议论文15409篇。

科普活动 学会42个专业委员会年度内组织科普活动达355场次，其中科普讲座267场、义诊咨询活动78次，编纂科普专著20余部，受益人数达到21.4万余人次。

表彰举荐优秀科技工作者 学会科学技术奖评审共收到124项科技奖推荐项目，经形式审查、初审、终审，最终评出获奖项目43项，其中一等奖7项、二等奖15项、三等奖18项、科普奖3项。

经学会推荐，中日友好医院教授谭明生作为第一完成人承担的“中西医结合治疗寰枢椎脱位的临床研究”项目荣获国家科技进步奖二等奖。

为了表彰对中西医结合事业做出巨大贡献的优秀科技工作者，经中国中西医结合学会第七届六次常务理事会议审议通过，决定授予中国科学院院士陈可冀、沈自尹和中国工程院院士吴咸中“中国中西医结合学会终身成就奖”荣誉称号。

党建强会 11月8日，中国中西医结合学会党委正式成立，由9人组成，党委书记由学会会长陈香美担任，党委副书记由学会副会长郭姣担任，纪检委员由学会副会长崔乃强担任。

【第五次世界中西医结合大会】 12月7—10日，由学会主办的第五次世界中西医结合大会在广东省召开。大会以“弘扬结合医学成果，服务人类健康”为主题，来自28个国家和地区以及国内的2600余名专家、学者参会。大会设有27个大会报告、169个专题报告、47块展板和350块壁报，全面展示了近5年中西医结合医学的最新成果。

国家卫生和计划生育委员会副主任、国家中医药管理局局长王国强，中国工程院院士、中国中医科学院常务副院长黄璐琦，广东省政府副秘书长顾幸伟等出席大会开幕式并讲话。大会由中国中西医结合学会名誉会长、中国科学院院士陈凯先主持。学会会长、中国工程院院士陈香美任大会主席。中国科学院院士陈可冀、黄荷凤，中国工程院院士吴以岭，英国皇家医学科学院院士、国际代谢组学奠基人 Jeremy K. Nicholson，世界整合医学论坛主席 Robbertvan Haselen 等出席大会。

大会开幕式上颁发了首届“中国中西医结合学会终身成就奖”，授予中国科学院院士陈可冀、沈自尹和中国工程院院士吴咸中3位院士，以表彰他们为中西医结合事业做出的卓越贡献。同时还颁发了“2017年度步长杯中国中西医结合学会科学技术奖”，分别向43个获奖项目（一等奖7项、二等奖15项、三等奖18项、科普奖3项）颁发了奖金和证书。

大会设置了10个分会场，涉及代谢病、心血管病、烧伤、麻醉、眼科、生殖医学、耳鼻咽喉科、肾脏疾病等领域，各分会场就本专业领域的研究进展进行了交流和讨论。大会同期召开了消化内镜、临床药理与毒理学、分子生药学3个专业委员会的成立大会。

【第二十四届全国中西医结合骨伤科学术年会】 9月21—23日，由中国中西医结合骨伤科专业委员会主办的第二十四届全国中西医结合骨伤科学术年会在内蒙古自治区呼和浩特市召开。来自31个省、自治区、直辖市的专家、学者1000余人参会。会议收录论文1128篇。

会上，学会骨伤科专业委员会名誉主委、天津医院教授金鸿宾等报告了内固定联合中药与单纯内固定治疗股骨颈骨折术后疗效的系统评价，结果表明，内固定联合中药治疗股骨颈骨折的术后疗效优于单纯内固定且并发症较少，值得临床推广应用。骨伤科专业委员会主任、天津医院院长马信龙等研究了 Garden Ⅰ型股骨颈骨折的临床亚型的不同特点，根据亚型采取不同的复位方法进行复位内固定，尽可能使骨折达到解剖复位，从而增加了骨折愈合率，减少了骨折不愈合、股骨头坏死等并发症。内蒙古国际蒙医医院教授巴虎山等专家观察研究了蒙医传统整骨喷酒疗法治疗肱骨近端骨折的临床疗效，发现运用蒙医传统整骨喷酒疗法治疗 Neer Ⅱ型肱骨近端骨折的临床疗效显著且骨折愈合时间短、患者满意度高。

会议还就骨伤疾病的中蒙西医结合诊治最新进展进行了专家论坛、专题讲座和疑难病例讨论，交流了近年来我国中西医结合骨伤科临床和基础研究的最新进展。

会议针对蒙医骨伤学特色疗法及其研究成果，以独立单元形式进行了展示和讨论，收到蒙文、汉文投稿共 58 篇。

（撰稿人：史冬云　孔令青）

中国药学会

服务创新型国家和社会建设　2017 年，学会承担科技部、工业和信息化部、国家卫生和计划生育委员会、中国科协、国家食品药品监管总局等部委辅助决策任务 15 项，完成 2 项评估任务和 5 项药物政策及数据研究任务。

完成国家级和学会继续教育项目 32 项、62 场次，培训人员达 25013 人次。其中，利用高校资源举办高级管理人才培训活动 5 次，培训人员 497 人次；利用“互联网＋继教”模式开展网络讲堂活动 8 场次，培训人员 10620 人次；举办基层一线药师药学服务技能培训活动 9 场次，培训人员 2554 人次。

全国医药经济信息网 2017 年接收数据总量 1400 余万条，数据处理 1500 余万条，为政府部门、企业、大专院校、科研院所等提供用于政策决策、市场分析和研究支持的信息和数据支撑。

学会组织 4 批专家赴吉林省长春市、四平市、白山市及黑龙江省佳木斯市参加创新驱动助力工程，与药品生产企业对接洽谈。7 月，在辽宁省本溪市召开第五届生物技术药物理化特性分析与质量研究技术研讨会，期间学会组织专家对本溪高新技术开发区生物医药产业进行调研，为本溪生物医药产业发展提出意见、建议。9 月，第四届中国医药创新与发展高层论坛在安徽省合肥市召开，学会邀请专家为安徽省贫困地区提供中药材种植、加工及药学领域的技术指导，开展医药创新能力评估工作，系统分析医药创新优势特色和薄弱环节。

学会为国家食品药品监管总局药品审评审批制度改革提供技术支撑，承担了过度重复类和鼓励类药品审批目录动态监测项目，根据食品药品监管总局发布的《第二批过度重复药品提示信息的公告》（2017 年第 70 号），对科学引导药品研发机构和企业有序研发和理性申报发挥了作用。作为国家食品药品监管总局仿制药质量和疗效一致性评价办公室成员单位，学会承担了 289 个品种中未作参比制剂备案品种原研信息的调研工作，开展了 49 个未作备案品种规格的原研信息研究，承担了甲硝唑胶囊等 15 个未开展仿制药一致性工作品种短缺情况的评估任务。学会承担科技评价和科技成果转化工作，受理 22 个省级食品药品监督管理局和 3 个国家食品药品监督管理总局直属单位报送的申请登记和备案科技成果信息 1000 余项。

学会能力提升计划　学会是中国科协学会创新和服务能力提升工程优秀科技社团项目二类项目建设单位。全年举办了 2017 年中国药学大会暨第十七届中国药师周大型品牌活动、第五届海洋药物博士论坛等 6 个会议，提升了学术影响力。开展多种形式继续教育活动，建立了 108 名继续教育专家队伍，搭建了网络大讲堂直播平台，实现了网上注册报名信息发布、开课提醒、数据统计、在线收看。举办了首届中欧药物化学学术研讨会、亚洲药学科学家联盟 2017 年学术会议等。

开展了限制类和鼓励类药品审批目录课题研究，为西藏自治区、新疆维吾尔自治区药学工作者举办培训活动。建设新型医药信息智库，完善医药信息网系统数据远程交换、备份、容灾机制，升级改造通信安全基础设施。参加国家食品药品监督管理总局仿制药质量和疗效一致性评价工作，翻译了与评价工作相关的美国食品药品监督管理局特定药物生物等效性指导原则。结合中国“橙皮书”制度（《经过治疗等同性评价批准的药品》）的建立，进一步推进已上市药品专利信息平台建设。组织专家 30 人次到地方药企进行调研、技术对接工作，与地方科协签订服务协议、建立工作服务站。

学会建设　2017 年发展高级会员 167 人、团体会员 7 个。印发实施《中国药学会供应商管理办法（试行）》《中国药学会项目管理办法》《中国药学会青年人才托举工程经费使用管理办法》等 15 项制度。召开理事会议 2 次、监事会议 2 次、常务理事会议 4 次、理事长办公会议 6 次、秘书长办公会议 6 次。加强分支机构建设和管理，成立中国药学会药物警戒专业委

院士与企业交流会以及专家报告会上，通化市部分医药企业负责人与专家们进行了面对面交流，专家对企业的问题提出了指导性意见，对企业未来发展方向提出了合理化建议。

吉林省科协、通化市政府相关部门及通化医药高新技术产业开发区有关负责人参加了上述活动。

（撰稿人：梁　毅　李亚娟）

中华护理学会

服务创新型国家和社会建设　学会开展养老护理产业研究，针对我国养老护理员队伍基本情况、存在问题以及社会需求等进行了调研，在摸清基本情况的前提下，学会邀请有代表性医院的护理人员及相关机构管理人员参与编写《护理员培训教材》，制定了全国统一护理员培训计划、培训大纲、护理员准入条件、工作职责、工作标准、考核内容等，制定了面向全国的初、中、高级护理员培训计划，对护理员实行分等级培训，为养老产业发展提供人才支撑。

启动专科护士培训系列教材的编写工作，并于6月定稿，编写完成了《临床疾病护理指南》和《临床护理技术操作规范》。

学会共完成培训19项，受训2549人次，包括儿科、危重症、手术室、助产、血液净化、精神科、PICC专业、急诊专业护士培训班，以及循证护理与护理科研培训、康复培训、精神卫生管理、灾害护理培训、姑息护理培训、老年专科护士培训、肿瘤晚期患者照护培训等。

6月18—23日，学会在北京举办了首期首批“国际护士会ICN领导力变革”培训，来自全国各地的36位高级护理管理者参加了培训。

学会能力提升计划　学会是中国科协学会创新和服务能力提升工程优秀科技社团项目二类项目建设单位。6月23日，学会在福建省厦门市大学附属中山医院举办了学会能力提升会员培训班。围绕全面推动护理学科建设，讲述了普及推广护理科技知识和先进技术的重要性，介绍了我国开展护理科普工作的新形式，提出要以专业技术知识为引领，发挥护士在科普宣传中的作用，创新科普活动内容与形式，更好地提升护理人员科普能力。学会科普工作委员会介绍了《护理学科建设与护士的发展》《信息化助力于科普工作的开展》等内容。

学会建设　3月15日，民政部考核评估小组率队对学会各项工作进行考核验收，学会各项工作均得到了考核小组的肯定。经过现场初评、考核验收及全国性社会组织评估委员会全体会议终评，学会被评为全国性学术类5A级社团。

学会在大型会议和重要场合播放或演唱会歌、播放宣传片，宣传学会护理文化。推出《构建具有中国文化特色的护理理论体系》《基于专业性照护的护理学科理论体系构建》《传统文化视角下和谐护理理论的构建》等系列研究成果，提高学会的文化软实力和影响力。

为吸引优秀青年护士加入学会，学会放宽入会的职称条件限制，在22个专业委员会中设立青年学组，青年委员达到652名。建立了青年学组骨干微信群和学会骨干微信群，邀请专家进行跨专业主题演讲，组织青年委员进行专题讨论及专家点评。4月，学会在陕西省西安市举办了青年学组骨干培训。

学会获得2017年“全国科协系统先进集体”荣誉称号。

主办期刊　7月,《中华护理杂志》联合学会急诊专业委员会发布了《急诊医务人员职业防护指导专题》增刊，与学会糖尿病专业委员会合作发布了《高血糖患者围手术期血糖护理工作指引》等专刊。8月，举办中华护理杂志社系列期刊2018年专题策划会，以《中华护理杂志》《中华护理教育》《国际护理科学（英文刊）》次年专题策划为重点，拟定了2018年期刊的研究专题。

经《中华护理杂志》推荐,《疼痛护理质量指标的建立及在骨科病房的应用》《糖尿病、肾病患者血液透析中低血糖管理的持续质量改进》《动机性访谈对长期血糖控制不良的2型糖尿病患者生存质量及其相关因素的影响》3篇论文入选2017年中华医学百篇优秀论文。

中华护理杂志社新媒体小组的微信平台关注人数已近8万人，杂志社制定了定期定点微信推送计划，对杂志每期精选论文进行改写并通过微信公众号推送。全年共改编微信文章38篇，平均阅读量6000余次，中国知网平均下载量300余次，其中《数字记忆法在新护士医院知识培训中的应用》阅读量达51980人次。同时，与中国知网合作遴选50篇已发表论文，以中英文对照的形式在中国知网平台上面向全球在线出版。

国际学术会议 8月23日，首届金砖五国护理论坛在北京召开，近百名护理专家出席论坛。论坛由中国、巴西、俄罗斯、印度、南非5个国家共同举办。论坛提出在老年照护、保障妇女儿童健康、促进健康生活方式、护理专业教育和培训等方面进行合作。论坛决定每1—2年举办一次，促进五国护理学会之间的交流与成果共享。

国内主要学术会议 学会共举办国内学术会议30场，参会总人数达到22462人次。

国际组织任职 5月27日，在西班牙巴塞罗那举办的国际护士会（ICN）代表大会上，学会副秘书长吴瑛当选ICN第28届理事会理事。

国际交往 学会理事长李秀华在出席国际护士节（IND）资源指导委员会会议期间，宣传中国护理事业发展成就，展示中国在妇幼保健、慢病管理、灾害救援等多个可持续发展领域的案例研究。

国际护士会每年在国际护士节期间发布主题宣传材料，2017年的主题为“护理：发出引领实现可持续发展目标的声音”。第45届南丁格尔奖章获得者杜丽群的工作场景照被列入国际护士会面向130多个会员国宣传的独立海报，这是国际护士会官网首次将中国护士照片纳入宣传海报。国际护士会宣传手册全文发表了学会理事长李秀华提出的“创新发展，激发活力，包容共享，人人参与”的行动呼吁。

2月6日，在国际护士会第二届“国际护士会创新奖”评选中，学会荣获了“国际护士会创新大奖”，仅有两个国家获此殊荣。5月27日，在西班牙巴塞罗那举办的国际护士会代表大会上，国际护士会主席Judith Shamian女士和首席执行官Frances Hughes女士共同向中华护理学会颁发证书，并向中华护理学会所代表的350万中国护士表达敬意。中华护理学会代表团近300名护理工作者参加了大会。

10月14日，学会理事长李秀华与美国心脏协会原主席、世界心脏联盟原主席Sidney Smith先生在北京共同签署了《心脏专科护理培训项目合作备忘录》，这一项目是美国心脏协会的第一个境外合作项目。

科普活动 5月9日，学会举行了“健康中国科普助力2017科普中国——百城千校万村行动”科普启动仪式，通过地方学会带动县级医院护士参与科学素质提升行动，要求广大护理工作者充分发挥护理专业在预防疾病、维护生命、减轻痛苦和促进健康等方面的重要作用。活动采取讲座、义诊、健康咨询、模拟演示、示范演练、展板、模型、专题视频、资料发放等方式，用娴熟的护理专业知识和精湛的护理操作技能普及突发事件及应急急救知识、新型传染病预防及妇幼保健知识、慢性病管理及健康生活方式等，将医学科普知识以精准扶贫的方式传播到基层。

表彰举荐优秀科技工作者 学会设立“中华护理学会创新发明奖”，以表彰为护理事业的创新发明做出突出贡献的护理工作者。第一届中华护理学会创新发明奖共收到27个省、自治区、直辖市申报的项目131项。经学会资格筛查，共有121项符合申报标准，经评委会评审专家和法律顾问初评及终评，最终评出各类奖项共50项。

学会副理事长、北京协和医院护理部主任吴欣娟获得全国创新争先奖状。

学会自2017年2月13日起，开展推荐宣传“杰出护理工作者”活动。5月9日，学会在北京召开庆祝国际护士节暨宣传杰出护理工作者事迹大会。国家卫生和计划生育委员会副主任、中华医学会会长马晓伟等出席会议。中国工程院院士王辰为“杰出护理工作者”获奖者致颁奖词，大会向60名获奖者颁发了证书及奖杯。

党建强会 1月13日，中共中华护理学会委员会在北京召开成立大会。李秀华为党委书记。

为庆祝建党九十六周年、迎接党的十九大胜利召开，7月28日，中华护理学会党委组织开展了以“寻觅革命先辈足迹，学习西柏坡革命精神”为主题的党日实践活动。学会党委分别于5月和10月，邀请中央党校教授为各省护理学会党支部书记进行党课辅导。

会员服务 学会基于《会员管理办法》《联络秘书工作职责》等文件，强化基层会员体系建设，在全国各省、自治区、直辖市护理学会建立会员联络秘书工作站，设立专职联络秘书1名，搭建学会与会员之间、会员与会员之间的交流和互动平台。针对护理资源分布不均的情况，学会设置专门经费用于贫困及偏远地区会员能力提升，并开展捐赠书籍、现场授课、临床指导等系列活动。

【中华护理学会第27次全国会员代表大会】 12月26日，中华护理学会第27次全国会员代表大会在北京召开，来自全国各级医疗卫生机构及有关单位会员代表共456人出席大会。学会副理事长吴欣娟代表第26届理事会作工作报告。会议审议并通过了《中华护理学会章程（草案）》修订说明、《中华护理学会第26届理事会财务工作报告》等。大会选举产生了中华护理学会第27届理事会理事、常务理事、理事长以及监事。吴欣娟当选中华护理学会第27届理事会理事长，应岚任学会第27届理事会秘书长。会议通过了《关于中华护理学会名誉理事长、荣誉会员的提议》，授予第26届理事会理事长李秀华为第27届理事会名誉理事长，授予第26届理事会26名常务理事为中华护理学会荣誉会员。吴欣娟代表新一届理事会作《第27届理事会五年工作发展规划（草案）》的报告。

【中华护理学会第七届护理学术年会暨第五届科技奖颁奖】 12月25日，中华护理学会第七届护理学术年会暨第五届科技奖颁奖大会在北京召开，中华护理学会及各省、自治区、直辖市护理学会负责人和会员代表，第五届中华护理学会科技奖获得者等近600人出席大会。“以临床需求为导向、促进优生优育的系列护理研究和实践探索”等4个项目被评为第五届中华护理学会科技奖一等奖，“失能老人长期照护技术规范的建立与应用”等13个项目被评为二等奖，“医院护理安全管理模式的构建与技术推广”等30个项目获三等奖。一等奖获得者复旦大学附属妇产医院护理部主任丁焱、中国医学科学院北京协和医院外科总护士长马玉芬、福建省立医院副院长李红、北京大学护理学院副院长陆虹在会上作成果汇报。

【中华护理学会第九届全国自然灾害护理研讨会暨第三届国际护士灾害护理课程培训】 8月3日，第九届全国自然灾害护理研讨会暨第三届国际护士灾害护理课程培训班在天津市开幕，来自28个省、自治区、直辖市的灾害、急救、手术室和男护士团体等近千人出席会议。国际护士会首席执行官Frances Hughes博士、日本久常节子博士、韩国辛琼琳博士作主题演讲《全球灾害护理发展》《日本看护协会的灾害救援体制与护理制度的推进》《革新韩国护理》。学会常务副理事长刘华平在大会介绍了《中国护理的国际交流——巴塞罗那之行》。天津武警后勤学院附属医院院长侯世科从灾害救援的知识、过程、教学和研究4个方面作了题为“医学救援与研究新进展”的演讲。

与会专家围绕中国灾害医学的现状及发展趋势、灾害救援现场的检伤分类、急救技能、后方医院伤员的救治管理等9大主题进行了专题讲座，内容涵盖了宏观管理协调、现场救援技能、灾后心理康复等全方位的专业知识和相关技法。

专家们还通过论文交流了沉船事故中的伤员救护、埃博拉防治、海外撤侨、成批烧伤救援、灾害模拟教学、学生防灾减灾知识现状调查等内容；探讨了灾害前准备、灾害中救援及灾害后恢复工作中护士的角色与团队协作，对实地救灾经验作了分享。大会共评选出15个优秀学员奖、6个优秀论文奖、8个优秀组织奖。

（撰稿人：吴淑华）

中国生理学会

服务创新型国家和社会建设 受全国名词审定委员会委托，学会名词审定工作委员会对《生理学名词》（第二版）进行了名词定义定稿及释义工作。

学会5位专家被中国科学技术出版社聘请为科技/科普专家，聘期3年（2017—2020年），参与科普中国项目评选活动。

学会在山东省青岛市举办了中国生理学会新型生理学实验技术平台培训班，来自23个省、自治区、直辖市51所高校的98名生理科学工作者参加了学习。

学会建设 学会发展新会员155人，会员总人数3362人。

学会召开了2次常务理事会议，讨论和审议了分支机构管理办法修订稿（补充条款），明确和强调了分支机构结构设立、主任委员换届以及办会制度要求。

学会成立了整合生理学专业委员会，学会学术专业委员会数量增至17个。

学会网站英文版网页正式启用，实现了网上入会功能。注册了学会微信公众号。

学会专业分支机构（专业委员会）实行“前任、现任和候任主任委员”的领导更迭新体制。

青年人才托举工程 学会向中国科协生命科学学会联合体推荐中国科学院上海生命科学研究院生物化学与细胞生物学研究所副研究员何玲娟、中国科学技术大学生命科学学院副研究员张远伟，经评审专家评选，2人全部入选。

主办期刊 《生理学报》连续第六年荣获由《中国学术期刊（光盘版）》电子杂志社、清华大学图书馆、中国学术文献国际评价研究中心遴选发布的“2017中国国际影响力优秀学术期刊”称号。

学科发展研究 学会参与中国科协生命科学领域前沿跟踪研究课题项目，完成《生命科学领域前沿跟踪研究报告脑科学分报告》《脑科学专报：中国脑研究》和《各国脑计划主要进展与实时策略分析》。

国际学术会议 6月16—18日，学会肾脏生理专业委员会第四届学术年会暨低氧因子新理论与临床国际高端论坛在江苏省南京市举办。会议邀请50余位国内外从事肾脏生理、病理生理和临床研究的专家作学术演讲，对低氧诱导因子（HIF）新理论与临床展开专题研讨，同时举行肾脏研究青年学者论坛和壁报交流。会议共收到76篇论文摘要，设立大会报告5个、专题报告34个，来自国内外的400余名学者参加会议。

国内主要学术会议 2017年，学会及所属分支机构举办各类国内学术研讨会议13个，2410余人次参会，交流论文1000余篇。

8月22—24日，中国生理学会第二届全国高校生理学教研室主任高峰论坛在海南省海口市召开。来自51所高校的生理学教育工作者130余人参加了论坛。论坛对8个主题进行了发言与讨论，举办了“泰盟杯”中国生理学会2017全国生理学微课教学比赛和“泰盟杯”中国生理学会2017全国生理学教学实验创新设计比赛，最终评出一、二、三等奖及单项奖获奖者共计52名。

8月25—27日，由学会生殖科学专业委员会和中国动物学会生殖生物学分会联合主办的第二次联合学术年会暨生殖科学专业委员会第二届学术会议和生殖生物学分会第十六次学术年会在安徽省合肥市召开。来自110余家高等院校、科研院所、医疗机构和相关产业单位的600余位专家、学者参会。大会收到论文摘要225篇，安排大会特邀报告15个、分会场报告52个、墙报交流117个。

国际组织任职 8月1—5日，国际生理科学联合会（IUPS）第38届大会（IUPS 2017）在巴西里约热内卢举行。大会进行了执委会改选，学会理事长王晓民当选亚洲及大洋洲区域执行委员会代表（2017—2021）。

国际交往 8月1—5日，40位中国生理学工作者出席了在巴西里约热内卢举行的国际生理科学联合会第38届大会（IUPS 2017），共有来自64个国家和地区的1500余人参加了会议。学会理事长王晓民、副理事长陈应城及副理事长兼秘书长王韵代表学会参加了IUPS执委会会议。陈应城汇报了IUPS第39届大会（IUPS 2021）的筹备情况，王晓民当选亚洲及大洋洲区域执行委员会代表（2017—2021）。10位中国学者在大会期间担任了报告者、大会或专题报告主持人，展出墙报23份。王晓民代表学会在大会闭幕式上作特邀报告，向与会人员发出IUPS第39届大会的正式邀请，并从IUPS第38届大会的承办方——巴西生理学会接过IUPS的大旗，正式宣告中国将主办IUPS第39届大会（2021年）。

科普活动 5月20日，学会与有关全国学会在北京市龙潭公园共同举办了以“科技强国·创新圆梦”为主题的2017东城科技周活动。学会向参与科普活动的市民及青少年发放学会印制的健康科普知识宣传材料300余份，印制挂图10幅，以纸质答卷和扫描二维码形式发放科普问答题200余份，向700余人次普及了生理学相关知识。

学会科普工作委员会举办科普讲座或培训班110余场，撰文3篇，编写图书1册，受众达100万人次。

表彰举荐优秀科技工作者 经学会推荐，北京大学分子医学研究所教授程和平、中国科学院上海生命科学研究院研究员周嘉伟荣获“全国创新争先奖状”。经学会推荐，北京大学生命科学学院教授张妍荣获第十四届“中国青年女科学家奖”。

党建强会 4月，学会在浙江省杭州市召开中国生理学会功能型党委成立大会。会议宣布了中国科协《关于同意中国生理学会成立党委及组成人选的批复》，讨论和明确了学会功能型党委委员的具体分工。

会员服务 学会开通网上入会，会员证由实体印刷改为电子版，会员电子信息数据库进行了更新。2017年，学会编纂印刷会员刊物《生理通讯》（双月刊）6期、会议增刊2本、会议PPT文集1本。向全体会员免费邮寄《生理通讯》21000余册。学会通过电子邮件、微信公众号推送等方式向会员发送学会主办的会议通知。

【纪念蔡翘先生诞辰120周年活动】 10月21日，学会在江苏省无锡市举办纪念蔡翘先生诞辰120周年活动。学会第二十届理事长、中国科学院院士杨雄里和现任理事长王晓民等200余人出席纪念活动。

蔡翘先生招收的最后一批研究生代表、学会第二十二届理事长范明教授介绍了蔡翘先生的生平。活动特别邀请了蔡翘先生的孙女蔡雪丽女士、蔡翘先生的学生王福庄教授到会讲话。杨雄里在致辞中介绍了蔡翘先生一生多次“从零开始”的艰苦创业精神，勉励在场的青年学者为科学事业、为中国生理学发展努力前行、奋力开拓，做出无愧于时代的贡献。

【中国生理学会庆祝《生理学报》创刊90周年大会】 10月21日，中国生理学会庆祝《生理学报》创刊90周年大会在江苏省无锡市举行。学会理事长王晓民，中国科学院上海生命科学研究院副院长陈雁，中国科学院上海生命科学研究院信息中心主任于建荣，《生理学报》主编王建军，中国科学院院士、《生理学报》前任主编杨雄里等，以及青年学者共计200余人参加了大会。

大会回顾了《生理学报》的发展历程，介绍了《生理学报》的发展现状、面临的问题以及对未来的展望。为庆祝《生理学报》创刊90周年，学会常务理事会和学报编委会编辑出版了庆祝专辑《生理学报》创刊90周年特刊。

大会宣读了编委会与编辑部共同评选出的7篇“2011—2015年《生理学报》最佳研究论文奖”获奖论文和作者名单，并为“《生理学报》编委杰出贡献奖”获奖者颁奖。

【中国生理学会张锡钧基金会第十四届全国青年优秀生理学学术论文交流会暨第十二届全国青年生理学工作者学术会议】 10月20—22日，中国生理学会张锡钧基金会第十四届全国青年优秀生理学学术论文交流会暨第十二届全国青年生理学工作者学术会议在江苏省无锡市召开。

来自全国57所高校和科研院所的160余位学者和30余位嘉宾参加了纪念活动和学术会议。本次张锡钧基金优秀论文评选共收到论文40篇，经书面评审，来自12个省份的21位参评者参加口头报告进行评选，内容涉及神经、病理、呼吸、肾脏代谢、基质生物学、生殖、心血管、消化、内分泌9个领域。来自12个省份的12位参评者进行了墙报展示。专家评委根据各参评候选人的报告内容、表达能力、图表制作和答辩能力四个方面分别给予评分，最终评审出一、二、三等奖及单项奖共9名。

本次青年生理学工作者学术会议共收到65篇投稿，遴选出15个口头报告和50个墙报展示，最终评审出优秀口头报告奖6名、优秀墙报奖4名。

【2017中国生理学会内分泌与代谢、比较生理学及应激生理学联合学术会议】 7月13—15日，由中国生理学会内分泌与代谢专业委员会、比较生理学专业委员会及应激生理学专业委员会3个专业委员会联合主办的2017中国生理学会内分泌与代谢、比较生理学及应激生理学联合学术会议在辽宁省沈阳市举行。参加会议的专家、学者共156人，收到论文摘要105篇。大会分设7个特邀大会报告、19个研究报告、24名青年学者报告以及34个大会墙报展示。

北京大学“长江学者计划”特聘教授、学会副理事长王世强作了《冬眠动物兴奋收缩耦连调控的分子机制》的报告，中国载人航天工程航天员系统副总设计师、科研训练中心航天医学基础与应用国家重点实验室主任李莹辉报告了《航天特因环境中的心理适应特征》，东北大学生命科学与健康学院常务副院长、神经科学研究所所长王占友报告了《金属离子代谢紊乱与阿尔茨海默病》，北京大学基础医学院教授张炜真作了《肝脏脂代谢中X/A样细胞的阴和阳》的报告，美国得克萨斯大学、休斯敦医学院教授夏阳报告了《缺氧诱发红细胞氧运输的代谢重编程并建立缺氧记忆》，香港中文大学生物医学院教授、香港中文大学深圳研究院院长、香港生物科技研究院院长郑汉其报告了《斑马鱼基因敲除研究揭示的两种促性腺激素及其受体的进化》，南昌大学生命科学研究院副院长潘秉兴作报告《杏仁核的多样化与慢性应激以及焦虑的关联》。

大会期间，参会学者交流了近年的科学研究进展和成果，主题涉及循环、呼吸、内分泌、代谢、生殖及神经系统等生理学领域，包含国际前沿热点（如中国航天员的最新内分泌行为学大数据），以及流行的中国特色（如减肥和传统医学等）。动物模型包括水生斑马鱼、沙漠沙蜥、冬眠的黄鼠、高原的根田鼠和鼢鼠、飞行的蝙蝠、实验室大小鼠及航空航天的高级人类；环境因子涉及冷、热、低氧、心理、密闭空间及失重等。

（撰稿人：刘　璐）

中国解剖学会

服务创新型国家和社会建设　5月25—27日，学会人脑库研究分会、中国人脑组织库协作联盟、中国医学科学院神经科学中心联合举办了第三届中国人脑组织库标准化操作培训班，聘请北京协和医学院、浙江大学医学院、中南大学湘雅医学院人脑组织库专家、从事神经科学研究以及诊疗的相关专家以讲座和实际操作的形式为学员授课。来自河北省、湖南省、上海市、浙江省、云南省、台湾地区的30多名学员参加了培训，体验了人脑组织取材、保存、神经病理读片的过程，掌握了人脑组织库标准化操作。

12月9—12日，第22届全国断层影像解剖学及其临床应用学习班在山东省济南市举办，来自27个省、自治区、直辖市的200多名解剖学与医学影像学工作者参加，其中医学影像学工作者约占60%，学习班期间共设置专题讲座35场。

学会建设 2017年，学会新发展会员3批共计903人，交纳会费的会员人数达到了2991人。团体会员11个。

经学会十五届八次常务理事会议通过，学会中医形态学分会成立。十五届八次常务理事会议通过了2018年召开中国解剖学会第十四届全国会员代表大会的各项决议及换届方案。学会成立了以学会理事长为主任的“中国解剖学会第十四届全国会员代表大会”筹备委员会，确定了理事候选人分配名额和代表名额，向各省、自治区、直辖市解剖学会发出了预备通知。

6月，学会面向社会公开招聘办事机构专职工作人员1人。

主办期刊 学会主办的7种科技刊物共计发表论文1201篇，发行量26000册。

4月22—24日，学会期刊出版管理工作委员会在湖北省十堰市召开期刊出版管理工作研讨会，学会所属的7种期刊的主编、副主编、编辑部主任等40余人出席会议。

国际学术会议 8月26—29日，学会在河北省张家口市召开第12届中日组织化学与细胞化学研讨会。来自中国、日本的140余名从事人体解剖学、组织学与胚胎学、外科学、医学影像学、再生医学与组织工程、发育生物学和神经科学等领域的专家、学者及研究生参加了会议。会议设2个分会场12个专题，36位学者进行了专题发言，45篇论文进行了墙报展示，有4位中国学者和2位日本学者作大会报告，大会共收到摘要100余篇。

国内主要学术会议 1月15—18日，学会教育与继续教育工作委员会在江西省赣州市举办主题为“解剖学标准化实验室建设的经验交流与展望”的研讨会，67所医学院校的230余位人体解剖与组织胚胎学专家、学者出席研讨会。会议期间举办了首届解剖学教学课件大赛，来自全国41个医学院校的63个课件参赛，经专家评选评出一等奖5名、二等奖15名、三等奖43名。

8月7—10日，学会科技开发与咨询工作委员会在江西省九江市召开了第六届全国解剖学会技术学术大会。来自全国各大中专医学院校的解剖学工作者共200余人参会。大会共收到会议论文152篇，14位论文作者作了大会论文报告。

由中国科协与学会联合主办的2017年第二届人类早期发育与衰老相关疾病高端论坛于10月20—23日在湖南省长沙市召开，学会联合有关企业、院校、科研等机构共同构建的“人类发育与衰老转化研究联盟”正式成立。来自国内科研院所、医学院校的专家、青年学者共计89人出席会议。为开展青年学者创新技术评比，论坛期间，联盟举办了第二次创客大赛活动。

两岸交流 经全国科学技术名词审定委员会批准，学会承担了海峡两岸人体解剖学、组织学与胚胎学名词对照统一工作。7月28日，在第25届国际形态学大会暨中国解剖学会第33届学术年会期间召开了海峡两岸解剖学、组织学与胚胎学名词统一编委会第一次会议。全国科学技术名词审定委员会审定与研究室主任高素婷，学会理事长张绍祥、副理事长李云庆、副秘书长房桂珍，人体解剖和组织胚胎学名词编写委员会副主任委员李金莲，委员李瑞锡、凌树才、曾园山、齐建国、刘厚奇以及参加此项工作的台湾地区台湾解剖学会理事长马国兴等15人出席会议。

国际交往 9月19—23日，学会派代表出席第18届国际解剖学工作者协会联合会执行委员会第3次会议。会议正式通过台湾地区解剖学组织以“中华台北解剖学会”名义加入IFAA，从而按照中国解剖学会的要求圆满解决了台湾地区专业同行加入相应国际组织的问题。台湾地区解剖学组织近年来多次提出以“中华民国解剖学会”或“台湾解剖学会”的名称加入国际解剖学界的两大国际组织——国际解剖学工作者协会联合会（IFAA）和国际形态科学大会（ISMS），中国解剖学会坚决反对。中国解剖学会代表在历次执行委员会上郑重提出台湾地区不是独立的国家，台湾地区必须参照国际奥林匹克体育协会的模式和惯例，只能以“中华台北解剖学会”的名称加入国际组织和参加国际交流。

科普活动 10月27—29日，学会科普工作委员会在河北省石家庄市召开2017年科普工作交流会，全体委员和解剖科普工作者80余人参加会议。会议主题为“以人体科学馆和遗体捐献为驱动，全面推动科普工作的开展”。

学会首席科学传播专家隋鸿锦教授团队作了以下

工作：①以南通搁浅抹香鲸为载体，经过一年的解剖探索，2017 年 5 月第一次发现抹香鲸的听小骨，验证了其解剖学形态和功能的关系，随即在博物馆及媒体向民众普及；②“李哲教你学解剖”微博（粉丝数 63 万）和微信公众号（关注数 18 万）以浅显易懂、图文并茂、科学严谨的方式，将解剖学科普知识带入寻常百姓家；③ 8 月，世界首只塑化大熊猫问世，结合黑熊等其他熊科解剖学标本，以比较解剖学为载体的熊猫科普文化巡展陆续在国内外展出；④ 10 月，以比较解剖学为背景的生命奥秘系列科普丛书——《海洋精灵》出版发行，此书是该丛书的第四部著作；⑤ 3 月，学会科普教育基地生命奥秘博物馆被中国科协认定为“2016 年度全国优秀科普教育基地”。

人的进化、发育和健康科学传播专家团队首席科学家席焕久教授带领团队以专业委员会为核心，开展了“人的差异与健康”“包容发展的人类学”科普传播讲座。

人体解剖学科普知识宣传专家团队首席科学家李云庆教授带领团队发挥专业特长，介绍了揭示脑的奥秘及神经系统常见老年性疾病防治方面的新进展，举办了“阿尔茨海默病的病因和防治高级论坛”“神经科学论坛”“神经解剖学研究的过去、现在和未来”等科普传播讲座。

人体断层影像解析专家团队首席科学家刘树伟教授带领有关人员主编了解剖学宣传图谱，举办了“如何阅读人体 CT 图像”“断层影像学的现状与未来”科普传播讲座。

表彰举荐优秀科技工作者 7 月 27 日，中国解剖学会第三届“中国青年解剖科学家奖”答辩会在第 25 届国际形态科学大会暨中国解剖学会第 33 届学术年会期间举行。中南大学湘雅医学院黄河、首都医科大学杨姝、中国科学院自动化研究所樊令仲、北京大学医学部战军、空军军医大学黄静 5 人获得第三届“中国青年解剖科学家奖”。

党建强会 6 月 24 日，学会党委成立大会暨第十五届理事会第一次党员代表大会在四川省成都市召开，学会理事长、党委书记张绍祥带领大家学习了《习近平关于科技创新论述摘要》。

10 月 28 日，学会党委第二次扩大会议在河北省西柏坡召开，大家深入学习领会党的十九大精神。

【第 25 届国际形态科学大会暨中国解剖学会第 33 届学术年会】 7 月 27—29 日，第 25 届国际形态科学大会暨中国解剖学会第 33 届学术年会在陕西省西安市召开，来自 26 个国家和地区，以及国内人体解剖学、组织学与胚胎学、外科学、医学影像学、再生医学与组织工程、发育生物学和神经科学、医学教育学等领域的专家、学者共计 1000 多人参加了会议。大会开幕式由学会副理事长李云庆主持。

国际形态学大会主席、意大利拉奎拉大学教授谷都·马琪瑞理，学会理事长张绍祥，中国科学院院士鞠躬出席开幕式并致辞。国际形态科学大会秘书长、葡萄牙新里斯本大学教授获戈·帕里斯介绍了国际形态科学大会的发展历史和历届代表大会的情况。

鞠躬、李云庆、谷都·马琪瑞理、澳大利亚新南威尔士大学教授乔治·帕克思瑙斯、日本顺天堂大学教授内山安男、英国圣安德鲁斯大学教授 David Brynmor Thomas 等 16 位专家作大会学术报告。

会议共设 7 个分会场，进行了 24 个特邀专场和 19 个投稿专场的专题研讨，245 位学者进行了口头报告交流，285 篇论文进行了墙报张贴展示交流。大会共收到论文摘要 1000 余篇，论文摘要全部在 *Annals of Anatomy* 上发表。

共有 23 家国内外展商展示了与形态科学教学和科研有关的设备、模型、标本、医学书刊等。

会议期间召开了国际形态科学大会委员会（ICSMS）执委会会议、中国解剖学会理事会和常务理事会会议、海峡两岸解剖学研讨会以及解剖学名词编委会等会议。

李云庆被大会授予解剖学家卓越奖（Anatomist Excellence Award），成为大会召开 47 年以来评出的第 8 位获奖学者。

会议期间举办了第三届中国青年解剖科学家奖的现场答辩与评选。大会还从 40 岁以下参加墙报展示的青年学者中现场评选出了 20 个“优秀墙报奖”获得者。

大会为新增的 18 家中国解剖学会数字人实验室颁发了牌匾。

（撰稿人：房桂珍）

中国生物医学工程学会

服务创新型国家和社会建设 受国家食品药品监督管理总局（CFDA）委托，学会完成“组织工程类产品注册管理设计及评估标准”项目。该项目组由中国工程院院士顾晓松、付小兵、戴尅戎、卢世璧等专家组成，研究内容包括组织工程类产品的定义、范围，国内外管理现状、管理模式优点及存在的问题，组织工程类医疗器械的范围及属性界定、注册管理原则，提出不同类别组织工程产品的标准及技术、质量过程控制的管理要求。

受教育部生物医学工程教指委的委托，学会组织专家参与人民卫生出版社拟订出版的国家卫生和计划生育委员会“十三五”规划教材《生物医学工程》专业教材的编写工作。

承接国家食品药品监督管理总局《医疗器械科技前沿》杂志4期的编写，为总局监管层提供决策的学术信息支撑，得到总局相关部门的肯定。

完成国家食品药品监督管理总局创新医疗器械特别审批审评项目266项，组织专家审查会议92次，与国家医疗器械技术审评中心签署“创新医疗器械特别审批审评”项目委托合同。

加强社会团体标准研制工作，完成《气管插管用DEHCH增塑聚氯乙烯（PVC）专用料》《双腔支气管插管用DEHCH增塑聚氯乙烯（PVC）专用料》《医用非血管内导管弯曲性能试验方法》3项团体标准的公开发布。

学会共举办36个继续教育培训班次，同比2016增加了1个班次。

学会组织多位创新驱动助力专家赴吉林省临江市、浙江省绍兴市、湖南省长沙市等地为20余家企业提供技术支持。为提升东北健康产业水平，学会与吉林省临江市签订创新驱动助力战略协议，通过引进新技术促进临江市医疗健康产业发展。学会名誉理事长、中国工程院院士俞梦孙在内蒙古自治区人民医院建立院士工作站1个。

学会能力提升计划 学会是中国科协学会创新和服务能力提供工程优秀科技社团项目三类项目建设单位，完成了项目第三年度总结及终期总结，完成了规定的各项任务并达到了相应的预期考核指标。

学会牵头申报并获批承担“中国科协生命科学领域前沿跟踪研究”项目。

完成国家食品药品监督管理总局组织工程类产品注册管理设计及评估标准的课题，承接国家食品药品监督管理总局创新医疗器械特别审批专家评审。

建立会员管理服务信息化平台及以会员为主体的组织体制，增加企业会员人数；托举青年科技工作者，助力青年优秀创新人才脱颖而出。

学会建设 学会有29个专业委员会，会员人数新增2094人，会员总数增至16050人，同比2016年增加15%。

学会召开常务理事会议2次、理事会议1次。健全学会分支机构备案制，规范设置，加强管理，加强对所属分支机构职责、人员、财务、运营的管理，完善修订《中国生物医学工程学会分支机构管理办法》。

3月，在民政部专家现场学会等级评估中，民政部专家对学会在内部治理改革、学会建设、承接政府职能转移、社会团体标准、学会党建等方面的成绩给予了充分肯定。经评估，学会被评为4A级社会组织。

4月20日，学会九届三次理事会议在北京召开，会议讨论并通过2016—2017年度“黄家驷生物医学工程奖”获奖名单以及学会工作及财务报告。

12月16日，中国生物医学工程学会组织建设改革与发展培训研讨会在北京召开，所属分支机构负责人及联系人、各工作委员会负责人参加了培训，主要就社团组织建设改革进行交流、研讨，以促进学会改革发展。

12月27日，学会在北京召开九届五次常务理事会议，会议通过了2017学会财务工作和其他主要工作汇报、学会组织工作汇报及2018年工作计划，同意筹备成立医学检验工程分会。

青年人才托举工程 根据《中国科协办公厅关于公布中国科协青年人才托举工程第三届（2017—2019年度）项目立项结果的通知》要求，学会向中国科协生命科学学会联合体推荐中国科协青年人才托举工程人选1人，经评审专家评选，中国科学技术大学陈勋入选。

主办期刊 《中国生物医学工程学报》（英文版）在2016年度中国科协主管科技期刊审读中被评为“优”级期刊。

学科发展研究 继续开展中国科协“学科方向预测及技术路线图”项目，主要完成对国内外生物医学工程学科现状和发展方向趋势的数据收集整理，完成了生物医学工程主要分支报告初稿的编写工作，初步制定生物医学工程学科科学与技术发展规划路线图。

学会作为中国科协生命科学学会联合体的牵头学会，与其他10个成员学会一起承担了中国科协生命科学领域前沿跟踪研究项目。牵头组织召开专家会议及工作会议10余次，形成总报告1篇、分报告10篇、专报 11 篇。

决策咨询 根据国家食品药品监督管理总局发布的《国家食品药品监管总局办公厅关于征求医疗器械分类目录（修订稿）意见的函》，学会成立专项工作组，组织近百位专家认真研究审定并形成《国家食品药品监管总局办公厅关于征求医疗器械分类目录（修订稿）意见汇总稿》。

国内主要学术会议 6 月 3—5 日，在重庆市举办第八届全国组织工程与再生医学大会。大会针对多种临床重大疑难病症的先进组织工程应用及研究成果进行了交流。

6 月 19 日，学会与国家食品药品监督管理总局在北京共同举办了 2017 医疗器械创新与发展研讨会。

8 月 8—10 日，在辽宁省沈阳市举办了 2017 年中国生物医学工程联合学术年会（高层论坛）。会议以“生物医学工程：数据与智能时代”为主题，围绕生物医学工程学科的最新研究成果、应用产业发展等问题进行交流。

8 月 25—26 日，在湖北省武汉市召开 2017 全国体外循环学术年会，围绕体外循环国内外现状、面临的机遇与挑战进行研讨，参会人数 600 人。

9 月 26 日，在北京举办了医学人工智能技术安全性研讨会。会议围绕医学人工智能技术的安全性进行研讨。

9 月 22—24 日，在广东省深圳市召开了 2017 年中医药工程联合学术年会，围绕推动亚健康产业和中医工程建设，实现中医现代化发展，解决大健康产业背景下中医健康辨识与人体功能状态测评研究、生产和推广的难题等内容进行交流和讨论。

10 月 27—30 日，在江西省南昌市举办了 2017 中国生物材料大会。会议以“生物医用材料创新研发与产业化”为主题，邀请 20 余位院士出席，2000 多人参会。

国际交往 6 月 13 日，学会秘书长池慧和常务副秘书长彭屹参加了在芬兰坦佩雷举行的国际医学和生物工程联合会（IFMBE）理事会工作会议，期间应邀参加了 IFMBE 亚太工作组会议，商讨了亚太地区学术会议事宜。

12 月，学会理事、IFMBE 亚太工作组秘书长、清华大学教授廖洪恩赴马来西亚出席 IFMBE 亚太工作组会议，汇报了中国生物医学工程学会 2017 年度活动开展情况。

经学会审核推选，推荐陈思平、韩忠朝、胡斌、齐颖新、王丽珍、郑海荣申报国际医学和生物工程联合会（IFMBE）6 项奖项。

科普活动 创建学会科普微信公众号 6 个，发送科普文章共计 300 余篇，组织科普报告 20 余场，制作科普视频 2 个，开发科普挂图 10 余幅，制作科普网站 1 个，组织专家撰写科普文章 80 余篇。科普报告听众 1000 余人次，各类受众约 1 万人次。

完成 20 个科学传播团队的备案工作，新建 3 个科学传播团队，即纳米医学工程传播团队、医用机器人工程与临床应用传播团队、心房颤动的防治科普团队。

表彰举荐优秀科技工作者 经学会推荐，学会常务理事郑海荣荣获“全国创新争先奖状”。

4 月，学会开展了 2016—2017 年度“黄家驷生物医学工程奖”评选活动，评选出一等奖 3 名、二等奖 3 名、三等奖 2 名。

党建强会 学会搭建“党建 + 互联网”平台，在学会网站建立“党建强会”互联网宣传阵地，实现在线提供学习宣传交流信息和政策服务。

12 月 16 日，在北京召开党建工作联席会议，围绕学会党建工作进行研讨、交流和培训。

会员服务 学会建立并使用 OA 办公系统、分支机构管理系统、学会人才库和奖励系统、项目管理系统、继续教育管理等信息系统，完成学会的各项业务工作，更好地实现为会员、生物医学工程科技工作者服务。

探索具有学会特色的评奖办法，完善以“黄家驷生物医学工程奖”为代表的学会奖励体系建设。配合学术评价能力建设，提升奖项的社会影响力和含金量，激励会员做出原创性创新科技成果。

【2017 中国生物医学工程大会暨创新医疗峰会】 4 月 20—22 日，学会在北京召开 2017 中国生物医学工程大会暨创新医疗峰会，大会主题为“医工融合发展，创新引领未来”。

大会邀请 2014 年拉斯克医学奖获得者、法国科学院院士 Alim Louis Benabid，美国工程院和医学院两院院士 Nicholas A Peppas，英国皇家工程院和工程科技院两院院士杨广中，中国科学院院士陈润生、葛均波，中国工程院院士胡盛寿、程京以及华中科技大学副校长骆清铭等为大会作主旨演讲。

大会设置 9 个高端论坛、23 个专业领域的学术研讨以及 1 个项目路演大赛，涵盖了生物医学大数据、脑科学、医学影像、医用机器人、可穿戴技术、生物材料、组织工程和再生医学、纳米医学等生物医学工程领域。

大会颁发了2016—2017年度“黄家驷生物医学工程奖”一等奖3名、二等奖3名、三等奖2名。一等奖分别由中国工程院院士程京、俞梦孙以及北京航空航天大学教授樊瑜波领衔的三个团队获得。大会还颁发了“青年优秀论文奖”，鼓励热爱生物医学工程研究的新生力量成长和成才。

【2017中国生物医学工程学会北戴河青年论坛】 8月5—7日，学会在河北省秦皇岛市举办了2017中国生物医学工程学会北戴河青年论坛暨学会青委会筹备会议。来自高校、医院和研究院所的230余名生物医学工程学科及相关交叉学科不同研究方向的专家、学者参会。90余位青年学者在会上作学术报告展示并进行了交流。

会议邀请中国科学院院士姚建铨、杜江峰，东南大学教授万遂人，清华大学教授王广志，阜外医院教授赵世华等专家、学者围绕物理与生命科学交叉、生物医学工程教育、医疗器械产业创新与转化、医学成像及神经工程等领域的研究进展和发展作特邀报告。会议还进行了影像信息技术、纳米材料与组织工程两个专题分会场报告。

（撰稿人：康亚文　刘雪莉）

中国病理生理学会

服务创新型国家和社会建设　4月，国家医学考试中心在北京组织召开了病理生理学考试大纲讨论会。学会炎症发热感染低温专业委员会主任委员、暨南大学医学院副院长王华东等参加。讨论会进行了《病理生理学》职业医师考试题库命题技术培训和任务布置。

学会完成了人民卫生出版社拟订出版的《人体病理生理学》（第4版）的编撰工作。全国高等院校护理学类专业“十三五”规划教材《高级病理生理学》已完成交叉审稿及定稿工作。

7月，学会举办了第四届全国机能实验教学研讨会暨首届全国青年教师机能学实验技能大赛，300多人参会，由52个院校组成的77支代表队进行了技能比赛。会上正式公布了《全国高等院校机能实验室（中心）建设标准建议》，为全国高校机能实验室建设提供了明确的建议。

学会建设　学会新发展会员892人。截至2017年年年底，学会交费会员6167人、终身会员143人，总计6310人。

内分泌和代谢专业委员会正式成立，章卫平教授担任主任委员。缺氧和呼吸专业委员会于6月进行了换届选举，第三军医大学病理生理学与高原生理学教研室主任黄庆愿担任主任委员。大中专教育工作委员会于7月进行了换届选举，福建泉州医学高等专科学校的杨维群教授担任新一届主任委员。

此外，南京医科大学教授杨俊伟、北京大学医学部教授尹玉新和南京医科大学教授季勇牵头向学会分别提交了关于成立肾脏专业委员会、系统生物学专业委员会和活性小分子专业委员会的建议，经学会第十届三次常务理事会讨论，同意上述专业委员会进入筹备期。

主办期刊　学会主办的3种科技期刊全年共印发34000册，发表论文976篇。

《中国病理生理杂志》获得中国科协精品科技期刊工程第四期期刊学术质量提升项目（2015—2017年）资助。10月，中国科学技术信息研究所根据2016年度中国科技论文与引文数据库的统计结果，授予《中国病理生理杂志》2016年“百种中国杰出学术期刊”称号，这是该刊第9次获得这一称号。《中国病理生理杂志》被收录为“第4届中国精品科技期刊”即“中国精品科技期刊顶尖学术论文（F5000）”项目来源期刊（有效期：2017年10月—2020年12月），再次入选中国科学技术信息研究所出版的“中国科技核心期刊”（中国科技论文统计源期刊），第8次在基础医学类综合排名第一。

《中国实验血液学杂志》被评为“2017中国国际影响力优秀学术期刊”。

国际学术会议　学会下属专业委员会全年共举办国际会议5个，分别为第六届中国·棒棰岛国际肿瘤前沿论坛会议、第二届表观遗传药理学与生物医药研究国际论坛、第十四次全国动脉硬化性疾病学术会议暨第五次中－加动脉粥样硬化及心血管疾病国际研讨会、第三届国际休克·脓毒症大会和2017宁夏医科大学国际医学高峰论坛暨中国病理生理学会肿瘤学分会西部行学术研讨会。参会人数1300余人次。

国内主要学术会议　学会共举办多学科、多层次、多领域的国内学术交流活动12次，参会人员近1万人次，交流论文2000余篇。在多项学术交流的同期进行了青年优秀论文和优秀壁报评选，获奖者200余人次。

国际交往 4月22—26日，学会受体专业委员会委员、山东大学分子与生物化学研究所副所长孙金鹏应邀参加了在英国谢菲尔德举行的第19届国际嗜铬细胞大会（19th International Symposium on Chromaffin Cell Biology），并担任“受体调控的儿茶酚胺分泌”分论坛的主席，其演说报告《非G蛋白依赖的、Arrestin偏向的G蛋白偶联受体可通过与瞬时受体电位通道蛋白3（TRPC3）耦合引起儿茶酚胺的快速分泌》被评为优秀报告。

11月8—11日，第13届世界重症医学大会（13th World Congress of Intensive and Critical Care Medicine）在巴西里约热内卢召开。学会危重病医学专业委员会、北京协和医院重症医学科教授杜斌出席大会，并分别在脓毒血症、休克Ⅰ和休克Ⅱ 3个分会场中进行大会发言。

科普活动 学会常务理事、第三军医大学高原军事医学系主任高钰琪带队到新疆军区，进军营、走边关，宣讲缺氧病理生理学和高原医学防护知识。学会缺氧和呼吸专业委员会主任委员黄庆愿教授应邀到济南456医院，专委会秘书李鹏副教授到北京、河北、湖北等地为部队官兵和卫生人员巡回开展了8场高原病防治专题讲座。由高钰琪主编的《高原医学防护知识》科普教材于3月出版发行。

由学会受体专业委员会委员、中国科学院上海生命科学研究院研究员黄恬组织的中国科学院上海生命科学研究院健康所分子心脏学实验室开放活动于5月20日举行。此次开放活动的对象包括从幼儿园小朋友到高中生物教师及学生家长，共设立1个科普报告和8个参观或体验环节。通过开放日活动，公众对心脏的功能和心肌保护策略有了深入了解，对干细胞和心肌修复概念有了感性的认识。

学会秘书长、中医专业委员会主任委员李萍带领中医专业委员会在京委员于5月19—21日在北京第十届北京中医药文化宣传周暨第九届地坛中医药健康文化节上举办了专场中医文化进校园展示活动，280余名学生参与了表演，同时设立了15个展位、200余块展板，有20余种体验项目向市民开放。当日线上传播点击量达到6万次，现场参与活动的市民达到100余人次。

党建强会 成立了中共中国病理生理学会功能型党委，学会理事长张幼怡担任党委书记。

按照中国科协发布的关于开展2017年全国学会“党建强会计划”项目申请的通知要求，申报了“两个全覆盖”专项党建活动子项目“贯彻落实‘两学一做’，促进学会创新发展”。9月，在青岛开展了党建专项活动的教育活动，组织常务理事参观青岛市爱国主义教育基地——青岛市博物馆。

【中国危重病医学大会2017】 9月14—17日，中国危重病医学大会2017在山东省青岛市召开，6700人出席。大会由中国医师协会、中国病理生理学会、中国医师协会重症医学医师分会、中国病理生理学会重症医学专业委员会共同主办，邀请了国内外300余位重症医学专家授课。

本次大会围绕“重症医学的现在与未来”开展交流。

大会全面回顾了一年来我国危重病医学领域里获得的最新成果，同时为全体重症医学工作者提供一个国际性交流平台。

北京协和医学院教授杜斌结合我国国情，建议重症医学专科医师规范化培训可以采用“多种培训模式并存”的策略，既能兼顾各个相关专科的切身利益，而且对现有培训体系产生的影响最小，同时能为临床医师规范化培训提供多种选择。重症医学专科医师培训对于学科发展至关重要，建立符合中国国情的重症医学专科培训制度需要多方面的参与和支持。

韩国蔚山大学教授Younsuck Koh介绍，过去的20年里，虽然脓毒症流行病学相关研究取得了巨大进步，对脓毒症的认识也有了很大提高，但脓毒症的发病率和死亡人数仍居高不下，这给临床医生带来了巨大挑战。脓毒症、严重脓毒症和脓毒性休克的发病率在亚洲地区尚缺乏完整的流行病学资料。他表示，亚洲国家应加强对脓毒症的流行病学调查，从而更好地为脓毒症的预防和治疗提供参考。

北京协和医院教授刘大为表示，重症专业医生要及时掌握情况复杂、瞬息万变的病情变化，根据每个患者的临床信息，迅速确定针对性干预措施。这不仅需要扎实的理论基础和熟练的临床操作技能，更重要的是建立坚实的临床治疗思路。

美国得州大学休斯敦健康科学中心生物医学信息学院教授徐华介绍，美国投入了大量研究经费开发关于电子病历数据二次利用的通用标准，以患者为中心的临床研究网络致力于变革传统的临床研究，更多地鼓励患者、医护人员参与，从而提高医疗质量、积累新的医学知识。

中山大学附属第一医院临床研究中心王海波表示，当前医疗大数据面临最主要的挑战来自于电子病历系统的数据主要服务于临床而非科研。其数据结构、存储方式都不适合直接用于临床研究。尽管目前拥有海量数据，但在数据的分析利用上却困难重重，信息孤岛现象严重，规范化、标准化及互通程度较低，大多数医疗信息需要经过二次加工才能变成有用的数据。彻底改变临床研究模式和临床统计学模式，重症医学应当勇敢地面对和迎接这一新的科技浪潮。

美国康奈尔大学王飞表示，人工智能将助力诊疗水平提升。就记忆力和计算能力而言，人工智能（AI）远优于人脑。另一方面，医疗健康数据呈指数级增长，已经远远超出人类认知能力的范围。而AI的运算速度、准确程度、更新速度、稳定性都要好于人工，在处理医疗海量数据方面具有明显的优势，也为医疗AI的发展创造了土壤。结合我国的医疗体制改革，医疗AI将大有用武之地。特别是医疗AI中的辅助诊断系统能提供更为智能便捷的诊断方案，基层医生借助智能辅助系统就能进行初步的诊断工作，医疗AI可以更好地促进我国分级诊疗制度的形成。

【第61期中国科技论坛——中国病理生理学会血管医学专业委员会第二届学术研讨会】 9月8—10日，第61期中国科技论坛——中国病理生理学会血管医学专业委员会第二届学术研讨会在北京举行。来自国内外心血管基础研究、临床研究和产业转化领域的专家、学者共217人参会。

会议由国家自然科学基金委医学科学部主任董尔丹、香港大学深圳研究院教授黄聿、首都医科大学附属北京安贞医院教授杜杰和北京大学心血管研究所副所长汪南平共同担任主席。

本次研讨会的主题是“血管医学：临床—基础—临床协同、转化、创新”。与会专家分别作主旨报告《加快医学科技创新，推进健康中国建设》《炎症网络在血管损伤中的作用机制》《精准医学平台助力心血管研究》《Hippo信号通路在抗炎及粥状硬化中的作用》《中国脂质紊乱、动脉粥样硬化与冠心病基因组学进展》《血管平滑肌细胞中MicroRNA-451通过直接靶向Ras相关蛋白5a抑制动脉粥样硬化病变的形成》《T淋巴细胞炎性激活的巯基亚硝基化修饰》《Unspliced XBP1与血管平滑肌稳态》《腹主动脉瘤病因研究以及手术改进》。

来自中国医学科学院、北京大学医学部等医学院校、科研院所的青年学者出席了9月10日举办的青年论坛，其中北京大学医学部刘雅涵报告的《5-HT2B受体通过β-arrestin2-mTOR/p70S6K通路调控血管新生内膜形成》获得一等奖。

【第二届中国微循环周】 第二届中国微循环周于6月16—18日在河南省郑州市举行。本次会议由中国病理生理学会微循环专业委员会和中国中西医结合学会微循环专业委员会、中国微循环学会痰瘀专业委员会、世界中医药学会联合会气血专业委员会联合主办。来自中国、美国、日本的150多位专家和青年学者参加了会议。

大会设置了6个专题，24位专家围绕再灌注损伤与中医药、心肌损伤与中医药、代谢异常与中医药、微血管通透性与中医药、血栓出血与中医药、内毒素损伤与中医药等进行学术交流。国际微循环联盟主席Gerald Meininger教授和执行委员Michael Hill教授分别作《血流的局部调控：重要的信号转导》《血管平滑肌收缩时细胞黏附和细胞骨架的调节》的特邀报告。6名青年学者获优秀论文奖。

【2017全国病理生理教学研讨会暨金陵医学教育论坛】 6月16—18日，2017全国病理生理学教学研讨会暨金陵医学教育论坛在江苏省南京市召开。来自全国各地的200余名专家、学者参加了此次会议，会议共收到摘要59篇。会议围绕病理生理学课程整合及评估方法改革、教材建设、教育国际化、教学与临床的结合、临床医学教育专业认证、教育信息化的应用、师资队伍建设、精准医学与病理生理学的发展等进行了研讨。

会议进行了2个分会场专题报告，来自全国各高等学校的病理生理学专家就病理生理学教学改革、病理生理学教学与临床的结合、PBL教学、网络教学体系平台建设、教师队伍建设、教育信息化在病理生理学中的应用、研究生教育等话题进行了交流和讨论。

大会还举办了首届青年教师讲课比赛，来自全国各地高校的16位青年教师参赛。

（撰稿人：张幼怡　丛　馨）

中国营养学会

服务创新型国家和社会建设　编纂完成《中国大

百科全书》第三版现代医学——营养学分支条目。学会理事长杨月欣担任主编，14位营养学专家参加全部159个条目的撰写和审稿工作。

学会通过国家标准化管理委员会资格审查，成为团体标准制定和发布单位，并成为团体标准试点联盟单位成员，发布第一个团体标准《预包装食品“健康选择”标识使用规范》。

参与承接由北京市教育委员会、北京市科学技术委员会共同主办的北京青少年科技创新“雏鹰计划”项目和北京市教育委员会资助的“翱翔计划”项目。学会被纳入北京市初中开放性科学实践活动核心团队，新开发四类课程，上课学生近1000人次，实现营养学与文学、美学、声乐等相结合的创新教育模式。

针对食品行业需求，学会组织专家先后召开了伊利安慕希希腊风味酸奶在改善人体肠道健康的临床研究成果项目专家评审会、皇华富硒锌功能米营养价值研究成果专家论证会等技术咨询和科技评价活动10余次。

国家食物与营养健康产业技术创新战略联盟全年组织召开5次学术论坛及交流会，启动“国家健康食品品牌计划”，评选2017年度营养健康科技创新产品。

继续开展“我能”——肿瘤患者长期营养治疗关爱公益项目，该项目对肿瘤患者进行营养干预。发布《恶性肿瘤康复期患者营养管理专家共识》，完成多种肿瘤患者营养教育资料。

继续完成中国科协创新驱动助力工程——富硒产业创新驱动助力工程，将营养与食物产业发展的需要相结合。与湖北省恩施市政府共同成立学会硒资源和营养产业发展工作委员会，深入开展技术合作和研发研究等工作；联合举办第四届世界硒都硒产品博览交易会，参会人数3000余人次。

2014—2017年，与马来西亚棕榈油总署合作开展“脂肪酸位置分布多中心研究”“棕榈油/橄榄油随机对照研究（宜兴）”和“红棕榈油干预研究（甘肃）”，并完成现场试验、数据统计和报告撰写、学术文章投递工作。

学会设立营养科学共识（指南）项目，旨在培育和支持研究成果转化。2017年完成恶性肿瘤康复期患者营养管理专家共识、癌症患者家庭膳食和营养指导手册、糖尿病饮食营养指南、中国肥胖预防与控制蓝皮书、缺铁性贫血预防和营养治疗共识、产褥期（月子）膳食营养共识、中国公共营养师现状调查、全国医疗机构临床营养学专业技术人员现状调查8个项目的终稿。

全年共举办6个继续教育项目共计8个场次的培训班，参加培训约1300人次。

2017年中国营养学会——百胜餐饮健康基金首次公开招标，资助与餐饮营养、在外就餐、城市居民健康三者相关联的科学研究及健康教育项目，7个项目获得资助。学会完成《中国居民膳食营养素参考摄入量》卫生标准并提交国家卫生计生委卫生和计划生育监督中心审查，该标准分宏量营养素、常量元素、微量元素、脂溶性维生素、水溶性维生素5个部分，首次以标准的形式规定了中国居民膳食能量、蛋白质、脂类及碳水化合物参考摄入量。标准第1部分宏量营养素和第3部分微量元素于9月14日发布。

承担国家卫生计生委国家食品安全标准《预包装食品营养标签通则》（GB28050）修订及《老年人营养膳食供餐规范》制定工作，基本完成28050标准修订内容并形成修订文本。

学会研究编写了《餐饮业学龄儿童正餐营养指导原则》，7月面向社会发布；10月，启动代餐指南和代餐食品行业标准制定工作，计划2018年完成并向社会发布。

学会还承担了联合国儿童基金会2017—2018年针对婴儿辅食添加的项目。

学会能力提升计划 学会是中国科协学会创新和服务能力提升工程优秀科技社团项目三类项目建设单位。2017年，以提升学术交流创新能力为重点，召开一系列国际性学术交流会议；完成编写发布《“十三五”营养学科发展战略报告》；开展“备案营养素补充剂目录专家咨询会”等技术咨询活动，并形成相关建议提交政府机构；举办第三届“全民营养周”科普活动，并配合新版《中国居民膳食指南》的发布举办多次专场宣讲；举办“CNLP营养领导才能培训班”；开展员工岗位培训，派员参加国际交流与学习；优化完善“网络化会员服务系统”、学会官方自媒体平台，开通了会员服务微信公众号。

学会建设 2017年发展个人会员3078人，会员总数达23490人，提高15.1%；单位会员达到43个。

制定了《中国营养学会理事会工作条例》、会议条例、分支机构管理办法、换届选举条例、兼职人员行为准则等14项制度。召开常务理事会议3次、理事会会议1次、第四次全国理事长联席会。

新成立糖尿病营养管理分会、社区营养和健康管理分会、硒资源和产业发展工作委员会。学会工作委员会14个、专业委员会13个。

学会正式成立注册营养师工作委员会，开展注册营养师水平评价工作；发布《注册营养师水平评价制度暂定规定》《注册营养师水平评价考试实施办法》等规章制度，对考试内容进行标准化设置，建设题库。开展了注册营养师免试申请工作、注册营养师课程教学基地申请工作。

学会治理结构和治理方式改革 学会获得中国科协2017年度学会综合治理改革项目资助。为推进学会秘书处实体化、规范化、职业化建设，新成立学会事业发展与宣传部，筹建教育与培训中心、营养健康科学研究院，学会秘书处部门增加至11个。

青年人才托举工程 学会向中国科协生命科学学会联合体推荐中国科协青年人才托举工程人选2人，经评审，中国疾病预防控制中心营养与健康所助理研究员高超、北京大学第一医院临床营养科主管营养师窦攀入选中国科协“青年人才托举工程”（2016—2018年度）。

主办期刊 《营养学报》全年共收稿595篇，退稿375篇，稿件采用率37.0%。全年共发稿132篇，期均载文量22篇；处理内文图350余幅；国内总发行量1.2万册，国外发行和交换80余册。继续被国内9个数据库和344种期刊作数据源。

2017年接手主办*Asia Pacific Journal of Clinical Nutrition*（亚太临床营养杂志），该杂志创刊于1992年，是亚太地区第一临床营养学杂志。2017年，杂志由季刊转为双月刊，美国《科学引文索引》（Science Citation Index）影响因子提升至1.816。

国际学术会议 2017年，学会举办、承办国际会议4个，参会982人次，境外专家参会人数97人次，交流论文106篇。

4月22—26日，学会和北美华人营养学会在美国芝加哥召开的实验生物学大会上举办中国分会场，学会20多位专家出席会议。期间，与美国营养学会和北美华人营养学会的学者举行了会谈。

9月14—15日，第十三届全国营养与保健食品科学大会暨第七届中韩植物营养素国际学术研讨会在江苏省无锡市召开。会议主题为“生物活性物质与健康：新研究新进展”，约350人参会。

10月18日，在阿根廷召开的第21届国际营养大会期间，学会主办了专题研讨会“植物化合物营养与健康”。200多位科学家参会，学会理事长杨月欣、常务理事凌文华以及学会医用食品与营养支持分会副主任委员韩军花作学术报告。

国内主要学术会议 全年共召开国内学术会议33次，参加人数共5600人次，交流论文961篇。

国际组织任职 学会理事长杨月欣自2017年开始担任国际营养科学联合会（IUNS）执委（任期2017—2021年）。

国际交往 4月27日，第三届亚洲创新食品营养改善圆桌会议在新加坡召开，会议主题为“创新和合作共同解决亚洲营养健康挑战”。学会常务理事孙桂菊出席会议并作报告。

5月14—17日，第一届东南亚公共营养大会&马来西亚营养学会第三十二届年会在马来西亚召开。王惠君代表学会出席会议，并就中国在慢性疾病预防和控制相关的营养工作作报告。

10月15—20日，由国际营养科学联合会（IUNS）主办的第21届国际营养大会在阿根廷布宜诺斯艾利斯举行。来自全球的4000多名营养专家、学者参会。80余位中国专家、学者参会，作演讲报告25个，担任主持8人次，海报展出论文50余篇，超过100篇中国学者论文入选大会论文汇编。学会理事长杨月欣被授予国际营养科学联合会院士，学会妇幼营养分会顾问陈学存以百岁高龄被授予营养界传奇人物奖。

10月17—20日，学会代表团3人拜访了哥伦比亚大学、纽约大学等4所高校，与相关专家探讨了注册营养师的教育与培训。

10月21—24日，美国营养师协会年会&100周年庆在美国芝加哥举行。学会代表团6人参加会议，与美国营养师协会探讨中国注册营养师制度的完善以及未来合作可能性。

11月20—22日，意大利人类营养学会2017年年会在意大利都灵召开，学会理事长杨月欣受邀出席并就中国居民膳食状况作报告。

11月26—29日，2017年第十届亚太临床营养学大会在澳大利亚阿德莱德举行。学会秘书长杜松明率30人代表团参加会议，其中8人作学术报告。

科普活动 完成联合国儿童基金会（UNICEF）针对孕妇乳母以及婴幼儿的全国科普项目。项目内容包括在全国科普日举办活动、《生命1000天》营养视频制作以及《中国居民膳食指南（漫画版）》的编写。

在5月的第三周开展2017年第三届“全民营养周”活动。全国各地围绕主题“全谷物，营养+”联合开展一系列义诊咨询、科普讲座、竞赛表演等落地活动。2017年共动员全国30个省600余个城市和地区参加活动，覆盖全国近5亿人群。较2016年相比，参与人数增长近1倍，联动单位增长60%。

5月13日，在2017年第三届“全民营养周”启动仪式上，学会公布了“十大中国好谷物”的甄选结果。同时联合今日头条，通过对7亿移动互联网用户的阅读偏好进行分析解读，发布了《中国居民谷物关注度大数据白皮书》。

学会组织专家、学者对“常见食物与健康关系及风险交流”进行研究，形成20篇科普文章及《食物与健康科学证据》共识（科普书）、食物与健康科普宣传短文集等系列成果。

学会自1月1日起开展第一届全国营养师膳食营养知识与技能大赛。近万名选手参与，经过资格赛、初赛、复赛，30名选手进入总决赛。7月4日，第一届全国青年营养师膳食营养知识与技能大赛总决赛在北京举行，评选出“十佳营养师”“营养之星”“明日之星”3个综合奖及“最佳表现奖”“最佳台风奖”“最佳传播奖”3个奖项。

5月15日，学会联合国家食物与营养健康产业技术创新战略联盟、人民网健康事业部、京东超市等共同启动“国家健康品牌计划”。

学会微信公众号“中国营养界”用户数达60672人，学会网站与微信公众号“中国营养界”同步更新。学会科普公众号“中国好营养”拥有用户11万余人，2017年累计发表文章500余篇。官方微博“中国营养界”粉丝达18000余人。学会在“今日头条”建立“中国好营养”头条号、在人民网开辟“人民营养家”、在光明网科普频道开辟“光明营养学院”等，在国内主要媒体平台同时发布科普信息。

表彰举荐优秀科技工作者 学会开展了两年一度的中国营养学会优秀团队和个人奖评选，共计表彰个人奖99名、团体奖32个。

党建强会 9月，学会建立理事会层面党委，发挥党组织在学会工作中的政治核心、思想引领和组织保障作用。

会员服务 学会进行会员系统升级，简化入会缴费程序，建立会员之家会员管理后台，资料证书照片电子化。增加会员微信服务号，将会员卡变更为电子会员卡。

邮寄纸质版《会员通讯》《营养学报》，开展单位会员活动日；接受单位会员重大活动专家邀请及产品鉴评会等服务邀请。建立营养专家库，实现文献库免费下载（中国知网文献下载充值卡备发）等。

【中国营养学会第九届全国会员代表大会】 5月23日，学会第九届全国会员代表大会在北京举行。会议由学会第八届理事长杨月欣主持，395名来自全国各地的会员代表参加。杨月欣代表第八届理事会作工作报告。

会议通过了《中国营养学会第八届理事会财务报告》《中国营养学会章程（草案）》、中国营养学会第九届理事会选举办法和候选人名单以及中国营养学会理事单位会费变更标准等文件。经无记名投票，大会选举产生147位理事、5名监事会成员，杨月欣当选学会第十届理事会理事长；学会党建工作组同时成立。

【第十三届全国营养科学大会暨全球华人营养科学家大会】 5月22—24日，第十三届全国营养科学大会暨全球华人营养科学家大会在北京召开。大会由学会、中国疾病预防控制中心营养与健康所、农业部食物与营养发展研究所、中国科学院上海生科院营养科学研究所主办。大会主席、学会理事长杨月欣和副理事长丁钢强主持会议。学会名誉理事长、中国工程院院士王陇德，国际营养科学联合会副主席V. Prakash教授等出席大会并致辞。

来自国内外从事营养学研究、医院系统、疾病防治控制系统、食品科学以及农业等领域的2200位科技工作者参会。会议围绕“创新驱动营养发展——从基础到应用”主题，邀请12位专家作大会主会场报告。除主会场，大会共设立专题分论坛35个、科学技术展台67个，280位来自10余个国家或地区的专家、学者作学术报告。大会共收到投稿论文1443篇，其中249篇在分会场作专题报告、320篇作壁报交流、12篇作为优秀论文进行交流。

大会期间还举行了3个新闻发布会，分别发布了《中国肥胖预防与控制蓝皮书》《中国糖尿病膳食指南》《恶性肿瘤康复期患者营养管理专家共识》3项指南/共识。有3家企业签订了合作科研基金协议。

（撰稿人：李耕华）

中国药理学会

服务创新型国家和社会建设 由中国科协海智计划办公室、中国药学会、中国药理学会、江苏省科协、江苏省食品药品监督管理局、江苏省连云港市人民政府共同主办的2017中国（连云港）国际医药技术大会于11月15—17日在江苏省连云港市召开。会议期间，学会中药与天然药物药理专业委员会与江苏康缘药业股份有限公司共同主办了中药新药及健康产品研发与国际化发展论坛，着力推动企业创新能力发展、加强产学研结合、解决新产品研发及国际化发展中的问题。此外，国际药理学联合会（IUPHAR）、国家卫生和计生委员会重大专项办公室与中国药理学会在会议期间达成初步合作意向，计划建立共享天然药物数据库。

由学会治疗药物监测专业委员会发起、中日友好医院牵头，在学会立项开展了29家医院参加的多中心研究“替考拉宁治疗药物监测研究及技术示范推广项目”。该项研究为医院药学科室在国内开展的首次全国多中心协作临床科研活动。

学会药源性疾病专业委员会与清华大学继续教育学院合作完成了中国药师卓越师资培训班第三期，30余名学员参加了培训。

学会药物临床试验专业委员会举办4期仿制药一致性评价BE试验临床研究专题培训班。

学会药检药理专业委员会在山东省济南市举办全国第二期保健食品、化妆品、医疗器械安全性检验方法培训班，以公开出版发行的《保健食品安全性实验方法实用操作手册》作为培训教材。来自20个省、自治区、直辖市的80余人参加了培训。

5月,《医药导报》编辑部选派青年编委参加了湖北省科学技术期刊编辑学会组织的医疗精准扶贫活动，赴湖北省蕲春县张塝镇开展医疗扶贫工作。

学会组织5位专家作为国家“重大新药创制”科技重大专项总体组专家，参加了2017年和2018年国家“重大新药创制”科技重大专项申报指南的编制和组织立项工作。

学会药源性疾病专业委员会受国家卫生和计划生育委员会医政医管局委托，起草了《医疗机构临床安全用药管理指南》；配合2015年3月发布的《中国用药错误管理专家共识》，组织专家撰写《用药错误防范技术指导原则》。

学会建设 学会新发展会员935人，会员总数10000人。

学会召开2次常务理事会议、1次理事会议。抗衰老与老年痴呆专业委员会、神经精神专业委员会、肿瘤药理专业委员会完成换届工作，撤销了药学监护专业委员会。

主办期刊 学会主办期刊8种，其中学术期刊7种、内部通讯1种。《中国药理学报》荣获第四届中国出版政府奖，影响因子为3.223。《中国药理学通报》在中国科技信息研究所发布的中国科技期刊引证报告（核心版）中，在药学47种期刊中综合排名第1，第三次入选国家新闻出版广电总局全国“百强报刊”。《中国药理学与毒理学杂志》增设“中药毒理学前沿”“热点专访”等专栏，关注学科研究新进展和发展趋势。《医药导报》获得湖北省科协创新源泉工程优秀期刊奖，是唯一获得此奖的医药学专业期刊。《中药药理与临床》重组第七届编委会，大幅度增加了活跃在一线的青年学者和临床专家。

国际学术会议 首届中国药理学会北美分会药理学学术会议于6月25—30日在加拿大多伦多举行。本次大会由学会、学会北美分会和多伦多大学联合主办。200余人参会，其中来自中国的学者有80余人。会议包括10个分论坛、43个学术报告，交流论文76篇。会议期间还举行了中加美合作洽谈会。

12月1—2日，由学会定量药理学专业委员会主办的第六届定量药理学与新药评价国际会议在上海市召开，来自国内外制药企业、医药研究领域的400余名新药研究人员参加了会议。

国内主要学术会议 学会及所属分支机构举办各类学术年会、研讨会、论坛等共计30次，参会7717人次，交流论文1577篇。

5月26—29日，由《医药导报》主办的2017年全国医药学术交流会暨临床药学与药学服务研究进展培训班在江苏省泰州市召开，来自全国各地的近300名医药工作者参加会议。本次会议围绕主题“医院药学发展的机遇与挑战”，讨论了药师职业定位、如何实现药师“促进临床合理用药，保障患者用药安全”职业核心价值观等问题，邀请8位专家和药师作专题报告。

6月16—18日，由中国老年学和老年医学学会老年病学分会认知障碍专家委员会、学会抗衰老与老年痴呆专业委员会主办的2017全国老年痴呆与认知障碍相关疾病学术大会在贵州省遵义市召开，300余人参会。会议主题是“老年痴呆与认知障碍相关疾病”，共收到论文摘要107篇，进行了27个大会报告，10位青年学者参加了青年学术报告比赛。

7月4—7日，由学会安全药理专业委员会、药物毒理专业委员会等9个学会专业委员会联合主办的第七届药物毒理学年会在山西省太原市召开，350余名学者参会。大会邀请了国内药物毒理学界多位专家作大会特邀报告，同时还设立了法规和管理、评价方法和研究案例、分析和诊断、青年优秀论文评选4个分会场。

11月3—5日，由学会药物代谢专业委员会主办的第三届全国药物代谢动力学青年科学家论坛暨刘昌孝人才奖颁奖大会在江苏省南京市举办，356人参会，共评选出刘昌孝人才奖“优秀青年科技工作者奖”获得者6人和“优秀博士生奖”获得者8人。

两岸交流 由学会主办的第十一届海峡两岸心血管科学研讨会于10月14—17日在浙江省宁波市召开，同期举办了2017年全国心脑血管药理学术会议、中国卒中学会第一次新药研讨会。大会举办大会报告15个、心血管论坛专题报告31个、脑血管论坛专题报告32个、心血管药理青年委员会成立特邀报告3个、青年优秀论文报告35个。另有论文墙报42个、论文摘要249篇在会上进行展示、交流。

国际组织任职 2017年，国际药理学联合会进行了新一届执委提名工作，学会推荐的执委候选人杜冠华获得提名通过。学会常务理事李晓辉新任国际药理学联合会免疫药理学分会委员。

国际交往 10月25—28日，意大利药理学会第三十八届年会暨国际药理学联合会2017年年度执委会在意大利召开。学会理事长、国际药理学联合会执委、国际药理学联合会天然产物药理学分委主席张永祥应邀出席会议，与国际药理学联合会就分支机构设立、天然产物数据库建设、在中国举办临床药理高级培训班、国际交换生、科研合作等方面进行了讨论，并达成合作意向。

9月27—29日，国际保健品联合会—国际药理学联合会天然产物大会在英国阿伯丁召开。中国30余位从事天然产物研究的学者和学生参会。11位中国学者入选大会报告或主题报告，是本次大会主题报告入选最多的国家。鉴于中国药理学会对本次会议学术和组织所做出的卓越贡献，大会组委会对中国药理学会提出特别致谢。

9月23—28日，学会治疗药物监测专业委员会40余位专家参加了在日本京都举行的第15届国际治疗药物监测和临床毒理学大会。中国学者介绍了中国治疗药物监测研究发展情况，2位学者在主会场的学术交流中作报告，多位青年学者参加了墙报展示。会议期间，学会治疗药物监测专业委员会还与国际治疗药物监测与临床毒理学会（IATDMCT）、日本治疗药物监测学会进行了三边会谈，探讨了治疗药物监测研究学科发展。

科普活动 学会围绕“合理用药、安全用药”主题，开展了多种多样的科普活动。

学会“老年用药科学传播专家团队”围绕老年人合理用药，通过广播宣传“他汀的合理使用”。通过微信公众号以科普插画等形式发布用药信息48条，关注人群近4000人。团队专家9月30日赴北京市昌平区太阳城银龄公寓养老社区送健康，为养老院的老年人进行义诊和用药咨询，受众240人次。

学会“防治老年痴呆科学传播专家团队”依托9月21日世界老年痴呆日，通过电视台、电台、讲座、网络视频、微信公众号等方式宣传老年性痴呆的预防、早期诊断、治疗和照护知识。

学会治疗药物监测研究专业委员会开展了主题为“药学，情怀，人生”的第三次微电影征集活动，历时4个月，共征集人文、纪实、科普影片50余部，10月27日举办了颁奖典礼和影片展播。

表彰举荐优秀科技工作者 学会与法国施维雅（SERVIER）研究院联合设立的“中国药理学会–SERVIER青年药理学家奖”和“中国药理学会优秀青年药理学家奖”2017年共评出8名“中国药理学会–SERVIER青年药理家奖”获得者和8名“中国药理学会优秀青年药理学家奖”获得者。颁奖仪式于11月在第二届中美双边药理学术会议期间举行。

党建强会 3月，经中国科协科技社团委员会批准，中国药理学会党委正式成立。中国药理学会党委为理事会层面的功能型党组织。7月，在中国药理学会第十一次全国会员代表大会期间，召开了中共中国药理学会第十一届理事会理事党员会议，选举学会理事长杜冠华担任党委书记。

会员服务 由学会办公室专人负责，对学会会员进行了规范化信息整理，个人会员数量突破1万人。建立了中国药理学会常务理事微信群。

【中国药理学会第十一次全国会员代表大会】 7月28—29日，中国药理学会第十一次全国会员代表大会在北京召开。由全国各省、自治区、直辖市推选产生的会员代表、专家等共350余人参加大会。大会首先听取了中国药理学会第十届理事会工作报告、学会财务情况报告。学会第十届理事会理事长杜冠华代表第十届理事会作工作报告，从“加强学会建设，推进学会改革，提高学会凝聚力”等五个大的方面对第十届理事会的工作进行了全面总结。学会副理事长兼司库李学军作了学会第十届理事会财务情况报告。名誉理事长兼学会换届工作小组组长林志彬对第十一次全国会员代表大会会员代表及理事候选人资格审查、第十一届理事会换届筹备工作、学会章程和工作规则等进行了说明，并提请会员代表分组讨论和审议。

在分组讨论中，代表们一致通过了第十届理事会的工作报告，对所取得的成绩给予充分肯定，并对学会工作积极建言献策。在大会表决和选举投票过程中，全体代表一致通过暂不修改学会章程的决议，并通过无记名投票选举产生了139人组成的第十一届理事会理事和以李学军为监事长的第一届监事会。

第十一届理事会第一次理事全体会议通过无记名投票选举产生了新一届常务理事45人。军事医学科学院教授张永祥当选为第十一届理事会理事长。经张永祥提名，理事会聘任北京大学教授张永鹤为秘书长。理事会一致同意前任名誉理事长、北京大学教授林志彬继续担任第十一届理事会名誉理事长。

【第二届中美双边药理学术会议】 11月2—5日，第二届中美双边药理学术会议（The 2nd CNPHARS-ASPET Joint Symposia on Pharmacology）在浙江省杭州市举行。会议由学会与美国药理学与实验治疗学学会共同主办。此次会议是继2014年在美国圣地亚哥召开第一届中美药理学术会议后的又一次双边学术会议。来自中美两国的220多位从事药理学研究的专家、学者参加了会议，其中美国药理学与实验治疗学学会的专家、青年学者共25人参会。会议设两个主题，一是分子药理学与新药发现，二是传统药物与天然药物对于疾病的治疗。

在学会的提议下，本次会议专设青年科学家报告环节，由中美两国各5位青年学者进行了报告，并评选出3位获奖者。会议通过大会报告、专题报告、青年科学家报告和墙报展示，反映了当前国内外关于G蛋白偶联受体（GPCR）相关通路、药物靶标和新药发现研发以及中药和天然药物药理学研究的前沿和进展，展示了药理学基础和应用领域的新思路、新技术和新方法。

【2017中国（连云港）国际医药技术大会】 由中国科协海智计划办公室、中国药学会、中国药理学会、江苏省科协、江苏省食品药品监督管理局、连云港市人民政府共同主办的2017中国（连云港）国际医药技术大会于11月15—17日在江苏省连云港市召开。

大会以“汇智医药科技创新、聚力健康产业发展”为主题，300余位海内外院士专家出席。

大会举办了江苏省原创化学药创新中心揭牌仪式、院士专家报告会、院士专家建言献策座谈会、中欧生命科学论坛、中美生物医药论坛、国际医药科技创新成果产品展、项目路演与对接洽谈、医药专家企业行等系列活动。

中国工程院院士王陇德、杨宝峰、李连达、王广基，学会理事长张永祥，学会前任理事长、中国医学科学院药物研究院副院长杜冠华，以及来自高等院校、科研院所的130位专家，来自国内制药企业、投融资公司的企业家、投融资专家出席大会，共议医药技术创新大计，促进学术交流和产业发展融合。

开幕式上，与会院士专家围绕脑卒中防控、神经退行性疾病中发现新药的新途径、RNA纳米技术等医药产业前沿技术作专题报告。中欧生命科学论坛和中美生物医药论坛邀请来自欧洲、美洲地区的20余位医药行业学者与国内专家互动交流，分享医药技术领域前沿科技成果，探讨医药技术交流与合作的路径选择与机制创新等议题。

10个医药技术专题分论坛分别围绕“医药新技术”“中医药技术与健康养生”等主题，邀请英国罗伯特戈登大学教授谢里·文莱特、法国斯特拉斯堡大学教授瓦拉瑞·西里可斯、北京大学公共卫生学院教授李可基等专家共同研讨了医药技术领域热点、焦点议题。

大会期间，杜冠华代表中国药理学会与中国医学科学院药物研究院，与连云港市政府和经济技术开发区签订了战略合作框架协议。

（撰稿人：赵　颖）

中国针灸学会

服务创新型国家和社会建设　2017年，学会推进

《穴位贴敷养生保健服务规范》等19项针灸团体标准制定工作，开展了《针灸技术评估管理规范》等5项针灸团体标准项目立项评审工作。向国家标准化管理委员会申请注册了中国针灸学会团体标准信息平台，向中国科协申报了《针灸团体标准制修订管理规范研究》。开展了针灸标准继续教育和研制方法学培训。

根据国务院《深化标准化工作改革方案》和国家标准化管理委员会《国家标准化体系建设发展规划（2016—2020年）》，学会起草了《针灸标准化问题分析及建议》。协助国际标准化组织中医药技术委员会（ISO/TC 249）完成了中国项目《ISO/NP 22589针刺安全使用风险控制通则》和《ISO/NP 22236一次性针灸埋线针针具》国际标准项目提案的立项以及韩国《ISO 20520针刺治疗感染控制》中方意见征集工作。协助完成了国际标准化组织（ISO）国际标准项目《ISO 21312中医药——需特别关注穴位的针刺安全操作》和《ISO 22236中医药——一次性针灸埋线针针具》草案的撰写。

举办2017年度国家中医药管理局继续教育项目培训班7期，培训学员750人次。举办各类培训班26期，培训学员551人次。

成立了针灸病例注册登记研究联盟、针灸脑科学产学研创新联盟、艾灸产学研创新联盟。

4月，为加速专病专科建设，推介“长圆针疗法”微创技术。学会在浙江省衢州市针灸医院建立中国针灸学会专家工作站的基础上，成立了医院经筋病专科，并举行了成立仪式。6月，在吉林省长春市举行了中国针灸学会创新助力工程吉林服务站、长春工作站共建合作协议签约暨揭牌仪式。7月，在山东省日照市中医医院举办了中国针灸学会日照工作站合作协议续签暨日照市中医医院经筋病专科成立仪式。

完成了第5批国家级中医针灸非物质文化遗产代表性传承人评审工作。完成了2016年文化部“中医针灸”非物质文化遗产保护专项中级评估和结题工作。完成了联合国教科文组织（UNESCO）中医针灸非遗丛书之三《文化养生》编辑出版工作。申报了2018文化部“中医针灸”非物质文化遗产保护专项。举办了中医针灸申遗7周年纪念活动。在《中国中医药报》发表专刊《不忘初心，传承发展中医药，庆祝中医针灸成功入选人类非物质文化遗产代表名录7周年》《铜人——中医针灸的印记与标识》。举办了“‘一带一路’中医针灸风采行——土耳其、波兰、圣彼得堡站”中医针灸展。

学会建设 发展个人会员3243人，会员总数达到25746人，团体会员单位13个。召开常务理事会议3次、学会全国工作会议1次。

修订了《中国针灸学会分支机构管理办法》，制定并审议通过了《中国针灸学会分支机构财务管理办法》《中国针灸学会科学普及专家遴选条件及办法》《中国针灸学会标准管理办法》《中国针灸学会监事会工作规则》等办法和规则。

成立了青年委员会、针灸治未病专业委员会、皮内针专业委员会、中医针灸技师工作委员会、针药结合专业委员会、灸疗分会6个分支机构，完成了标准化工作委员会、腹针专业委员会、针灸临床分会、实验针灸分会、针灸康复专业委员会、脑病科学专业委员会、经络分会7个分支机构的换届工作。

学会治理结构和治理方式改革 依据中国科协学会学术工作创新发展“十三五”规划和《中国科协2017年学会改革工作要点》，结合学会工作实际情况，学会提出了2017年学会改革工作计划和方案，并根据实施情况进行了总结。10月，通过现场答辩，获得了2017年度“学会综合治理改革工程”项目资助。

主办期刊 《针刺研究》共收稿2880篇，同比增长8%；中国知网（CNKI）影响因子达2.305，在中医学与中药学122种期刊中排名第一。《中国针灸》共收稿2293篇，中国知网（CNKI）影响因子达1.062，在针灸骨伤类期刊中排名第一；《中国针灸》编辑部被评为“第三届全国悦读中医活动”金牌成员单位。根据《中国学术期刊评价研究报告（武大版）（2017—2018）》（第5版）评价结果，《针刺研究》《中国针灸》被评为2017年度RCCSE中国权威学术期刊（A+）。《世界针灸杂志》杂志社召开了第四届编委会换届会议，向中国科协学会学术部申报了中国科协“学会创新和服务能力提升工程优秀科技社团建设项目”“《世界针灸杂志》国际影响力提升计划项目”，向中国中医科学院针灸研究所申报了“影响清艾条质量因素的研究”自选课题。

学科发展研究 由学会会长刘保延和中国中医科学院广安门医院主任医师刘志顺牵头撰写的《电针对女性压力性尿失禁漏尿量疗效的随机临床试验》在《美国医学会杂志》上发表，证实了单纯采用电针针刺腰骶部双髎、会阳穴可明显降低压力性尿失禁患者的漏尿量。

国内主要学术会议 学会及所属分支机构共举办各类年会、研讨会、论坛等学术交流活动26次，参会总人数达7000余人次，收录学术论文1200余篇。

6月25日，由中国科协、吉林省人民政府主办，中国针灸学会承办的“第十九届中国科协年会第11分会场：针灸脑科学研究高层论坛”在吉林省长春市召开。国际欧亚科学院院士、世界针灸学会联合会主席、学会会长刘保延，中国工程院院士、中国中医科学院首席研究员李连达，中国工程院院士、国医大师石学敏，中国工程院院士樊代明，“973”首席科学家朱兵、梁繁荣分别作学术报告，从针灸脑科学基础与临床研究、多学科技术手段在针灸脑科学研究中的理论与应用、针灸脑科学研究方法学、技术评估及针灸脑科学研究信息平台建设等方面，交流脑病诊疗新思路、新技术、新方法和新成果，会议参会人员达800余人，收录学术论文60余篇。

8月17—18日，由中国科协、中国针灸学会主办的中国科协第313次青年科学家论坛在北京召开，论坛以“针灸学科热点与难点问题”为主题，采用开放式会议形式，将远程视频与现场汇报、网络讨论与面对面交流相结合，助力海外学者与国内专家互动。来自全国80余家医院、科研院所和高校的190余位青年学者参加，35人作学术报告。

国际组织任职 12月，在北京召开的2017世界针灸学会联合会第九届会员大会暨世界针灸学术大会上，学会会长刘保延当选世界针灸学会联合会第九届（2017—2011）执行委员会主席，学会名誉副会长梁繁荣当选执委会副主席，学会荣誉理事麻颖当选联合会秘书长，学会副会长杨金生当选联合会司库，杨龙会、喻晓春、王华、黄龙祥当选联合会执行委员。

国际交往 4月22日，2017中非针灸论坛——世界针灸学会联合会“一带一路”中医针灸风采行（南非站）在南非西开普敦大学举行。学会会长、世界针灸学会联合会主席刘保延，河南中医药大学职业技能培训鉴定中心主任周运峰，湖北中医药大学教授孔立红，中山大学附属第八医院针灸科主任俞剑虹等，应邀作专题演讲和现场实用技法演示，近100名当地大学学生、医务工作者参会。

4月27日，世界针灸学会联合会中医针灸专家团应毛里求斯卫生部邀请，组织部分中国专家到毛里求斯国立维多利亚医院（Victoria Hospital）进行座谈交流，举办了中医文化普及针灸学术报告会。同日，毛里求斯大学孔子学院举办了开放日活动，特邀中国专家为毛里求斯大学师生作《中国传统医学针灸疗法》的讲座。

10月7—8日，第五届土耳其针灸及整体医学研讨会在土耳其安卡拉市举行，来自土耳其、格鲁吉亚、亚美尼亚的中医针灸专家约300人参加研讨会。应土耳其加济大学医学院和安卡拉针灸与整体医学协会的邀请，来自世界针灸学会联合会、中国针灸学会、中国中医科学院和中国中药协会的专家、学者出席研讨会。学会会长刘保延、中国中医科学院针灸医院教授吴中朝作大会主题报告，与参会专家、学者就针灸临床、教育及医疗领域的热点问题进行了交流。

10月10日，世界针灸学会联合会“一带一路”中医药针灸风采行（波兰站）——人类非物质文化遗产“中医针灸展”暨“印象中医”养生大讲堂在波兰首都华沙维茨瓦大学举行。活动由世界针灸学会联合会、中国中医科学院和克拉科夫孔子学院共同主办，维斯瓦大学孔子课堂、北京同仁堂有限公司、波兰科学组织与管理学会、中国针灸学会等联合承办。世界针灸学会联合会司库、中医针灸非遗项目负责人杨金生从针灸历史、经络腧穴、针灸技术和国内外发展等方面为到场的来宾进行了讲解。

科普活动 向中国科协普及部申报了“针情无限”微视频大赛与中国针灸学会科普工作委员会新媒体平台建设项目，征集作品20个。推荐了梁繁荣、高树中、赵百孝、郭剑华、马铁明、薄智云、储浩然7名专家担任中国科协全国针灸学科首席科学传播专家。

6月，在沧州中西医结合医院成立了科普教育基地，同时成立了科普志愿者医师宣讲团第十一团。11月，在河南中医药大学第三附属医院成立了科普教育基地，同时成立了科普志愿者医师宣讲团第十二团。

2017年，学会二级分支机构共组织开展技术培训94次，举办科普展览20次，电视广播113次，出版科普书籍11本，发表科普文章146篇、新媒体文章15篇。

表彰举荐优秀科技工作者 首次承担中国科协“青年人才托举工程”，扶持有创新能力和发展潜力的青年科技人才2人次。

党建强会 学会六届二次常务理事会党员大会通过了《中国针灸学会党委工作规则》。经学会党委研究决定，在秘书处成立了党委办公室。

学会党委开展了“两个全覆盖”专项党建活动项

目和“党建强会计划”项目，以“创建党建学习宣传阵地，促进学会健康有序发展”为主题，更好地提升了学会创新和服务能力。

6月，学会党委开展了讲党课活动。在中国共产党成立96周年之际，学会党委举行了重温入党誓词活动。在党的十九大召开后，学会党委及时组织召开了学习贯彻落实党的十九大精神专题会。

会员服务 维护中国科协个人会员管理平台会员21697人，会员资格到期提醒2542人，查错整理完善会员信息2814人。对各省、自治区、直辖市及计划单列市针灸学会，总会所属各二级分支机构秘书长进行调研，总结和发现会员发展、管理、服务工作中存在的问题，并提出解决办法和建议。

【世界针灸学术大会暨2017中国针灸学会年会】 12月3日，由世界针灸学会联合会、中国中医科学院、世界卫生组织联合主办，学会与中国中医科学院针灸研究所承办的世界针灸学术大会暨2017中国针灸学会年会在北京召开。来自中国、美国、德国等30多个国家和地区的1500余名科技工作者参加了本次大会，中国科学院院士韩济生，中国工程院院士、国医大师石学敏，中国工程院院士刘德培等出席开幕式。

国家卫生和计划生育委员会副主任、国家中医药管理局局长王国强在开幕式发言中建议，未来要加强政策对话，深入卫生体系；坚持中医精髓，创新学术发展；强化标准建设，深化标准运用，并扩大教育往来，提供人才支撑。

会议设立了神经系统及疼痛性疾病的针灸临床与基础研究论坛、针灸治疗皮肤疾病等疑难病症学术交流研讨会等10个分会场，100多位专家作报告，70余篇论文进行壁报交流。

大会举办了首届“天圣铜人奖”颁奖典礼。“天圣铜人奖”旨在奖励表彰在世界针联创建和发展过程中做出突出贡献的个人和团体及在世界针灸学术和科技发展中做出特殊贡献的个人和团队。

【2017俄罗斯中医药文化国际论坛暨世界针灸学会联合会“一带一路”中医针灸风采行（俄罗斯站）活动】 10月12—15日，2017俄罗斯中医药文化国际论坛暨世界针灸学会联合会“一带一路”中医针灸风采行（俄罗斯站）活动在俄罗斯圣彼得堡、莫斯科举行。

10月12日，由国家中医药管理局支持，世界针灸学会联合会、中国中医科学院主办，俄中商务园、俄中“一带一路”倡议发展研究会、圣彼得堡大学孔子学院、中国针灸学会、中国中药协会承办的人类非物质文化遗产“中医针灸”展览启动仪式暨合作签约仪式在圣彼得堡市俄中商务园举行。世界针灸学会联合会、中国中药协会、俄中“一带一路”倡议发展研究会签署了战略合作协议，三方就在圣彼得堡俄中商务园共同打造“一带一路”中医药文化发展中心达成了共识。

活动当日，中国驻俄罗斯大使李辉在俄中商务园观看了人类非物质文化遗产“中医针灸”展览。

10月14日，俄罗斯中医药文化国际论坛在莫斯科举行，本次论坛由世界针灸学会联合会主办，来自中俄两国政府、企业、医疗、教育机构的700多名代表、专家和中医药爱好者参会。

开幕式后，来自俄中两国中医药界的人士就针灸疗法应用、针灸在俄罗斯的发展现状与前景等进行了研讨，分享了各自在政策理论、科学研究和技术推广方面取得的成果。两国专家还围绕中医药教育、标准化以及中药的注册与贸易举行了圆桌会议，双方就共同致力于中国传统医药在俄罗斯的发展达成了共识。

（撰稿人：吴　远　贾晓健）

中国防痨协会

服务创新型国家和社会建设 8月1—5日，现代结核病控制理论与实践骨干研讨班在北京举办，来自全国各地的结核病防治科技工作者170余人参加培训。研讨班邀请18位专家授课，授课内容包括结核病监测、诊断、治疗、预防性治疗、社区结核病患者管理与健康促进理论与实践等。

11月7—10日，协会在陕西省西安市举办了“结核病研究设计、数据分析和论文撰写”培训。来自全国省级、地市级和县区级结核病防治机构、大专院校以及结核病研究机构从事结核病研究的有关人员近150人参加了培训。授课内容包括科研项目申报书撰写、抽样设计、文献检索、Meta分析、数据挖掘、统计分析、论文撰写和项目评估等。

协会确定5家机构为2017年度中国防痨协会结核病转化创新医学基地，分别是山东省胸科医院、湖南省胸科医院、武汉市肺科医院（武汉市结核病防治所）、广州市胸科医院、广州迪澳生物科技有限公司。

学会建设 协会发展个人会员2163人，个人会员总数达17131人。

协会修订了《中国防痨协会分支机构管理办法》《中国防痨协会分支机构开展学术活动管理办法》，制定了《中国防痨协会转化医学创新基地管理办法》等。

11月18日，协会第四次常务理事会（扩大）会议在北京召开，协会常务理事、各分支机构负责人、《中国防痨杂志》《结核病与肺部健康杂志》编辑部主任和副主任、中国防痨协会西部论坛轮值主任委员和协会秘书处人员70余人出席会议。会议讨论并通过了《中国防痨协会分支机构管理办法》和《中国防痨协会学术活动管理办法》修改意见。同意设立标准化专业分会、结核病互联网技术专业分会、老年结核病防治专业分会、结核病感染控制专业分会、非结核分枝杆菌专业分会、结核病与肝病专业分会等。

主办期刊 《中国防痨杂志》和《结核病与肺部健康杂志》全年分别出版12期和4期，载文量分别为288篇和92篇。

据中国科学技术信息研究所《2017年版中国科技期刊引证报告（核心版）》显示，《中国防痨杂志》核心影响因子达1.070，在全部2008种自然科学领域中国科技核心期刊中排名第239；总被引频次为1973，在全部2008种核心期刊中排名第381。《结核病与肺部健康杂志》扩展总被引频次为247，扩展影响因子为0.81。10月31日，精品科技期刊服务与保障系统项目组、中国科学技术信息研究所公布《中国防痨杂志》入选“第四届中国精品科技期刊”，即“中国精品科技期刊顶尖学术论文（F5000）”项目来源期刊。

《中国防痨杂志》期刊社对2016年刊出的论文进行了优秀论文评选活动，评选出优秀论文22篇，其中一等奖3篇、二等奖6篇、三等奖8篇、提名奖5篇。

国内主要学术会议 协会及所属分支机构全年开展学术会议15次、论坛3次，参加人数7401人次，收到论文1556篇。主要学术会议包括结核病临床学术会议、第六届结核病防治高峰论坛暨结核病分子流行病培训班、第二届中国防痨协会结核病防控创新暨医学转化临床应用高峰论坛、全国结核病防治学术创新与健康促进研讨会、第五届骨关节结核临床诊断与治疗进展及其规范化专题研讨会、首届结核外科建设与手术适应证研讨会暨胸部结核外科治疗进展学习班、全国结核病诊疗与防控暨第二届中西医结合治疗基础与临床新进展研讨会、第二届结核病防治服务体系建设研讨会、结核病与肝病诊治进展高峰论坛、首届临床结核病超声诊断与治疗新进展研讨会、第四届耐药结核病防控与诊治新进展研讨会和首届“中国防痨协会结核病西部论坛”学术大会。

国际交往 10月13日，协会秘书长成诗明作为世界防痨与肺部疾病联合会亚太区协调委员会成员，参加了在瓜达拉哈拉举办的亚太区工作会议，参与讨论了亚太区章程和亚太区汇报会议等内容，并作口头报告《随机对照试验——通过微卡缩短未治疗涂阴结核病患者疗程的效果研究》。协会综合办公室主任樊海英作墙报展示《开发综合服务包提高老年人结核病患者治疗依从性效果》。

9月8日，由协会副理事长钟球带队的中国防痨协会代表团一行5人赴吉尔吉斯斯坦参加中亚国家区域综合控制结核病的诊断治疗国际交流会议。中国代表团在大会上作报告《中国结核病控制进展》和《结核病诊断创新技术——自动离心涂片抗酸染色技术》，同时应邀出席了吉尔吉斯斯坦国家结核病防治中心成立60周年纪念大会。

11月3日，在中国防痨协会第二届结核病防控科技创新与转化医学临床应用高峰论坛上，协会理事长刘剑君与巴基斯坦结核病控制规划负责人Nasir Mahmood Khan签署双方战略合作协议，协会结核病转化医学主任委员毕利军与巴基斯坦大学DOW医科大学生物技术学院院长Shaukat签署工作合作协议。

科普活动 1月12日—3月5日，协会举办了第二届全国结核病防治知识网络竞赛，全国参赛人数达92万余人次，其中中学生和大学生参赛人数达47万余人次。大赛设优秀组织奖10名、优秀团体奖10名、优秀个人奖1010名。

由协会主办，山东省卫生和计划生育委员会、山东省教育厅等多家单位联合承办的以开展校园结核病防治为主题的大型“世界防治结核病日”活动在山东省泰安市举办，1000余人参会。活动采用线上线下传播方式，光明网全程直播了中国防痨协会2017年世界防治结核病日主题宣传活动，并采访了结核病防治专家，17万余人次线上关注了本次活动。

活动向高校代表赠送了《学校结核病防治科普宣传手册》，对全国第二届结核病防治知识网络竞赛活动中的获奖集体和个人代表进行了颁奖，并举行了中国防痨公益基金结核病贫困救助“双千行动”项目徽标启用仪式。

在全国科普日北京主场活动中，中华医学会、中国药学会、中国防痨协会等 13 家全国学会在全国科普日北京主场联合主办“健康伴我行”主题活动。协会健康伴我行“少年防结核”活动被评为“2017 年全国科普日北京主场优秀活动”，中国防痨协会被中国科协科学技术普及部评为“2017 年度全国学会科普工作优秀单位”。

表彰举荐优秀科技工作者 8 月 17 日，协会启动 2017 年中国防痨协会科学技术奖申报评选工作，经过形式审查、初审和终审，评审出 2017 年度中国防痨科技奖一等奖 1 名、二等奖 2 名和三等奖 3 名。

经协会推荐，协会结核病转化医学专业分会主任委员毕利军荣获全国创新争先奖状。

学会创新发展 建立中国防痨公益基金，开展结核病科技精准扶贫工作。

2017 年建立了“双千行动”项目互联网系统，全国通过系统申报审核，将项目经费尽早送到结核病贫困患者手中。

12 月 2 日，由协会主办、杭州苏泊尔南洋药业有限公司提供经费支持的中国防痨公益基金南洋爱心基金“关爱生命，关注健康”扶贫项目在广东省湛江市遂溪县启动。该项目将每年为 1 个革命苏区或革命老区乡镇的结核病患者提供治疗期间的辅助护肝药物、肝功能检查项目和治疗结束后的 1 次 X 胸片检查的相关费用。

5 月 20 日，协会与北京金之路医药科技有限公司共同发起“中国防痨公益基金赛来星耐多药结核病患者人文关怀项目”。该项目计划联合全国多家结核病定点医院，通过对 MDR-TB 的规范性治疗和人文关怀救助，探索 MDR-TB 防治新模式，提高耐多药结核病治愈率。项目实施第 1 年选择了 16 家耐多药结核病定点医院，关怀救助 700 名 MDR-TB 患者。

党建强会 通过传统媒体和新媒体相结合、线上线下相结合、文字和图像相结合、实时和长效相结合的方式，在协会官方网站、微信公众号上宣传 2016 年全国结核病防治工作优秀共产党员先进事迹。

开展“党建强会”科技精准扶贫吕梁岚县活动，活动主题为“科技精准扶贫　学会党组织在行动——中国防痨协会党委、中国防痨协会秘书处党支部助力吕梁结核病防控”。协会赴山西省吕梁市岚县看望慰问 2 名贫困结核病患者，并送上中国防痨公益基金结核病贫困救助“双千行动”项目救助金和慰问品；资助岚县王狮乡长门村贫困学生 2 名，每年支持岚县医务人员 20 名参加协会举办的培训进修，赠送协会主办的学术期刊。签署 3 年医疗帮扶协议，在未来 3 年内根据岚县医疗机构实际需求，从医疗共建、专家交流、患者救助等方面给予岚县学术支持。

会员服务 为团体会员免费提供《中国防痨杂志》和《结核病与肺部健康杂志》，为会员提供杂志实时电子版。定期通过邮件、短信、微信推送等向会员发送会议通知、科普知识、学术动态信息等，提高会员服务体验。为企业会员单位提供技术咨询、评估和论证会等服务内容。

【中国防痨协会在墨西哥瓜达拉哈拉市举办第 48 届世界肺部健康大会首届中国专场交流会】 10 月 12 日，在中国防痨协会理事长刘剑君和秘书长成诗明的组织策划下，协会在墨西哥瓜达拉哈拉市举办了第 48 届世界肺部健康大会首届中国专场交流会，会议主题为“实施终止结核病策略：中国结核病防治新药、新诊断和疫苗创新技术和研究进展”。中国防痨协会专家代表团 120 余人参加会议。

国际防痨与肺部疾病联合会秘书长魏晓林、中国疾病预防控制中心结核病预防控制中心副主任赵雁林任中国专场交流会主席。美国哈佛大学全球卫生服务中心主任 Salmaan Keshavjee，加拿大麦吉尔大学流行病学副教授 Madhukar Pai，美国国际发展署耐多药结核高级顾问 Anh Innes 和美国国立卫生研究院卫生官员 Jing Bao 等专家作为大会顾问应邀出席会议。

刘剑君在致辞中谈到，中国防痨协会之所以在世界肺部健康大会主办中国专场交流会，是为了扩大中国结核病防治策略在全球的影响，提高中国结核病防治学术地位，向世界传播和推广中国结核病防治技术创新和研究成果。

成诗明分析了中国结核病防治科技瓶颈，介绍了近 10 余年中国结核病防治的科技研究与创新发展。

会议指出，近年来中国结核病防治的创新研究发展迅速，多项自主研发的创新技术达到了国际领先和先进水平，建议针对多项创新技术开展多中心评估，并纳入世界卫生组织诊断指南。

会后，土耳其专家 Zeki Kilcas Lan、国际防痨与肺部疾病联合会亚太区菲律宾专家 Jennifer Ann Wi、坦桑尼亚卫生部官员 Godfather Kimaro 等国际专家同与会中国学者就进一步合作进行了沟通。

（撰稿人：成诗明　樊海英）

中国麻风防治协会

服务创新型国家和社会建设　8月17—21日，协会举办全国麻风皮肤病学术年会暨国家级继续医学教育培训班，培训学员728名。

4月14—17日，在云南省文山壮族苗族自治州举办索诺声彩超仪神经检测培训班，来自文山壮族苗族自治州、红河哈尼族彝族自治州的30余名麻风防治专业人员参加培训。

中央财政支持社会组织参与社会服务项目对中国麻风防治协会麻风受累残老者综合扶贫示范救助项目、海南省民政厅、协会及三亚市三林医院提供配套经费。项目对海南省三亚市崖州、天涯、吉阳、海棠湾及育才生态区的728位麻风受累者给予帮助。

协会与北京太极和合科技发展有限公司签订合作协议，分别在湖北省武汉市皮肤病医院，福建省漳州市皮肤病医院、龙岩市皮肤病防治所，海南省三亚市三林医院，河北望都皮肤病医院开展和合治疗仪治疗麻风溃疡的临床应用研究。

协会与富士胶片（中国）投资有限公司签订合作协议，使用该公司下属索诺声公司自主研发、具有自主知识产权的便携式彩色超声仪，开展早期诊断麻风神经损伤的临床应用研究。分别于4月在云南省文山壮族苗族自治州、6月在海南省三亚市开展项目，全年共检测麻风患者、畸残者及对照组各80余人。

学会建设　协会共召开3次常务理事会议、1次理事会议、1次会员代表大会。会员代表大会会议同意严丽英辞去副会长职务，增补姚强、谭江平为副会长。

协会成立“互联网+”工作委员会，协会副理事长潘春枝任主任委员。制定了会议制度、议事制度、监事会管理办法。

协会设立江苏省淮安市淮安区皮肤病防治院为“中国麻风防治协会全国麻风畸残矫治手术基地”，云南省洱源县山石屏村为“中国麻风防治协会党建教育基地”。

国内主要学术会议　协会共召开国内学术会议3次，870人次参加会议，征集论文146篇，86篇论文进行了交流，其中24篇论文获优秀论文奖。

科普活动　1月29日是第64届“世界防治麻风病日”暨第30届“中国麻风节”。协会围绕“创造一个没有麻风的世界”主题，开展了系列科普宣传活动。1月19日，协会麻风学科学传播专家团队成员前往河北望都皮肤病医院慰问。1月23日，与北京市热带医学研究所在北京友谊医院开展义诊及科普宣传活动。国际知名麻风防治专家、96岁高龄的李桓英教授亲临现场，开展义诊、咨询等宣传活动。活动首次设立科普宣传公众号扫二维码有奖答疑，线上线下共1000余人次参加。

全国科技活动周期间，协会科学传播专家团队于5月20日在北京龙潭湖公园开展科普宣传。5月26日，麻风、性病、皮肤病、银屑病、地方病科学传播专家团队共同在西藏自治区林芝市巴宜区八一镇举办科技周科普宣传义诊活动。

9月16—22日，全国科普日期间，协会科学传播专家团队前往河北省石家庄市参加河北省全国科普日主会场宣传活动，开展了有奖问答、现场咨询、现场问诊、发放宣传品等活动。

协会被中国科协评为“2017年全国科普日活动优秀组织单位”。

协会皮肤病科学传播专家团队在山东省烟台市、济宁市、滨州市和德州市等地分别举办“皮肤科规范化诊疗基层大讲堂”，来自山东省17个地市114家三级医疗机构的皮肤科医师和47家县级皮肤病防治机构的专业人员共600多人参加。专家团队利用山东省卫生和计划生育委员会组织的“百家健康驿站，志愿服务进社区”活动，于每月第二周和第四周周六上午到济南市吉尔西苑社区卫生服务站、吉尔南苑社区卫生服务站开展义诊活动，宣传麻风病、皮肤病防治知识，每次活动时间不少于3小时。该团队还组织山东省立医院、山东大学齐鲁医院、山东省皮肤病医院、山东中医药大学附属医院、山东大学第二医院、山东省千佛山医院、济南军区总医院、济南市中心医院等医院的皮肤科专家举办山东省第九届“‘5·25’全国护肤日”公益宣传活动，为市民义诊，普及皮肤健康和疾病预防知识，指导公众科学地保健护肤、预防皮肤病的发生。5月27日，举办“关爱·感知2017年银屑病患者教育项目”讲座，山东省皮肤病医院的医护人员、住院患者和家属及社会人士约100人参加。

皮肤美容科学传播专家团队在安徽省明光市举办以“人人享受皮肤保健”为主题的义诊活动，举办皮肤病防治与皮肤保健讲座，400多人参加。

性病科学传播专家团队以性病门诊健康教育宣传手册的发放、高危人群健康教育讲座、网络健康知识科普、社区健康宣传、现场咨询等形式开展性健康教育科普活动，团队负责广东省性健康教育科普活动的筹划与技术指导，全年线上传播4000人次、线下传播1万人次。

社会心理康复学科学传播专家团队在全国科普日期间开展“为爱造家”筹款活动。在传播麻风防治知识的同时，在广东省惠州白露康复村实施无障碍安居环境建设工程，为麻风康复老人提供实质帮助。3月11日是国际尊敬尊严日，专家团队前往云南省大理白族自治州黄草坝、罗贤观开展“‘3·11’协力行公益徒步”活动，约30位学生及社会人士参与活动，为黄草坝康复村筹得捐款1万元。

地方病科学传播专家团队利用微信平台组织了甘肃省地方防治知识有奖问答活动，约50万人次参加活动。

在5月15日“防治碘缺乏病日”，专家团队在甘肃省兰州市张掖路步行街举办大型宣传活动。通过制作宣传展板、电子滚动屏幕、现场咨询、发放宣传单（画）、演示真假碘盐鉴别方法等多种形式宣传碘缺乏的危害。线上传播约30万人次、线下传播约100万人次。

银屑病学科学传播专家团队利用“世界银屑病日”，将10月定为关爱银屑病月，并契合今年世界银屑病日的主题开展多项活动。专家团队邀请中国医学科学院皮肤病医院、上海华山医院、中国医科大学附属第一医院、大连医科大学附属第一医院和第二医院、南方医科大学医院、北京中医院等银屑病领域的专科医师在大连市皮肤病医院开展义诊、公益讲座和免费咨询等活动。全年线上传播7500余人次、线下传播1400余人次。

表彰举荐优秀科技工作者 经协会第三次理事会议讨论通过，对238名“十二五”期间麻风防治先进工作者和126个先进集体给予表彰。协会向中国科协科技社团党委推荐云南省洱源县疾病预防控制中心副主任李桂科为“2016年最美医生”；推荐全国及省“五一劳动奖章”获得者福建省南安市疾病预防控制中心主治医师李云华，浙江省皮肤病防治研究所上柏住院部护士长、第42届南丁格尔奖获得者潘美儿为全国学会优秀党员科技工作者。

党建强会 1月，协会与河北省皮肤病医院联合召开党支部会议，协会办事机构党支部正式成立，潘春枝任党支部书记。5月25—27日，协会在西藏自治区林芝市召开全国科技工作者日暨党建强会系列活动。7—12月，开展“互联网+”党建强会宣传稿件创作征集及评优活动。

会员服务 协会开展会员重新登记工作，重新登记会员7219人。

（撰稿人：潘春枝　王　红）

中国心理卫生协会

服务创新型国家和社会建设 协会受国家卫生和计划生育委员会委托，撰写《国家心理健康服务发展与规范化管理》。

协会在医院、国家机关开展系统内心理咨询师考前培训，培训约1000人。开展了中德精神分析治疗师连续培训项目，中美夫妻治疗工作坊、中美动力性团体治疗连续培训项目，中挪精神分析心理治疗师连续培训项目，国际青少年心理评估与干预培训，中英人际心理治疗培训项目——基础与提高，中美高级精神分析培训项目，中法高级精神分析培训项目等。举办了团体治疗、团体辅导、团体辅导方案设计、危机干预的团体治疗等培训，以及认知行为治疗的推广和应用、叙事疗法、后现代心理教练、正念静观等课程。

学会建设 8月26日，第十次全国心理卫生学术大会期间，协会性心理健康专业委员会举办成立大会，正式开展工作。专委会主要研究方向是性心理障碍的预防及专业咨询指导和规范化治疗，促进该领域心理技术的普及和推广，维护和提高公众的性心理健康水平和社会适应能力。

国内主要学术会议 8月25—27日，中国心理卫生协会第十次全国心理卫生学术大会在北京召开。

科普活动 在第十次全国心理卫生学术大会期间，协会开设了心理卫生科普直播间，首次利用新媒体的传播方式和传播渠道，邀请知名专家通过直播间向公众进行宣传。大会期间共开设了8场直播，106941人次参与；制作了24块科普展板，对常见心理问题、精神疾病以通俗的语言、形象的图画进行了展示。

协会首席科学传播专家参与江苏省科协科普宣传活动，分别在江苏省南京市第一中学、第十八中学、玄武中学举办了3场报告会。

表彰举荐优秀科技工作者 协会开展了“第九届优秀心理卫生工作者”评选表彰活动。经各省、自治区、直辖市心理卫生协会和各分支机构的评选推荐，经协会常务理事会审议批准，马文有等53人被授予“中国心理卫生协会第九届优秀心理卫生工作者”称号，并在第十次全国心理卫生学术大会上进行了表彰。

党建强会 2月8日，协会召开七届二次常务理事会会议，协会理事长马辛向全体与会人员通报了《关于同意中国心理卫生协会成立党委及组成人选的批示》(科协社团党发〔2016〕59号)，协会在常务理事层面正式成立了功能型党委，党员43人，马辛担任党委书记。

党的十九大会议召开期间，协会秘书处全体人员集中观看了大会直播，第一时间学习会议精神。参观了“砥砺奋进的五年”大型主题展览。同时，认真学习贯彻党的十九大精神，进行专题学习，并结合实际工作开展讨论。

【第十次全国心理卫生学术大会】 8月25—27日，中国心理卫生协会第十次全国心理卫生学术大会在北京召开。大会以“心理健康服务的规范与发展”为主题，共举办大会报告18个，分会场交流19个，主题论坛、机构论坛、综合论坛合计11个，工作坊6个，约1500人参会。

美国哈佛大学教授John R. Weisz作大会报告《对有复杂心理问题的儿童的心理疗法》，英国伦敦大学教授Viviane Green作大会报告《如何培养一个情绪健康的孩子》，德国柏林Humboldt大学教授Thomas Fydrich作大会报告《心理疗法是德国心理健康教育体系的重要组成部分》。北京大学心理与认知科学学院教授钱铭怡介绍了《中国大陆心理咨询与心理治疗的伦理的发展和现状》，结合国内外心理咨询与心理治疗伦理的背景、发展历程、存在问题以及专业伦理的意义，提出了伦理思考、研究方向及伦理建设建议。清华大学心理系教授樊富珉谈了《心理咨询师的核心能力及其养成》，分析对比了不同层级、角度和国家心理咨询师的定位和工作内容，指明了中国心理咨询师专业能力提升的方向和方法。中国疾病预防控制中心精神卫生中心主任黄悦勤谈了《中国精神卫生调查》。

会议期间，举办了心理咨询师北京宣言暨中国心理卫生协会心理咨询师优才计划启动仪式。设立了“心理直播间”，请心理卫生领域的知名专家通过网络直播，对各种社会心理热点问题进行解答，共开设8场直播，106941人次参与。为实现会议功能的多元化，协会还在会场举办了“心理卫生科普展”，放置了24块展板，并设立科普展台，进行科普知识宣传和答疑。

（撰稿人：姜婧怡）

中国抗癌协会

服务创新型国家和社会建设 9月，协会与贵州省政府合作，组织开展“大爱中国”——2017中国抗癌协会抗癌援黔活动。由协会院士专家组成的援黔专家团在贵州省开展了援黔学术和新技术推广、义诊帮扶等系列活动。专家团在贵州省肿瘤医院和贵州厚慈医院开展抗癌援黔大型义诊活动。5位院士专家在援黔专家肿瘤论坛上作学术报告；22位专家参与义诊活动，共接诊患者540位。

10月，协会在山西省临县开展吕梁山区癌症救助公益活动，组织32位肿瘤领域专家开展义诊、科普讲座、临床技能培训、赠书等活动，让贫困癌症患者足不出户获得诊疗服务，通过培训提升基层医师的肿瘤诊治水平。2017年，各分支机构通过协会申报和实施国家级继教项目48项，举办63场培训班，培训24410人次，授予学分352分。乳腺癌、食管癌、肿瘤心理、甲状腺癌等专委会开展了全国专家巡讲活动。

协会发布《中国抗癌协会乳腺癌诊治指南与规范(2017版)》等诊疗指南，出版了《循证实践——癌症症状控制指南手册》等学术专著。

学会能力提升计划 协会是中国科协“学会创新与服务能力提升工程优秀科技社团建设项目”(2015—2017)建设单位，2017年年底完成项目总结。通过承办第12届世界胃癌大会、召开2017国际肿瘤防治研讨会、组织“2·4”世界癌症日和“4·15”全国肿瘤防治宣传周活动、开展2017年度科技奖的推荐和评审工作、开展肿瘤专家科技扶贫公益活动、开展我国肿瘤防治资源现状调研、出版《抗癌记录》中国抗癌协会发展史、完善协会治理结构改革等一系列工作，提升了协会各方面的自我发展能力。

学会建设 协会有省级抗癌协会31个、专业委员会49个、协会团体会员单位60个。中国科协会员管理系统内注册会员已达137343人。

协会召开全体理事会议1次、常务理事会议4次、理事长办公会3次。新成立整合肿瘤学分会、肿瘤精准治疗、肿瘤重症医学、肿瘤分子医学4个专业委员会。抗癌药物、肝癌、肿瘤影像、乳腺癌、癌症康复与姑息治疗、肿瘤传统医学、肺癌、肿瘤病理、纳米肿瘤学、食管癌、胃癌11个专业委员会完成换届工作。

主办期刊 协会系列期刊有28种。英文期刊*Cancer Biology & Medicine*（CBM）被《科学引文索引》（SCIE）正式收录,《中国肿瘤临床》与《中国癌症杂志》入选“第四届中国精品科技期刊”,《中国癌症研究》获评“第二届中国国际化精品科技期刊”。根据2017年10月中国科学技术信息研究所发布的《2017年中国科技论文统计结果》，协会系列期刊中有15种中文科技期刊和3种英文科技期刊被收录，其中7种期刊排名上升:《中国癌症研究》（英文版）从第3名上升到第1名,《中国肺癌杂志》从第5名上升到第4名,《中国肿瘤临床》从第9名上升到第5名,《癌症杂志》（英文版）从第13名上升到第9名,《肿瘤防治研究》从第21名上升到第12名,《现代肿瘤医学》从第15名上升到第13名,《肿瘤预防与治疗》从第23名上升到第19名。

12月8日，中国抗癌协会系列期刊第七次工作会议在天津市召开，50位期刊界专家及各系列期刊编辑部主任出席。

国际学术会议 协会与乳腺癌等专业委员会、地方抗癌协会共同举办了第十届天津国际乳腺癌会议、第四届中欧肺癌学术论坛、第12届上海国际乳腺癌论坛、第六届广州国际肿瘤学会议等国际肿瘤专业学术会议。

4月20—23日，由协会承办的第12届世界胃癌大会在北京召开。本届会议是国际胃癌大会22年来首次在中国举办，来自70个国家的2000余名学者参会，近200名本领域的专家、学者作演讲交流。

11月10日，第六届首都国际癌症论坛在北京举办，论坛主题为“肿瘤整体化、个体化和多学科联合诊疗”。来自美国、澳大利亚、意大利、日本、韩国等国家以及国内的专家、学者800余人参会。

国内主要学术会议 2017年，协会及各专业委员会举办各类学术会议231场，参会人数超过10万人次，交流论文1.4万篇。同时，肺癌、胃癌、肝癌、乳腺癌、大肠癌、肿瘤微创、头颈肿瘤、康复与姑息治疗、营养治疗、肿瘤标志等专业委员会组织召开年度全国性学术会议；河北、福建、山东、江西等省抗癌协会召开了全省肿瘤学术大会。

10月20—22日，第九届中国西部肿瘤学术大会在陕西省西安市召开，主题为“规范精准诊疗、协作创新发展”。协会理事长、中国工程院院士樊代明，中国工程院院士张志愿作报告。

国际组织任职 协会监事长郝希山当选国际抗癌联盟（UICC）常务理事。协会副理事长季加孚任世界胃癌大会主席。

国际交往 5月5日，澳大利亚ICON集团中国区首席执行官Toni Sisson女士、教育合作与发展部经理Leah Falkingham女士访问协会秘书处。双方希望在肿瘤护理培训班、患者教育和康复治疗等方面进行合作，提高患者的术后康复和五年生存率，从而改善中国癌症患者的生活质量。

科普活动 1月10日，2017年世界癌症日全国启动仪式在天津市举办。协会携手北京、天津市、河北省抗癌协会发布《京津冀联合抗癌倡议书》，搭建癌症防控联动平台。全国100余家团体参与活动，举办各类活动300余场，发放科普资料20余万份，参与活动的科技工作者2000余人，直接受益群众70余万人次。

4月15日，第23届全国肿瘤防治宣传周全国启动仪式在江苏省南京市举办。全国560余家团体参与，举办各类活动2300余场，发放科普资料90余万份，参与活动的科技工作者1.5万余名，受益群众600余万人次。

9月14—18日，协会参加全国科普日北京主场活动。邀请专家在北京主场“健康伴我行”展区举办“癌症知多少”主题活动，围绕公众关心的热点话题，开展有奖竞答、院士谈防癌视频讲座、大型义诊、赠书等多种形式的活动。一周内展区接待观众8000余人次，义诊400余人次，发放科普图书1000余册，网上参与互动及直播节目者10余万人次。此次活动被评为“2017年全国科普日北京主场优秀活动”。

表彰举荐优秀科技工作者 2017年，中国抗癌协会科技奖共收到全国40个单位的推荐项目74个，经专家评审，45个项目入选。

第二届中国肿瘤青年科学家奖共有52个单位推荐的72位符合条件的候选人进入评审程序。经过评审委员会专家评选，20位候选人进入第二轮评审。经审定、理事长会议通过，最终产生10位获奖人。

学会创新发展 协会加入中国科协生命科学学会

联合体，作为联合体的一员，与其他生命科学领域的全国学会一起承担了中国科协“青年人才托举工程”“生命科学十大进展”和《全国科技领军人才目录》、世界生命科学大会等推荐和组织工作。

协会启动青年理事会组建工作，成立了青年理事会筹备组负责筹建工作。组织专业委员会、省市抗癌协会、团体会员单位推荐青年理事会理事候选人。11月15日，召开筹备组第一次工作会议，遴选出第一届150名青年理事，并通过了青年理事会常务理事、副理事长、理事长产生办法，提出了候选人建议名单。

党建强会 协会党支部组织党员专家赴山西省开展吕梁山区癌症救助公益活动。8月31日，在天津市召开党建研究课题座谈会。

经中国科协党组和中国科协科技社团党委批复同意，中国抗癌协会第八届理事会党委正式成立，李强任党委书记。

会员服务 协会组织开发了中国抗癌协会会员管理系统，实现会员登记、审批等各种线上管理功能，搭建了信息化会员管理和服务平台。11月1日开通了会员登记注册微信版，入会申请人可以通过扫描二维码进行入会申请操作。

2017年，协会网站发布信息359篇，访问量145余万次；协会官方微信发布文章153篇；每季度出版《中国抗癌协会通讯》。

【中国抗癌协会第八次全国会员代表大会】 7月28日，中国抗癌协会第八次全国会员代表大会在天津市召开。来自协会各专业委员会，各省、自治区、直辖市抗癌协会，各地肿瘤专科医院、肿瘤研究所、肿瘤中心的265名代表出席会议。大会审议并通过了协会理事长郝希山作的《第七届理事会工作报告》、副理事长张岂凡作的《第七届理事会财务工作报告》、副理事长樊代明作的《关于修改章程的报告》。全体代表以无记名投票方式选出了由155名理事组成的第八届理事会和由6名监事组成的中国抗癌协会第一届监事会。第八届理事会第一次会议上选出了51名常务理事，中国工程院院士樊代明当选为协会第八届理事会理事长。经理事长提名，王瑛教授被聘任为第八届秘书长。经监事会选举，中国工程院院士郝希山当选为第一届监事会监事长。全体中共党员理事通过了中国抗癌协会第八届理事会功能型党委组成及建议人选。大会表彰了为中国抗癌事业做出杰出贡献的先进集体和个人。

【国际肿瘤防治研讨会】 4月16—18日，国际肿瘤防治研讨会暨“一带一路”国际肿瘤专业人员联合培训中心第一次会议在天津市召开，80人参会。会议由协会主办，国际抗癌联盟、世界卫生组织国际癌症研究机构以及6个国家癌症组织共同参与。会议围绕“一带一路”国家肿瘤防治水平，研讨社会组织在癌症防控中发挥的作用。

协会理事长、中国工程院院士郝希山，国际抗癌联盟候任主席、约旦迪娜·米拉德王妃（HRH Princess Dina Mired），世界卫生组织国际癌症研究机构医学专员帕沙·巴素（Partha Basu），俄罗斯国家卫生部肿瘤科学研究中心主任、俄罗斯科学院院士弗拉基米尔.F.森米盖拉佐夫（Vladimir F. Semiglazov），美国苏珊科曼乳腺癌基金会副主席维多利亚·沃勒兹珂（Victoria Wolodzko），马来西亚国家癌症协会主席桑德瑞·索玛桑德瑞玛（Saunthari Somasundaram），日本东京大学河源典慧（Norie Kawahara）等12位国际组织代表，以及天津医科大学副校长李强、天津医科大学肿瘤医院院长王平、北京大学肿瘤医院院长季加孚、中山大学肿瘤防治中心副院长钱朝南等出席了开幕式。

开幕式上，中国抗癌协会、国际抗癌联盟等7个国际组织代表共同签署了《“一带一路”国家抗癌宣言》，对宣言提出的癌症防控观点和措施表示肯定。

（撰稿人：刘　齐）

中国体育科学学会

服务创新型国家和社会建设 学会举办国家体育总局国家队集中采购运动营养食品入围采购目录公开招标大会，确定124种国产营养品和23种进口营养品。学会严格执行国家体育总局反兴奋剂工作的有关规定，共为50多个国家队采购了价值近2000万元的安全有效的运动营养食品。

学会承担并完成了国家体育总局2016年度全国科技统计调查工作，包括2016年度全国科普统计、2016年度综合科技统计调查和全国科技成果统计调查，向科技部上报了79项体育科技成果的统计表及统计分析报告。

学会承担了国家体育总局科教司委托的国家体育总局90项2014年度重点研究领域课题验收工作。完成了8项国家体育总局2014年重点研究领域课题、10

项2015年全民健身重点研究领域课题、57项一般研究领域课题、28项2015年科学健身示范区建设研究课题的阶段检查工作。

学会及分会共举办各类培训活动18次，培训人数达3000余人次。

学会建设 学会个人会员总数为6528人，单位会员总数为149个。2017年新发展个人会员800余人，单位会员12个。

学会分支机构由18个增加到23个，注销了体育计算机应用分会，设立了体能训练分会、国际交往工作委员会、学术工作委员会、科普工作委员会、继续教育工作委员会和期刊工作委员会。

3月24日，2017年学会分会秘书长工作会议在北京召开，共30余人参会。会议围绕学会换届、分会财务管理和学术活动组织规范等内容进行布置、讲解和答疑，在共性问题上取得了共识。

主办期刊 《体育科学》通过了国家社科基金资助期刊年终考评，入选“2017中国国际影响力优秀学术期刊”（人文社会科学），在中国知网（CNKI）发布的《中国学术期刊影响因子年报（人文社会科学2017）》的影响力指数CI值为1311.493，复合影响因子为2.769。《体育科学》2017年发行12期共48000册，发表论文123篇。

《中国运动医学杂志》在中国知网（CNKI）发布的《中国学术期刊影响因子年报（自然科学与工程技术2017）》上的影响力指数CI值为536.24，复合影响因子为0.789，在国内军事医学与特种医学同类学术期刊中排名第6。《中国运动医学杂志》发行12期共20000册，发表论文数188篇。

国际学术会议 学会及分会全年共举办苏宁体育·第二届中国常州国际运动康复大会、2017中国·上合国际体育健康产业发展高峰论坛、第一届国际运动医学与健康学术论坛等国际学术会议6个，参会1600余人次，交流论文1000余篇。

10月27—29日，苏宁体育·第二届中国常州国际运动康复大会在江苏省常州市举办，600余人参会。会议的主题是“运动科学与康复医学的统一”。来自美国、德国、澳大利亚等国家和国内运动康复领域的20余名专家作主题报告，就运动康复人才培养模式、运动康复技术成果转化等进行了专题研讨，分享了国际最前沿的运动康复理念，并在现场演示了运动康复方法。

10月28—29日，尼斯国际体育嘉年华济南行——国际体育产业与健康论坛在山东省济南市举办，300余人参会。北京体育大学副校长胡扬、国家体育总局体育科学研究所中国体育经济研究中心主任鲍明晓、国家体育总局体育科学研究所智能创新研究中心主任李祥臣、中文发集团文化有限公司首席执行官马建平和法国尼斯索菲亚大学教授Denis分别作大会主题报告《体医结合与健康中国》《利用大型体育赛事促进城市发展》《大数据大健康》《“体育小镇+”和尼斯城市体育特色赛事与体育旅游》。

10月25—28日，由学会运动医学分会、运动生理与生物化学分会和成都体育学院联合主办的第一届国际运动医学与健康学术论坛在四川省成都市召开。来自国内外200余个高校、科研机构及医院的教师、科研人员、医生及研究生近500人参加论坛。会议邀请了美国、德国、以色列、澳大利亚及中国的10位运动医学与健康学科领域的专家作主题报告。

国内主要学术会议 学会及分会共举办国内学术会议40余次，参会人数5200余人次，交流论文4700余篇。主要会议有2017国际体育与健康学术论文报告会暨第八届全国青年体育科学学术会议、2017年全国竞技体育科学论文报告会等。

两岸交流 10月27—30日，学会副理事长谢敏豪、学会运动医学分会副主任委员虞亚明、学会运动医学分会顾问张世明、学会运动医学分会秘书长詹晖参加了在我国台湾地区举办的海峡两岸及港澳地区运动医学论坛，共有150余人参会。论坛设立了从传统到现代——两岸中医运动医学工作坊、高峰论坛、重返赛场3个板块，邀请20多位专家作专题报告。副理事长谢敏豪在高峰论坛板块作主题报告《科学健身：有效运动与风险评估》。

国际交往 3月14—18日，学会副秘书长邢洋等3人参加了在美国波士顿举办的2017年美国健康和体育教育大会和2017年国际华人体育与健康会议。会议期间，学会与国际华人体育与健康协会签订了合作协议，明确了人才交流项目和合作研究活动。

5月29日—6月5日，学会运动医学分会主任委员李国平等4人出席了在美国丹佛举办的美国运动医学学会（ACSM）年会。双方就建立中长期合作规划进行了探讨，就美国运动医学学会在中国的培训计划、建立长期高效的互访计划等议题进行了沟通，并初步达成协议。

6月26—29日，学会运动医学分会秘书长詹晖等4人前往美国休斯敦参加了美国运动防护师（NATA）年会。中国运动医学代表团分别与美国运动防护师（NATA）国际委员会、世界运动防护总会进行了沟通与交流，就选派学者与专家互访达成一致意见。

7月5—8日，学会体质研究分会秘书长王梅等2人参加了在德国里尔举办的欧洲体育科学学会学术年会，并在中欧交流会上作主题报告。

8月29日—9月3日，学会秘书处王新宝等3人出访芬兰于韦斯屈莱，参加了芬兰体育科学学会学术年会和第二届中北欧体育学术论坛。

9月7—11日，学会体质研究分会副秘书长徐建方等3人出席了在日本静冈召开的日本体育教育、健康和体育科学学会第68届学术年会并进行学术交流。

9月12—16日，学会副秘书长杨杰等2人出访德国，参加了德国体育科学学会第23届学术年会并进行学术交流。

11月16日，学会副理事长祝莉接待了来访的南丹麦大学运动科学与临床生物力学学院院长一行6人，围绕"足球运动表现"进行了交流。

科普活动 学会依托河北省、黑龙江省、安徽省、江西省、湖北省、广东省、宁夏回族自治区、新疆维吾尔自治区等地方体育科学学会，在全国科技周、全民健身日和全国科普日期间开展了以科学健身讲座和国民体质检测及咨询为主要形式的"科学健身志愿服务神州行"活动，8个地方学会在16个城市组织开展活动共计24次，惠及群众6万余人次。

5月21日，学会和黑龙江省体育局在哈尔滨市联合举办了2017全国科技工作者日系列活动。活动期间，举办了以"创新科普两翼齐飞、共助体育科技发展"为主题的科普座谈会，分别邀请北京大学医学部公共卫生学院教授钮文异、国家体育总局体育科学研究所智慧体育创新研究中心主任李祥晨作主题报告《如何做健康科普》《大数据大健康》。

5月，学会和北京华奥星空科技发展有限公司联合启动了"2017科学健身公开课 · 北京站"活动。相继在国家奥林匹克体育中心、中国知网北京总部、北京大学第三医院、亚奥青少年体育俱乐部、国家发展和改革委员会、北京渔阳国际滑雪场举办了8场公开课，吸引了公务员、企业职工、医护人员、中老年、青少年等不同人群1200余人次现场聆听专家授课、参与互动体验，今日头条在线直播和视频点击量达11万余人次。

8月8日，学会联合北京华奥星空科技发展有限公司在国家奥林匹克体育中心举办了"科学健身大讲堂"活动，邀请北京体育大学运动医学与康复学院李雪梅以"肥胖人群科学锻炼"为主题作科普讲座，讲座从饮食、营养、代谢、锻炼等多方面剖析了多数人为何容易肥胖等问题。今日头条进行了现场直播，在线点击率达到3万余人次。

9月13—17日，学会作为承办单位之一参加了全国科普日北京主场大型展览活动。学会围绕"科学破除愚昧"主题，以"体测闯关破谣言"形式开展了体质检测知健康、健康问答知常识、互动游戏知身手、专家解答破疑惑等内容的关卡活动，使广大群众在趣味闯关中了解健身知识。本次活动直接受益人数1500余人次。

表彰举荐优秀科技工作者 学会推荐"中国科学院和中国工程院院士候选人""中国科协在创新争先行动中成就突出的优秀科技工作者候选人"和全国创新争先奖等共计8人次。经学会推荐，学会副理事长、北京大学第三医院运动医学研究所教授敖英芳获得"全国创新争先奖状"。学会第八次全国会员代表大会上表彰了学会工作贡献奖18人、先进集体13个、先进个人70人。

学会创新发展 8月20—30日、11月17—26日，学会分别在北京体育大学和华彬庄园举办了第一期和第二期运动处方师培训班。培训班邀请运动医学、临床医学、运动人体科学等领域从事运动处方工作的20余位专家担任授课教师，从运动处方概述、健康评价、风险评估、处方制定、伤病防护等多个方面，采用理论与实践相结合的教学方式，全面、系统地讲授运动处方的最新理论与实操方法。来自全国各体育科研院所、高校、医院、社区诊所、健身俱乐部的共231名学员参加了培训。

党建强会 9月19日，在学会第八次全国会员代表大会期间召开了第八届理事会党员大会，党员理事代表表决并通过了中国共产党中国体育科学学会第八届理事会党委组成名单，由学会副理事长兼秘书长张良任党委书记。

会员服务 学会及各专业委员会召开学术会议，对会员实行会议注册费减免制度，减免幅度一般为15%—20%。2017年，为单位会员免费邮寄学会期刊

告，并与英国免疫学会就两会继续加深合作与交流进行了研讨。

科普活动 学会组织出版《人体健康与免疫》系列科普丛书。该丛书共计 10 本，分为常见问题篇、历史篇、疾病预防篇、疾病诊断篇、婴幼儿篇、儿童篇、青年篇、中年篇、老年篇等。丛书以漫画的形式，用通俗易懂的方式普及大众关心的健康问题。

表彰举荐优秀科技工作者 学会开展第七届中国免疫学会学术奖评审，授予崔正言第七届中国免疫学会终身成就奖，授予张叔人、王小宁第七届中国免疫学会杰出学者奖，授予崔克乐等 10 名免疫学工作者第七届中国免疫学会青年学者奖。

经学会推荐，曹雪涛领衔的医学免疫学国家重点实验室获首届全国创新争先奖牌。

学会创新发展 学会依托兽医免疫分会，承接中国科协国际科技组织合作平台建设项目，开展“一带一路”动物疫病联合防治研究中心建设，在中哈、中印、中埃、中巴交流方面成效显著，分别与印度尼西亚乌达雅纳大学、巴基斯坦拉合尔兽医大学、埃及开罗大学兽医学院签署了合作协议，共同为“一带一路”国家动物健康和畜牧业健康发展献计献策。

党建强会 中国生物医学工程学会—中国免疫学会联合党支部开展 2017 年科协党建强会项目建设。

会员服务 学会编纂 2017 年通讯，反映学会年度工作的综合信息，供会员参考。

【2017《自然》炎症性疾病国际学术研讨会】 9 月 16—20 日，《自然》炎症性疾病国际学术研讨会在北京举行。来自国内外相关领域的学者、学生和企业界代表等近 600 人参会。

会议以“炎症性疾病：从分子机制到干预”为主题，设置了固有免疫细胞、免疫调节、细胞死亡与炎症、代谢与炎症、炎症研究技术、固有免疫感知与信号传导、炎症性疾病和炎症与癌症 8 个模块，邀请了来自美国哈佛大学、芝加哥大学、康奈尔大学、范德堡大学、加州大学洛杉矶分校、国立卫生研究院、得克萨斯大学西南医学中心、索尔克生物学研究所、纽约大学、圣裘德儿童研究医院，德国波恩大学、马克斯普朗克生物化学研究所，法国马赛吕米尼免疫学研究中心，爱尔兰都柏林圣三一学院，以及中国医学科学院北京协和医学院、清华大学、北京生命科学研究所等单位的 28 名学者作学术报告。

经大会组委会评审，会议从投稿中遴选出 110 篇摘要参加交流，其中 12 篇作为大会口头报告、43 篇作为展板展出。同时，会议设置了《自然综述·免疫学》《自然》《自然·通讯》三大期刊编辑与作者的交流环节，为参会人员提供近距离与三大期刊编辑面对面交流的机会。

【第十二届全国免疫学学术大会】 10 月 26—29 日，中国免疫学会第十二届全国免疫学学术大会在天津市召开。参加大会的正式注册代表 1748 人、大会特邀代表 27 人、展商代表 289 人、国外青年学者 10 人、大会志愿者 40 人，参会总人数为 2114 人。大会收到论文摘要 1056 篇，投稿省市分布上有所突破，新出现了青海省和西藏自治区的稿件。

会议特邀国内外报告人 27 人，设立分会场主题共 15 个，组织了肿瘤免疫与肿瘤免疫治疗、感染免疫、自身免疫病与过敏性疾病、天然免疫应答的识别与调控、免疫调节与免疫耐受机制、免疫学课程评价体系的改革与研究等 20 个分会场，分会场共有 219 人作口头报告交流。此外，组织交流墙报 117 篇。

作为学会加强学术大会国际化的举措之一，大会中的国际青年免疫学者论坛成为常规项目，学会为来自美国、德国、加拿大、英国、新加坡、日本、韩国的 10 位青年学者提供差旅资助，进一步扩大了大会的国际影响力。会上颁发了第七届中国免疫学会学术奖。

会议期间特别召开了由国际免疫学联合会和中国免疫学会共同主办的 2019 年国际免疫学大会的学术委员会及组织委员会会议，就大会的筹备工作达成了多项共识。

（撰稿人：姚　婕）

中华预防医学会

服务创新型国家和社会建设 学会分别为全国卫生应急竞赛提供技术支撑，组织制定 2017 年联合国咨商工作计划，确定“民间团体参与全球健康治理的作用和对策”为咨商课题。

学会先后完成了全国省级疾控机构规范化建设综合评价、法定传染病疫情监测系统评价、石渠县犬驱虫控制包虫病干预试点等多个政府委托项目，有序开展能力提升与改革工程——世界一流学会建设工程、创新驱动助力工程、科技与民生年度报告、基层互联网慢病管理领航等项目，启动第二期预防与免疫青年人才托举、全国预防接种服务与管理培训、基层互联网慢病管理、慢性病与免疫预防政策试点、中国百日咳行动防治等项目。组织开展中国妇女盆底功能障碍防治项目课题49项。先后完成了《全国省级疾控机构规范化建设综合评价报告》《公共卫生领域科技社团开展第三方评估机制研究报告》《推动中国控烟立法报告》，组织编写了《家庭健康指导员手册——健康老人读本》。

学会能力提升计划 完成理事会党组织建设、办事机构改革、分支机构改革、会员服务与发展、学术体系建设、健康科普体系建设、承接政府职能、人才评价与培养、国际交流与合作、“互联网＋学会”等重点任务，包含33项考核指标。完成《中华预防医学会分支机构管理办法》《中华预防医学会系列期刊奖评办法》、*Notes of Preparatory Meeting of Chinese Preventive Medicine Association（CPMA）Influenza Working Committee* 和《“一带一路”主要国家重点传染病流行风险评估与对策建议报告》等多项成果。

学会建设 完成15个分支机构换届，新成立分支机构7个，批准成立4个工作委员会；完成20余个分支机构的学组、青委会的成立和换届工作；学会秘书长与新拟任主任委员任前谈话并签订《聘期责任书》；核查、补齐了60个分支机构的委员信息。

学会完成门户网站改版，会员管理系统、会议管理系统和继续医学教育系统进一步完善。

主办期刊 中华预防医学会系列报刊共计71种，其中学术类期刊69种、健康科普类报纸和期刊各1种。

学会履行主办单位职责，推动并完成主办报刊协议签署工作，明确主体责任，消除监管真空；通过主办报刊主要负责人任命和备案，落实责任到人；在日常审读的基础上，开展针对系列报刊的年度政治和编校质量集中审读，提高编校质量；组织召开学会系列期刊工作会议、期刊发展研讨会等，提高从业人员的政治素养和专业能力；开展系列期刊奖评活动。组织系列期刊参与中国科协、国家卫生计生委报刊相关主题宣传活动，获得国家卫生计生委委管报刊主题宣传活动“优秀组织单位”奖。

学会44种期刊入选中国科技核心期刊，5种期刊入选“第四届中国精品科技期刊”，2篇系列杂志论文入选“第二届中国科协优秀科技论文”。

国际学术会议 2017年，学会主办了2017亚太流感联盟国际研讨会，主持国际环境流行病学学术年会中国专场报告会。

国内主要学术会议 学会举办了健康中国国际工程科技发展战略高端论坛，多位院士和国际知名专家围绕健康立法、强化国民营养、实施重大慢病早诊早治战略等，阐释了推动健康中国建设的理念、路径，分享国际经验，提出针对性强、具体可操作的政策建议。全年共举办全国爱国卫生运动学术论坛、病毒性肝炎防控研讨会、中国狂犬病年会、疫苗免疫与疾病防控论坛、医院感染控制分会学术年会等大型学术会议及继续教育培训活动100余场，参会5万余人次。

国际组织任职 学会秘书长杨维中继续担任世界公共卫生联盟执委（2016—2019）及亚太区联络办公室主任。

国际交往 学会秘书长杨维中参加第15届世界公共卫生大会并代表中国作特邀报告，参加世界公共卫生联盟第50届执委会、全体大会并主持亚太区域工作会。学会副秘书长刘霞赴澳大利亚参加第29届国际环境流行病学会学术年会，主持国际环境流行病学学术年会中国专场报告会。学会组织撰写了34个“一带一路”主要国家重点传染病流行风险评估与对策建议报告，为开展后续防治合作奠定基础。

科普活动 打造“听听专家说”微信公众号，用户达4万余人，创作内容7000余项，阅读140万次，形成了培训结合科普、科普结合项目的健康科普信息化工作模式。中国宫颈癌预防控制科普项目创作内容110余项，通过180余家新媒体传播，累计浏览3亿余人次，形成了一次创作、多次开发、多形式展现的全媒体传播的工作机制。

表彰举荐优秀科技工作者 2017年，学会共收到来自北京、天津市等21个省市推荐的105项科技奖申报材料。经审定有96项申报材料进入初评；41项初评项目经公示后，有40项进入终评会。截至10月底，经终评会评审和常务理事会审定，共有28项获得2017年科技奖，其中一等奖5项、二等奖7项、三等奖16项。

【社会组织参与艾滋病防治基金工作】 2017年，社会组织参与艾滋病防治基金共资助了31个省884个项目，资助金额4300余万元。截至11月30日，基金项目共为失足妇女、男男同性性行为者及吸毒者等高危人群提供了143万多人次干预服务，为325985名高危人群提供了艾滋病病毒抗体检测，发现并确证阳性9431人；为艾滋病感染者和患者提供21万多人次关怀随访服务。

为落实2016年12月1日刘延东副总理视察基金办的指示精神，学会与多方联系，积极探索基金多元化筹资机制。葛兰素史克（中国）投资有限公司捐赠1500万元，按照“公开自主申请，两审三公示”原则，已将首批捐赠资金支持社会组织开展工作。学会与具有公募资格的基金会合作，成立并启动了“防艾精准专项基金”，为已建立的基金提供补充，重点支持贫困且疫情较重的地区开展母婴艾滋病防治工作。

召开经验交流会，100多个社会组织代表进行了经验交流及分享；举办省级师资培训班，为31个省份建立一批师资队伍；开展社会组织能力提高班，为中西部20个省80多个社会组织提供党政建设及艾滋病防治工作能力培训；针对上述能力建设，活动开发了相关培训参考资料。

【中华预防医学会成立30周年庆祝活动暨健康中国国际工程科技发展战略高端论坛】 11月18—19日，中华预防医学会成立30周年庆祝活动暨健康中国国际工程科技发展战略高端论坛在北京举行，中华预防医学会第五届学术年会暨2017年中国慢性病大会同期召开。大会的主题为“公共卫生助力健康中国”，来自中国工程院、中国科协、国家卫生计生委、各级医疗卫生机构、科研院所、高等院校、相关学（协）会的专家学者、专业技术人员及健康相关企业等共计2000余名代表参加了会议。100多家中外机构发来贺信贺电，10位院士发来题词或寄语。

十二届全国人大常委会教科文卫委员会副主任、中华预防医学会会长、中国工程院院士王陇德，国家卫生计生委副主任、国家中医药管理局局长王国强，中国工程院副院长刘旭，中国科协党组成员兼学会学术部部长、企业工作办公室主任宋军，世界公共卫生联盟主席Michael Moore、世界卫生组织驻华代表处官员Fabio Scano等出席开幕式并讲话。

大会开幕式上播放了纪念中华预防医学会成立30周年短片，颁发了2017年中华预防医学会科学技术奖、中华预防医学会系列杂志2015—2016年度优秀期刊奖和优秀期刊工作者奖。

健康中国国际工程科技发展战略高端论坛邀请6位国内院士、4位国外专家作大会报告，院士们围绕“把健康融入所有政策”，从培育健康人群、优化健康服务、完善健康政策等角度，阐释健康中国建设的理念、路径，分享中国智慧、中国案例。国外专家介绍了全球健康促进工作进展和成功经验，解读了2030可持续发展目标中卫生与健康领域工作指标。

中华预防医学会第五届学术年会暨2017年中国慢性病大会邀请了200余位专家在27个分会场上作专题报告，共组织论文交流500余篇，评选优秀论文近50篇。交流内容覆盖了慢性病防治、卫生应急、健康评估与健康管理、健康促进与健康教育、疫苗与免疫、流行病学、生命早期发育与疾病控制、儿童成人病防治等健康领域的热点难点问题。

年会期间，学会发布了《中国公共卫生与预防医学学科史》《2049年的中国：科技与社会愿景——预防医学与生命质量》《2016年中国人口健康状况报告》3个征求意见稿。平行召开了中国妇女盆底功能障碍防治项目总结暨表彰会，表彰了中国慢性病防控最佳实践案例、“健康中国·科普中国——全国慢性病防治优秀科普作品推介工程”首届活动优秀科普图书、首届全国妈妈班优秀科普视频。

光明网对本次大会进行了全程直播，并邀请6位院士和10余位专家围绕健康领域热点问题进行了健康科普在线直播访谈，活动当天浏览观看人数达180余万人次。其中，钟南山院士的以“咳嗽”为主题的访谈在1个月内观看人数达53.1万人次，130余人对访谈进行转发。

【2017年全国爱国卫生运动学术论坛】 12月4—5日，为纪念爱国卫生运动65周年，中华预防医学会和中华医学会在海南省海口市联合举办2017年全国爱国卫生运动学术论坛。

论坛是我国爱国卫生领域举办的首次学术论坛，主题是“新思想新发展——爱国卫生运动助力健康中国建设”，旨在深入贯彻落实党的十九大关于“坚持预防为主，深入开展爱国卫生运动”的要求，促进新时代爱国卫生工作理论创新和科学发展，推动健康中国建设。

来自国家卫生计生委疾控局（全国爱卫办）、中国疾病预防控制中心、国家食品安全风险评估中心、中国健康教育中心、中国城市建设研究院、健康报社、世界卫生组织驻华代表处、联合国儿童基金会、加拿大健康管理中心等机构，以及各级地方爱卫会办公室、疾病预防控制中心、健康教育、医疗卫生、卫生监督等机构，有关高等院校、科研院所、企事业单位的管理及专业技术人员近1000人参加会议。

学术论坛为期2天。第一天的大会报告邀请了2位中国院士、2位国际专家和多位国内知名专家和人士作大会报告和参加专家圆桌访谈，专家们围绕大会主题，从营养、疾病控制、环境建设、健康促进、大众沟通和企业参与等角度，阐释了爱国卫生运动助力健康中国建设的理念、路径。2位国外专家分别介绍了加拿大健康管理体系、可持续发展促进健康的做法和理念。第二天的健康城市、健康生活方式、病媒生物与传染病控制、健康管理、健康教育和健康传播5个分论坛邀请多位副市长、政府官员和50多位相关领域的专家、学者围绕爱国卫生运动相关方面的热点和难点问题进行深入探讨和交流。

【中国宫颈癌预防控制科普项目】 9月12日，中国宫颈癌预防控制科普项目在上海市正式启动。中国工程院院士、学会会长王陇德，学会副会长杨维中，国家卫生计生委妇幼健康司宋莉，上海市卫生计生委主任王磐石，部分专家委员会委员、宣教大使以及全国87家媒体单位代表参会。167家专业媒体发布192篇项目报道，12家视频网站发布的启动会盛况点播量为120余万次。

为确保项目科普内容的科学性，学会组建了由5名院士领衔、16名权威专家组成的专家委员会，专业涵盖分子生物学、肿瘤防治、妇幼保健、疫苗与免疫预防接种等领域。针对项目内容传播的主要群体特性，拍摄系列疾病宣传海报、微电影和MTV并录制主题曲，陆续在全国各主流院线以及知名视频网站上播出。

9—12月，项目先后进入上海大学和四川师范大学开展校园行活动，就宫颈癌疾病概况和防控措施进行科普讲座，同期开展现场快问快答的互动活动，共800多名大学生参加了现场活动。《宫颈癌预防行动》视频在上海浦东震旦国际大楼投放。北京、上海市、广州市等5大城市核心商圈的892家电影院进行了疾病宣教视频片前广告投放，发布7万多场次，观影人数280多万人次。通过视频门户、新闻客户端、女性健康APP和社交平台KOL等数字媒体，以“宫颈癌预防行动”和“即刻行动，开启保护”为热点话题进行广泛传播。

截至2017年12月31日，实际曝光总量达5.47亿次，曝光达标率215.72%；健康头条互动量达14.4万，丁香医生互动量达24万；“宫颈癌预防行动”话题获得新浪微博公益活动排行榜第二名，曝光量累计280多万次。项目共计发布51篇科普图文，官网累计访问用户近60万人次。所有科普图文同步在百家号上发布。百度搜索“宫颈癌预防行动”，官网处于搜索结果页面第一位，第二位是“宫颈癌预防行动”百度百家号。

（撰稿人：牛霏霏　夏建国）

中国法医学会

服务创新型国家和社会建设　学会法医学教育工作委员会联合教育部高等学校法医学教学指导委员会分别于7月和11月在四川省成都市和上海市召开会议，对法医学专业学科建设进行了广泛研讨，包括借鉴临床医学“5+3”教育模式建立法医学人才的“5+3”专业培养模式，通过5年基础知识培训与3年专业化人才培训为社会实践提供符合需求的专业型人才；研讨各校法医学专业课程种类与课时安排的差异与协调问题；就法医学专业教学实习基地建设标准、建设方案与评价体系问题等进行交流沟通，初步达成共识。

9月，应中国工程院－中国法医学发展战略课题汇报会邀请，学会法医学教育工作委员会组织部分专家参加在河北医科大学法医学院召开的中国法医学发展战略课题汇报会，提出法医学专业教学质量建议标准，提出向专家化高水平人才培养模式转变的建议以及我国法医学人才培养体系和应用部门衔接机制的建议。学会法医病理专委会持续推进《尸体检验技术总则》的制定工作，研究将《法医学尸体解剖》（GA/T 147-1996）和《法医学尸表检验》（GA/T 149-1996）融合成一个新的标准《尸体检验技术总则》（草稿）；继续与中国政法大学合作，联合涉及专委会成员9个单位法医病理学权威，持续运行法医病理学远程会诊中心。2017年，该会诊中心接到各地汇集的典型案件40余件。

学会建设　2017年为减轻企业负担，减免单位会员会费4万元。经过梳理，学会共有个人会员6679人，其中2017年新批准个人会员22名、单位会员2个。

学会及其所属《中国法医学杂志》社相继制定、修订并试行了20多项规章制度。

学会治理结构和治理方式改革　向挂靠单位建议实行理事会聘任秘书长制。秘书长人选由会长提名，理事会表决通过后实行聘任制；向挂靠单位建议下一届成立规模适中的理事会、常务理事会；建议下一届理事会、常务理事会成员中应有相当比例的中国共产党党员，应有合理的年龄结构和相当比例的中青年科技工作者；建议成立监事会。

主办期刊 2017 年《中国法医学杂志》收阅稿件 573 篇，全年编辑出版正刊 6 期、增刊 1 期，共刊发稿件 279 篇。

国内主要学术会议 学会法医临床学专业委员会支持中国法医鉴定网于 8 月中旬在新疆维吾尔自治区乌鲁木齐市召开中国法医临床学高峰论坛暨第 20 次法医临床学学术交流会，并出版《法医临床学学术论文集》，与会专家学者就当前法医临床学检验鉴定中的热点难点问题，特别是对《人体损伤程度鉴定标准》实践中遇到的问题进行了研讨交流。学会法医精神病学专业委员会支持中山医科大学法医系于 8 月下旬在广州市召开法医精神病学学术交流会，就毒品与刑事责任能力鉴定、法定能力鉴定与强制医疗、精神损伤与伤残鉴定和质量管理等进行互动交流。

国际交往 法医学教育工作委员会部分委员出席 8—9 月在韩国召开的国际法医遗传学会（International Society of Forensic Genetics，ISFG）第 27 次国际会议。学会法医学教育工作委员会主任、四川大学教授侯一平担任了大会主持人，并作大会报告和墙报交流。华语区专委会（Chinese Speaking Working Group of ISFG）还举行了小组会议。

科普活动 科普部主任侯安山在北京科技报社录制《刑侦破案中的科学技术》专题科普讲座，撰写科普文章《用一个细胞锁定疑凶》并被收录进《知识就是力量》杂志编辑出版的优秀科普文集“尖叫科学”系列丛书。

党建强会 2017 年，学会秘书处党支部和学会理事会经过在理事会范围内酝酿，决定成立中国法医学会党委，向中国科协科技社团党委提交了申请。3 月 21 日，学会收到中国科协科技社团党委的批复。学会党委书记翟恒利主持召开了第一次学会党委全体会议，研究了学会党委成员工作分工和议事规则。

学会向中国科协科技社团党委申请“两个全覆盖”专项党建活动项目并获得批准。11 月 27 日，学会秘书处党支部召开扩大会议，成立了项目领导小组，并对项目的实施情况进行了总体规划和安排。

会员服务 2017 年，学会编写简报《中国法医》6 期，及时通报学会工作、法医学新进展、会议信息、表彰推荐公告、党的建设等方面情况。

接待到访会员 30 余人次，并通过问卷调查、电话采访、微信等多种渠道了解会员需求、听取会员意见，更多地了解中青年会员的想法和需求。

【第二十届法医临床学研讨会】 8 月 9 日，学会法医临床专业委员会在新疆维吾尔自治区乌鲁木齐市举办了全国第二十届法医临床学学术研讨会。来自 20 多个省市公安、检察、法院、司法、院校和司法鉴定所的 200 余名法医学专家、学者参加会议。学会第五届临床专业委员会主任张继宗主持开幕式并致辞。

会议就新《人体损伤程度鉴定标准》遇到的问题及对策，新《人体损伤致残程度分级》伤残评定的难点和对策，颅脑损伤、胸腹部损伤、听力损害及视力损害的法医临床学鉴定难点，法医临床学典型案例总结，法医临床学疑难案例进行了讨论。研讨会上，专家对参会法医提出的专业技术问题进行了现场解答。

（撰稿人：赵丽娜）

中华口腔医学会

服务创新型国家和社会建设 受国家卫生和计划生育委员会委托，学会组织专家 60 人次制定技术标准和团体标准 13 项。完成《口腔种植技术管理规范》修订、《临床路径》论证及《常用临床医学名词》意见征求、修订工作，出版《临床技术操作规范》口腔分册。

6 月 9—12 日，学会与国家卫生和计划生育委员会国际交流中心合作举办中国国际口腔设备材料展览会及学术交流会，举办 11 场学术会议，其中包括 3 个操作班共 71 场次，115 位专家参与授课。

学会承接的国家卫生和计划生育委员会科教司公益科研项目“第四次口腔健康流行病学调查”进行了数据整理与统计分析及调查报告撰写，同时进行了后续的各省财务督导工作。9 月 19 日，国家卫生和计划生育委员会组织新闻发布会，发布第四次全国口腔健康流行病学调查结果。

由中央财政重大公共卫生专项资金持续支持开展的“全国儿童口腔疾病综合干预项目”在学会设立国家项目办，由学会全面负责项目的管理工作。项目覆盖面达到 834 个县（区、市），累计培训口腔卫生服务人员 8 万余人次，3000 余家医疗机构参与，健康教育累计覆盖人数 1100 余万人。

学会受国家卫生和计划生育委员会、国家卫生和计划生育委员会人才交流中心、中国医师协会委托，成立住院医师规范化培训口腔专业委员会和考核委员会，2017 年系统开展培训细则修订、专科培训试点、规范化师资培训、操作技能展评等项工作，推动口腔住院医师培训的规范化。

学会向国家卫生和计划生育委员会提供"'十二五'国家重点专科建设项目总结评估工作""'十三五'国家重点专科建设方案的论证"等多项决策咨询报告。

学会召集口腔护理学、口腔预防医学、牙周病学、牙体牙髓病学4个专业的专家共同起草《关于开展口腔卫生士在职培训的可行性报告》，提交中华口腔医学会第五届六次常务理事会议审议通过。

学会设立多项临床科研基金，其中牙科粘接技术青年医师临床研究专项10个项目结题。学会对口腔疾病与全身疾病16个项目的进展情况进行检查并召开研究进展报告会。

学会向世界牙科联盟（FDI）继续教育委员会推荐4位继续教育讲师并通过审核，加入了2018年世界牙科联盟（FDI）亚太地区的继续教育项目。

学会能力提升计划 2017年是学会获中国科协"学会创新和服务能力提升工程"项目的第三年，学会将专项资金重点用于提升学术建设能力、提升社会服务能力和提升基础保障能力三个方面。根据三年项目完成情况撰写结题报告，并通过结题验收。

学会建设 截至2017年年底，学会个人会员73010人，比2016年增加15630人；专科会员49646人，团体会员286个。

3月，学会在北京召开了主题为"加强规范管理，健康有序发展"的第九次专业委员会（分会）工作会议，讨论修订《中华口腔医学会专业委员会（分会）管理办法》，规范学会所属二级分支机构学术活动、换届选举和财务监管等各项工作。

完成15个二级分支机构的换届选举，其中3个专业委员会新增为大委员会制。

8月15日，学会召开第六次省级口腔医学会会长、秘书长联席工作会议，探讨"协同发展会员"工作，建立联系会员的长效机制。

组建通讯员联络机制，截至2017年年底，通讯员74名，覆盖学会各个职能部门、省级学会、各专业委员会及口腔院校。

学会修订《中华口腔医学会工作职责及规章制度汇编》，经秘书长办公会讨论审议通过规章制度88条，设置财务管理权限，规范学会财务制度，进行固定资产清点登记。

2017年，学会对分支机构进行第二次考评，从33个分支机构中遴选出10个优秀专业委员会（分会）并进行表彰。

学会对西藏地区口腔医学的发展高度重视，成立两个专门工作组，召开6次专题工作会议。7月，学会会长俞光岩率11人深入拉萨市及周边9个口腔医疗机构开展调研。

青年人才托举工程 2017年，学会采取院校、学会双评双审择优选拔培养人才的举荐方式，选拔7名青年科技人才入选第二期项目，中国科协提供4个资助名额，学会等额配套资金资助支持3个名额。

8月，学会举办"青年人才托举工程"项目进展汇报及结题报告会。

主办期刊 学会主办中文学术期刊3种，刊印总数1.67万册，发表论文215篇。学会主办英文学术期刊1种，刊印总数1万册，发表论文26篇。实现了2017年出版杂志的电子化阅读。

2017年，学会主办的英文学术期刊《中国牙科研究杂志》（*The Chinese Journal of Dental Research*）被新兴资源引文索引数据库（Emerging Sources Citation Index，ESCI）收录。

决策咨询 2017年，学会就住院医师规范化培训、专科医师规范化培训、规范修订、医学名词修订、国家临床重点专科建设评估、临床路径等事项举办决策咨询活动6次，300名专家参与活动，提供决策咨询报告90篇。

国际学术会议 2017年，学会及下属二级分支机构举办5次国际会议：2017国际口腔医学青年科学家论坛、2017中国国际正畸大会、东亚国际口腔修复会议、国际唇腭裂联盟第十一届世界学术大会、"口腔健康与全身健康关系"国际学术研讨会。参会人数7000余人次，国外专家、学者数百人次参会。

学会获得2020年世界牙科联盟（FDI）大会及2021年国际牙科研究协会（IADR）学术年会的主办权。

国内主要学术会议 学会所属二级学术团体定期举办专题学术活动，全年举办年会、研讨会、报告会、论坛等学术活动35场次，参会总人数达8万余人次，提交学术交流论文4300篇。

8月25日，学会举办国际口腔医学青年科学家论坛，来自26个省、自治区、直辖市的50家单位的200余名青年口腔医学科技工作者参加。15名专家和专业领域的杰出青年医师作专题讲座，48名青年医师作大会报告，62名青年医师进行壁报展示或论文交流。论坛评选出“明日之星”发言奖4名、“最具风采”发言奖7名、“最具潜力”壁报奖3名。

11月22日，第十次全国牙体牙髓病学学术大会在广东省珠海市举行，900余人参会。大会设置名师讲坛、国际大师讲坛、中青年专家论坛、青年学者基础研究论坛和疑难病例多学科综合治疗研讨5个专题，内容包括牙体牙髓病治疗的现代观念和多学科联合治疗，涉及临床技术和基础研究。

两岸交流 在6月12日及9月学会年会期间，台湾牙医师公会全联会及台湾“中华牙医学会”来访参会，并与学会领导会谈。

8月11日，学会领导赴台湾地区参加“中华牙医学会”年会。

台湾牙医师公会全联会两岸事务委员会主委李文胜、台湾中山医学大学教授周明勇担任中华口腔医学会第五届理事会名誉理事。

国际组织任职 学会有4名会员在世界牙科联盟（FDI）任职：学会副秘书长荣文笙任公共卫生委员会委员，学会民营口腔医疗分会主任委员卢海平任牙医执业委员会委员，学会副会长边专继续担任国际牙科研究协会（IADR）理事会理事，学会副会长周学东继续担任国际牙医师学院（ICD）中国区主席／国际理事。

国际交往 3月20日，学会派代表参加2017国际牙科研究协会（IADR）年会。

5月16日，世界牙科联盟（FDI）候任主席Kathryn Kell女士访问学会。学会会长俞光岩介绍了学会的基本情况和工作成果以及学会申办FDI 2020年会的情况。

5月22日，学会会长俞光岩等出席了第39届亚太口腔联盟大会（APDC），与世界牙科联盟（FDI）主席Patrick Hescot、香港牙医学会会长梁世民、澳门口腔医学会会长黄骏杰、韩国口腔医学会等进行会谈。

6月5日，世界牙科联盟（FDI）主席Patrick Hescot来华访问学会，对学会申办FDI 2020年会表示支持。

8月27日，学会派代表参加世界牙科联盟（FDI）大会。经学会努力，FDI理事会决定将2020世界牙科联盟会议举办地点定在上海市。

科普活动 学会举办主题科普活动26项、科普展览6场，科普工作者1736余人次参加，受众达164.6万人次。举办青少年科普宣讲活动8次，受众2.2万人次。

学会开展规范化口腔健康教育推广项目——“健康口腔 微笑少年”，项目为期一年，在上海市、青岛市、杭州市、西安市、北京实施，覆盖约400所学校的30万名小学生。

学会开展“科普作品创作大赛”，来自28个院校的500多名在校大学生组成了128个团队参与投稿。

5月20日，学会与北京口腔医学会社区口腔分会联合13名医院专家举办口腔科普宣传及义诊活动。现场咨询人数100余人，科技周受益人数约8000人次。

9月14日，学会参加全国科普日活动，并由北京口腔医学会社区口腔医学专委会组织了10名义诊专家为观众提供保健知识，累计受众超过500人。活动接受人民网、光明网等媒体的采访，在光明网的直播累计观看人次超过20万。

表彰举荐优秀科技工作者 2017年，学会表彰奖励科技工作者67人。设立中华口腔医学会“口腔医学科技创新人物”，评选出10名口腔医学创新人物。

学会创新发展 学会组织开展的口腔临床实用技术规范化培训项目在全国范围开展了3个类别共9个班次，培训人员600余人次。

2017年，学会探索设立“名师讲堂”项目，由学会推选出本领域的“名师”进行有针对性的理论授课，围绕口腔热点问题展开讨论和解析。全年举办2场次，培训200人次。

学会启动实施口腔医学教育院校系帮扶行动，第一批11组25个院校共建结对。9月20日，在上海市举行了座谈会，来自25个口腔医学院系的45位院系领导交流共建情况，11组共建结对院系代表签署共建合作协议。

学会创新工作方式，加强信息平台建设，创立电子周报——《一周大事我知道》，使用新媒体传播业内资讯和行业动态。2017年，发布48期，发布消息325余条，官方微信关注人数达69724人，学会网站点击量约806423次。

党建强会 3月，学会组织召开党支部第一届委员会第一次全体会议。4月，学会在33个二级分支机构建立党建负责人和党建通讯员队伍，完成党建工作全覆盖；制定党政领导联席会议制度，参与学会重大事项审议和决策，截至2017年年底召开3次会议，审议5项议题。

2017年，学会党支部荣获中国科协2016年度“党建强会计划”十百千特色活动组织奖。

10月20—22日，学会党支部和北京大学口腔医院相关支部的党员专家10余人走进山西省吕梁市岚县开展科技精准扶贫——口腔医疗状况调研和系列医疗帮扶活动。

会员服务 学会以满足会员需求为导向，增加一系列服务新举措：免费参加学术年会，优惠参加学术活动和继续教育学习班，优惠参加在线继续教育课程，赠送34学时远程培训课程；通过学会微信公众号提供会员服务，免费浏览学会主办的期刊，下载口腔科普宣传视频和文章；学会周报电子刊免费推送给会员，建立信息公开制度。

2017年，学会首次发展学生会员。截至2017年年底，在29个院校发展本科学历的学生会员2725人。

2017学术年会期间，学会继续设置会员服务专区，举办科普小咖秀、新书发布会及名誉会长王兴签名售书等系列活动，接待近3000名会员。

【中华口腔医学会第19次全国口腔医学学术年会暨2017中国国际口腔设备器材博览会】 9月21—24日，由学会主办、国药励展展览有限责任公司承办、上海市口腔医学会协办的中华口腔医学会第19次全国口腔医学学术年会暨2017中国国际口腔设备器材博览会在上海市召开。年会主题为“数字化口腔医学”。年会举办了419场次学术会议和现场活动，400余位国内外专家受邀演讲。共有600家企业参展，1500多个展位数，展览面积6万多平方米，3.5万余名口腔医学专业人士和相关企业参加。

【推进“一带一路”口腔医学交流及协同发展】 6月29日，学会在广西壮族自治区南宁市召开中华口腔医学会“一带一路”工作促进会，讨论并制定学会“一带一路”发展规划。8月6日，在香港口腔国际学术会议暨口腔展会期间，学会与香港牙医学会共同举办“一带一路”口腔健康高峰论坛。来自17个国家和地区的口腔医学会、牙科学院及国际组织代表出席了论坛。

9月21日，学会在学术年会期间举办“一带一路”口腔协同发展论坛，来自12个国家和地区的30多名境外代表参加论坛。中国国际科技交流中心主任陈剑出席论坛并致辞。学会会长俞光岩，名誉会长王兴，副会长周诺、郭传瑸、陈吉华等参加了论坛。论坛围绕国际交流经验展开讨论，签署了“一带一路”口腔协同发展合作备忘录。

（撰稿人：王　靓）

中国医学救援协会

服务创新型国家和社会建设 按照中国科协“九大”代表调研项目要求，中国科协“九大”代表、协会会长李宗浩一行对新加坡卫生部、民防部，马来西亚卫生部、国际SOS救援中心及多家大型、重点医疗机构就中国－东盟防灾减灾与水系灾害应对及管理能力建设交流合作等内容进行访问和交流。

学会建设 1月15日，协会2017年常务理事（扩大）会议在北京召开，协会会长李宗浩汇报了协会脱钩及党建工作的进展情况。

3月25日，中国医学救援协会救援防护分会成立大会暨第一届学术年会在北京召开。

4月22日，中国医学救援协会运动伤害分会成立大会在北京举行，会议期间发布《骨肌疾病体外冲击波疗法中国专家共识（第2版）》。

5月28日，中国医学救援协会心血管急救分会成立大会在上海市召开。

6月18日，协会在北京举行保险分会成立大会暨中国医学救援保险50人论坛启动仪式。

9月10日，中国医学救援协会急救分会、教育分会、整合康复医学分会成立大会暨首次学术论坛在浙江省杭州市召开。

12月9日，中国医学救援协会重症医学分会成立大会暨第一次学术会议在广东省广州市召开。

主办期刊 协会主办期刊《中国急救复苏与灾害医学杂志》2017年影响因子为0.266。

国际学术会议 9月8—10日，由协会与中国灾害防御协会、国际SOS救援中心共同主办，浙江省人民医院、徐州医科大学救援医学研究所承办的2017年中国·国际第15届现代救援医学论坛在浙江省杭州市召开。来自美国、英国、加拿大、德国、日本等医疗救援组织以及我国香港特别行政区、台湾地区的1200余名专家、学者参加论坛。论坛围绕“立体救援、规范行标”的主题，对医学救援的体系建设和规范化、标准化等工作进行交流与探讨。

国内主要学术会议 3月26日，由协会与解放军总医院主办，全军急救专业委员会、全军战创伤学专业委员会、全军麻醉与复苏学委员会承办的第四届长城国际军事医学论坛在北京召开。本届论坛以“塑军魂、铸长城”为主题。

5 月 4 日，由协会与中国防灾减灾应急产业协会等共同主办、北京新格拉斯国际会展有限公司承办的北京国际防灾减灾应急产业博览会在北京开幕。同期还举行了防灾应急高峰论坛、应急产品展示互动、减灾应急知识宣教、重大国家项目对接等交流活动。

科普活动 9 月 14—18 日，协会与中华医学会、中国药学会等 13 家与健康相关的全国学会在全国科普日北京主场联合举办“健康伴我行”主题活动。协会在活动区域设立“急救健康展区”，以展区活动与互联网及移动端传播相结合的方式开展科普宣传，同时开展心肺复苏（CPR）相关主题模拟演示、互动体验、网络竞答、媒体直播、专家访谈等，邀请海军总医院、北京 999 急救中心的医疗急救专家现场义诊。

12 月 21 日，“科普中国——自救互救科普宣传暨志愿者公开选拔活动”启动仪式在北京举行。活动由中国科协主办，协会与中国地震学会、中国消防协会、中国科普作家协会、中国科协科普活动中心、北京首都机场股份有限公司、北京首都国际机场医院、北京市红十字会 999 急救中心共同承办。协会组织科普志愿者走进校园、社区、农村、公共场所和媒体，开展知识宣讲、技能培训、案例解说、应急演练等多种形式的宣传教育活动，传播自救互救科学知识和技能，助力公众在日常生活和突发事件中提升自救互救的意识、知识和技能水平。协会会长李宗浩、中国科技馆有关负责人出席启动仪式并致辞。

党建强会 经中国科协科技社团委员会批准，协会于 8 月 22 日成立功能型党委。

11 月 3—4 日，协会党委召开党的十九大报告宣讲会，协会会长李宗浩、机关工作人员、中国医药生物技术协会党员代表等参加学习。协会党委副书记康京花作报告《解读十九大报告——新提法、新举措》。

12 月 6 日，协会党委组织召开学习党的十九大报告座谈会，交流学习党的十九大报告的心得体会。协会党委书记吴永平主持会议，协会会长李宗浩及协会全体工作人员参加会议。

（撰稿人：吴　慧）

中国女医师协会

学会建设 2017 年，协会成立急诊专业委员会、营养专业委员会、医院感染管理专业委员会、干细胞与免疫细胞转移委员会 4 个专业委员会。截至 2017 年年底，协会有个人会员 47265 人，新发展团体会员 2 个、个人会员 4356 人，地方女医师协会 15 个，专业委员会 34 个，研究中心 2 个。

6 月，协会眼科专业委员会完成换届。

学科发展研究 10 月，协会糖尿病专业委员会完成《中国胰岛素泵护理规范》的编写。该项目由北京大学第一医院郭晓蕙和东南大学临床医学院孙子林发起，北京大学第一医院沈犁为总协调人。

决策咨询 协会医院建筑专业委员会受北京市妇女联合会委托，研究撰写《关于北京女性心理健康问题的调研报告》。该项目以北京市女性为研究对象，对现代女性心理健康等问题进行调查研究，通过发放调查问卷和实地采访座谈及现场访谈，调研北京市女性的社会现状，分析心理健康和精神需求状况，了解她们的思想状况和利益诉求。

国际学术会议 5 月 14 日，协会整形美容专业委员会在广东省东莞市举行东莞市医学整形美容外科学分会学术研讨会暨第十届亚太国际整形美容学术交流高峰会。来自中国大陆和台湾地区以及韩国的近 100 名整形美容专家出席。

国内主要学术会议 协会及专业委员会组织各类学术交流活动 29 次，参加人数 6500 人次，交流论文 492 篇。

5 月 19—20 日，第五届复发转移乳腺癌的管理和综合治疗进展学习班（CABC 5）暨第二届中国女医师协会乳腺疾病研究中心学术年会在北京召开，北京大学肿瘤医院乳腺肿瘤内科主任李惠平、美国加州大学海伦迪勒家族综合肿瘤中心教授 Hope S.Rugo 担任大会主席。

6 月 2—4 日，第三届中国女医师协会妇产科大会暨第一届全国生育力保护学组年会及女性内分泌疾病诊治国家继续教育项目在广东省深圳市召开。大会由协会妇产科专业委员会、全国卫生产业企业管理协会妇幼保健分会女性生育保护学组主办，深圳女医师协会妇产专业委员会、北京大学深圳医院承办。国内生殖健康、生育力保护及妇科内分泌相关领域的专家围绕女性生育力保护相关热点问题进行了学术交流。

10 月 18 日，由协会儿科专业委员会主办的第四届中国女医师儿科专业委员会论坛在江苏省苏州市召开。北京大学第一医院齐建光、广州市第一人民医院于力担任主持人。国内多位知名儿科专家围绕“全面实施两孩政策后儿科医护面临的挑战”主题进行了讲座。

12月22—24日，中国女医师协会糖尿病专业委员会2017年学术年会暨第一届女性糖尿病与内分泌疾病论坛在广东省深圳市召开，论坛围绕女性糖尿病及内分泌代谢疾病领域的难点进行了交流。

科普活动 截至2017年年底，协会开展咨询义诊、科普讲座270次，受众人数48280人次。

协会参加2017年全国科普日北京主场“健康伴我行”活动，义诊950人次，发放科普图书600本。

3月，为迎接“国际劳动妇女节”，协会整形美容专业委员会与北京大学人民医院进行“乳此绽放”关爱女性健康专题科普活动。

全国科普日期间，协会视光学专业委员会在北京主场进行了眼科义诊及护眼科普。

9月9日，协会急诊医学专业委员会在北京市石景山区古城公园举行公众徒手心肺复苏术的科普教育活动，与石景山医院举行以“创伤现场处置技术、心肺复苏术”为主题的“白金十分钟”推广项目，同时举行“服务百姓健康行动”大型义诊活动。

10月27日，协会乳腺疾病研究中心在北京大学肿瘤医院开展第十四期患者教育活动。北京大学肿瘤医院乳腺内科主任李惠平、副主任宋国红及全科医务人员参加活动，为患者讲述“乳腺癌内科治疗策略和长期生存”，帮助患者和家属了解乳腺癌。

表彰举荐优秀科技工作者 经协会推荐，北京朝阳医院药事部获“全国巾帼文明岗”称号。

经协会推荐，天津市医科大学肿瘤医院付丽获得首届全国创新争先奖状。

协会开展“中国女医师协会五洲女子科技奖”推选活动。11月24日，121份经形式审查的合格材料进行网上公示。12月13日，31位专家函审投票产生34+2名入围者。12月24日，经28名评委无记名投票，中国疾控中心结核病预防控制中心张慧等25人获“五洲女子科技奖”。7月15日，在北京举办了“第五届中国女医师协会五洲女子科技奖”颁奖，第十一届全国人大常委会副委员长陈至立，国家卫生和计划生育委员会党组织成员、中华医学会副会长李五四，全国妇联书记处书记杨柳，协会会长何界生等出席颁奖活动。

（撰稿人：张晓颖）

中国研究型医院学会

服务创新型国家和社会建设 4月，学会在上海市召开CD19 CAR-T细胞技术的研发和临床转化会议，会议介绍了前沿基础研究和最新临床研究的成果，并达成共同建立CAR-T细胞制备规范的专家共识。

学会发起血液领域造血干细胞移植技术人才培训计划，在全国招募符合条件的血液科医疗人才60—80名，在北京大学人民医院等移植技术领先的医院进修学习造血干细胞移植先进技术。项目开展时间从2017年6月30日至2019年6月30日，持续两年。

学会建设 截至2017年年底，学会有单位会员213个，个人会员1.6万人，下设分支机构92个。2017年新成立分支机构18个。学会召开常务理事扩大会议1次、二级机构管理会议1次、高层管理例会4次。

主办期刊 2017年,《中国研究型医院》出版6期，刊发论文110篇。

决策咨询 组织专家开展调研论证，提出《关于雄安新区卫生与健康事业发展的思考与建议》。

参与河南省许昌市建立国家级中医药健康养老养生示范区建设规划，结合许昌市实际，提出以中西医一体化建设为龙头带动区域跨越式发展的设计理念。

国际学术会议 4月1日，由学会血管医学专业委员会、中国医疗器械行业协会血管器械分会共同举办，中国人民解放军总医院血管外科承办的2017血管创新论坛在北京召开。来自美国、德国、以色列等国及国内血管领域的专家、学者进行现场讲座，800余人参加了会议。

12月8—10日，健康丝绸之路与金融创新共享国际论坛在海南省海口市召开。来自中国、美国、哈萨克斯坦、日本等国以及世界卫生组织的专家、学者及企业代表2500余人出席会议。论坛由学会与中国开发性金融促进会、中国社科院国家全球战略智库、中国社会科学院蓝迪国际智库项目联合主办。

国内主要学术会议 学会各分支机构围绕本学科的团队建设、学术交流、发展方向、学会特点和人才培养、科研创新、成果转化等方面开展多种形式的学术活动、学术报告、专题讲座、手术演示、专家学术沙龙150余次。

1月6—8日，学会在海南省海口市举办中国研究型医院精英论坛（2017），会议围绕“新使命 新责任 新行动”的主题，就“健康中国2030”赋予研究型医院的新责任、研究型医院建设在新时期的创新路径、研究型医院与精准医学、研究型医院如何发挥在国家医改中的主体引领作用、研究型医院的文化建设标准与评估体系构成等内容进行研讨。

11月17—19日，2017中国研究型医院学会细胞/疾病生物治疗大会在北京举行，来自全国各地医院及相关单位、企业的600余人参加了大会。会议邀请国家食品药品监督管理总局（CFDA）、卫生和计划生育委员会等行业监管部门、细胞/免疫治疗领域的专家、学者，围绕免疫细胞与干细胞生物治疗专论、生物治疗新技术临床转化与政策法规交流讨论。

11月3—5日，由学会血管医学专业委员会与中国人民解放军总医院、上海复旦大学附属中山医院、首都医科大学附属北京安贞医院、海峡两岸医药卫生交流协会血管外科专委会共同主办的CEC 2017中国血管论坛在北京召开。论坛设立了5个分会场，16家国内、3家国外著名血管中心联合展示了80余台手术演示。

国际组织任职 学会细胞研究与治疗专业委员会主任委员黄晓军担任亚太血液联盟主任、美国血液学会国际委员会常委、亚太骨髓移植协会（APBMT）委员、欧洲血液和骨髓移植学会（EBMT）委员。

学会甲状腺专业委员会主任委员田文担任亚太内分泌外科理事。

学会冲击波专业委员会主任委员邢更彦担任国际冲击波医学会候任主委。

科普活动 开展第八届“白金十分钟——全国自救互救活动日”活动。活动在全国210多个城市和站点同时启动，520多个医疗机构、近5000多名志愿者参加活动，发放20万份宣传资料。

开展渐冻人症的科普教育，组织讲座12次，8000余人接受了有关渐冻人的科普教育。

表彰举荐优秀科技工作者 向中国科协推荐中国科学院院士、中国工程院院士候选人5人，中国青年女科学家奖候选人2人，全国创新争先奖候选人3人，第十五届中国青年科技奖候选人2人。

7月8日，举行学会系列奖项颁奖仪式，评选出个人奖项50个、集体奖项33个。其中“中国医学科学家奖”20名、“中国医院杰出领导者奖”18名、“中国研究型医院杰出中青年人才奖”18名、“中国研究型医院建设示范医院”10个、“中国研究型医院建设示范学科”23个。

党建强会 7月7日，在辽宁省沈阳市召开学会第一届理事会功能型党委第一次工作会议，会议审议通过《中国研究型医院学会理事会党委工作规则（试行）》，听取并审议学会年度工作、财务工作及2017中国研究型医院高峰论坛筹备工作报告，研究提名增补党委委员人选。

【第一届中国骨科创新与转化大会】 4月14日，第一届中国骨科创新与转化大会在广东省广州市举行，2400余人参加了会议。学会骨科创新与转化专委会主任委员裴国献作主题发言《创新与转化——骨科发展新常态》，中国工程院院士钟世镇，中国工程院院士、学会名誉主委张英泽和来自美国霍普金斯大学的James Frick等专家作特邀大会发言。会议设立23个分会场，分会场以专题发言和病案讨论为主。青年医师精英论坛经现场评审，评出一等奖1名、二等奖2名、三等奖3名和优秀奖10名。在民营骨科医院发展论坛上，来自国内有影响力的30多家民营骨科医院的院长就我国民营骨科医院发展的现状、优势与不足以及未来的发展前景等进行了交流。骨科创新成果与发明专利展示会有15项骨科创新成果向来自国内骨科内植物与生物材料研发领域的10多家企业进行了现场展示。

【2017中国研究型医院学会麻醉专业委员会学术年会暨国际麻醉基础与临床研究论坛】 6月29日—7月1日，由学会主办、第四军医大学附属西京医院承办的2017中国研究型医院学会麻醉专业委员会学术年会暨国际麻醉基础与临床研究论坛在陕西省西安市举行。论坛主题为“麻醉与脑科学”。论坛设立转化医学、杂志与科学研究、疼痛基础与临床研究、麻醉睡眠与认知、脑计划与麻醉、围术期脏器保护研究、麻醉安全与临床研究、加速康复外科（ERAS）在围术期的应用研究等9大板块，并增设中青年优秀论文评选活动。英国皇家学院院士、伦敦帝国理工学院教授Nick Franks，加拿大皇家科学院院士、不列颠哥伦比亚大学教授Wang Yutian，加拿大卫生科学研究院院士Song Weihong，中国工程院副院长、第四军医大学西京医院樊代明院士，世界麻醉医师联合会亚澳区主席、中华医学会麻醉学分会主任委员、第四军医大学西京医院院长熊利泽，学会麻醉学专业委员会主任委员、南京鼓楼医院麻醉科主任马正良，第四军医大学西京医院麻醉科主任董海龙等专家进行了交流。

【中国研究型医院学会烧创伤修复重建与康复专业委员会2017学术年会】 8月23—25日，中国研究型医院学会烧创伤修复重建与康复专业委员会2017

学术年会在广东省广州市召开。会议由学会烧创伤修复重建与康复专业委员会、中国医药教育协会烧伤专业委员会、中国康复医学会烧伤治疗与康复专业委员会及中国医疗健康国际交流促进会生物物理与再生修复医学分会共同主办，中山大学附属第一医院承办。会议设立主会场1个、分会场7个，涵盖了烧伤重症、瘢痕诊治、创面修复（烧伤、慢创）、儿童烧伤、生物物理与再生医学、康复与护理、转化医学等专业领域，来自国内外烧伤、重症、创面修复、整形、康复、护理及转化医学的专家学者近500人参加了大会。会议主题为“一个世界、一个标准”。国际烧伤学会候任主席、欧洲烧伤学会主席 Naiem Miomen，国际烧伤学会前任主席 Ronald G. Tompkins，国际烧伤学会前任主席 Rajeev Ahuja，澳大利亚悉尼 Concord 医院教授 Dale Edgar，日本 Seirei Christopher 大学校长 Shohei Ohgi，美国哈佛大学麻省总医院教授尤永明，阿根廷 CUCAIBA 再生医学与细胞治疗实验室教授 Eduardo Mansilla，中国工程院院士付小兵、夏照帆等国内外专家作大会报告。会议通过辩论的形式探讨烧伤医学中的难点问题，主会场举办了“重症医学与烧伤重症诊治‘同和异’”“重症医学与烧伤外科在 CRRT 应用中的‘同和异’”的辩论会，创面修复（烧伤、慢创）分会场组织了“大面积烧伤创面修复策略辨析会”及“糖尿病足诊疗辨析会”。会议采取网络直播的方式对全程进行了现场直播，近7000人在线观看了会议开幕式。会议收到稿件610篇，大会交流发言157人次，经评审选出优秀青年论文一等奖1名、二等奖3名、三等奖8名。

（撰稿人：王雅捷）

中国睡眠研究会

服务创新型国家和社会建设 研究会围绕“3·21”世界睡眠日，携手常务理事单位会员慕思寝具有限公司，抽取腾讯平台1.8亿用户，用时90天对青年睡眠状况进行调查，共获取有效样本43686个，以期通过中国青年的睡眠状态和生存状态洞悉未来中国经济发展的势能，进一步探究睡眠对国民经济的深刻影响。

与瑞思迈（北京）医疗器械有限公司合作进行“中国睡眠中心大数据调研工作”，调研历经数月，针对医院医师资源、设备、诊疗路径等在全国范围内进行深入了解，并基于精确的数据分析对中国睡眠中心整体的发展情况进行总结。

学会建设 研究会科普专家团队首席专家人选经常务理事会讨论通过，一致同意赵忠新教授为研究会首席科普专家。新增口腔睡眠医学科普专家团队、睡眠与精神卫生科普专家团队、中西医结合睡眠医学科普专家团队，上报科协并获得批准。至此，研究会已有科普专家团队11个。

2017年，研究会增加23家企业会员单位，新增个人会员544人，其中女会员242人。截至2017年底，中国睡眠研究会共有团体会员130个、个人会员3258人。

研究会召开常务理事会议3次，其中2次为现场会议、1次为通讯会议；召开理事会议1次。

青年人才托举工程 2017年，研究会青年人才托举获科协项目批准，自筹资金支持2名青年托举人才何超博士、丁宁博士，已进入中国科协人才培训中心网上平台跟踪管理。

学科发展研究 12月24日，中国睡眠研究会发展战略研讨会在广东省广州市召开。会议对中国睡眠医学目前的发展现状进行了探讨。会议认为，中国睡眠医学的发展应该结合中国“脑科学研究计划”，制定长效发展战略，促进睡眠医学学科的发展。

会议由研究会秘书长左和鸣主持，国内睡眠医学界专家、学者、企业代表共60多人参加研讨会。

国内主要学术会议 第四届中国西部睡眠医学大会于4月27—29日在云南省昆明市召开。会议内容涉及睡眠医学的基础与临床研究、各种睡眠障碍疾病及睡眠呼吸障碍的诊断与治疗技术、精神心理与睡眠、高原环境与睡眠、中医药与睡眠、老人儿童及妇女等特殊人群的睡眠障碍研究、睡眠学科规范化建设等。大会还举办多导睡眠诊疗技术学习班、青年学者科研设计大赛等活动。

2017年中国睡眠与身心医学论坛于4月22—23日在北京召开。会议针对近年来国内外睡眠医学的发展、睡眠障碍的诊断治疗和研究进展进行全面介绍和专题报告。

12月16—17日，第四届睡眠生理、时间生物学暨神经精神药理学学术会议在复旦大学召开。会议邀请美国科学院院士、加利福尼亚大学教授 Louis John Ptáček，美国哈佛大学教授 Patrick Michael Fuller，美国斯坦福大学教授 Luis de Lecea，法国里昂第一大学教授 Pierre-Hervé Luppi，日本九州大学教授 Shigehiro Ohdo，日本北海道大学教授 Kenichi Honma、Ryosuke Enoki 等国内外知名睡眠和时间生物学专家针对睡眠生理、睡眠疾病以及时间生物学暨神经精神药理学的最新进展进行大会报告。

国际组织任职 研究会理事长韩芳担任亚洲睡眠医学会副理事长；研究会副理事长张希龙、常务理事黄志力担任亚洲睡眠医学会常务理事。

科普活动 继续开展“3·21”世界睡眠日大型全国科普系列活动、首席科学传播专家团队等延续项目。2017 年，重视挖掘和培养有科普热情和新媒体创造能力的年轻学者加入科普团队，利用新媒体推动睡眠科学知识广泛、长期传播。

3 月 18 日，2017 年“3·21”世界睡眠日中国主题发布会暨“美好睡眠 远离慢病”大型科普宣传活动启动仪式在北京举行。全国各地开展睡眠日义诊、论坛、公益课、讲座等活动，242 家医院的 2000 多名医务人员参与。直接教育群众 40594 人，间接教育群众超过 12 万人。活动中，有 91 家社会媒体采访、播报各地睡眠日活动。

5 月 20 日，组织部分在京科普专家团队参加了由中国科协倡导、北京市科协组织的 2017 东城区科技周主会场科普宣传活动。现场发放宣传材料 500 多份，同时现场放映录像视频，进行实物展示。

9 月 14—18 日，研究会参加了全国科普日北京主场 A 区“健康伴我行”的宣传活动，同时组织部分人员参加河北省科普日主场宣传活动。

在“健康伴我行”展区，研究会设置睡眠与大脑展区，以专家解读、动手操作机器人设备等互动体验项目，以美好睡眠、远离慢病为主要内容，通过机器人互动游戏吸引公众参与。专家对前来咨询的群众进行疑难解答，发放宣传手册、宣传彩页近 1000 份，收回答卷 300 余份，接受群众咨询 1000 余人次。研究会还出资购买了 200 本由科普专家编写的科普图书，发放给参观群众。

表彰举荐优秀科技工作者 研究会每年为青年人才提供培养经费 15 万元，用于支持参加高水平的国内外学术会议、各种睡眠相关的技术及能力培训，特别是到国外相关中心和实验室学习，为他们提供参加学会 Network 项目、中澳青年交流项目以及其他国际合作交流项目的机会。

遴选出 14 名表现优秀的青年学者，资助其参加在捷克布拉格举办的第一届世界睡眠大会（World Sleep 2017），并对获奖者进行奖励。

推举优秀青年学者丁宁博士参加 9 月 20—22 日在山东省青岛市举行的 2017 年中国科协国际组织任职及后备人员培训班。

学会创新发展 组织专家针对全国医院系统专业医师、技师资源以及设备、诊疗路径等进行深入调查，除睡眠相关设备、人员的分布之外，特别挖掘了睡眠医学中心实际运营的现状、问题和解决方法，为政策制定提供参考。

会员服务 改变过去被动发展会员的工作模式，积极主动吸收睡眠医学科技工作者入会。在学术会议举办期间，现场办理入会手续，对现场入会的会员在办理会议注册时给予一定的优惠等。

重点进行会员数据库的整理工作。对于长期未与学会联系的会员予以逐步淘汰。

【“健康睡眠 远离慢病”2017 年世界睡眠日中国主题发布会暨大型科普活动】 3 月 18 日，“健康睡眠 远离慢病”2017 年世界睡眠日中国主题发布会暨大型科普活动启动仪式在北京举行。会议由研究会秘书长左和鸣主持。

研究会副理事长张希龙发布了由中国睡眠研究会与瑞思迈（北京）医疗器械有限公司共同完成的中国睡眠诊疗现状大数据，针对医院系统专业医师、技师资源、设备、诊疗路径等进行深入解析。

研究会副理事长高雪梅发布了由中国睡眠研究会与慕思寝室用品有限公司共同完成的 2017 年中国青年睡眠现状报告。

中央电视台、新华社、《人民日报》《参考消息》、中国新闻报社、北京电视台、《北京日报》、新华网、千龙网等 50 多家主流媒体对此进行报道，中国教育网络电视台全程直播了此次活动。

【2017 北京大学国际睡眠医学高端论坛】 2017 北京大学国际睡眠医学高端论坛于 8 月 10—11 日在北京举行，参会人员 70 人。

本次论坛共邀请了 16 位外宾，分别来自美国宾夕法尼亚大学、美国哥伦比亚大学、美国凯斯西储大学、美国俄亥俄州立大学、澳大利亚悉尼大学、新加坡国立大学、西班牙生物因子标志物研究中心等学术单位。

本次论坛采取主旨发言、圆桌会议、自由讨论等多种交流形式，按学术内容区分板块，每一个板块都预留自由发言和讨论时间。论坛选题前沿，有学术引导作用，如“大数据在睡眠领域的应用和应用前景”“睡眠疾病相关生物标志物研究”“睡眠疾病的地区分布及动态发展”等。

论坛特设青年专场，设置中澳青年学术交流环节。

本次论坛建立“医工结合”模式，成立了北京大学睡眠中心，并对如何开展科研合作、睡眠医学教育进行了研讨。

【第一届世界睡眠大会】 第一届世界睡眠大会（World Sleep 2017）于10月7—11日在捷克布拉格举办，这是世界睡眠学会（World Sleep Society，WSS）自成立以来举办的首届会议。中国睡眠研究会作为亚洲睡眠研究会的发起方之一，也是世界睡眠研究会的启创学会之一。中国大陆此次有46位睡眠学者参加了会议，是中国睡眠研究会参加国际会议人数较多的一次。

大会遴选了16位主旨发言、102个论坛、18个会前继续教育培训、138位投稿发言和1168篇壁报，长达278小时的学术内容。适逢2017年诺贝尔生理与医学奖项授予生物节律研究者，睡眠节律受到公众极大的关注。研究会理事长、北京大学人民医院教授韩芳就“发作性睡病”作大会主旨发言，是全球16位主旨演讲者之一，也是唯一的中国大陆主旨演讲者。韩芳同时兼任本次大会学术咨询委员会和国际科学委员会的成员。

中国青年睡眠学者在此次会议上有突出表现，苏州大学附属第二医院熊康平获得青年学者奖，上海交通大学医学院附属瑞金医院神经内科马建芳、李根获得不宁腿 Wayne-Hening 奖，大会对获奖研究进行了介绍。

多名中国睡眠学者在大会上进行了论坛发言和壁报展示，并与世界各地相关研究者进行研讨交流。

【启动“枣安睡眠健康教育基金”项目】 2017年中国睡眠研究会与中国中药控股有限公司联合以“枣安睡眠健康教育基金”为依托，围绕睡眠日主题“健康睡眠　远离慢病”开展多项大型主题活动。

在3月18日启动仪式上，研究会秘书长左和鸣介绍了2017年的枣安科普项目计划：“枣安睡眠健康教育基金”是主要针对中国地区睡眠医学知识宣传、教育工作的公益性基金，围绕世界睡眠日主题“健康睡眠　远离慢病”开展大型科普、义诊等活动。

全国共有242家单位报名参与，活动回收各单位活动总结表226份。在北京、广西等地召开了4场新闻发布会，2名院士出席新闻发布会，参与公益活动的医护人员达2705人次，其中副高级以上职称人员726人次；直接教育群众40594人，间接教育群众超过12万人。活动中，有91家社会媒体采访、播报了此次科普宣传活动。

（撰稿人：潘继红）

中国卒中学会

学会建设　学会理事会现有理事104名、常务理事34名。2017年，召开理事会议1次、常务理事会议5次（其中通讯形式3次）。学会现有个人会员14919人，比2016年增加3342人；学会青年理事会现有会员218人，2017年增补74人。

2017年，新成立卒中与眩晕分会、脑血管病大数据与信息标准化分会、血管性认知障碍分会、复合介入神经外科分会4个分会。学会下属分支机构由2016年的18个增至22个。

在学会支持下，2017年成立河北省卒中学会、辽宁省卒中学会、山东省卒中学会、湖北省卒中学会、江西省卒中学会、广东省卒中学会，地方学会由2016年的7个增至13个。

学会被中国科协评为“2017年度全国学会科普工作优秀单位”。

青年人才托举工程　2017年，学会申报中国科协青年人才托举工程，获批培养4名青年人才，其中香港中文大学深圳研究院冷昕祎、重庆医科大学附属第一医院李琦名为中国科协资助，浙江大学医学院附属第二医院严慎强、复旦大学附属华山医院董漪为学会自筹经费资助。

主办期刊　7月25日，国家新闻出版广电总局办公厅发文同意创办 *Stroke & Vascular Neurology*（《卒中与血管神经病学》英文版），10月17日获出版许可。2017年度在线出版文章34篇。10月，该刊被 Pub Med Central（美国国立医学图书馆与美国国立卫生研究院联合建立的一个生物医学和生命科学期刊文献全文数据库，简称PMC）收录。

国内主要学术会议　学会及分支机构共举办国内学术交流活动20余次，提交学术交流论文2000多篇。

国际交往　5月，学会应匈牙利神经病学会邀请，组团参加2017年匈牙利神经病学年会，并在大会上作主题发言。

6月，学会与美国心脏学会联合主办的中美卒中医疗质量控制改进项目正式启动，双方在北京举办卒中医疗质量评价与改进之急性期救治网络建设专题论坛，并在北京天坛医院举行急性卒中救治流程及医疗质量改进现场观摩会。

科普活动 截至2017年年底，学会红手环志愿者服务团志愿单位达1205个，新增379个；志愿者32055人，新增9111人；开展卒中科普、公益活动超4000场。学会推荐缪中荣教授为首席科学传播专家。

2—3月，学会发起开展"2017新春关爱"活动，宣传主题为"中风120——卒中快速识别和立刻行动的中国策略"，全国300多家红手环志愿单位开展活动，活动覆盖约10万人次。

5—6月，学会发起开展"红五月胆固醇管理月"活动，宣传主题是"管好胆固醇"，全国400多家医院参与并开展活动，涉及患者4000余人。

在2017年全国科普日、全国科技周、首个科技工作者日期间，学会以"学会服务会员，会员服务社会""家的温馨，节日的问候"等为主题，分别发起和开展了"红手环走进2017年科技活动周""红手环走进首个科技工作者日""红手环走进2017年全国科普日""红手环走进首都医科大学附属北京天坛医院""中国卒中学会走进玉田县中医医院"等活动。

9月，"中国百万血管健康计划"二期项目启动。项目以网络视频患教课堂、医生培训、患者社区管理、患者教育会等形式，由专业医师对患者进行心血管风险自我评估及疾病教育，并通过微信、网站、APP等进行卒中防治知识线上传播。

表彰举荐优秀科技工作者 3月，学会组织开展第三届中国卒中学会终身成就奖、中国卒中学会中国卒中奖的评审工作，授予中南大学教授杨期东中国卒中学会终身成就奖，授予第三军医大学第一附属医院陈康宁、天津医科大学总医院施福东中国卒中学会中国卒中奖。

2017年，共有55名青年学者参与申报"中匈科学合作基金——青年学者计划"项目，南京鼓楼医院韩丽娟、暨南大学附属第一医院朱慧丽、苏州大学附属第二医院刘慧慧、吉林大学第一医院赵明明、中国医科大学附属盛京医院韩冬5位青年学者获得项目资助。

党建强会 6月23日，学会第一届理事会议党委第一次（扩大）会议召开，审议了学会第一届第四次理事会议议程。

6月，学会召开全体党员大会，选举产生党支部委员会。7月，学会办事机构党支部成为中国科协学会党建研究会理事会团体成员。

7月，学会办事机构党支部获得中国科协科技社团党委2017年度党建强会计划资助。创建了党建强会栏目网站、微信党建强会栏目，定期发布党建强会宣传海报、党的十九大精神宣传海报。

8月28日，学会党组织"两个全覆盖"项目"党建共建活动"第一站活动在上海市举行，第二站活动于8月30日在广东省广州市举行。活动期间，学会党支部组织座谈活动，并参观了中共一大会址纪念馆、嘉兴南湖革命纪念馆、中共三大会址纪念馆、黄埔军校旧址。

【中国卒中学会第三届学术年会】 6月23—25日，中国卒中学会第三届学术年会暨天坛国际脑血管病会议2017在北京举行，来自国内外的400余位专家、近1.2万名神经科医师参会。学会会长、中国科学院院士赵继宗出席会议并致辞，学会副会长、暨南大学附属第一医院教授徐安定主持会议。

年会期间，由国家卫生计生委医政管理局指导、国家神经内科医疗质量控制中心编写的《2016神经内科医疗质量报告》正式发布。

会议回顾了过去一年该领域的全球十大研究进展，提出了无症状血管病（腔隙性梗死、脑白质疏松）如何一二级预防、颈动脉筛查发现的新困惑（无症状脑血管病变如何评价和分层、如何防治）、颈动脉病变使用支架还是剥脱、急性脑梗死的溶栓剂量、隐源性卒中的诊断等十大焦点问题。

大会设立中国脑血管病研究英语交流论坛，交流内容涵盖高血压、脑小血管病、颅内动脉瘤、卒中急性期再灌注治疗、复杂脑血管病复合手术、脑血流储备功能评估应用、临床研究协同网络、国产溶栓药物应用、脑血管病康复等。

会议期间成立了全球华人脑血管病医师联盟（World Federation of Chinese Neurologists，WFCN），并计划每年邀请部分专家、学者分享全球各地脑血管病治疗的先进经验和最新进展。

年会期间颁发了中国卒中学会终身成就奖、中国卒中奖和科技成果奖。

【红手环走进第12个世界卒中日全国健康科普公益活动】 10月29日，学会在北京西山国家森林公园启动红手环走进第12个世界卒中日全国健康科普公益活动，活动主题为“预防卒中，你我同行”。活动期间开展了专家健康大课堂、专家义诊、血压和血脂免费检查、互动健康活动、发放宣传资料和健康礼品、播放宣传视频片、媒体采访和发布健康资讯、健步跑等一系列活动。

活动当日，由学会常务副会长、北京天坛医院副院长王拥军教授编写的《脑健康读本》正式发布，活动现场向1000余名公众赠送。书中内容涉及各种广受公众关注的脑血管疾病，如卒中、眩晕、老年痴呆症、癫痫、帕金森病、胶质瘤和脑癌等。

为支持各地开展活动，学会向全国500家医院邮寄赠送了10万册《认识脑卒中》科普手册。1200多家红手环志愿单位、3万多名红手环志愿者在全国各地开展了近1000场红手环志愿活动，中央电视台、北京卫视、《健康报》等媒体对活动进行了报道。

（撰稿人：王　枫）

中国自然辩证法研究会

服务创新型国家和社会建设　研究会继续推进全国科学技术名词审定委员会委托的“修订编纂第二版《自然辩证法名词》”项目。全年召开多次分组会议、2次全国工作会议。全国自然辩证法名词审定委员会确定了总论、自然哲学、科学哲学、技术哲学、工程哲学、科学技术方法论、科学技术与社会、科技伦理8个学科小组提交的修订名词名录。

研究会农业哲学专业委员会、农业高效系统专业委员会参与策划了转基因科普书系的出版方案，其中《转基因产品》已出版，《转基因技术》《转基因安全》《转基因政策》待出版。

研究会农业哲学专业委员会、农业高效系统专业委员会组织中国农业大学教师参加有关农业伦理的调研，调研涉及9个省市、22个村。

研究会技术与经济咨询工作委员会组织专家参加了科技部国家科技评估中心的科技评估与咨询相关调研工作，完成了“北京市新型电动汽车技术创新与社会”课题调研等。

研究会常务理事、科学技术与公共政策专业委员会主任肖显静应《人民日报》邀请，撰写《构建中国特色的生态哲学》特稿，概括总结中国特色的生态哲学所取得的主要成绩、存在的主要问题以及主要对策。

10月26日，研究会科技创新专业委员会在北京举办绿色技术对接交流会，会议内容包括企业介绍绿色产品和绿色技术、投资主体公司介绍投资项目、座谈交流3部分。来自高校、政府、企业、新疆生产建设兵团的人员就绿色技术产业发展需求、技术成果转化、边疆地区绿色发展等问题进行交流，在绿色技术产业发展项目上进行对接。

学会建设　召开理事长会议4次、常务理事会议2次、理事会议2次、全国工作会议1次。

根据《中国自然辩证法研究会分支机构管理办法》，研究会七届十三次常务理事会议对44个委员会进行了年度考核。成立了博物学文化专业委员会。

2017年新增会员44人。

主办期刊　2017年，由研究会主办的《自然辩证法研究》《医学与哲学》以及委托主办的《科学技术哲学研究》杂志均按期出刊。其中，《自然辩证法研究》被南京大学中国社会科学研究评价中心（CSSCI）核心期刊目录、北京大学中文核心期刊目录、全国百强社科学报、中国人文社科学报核心期刊、武汉大学中国科学评价研究中心（RCCSE）核心期刊目录收录。

学科发展研究　5月12—14日，由研究会教育与普及工作委员会与山西大学科学技术哲学研究中心等单位共同主办的2017年全国自然辩证法教育与学科建设研讨会在山西省太原市举办。来自全国近20所高校和科研机构的40余名专家、学者参加会议。会议围绕自然辩证法基本理论、“自然辩证法概论”教育教学改革、“中国马克思主义与当代”相关课程教育教学改革、“自然辩证法”与“科学技术哲学”学科建设、“自然辩证法”教育与普及5个议题展开研讨。会上，共作了18个主题报告、10余个专题报告和自由发言。会议讨论了当前国内自然辩证法教育与课程设置中存在的问题，并提出了建议。

国际学术会议　4月27—5月2日，由研究会未来哲学与发展战略专业委员会与中美后现代发展研究院等单位联合主办的第十一届生态文明国际论坛在美国洛杉矶举办，60余名专家、学者出席会议。论坛以“生态文明与命运共同体”为主题，就生态文明的基本理论研究、生态文明的实践路径、生态文明与传统文化、生态文明文化与教育等议题进行了研讨和交流。

11月9—12日，由研究会与国际有机宇宙论学会、北京师范大学哲学学院联合主办的第十五届国际有机宇宙论学术研讨会在北京师范大学举办。会议主题为“以博物和辩证之姿迎接当今文化挑战”。来自俄罗斯、日本、韩国、荷兰以及国内高校的90余名专家、学者参加会议。

国内主要学术会议 2017年，研究会及其下属委员会积极开展学术交流、举办学术会议，其中研究会举办国内学术会议13次，各委员会举办国内学术会议50余次。

3月26日，由研究会主办、江西理工大学马克思主义学院承办的新兴技术发展与伦理学术研讨会在江西省赣州市召开。与会专家、学者围绕大数据、基因编辑技术、量子技术、纳米技术、稀土开采技术、信息技术的技术与伦理问题和技术的哲学反思以及其他相关问题进行探讨和交流。

4月22日，由研究会主办、湖州师范学院中国生态文明研究院与湖州师范学院马克思主义学院承办的“两山”理论与当代中国的生态实践学术研讨会在浙江省湖州市召开。来自近20所高校和科研院所的50余名专家、学者参加会议。与会专家、学者围绕“两山”理论的内涵及哲学意蕴、“两山”理论与生态文明建设的地方实践等议题进行了研讨和交流。

5月20日，由研究会和甘肃省自然辩证法研究会联合主办、兰州理工大学马克思主义学院承办的五大发展理念与西部生态治理学术研讨会在甘肃省兰州市召开。来自10余所高校的专家、学者以及兰州理工大学师生共100余人参加会议。会议围绕贯彻落实中共十八届五中全会提出的“创新、协调、绿色、开放、共享”的五大发展理念，结合生态文明建设和西部生态治理展开学术研讨。

国际交往 研究会工程哲学专业委员会组织部分理事和会员参加了6月在瑞典哥德堡召开的国际信息研究学会峰会。会后访问了丹麦奥尔堡大学人文学院，并就中丹工程教育问题进行了专项研讨和交流。

研究会国际学术交流工作委员会主任、清华大学科技与社会研究所教授王巍获“中美富布赖特研究学者项目”资助，赴斯坦福大学哲学系进行学术访问，研究美国社会科学哲学。王巍被学术期刊*Biology and Philosophy*（《生物学与哲学》）聘为编委会委员。

3月27—31日，研究会国际学术交流工作委员会副主任、清华大学科技与社会研究所副教授鲍鸥应邀出席俄罗斯科学院科技史研究所第23届国际科技史年会暨85周年所庆会议，并作大会报告。

科普活动 研究会地学哲学专业委员会积极参加2017年“世界地球日”宣传活动。采用专家咨询、发放资料等形式推广普及地学知识，共发放地球日宣传册1000册、地学哲学书籍500余册。组建团队开展了“地学哲学进校园”活动，11月17日在成都理工大学等高校进行了宣讲交流。

党建强会 3月，中国自然辩证法研究会功能型党委成立。研究会副理事长兼秘书长尚智丛担任党委书记。

会员服务 研究会每月定期向会员邮寄杂志，2017年共向会员发放13000余册《自然辩证法研究》和11000余册《工作通讯》。

【中国自然辩证法研究会七届八次理事会议暨2017年学术年会】 10月27—29日，中国自然辩证法研究会七届八次理事会议暨2017年学术年会在北京召开。研究会理事以及参加学术年会的专家、学者和研究生共计300余人出席会议。会议的主题为“创新与发展——当代马克思主义视域下的中国自然辩证法”。

理事会议传达学习了党的十九大精神，审议通过了《研究会2017年工作报告》《中国自然辩证法研究会关于延期召开换届大会的请示》《关于纪念邓小平同志批准中国自然辩证法研究会成立四十周年的倡议》以及5名理事的辞职事项，并按照研究会章程增选理事13名、常务理事5名。

学术年会分主题报告和分会场交流两个单元。主题报告由研究会副理事长刘大椿主持。研究会名誉理事长朱训作题为“关于就矿找矿的几个问题”的主题报告，美国科学院院士、美国艺术与科学院院士、美国普林斯顿大学教授谢宇作题为“社会科学研究的三个基本原理”的主题报告，科技部原副部长曹健林作题为“从低价制造者到全球合作伙伴——中国集成电路产业再定位”的主题报告，中国科学院大学人文学院教授李伯聪作题为“工程哲学和跨学科工程研究的兴起”的主题报告。

学术年会设自然哲学与科学哲学、技术与工程哲学、科学技术与社会、科技思想史4个分会场。会议共收到论文136篇，经学术委员会审查后录用132篇，其中98篇论文在会上进行了交流。

【第一届中国自然辩证法研究会学术奖】 根据

《中国自然辩证法研究会学术奖励条例》和《中国自然辩证法研究会学术奖第一届奖励评审实施细则》，研究会于2017年启动了第一届中国自然辩证法研究会学术奖评奖工作。1月，发布了学术奖申报通知。7月11日，在北京召开了评审会议。经过评审专家组的评审、奖励委员会审议通过，评选出第一届中国自然辩证法研究会学术奖学术成果奖7项、青年成果奖6项、优秀博士论文奖4项，并在研究会七届八次理事会议上对获奖者进行了表彰奖励。

（撰稿人：赵月刚）

中国管理现代化研究会

服务创新型国家和社会建设 研究会财务与会计专业委员会以厦门大学金圆研究院为依托，为福建省海峡西岸发展建设提供政策建议；联合厦门大学大数据研究中心发布“海西金融、旅游、消费信心指数”，为当地政府和企业的经济决策提供依据。

研究会信息管理专业委员会主任委员陈国青承担了教育部信息管理与信息系统学科专业质量国家标准的制定工作，副主任委员毛基业承担了《中国大百科全书》（第三版）信息系统卷的主编工作。

研究会公司治理专业委员会主任委员李维安的研究成果《国有控股金融机构治理研究》入选2017年度国家哲学社会科学成果文库。

研究会政府战略与公共政策研究专业委员会组织编写《公共管理学科前沿报告》，报告包括行政管理、公共部门人力资源管理、城市管理、电子政务等10余个专题。

研究会国际商务谈判专业委员会承担了农业部对外经济合作中心对外农业投资企业高级管理人员培训课程体系设计委托业务项目。

7月7—9日，研究会决策模拟专业委员会在安徽审计职业学院举办2017年全国企业经营分析与决策技能大赛现场师资培训及赛事说明会，来自42所高校的75名教师参加培训。

11月24—26日，研究会国际商务谈判专业委员会联合教育部商务英语专业教学组等机构在北京举办2017全国商务谈判师资研修班，60余名高校教师参加培训。

学会建设 研究会召开理事会议1次、理事会通讯会议2次。

研究会补充和修改了《研究会分支机构管理制度》相关规定，对下属分支机构和会员单位申请以研究会名义举办学术会议活动做出了规定；对申请设立分支机构作了补充规定；对分支机构换届工作和涉及分支机构重大变更事项的申请及审批提出了明确的规定和要求。研究会制定了《分支机构评价制度》和评价表征求意见稿，在理事会议上听取并征求了研究会理事的意见和建议。5月，在天津市召开2017年度分支机构负责人工作会议，23个分支机构的负责人参加会议。2017年，7个分支机构完成了换届工作。经理事会议审议批准，风险投资专业委员会从2017年11月起更名为股权投资专业委员会。

5月28日，研究会企业并购重组研究专业委员会在河北省大厂县举办第20届中国企业并购年会暨研究会企业并购重组研究专业委员会挂牌仪式。来自高校、科研院所及政府相关部门和企业的专家、学者300余人参加活动。

3月18—19日，研究会期刊工作委员会会议在西南财经大学召开，52家期刊和出版机构参加会议，进行期刊发展交流。

4月24日，管理案例研究专业委员会一届五次会议、《大百科全书（案例卷）》及《管理案例研究与评论》期刊编委会议在广西壮族自治区桂林市召开，70人参加会议。

决策咨询 研究会承接了中国科协决策咨询项目“世界知名科技社团治理方式、管理模式研究以及对我国科技社团治理的启示”，项目组向中国科协提交2017年度咨询报告。

研究会政府战略与公共政策研究专业委员会结合国家社科基金重大项目“基于总量与强度双控的水资源治理转型与市场化机制研究”，开展水资源战略与公共政策研究，为水利部和地方水利部门提供决策咨询建议。

研究会商务智能专业委员会为国家电网、国家电网冀北公司等机构提供管理决策咨询建议，为冀北地区县域经济发展提供规划性意见。

国际学术会议 4月2—3日，研究会平行管理专业委员会在美国丹佛大学召开第一届区块链与知识自动化国际研讨会，来自中国、美国等国家和地区的50余位专家、学者参加会议。

国内主要学术会议 4月8日，研究会财务与会计专业委员会在澳门科技大学召开《当代会计评论》

2017 春季学术研讨会。110 余名专家、学者参加会议，8 篇论文在大会上进行了交流。

4 月 25 日，由研究会管理案例研究专业委员会、全国工商管理专业学位研究生教育指导委员会、中国管理案例共享中心联合主办的第八届中国管理案例学术年会在广西壮族自治区桂林市召开。来自全国 150 余所高校的 500 余名专家、学者和博士研究生参加会议。会议共收到论文 180 余篇，其中教学案例 100 篇、案例研究论文 80 余篇。

7 月 28—30 日，由研究会管理与决策科学专业委员会与中国决策科学学会等单位共同主办的第九届中国决策科学学术年会在暨南大学召开，来自国内 30 余所高校的 160 余名专家、学者参加会议，交流论文 50 余篇。

10 月 22 日，由研究会公共管理专业委员会联合清华大学公共管理学院共同主办的中国公共管理学科建设研讨会在四川大学召开。国务院公共管理学科评议组成员以及来自国内公共管理一级学科博士点高校的 40 余名公共管理学院院长出席研讨会。

11 月 18—19 日，研究会组织行为与人力资源管理专业委员会联合教育部高等学校工商管理类学科专业教学指导委员会、全国工商管理（MBA）专业学位研究生教育指导委员会在南京大学共同主办第十八届全国人力资源管理课程师资研讨会。

两岸交流 研究会财务与会计专业委员会与台湾清华大学、台湾中山大学、台湾交通大学达成合作意向；与台湾地区合作高校分享学术和教学信息，建立两岸三地财务与会计研究案例库。2 月 14 日，海峡两岸会计文化研习冬令营暨两岸数位会计应用实务研讨会在厦门大学举行，90 余名专家、学者参加会议。

5 月，研究会企业并购重组研究专业委员会在北京与台湾“国立政治大学”、台湾高雄应用科技大学、逢甲大学管理学院师生就并购重组的前沿问题进行交流。

9 月 27—29 日，研究会创业与中小企业管理专业委员会副主任陈劲受邀参加由台湾元智大学管理学院主办的第十七届科技政策与创新（ICTPI）国际研讨会并作主题发言。

2017 年，研究会管理与决策科学专业委员会主任委员汪寿阳一行两次访问台湾地区，与多所台湾地区高校建立合作，推动两岸学术交流。

国际交往 研究会创业与中小企业管理专业委员会副主任委员陈劲分别于 4 月和 10 月随中国代表团参加在西班牙马德里、法国巴黎举行的国际标准化组织 ISO/TC 279 工作组会议，参与创新管理标准化体系的制定。

2 月 21 日，研究会平行管理专业委员会在北京召开 2017 中国－芬兰教育云合作论坛，推动中芬双方在教育领域的合作以及平行智慧教育系统和中芬教育云的推广。

科普活动 研究会管理案例研究专业委员会与全国工商管理专业学位研究生教育指导委员会、中国管理案例共享中心、中国管理案例中心联盟联合主办了第五届全国管理案例精英赛。大赛于 2017 年 3 月启动，分为校园突围赛、分赛区晋级赛和全国总决赛三阶段，共有 77 所院校的 1000 余支代表队参加比赛，有 16 所高校晋级全国总决赛。9 月 24 日，全国总决赛在江西财经大学举办。西安交通大学代表队获得全国总冠军，华南师范大学代表队、大连理工大学代表队和广西大学代表队获得亚军，北京航空航天大学代表队等 12 所高校代表队获得季军。

研究会决策模拟专业委员会承办了第十六届（2017）全国 MBA 培养院校企业竞争模拟大赛暨第八届（2017）全国高等院校企业竞争模拟大赛。来自 28 个省、自治区、直辖市的 232 所院校的 2867 支代表队参加比赛。40 支高校组代表队和 20 支 MBA 代表队参加全国赛总决赛。

4 月 27 日，研究会决策模拟专业委员会在山东烟台大学举办第一届（2017）全国决策模拟实验教学竞赛，来自 50 余所高校从事相关实验教学的教师参加竞赛和观摩。专委会还分别在贵州省和安徽省举办了企业经营分析与决策技能大赛。

12 月 2 日，由研究会国际商务谈判专业委员会主办的未来国际商务谈判精英全国赛在中国政法大学举办，约 200 名师生参加比赛。

11 月 25 日，由研究会政府战略与公共政策研究专业委员会主办的第七届全国高校“模拟市长”大赛校际总决赛在中央财经大学举办。本届大赛自 2017 年 5 月启动，历时 6 个月，共吸引了全国 40 余所高校的 200 余支代表队报名参赛。

【第十二届（2017）中国管理学年会】 10 月 28—29 日，第十二届（2017）中国管理学年会在天津市召开。年会由研究会与复旦管理学奖励基金会联合主办、天津财经大学商学院承办。来自清华大学、北京大学等210多所高校以及中国科学院、中国社会科学院等研究机构和企业的1200余名专家、学者、企业家参加会议。天津市副市长赵海山出席大会并致辞。研究会轮值理事长、天津财经大学校长李维安代表研究会和年会承办单位在开幕式上致欢迎词。

围绕"创新驱动·绿色治理与管理变革"的年会主题，清华大学公共管理学院院长薛澜，同济大学经济与管理学院发展与改革战略委员会主任李垣，香港城市大学商学院院长严厚民，天津财经大学校长李维安，清华大学经济管理学院教授陈国权，瑞典皇家科学院院士、芬兰社会科学研究院院士 Timo Teräsvirta 分别作大会主旨报告《公共管理视野下的全球治理与中国战略》《企业家制度突破才能、创新与企业发展》《一带一路：香港商学二界的机遇及挑战》《绿色治理：治理发展新趋势》《领导和管理的时空理论》和 *Modeling volatility: Advances in Risk Investment*（《波动率建模：风险投资进展》）。

年会共设立24个专题论坛，280多篇论文参与大会交流讨论。年会举办了院长论坛、企业家论坛、女管理学家论坛、管理期刊论坛4个平行论坛和高层次人才招聘会。

大会举行了2017年中国管理学青年奖颁奖典礼，上海财经大学金融学教授杨金强、中国科学院数学与系统科学研究院副研究员张新雨、复旦大学管理学院副教授吴肖乐获奖。

闭幕式上举行了年会优秀论文颁奖典礼与年会交接仪式，共有18篇论文获得年会优秀论文奖。第十三届（2018）中国管理学年会将由杭州电子科技大学承办。

【2017中国公共管理学术年会暨第三届公共管理青年学者论坛】 10月13—14日，2017中国公共管理学术年会暨第三届公共管理青年学者论坛在上海交通大学召开。会议由研究会公共管理专业委员会和青年工作委员会主办、上海交通大学国际与公共事务学院和中国城市治理研究院承办。大会的主题是"全面深化改革背景下的公共管理：致力于打造一个更包容的社会"。来自清华大学、北京大学、美国斯坦福大学、香港中文大学等70余所高校的200余位专家、学者参加会议。

北京大学讲席教授、北京大学政府管理学院院长俞可平，美国公共管理学会（ASPA）前主席、中佛罗里达大学公共行政系主任刘国材作了主旨演讲。

会议围绕"中国公共管理创新与包容性发展"的主题举行了超级论坛，南京大学、清华大学、中山大学、北京航空航天大学和复旦大学的专家作为嘉宾，同与会学者展开交流。

大会分10个平行分论坛，就公共财政、干预和预算，治理理论与包容性发展，创新创业与人才政策，城市化、公众参与和城市治理，公共价值与绩效，公共政策与创新，公共部门人力资本与领导力等议题展开20场分组讨论。

闭幕式上为获得优秀论文奖的学者进行了颁奖。

【"管理学在中国"2017年会暨第一届中国管理50人论坛】 9月29—30日，"管理学在中国"2017年会暨第一届中国管理50人论坛在西交利物浦大学召开。年会由研究会与教育部科技委员会管理科学部、西安交通大学中国管理问题研究中心、西交利物浦大学共同主办，西交利物浦大学与教育前沿研究院、西浦国际商学院承办。

年会以"本土管理研究从争论到理论创新"为主题，采取主题论坛、主题演讲、学术报告、圆桌辩论等形式进行交流和研讨。专家、学者、企业家等约300人参加会议。年会邀请海尔集团总裁周云杰、TCL集团总裁薄连明、樊登读书会创始人樊登、上海起源科技共同创始人王玉荣等作了主题演讲。西交利物浦大学执行校长席酉民作论坛报告。南京大学商学院名誉院长、人力资源管理战略研究所所长赵曙明，西交利物浦大学西浦国际商学院院长陈靖涵，清华大学社会学系教授罗家德，南开大学商学院教授任兵等作学术报告。

作为本次年会的一个重要活动，成立了中国管理50人论坛并发布《金鸡湖告白》。

（撰稿人：石谷山）

中国技术经济学会

学会建设 全年组织召开了2次理事长办公会议、3次常务理事会议、1次理事会议。建设掌上理事决议系统，听取学会理事、常务理事对学会工作的意见和建议。

学会新设立了体育经济与价值管理分会、边疆生态与资源技术经济专业委员会、知识产权专业委员会、中小企业分会、复杂科学管理分会，制定了《中国技术经济学会所属分支机构管理办法》。

8 月 7—9 日，学会边疆生态与资源技术经济专业委员会成立大会暨大理大学经济与管理类学科专业建设专家研讨会在云南省大理市召开。

主办期刊 2017 年,《科学技术与工程》发行 36 期,《技术经济》发行 12 期,《科技和产业》发行 12 期,《技术经济》编委会进行了换届工作。

学会六届二次常务理事会议审议通过了《中国技术经济学会期刊管理办法》，明确学会期刊的主办单位只能是中国技术经济学会，主编由理事长担任。

国际学术会议 12 月 9—10 日，第八届复杂科学管理国际研讨会在北京举行。会议的主题为“经济管理的数据分析”，与会复杂科学管理领域的国内外专家、学者对复杂科学管理的理论、方法及其在复杂管理系统、复杂经济系统、复杂金融系统、复杂社会系统、新媒体以及能源问题等领域的应用进行了交流。

国内主要学术会议 4 月 22—23 日，第十一届中国林业技术经济理论与实践论坛在广西壮族自治区南宁市召开。会议由中国技术经济学会林业技术经济专业委员会与中国林业经济学会技术经济专业委员会、中国林牧渔业经济学会林业经济专业委员会联合主办。论坛的主题为“对话桉树：经营环境、制度创新与实践”。

5 月 7 日，由学会与宁波大红鹰学院共同主办的中国宁波 · 2017 创新创业论坛在浙江省宁波市召开。论坛的主题为“中国制造 2025 背景下创新驱动与创业发展”。

5 月 13 日，学会与福州大学主办的第十四届中国技术管理学术年会在福建省福州市召开，180 余名专家、学者参加会议。年会围绕“新形势下的创新创业”主题举行了 8 场学术报告，并以创新机会、创新模式与管理、创新战略与政策为分议题设置了 3 个分会场。年会共收到论文 100 多篇。

9 月 16—17 日，由学会技术管理专业委员会与北京工业大学经济与管理学院、北京现代制造业发展研究基地共同主办的第八届中国技术未来分析论坛在北京召开。论坛以“多源信息环境下技术未来分析与创新政策研究”为主题，200 余名专家、学者参加会议。

【中国技术经济学会第二十四届学术年会】 8 月 5—6 日，由学会与中国社会科学院数量经济与技术经济研究所主办、云南大学工商管理与旅游管理学院承办的中国技术经济学会第二十四届学术年会暨中国技术经济论坛在云南省昆明市召开。来自高等院校、科研院所、政府部门以及企业界的专家、学者、企业管理者等 360 余人出席会议。云南大学副校长杨泽宇，国家 02 专项实施管理办公室副主任邱钢，学会理事长、中国社会科学院数量经济与技术经济研究所研究员李平在开幕式上致辞并介绍了本届年会的选题背景。开幕式由学会常务副理事长李志军主持。

本届年会暨论坛以“两个百年目标背景下的技术经济学的使命与贡献”为主题，以大会报告和分会场报告两种形式进行了研讨。

在大会报告环节，李平、中国科学院科技政策与管理科学研究所研究员穆荣平、华北电力大学教授牛东晓、华中科技大学教授王宗军、清华大学教授雷家骕、清华大学教授杨德林、重庆大学教授杨俊、浙江大学教授马庆国、云南大学教授秦德智分别作主题报告《两个百年的总量及结构分析预测》《建设世界科技创新强国的政策思考》《中国的电力市场化改革发展》《中国式创新》《创新引领发展》《近十年国际主流管理学期刊创业研究重点与变化趋势分析》《能源技术合作与价值评估》《神经管理学的发展趋势与科学问题》《中国—东盟跨国技术转移问题研究》。

在中国技术经济论坛上，武汉科技大学服务科学与工程研究中心、大理大学政法与经济管理学院、中国社会科学院数量经济与技术经济研究所等单位的专家作了报告。

在复杂科学管理论坛上，同济大学副教授赵海峰、武汉纺织大学副教授郑湛、华北电力大学教授谭忠富、长春理工大学副教授聂洪光、武汉工业大学赵伟分别作主题报告《复杂科学视角下工程科技人才成长研究》《基于智能体道德诉求（价值评判）网络传播的选择行为研究》《我国解决新能源发电弃能途径中的理论问题：复杂科学管理的视角》《基于计划行为理论的居民节能行为研究》《社交论坛风险信息扩散规律研究》。

在知识产权论坛上，国家知识产权局知识产权发展研究中心主任韩秀成、超凡知识产权集团姜丹明、北京航空航天大学教授陈向东、中国科学院科技战略咨询研究院宋河发、北京理工大学教授刘云分别作主题报告《高价值专利与产业竞争力》《美欧知识产权密集型产业发展及其对我国的启示》《警惕饱和型倾向的专利发展趋势》《知识产权转移转化所得税优惠政策研究》《中国高铁走出去的知识产权问题》。

在创新创业论坛上，中国科学技术大学管理学院、大连理工大学管理与经济学部、西安交通大学管理学院等单位的专家分别作了报告。

【第五届运输与时空经济论坛】 10月28—29日，由学会与北京交通大学经济管理学院、中国铁道学会共同主办的第五届运输与时空经济论坛在北京召开。来自中国、英国、日本、美国、荷兰等国的专家、学者出席会议。

论坛以“城市化与高铁经济”为主题，围绕理论研究前沿、实践应用与交通政策、交通体制机制改革等内容进行了研讨。会议设置了大会演讲、业界论坛和专题讲座。在大会演讲环节，与会专家就工业4.0与运输发展、城市交通与人本主义、高铁经济社会效益及外部性、高铁民航竞争、日本城市轨道交通与大都市区构建、城市智慧交通与运输经济、铁路多式联运与效率改善等作了主旨演讲。业界论坛邀请了共享单车OFO公司、区块链与运输经济研究机构、智慧停车平台ETCP停车公司、共享货运物流“运满满”公司等实业界人士参加会议，展示了实践与商业模式创新发展趋势。专题讲座就轨道交通发展与改革、欧洲交通网与丝绸之路、城市道路定价、高铁与经济社会融合等专题进行研讨，展示了最新的国内外运输经济发展动态。

【PPP下半场：可持续发展的路径选择学术研讨会】 11月9日，由学会与西南财经大学北京研究院共同主办的PPP下半场：可持续发展的路径选择学术研讨会在北京举行，50余名专家、学者参加会议。与会专家、学者聚焦“PPP可持续发展的路径选择”的会议主题，就PPP模式的融资功能、工具特性、平台效应、经济效应、制度效应、社会效应以及资产证券化、升级换代、可持续发展、路径选择等议题进行了研讨。

学会副理事长、中国国际工程咨询公司研究中心主任李开孟作主旨演讲《PPP模式可持续发展的战略思考》。他提出了推进PPP模式可持续发展的政策建议：一要合理界定PPP模式的适用范围；二要为PPP模式的有效应用创造条件；三要积极培育PPP模式健康发展的内在动力，并解决其可持续发展面临的三大制约因素；四要以先进理念为指引，在完善PPP制度建设和市场化运作机制的基础上，促进PPP模式的转换升级及可持续发展。

（撰稿人：吉　悦）

中国未来研究会

服务创新型国家和社会建设 2017年，研究会教育培训中心与清华大学合作开展高级工商管理课程进修和企业管理者经营管理高级研修2个培训项目，为企业董事长、总裁、总经理和企业核心骨干人员、政府部门相关干部提供相关知识培训。80人参加高级工商管理课程进修培训，140人参加企业管理者经营管理高级研修培训。

学会建设 全年召开理事会议1次、常务理事会议4次。发展会员185人，其中学生会员5人。

为纪念国家“一带一路”倡议全面实施五周年（2013—2018），研究会科技未来研究分会编撰《走近丝路的领军人物》特辑，展现全国近300多位专家学者的风采及创新成果。

主办期刊 研究会主办的《未来与发展》杂志出刊12期，收到稿件1205篇，发表学术论文279篇，用稿率23.15%。其中，基金文章178篇，占发表文章的63.79%；省部级以上基金文章64篇，省部级以下基金文章110篇，高影响作者发文89篇。2017年，杂志有6篇文章被《新华文摘》转载，1篇文章被《中国人民大学复印报刊资料》全文转载，161篇文章被列入“中国人民大学复印报刊资料”索引。

研究会与北京国际交流协会联合主办的《发现》杂志获批为旬刊，新增了教育和企业管理类内容，设有“开卷有益”“管理新知”“新智点击”“科技瞭望”“观念冲浪”“开心一刻”等品牌栏目。

国际学术会议 8月18—19日，研究会召开第十五届中国现代化论坛，来自海内外的80多位专家、学者参加论坛。会议共收到40多篇论文，内容涉及服务经济的发展模式和国际经验、服务业现代化的理论分析、中国服务业现代化的政策和实践等主题。

11月10日，由研究会“一带一路”专业委员会与北京第二外国语学院共同主办的第二届中国“一带一路”博士论坛在北京举办。来自俄罗斯、越南、摩洛哥等“一带一路”12个国家的150名专家、学者参加会议。论坛以“一带一路”投资与安全、“一带一路”人文外交与文化旅游、“一带一路”语言战略为主题，为政策、学术研究、国际机构与各国企业“一带一路”建设的务实合作搭建交流平台。会上发布了《“一带一路”2017年度十大进展和2018年十大趋势》。

国内主要学术会议 研究会举办第十四届中国科学家论坛、全球新格局下的中国未来发展战略研讨会等学术会议，与会专家、学者共1000余人次。

科普活动 研究会医学委员会开展了“中医五藏新学”系列科普宣传活动。在广西壮族自治区南宁市举办了6场科普公益活动，600多人参加活动。

研究会科幻分会有关负责人应邀参加重庆文艺广播电台直播节目、2017科普科幻创作专题班、重庆江北区钢锋小学科教活动、亚洲教育论坛、全国中学生科普科幻作文大赛等活动，分别作报告和演讲《人工智能的风险与未来》《21世纪科幻，坚守与提高》《告别课堂》等。

研究会文化经济专业委员会与中国教育发展基金会合作开展的“关爱未来”项目在江苏省徐州市进行试点工作，并在徐州市成立了“关爱未来”项目组。

党建强会 研究会联合党支部组织召开党员学习会议、党员会议各4次，组织党员听党课4次，召开民主生活会4次。

12月2日，召开了研究会党员大会，参加研究会第七次全国会员代表大会的全体党员61人参加会议，并进行了学会党委换届选举，选举产生了中国共产党中国未来研究会第七届理事会党委书记、副书记、委员。研究会理事长金灿荣当选为党委书记。

【中国未来研究会第七次全国会员代表大会】 12月2日，中国未来研究会第七次全国会员代表大会在北京召开。中国科协党组成员、学会学术部部长兼企业工作办公室主任宋军出席开幕式，134名会员代表参加会议，会议由研究会第六届理事会副理事长阎耀军主持。

大会对第六届理事会中做出突出贡献的10名人员进行了表彰。研究会第六届理事会理事长张文范代表第六届理事会作工作报告《创新驱动、引领未来，为实现“中国梦”而奋斗》。大会审议通过了第六届理事会工作报告、财务工作报告、会费管理办法以及学会章程修订草案等。大会选举产生了研究会第七届理事会理事75人以及第一届监事会监事3人。

在研究会七届理事会第一次会议上，选举出常务理事25人。金灿荣当选为研究会第七届理事会理事长。

【第十四届中国科学家论坛】 9月18日，由研究会与中国高科技产业化研究会、中国技术市场协会和《发现》杂志社共同主办的第十四届中国科学家论坛在北京开幕。论坛的主题是“科技创新引领大科学、大战略、大产业”。来自全国各行业的800多名科学家、科技管理者、科技专家、企业家等出席会议。

原国务委员、十一届全国人大常委会副委员长陈至立，十一届全国政协副主席、中国科学院院士王志珍，科技部原部长朱丽兰，中国科学院原副院长杨柏龄，以及中国科学院院士陈佳洱，中国工程院院士杜祥琬、朱高峰、吴澄等出席开幕式。

杜祥琬、吴澄分别作报告《中国能源发展的创新思考》和《人工智能新高潮下的智能制造》。

与会院士专家着重围绕企业、科研院所、高校、社会组织等各类创新主体功能定位，服务经济社会发展主战场，搭建适合企业发展的科技、金融服务模式，为经济社会发展插上科技创新的翅膀，科技推动经济社会发展等议题展开研讨。

会议期间，举行了院士论坛、科技创新创业讲坛、融合发展资本论坛、产研合作专场、合作对接洽谈会、科技创新创业报告交流会、成果转化与专利技术报告交流会、科技成果与资本合作报告交流会、科技创新创业成果分享联谊会等活动。

【中国未来研究会2017年学术年会】 12月2—3日，中国未来研究会2017年学术年会在北京举行。会议的主题是“全球新格局下的中国未来发展战略”，134名专家、学者出席会议。

研究会理事长金灿荣作学术报告《十九大后的中国外交走向》，研究会首席顾问秦麟征作学术报告《未来观与发展战略创新》，研究会学术交流委员会主任邓寿鹏作学术报告《雄安与粤湾的未来发展》，研究会副理事长何传启作学术报告《如何成为一个现代化国家：未来30年中国现代化的路径和模式分析》。与会专家就未来学科建设、人类命运共同体、互联网时代的未来定义权、全球环境变化、民间科技创新力量等问题进行了探讨。

（撰稿人：白兆钦）

中国科学技术史学会

学会建设 2月28日，学会气象科技史专业委员会成立大会在北京召开。中国气象局气象干部培训学院党委书记、常务副院长高学浩当选为气象科技史专业委员会主任。

3月25日，学会九届三次常务理事会议在北京召开。会议由学会理事长孙小淳主持。会议研究决定，2017年召开中国科学技术史学会首届学术年会，以后每年召开一次学术年会。

5月14日，学会物理学史专业委员会换届大会在山西大学召开。山西大学教授高策当选为物理学史专业委员会主任。

10月27—29日，学会造纸史与纸质文物专业委员会成立大会在江苏省南京市召开。南京信息工程大学教授李晓岑当选为造纸史与纸质文物专业委员会主任。

11月24日，学会九届四次常务理事会议在北京召开。学会理事长孙小淳汇报了学会整改和备案工作情况，并作了2017年度工作报告。学会秘书长鲁大龙作了学会年度财务工作报告。与会常务理事研讨了学会的下一步工作，并达成一致意见。

11月26日，学会九届三次理事会议在北京召开。会议审议了学会年度工作报告和财务工作报告，审议并通过了调整和增补理事、变更学会法定代表人等事项。

国内主要学术会议 5月13—14日，由学会物理学史专业委员会主办、山西大学科学技术史研究所承办的第19届全国物理学史学术年会在山西大学召开。来自美国加州大学圣迭戈分校、台湾长庚大学、中国科学院、清华大学、北京大学、中国科技大学、山西大学等高等院校、科研院所和出版机构的近80名专家、学者出席会议。大会分为主题报告和分组报告。分组报告分西方物理学史研究、中国物理学史研究、物理学史与物理教育研究等5个主题进行了交流。

5月21—22日，"国际丝绸之路科学与文明学会"项目学术研讨会暨第一次筹备会在北京召开。会议由学会与"国际丝绸之路科学与文明学会"（ISSCSR）项目组主办。来自全国多个省、自治区、直辖市的高校、科研院所、出版社、博物馆、媒体、政府机构、企业等30余家单位的70名专家、学者参加会议。

6月3日，第四届中国工程史暨第三届科学社会史学术研讨会在上海市召开。研讨会由学会工程史专业委员会与中国科学院《自然辩证法通讯》杂志社等单位共同主办。来自30多个单位的80余名专家、学者参加会议。研讨会设5个分会场，分别就工程史的技术考察、当代工程的综合研究、工程共同体研究、科技与社会发展、科学社会史与工程史的理论问题等议题进行了研讨，涵盖了纺织史、天文史、军事史、铁路史、陶瓷业、机器人与人工智能、丝绸行业演变、大国工匠精神等内容。

10月27—29日，由学会技术史专业委员会、农学史专业委员会、金属史专业委员会等机构共同发起，南京信息工程大学科学技术史研究院承办的第五届技术史论坛在南京信息工程大学举办。会议设有7个分会场，从古代技术史、造纸史与纸质文物、综合科技史、传统工艺技术与文化研究、科技考古——金属史、近现代技术史——建筑史、其他技术史研究等角度进行研讨交流。120多名专家、学者对自己的研究成果作了汇报。

11月6—7日，以"'一带一路'背景下的气象科技史"为主题的第三届气象科技史学术研讨会在北京召开。来自气象相关领域的专家、学者参加研讨会。北京大学教授胡永云、国际气象史学会前主席弗拉基米尔·扬科维奇分别作报告《中美气象交流100年》和《地球气候未来的生态历史学》。与会专家通过对大气科学技术发展脉络的挖掘梳理，面向"一带一路"国家战略，深化对气象相关领域发展规律的认识，交流探讨大气科学技术发展历史中的科学问题，展望大气科学技术的未来发展方向和趋势。

国际组织任职 8月6日，国际哲学与人文科学理事会（CIPSH）在比利时列日召开第33届代表大会。学会理事长、中国科学院大学人文学院常务副院长孙小淳在会上再次当选该理事会执行委员会委员（执委）。孙小淳是由CIPSH成员组织国际科技史与科技哲学联盟/科学技术史分会提名参加选举并当选的。

国际交往 7月23—29日，由国际科学技术史与科学哲学联盟科学技术史分会组织的第25届国际科学史大会在巴西里约热内卢举行。大会期间，学会与巴西科学史学会、西昌彝学会联合举办了"天文博物馆之夜：丝绸之路科学与文明暨彝族文明十月太阳历招待会"。来自30多个国家的200余名专家、学者参加招待会。学会与巴西科学史学会在招待会现场签署了中巴两国科学史研究备忘录，双方将在"'一带一路'国际丝绸之路上的科学与文明"等项目上进行合作。这是学会首次与国外国家级学会签署相互交流研究的合作协议。学会理事长孙小淳介绍了由他主持的"国际丝绸之路科学与文明学会"研究项目。该项目是中国科协支持的"'一带一路'国际科技组织合作平台建设项目”之一。

【国际医学史学会第 9 届学术会议】 9 月 6—11 日，国际医学史学会第 9 届学术会议在北京举办。会议由国际医学史学会主办，学会医学史专业委员会承办，北京大学、北京协和医学院、中国中医科学院共同协办。全国政协副主席、中国科协名誉主席、北京大学医学史研究中心名誉主任、中国科学院院士韩启德担任大会主席并在开幕式上致辞。来自 24 个国家的 200 余名专家、学者参加会议。

大会以“全民健康：跨越文化与疆界的历史经验”为主题，讨论了中国医学史、替代医学与补充医学史、丝绸之路上的医学与疾病史、国际卫生史、殖民医学史、医学教育的历史、医学史教学、公共卫生史、护理史、医学技术史、身体史与文化研究等议题。

大会共设置 7 个大会主旨报告和 32 场分会场报告。在大会主旨报告阶段，中国工程院院士、北京大学医学部主任詹启敏以“中国现代医学教育史”为题作了报告。香港大学人文社会科学研究所教授梁其姿通过脚气病的相关案例，将疾病与营养、社会经济发展以及文化进行关联，从不同的角度使人们认识疾病的社会文化意义。国际医学史学会前主席、意大利帕多瓦大学教授 Giorgio Zanchin 作主旨报告《偏头痛的历史》，阐述了历史上人类对偏头痛的认识以及诊断治疗的演变历程。国际医学史学会主席、墨西哥国立大学教授 Carlos Viesca Treviño，复旦大学教授高晞，中国中医科学院教授朱建平，中国医科大学党委书记朱京海分别作主旨发言《西班牙天花疫苗的传播与中医植物药的研究》《19 世纪以来西方对中国医学史的研究》《“中医”一词的历史背景》和《中国医科大学的历史》。

【中国科学技术史学会首届学术年会】 11 月 24—27 日，中国科学技术史学会首届学术年会在北京召开，近 300 名专家、学者参加年会。开幕式由学会理事长、中国科学院大学人文学院常务副院长孙小淳主持。中国科学院大学党委常务副书记、副校长董军社，国际科学史学会前主席、中国科学院自然科学史研究所研究员刘钝在开幕式上致辞。北京大学教授张大庆、西北大学教授曲安京、南京农业大学教授王思明、北京科技大学教授潜伟、南京信息工程大学教授李晓岑分别作了大会报告。5 个大会报告分别对应医学史、天文学史、农学史、科学史方法和传统工艺史 5 个研究方向，由学会不同的专业委员会推荐。

年会设有科学家研究、天文学史、医学史、科学文化、农学史、多学科交叉、中国科学院院史 7 个分会场，共进行 108 个学术报告。

年会由中国科学技术史学会主办，中国科学院大学人文学院承办。

（撰稿人：刘安婕）

中国科学技术情报学会

服务创新型国家和社会建设 3 月 29—31 日，由学会竞争情报分会举办的大数据环境下竞争情报分析新方法与竞争情报系统建设研修班在浙江省杭州市召开。来自 50 多家企事业单位、科研院所等单位的相关人员参加培训。

学会科技查新专业委员会在北京举办 2 期全国科技查新员培训班，来自全国各查新机构的 100 余人参加培训。

学会普及工作委员会与上海市科学技术情报学会合作推动情报特色科普品牌建设，举办了 2017 年科技查新与实务高级培训班、专利查新与侵权分析高级培训班、专利地图与专利分析高级培训班、知识产权分析评议方法与应用高级研修班。

6 月 29 日，由学会竞争情报分会主办的“一带一路”海外投资竞争情报研讨会在北京召开。来自企业、行业情报机构、地方情报所、咨询机构的 70 余名专家、学者、企业家参加会议。中国科学院科技战略咨询研究院、中国社会科学院世界经济与政治研究所等单位的与会人员从专家观点、信息服务和企业实践三个角度，就国家风险评价机理与实证、“一带一路”沿线国家直接投资的特征与风险、搭建海外投资决策情报支撑系统等内容展开研讨，并就如何为企业定位海外市场、建设企业情报精准获取能力以及“走出去”与国内外舆情研判提供信息服务进行探讨。

学会能力提升计划 2017 年，学会利用现有研究积累和人才优势向中国科协申请了中国科协学术会议示范品牌建设工程项目、中国科协创新助力工程奖补项目、中国科协青年人才托举工程项目 3 项科研项目和公共服务项目并获批立项。

学会建设 12 月 1 日，2017 年中国科学技术情报学会常务理事会议在北京召开。学会理事长戴国强，副理事长邢宪力、刘林山以及常务理事出席会议。会议由学会秘书长潘云涛主持。会议就创新驱动发展战略背景对科技情报行业的深层影响、行业宏观需求的变化、行业所面临的关键问题等进行探讨，对行业未来的发展趋势进行预测并提出应对建议。会议审议通过了第一届中国科学技术情报学会情报科学奖的评选结果。情报科学奖项分为“优秀情报工程项目奖”“情报科学家奖”“情报工程创新团队奖”三类，是科技情报行业中最具影响力的奖项。

建设中国科学技术情报学会网站，扩大学会对外宣传和服务的力度，实现学会工作的信息化支撑。

主办期刊 通过与中国科学技术出版社合作，学会会刊《情报学报》启用了网络投稿系统，审校工作进一步专业化、规范化。学会主办的《情报工程》加强稿件质量把关，保证期刊的质量水平，按时出版。

国内主要学术会议 学会加大对分支机构的支持力度，设立了中国科学技术情报学会精品学术会议项目，以项目的形式支持各专业委员会组织高端学术会议，推动科技情报行业的学术交流。

5月26日，由学会情报研究与咨询专业委员会主办、中国人民大学CIO（首席信息官）与信息分析研究中心协办的“智能+——2017中国信息资源管理论坛暨中国CIO论坛（第五届）”在中国人民大学召开。中国人民大学信息学院院长文继荣作报告《智能时代的互联网大数据管理研究》。围绕“智能+”主题，来自国家卫生和计划生育委员会、首都航空机械有限公司、中国国机重工集团有限公司、伟业我爱我家、中国航空工业集团、新希望集团、丰汇金信科技有限公司的专家分别作报告《智能+医疗卫生》《智能+离散制造》《智能+装备制造》《智能+新消费》《智能+航空制造可见未来》《智能+农业》和《智能+万物物联》。

7月11—14日，由学会科技查新专业委员会举办的2017年全国科技查新工作交流会在黑龙江省哈尔滨市召开。近100家科技查新机构的负责人、业务骨干、专家、学者等200多人参加会议。会议围绕新形势下科技查新的内涵与外延、生存和发展，科技查新与专利信息服务协同发展，以及科技查新领域新技术、新方法、新应用、新实践等方面内容展开交流研讨，就科研院所改革和科技管理体制改革双重背景下如何寻求查新业务的突破和转型，使科技查新在保持原有特色基础上促进服务多元化和“高精深”，实现科技查新工作转型提出建议。

9月13—15日，由学会信息资源专业委员会与国家科技图书文献中心主办的2017数字信息资源建设学术研讨会暨第五届国家科技文献资源建设研讨会在宁夏回族自治区银川市召开。来自国内图书情报机构、国家科技图书文献中心资源建设部、资源建设工作组成员以及各成员单位从事资源建设相关工作的人员共150余人参加会议。研讨会以“面向发现服务的资源建设”为题举办征文活动，探讨和研究数字信息资源建设的新问题、新趋势和新策略，以推动数字信息资源的全面保障和精准服务，促进科技信息文献和高校文献资源的保障建设。会议共收到论文91篇，评选出22篇获奖论文。会议邀请国家科技图书文献中心资源建设工作组组长曾建勋等12名专家围绕数字资源建设与实践、元数据集成与建设、长期保存等主题作了大会报告。获奖论文作者也在会上进行了大会交流。

10月12日，由学会信息技术专业委员会主办的基于科技大数据的情报服务主题研讨会在江苏省扬州市召开。来自25个省、自治区、直辖市的情报研究所、信息研究院等单位的50名专家参加会议，共同探讨大数据条件下的情报服务建设。与会专家表示，科技信息服务业界在努力为用户提供高价值资源服务的同时，也要积极筹划基于科技大数据的情报服务业务，不断拓展科技大数据与情报服务内涵，构建面向情报研究所服务体系建设的整体解决方案，积极为地方情报研究所的情报业务开展与长远发展提供基础支撑，共同推动我国情报事业在大数据时代取得更好发展。

10月29日，由学会与中国社会科学情报学会主办、南京大学信息管理学院承办的情报学与情报工作发展论坛（2017）在江苏省南京市召开。来自科技情报学界、社会科学情报学界、军事安全情报学界、医学情报学界的100余名专家、学者参加会议。中国社会科学院学部委员、中国社会科学情报学会名誉理事长黄长著，中国科学技术情报学会副理事长、武汉大学教授马费成，解放军国际关系学院情报研究中心主任高金虎，北京市科学技术情报研究所副所长吴晨生，教育部“长江学者”、南京大学教授苏新宁等来自不同情报领域的5位专家分别作主旨报告《我对情报学学科发展的几点思考》《信息链上的情报学》《军事情报学研究现状和发展前瞻》《科技情报工作发展趋势》和《情报学与情报工作未来发展思考》。与会专家经过讨论，凝聚形成了《情报学与情报工作发展定位南京共识》。

11 月 29 日，由学会与中国科学技术信息研究所、国家科技图书文献中心共同主办的第八届全国知识组织与知识链接学术会议在北京召开。会议包括知识组织理论与方法研究，知识组织系统构建与应用，分类法、叙词表、本体等研究进展等 14 个议题。来自清华大学、北京大学、中国科学院、国家图书馆等 114 所大学和科研机构的 200 余名专家、学者参加会议。会议从不同视角解读了知识组织、知识链接、知识评价、知识服务等主题的最新研究成果和研究趋势。

党建强会 围绕作风和纪律建设，在学会党员干部中深入开展学习文件和案例教育活动。开展革命传统教育，组织党员干部参观鱼子山抗日纪念馆。组织开展安全教育活动，邀请公安部专家作《信息网络安全》报告。

（撰稿人：赵珍谊　赵筱媛）

中国图书馆学会

服务创新型国家和社会建设 2017 年，在山东、黑龙江和湖南三地组织开展“网络书香·数字图书馆建设与服务宣传推广项目”系列活动，主要包括启动仪式、高级研讨班、数字图书馆推广工程体验区等内容。活动由文化部公共文化司指导，学会、国家图书馆和各省（区、市）文化厅（局）主办，各省图书馆和省图书馆学会承办。期间，各级公共图书馆、部分高校图书馆馆长及业务骨干 526 人参加培训，数字图书馆体验区共接待参观 7000 余人次。

在全国范围内组织实施“阅读推广人”培育行动，以“少儿阅读推广”和“阅读推广基础工作”为主题，分别在湖南省株洲市、内蒙古自治区鄂尔多斯市、江苏省江阴市举办 3 期“阅读推广人”培训班，提升阅读推广人的业务水平和能力。共有 550 人次参加培训。

在文化部公共文化司指导下，学会分别在甘肃省和内蒙古自治区举办 2017“全国图书馆未成年人服务提升计划”巡讲活动，共计培训未成年人图书馆工作者 336 人。

7 月 3—7 日，学会在北京举办图书馆信息组织和资源建设研修班，地市级以上公共图书馆采编部主任及业务骨干共 110 人参加培训。

根据文化部办公厅公布的《第二批全国基层文化队伍培训教材立项选题名单的通知》，学会申报的《基层图书馆管理与服务》选题获得立项。《基层图书馆管理与服务》教材培训对象主要针对全国县级公共图书馆、乡镇综合文化站和村级文化活动中心的管理者、业务骨干和工作人员。学会完成了培训教材的编写工作，并通过了文化部专家组的终审。

2017 年，学会组织专家就《中华人民共和国公共图书馆法（草案）》等法律法规提出咨询意见，并向中国科协等主管部门复函反馈意见。

学会能力提升计划 完成中国科协学会创新和服务能力提升工程——世界一流学会建设工程项目的各项任务，并向中国科协提交了项目总报告和年度报告。

学会建设 完善学会规章制度，修订《中国图书馆学会财务管理办法》，审议通过了《中国图书馆学会专项资金管理办法》《2015—2017 年中国图书馆学会专项资金资助方案》《2013—2016 年中国图书馆学会优秀会员和优秀学会工作者评选报告》等文件。完善会员管理体系和会员管理与服务平台，完成单位会员和个人会员的组织发展、会费收缴和证书颁发等工作。编辑、出版《中国图书馆年鉴》（2017 卷）和《中国图书馆学会年会论文集》（2017 卷）。

国内主要学术会议 举办全国图书馆新型服务能力建设学术研讨会、2017 中国高校图书馆发展论坛、专业图书馆分会 2017 年学术年会、医学图书馆分会第 25 届学术研讨会暨 2017 年学术年会、第 29 届全国十五城市公共图书馆工作研讨会、2017 中国原创图画书论坛系列活动、2017 公共图书馆信用服务论坛、2017 公私藏书与经典阅读（沧州）论坛等系列品牌学术活动 45 场，参会人数共计 10148 人次，交流论文 391 篇。

11 月 1—2 日，由学会主办、苏州市吴江区文化广播电视新闻出版局承办的全国县级图书馆总分馆制建设研讨会在江苏省苏州市召开。有关专家以及部分地区文化主管部门的相关负责人及图书馆代表约 100 人参加会议。学会前期向各省（自治区、直辖市）征集县级图书馆总分馆制建设推进工作有关材料和典型案例，并邀请代表性地区的有关人员在会上进行交流。与会专家针对各地的具体情况和特点进行了点评交流，并对今后县级图书馆总分馆制建设工作提出了建议。

11 月 14—17 日，图书馆扶贫工作研讨会在重庆市举办。会议的主题为“文化扶贫，你我同行”，来自全国各级各类图书馆的280名专家参加会议。研讨会探讨了贫困地区基层图书馆的建设发展需求以及如何加强贫困地区基层图书馆的人才队伍建设和提升贫困地区基层图书馆的服务水平。学会副理事长、上海市政府参事吴建中作主旨报告《提升信息素养　推进精准扶贫》，从新时代新作为、新时代新课题、图书馆与精准扶贫3个方面对推进文化精准扶贫进行了阐述，提出了图书馆可通过提高阅读力、提升转化力和激发创造力3个方面提升公民的信息素养，推进图书馆精准扶贫。西南大学公共文化研究中心教授孙道进、重庆图书馆馆长任竞、首都图书馆党委书记肖维平分别作专题报告《“十三五”贫困地区公共文化服务体系建设指标体系解读》《我国西部贫困地区公共图书馆建设调研报告》和《图书馆志愿服务工作探析》。

以本次会议为契机，学会联合有关单位启动了西部贫困地区基层图书馆青年馆员培训项目，推荐30名贫困地区基层图书馆青年馆员分别赴杭州市图书馆、宁波市图书馆和上海市嘉定区图书馆进行实地培训。

4月18—20日，学会与湖南省新闻出版广电局、长沙市委市政府联合主办的“东亚文都·书香长沙”——中国图书馆第十一届全民阅读论坛系列活动在湖南省长沙市举办。系列活动包括学会阅读推广委员会2017年工作会议、中国图书馆第十一届全民阅读论坛、“扫码看书·百城共读”——2017年数字阅读峰会以及分主题论坛等。

国际交往　推荐学会副理事长程焕文参选国际图书馆协会联合会管理委员会委员，并成功当选。做好图书馆业界专家参与国际交流的信息咨询与服务工作，共为87位国内专家申请国际图书馆协会联合会大会和美国图书馆协会年会邀请函。派员参加2017年美国图书馆协会年会暨展览会，并设置中国图书馆年会展位。

科普活动　通过图书馆业界相关协作平台，采集了全国城市公共图书馆各类图书的借阅基础数据，在此基础上完成了“中国阅读——阅读推荐榜”初评和终评工作，组织专家推选出最受公众欢迎的作品及作者并向社会发布。

举办“我听·我读——2017年全国少儿读者朗诵大赛”。大赛历时7个月，共有26个省、直辖市、自治区的141个单位注册报名，上传作品7549部。经过专家评审，按学龄前、小学、中学三个组别分别评出一等奖1名、二等奖2名、三等奖3名、优秀参与奖544名。根据各图书馆和学校等有关单位报送作品的数量及参与情况，评出“有声阅读示范基地”10个。根据各省、自治区、直辖市图书馆学（协）会组织动员情况，评出“最佳组织奖”10个。

组织开展2017年“书香社区”发现活动。全国范围内有126个社区进行申报，通过材料审核和专家评审相结合的方式，兼顾地域特点，北京市赵家楼社区等40个社区入选2017年“书香社区”发现活动名单。11月3日，在浙江省宁波市召开2017年“书香社区”论坛，为入围“书香社区”发现活动名单的社区举行了授牌仪式。

为了加强民国时期文献保护工作宣传，推动保护工作的进一步开展，分别在重庆市、江苏省南京市、宁夏回族自治区固原市和云南省昆明市举办了民国时期文献保护计划宣传推广活动。推广活动采取培训和展览等形式，共培训专业人员414人。

4月12日，2017年全国少年儿童阅读年系列活动启动仪式在湖南省株洲市召开，40名小学生通过情景剧表演的方式展现了2017年的各项活动。活动以“儿童阅读与仁爱、礼仪、诚信”为主题，策划并实施了18项主旨活动。

会员服务　2017年，学会授予337名会员“优秀会员”称号，授予40名同志“优秀学会工作者”称号。开展韦棣华助学金评审工作，共计27名学生获得2017年韦棣华助学金。开展李炳穆交流合作奖申报和评审工作，国家图书馆外文采编部王瑜世获奖。开展2015—2017年中国图书馆学会专项资金资助工作，经评选，共有7个项目获得资助。命名24个单位“全民阅读示范基地”称号，授予19个单位“2016年全民阅读优秀组织”称号，授予61个单位“2016年全民阅读先进单位”称号，遴选出45个“2016年阅读推广优秀项目”。

【公共图书馆评估和县级图书馆馆长培训工作】按照第六次全国县级以上公共图书馆评估定级工作整体安排，在中国科协和文化部公共文化司的指导下，学会组织开展了全国县级以上公共图书馆评估定级相关工作。1月，学会研制两年的评估定级标准由文化部办公厅正式发布。组织成立第六次全国县级以上公共图书馆评估定级宣讲工作专家委员会，并于3—5月面向各级图书馆开展组织评估定级工作业务培训班

10 期、专题培训班 3 期、县级图书馆馆长培训 2 期，4000 余人参加培训。通过网络视频和在线问答服务平台提供线上学习咨询，并将线上平台所提问题进行汇集、整理和编纂，编辑出版了《第六次全国县级以上公共图书馆评估定级知识问答汇编》。

4 月 5—7 日，配合文化部公共文化司在河北省石家庄市召开会议，对第六次评估定级工作进行具体安排和部署，并对各省相关负责人 100 余人进行培训，推动评估定级工作按时启动。4—10 月，指导和协助全国 2994 个图书馆完成参评报名、指标填报、评估组组建和评估打分等工作。其间，组织专家完善形成评估标准细则和打分细则，并由文化部公共文化司发布。市、县级图书馆评估结果和评估工作总结已完成提交。

在文化部公共文化司的指导下，制定工作方案，组织召开第六次全国副省级以上公共图书馆评估工作启动会，组建 12 个评估组分赴 30 个省、自治区、直辖市，完成了对 58 个省级、副省级公共图书馆的评估工作及市、县级公共图书馆评估工作的抽查任务。

承担了文化部公共文化司委托的“基层文化队伍培训县级示范性培训（全国县级图书馆馆长培训）”项目。2017 年，在江西省、河北省和青海省开展全国县级图书馆馆长培训，共计培训 404 人。培训内容涵盖政治理论和党性修养、公共文化政策理论、县级图书馆业务能力建设、领导能力与团队建设等，培训形式包括专题授课、现场教学、座谈研讨、案例分析、学员论坛等。

【中国图书馆学会第七届青年学术论坛】 10 月 11—14 日，中国图书馆学会第七届青年学术论坛在湖北省武汉市召开。论坛的主题为“转型与创新：新时代图书馆员的使命与责任”。学会副理事长、国家图书馆常务副馆长陈力，学会秘书长霍瑞娟，以及来自全国图书馆界和相关业界的专家、学者和各省、自治区、直辖市各级各类图书馆的青年学者以及新闻媒体工作者共 300 余人出席论坛。

论坛设置了主旨报告、主题沙龙、青年馆员之夜、嘉宾演讲等环节。学会图书馆学教育委员会主任、武汉大学研究生院院长陈传夫，学会副理事长、学术研究委员会主任、上海市政府参事吴建中，学会副理事长、中国科学院文献情报中心教授张晓林，超星集团副总经理杨庆刚分别作主旨报告《新视野·新方向——图书馆事业发展探索》《新业态·新模式——图书馆业务建设研究》《新技术·新课题——图书馆技术创新跟踪》和《新媒体·新服务——数字图书馆技术创新发展》。围绕主题，论坛面向全国图书馆界开展发言学者公开推选活动。经过专家委员会评议，遴选出 24 名学者在论坛上发言。基于发言学者的表现，论坛以专家点评和与会者现场投票相结合的方式评出“青年学术之星”“青年管理之星”“优秀奖”等奖项。会议颁发了第四届青年人才奖、青年学术之星奖、青年管理之星奖和优秀奖。

【全国数字图书馆建设与服务联席会议第十八次会议】 9 月 26—28 日，全国数字图书馆建设与服务联席会议第十八次会议在陕西省西安市召开。会议主题是“数字资源计量和资产管理”，来自国家图书馆、文化部全国公共文化发展中心、上海图书馆、中国科学院文献情报中心、中国高等教育文献保障系统（CALIS）管理中心、中共中央党校图书馆、国防大学图书馆等联席会议成员单位的 20 余位专家参加会议。会议讨论了数字资源计量办法和评价、数字资源编目和检索、数字资源管理业务流程、数字资源管理关键技术、数字资源管理模式等，并通过和发布了《数字图书馆安全管理指南》。

（撰稿人：马　骏）

中国城市科学研究会

服务创新型国家和社会建设　研究会组织开展国家“十三五”课题“基于实际运行效果的绿色建筑性能后评估方法研究及应用”“基于全过程的大数据绿色建筑管理技术研究与示范”“健康建筑可持续运行管理评价技术研究”课题研究。研究会申报的国家自然科学基金委员会应急管理课题“雄安新区韧性城市系统理论与方法研究”获批立项。

研究会完成中共中央宣传部理论研究和社科建设工程重大课题“生态文明背景下的绿色城镇化研究”，中国科学院课题“政府间国际科技创新合作研究——中德政府间项目城市能源体系及碳排放综合研究关键技术及示范”，世界银行课题“世行城市形态研究”“内蒙古兴安盟推广分布式光伏建设模式研究”，中国科协课题“学会综合治理改革工程”“中国科协青年人才托举工程第三届（2017—2019 年度）项目”“扶贫扶农创新能力建设项目”等 15 项课题验收工作。

研究会承担国家高分专项地表空间识别、国家水专项遥感水体水质、饮用水机制、城市内涝管控、供水智能平台研究、管理信息系统等课题任务。组织开展城市精细化管理一期、国家智慧城市二期、绿色智慧小城镇课题。

开展“当前我国生态城市规划进展与趋势判断”“木结构在小城镇中的推广应用研究”“雄安新区绿色建筑技术标准与实施机制研究——雄安新区城乡建设领域绿色建筑低碳发展研究”“建筑工业化中的若干问题研究及案例分析”和“建筑工业化的建筑结构设计、施工、检验检测、产业化和技术经济分析”5个项目课题以及住房和城乡建设部第二批小城镇项目。

研究会学术部以生态规划为主，完成了“江苏省如皋市氢能小镇规划”“江苏省南京市麒麟科技创新园中德低碳生态规划”“四川省眉山市东坡区中德生态城规划”“安徽省滁州市中德生态城规划”“天津市蓟州区中德生态城规划”“陕西省西安市沣西新城生态规划”“山东省日照市岚山区中德生态城规划”“甘肃省白银市中德生态城规划”“山东省日照市岚山区高端装备制造区中德生态示范园规划”“湖北省襄阳市中德生态城规划”“贵州省桐梓县九坝镇特色小镇规划、绿色低碳技术服务清单编制以及山堡村村庄规划”“北京市门头沟区潭柘寺镇发展策划”等。研究会县镇工作部完成“河南洛阳城乡一体化示范区有关战略合作框架”“陕西华阴田园综合体策划项目”和《福建安溪黄岭村美丽宜居村庄示范村技术文件》的编写。

研究会完成国际行业标准《ISO 37156智慧城市基础设计数据交换与共享指南》、国家行业标准《绿色生态城区评价标准》《绿色校园评价标准》《健康建筑评价标准》的编制工作，形成征求意见稿。完成研究会团体标准《城市旧居住小区综合改造技术标准》《超低能耗建筑评价标准》《住宅通风设计标准》和《民用建筑室内空气质量自动监测技术标准》的编制工作。

学会建设 7月27日，研究会六届二次理事会议在海南省海口市召开。研究会成立了水环境与水生态分会、木结构建筑专业委员会、可持续土木工程研究专业委员会3个分支机构。2017年，会员人数同比增长15%以上，研究会个人会员基本上具有中高级职称。

对研究会官方网站进行改版，完成绿色建筑标识在线申报系统（新国标）、绿建助手（GBHelper）软件、“中绿标”绿色建筑APP验收工作。开通运行智能网上办公系统，实行网上办公一体化、无纸化。15个分支机构建立了微信公众号，定期推送相关学术动态和学术观点等。

主办期刊 研究会主办期刊《城市发展研究》全年共刊发学术论文263篇，其中3篇文章分别获得金经昌城市规划优秀论文奖佳作奖和提名奖。《城市发展研究》被评为“2017中国最具国际影响力学术期刊”，被中国科协评为“优”级期刊，继续保持南京大学CSSCI来源期刊、中国人民大学报刊复印资料重要来源期刊。

学科发展研究 研究会编写出版了《中国绿色建筑（2017）》《中国城市交通规划发展报告（2016）》《中国数字化城市管理发展报告2017》《中国城市规划发展报告（2017）》《中国低碳生态城市发展报告（2017）》《中国小城镇和村庄建设发展报告（2017）》《中国城市公用事业发展报告（2016）》《智慧城市年度发展报告（2017）》《中国建筑节能年度发展研究报告》《中国智慧城市年鉴2017》和《中国城市更新发展报告2017》11本年度报告和年鉴。

决策咨询 2017年，研究会理事长仇保兴针对经济建设、社会发展中的重大问题积极建言献策，其中《民营企业参与PPP面临的突出问题及对策建议》《关于共享单车健康发展指导意见的修改建议》和《北方地区“煤改气”存在的问题及对策建议》获国务院总理李克强批示，《关于雄安新区的规划方案的修改建议》和《我国雄安新区可从日本筑波科技城借鉴哪些经验和教训》获国务院副总理张高丽批示，《关于民营企业投资下滑和PPP模式的问题与对策》获中央政治局委员孙春兰批示，《天津农村冬季供暖若干问题及对策建议》获中央政治局委员李鸿忠批示。此外，还给北京、新疆生产建设兵团、山西省、浙江省等省市主要领导报送了相关调查报告并获5次批示。

国际学术会议 研究会全年共举办4次国际学术会议，参加会议的科技人员近1万人。其中，国际绿色建筑与建筑节能大会暨新技术与产品博览会入选中国科协培育学术会议示范品牌。

6月28—29日，由研究会与同济大学共同主办的2017第六届国际智慧城市峰会暨智慧城市新科技博览会在上海市举办。研究会理事长仇保兴以“智慧城市要有自主成长性”为题作主旨演讲。中国工程院院士刘先林分析了空间信息技术基础设施如何支撑智慧城市建设。瑞典皇家工程科学院院士、同济大学副校长吴志强介绍了人工智能在城市规划领域的最新研究进展。大会发布了研究会在智慧城市领域的最新研究成果《智慧城市创新技术及产品手册》和《智慧园区建设指南》等。大会设主论坛和9个分论坛以及智慧城市政企对接会。同期举行的智慧城市新科技博览会聚焦智慧城市建设与发展，涵盖移动通信、物联网、城市解决方案、智慧医疗、智能家居、平安城市、智能建筑、智慧政务、可再生能源应用、绿色建材、智慧社区等方面的新技术与新产品。

7月27—28日，由研究会与海南省规划委员会、海口市人民政府共同主办的2017第十二届城市发展与规划大会在海南省海口市召开。大会的主题为“城市双修　生态宜居　绿色智慧”。大会围绕国际生态城市理论前沿与实践进展、生态宜居城市规划建设、中外城镇化发展进程比较、绿色交通与综合交通体系、智慧城市建设最新进展、城乡规划改革与城市转型发展、黑臭河道治理与水生态修复、历史文化名城（镇）的保护与发展、城市双修理论与实践、城市综合管廊线规划建设管理、海绵城市规划与建设、“多规合一”与空间规划体系变革、城市老旧小区改造实践与有机更新、城市设计与城市特色风貌塑造、特色小镇规划建设管理与产业创新、绿色生态社区评价与发展、雄安新区与京津冀协调发展、科学把控“城市设计”试点工作、美丽中国生态理论与实践、数据驱动的可持续城市、城市更新让生活更美好——城市双修升级版的海口实践等议题进行专题研讨。

11月30日—12月1日，由研究会与中国城镇供水排水协会、海南省住房和城乡建设厅、海口市人民政府联合主办的2017第十二届中国城镇水务发展国际研讨会与新技术设备博览会在海南省海口市召开。会议的主题为“治理水污染，修复水生态，优化水系统，保障水安全”。会议主要围绕海绵城市、智慧水务技术与规划建设、保障水安全，净水工艺、水质达标与二次供水的技术与案例及供水设施建设与改造，城市黑臭水体综合治理、污水处理与污泥的处理处置及资源化利用，供水管网漏损控制与城市节水，雨水、再生水等非传统水源的利用，水系统规划与水景观设计、水环境保护与水生态修复的技术及理念等内容展开研讨和交流。

国际交往　研究会与德国能源署合作开展中德生态示范城市建设，在生态城市规划、建设和运营管理等环节借鉴德国低碳生态先进理念和技术，建设一批具有代表意义和示范效应的一流绿色生态城市。2017年，遴选出甘肃省白银市、安徽省滁州市、四川省眉山市东坡区、山东省日照市岚山区、天津市蓟州区、湖北省襄阳市6个城市（区）建设中德生态示范城市，并编制了实施规划。

研究会同法国建筑科学技术中心、法国开发署签署谅解备忘录，落实中国政府和法国政府之间签订的生态城市建设战略框架协议，确定与9个城市在生态城区建设方面进行全面合作。

研究会与芬兰大使馆开展合作，先后完成了《江苏南京南部新城中芬生态规划》《内蒙古自治区阿尔山中芬生态城规划》《陕西省榆林市生态区中芬生态规划》项目合作协议，这三个城市（区）被列为中芬低碳生态试点示范城市（区）。

研究会与德国弗劳恩霍夫研究院太阳能研究所、德国弗莱堡社会经济署共同开展城市能源及碳排放综合关键技术体系研究。

研究会作为国际标准化组织（ISO）国内技术对口单位，发起并主导编制的《ISO 37156智慧城市基础设计数据交换与共享指南》于2017年2月在ISO巴黎会议上投票获得通过，并正式立项。12月，由研究会主办的ISO智慧城市国际标准（中国区）首批试点工作会议在四川省成都市召开，并发布了《智慧城市国际标准试点成都共识》。

研究会承担了中国繁荣战略项目基金（SPF）资助的“中英珠海城乡垃圾减量化管理框架”“小城镇绿色低碳发展技术导则”“绿色低碳小城镇试点示范和技术经验系列培训”3个项目，协助试点镇与英国同类型市镇进行结对交流。

4月24日，研究会绿色建筑与建筑节能英国事务部、德国事务部分别在英国雷丁大学和德国法兰克福成立。同期举办了中英绿色建筑论坛和中德绿色建筑技术研讨会。8月18日，研究会绿色建筑与建筑节能美东事务部揭牌仪式在美国纽约举行。美东事务部旨在建成环境研究创新合作体，办公室设在康纳尔大学。

8月12日，研究会与美国劳伦斯伯克利实验室联合组建的中美绿色建筑中心在美国劳伦斯伯克利实验室举行成立仪式，并进行了学术交流。

科普活动　研究会绿色建筑与节能专业委员会联合相关学校及地方政府组织开展5场绿色科普教育巡

回课堂及绿色科普主题讲座，在专业委员会网站组织了第三届全国青年学生绿色建筑知识网络竞赛，300多名大学生参加竞赛。该专业委员会与宁波诺丁汉大学共同举办第三届全国青年绿色建筑夏令营，在绿色建筑知识网络竞赛中成绩突出的12所高校的大学生和研究生参加夏令营活动；与教育部学校规划建设发展中心联合指导中国绿色校园社团联盟举办绿色生活方式平面设计及微视频大赛，为青年人才提供交流平台。

表彰举荐优秀科技工作者 经研究会推荐，研究会副理事长吴志强当选为中国工程院院士。经研究会“青年人才托举工程”工作小组推荐以及研究会常务理事会议审定，推选1名青年托举人才。

党建强会 研究会党委完成了中国科协“党建强会计划”——创建党建宣传学习阵地类项目、中国科协学会党建研究会2017年度调研课题“提高新形势下党员教育，特别是年轻党员教育的针对性、精准性、有效性研究”课题项目。

【2017第十三届国际绿色建筑与建筑节能大会暨新技术与产品博览会】 3月21—22日，由研究会主办的2017第十三届国际绿色建筑与建筑节能大会暨新技术与产品博览会在北京召开。大会的主题为“提升绿色建筑质量，促进节能减排低碳发展”。大会共设置绿色建筑设计理论、技术和实践，绿色建筑智能化与大数据分析，绿色建筑与室内环境优化，既有建筑绿色改造与功能提升，大型公共建筑的节能运行与监管，近零能耗建筑及碳排放总量控制与总量下降，绿色建材与外围护结构，可再生能源在建筑中应用的最新发展，建筑废弃物资源化利用，绿色房地产业的健康发展，暖通技术在绿色建筑中的应用，绿色施工最新进展，绿色校园，绿色生态城区，绿色工业建筑等27个议题。大会主要交流了国内外绿色建筑与建筑节能的最新科技成果、发展趋势、成功案例，研讨绿色建筑与建筑节能技术标准、政策措施、评价体系、检测标识，分享国际国内发展绿色建筑与建筑节能工作经验。

同期举办的国际绿色建筑与建筑节能新技术与产品博览会展示了国内外建筑节能、绿色建筑、智能建筑和绿色建材的最新技术成果与产品应用实例，展示内容涉及建筑节能、生态环保、智能建筑、既有建筑节能改造、绿色照明、绿色施工、绿色房地产、可再生能源在建筑中的应用、大型公共建筑节能运行管理、新型绿色建材等方面的新技术和新产品。

（撰稿人：叶蒙宇　姬朕宇）

中国科学学与科技政策研究会

服务创新型国家和社会建设 研究会承接国家自然科学基金委员会项目“我国基础研究相关法律制度研究”，提出完善我国促进基础研究发展的法律体系框架、推进基础研究法律建设的规划与建议。

研究会承接全国政协北京市海淀区委员会委托的“中关村科学城科技成果转化专题研究”项目及“中关村科学城在京津冀协同发展战略中、在北京三大科学建设中的定位研究”项目。

承接中国科普研究所“我国学科科普能力建设模式研究”项目，加强科普和学科的联系，促进我国学科科普能力的提升。

承接广东省珠海市斗门区农业创新驱动专项文件制定。针对斗门区农业科技创新的基础和现状，结合国家、省市关于创新驱动发展的战略和政策以及斗门生态农业园发展态势，研究提出推动斗门区农业科技创新驱动发展的政策措施。

参加中国科协“推动‘大众创业万众创新’的政策措施落实情况”第三方评估工作，完成了对河南郑州航空港经济综合实验区的评估。

学会建设 2017年，研究会增补常务理事7人、理事22人，取消理事11人。研究会批准成立科学文化专业委员会（筹）。调整知识产权政策专业委员会主任委员。制定并完善《理事增选管理办法》《奖励条例》《理事长办公会制度》《秘书长工作会议制度》等制度。

2017年会员人数2992人，较2016年增长22%。

主办期刊 研究会主办的《科学学研究》《科研管理》《科学学与科学技术管理》继续获得“中国科协科技期刊精品工程”项目资助。

根据《中国学术期刊影响因子年报（人文社会科学·2017版）》显示，《科学学研究》期刊影响因子是3.326，较2016年的2.752有显著提高；总被引频次为10253，2016年为10194；影响力指数（CI）学科排序是2/32，2016年是2/30；“即年指标”“被引期刊数”“基金论文比”“WEB下载量”等各项指标均比2016年有所提高。根据《2016年版中国科技期刊引证报告（核心版）》，期刊核心总被引频次为2728，2016年为2398，排名第三；核心影响因子为1.251，2016年为1.219，排名第五。在《中文社会科学引文索引

（CSSCI）来源期刊及集刊（2017—2018）目录》管理学类期刊中排名第四。连续五年被中国学术期刊（光盘版）电子杂志社评为“中国最具国际影响力学术期刊”。

据中国科学技术信息研究所于10月31日举办的中国科技论文统计结果发布会公布的数据显示,《科研管理》期刊2016年的总被引频次为2927，与2015年相比上升544次，在管理学类期刊中排名第四；核心影响因子为1.576，与2015年相比上升0.246，核心影响因子排名第五。根据《中国学术期刊影响因子年报（人文社会科学·2017版）》发布的数据显示,《科研管理》期刊2016年在32种科学学与科研事业类期刊中，复合总被引频次为9956，与2015年相比提高23次；复合影响因子为3.143，提高0.232，排名第三。2017年再次获得“中国最具国际影响力学术期刊（人文社科期刊）”。期刊微信公众号关注人数2989人，比2016年增加621人。

《科学学与科学技术管理》杂志进行改版，进行出版局规定的ISLL、MPR标识认证；优化编辑部审校流程，调整人员结构，最优化支撑编辑部业务发展，在稿件校对环节增设作者校对。据中国科学技术信息研究所的数据显示，2016年期刊影响因子增长了24%。根据中国知网数据显示，2017年期刊影响因子为2.562，2016年影响因子为2.379。第四次获得“中国最具国际影响力期刊（人文社科期刊）”称号。

学科发展研究 研究会承担了中国科协学科发展研究项目，围绕科技政策学学科发展问题组织召开会议2次，120人次参加会议，对科技政策学的发展历史进行梳理，进一步概括科技政策学的发展态势和特征，对我国科技政策学的发展趋势和问题作了具体分析，编写完成了科技政策学学科发展报告。

决策咨询 研究会参与了2017年中国科协组织的立法咨询活动。组织专家对《电子商务法》《外国人永久居留管理条例》《标准化法（修订草案）》《基本医疗卫生法》《农民专业合作社法》等法案进行讨论，并提交了相关建议。

国际学术会议 10月16—20日，由研究会与武汉大学、国际科学计量学与信息计量学学会主办，武汉大学中国科学评价研究中心承办的第16届国际科学计量学与信息计量学大会在武汉大学召开。来自32个国家和地区的专家、学者参加会议。

国内主要学术会议 6月2日，由研究会科技政策专业委员会与《科学与社会》编辑部联合主办的中国科技政策的前沿与热点研讨会在北京召开。

8月15—16日，由研究会主办，研究会青年工作委员会、复旦大学上海市科技创新与公共管理研究中心、《科学学研究》编辑部承办的第九届中国青年创新论坛在上海复旦大学召开。论坛的主题是“供给侧结构性改革与创新驱动发展”。

9月23—24日，由研究会与中国科学院科技战略咨询研究院、《科研管理》编辑部、研究会科技评价专业委员会主办，大连海事大学、大连海事大学综合交通运输协同创新中心、中国科学院管理创新与评估研究中心承办的第十七届全国科技评价学术研讨会在大连海事大学召开。本届研讨会的主题为“科技评价：从实践到理论”，主要探讨科技评价理论与方法、科技政策学、科研机构评价、科研项目与计划评价、科技人才及科技团队评价、创新能力评价、区域创新与创新网络评价、技术管理与技术评估等方面的问题。来自高等院校、科研机构以及企业的科技评价相关领域的400多名研究人员与管理人员参加会议。会议收到论文及摘要350余篇。

10月12—13日，由研究会技术预见专业委员会与中国科学技术发展战略研究院、中国科学院科技战略咨询研究院、上海市科学学研究所共同主办的第十二届全国技术预见学术研讨会在四川省成都市召开。150多名专家、学者参加会议。会议以“技术预见：科技革命与产业变革”为主题，研讨技术预见在科技创新战略和政策制定中的支撑作用，把握未来科技发展趋势，增进技术预见方法、实践和应用方面的交流。

10月15—19日，由研究会与武汉大学、国际科学计量学与信息计量学学会主办，武汉大学中国科学评价研究中心承办的第十届全国科学计量学与科教评价研讨会在湖北省武汉市召开。近200名计量学领域专家、学者参加会议。大会报告内容涵盖了计量学理论体系、数据科学理论与方法、知识图谱与可视化、专利分析、科学学与科技政策、共现分析等主题。会议共收到论文300余篇，经评审，最终录用67篇稿件在EI源刊《武汉大学学报（信息科学版）》专辑发表（Special Issue），并提交EI检索（JA类型）。

两岸交流 11月25—26日，第五届海峡两岸科技政策与管理博士生论坛在广东省广州市召开。来自清华大学、北京大学、中国科学院大学、台湾清华大学、台湾政治大学、台湾交通大学等高校的近200名专家、学者、博士生参加会议。会议交流论文 100 余篇。

国际交往 研究会和俄罗斯圣彼得堡理工大学签约推动科技成果转化；与瑞典隆德（LUND）大学合作开展研究项目。

表彰举荐优秀科技工作者 10 月 28 日，在第十三届中国科技政策与管理学术年会上颁发了首届中国科学学与科技政策研究会奖，分别授予罗伟、吴明瑜终身成就奖，刘则渊、陈劲杰出贡献奖，张赤东、李万优秀青年奖。

党建强会 1 月 5 日，研究会向中国科协科技社团党委递交了《关于成立中国中国科学学与科技政策研究会党委》的请示，得到了中国科协的批准，正式成立了中国科学学与科技政策研究会党委。

7 月 1 日，结合研究会成立三十五周年，以“讲理想、比贡献”为主题在北京开展了建党纪念日活动，研究会理事长穆荣平、名誉理事长方新参加会议并作主题发言。30 余名研究会成员参加会议。

会员服务 研究会设立了“会员之家”，为会员打造就近接受资讯服务和发挥自身作用的平台。

【第十三届中国科技政策与管理学术年会】 10 月 28—29 日，由研究会主办，福州大学承办，福建省中青年经济发展研究会、福建省技术经济与管理现代化研究会、《科学学研究》编辑部、《科研管理》编辑部、《科学学与科学技术管理》编辑部联合协办的第十三届中国科技政策与管理学术年会在福州大学召开。来自中国的高校、科研院所、产业界以及美国伯克利大学、加拿大劳瑞尔大学等单位的 800 余名专家、学者参加会议。福州大学党委书记陈永正，本届年会主席、研究会名誉理事长方新在开幕式上致辞。开幕式由研究会副理事长李光主持。

大会共分 24 个分会场，就相关主题分别开展了讨论与交流。有关专家围绕“创新型国家和世界科技强国建设”进行专题对话，并与现场听众进行互动交流。

年会共收到论文近 400 篇，评出优秀论文 16 篇，由研究会理事长穆荣平向优秀论文作者颁发了荣誉证书，优秀论文刊载于《科学学研究》《科研管理》《科学学与科学技术管理》等期刊。

【第六届中国科技政策论坛】 12 月 9 日，由研究会与中国科协常委会决策咨询专门委员会主办，中国科协调研宣传部、中国科协创新战略研究院共同承办的第六届中国科技政策论坛在北京召开。

本次论坛以“建设世界科技强国：战略与路径”为主题，希望通过科技政策制定者、研究者和科技工作者之间的深入研讨，为繁荣科技政策学术研究和促进科技决策科学化、民主化提供重要支撑。本次论坛主席由中国科协副主席、中国科协常委会决策咨询专门委员会主任李洪，研究会名誉理事长方新，中国科协党组成员、书记处书记王春法担任。来自全国各地的科技政策制定者、专业政策研究人员、科学家、学术界代表、省级科协代表以及其他机构的代表共计 180 余人参加论坛。

李洪，国家自然科学基金委员会主任、中国科学院院士杨卫，教育部副部长杜占元，王春法，中国科学院微电子所所长叶甜春，研究会理事长穆荣平发表主旨演讲。演讲嘉宾从世界科技强国的内涵与要求、基础研究和高等教育对科技强国的支撑作用、引领性国家创新体系建设以及航天、集成电路领域科技发展的经验等各个角度深入解读世界科技强国战略及其实现的路径。

（撰稿人：张　悦）

中国农村专业技术协会

服务创新型国家和社会建设 协会组织起草了《关于促进农村专业技术协会转型升级的意见（征求意见稿）》，并在广泛征求意见的基础上不断修改完善。6 月 6 日，《中国科协关于促进农村专业技术协会转型升级的意见》由中国科协办公厅正式印发。

按照《科技助力精准扶贫工程实施方案》要求，协会积极推动贫困地区成立农技协联合会（联合体）和基层农技协，组织实施贫困地区农技协组织建设专项，投入项目资金支持全国 16 个省在贫困县建立农技协。协会组织会员申报科技助力精准扶贫科技服务专项，并组织评审专家对推荐申报进行审议。

协会与中国科协农村专业技术服务中心联合实施 2017 年农技协转型升级项目。2017 年项目分为省级农技协联合会能力提升项目和“银会合作”专家服务团项目两类。经专家评审，共选出省级农技协联合会能力提升项目 11 个、“银会合作”专家服务团项目 5 个，给予项目资金支持。

8 月 22—26 日，由协会主办、河南省农村专业技术协会和商丘市科协承办的第一期贫困地区农技协组织建设培训班在河南省商丘市开班。来自 12 个省、自治区的 150 个国家贫困县（市、区）科协负责人参加培训。

培训安排了农技协组织建设、科技助力精准扶贫专项解读、“互联网＋农技协”、农技协网上服务平台和乡村e站建设4个专题讲座，邀请6个农技协工作成效突出的科协组织有关负责人就如何指导支持农技协发展作了典型发言，邀请4个典型农技协负责人介绍发展经验。培训安排专家和学员围绕如何开展农技协组织建设工作进行了分组讨论。组织学员进行现场教学，实地调研商丘市宁陵县金顶谢花酥梨协会和宁陵县白蜡杆协会。

学会建设 截至2017年12月，协会有个人会员1013人，团体会员127个，专业委员会4个，技术交流中心39个。全年召开理事会议1次、常务理事会议1次。

9月26日，协会第四届常务理事会第十五次会议在甘肃省永靖县召开。会议审议并通过了协会第四届理事会理事长工作、增补协会副秘书长、新成立协会技术交流中心等有关事项，并讨论了新形势下农技协与合作社的关系以及农技协组织发展定位及方向。来自28个省、自治区、直辖市的52名协会常务理事及委托代表出席会议。甘肃省部分市县科协和基层农技协有关人员列席会议。

决策咨询 协会先后参与中共中央办公厅组织的社会组织发展状况调研、基层组织建设调研，分别完成了《农村专业技术协会发展报告》和《支持农村专业技术协会组织建设与发展，充分发挥其在“三农”工作中的重要作用——农村专业技术协会组织建设调查报告》，阐述了农技协开展组织建设、实现创新发展的基本情况和农技协的优势及其在“三农”工作中不可或缺的作用，分析了农技协发展面临的困难和问题，并提出相关建议。

承担中国科协学会学术部“科技类社团办事机构信息化、实体化、现代化建设”课题，组织有关专家完成《科技类社团办事机构信息化、实体化、现代化建设研究报告》。通过分析科技类社团办事机构信息化、实体化、现代化建设现状以及面临的机遇与挑战，借鉴国外科技社团发展经验，提出推进科技类社团办事机构信息化、实体化、现代化建设的建议。

表彰举荐优秀科技工作者 协会推荐的两名候选人张改平、许勇被授予全国创新争先奖状。

张改平，河南农业大学校长，河南省农村专业技术协会理事长，长期致力于动物免疫学研究。作为第一完成人获国家技术发明奖二等奖1项、国家科技进步奖二等奖1项、省部级科技进步奖一等奖5项。发表学术论文400余篇，其中SCI论文105篇；获得授权专利63项，获得新兽药证书3项。

许勇，北京市农林科学院蔬菜研究中心主任，国家蔬菜工程中心主任，国家西甜瓜产业技术体系首席专家。先后主持完成了国家与北京市50多项重大科技项目，作为主持人获国家科学技术进步奖二等奖1项、农业部丰收奖一等奖1项、北京市科学技术奖一等奖1项等。发表论文100多篇，SCI论文30篇，影响因子总计达150；获国家发明专利10项，审定品种27个，鉴定品种8个，品种权2个。

8月，协会开展第一届“中国农村专业技术协会科普奖”评选，评选出320个全国优秀农村专业技术协会和231名全国农技协先进工作者。为广泛宣传先进单位和个人的典型事迹，协会于9月1日起开展微信投票活动，得票数前10名的单位和个人作为特邀代表出席协会第五次全国代表大会并现场颁奖。近1000万人次参与投票。

党建强会 11月14—17日，中国农技协贯彻落实党的十九大精神推动贫困地区农技协组织建设培训班在重庆市举办。来自11个省、自治区、直辖市的190余名国家级贫困县（市、区）科协负责人、基层农技协代表参加培训，其中186名是基层党员。此次培训由协会与重庆市科协主办、重庆市农技协联合会和重庆市科技报社承办。

党的十九大代表、重庆市云阳县大果水晶梨协会会长杨大可向全体学员宣讲党的十九大精神。他结合协会自身发展实际，围绕“土地承包到期后再延长30年”“绿水青山就是金山银山”等主题，阐述党的十九大报告提出的新思想、新论断、新要求、新任务，探讨协会下一步发展思路和方向。

培训期间，15名农技协工作者围绕贯彻落实党的十九大精神、推动农技协组织建设和发展进行大会交流发言。全体学员实地调研重庆市北碚区农技协联合会和江津区花椒协会，并分4个小组进行学习和讨论。

（撰稿人：王健豪）

中国工业设计协会

服务创新型国家和社会建设 协会受国务院发展研究中心、国家发展改革委、工业和信息化部等部门委托，就战略性新兴产业发展规划、服务型制造、设立国家工业设计研究院、国家工业设计奖项等工作建言献策，部分建议被采纳，成为指导性意见。

受财政部、工业和信息化部委托，协会完成了《2016中国优秀工业设计奖年鉴》和《中国工业设计产业发展报告（2016）》。

受工业和信息化部委托，协会承接了“工业设计产业政策评估及新时期工业设计创新发展政策研究工作”“工业设计创新发展指导意见研究”“工业设计国际交流与人才培养工作专项（2017—2018年专项）”研究课题。

受工业和信息化部委托，协会作为国家级工业设计中心评审工作委员会成员，完成了评审标准制定、评审组织、现场核查等相关工作。协会推荐的副会长单位中国商飞上海飞机客户服务有限公司民用飞机工业设计中心获批为2017年国家级工业设计中心。

协会承办了“国家企业经营管理人才素质提升工程”2017届工业和信息化部中小企业经营管理领军人才工业设计高级研修班，课程为期半年。协会连续五年承办该研修班，累计培养500余名创新企业家，产生了几十项合作创新成果，学员来自工业设计、平台运营、机械装备、轨道交通、电子信息、纺织服装、金融投资、餐饮旅游、工艺美术、文化产业、消费电器等行业、产业领域。

在工业和信息化部支持下，10月13日，协会与山东省经济和信息化委员会、烟台市人民政府签署了中德工业设计中心战略合作协议，联合共建中德工业设计中心。

学会建设 6月17日，协会五届二次常务理事会议在浙江省杭州市良渚梦栖小镇召开。协会会长刘宁作了常务理事会工作报告，汇报了协会的主要工作，并对协会未来工作进行部署。协会副会长兼秘书长应放天公布了2017年度中国工业设计十佳大奖。会上，协会民用飞机分会揭牌成立，协会副会长徐庆宏担任民用飞机分会会长。

协会对原有平台和分支机构管理进行优化，支持有资源整合能力的行业力量建立新的分支机构，成立了民用飞机分会、设计教育分会、用户体验产业分会、轨道交通分会和设计标准分会。

11月23日，协会设计教育分会成立大会在安徽省蚌埠市召开。来自全国200所设计院校的300名专家、学者参加大会。协会副会长、秘书长应放天当选为设计教育分会会长。

对协会官方网站、微信、《设计通讯》进行调整，在增加内容的同时加强互动。

学会治理结构和治理方式改革 按照党中央国务院对行业协会商会脱钩改革的要求，协会作为全国首批脱钩单位，主动配合有关部门推进脱钩工作，加快体制机制改革，探索建立协会作为市场化行业资源配置主体的新定位，强化企业化管理，探索市场化运营。

主办期刊 协会主办的《设计》杂志持续提升学术水平，国内外200多所设计院校为杂志提供学术论文，论文转载率实现翻番增长。

2017年，协会会刊《设计通讯》由双月刊改为月刊，增加了特刊，特刊《设计创新时代》汇集了全国范围内60个设计驱动创新创业的先锋故事，宣传推广设计“双创”成果。

国际学术会议 6月17日，由协会主办的国际设计产业发展高端会议在浙江省杭州市良渚梦栖小镇召开。来自联合国工业发展组织、国际服务设计联盟，以及德国、印度、意大利、荷兰、日本等国家的专家、学者，协会常务理事，企业家等200余人参加会议。中国商飞公司、日本工业设计师协会、印度POOL杂志社、杭州瑞德设计股份有限公司的专家围绕“国际设计产业发展方向”的会议主题发表演讲，就全球化背景下设计产业面临的机遇与挑战进行探讨。

国内主要学术会议 5月14日，由协会主办、副会长单位深圳市设计联合会组织承办的2017全国设计师大会在广东省深圳市举办。大会以“传递设计力量　聆听最强声音”为主题，分为深港设计高端对话、国际设计主题论坛和工业设计年代大咖对话3个环节进行研讨，近1000名设计师参加大会。协会与中国企业联合会会员工作部、深圳市设计与艺术联盟、汇桔网在大会开幕式上签订了“双擎驱动　制造强国”工业设计与知识产权战略合作协议，协议致力于融合各界力量，共同推动设计与实体经济的协同发展。

12月8日，2017年第七届中国工业设计北滘论坛在广东省佛山市顺德区广东工业设计城举办。来自中国工业设计协会、清华大学美术学院、清华大学艺术与科学研究中心等机构的专家、学者、设计师等参加论坛。论坛的主题是“中国的设计组织创新”。第七期《中国工业设计园区基础数据与发展指数研究》在论坛上发布。

国际交往 6月16日，协会在浙江省杭州市良渚梦栖小镇召开第二届世界工业设计大会预备会议。会议围绕2016年首届世界工业设计大会在设计教育、设计产业与政策、设计资本与创新创业、设计文化与可持续发展、设计合作5方面达成了共识，进一步明确了设计使馆区（I–city）、设计开放大学、国际设计产业博览会等落地项目的后续工作。

8月15日，由协会组织的中国工业设计代表团赴奥地利维也纳访问联合国工业发展组织总部。协会与联合国工业发展组织签署战略合作协议，并发表共同声明，双方将以落实联合国2030年可持续发展议程为目标，充分整合全球设计技术、商业、文化、用户等资源，以设计创新助推世界经济包容和可持续发展，共同增进全人类福祉。协议的签订使协会与联合国工业发展组织建立了常态工作联络机制。

8月中旬，由协会组织的中国工业设计代表团访问了荷兰、德国和奥地利。协会与荷兰埃因霍芬理工大学签约共建设计开放大学，联合培养硕士及以上高层次工业设计人才，共同设立中荷创新创业研究院；与荷兰VanBerlo设计公司携手架构全球化运营战略和设计团队；与荷兰飞利浦集团探讨优质生活、智慧互联、医疗保健领域的设计创新，合力为全球健康事业贡献设计力量；与德国设计委员会探讨合作共建中德工业设计中心，全面贯彻落实中德两国在“工业4.0”、工业设计等方面达成的战略共识；与奥地利设计协会达成合作意向，以世界工业设计大会为契机，加强中奥工业设计产业合作及人才交流。

9月26—28日，由联合国工业发展组织和南南合作金融中心联合举办的“一带一路”第二届城市绿色经济发展大会：为城市搭建可持续发展之桥在奥地利维也纳举办。协会受邀参加“共识构建：共同发展绿色生态工业园区的途径研讨会”并发言，与各国城市发展专家共同探讨城市工业的发展方案、商机以及创新城市工业发展的策略、原理、项目和合作。

科普活动 协会主办、指导、支持工业设计大奖、设计大赛、设计周等活动20多项，其中“红星奖”、广东“省长杯”、山东“省长杯”、浙江“智造奖”、深圳国际工业设计周等活动成为具有国际影响力的品牌。

协会主办、发起及参与各种培训、推广论坛、峰会50多场，直接受众数万人次。

学会创新发展 按照国家鼓励行业协会制定团体标准政策，协会开展了中国工业设计协会注册设计师认证。经过培训，3000名设计师获得专项能力水平认定。协会将与高校和社会机构联合开展服务设计、交通工具设计、家具设计、工程设计、文创设计、媒体设计、信息数据设计等设计师专项能力水平培训认定工作。

开展中国工业设计行业企业信用等级评价工作，为设计企业在客户合作、政府招标、国际贸易、融资上市等方面提供信用支持。2017年工业设计行业信用等级评价参评范围扩大到设有工业设计中心的企业。

5月26日，设计开放大学签约仪式在浙江省杭州市良渚梦栖小镇举行。设计开放大学由协会筹划发起成立。该大学将打破产学研用人才的协同培养壁垒，培养引领性、开创性、整合性、产业化、国际化设计创新人才。9月16日，设计开放大学开学，来自浙江大学的20名学生将在设计开放大学接受为期两年的设计专业研究生课程学习。

7月28日，由协会与小米生态链－谷仓学院联合共建的工业设计创新创业孵化基地落户浙江省杭州市良渚梦栖小镇，这是协会的首个设计产业孵化基地。

12月16日，首届德稻全球智慧合作伙伴大会在上海市召开。协会与德稻集团、中国企业联合会、北京协同创新研究院、700家企业和设计服务机构、数十家银行及投资机构以及全球500位德稻大师联合倡议发起建立德稻“新脸谱”平台，为实体经济打造全球智慧创新的服务平台。

12月16日，“设计开放大学设计工程师学院－设咖工场”开学典礼在浙江省杭州市良渚梦栖小镇举行，标志着“设咖工场－开放式高端工业设计人才孵化平台”正式运营。“设咖工场”是以中国工业设计协会、中国工业设计小镇、中国工业设计产业研究院为依托，汇聚国内外优秀设计产业、企业与教育力量，共同建设的开放式高端工业设计人才孵化平台。

党建强会 协会贯彻落实《中国科协科技社团党委关于推进中国科协所属学会党建“两个全覆盖”专项工作方案》，推进党的组织和党的工作全覆盖。协会五届二次常务理事会议审议通过了《关于成立中国工业设计协会功能型党委的议案》，完成了功能型党委的组织构建。

贯彻落实《中国科协关于加强科技社团党建工作的若干意见》，建立了协会党建工作台账，做到“五个清”，即业务运行情况清、职工队伍情况清、协会负责人情况清、党员队伍情况清、未建立党组织原因清。根据协会实际情况，对工作台账实施动态管理、定期更新。

建立专人负责党建联络制度，建立支部党员学习交流微信群，利用信息化手段宣传贯彻中央以及上级党组织下发的各类学习文件。协会面向协会全体理事、会员开展以“学思践悟·十九大”为主题的有奖征文活动，优秀稿件在协会官方微信公众号上发布。

会员服务 协会联合会员单位小米生态链－谷仓学院和太火鸟科技公司，以协会会刊《设计通讯》、协会官方微信公众号、网站等信息服务平台为载体，推广会员中的设计师创业事迹及原创品牌产品。

【第十二届中国工业设计周】 11月23—26日，由协会与安徽省经济和信息化委员会共同主办、蚌埠市人民政府承办的安徽省第四届工业设计大赛暨第十二届中国工业设计周在安徽省蚌埠市举办。本届设计周以“设计引领未来，智造提升品质”为主题，来自工业和信息化部，全国10余个省、自治区、直辖市工业和信息化系统的专家，协会理事，工业设计领域的企业家，200所高校的800余名专家、学者参加设计周活动。

设计周期间举办了全国工业设计产业发展高峰论坛、全国工业设计资源与安徽省合作项目对接会、中国工业设计协会五届三次理事会议、中国工业设计协会设计教育分会成立大会、安徽省工业设计成果展、安徽省第四届工业设计大赛颁奖典礼、2017届工业和信息化部中小企业经营管理领军人才工业设计高级研修班（第三期）等活动。

（撰稿人：田文苗）

中国工艺美术学会

服务创新型国家和社会建设 3月9—13日，由学会与辽宁省大连市政府共同主办的第十五届全国工艺品、旅游品、礼品暨国际珠宝、古玩、书画艺术品博览会在辽宁省大连市召开。展会面积达1.6万平方米，设有700个国际标准展位，国内外400多家厂商参展。展会期间举办了“中艺杯”艺术品评比大赛，学会组织专家进行评选，并为获奖作品颁发了证书。

4月28日—5月2日，由学会承办的第十二届中国（莆田）海峡工艺品博览会在福建省莆田市举办，学会组织专家对中国工艺美术行业所有类别的工艺美术创作新品进行了全方位综合评价。

11月9—12日，由学会与中国工艺美术协会、中国雕塑学会等单位共同主办的2017年中国（惠安）国际雕刻艺术品博览会在福建省惠安县开幕。博览会室内展馆面积2.2万平方米、设置600个标准展位，室外展场面积4000平方米、设置200个摊位。展品涵盖石雕（碑石、建筑装饰石材）、赏石、木雕、玉雕（含珠宝）和其他雕刻工艺品以及雕刻设备、环保设备、原辅材料等。国内外220家企业参展。博览会以“共聚世界石雕之都、同襄产业发展盛会”为主题，采取“展与销、展与会、展与赛”相结合的方式，举办了雕艺产业推介、雕艺投资合作项目对接、雕塑与城市发展研讨会、海峡两岸雕刻艺术交流展、寺院古建艺术交流会、全国大学生雕塑创意设计大赛等活动。

12月8—11日，由学会与中国（深圳）国际文化产业博览交易会组委会办公室共同主办的第十三届深圳文博会冬季工艺美术精品展在广东省深圳市举办。展会的主题是“融入百业·融入生活”。展会期间开展了中国工艺美术文化创意奖评奖、系列主题讲座及收藏品鉴赏活动。

学会建设 制定了理事长办公会制度。理事长办公会主要工作是听取秘书处工作汇报，审议秘书处提出的工作方案，讨论学会重大工作事项，听取与会者意见。

8月30日，学会四届五次常务理事会议在辽宁省大连市召开。会议总结了2017年上半年学会党委和秘书处的工作情况，安排部署了下半年工作，审议通过了《学会分支机构管理办法（草案）》。

9月9日，学会竹工艺专业委员会成立。黄学敏当选为竹工艺专业委员会主任委员。

10月23日，学会与文化部恭王府博物馆签署战略合作协议，成立中国工艺美术学会传统工艺协同创新中心。

12月5日，学会织锦专业委员会第五届全国会员代表大会暨换届选举会议在江苏省南京市举办。庄国华当选为专委会主任委员。

2017年，学会个人会员4580人，团体会员5个。

国际学术会议 8月21日，由学会与暨南大学共同主办、中国海外交流协会和国际民间艺术组织（IOV）支持、暨南大学文化遗产创意产业研究院承办的“一带一路”文化遗产合作交流（2017）国际高峰论坛在北京举行。论坛以“文化与传承”为主题，探讨交流国际民间艺术保护、文化遗产传承等方面的理论与实践经验，促进国际民间艺术领域的合作与互利往来，推动“一带一路”沿线国家文化遗产的合作与发展。

国内主要学术会议 11月10日，由学会与江苏省民间文艺家协会、中国国画研究院、第九届中国宜兴国际陶瓷文化艺术节组委会共同主办的首届中国民间传统工艺美术传承与发展论坛在江苏省宜兴市召开。论坛以“中国民间传统工艺美术传承与发展”为主题，通过对话交流促进观点的交锋和理念的创新，共谋民间传统工艺美术的发展与未来。

党建强会 3月21日，中国科协科技社团党委正式批复同意成立中国工艺美术学会党委。8月，召开中国工艺美术学会党委第一次会议，审议通过了《学会党委会会议制度》，并将上级会议精神和文件及时传达到每个党员。

【纪念张仃先生诞辰100周年系列学术活动】 6月20日，学会举办纪念张仃先生诞辰100周年暨学术思想研讨会，出版了《您和我们在一起》论文集。11月16日，在辽宁省大连市举办中国现代蜡染艺术展及蜡染艺术交流研讨会。12月4日，在山东省济南市举办“它山锦绣——张仃艺术与南通彩锦绣”文献展暨20世纪南通地域文化与刺绣发展学术研讨会。

【第二届中国漆文化产业发展高峰论坛】 11月18日，由学会和福建省拓福文教基金会主办的第二届中国漆文化产业发展高峰论坛在福建省福州市举办。经过与会专家的研讨，确定了漆艺、漆画、漆工艺、漆艺术、漆工艺品、漆艺术品等名词的定义解释，就漆工艺与其他工艺融合发展、漆器与产品设计、漆艺与生活的关系等问题进行探讨。来自日本和韩国的漆文化产业专家在会上发表了演讲。第二届亚洲漆艺展览同期举办，中国、日本、韩国、越南和泰国5国的漆艺精品和漆艺艺术家参加活动。

（撰稿人：蒋　敏）

中国科普作家协会

服务创新型国家和社会建设 协会承担了中国科协“九大”代表调研课题——“科研人员参与科普情况调查研究”“2017年高校科学营效果评估”和“国家科普创作基金设立预研究”，开展了“学科科普创作历史研究——物理、化学、天文、中医”“科学家从事科普创作经验研究”“经典科普创作指南著作翻译出版（3本）”“科普创作奖项研究”“国外科普创作相关组织研究”“科普创作年报研究”和“科研成果科普创作及展示平台建设研究”。

学会建设 12月1日，协会七届三次理事会议在安徽省合肥市召开。在理事会党委会议上，传达了中国科协《关于认真学习宣传贯彻党的十九大精神的实施方案》以及中国科协党组、书记处对科协系统贯彻落实党的十九大精神的要求。理事会议审议通过了《中国科普作家协会2017年工作总结》和《中国科普作家协会2018年工作要点》以及《中国科普作家协会推荐优秀科普作品参评国家科技进步奖的办法》等。24个专委会总结汇报了2017年的工作，并交流了2018年工作设想。

制定或修订了协会的规章制度，形成制度汇编，使协会各项工作有章可循。

协会就完善和修订《中国科普作家协会优秀科普作品奖评奖条例》和“王麦林科学文艺奖”召开了系列工作会议，修订内容涉及奖项的申报、奖励类别、奖励等级、评审程序等方面。8月，在国家科学技术奖励工作办公室完成备案。10月，正式向社会发布评奖通知。

对分支机构开展摸底调研，研究制定了《中国科普作家协会专委会管理办法》《中国科普作家协会专委会考评办法》。成立了科普演讲专委会、科普教育专委会、科技电影与技术专委会，协会专委会达到24个，专委会按期完成了换届工作。

8月31日，协会医学科普创作专委会第七届换届会议暨中国医学传播智库成立大会、首届中国医学院校科普大赛启动仪式在上海市举办。300余人参加会议。上海市第六人民医院急诊部主任王韬当选为专委会主任委员。会议围绕“医学科普”主题，总结交流全国各地医学传播、医学科普工作经验，规范医学科普的创作和评价体系，并探索全媒体时代医学科普乃至医学传播学科的发展方向。

会议成立了首个“中国医学传播智库”，该智库由协会医学科普创作专委会联合中华医学会科普分会、中国医师协会科普分会、人民网等单位共同建立。

1—10月，协会发展个人会员268人，个人会员总数达3600人。

主办期刊 6月，协会主办的期刊《科普创作》（季刊）复刊后出刊，2017年共出版3期。协会主办的期刊《生物技术世界》(月刊)计划更名为《科学故事会》,更名后以刊登原创科学故事为主,2017年办理了部分手续。协会会刊《科普作家通讯》(季刊)刊发稿件120多篇,每期发行2600册。

国内主要学术会议 自2017年6月起,协会组织举办了"繁荣科普创作 助力创新发展"系列学术沙龙活动。截至2017年年底,在北京、上海市、四川省等地举办了12期20余场沙龙,参加活动会员800多人次。

两岸交流 8月28日—9月1日,第十届海峡两岸科普论坛在内蒙古自治区呼和浩特市召开。论坛由协会与山东省科协、福建省科协、台湾元智大学等单位共同主办。来自海峡两岸的200余名专家、学者参加论坛,其中台湾地区专家、学者50余名。论坛的主题为"科普、创新与永续发展",分为开幕式暨主旨报告、分论坛、院校科普交流和考察交流4个板块。协会党委书记、副理事长王康友作了《适应互联网时代的特征,转变科普理念和行为方式》的主旨报告。分论坛围绕新媒体与科普、创新科学传播,科普教育服务创新发展,科学素养与社会发展,科普创新与日常生活4个议题开展了专题研讨。海峡两岸专家、学者赴蒙草草原乡土植物馆、蒙牛工业园参观考察自治区级科普示范基地,并深入内蒙古大学、内蒙古师范大学进行座谈交流。

国际交往 协会组团参加了世界科技记者大会,与美国科普作家协会以及其他国家参会同行进行了交流。

科普活动 协会与清大紫育合作开展第四届全国中小学科普科幻征文活动,与中国青少年科技辅导员协会合作开展第四届全国科学表演大赛活动,与中国科学院老干部局共同举办第七届老科学家科普创作培训班,参与主办2017中国科幻季活动。

协会与中国科学报社、《人民文学》杂志社、中国科学院文联、浙江联合出版集团联合主办第二届"科学精神与中国精神"诗歌大赛。诗歌大赛于8月11日正式启动,截至12月10日征稿结束时共收到参赛作品1000余篇,其中有效投稿作品634篇。12月28日,第二届"科学精神与中国精神"诗歌大赛终评会召开,共评出49篇获奖作品,其中一等奖10篇、二等奖15篇、三等奖24篇。大赛除了向社会广泛征集参赛作品外,还特别邀请数位院士和诗人参加活动,院士和诗人的作品与获奖作品由浙江教育出版社结集出版。

协会承担了"科普中国·科普文创"项目"科普科幻青年之星计划(Young Science Writers Hunting Project)",发现和培养青年科普创作人才。该项目是中国科协科普信息化建设工程项目的组成部分。项目遴选具有潜力的青年写作者进行科普科幻创作,提供专业指导和经费资助。协会与果壳网互动科技有限公司、青蜜科技有限公司、科学松鼠会、科普中国网、上海市科普作家协会、北京科学技术普及创作协会、四川省科普作家协会、南方科技大学人文科学中心、吉林新闻综合广播等单位联合开展线上征集、评选和线下培训。截至2017年年底,共收到科普文章近600篇,参与人数400多人次,总浏览量50多万。在北京、上海市、四川省成都市、吉林省长春市、广东省深圳市举办10场交流培训会,240余人参加培训。为了进一步扩大项目的社会影响力,加强科普科幻文字作品与美术作品的互动,增进不同创作领域的交流合作,举办了科普科幻青年之星2017作品插画大赛。

开展中国科普作家协会科普作品评论活动,包括推荐优秀科普图书和撰写作品评论两部分内容。活动共收到会员推荐图书260多部,其中一些图书在世界读书日、儿童节、开学日进行了推荐;收到评论作品30余篇,在协会官方微信公众号和《科普创作》期刊择优刊登发表。

协会科普演讲专委会配合"全国科普日"举办了数百场科普演讲,针对学生、公务员、城乡居民开展科普演讲逾千场,受众达10万人次。

表彰举荐优秀科技工作者 经协会推荐,协会会员王原获得全国创新争先奖状,会员王韬获上海科普教育创新奖——科普杰出人物奖。

会员服务 协会推荐的《湿地北京》和"科学家带你去探险"系列丛书获得2017年度国家科技进步奖二等奖。协会个人会员李丹莉、尹传红、何夕经协会推荐加入中国作家协会。协会单位会员中国地质出版社经协会推荐获中国作家协会重点项目资助。

【中国科普作家协会2017年会】 12月2日,中国科普作家协会2017年会在安徽省合肥市召开。年会由协会主办、安徽省科普作家协会承办,中国科学技术大学、时代出版传媒股份有限公司为支持单位。年会的主题是"繁荣科普创作,助力创新发展"。来自各地科普作家协会、高等院校、科研院所、期刊出版及相关媒体的专家、学者及科普创作工作者200余人参加。

中国科协党组副书记、副主席、书记处书记徐延豪出席年会开幕式并讲话。开幕式由协会副理事长汤书昆主持，中国科学技术大学党委副书记蒋一致欢迎词，协会副理事长杨焕明致辞。开幕式上宣布了第七届理事会推举的中国科普作家协会名誉理事长和荣誉理事名单。

著名科普作家卞毓麟在报告《老兵新识——关于原创科普创作的再思考》中，呼吁创作更多把握科研新动向的科普作品。中国科学技术大学近代物理系教授、首批“青年千人计划”归国学者陈宇翱作报告《量子的上个世纪和下个世纪》，结合自己的研究分享了量子的“前世、今生与未来”，指出科学家与科普是一个慢慢地相互靠近的过程。中央电视台创造传媒创意副总监王雪纯在《团结就是力量》的报告中，分享了自己策划科普视频节目的经验和收获。果壳网首席执行官（CEO）、分答创始人姬十三作报告《正在发生的科普新变化》，他认为短视频制作、知识付费、将科普用在文创产品上、以人为核心的传播模式等正在成为科普的新变化。

协会理事长周忠和主持互动交流活动。

大会设立科普产业发展论坛、科学文艺与科幻创作论坛、旅游科普与创作论坛、科普教育与创作论坛、科普编辑与出版论坛和科普科幻创作青年论坛6个分论坛。大会期间还举办了会员作品展、2017科普科幻青年之星作品插画展。

【首届中国科普作家协会科幻创作研究基地年会】 11月17日，首届中国科普作家协会科幻创作研究基地年会暨少儿科幻系列图书与科幻创作研究丛书研讨会在北京召开。活动由协会与中国科学技术出版社（科学普及出版社）、北京市海淀区科协联合主办。

中国科协党组副书记、副主席、书记处书记徐延豪出席会议并致辞。徐延豪在致辞中说，中国科普作家协会科幻创作研究基地的成立为科幻创作和研究者搭建了一个很好的平台。他希望更多科幻创作与研究人才通过这个平台，对科幻创作、科幻思潮、科幻译介、科幻发展动态、科幻影视、动漫等领域的科幻理论进行深入研究，形成产、学、研一体的发展格局，使中国科幻持续、健康、稳步发展。

在科幻创作研究基地年会上举行了科幻创作研究基地揭牌仪式和作家工作室挂牌仪式。科幻创作研究基地工作负责人就科幻创作研究基地的工作进展及未来工作计划作了汇报，与会的科幻创作研究基地顾问为基地的发展建言献策。

少儿科幻系列图书与科幻创作研究丛书研讨会以少儿科幻系列图书和《百年中国科幻小说精品赏析》为对象展开了研讨。

（撰稿人：孟　雄　谢丹杨　李姗姗）

中国自然科学博物馆协会

服务创新型国家和社会建设　2017年，根据《科普场馆专门人才队伍建设“十三五”专项实施方案》，为提升全国自然科学类博物馆行业人才队伍的专业素养及综合能力，建设高素质人才队伍，开展标准化、规范化和系统化继续教育，在前期工作基础上，协会开展了科普场馆中高层管理人员、科普辅导员以及标本艺术设计专业人员的继续教育培训工作。

为庆祝香港回归祖国20周年，香港各界庆典委员会联合中国科协、中国航天科技集团公司于6月28日—7月2日在香港维多利亚公园举办“创科驱动　航天放飞中国梦”主题科普展览活动。协会作为展览的协办单位，全程参与展览组织活动，利用协会平台面向会员单位征集参展内容，邀请中国科技馆、广东科学中心、东莞科学技术博物馆、深圳市科学馆、北京汽车博物馆5家会员单位承接了部分展项讲解、科普剧表演及展品展示等工作。

6月6—10日，由协会承办的自然科学类博物馆的发展策略与管理运营暨科普展览策划专题培训班在上海市举办。11位专家结合我国自然科学类博物馆实际情况及国外先进经验就场馆建设、运营管理、未来科普事业发展，针对科技馆及其主管单位的管理人员进行了培训。

6月6—13日，第七届全国科技馆馆长培训班及相关专题工作会议在上海市举办。来自各类自然科学类博物馆的100余名馆长参加培训。培训班以理论结合实践的形式，围绕“发展与管理”主题，邀请人力资源和社会保障部、中国科协、高校和研究机构的11名专家进行授课。其间，还召开了科技馆馆长专题工作交流会和科技馆建设与发展专题会议，57名科技馆馆长参加会议。与会科技馆馆长围绕场馆运行和展厅改造、免费开放政策的方向及实施、科技馆法人治理结构的探索3个议题作了交流汇报，中国科协党组副书记、副主席、书记处书记徐延豪听取汇报并作总结讲话。

10月23日，由协会主办，协会技术工作委员会、天津自然博物馆承办的第十二届全国动物标本制作与养护培训班在天津市举办。来自24个省、自治区、直辖市博物馆、自然保护区、研究所、动物园、院校、标本制作公司的80余名学员参加培训。来自不同领域的8名专家分别就鸟类、鸟骨骼、鱼类、兽类标本的制作与修复，动物皮毛的养护与修复，标本雕塑艺术等进行讲解和现场示范。

10月23日，由协会主办、山西省自然科学博物馆协会承办的中国自然科学博物馆协会第二期教育人员初级培训班在山西省太原市开班。来自全国33家科普场馆、文博场馆的200余名教育人员参加培训。培训为期4天，围绕“科普场馆教育活动开发和科普传播”的主题，邀请有关专家分别从教育活动的发展趋势、功能定位、展教结合、展览教育内容和科普传播方式的创新发展等角度进行授课，并对中国科技馆、故宫博物院、北京自然博物馆的优秀教育活动案例进行学习和交流。

学会建设 8月29日，协会六届六次理事会议在青海省海西蒙古族藏族自治州德令哈市召开。会议听取协会理事长程东红所作的《关于六届五次常务理事会以来工作情况以及下一步工作考虑的报告》。会议总结了协会六届理事会以来的主要工作，提出了协会下一步的发展方向，讨论了继续教育教材编撰、服务标准化、文创产品开发、博物馆教育功能定位、年鉴改进等方面的工作。

6月19日，由协会主办、云南省普洱市科协承办的地方自然科学博物馆协会2017年工作会议在云南省普洱市召开。协会、中国科协科学技术普及部、云南省科协、普洱市委市政协有关负责人出席会议。来自13个省、直辖市的自然科学博物馆协会有关负责人和普洱市全民科学素质纲要成员单位有关负责人参加会议。会议总结交流了2016年地方自然科学博物馆协会在开展会员服务、落实《全民科学素质纲要》、整合协会资源发挥服务与带动作用、承接政府转移职能等方面的工作。

协会全年发展单位会员28个、个人会员29人，在册单位会员达686个、个人会员1303人。全年收缴会费53万元。

根据《中国自然科学博物馆协会优秀集体及优秀个人评选表彰办法》，由各专业委员会提名推荐优秀集体，经过评选并经协会理事长办公会议审批，12月公布了协会2017年度优秀集体和优秀工作者表彰决定，共评选表彰优秀集体71个、优秀部门7个、优秀工作者170名。

主办期刊 2017年，除了继续出版科普杂志《大自然》外，协会还主办了学术期刊《自然科学博物馆研究》，并于2017年出版6期（含2期增刊）。12月，召开了第3期编委会议，确定了期刊2018年发展方向和主要选题。

学科发展研究 协会开展了《中国科普场馆年鉴（2016卷）》的编辑工作。2月，完成年鉴2017卷大纲和工作方案。4月，向各专委会、地方自然科学博物馆协会、会员发出了年鉴资料征集通知。《中国科普场馆年鉴（2017卷）》在收集单位会员基础数据的基础上，增加了我国自然科学类博物馆发展研究报告、地方自然科学博物馆协会、自然科学博物馆相关企业等新的信息门类。

国内主要学术会议 3月11日，协会展项研发及环境设计工作委员会工作会议在福建省厦门市召开。会议围绕场馆展品研发及新馆建设需求展开研讨。

4月18日，协会科普场馆特效影院专委会2017年年会在北京召开。协会理事长程东红，中国科技馆党委书记、副馆长殷皓，中国科技馆副馆长、协会秘书长欧建成，中国科技馆副馆长、科普场馆特效影院专委会主任庞晓东出席会议。来自全国50余家科技场馆的专家、学者，以及我国、欧美国家和地区的企业家共计160余人参加会议。年会期间举办了特效电影发展论坛。来自国家广播电影电视总局电影技术质量检测所、北京航空航天大学、万达文化旅游规划院、故宫博物院、上海科技馆的5位专家围绕数字电影新技术、新媒体运营策略、科普特效电影传播效果研究等主题作了主旨报告。

9月17—20日，第二届世界水母大会暨中国自然科学博物馆协会水族馆专业委员会2017年学术年会在天津市召开。会议由协会水族馆专业委员会与世界水母大会指导委员会、海昌海洋公园控股有限公司共同主办，天津海昌极地海洋公园承办。协会理事长程东红、天津市水产局副局长马维林、世界水母大会创始人Jurgen等出席开幕式并致辞。来自国内外120家海洋馆、70家相关企业、大学和研究所的近600名专家、学者、企业家参加会议。

国际组织任职 协会副理事长、科技馆专业委员会主任束为在国际博协（ICOM）科技馆专委会中担任副主席、在亚太科技中心协会（ASPAC）执行委员会担任执委；协会副理事长、天文馆专业委员会主任朱进在国际天文馆学会（IPS）担任理事。

国际交往 协会继续与美国科学技术中心协会（ASTC）合作，将其代表性刊物《维度》引进中国，翻译发行了《维度》中文版。全年翻译印发《维度》中文版第13期至第15期。

科普活动 协会从理论研究、科普培训、科普期刊出版、响应全国科普日等方面举办了各类科普活动，获得“2017年度全国学会科普工作优秀单位”称号。

表彰举荐优秀科技工作者 由协会推荐的候选人上海科技馆馆长王小明获得“全国创新争先奖状”。

党建强会 贯彻落实《中国科协科技社团党委关于推进中国科协所属学会党建“两个全覆盖”专项工作方案》的要求，根据协会理事会党员的实际情况，于2017年年初正式成立了协会党委。

会员服务 协会科普场馆特效影院专业委员会开展影片联合采购，在一定程度上降低了科普场馆影片租赁成本，丰富了影片资源。

【首届“一带一路”科普场馆发展国际研讨会】 11月27—30日，由协会主办、中国科技馆和上海科技馆联合承办的首届“一带一路”科普场馆发展国际研讨会在北京召开。来自“一带一路”沿线22个国家24个科普场馆和机构的44名馆长及负责人，以及国内8类74家科普场馆和机构、15家科普企业的130余名馆长及负责人参加会议。会议围绕“协同共享、场馆互惠、共建科学传播丝绸之路”的大会主题，探讨“一带一路”沿线国家科普场馆间长远合作愿景，共商构建沿线国家科普场馆命运共同体。

会上，协会及其会员单位中国科技馆、中国地质博物馆、上海科技馆、北京自然博物馆、北京天文馆分别与俄罗斯、缅甸、澳大利亚、加拿大、乌兹别克斯坦、希腊、塞尔维亚、泰国、墨西哥、马来西亚等国的主要科普场馆或机构签署11个全面合作框架协议或“科普资源互惠共享计划”协议。与会各国人员在充分讨论并达成共识的基础上，通过了共商合作、共建平台、共享成果的《北京宣言》。

【中国自然科学博物馆协会2017年年会】 8月30—31日，中国自然科学博物馆协会2017年年会在青海省海西蒙古族藏族自治州德令哈市举办。年会由协会主办、协会天文馆专业委员会和德令哈天文科普馆共同承办。协会理事长、副理事长，中国科协、青海省科协、海西州人民政府等有关部门负责人，各类自然科学博物馆馆长、专家、学者以及协会会员等共500余人参加年会。

年会以“人、自然和宇宙——自然科学博物馆面临的机遇与挑战”为主题，聚焦科普场馆可持续发展与人类生存空间和宇宙间的相互影响，开展相关学术交流活动。中国科技馆在年会上向德令哈天文科普馆捐赠了“简仪”展品。

（撰稿人：陈　春）

中国可持续发展研究会

服务创新型国家和社会建设 9月，研究会组织专家对桂林国家可持续发展议程创新示范区的创建主题、目标和思路进行梳理，建议桂林市国家可持续发展议程创新示范区以“景观资源可持续利用”为主题，持续改善桂林市生态环境质量，促进生态旅游业、生态农业、文化与康养等产业创新发展，实现生态保护与绿色产业的协调发展。

研究会和研究会人居环境专业委员会配合科技部、中国21世纪议程管理中心开展有关落实2030年可持续发展议程创新示范区创建工作。

3月8—9日，研究会理事孙新章赴浙江省湖州市调研，为湖州市创建国家可持续发展议程创新示范区提供咨询建议，为湖州市创新示范区规划和建设方案编写提出了建议。

3月15—17日，研究会常务理事柯兵、理事何建清赴江苏省北部5个市开展调研，针对当地提出的创建国家可持续发展议程创新示范区的规划和建设方案初稿提出了改进建议。

5月5日，研究会农业专业委员会秘书长、中国农业科学院农业经济与发展研究所规划设计研究中心总规划师吴永常赴陕西省榆林市农业局以“‘互联网’+现代农业”为题，围绕“互联网+现代农业”的发展意义，从“互联网+现代农业”的市场规模到具体发展管理讲解智慧农业体验、生产、管理和服务等内容。

5月24—25日，研究会常务理事、中国农业科学院农业资源与农业区划研究所所长王道龙一行赴湖南省永州市，与永州市签订了“南方红壤作物和生态研究中心”共建协议。合作双方将丘陵作物、红黄壤作物及生态作为重点研究方向，建立优势学科，组建优秀科研团队，以永州为中心辐射中国南方丘陵红黄壤地带。

7月，研究会低碳学组调研了河北省乐亭县经济开发区、滦河生态保护园以及在建的工业开发园区，就园区规划、园区定位及未来发展方向、招商引资等事宜进行座谈交流，为乐亭县经济生态发展提出了建议。

学会建设 对研究会官方网站进行改版，开通了研究会官方微信公众号，确定专人进行运营维护，及时向公众发布研究会相关信息。

截至2017年年底，研究会有个人会员2045人，其中女性会员715人、高级（资深）会员255人；团体会员67个。

学会治理结构和治理方式改革 2017年，研究会建立健全会议制度，制定了理事会议、常务理事会议、理事长办公会、秘书长工作会等各种会议的议事规则，确保研究会工作依章依规开展。

制定适应改革要求的研究会分支机构管理办法，加强分支机构建设和管理，做到分支机构日常管理有专人、分支机构设立解散有规则、分支机构活动合法合规有活力。

制定研究会兼职人员行为准则，明确研究会理事等兼职人员的权利和义务，及时调整无故不参加会议、不能正常履职的理事，确保研究会内部治理工作顺利开展。

主办期刊 2017年，研究会会刊《中国人口·资源与环境》（中文刊）在南京大学中国社会科学研究评价中心CSSCI（中文社会科学引文索引）核心期刊环境科学学科排名中继续位列第一名；在科技部信息情报所科技核心期刊学科排名中，核心总被引频次比2016年增加了25.98%，核心影响因子在环境科学技术及资源科学技术类期刊中排名从2016年的第6名上升为第1名，综合评价总分学科排名从2016年的第7名上升为第1名。中文刊入选中国知网“2017中国国际影响力优秀学术期刊”。

《中国人口·资源与环境（英文刊）》SCI/SSCI被引频次是2016年的6倍。

决策咨询 受中国科协委托，研究会完成了中国科协“九大”代表调研课题“中国与东盟国家开展防灾减灾交流合作可行性研究”，课题由澜沧江－湄公河流域防灾减灾研究、中国－东盟抗震防灾减灾交流合作研究、中国－东盟各国生物灾害防治合作研究、中国－东盟国家防灾减灾科技人文交流、东盟地区城市自然灾害风险评估与防灾减灾规划5部分组成。报告分为详本和简本，详本约6万字，简本2万字。

6月13日，科技部在北京召开国家可持续发展议程创新示范区咨询委员会第一次会议。在会议咨询评议阶段，研究会名誉理事长甘师俊、理事长王浩、副理事长曲久辉、理事刘毅根据各省创建情况，从可持续发展理念、瓶颈问题解决方案、体制机制改革、创新文化建设等方面对各省的申报方案提出了咨询意见和建议。

科普活动 研究会减灾与公共安全专业委员会组织专家开展了多次公共安全座谈及相关科普活动。

研究会理事高建国在多地作报告《2008年雨雪冰冻和汶川地震两次巨灾补偿谱》《延庆区自然灾害和乡镇防震减灾》《气象灾害安全防护》和《地质灾害安全防护》。

党建强会 研究会与中国科学技术战略发展研究院联合党支部通过组织开展党员生活会、民主生活会、党课等，深入学习宣传贯彻党的十九大精神，不断深化对习近平新时代中国特色社会主义思想的理解。

安排人员参加了中国科协组织的学习宣传贯彻党的十九大精神培训班，并在培训之后进行了内部宣讲和交流。

【落实2030年可持续发展议程　再造魅力故乡·2017宁波论坛】 11月22—23日，由研究会主办，国家住宅与居住环境工程技术研究中心、宁波市小城镇环境综合整治办公室联合承办的“落实2030年可持续发展议程　再造魅力故乡·2017宁波论坛”在浙江省宁波市举办。来自联合国人居署、联合国开发计划署，以及来自日本、韩国、瑞典的专家、学者、地方管理者近50人参加论坛。

研究会秘书长周海林、宁波市政府副秘书长金伟平在开幕式上致辞。研究会理事何建清、日本东京大学教授西村幸夫、国家发展改革委能源研究所研究员胡秀莲先后担任论坛主席。

论坛分政策、方法、实践和能力建设4个组进行了分组讨论及跨组讨论。来自国家住宅与居住环境工程技术研究中心、韩国庆熙大学、瑞典FOJAB建筑师事务所、荷兰瓦格宁根大学等研究机构的学者分享了各自在社区复兴工作中的案例和经验。经交流和探讨，与会专家达成如下共识：①通过“立法”形成城镇和乡村社区发展的良性、可持续运行机制；②明确技术在城镇和乡村社区可持续发展中的重要引领作用；③积极梳理城镇和乡村社区可持续发展经验，形成案例库；④促进地方在人力、科学、技术、组织、机构和资源方面的能力培养；⑤将落实 2030 年可持续发展议程 · 宁波论坛设为常设论坛，由研究会主办。

（撰稿人：郑　毅）

中国青少年科技辅导员协会

服务创新型国家和社会建设　围绕工作需求，协会开发、集成了系列培训课程。与南方科技大学、中国科学院计算机研究所、江苏汉博科学教育中心等机构合作开发了“我爱绿色生活——2017 青少年调查体验活动”“升降机”“飞行器”慕课课程 3 门、“英才计划”数学微课等 138 节。与北京青少年科技俱乐部合作开设科学名家讲座直播课 8 次，出版科技辅导员培训教材 4 种。在中国教育学会北京成长教育发展基金会资助下，开发完成面向农村青少年的科学体验、信息技术等 4 个主题的科技教育创新活动教材。

依托科技辅导员在线学习平台“科技学堂”，开展慕课、微课等线上培训。新开设“桥世界”等慕课课程 14 门、“火星救援”等微课 26 门、“学算漫谈”等直播课 8 门，全年慕课报名学员 14010 人次。协会与中国科协青少年科技中心、中国教育学会校外分会等单位合作，依托全国青少年科技辅导员培训基地，组织开展线下青少年科技辅导员培训，全年开展全国科普剧创作与表演培训、青少年校外活动场所科技教师培训等线下培训 25 次，直接受益科技辅导员 3218 人次。

协会与中国科协青少年科技中心共同推进科普中国校园 e 站的建设和资源服务工作。截至 2017 年年底，在 11 个省、自治区、直辖市援建了 20 套云教室设备，并于 12 月正式开展云教室在线授课和课程服务。在 25 个省、自治区、直辖市的 87 所中小学校建设了科普中国校园 e 站服务示范点，开展科教资源线上线下服务试点工作，共提供 8 门在线课程，配发 2088 个配套活动资源箱，推动科普中国优质科教资源在校园的落地应用。

开展科技助力精准扶贫工作，组织新疆维吾尔自治区克拉玛依市、山西省太原市基层科技辅导员培训，共培训科技辅导员 180 人次；专项资助宁夏、内蒙古、贵州、新疆开展贫困地区科技辅导员培训；为内蒙古、海南的基层培训选派培训专家，基层直接受益科技辅导员 1339 人次。

协会与 7 个全国青少年科技辅导员培训基地（2016—2018 年）、8 个全国青少年科技辅导员培训基地创建单位合作开展青少年科技辅导员课程开发、线上线下培训等工作，与 15 个培训基地和创建单位组织开展“在线课程设计与开发”培训与交流。协会命名北京自然博物馆等 14 家单位为全国青少年科技辅导员培训基地（2018—2020 年）。

学会建设　协会全年发展个人会员 653 人，同比增长 76.5%；发展单位会员 80 个，同比增长 166.7%；会费收入 263800 元（含到期会员续费）。截至 2017 年年底，协会在册个人会员 5200 人、单位会员 453 个。

联合中国科协青少年科技中心共同发布《青少年科技辅导员专业标准（试行）》和《青少年科技辅导员培训大纲（试行）》。

主办期刊　协会主办的《中国科技教育》杂志出刊 12 期，全年发行量 66000 册，共发表文章 320 余篇，被评为 2017 数字阅读影响力期刊 TOP 100 教育教学类阅读第 37 名。杂志社的微信公众号订阅人数达 10969 人。

国际学术会议　举办了第 8 届东盟 – 中日韩（10+3）教师科技研讨会、2017 科学教育国际论坛、STEM（科学、技术、工程、数学）教育国际公益论坛、首届“一带一路”青少年创客营与教师研讨活动科学教育论坛等学术交流活动。“一带一路”沿线 20 个国家和地区的 50 名国际（境外）科学教育专家作专题报告和发言。

国内主要学术会议　8 月 15 日，协会与中国科协青少年科技中心、英特尔（中国）有限公司等单位在浙江省杭州市共同主办第 32 届全国青少年科技创新大赛科技教育论坛。5 位科技教育领域的研究者、实践者作主旨发言，科技教育工作者 200 余人参加会议。

两岸交流　10 月，协会与中国科协青少年科技中心共同承办了在陕西省西安市举办的第七届海峡两岸科学传播论坛第二分论坛——中小学科学课创新。16 名来自中国大陆和台湾地区高校、中小学、企业等机构的专家围绕创客教育、科普动画游戏、AR（增强现实技术）、VR（虚拟现实技术）等在科学教育中的应用，分享各自的理论思考和实践经验，80 人参加论坛。

国际交往　12 月，协会推荐 2 名中国科技教育研究者赴马来西亚吉隆坡参加了由国际科学院组织科学教育项目（IAP SEP）、经济合作组织科学基金会（ECOSF）共同主办的“一带一路”倡议下的文化融合课程开发研讨会，该研讨会是北京2017科学教育国际论坛框架协议下“文化融合”课程研发的第一次研讨会。

科普活动 依托科技辅导员在线学习平台举办了教师创客活动设计挑战赛，222人在线报名参加比赛。

协会与中国科普作家协会、新华网共同主办第五届全国科学表演大赛。收到参赛作品838份，其中微剧本574份、科普剧表演视频216份、科学秀表演视频48份。组织开展第32届全国青少年科技创新大赛科技辅导员科技教育创新成果评比，共收到512个申报项目。经过网络初评和现场终评，共评选出一等奖31项、二等奖70项、三等奖99项以及全国十佳优秀科技辅导员10人。

协会与广西师范大学、桂林兴华科学教育研究院签订协议，共同主办第2届兴华国际青少年科技运动会。10月在北京举办了特别邀请赛，11月在广西师范大学举办年度决赛，参加比赛的大学生和中小学生共898人。

党建强会 组织开展学习宣传贯彻党的十九大精神，研究制定了协会《学习宣传贯彻党的十九大精神实施方案》，在《中国科技教育》杂志上开辟“十九大精神学习”专栏，刊发各级青少年科技教育机构和科技辅导员学习十九大精神的学习体会。

会员服务 协会面向全国中小学和校外机构的科技辅导员开展了主题为“科学教育实践的新探索”的第25届科技辅导员论文征集活动。共征集论文519篇，经协会理论工作委员会组建的评委会评审，《浅谈将STEM理念融入科技活动的实践与探索》等12篇论文获得一等奖。

全年向会员赠送《中国科技教育》杂志、《青少年科技活动创新指南》等科教书籍共计6072册。完成会员信息与服务管理平台升级，会员可登录科技辅导员在线学习平台参与在线课程学习。全年有1619名个人会员登录“科技学堂”进行在线学习，其中452名会员完成在线学习、272名学员获得结业证书。协会为会员提供参加第32届全国青少年科技创新大赛特别参赛渠道，共向创新大赛全国组委会推荐了16个项目，其中11个通过初评进入终评。

【第8届东盟－中日韩（10+3）教师科技研讨会】 1月16—19日，第8届东盟－中日韩（10+3）教师科技研讨会在北京举行。本届活动由科技部国际合作司、中国科协国际交流部共同主办，协会与中国科协青少年科技中心共同承办。来自中国、韩国、印度尼西亚、马来西亚、菲律宾、泰国、越南、老挝、缅甸、文莱、柬埔寨、瑞典等国家和地区的14支代表队、92名中学生和教师参加活动。在为期5天的活动中，教师们以设计制作LED设备为主要任务，通过“设计新型纸夹”“开源硬件与创新设计”“模型的制作与测试”“交流与展示”4个单元的动手活动，体验创客活动的完整流程，初步了解开展创客教育的方法与策略。

【首届“一带一路”青少年创客营与教师研讨活动】 12月18日，首届“一带一路”青少年创客营与教师研讨活动在北京开幕。本次活动由科技部国际合作司、中国科协国际部共同主办，协会与中国科协青少年科技中心等单位承办，国际科学院组织科学教育项目（IAP SEP）、经济合作组织科学基金会（ECOSF）、发展中世界工程技术科学院（AETDEW）为支持单位。活动邀请巴基斯坦、澳大利亚、突尼斯及乌克兰等“一带一路”沿线16个国家的120名青少年创客、50名科技教师和科技教育行政部门及组织工作人员参与活动。协会为50名科技教师组织了科学教育论坛和创客教师工作坊，来自中国、澳大利亚、印度、伊朗等国家的22位教师在科学教育论坛上交流了本国青少年科技教育的政策、优秀科技活动资源以及培养未来科技人才方面的实践与经验。在创客教师工作坊中，各国教师以“智能天气预报”为主题，设计并制作了Arduino开发板控制的智能天气盒子模型，实现晴天、下雨、闪电、起雾、刮风等天气条件的模拟。

（撰稿人：于波）

中国科教电影电视协会

服务创新型国家和社会建设 协会承担中国科协“中国科教影视协会科普影视创作能力建设”项目、中国科协学会服务中心“学会能力提升——拍摄十个优秀学会影视资料”项目。

协会承接了国家新闻出版广电总局电影局两部可在全国公映的科教影片的制作任务，两部影片正在拍摄中。

学会建设 协会共有个人会员948人、团体会员46个。2017年，协会先后建立了秘书处工作群和“中国科教电影电视协会常务理事工作群"，加强网上办公。

国内主要学术会议 协会作为行业学术指导单位，主导召开了国内学术会议 2 次，200 多名影视工作者参加了学术交流和研讨活动。

由中国教育电视台、中央电视台科教频道、北京科学教育电影制片厂、华风气象传媒集团有限责任公司、中国农业电影电视中心、中国传媒大学等 64 家单位参与的中国科教影视 2017"科蕾杯"综合性学术交流活动于 9 月在广东省深圳市召开。会议以虚拟现实等技术与科普传播、科学嫁接艺术改善科学传播、中国科教电影电视协会三十年的学术价值、优秀科教片主创人员谈体会为题，开展评比、展映、论坛等多项活动。

2017"科蕾杯"综合活动暨中国科教影视协会成立三十周年专业高端论坛于 9 月 22—24 日在广东省深圳市举办。会议由协会副理事长兼秘书长刘通海主持。协会首席专家刘建中在会议上以"中国科教电影电视协会三十年的学术价值"为主题作大会报告，与会代表共同回顾了中国科教影视协会和"科蕾杯"30 年来走过的历程。协会副理事长张健携带获得本届金鸡奖最佳科教片奖的科教片《首星揭秘》在会议上作主题报告；协会团体会员单位中国农业电影电视中心导演周卫东就金鸡奖提名的《沙漠种出高产稻》，同与会代表交流创作体会。会议还邀请了中国气象局、中国科普研究所、中华环境保护基金会等专家作相关主题报告。

科普活动 协会在第二届深圳（国际）科技影视周期间，从"科蕾杯"获奖作品中推荐《沙漠种出高产稻》《FAST——中国天眼》《揭秘大科学装置——托卡马克 EAST》等 10 部作品参加"科普影片公益展映"活动。9 月 17—24 日，协会在广东省深圳市福田区、罗湖区、南山区等 50 多个社区、学校循环展映，累计播放 319 场。

党建强会 2 月 10 日，协会正式成立了中共中国科教电影电视协会理事会党委。

会员服务 协会每月定期向会员单位寄送《摄影与摄像杂志》。协会积极开拓，为会员解决了影视职称评定的渠道。

【2017 中国科教电影电视协会"科蕾奖"评选】 本届"科蕾奖"于 1 月正式启动，确定了"科蕾奖"征片类别，并通过电子邮件和邮寄方式发给参评单位。截至 8 月 30 日，共收到 64 个单位报送的 347 部作品（协会对同一单位参评作品有数量限定），其中科普短片类 184 部、科普长片类 21 部、科普动漫类 58 部、科普栏目类 46 部、科普微视频 38 部。

初评于 9 月 3—4 日进行，共有 82 部作品进入终评。终评于 9 月 13 日进行，上海科技馆《羽龙传奇》获得特等奖，中国农业电影电视中心《沙漠种出高产稻》等 7 部作品获得一等奖，北京科学教育电影制片厂《生命的年轮》等 13 部作品获得二等奖，真实传媒有限公司《保卫子宫》等 24 部作品获得三等级，共计 44 部作品分别获得一、二、三等奖，获奖名单公布在协会网站。

（撰稿人：刘　畅）

中国科学技术期刊编辑学会

服务创新型国家和社会建设 学会举办各种类型培训班共 5 期，培训人员 662 人，全部取得国家新闻出版广电总局印制的《继续教育合格证书》。

学会建设 学会召开了两次理事长办公会议，重点商讨了 2016 年度期刊研究项目的资助、编辑学报编校费用标准、学会建会 30 周年学术年会活动安排及学会党建活动安排。

学会通过组织各种活动加强与会员的联系，吸引更多的编辑部加入学会组织。2017 年，学会有团体会员 1235 个、个人会员 9194 人。

主办期刊 学会主办期刊《编辑学报》在国内几个重要数据库发布的主要统计指标中均名列前茅。

1 月 1 日，启用网上投审稿系统，聘用了 1 位专职编辑。截至 2017 年 12 月 15 日，收稿 932 篇，比 2016 年同期增加约 30%；稿件处理效率显著提高，97% 以上的稿件可在 60 天内处理完毕。

国内主要学术会议 学会组织了 7 次学术会议：第 17 届中国科技期刊青年编辑学术研讨会，2017 年科技期刊创新与区域发展创新研讨会，第 15 届全国核心期刊与期刊国际化网络化研讨会，学会庆祝成立 30 周年庆祝活动，第十三期中国科协科技期刊主编（社长）沙龙，首届科技期刊青年编辑业务大赛，第二届科普期刊研讨会。参加学术研讨会的人员共计 1560 人次；会议共收到论文 336 篇，有 210 篇论文获奖或被《编辑学报》遴选发表；出版论文集 1 册、《编辑学报》增刊 2 期。

科普活动 10 月 25—28 日，学会科普工作委员会在浙江省杭州市召开第二届科普期刊研讨会。来自相关出版机构的主编、社长、编辑部主任共70余人参加活动。

此次研讨会以“科普期刊的媒体融合、内容创新发展”为主题，旨在深入探讨在移动媒体、自媒体飞速发展的环境下，传统的科普、科技期刊社如何实现转型发展，学习借鉴优秀同行单位和创新媒体平台的成功经验和发展思路。

研讨会报告不仅涵盖科普出版的编辑、拓展等领域，还涉及如何利用新媒体传播方式。会议设立了主题讨论和名刊拷问环节，进行交流与互动。

学会被中国科协科普部评为“2017年度全国科普工作优秀单位”。

表彰举荐优秀科技工作者 2017年，学会开展第8届中国科技期刊青年编辑奖“骏马奖”的评选工作，共有126名青年编辑获奖。

党建强会 5月23日，学会在北京举行了党建培训专项活动，50多位党员参加了此次活动。学会党委副书记、副理事长栗延文作题为“中国科学技术期刊编辑学会党委工作汇报”的专题报告，从学会党建工作的背景、科协对学会党建工作的要求、科技社团党委基本情况及与学会的关系、学会党建工作进展、党建活动资助情况介绍5个方面向与会党员进行了阐释。

会员服务 学会制定并实施了《会员管理办法》和《会费管理办法》，加强会员服务和管理。截至2017年年底，学会单位会员1235个、个人会员9196人。

【第十五届（2017）全国核心期刊与期刊国际化、网络化研讨会】 9月8—11日，第十五届（2017）全国核心期刊与期刊国际化、网络化研讨会在江苏省南京市召开。530名专家与代表参会。国家新闻出版广电总局新闻报刊司司长李军等出席会议并致辞。本届研讨会以“创新·融合·和谐·共赢”为主题，围绕学术创新、新媒体与互联网的应用与发展，促进传统期刊与新媒体融合进步，推动期刊的数字出版转型，充分发挥期刊在科技创新体系中的作用、进而提升期刊在国内外的核心竞争力、传播力和影响力等内容，探讨期刊传统媒体与新媒体的融合发展新思路、新模式、新经验，在坚守期刊的内容价值优势下把握机遇，推动期刊出版单位深刻认识期刊在全媒体格局中的独特地位，增强期刊的核心竞争力和学术影响力，加快推进期刊的国际化进程与创新融合发展。

与会代表认为，科技期刊转型升级迫在眉睫，传统媒体与新媒体需要合二为一，运用大数据、新媒体推动科技期刊创新发展。

本届大会共收到论文95篇，评出一等奖15篇、二等奖25篇、三等奖40篇，论文收录于《十五届（2017）全国核心期刊与期刊国际化、网络化研讨会论文集》中。

【第十三期中国科协科技期刊主编（社长）沙龙】 8月5日，由中国科协学会学术部主办、中国科学技术期刊编辑学会承办的第十三期中国科协科技期刊主编（社长）沙龙在北京举办。沙龙的主题为“重拾办好中文科技期刊的‘文化自信’”。来自科研院所、高等学校、期刊主管部门、期刊评价与检索机构的专家、学者，以及科技期刊的主编、社长、编辑部负责人、报刊记者等80余人参加了本次活动。

一线科学家、期刊主编代表高福院士和欧阳钟灿院士分别作报告《重拾办好中文科技期刊的文化自信》和《从“物理学报”谈中文期刊的文化自信》。高福院士在主题报告和研讨发言中强调，一个强大的国家需要强大的科技做支撑，而科学技术的蓬勃发展则离不开科技载体的进步；要讲好中国科学故事，必须要重视本土期刊的发展，尤其要有办好中文科技期刊的“文化自信”。欧阳钟灿院士指出，对中文期刊而言，用影响因子评价是一件很难的事情，因为很多发表在中文期刊的文章都不引中文文章。他分析道，CNS（*Cell, Nature, Science*）之所以影响力高，是因为有很多前期发在一般杂志的开创性成果的后续文章发到了这些期刊，从这个角度来看，重要的原创性成果应当重视发表，而不应过多关注发表期刊的影响因子高低。

刘忠范院士表示，研究评价应着重看成果本身是否在科学研究中取得重大突破，而不是在CNS期刊上发表的论文；对具体科研成果进行奖励可以理解，但针对所谓高影响因子论文的奖励“背离了科学精神本身，起不到鼓励作用，只会把科学家引入歧途”。

朱邦芬院士表示，我国的中文期刊应与英文期刊分工合作，共同推动我国科技的进步。他认为，中文期刊应当在医学卫生、工程技术、科普等以中国读者为主的重点领域取得突破；而一些原创性基础成果，从国际竞争和影响力出发，应该通过英文推送到国际科技领域，“但不应该片面地唯影响因子，原创性越强、越重要的成果，优先发表是硬道理，应首先考虑发在国内的英文科技期刊上”。

与会人员充分讨论了当前我国期刊尤其是中文科技期刊的发展环境及面临的挑战，并交流、探讨了重拾中文科技期刊文化自信需要的政策环境、管理机制、期刊自身能力水平等方面的条件。此外，与会专家也注意到，相较于国外科技期刊集团化发展的现状，我国科技期刊呈现出“单打独斗”的局面。专家建议通过拓展中国科协精品科技期刊工程的资助范围和方式，加快提升中国科技期刊的学术影响力，鼓励多个期刊尤其是同学科期刊的“集群化”联合发展，促进中国科技期刊健康、快速发展。

【首届科技期刊青年编辑业务大赛】 9月21日，由中国科学技术协会指导、学会主办、学会青年工作委员会和中华医学会杂志社承办的首届科技期刊青年编辑业务大赛决赛在重庆市举行。学会理事长朱邦芬院士、国家新闻出版广电总局报刊司司长李军、中国科协学会学术部副部长刘宴兵及近300名观众观看了比赛，场外网络直播收视超过了1万人次。

经过全国初赛和六大赛区复赛，12名选手进入决赛。决赛分为期刊及个人视频风采展示、3分钟演讲以及现场抽题问答3个环节。

决赛邀请到来自全国多个出版单位的25名编辑领军人物担任评委，经评委组现场公开打分、电脑统计成绩，评出一等奖3名、二等奖9名。学会副理事长栗延文宣布比赛结果，朱邦芬、李军、刘宴兵为获奖选手颁奖。

（撰稿人：张　霞）

中国流行色协会

服务创新型国家和社会建设　协会开展色彩搭配师国家职业资格培训及认证工作。全年累计开展色彩搭配师系列培训76期，来自服装、家居、建筑设计、形象设计、纺织品设计、环境艺术、机械制造、互联网、工业设计等领域的会员参加了培训与考评。其中，举办色彩搭配师四级培训48期，累计612人次通过国家职业资格四级认证；举办色彩搭配师三级培训27期，累计411人次通过国家职业资格三级认证；举办1期中国流行色协会色彩搭配师四级讲师班，培训人数13人。

协会举办面向不同层次色彩科技工作者需求的培训班28期，共计培训2500人次。

11月，协会与广东省东莞市大朗镇政府联合发布2018/19中国（大朗）毛织服装流行趋势、2018/19秋冬中国（大朗）毛织服装动态发布会及2019春夏中国（大朗）毛织服装静态展示。

协会开展中国色彩提案研究。完成2019年春夏季中国色彩提案和2019/2020年秋冬季中国色彩提案，代表中国提交国际流行色委员会，参与制定国际色彩定案。

为推动艾德莱斯时尚化，实施“一带一路”文化之传承，协会联合全国十佳服装设计师孙秀琴、程应奋、陶陶以及维吾尔族设计师迪拉娜，以“丝路霓裳、未来之路、陶·楼兰、寻迹”为主题，在广州时装周、新疆时装周、江苏时装周、上海时装周、北京中国国际时装周举办六场新疆艾德莱斯出天山系列时装发布，促进非遗创新传承和新疆经济发展。

11月20日—12月4日，协会联合新疆维吾尔自治区纺织工业行业管理办公室，组织专家在新疆和田地区举办为期15天的新疆和田地毯及艾德莱斯产业培训班。来自新疆和田地毯及艾德莱斯的设计人员、工艺人员、经营管理人员等50人参与，培训内容从传统图案、工艺、色彩搭配、设计、应用进行系统培训，推动新疆文创产品时尚度提升、促进地方产业和民生经济的发展。

5月10—13日，由协会与广东省深圳市龙华区观湖街道办联合主办、协会拼布色彩与艺术研究专业委员会承办的2017首届中国深圳国际拼布与手工艺展在深圳市举办。来自加拿大、新加坡、中国大陆和台湾地区等多个国家和地区的164件拼布艺术作品展出，观展人数1.5万人次。

协会分别在广东省佛山市、山西省太原市、内蒙古自治区呼和浩特市、广东省广州市、江苏省苏州市、浙江省温州市增加6家色彩搭配师培训基地，在上海市成立中国流行色协会上海培训中心。

学会建设　协会全年累计发展团体会员20个，团体会员总数达到762个；发展个人会员1086人，个人会员总数达到8308人。召开常务理事会议2次、理事会议1次；增补理事10人，其中常务理事2人；筹备建立中国流行色协会色彩艺术研究专业委员会。

多次召开会长办公会等专题会议，讨论会员发展和服务举措，修订协会《2017会员服务条例》内容；新增建立设计师俱乐部，设立色彩人才库。会员撰写的优秀论文免费刊登在《流行色》杂志上。

学会治理结构和治理方式改革 建立流行色协会功能型党委，发挥政治核心、思想引领和组织保障作用。建立理事会、常务理事会、会员代表大会、会长办公会、秘书长工作会、办事机构管理、专业委员会管理办法及议事规则。搭建色彩专业交流平台，发展个人会员。开展协会工作人员职业化建设。

主办期刊 全年共出版《流行色》12 期，发表论文 40 篇、科普文章 149 篇。

国内主要学术会议 2017 年，协会举办或承办国内学术会议 4 次，共有 523 人次参加，收录论文 32 篇。

9 月 11 日，由中国流行色协会和浙江省桐乡市人民政府主办、桐乡市科协和桐乡市濮院针织产业园区管委会承办的 2017 中国濮院时尚色彩融创论坛在浙江省桐乡市召开。来自濮院镇的企业代表、商户代表和设计师及全国媒体记者等 200 人出席论坛。论坛主题为“色彩·创新的融合”。

9 月 15 日，由中国科协主办、协会承办的 2017 跨界融合·时尚创意论坛举办，65 人出席，就时尚艺术、品牌创新、产品创新、色彩创新等方面对“跨界融合·时尚创意的新观点、新理念”主题开展主题演讲，就传统文化的创新与现代表达进行探讨。

10 月 12—13 日，由中国科协主办、协会承办的第 122 期新观点新学说学术沙龙活动在上海市举办。本次沙龙的主题是“为养老产业注入更多爱的‘色彩’”。38 人参加，分别从心理、建筑与环境色彩、中医养生、纺织服装、家居用品、社会福利、养老地产、色彩设计等多角度阐述了如何运用色彩元素更好地服务老年人的身心健康。本次沙龙的最大特色是以养老色彩为主题的一次跨领域、跨学科、跨行业的研讨会。

国际组织任职 协会副秘书长招霞任职INTERCOLOR 国际流行色委员会亚洲色彩评估师一职，任期 2014 年 11 月至 2017 年 12 月。

国际交往 协会全年接待来自法国、意大利、日本、韩国 4 个国家相关色彩公司和机构的专家、学者 20 人次来访，就色彩应用、设计等相关专业领域的内容开展交流和会谈。

5 月、11 月，协会两次派副秘书长招霞代表中国参加国际流行色委员会会议，提交 2019 年春夏季中国色彩提案、2019/2020 年秋冬季中国色彩提案，并带回日本、韩国、泰国、英国、法国、美国、意大利、德国、瑞士、芬兰、西班牙、匈牙利、土耳其、葡萄牙、丹麦 15 个成员国的色彩提案和国际定案，出版《国际色彩趋势报告》。

科普活动 2—8 月，协会分别在江苏盛泽、上海市、北京、浙江省绍兴市柯桥区、浙江省台州市仙居县、广东省佛山市、辽宁省葫芦岛市、山西省太原市等地开展“陈列色彩”“个人形象色彩”“家居软装色彩”等主题的 8 场科普讲座活动，共 9 人次专家开展科普讲座，3000 名各行业设计师参与。

6 月 29 日—7 月 2 日，协会在上海市开展为期 4 天的色彩搭配师四级科普教师培训班，共计培训色彩搭配师四级科普专业教师 13 人。协会向“女童保护”基金捐赠玩转色彩科学探索小工具 120 个，价值 23760 元。本次捐赠的色彩小工具将由女童保护基金分发给江苏省张家港市、广东省广州市、辽宁省大连市、河南省许昌市、山东省潍坊市、辽宁省东港市等多个城市和地区的小学校。

协会利用流行色和色彩搭配师微信公众号、微博等 5 个新媒体推送文章 170 余篇、发布微博近 60 条，内容涵盖党建、科普、专业知识、活动宣传报道等，传播流行色、流行趋势和色彩的科学应用，粉丝累计 7 万人。

表彰举荐优秀科技工作者 开展第九届色彩中国评选表彰活动，共评出四大类奖项 39 个单项奖，表彰 35 家企业、8 人次个人；表彰优秀论文作者 40 人次。

党建强会 5 月 18 日，成立中国流行色协会功能型党委，朱莎担任党委书记。全年召开 7 次党委会议，其中 6 次是工作会议。12 月 5 日，协会党委为每位委员分发《党的十九大报告辅导读本》，共同学习党的十九大报告精神，讨论协会 2018 年发展。

会员服务 协会为会员提供 12 期《流行色》期刊及《2020 春夏国际色彩趋势报告》《2019/20 秋冬国际色彩趋势报告》《纺织服装流行趋势展望》等专业报告，传递最新资讯。依托学术会议、学术年会论文征集、协会网站、协会公众号和服务号等平台，结合协会微信平台，设立“在线入会”，方便会员入会。通过微信和期刊推广优秀会员企业，宣传推广会员产品和服务，展示会员风采。

【2017 色彩中国颁奖典礼】 10 月 11 日，2017 色彩中国颁奖典礼在上海市举行。经过专家评委会的评选，评出四大类共 39 个奖项，如意、三枪、开洋、绿源、海信、广汽、上汽、起亚、巴斯夫、北斗星等 40 余家知名企业、机构及个人荣获大奖或提名。2017 色彩中国颁奖典礼由协会与上海纺织（集团）有限公司

联合主办。

中国纺织工业联合会会长孙瑞哲，中国纺织工业联合会副会长、中国服装协会常务副会长陈大鹏，上海纺织（集团）有限公司总裁朱勇，中国流行色协会会长、新疆维吾尔自治区人民政府副秘书长梁勇，中国纺织信息中心主任乔艳津，国家纺织产品开发中心主任李斌红，协会执行副会长朱莎等出席颁奖典礼。

在颁奖典礼上，协会发布了《榜样的力量》纪录短片，集中展现了近年来中国的时尚色彩从起步到转型，快速实现现代化、科技化、国际化的进程。短片以歌力思、比音勒芬、森马－巴拉巴拉、澜点羊绒、蹀愫女鞋、华润涂料、上海家化、九牧卫浴、旷达纤维、绿源电动车、海尔家电、上海纺织等国内各行业知名品牌为代表来展开，精彩的故事如百花齐放。

【第九届亚洲色彩论坛】 10月11—12日，第九届亚洲色彩论坛在上海市举行。本届论坛由协会与上海纺织（集团）有限公司联合主办，围绕“色彩·设计·智慧生活”的主题，与跨界来宾共同探讨色彩如何更好地与科技发展进步结合，用智慧的设计让人们的生活更美好。参会人数近300人，其中协会会员和理事单位、专业委员会的专家、学者150人，企业设计人员130人，来自日本、韩国、中国台湾地区、德国色彩领域的专家、学者20人。

本届论坛邀请曾荣获德国红点设计最高奖——“红点至尊奖”、现任德国红点设计奖评委的德国专家德克舒曼先生，来自韩国、日本、中国大陆和台湾地区的知名色彩专家作主题演讲。本届论坛汇集中、日、韩等亚洲国家服装、工业、智能、汽车、艺术、创意、营销等领域的资深色彩专家，增加了演讲嘉宾与听众互动环节、观摩“色彩中国”颁奖典礼，分享设计师对获奖色彩产品的研发理念与专业心得。

【2017中国国际时尚创意论坛】 12月6—7日，2017中国国际时尚创意论坛在浙江省绍兴市举办。来自法国、意大利、加拿大、日本等国内外时尚界、色彩界、纺织行业、文创产业、设计领域的专家、学者220人参会。中国纺织工业联合会原会长王天凯，协会会长朱莎，绍兴市柯桥区委副书记、区长赵如浪等出席论坛开幕式。

主题为“时尚·产业·城市”的2017中国国际时尚创意论坛由协会与绍兴市柯桥区人民政府、亚洲色彩联合会联合主办，绍兴市柯桥区中国轻纺城建设管理委员会、柯桥区科学技术协会、国家纺织面料馆、中国科协创新驱动助力工程中国流行色协会柯桥服务站承办。

在两天的论坛中，国际流行色委员会秘书长奥利维亚·圭莱曼（Olivier Guillemin），中国美术学院教授、博士生导师宋建明，北京大学经济学院教授、博士生导师曹和平，意大利米兰新美术学院时尚设计专业负责人科隆巴·莱迪（Colomba Leddi），东华大学服装学院副教授沈沉，日本合同会社T & L总经理田中宏高（Tanaka Hirotaka），加拿大UCCAL时尚集团首席创意执行官道格拉斯·科贝尼卡（Douglas Kobernick）等时尚设计、产业经济领域的海内外嘉宾，围绕论坛主题作主题演讲，内容涵盖《艺术与文化：巴黎时装潮流的新灵感》《时尚·产业·城市的融合》《时尚产业的创新发展》《时尚中的自然色彩》《海派时尚趋势与中式元素再思考》《新时尚商业的构造》《品牌故事——如何连接产品到商品》。

（撰稿人：秦爱梅）

中国档案学会

服务创新型国家和社会建设 学会积极参加“授渔计划”和国家档案局、共青团中央“青年之声”等单位在全国开展的精准扶贫一帮一助学行动，合理安排部门经费使用，利用自有资金支持国家档案局扶贫工作。

8月16—17日，学会在河北省石家庄市组织举办档案新技术新产品展示会，12家档案信息化、档案保护、档案装具厂商参加展示会。同时举办绿色档案馆建设研讨会。

学会建设 3月28—29日，全国档案学会秘书长会议在北京召开。会议通报了中国档案学会2016年工作和2017年工作计划要点。中国科协党组成员、学会学术部部长兼企业工作办公室主任宋军就国家有关学会工作改革与创新政策作《学会改革与发展》专题讲座。会议还邀请中国食品科学技术学会副理事长兼秘书长邵薇、中国公路学会副理事长兼秘书长刘文杰介绍了所在学会的改革与创新经验。

8月16日，在河北省石家庄市召开中国档案学会八届三次理事会议，85位理事及理事委托人出席会议。大会按照《中国档案学会章程》，根据理事长提名并经八届四次常务理事会决定，提请本次理事会以投票表决方式增补副理事长2名、秘书长1名、常务理事3名。新当选副理事长兼秘书长邓小军通报《中国档案学会2017年改革方案》。

制定《中国档案学会分支机构管理办法》，对分支机构的设立、变更、撤销以及分支机构职责与组织管理等做出了明确规定。

学会第八届理事会理事117人，其中常务理事36人。个人会员8007人，团体会员221个。

改版中国档案学术网，增加学会党建栏目，集成了会议管理、会员管理等功能。组织编撰出版《非物质文化遗产档案管理体系构建研究》《数字时代的档案整理》《档案数字化前整理工作》《企业档案信息化建设理论与实践》等学术专著。

主办期刊 完成6期《档案学研究》编辑出版工作，全年刊登论文134篇，全年印发22800册。整合在线编辑系统，完成《档案学研究》创刊以来所有内容的数字化工作。

国内主要学术会议 2月23—24日，由学会举办的电子文件归档与电子档案管理模式创新研讨会在上海市召开。会议探讨了电子文件归档与电子档案管理模式创新问题，分享了上海自贸区等单位在电子文件单套制管理方面的创新经验。与会代表围绕“电子文件归档和电子档案管理模式创新的做法和经验”进行了探讨。

4月18日，由学会和浙江省档案学会联合举办的档案公共服务能力建设学术研讨会在浙江省杭州市召开。与会代表分析研究了当前档案公共服务的现状和存在的问题，明确提出了在新形势新要求下进一步提高对档案公共服务能力建设的重要性和紧迫性；明确要从强化法治意识、扎实做好档案基础工作、充分利用现代信息化手段、彻底免除公民查阅利用档案的收费制度、建立档案利用收集信息的研判机制、加强档案从业人员职业能力教育等方面扎实提高档案公共服务能力。

4月22日，学会与中国人民大学档案学院合办ITrust网络环境中文件与档案信任国际研讨会。会议围绕网络环境中电子文件与档案管理政策、法规、标准建设和网络环境中电子文件与档案管理实践等问题进行了研讨。

5月11日，学会与云南省档案学会联合举办档案中介服务管理研讨会，来自各地的70位代表参加会议，9位代表围绕档案中介服务管理的研究与实践作了交流发言。会议分析研究了当前档案中介机构服务管理的现状和存在的问题，阐明了档案中介服务的内涵、意义和作用，交流了各地档案中介服务管理的经验和做法，提出了新形势下进一步做好档案中介机构服务和管理的措施和办法。

6月15日，由学会与陕西省档案学会联合举办的方言建档研讨会在陕西省西安市召开。与会代表围绕方言建档工作和少数民族口述记忆抢救工作作了发言。会议还邀请教育部长江学者介绍了世界上最大规模的语言资源保护项目“中国语言资源保护工程”。

8月17日，学会与河北省档案学会等单位在河北省石家庄市联合举办绿色档案馆建设研讨会。来自全国各地档案部门、高校、企业的250余人参加了会议，与会代表分享了绿色档案馆建设方面的成果。

8月17日，学会与国家档案局经科司在河北省石家庄市联合召开电子会计档案管理研讨会。来自财政部、中国石油、中国电信、交通银行等单位的专家围绕电子会计档案的实践与研究进行了研讨。

9月21日，学会与国家档案局法规司在浙江省杭州市联合召开《中华人民共和国档案法》修改研讨会。会议重点围绕《中华人民共和国档案法》修改的重点和难点问题展开讨论。全国人大常委会教科文卫委员会、国务院法制办公室等有关领导，以及来自全国17个省市档案局馆的有关人员，高校档案学、法学方面的专家、学者参加会议。

10月28日，学会与中国人民大学档案学院联合召开吴宝康学术思想研讨会，与会学者围绕吴宝康对新中国档案学理论发展的贡献及学术思想进行了研讨。

科普活动 配合国家档案局办公室举办国家档案局“‘6·9’国际档案日”讲座，邀请故宫博物院研究馆员、故宫学研究所副所长王军作题为“从档案史料看北京城市结构调整”的专题讲座。国家档案局局长李明华主持讲座。来自中央和国家机关各部委档案部门以及人民团体档案部门、中央企业档案部门等100余家单位的500余人聆听了讲座。

与北京市档案局等单位联合举办每月一期的“档案见证北京”社会公益文化系列讲座。

党建强会 经中国科协科技社团党委批准，中国档案学会于1月正式成立党委。中国档案学会党委设委员5名，党委书记为段东升（理事长）。

学会党支部于4月26日进行了换届。学会党支部召开2次党支部大会、3次组织生活会。

12 月 3 日，在湖北省武汉市召开部分高校理事座谈会，其间组织参观武汉东湖毛泽东故居、开展党日活动。

【2017 年海峡两岸档案暨缩微学术交流会】 7 月 6—7 日，在甘肃省敦煌市举办 2017 年海峡两岸档案暨缩微学术交流会。国家档案局副局长付华，甘肃省委副秘书长、甘肃省档案局局长赵国强，学会理事长段东升出席开幕式并致辞。来自我国大陆和台湾地区的 98 名专家、学者参加会议。

会议的主题是“互联网时代的社会记忆”，20 位发言人围绕主题分别从“档案、文献的标准体系建设”“新业态下档案、文献安全保障”“信息时代档案、文献的资源建设”“互联网时代档案、文献服务的创新”“网络时代数字信息的保存方式”五个方面进行了交流。

会议约请全国各地档案部门、大学的专家和教授撰写论文，中国文献影像技术协会也在图书馆界进行了论文的约稿，一共撰写 17 篇论文。台湾地区代表共提交 8 篇论文。

台湾地区代表团还与敦煌研究院的专家围绕“数字敦煌”进行了学术交流。

【2017 年全国青年档案工作者学术论坛】 9 月 20—21 日，在浙江省杭州市举办 2017 年全国青年档案工作者学术论坛。国家档案局副局长付华、浙江省档案局局长刘芸出席会议。

本次学术论坛的主题是“青年——档案事业发展与创新中的力量担当”。论坛共征集论文 700 余篇，评选出优秀论文 182 篇。11 位青年档案工作者作学术交流发言，浙江省档案学会理事长韩李敏、浙江大学教授傅荣校、辽宁大学教授丁海斌对发言进行了点评。会议还特邀第二历史档案馆馆长马振犊作专题讲座《档案中的抗日战争史》。

（撰稿人：邓小军）

中国国土经济学会

服务创新型国家和社会建设 2017 年，学会组织实施的“一城三区”总数达到 164 个，其中，三个实验区 42 个、百佳深呼吸小城 122 个。学会利用为“一城三区”量身打造的服务平台，主动为各深呼吸小城以及所在地党委、政府、企业或基层单位办实事，提供发展战略、政策咨询、经验交流、政策解答、宣传推动等服务项目 45 项。

学会组织了 20 次考察活动，为共建单位提供政策指导、技术引领等服务。7 月 1 日，学会在河南省卢氏县与 20 个县、市、区签署“创新驱动，共建百佳深呼吸小城示范城市”协议书，协议书从空间规划、政策信息、项目推进、投资融资、节庆活动、经验交流、产品推介、专刊宣传 8 个方面规定了学会为共建单位提供有效服务。

学会建设 学会召开 1 次理事会议、2 次常务理事会议、4 次理事长办公暨党委扩大会议。个人会员总数 1800 人，团体会员 50 个。学会全方位改革工作机制、工作内容、工作思路、工作方法，理事长办公会议、党委会议、秘书长办公会议三个会议每个季度联合召开一次，党建工作、业务工作统一安排、互相支撑；发展个人会员，改变会员结构；履行监事会的职责，规范学会运作；建立分支机构的动态评估机制。

主办期刊 发挥《今日国土》杂志深度报道、综合报道的优势，紧紧围绕学会的中心工作，以服务“一城三区”为主要目标，以宣传推动精准扶贫，发展绿色经济、低碳经济、循环经济为主要内容，刊发宣传科技人物文章 10 篇、深呼吸小城先进工作经验文章 12 篇、学术研究成果 20 余篇。同时，应河南省林州市、卢氏县、睢县和辽宁省长白山池南区党委政府的请求，编辑出版了 5 期专刊，为提升“一城三区”的知名度、美誉度，推动“一城三区”经验交流、助力地方经济社会发展作贡献。

国内主要学术会议 学会围绕国土经济相关理论问题，坚持学术引领，主办和协办学术会议。2 月 12 日，主办了以“绿色发展与优化空间”为主题的第十届中国国土区域城市经济学家新春论坛。在连续 5 年举办“中国国土经济论坛”的基础上，于 6 月 25 日以“空间规划的编制和实施”为主题的“中国国土经济 50 人”首场论坛在北京举办。围绕县域空间规划，在河南省卢氏县、吉林省池南区、北京等地相继组织了多次相关话题的座谈会、论坛。参与协办第七届中国湖泊论坛等一系列学术活动。

党建强会 学会通过推荐，从百佳深呼吸小城中选择 10 家有活力、有特点、有资源的基层党支部进入共建范畴，同时，强化服务功能，提升党支部共建单位的品牌形象。山西省长治县振兴村党支部与学会共建 5 年来，学会党委书记兼党支部书记柳忠勤先后 7 次带领党员理事、党员专家赴振兴村考察调研，为振兴村转型发展提供高端策划、投资融资、节庆活动等服务。

7 月 31 日和 9 月 20 日，学会联合中国生物医学工程学会、中国航空学会、中国粮油学会、中华中医药学会、中国抗癌协会、中国石油学会、中国农业工程学会、中国水产学会的 20 余位专家、学者，先后赴全国国土空间优化发展实验区河南省鹤壁市和全国中小城市生态环境建设实验区、百佳深呼吸小城之一吉林省临江市开展“喜迎十九大，全国学会党员专家助力地方经济发展”党建活动，帮助研究解决发展中遇到的实际问题。

会员服务 学会改革会员发展和服务方式。继续扩大会员规模，并严格按照专业与非专业的比例为 6∶4，老、中、青的比例为 3∶4∶3，男女性别比例为 7∶3 发展会员；健全优化个人会员入会申请审批制度、注册制度和缴费制度；制定会员分类服务管理办法；完善奖励机制，激励学会会员努力投入服务社会的实践中去。

【首届中国国土经济 50 人论坛】 6 月 25 日，由学会主办的以“空间规划的编制和实施”为主题的“中国国土经济 50 人论坛”在北京举行。第十届全国政协副主席、中国国土经济学会第四届理事会理事长张怀西出席。国家发改委、国土资源部、国务院发展研究中心以及中国科学院、中国社会科学院、北京大学、中国人民大学的专家、学者作主题发言，来自县市的代表共 60 多人参加交流。

中国国土经济 50 人论坛是学会为了更好地服务于“三区一城”建设和发展而倾力打造的高端智库。

张怀西以“促进空间优化，创建生态文明”为题发表讲话。与会专家从不同角度，围绕空间规划的功能定位、空间规划与新旧动能转换、空间规划与区域协同发展、空间规划与绿色发展、全国空间规划试点情况、空间规划体系构建、空间规划编制、实施的难点与对策、市县空间规划与省级空间规划的衔接等问题进行理论研讨。学会理事长柳忠勤介绍说，创建“三区一城”是中国国土经济学会实施“创新驱动工程”的具体途径，通过编制空间规划实现空间优化和绿色发展是“三区一城”建设的重要内容。论坛通过对国土资源开发保护、空间优化等重大问题做持续、深入的研讨，为新型城镇化和生态文明建设发挥积极影响。

【第十届中国国土区域城市经济学家新春论坛】 2 月 12 日，学会联合中国区域经济学会、全国经济地理研究会、中国区域科学协会、中国城镇化促进会等 5 家学术团体，共同在北京举办第十届中国国土区域城市经济学家新春论坛，通过跨学科、跨部门、跨领域的互动碰撞，就“绿色发展与空间优化”做深入沟通和交流。来自全国政协、国家发改委、科技部、住建部、水利部、国土资源部、国家林业局、中国科学院、中国社会科学院、国务院发展研究中心、北京大学、中国人民大学、首都经济贸易大学、南开大学等单位和科研教学机构的近 100 位专家、学者参与对话、研讨。

与会专家认为，空间优化需要学科交叉的系统化研究；绿色发展基本原则是以资源环境承载力为上限；空间优化需着眼于全域空间规划，既要把握全局，还要因地制宜，要控制发展规模和速度、注重发展质量；空间规划要注意软硬结合。

（撰稿人：杨巧英）

中国土地学会

服务创新型国家和社会建设 学会受团中央和国土资源部委托，组织全国 108 所高校共 165 支志愿者队伍于 7—8 月分赴 25 个省、自治区、直辖市的 224 个村庄，开展 2017 年村土地利用规划志愿服务全国大学生暑期社会实践专项行动。

学会建立起更加规范的土地规划甲级机构变更事项审批工作流程，规划甲级机构的社会认同度不断提升。

学会受国土资源部委托，持续推进土地调查行业自律建设，助力土地调查行业规范性发展，并取得阶段性成果。

学会组织召开省级国土规划技术培训暨编制工作座谈会，并举办 2 期土地整治培训班和 1 期国土资源行政复议与应诉培训班，1000 余人次受训。

完成“2017 国土资源科技奖”推荐工作，共推荐 3 项优秀成果，其中 2 项获奖；启动了第十五届中国青年科技奖候选人推荐与评选工作。

学会建设 4 月 20 日，中国土地学会七届常务理事会第三次会议在北京召开。会议由学会副理事长兼秘书长高延利主持，学会理事长、副理事长、常务理事出席会议。会议审议并通过了学会 2016 年工作总结和 2017 年工作计划、2016 年财务报告、学会各分支机构副主任名单等事项。

6 月 16 日，学会组织工作委员会暨全国土地学会秘书长工作会议在青海省西宁市召开。学会副理事长兼秘书长高延利总结了学会2016年工作，分析了当前学会面临的发展机遇，并就做好2017年工作提出了要求。

学会建立副理事长分管制度，每个副理事长分别联系1—2个分支机构。学会个人会员突破8000人，团体会员已达500多个。推进学会网站建设，优化网站栏目，完成学会网站改版、期刊评审和发行的网络系统开发工作。开通学会微信平台，学会微信企业号成为内部管理工作平台，微信服务号成为会员服务平台，微信订阅号成为学术观点传播平台。通过微信平台实现了学会重大活动的微信报名、组织和管理，提升了工作效率，方便了会员，并为学会对外宣传提供了新的窗口。

主办期刊 全年完成1000余篇《中国土地科学》投稿文章在线处理，编辑出版12期《中国土地科学》和6期《土地科学动态》，共计刊发论文300多篇、300多万字。《中国土地科学》继续被评为"中国国际影响力优秀学术期刊"排名前10%（Top 10%），继续被收录为中文社会科学引文索引（CSSCI）来源期刊、中国科学引文数据（CSCD）来源期刊。《土地科学动态》的影响范围越来越广泛。

完成《中国土地科学》编委会换届工作。12月21日，《中国土地科学》创刊30周年学术报告会暨新一届编委会成立大会、2017年外审专家工作会议在北京召开，100余名专家、学者与会。

学科发展研究 依托"土地学科进展与土地科学前沿问题研究"项目，以"农村集体土地市场化路径选择""土地征收视角下农村集体经济组织成员权实现""东北振兴中的土地利用管理创新""土地供给侧结构性改革与城市建设用地减量经济增长""多规合一背景下的建设用地减量化"等题目为重点开展专题研讨，形成多组专栏专题研究文章和研究报告，分别刊登在"中国土地科学网"、《土地科学动态》期刊上。组织北京大学、中国人民大学、中国农业大学、中国地质大学等多家研究团队开展"中国土地科学1980—2017年发展研究"，形成土地资源学发展研究、土地管理学发展研究、土地工程学发展研究、土地信息学发展研究、地籍学发展研究、土地经济学发展研究、土地规划学发展研究、土地科学发展计量学分析研究等多项研究成果。

继续跟踪学科进展，完成年度《土地科学学科发展蓝皮书》的编写出版工作，完成年度国土资源年鉴和中国科协年鉴词条撰写工作。

国内主要学术会议 6月23日，学会在北京与中国土地勘测规划院、国土资源部土地利用重点实验室联合举办"国土资源环境承载力与绿色发展"专家座谈会，11位专家到会发言，近90位代表参会。

学会于12月2—3日在浙江省宁波市举办2017年中国土地学会学术年会。

学会通过分支机构召开了土地生态管护与国土空间优化学术研讨会、2017年中国土地学会土地经济分会论坛暨城乡统一建设用地市场研讨会、土地资源分会第一次全体会议暨新时期耕地保护战略研究专题研讨会、省级国土规划技术培训暨编制工作座谈会等。学会法学分会召开研讨会，对《土地管理法》的修改提出了意见和建议。

国际交往 学会选派专家参加在芬兰赫尔辛基举行的2017年国际测量师联合会FIG工作周会议；组织专家参加皇家特许测量师学会（RICS）在上海市举办的世界建筑环境论坛，与RICS在会员发展、国际土地测量标准制定、推荐国际专家赴中国进行学术交流和讲学等方面取得了共识。

科普活动 积极开展第27个全国土地日系列科普活动，完成"'6·25'全国土地日"宣传口号的征集工作，共征集口号31条；通过网站举办主题为"土地与生态文明建设"的第16期"'6·25'全国土地日网上论坛"；与中国土地勘测规划院共同举办"科技强国，创新圆梦——提升土地科技创新水平，节约集约利用土地资源"科技活动周活动；与9个全国学会联合开展"生态文明，我知我行　创新驱动，我们先行——第三届资源环境与生命科技创新知识网络大赛"系列活动；参与土地国情国策进校园活动，邀请中国地质大学教授白中科为"李四光中队"队员作《神奇的土壤》科普讲座；组织中小学生参观土地督察工作和土地立体开发案例现场，邀请地震专家走进小学开展避灾讲座。

以贯彻落实《全国国土规划纲要（2016—2030年）》精神为主导，组织开展系列专访活动，12位专家、学者接受专访，学会微信公众号和网站发布专访内容。组织开展了首批首席土地科学传播专家人选征集工作，经自报、单位推荐、专家评议，18位专家成为首批中国土地学会首席土地科学传播专家。

【2017年海峡两岸土地学术研讨会】 7月26—

27日，2017年海峡两岸土地学术研讨会在江西省南昌市举行，主题为“城市更新、美丽乡村建设与土地利用创新”。学会理事长王世元、台湾地区学术代表团团长林子钦分别在开幕式上致辞，江西省常务副省长毛伟明出席开幕式并致辞。

王世元在致辞中指出，城市更新发展和美丽乡村建设是当前中国大陆城乡统筹发展过程中面临的重大课题，也是在土地利用和土地政策上亟待创新的重点领域。中国大陆近年来城市更新发展的态势为土地领域专家学者提供了深入剖析的鲜活样本。希望海峡两岸土地学界的同人充分发挥海峡两岸土地领域的智力资源和创新资源优势，共同打造好这一海峡两岸民间学术品牌和交流平台，为改进和深化土地管理制度创新、助推经济社会可持续发展建言献策。

本届研讨会由江西省土地学会、江西农业大学、江西财经大学、江西省国土资源勘测规划院、江西省土地开发整理中心承办，共收到论文50篇。会议设立1个主会场和4个分会场，31人参与会上交流。学会及相关机构负责人，来自海峡两岸土地学界的代表和中国大陆各省级土地学会的代表共150余人与会。

【2017年中国土地学会学术年会】 12月2—3日，2017年中国土地学会学术年会在浙江省宁波市举行，主题为“土地管理创新与生态文明建设”。学会理事长王世元到会并作主题讲话。会议规模400多人，共收到论文112篇，59篇入选年会论文集，13篇被评为“2017年中国土地学会学术年会青年优秀论文”。年会设置1个主会场、4个分会场、5个专题会场，63人参与会上交流，8位特邀专家作主会场学术报告。

王世元就“如何以实际行动落实好中共十九大关于生态文明建设的新要求”提出了五点建设性意见。开幕式上，与会领导为13位“2017年中国土地学会学术年会青年优秀论文”作者代表颁奖，为18位首批中国土地学会首席土地科学传播专家颁发聘书。会上还宣读了土地科技创新联盟倡议书。

（撰稿人：许　坚）

中国科技新闻学会

服务创新型国家和社会建设 学会承担中国科协大型宣传项目17个，组织宣传活动近200次，参与报道的记者1000余人次，发稿2000余篇。其中，策划专刊2本、专版3个、专题报道46篇，策划宣传片4部，组织直播18场，总计2000余万人次观看，近50万人参与互动。

在全国科技工作者日期间，学会受中国科协调研宣传部委托，与网易共同承办“‘5·30’一线优秀科技工作者百城联动直播”。直播以“精忠报国、敢为人先、拼搏奉献”为主题，采取线上线下结合，对70个城市、107位一线科技工作者进行集中宣传报道，318万人次在线观看，21万人参与互动。

学会策划实施青年人才托举工程、中国科协第十九届年会、全国科普日、“创响中国”及全国“双创”周活动等中国科协重大活动宣传。在“双创”工作中，学会组织中央媒体前往“创响中国”21站活动、2017年“双创”周深圳主会场和北京会场开展宣传，100余家媒体单位、300余人次记者参与活动，发稿近1000篇。2017年，“双创”宣传组织工作得到2017年全国大众创业万众创新活动周组委会嘉奖。

学会组织《人民日报》、新华社、中央电视台等媒体对吉林省、贵州省、西藏自治区三地的基层科技工作者先进典型进行采访宣传。组织采访创新争先奖章获得者、典型人物、一线科技工作者及院士专家等共计300余人。

3月29—31日，由中国科协调宣部主办、学会承办的2017年中国科协宣传工作会议在海南省海口市召开。来自中国科协机关及地方科协的73名宣传干部参加会议。中国科协党组成员、书记处书记王春法出席会议并讲话，中国科协调宣部部长郭哲、副部长王挺作专题报告，来自人民网、新华网、网易、腾讯、今日头条等媒体的有关负责人作了主题分享。

6月，由学会承办的中国科协科普部2017年科普人员培训项目媒体从业者科学传播专题班在安徽省合肥市举办，80名媒体从业者参加。中国记协原党组书记翟惠生，中国国际问题研究院常务副院长阮宗泽，中国水产科学研究院院长、党组书记崔利锋，国家气象中心农业气象中心主任毛留喜，中国科学报社社长陈鹏等作专题报告。本次培训开设了政策解读类课程、科学传播类课程、专业科技类课程，并组织考察了科大讯飞股份有限公司、科普产品国家地方联合工程研究中心及同期举办的2017中国国际渔业科技博览会。

9月，在民政部区划地名司指导下，由学会主办、光明网承办的“中国地名文化大直播”系列直播活动启动，在全国范围挑选了安徽省、西安市等10个具有代表性的地名文化故事，邀请对地名文化有研究的专家作为嘉宾，与主播一同讲解地名故事，并通过手机客户端进行直播。活动历时1个月，直播累积观看量231.5万次，其中河南洛阳二里头遗址直播观看量达33.4万次。

学会与新华网合作开展“新华杯”科技传播奖评选工作。12月17日，2017年“新华杯”科技传播奖颁奖仪式在中国科技传播论坛上举行。经过申报、材料审核、网上初评、会议复评、网上公示等程序，中央电视台“我爱发明”栏目等4个团队获优秀团体奖，新华社国际部记者黄堃等6人获优秀个人奖。

学会科技报分会与山西科技新闻出版传媒集团合作，联合全国科普惠农绿色通道办公室等单位共同开展“科普中国·寻找最美乡村科技致富带头人”活动，通过网站、APP、微信平台对科技致富带头人典型事迹进行展示宣传，《南方科技报》等20多家媒体参与宣传，报送候选人2000余名。活动评选出“科普中国·最美乡村科技致富带头人”标兵12名、带头人98名。

学会建设 6月29日，经学会五届十一次常务理事（扩大）会议审议通过，成立中国科技新闻学会太空文化传播青少年工作委员会。

12月17日，经学会五届六次理事会议审议通过，同意发起成立“中国大数据科技传播联盟”。

学科发展研究 学会组织有关专家和学者完成“中国科协学术会议品牌示范建设工程项目绩效评估指标研究项目”“中国科技新闻学会活动数据及科技内容提供服务项目”“科技类博物馆科学教育发展策略研究”“科技报刊科普信息化建设的构想方法与路径研究”等研究课题。其中，“科技报刊科普信息化建设的构想方法与路径研究”课题由中国科普研究所和学会科技报分会牵头，课题组围绕全国科技报科普信息化建设情况进行专题调研，截至2017年年底，已形成课题报告和5篇专报，总计约5万字。

国内主要学术会议 6月17日，由学会、中国渔业协会共同主办的2017中国渔业科技传播论坛在安徽省合肥市举办。本届论坛邀请中国记协原党组书记翟惠生、中国国际问题研究院常务副院长阮宗泽、中国水产科学研究院院长崔利峰、武汉合缘绿色生物股份有限公司总工程师邓书东作报告。来自《人民日报》、新华社、《经济日报》等媒体的记者编辑，与参加中国科协科普部媒体从业者科学传播专题班的学员等近200人参会。

国际交往 10月25—30日，第10届世界科技记者大会在美国旧金山市举行，大会的主题为“架起科学与社会的桥梁”，来自世界各国的1200多名科技记者、编辑参加了会议。学会组织7人代表团参加。会议探讨了全球语境下科技传播的重要性与新形式，由学会推荐的中央电视台科教频道制片人冯其器获表彰。

11月1日，学会代表团访问美国物理联合会，双方就科技新闻传播领域联合办奖、科技记者交流培训等合作事宜进行了交流。

会员服务 4月19日，第三十届（2016年度）全国科技报系统优秀作品评选会在湖北省武汉市召开。学会理事长宋南平、秘书长许英，湖北省、武汉市科协有关领导及23家科技报社长、总编辑约50余人出席会议。通过评议，从25家科技报社报送的229篇作品中评选出一等奖27篇、二等奖32篇、三等奖40篇、好标题5篇。

【2017年中国科技传播论坛】 12月17日，2017年中国科技传播论坛在北京举办，会议主题为“大数据应用与创新”。论坛由学会主办，中国科普研究所协办，新华网、学会大数据与科技传播专委会承办。

中国科学院院士郭华东、中国工程院院士戴琼海分别作主旨报告《数字丝路：大数据驱动“一带一路”可持续发展》《人工智能发展的前沿探索》。

会上，学会副秘书长刘末宣读“中国大数据科技传播联盟”倡议书。中国科协有关部门、直属事业单位，中国记协、中国科学院科学传播局等单位领导，以及来自科研院所、新闻媒体的220余人参加会议。

（撰稿人：杜　梦）

中国老科学技术工作者协会

服务创新型国家和社会建设 协会制定并印发《中国老科协事业发展行动计划（2017—2020年）》（以下简称《行动计划》）。《行动计划》分为主要目标、任务举措、保障措施三大部分，围绕服务老科技工作者、服务决策咨询、服务全民科学素质、服务创新驱动发展等重点领域提出了15条具体举措。

发挥特邀高级顾问的作用，围绕国家“十三五”规划实施，面向科技创新和经济主战场、面向老科技工作者的需求选题立项、开展调研，做好“老科协智库”品牌。

年内先后开展“邯郸‘健康小屋’模式研

究”“‘城归’农民工返乡创业问题研究”“高校青年科技人才能力建设若干问题研究”“如何利用我国病源优势占据生物医药研发的竞争优势”“促进我国科学家参与国际科技组织发挥重要作用研究”“去产能下煤炭行业的可持续发展”等课题研究。

以“科技助农工程”为重点，把助力精准扶贫作为服务“三农”的首要任务，在有条件的地方组织老科技工作者进村入户，引进种植、养殖等扶贫项目，开展种植、养殖等技术培训和创业技能培训，为农村培训科技能手、创业带头人，促进农村发展、农业增产和农民增收。

举办首届全国老科协书画摄影展，展览以“不忘初心　风采依然”为主题，展出书法作品253幅、绘画作品203幅、摄影作品221幅、特邀作品19幅，共计696幅。入选作品由企业认领，认领资金全部捐赠中国科技馆发展基金会，用于农村中学科技馆建设。

学会建设　协会召开六届四次常务理事会议、六届五次常务理事会议和理事会议，审议相关事项，选举副会长，完成增补、变更理事、常务理事及负责人备案工作。2017年，协会增补副会长4人、变更秘书长1人，核工业分会完成换届。截至2017年年底，协会有理事166人、常务理事60人。

8月，协会在北京举办首次全国老科协秘书处工作人员培训班，以学习为老科技工作者服务的方法和技能等为主要内容，来自各省、自治区、直辖市老科协、中国老科协各分会的50余人参加了培训。

12月，对协会财务情况进行梳理，处理遗留问题，出台了10项财务管理制度。

学会治理结构和治理方式改革　根据《中国科协2017年学会改革工作要点》，协会制定了建立会议制度，发展个人会员，加强分支机构建设和管理，制定兼职人员行为准则，建立理事会层面的党组织，公开发布协会2017年年报，推进协会办事机构实体化、规范化、职业化建设7项基本任务的改革方案。

协会成立中国老科协党委，按照中国科协科技社团党委要求制定工作规则、开展工作。

设立决策咨询专门委员会（中国老科协特邀高级顾问）、科普与教育专门委员会、奖励表彰与宣传专门委员会、“三农”与扶贫专门委员会、企业技术创新专门委员会、组织建设与服务专门委员会6个专门委员会，协助常务理事会审议有关事项和开展工作。

2017年召开6次会长办公会议，商讨协会重大事宜，审议秘书处提出的工作方案。

建立会员代表大会代表常任制。加强与代表的沟通联络，为代表免费订阅科技类报刊，提升代表服务工作水平。

协会会长陈至立和其他副会长率秘书处人员先后赴山东、山西、辽宁、河北、内蒙古、宁夏、江苏、安徽、云南、贵州、广西等地出席工作会议，召开老科协工作座谈会，听取汇报、讨论交流；深入到县级老科协、企业老科协、乡镇和街道社区老科协、老科协农业科技项目基地、农村中学科技馆等进行实地考察，与基层干部群众直接交流；了解情况，指导工作，解决困难。

主办期刊　协会主办期刊《今日科苑》加强记者、编辑的采编工作管理。1月，调整编辑队伍，修改部分栏目名称。

7月，与中国科协创新战略研究院联合办刊，调整杂志领导和编辑部成员，对期刊进行改版。

决策咨询　协会提供决策咨询报告2篇，《关于支持深圳建设国际科技产业创新中心有关问题的建议》获国务院主要领导批示。《老科学技术工作者家庭照护问题研究》获国务委员王勇批示，被列为中办督办件，由全国老龄工作委员会牵头成立联合课题组研究相关政策。

国内主要学术会议　9月，协会在北京组织召开研究成果现场推进会，就各省市开展增设电梯的地方实践和探索进行了交流，总结归纳有关案例，提出了推进既有住宅加装电梯工作进一步落实的有关建议。

9月27日，协会与中国林业产业联合会、江苏省科协在北京共同主办首届木本油料产业化发展高峰论坛，协会会长陈至立出席并讲话。论坛交流论文30余篇，从不同领域探讨了木本油料产业发展的新形势、新经验、新成果和新贡献。

12月，协会在北京举办首届全国老科协智库论坛。论坛围绕各地建设智库的经验以及智库发展进入新阶段所肩负的新任务与新作用展开研讨交流。论坛收到来自各地老科协和分会的论文投稿102篇，其中8篇进行了大会交流。老科协团体会员代表90余人参加论坛。

科普活动　协会组织30余名专家在15个省、市开展科普报告60场，听众超过5.7万人次。

11月，协会在北京举办中国老科协大学堂科普讲师提高培训班。邀请12位专家分别对《全民科学素质纲要实施方案（2016—2020年）》、科普人才队伍建设实施进行解读，对科普教育新走向与创新以及提高科学素质、建设科技强国进行专题授课。培训内容以不同学科领域典型的科普报告为示范，安排科普演讲选题、技巧、心理学研究等课程进行讲授。

举办老科协大学堂报告会3场。邀请专家围绕前沿科学、科学健康、文化艺术、国防外交等方面作报告。

7月31日—8月4日，协会组织4位专家到黑龙江省鹤岗市开展“不忘初心、服务老区”义诊与科普报告活动。诊治患者200余人，开展查房会诊1次，接诊疑难病症3例，举办国防和健康科普报告2场，听众800余人次。

表彰举荐优秀科技工作者 协会向全国老龄工作委员会“老有所为先进典型人物”、中国科协“创新争先优秀科技工作者”推荐老科技工作者4人次。刘铭庭获“老有所为先进典型人物”。

协会评选出2017年度中国老科协奖“突出贡献奖”获得者10名、“突出贡献奖”提名奖获得者18名、老科协奖获得者158名、先进集体奖获奖单位16个。

党建强会 组织召开协会会长办公会议暨理事会党委会议，传达学习党的十九大精神。协会领导和党委委员交流学习体会，研究全国老科协系统学习贯彻党的十九大精神的具体措施。

会同中国科协老科技工作者专门委员会等联合举办“深入学习贯彻党的十九大精神，更好发挥老科技工作者作用”座谈会。

会员服务 6月，协会在北京举办首届全国老科协书画摄影展，展出书法253幅、绘画203幅、摄影作品221幅、特邀作品19幅，共计696幅。6天参观总人数达4184人次，其中京外的省、市、县级老科协及企事业单位老科协组织的110多名老科技工作者代表参观。

10月28日，协会联合北京老科学技术总会组织开展以“歌唱祖国、歌唱人民、歌唱党、歌唱美好生活”为主题的全国老科技工作者日北京主场活动。协会会长陈至立和中国科学院院士郑哲敏、孙鸿烈、赵鹏大，中国工程院院士胡启恒等820余名老科技工作者参加活动。

协会党委围绕老科技工作者人员结构、思想观念、活动方式、服务管理等方面，面向全国开展老科技工作者状况调查，依托31个省、自治区、直辖市老科协及16个老科协分会开展问卷调查，召开座谈会，听取老科技工作者反映的意见和建议，汇总提交老科技工作者情况资料。

【首届全国老科技工作者书画摄影展】 6月18日，首届全国老科技工作者书画摄影展开幕式在北京举行。中共中央政治局原常委、国务院原副总理李岚清为展览题写展名。全国政协副主席、九三学社中央主席、中国科协名誉主席韩启德，原国务委员、十一届全国人大常委会副委员长、协会会长陈至立出席开幕式并观看展览。

展览展出书法、绘画、摄影作品600余幅，农村中学科技馆公益项目的科普展品也在展览上展出。

科技界代表和部分中国科学院院士、中国工程院院士、地方老科协代表、中国科协机关部门和直属单位负责人以及各地老科技工作者代表参加展览开幕式。

【首届全国老科协智库论坛】 12月19日，首届全国老科协智库论坛在北京举行。协会会长陈至立，中国科协党组成员、书记处书记王春法，协会副会长、协会团体会员单位代表110余人参加了论坛。全国政协人口资源环境委员会副主任、协会常务副会长齐让主持论坛。

中国科协创新战略研究院副院长、中国老科协创新发展中心副主任陈锐作主旨报告《中国老科协智库建设的实践与思考》，报告从如何准确把握党的十九大关于智库建设的新要求、思考重构新时代老科协智库建设的新格局等方面进行了阐述。

上海市退（离）休高级专家协会、黑龙江省老科协、山东省青岛市老科协、安徽省马鞍山市老科协、浙江省老科协、四川省老科协、宁夏银川市老科协、清华大学老科协8个老科协组织的代表作了大会交流发言。

【2017年度中国老科学技术工作者协会表彰大会暨科学健康报告会】 12月20日，2017年度中国老科学技术工作者协会表彰大会暨科学健康报告会在北京举行。协会会长陈至立出席会议并讲话。中国科协党组成员、书记处书记吴海鹰，科技部政策法规与监督司、人力资源和社会保障部专业技术人员管理司有关负责人，协会副会长、协会理事、协会奖评审委员会代表、获奖者代表、在京的老科技工作者代表近400

人出席大会。协会常务副会长齐让主持表彰大会，全国人大常委会委员、协会副会长冯长根宣读表彰决定。

大会授予于永芳等186人“2017年度中国老科学技术工作者协会奖”，授予石书济等10人“突出贡献奖”，授予北京老科学技术工作者总会等16个组织“2017年度中国老科学技术工作者协会奖”先进集体。

表彰大会后举行了科学健康报告会，中国科协国际会议中心原主任吴甘美主持报告会。7名院士专家围绕关爱心脏、睡眠与健康、疾病治疗与抗衰老、肿瘤的预防和推迟等方面作报告。

（撰稿人：胡　末）

中国科学探险协会

学会建设　5月，协会海洋科学考察专业委员会成立，协会主席秦大河出席成立大会并为委员会授牌。

8月，协会珠穆朗玛基地在珠穆朗玛大本营正式挂牌设立，协会主席秦大河等协会领导赴西藏为基地揭牌。

12月3日，协会在北京组织召开第五届理事会第四次会议，增补中国科学院大气物理研究所所长朱江、海洋科学考察专业委员会主任王东晓为协会副主席。

主办期刊　《中国科学探险》全年出刊12期，发行量合计26650册。采编选题《硝烟与人性——雷扎·德哈迪的战地影像志》《伊朗年轻人——黑袍下的禁忌与自由》受到读者好评，动物选题《可可西里——世界自然遗产地野生动物基因库》贴合当时的热点话题，《和而不同，大道远行——10国驻华大使畅谈“一带一路”》选题让读者对“一带一路”有了更多角度的了解。

科普活动　1月，协会组织109名会员参加南极科普考察活动。活动由协会副秘书长王新民带队，协会理事丁明虎作为指导专家随队出行。活动前往南极半岛地区考察，并登陆了长城站。

2月，协会组织10名会员开展秘鲁亚马逊热带雨林、厄瓜多尔加拉帕戈斯群岛考察活动。

3月，协会组织8名会员赴北非撒哈拉沙漠考察。

6月，协会组织8名会员赴津巴布韦、赞比亚、博茨瓦纳、纳米比亚等地考察南部非洲沙漠、低树草原与非洲原始部落状况。

7月，协会组织15名会员赴北极点考察。协会组织12名会员赴俄罗斯堪察加半岛考察火山环境及大马哈鱼洄游情况。

8月，协会组织20名会员赴东非肯尼亚考察动物大迁徙。协会组织46名会员参加北极斯瓦尔巴德群岛考察活动，活动由协会常务副主席王维带队、理事丁明虎作为指导科学家随队出行，主要考察北纬78°—81°的斯瓦尔巴德群岛及北冰洋边缘生态环境。

9月，协会组织26名会员赴北极斯瓦尔巴德群岛、格陵兰岛与冰岛进行考察。活动考察了北纬79°—66°北极地区的自然环境与野生动物。

11月，协会组织20名会员赴加拉帕戈斯群岛考察，沿途考察哥斯达黎加火山与热带雨林。

7月17—27日，协会组织会员19人参加巴布亚新几内亚科普考察活动，活动由协会会员、动物学家刘晔带队并进行科学指导。活动拍摄了红极乐鸟、威氏极乐鸟、鸟翼蝶、斑袋貂等珍稀野生动物照片。

7月15—23日，协会组织63名会员参加“冰火之旅”河西走廊大型科普考察活动。活动由协会常务副秘书长李杰带队，常务理事屈建军、理事井哲帆作为专家随队指导。活动沿途考察了八一冰川、雅丹地貌、库姆塔格沙漠、罗布泊、大海道等地。

9月5—24日，协会组织会员6人到台湾地区进行科普考察，活动由协会理事梁红斌带队并进行科学指导。考察期间拍摄了白点球壁象鼻虫、球胸步甲、爪步甲等台湾地区稀有昆虫。

协会与香港乐施会合作拍摄两部纪录片——《记者报告》《这方热土这方情》。

由协会常务理事张文敬、名誉主席高登义、副主席王维撰写的科普丛书《科学家带你去探险》（4本）获2017年国家科学技术进步奖二等奖。

协会组织开展2017年中国科学探险协会科普工作先进工作者评选活动，协会常务理事张文敬获科普工作先进工作者。

（撰稿人：霍翠萍）

中国城市规划学会

服务创新型国家和社会建设　受住房和城乡建设部委托，学会开展城市特色风貌调查研究，遴选中国城市特色风貌区。学会参与完成中宣部“党的十八大以来以城市规划管理体制改革推动城市创新发展的实践经验总结研究”课题，完成住房和城乡建设部“城市物流发展与城市规划协调研究”课题。

学会组织专家赴四川省遂宁市调研，为当地提供技术咨询，助力遂宁建立学会首个城市服务站。8月30日，“中国城市规划学会遂宁服务站”挂牌。12月7日，遂宁市城市规划和建设学会成立。

学会集聚国内外高端智力人才，组织专家定期或不定期到浙江省宁波市为城乡规划编制设计和决策提供咨询服务，为宁波市的城市发展方式转型、治理能力提升、创新能力提升提供智力支撑。

学会为雄安新区城市规划工作提供了多次技术咨询，先后在河北省保定市、北京举办雄安新区启动区城市设计国际咨询会。

学会助力广东省东莞市组织“走向更美好的城市——东莞30，30”专题研讨，为东莞城市建设出谋划策。

2月，学会根据河南省焦作市“‘十三五’近期建设规划”的相关编制工作需求，组织国内城市规划学术领域的专家、学者赴焦作市调研，围绕调研情况和地方需求举办座谈，为焦作市的“‘十三五’近期建设规划”的编制工作提供技术支持。

4月，就国家首批特色小镇、历史文化名镇赤坎镇的历史保护及新区建设，学会组织专家团队展开调研，就规划的地域空间特色、古镇发展、新区建设、具体规划手法和内容、城市设计的技术要求等提供专业指导。

5月19日，受吉林省科协邀请，学会组织专家对长春莲花山生态旅游度假区的发展建设进行咨询。

10月，学会组织专家团队赴中国科协对口帮扶地区山西省吕梁市调研，对村庄的现状进行踏勘，就助力岚县王狮乡长门村精准脱贫和美丽乡村建设的相关事项与县、乡、村领导进行了座谈讨论，就开展长门村义务规划设计达成共识。

学会组织了武汉长江新城咨询建议及总体规划（概念）方案国际征集，辽宁朝阳红豆杉温泉旅游度假区概念规划方案公开征集，中国（四川）自由贸易试验区川南临港片区城市设计国际竞赛，北京航空航天大学青岛国际科教新城概念规划、重点区域修建性详细规划及城市设计方案国际征集等活动。

学会建设 3月25日，学会召开五届二次理事会议，住房和城乡建设部城乡规划司原司长孙安军当选学会第五届理事会理事长。

2017年，学会新增个人会员708人，新增单位会员7个。截至2017年年底，个人会员6800人，单位会员80个。学会成立标准化工作委员会、控制性详细规划学术委员会，完成了学术工作委员会换届工作、城市规划新技术应用学术委员会领导班子调整工作。

学会治理结构和治理方式改革 2017年，学会制定新标准管理办法、二级组织考评办法、工作人员薪酬管理办法、培训管理办法等；创建精品品牌活动，包括以年会为代表的学术品牌、以“9·22”绿色出行活动为代表的科普品牌、以规划西部行活动为代表的公益品牌、以六校联合毕业设计为代表的教育品牌等。

学会获评中国科协“学会综合治理改革项目”一类社团。

主办期刊 全年发行期刊53.38万册。学会会刊《城市规划》出版12期，发行15.4万册；*China City Planning Review*（《城市规划》英文版）出版4期，发行2000册；《人类居住》出版4期，发行1.3万册；《城市交通》出版6期，发行2.4万册；《凤凰品城市》出版12期，发行30万册；《小城镇建设》出版12期，发行4.08万册。

《城市规划》杂志举办“40年40篇”论文遴选活动。《城市规划》杂志被中国科学引文数据库收录，获“2017年度国际影响力学术期刊”“精品科技期刊”称号。

学科发展研究 组织编纂《城乡规划学名词》。学会与国际欧亚科学院、联合国人类住区规划署、中国市长协会等主编，国务院发展研究中心等单位共同参与编写出版《中国城市状况报告2016/2017》、*The State of China's Cities*（2016/2017）。

决策咨询 学会承接山西左云历史文化名城保护规划、湖北红安城市总体规划专题研究、三沙海岛特色风貌技术指引研究、云南大山包文化旅游特色小镇改造提升规划等咨询项目。

国际学术会议 2017年，学会举办境内国际会议8个、境外学术会议1个，参会人数1510人次，交流论文92篇。

9月1日，“共创新未来：中拉城市规划与城镇化发展交流对话”国际论坛在北京举行。会议由学会与中国城市规划设计研究院等单位合作举办。乌拉圭驻华大使费尔南多·卢格里斯等来自拉丁美洲的代表与中国城市规划专家共同探讨中国与拉美地区相关国家城镇化规划合作。

10 月 14—15 日，第七届“21 世纪城市发展”国际会议在湖北省武汉市召开。会议由学会与华中科技大学联合主办。会议主题为“大都市规划与空间治理”。

10 月 26 日，2017 中欧可持续城镇化会议——创新驱动 · 新区发展论坛在北京举行。论坛由学会与中国科学技术发展战略研究院等单位联合举办，旨在拓展和深化中欧双方在城镇化领域的务实合作，为新区建设提供经验借鉴与技术支撑。

国内主要学术会议 2017 年，学会举办国内学术会议 59 次，较 2016 年度增加 7 次；参会人数 1.485 万人次，较 2016 年度增加 2148 人次；交流论文 4862 篇，较 2016 年度增加 404 篇。出版《持续发展，理性规划—— 2017 中国城市规划年会论文集》等 8 部学术出版物，发行 1.84 万册，制作光盘 1.1 万张。

1 月 16 日，“行万里路，谋万家居：人居科学发展暨《良镛求索》座谈会”在北京举行。座谈会由学会与清华大学等机构联合主办。中国科学院院士、中国工程院院士吴良镛，故宫博物院院长单霁翔，中国工程院院士傅熹年等专家、学者出席座谈会。

3 月 18 日，由学会与江苏省住房和城乡建设厅等联合主办的“当代田园乡村建设”研讨会在江苏省昆山市召开，120 余名专家、学者参加会议。与会代表签署了《当代田园乡村建设实践倡议书》。

6 月 4 日，由学会乡村规划与建设学术委员会和小城镇规划学术委员会共同举办的乡村规划教育论坛在上海市召开，来自社会各界的 300 余人参加了论坛。论坛发布了《共同推进乡村规划建设人才培养行动倡议》。

6 月 9—10 日，2017 年中国城市交通规划年会在上海市召开，1500 余名专家、学者参加会议。会议主题为“交叉创新与转型重构”。会议探讨了国家创新驱动、转型发展战略下中国城市交通未来发展的方向与路径。

6 月 10 日，中国城市规划学会控制性详细规划学术委员会成立及学术研讨会在广东省广州市召开，近 200 名专家、学者围绕“国家治理现代化下的法定规划”这一会议主题进行了探讨。

10 月 29—30 日，中国城市规划学会城市设计学术委员会 2017 年会暨“城市愿景”国际巡展活动在广东省广州市召开。会议由学会城市设计学术委员会和控制性详细规划学术委员会共同主办。学委会委员及专家、学者 300 余人参加会议。

国际组织任职 学会副理事长兼秘书长石楠继续担任国际城市与区域规划师学会（ISOCARP）副主席，2017 年 10 月在连任两届之后按规定卸任。学会理事陈小卉担任国际规划师学会科学委员会委员。

国际交往 1 月 21—22 日，学会副理事长兼秘书长石楠参加国际规划师学会（ISOCARP）2017 年春季主席团会议。石楠作为 ISOCARP 副主席，出席会议并报告了分管的 ISOCARP 出版工作情况。

7 月 10—14 日，学会常务副理事长兼秘书长石楠赴科威特调研，调研由国家发展改革委员会委托国家开发银行组织。

11 月 6 日，第二十三届联合国气候变化大会（COP 23）在德国波恩开幕。学会常务副理事长兼秘书长石楠以视频方式参加会议，介绍我国的城市规划师在应对气候变化领域所起的引领作用。

12 月 6—8 日，应联合国人类住区规划署法务部邀请，学会常务副理事长兼秘书长石楠参加在瑞典斯德哥尔摩召开的专家组会议。会议就联合国人类住区规划署法务部的发展战略进行了评估，对 2018—2024 战略规划的重点进行了研究，并对法务部研制中的规划法评估框架进行了讨论。

科普活动 学会科普类杂志《人类居住》面向公众推广可持续人居环境理念，普及世界范围的人居环境知识，全年发行 4 期 1.3 万册。学会官网、微博、微信等信息平台协同普及规划知识，开辟“学会声音”“规划周刊”等栏目，围绕城市设计、京津冀协同发展等主题为公众梳理城乡规划行业的重大新闻事件。

学会会刊《城市规划》杂志 2017 年分别在湖北省武汉市和山东省青岛市举办“城市规划论文撰写讲座”，帮助提高高校学生和青年学者写作技巧。该杂志与北京市西城区图书馆合作举办为期 1 个月的“规划 60 年”展览，让市民了解中国城市规划发展的历程。

表彰举荐优秀科技工作者 学会组织 2017 年院士推选工作，学会副理事长吴志强当选中国工程院院士。开展第 9 届中国城市规划学会青年论文奖、第 3 届中国城市规划青年科技奖、“40 年 40 篇论文，影响中国城乡规划进程学术论文遴选”等评选活动。

学会创新发展 学会联合全国 63 家古镇人民政府，14 个省、直辖市、自治区住房和城乡建设厅，9 所规划类高等院校及多家规划类企业和国家开发银行，整合企业、高校、科研机构和金融机构等共建

"中国古镇联盟"产业协同创新共同体。

党建强会 4月，经过中国科协科技社团党委批准，学会党委正式成立。学会官网开设"党建强会"专栏，利用学会简讯、微信公众号、微博等宣传学会党建工作。

会员服务 学会全年编印《学会简讯》纸质版及电子杂志17期，向全体会员传递学会及所属二级组织的最新工作动态。

【2017中国城市规划年会】 11月18—20日，2017中国城市规划年会在广东省东莞市召开。年会主题为"持续发展　理性规划"。会议由学会与东莞市人民政府共同主办、广东省住房和城乡建设厅协办、东莞市城乡规划局承办。来自各地城乡规划及相关领域的专家、学者8000余人参加年会。

学会常务副理事长兼秘书长石楠主持开幕式，学会理事长孙安军、广东省人民政府副秘书长赵坤、东莞市委书记吕业升、国际城市与区域规划师协会主席李察尔分别致辞。

年会围绕主题邀请了10位专家、学者作大会报告。年会设立了57个平行会议，包括1场主题对话、26个专题会议、23场学术对话、2场特别对话。年会收到征文3371篇，1602篇入选年会论文集，225篇被选为优秀论文，其中186篇优秀论文在专题会议上宣讲。同时，"第9届中国城市规划学会青年论文奖"获奖论文和"'西部之光'大学生暑期规划设计竞赛"获奖作品在专题会议上进行了宣讲。

年会首次采用网络视频直播的方式。7个大会学术报告以及重要的平行会议实现了网络视频直播，年会直播最高在线人数逾6万人，平均在线人数达2万人。

【2017年"9·22"绿色出行活动】 学会与中国城市公共交通协会、中国城市规划设计研究院联合成立"9·22"绿色出行活动指导委员会，组织开展相关工作。2017年活动的主题是"绿色交通·共享出行"。活动采取"倡议+承诺"的方式进行，由指导委员会向全国设市城市发出倡议，各城市市长签署"'9·22'绿色出行活动承诺书"，承诺在9月22日开展"9·22"绿色出行活动，以实际行动促进节能减排，推动城市交通可持续发展。

指导委员会在活动前期通过大量的宣传和指导，引导城市正确开展活动，扩大活动的影响，举办经验交流会。交流会还开通了视频直播，通过直播平台扩大受众面和影响力；建设活动网站，汇总承诺城市信息，发布城市筹备和开展活动的相关信息；为承诺城市提供组织手册、统一设计的宣传素材、宣传指引、宣传视频等资料供下载，实现联络员、活动方案和总结的在线报送；开通"9·22"绿色出行官方微博和微信，进行活动宣传，微博粉丝达6.5万人，活动期间文章总阅读量约14.7万次，微信公众号粉丝超1.2万人，活动期间文章总阅读量约1.2万次；提前一个月在首都国际机场、北京主城区公共汽车站和地铁站、火车站等公共区域投放户外媒体广告。

2017年，全国承诺开展"9·22"绿色出行活动的城市（县）达198个，活动覆盖人群超过2亿人。活动当天，全国各参与城市开展了形式多样的"9·22"绿色出行活动，包括划定无车区域和步行街，开展竞走、骑行比赛，推出公共交通优惠搭乘服务，鼓励私家车主选择绿色出行方式，进行交通安全教育等。

（撰稿人：刘静静　曲长虹）

中国产学研合作促进会

服务创新型国家和社会建设 促进会先后调研上海市、天津市、衡水市等26个地方，走访当地企业、高校、科技园区和乡镇，举办多场专题讲座和研讨会。

承担并完成"中国科协创新驱动助力工程""四川省政产学研银合作机制与发展模式研究"等软科学研究课题，编撰发布2017年《中国产学研合作发展态势分析报告》。

在上海市、成都市、长沙市、深圳市、重庆市、启东市等地举办协同创新座谈会，研究全国产学研合作的最新动态和进展，探索协同创新的规律，提出解决阻碍协同创新问题的对策建议。

促进会联合人力资源和社会保障部教育培训中心举办科技（研）经费管理师和科技科研经费专业管理人才培训5期，500余名学员经过培训和考核获得人力资源和社会保障部颁发的岗位能力证书。

组织举办多场产学研合作论坛、项目对接和专项活动，促进科技成果转化。促进会与平潭自贸区和中国企业联合会等单位联合在福建省福州市举办第四届中国（平潭）企业家科学家论坛；与惠州人民政府联合举办第六届中国（惠州）物联网·云计算应用博览会，期间举办中国云安全产业创新高峰论坛；与交通部信息中心在重庆市联合举办2017中国通信技术与车联网发展论坛；与贵阳市人民政府合作举办大数据金融高峰论坛；与郑州市人民政府、青岛崂山区先后合作举办虚拟现实产学研大会和国际虚拟现实创新大会；与大连市金普区合作举办营养餐标准化产业化论坛；与河北省衡水市人民政府合作举办新材料产学研创新论坛；与成都市人民政府合作举办渔业物联网产业论坛。

学会建设 2017年，促进会以联盟建设和开展产学研合作创新示范基地、示范企业试点工作为抓手，积极推进产学研协同创新体系建设，促进我国科技与经济的深度融合。

支持和推进绿色设计与制造联盟和标准化联盟发布铁矿石、商用电磁炉、绿色生物酵素、海尔智能空调等多项团体标准的研究制定；促进营养餐产业联盟将关注校园餐列入2017年全国政协双周协商座谈会议题；支持校企协同联盟举办系列“双创”活动；指导疼痛康复联盟开展系列面向基层的活动，推动“无痛中国”工程建设；指导动漫联盟与江宁软件园合作，建设动漫产业创新基地；支持和推进国家半导体照明工程研发及产业联盟通过照亮“一带一路”计划，组织企业“抱团出海”，引领中国半导体照明产业跨越式发展。

促进会支持构建中央企业电子商务、人体修复、核医学、智慧交通与车联盟、中医药肾脏病防治、量子科技、矿产资源与材料应用、氢能产业、茶疗养生、钢铁低碳清洁能源、智能供热制冷等新的创新联盟。在全国团体标准信息平台上发布智慧空调、智慧节能技术要求等26项涉及家电、建材、纺织品等近10类产品绿色设计评价的团体标准。开展产学研合作创新示范基地和示范企业的试点工作，认定山西省长治市、陕西榆林高新区、安徽蚌埠国家高新区、江苏盐城大数据产业园等产学研合作创新示范基地试点和北京软通动力信息技术有限公司、山东威高集团有限公司等70余家中国产学研合作创新示范企业，评选出中国农业大学、南京金龙客车制造有限公司等10个“中国产学研合作好案例”。

持续改进《中国科技产业》、中国产学研合作促进网、中国科技产业网，建立中国科技产业新闻中心，深入报道产学研合作示范基地、示范企业、产学研合作好案例等的新做法、新经验、新成果。加强信息网络建设，开通微信公众号并加入中国科协科普中国微平台。加强与会员联系，建立信息联络员队伍，在上海市建立《中国科技产业》杂志新闻中心。

国际学术会议 5月27日，由国家发展改革委员会、工业和信息化部、贵州省人民政府共同主办，促进会作为支持单位的区块链金融国际高峰论坛在贵州省贵阳市举行。贵阳市副市长王玉祥，美国硅谷库部蒂诺市前市长、现市议员 Barry chang，促进会常务副秘书长丁玉贤，中国大数据金融产业创新战略联盟、中国大数据信用服务中心副理事长兼秘书长唐浩增，日本野村综合研究所区块链研究负责人畑岛崇宏，美国硅谷微贝创始人郑剑，澳大利亚在线重力数字化战略咨询公司首席执行官 Paul X. McCarthy 等来自海内外区块链领域的专家、学者300余人出席论坛，共同探讨贵阳从互联网金融、大数据金融再到区块链金融的飞跃发展，为发展新经济、新金融献计献策。

10月22日，在促进会的支持下，由中国计算机学会、中国图象图形学学会联合主办，中国虚拟现实与可视化产业技术创新战略联盟参与协办的第十七届中国虚拟现实大会暨第七届国际虚拟现实与可视化会议暨第三届中国（郑州）虚拟现实产学研大会在河南省郑州市召开。同期举办了科技与产业发展论坛、教育应用论坛、虚拟现实科技成果与产业技术展示，来自海内外的专家、学者、企业代表1000余人参加大会。

11月11日，在促进会的支持下，由山东省文化产业国际商会等联合主办的中国国际商贸文化创新联盟成立大会暨山东省文化产业国际商会一届四次会员代表大会在山东省济南市举行。全国政协经济委员会副主任石军、促进会执行副会长兼秘书长王建华、山东省贸促会党组书记宿华、山东省中华文化促进会主席刘德龙、中外企业家联盟主席滕和显、阿塔梅肯国家企业家协会主席顾问卡娜科娜·库拉莱、山东省政协原党组副书记乔延春、国家开发银行原副行长李吉平、山东省委统战部副部长马啸等出席会议并致辞。来自中国、美国、俄罗斯、马达加斯加、柬埔寨的专家、学者及企业家代表参加会议，共同探讨推动国内外商贸文化产业交流和发展。

12月9—10日，在促进会的支持下，由丝绸之路国际总商会主办、大唐西市集团承办的丝绸之路国际总商会两周年庆典系列活动暨“一带一路”大讲堂在北京举行。来自“一带一路”73个国家的政府官员、驻华使节、商协会主席，联合国工业发展组织等国际组织负责人，以及亚洲基础设施投资银行、丝路基金等金融机构代表，丝路智库专家和企业界、学术界、文化艺术界等近2000位中外专家、学者出席活动，围绕“新使命、新思想、新征程、新乐章”主题进行交流研讨。

国内主要学术会议 1月11日，在促进会的支持指导下，由中国虚拟现实与可视化产业技术创新战略联盟等联合主办的第二届中国虚拟现实产学研大会暨中关村虚拟现实空间新年论坛在北京召开。中国工程院院士、虚拟现实技术与系统国家重点实验室主任赵沁平出席大会并讲话。来自科研、产业、政策制定相关部门的专家学者出席了论坛。

2月18日，由促进会支持、中国消费易物物联网产业创新联盟联合主办、中水数据科技股份有限公司承办的中国消费易物物联网成立大会暨首届消费物联网创新论坛在江苏省苏州市举行。全国政协教科文卫体委员会副主任、科技部原副部长、促进会常务副会长陈小娅，国务院参事室综合司司长吴润彪，促进会执行副会长、秘书长王建华，中水数据科技股份有限公司董事长宋德利等来自政府、产业、研究机构的专家学者和行业代表出席会议，共同探讨我国互联网产业和物联网产业创新发展，引导产学研商贸各界开拓易物物联网产业发展的新思路、新模式。

4月25—26日，促进会联合四川省科技厅在四川省成都市举办四川省政产学研银协同创新工作座谈会。来自四川省科技厅、经济和信息化委员会、教育厅等相关部门的负责人及企业、高校、科研院所、金融机构的专家、学者60余人出席会议，共同探讨协同创新的有效做法，完善健全协同创新机制。

6月11日，由促进会与上海稷业集团联合主办的《中国科技产业》杂志新闻中心暨科技金融成果转化中心启动座谈会在上海市举行。座谈会围绕“科技金融成果转化与金融结合为新型城镇化建设服务”的主题进行研讨。促进会与中国开发性金融促进会合作建立的科技金融成果转化中心落户上海,《中国科技产业》杂志社新闻中心同期成立并落户上海稷业集团。

11月14日，促进会与青岛市政府签署了战略合作协议。“青岛西海岸新区——中国产学研合作创新示范基地”揭牌。

11月30日，在促进会的指导下，由中国矿产资源与材料应用创新联盟主办的2017中国矿业全产业链大会在北京举行。30多位中国科学院院士、中国工程院院士，以及来自国家能源投资集团、中国五矿集团有限公司、中国中铝集团有限公司、中国黄金集团有限公司、中国鞍钢集团有限公司、紫金矿业集团股份有限公司等矿产资源开发和材料应用领域的1000多名代表参加大会，探讨矿业与其他产业的深度融合。中国矿产资源与材料应用创新联盟在会上揭牌。

12月2日，由促进会、中国教育技术协会联合主办的教育信息化产业创新驱动国际研讨会在广东省广州市举行。华南师范大学副校长胡钦太主持研讨会。会议围绕中国教育信息化产业创新升级的新路径进行研讨。

两岸交流 6月18日，由促进会、中国企业联合会、福建省企业与企业家联合会等联合主办的2017年中国平潭·企业家科学家创新论坛在福建省福州市举行。来自中国大陆及台湾地区的300余位学者、专家出席论坛。论坛与“6·18”中国海峡项目交易会及其项目推进机制对接，发布福建重大创新项目成果转化推进协调机制、福建“创新100”优秀成果，举行了智能摩擦项目投资合作签约仪式。“一带一路”创新发展集团在论坛上宣布成立。

表彰举荐优秀科技工作者 2017年产学研合作创新与促进奖新增加产学研工匠精神奖。项目申报涉及航空航天、大数据、智能制造、新材料、生物医药、大健康、农业科技、生态环境等领域。经评审委员会评审，评出各类奖项近400余项。

由促进会推荐的南昌大学谢明勇团队的“益生菌发酵果蔬关键技术研发及产业化应用”项目获国家科技进步奖二等奖。经促进会推荐，北京科技大学刘雪峰、北京工商大学田红玉、江南大学毛健进入国家“万人计划”。

会员服务 促进会与科技部创新司合作，在国家教育行政学院举办联盟理事长、秘书长培训班，100个科技部构建的联盟和促进会支持构建的联盟负责人参加培训。中国工程院原副院长干勇、科技部创新司司长许倞和政策法规司副司长张炳清及促进会和民政部有关专家等在培训班授课并作报告。

【第十一届中国产学研合作创新大会暨第二十六届山东省产学研展洽会】 11月12日，由促进会与山东省人民政府共同主办的第十一届中国产学研合作创新大会暨第二十六届山东省产学研展洽会在山东省济南市举行。中共中央政治局常委、国务院总理李克强，国务院副总理刘延东对大会作批示。大会以“产学研协同创新　迈向新时代新征程”为主题。国家相关部委和山东省相关部门领导以及来自产学研各界的代表1000余人出席大会。

全国政协副主席、中国科协主席、科技部部长万钢出席会议并致辞，全国人大常委会原副委员长、促进会会长路甬祥作主旨报告，山东省委副书记、省长龚正出席会议并致辞。中国工程院院士、上海交通大学校长林忠钦，全国政协经济委员会副主任石军，中国大唐集团公司董事长、党组书记陈进行，浪潮集团有限公司执行总裁王洪添分别作专题讲演。全国政协教科文卫体副主任、促进会常务副会长陈小娅主持大会开幕式。

大会发布了《济南宣言》，表彰了2017年产学研协同创新工作中做出重要贡献的先进集体和个人，颁发中国产学研合作创新与促进奖600余项，增设了产学研工匠精神奖。大会设置新旧动能转换推进转型发展高峰论坛、产学研推动“一带一路”建设高峰论坛、创新设计、智能制造、校企合作协同创新高峰论坛、健康中国战略高峰论坛等分论坛。

（撰稿人：蒋向利）

中国知识产权研究会

服务创新型国家和社会建设　研究会组织完成“各行业专利技术现状及其发展趋势研究”“重点领域专利技术分析研究”“国际知识产权热点问题研究”及河北省重点企业专利战略引导计划项目研究工作，组织专家对美国、日本、韩国、巴西、南非知识产权制度环境以及欧盟和美国、日本、韩国的海关知识产权保护工作进行研究。

研究会面向会员及企事业单位举办知识产权实务培训班13期。

12月25—27日，研究会在北京举办知识产权海外布局与风险防控培训班。专家围绕知识产权助力企业走出去、企业海外维权援助政策与实务、中国企业走出去知识产权风险应对等问题进行授课。研究会会员单位、来自企事业单位的知识产权管理人员、法律主管等120余人参加培训。

学会建设　截至2017年年底，研究会团体会员总数546个，个人会员总数369人。

3月，研究会召开全体会议，学习国家知识产权局局长申长雨传达全国两会的基本情况和政府工作报告等主要内容，就全国两会中热议的知识产权相关内容进行解读和讨论。

主办期刊　《知识产权》杂志全年出刊12期，发表论文161篇；策划了网络游戏直播的著作权问题研究、信息网络传播权问题研究、《民法总则》知识产权条款相关问题研究等多个专题。

截至2017年年底,《知识产权》杂志理事会有理事单位34个。

国内主要学术会议　5月24日，研究会在天津市召开京津冀及雄安新区知识产权工作一体化战略构想研讨会。国家知识产权局副局长、研究会常务副理事长甘绍宁出席会议并致辞。会议围绕如何在京津冀协同发展和建设雄安新区的重大战略部署中发挥知识产权工作的助力作用进行研讨。来自政府机构、社会组织、高校、科研院所和企业的170余名专家、学者参加研讨会。

国际交往　根据研究会与美国知识产权法律协会（AIPLA）的年度交流互访计划，AIPLA代表团于11月13—17日由执行副总监王真率团一行16人来华访问。研究会负责接待代表团，安排代表团在北京和四川省成都市两地的公务活动。国家知识产权局副局长、研究会常务副理事长甘绍宁会见了代表团一行。

代表团在华期间访问了国家知识产权局、最高人民法院、北京知识产权法院、中华全国专利代理人协会、国际保护知识产权协会（AIPPI）中国分会、京东方科技集团股份有限公司、专利审查协作四川中心、成都市中级人民法院等10余个部门和单位。代表团围绕专利审查指南修订、发明人报酬、专利侵权损害赔偿、知识产权法院最新发展情况等问题与相关单位进行了交流。

研究会秘书长赵志彬主持了代表团与国家知识产权局条法司、审业部等部门的业务交流，并重点回答了相关问题。

党建强会　研究会加强对党员的教育管理，摘编《人民日报》刊登的有关知识产权的文章及论述，定期组织党员集中学习讨论。

12月，研究会支部委员会召开换届大会，选举产生了新一届支部委员会，研究会秘书长赵志彬当选党支部书记。

会员服务　研究会向会员提供知识产权信息服务，赠阅《知识产权》杂志12期、《知识产权竞争动态》《中国知识产权研究会通讯》20期。

组织会员参加知识产权研讨交流活动，包括知识产权提升企业国际竞争力高级研讨会，美国外观设计权利、商业包装及非传统商标最新实务及案例讲析高级研讨会，美国知识产权最新实务及案例讲析高级研讨会，全球知识产权及创新峰会等。

2017年，有45个会员单位获评星级专利代理机构，数十个会员单位被确定为2017年度国家知识产权示范企业和优势企业，多个会员单位获第十九届中国专利奖。

【中国知识产权研究会第七次全国代表大会】 11月14日，中国知识产权研究会第七次全国代表大会在北京召开。国家知识产权局党组书记、局长申长雨出席会议并讲话。研究会第六届理事会理事长田力普作工作报告。会议由国家知识产权局副局长甘绍宁主持。国家工商行政管理总局、国家版权局、最高人民法院等单位的有关负责人出席会议并致辞。来自知识产权各领域及社会各界的300余人参加会议。

田力普向大会所作的工作报告从学术研究、顾问委员会建设、知识产权咨询服务、会员管理和发展、“一刊”“两讯”“一网”工作、司法鉴定、指导和服务地方知识产权研究会的工作、开展国际学术交流、加强办事机构建设和人才队伍建设9个方面总结了过去五年的工作，并对下一步工作提出了意见。

大会选举产生研究会第七届理事会成员335人，国家知识产权局原局长田力普当选理事长，马小航等28人当选副理事长，赵志彬当选秘书长。会议审议通过了研究会章程，成立了国防知识产权委员会。

会后，国际保护知识产权协会（AIPPI）召开了第七届一次常务理事会议。

（撰稿人：杨　丹）

中国发明协会

服务创新型国家和社会建设　在国家知识产权局指导下，协会在昆明市、广州市、芜湖市等地举办了创新与知识产权培训班。

11月，协会在广东省佛山市举办第二十二届全国发明展览会暨第二届世界发明创新论坛，国防知识产权局在本届展会和论坛上发布了第一期国防解密专利2452项。在论坛开幕式上，协会与佛山市政府共同发起成立中国发明成果转化（佛山）研究院，佛山市政府与中国发明协会以及中国电子学会等5个学会签订战略合作协议。协会在本届展会和论坛上宣布成立了中国发明协会健康医药发明创新分会。

学会建设　4月，协会组建中国发明协会理事会党委。

5月，协会在北京召开第十一届发明家论坛暨中国发明协会七届二次理事（扩大）会议。在论坛上宣布成立高职高专发明创新分会、健康医药发明创新分会、生物酵素产业联盟（分会）3个分支机构，并邀请专家就创新创业、协同发展等方面进行研讨。

6月，协会党委在北京召开党委第一次全体会议。

党的十九大期间，协会召开两次全体党员和员工会议，学习党的十九大会议精神和习近平总书记重要讲话精神。

国际学术会议　11月23日，由协会主办的第二届世界发明创新论坛在广东省佛山市举行。协会党委书记、常务副理事长兼秘书长余华荣作主旨发言《推进大众创业万众创新，促进国内国际发明创新交流与合作》。美国发明院（NAI）院士邓肯介绍了美国发明院的组织结构、活动与成果，与各国代表分享拓展学术界发明的实践经验。韩国发明振兴会（KIPA）主席李焌硕介绍了该组织知识产权管理与商业化支持的做法与经验。以色列驻广州总领事南可安介绍了以色列继瑞士之后成为第二个与中国建立创新合作伙伴关系的国家。德国转化与变革公司、德国工业研究协会研发董事会主席、德国焊接协会前总经理米德尔多夫介绍了数字化与工业4.0走向智能企业与智能经济。

环印度洋协会（有21个成员国以及包括中国在内的7个对话国）地区技术转移中心主任墨兰尼贾论述了创新在环印度洋地区的挑战和机遇。该中心作为地区技术合作协调中心，提出在“一带一路”倡议下与中国合作的前景，包括在人工智能、纳米技术、量子计算及智慧城市等领域中的技术合作，以及对环印度洋国家具有重要意义的可再生能源、水工程、海洋资源管理、蓝色经济及医疗卫生等领域的合作。

瑞典斯德哥尔摩发明协会主席斯特兰博格、日本科技振兴机构（JST）北京代表处所长茶山秀一介绍了日本科技创新政策及JST机构开展的实践工作。

中国工程院院士、北京航空航天大学教授王华明做了3D技术发展水平的介绍。

来自美国、英国等44个国家和国际组织的100名专家、学者出席论坛。有关各国的科技界、知识产权部门、发明协会代表、国内有关单位和发明家及企业代表1000余人参加论坛。

表彰举荐优秀科技工作者 协会进行了第十届“发明创业奖·人物奖”评选，推荐10个项目参加国家科技奖励评选，推荐项目均通过形式审查，在国家奖励办网上公示。

【第二十二届全国发明展览会暨第二届世界发明创新论坛】 11月23—25日，第二十二届全国发明展览会暨第二届世界发明创新论坛在广东省佛山市举行。本届展览会由科技部、中国科协、国家知识产权局、中华全国总工会、中央军委发展装备部、中国民主同盟中央委员会、科技日报社、国家科技评估中心等单位指导和支持，协会与广东省佛山市人民政府共同举办。

在1747项国际国内参评项目中，经专家评审评出国际国内项目金奖336项、银奖434项、铜奖464项。其中，国际金奖64项、国际银奖36项、国际铜奖21项；国内金奖272项、国内银奖398项、国内铜奖443项；27项发明获得世界知识产权组织、发明家协会国际联合会、澳门基金会、国际友人阿里荷马、中国宝武钢铁集团股份有限公司、波黑妇女发明学会等组织和个人设立的专项奖。

展会有40个国家和地区以及4个国际组织参展，参展项目达1771个，促成全国发明展技术交易、专利许可、专利技术吸引投资近3亿元。

【第十一届中国发明家论坛暨中国发明协会七届二次理事（扩大）会议】 4月25日，由协会与科技日报社、国家科学技术奖励工作办公室、中国知识产权报社主办的第十一届中国发明家论坛暨中国发明协会七届二次理事（扩大）会议在北京举行。全国政协副主席、中国科协主席、科技部部长万钢，协会理事长、全国政协常委、外事委员会主任、中国工程院原常务副院长潘云鹤出席开幕式并讲话。论坛由协会理事会党委书记、常务副理事长兼秘书长余华荣主持。

中国科协副主席、中国工程院院士、中国海军工程大学教授马伟明作主旨报告《科技创新催生海上作战新样式》。

协会七届二次理事（扩大）会议由协会理事长潘云鹤主持，审议通过了余华荣代表协会所作的工作报告，审议通过了增补副理事长、常务理事、增补调整理事情况和增设分支机构等议题，审议通过了协会理事会党委成立、人选组成和协会会费调整方案。吉利集团董事局主席李书福、新华三集团总裁于英涛、温州大学校长李校堃等加入协会理事会。会议宣布成立高职高专发明创新分会、健康医药发明创新分会、生物酵素产业联盟（分会）3个新的分支机构。

（撰稿人：史春明）

中国检验检疫学会

服务创新型国家和社会建设 学会首创的“五位一体”全程质量提升支撑体系（QBBSS体系）建设与应用取得阶段性成果。学会与浪潮集团打造“中国质量链”，建立闭环式的全程质量提升系统。

3月30日，学会发起成立了中国检验检测创新联合体。首批联盟成员包括瑞士通用公证行、法国必维国际检验集团、英国天祥集团、中检集团、广州检验检测集团、浙江方圆集团等63家检测认证机构和上市公司。

学会首创“六位一体”艺术品鉴证质量溯源体系，把计量、标准、认证认可、检验检测四大国家质量基础导入艺术品鉴定领域，以促进艺术品市场健康有序发展，规范和净化艺术品市场环境。

国家认证认可监督管理委员会批复同意把学会作为开展艺术品鉴证机构资质认定试点单位，国家标准化管理委员会批复同意学会成立全国艺术品质量管理标准化技术委员会。

由学会主持制定的10个艺术品鉴证质量溯源标准（字画类和陶瓷类）通过专家审定，填补了艺术品鉴证质量溯源标准的空白，结束了艺术品鉴证长期没有标准的历史。

学会与天津师范大学联合成立全国首家艺术品鉴证研究所，与中国文学艺术基金会成立艺术品产业诚信发展基金；为发展培养质检人才，学会与质检部门、地方政府共同建立聊城大学质量学院、宜宾学院质量学院、青岛大学质量与标准化学院、常州检验检测认证学院、威海检验检测认证学院。

2月3日，由学会与上海幸福九号养老投资集团共同举办的健康中国2017中国健康旅游与养老发展论坛在山东省聊城市举行。论坛围绕贯彻“健康中国2030”国家战略，探讨符合中国国情的健康旅游与养老发展的新模式、新方法、新业态以及促进健康养老与旅游产业融合发展等议题。

学会推进全国健康质量标准化技术委员会筹备工作。面向全国开展的健康质量标准需求征集工作征集到69项制标需求。

学会建设 截至2017年年底，学会共有会员单位451个、个人会员1737人，17位院士担任学会学术顾问。学会下设检疫处理专业技术委员会、卫生检验与检疫专业技术委员会、艺术品鉴证专业委员会、产品质量溯源专业技术委员会、质量诚信建设委员会、实验室专业委员会、标准化工作委员会、质量链工作委员会等十多个分支机构。2017年，学会被中国科协列入“优先建设学会”。

作为团体标准的首批试点单位，2017年，学会共立项团体标准19项。

12月29日，学会第一届理事会第四次会议在山东省莱芜市召开。会议审议通过更换中国检验检疫学会秘书长，修改中国检验检疫学会章程，召开中国检验检疫学会会员代表大会以及增选学会理事、常务理事、副会长，成立新的专委会、工委会等17个提案。

主办期刊 学会联合主办的期刊《检验检疫学刊》被中国核心期刊（遴选）数据库、中国科技论文与引文数据库（CSTPCD）、中国学术期刊网络出版总库、中文科技期刊数据库等检索机构全文收录。

《艺术品鉴证》2017年由双月刊改为月刊。

国际学术会议 学会主办或与相关单位联合主办的国际学术会议包括3月30日召开的2017广州国际检验检测论坛、4月7—8日举办的第十届中国国际食品安全技术论坛、4月20—23日举办的2017中国国际乳业合作大会、5月23日召开的AOAC食品安全技术与标准研讨会、9月28日召开的2017国家质量基础设施国际合作（天宁）论坛等。

国内主要学术会议 学会主办或与相关单位联合主办的国内学术会议包括5月9日召开的“中国品牌日”暨质量品牌建设研讨会、7月27—28日举办的第四届全国检验检测检疫学术论坛、11月15日召开的第三届中国食品追溯技术全产业链高峰论坛、12月8—9日举办的2017中国健康质量高峰论坛等。

国际交往 学会推进与美国嘉吉投资（中国）有限公司签署《关于合作开展国际食品安全管理领导力项目的合作备忘录》，落实与法国达能集团签署的《关于食品安全培训合作框架协议》，组织食品安全技术人才赴欧美进行培训，促进政府间食品安全监管交流，增进我国对欧美乳品安全生产、乳品包装材料及质量管控等情况的了解。

11月6—11日，由学会与宁波出入境检验检疫局共同主办的中国－东盟检疫处理技术培训在浙江省宁波市举办。来自文莱、菲律宾、老挝、马来西亚、泰国等东盟国家和国内相关单位的近40名学员参加培训。

科普活动 学会参与了质检科技周活动、《质检科普丛书》编写工作以及科技部等部门组织的“优秀科普作品推荐”“全国科普讲解大赛”“全国科普微视频大赛”等科普活动。

表彰举荐优秀科技工作者 6月8日，首届“中国检验检疫学会科技奖”揭晓，获奖项目共96项，其中一等奖5项、二等奖26项、三等奖31项、优秀奖34项。“中国检验检疫学会科技奖”是经国家质检总局批准、国家奖励办备案、面向全国检验检测检疫领域的综合奖项，旨在鼓励我国在检验检测检疫科学研究、技术创新与开发、科技成果推广应用、实现高新技术产业化、科学技术普及等方面取得成果或作出贡献的组织和个人。

会员服务 学会每两个月编辑出版一期《会员之窗》，宣传党和国家有关质量工作的方针政策，介绍检验检测检疫领域的科研成果，反映会员、会员单位和专委会的动态信息等，并免费发给相关单位和个人。学会开办了中国检验检疫学会网站和微信公共平台。

【中国检验检测创新联合体第一次成员大会】 12月29日，中国检验检测创新联合体第一次成员大会在山东省莱芜市举行。国际标准化组织（ISO）主席张晓刚当选中国检验检测创新联合体主席。

会议认为，中国检验检测创新联合体成立是建设质量强国、开展质量提升行动、整合和改革检验检测机构及检验检测服务业发展的需要，是连接服务检验检测机构及科技工作者的载体和纽带。

【2017国家质量基础设施国际合作（天宁）论坛】 9月28日，由国家质检总局、中国科协、国家认证认可监督管理委员会、国家标准化管理委员会指导，中国检验检疫学会、质检总局国际检验检疫标准与技术法规研究中心、质检总局发展研究中心、中国认证认可协会、中国计量测试学会、中国标准化协会、中国消费品质量安全促进会、中国检验检测创新联盟共同主办的2017国家质量基础设施国际合作（天宁）论坛在江苏省常州市召开，来自“一带一路”沿线56个国家的代表400人出席论坛。

国际标准化组织（ISO）主席张晓刚作主题报告。马尔代夫共和国经济发展部副部长阿卜杜拉·默罕默德、菲律宾共和国国家标准局局长佩雷兹·艾蒙斯托作嘉宾演讲。国家认证认可监督管理委员会副主任刘卫军、国家标准化管理委员会副主任崔钢、国家质检总局标法中心主任石宝祥作主旨演讲。

【2017 中国国际乳业合作大会暨第十五届中国国际奶业展览会】 4 月 20—23 日，2017 中国国际乳业合作大会暨第十五届中国国际奶业展览会在黑龙江省哈尔滨市召开。本届大会主题为“共担社会责任、同创健康中国”，由学会与黑龙江省贸促会、黑龙江省畜牧兽医局、国家乳业工程技术研究中心共同主办。

本届大会共设主题论坛、专题论坛、信息发布、配套活动 4 个部分，共 26 个分论坛。主题论坛中设立院士论坛——普及健康生活等 3 个分论坛，专题论坛设高寒地区牧场粪污资源综合利用等 14 个分论坛，信息发布包括全国奶牛养殖场生产管理状况调查报告等 3 项活动，配套活动设国际乳品展销会等 6 项活动。

【2017 中国健康质量高峰论坛】 12 月 8—9 日，2017 中国健康质量高峰论坛在安徽省合肥市召开。论坛以“提升健康质量，建设健康中国”为主题，由学会联合中国医院协会、合肥市人民政府、安徽出入境检验检疫局、安徽省质量技术监督局等单位共同主办。

来自全国质检系统、卫生计生、食药监系统和医疗健康等领域的专家、学者，以及企业、媒体的近 1000 名代表参加会议。论坛由开幕式、高峰论坛和分论坛组成。

高峰论坛特邀全国政协常委、香港医院管理局原主席胡定旭，国际标准化组织主席张晓刚，国家质量监督检验检疫总局卫生检疫监管司司长郭辉，中国工程院院士王广基，清华大学体育与健康科学研究中心主任张冰，国家卫生和计划生育委员会科技教育司监察专员刘登峰，中国医学科学院肿瘤医院副院长石远凯，国家食品安全风险评估中心技术总师吴永宁等专家作主题报告。报告围绕“第三方检测”“标准在提升健康质量中的作用”“健康管理体系战略布局”“健康质量领域科技创新”“食品安全技术支撑体系建设”等议题，与参会代表进行交流探讨。

分论坛由食品质量安全与健康、国际旅行卫生保健与传染病防控、智慧医疗与研发质量发展、营养质量管理与健康、检验质量与新技术应用 5 个分论坛组成，与会专家、学者就当今食品质量与安全现状、食品质量安全认证、检验检测领域新技术应用、健康营养领域的新发现等内容进行探讨和交流，为全面推动我国健康质量体系的发展提供思路和方向。

中国高科技产业化研究会

服务创新型国家和社会建设 研究会全年完成科技评价项目 88 项，既充实了成果库，又推动了企业可持续发展，受到企业好评；辅导企业编写重大项目可行性报告并开展咨询服务，满足地方政府和企业的需求，共申报 18 项，完成 7 项；全年辅导新技术新产品完成立项认定共计 120 多项，完成高新技术企业立项认定 20 家，辅导 12 家企业申报了发改委节能技术推广目录，辅导江苏沙钢集团有限公司、义乌华鼎锦纶股份有限公司申报工信部智能制造项目，辅导江苏奥力威传感高科股份有限公司申报工信部工业强基项目。

研究会受地方农业龙头企业和特色企业委托，组织编写县域农业产业规划区域发展规划及产业可行性报告，已完成 3 个报告。

依据《国家发展改革委关于加快美丽特色小（城）镇建设的指导意见》要求，受地方政府及投资运营企业委托，研究会主持完成了 2 项特色小镇顶层设计或立项申报规划。

研究会为企业组织编写申报可行性研究及项目建议书，完成定稿 3 项、初稿 2 项。

研究会与河南濮阳市科协签署战略合作协议，建立中国科协创新驱动助力工程学会服务工作站。中国科协批准研究会开展的创新驱动助力工程——科技助力精准扶贫项目，即在贵州、四川等地区推广香草小鲜猪先进养殖技术，已经取得较好成绩。研究会领导组织专家专程赴贵阳实地考察办公，通过座谈会听取企业汇报，了解项目进展情况和遇到的困难，跟踪核心技术开发利用、项目推广及产业链条诸方面的薄弱环节，实地研究解决问题，为推动产业化疏通了渠道、理顺了关系，得到当地政府和企业的支持。

学会建设 5 月 27 日，在北京召开中国高科技产业化研究会第四次全国会员代表大会暨第四届理事会一次会议，组建了第四届理事会，选举产生了新一届领导班子。中国航天科技集团科技委主任包为民任第四届理事会理事长，中国火箭技术研究院原党委书记梁小虹任常务副理事长兼法人代表，黎宇红任秘书

定》《外出请假报备规定》《会议纪律规定》《档案管理制度》《学会人员行为规范》等10余项内部及业务相关规章制度，加强对财务、档案、监督、信息公开等规范化建设，使学会管理制度体系更加科学。

促进会网站进行了改版升级，建立了立体化的宣传渠道及信息发布体系，利用网站、微信公众号、中国科协科猫APP、行业媒体等平台对外发布促进会动态、会员企业信息100余条，提升了对外宣传和为会员单位服务的水平。

按照民政部和中国科协关于加强分支机构管理的有关要求，对所属分支机构进行全面调研和梳理。在充分走访调研、广泛听取意见和建议的基础上，修订了《中国国际经济技术合作促进会分支机构管理办法》，对分支机构的设立、变更与撤销、组织机构、活动内容和方式、工作的评估和财务管理等内容做出了明确规定。强化学会的法人地位，将分支机构业务活动和财务收支纳入学会统一管理。在全面核查、了解各分支机构发展现状的基础上，按照相关规定对所属分支机构进行分类指导，规范了分支机构管理。

学会治理结构和治理方式改革 贯彻落实中央党的群团工作会议精神和中国科协第九次代表大会精神，准确实现“政社分开、依法自治、加强民主管理”的目标，完善法人治理结构，实施秘书长聘任制，推进秘书长职业化。办事机构不断优化结构，形成管理有序、务实高效的学会民主决策工作机制，提升了办事机构的执行力和科学管理水平。

国际交往 1月16日，促进会理事长杨春光在北京拜会了前来参加2017“拓展丝路”新年论坛活动的蒙古国特使、代表团长、交通运输发展部长德·冈巴特。双方围绕国家战略，就加强基础设施建设等领域深度合作进行了会谈，并达成广泛共识。蒙古国驻华特命全权大使丹巴·冈呼雅格等参加会谈。

5月15日，中国国际经济技术合作促进会代表团一行与阿尔巴尼亚共和国交通部长H.E Sokol Dervishaj，驻华大使H.E Selim Belortaja，常务总参赞H.E Eduard Molla，中欧“一带一路”投资企业家委员会会长、著名导演卫青，秘书长王洪旭进行座谈，共同洽商到阿尔巴尼亚共和国投资产业园区、基础设施建设、文化旅游项目等事宜。

科普活动 6月1日下午，由促进会和中国少年儿童文化艺术基金会联合主办的“‘传播科技 共享未来’——2017年首届国际青少年儿童科普大会”新闻发布会在北京举行。促进会理事长杨春光致辞。中国科学院院士、国际地理联合会水文对全球变化响应研究会主席、国家“973”项目首席科学家刘昌明，中国科学院信息安全国家重点实验室教授、中国科技大学博士生导师吕述望，阿尔巴尼亚共和国驻华大使H.E Slim Belortaja等出席新闻发布会并发言。

12月15日下午，由促进会与中国少年儿童文化艺术基金会、伊利集团联合主办的“未来公园——用科技连接世界儿童”科普公益项目启动仪式暨“2018国际青少年科普大会”在北京人民大会堂举行。促进会理事长杨春光致辞。中国儿童少年基金会秘书长朱锡生、伊利集团副总裁雒彦、中国工程院副院长杜祥婉、德国大使柯慕贤等出席启动仪式并发言。

学会创新发展 先后组织和参与承办了宁夏“‘一带一路’建设”信用论坛、云南南方丝绸之路发展论坛、中国“拓展丝路”新年论坛、中俄城市创新发展高峰论坛、“一带一路”·新动能新机遇（广州）峰会、2017首届国际科创园区（上海）博览会等，深入贯彻落实“一带一路”倡议，分享各国经济及产业信息与发展脉络，促进丝路沿线国家在科技、经贸、投资、文化等领域深化务实合作。

党建强会 1月20日，中国科协科技社团党委正式批复同意成立中国国际经济技术合作促进会功能型党委。促进会党支部积极开展“两学一做”教育活动，全年组织学习党的十八大以来历次全会的报告、习近平总书记系列重要讲话精神、《中国共产党章程》《中国共产党廉洁自律准则》《中国共产党党内监督条例》等13次；围绕建党95周年和长征胜利80周年，组织开展了一系列讲座、参观考察等纪念活动。党委书记、理事长带头讲党课、谈体会，带动全员学习，初步形成了重视学习研究、结合实际抓落实的良好氛围。

会员服务 先后带领会员企业赴山东、广东、江西、湖南、河北、重庆、湖北等省市的多个地市和县区走访调研，与当地主要负责人，科技、经信、发改、商务、招商、扶贫、科技园区等部门负责人及企业代表等进行座谈交流，签署、达成合作协议30余项，促成烟台汇通燃气与清控天诚资产管理有限公司签订长期战略合作协议。

12月1日，正式启动促进会“玩转吧科技”微信公众服务平台，促进科技成果产学研用一体化，提升服务会员企业能力。

【第二届深圳国际老龄博览会】 第二届深圳国际老龄博览会于8月25—27日在广东省深圳市举办。本次博览会以“促进交流合作，共创共享成果”为主题，设置老龄事业主题展区、老龄产业主题展区、线上平台老龄产业主题展区、海外老龄产业展区、乐龄大世界特色展区五大展区，特设“互联网+老年教育”论坛、国际视野下养老产业与服务创新发展论坛、中国中西医抗衰老（深圳）高峰论坛暨国家继教项目“老年健康管理”高级论坛、老龄产业细分领域盈利模式新发现论坛4场高峰论坛，致力于将博览会打造成为中国特色老龄社会创新的风向标、全球老龄资源的交流对接平台、全民可参与的老年主题盛会。博览会吸引了来自海内外的200家参展厂商，展区面积1.5万平方米，在展现国内外现代老龄事业、产业发展现状，激发全社会积极应对人口老龄化动力，助推老龄事业和产业资源跨界整合、交流对接，探索我国老龄事业和产业标准，提升资源投放和使用效能等方面取得了经济效应与社会效益。

【中国精准扶贫产业技术助力发展论坛】 2月26日，由中国国际经济技术合作促进会主办的中国精准扶贫产业技术助力发展论坛在北京开幕。中共中央组织部原部长张全景，第十二届全国政协社会和法制委员会副主任、全国总工会原副主席张世平，第十二届全国政协文史和学习委员会副主任、中央党校原副校长孙庆聚，中国科协党组成员、书记处书记王春法等出席论坛并致辞。学会会员代表和来自国内外金融界、企业界、学术界和媒体的相关人士，以及江西省扶贫办、湖南省湘西州政协相关单位的代表共200余人参加论坛。

（撰稿人：张志伟）

中国基本建设优化研究会

学会建设 1月18日，研究会在北京举行新年茶话会，共商研究会建设发展大计。国家经贸委原副主任于珍、科技部原副部长韩德乾等专家和研究会部门以上负责人共话优化发展。

研究会副会长、党委书记徐小青主持会议并致辞。研究会秘书长、党委副书记孙晓洲作工作报告。与会专家围绕“如何办好2018年研究会建会40周年纪念活动”“如何举办三农优化发展论坛及中国基建优化发展贡献奖评选工作”等议题展开讨论，并提出意见和建议。

学会治理结构和治理方式改革 2017年，研究会对学会治理结构和治理方式进行了优化。研究会秘书处领导由原来的1正2副调整优化为1正3副，并根据研究会自身特点和工作实际进一步明确了职责分工；研究会下设部门由原来的秘书处、办公室、法务部、财务部、会员管理处、国际合作处6个部门调整优化为办公室（含党委办公室）、宣传调研处、法务部、财务部、会员管理处、交流培训处、合作发展处、国际合作处8个部门，各部门职能进一步规范清晰。

学科发展研究 10月下旬，全国政协原副主席、研究会会长厉无畏领衔编著的优化理论著作《文化资本论》由中央党校出版社正式出版发行。

决策咨询 3月1—2日，研究会组织九三学社中央、清大筑境（北京）规划建筑设计院、科技部智慧城市学院专家应邀赴山西永和地区考察三农优化实验区及特色小镇项目，为当地政府在三农优化实验区建设、特色小镇、生态文化旅游、PPP产业政策等发展提供决策咨询。

3月4—5日，研究会组织中商企业集团、均瑶集团等10余家企业负责人赴湖南张家界地区考察调研农业产业情况及芦笋大健康产业基地备选地点，为张家界地区农业产业化优化发展提供决策咨询建议。

国内主要学术会议 3月18日，2017中国大众创业万众创新高峰论坛在河北省保定市举行。全国政协原副主席、研究会会长厉无畏应邀出席并为论坛揭幕。全国人大常委、民革中央副主席修金福等出席并致辞。来自北京、深圳、河北等地的400余名专家学者和业界人士参加论坛。论坛的主题是“创意、创新、创客、创业”。

5月26—27日，2017中国创新创业成果交易会在广东省广州市举行。研究会组织来自广东、上海、山东、安徽、四川、湖南等省份的9家高新科技会员企业携带创新项目成果参加交易会。

10月26—29日，由研究会、中国技术市场协会、中国建筑业协会材料分会等单位联合主办的2017中国生态智能建筑建材产业合作峰会暨装配式建筑产品及设计创新大赛在大连国际金融会议中心召开。相关领导、专家、学者、企业代表、参赛代表以及媒体记者等500余人参加。本届峰会的主题是“推进装配式建筑产业发展和变革”。

12月3—4日，由研究会和国际食物政策研究所、北京紫荆创新农业研究院等单位联合主办的2017中国农业（博鳌）论坛暨三农优化实验区的实践与探索分论坛在博鳌亚洲国际会议中心举行，来自国内外的600余名专家、学者参会。论坛以主旨报告、圆桌对话、项目对接等形式，从国内外农业发展方向、粮食与食品安全、地域农村经济发展、智能农业、品牌农业、共享农业等多方面提出独到见解，分享信息和成功经验，展现未来国际农业发展方向。主论坛的主题是“未来农业——生态　智能　共享”；分论坛的主题是“三农优化实验区的实践与探索”。

表彰举荐优秀科技工作者　经研究会推荐，研究会常务理事、江西省农科院博士陈光宇入选中国科协第五批“全国首席科学传播专家”。

党建强会　9月28—29日，研究会在山西省临县主办临县红枣产业·科技扶贫发展研讨会。研究会党委副书记、秘书长孙晓洲受党委书记徐小青委托，率队赴对口精准扶贫地区临县落实科技精准扶贫工作并在研讨会上发言。中国科协学会党建研究会副理事长兼秘书长李桐海应邀指导工作。

会员服务　研究会注重运用官网、微信公众平台为会员企业推送中央及各部委的政策资讯及研究会最新动态信息；积极推荐会员企业参加中国科协等有关部委组织的科技、创新、优化类评优评奖项目及重大活动；注重为会员企业提供匹配度强的个性化解决方案。

【三农优化实验区工作联系会】　2月10日，研究会与中国邮政储蓄银行（以下简称“邮储银行”）三农优化实验区工作联系会在北京召开。研究会副会长徐小青、秘书长孙晓洲应邀出席会议。邮储银行三农金融事业部总监杨波、总监助理陈峰、农业产业化部与农村项目部负责人张雪峰等参加会议。

徐小青简要解读了党中央、国务院关于加强三农工作的基本思路和中央一号文件精神，就新形势下以三农优化实验区为抓手优化解决三农瓶颈问题发表了意见。孙晓洲简要介绍了研究会的发展情况，并围绕研究会面临的形势、三农优化实验区建设进展、双方合作路径三个方面做了深入交流。孙晓洲着重介绍了三农优化实验区三个体系运行模式、平台搭建路径和三农优化发展投资有限公司的准备情况、运营情况及广东三农优化实验区建设情况，并就研究会与邮储银行持续推进项目落地、落实信贷支持提出了具体意见建议。

双方一致同意，研究会与邮储银行根据三农优化实验区的推进情况和承建企业实际情况展开直接对接；及时通报工作进展，为园区建设企业提供更加开放安全的信贷支持开辟绿色通道。

【出席联合国世界农业可持续发展论坛】　7月6日，由联合国经济和社会事务部、中华能源基金委员会共同主办的首届农业可持续发展论坛在美国纽约联合国总部召开。研究会专家委员会主任、联合国食物安全委员会高级专家指导委员梅方权，研究会秘书长孙晓洲应邀出席论坛并进行一系列学术交流。

该论坛为联合国2030世界可持续发展计划高级别论坛的组成部分。论坛围绕消除饥饿、实现粮食安全、改善营养状况和促进农业的可持续发展等目标展开，旨在推动“一带一路”、农业可持续发展，支持联合国《2030年可持续发展议程》的实施，并为2018年将要召开的农业可持续国际论坛提供具有前瞻性的政策建议。来自联合国经济和社会事务部、各国常驻联合国代表、中国驻美大使馆农业参赞及中国人民大学农业与农村发展学院、浙江大学中国农村发展研究院、美国国际食品研究所高级研究院，以及塔吉克斯坦常驻联合国代表 Mahmadamin Mahmadaminov、毛里求斯常驻联合国代表 Jagdish Koonjul、康奈尔大学农业可持续发展教授 Rebecca Nelson 等各国专家学者、政商人士等150余人参加了论坛。联合国经济和社会理事会主席佛雷德里克·沙瓦及联合国经济和社会事务部可持续发展司、中华能源基金委员会有关负责人等出席论坛并致辞。

梅方权应邀在论坛上作题为“中国粮食与食品安全的战略选择”的主题发言，介绍了中国的人口、资源、环境、食物消费等基本现状和发展目标，分析了中国当前的粮食生产、消费等现状以及面临的主要问题。在此基础上提出一系列有助于保障粮食安全的政策建议，指出要加强粮食安全的风险管理并提出了具体举措。

孙晓洲应邀与参会代表和嘉宾进行了深入的会谈交流。联合国经济和社会理事会负责人表示，联合国经济和社会理事会愿与研究会展开广泛直接的对话交流，在经济、社会等各领域展开国际事务合作。

梅方权、孙晓洲一行还应邀参加了在纽约考夫曼中心举办的席勒学术会议，并与美国农场主协会进行了交流。

【国际园艺学会主席罗德里克·安德鲁来访】 3月7日，研究会秘书长孙晓洲在陕西省西安市会见来华出席执委会的国际园艺学会主席罗德里克·安德鲁、副主席尼古拉·希尔瓦娜一行。

孙晓洲向国际园艺学会执委们介绍了研究会为推动国际芦笋科学院项目在中国落地所做的努力和目前的工作进展，简要介绍了中国芦笋产业的发展和最新科技成果，以及创办国际芦笋科学院的相关事宜和发展思路。中国的芦笋产业在研究会专家团队的努力推动下，产业链不断延伸，已经从小作物发展为大产业，从蔬菜食品发展到大健康、大生态、大农业，中国已经成为世界芦笋的主要市场和科技引领者。国际芦笋科学院项目是研究会与国际园艺学会合作的第一个国际科技组织总部项目，对于双方都有重要意义。

罗德里克·安德鲁主席充分肯定了研究会所做的努力，对研究会积极参与国际合作，通过项目建设提升国际协同科研能力，提升世界园艺科技贡献度，推动科技引领的全球芦笋产业优化布局表示赞赏，并表示国际园艺学会愿与研究会全方位加强沟通与协作，确保合作顺利进行。双方还就共同关心的合作细节进行了交流并达成共识。

（撰稿人：孙华伟）

中国科技馆发展基金会

服务创新型国家和社会建设 基金会在党的十九大精神指引下，以“培养创新人才、促进科普事业可持续发展”为初心，加大农村中学科技馆覆盖面，提升管理水平、丰富科技内涵、拓展资助渠道，新建农村中学科技馆241所，其中在全国14个集中连片特殊贫困地区建成185所，占2017年新建总数量的77%。截至2017年年底，在全国29个省、自治区、直辖市、新疆生产建设兵团建立了539所农村中学科技馆，直接服务基层公众206万人次以上。

全国政协调研组以农村中学科技馆为切口，针对农村基层科普工作进行专题调研，并通过《科技工作者建议》（2017年第11期）以专报形式报送中央，受到中央领导和科协党组书记处领导的高度重视。中国科协党组书记、常务副主席、书记处第一书记怀进鹏批示：“这个报告有深度，值得研究推动文中问题的解决！使科普工作和科技馆建设与国家扶贫、扶智、扶志相结合。”

学会建设 3月，基金会取得慈善组织资格和公开募捐资格，为筹集社会资金提供了组织保障。

9月，参与民政部社会组织等级评估，被评定为3A等级。

9月，基金会与香港周大福企业有限公司达成捐赠意向，由其向中国科技馆发展基金会一次性无偿捐赠人民币2000万元，用于鼓励青少年创新能力培养、提高科学素质，为建设创新型国家提供人才保障。全国政协副主席、九三学社中央主席、中国科技馆发展基金会名誉理事长韩启德，中国科协党组书记、常务副主席、书记处第一书记怀进鹏，中国科协副主席、党组副书记、书记处书记徐延豪，以及捐赠方代表等出席活动。

根据《中国科协科普部关于公布2017年度全国学会科普工作考核结果的通知》，基金会荣获“2017年度全国学会科普工作优秀单位”称号。

国际学术会议 11月26日，首届“一带一路”国家科普场馆发展国际研讨会在北京召开。基金会出资支持筹办工作。会议就“一带一路”国家所共同关注的科学文化与社会发展的关系，以及在当代科学技术成为推动经济和社会发展重要力量的背景下，科普场馆对当地社会发展的影响等问题进行学术研讨和交流。此次大会共有来自“一带一路”沿线22个国家的24个科普场馆和机构的44位馆长及负责人，以及国内包括自然历史博物馆、科学技术馆、天文馆、国土资源博物馆等在内的8大类74家科普场馆和机构、15家科普企业的130余位馆长和负责人参加。大会围绕“协同共享、场馆互惠、共建科学传播丝绸之路”主题，共话沿线国家科普场馆间长远合作愿景，共商构建沿线国家科普场馆命运共同体大计。与会各国代表在充分讨论并达成共识的基础上，通过了共商合作、共建平台、共享成果的《北京宣言》。

科普活动 6月11日，第五届全国科技馆辅导员大赛决赛在上海科技馆举行。基金会出资奖励获奖选手，支持行业人才成长。

首届全国老科技工作者书画摄影展暨农村中学科技馆公益项目主题展览于6月18—24日在中国科技馆举办。其中，农村中学科技馆公益项目主题展同时展出整套20件农村中学科技馆科普展品供公众参观体验，吸引了大批观众参观，展览共接待观众194407人次，面积不足200平方米的展览日均接待观众4426人次。

农村中学科技馆公益项目主题展览

为支持在吉林省长春市举办的第十九届中国科协年会科普活动，基金会于6月向吉林省捐建了8所农村中学科技馆。

8月3日，基金会组织参与的“参观科技展览有奖征文暨科技夏令营”全国营活动在中国科学技术馆正式开营，共有来自15个省、自治区、直辖市和新疆生产建设兵团的93名师生参加。活动主题为“体验科技展览，感受科技魅力”。

8月5日，基金会联合中国科技馆、壹基金、四川大学—香港理工大学灾后重建与管理学院和日本国际协力机构（JICA）在中国科技馆报告厅举行“中科馆大讲堂:《釜石的奇迹》分享会”。400余名中国家长和孩子一起回顾釜石海啸的经历，探讨“奇迹”背后的秘密。防灾减灾教育专家向观众介绍日本开展儿童防灾减灾教育的经验与方法，通过与观众互动，向活动现场的孩子们教授灾害应对和紧急逃生的技巧。

全国科普日活动期间，基金会以“向航天员致敬，为其母校捐赠农村中学科技馆”为主题，选择杨利伟等我国11位优秀航天员的母校，捐建10所农村中学科技馆。9月20日，基金会向航天员母校捐赠的农村中学科技馆揭牌仪式在航天英雄陈冬的母校河南省洛阳市二十二中学举行。部分全国政协委员及中国老科协、基金会等单位的代表参加仪式。

基金会作为公益合作机构，使用1000万元公益资金支持2017年全国青年科普创新实验暨作品大赛。本届大赛在全国15个赛区全面推进，共有来自全国169个城市2447所学校的18240支团队、约5.5万名学生参与竞赛，征集作品12399件，相关科普活动参与人员超过30万人次。这些队伍中不仅有经济发达地区的团队，也有偏远山区的团队和台湾同胞团队以及聋人学生团队。大赛组织了“未来出行”项目桥址实地考察活动，不仅让参赛选手体会了科技的社会作用，也为桥址地的1.8万余名中小学生送去了丰富多彩的科学教育活动。

11月22—25日，2017年农村中学科技馆项目培训交流会在北京召开。本次会议由基金会主办，来自28个省、自治区、直辖市和新疆生产建设兵团的近180名省科协项目负责人及农村中学科技馆教师参会。培训会内容涵盖表彰奖励、经验交流、技能培训以及专家授课等。

表彰举荐优秀科技工作者 4月，基金会面向全国开展第四届科技馆发展奖“辅导奖”“展品奖”推荐评选工作。共收到专家委员和地方科技馆推荐的来自29个省、自治区、直辖市和新疆生产建设兵团的71件申报材料。经专家评审委员会评选和投票，最终评选出2017年度科技馆发展奖“辅导奖”9名、“展品奖”5项；“辅导奖”提名奖11名、“展品奖”提名奖8项。

11月，基金会组织召开颁奖大会。十一届全国人大常委会副委员长、原国务委员、中国老科技工作者协会会长陈至立，全国政协教科文卫体委员会副主任、基金会名誉理事长邓楠，中国科协党组副书记、副主席、书记处书记徐延豪，全国政协人口资源环境委员会副主任、基金会顾问齐让等出席活动。大会隆重表彰了科技馆发展奖“辅导奖”“展品奖”“展览奖”“创意奖”“贡献奖”5个子奖项的95人次获奖者。

党建强会 3月，基金会根据《中国科协关于加强科技社团党建工作的若干意见》和《中国科协科技社团党委关于推进中国科协所属学会党建“两个全覆盖”专项工作方案》的相关要求，经理事会决议，成立中国科技馆发展基金会党委，殷皓担任党委书记。基金会党委为功能型党组织。

5月，基金会向中国科学技术馆等7家理事单位征集“全国学会优秀党员科技工作者”，收到三一集团和中国科学技术馆推荐的“全国学会优秀党员科技工作者”10人。经理事会投票，共推选出4人参加由中国科协科技社团组织的宣传全国学会优秀党员科技工作者先进事迹活动。

7月，基金会农村中学科技馆项目组荣获中国科技馆2017年“党员先锋岗”荣誉称号。

11月15日，基金会召开支部党员大会，基金会秘书长初学基进行党的十九大精神宣讲。

【农村中学科技馆项目】 基金会积极募集社会资金、带动财政资金，新建241所农村中学科技馆。项目援疆援藏工作成效显著，新疆维吾尔自治区（含兵团）已建29所，西藏自治区已建79所，已实现县级以上中学建设农村中学科技馆全覆盖。

3月，国家科技评估中心完成对农村中学科技馆公益项目评估工作。评估中心对项目做出客观评价，肯定了项目目标定位、实施成效及发展前景等，同时也指出项目存在的问题，为促进项目可持续发展提出了建议。

为培养基层农村地区青少年动手能力及创新意识，同时让他们“看到前沿，看到世界”，于9月招标采购60套赛科工作坊，内含无人机、3D打印机、拼装机器人、科普资源包等。通过以奖代补形成激励机制，调动学校更好地利用农村中学科技馆科普教育阵地。

8月3日，基金会联合中国自然科学博物馆协会科技馆专业委员会、中国科学技术馆开展2017年“参观科技展览有奖征文暨科技夏令营”活动，面向建设农村中学科技馆的学校征集学生作品。活动共收到475篇征文，评审出15篇优胜奖及35篇优秀奖并颁发了证书，其中优胜奖获奖的15名学生及其指导老师共30人受邀到北京参加了由中国科技馆组织的为期5天的“全国营”活动。

8月24日，由全国政协人口资源环境委员会副主任、中国老科技工作者协会常务副会长齐让带队的全国政协科协界12位委员及全国政协教科文卫体委员会负责人到中国科技馆，围绕农村中学科技馆公益项目开展调研。中国科协党组副书记、副主席、书记处书记徐延豪参加了本次调研活动。

基金会联合中国老科协印发《关于在2017年全国科普日活动期间开展农村中学科技馆主题日活动的通知》，鼓励已建设的农村中学科技馆在9月16—22日全国科普日期间利用科技馆开展相关活动，同时动员优秀科技工作者充分发挥基层老科协作用，开展走进校园系列科普活动等。

9月19—21日，全国政协调研组赴河南洛阳、周口两地调研当地农村中学科技馆运行情况。全国政协委员们听取了项目实施情况汇报及项目评估汇报，并参观了项目主题展览和地方农村中学科技馆实际运行情况，动手体验科普展品，针对项目进行交流研讨，在肯定项目实施意义和取得成效的同时，分别从项目拓展募资渠道、内容建设以及发展前景等方面给予中肯建议。

【合展励学金项目】 由中国科协设立、合展（集团）有限公司捐赠、基金会负责具体实施的合展励学金资助项目于2017年资助云南农业大学、昆明理工大学两所高校的225名贫困大学生，共拨付捐赠资金90万元。

由于2017年是合展励学金项目实施计划的最后一年，从9月开始，基金会联合第三方审计对天津市、河北省、贵州省、云南省4省市科协的8所高校开展项目终期检查评估工作。

（撰稿人：范家旭）

中国生物多样性保护与绿色发展基金会

服务创新型国家和社会建设 基金会于4月启动“雄安新区生物多样性快速评估”项目，对新区内的生物多样性、保护现状、面临的威胁等进行快速评估，为新区生物多样性保护和可持续发展提供本底数据。项目由基金会、地方专家和民间保护组织联合进行，采取文献综述、专家咨询、野外调查相结合的方式方法，在调查基础上对新区生物多样性保护管理、自然资源可持续利用、社区参与和宣传教育各方面提出具体可行建议。其中，基金会关于白洋淀湖泊野生鱼类资源调查的论文被收录在由中国科协编写的《第七届中国湖泊论坛论文集》。

基金会申请“科研伦理和科研诚信体系建设理论研究”项目，联合中国科学院数学与系统科学研究院副研究员胡庆培，通过中美高校科研诚信建设比较，借鉴美国高校科研诚信的宣传教育、监管模式、科研不端行为处理等方面的先进经验，分析通过多种途径加强高校科研诚信建设。

9月23日，胡德平、谢伯阳等基金会领导赴云南省普洱市进行生态环境和社会经济情况考察，就开展生态系统生产总值核算（GEP）区建设与当地领导进行会谈，达成合作意向并正式启动项目。基金会联合中国科学院生态环境研究中心欧阳志云团队，按照核算方法、指标等开展核算工作，初步核算结果已完成。

学会建设 基金会召开常务理事会议2次。新增观虫工作委员会、大学生环保工作委员会。

8月，基金会加入全球基因组生物多样性联盟（GGBN），成为其成员机构之一。

10月，基金会代表参加联合国《粮食和农业植物遗传资源国际条约》（ITPGRFA）在卢旺达召开的第七届理事会，与ITPGRFA秘书长Kent Nnadozie对话。

在会上，ITPGRFA 正式通过基金会成为观察员。

10 月 12 日，中法环境月“第二届中法法律与司法交流周”在北京召开，主题是“城市变迁与环境：探索适应二十一世纪的新城市法”。作为活动合作方，基金会代表应邀出席，并代邀 10 多位法学界环境律师、环境学者等参会。

国内主要学术会议 举办学术性会议、活动 10 余场，参加人数达 400 余人，主要包括对湿地、土壤、大气保护草案以及《生物遗传资源获取与惠益分享管理条例（草案）》的研究讨论，探索环境维权实践。

国际交往 “公益助力南南合作”特别活动于 5 月 19 日在联合国总部举行。本次活动由联合国南南合作办公室（南南办）等机构组织。联合国大会南南合作高级委员会主席、乌干达常驻联合国代表 Adonia Ayebare 及部分联合国机构代表参加本次活动。基金会代表在会上发表题为“公益组织如何促进联合国‘可持续发展目标’？——基金会的探索”的主旨演讲，并共同发起“公益助力南南合作”联合行动。

5 月 25—29 日，基金会大鸨工作组前往蒙古国乌兰巴托参加由蒙古国环境旅游部、联合国保护迁徙野生动物物种公约（CMS）等联合主办的推进亚洲大鸨保护研讨会。工作组在会上介绍了中国非政府组织在大鸨保护中发挥的重要作用，并同多国专家审议《大鸨协调合作提案》。

8 月 23 日，基金会代表应邀出席在印度新德里召开的雅鲁藏布江 GBM 流域民间组织沟通对话会议。会议由世界自然保护联盟（IUCN）亚洲办公室主办。基金会代表在会上提出了对水资源合作从短期到长期的管理方案，并倡议各方共同合理开发雅鲁藏布江，建议流域五国每年召集研讨会，制定各种年度计划。

10 月 16 日，基金会代表参加联合国《生物多样性公约》在韩国仁川举办的亚洲生物桥会议，以基金会对大鸨、穿山甲、五小叶槭等濒危物种的保护工作为例，向各国参会人员介绍“中华保护地”理念。

10 月 22 日，基金会代表团受邀赴菲律宾马尼拉参加联合国保护迁徙野生动物物种公约第十二次缔约方大会（CMS COP 12），并主持举办“大鸨保育：生态‘一带一路’的案例分析”边会，与相关专家、组织代表、政府人员对话；同时举办展览宣讲活动，受众人数达 2000。

基金会瑞士代表于 11 月 13 日赴德国波恩参加联合国气候变化框架公约第二十三次缔约方大会（UNFCCC CoP 23）相关活动。

科普活动 3 月 31 日—4 月 13 日，由基金会联合保利集团主办的十九世纪法国传教士手绘中国鸟类图谱展在北京保利艺术博物馆开幕。本次展览恰逢 4 月 1 日北京第 36 届“爱鸟周”，展览通过传统艺术和自然主义结合手法将自然界精灵鸟类灵动地展现在人们面前，累计有 3 万市民参观展览，参加活动的科技人员、专家达 2000 人。此次“中国鸟类图谱”特展包括法国耶稣会士韩伯禄主持绘制的鸟类图谱 746 张，涉及鸟类 416 种，其中 406 种在中国出现过，另外 10 种从未出现在中国，部分品种已灭绝。

中华水鸟保护地·唐山即大清河盐场救助站作为唐山市科普宣教基地，每年为到访的大中小学生及志愿者等 4000 人开展 10 余次科普活动、讲座，讲解鸟类科学知识，提升公众爱鸟护鸟意识。

7 月 5—7 日，基金会 UNDP 项目与商务部中国国际经济技术交流中心联合举办了 2017 年环境公益诉讼培训。7 位讲师均为环保法界著名人士，培训对象主要包括法官、检察官、律师、环境媒体人等 50 余人。

7 月 31 日、8 月 26 日，基金会联合中华白鹤保护地·白洋淀、学校、企业等在任丘白洋淀共同举办两期野趣自然白洋淀湿地探寻科普公益活动，200 位学生及家长参与。活动分为两大板块，第一板块是导师带领学生和家长观察任丘白洋淀生态环境及生物多样性现状；第二板块由基金会工作人员讲解如何从身边小事做起、保护生态环境。

学会创新发展 基金会于 2017 年新成立 35 个中华保护地，目前总数已达 69 个，类型涵盖古村古建筑、濒危动植物、生态系统，分布在内蒙古、河北、黑龙江、湖南、上海、浙江等 14 个省、直辖市、自治区。同民间非政府组织、在地志愿者、有关部门等联合推动社区参与式保护、科普宣教、科学研究等，特别是对白鱀豚、穿山甲、大鸨、雪豹、江豚等代表性物种开展一系列工作，践行生物多样性保护。

1 月 3—4 日，基金会和中国信息协会在北京举行第一届中国金融创新发展高层论坛。长安街读书会、互联网金融千人会、中铁投资集团等有关机构及金融企事业单位的代表参会。

4 月 16 日，“中华保护地”年会在北京举行。基金会秘书长、副秘书长出席，25 位中华保护地主任及多位专家与会，共同探讨中华保护地实体化运营新模式。

党建强会 2月26日，基金会党支部及秘书处在北京组织召开2017年全国两会提案建议会。

10月16日，基金会党支部党员及积极分子参观“砥砺奋进的五年”大型成就展。

10月18日，基金会党支部组织秘书处全体人员集体观看十九大开幕式盛况并向中国科协科技社团党委提交学习报告。

10月27日，基金会党支部组织“游香山捡垃圾活动”，观察昆虫多样性，践行环保理念。

10月31日，全国政协委员、基金会负责人谢伯阳为基金会秘书处及党支部全体人员深入解读党的十九大精神，并强调“应知应懂，真干会干”。

【2016和谐中国年度峰会】 1月8日，由《商业文化》杂志社与基金会共同主办的“2016和谐中国年度峰会”在北京人民大会堂举行。本次会议以“和谐中国·生态文化”为主旨，重点围绕气候变化、节能减排、清洁能源、低碳环保、生态文明建设等话题进行沟通和学习交流，倡导树立共同的生态文明理念，倡导生态伦理道德观，推行健康文明的低碳生产和生活方式。相关部委领导、驻华使节、基金会理事长胡德平、基金会负责人谢伯阳，以及专家学者、演艺界人士、艺术家、企业家等400余人出席会议。

【“5·22”国际生物多样性日暨绿会32周年纪念活动】 5月22日，基金会召开国际生物多样性日暨绿会32周年纪念活动。活动内容包括基金会2016年度工作报告、围绕“5·22”主题发布《联合国可持续旅游发展年中国行动——可持续旅游绿色标准》、纪念徐秀娟烈士逝世30周年、开启青青草校园陪伴计划2017年暑期之行。活动邀请生态保护领域的杰出志愿者、自然保护区代表、社会组织代表、媒体等50余人共同参与。基金会理事长胡德平出席活动。

（撰稿人：张永飞）

中国反邪教协会

服务创新型国家和社会建设 制定印发《中国反邪教协会2017年度宣传资源创作指南》，对全国反邪教宣传教育资源创作进行指导。针对大学生和农民两个群体组织制作宣传专题片。

制定印发《中国反邪教协会2017年度课题研究指南》，确定基础研究和工作研究两大类10项研究任务。

在中国反邪教网开设“科学家与占星术的对话”，对占星、星座等进行科学阐释。贯彻落实全国宗教工作会议精神，在网站开设全国唯一的宗教反邪专栏“正教克邪”，组织五大宗教界代表人士撰写揭露邪教的文章，发挥宗教界在反邪教工作中的作用。

学会建设 截至2017年年底，协会团体会员32个。协会召开全体理事会议1次、常务理事会议2次。

4月25—28日，协会在宁夏回族自治区银川市举办全国反邪教协会秘书长培训班，各省级、副省级和国有大型企业协会秘书长参加培训。会议对2017年工作进行了部署。

8月30日，协会在黑龙江省哈尔滨市召开高校反邪教协会工作研讨会，总结交流高校反邪教协会建设典型经验，对高校反邪教协会工作进行研讨。

9月11—14日，协会支持贵州省反邪教协会在贵州省黔南布依族苗族自治州举办西部反邪教论坛，会议设置1个主论坛和3个分论坛。

推动各地在高校、乡镇、企业、宗教团体等基层组织中成立反邪教协会。指导四川、新疆、陕西等省级反邪教协会完成换届工作。

主办期刊 《中国反邪教通讯》全年编印12期，约100万字，每期印发3000册。

国内主要学术会议 2月23—24日，协会在北京召开反邪教协会宣传工作研讨会，针对2017年全国反邪教协会“防范邪教宣传日（周、月）活动”、反邪教宣传资源创作等工作听取有关专家和地方协会的意见建议。

3月16日，协会在北京召开理论研究专委会会议，对协会2017年理论研究工作的方向和重点开展研讨交流。

科普活动 组织开展群众性反邪教宣传教育活动。组织动员部署在全国反邪教协会系统开展面向群众的“防范邪教宣传日（周、月）活动”。2017年开展各类活动10万余场，参与群众达3900余万人次。

11月10日，协会在北京举办“从心开始”关注心脏健康活动。活动邀请北京大学第一医院老年内科主任刘梅林教授、北京阜外医院杨进刚教授、北京医院贾娜教授分别围绕“心血管疾病的认识和预防”“心血管疾病患者的保健和养生”“如何选择降压降脂药物”主题作报告。

党建强会 向全国反邪教协会系统印发了《关于

认真学习宣传贯彻党的十九大精神的通知》，推动全国反邪教协会系统兴起学习宣传贯彻党的十九大精神热潮。

发挥党建工作对业务工作的引领支撑作用，建设学习型党组织，严格落实“三会一课”制度，推进“两学一做”教育常态化制度化。制定协会秘书处党支部学习宣传贯彻党的十九大方案，联合北京反邪教协会党支部开展2次专题学习活动。

【全国反邪教协会秘书长培训班】 4月25—28日，协会在宁夏回族自治区银川市举办全国反邪教协会秘书长培训班，来自26个省、自治区、直辖市，10个副省级城市、2个大型企业以及宁夏回族自治区各地市县反邪教协会的秘书长参加培训。协会理事长欧阳自远作题为“寻梦广寒宫”的科普报告，中国人民公安大学教授王清淮和陕西师范大学教授陈青萍分别作专题讲座《宗教与邪教》《国外邪教对我国的启示》。会上还组织观看了各地反邪教宣传工作集锦。

（撰稿人：李昊天）

北京市科协第九次代表大会

山西省科协第八次代表大会

吉林省科协第九次代表大会

黑龙江省科协第八次代表大会

湖北省科协第九次代表大会

重庆市科协第五次代表大会

青海省科协第十次代表大会

省、自治区、直辖市科协，新疆生产建设兵团科协简况

北京市科学技术协会

服务经济社会发展 按照综合性和专业性两类，确定中国科学院老专家咨询团、北京测绘学会、北京工商大学科协等第一批8个智库试点单位。开展“北京科技工作者思想动态研究”等12个课题调研。组织“健全科技服务体系，推进怀柔科学城建设”等10次决策咨询专题沙龙活动。

征集科技工作者建议140项，上报中国科协、北京市委市政府8项，编发《科技工作者建议》7期，报送北京市人民建议征集办公室91篇，收到各委办局回复20篇。其中，中国水利水电科学研究院报送的《关于首都水利发展的对策和建议》被第87期《领导参考》采用，北京制冷学会报送的《关于北京冬奥会加强对“冷”资源综合利用和管理的建议》被《北京信息（调研与参阅）》采用，并得到北京市副市长张建东批示。《京津冀协同发展视角下北京产业结构调整与就业研究》等10个调研课题成果转化为政协提案。《关于北京市进一步推动大众创业万众创新的提案》等6件提案荣获北京市政协年度优秀提案。编印《专家论北京发展（十四）》，收录学术会议论文、学术论坛发言以及专家建议等39篇。

在房山区科协、北京经济技术开发区科协、中关村大数据产业联盟等3类9家单位建立企业创新服务中心，对接全国学会72家、市级学会132家，联系科研院所、高校98家，建立企业创新簇51个。

修订并印发《北京市院士专家工作站管理办法（试行）》和考核评价细则，开展2016年度院士专家工作站及服务中心考核工作；2017年新建26个院士专家工作站，促成合作项目194项、转化成果38项。组织开展中国科协全国院士专家工作站认证工作。举办创新方法培训班7期，400多位科技工作者参加培训。

建立“一横两纵”服务体系，组织17家科技社团248名科技工作者开展精准帮扶科技服务120次，覆盖全国11个省、自治区、直辖市的20个地级市、32个贫困县。在全市推出11个科技助力精准帮扶示范点，组织各涉农学会开展服务120次，组织涉医科技社团开展健康服务活动100余场，培训基层医生1600余人次，项目直接受益人群达2.7万人次。

分别在经济技术开发区和平谷区建立成果转化工作站，同时支持北京食品学会等6家学会成立科技成果转化专委会；面向科技社团评价项目120项，面向京津冀举办成果推介活动，近300项科技成果达成转化合作意向。围绕北京市六大战略新兴产业举办科技成果大赛，征集科技成果120余项；举办前沿科技大讲堂12期。

资助31家科技社团开展承接政府转移职能提升专项工作，完成对23家科技社团承接政府转移职能效果评估工作。举办科技社团秘书处能力提升专项培训3期，提高科技社团承接政府转移职能工作的能力。2016—2017年度获批社会组织管理岗位26个，制定《使用市科协专项资金购买所属社会组织管理岗位暂行办法》等相关制度文件，规范化开展工作。

《科学素质纲要》实施及科普信息化建设工作 发挥市纲要办牵头单位作用，组织各成员单位共同制定《2017年北京市全民科学素质行动工作要点》，2017年确定63项重点工作任务。编印《全民科学素质行动专刊》20期，全年发行100万份；编辑2016年度全民科学素质纲要实施工作纪实、画册；更新维护北京市全民科学素质行动网站文章720余篇。面向社区居民编辑制作《全民科学素质应知应会50问（社区居民）》视频短片和宣传册；编制“北京市公民科学素质测试平台”题库新题目；组织开展全民科学素质纲要工作培训。

全年开展科普活动351次，受众人数72万人次；举办实用技术培训174次，培训人数9397人次，推广新技术、新品种43项。参加活动的科技人员总数达4049人次。

全国科普日北京主场暨第七届北京科学嘉年华首次面向社会征集互动项目200余项，汇集16个国家和地区的91家中外科普机构420项科学互动体验项目，观众累计4.2万人次，中央电视台、人民日报、新华网等68家媒体进行报道。“走在世界科技强国征程上的中国科学家主题展”走进西藏自治区拉萨市和北京大学。举办第五届北京国际科学节圆桌会议，16个国家及中国港澳地区的专家、学者参会。

按照“资源全市统筹、落地渠道多元、e站覆盖城乡、目标普惠共享”的基本思路，建立“科普中央厨房”，生产具有首都特色的科普产品，为区科协和科普机构提供精准推送、自主定制、实时高效的科普服务。全市现有可播放科普内容的大屏1290块，分布于东城区、西城区、朝阳区、通州区等12个区。从中选取了330块作为科普中国v视快递的播放场所，日均播放时长240分钟。16个区各建立1个科普e站示范点，探索科普工作线上线下融合发展。

举办青少年科普宣讲活动95次，受众人数2.3万人次。举办青少年科技竞赛5项，参加人数576989人次，获奖人数3705人次。青少年参加国际及港澳台科技交流活动12次，参加人数680人次。举办青少年科学营1次，参加人数2464人。举办青少年科技教育培训44次，培训人数8800人次。举办第37届北京青少年科技创新大赛，22万学生参加。首次开展“2017年英才计划展评活动”。举办第17届北京青少年机器人竞赛。举办第15届北京青少年科技创新市长奖评选，10名同学获得由北京市市长陈吉宁签名的证书和奖牌。

蝌蚪五线谱网站加强内容建设，共发文2100篇，策划专题15期。其中，科学辟谣栏目发布原创辟谣文章82篇；“科知故事”频道发布文章数量近1000篇、图片3000多张、视频总长度500多分钟；原创音频栏目“蝌蚪电台”发布66期。故事栏目保证每周一更新，已经持续推出40个优质原创音频，并尝试推广到喜马拉雅、荔枝等第三方音频播放平台。在蝌蚪五线谱微信公众号开设“荐书”栏目，发布专题44期；开设“荐馆”栏目，发布专题36期。

组织参加2017京津冀科普资源（天津）推介会，三地科协签订《京津冀科协全面合作意向书》，30家北京企业参加网上资源推介会，10家北京企业现场参会，4家企业参加现场路演，北京地区共有53名来自市科协、区科协、科普企业的代表参加。

学术交流 举办以“创新驱动，协同发展”为主题的第20届北京科技交流学术月，举办高端综合性学术活动21项，支持学会开展国际性学术交流活动26项。北京理化测试分析学会参与承办第十七届北京分析测试学术报告会暨展览会，包括主旨论坛、专题报告、同期会议等660余场，25个国家和地区的3400余名专家、学者参会。举办以“科技文化协同创新，助力城市治理体系建设”为主题的自然科学和社会科学两界高峰论坛。

服务科技工作者 通过媒体宣传科技工作者533人次，其中中央媒体12人次、省级媒体511人次。在《北京科技报》及网络上集中宣传19位青年科学家成长成才事迹。

向中国科协推荐全国创新争先奖北京地区候选人12名、候选单位3个，最终5名候选人和1个候选单位获奖；推荐第十九届中国科协求是杰出青年成果转化奖北京地区候选人1名并获奖。向北京市科技奖励办公室推荐北京市科学技术奖候选项目5个。组织评选出15名第十九届茅以升北京青年科技奖获奖者。组织开展科协会员日活动，深入基层一线看望慰问科技工作者。

完成科技工作者状况调查省级站点调整工作。新增科技工作者状况调查站点8个，总数达到56个；完成“北京科技工作者职业发展状况”等3次网上调查，报送站点信息80余篇；编发《科技工作者状况调查站点信息专报》3期，其中《海外引进人才存在“水土不服”现象》等4篇信息被中国科协采纳。在北京市专业职称评定中增设科学传播专业职称，为解决科普工作者的职称评审问题创造条件。

自身建设 印发《关于深入学习宣传贯彻党的十九大精神的实施方案》等文件，党组理论学习中心组及时开展学习活动，举办处级干部专题培训。在北京市科协网站、《北京科技报》《北京科协》开设专栏、专题，通过APP、微信公众号等新媒体宣传党的十九大的重大意义和历史贡献，宣传科协学习贯彻党的十九大精神典型经验。组织1279名一线科技工作者开展对党的十九大反响情况快速调查，专题报告得到时任北京市委副书记景俊海批示。组织媒体宣传老科技工作者庆祝党的十九大活动，在《中国科学报》《北京晚报》、网易、北京时间等媒体刊发多篇报道。

5月24日，印发《北京市科协系统深化改革实施方案》，市科协成立深化改革工作领导小组，推进各项改革任务，围绕提升“四服务”能力提出了经理学术、创新簇、科普理念与实践双升级、专业智库群等改革理念和举措。

区县及科协基层组织 截至2017年年底，北京市共有区科协16个。

昌平区科协建立两家院士专家工作站，进站院士专家15名；平谷区组织开展“百村农民素养提升行动科普大讲堂”“新型农业科技队伍人才大培训”等针对提升农民科学素质和技能的系列培训活动150余场次，培训人数超过1万人次；房山区举办院士（专家）房山行座谈会，就食品安全领域问题进行交流；延庆区科协在张山营镇佛峪口村开展“2017年度延庆区科普之春”暨“科普惠民 科技富民”低收入村科技帮扶活动。

市级学会、企业科协、高校科协 截至2017年年底，北京市科协所属学会186个、会员261759人，比2016年增加10730人。学会联合体4个。

健全学会体制机制。按照“五分离、五规范”的标准有序推进行业协会与行政机关脱钩，北京烹饪协会等3家社团开展了脱钩试点工作。北京食品学会牵头成立优良食品联合体，北京农学会牵头成立北京现代农业联合体，北京测绘学会牵头成立智慧城市联合体。

北京市公路学会等14家学会成立科技评价中心，北京超声医学学会等14家学会开展人才评价工作。北京食品学会等6家学会成立科技成果转化专委会，评价科技项目120项。

北京生物医学工程学会承办首届京津冀生物医学工程大会暨北京生物医学工程学会第十三届学术交流年会。北京制冷学会承办促进煤改清洁能源供暖的高效运行研讨会。北京减灾协会、中国灾害防御协会、北京气象学会承办首都圈巨灾应对高峰论坛——新时代公共安全创新治理，90余位科技工作者参加论坛。北京听力协会主办2017全国听力语言现代康复教育高层论坛。

批准成立企业科协6家、高校科协1家。企业科协、园区科协总数达121家，个人会员28万多人；高校科协21家，个人会员4.4万人；团体会员79个。

北京航空航天大学科协举办“冯如杯”学生科技作品竞赛活动，中国人民大学科协举办科技文化周，北京理工大学科协举办特立青年学术沙龙，北京工业大学科协举办学生科技节活动。

【北京市科学技术协会第九次代表大会】 6月1—2日，北京市科协第九次代表大会在北京召开。北京市委书记蔡奇，中国科协党组书记、常务副主席、书记处第一书记尚勇出席并讲话。市政协主席吉林，市委副书记景俊海，市人大常委会副主任杨艺文，市科协名誉主席、中国科学院院士陈佳洱，市科协第八届委员会主席、中国科学院士顾秉林等出席开幕式。来自首都各领域的科技工作者共640余人出席会议。

顾秉林代表市科协第八届委员会向大会作工作报告。市科协副主席尹伟伦代表市科协致开幕词。市总工会党组书记、副主席曾繁新代表市级人民团体致贺词。市科协党组书记、常务副主席马林主持开幕式。

大会审议了《北京市科学技术协会第八届委员会工作报告》《北京市科学技术协会实施〈中国科学技术协会章程〉细则》，选举产生了北京市科学技术协会新一届领导机构。刘德培当选为市科协第九届委员会主席。大会对市科协系统60个先进集体和105名先进个人进行表彰。

（撰稿人：石　军）

天津市科学技术协会

服务经济社会发展　围绕京津冀协同发展，举办京津冀科协科技成果转化平台项目（天津）发布推介会，200余家企业团体参与，发布可转化科技项目、成果30项。

参与天津市与中国工程院共建“新一代人工智能战略研究院智库”建设；推进天津重点产业链发展战略与人才企业招引目录研究，形成500万字专题研究成果；参加政协民主协商，提交15篇民主协商建议；推荐1个课题入选2017年度中国科协“高端科技创新智库青年项目”。报送的《关于重视天津城市地下空间安全，建立监测预警预控系统的建议》获时任市委常委、市委教育工委书记陈浙闽批示。

组织开展“会企协作”活动，征集技术成果197项，吸纳高级技术人才81名，引进含1位院士在内的高层次人才3名，联系科技信息应用企业648家，帮助企业培训专利转化科技人才和企业科技人员1152名，培育企业转化应用科技信息典型案例52宗。

举办“创新引领　方法先行”研讨会，推动13个省80家企业与天津市各区进行洽谈对接，达成合作协议9项。举办2017京津冀科普资源天津推介会，60多家企业350余名人员参与项目合作洽谈。承办中国科协第二届全国企业创新方法大赛。

建立院士专家工作站24个，连续4年被中国科协评为院士专家工作站建设示范单位。举办创新思维和创客教育高级研修班。组织4次科技下乡活动，研究制定科技精准助力扶贫方案。

召开2016年度天津市民航飞行技术系列高中级职称评审工作会议，评出一级飞行员1名、二级飞行员7名。召开2017年度天津市自然科学研究系列生物医药技术专业职称评审工作会议，20人通过评审。

《科学素质纲要》实施及科普信息化建设工作　2月27日，天津市政府办公厅印发《天津市全民科学素质行动计划纲要实施方案（2016—2020年）》。

在全市开展群众性科普活动3159项，受众140余万人次。开展“百名专家进社区”活动，举办科普报告329场。与天津广播电台联合推出“我们爱科学”

专题科普节目，每期听众近20万人。培育市级科普示范社区20个、科普惠农先进单位10个、科普带头人10名。科普大篷车全年行驶169次，共12700千米，受众人数23150人次。举办第三届天津市科普产品展览会、2017天津市全民科学素质电视大赛、天津市反邪教警示教育“赶大集”等活动。

举办青少年各类科技竞赛19次，参赛人数29550人，共有14898人获奖，其中38人获得全国奖项。天津科技馆全年开馆267天，接待各类团体近250个，接待公众47万余人次。开展进校园进社区、科学实验课、天文节等各类科普活动150余次，受众1.4万余人次。

官方微信“天津科普说”全年推送各类科普信息770余篇，阅读数22万余次，转发数9.4万余次；改版科普天津网站，整合创建“科普自媒体”和“全国科普教育基地”资源平台。

在天津市直机关“党建云”平台开辟“科技园地”专栏。开展科普中国百城千校万村行动，推动科普中国乡村e站建设。天津市科普员注册人数达600余人，分享文章总数达13000余篇。

学术交流 开展创新驱动学术活动、天津科技论坛、天津科技交流学术月、津洽会等学术交流活动，支持学术交流项目81项，直接参与人员达1.4万余人次。

组织13位专家赴上海市参加第25届海峡两岸都市交通学术研讨会。组织天津市自然科学学术著做出版资助工作，2017年资助著作11部。

实施天津市科协高端人才工作项目，支持学会、高校、科研院所、各区举办大型学术活动40余次，邀请100余位院士专家出席。承办“中国生命科学领域十大进展”年度交流会暨青少年生命科学普及报告会等。

派出出访团组7批24人次，分别赴芬兰、日本、韩国、新加坡、加拿大、美国进行交流学习。组织举办第三届ISNM夏令营、以色列马沙夫科技项目——天津市水产养殖技术培训班等国际科技活动。

服务科技工作者 以第十四届天津青年科技奖、青年人才托举工程等评选表彰为抓手，培养选拔青年科技人才。承担院士推选服务职能，推选2名天津市首批杰出人才当选两院院士、2名专家当选外籍院士。

与有关单位联合举办吴咸中院士从医70周年活动，支持陈念念、周其林等10余位院士举办学术活动。

支持听力诊断与耳聋眩晕康复新技术学习班等16项继续教育项目。服务科技工作者创新创业，启动“滨海——中关村科技园”海外人才创新成果孵化平台建设。

发挥“天津科技工作者之家”服务平台作用，全年承接各类学术活动149场次，直接服务科技工作者13500余人次。

推荐张伯礼等12名优秀科技工作者纳入优秀科技工作者宣传计划；建立国家级科技工作者状况调查站点12个，2017年对其中4个进行了调整。修订《全国科技工作者状况调查天津站点管理办法》，组织国家级站点工作人员参加培训班学习；各站点按时完成调查任务4次，获中国科协通报表扬1次，报送有效信息49篇。

组织开展“我为‘创新争先’献一策”科技工作者建议征集活动，征集科技工作者建议3项。

自身建设 组织召开科协系统专题培训班3次，累计培训党员干部395人次。成立党的十九大精神宣讲组6个，开展宣讲活动31场次，带动科协系统各层级开展各类学习活动近1000次。

天津市委印发《天津市科协系统深化改革实施方案》，明确了科协系统深化改革的指导思想、基本原则和主要目标，从五个方面提出22条具体措施，市科协制定4个具体落实方案。科协机关部门由10个调整为7个，机关干部交流轮岗13人。

召开区科协改革工作会议，市科协党组成员分别带队走访全市16个区，推动解决长期困扰区科协的体制编制、职责地位等问题。

实施“党建强会”计划，建立“党建阵地建设”和“党员主题活动”两个支持项目，共立项15项。

区县及科协基层组织 天津市共有区科协16个。武清区科协完成区科技馆提升改造工程。西青区科协推荐的曙光沙窝萝卜协会获“中国农村专业技术协会科普奖”先进单位荣誉称号。滨海新区科协与滨海电视台共同主办《科普帮》月播电视栏目，与滨海时报社共同主办《滨海科普》周刊专栏；举办“滨海科学名家讲堂”活动。河东区科协为全区22所小学配备安装“科普智慧墙”；2017年启动“科普大篷车校园行”，在辖区内每所中小学校连续开展为期15天的活动。蓟州区科协与相关部门联合组织举办“新型职业农民培训”等各类培训500余期，3万余人次受益；成立30支科技服务小分队，长年服务在“三农”

一线。

市级学会、企业科协、高校科协 天津市共有市级学会153个、企业科协599家、高校科协9家。2017年新建企业科协38家，新建高校科协4家。

参与承接政府转移职能的市级学会15个，承接工作职能21项。

开展园区科协和企业联合科协组织建设试点工作，共建设新型企业科协组织14家，吸收团体会员243个、个人会员近1000名，辐射服务企业7857家、科技工作者3万多人。

在天津理工大学、天津工业大学、天津海运职业学院、天津医科大学成立高校科协。

北京抗癌协会、天津市抗癌协会、河北省抗癌协会开展癌症防治领域交流合作，搭建“京津冀癌症防控联动平台”，发布《京津冀联合抗癌倡议书》。市科协生命科学学会联合体主办2017年“环境、营养与健康”海河论坛。天津市技术市场协会召开成立三十周年暨2017年学术年会。

【第31届天津市科技周主场活动暨第三届天津市科普产品（智慧生活）展览会】 5月13—17日，由市科协、市委宣传部、市科学技术委员会、河北区委、河北区人民政府主办的第31届天津市科技周主场活动暨第三届天津市科普产品展览会在天津市河北区开幕。市委常委、市委教育工委书记程丽华，市人大常委会副主任张俊芳，时任副市长何树山，市政协副主席陈永川出席。

本届科技周以“科技强国 创新圆梦”为主题，开展10项市级重点活动，涉及智慧生活、科普产品推介、生态建设、天文科普、机器人竞赛、下乡惠农、微视频制作、防震减灾、生命科学、认知植物等内容。科技周期间，开展近400项科普活动，其中23项活动面向全体市民开放。

第三届天津市科普产品（智慧生活）展览会分为智慧小屋展区、智慧通信展区、VR互动体验区、STEAM科技校本课程体验区、科普天津展示区、第三届全民营养周主题活动区六大板块。

【2017年全国科普日天津主场活动暨天津市全民科学素质电视大赛】 9月16日，由市科协和天津广播电视台联合举办的天津市全民科学素质电视大赛决赛在天津广播电视台进行直播。市政协副主席、中国科学院院士陈永川，市科协主席、中国科学院院士饶子和等出席活动。天津市有关部门、各区及“天津科普说”微信平台全民科学素质网上答题优秀选手400余人现场观看比赛。

6支代表队参加决赛。中国工程院院士、天津大学化工学院国家工业结晶技术研究推广中心主任、天津市科协名誉主席王静康，中国首位卡尔萨根奖得主、中国科学院国家天文台郑永春博士担当评委。经过极速60秒、真真假假、智者冲锋、科学实验室、针锋相对5个环节的对决，津南区最终获胜。

本次大赛是2017年天津市全国科普日的启动活动。2017年天津市全国科普日活动主题为“创新驱动发展，科学破除愚昧”。科普日期间，天津市科协开展数百项科普活动，受众人数10万人次。

（撰稿人：张晓亭）

河北省科学技术协会

服务经济社会发展 协助中国科协推动保定市创新驱动助力工程示范市建设，以首都科技工作者助力河北创新发展活动为抓手，服务任丘市、涞水县等5个创新驱动示范县试点，达成合作意向33项。确定宣化区、丰宁县等7个县（市、区）为第二批创新驱动示范县。组织参与全国大众创业万众创新活动周河北分会场活动。先后邀请北京市科协组织市属学会的230名专家分赴河北省11个地级市和5个省科协确定的创新驱动发展示范县进行实地对接，与企业签订合作意向140项。

新建院士专家工作站54个、院士专家服务中心5个、科技专家企业工作站40个。开展科技信息推广应用、一线创新工程师培养，服务企业2200余家，培训专利应用工程师3000余人，收集科技成果860余项，帮扶企业300余家，产生典型案例100个。举办创新方法培训12次、创新报告会5场，培训人员1300余人次。

制定《河北省农业专家工作站建设方案》，使农业专家工作站成为科技创新和技术推广中心、人才聚焦和培养中心、农业产业推进和服务中心、信息交流和传递中心，带动农民增收致富。

8月19—22日，邀请以色列专家在张家口市举办为期5天的设施蔬菜培训班，共计300余人参加。培训班采取集中授课和现场指导等方式，将以色列节水农业技术带到生产一线。

8月30日，组织召开京津冀科协工作深度融合研讨会，围绕服务京津冀协同发展建言献策，提出了在雄安新区建设京津冀高水平科技创新智库等6方面建议。

12月19日，联合省科技厅在石家庄市举办京津冀大气污染源头治理技术研讨会。中国工程院院士、原国家环保总局气候影响研究中心任阵海等5位院士及多名国内环保专家就京津冀大气污染源头治理技术进行研讨交流，并到石家庄奥祥医药工程有限公司、石家庄燕兴条码不干胶印刷有限公司实地考察了应用"稳态置换流技术"控霾及挥发性有机物的效果。

《科学素质纲要》实施及科普信息化建设工作 命名河北省全民科学素质教育基地89个，建设科普e站4000余个，80%的市县科协完成了科普中国注册和认证工作，与北京市科协、天津市科协建立了科普资源合作机制。

整合以省科技馆为基础的各类科技馆资源，建立科技场馆联盟，指导河北省科技馆、张家口市科技馆、邯郸市科技馆、馆陶县科技馆免费开放。新增流动科技馆7套，在石家庄市赞皇县举办中国流动科技馆第二轮全国巡展启动仪式。流动科技馆全年巡展43站，接待观众超过80万人次；科普大篷车巡展224场次，行程7.9万余千米，受益人数超过69万人次。

举办全省科普工作和"新思维·新技术·新科普"培训班。组织开展2017年全国科普日河北省系列活动，安排省级重点活动项目420个。组织开展防灾减灾日、科技周等科普活动，受益公众100万余人。会同河北省民族宗教事务厅，组织专家赴丰宁满族自治县等21个民族地方开展送科技活动。举办第32届河北省青少年科技创新大赛、河北省青少年机器人竞赛、"大手拉小手科普报告希望行"河北站活动、"英才计划"试点和河北省青少年高校营活动。

学术交流 制定《河北省科协省级学会（团体会员）管理规范（试行）》《河北省科协省级学会管理工作手册》《河北省科协所属学会有序承接政府转移职能项目实施规范》《河北省科协所属学会学术会议制度》《河北省"综合示范学会"创建标准（试行）》5项制度，促进学会学术工作规范化、制度化。

组织实施学会能力提升行动，支持省健康教育与康复学会等6个省级学会举办国际学术会议。

服务科技工作者 组织开展河北省青年科技奖评选和中国青年科技奖推荐工作。组织开展科技工作者交流联谊和休养活动。举办2017年科学道德和学风建设宣讲活动。资助5名中青年学者出国开展学术交流、技术合作和短期培训。

组织开展首届全国科技工作者日河北系列活动。举办省科协首届"科普杯"足球邀请赛。组织开展寻找和宣传最美科技工作者活动，评选出部分长期工作在科研和创新一线的10名基层科技工作者为"2017年度河北省最美科技工作者"。

推进省市县实体科技工作者之家建设，省科协6000平方米建家计划前期任务基本完成，部分已向科技工作者开放。按照"五位一体"、六个重点、六项标准，全省建成命名了50个科技工作者之家示范单位。

自身建设 出台科协改革方案，制作《百项重点改革任务作战图》，将6个方面的25项改革内容细化为100项具体改革任务，分解到省科协主席、副主席、常委、各市科协、省科协机关各部门及直属单位，进行台账式管理，责任到人、挂图作战、推进落实。全省11个设区市已有10个市出台科协改革方案。

通过社会主流媒体宣传科协改革的目的、内容、进展和典型案例，请党委政府、科技工作者、科协干部和社会各界了解、支持、参与、监督科协改革。联合省政府新闻办举办科协改革新闻发布会，中央和省内外20多家媒体参加，网上信息检索结果近100万条。

科协个人会员网上申报系统开发上线运行，已发展省市县三级科协会员近1万人，省科协会士14名，其中有院士6名。

地市县及科协基层组织 截至2017年年底，河北省共有市区科协11个、省直管县科协2个、县级科协170个、街道（社区）科协517个、乡镇科协1825个、农技协3815个。

省级学会、企业科协、高校科协 截至2017年年底，河北省共有省级学会142个；企业科协721家，会员191673人；高校科协50个；11个国家级园区已全部建立科协组织。其中，年内成立省级学会5个，28个省级学会完成换届改选，35个省级学会办理了变更手续，2个省级学会被河北省民政厅新评为5A级和4A级社会组织。

开展省级学会"三化"改革、学会秘书长职业化和标准化会员之家建设试点，成立横向学会联合体2个、纵向学会联合体8个，出台《高校（企业）科协组织建设规范》。年内新增企业科协100家、高校科协42家，出台民主办会6项制度，成立省科协专门工作委员会5个。

确定2017年度承接政府转移职能试点项目，省电子政务研究会、省社情民意研究会、省护理学会、省预防医学会等10个省级学会承担了省卫计委、省发展改革委、省委办公厅和省质监局的8项职能，扩大和新增了承接政府转移职能工作范围和内容。由省机械工程学会牵头的省级重点工程实验室评估增加到19个，涉及计算机、生物、医药等多方面。新增了由省计算机学会牵头承担的省级重点工程实验室认定工作。

【河北省科协九届二次全委会议】 7月15日，省科协九届二次全委会在石家庄市召开。省委副书记李干杰出席会议并讲话。省政协副主席、省科协主席段惠军出席并主持会议。省科协领导和八届委员会委员82人出席会议。

会议传达了中央书记处关于科协工作的几点意见。审议通过了刘纪雷代表省科协九届一次常委会所作的年度工作报告，对获得全国优秀科技工作者和第九届河北省优秀科技工作者称号的同志进行了表彰。

【第32届河北省青少年科技创新大赛】 3月2—5日，由省科协、省教育厅、省科技厅、省环保厅、省体育局、团省委和省妇联共同主办的第32届河北省青少年科技创新大赛终评展示活动在石家庄市举办。本届大赛主题为“创新·体验·成长”，全省1933所学校的41万余名青少年参加大赛，参赛作品涉及工程学、能源科学、数学、计算机科学与信息技术、环境科学与工程、物理与天文学、生物化学与分子生物学、动物学、医学与健康学、化学、微生物学、植物学、行为与社会科学共13个学科。

大赛通过初评和终评两个阶段，专家们通过审阅材料、网上查询、公开展示、封闭问辩、小组讨论和大会集体表决等程序，从16324项各类作品中评出一等奖470项、二等奖673项、三等奖881项及15名优秀科技辅导员。大赛组委会还综合各单位各部门组织活动情况评选出“优秀组织单位奖”66个。

（撰稿人：田建超）

山西省科学技术协会

服务经济社会发展 3月16日，省科协在北京承办了院士专家座谈会，该项活动是省委、省政府“晋商晋才回乡创业创新工程启动大会”的四大主题活动之一。山西省省长楼阳生主持会议，特邀近40名院士围绕山西产业转型升级建言献策。新建院士专家工作站18个，全省科协系统建立院士专家工作站达76个，引进院士80余名，引进创新团队300多人。开展“院士专家山西行”活动，组织27名院士专家赴太原市、忻州市、运城市、晋城市、长治市等地围绕当地主导产业及需求开展服务。

9月15—21日，与省发改委、山西综改示范区管委会等单位联合组织了全国大众创业万众创新活动周山西分会场活动，举办展示、论坛、竞赛、讲座等主题活动20项，展出项目330个，接待公众1.9万人次。协同省总工会深入推进“五小竞赛”，组织农村农业领域989个项目参赛，择优进行表彰。参与“‘双创’沙龙”、山西卫视《异想天开》节目的组织工作，开展山西省大学生科学文化作品创新创意大赛。

出台《山西省科协创新驱动助力工程实施意见》，建设创新驱动助力工程试点市4个、示范县10个、省级示范学会12个，建立省级学会服务站22个。实施金桥工程、一线创新工程师培养及创新方法推广、企会合作创新联盟建设、科技信息转化应用、知识产权战略巡讲等项目，推进“海智计划”工作基地建设，为更多的企业提供优质高效的服务。

联合省农业厅、省扶贫办召开全省科技助力精准扶贫工作会议，印发实施方案，启动“百千万”工程和“1658”示范行动，推动“十三五”末实现乡村e站、农技协组织服务等“六个全覆盖”。选派20名扶贫专员在6个国家贫困县的15个贫困村开展精准扶贫。组织动员2886名科技工作者、276个农技协开展科技扶贫服务，共帮扶贫困户72744人。推进方山县麻地会乡4个包扶村党的建设、产业培育、公益服务。省科协荣获“全省脱贫攻坚先进集体”。

出台《山西省科协关于推进高水平科技创新智库建设的意见》，建立科技创新智库专家库，开展智库基地建设试点工作，完成13项决策咨询课题研究，完成专报14篇。成立山西省科协评估评价中心。受省直相关部门和地方党委政府的委托，开展“山西省18个样本县易地扶贫搬迁工作成效第三方评估”“保德县减贫工作成效预评估”等项目。

《科学素质纲要》实施及科普信息化建设工作 牵头成员单位对各市科学素质建设工作进行了专项考核，考核结果及时反馈当地党委、政府。针对重点人群，组织开展了10项科学素质特色活动。与省体育局、省地震局签署战略合作协议，扩大科普受众群体和科普工作覆盖范围，提升全民科学素质建设公共服务能力。

实施“科普中国·百城千校万村行动”，广泛建设乡村e站、社区e站、校园e站，建设线上线下相结合的科普服务新阵地。与吕梁市政府签订战略合作协议，在吕梁各乡镇和重点村建设乡村e站300个，实现首个市域全覆盖。分别与省民政厅、省教育厅联合下发文件，推动社区e站、校园e站建设，在全省共建科普e站1342个。推进省城公交楼宇电视“科普每一天”工程，编播科普专题片48期，覆盖太原2600多辆公交车和众多公共场所。编创影视、挂图、动漫、游戏、H5海报等科普资源453套件，数据存储总量达110TB。打造“农村微课堂”微信平台，发布信息327期，专家在线解答农民问题4.3万个。

9月16—22日，牵头开展了山西省2017年“全国科普日”暨第14届“科普三晋”系列活动，各级科协因地制宜举办了丰富多彩的科普活动，省科协和忻州市、闻喜县等12家科协被评为优秀组织单位，河曲县科普二人台小剧等6个活动被评为优秀活动。举办第六届中国科普摄影大赛，共收到全国各地作品6285件。96110、96365、96580三条科技热线免费为4.38万人次提供咨询服务，专家下乡服务140场次。

省科技馆开放257天，接待观众126.7余万人次。新建创意工作室、3D打印室等4个科学工作室，组织科学实验和科学表演704场次，有5个原创节目在全国大赛上获奖。“山西科学讲坛”举办42期，受众2.3万人次。流动科技馆深入基层县区51个站点巡展，受众66.1万人次；科普大篷车深入基层34个站点巡展，受众6.9万人次。

学术交流 以“服务创新驱动，助力转型综改”为主题举办2017年山西省科协年会，邀请20余名院士专家围绕传统优势产业、高端装备制造、现代煤化工、新一代电子信息技术等开展学术研讨和技术服务。7月31日—8月2日，联合中国生物工程学会、山西综改示范区管委会主办首届生物经济助力山西创新转型综改大会。12月7—8日，联合中国畜牧兽医学会、山西综改示范区管委会举办中国维生素产业发展高层论坛。支持省级学会和市级科协开展15项精品学术交流活动。

服务科技工作者 通过集中学习、讲座培训、座谈研讨、调研交流等形式，组织广大科技工作者深入学习贯彻十九大精神、习近平总书记视察山西重要讲话精神和省第十一次党代会精神。7月4日，召开省城科技界学习贯彻习近平总书记视察山西重要讲话精神座谈会；12月5日，召开全省科协系统学习贯彻党的十九大精神座谈会。创办“十九大精神微讲堂”，发布信息122期；在《科学导报》、“山西科协网”“山西科协”微信等媒体上开设专题。

组织中国工程院院士候选人、全国创新争先奖等全国层面优秀科技人才遴选推荐，省科协副主席、太原理工大学校长黄庆学当选中国工程院院士。联合省人力资源和社会保障厅开展“山西省优秀科技工作者”暨“山西省十佳中青年优秀科技工作者”评选表彰，推出97名奋战在科技一线的创新争先先进典型。组织15个科技工作者状况调查站点开展4项专题调查，及时掌握科技工作者的动态和诉求。建立省科协代表大会代表任期制度，保障代表行使权利、履职尽责。全省科协系统深入开展全国科技工作者日系列活动，各级党政领导携科协负责人深入基层、走访看望一线科技工作者。

联合省科技厅举办“砥砺奋进的五年——山西省喜迎十九大科技成果展”，开展“寻访山西最美科技工作者活动”，邀请纪实文学作家访谈优秀科技工作者出版《名家名作》。通过网站、电视、微信、报刊、屏媒、展板等载体宣传与山西有合作关系的院士专家，宣传在转型综改建设中涌现出的领军人才、创新团队和基层一线科技工作者，讲好科技故事，传播科协声音。

自身建设 8月2日，《山西省科协系统深化改革实施方案》经省委常委会议审议通过，以省委办公厅文件印发。为确保科协改革落地见效，省科协实施挂图作战。截至2017年年底，64项改革任务按时间节点进展顺利，22项改革举措完成，13项改革举措取得突破性进展。运城市、大同市、阳泉市、忻州市、太原市出台科协改革方案，闻喜县、夏县、保德县、河津市等11个县（市、区）出台科协改革方案。

召开省科协党建暨党风廉政建设工作会议，开展“两学一做”学习教育常态化制度化和“维护核心，见诸行动”主题教育活动。加强管党治党制度建设，出台贯彻落实全面从严治党主体责任和监督责任实施办法、贯彻落实中央八项规定精神实施细则等规章制度。

4月24日，组建成立了中国共产党山西省科技类社会组织行业委员会，理顺科协指导学会党建工作的体制机制，所属135个学会实现了党的组织和工作全覆盖。出台《山西省科协优秀科技社团建设标准》，培育打造内部管理规范、发展能力强、服务成效显著、社会信誉好的优秀学会，对省机械工程学会等21个学会进行了奖补支持。推动大学科领域或全产业链的学会集群发展，组建成立了智能制造学会联合体。

建立省科协包点联系市县工作机制。机关各部门包点联系1个市科协、1个县科协，直属各单位包点联系1个县科协，向11个市、28个县下达各类项目经费1635万元。

地市县及科协基层组织　全省现有市级科协11个；县（市、区）科协118个，其中独立建制116个，右玉县、长治市郊区2个县（区）科协与科技行政部门合署办公；行业科协2个，分别是省国防科协、省电力科协。

太原市科协通过以点带面、辐射带动，建成社区e站34个、校园e站31个、乡村e站2个。市属科普画廊覆盖全市16个公园，共有217个橱窗、479个展面。开展了太原市自然科学优秀学术论文评选，与30个学会签订自律承诺书。

晋城市科协围绕营养健康、煤层气开发、新能源利用等主题，组织开展了3期“学术沙龙”活动；以高平市为试点，加强乡镇科协组织建设，截至2017年年底，高平市所有乡镇、街道办事处全部成立了科协组织，覆盖率达到100%。

运城市科协在全省率先自主开展了“全市科技工作者状况大调查”活动；举办了全国科技工作者日纪念活动暨教育信息技术产学研深度融合报告会等活动，300多名科技工作者与会；建立科技人才智库，第一批1000余名科技人才信息已入库。

忻州市科协通过搭建“一站四平台”着力推进科普中国落地应用，建成乡村e站旗舰店26个、标准店200个、校园e站4个、社区e站6个，建成了集PC网站、微信手机版、APP客户端、微信公众号于一体的“科普忻州”云平台。在电视台开办《科普中国》栏目，播出30余期。

长治市科协建成科技人员信息库，收录全市中级职称以上的科技人员17000余人；建成科技智库，涵盖高级职称以上的科技人才500人，其中教育类、医疗卫生类、工业类、农林畜牧气象类、其他类各100人。

省级学会、企业科协、高校科协　省科协所属省级学会有135个，其中理科学会17个、工科学会34个、农科学会16个、医科学会21个、综合交叉学科学会47个。

省医学会联合有关单位承办了第四届世界骨科大会、第五届世界健康大会、第十七届全国核磁共振学术大会暨国际华人医学磁共振学会2017年年会、中华医学会第十九次心血管年会暨山西省第十八次心血管病学术会议等。省抗癌协会联合相关单位举办了2017中国肿瘤学焦点学术大会暨山西省抗癌协会第十一届肿瘤学术大会。省护理学会联合相关单位举办了全国首期心肺复苏培训导师培训班。省林学会承办了中国栎类天然林经营学术研讨会。省计算机学会联合相关单位承办了2017全国高校计算机教育大会。省科技评估学会举办了山西省创新驱动发展与科技评估研讨会等5场学术活动。省地震学会举办了“活动构造、古地震研究与中长期地震预测”等7场学术报告会、研讨会。

新成立16个企业科协、2个企业科协联盟、11个高校科协。全省总计企业科协148个，高新区、经开区等园区科协6个，高校科协19个，企业科协联盟2个。

【山西省科协第八次代表大会】2月21日，省科协第八次代表大会在太原市开幕。山西省委书记、省人大常委会主任骆惠宁，省委副书记、省长楼阳生，中国科协党组书记、常务副主席、书记处第一书记尚勇出席大会。省领导薛延忠、黄晓薇、高建民、孙绍骋、王伟中、盛茂林、任建华、罗清宇、王清宪、胡苏平、周然、王一新、李悦娥和彭堃墀院士、王一德院士、金智新院士出席大会。来自全省各条战线上的一线科技工作者代表和科协工作者代表500余人参加会议。

省科协党组书记许富昌主持开幕式。省科协第七届委员会主席侯晋川作了题为“团结带领全省广大科技工作者　为加快创新驱动、实现振兴崛起而奋斗”的工作报告。团省委书记赵雁峰代表人民团体致贺词。

大会审议通过了省科协第七届委员会工作报告、《山西省科协实施〈中国科协章程〉细则》和《山西省科协事业发展“十三五”规划》，选举产生新一届领导机构。周然当选省科协第八届委员会主席。会议表彰了第七届山西省十佳中青年优秀科技工作者。

（撰稿人：王继龙）

内蒙古自治区科学技术协会

服务经济社会发展 2017年，自治区科协建立院士专家工作站45家，累计建立院士专家工作站147家；引进院士160余人，专家、学者800余人。为企业开展技术咨询165项，获得科技专利40项。

自治区科协企业创新服务中心积极开展“‘双创’科技信息企业推广应用服务”工作，帮助企业科技工作者实现专利信息深度挖掘与转化应用，缩短创新周期，降低创新成本，提高创新能力。2017年服务企业515家，企业转化应用科技信息产生新产品、新技术134项、新专利45项，为企业节约研发资金400多万元，产生经济效益1200余万元；为企业培训专利应用工程师1700余名。组织开展跨区域科技成果转化在线对接活动，征集技术难题、科技成果转化需求74项，在线对接科技成果253项，48位专家参与在线对接，实现技术对接204次，达成意向21项，吸引4050位访客在线观摩，有效推动科技资源与企业需求深度融合。

成立内蒙古科技助力精准扶贫工程领导小组，印发《内蒙古科技助力精准扶贫工程实施方案》和《内蒙古科技助力精准扶贫工作考核评估办法》。支持建立农技协联合会组织38个、农技协组织162个。全年组织427名科技专家参与科技扶贫行动，助力建档立卡贫困户32134户、贫困人口64856人。组织农牧业专家24人次深入自治区7个盟市20个国家级贫困旗县开展“专家扶贫旗县行”活动，组织专家进行现场指导，举办技术培训45期，培训农牧民2420余人次。9个项目入围中国科协科技助力精准扶贫科技服务需求目录。

按照《内蒙古科协所属学会有序承接政府转移职能试点工作实施方案》的要求，截至2017年年底，16个自治区级学会承接政府部门转移职能32项。

《科学素质纲要》实施及科普信息化建设工作 制定《内蒙古自治区2017年全民科学素质考核评价方案》，全民科学素质工作纳入2017年盟市党政领导班子考核指标评价体系。

组织全国科普日内蒙古系列主场活动、全国食品安全宣传周主题日活动、内蒙古科技活动周暨第二十二届科普活动宣传周等一系列科普活动。大力推进“基层科普行动计划”。在自治区20个贫困县实施“基层科普行动计划”，投入资金用于当地青少年和农牧民科学素质提升。呼和浩特市赛罕区等15个旗县区被中国科协命名为“2016—2020年度全国科普示范县（市、区）”。资助7个旗县和4个社区建立青少年科学工作室。蒙汉文科普刊物出版和发行工作取得新进展,《新编农牧民科普系列丛书》被科技部评为全国优秀科普作品，编辑出版了《内蒙古科技报》和《身边科学（蒙古文）》杂志。

组织实施2017年全国科技馆免费开放项目，内蒙古科技馆等6家单位获得中央财政资助。内蒙古科技馆接待来自江西省、四川省、广东省、重庆市等多个省（直辖市）的1200多名学生参观访问，举办6期“少年派的西北漂流记暨内蒙古科技馆深度研学五日夏令营”以及“友谊·和平·年轻的使者”中俄蒙青少年交流联谊活动等，累计接待观众100余万人次。举办“海洋强国——海洋权益与军事主题展”，展出展品34件套，共接待观众30万人次。盟市级科技馆、青少年科技馆全年接待观众近50万人次。自治区流动科技馆巡展20个旗县区，受益人数25万人次。各盟市、旗县区开展科普大篷车下基层活动2939次，行程34.2万千米，受益人数161万人次。商都县第一中学等8所学校被选定为2017年农村中学科技馆试点建设学校。

自治区科协与中国科协青少年科技中心、中国青少年科技辅导员协会共同主办第八届全国青少年科学影像节展映展评活动，来自全国的33支代表队参加活动。承办中国科协港澳台大学生暑期交流活动，99名港澳台大学生走访了内蒙古师范大学、蒙牛乳业、内蒙古科技馆、内蒙古博物院，体验草原文化和民族风情。举办第32届内蒙古青少年科技创新大赛和第17届内蒙古青少年机器人竞赛，并选拔优秀选手参加全国竞赛。推进“中学生英才计划”，首批22名英才学子完成培养计划。组织开展青少年高校科学营、青少年科学调查体验活动，举办“大手拉小手——科普报告希望行”活动，邀请中国科学院老科学家科普演讲团的6位专家为呼和浩特市和乌兰察布市30所学校的青少年作科普报告。实施农村青少年校外教育项目、青少年探索计划、青少年科学工作室项目。举办青少年探索计划魔抓创意编程等5期骨干教师培训班。开展3期“送培到基层”科技教师培训班，培训科技教师共计1000余人次。举办“一带一路”青少年科技教育论坛，来自中国、俄罗斯、蒙古、土耳其、意大利等国家的11位专家、学者作专题报告，近80名中外青少年科技教育工作者参加论坛。

印发实施《内蒙古自治区“科普中国·百城千校万村行动”实施方案（2017—2019年）》，率先在呼和浩特市、乌兰察布市和首批执行基层科普行动计划的20个国家级贫困县开展示范建设。召开自治区科普信息化建设暨百千万行动培训会，各盟市、旗县区科协主席150余人参加培训。全区共建立科普网络书屋1416个。2017年新建科普e站47个，12个盟市和75个旗县建设完成站群管理云平台、站群搜索平台、站群内容报送系统、网页防篡改系统；建成自治区科协手机网站和自治区科协手机APP运营管理系统。内蒙古科协微信公众号订阅人数达10.5万人。

学术交流 举办“一带一路”国际科技交流（满洲里）论坛，来自中国、俄罗斯、蒙古、奥地利、意大利等国的35位专家作专题报告。举办第十届海峡两岸科普论坛，征集论文154篇。举办第十二届内蒙古自治区自然科学学术年会，征集论文703篇，271篇入选年会优秀论文集。

服务科技工作者 搭建起青年科技人才托举工程、海智等多种服务平台。举办自治区首届科技工作者日活动，评选表彰优秀科技工作者。

自身建设 按照自治区党委统一部署，深入推进“两学一做”学习教育常态化制度化，加强机关党建，落实“两个责任”，全面推进从严治党，制定《内蒙古科协学习贯彻党的十九大精神方案》，组织开展一系列学习研讨活动。

积极推进学会党建工作“两个全覆盖”。110个自治区级学会已建立党组织67个，学会理事会层面党员2740余名。实施“党建强会”项目，对科技工作者的政治引领作用不断增强。

全面实施《全区科协系统深化改革实施方案》，根据自治区特点和工作需要调整科协机关内设机构，新组建了内蒙古自治区科技信息传播中心和内蒙古自治区农村牧区科普服务中心。12个盟市8个旗县区科协深化改革实施方案印发实施。

修订《内蒙古自治区科学技术协会学会组织通则》，评选支持14家示范学会、11家达标建设学会、22家基础建设学会开展创新和服务能力提升专项工程，构建学会能力建设新体系。

着力推进“网上科协”建设，自治区、盟市、旗县区三级科协站群实现互联互通，接入中国科协“科猫”平台，拓展联系服务科技工作者的渠道。

地市县及科协基层组织 鄂尔多斯市科协实施了“智慧建党”工程，从农村牧区选拔一批具备科学素养的农牧民党员，依托大数据中心平台培养“智慧农牧户”，带动周边农牧民应用物联网和现代信息技术推动生产生活智慧化，实现让数据多跑路、群众少跑腿的现代运行机制体制。

阿拉善盟科协等部门开通了96048农牧业科技服务热线，建成了阿左旗巴彦镇西关村等4个科技网络示范村和7个嘎查科技信息化示范站。

包头市科协举办百场科普报告会，邀请中国科学院科普宣讲团11位科学家为中小学生、社区居民、农牧民、领导干部、公务员举办科普报告104场，受众3.2万人次。

巴彦淖尔市科协组建一支300人的科普志愿者队伍。召开全市科普志愿者表彰大会，对165名科普志愿者进行表彰。选拔认定197名优秀科普带头人，制定了《巴彦淖尔市优秀科普带头人行动计划方案》。

省级学会、企业科协、高校科协 2017年，内蒙古性病艾滋病防治协会、内蒙古科技咨询协会、内蒙古医师协会、内蒙古食品科学技术学会加入自治区科协，成为团体会员。

内蒙古环保科技行业协会针对内蒙古工业园区内有关煤化工、钢铁、建材、生物制药、电力、重化工、有色金属冶炼等易产生污染源的企业，开展节能减排、污染治理、资源综合利用、检测评估、安全防范管理等综合型一站式服务园区企业新模式，全力推动智能园区和企业创新工程建设，与园区企业签订安全防范合作协议，及时化解企业存在的污染隐患问题。

内蒙古有色金属工业协会、内蒙古畜产品加工研究会为相关生产加工企业制定了产品地方标准、企业执行标准，提高了产品加工的稳定性、安全性。

内蒙古农机学会承担内蒙古科协2017年学会创新和服务能力提升项目并圆满完成任务。3月26—28日，内蒙古农机学会与内蒙古农机推广站、内蒙古农机行业协会、艾克思博公司在呼和浩特市召开第九届内蒙古农牧业机械展览会暨内蒙古农机专业合作社规划发展论坛，国内外345家农牧机械生产制造企业及1767台机具参展，参会人员达1.1万人次。内蒙古农机学会与内蒙古农牧推广站在乌兰察布市开展推广马铃薯全程机械化生产现场展示活动。

截至2017年年底，内蒙古自治区科协已建立企业科协73家，其中公有制企业科协11家、民营企业科协62家，拥有会员2万余人。内蒙古二龙屯有机农业有限责任公司科协以“创新、创业”为主题，引导公司科技人员立足岗位开展创新实践活动，研发的“合和米”系列产品获得内蒙古自治区首届科技创新大赛优秀奖。乌兰察布市察哈尔大地原种猪繁育示范场通过企业科协引进优良种猪品种及繁育技术，降低企业生产成本，提高了经济效益。内蒙古大唐国际锡林浩特矿业有限公司科协编制《内蒙古大唐国际锡林浩特矿业技术改革方案》，推动企业开展“双创”活动。内蒙古鸿毛酒业公司科协组织科研人员研发出两个药酒新产品，产品销量和经济效益实现翻番。包钢集团科协、内蒙古一机集团科协、内蒙古北重集团科协充分发挥科技人员规模优势，着力突破产学研瓶颈，积极组织科技人员开展新产品公关与技术交流协作，主动适应市场需求，发挥军工企业生产技术设备优势，企业效益不断创新高。包头市创建科技型企业科协联盟，为混合型所有制科技型企业注入活力，不断提升企业自主创新能力。

内蒙古科协发挥高校科技与人才优势，积极推动内蒙古大学、内蒙古科技大学、内蒙古民族大学建立高校科协组织。

【2017年全国科技工作者日内蒙古活动】 5月26日，以“精忠报国、敢为人先、求真诚信、拼搏奉献”为主题的全国科技工作者日内蒙古活动仪式在内蒙古科技馆举行。自治区党委副书记兼政法委书记李佳，自治区政协副主席符太增出席活动并为获奖者颁奖。30名自治区优秀科技工作者、10名自治区优秀科普带头人、10名自治区优秀科普志愿者、6名自治区优秀科技辅导员、4名自治区优秀科技教育专家、18名科技工作者创新创业大赛获奖者现场接受表彰。

活动由内蒙古科协、科技厅主办，内蒙古自治区党委组织部、宣传部、教育厅、人力资源和社会保障厅、环境保护厅协办。各主办单位、协办单位有关负责人出席活动。内蒙古科协党组书记、副主席斯琴毕力格代表主办单位致辞。100多名科技工作者参加活动。

【首届内蒙古科技工作者创新创业大赛及成果展】 10月31日，由自治区科协和科技厅联合主办的内蒙古自治区首届创新方法推广应用大赛暨第二届全国企业创新方法大赛内蒙古分赛区决赛落幕。全区60余家企业、8所高校的174个团队参加比赛，其中企业团队130个、高校团队44个。

大赛分为高校组和企业组，竞赛课题涉及装备制造、稀土、羊绒、乳业、冶金等特色产业。内蒙古第一机械集团有限公司等5家企业获得企业组金奖，鄂尔多斯资源股份有限公司等7家企业获得企业组银奖，内蒙古众谊环保科技股份有限公司等16家企业获得铜奖。决赛还决出高校组一等奖3名、二等奖4名、三等奖5名。大赛特设优秀指导教师奖和优秀组织奖。

5月24—26日，自治区科协与自治区党委组织部、教育厅、科技厅、人力资源和社会保障厅举办了首届内蒙古自治区科技工作者创新创业大赛成果展。来自自治区高校和科研院所、企事业单位、科技社团等182个单位的209个创新团队参加展览。

（撰稿人：辛　林）

辽宁省科学技术协会

服务经济社会发展　联合省委组织部、省统计局启动全省科技工作者、全省科协基层组织统计调查，对辽宁省科技人员、基层组织、结构等数据开展调查统计，为党和政府制定科学有效的科技人才政策和科技创新政策提供支持。

全面贯彻乡村发展战略，成立辽宁省科技助力精准扶贫行动计划领导小组，联合省农村经济委员会、省扶贫开发领导小组办公室实施科技助力精准扶贫行动计划。举办第30届辽宁省“科普之冬”暨2017年科普惠农·农超对接启动仪式，104个农村专业技术协会和科普示范基地组织200多种绿色农产品参加展销。

制定《辽宁省科协推动大众创业万众创新工作实施方案》，启动创新助力行动。建立科技成果转移转化服务基地54家，成立科技成果转化促进市级分中心10家。全省已建院士专家工作站224家，柔性引进两院院士和专家755人次，其中院士223人次、专家532人次，促进385项创新技术的研发运用，开展决策咨询和项目论证1200余次。

开展企业“优秀创新团队”和“创新标兵”评选，授予沈阳航天新光集团有限公司闫晓东团队等31家优秀团队为优秀创新团队、沈阳鼓风机集团股份有限公司杨树华等31位技术骨干为创新标兵。

开展高校科学道德和学风建设宣讲教育，联合省教育厅、中国科学院沈阳分院在沈阳市、大连市、锦州市组织3场全省性宣讲报告会，实现新入学本科生、研究生及新入学教师、研究生导师、科技工作者全覆盖。

《科学素质纲要》实施及科普信息化建设工作 细化《科学素质纲要》“十三五”规划实施方案，确定责任部门，明确职责分工，落实目标任务。调整辽宁省全民科学素质工作领导小组成员，编印全民科学素质工作简报6期，发放科普图书22万册。

联合省财政厅实施“基层科普行动计划”，举办全省科普信息化建设培训班暨科普中国·百城千校万村行动观摩活动，推进科普中国农村e站、社区e站、学校e站建设，推动中国科协“科普文化进万家”试点工作。编发《现代农业实用技术荟萃》2.5万册；编印《水产品质量安全》《防震科普知识》《常见病急救常识》科普挂图3期5.8万张。省科技馆全年累计接待观众105万人次；辽宁省9个市级科技馆获国家免费开放补助；全年流动科技馆和科普大篷车巡展接待观众35万人次。举办2017年全国科普日暨辽宁省第六届科普日活动，主题为“绿色发展·遇事问科学”。开展辽宁省绿色核能系列主题科普宣传活动，接待观众16万余人次。举办《生态文明建设的法治化要求》等9场科普报告，编发社区科普大学学习资料5万册。举办“全国高校科学营——辽宁分营”，来自全国各地的700余名高中师生参加活动。举办第32届辽宁省青少年科技创新大赛，推荐14项优秀创新项目参加第32届全国青少年科技创新大赛。举办第十四届辽宁省青少年机器人竞赛，推选194支参赛队共445名选手参加第十七届中国青少年机器人大赛，分别获金牌3块、银牌17块、铜牌22块。

学术交流 辽宁省第十一届学术年会在沈阳市举办，主题为“智能制造与振兴发展”。联合省发展改革委员会、省财政厅、省农村经济委员会、省农科院举办第八届辽宁现代农业发展论坛，主题为“三产融合与现代农业发展”，邀请20余位院士专家围绕农业供给侧结构性改革开展学术研讨和技术对接。举办首届辽宁青年科学家论坛，主题为“人工智能引领未来”，邀请青年科学家围绕人工智能领域的研究应用成果作报告并进行学术交流。开展辽宁省自然科学学术成果奖评审，征集论文3212篇，评出优秀论文1046篇，确定省级学会学术交流平台229个，资助38个省级学会承办学术交流平台项目。推进“海外人才为辽服务计划”，资助中青年科技工作者国（境）外交流提升计划项目53人。联合沈阳市政府举办中国沈阳海外智力创新创业大赛，引进高科技企业25家、高层次人才120人，实现科技成果转化180项。

服务科技工作者 联合省人力资源和社会保障厅、省科技厅、省国有资产监督管理委员会推荐全国创新争先奖，中航工业集团沈飞研究所型号总设计师、中国工程院院士孙聪等5人获得全国创新争先奖章，中国科学院大连化学物理研究所纳米与界面研究团队获得全国创新争先奖状。经省科协推荐，中国科学院大连化学物理研究所潘秀莲获第十四届中国青年女科学家奖。联合省委组织部、省人力资源和社会保障厅、省科技厅开展第十一届辽宁青年科技奖评选，王博等44人获奖。资助出版《矿渣微晶玻璃的制备工艺与性能控制》等优秀自然科学著作16部。召开辽宁省庆祝首个全国科技工作者日座谈会，来自全省高校、科研院所、科技企业等的30位优秀科技工作者代表围绕服务辽宁振兴发展进行交流，形成《关于辽宁省科技工作的几点建议》并得到省委书记李希批示。

自身建设 推进省科协系统深化改革，起草完成《辽宁省科协系统深化改革实施方案》，并经11月2日省委全面深化改革领导小组第32次会议审议通过。12月5日，省委办公厅印发《辽宁省科协系统深化改革实施方案》。

做好定点扶贫和对口援疆援藏工作，2017年省科协被评为“辽宁省直机关定点扶贫先进单位”。全省建立企业、园区科协260家，省科协业务主管的70家学会已全部建立党组织。

9月26日，在沈阳市举行全省科协系统培训班。11月9日，召开省科协系统学习宣传贯彻党的十九大精神、推进深化改革工作部署会议。省科协党组成员、各市科协主要负责人，省级学会（协会、研究会）秘书长，机关全体党员干部等130人参加会议。11月10日，省科协党组带领机关及直属事业单位党员干部赴定点扶贫单位葫芦岛市建昌县小德营子乡开展精准扶贫调研工作，与基层党组织和贫困群众共同学习党的十九大精神并研究分析脱贫开发项目。

地市县及科协基层组织 辽宁省共有省辖市（地）科协14个，县（市、区）科协100个，乡镇、街道（社区）科协1861个。

沈阳市科协举办中国·沈阳机器人大会暨第十四届沈阳科协学术年会等各类重点学术活动34场，交流学术论文442篇。全年新建院士专家工作站5家，14名院士签约进站。大连市科协举办“对话领航者”论坛，组织评选大连市青年科技奖，15名青年科技工作者获奖，评选大连市优秀科技成果 541 项。

5 月 25 日，辽阳市组织召开全国科技工作者日暨讲好科技工作者故事大会。辽阳市委书记、市人大常委会主任王凤波致贺信，辽阳市委副书记陈强出席并讲话。8 月 13 日，鞍山市科协举办 2017 中国·鞍山国际机械奥运会。7 月 31 日，本溪市第五家院士专家工作站——上海绿谷（本溪）制药有限公司院士专家工作站正式挂牌。9 月 6 日，铁岭市科协在西丰县举行中国野蚕博物馆揭牌仪式。丹东市科协与丹东市教育局联合召开科普示范学校创建工作总结会，为全市首批参与科普示范学校创建的 15 所中小学校授牌。

省级学会、企业科协、高校科协 全省共有省级学会 130 个，个人会员总数达 16.36 万人，团体会员数达 5900 个，省级学会全年举办国内学术会议 379 场。全省共有高校科协 55 个。

省细胞生物学学会主办了国际神经再生高峰论坛，省造船工程学会举办了国际游艇产业发展论坛，省微生物学会举办了首届中国蛹虫草产业发展高峰论坛，省畜牧兽医学会组织开展了学术成果对接转化活动，省环境科学学会开展了大学生志愿者千乡万村环保科普活动。

【辽宁省庆祝首个全国科技工作者日系列活动】 省科协联合省科技厅举办庆祝首个全国科技工作者日系列活动，主题为“精忠报国、敢为人先、拼搏奉献”。

联合新华网辽宁频道组织开展“时代先锋——寻找辽宁最美工程师”评选活动，评选出沈阳鼓风机集团股份有限公司包翠敏等 30 名最美工程师进行宣传。全省科协系统组织召开表彰大会等 11 场次，表彰奖励各级各类优秀科技工作者 294 人。

5 月 25 日上午，在沈阳市召开辽宁省庆祝首个全国科技工作者日座谈会。省委常委、统战部部长范继英出席并讲话，省科协主席、中国工程院院士王天然主持会议。辽宁省高校、科研院所、科技型企业等 30 余位优秀科技工作者代表参加。

【第十一届辽宁省学术年会】 9 月 28 日，第十一届辽宁省学术年会在沈阳市召开。年会主题为“智能制造与振兴发展”。年会设立“智能制造与 3D 打印”“机器人进入 R2.0 时代”两个主场报告会，举办“智能制造技术与应用发展”“装备制造业工业设计”两个专题论坛。成立辽宁省智能制造学会联合体，邀请 100 余名院士、专家、企业家进行学术交流与对策研究。来自省级学会、市科协、高校、科研院所、企业等智能制造领域的 600 余名科技工作者参加论坛。

【辽宁省首个“创新驱动助力示范区”建立】 12 月 27 日，省科协“创新驱动助力示范区”在阜新市新邱区揭牌，该示范区是省科协首个创新驱动助力示范区。省科协党组书记、副主席张春英，阜新市委书记张铁民共同为示范区揭牌。

按照示范区确立的目标，省科协所属学会将针对新邱区煤化工、循环经济、智慧物流、风电新能源、建筑材料、畜牧养殖、农产品深加工、装备制造等产业开展科技服务，实现对口帮扶，发挥学会产学研相结合的组织优势和人才技术高地的资源优势，加快推进阜新城市转型、发展接续替代产业和传统产业转型升级。

省土木建筑学会理事长、沈阳建筑大学校长石铁矛，省化工学会理事长、辽宁省石油化工规划设计院院长孙云，省畜牧兽医学会理事长刘全分别代表学会与阜新市政府、园区和企业签订了学会服务站、专家工作站协议。

（撰稿人：周英男）

吉林省科学技术协会

服务经济社会发展 省科协组织开展“高端智库咨询服务行动”，针对吉林省创新驱动发展中的实际问题，组织邀请 13 位中国科学院院士、中国工程院院士及 83 位相关领域专家、学者组成了 10 个调研组，围绕吉林省汽车产业转型升级、石油化工产业链条延伸等 11 个课题，深入有关部门、相关市县、重点企业、产业园区、高等院校和科研院所开展调研。通过实地考察和座谈交流等方式，了解产业发展现状和制约发展的因素，研究提出破解难题的对策建议和有效措施，形成调研报告。6 月 25 日，在吉林省党政领导与院士专家座谈会上，各组代表分别作汇报交流，为吉林省科技创新建言献策。

组织开展“创新驱动助力老工业基地振兴行动”，90 余名院士专家帮助企业解决技术难题 200 余项，提供有效咨询建议 100 多件，签订人才引进和技术合作协议 23 项；签约项目 58 个，已开始实施 39 项。组织全省企业参加第二届全国企业创新方法大赛，申报项目 117 项，数量位居全国第二，中车长春轨道客车股份有限公司的“基于 TRIZ 理论对轨道交通车辆工装降本增效的研究”获得金奖，一汽轿车股份有限公司代表队获得一等奖。

组织开展中国（长春）海外人才创新创业项目大赛，征集到25个国家和地区参赛项目374个，签约3个项目。吉林省委组织部将获得三等奖以上并已开展实施的项目持有人列为“吉林省高层次创新创业人才引进计划”人选并给予政策支持。

根据省科协联合有关部门征集到的长春市、吉林市等7个地区60多家企业的130多个项目需求和技术需求，邀请中国科协海智专家和30多家全国学会、20多家省级学会的院士专家90多人次分别在全省7个市州分12个批次服务对接近100家企业，在人才和技术项目上给予指导。在助力行动活动中，院士专家共为企业解决技术难题300多项，提出有针对的意见建议近200件；吉林省共有各类合作成果累计47项，其中，签订人才引进和技术合作协议31项、委托制定标准和教育培训合作5项、达成定期咨询服务协议7项、签订院士工作站和海智专家工作站协议共4项。

建立院士专家工作站8家、中国科协“海智计划”专家工作站2家，中国兵工学会等16家全国学会与省内相关单位签订19个创新驱动助力工程合作协议，中国药学会创新驱动助力工程通化服务工作站揭牌运转。

省科协组织开展科技助力精准扶贫暨“科技之冬”活动，组建了由科研院所、大专院校41名科技专家组成的4支省级科技助力扶贫工作队，深入基层开展科技扶贫活动，500余户农民得到技术指导。省科协定点帮扶洮南市车力乡创业村，组织省科协机关党员与贫困户签订帮扶协议、开展科技培训，使每个贫困户年均增收3000元以上；在该村建设了360平方米党群服务中心和260平方米智能型立体温室，该村已被确定为首批退出贫困村。

《科学素质纲要》实施及科普信息化建设工作 与吉视传媒股份有限公司合作，利用吉林省大数据云计算产业基地信息化网络优势，建设科普中国融媒体传播平台，实现在广播电视、互联网、移动互联网融媒体的传播与覆盖。科普中国电视频道6月底开通，有效覆盖全省460万数字电视用户、2700万手机用户，在电视和互联网移动终端累计点播1000万次；搭载在科普中国平台的“科普进校园”活动覆盖全省2000所中小学的80万名学生。与省委组织部合作，在党建网“长白山先锋”e支部手机APP上开设科普中国专栏，覆盖全省160万名党员、9万多个基层党组织。在吉林电视台、吉林人民广播电台、吉林日报、城市晚报等媒体开设科普专题节目和科普专栏，发布信息300余期。

首次将全国科普日暨吉林省科普周主场活动放到辽源市东丰县举办。争取各方支持，为基层配发农村中学科技馆12套、流动科技馆2套、科普大篷车2台、科普大屏22个，捐赠图书3.3万册，建设校园e站、社区e站、乡村e站103个。为基层科协和服务单位制作配发科普资源，全年印制科普挂图5万张，公民科学素质教育类科普图书、宣传手册8.4万册。在全国率先启动流动科技馆二次巡展，全年巡展10站，累计巡展50站，观众超过240万人次。

学术交流 以承办第十九届中国科协年会为契机，服务创新驱动发展战略取得新成效。6月24—26日，以“创新驱动、全面振兴”为主题的第十九届中国科协年会在长春市举办。年会创新开展会、展、赛、服活动模式，初步实现了吉林省领导提出的“引进一批人才、落地一批项目、解决一批技术难题、承接一批转化成果”的工作目标，较好地完成了年会工作向高、精、实的战略转型。

服务科技工作者 建立健全省科协常委、委员、代表履职的服务机制，推进省科协干部下基层、转作风，研究制定《省科协兼职副主席轮流定期驻会制度》《吉林省科协干部联系科技工作者制度》。实施吉林省青年科技领英计划，制定《吉林省青年人才托举工程项目管理办法（试行）》，遴选10名32岁以下青年科技工作者为托举对象，每人每年给予10万元资助（连续资助两年）。

召开首届吉林省青年科学家年会，搭建服务全省青年科技工作者的综合性学术交流平台。开展全省科协系统先进集体和先进工作者评选表彰工作，组织首届全国创新争先奖吉林省候选人推荐工作，4人荣获全国创新争先奖奖状。

以增强科技工作者获得感为目标，创新服务手段。组建省科协法律服务团，为科技工作者在政策、法律等方面提供帮助。

自身建设 印发《吉林省科协学习宣传贯彻党的十九大精神实施方案》，设立“新时代传习所”，全面深入开展党的十九大精神学习活动。累计组织召开党的十九大精神学习报告会、全省科技界座谈会、党组理论中心组学习会、专题党课等不同形式的学习活动20余次，特别邀请党的十九大代表、省科协副主席、吉林大学未来科学国际合作联合实验室主任、中国科学院院士于吉红作宣讲辅导报告。在吉林科技网设置“学习宣传贯彻落实党的十九大精神”专栏，加强对党的十九大精神的宣讲阐释。

明确把学会党建工作作为前置性条件，与学会的建立、年检、换届、评优及项目申报等工作同部署、同考核。指导省级学会以各种有效方式在其秘书处建立党支部，条件暂不具备的学会设立党建联络员、签订党建工作承诺书，务实推进党的组织覆盖。130个省级学会中已有14个建立党支部、110个筹建党支部。深入开展向黄大年同志学习活动，大力宣扬科学家高尚品德和奉献精神。组织科技工作者状况调查站点开展调查，上报反映科技工作者的动态信息83条。

2月，省科协第九次代表大会在长春市召开，代表大会全面落实代表、委员、常委、兼职副主席人员构成及占比等改革要求，代表、委员、常委中基层一线科技工作者的比例分别比《吉林省科协系统改革方案》要求提高6%、7%和2.5%。完成省科协主管10个行业协会的脱钩工作。

制定下发《关于全面改革学会治理结构和治理方式的通知》，引导省级学会推选监事人。实施学会创新和服务能力提升工程，建立完善考核、评估机制，扶优扶强，重点打造5个示范学会、培育10个特色学会，发挥示范效应，进一步引导和带动省级学会整体上实现能力提升、水平提高和活力增强。

推进省科协组织向园区、企业、高校延伸，与省工商联、省民营企业协会联合推动园区科协、企业科协组织建设，新建园区科协1个、企业科协26家，高校科协增至29家，企业、高校科协增幅分别达到10%和20%，推进吉林省企业科协联盟和高校科协联盟建设。实施县级科协能力提升计划，先行试点，推动长春市双阳区、桦甸市两个县级科协依法依章程召开换届大会，建立健全领导机构。

地市县及科协基层组织 吉林省共有市、州科协10个（含长白山管委会科协），县（市、区）科协60个，农村专业技术协会2600个。

长春市科协为全市贫困村提供科技帮扶，面向全市146个贫困村组建106名农业专家团队，结合需求开展点对点帮扶，针对14个种养殖项目开展145场讲座、培训等活动，基本实现贫困村科技服务全覆盖，受益群众达7000余人。

松原市科协开展“科技之冬·春”活动，组织四县一区科协及相关协会、基地深入乡村开展科普活动80多场次，发放科技资料4万多份，培训农民3.8万多人次。

辽源市科协组织全市青少年参加吉林省第32届青少年科技创新大赛，上报363件作品，获一等奖50人、二等奖65人、三等奖74人。

省级学会、高校科协、企业科协 省科协所属省级学会130个、高校科协29个、企事业科协267个。

吉林省农产品质量安全学会开展“农产品质量安全与转基因生物安全”专题科普宣传活动。吉林省石油学会举办低成本物联网技术展示培训班。吉林省中西医结合学会开展“2017年全国科普日暨吉林省第十五届科普周”走基层——“深入街道社区，关爱老年人健康”科普知识讲座活动。

【吉林省科协第九次代表大会】 2月24—25日，吉林省科协第九次代表大会在吉林省长春市召开。省委书记巴音朝鲁，省委副书记、省长刘国中出席大会开幕式并会见参会的中国科学院院士和中国工程院院士。中国科协党组副书记、副主席、书记处书记徐延豪和吉林省委副书记马俊清在开幕式上致祝辞。省委、省人大、省政府、省政协有关负责人，吉林省直有关部门、各人民团体负责人和市（州）党委政府分管、联系科协工作的有关负责人，黑龙江省科协负责人以及吉林省科技工作者代表500余人参加开幕式。

会议总结省科协过去5年的工作，明确今后5年工作任务，选举产生了省科协新一届领导机构。中国科学院院士冯守华当选省科协第九届委员会主席。

省科协第八届委员会主席、中国科学院院士冯守华主持开幕式，并代表省科协第八届委员会作了题为“凝心聚力创新争先 为推动吉林新一轮全面振兴发展做出贡献”的工作报告。中国科学院长春分院院长王利祥代表科技界致贺词，吉林省妇联党组书记、主席孙弘代表人民团体致贺词，黑龙江省科协党组书记、副主席毕卫星代表兄弟省（市）科协致贺辞。中国科学院院士、吉林大学教授于吉红宣读了《致全省科技工作者的倡议书》。

吉林省副省长李晋修出席了2月25日上午举行的闭幕式并讲话。闭幕式上，为新授予的吉林省科学技术协会名誉主席和荣誉委员颁发证书。

【科普中国融媒体传播平台在吉林省上线】 6月8日，科普中国融媒体传播平台上线暨吉林省科普信息化建设示范活动在吉视传媒信息枢纽中心举行。中国科协党组副书记、副主席、书记处书记徐延豪出席活动。

中国科协科普部、吉林省科协分别与吉视传媒股份有限公司签署了有关合作协议。仪式后，与会领导参加了吉林省科普信息化建设示范活动，考察了科普中国融媒体传播平台，听取了相关工作介绍，并与东丰县新城小学正在上科技课的师生进行了远程互动。

为推动科普中国在吉林省的落地应用，在吉林省委、省政府的重视和推动下，中国科协科普部与吉视传媒股份有限公司签署战略协议，将吉视传媒作为“科普中国融媒体传播示范基地”，中国科协提供品牌、资金、内容、渠道等多方面资源。省科协结合第十九届中国科协年会科普活动要求，按照“先行先试、突出特色、示范全国”的思路，与吉视传媒股份有限公司开展战略合作，组织实施科普中国融媒体传播平台示范项目。通过项目的实施，率先在全国实现科普中国电视频道上线播出，率先在全国实现科普中国通过广电网、互联网、移动互联网三网互通、多屏互联，同时融合校园网、社区网、党建网、门户网站及科普e站等各类社会化信息平台和新媒体资源。

吉林省全民科学素质纲要实施工作办公室成员单位的负责人，各市（州）、长白山管委会、各县（市、区）科协主席、专业科普工作者及省科协机关部门、事业单位的负责人及吉视传媒有关负责人等300余人参加活动。

（撰稿人：杨晓霏）

黑龙江省科学技术协会

服务经济社会发展　省科协举办决策咨询专题研讨会24次，形成10篇专家建议，7篇得到省领导批示。与省气象局共同主办2017年黑龙江省农业防灾减灾春季研讨会，形成专家建议《关于2017年我省农业发展的若干建议》《关于2017年我省主要农业灾害预测防御的对策》《关于2017年我省玉米生产形势分析及建议》《关于2017年我省大豆生产灾害趋势分析及建议》《关于2017年我省杂粮种植的建议》《关于2017年我省经济作物防灾减灾生产建议》《关于2017年我省林业防灾减灾的建议》，并得到省委副书记黄建盛、副省长胡亚枫和吕维峰的批示。

开展2017年全国大众创业万众创新活动周活动。在佳木斯大学举办创新创业报告会，佳木斯大学孵化器企业科技人员和在校大学生300余人参加报告会。报告会主题为“创业导师进校园，科技创新助发展”，会上对国家和黑龙江省制定的创新创业扶持政策进行了解读，为大学生如何开展创新创业提供指导。

联合部分省级学会、市（地）科协、科研机构、科技型企业组建黑龙江省科技创新联盟，实现资源整合和对接，在技术创新及新产品研发、市场拓展、融资融智、经营管理提升等方面长期合作，为科研机构及科技型企业提供成果转化和发展平台。

举办首届黑龙江省企业创新方法大赛，全省共有89支代表队参赛，择优选拔11支代表队参加第二届全国企业创新方法大赛，取得一等奖1项、二等奖5项、三等奖5项，省科协获优秀组织奖。

在20个贫困县开展流动科技馆巡展、科普大篷车专家行和送科技下乡活动，在28个贫困县设立首席专家及专家服务站，组织400余名专家开展科技培训941次；组织569名专家深入田间地头进行示范指导，推广新技术新品种543个，发放科普资料17.39万册。联合省委组织部党员干部现代远程教育中心利用远程教育终端，在海伦市、明水县、泰来县、兰西县、木兰县5个贫困县举办大豆、瓜菜等5期农村实用技术推广培训班，受益农民达6.2万人次。

《科学素质纲要》实施及科普信息化建设工作　举办主题科普活动14次，参加活动的科技工作者7000人次，受众15万人次。举办青少年科技竞赛10次，参赛人数1.6万人次，获奖项目1600个。举办科普讲座、科技培训13次，参与科技工作者82人次，受众3400人次。编印出版科普读物《农民致富宝典》1万册、《科普进军营》3万册，编印科普挂图36111套（每套12张）。建设科普宣传栏248个。推广农业先进实用技术20项，培训农村劳动力15万人次。推进科普惠农“站、栏、员、校”建设，新建科普活动站112个、宣传栏248个、科普学校26个。截至2017年年底，全省共有国家级科普教育基地28个，省级科普教育基地201个，国家级科普示范县（市、区）14个；省级科普示范县（市、区）32个；乡、村级科普宣传栏3195个，总长度19170米；社区科普大学150所，教师3000人，设置专业20余个。

黑龙江省科普大篷车总计行程近3.05万千米，共开展科普宣传活动48次，受教育人数近5万人次。组织科技专家服务团共开展农技培训5场次、现场技术指导6次，邀请农业专家12人次，发放各类农技教材

2万套，直接受益农民达2800人次。截至2017年年底，黑龙江省共有科普大篷车36辆，共设立科普大篷车科普活动站52个。

开展科普大篷车队边疆行“百地千场万里行”第三阶段活动，7辆科普大篷车累计行驶1.85万千米。活动期间，共开展科普活动24场、展出科普展品及展板3176件/次、播放科普影片15小时、发放科普资料1万余份、举办科普讲座5场次、举办科技助力精准扶贫农技讲座2堂，活动受益人数近3万人次。

黑龙江省科技馆全年累计开放305天，共接待公众277.7万人次。球幕影院共放映774场次，4D影院共放映1186场次，观影人数5.6万余人次。完成25个市县的中国流动科技馆巡展任务，受益公众150万人次。省科技馆网站和数字科技馆全年点击量达670万次。

在全省800个社区配置科普电子大屏；发挥“惠农热线”和农村党员干部教育平台作用，开展现代农业技术培训和推广；确定人民网黑龙江、黑龙江广播电视台、黑龙江日报等主流媒体科普信息化方阵；打造“科普中国·全媒体传播云平台”品牌。

学术交流 面向省级学会征集学会服务工作站项目，黑龙江省能源环境学会密山市为天新农业有限公司服务工作站、黑龙江省计算机学会拓盟科技有限公司专家服务站、黑龙江省科技创新协会科技服务工作站3个项目通过评审。开展学术会议25次，参加人数2000人次，交流学术论文200余篇。与黑龙江八一农垦大学共同主办2017国际杂粮生产与加工技术论坛，来自美国、日本、韩国、印度、尼泊尔的5位专家及国内杂粮研究领域的专家、学者、企业界人士共300余人参加会议。

服务科技工作者 表彰22名第七届黑龙江省优秀科技工作者。经省科协推荐，哈尔滨工业大学特种环境复合材料技术创新团队获得全国创新争先奖牌，王飞、任南琪、刘宏、杨宝峰、杨德森、曹喜滨6人获得全国创新争先奖状。评选出30名第十三届黑龙江省青年科技奖获奖者。开展第四次全国科技工作者状况调查、黑龙江省科技界对党的十九大反响情况快速调查、科技工作者人才成长环境调查、科技工作者心理和职业发展状况调查。截至2017年年底，共建立科技工作者状况调查站点14个。

自身建设 省科协成立8个专项推进组，制定并下发《黑龙江省科协系统深化改革实施方案》任务分解表，将19项改革任务细化分解为80项举措100条具体措施。确定了21个市县科协和6个省级学会改革示范点。截至2017年年底，改革方案确定的100项重点任务已完成50项。黑龙江省科学会堂与哈尔滨创新谷正式签约创办科技“双创”和学术交流服务基地。

召开省科协直属机关作风整顿大会，以省科协党组中心组学习会、学习型机关大讲堂等为载体，累计开展各类学习活动22期（次）。全年党组专题研究作风整顿工作5次，党组中心组开展作风建设学习4次，组织召开各类座谈研讨交流会63次，线上线下征求意见226人次，新建制度规定10项。

地市县及科协基层组织 截至2017年年底，黑龙江省共有市（地）科协13个、县级科协127个、全省新成立112个基层农技协组织。45个农技协联合会、2682个基层农技协组织，会员近27万人。

大庆市科协联合市委组织部、市人力资源和社会保障局开展第八届大庆市青年科技奖评选表彰工作。经过评奖领导工作委员会评审及有关专家综合评定，10位候选人获得第八届大庆市青年科技奖荣誉称号。

鸡西市科协联合市农委、市科技局举办第六届桑蚕节。活动现场参观了高产桑林园和养蚕现场。宏福桑蚕专业合作社被命名为“桑蚕养殖示范基地”“寒地桑蚕养殖科技成果转化基地”。

省级学会、企业科协、高校科协 截至2017年年底，黑龙江省共有省级学会210个、高校科协18个、企业科协204个，科技工作者268万人，加入科协组织的会员28万人。

省超声医学工程学会举办学术年会暨学会成立30周年庆典，省内近500位超声科技工作者和全国各大医院的26位超声界专家、学者参加，针对超声医学的最新进展和新生儿疾病的超声检查等超声医学界的热点问题以及广大患者共同关注的话题进行交流。26位超声医学的专家、学者作大会学术报告。

省航空学会举办中国东北及环渤海地区（国际）航空论坛。省科协党组书记、副主席陶福胜出席论坛并致辞。国内研究所、企业、院校等40余家单位的130余名科研人员参加论坛。

【黑龙江省科学技术协会第八次代表大会】 7月15日，省科协第八次代表大会在哈尔滨市召开。中国科协党组书记、常务副主席、书记处第一书记尚勇，黑龙江省委副书记陈海波出席开幕式并讲话。省委副书记、省长陆昊，省政协主席杜宇新，省委常委、组织部部长王爱文，省人大常委会副主任赵敏，省政府副省长郝会龙出席开幕式。省科协第七届委员会主席马淑洁主持开幕式。

马淑洁代表省科协第七届委员会向大会作工作报告。吉林省科协党组书记、副主席林天代表兄弟省份科协致祝词，省妇联党组书记、主席刘睦终代表人民团体致祝词，省科学院院长郭春景代表科技界致辞。

大会审议了《黑龙江省科学技术协会第七届委员会工作报告》，选举产生了新一届领导机构。赵敏当选为省科协第八届委员会主席，马淑洁任名誉主席。大会表彰了全国创新争先奖黑龙江省获奖团队、个人和第七届黑龙江省优秀科技工作者。

【黑龙江省全国科普日暨龙江金秋科普月活动启动仪式】 9月16日，以“创新驱动发展、科学破除愚昧”为主题的2017年黑龙江省全国科普日暨龙江金秋科普月活动在哈尔滨市举行启动仪式。省人大常委会副主任、省科协主席赵敏出席仪式，省政府副省长郝会龙出席仪式并宣布活动启动，省科协党组书记、副主席陶福胜出席仪式并讲话。哈尔滨工程大学等50家单位及社区居民、青少年、科普志愿者等3000余人参加启动仪式。

活动以“科技、创新、体验”为主元素，设计了“教你辨别伪科学”微信摇一摇、“科学家大手拉小手”“科普新视窗”等六大亮点活动，同时设置高新科技成果、大学生科技创业、现代农业、航空航天、航海、机器人等展示板块。活动现场共发放科普资料1万余册、科普宣传袋5000余个。

黑龙江各市（地）、县（市、区）科协围绕主题在全省范围内陆续开展了1000余项科普活动。其中，特色科普活动325项，包括利用微信平台“互联网+科普”与公众形成线上线下互动活动，组织“科普宣传大使”讲解科普活动，开展科普惠农兴村联合行动，科普大篷车科技助力精准扶贫活动，院士专家校园行活动等。

（撰稿人：谢　婷）

上海市科学技术协会

服务经济社会发展　市科协会同浦东新区政府等推进上海自贸试验区海外人才离岸创新创业基地建设，充分发挥基地引才引智、创业孵化、专业服务保障等功能，探索完善区内注册、海内外经营的“离岸模式”，与28个海内外团体和机构建立合作伙伴关系，吸引32个海外项目、50个海外团队入驻自贸区，发布《国际人才吸引力指数报告2017》。举办2017（第二届）海外人才上海自贸区创业汇大型对接交流活动，12个国家和地区近500个创业项目申报，精选60个项目实施对接。杨浦区推进中国科协创新驱动助力工程示范区建设，静安、金山、奉贤等区与市科协签订合作协议，40个市级学会参与区域创新需求对接与服务，合力推进产业创新。

截至2017年年底，全市建成院士专家工作站（服务中心）294家，其中全国示范工作站21家；进站工作的院士166名，专家1128名。院士专家工作站覆盖中小微企业2万余家，1220余个产学研合作项目累计投入科研经费48.5亿元，帮助企业开发关键技术2580余项、申请专利5690余项、获得国家级和省部级科技奖励182个。2017年，7家建站企业入选“上海企业100强”，9家建站民营企业入选“上海民营企业100强”；17家建站企业的23项科技成果在上海市科学技术奖励大会上获奖。选定上海科创中心主体承载区——临港新区，创建3.2平方千米院士专家工作站科技成果转化基地，推进研发需求与院士专家对接、科技成果与转化基地对接、科技社团与当地企业对接、国际资源与区域产业对接。中国科学院院士丁文江、庄松林、林忠钦，中国工程院院士张旭等受聘成为基地的首批入驻院士。30余项院士专家科技成果开展转化对接，其中，张旭院士与上海寒武纪信息科技有限公司合作的神经网络处理器取得重大创新成果并被应用。会同有关部门和单位，跨区域建成新疆维吾尔自治区喀什市第二人民医院、西藏自治区日喀则市人民医院院士专家工作站，中国科学院院士葛均波和中国工程院院士张志愿、周良辅、戴尅戎等专家进驻开展工作。

围绕上海经济社会发展和重大项目战略部署，组织所属200余家学会和广大科技工作者建言献策，提交《关于争取建设国家生物医学大数据基础设施的报告》《关于在上海率先设立国家人工智能示范区等建议》等一系列科技建言，部分建言获得中共中央政治局委员、上海市委书记李强，上海市委副书记、市长应勇，上海市委副书记尹弘，上海市委常委、常务副市长周波等批示。

按照中国科协及上海市委市政府要求，完成2017年全国“双创”活动周上海主会场主题展示和全市面上活动两大工作，集中展示上海在人工智能、基因技术等前沿科技领域的33项科技成果，并在“双创”活动周期间举办187项创新创业活动，体现“中国水平、上海特色、‘双创’典型”。开幕日当天，中共中央政治局常委、国务院副总理张高丽等在市科协组织推荐的强生中国、中国宝武、中国商飞等展台前驻足并与参展代表交流。

《科学素质纲要》实施及科普信息化建设工作 召开2017上海公民科学素质工作推进会，中国科协党组副书记、副主席、书记处书记徐延豪，上海市委常委、常务副市长周波到会指导。会后制定31项具体措施，细化任务分解，形成考核机制，16个区均制定区级实施方案。举办2017年全国科普日和上海科技节活动，组织科普活动和项目近2000个，参与人数超过1000万人次。联合上海广播电台、上海电视台办好《十万个为什么》《科普新说》等节目。依托融媒体举办2017上海公民科学素养知识竞赛活动，参与总人数近1700万人次。开展上海市科普示范区创建工作，依托科技场馆、科普教育基地、东方信息苑、社区创新屋等发挥商圈大屏、地铁公交移动终端、社区电子显示屏等载体作用，推进科普中国等优质科普资源落地应用。“科普进地铁行动”实现地铁主要线路全覆盖，社区科普大学在全市设立1000多个教学点。举办第32届上海市青少年科技创新大赛、“科学诠释者”“科学种子”等活动，培育科技创新生力军。

以“科普——让生活更美好”为主题，在上海展览中心举办2017（第四届）上海国际科普产品博览会。来自13个国家和地区的350余家科技类企业、科技园区、科研机构和高校参展，展品数量达3500余件，4天内参观人数达14万人次。

学术交流 举办市科协第15届学术年会、第14届长三角科技论坛、第19届中国国际工业博览会院士圆桌会议和科技论坛、2017沪港科技合作研讨会、第25届海峡两岸都市交通学术研讨会等活动，围绕量子力学、生命科学和人工智能等当前热点科学研究领域，深入研讨上海建设全球科创中心的路径选择和实施策略。邀请托马斯·施泰茨、弗兰克·维尔切克、索尔·汉森等多位诺贝尔奖获得者和评委，院士及海内外专家在上海科学会堂举办“与诺奖大师对话”“解读2017诺贝尔奖”等学术报告会近100场。

服务科技工作者 开展第15届上海市科技精英评选，上海交大医学院附属瑞金医院王卫庆等20人获奖；历届科技精英中已有67名当选两院院士，占比超过40%，成为上海科技人才标志性评奖项目。经市科协推荐，中国商飞有限公司吴光辉当选中国工程院院士。开展首届全国创新争先奖上海地区推荐工作，中国科学院院士褚君浩获全国创新争先奖章。在5月30日首个全国科技工作者日期间，与上海电视台共同策划推出《医道·院士墙》科技人物纪录片，聚焦上海医药卫生领域科技人物，重点宣传包括2010年度国家最高科技奖获得者王振义、“模范医学专家”荣誉称号获得者陈灏珠在内的10位院士，在全社会大力弘扬“精忠报国、敢为人先、求真诚信、拼搏奉献”的科学精神和爱国主义情怀，得到时任中共中央政治局委员、上海市委书记韩正的肯定。

上海科技影城以“科技、科幻、科普”为特色，定期向市民开放科技电影公益专场，为科技工作者免费播放科技资料片。举办2017上海国际科技电影展，以艺术手段推动科学传播。发挥“院士风采展示馆”作用，集中展示在上海工作过的256名院士的精神风范和科研成就。打造“科学艺术栏杆”“时尚科技之窗”“科学发明与发现艺术长廊”等，宣传中外著名科学家和世界科技前沿成果。举办上海科学会堂草坪音乐会，科学家和音乐家同台演出、促进科学与艺术融合，成为上海科技文化艺术交流的新名片。

自身建设 坚持“办事入门、服务到家”的理念，建成全国科协系统首家“一门式”服务中心，凸显“一门式”“大数据”“社会化”特色，开辟服务办事的便捷通道，受到科技社团、科技工作者和市民的欢迎。支持学会以承接政府转移职能等方式参与社会治理，市医学会等33家市级学会承接64项政府转移职能，56家学会完成政府部门和单位委托第三方科技评价411项。建设上海市科协生命科学学会联盟等多家学会联合体，推动面向大学科领域和全产业链的学会集群发展。

在市科协系统开展“三比”活动，即比谁服务科技工作者的意识最强、比谁服务科技工作者的能力最强、比谁服务科技工作者的成效最明显。按照科协职能定位，重新规划布局上海科学会堂大院，增加科学、科技、科普元素。

区县及科协基层组织 上海市共有区科协16个。浦东新区科协完成“科普教育基地可视化”一期项目，实现中国航海博物馆、上海东方地质科普馆、上海中医药博物馆、上海风电科普馆、上海野生动物园

5家基地的在线参观、查询等功能。黄浦区科协围绕“个、十、百”（一个黄浦商业科普节、十个商业广告电子屏科普大联播、百名商业科普示范员培训）商业科普项目建设，形成“活动联手、科普联播、示范联训”三联工作机制。徐汇区科协拓展“名家科普工作室”内涵，推出6个名家科普工作室。长宁区科协构建科普信息化服务新阵地，覆盖87个社区综合信息服务屏、31家社区数字科普活动中心，解决了科学传播“最后一公里”问题。静安区科协推广楼宇科普，聚焦公共安全，开展12场安全课堂和9场应急疏散演练，参与人数1500余人次。普陀区科协加速建设“社区500米科普圈”，新增科普阵地48家，市民体验科普更方便、更有选择性。虹口区科协建成5家科普驿站，开展科普互动剧、科普实验秀、创客沙龙等特色活动。杨浦区科协立项资助10个科普项目，撬动1.5亿社会资金，积极推动区内高校、营区及院士专家资源开展宣教活动。闵行区科协加大与民间科普机构、社会专业公司的合作，编创并演出科普剧《魔术的秘密》《52赫兹》《E-Rangers地球奇侠之赛先生说》《火线加速跑》。宝山区科协拓展新媒体传播渠道，构建了“网站+电子周刊+微博+微信”的宝山i科普新媒体平台。嘉定区科协组织区内13家科技企业参加第四届上海国际科普产品博览会，推出了高端医疗设备、智能网联汽车、最新智能无人驾驶观光车、自主知识产权智能无人驾驶小客车等展品。奉贤区科协通过微信平台举办科普知识小竞赛，并开通电子科普护照，市民通过微信申请就能免费参观区内科普场馆。松江区科协鼓励企业创建科普教育基地，年内命名5家企业科普教育基地。金山区科协发挥科普惠农示范基地科技示范效应，形成了“施泉”葡萄、“皇母”蟠桃、“亭林雪瓜”等金山优质农产品，树立了农民科技致富品牌。青浦区科协社区科普大学开发科普课程100余门，深入基层开展“健康科普体验”“科学生活讲座”“身边的北斗”等科普活动。

市级学会、企业科协、高校科协　新建成立上海交通大学、上海海事大学、华东理工大学、上海大学、上海应用技术大学、上海出版印刷高等专科学校6个高校科协以及企业、园区科协15个。截至2017年年底，市科协所属学会199个，个人会员26.3万人、团体会员1.7万个，年内共吸引1.6万余人、270余个单位加入学会；企业科协、园区科协180个、高校科协9个。新建市级学会党的工作小组1个，共有196个市级学会建立党的工作小组，覆盖率达到98.5%以上。

市船舶与海洋工程学会、市机械工程学会、市生物工程学会、市药学会与国家技术转移东部中心签订战略合作协议，聚焦加速科技成果转移转化，开展信息共享、项目论坛、科技评价、推广应用等一系列促进科技成果转化的服务工作。市神经科学学会打造上海脑科学创新协同平台——上海脑智工程中心，集合神经科学、人工智能、临床医学、药学等多种学科交叉融合，联合科技企业促进神经科学的产业转化。市化学化工学会聚焦上海东方美谷建设和区域重点产业发展，通过共建“东方美谷研究院”，精准对接和助力奉贤区东方美谷内企业和科技人员需求，为园区科技创新提供专业化服务。市机械工程学会建设智能制造技术服务平台，整合学会下属专业委员会的共性技术资源，提供数字化设计与分析、理化检验、失效分析、液压气动、自动化等共性技术服务，并组织培养专业技术人员。市非线性科学研究会在临港新城组织实施“交通流仿真与多交通管理策略的智能优化系统”项目，助力临港智慧交通和智慧城市建设。

【韩正、李强等对上海市科协科技建言做出批示】　10月10日，中共中央政治局委员、上海市委书记韩正对市科协科技建言《关于争取建设国家生物医学大数据基础设施的报告》做出批示“请应勇、周波同志阅示”。

建言指出，生物医学大数据是国家战略资源，建设国家生物医学大数据基础设施关乎实现“保障国家数据安全，保护公民共享安心，保证社会稳定安宁”，将全面提升我国生物医学研究和生物技术产品的创新能力，对于上海支撑国家重大科技计划和产业发展具有重要意义，同时也是进一步推进上海具有全球影响力的科技创新中心、张江综合性国家科学中心建设的有力举措。建言根据《国家重大科技基础设施建设“十三五”规划》，提出上海推进落实的若干建议。

11月15日，中共中央政治局委员、上海市委书记李强对市科协科技建言《关于在上海率先设立国家人工智能示范区等建议》做出批示。

【上海市科协第15届学术年会】　9月27日，上海市科协第15届学术年会暨第12届上海工程师论坛在上海科学会堂开幕。市政协副主席、市科协副主席高小玫主持开幕式。中国科学院院士、市科协主席陈凯先出席开幕式并致辞。

2004年诺贝尔物理学奖获得者弗兰克·维尔切

克，中国科学院院士、中国科学院上海植物生理生态研究所研究员赵国屏，中国工程院院士、北京大学教授高文等分别围绕量子力学、生命科学和人工智能等当前热点科学研究领域作特邀报告。

开幕式为2017年新升级的上海市太阳能学会等6家星级学会和获得“第三届上海市先进社会组织”荣誉称号的上海市标准化协会等6家学会颁发证书和奖牌，为上海市科协生命科学学会联盟成立揭牌，并授予2004年诺贝尔物理学奖获得者、李政道研究所首任所长弗兰克·维尔切克上海市科协“荣誉委员”称号。

本届学术年会以“推进科技创新中心建设”为主题，为期1个月，共举办8个综合分论坛、11项专业学术年会、35项专题活动，吸引科技工作者约2万人次。

【上海市院士专家工作站科技成果转化基地成立】 3月3日，上海市院士专家工作站科技成果转化基地在上海临港揭牌成立，这是国内首家院士专家工作站科技成果转化基地。中国工程院院士、上海交通大学校长林忠钦和中国工程院院士丁文江、庄松林成为基地首批受聘院士。启动仪式上，上海市委常委、常务副市长周波与院士共同为基地揭牌，市政府副秘书长、浦东新区区委书记翁祖亮为受聘院士颁发聘书。上海市科协党组书记、副主席杨建荣，临港管委会党组书记、常务副主任陈杰出席。

由3位院士领衔的多个项目将落户临港，通过产学研协同创新助力智能制造等先进制造业发展。其中，林忠钦的3个项目分别是核电模拟与仿真实验系统、汽车发动机智能制造示范线、航空发动机检测评价系统。这些科研项目不仅将解决中国数控机床工业的“切肤之痛”，还将为制造业提供最先进的技术支撑。丁文江领衔的大航程无人机、轻型材料关键部件的绿色智能制造、塑脂机碳纤维增强复合材料的再制造、智能旋压装备及部件4个项目落户临港智能制造研究院，与中国商飞基地等企业开展合作。庄松林团队凭借太赫兹核心技术，联合社会资本成立企业，专注研发、生产光电技术相关产品，让高校科技人员“名利双收”。

上海市科协会同临港管委会、临港集团在临港建设上海市院士专家工作站成果转化基地，基地凸显专业化、社会化、国际化特点，体现四大功能：一是成果发布展示功能，集中发布展示工作站优秀科技成果，推动科技成果评价、交易和转移；二是项目精准对接功能，以项目为载体，促进院士专家与企业需求精准对接，多方联动推动科技成果落地转化；三是创新资源集聚功能，集聚高端优质的人才资源、社会资源、服务资源和政策资源，形成服务“双创”的资源高地；四是转化生态服务功能，为落地转化的成果和企业提供一站式、生态型的全面贴心服务。

【上海市科协一门式服务中心建成】 11月8日，上海市科协一门式服务中心在上海科学会堂建成。中心坚持“办事入门、服务到家”的理念，积极探索以“一门式”“大数据”“社会化”为特色的科协工作服务新模式，为科技社团、广大科技工作者和市民提供一站式、全方位的办事、受理和咨询服务。

中心汇聚创新服务资源，集成了包括知识产权库、专家人才库、专利情报库、科技文献库、仪器资源库、科普资源库在内的6大数据库，包含1800万条经过深度加工处理的专利信息，为企业研发创新提供精准数据支撑；推出“今日科创”融媒体，实时分享全球最新科技资讯。中心还打造开放、共享的服务平台，通过对接政府部门人才和创新政策、引入学会社会化科技服务职能、与专业机构开展合作等多种举措不断丰富服务内容。在首批入驻的10余家服务机构中，既有开展科技查新、标准制定、环评服务、工程及技术方案评审的学会，又有成果转化、法律、文化、金融、展览等领域的专业机构。

（撰稿人：金哲亮）

江苏省科学技术协会

服务经济社会发展 省科协全年累计报送《江苏省科技工作者建议》12篇、《江苏科技智库专报》3篇，其中《江苏科学中心建设》等3篇获省委主要领导批示。全省科协系统形成决策咨询建议546篇，61篇获各级党委政府批示。

省科协实施2017年度“提升学会服务科技创新能力计划”，引导学会融入经济建设主战场，新建创新创业示范基地20个、科技服务站100个，选派首席专家100名。依托已建平台，引进专家2127人，培训人员15095人次，推广科技成果2060项，研发新产品1086个，推动落地科技项目370个，新增专利279项。推动省复合材料学会等39家省级学会与淮安市、扬州市、徐州市的企业开展合作81项。开展专利信息推送，培育专利应用工程师6089人。

在“创响江苏”活动月中，省科协牵头主办了第二届省科协青年会员创新创业大赛，3万余人次参加“双创”培训，参赛人数达1.2万人次，促成698个项目进入孵化平台。

省科协联合连云港市、徐州市、靖江市、昆山市等地方政府，中国科协海智办以及中国药学会等全国学会，举办中国（江苏）国际创新创业大会，共征集海外项目1310个、地方需求1383项，成功对接项目442个，签订合作协议370个，辐射带动全省海智基地先后举办各类活动467场次，落户海智项目509个，引进海外人才688人。建成中国科协（苏州）海外科技人才离岸创新创业基地，先后在美国哈佛大学等5所高校院所建立离岸创新创业基地。联合中国科协国际交流部，在南通市举办海峡两岸（苏台）农业特色小镇科技交流研讨会。

依托苏科创新战略研究院开展第三方评估工作，参与研究制定《关于强化创新引领　培育发展新动能的意见》，参与江苏省科技创新“40条”政策措施落实情况督查等工作，完成国家发展改革委委托的上海市全面创新改革试验区建设情况跟踪评估工作。

召开省科协所属学会承接政府转移职能工作座谈会，3A级以上省级学会实现承接政府转移职能全覆盖，共有92家省级学会承接37个部门委托的423个社会化公共服务项目，引领带动市县两级391家学会承接1297项社会化服务项目。

《科学素质纲要》实施及科普信息化建设工作　围绕“科技强国、创新圆梦”主题，联合举办江苏省第29届科普宣传周活动，主场活动集中展示新技术、新产品、新成果展品2800余件，“苏科家园”首场直播访问量突破165万次。围绕“创新驱动发展、科学破除愚昧”主题，组织开展2017全国科普日江苏主场活动，辐射带动全省各地联动开展3200多项重点科普活动。首次举办省级公民科学素养大赛，省全民科学素质纲要领导小组负责人现场参与答题，参赛总人次突破230万。开展青少年科技创新大赛、金钥匙科技竞赛、海峡两岸暨港澳青年创新创业训练营、高校科学营、第十五届中南谷江苏省大学生课外学术科技作品竞赛暨“挑战杯”全国竞赛江苏省选拔赛决赛等活动，参与总人次达348.5万。建立科普志愿者服务“6521”联合行动机制，全省科普志愿者达73.4万人。

推动江苏科学中心建设进入规划决策程序。推进流动科技馆配发和巡展工作，实现江苏北部5市及所辖28个县（市）以及江苏中部兴化市、高邮市、宝应县地区流动科技馆全覆盖，201.3万人次参加体验活动。与省教育厅联合命名269家STEM（科学、技术、工程、数学）教育试点学校，实现县区全覆盖。

科普信息化终端实现全省城市社区全覆盖，连接指数、正常指数、活跃指数均超90%。“科普云”资源新增2.04TB，其中自主开发675.1GB，总量达3.04TB。在省委组织部远程教育平台开设科普中国栏目，与江苏有线电视台合作开设“科普中国江苏频道”，推进科普进家庭，与省教育厅合作推进科普进课堂。首次推荐6部科普作品参加江苏省科技奖评选，获得三等奖2项。

学术交流　打造“会、展、赛、商”学术交流平台，与常州市政府联合举办以“智造世界，智造未来”为主题的2017江苏科技论坛，700余人参加主论坛活动。共设置26个分论坛，12名院士、68名“长江学者”“国家杰出青年”“千人计划”专家、学者参加分论坛活动，参会总人数4600余人次，征集交流论文644篇，293家单位进行了新技术、新产品展示，126个项目参与合作洽谈，50个项目在分论坛上签约，1600余人参与了分论坛相关的科技竞赛、创新创业大赛。2017江苏科技论坛引领全省48个省级学会、5个高校科协与31个产业园区和地方政府合作，带动全省举办各类学术活动1013场，参会人数达18.6万人次，形成创新成果8058项。

服务科技工作者　开展中国工程院院士推荐工作，推荐9名院士候选人。首次设立“省青年科技人才托举工程”专项，评选资助100名科技英才参加国际学术交流等活动。设立省级创新争先奖，评选出创新争先奖章获得者20人、创新争先奖状获得者40人、创新争先奖牌获得团队10个。

组织开展首届全国科技工作者日江苏系列活动，举办科技工作者创新争先风采展，全省联动组织举办各类庆祝活动128场次。开展优秀科技人才典型宣传7012人次，《新华日报》等主流媒体累计报道93篇次。开展科学道德和学风建设宣讲教育活动，牵头举办黄大年先进事迹报告会，全省同步举办各类科学道德和学风建设活动1635场，参加人员累计13.9万人次。

自身建设　组织省科协机关、事业单位党员干部赴中共一大会址以及张家港市长江村进行现场学习，教育引导党员干部不忘初心、牢记使命，提升新时代省科协系统干部的干事创业境界。通过微信公众号开展党的十九大精神应知应会知识竞赛，全省科协系统1200余人参加在线答题。组织召开贯彻党的十九大精神科技工作者专场宣讲会。

实施“党建强会”计划，发挥科技社团党委作用，扩大党的组织和工作有效覆盖，新建党的工作小组6个、学会党支部2个，共有45家省级学会建立42个党支部。实施《科技社团党建工作的意见》，组织“三会一课”等活动322场次。

以省科协党组中心组（扩大）会、“七一”大党课等活动为载体，开展“找补改提”抓落实行动，引导党员干部坚定理想信念、增强科协事业发展自信。

召开全省科协系统深化改革工作现场会，全面落实省科协系统深化改革实施方案，围绕方案明确的4大类19项62条量化指标抓贯彻落实，截至2017年年底，已完成57条。整合设立直接面向基层服务的8个事业单位，江苏省13个设区市已全部出台科协系统深化改革实施方案，51个县（市、区）科协基本出台科协系统深化改革实施方案。宿迁市、盐城市、淮安市、泰州市所辖县市区科协全面出台改革方案。

打造政务信息化平台，省级学会、市县科协、九大代表以及省科协机关、直属单位共计2300多人入网，实现全省科协系统“一张网”。建成“苏科家园”微服务平台，访问量突破836万人次，关注用户36.7万人，组织“双创”直播46场，浏览人数546万人次。建设江苏公众科技网站群，全年总访问量达318万次。推动建立省级学会网站107家、微信公众号服务平台78个、网上成果转化平台171个，网上会员注册登记超20万人。加强基础数据库建设，建成江苏院士库、各类专家库、基层组织库、海外专家库等科技资源库，入库资源累计90.31万项。

地市县及科协基层组织　截至2017年年底，全省共有设区市科协13个；县（市、区）科协96个，其中独立建制的有81个，镇江市、泰州市、连云港市、淮安市、盐城市、宿迁市6个市所属县级科协全部独立建制，县级科协设立党组织41个。推动科协组织向基层延伸，全省共有乡镇、街道科协1154个和农村专业技术协会2669个。

市县科协全年组织举办科普宣讲活动13498次，举办实用技术培训12652场次，参加活动科技人员总数达6.5万人次，受众超过750万人次。连云港市科协举办中国国际医药技术大会，海内外院士专家300余人参加会议，签订合作协议43项，总投资额108亿元。泰州市科协积极探索“产业+企业+学会”模式，主动对接18个全国学会，邀请52名院士专家深入135家企业进行技术指导，达成合作意向112个。靖江市科协举办国际创新创业大会，邀请诺贝尔奖获得者在内的海内外院士专家275人参加会议，达成合作意向21个，现场签约项目10个、人才合作项目5个。沭阳县科协推动科协组织向新经济组织延伸，实现高新技术企业科协组织全覆盖，推动18家学会建立党组织，学会党的组织和工作基本实现全覆盖。

省级学会、企业科协、高校科协　截至2017年年底，省级学会共有143个，学会团体会员10135个，个人会员438313人；新增市县两级学会34个，市级学会共有821个，县级学会共有1453个；高校科协共有86个；省级以上开发区设立科协组织83个，高新技术企业科协共有2425个。

推动123个省级学会实现政社分设。新增13个、累计64个学会实现秘书长职业化、秘书处实体化。组织修订《学会组织通则》，明确理事会决策层、秘书处执行层、监事会监督层的职责，建立监事会的学会达128个。成立省人工智能学会等7个省级学会，接纳省药物研究与开发协会等5个学会为省科协团体会员，建立省创意设计联盟学会联合体。建立学会有序退出机制，约谈11个学会，退出1个。

省汽车工程学会举办第四届中国（南京）国际节能与新能源汽车展，300多家厂商的近1000辆新能源汽车参加展览，观众人数超过3万人次，300多名相关领域科技工作者参加同期举办的国际互联网+绿色汽车技术论坛。省硅酸盐学会在宿迁市高新区成立玻璃功能化及应用研究院，注册资本3000万元，进行实体化运作。河海大学科协举办“学术报告厅”活动，邀请4名院士作报告，6000余名师生参加活动。

【江苏省科协九届四次全委（扩大）会议】　1月23日，省科协九届四次全委（扩大）会议在南京市召开。省委常委、宣传部部长、统战部部长王燕文出席会议并讲话。省委副秘书长水家跃出席会议。省科协主席陈骏作了题为“全面深化改革　聚力创新创业　持续推进江苏科协事业奋力前行”的工作报告。省科协党组书记、副主席陈惠娟传达中央书记处对科协工作的指示精神和李源潮同志在中国科协九届二次全委会议上的讲话精神。会议听取并审议通过了陈骏代表常委会所作的工作报告。

会议期间还召开了省科协九届四次主席办公会、省科协九届四次常委会议、2016年度省科协系统工作总结通报会。

【2017年全国科技工作者日、全国科技活动周暨江苏省第29届科普宣传周省主场活动】 5月25日，以“投身创新争先，融入‘两聚一高’”为主题的2017年全国科技工作者日、全国科技活动周暨江苏省第29届科普宣传周省主场活动在南京市举办。活动由省委宣传部、省科协、省科技厅、省人力资源和社会保障厅、省国资委、中国科学院南京分院共同主办。省委常委、宣传部部长、统战部部长王燕文出席会议并讲话。省委副秘书长水家跃、省政府副秘书长王志忠等出席活动。

王燕文希望全省广大科技工作者勇担历史重任、瞄准国际前沿，加大自主创新力度，取得更多原创性成果；积极投身科技创业，有条件的人领军创业，有技术的人参与创业；以提高全民科学素质为己任，组织开展群众喜闻乐见的科普活动，大力弘扬科学精神，积极传播科学思想。

开幕式上，播放了专题宣传片《时代英雄颂》，开通了“苏科家园”——江苏科技工作者网上服务平台，表彰奖励了在“创新争先”行动中做出突出成绩的团队和个人。“蛟龙”号第一副总设计师崔维成作“创新争先”主题报告。

【推进苏州离岸创新创业基地建设】 8月15日，省政府副省长蓝绍敏、省政府副秘书长王志忠带领调研组赴苏州工业园区专题调研中国科协（苏州）海外人才离岸创新创业基地，召开现场办公会推动离岸创新创业基地建设。省科协、省人才办、省财政厅、省国税局、中国人民银行南京分行等单位负责人出席会议。

中国科协和省委领导高度重视离岸创新创业基地建设，省委书记李强、副省长蓝绍敏专门做出批示，中国科协党组成员、书记处书记束为实地调研苏州离岸创新创业基地建设情况，并出席离岸创新创业基地签约仪式。

【江苏省大众创业万众创新研究会成立】 7月31日，江苏省大众创业万众创新研究会第一次会员代表大会在南京市召开。会议选举中国科学院院士、省科协主席、南京大学校长陈骏为研究会第一届理事会名誉理事长，中国科学院院士、南京大学教授邹志刚为理事长。300余人参加会议。

会上，研究会与欧洲商业与创新中心联盟（EBN）中国区代表处、GA全球化创新创业联盟（美国）、中德工业4.0联盟、中国旅美科技协会、德国柏林亚太孵化产业园、中国科协海归创业联盟、江苏省产业技术研究院、南京江北新区管理委员会、中国人民大学研究院（深圳）9家国内外“双创”服务机构签署合作协议，向南京熊猫集团公司原董事长王松山等首批10名科技创业导师颁发聘书。会后，举办了省优秀“双创”项目路演，2个项目现场签订了投资意向书。

（撰稿人：杨红梅）

浙江省科学技术协会

服务经济社会发展 新增1个中国科协创新驱动助力工程示范市、2个学会企业联合体、11个全国学会服务站、7个产业技术创新联盟、3个省级学会服务站、13个省级学会创新驿站、4个科技信息应用服务子站。立项支持10个省级学会开展科技帮扶活动。

新建市级以上院士专家工作站114家，评审认定省级工作站23家、全国示范工作站15家。全省累计市级以上工作站712家（其中省级站157家、全国示范工作站32家），柔性引进建站院士388名（其中省外院士363名）。浙江省作为全国10个院士专家工作站认证试点省份之一，582家院士专家工作站通过中国科协认证。聘请20位院士作为12个产业特色小镇的咨询顾问。围绕浙江省传统制造业改造提升，梳理形成由157名院士组成的专家库，并组织开展11次专题对接活动。

新增2家中国科协海外人才离岸创新创业基地、1家中国科协海智计划工作基地，建立日本海智创新创业基地，与比利时西弗兰德省签订了合作备忘录。组织开展浙江·硅谷资本技术连线交流会、欧洲华人微电子专业论坛等20余场综合性或专题性海智活动，邀请300多人次海外高层次人才到浙江省调研对接。

组织61位院士在内的150余名专家围绕智能制造、新能源、生物医药和生态文明建设等多个领域开展决策咨询，形成院士专题建议9篇。学会开展的软课题研究《关于加快我省城乡一体化发展的建议》《关于有效保护水利行洪设施的建议》等7份报告获省委、省政府领导11次批示。

推进“双创”示范建设。组织开展全国“双创”活动周浙江分会场活动，成立浙江省科协助力“双创”专家报告团。会同省发改委等单位，积极助推杭州未来科技城、阿里巴巴集团、杭州经济技术开发区等8个国家级“双创”示范基地建设。

《科学素质纲要》实施及科普信息化建设工作 浙江省副省长冯飞主持召开会议听取《全民科学素质行动计划纲要》实施情况专题汇报。省“两办”连续8年印发年度《科学素质纲要》实施工作方案。省科协与省气象局签订科普工作战略合作协议，并会同省环保厅、省质监局等部门相继印发《关于加强环境保护科学技术普及工作的意见》《关于加强质监科普工作的意见》。

召开专题会议推进“科普中国·百千万行动”，以科普驿站、手机APP等形式加快科普中国落地。全省已建科普中国e站759个，落实科普V视电子屏792个，建设科普微信公众号99个。与腾讯大浙网、网易浙江等7家媒体发布了《浙江省科学传播融媒体战略合作共同宣言》，合作直播活动8场，总点击量达8517万，覆盖近1.5亿用户。“最强科学+”科普专区累计曝光达1.1亿人次，投放杭州地铁电视科普宣传资源覆盖近3亿人次，好奇实验室在各类平台播放达1.23亿次，好奇车库开展科普活动46场次。全省7家综合性科技馆免费开放，接待观众253万人次。举办“科学+”各类特色品牌科普活动6期，推出了国内首部大型科普情景剧《加油！科学+》。全省9套流动科技馆在各地完成32站巡展。

学术交流 省科协支持全省各级学会举办国际性、全国性、区域性的高层次、跨学科、综合性学术交流活动500多场次。

省级学会共举办国内学术会议500余次，参加人数近10万人次，交流论文1万余篇，其中省科协直接资助项目108项、资助经费980万元。举办钱江国际心血管国际学术会议、第十二届中日韩科技政策情报论坛等30次，参加人数2000多人次。举办省神经科学学术年会、省植物病理学会学术年会等学会年会100多场次，参加人数2万多人次。举办省级学会重点学术活动200多次，参会人员5万多人次。举办专题研讨会、报告会、学术巡讲180场。

服务科技工作者 积极开展以院士推荐为龙头的人才举荐工作，推选2位专家为中国工程院院士候选人，推选5位科技工作者获全国创新争先奖，对20位青年科技人才进行立项资助培养，选派20名医学骨干赴美国等国家和地区进修培养。

分别与加拿大皇家科学院院长、乌克兰国家科学院院士以及美国人文与科学研究院院士领衔的专家团队建立联系合作，新建与美国硅谷创新中心、韩中科技合作中心等机构的合作关系。正式成立省女科技工作者协会。搭建“省级学会服务平台（科学汇）”，推动省级学会运用平台联系服务会员，分批次录入学会理事以上专家近1万人。省科协下属单位浙江省院士专家工作站服务中心获省委人才领导小组颁发的“浙江省重才爱才先进单位”荣誉。

利用《浙江科协》《智汇浙江》《科学24小时》等杂志对建站院士、获国家或省科技奖励的科技工作者等进行宣传。拍摄制作7部“浙江优秀科技工作者”系列专题片，在全国科技工作者日进行播放宣传。

组织开展全国科技工作者日活动，开展1场主场活动、1场分会场活动、6场专题活动、150余场全省联动活动，潘云鹤、陈子元、李兰娟等14位院士出席活动，活动受众近500万人次。美国人类生态研究院院士、俄罗斯科学院外籍院士、美国加利福尼亚大学教授李百炼作关于“社会与生态和谐发展”的“科学+”脱口秀。

自身建设 认真学习宣传贯彻党的十九大精神，组织开展省科协党组书记讲党课、党的十九大精神宣讲团成员作专题报告和主题大讨论等系列活动。

围绕党风廉政建设，邀请省纪委派驻纪检监察组长作专题报告。

与省教育厅合作，在全省各大高校举办科学道德和学风建设宣讲活动，邀请陈剑平院士等专家、学者广泛开展宣讲教育活动。

经省委批准，与省工会、省共青团、省妇联一起作为浙江省第一批群团改革单位出台《浙江省科协系统深化改革实施方案》。省科协围绕学会党建工作、推进学会治理结构与治理方式改革、科协智库建设、网上科协建设、服务科技工作者的体制机制建设、形成普惠共享的科学文化公共服务机制、强化对科技工作者的思想引领、加强基层科协组织建设等方面，配套制定“1+8+N”全面深化改革工作分方案。全省11个市科协出台深化改革方案。根据省委的统一部署，与省工会、省共青团、省妇联一起在义乌佛堂镇、江干区凯旋街道和梦想小镇开展省级群团综合改革试点工作。梦想小镇成立了全国首个特色小镇企业科协。

6月30日，中国科协党组书记、常务副主席、书记处第一书记尚勇在《浙江科协简报》第八期上就浙江省科协党组书记、副主席郑金平在全省基层科协组织建设推进会上的讲话做出批示。

地市县及科协基层组织 截至2017年年底，全省共有市级科协11个、县（市、区）科协89个、乡镇（街道）科协1340个、村（社区）科协组织24966个。

杭州市科协深入实施“创新驱动助力工程三年行动计划”，调研走访学会协同创新基地和科技服务站近20家，新建学会协同创新服务基地13家、学会科技服务站23家，成立专家团队30余个，参与的市级学会30余家，参与的科技园区10余家、企业等基层单位50余家，与园区和企业合作的高科技项目50余项。宁波市科协组织开展“千场万人”智能手机知识普及培训，被宁波市政府列为2017年度宁波十大民生实事工程之一，全年开设培训班共126个，编印培训教材12000册，培训学员1万余人。温州市科协开展学会优秀干部评选活动，评选出市级优秀学会干部30名；以育才工程为载体，支持8位年轻科技人才参加国际学术会议、出版学术著作；市级学会承办国内外学术会议200余场，交流学术论文1000余篇，组织各类科技考察近40次。湖州市科协积极实施“金桥工程”，全年共开展“金桥工程”重点项目35项。嘉兴市科协组织开展“智汇禾城·星耀南湖”百名“青千”嘉兴行暨项目对接活动，积极推动“千人计划”联谊会在嘉兴设立常设机构，协助“千人计划”人才来嘉兴创业发展。绍兴市科协在全省首先成立绍兴市院士咨询委员会，聘请10位中国科学院院士和20位中国工程院院士担任委员会成员，为绍兴市委市政府提供科学决策。金华市科协开展金华市第十五届自然科学论文评选活动，共收到论文3020篇，评出一等奖15篇、二等奖74篇、三等奖164篇。衢州市科协构建了科协网站、科普e站、科普微信“三位一体”互联互通的科普宣传新模式，吸引阿里巴巴等单位主动上门寻求合作。舟山市科协开展“陆海并举”科普信息化建设，出海渔船安装“海洋通”1000台，开设“阿拉扣鱼人”科普APP；在陆地上，面向社区、学校安装“群岛通”400台，实现海陆科普信息全覆盖。台州市科协开展2017院士专家集中对接台州企业活动，邀请11位院士、23位专家、33位海智专家，解决企业技术难题60多个，签约科技项目5个，达成合作意向项目20个。丽水市科协着力打造“绿谷新秀”品牌，2017年评选出第三届“绿谷新秀”40人，并编印《“绿谷新秀”风采摄影集》。

省级学会、企业科协、高校科协 截至2017年年底，全省共有省级学会173个，团体会员9381个，个人会员23.1万人。全省企业科协1519个、高校科协56个、园区（特色小镇）科协223个，中小学校中建立青少年科技教育组织4098个。

省林学会承接浙江省科技兴林奖、浙江省林业科技成果鉴定、绿化造林设计施工监理资质核发；省公路学会承接“科技成果推广服务”试点；省地质学会承接全省商业性地质勘查质量检查；省气象学会承接编制县域气象灾害监测预警全覆盖建设指南；省标准化协会承接浙江省团体标准应用研究，制定《家用人造花岗石水槽团体标准》。

【“2017年绿色农药先进制造院士浙江行”活动】 3月21—23日，由中国工程院科技合作办公室、省科协、省经信委、浙江大学、绍兴市人民政府主办的“2017年绿色农药先进制造院士浙江行”活动在绍兴市上虞区举行。薛群基、舒兴田、沈寅初、高从堦等10位中国工程院院士及21位长江学者、杰青等出席活动。

22日上午，“绿色农药先进制造院士论坛”召开。浙江大学常务副校长宋永华，省经信委、绍兴市委、上虞区委有关负责人出席论坛并致辞，省科协党组成员、副主席姜长才主持论坛。120多位企业代表齐聚一堂，共同探讨绿色农药发展之路。

22日下午，举办高峰（论坛）对话。院士专家对话浙江农药企业，从浙江省农药行业存在的问题和面临的困难、农药产业的战略定位、农药行业如何发挥优势焕发新春等方面展开讨论。

【第七届中日水环境技术交流会暨院士专家诸暨行活动】 10月25—27日，第七届中日水环境技术交流会暨院士专家诸暨行活动在诸暨市举行。活动由中国国际科技交流中心、日本埼玉县环境科学国际中心、浙江省科协、浙江省环境保护厅、诸暨市人民政府主办，浙江省环境科学学会、诸暨市委组织部、诸暨市科协、诸暨现代环保装备高新技术产业园区管委会承办。来自中日双方的有关专家、企业代表等250余人参加。

浙江省科协党组成员、副主席姜长才主持开幕式。中国国际科技交流中心副主任刘莉，中国工程院院士武强，日本埼玉县环境科学国际中心研究所所长村上正吾，日本科学技术振兴机构北京事务所副所长李清，浙江省环境保护厅副厅长卢春中，诸暨市委副书记、市长王芬祥等分别在开幕式上致辞。

中外院士分别作主旨报告《中国河道黑臭水体的污染表征与控制对策》《日本水环境保护概论》《环境模拟技术和智能化水系统》《用排水再生水解决水与粮食生产的关系》。

（撰稿人：程文伟）

安徽省科学技术协会

服务经济社会发展 省科协组织学会对116家企业开展技术创新服务活动，签署合作协议47项，建立企业学会服务站52个、专家工作站30个、企会创新联盟2个。新增铜陵市为安徽省科协创新驱动助力示范市，示范市总数达到5个。奖补创新驱动助力工程项目49个。与省发展改革委、省投资集团共同举办“创响中国”安徽创新创业大赛。举办“海外人才创新创业大赛合肥行”活动。促成阜阳市与以色列施拉特公司合作项目。

加强与海外专家和科技团体的联系，新增入库专家40名，累计达1358名。举办第七届皖台科技论坛，签署合作项目36个，总投资123亿多元；期间举办皖台科技论坛·海智专家服务马鞍山市创新产业项目对接会，征集项目需求40多项。

支持安徽省循环经济研究会创建高端科技创新智库。与有关学会共同建立智库研究基地。合肥市设立国家海外人才离岸创新创业基地。

《科学素质纲要》实施及科普信息化建设工作 “实施科普为民惠民行动”被写入《安徽省人民政府关于扎实推进民生工作的意见》。制定《安徽省科技助力精准扶贫工程实施细则》，争取到中央财政资金支持。建成350个科普中国乡村e站。在安徽省党员干部现代远程教育等平台开设“科普惠民”专栏，覆盖全省2.1万多个基层党组织。与省委组织部联合开展“创新驱动发展，科学破除愚昧”科普视频展播月活动，全省各地终端站点累计播放6万余场次，党员群众观看达120万人次。部署推动全省150个单位举办565项全国科普日活动，省科协等26个单位被评为“2017年全国科普日活动优秀组织单位”，19项活动被评为“2017年全国科普日优秀活动”。

举办第八届安徽省百所高校百万大学生科普创意创新大赛，62所高校的6032名学生参赛，提交参赛作品5309件，评出特等奖1名、一等奖11名、二等奖23名、三等奖100名、优秀奖200名、优胜奖3名、优秀组织奖10名。

联合九三学社、安徽省委开展2017年度“百名专家乡村学堂讲科普”品牌活动，60多位专家参与，举办科普讲座、报告会120场次，受益人数2万人次。

省科协安排专项经费，采用政府购买服务方式，支持有关省级学会组织科技工作者围绕国防军事、公共气象、光学科学、信息通信、职业病防治五个专题开展40场次科普活动，服务公众5万人次。组织省农学会、省畜牧兽医学会农技专家和省青少年科技教育协会专家分别赴安徽省对口支援的新疆维吾尔自治区皮山县、西藏自治区山南市开展为期一周的科技培训活动，举办集中培训班8场次、现场咨询活动3场次，培训农技人员近300人次。

学术交流 建立省级学会学术会议补助项目库，入库项目68个，印发《关于2017年度省级学会学术会议补助项目立项的通知》，与承担项目的所有省级学会签订项目合同书。与上海市科协等联合举办第十四届长三角科技论坛。鼓励学会举办“互联网+学术交流”活动，引导学会延长学术交流活动链条、培育学术品牌。省科协《生物学杂志》再次入选中国科学引文数据库扩展库。

服务科技工作者 推选中国工程院院士候选人2名，3人获全国创新争先奖章，5人获全国创新争先奖状；评选出20名第十七届安徽青年科技奖获得者，推荐14名第十五届中国青年科技奖候选人。

组织全省各级科协及学会入驻中国科技工作者之家网“科猫”平台。开展科技工作者状况调查，编发《科技工作者状况调查站点信息》。

自身建设 调整完善省科协机关及内设机构主要职责，制定省科协机关各部门岗位职责，设立直接面向基层科技工作者服务的省科技创新服务中心。举办市县级科协负责人、省级学会负责人培训班。

在省科协党员干部中开展“讲政治、重规矩、作表率”专题教育、专题警示教育。省科协党组全年听取两次机关作风情况汇报。

召开基层党组织标准化建设动员会、基层党组织标准化建设业务培训交流会。印发《关于组织开展基层党组织标准化建设考核验收工作的通知》。

地市县及科协基层组织　截至2017年年底，安徽省共有省辖市科协16个、县级科协105个、街道（社区）科协614个、乡镇科协1230个、农技协3283个。2017年，地市县级科协共举办科普宣讲活动10426次，开展实用技术培训2361场次，推广新技术新品种1360项，参加活动的科技人员达3.8万余人次，受众人数逾283万人次。

马鞍山、池州、阜阳、亳州、宣城等市科协召开代表大会，完成换届工作。16个省辖市出台市科协系统深化改革实施方案。合肥市科协录制《多功能大循环农业》系列电视科普纪录片。芜湖市科协举办2017年全市农技协转型升级培训班。蚌埠市科协举办第三届国际青少年（中国蚌埠）科技创意大赛。滁州市科协举办企业“双创”培训班、高层次人才休假联谊活动。凤阳县科协连续第三年获得中国科普摄影大赛优秀组织奖。黄山市屯溪区成立科普文艺宣传队。桐城市科协被确定为中国科协深化改革县级试点单位，并在桐城市教育局、卫计委、农业委员会、气象局、地震局5家市直单位成立科协组织。明光市科协形成“报团科普”科普工作新模式。淮北市烈山区科协在广播电台开播《科普之声》栏目。

省级学会、企业科协、高校科协　截至2017年年底，全省共有省级学会155个，会员27.2万人，比2016年增加15.4%。新增2个学会作为省科协团体会员，注销3个省级学会，27个省级学会依法按章完成换届工作。制定发布《关于全面改革学会治理结构和治理方式的通知》《安徽省科协省级学会组织通则》《安徽省科协所属学会筹备换届工作指南》，会同省国有资产监督管理委员会制定《关于加强国有企业科协组织建设的实施意见》，建立企业科协612个、园区科协76个。全省共有17所高校成立科协组织，个人会员7945人。

成立安徽省科技社团党委，印发《关于加强安徽省科技社团党的建设工作的实施意见》，推动学会党建工作。103个省级学会成立党组织，占比68%。

安徽省电子学会举办2017中国（安徽）电子智能制造技术研讨会，依托互联网扩大学术交流的参与度和影响面。安徽省食用菌技术协会举办徽菇最新研究技术与产业化成果学术会议，通过延长学术链，推动成果转化应用。安徽省园艺学会举办安徽省第六届园艺学博士论坛，通过优化学术会议结构，培育学术活动品牌。

【2017第六届海峡两岸（马鞍山）电子信息博览会暨第七届皖台科技论坛】　10月27—28日，由省科协、省台湾事务办公室、马鞍山市人民政府和台湾科技产业协会共同主办的2017第六届海峡两岸（马鞍山）电子信息博览会暨第七届皖台科技论坛在安徽省马鞍山市举办。论坛以“区域经济科技合作与创新发展”为主题，邀请海峡两岸490多位学者、企业家、海智专家及中小学生开展学术交流、项目对接、青少年仿生机器人比赛等活动。省政协副主席、省科协主席赵韩等出席开幕式和相关活动。

论坛邀请中国科技大学教授陈小平、台湾康宁大学副校长李惠玲分别作主旨报告《机器人灵巧性——人工智能的新挑战》《长照2.0启动健康产业新亮点》。论坛举办电子信息及机器人、高端数控机床、健康服务发展3个分论坛，举办海智项目对接活动，20名海智专家开展涉及光伏、环保、化工、机械、医药等内容的项目对接。会上共有36个项目成功签约，总投资123.89亿元。

论坛期间同时举办了皖台青少年仿生机器人大赛，30余名台湾地区中小学生参加比赛。

（撰稿人：钱吉伟）

福建省科学技术协会

服务经济社会发展　8月，省科协呈报的《关于中国工程院国家战略重大咨询项目课题组来闽调研生态文明建设情况的报告》获福建省省长于伟国、副省长张志南的批示，肯定了报告对福建省生态文明建设的前瞻性、可操作性。11月，于伟国在省科协报送的《关于中国工程院肯定推动绿水青山转化为金山银山的实践报告》上批示，肯定了报告对福建省促进绿色发展、跨越发展的作用。

省科协促成省政府与中国工程院签署新一轮战略合作框架协议，推动中国工程院在闽建设中国（福建）工程科技发展战略研究院；通过征集决策咨询课题，提交《关于推进福建自贸区与台湾自由经济示范区合作对接的建议》等福建省政协提案9项，形成科技工作者建议70项；开展福建省科技工作者创新发展需求及发挥作用状况调查研究，形成调查报告;《八闽快讯》《今日要讯》刊载省科协信息20篇，其中《卢耀如院士为福建生态文明先行示范区建设建言》《3D打印技术在福建省医疗领域中的应用前景和政策建议》入编专报件，作为省委、省政府领导决策参考。立项资助《福建省雷电灾害防御学科发展研究报告》等 30 个自然学科发展报告。

省科协牵头完成“两岸科技社团协同推动福建实施创新驱动战略的路径及对策研究”项目，推进“两岸科技社团协同推动福建省实施创新驱动助力工程的实证研究”项目研究，开展“海峡两岸科学传播比较研究”项目。

全省科协建立全国会企协作创新联盟 2 个、学会协同联合体 1 个、全国学会服务站 16 家。确定三明市建宁县、福清市、泉州市洛江区、莆田市秀屿区、三明市宁化县、宁德市屏南县、南平市松溪县、漳州市云霄县、龙岩市长汀县为 2017 年省级创新驱动助力工程示范区。推动 8 家全国学会与省内企业达成技术或项目合作 8 项，举行现场签约 7 项。推动中国电子学会与福州市政府达成战略合作协议，共同举办 2017 中国物联网大会。

省农村科普服务中心举办科技扶贫“万名农民培训班”200 期，培训学员 5000 人次；开展科普信息员注册认证培训、“中国－以色列农业水产示范基地”培训班、中国科协“智爱妈妈行动”屏南妇女培训班等；组织台湾地区竹木根艺专家 7 人对 7 家单位进行技术指导，开展文化交流、培训各 2 场，受众 80 余人。

组织开展专利应用工程师培训和知识产权战略巡讲 21 场，培训企业科技工作者 1316 人次，新增注册应用企业 671 家，跟踪服务注册应用企业并培育企业应用示范案例 58 个；全省 9 家企业 13 个项目入选 2017 中国创新创业成果交易会参展项目。

截至 2017 年年底，新建省级院士专家工作站 23 家，全省省级院士专家工作站达 197 家，进站院士 169 名，院士团队专家 1180 个，开展合作项目 595 项。组织院士 114 人次、专家 247 人次赴全省各设区市 172 家企事业单位，促成签约项目 61 项；举办“院士专家八闽行”，院士专家福州行、宁德行、泉州（晋江）行，福建院士专家宁夏行，百场院士专家报告会，院士专家八闽扶贫行等活动，举办科技报告 70 场，签约项目 7 项。

组织科技工作者参与台湾地区科技活动 11 人次，接待台湾地区专家、学者 130 人次。邀请 42 个台湾地区科技社团专家 790 人次、台湾地区青年学生 60 人次进行交流，对接签订合作协议 26 项。组织以中国科学院院士赵忠贤为团长的专家团联合签署《关于协助建立福建云计算大数据工程研究中心的建议》方案，推动建立福州大数据工程研究中心；与省商务厅等合作，推动建设中国（福建）自由贸易试验区海外人才离岸创新创业基地。促成匈牙利 Rotachrom 有限公司与福建南方制药有限公司开展紫杉醇技术合作。

省科协落实与新疆维吾尔自治区昌吉州科协对口援助协议，举办新疆维吾尔自治区呼图壁县农牧民技术员科技素质提升培训班。

9 月 9—13 日，省科协联合集美大学、武夷学院、海峡两岸龙山文创园和台湾地区“中华公共事务管理学会”举办 2017 闽台青年学子（创新创业）科技研习营。活动主题为“闽台情 · 青春行”，来自台湾大学、政治大学、台湾清华大学等 25 所台湾高校的 50 多位青年学生走进福州、厦门、泉州、武夷山等地高校，开展创新创业交流活动。

《科学素质纲要》实施及科普信息化建设工作 全省科协系统全年组织开展科普活动 818 项，参与群众 101 万人次。与省委宣传部等 5 个部门联合开展福建省科技文化卫生“三下乡”活动。与省科技厅等部门联合开展福建省科技活动周活动，举办 2017 年福建省科普讲解大赛。开展“万名科技人员服务百万公众活动”。面向青少年、社区居民、公务员群体和农民举办“院士专家科普八闽行”专题科普报告、讲座 200 场。向 30 个省直部门的厅级领导干部赠阅《新科技知识干部读本》。科学素质教育被纳入全省干部网络学院和“党建微课”教育平台培训课程。举办百场科普专家进校园、海西科普大讲坛等各类科普讲座 54 场，举办“闽江科学传播学者”微信科普活动 100 场。组织编印并出版发行农村和城市科普挂图 78350 套。组织青少年参加各级各类科技竞赛活动 50 多万人次。

省科协被中国科协列为全国科普信息化建设综合应用试点单位。实施科普中国“百城千校万村”行动，在全省建成 1000 个“科普 e 站”，建成并投入使用科普中国资源管理服务福建中心，推动科普中国内容在全省 6976 所中小学到校、到班。推动中国科技馆与福州市人民政府、福建省科协与网龙公司签署虚拟现实（VR）技术在科普方面应用框架协议，打造科普中国福建 VR 科学中心。在全省 11 个科技馆启动建设 VR 科普体验中心，开发 15 项有福建特色的 VR 科普内容。建立万名科普信息员队伍，分别在 9 个设区市开展基层科普信息员培训，在福州市集中举办科普中国示范 e 站建设培训班。

在“福建导视”频道播出“科普中国·福建科普之窗”系列节目，在“福建科普”微信公众号累计发布图文近 600 篇，总阅读数超过 100 万次。集成 33 个科普微信、微博、公众号建成福建科普微矩阵，订阅人数超过 30 万。开通省科技馆微信平台会员系统。制作并播出科技工作者科普日公益广告和宣传片 2 个。

全省新启动或在建的科技馆、科普专业馆 4 个，新建社区青少年科学工作室 15 个，7 家科技馆免费开放。省科技馆完成 VR 科普体验中心布展，科技馆全年接待参观 31 万多人次；新馆建筑主体结构封顶，总面积 93000 平方米，幕墙工程施工完成 30%，675 个展项共 1000 余件展品完成深化设计。

举办第三届福建省青少年科学素养网络竞赛、农民科学素质网络知识竞赛、专题科普知识网上竞答。出台科技馆免费开放管理办法和小型科技馆建设指南。增配科普大篷车 4 辆、中国流动科技馆展品 2 套，帮助基层规划设计创建 20 个青少年科学工作室。全省科普大篷车北斗定位系统安装率达 100%。省流动科技馆在 8 个县市区巡展，受益群众 31.9 万人次。

举办第 32 届福建省青少年科技创新大赛、第 15 届福建省青少年机器人竞赛，开展中学生英才计划等活动。举办第十四届福建国际英语科普夏令营、香港大学生海上丝绸之路科学营。举办第十六届海峡两岸大学生辩论赛。

8 月 29 日—9 月 1 日，省科协联合内蒙古、上海、山东、甘肃科协以及中国科普作家协会和台湾《科学月刊》杂志社、元智大学、海峡两岸学术文化交流协会等 8 家单位在内蒙古自治区呼和浩特市举办第十届海峡两岸科普论坛，论坛以“科普、创新与永续发展”为主题，共征集科普论文 154 篇，其中台湾地区作者论文 50 篇。80 位专家、学者在开幕式及分论坛上分享报告，共计 150 多位专家、学者参加了论坛。

学术交流 主办康复产业星创天地第三期座谈会、2017 年福建省崩岗治理技术研讨、优化水电站环保生态流量考核方式研讨会、2017 年鱼糜制品行业的现状及发展趋势探讨会、2017 年福建省流域生态监测与水环境管理研讨会、服务中国制造 2025 研讨会等学术活动。举办智能制造国际技术论坛、第十六届福建省科协年会，主办第九届海峡论坛·2017 海峡科技专家论坛。

6 月 19 日，省科协联合 8 家单位在厦门市主办 2017 海峡两岸管理论坛。论坛主题为“创新驱动，智慧发展”，论坛围绕两岸产业整合与创新、智慧城市、智慧农业、金融合作与创新、电子商务、创新创业研究、社会管理创新、创新方法研究等进行探讨。专家、学者、企业家共 170 余人参会，其中台湾地区代表 80 余人；共征集论文 78 篇，其中台湾地区学者论文 28 篇。

10 月 25—27 日，省科协联合中国科学院海西研究院在福州市举办智能制造国际技术论坛，来自中国、德国、美国、法国等 7 个国家的 10 多位专家出席论坛。论坛围绕人工智能、物联网、云计算、大数据、机器人、3D 打印、自动化、信息安全、虚拟现实等智能制造相关领域进行研讨。

服务科技工作者 实施“科技人才成长服务计划”，制定《加强对科技工作者政治引领实施方案》《科协干部直接联系服务科技工作者制度》《开展创新争先百千万行动》方案，起草《福建省院士后备人才培育工程实施办法》，启动福建省院士后备人才培育和青年人才托举工程。组织开展贯彻落实《福建省中长期人才发展规划纲要（2011—2020 年）》中期自评，建立福建省高层次科技人才库，收录 735 人。牵头组织北京大学、清华大学、中国人民大学相关专家、学者参加福建人才周活动。

举荐焦念志、韩家淮、夏宁邵获首届全国创新争先奖。评选表彰第十四届福建青年科技奖获奖者 30 名、第二十四届运盛青年科技奖获得者 10 名、第九届紫金科技创新奖获得者 10 名。推举全国首批青年人才托举对象 10 名。

在《福建日报》开辟“科技工作者之家”专栏，刊载第十四届福建青年科技奖获奖者典型事迹 8 篇；与省直有关部门联合组织黄大年同志先进事迹报告团，开展科学道德和学风建设集中宣讲活动；组织科技工作者收看全国科学道德与学风建设宣讲教育报告会，受众 1.2 万人。组织慰问院士 110 人次。开展全国科技工作者调查站点建设，发放调查问卷 4000 多份。

自身建设 实施“党建带动科建计划”，制定全省科协系统学习宣传贯彻党的十九大精神“1+4”工作方案。出台《加强对科技工作者政治引领》《省科协干部双向交流》《福建省高校科协工作规范》等制度。召开党组中心组学习会 39 次、专题研讨会 24 次。召开省科协庆祝建党 96 周年暨表彰大会。

在省级学会建立 124 个党组织，覆盖率达到 83%，同比年度增长 69%。55 家高校建立科协组织，覆盖率达 62.5%。全省 68% 的县（市、区）实现乡镇级科协全覆盖。

制定《关于实施省级学会分类管理改革的意见》《加强省科协所属学会监督管理的意见》《福建省科协省级学会组织通则》《加强省科协所属科技期刊监督管理的意见》，举办学会培训班 5 期。资助 70 个省级学会、高校科协开展学术交流活动 200 场。印发《推进所属学会有序承接政府转移职能试点工作实施方案》，设立专项资金，资助 20 个省级学会试点开展 30 项承接政府转移职能项目。

制定《关于进一步激励科协系统干部担当尽责　提升干事创业精气神的实施意见》，举办科协系统干部专题培训班 2 个，选派 3 名年轻干部到基层驻村任职和挂职锻炼。

地市县及科协基层组织　截至 2017 年年底，全省有市科协 10 个、县级科协 84 个、街道（社区）科协 184 个、乡镇科协 917 个。地市县级科协全年共举办科普宣讲活动 500 多场，开展实用技术培训 132 场次。

厦门市印发《关于加强科学普及促进全民科学素质跨越提升的实施意见》，将全民科学素质行动纳入精神文明创建测评体系。市科协牵头相关学会成立信息科技与先进智造学会联合体，由企业投入 300 万元合作共建先进打印技术创新实验室，开发出具有自主知识产权的基于云端的桌面 3D 打印机。

泉州市科协采用赛、展、会形式，举办第二届国际海绵城市建设论坛、首届海丝建筑文化（泉州）高端论坛。

三明市、南平市成立科技工作者心理咨询室（站），设立科技工作者维权服务中心，每月 10 日定期开展法律现场咨询，每季度开展涉及知识产权方面的法律培训。

宁德市将科普中国 e 站、青少年工作室纳入重点村（社区）综合性文化服务中心建设标准。

省级学会、企业科协、高校科协　截至 2017 年年底，全省共有省级学会 149 个；新成立企业科协 169 个，企业科协发展至 1962 个；55 家高校建立科协组织，高校科协组织覆盖率达 62.5%。

省水力发电学会举办福建省水电站生态环保流量运行方式研讨会，会后形成的《福建省水电站环保生态流量考核方式亟须优化改进》建议报告被省物价局、省环保厅、省水利厅采纳并联合发布水电站生态电价管理办法。省计量测试学会建成福建计量科技文化馆。省护理学会与台湾护理学会联合主办第八届海峡护理高峰论坛。

【第十七届福建省科协年会】　11 月 6 日，第十七届福建省科协年会主场活动在福建师范大学举行，年会主题为“创新驱动全面振兴”。年会设置福建省崩岗治理技术集成与评价学术沙龙，福建省水电站环保生态流量考核方式研讨学术沙龙，2017 鱼糜制品行业的现状及发展趋势探讨学术沙龙，福建省流域水环境监测、管理与修复学术沙龙，龙岩机械产业发展沙龙，中国科学院 2017 科技伦理研讨会，“健康与疾病的免疫”国际学术研讨会，第二届哲学社会科学专家与自然科学专家对话交流活动等分会场 58 个；开展海峡两岸专家高校讲坛 4 项、学术进校园活动 26 项；交流学术论文 5000 多篇，1 万多人次参加。

会议由省科协党组书记、副主席杨江帆主持，省委常委、宣传部部长高翔出席并讲话。来自高校、科研院所的专家学者及区市科协有关人员等 600 多人出席开幕式。

中国工程院院士潘云鹤，台湾大学大气科学研究所终身特聘教授、“中华科学传播协会”理事长陈泰然在年会主会场分别作特邀报告。吉林大学任波、乔中坤分别作黄大年先进事迹宣讲报告。

年会期间，颁发了第二十四届福建运盛青年科技奖、第九届紫金科技创新奖、第十二届福建省自然科学优秀论文奖，公布了 2017 年福建省学会创新驱动服务站名单。同步举办福建省科技成果展，18 个省级学会开展科普活动。

【第十五届中国·海峡项目成果交易会】　6 月 18 日，省政府联合工业和信息化部、中国工程院等单位在福州市共同主办第十五届中国·海峡项目成果交易会（简称“6·18”）。24 位中国工程院院士、9 位中国科学院院士出席“6·18”主会场及“院士专家八闽行”系列活动。

活动期间，举办了创新驱动助力工程暨院士专家项目签约活动，并为 23 家新建院士专家工作站、8 家院士专家示范工作站授牌。活动现场签约 16 个院士专家项目，包括“黄龙病绿色防控关键技术及栽培新模式研发与示范”等 4 个院士合作项目、“硫化鞋自动生产线”等 4 个专家合作项目、“富氢技术及其产品的研发与应用”1 个海外合作项目和“生物法 γ－氨基丁酸”成果转化项目等 7 个创新驱动助力工程合作项目。

交易会期间，60余位院士专家赴中学、高校、企事业单位做科技报告65场，听众1万多人次。组织“6·18”院士专家展，集中展示创新成果67项。院士专家共对接项目49项，总投资3.9亿元，年产值22.3亿。举办高峰论坛2个、科普报告4场、技术交流活动20场。

【第九届海峡论坛·2017海峡科技专家论坛】 由中国科协主办、省科协承办的第九届海峡论坛·2017海峡科技专家论坛在厦门市、福州市、泉州市、武夷山市等地举行，主会场活动于6月18日在厦门市开幕。本届科技专家论坛主题为“两岸同创新　科技共发展”。

论坛设1个主会场和15个分会场，围绕科技创新、“一带一路”、供给侧改革、生态文明、健康中国、建设新福建等议题开展研讨交流和项目合作。本届论坛两岸与会专家学者2200多人，其中台湾地区代表726人。论坛共收集两岸科技论文1090篇，其中台湾地区论文377篇。

论坛促成两岸项目签约26个，编辑整理完成《加快推进海峡两岸协同共建生态文明》等两岸科技政策建议15份。

（撰稿人：邱雪如）

江西省科学技术协会

服务经济社会发展　全省建立省、市级院士工作站161家，柔性引进院士150人、院士团队专家1100余人，转化科研成果225项。江西省院士专家服务中心被评为2017年全国院士专家工作站建设示范单位，3家院士工作站被评为2017年全国示范院士专家工作站。

在企业开展“科技信息推广应用服务企业项目”，全省设立12个项目子站，已有2479家企业安装了“专利信息数据库”，其中2017年安装企业达1406家，培训专利应用工程师2723人次。被中国科协评为2017年示范科技信息企业推广应用服务站。

继续实施“银会合作”，2017年利用320万元“科普惠农”资金进行小额贷款贴息奖补，为农村种植、养殖、加工专业户获得江西省邮政储蓄银行贷款5.76亿元。

全省已设立海智工作站30家，其中2017年新建9家，共引进专家团队49个、海外专家97人，组织学术和技术交流活动100多场次，开展合作项目100多个。

遴选全省近160名专家组建“江西省科协高端科技创新智库专家库”，编辑《决策咨询专报》6期，其中1期获江西省委书记鹿心社批示、2期获省政协副主席刘晓庄批示。

赣州市、宜春市被列入中国科协“全国创新驱动助力工程示范市”。针对基层企业、乡镇需求，组织省计算机学会、省机械工程学会、省畜牧兽医学会、省地质学会、省林学会、省环境科学学会等到德安、宁都、兴国、靖安等地开展创新驱动发展转型升级调研和技术咨询活动，并签订合作协议。

围绕中央和省委的决策部署，出台《江西省科协支持赣江新区发展的意见》，与省发展改革委联合出台推动“双创”的实施意见，联合赣江新区共同承办全国“双创”活动周江西省分会场等各项活动。出台推动全省“创客之家”发展意见，认定省“创客之家”13家。

《科学素质纲要》实施及科普信息化建设工作　3月，组织开展2017年科普之春暨学雷锋科普志愿者服务月活动，专家学者1239人和科普志愿者12528人参加活动。全年在社区开展科普活动431场，在农村地区开展科普活动431场，在学校开展科普活动260场，直接参加活动的社区居民117277人次、农民111832人次、学生93585人次。

9月，在全省范围内集中开展以“创新驱动发展，科学破除愚昧”为主题的全国科普日活动，全省6000多位科普工作者、30000多名科普志愿者参加活动、科普报告会600余场、科普知识展览1000多场次、培训班900多期，发放科普资料100多万份，播放科普录像500多场，展出科普展板4000多块，参与群众达到50多万人次。

8月，全省开展“科学，让生活更美好——江西省百场科普报告进社区”活动。全省各级科协在11个设区市、100个县（市、区）的社区面向公众组织科普报告126场，群众参与2万余人次。

开展“科普中国百城千校万村行动”，2017年定制科普云终端135台，累计达到219台，点击量超过100万人次。“科普江西”微信公众号关注量达26.6万人。江西手机报APP“科普”频道总点击量达3240万余次，彩信版“微科普”栏目每天面向1000万用户发送科普信息，年发送量超过36亿人次。

省科技馆、上饶市科技馆和赣州市科技馆被纳入

2017年全国科技馆免费开放试点单位。全省已建农村中学科技馆23所，2个被评为全国优秀单位。

2017年，流动科技馆在18个县（市、区）完成巡展，参观人数达90余万人次；全省31辆科普大篷车共计行程5799千米，开展活动142次，受益公众173910人次；组织5万余名青少年参加第32届全省青少年科技创新大赛；组织8万余名中小学生参加以“我爱绿色生活”——2017年江西省青少年科学调查体验活动；组织6万余名学生参加（数学、物理、化学、生物、信息学）五学科奥赛，在全国决赛中获得4枚金牌、28枚银牌、12枚铜牌；组织选拔11个设区市的150名优秀高中生参加全国青少年高校科学营活动；组织参加2017全国青年科普创新实验暨作品大赛，在总决赛中获科普实验单元二等奖1个、优秀指导教师奖1个。

全省各级农函大共开展各类培训239期，培训农民学员11958人次，其中在国家级贫困县举办66期、培训贫困学员7100人次。

学术交流　省级学会承接全国性、区域性、专业性的学术会议30多场次，省级学会、市科协、县科协主办各类学术交流活动200多场次，中国科学院院士、中国工程院院士到江西参与活动累计170余人次。支持有关省级学会、科研院所、高校等举办2017机器人与微创泌尿外科手术论坛、口腔颌面影像学诊断在口腔临床各学科的应用等国际学术交流活动。开展第八届海峡两岸青年学子科技交流活动，举办2017年海峡两岸土地学术研讨会。

服务科技工作者　建立省科协干部直接联系科技工作者制度，要求每位厅级干部直接联系10名以上、处级干部联系5名以上、一般干部联系2名以上，定期走访看望科技工作者。建立“江西省科协第七届常委微信群”“中国科协‘九大’代表江西代表团微信群”“百人远航工程”资助对象微信群等，方便工作交流、跟踪服务。建立13个国家级和15个省级科技工作者状况调查站点，组织开展调查研究、报送信息，4篇信息被中国科协刊用。

全国科技工作者日活动期间，在江西卫视《江西新闻联播》以“智汇江西”特别节目集中连续6期推出了6位专家的宣传报道。在“科普江西”中开设“科技人物”专栏。“百人远航工程”2017年选送99位科技人员出国进修深造，累计选送科技人员达512人。

省科协创新服务信息化平台建设项目获得省发展改革委批准，进入建设实施阶段。

自身建设　推进“两学一做”学习教育常态化制度化。强化“互联网+党建”，利用“省科协网上党员之家”和支部微信学习群开展网上学习。设立省科协科技社团党委，加强对所属学会党建工作指导。省委办公厅、省政府办公厅出台《江西省科协系统深化改革方案》，配套制定了《省科协系统深化改革重点任务分工》和《省科协机关和直属单位机构和职责调整方案》。省委办公厅、省政府办公厅印发《江西省科协所属学会有序承接政府转移职能实施方案》。省科协被评为2017年“全国科技助力精准扶贫工作优秀组织单位”“江西省直机关公共机构节能优秀单位”。

地市县及科协基层组织　省科协系统现有11个设区市科协，100个县（市、区、局）科协，农村、企业、院校、街道社区科协等2300余个，农村专业技术协会957个。13家“创客之家”等新型科技社团纳入省科协系统。11个设区市科协改革方案通过市委常委会审议，74个县（市、区）科协改革方案通过县（市、区）委常委会审议。赣州市、德安县科协被纳入中国科协31个改革试点单位。

南昌市科协联合市电视台资讯频道推出“科普V视”栏目，9月18日正式上线，每周一、三、五中午12点播出，提供科学、权威、准确的科普信息内容和相关资讯，满足公众对可视化科普内容信息的需求。九江市建成首个专业科技馆“核地质科普馆”，推进中国科协科技信息推广应用服务项目，针对企业技术需求对接专家，帮助将科技信息快速转化为生产力。目前已有189家企业安装了专利信息终端，其中，2017年安装了164家，重点辅导30家企业应用。景德镇市科协采取网上科普与旅游发展相结合模式，利用科普教育基地、科研院所、高新企业等单位的科普资源，通过“科普瓷都”微信关注、科普“答题”方式，面向公众随机抽取参与“科普一日游”主题活动。萍乡市科协在全市投放科普云终端设备24台，将科普服务送到群众家门口。新余市“银会合作”项目2017年发放项目贷款48笔共2400万元，以这些项目为依托带动当地贫困人口脱贫致富。鹰潭市科协发挥学会优势开展学术交流和科技咨询活动，举办以创新引领——争做打造“世界铜都、中华道都、智慧新城”领跑者为主题的第八届市科协学术年会。鹰潭市老科协围绕“两都一城”建设深入基层调研，报送18

篇调研报告并获得市委市政府主要领导的批示肯定。赣州市科协联合赣州市委人才办、市科技局、赣南日报社、赣州广播电视台开展赣州市首届“十大科技创新人物”评选活动，举行赣州市首届“十大科技创新人物”颁奖暨全媒体事迹报告会。召开赣州市庆祝全国科技工作者日暨科技工作者座谈会，开通“赣州科创吧——网上科技工作者之家”，开启院士、学会网上互动创新平台。宜春市被列入全国“创新驱动助力示范市”，先后邀请中国工程院院士朵英贤、郑绵平、陈芬儿、钱峰和中国科学院院士南策文、邓子新6位院士专家团队到宜春考察和指导，建立4家市级院士工作站。举办第三届江西（宜春）锂电新能源产业合作推进会暨中国（宜春）锂电新能源产业国际高峰论坛，签约项目17个，签约总金额达81.1亿元，分别与中国有色金属工业协会、中国电池工业协会签订战略合作框架协议，与北京大学、浙江大学、航天五院、中国技术交易所等建立合作关系，建立了浙江大学宜春技术转移中心和首个国际联合研发平台——宜春市经开区瑞彩公司研发中心等。上饶市科协增设了“上饶市院士专家服务中心”机构。吉安市科协建立园区科协14家，在全省地级市中率先实现了县级工业园区科协组织全覆盖。抚州市动工建设市科技馆，建筑面积2万多平方米，打造崇仁县源野山庄、乐安县流坑、黎川县体育3个主题公园。

省级学会、企业科协、高校科协　省科协所属省级学会（协会、研究会）125个，其中2017年新成立省级学会2个；企业科协有120家，其中2017年新建9家；园区科协82家，其中2017年新建2家；10家国家级经济开发区已建立科协组织；高校科协共39家，其中2017年新建14家。指导12个省级学会召开会员代表大会完成换届工作，培育省级示范学会6个，与2个不合格学会解除业务主管关系，3个学会实行理事会聘任秘书长制试点。成立清洁能源和植物科学学会联合体2个。28家省级学会承接政府转移职能60项。

【第13届泛珠三角区域科协和科技团体合作联席会议】11月16—17日，由广东省科协和江西省科协共同主办，赣州市科协、广东省土木建筑学会、江西省土木建筑学会联合承办的第13届泛珠三角区域科协和科技团体合作联席会议在赣州市召开，来自广东、海南、四川、广西等9个省、自治区科协，香港京港学术交流中心、澳门工程师学会的40多位专家参加会议。江西省科协主席卢天锡、赣州市委副书记王林云出席会议并致辞，省科协副主席彭玲华参加会议并发言。围绕“科技引领创新，建设美丽家园”主题，各成员单位交流了科协和科技团体的工作经验与举措。会议期间举办了专题研讨会，有关专家作主旨报告，交流优秀论文。

（撰稿人：刘　平　刘海平）

山东省科学技术协会

服务经济社会发展　省科协成立山东省创新战略研究院，制定出台《山东省科协关于建设高水平科技创新智库的实施意见》，遴选出15个省级学会和5个市科协作为创新战略研究基地。举办智库高端人才研修班1期、专题论坛2期，协调智库高端人才队伍联席会议成员单位出台支持政策7项，组建28个智库高端人才团队，开展了28项调研课题、12项智慧沙龙项目，形成66篇高质量决策咨询报告，累计上报《院士建议直通车》2期、《智库高端人才建议直通车》17期、《科技工作者建议》6期，获得省委省政府领导批示6次，被《新华社山东要情动态》刊发1篇。

推进“创新驱动助力工程”，组织107个全国或省级学会对接全省97个县（市、区），引进创新团队52个、院士及高层次专家414人，开展技术服务活动952次，服务企业509家，解决各类技术难题123项，落地项目65项。日照、济南等5个地市成为全国创驱工程示范市，较2016年增加2个。

参加全国创业就业主题展示交流活动，集中展示山东省大学生科技节、山东省创客之家、智慧农业等“双创”工作典型项目，省科协被评为优秀组织单位。联合举办第九届山东省大学生科技节，赛事活动扩大至55项，直接参赛学生累计达21.7万多人，获奖团体和选手4.3万人，覆盖全省所有高校，配合科技节举办创新创业巡讲180余场次，共有300多家企业参与支持赛事活动。启动山东省科技工作者创新大赛，共有297个项目参赛，涌现出100项科技创新成果。开展技术合同咨询服务1113项。

启动第二期精准扶贫专家帮扶行动，240名专家开展帮扶活动2487次、技术培训1336次。山东农技协“对全国贫困县的科技精准扶贫工程项目”等课题获中国农技协嘉奖。深入推进数字科普扶贫工程，为全省9市68个县2000个省定贫困村每村安装1台数字科普扶贫终端。

开展东西扶贫协作行动，举办山东省科协和重庆市科协科技扶贫协作对接活动，签署了扶贫合作协议，山东省14市及所属14县（市、区）科协与重庆市14个对口帮扶的县（市、区）科协进行对接。

《科学素质纲要》实施及科普信息化建设工作 组织开展2017年全省科技周、防灾减灾日、世界地球日等系列全省性主题科普活动，营造全社会支持和参与公民科学素质建设的良好氛围。主题为“创新驱动发展，科学破除愚昧”的2017年山东省全国科普日活动深入农村、社区、学校、企业，开展近500项各类科普活动，线上线下结合的科普形式带给公众全新体验。举办第32届山东省青少年科技创新大赛、第17届山东省青少年机器人竞赛等重要赛事，面向全省青少年开展科普报告百校行、中学生英才计划等各类科普活动24项，邀请欧阳自远院士等一批知名院士专家开展高端科普报告活动30余场，累计受益青少年近300万人次。

山东省科技馆等10家科技馆进入全国免费开放试点范围，新增滨州市科技馆。全省科普大篷车装备数达到52辆，获中国科协奖励5套科普大篷车车载展品。305个基层科普行动计划项目覆盖全省，211个科普示范社区和24个科普教育基地活动丰富，基层科普服务能力明显提高。截至11月底，山东省科技馆累计接待观众近105万人次。

印发《2017年山东省科普信息化建设工作实施方案》，推动科普中国落地应用，承接的中国科协科普信息化试点等项目有序进行，山东科普云正式上线运行，云共享系统实现对外开放，累计安装数字科普终端13900台，全年累计播放节目时长33600分钟。省、市、县三级科协共建立科普公众微信号96个，关注人数达到51.65万；市、县级学会建立科普微信公众号25个，关注人数88936人；建立各类科普网站111个，在本地主要门户网站设立科普专栏49个；建立各类科普e站1991个，其中乡村e站864个、社区e站676个、学校e站451个；推动市县两级广播电视台设立科普栏目122个。

学术交流 举办中国自动化大会暨山东省科协年会，6名院士出席年会，4名院士作主题报告，近400名科技工作者参加会议。2017年，省科协共举办“泰山科技论坛”47期，16名院士、356名高层次专家、8370名科技工作者参与，整理142位专家观点24万字，通过视频直播、网站、微信和纸媒全方位宣传，受众近100万人。

印发《关于加强学术会议管理的通知》《关于加强科技期刊管理的通知》，加强规范化管理。扎实推进“海智强鲁计划”，协助9批次海智专家到济南、青岛等地开展交流合作，部分项目已落地。与意大利国立研究学会、日本科学技术振兴机构等建立协作关系，服务海外先进技术与山东海智基地急需项目精准对接。实施“国际科技交流扬帆行动”，重点资助11项对外学术交流项目、5个出国境参加学术会议项目。

服务科技工作者 建立领导干部基层联系点，推动落实领导联系院士专家、委员联系科技工作者制度。加快建设网上科技工作者之家，开通“山东科协”微信公众号，推广应用“科猫”APP，提高用信息手段联系服务科技工作者的能力。利用各类媒体宣传科技工作者5270多人次。相继开展第十一届山东省青年科技奖评选工作、第十五届中国青年科技奖推荐评选、山东省全国创新争先奖候选人推荐工作、第九届山东省优秀科技工作者评选表彰工作等，共有133名科技人才获奖、63名青年科技人才获表彰、10人获得全国创新争先奖状。

组织开展全国科技工作者日系列活动，推出一批优秀科技工作者和创新团队典型，集中宣传全国创新争先奖获奖人选，发行纪念封，开展“敢为人先——争做科技达人”微信有奖知识竞答及“他在你身边——寻找最可爱的科技工作者”微信随手拍活动，提高科技工作者群体社会知晓度。开展第三次全省科技工作者状况调查。

自身建设 全省拥有基层农技协组织11989个，超过全国总数的十分之一，会员总数达到200多万人。精准扶贫专家服务团成员库新增142名入库专家，入库专家总数达375名，建成10个专业委员会，同时建立了技术需求库和技术项目库。在示范区企业建立学会创新服务站221个，入库专家871名。全年新建省级院士专家工作站11家，总数达到112家，引进院士专家16人。8家院士专家工作站申报中国科协“2017年全国示范院士专家工作站”。

遴选出20个省级学会分综合改革和专项改革进行试点，探索以党建带群建、深化学会改革的新途径、新模式。2017年，来自基层和一线的山东省科协全委会委员比例由63%提升到75%。

地市县及科协基层组织 截至2017年年底，山东省共有省辖市科协17个、县（市、区）科协137个，全省81%的乡镇、街道办事处建有科协组织。市、县（市、区）科协全年共举办科普宣讲活动48609次，开展实用技术培训22413场次，受众人数达600余万人次。积极开展助力地方创新驱动发展、精准扶贫、科普e站落地应用等科技服务活动。

济南市科协着力加强科普信息化平台建设，打造“社区科普体验中心”工作品牌。青岛市科协启动“科普青岛·智慧电视”，在全国首创科普资源电视互动点播模式，同时建成山东省首家国家海外人才离岸创新创业基地。淄博市科协开展“青少年科普+旅游”等系列活动。枣庄市科协开展“百会联百村”科普扶贫行动，举办科技培训、讲座211次，受众21283人次。东营市科协举办以“加强科技创新，推进新旧能转换”为主题的黄河口科技论坛。烟台市科协深化海智基地建设，推动海智工作向县区、园区延伸，为县域经济发展提供海外人才智力支持。潍坊市科协联合市扶贫办等五部门联手打造科技助力精准扶贫新平台。济宁市科协发起成立了市院士专家联盟和市企事业科协联盟，实现资源共享与高端人才资源的有效联动。泰安市科协出台《科普“春雨”行动实施方案》，推动科普文化信息“最后一公里”的落地应用。威海市科协承办第十届国际树枝状大分子峰会暨应用创新大赛。日照市科协组织开展“县域流动科技馆”巡展活动，受益人数2万余人次。莱芜市科协在省级重点贫困村建立了科普书屋。临沂市科协广泛开展科普大篷车沂蒙行、科普惠农联盟专家服务行、科技进社区等民生科普活动51场次，受益群众达5万余人次。德州市科协架设媒体宣传新框架，在《德州日报》开设专栏，在手机台开设专版，扩大科协微信公众号社会覆盖面。聊城市科协实施全市科普扶贫提速专家服务行动，到省定贫困村开展科普服务1500余次。滨州市科协积极开展科普进校园、进农村、进社区、进军营等科普五进活动。菏泽市科协被中国科协确定为“2017年地方科协深化改革工作试点单位”，积极推进改革。

省级学会、企业科协、高校科协 截至2017年年底，山东省共有省级学会154个，较2016年增加9个，会员50万人；全省新建企业科协200多家，共计1700多家；全省新增高校科协35家。2017年，省级学会共举办学术活动1466次，参与人数80余万人次；开展科普活动8000余次，参与人数近143万人次；开展或承担公共服务项目100多项。

山东省企业管理研究会搭建起研究会、贫困户、企业、专家、志愿者有效沟通的平台，精准指导7000多个贫困户脱贫。山东电子学会联合省青少年科技活动中心、省青少年发展基金会成立山东省内首个青少年电子信息科普创新联盟。山东省艾滋病防治协会与香港智行基金会就“救助山东省受艾滋病影响儿童和青少年项目”签约，为防艾工作注入了新鲜力量。山东省老年医学研究会关于发展医养结合养老模式的建议获山东省政协优秀“百姓提案”。山东声学学会创作的《声的世界》荣获中国声学学会第一届声学科普创新奖二等奖。山东蜂业协会建立“蜜蜂疫病防控预警体系、蜂产品质量追溯两大体系”，为行业发展提供保障。山东省工程师协会开展“山东省杰出工程师推选活动”。山东硅酸盐学会组建了由33位专家组成的专家团队，助力地方创新驱动发展。山东农学会联合17地市农学会建设农学会联合体，推动集群发展。山东省医学会开发会员管理系统，实现了会员信息登记、专科分会管理、各省直单位和地方医学会网络信息管理一体化模式，注册会员达28000余人次。

山东省电力科协组织省电力职工技术成果奖、省电力创新奖、省能源创新奖等科技成果评审工作，评选优秀成果318项。中车山东公司科协举办“百名专家进百企”科技报告会。山东绿都生物科技有限公司科协组织培训班，助力基层科技人员技能提升。

2017年，省科协与省教育厅联合出台《加强山东省高校科协工作的实施方案》，加快高校科协建设。中国海洋大学科协举办2017海峡两岸大学生海洋文化交流活动。中国石油大学科协开设“黄岛讲坛”，加强高端学术交流。

【山东省委书记刘家义对省科协科技创新智库建议做出批示】 5月28日，省委书记刘家义对省科协上报的《院士建议直通车——关于扶持山东省北斗产业发展的建议》和《智库高端人才建议直通车——推动山东省“古镇再兴”工程的对策建议》分别做出批示，明确要求将北斗产业列入省新旧动能转换项目库；对于“古镇再兴”工程，要求省住建厅、省旅游委等部门拿出意见提交省政府研究。

《院士建议直通车——关于扶持山东省北斗产业发展的建议》由山东电子学会提出，中国工程院院士何友指导并提出对策。建议书分析了山东省北斗产业发展现状及存在的短板，建议从建立产业保障和服务体系、优化产业发展环境等6方面大力扶持山东省北斗产业发展。

《智库高端人才建议直通车——推动山东省“古镇再兴”工程的对策建议》由山东省智库高端人才文化建设领域岗位专家王志东提出。建议书从“古镇再兴”工作中存在的主要问题与制约因素进行了分析，并对“古镇再兴”思路、运作模式和管理机制改革等方面提出了对策措施。

【出台山东省科协所属学会有序承接政府转移职能试点工作实施方案】 6月初，省委办公厅、省政府办公厅正式印发《山东省科协所属学会有序承接政府转移职能试点工作实施方案》，明确了工作的任务目标并确定了工作的主要内容：一是相关科技评估，二是相关工程技术领域职业资格考试考务，三是技术标准研制，四是省级科技奖励推荐，五是其他科技类公共服务职能。

【2017年中国自动化大会暨山东省科协年会】 10月22日，以“助力创新驱动发展　助推新旧动能转换”为主题的2017年中国自动化大会暨山东省科协年会在济南市举行。中国工程院院士、中国自动化学会理事长、西安交通大学原校长郑南宁，省科协党组书记、副主席王春秋分别在会上致辞。中国工程院院士、浙江大学教授孙优贤，中国工程院院士、国家自然科学基金委员会信息科学部主任、东北大学教授柴天佑，中国工程院院士、海军航空工程学院教授何友，中国自动化学会副理事长兼秘书长王飞跃等出席会议。开幕式由省科协党组成员、副主席纪洪波主持。全国科技工作者代表，省级学会、市科协代表及省科协机关及直属单位代表共近400人参加会议。

会上，孙优贤、柴天佑、曲道奎、王飞跃4位专家分别作专题报告《四论工业信息物理融合系统（iCPS）》《制造流程智能化》《中国机器人产业发展及技术创新引领》《智能与时代：未来的起源与目标》。

为充分发挥高端学术交流对创新驱动发展的推动延伸作用，年会采用“1+2+N+M”模式，“1”是年会主会场依托中国自动化大会的高端学术论坛；“2”是围绕助力地方创新驱动发展和服务大众创业万众创新同步举办两个分会场活动；“N”是18个“2017中国自动化学会大会暨中国国际智能制造大会”学术分专题；“M”是省科协主办的50期泰山科技论坛分论坛。

【鲁渝科协系统签订科技扶贫协作框架协议】 5月4日，省科协与重庆市科协在济南市举行科技扶贫对接活动暨鲁渝科协系统科技扶贫协作协议签约仪式。省科协党组书记、副主席王春秋，重庆市科协党组书记、副主席王合清出席活动并讲话。

王合清介绍了重庆市科协的工作经验、工作成效，对推动科技扶贫协作工作、加强两省市科协合作、建立更加紧密的合作关系提出了希望。

省科协、重庆市科协双方共同签订了《鲁渝科技扶贫协作协议》。按照协议，省科协充分发挥各级科协所属学会、农技协（联合会）、农村科普示范基地作用，动员组织14个承担对口帮扶任务的市科协及所属14个县（市、区）科协实现“订单式”“量身定做式”帮扶与协作，着力增强帮扶地区自我发展能力。两省市科协以及市、县（市、区）科协成立相应的科技助力精准扶贫工作机构，建立联络制度，定期轮流组织联络活动。

（撰稿人：齐文桂　董金艳）

河南省科学技术协会

服务经济社会发展　2017年，省科协征集科技智库选题建议330多项，评审确定“科技创新与河南产业转型发展研究”“河南科技扶贫创新实践与发展模式研究”“科技人才政策实施成效评估”等70项智库调研课题并给予专项经费支持，“‘双创’发展评价指标体系研究”和“群团改革和科协发展战略研究”取得阶段性成果。开展院士中原行活动，邀请14位院士到河南省考察调研，为郑洛新国家自主创新示范区建设提出决策咨询建议。举办中原海智协同创新科技沙龙，为海智人才提供政策沟通和项目对接服务。

实施百千万创新驱动助力工程，组织72个全国学会、248个省市学会与相关企业进行交流合作，组织包括39名院士在内的1125名专家开展技术对接与培训，解决企业科技需求643项，达成技术合作协议354项，建立学会服务站、院士专家服务站106个，签订项目合同金额近8亿元，落地项目166个，开展共性关键技术联合攻关项目107项。联合相关全国学会和市县政府举办中国（濮阳）石油化工产业精细化发展大会、中国橡胶轮胎产业发展高端学术论坛、中国（新乡）电缆产业发展论坛、中国城市灯光规划与设计高峰论坛和中国防腐蚀之都（长垣）新材料、新装备、新技术学术会议等产业技术大会，为当地产业发展增添创新动力。3个市被中国科协确定为全国创新驱动助力工程示范市，5个项目入选中国科协创新驱动助力工程年度示范项目。鹤壁市、焦作市、濮阳市、南阳市、郑州市建成或在建科技成果转移转化中心。

坚持农技协（农村科普示范基地）、农村电商技能人才培训基地、农村电商示范店铺、科技扶贫基地建设“四位一体”工作模式，依托各级农技协、农村科普示范基地建成100个农村电商技能人才培训基地，培训200名骨干教师，对1万名农村电商技能人才进行培训，建成100个电商示范店铺，受益人数达12万人。

组织实施科技信息企业推广应用服务项目，向12个省辖市的2800多家高新技术企业推送科技信息并提供相关应用服务，服务企业科技人员1.3万人次，培训应用工程师5200多名，帮助企业解决了重复劳动和研发起点低等问题。组织实施科技创新方法工作专项，在全省范围内举办技术创新方法主题宣讲报告会70余场，培训企业高管、科技创新人员6700余人；对1300余名科技人员进行TRIZ理论（发明问题的解决理论）培训，为企业的技术研发和创新发展注入新动力。

承办第一期全国贫困地区农技协组织建设培训班，100多个国家级贫困县的科协主席和农技协领办人参加培训。全省各级科协抽调200多名工作人员对177个贫困村920个贫困户3112名贫困人口进行帮扶。动员2018名科技专家投身扶贫一线，开展点对点、面对面科技服务活动，推广新技术、新产品，帮扶2402个贫困户6000多名贫困人口。在贫困地区新建8个农村中学科技馆。

《科学素质纲要》实施及科普信息化建设工作　制定印发《全民科学素质行动计划纲要》实施工作考核办法，完善指标体系，首次对各地各成员单位贯彻落实《全民科学素质行动计划纲要》情况进行年度考核，推动各项目标任务落实。

全国科普日活动期间，在全省开展重点科普活动1459项，总受益群众超过600万人次。邀请中国老科协科学报告团12位院士专家，围绕美丽乡村与田园综合体建设、转基因植物与食品等主题，赴党校、乡村、中学等举办31场科普报告会。参加2017年全国农民科学素质网络知识竞赛活动答题人数达237万人次。举办第31届河南省青少年科技创新大赛，80万人参与。组织开展全省青少年科学素质网上知识竞赛，167万人次参加答题。举办中美（河南）青少年科学训练营、高校科学营、科学影像节展评、科学调查体验等活动，河南省选手在第26届全国中学生生物学竞赛中获得11枚金牌和5枚银牌。开展流动科技馆巡展，完成32个站点巡展任务，接待公众150多万人次。67辆科普大篷车行驶里程达5.3万千米，科普活动受益人数近100万人次。全省反邪教宣传警示教育活动受益群众300万人次。

推进省科技馆新馆建设，启动开展建筑工程施工图设计。与美国环球健康与教育基金会签署了珍稀动物标本捐赠协议，研究编制新馆主要功能配置方案和展教工程总体框架。

认定命名138个省科普教育基地，投入资金支持创建40个科技教育创新示范学校。

实施百千万科普工程，开发手机APP，融合科普人才资源和活动信息，方便公众与专家进行网上互动。科普专家服务团人员达1.8万余人，年度开展“科普五进”活动4000余项，开发科普资源2000余个，受益人数超过300万人次。

省科协联合省财政厅实施科普信息化工程，带动形成三级投入机制，支持18个县（市、区）创建“科普信息化示范县”，覆盖1072个村庄（社区）近220万群众，初步形成统一播控、集成创作、分众传播、精准推送的科普信息化网络。设立“科普之声”广播频道、“科普全方位”电视频道和“科普新天地”大屏频道，定时推送科技类、产业类、文化类节目，实现科技知识进村、入户、到人。成立全媒体科普传播中心，依托郑州大学、河南师范大学等高校建设16个创作基地，发挥高校人才、设施、资源优势，制作科普视频、音频作品550部，时长3350分钟，为各频道提供优质科普节目资源。在信阳市光山县首批建成80块科普大屏，推动106个村建成科普文化广场。与蜻蜓FM河南签署合作协议，实现省科普信息化工程“科普之声”广播节目在移动互联网音频聚合平台蜻蜓FM上播出，上线当月听众达38万人次。

加强科普中原云网站建设，汇集科普视频、图文资源1177部（篇），注册用户1.6万余人。建成科普中国e站2085个，全省每天通过电视、电子屏媒累计播放时长超过10万分钟。省科协被中国科协确定为全国科普信息化综合应用试点单位、“科普中国百城千校万村行动”示范省。

学术交流　实施学术活动质量提升工程，全年共举办全省性学术交流活动200余场次。联合全国学会举办中国智能制造高端论坛、全国大数据处理与安全高端论坛、第二届机械润滑暨设备健康管理产业链国际论坛等10场全国性学术活动，支持省级学会开展水环境治理与生态修复、能源学科建设发布等重点学术活动，促进学会学术与产业发展深度融合。

服务科技工作者 联合省人力资源和社会保障厅等五部门共同设立“河南省创新争先奖”，并举办河南省庆祝全国科技工作者日暨创新争先表彰大会，省委省政府领导向10个先进集体、30个先进个人分别颁发河南省创新争先奖牌、奖章、奖状，奖励获奖者共100万元。组织实施第十三届河南省青年科技奖评选活动，共评选出60名青年科技奖获得者。完成优秀科技工作者推荐工作，推荐首届全国创新争先奖候选对象12名、团队2个，推荐第十四届中国青年女科学家奖候选人4名、2017年度未来女科学家计划候选人2名、第十五届中国青年科技奖候选人15名。

自身建设 围绕迎接党的十九大，开展全省学会“迎接党的十九大 学会党建走在前”主题活动，召开省科协所属学会“砥砺奋进跟党走”党建论坛。围绕学习宣传贯彻党的十九大精神，在省科协网站开设“河南省科技界学习党的十九大精神”专题，在《河南日报》开设“不忘初心 牢记使命 坚定不移跟党走——河南科技界学习党的十九大精神心声”专版。省科协党组多次召开中心组学习会、专题工作会等，学习宣传贯彻党的十九大精神。

加快推进省科协系统深化改革。召开省科协深化改革工作推进会，成立深化改革领导小组，对改革事项进行梳理、分解和分类，制定分工方案，列出任务清单，逐级压实责任。梳理分解4方面37项改革任务，紧抓重点，以关键环节突破带动科协改革整体推进，37项改革任务基本完成。省反邪教协会实现了对所有市县和省管高校的全覆盖，推动170家企业成立反邪教协会。

加强学会党建工作。报请省编办批准设立省科技社团党委办公室，向所属省级学会派驻党建工作指导员，联系指导开展学会党建工作，22个省级学会建立了党支部。

改版升级后的省科协网站月均访问量达28.8万人次。开发了百千万创新驱动助力工程、青年人才托举工程、农村电商技能人才培训等25个网上服务平台，加强与科技工作者的网络联系。推动省科协系统230多家单位集体入驻“今日头条”客户端。聘请6名律师组成法律顾问团队，为科技工作者提供线上法律咨询与维权服务。

地市县及科协基层组织 截至2017年年底，河南省共有省辖市科协18个、直管县（市）科协10个、县（市、区）科协148个。

信阳市科协推广“专业合作社+基地+农户”扶贫模式；商丘市科协、周口市科协建设农技协和农技协联合会，服务精准扶贫；滑县科协引进科技专家70余名，为协会、农场、合作社提供精准科技服务。

巩义市科协积极开展青少年创客教育培训；邓州市科协组织130万人次参与全国农民科学素质网络竞赛；固始县科协开展“科普文化进万家”和“科普游园”活动；新蔡县科协建设手机科普园地和科普影视大屏，推进重点人群科学素质行动；开封市科协“指尖上的科普”微信公众号关注人数近10万人；“科普三门峡”在线平台推送信息3000余条；洛阳市科协举办智能制造技术交流大会暨第七届学术年会；漯河市科协举办“学术金秋”49场学术交流活动。

洛阳市、平顶山市、三门峡市、许昌市、驻马店市、济源市、漯河市、信阳市和兰考县9个市县科协改革方案印发。安阳市科协、周口市科协建立了市级学会党建联络员或指导员制度，驻马店市科协召开学会党建工作座谈会。

省级学会、企业科协、高校科协 全省共有省级学会145个，个人会员达30余万人；新成立企业科协208个，总数达1082个；新成立园区科协13家；新成立高校科协22个，总数达35个。省科协与省教育厅联合印发深入推进高校科协工作的实施意见，全省50多所本科院校中近40所已经成立和筹备成立高校科协。与省卫生和计划生育委员会联合印发深入推进医疗卫生机构科协工作的实施意见，并推动河南省人民医院筹备成立首家医院科协。

省测绘学会召开2017学术年会暨全国北斗卫星导航定位学术交流会，有关院士专家就北斗导航应用、北斗地基增强系统建设等主题作主旨报告。省化学会承办第一届中南有机化学论坛，邀请中国科学院院士、中国化学会副理事长丁奎岭等专家作大会报告。论坛除主会场外，还设置了有机化学和药物化学2个分会场，27名专家、学者在分会场作学术报告。省通信学会、省互联网协会联合举办“2017年世界电信和信息社会日”大型专题学术报告会，邀请清华大学智能技术与系统国家重点实验室主任朱小燕就“人工智能”作专题报告。

省土木建筑学会、省药学会、省照明学会、省测绘学会等通过主题演讲、微型党课等活动，增强学会的凝聚力和发展动力。河南师范大学、华北水利水电大学、信阳师范学院、周口师范学院等高校科协开展学术交流和成果转化活动。

【河南省庆祝全国科技工作者日暨创新争先表彰大会】 5月24日，河南省庆祝全国科技工作者日暨创新争先表彰大会在郑州市召开。省委常委、组织部部长孔昌生，省政府副省长徐济超，中国工程院院士、郑州大学校长刘炯天，中国工程院院士、河南农业大学校长张改平，省科协党组书记曹奎、主席霍金花等出席大会。

会上颁发了河南省创新争先奖，茹振刚等10名先进科技工作者获得“河南省创新争先奖章”，黎海亮等20名先进科技工作者获得“河南省创新争先奖状”，河南大学“植物应答干旱胁迫的气孔和根系调控机制”创新团队等10个先进集体获得“河南省创新争先奖牌”。

【2017中国（濮阳）石化产业精细化发展大会】 5月24日，由省科协与中国化工学会、濮阳市政府联合主办，范县人民政府、濮阳市科协联合承办的2017中国（濮阳）石化产业精细化发展大会在濮阳市召开。中国科协党组成员、书记处书记项昌乐，中国化工学会原理事长李勇武，濮阳市委副书记、市长宋殿宇出席大会开幕式并致辞。

开幕式上，濮阳市政府分别与西南化工设计研究院、河南理工大学签署了战略合作协议，范县人民政府分别与深圳华能信鑫基金管理有限公司、清华大学科研院签订了项目合同。大会共有14个项目签约，投资总额54.5亿元。会上举行了“中国化工学会创新驱动濮阳工作站”授牌仪式。在大会主论坛和专业论坛上，中国化工学会副理事长兼秘书长杨元一、环境保护部环境与经济政策研究中心研究员曹凤中、石油和化学工业规划院副院长白颐等专家就我国石化工业精细化发展方向、化工产品高端化转型以及国内外精细化工的热点新技术，结合濮阳当地石化转型及创新等问题进行剖析。

（撰稿人：蒋云鹏）

湖北省科学技术协会

服务经济社会发展 省科协围绕省委省政府重大决策部署和“十三五”重点发展的光电信息、生物医药、3D打印等新兴产业，发挥学会联系广泛的优势，协调推进产学研深度融合，促进科技创新资源与企业创新需求有效对接。大力推进院士专家工作站建设提档升级，推动高端科技人才引领企业技术创新。院士专家工作站总数近600个，覆盖各市县，200多位院士、300位专家与企事业单位进行了技术对接，签订合作协议500多项。在襄阳、黄石、宜昌等市高新园区建立“企业科技信息服务推广应用平台”，运用国内外专利技术为园区430多家企业服务。实施“创新驱动助力工程”，重点支持6个学会、4所高校科协在企业设立“会企创新协作基地”“协同创新示范基地”。

凝聚科技工作者创新智慧，围绕湖北省供给侧结构性改革和经济社会发展中的热点、难点问题开展课题研究和建言献策活动，形成了一批有影响的决策咨询成果，信息专报有32篇得到省领导批示和省委、省政府内刊转载刊用。组织编撰湖北省减轻自然灾害白皮书、投资环境蓝皮书。

省科协联合省农业厅、省扶贫办出台《湖北省科技助力精准扶贫工程实施方案》，组织动员学会和高校、科研院所科技工作者建立专家团队，开展产业扶贫，推广农村先进实用技术。全省共组织动员科技专家1619人，支持建设农技协（联合会）174个，带动脱贫5202户16355人。

积极推进中国科协（武汉）海外人才离岸创新创业中心建设，召开第二届全省海智菁英创新峰会。全省海智基地（离岸创新）站点共开展各类引智活动66场，签署各种合作协议80个，洽谈项目273项，引进（落地）项目179个，引进团队168个，引进人才321人（其中国家千人计划26人、省级千人计划7人），接待海外专家团体累计334人次。通过各种渠道发布海外需求523项，向海外发布国内需求675项；新设海外引才引智工作站9个。

《科学素质纲要》实施及科普信息化建设工作 以打造“楚天科普”品牌为目标，出台“十三五”湖北科普信息化建设指导意见，与湖北日报集团、武汉东湖绿道管理公司签订科普信息化战略合作协议，打造

"江城科普快车""东湖科普绿道"，实施社区科普 e 站建设，推进科普中国落地湖北。开展灵秀湖北"快乐科普游""农家书屋科普示范行动""科普游楚天"等活动，推进科普资源、旅游资源、文化资源的深度融合。主动协调省委组织部，实现科普进党校。组织湖北省全国科普日活动，开展文化科技卫生"三下乡"、科技活动周、食品安全、环境保护、地质气象、生态文明、全省农民网络科技知识竞赛等科普活动。组织实施青少年科技类竞赛和英才计划，在 2017 年各项竞赛中，全省约 65 万青少年参加活动，在全国赛事中共获得 66 个奖项。实施"湖北基层科普能力提升行动计划"和湖北省"特色产业科普示范基地"建设，奖补一批符合条件的科技馆、特色产业科普示范基地、科普示范社区、科普示范学校。推进湖北特色科技馆体系建设，省科技馆新馆建设有序推进，流动科技馆、科普大篷车、农村中学科技馆建设持续向贫困偏远地区倾斜，各类科普教育基地和科普主题公园建设稳步推进。

学术交流　坚持学术引领，组织所属学会（协会、研究会）开展学术交流活动 500 余场次。实施"晨光计划"，58 位优秀青年学者获资助出国进修，受到青年科技工作者广泛关注和欢迎。实施中国科协学会能力提升专项和湖北省"科技创新源泉工程"，评选表彰一批示范学会、创新创业人才、优秀科技期刊。积极推进所属学会有序承接政府转移职能，支持 9 个学会完成 9 项政府部门委托的职能项目，拓宽学会参与公共科技服务渠道，引导学会积极参与政府购买服务，支持一批学会打造科技类公共服务产品品牌。

服务科技工作者　召开科技工作者座谈会，邀请省领导与科技工作者面对面交流，举行科技工作者日纪念座谈会。建立健全院士专家走访慰问和联系服务机制，发放"荆楚院士专家服务卡"，凝聚优质资源和社会力量为高层次人才服务，此项工作荣获全国人才工作创新最佳案例奖。开展"六个一"联系服务工作，每 1 名省科协领导联系服务"1 名院士、1 名专家、1 家省级学会、1 家高校科协、1 家科研院所（企业）科协、1 家县级科协"。积极举荐人才，完成科协系统先进集体先进个人、2017 年中国工程院院士、全国创新争先奖、中国青年女科学家奖、中国青年科技奖等的评选推荐工作。全面推进湖北省老科学家学术成长资料采集工程，组编《楚天科技之星》，集中报道优秀科技工作者先进事迹。

自身建设　统筹推进省市县三级科协深化改革，湖北省出台 8 个推进群团改革的配套文件，省市县三级科协改革方案全部出台，各项改革任务基本完成。科协领导机构进一步优化，代表、委员中基层一线科技工作者的比例大幅提高，干部"专兼挂"全面落实。全面强化对科技工作者的政治引领，所属学会基本实现党的组织和党的工作"两个全覆盖"。科协组织覆盖面不断扩大，新吸纳了一批学会，新建了一批高校科协、科研院所科协、企业科协。全省各地科协抢抓改革机遇，积极推进机构独立建制，86.7% 的县市科协实现独立建制，人员编制不同程度地有所增加，并在乡镇街道普遍建立科协组织。省科协改革工作多次在省党的群团改革专项领导小组和中国科协召开的会议上作交流发言。襄阳市、当阳市被列入中国科协改革试点。

地市县及科协基层组织　截至 2017 年年底，湖北省共有市、州、直管市、林区科协 17 个，县级科协 99 个。各级科协及相关单位深入民众，在学校、社区、党校、广场、公园等各地点举办了丰富多样的大型主题科普活动 3755 场次，惠及民众 171 万人次。

武汉市科协充分发挥院士专家的智囊作用，为创建国家知识产权强市和中国光谷 2030 创新驱动发展战略研究等献策出力，国家知识产权局已发文批复同意武汉为国家知识产权强市创建市。宜昌市举办"长江经济带人才·产业·城市协同发展论坛"和第二届"海智专家宜昌行"活动，邀请 10 个国家的 20 多位海外专家与当地企业进行了产学研对接和洽谈合作。荆门市获批设立中国科协"海智计划"工作基地，举办第二届湖北省海智菁英创新峰会。襄阳、咸宁、孝感等市科技馆新馆建设有序推进。黄石、十堰、黄冈等市持续推进科普信息屏建设，覆盖率显著提高。

五峰县依托院士专家工作站开展红花玉兰新品种繁育推广，有效带动山区农民脱贫致富，中央电视台《新闻联播》栏目进行了专题报道。当阳市、武穴市、竹山县、监利县、鹤峰县科协广泛开展科技培训，助力当地精准扶贫。武汉市江岸区、江夏区开展科技进校园活动，惠及学生 4 万多人。

省级学会、企业科协、高校科协　截至 2017 年年底，湖北省共有省级学会 151 个，会员 15.7 万人。2017 年新成立省级学会 5 个，24 个省级学会依法按章完成换届工作，24 个省级学会调整充实理事会。全省共有 476 个园区、企业和 40 所高校成立了科协组织。

省水力发电工程学会举办水利水电科技创新高端论坛暨2017武汉国际水利水电博览会，总结宣传我国水利水电科技创新成就，促进科技创新发展。省人工智能学会举办第三届柔性电子国际研讨会，100余位海内外专家学者参与。省激光学会举办2017中俄激光精密微纳制造前沿技术研讨会，推动国际产学研交流合作。省心理学会联合中部六省心理学会主办第七届中部心理学高峰论坛，聚焦“社会中人”幸福感提升展开学术交流。

省气象学会、省地质学会、省汽车工程学会等省级学会开展科技奖励、科技工作者表彰，表彰奖励科技工作者908人次。省科协联合省国资委出台关于加强企业科协建设的意见，推动在国有企业普遍建立科协组织。中国葛洲坝集团公司科协、中铁大桥院科协等召开代表大会，选举产生了新的领导机构。东风公司科协持续开展“讲理想、比贡献、奋力实现中国梦”活动，激发科技工作者创新热情和创造活力，新批准成立子公司科协3个。中国医药集团联合工程有限公司科协协助公司批准立项60个技术研究与开发课题，发布企业标准2项。中铁大桥局科协承办2017武汉国际桥梁科技论坛等系列学术交流活动，拓展工程科技交流发展渠道。

省科协联合省教育厅召开全省高校科协工作推进会，授牌成立“武汉高校科协联盟”“宜昌高校科协联盟”“襄阳高校科协联盟”。武汉大学科协组织32场《珞珈讲坛》，33名国内外知名院士走上讲坛，开展各学科领域的科学知识传播活动。华中科技大学、中国地质大学（武汉）、武汉理工大学等高校科协以“华中大·梦起航”“透过岩石看世界”等主题承办了全国青少年高校科学营分营活动。华中科技大学、武汉理工大学、湖北工程学院3家高校科协与荆门、随州、孝感的3家企业签订了产学研合作协议，建立“校企协同创新示范基地”3个。

【湖北省科学技术协会第九次代表大会】 8月3日，湖北省科协第九次代表大会召开。中国科协党组副书记、副主席、书记处书记徐延豪出席开幕式并致辞。省委、省政府、省人大、省政协主要领导出席开幕式。省委书记、省人大常委会主任蒋超良发表讲话。大会选举产生了省科协新一届领导机构，审议通过了《湖北省科协第八届委员会工作报告》《湖北省科学技术协会实施〈中国科学技术协会章程〉细则》，表彰了湖北省先进科普工作者、全省科协系统先进集体和先进工作者。

【第九届湖北科技论坛】 10月30日，由省科协主办的第九届湖北科技论坛在武汉东湖国际会议中心举办。论坛以长江经济带（湖北）生态保护和绿色发展为引领，围绕“科技助力长江经济带建设——保护长江　绿色发展”主题，设主论坛和产学研对接活动、“长江经济带环境污染治理与管控”等6个分论坛及长江经济带生态保护摄影大赛获奖作品展，组织广大科技工作者广泛开展学术交流、成果推介、产学研对接、建言献策。湖北省副省长、省科协主席郭生练，中国科协学会服务中心主任刘兴平出席开幕式并致辞。

来自全省相关学会、企业、高校科协、市州科协等单位的共计1000余名科技工作者参加论坛活动。

（撰稿人：董　琦）

湖南省科学技术协会

服务经济社会发展　出台《湖南省科协创新驱动助力工程试点工作实施方案（试行）》，2017年长株潭城市群被列为全国“创新驱动助力工程”副省级城市试点。积极推进院士专家工作站建设，2017年新增省级院士专家工作站15家，总数达到91家；中国航发湖南动力机械研究所、山河智能装备股份有限公司、湖南华菱涟源钢铁有限公司3家工作站被评为“国家级示范院士专家工作站”；省科学技术咨询中心被中国科协评为“2017年院士专家工作站建设示范单位”；先后在湘潭、株洲、衡阳、益阳组织开展“院士专家行”活动。

联合省发改委、省科技厅、省委宣传部、省教育厅等单位先后举办全国“双创”活动周湖南省分会场活动、“创响中国”巡回接力湖南（湘潭）站活动、“双创”新成果展览、大学生创新创业集训营等十大专题专项活动，评选出“‘双创’示范基地”24个。组织参加全国企业创新方法大赛，有2支队伍获得大赛一等奖，其中中国航发湖南动力机械研究所荣获“电视擂台赛银奖”。

在全省建立10个科技信息服务子站，开展科技信息平台操作实务培训；组织知识产权战略宣讲和专利应用工程师培训18场，培训1475人次；举办企业高级科技创新人才培训会6场，培训600余人次；推进省级学会有序承接政府转移职能，有26个省级学会承接专业技术职称评定、执业资格认证等方面的职能；承接湘江新区、深圳市南山区“双创”示范基地建设和政策落实情况、长沙市食品安全和招商引资环境等第三方评估工作。

2017年，省科协、省财政厅投入项目支持经费1870万元，全省共组织动员2400名专家、260个科技团队（包括81个农技协/农技协联合会）与贫困户进行专门对接，助力帮扶建档立卡贫困户16000余人，实现“三个全覆盖”（省级助力工程示范和服务项目在187个省派帮扶工作队驻点村全覆盖、省派对口县市区现代农业科技专家服务团在全省所有贫困县市区帮扶服务全覆盖、创业致富带头人培训培养在全省所有贫困村全覆盖），促进全省加快脱贫步伐。9月6日，在全国科技助力精准扶贫现场会上作经验交流发言。10月，省科协与湖南日报社联合主办“科技助力精准扶贫”专栏，省科协党组书记刘小明在《湖南日报》上发表署名文章《发挥科技优势　助力精准脱贫》。

建立2个国家级“海智工作基地”和10个省级“海智工作基地”。开展引智对接活动33场，签署各类合作协议46个，洽谈项目122项，引进（落地）项目97个、团队57个、人才82人，接待海外专家61人次，邀请海外专家开展讲座、培训等活动30次，新设海外引才引智工作站2个。

《科学素质纲要》实施及科普信息化建设工作　争取省委、省政府的重视与支持，将“确保到2020年全省公民具备科学素质比例达到10%的目标”纳入省“十三五”规划和省委办公厅印发的《湖南省科协系统深化改革实施方案》（湘办发〔2017〕25号）。全省8个市州、51个县市区将这项工作纳入政府绩效考核。

2017年“基层科普行动计划”表彰奖补了30个省农村专业技术协会、20个农村科普带头人和25个科普示范社区。常德市鼎城区黄土店镇沧山综合养殖协会等12个农技协被评为“全国优秀农村专业技术协会”，娄底市双峰县曾海南野鸡养殖专业技术协会会长曾海南等13位个人被评为“全国农技协先进工作者”。

举办湖南省全国科普日、科技活动周、“三下乡”等主题科普活动，全省各级科协组织开展科普日重点活动290项；组织全省农村科技致富带头人、基层科普工作者、大学生村官及普通农户等60万人次参加2017年全国农民科学素质网络知识竞赛活动，参赛人数名列全国第三。9月15日—11月15日，湖南省科学素质大赛2017首届青少年网络科普知识竞赛在长沙地铁二号线的11个站点进行媒介宣传，吸引20万人参赛。

以“科普中国·百城千校万村行动”为统领，推进全省科普信息化和科普中国e站建设。印发《湖南省科普中国·百城千校万村行动实施方案》（湘科协通〔2017〕77号），提出全省科普信息化建设目标、任务和措施；印发《关于进一步加强科普中国落地应用工作的通知》，加强对科普中国落地应用工作的指导；“科普湖南”微信公众号总用户数近15万人，发布湖南科普旅游地图150余家，建设科普中国e站200余个；经评选认定18个单位为2017—2021年湖南省科普教育基地；获批中国科协、省科协科普惠民资助项目145个，重点向农村尤其是深度贫困地区倾斜。

省科技馆全年接待观众62万多人次，其中团队7万多人次；4D影院、球幕影院放映898场，接待观众2万多人次；创作的《Cindy畅游童话世界》荣获第五届全国科学表演大赛科学秀比赛一等奖，《科技新播报之疯狂动物城》荣获2017年全国科普剧表演大赛三等奖。省科技馆和岳阳市、常德市、衡阳市科技馆被列为全国科技馆免费开放试点单位。新增科普大篷车4台，总数达到36台，深入51所学校和12个社区开展流动式科普服务，发放宣传资料5万余份，服务受众达66270人次。新增流动科技馆设施1套，总数达10套，到12个市州的35个县市区进行巡展，接待观众近166万人次。新资助全省农村中学科技馆5所。

学术交流　11月23—24日，省科协和岳阳市人民政府共同承办第七届中国湖泊论坛，论坛围绕“湖泊生态系统与生物多样性保护”“山水林田湖草系统治理与综合管理”“湖泊流域生态经济与绿色发展转型”“洞庭湖生态经济区建设与发展”等热点话题展开交流研讨。

支持省植物保护学会、省电机工程学会、省茶叶学会、省医学会、省航海学会、省岩石力学与工程管理学会、长炼科协、湖南师大科协等主办或承办了一批高水平的国际、全国、区域性学术会议。

正式成立湖南省科协大农业学会联合体，袁隆平、官春云、印遇龙3位中国工程院院士担任湖南省科协大农业学会联合体名誉主席，湖南省农学会、湖南省园艺学会、湖南省作物学会等18个学会为成员单位。

服务科技工作者　2017年有30位青年英才和院

士后备人才获得资助，每人每年资助 20 万元，连续支持 3 年。

组织开展中国科协求是杰出青年成果转化奖、首届全国创新争先奖、第 15 届中国青年科技奖、第十四届中国青年女科学家奖、2017 年度未来女科学家计划等候选人推选工作。中车株洲电力机车研究所有限公司的尚敬获中国科协求是杰出青年成果转化奖。

建有全国科技工作者状况调查站点 19 个，组织召开 2017 年科技工作者状况调查站点工作现场会。完成四次问卷调查任务，其中“第四次全国科技工作者状况调查”工作得到中国科协的通报表扬。

在 2017 年首个全国科技工作者日开展《走近科学家》系列报道、“湖湘脊梁——全国科技工作者日 · 湖南知名科学家事迹”展等 13 项主题宣传活动。截至 2017 年年底，宣传优秀科技人物 90 余人次，两次受到中宣部新闻局《新闻阅评》的肯定。

自身建设 多次开展专题学习讨论。创新宣传方式，推动党的十九大精神进企业、进农村、进机关、进校园、进社区。

制订《湖南省科协党组中心组 2017 年理论学习计划》，组织开展党组学习 27 次、中心组学习 7 次。贯彻落实中央、省委关于“两学一做”学习教育常态化制度化的要求，把“两学一做”融入日常、抓在经常。推动学习型组织建设，创建“书香科协”，设立“知行大讲堂”，开设各类讲座 4 堂，举办专题演讲比赛 1 场。

印发《湖南省科协兼职副主席定期驻会实施办法（试行）》《湖南省科协第十届兼职副主席工作分工及轮值驻会安排》，实行兼职副主席轮流定期驻会制度。首批轮值的兼职副主席于 10 月开始定期驻会。

全省 122 个县市区科协有 113 个实现独立建制，其中有 78 个设立了党组。高校科协、企业（园区）科协、乡镇科协、农技协稳步发展。省科协从 2016 年开始推进“四联”工作（即领导联市州、干部联常委、常委联委员、委员联基层）。2017 年 5 月，印发《湖南省科协推进“四联”工作组织动员科技工作者开展“创新争先行动”实施方案》，明确了省科协机关全体干部和第十届全省委员会 198 名委员（包括主席、副主席、常委）的联系服务任务，与市县、学会、协会、基层科协等 394 家结对子，帮助解决实际问题。

尝试实行派驻学会指导制度，从省科协机关和直属单位选派 31 名党员干部进驻学会担任学会党组织“第一书记”。实施党风廉政建设和作风建设监督员制度，聘请 36 位省科协系统党风廉政建设和作风建设群众监督员，自觉加强群众监督。

6 月 21 日，中共湖南省委办公厅正式印发《湖南省科协系统深化改革实施方案》。省科协按照中央和省委的部署要求，从 6 个方面 21 类 56 项细化了改革任务。已有 7 个市州印发了深改方案。

地市县及科协基层组织 截至 2017 年年底，湖南省共有省辖市科协 14 个、县级科协 122 个、乡镇（街道）科协 1400 个。长沙市科协在《长沙晚报》开辟“创新驱动示范市建设”专栏，推出“揭秘院士专家工作站”报道 10 期。株洲、湘潭、衡阳、益阳等市科协分别举办“院士专家行”活动。中国科协创新驱动科技成果转化服务中心岳阳市分中心启动运行，通过远程视频系统对科技成果进行评价，成为全国首例远程视频评价的典型范例。衡阳市科协完成第 38 届湖南省青少年科技创新大赛承办工作。郴州市科协联合《郴州日报》、郴汽集团开展各类科普宣传活动。张家界市科协对“科普张家界”微信公众号进行提质升级，单月阅读量达 12 万人次，单篇微信关注度最高达 1.17 万人次。永州市科协开展“倡导全市广大科技工作者积极参与全民健身运动，为国健康工作四十年”活动。娄底市科协开展“娄底创新开放大讨论”，参评文章《引智创新、助力娄底开放崛起》被中央党校编入《中国优秀领导干部论坛》。

省级学会、企业科协、高校科协 新建省级学会 8 个、高校科协 1 个、企业科协 19 家、园区科协 3 家。截至 2017 年年底，省科协所属省级学会 130 个、高校科协 39 个、企业科协 146 个、园区科协 16 个。共有 129 个省级学会建立党的基层组织，覆盖率达到 99.2% 以上。

实施学会服务能力提升计划，资助 32 个项目，帮助学会提升服务科技创新、服务经济社会发展、服务科技工作者以及自我发展的能力。

省委、省政府办公厅印发《湖南省科协所属学会有序承接政府转移职能工作实施方案》，推动省科协所属学会有序承接政府转移职能工作。

【湖南省首个全国科技工作者日】 5 月 30 日是首个全国科技工作者日，省科协紧紧围绕“精忠报国、敢为人先、拼搏奉献”这一主题，与省科技厅联合，以宣传、表彰、奖励、走访等形式，组织开展了全省科技奖励大会暨创新奖励大会、“走近科学家”系列报道、“湖湘脊梁——全国科技工作者日·湖南科学家事迹”展、走访慰问科技工作者等11项主题活动，讲好湖南科技故事，讲好湖南科技人的故事，全方位展示湖南科技工作者拼搏奋斗、创新争先的风采，提高科技工作者群体辨识度和全国科技工作者日社会知晓度。

【湖南省科协大农业学会联合体成立】 12月27日，由省农学会、省园艺学会、省作物学会等18个会员单位联合发起的湖南省科协大农业学会联合体（以下简称“联合体”）正式成立，邀请袁隆平、官春云和印遇龙为名誉主席。袁隆平、罗锡文、康绍忠、印遇龙、赵春江、邹学校6位中国工程院院士在联合体举办的“乡村振兴战略”论坛上发表演讲。

联合体成立后将利用各学会人才、智力、信息优势重点建立“一库四平台”，即建立农业领域科技创新智库、高端国际学术交流平台、农业科技成果转化平台、高端人才培养举荐平台和农业科普服务平台。

【2017年湖南科技论坛主论坛暨中国自动化学会中南六省（区）第35届学术年会】 10月10—12日，由省科协、湖南大学主办，湖南、广东、广西、河南、湖北、海南六省（区）自动化学会联合承办的以“智能制造”为主题的2017年湖南科技论坛主论坛暨中国自动化学会中南六省（区）第35届学术年会在长沙市举行。省科协党组成员、副主席刘晓河，湖南大学副校长谢赤，湖南省自动化学会理事长王耀南，广东省自动化学会理事长刘奕华，广西自动化学会理事长周永华，湖北省自动化学会理事长王永骥，河南省自动化学会副理事长曾庆山，以及来自中南六省（区）的自动化学科专家、学者400余人出席会议。

（撰稿人：肖欣磊）

广东省科学技术协会

服务经济社会发展 省科协向省委、省政府报送了中国工程院院士张偲等10位院士及8位专家提出的《关于“建设广东海岸带生态物联网，实现海岸带可持续发展”的建议》以及中国工程院院士林浩然等3位院士与省寄生虫学会共同提出的《关于落实广东省重点寄生虫病防治规划（2016—2020）的有关建议》，并得到省领导的批示。

实施“千会万企金桥工程”，推荐佛山市成为全国创新驱动助力工程示范市。截至2017年12月，全省共建设院士专家企业工作站161家，累计引进180名院士和2000多名专家；共创建82个省级学会、181个市级学会科技服务站，提供科技服务8000多次，提供技术攻关和开发新产品700多项。

实施广东版“海智计划”，在“南粤海智网”增加“广东省海智工作站栏目”，通过网站、微信、微博更新发布海智动态信息1800多条、海智工作项目需求50个、科技创新项目指引30个。截至2017年12月，共建立中国科协海智计划工作基地8个、“海智工作站”26个，“海智工作站”比2016年增加12个。

整合社会资源尤其是科技人才资源，加强对湛江市遂溪县岭北镇西塘村的对口帮扶。重点帮扶的村集体项目——光伏发电科普基地并网发电达8万多度，收入达8万多元，贫困户危房改造全部完成，贫困户脱贫率累计达到78%。组织专家到贫困村开展科技服务达130人次，对接贫困人口2700人，助力脱贫人口1160人。支持农技协（联合会）102个。

截至2017年12月，省级学会已承接72项政府转移职能，向政府购买服务事项165项，主要包括决策咨询、项目评估、标准制定、资格评审、继续教育、表彰奖励等。

《科学素质纲要》实施及科普信息化建设工作 组织实施2017年广东省文化科技卫生“三下乡”活动暨“千会服务千村”行动，全省科协系统举办集中服务活动460多项。组织开展2017年广东省全国科技活动周、全省科技进步活动月等系列活动。组织开展全国科普日、全国防灾减灾日、世界计量日、航空科普日等科普活动。联合省教育厅等部门主办第32届广东省青少年科技创新大赛、第17届广东省青少年机器人竞赛、第三届中航国际杯广东青少年模拟飞行大赛、第5届广东省青少年科技创新实践能力挑战赛、第5届广东省青少年虚拟机器人竞赛现场总决赛等示范性竞赛活动。开展青少年科学调查体验、全国青少年高校科学营广东营和粤东西北科普报告校园行活动。联合省财政厅组织开展广东省“科普惠农兴村计划”和“国家基层科普行动计划”项目评审工作，表彰国家级和省级先进单位86个、农村科普示范带头人28人。组织开展地方科技馆免费开放工作，全省5家场馆被认定为2017年全国科技馆免费开放试点单位。继续开展中国流动科技馆广东省巡展和科普大篷车进校园活动，在14个县（市、区）举办，参观群众近80万人次。

出台《广东省科协关于加强科普信息化建设的意

见》，与腾讯·大粤网签订《“互联网+科普”战略合作框架协议》，建设科普信息化平台，推动大数据、云计算等在科学传播领域的发展和应用。做好科普中国云项目试点服务工作。召开2018年科普中国落地应用e站建设以及2017年和2018年科普信息化试点县（市、区）项目评审会，评选出2017年科普信息化试点县（市、区）6个、2018年科普信息化试点县（市、区）5个、2018年科普中国落地应用e站116个。

学术交流 举办广东科协论坛5场、广东院士讲坛7场，择优资助大型学术活动26项和科技活动10项。组织开展2017年学术创新能力提升项目申报工作，支持岭南科学论坛、精品科技期刊、承接政府转移职能、综合示范学会、建立学会联合体、助力地方产业、科技服务站项目共46项。联合主办第13届组织泛珠三角区域科协和科技团体合作联席会议暨专题研讨会。

韩国国立大邱科学馆与广东科学中心签订战略合作协议。邀请韩方交流团访问东莞市科协，并达成合作共识。广东省科协代表团出访日本、韩国、捷克、波兰、俄罗斯等国进行科技交流访问。邀请香港工程师学会环境分部、香港青年工程师及建筑师考察团、澳门工程师学会来广东省考察和访问。

服务科技工作者 加强与院士的联系和沟通，召开2017年在粤工作院士及高层次人才迎春座谈会，组织在广东工作的院士赴茂名市休养考察，解决院士就医绿色通道等事宜。省科协作为《广东省系统推进全面创新改革试验方案》的牵头单位之一，推动建立广东省科技人员法律援助机制。组织全省科协系统单位注册入驻“中国科技工作者之家”——科猫平台，打造活跃的科技社交社区。开展网上“建家交友”活动，引导科协代表、委员等兼职干部通过网络加强工作联系。

开展院士候选人推选工作。向全国创新争先奖评选奖励委员会办公室推荐全国创新争先奖，其中，1人获得全国创新争先奖章、4人获得全国创新争先奖状。开展第十四届广东省丁颖科技奖推荐评选工作。组建了第一批由43位院士专家组成的广东省科学道德和学风建设宣讲团，举办2017年广东省高校科学道德和学风建设宣讲教育报告会。

开展首个全国科技工作者日活动，省科协在广东科技报开设5个专版，与各大主流媒体合作，跟踪报道省领导及省科协领导走访慰问科技工作者，重点采访报道一系列学术交流和科技创新创业成果展示活动。省科协首次与今日头条APP进行合作，联合广东省科技报社、广东省青少年科技中心等单位策划开展了“我的梦想是科学家”系列活动。

自身建设 4月28日，省委办公厅、省政府办公厅正式印发《中共广东省委办公厅 广东省人民政府办公厅关于印发〈广东省科协系统深化改革实施方案〉和〈广东省科协所属学会有序承接政府转移职能试点工作实施方案〉的通知》。省科协有序推进各项改革任务，截至2017年12月，确定的13项重点改革任务基本完成。

省科协以筹备省科协第九次全省代表大会为契机，制定科学合理的代表、委员、常委的产生办法，减少领导干部所占比例，提高基层科技工作者代表的比例。研究制定《省科协“九大”代表名额分配及选举办法方案（草案）》《省科协第九届全省委员会委员候选人名额分配及推选办法方案（草案）》《省科协第九届常委会组成原则（草案）》《省科协第九届全省委员会常务委员候选人推选办法（草案）》。

地市县及科协基层组织 全省共有地级以上市科协21个，县（市、区）科协131个，乡镇、街道（社区）科协1847个。2017年，各级科普教育基地开展重大科普活动750多场次，参观人数达2000多万人次。全省各级科协共组织50多万名科技人员参加各类学术活动。

广州市科协依托中国创新创业成果交易会的工作平台，发挥区内高新技术园区较多的优势，建立创交会常态化成果转化基地。

深圳市科协推动成立企业科协组织110多家。宝安区科协进一步完善区、街道、社区三级组织，新建立了一批街道、社区科协。

佛山市顺德区科协打造“创业顺德”大赛、顺德青年创新创业节、创业顺德精英训练营等品牌活动，助力顺德创新驱动发展。

珠海市科协开展“三创一会”，送“创新术”、搭“创融桥”、开展“创想梦”主题活动、举办珠海科技人创新大会，大力服务创新驱动发展。

汕头市科协引导各区积极推进科普信息化建设，有5个区科协创建了独立的科普门户网站，有4个区科协创建了微信公众号，精准推送科技信息。

河源市源城区、东源县、和平县科协均设立党组并配备了党组书记。

省级学会、企业科协、高校科协 省科协制定《广东省科协团体会员管理办法（试行）》，接纳广东省湿地保护协会等7个团体为省科协团体会员，省科协所属的省级学会、协会、研究会达到165个。2017年新成立高校科协10个，全省共有高校科协30个。推动地方科协在国有企业、非公有制企业建立科协，全省共建立企业科协700多家。

广东省硅酸盐学会举办首届全国湿拌砂浆生产与应用技术交流会，来自20多个省、自治区、直辖市的近200人参会。

广东省干细胞与再生医学协会主办以“造福人类，合作共赢”为主题的2017国际（广州）干细胞与精准医疗产业化大会，来自美国、英国、日本等国家与地区以及中国的200多位科学家、行业专家、企业家围绕干细胞与精准医疗产业的发展进行研讨与交流。与会专家、学者共同签署了《520国际干细胞产业发展倡议》，大会达成并签署了一系列国际合作协议。

广东省畜牧兽医学会举办畜牧兽医学术与产业创新发展大会，广东省各农牧类科研院校专家、省畜牧兽医学会会员和来自全国各地的家禽、饲料、动保、食品等相关企业界人士600余人参会。本次大会以“知识服务农牧业”为主题，围绕畜牧业目前面临的主要问题和挑战进行探讨。

广东省纺织工程学会、中山市纺织工程学会和中山市科技工作者协会联合建立的学会科技服务站揭牌，该学会科技服务站以中山中测纺织产业技术研究中心为依托单位，是广东省纺织领域首个学会科技服务站，也是首个3家学会联建的科技服务站。

广州南洋理工职业学院、广州华夏职业学院等广东民办高校科协发起成立“广东民办高校科协联盟”。17家民办高校负责人出席成立大会。大会表决通过了《广东民办高校科协联盟章程》。

【第十五届广东省科协学术活动周】 11月11日上午，省科协主办的第十五届广东省科协学术活动周在广东工业大学开幕。活动周主题是“创新驱动，引领支撑”。活动周由省科协牵头、各省级学会和全省各级科协组织共同参与，于11月11—18日在全省各地举行。开幕式后举办了第78期广东科协论坛和第七届岭南有机化学论坛等。中国科学院院士陈新滋、林国强以及广东工业大学特聘外籍教授Bernard Meunier等作主题报告，介绍他们在抗癌药物、中草药以及抗老年痴呆药物等领域的最新研究进展。在本届学术活动周期间，全省各级科协组织围绕主题共开展学术年会、论坛、研讨会、报告会、讲座、科技学术成果展览、会员活动等多种类型的学术活动500多项。

【粤港澳大湾区会议】 11月24日，粤港澳大湾区会议在深圳市召开，会议由香港工程师学会、广东省科协、澳门工程师学会联合主办，香港工程师学会内地事务委员会、深圳市科协承办。会议以“粤港澳大湾区工程领域的机遇与挑战”为主题，与会人员围绕粤港澳大湾区的背景、发展方向与未来展望以及粤港澳大湾区建设带来的机遇和面临的挑战等内容进行交流。省科协党组书记、副主席何真，中央人民政府驻香港特别行政区联络办公室教科部部长李鲁，香港特别行政区政制及内地事务局局长聂德权，深圳市人大常委会副主任、市科协主席蒋宇扬，香港工程师学会会长陈国璋，澳门工程师学会理事长萧志泳，广东省、香港特别行政区、澳门特别行政区科技界、工程界人士300多人出席会议。

【广东青年科学家地市行】 12月18—22日，广东青年科学家考察团前往韶关市、科技服务粤北，这是2017年度广东青年科学家考察团在赴河源市、揭阳市之后第三次地市行。

12月18日起，由省委组织部、省科协、广东青年科学家联络中心联合组织的广东青年科学家学习考察团一行40多人赴韶关市学习考察。考察团的42名青年科学家来自21家高校、科研院所，由省委组织部、省科协根据韶关市产业需求、技术需求、人才需求精心选拔。考察团成员分赴韶关三区七县，深入当地企事业单位、田间地头、山野林场调研，开展人才对接与科技服务活动，助力粤北革命老区技术迭代。考察团成员与韶关相关企事业单位达成了37项合作协议。12月21日下午，广东青年科学家助力韶关创新驱动发展论坛在韶关市召开。会上，省科协与韶关市人民政府签署《助力韶关创新驱动发展广东省科协院士专家合作框架协议》，举办广东青年科学家考察团代表与相应企业代表签约仪式。韶关市政府聘请考察团28名青年科学家为韶关智库专家，并现场颁发证书。

（撰稿人：刘泽周）

广西壮族自治区科学技术协会

服务经济社会发展 2017年，自治区科协被确定为广西特色新型智库联盟理事单位（2017—2020），自治区科协组建的广西科技创新智库入选广西特色新型智库重点智库（2017—2020）。对11项重大课题进行立项并开展研究，资助青年科技工作者开展61项课题研究。全年向自治区党委、政府和中国科协报送《科技创新智库成果专报》7期、《广西科技工作者建议》5期，向自治区政协提交提案6篇。其中，《优化广西科技人才创新创业环境的建议》等5篇研究成果分别获得自治区党委副书记孙大伟、自治区副主席黄日波批示；《加大新型职业农民培育力度，推进我区乡村振兴战略实施的建议》获得自治区党委副书记孙大伟批示，该专报和批示已被印送自治区农业厅落实，并纳入自治区党委督查室督查督办。联合自治区工业和信息化委员会组织编制《广西石墨烯产业规划报告》。编辑出版《政策建议研究类调研报告（第二辑）》。

推动建立企业院士专家工作站14家。推荐南宁市入选中国科协创新驱动助力工程试点市。中国科协创新驱动助力工程试点市北海市新建企业（园区）科协5家、专家工作站3家，开展技术攻关16项，为全市有关企业解决技术难题18项。全年围绕“互联网+”、知识产权、创新方法等主题开展巡讲、讲座23场，累计服务企业1000多家，培训企业专利应用工程师约2000人。组织广西柳工机械股份有限公司、广西南南铝加工有限公司、广西玉柴机器股份有限公司的工程师、技术人员参加3期TRIZ理论创新方法导入企业培训，参加人员150余人。组织广西南南铝加工有限公司、广西柳工机械股份有限公司参加第二届全国企业创新方法大赛并获一等奖。推动24个学会承接103项政府转移职能。

开展科技助力精准扶贫工程，在28个国家级贫困县建设28个基层农技协，建立自治区科协科技助力精准扶贫专家团，专家团成员246名，联系建档立卡扶贫户3158户。实施“全国基层科普行动计划”，将中央财政奖补资金主要投向贫困县（区），培育提升基层农村专业技术协会270个，发展扶贫产业科普示范基地30个，建设科普示范村26个，建设科普示范社区25个，创建科普示范学校25所。实施“广西科普惠农兴村计划”，将50%以上的自治区奖补资金投向贫困地区，对23个农村专业技术协会、29个农村科普示范基地、22名农村科普带头人进行表彰奖励。选派3人到百色市平果县马头镇塘莲村、古念村和果化镇巴龙村任贫困村党组织第一书记。直接投入资金用于定点扶贫工作，实施帮扶项目29个；引进各类资金，帮扶项目24个；帮助建档立卡贫困人口1140人实现脱贫。举办2017广西“科普惠农兴村计划”成果交流活动，设立“惠农电商汇”专区，展示各市科普惠农电子商务平台。

实施“五个一”农村适用技术培训工程，自治区各级科协和农技协、科普示范基地、科普惠农服务站共培训基层农村干部群众超过15万人次。举办自治区基层农技协领办人培训班暨农村电商现场会，近200名基层农技协领办人参加培训。

《科学素质纲要》实施及科普信息化建设工作 开展全国科技活动周、全国防灾减灾日、全国食品安全周广西主场活动，以及广西科技活动周、广西“十月科普大行动”等各类主题科普活动。2017年全国科普日暨广西“十月科普大行动”活动联合开展科普活动300多项，参与活动和受益群众人数达500万人次。开展“科普中国·绿色核能”主题科普知识竞赛有奖问答活动，参与活动人数超过30万人次，在南宁市地铁1号线进行为期30天的“绿色核能”科普宣传。通过“广西食药监管”公众号开展抗谣挑战赛微信答题活动。开展“科普进党校”活动，将《新科技知识干部读本》《公务员科学素质读本》等科普书籍和读物作为党校教学的必读或者辅助书目。参加广西“乡土情深”文化科技卫生“三下乡”活动，向龙州县科协捐赠科普图书和项目资金，现场向群众发放农业种养科普图书、报刊2000余份，通过发放奖品引导群众关注科普中国和“科普广西”微信公众号，推广科普信息。编印科普挂图《身边被误解的科学》2000套（3.6万张），赠予科普示范社区进行张贴宣传。向自治区党委、政府、人大、政协主要领导赠送《新科技知识干部读本》320套，提升领导干部和公务员的科学素质。自治区科协组织科普大篷车深入16个市县（区）、15所中小学、1个军营开展“月月行”科普宣传活动，全年行驶里程7516千米，开展活动21次，服务群众2.9万余人次，发放各类科普资料1.3万余份。全自治区共有科普大篷车45辆。

广西科技馆全年参观人数达121万人次，常设科普展厅全年接待观众超过80万人次；全年举办或承接学术交流活动250多场次，接待参会人数1.5万人次。推动中国流动科技馆在西林县、河池市宜州区等33个县（市、区）进行巡展，受众人数超过120万人次，实现县（市、区）巡展全覆盖。举办350个培训班及活动，参加人员达1.4万人次。青少年科学工作室全年开展活动400场次，免费接待学生约2.5万人次。组织开展广西青少年科学节、青少年科技创新大赛、青少年机器人竞赛、中小学生发明创造成果展等系列品牌活动，参加青少年科学节和青少年科技创新活动人数均超过100万人次。

创建广西科普示范社区10个，总数达到97个。共有全国科普教育基地24个、自治区级科普教育基地144个。确定58个社区建设科普中国e站。

学术交流 举办第六届广西学术月活动，开展学术交流活动250余场次，邀请院士作大会报告30余人次。全年开展学术交流活动超过1000场次。牵头举办第七届中国－东盟工程项目合作与发展论坛、2017中国－东盟防灾减灾与可持续发展论坛、第14届中国－东盟博览会先进技术展3个高层次学术交流活动。举办第二届大健康与精准养生论坛、智汇创业·创新共赢——2017年智慧产业·创新创业专家论坛、科技进步助推糖业“二次创业”研讨会、2017年中国（广西）石墨烯创新成果交流展示会等主要学术会议。

加强与海外尤其是东盟各国科技社团联系，年内派出3批19人的科技交流团分赴美国、加拿大、新加坡、缅甸、柬埔寨等国开展科技交流。

服务科技工作者 开展中国工程院院士候选人、首届全国创新争先奖候选人及候选团队、第十二届中国科协求是杰出青年成果转化奖、第十四届中国青年女科学家奖等奖项候选人推选工作。广西农业科学院研究员白先进获得“全国创新争先奖状”。开展第十四届广西青年科技奖评选和第十五届中国青年科技奖推荐工作，评出30名广西青年科技奖获得者，推荐15名中国青年科技奖候选人上报中国科协。

建立桂籍科技人才信息管理系统，开展桂籍科学家和科技专家信息收集工作，建立桂籍科技专家数据库，入库专家9546人。在美国斯坦福大学成立“桂籍海外科技专家联谊会”，已有20多名海外学者加入。制定并印发《广西科协干部联系服务科技工作者制度》。

建有全国科技工作者状况调查站点16个、省级科技工作者状况调查站点79个、市级科技工作者状况调查站点46个。编发站点信息摘报37期，3期摘报被中国科协采用。依托调查站点立项开展“广西科技工作者对创新驱动发展政策的评价分析研究”调查研究课题，发放电子问卷3000份，回收率达99.8%。

开展首个全国科技工作者日庆祝活动。全年宣传优秀科技工作者100余人次。在《科技日报》《广西日报》和网易等媒体宣传科技人物10余人次。开展“八桂情，科技梦”科技人物宣传评选活动，共收到作品140余件，评选出33件优秀作品、8个优秀组织单位。

组织41所高校师生、科技工作者集中收看全国科学道德和学风建设宣讲教育报告会，观看人数超过1万人。

自身建设 2月13日，自治区科协七届六次全委（扩大）会议在南宁市召开。自治区党委副书记侯建国出席会议并讲话。自治区副主席黄日波主持会议，自治区科协主席、中国工程院院士郑皆连作工作报告。自治区科协党组书记、副主席纳翔传达了中央书记处关于科协工作的指示精神、自治区党委领导关于科协工作的指示精神、中国科协九届二次全委会议精神和2017年地方科协工作座谈会精神。4月19日，自治区科协七届六次常委会议、七届七次全委会议在南宁市召开。根据自治区党委的提名及《中国科协章程》的有关规定，经自治区科协七届六次常委会议决定、自治区科协七届七次全委会议批准，自治区政协常委、广西大学原校长赵艳林任自治区科协第七届委员会主席，郑皆连不再担任自治区科协第七届委员会主席职务。

修订《学会组织通则》《团体会员管理办法》和《学会组织管理报备工作办理指南》并发布实施。成立自治区科协科技社团党委和纪委，学会理事会层面党员数量达4371人；成立101个“党的工作小组”，学会党组织覆盖率达88%。学会秘书处专职人员中党员91人，成立支部4个。2017年新增农技协146个，总数达4000多个。

制定自治区科协机关新的“三定”方案；整合小博士报社、南方科技报社、家庭医药杂志社资源，撤并成立广西科普传播中心。全自治区14个设区市、99个县市区科协深化改革实施方案印发，8个县市区科协改革方案进入印发程序，形成了系统推进改革的格局。贺州市科协入选中国科协2017年地方科协深化改革工作试点单位。贺州市科协改革实施方案中提出了建立人大代表、政协委员督查视察全民科学素质工作制度、设立“贺州市青少年科技创新市长奖”、实施基层组织科协“四个全覆盖”等措施，明确人均科普经费标准并列入财政预算，建立了科协经费投入增长机制。柳州市科协通过改革落实城区科协组织独立建制问题。桂林市科协通过改革推进桂林现代科技场馆体系建设。贵港市科协、钦州市科协经过深化改革，进一步提高科协领导机构中基层科技工作者代表比例。梧州市科协通过改革切实加强科协基层组织建设，实现了乡镇科协、街道科协、社区科协全覆盖。来宾市科协以改革为契机，争取设立了市科协党组，市科技馆建设列入来宾市政府工作议事日程。

地市县及科协基层组织 广西壮族自治区共有地级市科协 14 个、县（市、区）科协 111 个、街道（社区）科协 279 个、乡镇科协 704 个。

南宁市科协承办第四届南宁市海外高层次人才（“千人计划”专家）与项目对接会，来自美国、加拿大、德国等国家的 43 名海外高层次人才携 46 个项目与南宁市 90 多家企业进行交流洽谈。柳州市科协配合自治区科协在鹿寨县举办 2017 年中国（广西）石墨烯成果交流展示会，国内外 15 个石墨烯创新创业项目参加交流展示并进行现场路演，石墨烯领域的专家、学者和企业家 200 余人参加会议。桂林市科协加强基层科协组织建设，2017 年新建园区科协 4 家、企业科协 10 家、农技协 30 家，成立研究院 2 个，桂林科技馆建设项目被纳入桂林城市规划展示馆项目共同建设。河池市科协实施“巴马瑶族自治县农业技术培训”等项目，以项目带动脱贫致富。梧州市、南宁市、来宾市科协积极组织青少年参加全国性科技竞赛并获得多个奖项。崇左市科协组织 100 名贫困小学生开展暑期科普公益夏令营活动。防城港市科协争取市级财政资金支持，筹建青少年科学工作室。

省级学会、企业科协、高校科协 截至 2017 年年底，广西共有自治区级学会（协会、研究会）115 个、企业科协 260 个（新增 57 个）、高校科协 35 个（新增 2 个）、园区科协 27 个（新增 12 个）。

广西水产学会推荐广西海世通食品股份有限公司获评首批中国水产科技创新示范基地，促进“广西主席院士顾问工作站”在广西水产科学研究院落户，通过院士顾问工作站的建立，推动自治区水产产业特别是稻田综合种养业的健康可持续发展。广西轻工协会与南宁糖业股份有限公司、广西农垦糖业集团良圻制糖有限公司建立会企合作基地，2017 年新增 2 项会企协作创业项目。

广西电子学会、广西甘蔗学会、广西民族医药协会、广西自然科学博物馆协会等学会承办多项国内高端学术交流活动。广西制糖学会、广西轻工协会等学会承办广西国际糖业技术设备交流展示会、第 14 届中国－东盟博览会轻工展等展览。

【广西庆祝全国科技工作者日活动】 5 月 30 日是我国首个全国科技工作者日，自治区科协围绕“精忠报国、敢为人先、求真诚信、拼搏奉献”的主题开展了一系列纪念和庆祝活动，宣传自治区广大科技工作者的优良品质和精神风采。

利用手机平台向自治区 2100 万手机用户发送全国科技工作者日公益短信。利用微信公众号、手机 APP 等开展“点赞科技人”“科普达人赛”等活动，累计参与活动人数 5 万余人次。依托广西南宁市地铁一号线，打造“八桂情 · 科技梦”地铁专列主题宣传活动，主题宣传包括科技英才风采展、科技人物画册首发、科学启示录、我的科技梦等内容，活动展示历时 20 多天，受众约 150 万人次。依托广西科技馆和科普大篷车，开展八桂科技英才风采展。依托《科技日报》《广西日报》《南方科技报》和广西电视台等媒体以及科协所属网站、微信公众号、科普 e 站、162 个社区 LED 科普信息屏等，推进“八桂情 · 科技梦”优秀科技人物推选宣传和“创新争先科技星”宣传。

自治区各级党委、政府领导以及科协、科技厅领导率队深入各地高等院校、科研院所、科技园区、医疗机构、农村基层等地走访慰问优秀科技工作者代表，把党和政府对科技工作者的关心、重视和节日问候传递给科技工作者。举办广西庆祝首个全国科技工作者日座谈会，自治区副主席黄日波出席会议，50 多名科技工作者参加座谈交流。

先后举办城市科普行、百名专家进百村（社区）、粉碎谣言 · 科普达人挑战赛、“科学之夜”、创新方法巡讲等活动，组织引导广大科技工作者投身科技创新、社会服务。启动 2017 年学术活动月活动，为科技工作者搭建学术交流平台，促进学科发展和科技人才成长。

【第七届中国－东盟工程项目合作与发展论坛】 9 月 12 日，第七届中国－东盟工程项目合作与发展论坛暨第四届网络信息安全研讨会在南宁市开幕。自治区副主席黄日波、自治区科协主席赵艳林等出席论坛开幕式。来自中国、缅甸、泰国、越南、印度尼西亚等国家和地区的专家、学者 300 余人出席论坛。

论坛以“工业控制与信息安全”为主题，内容包括中国和东盟国家工业控制信息安全政策、法规、标准、规范，国内外工控安全现状和形势研判，工业控制信息安全技术和防护系统建设，工业控制系统安全漏洞分析与检查，工业控制系统安全评测及标准，工业控制系统安全技术解决方案及实际应用案例等。中国保密协会会长杜虹，缅甸工程委员会主席、缅甸海事大学荣誉校长、英国皇家海军建筑学会缅甸分会主席 Charlie Than，中国人民大学教授石文昌等 18 名专家、学者作专题报告，共同探讨工业控制领域的信息安全问题并提出对策建议。

（撰稿人：陈　磊　陈启浩）

海南省科学技术协会

服务社会经济发展　举办 2017 海南大众创业万众创新活动周系列活动，联合有关单位举办主旨论坛、科技沙龙等活动，邀请多位创新创业领军人物结合各自创业就业亲身经历，分享创新创业的心路历程和新时代大趋势新视野，为创业者出谋划策。

制定《科技助力精准扶贫工程实施方案》，成立海南省科技助力精准扶贫工程领导小组，10 个项目入选中国科协“科技助力精准扶贫工程”科技服务需求项目并获资助，配合中国科协做好扶贫督查工作。

实施创新驱动助力工程项目，支持 3 个学会建立科技服务站，支持会企协作创新项目 3 个。海南科技成果转化交易网（www.hnkjzh.com）上线运行，作为科技成果转化服务的资源整合与线上信息展示窗口，实现了科技成果资源及企业技术项目需求的数据共享。举办创新论坛、研讨沙龙、成果推介会等活动 21 次，1000 多人次科技创新人才参加活动。

实施中国科协“海外智力为国服务行动计划”，省科协与省工业和信息化厅积极筹备联合设立中国科协（海南）海外人才离岸创新创业基地，打造“海智计划”2.0 版本。2017 年，新建三亚中科遥感研究所海智工作站、海南大学海智工作站、三亚市南繁科学技术研究院海智工作站 3 个海智工作站；建立海南省英国海外高层次人才联络站、海南省欧洲海外高层次人才联络站和海南省日本（东京）海外高层次人才联络站 3 个海南省海外高层次人才联络站。

《科学素质纲要》实施及科普信息化建设工作　2017 年全国科普日期间，海南省各级科协组织、高校科研院所、科普教育基地等机构举办较大规模的科普活动 15 场次、科技成果展示 102 项、互动体验项目 75 项、现场咨询 150 项，举办青少年科普表演 23 场次，5 家科普教育基地参与免费开放活动，举办科普报告会 200 场次，组织开展农业技术培训 58 场，参与科普日活动的群众共计 30 万人次。

举办青少年科技创新大赛、青少年机器人竞赛、青少年“科普小先生”演讲比赛、“七巧科技”竞赛、奥秘万千·海南省青少年科普知识大赛等青少年科技教育活动。举办青少年太空种子种植活动，开展以“我爱绿色生活”为主题的 2017 年海南省青少年科学调查体验活动，选拔 80 名在校高中生和 8 名带队老师参加全国青少年高校科学营活动。

实施“基层科普服务能力建设”项目，投入资金支持海南省级农村科普示范基地 10 个、农技协能力提升项目 13 个，建立农技协 6 个、科普示范社区 7 个、科普示范村 9 个、科普示范学校 21 个，并进行项目跟踪服务、评估和资金核查。

协调有关各方共同推进海南科技馆项目建设，完成项目选址、用地预审、可行性研究报告编制、评审和报批以及征地补偿等工作。10 月，省发展改革委批复同意海南科技馆项目可行性研究报告，同意海南科技馆项目建设地点建于海口市西海岸长秀片区，总用地面积 4 万平方米，总建筑面积 34957 平方米。协调省教育厅、乐东县科协及省青少年活动中心推动流动科技馆巡展工作，2017 年首批巡展在乐东县和文昌市举办，受益学生和居民约 5 万人次。完成对 14 家申报科普教育基地的调研和评估，其中 8 家被评为优秀、2 家被评为良好。

在海南广播电视总台综合频道继续推出《科普 1 分钟》栏目，对栏目进行改进提升，全年累计播出 365 期。推广“科普海南”微信公众号，每日推送权威科普知识，同时将《科普 1 分钟》的节目内容发布在公众号上，形成电视网络联动机制。

实施科普中国百千万行动计划，出台《海南省关于组织 2017 年科普中国百城千校万村行动实施方案》。开展科普 e 站建设，多渠道筹措资金，在 4 个市县进行试点建设，加快项目落地应用。

学术交流　省科协全年共开展学术交流项目 30 项。通过省科协学术交流项目，带动全省学会学术活动开展，省科协团体会员共开展学术交流活动 70 余项，参加人数约 5000 人次，提交论文 400 余篇。

服务科技工作者　实施海南省科协青年科技英才创新计划项目，完善项目管理办法，立足科协自身职能和特色，注重发挥学会作为科学共同体在学术评价和人才培养方面的独特作用，探索新的青年科技人才选拔机制、培养模式及评价标准，支持优秀青年科技人才在15个科研项目中开展探索性、创新性的科学技术研究工作。

制定《2017年海南省全国科技工作者日活动方案》，与省科技厅联合印发通知，发动各市（县）科协、科技局及各省级学会和企业科协结合各自实际开展各种形式的活动。召开海南省全国科技工作者日座谈会，34位科技工作者围绕“建设美好新海南·科技工作者的担当”主题展开研讨，提出建议意见。在海南电视台播出海南省全国科技工作者日宣传片和访谈节目。

省科协联合省人力资源和社会保障厅、科技厅、国资委共同开展海南省全国创新争先奖推荐工作。推荐奖章候选人4名、奖状候选人8名、奖牌候选团队2个。首次开展海南省中国工程院院士候选人推荐工作。

在承担中级和初级专业技术资格评定的基础上，省人力资源和社会保障厅授权省科协对自然科学研究系列副高级专业技术资格进行评定。省科协充分发挥科协组织在科技人才评价方面的独特优势，修改了职称外语和计算机能力考试的有关要求，积极做好自然科学研究系列职称评审工作；完成56人的专业技术资格认定和61人的专业技术资格评审。

组织50名优秀科技人员在浙江大学举办首期科技人员创新能力提升培训班。

海南省5个国家级调查站点（含国家与省级共建）完成中国科协创新发展战略研究院下达的临时问卷调查任务3次，提交有效答卷1258份。截至12月5日，共上报站点信息25篇，其中1篇被《站点信息》录用。

落实省委省政府《关于充分发挥“候鸟型”人才作用的意见》精神，深入“候鸟”人群聚集社区，了解本地“候鸟”人才信息，争取专项经费，支持到海南省休闲度假、过冬疗养的“候鸟”人才发挥作用。

与海南广播电视总台合作拍摄、录制26期“最美科技人”专题电视节目，并在海南电视台综合频道播出，广泛宣传海南省优秀科技工作者的感人事迹和突出成就。

自身建设 11月8日，省科协召开第五届委员会第六次全体会议，专题学习宣传贯彻党的十九大精神。省科协第五届委员会委员以及非委员的市县科协主席、省级学会理事长和秘书长、中国科协“九大”（海南）代表、优秀科技工作者、省科协机关和直属单位干部职工共120余人参加会议。会议邀请党的十九大精神海南省委宣讲专家作党的十九大精神专题报告，主要从党的十九大基本情况、党的十九大报告的要点、党的十九大报告的亮点、海南省委贯彻落实党的十九大精神的要求四个方面解读党的十九大精神。

省科协党组成员到省科协机关、直属单位、学会、重点扶贫村宣讲党的十九大精神，使广大科协工作者和科技工作者深刻领会习近平新时代中国特色社会主义思想的历史地位和丰富内涵。

开展“学习习近平总书记视察海南讲话精神　建设美好新海南大研讨大行动”活动。坚持“两学一做”学习教育活动制度化常态化，开展形式多样的廉政教育活动。省科协党组书记与机关各部室、直属单位主要负责人签署了《海南省科协党风廉政建设和反腐败工作责任状》，共同监督执行，落实“一岗双责”全员覆盖。建立党风廉政风险防控体系，完善直属单位财务管理制度、拨付市县项目经费的跟踪管理和绩效评估制度等管理制度。通过党性教育和轮岗挂职锻炼，提高干部的政治素质和业务能力。加强与市县党政领导及市县党委组织部门的沟通、协调，指导市县科协作好换届工作。

印发《海南省科协关于实行团体会员制的通知》，要求凡加入省科协成为团体会员的学会必须在组织机构、提供服务、开展活动、加强党建尤其治理结构和治理机制方面符合现代科技社团的要求。修订《海南省科协学会组织通则》，实施优胜劣汰的学会动态调整机制，目前海南省科协团体会员98家，不合格的学会要求限期整改。通过团体会员制，规范学会的建设、管理和运行，推动学会向现代科技社团转变。

制定《海南省科协星级学会评估管理办法》和《海南省科协星级学会评估标准》，评选产生11家星级学会，其中，五星级学会2家、四星级学会5家、三星级学会4家。给予四星级以上的学会相应金额的经费支持。

制定《海南省科协省级学会党建工作方案》，把学会的党建工作作为加强社会组织建设、延伸公共服务、密切党群干群关系举措，实现党建工作在省级学会的全覆盖。加强对下属事业单位的领导和管理。推动海南省高校科协筹建工作，规范高校科协组织建设，发挥高校科协的职能作用。

起草《海南省科协系统深化改革实施方案》送审

稿并报送海南省委深化改革办公室。海南省万宁市科协被中国科协确定为地方科协深化改革试点单位。10月，万宁市委办公室印发《万宁市科协深化改革试点工作方案》。

（撰稿人：陈　理）

重庆市科学技术协会

服务经济社会发展　“一带一路”与长江经济带协同创新研究中心被确定为全国科协系统和重庆市重点智库。注册成立重庆两江科技创新战略研究院作为中心法人载体，配备专兼职研究团队和运营团队。完成中国科协委托的对武汉东湖新技术开发区“双创”示范基地建设和政策措施落实情况的第三方评估。完成“马克思主义科技观进中小学教材研究”“‘一带一路’与长江经济带协同创新机制研究”等课题。申报并承担中国科协2017年度重大调研课题“三型”科协组织课题建设研究，研究成果《大力推动“三型”科协组织建设》在《光明日报》发表。向市委市政府和中国科协报送《科技工作者建议》16篇，其中7篇获得市领导或中国科协领导批示、3篇被市政府办公厅《专报信息》采用、4篇被列为市政协提案。向中国科协报送《老科技工作者“传帮带”作用发挥受限》等科技工作者状况信息72篇。举办第二届科协改革研讨会，形成研讨成果《科协服务纵横谈》并正式出版。

永川区、九龙坡区等9个示范区与64个全国及市级学会建立合作关系，与295名院士专家进行对接，开展决策咨询活动143次，签订合作协议42项，落地项目28项，为企业解决科技需求71项，建立学会服务站14家。举办中国工程院“医药院士重庆行”、第十三届中国科技期刊发展论坛、重庆市科协年会、院士专家走进区县、学会专家走基层等活动。推进科技信息推广应用服务工作，开展高校科技资源精准对接区县企业活动和“一线创新工程师”培训，促进企业科技创新和科技成果转化。

新建15家市级院士专家工作站，62家院士专家工作站共柔性引进院士112名、专家308名，培养人才2870名，开展合作项目336项，解决企业技术难题396项，实现科技成果转化178项，实现直接经济效益11.6亿元、间接经济效益24.1亿元。其中，2家院士专家工作站被中国科协评为示范院士专家工作站。新建海智工作站8家，21家海智工作站引进海外高层次人才202人，开展项目合作研究39项。参与举办第三届重庆国际人才创新创业洽谈会，引进海外科技人才20名，31个项目落地。依托重庆科技学院“众创空间”，创建全市科技工作者“众创之家”，入驻创客团队55个，举办活动180余场，获得专利62项，市科协种子基金投放10个项目。在重庆市科技服务云平台上打造市科协专版，重点展示院士专家工作站、海智工作站、50家标兵示范特色学会创新资源和专家简介等内容，促进供需对接和技术创新。

与市农委、市扶贫办联合实施科技助力精准扶贫工程，组织346个科技组织3000多名专家与贫困区县村户结对帮扶，开展工作对接800余次，签订帮扶协议148份，覆盖14个贫困区县493个贫困村。14个区县科协与山东省28个市（区、县）科协、浙江省宁波市科协结成对子，整合资源，借力脱贫。整合资金1000万元，在18个深度贫困乡镇实施“六个一”工程助力脱贫攻坚，即支持建设一个共享科技馆、建设一批乡村科普e站、扶持一个科普示范基地、建设一支科技服务团、建设一个农技协联合会、帮扶一批贫困学生。投入80万元支援西藏自治区昌都市建设科普设施，举办1期农牧民科技人员培训。

《科学素质纲要》实施及科普信息化建设工作　编辑出版《公民科学素质问答与测试》，免费向市民发放1.5万册。建立公民科学素质调查和发布制度，委托中国科普研究所开展公民科学素质调查，2017年重庆市公民具备科学素质的比例达到7.5%，比2015年上升2.76个百分点，居西部地区前茅。

组织实施基层科普行动计划，28个农技协、10个农村科普示范基地、40个社区和10名个人获奖补资金1235万元。评选表彰重庆市首批“十强农村专业技术协会”和“十佳农村科普示范基地”。发行《科普惠农》杂志24期24万册。在全市开设社区科普大学教学点450个，培训学员35万多人次。积极探索科技馆和图书馆的“馆馆结合”工作，分别在九龙坡区和渝北区图书馆建成两个“共享科技馆”，占地400余平方米，展品50余件。课堂内外公司打造全国首个青少年科学营地，探索青少年科普教育新路。组织开展全国科普日、防灾减灾日等主题科普宣传活动300余场次。会同市文明办组织开展“最美科普志愿者”评选活动，20名科普志愿者受到表彰。深入8个区县70余所中小学开展“科普大篷车渝州行”活动，受益师生近20万人。组团参加第32届全国青少年科技创新大赛、第17届中国青少年机器人竞赛、第17届“明天小小科学家奖励活动”等全国性青少年赛事活动，共获得一等奖12项、二等奖48项、三等奖33项。组织开展第11届重庆市青少年科技创新市长奖评选工作。课堂内外公司举办全国中小学生创新作文大赛、青少年科学素养大赛等赛事和全国青少年“五好小公民”主题教育读书活动，参与学生超过5000万人次。

推进科普信息化建设。联合市文化委通过购买社会服务的方式，投资1600万元建设“科普文化重庆云”平台，在全市社区、学校、乡村公共文化服务中心、科普教育基地以及深度贫困乡镇村社等场所部署1800台终端，推动科普中国e站落地应用，实施科普文化信息化资源系统集成与精准推送服务。改版重庆市社区科普大学公共服务平台，开通中国知网网络科普书屋3921个，点击量275万余次。与重庆晨报合办上游新闻科普频道，在《重庆科技报》开设科普专栏，发稿量达2600余篇。

学术交流 支持市级学会承办2017年全国植物生物学大会、首届兵器工程大会、2017全国口腔生物医学学术年会等国内学术会议400余次，对29项重点学术交流项目给予经费资助。举办2017中美能源高峰论坛、首届中国－新加坡前沿科技创新大会暨中－新青年学者论坛、2017海峡两岸暨港澳智能物流协同创新论坛等高端国际学术会议14场，邀请海外专家来渝举办培训、报告会、讲座82场次。遴选优秀博士生、硕士生赴我国台湾地区参加第八届海峡两岸青年学子科技交流活动。

服务科技工作者 召开重庆市创新争先行动经验交流会，支持30个创新争先行动项目。召开全国科技工作者日座谈会，全市各级科协组织开展活动420余场次，表彰奖励宣传优秀科技工作者1600余人次。承办2017年“共和国的脊梁——科学大师名校宣传工程”汇演、科学道德和学风建设宣讲教育等活动。

与市科委联合实施“2017年院士牵头科技创新引导专项”项目，对25个项目给予经费支持。蒋兴良、刘汉龙、卞修武3名优秀科技工作者获得全国首届创新争先奖状，重庆市中医药学会等5个集体、彭水苗族土家族自治县科协副主席王贵兰等11名个人荣获全国科协系统先进集体、先进个人。建设高层次人才库，着力培养院士后备人才，首批30人入库。实施科技新星培育工程，首批遴选在读优秀博士生23名，每人资助5万元。开展重庆市十佳科技青年奖评选，表彰优秀青年科技工作者20名。完成2017年自然科学优秀学术论文评选，62篇优秀学术论文获奖。

完善机关干部联系服务基层科协组织、科技工作者制度，机关干部直接联系服务科技工作者320余人次。

自身建设 选树扶持50家先进学会，清理“僵尸”学会5个，7个学会受到黄牌警告。牵头起草并由市委办公厅、市政府办公厅印发《关于市科协所属学会承接政府转移职能或委托工作实施意见》，学会承接政府转移职能工作步入常态化。乡镇（街道）、园区科协组织覆盖率及科技工作者服务知晓率、满意度被纳入市委对区县党建考核指标。永川、石柱两区县被中国科协确定为2017年地方科协深化改革工作试点单位。

出台《关于进一步加强直属企业领导班子建设的意见》《直属企业负责人经营业绩考核办法（试行）》等制度。《重庆科技报》正式出版发行，同步上线重庆科技创新网，实行“报网一体化”运行，填补重庆市科技领域专业性报网的空白。

区县及科协基层组织 截至2017年年底，重庆市有区县（自治县）科协38个、经开区科协1个、乡镇（街道）科协940多个。

黔江区科协牵头组织渝鄂湘黔四省（市）边区民族科普工作研讨会，就民族地区旅游发展、民族科普工作等开展学术交流。彭水县科协组织300多位专家利用院坝、田间地头开展技术培训180余场次，受益贫困户2774户10000余人。永川区科协建成358人的科技创新专家库，形成《全国中等职业学校教师状况调查》等72篇调研报告供党委政府科学决策参考，荣获2017年度“全国科协系统先进集体”。巴南区科协开展“互联网+科普”行动，建设科普网络书屋235个，实现全区村（社区）全覆盖。北碚区科协组织开展青少年科技创新大赛、模型大赛、无线电测向等活动30余次，青少年科技教育渐成品牌。石柱县科协组织院士专家走进石柱等活动10余次，3名院士专家与县政府签订《科技顾问协议》，长江大学、中华中药学会、中国农业大学规划设计院、中国环境科学院与县政府签订《科技合作协议》。长寿区科协深入开展科普惠农兴村行动计划，培育各类农村专业技术协会16个、农村科普示范基地21个。渝北区科协打造悦来街道文化服务中心航天科技馆、长空路科普体验馆和双凤桥街道桃源社区科普广场等。酉阳县科协建设农民田间学校、农民夜校、科普学校等17所，开展农村实用技术培训250余场次，为73000多名农民掌握种植养殖加工等技术提供帮助。巫溪县科协在县电视台开设《科普大篷车》专题栏目，在《巫溪报》设置科普宣传栏目，支持创作的科普电视剧《深山奇洞》和《西流溪之谜》在中央电视台十频道地理中国播放。九龙坡区科协以获批国家级创新驱动助力工程示范区为契机，建立与中国电子学会等全国学会的合作关系。

市级学会、企业科协、高校科协　截至2017年年底，重庆共有市级学会161个。市科协直接批复成立的企事业科协251家，其中企业科协160家、高校科协22家、中学科协5家、科研院所科协12家、园区科协32家、商会科协工作联络站20家。

重庆市中医药学会个人会员从2012年的2000余人发展到2017年的3000余人，专业委员会从26个发到40个，新发展团体会员57个，荣获2017年度“全国科协系统先进集体标兵”荣誉称号。

重庆市工程师协会承接非公企业工程技术人员专业技术资格评定工作，累计为近800家非公企业工程技术人员评审发放职业证书5077人、换发职称证书1084人。

重庆机器人学会牵头或参与成立重庆机器人产业学术技术委员会、重庆市机器人及智能制造产业技术创新战略联盟，建成工业机器人控制系统、伺服驱动、功能部件及整机测试4大测试平台和国内首个机器人体验馆（重庆机器人世界）。

西南铝业（集团）有限责任公司科协围绕科技工作者状况、科技创新情况开展调查工作，调查12个单位100余名科技工作者，完成3个调查报告报送中国科协。

【重庆市科学技术协会第五次代表大会】12月13—15日，重庆市科学技术协会第五次代表大会召开。重庆市委书记陈敏尔，中国科协党组书记、常务副主席、书记处第一书记怀进鹏，时任重庆市委副书记、市长张国清，市人大常委会主任张轩，市政协主席徐松南，时任市委副书记唐良智等出席开幕会。怀进鹏、唐良智在开幕会上讲话。来自全市科技战线的650余名代表出席会议。

重庆市科协党组书记、常务副主席王合清代表市科协第四届委员会向大会作工作报告。市妇联党组书记、主席丁中平代表人民团体致祝词。

大会审议通过了《重庆市科学技术协会第四届委员会工作报告》《重庆市科学技术协会实施〈中国科学技术协会章程〉细则》和《重庆市科学技术协会关于学习贯彻党的十九大精神争做新时代创新先锋的决定》，选举产生了新一届领导机构。潘复生当选重庆市科协第五届委员会主席。

【医药院士重庆行】7月17—19日，由中国工程院党组书记李晓红、副院长樊代明带队，以中国工程院院士王正国为学术召集人的17名医药院士专家走进重庆，为重庆医药产业发展把脉问诊。重庆市委副书记唐良智会见了院士专家一行。他希望各位院士专家把重庆市作为观察的窗口、研究的样本，围绕一个专业领域甚至一个重点项目聚集人才，多为重庆的产业转型升级出谋划策。

本次活动以“服务创新驱动发展、加快建成千亿级医药支柱产业”为主题，开展现场指导、专家报告、座谈交流等活动7场次，院士专家就医药产业规划、发展方向、发展重点和人才引进培养等方面提出意见建议30余条。

【重庆市科协年会暨“智汇永川”系列活动】6月22日，重庆市科协年会暨“智汇永川”系列活动在永川区举行。年会主题为“创新驱动与经济发展”，通过主题报告、专题论坛、科技竞赛、决策咨询等系列活动，围绕永川区“一主两副三区”建设和发展环保旅游、做强茶竹特色、集聚高端人才、培育龙头企业等建言献策。

重庆市人大常委会副主任沈金强，中国工程院院士倪光南，中国科学院院士都有为，美国医学与生物工程院院士李长明、宋国立，俄罗斯亚太材料科学院院士金重勋，中国科协、重庆市科协、永川区有关领导，以及来自市内外的1000余名科技工作者参加了有关活动。

启动仪式上，倪光南、都有为分别作特邀报告《融合创新成为中国信息产业发展的核心动力》和《创新是社会发展的动力》。中国茶叶学会、中国兵工学会分别与永川区达成了《共同建设“中国名茶之乡”合作协议》和《创新驱动助力工程合作框架协议》。

本次年会设置了茶叶产业发展、智能与新能源汽车关键技术创新发展、智慧城市建设、光电信息功能材料发展、天然气综合利用与创新等专题论坛，并形成了《决策咨询报告集》。年会期间还举办了2017年明日之星智汇工业设计大赛。

（撰稿人：代儒彪）

四川省科学技术协会

服务经济社会发展 省科协加强科技智库建设，建立起理科、工科、农科、医科、综合5类共计150人的首席（核心）专家资源库，为省委省政府科学决策提供服务。形成《用标准铸就品质　让安全重回餐桌》《推进郫县豆瓣产业升级发展的思考和建议》《关于推进四川农业供给侧结构性改革　促进核桃产业优化升级的建议》《2017年四川省公民科学素质状况》和《推进精准扶贫“4+1”扶贫模式》5期智库专报，获得省委省政府领导批示及肯定。

南充市成为全国创新驱动助力工程示范市。加快成都海外人才离岸创新创业基地建设，在德国法兰克福、丹麦哥本哈根、韩国首尔、美国纽约和圣地亚哥建立了5个海外工作站。加强四川省院士（专家）工作站建设，新建省级院士（专家）工作站10个，为企业引进院士（专家）14名，合作开展科技项目16项。省科协被中国科协确定为首批院士（专家）工作站认证建设试点单位，4个工作站被评为2017年全国示范院士专家工作站。

积极参与“双创”活动周，开展温江区科技创新和新经济成果展等6项活动。举办知识产权战略巡讲，开展国际专利信息转化应用试验试点、全国企业创新方法大赛四川分赛区活动。省首届农村乡土人才创新创业大赛共评出金奖10名、银奖20名、铜奖30名、优胜奖和优秀组织奖若干名。

组织实施“千会千村联万户”科技扶贫工程、“六个一百”增智增收工程和“百场万次”科普引领工程，全力推动科技助力精准扶贫。下派挂职干部4名，做好乡城县和布拖县定点帮扶工作。实施“基层科普行动计划”，投入贫困县（市、区）惠农资金1371万元。推广“银会合作”模式，在全省贫困县建立100个扶贫金融服务站，引导金融资本支持农技协发展，全年向全省贫困地区农技协发放小额贷款3883笔、资金6.8亿元，支持贫困地区产业发展。完善“天府农产品交易网”平台，帮助全省3434个农技协拓展销售渠道。探索“4+1”（劳动收入奖励计划、青少年教育促进计划、“借羊还羊”模式、“委托养殖”模式+脱贫攻坚信息化支撑平台）扶贫新模式，在全省贫困地区尤其是45个深度贫困县推广，在乐山市马边县、凉山州布拖县、绵阳市三台县、阿坝州茂县等地已取得实效。开展农村实用技术培训2100余场次，培训40余万人次。

推动学会有序承接政府转移职能，试点学会以授权、委托、购买服务等形式围绕4个领域开展科技公共服务项目140项，其中科技评估118项、科技奖励推荐12项、工程技术领域职业资格认定5项、技术标准研制5项。

《科学素质纲要》实施及科普信息化建设工作 组织召开全省全民科学素质行动计划纲要工作联席（扩大）会议，印发《四川省全民科学素质行动计划纲要实施方案（2016—2020年）》和2017年工作方案。联合省委组织部、省宣传部等9个部门评选表彰“十二五”科学素质纲要工作先进集体，并推荐9个先进集体、12名先进个人获得中国科协等九部门的表彰。会同中国科普研究所、西南财经大学等科研院所、高校开展全省公民科学素质测评工作，对全省各市（州）公民科学素质展开第三方测评，2017年四川省公民具备科学素质的比例为6.9%。

深入开展科普进寺庙、进彝家、进农民夜校的“科普三进”活动，广泛开展防范邪教科普宣传活动，组织开展全国科普日和“科普活动月”等大型主题科普活动，累计开展科普宣传1.4万余次，受众200余万人次。举办“天府科普大讲堂”等讲座3000余场，受众100余万人次。中国流动科技馆巡展实现全省全覆盖，并启动第二轮巡展。举办2017中国科幻大会和第四届中国（成都）国际科幻大会，发布《成都科幻宣言》，签署《中国科幻城战略合作协议》，颁发中国科幻“水滴奖”“未来大师奖”“银河奖”。举办省青少年科技创新大赛、青少年机器人创新实践活动项目竞赛，在第17届中国青少年机器人竞赛中，四川省选手获得9枚金牌、3个总冠军。组织高校学生赴台湾地区参加第十六届海峡两岸大学生辩论赛。

四川科技馆升级改造后开始试运营，改造后的四川科技馆常设展区面积2.5万平方米，共有16个展区360件（项）展品以及4D影院、飞向未来剧场、机器人剧场、生命起源剧场4个特色剧场。

与腾讯公司签署“互联网+科普”战略合作协议，与四川省广电公司签署电视科普节目服务协议，不断加强移动互联网、手机、电视、微博、微信等领域的科普宣传力度。全省开通科普微博、微信等公众号近100个，建成校园科普e站350个、社区科普e站350个、乡村科普e站300个、电子科普宣传栏592个。

组织开展"网络科普文化节"等在线活动，参与群众达230多万人次。

学术交流 支持、推动省级学会和市州科协开展学术交流，举办创新创业沙龙、天府创新论坛等品牌学术交流活动。省级学会举办学术交流会议1173场次，参与人数达21万余人次，征集学术论文4万余篇，编印论文集331部。加强与国际和港澳台地区的科技交流，接待澳大利亚驻华使馆工业、创新与科技参赞邦乔安女士以及科技经理艾伦·麦吉尼斯等一行考察交流。

服务科技工作者 组织开展中国科协第十二届求是杰出青年成果转化奖候选人、2017年中国工程院院士候选人、第十四届中国青年女科学家奖候选人、2017年度未来女科学家计划候选人推荐工作。省科协推荐的赵金洲、刘清友、周学东获得全国创新争先奖。评选表彰四川省青年科技奖50名，完成"四川省学术和技术带头人"初评等工作。组织开展第二十一届求是杰出青年奖等奖项的申报工作。

制定《省科协处级以上领导干部联系基层和服务科技工作者制度》，省科协党组成员和厅级领导干部每人联系服务10名以上科技工作者（含院士专家、一线科技工作者）、5个省级学会、3个企事业科协和3个农村专业技术合作社；处级干部每人联系服务6名以上科技工作者、2个省级学会、2个企事业科协和2个农村专业技术合作社。举办科技工作者日座谈会，看望慰问院士专家和基层一线科技工作者，做好联系中国科协"九大"（四川省）代表的工作。

自身建设 省科协八届十次常委会议审议通过了省科协第九次代表大会相关事项、《四川省科协省级学会年度工作考评办法（修改草案）》和《四川省科协驻会主席办公会议议事决策规则（试行）》（审议稿）等。

12月22日，中共四川省科协系统社会组织委员会成立暨党员大会在成都市召开。会议选举产生了省科协系统社会组织第一届委员会，周之常当选第一届委员会书记。会议明确中共四川省科协系统社会组织委员会主要负责管辖省科协系统主管的全省性社会组织的党组织和党员，并指导开展党建工作。

召开省科协党组会议、中心组扩大会议，学习宣传贯彻党的十九大、省第十一次党代会和省委十一届二次全会、省委经济工作暨金融工作会议精神，举办学习宣传贯彻党的十九大精神读书班暨学会改革与创新主题班、学习贯彻党的十九大精神暨全省科协系统干部培训班、省第十一次党代会精神宣讲会，邀请专家、学者作专题讲座，把中央和省委精神细化到省科协具体工作中。

制定省科协开展"两学一做"学习教育常态化制度化实施方案，将"两学一做"学习教育列入党建工作考核、党支部（党委）书记抓党建工作述职评议的重要内容。省科协党组成员带头讲党课、参加双重组织生活、深入基层调研，增强科协系统干部职工"四个意识"。

推进省科协系统深化改革，改革工作小组建立"每月督查、季度总结、动态调整"的工作机制，每季度开展1次自查或督查，确保工作落实。将《省科协系统深化改革实施方案》提出的改革举措进行分解细化、确定时限、明确责任、抓好落实，全年19项改革任务完成14项，完成率达73%；87条具体举措完成80条，完成率达92%。21个市（州）科协全部出台了改革方案。广元市剑阁县科协和内江市资中县科协改革方案已印发。

推动高校、企业、高新技术园区加强科协组织建设，新建企事业（园区）科协113家。加强省级学会建设，开展省科协主管学会年检初审工作。制定印发省科协党风廉政建设和反腐败工作要点，加强党风廉政和反腐败工作。

地市县及科协基层组织 截至2017年年底，共有省辖市（州）科协21个、县（市、区）科协183个、企事业（园区）科协999个、乡镇（街道）科协3832个、农村专业技术协会8200个，科普志愿者11.9万人。

成都市科协与郫都区人民政府联合举办2017中国·成都"海创杯"海外人才信息技术创新大赛。从美国东西部赛区、欧洲赛区、日韩赛区的60个项目里遴选15个项目进入决赛，经过项目答辩、专家组评审等环节评出一等奖1名、二等奖2名、三等奖4名。

遂宁市科协与遂宁市委宣传部等部门主办以"创新·体验·成长·绿色·智慧·梦想"为主题的第31届遂宁市青少年科技创新大赛，评选出特等奖16项、一等奖76项、二等奖136项、三等奖179项。

德阳市科协被中国科协确定为2017年地方科协深化改革工作地市级试点单位，出台《德阳市科协所属学会有序承接政府转移职能试点工作实施方案》，首批确定11个学会为承接政府转移职能试点单位。

阿坝州科协会同州检察院、州文化广电新闻出版局联合开展"党建走基层、帮扶促发展"主题党日活动，认真学习宣传贯彻党的十九大精神。

省级学会、企业科协、高校科协 截至2017年年底，共有省级学会178个、市级学会887个、县级学会2466个。

省计算机学会举办2017年第二届图像、视觉与计算国际会议。来自中国、美国、加拿大、法国、意大利、澳大利亚、新加坡、泰国、马来西亚、印度等10余个国家的100余名专家、学者就图像处理、通信网络、可视化等问题进行交流。会议论文集被EI核心和Scopus检索。

省土木建筑学会在遂宁市举办川台海绵城市建设与低碳生态学术研讨会。18名来自台湾地区的大学教授以及城市规划和建设领域的专家、学者考察了遂宁海绵城市试点项目建设情况，并为遂宁发展海绵城市建言献策。

省细胞生物学会开展科技助力精准扶贫工作。组织相关专家深入彭州市磁峰镇小石村开展转基因面面观、生物农药的研制与应用、合理膳食与健康人生、猕猴桃节水调质应用推广等科普培训。

【四川省科协深入学习宣传贯彻党的十九大精神】 10月30日—11月3日，省科协学习宣传贯彻党的十九大精神读书班暨学会改革与创新主题班在成都市举办。省级学会理事长（秘书长）、市（州）科协有关负责人和学会部负责人等200人参加培训。

11月7—9日，省科协学习贯彻党的十九大精神暨全省科协系统干部培训班在成都市举办。省科协党组班子成员，各市州科协党组书记、县级科协相关负责人及省科协机关、直属事业单位负责人参加培训。培训班邀请中国科协企业创新服务中心、西南交通大学、四川省委党校、浙江省科协、江苏省科协的专家分别作专题报告《科协如何做好企业创新服务》《领导力与领导艺术》《党的十九大及省十一次党代会精神深度解读》《创新驱动助力工程的实践与探索》《江苏省科协深化改革的模式创新及经验分享》。

11月11日，四川省科技工作者代表学习宣传贯彻党的十九大精神座谈会在成都市召开。中国科协党组书记、常务副主席、书记处第一书记怀进鹏，四川省委副书记邓小刚出席会议并讲话。中国工程院院士、省科协主席、四川大学校长谢和平致辞。省科协党组成员以及来自省科技界不同领域的专家、学者出席会议。

【四川省2017年全国科技工作者日座谈会】 5月27日，四川省2017年全国科技工作者日座谈会在成都市召开。中国工程院院士、省科协主席、四川大学校长谢和平，中国科协副主席、中国工程物理研究院科技委主任李华，省政府副秘书长罗治平出席会议并讲话。

与会科技工作者围绕如何调动科技人员创新活力和潜力、进一步释放科技工作者的科研潜能、提升科研效率，如何建立多层次的科技成果转化市场、加快科研成果的转化速度、让科技尽快转化为生产力等议题进行交流和建言献策。

会上，向省第六批院士（专家）工作站和全国示范院士（专家）工作站授牌。全国创新争先奖获奖者代表、院士（专家）工作站进站院士代表、一线科技工作者代表、乡土人才代表分别进行交流发言。

（撰稿人：余永刚）

贵州省科学技术协会

服务经济社会发展 2017年，省科协、省财政厅联合表彰了36个农村专业技术协会、25个农村科普示范基地、21名农村科普带头人、1个少数民族科普工作队和9个科普示范社区。实施科技致富“二传手”培训项目，投入资金150万元培训科技致富“二传手”2500名，带动农民群众致富9万余人。结合遵义市余庆县产业发展实际，投入资金150万元、协调资金5400余万元用于发展中药材种植、生态观光旅游等产业。继续加大与邮政储蓄银行贵州省分行的战略合作，投入“银会合作”贴息资金100万元，邮储银行向农技协、农村科普示范基地等放贷近2000万元。组织动员省级学会开展以智力扶贫、科普扶贫等为主要内容的“五送五促进”活动，促进学会与贫困村镇结对帮扶。

省科协组织植物生物学女科学家贵州校园行暨贫困地区营养与健康调查、院士专家援黔行动——走进大美黔东南、院士专家援黔——贞丰行等活动；联合举办中国-东盟医学教育高峰论坛、助力贵州脱贫攻坚山地高效特色农业发展院士专家论坛暨培训会等5次大型会议；组织“科学与中国”巡讲院士报告5场、专家报告3场，受众6000余人次；组织院士专家基层服务34人次。

围绕贵州经济社会发展热点、难点，征集院士专家对贵州经济社会发展的意见建议，形成《贵州省科技领军人才深层次培养》课题报告，形成《关于推动北盘江流域生态扶贫的建议》《贵州宝玉石产业现状及开发利用研究》《张启发、武维华等院士专家对黔东南州相关产业发展的观点摘编》等决策专报，报送省委省政府及有关部门供决策参考。

黔南州被列为贵州省首个中国科协创新驱动助力工程试点城市。

《科学素质纲要》实施及科普信息化建设工作 编制《贵州省全民科学素质行动计划纲要实施方案（2016—2020年）》，提出到2020年贵州省公民具备科学素质的比例达到6.5%以上的目标。省政府与9个市（州）政府、市（州）政府分别与各县（市、区）政府签订“十三五”全民科学素质行动计划纲要目标责任书。组织召开贵州省全民科学素质工作领导小组第十次会议，研究部署“十三五”全民科学素质行动计划实施工作。组织开展省级科普示范社区创建工作，命名第四批贵州省科普示范社区30个。开展贵州省公民科学素质先进县（市、区）创建督查验收工作，公布先进县（市、区）、达标县（市、区）名单。

以科普中国为依托，开展“百万公众网络学习工程”活动，全年网站访问量达1.78亿人次，参加在线成效测试答题总人数达445.58万；举办第四届贵州省全民科学素质知识电视大赛。与贵州电视台联合推出《科普贵州》栏目，与《贵州老年报》联合创办《科普贵州》专刊，在贵阳市700余台公交车的车载LED电视播放《科普中国》宣传片，全省各市（州）科协通过今日头条、微信平台、电视栏目、广播电台等地方主流媒体扩大宣传，推进科普中国在贵州省落地应用。筹集资金550万元资助各市（州）、县（市、区）新建科普中国贵州农村e站、校园e站、社区e站共449个，利用e站推进科普中国落地应用。

开展“全国科普日·贵州科普嘉年华”和科技活动周系列活动，组织300多项科普活动，发放各类科普宣传书籍和资料近6000份，网络直播关注浏览量达500多万人次。举办科普大讲堂活动12期，听众2000余人次。组织专家“进校园、入社区、下农村”活动，举办科普报告15次。中国流动科技馆巡展实现无实体科技馆的县（市、区）第一轮巡展全覆盖。科普大篷车行驶里程超过5万千米，开展各类科普服务活动347场次，受益群众30余万人次。新建农村中学科技馆19所，全省已累计建成65所。

组织参加在浙江省杭州市举办的第32届全国青少年科技创新大赛，荣获全国青少年科技创新项目一等奖1项、二等奖1项、三等奖5项；科技创意之星奖2项；全国科技辅导员科技教育创新项目三等奖4项、专项奖2项；全国科技实践活动一等奖6项；少儿科幻画一等奖5幅、二等奖16幅。组织开展第十届“贵青杯”贵州省青少年教育系列活动。组织120名贫困地区中小学生免费参加“小小创客”科普研学夏令营、上海科普夏令营、北京科普夏令营活动。组织120名科普工作者和中小学教师参加科技辅导员培训。举办第三届省青少年机器人大赛，140支队伍500余名青少年机器人爱好者参赛。

学术交流 2017年，省科协共投入100万元资助省级学会开展学术交流活动67项。围绕学科发展前沿和与群众生活相关的热点问题，以团体标准研制、学会科普能力提升等为主题开展学术沙龙5期、学术讲坛5期，2200余名科技工作者参加活动。

8月1日，省科协在黔南州平塘县举办中西南地区学会学研究第35届年会暨贵州省科协学会改革发展论坛，年会以“学会改革与创新发展”为主题，围绕学会承接政府转移职能、学会服务创新驱动、学会自身能力建设等议题开展交流，180余人参会。

服务科技工作者 首个全国科技工作者日期间，在《贵州日报》刊发《致全省科技工作者的慰问信》；与贵州科学院联合举办2017年院士科研文化讲坛暨科研道德文化讲堂；省科协领导班子带队慰问老科技工作者代表及基层一线科技工作者代表。在贵阳市700余台公交车的车载LED电视、城市公益LED显示屏等播放首个全国科技工作者日宣传片20余万次；组织中国科协“九大”（贵州）代表赴云南、湖南、重庆等省市开展调研交流活动；与广西壮族自治区科协联合组织开展中国科协“九大”（贵州、广西）代表交流活动。

通过中央电视台《科技苑》栏目、中央人民广播电台、《农民日报》、贵州广播电视台《智汇贵州》栏目、《贵州日报》等宣传贵州省优秀科技工作者先进事迹和科研成果。开展贵州省科技工作者状况调查。

组织推荐全国创新争先奖、2017年中国工程院院士、第二十届中国科协求是杰出青年成果转化奖、第十五届中国青年科技奖和第十四届中国青年女科学家候选人。陈玖斌、王锦荣等30人荣获第七届“贵州省优秀科技工作者”称号。举办2017年贵州省首届创新工程师培训班，对79名科技工作者进行培训。组织开展贵州省首届“创新争先·科技榜样”发现活动。

自身建设 学习宣传贯彻党的十九大精神和习近平总书记在贵州代表团的重要讲话精神，制定《贵州省科协关于认真学习贯彻党的十九大精神和习近平总书记在贵州代表团重要讲话精神的实施意见》，开展多形式、分层次、全覆盖的学习宣传贯彻活动，推动党的十九大精神进高校、进学会、进企业、进农村、进社区。

推进全省科协系统深化改革。六盘水市、铜仁市、黔南州、黔西南州科协系统深化改革方案正式印发实施；黔西南州贞丰县科协被列为2017年地方科协深化改革工作试点单位；组织基层科协干部160人分别赴上海交通大学、苏州干部学院进行能力提升培训，提升“四服务”水平；指导贵州省岩石力学与工程学会、贵州省公路学会等11家学会完成换届。

贵州省遵义市青少年科技辅导员协会荣获“全国科协系统先进集体标兵”荣誉称号；贵州省黔西南布依族苗族自治州科协、贵州省息烽县科协、贵州省福泉市科协荣获“全国科协系统先进集体”称号；贵州省科协蔡娜荣获“全国科协系统先进工作者标兵”称号；贵州省松桃苗族自治县孟溪镇香菇种植协会会长李春学、贵州省毕节市科学技术馆馆长陈岚、贵州省荔波县科协莫珍念荣获“全国科协系统先进工作者”称号。

地市县及科协基层组织 2017年，贵州省共有市（州）科协9个、县级科协87个、街道（社区）科协248个、乡镇科协995个、农技协1141个。

贵阳市科协与贵阳新闻综合广播合作联办《科普小专栏》，促进科普中国落地应用。六盘水市科协举办第15届青少年科技创新大赛，中小学校长、科技辅导员、学生等1600余人参加开幕式，1万余名师生及家长观摩。安顺市科协邀请刘嘉麒院士出席2017第三届贵州（安顺）国际石材博览会并作主旨演讲，为安顺市石材产业发展建言献策。铜仁市科协成立科技专家服务团，制定《铜仁市科技专家服务团管理办法》，30个乡镇成立科协组织。黔东南州科协举办院士专家援黔行动——走进黔东南活动，邀请戎嘉余等19位院士专家赴凯里市、黔东南州等市县和高校开展活动；黔西南州科协举办院士专家援黔——贞丰行活动，对贞丰县民族文化旅游扶贫、特色小城镇建设、食用菌产业发展等重点工程建言献策。

省级学会、企业科协、高校科协 2017年，新成立省级学会2个、注销1个，省科协现有省级学会124个。其中，理科学会23个、工科学会36个、农科学会11个、医科学会23个、综合交叉学会31个，学会共有会员957562人。新成立企业科协12个，共345个。新成立高校科协4个，共13个。

2017年，贵州省级学会举办各类形式的学会学术活动，2万余人次参加，撰写论文1200余篇，编辑出版论文集2000余本。举办海峡两岸护理学术会议、第八届中国工业结晶科学与绿色产业化技术高端研讨会、第十六届海峡两岸隧道与地下工程学术与技术研讨会、2017（第二届）中国隐私保护学术会议暨2017中国保密技术交流大会隐私保护论坛、2017（第五届）中国水生态大会、2017港澳台泛珠三角+IT院长教育创新高峰论坛暨2017泛珠三角+“中星杯”大学生计算机作品赛等100余项学术会议。

指导贵州太瑞生诺生物医药有限公司、贵州斯凯威科技有限公司等12家企业成立科协。贵州省医学会组织14名专家赴遵义市习水县开展义诊咨询、学术讲座和病例讨论等活动，培训医务工作者500余名，为300余人开展义诊咨询，免费发放价值4万余元的药品。

【第3届贵州省青少年科技节暨第32届贵州省青少年科技创新大赛】 4月15日，由省科协、省教育厅、省科技厅等9家单位联合主办的第3届贵州省青少年科技节暨第32届贵州省青少年科技创新大赛在黔南布依族苗族自治州龙里县召开。来自全省各市（州）的参赛选手和龙里县学生共1800余人参加。大赛共评选出全省青少年科技创新成果项目一等奖59项、二等奖94项，科技辅导员创新成果一等奖15项、二等奖35项，科技创意竞赛一等奖30项、二等奖72项，科技实践活动一等奖10项、二等奖63项，科学幻想画一等奖30幅、二等奖70幅，大赛对获奖作品进行了公示，并推荐优秀作品参加全国青少年科技创新大赛。

（撰稿人：黄德远）

云南省科学技术协会

服务经济社会发展 围绕省委、省政府中心工作和区域经济社会发展重大课题，以科技论坛、学术年会和专家建议为主要形式，组织省内外专家协同开展调查研究和决策咨询，为党委政府建言献策。其中，《关于云南省建立国家西部地区生态文明试验示范区的建议》得到中共中央政治局常委、国务院总理李克强的批示;《关于建设孟中印缅经济走廊、推进我国印度洋开放战略》的专家咨询报告被上报国家有关部委;《关于建设生态扶贫先导区、实现乌蒙山片区精准脱贫的建议》《云南高原特色迪庆藏医药文化产业发展研究情况汇报》《云南省推进农机农艺融合发展调研报告情况汇报》等得到云南省委书记陈豪和副省长张祖林的批示。

推进院士专家工作站建设，在云南腾众新能源科技有限公司等单位新建院士专家工作站37个，组织云南、广东两省院士专家工作站科技人员交流互访。开展科技信息服务企业技术创新项目，在楚雄彝族自治州、普洱市和德宏傣族景颇族自治州科协建立3个子站，向1974家本土科技型企业推送项目信息，完成520家企业用户注册。先后在普洱市、昆明市、楚雄彝族自治州、德宏傣族景颇族自治州开展知识产权战略巡讲及企业专利应用工程师培训4场，共有1121人次参训，其中企业高层管理人员达550人次。

制定《云南省科协挂包帮脱贫攻坚工作方案》《云南省科技助力精准扶贫工程实施细则》《全省科协系统科技助力精准扶贫任务分解》和《全省科技助力精准扶贫工作目标任务建议》，明确工作内容、目标任务和完成时限。为挂联点——大理白族自治州南涧县乐秋乡麻栗村119户贫困群众建立民情登记卡和扶贫台账，针对各家各户情况量身定制个人精准帮扶计划，做到一户一策、有的放矢。在南涧县开展科技助力精准扶贫试点工作，在8个乡镇各选取1个人口相对集中、具有产业发展基础的行政村，通过建设一个农村专业技术协会、一个科技服务站、一个科技培训教室、一个乡村科普e站、一个电子商务营销终端的“五个一”举措，打造科技脱贫示范村。利用中国科协和省级财政扶贫资金，重点支持南涧县“一片烟、一杯茶、一个核桃、一头牛、一只鸡、一颗药”6项高原特色生态农业发展。通过对下转移支付，投入科普扶贫专项资金140万元，支持省科协挂钩扶贫联系村发展泡核桃、肉牛养殖等优势产业。成立麻栗村扶贫资金互助社，投入省本级科普扶贫资金70万元，采用无抵押小额信贷方式支持建档立卡贫困户发展种植业和畜牧业。

《科学素质纲要》实施及科普信息化建设工作 贯彻落实上级要求，将云南“十三五”末公民科学素质建设目标从原来的4.2%上调到8%、力争10%，达到全国平均水平。省政府印发《云南省全民科学素质行动计划纲要实施方案（2016—2020年）》，与16个州（市）政府签订《公民科学素质建设目标责任书》，将公民科学素质建设纳入经济社会发展规划和省委、省政府年度综合考评。

制定《关于使用好2017年基层科普行动计划一般性转移支付资金的意见》，确保项目顺利实施。创建云南省科普惠农示范村100个。完成《云南省深入实施兴边富民工程　改善沿边群众生产生活条件三年行动计划（2015—2017）》各项目标任务，共创建省级科普惠农示范村56个，辐射带动农户6.6万余户，开展技术培训8700多次，培训农民近3万人次，3年规划任务完成率达124%。

创建并命名50个省级科普示范社区和50所科普教育示范学校。省科技馆和普洱市、曲靖市、楚雄彝族自治州科技馆被纳入2017年全国科技馆免费开放试点单位。新建农村中学科技馆27所，累计参观人数达57613人次。省科技馆全年免费对外开放312天，接待观众突破30万人次。在13个州（市）、54个县（市、区）开展中国流动科技馆云南第二轮巡展，受众达857665人次。全省77辆科普大篷车开展科普宣传活动556场次，直接受益群众达71万人次。举办第32届云南省青少年科技创新大赛及机器人竞赛，共有1954项作品参赛（比2016年增加75项）；来自8个州（市）121所学校的302支队伍共767名中小学机器人爱好者参加了机器人竞赛。

启动“科普中国·百城千校万村行动”试点工作，着力推进科普信息化建设。按照“中心城市与边境地区同步推进，先进地区与落后地区同步推进，汉族地区与少数民族地区同步推进，农村、城市、学校同步推进”原则，将昆明市、大理白族自治州、德宏傣族景颇族自治州、普洱市、临沧市作为实施“百千万行动”的试点州（市），率先在社区、学校、乡村启动“百千万行动”示范建设，推动科普中国在云南落地应用。全省已建成各类科普e站130余个、科普微信公众号96个，科普中国内容月转发1200余条，V视快递月度播放量1037部。

2017年，全省各级农函大完成招生培训122773人次，发放各类教材7.5万册。

学术交流 与普洱市委、市政府联合举办以“创新驱动绿色经济，科普助力精准扶贫”为主题的第7届云南省科协学术年会。10位中国科学院院士、中国

在全省贫困县成立农技协（联合会）组织924个，组织科技专家4517名参与科技扶贫工作，开展各类科技培训活动9681场次。按照省“两联一包”扶贫工作要求，选派第一书记及优秀干部4人驻安康市镇坪县竹节溪村包联帮扶，省科协专职领导带领干部职工对15户进行一对一包联，为3名贫困户提供公益性岗位。争取资金支持，帮扶村产业发展、基础设施建设等。组织带领专家组赴西藏开展科普援藏工作。组织40个优秀农村专业技术协会、科普示范基地在中国杨凌农业高新科技成果博览会设立科技助力精准扶贫专题展，达成合作意向900余项，省科协被授予“优秀组织奖”和“优秀展示奖”。

《科学素质纲要》实施及科普信息化建设工作 组织召开2017年陕西省全民科学素质纲要实施工作专题会议，审议通过了《陕西省全民科学素质行动计划纲要实施工作考核办法（试行）》和《2017年陕西省实施全民科学素质行动工作要点》并组织实施。联合省农业厅等单位组织参加2017年全国农民科学素质网络知识竞赛，55304人参与。

争取中国科协、财政部“基层科普行动计划”资金组织陕西省项目实施。投入资金实施陕西省“科普惠农富民计划”“社区科普益民计划”，表彰35个农村专业技术协会、20个农村科普示范基地、20名农村科普带头人、50个科普示范社区。

举办“科技之春”“全国科普日”主题科普示范活动共1878项，受众超过540余万人次。积极参与文化科技卫生“三下乡”活动和科技活动周系列活动，组织1600余名科技工作者参加减灾防灾科普宣传活动，发放相关宣传资料630多万份、科普书籍8万多本，悬挂“5·12防灾减灾”宣传标语1100余条，利用城区科普画廊张贴挂图、图片7000余张，展出展板3000余块，举行防震、消防等安全演练100场次，受益群众35万余人次。组织反邪教宣传小分队深入基层开展活动，编印发放宣传品8000余份。陕西科技馆全面免费开放，常设展厅接待观众10.89万人次；中国流动科技馆、科普大篷车巡展50个县（区），接待公众50万余人次。出版《陕西科技报》96期355.86万份。制作配送科普挂图2.7万套17.4万张。

举办第32届陕西省青少年科技创新大赛、第17届青少年机器人竞赛，组织参加全国竞赛获奖25项。实施中国科协与联合国儿童基金会非正规教育项目，举办项目课程培训20期，培训青少年600人。举办第22届陕西省少儿科幻绘画展评系列活动，组织参加全国大赛获奖29项。举办青少年高校科学营陕西分营活动获优秀组织奖，组织第八届青少年科学影像节活动获全国奖项34个。

制定印发《陕西省科协“科普中国·百城千校万村行动”实施方案》，起草《陕西科普网站建设方案》和《陕西省科协科普资源管理平台建设方案》。开展V视快递和科普中国落地应用推广，V视快递已在全省市县级40多个电视台，社区、乡村和学校的700多块电子屏上播放。全省各地市建设科普中国e站322个，其中乡村e站245个、社区e站43个、校园e站34个。举办“微普在身边”网络科普活动。建设20个电子科普画廊。“陕西科普”微博微信阅读量达1760万人次。

学术交流 开展包括陕西制造2025高端论坛、第七届全国肿瘤诊疗新进展及新技术学术会议暨第九届中国西部肿瘤学术大会、水文生态与建设美丽陕西研讨会等重点活动在内的学术交流活动106项。

9月21日，由省机械工程学会、省汽车工程学会、省自动化学会、省航空学会、省宇航学会、省兵工学会6家省级学会共同发起的陕西省装备制造学会联合体成立大会暨陕西制造高端论坛在西安市举行。结合机械行业发展和陕西省实际，全国人大常委会委员、省科协主席蒋庄德，航天四院副院长侯晓，西安理工大学教授刘丁，长安大学副校长赵祥模分别作了主题报告。来自全省装备制造领域相关企业、高校、科研院所共150余人参加会议。陕西科技传媒对会议进行网络直播，观看37.2万人次。

加强与海外及港台地区科技交流，组织日本、韩国等“一带一路”沿线国家有关企业到陕西自贸区对接、洽谈。与澳大利亚、新西兰科技团体开展全民科学素质交流及科普场馆建设合作洽谈。组织香港工程师学会、台湾土壤改良专家考察团到陕西考察交流。

服务科技工作者 组织开展中国工程院院士、全国创新争先奖、中国青年女科学家奖、第十五届中国青年科技奖等候选人推荐工作，6人荣获全国创新争先奖。表彰奖励陕西省第十三届自然科学优秀学术论文获得者160人、第十一届陕西青年科技奖获得者70人。实施“百名科技人物宣传计划”，宣传优秀科技人物、团队114人（个）次。

实施陕西省高校科协青年人才托举计划、陕西省科协企业创新争先青年人才托举计划，为20余所高校、30余个企业的500多位青年科技工作者提供科研资助。

开展科技工作者状况调查工作，建立全国科技工作者调查站点19个、省级科技工作者调查站点16个，向中国科协报送调查信息146条，编发《站点信息》4期。举办80场科技继续教育系列培训活动，培训8190人次。

举办首届全国科技工作者日活动，陕西省委副书记毛万春看望中国工程院院士李佩成等优秀科技工作者和团队代表。陕西省副省长张道宏出席全国科技工作者日创新争先事迹报告会，会见优秀科技工作者代表并颁奖。指导全省各级科协组织开展表彰宣传、走访慰问和座谈研讨等系列活动。

自身建设 推动省委办公厅下发《陕西省科协系统深化改革实施方案》并迅速贯彻落实，推进71项改革任务；指导各市科协推动当地党委下发改革方案并抓好落实；推荐申报武功县科协为中国科协改革试点单位；有序推进省科协机构改革，直属事业单位由10家整合为6家，编制由175名缩减到130名。

推动省级学会承接政府转移职能工作，省委省政府两办下发《陕西省科协所属学会有序承接政府转移职能工作实施方案》，协调省科技厅组织6家学会开展陕西省科学技术奖励推荐试点工作；协调省质监局组织6家学会开展12项团体标准制定试点工作；选择8家学会开展秘书长职业化、秘书处实体化建设试点工作。

学会管理与服务系统稳定运行，年访问量达2万多人次，录入学会专家近6万人。

地市县及科协基层组织 截至2017年12月，陕西省共有市级科协11个、县级科协107个、乡镇科协1072个、街道（社区）科协538个，新增农村专业技术协会924个，累计达5862个。

西安市科协社区科普大学示范体系建设持续推进，全年新建教学点12个，全市13个分校126个教学点共开课1036课次，累计4200课时，受益人群近5万人，被省文明委授予“陕西省最佳志愿服务项目”称号。

宝鸡市科协学术交流成果丰硕，7500多名科技工作者参与宝鸡市第17届自然科学优秀学术成果评审活动，参评学术成果3213项，236项成果受市委市政府表彰奖励。

咸阳市科协深入实施创新驱动助力工程，两项科研成果转化项目被中国科协确定为2017年重大项目。咸阳市青年科技工作者创新创业孵化基地揭牌成立。

铜川市科协组织开展科技助力精准扶贫“科普大篷车村村行”活动，编印科技助力精准扶贫系列实用技术手册10种2.3万册，依托科技助力包联村精准扶贫特色做法在《铜川日报》头版头条重点宣传报道。

渭南市科协开设“科普中国·V视快递”“农家四季”科普专题栏目，播放科技类节目300多期，渭南科普网今日头条点击量超过826万人次。

延安市科协举办农民科技培训1140期，受训15626人次；举办领导干部和公务员培训435期，受训6.67万人次。

榆林市科协编印农村实用技术系列丛书，科普设施建设工作扎实有效。编印《规模养猪饲养管理》等科普教材5种2万册；开展实用技术培训20期，培训近5000人次。

安康市科协组建3个院士工作站、5个专家工作站，助推全市主导产业转型升级，得到安康市委市政府的肯定。

商洛市科协开展科技人员继续教育和技能培训28场次，培训2360人。

杨凌示范区科协实施“农民科技素质提升”行动，开展农技培训100多场次，培训人员1.1万多人次。

韩城市科协开展科普大篷车“驻”校园等青少年科技教育活动，学生参与面达95%。

省级学会、企业科协、高校科协 截至2017年年底，全省共有省级学会135个，个人会员17万余人，团体会员6400个，成立学会联合体2个，43个学会完成换届；企业科协104个，较上年增加6个；高校科协29个，较上年增加5个。

省医学会、省营养学会等25家学会开通微信公众号，使用信息化手段开展科普宣传、展示学会风采。

89家企业科协开展“讲理想、比贡献、助力企业技术创新”“院士专家企业行”等技术创新、咨询活动，参与科技工作者1600余人次，解决技术难题390多项。开展企业创新知识技能培训、创新竞赛、推广应用创新方法等活动100余场次。西安机电信息研究所参加中国科协创新方法大赛并荣获二等奖。

陕西师范大学、西北农林科技大学、空军医科大学、西北工业大学、长安大学等18所高校举办高校科协联合会科学讲坛和青年学术交流活动近100场，参与科技工作者上万人次。

【陕西省第25届“科技之春”宣传月活动】 3月20日—4月20日，围绕“科技引领　美好生活”主题，省科协联合32个省直部门单位，动员各市县区、各级学会、高等院校、科研院所、企事业单位等社会各方力量，开展内容丰富、形式多样的科普活动。宣传月期间，共组织开展县级以上各类科普示范活动1253项，举办科技报告会、研讨会、科普讲座达524场次，举办各类实用技术培训4011期（次），展出宣传展板22352块，发放各类科普宣传资料200余万份（册），受益群众达400余万人次。

【首届寒武纪节肢动物演化国际会议】 9月1—3日，首届寒武纪节肢动物演化国际会议在西北大学博物馆召开。会议由陕西省古生物学会主办，陕西省早期生命与环境重点实验室、大陆动力学国家实验室、西北大学地质学系、西北大学博物馆四家单位支持协办。

来自英国牛津大学、剑桥大学，美国麻省理工学院，澳大利亚新英格兰大学、阿德莱德大学，加拿大安大略自然历史博物馆，以及国内云南大学、南京古生物研究所、贵州大学等高校和科研机构的68位专家、学者参加会议。

中国科学院院士、西北大学地质学系教授舒德干担任会议主席。会议围绕21世纪寒武纪节肢动物演化新理念进行了28场学术报告，并进行了16个墙报展示，在化石节肢动物形态、发育与谱系关系研究进展等前沿科学问题方面取得共识。

（撰稿人：田西平）

甘肃省科学技术协会

服务经济社会发展 省科协持续推进庆阳创新驱动示范市建设，累计征集企业技术需求62项，组织开展对接活动3次，与18个国家级学会建立联系，共建立化工、医药、食品等学会工作站6个，引进专家21名，累计开展服务40多次，解决技术问题20多项。推动院士专家工作站和海智计划工作站建设，新建院士专家工作站11个，柔性引进12名院士专家及其团队进站工作；建立海智计划工作站8个。

推进科技助力精准扶贫工程，拨付200万元在11个市县科协和农技协联合会先行试点，动员1379名科技专家与4356户贫困户建立常态扶智脱贫链接，开展科技培训1600多场次、技术指导2600多次。组织开展定点帮扶工作，筹措60多万元帮助夏河县乎尔卡加村实现整体脱贫。连续两年被评为全省帮扶工作先进单位"民心奖"。

组织8名专家就祁连山生态环境保护工作开展考察调研，形成《关于加强国家祁连山生态安全屏障建设的调研报告》。省老科协通过调研形成《关于打造特色优势产业　推动县域经济创新发展的建议》，得到省委领导批示。

《科学素质纲要》实施及科普信息化建设工作 流动科技馆首轮巡展任务全面完成，参观人数累计达600多万人次，并启动第二轮巡展活动。开展青少年科技创新大赛、青少年机器人大赛等活动，参与人数40多万人次，10余件作品在全国比赛中获奖。以全国科普日、科技"三下乡"等品牌活动为载体，组织开展各类科普宣传活动2800余场次，受众420万人次。整合科普大篷车等科普资源，深入社区、企业等开展科普宣传培训活动1.2万余场次，受众400万人次。成立甘肃省反邪教理论研究基地，开展警示宣传教育活动60多场。协调有关部门将科学理论、科技知识培训纳入干部教育培训计划。

完成全省29家科普教育基地命名工作。截至2017年年底，共有国家级科普教育基地12个、省级科普教育基地60个。推进基层科普基础设施建设，免费开放2个市科技馆和2个县科技馆，6个市州和5个县区启动建设科技馆；科普大篷车72辆，新增7辆；流动科技馆展教设备21套，新增5套，农村中学科技馆37个，新建24个。

在2个市和13个县区开展试点工作，建成科普e站103个。开通"甘肃科普"微信公众号，累计发布文章100多篇、科普信息5万余条，总浏览量超过5万人次。

3月29日，"体验科学——中国流动科技馆"全国巡展活动在甘肃省甘南州（卓尼站）卓尼县举办启动仪式，500余人参加。

7月24日，第一届主题为"共创未来"的甘肃省青少年创客创意大赛在兰州市开幕，共收到全省14个市州的1154项作品，参与人数约400人。

学术交流 2017年，省科协主办学术交流活动22次，11500人次参与，交流学术论文390篇。

举办第三届环境与发展智库论坛，围绕"一带一路"与区域协同发展、资源型产业升级与绿色发展等问题开展交流。

举办第六十二期中国科技论坛：现代农业创新发展高峰论坛，邀请国内农业领域专家和企业家座谈，形成《科技助力农业现代化经营体系建设报告》和

《现代农业特色产业科研成果转化专家建议书》。300余位专家、学者参加论坛活动。

服务科技工作者 组织实施中青年科技人才托举工程，对10名中青年科技人才承担的科技成果转化项目给予立项资助。

组织推荐中国工程院院士候选人3名，兰州大学教授王锐当选中国工程院院士；评选推荐中国科协求是杰出青年成果转化奖、中国青年科技奖等全国性奖项候选人38名。

以举办全国科技工作者日等活动为契机，看望慰问省科技专家和基层一线科技工作者，宣传优秀科技人才特别是基层一线科技人员的先进事迹。

自身建设 积极推动落实省委批准印发的《甘肃省科协系统深化改革实施方案》，确定4个方面共计21条改革任务，初步落实70%以上。省科协机关及所属事业单位机构改革工作编制上报“三定”方案。

8月9日，省科协第七届委员会第四次会议在兰州市召开。会议批准七届委员会第一副主席、副主席、常务委员会委员调整，选举陈炳东为省科协第一副主席。

截至2017年年底，全省发展农技协1796个。

地市县及科协基层组织 截至2017年年底，全省共有市级科协14个，县（市、区）科协86个，乡镇、街道科协1430个。市县科协全年举办科普宣讲活动1.4万余次，举办实用技术培训1600余场次，参加活动科技人员3343人次，受众超过860万人次。基层科协改革联动推进，已有10个市州和5个县区正式印发科协改革方案并启动改革，其他4个市州和县区科协的改革方案已上报当地党委或正在完善上报中。

兰州市科协促进企业与院士专家建立产学研长效合作机制。3月23日，兰州威特焊材科技股份有限公司院士专家工作站正式揭牌。目前，兰州市已成立4家院士专家工作站。

省级学会、企业科协、高校科协 截至2017年年底，共有省级学会103个、企业科协10个、高校科协13个。全年省级学会开展学术交流活动190次，23900人次参与，交流学术论文720篇。

促成10个省级学会承接政府转移职能项目13项、政府购买服务项目28项；3个省级学会开展学会治理结构和治理方式改革综合试点；支持33个省级学会组建3个学会联合体；完成3个直属学会的脱钩工作。

探索设立省科协所属学会承接政府转移职能与公共服务示范项目，收到学会申报材料27份，经研究确定资助项目15项。

【甘肃科技馆开馆试运行】 12月28日，甘肃科技馆开馆试运行仪式在兰州市举行。甘肃省委常委、宣传部部长陈青，中国科协党组成员、书记处书记吴海鹰出席并致辞。副省长李斌主持开馆仪式。省政协副主席郝远、中国科学院院士刘维民、中国工程院院士王锐等出席活动。省科协党组书记、第一副主席陈炳东介绍甘肃科技馆基本情况。

甘肃科技馆于2010年5月正式批复立项，2011年2月通过可行性研究报告，由科学和文化艺术广场、历史文化和科技产业、序厅等12个功能分区构成，总建筑面积50075平方米，共展示400余件套展品。试运行期间每天约4000人参观体验。

【第三十二届甘肃省青少年科技创新大赛暨第十七届中国青少年机器人（甘肃赛区）竞赛】 4月7日，“红川酒业杯”第三十二届甘肃省青少年科技创新大赛暨第十七届中国青少年机器人（甘肃赛区）竞赛在陇南市成县开幕。来自全省14个市州的参赛选手、辅导员、观摩人员共1800多人参加开幕式。

本届大赛主题为“体验·创新·成长”，设置科学竞赛项目、优秀科技辅导员方案评选、科技辅导员创新项目、科学幻想画、科技实践活动、青少年科学DV作品及优秀组织奖7个奖项。主办方从获奖作品中选出优秀作品参加全国青少年科技创新大赛、“明天小小科学家”奖励活动以及全国青少年科技创新奖评选。

本届创新大赛共报送各类作品1217件。按照初赛成绩选拔参与大赛终评学生约340人、科技辅导员约90人。大赛由甘肃省内各市州及省直等单位的17支代表队组成。

本届机器人竞赛主题为“快乐成长”。16支代表队参赛，竞赛总人数900多人。竞赛分为机器人基本技能比赛、FLL机器人工程挑战赛、VEX机器人工程挑战赛、WER工程挑战赛、机器人创意比赛和创意工程挑战赛等项目。机器人竞赛成立裁判委员会，成员由常年参与省内机器人活动的专家和教练员组成。主办方根据竞赛成绩组队参加第十七届全国青少年机器人竞赛。

【2017年甘肃省学术年会】 9月5日，2017年甘肃省学术年会在张掖市举办。年会主题是“创新引领 绿色发展——祁连山生态文明建设实践与探索”。省市相关部门、有关高校、科研院所及省科协所属学

会专家共300余人参会。中国工程院院士丁一汇和中国科学院院士唐守正、傅伯杰分别围绕我国西部地区气候变化与“一带一路”行动、人工促进生态系统修复和现代森林经营、生态文明建设的任务与举措等内容作大会主题报告。

年会期间，4名院士和10余名省内外相关领域专家、学者围绕祁连山生态环境保护修复和国家公园体制试点工作展开研讨交流，并形成《祁连山国家公园科技支撑方案》。

年会期间还举办了以“一带一路”与绿色发展——祁连山生态环境保护、物联网与现代玉米制种业、推进绿色勘查与地方经济发展为主题的专项论坛。

（撰稿人：李晓伟）

青海省科学技术协会

服务经济社会发展 围绕全省经济社会发展战略，资助实施了11个省级决策咨询调研课题，编发《青海科技工作者建言》7期，其中第3期得到中国科协党组成员、书记处书记王春法批示，第5期得到青海省副省长王黎明批示。研究制定《青海省科协关于建设高水平科技创新智库的实施意见》，编印出版《2014—2016年国家级科技思想库建设优秀决策咨询成果汇编》。与省人才工作领导小组办公室联合召开青海省2017年院士专家工作站建设部署推进会，明确工作目标和责任。全年建成青海省第三地质矿产勘查院等16个院士工作站、西宁市畜牧兽医站等8个专家工作站，柔性引进16名院士驻站。截至2017年年底，共建成24个院士工作站、8个专家工作站，累计引进24名院士驻站。同时，修订完善《青海省院士专家服务中心章程》《青海省院士专家工作站运行管理办法》《青海省促进院士专家工作站建设的若干规定》等。面向企业举办“一线创新工程师”培训及科技信息企业推广服务项目培训、2017年度一线创新工程师创新能力培训等5次，培训企业科研人员200余人。

全年争取中国科协、财政部联合实施的“基层科普行动计划”项目以及农村中学科技馆项目等各类项目80余个。为青海藏文科技报社、西宁市科协等单位申请中国科协配发的科普大篷车6辆。

全年新建农村专业技术协会联合组织59个，助力脱贫人员4900人。海东市民和回族土族自治县和海南藏族自治州贵德县两个试点县新成立农村专业技术协会组织22个，引进新品种32个，推广新技术17项，举办科技培训班45期，现场技术指导340场次，培训农民3270人次，服务覆盖两县28个乡镇。

《科学素质纲要》实施及科普信息化建设工作 组织召开2017年青海省全民科学素质行动计划纲要暨科普联席工作会议，调整充实办公室成员单位，安排部署重点工作，细化分解工作任务。研究制定《青海省全民科学素质工作年度目标管理考核办法》，推动科学素质纲要工作形成长效机制。

面向重点人群有针对性地开展“科普与三区建设同行”“科普寺院行　服务到藏区”等活动200余场次，举办各类培训班、讲座652期（场），发放科普资料约20万份（册），受益群众120万余人次。中国流动科技馆青海省巡展活动开展了12个站点活动，累计行程9564千米，接待公众8万余人次。全省43辆科普大篷车共开展全国科普日、科普大篷车“六进”等系列主题科普活动860余次，全年行程约26万千米，受益公众67万余人次。

与青海省民族语影视译制中心联合完成800部科普中国微视频藏语言翻译工作。与全球首个藏文搜索引擎——“云藏”搜索平台合作，开设科普中国藏文版块。分别与青海广播电视台安多藏语综合频道、海南州电视台签署协议，开设科普中国电视栏目。加强科普中国e站建设，加大科普中国资源移动端推送力度。利用微信公众平台、微博、青海掌上科普APP等平台推送科普信息。省科协主办的《青海科技报》数字报和《藏地科普》微信客户端正式上线。

学术交流 引导鼓励全省学会围绕省委省政府中心工作，结合实际有针对性地举办或承办高层次高质量的学术交流活动185场次，35个省级学会的3700余名科技工作者参与。省科协与省动物学会承办了第九届整合动物学国际研讨会。围绕“青海高原蔬菜安全生产新理念”主题，指导省农学会承办中国科协第124期新观点新学说学术沙龙，对如何解决青海省蔬菜安全生产技术瓶颈进行探讨。

服务科技工作者 组织开展庆祝首个全国科技工作者日系列活动。开展中国工程院院士候选人、全国创新争先奖等推选工作，向中国科协和有关部委推荐候选人及候选集体29个。在全省范围内评选出十佳学（协）会、十佳科普示范基地、十佳科协工作者、十佳科普传播之星、十佳科技辅导员，在省科协第十次代表大会上进行表彰。依托省预防医学会、省气象学会人才优势，组织成立青海省科普专家讲师团，为科技工作者履行科普责任搭建平台。启动2015—2016年度青海省自然科学优秀学术论文奖评审工作，已完成156篇论文初评及复评工作。

制定印发《青海省科学道德和学风建设宣讲教育2017年工作要点》，开展科学道德和学风建设宣讲教育活动。11月14日，省科协、省教育厅组织各高等院校和科研院所在校研究生及导师通过视频同步观看中国科协联合教育部等共同主办的“学习贯彻党的十九大精神——2017年全国科学道德和学风建设宣讲教育报告会”。

自身建设 党的十九大和中共青海省委十三届二次全会召开后，省科协党组研究制定了学习培训方案，组织、动员全省科协系统广大干部职工及科技工作者深入学习领会贯彻落实。举办专题培训班，主要负责同志亲自辅导授课，机关各部室、各直属单位处级干部对标党的十九大提出的各项目标和任务，结合贯彻省十三次党代会精神，就工作中的差距和不足以及下一步工作思路进行交流发言，党组成员现场点评并打分。

在省科协第十次代表大会中，来自企业、高校、科研院所、农村第一线科学技术工作者代表的比例从59%提高到75%，来自一线的全委会委员比例从57%提高到70%，常委会委员比例从26%提高到65%。

在不增加机构的前提下整合资源，研究制定《青海省科协机关主要职责、内设机构和人员编制规定》《青海省科协所属事业单位机构改革方案》并获得批准。坚持问题导向，确定“突出重点，带动一般”工作思路，改革学会治理方式。

青海省科技馆充分发挥公共文化设施的功能，利用实体馆、流动馆、数字馆并驾齐驱的优势，开展形式多样、内容丰富的系列科普宣传和学雷锋志愿服务等活动，被中宣部命名为“第三批全国学雷锋活动示范点”，是青海省唯一获此荣誉的单位。

地市县及科协基层组织 《青海省科协系统深化改革实施方案（试行）》（以下简称《深改方案》）下发后，省科协主要负责同志多次赴市州督促指导深化改革工作。截至2017年年底，全省2市6州中西宁市、海南藏族自治州、海北藏族自治州已经以地方党委名义印发《深改方案》并着手实施，海东市和海西蒙古族藏族自治州已完成方案起草并上报地方党委等待审批。在县级科协中，大通县、共和县、兴海县3个县已经以地方党委名义印发了《深改方案》。

2月28日，西宁市科协召开第九次代表大会，大幅增加基层一线的科技工作者在科协领导机构中的比例。开展“道德讲堂”“我们的节日”“重品行、树形象、做榜样”等主题科普宣传活动。牵头联合市委宣传部等单位共同举办首届中学生科普知识电视大赛，承办第三十二届西宁市青少年科技创新大赛。

海东市科协高度重视科技助力精准扶贫工作，深入全市的18个贫困村和社区开展调研，因地制宜开展农牧业实用技术培训及科普宣传活动。全年共完成科普活动66次，受益群众1.8万人次。建立“双创”平台推动“双创”工作，已建成青海中关村高新技术产业孵化基地和海东驿站、民和县众创空间、平安区青年（大学生）电子商务创业园、乐都区青年创业园4个众创空间。举办全市科协系统学习党的十九大精神及项目工作培训班。

海南藏族自治州科协制定下发《关于加强基层科协组织改革的意见》，明确改革内容和具体措施，积极指导县级科协组织开展建设及登记上报工作，全州五县36个乡镇均成立了乡镇科协组织，选定乡镇科协主席36人、科协工作人员50人、村（社区）科普宣传员550名。建立科技人才库，推动科技助力精准扶贫工作。审批成立州级农技协联合会1个，增进各级农技协的交流与合作。建立州科协机关党员领导干部基层联系点制度，每人确定1个县级科协和1个基层学会（协会）作为联系点，开展调查研究，分析基层科协组织工作中的困难和问题。大力推进全州农牧区特色科普活动、特色科普基地、特色科技培训“三特”科普工作，引进推广沙葱、地膜油菜、优质马铃薯、玉米、饲草燕麦等新品种8项、新技术5项。扶持、培育、命名州级科普示范基地6个。

海西蒙古族藏族自治州科协为全州2市3县3行委安装14台全媒体科普阅览屏，在《柴达木日报》上开辟“科普天地”专栏，投资新建固定永久性科普栏、科普橱窗（长廊）、科普广场等700余处。

果洛藏族自治州科协围绕群众最急最盼的热点难点问题开展实用技术培训和主题科普宣讲。

省级学会、企业科协、高校科协 截至2017年年底，省科协所属学会有68个，全年举办或承办国家级、省级学术活动200余场次，科技工作者参加人数1万余人次。3个省级学会、协会共承接科研项目评估、职称评审、技术鉴定、行业标准制定等9项政府转移职能。

研究制定《青海省园区科协组织建设实施方案》，成立青海中关村高新技术产业基地建设园区科协。截至2017年年底，全省共成立12家企业科协。

青海大学科协的成立标志着青海省本科院校科协组织实现全覆盖。

【青海省科协第十次代表大会】 9月7日，青海省科协第十次代表大会在省会议中心开幕。中国科协党组书记怀进鹏，省委书记、省人大常委会主任王国生，省委副书记、省长王建军，省政协主席仁青加，省委常委刘宁、王晓、公保扎西、滕佳材、张西明、严金海、王宇燕、于丛乐，省人大常委会党组副书记、副主任苏宁出席会议。省委常委马吉孝主持会议。来自全省的251名代表出席大会。大会审议了青海省科协九届委员会工作报告、《青海省科学技术协会实施〈中国科学技术协会章程〉细则（修改草案）》，选举产生省科协新一届领导机构。

怀进鹏代表中国科协讲话，王国生代表青海省委、省政府讲话，青海省妇联主席张黎代表各人民团体致贺辞。受省科协第九届委员会委托，省科协党组书记、主席尤伟利作工作报告《团结带领广大科技工作者为建设更加富裕文明和谐美丽新青海建功立业》。

会上表彰了第七届“全国优秀科技工作者”青海省获奖人员、全省科协系统第二届五个“十佳”获奖代表。

（撰稿人：潘永胜）

宁夏回族自治区科学技术协会

服务经济社会发展 实施“助力创新深化行动”，制定《创新驱动助力工程实施意见》，并提请宁夏回族自治区深化改革领导小组会议审议通过。先后组织召开院士专家助力宁夏材料产业对接会、院士专家助力宁夏能源产业对接会等品牌活动，邀请材料、能源、化工、农业等领域的47名院士和331名专家针对宁夏213家企业的449项技术创新需求进行指导和服务。69名院士专家获“宁夏创新驱动助力工程特聘专家”称号。

组建学会服务企业工作站3个、院士专家工作站7个、园区科技创新服务站1个、全国学会宁夏服务站2个。举办“双创”活动周主场活动和宁夏首届创新方法大赛。举办一线创新工程师认证培训班5期，培养认证一线创新工程师100余名，辅导企业产生创新成果200多项。

持续实施科技信息企业推广应用服务项目，新增应用企业518家。宁夏科技咨询服务中心被评为全国科技信息企业推广应用服务示范站。

组织承办全国科技助力精准扶贫培训班，围绕科协组织在精准扶贫工作中的作用进行交流研讨。举办科技专家助力脱贫攻坚行动中卫科技服务活动，实施科技专家精准扶贫科技服务专项8个，组织500余名科技专家组成科技专家服务团围绕设施农业、瓜果蔬菜、马铃薯、枸杞、硒砂瓜、果树、中药材、肉牛羊养殖、饲料配置等内容，通过集中培训、现场咨询指导、座谈交流、发放科普资料等形式服务贫困群众及当地科技人员10万人次，开展各类科技服务活动1200余场次，发放科技资料30余万份。

8月，联合自治区党委组织部、福建省科协开展福建院士专家宁夏行活动，邀请11名福建院士专家到宁夏开展技术指导、项目合作、学术交流等活动。活动期间，院士专家针对宁夏60多家科研院所、高校、企业的90余项技术和人才合作需求进行对接，签署6项合作协议。

引导组织广大科技工作者围绕宁夏经济结构调整、产业转型升级、创新体系建设、农业产业发展、民生等前沿热点问题，通过专题调研、研讨等方式向各级党委政府报送工作专报12篇、提交对策建议60余项，4次获自治区党委政府领导批示并列入重点督办事项。联合9家学会围绕贺兰山东麓葡萄酒产业旅游发展、气象服务、草原禁牧封育等10个方面开展专题调研。

制定《宁夏科协所属学会有序承接政府转移职能试点工作实施方案》。截至2017年年底，6家区级学会承接了政府部门委托的8项工作，内容涉及科技鉴定、项目论证、资格认证、职称评审等方面。

《科学素质纲要》实施及科普信息化建设工作 全区建立全民科学素质行动共建责任机制，将目标任务细化分解到34个成员单位和5个市级人民政府。组织开展全民科学素质工作专项督查，推进市、县政府将科普专项经费按标准列入财政预算。举办青少年科技创新大赛暨机器人竞赛、全国科普日活动、第二届青少年科学节、大众科学讲堂、大手拉小手科普报告等系列活动200余项，参与人数达70万人次。

8月，举办科普作品创作与传播大赛。9月，举办宁夏公民科学素质网络（微信）竞赛，竞赛主题为

“创新驱动发展，科学破除愚昧”，全区8.3万余人次参赛。

在机关、学校、社区、农村建设科普中国e站424个、科普电子屏53块；与新华网及区市各电台、电视台进行合作，定期播出《宁夏科普》节目；建立宁夏科普工作群、科技专家助力群、科普使者群等11个微信、QQ群，开展科普知识互动问答等活动；建设领导干部和公务员科普传播平台，把科学知识学习纳入全区干部网络培训教育选修课程之中；在《科学素质纲要》成员单位的门户网站上增加科普栏目和科普内容，扩大科普宣传渠道。

推进宁夏科技馆部分展区改造升级，全年接待观众60万人次；为6个科技馆争取到2407万元免费开放资金，争取中国科协科普大篷车3辆；建成农村中学科技馆9个、青少年科学工作室9个，服务当地学生22万人次；流动科技馆在全区巡展14站，科普大篷车走进30所学校和10个社区，覆盖人群30万人次。组织开展青少年科技活动和各类竞赛10余项，覆盖全区300余所学校，参与人数10万人次。

学术交流 全年开展学术交流活动1000余场次，邀请院士专家、学者500余人次，科技工作者参加各类学术交流活动超过10万人次，交流学术论文23192篇。

以“繁荣学术交流、服务创新发展”为主题举办2017年“宁夏塞上学术月”活动，围绕工业技术、特色农业、医药科技等方面，支持16家全区学会集中举办24场专题学术交流活动，13位院士和300余位专家、学者进行交流，近1万名科技工作者参与。组织“第十四届宁夏自然科学优秀学术论文评选”活动，评选出获奖优秀论文209篇。

7月26日，举办第十三届宁夏青年科学家论坛，围绕石化产业创新发展及石化企业科技创新需求举办3个专题论坛，交流学术论文148篇，吸引近2000名科技工作者参加论坛，出版论文集2部。

12月22日，举办第十二届宁夏资深专家论坛，围绕“宁夏秸秆资源综合利用及产业化发展”主题，邀请5名国内生物开发利用领域的专家与企业、院所及生产一线科技人员进行学术交流和研讨。

服务科技工作者 组织开展全国科技工作者日系列主题活动。设立“宁夏创新争先奖”，对评选出的5个先进集体、5名贡献突出的科技工作者和15名先进个人进行表彰奖励。在全区开展评选表彰、科技人物宣传、走访慰问、成果展示等系列主题活动500余场。

开展“第二届最美科技人”评选表彰活动。联合自治区党委宣传部、自治区文明办在全区范围内开展最美科技人推荐工作，24家单位推荐了62名候选人。经过评选，中色（宁夏）东方集团有限公司高级工程师周小军等10人获“最美科技人”称号。

宁夏科协向中国科协推荐院士候选人1名、中国青年科技奖候选人15名。

实施宁夏青年科技人才托举工程，制定《宁夏青年科技人才托举工程实施办法》，经过评选，59名来自高校、科研院所、企业等科研一线的青年科技人员获得资助，培养周期3年，每年给予稳定资金支持。

开展科技工作者状况调查站点工作，发挥6个科技工作者调查站点作用，把握科技工作者的思想动态、利益表达、工作诉求等状况。

自身建设 通过邀请党的十九大代表作报告、召开科技工作者座谈会、举办全区科协系统专题培训班、组织科技工作者开展实践体验活动、开展网上有奖竞答等多种形式，开展党的十九大和自治区第十二次党代会精神学习宣传活动。

1月16日，自治区党委印发《宁夏科协系统深化改革实施方案》(以下简称《实施方案》)。《实施方案》明确宁夏科协四项改革任务：改革和健全科协组织体系、健全完善联系服务科技工作者机制、创新和改进提供科技类公共服务产品的方式、切实加强和改进党对科协工作的领导。《实施方案》提出了16项重点工作和52项改革措施，明确了责任人、时间表、路线图。截至2017年12月31日，各项改革任务全面完成，5个地级市和20个县区也出台了科协系统深化改革方案。

地市县及科协基层组织 截至2017年年底，全区共有市级科协5个，县（市、区）科协21个，乡镇、街道科协230家，村（社区）科普组织800家，基层农技协和农技协联合会521家，会员78673人。市县科协全年组织举办科普宣讲活动3976次，举办实用技术培训3127场次，参加活动的科技人员达1.98万人次，受众超过162万人次。

石嘴山市科协和银川市科协通过对接会、推进会等形式，邀请区内外专家开展洽谈对接和科技合作，为企业创新发展提供技术和智力支撑。银川市成立科技创新服务中心，整合全市科技创新资源，搭建“一站式”科技创新服务平台。

吴忠市科协利用中国科协科技助力精准扶贫专项

资金建设科普 e 站 50 个。固原市科协打造“互联网 + 农业科普 + 产业扶贫”模式，建立 16 个示范村。

省级学会、企业科协、高校科协 截至 2017 年年底，自治区科协所属学会共 84 个，学会共有团体会员 2127 个、个人会员 60723 人，分支机构 276 个；企业科协 130 个，园区科协 9 个，高校科协 3 个，院士专家工作站 37 个，老科技工作者协会 10 个。宁夏区级学会 2017 年召开国家级、区级学术活动 1000 余场，科技工作者参加人数达 10 万余人次。各区级学会共承接科研项目评估、职称评审、技术鉴定、人才举荐等 39 项政府委托事项。

2017 年，新成立园区科协 3 家、企业科协 10 家、老科协 4 家、乡镇（街道）科协 110 家、社区科普组织 200 家。培育成立农技协 32 个、农技协联合会 18 家，新发展农技协会员 3652 人。指导宁夏农技协、老科协、社会组织党委及 11 个区级学会进行换届，并规范运行管理。对全区学会进行梳理，对 13 个学会解除业务主管关系，对 21 个学会限期进行整改，以项目试点形式支持 12 家区级学会实施秘书长岗位购买工作。

宁夏生物分子检测学会举办第一届宁夏临床病原微生物国际学术研讨会，宁夏医院管理协会主办宁南山区医疗精准扶贫活动，宁夏地理学会举办宁夏全域旅游与产业融合研讨会，宁夏保健学会举办首届宁夏科普作品创作大赛暨“互联网 + 健康”科普创新发展研讨会，宁夏石油学会主办助力石化天然气产业创新发展高峰论坛，宁夏医学会举办第七届西部糖尿病论坛暨 2017 年宁夏糖尿病、内分泌学术年会，宁夏机械工业协会举办智能制造及装备创新发展学术研讨会。

（撰稿人：贺党立）

新疆维吾尔自治区科学技术协会

服务经济社会发展 自治区科协组织院士专家就发展营养牵引型农作物、生态环境、智能电网等内容赴乌鲁木齐市、伊犁哈萨克自治州、哈密市等地开展专题调研，并提出决策咨询建议。推进国家级科技思想库建设，完成 4 个决策咨询课题报告。围绕自治区中心工作，聚焦社会稳定和长治久安总目标，完成“科技文化去宗教极端化战略研究”和“中国与丝绸之路经济带国家开展科普交流可行性调研——以新疆为平台与中亚五国开展交流为例”课题。

组织科技工作者通过政协提案积极建言献策，向自治区政协提交典型经验材料《围绕总目标 凝聚智力资源 为新疆经济社会发展服务》，自治区科协推荐的《新疆马文化旅游产业前景广阔 应大力支持引导其发展壮大》等 7 件提案获自治区十一届政协优秀提案。

自治区科协所属 106 个自治区学会（协会、研究会）共申报重点资助项目 142 项，经专家评审，对 30 个重点学术交流项目、30 个“百会万人下基层”科技服务活动项目、3 个购买政府服务或承接政府转移职能项目、1 个创新驱动助力工程项目、2 个科技期刊项目予以资助。

联合自治区发展改革委举办 2017 年全国“双创”周新疆分会场系列活动。在奎屯市、乌鲁木齐市举办两期“双创”培训班，培训 200 余人。在哈密市实施创新驱动助力工程试点工作。推动企业科技创新，新建企业院士工作站 7 个，全自治区企业院士工作站达到 35 个。通过配合开展自治区人才引进“天池计划”，对 16 家企业院士工作站进行专项资助。举办 7 场专利应用培训班，为企业培训专利工程师 1000 人，累计培训专利工程师 3000 余人次。

制定《2017—2019 年科技助力精准扶贫工作目标任务分解方案》。联合中国科协农村专业技术服务中心，组织实施自治区“精准扶贫专家服务行动”，组织 12 个自治区学会的近 90 名专家重点面向南疆 4 个地州实施科技帮扶，对 79 个项目给予支持。

第 28 届“科技之冬”活动举办各类实用技术培训班 1.7 万多期，培训农牧民和基层党员干部 220 万余人次。组织自治区学会的 260 余名专家开展“百会万人下基层”科技服务活动 150 余场次，活动覆盖 7 个地州市近 40 个县（市、区）100 多个乡。

《科学素质纲要》实施及科普信息化建设工作 召开自治区全民科学素质工作领导小组 2017 年度工作会议，审议通过《自治区全民科学素质工作领导小组工作规则》和《2017 年自治区全民科学素质工作要点》。

认真贯彻落实《新疆维吾尔自治区去极端化条例》，通过举办科学普及“去极端化”宣讲、“科学普及基层行”和“科学大讲堂”等活动，引导群众自觉抵御宗教极端思想的渗透。组织撰写理论文章《讲好科普故事 倡导文明理性》《以科普工作推动新疆“去极端化”》和《强化科普灌输，提高科学素质，努力实现社会稳定和长治久安总目标》，报送自治区党委并在有关媒体上发表。出版发行《科学与生活》《科普进行时》《科学与技术》等维吾尔语、汉语、哈萨克语3种文字5类科普杂志76.16万余册，免费向4048所学校赠阅9.7万余册。

组织实施国家和自治区“基层科普行动计划”。举办2017年全国科普日新疆系列科普活动和第七届自治区青少年科技节。推荐867名青少年参加全国各类青少年科技赛事，遴选170名偏远地区青少年参加全国高校科学营活动。举办2017年自治区领导干部和公务员、青少年科学素质网络知识竞赛及青少年现场决赛，近10万人次参与竞赛。举办13场院士科普报告会。

不断完善科技馆、数字科技馆、流动科技馆、农村中学科技馆“四位一体”的现代科技馆体系，科技馆全年接待观众46.3万人次，流动科技馆受益群众达4.6万余人，投入资金对新疆科技馆进行展区改造和展品升级。自治区8家科技馆被纳入全国科技馆免费开放试点单位，向吐鲁番市高昌区、乌恰县、且末县等基层科协捐赠科普展品。

结合科普中国e站推广，集中试点建设乌鲁木齐市、吐鲁番市、和田地区科普中国网络传媒平台，建成科普LED屏100个。制作完成维汉、哈汉双语科普微视频1014个，翻译340部《中国公民科学素质系列读本》动漫作品，并通过户外LED屏、社区屏媒、电视、网络媒体等进行传播。联合新疆电信、新华网新疆分公司等单位推出eUHD超清手机视频APP、科普中国公益频道、专栏，拓宽宣传平台和渠道。新建科普中国网络传媒平台播控中心，建成自治区科协视频会议系统并实现自治区15个地州市视频会议系统全覆盖。举办第三届新疆科普微电影大赛、新疆科学诗歌朗诵大赛。创作完成科普微电影5部，累计拍摄微电影31部。通过“科学诗苑”微信栏目创作发布科学诗歌237首。

学术交流 对自治区学会30个重点学术交流项目予以资助。举办西部核学会联合体学术年会暨新疆－甘肃物理学会联合学术年会、新疆数学青年博士学术论坛、第12届亚洲同步辐射生物医学成像研讨会、“一带一路”农业生物技术高层研讨会暨第五届全国农业生物技术研发机构高层论坛等20余项重点学术交流活动。截至2017年年底，自治区科协所属学会举办各类培训和国内、国际性高峰论坛130余场次。

服务科技工作者 开展院士候选人、首届全国创新争先奖、中国青年科技奖等全国奖项的推荐工作，邓铭江当选中国工程院院士，温浩、陈曦、陈亚宁、宋晓玲获首届全国创新争先奖。

加大科技工作者状况调查站点建设，配合中国科协完成全国“‘双创’政策实施情况”问卷调查、全国科技工作者心理和职业发展状况调查、第四次全国科技工作者状况调查等调查任务，累计完成调查问卷3000余份，报送信息80余篇。

以“精忠报国、敢为人先、求真诚信、拼搏奉献”为主题举办全国科技工作者日新疆庆祝大会，自治区200余名优秀科技工作者参加会议。

继续实施“星光工程”，编辑出版《我与新疆的科技事业》第七辑，弘扬老科技工作者的无私奉献精神。

自身建设 按照自治区党委深化改革总体部署和要求，成立自治区科协系统深化改革领导小组和工作机构，明确改革思路和具体举措，制定《自治区科协系统深化改革实施方案》并于2017年9月经自治区党委批准印发。

加大干部培训力度，举办2期新疆干部专题培训班，自治区200余名各级科协干部参加培训。根据《新疆维吾尔自治区文物博物系列（科技辅导员专业）中、初级技术职务任职资格评审条件（试行）》，评选中级、初级职称科技辅导员28人。建设新疆自然科学专家库，入库专家1080名。

成立自治区科技社团党委，制定印发《自治区科协所属学会党建工作实施意见》，基本实现党的组织和党的工作在学会全覆盖。依托自治区科协官方网站、微信公众号、微博平台建设“网上科技工作者之家”。

地市县及科协基层组织 截至2017年年底，新疆共有地州市科协14个、县级科协103个、地县少数民族科普工作队73个、农村专业技术协会1269个。地县科协全年共举办科普宣讲活动4600余次，开展实用技术培训3万余场次，参加活动的科技人员数量达10万余人次，受众人数400余万人次。

乌鲁木齐市科协围绕新时期科协基础性工作开展科技工作者状况调查，被中国科协授予“2016年度全国科技工作者状况调查优秀站点”。

昌吉州科协宣传推介科普中国品牌，各县市和州直建立28个科普中国e站示范点，并计划于2018年完成全州478个行政村、145个社区、149所学校科普中国落地应用全覆盖。

塔城地区科协启动地区级“基层科普行动计划”，对有突出贡献、有较强区域示范作用和辐射带动作用的农村专业技术协会、科普示范基地、科普示范社区、农村科普带头人、少数民族科普工作队等先进集体和个人进行表彰奖励。

阿勒泰地区科协组织开展“我爱绿色生活”主题青少年科学调查体验活动，引导青少年践行绿色发展理念，建设美丽中国。

省级学会、企业科协、高校科协 截至2017年年底，新疆共有自治区级学会106个，会员12.1万余人；企业和科技园区科协100个、高校科协18个、企业院士工作站35个。

新疆遗传学会助力精准扶贫，在塔城地区托里县开展产学研联合创新平台建设项目，开发有机产品巴什拜羔羊肉等地方特色农产品。

新疆科技期刊编辑学会牵头联合新疆农学会、新疆棉花学会等农科6个学会开展“千里走基层 ‘四同’惠百姓”活动，赴民丰县安迪尔乡开展科学普及“去极端化”“文化惠农服务民生”科技服务活动，引导各族群众树立科学理念，并在种植、土壤、病虫害以及畜牧养殖技术等方面为农牧民提供技术服务。

【新疆科技界学习宣传贯彻党的十九大精神】 10月29日，自治区科技界学习宣传贯彻党的十九大精神座谈会举行。自治区科协党组书记李春阳主持会议并讲话。自治区科协副主席、新疆农业科学院院长陈彤，自治区科协副主席、中国科学院新疆天文台台长王娜等专家学者，一线科研人员、科普专家、科技工作者代表参加座谈会。来自不同领域、不同行业的科技工作者畅谈了对党的十九大精神的认识体会，与会人员还围绕新疆社会稳定和长治久安总目标、加快建设创新型新疆提出意见建议。

11月27日，自治区科协举办自治区科协系统学习党的十九大精神专题培训班。自治区科协党组书记李春阳作专题辅导报告《深入学习贯彻党的十九大精神 谱写新时代科协工作新篇章》，并对自治区科协系统进一步学习宣传贯彻党的十九大精神做出安排部署。来自自治区各级科协、学会、研究会，科技工作者代表及自治区科协全体干部职工420余人参加培训。

12月14日，自治区科协召开以“新时代创新争先 建设美丽新疆”为主题的新疆科技工作者深入学习贯彻党的十九大精神座谈会。中国工程院院士王小东、吾守尔·斯拉木、陈学庚、邓铭江以及来自自治区各领域的各族科技工作者代表、自治区科协机关各部门负责人近50人参加座谈会。

【第七届新疆维吾尔自治区青少年科技节】 4月22日，以“创新·体验·成长——中国梦·科学梦·青春梦”为主题的第七届新疆维吾尔自治区青少年科技节在新疆科技馆开幕。自治区党委常委、自治区副主席、自治区青少年科技节领导小组组长艾尔肯·吐尼亚孜，自治区政协党组成员、副主席卡德尔汗·米拉斯汗，中国科学院院士胡文瑞、康乐、郑建华，自治区青少年科技节领导小组成员单位有关负责人出席开幕式。来自北京、上海市、宁夏回族自治区、陕西省等地的评委和专家以及自治区各地州市代表队参赛选手、领队、科技辅导员等共500余人参加开幕式。

本届科技节内容包括第二届新疆科学表演大赛、第31届自治区青少年科技创新大赛、第17届自治区青少年机器人竞赛等7项青少年科技竞赛，以及青少年科学讨论会、院士访谈、院士专家进校园科普报告会等7项主题科普活动。活动主会场设在新疆科技馆，分会场设在乌鲁木齐市第八中学，共有参赛师生、嘉宾、裁判员、评委及各地州市观摩师生等8000余人参加活动。第七届自治区青少年科技节活动贯穿全年、覆盖全自治区，自治区有关厅局、自治区学会（协会、研究会）和有关单位共组织开展32项青少年科技竞赛及重点科普教育活动，活动参与人数达200万人次。

（撰稿人：杨运明　黄　越）

新疆生产建设兵团科学技术协会

服务经济社会发展 围绕兵团供给侧结构性改革、经济社会发展的瓶颈难题等问题，支持科技工作者开展学术交流和调查研究，并提出决策咨询建议，为兵团党委科学决策提供服务。利用“天山南北院士行”赴兵团活动，组织院士专家开展决策咨询，为兵团产业发展和科学决策提供智力支撑。

承办2017年全国大众创业万众创新活动周兵团阿拉尔主场活动。组织新疆西域牧歌农业科技有限公司等3家企业参加第二届全国企业创新方法大赛，新疆西域牧歌农业科技有限公司获得三等奖。建立以石河子大学为信息服务总站、兵团技术市场协会和兵团创新生产力促进中心为子站，服务全兵团14个师的服务网络，开展企业创新信息平台基础建设。兵团注册使用专利信息资源系统网络1.0版的企业用户达到467家，推动了科技资源、创新成果与经济发展深度对接。

组织开展“科技之冬”培训，以南疆师（市）集中连片特困地区贫困团场、少数民族聚居团场为重点，采用“技能、产业、就业”的扶贫帮困模式，开展特色种植养殖、特色园艺、食品加工等示范性实用技能培训。以促进团场劳动力转移为重点，开展职工自主创业和转移就业技能培训。通过开展职工创新创业技能培训、致富带头人培训、“农家乐”“牧家乐”培训、网络营销培训、家政服务培训、手工编织培训等，提高职工群众致富本领，提升新生代农民工整体素质。

12月21—23日，在塔里木大学南疆双语培训中心举办兵团现代农业技术高端前沿继续教育培训班。兵团一师和塔里木大学的农业科技工作者100余人参加培训。

《科学素质纲要》实施及科普信息化建设工作 贯彻落实《兵团全民科学素质行动计划纲要实施方案（2016—2020年）》，印发《2017年兵团全民科学素质行动工作要点》，调整兵团全民科学素质工作领导小组组成人员。

举办第15届兵团青少年科技创新大赛，组队参加第32届全国青少年科技创新大赛，其中科幻画作品获得一等奖。举办第五次兵团青少年机器人竞赛，组队参加第17届中国青少年机器人竞赛。24所中小学被列入2017年青少年科学调查体验活动推广示范学校。组织学生参加中国青少年科学总动员，2名选手入围决赛。组织完成2017年高校科学营赴兵团活动及相关培训任务。组队参加第八届全国青少年科学影像节，3名学生拍摄的科学微电影获得二等奖，指导教师获优秀奖。承办中国科学院科技创新成果年度巡展，组织开展中国流动科技馆巡展、兵团一师阿拉尔市第十三届青少年科技创新大赛作品展。

2017年全国科普日期间，围绕“创新驱动发展，科学破除愚昧”主题，在兵团科技局、科协“访惠聚”工作队驻阿克苏市喀拉塔勒镇托万克阿勒迪尔村举办“弘扬科学精神 推进科学普及‘去极端化’”报告会，组织开展向“三股势力”持续发声亮剑和签名活动，为150多名已婚妇女进行体检，给村民送医送药，以实际行动推进兵地融合发展，提升“民族团结一家亲”活动实效。科普日期间，共发放宣传单2万多张，利用有线电视、广播、网络播放科技专题节目60余期，展出各类宣传展板2500余块，发放各类科普图书、科技宣传资料上万册（份），参与人数达50万人次。组织科技人员及专家300余人次深入团场、连队和社区开展科普宣传、技术咨询、现场服务和各类培训，受益群众达15万余人（次），约1000名科普志愿者参加活动。

贯彻落实《关于开展科普中国·百城千校万村行动的意见》，出台贯彻《科普中国e站建设及使用暂行办法》的实施细则，支持建设科普中国e站105个，推动形成中国流动科技馆、科普大篷车、社区科普e站、科普场馆为一体的科普设施体系。加强维汉双语科普作品创作和资源开发，丰富科普内容，发挥科普“去极端化”作用，提高少数民族群众抵御宗教极端思想和科学生产生活的能力。

学术交流 5月26日，由兵团科协主办的2017年兵团农业供给侧结构性改革研讨会在新疆农垦科学院召开。农业部规划设计院原院长朱明和农业部干部管理学院副院长朱守银出席研讨会。与会专家、学者以“创新驱动与农业供给侧结构性改革”为主题进行学术交流。研讨会征集论文100余篇，其中10篇优秀论文在会上进行交流。研讨会成果向兵团作了专题汇报。

8月30—31日，由兵团科协承办的中国科协第59期中国科技论坛——丝路北斗精准农业国际研讨会在石河子市举办。中国工程院院士、新疆农垦科学院研究员陈学庚出席会议。

服务科技工作者 参与第四次全国科技工作者状况调查工作，启动第二次兵团科技工作者状况调查工作，通过调查兵团科技工作者的职业发展、科研活动、培训进修、职业流动、思想动态、社会参与及生活待遇等方面的状况，准确把握和反映兵团科技工作者的意见呼声，有针对性地提出对策建议，为兵团党委制定相关政策提供决策依据。

兵团科协推荐的兵团天业集团董事长宋晓玲获得全国创新争先奖状。推荐15名兵团青年科技工作者为第15届中国青年科技奖候选人。

自身建设 组织起草《兵团贯彻〈科协系统深化改革实施方案〉的意见》，经兵团党委常委会议审议通过，以兵团党委办公厅名义印发。召开兵团科协三届七次常委会议，筹备兵团科协第四次代表大会。

【2017年全国科技活动周和全国科技工作者日兵团主场活动】 5月22日，2017年全国科技活动周和全国科技工作者日兵团主场活动启动仪式在乌鲁木齐市举办。其间，举办“科技强国 创新圆梦”主题展，并在南疆少数民族聚居团场51团举办以“弘扬科学精神 科学普及‘去极端化’”为主题的科普报

告会，向兵团全民科学素质领导小组各成员单位及相关人员赠阅《新科技知识干部读本》。5月27日，兵团科技局（知识产权局）、科协在《兵团日报》开设专版，以“精忠报国、敢为人先、求真诚信、拼搏奉献”为主题，重点宣传2016年获得国家相关部门表彰以及在兵团科技创新大会上受表彰的24项科技成果、38个先进集体和81名优秀个人。制作了时长17分钟、反映兵团科技创新发展成就的《科技筑梦　创新兵团》电视片，在兵团机关大楼大屏循环播放，并于5月30日全国科技工作者日晚间黄金时段在兵团卫视播出。据不完全统计，自治区科协在全国科技活动周和全国科技工作者日期间共发放科技宣传材料、科普挂图等资料12.3万余份（张）、科普图书10650册，举办科普讲座384场，召开新技术现场会315场，参加宣传服务的科技人员和医疗人员达1200余人次，张贴宣传栏、宣传标语和悬挂横幅等3123幅（条），展出科普展板256余块。组织8套中国流动科技馆、23辆科普大篷车进行巡展。利用有线电视、网络播放科技专题节目15期，受益群众达18.8万余人次。

（撰稿人：杨晓辉）

大事记

1月

1月4日　　中国科协国际科学理事会工作协调委员会（ICSU-CHINA）全体会议在北京举行。ICSU副主席、中国科协副主席、中国科学院院士李静海出席会议。

中国铁道学会第七次全国会员代表大会在北京召开。宋军出席会议并讲话。卢春房当选中国铁道学会第七届理事会理事长。

1月5日　　中国科协与山西省科协、吕梁市委扶贫工作座谈会在北京召开。尚勇、徐延豪出席会议。

1月6日　　中国环境科学学会第八次全国会员代表大会在北京召开。尚勇、宋军出席。黄润秋当选中国环境科学学会第八届理事会理事长。

1月9日　　中国科协党组理论学习中心组学习扩大会在北京召开，传达学习中国共产党第十八届中央纪律检查委员会第七次全体会议精神，学习新修订和实施的《县以上党和国家机关党员领导干部民主生活会若干规定》。尚勇主持会议，中国科协党组、书记处同志出席会议，机关各部门、各直属单位主要负责人参加会议。

束为会见到访的澳门科学技术发展基金行政委员会主席马志毅一行，双方就2017年澳门科技项目评审及加强两地青少年交流等工作进行商谈。

1月10日　　“英才计划”2016年度工作总结会暨专家咨询委员会第四次全体会议在北京召开。全国政协副主席、中国科协名誉主席韩启德，尚勇出席会议。徐延豪主持。

1月11日　　“科普中国·十万个为什么”上线仪式在北京举办。尚勇、徐延豪出席活动。

1月12日　　中国科协九届三次常委会议在北京召开，万钢主持。尚勇传达中央书记处对中国科协工作的指示精神。会议批准成立中国科协清洁能源、信息科技、智能制造等学会联合体，同意中国密码学会、中国大坝工程学会、中国卫星导航定位协会、中国女科技工作者协会加入中国科协团体会员和中国高新技术产业开发区协会除名事项，表决通过了有关变更和增补全国委员会委员事项。

中国科协九届二次全委会议在北京召开，中共中央政治局委员、国家副主席李源潮出席会议并讲话。会议传达了中央书记处对中国科协工作的指示精神，审议通过了常委会工作报告。万钢、尚勇分别主持会议。

2017年地方科协工作座谈会在北京召开，尚勇主持并讲话。中国科协党组、书记处同志出席会议。各地方科协党组书记、专职主席等出席会议，中国科协机关各部门、各直属单位主要负责同志列席会议。

1月18日　　中共中央政治局委员、国务院副总理刘延东主持召开会议听取《全民科学素质行动计划纲要》实施工作情况汇报。尚勇、徐延豪出席。

1月23日　　中国科协党组召开理论学习中心组会议，传达学习全国组织部长会议和宣传部长会议精神以及刘云山同志在两个会议上的重要讲话精神。尚勇主持会议，中国科协党组、书记处同志出席会议。

中国科协印发《中国科学技术协会全国学会组织通则（试行）》。

2月

2月16—17日　　2016年度地方科协统计调查和财务决算培训班在广西壮族自治区南宁市举办。束为出席培训班。

2月18日　　中国可再生能源学会第九次全国会员代表大会在北京召开。宋军出席会议并讲话。谭天伟当选中国可再生能源学会第九届理事会理事长。

2月20日　　中国科协党组召开理论学习中心组学习扩大会议，传达学习习近平总书记在中央党校省部级主要领导干部学习贯彻十八届六中全会精神专题研讨班上的重要讲话精神。尚勇主持会议，中国科协党组、书记处同志出席会议，机关各部门、各直属单位主要负责人参加会议。

2 月 21 日　山西省科协第八次代表大会在山西省太原市召开。山西省委书记、省人大常委会主任骆惠宁出席开幕式，尚勇出席开幕式并讲话。周然当选山西省科协第八届委员会主席。

2 月 21—22 日　由中国科协和澳门特别行政区政府共同主办的 2017 海峡两岸暨港澳协同创新论坛（澳门）在澳门科学馆举行。束为出席并致辞。

2 月 22 日　中国科协党风廉政建设推进会在北京召开。会议传达了十八届中央纪委七次全会精神、2017 年中央直属机关党的工作会议精神和纪律检查工作会议精神，报告了 2016 年中国科协党风廉政建设工作情况。尚勇、中央纪委派驻纪检组有关人员出席会议并讲话，中国科协党组、书记处同志出席会议。

2 月 23 日　中国科协召开 2017 年学会学术工作会议。尚勇出席会议并讲话，项昌乐、宋军出席。

中国科协生命科学学会联合体第一次工作会议在北京召开，尚勇、宋军出席并讲话。

2 月 24—25 日　吉林省科协第九次代表大会在吉林省长春市召开。吉林省委书记巴音朝鲁，省委副书记、省长刘国中出席大会开幕式，徐延豪出席开幕式并致辞。冯守华当选吉林省科协第九届委员会主席。

2 月 28 日　第十三届中国青年女科学家奖颁奖典礼在北京举行。全国人大常委会副委员长、全国妇联主席沈跃跃，全国妇联党组书记、副主席、书记处第一书记宋秀岩，尚勇，王春法出席。

3 月

3 月 1 日　项昌乐会见《科学》杂志出版人比尔 · 莫兰一行，围绕《科技导报》与《科学》杂志开展合作进行磋商。

3 月 6 日　中国科协印发《2017 年全国科技助力精准扶贫工作要点》。

3 月 7 日　中国科协与华润（集团）有限公司签署战略合作协议。尚勇、束为、王延祜出席。

尚勇看望全国政协科协界委员并参加小组会议。

3 月 8 日　中国科协听取科协系统全国人大代表、政协委员意见座谈会召开。万钢出席并讲话，尚勇主持，机关有关部门和直属单位负责同志列席会议。

3 月 8—10 日　中国科协科技助力精准扶贫培训班在宁夏回族自治区银川市举办。束为出席并讲话。

3 月 11 日　全国政协十二届五次会议科协界召开小组会议。中共中央政治局委员、国家副主席李源潮，万钢，尚勇出席。

3 月 13 日　中国科协党组召开理论学习中心组学习会议，传达学习《中国共产党工作机关条例（试行）》。尚勇主持会议，中国科协党组、书记处同志出席会议，机关各部门、各直属单位主要负责人参加会议。

3 月 16—18 日　束为率团访问香港特别行政区对口科技组织。

3 月 17 日　纪念王选同志诞辰 80 周年座谈会在北京举行。

3 月 18—19 日　中国造船工程学会第九次全国会员代表大会在北京召开。宋军出席并讲话。李长印当选中国造船工程学会第九届理事会理事长。

3 月 20 日　中国科协党组召开理论学习中心组学习扩大会议，部署学习贯彻落实全国“两会”精神工作。尚勇主持会议，中国科协党组、书记处同志出席会议，机关各部门、各直属单位主要负责人参加会议。

3 月 20—24 日　中国科协推荐（提名）两院院士候选人评审会在北京召开。尚勇、王春法、项昌乐出席。

3 月 23 日　《中国科学技术协会中国地震局合作框架协议》签订仪式在北京举行。尚勇、徐延豪出席。

3 月 24 日　全国科研诚信建设联席会议第五次会议在北京召开。万钢主持，王春法出席。

3 月 27 日　中国科协党组召开理论学习中心组学习会议，传达学习中央《关于推进“两学一做”学习教育常态化制度化的意见》。尚勇主持，中国科协党组、书记处同志出席会议。

3 月 28 日　中国科协在河北省保定市召开智慧城市发展论坛。尚勇、河北省委副书记李干杰出席开幕式并讲话，项昌乐、宋军出席。

3 月 29—31 日　中国科协宣传工作会议在海南省海口市举行。海南省人大常委会副主任、省科协主席康耀红，王春法出席。

3 月 30—31 日　2017 年全民科学素质工作会议在北京召开，徐延豪、吴海鹰、束为、王延祜出席会议。

4 月

4 月 5 日　中国科协党组召开理论学习中心组扩大会议，传达学习习近平总书记关于加强中央和国家机关领导班子建设重要讲话精神。尚勇主持会议，中国科协党组、书记处同志出席会议，机关各部门、各直属单位主要负责人参加会议。

数字丝路国际科技联盟（Digital Silk Road Alliance）在澳大利亚悉尼正式成立。

4 月 13 日　中国科协智能制造学会联合体与中国科协创新战略研究院共建的智能制造研究所成立暨揭牌仪式在北京举行。王春法出席。

4 月 13—14 日　中国科协创新驱动助力工程总结交流会在浙江省宁波市召开。中共中央政治局委员、国家副主席李源潮，万钢出席会议并讲话。尚勇主持开幕式。浙江省委副书记袁家军、项昌乐、宋军出席会议。

4 月 17 日　中国科协党组召开理论学习中心组学习会议，传达学习中央推进“两学一做”学习教育常态化制度化工作座谈会精神。尚勇主持，中国科协党组、书记处同志出席会议，机关各部门、各直属单位主要负责人参加会议。

4 月 19 日　中国矿物岩石地球化学学会第九次全国会员代表大会暨第 16 届学术年会在陕西省西安市召开。胡瑞忠当选中国矿物岩石地球化学学会第九届理事会理事长。

4 月 19—21 日　2017 年地方科协深化改革工作交流会在山东省烟台市举办。王春法出席并作报告。

4 月 20 日　徐延豪会见台湾中华公共事务管理学会理事长汪明生并座谈。

4 月 21 日　尚勇与吉林省委副书记高广滨一行就年会筹备等进行工作会商。

4 月 27 日　2017 年“创响中国”首站暨武汉站活动举办。湖北省副省长、省科协主席郭生练，宋军出席启动仪式并致辞。

4 月 28 日　第二十届中国科协求是杰出青年奖评审会议在北京召开。尚勇、李静海、吴海鹰出席。

5 月

5 月 6 日　中国林学会成立 100 周年纪念大会在人民大会堂举行。全国政协副主席、民进中央常务副主席罗富和出席，万钢向大会发出贺信，宋军出席。

中国宇航学会第七次全国会员代表大会在北京召开。尚勇、宋军出席。雷凡培当选中国宇航学会第七届理事会理事长。

5 月 10—11 日　全国创新争先奖评审会在北京召开。万钢、尚勇、王春法、王延祜出席。

5月16日 中国药学会第二十四次全国会员代表大会在北京召开。项昌乐出席。孙咸泽当选中国药学会第二十四届理事会理事长。

5月16—18日 中国科协派团参加亚太工程组织联合会2017年全体会议。

5月18日 由中国科协、教育部、共青团中央、中国科学院、中国工程院主办的2017年“共和国的脊梁——科学大师名校宣传工程”汇演活动在重庆大学启动。尚勇出席，王春法主持。

5月20日 “走在世界科技强国征程上的中国科学家主题展”巡展（北京大学站）启动仪式在北京大学图书馆举行。王春法出席。

中国科协和国家质检总局签署《计量科普战略合作备忘录》。束为出席。

5月23日 中国科协青年人才托举工作交流会在北京举办。尚勇出席并讲话，项昌乐、宋军出席会议。

中国营养学会第九届全国会员代表大会在北京召开。杨月欣当选中国营养学会第九届理事会理事长。

5月24日 束为会见世界工程组织联合会主席乔治·斯皮塔尼克、副主席亚信·布里吉默涵和执委李若梅一行。

5月25日 国务院新闻办举办专题新闻发布会，发布我国首个全国科技工作者日活动安排及全国创新争先奖评选表彰有关情况。尚勇、王春法出席发布会并答记者问。

中国科技工作者之家——“科猫”平台上线。尚勇、王春法、吴海鹰出席。

中国科协追授黄大年同志“杰出科学家”荣誉称号。

5月27日 庆祝全国科技工作者日暨创新争先奖励大会在北京举行。中共中央政治局常委、中央书记处书记刘云山出席会议并讲话。万钢主持会议。会议颁发了首届全国创新争先奖。

中国高科技产业化研究会第四次全国会员代表大会暨第四届理事会一次会议在北京召开。包为民当选中国高科技产业化研究会第四届理事会理事长。

6月

6月2日 北京市科协第九次代表大会在北京开幕。中共北京市委书记蔡奇，中国科协党组书记、常务副主席、书记处第一书记尚勇出席。刘德培当选北京市科协第九届委员会主席。

“科普中国——绿色核能主题科普活动”启动仪式在北京举行。徐延豪出席并讲话。

6月5日 2017世界交通运输大会在北京召开。万钢出席会议并致辞，全国政协副主席刘晓峰出席，尚勇主持开幕式，项昌乐、宋军出席。

6月6日 习近平向2017年全球航天探索大会致贺信。中共中央政治局委员、国家副主席李源潮出席开幕式，尚勇出席。

未来交通研究所成立暨揭牌仪式在北京举行。王春法出席。

6月7—16日 应芬兰国家技术创新局、北极圈大会和瑞典皇家工程科学院邀请，尚勇率中国科协代表团访问芬兰、冰岛和瑞典。

6月8日 科普中国融媒体传播平台上线暨吉林省科普信息化建设示范活动在吉视传媒信息枢纽中心举行。徐延豪出席。

6月15日 由中国科普研究所和社会科学文献出版社共同主办的《国家科普能力发展报告（2006—2016）》发布。徐延豪出席。

6月17日 中国光学学会第八次全国会员代表大会在北京召开。龚旗煌当选中国光学学会第八届理事会理事长。

6月18日　首届全国老科技工作者书画摄影展开幕式在中国科技馆举行。全国政协副主席、九三学社中央主席、中国科协名誉主席韩启德，原国务委员、十一届全国人大常委会副委员长、中国老科学技术工作者协会会长陈至立，尚勇，徐延豪，沈岩，吴海鹰出席。

6月18—23日　中国科协派团参加在美国安克雷奇举行的2017年国际工程联盟会议，这是中国科协自2016年6月成为《华盛顿协议》正式成员后首次以正式代表身份参加国际工程联盟会议。会议期间，由中国代表团发起召开了第一次金砖国家工程组织会议。

6月19—20日　中国科协党组理论学习中心组开展以推进“两学一做”学习教育常态化制度化和全面深化改革、全面依法治国为主题的集中学习。尚勇主持，中国科协党组、书记处同志以及机关各部门、各直属单位主要负责人参加。

6月22日　第十九届中国科协年会科普活动在吉林省举办。尚勇、徐延豪赴吉林省延吉市考察“科普中国·百城千校万村行动”活动开展情况。

中国科协2017年海智计划联席会议在吉林省长春市举行。束为出席。

6月23日　中国科协九届四次常委会议在吉林省长春市举行。万钢主持会议。会议审议通过中国科协先进材料学会联合体成立事项,《中国科学技术协会全国代表大会代表任期制办法》(修改草案)、《中国科学技术协会全国委员会常务委员会工作规则》(修改草案)、《关于加强县级科协建设的若干意见(审议稿)》《科技工作者道德行为自律准则(审议稿)》。会议批准成立中国科协先进材料学会联合体。

地方科协党组书记座谈会在吉林省长春市召开。尚勇主持并讲话，中国科协党组、书记处同志出席会议。

中国科协先进材料学会联合体成立大会在吉林省长春市举行。尚勇、项昌乐、宋军出席。

6月24日　第十九届中国科协年会在吉林省长春市开幕。中共中央政治局委员、国家副主席李源潮出席开幕式并讲话。万钢致辞，尚勇主持开幕式。吉林省委书记、省人大常委会主任巴音朝鲁致欢迎辞。

中国（长春）海外人才创新创业项目大赛颁奖暨项目签约仪式在吉林省长春市举行。中共中央政治局委员、国家副主席李源潮出席活动。万钢、尚勇、王春法、束为出席。

中共中央政治局委员、国家副主席李源潮，万钢调研吉视传媒承建的科普中国融媒体传播平台。徐延豪出席。

6月25日　第十九届中国科协年会吉林省党政领导与院士专家座谈会在吉林省长春市召开。万钢、尚勇、王春法、项昌乐、宋军出席会议。

6月28日　“创科驱动　成就梦想”航天放飞中国梦科技展在香港特别行政区举行。束为出席。

6月30日—7月9日　吴海鹰率中国科协代表团出访法国、西班牙和葡萄牙。

7月

7月3日　由中央组织部、中央宣传部、教育部、科技部、中国科协和吉林省委联合主办的黄大年同志先进事迹报告会在人民大会堂举行。尚勇出席。

7月7日　十届全国人大常委会副委员长、中国关心下一代工作委员会主任顾秀莲一行到中国科协进行调研，就如何更好联合开展关心下一代工作进行座谈。尚勇主持座谈会，徐延豪、王延祐参加。

7月11日　科技界学习黄大年同志先进事迹座谈会在北京召开。尚勇、王春法、吴海鹰、王延祐出席。

中国科协与百度公司联合实施科普中国·科学百科建设工程。徐延豪出席。

7月15日 黑龙江省科协第八次代表大会在黑龙江省哈尔滨市召开。尚勇出席开幕式并讲话，黑龙江省委副书记、省长陆昊出席开幕式。赵敏当选黑龙江省科协第八届委员会主席。

7月16日 2017年青少年高校科学营全国开营式暨北京营开营仪式在北京举行。尚勇、徐延豪出席。

7月18日 第十七届中国青少年机器人竞赛在广东省中山市举行。徐延豪出席。

7月24日 第十九届国际植物学大会在广东省深圳市开幕。国家主席习近平致信第十九届国际植物学大会。国务院总理李克强做出批示表示祝贺。束为出席会议。

尚勇会见中国侨联党组书记、主席万立骏一行。徐延豪、王春法、吴海鹰、项昌乐、王延祜出席。

7月28日 中国科协党组召开理论学习中心组学习扩大会议，传达学习习近平总书记在省部级主要领导干部“学习习近平总书记重要讲话精神，迎接党的十九大”专题研讨班上的重要讲话精神。尚勇主持，中国科协党组、书记处同志出席会议，机关各部门、各直属单位主要负责人参加会议。

中国抗癌协会第八次全国会员代表大会在天津市召开。樊代明当选中国抗癌协会第八届理事会理事长。

7月29日 中国药理学会第十一次全国会员代表大会在北京召开。张永祥当选中国药理学会第十一届理事会理事长。

8月

8月1—10日 王延祜率中国科协代表团出访乌克兰、波兰、伊朗。

8月3日 湖北省科协第九次代表大会在湖北省武汉市开幕。湖北省委书记蒋超良出席并讲话，徐延豪出席。郭生练当选湖北省科协第九届委员会主席。

8月5日 中国电影电视技术学会第八次全国会员代表大会在北京召开。谢锦辉当选中国电影电视技术学会第八届理事会理事长。

8月12日 中国菌物学会第七届全国会员代表大会暨2017年学术年会在湖北省宜昌市召开。郭良栋当选中国菌物学会第七届理事会理事长。

8月15—18日 第32届全国青少年科技创新大赛在浙江省杭州市举行。中共中央政治局委员、国家副主席李源潮出席闭幕式并与参赛选手互动交流。万钢、尚勇、徐延豪出席。

8月21日 第十二届国际生态学大会在北京举办，本届大会是国际生态学大会首次在中国举办。束为出席。

8月23日 2017世界机器人大会开幕式在北京举行。中共中央政治局委员、国务院副总理刘延东出席并讲话。万钢、尚勇、项昌乐、宋军出席。

8月25日 中国农业工程学会第十次全国会员代表大会在山东省淄博市召开。宋军出席并讲话。隋斌当选中国农业工程学会第十届理事会理事长。

8月28日 中国科协党组召开理论学习中心组学习扩大会议，传达学习习近平总书记关于党的群团工作和群团改革的重要指示精神、中央群团改革工作座谈会会议精神。尚勇主持会议，中国科协党组、书记处同志出席会议，机关各部门、各直属单位主要负责人参加会议。

9月

9月1日 中国科协召开干部大会。中央组织部副部长邓声明、中国科协党组书记怀进鹏出席大会并讲话。徐延豪主持。

9月4日　怀进鹏主持召开党组会议，深入学习贯彻习近平总书记关于党的群团工作和群团改革的重要指示精神，传达学习李源潮同志关于学习贯彻习近平总书记重要指示和群团改革工作座谈会精神的讲话精神。

9月5日　全国科普服务标准化技术委员会成立。徐延豪主持。

9月6日　全国科技助力精准扶贫现场会在贵州省贵阳市召开。束为出席。

9月7日　青海省科协第十次代表大会在青海省西宁市召开。怀进鹏、青海省委书记王国生出席并讲话。尤伟利当选青海省科协第十届委员会主席。

9月13日　中国科协与腾讯公司共同实施的科普中国·腾讯“慧眼行动”在北京举行启动仪式。徐延豪出席。

9月14日　“科普中国——绿色核能主题科普展览”在北京开幕。徐延豪出席并讲话。

9月14—18日　2017年全国科普日北京主场活动暨第七届北京科学嘉年华在北京奥林匹克公园举行。徐延豪、王春法、吴海鹰、束为、项昌乐、王延祜、宋军出席。

9月15日　2017年全国大众创业万众创新活动周在上海市开幕。中共中央政治局常委、国务院副总理张高丽出席。中共中央政治局委员、上海市委书记韩正，万钢出席并致辞。怀进鹏、项昌乐、宋军出席活动。

9月16日　第十届女科学家论坛在北京召开。原国务委员、第十一届全国人大常委会副委员长、中国老科技工作者协会会长陈至立，十一届全国政协副主席、中国女科技工作者协会会长、中国科学院院士王志珍，全国妇联党组成员、副主席、书记处书记张晓兰出席。程东红、吴海鹰、宋军出席活动。

9月17日　中共中央政治局常委、中央书记处书记刘云山和刘延东、刘奇葆、李源潮、万钢等来到中国科技馆，参加全国科普日北京主场活动。

9月19日　中国体育科学学会第八次全国会员代表大会在北京召开。国家体育总局党组成员、副局长李颖川，宋军出席并讲话。李颖川当选中国体育科学学会第八届理事会理事长。

9月20日　中国科协召开九届五次常委会议。万钢、徐延豪先后主持会议。会议同意怀进鹏担任中国科协第九届全国委员会常务委员会书记处第一书记，审议通过《关于变更怀进鹏同志为中国科协第九届全国委员会副主席、常务委员会委员的报告》。

9月21日　中国科协九届三次全委会议召开，经全委会批准，怀进鹏担任中国科协第九届全国委员会副主席、常务委员会委员，尚勇不再担任中国科协副主席、常委职务。

9月21—22日　第十三届中国科技期刊发展论坛在重庆市举行。项昌乐出席。

9月22—28日　束为率团赴法国巴黎出席第九届全欧华人专业协会联合会欧洲论坛，并调研中国科协—FCPAE欧洲（比利时）海智创新创业基地。

9月23—25日　吴海鹰赴香港特别行政区出席“香江创科论坛2017”等活动并进行工作访问。

9月25日　中国科协与中国科学院联合发布《关于在科技界开展向南仁东学习活动的倡议书》。

9月27日　周大福企业有限公司向中国科技馆发展基金会捐赠签约仪式在北京举行。全国政协副主席、九三学社中央主席、中国科协名誉主席、中国科技馆发展基金会名誉理事长韩启德出席。怀进鹏、徐延豪、吴海鹰出席。

中国实验动物学会第七次全国会员代表大会在四川省成都市召开。秦川当选中国实验动物学会第七届理事会理事长。

10月

10月11日　中国茶叶学会第十次全国会员代表大会暨全国茶业创新学术研讨会在陕西省汉中市召开。宋军出席并讲话。江用文当选中国茶叶学会第十届理事会理事长。

10 月 12 日　徐延豪会见澳大利亚国立大学校长、2011 年诺贝尔物理学奖获得者布莱恩 · 保罗 · 施密特一行，双方围绕科学传播领域开展实质性合作进行磋商。

中国昆虫学会第十次全国会员代表大会暨 2017 年学术年会在福建省厦门市召开。康乐当选中国昆虫学会第十届理事会理事长。

10 月 13—14 日　中国地球物理学会第十次全国会员代表大会暨中国地球物理学会成立 70 周年大会在北京召开。陈晓非当选中国地球物理学会第十届理事会理事长。

10 月 14—15 日　2017 中国化工学会年会暨成立 95 周年纪念大会在北京召开。第十届全国人大常委会副委员长顾秀莲，中国科协副主席、中国化工学会副理事长李静海，宋军出席活动。

10 月 16—19 日　第七届海峡两岸科学传播论坛在陕西省西安市召开。徐延豪出席。

10 月 19 日　中国园艺学会第十三次全国会员代表大会暨 2017 年学术年会在云南省昆明市召开。云南省副省长张祖林、宋军出席。杜永臣当选中国园艺学会第十三届理事会理事长。

10 月 20—22 日　2017 年中国自动化大会暨国际智能制造创新大会在山东省济南市召开，《中国自动化技术发展报告》发布。

10 月 22—26 日　中国科协派代表团出席在台湾地区台北市举办的第 32 届国际科联全体大会。

10 月 26 日　中国科协举行科技工作者学习贯彻党的十九大精神座谈会。万钢出席会议并讲话，怀进鹏主持。中国科协党组、书记处同志，机关及直属单位负责同志参加座谈会。

10 月 27 日　中国科协召开学习贯彻党的十九大精神党员干部大会。怀进鹏出席并就中国科协深入学习宣传贯彻党的十九大精神工作发表讲话。中国科协党组、书记处同志出席会议。

10 月 28 日　2017 全国老科技工作者日暨北京第十三届老科技工作者日活动在北京召开。原国务委员、第十一届全国人大常委会副委员长、中国老科学技术工作者协会会长陈至立，吴海鹰出席。

11 月

11 月 2 日　中国体视学学会第七次全国会员代表大会在广西壮族自治区南宁市召开。陈志强当选中国体视学学会第七届理事会理事长。

11 月 3 日　中国科协党组召开会议，传达学习中央领导同志关于群团工作的重要指示精神及《中共中央关于认真学习宣传贯彻党的十九大精神的决定》。怀进鹏主持。中国科协党组、书记处同志出席会议。

中国心理学会第十二届一次全国会员代表大会在重庆市召开。傅小兰当选中国心理学会第十二届理事会理事长。

中国生物物理学会第十一次全国会员代表大会在上海市召开。徐涛当选中国生物物理学会第十一届理事会理事长。

11 月 3—6 日　2017 年中国药学大会暨第十七届中国药师周、庆祝中国药学会成立 110 周年活动在陕西省西安市召开。十一届全国人大常委会副委员长、中国药学会名誉理事长、中国工程院院士桑国卫，国家食品药品监督管理总局副局长、中国药学会理事长孙咸泽，项昌乐出席。

11 月 4—5 日　中国现场统计研究会第十次全国会员代表大会暨 2017 年学术年会在浙江省杭州市召开。房祥忠当选中国现场统计研究会第十届理事会理事长。

11 月 6 日　中国科协印发《关于认真学习宣传贯彻落实党的十九大精神的实施方案》。

11 月 7 日　第 17 届“明天小小科学家”奖励活动颁奖典礼在北京举行。怀进鹏出席。

11 月 7—16 日　应蒙特利尔科学中心、美国工程学会联合会、墨西哥工程师协会联盟等机构邀请，徐延豪一行访问加拿大、美国、墨西哥。

11 月 8 日　中国测绘地理信息学会第十一次全国会员代表大会在江苏省南京市召开。宋超智当选中国测绘地理信息学会第十一届理事会理事长。

11 月 9 日　中国植物保护学会第十二次全国会员代表大会暨 2017 年学术年会在湖南省长沙市召开。陈万权当选中国植物保护学会第十二届理事会理事长。

11 月 11 日　由中国科协主办，四川省科协、腾讯公司、中国国际科技交流中心、中国科普作家协会等承办的 2017 中国科幻大会在四川省成都市召开。怀进鹏致辞，四川省委副书记、省长尹力讲话。

11 月 14 日　“学习贯彻党的十九大精神——2017 年全国科学道德和学风建设宣讲教育报告会”在人民大会堂举办。万钢致辞。王春法、束为、王延祜、宋军参加会议。

11 月 15 日　省市级科协主席学习宣传贯彻党的十九大精神专题培训班在北京举办。怀进鹏作首场专题宣讲报告。王春法主持。

中国科协举办科协系统学习宣传贯彻党的十九大精神辅导报告会，中央宣讲团成员、中央党史研究室主任曲青山作党的十九大精神宣讲报告。怀进鹏主持会议，王春法、吴海鹰、束为、王延祜、宋军出席会议。

11 月 17 日　怀进鹏在中国科技会堂会见澳门大学校长赵伟教授一行。束为参加会见。

11 月 18 日　谈家桢生命科学奖十周年庆典暨第十届颁奖大会在北京举行。全国人大常委会副委员长陈竺、全国人大常委会原副委员长桑国卫、全国政协原副主席王志珍出席。怀进鹏出席并讲话。

11 月 18—19 日　中华预防医学会成立 30 周年庆祝活动暨健康中国国际工程科技发展战略高端论坛在北京举行。宋军出席并宣读全国政协副主席、中国科协名誉主席韩启德的书面讲话。

11 月 20—22 日　怀进鹏主持召开机关和直属单位学习贯彻党的十九大精神实施方案汇报交流会。中国科协党组、书记处同志，机关各部门、各直属单位班子成员出席。

11 月 23 日　中国地质学会第十二次全国会员代表大会在北京召开。国土资源部党组成员、副部长凌月明，宋军出席。钟自然当选中国地质学会第四十届理事会理事长。

11 月 24 日　中国海洋湖沼学会第十一次全国会员代表大会暨学术研讨会在山东省青岛市召开。孙松当选中国海洋湖沼学会第十一届理事会理事长。

11 月 27 日　首届“一带一路”科普场馆发展国际研讨会在北京召开。怀进鹏出席开幕式并致辞。徐延豪出席。会议发布《北京宣言》。

11 月 27 日—12 月 3 日　中国科协代表团出席在罗马召开的世界工程组织联合会全体大会。

12 月

12 月 2 日　中国科协荣誉委员、南开大学校长龚克当选世界工程组织联合会主席。

中国未来研究会第七次全国会员代表大会在北京召开。宋军出席并讲话。金灿荣当选中国未来研究会第七届理事会理事长。

12 月 4 日　怀进鹏出席第四届世界互联网大会“互联网人才培养和交流”和“前沿技术领域科学家高峰对话”分论坛并致辞。王春法主持。论坛发布《全球共赢：构筑互联网人才价值共同体——互联网人才发展报告 2017》。

12 月 4—8 日　中国科协代表团参加在塞内加尔召开的世界科技工作者联合会第 22 届全体大会。中国科协荣誉委员、中国科学院院士赵忠贤连任世界科技工作者联合会副主席。

12 月 7 日　2017 世界智能制造大会在江苏省南京市举行。怀进鹏出席大会主论坛并致辞。中国工程院院长周济，江苏省委书记娄勤俭、省长吴政隆出席。

老科学家学术成长资料采集工程 2017 年度捐赠仪式在中国科技会堂举行。王春法出席。

12 月 8 日　南仁东先进事迹报告会在人民大会堂举行。报告会由中宣部、中国科学院、科技部、中国科协、贵州省委主办。徐延豪出席。

中国水产学会第十次全国会员代表大会在北京召开。王清印当选中国水产学会第十届理事会理事长。

12 月 12 日　中国农学会成立 100 周年回顾活动在北京举行。中共中央总书记、国家主席、中央军委主席习近平致信祝贺中国农学会成立 100 周年。中共中央政治局常委、国务院总理李克强做出批示表示祝贺。中共中央政治局常委、国务院副总理汪洋出席回顾活动并讲话。怀进鹏出席回顾活动。

12 月 14 日　重庆市科协第五次代表大会开幕。中共中央政治局委员、重庆市委书记陈敏尔，怀进鹏出席开幕会。潘复生当选重庆市科协主席。

12 月 15 日　中国科协智能制造学会联合体一届四次理事（扩大）会议在北京召开。怀进鹏、项昌乐出席。

12 月 20 日　中央纪委派驻纪检组与中国科协党组召开学习贯彻党的十九大精神和决策部署沟通会。怀进鹏主持。中央纪委派驻纪检组有关同志，中国科协党组、书记处同志出席会议。

2017 年度中国老科学技术工作者协会表彰大会暨科学健康报告会在北京举行。原国务委员、十一届全国人大常委会副委员长、中国老科学技术工作者协会会长陈至立出席会议并讲话。全国政协人口资源环境委员会副主任、中国老科学技术工作者协会常务副会长齐让主持。吴海鹰出席。

中国汽车工程学会第九次全国会员代表大会在北京召开。项昌乐出席并讲话。李骏当选中国汽车工程学会第九届理事会理事长。

12 月 21 日　中国指挥与控制学会第二次全国会员代表大会在北京召开。怀进鹏出席并讲话。费爱国当选中国指挥与控制学会第二届理事会理事长。

12 月 22 日　煤炭清洁高效利用产业协同创新共同体在北京成立。

12 月 24 日　中国电源学会第八次全国会员代表大会在江苏省南京市召开。徐德鸿当选中国电源学会第八届理事会理事长。

12 月 26 日　中华护理学会第二十七次全国会员代表大会在北京召开。吴欣娟当选中华护理学会第二十七届理事会理事长。

附　录

中国科学技术协会组织体系框图

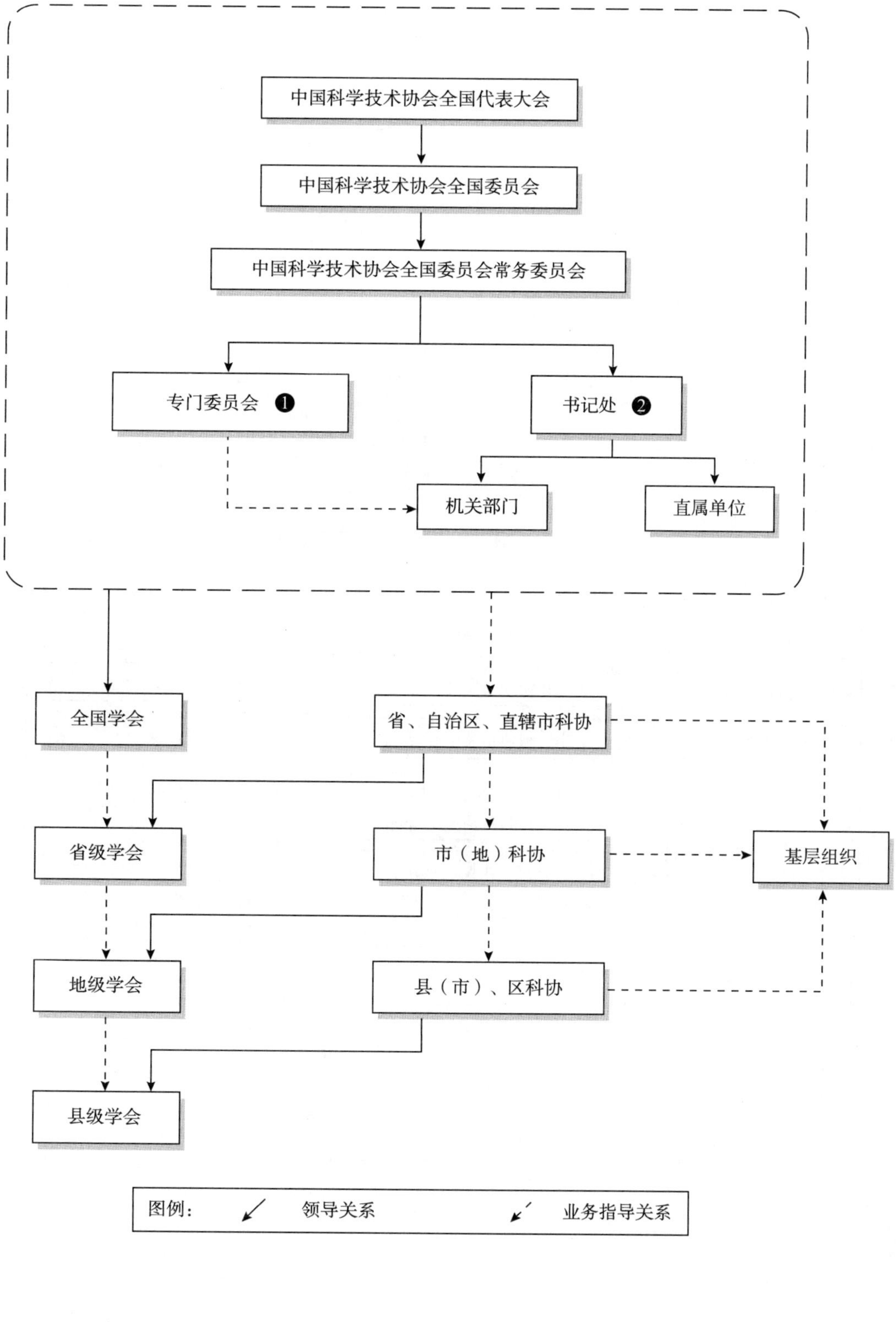

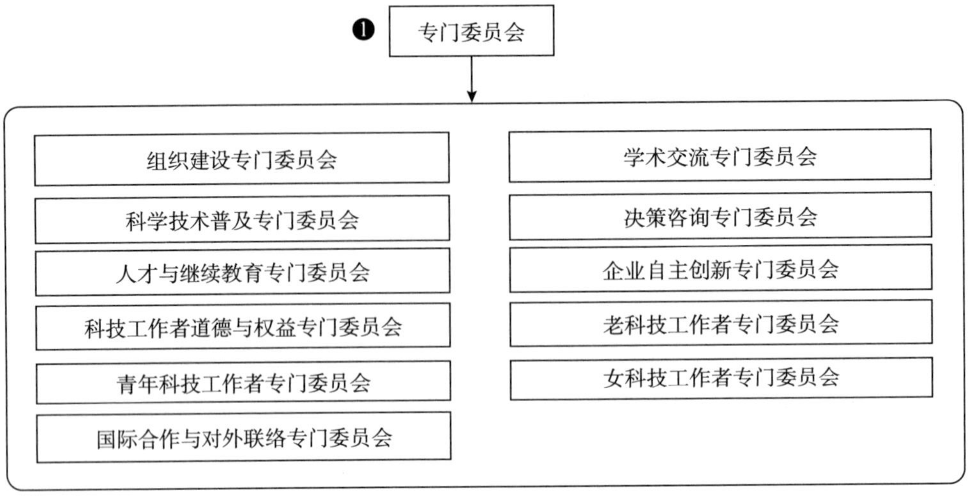
❶ 专门委员会
组织建设专门委员会
科学技术普及专门委员会
人才与继续教育专门委员会
科技工作者道德与权益专门委员会
青年科技工作者专门委员会
国际合作与对外联络专门委员会
学术交流专门委员会
决策咨询专门委员会
企业自主创新专门委员会
老科技工作者专门委员会
女科技工作者专门委员会

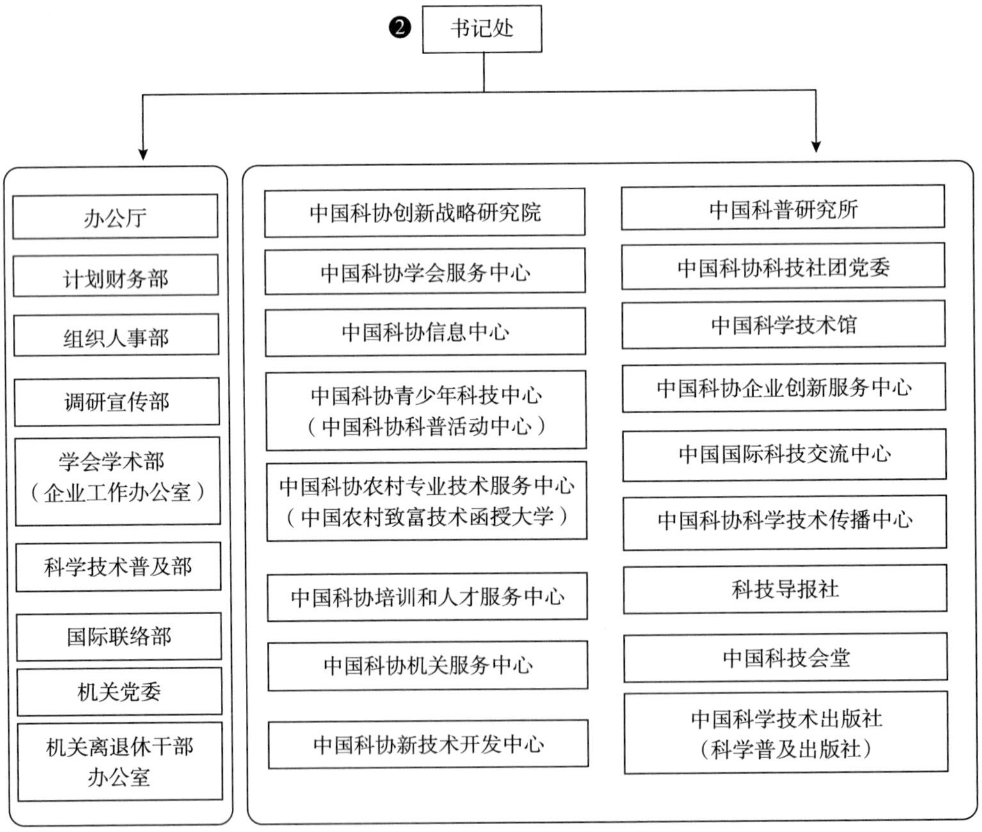
❷ 书记处
办公厅
计划财务部
组织人事部
调研宣传部
学会学术部（企业工作办公室）
科学技术普及部
国际联络部
机关党委
机关离退休干部办公室
中国科协创新战略研究院
中国科协学会服务中心
中国科协信息中心
中国科协青少年科技中心（中国科协科普活动中心）
中国科协农村专业技术服务中心（中国农村致富技术函授大学）
中国科协培训和人才服务中心
中国科协机关服务中心
中国科协新技术开发中心
中国科普研究所
中国科协科技社团党委
中国科学技术馆
中国科协企业创新服务中心
中国国际科技交流中心
中国科协科学技术传播中心
科技导报社
中国科技会堂
中国科学技术出版社（科学普及出版社）

中国科学技术协会名誉主席、荣誉委员

1986年6月27日中国科协三届一次全委会议通过

名誉主席 周培源 严济慈 茅以升

荣誉委员 （以姓氏笔画为序）

王顺桐 王淦昌 许 杰 苏步青 汪德昭 沈 鸿 陈世骧 杨显东 金善宝 高士其 谈家桢 黄汲清 董纯才 裴丽生

1987年3月中国科学技术协会三届二次全委会议通过

荣誉委员 袁翰青 沈其益

1991年5月27日中国科学技术协会四届一次全委会议通过

名誉主席 钱学森 钱三强

荣誉委员 （以姓氏笔画为序）

王大珩 卢嘉锡 刘东生 李国豪 吴仲华 沈 元 张 维 陆 达 唐敖庆 曹天钦 裘维蕃

1996年5月31日中国科学技术协会五届一次全委会议通过

名誉主席 朱光亚 卢嘉锡 吴阶平

荣誉委员 何 康 林兰英（女） 强巴赤列（藏族） 胡亚美（女） 高景德

2001年6月24日中国科学技术协会六届一次全委会议通过

荣誉委员 干福熹 王连铮 石元春 叶叔华（女） 毋国光 朱高峰 庄逢甘 孙大涌 李振声 杨 乐 闵桂荣 张存浩 陈可冀 陈佳洱 施莫邦 聂 力（女） 顾方舟 高 潮 龚育之

2006年5月25日中国科学技术协会七届一次全委会议通过

名誉主席 周光召

荣誉委员 左铁镛 旭日干（蒙古族） 刘 恕（女） 江泽慧（女） 苏纪兰 李依依（女） 张玉台 国 林 胡启恒（女） 钱 易（女） 徐善衍 郭孔辉 曾庆存

2011年5月29日中国科学技术协会八届一次全委会议通过

荣誉委员 马国馨 王永炎 王震西 韦 钰（女，壮族） 邓 楠（女） 艾国祥 白春礼（满族） 齐 让 杜祥琬 杨福家 张开逊 张启发 陆延昌 陈运泰 赵忠贤 栾恩杰（满族） 高润霖 郭桂蓉 符淙斌 管华诗

2016年6月2日中国科学技术协会九届一次全委会议通过

名誉主席 韩启德

荣誉委员 干 勇 王 兴 王 韧 王小兰（女） 王诗宬 王恩哥 方 新（女） 邓中翰 卢锡城 冯长根 吕 植（女） 刘 玠 许振超 孙家广 杨 卫 杨 劼（女，蒙古族） 杨玉良 吴 跃 吴明江 沈爱民 张 勤 张桃林 陈惠娟（女） 陈赛娟（女） 周建平 郑南宁 赵沁平 饶子和 秦大河 袁家军 夏 强 唐启升 黄伯云 龚 克 屠海令 程东红（女） 谢克昌 樊明武

已去世的名誉主席（8名）

卢嘉锡 朱光亚 吴阶平 周培源 严济慈 茅以升 钱三强 钱学森

已去世的荣誉委员（36名，以姓氏笔画为序）

王大珩 王顺桐 王淦昌 卢嘉锡 母国光 刘东生 庄逢甘 旭日干 许 杰 吴仲华 张 维 李国豪 杨显东 汪德昭 沈 元 沈 鸿 沈其益 苏步青 陆 达 陈世骧 林兰英 金善宝 施蕴邦 唐敖庆 袁翰青 谈家桢 高 潮 高士其 高景德 曹天钦 黄汲清 龚育之 强巴赤列 董纯才 裘维蕃 裴丽生

中国科学技术协会顾问（41名）

1993年5月31日中国科协五届一次常委会议通过

王春正　李荣融　韦　钰　惠永正　陈达植　范宝俊　谢旭人　徐颂陶

2001年6月24日中国科学技术协会六届一次常委会议通过

王春正　王万宾　赵沁平　马颂德　张华祝　张佑才　舒惠国　陈宜瑜　江蓝生　朱高峰　陈佳洱

2006年5月25日中国科学技术协会七届一次常委会议通过

张晓强　赵沁平　刘燕华　孙来燕　张少春　王晓初　邵　宁　李静海　朱佳木　杜祥琬　陈宜瑜

2011年5月29日中国科学技术协会八届一次常委会议通过

张晓强　杜占元　王志刚　杨学山　张少春　王晓初　黄丹华　李家洋　朱佳木　潘云鹤　陈宜瑜

中国科学技术协会所属全国学会、协会、研究会及受委托管理的学会

序码	学会名称	理事长	秘书长
A-01	中国数学会	袁亚湘	陈大岳
A-02	中国物理学会	詹文龙	方　忠
A-03	中国力学学会	杨　卫	杨亚政
A-04	中国光学学会	龚旗煌	刘　旭
A-05	中国声学学会	王小民	张春华
A-06	中国化学会	姚建年	范青华
A-07	中国天文学会	武向平	杨　戟
A-08	中国气象学会	王会军	王金星
A-09	中国空间科学学会	吴　季	庞红勋
A-10	中国地质学会	钟自然	李金发
A-11	中国地理学会	傅伯杰	刘　毅
A-12	中国地球物理学会	陈晓非	郭　建
A-13	中国矿物岩石地球化学学会	胡瑞忠	冯新斌
A-14	中国古生物学会	杨　群	王永栋
A-15	中国海洋湖沼学会	孙　松	杨红生
A-16	中国海洋学会	陈连增	雷　波
A-17	中国地震学会	张培震	李小军
A-18	中国动物学会	孟安明	王德华
A-19	中国植物学会	武维华	葛　颂
A-20	中国昆虫学会	康　乐	戈　峰
A-21	中国微生物学会	邓子新	东秀珠
A-22	中国生物化学与分子生物学会	李　林	刘小龙
A-23	中国细胞生物学学会	陈晔光	王　纲
A-24	中国植物生理与植物分子生物学学会	陈晓亚	唐威华
A-25	中国生物物理学会	徐　涛	张　宏
A-26	中国遗传学会	张亚平	薛勇彪
A-27	中国心理学会	傅小兰	罗　劲
A-28	中国生态学学会	刘世荣	陈利顶
A-29	中国环境科学学会	黄润秋	王志华
A-30	中国自然资源学会	成升魁	沈　镭
A-31	中国感光学会	蒲嘉陵	黄　勇
A-32	中国优选法统筹法与经济数学研究会	池　宏	李建平
A-33	中国岩石力学与工程学会	冯夏庭	刘大安

序码	学会名称	理事长	秘书长
A-34	中国野生动物保护协会	陈凤学	李青文
A-35	中国系统工程学会	汪寿阳	杨晓光
A-36	中国实验动物学会	秦　川	赵宏旭
A-37	中国青藏高原研究会	姚檀栋	欧阳华
A-38	中国环境诱变剂学会	曹　佳	郝卫东
A-39	中国运筹学会	胡旭东	刘　克
A-40	中国菌物学会	郭良栋	白逢彦
A-41	中国晶体学会	苏晓东	孙俊良
A-42	中国神经科学学会	段树民	何　成
A-43W	中国认知科学学会	陈　霖	马原野
A-44W	中国微循环学会	詹启敏	刘乃丰
A-45G	国际数字地球协会	郭华东	Mario Hernandez
A-46G	国际动物学会	张知彬	韩春绪
B-01	中国机械工程学会	李培根	陆大明
B-02	中国汽车工程学会	李　骏	张进华
B-03	中国农业机械学会	罗锡文	张咸胜
B-04	中国农业工程学会	隋　斌	朱　明
B-05	中国电机工程学会	郑宝森	谢明亮
B-06	中国电工技术学会	杨庆新	裴相精
B-07	中国水力发电工程学会	张　野	袁柏松
B-08	中国水利学会	胡四一	汤鑫华
B-09	中国内燃机学会	金东寒	李树生
B-10	中国工程热物理学会	金红光	杜建一
B-11	中国空气动力学会	唐志共	徐　翔
B-12	中国制冷学会	金嘉玮	孟庆国
B-13	中国真空学会	许宁生	郭海明
B-14	中国自动化学会	郑南宁	王飞跃
B-15	中国仪器仪表学会	李天初	朱险峰
B-16	中国计量测试学会	蒲长城	马爱文
B-17	中国标准化协会	纪正昆	高建忠
B-18	中国图学学会	孙家广	赵　罡
B-19	中国电子学会	怀进鹏	徐晓兰
B-20	中国计算机学会	高　文	杜子德
B-21	中国通信学会	陈肇雄	衣雪青
B-22	中国中文信息学会	方滨兴	孙　乐
B-23	中国测绘地理信息学会	宋超智	彭震中
B-24	中国造船工程学会	李长印	林宪东
B-25	中国航海学会	黄有方	王　群

序码	学会名称	理事长	秘书长
B-26	中国铁道学会	卢春房	马福海
B-27	中国公路学会	翁孟勇	刘文杰
B-28	中国航空学会	林左鸣	吴　松
B-29	中国宇航学会	雷凡培	王一然
B-30	中国兵工学会	尹家绪	于小虎
B-31	中国金属学会	干　勇	王新江
B-32	中国有色金属学会	贾明星	张洪国
B-33	中国稀土学会	李春龙	牛京考
B-34	中国腐蚀与防护学会	王福会	李晓刚
B-35	中国化工学会	戴厚良	华　炜
B-36	中国核学会	李冠兴	于鉴夫
B-37	中国石油学会	赵政璋	周抚生
B-38	中国煤炭学会	王显政	刘　峰
B-39	中国可再生能源学会	谭天伟	祁和生
B-40	中国能源研究会	吴新雄	郑玉平
B-41	中国硅酸盐学会	徐永模	晋占平
B-42	中国建筑学会	修　龙	仲继寿
B-43	中国土木工程学会	郭允冲	刘士杰
B-44	中国生物工程学会	高　福	马树恒
B-45	中国纺织工程学会	孙瑞哲	尹耐冬
B-46	中国造纸学会	陈学忠	曹春昱
B-47	中国文物保护技术协会	李化元	王时伟
B-48T	中国印刷技术协会	王岩镔	陈迎新
B-49	中国材料研究学会	李元元	韩雅芳
B-50	中国食品科学技术学会	孟素荷	邵　薇
B-51	中国粮油学会	张桂凤	
B-52T	中国职业安全健康协会	王德学	马　骏
B-53	中国烟草学会	赵洪顺	王建雪
B-54	中国仿真学会	赵沁平	吴云洁
B-55	中国电影电视技术学会	谢锦辉	路晓俐
B-56	中国振动工程学会	苏义脑	陈国平
B-57	中国颗粒学会	陈运法	白蕴如
B-58	中国照明学会	邴树奎	窦林平
B-59	中国动力工程学会	黄迪南	张树林
B-60	中国惯性技术学会	包为民	王　岩
B-61	中国风景园林学会	陈晓丽	陈　重
B-62	中国电源学会	徐德鸿	张　磊
B-63	中国复合材料学会	陈祥宝	张博明

序码	学会名称	理事长	秘书长
B-64	中国消防协会	陈伟明	曹忙根
B-65	中国图象图形学学会	谭铁牛	马惠敏
B-66	中国人工智能学会	李德毅	王卫宁
B-67	中国体视学学会	陈志强	王　忠
B-68	中国工程机械学会	卞永明	刘　钊
B-69T	中国海洋工程咨询协会	周茂平	屈　强
B-70T	中国遥感应用协会	罗　格	徐　文
B-71	中国指挥与控制学会	费爱国	秦继荣
B-72T	中国光学工程学会	张广军	赵雪燕
B-73T	中国微米纳米技术学会	尤　政	王晓浩
B-74	中国密码学会	王　杰	于艳萍
B-75T	中国大坝工程学会	矫　勇	贾金生
B-76T	中国卫星导航定位协会	于贤成	张全德
B-77W	中国生物材料学会	付小兵	艾　华
B-78G	国际粉体检测与控制联合会	谢　植	李新光
C-01	中国农学会	张桃林	胡义萍
C-02	中国林学会	赵树丛	陈幸良
C-03	中国土壤学会	沈仁芳	张甘霖
C-04	中国水产学会	王清印	肖　放
C-05	中国园艺学会	杜永臣	孙日飞
C-06	中国畜牧兽医学会	黄路生	杨汉春
C-07	中国植物病理学会	彭友良	韩成贵
C-08	中国植物保护学会	陈万权	郑传临
C-09	中国作物学会	翟虎渠	刘春明
C-10	中国热带作物学会	李尚兰	刘国道
C-11	中国蚕学会	廖森泰	沈兴家
C-12	中国水土保持学会	刘　宁	王玉杰
C-13	中国茶叶学会	江用文	阮建云
C-14	中国草学会	何新天	张英俊
C-15T	中国植物营养与肥料学会	白由路	赵秉强
D-01	中华医学会	马晓伟	饶克勤
D-02	中华中医药学会	王国强	王国辰
D-03	中国中西医结合学会	陈香美	吕文良
D-04	中国药学会	孙咸泽	丁丽霞
D-05	中华护理学会	吴欣娟	应　岚
D-06	中国生理学会	王晓民	王　韵
D-07	中国解剖学会	张绍祥	周长满
D-08	中国生物医学工程学会	曹雪涛	池　慧

序码	学会名称	理事长	秘书长
D-09	中国病理生理学会	张幼怡	李　萍
D-10	中国营养学会	杨月欣	杜松明
D-11	中国药理学会	张永祥	张永鹤
D-12	中国针灸学会	刘保延	喻晓春
D-13	中国防痨协会	刘剑君	成诗明
D-14	中国麻风防治协会	张国成	王　红
D-15	中国心理卫生协会	马　辛	王　刚
D-16	中国抗癌协会	樊代明	王　瑛
D-17	中国体育科学学会	李颖川	张　良
D-18	中国毒理学会	周平坤	付立杰
D-19	中国康复医学会	方国恩	牛恩喜
D-20	中国免疫学会	田志刚	曹雪涛
D-21	中华预防医学会	王陇德	杨维中
D-22	中国法医学会		翟恒利
D-23T	中华口腔医学会	俞光岩	岳　林
D-24T	中国医学救援协会	李宗浩	李立兵
D-25T	中国女医师协会	何界生	于　冬
D-26T	中国研究型医院学会	王发强	刘希华
D-27W	中国睡眠研究会	韩　芳	左和鸣
D-28W	中国卒中学会	赵继宗	王彩云
E-01	中国自然辩证法研究会	吴启迪	尚智丛
E-02	中国管理现代化研究会	石　勇	赵景华
E-03	中国技术经济学会	李　平	杨德林
E-04	中国现场统计研究会	房祥忠	程维虎
E-05	中国未来研究会	金灿荣	
E-06	中国科学技术史学会	孙小淳	鲁大龙
E-07	中国科学技术情报学会	戴国强	潘云涛
E-08	中国图书馆学会	韩永进	霍瑞娟
E-09	中国城市科学研究会	仇保兴	余　刚
E-10	中国科学学与科技政策研究会	穆荣平	陈　光
E-11	中国农村专业技术协会	吕飞杰	李彦捷
E-12	中国工业设计协会	刘　宁	应放天
E-13	中国工艺美术学会	陶小年	孙金瑞
E-14	中国科普作家协会	周忠和	陈　玲
E-15	中国自然科学博物馆协会	程东红	欧建成
E-16	中国可持续发展研究会	王　浩	周海林
E-17	中国青少年科技辅导员协会	陈赛娟	林利琴
E-18	中国科教电影电视协会	高　峰	刘通海

序码	学会名称	理事长	秘书长
E-19	中国科学技术期刊编辑学会	朱邦芬	任胜利
E-20	中国流行色协会	朱　莎	贺显伟
E-21	中国档案学会	段东升	邓小军
E-22	中国国土经济学会	柳忠勤	刘军萍
E-23	中国土地学会	王世元	高延利
E-24	中国科技新闻学会	宋南平	许　英
E-25	中国老科学技术工作者协会	陈至立	徐　强
E-26	中国科学探险协会	秦大河	王　维
E-27T	中国城市规划学会	孙安军	石　楠
E-28T	中国产学研合作促进会	路甬祥	王建华
E-29T	中国知识产权研究会	田力普	赵志彬
E-30T	中国发明协会	潘云鹤	余华荣
E-32T	中国工程教育专业认证协会	吴启迪	吴　岩
E-33T	中国检验检疫学会	魏传忠	夏　扬
E-37W	中国高科技产业化研究会	包为民	黎宇红
E-38W	中国微量元素科学研究会	朱志国	陈　岳
E-39W	中国国际经济技术合作促进会	杨春光	陈万国
E-40W	中国基本建设优化研究会	厉无畏	孙晓洲
E-41W	中国科技馆发展基金会	殷　皓	初学基
E-42W	中国生物多样性保护与绿色发展基金会	胡德平	周晋峰

中国科学技术协会机关各部门及主要负责人

办公厅 **主　任** 任福君 **副主任** 于小晗　张晓梅 **副局级机要秘书** 宁方刚
下设：综合处（信访办公室）、秘书处（督查室）、委员工作处、
文档处（值班室）、信息处（代表联络处）

计划财务部 **部　长** 杨文志 **副部长** 王江宏　王　蓓 **副巡视员** 刘　艳
下设：综合处、规划发展处、预算管理处、财务处、经费资产监督处

组织人事部 **部　长** 王守东 **巡视员、副部长** 公坤后 **副部长** 解　欣
下设：综合处（干部监督处）、干部处（干部教育培训处）、
事业单位人事管理处、人才工作处、组织处

调研宣传部 **部　长** 郭　哲 **副部长** 王　挺　郑　凯
下设：综合处、改革协调处、政策法规处、调查研究处、宣传处

学会学术部 **部　长** 宋　军（兼） **副部长** 苏小军　刘宴兵
下设：综合处、学会管理处、改革发展处、学术交流处、期刊出版处、
企业工作处

（企业工作办公室） **主　任** 宋　军（兼） **副主任** 郑浩峻

科学技术普及部 **部　长** 白　希 **副部长** 钱　岩　刘　阳（兼）
下设：综合处、资源办（联络处）、基层处、传播处、科普信息化处

国际联络部 **部　长** 张建生 **副部长** 王庆林　张　森
下设：综合管理及港澳台交流处、国际组织处、双边合作处、
海智工作办公室

机关党委 **书　记** 王延祜（兼） **常务副书记** 李志刚
党委副书记、纪委副书记 许向阳 **副巡视员** 徐　斌
下设：办公室、党风监督室、巡视工作协调室（机关纪委办公室）、
纪律检查室（审计室）、机关工会

机关离退办 **主　任** 王志舜
下设：服务一处、服务二处、办公室综合处

中国科学技术协会直属单位及主要负责人

中国科协创新战略研究院	院长、党委副书记 罗　晖　副院长、党委书记 周文标
	副院长 周大亚　阮　草　张　藜　陈　锐
中国科普研究所	所　长 王康友　副所长 颜　实　王玉平　赵立新
中国科协学会服务中心	主任、党委副书记 刘兴平　党委书记、副主任 刘亚东
	副主任 楼　伟　朱文辉　徐　强
	纪委书记 冯继谦
中国科协科技社团党委	党委书记 项昌乐（兼）
	党委副书记 李志刚（兼）刘亚东（兼）刘桂荣　冯继谦（兼）
中国科协信息中心	主　任 高　勘　副主任 杨秀萍　魏时刚
中国科学技术馆	馆长、党委副书记 殷　皓　党委书记、副馆长 苏　青
	副馆长 欧建成　隗京花　庞晓东　廖　红
	纪委书记 蒋志明
中国科协青少年科技中心	主　任 刘　阳　副主任 张振威　单长勇　刘会强
（中国科协科普活动中心）	青辅协秘书长 林利琴
中国科协企业创新服务中心	主　任 郑浩峻　副主任 郭　昊　冯师斌　乔　云（挂）
中国科协农村专业技术服务中心	主　任 师　铎　副主任 王　诚　杨利军
（中国农村致富技术函授大学）	
中国国际科技交流中心	主　任 陈　剑　副主任 刘　莉　秦久怡
中国科协科学技术传播中心	主　任 王进展　副主任 梁　华　毛大庆（挂）
中国科协培训和人才服务中心	主　任 范　唯　副主任 邓　芳　王书瑞
科技导报社	主　编 项昌乐（兼）　社长、副主编 秦德继
	副社长 史永超
中国科协机关服务中心	主　任 顾　斌　副主任 白元平　周庆云
中国科技会堂	总经理、党委书记 余建坤
	副总经理、党委副书记 杨　亮　杨绍丽　副总经理 吴海洋
中国科协新技术开发中心	主　任 陈　剑（兼）
中国科学技术出版社	社长、党委副书记 秦德继　党委书记、副社长 辛　兵
（科学普及出版社）	副社长、总编辑 吕建华
	党委副书记、纪委书记 林　立　副社长 郭　晶

中国科协主管科技期刊目录

截至 2017 年 12 月（共 494 种）

序号	中文刊名	国内统一连续出版物号（CN）	主办单位
1	癌变·畸变·突变	44–1063/R	中国环境诱变剂学会
2	癌症康复	11–3882/R	中国抗癌协会，北京市肿瘤防治研究办公室，北京大学临床肿瘤学院
3	癌症生物学与医学（英文版）	12–1431/R	中国抗癌协会
4	办公自动化	11–3749/TP	中国仪器仪表学会
5	爆破器材	32–1163/TJ	中国兵工学会
6	编辑学报	11–2493/G2	中国科学技术期刊编辑学会
7	兵工学报	11–2176/TJ	中国兵工学会
8	兵器材料科学与工程	33–1331/TJ	中国兵工学会，中国兵器工业集团第五二研究所
9	兵器知识	11–1470/TJ	中国兵工学会
10	病毒学报	11–1865/R	中国微生物学会
11	材料科学技术（英文版）	21–1315/TG	中国金属学会，中国材料研究学会，中国科学院国际材料物理中心
12	材料热处理学报	11–4545/TG	中国机械工程学会
13	蚕业科学	32–1115/S	中国蚕学会，中国农业科学院蚕业研究所
14	草地学报	11–3362/S	中国草学会
15	草业科学	62–1069/S	中国草学会，甘肃草原生态研究所
16	草业学报	62–1105/S	中国草学会，兰州大学
17	测绘学报	11–2089/P	中国测绘地理信息学会
18	茶叶科学	33–1115/S	中国茶叶学会
19	车辆与动力技术	11–4493/TH	中国兵工学会
20	城市发展研究	11–3504/TU	中国城市科学研究会
21	城市公共交通	11–4416/U	中国土木工程学会，北京公共交通控股（集团）有限公司
22	畜牧兽医学报	11–1985/S	中国畜牧兽医学会
23	畜牧与生物技术杂志（英文版）	11–5967/S	中国畜牧兽医学会
24	大学物理	11–1910/O4	中国物理学会
25	大自然	11–1385/N	中国自然科学博物馆协会，北京自然博物馆，中国野生动物保护协会
26	弹道学报	32–1343/TJ	中国兵工学会，南京理工大学
27	弹箭与制导学报	61–1234/TJ	中国兵工学会，中国兵器工业第 203 研究所
28	当代矿工	11–2762/C	中国煤炭学会

续表

序号	中文刊名	国内统一连续出版物号（CN）	主办单位
29	档案学研究	11-1226/G2	中国档案学会
30	地理学报（英文版）	11-4546/P	中国地理学会，中国科学院地理科学与资源研究所
31	地球大数据（英文）	10-1455/P	国际数字地球学会，中国科学院遥感与数字地球研究所，中国科技出版传媒股份有限公司
32	地震学报（英文版）	11-5695/P	中国地震学会，中国地震局地球物理研究所
33	地震学报	11-2021/P	中国地震学会，中国地震局地球物理研究所
34	地质论评	11-1952/P	中国地质学会
35	地质学报（英文版）	11-2001/P	中国地质学会
36	地质学报	11-1951/P	中国地质学会
37	电波科学学报	41-1185/TN	中国电子学会
38	电工技术学报	11-2188/TM	中国电工技术学会
39	电化学	35-1172/O6	中国化学会
40	电气技术	11-5255/TM	中国电工技术学会
41	电信科学	11-2103/TN	中国通信学会，人民邮电出版社
42	电子测量与仪器学报	11-2488/TN	中国电子学会
43	电子技术与软件工程	10-1108/TP	中国电子学会
44	电子竞技	11-5293/TP	中国科技新闻学会
45	电子商务	11-4499/TN	中国电子学会，中国信息产业商会，北京思得易咨询公司
46	电子世界	11-2086/TN	中国电子学会
47	电子显微学报	11-2295/TN	中国物理学会
48	电子学报（英文）	10-1284/TN	中国电子学会
49	电子学报	11-2087/TN	中国电子学会
50	动物营养（英文）	10-1360/S	中国畜牧兽医学会
51	动物营养学报	11-5461/S	中国畜牧兽医学会
52	发现	11-1585/N	中国未来研究会，北京国际交流协会
53	防务技术（英文）	10-1165/TJ	中国兵工学会
54	纺织学报	11-5167/TS	中国纺织工程学会
55	分析检测（英文）	10-1412/06	中国有色金属学会，北京有色金属研究总院
56	分析试验室	11-2017/TF	中国有色金属学会，北京有色金属研究总院
57	分子科学学报	22-1262/O4	中国化学会，东北师范大学
58	粉末冶金技术	11-1974/TF	中国机械工程学会，中国金属学会，中国有色金属学会
59	风湿病与关节炎	10-1073/R	中华中医药学会
60	钢铁	11-2118/TF	中国金属学会，钢铁研究总院

续表

序号	中文刊名	国内统一连续出版物号（CN）	主办单位
61	高分子科学（英文版）	11-2015/O6	中国化学会，中国科学院化学研究所
62	高分子通报	11-2051/O6	中国化学会，中国科学院化学研究所
63	工程力学	11-2595/O3	中国力学学会
64	固体力学学报（英文版）	42-1121/O3	中国力学学会
65	固体力学学报	42-1250/O3	中国力学学会
66	管理现代化	11-1403/C	中国管理现代化研究会
67	光谱学与光谱分析	11-2200/O4	中国光学学会
68	光学学报	31-1252/O4	中国科学院上海光学精密机械研究所，中国光学学会
69	光学仪器	31-1504/TH	中国仪器仪表学会，上海光学仪器研究所，中国光学学会工程光学专业委员会
70	硅酸盐通报	11-5440/TQ	中国硅酸盐学会，中材人工晶体研究院
71	硅酸盐学报	11-2310/TQ	中国硅酸盐学会
72	硅酸盐学报（英文版）	10-1189/TQ	中国硅酸盐学会
73	国际地震动态	11-2362/P	中国地震学会，中国地震局地球物理研究所
74	国际护理科学（英文）	10-1444/R	中华护理学会
75	国际煤炭科学技术学报（英文）	10-1252/TD	中国煤炭学会
76	海陆空天惯性世界	11-4491/O3	中国惯性技术学会
77	海洋工程	32-1423/P	中国海洋学会，南京水利科学研究院，上海交通大学
78	海洋世界	11-1261/P	中国海洋学会
79	海洋学报（英文版）	11-2056/P	中国海洋学会
80	海洋学报	11-2055/P	中国海洋学会
81	海洋渔业	31-1341/S	中国水产学会，中国水产科学研究院东海水产研究所
82	海洋与湖沼	37-1149/P	中国海洋湖沼学会
83	焊接学报	23-1178/TG	中国机械工程学会，中国机械工程学会焊接学会，机械科学研究院哈尔滨焊接研究所
84	航海技术	31-1251/U	中国航海学会，上海海事大学
85	航空材料学报	11-3159/V	中国航空学会
86	航空模型	11-1525/V	中国航空学会，中国航空运动协会
87	航空学报	11-1929/V	中国航空学会
88	航空知识	11-1526/V	中国航空学会
89	核科学与工程	11-1861/TL	中国核学会
90	化工进展	11-1954/TQ	中国化工学会，化学工业出版社
91	化工学报	11-1946/TQ	中国化工学会，化学工业出版社
92	化学传感器	32-1406/TP	中国仪器仪表学会

续表

序号	中文刊名	国内统一连续出版物号（CN）	主办单位
93	化学教育	11–1923/O6	中国化学会，北京师范大学
94	化学物理学报（英文版）	34–1295/O6	中国物理学会
95	环境与生活	11–5582/X	中国环境科学学会
96	火炮发射与控制学报	61–1280/TJ	中国兵工学会
97	火炸药学报	61–1310/TJ	中国兵工学会，中国兵器工业第二〇四研究所
98	机床与液压	44–1259/TH	中国机械工程学会，广州机械科学研究院
99	机械工程学报	11–2187/TH	中国机械工程学会
100	机械设计	12–1120/TH	中国机械工程学会，天津市机械工程学会，天津市机电工业科技信息研究所
101	激光生物学报	43–1264/Q	中国遗传学会
102	计算机辅助绘图设计与制造（英文版）	11–2862/TP	中国图学学会
103	计算机辅助设计与图形学学报	11–2925/TP	中国计算机学会，北京中科期刊出版有限公司
104	计算物理	11–2011/O4	中国核学会
105	技术经济	11–1444/F	中国技术经济研究会
106	建筑结构学报	11–1931/TU	中国建筑学会
107	建筑热能通风空调	42–1439/TV	中国建筑学会
108	建筑学报	11–1930/TU	中国建筑学会
109	健康世界	11–3251/R	中华医学会
110	交通运输系统工程与信息	11–4520/U	中国系统工程学会
111	结核病与肺部健康杂志	10–1059/R	中国防痨协会
112	解剖科学进展	21–1347/Q	中国解剖学会
113	解剖学报	11–2228/R	中国解剖学会
114	解剖学杂志	31–1285/R	中国解剖学会
115	今日国土	11–4757/N	中国国土经济学研究会
116	今日科苑	11–4764/N	中国老科学技术工作者协会
117	金属世界	11–1417/TG	中国金属学会，中国有色金属学会
118	金属学报（英文版）	21–1361/TG	中国金属学会
119	金属学报	21–1139/TG	中国金属学会
120	经济地理	43–1126/K	中国地理学会，湖南省经济地理研究所
121	科幻画报	11–4854/N	中国科技新闻学会
122	科技传播	11–5820/N	中国科技新闻学会
123	科技创新与品牌	11–5588/G3	中国科技新闻学会
124	科技导报	11–1421/N	中国科协

续表

序号	中文刊名	国内统一连续出版物号（CN）	主办单位
125	科技和产业	11–4671/T	中国技术经济研究会
126	科技尚品	11–5573/Z	中国科教电影电视协会，摄影与摄像杂志社
127	科技与企业	11–3096/N	中国科普作家协会
128	科普研究	11–5410/N	中国科普研究所
129	科协论坛	42–1341/G3	中国科协科普部
130	科学大观园	11–1607/N	科学普及出版社
131	科学技术与工程	11–4688/T	中国技术经济研究会
132	科学家	10–1135/N	中国科技新闻学会
133	科学养鱼	32–1131/S	中国水产学会，中国水产科学研究院淡水渔业研究中心，全国水产技术推广总站
134	科学中国人	11–3292/G3	中国科技新闻学会
135	颗粒学报	11–5671/O3	中国颗粒学会，中国科学院过程工程研究所
136	矿床地质	11–1965/P	中国地质学会矿床地质专业委员会，中国地质科学院矿产资源研究所
137	矿物岩石地球化学通报	52–1102/P	中国科学院地球化学研究所，中国矿物岩石地球化学学会
138	昆虫科学（英文版）	11–6019/Q	中国昆虫学会，中国科学院动物研究所
139	力学学报（英文版）	11–2063/O3	中国力学学会，中国科学院力学研究所
140	连铸	11–3385/TG	中国金属学会
141	林业科学	11–1908/S	中国林学会
142	流行色	10–1458/J	中国流行色协会
143	流体机械	34–1144/TH	中国机械工程学会
144	慢性疾病与转化医学（英文）	10–1249/R	中华医学会
145	煤炭学报	11–2190/TD	中国煤炭学会
146	密码学报	10–1195/TN	中国密码学会，中国科学技术出版社
147	棉花学报	41–1163/S	中国农学会
148	模式识别与人工智能	34–1089/TP	中国自动化学会，国家智能计算机研究开发中心，中国科学院合肥智能机械研究所
149	内燃机工程	31–1255/TK	中国内燃机学会
150	内燃机学报	12–1086/TK	中国内燃机学会
151	泥沙研究	11–2532/TV	中国水利学会
152	农村电气化	11–2181/TM	中国电机工程学会
153	农电管理	11–3778/D	中国电机工程学会
154	农学学报	11–6016/S	中国农学会
155	农业工程学报	11–2047/S	中国农业工程学会

续表

序号	中文刊名	国内统一连续出版物号（CN）	主办单位
156	农业机械学报	11–1964/S	中国农业机械学会，中国农业机械化科学研究院
157	农业科研经济管理	11–3801/S	中国农学会
158	贫困所致传染病（英文）	10–1399/R	中华医学会，中国疾病预防控制中心寄生虫病预防控制所
159	气象水文海洋仪器	22–1135/TH	中国仪器仪表学会气象水文海洋仪器分会，长春气象仪器研究所
160	气象学报（英文版）	11–2277/P	中国气象学会
161	汽车工程	11–2221/U	中国汽车工程学会
162	汽车知识	11–4722/TH	中国机械工程学会，中国汽车工业经济技术信息研究所
163	情报工程	10–1263/G3	中国科学技术情报学会，中国科学技术信息研究所
164	情报学报	11–2257/G3	中国科学技术情报学会，中国科学技术信息研究所
165	热带作物学报	46–1019/S	中国热带作物学会
166	软件	12–1151/TP	中国电子学会，天津电子学会
167	润滑与密封	44–1260/TH	中国机械工程学会，广州机械科学研究院
168	色谱	21–1185/O6	中国化学会
169	设备管理与维修	11–2503/F	中国机械工程学会，卓众出版有限公司
170	设计	11–5127/TB	中国工业设计协会
171	摄影与摄像	11–3625/TB	中国科教电影电视协会
172	生理科学进展	11–2270/R	中国生理学会，北京大学
173	生命的化学	31–1384/Q	中国生物化学与分子生物学会
174	生态学报	11–2031/Q	中国生态学学会，中国科学院生态环境研究中心
175	生态学杂志	21–1148/Q	中国生态学学会，中国科学院沈阳应用生态研究所
176	生物技术世界	11–5672/Q	中国科普作家协会
177	生物物理学报	10–1302/Q	中国生物物理学会，中国科学院生物物理研究所
178	生物学通报	11–2042/Q	中国动物学会，中国植物学会，北京师范大学
179	生殖与发育医学（英文）	10–1442/R	中华医学会，上海市计划生育科学研究院，复旦大学附属妇产科医院
180	石油学报（石油加工）	11–2129/TE	中国石油学会
181	石油学报	11–2128/TE	中国石油学会
182	石油研究（英文）	10–1439/TE	中国石油学会，石油工业出版社有限公司
183	石油知识	11–4725/TE	中国石油学会
184	实验力学	34–1057/O3	中国力学学会，中国科学技术大学
185	实验流体力学	11–5266/V	中国空气动力学会
186	实用疼痛学杂志	10–1379/R	中华医学会，河北医科大学第四医院

续表

序号	中文刊名	国内统一连续出版物号（CN）	主办单位
187	世界地理研究	31–1626/P	中国地理学会
188	世界耳鼻咽喉头颈外科杂志（英文）	10–1248/R	中华医学会
189	世界中西医结合杂志	11–5511/R	中华中医药学会
190	兽类学报	63–1014/Q	中国科学院西北高原生物研究所，中国动物学会兽类学分会
191	数据采集与处理	32–1367/TN	中国电子学会，中国仪器仪表学会，中国物理学会，南京航空航天大学
192	数理天地（初中版）	11–3091/O1	中国优选法统筹法与经济数学研究会
193	数理天地（高中版）	11–3095/O1	中国优选法统筹法与经济数学研究会
194	数理统计与管理	11–2242/O1	中国现场统计研究会
195	数码影像时代	11–5714/TN	中国科学技术投资有限公司
196	数学进展	11–2312/O1	中国数学会
197	数学通报	11–2254/O1	中国数学会，北京师范大学
198	数学学报（英文版）	11–2039/O1	中国数学会，中国科学院数学与系统科学研究院
199	水产学报	31–1283/S	中国水产学会
200	水力发电学报	11–2241/TV	中国水力发电工程学会
201	水利学报	11–1882/TV	中国水利学会
202	塑性工程学报	11–3449/TG	中国机械工程学会
203	太空探索	11–4492/V	中国宇航学会
204	太阳能	11–1660/TK	中国可再生能源学会
205	太阳能学报	11–2082/TK	中国可再生能源学会
206	糖尿病天地	11–5210/R	中华中医药学会
207	特种铸造及有色合金	42–1148/TG	中国机械工程学会，武汉机械工艺研究所
208	天文爱好者	11–1390/P	中国天文学会，北京天文馆
209	铁道工程学报	11–3567/U	中国铁道学会，中国铁路工程总公司，中国中铁股份有限公司
210	铁道学报	11–2104/U	中国铁道学会
211	铁道知识	11–1372/U	中国铁道学会
212	通信学报	11–2102/TN	中国通信学会
213	图学学报	10–1034/T	中国图学学会
214	土木建筑工程信息技术	11–5823/TU	中国图学学会
215	土壤通报	21–1172/S	中国土壤学会
216	网友世界	11–4852/TP	中国电子学会，北京思得易咨询中心
217	微波学报	32–1493/TN	中国电子学会

续表

序号	中文刊名	国内统一连续出版物号（CN）	主办单位
218	未来与发展	11–1627/G3	中国未来研究会
219	无机化学学报	32–1185/O6	中国化学会
220	无损检测	31–1335/TG	中国机械工程学会，上海材料研究所
221	物理化学学报	11–1892/O6	中国化学会，北京大学
222	物理教学	31–1033/G4	中国物理学会
223	物理学进展	32–1127/O4	中国物理学会
224	稀土学报（英文版）	11–2788/TF	中国稀土学会，北京有色金属研究总院
225	稀有金属	11–2111/TF	中国有色金属学会，北京有色金属研究总院
226	稀有金属（英文版）	11–2112/TF	中国有色金属学会，北京有色金属研究总院
227	稀有金属材料与工程	61–1154/TG	中国有色金属学会，中国材料研究学会，西北有色金属研究院
228	稀有金属材料与工程（英文版）	10–1190/TG	中国有色金属学会，西北有色金属研究院，中国科技出版传媒股份有限公司
229	系统工程理论与实践	11–2267/N	中国系统工程学会
230	系统工程学报	12–1141/O1	中国系统工程学会
231	系统科学与系统工程学报（英文版）	11–2983/N	中国系统工程学会
232	系统科学与信息学报（英文）	10–1192/N	中国系统工程学会，中国科技出版传媒股份有限公司
233	现代通信	11–5676/TN	中国通信学会，人民邮电出版社
234	心理科学	31–1582/B	中国心理学会
235	心理与健康	11–3387/R	中国心理卫生协会
236	新媒体研究	11–4775/N	中国科技新闻学会
237	信号处理	11–2406/TN	中国电子学会
238	压力容器	34–1058/TH	中国机械工程学会压力容器分会
239	岩矿测试	11–2131/TD	中国地质学会岩矿测试专业委员会，国家地质实验测试中心
240	岩石矿物学杂志	11–1966/P	中国地质学会岩石学专业委员会，中国地质学会矿物学专业委员会，中国地质科学院地质研究所
241	岩石力学与工程学报	42–1397/O3	中国岩石力学与工程学会
242	岩土工程学报	32–1124/TU	中国水利学会，中国土木工程学会，中国力学学会，中国建筑学会，中国水力发电工程学会，中国振动工程学会
243	药物不良反应杂志	11–4015/R	中华医学会
244	药物分析杂志	11–2224/R	中国药学会
245	药学学报（英文）	10–1171/R	中国药学会，中国医学科学院药物研究所
246	药学学报	11–2163/R	中国药学会，中国医学科学院药物研究所

续表

序号	中文刊名	国内统一连续出版物号（CN）	主办单位
247	医学与哲学	21–1093/R	中国自然辩证法研究会
248	仪器仪表学报	11–2179/TH	中国仪器仪表学会
249	仪器仪表学报（英文版）	10–1206/TH	中国仪器仪表学会，科学普及出版社
250	英国医学杂志（中文版）	11–3904/R	中华医学会
251	应用地球物理（英文版）	11–5212/O	中国地球物理学会
252	应用概率统计	31–1256/O1	中国数学会概率统计学会
253	应用基础与工程科学学报	11–3242/TB	中国自然资源学会
254	渔业学报（英文）	10–1397/S	中国水产学会，上海海洋大学，中国科技出版传媒股份有限公司
255	宇航学报	11–2053/V	中国宇航学会
256	园艺学报（英文）	10–1305/S	中国园艺学会，中国农业科学院蔬菜花卉研究所，中国农业科学技术出版社
257	园艺学报	11–1924/S	中国园艺学会，中国农业科学院蔬菜花卉研究所
258	运筹学学报	31–1732/O1	中国运筹学会
259	运筹与管理	34–1133/G3	中国运筹学会
260	噪声与振动控制	31–1346/TB	中国声学学会
261	照明工程学报	11–3029/TM	中国照明学会
262	真空科学与技术学报	11–5177/TB	中国真空学会
263	振动工程学报	32–1349/TB	中国振动工程学会
264	振动与冲击	31–1316/TU	中国振动工程学会，上海交通大学，上海市振动工程学会
265	知识就是力量	11–1647/N	中国科协，共青团中央，中华全国总工会
266	植物保护	11–1982/S	中国植物保护学会，中国农业科学院植物保护研究所
267	植物保护学报	11–1983/S	中国植物保护学会
268	植物病理学报	11–2184/Q	中国植物病理学会
269	植物生理学报	31–2055/Q	中国科学院上海生命科学研究院植物生理生态研究所，中国植物生理与植物分子生物学学会
270	植物生态学报（英文版）	10–1172/Q	中国植物学会，中国科学院植物研究所
271	纸和造纸	11–2709/TS	中国造纸学会
272	制冷学报	11–2182/TB	中国制冷学会
273	制造技术与机床	11–3398/TH	中国机械工程学会，北京机床研究所
274	中国癌症研究（英文版）	11–2591/R	中国抗癌协会
275	中国安全科学学报	11–2865/X	中国职业安全健康协会
276	中国比较医学杂志	11–4822/R	中国实验动物学会，中国医学科学院实验动物研究所
277	中国表面工程	11–3905/TG	中国机械工程学会

续表

序号	中文刊名	国内统一连续出版物号（CN）	主办单位
278	中国病理生理杂志	44–1187/R	中国病理生理学会
279	中国畜牧杂志	11–2083/S	中国畜牧兽医学会
280	中国电机工程学报	11–2107/TM	中国电机工程学会
281	中国电机工程学会电力与能源系统学报（英文）	10–1328/TM	中国电机工程学会
282	中国电信业	11–4524/TN	中国通信学会，人民邮电报社
283	中国动脉硬化杂志	43–1262/R	中国病理生理学会，南华大学
284	中国动物保健	11–3994/Q	中国乡镇企业协会，北京中美欧畜牧科学研究院
285	中国防痨杂志	11–2761/R	中国防痨协会
286	中国防汛抗旱	11–5587/TV	中国水利学会
287	中国肺癌杂志	12–1395/R	中国抗癌协会，中国防痨协会，天津医科大学总医院
288	中国腐蚀与防护学报	21–1474/TG	中国腐蚀与防护学会，中国科学院金属研究所
289	中国工程机械学报	31–1926/TH	中国工程机械学会
290	中国公路	11–3597/F	中国公路学会
291	中国公路学报	61–1313/U	中国公路学会
292	中国惯性技术学报	12–1222/O3	中国惯性技术学会
293	中国海洋工程（英文版）	32–1441/P	中国海洋学会
294	中国海洋湖沼学报（英文版）	37–1150/P	中国海洋湖沼学会
295	中国海洋药物	37–1155/R	中国药学会
296	中国航海	31–1388/U	中国航海学会
297	中国航空学报（英文版）	11–1732/V	中国航空学会
298	中国花卉盆景	11–2444/S	中国环境科学学会
299	中国化学（英文版）	31–1547/O6	中国化学会，中国科学院上海有机化学研究所
300	中国化学工程学报（英文版）	11–3270/TQ	中国化工学会，化学工业出版社
301	中国化学快报（英文版）	11–2710/O6	中国化学会
302	中国环境科学	11–2201/X	中国环境科学学会
303	中国机械工程	42–1294/TH	中国机械工程学会
304	中国机械工程学报（英文版）	11–2737/TH	中国机械工程学会
305	中国激光医学杂志	11–2926/R	中国光学学会
306	中国健康心理学杂志	11–5257/R	中国心理卫生协会
307	中国交通信息化	11–5951/U	中国公路学会
308	中国科技教育	11–4765/N	中国青少年科技辅导员协会
309	中国科技史杂志	11–5254/N	中国科学技术史学会，中国科学院自然科学史研究所
310	中国科技信息	11–2739/N	中国科技新闻学会

续表

序号	中文刊名	国内统一连续出版物号（CN）	主办单位
311	中国科学探险	11–5048/N	中国科学探险协会，北京《电脑爱好者》杂志社
312	中国粮油学报	11–2864/TS	中国粮油学会
313	中国临床解剖学杂志	44–1153/R	中国解剖学会
314	中国临床药理学与治疗学	34–1206/R	中国药理学会
315	中国临床药理学杂志	11–2220/R	中国药学会
316	中国临床药学杂志	31–1726/R	中国药学会
317	中国麻风皮肤病杂志	37–1348/R	中国麻风防治协会，山东省皮肤病性病防治研究所
318	中国免疫学杂志	22–1126/R	中国免疫学会，吉林省医学期刊社
319	中国免疫学杂志（英文版）	11–4987/R	中国免疫学会，中国科学技术大学
320	中国农学通报	11–1984/S	中国农学会
321	中国葡萄酒	11–5567/TS	中国园艺学会，中国农业大学
322	中国人兽共患病学报	35–1284/R	中国微生物学会
323	中国生物化学与分子生物学报	11–3870/Q	中国生物化学与分子生物学会，北京大学
324	中国生物医学工程学报	11–2057/R	中国生物医学工程学会
325	中国生物医学工程学报（英文版）	11–2953/R	中国生物医学工程学会，天津市泌尿外科研究所
326	中国实验动物学报	11–2986/Q	中国实验动物学会，中国医学科学院医学实验动物研究所
327	中国实验血液学杂志	11–4423/R	中国病理生理学会
328	中国食品学报	11–4528/TS	中国食品科学技术学会
329	中国兽医杂志	11–2471/S	中国畜牧兽医学会，中国农业大学动物医学院
330	中国水土保持科学	10–1449/S	中国水土保持学会
331	中国体视学与图像分析	11–3739/R	中国体视学学会
332	中国通信（英文版）	11–5439/TN	中国通信学会
333	中国土地科学	11–2640/F	中国土地学会，中国土地勘测规划院
334	中国稀土学报	11–2365/TG	中国稀土学会，北京有色金属研究总院
335	中国现代应用药学	33–1210/R	中国药学会
336	中国心理卫生杂志	11–1873/R	中国心理卫生协会
337	中国心脏起搏与心电生理杂志	42–1421/R	中国生物医学工程学会，武汉大学人民医院
338	中国新药与临床杂志	31–1746/R	中国药学会，上海市食品药品监督管理局科技情报研究所
339	中国学术期刊文摘	11–3501/N	科技导报社
340	中国学术期刊文摘（英文版）	11–5411/N	科技导报社
341	中国血液流变学杂志	32–1625/R	中国生物医学工程学会，苏州大学
342	中国牙科研究杂志（英文）	10–1194/R	中华口腔医学会，科学普及出版社

续表

序号	中文刊名	国内统一连续出版物号（CN）	主办单位
343	中国烟草学报	11–2985/TS	中国烟草学会
344	中国药理学报（英文版）	31–1347/R	中国药理学会，中国科学院上海药物研究所
345	中国药理学通报	34–1086/R	中国药理学会，安徽医科大学出版中心
346	中国药学（英文版）	11–2863/R	中国药学会
347	中国药学杂志	11–2162/R	中国药学会
348	中国冶金	11–3729/TF	中国金属学会
349	中国医院药学杂志	42–1204/R	中国药学会
350	中国有色金属学报（英文版）	43–1239/TG	中国有色金属学会，中南大学
351	中国有色金属学报	43–1238/TG	中国有色金属学会，中南大学
352	中国园林	11–2165/TU	中国风景园林学会
353	中国运筹学会会刊（英文）	10–1191/O1	中国运筹学会，中国科技出版传媒股份有限公司
354	中国造纸学报	11–2075/TS	中国造纸学会
355	中国针灸	11–2024/R	中国针灸学会，中国中医科学院针灸研究所
356	中国中西医结合耳鼻咽喉科杂志	34–1159/R	中国中西医结合学会
357	中国中西医结合急救杂志	12–1312/R	中国中西医结合学会
358	中国中西医结合皮肤性病学杂志	12–1380/R	中国中西医结合学会，天津市中西医结合皮肤病研究所
359	中国中西医结合肾病杂志	14–1277/R	中国中西医结合学会
360	中国中西医结合外科杂志	12–1249/R	中国中西医结合学会，天津市中西医结合急腹症研究所
361	中国中西医结合影像学杂志	11–4894/R	中国中西医结合学会，山东中医药大学附属医院
362	中国中西医结合杂志	11–2787/R	中国中西医结合学会，中国中医科学院
363	中国中药杂志	11–2272/R	中国药学会
364	中国中医骨伤科杂志	42–1340/R	中华中医药学会，湖北省中医药研究院
365	中国肿瘤临床	12–1099/R	中国抗癌协会
366	中国肿瘤生物治疗杂志	31–1725/R	中国免疫学会，中国抗癌协会
367	中国铸造装备与技术	37–1269/TG	中国机械工程学会，济南铸造锻压机械研究所
368	中国总会计师	11–5056/F	中国总会计师协会
369	中国组织化学与细胞化学杂志	42–1300/Q	中国解剖学会，华中科技大学同济医学院
370	中华病理学杂志	11–2151/R	中华医学会
371	中华超声影像学杂志	13–1148/R	中华医学会
372	中华传染病杂志	31–1365/R	中华医学会
373	中华创伤骨科杂志	11–5530/R	中华医学会
374	中华创伤杂志	50–1098/R	中华医学会

续表

序号	中文刊名	国内统一连续出版物号（CN）	主办单位
375	中华创伤杂志（英文版）	50–1115/R	中华医学会
376	中华儿科杂志	11–2140/R	中华医学会
377	中华耳鼻咽喉头颈外科杂志	11–5330/R	中华医学会
378	中华放射学杂志	11–2149/R	中华医学会
379	中华放射医学与防护杂志	11–2271/R	中华医学会
380	中华放射肿瘤学杂志	11–3030/R	中华医学会
381	中华风湿病学杂志	14–1217/R	中华医学会
382	中华妇产科杂志	11–2141/R	中华医学会
383	中华肝胆外科杂志	11–3884/R	中华医学会
384	中华肝脏病杂志	50–1113/R	中华医学会
385	中华骨科杂志	12–1113/R	中华医学会
386	中华航海医学与高气压医学杂志	31–1847/R	中华医学会
387	中华航空航天医学杂志	11–3854/R	中华医学会
388	中华核医学与分子影像杂志	32–1828/R	中华医学会
389	中华护理教育	11–5289/R	中华护理学会
390	中华护理杂志	11–2234/R	中华护理学会
391	中华急诊医学杂志	11–4656/R	中华医学会
392	中华检验医学杂志	11–4452/R	中华医学会
393	中华健康管理学杂志	11–5624/R	中华医学会
394	中华结核和呼吸杂志	11–2147/R	中华医学会
395	中华解剖与临床杂志	10–1202/R	中华医学会
396	中华精神科杂志	11–3661/R	中华医学会
397	中华口腔医学杂志	11–2144/R	中华医学会
398	中华口腔正畸学杂志	11–5797/R	中华医学会
399	中华劳动卫生职业病杂志	12–1094/R	中华医学会
400	中华老年医学杂志	11–2225/R	中华医学会
401	中华临床感染病杂志	11–5673/R	中华医学会
402	中华临床营养杂志	11–5822/R	中华医学会，中国医学科学院
403	中华流行病学杂志	11–2338/R	中华医学会
404	中华麻醉学杂志	13–1073/R	中华医学会
405	中华泌尿外科杂志	11–2330/R	中华医学会
406	中华内分泌代谢杂志	31–1282/R	中华医学会
407	中华内分泌外科杂志	11–5807/R	中华医学会
408	中华内科杂志	11–2138/R	中华医学会

续表

序号	中文刊名	国内统一连续出版物号（CN）	主办单位
409	中华皮肤科杂志	32–1138/R	中华医学会
410	中华普通外科杂志	11–3855/R	中华医学会
411	中华器官移植杂志	42–1203/R	中华医学会
412	中华全科医师杂志	11–4798/R	中华医学会
413	中华烧伤杂志	50–1120/R	中华医学会
414	中华神经科杂志	11–3694/R	中华医学会
415	中华神经外科杂志	11–2050/R	中华医学会
416	中华神经外科杂志（英文）	10–1275/R	中华医学会
417	中华神经医学杂志	11–5354/R	中华医学会
418	中华肾脏病杂志	44–1217/R	中华医学会
419	中华生物医学工程杂志	11–5668/R	中华医学会，广州医学院
420	中华生殖与避孕杂志	10–1441/R	中华医学会，上海市计划生育科学研究院，复旦大学附属妇产科医院
421	中华实验和临床病毒学杂志	11–2866/R	中华医学会
422	中华实验外科杂志	42–1213/R	中华医学会
423	中华实验眼科杂志	11–5989/R	中华医学会
424	中华实用儿科临床杂志	10–1070/R	中华医学会
425	中华手外科杂志	31–1653/R	中华医学会
426	中华糖尿病杂志	11–5791/R	中华医学会
427	中华外科杂志	11–2139/R	中华医学会
428	中华微生物学和免疫学杂志	11–2309/R	中华医学会
429	中华围产医学杂志	11–3903/R	中华医学会
430	中华胃肠外科杂志	44–1530/R	中华医学会，中山大学
431	中华物理医学与康复杂志	42–1666/R	中华医学会，华中科技大学同济医学院
432	中华显微外科杂志	44–1206/R	中华医学会
433	中华现代护理杂志	11–5682/R	中华医学会
434	中华消化内镜杂志	32–1463/R	中华医学会
435	中华消化外科杂志	11–5610/R	中华医学会
436	中华消化杂志	31–1367/R	中华医学会
437	中华小儿外科杂志	42–1158/R	中华医学会
438	中华心力衰竭和心肌病杂志（中英文）	10–1460/R	中华医学会
439	中华心律失常学杂志	11–3859/R	中华医学会
440	中华心血管病杂志（网络版）	11–6031/R	中华医学会

续表

序号	中文刊名	国内统一连续出版物号（CN）	主办单位
441	中华心血管病杂志	11–2148/R	中华医学会
442	中华新生儿科杂志（中英文）	10–1451/R	中华医学会
443	中华胸心血管外科杂志	11–2434/R	中华医学会
444	中华血管外科杂志	10–1411/R	中华医学会
445	中华血液学杂志	12–1090/R	中华医学会
446	中华眼底病杂志	51–1434/R	中华医学会
447	中华眼科杂志	11–2142/R	中华医学会
448	中华眼视光学与视觉科学杂志	11–5909/R	中华医学会
449	中华眼外伤职业眼病杂志	11–6022/R	中华医学会
450	中华医史杂志	11–2155/R	中华医学会
451	中华医学教育探索杂志	11–6021/R	中华医学会
452	中华医学教育杂志	11–5259/R	中华医学会
453	中华医学科研管理杂志	11–3565/R	中华医学会
454	中华医学美学美容杂志	11–4657/R	中华医学会
455	中华医学信息导报	11–5178/R	中华医学会
456	中华医学遗传学杂志	51–1374/R	中华医学会
457	中华医学杂志（英文版）	11–2154/R	中华医学会
458	中华医学杂志	11–2137/R	中华医学会
459	中华医院管理杂志	11–1325/R	中华医学会
460	中华胰腺病杂志	11–5667/R	中华医学会
461	中华预防医学杂志	11–2150/R	中华医学会
462	中华整形外科杂志	11–4453/R	中华医学会
463	中华中医药杂志	11–5334/R	中华中医药学会
464	中华肿瘤杂志	11–2152/R	中华医学会
465	中外管理	11–2812/C	中国管理现代化研究会，中国工业经济联合会，中国中小企业国际合作协会
466	中外能源	11–5438/TK	中国能源研究会
467	中文信息学报	11–2325/N	中国中文信息学会，中国科学院软件研究所
468	中学生数学	11–1531/O1	中国数学会，北京数学会，首都师范大学
469	中医临床研究	11–5895/R	中华中医药学会
470	自动化博览	11–2516/TP	中国自动化学会，北京中煤电气有限公司
471	自动化学报（英文版）	10–1193/TP	中国自动化学会，中国科学院自动化研究所，中国科技出版传媒股份有限公司
472	自动化仪表	31–1501/TH	中国仪器仪表学会，上海工业自动化仪表研究所

续表

序号	中文刊名	国内统一连续出版物号（CN）	主办单位
473	自然辩证法研究	11–1649/B	中国自然辩证法研究会
474	自然科学博物馆研究	10–1368/G2	中国自然科学博物馆协会，科学普及出版社，中国科学技术馆
475	自然科学进展·国际材料（英文版）	11–3853/N	中国材料研究学会
476	自然资源学报	11–1912/N	中国自然资源学会，中国科学院地理科学与资源研究所
477	组合机床与自动化加工技术	21–1132/TG	大连组合机床研究所，中国机械工程学会
478	作物学报（英文版）	10–1112/S	中国作物学会，中国农业科学院作物科学研究所，中国科技出版传媒股份有限公司
479	作物学报	11–1809/S	中国作物学会，中国农业科学院作物科学研究所
480	作物杂志	11–1808/S	中国作物学会，中国农业科学院作物科学研究所
481	儿科学（英文）	10–1482/R	中华医学会
482	中国电工技术学会电机与系统学报（英文）	10–1483/TM	中国电工技术学会，中国科学院电工研究所
483	中华炎性肠病杂志（中英文）	10–1480/R	中华医学会
484	地球与行星物理（英文）	10–1502/P	中国地球物理学会，中国科学院地质与地球物理研究所，中国科技出版传媒股份有限公司
485	汽车创新工程（英文）	10–1501/U	中国汽车工程学会
486	生态系统健康与可持续性（英文）	10–1499/X	中国生态学学会，中国科学院生态环境研究中心，中国科技出版传媒股份有限公司
487	科学文化（英文）	10–1524/G	中国科协创新战略研究院
488	卒中与血管神经病学（英文）	10–1528/R	中国卒中学会
489	植物病理学报（英文）	10–1545/Q	中国植物病理学会，中国农业大学
490	测绘学报（英文）	10–1544/P	中国测绘地理信息学会，测绘出版社
491	动物模型与实验医学（英文）	10–1546/R	中国实验动物学会，中国医学科学院实验动物研究所
492	中华转移性肿瘤杂志	10–1548/R	中华医学会
493	胰腺病学杂志（英文）	10–1560/R	中华医学会
494	生物组学研究杂志（英文）	10–1558/R	中华医学会

全国学会、协会、研究会简介

中国数学会
Chinese Mathematical Society（CMS）

地址：北京市海淀区中关村东路55号
邮政编码：100190
电子信箱：cms@math.ac.cn
主页网址：http://www.cms.org.cn
电话：010–82541197/82541448
理事长：袁亚湘
副理事长：王跃飞　高小山　陈　敏　田　刚
　　郭军义　程　晋　罗懋康　叶向东
　　韦　维　王万义
秘书长：陈大岳

中国物理学会
Chinese Physical Society（CPS）

地址：北京市海淀区中关村南三街8号中国科学院物理研究所内
邮政编码：100190
电子信箱：cps@iphy.ac.cn
主页网址：http://www.cps–net.org.cn
电话/传真：010–82649019
理事长：詹文龙
副理事长：王玉鹏　方　忠　朱少平　朱邦芬
　　龚旗煌
秘书长：方　忠

中国力学学会
The Chinese Society of Theoretical and Applied Mechanics（CSTAM）

地址：北京市海淀区北四环西路15号中国力学学会
邮政编码：100190
电子信箱：office@cstam.org.cn
主页网址：http://www.cstam.org.cn
电话：010–62559588/62559209
传真：010–62559588
理事长：杨　卫
副理事长：戴兰宏　樊　菁　方岱宁　韩杰才
　　申长雨　袁　驷　翟婉明　郑晓静
　　周哲玮
秘书长：杨亚政

中国光学学会
The Chinese Optical Society（COS）

地址：北京市海淀区学院南路86号
邮政编码：100081
电子信箱：cos@cast.org.cn
主页网址：http//www.cncos.org
电话：010–62103292
传真：010–62103235
理事长：龚旗煌
副理事长：李儒新　顾　瑛　贾锁堂　刘文清
　　刘泽金　任晓敏　王文杰

秘书长：刘　旭

中国声学学会
Acoustical Society of China（ASC）

地址：北京市海淀区北四环西路 21 号
邮政编码：100190
电子信箱：asc@mail.ioa.ac.cn
主页网址：http://www.aschina.org
电话传真：010–82547910
理事长：王小民
副理事长：李　琪　邱小军　毛东兴　谢菠荪
　　　　　张春华
秘书长：张春华（兼）

中国化学会
Chinese Chemical Society（CCS）

地址：北京市海淀区中关村北一街 2 号
邮政编码：100190
电子信箱：spzheng@iccas.ac.cn
主页网址：http://www.chemsoc.org.cn
电话：010–82449177
传真：010–62568157
理事长：姚建年
副理事长：包信和　戴厚良　丁奎岭　董孝利
　　　　　洪茂椿　侯建国　黄　维　江桂斌
　　　　　李　彬　沈殿成　万立骏　张　希
　　　　　周其凤　周其林
秘书长：范青华

中国天文学会
Chinese Astronomical Society（CAS）

地址：江苏省南京市鼓楼区北京西路 2 号
邮政编码：210008
电子信箱：cas.nj@pmo.ac.cn
主页网址：http://astronomy.pmo.cas.cn
电话传真：025–83332036
理事长：武向平
副理事长：刘晓为　沈志强　郑晓年　戴子高
秘书长：杨　戟

中国气象学会
Chinese Meteorological Society（CMS）

地址：北京市海淀区中关村南大街 46 号
邮政编码：100081
电子信箱：cms@cms1924.org
主页网址：http://www.cms1924.org
电话传真：010–68406821
理事长：王会军
副理事长：宇如聪　费建芳　钱泽宏　端义宏
　　　　　杨修群　胡永云　李廉水
秘书长：王金星

中国空间科学学会
Chinese Society of Space Research（CSSR）

地址：北京市海淀区中关村南二条一号
邮政编码：100190
电子信箱：cssr@nssc.ac.cn
主页网址：http://cssr.org.cn
电话：010–62559882
传真：010–62582961
理事长：吴　季
副理事长：万卫星　陆　卫　曹喜滨　高　铭
　　　　　邹永廖　黄江川
秘书长：庞红勋

中国地质学会
Geological Society of China（GSC）

地址：北京市西城区百万庄大街 26 号
邮政编码：100037
电子信箱：cgdzxh@cags.ac.cn
主页网址：http://www.geosociety.org.cn
电话：010–68999605
传真：010–68995305
理事长：钟自然

副理事长：李金发　朱立新　王香增　邓　军
　　　　　任　辉　杜运斌　郝　芳　侯启军
　　　　　徐锡伟　郭正堂
秘书长：李金发

中国地理学会
Geographical Society of China（GSC）

地址：北京市朝阳区大屯路甲 11 号
邮政编码：100101
电子信箱：gsc@igsnrr.ac.cn
主页网址：http://www.gsc.org.cn
电话：010-64870663
传真：010-64889598
理事长：傅伯杰
副理事长：陈发虎　崔　鹏　葛全胜　宫辉力
　　　　　冷疏影　刘宝元　刘　毅　陶　澍
　　　　　薛德升　杨桂山　俞立中　张国友
秘书长：刘　毅（兼）

中国地球物理学会
Chinese Geophysical Society（CGS）

地址：北京市海淀区民族学院南路 5 号
邮政编码：100081
电子信箱：cgs@cgs.org.cn
主页网址：http://www.cgs.org.cn
电话：010-68729347/82998257
传真：010-82998257
理事长：陈晓非
副理事长：陈海弟　苟　量　谢玉洪　熊盛青
　　　　　张东宁　赵殿栋
秘书长：郭　建

中国矿物岩石地球化学学会
Chinese Society for Mineralogy Petrology and Geochemistry（CSMPG）

地址：贵州省贵阳市观山湖区林城西路 99 号
邮政编码：550081
电子信箱：csmpg@vip.skleg.cn
主页网址：http://www.csmpg.org.cn
　　　　　http://csmpg.gyig.cas.cn
电话传真：0851-5895823
理事长：胡瑞忠
副理事长：陈　骏　邓　军　何宏平　胡素云
　　　　　王世杰　翟明国　郑建平　郑永飞
　　　　　周卫健
秘书长：冯新斌

中国古生物学会
Palaeontological Society of China（PSC）

地址：江苏省南京市玄武区北京东路 39 号
邮政编码：210008
电子信箱：psc@nigpas.ac.cn
主页网址：http://www.china-psc.org.cn
电话：025-83282138
传真：025-83357026
理事长：杨　群
副理事长：童金南　孙　革　邓　涛　姚建新
秘书长：王永栋

中国海洋湖沼学会
Chinese Society for Oceanology and Limnology（CSOL）

地址：山东省青岛市福山路 32 号
邮政编码：266071
电子信箱：csol@qdio.ac.cn
主页网址：http://csol.qdio.ac.cn
电话：0532-82898636
传真：0532-82868636
理事长：孙　松
副理事长：王　凡　张　偲　杨红生　沈　吉
　　　　　麦康森　赵进东　高　抒　焦念志
秘书长：杨红生

中国海洋学会
Chinese Society for Oceanography（CSO）

地址：北京市丰台区莲宝中路马官营家园 3 号楼
邮政编码：100161
电子信箱：csoxhb@163.com
主页网址：http://www.cso.org.cn
电话：010-68047614
传真：010-68567980
理事长：陈连增
副理事长：于志刚　孙　松　张海文　潘德炉
罗季燕　周守为　蒋兴伟　雷　波
窦希萍　戴民汉
秘书长：雷　波

中国地震学会
Seismological Society of China（SSC）

地址：北京市海淀区民族大学南路 5 号
邮政编码：100081
电子信箱：zgdzxh@sina.com
主页网址：http://www.ssoc.org.cn
电话：010-68729352
传真：010-68417858
理事长：张培震
副理事长：陈晓非　吴忠良　孙柏涛　高孟潭
秘书长：李小军

中国动物学会
China Zoological Society（CZS）

地址：北京市朝阳区北辰西路 1 号院 5 号
邮政编码：100101
电子信箱：czs@ioz.ac.cn
主页网址：http://www.czs.ioz.cas.cn
电话传真：010-64807051
名誉理事长：陈宜瑜
理事长：孟安明
副理事长：王德华　冯　江　孙青原　李保国
宋微波　张正旺　张希武　张知彬（常务）
桂建芳　魏辅文
秘书长：王德华（兼）

中国植物学会
Botanical Society of China（BSC）

地址：北京市海淀区香山南路南辛村 20 号
邮政编码：100093
电子信箱：bsc@ibcas.ac.cn
主页网址：http://www.botany.org.cn
电话：010-62836505
传真：010-82599636
理事长：武维华
副理事长：安黎哲　种　康　葛　颂　黄宏文
李德铢　朱玉贤
秘书长：葛　颂

中国昆虫学会
The Entomological Society of China（ESC）

地址：北京市朝阳区北辰西路 1 号院 5 号中国科学院动物研究所内
邮政编码：100101
电子信箱：entsoc@ioz.ac.cn
主页网址：http://entsoc.ioz.ac.cn
电话：010-64807135
传真：010-64807198
理事长：康　乐
副理事长：戈　峰　卜文俊　陈学新　高希武
韩日畴　洪晓月　金道超　骆有庆
王成树　魏启文　吴孔明　张雅林
秘书长：戈　峰

中国微生物学会
Chinese Society for Microbiology（CSM）

地址：北京市朝阳区北辰西路 1 号院 3 号
邮政编码：100101

电子信箱：csm@im.ac.cn
主页网址：http://csm.im.ac.cn
电话：010-64807200
传真：010-64807950
理事长：邓子新
副理事长：黄　力　邵一鸣　徐志凯　杨瑞馥
　　　　　焦念志　徐建国　张克勤　王　磊
秘书长：东秀珠

中国生物化学与分子生物学会
The Chinese Society of Biochemistry and Molecular Biology（CSBMB）

地址：上海市徐汇区岳阳路320号
邮政编码：200031
电子信箱：csbmb@sibs.ac.cn
主页网址：http://www.csbmb.org.cn
电话：021-54921088/54922818/54921090
传真：021-54922818
理事长：李　林
副理事长：昌增益　焦炳华　林圣彩　刘小龙
　　　　　隋森芳　汤其群　许瑞明
秘书长：刘小龙（兼）

中国细胞生物学学会
Chinese Society for Cell Biology（CSCB）

地址：上海市徐汇区岳阳路320号
邮政编码：200031
电子信箱：cell@cscb.org.cn
主页网址：http://www.cscb.org.cn
电话：021-54922879
传真：021-54922891
理事长：陈晔光
副理事长：丁小燕　韩家淮　李朝军　宋纯鹏
　　　　　张　旭　周　琪
秘书长：王　纲

中国植物生理与植物分子生物学学会
Chinese Society for Plant Biology（CSPB）

地址：上海市徐汇区岳阳路319号31楼A211
邮政编码：200031
电子信箱：cspb@sibs.ac.cn
主页网址：http://www.cspb.org.cn
电话：021-54922859/54920737
传真：021-54922859
理事长：陈晓亚
副理事长：韩　斌　何祖华　宋纯鹏　夏光敏
　　　　　赵德刚　赵进东
秘书长：唐威华

中国生物物理学会
The Biophysical Society of China（BSC）

地址：北京市朝阳区大屯路15号
邮政编码：100101
电子信箱：wangyue@ibp.ac.cn
主页网址：http://www.bsc.org.cn
电话：010-64889894/64887226
传真：010-64889892
理事长：徐　涛
副理事长：程和平　雷　鸣　李　蓬　刘志杰
　　　　　许瑞明
秘书长：张宏

中国遗传学会
Genetics Society of China（GSC）

地址：北京市朝阳区北辰西路1号院2号
邮政编码：100101
电子信箱：geneticssociety@163.com
主页网址：http://www.gsc.ac.cn
电话：010-64806529
传真：010-64806636
理事长：张亚平

副理事长：贺　林　薛勇彪　杨　晓　杨焕明
孟安明　沈　岩　谭华荣　韩　斌
金　力　周天鸿
秘书长：薛勇彪（兼）

中国心理学会
Chinese Psychological Society（CPS）

地址：北京市朝阳区林萃路 16 号院中国科学院心理研究所内
邮政编码：100101
电子信箱：cps@psych.ac.cn
主页网址：http://www.cpsbeijing.org
电话：010–64888946
传真：010–64855830
理事长：傅小兰
副理事长：陈　红　郭秀艳　李　红　卢家楣
秘书长：罗　劲

中国生态学学会
Ecological Society of China（ESC）

地址：北京市海淀区双清路 18 号
邮政编码：100085
电子信箱：esc@rcees.ac.cn
主页网址：http://www.esc.org.cn
电话：010–62849101
传真：010–62849113
理事长：刘世荣
副理事长：安黎哲　董　鸣　吕永龙　闵庆文
欧阳志云　彭少麟　王克林　魏辅文
吴文良　薛建辉
秘书长：陈利顶

中国环境科学学会
Chinese Society for Environmental Sciences（CSES）

地址：北京市海淀区红联南村 54 号
邮政编码：100082
电子信箱：hybcses@163.com
主页网址：http://www.chinacses.org
电话：010–62210708
传真：010–62210728
理事长：黄润秋
副理事长：丁仲礼　王灿发　曲久辉　任官平
任南琪　刘文清　邹首民　陆新元
孟　伟　武维华　贺克斌　倪晋仁
高吉喜
秘书长：王志华

中国自然资源学会
China Society of Natural Resources（CSNR）

地址：北京市朝阳区大屯路甲 11 号
邮政编码：100101
电子信箱：csnr@igsnrr.ac.cn
主页网址：http://www.csnr.org
电话：010–64861455/64889806
传真：010–64861455
理事长：成升魁
副理事长：王仰麟　王艳芬　江　源　吴文良
沈　镭　陈　曦　陈发虎　林家彬
封志明　夏　军　高　峻　濮励杰
秘书长：沈　镭

中国感光学会
Chinese Society for Imaging Science and Technology（CSIST）

地址：北京市海淀区中关村东路 29 号
邮政编码：100190
电子信箱：xh@csist.org.cn
主页网址：http://www.csist.org.cn
电话：010–82543686/82543687
传真：010–82543687
理事长：蒲嘉陵
副理事长：张丽萍（常务）　马礼谦　薛　唯
杨　斌　魏　杰　周秉锋　杨建文
秘书长：黄　勇

中国优选法统筹法与经济数学研究会
Chinese Society of Optimization，Overall Planning and Economic Mathematics（CSOOPEM）

地址：北京市海淀区中关村东路 55 号中国科学院思源楼 1201 室（北京 8712 信箱）
邮政编码：100190
电子信箱：shuangfa@casipm.ac.cn
主页网址：http://www.scope.org.cn
电话传真：010–62542629
理事长：池　宏
副理事长：马超群　杨善林　范　英　周　勇
高自友　徐玖平　梁　樑　黄海军
魏一鸣
秘书长：李建平

中国岩石力学与工程学会
Chinese Society for Rock Mechanics and Engineering（CSRME）

地址：北京市朝阳区北土城西路 19 号（北京 9825 信箱）
邮政编码：100029
电子信箱：csrme@vip.sina.com
主页网址：http://www.csrme.com
电话：010–82998163/82998164/82998165/82998528
传真：010–82998163
理事长：冯夏庭
副理事长：杜时贵　郭熙灵　康红普　李术才
李夕兵　李　晓　潘一山　唐春安
王明洋　杨更社　杨　强　殷跃平
朱合华
秘书长：刘大安

中国野生动物保护协会
China Wildlife Conservation Association（CWCA）

地址：北京市东城区和平里东街 18 号
邮政编码：100714
电子信箱：cwca84239015@126.com
主页网址：http://www.cwca.org.cn
电话：010–84239015/84239556
传真：010–64238030
会长：陈凤学
副会长：王洪杰　刘建顺　李书民　李青文
张希武　张举彦　陈万成　高振坤
蒋志刚　臧春林
秘书长：李青文（兼）

中国系统工程学会
Systems Engineering Society of China（SESC）

地址：北京市海淀区中关村东路 55 号思源楼
邮政编码：100190
电子信箱：sesc@iss.ac.cn
主页网址：http://www.sesc.org.cn
电话：010–82541431
传真：010–82626697
理事长：汪寿阳
副理事长：陈国青　狄增如　高自友　黄海军
李一军　凌　文　王红卫　杨新民
张纪峰　朱桂龙
秘书长：杨晓光

中国实验动物学会
Chinese Association for Laboratory Animal Sciences（CALAS）

地址：北京市朝阳区潘家园南里 5 号
邮政编码：100021
电子信箱：calas@calas.org.cn
主页网址：http://www.calas.org.cn
电话传真：010–67781534
理事长：秦　川
副理事长：林东昕　卢金星　陈学进　李冠民
黄　韧　赵德明
秘书长：赵宏旭

中国青藏高原研究会
The China Society on Tibetan Plateau
（CSTP）

地址：北京市朝阳区大屯路甲 11 号
邮政编码：100101
电子信箱：qingzang@igsnrr.ac.cn
主页网址：http://www.cstp.org.cn
电话：010-64889819
传真：010-64889769
理事长：姚檀栋
副理事长：邓本太（藏） 岗　青（藏） 侯增谦 洛桑·灵智多杰（藏） 于贵瑞 张人禾 朱立平
秘书长：欧阳华

中国环境诱变剂学会
Chinese Environmental Mutagen Society
（CEMS）

地址：北京市海淀区学院路 38 号北京大学医学部公共卫生学院 236 室
邮政编码：100191
电子信箱：iaems_cn@163.com
主页网址：http://www.cems.org.cn
电话传真：010-82335754
理事长：曹　佳
副理事长：浦跃朴 林东昕 郝卫东 张天宝 陈　雯
秘书长：郝卫东

中国运筹学会
Operations Research Society of China
（ORSC）

地址：北京市海淀区中关村东路 55 号
邮政编码：100190
电子信箱：orsc@amt.ac.cn
主页网址：http://www.orsc.org.cn
电话传真：010-82541190
理事长：胡旭东
副理事长：白延琴 陈国庆 戴彧虹 范更华 李　勇 修乃华 杨晓光 张玉忠 赵晓波
秘书长：刘　克

中国菌物学会
Mycological Society of China（MSC）

地址：北京市朝阳区北辰西路 1 号院 3 号中国科学院微生物所 B410
邮政编码：100101
电子信箱：msc@im.ac.cn
主页网址：http://www.mscfungi.org.cn
电话传真：010-64807455
理事长：郭良栋
副理事长：边银丙 戴玉成 姜子德 康冀川 图力古尔 王源超 席丽艳 张劲松 张修国 朱　平
秘书长：白逢彦

中国晶体学会
Chinese Crystallographic Society（CCrS）

地址：北京市海淀区北京大学陈守仁国际研究中心伟利楼 207 室
邮政编码：100871
电子信箱：ccrs@pku.edu.cn
主页网址：http://www.ccrs.net.cn
电话：010-62757857
传真：010-62767969
理事长：苏晓东
副理事长：牛立文 苏成勇 来鲁华 靳常青 廖立兵 王　牧 于　荣 吕　扬
秘书长：孙俊良

中国神经科学学会
The Chinese Neuroscience Society（CNS）

地址：上海市徐汇区岳阳路 319 号 31A 楼 211 室

邮政编码：200031
电子信箱：cns@sibs.ac.cn
主页网址：http://www.cns.org.cn
电话：021-54922854/54922893
传真：021-54922893
理事长：段树民
副理事长：陈生弟　高天明　何士刚　王以政
　　谢俊霞　徐如祥　于常海　张　旭
　　张玉秋
秘书长：何　成

中国认知科学学会
Chinese Society for Cognitive Science

地址：北京市朝阳区大屯路15号中国科学院生物物理所7300房间
邮政编码：100101
电子信箱：sec@cogsci.org.cn
主页网址：http://www.cogsci.org.cn
电话传真：010-64861049
理事长：陈　霖
副理事长：韦　钰　郑南宁　段树民　郭爱克
秘书长：马原野

国际数字地球学会
International Society for Digital Earth
（ISDE）

地址：北京市海淀区邓庄南路9号
邮政编码：100094
电子信箱：isde@radi.ac.cn
主页网址：http://www.digitalearth-isde.org
电话：010-82178912
传真：010-82178916
主席：郭华东
副主席：Alessandro Annoni（欧盟）
　　John Townshend（美国）
秘书长：Mario Hernandez（墨西哥）

国际动物学会
International Society of Zoological Sciences
（ISZS）

地址：北京市朝阳区北辰西路1号院5号中国科学院动物研究所C506室
邮政编码：100101
电子信箱：iszs@ioz.ac.cn
主页网址：http://www.globalzoology.org
电话传真：010-64807295
主席：张知彬
副主席：长滨嘉孝（日本）　Sarita Maree（南非）
秘书长：韩春绪

中国机械工程学会
Chinese Mechanical Engineering Society
（CMES）

地址：北京市海淀区首体南路9号主语国际4号楼11层
邮政编码：100048
电子信箱：headquarters@cmes.org
主页网址：http://www.cmes.org
　　http://www.cmes.org.cn
电话：010-68799009
传真：010-68799050
理事长：李培根
副理事长：张彦敏（常务）　王德成　尤　政
　　陆大明　陈　钢　陈学东　林忠钦
　　钟志华　郭东明　蒋庄德　谭建荣
秘书长：陆大明（兼）

中国汽车工程学会
Society of Automotive Engineers of China（SAE-China）

地址：北京市西城区莲花池东路102号天莲大厦4层、10层
邮政编码：100055
电子信箱：office@sae-china.org
主页网址：http://www.sae-china.org
电话：010-50950000

传真：010-50950095
理事长：李　骏
副理事长：丁宏祥　王秋景　刘　波　刘卫东
李开国　吴绍明　余卓平　张进华
陈　龙　欧阳明高　项昌乐　赵　韩
高和生　管　欣
秘书长：张进华

中国农业机械学会
Chinese Society for Agricultural Machinery（CSAM）

地址：北京市朝阳区德胜门外北沙滩 1 号
邮政编码：100083
电子信箱：csam@caams.org.cn
主页网址：http://www.agro-csam.org
电话：010-64882291/64882232
传真：010-64882291
理事长：罗锡文
副理事长：方宪法　王金富　王桂民　王　博
刘恒新　刘　敏　朱　明　佟　金
应义斌　陈学庚　姜卫东　胡乐鸣
赵春江　赵剡水　袁寿其　韩鲁佳
秘书长：张咸胜

中国农业工程学会
Chinese Society of Agricultural Engineering（CSAE）

地址：北京市朝阳区麦子店街 41 号
邮政编码：100125
电子信箱：hqcsae@agri.gov.cn
主页网址：http://www.csae.org.cn
电话传真：010-59197100
理事长：隋　斌
副理事长：朱　明（常务）　康绍忠　李天来
赵春江　吴普特　袁寿其　包　军
陆华忠　张全国　李瑞川　方宪法
秘书长：朱　明

中国电机工程学会
Chinese Society for Electrical Engineering（CSEE）

地址：北京市西城区白广路二条一号
邮政编码：100761
电子信箱：csee@csee.org.cn
主页网址：http://www.csee.org.cn
电话：010-63414320
传真：010-63414319
理事长：郑宝森
副理事长：栾　军　谢明亮　王良友　刘国跃
金耀华　邓建玲　米树华　魏　锁
张　诚　王树民　姚　强　赵　洁
高立刚　刘吉臻　宋永华　陈　斌
秘书长：谢明亮

中国电工技术学会
China Electrotechnical Society（CES）

地址：北京市西城区三里河路 46 号
邮政编码：100823
电子信箱：esintl@public.bta.net.cn
主页网址：http://www.ces.org.cn
电话：010-68595357
传真：010-68511242
理事长：杨庆新
副理事长：尹天文　叶向东　朱元巢　刘　杰
孙逢春　孙鹤旭　肖立业　宋永华
宋晓刚　张文亮　陈干锦　郝玉成
荣命哲　姚为正　秦汉军　徐殿国
郭嵋俊　梁　曦　裴相精　管瑞良
秘书长：裴相精（兼）

中国水力发电工程学会
China Society for Hydropower Engineering（CSHE）

地址：北京市海淀区车公庄西路 22 号院 A 座 11 层
邮政编码：100048
电子信箱：b07@cast.org.cn

leidy5378@126.com
主页网址：http://www.hydropower.org.cn
电话：010-58381747/58382515
传真：010-63547632
理事长：张　野
副理事长：袁柏松（常务）　么　虹　王　琳
王　森　王志轩　朱跃龙　刘国跃
李　云　杨晓东　杨清廷　张建民
陈云华　周厚贵　郑声安　郑旭东
夏　忠　晏志勇　韩　水　喻新强
谢长军
秘书长：袁柏松（兼）

中国水利学会
Chinese Hydraulic Engineering Society
（CHEC）

地址：北京市西城区白广路二条16号
邮政编码：100053
电子信箱：ches@ches.org.cn
主页网址：http://www.ches.org.cn
电话：010-63204863
传真：010-63202154
理事长：胡四一
副理事长：匡尚富　张建云　马建华　薛松贵
李新军　殷保合　徐　辉　陈永灿
吴　澎
秘书长：汤鑫华

中国内燃机学会
Chinese Society for Internal Combustion
Engines（CSICE）

地址：上海市闵行区华宁路3111号
邮政编码：201108
电子信箱：zhuweijin66@126.com
主页网址：http://www.csice.org.cn
电话传真：021-31310973
理事长：金东寒
副理事长：孙少军　刘志刚　李继凯　许传国
张树勇　邵　煜　董建福　舒歌群
谭贵荣

秘书长：李树生

中国工程热物理学会
Chinese Society of Engineering
Thermophysics（CSET）

地址：北京市海淀区北四环西路11号
邮政编码：100190
电子信箱：cset@iet.cn
主页网址：http://www.cset.org.cn
电话：010-82543040
传真：010-82543037
理事长：金红光
副理事长：陈　勇　李应红　朱俊强　杨勇平
姚春德　郭烈锦　张　兴
秘书长：杜建一

中国空气动力学会
Chinese Aerodynamics Research
Society（CARS）

地址：北京市海淀区学院路37号国家计算流体力学实验室
邮政编码：100191
电子信箱：carsqdxh@gmail.com
主页网址：http://www.cars.org.cn
电话传真：010-82317341
理事长：唐志共
副理事长：任玉新　王志川　沈　清　孙　茂
高正红　赵　宁　张新宇　杨　炯
张来平
秘书长：徐　翔

中国制冷学会
Chinese Association of Refrigeration
（CAR）

地址：北京市海淀区阜成路67号银都大厦10层
邮政编码：100142
电子信箱：car@car.org.cn
主页网址：http://www.car.org.cn
电话：010- 68715723

传真：010-68434679

理事长：金嘉玮

副理事长：孟庆国　江　亿　陈学东　何雅玲
纪志坚　李增群　罗二仓　刘长永
王翔雨　路　宾　刘　挺　黄　辉
王如竹　李先庭

秘书长：孟庆国

中国真空学会
Chinese Vacuum Society（CVS）

地址：北京市朝阳区建国路93号万达广场9号楼6层612室

邮政编码：100022

电子信箱：cvs@chinesevacuum.com

主页网址：http://www.chinesevacuum.com

电话：010-58208908/58208985

传真：010-58207735

理事长：许宁生

副理事长：高鸿钧　李言荣　巴德纯　雷震霖
彭练矛　王西龙　董振超　于天化
李得天　苏　原

秘书长：郭海明

中国自动化学会
Chinese Association of Automation（CAA）

地址：北京市海淀区中关村东路95号自动化大厦509

邮政编码：100190

电子信箱：caa@ia.ac.cn

主页网址：http://www.caa.org.cn

电话：010-82544542

传真：010-62522248

理事长：郑南宁

副理事长：王飞跃　柴天佑　张剑武　张纪峰
陈　杰　杨孟飞　于海斌　李少远
周东华　桂卫华　王成红　陈俊龙

秘书长：王飞跃（兼）

中国仪器仪表学会
China Instrument & Control Society（CIS）

地址：北京市海淀区知春路6号锦秋国际大厦A座23层

邮编：100088

电子信箱：info@cis.org.cn

主页网址：http://www.cis.org.cn

电话：010-82800755

传真：010-82800879

理事长：李天初

副理事长：尤　政　张广军　胡小唐　史红民
吴　朋　许大庆　高明璋　王　健
宣瑞国　吴幼华

秘书长：朱险峰

中国计量测试学会
Chinese Society for Measurement（CSM）

地址：北京市朝阳区育慧南路3号西单元5层

邮政编码：100029

电子信箱：mingjianlyu@163.com

主页网址：http://www.china-csm.org

电话传真：010-84639756

理事长：蒲长城

副理事长：丁雪梅　于化东　马爱文　张广军
林建忠　方　向　钟新明　欧阳证
王　巍　万立骏

秘书长：马爱文（兼）

中国标准化协会
China Association for Standardization（CAS）

地址：北京市海淀区增光路33号中国标协写字楼

邮政编码：100048

电子信箱：cas@china-cas.org

主页网址：http://www.china-cas.org

电话传真：010-68482899

理事长：纪正昆

副理事长：王　晔　王中丹　王宗龄　刘泽洪
　　　　　吴江徽　吴道洪　宋明顺　陈　璐
　　　　　季　飞　贾　科　钱建林　高建忠
　　　　　董若琳　冀晓东
秘书长：高建忠（兼）

中国图学学会
China Graphics Society（CGS）

地址：北京市海淀区知春路1号学院国际大厦1006室
邮政编码：100083
电子信箱：cgs@cgn.net.cn
主页网址：http://www.cgn.net.cn
电话：010-62165983
传真：010-62165987
理事长：孙家广
副理事长：许杰峰　孙林夫　李　华　杨海成
　　　　　陈锦昌　赵　罡　韩宝玲　强　毅
　　　　　魏小鹏
秘书长：赵　罡（兼）

中国电子学会
Chinese Institute of Electronics（CIE）

地址：北京市海淀区玉渊潭南路普惠南里13号楼
　　（北京市165信箱）
邮政编码：100036
电子信箱：liujing@cie-info.org.cn
主页网址：http://www.cie-info.org.cn
电话：010-68277281
传真：010-68233917
理事长：怀进鹏
副理事长：王海峰　芮晓武　李树深　张　军
　　　　　陆建华　周子学　徐晓兰　梅　宏
　　　　　蒋亚非　熊群力
秘书长：徐晓兰（兼）

中国计算机学会
China Computer Federation（CCF）

地址：北京市海淀区中关村科学院南路6号
邮政编码：100190
电子信箱：ccf@ccf.org.cn
主页网址：http://www.ccf.org.cn
电话：010-62562503
传真：010-62527485
理事长：高　文
副理事长：孙凝晖　吕　建　王巨宏
秘书长：杜子德

中国通信学会
China Institute of Communications（CIC）

地址：北京市海淀区万寿路27号院8号楼
邮政编码：100846
电子信箱：xuzhijun@china-cic.cn
主页网址：http://www.china-cic.org.cn
电话：010-68209078
传真：010-68209074
理事长：陈肇雄
副理事长：田　进　余少华　衣雪青　张新生
　　　　　乔建永　韩志刚　高步文　江　阳
秘书长：衣雪青（兼）

中国中文信息学会
Chinese Information Processing Society of China（CIPSC）

地址：北京市海淀区中关村南四街4号中国科学院软件园7号楼201房间
邮政编码：100190
电子信箱：cips@iscas.ac.cn
主页网址：http://www.cipsc.org.cn
电话传真：010-62562916
理事长：方滨兴
副理事长：马少平　王海峰　刘庆峰　孙　乐
　　　　　那顺乌日图　张桂平　李宇明
　　　　　宗成庆　施水才　黄河燕
秘书长：孙　乐（兼）

中国测绘地理信息学会
Chinese Society for Geodesy Photogrammetry and Cartography（CSGPC）

地址：北京市海淀区莲花池西路 28 号
邮政编码：100830
电子信箱：cssmg1401@163.com
主页网址：http://www.csgpc.org
电话：010-63881320
传真：010-63881449
理事长：宋超智
副理事长：彭震中　李建成　程鹏飞　张建平　赖百炼　徐　文　李清泉　宋关福　陈　平　陈军（特聘）　刘耀林（特聘）
秘书长：彭震中（兼）

中国造船工程学会
The Chinese Society of Naval Architects and Marine Engineers（CSNAME）

地址：北京市西城区月坛北街 5 号
邮政编码：100861
电子信箱：msc@csname.org.cn
主页网址：http://www.csname.org.cn
电话：010-59517926
传真：010-59517928
理事长：李长印
副理事长：李国安　孙　伟　王宇航　金晓剑　石　林　黄　震　刘志刚　宋保维　王自力　刘祖源　张宏军　周希辰
秘书长：林宪东

中国航海学会
China Institute of Navigation（CIN）

地址：北京市东城区和平里东街 10 号院 1-401
邮编：100013
电子信箱：cinnet@163.com
主页网址：http://www.cinnet.cn
电话：010-65299790
传真：010-65299796
理事长：黄有方
副理事长：曹　迪　余世成　丁　农　尹　勇　丁小刚　苏新刚　李　甄
秘书长：王　群

中国铁道学会
China Railway Society（CRS）

地址：北京市海淀区复兴路 10 号
邮政编码：100844
电子信箱：zgtdxh@sohu.com
主页网址：http://www.crs.org.cn/crs
电话：010-51842251
传真：010-51847402
理事长：卢春房
副理事长：马福海　叶阳升　孙永才　庄尚标　余邦利　张宗言　周　黎　周志亮　郑　健　赵国堂　徐　飞　耿志修　康高亮　程先东　傅选义
秘书长：马福海（兼）

中国公路学会
China Highway and Transportation Society（CHTS）

地址：北京市朝阳区安华西里三区甲 6 号
邮政编码：100011
电子信箱：zc@9811.com.cn
主页网址：http://www.chts.cn
电话：010-64899136
传真：010-84951487
理事长：翁孟勇
副理事长：周纪昌　郑健龙　孟凤朝　陈奋健　游庆仲　冯西宁　刘文杰　邓仁杰　马　建　唐伯明　王　民　张喜刚
秘书长：刘文杰（兼）

中国航空学会
Chinese Society of Aeronautics and Astronautics（CSAA）

地址：北京市朝阳区安外北苑 2 号院
邮政编码：100012
电子信箱：csaazhb@126.com
主页网址：http://www.csaa.org.cn
电话：010-84924382
传真：010-84923942
理事长：林左鸣
副理事长：王　政　张新国　汪劲松　罗荣怀
　　　　　徐惠彬　聂　宏　高建设
秘书长：吴　松

中国宇航学会
Chinese Society of Astronautics（CSA）

地址：北京市海淀区阜成路 8 号
邮政编码：100048
电子信箱：cast_wangxb @126.com
主页网址：http://www.csaspace.org.cn
电话：010-68767281
传真：010-68768617
理事长：雷凡培
副理事长：王一然　王兆耀　刘石泉　李　跃
　　　　　杨保华　吴燕生　袁　洁　徐　强
　　　　　潘旭东
秘书长：王一然（兼）

中国兵工学会
China Ordnance Society

地址：北京市海淀区车道沟 10 号院 2431 信箱
邮政编码：100089
电子信箱：suggest@cos.org.cn
主页网址：http://www.cos.org.cn
电话：010-68963154/68963055
传真：010-68962962
理事长：尹家绪
副理事长：胡海岩　刘仓理　曾　毅　聂晓夫
　　　　　邓智尤　王晓锋　于小虎
秘书长：于小虎（兼）

中国金属学会
The Chinese Society for Metals（CSM）

地址：北京市东城区东四西大街 46 号
邮政编码：100711
电子信箱：csmoffice@csm.org.cn
主页网址：http://www.csm.org.cn
电话：010-65133322-1612
　　　010-65270210
传真：010-65124122
理事长：干　勇
副理事长：赵　沛（常务）　马国强　唐复平
　　　　　才　让　杨　锐　张欣欣　赵　继
　　　　　于　勇　沈　彬
秘书长：王新江

中国有色金属学会
The Nonferrous Metals Society of China（NFsoc）

地址：北京市海淀区复兴路乙 12 号
邮政编码：100814
电子信箱：nfsoc@163.com
主页网址：http://www.nfsoc.org.cn
电话：010-63971451
传真：010-63965399
理事长：贾明星
副理事长：葛红林　李福利　桂卫华　严纯华
　　　　　孙加林　杨志强　刘江浩　胡岳华
　　　　　彭金辉　杨　斌　张少明　蒋开喜
　　　　　陆志方　张平祥　张洪国
秘书长：张洪国（兼）

中国稀土学会
The Chinese Society of Rare Earths（CSRE）

地址：北京市海淀区学院南路 76 号
邮政编码：100081
电子信箱：csre@cs-re.org.cn
主页网址：http://www.cs-re.org.cn
电话：010-62182748/62173497
传真：010-62173501
理事长：李春龙
副理事长：严纯华　龚　斌　李　波　杨占峰
黄松涛　胡伯平　黄长庚　张尚虎
薛冬峰　黄光惠　王　涛　李　琼
秘书长：牛京考

中国腐蚀与防护学会
Chinese Society for Corrosion and Protection（CSCP）

地址：北京市海淀区学院路 30 号
邮政编码：100083
电子信箱：mail@cscp.org.cn
主页网址：http://www.cscp.org.cn
电话：010-62320080
传真：010-82372305
理事长：王福会
副理事长：刘建华　孙明先　李　劲　李晓刚
吴建华　张　盾　张三平　张启富
张政军　张鉴清　林　安　林昌健
宫声凯　郭兴蓬　路民旭
秘书长：李晓刚（兼）

中国化工学会
The Chemical Industry and Engineering Society of China（CIESC）

地址：北京市朝阳区安定路 33 号化信大厦 B 座 7 层
邮政编码：100029
电子信箱：wangyan@ciesc.cn
主页网址：http://www.ciesc.cn
电话：010-64449479
传真：010-64411194
理事长：戴厚良
副理事长：李静海（常务）　蔺爱国（常务）
华炜（专职）　何仲文　胡徐腾
黄　维　李良君　刘良炎　潘正安
谭天伟　辛　忠　张传江　张　方
张锁江
秘书长：华　炜（兼）

中国核学会
Chinese Nuclear Society（CNS）

地址：北京市西城区三里河南三巷 1 号
邮政编码：100822
电子信箱：cns@ns.org.cn
主页网址：http://www.ns.org.cn
电话：010-68576163/68555559
传真：010-68527188
理事长：李冠兴
副理事长：王　森　刘永德　孙汉虹　余剑锋
张廷克　张维岩　相　斌　贺　禹
赵　军　康克军　詹文龙　雷增光
秘书长：于鉴夫

中国石油学会
Chinese Petroleum Society（CPS）

地址：北京市西城区六铺炕街 6 号
邮政编码：100724
电子信箱：syxhqn@126.com
主页网址：http://www.cps.org.cn
电话传真：010-62067135
理事长：赵政璋
副理事长：孙龙德　金之钧　陈　伟　张　涛
黎　明　周抚生
秘书长：周抚生（兼）

中国煤炭学会
China Coal Society（CCS）

地址：北京市朝阳区青年沟路 5 号
邮政编码：100013
电子信箱：mtxh@chinacs.org.cn
主页网址：http://www.chinacs.org.cn
电话：010–84262776/84262778
传真：010–84264526
理事长：王显政
副理事长：田　会　卜昌森　王　安　王金华
刘建功　刘　峰　张玉卓　张铁岗
武华太　袁　亮　谢和平　葛世荣
秘书长：刘　峰

中国可再生能源学会
Chinese Renewable Energy Society（CRES）

地址：北京市海淀区中关村北二条 6 号
邮政编码：100190
电子信箱：cres@mail.icc.ac.cn
主页网址：http://www.cres.org.cn
电话：010–82547225
传真：010–82547220
理事长：谭天伟
副理事长：李宝山　许洪华　柳　地　仲继寿
吴创之　赵　颖　喜文华　蒋利军
姚兴佳
秘书长：祁和生

中国能源研究会
China Energy Research Society（CERS）

地址：北京市西城区三里河路 54 号
邮政编码：100045
电子信箱：cers@cei.gov.cn
主页网址：http://www.cers.org.cn
电话：010–56034652/56034653
传真：010–68513097
理事长：吴新雄
副理事长：王　敏　王禹民　史玉波　李　东
李　辉　李庆奎　杨长利　吴　吟
沙先华　陆启洲　陈进行　祖　斌
贺锡强　曹培玺　喻宝才
秘书长：郑玉平

中国硅酸盐学会
The Chinese Ceramic Society（CCS）

地址：北京市海淀区三里河路 11 号
邮政编码：100831
电子信箱：guisuanyanxuehui@ceramsoc.com
主页网址：http://www.ceramsoc.com
电话：010–57811248
传真：010–57811249
理事长：徐永模
副理事长：张联盟　李建保　李新华　陈立泉
周　玉　罗宏杰　南策文　姚　燕
徐德龙　晋占平　彭　寿
秘书长：晋占平（兼）

中国建筑学会
Architectural Society of China（ASC）

地址：北京市海淀区三里河路 9 号
邮政编码：100835
电子信箱：asczhb@126.com
主页网址：http://www.chinaasc.org
电话：010–88082227
传真：010–88082223
理事长：修　龙
副理事长：曹嘉明　崔　愷　丁　建　丁烈云
官　庆　刘　军　龙卫国　孟建民
王　俊　王建国　徐　建　张　桦
赵　琦　朱小地　庄惟敏
秘书长：仲继寿

中国土木工程学会
China Civil Engineering Society（CCES）

地址：北京市海淀区三里河路 9 号
邮政编码：100835
电子信箱：cceszhb@163.com
主页网址：http://www.cces.net.cn
电话：010–68311313
传真：010–58933953
理事长：郭允冲
副理事长：卢春房　冯正霖　刘士杰　袁　驷
　　李永盛　易　军　李长进　孟凤朝
　　刘起涛　王　俊
秘书长：刘士杰（兼）

中国生物工程学会
Chinese Society of Biotechnology（CSBT）

地址：北京市朝阳区北辰西路 1 号院 3 号中国科学院微生物所 B 座 411 室
邮政编码：100101
电子信箱：csbt@im.ac.cn
主页网址：http://www.biotechchina.org
电话传真：010–64807678
理事长：高　福
副理事长：陈惠鹏　林　敏　刘双江　马树恒
　　马延和　麦康森　岳国君　张　偲
　　张先恩
秘书长：马树恒（兼）

中国纺织工程学会
China Textile Engineering Society（CTES）

地址：北京市朝阳区延静里中街 3 号
邮政编码：100025
电子信箱：ctes@public.bta.net.cn
主页网址：http://www.ctes.com.cn
电话：010–65016537
传真：010–65016538
理事长：孙瑞哲
副理事长：伏广伟　封亚培　徐卫林　俞建勇
　　胡　克　崔世忠　刘　迪　蒲宗耀
　　程博闻　夏志林　刘子斌　李鹏飞
　　高卫东　陈建勇　龚进礼　彭燕丽
秘书长：尹耐冬

中国造纸学会
China Technical Association of Paper Industry（CTAPI）

地址：北京市朝阳区望京启阳路 4 号院中轻大厦 B 座 10 层
邮政编码：100102
电子信箱：123123@ctapi.org.cn
主页网址：http://www.ctapi.org.cn
电话：010–64778766
传真：010–64778759
理事长：陈学忠
副理事长：曹振雷（常务）　刘　忠　李　耀
　　李义民　李友生　何北海　张　辉
　　张美云　陈鄂生　陈嘉川　赵　伟
　　胡开堂　姜海斌
秘书长：曹春昱

中国文物保护技术协会
China Association for Conservation Technology of Cultural Heritage（CACTCH）

地址：北京市东城区景山前街 4 号故宫博物院内
邮政编码：100009
电子信箱：cactch@gmail.com
电话传真：010–85007412
理事长：李化元
副理事长：付清远　龚　良　马清林　潘　路
　　王立平　王时伟　王旭东
秘书长：王时伟（兼）

中国印刷技术协会
The Printing Technology Association of China（PTAC）

地址：北京市西城区太平街6号富力摩根中心E座818室
邮政编码：100050
电子信箱：ptac_shenxiang@163.com
主页网址：http://www.chinaprint.org
电话：010-59361480/59361487
传真：010-59361489
理事长：王岩镔
副理事长：褚庭亮　陈　彦　蒲嘉陵　管政明
卢卫东　栗延秋　陈邦设　张　亦
朱　敏　马五一　李　莉　费屹立
罗　龙　李新立　黎　雪　钱　薇
刘　杰　陈　均　乔鲁予　郭　全
万　捷　陈　斌　许文才　汤　帜
张　涛　王　冰
秘书长：陈迎新

中国材料研究学会
Chinese Materials Research Society（CMRS）

地址：北京市海淀区紫竹院路62号4102室
邮政编码：100048
电子信箱：chinese_mrs@163.com
主页网址：http://www.c-mrs.org.cn
电话：010-68475052
传真：010-68722033
理事长：李元元
副理事长：魏炳波　丁文江　韩高荣　聂祚仁
潘复生　王迎军　翁　端　谢建新
杨　锐　姚　燕　张平祥　周科朝
周少雄　朱美芳
秘书长：韩雅芳

中国食品科学技术学会
Chinese Institute of Food Science and Technology（CIFST）

地址：北京市海淀区阜成路北三街6号轻苑大厦三层
邮政编码：100048
电子信箱：cifst@163.com
主页网址：http://www.cifst.org.cn
电话：010-65265375
传真：010-65264731
理事长：孟素荷
副理事长：孙宝国　周光宏　朱蓓薇　邵　薇
金征宇　丁钢强　岳国君　吴清平
李　宁　石维忱　谢明勇　路福平
秘书长：邵　薇（兼）

中国粮油学会
Chinese Cereals and Oils Association（CCOA）

地址：北京市西城区百万庄大街11号粮科大厦
邮政编码：100037
电子信箱：yong@ccoaonline.com
主页网址：http://www.ccoaonline.com
电话：010-68357523
传真：010-68357522
理事长：张桂凤
副理事长：胡承森　张　元　刘民钢　鞠兴荣
金征宇　潘洪亮　岳国君　王　进
胡新民　丹志国　宫旭洲　俞学锋
谢松柏

中国职业安全健康协会
China Occupational Safety and Health Association（COSHA）

地址：北京市东城区和平里北街21号
邮政编码：100713
电子信箱：anniewyh@aliyun.com
主页网址：http://www.cosha.org.cn
电话传真：010-64463339

理事长：王德学

副理事长：杨宇栋　马　骏　伊　烈　贺黎光
孟斌成　周　彬　金耀华　魏山峰
张兴凯　王金华

秘书长：马　骏（兼）

中国烟草学会
China Tobacco Society（CTS）

地址：北京市西城区月坛南街 55 号
邮政编码：100045
电子信箱：wang-wj@tobacco.gov.cn
主页网址：http://www.tobacco.org.cn
电话：010-63605829
传真：010-63605760
理事长：赵洪顺
副理事长：王建雪　张　虹　杨先杰　谢剑平
刘建福　杨　俊　王元英
秘书长：王建雪（兼）

中国仿真学会
China Simulation Federation（CSF）

地址：北京市海淀区学院路 37 号
邮政编码：100191
电子信箱：cassimul@vip.sina.com
主页网址：www.csf-sim.org.cn
电话：010-82310612
传真：010-82317098
理事长：赵沁平
副理事长：戴　岳　范文慧　胡晓峰　纪志成
李国雄　刘　金　马世伟　邱晓刚
吴云洁　杨　明　张　霖　张志利
赵　民
秘书长：吴云洁（兼）

中国电影电视技术学会
China Society of Motion Picture and Television Enginnees（CSMPTE）

地址：北京市西城区真武庙二条真武家园 4 号楼一层西区
邮政编码：100045
电子信箱：csmpte@163.com
主页网址：http://www.csmpte.com.cn
电话：010-63983646
传真：010-63959031
理事长：谢锦辉
副理事长：丁汶平　马晓波　王　晓　李　江
郑福双　钱岳林　徐建新　黄　伟
雷振宇
秘书长：路晓俐

中国振动工程学会
Chinese Society for Vibration Engineering（CSVE）

地址：江苏省南京市秦淮区御道街 29 号
邮政编码：210016
电子信箱：csve@nuaa.edu.cn
主页网址：http://www.csve.org.cn
电话传真：025-84892135
理事长：苏义脑
副理事长：褚福磊　华宏星　李　杰　孟　光
王永亮　邢誉峰　杨绍普　翟婉明
秘书长：陈国平

中国颗粒学会
Chinese Society of Particuology（CSP）

地址：北京市海淀区中关村北二街 1 号过程大厦 1003
邮政编码：100190
电子信箱：klxh@ipe.ac.cn
主页网址：http://www.csp.org.cn
电话：010-62647657/62647647
传真：010-82629146

理事长：陈运法

副理事长：蔡小舒　曹军骥　陈建峰　马光辉　宋延林　魏　飞　张　忠　郑水林　朱庆山

秘书长：白蕴如

中国照明学会
China Illuminating Engineering Society（CIES）

地址：北京市朝阳区大北窑厂坡村甲 3 号南楼二层

邮政编码：100022

电子信箱：cies@lightingchina.com

主页网址：http://www.lightingchina.com.cn

电话：010–65815905/65836525 /65830997

传真：010–65812194

理事长：邴树奎

副理事长：华树明（专职）　高　飞（专职）　汪　猛　徐　华　郝洛西　杨春宇　梁荣庆　潘建根　庄申安　魏　彬　官　勇　梁　毅　王立雄　姚梦明

秘书长：窦林平

中国动力工程学会
Chinese Society of Power Engineering（CSPE）

地址：上海市闵行区剑川路 1115 号

邮政编码：200241

电子信箱：cspe@speri.com.cn

主页网址：http://www. cspe.cpeweb.com.cn

电话传真：021–54705106

理事长：黄迪南

副理事长：刘吉臻　朱元巢　严宏强　张英健　倪明江　陈干锦

秘书长：张树林

中国惯性技术学会
Chinese Society of Inertial Technology（CSIT）

地址：北京市西城区月坛北小街 2 号

邮政编码：100037

电子信箱：guanxing86627@163.com

主页网址：http://www.csit.org.cn

电话传真：010–68386627

理事长：包为民

副理事长：谢良贵　王　巍　夏　刚　赵连元　赵　坤　付梦印　万彦辉　宋科璞

秘书长：王　岩

中国风景园林学会
Chinese Society of Landscape Architecture（CHSLA）

地址：北京市海淀区三里河路 13 号中国建筑文化中心 C 座 6001

邮政编码：100835

电子信箱：chsla@vip.sina.com

主页网址：http://www.chsla.org.cn

电话：010–88084198

传真：010–88082100

理事长：陈晓丽

副理事长：方　岩　王　翔　王向荣　刘秀晨　吴桂昌　张　兵　张殿纯　陈　重　陈　敏　郑西平　郑淑玲　高　翅　董瑞龙

秘书长：陈　重（兼）

中国电源学会
China Power Supply Society（CPSS）

地址：天津市南开区黄河道 467 号大通大厦 16 层

邮政编码：300110

电子信箱：cpss@cpss.org.cn

主页网址：http://www.cpss.org.cn

电话：022–27680796

传真：022–27687886

理事长：徐德鸿

副理事长：韩家新　罗　安　张　波　曹仁贤　陈成辉　刘进军　阮新波　汤天浩

秘书长：张　磊

中国复合材料学会
Chinese Society for Composite Materials
（CSCM）

地址：北京市海淀区学院路 37 号
邮政编码：100191
电子信箱：office@csfcm.org.cn
主页网址：http://www.csfcm.org.cn
电话：010-82317092/82338581
传真：010-82317092
理事长：陈祥宝
副理事长：成来飞　方岱宁　韩克岑　侯　晓
　　冷劲松　冯志海　徐　坚　邢丽英
　　薛忠民　俞建勇
秘书长：张博明

中国消防协会
China Fire Protection Association
（CFPA）

地址：北京市朝阳区华威西里甲 19 号
邮政编码：100021
电子信箱：tianqz@cfpa.cn
主页网址：http://www.cfpa.cn
电话传真：010-87789619
会长：陈伟明
副会长：王铁民　谢模乾　杨建民　李引擎
　　陈　飞　朱力平　尹俊士　张荣昌
　　许兆亭　冷　俐
秘书长：曹忙根

中国图象图形学学会
China Society of Image & Graphics
（CSIG）

地址：北京市海淀区中关村东路 95 号东楼 307、308 室
邮政编码：100190
电子信箱：info@csig.org.cn
主页网址：http://www.csig.org.cn
电话传真：010-82544676
理事长：谭铁牛
副理事长：赖剑煌　卢汉清　潘志庚　汪国平
　　吴一戎　俞能海　章毓晋　赵忠明
秘书长：马惠敏

中国人工智能学会
Chinese Association for Artificial Intelligence（CAAI）

地址：北京市海淀区西土城路 10 号北京邮电大学教一楼 122 室
邮政编码：100876
电子信箱：msc@caai.cn
主页网址：http://www.caai.cn
电话：010-62281360
传真：010-62282983
理事长：李德毅
副理事长：杨放春　谭铁牛　焦李成　黄河燕
　　马少平　刘　宏　王国胤　蒋昌俊
　　任福继　杨　强　胡　郁
秘书长：王卫宁

中国体视学学会
Chinese Society for Stereology（CSS）

地址：北京市海淀区清华大学工物系刘卿楼 211 室
邮政编码：100084
电子信箱：tscss@mail.tsinghua.edu.cn
主页网址：http://www.tscss.org
电话：010-62776336
传真：010-62784659
理事长：陈志强
副理事长：张　跃　王　忠　彭瑞云　张艳宁
　　秦高梧　田　捷　姜志国　宋晓艳
秘书长：王　忠

中国工程机械学会
China Construction Machinery Society（CCMS）

地址：上海市杨浦区四平路 1239 号同济大学机械学院机械南馆 303-305 室
邮政编码：200092
电子信箱：ccms_office@126.com

myl19660509@163.com
主页网址：http://ccms.tongji.edu.cn
电话传真：021-65985015
理事长：卞永明
副理事长：杨华勇　宓为建　肖汉斌　朱真才
黄兴华　赵静一　焦生杰　许武全
刘元洪
秘书长：刘　钊

中国海洋工程咨询协会
China Association of Oceanic Engineering（CAOE）

地址：北京市丰台区马官营家园3号院
邮政编码：100161
电子信箱：caoe@vip.163.com
主页网址：http://www.caoe.org.cn
电话传真：010-68040020
名誉会长：周铁农　孙志辉
会长：周茂平
副会长：李春先　吕　波　郭立峰　刘修德
吴德星　谭建生　王海怀　靳　伟
逯　鹰　梁伟康　王永福　屈　强
秘书长：屈　强（兼）

中国遥感应用协会
China Association of Remote Sensing Application（CARSA）

地址：北京市海淀区永丰产业基地丰贤东路5号中国资源卫星应用中心A座三层
邮政编码：100094
电子信箱：ygxh@carsa.org.cn
主页网址：http://www.carsa.org.cn
电话：010-58937034
传真：010-57503347
理事长：罗　格
副理事长：王　桥　左群声　田玉龙　刘石泉
李传荣　李国平　杨　军　杨保华
吴一戎　金　松　贺晓江　顾行发
徐　文　徐振川　高　平　郭华东
龚健雅　蒋兴伟　童旭东
秘书长：徐　文（兼）

中国指挥与控制学会
Chinese Institute of Command and Control（CICC）

地址：北京市海淀区车道沟紫竹院路10号院1号科技楼10层
邮政编码：100089
电子信箱：cicc@c2.org.cn
主页网址：http://www.c2.org.cn
电话：010-68964096
传真：010-68964756
理事长：费爱国
副理事长：王积鹏　付　琨　吕金虎　朱荣刚
李定主　何　友　张红文　陈　杰
秦继荣　顾　浩　黄　强
秘书长：秦继荣（兼）

中国微米纳米技术学会
Chinese Society of Micro-Nano Technology

地址：北京市海淀区清华大学精密仪器系3301室
邮政编码：100084
电子信箱：csmnt@mail.tsinghua.edu.cn
主页网址：http://www.csmnt.org.cn
电话：010-62772108
传真：010-62796707
理事长：尤　政
副理事长：蒋庄德　黄　如　王　琛　邱介山
王　政　许建中　王跃林　王晓浩
秘书长：王晓浩

中国密码学会
Chinese Association for Cryptologic Research（CACR）

地址：北京市丰台区靛厂路7号
邮政编码：100036
电子信箱：cacr@cacrnet.org.cn
主页网址：http://www.cacrnet.org.cn

电话传真：010-59703621
理事长：王 杰
副理事长：杨义先 王小云 陈克非 吴文玲
秘书长：于艳萍

中国大坝工程学会
Chinese National Committee on Large Dams

地址：北京市复兴路甲 1 号中国水科院 A 座 1266 室
邮政编码：100038
电子信箱：chincold@126.com
主页网址：http://www.chincold.org.cn/chincold/index.htm
电话：010-68435228/68785106
传真：010-68712208
理事长：矫 勇
副理事长：张 野 晏志勇 匡尚富 张建云
贾金生 胡甲均 苏茂林 钮新强
刘志明 李 昇 林初学 张启平
周厚贵 寇 伟 曲 波 程念高
张宗富 夏 忠
秘书长：贾金生

中国卫星导航定位协会
GNSS and LBS Association of China

地址：北京市丰台区金家村 288 号华信大厦
邮政编码：100080
电子信箱：glac@glac.org.cn
主页网址：www.glac.org.cn
电话：010-68185060
传真：010-68187080
会长：于贤成
秘书长：张全德

中国生物材料学会
Chinese Society for Biomaterials

地址：成都市望江路 29 号四川大学生物材料楼
邮政编码：610064
电子信箱：csbm@csbm.org.cn
主页网址：www.csbm.org.cn
电话：028-85417078
传真：028-85410246
理事长：付小兵
副理事长：曹谊林 蒲忠杰 王云兵 奚廷斐
赵毅武
秘书长：艾 华

国际粉体检测与控制联合会
International Federation of Measurement & Control of Granular Materials（IFMCGM）

地址：辽宁省沈阳市和平区文化路 3 号巷 11 号东北大学信息楼 209 室
邮政编码：110004
电子信箱：mcgm2012@126.com
主页网址：http://www.ifmcgm.com
电话：024-83689395
传真：024-23891977
理事长：谢 植
副理事长：Mark Jones（澳大利亚）
Shuji Matsusaka（日本）
Siegfried Ranandt（德国）
InShup Ahn（韩国）
盖国胜
秘书长：李新光

中国农学会
China Association of Agricultural Science Societies（CAASS）

地址：北京市朝阳区麦子店街 22 号楼
邮政编码：100125
电子信箱：59194203@163.com
主页网址：http://www.caass.org.cn
电话：010-59194203/59194204
传真：010-59194204
会长：张桃林
副会长：万建民 邓秀新 刘 旭 孙其信
吴孔明 沈仁芳 陈晓亚 周光宏
胡义萍 喻树迅 廖西元
秘书长：胡义萍

中国林学会
Chinese Society of Forestry（CSF）

地址：北京市海淀区东小府 2 号
邮政编码：100091
电子信箱：zglxhbgs@126.com
主页网址：http://www.csf.org.cn
电话：010-62889975
传真：010-62889815
理事长：赵树丛
副理事长：张建龙　尹伟伦　谭光明　张守攻
吴　斌　杨传平　曹福亮　陈幸良
费本华
秘书长：陈幸良（兼）

中国土壤学会
Soil Science Society of China（SSSC）

地址：江苏省南京市玄武区北京东路 71 号
邮政编码：210008
电子信箱：sssc@issas.ac.cn
主页网址：http://www.csss.org.cn
电话：025-86881532
传真：025-86881538
理事长：沈仁芳
副理事长：邓良基　吴金水　张兴昌　张旭东
李保国　胡　锋　徐建明　徐明岗
谢建华
秘书长：张甘霖

中国水产学会
China Society of Fisheries（CSF）

地址：北京市朝阳区麦子店街 18 号楼
邮政编码：100125
电子信箱：csfish@vip.163.com
主页网址：http://www.csfish.org.cn
电话：010-59195156
传真：010-59195494
理事长：王清印
副理事长：肖　放　麦康森　桂建芳　崔利锋
吴嘉敏　宋林生　刘东超　丁雪燕
赵玉山　张　璐
秘书长：肖　放（兼）

中国园艺学会
Chinese Society for Horticultural Science（CSHS）

地址：北京市海淀区中关村南大街 12 号
邮政编码：100081
电子信箱：cshs@caas.cn
主页网址：http://www.cshs.org.cn
电话传真：010-82109528
理事长：杜永臣
副理事长：邓秀新　李天来　邹学校　孙日飞
韩振海　陈昆松　高俊平　刘君璞
张启翔　张　显
秘书长：孙日飞（兼）

中国畜牧兽医学会
Chinese Association of Animal Science and Veterinary Medicine（CAAV）

地址：北京市朝阳区农展馆南路 9 号博雅园 1-106
邮政编码：100125
电子信箱：c06@cast.org.cn
caav001@163.com
主页网址：http://www.caav.org.cn
电话：010-85959009/85959010/85959006
传真：010-85959010
理事长：黄路生
副理事长：才学鹏　包　军　冯忠武　朱　庆
乔玉锋　杨汉春　步志高　呙于明
张许科　陈伟生　邵根伙　秦玉昌
殷　宏　焦新安　廖　明　薛廷伍
秘书长：杨汉春（兼）

中国植物病理学会
Chinese Society for Plant Pathology
（CSPP）

地址：北京市海淀区圆明园西路二号
邮政编码：100093
电子信箱：office@cspp.org.cn
主页网址：http://www.cspp.org.cn
电话：010–62731025
传真：010–62813785
理事长：彭友良
副理事长：王宗华　王锡锋　王慧敏　朱有勇
　　　　　吴元华　李宝笃　陈保善　陈剑平
　　　　　郑小波　姜道宏　康振生　韩成贵
秘书长：韩成贵（兼）

中国植物保护学会
China Society of Plant Protection
（CSPP）

地址：北京市海淀区圆明园西路 2 号中国农业科学院植物保护研究所院内
邮政编码：100193
电子信箱：cspp62@163.com
主页网址：http://www.ipmchina.net
电话传真：010–62815913
理事长：陈万权
副理事长：周雪平　康　乐　陈剑平　宋宝安
　　　　　魏启文　陈洪俊　柏连阳　康振生
　　　　　张友军　刘　学　沈　杰
秘书长：郑传临

中国作物学会
The Crop Science Society of China（CSSC）

地址：北京市海淀区中关村南大街 12 号农科四路 35 号楼
邮政编码：100081
电子信箱：zwxh@caas.cn
主页网址：http://www.chinacrops.org
电话传真：010–82105939
理事长：翟虎渠
副理事长：万建民（常务）　李召虎　李绍明
　　　　　陈　刚　张爱民　潘文博　刘春明
秘书长：刘春明（兼）

中国热带作物学会
China Society of Tropical Crops（CSTC）

地址：海南省海口市龙华区城西学院路 4 号
邮政编码：571101
电子信箱：cstcorg@126.com
主页网址：http://www.cstcs.org.cn
电话：0898–66962928
传真：0898–66962962
理事长：李尚兰
副理事长：符月华　郭安平　吴金玉　刘　波
　　　　　张治礼　刘国道　胡新文　范源洪
　　　　　吕林汉　汪　铭　陈东奎　钟广炎
秘书长：刘国道（兼）

中国蚕学会
Chinese Society of Sericulture Science（CSSS）

地址：江苏省镇江市四摆渡江苏科技大学西校区
邮政编码：212018
电子信箱：csss_china@126.com
主页网址：http://www.sricaas.cn
电话：0511–85616661
传真：0511–85622507
理事长：廖森泰
副理事长：李　龙（常务）　代方银　李　标
　　　　　钱永华　宋国柱　吴海平　杨　彪
秘书长：沈兴家

中国水土保持学会
Chinese Society of Soil and Water Conservation（CSSWC）

地址：北京市海淀区清华东路 35 号北京林业大学四教 505 室
邮政编码：100083

电子信箱：zgsbxh@263.net
主页网址：http://www.sbxh.org
电话传真：010–62336451
理事长：刘　宁
副理事长：蒲朝勇　王祝雄　崔　鹏　吴　斌
　　　　　谢建华　刘国彬　王玉杰
秘书长：王玉杰（兼）

中国茶叶学会
China Tea Science Society（CTSS）

地址：浙江省杭州市西湖区梅灵南路 9 号
邮政编码：310008
电子信箱：chinatss@mail.tricaas.com
主页网址：http://www.chinatss.cn
电话：0571–87310353/86653176
传真：0571–87310353
理事长：江用文
副理事长：黄　政　梁月荣　麦楚均　阮建云
　　　　　肖力争　殷建豪　余文权　张正竹
秘书长：阮建云

中国草学会
Chinese Grassland Society（CGS）

地址：北京市海淀区圆明园西路 2 号中国农业大学新动科楼 0118 室
邮政编码：100193
电子信箱：cgsoffice@163.com
主页网址：http://www.chinagrass.org.cn
电话：010–62732799/62731666
传真：010–62732799
理事长：何新天
副理事长：王　堃　王德利　师尚礼　沈益新
　　　　　张　博　呼天明　侯扶江　高洪文
　　　　　韩国栋　韩烈保　张英俊
秘书长：张英俊

中国植物营养与肥料学会
Chinese Society of Plant Nutrition and Fertilizer Science（CSPNF）

地址：北京市海淀区中关村南大街 12 号中国农业科学院资源楼
邮政编码：100081
电子信箱：zwyyxh@caas.cn
主页网址：http://www.cspnf.org.cn
电话传真：010–82109093
理事长：白由路
副理事长：王敬国　谢建华　周　卫　杨少海
　　　　　孙　波　王俊忠　赵秉强
秘书长：赵秉强（兼）

中华医学会
Chinese Medical Association（CMA）

地址：北京市东城区东四西大街 42 号
邮政编码：100710
电子信箱：cma@cma.org.cn
主页网址：http://www.cma.org.cn
电话：010–85158114
传真：010–85158028
会长：马晓伟
副会长：李五四　赵玉沛　买买提·牙森
　　　　刘雁飞　刘德培　苏　志　李清杰
　　　　杨宝峰　张伯礼　陈赛娟　金大鹏
　　　　郑树森　柯　杨　饶克勤　贺福初
　　　　徐建光　高　福
秘书长：饶克勤（兼）

中华中医药学会
China Association of Chinese Medicine（CACM）

地址：北京市朝阳区樱花园东街甲 4 号
邮政编码：100029
电子信箱：xinxibu102@126.com
主页网址：http://www.cacm.org.cn

电话：010–84257895
传真：010–84255568
会长：王国强
副会长：马建中　王　辰　王　阶　王国辰　王新陆
　　　　刘维忠　闫希军　李俊德　杨殿兴　吴以岭
　　　　吴勉华　张伯礼　陈达灿　陈凯先　徐安龙
　　　　萧　伟　曹正逵　屠志涛
秘书长：王国辰（兼）

中国中西医结合学会
Chinese Association of Integrative Medicine（CAIM）

地址：北京市东城区东直门内南小街 16 号
邮政编码：100700
电子信箱：caim@caim.org.cn
主页网址：http://www.caim.org.cn
电话：010–64010688/64025672
传真：010–64010688/84035154
会长：陈香美
副会长：范吉平（常务）　王文健　李显筑
　　　　吴以岭　姚树坤　郭　姣　唐旭东
　　　　高思华　凌昌全　崔乃强　黄光英
秘书长：吕文良

中国药学会
Chinese Pharmaceutical Association（CPA）

地址：北京市朝阳区建外大街四号建外 SOHO 九号楼 18 层
邮政编码：100022
电子信箱：cpalyi@163.com
主页网址：http://www.cpa.org.cn
电话传真：010–58699270
理事长：孙咸泽
副理事长：陈志南　黄璐琦　丁　健　李　松
　　　　　王晓良　吴春福　丁丽霞　孙飘扬
　　　　　李　波　来茂德　张晓东　蔡东晨
秘书长：丁丽霞（兼）

中华护理学会
Chinese Nursing Association（CNA）

地址：北京西直门成铭大厦 C 座 28 层
邮政编码：100035
电子信箱：775135903@qq.com
主页网址：http://www.cna–cast.org.cn
电话传真：010–53779547
理事长：吴欣娟
副理事长：皮红英　张利岩　么　莉　李　峥
　　　　　丁炎明　李春燕　吴　瑛　张素秋
　　　　　胡斌春　李映兰
秘书长：应　岚

中国生理学会
Chinese Association for Physiological Sciences（CAPS）

地址：北京市东城区东四西大街 42 号
邮政编码：100710
电子信箱：zgslxh@126.com
主页网址：http://www.caps–china.org
电话：010–65278802/85158602
传真：010–65278802
理事长：王晓民
副理事长：马　兰　王　韵　王世强　李葆明
　　　　　陈应城　罗自强　谢俊霞　管又飞
秘书长：王　韵（兼）

中国解剖学会
Chinese Society for Anatomical Sciences（CSAS）

地址：北京市东城区东单三条九号
邮政编码：100005
电子信箱：d07@cast.org.cn
主页网址：http://www.csas.org.cn
电话：010–65273712/65296459
传真：010–65273712
理事长：张绍祥

副理事长：李云庆　赵春华　高福禄　刘树伟
　　丁文龙　刘厚奇
秘书长：周长满

中国生物医学工程学会
Chinese Society of Biomedical Engineering（CSBME）

地址：北京市东城区东单三条 5 号
邮政编码：100005
电子信箱：swyxgch@126.com
主页网址：http://www.csbme.org
电话：010–65136537/65296448
传真：010–65265035
名誉理事长：俞梦孙　刘德培
理事长：曹雪涛
候任理事长：胡盛寿
副理事长：陈武凡　王智彪　赵大哲　李德玉
　　王广志　程　京　顾晓松　赵毅武
　　王国胜　尧德中　万遂人
秘书长：池　慧

中国病理生理学会
Chinese Association of Pathophysiology（CAP）

地址：北京市海淀区学院路 38 号北京大学医学部生理楼 104 室
邮政编码：100191
电子信箱：zgblslxh@163.com
主页网址：http://www.caop.ac.cn
电话传真：010–82802403
理事长：张幼怡
副理事长：陈　琪　陈国强　陆大祥　刘秀华
秘书长：李　萍

中国营养学会
Chinese Nutrition Society（CNS）

地址：北京市西城区广安门内大街 6 号枫桦豪景 A 座 5 单元 16 层
邮政编码：100053
电子信箱：cns@cnsoc.org
主页网址：http://www.cnsoc.org
电话：010–83554781
传真：010–83554780
理事长：杨月欣
副理事长：蔡　威　常翠青　丁钢强　马爱国
　　马冠生　孙长颢　杨晓光　朱蓓薇
秘书长：杜松明

中国药理学会
Chinese Pharmacological Society（CNPHARS）

地址：北京市西城区先农坛街 1 号
邮政编码：100050
电子信箱：ylxh@cnphars.org
主页网址：http://www.cnphars.org
电话传真：010–63165211
理事长：张永祥
副理事长：陈建国　丁　健　杜冠华　李　林
　　石京山　魏　伟
秘书长：张永鹤

中国针灸学会
China Association of Acupuncture and Moxibustion（CAAM）

地址：北京市东城区东直门内南小街 16 号
邮政编码：100700
电子信箱：caambgs@126.com
主页网址：http://www.caam.cn
电话传真：010–64030959
会长：刘保延
副会长：王　华　王　舒　王麟鹏　方剑乔
　　朱　兵　刘智斌　许能贵　孙忠人
　　杨金生　吴焕淦　余曙光　夏有兵
　　高树中　喻晓春
秘书长：喻晓春（兼）

中国防痨协会

Chinese Anti-Tuberculosis Association

（CATA）

地址：北京市东城区东四西大街 42 号

邮政编码：100010

电子信箱：cata_1933@126.com

主页网址：http://www.cata1933.cn

电话：010-65257475

传真：010-65257409

理事长：刘剑君

副理事长：许绍发　洪　峰　王黎霞　王榈东　张宗德　钟　球　袁政安

秘书长：成诗明

中国麻风防治协会

China Leprosy Association（CLA）

地址：北京朝阳区十里堡甲 3 号 5 号楼 27D

邮政编码：100025

电子信箱：clabj@vip.163.com

主页网址：http://www.chinalep.org

电话：010-67522205

传真：010-67522206

会长：张国成

副会长：潘春枝　冯清华　宁　湧　严丽英　严良斌　吴建中　张连华　张锡宝　李　伟　李延庆　李俊华　杨　军　郑道城　格鹏飞

秘书长：王　红

中国心理卫生协会

Chinese Association for Mental Health

（CAMH）

地址：北京市西城区德外安康胡同 5 号

邮政编码：100088

电子信箱：yyt808@sina.com.cn

主页网址：http://www.camh.org.cn

电话：010-58303238

传真：010-82029354

理事长：马　辛

副理事长：王　刚　谢　斌　杨甫德　刘　靖　王　力　赵旭东

秘书长：王　刚（兼）

中国抗癌协会

Chinese Anti-Cancer Association

（CACA）

地址：天津市新技术产业园区兰苑路 5 号 A 座 10 楼

邮政编码：300384

电子信箱：bgs@caca.org.cn

主页网址：http://www.caca.org.cn

电话：022-23359958

传真：022-23526512

理事长：樊代明

副理事长：詹启敏　于金明　张岂凡　季加孚　王红阳　赫　捷　李　强　郭小毛　徐瑞华

秘书长：王　瑛

中国体育科学学会

China Sport Science Society（CSSS）

地址：北京市东城区体育馆路 11 号

邮政编码：100061

电子信箱：csssbgs@126.com

主页网址：http://www.csss.cn

电话：010-87182586 /87182594

传真：010-87183928

理事长：李颖川

副理事长：李颖川　张　良　冯连世　祝　莉　谢敏豪　池　建　丁　东　陈佩杰　刘　青　敖英芳　季林红

秘书长：张　良（兼）

中国毒理学会
Chinese Society of Toxicology（CST）

地址：北京市海淀区太平路 27 号
邮政编码：100850
电子信箱：cst@chntox.org
主页网址：http://www.chntox.org
电话：010-66932387
传真：010-68183899
理事长：周平坤
副理事长：陈景元　付立杰　郑玉新　孙祖越
　　　　　廖明阳　彭双清　杨杏芬　周建伟
秘书长：付立杰（兼）

中国康复医学会
Chinese Association of Rehabilitation Medicine（CARM）

地址：北京市朝阳区北辰东路 8 号北辰汇欣大厦 A 座 307
电子信箱：zhangxia@carm.org.cn
主页网址：http://www.carm.org.cn
电话：010-64210670
传真：010-64210670（转 610）
会长：方国恩
副会长：牛恩喜　彭明强　李建军　陈立典　岳寿伟
　　　　周谋望　黄晓琳　燕铁斌
秘书长：牛恩喜（兼）

中国免疫学会
Chinese Society for Immunology（CSI）

地址：北京市东城区东单三条 5 号
邮政编码：100005
电子信箱：csi@pumc.edu.cn
主页网址：http://www.csi.org.cn
电话传真：010-69156451
理事长：田志刚
副理事长：何　维　马大龙　高　福　王小宁
　　　　　孙　兵　吴玉章
秘书长：曹雪涛

中华预防医学会
Chinese Preventive Medicine Association（CPMA）

地址：北京市朝阳区华威里 25 号 5007 室
邮政编码：100021
电子信箱：cpma_zhxt@126.com
主页网址：http://www.cpma.org.cn
电话传真：010-84039879
会长：王陇德
副会长：杨维中　胡大一　蔡纪明　柯　杨
　　　　张伯礼　李兰娟　肖东楼　孔灵芝
　　　　李立明　王　宇
秘书长：杨维中（兼）

中国法医学会
Chinese Forensic Medicine Association（CFMA）

地址：北京市西城区木樨地南里 17 号
邮政编码：100038
电子信箱：fyxh6626@sina.com
主页网址：http://www.fyxh.org
电话：010-66269250
传真：010-63495531
副会长：翟恒利
秘书长：翟恒利（兼）

中华口腔医学会
Chinese Stomatological Association（CSA）

地址：北京市海淀区中关村南大街甲 18 号北京国际大厦 C 座 4 层
邮政编码：100081
电子信箱：csa@cndent.com
主页网址：http://www.cndent.com
电话：010-62116665
传真：010-62110880
会长：俞光岩

副会长：王　林　王松灵　卢海平　白玉兴　边　专
刘洪臣　沈国芳　张　斌　陈吉华　周　诺
周学东　郭传瑸　凌均棨　章锦才　路振富
秘书长：岳　林

中国医学救援协会
China Association for Disaster & Emergency Rescue Medicine（CADERM）

地址：北京市海淀区永定路69号武警总医院行政楼6层613室
邮政编码：100039
电子信箱：caderm@163.com
主页网址：http://www.caderm.org
电话：010–57976109
传真：010–57976104
会长：李宗浩
副会长：钱阳明　王明晓　徐卸古　黎檀实　殷　明
封志纯　田军章
秘书长：李立兵

中国女医师协会
China Medical Women's Association（CMWA）

地址：北京市朝阳区秀水街1号建国门外交公寓3–141
邮政编码：100600
电子信箱：nysh120@126.com
主页网址：http://www.cmwa.org.cn
电话传真：010–88129685
会长：何界生
副会长：陈晓枫
秘书长：于　冬

中国研究型医院学会
Chinese Research Hospital Association（CRHA）

地址：北京市海淀区永定路69号
邮政编码：100039
电子信箱：yjxyyxh@163.com
主页网址：http://www.crha.cn
电话：010–59972396
传真：010–59972397
会长：王发强
副会长：刘希华　丁义涛　马保根　王延军　王明晓
王深明　刘玉村　朱正纲　许树强　李为民
李景波　沈中阳　易学明　侯世科　郭启勇
高长青　温　浩　程晓曙　熊利泽　何昆仑
王　辰　瞿介明　吕吉云　张抒扬　王永晨
秘书长：刘希华（兼）

中国睡眠研究会
Chinese Sleep Research Society（CSRS）

地址：北京市海淀区高梁桥斜街40号B座902室
邮政编码：100044
电子信箱：sleepcn@163.com
主页网址：www.zgsmyjh.org
电话传真：010–65230156
理事长：韩　芳
副理事长：叶京英　张希龙　汪卫东　胡志安
赵忠新　唐向东　徐　建　高雪梅
秘书长：左和鸣

中国卒中学会
Chinese Stroke Association（CSA）

地址：北京市朝阳区广渠路66号院22号楼百环大厦808室
邮政编码：100022
电子信箱：csa.office@chinastroke.net
主页网址：http://www.chinastroke.net
电话：010–57986000
传真：010–57986256
会长：赵继宗
副会长：王拥军　董　强　葛均波　纪立农　徐安定
秘书长：王彩云

中国自然辩证法研究会

The Chinese Society for Dialetics of Nature，Philosophy of Nature，Science and Technology（CSDN，PNST）

地址：北京市西城区三里河路 54 号
邮政编码：100045
电子信箱：zrbzhf@vip.sina.com
主页网址：http://www.chinasdn.org.cn
电话：010–62149306
传真：010–68598476
理事长：吴启迪
副理事长：郭贵春　邓　勇　张体勤　陈　凡
　　　　　吴　彤　张大庆　刘孝廷　尚智丛
秘书长：尚智丛（兼）

中国管理现代化研究会

Chinese Academy of Management（CAM）

地址：北京市海淀区中关村东路 80 号青年公寓 7 号楼
邮政编码：100190
电子信箱：camchina2126.com
主页网址：www.camchina.org.cn
电话传真：010–82680396
理事长：石　勇
副理事长：李维安　席酉民　杨善林　张　维
　　　　　陈国青　陈　剑　杜越新　陆雄文
　　　　　黄丽华　汪寿阳　薛　澜　赵景华
　　　　　赵曙明
秘书长：赵景华

中国技术经济学会

Chinese Society of Technology Economics（CSTE）

地址：北京市海淀区学院南路 86 号
邮政编码：100081
电子信箱：jishujingjixuehui@vip.163.com
主页网址：http://www.cste.org.cn
电话传真：010–62128485
理事长：李　平
副理事长：李志军　牛东晓　王宗军　李开孟

秘书长：杨德林（兼）

中国现场统计研究会

Chinese Association for Applied Statistics（CAAS）

地址：北京市朝阳区平乐园 100 号北京工业大学应用数理学院（数理楼 2417 室）
邮政编码：100124
电子信箱：e04@cast.org.cn
主页网址：http://www.caas.org.cn
电话传真：010–67392433
理事长：房祥忠
副理事长：崔恒建　郭建华　石　坚　孙六全
　　　　　唐年胜　万东华　王兆军　汪荣明
　　　　　吴耀华　张宝学
秘书长：程维虎

中国未来研究会

China Society for Futures Studies（CSFS）

地址：北京市海淀区学院南路 86 号
邮政编码：100081
电子信箱：e05@cast.org.cn
主页网址：http://www.csfs.org.cn
电话传真：010–62103295
理事长：金灿荣
副理事长：阎耀军　顾朝林　何传启　陈恩红
副秘书长：华　军（主持工作）

中国科学技术史学会

Chinese Society for the History of Science and Technology（CSHST）

地址：北京市海淀区中关村东路 55 号
邮政编码：100190
电子信箱：zgkjs_xuehui@163.com
主页网址：http://www.cshst.ihns.cas.cn
电话：010–57552527
传真：010–57552567
理事长：孙小淳

副理事长：胡化凯　关增建　梅建军　张大庆
曲安京
秘书长：鲁大龙

中国科学技术情报学会
China Society for Scientific and Technical Information (CSSTI)

地址：北京市海淀区复兴路 15 号
邮政编码：100038
电子信箱：zhaozy@istic.ac.cn
主页网址：http://www.cssti.org.cn
电话：010-58882540
传真：010-58882028
理事长：戴国强
副理事长：邢宪力　马费成　代　涛　叶缘民
刘林山　陈　超
秘书长：潘云涛

中国图书馆学会
Library Society of China (LSC)

地址：北京市海淀区中关村南大街 33 号
邮政编码：100081
电子信箱：ztxhmsc@nlc.gov.cn
主页网址：http://www.lsc.org.cn
电话：010-88545677
传真：010-68417815
理事长：韩永进
副理事长：方　卿　朱　强　刘小琴　李广建
吴建中　张晓林　陈　力　程焕文
秘书长：霍瑞娟

中国城市科学研究会
Chinese Society for Urban Studies (CSUS)

地址：北京市海淀区三里河路 9 号
邮政编码：100835
电子信箱：csus@chinasus.org
主页网址：http://www.chinasus.org
电话：010-58933149/68317852
传真：010-68313149
理事长：仇保兴
副理事长：杨焕明　曲久辉　江　亿　郭仁忠
谭荣尧　王　俊　俞孔坚　吴志强
张爱林　詹纯新
秘书长：余　刚

中国科学学与科技政策研究会
The Chinese Association for Science of Science and S&T Policy (CASSSTP)

地址：北京市海淀区中关村东路 55 号思源楼 1209
邮政编码：100190
电子信箱：cassp@casipm.ac.cn
主页网址：http://www.casssp.org.cn
电话传真：010-62542615
理事长：穆荣平
副理事长：李廉水　柳卸林　李　光　李　垣
魏　江　蔡　莉　胡志坚
秘书长：陈　光

中国农村专业技术协会
China Rural Special Technology Association (CRSTA)

地址：北京市朝阳区白家庄东里 13 号楼 7 层
邮政编码：100026
电子信箱：zgnjx2015@sina.com
主页网址：www.nongjixie.com
电话传真：010-65032609
理事长：吕飞杰
副理事长：张晓军　苑郑民　杨雄年　王　喆
徐小青　吴孔明　傅泽田　翟晓斌
纳　翔　傅雪柳　王有年　王乐义
卢怀玉　丁志用　谢华安
秘书长：李彦捷

中国工业设计协会
China Industry Design Association (CIDA)

地址：北京市海淀区万寿路 27 号院 8 号楼 7 层

邮政编码：100036
电子信箱：cida@vip.163.com
主页网址：http://www.chinadesign.cn
电话传真：010–68209323
会长：刘　宁
副会长：应放天　赵卫国
秘书长：应放天（兼）

中国工艺美术学会
China National Arts & Crafts Society
（CNACS）

地址：北京市西城区阜外大街乙 22 号
邮政编码：100833
电子信箱：xuehuiwangzhan@126.com
主页网址：http://www.cnacs.org
电话传真：010–68396408
理事长：陶小年
副理事长：赵之硕（常务）　马　佩　李幼梅
王建中　何炳钦　张玉蟲　张春雷
李　节　岳芙蓉　杨明贤　沈国臣
邹本柱　黄宝庆
秘书长：孙金瑞

中国科普作家协会
China Science Writers Association
（CSWA）

地址：北京市海淀区学院南路 86 号
邮政编码：100081
电子信箱：mengxiong@vip.sina.com
ivydanyang@126.com
主页网址：http://www. kpcswa.org.cn
电话：010–62187884/62103258
传真：010–62103258
理事长：周忠和
副理事长：崔丽娟　冯伟民　汤书昆　王晋康
王康友　吴　岩　颜　宁　杨焕明
郑永春
秘书长：陈　玲

中国自然科学博物馆协会
Chinese Association of Natural
Science Museums（CANSM）

地址：北京市朝阳区北辰东路 5 号
邮政编码：100012
电子信箱：cansm@vip.sina.com
主页网址：http://www.cansm.org
电话：010–59041302
传真：010–59041331
理事长：程东红
副理事长：束　为　赵有利　孟庆金　朱　进
王小明　张希武　贾跃明　齐继光
陈博君　黄克力
秘书长：欧建成

中国可持续发展研究会
Chinese Society for Sustainable
Development（CSSD）

地址：北京市海淀区玉渊潭南路 8 号
邮政编码：100038
电子信箱：cssd@acca21.org.cn
主页网址：http://www.cssd1992.org
电话：010–58884795/58884796
传真：010–58884794
理事长：王　浩
副理事长：曲久辉　郭日生　赵　清
秘书长：周海林

中国青少年科技辅导员协会
China Association of Children's
Science Instructors（CACSI）

地址：北京市海淀区复兴路 3 号中国科技会堂 C 座 302
邮政编码：100863
电子信箱：cacsi@cacsi.org.cn
主页网址：http://www.cacsi.org.cn
电话：010–68516005/68518719
传真：010–68516771
理事长：陈赛娟

副理事长：李晓亮（常务）　王康友　刘　阳
林长春　俞伟跃　欧建成
秘书长：林利琴

中国科教电影电视协会
China Science Film and Video Association（CSFVA）

地址：北京市海淀区学院南路 86 号西楼 414
邮政编码：100081
电子信箱：cicsep@cast.org.cn
主页网址：http://www.csfva.org.cn
电话传真：010-62113038
理事长：高　峰
副理事长：石曙卫　刘天金　刘通海　齐建新
孙丽艳　何苏六　张　健　陈　宏
金　越　殷　皓　傅雪柳　谢九如
秘书长：刘通海

中国科学技术期刊编辑学会
China Editology Society of Science Periodicals（CESSP）

地址：北京市海淀区学院南路 86 号
邮政编码：100081
电子信箱：cessp1987@vip.163.com
主页网址：http://www.cessp.org.cn
电话传真：010-62147743
理事长：朱邦芬
副理事长：任胜利　栗延文　彭　斌　饶子和
汪新红　宋培元　杨亚政　颜　帅
秘书长：任胜利（兼）

中国流行色协会
China Fashion & Color Association（CFCA）

地址：北京市朝阳区朝阳门北大街 18 号中国人寿保险大厦 618 室
邮政编码：100020
电子信箱：fashioncolor@fashioncolor.org.cn
主页网址：http://www.fashioncolor.org.cn
电话：010-85229522
会长：朱　莎
副会长：于西蔓　李小白　姚映佳　徐海松
吴　剑　张志峰
秘书长：贺显伟

中国档案学会
The Society of Chinese Archives（SCA）

地址：北京市西城区永安路 106 号
邮政编码：100050
电子信箱：daxsw@263.net
主页网址：http://www.idangan.com
电话：010-63020081
传真：010-63018703
理事长：段东升
副理事长：丁志隆　吕和顺　高大岭　张　斌
秘书长：邓小军

中国国土经济学会
China Society of Territorial Economists（CSOTE）

地址：北京市丰台区紫芳园六区 2 号楼 1 单元 213 室
邮政编码：100078
电子信箱：bj_jrgt@126.com
主页网址：http://www.csote.org
电话：010-87692301
传真：010-87699631
理事长：柳忠勤
副理事长：李青松　赵林如　严金明　吴文良
秘书长：刘军萍

中国土地学会
China Land Science Society（CLSS）

地址：北京西城区冠英园西区 37 号
邮政编码：100035
电子信箱：zgtdxh@vip.sina.com
主页网址：http://www.zgtdxh.org.cn
电话：010-66562607/66562609/66562613

传真：010-66562563
理事长：王世元
副理事长：李海兵　高延利　王仰麟　张凤荣
严金明　黄贤金　冯淑怡　赵继成
谢俊奇　范树印　蒋文彪　何　平
秘书长：高延利（兼）

中国科技新闻学会
Chinese Society for Science and Technology Journalism（CSSTJ）

地址：北京市西城区三里河路 54 号
邮政编码：100045
电子信箱：kjxw@sina.com
主页网址：http://www.csstj.org.cn
电话：010-68598030/68598032
传真：010-68598473
理事长：宋南平
副理事长：马　利　陈　鹏　苏志武　周建强
郝建新　李立波　江巨源　刘志军
阚兆江
秘书长：许　英

中国老科学技术工作者协会
China Association of Senior Scientists and Technologists（CASST）

地址：北京市海淀区学院南路 86 号
邮政编码：100081
电子信箱：zhglkx@cast.org.cn
主页网址：http://www.casst.org.cn
电话传真：010-62170582
会长：陈至立
副会长：齐　让　申立国　冯长根　朱正昌　朱张才
仲跻权　刘永忠　杨继平　张友君　张国梁
陈小娅　罗啸天　岳明生　徐　强　蒋济雄
曾清华　蔡力峰　臧胜业
秘书长：徐　强（兼）

中国科学探险协会
China Association for Scientific Expeditions（CASE）

地址：北京市海淀区西小关中国科学院大气物理所铁塔分部内
邮政编码：100083
电子信箱：e26@cast.org.cn
主页网址：http://www.case.org.cn
电话：010-62378038
传真：010-62379818
名誉主席：高登义
主席：秦大河
副主席：王会军　张树义　邹　捍　马耀明　张百平
康世昌　郭　柯　吕茅利　王　维
秘书长：王　维（兼）

中国城市规划学会
Urban Planning Society of China（UPSC）

地址：北京市海淀区三里河路 9 号
邮政编码：100037
电子信箱：planning@planning.gov.cn
主页网址：http://www.planning.org.cn
电话：010-58323862/63/64/66
传真：010-58323850
理事长：孙安军
副理事长：石　楠（常务）　王建国　尹　稚
吕　斌　伍　江　吴志强　何兴华
张　泉　赵万民　赵燕菁　周　岚
施卫良　樊　杰
秘书长：石　楠（兼）

中国产学研合作促进会
China Industry-University-Research Institute Collaboration Association（CIUR）

地址：北京市海淀区阜成路北三街 6 号轻苑大厦 10 层 11 信箱
邮政编码：100048

电子信箱：zgcxy06@163.com
主页网址：http://www.360cxy.cn
电话：010-68987182
传真：010-68986913
会长：路甬祥
副会长：陈小娅　王建华
秘书长：王建华（兼）

中国知识产权研究会
China Intellectual Property Society（CIPS）

地址：北京市海淀区高梁桥斜街 11 号中国专利大厦 7 层
邮政编码：100081
电子信箱：cips1985@126.com
主页网址：http://www.cnips.org
电话：010-58515222
传真：010-58515188
理事长：田力普
副理事长：马小航　王宏祥　刘建波　刘春田
朱雪忠　何盛宝　吴汉东　张　平
张　勤　张雪红　张景利　李国华
李明德　李顺德　杨　哲　杨宗仁
杨铁军　陈文彤　周中琦　林广海
俞思瑛　徐志武　聂玉栋　陶鑫良
高　峰　黄　峰　曾祥燮　谢商华
秘书长：赵志彬

中国发明协会
China Association of Inventions（CAI）

地址：北京市复兴路 12 号恩菲科技大厦 A 座 515
邮政编码：100120
电子信箱：fmxhzlb@163.com
主页网址：http://www.cainet.org.cn
电话传真：010-63951008
理事长：潘云鹤
副理事长：余华荣
秘书长：余华荣（兼）

中国工程教育专业认证协会
China Engineering Education Accreditation Association

地址：北京市海淀区魏公村路 2 号
邮政编码：100081
电子信箱：secretariat@ceeaa.org.cn
主页网址：http://www.ceeaa.org.cn
电话：010-56973186
理事长：吴启迪
副理事长：张　勤　谢克昌　吴　岩　李金生
秘书长：吴　岩

中国检验检疫学会
China Society of Inspection and Quarantine

地址：北京市朝阳区麦子店街 22 号三层
邮政编码：100125
电子信箱：info@csiq.org
主页网址：http://www.csiq.org
电话：010-82261111
传真：010-82261122
会长：魏传忠
秘书长：夏　扬

中国高科技产业化研究会
China High-Tech Industrialization Association（CHIA）

地址：北京市海淀区阜成路 8 号档案馆楼 315 室
邮政编码：100830
电子信箱：zghw10@163.com
主页网址：http://www.chia.org.cn
电话：010-68370413/68370784
传真：010-68370884
理事长：包为民
副理事长：梁小虹（常务）　王宇宏　王映民
王晋年　刘延宁　冯记春　沈保根
张寿全　张宝红　康金城
秘书长：黎宇红

中国微量元素科学研究会

Trace Elements Science Association of China

地址：江苏省南京市玄武区龙蟠中路 26 号
邮政编码：210016
电子信箱：3058553545@qq.com
主页网址：http://www.elementmedical.com
电话：025–86621959
传真：025–5309310
理事长：朱志国
副理事长：赵春杰　范广勤　周欣欣
秘书长：陈　岳

中国国际经济技术合作促进会

China Association for Promoting International Economic & Technical Cooperation

地址：北京东城区东直门南大街 3 号
国华投资大厦 315
邮政编码：100070
电子信箱：496704005@qq.com
主页网址：http://www.capc.com.cn
电话：010–53635604
理事长：杨春光
副理事长：王志宗　田继生　任树平　刘敬桢
何　巍　宋　旭　宋和平　张学记
李　勇　李长云　陈凯慧　胥和平
黄福水　彭　东　霍庆华
秘书长：陈万国

中国基本建设优化研究会

China Optimization Society of Capital Construction（COSOCC）

地址：北京市海淀区阜成路 73 号裕惠大厦 A 座 8 层
邮政编码：100142
电子信箱：sunhuawei@cosocc.org.cn
主页网址：http://www.cosocc.org.cn
电话传真：010–62809310
理事长：厉无畏
副理事长：徐小青
秘书长：孙晓洲

中国科技馆发展基金会

Foundation for the Development of Science and Technology Museums in China（FDSTMC）

地址：北京市朝阳区北辰东路 5 号
邮政编码：100012
电子信箱：fdstmc@cstm.org.cn
主页网址：http://www.fdstmc.org.cn
电话：010–59041573
传真：010–59041576
理事长：殷　皓
秘书长：初学基

中国生物多样性保护与绿色发展基金会

China Biodiversity Conservation and Green Development Foundation（CBCGDF）

地址：北京市海淀区板井路 69 号世纪金源国际公寓
邮政编码：100097
电子信箱：v1@cbcgdf.org
主页网址：http://www.cbcgdf.org
电话：010–68485952
传真：010–88431370
理事长：胡德平
副理事长：张佐双　吴稼祥　金亦石　刘海彬
秘书长：周晋峰

省、自治区、直辖市科协，新疆生产建设兵团科协简介

北京市科学技术协会

地址：北京市朝阳区育慧里 4 号
邮政编码：100101
电子信箱：bastbgsh@126.com
主页网址：http://www.bast.net.cn
电话：010-84635008/84635009
传真：010-84655007
主席：刘德培
副主席：于德明　马　林　王恩哥　田　文　刘晓勘　孙宝国　孙晓峰　李德发　杨月欣　沈　岩　孟凡兴　徐明波　高　松　高　福　薛其坤

天津市科学技术协会

地址：天津市和平区和平路 287 号
邮政编码：300041
电子信箱：tastbgs@163.com
主页网址：http://www.tast.org.cn
电话：022-27120933
传真：022-23434553
主席：饶子和
副主席：姚建军（常务）　白景美　张丽珠　卢双盈

河北省科学技术协会

地址：河北省石家庄市西大街 73 号
邮政编码：050011
电子信箱：skxbgs2015@163.com
主页网址：http://www.hbast.org.cn
电话传真：0311-86049311
主席：段惠军
副主席：刘纪雷　许顺斗　郑丽萍　张建辉

山西省科学技术协会

地址：山西省太原市迎泽大街 366 号
邮政编码：030001
电子信箱：sxskx@163.com
主页网址：http://www.sxast.cn
电话：0351-4041018
传真：0351-4068848
主席：周　然
副主席：许富昌　王德贵　郝建新　张秀亲　马　进　王建文　孙世新　张克军　张其光　陈明昌　金智新　段志光　黄庆学　常国华　谢　红

内蒙古自治区科学技术协会

地址：内蒙古自治区呼和浩特市回民区新华大街 70 号
邮政编码：010020
电子信箱：nmgkxbgs@126.com
主页网址：http://www.nmgzkj.com
电话：0471-6290014
传真：0471-6939371
党组书记、副主席：斯琴毕力格
主席：孙俊青
副主席：闫　伟　王　瑾　乌　兰　乌伟东　冯建中

孙俊民　孙晓文　李　梅　李春萍　吴苏海
姚云峰　郭昭华　路战远

辽宁省科学技术协会

地址：辽宁省沈阳市浑南区智慧三街 159 号
邮政编码：110167
电子信箱：kx06@cast.org.cn
主页网址：http://www.lnast.net
电话：024-23227601/23221693
传真：024-23221693
主席：王天然
副主席：王元立　朱玉宏　李　天　杨路平　张春英
张晓芳　陈温福　赵　继　胡永康　袁　立
郭东明　黄其励　崔铁民　韩恩厚　鲍振东

吉林省科学技术协会

地址：吉林省长春市人民大街 6255 号
邮政编码：130021
电子信箱：jlskxbgs@163.com
主页网址：http://www.jlstnet.net
电话：0431-85261419
传真：0431-85682405
主席：冯守华
副主席：林　天　曹　军　韩宇鸿　穆晓东　张明耀
于吉红　王利祥　冯　江　刘益春　李　骏
冷春生　宋柏林　张会轩　金宁一　姜会林
贾　平

黑龙江省科学技术协会

地址：黑龙江省哈尔滨市南岗区中山路 204 号
邮政编码：150001
电子信箱：hljkx@sina.com
主页网址：http://www.hljkx.cn
电话：0451-82624293
传真：0451-82626403
主席：赵　敏
副主席：陶福胜　刘　福　臧晓敏　夏永刚　王希豹
付宏刚　包　军　孙柏涛　李　斌　李已华
李文华　杨宝峰　杨德森　周　玉　郭春景

上海市科学技术协会

地址：上海市南昌路 47 号
邮政编码：200020
电子信箱：zhuzhu@sast.gov.cn
主页网址：http://www.sast.gov.cn
电话：021-53838388
传真：021-53826013
主席：陈凯先
副主席：杨建荣　高小玫　陆　樑　李虹鸣　蔡永莲

江苏省科学技术协会

地址：江苏省南京市北京西路 30 号
邮政编码：210024
电子信箱：jskx2412@163.com
主页网址：http://www.jskx.org.cn
电话：025-83323435
传真：025-83303700
主席：陈　骏
副主席：陈惠娟　刘志红　祝世宁　张建云黄　维
缪昌文　王广基　朱怀诚　易中懿　胡敏强
尤肖虎　杨　辉　孙力斌　郁霞秋　任晋生
阮仁良　冯少东　徐春生

浙江省科学技术协会

地址：浙江省杭州市武林广场 8 号省科协大楼
邮政编码：310003
电子信箱：info@zast.org.cn
主页网址：http://www.zast.org.cn
电话传真：0571-85106947
主席：姚　克
副主席：郑金平　姜长才　陆　锦　王忠民　田　梅
王　涛　方剑乔　李家彪　杨小牛　吴常文
邱飞章　应义斌　陈剑平　范　渊　蔡袁强

安徽省科学技术协会

地址：安徽省合肥市花园街 4 号科技大厦
邮政编码：230001
电子信箱：ahkxxx@126.com

主页网址：http://www.ahpst.net.cn
电话：0551-2661725
传真：0551-2655031
主席：赵　韩
副主席：王　洵　王英俭　王群京　朱长飞　刘庆峰
苏世怀　汪莹纯　宋　扬　张学军　陆建辉
陈学东　宛晓春　袁　亮　彭　寿　魏军锋
戴茂方　蔡士祥

福建省科学技术协会

地址：福建省福州市鼓楼区东大路73号省直机关东湖大院二号楼
邮政编码：350001
电子信箱：kx3031@qq.com
主页网址：http://www.fjkx.org
电话：0591-87520612/87557137
传真：0591-87532632
主席：郑兰荪
副主席：杨江帆　吴瑞建　林学理　史　斌　洪茂椿
谢华安　付贤智　田中群　焦念志　陈元仲
孙世刚　郑金贵　刘　波　徐西鹏　黄汉升
尤民生　陈立典　苏文金

江西省科学技术协会

地址：江西省南昌市北京西路39号
邮政编码：330046
电子信箱：634456872@qq.com
主页网址：http://www.jxkx.gov.cn
电话传真：0791-86261298
党组书记、常务副主席：罗　莹
主席：卢天锡
副主席：彭玲华　梁纯平　孙卫民

山东省科学技术协会

地址：山东省济南市杆南东街8号
邮政编码：250001
电子信箱：bgs@sdast.org.cn
主页网址：http://www.sdast.org.cn
电话传真：0531-82073209
主席：唐启升
副主席：王春秋　纪洪波　朱　明　秦维强　于洪文
万书波　王英龙　王金宝　张宏明　徐茂波
凌沛学　唐　波　韩圣浩　韩金祥　谢立信

河南省科学技术协会

地址：河南省郑州市花园路53号
邮政编码：450008
电子信箱：hnskxnba@163.com
主页网址：http://www.hast.net.cn
电话：0371-65707511
传真：0371-65707512
党组书记：曹　奎
主席：霍金花
副主席：李宝红　谈朗玉　冯　琦　童孟进　张占仓
张新友　刘炯天　张改平　薛松贵

湖北省科学技术协会

地址：湖北省武汉市武昌区八一路9号
邮政编码：430071
电子信箱：hubeikexie@163.com
主页网址：http://www.hbkx.org.cn
电话传真：027-87823704
主席：郭生练
副主席：叶贤林（常务）　丁烈云　马忠星　王永良
王国斌　王焰新　毛新平　朱　瑛　刘松林
余　军　陈焕春　秦顺全　袁志明　窦贤康

湖南省科学技术协会

地址：湖南省长沙市开福区东风路17号
邮政编码：410005
电子信箱：hnkxbgs@163.com
主页网址：http://www.hnast.org.cn
电话：0731-84884371
传真：0731-84884348
主席：张尧学
副主席：丁荣军　于起峰　王玉立　刘小明　刘晓河
印遇龙　李　华　陈晓红　周后德　罗　安
郑健龙　柏连阳　段美娟　秦裕辉　童旭东

傅爱军　蒋晓云　谭蔚泓

广东省科学技术协会

地址：广东省广州市连新路 171 号
邮政编码：510040
电子信箱：stainfo@sta.gd.cn
主页网址：http://www.sta.gd.cn
电话：020-83550424
传真：020-83549085
主席：黄达人
副主席：王迎军　冯日光　吴焕泉　何　真　陈　新　陈晓阳　陆华忠　罗　俊　周克崧　秦　伟　唐　毅　黄小玲　黄宁生　瞿金平

广西壮族自治区科学技术协会

地址：广西壮族自治区南宁市古城路 31 号
邮政编码：530022
电子信箱：gxkx123@126.com
主页网址：http://www.gxast.org.cn
电话：0771-2630589/2630595
传真：0771-2617248
主席：赵艳林
副主席：纳　翔　梁　宏　梁春花　何　求　陈大克　邓国富　白志繁

海南省科学技术协会

地址：海南省海口市国兴大道 69 号海南广场人大政协楼 7 层
邮政编码：570203
电子信箱：hnkxxcb@163.com
主页网址：http://www.hainanast.org.cn
电话：0898-65393360
传真：0898-65332244
主席：康耀红
副主席：胡月明　林　峰　郑　红　吕传柱　史海涛　刘　丹

重庆市科学技术协会

地址：重庆市渝中区双钢路 3 号科协大厦 16 楼
邮政编码：400013
电子信箱：cqkxbgs@yahoo.cn
主页网址：http://www.cqast.cn
电话：023-63003916
传真：023-63003788
主席：潘复生
副主席：王云贵　王合清　卞修武　石晓辉　卢　涛　刘　彤　刘　波　许洪斌　杜云贵　李　林　李祖伟　李儒冠　张卫国　陈昌明　陈　蓉　周　雄　周后康　钟　宁　唐伯明　唐洪军　程　伟　蒋和全　曾　礼

四川省科学技术协会

地址：四川省成都市武侯区人民南路 4 段 11 号
邮政编码：610041
电子信箱：bgs@sckx.org.cn
主页网址：http://www.sckx.org.cn
电话：028-85221933
传真：028-85222804
主席：谢和平
副主席：王为民、石　碧　刘　进　朱　颖　吴显奎　王万锟　张维岩　李元峰　李安民　李言荣　侯水平　黄润秋　黄竞跃　赖　静　翟婉明

贵州省科学技术协会

地址：贵州省贵阳市瑞金南路 2 号
邮政编码：550002
电子信箱：gzskxbgs@126.com
主页网址：http://www.gzast.org
电话传真：0851-5832225
主席：谢庆生
副主席：张美圣　钱　斌　刘炳银　刘开树　马克俭　马建华　伍鹏程　刘丛强　刘作易　何志旭　宋宝安　季　泳　胡瑞忠　高贵龙　潘继录

云南省科学技术协会

地址：云南省昆明市护国路 26 号
邮政编码：650021
电子信箱：ynast@163.com
主页网址：http://www.yunast.cn
电话：0871-3138614
传真：0871-3155032
主席：朱有勇
副主席：王　华　左荣贵　朱华山　向　云　刘　强
关鼎禄　孙　航　吴启明　张泽军　陈云生
和江峰　郑　进　唐　兵　蒋永文

西藏自治区科学技术协会

地址：西藏拉萨市江苏大道东三路
邮政编码：850000
电子信箱：xzkx-006@163.com
主页网址：http://kjg.cdstm.cn
电话：0891-6890529
传真：0891-6828576
主席：李秀珍
副主席：顿珠旦增　杜恩社

陕西省科学技术协会

地址：陕西省西安市新城省政府大院内
邮政编码：710006
主页网址：http://www.snast.org.cn
电话：029-87299129
传真：029-87291496
主席：蒋庄德
副主席：呼　燕（常务）　方光华　王前进　王跃进
孙　科　孙振霖　李　跃　李金城　杨效宏
郑晓静　赵　卫　赵铱民　郝　跃　党广录
翁志黔　程光旭　韩开兴　熊中元　蔡钊利
谭永华

甘肃省科学技术协会

地址：甘肃省兰州市安宁区银安路 566 号
邮政编码：730000
电子邮箱：gsskxbgs@126.com
主页网址：http://www.gsast.org.cn
电话传真：0931-6184240
党组书记、第一副主席：陈炳东
副主席：李克平　张　炯

青海省科学技术协会

地址：青海省西宁市西川南路 53 号君庭国际 4 楼
邮政编码：810008
电子信箱：qhkxbjb@163.com
主页网址：http://www.qhkxw.com
电话传真：0971-6302839
主席：尤伟利
副主席：刘　青　徐东向　马　玉

宁夏回族自治区科学技术协会

地址：宁夏回族自治区银川市金凤区人民广场西路宁夏科协综合楼
邮政编码：750011
电子信箱：nxkxbgsh@163.com
主页网址：http://www.nxdzkj.org.cn
电话：0951-5085100/5085150
传真：0951-5043588
主席：李晓波
副主席：陈国顺　张晓玲　孙　涛　李　星　李　健
彭　凡　钟景明　田军仓　姚　敏　马玉山

新疆维吾尔自治区科学技术协会

地址：新疆维吾尔自治区乌鲁木齐市新医路 686 号
邮政编码：830054
电子信箱：xjqkxbgs@126.com
主页网址：http://www.xast.org.cn
电话：0991-6386011/6386038
传真：0991-6386012
主席：王永明
副主席：李春阳　陶　鹏　阿布都艾尼・依干拜尔迪
恰汗・合孜尔　谢国政　米　宁

新疆生产建设兵团科学技术协会

地址：新疆维吾尔自治区乌鲁木齐市光明路 196 号
邮政编码：830002
电子信箱：xjbtkx@126.com
主页网址：http://kjj.xjbt.gov.cn
电话：0991-2896193
传真：0991-2896163
主席：徐秀芝
副主席：王红德　王晓严　周　霖　徐　斌　李宝成
　　代　斌　张传辉

索　引

主题索引

编制说明

1. 本索引为主题索引，以年鉴内容述及的主题为索引对象，包括收入书名、机构名、会议名等专有名词。主题选取力求概括全面，突出重点，揭示特色内容，提供多方位检索。

2. 索引范围为全书正文及附录中的部分相关内容。

3. 索引排序按先汉语拼音音序，再阿拉伯数字、拉丁字母的次序排列。

4. 索引以“见”的形式将非标引词指向标引词，例如：承接政府转移职能 见 学会有序承接政府转移职能；以“参见”揭示相关条目之间的联系，例如：科普工作 参见 科普活动；再如，国际科技交流与合作 参见 各全国学会、省级科学技术协会。后一例指可参看年鉴中全国学会、省级科学技术协会条目下的相关内容。

5. 检索页码后的“a”为该页文献左栏，“b”为该页文献右栏。检索数字“d1.01”中“d”表示“大事记”，“1.01”表示为1月1日的记录。连续页码只记录起始页。二级标题在主标题下以缩格方式显示，以“—”表示主标题的区分；以“,”表示主标题的补充说明。

A

B

D

G

J

K

M

N

O

P

Q

R

S

T

W

X

Y

Z

人名索引

本索引收入年鉴中的人名，先按汉语拼音音序排列中文人名，再按西文字母的次序排列其余人名。

G

H

K

L

M

N

O

P

T

X

Y

国际组织机构名称索引

本索引收入国际机构组织名称，先按中文译名的拼音排列，再按西文字母的次序排列。